2026
개정31판 총56쇄

ISO 9001:2015
koita 한국산업기술진흥협회
▶ISO 9001:2015 인증
▶안전연구소 인정

CBT 백과사전식
NCS적용 문제해설

녹색자격증
녹색직업

CBT 실전 연습
AI 기출문제 학습앱
맞추다 MACHUDA
https://machuda.kr

세계유일무이
365일 저자상담직통전화
010-7209-6627

2025년 전회차 CBT 복기문제 수록

산업안전기사 필기

2015~2018년 과년도 **1**

안전공학박사/명예교육학박사
대한민국산업현장교수/기술지도사

정재수 지음

JN369256

"산업안전 우수 숙련기술자" 선정

안전분야 베스트셀러
35년 독보적 판매
최신 기출문제 수록

산업안전, 건설안전 기사·지도사·기능장·기술사 등 관련 자격 및 의문사항에 대하여
365일 성심 성의껏 답변해 드리고 있습니다. 저자와 상담 후 교재를 구입하세요.
www.sehwapub.co.kr

PATENT 특허
제10-2687805호

대한민국 최초, 최다, 최고, 최상, 최적 적중률의 안전관리 완벽합격!

● 특허 제10-2687805호 ●
명칭 : 국가직무능력표준에 따른 자격사 교육 콘텐츠 생성 자동화 방법, 장치 및 시스템

도서출판 세화

2026년도 NCS 자격검정 활용

가. 자격종목

1) 개념
자격종목은 국가기술자격의 등급을 직종별로 구분한 것으로 국가기술자격 취득의 기본단위를 말함(국가기술자격별 2조). 자격종목 개편은 국가기술자격종목 신설의 필요성, 기존 자격종목의 직무내용, 범위 및 난이도, 산업현장 적합도 등을 고려하여 새로운 국가기술자격을 신설하거나 기존의 국가기술자격을 통합, 폐지하는 것을 의미함

2) 구성요소
자격종목 개편은 ① 자격종목, ② 직무내용, ③ 검토대상 능력군, ④ 검정필요여부, ⑤ 출제기준과 비교, ⑥ 검토의견, ⑦ 추가·삭제가 포함되어야 함

구성요소	세부 내용
자격종목	검토대상 국가기술자격종목 제시
직무내용	자격종목의 직무내용 제시
검토대상 능력군	검토대상 능력군의 능력단위, 능력단위요소, 수행준거 제시
검정필요여부	수행준거 중 자격검정에 필요한 부분 제시
출제기준과 비교	검정이 필요한 수행준거와 출제기준을 비교
검토의견	비교를 통해 현행 국가기술자격의 출제기준 검토
추가·삭제	출제기준 검토를 통해 추가나 삭제가 필요한 부분 제시

나. 출제기준

1) 개념
출제기준은 자격검정의 대상이 되는 종목의 과목별 출제의 대상범위를 나타낸 것으로 출제문제 작성방법과 시험내용범위의 기준을 의미함(국가기술자격법 시행규칙 제38조)

2) 구성요소
출제기준은
① 직무분야, ② 자격종목, ③ 적용기간, ④ 직무내용, ⑤ 필기검정방법, ⑥ 문제수, ⑦ 시험기간, ⑧ 필기과목명, ⑨ 필기과목 출제 문제수, ⑩ 실기검정방법, ⑪ 시험기간, ⑫ 실기과목명, ⑬ 필기, 실기과목별 주요항목, ⑭ 세부항목, ⑮ 세세항목이 포함되어야 함

구성요소		세부내용
직무분야		해당 자격이 활용되는 직무분야
자격종목		국가기술자격의 등급을 직종별로 구분한 것, 국가기술자격 취득의 기본단위
적용기간		작성된 출제기준이 개정되기 전까지 실제 자격검정에 적용되는 기간
직무내용		자격을 부여하기 위하여 개인의 능력의 정도를 평가해야 할 내용
필기과목	필기검정방법	필기시험의 검정방법, 현행 국가기술자격에서는 객관식, 단답형 또는 주관식 논문형이 있음
	문제수	필기시험의 전체 문제수 제시
	시험기간	필기시험 시간
	필기과목명	기술자격의 종목별 필기시험과목
	출제 문제수	필기시험의 문제수

머리말

    2026년 국내외 상황이 급변하고 무제한 국가 경쟁력 시대, 2014년 세월호 참사 이후 모든 안전인의 자성과 새로운 각오, 안전업계와 관련된 관, 민, 산, 학, 연 모두의 변화가 절실히 요구되는 절박한 때에 산업안전기사를 목표로 공부하고자 하는 수험생들에게 그 결단과 노력에 먼저 감사를 드린다.

    특히 2018년 4월 27일 남북정상회담 및 시장개방으로 인한 국내외 무제한 경쟁력에 부딪치고 우리의 목표인 최상의 품질 달성 등 우리의 당면한 문제를 우리 스스로 해결하기 위해서는 우리 모든 안전인들이 끝없이 연구하는 노력이 계속 이어져야 하고 이러기 위한 뚜렷한 동기 부여를 위해서는 안전관리자에 대한 활용 영역 확대, 안전기사에 대한 Incentive 부여 등이 시급히 마련되어야 한다고 본다.

    대한민국헌법 제34조 및 안전관리헌장에서도 국민의 안전을 강조하고 있다.

    본서는 연구용도 참고용도 아니며 오로지 산업안전기사 합격을 위하여 **2026년** 개정법 적용, NCS(**특허 제10-2687805호**) 기준을 적용, 시험에 필요한 내용으로만 구성하였다.

    대한민국 헌법 제34조 및 안전관리헌장에서도 국민의 안전을 강조하고 있다.

    본서는 산업안전기사 자격증 취득을 대비해 이렇게 만들었다.

❶ 본서는 1, 2, 3권으로 분권하여 정직, 재수, 수석합격을 목표로 수험생의 눈높이에 맞게 구성했다.
❷ 해설, 참고, 요점에서 이해하지 못했다면 합격 key, 보충학습에서 반드시 이해할 수 있도록 하였다.
❸ 한 문제(1항목)를 이해하면 열 문제(10항목)를 해결할 수 있게 구성하였다.
❹ 산업안전기사 자격 취득의 결론은 본서의 상세 해설과 최신정보가 합격을 보장할 수 있도록 엮었다.
❺ 최초부터 최근까지 출제된 과년도 출제 문제를 상세하게 해설 수록하여 수험준비에 만전을 기하였다.
❻ 가짜(모방수험서)와 위조지폐(복제수험서)가 나오는 이유는 진짜(세화)가 있었기 때문이다. 대한민국 최초의 안전교재로 반드시 합격(국가자격증)될 수 있도록 혼을 바쳤다.
❼ 2026년 부터 적용되는 개정된 법과 NCS출제기준에 의해서 해설하였다.

    본 수험서가 세상에 출간되기까지 불철주야 인고의 고통을 함께 한 세화 출판사의 박 용 사장님을 비롯한 임직원께도 고맙게 생각하며 오늘이 있기까지 변함없이 은혜와 사랑을 주시는 나의 하나님께 진정으로 감사드립니다.

저자 씀

2026년도 산업안전기사 출제기준

직무분야 : 안전관리	중직무분야 : 안전관리	자격종목 : 산업안전기사	적용 기간 : 2024. 1. 1. ~ 2026. 12. 31.	출제비중
직무내용 : 제조 및 서비스업 등 각 산업현장에 소속되어 산업재해 예방계획의 수립에 관한 사항을 수행하여, 작업환경의 점검 및 개선에 관한 사항, 사고사례 분석 및 개선에 관한 사항, 근로자의 안전교육 및 훈련 등을 수행하는 직무이다.				세화 저자 분석
필기검정방법 : 객관식(120문제)		시험시간 : 2시간		100%적중

필기과목명	문제수	주요항목	세부항목	세세항목	비중
1과목 산업재해 예방 및 안전보건 교육	20	1. 산업재해예방 계획수립	1. 안전관리	1. 안전과 위험의 개념 2. 안전보건관리 제이론 3. 생산성과 경제적 안전도 4. 재해예방활동기법 5. KOSHA GUIDE 6. 안전보건예산 편성 및 계상	20
			2. 안전보건관리 체제 및 운용	1. 안전보건관리조직 구성 2. 산업안전보건위원회 운영 3. 안전보건경영시스템 4. 안전보건관리규정	
		2. 안전보호구 관리	1. 보호구 및 안전장구 관리	1. 보호구의 개요 2. 보호구의 종류별 특성 3. 보호구의 성능기준 및 시험방법 4. 안전보건표지의 종류·용도 및 적용 5. 안전보건표지의 색채 및 색도기준	15
		3. 산업안전심리	1. 산업심리와 심리검사	1. 심리검사의 종류 2. 심리학적 요인 3. 지각과 정서 4. 동기·좌절·갈등 5. 불안과 스트레스	15
			2. 직업적성과 배치	1. 직업적성의 분류 2. 적성검사의 종류 3. 직무분석 및 직무평가 4. 선발 및 배치 5. 인사관리의 기초	
			3. 인간의 특성과 안전과의 관계	1. 안전사고 요인 2. 산업안전심리의 요소 3. 착상심리 4. 착오 5. 착시 6. 착각현상	
		4. 인간의 행동 과학	1. 조직과 인간행동	1. 인간관계 2. 사회행동의 기초 3. 인간관계 메커니즘 4. 집단행동 5. 인간의 일반적인 행동특성	20
			2. 재해 빈발성 및 행동 과학	1. 사고경향 2. 성격의 유형 3. 재해 빈발성 4. 동기부여 5. 주의와 부주의	

필기과목명	문제수	주요항목	세부항목	세세항목	비중
1과목 산업재해 예방 및 안전보건 교육	20	4. 인간의 행동 과학	3. 집단관리와 리더십	1. 리더십의 유형 2. 리더십과 헤드십 3. 사기와 집단역학	20
			4. 생체리듬과 피로	1. 피로의 증상 및 대책 2. 피로의 측정법 3. 작업강도와 피로 4. 생체리듬 5. 위험일	
		5. 안전보건교육의 내용 및 방법	1. 교육의 필요성과 목적	1. 교육목적 2. 교육의 개념 3. 학습지도 이론 4. 교육심리학의 이해	20
			2. 교육방법	1. 교육훈련기법 2. 안전보건교육방법 　(TWI, O.J.T, OFF.J.T 등) 3. 학습목적의 3요소 4. 교육법의 4단계 5. 교육훈련의 평가방법	
			3. 교육실시 방법	1. 강의법 2. 토의법 3. 실연법 4. 프로그램학습법 5. 모의법 6. 시청각교육법 등	
			4. 안전보건교육계획 수립 및 실시	1. 안전보건교육의 기본방향 2. 안전보건교육의 단계별 교육과정 3. 안전보건교육 계획	
			5. 교육내용	1. 근로자 정기안전보건 교육내용 2. 관리감독자 정기안전보건 교육내용 3. 신규채용시와 작업내용변경시 안전보건 교육내용 4. 특별교육대상 작업별 교육내용	
		6. 산업안전관계법규	1. 산업안전보건법령	1. 산업안전보건법 2. 산업안전보건법 시행령 3. 산업안전보건법 시행규칙 4. 산업안전보건기준 관한 규칙 5. 관련 고시 및 지침에 관한 사항	10
2과목 인간공학 및 위험성 평가·관리	20	1. 안전과 인간 공학	1. 인간공학의 정의	1. 정의 및 목적 2. 배경 및 필요성 3. 작업관리와 인간공학 4. 사업장에서의 인간공학 적용분야	25
			2. 인간-기계체계	1. 인간-기계 시스템의 정의 및 유형 2. 시스템의 특성	
			3. 체계설계와 인간요소	1. 목표 및 성능명세의 결정 2. 기본설계 3. 계면설계 4. 촉진물 설계 5. 시험 및 평가 6. 감성공학	

Information

필기과목명	문제수	주요항목	세부항목	세세항목	비중
2과목 인간공학 및 위험성 평가·관리	20	1. 안전과 인간 공학	4. 인간요소와 휴먼에러	1. 인간실수의 분류 2. 형태적 특성 3. 인간실수 확률에 대한 추정기법 4. 인간실수 예방기법	
		2. 위험성 파악·결정	1. 위험성 평가	1. 위험성 평가의 정의 및 개요 2. 평가대상 선정 3. 평가항목 4. 관련법에 관한 사항	30
			2. 시스템 위험성 추정 및 결정	1. 시스템 위험성 분석 및 관리 2. 위험분석 기법 3. 결함수 분석 4. 정성적, 정량적 분석 5. 신뢰도 계산	
		3. 위험성 감소대책 수립·실행	1. 위험성 감소대책 수립 및 실행	1. 위험성 개선대책(공학적·관리적)의 종류 2. 허용가능한 위험수준 분석 3. 감소대책에 따른 효과 분석 능력	5
		4. 근골격계질환 예방관리	1. 근골격계 유해요인	1. 근골격계 질환의 정의 및 유형 2. 근골격계 부담작업의 범위	10
			2. 인간공학적 유해요인 평가	1. OWAS 2. RULA 3. REBA 등	
			3. 근골격계 유해요인 관리	1. 작업관리의 목적 2. 방법연구 및 작업측정 3. 문제해결절차 4. 작업개선안의 원리 및 도출방법	
		5. 유해요인 관리	1. 물리적 유해요인 관리	1. 물리적 유해요인 파악 2. 물리적 유해요인 노출기준 3. 물리적 유해요인 관리대책 수립	5
			2. 화학적 유해요인 관리	1. 화학적 유해요인 파악 2. 화학적 유해요인 노출기준 3. 화학적 유해요인 관리대책 수립	
			3. 생물학적 유해요인 관리	1. 생물학적 유해요인 파악 2. 생물학적 유해요인 노출기준 3. 생물학적 유해요인 관리대책 수립	
		6. 작업환경 관리	1. 인체계측 및 체계제어	1. 인체계측 및 응용원칙 2. 신체반응의 측정 3. 표시장치 및 제어장치 4. 통제표시비 5. 양립성 6. 수공구	25
			2. 신체활동의 생리학적 측정법	1. 신체반응의 측정 2. 신체역학 3. 신체활동의 에너지 소비 4. 동작의 속도와 정확성	
			3. 작업 공간 및 작업자세	1. 부품배치의 원칙 2. 활동분석 3. 개별 작업 공간 설계지침	
			4. 작업측정	1. 표준시간 및 연구 2. work sampling의 원리 및 절차 3. 표준자료 (MTM, Work factor 등)	

필기과목명	문제수	주요항목	세부항목	세세항목	비중
2과목 인간공학 및 위험성 평가·관리		6. 작업환경 관리	5. 작업환경과 인간공학	1. 빛과 소음의 특성 2. 열교환과정과 열압박 3. 진동과 가속도 4. 실효온도와 Oxford 지수 5. 이상환경(고열, 한랭, 기압, 고도 등) 및 노출에 따른 사고와 부상 6. 사무/VDT 작업 설계 및 관리	
			6. 중량물 취급 작업	1. 중량물 취급 방법 2. NIOSH Lifting Equation	
3과목 기계·기구 및 설비 안전 관리	20	1. 기계공정의 안전	1. 기계공정의 특수성 분석	1. 설계도(설비 도면, 장비사양서 등) 검토 2. 파레토도, 특성요인도, 클로즈 분석, 관리도 3. 공정의 특수성에 따른 위험요인 4. 설계도에 따른 안전지침 5. 특수 작업의 조건 6. 표준안전작업절차서 7. 공정도를 활용한 공정분석 기술	10
			2. 기계의 위험 안전조건 분석	1. 기계의 위험요인 2. 본질적 안전 3. 기계의 일반적인 안전사항과 안전조건 4. 유해위험기계기구의 종류, 기능과 작동원리 5. 기계 위험성 6. 기계 방호장치 7. 유해위험기계기구 종류와 기능 8. 설비보전의 개념 9. 기계의 위험점 조사 능력 10. 기계 작동 원리 분석 기술	
		2. 기계분야 산업재해 조사 및 관리	1. 재해조사	1. 재해조사의 목적 2. 재해조사시 유의사항 3. 재해발생시 조치사항 4. 재해의 원인분석 및 조사기법	30
			2. 산재분류 및 통계 분석	1. 산재분류의 이해 2. 재해관련 통계의 정의 3. 재해관련 통계의 종류 및 계산 4. 재해손실비의 종류 및 계산	
			3. 안전점검·검사·인증 및 진단	1. 안전점검의 정의 및 목적 2. 안전점검의 종류 3. 안전점검표의 작성 4. 안전검사 및 안전인증 5. 안전진단	
		3. 기계설비 위험요인 분석	1. 공작기계의 안전	1. 절삭가공기계의 종류 및 방호장치 2. 소성가공 및 방호장치	45
			2. 프레스 및 전단기의 안전	1. 프레스 재해방지의 근본적인 대책 2. 금형의 안전화	
			3. 기타 산업용 기계 기구	1. 롤러기 2. 원심기 3. 아세틸렌 용접장치 및 가스집합 용접장치 4. 보일러 및 압력용기 5. 산업용 로봇 6. 목재 가공용 기계 7. 고속회전체 8. 사출성형기	

필기과목명	문제수	주요항목	세부항목	세세항목	비중
3과목 기계·기구 및 설비 안전 관리		3. 기계설비 위험요인 분석	4. 운반기계 및 양중기	1. 지게차 2. 컨베이어 3. 양중기(건설용은 제외) 4. 운반 기계	
		4. 기계안전시설 관리	1. 안전시설 관리 계획 하기	1. 기계 방호장치 2. 안전작업절차 3. 공정도를 활용한 공정분석 4. Fool Proof 5. Fail Safe	10
			2. 안전시설 설치하기	1. 안전시설물 설치기준 2. 안전보건표지 설치기준 3. 기계 종류별[지게차, 컨베이어, 양중기(건설용은 제외), 운반 기계] 안전장치 설치기준 4. 기계의 위험점 분석	
			3. 안전시설 유지·관리 하기	1. KS B 규격과 ISO 규격 통칙에 대한 지식 2. 유해위험기계기구 종류 및 특성	
		5. 설비진단 및 검사	1. 비파괴검사의 종류 및 특징	1. 육안검사 2. 누설검사 3. 침투검사 4. 초음파검사 5. 자기탐상검사 6. 음향검사 7. 방사선투과검사	5
			2. 소음·진동 방지 기술	1. 소음방지 방법 2. 진동방지 방법	
4과목 전기설비 안전관리	20	1. 전기안전관리	1. 전기안전관리	1. 배(분)전반 2. 개폐기 3. 보호계전기 4. 과전류 및 누전 차단기 5. 정격차단용량(kA) 6. 전기안전관련 법령	10
		2. 감전재해 및 방지대책	1. 감전재해 예방 및 조치	1. 안전전압 2. 허용접촉 및 보폭 전압 3. 인체의 저항	25
			2. 감전재해의 요인	1. 감전요소 2. 감전사고의 형태 3. 전압의 구분 4. 통전전류의 세기 및 그에 따른 영향	
			3. 절연용 안전장구	1. 절연용 안전보호구 2. 절연용 안전방호구	
		3. 정전기 장·재해 관리	1. 정전기 위험요소 파악	1. 정전기 발생원리 2. 정전기의 발생현상 3. 방전의 형태 및 영향 4. 정전기의 장해	25
			2. 정전기 위험요소 제거	1. 접지 2. 유속의 제한 3. 보호구의 착용 4. 대전방지제 5. 가습 6. 제전기 7. 본딩	

필기과목명	문제수	주요항목	세부항목	세세항목	비중
4과목 전기설비 안전관리		4. 전기 방폭 관리	1. 전기방폭설비	1. 방폭구조의 종류 및 특징 2. 방폭구조 선정 및 유의사항 3. 방폭형 전기기기	25
			2. 전기방폭 사고예방 및 대응	1. 전기폭발등급 2. 위험장소 선정 3. 정전기방지 대책 4. 절연저항, 접지저항, 정전용량 측정	
		5. 전기설비 위험요인 관리	1. 전기설비 위험요인 파악	1. 단락 2. 누전 3. 과전류 4. 스파크 5. 접촉부과열 6. 절연열화에 의한 발열 7. 지락 8. 낙뢰 9. 정전기	15
			2. 전기설비 위험요인 점검 및 개선	1. 유해위험기계기구 종류 및 특성 2. 안전보건표지 설치기준 3. 접지 및 피뢰 설비 점검	
5과목 화학설비 안전관리	20	1. 화재·폭발 검토	1. 화재·폭발 이론 및 발생 이해	1. 연소의 정의 및 요소 2. 인화점 및 발화점 3. 연소·폭발의 형태 및 종류 4. 연소(폭발)범위 및 위험도 5. 완전연소 조성농도 6. 화재의 종류 및 예방대책 7. 연소파와 폭굉파 8. 폭발의 원리	50
			2. 소화 원리 이해	1. 소화의 정의 2. 소화의 종류 3. 소화기의 종류	
			3. 폭발방지대책 수립	1. 폭발방지대책 2. 폭발하한계 및 폭발상한계의 계산	
		2. 화학물질 안전관리 실행	1. 화학물질(위험물, 유해화학물질) 확인	1. 위험물의 기초화학 2. 위험물의 정의 3. 위험물의 종류 4. 노출기준 5. 유해화학물질의 유해요인	30
			2. 화학물질(위험물, 유해화학물질) 유해 위험성 확인	1. 위험물의 성질 및 위험성 2. 위험물의 저장 및 취급방법 3. 인화성 가스취급시 주의사항 4. 유해화학물질 취급시 주의사항 5. 물질안전보건자료(MSDS)	
			3. 화학물질 취급설비 개념 확인	1. 각종 장치(고정, 회전 및 안전장치 등) 종류 2. 화학장치(반응기, 정류탑, 열교환기 등) 특성 3. 화학설비(건조설비 등)의 취급시 주의사항 4. 전기설비(계측설비 포함)	
		3. 화공안전 비상조치계획·대응	1. 비상조치계획 및 평가	1. 비상조치 계획 2. 비상대응 교육 훈련 3. 자체매뉴얼 개발	10

필기과목명	문제수	주요항목	세부항목	세세항목	비중
5과목 화학설비 안전관리		4. 화공 안전운전·점검	1. 공정안전 기술	1. 공정안전의 개요 2. 각종 장치(제어장치, 송풍기, 압축기, 배관 및 피팅류) 3. 안전장치의 종류	10
			2. 안전 점검 계획 수립	1. 안전운전 계획	
			3. 공정안전보고서 작성 심사·확인	1. 공정안전 자료 2. 위험성 평가	
6과목 건설공사 안전 관리	20	1. 건설공사 특성분석	1. 건설공사 특수성 분석	1. 안전관리 계획 수립 2. 공사장 작업환경 특수성 3. 계약조건의 특수성	5
			2. 안전관리 고려사항 확인	1. 설계도서 검토 2. 안전관리 조직 3. 시공 및 재해사례검토	
		2. 건설공사 위험성	1. 건설공사 유해·위험요인파악	1. 유해·위험요인 선정 2. 안전보건자료 3. 유해위험방지계획서	5
			2. 건설공사 위험성 추정·결정	1. 위험성 추정 및 평가 방법 2. 위험성 결정 관련 지침 활용	
		3. 건설업 산업안전보건관리비 관리	1. 건설업 산업안전보건관리비 규정	1. 건설업산업안전보건관리비의 계상 및 사용 기준 2. 건설업산업안전보건관리비 대상액 작성 요령 3. 건설업산업안전보건관리비의 항목별 사용 내역	5
		4. 건설현장 안전시설 관리	1. 안전시설 설치 및 관리	1. 추락 방지용 안전시설 2. 붕괴 방지용 안전시설 3. 낙하, 비래방지용 안전시설	30
			2. 건설공구 및 장비 안전수칙	1. 건설공구의 종류 및 안전수칙 2. 건설장비의 종류 및 안전수칙	
		5. 비계·거푸집 가시설 위험 방지	1. 건설 가시설물 설치 및 관리	1. 비계 2. 작업통로 및 발판 3. 거푸집 및 동바리 4. 흙막이	30
		6. 공사 및 작업종류별 안전	1. 양중 및 해체 공사	1. 양중공사 시 안전수칙 2. 해체공사 시 안전수칙	25
			2. 콘크리트 및 PC 공사	1. 콘크리트공사 시 안전수칙 2. PC공사 시 안전수칙	
			3. 운반 및 하역작업	1. 운반작업 시 안전수칙 2. 하역작업 시 안전수칙	

산업안전기사 출제문제 분석표

2026년 대비 합격분석표

과목	단원	시행년월일									계 (기사)	빈도 (%)
		2023 2.28	2023 6.4	2023 7.8	2024 2.15	2024 5.9	2024 7.27	2025 2.7	2025 5.10	2025 8.9		
1과목 산업재해 예방 및 안전보건 교육	1. 안전관리	3	1	1	2		1	1	1		10	7.6
	2. 안전보건관리 체제 및 운용	1		1	1	3	1	2	1	1	10	7.6
	3. 보호구 및 안전장구 관리	3	1	3	3	2	2	3	2	2	19	14.4
	4. 산업심리와 심리검사						1				1	0.8
	5. 직업적성과 배치	1	1	2	1	1	1	1	1	1	9	6.8
	6. 인간의 특성과 안전과의 관계				1					3	1	0.8
	7. 조직과 인간행동										0	0.0
	8. 재해 빈발성 및 행동과학	1	1	1	5	2	2	1	2		15	11.4
	9. 집단관리와 리더십	3	3	1	1	1	2	3		5	14	10.6
	10. 생체리듬과 피로		2	1			2		2	1	7	5.3
	11. 교육의 필요성과 목적					1					1	0.8
	12. 교육방법	1				1	1		1		4	3.0
	13. 교육실시 방법	2	1	3	1	1	1	2	2		13	9.8
	14. 안전보건교육계획 수립 및 실시		1	1	1	1	1		2	2	7	5.3
	15. 교육내용		1		1	2	1	1	1	2	7	5.3
	16. 산업안전보건법령	3	3	2		1	2	1	2	2	14	10.6
	계	18	15	16	17	16	17	16	17	19	132	100.0
2과목 인간공학 및 위험성 평가·관리	17. 인간공학의 정의	1	1	2	3	1	1		2	2	11	6.8
	18. 인간-기계체계	1	1		1		1		1		5	3.1
	19. 체계설계와 인간요소	1		1		2		2	1		7	4.3
	20. 인간요소와 휴먼에러	2	2	2	4	3	4	1	1	3	19	11.7
	21. 위험성 평가	2	2	3	3	3	2	6	1	6	22	13.6
	22. 시스템 위험성 추정 및 결정	5	6	3	3	7	4	3	6	4	37	22.8
	23. 위험성 감소대책 수립 및 실행											0.0
	24. 근골격계 유해요인	1							1	1	2	1.2
	25. 인간공학적 유해요인											0.0
	26. 근골격계 유해요인 관리		1								1	0.6
	27. 물리적 유해요인 관리					1					1	0.6
	28. 화학적 유해요인 관리	1						1			2	1.2
	29. 생물학적 유해요인 관리			1							1	0.6
	30. 인체계측 및 체계제어				1	1				1	2	1.2
	31. 신체활동의 생리학적 측정법	1		1							2	1.2

과목	단원	시행년월일									계 (기사)	빈도 (%)
		2023 2.28	2023 6.4	2023 7.8	2024 2.15	2024 5.9	2024 7.27	2025 2.7	2025 5.10	2025 8.9		
2. 인간공학 및 위험성 평가·관리	32. 작업 공간 및 작업자세	2	1							1	3	1.9
	33. 작업측정							1			1	0.6
	34. 작업환경과 인간공학	3	6	6	4	5	8	7	7	2	46	28.4
	35. 중량물 취급 작업											0.0
	계	20	20	20	20	21	20	21	20	20	162	100.0
3과목 기계·가구 및 설비 안전 관리	36. 기계공정의 특수성 분석		1	1		1	1			1	4	2.1
	37. 기계의 위험 안전조건 분석	3	1	2	2	2	1	2	1		14	7.3
	38. 재해조사	2						2		3	4	2.1
	39. 산재분류 및 통계 분석		3	4	3	1	2	3	5	3	21	10.9
	40. 안전점검·검사·인증 및 진단	3	2	2	1	3	2	2	1	2	16	8.3
	41. 공작기계의 안전	3	2	3	4	2	3	2	2	3	21	10.9
	42. 프레스 및 전단기의 안전		1	2	2	1	2	1	2		11	5.7
	43. 기타 산업용 기계 기구	5	5	4	7	5	7	3	7	5	45	23.4
	44. 운반기계 및 양중기	5	5	4	2	7	4	4	5	4	37	19.3
	45. 안전시설 관리 계획하기	1	1	1	1	1	1	2			8	4.2
	46. 안전시설 설치하기		2			1				1	3	1.6
	47. 안전시설 유지·관리하기											0.0
	48. 비파괴검사의 종류 및 특징	1	1	2	1		1	2			8	4.2
	49. 소음·진동 방지 기술											0.0
	계	23	24	25	23	24	24	23	23	22	192	100.0
4과목 전기설비 안전관리	50. 전기안전관리		4	1	4	1	1	4	1	2	16	10.1
	51. 감전재해 예방 및 조치		1	3	1	1	2			1	8	5.1
	52. 감전재해의 요인	1	1	2		3		4	2	1	13	8.2
	53. 절연용 안전창구	1	1	1	1	1	2	3	2	3	12	7.6
	54. 정전기 위험요소 파악	3	1	1	2	3		3		2	13	8.2
	55. 정전기 위험요소 제거	2	2	3	3	4	1	1	4	4	20	12.7
	56. 전기방폭설비	2	2	3	2	1	2	2	2	2	16	10.1
	57. 전기방폭 사고예방 및 대응	7	3	2	3	3	3	2	2	2	25	15.8
	58. 전기설비 위험요인 파악	1	2	2	2	1	3		2	2	13	8.2
	59. 전기설비 위험요인 점검 및 개선	3	2	3	3	1	5	1	4	1	22	13.9
	계	20	20	20	20	20	19	20	19	20	158	100.0

과목	단원	시행년월일									계 (기사)	빈도 (%)
		2023 2,28	2023 6,4	2023 7,8	2024 2,15	2024 5,9	2024 7,27	2025 2,7	2025 5,10	2025 8,9		
5과목 화학설비 안전관리	60. 화재·폭발 이론 및 발생이해	7	2	5	4	3	3	6	3	5	38	21.2
	61. 소화 원리 이해		2		1			2	2	1	8	4.5
	62. 폭발방지대책 수립	3	3	3	5	5	6	3	6	4	38	21.2
	63. 화학물질(위험물, 유해화학물질) 확인			1		1		2			4	2.2
	64. 화학물질(위험물, 유해화학물질) 유해 위험성 확인	3	3	3	4	2	2	2	3	3	25	14.0
	65. 화학물질 취급설비 개념확인	7	10	4	6	6	7	5	6	7	58	32.4
	66. 비상조치계획 및 평가					3					3	1.7
	67. 공정안전 기술			1				1			2	1.1
	68. 안전 점검 계획 수립			1			1				2	1.1
	69. 공정안전보고서 작성심사·확인			1							1	0.6
	계	20	20	19	20	20	19	21	20	20	179	100.0
6. 건설공사 안전관리	70. 건설공사 특수성 분석	2	2	2	1			2	2	1	12	6.7
	71. 안전관리 고려사항 확인										0	0.0
	72. 건설공사 유해·위험요인파악	2		1	1	1	1	1	1	2	10	5.6
	73. 건설공사 위험성 추정·결정			1			2				3	1.7
	74. 건설업 산업안전보건관리비 규정	1	1	1	2	1	1	1	2	1	11	6.1
	75. 안전시설 설치 및 관리	2	2	2	3	3	2	3	3	3	23	12.8
	76. 건설공구 및 장비 안전수칙	2	1	1	1	1	4	2	1		13	7.3
	77. 건설 가시설물 설치 및 관리	5	8	4	8	7	7	6	6	8	59	33.0
	78. 양중 및 해체공사		1	3	2			1	1	1	9	5.0
	79. 콘크리트 및 PC 공사	3		4	1	5	2	1	2	3	21	11.7
	80. 운반 및 하역작업	2	6	1	1	1	2	2	3		18	10.1
	계	19	21	20	20	19	21	19	21	19	179	100.0

차례

1992~2002년도 기사 미공개문제 11개년도/QR코드
2003~2014년도 기사 공개문제 12개년도/QR코드
▶ http//cafe.naver.com/anjeonschool/12 – 출력가능

2015 년도 ◂ 기사 정기검정 과년도 문제해설

2015년도 제1회(2015년 3월 8일 시행) ············· 4
2015년도 제2회(2015년 5월 31일 시행) ············· 35
2015년도 제3회(2015년 8월 16일 시행) ············· 67

2016 년도 ◂ 기사 정기검정 과년도 문제해설

2016년도 제1회(2016년 3월 6일 시행) ············· 98
2016년도 제2회(2016년 5월 8일 시행) ············· 129
2016년도 제3회(2016년 8월 21일 시행) ············· 156

2017 년도 ◂ 기사 정기검정 과년도 문제해설

2017년도 제1회(2017년 3월 5일 시행) ············· 184
2017년도 제2회(2017년 5월 7일 시행) ············· 212
2017년도 제3회(2017년 8월 26일 시행) ············· 242

2018 년도 ◂ 기사 정기검정 과년도 문제해설

2018년도 제1회(2018년 3월 4일 시행) ············· 274
2018년도 제2회(2018년 4월 28일 시행) ············· 303
2018년도 제3회(2018년 8월 19일 시행) ············· 333

2015년도 기사 정기검정 제1회 (2015년 3월 8일 시행)

자격종목 및 등급(선택분야): 산업안전기사
종목코드: 1431 | 시험시간: 2시간 | 수험번호: 20150308 | 성명: 도서출판세화

1 산업재해 예방 및 안전보건교육

01 다음 중 사업장 무재해운동 추진에 있어 무재해 시간과 무재해 일수의 산정기준에 관한 설명으로 틀린 것은?

① 무재해 시간은 실근무자와 실근로시간을 곱하여 산정한다.
② 실근로시간의 관리가 어려운 경우에 건설업 이외 업종은 1일 8시간을 근로한 것으로 본다.
③ 실근로시간의 관리가 어려운 경우에 건설업은 1일 9시간을 근로한 것으로 본다.
④ 건설업 이외의 300인 미만 사업장은 실근무자와 실근로시간을 곱하여 산정한 무재해 시간 또는 무재해 일수를 택하여 목표로 사용할 수 있다.

해설

무재해운동의 시간 계산방식
① 총시간 = 실제 근로시간수 × 실근무자수(단, 건설업 이외의 300인 미만 사업장)
② 사무직은 통산 1일 8시간으로 계산한다.(건설현장근로자의 실근로산정이 어려울 경우 1일 10시간)
③ 무재해 개시 후 재해가 발생하면 0점으로 다시 시작한다.
④ 계산 제외 : 치료 기일이 4일 이내의 경미한 사항은 무재해로 계산한다.

참고) 산업안전기사 필기 p.1-11(6. 무재해운동의 시간 계산방식)
KEY) 산업안전기사 합격은 why할까요?

02 재해코스트 산정에 있어 시몬즈(R.H. Simonds)방식에 의한 재해코스트 산정법을 올바르게 나타낸 것은?

① 직접비 + 간접비
② 간접비 + 비보험코스트
③ 보험코스트 + 비보험코스트
④ 보험코스트 + 사업부보상금 지급액

해설

시몬즈 방식
① 총 cost = 보험 cost + 비보험 cost
② 보험 cost = 보험의 총액 + 보험회사에 관련된 여러 경비와 이익금
③ 비보험 cost = [휴업 상해건수 × A] + [통원 상해건수 × B] + [응급처지 건수 × C] + [무상해 사고건수 × D]
④ 단, 사망과 영구 전노동 불능상해는 제외된다.

참고) ① 산업안전기사 필기 p.3-45(2. 시몬즈의 재해코스트 산출방식)
② 산업안전기사 필기 p.3-45(합격날개 : 참고)

03 산업안전보건법령상 사업 내 안전보건교육 중 관리감독자 정기안전보건교육 내용으로 틀린 것은?(단, 산업안전보건법 및 일반관리에 관한 사항은 제외한다.)

① 작업공정의 유해·위험과 재해예방대책에 관한 사항
② 표준안전작업방법 및 지도요령에 관한 사항
③ 유해·위험 작업환경 관리에 관한 사항
④ 건강증진 및 질병예방에 관한 사항

해설

관리감독자 정기안전보건교육 내용
① 산업안전 및 사고 예방에 관한 사항
② 산업보건 및 직업병 예방에 관한 사항
③ 위험성 평가에 관한 사항
④ 유해·위험 작업환경 관리에 관한 사항
⑤ 산업안전보건법령 및 산업재해보상보험 제도에 관한 사항
⑥ 직무스트레스 예방 및 관리에 관한 사항
⑦ 직장 내 괴롭힘, 고객의 폭언 등으로 인한 건강장해 예방 및 관리에 관한 사항
⑧ 작업공정의 유해·위험과 재해 예방대책에 관한 사항
⑨ 사업장 내 안전보건관리체제 및 안전·보건조치 현황에 관한 사항
⑩ 표준안전 작업방법 결정 및 지도·감독 요령에 관한 사항
⑪ 현장근로자와의 의사소통능력 및 강의 능력 등 안전보건교육 능력 배양에 관한 사항
⑫ 비상시 또는 재해 발생 시 긴급조치에 관한 사항
⑬ 그 밖의 관리감독자의 직무에 관한 사항

참고) 산업안전기사 필기 p.1-154 (3) 관리감독자 정기안전보건교육 내용

[정답] 01 ③ 02 ③ 03 ④

과년도 출제문제(기사)

합격의 포인트

- 수험생 여러분! 과년도 문제는 뒷부분부터 보세요.(합격의 기쁨이 빨리 옵니다.)
- 과년도 문제에서 많이 출제됨을 기억하세요.(60%출제 + 해설 40% = 100%)
- 상세한 해설이 합격을 보장합니다.
- 산업안전기사의 필기, 실기(필답형 + 작업형)의 전교재를 갖춘 출판사는 대한민국에 세화뿐입니다.

참고

- 한국산업인력공단이 공개한 문제와 비공개 문제를 출판사와 저자가 재작성 및 재편집·해설하여 다음 시험에 100% 적중을 위하여 구성하였습니다.(참고 및 합격키를 확인하는 것이 합격의 비결입니다.)
- 현명한 세화 독자는 뒷부분(최근 기출문제부터 공부하세요.(최근문제가 이번 시험에 적중합니다.)
- 본서의 문제 중 오답, 오타가 있을 수 있습니다. 발견되면 저자에게 연락주십시오.
- 저자실명제·공식저자, 안전공학박사(365일 상담 : 010-7209-6627)
- 요점정리 및 별도 계산문제도 꼭 보셔야 만점 합격할 수 있습니다.
- 2026년 출제기준과 NCS 출제기준에 맞추어 CBT시험에 적용했습니다.

산업안전기사필기

2015년 3월 08일 시행
2015년 5월 31일 시행
2015년 8월 16일 시행

[정보제공]
① 산업안전보건법 시행규칙 [별표 5] 안전보건교육 교육대상별 교육내용
② 2024년 7월 1일 개정법 적용

04 리더십의 행동이론 중 관리그리드(Managerial Grid)이론에서 리더의 행동유형과 경향을 올바르게 연결한 것은?

① (1.1)형-무관심형
② (1.9)형-과업형
③ (9.1)형-인기형
④ (5.5)형-이상형

[해설]

관리그리드(Managerial Grid)의 5가지 유형

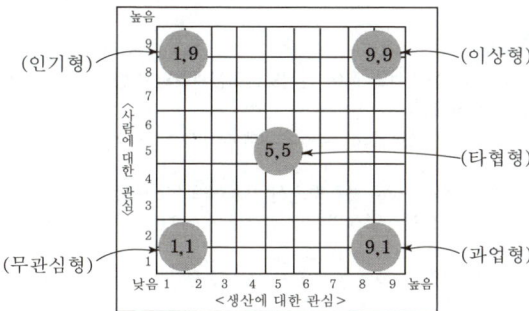

[그림] 관리그리드 이론

참고) 산업안전기사 필기 p.1-81 (3) 관리그리드의 리더십 5가지 이론

05 다음 중 교육훈련 방법에 있어 OJT(On the Job Training)의 특징이 아닌 것은?

① 다수의 근로자들에게 조직적 훈련이 가능하다.
② 개개인에게 적절한 지도 훈련이 가능하다.
③ 훈련 효과에 의해 상호 신뢰이해도가 높아진다.
④ 직장의 실정에 맞게 실제적 훈련이 가능하다.

[해설]

OJT의 특징
① 개개인에게 적절한 지도훈련이 가능하다.
② 직장의 실정에 맞게 실제적 훈련이 가능하다.
③ 즉시 업무에 연결되는 관계로 몸과 관련이 있다.
④ 훈련에 필요한 업무의 계속성이 끊어지지 않는다.
⑤ 효과가 곧 업무에 나타나며 훈련의 좋고 나쁨에 따라 개선이 쉽다.
⑥ 훈련효과를 보고 상호 신뢰, 이해도가 높아지는 것이 가능하다.

참고) 산업안전기사 필기 p.1-142(표. OJT와 OFFJT의 특징)

06 다음 중 안전관리조직의 참모식(Staff형) 장점이 아닌 것은?

① 경영자의 조언과 자문역할을 한다.
② 안전정보 수집이 용이하고 빠르다.
③ 안전에 관한 명령과 지시는 생산라인을 통해 신속하게 전달한다.
④ 안전전문가가 안전계획을 세워 문제해결 방안을 모색하고 조치한다.

[해설]

참모식(Staff형)의 장점
① 안전에 관한 전문지식 및 기술의 축적이 용이하다.
② 경영자의 조언 및 자문역할을 한다.
③ 안전정보 수집이 용이하고 신속하다.
④ 안전관리를 담당하는 스태프부문을 두고 안전관리에 관한 계획, 조사, 검토, 권고, 보고 등을 행하는 관리방식

[보충학습]

직계식(Line형)의 장점
① 안전에 대한 지시 및 전달이 신속·용이하다.
② 명령계통이 간단·명료하다.
③ 참모식보다 경제적이다.
④ 안전관리계획부터 실시까지 모든 것을 생산라인을 통해 관리하는 방식이다.

참고) 산업안전기사 필기 p.1-23(표. 안전보건관리 조직형태)

07 다음 중 안전점검보고서에 수록될 주요 내용으로 적절하지 않은 것은?

① 작업현장의 현 배치 상태와 문제점
② 안전교육 실시 현황 및 추진 방향
③ 안전관리 스태프의 인적사항
④ 안전방침과 중점개선 계획

[해설]

안전점검보고서에 수록될 주요내용
① 안전점검 개요도 : 안전점검근거의 목적, 안전점검방법 및 범위, 안전점검에 적용한 기준
② 현 실태 : 작업현장 배치상황에 따른 문제점
③ 재해다발요인과 유형분석 및 비교 데이터 제시 : 재해요인을 직접·간접 원인 및 유형별 교육적·관리적·기술적 측면에서 제시하고 대책방향을 권고하며, 특히 경제성과 연관
④ 안전교육계획과 실시현황 및 추진방향
⑤ 안전방침과 중점개선계획 작성실시 방향제시
⑥ 보호구, 보호장치, 작업환경실태와 개선제시
⑦ 작업방법 및 작업행동의 안전상태제시

[정답] 04 ① 05 ① 06 ③ 07 ③

참고) 산업안전기사 필기 p.3-50(합격날개 : 합격예측)

08 다음의 "보기" 재해사례에서 기인물에 해당하는 것은?

[보기]
기계작업에 배치된 작업자가 반장의 지시를 받기 전에 정지된 선반을 운전시키면서 변속치차의 덮개를 벗겨내고 치차를 저속으로 운전하면서 급유하려고 할 때 오른손이 변속치차에 맞물려 손가락이 절단되었다.

① 덮개 ② 급유
③ 변속치차 ④ 선반

해설
기인물과 가해물
① 기인물 : 재해발생의 주원인이며 재해를 가져오게 한 근원이 되는 기계, 장치, 물(物) 또는 환경 등(불안전상태 : 선반)
② 가해물 : 직접 사람에게 접촉하여 피해를 주는 기계, 장치, 물(物) 또는 환경 등 : 변속치차

참고) 산업안전기사 필기 p.3-29(합격날개 : 합격예측)

09 버드(Bird)의 재해발생이론에 따를 경우 15건의 경상(물적 또는 인적 상해)사고가 발생하였다면 무상해, 무사고(위험순간)는 몇 건이 발생하겠는가?

① 300 ② 450
③ 600 ④ 900

해설
버드 이론 1 : 10 : 30 : 600의 법칙

[표] 버드의 재해구성비율

중상 또는 폐질	경상	무상해 사고	무상해, 무사고 고장
1	10	30	600
1×1.5=1.5	10×1.5=15	30×1.5=45	600×1.5=900

참고) 산업안전기사 필기 p.3-33 (3) 버드이론 1 : 10 : 30 : 600의 법칙

10 다음 중 산업안전보건법령에 따라 사업주가 안전보건 조치의무를 이행하지 아니하여 발생한 중대재해가 연간 2건이 발생하였을 경우 조치하여야 하는 사항에 해당하는 것은?

① 보건관리자 선임
② 안전보건개선계획의 수립
③ 안전관리자의 증원
④ 물질안전보건자료의 작성

해설
지방고용노동관서의 장이 안전보건개선계획의 수립·시행을 명할 수 있는 사업장
① 사업주가 안전보건조치의무를 이행하지 아니하여 발생한 중대재해 발생 사업장
② 산업재해율이 같은 업종 평균 산업재해율의 2배 이상인 사업장
③ 직업성 질병자가 연간 2명 이상(상시 근로자 1천명 이상 사업장의 경우 3명 이상) 발생한 사업장
④ 작업환경 불량, 화재·폭발 또는 누출사고 등으로 사회적 물의를 일으킨 사업장

11 다음 중 학습목적을 세분하여 구체적으로 결정한 것을 무엇이라 하는가?

① 주제 ② 학습목표
③ 학습정도 ④ 학습성과

해설
강의 계획의 순서
① 학습성과 ② 학습자료의 수집
③ 학습자료의 선정 및 체계화 ④ 강의안의 작성

보충학습
학습성과
학습목적이 설정되면 다시 그것을 세분하여 구체적으로 세부목적으로 결정하여야 한다.
① 학습성과의 설정에는 반드시 주제와 학습정도가 포함되어야 한다.
② 학습목적에 적합하고 타당해야 한다.
③ 구체적으로 서술해야 한다.
④ 수강자의 입장에서 기술해야 한다.

참고) 산업안전기사 필기 p.1-141(2. 학습 성과)

[정답] 08 ④ 09 ④ 10 ② 11 ④

12 토의식 교육방법 중 새로운 교재를 제시하고 거기에서의 문제점을 피교육자로 하여금 제기하게 하거나, 의견을 여러 가지 방법으로 발표하게 하고, 다시 깊이 파고들어서 토의하는 방법은?

① 포럼(Forum)
② 심포지엄(Symposium)
③ 패널 디스커션(Panel discussion)
④ 버즈세션(Buzz session)

해설

포럼(Forum)
새로운 자료나 교재를 제시하고 거기서의 문제점을 피교육자로 하여금 제기하게 하거나 의견을 여러 가지 방법으로 발표하게 하고 다시 깊이 파고들어 토의를 행하는 방법

참고 산업안전기사 필기 p.1-143 (1) 토의식 교육방법

보충학습
① 심포지엄 : 몇 사람의 전문가에 의하여 과정에 관한 견해를 발표한 뒤 참가자로 하여금 의견이나 질문을 하게 하는 토의법
② 패널 디스커션 : 패널멤버(교육과제에 정통한 전문가 4~5명)가 피교육자 앞에서 자유로이 토의하고 뒤에 피교육자 전원이 참가하여 사회자의 사회에 따라 토의하는 방법
③ 버즈세션 : 참가자가 다수인 경우에 전원을 토의에 참가시키기 위한 방법으로 소집단을 구성하여 회의를 진행시키는데 일명 6-6회의라고도 한다.

13 다음 중 강도율에 관한 설명으로 틀린 것은?

① 사망 및 영구 전노동불능(신체장해등급 1~3급)은 손실일수 7,500일로 환산한다.
② 신체장해등급 제14급은 손실일수 50일로 환산한다.
③ 영구 일부노동불능은 신체장해등급에 따른 손실일수에 300/365을 곱하여 환산한다.
④ 일시 전노동불능은 휴업일수에 300/365을 곱하여 손실일수를 환산한다.

해설

근로손실일수
$\frac{300}{365}$ 은 휴업일수, 요양일수, 상해일수, 가료일수 등에 적용

[표] 장해등급에 따른 근로손실일수의 적용

장해등급	1~3	4	5	12	13	14
근로손실일수	7,500	5,500	4,000	200	100	50

참고 산업안전기사 필기 p.3-43(4. 강도율)

14 다음 중 위험예지훈련 4라운드의 진행순서로 옳은 것은?

① 목표설정 → 현상파악 → 대책수립 → 본질추구
② 현상파악 → 본질추구 → 대책수립 → 목표설정
③ 목표설정 → 현상파악 → 본질추구 → 대책수립
④ 현상파악 → 본질추구 → 목표설정 → 대책수립

해설

위험예지훈련의 문제해결 4단계(4Round)
① 1R – 현상파악
② 2R – 본질추구
③ 3R – 대책수립
④ 4R – 목표설정(행동목표설정)

참고 ① 산업안전기사 필기 p.1-12(1. 위험예지훈련의 4단계)
② 산업안전기사 필기 p.1-12(합격날개 : 합격예측)

15 다음 중 산업안전보건법상 "화학물질 취급장소에서의 유해·위험경고"에 사용되는 안전보건표지의 색도기준으로 옳은 것은?

① 7.5R 4/14
② 5Y 8.5/12
③ 2.5PB 4/10
④ 2.5G 4/10

해설

안전보건표지의 색채, 색도기준 및 용도

색채	색도기준	용도	사용 예
빨간색	7.5R 4/14	금지	정지신호, 소화설비 및 그 장소, 유해행위의 금지
		경고	화학물질 취급장소에서의 유해·위험 경고
노란색	5Y 8.5/12	경고	화학물질 취급장소에서의 유해·위험 경고, 이 외의 위험 경고, 주의표지 또는 기계방호물
파란색	2.5PB 4/10	지시	특정 행위의 지시 및 사실의 고지
녹색	2.5G 4/10	안내	비상구 및 피난소, 사람 또는 차량의 통행표지
흰색	N9.5		파란색 또는 녹색에 대한 보조색
검은색	N0.5		문자 및 빨간색 또는 노란색에 대한 보조색

참고 산업안전기사 필기 p.1-62(4. 안전보건표지의 색도기준 및 용도)

합격자의 조언
① 본 문제는 생각하고 또 생각하고 정독해야 합니다.
② 이유는 함정이 있습니다.(찾아보세요)

[정답] 12 ① 13 ③ 14 ② 15 ①

과년도 출제문제

16 다음 중 교육실시 원칙상 한 번에 하나하나씩 나누어 확실하게 이해시켜야 하는 단계는?

① 도입단계   ② 제시단계
③ 적용단계   ④ 확인단계

해설

제2단계 : 제시(작업을 설명한다.)
① 주요 단계를 하나씩 설명해주고, 시범해보이고, 그려보인다.
② 급소를 강조한다.
③ 확실하게, 빠짐없이, 끈기있게 지도한다.
④ 이해할 수 있는 능력 이상으로 강요하지 않는다.

참고 산업안전기사 필기 p.1-153 (4) 교육진행 4단계 순서

보충학습
① 제1단계 : 도입(준비) – 학습할 준비를 시킨다.
② 제3단계 : 적용(응용) – 작업을 시켜본다.
③ 제4단계 : 확인(총괄, 평가) – 가르친 뒤 살펴본다.

---

17 안전인증대상 방음용 귀마개의 일반구조에 관한 설명으로 틀린 것은?

① 귀의 구조상 내이도에 잘 맞을 것
② 귀마개를 착용할 때 귀마개의 모든 부분이 착용자에게 물리적인 손상을 유발시키지 않을 것
③ 사용 중에 쉽게 빠지지 않을 것
④ 귀마개는 사용수명 동안 피부자극, 피부질환, 알레르기 반응 혹은 그 밖에 다른 건강상의 부작용을 일으키지 않을 것

해설

귀마개의 일반 구조
① 귀마개는 사용수명 동안 피부자극, 피부질환, 알레르기 반응 혹은 그 밖에 다른 건강상의 부작용을 일으키지 않을 것
② 귀마개 사용 중 재료에 변형이 생기지 않을 것
③ 귀마개를 착용할 때 귀마개의 모든 부분이 착용자에게 물리적인 손상을 유발시키지 않을 것
④ 귀마개를 착용할 때 밖으로 돌출되는 부분이 외부의 접촉에 의하여 귀에 손상이 발생하지 않을 것
⑤ 귀(외이도)에 잘 맞을 것
⑥ 사용 중 심한 불쾌함이 없을 것
⑦ 사용 중에 쉽게 빠지지 않을 것

참고 산업안전기사 필기 p.1-61(합격날개 : 합격예측)

---

18 동기부여와 관련하여 다음과 같은 레빈(Lewin. K)의 법칙에서 "P"가 의미하는 것은?

$$B = f(P \cdot E)$$

① 개체   ② 인간의 행동
③ 심리적 환경   ④ 인간관계

해설

레빈의 법칙
$B = f(P \cdot E)$
① B : Behavior(인간의 행동)
② f : function(함수관계)
③ P : Person(개체 : 연령, 경험, 심신상태, 성격, 지능, 소질 등)
④ E : Environment(심리적 환경 : 인간관계, 작업환경 등)

참고 산업안전기사 필기 p.1-77(합격날개 : 합격예측)

---

19 다음 중 맥그리거(Douglas McGregor) X이론과 Y이론에 관한 관리처방으로 가장 적절한 것은?

① 목표에 의한 관리는 Y이론의 관리처방에 해당된다.
② 직무의 확장은 X이론의 관리처방에 해당된다.
③ 상부책임제도의 강화는 Y이론의 관리처방에 해당된다.
④ 분권화 및 권한의 위임은 X이론의 관리처방에 해당된다.

해설

XY이론

[표] $X \cdot Y$이론의 관리처방

X이론 처방	Y이론 처방
① 경제적 보상 체제의 강화	① 민주적 리더십의 확립
② 권위주의적 리더십의 확보	② 분권화의 권한과 위임
③ 면밀한 감독과 엄격한 통제	③ 목표에 의한 관리
④ 상부책임제도의 강화	④ 직무확장
⑤ 조직구조의 고층성	⑤ 비공식적 조직의 활용
	⑥ 자체평가제도의 활성화

참고 산업안전기사 필기 p.1-100(표. $X \cdot Y$이론의 관리처방)

[정답] 16 ②   17 ①   18 ①   19 ①

20 휴먼에러(Human Error) 원인의 레벨(Level)을 분류할 때 작업조건이나 작업형태 중에서 다른 문제가 생겨서 그것 때문에 필요한 사항을 실행할 수 없는 에러를 무엇이라고 하는가?

① Command Error
② Primary Error
③ Secondary Error
④ Third Error

해설

실수원인의 수준적 분류
① 1차실수(Primary error : 주과오) : 작업자 자신으로부터 발생한 실수
② 2차실수(Secondary error : 2차과오) : 작업형태나 조건 중에서 문제가 생겨 발생한 실수, 어떤 결함에서 파생
③ 커맨드 실수(Command error : 지시과오) : 직무를 하려고 해도 필요한 정보, 물건, 에너지 등이 없어 발생하는 실수

참고 산업안전기사 필기 p.2-20 (2. 형태적 특성)

2 인간공학 및 위험성 평가·관리

21 다음 설명은 어떤 설계응용원칙을 적용한 사례인가?

제어버튼의 설계에서 조작자와의 거리를 여성의 5백분위수를 이용하여 설계하였다.

① 극단적 설계원칙   ② 가변적 설계원칙
③ 평균적 설계원칙   ④ 양립적 설계원칙

해설

최대치수와 최소치수(극단적 설계원칙)

구분	최대치수	최소치수
적용	대상 집단에 대한 인체 측정 변수의 상위 백분위수(percentile)를 기준으로 90, 95, 99[%] 적용(남성:95)	관련 인체 측정 변수 분포의 하위 백분위수를 기준으로 1, 5, 10[%] 적용(여성:5)
예	① 출입문, 통로, 의자사이의 간격 등의 공간 여유의 결정 ② 줄사다리, 그네 등의 지지물의 최소 지지중량(강도)	① 선반의 높이 또는 조종장치까지의 거리 ② 버스나 전철의 손잡이 등의 결정

참고 산업안전기사 필기 p.2-159(2. 신체반응의 측정)

보충학습
(1) 가변적(조절식) 설계
  ① 어떤 설비나 장치를 설계할 때 체격이 다른 여러 사람을 수용할 수 있도록 가변적으로 만든 것
  ② 여성 5백분위수에서 남성 95백분위수를 수용
(2) 평균적 설계
  ① 극단치를 이용한 설계가 곤란한 경우에는 평균치를 이용하여 설계
  ② 은행창구 높이를 일반적인 사람에 맞추는 경우

22 발생확률이 각각 0.05, 0.08인 두 결함사상이 AND 조합으로 연결된 시스템을 FTA로 분석하였을 때 이 시스템의 신뢰도는 약 얼마인가?

① 0.004   ② 0.126
③ 0.874   ④ 0.996

해설

신뢰도·불신뢰도
① 불신뢰도(R_s) = 0.05 × 0.08 = 0.004
② 신뢰도 = 1 − 불신뢰도 = 1 − 0.004 = 0.996

참고 산업안전기사 필기 p.2-71(10. AND 게이트)

23 작업자세로 인한 부하를 분석하기 위하여 인체 주요 관절의 힘과 모멘트를 정역학적으로 분석하려고 할 때 분석에 반드시 필요한 인체 관련 자료가 아닌 것은?

① 관절 각도
② 관절의 종류
③ 분절(segment) 무게
④ 분절(segment) 무게 중심

해설

정역학적 분석 인체관련자료
① 관절각도
② segment(분절) 무게
③ 분절 무게 중심

참고 산업안전기사 필기 p.2-162(은행문제1) 적중

[정답] 20 ③ 21 ① 22 ④ 23 ②

과년도 출제문제

24 다음 중 인간에러(Human error)에 관한 설명으로 틀린 것은?

① Omission error : 필요한 작업 또는 절차를 수행하지 않는 데 기인한 에러
② Commission error : 필요한 작업 또는 절차의 수행 지연으로 인한 에러
③ Extraneous error : 불필요한 작업 또는 절차를 수행함으로써 기인한 에러
④ Sequential error : 필요한 작업 또는 절차의 순서 착오로 인한 에러

해설

심리학적 분류(Swain)의 인적오류(불확정, 시간지연, 순서착오)
① 생략적 과오(Omission error) : 필요한 직무 또는 절차를 수행하지 않음
② 수행적 과오(Commission error) : 필요한 직무 또는 절차의 불확실한 수행
③ 시간적 과오(Time error) : 필요한 직무 또는 절차의 수행지연
④ 순서적 과오(Sequential error) : 필요한 직무 또는 절차의 순서 잘못 이해
⑤ 불필요한 과오(Extraneous error) : 불필요한 직무 또는 절차를 수행

참고 산업안전기사 필기 p.2-20(합격날개 : 합격예측)

25 다음 중 결함수분석(FTA)에 관한 설명으로 틀린 것은?

① 연역적 방법이다.
② 버텀-업(Bottom-Up)방식이다.
③ 기능적 결함의 원인을 분석하는 데 용이하다.
④ 계량적 데이터가 축적되면 정량적 분석이 가능하다.

해설

FTA특징
① Top down형식(연역적)
② 정량적 해석기법(컴퓨터 처리가 가능)
③ 논리기호를 사용한 특정사상에 대한 해석
④ 서식이 간단해서 비전문가도 짧은 훈련으로 사용할 수 있다.
⑤ Human Error의 검출이 어렵다.

참고 산업안전기사 필기 p.2-73(3. FTA특징)

보충학습
Bottom-up방식 : FMEA

26 다음 중 정보전달에 있어서 시각적 표시장치보다 청각적 표시장치를 사용하는 것이 바람직한 경우는?

① 정보의 내용이 긴 경우
② 정보의 내용이 복잡한 경우
③ 정보의 내용이 후에 재참조되지 않는 경우
④ 정보의 내용이 즉각적인 행동을 요구하지 않는 경우

해설

청각장치 사용 예
① 전언이 간단할 경우
② 전언이 짧을 경우
③ 전언이 후에 재참조되지 않을 경우
④ 전언이 시간적인 사상(event)을 다룰 경우
⑤ 전언이 즉각적인 행동을 요구할 경우
⑥ 수신자의 시각 계통이 과부하 상태일 경우
⑦ 수신 장소가 너무 밝거나 암조응(暗調應) 유지가 필요할 경우
⑧ 직무상 수신자가 자주 움직이는 경우

참고 산업안전기사 필기 p.2-31(문제 43번 해설)

27 다음 중 광원의 밝기에 비례하고, 거리의 제곱에 반비례하며, 반사체의 반사율과는 상관없이 일정한 값을 갖는 것은?

① 광도   ② 휘도
③ 조도   ④ 휘광

해설

조도
① 거리가 증가할 때에 조도는 역제곱의 법칙에 따라 감소한다.
② 공식 : 조도 = $\dfrac{광도(광원의 밝기)[cd]}{(거리)^2}$ = $\dfrac{비례}{반비례}$

참고 산업안전기사 필기 p.2-168(1. 조명)

28 다음 중 의자를 설계하는 데 있어 적용할 수 있는 일반적인 인간공학적 원칙으로 가장 적절하지 않은 것은?

① 조절을 용이하게 한다.
② 요부 전만을 유지할 수 있도록 한다.
③ 등근육의 정적 부하를 높이도록 한다.
④ 추간판에 가해지는 압력을 줄일 수 있도록 한다.

[정답] 24 ② 25 ② 26 ③ 27 ③ 28 ③

해설
의자설계시 인간공학적 원칙
① 등근육의 정적 부하를 감소시키는 구조 : 등과 어깨 근육의 정적 부하를 촉진하면, 통증과 경련을 일으키므로 감소시키는 구조로 한다.
② 디스크(추간판)의 압력을 줄이는 구조 : 압력 때문에 다리 전체에 대한 혈액순환을 감소시킬 수 있다.
③ 요추(요부)의 전만을 유도할 것 : 서 있을 때의 허리 S라인을 그대로 유지하는 것이 최고로 좋다.
④ 일정한 자세 고정을 줄인다. : 아무리 좋은 자세라도 계속 같은 자세로 고정하면 영양물 공급이 감소되고, 장기적으로는 디스크의 퇴행과정이 촉진된다.
⑤ 쉽게 조절할 수 있도록 설계할 것 : 조절식 좌석을 사용하면 생산성이 증가하고, 어깨와 허리 통증을 완화시킬 수 있다.

참고 ① 산업안전기사 필기 p.2-161(합격날개 : 은행문제)
② 산업안전기사 필기 p.2-163(합격날개 : 합격예측)

29 다음 중 인간공학에 있어서 일반적인 인간-기계체계(Man-Machine System)의 구분으로 가장 적합한 것은?
① 인간체계, 기계체계, 전기체계
② 전기체계, 유압체계, 내역기관체계
③ 수동체계, 반기계체계, 반자동체계
④ 자동화체계, 기계화체계, 수동체계

해설
인간-기계 체계 3가지 구분
① 수동 시스템 - 다양성(융통성)이 우수
  ㉮ 수공구나 기타 보조물 사용
  ㉯ 동력원 : 인간 자신에 신체적인 힘
② 기계화 시스템(반자동 시스템)
  ㉮ 동력원 : 기계
  ㉯ 인간의 역할 : 통제
③ 자동 시스템
  인간의 역할 : 설계, 설치, 감시, 프로그램, 보전

참고 산업안전기사 필기 p.2-10(표. 운용방식 및 부품과 연결장치의 특성에 의한 인간-기계통합시스템의 분류)

30 다음 중 인간공학적 설계 대상에 해당되지 않는 것은?
① 물건(Objects)
② 기계(Machinery)
③ 환경(Environment)
④ 보전(Maintenance)

해설
인간공학
인간-물자(물건)-기계-컴퓨터-환경으로 이루어진 시스템을 설계함에 있어, 인간의 생리학, 심리학, 해부학적 및 사회학적 특징을 체계적으로 설계에 반영시키기 위하여 제반 공학적 방법을 제공하는 종합적인 학문이다.

참고 산업안전기사 필기 p.2-3(합격날개 : 합격예측)

31 FT도에 사용되는 다음 기호의 명칭으로 옳은 것은?

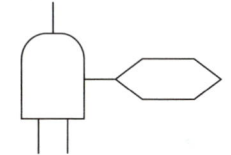

① 부정게이트
② 수정기호
③ 위험지속기호
④ 배타적 OR게이트

해설
FTA기호
① 부정게이트 : 입력에 반대현상이 나타난다.

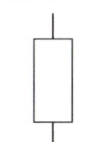

[그림] 부정게이트

② 위험지속기호 : 입력사상이 생기어 어느 일정시간 지속하였을 때에 출력사상이 생긴다.

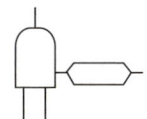

[그림] 위험지속기호

③ 배타적 OR게이트 : OR게이트이지만 2개 또는 2 이상의 입력이 동시에 존재하는 경우에는 출력이 생기지 않는다.

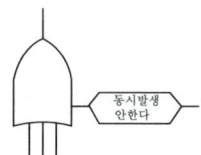

[그림] 배타적 OR게이트

참고 산업안전기사 필기 p.2-70(표. FTA의 기호)

[정답] 29 ④ 30 ④ 31 ③

32
한 대의 기계를 100시간 동안 연속 사용한 경우 6회의 고장이 발생하였고, 이때의 총고장수리시간이 15시간이었다. 이 기계의 MTBF(Mean Time Between Failure)는 약 얼마인가?

① 2.51
② 14.17
③ 15.25
④ 16.67

해설

$$\text{MTBF} = \frac{\text{총가동시간} - \text{총고장수리시간}}{\text{고장횟수}} = \frac{100-15}{6} = 14.17$$

참고 산업안전기사 필기 p.2-83(2. MTBF)

33
산업안전보건법령에 따라 제조업 중 유해·위험방지계획서 제출대상 사업의 사업주가 유해·위험방지계획서를 제출하고자 할 때 첨부하여야 하는 서류에 해당되지 않는 것은?(단, 그 밖에 고용노동부장관이 정하는 도면 및 서류 등은 제외한다.)

① 공사개요서
② 기계·설비의 배치도면
③ 기계·설비의 개요를 나타내는 서류
④ 원재료 및 제품의 취급, 제조 등의 작업방법의 개요

해설

제출서류(제조업 등 유해·위험방지계획서, 해당작업시작 15일 전까지 공단에 2부 제출)
① 건축물 각 층의 평면도
② 기계·설비의 개요를 나타내는 서류
③ 기계·설비의 배치도면
④ 원재료 및 제품의 취급, 제조 등의 작업방법의 개요
⑤ 그 밖에 고용노동부장관이 정하는 도면 및 서류

참고 산업안전보건법 시행규칙 제42조(제출서류 등)

34
다음 중 정성적 표시장치를 설명한 것으로 적절하지 않은 것은?

① 연속적으로 변하는 변수의 대략적인 값이나 변화 추세, 변화율 등을 알고자 할 때 사용된다.
② 정성적 표시장치의 근본 자료 자체는 정량적인 것이다.
③ 색채 부호가 부적합한 경우에는 계기판 표시 구간을 형상 부호화하여 나타낸다.
④ 전력계에서와 같이 기계적 혹은 전자적으로 숫자가 표시된다.

해설

정성적 표시장치
① 변수의 상태나 조건이 미리 정해 놓은 몇 개의 범위 중 어디에 속하는가를 판정할 때 사용된다.
② 바람직한 어떤 범위의 값을 대략 유지하고자 할 때 사용된다.
③ 변화 추세나 율을 관찰하고자 할 때 사용된다.
④ 정성적 표시장치의 색채 암호화 및 상태 점검시 사용된다.
⑤ 정성적 표시장치의 근본 자료 자체는 정량적인 것이다.

보충학습

계수형
① 전력계나 택시요금 계산기 등의 계기와 같이 전자식으로 숫자가 표시되는 곳에 활용된다.
② 정량적 표시장치이자 시각적 표시장치이다.

① 정목동침형　② 정침동목형　③ 계수형

[그림] 시각적 표시장치

35
다음 중 일반적인 화학설비에 대한 안전성 평가(safety assessment) 절차에 있어 안전대책 단계에 해당되지 않는 것은?

① 보전
② 설비 대책
③ 위험도 평가
④ 관리적 대책

해설

화학설비의 안전성 평가 6단계
① 제1단계 : 관계자료의 작성준비
② 제2단계 : 정성적 평가
③ 제3단계 : 정량적 평가(위험도 평가)
④ 제4단계 : 안전대책
　㉮ 설비대책 : 안전장치 및 방재장치에 관해서 배려한다.
　㉯ 관리적 대책 : 인원배치, 교육훈련 및 보전에 관해서 배려한다.
⑤ 제5단계 : 재평가
⑥ 제6단계 : FTA에 의한 평가

참고 산업안전기사 필기 p.2-40(4. 4단계 : 안전대책수립)

보충학습
위험도 평가는 3단계에서 실시한다.

[정답] 32 ②　33 ①　34 ④　35 ③

36 다음 중 일반적으로 보통 기계작업이나 편지 고르기에 가장 적합한 조명수준은?

① 30[fc]　② 100[fc]
③ 300[fc]　④ 500[fc]

해설

추천 조명수준
① 세밀한 조립작업 : 300[fc](foot-candle)
② 아주 힘든 검사작업 : 500[fc]
③ 보통 기계작업 : 100[fc]
④ 드릴 또는 리벳작업 : 30[fc]

참고) 산업안전기사 필기 p.2-169(합격날개 : 합격예측)

37 다음 중 HAZOP기법에서 사용하는 가이드워드와 그 의미가 잘못 연결된 것은?

① As well as : 성질상의 증가
② More/Less : 정량적인 증가 또는 감소
③ Part of : 성질상의 감소
④ Other than : 기타 환경적인 요인

해설

guide words(가이드워드)

종류	의미
AS WELL AS	성질상의 증가
PART OF	성질상의 감소
OTHER THAN	완전한 대체의 사용
REVERSE	설계의도의 논리적인 역
LESS	양의 감소
MORE	양의 증가
NO, NOT	설계의도의 완전한 부정

참고) 산업안전기사 필기 p.2-41(2. 유인어)

38 프레스기의 안전장치 수명은 지수분포를 따르며 평균수명은 1,000시간이다. 새로 구입한 안전장치가 향후 500시간 동안 고장 없이 작동할 확률(ⓐ)과 이미 1,000시간을 사용한 안전장치가 향후 500시간 이상 견딜 확률(ⓑ)은 각각 얼마인가?

① ⓐ : 0.606, ⓑ : 0.606
② ⓐ : 0.707, ⓑ : 0.707
③ ⓐ : 0.808, ⓑ : 0.808
④ ⓐ : 0.909, ⓑ : 0.909

해설

수명계산
① ⓐ 평균수명은 1,000시간이다. 새로 구입한 안전장치가 향후 500시간 동안 고장 없이 작동할 확률
$R_ⓐ = e^{-\lambda t} = e^{-\frac{t}{t_0}} = e^{-\frac{500}{1,000}} = 0.606$
② ⓑ 이미 1,000시간을 사용한 안전장치가 향후 500시간 이상 견딜 확률
$R_ⓑ = e^{-\lambda t} = e^{-\frac{t}{t_0}} = e^{-\frac{500}{1,000}} = 0.606$

참고) 산업안전기사 필기 p.2-15(합격날개 : 은행문제)

KEY 2004년 제2회 출제

보충학습
ⓐ, ⓑ 동일

39 다음 중 모든 시스템 안전 프로그램에서의 최초단계 해석으로 시스템내의 위험요소가 어떤 위험상태에 있는가를 정성적으로 평가하는 분석방법은?

① PHA　② FHA
③ FMEA　④ FTA

해설

예비위험분석(PHA)

PHA는 모든 시스템안전 프로그램의 최초 단계의 분석으로서 시스템 내의 위험요소가 얼마나 위험한 상태에 있는가를 정성적으로 평가하는 것이다.

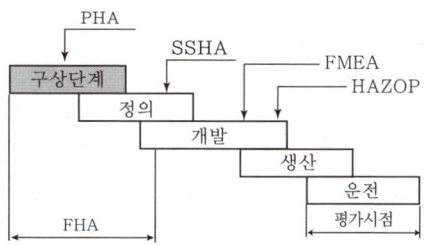

[그림] HAZOP, PHA, SSHA, FMEA

참고) 산업안전기사 필기 p.2-60(2. 예비위험분석)

보충학습
결함 위험요인 분석(FHA) : 복잡한 시스템에 있어 전체 시스템을 몇 개의 서브시스템으로 나누어 분할 제작하는 경우, 서브시스템이 다른 서브시스템 또는 전체 시스템의 안전성에 미치는 영향을 분석하는 방법

[정답] 36 ②　37 ④　38 ①　39 ①

40 다음 중 인간의 제어 및 조정능력을 나타내는 법칙인 Fitt's law와 관련된 변수가 아닌 것은?

① 표적의 너비
② 표적의 색상
③ 시작점에서 표적까지의 거리
④ 작업의 난이도(Index of Difficulty)

[해설]

Fitt's law의 변수 법칙

$$MT = a + b\log_2 \frac{2D}{W}$$

① MT : 동작시간
② a, b : 작업 난이도에 대한 실험상수
③ D : 동작 시발점에서 표적 중심까지의 거리
④ W : 표적의 폭(너비)

[참고] 산업안전기사 필기 p.2-174(합격날개 : 은행문제)

42 클러치 맞물림 개소수가 4개, 양수기동식 안전장치의 안전거리가 360[mm]일 때 양손으로 누름단추를 조작하고 슬라이드가 하사점에 도달하기까지의 소요 최대시간은 얼마인가?

① 90[ms]   ② 125[ms]
③ 225[ms] ④ 576[ms]

[해설]

소요 최대시간
① $D_m = 1.6 T_m$ ② $T_m = \frac{360}{1.6} = 225[ms]$

[참고] 산업안전기사 필기 p.3-101(참고. 양수기동식)

[보충학습]

양수기동식 안전거리
① $D_m = 1.6 T_m$
② $D_m =$ 안전거리(단위[mm])
③ $T_m =$ 양손으로 누름단추를 조직하고 슬라이드가 하사점에 도달하기까지의 소요 최대시간(단위[ms])
④ $T_m = \left(\dfrac{1}{클러치가 걸리는 개소수} + \dfrac{1}{2}\right) \times 60,000/$매분 행정수(SPM) (단위[ms])

3 기계·기구 및 설비안전관리

41 회전축, 커플링에 사용하는 덮개는 다음 중 어떠한 위험점을 방호하기 위한 것인가?

① 협착점   ② 접선물림점
③ 절단점   ④ 회전말림점

[해설]

회전말림점(Trapping-point)
회전하는 물체에 작업복, 머리카락 등이 말려드는 위험이 존재하는 점
예 회전하는 축, 커플링, 돌출된 키나 고정나사, 회전하는 공구 등

① 회전축   ② 커플링   ③ 드릴작업

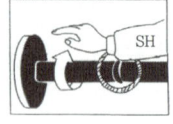  

[그림] 회전말림점 예

[참고] 산업안전기사 필기 p.3-15(2. 위험점의 분류)

43 다음 중 프레스의 손쳐내기식 방호장치 설치기준으로 틀린 것은?

① 방호판의 폭이 금형 폭의 1/2 이상이어야 한다.
② 슬라이드 행정수가 150[SPM] 이상의 것에 사용한다.
③ 슬라이드의 행정길이가 40[mm] 이상의 것에 사용한다.
④ 슬라이드 하행정거리의 3/4 위치에서 손을 완전히 밀어내야 한다.

[해설]

프레스 방호장치 설치기준
① 가드식, 게이트가드식 방호장치(가드를 닫지 않으면 슬라이드가 작동되지 않고, 슬라이드 작동중에는 열 수 없는 구조에 한한다)
② 손쳐내기식 방호장치(슬라이드의 행정길이가 40[mm] 이상의 것으로서 120[SPM] 이하의 것에 한한다)
③ 수인식 방호장치(슬라이드의 행정길이가 40[mm] 이상의 것으로서 120[SPM] 이하의 것에 한한다)
④ 양수조작식 방호장치(슬라이드 작동 중 정지가 가능하고, 1행정 1정지기구를 갖추고 있는 것에 한한다)
⑤ 감응식 방호장치(슬라이드 작동중 정지 가능한 구조에 한한다)

[정답] 40 ②   41 ④   42 ③   43 ②

참고) 산업안전기사 필기 p.3-96(합격날개 : 합격예측 및 관련법규)

44 크레인에서 권과방지장치의 달기구 윗면이 권상장치의 아랫면과 접촉할 우려가 있는 경우에는 몇 [cm] 이상 간격이 되도록 조정하여야 하는가?(단, 직동식 권과장치의 경우는 제외한다.)

① 25　　　　② 30
③ 35　　　　④ 40

해설
권과방지장치
양중기에 대한 권과방지장치는 훅·버킷 등 달기구의 윗면(그 달기구에 권상용 도르래가 설치된 경우에는 권상용 도르래의 윗면)이 드럼, 상부 도르래, 트롤리프레임 등 권상장치의 아랫면과 접촉할 우려가 있는 경우에 그 간격이 0.25[m] 이상(직동식(直動式) 권과방지장치는 0.05[m] 이상으로 한다])이 되도록 조정하여야 한다.

참고) 산업안전기사 필기 p.3-141(합격날개 : 합격예측 및 관련법규)

45 선반작업시 사용되는 방진구는 일반적으로 공작물의 길이가 직경의 몇 배 이상일 때 사용하는가?

① 4배 이상　　② 6배 이상
③ 8배 이상　　④ 12배 이상

해설
방진구(Work rest)
① 선반에서 가늘고 긴 가공물을 절삭할 때 사용하는 부속품이다.
② 일반적으로 가공물의 길이가 지름의 12~20배가 넘으면 가공물은 절삭력과 자체중량(自重)에 의하여 진동이 발생하여 정밀도가 높은 제품을 가공할 수 없다.
③ 선반 베드에 고정하여 사용하는 고정식 방진구나, 왕복대의 새들에 고정하여 사용하는 이동식 방진구를 사용하여 가공물을 절삭하여야 한다.

[그림] 고정식 방진구

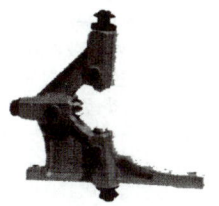
[그림] 이동식 방진구

참고) 산업안전기사 필기 p.3-80(4. 선반작업시 안전수칙)

46 다음 중 연삭기 작업시 안전상의 유의사항으로 옳지 않은 것은?

① 연삭숫돌을 교체한 때에는 1분 이내로 시운전하고 이상 여부를 확인한다.
② 연삭숫돌의 최고사용 원주속도를 초과해서 사용하지 않는다.
③ 탁상용연삭기에는 작업받침대와 조정편을 설치한다.
④ 탁상용연삭기의 경우 덮개의 노출각도는 90[°]를 넘지 않아야 한다.

해설
연삭기 작업기준
① 연삭숫돌을 사용하는 작업의 경우 작업을 시작하기 전에는 1분 이상, 연삭숫돌을 교체한 후에는 3분 이상 시험운전을 하고 해당 기계에 이상이 있는지를 확인하여야 한다.

참고) 산업안전기사 필기 p.3-93(4. 연삭기 구조면에서 안전대책)

47 다음 중 아세틸렌 용접시 역류를 방지하기 위하여 설치하여야 하는 것은?

① 안전기　　② 청정기
③ 발생기　　④ 유량기

해설
안전기설치기준
① 아세틸렌 용접장치의 취관마다 안전기를 설치하여야 한다.
② 주관 및 취관에 가장 가까운 분기관(分岐管)마다 안전기를 부착한 경우에는 그러하지 아니하다.
③ 용도 : 역류방지

참고) 산업안전기사 필기 p.3-114(합격날개 : 합격예측 및 관련법규)

보충학습
역류
토치 내부의 청소 상태가 불량하면 토치 내부의 기관에 막힘 현상이 일어나는데, 이때 고압의 산소가 밖으로 나가지 못하고 산소보다 압력이 낮은 아세틸렌을 밀어내면서 아세틸렌 호스쪽으로 산소가 거꾸로 흐르는 현상

[정답] 44 ①　45 ④　46 ①　47 ①

48 상용운전압력 이상으로 압력이 상승할 경우 보일러의 파열을 방지하기 위하여 버너의 연소를 차단하여 열원을 제거함으로써 정상 압력으로 유도하는 장치는?

① 압력방출장치 ② 고저수위조절장치
③ 압력제한스위치 ④ 통풍제어스위치

해설

압력제한스위치 기능
보일러의 과열을 방지하기 위하여 최고사용 압력과 상용압력 사이에서 보일러의 버너 연소를 차단할 수 있도록 압력제한스위치를 부착하여 사용하여야 한다.

참고) 산업안전기사 필기 p.3-120(3. 방호장치의 종류)

49 지게차로 중량물 운반시 차량의 중량은 30[kN], 전차륜에서 화물 중심까지의 거리는 2[m], 전차륜에서 차량 중심까지의 최단거리를 3[m]라고 할 때, 적재 가능한 화물의 최대중량은 얼마인가?

① 15[kN] ② 25[kN]
③ 35[kN] ④ 45[kN]

해설

화물의 최대중량
① $M_1 = W \times a = W \times 2 = 2W$[kN]
② $M_2 = G \times b = 30 \times 3 = 90$[kN]
③ $M_1 \leq M_2$, $2W \leq 90$, ∴ $W = 45$[kN]

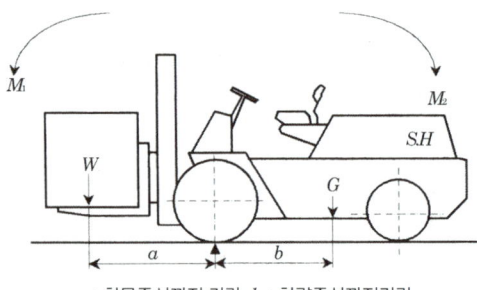

a : 화물중심까지 거리, b : 차량중심까지거리
[그림] 지게차

50 작업장 내 운반이 주목적인 구내운반차의 핸들 중심에서 차체 바깥 측까지의 안전거리로 옳은 것은?

① 45[cm] 이상 ② 55[cm] 이상
③ 65[cm] 이상 ④ 75[cm] 이상

해설

핸들의 중심에서 차체 바깥 측까지의 거리가 65[cm] 이상일 것

합격정보
법 개정으로 안전거리 삭제되었습니다.

51 다음 중 목재가공용 둥근톱에서 반발장치를 방호하기 위한 분할날의 설치조건이 아닌 것은?

① 톱날과의 간격은 12[mm] 이내
② 톱날 후면날의 2/3 이상 방호
③ 분할날 두께는 둥근톱 두께의 1.1배 이상
④ 덮개 하단과 가공재 상면과의 간격은 15[mm] 이내로 조정

해설

분할날의 설치조건
① 분할날의 두께는 둥근톱 두께의 1.1배 이상일 것
② 견고히 고정할 수 있으며 분할날과 톱날 원주면과의 거리는 12[mm] 이내로 조정, 유지할 수 있어야 하고 표준 테이블면상의 톱 뒷날의 2/3 이상을 덮도록 할 것

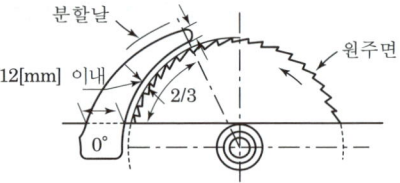

[그림] 분할날 설치기준

③ 톱날 등 분할날에 대면하고 있는 부분 및 송급하는 가공재의 상면에서 덮개 하단까지의 간격이 8[mm] 이하가 되게 위치를 조정해 주어야 한다. 또한 덮개의 하단이 테이블면 위치로 25[mm] 이상 높이로 올릴 수 있게 스토퍼를 설치한다.

참고) 산업안전기사 필기 p.3-131(3. 반발예방장치)

보충학습
① 둥근톱기계의 반발예방장치
사업주는 목재가공용 둥근톱기계[가로 절단용 둥근톱기계 및 반발(反撥)에 의하여 근로자에게 위험을 미칠 우려가 없는 것은 제외한다]에 분할날 등 반발예방 장치를 설치하여야 한다.
② 둥근톱기계의 톱날접촉예방장치
사업주는 목재가공용 둥근톱기계(휴대용 둥근톱을 포함하되, 원목제재용 둥근톱기계 및 자동이송장치를 부착한 둥근톱기계를 제외한다)에는 톱날접촉예방장치를 설치하여야 한다.

[정답] 48 ③ 49 ④ 50 ③ 51 ④

52 다음 중 유체의 흐름에 있어 수격작용(water hammering)과 가장 관계가 적은 것은?

① 과열
② 밸브의 개폐
③ 압력파
④ 관내의 유동

[해설]

워터해머 현상
① 증기관 내에서 증기를 보내기 시작할 때 해머로 치는 듯한 소리를 내며 관이 진동하는 현상
② 워터해머는 캐리오버에 기인한다.

[참고] 산업안전기사 필기 p.3-119(1. 보일러 이상현상의 종류)

[보충학습]

보일러 과열의 원인
① 수관과 본체의 청소불량
② 관수 부족시 보일러의 가동
③ 수면계의 고장으로 드럼내의 물의 감소

53 다음 중 산업용 로봇의 운전시 근로자 위험을 방지하기 위한 필요조치로서 가장 적합한 것은?

① 미숙련자에 의한 로봇 조종은 6시간 이내에만 허용한다.
② 근로자가 로봇에 부딪칠 위험이 있을 때에는 안전매트 및 높이 1.8[m] 이상의 방책을 설치한다.
③ 조작 중 이상 발견시 로봇을 정지시키지 말고 신속하게 관계 기관에 통보한다.
④ 급유는 작업의 연속성과 오동작방지를 위하여 운전 중에만 실시하여야 한다.

[해설]

산업용 로봇 운전시 안전수칙
① 미숙련자에 의한 로봇 조정은 4시간 이내에만 허용한다.
② 사업주는 로봇을 운전하는 경우에 근로자가 로봇에 부딪칠 위험이 있을 때에는 안전매트 및 높이 1.8[m] 이상의 방책을 설치하는 등 위험을 방지하기 위하여 필요한 조치를 하여야 한다.
③ 작업에 종사하고 있는 근로자 또는 그 근로자를 감시하는 사람은 이상을 발견하면 즉시 로봇의 운전을 정지시키기 위한 조치를 할 것
④ 사업주는 로봇의 작동범위에서 해당 로봇의 수리·검사·조정·청소·급유 또는 결과에 대한 확인작업을 하는 경우에는 해당 로봇의 운전을 정지하고 동시에 그 작업을 하고 있는 동안 로봇의 기동스위치를 열쇠로 잠근 후 열쇠를 별도 관리하거나 해당 로봇의 기동스위치에 작업 중이란 내용의 표지판을 부착하는 등 해당 작업에 종사하고 있는 근로자가 아닌 사람이 해당 기동스위치를 조작할 수 없도록 필요한 조치를 하여야 한다.

54 기계 진동에 의하여 물체에 힘이 가해질 때 전하를 발생하거나 전하가 가해질 때 진동 등을 발생시키는 물질의 특성을 무엇이라고 하는가?

① 압자
② 압전효과
③ 스트레인
④ 양극현상

[해설]

압전효과
기계적 에너지를 전기 에너지로, 전기 에너지를 기계적 에너지로 변환하는 것
예) 라이터의 압전효과 : 엄지로 스프링버튼을 누르면 높은 전압의 전기가 발생하여 점화시키는 원리

[참고] 산업안전기사 필기 p.3-226(합격날개 : 은행문제2)

55 연삭기에서 숫돌의 바깥지름이 150[mm]일 경우 평형플랜지 지름은 몇 [mm] 이상이어야 하는가?

① 30
② 50
③ 60
④ 70

[해설]

평형플랜지지름

숫돌의 바깥지름 $\times \frac{1}{3}$ = $150 \times \frac{1}{3}$ = $50[mm]$

[참고] 산업안전기사 필기 p.3-92(합격날개 : 합격예측)

56 기계설비의 안전조건 중 외관의 안전성을 향상시키는 조치에 해당하는 것은?

① 전압강하·정전시의 오동작을 방지하기 위하여 자동제어장치를 설치하였다.
② 고장발생을 최소화하기 위해 정기점검을 실시하였다.
③ 강도의 열화를 생각하여 안전율을 최대로 고려하여 설계하였다.
④ 작업자가 접촉할 우려가 있는 기계의 회전부를 덮개로 씌우고 안전색채를 적용하였다.

[정답] 52 ① 53 ② 54 ② 55 ② 56 ④

해설

기계설비의 안전조건
① 외관상 안전화 : 덮개, 케이스내장, 색채조절
② 작업 안전화 : 기동장치와 배치, 시건장치, 안전통로
③ 보전작업 안전화 : 정기점검, 교환, 주유
④ 기능적 안전화
   ㉮ 적극적 대책
      ㉠ 1차적 : fail safe
      ㉡ 2차적 : 회로의 개선으로 인한 오동작 방지
   ㉯ 소극적 대책 : 급정지
⑤ 구조적 안전화 : 재료, 설계, 가공의 결함제거
⑥ 작업점 안전화 : 원인제거, 자동제어, 자동송급, 배출

참고 산업안전기사 필기 p.3-26(문제 28번)

KEY 2015년 3월 8일 산업기사 출제

---

57 드릴작업시 너트 또는 볼트머리와 접촉하는 면을 고르게 하기 위하여 깎는 작업을 무엇이라 하는가?

① 보링(boring)
② 리밍(reaming)
③ 스폿 페이싱(spot facing)
④ 카운터 싱킹(counter sinking)

해설

드릴가공의 종류
① 보링 : 드릴로 뚫은 구멍이나 이미 만들어져 있는 구멍을 넓히는 작업
② 리밍 : 드릴로 뚫은 구멍의 내면을 리머로 다듬는 작업
③ 스폿 페이싱 : 너트 또는 볼트머리와 접촉하는 면을 고르게 하기 위하여 깎는 작업
④ 카운터 싱킹 : 접시머리나사의 머리부분을 묻히게 하기 위하여 자리를 파는 작업

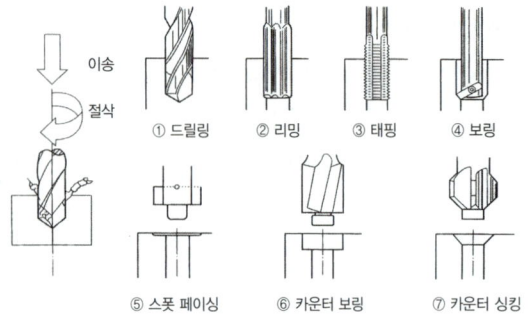

[그림] 드릴가공의 종류

참고 산업안전기사 필기 p.3-87[2. 드릴작업(가공)의 종류]

---

58 다음 중 프레스 작업시작 전 일반적인 점검사항으로서 가장 중요한 것은?

① 클러치 상태점검　② 상하 형틀의 간극점검
③ 전원단전 유무확인　④ 테이블의 상태점검

해설

프레스 등을 사용하여 작업을 할 때 작업시작 전 점검사항
① 클러치 및 브레이크의 기능(최우선 점검)
② 크랭크축·플라이휠·슬라이드·연결봉 및 연결나사의 풀림 유무
③ 1행정 1정지기구·급정지장치 및 비상정지장치의 기능
④ 슬라이드 또는 칼날에 의한 위험방지기구의 기능
⑤ 프레스의 금형 및 고정볼트 상태
⑥ 방호장치의 기능
⑦ 전단기(剪斷機)의 칼날 및 테이블의 상태

참고 산업안전기사 필기 p.3-50(표. 작업시작전 기계·기구 및 점검내용)

---

59 다음 중 밀링작업시 안전수칙으로 옳지 않은 것은?

① 테이블 위에 공구나 기타 물건 등을 올려놓지 않는다.
② 제품 치수를 측정할 때는 절삭공구의 회전을 정지한다.
③ 강력 절삭을 할 때는 일감을 바이스에 얇게 물린다.
④ 상하좌우 이송장치의 핸들은 사용 후 풀어둔다.

해설

밀링작업 안전수칙
① 강력 절삭을 할 때는 공작물을 바이스에 깊게 물린다.
② 공작물 또는 부속장치 등을 설치하거나 제거시킬 때 또는 공작물을 측정할 때에는 반드시 정지시킨 다음에 한다.
③ 상하 이송장치의 핸들은 사용 후 반드시 빼 두어야 한다.
④ 커터는 될 수 있는 한 컬럼에 가깝게 설치한다.
⑤ 절삭공구 설치 및 공작물, 커터 또는 부속장치 등을 제거할 시에는 시동 레버와 접촉하지 않도록 한다.
⑥ 가공 중에는 얼굴을 기계에 가까이 대지 않도록 한다.
⑦ 절삭공구에 절삭유를 공급할 때는 커터 위에서부터 주유한다.
⑧ 칩이 비산하는 재료는 커터 부분에 방호덮개를 설치하거나 보안경을 착용한다.
⑨ 칩은 기계를 정지시킨 다음에 브러시로 제거한다.
⑩ 커터를 교환할 때는 반드시 테이블 위에 목재를 받쳐 놓는다.
⑪ 가공 중에는 손으로 가공면을 점검하지 않는다.
⑫ 면장갑을 착용하지 않는다.
⑬ 급속이송은 백래시 제거장치가 동작하지 않고 있음을 확인하고, 급속이송은 한 방향으로만 한다.

참고 산업안전기사 필기 p.3-83(5. 밀링작업시 안전수칙)

[정답] 57 ③　58 ①　59 ③

60 다음 중 설비의 내부에 균열 결함을 확인할 수 있는 가장 적절한 검사방법은?

① 육안검사
② 초음파탐상검사
③ 피로검사
④ 액체침투탐상검사

해설

초음파탐상, 침투탐상검사
① 초음파탐상 : 사람이 귀로 들을 수 없는 파장의 짧은 음파를 검사물의 내부에 입사시켜 내부의 결함을 검출하는 방법
② 침투탐상검사(PT) : 침투성이 강한 액체를 표면에 뿌리거나 칠하면 결함이 있는 곳으로 침투액이 스며들고, 표면의 침투액을 제거하고 현상액을 뿌리면 결함이 있는 곳에 침투액이 배어 나오는 것을 확인하여 결함을 검출하는 방법

참고 산업안전기사 필기 p.3-222(③ 초음파 검사(UT))

4 전기설비 안전관리

61 지락이 생긴 경우 접촉상태에 따라 접촉전압을 제한할 필요가 있다. 인체의 접촉상태에 따른 허용접촉전압을 나타낸 것으로 다음 중 옳지 않은 것은?

① 제1종 : 2.5[V] 이하
② 제2종 : 25[V] 이하
③ 제3종 : 42[V] 이하
④ 제4종 : 제한 없음

해설

우리나라 허용접촉전압

종 별	접촉 상태	허용접촉 전압[V]
제1종	• 인체의 대부분이 수중에 있는 상태	2.5[V] 이하
제2종	• 인체가 많이 젖어 있는 상태 • 금속제 전기기계장치나 구조물에 인체의 일부가 상시 접촉되어 있는 상태	25[V] 이하
제3종	• 제1종, 제2종 이외의 경우로서 통상적인 인체 상태에 있어서 접촉전압이 가해지면 위험성이 높은 상태	50[V] 이하
제4종	• 제1종, 제2종 이외의 경우로서 통상적인 인체 상태에 있어서 접촉전압이 가해져도 위험성이 낮은 상태 • 접촉전압이 가해질 우려가 없는 경우	무제한

참고 산업안전기사 필기 p.4-20(표. 우리나라 허용접촉전압)
KEY 2015년 3월 8일 산업기사 출제

62 가공송전선로에서 낙뢰의 직격을 받았을 때 발생하는 낙뢰전압이나 개폐서지 등과 같은 이상 고전압은 일반적으로 충격파라 한다. 이러한 충격파는 어떻게 표시하는가?

① 파두시간×파미부분에서 파고치의 63[%]로 감소할 때까지의 시간
② 파두시간×파미부분에서 파고치의 50[%]로 감소할 때까지의 시간
③ 파장시간×파미부분에서 파고치의 63[%]로 감소할 때까지의 시간
④ 파장시간×파미부분에서 파고치의 50[%]로 감소할 때까지의 시간

해설

충격파
파고치와 파두길이(파고치에 달할 때까지의 시간)와 파미길이(파미부분에서 파고치가 50[%]로 감소할 때까지의 시간)로 표시된다.
① 파두길이(T_f) : 파고치에 달할 때까지의 시간
② 파미길이(T_t) : 기준점으로부터 파미의 부분에서 파고치의 50[%]로 감소할 때까지의 시간
③ 표준충격파형 : 1.2×50[μs]에서 T_f(파두장) = 1.2[μs], T_t(파미장) = 50[μs]을 나타낸다.

참고 산업안전기사 필기 p.4-58(합격날개 : 용어정의)
KEY 2003년 8월 10일(문제 67번)

63 환기가 충분한 장소에 대한 설명으로 옳은 것은?

① 대기 중 가스 또는 증기의 밀도가 폭발하한계의 50[%] 초과하여 축적되는 것을 방지하기 위한 충분한 환기량이 보장되는 장소
② 수직 또는 수평의 외부공기 흐름을 방해하지 않는 구조의 건축물 또는 실내로서 지붕과 한면의 벽만 있는 건축물
③ 밀폐 또는 부분적으로 밀폐된 장소로서 옥외의 동등한 정도의 환기가 자연환기방식 또는 고장시 경보발생 등의 조치가 있는 자연순환방식으로 보장되는 장소
④ 기타 적합한 방법으로 환기량을 계산하여 폭발하한계의 35[%] 농도를 초과하지 않음이 보장되는 장소

[**정답**] 60 ② 61 ③ 62 ② 63 ②

해설

"환기가 충분한 장소"라 함은 대기중의 가스 또는 증기의 밀도가 폭발하한계의 25[%]를 초과하여 축적되는 것을 방지하기 위한 충분한 환기량이 보장되는 장소를 말하며 다음 각 호의 장소는 환기가 충분한 장소로 볼 수 있다.
① 옥외
② 수직 또는 수평의 외부공기 흐름을 방해하지 않는 구조의 건축물 또는 실내로서 지붕과 한 면의 벽만 있는 건축물
③ 밀폐 또는 부분적으로 밀폐된 장소로서 옥외의 동등한 정도의 환기가 자연환기방식 또는 고장시 경보발생 등의 조치가 되어 있는 강제환기방식으로 보장되는 장소
④ 기타 적합한 방법으로 환기량을 계산하여 폭발하한계의 15[%] 농도를 초과하지 않음이 보장되는 장소

보충학습

환기 등

사업주는 근로자가 밀폐공간에서 작업을 하는 경우에 작업을 시작하기 전과 작업 중에 해당 작업장을 적정공기 상태가 유지되도록 환기하여야 한다. 다만, 폭발이나 산화 등의 위험으로 인하여 환기할 수 없거나 작업의 성질상 환기하기가 매우 곤란하여 근로자에게 송기마스크 등을 지급하여 착용하도록 하는 경우에는 그러하지 아니하다.

64 정전기 재해방지를 위한 배관내 액체의 유속제한에 관한 사항으로 옳은 것은?

① 저항률이 $10^{10}[\Omega \cdot cm]$ 미만의 도전성 위험물의 배관유속은 7[m/s] 이하로 할 것
② 에테르, 이황화탄소 등과 같이 유동대전이 심하고 폭발위험성이 높으면 4[m/s] 이하로 할 것
③ 물이나 기체를 혼합하는 비수용성 위험물의 배관내 유속은 5[m/s] 이하로 할 것
④ 저항률이 $10^{10}[\Omega \cdot cm]$ 이상인 위험물의 배관내 유속은 배관내경 4인치일 때 10[m/s] 이하로 할 것

해설

배관내 액체의 유속제한
① 저항률이 $10^{10}[\Omega \cdot m]$ 미만인 도전성 위험물의 배관유속 : 7[m/s] 이하
② 에테르, 이황화탄소 등과 같이 유동성이 심하고 폭발 위험성이 높은 것 : 1[m/s] 이하
③ 물이나 기체를 혼합하는 비 수용성 위험물 : 1[m/s] 이하
④ 저항률이 $10^{10}[\Omega \cdot m]$ 이상인 위험물의 배관내 유속은 기준에 준하고, 유입구가 액면 아래로 충분히 잠길 때까지는 1[m/s] 이하

참고) 산업안전기사 필기 p.4-38(2. 배관내 액체의 유속제한)
KEY ▶ 2015년 3월 8일 산업기사 출제

65 방폭형 기기에 폭발성 가스가 내부로 침입하여 내부에서 폭발이 발생하여도 이 압력에 견디도록 제작한 방폭구조는?

① 내압(d)방폭구조 ② 압력(p)방폭구조
③ 안전증(e)방폭구조 ④ 본질안전(i)방폭구조

해설

내압방폭구조(Flame proof type : d)
① 용기 내부에서 폭발성 가스의 폭발이 일어날 경우에 용기가 폭발압력에 견디고 외부의 폭발성 위험분위기에 화염의 전파가 안되도록 한 구조
② 전폐형의 구조로 되어 있으며, 외부의 폭발성 가스나 내부로 침입해서 폭발하였을 때 고열가스나 화염이 협격을 통하여 서서히 방출시킴으로써 냉각되는 방폭구조
③ 내압방폭구조의 내압한도는 10[kg/cm²] 이상이어야 한다.
④ 내압방폭구조의 조건
 ㉮ 내부에서 폭발할 경우 그 압력에 견딜 것
 ㉯ 외함표면온도가 주위의 가연성 가스에 점화되지 않을 것
 ㉰ 폭발화염이 외부로 유출되지 않을 것

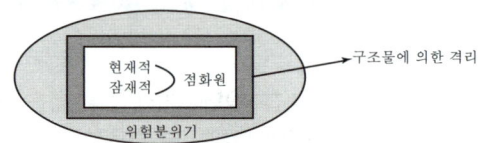

[그림] 내압방폭구조

참고) 산업안전기사 필기 p.4-53(1. 내압방폭구조)
KEY ▶ 2003년 3월 16일(문제 70번)

66 전기설비 사용 장소의 폭발위험성에 대한 위험장소 판정시의 기준과 가장 관계가 먼 것은?

① 위험가스의 현존 가능성
② 통풍의 정도
③ 습도의 정도
④ 위험가스의 특성

해설

위험장소의 판정기준
① 위험가스의 현존 가능성
② 위험 증기의 양
③ 통풍의 정도
④ gas의 특성(공기와의 비중차)
⑤ 작업자에 의한 영향

참고) 산업안전기사 필기 p.4-52(4. 위험장소의 판정기준)

[정답] 64 ① 65 ① 66 ③

67 절연열화가 진행되어 누설전류가 증가하면 여러 가지 사고를 유발하게 되는 경우로서 거리가 먼 것은?

① 감전사고
② 누전화재
③ 정전기 증가
④ 아크지락에 의한 기기의 손상

해설

절연열화 및 누설전류 증가원인
① 절연열화는 충전부와 기기 사이에 전류가 흐르면 안되는 부분은 절연물로 처리되어 있는데 기기를 장기간 사용하면 과전류로 인한 열이 발생하여 기능이 상실하므로 감전의 원인이 된다.
② 누설전류가 증가하면 인체에 대한 감전사고 및 누전에 의한 화재, 아크에 의한 전기기계기구의 손상이 발생한다. 사고를 방지하기 위하여 누전차단기를 설치한다.

참고 산업안전기사 필기 p.4-32(합격날개 : 용어정의)

보충학습
정전기 : 전하의 공간적 이동이 적고 전계의 영향은 크나 자계의 영향이 상대적으로 미미한 전기전하를 말한다.

68 다음 그림과 같이 완전 누전되고 있는 전기기기의 외함에 사람이 접촉하였을 경우 인체에 흐르는 전류(I_m)는? (단, E[V]는 전원의 대지전압, R_2[Ω]는 변압기 1선 접지, 제2종 접지저항, R_3[Ω]는 전기기기 외함 접지, 제3종 접지저항, R_m[Ω]는 인체저항이다.)

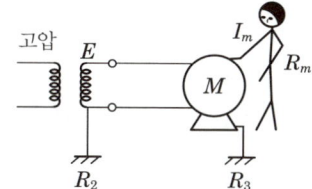

① $\dfrac{E}{R_m\left(1+\dfrac{R_2}{R_3}\right)}$ ② $\dfrac{E}{R_m\left(2+\dfrac{R_2}{R_3}\right)}$

③ $\dfrac{E}{R_m\left(1+\dfrac{R_3}{R_2}\right)}$ ④ $\dfrac{E}{R_m\left(2+\dfrac{R_3}{R_2}\right)}$

해설

전류계산
① 지락전류를 I[A]라고 하면
$I = \dfrac{V}{R_2+R_3}$[A]

② 외함에 걸리는 전압 V_1은 R_3와 I의 곱이므로
$V_1 = IR_3 = \dfrac{R_3 V}{R_2+R_3} = \dfrac{V}{R_2/R_3+1}$

③ 인체가 외함에 접촉하면 이때 인체를 통해서 흐르게 될 전류
감전전류(I_2) $= \dfrac{V_1}{R_m} = \dfrac{V_1}{R_m(1+R_2/R_3)}$

KEY ① 1996년 10월 6일(문제 63번)
② 2004년 5월 23일(문제 64번)

69 감전사고 행위별 통계에서 가장 빈도가 높은 것은?

① 전기공사나 전기설비 보수작업
② 전기기기 운전이나 점검작업
③ 이동용 전기기기 점검 및 조작작업
④ 가전기기 운전 및 보수작업

해설

감전사고 행위별 통계
① 전기공사나 전기설비 보수작업 : 245명
② 전기기기의 운전이나 점검작업 : 64명
③ 어린이들이 호기심으로 콘센트에 젓가락 등의 쇠붙이를 삽입하거나 수전설비에 무단출입하여 감전 : 115명
④ 가정에서 누전되는 가전기기에 감전되거나, 등기구를 교체하다 발생하는 감전 : 103명
⑤ 핸드그라인더나 전기드릴 등 이동용 전기기기 작업 중에 발생한 감전 : 34명

70 상용 주파수(60[Hz])의 교류에 건강한 성인 남자가 감전되었을 경우 다른 손을 사용하지 않고 자력으로 손을 뗄 수 있는 최대전류(가수전류)는 몇 [mA]인가?

① 1~2 ② 7~8
③ 10~15 ④ 18~22

해설

60[Hz] 정현파 교류에 의한 가수전류
① Dalziel은 남자 134명, 여자 28명에 대해 직경 4.11[mm]의 동선을 한쪽 손에 쥐게 하고 다른 손을 판위에 놓게 하거나 소금물에 적신 포를 상완에 감고, 60[Hz]의 정현파 교류를 통전하여 다른 손을 사용하지 않고 동선을 자력으로 뗄 수 있는 최대전류(가수전류)를 측정하였다.
② 측정 결과에 의하면 남자 평균치가 16[mA], 여자 평균치는 10.5[mA]로서 대체로 10~15[mA] 정도이다.
③ 최저가수전류치는 남자 9[mA] 여자 6[mA] 정도이다.

합격자의 주의사항
질문은 최대전류입니다.

[정답] 67 ③ 68 ① 69 ① 70 ③

보충학습
일반적 통전전류에 따른 인체의 영향

분류	인체에 미치는 전류의 영향	통전전류
최소감지전류	전류의 흐름을 느낄 수 있는 최소전류	60[Hz]에서 성인 남자 1[mA]
고통한계전류	고통을 참을 수 있는 한계 전류	60[Hz]에서 성인 남자 7~8[mA]
불수전류	신경이 마비되고 신체를 움직일 수 없으며 말을 할 수 없는 상태	60[Hz]에서 성인 남자 20~50[mA]
심실세동전류	심장의 맥동에 영향을 주어 심장마비 상태를 유발	$I = \dfrac{165~185}{\sqrt{T}}$

문제의 내용
① 본 문제는 의의 제공으로 인하여 추가로 ②번 ③번 모두 정답입니다.
② 똑같이 출제시 ③번으로 답하세요

---

71 개폐기로 인한 발화는 개폐시의 스파크에 의한 가연물의 착화화재가 많이 발생한다. 이를 방지하기 위한 대책으로 틀린 것은?

① 가연성 증기, 분진 등이 있는 곳은 방폭형을 사용한다.
② 개폐기를 불연성 상자 안에 수납한다.
③ 비포장 퓨즈를 사용한다.
④ 접속부분의 나사풀림이 없도록 한다.

해설
개폐시 스파크로 인한 화재방지대책
① 가연성 증기나 분진이 있는 곳은 방폭형 개폐기 사용할 것
② 개폐기를 불연성 함에 넣을 것
③ 과전류 차단용 퓨즈는 포장 퓨즈를 사용할 것
④ 접촉부분 변형, 산화, 나사풀림으로 접촉저항이 증가하는 것을 방지할 것
⑤ 목재 벽이나 천장으로부터 고압은 1[m] 이상, 특별고압은 2[m] 이상 이격할 것

참고 산업안전기사 필기 p.4-3(2. 퓨즈)

---

72 정전유도를 받고 있는 접지되어 있지 않는 도전성 물체에 접촉한 경우 전격을 당하게 되는데 물체에 유도된 전압 V[V]를 옳게 나타낸 것은?(단, 송전선전압 E, 송전선과 물체 사이의 정전용량 C_1, 물체와 대지 사이의 정전용량 C_2, 물체와 대지 사이의 저항은 무한대인 경우이다.)

① $V = \dfrac{C_1}{C_1 + C_2} \cdot E$ ② $V = \dfrac{C_1 + C_2}{C_1} \cdot E$

③ $V = \dfrac{C_1}{C_1 \cdot C_2} \cdot E$ ④ $V = \dfrac{C_1 \cdot C_2}{C_1} \cdot E$

해설
유도전압
① 직렬 합성용량 $(C_T) = \dfrac{1}{\dfrac{1}{C_1} + \dfrac{1}{C_2}} = \dfrac{C_1 \times C_2}{C_1 + C_2}$

② C_2 전압$(V) = \dfrac{C_T}{C_2} \times E = \dfrac{C_1 \times C_2}{C_1 + C_2} \div C_2 \times E = \dfrac{C_1}{C_1 + C_2} \times E$

③ $V = \dfrac{C_1}{C_1 + C_2} \times E$

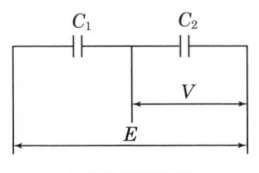

[그림] 도해설명

---

73 감전에 의하여 넘어진 사람에 대한 중요한 관찰사항이 아닌 것은?

① 의식의 상태
② 맥박의 상태
③ 호흡의 상태
④ 유입점과 유출점의 상태

해설
감전자 관찰사항
① 의식의 상태
② 호흡의 상태
③ 맥박의 상태
④ 출혈의 상태
⑤ 골절의 이상유무 등을 확인하고, 관찰 결과 의식이 없거나 호흡 및 심장이 정지해 있거나 출혈을 많이 하였을 경우에는 관찰을 중지하고 곧 필요한 응급조치를 하여야 한다.

참고 산업안전기사 필기 p.4-22(4. 중요 관찰사항)

[정답] 71 ③ 72 ① 73 ④

74 작업장에서 교류 아크용접기로 용접작업을 하고 있다. 용접기에 사용하고 있는 용품 중 잘못 사용되고 있는 것은?

① 습윤장소와 2[m] 이상 고소작업시에 자동전격방지기를 부착한 후 작업에 임하고 있다.
② 교류 아크용접기 홀더는 절연이 잘되어 있으며, 2차측 전선은 비닐절연전선을 사용하고 있다.
③ 터미널은 케이블 커넥터로 접속한 후 충전부는 절연테이프로 테이핑 처리를 하였다.
④ 홀더는 KS 규정의 것만 사용하고 있지만 자동전격방지기는 안전보건공단 검정필을 사용한다.

해설

아크용접기의 시설 기준(가반형)
① 용접변압기는 절연변압기일 것
② 용접변압기의 1차측 전로의 대지전압은 300[V] 이하일 것
③ 용접변압기의 1차측 전로에는 용접변압기에서 가까운 곳에 쉽게 개폐할 수 있는 개폐기를 시설할 것
④ 용접변압기의 2차측 전로 중 용접변압기로부터 용접전극에 이르는 부분 및 용접변압기로부터 피용접재에 이르는 부분은 다음에 의하여 시설할 것
  ㉮ 전선은 용접용 케이블 또는 캡타이어케이블일 것
  ㉯ 전로는 용접시 흐르는 전류를 안전하게 통할 수 있는 것일 것
  ㉰ 중량물이 압력 또는 현저한 기계적 충격을 받을 우려가 있는 곳에 시설하는 전선에는 적당한 방호장치를 할 것
⑤ 피용접재 또는 이와 전기적으로 접속되는 받침대, 정반 등의 금속체에는 제3종 접지공사를 할 것

참고 산업안전기사 필기 p.4-82(합격날개 : 합격예측)

75 인체의 전기저항을 0.5[kΩ]이라고 하면 심실세동을 일으키는 위험한계에너지는 몇 [J]인가?(단, 통전시간은 1초이다.)

① 13.6   ② 12.6
③ 11.6   ④ 10.6

해설

위험한계에너지

$W = I^2RT = \left(\frac{165}{\sqrt{T}} \times 10^{-3}\right)^2 \times R \times T$

$= \left(\frac{165}{\sqrt{1}} \times 10^{-3}\right)^2 \times 500 \times 1 = 13.612 = 13.6$ [J]

참고 산업안전기사 필기 p.4-18(3. 위험한계에너지)

KEY 2003년 5월 25일(문제 68번)

보충학습
0.5[kΩ] = 500[Ω]

76 전력케이블을 사용하는 회로나 역률개선용 전력콘덴서 등이 접속되어 있는 회로의 정전작업시에 감전의 위험을 방지하기 위한 조치로서 가장 옳은 것은?

① 개폐기의 통전금지
② 잔류전하의 방전
③ 근접활선에 대한 방호장치
④ 안전표지의 설치

해설

정전작업시 조치사항
① 정전에 이용된 전원개폐기에는 작업 중에는 잠금장치를 하고 그 개폐기에 통전금지에 관한 사항을 명확히 표시하고 그 개폐기 주변에 감시인을 배치해 두는 등의 조치
② 정전시킨 전로에 전력케이블을 사용하고 있는 경우와 역률개선용 전력콘덴서가 접속된 경우에는 전원차단 후에 잔류전하에 의한 감전위험이 있기 때문에 방전선류 또는 방전기구로 안전하게 잔류전하를 제거시키는 조치
③ 고압 또는 특별고압의 전로를 정전한 경우 그 전압에 적합한 검전기구를 사용하여 정전을 확인하고 오통전, 다른 전로와 혼촉 또는 그 밖의 전로부터 유도로 인해 충전되는 등의 위험을 방지하기 위해 공사장소에 근접한 적당한 지점에 충분한 용량을 가진 단락접지기구로 정전전로를 단락접지

KEY 2003년 8월 10일(문제 61번)

77 전압이 동일한 경우 교류가 직류보다 위험한 이유를 가장 잘 설명한 것은?

① 교류의 경우 전압의 극성변화가 있기 때문이다.
② 교류는 감전시 화상을 입히기 때문이다.
③ 교류는 감전시 수축을 일으키기 때문이다.
④ 직류는 교류보다 사용빈도가 낮기 때문이다.

해설

감전위험(예 220[V]기준)
① 직류 : 전압의 극성과 전류가 일정하다.
② 교류 : 전압이 1초에 60회(60[Hz]) 바뀌므로 +220[V]와 -220[V]로 전압의 극성변화가 있어 인체에는 440[V]의 전기가 충격을 가하므로 위험하다.

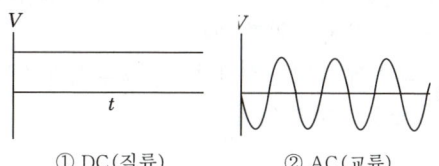

[그림] 극성변화

[정답] 74 ② 75 ① 76 ② 77 ①

> **참고** 산업안전기사 필기 p.4-19(④ 전원의 종류)

78 정전기 방전에 의한 화재 및 폭발발생에 대한 설명으로 틀린 것은?

① 정전기 방전에너지가 어떤 물질의 최소착화에너지보다 크게 되면 화재, 폭발이 일어날 수 있다.
② 부도체가 대전되었을 경우에는 정전에너지보다는 대전전위 크기에 의해서 화재, 폭발이 결정된다.
③ 대전된 물체에 인체가 접근했을 때 전격을 느낄 정도이면 화재, 폭발의 가능성이 있다.
④ 작업복에 대전된 정전에너지가 가연성 물질의 최소착화에너지보다 클 때는 화재, 폭발의 위험성이 있다.

> **해설**
> **정전기 방전에 의한 화재 폭발원인**
> ① 정전기 방전에너지가 어떤 물질의 최소착화에너지보다 크게 되면 화재, 폭발이 일어날 수 있다.
> ② 부도체가 대전되었을 경우에는 정전에너지보다는 대전전위 크기에 의해서 화재, 폭발이 결정된다.
> ③ 대전된 물체에 인체가 접근했을 때 전격을 느낄 정도이면 화재, 폭발의 가능성이 있다.
> ④ 작업복에 대전된 정전에너지가 가연성 물질의 최소착화에너지보다 작을 때 화재·폭발위험이 있다.
>
> **KEY** 2010년 7월 25일(문제 75번) 출제

79 다음 중 계통접지의 목적으로 가장 옳은 것은?

① 누전되고 있는 기기에 접촉되었을 때의 감전방지를 위해
② 고압전로와 저압전로가 혼촉되었을 때의 감전이나 화재방지를 위해
③ 병원에 있어서 의료기기 계통의 누전을 $10[\mu A]$ 정도도 허용하지 않기 위해
④ 의사의 몸에 축적된 정전기에 의해 환자가 쇼크사 하지 않도록 하기 위해

> **해설**
> **접지의 종류**
>
> | 구분 | 목적 |
> |---|---|
> | 계통 접지 | ① 변압기의 내부고장이나 전선의 단선 등의 사고로 고압과 저압 혼촉이 일어나 고압측 전기가 저압계통으로 들어옴으로써 일어나는 재해를 방지하기 위해 저압측에 접지하는 것
② 고압 전로 또는 특고압 전로와 저압전로를 결합하는 변압기의 저압측의 중성점에 2종 접지공사 시행 |
> | 기기 접지 | 기계 기구의 철대 및 금속제 외함에는 제1종, 제3종 및 특별 3종 접지공사 시행 |
> | 낙뢰방지용 접지 | 뇌전류를 안전하게 대지로 흘러가도록 하기위한 접지 |
> | 정전기재해 방지용 접지 | 마찰 등으로 인하여 발생한 정전기를 대지로 안전하게 흐르게 하여 장해를 제거하기 위한 접지 |
> | 지락검출용 접지 | 누전차단기의 동작을 확실하게 한다. |
> | 등전위 접지 | 병원에서 의료 기기 사용시의 안전을 위한 접지 |
> | 기능용 접지 | 전기 방식 설비 등의 접지 |
>
> **참고** 산업안전기사 필기 p.4-41(합격날개 : 합격예측)

80 전기설비의 안전을 유지하기 위해서는 체계적인 점검, 보수가 아주 중요하다. 방폭전기설비의 유지보수에 관한 사항으로 틀린 것은?

① 점검원은 해당 전기설비에 대해 필요한 지식과 기능을 가져야 한다.
② 불꽃 점화시점의 경과조치에 따른다.
③ 본질안전방폭구조의 경우에도 통전 중에는 기기의 외함을 열어서는 안 된다.
④ 위험분위기에서 작업시에는 수공구 등의 충격에 의한 불꽃이 생기지 않도록 주의해야 한다.

> **해설**
> **내압방폭구조의 전기기기 보수시 방폭성능의 복원을 위하여 확인하여야 할 사항**
> ① 용기의 접합면에 손상이 없을 것
> ② 접합면의 틈새 및 접합면의 안쪽길이는 방폭구조상 필요한 수치가 확보되어 있을 것
> ③ 용기내면 및 투광성 부품 등에 손상 또는 균열이 없을 것
> ④ 조임나사류는 균일하고 적절하게 조여져 있을 것
> ⑤ 녹이 발생하지 않도록 방식처리가 충분히 실시되어 있을 것
>
> **참고** 산업안전기사 필기 p.4-57(3. 내압방폭구조의 전기기기 보수시 방폭성능의 복원을 위하여 확인하여야 할 사항)

[정답] 78 ④ 79 ② 80 ③

보충학습

본질안전방폭구조(Intrinsic Safety type, i)
① 주어진 이상상태(정상 또는 이상상태)의 조건하에서 어떠한 스파크나 온도에도 영향을 받지 않는 구조이다.
② 본질안전방폭구조 특징 및 유지보수
　㉮ 폭발분위기에 노출되어 있는 기계기구 내의 전기에너지 권선 상호 접속에 의한 전기불꽃 또는 열 영향을 점화에너지 이하의 수준까지 제한하는 것을 기반으로 하는 방폭구조이다.
　㉯ 통전 중 기기의 외함을 열어 유지보수를 하여도 된다.

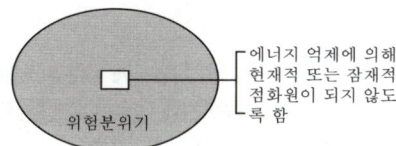

[그림] 본질안전방폭구조

5 화학설비 안전관리

81 화재감지기의 종류 중 연기감지기의 작동방식에 해당하는 것은?
① 차동식
② 보상식
③ 정온식
④ 이온화식

해설
화재감지기 종류
(1) 열감지기의 종류
　① 차동식　② 정온식　③ 보상식
(2) 연기감지기의 종류
　① 이온화식　② 광전식
참고) 산업안전기사 필기 p.5-27(문제 31번) 적중

82 아세틸렌 용접장치로 금속을 용접할 때 아세틸렌가스의 발생압력은 게이지 압력으로 몇 [kPa]을 초과하여서는 안 되는가?
① 49
② 98
③ 127
④ 196

해설
게이지 압력 : 127[kPa] 초과금지
참고) 산업안전기사 필기 p.3-113(합격날개 : 합격예측 및 관련법규)

보충학습

압력의 제한(제285조)
사업주는 아세틸렌 용접장치를 사용하여 금속의 용접·용단 또는 가열작업을 하는 경우에는 게이지 압력이 127[kPa]을 초과하는 압력의 아세틸렌을 발생시켜 사용해서는 아니 된다.

보충학습
127[kPa] = 1.3[kg/cm²]

83 압축기와 송풍기의 관로에 심한 공기의 맥동과 진동을 발생하면서 불안정한 운전이 되는 서징(surging)현상의 방지법으로 옳지 않은 것은?
① 풍량을 감소시킨다.
② 배관의 경사를 완만하게 한다.
③ 교축밸브를 기계에서 멀리 설치한다.
④ 토출가스를 흡입측에 바이패스시키거나 방출밸브에 의해 대기로 방출시킨다.

해설
맥동현상(Surging)
(1) 원인
　송출압력과 송출유량 사이에 주기적인 변동으로 입구와 출구의 진공계, 압력계의 지침이 흔들리고 동시에 송출유량이 변화하는 현상
(2) 방지대책
　① 베인을 컨트롤하여 풍량을 감소시킨다.
　② 배관의 경사를 완만하게 한다.
　③ 교축밸브를 기계에 근접 설치한다.
　④ 토출가스를 흡입측에 바이패스시키거나 방출밸브에 의해 대기로 방출시킨다.
　⑤ 회전수를 적당히 변화시킨다.
참고) 산업안전기사 필기 p.5-59(합격날개 : 합격예측)

84 다음 중 폭발범위에 관한 설명으로 틀린 것은?
① 상한값과 하한값이 존재한다.
② 온도에는 비례하지만 압력과는 무관하다.
③ 가연성 가스의 종류에 따라 각각 다른 값을 갖는다.
④ 공기와 혼합된 가연성 가스의 체적 농도로 나타낸다.

[정답] 81 ④　82 ③　83 ③　84 ②

해설

폭발범위
① 폭발범위는 온도상승에 의하여 넓어진다.
② 온도가 상승하면 폭발하한계는 감소, 폭발상한계는 증가한다.
③ 압력이 상승하면 폭발하한계는 영향없고, 폭발상한계는 증가한다.
④ 산소 중에서의 폭발범위는 공기 중에서 보다 넓어진다.
⑤ 산소 중에서의 폭발하한계는 공기 중에서와 같다.

참고 ① 산업안전기사 필기 p.5-3(2. 폭발발생의 필수 인자)
② 산업안전기사 필기 p.5-21(문제 2번) 적중

보충학습

연소한계(폭발한계)에 영향을 주는 요인
① 온도 : 폭발하한은 100[℃] 증가할 때마다 25[℃]에서의 값이 8[%]가 감소하며, 폭발상한은 80[%]가 증가한다.
② 압력 : 가스압력이 높아질수록 폭발범위는 넓어진다(상한값이 증가함).
③ 산소 : 폭발하한 값은 변함이 없으나 상한값은 산소의 농도가 증가하면 현저히 상승한다.

---

85 다음 중 가연성 물질이 연소하기 쉬운 조건으로 옳지 않은 것은?

① 연소발열량이 클 것
② 점화에너지가 작을 것
③ 산소와 친화력이 클 것
④ 입자의 표면적이 작을 것

해설

연소의 조건(타기 쉬운 조건)
① 열전도율이 작은 것일수록
② 건조도가 좋은 것일수록
③ 산소와의 접촉면이 클수록
④ 발열량이 큰 것일수록
⑤ 산화되기 쉬운 것일수록

참고 산업안전기사 필기 p.5-7(3. 연소의 조건)

---

86 소화설비와 주된 소화적용방법의 연결이 옳은 것은?

① 포소화설비 - 질식소화
② 스프링클러설비 - 억제소화
③ 이산화탄소소화설비 - 제거소화
④ 할로겐화합물소화설비 - 냉각소화

해설

소화적용방법
① 포소화설비 : 질식소화
② 스프링클러설비 : 냉각소화
③ 이산화탄소소화설비 : 질식소화
④ 할로겐화합물소화설비 : 연소억제소화

참고 산업안전기사 필기 p.5-28(문제 34번) 적중

---

87 가연성 가스 및 증기의 위험도에 따른 방폭전기기기의 분류로 폭발등급을 사용하는데 이러한 폭발등급을 결정하는 것은?

① 발화도
② 화염일주한계
③ 폭발한계
④ 최소발화에너지

해설

폭발등급 결정요소
① 안전간극(safe gap) = MESG(최대안전틈새) = 화염일주한계
② 폭발성 분위기가 형성된 표준용기의 틈새를 통해 폭발화염이 내부에서 외부로 전파되지 않는 최대틈새로 가스의 종류에 따라 다르다.
③ 폭발성 가스 분류와 내압방폭구조의 분류와 관련이 있다.

---

88 다음 중 가연성 고체물질을 난연화시키는 난연제로 적당하지 않은 것은?

① 인
② 브롬
③ 비소
④ 안티몬

해설

브롬계 난연제(BFR : Brominated Flame Retardants)를 사용하면 안되는 이유
① PCB기판, 칩 등에 사용되며 환경 호르몬 배출로 임산부, 태아에 영향을 미치며 소각시 다이옥신이 발생된다.
② 방연제라고도 하며 플라스틱의 내연소성을 개량하기 위하여 첨가하는 첨가제로, 때에 따라서는 플라스틱 성형품의 표면에 도포할 때도 있다.
③ 유기질 난연제와 무기질 난연제가 있다.
④ 플라스틱은 연소하기 쉽고, 연소시에는 유독가스가 발생하기 때문에 난연화를 해야 한다.
⑤ 원소주기율표상의 5족(질소족) 물질
　㉮ 인(P)
　㉯ 비소(As)
　㉰ 안티몬(Sb)
　㉱ 비스므트(Bi)

[정답] 85 ④　86 ①　87 ②　88 ②

89 금속의 증기가 공기 중에서 응고되어 화학변화를 일으켜 고체의 미립자로 되어 공기 중에 부유하는 것을 의미하는 용어는?

① 흄(fume) ② 분진(dust)
③ 미스트(mist) ④ 스모크(smoke)

해설

유해물질의 종류별 성상

구분	성상	입자의 지름
흄(fume)	화학반응에 의한 무기성가스 또는 금속증기가 변화하여 생긴 고체의 미립자상의 화합물	0.01~1[μ]
스모크(smoke)	유기물의 불완전 연소에 의하여 생긴 미립자	0.01~1[μ]
미스트(mist)	공기중에 분산된 액체의 미립자	0.1~100[μ]
분진(dust)	공기중에 분산된 고체의 미립자	0.01~100[μ]
가스(gas)	25[℃], 760[mmHg]에서 기체	분자상
증기(vapor)	25[℃], 760[mmHg]에서 액체 또는 고체 표면에서 발생한 기체	분자상

참고 ① 산업안전기사 필기 p.5-65(문제 19번) 적중
② 산업안전기사 필기 p.5-37(합격날개 : 합격예측)

90 다음 중 펌프의 공동현상(cavitation)을 방지하기 위한 방법으로 가장 적절한 것은?

① 펌프의 설치 위치를 높게 한다.
② 펌프의 회전속도를 빠르게 한다.
③ 펌프의 유효 흡입양정을 작게 한다.
④ 흡입축에서 펌프의 토출량을 줄인다.

해설

캐비테이션(cavitation : 공동현상) 현상

(1) 원인
관 속에 물이 흐를 때 물속에 어느 부분이 증기압 보다 낮은 부분이 생기면 물이 증발을 일으키고 또한 물속의 공기가 석출하여 작은 기포를 다수 발생하는 현상

(2) 공동현상의 발생조건
① 흡입양정이 지나치게 클 경우
② 흡입관의 저항이 증대될 경우
③ 흡입액의 과속으로 유량이 증대될 경우
④ 관내의 온도가 상승할 경우

(3) 방지대책
① 펌프의 설치높이를 낮추어 흡입양정을 짧게
② 펌프의 임펠러를 수중에 완전히 잠기게
③ 흡입배관의 관지름을 굵게 하거나 굽힘을 적게
④ 펌프회전수를 낮추어 흡입비교 회전도를 적게
⑤ 양 흡입 펌프사용 또는 두 대 이상의 펌프 사용
⑥ 펌프 흡입관의 마찰손실 및 저항을 작게
⑦ 유효흡입 헤드를 크게

참고 산업안전기사 필기 p.5-59(합격날개 : 합격예측)

91 연소의 형태 중 확산연소의 정의로 가장 적절한 것은?

① 고체의 표면이 고온을 유지하면서 연소하는 현상
② 가연성 가스가 공기 중의 지연성 가스와 접촉하여 접촉면에서 연소가 일어나는 현상
③ 가연성 가스와 지연성 가스가 미리 일정 농도로 혼합된 상태에서 점화원에 의하여 연소되는 현상
④ 액체 표면에서 증발하는 가연성 증기가 공기와 혼합하여 연소범위 내에서 열원에 의하여 연소하는 현상

해설

연소형태
① 확산연소 : 가연성 가스와 공기가 확산에 의해 혼합되면서 연소하는 것(예) 수소, 아세틸렌 등의 기체 연소)
② 증발연소 : 액체표면에서 발생된 증기가 연소하는 것(예) 알코올, 에테르, 등유, 경유 등의 액체연소)
③ 분해연소 : 열 분해에 의해 가연성 가스를 방출시켜 연소하는 것 (예) 중유, 석탄, 목재, 고체 파라핀 등의 고체연소)
④ 표면연소 : 고체 표면에서 연소가 일어나는 것(예) 숯, 알루미늄박, 마그네슘 리본 등의 고체)

참고 산업안전기사 필기 p.5-5(2. 연소의 종류)

92 물과 카바이드가 결합하면 어떤 가스가 생성되는가?

① 염소가스 ② 아황산가스
③ 수성가스 ④ 아세틸렌가스

해설

아세틸렌 제조 분자식
$2H_2O + CaC_2 \rightarrow Ca(OH)_2 + C_2H_2$
(물) (카바이드=탄화칼슘) (수산화칼슘) (아세틸렌)

참고 산업안전기사 필기 p.3-113(합격날개 : 합격예측)

[정답] 89 ① 90 ③ 91 ② 92 ④

93
산업안전보건기준에 관한 규칙에서 규정하고 있는 산화성 액체 또는 산화성 고체에 해당하지 않는 것은?

① 염소산 ② 피크르산
③ 과망간산 ④ 과산화수소

[해설]

피크르산(-酸, picric acid, Pikrinsaure)
① 화학식 : $C_6H_3N_3O_7$
② 황색의 니트로 염료의 일종으로 사용되었다.
③ 극약, 밀폐 용기에 넣어 50[℃] 이하에 보관한다.
④ 마시는 것은 물론 위험하지만, 피부가 마른 분말에 닿아도 습진을 일으킨다.
⑤ 폭발성이기 때문에 불을 멀리하고 서늘한 곳에 보존한다.
⑥ 산화되기 쉬운 물질과 접촉시키는 것은 피해야 한다.
⑦ 수송할 경우에는 안전을 위해 보통 10~20[%]의 물을 가한다.

[참고] 산업안전기사 필기 p.5-35(1. 위험물의 성질과 위험성)

[보충학습]

산화성 액체 및 산화성 고체
① 차아염소산 및 그 염류 ② 아염소산 및 그 염류
③ 염소산 및 그 염류 ④ 과염소산 및 그 염류
⑤ 브롬산 및 그 염류 ⑥ 요오드산 및 그 염류
⑦ 과산화수소 및 그 무기 과산화물 ⑧ 질산 및 그 염류
⑨ 과망간산 및 그 염류 ⑩ 중크롬산 및 그 염류

94
다음 중 산업안전보건법상 공정안전보고서의 제출 대상이 아닌 것은?

① 원유 정제처리업
② 농약제조업(원제제조)
③ 화약 및 불꽃제품 제조업
④ 복합비료의 단순혼합 제조업

[해설]

공정안전보고서 제출대상
① 원유 정제처리업
② 기타 석유정제물 재처리업
③ 석유화학계 기초화학물 제조업 또는 합성수지 및 기타 플라스틱물질 제조업
④ 질소, 인산 및 칼리질 비료 제조업(인산 및 칼리질 비료 제조업에 해당하는 경우는 제외한다)
⑤ 복합비료 제조업(단순혼합 또는 배합에 의한 경우는 제외한다)
⑥ 농약 제조업(원제제조만 해당한다)
⑦ 화약 및 불꽃제품 제조업

[참고] 산업안전기사 필기 p.5-89(2. 공정안전보고서 제출대상)

95
다음 중 CF_3Br 소화약제를 가장 적절하게 표현한 것은?

① 하론 1031 ② 하론 1211
③ 하론 1301 ④ 하론 2402

[해설]

소화약제의 화학식

항목\소화제명칭	이산화탄소	할론 1301	할론 1211	할론 2402
화학식	CO_2	CF_3Br	CF_2ClBr	$C_2F_4Br_2$

[참고] 산업안전기사 필기 p.5-13(1. 소화약제의 물리적 성질)

96
메탄 20[%], 에탄 40[%], 프로판 40[%]로 구성된 혼합가스가 공기 중에서 연소할 때 이 혼합가스의 이론적 화학양론 조성은 약 몇 [%]인가?(단, 메탄, 에탄, 프로판의 양론농도(C_{st})는 각각 9.5[%], 5.6[%], 4.0[%]이다.)

① 5.2[%] ② 7.7[%]
③ 9.5[%] ④ 12.1[%]

[해설]

화학양론조성
$$L = \frac{100}{\frac{V_1}{L_1}+\frac{V_2}{L_2}+\frac{V_3}{L_3}} = \frac{100}{\frac{20}{9.5}+\frac{40}{5.6}+\frac{40}{4.0}} = 5.2[\%]$$

[참고] 산업안전기사 필기 p.5-11(보충학습 : (2) 혼합가스의 폭발범위)

97
다음 중 금속화재에 해당하는 화재의 급수는?

① A급 ② B급
③ C급 ④ D급

[해설]

화재의 등급별 명칭

종류	등급	색	소화방법
일반화재	A급	백색	냉각소화
유류 및 가스화재	B급	황색	질식소화
전기화재	C급	청색	질식소화
금속화재	D급	무색	피복소화

[정답] 93 ② 94 ④ 95 ③ 96 ① 97 ④

참고) 산업안전기사 필기 p.5-15(2. 화재의 분류)

98 분진폭발의 특징에 관한 설명으로 옳은 것은?

① 가스폭발보다 발생에너지가 작다.
② 폭발압력과 연소속도는 가스폭발보다 크다.
③ 화염의 파급속도보다 압력의 파급속도가 크다.
④ 불완전연소로 인한 가스중독의 위험성은 작다.

해설

분진폭발의 특성
① 연소속도나 폭발압력은 가스폭발에 비교하여 작지만 연소시간이 길고 발생 에너지가 크기 때문에 파괴력과 그을음이 크다.
② 연소하면서 비산하므로 가연물에 국부적으로 심한 탄화를 발생하고 특히 인체에 닿는 경우 화상이 심하다.
③ 최초의 부분적인 폭발에 의해 폭풍이 주위 분진을 날려 2차, 3차의 폭발로 파급되면서 피해가 커진다.
④ 단위체적당 탄화수소의 양이 많기 때문에 폭발시 온도가 높다.
⑤ 화염속도보다 압력속도가 빠르다. : 폭발억제장치 고안
⑥ 불완전 연소를 일으키기 쉽기 때문에 연소 후 일산화탄소가 다량으로 존재하므로 가스중독의 위험이 있다.

참고) ① 산업안전기사 필기 p.5-9(합격날개 : 합격예측)
② 산업안전기사 필기 p.5-11(표. 분진폭발의 특징)

99 다음 중 이상반응 또는 폭발로 인하여 발생되는 압력의 방출장치가 아닌 것은?

① 파열판   ② 폭압방산공
③ 화염방지기   ④ 가용합금안전밸브

해설

Flame arrester(화염방지기)
인화성 액체 및 인화성 가스를 저장·취급하는 화학설비에서 증기나 가스를 발생하는 액체저장탱크에서 외부로 증기를 방출하고 탱크내부로 외부공기를 유입하는 부분에 설치하는 안전장치로서 40[mesh] 금속망을 설치하여 인화를 방지하기 위하여 설치한다.

참고) 산업안전기사 필기 p.5-76(문제 70번) 적중

보충학습

화염방지기의 설치 등
① 사업주는 인화성 액체 및 인화성 가스를 저장 취급하는 화학설비에서 증기나 가스를 대기로 방출하는 경우에는 외부로부터의 화염을 방지하기 위하여 화염방지기를 그 설비 상단에 설치하여야 한다. 다만, 대기로 연결된 통기관에 통기밸브가 설치되어 있거나, 인화점이 섭씨 38도 이상 60도 이하인 인화성 액체를 저장·취급할 때에 화염방지 기능을 가지는 인화방지망을 설치한 경우에는 그러하지 아니하다.

② 사업주는 제1항의 화염방지기를 설치하는 경우에는 「산업표준화법」에 따른 한국산업표준에서 정하는 화염방지장치 기준에 적합한 것을 설치하여야 하며, 항상 철저하게 보수·유지하여야 한다.

100 산업안전보건기준에 관한 규칙에서 지정한 '화학설비 및 그 부속설비의 종류' 중 화학설비의 부속설비에 해당하는 것은?

① 응축기·냉각기·가열기 등의 열교환기류
② 반응기·혼합조 등의 화학물질 반응 또는 혼합장치
③ 펌프류·압축기 등의 화학물질 이송 또는 압축설비
④ 온도·압력·유량 등을 지시·기록하는 자동제어 관련 설비

해설

화학설비와 부속설비
1) 화학설비의 종류
    ① 반응기·혼합조 등 화학물질 반응 또는 혼합장치
    ② 증류탑·흡수탑·추출탑·감압탑 등 화학물질 분리장치
    ③ 저장탱크·계량탱크·호퍼·사일로 등 화학물질 저장설비 또는 계량설비
    ④ 응축기·냉각기·가열기·증발기 등 열교환기류
    ⑤ 고로 등 점화기를 직접 사용하는 열교환기류
    ⑥ 캘린더(calender)·혼합기·발포기·인쇄기·압출기 등 화학제품 가공설비
    ⑦ 분쇄기·분체분리기·용융기 등 분체화학물질 취급장치
    ⑧ 결정조·유동탑·탈습기·건조기 등 분체화학물질 분리장치
    ⑨ 펌프류·압축기·이젝터(ejector) 등의 화학물질 이송 또는 압추설비
(2) 화학설비의 부속설비 종류
    ① 배관·밸브·관·부속류 등 화학물질 이송 관련 설비
    ② 온도·압력·유량 등을 지시·기록 등을 하는 자동제어 관련 설비
    ③ 안전밸브·안전판·긴급차단 또는 방출밸브 등 비상조치 관련 설비
    ④ 가스누출감지 및 경보 관련 설비
    ⑤ 세정기, 응축기, 벤트스택(bent stack), 플레어스택(flare stack) 등 폐가스 처리 설비
    ⑥ 사이클론, 백필터(bag filter), 전기집진기 등 분진처리설비
    ⑦ ①목부터 ⑥목까지의 설비를 운전하기 위하여 부속된 전기 관련 설비
    ⑧ 정전기 제거장치, 긴급 샤워설비 등 안전 관련 설비

참고) 산업안전기사 필기 p.5-16(3. 화학설비 및 그 부속설비의 종류)

[정답] 98 ③ 99 ③ 100 ④

6 건설공사 안전관리

101 달비계에 사용하는 와이어로프의 사용금지 기준으로 틀린 것은?

① 이음매가 있는 것
② 열과 전기충격에 의해 손상된 것
③ 지름의 감소가 공칭지름의 7[%]를 초과하는 것
④ 와이어로프의 한 꼬임에서 끊어진 소선의 수가 7[%] 이상인 것

해설

와이어로프 사용금지기준
① 이음매가 있는 것
② 와이어로프의 한 꼬임[스트랜드(strand)를 말한다. 이하같다]에서 끊어진 소선(素線)[필러(pillar)선은 제외한다]의 수가 10[%] 이상(비자전로프의 경우에는 끊어진 소선의 수가 와이어로프 호칭지름의 6배 길이 이내에서 4[개] 이상이거나 호칭지름 30배 길이 이내에서 8[개] 이상)인 것
③ 지름의 감소가 공칭지름의 7[%]를 초과하는 것
④ 꼬인 것
⑤ 심하게 변형 또는 부식된 것
⑥ 열과 전기충격에 의해 손상된 것

참고 산업안전기사 필기 p.6-134(2. 와이어로프사용 제한조건)

102 다음 중 방망에 표시해야 할 사항이 아닌 것은?

① 제조자명   ② 제조연월
③ 재봉치수   ④ 방망의 신축성

해설

방망의 표시사항
① 제조자명
② 제조연월
③ 재봉치수
④ 그물코
⑤ 신품인 때의 방망의 강도

참고 산업안전기사 필기 p.6-51(⑤ 방망의 표시사항)

103 건축물의 해체공사에 대한 설명으로 틀린 것은?

① 압쇄기와 대형 브레이커(breaker)는 파워셔블 등에 설치하여 사용한다.
② 철제 해머(hammer)는 크레인 등에 설치하여 사용한다.
③ 핸드브레이커(hand breaker) 사용시 수직보다는 경사를 주어 파쇄하는 것이 좋다.
④ 절단톱의 회전날에는 접촉방지커버를 설치하여야 한다.

해설

핸드브레이커 안전수칙
① 25~40[kg]의 브레이커를 작동시키게 되므로 현장 정리가 잘되어 있어야 한다.
② 끝의 부러짐을 방지하기 위하여 작업자세는 항상 하향 수직방향으로 유지하여야 한다.
③ 기계는 항상 점검하고 호스가 교차되거나 꼬여 있지 않은지를 점검하여야 한다.

참고 산업안전기사 필기 p.6-141(3. 핸드브레이커의 안전)

104 비계에서 벽을 고정하고 기둥과 기둥을 수평재나 가새로 연결하는 가장 큰 이유는?

① 작업자의 추락재해를 방지하기 위해
② 좌굴을 방지하기 위해
③ 인장파괴를 방지하기 위해
④ 해체를 용이하게 하기 위해

해설

벽연결 역할 기능
① 비계 전체 좌굴을 방지한다.(대표적 이유)
② 위험방지판, 네트 프레임(net frame) 등에 의한 편심하중을 지탱하여 도괴를 방지한다.
③ 풍하중에 의한 도괴를 방지한다.

참고 산업안전기사 필기 p.6-90(6. 벽연결 역할기능)

보충학습

용어정의
① 휨 : 부재가 부재 길이 방향에 수직으로 하중을 받을 때 보의 변형되는 현상을 말한다.
② 좌굴 : 부재 길이 방향의 압축력이 걸릴 때(주로 기둥에 하중이 걸리는 경우) 부재가 변형되는 현상을 말한다.

【정답】 101 ④ 102 ④ 103 ③ 104 ②

105 히빙(Heaving)현상 방지대책으로 틀린 것은?

① 소단굴착을 실시하여 소단부 흙의 중량이 바닥을 누르게 한다.
② 흙막이 벽체 배면의 지반을 개량하여 흙의 전단강도를 높인다.
③ 부풀어 솟아오르는 바닥면의 토사를 제거한다.
④ 흙막이 벽체의 근입깊이를 깊게 한다.

> **해설**
> **히빙 방지대책**
> ① 흙막이 근입깊이를 깊게
> ② 표토제거 하중감소
> ③ 지반개량
> ④ 굴착면 하중증가
> ⑤ 어스앵커설치 등
>
> 참고) 산업안전기사 필기 p.6-6(합격날개 : 합격예측)

106 흙막이공의 파괴 원인 중 하나인 보일링(boiling)현상에 관한 설명으로 틀린 것은?

① 지하수위가 높은 지반을 굴착할 때 주로 발생한다.
② 연약 사질토지반에서 주로 발생한다.
③ 시트파일(sheet pile) 등의 저면에 분사현상이 발생한다.
④ 연약 점토지반에서 굴착면의 융기로 발생한다.

> **해설**
> **보일링(Boiling)현상**
> 투수성이 좋은 사질지반의 흙막이 지면에서 수두차로 인한 상향의 침투압이 발생, 유효응력이 감소하여 전단강도가 상실되는 현상으로 지하수가 모래와 같이 솟아오르는 현상
>
> 참고) 산업안전기사 필기 p.6-6(합격날개 : 합격예측)

107 건설업 산업안전보건관리비 중 계상비용에 해당되지 않는 것은?

① 외부비계, 작업발판 등의 가설구조물 설치 소요비
② 근로자 건강관리비
③ 건설재해예방 기술지도비
④ 개인보호구 및 안전장구 구입비

> **해설**
> **안전관리비 항목**
> ① 안전·보건관리자 임금 등
> ② 안전시설비 등
> ③ 보호구 등
> ④ 안전보건진단비 등
> ⑤ 안전보건교육비 등
> ⑥ 근로자 건강장해예방비 등
> ⑦ 건설재해예방전문지도기관 기술지도비
> ⑧ 본사 전담조직 근로자 임금 등
> ⑨ 위험성평가 등에 따른 소요비용
>
> 참고) 산업안전기사 필기 p.6-39(제7조 사용기준)
> **KEY** 2014년 8월 17일 (문제 114번) 출제
>
> **합격정보**
> 건설업 산업안전보건관리비 계상 및 사용기준 : 고용노동부 고시 제2024-53호 적용(2024. 9. 19. 일부 개정)

108 차량계 건설기계 작업시 기계의 전도, 전락 등에 의한 근로자의 위험을 방지하기 위한 유의사항과 거리가 먼 것은?

① 변속기능의 유지   ② 갓길의 붕괴방지
③ 도로의 폭 유지   ④ 지반의 부동침하방지

> **해설**
> **전도·전락방지 대책**
> 사업주는 차량계 하역운반기계 등을 사용하는 작업을 할 때에 그 기계가 넘어지거나 굴러떨어짐으로써 근로자에게 위험을 미칠 우려가 있는 경우에는 그 기계를 ① 유도하는 사람(이하 "유도자"라 한다)을 배치 ② 지반의 부동침하의 방지 ③ 갓길 붕괴를 방지 ④ 도로폭 유지 등을 하기 위한 조치를 하여야 한다.
>
> 참고) 산업안전기사 필기 p.6-52(합격날개 : 합격예측 및 관련법규)

109 가설통로를 설치하는 경우 경사는 최대 몇 도 이하로 하여야 하는가?

① 20   ② 25
③ 30   ④ 35

> **해설**
> 가설통로 최대경사 : 30[°] 이하
>
> 참고) 산업안전기사 필기 p.6-17(합격날개 : 합격예측 및 관련법규)

[정답] 105 ③   106 ④   107 ①   108 ①   109 ③

보충학습
가설통로의 구조
사업주는 가설통로를 설치하는 경우 다음 각 호의 사항을 준수하여야 한다.
① 견고한 구조로 할 것
② 경사는 30[°] 이하로 할 것. 다만, 계단을 설치하거나 높이 2[m] 미만의 가설통로로서 튼튼한 손잡이를 설치한 경우에는 그러하지 아니하다.
③ 경사가 15[°]를 초과하는 경우에는 미끄러지지 아니하는 구조로 할 것
④ 추락할 위험이 있는 장소에는 안전난간을 설치할 것. 다만, 작업상 부득이한 경우에는 필요한 부분만 임시로 해체할 수 있다.
⑤ 수직갱에 가설된 통로의 길이가 15[m] 이상인 경우에는 10[m] 이내마다 계단참을 설치할 것
⑥ 건설공사에 사용하는 높이 8[m] 이상인 비계다리에는 7[m] 이내마다 계단참을 설치할 것

---

110 토사붕괴에 따른 재해를 방지하기 위한 흙막이 지보공 설비가 아닌 것은?

① 흙막이판   ② 말뚝
③ 턴버클   ④ 띠장

해설
흙막이 지보공 설비
① 흙막이 판   ② 말뚝
③ 버팀대   ④ 띠장

[참고] 산업안전기사 필기 p.6-105(합격날개 : 합격예측 및 관련법규)

보충학습
조립도
① 사업주는 흙막이 지보공을 조립하는 경우 미리 조립도를 작성하여 그 조립도에 따라 조립하도록 하여야 한다.
② 제1항의 조립도는 흙막이판·말뚝·버팀대 및 띠장 등 부재의 배치·치수·재질 및 설치방법과 순서가 명시되어야 한다.

---

111 다음 중 양중기에 해당되지 않는 것은?

① 어스드릴   ② 크레인
③ 리프트   ④ 곤돌라

해설
양중기의 종류
① 크레인(호이스트 포함)
② 이동식 크레인
③ 리프트(이삿짐운반용 리프트의 경우에는 적재하중이 0.1[t] 이상인 것)
④ 곤돌라
⑤ 승강기

[참고] 산업안전기사 필기 p.6-141(합격날개 : 합격예측)

---

112 달비계의 최대 적재하중을 정함에 있어서 활용하는 안전계수의 기준으로 옳은 것은?(단, 곤돌라의 달비계는 제외한다.)

① 달기와이어로프 : 5 이상
② 달기강선 : 5 이상
③ 달기체인 : 3 이상
④ 달기훅 : 5 이상

해설
달기체인 및 달기훅의 안전계수 : 5 이상

KEY 2015년 3월 8일 산업기사 출제

합격정보
2024년 6월 28일 법개정으로 안전계수는 삭제되었습니다.

보충학습
작업발판의 최대적재하중
사업주는 비계의 구조 및 재료에 따라 작업발판의 최대적재하중을 정하고, 이를 초과하여 실어서는 아니 된다.

---

113 강풍시 타워크레인의 운전작업을 중지해야 하는 순간풍속기준은?

① 순간풍속이 초당 10[m] 초과
② 순간풍속이 초당 15[m] 초과
③ 순간풍속이 초당 20[m] 초과
④ 순간풍속이 초당 30[m] 초과

해설
타워크레인 운전작업중지
순간풍속 : 초당 15[m] 초과

[참고] 산업안전기사 필기 p.6-49(합격날개 : 합격예측 및 관련법규)

보충학습
악천후 및 강풍시 작업중지
① 사업주는 비·눈·바람 또는 그 밖의 기상상태의 불안정으로 인하여 근로자가 위험해질 우려가 있는 경우 작업을 중지하여야 한다. 다만, 태풍 등으로 위험이 예상되거나 발생되어 긴급 복구작업을 필요로 하는 경우에는 그러하지 아니하다.
② 사업주는 순간풍속이 초당 10[m]를 초과하는 경우 타워크레인의 설치·수리·점검 또는 해체 작업을 중지하여야 하며, 순간풍속이 초당 15[m]를 초과하는 경우에는 타워크레인의 운전작업을 중지하여야 한다.

[정답] 110 ③   111 ①   112 ④   113 ②

114. 장비가 위치한 지면보다 낮은 장소를 굴착하는 데 적합한 장비는?

① 백호 ② 파워셔블
③ 트럭크레인 ④ 진폴

해설

백호(back hoe)[드래그셔블(drag shovel)]
① 토목공사나 수중굴착에 많이 사용된다.
② 지하층이나 기초의 굴착에 사용된다.
③ 기계가 서 있는 지면보다 낮은 장소의 굴착에도 적당하고 수중굴착도 가능하다.
④ 파워셔블과 같이 굳은 지반의 토질에서도 정확한 굴착이 된다.

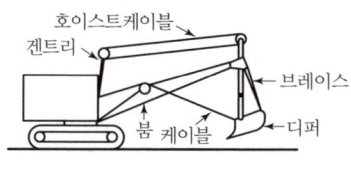

[그림] 백호

참고) 산업안전기사 필기 p.6-63(2. 백호)

115. 추락방지용 방망 중 그물코의 크기가 5[cm]인 매듭방망 신품의 인장강도는 최소 몇 [kg] 이상이어야 하는가?

① 60 ② 110
③ 150 ④ 200

해설

방망사의 신품에 대한 인장강도

그물코의 크기 (단위 : [cm])	방망의 종류(단위 : [kg])	
	매듭 없는 방망	매듭 방망
10	240	200
5		110

참고) 산업안전기사 필기 p.6-50(1. 방망사의 강도)

116. 철골건립준비를 할 때 준수하여야 할 사항과 가장 거리가 먼 것은?

① 지상 작업장에서 건립준비 및 기계기구를 배치할 경우에는 낙하물의 위험이 없는 평탄한 장소를 선정하여 정비하고 경사지에는 작업대나 임시발판 등을 설치하는 등 안전조치를 한 후 작업하여야 한다.
② 건립작업에 다소 지장이 있다하더라도 수목은 제거하여서는 안 된다.
③ 사용전에 기계기구에 대한 정비 및 보수를 철저히 실시하여야 한다.
④ 기계에 부착된 앵커 등 고정장치와 기초구조 등을 확인하여야 한다.

해설

철골건립준비시 준수사항
① 지상 작업장에서 건립준비 및 기계기구를 배치할 경우에는 낙하물의 위험이 없는 평탄한 장소를 선정하여 정비하고 경사지에는 작업대나 임시발판 등을 설치하는 등 안전조치를 한 후 작업하여야 한다.
② 건립작업에 지장이 되는 수목은 제거하거나 이설하여야 한다.
③ 인근에 건축물 또는 고압선 등이 있는 경우에는 이에 대한 방호조치 및 안전조치를 하여야 한다.
④ 사용전에 기계기구에 대한 정비 및 보수를 철저히 실시하여야 한다.
⑤ 기계가 계획대로 배치되어 있는가, 윈치는 작업구역을 확인할 수 있는 곳에 위치하였는가와 기계에 부착된 앵커 등 고정장치와 기초구조 등을 확인하여야 한다.

참고) 산업안전기사 필기 p.6-160(2. 건립준비 및 기계기구의 배치)

합격정보
철골공사 표준안전작업지침 제7조(건립준비)

117. 해체공사에 있어서 발생되는 진동공해에 대한 설명으로 틀린 것은?

① 진동수의 범위는 1~90[Hz]이다.
② 일반적으로 연직진동이 수평진동보다 작다.
③ 진동의 전파거리는 예외적인 것을 제외하면 진동원에서부터 100[m] 이내이다.
④ 지표에 있어 진동의 크기는 일반적으로 지진의 진도계급이라고 하는 미진에서 강진의 범위에 있다.

해설

진동공해
① 진동수의 범위는 1~90[Hz]이다.
② 일반적으로 연직진동이 수평진동보다 크다.
③ 진동의 전파거리는 예외적인 것을 제외하면 진동원에서부터 100[m] 이내(보통 10~20[m] 정도) 이다.
④ 지표에 있어 진동의 크기는 일반적으로 지진의 진도계급이라고 하는 미진(진도 I)에서 강진(진도 III)의 범위 내에 있다.

참고) 산업안전기사 필기 p.2-126(2. 진동)

[정답] 114 ① 115 ② 116 ② 117 ②

118 연약 점토지반 개량에 있어 적합하지 않은 공법은?

① 샌드드레인(Sand drain)공법
② 생석회말뚝(Chemico pile)공법
③ 페이퍼드레인(Paper drain)공법
④ 바이브로 플로테이션(Vibro flotation)공법

해설
연약성 점토지반 개량공법
① 생석회말뚝(Chemico pile)공법
② 페이퍼드레인(Paper drain)공법
③ 샌드드레인(Sand drain)공법
④ 폭파치환공법
⑤ 압밀(재하)공법
⑥ 여성토(Pre loading)공법

참고 산업안전기사 필기 p.6-12(문제 6번 해설)

보충학습
Vibroflotation(바이브로 플로테이션 공법) : 사질토지반개량공법

119 흙막이공법 선정시 고려사항으로 틀린 것은?

① 흙막이 해체를 고려
② 안전하고 경제적인 공법 선택
③ 차수성이 낮은 공법 선택
④ 지반성상에 적합한 공법 선택

해설
흙막이 공법 선정시 고려사항
① 흙막이 해체 고려
② 안전하고 경제적인 공법 선택
③ 차수성이 높은 공법 선택
④ 지반성상에 적합한 공법 선택
⑤ 구축하기 쉬운 공법

120 안전난간대에 폭목(toe board)을 대는 이유는?

① 작업자의 손을 보호하기 위하여
② 작업자의 작업능률을 높이기 위하여
③ 안전난간대의 강도를 높이기 위하여
④ 공구 등 물체가 작업발판에서 지상으로 낙하되지 않도록 하기 위하여

해설
폭목(toe board)을 대는 이유
공구나 물건 등이 지상으로 떨어지지 않도록 하기 위해 설치

참고 산업안전기사 필기 p.6-151(합격날개 : 합격예측 및 관련법규)

보충학습
사업주는 근로자의 추락 등의 위험을 방지하기 위하여 안전난간을 설치하는 경우 다음 각 호의 기준에 맞는 구조로 설치하여야 한다.
① 상부난간대, 중간난간대, 발끝막이판 및 난간기둥으로 구성할 것. 다만, 중간난간대, 발끝막이판 및 난간기둥은 이와 비슷한 구조와 성능을 가진 것으로 대체할 수 있다.
② 상부난간대는 바닥면·발판 또는 경사로의 표면(이하 "바닥면 등"이라 한다)으로부터 90[cm] 이상 지점에 설치하고, 상부난간대를 120[cm] 이하에 설치하는 경우에는 중간난간대는 상부난간대와 바닥면 등의 중간에 설치하여야 하며, 120[cm] 이상 지점에 설치하는 경우에는 중간난간대를 2[단] 이상으로 균등하게 설치하고 난간의 상하 간격은 60[cm] 이하가 되도록 할 것
③ 발끝막이판은 바닥면 등으로부터 10[cm] 이상의 높이를 유지할 것. 다만, 물체가 떨어지거나 날아올 위험이 없거나 그 위험을 방지할 수 있는 망을 설치하는 등 필요한 예방조치를 한 장소는 제외한다.
④ 난간기둥은 상부난간대와 중간난간대를 견고하게 떠받칠 수 있도록 적정한 간격을 유지할 것
⑤ 상부난간대와 중간난간대는 난간 길이 전체에 걸쳐 바닥면 등과 평행을 유지할 것
⑥ 난간대는 지름 2.7[cm] 이상의 금속제 파이프나 그 이상의 강도가 있는 재료일 것
⑦ 안전난간은 구조적으로 가장 취약한 지점에서 가장 취약한 방향으로 작용하는 100[kg] 이상의 하중에 견딜 수 있는 튼튼한 구조일 것

KEY 2015년 3월 8일 산업기사 출제

[정답] 118 ④ 119 ③ 120 ④

2015년도 기사 정기검정 제2회 (2015년 5월 31일 시행)

자격종목 및 등급(선택분야): 산업안전기사

종목코드	시험시간	수험번호	성명
1431	2시간	20150531	도서출판세화

1 산업재해 예방 및 안전보건교육

01 K형 베어링을 생산하는 경기도 안전사업장에 300명의 근로자가 근무하고 있다. 1년에 21건의 재해가 발생하였다면 이 사업장에서 근로자 1명이 평생 작업시 약 몇 건의 재해를 당할 수 있겠는가?(단, 1일 8시간씩 1년에 300일을 근무하며, 평생근로시간은 10만시간으로 가정한다.)

① 1건 ② 3건
③ 5건 ④ 6건

[해설]

환산도수율 계산비교

① 도수(빈도)율 = $\dfrac{\text{재해건수}}{\text{연근로시간수}} \times 10^6$

= $\dfrac{21}{300 \times 8 \times 300} \times 10^6 = 29.17$

② 환산도수율 = 도수율÷10 = 29.17÷10 = 2.92
  = 도수율×0.1 = 2.92 ≒ 3건

[참고] 산업안전기사 필기 p.3-44 (7. 환산도수율 및 환산빈도율)

[보충학습]

[표] 근로시간 적용방법

평생근로시간이 10만[시간]인 경우	평생근로시간이 12만[시간]인 경우
① 환산도수율=도수율×0.1	① 환산도수율=도수율×0.12
② 환산강도율=강도율×100	② 환산강도율=강도율×120

💬 합격자의 조언
① 평생이라는 용어가 나오면 환산도수율을 말합니다.
② 2015년 5월 31일 산업기사 출제

02 산업안전보건법상 산업안전보건위원회의 사용자위원에 해당되지 않는 사람은?(단, 각 사업장은 해당하는 사람을 선임하여야 하는 대상 사업장으로 한다.)

① 안전관리자
② 해당 사업장 부서의 장
③ 산업보건의
④ 명예산업안전감독관

[해설]

산업안전보건위원회 구성
① 사용자위원은 다음 각 호의 사람으로 구성한다. 다만, 상시 근로자 50명 이상 100명 미만을 사용하는 사업장에서는 제㉰호에 해당하는 사람을 제외하고 구성할 수 있다.
  ㉮ 해당 사업의 대표자
  ㉯ 안전관리자
  ㉰ 보건관리자
  ㉱ 산업보건의(해당 사업장에 선임되어 있는 경우로 한정한다)
  ㉲ 해당 사업의 대표자가 지명하는 9명 이내의 해당 사업장 부서의 장
② 건설업의 사업주가 사업의 일부를 도급으로 하는 경우로서 안전보건에 관한 협의체를 구성한 경우에는 해당 협의체에 다음 각 호의 사람을 포함한 산업안전보건위원회를 구성할 수 있다.
  ㉮ 사용자위원인 안전관리자
  ㉯ 근로자위원으로서 도급 또는 하도급 사업을 포함한 전체 사업의 근로자대표, 명예감독관 및 근로자대표가 지명하는 해당 사업장의 근로자

[합격정보]
산업안전보건법시행령 제35조(산업안전보건위원회의 구성)

[보충학습]

근로자위원
① 근로자 대표
② 명예산업안전감독관이 위촉되어 있는 사업장의 경우 근로자 대표가 지명하는 1명 이상의 명예감독관
③ 근로자 대표가 지명하는 9명 이내의 해당 사업장의 근로자

03 다음 중 방진마스크의 구비 조건으로 적절하지 않은 것은?

① 흡기밸브는 미약한 호흡에 대하여 확실하고 예민하게 작동하도록 할 것
② 쉽게 착용되어야 하고 착용하였을 때 안면부가 안면에 밀착되어 공기가 새지 않을 것
③ 여과재는 여과성능이 우수하고 인체에 장해를 주지 않을 것
④ 흡·배기밸브는 외부의 힘에 의하여 손상되지 않도록 흡·배기저항이 높을 것

[정답] 01 ② 02 ④ 03 ④

해설

방진마스크의 각부 구조
① 방진마스크는 쉽게 착용되어야 하고 착용하였을 때 안면부가 안면에 밀착되어 공기가 새지 않을 것
② 흡기밸브는 미약한 호흡에 대하여 확실하고 예민하게 작동하도록 할 것
③ 배기밸브는 방진마스크의 내부와 외부의 압력이 같은 경우 항상 닫혀 있도록 할 것. 또한, 약한 호흡시에도 확실하고 예민하게 작동하여야 하며 외부의 힘에 의하여 손상되지 않도록 덮개 등으로 보호되어 있을 것
④ 연결관(격리식에 한한다)은 신축성이 좋아야 하고 여러 모양의 구부러진 상태에서도 통기에 지장이 없을 것(또한, 턱이나 팔의 압박이 있는 경우에도 통기에 지장이 없어야 하며 목의 운동에 지장을 주지 않을 정도의 길이를 가질 것)
⑤ 머리끈은 적당한 길이 및 탄력성을 갖고 길이를 쉽게 조절할 수 있을 것

> 참고) 산업안전기사 필기 p.1-55 (1) 방진마스크의 구비조건

보충학습

방진마스크의 일반구조
① 착용시 이상한 압박감이나 고통을 주지 않을 것
② 전면형은 호흡시에 투시부가 흐려지지 않을 것
③ 분리식 마스크에 있어서는 여과재, 흡기밸브, 배기밸브 및 머리끈을 쉽게 교환할 수 있고 착용자 자신이 안면과 분리식 마스크의 안면부와의 밀착성 여부를 수시로 확인할 수 있어야 할 것
④ 안면부여과식 마스크는 여과재로 된 안면부가 사용시간 중 심하게 변형되지 않을 것
⑤ 안면부여과식 마스크는 여과재를 안면에 밀착시킬 수 있어야 할 것

> 정보제공) 2015년 5월 31일 건설안전기사 출제

---

04 산업안전보건법령상 같은 장소에서 행하여지는 사업으로서 사업의 일부를 분리하여 도급을 주어야 하는 사업의 경우 산업재해를 예방하기 위한 조치로 구성·운영하는 안전보건에 관한 협의체의 회의 주기로 옳은 것은?

① 매월 1회 이상
② 2개월 간격의 1회 이상
③ 3개월 내의 1회 이상
④ 6개월 내의 1회 이상

해설

협의체의 구성 및 운용
① 협의체는 도급인인 사업주 및 그의 수급인인 사업주 전원으로 구성하여야 한다.
② 협의체는 작업의 시작시간, 작업장간의 연락방법 및 재해발생 위험시의 대피방법 등을 협의하여야 한다.
③ 협의체는 매월 1회 이상 정기적으로 회의를 개최하고 그 결과를 기록·보존하여야 한다.

---

05 다음 중 점검시기에 따른 안전점검의 종류로 볼 수 없는 것은?

① 수시점검 ② 개인점검
③ 정기점검 ④ 일상점검

해설

안전점검의 종류
① 정기(계획)점검
② 수시(일상)점검
③ 특별점검
④ 임시점검

> 참고) 산업안전기사 필기 p.3-48(3. 안전점검의 종류)

---

06 다음 중 교육심리학의 학습이론에 관한 설명으로 옳은 것은?

① 파블로프(Pavlov)의 조건반사설은 맹목적 시행을 반복하는 가운데 자극과 반응이 결합하여 행동하는 것이다.
② 레빈(Lewin)의 장설은 후천적으로 얻게 되는 반사작용으로 행동을 발생시킨다는 것이다.
③ 톨만(Tolman)의 기호형태설은 학습자의 머리 속에 인지적 지도 같은 인지구조를 바탕으로 학습하려는 것이다.
④ 손다이크(Thorndike)의 시행착오설은 내적, 외적의 전체구조를 새로운 시점에서 파악하여 행동하는 것이다.

해설

Tolman의 기호 형태설
① 특징 : 어떤 구체적인 자극(기호)은 유기체의 측면에서 볼 때 일정한 형의 행동결과로서의 자극대상(의미체)을 도출한다.
② 학습원리 : 형태주의이론과 행동주의 이론의 혼합

> 참고) ① 산업안전기사 필기 p.1-122(표. S-R학습이론의 종류)
> ② 산업안전기사 필기 p.1-151(표. 인지이론의 학습)
> ③ 2015년 5월 31일(문제 10번)

[정답] 04 ① 05 ② 06 ③

> [보충학습]

① 손다이크의 시행착오설 : 맹목적 시행을 반복하는 가운데 자극과 반응이 결합하여 행동하는 것이다.
② 파블로프의 조건반사설 : 동물에게 어떤 자극을 계속 주면 반사적으로 그것에 따라 반응하게 되는데 사람의 경우도 동일한 과정으로 적용하는 행동이 나타나 학습하게 된다.
③ 레빈의 장설 : 한 사람의 전체적인 생활공간을 뜻하는 것으로써 생활공간 내에서 개인과 심리적 환경과의 관계는 상호의존적이다. 생활공간중의 개인은 수동적으로만 환경의 영향을 받는 것이 아니라 환경을 개인의 요구에 의하여 심리적으로 한정한다. 따라서 행동은 생활공간의 함수이다.
B = f(P·E)

07 다음 중 인간의 적성과 안전과의 관계를 가장 올바르게 설명한 것은?

① 사고를 일으키는 것은 그 작업에 적성이 맞지 않는 사람이 그 일을 수행한 이유이므로, 반드시 적성검사를 실시하여 그 결과에 따라 작업자를 배치하여야 한다.
② 인간의 감각기별 반응시간은 시각, 청각, 통각순으로 빠르므로 비상시 비상등을 먼저 켜야 한다.
③ 사생활에 중대한 변화가 있는 사람이 사고를 유발할 가능성이 높으므로 그러한 사람들에게는 특별한 배려가 필요하다.
④ 일반적으로 집단의 심적 태도를 교정하는 것보다 개인의 심적 태도를 교정하는 것이 더 용이하다.

> [해설]

인간의 적성과 안전
① 사고는 적성·성격 등 종합적 요인이다.
② 감각기별 반응순서 : 청각, 촉각, 시각, 미각, 통각
③ 사고방지는 집단의 심적태도 교정이 용이하다.
④ 인적 측면이나 환경적 측면의 일방적 정비만으로 재해사고 감소에 큰 영향을 주지 못하므로 인간행동의 변용과 안전태도 형성으로 사고를 감소시킬 수 있다.

> [참고] 산업안전기사 필기 p.1-139 (7) 오감을 활용한다

08 다음 중 하인리히 방식의 재해코스트 산정에 있어 직접비에 해당되지 않는 것은?

① 간병급여 ② 신규채용비용
③ 직업재활급여 ④ 상병(傷病)보상연금

> [해설]

직접비와 간접비

직접비(법적으로 지급되는 산재보상비)(1)		간접비(4) (직접비 제외한 모든 비용)
구분	적용	
요양급여	요양비 전액(진찰, 약제, 처치·수술기타치료, 의료시설수용, 간병, 이송 등)	인적손실 물적손실 생산손실 임금손실 시간손실 기타손실 등
휴업급여	1일당 지급액은 평균임금의 100분의 70에 상당하는 금액	
장해급여	장해등급에 따라 장해보상연금 또는 장해보상일시금으로 지급	
간병급여	요양급여 받은 자가 치유 후 간병이 필요하여 실제로 간병을 받는 자에게 지급	
유족급여	근로자가 업무상 사유로 사망한 경우 유족에게 지급(유족보상연금 또는 유족보상일시금)	
상병보상연금	요양개시 후 2년 경과된 날 이후에 다음의 상태가 계속되는 경우 지급 1. 부상 또는 질병이 치유되지 아니한 상태 2. 부상 또는 질병에 의한 폐질의 정도가 폐질등급기준에 해당	
장의비	평균임금의 120일분에 상당하는 금액	
기타	장해특별급여, 유족특별급여(민법에 의한 손해배상 청구)	

> [참고] 산업안전기사 필기 p.3-45(표. 직접비와 간접비)

> [보충학습]

직접비 : 간접비 = 1 : 4

09 다음 중 산업안전보건법령상 사업내 안전보건교육에 있어 관리감독자의 정기안전보건교육 내용에 해당하는 것은?(단, 그 밖의 산업안전보건법 및 일반관리에 관한 사항은 제외한다.)

① 작업 개시 전 점검에 관한 사항
② 정리정돈 및 청소에 관한 사항
③ 작업공정의 유해·위험과 재해예방대책에 관한 사항
④ 기계·기구의 위험성과 작업의 순서 및 동선에 관한 사항

> [해설]

관리감독자 정기안전보건교육 내용
① 산업안전 및 사고 예방에 관한 사항
② 산업보건 및 직업병 예방에 관한 사항
③ 위험성 평가에 관한 사항
④ 유해·위험 작업환경 관리에 관한 사항
⑤ 산업안전보건법령 및 산업재해보상보험 제도에 관한 사항

[정답] 07 ③　08 ②　09 ③

⑥ 직무스트레스 예방 및 관리에 관한 사항
⑦ 직장 내 괴롭힘, 고객의 폭언 등으로 인한 건강장해 예방 및 관리에 관한 사항
⑧ 작업공정의 유해·위험과 재해 예방대책에 관한 사항
⑨ 사업장 내 안전보건관리체제 및 안전·보건조치 현황에 관한 사항
⑩ 표준안전 작업방법 결정 및 지도·감독 요령에 관한 사항
⑪ 현장근로자와의 의사소통능력 및 강의 능력 등 안전보건교육 능력 배양에 관한 사항
⑫ 비상시 또는 재해 발생 시 긴급조치에 관한 사항
⑬ 그 밖의 관리감독자의 직무에 관한 사항

참고 산업안전기사 필기 p.1-154[(3) 관리감독자 정기안전보건교육 내용]

---

10 다음 중 레빈(Lewin.K)에 의하여 제시된 인간의 행동에 관한 지식을 올바르게 표현한 것은?(단, B는 인간의 행동, P는 개체, E는 환경, f는 함수관계를 의미한다.)

① $B = f(P \cdot E)$
② $B = f(P+1)^B$
③ $P = E \cdot f(B)$
④ $E = f(B+1)^P$

해설

레빈의 법칙
$B = f(P \cdot E)$
① B : Behavior(인간의 행동)
② f : function(함수관계)
③ P : Person(개체 : 연령, 경험, 심신상태, 성격, 지능, 소질 등)
④ E : Environment(심리적 환경 : 인간관계, 작업환경 등)

참고 산업안전기사 필기 p.1-77(합격날개 : 합격예측)

보충학습
2015년 5월 31일(문제 6번)

---

11 다음 중 부주의의 발생 현상으로 혼미한 정신상태에서 심신의 피로나 단조로운 반복작업시 일어나는 현상은?

① 의식의 과잉
② 의식의 집중
③ 의식의 우회
④ 의식수준의 저하

해설

의식수준의 저하
뚜렷하지 않은 의식의 상태로 심신이 피로하거나 단조로움 등에 의해 발생

[그림] 의식수준의 저하

참고 산업안전기사 필기 p.1-120(3. 부주의)

보충학습
① 의식의 단절 : 지속적인 흐름에 공백이 발생하며 질병이 있는 경우에만 발생한다.
② 의식의 우회 : 의식의 흐름이 옆으로 빗나가 발생하는 경우로 작업도중의 걱정, 고뇌, 욕구 불만 등에 의해 다른 것에 주의하는 것이 이에 속한다.
③ 의식의 과잉 : 지나친 의욕에 의해서 생기는 부주의 현상으로 돌발사태 및 긴급이상 사태시 순간적으로 긴장되고 의식이 한 방향으로만 쏠리게 되는 경우가 이에 해당된다.
④ 의식의 혼란 : 인간공학적 디자인과 설계의 불량으로 인해 판단의 혼란으로 발생한다.

---

12 다음 중 산업안전보건법령상 안전보건표지의 색채와 색도기준이 잘못 연결된 것은?(단, 색도기준은 KS에 따른 색의 3속성에 의한 표시방법에 따른다.)

① 빨간색 - 7.5R 4/14
② 노란색 - 5Y 8.5/12
③ 파란색 - 2.5PB 4/10
④ 흰색 - N0.5

해설

안전보건표지의 색채, 색도기준 및 용도

색채	색도기준	용도
빨간색	7.5R 4/14	금지
		경고
노란색	5Y 8.5/12	경고
파란색	2.5PB 4/10	지시
녹색	2.5G 4/10	안내
흰색	N9.5	
검은색	N0.5	

참고 산업안전기사 필기 p.1-62(5. 안전보건표지의 색도기준 및 용도)

---

13 다음 중 몇 사람의 전문가에 의하여 과제에 관한 견해를 발표한 뒤에 참가자로 하여금 의견이나 질문을 하게 하여 토의하는 방법을 무엇이라 하는가?

① 심포지엄(Symposium)
② 버즈세션(Buzz session)
③ 케이스 메소드(Case method)
④ 패널 디스커션(Panel discussion)

[정답] 10 ① 11 ④ 12 ④ 13 ①

해설

심포지엄(Symposium)
발제자 없이 몇 사람의 전문가에 의하여 과제에 관한 견해를 발표한 뒤 참가자로 하여금 의견이나 질문을 하게 하여 토의하는 방법

참고) 산업안전기사 필기 p.1-144 (1) 토의식 교육방법

보충학습
① 버즈세션 : 참가자가 다수인 경우에 전원을 토의에 참가시키기 위한 방법으로 소집단을 구성하여 회의를 진행시키는데 일명 6-6회의라고도 한다.
② 케이스 메소드 : 먼저 사례를 제시하고 문제적 사실들과 그의 상호관계에 대하여 검토하고 대책을 내놓게 한다.
③ 패널 디스커션 : 패널멤버(교육과제에 정통한 전문가 4~5명)가 피교육자 앞에서 자유로이 토의하고 뒤에 피교육자 전원이 참가하여 사회자의 사회에 따라 토의하는 방법이다.

14 다음 중 산업재해조사표를 작성할 때 기입하는 상해의 종류에 해당하는 것은?

① 낙하·비래
② 유해광선 노출
③ 중독·질식
④ 이상온도 노출·접촉

해설

상해와 재해
(1) 상해(외적 상해)의 종류 : 중독, 질식
(2) 재해(사고)발생형태
   ① 낙하·비래
   ② 유해광선 노출
   ③ 이상온도 노출·접촉

참고) 산업안전기사 필기 p.3-42(합격날개 : 합격예측)

보충학습
상해 : 인명피해만 초래한 경우

15 다음 중 헤드 십(head-ship)의 특성으로 옳지 않은 것은?

① 권한의 근거는 공식적이다.
② 지휘의 형태는 권위주의적이다.
③ 상사와 부하와의 사회적 간격은 좁다.
④ 상사와 부하와의 관계는 지배적이다.

해설

leadership과 headship의 비교

개인과 상황 변수	leadership	headship
권한 행사	선출된 리더	임명적 헤드
권한 부여	밑으로부터 동의	위에서 위임
권한 귀속	집단 목표에 기여한 공로 인정	공식화된 규정에 의함
상사와 부하와의 관계	개인적인 영향	지배적
부하와의 사회적 관계(간격)	좁음	넓음
지휘 형태	민주주의적	권위주의적
책임 귀속	상사와 부하	상사
권한 근거	개인적	법적 또는 공식적

참고) 산업안전기사 필기 p.1-113 (5) leadership과 headship의 비교

KEY▶ 2015년 5월 31일 산업기사 출제

16 다음 중 무재해운동의 이념에서 "선취의 원칙"을 가장 적절하게 설명한 것은?

① 사고의 잠재요인을 사후에 파악하는 것
② 근로자 전원이 일체감을 조성하여 참여하는 것
③ 위험요소를 사전에 발견, 파악하여 재해를 예방하거나 방지하는 것
④ 관리감독자 또는 경영층에서의 자발적 참여로 안전 활동을 촉진하는 것

해설

무재해운동 이념 3원칙
① 무(zero)의 원칙 : 근원적으로 산업재해를 없애는 것이며 '0'의 원칙이다.
② 참가의 원칙 : 근로자 전원이 참석하여 문제해결 등을 실천하는 원칙
③ 선취해결(안전제일)의 원칙 : 무재해를 실현하기 위해 일체의 위험요인을 사전에 발견, 파악, 해결하여 재해를 예방하거나 방지하기 위한 원칙

참고) 산업안전기사 필기 p.1-10(합격날개 : 합격예측)

[정답] 14 ③ 15 ③ 16 ③

17 다음 중 구체적인 동기유발 요인과 가장 거리가 먼 것은?

① 작업
② 성과
③ 권력
④ 독자성

해설

구체적 동기유발 요인
① 안정(security)   ② 기회(opportunity)
③ 참여(participation) ④ 인정(recognition)
⑤ 경제(economic)   ⑥ 성과(accomplishment)
⑦ 권력(power)   ⑧ 적응도(conformity)
⑨ 독자성(independence) ⑩ 의사소통(communication)

참고) 산업안전기사 필기 p.1-97 (3) 구체적 동기유발 요인

18 다음 중 위험예지훈련에 있어 Touch and call에 관한 설명으로 가장 적절한 것은?

① 현장에서 팀 전원이 각자의 왼손을 맞잡아 원을 만들어 팀 행동목표를 지적확인하는 것을 말한다.
② 현장에서 그때 그 장소의 상황에서 즉응하여 실시하는 위험예지활동으로 즉시즉응법이라고도 한다.
③ 작업자가 위험작업에 임하여 무재해를 지향하겠다는 뜻을 큰소리로 호칭하면서 안전의식수준을 제고하는 기법이다.
④ 한 사람 한 사람의 위험에 대한 감수성 향상을 도모하기 위한 삼각 및 원포인트 위험예지훈련을 통합한 활용기법이다.

해설

터치앤콜(Touch and Call)
① 왼손을 맞잡고 같이 소리치는 것으로 전원이 스킨십(skinship)을 느끼도록 하는 것
② 팀의 일체감, 연대감을 조성할 수 있다.
③ 대뇌 구피질에 좋은 이미지를 불어넣어 안전행동을 하도록 하는 것

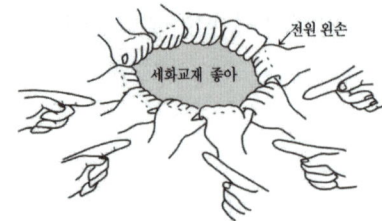

[그림] touch and call

참고) 산업안전기사 필기 p.1-15(합격날개 : 합격예측)

보충학습
① 터치앤콜
② T.B.M 위험예지훈련
③ 지적확인
④ 1인 위험예지훈련

19 다음 중 안전보건교육계획의 수립시 고려할 사항으로 가장 거리가 먼 것은?

① 현장의 의견을 충분히 반영한다.
② 대상자의 필요한 정보를 수집한다.
③ 안전교육시행체계와의 연관성을 고려한다.
④ 정부 규정에 의한 교육에 한정하여 실시한다.

해설

안전보건교육계획 수립시 고려할 사항
① 정보수집(자료수집)
② 현장의 의견 반영
③ 교육시행 체계와 관계 고려
④ 법규정 교육과 그 이상의 교육

참고) 산업안전기사 필기 p.1-137 (3) 안전보건교육계획 수립시 고려할 사항

20 다음 중 재해예방을 위한 시정책인 "3E"에 해당하지 않는 것은?

① Education
② Energy
③ Engineering
④ Enforcement

해설

[표] 3E · 3S

3E	3S
safety education(안전교육)	① 단순화(simplification)
safety engineering(안전기술)	② 표준화(standardization)
safety enforcement(안전독려)	③ 전문화(specification)

참고) 산업안전기사 필기 p.1-7(표. 3E · 3S · 4S)

KEY) 2015년 5월 31일 산업기사 출제

[정답] 17 ① 18 ① 19 ④ 20 ②

2 인간공학 및 위험성 평가·관리

21 다음 중 복잡한 시스템을 설계, 가동하기 전의 구상단계에서 시스템의 근본적인 위험성을 평가하는 가장 기초적인 위험도 분석기법은?

① 예비위험분석(PHA)
② 결함수 분석법(FTA)
③ 운용 안전성 분석(OSA)
④ 고장의 형과 영향분석(FMEA)

[해설]

예비위험분석(PHA)
PHA는 모든 시스템안전 프로그램의 최초 단계의 분석으로서 시스템 내의 위험요소가 얼마나 위험한 상태에 있는가를 정성적으로 평가하는 것이다.

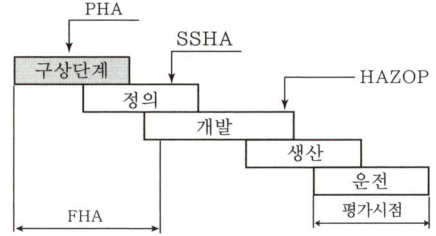

[그림] HAZOP, PHA, SSHA 최적 시점

[참고] 산업안전기사 필기 p.2-60(2. 예비위험분석)
[KEY] 2015년 5월 31일 산업기사 출제

22 인간의 위치 동작에 있어 눈으로 보지 않고 손을 수평면상에서 움직이는 경우 짧은 거리는 지나치고, 긴 거리는 못 미치는 경향이 있는데 이를 무엇이라고 하는가?

① 사정효과(range effect)
② 간격효과(distance effect)
③ 손동작효과(hand action effect)
④ 반응효과(reaction effect)

[해설]

사정효과(range effect)
① 눈으로 보지 않고 손을 수평면상에서 움직이는 경우에 짧은 거리는 지나치고 긴 거리는 못 미치는 경향
② 조작자가 작은 오차에는 과잉반응, 큰 오차에는 과소반응을 나타내는 것

[참고] 산업안전기사 필기 p.2-158(합격날개 : 합격예측)

23 염산을 취급하는 S안전업체에서는 신설 설비에 관한 안전성 평가를 실시해야 한다. 다음 중 정성적 평가단계에 있어 설계와 관련된 주요진단 항목에 해당하는 것은?

① 공장 내의 배치
② 제조공정의 개요
③ 재평가 방법 및 계획
④ 안전보건교육 훈련계획

[해설]

제2단계 : 정성적 평가내용에 포함사항
① 입지조건
② 공장 내의 배치
③ 소방설비
④ 공정기기
⑤ 수송·저장
⑥ 원재료, 중간제, 제품

[참고] 산업안전기사 필기 p.2-38(2. 2단계 : 정성적평가)
[KEY] 2014년 8월 7일(문제 30번) 출제

24 다음 중 FTA에서 활용하는 최소 컷셋(Minimal cut set)에 관한 설명으로 옳은 것은?

① 해당 시스템에 대한 신뢰도를 나타낸다.
② 컷셋 중에 타 컷셋을 포함하고 있는 것을 배제하고 남은 컷셋들을 의미한다.
③ 어느 고장이나 에러를 일으키지 않으면 재해가 일어나지 않는 시스템의 신뢰성이다.
④ 기본사상이 일어나지 않을 때 정상사상(Top event)이 일어나지 않는 기본사상의 집합이다.

[해설]

최소컷셋(minimal cut set)
① 어떤 고장이나 실수를 일으키면 재해가 일어날까 하는 식으로 결국은 시스템의 위험성(반대로 말하면 안전성)을 표시하는 것
② 컷셋 중에 타 컷셋을 포함하고 있는 것을 배제하고 남은 컷셋

[참고] 산업안전기사 필기 p.2-76(합격날개 : 합격예측)

[정답] 21 ① 22 ① 23 ① 24 ②

과년도 출제문제

25 다음 중 시스템 안전계획(SSPP : System Safety Program Plan)에 포함되어야 할 사항으로 가장 거리가 먼 것은?

① 안전조직
② 안전성의 평가
③ 안전자료의 수집과 갱신
④ 시스템의 신뢰성 분석비용

해설

시스템 안전을 실행하기 위한 시스템 안전프로그램(SSPP)에 포함 사항
① 계획의 개요
② 안전조직
③ 계약조건
④ 관련부문과의 조정
⑤ 안전기준
⑥ 안전해석
⑦ 안전성평가
⑧ 안전자료 수집과 갱신

참고) 산업안전기사 필기 p.2-61(합격날개 : 합격예측)

KEY ▶ 2015년 4월 19일 실기필답형 출제

26 그림과 같이 FT도에서 활용하는 논리게이트의 명칭으로 옳은 것은?

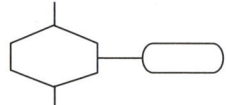

① 억제 게이트
② 정보 게이트
③ 배타적 OR 게이트
④ 우선적 AND 게이트

해설

억제(제어) Gate
수정 Gate의 일종으로 억제 모디파이어(Inhibit Modifier)라고도 하며 입력현상이 일어나 조건을 만족하면 출력이 생기고, 조건이 만족되지 않으면 출력이 생기지 않는다.

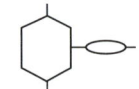

[그림] 억제 Gate

참고) 산업안전기사 필기 p.2-71(합격날개 : 합격예측)

27 다음 중 실효온도(Effective Temperature)에 관한 설명으로 틀린 것은?

① 체온계로 입안의 온도를 측정한 값을 기준으로 한다.
② 실제로 감각되는 온도로서 실감온도라고 한다.
③ 온도, 습도 및 공기유동이 인체에 미치는 열효과를 나타낸 것이다.
④ 상대습도 100[%]일 때의 건구온도에서 느끼는 것과 동일한 온감이다.

해설

실효온도(감각온도, effective temperature)
① 실효온도는 온도, 습도 및 공기 유동이 인체에 미치는 열효과를 하나의 수치로 통합한 경험적 감각지수이다.(실감온도)
② 상대습도 100[%]일 때의 (건구)온도에서 느끼는 것과 동일한 온감(溫感)이다.

참고) 산업안전기사 필기 p.2-167(2. 실효온도)

보충학습

측정방법
입안의 온도가 측정 기준이 아니고, 무풍상태, 습도 100[%]일 때의 건구온도계가 가리키는 눈금을 기준으로 한다.

28 다음은 유해·위험방지계획서의 제출에 관한 설명이다. ( ) 안의 내용으로 옳은 것은?

> 산업안전보건법령상 제출대상 사업으로 제조업의 경우 유해·위험방지계획서를 제출하려면 관련 서류를 첨부하여 해당작업 시작 (㉠)까지, 건설업의 경우 해당 공사의 착공 (㉡)까지 관련 기관에 제출하여야 한다.

① ㉠ : 15일 전, ㉡ : 전날
② ㉠ : 15일 전, ㉡ : 7일 전
③ ㉠ : 7일 전, ㉡ : 전날
④ ㉠ : 7일 전, ㉡ : 3일 전

해설

유해·위험방지계획서 제출기간
① 제조업 : 해당작업시작 15일 전까지
② 건설업 : 해당공사의 착공 전날까지
③ 제출처 : 한국산업안전보건공단

[정답] 25 ④ 26 ① 27 ① 28 ①

참고) 산업안전기사 필기 p.2-37(3. 안전성 평가의 목적)

합격정보
산업안전보건법시행규칙 제42조(제출서류 등)

합격자의 조언
실기필답형에도 출제

29 다음 중 동작경제의 원칙에 있어 "신체사용에 관한 원칙"에 해당하지 않는 것은?

① 두 손의 동작은 동시에 시작해서 동시에 끝나야 한다.
② 손의 동작은 유연하고 연속적인 동작이어야 한다.
③ 공구, 재료 및 제어장치는 사용하기 가까운 곳에 배치해야 한다.
④ 동작이 급작스럽게 크게 바뀌는 직선 동작은 피해야 한다.

해설
신체의 사용에 관한 원칙(use of the human body)
① 두 손의 동작은 같이 시작하고 같이 끝나도록 한다.
② 휴식시간을 제외하고는 양손이 동시에 쉬지 않도록 한다.
③ 두 팔의 동작은 동시에 서로 반대방향으로 대칭적으로 움직이도록 한다.
④ 손과 신체의 동작은 작업을 원만하게 처리할 수 있는 범위 내에서 가장 낮은 동작 등급을 사용하도록 한다.
⑤ 가능한 한 관성을 이용하여 작업을 하도록 하되 작업자가 관성을 억제하여야 하는 경우에는 발생되는 관성을 최소화하도록 한다.
⑥ 손의 동작은 원활하고 연속적인 동작이 되도록 하며, 방향이 급작스럽게 크게 변화하는 모양의 직선동작은 피하도록 한다.
⑦ 탄도동작은 제한되거나 통제된 동작보다 더 신속하고 용이하며 정확하다.
⑧ 가능하다면 쉽고도 자연스러운 리듬이 작업동작에 생기도록 작업을 배치한다.
⑨ 눈의 초점을 모아야 작업을 할 수 있는 경우는 가능하면 없애고 불가피한 경우에는 눈의 초점이 모아져야 하는 두 작업 지점간의 거리를 최소화한다.

참고) 산업안전기사 필기 p.2-75(4. 동작경제의 원칙)

30 다음 중 청각적 표시장치의 설계에 관한 설명으로 가장 거리가 먼 것은?

① 신호를 멀리 보내고자 할 때에는 낮은 주파수를 사용하는 것이 바람직하다.
② 배경 소음의 주파수와 다른 주파수의 신호를 사용하는 것이 바람직하다.
③ 신호가 장애물을 돌아가야 할 때에는 높은 주파수를 사용하는 것이 바람직하다.
④ 경보는 청취자에게 위급 상황에 대한 정보를 제공하는 것이 바람직하다.

해설
청각적 표시장치 설계
① 신호를 멀리 보내고자 할 때에는 낮은 주파수를 사용하는 것이 바람직하다.
② 배경 소음의 주파수와 다른 주파수의 신호를 사용하는 것이 바람직하다.
③ 경보는 청취자에게 위급 상황에 대한 정보를 제공 하는 것이 바람직하다.
④ 신호가 장애물을 돌아가야 할 때에는 낮은 주파수를 사용한다.
⑤ 귀는 중음역에 가장 민감하므로 500~3,000[Hz]의 진동수를 사용한다.
⑥ 고음은 멀리 가지 못하므로 장거리(>300[m]) 용으로는 1,000[Hz] 이하의 진동수를 사용한다.
⑦ 신호가 장애물을 돌아가거나 칸막이를 통과해야 할 때는 500[Hz] 이하의 진동수를 사용한다.
⑧ 주의를 끌기 위해서는 초당 1~8번 나는 소리나 초당 1~3번의 오르내리는 소리같이 변조된 신호를 사용한다.
⑨ 경보 효과를 높이기 위해서 개시 시간이 짧은 고감도 신호를 사용한다.
⑩ 가능하다면 다른 용도에 쓰이지 않는 확성기, 경적 등과 같은 별도의 통신 계통을 사용한다.

참고) 산업안전기사 필기 p.2-31(문제 43번 해설)

31 다음 중 결함수분석의 기대효과와 가장 관계가 먼 것은?

① 사고원인 규명의 간편화
② 시간에 따른 원인 분석
③ 사고원인 분석의 정량화
④ 시스템의 결함 진단

해설
결함수분석(FTA)의 활용 및 기대효과
① 사고원인 규명의 간편화
② 사고원인 분석의 일반화
③ 사고원인 분석의 정량화
④ 노력, 시간의 절감
⑤ 시스템의 결함진단
⑥ 안전점검 체크리스트 작성

참고) 산업안전기사 필기 p.2-68(2. FTA 실시)

[**정답**] 29 ③   30 ③   31 ②

32 주어진 자극에 대해 인간이 갖는 변화감지역을 표현하는 데에는 웨버(Weber)의 법칙을 이용한다. 이때 웨버(Weber)비의 관계식으로 옳은 것은?(단, 변화감지역을 ΔI, 표준자극을 I라 한다.)

① 웨버(Weber)비 $= \dfrac{\Delta I}{I}$

② 웨버(Weber)비 $= \dfrac{I}{\Delta I}$

③ 웨버(Weber)비 $= \Delta I \times I$

④ 웨버(Weber)비 $= \dfrac{\Delta I - I}{\Delta I}$

> **해설**
> **Fechner의 법칙**
> ① 특정감관의 변화감지역(ΔI)은 사용되는 표준자극(I)에 비례($\Delta I / I$ = 상수)한다는 관계를 Weber 법칙이라 한다.
> ② 어떤 한정된 범위 내에서 동일한 양의 인식(감각)의 증가를 얻기 위해서는 자극은 지수적으로 증가해야 한다는 법칙을 Fechner법칙이라고 한다.
> 참고) 산업안전기사 필기 p.2-172(합격날개 : 합격예측)

> **보충학습**
> **웨버(weber)비**
> ① 처음자극의 세기가 크면 자극의 변화가 커야 그 변화를 느낄 수 있고, 처음자극의 세기가 작으면 작은 변화도 감지할 수 있다는 것으로 자극의 변화는 처음 자극의 세기에 따라 달라진다.
> ② 웨버 비 $= \dfrac{\Delta I}{I} = \dfrac{\text{변화감지역}}{\text{표준자극}} \to \dfrac{\text{비례}}{\text{반비례}}$

33 말소리의 질에 대한 객관적 측정 방법으로 명료도 지수를 사용하고 있다. 그림에서와 같은 경우 명료도 지수는 약 얼마인가?

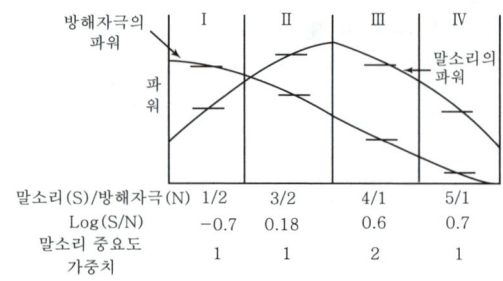

① 0.38   ② 0.68
③ 1.38   ④ 5.68

> **해설**
> **명료도 지수**
> ① 통화 이해도를 추정하는 근거로 사용되는데 각 옥타브대의 음성과 잡음을 데시벨 치에 가중치를 곱하여 합계를 구한 값이다.
> ② 명료도 지수
> $= (-0.7 \times 1) + (0.18 \times 1) + (0.6 \times 2) + (0.7 \times 1)$
> $= 1.38$
> 참고) 산업안전기사 필기 p.2-21(합격날개 : 합격예측)

34 다음 중 인간공학을 나타내는 용어로 적절하지 않은 것은?

① ergonomics
② human factors
③ human engineering
④ customize engineering

> **해설**
> **인간공학 표기방법**
> ① Ergonomics(그리스어의 ergon과 nomics의 합성어), 「ergon(노동 또는 작업, work)+nomos(법칙 또는 관리, laws)+ics(학문 또는 학술), 인간의 특성에 맞게 일을 수행하도록 하는 학문
> ② 인간공학(human factors engineering)이란 '인간이 사용할 수 있도록 설계하는 과정'이다.
> 참고) 산업안전기사 필기 p.2-2(1. 인간공학의 정의)

35 실린더 블록에 사용하는 개스킷의 수명은 평균 10,000시간이며, 표준편차는 200시간으로 정규분포를 따른다. 사용시간이 9,600시간일 경우 이 개스킷의 신뢰도는 약 얼마인가?(단, 표준정규분포상 Z_1 = 0.8413, Z_2 = 0.9772이다.)

① 84.13[%]   ② 88.73[%]
③ 92.72[%]   ④ 97.72[%]

> **해설**
> **개스킷 신뢰도 계산**
> ① 확률변수 X라고 하면 X는 정규분포 $N(10,000, 200)$을 따른다.
> ② $P(\overline{X} \leq 9,600) = P\left(Z \leq \dfrac{9,600 - 10,000}{200}\right)$
> $= P(Z \leq -2)$
> $= 0.5 + 0.5 - P(Z \leq -2)$
> $= 0.5 + 0.5 - 0.9772 = 0.0228$

[정답] 32 ① 33 ③ 34 ④ 35 ④

③ 개스킷의 신뢰도는 빗금친 부분으로

$$P(\overline{X} \geq 9,600) = P\left(Z \geq \frac{9,600-10,000}{200}\right)$$
$$= P(Z \geq -2)$$
$$= 0.5 + 0.5 - 0.0228 = 0.9772$$
$$= 97.72[\%]$$

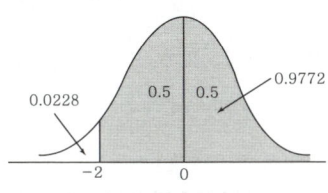

[그림] 분포곡선

KEY▶ 2014년 8월 17일 산업기사

36 다음 중 감각적으로 물리현상을 왜곡하는 지각현상에 해당되는 것은?

① 주의산만 ② 착각
③ 피로   ④ 무관심

해설
용어정의
① 착각 : 물리현상을 왜곡하는 감각적 지각 현상
② 가현운동 : 물리적으로 일정한 위치에 있는 물체가 착각(착시)에 의해 움직이는 것처럼 보이는 현상으로 영화 영상의 방법으로 마치 대상물이 움직이는 것처럼 인식되는 현상

참고) 산업안전기사 필기 p.1-117(합격날개 : 합격예측)

37 휴식 중 에너지소비량은 1.5[kcal/min]이고, 어떤 작업의 평균 에너지소비량이 6[kcal/min]이라고 할 때 60분간 총 작업시간 내에 포함되어야 하는 휴식시간은 약 몇 분인가?(단, 기초대사를 포함한 작업에 대한 평균 에너지소비량의 상한은 5 [kcal/min]이다.)

① 10.3   ② 11.3
③ 12.3   ④ 13.3

해설
휴식시간 계산
휴식시간$(R) = \frac{60(E-5)}{E-1.5} = \frac{60(6-5)}{6-1.5} = 13.3$[분]

참고) 산업안전기사 필기 p.1-102(3. 휴식)

38 인체계측 중 운전 또는 워드 작업과 같이 인체의 각 부분이 서로 조화를 이루며 움직이는 자세에서의 인체치수를 측정하는 것을 무엇이라 하는가?

① 구조적 치수   ② 정적 치수
③ 외곽 치수   ④ 기능적 치수

해설
구조적 및 기능적 인체 치수

구분	특 징

구조적 인체 치수
(정적 인체계측)
	① 신체를 고정시킨 자세에서 피측정자를 인체 측정기 등으로 측정
	② 여러 가지 설계의 표준이 되는 기초적 치수 결정
	③ 마르틴식 인체 계측기 사용
	④ 종류
	  ㉮ 골격치수 : 신체의 관절 사이를 측정
	  ㉯ 외곽치수 : 머리둘레, 허리둘레 등의 표면 치수 측정

기능적 인체 치수 (동적 인체계측)	① 동적 치수는 운전을 위해 핸들을 조작하거나 브레이크를 밟는 행위 또는 물체를 잡기 위해 손을 뻗는 행위 등 움직이는 신체의 자세로부터 측정 ② 신체적 기능 수행시 각 신체부위는 독립적으로 움직이는 것이 아니라, 부위별 특성이 조합되어 나타나기 때문에 정적 치수와 차별화 ③ 소마토그래피(somato graphy) : 신체적 기능 수행을 정면도, 측면도, 평면도의 형태로 표현하여 신체 부위별 상호작용을 보여주는 그림

참고) 산업안전기사 필기 p.2-158(2. 동적 인체계측)

39 다음 중 보전효과의 평가로 설비종합효율을 계산하는 식으로 옳은 것은?

① 설비종합효율=속도가동률×정미가동률
② 설비종합효율=시간가동률×성능가동률×양품률
③ 설비종합효율=$\frac{(부하시간-정지시간)}{부하시간}$
④ 설비종합효율=정미가동률×시간가동률×양품률

해설
보전효과 평가공식
① 성능가동률 = 속도가동률×정미가동률
② 시간가동률 = $\frac{(부하시간-정지시간)}{부하시간}$
③ 설비종합효율 = (시간가동률×성능가동률×양품률)
④ 정미가동률 = $\frac{(생산량×실제 주기시간)}{(부하시간-정지시간)}$

[정답] 36 ② 37 ④ 38 ④ 39 ②

⑤ 속도가동률 = $\dfrac{\text{기준 주기시간}}{\text{실제 주기시간}}$

⑥ 양품률 = $\dfrac{\text{양품수량}}{\text{총생산량}}$

> 참고 산업안전기사 필기 p.2-54(합격날개 : 합격예측)

40 Rasmussen은 행동을 세 가지로 분류하였는데, 그 분류에 해당하지 않는 것은?

① 숙련 기반 행동(skill-based behavior)
② 지식 기반 행동(knowledge-based behavior)
③ 경험 기반 행동(experience-based behavior)
④ 규칙 기반 행동(rule-based behavior)

해설

Rasmussen(라스무센)의 행동 세가지 분류
① 숙련 기반 행동(skill-based behavior)
② 지식 기반 행동(knowledge-based behavior)
③ 규칙 기반 행동(rule-based behavior)

> 참고 산업안전기사 필기 p.2-4(합격날개 : 합격예측)

3 기계·기구 및 설비안전관리

41 롤러기의 방호장치 설치시 유의해야 할 사항으로 거리가 먼 것은?

① 손으로 조작하는 급정지장치의 조작부는 롤러기의 전면 및 후면에 각각 1개씩 수평으로 설치하여야 한다.
② 앞면 롤러의 표면속도가 30[m/min] 미만인 경우 급정지거리는 앞면 롤러 원주의 1/2.5 이하로 한다.
③ 작업자의 복부로 조작하는 급정지장치는 높이가 밑면으로부터 0.8[m] 이상 1.1[m] 이내에 설치되어야 한다.
④ 급정지장치의 조작부에 사용하는 줄은 사용 중 늘어져서는 안되며 충분한 인장강도를 가져야 한다.

해설

롤러의 급정지 거리

앞면 롤러 표면속도	급정지 거리
30[m/min] 미만	앞면 롤러 원주의 1/3
30[m/min] 이상	앞면 롤러 원주의 1/2.5

> 참고 산업안전기사 필기 p.3-109(표. 롤러의 급정지 거리)

42 다음 중 가스용접토치가 과열되었을 때 가장 적절한 조치 사항은?

① 아세틸렌과 산소가스를 분출시킨 상태로 물속에서 냉각시킨다.
② 아세틸렌가스를 멈추고 산소가스만을 분출시킨 상태로 물속에서 냉각시킨다.
③ 산소가스를 멈추고 아세틸렌가스만을 분출시킨 상태로 물속에서 냉각시킨다.
④ 아세틸렌가스만을 분출시킨 상태로 팁클리너를 사용하여 팁을 소제하고 공기 중에서 냉각시킨다.

해설

과열 및 화재예방대책
① 가스용접토치 과열시 안전대책은 아세틸렌가스를 멈추고 산소가스만을 분출시킨 상태로 물속에서 냉각시킨다.(냉각효과)
② 화재발생시 안전대책은 토치에 점화는 조정기의 압력을 조정하고 먼저 토치의 아세틸렌밸브를 연 다음에 산소밸브를 열어 점화시키며, 작업 후(역화)에는 산소밸브를 먼저 닫고 아세틸렌밸브를 닫는다.

> 참고 산업안전기사 필기 p.3-113(2. 관련재해 및 대책)

43 산업안전보건기준에 관한 규칙에 따라 기계·기구 및 설비의 위험예방을 위하여 사업주는 회전축·기어·풀리 및 플라이휠 등에 부속되는 키·핀 등의 기계요소는 어떠한 형태로 설치하여야 하는가?

① 개방형   ② 돌출형
③ 묻힘형   ④ 고정형

해설

사업주는 회전축·기어·풀리 및 플라이휠 등에 부속되는 키·핀 등의 기계 요소는 묻힘형으로 하거나 해당 부위에 덮개를 설치하여야 한다.

[정답] 40 ③   41 ②   42 ②   43 ③

참고
산업안전기사 필기 p.3-196(합격날개 : 합격예측 및 관련법규)

합격정보
산업안전보건기준에 관한 규칙 제87조(원동기·회전축 등의 위험방지)

44 광전자식 방호장치의 광선에 신체의 일부가 감지된 후로부터 급정지기구가 작동개시하기까지의 시간이 40[ms]이고, 광축의 설치거리가 96[mm]일 때 급정지기구가 작동개시한 때로부터 프레스기의 슬라이드가 정지될 때까지의 시간은 얼마인가?

① 15[ms] ② 20[ms]
③ 25[ms] ④ 30[ms]

해설
광전자식 방호장치 설치방법
① $D = 1.6(T_l + T_s)$
 여기서, D : 안전거리[m]
  T_l : 방호장치의 작동시간(즉, 손이 광선을 차단했을 때부터 급정지기구가 작동을 개시할 때까지의 시간(초)]
  T_s : 프레스의 최대정지시간[즉, 급정지기구가 작동을 개시할 때부터 슬라이드가 정지할 때까지의 시간(초)]
② $96 = 1.6 \times (40 + T_s)$
③ $T_s = \dfrac{96}{1.6} - 40 = 20$[ms]

참고
산업안전기사 필기 p.3-101(5. 광전자식)

45 다음 중 연삭기의 방호대책으로 적절하지 않은 것은?

① 탁상용 연삭기의 덮개에는 워크레스트 및 조정편을 구비하여야 하며, 워크레스트는 연삭숫돌과의 간격을 3[mm] 이하로 조정할 수 있는 구조이어야 한다.
② 연삭기 덮개의 재료는 인장강도의 값(단위 : [MPa])에 신장도(단위 : [%])에 20배를 더한 값이 754.5 이상이어야 한다.
③ 연삭숫돌을 교체한 후에는 3분 이상 시운전을 한다.
④ 연삭숫돌의 회전속도시험은 제조 후 규정속도의 0.5배로 안전시험을 한다.

해설
숫돌의 회전시험
① 직경이 100[mm] 이상의 연삭숫돌에 대해서는 로트마다 해당 숫돌의 최고사용 주속도에 1.5를 곱한 속도로 회전시험을 실시하여야 한다.
② 동일 로트의 제품 10[%] 이상에 대하여 회전시험을 실시하여 모든 숫돌이 이상이 없을 때에는 그 로트의 제품은 모두 합격으로 한다.

참고
산업안전기사 필기 p.3-93(4. 연삭기 구조면에 있어서의 안전대책)

합격정보
연삭기의 안전기준에 관한 기술상의 지침 제2001-28호
(제2조 : 연삭숫돌의 규격 등)

46 다음 중 프레스를 제외한 사출성형기(射出成形機)·주형조형기(鑄型造形機) 및 형단조기 등에 관한 안전조치 사항으로 틀린 것은?

① 근로자의 신체 일부가 말려들어갈 우려가 있는 경우에는 양수조작식 방호장치를 설치하여 사용한다.
② 게이트가드식 방호장치를 설치할 경우에는 인터록(연동)장치를 사용하여 문을 닫지 않으면 동작되지 않는 구조로 한다.
③ 연 1회 이상 자체검사를 실시하고, 이상 발견시에는 그것에 상응하는 조치를 이행하여야 한다.
④ 기계의 히터 등의 가열부위, 감전 우려가 있는 부위에는 방호덮개를 설치하여 사용한다.

해설
사출성형기·주형조형기·형단조기 방호장치
① 사업주는 사출성형기(射出成形機)·주형조형기(鑄型造形機) 및 형단조기(프레스 등은 제외한다) 등에 근로자의 신체 일부가 말려들어갈 우려가 있는 경우 게이트가드(gate guard) 또는 양수조작식 등에 의한 방호장치, 그 밖에 필요한 방호조치를 하여야 한다.
② 게이트가드는 닫지 아니하면 기계가 작동되지 아니하는 연동구조(連動構造)여야 한다.
③ 기계의 히터 등의 가열 부위 또는 감전 우려가 있는 부위에는 방호덮개를 설치하는 등 필요한 안전조치를 하여야 한다.

참고
산업안전기사 필기 p.3-114(합격날개 : 합격예측 및 관련법규)

합격정보
산업안전보건기준에 관한 규칙 제121조(사출성형기 등의 방호장치)

[정답] 44 ② 45 ④ 46 ③

47 산업안전보건법령에 따라 산업용 로봇의 작동범위에서 그 로봇에 관하여 교시 등의 작업을 할 때 작업시작 전 점검사항이 아닌 것은?

① 외부 전선의 피복 또는 외장의 손상유무
② 매니퓰레이터(manipulator) 작동의 이상유무
③ 제동장치 및 비상정지장치의 기능
④ 윤활유의 상태

해설

로봇의 작동범위 내에서 그 로봇에 관하여 교시 등(로봇의 동력원을 차단하고 행하는 것을 제외한다)의 작업을 할 때 작업시작 전 점검사항
① 외부전선의 피복 또는 외장의 손상유무
② 매니퓰레이터(manipulator) 작동의 이상유무
③ 제동장치 및 비상정지장치의 기능

참고 산업안전기사 필기 p.3-50(표. 작업시작 전 기계·기구 및 점검내용)

48 페일 세이프(fail safe)의 기계설계상 본질적 안전화에 대한 설명으로 틀린 것은?

① 구조적 fail safe : 인간이 기계 등의 취급을 잘못해도 그것이 바로 사고나 재해와 연결되는 일이 없는 기능을 말한다.
② fail-passive : 부품이 고장나면 통상적으로 기계는 정지하는 방향으로 이동한다.
③ fail-active : 부품이 고장나면 기계는 경보를 울리는 가운데 짧은 시간 동안의 운전이 가능하다.
④ fail-operational : 부품의 고장이 있어도 기계는 추후의 보수가 될 때까지 안전한 기능을 유지하며 이것은 병렬계통 또는 대기여분(Stand-by redundancy)계통으로 한 것이다.

해설

fail safe의 기능면 3단계
① fail-passive : 부품이 고장 나면 통상적으로 기계는 정지하는 방향으로 이동한다.
② fail-active : 부품이 고장 나면 기계는 경보를 울리는 가운데 짧은 시간 동안의 운전이 가능하다.
③ fail-operational : 부품의 고장이 있어도 기계는 추후의 보수가 될 때까지 안전한 기능을 유지하며 이것은 병렬계통 또는 대기여분(Stand-by redundancy) 계통으로 한 것이다.

참고 산업안전기사 필기 p.3-193(3. 페일세이프)

보충학습
① 풀프루프 : 인간이 기계 등의 취급을 잘못해도 그것이 바로 사고나 재해와 연결되는 일이 없는 기능을 말한다.
② 페일세이프 : 인간 또는 기계에 과오나 동작상의 실수가 있어도 사고를 발생시키지 않도록 2중, 3중으로 통제를 가하는 것을 말한다.

합격자의 조언
제2과목 및 실기 필답형도 출제됩니다.

49 다음 중 산업안전보건법령상 아세틸렌 가스용접장치에 관한 기준으로 틀린 것은?

① 전용의 발생기실을 옥외에 설치한 경우에는 그 개구부를 다른 건축물로부터 1.5[m] 이상 떨어지도록 하여야 한다.
② 아세틸렌 용접장치를 사용하여 금속의 용접·용단 또는 가열작업을 하는 경우에는 게이지압력이 127[kPa]을 초과하는 압력의 아세틸렌을 발생시켜 사용해서는 아니 된다.
③ 전용의 발생기실을 설치하는 경우 벽은 불연성 재료로 하고 철근 콘크리트 또는 그 밖에 이와 동등하거나 그 이상의 강도를 가진 구조로 하여야 한다.
④ 전용의 발생기실은 건물의 최상층에 위치하여야 하며, 화기를 사용하는 설비로부터 1[m]를 초과하는 장소에 설치하여야 한다.

해설

발생기실은 건물의 최상층에 위치하여야 하며, 화기를 사용하는 설비로부터 3[m]를 초과하는 장소에 설치하여야 한다.

참고 산업안전기사 필기 p.3-112(합격날개 : 합격예측)

합격정보
산업안전보건기준에 관한 규칙 제286조(발생기실의 설치장소 등)

50 무부하 상태에서 지게차로 20[km/h]의 속도로 주행할 때, 좌우안정도는 몇 [%] 이내이어야 하는가?

① 37[%]   ② 39[%]
③ 41[%]   ④ 43[%]

[정답] 47 ④   48 ①   49 ④   50 ①

해설

주행시의 좌우안정도 = 15 + 1.1V = 15×1.1×20 = 37[%]
(V : 최고속도)

참고 산업안전기사 필기 p.3-135(표. 지게차의 안정조건)

---

51 비파괴검사 방법 중 육안으로 결함을 검출하는 시험법은?

① 방사선투과시험 ② 와류탐상시험
③ 초음파탐상시험 ④ 자분탐상시험

해설

비파괴검사
① 방사선투과 : 물체에 X선, γ선을 투과하여 물체의 결함을 검출하는 방법
② 와류탐상 : 코일을 이용하여 도체에 시간적으로 변화하는 자계(교류 등)를 걸어, 도체에 발생한 와전류가 결함 등에 의해 변화하는 것을 이용하여 결함을 검출하는 방법
③ 초음파탐상 : 사람이 귀로 들을 수 없는 파장의 짧은 음파를 검사물의 내부에 입사시켜 내부의 결함을 검출하는 방법
④ 자분탐상 : 강자성체에 대해 표면이나 표면하부에 발생하는 결함 또는 물성의 변화 등에 의한 국부적인 현상은 누설자속법을 이용하여 육안으로 결함을 검출하는 방법

참고 산업안전기사 필기 p.3-223(④ 자기탐상검사)

---

52 동력식 수동대패에서 손이 끼지 않도록 하기 위해서 덮개 하단과 가공재를 송급하는 측의 테이블 면과의 틈새는 최대 몇 [mm] 이하로 조절해야 하는가?

① 8[mm] 이하 ② 10[mm] 이하
③ 12[mm] 이하 ④ 15[mm] 이하

해설

동력식 수동대패기 테이블면 틈새 : 8[mm] 이하

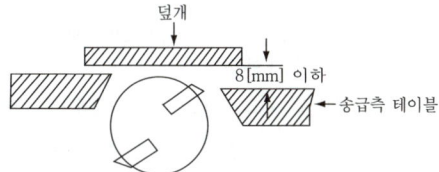

[그림] 덮개와 테이블간의 틈새(간격)

참고 산업안전기사 필기 p.3-134(그림. 덮개와 테이블간의 틈새)

보충학습
금형펀치 및 다이의 간격 : 8[mm] 이하

---

53 다음 중 설비의 진단방법에 있어 비파괴시험이나 검사에 해당하지 않는 것은?

① 피로시험 ② 음향탐상검사
③ 방사선투과시험 ④ 초음파탐상검사

해설

피로시험
① 재료에 몇 번이고 반복하여 하중을 작용시켜도 파괴되지 않는 응력의 한도를 측정하는 시험
② 동적 파괴시험

참고 ① 산업안전기사 필기 p.3-219(4. 기타재료시험)
② 2015년 5월 31일(문제 51번)

보충학습
침투탐상검사(PT) : 침투성이 강한 액체를 표면에 뿌리거나 칠하면 결함이 있는 곳으로 침투액이 스며들고, 표면의 침투액을 제거하고 현상액을 뿌리면 결함이 있는 곳에 침투액이 배어 나오는 것을 확인하여 결함을 검출하는 방법

---

54 와이어로프의 파단하중을 P[kg], 로프가닥수를 N, 안전하중을 Q[kg]라고 할 때 다음 중 와이어로프의 안전율 S를 구하는 산식은?

① $S = NP$ ② $S = \dfrac{QP}{N}$
③ $S = \dfrac{NQ}{P}$ ④ $S = \dfrac{NP}{Q}$

해설

와이어로프 안전율
$S = \dfrac{NP}{Q}, Q = \dfrac{NP}{S}$

여기서, S : 안전율
N : 로프 가닥수
P : 로프의 파단강도[kg]
Q : 허용응력[kg]

참고 산업안전기사 필기 p.3-146(1. 와이어로프의 안전율)

---

55 선반작업시 발생되는 칩(chip)으로 인한 재해를 예방하기 위하여 칩을 짧게 끊어지게 하는 것은?

① 방진구 ② 브레이크
③ 칩브레이커 ④ 덮개

[**정답**] 51 ④ 52 ① 53 ① 54 ④ 55 ③

> **해설**
>
> **칩브레이커의 기능**
> ① 칩을 짧게 끊어주는 장치
> ② 선반에만 있는 칩안전장치
>
> 참고 산업안전기사 필기 p.3-80(4. 선반작업시 안전수칙)
>
> **보충학습**
> ① 척커버 : 척이나 척에 물린 가공물의 돌출부에 작업복이 말려 들어가는 걸 방지하는 장치
> ② 방진구 : 공작물의 길이가 직경의 12~20배 이상인 가늘고 긴 가공물을 고정하는 장치
> ③ 실드(덮개) : 칩 및 절삭유의 비산방지를 위하여 전후, 좌우, 위쪽에 설치하는 플라스틱 덮개
> ④ 브레이크 : 선반을 일시 정지하는 장치

56 다음 설명은 보일러의 장해 원인 중 어느 것에 해당되는가?

> 보일러 수중에 용해고형분이나 수분이 발생, 증기 중에 다량 함유되어 증기의 순도를 저하시킴으로써 관내 응축수가 생겨 워터해머의 원인이 되고 증기과열기나 터빈 등의 고장의 원인이 된다.

① 프라이밍(priming)
② 포밍(forming)
③ 캐리오버(carry over)
④ 역화(back fire)

> **해설**
>
> **캐리오버(carry over)현상**
> ① 보일러에서 증기관쪽에 보내는 증기에 대량의 물방울이 포함되는 경우로 프라이밍이나 포밍이 생기면 필연적으로 발생한다.
> ② 캐리오버는 과열기 또는 터빈 날개에 불순물을 퇴적시켜 부식 또는 과열의 원인이 된다.
> ③ 워터해머의 원인이 된다.
>
> 참고 산업안전기사 필기 p.3-119(1. 보일러의 이상현상의 종류)
>
> **보충학습**
> ① 프라이밍 : 보일러 부하의 급변으로 수위가 급상승하여 증기와 분리되지 않고 수면이 심하게 솟아올라 올바른 수위를 판단하지 못하는 현상
> ② 포밍 : 유지분이나 부유물 등에 의하여 보일러수의 비등과 함께 수면부에 거품을 발생시키는 현상
> ③ 역화 : 가스용접에서 산소아세틸렌 불꽃이 순간적으로 팁 끝에 흡입되고 "빵빵" 하면서 꺼졌다가 다시 켜졌다가 하는 현상

57 완전회전식 클러치 기구가 있는 동력프레스에서 양수기동식 방호장치의 안전거리는 얼마 이상이어야 하는가? (단, 확동클러치의 봉합개소의 수는 8개, 분당 행정수는 250[SPM]을 가진다.)

① 240[mm] ② 360[mm]
③ 400[mm] ④ 420[mm]

> **해설**
>
> **안전거리(D_m)계산**
>
> ① $T_m = \left(\dfrac{1}{클러치개수} + \dfrac{1}{2}\right) \times \left(\dfrac{60,000}{매분행정수}\right)$
>
> $= \left(\dfrac{1}{8} + \dfrac{1}{2}\right) \times \dfrac{60,000}{250} = 150$
>
> ② $D_m = 1.6 \times T_m = 1.6 \times 150 = 240$[mm]
>
> 참고 산업안전기사 필기 p.3-101(합격날개 : 참고)
>
> **보충학습**
> ① 양수기동식 방호장치 : 급정지기구가 부착되어 있지 않은 크랭크(확동식클러치) 프레스기에 적합한 전자식 또는 스프링식 당김형 방호장치이다. 2개의 누름단추를 누르고 있으면 클러치가 작동하여 슬라이드가 하강하지만 레버와 복귀용 와이어로프의 작용에 의해 강제적으로 조작기구는 원래의 상태로 복귀되는 것이다.
> ② 양수기동식의 안전거리
> $D_m = 1.6 T_m$
>   여기서 D_m : 안전거리[mm]
> T_m : 양손으로 누름단추를 누르기 시작할 때부터 하사점에 도달하기까지 소요시간[ms]
> ③ $T_m = \left(\dfrac{1}{클러치 물림 개소수} + \dfrac{1}{2}\right) \times \dfrac{60,000}{매분 행정수}$[ms]

58 프레스 작업 중 부주의로 프레스의 페달을 밟는 것에 대비하여 페달에 설치하는 것을 무엇이라 하는가?

① 클램프 ② 로크너트
③ 커버   ④ 스프링 와셔

> **해설**
>
> 프레스기 페달에 U자형 덮개(cover)를 씌우는 이유 : 페달의 불시작동으로 인한 사고예방(안전작업 실시)
>
> 참고 산업안전기사 필기 p.3-104(3. 프레스현장의 안전상 특징)

[정답] 56 ③   57 ①   58 ③

59 산업안전보건법령에서 정한 양중기의 종류에 해당하지 않는 것은?

① 크레인　　② 도르래
③ 곤돌라　　④ 리프트

[해설]

양중기의 종류
① 크레인[호이스트(hoist)를 포함한다]
② 이동식 크레인
③ 리프트(이삿짐운반용 리프트의 경우에는 적재하중이 0.1[ton] 이상인 것으로 한정한다.)
④ 곤돌라
⑤ 승강기

[참고] 산업안전기사 필기 p.3-138(1. 양중기의 정의 및 종류)

[합격정보]
산업안전보건기준에 관한 규칙 제132조(양중기)

---

60 다음 중 선반의 안전장치 및 작업시 주의사항으로 잘못된 것은?

① 선반의 바이트는 되도록 짧게 물린다.
② 방진구는 공작물의 길이가 지름의 5배 이상일 때 사용한다.
③ 선반의 베드 위에는 공구를 올려놓지 않는다.
④ 칩브레이커는 바이트에 직접 설치한다.

[해설]

방진구 용도
일감의 길이가 직경의 12배 이상일 때 방진구를 사용

[그림] 고정식 방진구

[참고] ① 산업안전기사 필기 p.3-80(4. 선반작업시 안전수칙)
② 2015년 5월 31일(문제 55번)

---

4 전기설비 안전관리

61 정전기발생 현상의 분류에 해당되지 않는 것은?

① 유체대전　　② 마찰대전
③ 박리대전　　④ 유동대전

[해설]

정전기 대전의 종류
① 유동대전
② 분출대전
③ 마찰대전
④ 박리대전
⑤ 파괴대전
⑥ 충돌대전
⑦ 교반 또는 침강에 의한 대전

[참고] 산업안전기사 필기 p.4-33(2. 정전기 대전 현상)

---

62 다음 ( ) 안에 들어갈 내용으로 알맞은 것은?

> 과전류보호장치는 반드시 접지선외의 전로에 ( )로 연결하여 과전류 발생시 전로를 자동으로 차단하도록 설치할 것

① 직렬　　② 병렬
③ 임시　　④ 직병렬

[해설]

과전류차단장치
사업주는 과전류(정격전류를 초과하는 전류로서 단락(短絡)사고전류, 지락사고전류를 포함하는 것을 말한다.)로 인한 재해를 방지하기 위하여 다음 각 호의 방법으로 과전류차단장치[(차단기·퓨즈 또는 보호계전기 등과 이에 수반되는 변성기(變成器)를 말한다.)]를 설치하여야 한다.
① 과전류차단장치는 반드시 접지선이 아닌 전로에 직렬로 연결하여 과전류 발생시 전로를 자동으로 차단하도록 설치할 것
② 차단기·퓨즈는 계통에서 발생하는 최대 과전류에 대하여 충분하게 차단할 수 있는 성능을 가질 것
③ 과전류차단장치가 전기계통상에서 상호협조·보완되어 과전류를 효과적으로 차단하도록 할 것

[참고] 산업안전기사 필기 p.4-6(합격날개 : 합격예측 및 관련법규)

[합격정보]
산업안전보건기준에 관한 규칙 제305조(과전류차단장치)

[정답] 59 ②　60 ②　61 ①　62 ①

63. 전선로 등에서 아크화상 사고시 전선이나 개폐기 터미널 등의 금속 분자가 고열로 용융되어 피부 속으로 녹아 들어가는 현상은?

① 피부의 광성변화 ② 전문
③ 표피박탈 ④ 전류반점

해설

감전에 의한 국소 증상
① 피부의 광성변화 : 선간단락 또는 지락사고 등으로 가열 용융된 전선이나 단자 등의 금속분자가 피부 속으로 녹아 들어가는 현상
② 표피박탈 : 아크 등으로 발생한 고열로 인하여 인체표피가 벗겨져 떨어지는 현상
③ 전문 : 전류의 유출입으로 회백색 또는 붉은색의 수지상 선이 나타나는 현상
④ 전류반점 : 전류의 유출입으로 푸르스름하거나 회백색의 반점이 생기는 현상
⑤ 감전성 궤양 : 감전전류의 유출입부분에 아크의 압력으로 기계작용 또는 전기적 장해에 의한 궤양이 생기는 현상

참고 산업안전기사 필기 p.4-23(합격날개 : 용어정의)

KEY 2012년 5월 20일(문제 67번)

64. 감전에 의해 호흡이 정지한 후에 인공호흡을 즉시 실시하면 소생할 수 있는데, 감전에 의한 호흡 정지 후 3분 이내에 올바른 방법으로 인공호흡을 실시하였을 경우 소생률은 약 몇 [%] 정도인가?

① 25 ② 50
③ 75 ④ 95

해설

인공호흡 소생률[단위 : %]
① 1분 이내 : 95~97
② 2분 이내 : 85~90
③ 3분 이내 : 75
④ 4분 이내 : 50
⑤ 5분 경과 : 25

참고 산업안전기사 필기 p.4-21(3. 인공호흡법)

65. 폭발위험장소에서 점화성 불꽃이 발생하지 않도록 전기설비를 설치하는 방법으로 틀린 것은?

① 낙뢰 방호조치를 취한다.
② 모든 설비를 등전위시킨다.
③ 정전기 영향을 안전한계 이내로 줄인다.
④ 0종 장소는 금속부에 전식방지설비를 한다.

해설

금속부의 전식방지
① 폭발위험장소 내에 설치된 전식방지 금속부는 비록 낮은 음(-)전위이지만, 위험한 전위로 간주하여야 한다.
② 전식방지를 위하여 특별히 설계되지 않았다면, 0종장소의 금속부에는 전식방지설비를 하여서는 아니 된다.
③ 전식방지를 위하여 전선관 등에 요하는 절연요소는 가능한 한 폭발위험장소 외부에 설치하는 것이 좋다.

참고 산업안전기사 필기 p.4-65(3. 합격보충문제)

보충학습

위험장소의 구분
① 0종 장소 : 장치 및 기기들이 정상 가동되는 경우에 폭발성 가스가 항상 존재하는 장소이다.
② 1종 장소 : 장치 및 기기들이 정상 가동 상태에서 폭발성 가스가 가끔 누출되어 위험 분위기가 존재하는 장소이다.
③ 2종 장소 : 작업자의 조작상 실수나 이상운전으로 폭발성 가스가 누출되거나 유출된 가스가 체류하여 폭발을 일으킬 우려가 있는 장소이다.

66. 심장의 맥동주기 중 어느 때에 전격이 인가되면 심실세동을 일으킬 확률이 크고 위험한가?

① 심방의 수축이 있을 때
② 심실의 수축이 있을 때
③ 심실의 수축 종료 후 심실의 휴식이 있을 때
④ 심실의 수축이 있고 심방의 휴식이 있을 때

해설

심실세동전류
① 심장의 맥동에 영향을 주어 심장마비 상태를 유발
② 공식 : $I = \dfrac{165\sim185}{\sqrt{T}}$ [mA]
③ 심장 박동주기 중 T파(심실수축 종료 후 심실 휴식시 파형)에 전격이 가해지면 심실세동 확률이 증가

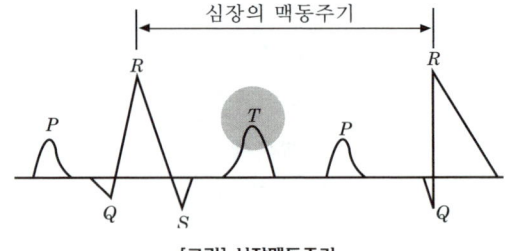

[그림] 심장맥동주기

참고 산업안전기사 필기 p.4-17(3. 통전전류에 따른 인체의 영향)

[정답] 63 ① 64 ③ 65 ④ 66 ③

67 인체의 전기저항이 5,000[Ω]이고, 세동전류와 통전시간과의 관계를 $I = \dfrac{165}{\sqrt{T}}$[mA]라 할 경우, 심실세동을 일으키는 위험에너지는 약 몇 [J]인가?(단, 통전시간은 1초로 한다)

① 5
② 30
③ 136
④ 825

해설

위험에너지

$Q = I^2RT[J/S] = \left(\dfrac{165}{\sqrt{T}} \times 10^{-3}\right)^2 \times 5,000 \times T$

$= \dfrac{165^2}{T} \times 10^{-6} \times 5,000 \times T$

$= 165^2 \times 10^{-6} \times 5,000 = 136[J]$

참고 산업안전기사 필기 p.4-18(3. 위험한계에너지)

KEY 2014년 8월 17일(문제 74번)

합격정보
2015년 5월 31일 산업기사 출제

68 온도조절용 바이메탈과 온도퓨즈가 회로에 조합되어 있는 다리미를 사용한 가정에서 화재가 발생했다. 다리미에 부착되어 있던 바이메탈과 온도퓨즈를 대상으로 화재사고를 분석하려 하는데 논리기호를 사용하여 표현하고자 한다. 어느 기호가 적당한가?(단, 바이메탈의 작동과 온도퓨즈가 끊어졌을 경우를 0, 그렇지 않을 경우를 1이라 한다.)

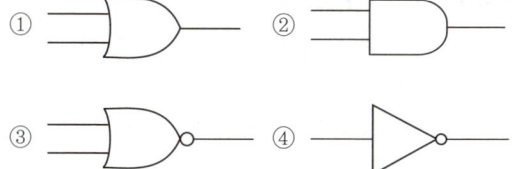

해설

논리곱(AND)회로
① 논리식 : $Y = A \cdot B$
② KS 기호
③ IEC 기호

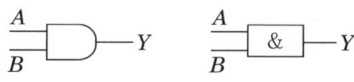

[그림] 논리식 및 논리기호

[표] 진리표

입력		출력
A(바이메탈)	B(온도퓨즈)	Y
0	0	0
0	1	0
1	0	0
1	1	1

참고 산업안전기사 필기 p.4-41(합격날개 : 합격예측)

69 접지공사를 시설하여야 하는 장소가 아닌 것은?

① 금속몰드 배선에 사용하는 몰드
② 고압계기용 변압기의 2차측 전로
③ 고압용 금속제 케이블트레이 계통의 금속트레이
④ 400[V] 미만의 저압용 기계기구의 철대 및 금속제 외함

해설

접지공사 시설장소 및 기기
① 철주, 철탑 등
② 교류전차선과 교차하는 고압전선로의 완금
③ 주상에 시설하는 고압콘덴서, 고압전압조정기 및 고압개폐기 등 기기의 외함
④ 옥내 또는 지선에 시설하는 400[V] 이하 저압 기기의 외함

참고 산업안전기사 필기 p.4-38(3. 접지를 해야하는 대상 부분)

70 폭발위험장소에서의 본질안전방폭구조에 대한 설명으로 틀린 것은?

① 본질안전방폭구조의 기본적 개념은 점화능력의 본질적 억제이다.
② 본질안전방폭구조의 Exib는 fault에 대한 2중 안전보장으로 0종~2종 장소에 사용할 수 있다.
③ 본질안전방폭구조의 적용은 에너지가 1.3[W], 30[V] 및 250[mA] 이하인 개소에 가능하다.
④ 온도, 압력, 액면유량 등의 검출용 측정기는 대표적인 본질안전방폭구조의 예이다.

[정답] 67 ③   68 ②   69 ③   70 ②

[해설]

본질안전방폭구조
① 기호 : ia 또는 ib
② 정상시 및 사고시(단선, 단락, 지락 등)에 발생하는 전기 불꽃, 아크 또는 고온에 의하여 폭발성 가스 또는 증기에 점화되지 않는 것이 점화시험, 그 밖에 것으로 확인된 구조를 말한다.

[참고] 산업안전기사 필기 p.4-54(5. 본질안전 방폭구조)

---

71 정전기를 제거하려 한 행위 중 폭발이 발생했다면 다음 중 어떤 경우인가?

① 가습
② 자외선 공급
③ 온도조절
④ 금속부분 접지

[해설]

스파크방전(Spark Discharge)
① 직접 또는 정전기유도에 의하여 대전된 도체, 특히 금속으로 된 물체를 다른 접지되지 않은 절연도체에 근접시켰을 때 발생하는 것으로 두 개의 도체간에는 단락이 생기면서 그 공간을 잇는 발광현상을 수반하게 된다.
② 스파크의 발생시 공기 중에 오존(O_3)이 생성, 전도성을 띠어 주위 인화물에 인화되거나 먼지로 인한 분진폭발을 일으킬 위험성이 있다.

[참고] 산업안전기사 필기 p.4-36(그림. 정전기 방지대책)

[보충학습]
접지 : 물체에 발생한 정전기를 대지로 누설시켜서 대전을 방지하는 데는 유효한 대책이지만 정전기의 발생방지에는 효과가 없다.

---

72 제전기의 제전효과에 영향을 미치는 요인으로 볼 수 없는 것은?

① 제전기의 이온 생성능력
② 전원의 극성 및 전선의 길이
③ 대전 물체의 대전전위 및 대전분포
④ 제전기의 설치 위치 및 설치 각도

[해설]

제전효과에 영향을 미치는 요인
① 단위시간당 이온 생성 능력(50[mA] 이상)
② 설치 위치, 거리, 각도
③ 대전 물체의 대전전위 및 대전분포
④ 피대전 물체의 이동속도
⑤ 대전물체와 제전기 사이의 기류
⑥ 피대전 물체의 형상
⑦ 근접 접지체의 형상 위치 크기

[참고] 산업안전기사 필기 p.4-44(9. 제전기)

---

73 절연안전모의 사용시 주의사항으로 틀린 것은?

① 특고압 작업에서도 안전도가 충분하므로 전격을 방지하는 목적으로 사용할 수 있다.
② 절연모를 착용할 때에는 턱걸이 끈을 안전하게 죄어야 한다.
③ 머리 윗부분과 안전모와의 간격은 1[cm] 이상이 되도록 끈을 조정하여야 한다.
④ 내장포(충격흡수라이너) 및 턱 끈이 파손되면 즉시 대체하여야 하고 대용품을 사용하여서는 안 된다.

[해설]
절연안전모 : 7,000[V] 이하의 감전방지용

[참고] 산업안전기사 필기 p.4-22(1. 절연용 안전보호구)

[보충학습]

전압분류	직류	교류
저압	1,500[V] 이하	1,000[V] 이하
고압	1,500~7,000[V] 이하	1,000~7,000[V] 이하
특별고압	7,000[V] 초과	7,000[V] 초과

합격자의 조언
제1과목에도 출제됩니다.

---

74 금속제 외함을 가지는 기계기구에 전기를 공급하는 전로에 지락이 발생했을 때에 자동적으로 전로를 차단하는 누전차단기 등을 설치하여야 한다. 누전차단기를 설치하지 않아도 되는 경우로 틀린 것은?

① 기계기구가 고무, 합성수지 기타 절연물로 피복된 것일 경우
② 기계기구가 유도전동기의 2차측 전로에 접속된 저항기일 경우
③ 대지전압이 150[V]를 초과하는 전동 기계·기구를 시설하는 경우
④ 전기용품안전관리법의 적용을 받는 2중절연 구조의 기계기구를 시설하는 경우

[정답] 71 ④ 72 ② 73 ① 74 ③

해설

누전차단기 설치장소
① 전기기계, 기구 중 대지전압이 150[V]를 초과하는 이동형 또는 휴대형의 것
② 물 등 도전성이 높은 액체에 의한 습윤한 장소
③ 철판, 철골 위 등 도전성이 높은 장소
④ 임시배선의 전로가 설치되는 장소

[참고] 산업안전기사 필기 p.4-6(3. 누전차단기 설치제외장소)

보충학습
누전차단기를 설치하지 않아도 되는 장소
① 기계기구를 발전소·변전소·개폐소 또는 이에 준하는 곳에 시설하는 경우
② 기계기구를 건조한 곳에 시설하는 경우
③ 대지전압이 150[V] 이하인 기계기구를 물기가 있는 곳 이외의 곳에 시설하는 경우
④ 전기용품안전관리법의 적용을 받는 2중 절연구조의 기계기구를 시설하는 경우
⑤ 그 전로의 전원측에 절연변압기(2차 전압이 300[V] 이하인 경우에 한한다)를 시설하고 또한 그 절연변압기의 부하측의 전로에 접지하지 아니하는 경우
⑥ 기계기구가 고무·합성수지 기타 절연물로 피복된 경우
⑦ 기계기구가 유도전동기의 2차측 전로에 접속되는 것일 경우
⑧ 기계기구내에 전기용품안전관리법의 적용을 받는 누전차단기를 설치하고 또한 기계기구의 전원연결선이 손상을 받을 우려가 없도록 시설하는 경우

---

75 인체가 현저하게 젖어 있는 상태 또는 금속성의 전기 기계장치나 구조물에 인체의 일부가 상시 접촉되어 있는 상태에서의 허용접촉전압은 일반적으로 몇 [V] 이하로 하고 있는가?

① 2.5[V] 이하 ② 25[V] 이하
③ 50[V] 이하 ④ 75[V] 이하

해설

허용접촉전압

종 별	접촉 상태	허용접촉전압[V]
제 1 종	• 인체의 대부분이 수중에 있는 상태	2.5[V] 이하
제 2 종	• 인체가 많이 젖어 있는 상태 • 금속제 전기기계장치나 구조물에 인체의 일부가 상시 접촉되어 있는 상태	25[V] 이하
제 3 종	• 제1종, 제2종 이외의 경우로서 통상적인 인체 상태에 있어서 접촉전압이 가해지면 위험성이 높은 상태	50[V] 이하
제 4 종	• 제1종, 제2종 이외의 경우로서 통상적인 인체 상태에 있어서 접촉전압이 가해져도 위험성이 낮은 상태 • 접촉전압이 가해질 우려가 없는 경우	무제한

[참고] 산업안전기사 필기 p.4-20(표. 허용접촉전압)

KEY 2015년 3월 8일 (문제 61번) 출제

---

76 스파크화재의 방지책이 아닌 것은?

① 개폐기를 불연성 외함 내에 내장시키거나 통형 퓨즈를 사용할 것
② 접지부분의 산화, 변형, 퓨즈의 나사풀림 등으로 인한 접촉저항이 증가되는 것을 방지할 것
③ 가연성증기, 분진 등 위험한 물질이 있는 곳에는 방폭형 개폐기를 사용할 것
④ 유입 개폐기는 절연유의 비중 정도, 배선에 주의하고 주위에는 내수벽을 설치할 것

해설

스파크화재 방지대책
① 개폐기를 불연성 외함에 내장 또는 통형퓨즈 사용
② 접촉부분의 산화, 변형, 퓨즈의 나사풀림 등으로 인한 접촉저항 상승 방지
③ 유입 개폐기는 절연유의 열화정도, 유량 등에 주의하고 주위에는 내화벽을 설치할 것
④ 가연성증기, 분진 등 위험한 물질이 있는 곳에는 방폭형 개폐기를 사용

[참고] 산업안전기사 필기 p.4-86(문제 16번 적중)

---

77 아세톤을 취급하는 작업장에서 작업자의 정전기 방전으로 인한 화재폭발 재해를 방지하기 위하여 인체대전 전위는 약 몇 [V] 이하로 유지하여야 하는가?(단, 인체의 정전용량은 100[pF]이고, 아세톤의 최소 착화에너지는 1.15[mJ]로 하며 기타의 조건은 무시한다.)

① 1,150 ② 2,150
③ 3,800 ④ 4,800

해설

인체대전전위

① $E = \dfrac{1}{2}CV^2$

② $V = \sqrt{\dfrac{2E}{C}} = \sqrt{\dfrac{2 \times 1.15 \times 10^{-3}}{100 \times 10^{-12}}}$
   $= 4,800[V]$

KEY 2013년 3월 10일 (문제 76번)

[**정답**] 75 ② 76 ④ 77 ④

78
3,300/220[V], 20[kVA]인 3상 변압기에서 공급받고 있는 저압전로의 절연부분 전선과 대지간의 절연저항 최솟값은 약 몇 [Ω]인가?(단, 변압기 저압측 1단자는 접지공사를 시행함)

① 1,240
② 2,794
③ 4,840
④ 8,383

해설

절연저항
저압전로 중 절열부분의 전선과 대지간의 절연저항은 사용전압에 대한 누설전류가 최대 공급전류의 1/2,000가 넘지 않도록 유지해야 하므로

① 절연저항 = $\dfrac{\text{전압}}{\text{누설전류}}$ [Ω]

$= \dfrac{220}{\dfrac{20 \times 1,000}{220} \times \dfrac{1}{2,000}} = 4,840$ [Ω]

② 3상변압기에서의 절연저항 = $\sqrt{3} \times 4,840 = 8,383$ [Ω]

KEY
① 1996년 7월 21일(문제 77번)
② 2001년 9월 23일(문제 65번)
③ 2002년 3월 10일(문제 65번)
④ 2005년 3월 6일(문제 64번)

79
뇌해를 받을 우려가 있는 곳에는 피뢰기를 시설하여야 한다. 시설하지 않아도 되는 곳은?

① 가공전선로와 지중전선로가 접속되는 곳
② 발전소, 변전소의 가공전선 인입구 및 인출구
③ 습뢰 빈도가 작은 지역으로서 방출 보호통을 장치한 곳
④ 특고압 가공전선로로부터 공급을 받는 수용장소의 인입구

해설

피뢰기의 설치장소(고압 및 특고압의 전로 중)
① 발전소, 변전소 또는 이에 준하는 장소의 가공전선 인입구 및 인출구
② 가공전선로에 접속하는 배전용 변압기의 고압측 및 특고압측
③ 고압 또는 특고압의 가공전선로로부터 공급을 받는 수용장소의 인입구
④ 가공전선로와 지중전선로가 접속되는 곳

참고 산업안전기사 필기 p.4-61(참고 : 피뢰기의 설치장소)

KEY 2012년 8월 26일(문제 74번)

80
전격현상의 위험도를 결정하는 인자에 대한 설명으로 틀린 것은?

① 통전전류의 크기가 클수록 위험하다.
② 전원의 종류가 통전시간보다 더욱 위험하다.
③ 전원의 크기가 동일한 경우 교류가 직류보다 위험하다.
④ 통전전류의 크기는 인체의 저항이 일정할 때 접촉전압에 비례한다.

해설

전격위험도 결정조건(1차적 감전위험요소)
① 통전전류의 크기
② 통전시간
③ 통전경로
④ 전원의 종류(직류보다 상용주파수의 교류전원이 더 위험)
⑤ 주파수 및 파형

참고 산업안전기사 필기 p.4-19(1. 1, 2차 감전위험요소)

KEY 산업안전기사 필기 p.4-25(문제 1번) 적중

---

5 화학설비 안전관리

81
다음 중 유해화학물질의 중독에 대한 일반적인 응급처치 방법으로 적정하지 않은 것은?

① 알코올 등의 필요한 약품을 투여한다.
② 환자를 안정시키고, 침대에 옆으로 누인다.
③ 호흡 정지시 가능한 경우 인공호흡을 실시한다.
④ 신체를 따뜻하게 하고 신선한 공기를 확보한다.

해설

유해화학물질의 중독에 대한 응급처치 방법
① 환자를 안정시키고, 침대에 옆으로 누인다.
② 호흡 정지시 가능한 경우 인공호흡을 실시한다.
③ 신체를 따뜻하게 하고 신선한 공기를 확보한다.

참고 산업안전기사 필기 p.5-37(2. 위험물의 저장 및 취급방법)

보충학습
의사의 처방 없이 약품을 임의로 투여하면 안 된다.

[정답] 78 ④ 79 ③ 80 ② 81 ①

82 가연성가스에 관한 설명으로 옳지 않은 것은?

① 메탄가스는 가장 간단한 탄화수소 기체이며, 온실효과가 있다.
② 프로판가스의 연소범위는 2.1~9.5[%] 정도이며, 공기보다 무겁다.
③ 아세틸렌가스는 용해 가스로서 녹색으로 도색한 용기를 사용한다.
④ 수소가스는 물에 잘 녹지 않으며, 온도가 높아지면 반응성이 커진다.

해설

C_2H_2(아세틸렌)가스
① 가연성 용해가스이다.
② 용기색 : 황색
③ 호스색 : 적색

참고) 산업안전기사 필기 p.5-5(합격날개 : 합격예 측)

보충학습

고압가스 용기의 도색
① 산소 : 녹색
② 수소 : 주황색
③ 액화염소 : 갈색
④ 액화 탄산가스 : 청색
⑤ 액화 석유가스 : 회색
⑥ 아세틸렌 : 황색
⑦ 액화 암모니아 : 백색
⑧ 질소 : 회색

83 송풍기의 상사법칙에 관한 설명으로 옳지 않은 것은?

① 송풍량은 회전수와 비례한다.
② 정압은 회전수의 제곱에 비례한다.
③ 축동력은 회전수의 세제곱에 비례한다.
④ 정압은 임펠러 직경의 네제곱에 비례한다.

해설

상사 법칙

구분	회전수(N)	직경(D)
유량(Q) (송풍량)	1승에 비례	3승에 비례
	\multicolumn{2}{c}{$Q_2 = \left(\dfrac{N_2}{N_1}\right) \times \left(\dfrac{D_2}{D_1}\right)^3 \times Q_1$}
양정(H) (풍압)	2승에 비례	2승에 비례
	\multicolumn{2}{c}{$H_2 = \left(\dfrac{N_2}{N_1}\right)^2 \times \left(\dfrac{D_2}{D_1}\right)^2 \times H_1$}
동력(P) (축동력)	3승에 비례	5승에 비례
	\multicolumn{2}{c}{$P_2 = \left(\dfrac{N_2}{N_1}\right)^3 \times \left(\dfrac{D_2}{D_1}\right)^5 \times P_1$}

참고) 산업안전기사 필기 p.5-55(표. 상사법칙)

KEY 2011년 3월 20일(문제 95번)

84 산업안전보건법에서 규정한 급성독성물질은 쥐에 대한 4시간 동안의 흡입실험으로 실험동물 50[%]를 사망시킬 수 있는 농도(LC_{50})가 몇 [ppm] 이하인 물질을 말하는가?

① 1,500
② 2,500
③ 3,000
④ 4,000

해설

LC_{50}
쥐에 대한 4시간 동안의 흡입실험에 의하여 실험동물의 50[%]를 사망시킬 수 있는 물질의 농도, 즉 LC_{50}(쥐, 4시간 흡입)이 2,500[ppm] 이하인 화학물질

참고) 산업안전기사 필기 p.5-36(6. 급성독성물질)

85 다음 [표]의 가스를 위험도가 큰 것부터 작은 순으로 나열한 것은?

구분	폭발하한값	폭발상한값
수소	4.0[vol%]	75.0[vol%]
산화에틸렌	3.0[vol%]	80.0[vol%]
이황화탄소	1.25[vol%]	44.0[vol%]
아세틸렌	2.5[vol%]	81.0[vol%]

① 아세틸렌 - 산화에틸렌 - 이황화탄소 - 수소
② 아세틸렌 - 산화에틸렌 - 수소 - 이황화탄소
③ 이황화탄소 - 아세틸렌 - 수소 - 산화에틸렌
④ 이황화탄소 - 아세틸렌 - 산화에틸렌 - 수소

해설

위험도(H) = $\dfrac{\text{폭발상한값}(U) - \text{폭발하한값}(L)}{\text{폭발하한값}(L)}$

① 수소 = $\dfrac{75 - 4}{4}$ = 17.75
② 산화에틸렌 = $\dfrac{80 - 3}{3}$ = 25.67
③ 이황화탄소 = $\dfrac{44 - 1.25}{1.25}$ = 34.2
④ 아세틸렌 = $\dfrac{81 - 2.5}{2.5}$ = 31.4

참고) 산업안전기사 필기 p.5-60(㉮ 위험도)

[정답] 82 ③ 83 ④ 84 ② 85 ④

과년도 출제문제

86 반응폭발에 영향을 미치는 요인 중 그 영향이 가장 적은 것은?

① 교반상태　② 냉각시스템
③ 반응온도　④ 반응생성물의 조성

해설
반응폭발에 영향을 미치는 요인
① 냉각시스템
② 반응온도
③ 교반상태
④ 압력

참고) 산업안전기사 필기 p.5-50(합격날개 : 합격예측)

87 분진폭발의 특징으로 옳은 것은?

① 연소속도가 가스폭발보다 크다.
② 안전연소로 가스중독의 위험이 작다.
③ 화염의 파급속도보다 압력의 파급속도가 크다.
④ 가스폭발보다 연소시간은 짧고 발생에너지는 작다.

해설
분진폭발의 특징
(1) 화염의 파급속도
　① 폭발압력 후 1/10~2/10[초] 후에 화염이 전파되며 속도는 초기에 2~3[m/s] 정도이다.
　② 압력상승으로 가속도적으로 빨라진다.
(2) 압력의 속도
　① 압력속도는 300[m/s] 정도이다.
　② 화염속도보다는 압력속도가 훨씬 빠르다.

참고) 산업안전기사 필기 p.5-11(표. 분진폭발의 특성)

KEY▶ 2015년 3월 8일 출제

88 유류저장탱크에서 화염의 차단을 목적으로 외부에 증기를 방출하기도 하고 탱크 내 외기를 흡입하기도 하는 부분에 설치하는 안전장치는?

① ventstack　② safety valve
③ gate valve　④ flame arrester

해설
방호장치 구분
① flame arrester(인화방지망) : 화염의 차단을 목적으로 한 장치
② vent stack : 탱크 내의 압력을 정상인 상태로 유지하기 위한 가스방출장치

참고) 산업안전기사 필기 p.5-47(2. 안전장치)

89 다량의 황산이 가연물과 화재가 발생하였을 경우의 소화방법으로 적절하지 않은 방법은?

① 건조분말로 질식소화를 한다.
② 회(灰)로 덮어 질식소화를 한다.
③ 마른 모래로 덮어 질식소화를 한다.
④ 물을 뿌려 냉각소화 및 질식소화를 한다.

해설
황산(H_2SO_4)의 특성
① 경피독성이 강한 유해물질로 피부에 접촉하면 큰 화상을 입는다.
② 물(H_2O)에 용해시 다량의 열을 발생한다.
③ 묽은 황산(희황산)은 각종 금속과 반응(부식)하여 수소(H_2)가스를 발생한다.
④ 무색, 무취의 점성이 있는 기름상 액체로 흡수성이 있다.
⑤ 유기물과 부가반응, 탈수반응, 산화반응을 한다.
⑥ 분자량 98.07, 녹는점 10.5[℃], 무색 투명, 무취, 비휘발성 액체이다.
⑦ 물 소화시 심한 발열반응을 하여 매우 위험하다.
⑧ 소화제로는 분말 소화제 또는 이산화탄소가 유효하다.

KEY▶ 2011년 3월 20일(문제 97번)

90 다음 중 산업안전보건법상 공정안전보고서에 포함되어야 할 사항으로 가장 거리가 먼 것은?

① 평균안전율　② 공정안전자료
③ 비상조치계획　④ 공정위험성평가서

해설
공정안전보고서에 포함사항
① 공정안전자료　② 공정위험성평가서
③ 안전운전계획　④ 비상조치계획

참고) 산업안전기사 필기 p.5-88(표. 공정안전보고서에 포함된 주요 내용)

합격정보
산업안전보건법 시행규칙 제50조(공정안전보고서내용등)

[정답] 86 ④　87 ③　88 ④　89 ④　90 ①

91
비중이 1.5이고, 직경이 74[μm]인 분체가 종말속도 0.2[m/s]로 직경 6[m]의 사일로(silo)에서 질량유속 400 [kg/h]로 흐를 때 평균농도는 약 얼마인가?

① 10.8[mg/L] ② 14.8[mg/L]
③ 19.8[mg/L] ④ 25.8[mg/L]

해설

평균농도계산

① 400[kg/h] → 초[s]로 변환

$$400[kg/h] = \frac{400}{60분 \times 60초} = 0.111[kg/s]$$

② 0.111[kg/s] → [mg/s]로 변환

0.111[kg/s] = 0.111×10^6 = 111,000[mg/s]

③ 평균농도

$$= \frac{111,000}{\frac{\pi}{4} \times 6^2 \times 0.2} = 19,629[kg/m^3] = 19.6[mg/L]$$

92
마그네슘의 저장 및 취급에 관한 설명으로 틀린 것은?

① 화기를 엄금하고, 가열, 충격, 마찰을 피한다.
② 분말이 비산하지 않도록 완전 밀봉하여 저장한다.
③ 1류 또는 6류와 같은 산화제와 혼합되지 않도록 격리, 저장한다.
④ 일단 연소하면 소화가 곤란하지만 초기 소화 또는 소규모 화재시 물, CO_2 소화설비를 이용하여 소화한다.

해설

Mg의 저장취급방법

① 마그네슘은 제2류 위험물 중 물기엄금 물질이다.
② 화기를 엄금하고, 가열, 충격, 마찰을 피한다.
③ 분말은 분진폭발에 위험이 있어 비산하지 않도록 완전 밀봉하여 저장한다.
④ 1류 또는 6류와 같은 산화제 및 할로겐원소와 혼합되지 않도록 격리 저장한다.
⑤ 물과 반응하면 수소 발생, 이산화탄소와는 폭발적인 반응을 하므로 소화는 마른 모래나 분말 소화약제를 사용한다.

참고 산업안전기사 필기 p.5-22(문제 8번) 해설

93
다음 중 화염방지기의 구조 및 설치 방법에 관한 설명으로 옳지 않은 것은?

① 화염방지기는 보호대상 화학설비와 연결된 통기관의 중앙에 설치하여야 한다.
② 화염방지 성능이 있는 통기밸브인 경우를 제외하고 화염방지기를 설치하여야 한다.
③ 본체는 금속제로서 내식성이 있어야 하며, 폭발 및 화재로 인한 압력과 온도에 견딜 수 있어야 한다.
④ 소염소자는 내식, 내열성이 있는 재질이어야 하고, 이물질 등의 제거를 위한 정비작업이 용이하여야 한다.

해설

화염방지기 설치기준(제269조)

① 사업주는 인화성 액체 및 인화성 가스를 저장 취급하는 화학설비에서 증기나 가스를 대기로 방출하는 경우에는 외부로부터의 화염을 방지하기 위하여 화염방지기를 그 설비 상단에 설치하여야 한다. 다만, 대기로 연결된 통기관에 통기밸브가 설치되어 있거나, 인화점이 섭씨 38도 이상 60도 이하인 인화성 액체를 저장·취급할 때에 화염방지 기능을 가지는 인화방지망을 설치한 경우에는 그러하지 아니하다.
② 화염방지기를 설치하는 경우에는 「산업표준화법」에 따른 한국산업표준에서 정하는 화염방지장치 기준에 적합한 것을 설치하여야 하며, 항상 철저하게 보수·유지하여야 한다.

참고 산업안전기사 필기 p.5-8(합격날개 : 합격예측 및 관련법규)

94
화재감지기 중 연기감지기에 해당하지 않는 것은?

① 광전식 ② 감광식
③ 이온식 ④ 정온식

해설

감지기 종류

(1) 열감지기(차동식, 정온식, 보상식)
　① 차동식(스폿형, 분포형)
　② 정온식(스폿형, 감지선형)
　③ 보상식(스폿형)
(2) 연기감지기(이온화식, 광전식, 감광식)

감지기 ┌ 기능상 : 차동식, 정온식, 보상식
　　　 └ 열효과를 이용하는 방법 : 스폿형, 분포형

[그림] 감지기 구분

참고 산업안전기사 필기 p.5-27(문제 31번) 적중

KEY 2015년 3월 8일(문제 81번) 출제

[정답] 91 ③ 92 ④ 93 ① 94 ④

과년도 출제문제

95 폭발에 관한 용어 중 "BLEVE"가 의미하는 것은?

① 고농도의 분진폭발 ② 저농도의 분해폭발
③ 개방계 증기운폭발 ④ 비등액 팽창증기폭발

해설

BLEVE와 UVCE
① BLEVE(Boiling Liquid Expanding Vapor Explosion : 비등액 팽창증기폭발) : 비점 이상의 온도에서 액체상태로 들어 있는 용기 파열 시 발생
② UVCE(Uncomfined Vapor Cloud Explosion : 증기운폭발) : 대기 중에 구름형태로 모여 바람·대류 등의 영향으로 움직이다가 점화원에 의하여 순간적으로 폭발하는 현상

참고 산업안전기사 필기 p.5-25(문제 19번) 적중

합격자의 조언
실기 작업형에도 출제됩니다.

---

96 에틸에테르와 에틸알코올이 3 : 1로 혼합증기의 몰 비가 각각 0.75, 0.25이고, 에틸에테르와 에틸알코올의 폭발하한값이 각각 1.9[vol%], 4.3[vol%]일 때 혼합가스의 폭발하한값은 약 몇 [vol%]인가?

① 2.2   ② 3.5
③ 22.0   ④ 34.7

해설

하한값(L)계산
(1) 에틸에테르($C_2H_5OC_2H_5$)와 에틸알코올(C_2H_5OH)의 부피조성비
  ① 에틸에테르 $= \dfrac{3}{3+1} \times 100 = 75[\%]$
  ② 에틸알코올 $= 100 - 75 = 25[\%]$
(2) $L = \dfrac{100}{\dfrac{V_1}{L_1} + \dfrac{V_2}{L_2}} = \dfrac{100}{\dfrac{75}{1.9} + \dfrac{25}{4.3}} = 2.2[\%]$

KEY 2010년 7월 25일(문제 95번) 출제

---

97 아세틸렌가스가 다음과 같은 반응식에 의하여 연소할 때 연소열은 약 몇 [kcal/mol]인가?(단, 다음의 열역학 표를 참조하여 계산한다.)

$$C_2H_2 + \dfrac{5}{2}O_2 \rightarrow 2CO_2 + H_2O$$

구분	ΔH[kcal/mol]
C_2H_2	54.194
CO_2	-94.052
$H_2O(g)$	-57.798

① -300.1 ② -200.1
③ 200.1 ④ 300.1

해설

연소열 계산
① $C_2H_2 + 5/2O_2 \rightarrow 2CO_2 + H_2O$
     ΔH_1 ΔH_2 ΔH_3
② ΔH(연소열) $= (\Delta H_2 + \Delta H_3) - \Delta H_1$
             $= [2 \times (-94.052) + (-57.798)] - 54.194$
             $= -300.1[\text{kcal/mol}]$

KEY 2005년 3월 6일(문제 96번) 출제

---

98 반응기를 설계할 때 고려하여야 할 요인으로 가장 거리가 먼 것은?

① 부식성   ② 상의 형태
③ 온도 범위   ④ 중간생성물의 유무

해설

반응기 설계시 고려하여야 할 요인
① 상(phase)의 형태
② 온도범위
③ 운전압력
④ 체류(잔존)시간 또는 공간속도(space velocity)
⑤ 부식성
⑥ 열전달
⑦ 균일성을 위한 교반과 그 온도조절
⑧ 회분식조작 또는 연속조작
⑨ 생산비율 : 특히 고압, 고온, 극저온에서의 용이성과 경제성이 반응기 설계에 크게 고려될 인자이다.

참고 산업안전기사 필기 p.5-76(문제 69번) 적중

---

99 다음 중 자기반응성물질에 의한 화재에 대하여 사용할 수 없는 소화기의 종류는?

① 포소화기   ② 무상강화액소화기
③ 이산화탄소소화기   ④ 봉상수(棒狀水)소화기

[정답] 95 ④ 96 ① 97 ① 98 ④ 99 ③

> 해설

소화기 대상물 구분

	건축물·그 밖의 공작물	전기설비	알칼리금속과산화물 등	철분·금속분·마그네슘 등	인화성 고체	금수성 물질	그 밖의 것	제4류 위험물	제5류 위험물	제6류 위험물
제1류 : 산화성 고체										
제2류 : 가연성 고체										
제3류 : 자연발화 및 금수성										
제4류 : 인화성 액체										
제5류 : 자기반응성 물질										
제6류 : 산화성 액체										
봉상수소화기	○		○		○		○		○	○
무상수소화기	○	○			○		○		○	○
봉상강화액소화기	○				○		○		○	○
무상강화액소화기	○	○			○		○	○	○	○
포소화기	○				○		○	○	○	○
이산화탄소소화기		○						○		△
할로겐화합물소화기		○			○		○			
분말 소화기 인산염류소화기	○	○			○		○			○
분말 소화기 탄산수소염류소화기		○	○	○		○		○		
분말 소화기 그 밖의 것			○	○		○				
기타 물통 또는 수조	○			○	○		○		○	○
기타 건조사			○	○	○	○	○	○	○	○
기타 팽창질석 또는 팽창진주암			○	○	○	○	○	○	○	○

> 참고 산업안전기사 필기 p.5-14(4. 소화기의 종류)

> 보충학습

자기반응성물질(제5류 : 폭발성물질)은 가열, 마찰, 충격 또는 다른 화학 물질과의 접촉 등으로 인하여 산소나 산화제의 공급이 없더라도 폭발 등 격렬한 반응을 일으킬 수 있는 고체나 액체로서 자기연소성 물질이므로 질식소화는 효과가 없고 물에 의한 냉각소화를 하나 더 이상 연소가 되지 않도록 연소원을 없애는 조치를 취하는 것이 효과적이다.

100 다음 중 중합반응으로 발열을 일으키는 물질은?

① 인산
② 아세트산
③ 옥살산
④ 액화시안화수소

> 해설

HCN(액화시안화수소)

① 소량의 수분이나 알칼리 물질 함유시 중합반응으로 발열을 일으켜 중합 폭발한다.
② 중합반응 : 분자량이 적은 분자가 결합하여 고분자 화합물을 만드는 반응

예) $nCH_2=CH_2 \xrightarrow{중합} [CH_2-CH_2]_n$
에틸렌 폴리에틸렌

> **KEY** 2004년 5월 23일(문제 93번) 출제

> 보충학습

중합반응으로 발열·발화하는 물질의 종류
① 액화시안화수소
② 스티렌
③ 비닐아세틸렌
④ 아크릴산 에스테르
⑤ 메틸아크릴 에스테르

6 건설공사 안전관리

101 안전계수가 4이고 2,000[kg/cm²]의 인장강도를 갖는 강선의 최대허용응력은?

① 500[kg/cm²]
② 1,000[kg/cm²]
③ 1,500[kg/cm²]
④ 2,000[kg/cm²]

> 해설

최대허용응력

$$\frac{인장강도}{안전계수} = \frac{2,000}{4} = 500[kg/cm^2]$$

> 참고 산업안전기사 필기 p.6-201(문제 37번)

102 훅걸이용 와이어로프 등이 훅으로부터 벗겨지는 것을 방지하기 위한 장치는?

① 해지장치
② 권과방지장치
③ 과부하방지장치
④ 턴버클

> 해설

해지장치
훅걸이용 와이어로프 등이 훅으로부터 벗겨지는 것을 방지하기 위한 장치(이하 "해지장치"라 한다)를 구비한 크레인을 사용하여야 하며, 그 크레인을 사용하여 짐을 운반하는 경우에는 해지장치를 사용하여야 한다.

> 참고 산업안전기사 필기 p.3-142(합격날개 : 합격예측 및 관련법규)

> 합격정보

산업안전보건기준에 관한 규칙 제137조(해지장치의 사용)

[정답] 100 ④ 101 ① 102 ①

103 콘크리트 타설시 거푸집 측압에 대한 설명 중 틀린 것은?

① 타설속도가 빠를수록 측압이 커진다.
② 거푸집의 투수성이 낮을수록 측압은 커진다.
③ 타설높이가 높을수록 측압이 커진다.
④ 콘크리트의 온도가 높을수록 측압이 커진다.

해설

타설시 거푸집 측압에 영향을 미치는 인자
① 슬럼프가 클수록 크다.
② 단면이 클수록 크다.
③ 배합이 좋을수록 크다.
④ 붓는(타설) 속도가 클수록 크다.
⑤ 콘크리트 단위중량(밀도)이 클수록 크다.
⑥ 대기의 온도, 습도가 낮을수록 크다.

참고 산업안전기사 필기 p.6-151(3. 측압에 영향을 주는 요인)

KEY 2015년 5월 31일 산업기사 출제

104 다음은 달비계 또는 높이 5[m] 이상의 비계를 조립·해체하거나 변경하는 작업을 하는 경우의 준수사항이다. 빈칸에 알맞은 숫자는?

> 비계재료의 연결·해체작업을 하는 경우에는 폭 ( )[cm] 이상의 발판을 설치하고 근로자로 하여금 안전대를 사용하도록 하는 등 추락을 방지하기 위한 조치를 할 것

① 15 ② 20
③ 25 ④ 30

해설

비계재료의 연결·해체작업을 하는 경우에는 폭 20[cm] 이상의 발판을 설치하고 근로자로 하여금 안전대를 사용하도록 하는 등 추락을 방지하기 위한 조치를 할 것

참고 산업안전기사 필기 p.6-95(합격날개 : 합격예측 및 관련법규)

합격정보
산업안전보건기준에 관한 규칙 제57조(비계 등의 조립·해체 및 변경)

105 사면보호공법 중 구조물에 의한 보호공법에 해당되지 않는 것은?

① 현장타설 콘크리트 격자공
② 식생구멍공
③ 블럭공
④ 돌쌓기공

해설

구조물보호공법의 종류

구분	방법
블록(돌)붙임공	법면의 풍화, 침식방지를 목적으로 완구배의 점착력이 없는 토사 및 비탈면
블록(돌)쌓기공	비교적 급구배의 높은 비탈면 보호에 사용(메쌓기, 찰쌓기)
콘크리트블록 격자공	점착력이 없고 용수가 있는 붕괴하기 쉬운 비탈면에 채택하는 공법
뿜어붙이기공	비탈면에 용수가 없고 큰 위험은 없으나 풍화되기 쉬운 암 토사 등에서 식생이 곤란할 때 사용

참고 산업안전기사 필기 p.6-168(합격날개 : 합격예측)

보충학습
식생공법의 종류 : 침식, 세굴방지

구분	방법
떼붙임공	떼를 일정한 간격으로 심어서 비탈면을 보호하는 공법(평떼, 줄떼)
식생공	법면에 식물을 번식시켜 법면의 침식과 표면활동 방지
식수공	떼붙임공, 식생공으로 부족할 경우 나무를 심어서 사면보호
파종공	종자, 비료, 안정제, 흙 등을 혼합하여 압력으로 비탈면에 뿜어붙이는 공법

106 추락재해 방지를 위한 방망의 그물코 규격 기준으로 옳은 것은?

① 사각 또는 마름모로서 크기가 5[cm] 이하
② 사각 또는 마름모로서 크기가 10[cm] 이하
③ 사각 또는 마름모로서 크기가 15[cm] 이하
④ 사각 또는 마름모로서 크기가 20[cm] 이하

해설

그물코 규격
① 형태 : 사각 또는 마름모
② 크기 : 가로×세로=10[cm] 이하

참고 산업안전기사 필기 p.6-49(3. 추락재해 방지설비)

[정답] 103 ④ 104 ② 105 ② 106 ②

107 인력운반 작업에 대한 안전 준수사항으로 가장 거리가 먼 것은?

① 보조기구를 효과적으로 사용한다.
② 물건을 들어올릴 때는 팔과 무릎을 이용하며 척추는 곧게 한다.
③ 긴 물건은 뒤쪽으로 높이고 원통인 물건은 굴려서 운반한다.
④ 무거운 물건은 공동작업으로 실시한다.

해설

인력운반작업 안전
① 물건을 들어 올릴 때는 팔과 무릎을 사용하여, 척추는 곧은 자세로 할 것
② 무거운 물건은 공동작업으로 실시하고 보조기구를 사용할 것
③ 길이가 긴 물건은 앞쪽을 높여 운반할 것
④ 화물에 최대한 접근하여 중심을 낮게 할 것
⑤ 어깨보다 높이 들어 올리지 않을 것
⑥ 무리한 자세를 장시간 지속하지 않을 것
⑦ 단독작업은 30[kg] 이하로 하고 장시간 작업은 작업자 체중의 40[%] 한도 내에서 취급하여야 하며 하루 한 사람이 중량물을 취급하는 시간은 실제 취급시간 2.5시간 이내로 한다.

참고 산업안전기사 필기 p.6-171(1. 운반작업)

108 터널공사에서 발파작업시 안전대책으로 틀린 것은?

① 발파전 도화선 연결상태, 저항치 조사 등의 목적으로 도통시험 실시 및 발파기의 작동상태를 사전에 점검
② 동력선은 발원점으로부터 최소 15[m] 이상 후방으로 옮길 것
③ 지질, 암의 절리 등에 따라 화약양 검토 및 시방기준과 대비하여 안전조치 실시
④ 발파용 점화회선은 타동력선 및 조명회선과 한곳으로 통합하여 관리

해설

발파용 점화회선은 타동력선 및 조명회선으로부터 분리하여야 한다.

합격정보
터널공사 표준안전작업지침-NATM공법 제7조(발파작업)

109 토공기계 중 클램쉘(clam shell)의 용도에 대해 가장 잘 설명한 것은?

① 단단한 지반에 작업하기 쉽고 작업속도가 빠르며 특히 암반굴착에 적합하다.
② 수면하의 자갈, 실트 혹은 모래를 굴착하고 준설선에 많이 사용된다.
③ 상당히 넓고 얕은 범위의 점토질 지반 굴착에 적합하다.
④ 기계 위치보다 높은 곳의 굴착, 비탈면 절취에 적합하다.

해설

건설기계의 종류 및 용도
① 드래그라인 : 수중에 모래 채취
② 드래그셔블 : 지반면보다 낮은 곳의 굴착
③ 클램쉘 : 좁은 곳의 수직파기를 할 때 사용
④ 파워셔블 : 지면보다 높은 곳을 굴착

참고 산업안전기사 필기 p.6-63(4. 클램쉘)

110 강관틀비계의 벽이음에 대한 조립간격 기준으로 옳은 것은?(단, 높이가 5[m] 미만인 경우 제외)

① 수직방향 5[m], 수평방향 5[m] 이내
② 수직방향 6[m], 수평방향 6[m] 이내
③ 수직방향 6[m], 수평방향 8[m] 이내
④ 수직방향 8[m], 수평방향 6[m] 이내

해설

강관비계의 조립간격

강관비계의 종류	조립간격(단위:[m])	
	수직방향	수평방향
단관비계	5	5
틀비계(높이가 5[m] 미만인 것은 제외한다)	6	8

참고 산업안전기사 필기 p.6-94(표. 조립간격)

합격정보
산업안전보건기준에 관한 규칙 [별표 5] 강관비계의 조립간격

[정답] 107 ③ 108 ④ 109 ② 110 ③

111 가설통로를 설치하는 경우의 준수해야 할 기준으로 틀린 것은?

① 건설공사에 사용하는 높이 8[m] 이상인 비계 다리에는 5[m] 이내마다 계단참을 설치할 것
② 수직갱에 가설된 통로의 길이가 15[m] 이상인 경우 10[m] 이내마다 계단참을 설치할 것
③ 경사가 15[°]를 초과하는 경우에는 미끄러지지 아니하는 구조로 할 것
④ 추락할 위험이 있는 장소에는 안전난간을 설치할 것

해설
가설통로의 구조
① 견고한 구조로 할 것
② 경사는 30[°] 이하로 할 것. 다만, 계단을 설치하거나 높이 2[m] 미만의 가설통로로서 튼튼한 손잡이를 설치한 경우에는 그러하지 아니하다.
③ 경사가 15[°]를 초과하는 경우에는 미끄러지지 아니하는 구조로 할 것
④ 추락할 위험이 있는 장소에는 안전난간을 설치할 것. 다만, 작업상 부득이한 경우에는 필요한 부분만 임시로 해체할 수 있다.
⑤ 수직갱에 가설된 통로의 길이가 15[m] 이상인 경우에는 10[m] 이내마다 계단참을 설치할 것
⑥ 건설공사에 사용하는 높이 8[m] 이상인 비계다리에는 7[m] 이내마다 계단참을 설치할 것

참고) 산업안전기사 필기 p.6-17(합격날개 : 합격예측 및 관련법규)

합격정보
산업안전보건기준에 관한 규칙 제23조(가설통로의 구조)

112 철륜 표면에 다수의 돌기를 붙여 접지면적을 작게 하여 접지압을 증가시킨 롤러로서 고함수비 점성토 지반의 다짐작업에 적합한 롤러는?

① 탠덤롤러
② 로드롤러
③ 타이어롤러
④ 탬핑롤러

해설
전압식 다짐기계

종류	용도 및 특징
머캐덤 롤러 (Macadam Roller)	① 3륜으로 구성되어 있다. ② 쇄석기층 및 자갈층 다짐에 효과적이다.
탠덤 롤러 (Tandem Roller)	① 도로용 롤러이며, 2륜으로 구성되어 있다. ② 아스팔트 포장의 끝손질 점성토 다짐에 사용된다.
타이어 롤러 (Tire Roller)	① Ballast 아래에 다수의 고무타이어를 달아서 다짐한다. ② 사질토, 소성이 낮은 흙에 적합하며 주행속도 개선
탬핑 롤러 (Tamping Roller)	① 롤러 표면에 돌기를 만들어 부착, 땅 깊숙이 다짐 가능하다. ② 토립자를 이동 혼합하여 함수비 조절 용이(간극수압제거)하다. ③ 고함수비의 점성토지반에 효과적, 유효다짐 깊이가 깊다. ④ 흙덩어리(풍화암 등)의 파쇄효과 및 맞물림효과가 크다.

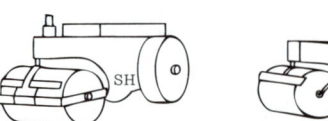
① 머캐덤 롤러

② 탠덤 롤러

③ 타이어 롤러

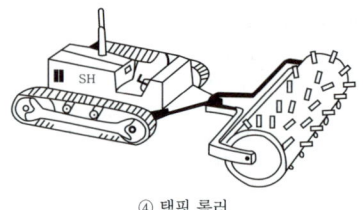
④ 탬핑 롤러

[그림] 전압식 굴착기계

참고) 산업안전기사 필기 p.6-74(2. 전압식 다짐장비)

113 지반조사 중 예비조사 단계에서 흙막이 구조물의 종류에 맞는 형식을 선정하기 위한 조사항목과 거리가 먼 것은?

① 흙막이 벽 축조여부판단 및 굴착에 따른 안정이 충분히 확보될 수 있는지 여부
② 인근 지반의 지반조사 자료나 시공자료의 수집
③ 기상조건 변동에 따른 영향 검토
④ 주변의 환경(하천, 지표지질, 도로, 교통 등)

해설
지반조사방법 중 예비조사 항목
① 인근 지반의 지반조사 자료나 시공 자료의 수집
② 지형이나 지하 수위, 우물 등의 현황 조사
③ 인접 구조물의 크기, 기초의 형식 및 그 현황 조사
④ 주변의 환경(하천, 지표지질, 도로, 교통 등)
⑤ 기상조건 변동에 따른 영향 검토

참고) 산업안전기사 필기 p.6-5(3. 지반조사 방법)

[정답] 111 ① 112 ④ 113 ①

보충학습
본조사 항목
① 흙막이 벽 축조여부판단 및 굴착에 따른 안정이 충분히 확보될 수 있는지 여부
② 보일링이나 히빙 발생 여부

114
다음은 타워크레인을 와이어로프로 지지하는 경우의 준수해야 할 기준이다. 빈칸에 들어갈 알맞은 내용을 순서대로 옳게 나타낸 것은?

> 와이어로프 설치각도는 수평면에서 (　)도 이내로 하되, 지지점은 (　)개소 이상으로 하고, 같은 각도로 설치할 것

① 45, 4
② 45, 5
③ 60, 4
④ 60, 5

해설
와이어로프로 지지하는 경우 준수사항
① 「산업안전보건법 시행규칙」에 따른 서면심사에 관한 서류(「건설기계관리법」에 따른 형식승인서류를 포함한다) 또는 제조사의 설치작업설명서 등에 따라 설치할 것
② 제①호의 서면심사 서류 등이 없거나 명확하지 아니한 경우에는 「국가기술자격법」에 따른 건축구조·건설기계·기계안전·건설안전기술사 또는 건설안전분야 산업안전지도사의 확인을 받아 설치하거나 기종별·모델별 공인된 표준방법으로 설치할 것
④ 와이어로프를 고정하기 위한 전용 지지프레임을 사용할 것
⑤ 와이어로프 설치각도는 수평면에서 60도 이내로 하고, 지지점은 4개소 이상으로 할 것
⑥ 와이어로프와 그 고정부위는 충분한 강도와 장력을 갖도록 설치하고, 와이어로프를 클립·샤클(shackle) 등의 고정기구를 사용하여 견고하게 고정시켜 풀리지 아니하도록 할 것
⑦ 와이어로프가 가공전선(架空電線)에 근접하지 않도록 할 것

참고　산업안전기사 필기 p.6-138(합격날개 : 합격예측 및 관련법규)

합격정보
산업안전보건기준에 관한 규칙 제142조(타워크레인의 지지)

115
건설업 산업안전보건관리비 중 안전시설비로 사용할 수 없는 것은?

① 안전통로
② 비계에 추가 설치하는 추락방지용 안전난간
③ 사다리 전도방지장치
④ 통로의 낙하물 방호선반

해설
안전시설비의 종류
① 산업재해 예방을 위한 안전난간, 추락방호망, 안전대 부착설비, 방호장치(기계·기구와 방호장치가 일체로 제작된 경우, 방호장치 부분의 가액에 한함)등 안전시설의 구입·임대 및 설치를 위해 소요되는 비용
② 「산업재해예방시설자금 융자금 지원사업 및 보조금 지급사업 운영규정」(고용노동부고시) 제2조제12호에 따른 "스마트안전장비 지원사업" 및 「건설기술진흥법」제62조의3에 따른 스마트 안전장비 구입·임대 비용. 다만, 제4조에 따라 계상된 산업안전보건관리비 총액의 10분의 1을 초과할 수 없다.
③ 용접 작업 등 화재 위험작업 시 사용하는 소화기의 구입·임대비용

참고　산업안전기사 필기 p.6-23(문제 24번) 적중

합격정보
건설업 산업안전보건관리비 계상 및 사용기준
고용노동부 고시 제2024-53호(2024. 9. 19. 일부개정)

116
철골작업을 중지하여야 하는 기준으로 옳은 것은?

① 1시간당 강설량이 1[cm] 이상인 경우
② 풍속이 초당 15[m] 이상인 경우
③ 진도 3 이상의 지진이 발생한 경우
④ 1시간당 강우량이 1[cm] 이상인 경우

해설
철골공사 작업중지 기준
① 풍속 : 초당 10[m] 이상인 경우
② 강우량 : 시간당 1[mm] 이상인 경우
③ 강설량 : 시간당 1[cm] 이상인 경우

참고　산업안전기사 필기 p.6-154(합격날개 : 합격예측 및 관련법규)

합격정보
산업안전보건기준에 관한 규칙 제383조(작업의 제한)

117
건립 중 강풍에 의한 풍압 등 외압에 대한 내력이 설계에 고려되었는지 확인하여야 하는 철골구조물에 해당하지 않는 것은?

① 이음부가 현장용접인 건물
② 높이 15[m]인 건물
③ 기둥이 타이플레이트(tie plate)형인 구조물
④ 구조물의 폭과 높이의 비가 1 : 5인 건물

[정답] 114 ③　115 ①　116 ①　117 ②

해설
철골구조물 내력설계 확인 구조물
① 높이 20[m] 이상인 구조물
② 구조물의 폭과 높이의 비가 1 : 4 이상인 구조물
③ 건물, 호텔 등에서 단면 구조에 현저한 차이가 있는 것
④ 연면적당 철골량이 50[kg/m²] 이하인 구조물
⑤ 기둥이 타이 플레이트(tie plate)형인 구조물
⑥ 이음부가 현장 용접인 경우

참고 산업안전기사 필기 p.6-154(3. 철골의 자립도 검토)

KEY 2015년 5월 31일 산업기사 출제

---

118 건설업 유해·위험방지계획서 제출시 첨부서류에 해당되지 않는 것은?

① 공사개요서
② 산업안전보건관리비 사용계획
③ 재해발생 위험시 연락 및 대피방법
④ 특수공사계획

해설
건설업 유해·위험방지계획서 첨부서류
① 공사 개요서
② 공사현장의 주변 현황 및 주변과의 관계를 나타내는 도면(매설물 현황을 포함한다.)
③ 건설물, 사용 기계설비 등의 배치를 나타내는 도면
④ 전체 공정표
⑤ 산업안전보건관리비 사용계획
⑥ 안전관리 조직표
⑦ 재해 발생 위험시 연락 및 대피방법

참고 산업안전기사 필기 p.6-21[(4) 제출시 첨부서류]

합격정보
산업안전보건법 시행규칙 [별표 10] 유해·위험방지계획서 첨부서류

---

119 달비계의 와이어로프의 사용금지기준에 해당하지 않는 것은?

① 와이어로프의 한 꼬임에서 끊어진 소선의 수가 10[%] 이상인 것
② 지름의 감소가 공칭지름의 7[%]를 초과하는 것
③ 심하게 변형되거나 부식된 것
④ 균열이 있는 것

해설
와이어로프 사용금지 기준
① 이음매가 있는 것
② 와이어로프의 한 꼬임[스트랜드(strand)를 말한다. 이하같다]에서 끊어진 소선(素線)[필러(pillar)선은 제외한다]의 수가 10[%] 이상(비자전로프의 경우에는 끊어진 소선의 수가 와이어로프 호칭지름의 6배 길이 이내에서 4[개] 이상이거나 호칭지름 30배 길이 이내에서 8[개] 이상)인 것
③ 지름의 감소가 공칭지름의 7[%]를 초과하는 것
④ 꼬인 것
⑤ 심하게 변형 또는 부식된 것
⑥ 열과 전기충격에 의해 손상된 것

참고 산업안전기사 필기 p.6-102(합격날개 : 합격예측 및 관련법규)

KEY 2015년 5월 31일 산업기사 출제

합격정보
산업안전보건기준에 관한 규칙 제63조(달비계의 구조)

---

120 다음 중 토사붕괴의 내적 원인인 것은?

① 절토 및 성토 높이 증가
② 사면, 법면의 기울기 증가
③ 토석의 강도저하
④ 공사에 의한 진동 및 반복하중 증가

해설
토사붕괴 외적 요인
① 사면, 법면의 경사 및 기울기의 증가
② 절토 및 성토 높이의 증가
③ 공사에 의한 진동 및 반복하중의 증가
④ 지표수 및 지하수의 침투에 의한 토사 중량의 증가
⑤ 지진, 차량, 구조물의 하중 작용
⑥ 토사 및 암석의 혼합층 두께

참고 산업안전기사 필기 p.6-55(1. 토석붕괴의 재해원인)

KEY 2015년 3월 8일 산업기사 출제

보충학습
토사붕괴 내적 원인
① 절토 사면의 토질·암질
② 성토 사면의 토질 구성 분포
③ 토석의 강도 저하

【 정답 】 118 ④　119 ④　120 ③

2015년도 기사 정기검정 제3회 (2015년 8월 16일 시행)

자격종목 및 등급(선택분야): 산업안전기사

종목코드	시험시간	수험번호	성명
1431	2시간	20150816	도서출판세화

1 산업재해 예방 및 안전보건교육

01 다음 중 몇 사람의 전문가에 의하여 과제에 관한 견해를 발표하게 한 뒤에 참가자로 하여금 의견이나 질문을 하게 하여 토의하는 방법은?

① 포럼(Forum)
② 심포지엄(Symposium)
③ 케이스 스터디(Case study)
④ 패널 디스커션(Panel discussion)

해설
심포지엄(Symposium)
몇 사람의 전문가에 의하여 과제에 관한 견해를 발표하게 한 뒤 참가자로 하여금 의견이나 질문을 하게 하여 토의하는 방법

참고) 산업안전기사 필기 p.1-144 (1) 토의식 교육방법

KEY) 2015년 5월 31일(문제 13번)

💬 **합격자의 조언**
최근 문제가 합격을 좌우합니다.

02 산업안전보건법령에 따라 자율검사프로그램을 인정받기 위한 충족 요건으로 틀린 것은?

① 관련 법에 따른 검사원을 고용하고 있을 것
② 관련 법에 따른 검사 주기마다 검사를 실시할 것
③ 자율검사프로그램의 검사기준이 안전검사기준에 충족할 것
④ 검사를 할 수 있는 장비를 갖추고 이를 유지·관리할 수 있을 것

해설
자율검사 프로그램을 인정받기 위한 충족조건
① 검사원을 고용하고 있을 것
② 고용노동부장관이 정하여 고시하는 바에 따라 검사를 할 수 있는 장비를 갖추고 이를 유지·관리할 수 있을 것
③ 검사 주기의 2분의 1에 해당하는 주기(크레인 중 건설현장 외에서 사용하는 크레인의 경우에는 6개월)마다 검사를 할 것
④ 자율검사프로그램의 검사기준이 안전검사기준을 충족할 것

참고) 산업안전기사 필기 p.3-59 (2) 자율안전 프로그램의 인정 요건

합격정보
산업안전보건법 시행규칙 제132조(자율검사 프로그램의 인정 등)

03 산업안전보건법령상 관리감독자의 업무내용에 해당되는 것은?(단, 그 밖에 해당 작업의 안전보건에 관한 사항으로서 고용노동부령으로 정하는 사항은 제외한다.)

① 사업장 순회점검·지도 및 조치의 건의
② 물질안전보건자료의 게시 또는 비치에 관한 보좌 및 조언·지도
③ 해당 작업의 작업장 정리·정돈 및 통로확보에 대한 확인·감독
④ 근로자의 건강장해의 원인 조사와 재발 방지를 위한 의학적 조치

해설
관리감독자 수행업무
① 사업장 내 관리감독자가 지휘·감독하는 작업과 관련된 기계·기구 또는 설비의 안전보건 점검 및 이상 유무의 확인
② 관리감독자에게 소속된 근로자의 작업복·보호구 및 방호장치의 점검과 그 착용·사용에 관한 교육·지도
③ 해당 작업에서 발생한 산업재해에 관한 보고 및 이에 대한 응급조치
④ 해당 작업의 작업장 정리·정돈 및 통로 확보에 대한 확인·감독
⑤ 사업장의 다음 각 목의 어느 하나에 해당하는 사람의 지도·조언에 대한 협조
 ㉮ 안전관리자 또는 같은 안전관리자의 업무를 같은 항에 따른 안전관리전문기관에 위탁한 사업장의 경우에는 그 안전관리전문기관의 해당 사업장 담당자
 ㉯ 보건관리자 또는 보건관리자의 업무를 같은 항에 따른 보건관리전문기관에 위탁한 사업장의 경우에는 그 보건관리전문기관의 해당 사업장 담당자
 ㉰ 안전보건관리담당자 또는 안전보건관리담당자의 업무를 안전관리전문기관 또는 보건관리전문기관에 위탁한 사업장의 경우에는 그 안전관리전문기관 또는 보건관리전문기관의 해당 사업장 담당자
 ㉱ 산업보건의
⑥ 위험성평가에 관한 다음 각 목의 업무
 ㉮ 유해·위험요인의 파악에 대한 참여
 ㉯ 개선조치의 시행에 대한 참여
⑦ 그 밖에 해당작업의 안전 및 보건에 관한 사항으로서 고용노동부령로 정하는 사항

[**정답**] 01 ② 02 ② 03 ③

과년도 출제문제

참고) 산업안전기사 필기 p.1-28(2. 관리감독자 업무 내용)

합격정보
산업안전보건법 시행령 제15조(관리감독자의 업무내용)

04 하인리히의 재해손실비 산정방식에서 직접비로 볼 수 없는 것은?

① 직업재활급여 ② 간병급여
③ 생산손실급여 ④ 장해급여

해설
직접비와 간접비

직접비(법적으로 지급되는 산재보상비)		간접비 (직접비 제외한 모든 비용)
구분	적용	
요양급여	요양비 전액(진찰, 약제, 처치·수술 기타치료, 의료시설수용, 간병, 이송 등)	인적손실 물적손실 생산손실 임금손실 시간손실 기타손실 등
휴업급여	1일당 지급액은 평균임금의 100분의 70에 상당하는 금액	
장해급여	장해등급에 따라 장해보상연금 또는 장해보상일시금으로 지급	
간병급여	요양급여 받은 자가 치유 후 간병이 필요하여 실제로 간병을 받는 자에게 지급	
유족급여	근로자가 업무상 사유로 사망한 경우 유족에게 지급(유족보상연금 또는 유족보상일시금)	
상병보상 연금	요양개시 후 2년 경과된 날 이후에 다음의 상태가 계속되는 경우 지급 1. 부상 또는 질병이 치유되지 아니한 상태 2. 부상 또는 질병에 의한 폐질의 정도가 폐질등급기준에 해당	
장의비	평균임금의 120일분에 상당하는 금액	
기타비용	장해특별급여, 유족특별급여(민법에 의한 손해배상 청구)	

참고) 산업안전기사 필기 p.3-45(표. 직접비와 간접비)

KEY▶ 2015년 5월 31일(문제 8번)

05 기업 내 정형교육 중 TWI(Training Within Industry)의 교육내용과 가장 거리가 먼 것은?

① Job Method Training
② Job Relation Training
③ Job Instruction Training
④ Job Standardization Training

해설
TWI 교육 내용
① 작업 방법 훈련(Job Method Training : JMT) : 작업개선
② 작업 지도 훈련(Job Instruction Training : JIT) : 작업지도·지시
③ 인간 관계 훈련(Job Relations Training : JRT) : 부하 통솔
④ 작업 안전 훈련(Job Safety Training : JST) : 작업안전

참고) 산업안전기사 필기 p.1-145 (1) 기업 내 정형교육

06 다음 중 리더십(Leadership)에 관한 설명으로 틀린 것은?

① 각자의 목표를 위해 스스로 노력하도록 사람에게 영향력을 행사하는 활동
② 어떤 특정한 목표달성을 지향하고 있는 상황하에서 행사되는 대인간의 영향력
③ 공통된 목표달성을 지향하도록 사람에게 영향을 미치는 것
④ 주어진 상황 속에서 목표달성을 위해 개인 또는 집단의 활동에 영향을 미치는 과정

해설
리더십의 정의
① 어떤 특정한 목표달성을 지향하고 있는 상황하에서 행사되는 대인간의 영향력
② 공통된 목표달성을 지향하도록 사람에게 영향을 미치는 것
③ 주어진 상황 속에서 목표달성을 위해 개인 또는 집단의 활동에 영향을 미치는 과정

참고) 산업안전기사 필기 p.1-111(4. 리더십)

보충학습
집단목표 달성을 위해 구성원으로 하여금 자발적으로 협조하도록 하는 기술 및 영향력을 행사하는 활동

07 연평균 500명의 근로자가 근무하는 S사업장에서 지난 한 해 동안 20명의 재해자가 발생하였다. 만약 이 사업장에서 한 근로자가 평생 동안 작업을 한다면 약 몇 건의 재해를 당할 수 있겠는가?(단, 1인당 평생근로시간은 120,000시간으로 한다.)

① 1건 ② 2건
③ 4건 ④ 6건

[정답] 04 ③ 05 ④ 06 ① 07 ②

해설

환산도수율 = 도수율 × 0.12 = 16.67 × 0.12 = 1.999 ≒ 2

참고 산업안전기사 필기 p.3-42(3. 빈도율)

KEY 2015년 5월 31일(문제 1번) 출제

보충학습

① 연천인율 = $\dfrac{\text{연간재해자 수}}{\text{연평균 근로자 수}} \times 1,000$

$= \dfrac{20}{500} \times 1,000 = 40$

② 도수율 = 연천인율 ÷ 2.4 = 40 ÷ 2.4 = 16.67

---

08 암실에서 정지된 소광점을 응시하면 광점이 움직이는 것같이 보이는 현상을 운동의 착각현상 중 '자동운동'이라 한다. 다음 중 자동운동이 생기기 쉬운 조건에 해당되지 않는 것은?

① 광점이 작은 것
② 대상이 단순한 것
③ 광의 강도가 큰 것
④ 시야의 다른 부분이 어두울 것

해설

자동운동이 생기기 쉬운 조건
① 광점이 작을 것
② 시야의 다른 부분이 어두울 것
③ 광의 강도가 작을 것
④ 대상이 단순할 것

참고 산업안전기사 필기 p.1-117(합격날개 : 합격예측)

---

09 무재해운동의 추진기법에 있어 위험예지훈련 제4단계(4라운드) 중 제2단계에 해당하는 것은?

① 본질추구
② 현상파악
③ 목표설정
④ 대책수립

해설

위험예지훈련 제4단계
① 1R : 현상파악
② 2R : 본질추구
③ 3R : 대책수립
④ 4R : 행동목표설정

참고 산업안전기사 필기 p.1-12(합격날개;합격예측)

---

10 다음 중 태도교육을 통한 안전태도 형성요령과 가장 거리가 먼 것은?

① 이해한다.
② 칭찬한다.
③ 모범을 보인다.
④ 금전적 보상을 한다.

해설

태도교육
(1) 목적 : 생활지도, 작업 동작 지도 등을 통한 안전의 습관화
(2) 단계
① 청취한다.
② 이해, 납득시킨다.
③ 모범(시범)을 보인다.
④ 권장(평가)한다.
⑤ 칭찬한다.
⑥ 벌을 준다.

참고 산업안전기사 필기 p.1-152 (3) 제3단계 : 태도교육

---

11 안전인증대상 보호구 중 AE, ABE종 안전모의 질량 증가율은 몇 [%] 미만이어야 하는가?

① 1[%]
② 2[%]
③ 3[%]
④ 5[%]

해설

안전모 내수성시험
① AE, ABE종 안전모는 질량 증가율이 1[%] 미만이어야 한다.
② 자율안전확인에서는 제외

참고 산업안전기사 필기 p.1-52(합격날개 : 합격예측)

---

12 다음 중 억압당한 욕구가 사회적·문화적으로 가치 있는 목적으로 향하여 노력함으로써 욕구를 충족하는 적응기제(Adjustment Mechanism)를 무엇이라 하는가?

① 보상
② 투사
③ 승화
④ 합리화

해설

승화
본능적인 에너지를 개인적으로나 사회적으로 용납되는 형태로 유용하게 돌려쓰는 것(예 강한 공격적 욕구를 가진 사람이 격투기 선수가 되는 경우)

참고 산업안전기사 필기 p.1-80(⑭ 승화)

[정답] 08 ③   09 ①   10 ④   11 ①   12 ③

과년도 출제문제

13 다음 중 재해를 한번 경험한 사람은 신경과민 등 심리적인 압박을 받게 되어 대처능력이 떨어져 재해가 빈번하게 발생된다는 설(說)은?

① 기회설 ② 암시설
③ 경향설 ④ 미숙설

해설

재해 빈발설
① 기회설 : 작업에 어려움이 많기 때문에 재해가 유발하게 된다는 설
② 암시설 : 한번 재해를 당한 사람은 겁쟁이가 되거나 신경과민 등으로 재해를 유발하게 된다는 설
③ 경향설 : 근로자 가운데 재해가 빈발하는 소질적 결함자가 있다는 설

참고 산업안전기사 필기 p.1-98(1. 재해설)

14 하인리히의 재해발생과 관련한 도미노이론으로 설명되는 안전관리의 핵심단계에 해당되는 요소는?

① 외부 환경 ② 개인적 성향
③ 재해 및 상해 ④ 불안전한 상태 및 행동

해설

하인리히 재해발생 도미노 이론

[그림] 재해발생과정 도미노 이론

참고 산업안전기사 필기 p.3-30(1. 하인리히의 산업재해 도미노 이론)

15 산업안전보건법령상 사업내 안전보건교육의 교육대상별 교육내용에 있어 관리 감독자 정기안전보건교육에 해당하는 것은?(단, 산업안전보건법 및 일반관리에 관한 사항은 제외한다.)

① 작업 개시 전 점검에 관한 사항
② 사고 발생시 긴급조치에 관한 사항
③ 건강증진 및 질병예방에 관한 사항
④ 산업보건 및 직업병예방에 관한 사항

해설

관리감독자 정기안전보건교육 내용
① 산업안전 및 사고 예방에 관한 사항
② 산업보건 및 직업병 예방에 관한 사항
③ 위험성 평가에 관한 사항
④ 유해·위험 작업환경 관리에 관한 사항
⑤ 산업안전보건법령 및 산업재해보상보험 제도에 관한 사항
⑥ 직무스트레스 예방 및 관리에 관한 사항
⑦ 직장 내 괴롭힘, 고객의 폭언 등으로 인한 건강장해 예방 및 관리에 관한 사항
⑧ 작업공정의 유해·위험과 재해 예방대책에 관한 사항
⑨ 사업장 내 안전보건관리체제 및 안전·보건조치 현황에 관한 사항
⑩ 표준안전 작업방법 결정 및 지도·감독 요령에 관한 사항
⑪ 현장근로자와의 의사소통능력 및 강의 능력 등 안전보건교육 능력 배양에 관한 사항
⑫ 비상시 또는 재해 발생 시 긴급조치에 관한 사항
⑬ 그 밖의 관리감독자의 직무에 관한 사항

참고 산업안전기사 필기 p.1-154(3. 관리감독자 정기안전보건교육 내용)

KEY 2015년 5월 31일(문제 9번)

합격정보
산업안전보건법 시행규칙 [별표 5] 교육대상별 교육내용

16 산업안전보건법령상 안전보건개선계획서에 개선을 위하여 포함되어야 하는 중점개선 항목에 해당되지 않는 것은?

① 시설 ② 기계장치
③ 작업방법 ④ 보호구 착용

해설

안전보건개선계획서 중점개선 항목
① 시설
② 안전보건관리체제
③ 안전보건교육
④ 산업재해예방 및 작업환경의 개선

참고 산업안전기사 필기 p.1-226(제61조)

합격정보
산업안전보건법 시행규칙 제61조(안전보건개선계획의 제출 등)

17 산업안전보건법령상 안전보건표지의 종류 중 기본모형(형태)이 다른 것은?

① 방사성물질경고 ② 폭발성물질경고
③ 인화성물질경고 ④ 급성독성물질경고

【정답】 13 ② 14 ④ 15 ④ 16 ④ 17 ①

해설

경고표지 모형

인화성 물질 경고	산화성 물질 경고	폭발성 물질 경고	급성독성 물질경고	부식성 물질 경고
방사성 물질 경고	고압전기 경고	매달린 물체 경고	낙하물 경고	고온 경고
저온 경고	몸균형 상실 경고	레이저 광선 경고	발암성·변이원성·생식독성·전신독성·호흡기과민성물질 경고	위험장소 경고

참고) 산업안전기사 필기 p.1-61(4. 안전보건표지의 종류와 형태)

합격정보
산업안전보건법 시행규칙 [별표 6] 안전보건표지의 종류와 형태

18 재해원인 분석시 고려해야 할 4M에 해당하지 않는 것은?

① Man ② Mechanism
③ Media ④ Management

해설

인간과오의 배후요인 4요소(안전)
① Man
② Machine
③ Media
④ Management

참고) 산업안전기사 필기 p.2-18(합격날개 : 합격예측)

보충학습

효율화 대상 4M(생산)
① Machine : 설비의 효율화
② Material : 원재료, 에너지의 효율화
③ Man : 작업의 효율화
④ Method : 관리의 효율화

19 다음 중 재해예방의 4원칙에 관한 설명으로 틀린 것은?

① 재해의 발생에는 반드시 원인이 존재한다.
② 재해의 발생과 손실의 발생은 우연적이다.
③ 재해예방을 위한 가능한 안전대책은 반드시 존재한다.
④ 재해는 원인 제거가 불가능하므로 예방만이 최우선이다.

해설

재해예방 4원칙
① 예방가능의 원칙 : 천재지변을 제외한 모든 인재는 예방이 가능하다.
② 손실우연의 원칙 : ②
③ 원인연계(계기)의 원칙 : ①
④ 대책선정의 원칙 : ③

참고) 산업안전기사 필기 p.3-34(6. 산업재해예방의 4원칙)

20 모랄 서베이(Morale Survey)의 주요방법 중 태도조사법에 해당하지 않은 것은?

① 질문지법 ② 면접법
③ 통계법 ④ 집단토의법

해설

태도조사법(의견조사)의 종류
① 질문지법
② 면접법
③ 집단토의법
④ 투사법
⑤ 문답법

참고) 산업안전기사 필기 p.1-75(2) 모랄 서베이의 주요 방법

2 인간공학 및 위험성 평가·관리

21 어떤 작업을 수행하는 작업자의 배기량을 5분간 측정하였더니 100[L]이었다. 가스미터를 이용하여 배기 성분을 조사한 결과 산소가 20[%], 이산화탄소가 3[%]이었다. 이때 작업자의 분당 산소소비량(A)과 분당 에너지소비량(B)은 약 얼마인가?(단, 흡기 공기 중 산소는 21[vol%], 질소는 79[vol%]를 차지하고 있다.)

[정답] 18 ② 19 ④ 20 ③ 21 ④

① $A : 0.038[\text{L/min}]$, $B : 0.77[\text{kcal/min}]$
② $A : 0.058[\text{L/min}]$, $B : 0.57[\text{kcal/min}]$
③ $A : 0.073[\text{L/min}]$, $B : 0.36[\text{kcal/min}]$
④ $A : 0.093[\text{L/min}]$, $B : 0.46[\text{kcal/min}]$

[해설]

작업시 평균에너지 소비량
① 분당배기량 = $\frac{100}{5}$ = 20[L]이므로,

흡기량(V_1) = $\frac{(100 - 20[\%] - 3[\%])}{79} \times 20 = 19.49$

② 산소소비량 = $(0.21 \times 19.49) - (0.2 \times 20) = 0.0929$
③ 1리터의 산소소비 = 5[kcal]이므로
④ 에너지 = 5 × 0.093 = 0.465[kcal/분]

[참고] 산업안전기사 필기 p.2-37(합격날개 : 은행문제)

[보충학습]
흡기부피를 V_1, 배기부피를 V_2(분당배기량)라 하면
$79[\%] \times V_1 = N_2[\%] \times V_2$
$V_1 = \frac{(100 - O_2[\%] - CO_2[\%])}{79} \times V_2$
산소소비량 = $(21[\%] \times V_1) - (O_2[\%] \times V_2)$

---

22 다음 중 음량수준을 평가하는 척도와 관계없는 것은?
① phon
② HSI
③ PLdB
④ sone

[해설]

음의 크기의 수준
① phon : 1,000[Hz] 순음의 음압수준(dB)을 나타낸다.
② sone : 1,000[Hz], 40[dB]의 음압수준을 가진 순음의 크기(= 40 [phon])를 1[sone]이라 한다.
③ PNdb(perceived noise level)의 척도는 910~ 1,090[Hz]대의 음압수준
④ PLdb(perceived level of noise)의 척도는 3,150[Hz]에 중심을 둔 1/3 옥타브대 음을 기준으로 사용

[참고] 산업안전기사 필기 p.2-173(합격날개 : 합격예측)

[보충학습]
HSI(Heat Stress Index) : 열압박 지수

---

23 다음 중 일반적으로 인간의 눈이 완전 암조응에 걸리는 데 소요되는 시간을 가장 잘 나타낸 것은?
① 3~5분
② 10~15분
③ 30~40분
④ 60~90분

[해설]

암조응(Dark Adaptation)
① 밝은 곳에서 어두운 곳으로 갈 때 : 원추세포의 감수성 상실, 간상세포에 의해 물체 식별
② 완전 암조응 : 보통 30~40분 소요(명조응 : 수초 내지 1~2분)

[참고] 산업안전기사 필기 p.2-175(7. 암조응)

---

24 다음 중 의자 설계시 고려하여야 할 원리로 가장 적합하지 않은 것은?
① 자세고정을 줄인다.
② 조정이 용이해야 한다.
③ 디스크가 받는 압력을 줄인다.
④ 요추 부위의 후만곡선을 유지한다.

[해설]

의자 설계시 인간공학적 원칙 4가지
① 등받이의 굴곡은 요추의 굴곡(전만곡)과 일치해야 한다.
② 좌면의 높이는 사람의 신장에 따라 조절 가능해야 한다.
③ 정적인 부하와 고정된 작업자세를 피해야 한다.
④ 의자의 높이는 오금의 높이보다 같거나 낮아야 한다.

[참고] ① 산업안전기사 필기 p.2-163(합격날개 : 합격예측)
② 산업안기사 필기 p.2-161(합격날개 : 은행문제)

[KEY] 2015년 3월 8일(문제 28번)

---

25 산업안전보건법령상 유해·위험방지계획서의 심사결과에 따른 구분·판정에 해당하지 않는 것은?
① 적정
② 일부적정
③ 부적정
④ 조건부적정

[해설]

심사결과 구분·판정 3가지
① 적정 : 근로자의 안전과 보건상 필요한 조치가 구체적으로 확보되었다고 인정될 때
② 조건부 적정 : 근로자의 안전과 보건을 확보하기 위하여 일부 개선이 필요하다고 인정될 때
③ 부적정 : 기계·설비 또는 건설물이 심사기준에 위반되어 공사착공시 중대한 위험발생의 우려가 있거나 계획에 근본적 결함이 있다고 인정될 때

[참고] 산업안전기사 필기 p.2-45(합격날개 : 합격예측)

[합격정보]
산업안전보건법 시행규칙 제46조(심사결과의 구분)

[정답] 22 ② 23 ③ 24 ④ 25 ②

26 다음 중 기계 설비의 안전성 평가시 정밀진단기술과 가장 관계가 먼 것은?

① 파단면 해석
② 강제열화 테스트
③ 파괴 테스트
④ 인화점 평가 기술

해설

정밀진단(PDT)기술
① 파단면 해석
② 강제열화 테스트
③ 파괴 테스트

27 시스템 위험분석 기법 중 고장형태 및 영향 분석(FMEA)에서 고장 등급의 평가요소에 해당되지 않는 것은?

① 고장발생의 빈도
② 고장의 영향 크기
③ 기능적 고장 영향의 중요도
④ 영향을 미치는 시스템의 범위

해설

FMEA 고장 등급 평가요소
C_1 : 기능적 고장의 영향의 중요도
C_2 : 영향을 미치는 시스템의 범위
C_3 : 고장 발생의 빈도
C_4 : 고장 방지의 가능성
C_5 : 신규 설계의 정도

참고 산업안전기사 필기 p.2-63(5. FMEA 고장등급 평가요소 5가지)

28 다음 중 시스템 신뢰도에 관한 설명으로 옳지 않은 것은?

① 시스템의 성공적 퍼포먼스를 확률로 나타낸 것이다.
② 각 부품이 동일한 신뢰도를 가질 경우 직렬구조의 신뢰도는 병렬구조에 비해 신뢰도가 낮다.
③ 시스템의 병렬구조는 시스템의 어느 한 부품이 고장나면 시스템이 고장나는 구조이다.
④ n중 k구조는 n개의 부품으로 구성된 시스템에서 k개 이상의 부품이 작동하면 시스템이 정상적으로 가동되는 구조이다.

해설

병렬시스템 신뢰도 특징
① 시스템의 성공적 퍼포먼스를 확률로 나타낸 것이다.
② 각 부품이 동일한 신뢰도를 가질 경우 직렬 구조의 신뢰도는 병렬 구조에 비해 신뢰도가 낮다.
③ n중 k구조는 n개의 부품으로 구성된 시스템에서 k개 이상의 부품이 작동하면 시스템이 정상적으로 가동되는 구조이다.

참고 산업안전기사 필기 p.2-14(2. 병렬체계)

29 설비관리 책임자 A는 동종 업종의 TPM 추진사례를 벤치마킹하여 설비관리 효율화를 꾀하고자 한다. 설비관리 효율화 중 작업자 본인이 직접 운전하는 설비의 마모율 저하를 위하여 설비의 윤활관리를 일상에서 직접 행하는 활동과 가장 관계가 깊은 TPM 추진단계는?

① 개별개선활동단계
② 자주보전활동단계
③ 계획보전활동단계
④ 개량보전활동단계

해설

TPM 추진단계 활동 : 자주보전활동단계

참고 산업안전기사 필기 p.2-48(2. 보전의 분류)

KEY 산업안전기사 필기 p.2-48(합격날개 : 은행문제1)

30 FTA에 사용되는 논리게이트 중 조건부 사건이 발생하는 상황에서 입력현상이 발생할 때 출력현상이 발생하는 것은?

① 억제 게이트
② AND 게이트
③ 배타적 OR 게이트
④ 우선적 AND 게이트

해설

억제 Gate
수정 Gate의 일종으로 억제 모디파이어(Inhibit Modifier)라고도 하며 입력현상이 일어나 조건을 만족하면 출력이 생기고, 조건이 만족되지 않으면 출력이 생기지 않는다.

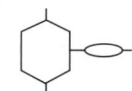

[그림] 억제 Gate

KEY 2015년 5월 31일(문제 26번)

참고 산업안전기사 필기 p.2-71(합격날개 : 합격예측)

[정답] 26 ④ 27 ② 28 ③ 29 ② 30 ①

31 다음 중 작업면상의 필요한 장소만 높은 조도를 취하는 조명 방법은?

① 국소조명 ② 완화조명
③ 전반조명 ④ 투명조명

해설

조명방법

구분	특징
직접조명	① 조명기구 간단, 효율성 좋고 설비치용 저렴 ② 기구구조에 따라 눈부심 현상, 균일한 조도를 얻기 힘들고 강한 음영 생성
간접조명	① 눈부심 현상 없고 조도가 균일 ② 설치가 복잡, 기구효율이 나쁘고 실내입체감이 작아짐
전반조명	① 균등한 조도를 얻기 위해 일정한 간격과 일정한 높이로 광원배치 ② 공장 등에서 많이 사용
국소조명	① 작업면상의 필요한 장소만 높은 조도를 취하는 방법 ② 밝고 어둠의 차가 심해 눈부심 현상이 나타나고 눈의 피로가중
전반·국소조명 혼합	① 작업면 전반에 적당한 조도 제공 ② 필요한 장소에는 높은 조도를 주는 방식

32 다음 설명에 해당하는 온열조건의 용어는?

> 온도와 습도 및 공기 유동이 인체에 미치는 열효과를 하나의 수치로 통합한 경험적 감각지수로 상대습도 100[%]일 때의 건구온도에서 느끼는 것과 동일한 온감

① Oxford 지수 ② 발한율
③ 실효온도   ④ 열압박지수

해설

실효온도(감각온도, effective temperature)
① 실효온도는 온도, 습도 및 공기 유동이 인체에 미치는 열효과를 하나의 수치로 통합한 경험적 감각지수
② 상대습도 100[%]일 때의 (건구)온도에서 느끼는 것과 동일한 온감(溫感)

참고 산업안전기사 필기 p.2-167(8. 실효온도)

KEY 2015년 5월 31일(문제 27번)

33 다음의 FT도에서 정상사상 T의 발생확률은 얼마인가?(단, X_1, X_2, X_3의 발생확률은 모두 0.1이다.)

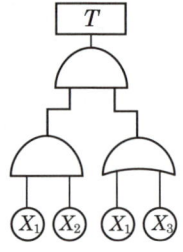

① 0.0019 ② 0.01
③ 0.019   ④ 0.0361

해설

정상사상 T의 발생확률
$T = (X_1 \cdot X_2)(X_1 + X_3)$ 이다.
X_1, X_2, X_3의 발생확률은 어느 것이나 0.1로 해서 이것을 그대로 위 식에 대입하면 T의 확률 q_r은
$q_r = (0.1 \times 0.1) \times \{1 - (1 - 0.1) \times (1 - 0.1)\}$
  $= 0.0019$
로 되지만 식을 정리해서
$T = (X_1 \cdot X_2)(X_1 + X_3)$
  $= X_1 \cdot X_2 \cdot X_1 + X_1 \cdot X_2 \cdot X_3$
  $= X_1 \cdot X_2 + X_1 \cdot X_2 \cdot X_3$
  $= X_1 \cdot X_2$
로 한 후에 대입하면
$q_r = 0.1 \times 0.1 = 0.01$

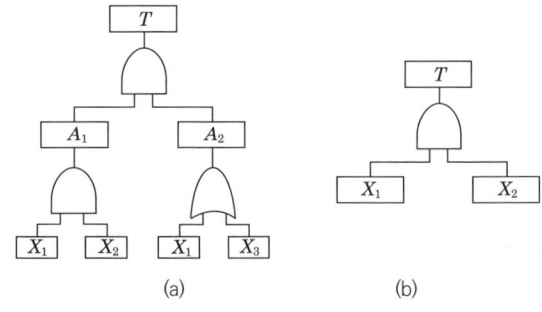

[그림] 불 대수에 의한 정리

참고 산업안전기사 필기 p.2-77(5. 컷셋, 미니멀컷셋 요약)

[정답] 31 ① 32 ③ 33 ②

34 인간-기계시스템에 관한 설명으로 틀린 것은?

① 수동시스템에서 기계는 동력원을 제공하고 인간의 통제하에서 제품을 생산한다.
② 기계시스템에서는 고도로 통합된 부품들로 구성되어 있으며, 일반적으로 변화가 거의 없는 기능들을 수행한다.
③ 자동시스템에서 인간의 감시, 정비, 보전 등의 기능을 수행한다.
④ 자동시스템에서 인간요소를 고려하여야 한다.

해설

수동체계(manual system)
① 수동체계는 수공구나 그 밖에 보조물로 이루어지며 자신의 신체적인 힘을 동력원으로 사용
② 작업을 통제하는 인간 사용자와 결합

참고 산업안전기사 필기 p.2-8(표. 운용방식 및 부품과 연결장치의 특성에 의한 인간-기계 통합시스템의 분류)

35 위험구역의 울타리 설계시 인체 측정자료 중 적용해야 할 인체치수로 가장 적절한 것은?

① 인체측정 최대치
② 인체측정 평균치
③ 인체측정 최소치
④ 구조적 인체 측정치

해설

구분	최대 집단치
정의	대상 집단에 대한 인체 측정 변수의 상위 백분위수(percentile)를 기준으로 90, 95, 99[%]치가 사용
사용 예	① 출입문, 통로, 의자사이의 간격 등 공간 여유의 결정 ② 줄사다리, 그네 등의 지지물의 최소 지지중량(강도)

참고 산업안전기사 필기 p.2-159(1. 최대 치수와 최소치수)

KEY ▶ 2015년 3월 8일(문제 21번) 확인

36 산업 현장의 생산설비의 경우 안전장치가 부착되어 있으나 생산성을 위해 제거하고 사용하는 경우가 있다. 설비 설계자는 고의로 안전장치를 제거하는 데에도 대비하여야 하는데 이러한 예방 설계 개념을 무엇이라 하는가?

① fail safe
② fool safety
③ lock out
④ temper proof

해설

temper proof
고의로 안전장치 제거시에도 예방되는 설계

참고 산업안전기사 필기 p.1-6(합격날개 : 용어정의)

37 다음 중 FTA에 의한 재해사례 연구순서에서 가장 먼저 실시하여야 하는 사항은?

① FT도의 작성
② 개선 계획의 작성
③ 톱(TOP)사상의 선정
④ 사상의 재해 원인의 규명

해설

D.R.Cheriton의 FTA에 의한 재해사례 연구순서
① 제1단계 : 톱(top)사상의 선정
② 제2단계 : 사상의 재해원인 규명
③ 제3단계 : FT도의 작성
④ 제4단계 : 개선계획의 작성

참고 산업안전기사 필기 p.2-75(5. D.R.Cheriton의 FTA에 의한 재해사례 연구순서)

38 다음 중 인간공학에 대한 설명으로 틀린 것은?

① 인간이 사용하는 물건, 설비, 환경의 설계에 적용된다.
② 인간의 생리적, 심리적인 면에서의 특성이나 한계점을 고려한다.
③ 인간을 작업과 기계에 맞추는 설계 철학이 바탕이 된다.
④ 인간-기계시스템의 안전성과 편리성, 효율성을 높인다.

해설

인간공학
기계, 기구, 환경 등의 물적 조건을 인간의 특성과 능력에 잘 조화하도록 설계하기 위한 수단을 연구하는 학문이다.

참고 산업안전기사 필기 p.2-2(합격날개 : 합격용어)

KEY ▶ 2015년 5월 31일(문제 34번)

[정답] 34 ① 35 ① 36 ④ 37 ③ 38 ③

과년도 출제문제

39 다음 중 작업관련 근골격계질환 관련 유해요인조사에 대한 설명으로 옳은 것은?

① 사업장 내에서 근골격계부담작업 근로자가 5인 미만인 경우에는 유해요인조사를 실시하지 않아도 된다.
② 유해요인조사는 근골격계 질환자가 발생할 경우에 3년마다 정기적으로 실시해야 한다.
③ 유해요인조사는 사업장내 근골격계부담작업 중 50[%]를 샘플링으로 선정하여 조사한다.
④ 근골격계부담작업 유해요인조사에는 유해요인 기본조사와 근골격계질환 증상조사가 포함된다.

해설

유해요인조사
(1) 근로자가 근골격계부담작업을 하는 경우에 3년마다 다음 각 호의 사항에 대한 유해요인조사를 하여야 한다. 다만, 신설되는 사업장의 경우에는 신설일로부터 1년 이내에 최초의 유해요인조사를 하여야 한다.
  ① 설비·작업공정·작업량·작업속도 등 작업장 상황
  ② 작업시간·작업자세·작업방법 등 작업조건
  ③ 작업과 관련된 근골격계 질환 징후와 증상 유무 등
(2) 다음 각 호의 어느 하나에 해당하는 사유가 발생하였을 경우에 지체 없이 유해요인조사를 하여야 한다. 다만, 제1호의 경우는 근골격계부담작업이 아닌 작업에서 발생한 경우를 포함한다.
  ① 임시건강진단 등에서 근골격계 질환자가 발생하였거나 근로자가 근골격계질환으로 업무상 질병으로 인정받은 경우
  ② 근골격계부담작업에 해당하는 새로운 작업·설비를 도입한 경우
  ③ 근골격계부담작업에 해당하는 업무의 양과 작업공정 등 작업환경을 변경한 경우

참고 산업안전기사 필기 p.2-16(합격날개 : 은행문제)

40 다음 중 시스템 안전 프로그램 계획(SSPP)에 포함되지 않아도 되는 사항은?

① 안전조직   ② 안전기준
③ 안전종류   ④ 안전성평가

해설

SSPP에 포함되어야 할 사항
① 계획의 개요   ② 안전조직
③ 계약조건   ④ 관련부문과의 조정
⑤ 안전기준   ⑥ 안전해석
⑦ 안전성평가   ⑧ 안전자료 수집과 갱신

참고 산업안전기사 필기 p.2-61(합격날개 : 합격예측)

KEY 2015년 5월 31일(문제 25번)

합격자의 증언
실기 필답형에도 출제됩니다.

3 기계·기구 및 설비안전관리

41 산업용 로봇의 작동범위 내에서 해당 로봇에 대하여 교시 등의 작업시 예기치 못한 작동 및 오조작에 의한 위험을 방지하기 위하여 수립해야 하는 지침사항에 해당하지 않는 것은?

① 로봇의 조작방법 및 순서
② 작업 중의 매니퓰레이터의 속도
③ 로봇 구성품의 설계 및 조립방법
④ 2명 이상의 근로자에게 작업을 시킬 경우의 신호방법

해설

사업주는 산업용 로봇(이하 "로봇"이라 한다)의 작동범위내에서 해당 로봇에 대하여 교시 등(매니퓰레이터의 작동순서, 위치·속도의 설정·변경 또는 그 결과를 확인하는 것을 말한다. 이하 같다)의 작업을 하는 경우에는 해당 로봇의 예기치 못한 작동 또는 오조작에 의한 위험을 방지하기 위하여 다음 각 호의 조치를 하여야 한다. 다만 로봇의 구동원을 차단하고 작업을 실시하는 때에는 제2호 및 제3호의 조치를 하지 아니할 수 있다.
① 다음 각 목의 사항에 관한 지침을 정하고 그 지침에 따라 작업을 시킬 것
  ㉮ 로봇의 조작방법 순서
  ㉯ 작업 중의 매니퓰레이터의 속도
  ㉰ 2인 이상의 근로자에게 작업을 시킬 때의 신호방법
  ㉱ 이상을 발견한 때의 조치
  ㉲ 이상을 발견하여 로봇의 운전을 정지시킨 후 이를 재가동시킬 때의 조치
  ㉳ 그 밖에 로봇의 예기치 못한 작동 또는 오조작에 의한 위험을 방지하기 위하여 필요한 조치
② 작업에 종사하고 있는 근로자 또는 해당 근로자를 감시하는 자가 이상을 발견한 때에는 즉시 로봇의 운전을 정시시키기 위한 조치를 할 것
③ 작업을 하고 있는 동안 로봇의 기동스위치 등에 작업중이라는 표시를 하는 등 작업에 종사하고 있는 근로자가 아닌 사람이 그 스위치 등을 조작할 수 없도록 필요한 조치를 할 것

참고 산업안전기사 필기 p.3-126(합격날개 : 합격예측 및 관련법규)

KEY ① 2015년 3월 8일(문제 53번)
② 2015년 5월 31일(문제 47번)

[정답] 39 ④   40 ③   41 ③

42 다음 중 지게차의 작업 상태별 안정도에 관한 설명으로 틀린 것은?(단, V는 최고속도[km/h]이다.)

① 기준 부하상태에서 하역작업시 좌우 안정도는 6[%]이다.
② 기준 부하상태에서 하역작업시의 전후 안정도는 20[%]이다.
③ 기준 무부하상태에서 주행시의 전후 안정도는 18[%]이다.
④ 기준 무부하상태에서 주행시의 좌우 안정도는 15+1.1V[%]이다.

해설

지게차의 안정조건

안정도	구 분
하역작업시 전후 안정도 4[%] (5[t] 이상의 것은 3.5[%])	
주행시의 전후 안정도 18[%]	

참고) 산업안전기사 필기 p.3-135(표. 지게차의 안정조건)
KEY) 2015년 5월 31일(문제 50번)

43 다음 중 선반 작업에 대한 안전수칙으로 틀린 것은?

① 작업 중 장갑, 반지 등을 착용하지 않도록 한다.
② 보링 작업 중에는 칩(chip)을 제거하지 않는다.
③ 가공물이 길 때에는 심압대로 지지하고 가공한다.
④ 일감의 길이가 직경의 5배 이내의 짧은 경우에는 방진구를 사용한다.

해설

방진구
공작물(일감)길이가 직경의 12배 이상 가능하고 긴 공작물의 경우 사용

[그림] 고정식 방진구

참고) 산업안전기사 필기 p.3-80(4. 선반작업시 안전수칙)
KEY) ① 2015년 3월 8일(문제 45번)
② 2015년 5월 31일(문제 60번)

44 다음 중 프레스 작업에서 제품을 꺼낼 경우 파쇄철을 제거하기 위하여 사용하는 데 가장 적합한 것은?

① 걸레   ② 칩 브레이커
③ 스토퍼   ④ 압축공기

해설

압축공기 : 파쇄철 제거시 사용

참고) 산업안전기사 필기 p.3-103(2. 금형의 안전화)

45 다음 중 음향방출시험에 대한 설명으로 틀린 것은?

① 가동 중 검사가 가능하다.
② 온도, 분위기 같은 외적 요인에 영향을 받는다.
③ 결함이 어떤 중대한 손상을 초래하기 전에 검출할 수 있다.
④ 재료의 종류나 물성 등의 특성과는 관계없이 검사가 가능하다.

해설

음향검사의 특징
① 작용하중을 증가시키면서 서브 크리티컬 크랙(Subcritical crack) 성장의 탐지
② 일정 하중하에서의 크랙 성장의 탐지
③ 연속적인 음향검사의 모니터링을 통하여 교반하중으로 인한 성장의 탐지
④ 간헐적인 과도응력을 이용하여 교반하중으로 인한 크랙 성장의 탐지 및 응력, 부식, 연구에 음향검사를 이용

참고) 산업안전기사 필기 p.3-223(⑤ 음향탐상검사)

[정답] 42 ② 43 ④ 44 ④ 45 ④

> [보충학습]
> **음향방출시험의 내·외적요인**
> ① 내적요인 : 재료의 종류나 물성, 내재하는 불안정한 결함의 종류나 양
> ② 외적요인 : 하중이나 온도, 분위기 등

46 다음 중 공장 소음에 대한 방지계획에 있어 음원에 대한 대책에 해당하지 않는 것은?

① 해당 설비의 밀폐
② 설비실의 차음벽 시공
③ 작업자의 보호구 착용
④ 소음기 및 흡음장치 설치

> [해설]
> **소음 감소 조치기준**
> ① 기계기구 등의 대체
> ② 시설의 밀폐
> ③ 흡음 또는 격리 등

> [보충학습]
> **소음 수준의 주지(근로자에게 알려야 하는 사항)**
> ① 해당 작업장소의 소음 수준
> ② 인체에 미치는 영향 및 증상
> ③ 보호구의 선정 및 착용방법
> ④ 그 밖에 소음건강장해 방지에 필요한 사항

47 다음은 산업안전보건기준에 관한 규칙상 아세틸렌 용접장치에 관한 설명이다. ( ) 안에 공통으로 들어갈 내용으로 옳은 것은?

> • 사업주는 아세틸렌 용접장치의 취관마다 (   )를 설치하여야 한다.
> • 사업주는 가스용기가 발생기와 분리되어 있는 아세틸렌 용접장치에 대하여 발생기와 가스용기 사이에 (   )를 설치하여야 한다.

① 분기장치
② 자동발생 확인장치
③ 안전기
④ 유수 분리장치

> [해설]
> **안전기 설치 장소**
> ① 취관마다 안전기설치
> ② 주관 및 취관에 가장 근접한 분기관 마다 안전기부착
> ③ 가스용기가 발생기와 분리되어 있는 아세틸렌 용접장치는 발생기와 가스용기 사이(흡입관)에 안전기 설치

> [참고] 산업안전기사 필기 p.3-114(합격날개 : 합격예측 및 관련법규)
> [KEY] 2015년 3월 8일(문제 47번) 확인

48 단면 6×10[cm]인 목재가 4,000[kg]의 압축하중을 받고 있다. 안전율을 5로 하면 실제사용응력은 허용응력의 몇 [%]나 되는가?(단, 목재의 압축강도는 500[kg/cm²]이다.)

① 33.3
② 66.7
③ 99.5
④ 250

> [해설]
> **허용응력과 사용응력**
> ① 안전율(5) = $\frac{500}{허용응력}$
>   그러므로, 허용응력 = 100[kg/cm²]
> ② 사용응력 = $\frac{4,000}{60}$ = 66.67[kg/cm²]
> ③ 사용응력은 허용응력의 66.6[%]이다.

> [참고] 2011년 8월 21일(문제 43번)
> [KEY] 2013년 3월 10일(문제 59번)

> [보충학습]
> ① 인장응력 = $\frac{P}{A}$ = $\frac{최대하중}{면적}$
> ② 안전율 = $\frac{파괴강도}{인장응력}$ = $\frac{파괴강도}{\frac{최대하중}{면적}}$ = $\frac{파괴강도 \times 면적}{최대하중}$
> ③ 최대하중 = $\frac{파괴강도 \times 면적}{안전율}$

49 다음 중 플레이너(planer)작업시 안전수칙으로 틀린 것은?

① 바이트(bite)는 되도록 길게 나오도록 설치한다.
② 테이블 위에는 기계작동 중에 절대로 올라가지 않는다.
③ 플레이너의 프레임 중앙부에 있는 비트(bit)에 덮개를 씌운다.
④ 테이블의 이동범위를 나타내는 안전방호울을 세워 놓아 재해를 예방한다.

【정답】 46 ③ 47 ③ 48 ② 49 ①

해설
플레이너 작업 시 안전대책
① 테이블의 이동범위를 나타내는 안전 방호울을 세워 재해를 예방한다.
② 바이트는 되도록 짧게 나오도록 설치한다.
③ 일감은 견고하게 장치한다.
④ 일감 고정 작업 중에는 반드시 동력 스위치를 꺼놓는다.
⑤ 절삭 행정 중 일감에 손을 대지 말아야 한다.

참고) 산업안전기사 필기 p.3-84(1. 플레이너)

해설
압력제한스위치
① 보일러의 과열방지를 위해 최고사용압력과 상용압력 사이에서 버너 연소를 차단할 수 있도록 압력제한스위치 부착 사용
② 압력계가 설치된 배관상에 설치

참고) 산업안전기사 필기 p.3-120(3. 방호장치의 종류)

KEY) 2015년 3월 8일(문제 48번)

합격정보)
산업안전보건기준에 관한 규칙 제117조(압력제한스위치)

50 다음 중 기계설비에서 반대로 회전하는 두 개의 회전체가 맞닿는 사이에 발생하는 위험점을 무엇이라 하는가?

① 물림점(nip point)
② 협착점(squeeze point)
③ 접선물림점(tangential point)
④ 회전말림점(trapping point)

해설
물림점(Nip-point)
① 회전하는 두 개의 회전체에는 물려 들어가는 위험성이 존재한다.
② 위험점이 발생되는 조건은 회전체가 서로 반대방향으로 맞물려 회전되어야 한다.
  예) 롤러와 롤러의 물림, 기어와 기어의 물림 등

[그림] 물림점

참고) 산업안전기사 필기 p.3-15(2. 위험점의 분류)

52 다음 중 포터블 벨트컨베이어(potable belt conveyor) 운전시 준수사항으로 적절하지 않은 것은?

① 공회전하여 기계의 운전상태를 파악한다.
② 정해진 조작 스위치를 사용하여야 한다.
③ 운전시작 전 주변 근로자에게 경고하여야 한다.
④ 하물 적치 후 몇 번씩 시동, 정지를 반복테스트 한다.

해설
포터블컨베이어 운전 시 준수사항
① 운전을 시작하기 전에 주위의 근로자에게 경고하여야 한다.
② 처음 공회전시킨 후 컨베이어의 상태를 파악해야 한다.
③ 일정한 속도가 된 시점에서 벨트의 처짐 등 상태를 확인한 후 하물을 적치하여야 한다.
④ 하물을 적치한 상태에서 시동, 정지를 반복하여서는 아니 된다.

참고) 산업안전기사 필기 p.3-137(합격날개 : 합격예측)

53 프레스의 방호장치 중 광전자식 방호장치에 관한 설명으로 틀린 것은?

① 연속 운전작업에 사용할 수 있다.
② 핀클러치 구조의 프레스에 사용할 수 있다.
③ 기계적 고장에 의한 2차 낙하에는 효과가 없다.
④ 시계를 차단하지 않기 때문에 작업에 지장을 주지 않는다.

51 상용운전압력 이상으로 압력이 상승할 경우, 보일러의 과열을 방지하기 위하여 최고사용압력과 상용압력 사이에서 보일러의 버너연소를 차단하여 열원을 제거하여 정상 압력으로 유도하는 보일러의 방호장치는?

① 압력방출장치
② 고저수위조절장치
③ 언로우드밸브
④ 압력제한스위치

【정답】 50 ① 51 ④ 52 ④ 53 ②

해설

프레스 방호(안전)장치 선택

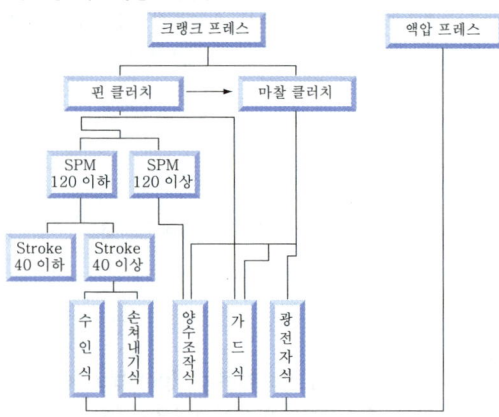

[그림] 프레스 방호 장치

참고) 산업안전기사 필기 p.3-102(그림. 안전장치의 선택기준)

보충학습

광전자식(감응식)의 특징
① 슬라이드 하강중 신체의 접근을 검출기구가 감지하여 슬라이드를 정지시키는 방식
② 시계가 차단되지 않아 양호하지만 friction(마찰식) 클러치에만 사용 가능 하므로 확동식 클러치를 갖는 크랭크 프레스에는 부적합

---

54 드릴링 머신에서 축의 회전수가 1,000[rpm]이고, 드릴 지름이 10[mm]일 때 드릴의 원주속도는 약 얼마인가?

① 6.28[m/min]   ② 31.4[m/min]
③ 62.8[m/min]   ④ 314[m/min]

해설

드릴의 원주속도 = $\dfrac{\pi DN}{1,000} = \dfrac{\pi \times 10 \times 1,000}{1,000}$ = 31.4[m/min]

참고) 산업안전기사 필기 p.3-80(합격날개 : 합격예측)

💬 합격자의 조언
원주속도는 어떤 기계에 관계없이 모두 동일하게 적용합니다.

---

55 크레인용 와이어로프에서 보통 꼬임이 랭 꼬임에 비하여 우수한 점은?

① 수명이 길다.
② 킹크의 발생이 적다.
③ 내마모성이 우수하다.
④ 소선의 접촉 길이가 길다.

해설

와이어로프의 꼬임 방법비교

꼬임 특징	보통 꼬임(Z꼬임)	랭 꼬임(S꼬임)
외관	• 소선과 로프축은 평행이다.	• 소선과 로프축은 각도를 가진다.
장점	• 킹크(kink)를 잘 일으키지 않으므로 취급이 쉽다. • 꼬임이 견고하기 때문에 모양이 잘 흐트러지지 않는다.	• 소선은 긴 거리에 걸쳐서 외부와 접촉하므로 로프의 내마모성이 크다. • 유연하다.
단점	• 소선이 짧은 거리에 걸쳐 외부와 접촉하므로 국부적으로 단선을 일으키기 쉽다.	• 킹크를 일으키기 쉬우므로 취급주의가 필요하다.
용도	• 일반용	• 광산 삭도용

㈜ 킹크라는 것은 꼬임이 되돌아가든가 서로 걸려서 엉킴(kink)이 생기는 상태

참고) 산업안전기사 필기 p.6-178(표. 와이어로프의 꼬임방법)

💬 합격자의 조언
본 문제는 6과목 건설공사 안전관리에도 출제됩니다.

---

56 와이어로프의 표기에서 "6×19" 중 숫자 "6"이 의미하는 것은?

① 소선의 지름[mm]
② 소선의 수량(wire수)
③ 꼬임의 수량(strand수)
④ 로프의 인장강도[kg/cm²]

해설

6×19란
① 6 : 꼬임의 수량(strand수)
② 19 : 19개의 소선(측선)

호칭	30개선 6꼬임	37개선 6꼬임	61개선 6꼬임
구성기호	6×30	6×37	6×61
단면			

[그림] 와이어로프 호칭 및 구성기호

참고) 산업안전기사 필기 p.6-178(5. 와이어로프)

💬 합격자의 조언
3과목, 6과목 모두 출제되었습니다.

[정답] 54 ② 55 ② 56 ③

57
개구면에서 위험점까지의 거리가 50[mm] 위치에 풀리(pully)가 회전하고 있다. 가드(guard)의 개구부 간격으로 설정할 수 있는 최댓값은?

① 9.0[mm]
② 12.5[mm]
③ 13.5[mm]
④ 25[mm]

해설

$Y = 6 + 0.15X = 13.5$[mm]

참고 산업안전기사 필기 p.3-198(합격날개 : 합격예측)

보충학습

가드의 개구부 간격 3가지
① 롤러 가드의 개구부 간격

$$\therefore Y = 6 + 0.15X \begin{bmatrix} X : 가드와\ 위험점간의\ 거리(mm : 안전거리) \\ Y : 가드\ 개구부의\ 간격(mm : 안전간극) \end{bmatrix}$$

(단, $X \geq 160$[mm]일 때, $Y = 30$[mm])

② 절단기 가드의 개구부 간격

$$\therefore Y = 6 + \frac{1}{8}X$$

③ 방적기 및 제면기 가드의 개구부 간격(위험점이 대형기계의 전동체(회전체)인 경우)

$$\therefore Y = 6 + \frac{1}{10}X\ (단,\ X \geq 760[mm]에서\ 유효)$$

58
다음 중 프레스 또는 전단기 방호장치의 종류와 분류기호가 올바르게 연결된 것은?

① 가드식 : C
② 손쳐내기식 : B
③ 광전자식 : D-1
④ 양수조작식 : A-1

해설

방호장치의 종류와 분류기호

구분	종류	용도
광전자식(광전식)	A-1 A-2	프레스(공, 유압용) 및 전단기 동력 프레스 및 전단기(핀 클러치형)
양수조작식 (120[SPM] 이상)	B-1 B-2	프레스(공기밸브방식) 프레스 및 전단기(전기버튼방식)
가드식	C-1 C-2	프레스 및 전단기(가드방식) 프레스 게이트가드방식
손쳐내기식	D	프레스 · 120[SPM] 이하
수인식	E	프레스 · Stroke 40[mm] 이상

참고 산업안전기사 필기 p.3-105(표. 방호장치의 종류 및 용도)

59
다음 중 롤러기의 방호장치에 있어 복부로 조작하는 급정지장치의 위치로 가장 적당한 것은?

① 밑면으로부터 1.8[m] 이내
② 밑면으로부터 2.0[m] 이내
③ 밑면으로부터 0.8[m] 이상 1.1[m] 이내
④ 밑면으로부터 0.6[m] 이내

해설

급정지장치 위치

조작부의 종류	위치
손으로 조작하는 것	밑면으로 부터 1.8[m] 이내
복부로 조작하는 것	밑면으로부터 0.8[m] 이상 1.1[m] 이내
무릎으로 조작하는 것	밑면으로부터 0.6[m] 이내

참고 산업안전기사 필기 p.3-109(합격날개 : 합격예측 및 관련법규)

KEY 2015년 5월 31일(문제 4번)

60
다음 중 용접결함의 종류에 해당하지 않는 것은?

① 비드(bead)
② 기공(blow hole)
③ 언더컷(under cut)
④ 용입불량(incompleta penetration)

해설

용접부 결함의 종류 및 원인

결함종류	결함원인
슬래그(slag) 감싸들기	운봉방법불량, 용접전류 및 속도의 부적당, 피복제조성불량
언더컷(under cut)	과대전류, 운봉속도가 빠를 때, 부당한 용접봉 사용
오버랩(over lap)	운봉속도가 느릴 때, 낮은 전류
블로홀(blow hole)	아크분위기의 수소 또는 일산화탄소가 너무 많을 때, 모재에 불순물(유황성분)이 많을 때, 융착부 급냉, 이음부에 유지 페인트 등 부착
피트(pit)	부식 또는 모재의 화학성분
용입부족	운봉속도과다, 낮은 전류

참고 산업안전기사 필기 p.6-168(그림. 용접결함의 종류)

[정답] 57 ③ 58 ① 59 ③ 60 ①

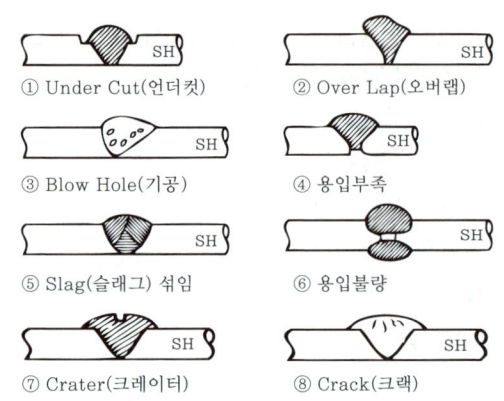

[그림] 용접결함의 종류

보충학습

비드(bead)
용접 작업에서 모재와 용접봉이 녹아서 생긴 띠 모양의 길쭉한 파형의 용착 자국

4 전기설비 안전관리

61 전기에 의한 감전사고를 방지하기 위한 대책이 아닌 것은?

① 전기설비에 대한 보호접지
② 전기기기에 대한 정격표시
③ 전기설비에 대한 누전차단기 설치
④ 충전부가 노출된 부분에는 절연방호구를 사용

해설

간접접촉에 의한 감전방지방법
① 보호절연물을 사용한다.
② 안전전압 이하의 기기를 사용한다.
③ 보호접지(기기접지)를 사용한다.
④ 사고회로의 신속한 차단을 한다.
⑤ 회로의 전기적 격리를 한다.

참고) 산업안전기사 필기 p.4-21(3. 감전사고의 형태 및 인공호흡)

보충학습

직접접촉 방지대책
① 폐쇄형 외함이 있는 구조
② 절연효과가 있는 방호망 또는 절연덮개 설치
③ 절연물로 완전히 덮어 감쌀 것 등

합격자의 조언
안전한 합격을 위해서 직접접촉에 의한 감전방지 방법도 기억해야 합니다.

62 접지공사 종류별 접지저항값의 규정을 옳게 나타낸 것은?

① 제1종 접지공사 : 10[Ω] 이하
② 제2종 접지공사 : 150[Ω] 이하
③ 제3종 접지공사 : 10[Ω] 이하
④ 특별 제3종 접지공사 : 100[Ω] 이하

해설

개정 접지시스템

구분	① 계통접지(TN, TT, IT 계통) ② 보호접지 ③ 피뢰시스템 접지
종류	① 단독접지 ② 공통접지 ③ 통합접지
구성요소	① 접지극 ② 접지도체 ③ 보호도체 및 기타 설비
연결방법	접지극은 접지도체를 사용하여 주 접지단자에 연결

합격안내
본 문제는 법개정으로 출제되지 않습니다.

63 정전기 발생에 영향을 주는 요인으로 볼 수 없는 것은?

① 물체의 특성 ② 물체의 표면상태
③ 물체의 분리력 ④ 접촉시간

해설

정전기
(1) 정전기 발생원인
  ① 접촉 ② 마찰 ③ 분리
(2) 정전기재해 방지대책
  ① 정전기 발생억제조치(유속조절, 대전방지제로 도포)
  ② 발생전하의 방전(습기부여, 접지, 방전극 부착)
  ③ 방전억제(돌기물 배제, 곡률반경을 크게)

참고) 산업안전기사 필기 p.4-32(1. 정전기의 발생 원리)

KEY▶ 산업안전기사 필기 p.4-46(문제 6번)

64 과전류에 의한 전선의 허용전류보다 큰 전류가 흐르는 경우 절연물이 화구가 없더라도 자연히 발화하고 심선이 용단되는 발화단계의 전선 전류밀도[A/mm²]로 옳은 것은?

① 20~43 ② 43~60
③ 60~120 ④ 120~180

[정답] 61 ② 62 ① 63 ④ 64 ③

해설
절연전선의 과대전류

단계 전 선	인화단계	착화단계	발화단계		순간 용단 단계
			발화 후 용단	용단과 동시 발화	
전류밀도 [A/mm²]	40~43	43~60	60~70	75~120	120 이상

(참고) 산업안전기사 필기 p.4-75(3. 절연전선과 과대전류)

---

65 금속제 외함을 가지는 사용전압이 60[V]를 초과하는 저압의 기계·기구로서 사람이 쉽게 접촉할 우려가 있는 장소에 시설하는 것에 전기를 공급하는 전로에 지락이 발생하였을 때 자동적으로 전로를 차단하는 누전차단기를 설치하여야 한다. 누전차단기를 설치하지 않는 경우는?

① 기계·기구를 습한 장소에 시설하는 경우
② 기계·기구가 유도전동기의 2차측 전로에 접속된 저항기인 경우
③ 대지전압이 200[V] 이하인 기계·기구를 물기가 있는 곳에 시설하는 경우
④ 기계·기구를 건조한 장소에 시설하고 습한 장소에서 조작하는 경우로 제어전압이 교류 100[V] 미만인 경우

해설
누전차단기 설치장소
① 전기기계, 기구 중 대지전압이 150[V]를 초과하는 이동형 또는 휴대형의 것
② 물 등 도전성이 높은 액체에 의한 습윤한 장소
③ 철판, 철골 위 등 도전성이 높은 장소
④ 임시배선의 전로가 설치되는 장소

(참고) 산업안전기사 필기 p.4-6(2. 누전차단기 설치장소)

보충학습
물 등 도전성이 높은 액체가 있는 습윤장소에서 사용하는 저압(750[V] 이하 직류전압이나 600[V] 이하의 교류전압을 말한다)용 전기기계·기구

합격정보
산업안전보건기준에 관한 규칙 제304조(누전차단기에 의한 감전방지)

KEY▶ 2015년 5월 31일(문제 74번)

💬 **합격자의 조언**
① 누전차단기 설치제외 장소도 기억해야 합니다.
② 실기 필답형에도 출제되는 문제입니다.

---

66 인체의 전기저항 R을 1,000[Ω]이라고 할 때 위험한계에너지의 최저는 약 몇 [J]인가?(단, 통전시간은 1초이다.)

① 17.23   ② 27.23
③ 37.23   ④ 47.23

해설
위험한계에너지

$$Q = I^2RT[J/S] = \left(\frac{165}{\sqrt{T}} \times 10^{-3}\right)^2 \times 1,000 \times T$$

$$= \frac{165^2}{T} \times 10^{-6} \times 1,000 \times T = 27.23[J]$$

(참고) 산업안전기사 필기 p.4-18(3. 위험한계에너지)
KEY▶ 산업안전기사 필기 p.4-29(문제 23번) 적중

---

67 계약전력 500[kW], 수전전압 22.9[kV], 2차전압 220[V], 3상인 저압측에서 임의 상에 접지를 하고자 할 경우 접지저항의 최고값은?(단, 변압기 1차측 1선 지락전류는 15[A]이고, 기타의 조건은 무시한다.)

① 5[Ω] 이하   ② 10[Ω] 이하
③ 15[Ω] 이하   ④ 100[Ω] 이하

해설
개정 접지시스템

구분	① 계통접지(TN, TT, IT 계통) ② 보호접지 ③ 피뢰시스템 접지
종류	① 단독접지 ② 공통접지 ③ 통합접지
구성요소	① 접지극 ② 접지도체 ③ 보호도체 및 기타 설비
연결방법	접지극은 접지도체를 사용하여 주 접지단자에 연결

합격안내
본 문제는 법개정으로 출제되지 않습니다.

---

68 감전사고를 일으키는 주된 형태가 아닌 것은?

① 충전전로에 인체가 접촉되는 경우
② 이중절연 구조로 된 전기 기계·기구를 사용하는 경우
③ 고전압의 전선로에 인체가 근접하여 섬락이 발생된 경우
④ 충전 전기회로에 인체가 단락회로의 일부를 형성하는 경우

[정답] 65 ② 66 ② 67 ② 68 ②

> **[해설]**

감전사고 원인
① 전기가 흐르고 있는 전기기기 등에 사람이 접촉
② 인체에 전기가 흘러 일어나는 화상, 사망

> **[참고]** 산업안전기사 필기 p.4-21(3. 감전사고의 형태 및 인공호흡)

> **[보충학습]**

누전차단기 적용 제외
① 이중절연구조 또는 이와 동등 이상으로 보호되는 전기기계·기구
② 절연대 위 등과 같이 감전 위험이 없는 장소에서 사용하는 전기기계·기구
③ 비접지방식의 전로에 접속하여 사용되는 전기기계·기구

69. 내압방폭구조의 필요충분조건에 대한 사항으로 틀린 것은?

① 폭발화염이 외부로 유출되지 않을 것
② 습기침투에 대한 보호를 충분히 할 것
③ 내부에서 폭발한 경우 그 압력에 견딜 것
④ 외함의 표면온도가 외부의 폭발성가스를 점화하지 않을 것

> **[해설]**

내압(耐壓)방폭구조(explosion proof : d)의 특징
① 용기의 내부에 폭발성가스의 폭발이 일어날 경우에 용기가 폭발압력에 견디고 또한 외부의 폭발성 분위기에의 불꽃의 전파를 방지하도록 한 방폭구조를 말한다.
② 용기의 견딜 수 있는 압력은 규정으로 정해져 있는데 예를 들면 내부 용적이 100[cm³]를 초과하는 것은 폭발등급 1, 2의 가스에 대해서 압력이 10[kg/cm²] 이상으로 규정되어 있다.

> **[참고]** 산업안전기사 필기 p.4-53(① 내압방폭구조)
> **[KEY]** 2015년 3월 8일(문제 65번)

70. 정전작업시 작업 전 조치하여야 할 실무사항으로 틀린 것은?

① 단락 접지기구의 철거
② 잔류전하의 방전
③ 검전기에 의한 정전확인
④ 개로개폐기의 잠금 또는 표시

> **[해설]**

작업 전 조치사항
① 전로의 개로 개폐기에 시건장치 및 통전금지 표시판 설치
② 전력케이블, 전력콘덴서 등의 잔류전하의 방전
③ 검전기로 충전여부 확인
④ 단락접지기구로 단락접지

> **[참고]** 산업안전기사 필기 p.4-76(1. 정전 작업시 조치사항)
> **[KEY]** 산업안전기사 필기 p.4-45(문제 4번)

> **[보충학습]**

작업종료 후 조치사항
① 단락접지기구의 철거
② 시건장치 또는 표지판 철거
③ 작업에 대한 위험이 없는 것을 최종확인
④ 개폐기 투입으로 송전재개

71. 전기로 인한 위험방지를 위하여 전기 기계·기구를 적정하게 설치하고자 할 때의 고려사항이 아닌 것은?

① 전기적·기계적 방호수단의 적정성
② 습기, 분진 등 사용 장소의 주위 환경
③ 비상전원설비의 구비와 접지극의 매설깊이
④ 전기기계·기구의 충분한 전기적 용량 및 기계적 강도

> **[해설]**

전기기계·기구 설치시 고려사항
① 전기적·기계적 방호수단의 적정성
② 습기, 분진 등 사용 장소의 주위 환경
③ 전기 기계·기구의 충분한 전기적 용량 및 기계적 강도

> **[참고]** 산업안전기사 필기 p.4-73(합격날개 : 은행문제)

72. 인체에 정전기가 대전되어 있는 전하량이 어느 정도 이상이 되면 방전할 때 인체가 통증을 느끼게 되는가?

① $2 \sim 3 \times 10^{-3}[C]$ ② $2 \sim 3 \times 10^{-5}[C]$
③ $2 \sim 3 \times 10^{-7}[C]$ ④ $2 \sim 3 \times 10^{-9}[C]$

> **[해설]**

인체의 대전량
① 인체로부터 방전
인체에 대전된 전하량이 $2 \sim 3 \times 10^{-7}[C]$ 이상 되면 이 전하가 방전하는 경우 통증을 느끼게 되는데 이 전위를 실용적인 대전전위로 표현하면 인체의 정전용량을 보통 100[pF]로 할 경우 약 3[kV]이다.
② 대전된 물체로부터 인체로의 방전
대전된 물체에서 인체로 방전시 전격 전하량은 $2 \sim 3 \times 10^{-7}[C]$ 이상의 방전 전하량이 인체에 방전시 전격을 받게 된다.

> **[참고]** 산업안전기사 필기 p.4-53(3. 전하)

[정답] 69 ② 70 ① 71 ③ 72 ③

73 활선장구 중 활선시메라의 사용 목적이 아닌 것은?

① 충전중인 전선을 장선할 때
② 충전중인 전선의 변경작업을 할 때
③ 활선작업으로 애자 등을 교환할 때
④ 특고압 부분의 검전 및 잔류전하를 방전할 때

해설

활선시메라 사용 목적
① 충전중인 전선을 장선할 때
② 충전중인 전선의 변경작업을 할 때
③ 활선작업으로 애자 등을 교환할 때

참고 산업안전기사 필기 p.4-24(표. 활선안전용구의 사용목적)

KEY ④는 특고압검전기로 확인

74 내측원통의 반경이 r이고 외측원통의 반경이 R인 원통간극$[r/R < e^{-1}(=0.368)]$에서 인가전압이 V인 경우 최대 전계 $E_r = \dfrac{V}{r\ln(R/r)}$이다. 인가전압을 간극 간 공기의 절연파괴전압 전까지 낮은 전압에서 서서히 증가할 때의 설명으로 틀린 것은?

① 최대전계가 감소한다.
② 안정된 코로나 방전이 존재할 수 있다.
③ 외측원통의 반경이 증대되는 효과가 있다.
④ 내측원통 표면부터 코로나 방전 발생이 시작된다.

해설

증가원인
① 최대전계가 감소한다.
② 안정된 코로나 방전이 존재할 수 있다.
③ 내측원통 표면부터 코로나 방전 발생이 시작된다.

75 가연성가스를 사용하는 시설에는 방폭구조의 전기기기를 사용하여야 한다. 전기기기의 방폭구조의 선택은 가연성가스의 무엇에 의해서 좌우되는가?

① 인화점, 폭굉한계
② 폭발한계, 폭발등급
③ 발화도, 최소발화에너지
④ 화염일주한계, 발화온도

해설

방폭전기기기의 선정요건
① 방폭전기기기가 설치된 지역의 방폭지역 등급 구분
② 가스 등의 발화온도
③ 내압방폭구조의 경우 최대안전틈새
④ 본질안전방폭구조의 경우 최소점화전류
⑤ 압력·유입·안전증방폭구조의 경우 최고표면온도
⑥ 방폭전기기기가 설치된 장소의 주변온도, 표고 또는 상대습도, 먼지, 부식성 가스 또는 습기 등 환경조건

참고 산업안전기사 필기 p.4-61(1. 방폭전기기기의 선정요건)

76 다음 중 전기화재시 소화에 적합한 소화기가 아닌 것은?

① 사염화탄소소화기   ② 분말소화기
③ 산알칼리소화기   ④ CO_2소화기

해설

산·알칼리소화기 : A급 화재에 적합
① 외약제 : $NaHCO_3$
② 내약제 : H_2SO_4
③ 2년에 1회 약제 교환

참고 산업안전기사 필기 p.4-86(문제 19번) 적중

보충학습

		대상물 구분						
제1류 : 산화성 고체 제2류 : 가연성 고체 제3류 : 자연발화 및 금수성 제4류 : 인화성 액체 제5류 : 자기반응성 물질 제6류 : 산화성 액체		건축물·그밖의 공작물	전기설비	알칼리금속과산화물 등	철분·금속분·마그네슘 등	인화성 고체	금수성 물질	그밖의 것	제4류 위험물	제5류 위험물	제6류 위험물
봉상수소화기		○				○		○		○	○
무상수소화기		○	○			○		○		○	○
봉상강화액소화기		○				○		○		○	○
무상강화액소화기		○	○			○		○	○	○	○
포소화기		○				○		○	○	○	○
이산화탄소소화기			○			○			○		△
할로겐화합물소화기			○			○			○		
분말 소화기	인산염류소화기	○	○			○		○	○		○
	탄산수소염류소화기		○	○	○	○	○		○		
	그 밖의 것			○	○		○				
기타	물통 또는 수조	○				○		○		○	○
	건조사			○	○	○	○	○	○	○	○
	팽창질석 또는 팽창진주암			○	○	○	○	○	○	○	○

[정답] 73 ④   74 ③   75 ④   76 ③

77 정상적으로 회전 중에 전기 스파크를 발생시키는 전기 설비는?

① 개폐기류
② 제어기류의 개폐접점
③ 전동기의 슬립링
④ 보호계전기의 전기배선

[해설]

현재적 점화원
① 제어기기 및 보호계전기의 전기접점, 개폐기 및 차단기류의 접점
② 권선형 유도전동기의 슬립링, 직류전동기의 정류자
③ 전동기, 전열기, 저항기의 고온부

[참고] 산업안전기사 필기 p.4-54(합격날개 : 합격예측)

[보충학습]

잠재적 점화원
① 변압기의 권선
② 전동기의 권선
③ 전기적 광원
④ 케이블
⑤ 마그넷 코일
⑥ 배선

78 인체의 감전사고 방지책으로써 가장 좋은 방법은?

① 중성선을 접지한다.
② 단상 3선식을 채택한다.
③ 변압기의 1, 2차를 접지한다.
④ 계통을 비접지방식으로 한다.

[해설]

감전사고 최우선 방지대책 : 계통을 비접지방식 채택

[참고] 산업안전기사 필기 p.4-21(3. 감전사고의 형태 및 인공호흡)

[보충학습]

접지를 하지 않아도 되는 경우
① 이중절연구조
② 절연대 위 등과 같이 감전 위험이 없는 장소
③ 비접지방식의 전로

79 이탈전류에 대한 설명으로 옳은 것은?

① 손발을 움직여 충전부로부터 스스로 이탈할 수 있는 전류
② 충전부에 접촉했을 때 근육이 수축을 일으켜 자연히 이탈되는 전류의 크기
③ 누전에 의해 전류가 선로로부터 이탈되는 전류로서 측정기를 통해 측정 가능한 전류
④ 충전부에 사람이 접촉했을 때 누전차단기가 작동하여 사람이 감전되지 않고 이탈할 수 있도록 정한 차단기의 작동전류

[해설]

이탈가능 전류
① 안전하게 스스로 접촉된 전원으로부터 떨어질 수 있는 최대한도의 전류, 참을 수 없을 정도로 고통스럽다.
② 전류치 : 10~15[mA]

[참고] 산업안전기사 필기 p.4-17(3. 통전전류에 따른 인체의 영향)

KEY 2015년 3월 8일(문제 70번) 출제

80 교류 아크 용접기의 전격방지장치에서 시동감도에 관한 용어의 정의를 옳게 나타낸 것은?

① 용접봉을 모재에 접촉시켜 아크를 발생시킬 때 전격방지장치가 동작 할 수 있는 용접기의 2차측 최대저항을 말한다.
② 안전전압(24[V] 이하)의 2차측 전압(85~95[V])으로 얼마나 빨리 전환되는가 하는 것을 말한다.
③ 용접봉을 모재로부터 분리시킨 후 주접점이 개로되어 용접기의 2차측 전압이 무부하전압(25 [V] 이하)으로 될 때까지의 시간을 말한다.
④ 용접봉에서 아크를 발생시키고 있을 때 누설전류가 발생하면 전격방지장치를 작동시켜야 할지 운전을 계속해야 할지를 결정해야 하는 민감도를 말한다.

[해설]

용어정의
① 시동시간 : 용접봉이 모재에 접촉하고 나서 주제어장치의 주접점이 폐로되어 용접기 2차측에 순간적인 높은 전압(용접기 2차 무부하전압)을 유지시켜 아크를 발생시키는 데까지 소요되는 시간(0.06[초] 이내)
② 지동시간 : 시동시간과 반대되는 개념으로 용접 봉을 모재로부터 분리시킨 후 주접점이 개로되어 용접기 2차측의 무부하전압이 전격방지장치의 무부하전압(25[V] 이하)으로 될 때까지의 시간
[접점(Magnet)방식 : 1±0.3[초], 무접점(SCR, TRIAC)방식 : 1[초] 이내]

[참고] 산업안전기사 필기 p.4-74(합격날개 : 용어정의)

[정답] 77 ③   78 ④   79 ①   80 ①

5 화학설비 안전관리

81 다음 중 반응 또는 운전압력이 3[psig] 이상인 경우 압력계를 설치하지 않아도 무관한 것은?

① 반응기 ② 탑조류
③ 밸브류 ④ 열교환기

[해설]
밸브류에는 압력계를 부착하지 않는다.

[보충학습]
반응 또는 운전압력이 3[psig] 이상일 경우
① 모든 반응기 ② 탑조류 ③ 열교환기 ④ 탱크류
등에 압력계를 설치해야 한다.

82 다음 중 광분해 반응을 일으키기 가장 쉬운 물질은?

① $AgNO_3$ ② $Ba(NO_3)_2$
③ $Ca(NO_3)_2$ ④ KNO_3

[해설]
광분해 반응
① NO_2는 갈색 증기를 발생한다.
② $AgNO_3$(질산)은 용액 보관시 햇빛을 피해 갈색 유리병에 보관한다.
③ 이유 : 질산은 빛과 반응하여 광분해한다.

[참고] ① 산업안전기사 필기 p.5-37(2. 유독성 물질관리와 관련된 중요사항)
② 산업안전기사 필기 p.5-66(문제 25번)

83 다음 관(pipe) 부속품 중 관로의 방향을 변경하기 위하여 사용하는 부속품은?

① 니플(nipple) ② 유니온(union)
③ 플랜지(flange) ④ 엘보(elbow)

[해설]
피팅류(Fittings)의 용도

용도	종류
두 개의 관을 연결할 때	플랜지, 유니온, 커플링, 니플, 소켓
관로의 방향을 바꿀 때	엘보, Y지관, 티, 십자
관로의 크기를 바꿀 때	축소관, 부싱
가지관을 설치할 때	티(T), Y지관, 십자

| 유로를 차단할 때 | 플러그, 캡, 밸브 |
| 유량 조절 | 밸브 |

[참고] 산업안전기사 필기 p.5-58(합격날개 : 합격예측)
[KEY] 2013년 3월 10일(문제 90번)

84 공기 중 아세톤의 농도가 200[ppm](TLV 500[ppm]), 메틸에틸케톤(MEK)의 농도가 100[ppm] (TLV 200[ppm])일 때 혼합물질의 허용농도는 약 몇 [ppm]인가?(단, 두 물질은 서로 상가작용을 하는 것으로 가정한다.)

① 150 ② 200
③ 270 ④ 333

[해설]
혼합물의 노출기준 및 허용농도
① 노출기준(허용기준) 계산 $\frac{C_1}{T_1} + \frac{C_2}{T_2} = \frac{200}{500} + \frac{100}{200} = 0.9$
② 0.9이므로 1을 초과하지 않았으므로 허용기준 이내이다.
③ 혼합물의 허용농도 = $\frac{300}{0.9}$ = 333.33[ppm]

[참고] 산업안전기사 필기 p.5-41(④ 혼합물질의 허용농도)

85 다음 중 제시한 두 종류 가스가 혼합될 때 폭발 위험이 가장 높은 것은?

① 염소, CO_2 ② 염소, 아세틸렌
③ 질소, CO_2 ④ 질소, 암모니아

[해설]
폭발원인
① 염소 : 조연성가스 ② 아세틸렌 : 가연성가스

[참고] ① 산업안전기사 필기 p.5-39(합격날개 : 은행문제)
② 산업안전기사 필기 p.5-44(표. 주요 고압가스의 분류)

[KEY] 2014년 3월 2일(문제 86번)

[보충학습]
불활성화(inerting)
혼합가스의 폭발을 방지하기 위한 불활성화(inerting)작업을 할 때 질소, 이산화탄소 및 수증기 등을 불활성가스로 사용한다.

[정답] 81 ③ 82 ① 83 ④ 84 ④ 85 ②

86 다음 중 공업용 가연성가스 및 독성가스의 저장용기 도색에 관한 설명으로 옳은 것은?

① 아세틸렌가스는 적색으로 도색한 용기를 사용한다.
② 액화염소가스는 갈색으로 도색한 용기를 사용한다.
③ 액화석유가스는 주황색으로 도색한 용기를 사용한다.
④ 액화암모니아가스는 황색으로 도색한 용기를 사용한다.

해설

압력용기 도색

가스의 종류	용기도색
액화탄산가스	청색
산소	녹색
수소	주황색
아세틸렌	황색
액화암모니아	백색
액화염소	갈색
액화석유가스(LPG) 및 기타가스	회색

참고) 산업안전기사 필기 p.5-50(합격날개 : 합격예측)
KEY) 2015년 5월 31일(문제 8번) 보충학습

87 위험물 또는 가스에 의한 화재를 경보하는 기구에 필요한 설비가 아닌 것은?

① 간이완강기 ② 자동화재감지기
③ 축전지설비 ④ 자동화재수신기

해설

화재 경보설비의 정의 및 종류
① 화재발생 사실을 통보하는 기계·기구 또는 설비
② 비상 방송설비, 자동화재 탐지 설비 및 시각경보기 등

참고) 산업안전기사 필기 p.5-88(합격날개 : 은행문제2)

보충학습
간이완강기 : 피난설비

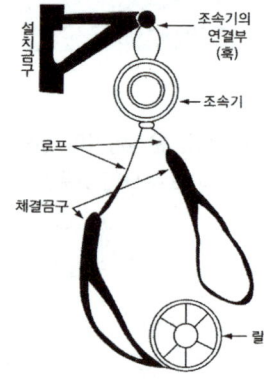

[그림] 완강기의 구조

88 헥산 1[vol%], 메탄 2[vol/%], 에틸렌 2[vol%], 공기 95[vol%]로 된 혼합가스의 폭발하한계값[vol%]은 약 얼마인가?(단, 헥산, 메탄, 에틸렌의 폭발하한계값은 각각 1.1, 5.0, 2.7 [vol%]이다.)

① 2.44 ② 12.89
③ 21.78 ④ 48.78

해설

르샤틀리에의 법칙(혼합가스의 폭발범위)

① 연소혼합가스의 전체체적은 5[vol%]이다. $\frac{5}{L} = \frac{1}{1.1} + \frac{2}{5.0} + \frac{2}{2.7}$
② L(혼합가스의 연소하한값) = 2.44[vol%]

참고) ① 산업안전기사 필기 p.5-11(2. 혼합가스의 폭발범위)
     ② 산업안전기사 필기 p.5-22(문제 5번)

89 다음 짝지어진 물질의 혼합 시 위험성이 가장 낮은 것은?

① 폭발성물질 - 금수성물질
② 금수성물질 - 고체환원성물질
③ 가연성물질 - 고체환원성물질
④ 고체산화성물질 - 고체환원성물질

[정답] 86 ② 87 ① 88 ① 89 ③

해설

혼합 시 위험성
① 가연성고체 등은 산소를 함유하고 있지 않기 때문에 강력한 환원성 물질이므로 산화제와의 혼합시 충격 등에 의하여 폭발할 위험성이 적다.
② 환원성물질과 가연성물질은 모두 산소를 필요로 하는 물질로서 산소를 공급하는 물질이 없으므로 두 물질은 잘 반응하지 않는다.

참고 산업안전기사 필기 p.5-39(1. 위험물 안전관리법의 위험물 분류)

보충학습
① 환원성물질 : 다른 물질을 환원시키는 물질(다른 물질로부터 산소를 얻어 자신은 산화된다.)
② 가연성물질 : 산소와 반응하여 연소하기 쉬운 물질(산소를 필요로 한다.)

---

90 이산화탄소 및 할로겐화합물 소화약제의 특징으로 가장 거리가 먼 것은?

① 소화속도가 빠르다.
② 소화설비의 보수관리가 용이하다.
③ 전기절연성이 우수하나 부식성이 강하다.
④ 저장에 의한 변질이 없어 장기간 저장이 용이한 편이다.

해설

이산화탄소 및 할로겐화합물 소화약제
① 이산화탄소 : 이산화탄소를 가압액화시켜 봄베에 충전하여서 화재 때 방출하여 소화에 사용한다. 전기기기, 통신기 등의 화재에 꼭 필요하다.
② 할로겐화합물 : 4염화탄소(CCl_4), 1염화1브롬화메탄(CH_4BrCl), 1브롬화3불화탄소(CF_3Br) 등이 사용되고, 소화작용으로는 산소와의 차단 및 산소농도를 감소시키며, 연쇄반응을 중단시키는 역할을 한다.

참고 ① 산업안전기사 필기 p.5-14(4. 소화기의 종류)
② 산업안전기사 필기 p.5-27(문제 30번)

합격정보 산업안전보건기준에 관한 규칙 제243조(소화설비)

---

91 기상폭발 피해예측의 주요 문제점 중 압력상승에 기인하는 피해가 예측되는 경우에 검토를 요하는 사항으로 거리가 가장 먼 것은?

① 가연성 혼합기의 형성 상황
② 압력 상승시의 취약부 파괴
③ 물질의 이동, 확산 유해물질의 발생
④ 개구부가 있는 공간 내의 화염전파와 압력상승

해설

기상폭발 검토사항
① 가연성 혼합기의 형성 상황
② 압력 상승시의 취약부 파괴
③ 개구부가 있는 공간 내의 화염전파와 압력상승

---

92 공정안전보고서에 관한 설명으로 옳지 않은 것은?

① 공정안전보고서를 작성할 때에는 산업안전보건위원회의 심의를 거쳐야 한다.
② 공정안전보고서를 작성할 때에 산업안전보건위원회가 설치되어 있지 아니한 사업장의 경우에는 근로자 대표의 의견을 들어야 한다.
③ 공정안전보고서의 내용을 변경하여야 할 사유가 발생한 경우에는 14일 이내 고용노동부장관의 승인을 득한 후 이를 보완하여야 한다.
④ 고용노동부장관은 정하는 바에 따라 공정안전보고서의 이행 상태를 정기적으로 평가하고, 그 결과에 따른 보완 상태가 불량한 사업장의 사업주에게는 공정안전보고서를 다시 제출하도록 명할 수 있다.

해설

변경사유 발생시
① 지체없이 보완
② 제출일 : 착공일 30일 전까지

---

93 다음 중 금속화재는 어떤 종류의 화재에 해당되는가?

① A급
② B급
③ C급
④ D급

해설

화재의 구분

구분	화재의 종류	표시 색상	소화제	적응소화기
A급 화재	일반가연물의 화재	백색	주수, 산알칼리	중조식 소화기 수동펌프식 소화기
B급 화재	가연성 액체 화재	황색	CO_2, 포할로겐화물, 분말	휘발성 액체 소화기 불연가스 소화기 소화분말 소화기

[정답] 90 ③　91 ③　92 ③　93 ④

| C급 화재 | 전기화재 | 청색 | CO_2, 할로겐화물, 분말 | 유기성 소화액 소화기 |
| D급 화재 | 금속화재 | | 건조사, 불연성 기체 | 건조사 |

참고) 산업안전기사 필기 p.5-15(2. 화재의 분류)

94 산업안전보건기준에 관한 규칙에서 규정하고 있는 급성독성물질의 정의에 해당되지 않는 것은?

① 가스 LC_{50}(쥐, 4시간 흡입)이 2,500[ppm] 이하인 화학물질
② LD_{50}(경구, 쥐)이 [kg]당 300[mg] - (체중) 이하인 화학물질
③ LD_{50}(경피, 쥐)이 [kg]당 1,000[mg] - (체중) 이하인 화학물질
④ LD_{50}(경피, 토끼)이 [kg]당 2,000[mg] - (체중) 이하인 화학물질

해설

급성독성물질 기준
① 가스 LC_{50}(쥐, 4시간 흡입)이 2,500[ppm] 이하인 화학물질
② LD_{50}(경구, 쥐)이 [kg]당 300[mg] - (체중) 이하인 화학물질
③ LD_{50}(경피, 쥐)이 [kg]당 1,000[mg] - (체중) 이하인 화학물질

참고) 산업안전기사 필기 p.5-36(6. 급성독성물질)

합격정보
산업안전보건기준에 관한 규칙 [별표 1] 위험물질의 종류

95 다음 중 자연발화의 방지법으로 적절하지 않은 것은?

① 통풍을 잘 시킬 것
② 습도가 낮은 곳을 피할 것
③ 저장실의 온도 상승을 피할 것
④ 공기가 접촉되지 않도록 불활성액체 중에 저장할 것

해설

자연발화 방지대책
① 통풍을 잘 시킬 것
② 습도가 높은 곳을 피할 것
③ 저장실의 온도 상승을 피할 것
④ 공기가 접촉되지 않도록 불활성액체 중에 저장할 것

참고) 산업안전기사 필기 p.5-7(4. 자연발화 및 연소조건)

합격정보
산업안전보건기준에 관한 규칙 제237조(자연발화의 방지)

96 분진폭발의 요인을 물리적 인자와 화학적 인자로 분류할 때 화학적 인자에 해당하는 것은?

① 연소열
② 입도분포
③ 열전도율
④ 입자의 형상

해설

분진폭발
① 화학적 인자 : 연소열
② 물리적 인자 : 열전도율, 입도분포, 입자의 형상

참고) 산업안전기사 필기 p.5-3(2. 폭발 발생의 필수인자)

97 다음 중 주수소화를 하여서는 아니 되는 물질은?

① 적린
② 금속분말
③ 유황
④ 과망간산칼륨

해설

금속분말 : 건조사(마른모래) 사용

참고) 2015년 8월 16일(문제 93번)

KEY▶ 2015년 3월 8일(문제 97번)

98 반응기 중 관형 반응기의 특징에 대한 설명으로 옳지 않은 것은?

① 전열면적이 작아 온도조절이 어렵다.
② 가는 관으로 된 긴 형태의 반응기이다.
③ 처리양이 많아 대규모 생산에 쓰이는 것이 많다.
④ 기상 또는 액상 등 반응속도가 빠른 물질에 사용된다.

해설

관형 반응기의 특징
① 전열면적이 크므로 온도조절이 자유롭다.
② 가는 관으로 된 긴 형태의 반응기이다.
③ 처리양이 많아 대규모 생산에 쓰이는 것이 많다.
④ 기상 또는 액상 등 반응속도가 빠른 물질에 사용된다.

참고) 산업안전기사 필기 p.5-49(1. 반응기)

[정답] 94 ④ 95 ② 96 ① 97 ② 98 ①

99. 물이 관 속을 흐를 때 유동하는 물속의 어느 부분의 정압이 그때의 물의 증기압보다 낮을 경우 물이 증발하여 부분적으로 증기가 발생되어 배관의 부식을 초래하는 경우가 있다. 이러한 현상을 무엇이라 하는가?

① 서징(surging)
② 공동현상(cavitation)
③ 비말동반(entrainment)
④ 수격작용(water hammering)

해설

공동(cavitation)현상
① 유체에 압력을 가해도 밀도는 극히 적게 증가하고, 압력을 감소시켜 유체의 증기압 이하로 할 경우 부분적으로 증기가 발생하는 현상
② 진동, 소음발생
③ 효율저하 및 침식

참고: 산업안전기사 필기 p.5-59(합격날개 : 합격예측)

KEY
① 1993년 1월 31일 출제
② 2015년 3월 8일(문제 90번)

보충학습
① 수격현상(워터해머) : 펌프에서 물을 압송하고 있을 때 정전 등으로 급히 펌프가 멈추거나 수량조절밸브를 급히 패쇄할 때 관속의 유속이 급속히 변화하면서 압력의 변화가 생기는 현상
② 서징(맥동현상) : 송출압력과 송출유량사이에 주기적인 변동으로 입구와 출구의 진공계, 압력계의 침이 흔들리고 동시에 송출유량이 변화하는 현상

💬 **합격자의 조언**
제3과목 : 기계·기구 및 설비 안전관리에도 출제됩니다.

100. 다음 중 고체연소의 종류에 해당하지 않는 것은?

① 표면연소   ② 증발연소
③ 분해연소   ④ 혼합연소

해설

고체연소의 종류
① 표면 연소
② 증발연소
③ 분해연소
④ 자기연소

참고: 산업안전기사 필기 p.5-4(2. 고체의 연소)

KEY 2015년 3월 8일(문제 91번)

---

6. 건설공사 안전관리

101. 추락방지망의 그물코 크기의 기준으로 옳은 것은?

① 5[cm] 이하   ② 10[cm] 이하
③ 20[cm] 이하   ④ 30[cm] 이하

해설

방망사의 신품에 대한 인장강도

그물코의 크기 (단위 : [cm])	방망의 종류(단위 : [kg])	
	매듭 없는 방망	매듭 방망
10	240	200
5		110

참고: 산업안전기사 필기 p.6-50(표. 방망사의 신품에 대한 인장강도)

KEY
① 2015년 3월 8일(문제 115번)
② 2015년 5월 31일(문제 106번)

102. 화물을 차량계 하역운반기계에 싣는 작업 또는 내리는 작업을 할 때 해당 작업의 지휘자에게 준수하도록 하여야 하는 사항과 거리가 먼 것은?

① 하중이 한쪽으로 치우쳐서 효율적으로 적재되도록 할 것
② 작업순서 및 그 순서마다의 작업방법을 정하고 작업을 지휘할 것
③ 기구와 공구를 점검하고 불량품을 제거할 것
④ 해당작업을 하는 장소에 관계 근로자가 아닌 사람이 출입하는 것을 금지할 것

해설

차량계 하역운반기계 작업시 작업지휘자 준수사항(단, 100[kg] 이상)
① 작업순서 및 그 순서마다의 작업방법을 정하고 작업을 지휘할 것
② 기구와 공구를 점검하고 불량품을 제거할 것
③ 해당 작업을 하는 장소에 관계 근로자가 아닌 사람이 출입하는 것을 금지할 것
④ 로프 풀기 작업 또는 덮개 벗기기 작업은 적재함의 화물이 떨어질 위험이 없음을 확인한 후에 하도록 할 것

참고:
① 산업안전기사 필기 p.6-69(2. 화물취급의 안전기준)
② 산업안전보건기준에 관한 규칙 제173조(화물적재시의 조치)

합격정보
산업안전보건기준에 관한 규칙 제177조(싣거나 내리는 작업)

[정답] 99 ②   100 ④   101 ②   102 ①

103 흙막이 지보공을 설치하였을 때 정기점검 사항에 해당되지 않는 것은?

① 검지부의 이상유무
② 버팀대의 긴압의 정도
③ 침하의 정도
④ 부재의 손상, 변형, 부식, 변위 및 탈락의 유무와 상태

해설

흙막이 지보공 정기점검 사항
① 부재의 손상·변형·부식·변위 및 탈락의 유무와 상태
② 버팀대의 긴압의 정도
③ 부재의 접속부·부착 및 교차부의 상태
④ 침하의 정도

참고 산업안전기사 필기 p.6-106(합격날개 : 합격예측 및 관련법규)

합격정보
산업안전보건기준에 관한 규칙 제347조(붕괴 등의 위험방지)

104 차량계 건설기계에 해당되지 않는 것은?

① 불도저
② 콘크리트 펌프카
③ 드래그셔블
④ 가이데릭

해설

가이데릭
① 주기둥과 붐으로 구성되어 있고 6~8줄의 지선으로 주기둥이 지탱되며 주 각부에 붐을 설치, 360[°] 회전이 가능하다.
② 인양하중이 크고 경우에 따라서 쌓아올림도 가능하지만 타워크레인에 비하여 선회성, 안전성이 뒤떨어지므로 인양 하물의 중량이 특히 클 때 사용한다.
③ 철골공사용 건립기계이다.

참고 산업안전기사 필기 p.6-157(1. 건립용 기계의 종류)

합격정보
산업안전보건기준에 관한 규칙 [별표 6] 차량계 건설기계의 종류
① 도저형 건설기계(불도저, 스트레이트도저, 틸트도저, 앵글도저, 버킷도저 등)
② 모터그레이더(motor grader, 땅 고르는 기계)
③ 로더(포크 등 부착물 종류에 따른 용도 변경 형식을 포함한다)
④ 스크레이퍼(scraper, 흙을 절삭·운반하거나 펴 고르는 등의 작업을 하는 토공기계)
⑤ 크레인형 굴착기계(크램쉘, 드래그라인 등)
⑥ 굴착기(브레이커, 크러셔, 드릴 등 부착물 종류에 따른 용도 변경 형식을 포함한다)
⑦ 항타기 및 항발기
⑧ 천공용 건설기계(어스드릴, 어스오거, 크로러드릴, 점보드릴 등)
⑨ 지반 압밀침하용 건설기계(샌드드레인머신, 페이퍼드레인머신, 팩드레인머신 등)
⑩ 지반 다짐용 건설기계(타이어롤러, 매커덤롤러, 탠덤롤러 등)
⑪ 준설용 건설기계(버킷준설선, 그래브준설선, 펌프준설선 등)
⑫ 콘크리트 펌프카
⑬ 덤프트럭
⑭ 콘크리트 믹서 트럭
⑮ 도로포장용 건설기계(아스팔트 살포기, 콘크리트 살포기, 아스팔트 피니셔, 콘크리트 피니셔 등)
⑯ 골재 채취 및 살포용 건설기계(쇄석기, 자갈채취기, 골재살포기 등)
⑰ 제1호부터 제16호까지와 유사한 구조 또는 기능을 갖는 건설기계로서 건설작업에 사용하는 것

105 지름이 15[cm]이고 높이가 30[cm]인 원기둥 콘크리트 공시체에 대해 압축강도시험을 한 결과 469[kN]에 파괴되었다. 이때 콘크리트 압축강도는?

① 16.2[Mpa]
② 21.5[Mpa]
③ 26[Mpa]
④ 31.2[MPa]

해설

$$압축강도 = \frac{하중}{단면적} = \frac{469}{\frac{\pi d^2}{4}} = \frac{469}{\frac{\pi \times 15^2}{4}}$$

$$= 2.6[kN/cm^2] = 265.569[kgf/cm^2] = 26.5[Mpa]$$

참고 산업안전기사 필기 p.6-204(문제 54번)

보충학습
$460kN = 460,000N$, $N/m^2 = Pa$, $MPa = 10^6 Pa$

106 지하매설물의 인접작업시 안전지침과 거리가 먼 것은?

① 사전조사
② 매설물의 방호조치
③ 지하매설물의 파악
④ 소규모 구조물의 방호

해설

지하매설물 인접작업시 안전지침
① 사전조사 및 매설물의 위치 파악
② 매설물이 노출되면 지주나 지보공 등을 이용하여 방호조치
③ 매설물의 이설 등은 관계기관과 협의하여 실시
④ 최소 1일 1회 이상은 순회 점검

참고 산업안전기사 필기 p.6-5(합격날개 : 은행문제1) 적중

[정답] 103 ① 104 ④ 105 ③ 106 ④

107 낙하물에 의한 위험방지 조치의 기준으로서 옳은 것은?

① 높이가 최소 2[m] 이상인 곳에서 물체를 투하하는 때에는 적당한 투하설비를 갖춰야 한다.
② 낙하물방지망은 높이 12[m] 이내마다 설치한다.
③ 방호선반 설치시 내민 길이는 벽면으로부터 2[m] 이상으로 한다.
④ 낙하물방지망의 설치각도는 수평면과 30~40[°]를 유지한다.

해설
낙하물 위험방지 조치기준

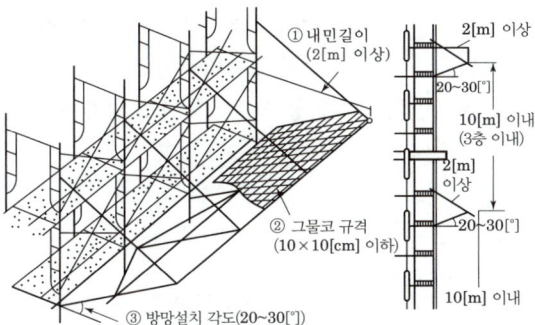

[그림] 낙하물방지망(방호선반)

참고) 산업안전기사 필기 p.6-58(2. 낙하·비래재해의 예방대책에 관한 사항)

합격정보) 산업안전보건기준에 관한 규칙 제14조(낙하물에 의한 위험방지)

보충학습) 산업안전보건기준에 관한 규칙 제15조(투하설비 등)

108 굴착공사에 있어서 비탈면붕괴를 방지하기 위하여 행하는 대책이 아닌 것은?

① 지표수의 침투를 막기 위해 표면배수공을 한다.
② 지하수위를 내리기 위해 수평배수공을 설치한다.
③ 비탈면 하단을 성토한다.
④ 비탈면 상부에 토사를 적재한다.

해설
비탈면 붕괴방지대책
① 지표수의 침투를 막기 위해 표면배수공을 한다.
② 지하수위를 내리기 위해 수평배수공을 설치한다.
③ 비탈면 하단을 성토한다.
④ 비탈면 하부에 토사를 적재한다.(예) 압성토)

참고) 산업안전기사 필기 p.6-56(3. 토석붕괴의 예방대책)

109 액상화현상 방지를 위한 안전대책으로 옳지 않은 것은?

① 모래입경이 가늘고 균일한 모래층 지반으로 치환
② 입도가 불량한 재료를 입도가 양호한 재료로 치환
③ 지하수위를 저하시키고 포화도를 낮추기 위해 deep well을 사용
④ 밀도를 증가하여 한계간극비 이하로 상대밀도를 유지하는 방법 강구

해설
액상화 현상 방지대책
(1) 액화 또는 액상화(Liguefaction)현상
 느슨하고 포화된 사질토가 진동에 의해 간극수압이 발생하여 유효응력이 감소하고 전단강도가 상실되는 현상
(2) 방지대책
 ① 간극수압제거
 ② well point 등의 배수공법
 ③ 치환 및 다짐공법
 ④ 지중연속벽 설치 등

참고) 산업안전기사 필기 p.6-19(합격날개 : 합격예측)

110 사면의 붕괴형태의 종류에 해당되지 않는 것은?

① 사면의 측면부 파괴   ② 사면선 파괴
③ 사면내 파괴   ④ 바닥면 파괴

해설
사면의 붕괴형태
① 사면선 파괴(Toe Failure) : 경사가 급하고 비점착성 토질
② 사면내 파괴(Slope Failure) : 견고한 지층이 얕게 있는 경우
③ 사면 바닥면 파괴(Base Failure) : 경사가 완만하고 점착성인 경우, 사면의 하부에 암반 또는 굳은 지층이 있을 경우

[정답] 107 ③ 108 ④ 109 ① 110 ①

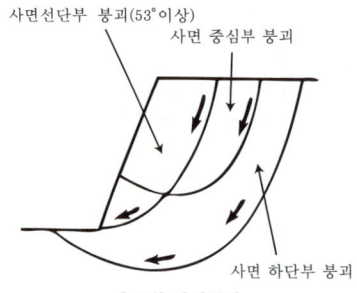
[그림] 사면붕괴

참고) 산업안전기사 필기 p.6-55(합격날개 : 합격예측)

111 강관을 사용하여 비계를 구성할 때의 설치기준으로 옳지 않은 것은?

① 비계기둥의 간격은 띠장방향에서는 1.85[m] 이하로 한다.
② 띠장간격은 1[m] 이하로 설치한다.
③ 비계기둥의 제일 윗부분으로부터 31[m] 되는 지점 밑부분의 비계기둥은 2개의 강관으로 묶어 세운다.
④ 비계기둥간의 적재하중은 400[kg]을 초과하지 않도록 한다.

해설

강관을 이용한 단관비계의 조립기준
① 비계기둥의 간격은 띠장 방향에서는 1.85[m], 장선 방향에서는 1.5[m] 이하로 할 것
② 지상 첫번째 띠장은 2[m] 이하, 기타는 2[m] 이내마다의 위치에 설치할 것

참고) 산업안전기사 필기 p.6-93(2. 강관비계)

합격정보
산업안전보건기준에 관한 규칙 제60조(강관비계의 구조)

112 작업장으로 통하는 장소 또는 작업장 내에 근로자가 사용하기 위한 안전한 통로를 설치할 때 그 설치기준으로 옳지 않은 것은?

① 통로에는 75[Lux] 이상의 조명시설을 하여야 한다.
② 통로의 주요한 부분에는 통로표시를 하여야 한다.
③ 수직갱에 가설된 통로의 길이가 10[m] 이상인 때에는 7[m] 이내마다 계단참을 설치하여야 한다.
④ 경사가 15[°]를 초과하는 경우에는 미끄러지지 아니하는 구조로 하여야 한다.

해설

수직갱 가설통로 길이에 따른 계단참 설치기준 : 15[m] 이상인 경우 10[m] 이내

참고) 산업안전기사 필기 p.6-17(합격날개 : 합격예측 및 관련법규)

KEY▶ 2015년 3월 8일(문제 109번)

합격정보
산업안전보건기준에 관한 규칙 제23조(가설통로의 구조)

113 히빙(heaving)현상에 대한 안전대책이 아닌 것은?

① 굴착주변을 웰포인트(well point)공법과 병행한다.
② 시트파일(sheet pile) 등의 근입심도를 검토한다.
③ 굴착저면에 토사 등 인공중력을 감소시킨다.
④ 굴착배면의 상재하중을 제거하여 토압을 최대한 낮춘다.

해설

히빙
(1) 히빙(Heaving)현상
 연약성 점토지반 굴착시 굴착외측 흙의 중량에 의해 굴착저면의 흙이 활동 전단 파괴되어 굴착내측으로 부풀어 오르는 현상
(2) 히빙 방지대책
 ① 흙막이 근입깊이를 깊게
 ② 표토제거 하중감소
 ③ 지반개량
 ④ 굴착면 하중증가
 ⑤ 어스앵커설치 등

참고) 산업안전기사 필기 p.6-6(합격날개 : 합격예측)

KEY▶ 2015년 3월 8일(문제 105번)

114 구조물의 해체작업시 해체 작업계획서에 포함하여야 할 사항으로 틀린 것은?

① 해체의 방법 및 해체순서 도면
② 해체물의 처분계획
③ 주변 민원 처리계획
④ 현장 안전 조치 계획

[정답] 111 ② 112 ③ 113 ③ 114 ③

> **해설**

해체작업시 해체계획 작성항목
① 해체의 방법 및 해체의 순서도면
② 가설설비·방호설비·환기설비 및 살수·방화설비 등의 방법
③ 사업장 내 연락 방법
④ 해체물의 처분계획
⑤ 해체 작업용 기계·기구 등의 작업계획서
⑥ 해체 작업용 화약류 등의 사용계획서
⑦ 그밖의 안전보건에 관련된 사항

> **참고** 산업안전기사 필기 p.6-140(4. 해체작업시 해체계획 작성항목)

> **합격정보**
산업안전보건기준에 관한 규칙 [별표 4] 사전조사 및 작업계획서 내용

115 토사붕괴의 방지공법이 아닌 것은?

① 경사공 ② 배수공
③ 압성토공 ④ 공작물의 설치

> **해설**

토사붕괴 방지공법
① 적절한 경사면의 기울기를 계획하여야 한다.
② 경사면의 기울기가 당초 계획과 차이가 발생되면 즉시 재검토하여 계획을 변경시켜야 한다.
③ 활동할 가능성이 있는 토석은 제거하여야 한다.
④ 경사면의 하단부에 압성토 등 보강공법으로 활동에 대한 저항 대책을 강구하여야 한다.
⑤ 말뚝(강관, H형강, 철근 콘크리트)을 타입하여 지반을 강화시킨다.

> **참고** 산업안전기사 필기 p.6-56(3. 토석붕괴의 예방대책)

116 안전관계획서의 작성내용과 거리가 먼 것은?

① 건설공사의 안전관리 조직
② 산업안전보건관리비 집행방법
③ 공사장 및 주변 안전관리 계획
④ 통행안전시설 설치 및 교통소통계획

> **해설**

안전관리 총괄 계획서 내용
① 건설공사의 개요 및 안전관리조직
② 공정별 안전점검계획
③ 공사장 주변의 안전관리대책
④ 통행안전시설의 설치 및 교통소통에 관한 계획
⑤ 안전관리비 집행계획
⑥ 안전교육 및 비상시 긴급조치계획

> **참고** ① 산업안전기사 필기 p.6-37(3. 건설업 산업안전보건관리비 계상 및 사용기준)
② 산업안전기사 필기 p.6-5(합격날개 : 은행문제2) 적중

117 거푸집동바리 등을 조립하는 경우에 준수해야 할 기준으로 옳지 않은 것은?

① 동바리의 상하고정 및 미끄러짐 방지조치를 하고, 하중의 지지상태를 유지할 것
② 강재와 강재와의 접속부 및 교차부는 볼트·클램프 등 전용철물을 사용하여 단단히 연결할 것
③ 파이트서포트를 제외한 동바리로 사용하는 강관은 높이 2[m] 이내마다 수평연결재를 2개 방향으로 만들고 수평연결재의 변위를 방지할 것
④ 동바리로 사용하는 파이프서포트는 4개 이상 이어서 사용하지 않도록 할 것

> **해설**

파이프서포트 안전기준
① 파이프서포트를 3개 이상 이어서 사용하지 말 것
② 높이가 3.5[m] 이상인 경우는 높이 2[m] 이내마다 수평연결재를 2개의 방향으로 만들고 수평연결재의 변위가 일어나지 않도록 할 것
③ 4개 이상 이어서 사용하는 경우는 볼트 또는 전용철물을 사용할 것

> **참고** 산업안전기사 필기 p.6-87(합격날개 : 합격예측 및 관련법규)

> **합격정보**
산업안전보건기준에 관한 규칙 제332조의2(동바리 유형에 따른 동바리 조립 시의 안전조치)

118 온도가 하강함에 따라 토중수가 얼어 부피가 약 9[%] 정도 증대하게 됨으로써 지표면이 부풀어오르는 현상은?

① 동상현상 ② 연화현상
③ 리칭현상 ④ 액상화현상

> **해설**

동상현상(frost heave)
온도가 하강함에 따라 토중수가 얼어 부피가 약 9[%] 정도 증대하게 됨으로써 지표면이 부풀어오르는 현상

> **참고** 산업안전기사 필기 p.6-2(합격날개 : 은행문제) 적중

> **보충학습**

동상원인
① 모관상승고가 크다.
② 투수성이 크다.
③ 지하수위가 높아 동결선 위쪽에 있다.
④ 영하의 온도 지속기간이 길때(동결지수가 크다.)

[정답] 115 ① 116 ② 117 ④ 118 ①

과년도 출제문제

119 터널작업시 자동경보장치에 대하여 당일의 작업 시작 전 점검하여야 할 사항으로 틀린 것은?

① 검지부의 이상 유무
② 조명시설의 이상 유무
③ 경보장치의 작동 상태
④ 계기의 이상 유무

해설

자동경보장치 당일 작업시작 전 점검사항
① 계기의 이상 유무
② 검지부의 이상 유무
③ 경보장치의 작동 상태

참고 산업안전기사 필기 p.6-108(합격날개 : 합격예측 및 관련법규)

합격정보
산업안전보건기준에 관한 규칙 제350조(인화성가스 농도의 측정 등)

120 철골작업을 할 때 악천후에는 작업을 중지토록하여야 하는데 그 기준으로 옳은 것은?

① 강설량이 분당 1[cm] 이상인 경우
② 강우량이 시간당 1[cm] 이상인 경우
③ 풍속이 초당 10[m] 이상인 경우
④ 기온이 35[℃] 이상인 경우

해설

철골작업에서 기후에 의한 작업중지사항 3가지
① 풍속 : 10[m/sec] 이상
② 강우량 : 1[mm/hr] 이상
③ 강설량 : 1[cm/hr] 이상

참고 산업안전기사 필기 p.6-154(합격날개 : 합격예측)

KEY 2015년 5월 31일(문제 116번)

합격정보
산업안전보건기준에 관한 규칙 제383조(작업의 제한)

녹색직업 녹색자격증코너

나의 어머니

알고 있었니
어머니는 무릎에서 흘러내린 아이라는 거
내 불행한 페이지에 서서 죄 없이 벌벌 떠는 애인이라는 거
저만치 뒤따라오는 칭얼거리는 막내라는 거
앰뷸런스를 타고 나의 대륙을 떠나가던 탈옥수라는 거
- 최문자, 시 '어머니'중에서 -

슬하를 이미 떠나간 늙은 아이
과거 어느 시간쯤에서
나를 온전히 기다려주던 그 모습은 어디로 가고
칭얼거리며 따라오는 막내처럼
여기저기 아프다는 소리로 근심을 끄는 애인
기억의 어느 부분을 하얗게 지우고
나에게서 점점 멀어져 가는,
몸이 불편한 어머니를 조용히 그려보는 어느 날입니다.

[정답] 119 ② 120 ③

산업안전기사 필기

2016년 3월 06일 시행 　제1회
2016년 5월 08일 시행 　제2회
2016년 8월 21일 시행 　제3회

2016년도 기사 정기검정 제1회 (2016년 3월 6일 시행)

자격종목 및 등급(선택분야): 산업안전기사

종목코드	시험시간	수험번호	성명
1431	2시간	20160306	도서출판세화

1 산업재해 예방 및 안전보건교육

01 헤드십(headship)의 특성에 관한 설명으로 틀린 것은?

① 상사와 부하의 사회적 간격은 넓다.
② 지휘형태는 권위주의적이다.
③ 상사와 부하의 관계는 지배적이다.
④ 상사의 권한 근거는 비공식적이다.

해설

leadership과 headship의 비교

개인과 상황 변수	leadership	headship
권한 행사	선출된 리더	임명적 헤드
권한 부여	밑으로부터 동의	위에서 위임
권한 귀속	집단 목표에 기여한 공로 인정	공식화된 규정에 의함
상사와 부하와의 관계	개인적인 영향	지배적
부하와의 사회적 관계(간격)	좁음	넓음
지휘 형태	민주주의적	권위주의적
책임 귀속	상사와 부하	상사
권한 근거	개인적	법적 또는 공식적

참고▶ 산업안전기사 필기 p.1-113 (5) leadership과 headship의 비교

02 바람직한 안전교육을 진행시키기 위한 4단계 가운데 피교육자로 하여금 작업습관의 확립과 토론을 통한 공감을 가지도록 하는 단계는?

① 도입 ② 제시
③ 적용 ④ 확인

해설

교육진행 4단계 순서

단계	교육방법
제1단계 : 도입 (학습할 준비를 시킨다)	• 마음을 안정시킨다. • 무슨 작업을 할 것인가를 말해준다. • 그 작업에 대해 알고 있는 정도를 확인한다. • 작업을 배우고 싶은 의욕을 갖게 한다. • 정확한 위치에 자리잡게 한다.
제2단계 : 제시 (작업을 설명한다)	• 주요 단계를 하나씩 설명해주고, 시범을 보이고, 그려보인다. • 급소를 강조한다. • 확실하게, 빠짐없이, 끈기있게 지도한다. • 이해할 수 있는 능력 이상으로 강요하지 않는다.
제3단계 : 적용 (작업을 시켜본다)	• 작업을 지켜보고 잘못을 고쳐준다.(작업습관 확립) • 작업을 시키면서 설명하게 한다. • 다시 한번 시키면서 급소를 말하게 한다.(토론을 통한 공감) • 확실히 알았다고 할 때까지 확인한다.
제4단계 : 확인 (가르친 뒤 살펴본다)	• 일에 임하도록 한다. • 모르는 것이 있을 때는 물어 볼 사람을 정해둔다. • 질문을 하도록 분위기를 조성한다. • 점차 지도 횟수를 줄여간다.

참고▶ 산업안전기사 필기 p.1-153 (4) 교육진행 4단계 순서

KEY▶ 2015년 3월 8일(문제 16번)

03 산업안전보건법상 안전인증대상 기계 등의 안전인증 표시에 해당하는 것은?

①  ②
③   ④

해설

안전인증대상 기계 표시

구분	표시	구분	표시
안전인증대상 기계 등의 안전인증 및 자율안전 확인	(KCs)	안전인증대상 기계 등이 아닌 안전인증대상 기계 등의 안전인증	(S)

[정답] 01 ④ 02 ③ 03 ①

> **참고** 산업안전기사 필기 p.3-56(표. 안전인증의 표시방법)
>
> **KEY** 2010년 3월 7일 (문제 10번) 출제

04 500명의 근로자가 근무하는 사업장에서 연간 30건의 재해가 발생하여 35명의 재해자로 인해 250일의 근로손실이 발생한 경우 이 사업장의 재해 통계에 관한 설명으로 틀린 것은?

① 이 사업장의 도수율은 약 29.2이다.
② 이 사업장의 강도율은 약 0.21이다.
③ 이 사업장의 연천인율은 70이다.
④ 근로시간이 명시되지 않을 경우에는 연간 1인당 2,400시간을 적용한다.

> **해설**
>
> **재해율 계산**
>
> ① 연천인율 = $\dfrac{\text{연간재해자수}}{\text{연평균근로자수}} \times 1,000 = \dfrac{35}{500} \times 1,000 = 70$
>
> ② 도수율 = $\dfrac{\text{재해건수}}{\text{연근로시간수}} \times 10^6 = \dfrac{30}{500 \times 2,400} \times 10^6 = 25$
>
> ③ 강도율 = $\dfrac{\text{총요양근로손실일수}}{\text{연근로시간수}} \times 1,000$
> $= \dfrac{250}{500 \times 2,400} \times 1,000 = 0.21$
>
> **참고** 산업안전기사 필기 p.3-42(8. 재해관련통계의 종류 및 계산)
>
> **KEY** 2015년 3월 8일(문제 13번)

05 시몬즈(Simonds) 방식의 재해손실비 산정에 있어 비보험 코스트에 해당되지 않는 것은?

① 소송관계 비용
② 신규작업자에 대한 교육훈련비
③ 부상자의 직장 복귀 후 생산 감소로 인한 임금비용
④ 산업재해보상보험법에 의해 보상된 금액

> **해설**
>
> **시몬즈(R.H.Simonds) 방식의 재해 손실비 산정**
> ① 총재해코스트 = 보험 코스트 + 비보험 코스트
> ② 보험 코스트 : 산재보험료(반드시 사업장에서 지출)
>
> **참고** 산업안전기사 필기 p.3-45(2. 시몬즈의 재해코스트 산출방식)
>
> **KEY** 2015년 3월 8일(문제 2번)

06 맥그리거(McGregor)의 Y이론과 관계가 없는 것은?

① 직무확장
② 책임과 창조력
③ 인간관계 관리방식
④ 권위주의적 리더십

> **해설**
>
> **맥그리거의 X, Y이론 대비표**
>
> | X 이론(인간을 부정적 측면으로 봄) | Y 이론(인간을 긍정적 측면으로 봄) |
> |---|---|
> | 인간불신 | 상호신뢰 |
> | 성악설 | 성선설 |
> | 인간은 본래 게으르고 태만하여 수동적이고 남의 지배받기를 즐긴다. | 인간은 본래 부지런하고 적극적이며 스스로의 일을 자기 책임하에 자주적으로 행한다. |
> | 저차원적 욕구(물질욕구) | 고차원적 욕구(정신적 욕구) |
> | 명령통제에 의한 관리(권위적) | 목표 통합과 자기통제에 의한 관리 |
> | 저개발국형 | 선진국형 |
>
> **참고** 산업안전기사 필기 p.1-100(표. X·Y이론의 특징)
>
> **KEY** ① 2013년 8월 18일(문제 3번)
> ② 2015년 3월 8일(문제 19번)

07 산업안전보건법령상 사업 내 안전보건교육 중 채용시의 교육내용에 해당되지 않는 것은?(단, 산업안전보건법 및 일반관리에 관한 사항은 제외한다.)

① 사고 발생시 긴급조치에 관한 사항
② 산업보건 및 직업병예방에 관한 사항
③ 기계·기구의 위험성과 작업의 순서 및 동선에 관한 사항
④ 작업공정의 유해·위험과 재해 예방대책에 관한 사항

> **해설**
>
> **채용시 및 작업내용 변경시 교육내용**
> ① 산업안전 및 사고 예방에 관한 사항
> ② 산업보건 및 직업병 예방에 관한 사항
> ③ 위험성 평가에 관한 사항
> ④ 산업안전보건법령 및 산업재해보상보험 제도에 관한 사항
> ⑤ 직무스트레스 예방 및 관리에 관한 사항
> ⑥ 직장 내 괴롭힘, 고객의 폭언 등으로 인한 건강장해 예방 및 관리에 관한 사항
> ⑦ 기계·기구의 위험성과 작업의 순서 및 동선에 관한 사항
> ⑧ 작업 개시 전 점검에 관한 사항
> ⑨ 정리정돈 및 청소에 관한 사항
> ⑩ 사고 발생 시 긴급조치에 관한 사항
> ⑪ 물질안전보건자료에 관한 사항

[정답] 04 ① 05 ④ 06 ④ 07 ④

과년도 출제문제

08 무재해운동 추진의 3요소에 관한 설명이 아닌 것은?

① 모든 재해는 잠재요인을 사전에 발견·파악·해결함으로써 근원적으로 산업재해를 없애야 한다.
② 안전보건은 최고경영자의 무재해 및 무질병에 대한 확고한 경영자세로 시작된다.
③ 안전보건을 추진하는 데에는 관리감독자들의 생산활동 속에 안전보건을 실천하는 것이 중요하다.
④ 안전보건은 각자 자신의 문제이며, 동시에 동료의 문제로서 직장의 팀 멤버와 협동 노력하여 자주적으로 추진하는 것이 필요하다.

[해설]
무재해운동의 추진 3기둥(요소)
① 최고경영자의 안전경영자세
② 관리감독자에 의한 안전보건의 추진
③ 직장소집단 자주안전 활동의 활성화

[참고] 산업안전기사 필기 p.1-10(3. 무재해운동의 3요소)

[보충학습]
①은 무재해운동의 3원칙에서 선취해결(안전제일)원칙이다.

09 산업안전보건법상 안전보건관리책임자의 업무에 해당되지 않는 것은?(단, 근로자의 유해·위험 예방조치에 관한 사항으로서 고용노동부령으로 정하는 사항은 제외한다.)

① 근로자의 안전보건교육에 관한 사항
② 사업장 순회점검·지도 및 조치에 관한 사항
③ 안전보건관리규정의 작성 및 변경에 관한 사항
④ 산업재해의 원인조사 및 재발방지대책수립에 관한 사항

[해설]
안전보건관리책임자 업무
① 산업재해 예방계획의 수립에 관한 사항
② 안전보건관리규정의 작성 및 변경에 관한 사항
③ 근로자의 안전보건교육에 관한 사항
④ 작업환경의 측정 등 작업환경의 점검 및 개선에 관한 사항
⑤ 근로자의 건강진단 등 건강 관리에 관한 사항
⑥ 산업재해의 원인조사 및 재발방지대책수립에 관한 사항
⑦ 산업재해에 관한 통계의 기록 및 유지에 관한 사항
⑧ 안전보건에 관련된 안전장치 및 보호구 구입시의 적격품 여부 확인에 관한 사항
⑨ 근로자의 유해·위험예방조치에 관한 사항으로서 고용노동부령이 정하는 사항

[참고] 산업안전기사 필기 p.1-26(2. 안전관계자의 업무)

[합격정보]
산업안전보건법 제15조(안전보건관리책임자)

10 재해통계를 포함하여 산업재해조사 보고서를 작성하는 과정 중 유의해야 할 사항으로 가장 적절하지 않은 것은?

① 설비상의 결함 요인을 개선, 시정하는 데 활용한다.
② 관리상 책임 소재를 명시하여 담당자의 평가자료로 활용한다.
③ 재해의 구성요소와 분포상태를 알고 대책을 수립할 수 있도록 한다.
④ 근로자 행동결함을 발견하여 안전교육 훈련자료로 활용한다.

[해설]
재해(사고)조사시의 유의사항
① 사실 수집에 치중한다.
② 목격자의 단정적 표현이나 추측은 사실과 구별하여 참고 자료로 기록해 둘 것이며 진술은 가급적 사고 직후에 기록하는 것이 좋다.
③ 책임을 추궁하는 태도를 보이면 사실을 은폐하게 되므로 주의한다.

[참고] 산업안전기사 필기 p.3-30(4. 재해 조사시의 유의사항)

11 교육의 형태에 있어 존 듀이(Dewey)가 주장하는 대표적인 형식적 교육에 해당하는 것은?

① 가정안전교육   ② 사회안전교육
③ 학교안전교육   ④ 부모안전교육

[해설]
존 듀이 교육
① 미국 실용주의 철학자·교육자
② 존 듀이의 대표적인 형식적 교육 : 학교안전교육

[참고] ① 산업안전기사 필기 p.1-135(합격날개 : 은행문제)
② 2014년 8월 17일(문제 14번)

[정답] 08 ① 09 ② 10 ② 11 ③

12 주로 관리감독자를 교육대상자로 하며 직무에 관한 지식, 작업을 가르치는 능력, 작업방법을 개선하는 기능 등을 교육 내용으로 하는 기업내 정형교육은?

① TWI(Training Within Industry)
② MTP(Managment Training Program)
③ ATT(American Telephone Telegram)
④ ATP(Administration Training Program)

해설

TWI(Training Within Industry)
주로 감독자를 교육대상자로 하며, 감독자는 ① 직무에 관한 지식, ② 책임에 관한 지식, ③ 작업을 가르치는 능력, ④ 작업방법을 개선하는 기능, ⑤ 사람을 다루는 기량의 5가지 요건을 구비해야 한다는 전제하에 ③, ④, ⑤항을 교육내용으로 하며, 전체 교육시간은 10시간으로, 1일 2시간씩 5일간 실시한다. ⑥ 한 클래스는 10명 정도, 토의식과 실연법을 중심으로 한다. ⑦ 오늘날은 작업 안전 훈련 과정을 포함하여 4개 과정으로 하고 있다.

참고 ① 산업안전기사 필기 p.1-145(2. 관리감독자 교육)
② 2015년 8월 16일(문제 5번)

KEY ① 2014년 8월 17일(문제 12번)
② 2013년 8월 18일(문제 13번)

13 집단의 기능에 관한 설명으로 틀린 것은?

① 집단의 규범은 변화하기 어려운 것으로 불변적이다.
② 집단 내에 머물도록 하는 내부의 힘을 응집력이라 한다.
③ 규범은 집단을 유지하고 집단의 목표를 달성하기 위해 만들어진 것이다.
④ 집단이 하나의 집단으로서의 역할을 수행하기 위해서는 집단 목표가 있어야 한다.

해설

집단규범(group norm)
① 집단이 존속하고 멤버의 상호작용이 이루어지고 있는 동안 집단규범은 그 집단을 유지한다.
② 집단의 목표를 달성하는 데 필수적인 것으로서 자연 발생적으로 성립되는 것이다.
③ 집단의 규범은 항상 변화가 가능하다.

참고 산업안전기사 필기 p.1-109 (5) 집단관리시 유의해야 할 사항

14 제조물책임법에 명시된 결함의 종류에 해당되지 않는 것은?

① 제조상의 결함   ② 표시상의 결함
③ 사용상의 결함   ④ 설계상의 결함

해설

제조물책임법에 명시된 결함의 종류 3가지
① 설계상의 과실(결함)
② 제조상의 과실(결함)
③ 경고 과실(표시상)의 과실

참고 산업안전기사 필기 p.1-9 (5) 결함

15 인간관계 관리기법에 있어 구성원 상호간의 선호도를 기초로 집단 내부의 동태적 상호 관계를 분석하는 방법으로 가장 적절한 것은?

① 소시오메트리(sociometry)
② 그리드 훈련(grid training)
③ 집단역학(group dynamic)
④ 감수성 훈련(sensitivity training)

해설

소시오메트리(sociometry)
① 집단의 구조를 밝혀내 집단 내에서 개인간의 인기의 정도, 지위, 좋아하고 싫어하는 정도, 하위 집단의 구성 여부와 형태, 집단에의 충성도, 집단의 응집력 등을 연구·조사하여 행동지도의 자료를 삼는 것을 말한다.
② 작업 부서의 교우(인간) 관계를 그림으로 나타낸다.

참고 산업안전기사 필기 p.1-79(합격날개 : 합격예측)

16 산업안전보건법령상 안전보건표지의 종류 중 경고표지에 해당하지 않는 것은?

① 레이저광선 경고
② 급성독성물질 경고
③ 매달린 물체 경고
④ 차량통행 경고

[정답] 12 ①   13 ①   14 ③   15 ①   16 ④

해설

경고표지의 종류

인화성 물질 경고	산화성 물질 경고	폭발성 물질 경고	급성독성 물질경고	부식성 물질 경고
방사성 물질경고	고압전기 경고	매달린 물체경고	낙하물 경고	고온 경고
저온 경고	몸균형 상실경고	레이저 광선경고	발암성·변이 원성·생식독성·전신독성·호흡기과민성 물질경고	위험장소 경고

참고 ① 산업안전기사 필기 p.1-61(3. 안전보건표지의 종류와 형태)
② 2015년 8월 16일(문제 17번)

KEY 2014년 5월 25일(문제 15번)

17 참가자가 다수인 경우에 전원을 토의에 참가시키기 위한 방법으로 소집단을 구성하여 회의를 진행시키며 6-6 회의라고도 하는 것은?

① 포럼(Forum)
② 심포지엄(Symposium)
③ 버즈 세션(Buzz Session)
④ 패널 디스커션(Panel Discussion)

해설

버즈 세션(Buzz Session)
① 6-6회의라고도 한다.
② 먼저 사회자와 기록계를 선출한 후 나머지 사람은 6명씩의 소집단으로 구분하고, 소집단별로 각각 사회자를 선발하여 6분씩 자유토의를 행하여 의견을 종합하는 방법이다.

참고 ① 산업안전기사 필기 p.1-144 (6. 버즈세션)
② 2015년 3월 8일(문제 12번)
③ 2015년 5월 31일(문제 13번)

18 무재해운동 추진기법에 있어 위험예지훈련 4라운드에서 제3단계 진행방법에 해당하는 것은?

① 본질추구
② 현상파악
③ 목표설정
④ 대책수립

해설

위험예지훈련의 4R(4단계)
① 1단계 : 현상파악
② 2단계 : 본질추구
③ 3단계 : 대책수립
④ 4단계 : 목표설정

참고 산업안전기사 필기 p.1-12(6. 위험예지활동)

KEY 2015년 8월 16일(문제 9번)

19 스태프 안전조직에 있어서 스태프의 주된 역할이 아닌 것은?

① 실시계획의 추진
② 안전관리 계획안의 작성
③ 정보수집과 주지, 활용
④ 기업의 제도적 기본방침 시달

해설

스태프의 주된 역할
① 실시계획의 추진
② 안전관리 계획안의 작성
③ 정보수집과 주지, 활용

참고 ① 산업안전기사 필기 p.1-28(합격날개 : 은행문제)
② 2015년 3월 8일(문제 6번)

보충학습
경영주의 안전업무
① 안전조직 편성(원활한 안전조직의 확립)
② 안전예산의 책정
③ 안전한 기계설비 및 작업환경의 유지
④ 기본방침 및 안전시책의 시달

20 방진마스크의 선정기준으로 적합하지 않은 것은?

① 배기저항이 낮을 것
② 흡기저항이 낮을 것
③ 사용적이 클 것
④ 시야가 넓을 것

[정답] 17 ③ 18 ④ 19 ④ 20 ③

> **해설**

방진마스크의 선정기준
① 여과효율이 좋을 것
② 흡배기저항이 낮을 것
③ 사용적이 적을 것
④ 중량이 가벼울 것
⑤ 시야가 넓을 것
⑥ 안면밀착성이 좋을 것
⑦ 피부 접촉 부분의 고무질이 좋을 것

> 참고 ① 산업안전기사 필기 p.1-55(3. 호흡용 보호구)
② 2015년 5월 31일(문제 3번)

2 인간공학 및 위험성 평가·관리

21 안전보건표지에서 경고표지는 삼각형, 안내 표지는 사각형, 지시표지는 원형 등으로 부호가 고안되어 있다. 이처럼 부호가 이미 고안되어 이를 사용자가 배워야 하는 부호를 무엇이라 하는가?

① 묘사적 부호   ② 추상적 부호
③ 임의적 부호   ④ 사실적 부호

> **해설**

임의적 부호
부호가 이미 고안되어 있으므로 이를 배워야 하는 부호(교통표지판의 삼각형 – 주의, 원형 – 규제, 사각형 – 안내표시)

> 참고 산업안전기사 필기 p.2-30(문제 39번) 적중
> KEY ① 2006년 5월 14일(문제 36번)
> ② 2010년 5월 9일(문제 31번)

22 다음 중 욕조곡선에서의 고장 형태에서 일정한 형태의 고장률이 나타나는 구간은?

① 초기고장률 구간   ② 마모고장 구간
③ 피로고장 구간   ④ 우발고장 구간

> **해설**

우발고장의 특징
(1) 정의
  ① 예측할 수 없을 때에 생기는 고장으로 시운전이나 점검작업으로는 방지할 수 없다.
  ② 요소의 우발고장에 있어서는 평균고장시간과 비율을 알고 있으면 제어계 전체 고장을 일으키지 않는 신뢰도를 구할 수 있다.(일정형 고장)

(2) 우발고장의 고장발생원인
  ① 안전계수가 낮기 때문에
  ② stress가 strength보다 크기 때문에
  ③ 사용자의 과오 때문에
  ④ 최선의 검사방법으로도 탐지되지 않은 결함 때문에
  ⑤ 디버깅 중에도 발견되지 않는 고장 때문에
  ⑥ 예방보전에 의해서도 예방될 수 없는 고장 때문에
  ⑦ 천재지변에 의한 고장 때문에

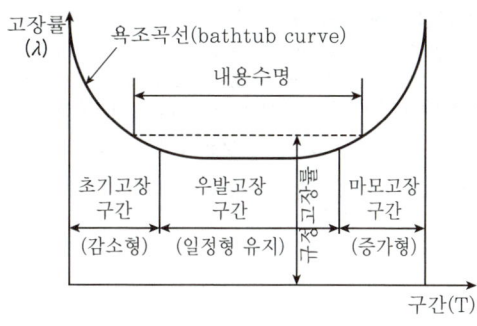

[그림] 욕조곡선

> 참고 산업안전기사 필기 p.2-13(2. 우발고장)
> KEY 2009년 5월 10일(문제 28번)

23 다음 중 소음에 대한 대책으로 가장 적합하지 않은 것은?

① 소음원의 통제   ② 소음의 격리
③ 소음의 분배   ④ 적절한 배치

> **해설**

소음대책
① 소음원 통제 : 기계의 적절한 설계, 적절한 정비 및 주유, 기계에 고무받침대(mounting) 부착, 차량에 소음기(muffler) 등을 사용
② 소음의 격리 : 씌우개(enclosure), 방, 장벽 등을 사용하며, 집의 창문을 닫을 경우 약 10[dB] 감음된다.
③ 차폐장치 및 흡음재 사용
④ 음향처리재 사용
⑤ 적절한 배치(layout)
⑥ 배경음악(BGM : Back Ground Music) : 60 ± 3[dB]
⑦ 방음보호구 사용 : 귀마개, 귀덮개

> 참고 산업안전기사 필기 p.2-171(5. 소음)

[정답] 21 ③   22 ④   23 ③

과년도 출제문제

24 인간의 생리적 부담 척도 중 국소적 근육활동의 척도로 가장 적합한 것은?

① 혈압 ② 맥박수
③ 근전도 ④ 점멸융합주파수

해설

근전도(EMG : electromyogram)
① 근육활동의 전위차(척도)를 기록한 것
② 심장근의 근전도를 특히 심전도(ECG : electrocardiogram)라 하며, 신경활동 전위차의 기록은 ENG(electroneurogram)라 한다.

참고 산업안전기사 필기 p.2-160(합격날개 : 참고)

KEY 2008년 3월 2일(문제 22번)

---

25 다음 중 화학설비에 대한 안전성 평가에 있어 정량적 평가항목에 해당되지 않는 것은?

① 공정 ② 취급물질
③ 압력 ④ 화학설비용량

해설

정량적 평가항목
① 해당 화학설비의 취급물질
② 해당 화학설비의 용량
③ 온도
④ 압력
⑤ 조작

참고 산업안전기사 필기 p.2-38(3. 3단계)

KEY 2014년 3월 2일(문제 21번)

---

26 어떤 결함수를 분석하여 minimal cut set을 구한 결과 다음과 같았다. 각 기본사상의 발생확률을 q_i = 1, 2, 3이라 할 때 정상사상의 발생확률함수로 옳은 것은?

$$k_1 = [1, 2],\ k_2 = [1, 3],\ k_3 = [2, 3]$$

① $q_1 q_2 + q_1 q_2 - q_2 q_3$
② $q_1 q_2 + q_1 q_3 - q_2 q_3$
③ $q_1 q_2 + q_1 q_3 + q_2 q_3 - q_1 q_2 q_3$
④ $q_1 q_2 + q_1 q_3 + q_2 q_3 - 2 q_1 q_2 q_3$

해설

정상사상의 발생확률 함수

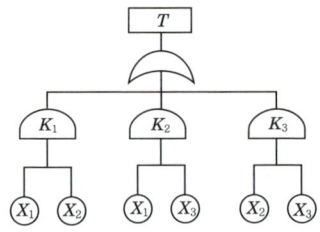

① $T = 1 - (1 - X_1 X_2)(1 - X_1 X_3)(1 - X_2 X_3)$
[밑줄 전개 후 간소화]
$= (1 - X_1 X_2 - X_1 X_3 + X_1 X_1 X_2 X_3)$
$[A \cdot A = A \rightarrow X_1 X_1 = X_1]$
$= (1 - X_1 X_2 - X_1 X_3 + X_1 X_2 X_3)$
② $T = 1 - (1 - X_1 X_2 - X_1 X_3 + X_1 X_2 X_3)(1 - X_2 X_3)$
[밑줄 전개 후 간소화]
$= (1 - X_1 X_2 - X_1 X_3 + X_1 X_2 X_3 - X_2 X_3 + X_1 X_2 X_2 X_3$
$+ X_1 X_2 X_3 X_3 - X_1 X_2 X_2 X_3 X_3)$
$[A \cdot A = A]$
$= (1 - X_1 X_2 - X_1 X_3 + X_1 X_2 X_3 - X_2 X_3 + X_1 X_2 X_3 - X_1 X_2 X_3 - X_1 X_2 X_3)$
$= (1 - X_1 X_2 - X_1 X_3 - X_2 X_3 + 2 X_1 X_2 X_3)$
③ $T = 1 - (1 - X_1 X_2 - X_1 X_3 - X_2 X_3 + 2 X_1 X_2 X_3)$
$= 1 - 1 + X_1 X_2 + X_1 X_3 + X_2 X_3 - X_1 X_2 X_3)$
$= X_1 X_2 + X_1 X_3 + X_2 X_3 - 2 X_1 X_2 X_3$
④ $T_q = q_1 q_2 + q_1 q_3 + q_2 q_3 - 2 q_1 q_2 q_3$

KEY 2012년 5월 20일(문제 29번)

---

27 다음 중 진동의 영향을 가장 많이 받는 인간의 성능은?

① 추적(tracking) 능력
② 감시(monitoring) 작업
③ 반응시간(reaction time)
④ 형태식별(pattern recognition)

해설

전신진동이 인간성능에 끼치는 영향
① 진동은 진폭에 비례하여 시력을 손상하며 10~25 [Hz]의 경우 가장 심하다.
② 진동은 진폭에 비례하여 추적능력을 손상하여 5[Hz] 이하의 낮은 진동수에서 가장 심하다.
③ 안정되고 정확한 근육조절을 요하는 작업은 진동에 의해서 저하된다.
④ 반응시간, 감시, 형태식별 등 주로 중앙신경처리에 달린 임무는 진동의 영향을 덜 받으며, 시력 및 추적능력 등은 진동의 영향을 많이 받는다.

[정답] 24 ③ 25 ① 26 ④ 27 ①

참고) 산업안전기사 필기 p.2-179(합격날개 : 참고)

KEY) 2008년 3월 2일(문제 21번)

28 한 대의 기계를 10시간 가동하는 동안 4회의 고장이 발생하였고, 이때의 고장수리시간이 다음 표와 같을 때 MTTR(Mean Time To Repair)은 얼마인가?

가동시간(hour)	수리시간(hour)
$T_1=2.7$	$T_a=0.1$
$T_2=1.8$	$T_b=0.2$
$T_3=1.5$	$T_c=0.3$
$T_4=2.3$	$T_d=0.3$

① 0.225시간/회 ② 0.325시간/회
③ 0.425시간/회 ④ 0.525시간/회

해설

MTTR(Mean Time To Repair)
: 총수리시간을 수리횟수로 나눈 값
① 수리시간 : 0.1+0.2+0.3+0.3 = 0.9
② 수리횟수 : 4
③ 0.9÷4 = 0.225[시간/회]

참고) 산업안전기사 필기 p.2-84(4. MTTR)

보충학습

MTTR(평균수리시간)

① $MTTR = \dfrac{1}{u(평균 수리율)}$

② MDT (평균정지시간) = $\dfrac{총보전 작업시간}{총보전 작업건수}$

③ $MTTR = \dfrac{고장수리시간(hr)}{고장횟수} = \dfrac{T_a+T_b+T_c+T_d}{4회}$
$= \dfrac{0.1+0.2+0.3+0.3}{4} = 0.225[시간/회]$

29 다음 중 청각적 표시장치보다 시각적 표시장치를 이용하는 경우가 더 유리한 경우는?

① 메시지가 간단한 경우
② 메시지가 추후에 재참조되지 않는 경우
③ 직무상 수신자가 자주 움직이는 경우
④ 메시지가 즉각적인 행동을 요구하지 않는 경우

해설

청각장치와 시각장치의 사용 경위

청각장치 사용 예	시각장치 사용 예
① 전언이 간단할 경우	① 전언이 복잡할 경우
② 전언이 짧을 경우	② 전언이 길 경우
③ 전언이 후에 재참조되지 않을 경우	③ 전언이 후에 재참조될 경우
④ 전언이 시간적인 사상(event)을 다룰 경우	④ 전언이 공간적인 위치를 다룰 경우
⑤ 전언이 즉각적인 행동을 요구할 경우	⑤ 전언이 즉각적인 행동을 요구하지 않을 경우
⑥ 수신자의 시각 계통이 과부하 상태일 경우	⑥ 수신자의 청각 계통이 과부하 상태일 경우
⑦ 수신 장소가 너무 밝거나 암조응(暗調應) 유지가 필요할 경우	⑦ 수신 장소가 너무 시끄러울 경우
⑧ 직무상 수신자가 자주 움직이는 경우	⑧ 직무상 수신자가 한 곳에 머무르는 경우

참고) 산업안전기사 필기 p.2-31(문제 4번 해설 : 표. 청각장치와 시각장치 사용 경위)

KEY) 2015년 3월 8일(문제 26번)

30 매직넘버라고도 하며, 인간이 절대식별시 작업기억 중에 유지할 수 있는 항목의 최대수를 나타낸 것은?

① 3 ± 1 ② 7 ± 2
③ 10 ± 1 ④ 20 ± 2

해설

Miller의 인간의 절대식별 능력 이론인 "Magical Number 7±2"
① 절대식별 실험을 통한 정보이론에 근거한 전달된 정보량 계산
② 전달된 정보량과 입력정보량을 통한 경로용량 확인
③ 실험을 통한 밀러의 Magical Number 7±2 확인(5~9 사이)
④ 한계가 많은 절대식별이 미치는 요인 분석 정보전달의 신뢰성 향상 방안을 찾고자 함

참고) 산업안전기사 필기 p.2-18(합격날개 : 합격예측)

31 인간-기계 시스템에서 시스템의 설계를 다음과 같이 구분할 때 제3단계인 기본설계에 해당되지 않는 것은?

1단계 : 시스템의 목표와 성능 명세 결정
2단계 : 시스템의 정의
3단계 : 기본설계
4단계 : 인터페이스설계
5단계 : 보조물설계
6단계 : 시험 및 평가

[정답] 28 ① 29 ④ 30 ② 31 ①

① 화면설계　　② 작업설계
③ 직무분석　　④ 기능할당

해설

기본설계 내용
① 작업설계
② 직무분석
③ 기능할당

참고 산업안전기사 필기 p.2-29(문제 31번) 적중

KEY 2012년 3월 4일(문제 29번)

---

32 다음 중 FTA(Fault Tree Analysis)에 관한 설명으로 가장 적절한 것은?

① 복잡하고, 대형화된 시스템의 신뢰성 분석에는 적절하지 않다.
② 시스템 각 구성요소의 기능을 정상인가 또는 고장인가로 점진적으로 구분짓는다.
③ "그것이 발생하기 위해서는 무엇이 필요한가?"라는 것은 연역적이다.
④ 사건들을 일련의 이분(binary) 의사 결정분기들로 모형화한다.

해설

FTA의 특징
① 정상사상인 재해현상으로부터 기본사상인 재해원인을 향해 연역적 분석을 행하는 것이 특징이다.
② FTA 창안자는 1962년 미국 벨전화연구소의 Waston에 의해 군용으로 고안되었다.

참고 산업안전기사 필기 p.2-66(합격날개 : 합격예측)

---

33 다음 중 인간 신뢰도(Human Reliability)의 평가 방법으로 가장 적합하지 않은 것은?

① HCR　　② THERP
③ SLIM　　④ FMECA

해설

인간의 신뢰도 평가방법
사고 전개과정에서 발생 가능한 모든 인간 오류를 파악해 내고, 이를 모델링하고 정량화하는 방법

① HCR
② THERP
③ SLIM

보충학습

FMECA(고장의 형과 영향 및 치명도분석)
① FMECA와 CA를 병용한 안전해석 기법
② 정량적 해석이 가능

참고 산업안전기사 필기 p.2-62(3. FMECA)

---

34 다음 중 Fitts의 법칙에 관한 설명으로 옳은 것은?

① 표적이 크고 이동거리가 길수록 이동시간이 증가한다.
② 표적이 작고 이동거리가 길수록 이동시간이 증가한다.
③ 표적이 크고 이동거리가 짧을수록 이동시간이 증가한다.
④ 표적이 작고 이동거리가 짧을수록 이동시간이 증가한다.

해설

Fitt's law의 변수 법칙
인간의 제어 및 조정능력을 나타내는 법칙

$$MT = a + b \log_2 \frac{2D}{W}$$

① MT : 동작시간
② a, b : 작업 난이도에 대한 실험상수
③ D : 동작 시발점에서 표적 중심까지의 거리
④ W : 표적의 폭(너비)

참고 ① 산업안전기사 필기 p.2-172(합격날개 : 은행문제)
　　　② 2015년 3월 8일(문제 40번)

KEY 2011년 3월 20일(문제 38번)

보충학습

Fitts 법칙
① 동작거리와 동작 대상인 과녁의 크기에 따라 요구되는 정밀도가 동작시간에 영향을 미칠 것임을 직관적으로 알 수 있다.
② 거리가 멀고 과녁이 작을수록 동작에 걸리는 시간이 길어진다.
③ Fitts의 법칙에 따르면 동작시간은 과녁이 일정할 때 거리의 로그 함수이고, 거리가 일정할 때는 동작거리의 로그 함수이다.

[정답] 32 ③　33 ④　34 ②

35 다음 중 인간공학을 기업에 적용할 때의 기대효과로 볼 수 없는 것은?

① 노사 간의 신뢰 저하
② 제품과 작업의 질 향상
③ 작업자의 건강 및 안전 향상
④ 이직률 및 작업손실시간의 감소

해설

사업장에서의 인간공학 적용분야 및 기대효과
① 작업관련성 유해·위험 작업 분석(작업환경개선)
② 제품설계에 있어 인간에 대한 안전성평가(장비 및 공구설계)
③ 작업공간의 설계
④ 인간 - 기계 인터페이스 디자인
⑤ 재해 및 질병 예방

참고) 산업안전기사 필기 p.2-5(4. 사업장에서의 인간공학 적용분야)

36 FMEA에서 고장의 발생확률 β가 다음 값의 범위일 경우 고장의 영향으로 옳은 것은?

$$[0.10 \leq \beta < 1.00]$$

① 손실의 영향이 없음
② 실제 손실이 예상됨
③ 실제 손실이 발생됨
④ 손실 발생의 가능성이 있음

해설

[표] FMEA 고장영향과 발생확률

고장의 영향	발생확률(β의 값)	비 고
실제의 손실	$\beta = 1.00$	자주
예상되는 손실	$0.10 \leq \beta < 1.00$	보통
가능한 손실	$0 < \beta \leq 0.10$	드물게
영향 없음	$\beta = 0$	무

참고) 산업안전기사 필기 p.2-62(표. FMEA 고장영향과 발생확률)
KEY) 2009년 5월 10일(문제 22번)

37 다음 중 산업안전보건법 시행규칙상 유해·위험방지계획서의 제출 기관으로 옳은 것은?

① 대한산업안전협회   ② 안전관리대행기관
③ 한국건설기술인협회   ④ 한국산업안전보건공단

해설

유해·위험방지계획서 제출기관 : 한국산업안전보건공단

참고) 산업안전기사 필기 p.2-37(3. 법적 목적)
합격정보) 산업안전보건법 시행규칙 제42조(제출서류 등)

38 자동차 엔진의 수명이 지수분포를 따르는 경우 신뢰도를 95[%]를 유지시키면서 8,000시간을 사용하기 위한 적합한 고장률은 약 얼마인가?

① 3.4×10^{-6}/시간   ② 6.4×10^{-6}/시간
③ 8.2×10^{-6}/시간   ④ 9.5×10^{-6}/시간

해설

신뢰도 : 고장나지 않을 확률
① $R(t) = e^{-\lambda \times t}$
② $\ln R = -\lambda \times t$
$\lambda = \dfrac{\ln R}{-t} = \dfrac{\ln 0.95}{-8,000} = 6.4 \times 10^{-6}$

보충학습
신뢰도 $R(t) = e^{-\frac{t}{t_0}} = e^{-\lambda \times t}$
(t_0 : 평균고장시간 or 평균수명, t : 앞으로 고장 없이 사용할 시간, λ : 고장율)

참고) 산업안전기사 필기 p.2-13(3. 마모고장)

39 다음 중 중(重)작업의 경우 작업대의 높이로 가장 적절한 것은?

① 허리 높이보다 0~10[cm] 정도 낮게
② 팔꿈치 높이보다 10~20[cm] 정도 높게
③ 팔꿈치 높이보다 15~20(10~20)[cm] 정도 낮게
④ 어깨 높이보다 30~40[cm] 정도 높게

해설

팔꿈치 높이 : 작업대 높이기준
① 경조립 작업은 팔꿈치 높이보다 0~10[cm] 정도 낮게
② 중조립 작업은 팔꿈치 높이보다 10~20[cm] 정도 낮게
③ 정밀 작업은 팔꿈치 높이보다 0~10[cm] 정도 높게

[정답] 35 ① 36 ② 37 ④ 38 ② 39 ③

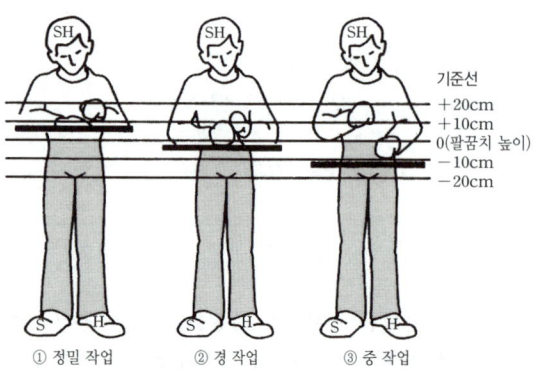

[그림] 팔꿈치 높이와 작업대 높이의 관계

참고 산업안전기사 필기 p.2-163(4. 팔꿈치 높이)

40 재해예방 측면에서 시스템의 FT에서 상부측 정상사상의 가장 가까운 쪽에 OR 게이트를 인터록이나 안전장치 등을 활용하여 AND 게이트로 바꿔주면 이 시스템의 재해율에는 어떠한 현상이 나타나겠는가?

① 재해율에는 변화가 없다.
② 재해율의 급격한 증가가 발생한다.
③ 재해율의 급격한 감소가 발생한다.
④ 재해율의 점진적인 증가가 발생한다.

해설

OR → AND
① AND 게이트는 출력사상이 일어나기 위해서는 모든 입력사상이 일어나지 않으면 안 된다는 논리 조작을 나타낸다.
② 모든 입력사상이 공존할 때만 출력사상이 발생한다.
③ 따라서 재해율의 급격한 감소가 발생한다.

참고 산업안전기사 필기 p.2-74(합격날개 : 합격예측)

3 기계·기구 및 설비안전관리

41 600[rpm]으로 회전하는 연삭숫돌의 지름이 20[cm]일 때 원주속도는 약 몇 [m/min]인가?

① 37.7 ② 251
③ 377 ④ 1,200

해설

$$V = \frac{\pi DN}{1,000} = \frac{3.14 \times 200 \times 600}{1,000}$$
$$= 377[m/min]$$

참고 산업안전기사 필기 p.3-93(합격날개 : 합격예측 및 관련법규)

KEY ① 2014년 3월 2일(문제 57번)
② 2015년 8월 16일(문제 54번)

42 프레스의 방호장치에서 게이트가드(Gate Guard)식 방호장치의 종류를 작동방식에 따라 분류할 때 해당되지 않는 것은?

① 경사식 ② 하강식
③ 도립식 ④ 횡슬라이드식

해설

게이트가드식 방호장치 종류
① 하강식
② 상승식(도립식)
③ 수평식(횡슬라이드식)

참고 산업안전기사 필기 p.3-97(1. 게이트가드식)

43 산업안전보건법령상 보일러의 폭발위험방지를 위한 방호장치가 아닌 것은?

① 급정지장치 ② 압력제한스위치
③ 압력방출장치 ④ 고저수위조절장치

해설

보일러의 폭발위험방지 방호장치
보일러의 폭발사고예방을 위하여 ① 압력방출장치 ② 압력제한스위치 ③ 고저수위조절장치 ④ 화염검출기 등의 기능이 정상적으로 작동될 수 있도록 유지·관리하여야 한다.

참고 산업안전기사 필기 p.3-120(3. 방호장치의 종류)

KEY ① 2014년 3월 2일(문제 59번)
② 2014년 5월 27일(문제 46번)
③ 2015년 8월 16일(문제 51번)

합격정보
산업안전보건기준에 관한 규칙 제119조(폭발위험의 방지)

[정답] 40 ③ 41 ③ 42 ① 43 ①

44 보일러 발생증기가 불안정하게 되는 현상이 아닌 것은?

① 캐리오버(carry over)
② 프라이밍(priming)
③ 절탄기(economizer)
④ 포밍(foaming)

해설

절탄기(economizer, 節炭器)
① 보일러 전열면(傳熱面)을 가열하고 난 연도(煙道) 가스에 의하여 보일러 급수를 가열하는 장치
② 장점은 열 이용률의 증가로 인한 연료 소비량의 감소, 증발량의 증가
③ 보일러 몸체에 일어나는 열응력(熱應力)의 경감, 스케일의 감소

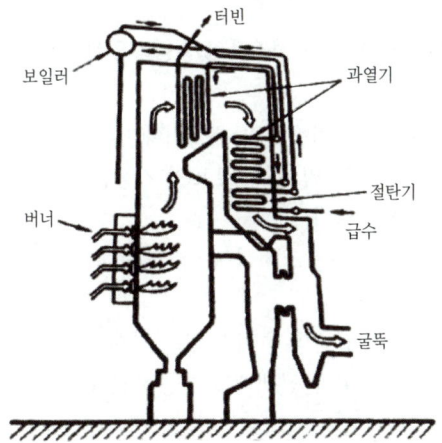

참고 ① 산업안전기사 필기 p.3-119(1. 보일러 이상현상의 종류)
② 산업안전기사 필기 p.3-119(합격날개 : 은행문제)
③ 2015년 5월 31일(문제 56번)

45 광전자식 방호장치를 설치한 프레스에서 광선을 차단한 후 0.2초 후에 슬라이드가 정지하였다. 이때 방호장치의 안전거리는 최소 몇 [mm] 이상이어야 하는가?

① 140
② 200
③ 260
④ 320

해설

안전거리계산
$D = 1.6(T_L + T_S) = 1.6 \times 0.2 = 0.32 \times 1,000 = 320[mm]$
여기서, D : 안전거리[m]
T_L : 방호장치의 작동시간[즉, 손이 광선을 차단했을 때부터 급정지기구가 작동을 개시할 때까지의 시간(초)]
T_S : 프레스의 최대정지시간[즉, 급정지기구가 작동을 개시할 때부터 슬라이드가 정지할 때까지의 시간(초)]

참고 ① 산업안전기사 필기 p.3-101(5. 광전자식)
② 2014년 3월 2일(문제 56번)

KEY 2015년 5월 31일(문제 44번)

합격자의 조언
단위를 꼭 확인해야 합니다.

46 연삭숫돌 교환시 연삭숫돌을 끼우기 전에 숫돌의 파손이나 균열의 생성 여부를 확인해 보기 위한 검사방법이 아닌 것은?

① 음향검사
② 회전검사
③ 균형검사
④ 진동검사

해설

숫돌의 검사방법
① 외관검사
② 타음(음향)검사
③ 균형검사

참고 산업안전기사 필기 p.3-93(4. 연삭기 구조면에 있어서의 안전대책)

보충학습
끼운 후(조립후)검사 : 시운전검사

47 원심기의 안전에 관한 설명으로 적절하지 않은 것은?

① 원심기에는 덮개를 설치하여야 한다.
② 원심기의 최고사용회전수를 초과하여 사용하여서는 아니 된다.
③ 원심기에 과압으로 인한 폭발을 방지하기 위하여 압력방출장치를 설치하여야 한다.
④ 원심기로부터 내용물을 꺼내거나 원심기의 정비, 청소, 검사, 수리작업을 하는 때에는 운전을 정지시켜야 한다.

해설

방호장치
① 원심기 방호장치 : 덮개
② 보일러의 방호장치 : 압력방출장치

참고 산업안전기사 필기 p.3-111(2. 원심기의 안전기준)

[**정답**] 44 ③ 45 ④ 46 ② 47 ③

과년도 출제문제

48 아세틸렌 용기의 사용시 주의사항이 아닌 것은?

① 충격을 가하지 않는다.
② 화기나 열기를 멀리한다.
③ 아세틸렌 용기를 뉘어 놓고 사용한다.
④ 운반시에는 반드시 캡을 씌우도록 한다.

[해설]

가스용기 등의 취급시 주의사항
① 다음 각 목의 어느 하나에 해당하는 장소에서 사용하거나 해당장소에 설치·저장 또는 방치하지 않도록 할 것
  ㉮ 통풍이나 환기가 불충분한 장소
  ㉯ 화기를 사용하는 장소 및 부근
  ㉰ 위험물 또는 인화성 액체를 취급하는 장소 및 그 부근
② 용기의 온도를 섭씨 40도 이하로 유지할 것
③ 전도의 위험이 없도록 할 것
④ 충격을 가하지 않도록 할 것
⑤ 운반하는 경우에는 캡을 씌울 것
⑥ 사용하는 경우에는 용기의 마개에 부착되어 있는 유류 및 먼지를 제거할 것
⑦ 밸브의 개폐는 서서히 할 것
⑧ 사용 전 또는 사용 중인 용기와 그 밖의 용기를 명확히 구별하여 보관할 것
⑨ 용해아세틸렌의 용기는 세워둘 것
⑩ 용기의 부식·마모 또는 변형상태를 점검한 후 사용할 것

[참고] 산업안전기사 필기 p.3-116(합격날개 : 합격예측 및 관련법규)

[합격정보]
산업안전보건기준에 관한 규칙 제234조(가스 등의 용기)

49 금형의 안전화에 관한 설명으로 틀린 것은?

① 금형을 설치하는 프레스의 T홈 안길이는 설치 볼트 직경의 2배 이상으로 한다.
② 맞춤 핀을 사용할 때에는 헐거움 끼워맞춤으로 하고, 이를 하형에 사용할 때에는 낙하방지의 대책을 세워둔다.
③ 금형의 사이에 신체 일부가 들어가지 않도록 이동 스트리퍼와 다이의 간격은 8[mm] 이하로 한다.
④ 대형 금형에서 생크가 헐거워짐이 예상될 경우 생크만으로 상형을 슬라이드에 설치하는 것을 피하고 볼트 등을 사용하여 조인다.

[해설]

금형의 안전화 대책
① 맞춤 핀을 사용할 때에는 낙하방지대책을 세우고 인서트 부품은 이탈방지장치를 세운다.
② 캠 및 그밖에 충격이 반복되어 부가되는 부분에는 완충장치를 설치한다.
③ 금형의 조립에 사용되는 볼트 및 너트는 작업 중 진동에 의해 느슨해질 위험성이 있으므로 스프링 와셔, 로크 너트 등이 느슨해지는 것을 방지하기 위한 대책을 실시해야 한다.
④ 금형을 안전울로 둘러싸는 것으로 고정하는 방법은 프레스기계에 고정하는 방법과 금형에 설치하는 방법이 있으며, 상형의 울과 하형의 울 사이는 12[mm] 정도 겹치게 하여 작업자의 손가락이 다칠 위험이 없도록 한다.
⑤ 프레스 상사점에 있어서 상형과 하형, 또는 가이드 포스트와 가이드 부시의 틈새는 8[mm] 이하로 하여 작업자의 손이 들어가지 않도록 하여야 한다.

[참고] 산업안전기사 필기 p.3-106(합격날개 : 합격예측)

[KEY] 2014년 3월 2일(문제 49번)

50 기계설비의 안전조건 중 외형의 안전화에 해당하는 것은?

① 기계의 안전기능을 기계설비에 내장하였다.
② 페일 세이프 및 풀 푸르프의 기능을 가지는 장치를 적용하였다.
③ 강도의 열화를 고려하여 안전율을 최대로 고려하여 설계하였다.
④ 작업자가 접촉할 우려가 있는 기계의 회전부에 덮개를 씌우고 안전색채를 사용하였다.

[해설]

기계의 방호
① 가드(Guard, 방호장치) 설치 : 기계외형부분 및 회전체 돌출부분
② 별실 또는 구획된 장소에 격리 : 원동기 및 동력 전도장치(벨트, 기어, 샤프트, 체인 등)
③ 안전색채 조절 : 기계, 장비 및 부수되는 배관

[참고] 산업안전기사 필기 p.3-188(2. 기계의 방호장치)

[KEY] 2015년 3월 8일(문제 56번)

51 수공구 취급시의 안전수칙으로 적절하지 않은 것은?

① 해머는 처음부터 힘을 주어 치지 않는다.
② 렌치는 올바르게 끼우고 몸 쪽으로 당기지 않는다.
③ 줄의 눈이 막힌 것은 반드시 와이어브러시로 제거한다.
④ 정으로는 담금질된 재료를 가공하여서는 안 된다.

[정답] 48 ③ 49 ② 50 ④ 51 ②

해설
스패너와 렌치의 안전
① 스패너는 볼트, 너트의 크기에 맞는 것을 사용한다.
② 크기가 맞지 않는다고 쐐기를 끼우고 사용해서는 안 된다.
③ 파이프를 스패너 자루에 끼우고 사용해서는 안 된다.
④ 스패너는 밀어서 작업하는 것보다 당기면서 작업한다.
⑤ 몽키 스패너는 고정 조(Jaw)가 있는 부분으로 힘을 가하여 사용한다.

참고) 산업안전기사 필기 p.3-226(6. 스패너 작업)

---

52 인터록(Interlock)장치에 해당하지 않는 것은?

① 연삭기의 워크레스트
② 사출기의 도어잠금장치
③ 자동화라인의 출입시스템
④ 리프트의 출입문 안전장치

해설
연동장치(interlock system)
기계의 각 작동부분 상호간을 전기적, 기구적, 유공압장치 등으로 연결해서 기계의 각 작동부분이 정상적으로 작동하기 위한 조건이 만족되지 않을 경우 자동적으로 기계를 작동할 수 없도록 하는 페일 세이프적인 기구

참고) ① 산업안전기사 필기 p.3-198(합격날개 : 참고)
② 산업안전기사 필기 p.3-192(표. 절삭가공기계에 사용되는 주된 fool proof 기구)
③ 2014년 5월 25일(문제 42번)

보충학습
록시스템의 종류 3가지
① interlock : 인간과 기계 사이에 두는 안전장치 또는 기계에 두는 안전장치
② intralock : 인간의 내면에 존재하는 통제장치
③ trans lock : interlock과 intralock 사이에 두는 안전장치

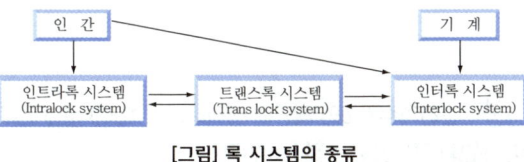
[그림] 록 시스템의 종류

---

53 셰이퍼(shaper) 작업에서 위험요인과 가장 거리가 먼 것은?

① 가공칩(chip) 비산
② 바이트(bite)의 이탈
③ 램(ram) 말단부 충돌
④ 척-핸들(chuck-handle) 이탈

해설
셰이퍼의 위험요인
① 가공칩(chip) 비산
② 바이트(bite)의 이탈
③ 램(ram) 말단부 충돌

참고) ① 산업안전기사 필기 p.3-84(2. 셰이퍼)
② 2014년 8월 17일(문제 47번)

보충학습
척 - 핸들이탈가능 기계
① 선반 ② 밀링 ③ 드릴

---

54 밀링작업의 안전수칙이 아닌 것은?

① 주축속도를 변속시킬 때는 반드시 주축이 정지한 후에 변환한다.
② 절삭 공구를 설치할 때에는 전원을 반드시 끄고 한다.
③ 정면밀링커터 작업시 날끝과 동일 높이에서 확인하며 작업한다.
④ 작은 칩은 브러시나 청소용 솔을 사용하여 제거한다.

해설
모든 커터 작업시 날끝의 면을 눈의 높이에서 확인해서는 안 된다.(이유 : 눈 실명)

참고) 산업안전기사 필기 p.3-83(2. 밀링작업시 안전수칙)

KEY ① 2014년 5월 25일(문제 51번)
② 2015년 3월 8일(문제 59번)

---

55 크레인의 사용 중 하중이 정격을 초과하였을 때 자동적으로 상승이 정지되는 장치는?

① 해지장치   ② 비상정지장치
③ 권과방지장치 ④ 과부하방지장치

해설
과부하방지장치 : 하중이 정격초과시 자동적으로 상승이 정지되는 장치

참고) ① 산업안전기사 필기 p.3-141(합격예측 및 관련법규)
② 2014년 3월 2일(문제 55번)

합격정보
산업안전보건기준에 관한 규칙 제134조(방호장치의 조정)

[정답] 52 ① 53 ④ 54 ③ 55 ④

56 지게차의 헤드가드에 관한 기준으로 틀린 것은?

① 4[t] 이하의 지게차에서 헤드가드의 강도는 지게차 최대하중의 2배 값의 등분포정하중에 견딜 수 있을 것
② 상부틀의 각 개구의 폭 또는 길이가 25[cm] 미만일 것
③ 운전자가 앉아서 조작하는 방식의 지게차의 경우에는 운전자의 좌석 윗면에서 헤드가드의 상부틀 아랫면까지의 높이가 0.903[m] 이상일 것
④ 운전자가 서서 조작하는 방식의 지게차의 상부틀 하면까지의 높이가 1.88[m] 이상일 것

해설
상부틀의 각 개구의 폭 또는 길이 : 16[cm] 미만

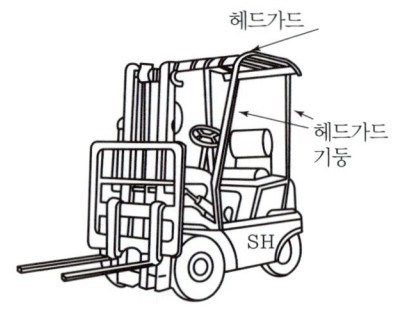

[그림] 포크리프트 헤드가드

참고 산업안전기사 필기 p.3-148(합격날개 : 합격예측)
KEY 2016년 3월 6일 산업기사 출제

57 산업안전보건법령상 크레인에 전용탑승설비를 설치하고 근로자를 달아 올린 상태에서 작업에 종사시킬 경우 근로자의 추락 위험을 방지하기 위하여 실시해야 할 조치사항으로 적합하지 않은 것은?

① 승차석 외의 탑승 제한
② 안전대나 구명줄의 설치
③ 탑승설비의 하강시 동력하강방법을 사용
④ 탑승설비가 뒤집히거나 떨어지지 않도록 필요한 조치

해설
전용탑승설비의 안전조치사항
① 안전대나 구명줄의 설치
② 탑승설비의 하강시 동력하강방법을 사용
③ 탑승설비가 뒤집히거나 떨어지지 않도록 필요한 조치를 할 것

보충학습
산업안전보건기준에 관한 규칙 제86조(탑승의 제한)
사업주는 크레인을 사용하여 근로자를 운반하거나 근로자를 달아 올린 상태에서 작업에 종사시켜서는 아니 된다. 다만, 크레인에 전용 탑승설비를 설치하고 추락 위험을 방지하기 위하여 다음 각 호의 조치를 한 경우에는 그러하지 아니하다.
① 탑승설비가 뒤집히거나 떨어지지 않도록 필요한 조치를 할 것
② 안전대나 구명줄을 설치하고, 안전난간을 설치할 수 있는 구조인 경우에는 안전난간을 설치할 것
③ 탑승설비를 하강시킬 때에는 동력하강방법으로 할 것

58 기계의 고정부분과 회전하는 동작부분이 함께 만드는 위험점의 예로 옳은 것은?

① 굽힘기계
② 기어와 랙
③ 교반기의 날개와 하우스
④ 회전하는 보링머신의 천공공구

해설
끼임점(Shear-point)
① 고정부분과 회전하는 동작부분이 함께 만드는 위험점
② **예** 연삭숫돌과 덮개, 교반기의 날개와 하우스, 프레임에서 암의 요동운동을 하는 기계부분 등

참고 산업안전기사 필기 p.3-15(2. 위험점의 분류)

59 안전계수가 6인 체인의 정격하중이 100[kg]일 경우 이 체인의 극한강도는 몇 [kg]인가?

① 0.06 ② 16.67
③ 26.67 ④ 600

해설
극한강도 = 안전계수 × 정격하중 = 6 × 100 = 600[kg]
참고 산업안전기사 필기 p.3-188(합격날개 : 참고)

[정답] 56 ② 57 ① 58 ③ 59 ④

60 현장에서 사용 중인 크레인의 거더 밑면에 균열이 발생되어 이를 확인하려고 하는 경우 비파괴검사방법 중 가장 편리한 검사 방법은?

① 초음파탐상검사   ② 방사선투과검사
③ 자분탐상검사   ④ 액체침투탐상검사

해설

액체침투탐상검사(P.T)
(1) 정의
  ① 시험물체를 침투액속에 넣었다가 다시 집어내 결함을 육안으로 판별하는 방법
  ② 침투액에 형광물질을 첨가하여 더욱 정확하게 검출할 수도 있다. (형광시험법)
(2) 적용대상
  철강이나 비철을 포함한 모든 재료의 비금속재료의 표면에 열려있는 결함(균열 등)이 존재할 경우

참고 ① 산업안전기사 필기 p.3-221[(2) 비파괴검사구분]
    ② 2015년 3월 8일(문제 60번)
KEY 2013년 8월 18일(문제 50번)

4 전기설비 안전관리

61 폭연성 분진 또는 화약류의 분말이 전기설비가 발화원이 되어 폭발할 우려가 있는 곳에 시설하는 저압 옥내 전기설비의 공사 방법으로 옳은 것은?

① 금속관 공사   ② 합성수지관 공사
③ 가요전선관 공사   ④ 캡타이어 케이블 공사

해설

전기설비공사
(1) 분진이 많은 장소의 배선공사방법
  ① 폭연성 분진(Mg, Al, Ti 등의 먼지로서 폭발할 우려가 있는 것)이 있는 곳의 경우 : 금속관 공사 또는 케이블 공사(단, 캡타이어 케이블은 제외)
  ② 가연성 분진(소맥분, 전분, 유황 등의 가연성 먼지로서 착화하였을 때 폭발할 우려가 있는 것)이 있는 곳의 경우 : 합성수지관 공사, 금속관 공사, 케이블 공사
  ③ 일반적인 먼지가 있는 장소(폭연성, 가연성 분진 제외) : 애자사용 공사, 합성수지관 공사, 금속관 공사, 가요전선관 공사, 금속덕트 공사, 케이블 공사 등등
(2) 폭발성 물질과 가스가 있는 창고 내에 전등스위치로 적합한 시설방법 : 밀폐형 스위치

참고 ① 산업안전기사 필기 p.4-69(문제 13번) 적중
    ② 2013년 8월 18일(문제 73번)

💬 **합격자의 조언**
화학설비에도 출제되는 문제입니다.

62 통전경로별 위험도를 나타낼 경우 위험도가 큰 순서대로 나열한 것은?

ⓐ 왼손-오른손   ⓑ 왼손-등
ⓒ 양손-양발   ⓓ 오른손-가슴

① ⓐ-ⓒ-ⓑ-ⓓ   ② ⓐ-ⓓ-ⓒ-ⓑ
③ ⓓ-ⓒ-ⓑ-ⓐ   ④ ⓓ-ⓐ-ⓒ-ⓑ

해설

통전경로별 위험도 순서
① 왼손-가슴 : 1.5
② 오른손-가슴 : 1.3
③ 왼손-한발 또는 양발 : 1.0, 양손-양발 : 1.0
④ 오른손-한발 또는 양발 : 0.8
⑤ 왼손-등 : 0.7, 한손 또는 양손-앉아 있는 자리 : 0.7
⑥ 왼손-오른손 : 0.4
⑦ 오른손-등 : 0.3

참고 산업안전기사 필기 p.4-30(문제 26번) 적중

63 정전기 발생에 영향을 주는 요인이 아닌 것은?

① 물체의 분리속도   ② 물체의 특성
③ 물체의 표면상태   ④ 외부공기의 풍속

해설

정전기
(1) 정전기 발생원인
  ① 접촉 ② 마찰 ③ 박리
(2) 정전기 발생에 영향을 주는 요인
  ① 물체의 분리속도
  ② 물체의 특성
  ③ 물체의 표면상태
  ④ 접촉 면적 및 압력
  ⑤ 물체의 분리력

참고 산업안전기사 필기 p.4-46(문제 6번) 해설
KEY ① 2014년 5월 25일(문제 72번)
    ② 2014년 8월 17일(문제 73번)

[정답] 60 ④ 61 ① 62 ③ 63 ④

[보충학습]
정전기재해 방지대책
① 정전기 발생억제조치(유속조절, 대전방지제로 도포)
② 발생전하의 방전(습기부여, 접지, 방전극 부착)
③ 방전억제(돌기물 배제, 곡률반경을 크게)

64 흡수성이 강한 물질은 가습에 의한 부도체의 정전기 대전방지 효과의 성능이 좋다. 이러한 작용을 하는 물질이 아닌 것은?

① OH
② C_6H_6
③ NH_2
④ COOH

[해설]
C_6H_6(벤젠)
① 치환반응 ② 모든 결합이 깨짐 ③ 인화성물질

[참고] 산업안전기사 필기 p.4-32(합격날개 : 은행문제)

[보충학습]
흡수성이 강한 물질
① OH ② NH_2 ③ COOH

65 다음은 어떤 방폭구조에 대한 설명인가?

> 전기기구의 권선, 에어-갭, 접점부, 단자부 등과 같이 정상적인 운전 중에 불꽃, 아크, 또는 과열이 생겨서는 안 될 부분에 대하여 이를 방지하거나 또는 온도 상승을 제한하기 위하여 전기안전도를 증가시켜 제작한 구조이다.

① 안전증방폭구조
② 내압방폭구조
③ 몰드방폭구조
④ 본질안전방폭구조

[해설]
안전증방폭구조(Increased Safety : e)
① 안전증방폭구조란 정상인 사용상태에서는 폭발성 분위기의 점화원으로 될 수 있는 전기불꽃, 고온부를 발생하지 않는 전기기기에 대하여, 이들이 발생할 염려가 없도록 전기적, 기계적 및 온도적으로 안전도를 높이는 방폭구조로, 정상적으로 운전되고 있을 때 내부에서 불꽃이 발생하지 않도록 절연성능을 강화하고, 또 고온으로 인해 외부 가스에 착화되지 않도록 표면온도상승을 더 낮게 설계한 구조를 말하며, 단자 및 접속함·종형 유도전동기·조명기구 등에 많이 이용된다.
② 내압방폭구조보다 용량이 적어진다는 장점이 있으나, 내부에서 불꽃이 발생하여 폭발이 일어난 경우에는 파열이나 외부로 화염이 나오지 않는다는 보증이 없으므로 사용장소를 선정할 때는 주의해야 한다.

③ 잠재적 점화원이 위험분위기 안전도 증감에 의해 현재적 점화원으로 발전하는 것을 억제하는 방폭구조이다.

[참고] 산업안전기사 필기 p.4-54(③ 안전증방폭구조)

[KEY] 2014년 8월 17일(문제 71번)

66 대전이 큰 엷은 층상의 부도체를 박리할 때 또는 엷은 층상의 대전된 부도체의 뒷면에 밀접한 접지체가 있을 때 표면에 연한 수지상의 발광을 수반하여 발생하는 방전은?

① 불꽃방전
② 스트리머방전
③ 코로나방전
④ 연면방전

[해설]
연면방전(Surface Discharge)
① 큰 출력의 도전용 벨트, 항공기의 플라스틱창 등 주로 기계적 마찰에 의하여 큰 표면에 높은 전하밀도가 조성될 때 발생한다.
② 액체 혹은 고체절연제와 기체 사이의 경계에 따른 방전이다.

[참고] 산업안전기사 필기 p.4-34(2. 연면방전)

[KEY] 2014년 5월 25일(문제 62번) 출제

67 전기에 의한 감전사고를 방지하기 위한 대책이 아닌 것은?

① 전기기기에 대한 정격 표시
② 전기설비에 대한 보호 접지
③ 전기설비에 대한 누전차단기 설치
④ 충전부가 노출된 부분은 절연방호구 사용

[해설]
전기사고 예방대책
① 전기설비 점검철저
② 보호접지
③ 노출충전부 절연방호구 사용
④ 전기기기 위험표시
⑤ 작업자 보호대 착용
⑥ 유자격자 취업
⑦ 안전교육실시

[참고] 산업안전기사 필기 p.4-11(문제 19번)

[KEY] 1996년 3월 31일 출제

[정답] 64 ② 65 ① 66 ④ 67 ①

68 활선작업을 시행할 때 감전의 위험을 방지하고 안전한 작업을 하기 위한 활선장구 중 충전중인 전선의 변경작업이나 활선작업으로 애자 등을 교환할 때 사용하는 것은?

① 점프선 ② 활선커터
③ 활선시메라 ④ 디스콘스위치 조작봉

해설
활선시메라 용도
① 충전중인 전선의 변경시
② 활선작업시 애자 교환시

참고 ① 산업안전기사 필기 p.4-24(표, 활선 안전용구의 사용목적)

KEY 2015년 8월 16일(문제 73번)

보충학습
활선작업용구 및 장치
① 활선시메라 ② 점퍼선
③ 활선커터 ④ 컷아웃스위치조작봉
⑤ 활선작업대 ⑥ 디스콘스위치 조작봉

69 근로자가 노출된 충전부 또는 그 부근에서 작업함으로써 감전될 우려가 있는 경우에는 작업에 들어가기 전에 해당 전로를 차단하여야 하나 전로를 차단하지 않아도 되는 예외 기준이 있다. 그 예외 기준이 아닌 것은?

① 생명유지장치, 비상경보설비, 폭발위험장소의 환기설비, 비상조명설비 등의 장치·설비의 가동이 중지되어 사고의 위험이 증가되는 경우
② 관리감독자를 배치하여 짧은 시간 내에 작업을 완료할 수 있는 경우
③ 기기의 설계상 또는 작동상 제한으로 전로차단이 불가능한 경우
④ 감전, 아크 등으로 인한 화상, 화재·폭발의 위험이 없는 것으로 확인된 경우

해설
전로차단 예외기준
① 생명유지장치, 비상경보설비, 폭발위험장소의 환기설비, 비상조명설비 등의 장치·설비의 가동이 중지되어 사고의 위험이 증가되는 경우
② 기기의 설계상 또는 작동상 제한으로 전로차단이 불가능한 경우
③ 감전, 아크 등으로 인한 화상, 화재·폭발의 위험이 없는 것으로 확인된 경우

합격정보
산업안전보건기준에 관한 규칙 제319조(정전전로에서의 전기작업)

70 3상 3선식 전선로의 보수를 위하여 정전작업을 할 때 취하여야 할 기본적인 조치는?

① 1선을 접지한다. ② 2선을 단락 접지한다.
③ 3선을 단락 접지한다. ④ 접지를 하지 않는다.

해설
3상 3선식 기본적 접지 대책 : 3선 단락 접지

참고 산업안전기사 필기 p.4-87(문제 21번) 적중

KEY ① 2013년 3월 10일(문제 61번)
② 2015년 8월 16일(문제 78번)

71 가연성 증기나 먼지 등이 체류할 우려가 있는 장소의 전기회로에 설치하여야 하는 누전경보기의 수신기가 갖추어야 할 성능으로 옳은 것은?

① 음향장치를 가진 수신기
② 차단기구를 가진 수신기
③ 가스감지기를 가진 수신기
④ 분진농도 측정기를 가진 수신기

해설
가연성 증기, 먼지 등이 체류하는 장소에 설치하는 누전경보기 수신기 : 차단기구를 가진 수신기

72 금속제 외함을 가지는 사용 전압이 60[V]를 초과하는 저압의 기계 기구로서 사람이 쉽게 접촉할 수 있는 곳에 시설하는 것에 전기를 공급하는 전로에는 지락차단장치를 설치하여야 하나 적용하지 않아도 되는 예외 기준이 있다. 그 예외 기준으로 틀린 것은?

① 기계 기구를 건조한 장소에 시설하는 경우
② 기계 기구가 고무, 합성수지, 기타 절연물로 피복된 경우
③ 기계 기구에 설치한 제3종 접지공사의 접지저항값이 10[Ω] 이하인 경우
④ 전원측에 절연 변압기(2차 전압 300[V] 이하)를 시설하고 부하측을 비접지로 시설하는 경우

[정답] 68 ③ 69 ② 70 ③ 71 ② 72 ③

해설

지락차단장치

(1) 지락차단장치 설치장소
   ① 사용전압이 60[V]를 넘는 저압의 기계기구로서 사람이 쉽게 접촉할 우려가 있는 곳에 시설하는 것에 전기를 공급하는 전로
   ② 대지전압이 300[V] 이하의 주택의 전로 인입구
   ③ 라이팅덕트를 사람이 용이하게 접촉할 우려가 있는 장소
   ④ 평형보호층 공사의 전선
   ⑤ 화약류 저장소의 전로
   ⑥ 전기온돌 등 전열장치의 발열선의 전로
   ⑦ 파이프라인 등 전열장치의 발열선의 전로
   ⑧ 전기온상 등의 시설에 전기를 공급하는 전로
   ⑨ 풀용 수중조명등의 시설중 전원공급용 절연변압기의 2차측 전로가 30[V]를 넘는 경우
   ⑩ 임시배선의 시설중 400[V] 미만의 저압옥내배선

(2) 지락차단장치 생략 가능한 경우
   ① 기계기구를 발전소·변전소·개폐소 또는 이에 준하는 곳에 시설하는 경우
   ② 기계기구를 건조한 곳에 시설하는 경우
   ③ 대지전압 150[V] 이하인 기계기구를 물기가 있는 곳 이외의 곳에 시설하는 경우
   ④ 전기용품안전관리법의 적용을 받는 2중 절연구조의 기계기구를 시설하는 경우
   ⑤ 그 전로의 전원측에 절연변압기(2차 전압이 300[V] 이하인 경우에 한한다)를 시설하고 또한 그 절연변압기의 부하측의 전로에 접지하지 않은 경우
   ⑥ 기계기구가 고무·합성수지 기타 절연물로 피복된 경우
   ⑦ 기계기구가 유도전동기의 2차측 전로에 접속되는 것일 경우
   ⑧ 전로의 일부를 대지로부터 절연하지 아니하고 전기를 사용하는 것이 부득이한 경우와 기술상 곤란한 경우
   ⑨ 기계기구 내에 전기용품안전관리법의 적용을 받는 누전차단기를 설치하고 또한 기계기구의 전원연결선이 손상을 받을 우려가 없도록 시설하는 경우

참고
① 산업안전기사 필기 p.4-36(2. 접지)
② 2015년 8월 16일(문제 62번)

KEY 2015년 8월 16일(문제 65번)

---

73 220[V] 전압에 접촉된 사람의 인체저항이 약 1,000[Ω]일 때 인체전류와 그 결과 값의 위험성 여부로 알맞은 것은?

① 22[mA], 안전 ② 220[mA], 안전
③ 22[mA], 위험 ④ 220[mA], 위험

해설

인체전류계산

① $I = \dfrac{V}{R} = \dfrac{220}{1{,}000} = 0.22 = 220[mA]$

② 위험성 여부 : 위험(100[mA]를 넘는 수치임)

참고 산업안전기사 필기 p.4-25(문제 4번) 적중

---

74 그림과 같은 전기기기 A점에서 지락이 발생하였다. 이 전기기기의 외함에 인체가 접촉되었을 경우 인체를 통해서 흐르는 전류는 약 몇 [mA]인가?(단, 인체의 저항은 3,000[Ω]이다.)

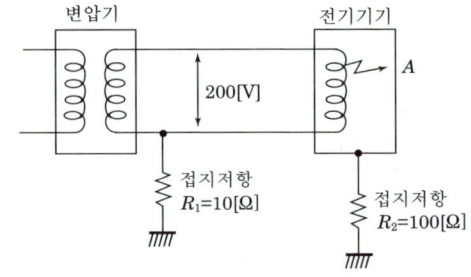

① 60.42   ② 30.21
③ 15.11   ④ 7.55

해설

전류계산

$$I = \dfrac{V}{R_2 + \dfrac{R_{인체} \times R_2}{R_{인체} + R_2}} \times \dfrac{R_1}{R_{인체} + R_2}$$

$$= \dfrac{200}{100 + \dfrac{3{,}000 \times 100}{3{,}000 + 100}} \times \dfrac{10}{3{,}000 + 100}$$

$$= 0.0642[A] \times 1{,}000 = 60.42[mA]$$

KEY ① 2014년 5월 25일(문제 65번)
② 2015년 3월 8일(문제 68번)

---

75 다음 작업조건에 적합한 보호구로 옳은 것은?

> 물체의 낙하 충격, 물체에의 끼임, 감전 또는 정전기의 대전에 의한 위험이 있는 작업

① 안전모   ② 안전화
③ 방열복   ④ 보안면

해설

보호구 지급기준
① 물체가 떨어지거나 날아올 위험 또는 근로자가 추락할 위험이 있는 작업 : 안전모
② 높이 또는 깊이 2[m] 이상의 추락할 위험이 있는 장소에서 하는 작업 : 안전대(安全帶)
③ 물체의 낙하·충격, 물체에의 끼임, 감전 또는 정전기의 대전(帶電)에 의한 위험이 있는 작업 : 안전화

[정답] 73 ④ 74 ① 75 ②

④ 물체가 흩날릴 위험이 있는 작업 : 보안경
⑤ 용접시 불꽃이나 물체가 흩날릴 위험이 있는 작업 : 보안면
⑥ 감전의 위험이 있는 작업 : 절연용 보호구
⑦ 고열에 의한 화상 등의 위험이 있는 작업 : 방열복
⑧ 선창 등에서 분진(粉塵)이 심하게 발생하는 하역작업 : 방진마스크
⑨ 섭씨 영하 18도 이하인 급냉동어창에서 하는 하역작업 : 방한모·방한복·방한화·방한장갑
⑩ 물건을 운반하거나 수거·배달하기 위하여 「도로교통법」 제2조제18호가목5)에 따른 이륜자동차 또는 같은 법 제2조제19호에 따른 원동기장치자전거를 운행하는 작업 : 「도로교통법 시행규칙」 제32조제1항 각 호의 기준에 적합한 승차용 안전모
⑪ 물건을 운반하거나 수거·배달하기 위해 「도로교통법」 제2조제21호의2에 따른 자전거등을 운행하는 작업 : 「도로교통법 시행규칙」 제32조제2항의 기준에 적합한 안전모

[합격정보]
산업안전보건기준에 관한 규칙 제32조(보호구의 지급 등)

76 전기화상 사고 시의 응급조치사항으로 틀린 것은?

① 상처에 달라붙지 않은 의복은 모두 벗긴다.
② 상처 부위에 파우더, 향유 기름 등을 바른다.
③ 감전자를 담요 등으로 감싸되 상처부위가 닿지 않도록 한다.
④ 화상부위를 세균 감염으로부터 보호하기 위하여 화상용 붕대를 감는다.

[해설]
전기화상 사고 시 응급조치사항
① 불이 붙은 곳은 물, 소화용 담요 등을 이용하여 소화하거나 급한 경우에는 피해자를 굴리면서 소화한다.
② 상처에 달라붙지 않은 의복은 모두 벗긴다.
③ 화상부위를 세균 감염으로부터 보호하기 위하여 화상용 붕대를 감는다.
④ 화상을 사지에만 입었을 경우 통증이 줄어들도록 약 10분간 화상부위를 물에 담그거나 물을 뿌릴 수도 있다.
⑤ 상처 부위에 파우더, 향유, 기름 등을 발라서는 안 된다.
⑥ 진정, 진통제는 의사의 처방에 의하지 않고는 사용하지 말아야 한다.
⑦ 의식을 잃은 환자에게는 물이나 차를 조금씩 먹이되 알코올은 삼가야 하며 구토증 환자에게는 물, 차 등의 취식을 금해야 한다.
⑧ 피해자를 담요 등으로 감싸되 상처 부위가 닿지 않도록 한다.

77 다음 ( ) 안의 알맞은 내용을 나타낸 것은?

폭발성 가스의 폭발등급 측정에 사용되는 표준용기는 내용적이 (㉮)[cm³], 반구상의 플렌지 접합면의 안길이 (㉯)[mm]의 구상용기의 틈새를 통과시켜 화염일주 한계를 측정하는 장치이다.

① ㉮ 600 ㉯ 0.4
② ㉮ 1,800 ㉯ 0.6
③ ㉮ 4,500 ㉯ 8
④ ㉮ 8,000 ㉯ 25

[해설]
폭발등급 측정에 사용되는 표준용기
내용적이 8[*l*], 틈새의 안길이 *L*이 25[mm]인 용기로서 틈이 폭 *W*[mm]를 변환시켜서 화염일주한계를 측정하도록 한 것

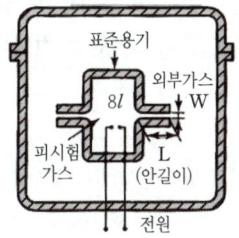

[그림] 표준용기

[참고] ① 산업안전기사 필기 p.4-59(합격날개 : 합격예측)
② 산업안전기사 필기 p.5-6(그림. 안전간격)

[보충학습]
8[*l*] = 8,000[cm³]

78 교류 아크용접기의 사용에서 무부하 전압이 80[V], 아크 전압 25[V], 아크 전류 300[A]일 경우 효율은 약 몇 [%]인가?(단, 내부손실은 4[kW]이다.)

① 65.2
② 70.5
③ 75.3
④ 80.6

[해설]
효율계산
① 효율 = $\frac{출력}{입력} \times 100 = \frac{출력}{출력+손실} \times 100$
② 손실 = 4[kW]
③ 출력 = $V \cdot I$ = 25[V] × 300[A] = 7,500[W] = 7.5[kW]
④ 효율 = $\frac{7.5}{7.5+4} \times 100$ = 65.22 ≒ 65.2[%]

[참고] 산업안전기사 필기 p.4-79(2. 전격방지기의 설치시 주의사항)

KEY 2012년 8월 26일(문제 66번)

[정답] 76 ② 77 ④ 78 ①

79 정전기가 발생되어도 즉시 이를 방전하고 전하의 축적을 방지하면 위험성이 제거된다. 정전기에 관한 내용으로 틀린 것은?

① 대전하기 쉬운 금속부분에 접지한다.
② 작업장 내 습도를 높여 방전을 촉진한다.
③ 공기를 이온화하여 (+)는 (-)로 중화시킨다.
④ 절연도가 높은 플라스틱류는 전하의 방전을 촉진시킨다.

해설
플라스틱류는 절연체가 아니므로 방전을 촉진시킬 수 없다.
참고 산업안전기사 필기 p.4-36(그림. 정전기 방지대책)

80 전기 작업에서 안전을 위한 일반 사항이 아닌 것은?

① 전로의 충전여부 시험은 검전기를 사용한다.
② 단로기의 개폐는 차단기의 차단 여부를 확인한 후에 한다.
③ 전선을 연결할 때 전원 쪽을 먼저 연결하고 다른 전선을 연결한다.
④ 첨가전화선에는 사전에 접지 후 작업을 하며 끝난 후 반드시 제거해야 한다.

해설
전선을 연결 시에는 출력 측 단자를 먼저 연결한 후 전원 측 단자를 연결하는 것이 원칙이다.

5 화학설비 안전관리

81 위험물의 취급에 관한 설명으로 틀린 것은?

① 모든 폭발성 물질은 석유류에 침지시켜 보관해야 한다.
② 산화성 물질의 경우 가연물과의 접촉을 피해야 한다.
③ 가스 누설의 우려가 있는 장소에서는 점화원의 철저한 관리가 필요하다.
④ 도전성이 나쁜 액체는 정전기 발생을 방지하기 위한 조치를 취한다.

해설
위험물 취급은 산업안전보건법 및 위험물안전관리법이 분류한 안전기준에 적합하게 보관해야 한다.
참고 산업안전기사 필기 p.5-37(2. 위험물의 저장 및 취급방법)
보충학습
폭발성물질은 화기나 그 밖에 점화원이 될 우려가 있는 것에 접근시키거나 가열하거나 마찰시키거나 충격을 피해야 하며, 석유류에 저장하는 물질 K(칼륨)은 상온에서 물(H_2O)과 반응시 수소(H_2)가스를 발생시킨다. 그러므로 K, Na은 석유속에 저장한다.

82 다음 [표]를 참조하여 메탄 70[vol%], 프로판 21[vol%], 부탄 9[vol%]인 혼합가스의 폭발범위를 구하면 약 몇 [vol%]인가?

가스	폭발하한계[vol%]	폭발상한계[vol%]
C_4H_{10}	1.8	8.4
C_3H_8	2.1	9.5
C_2H_6	3.0	12.4
CH_4	5.0	15.0

① 3.45~9.11 ② 3.45~12.58
③ 3.85~9.11 ④ 3.85~12.58

해설
혼합가스 폭발범위
① 하한(L) = $\dfrac{100}{\dfrac{V_1}{L_1}+\dfrac{V_2}{L_2}+\dfrac{V_3}{L_3}}$ = $\dfrac{100}{\dfrac{70}{5.0}+\dfrac{21}{2.1}+\dfrac{9}{1.8}}$ = 3.45

② 상한(U) = $\dfrac{100}{\dfrac{V_1}{L_1}+\dfrac{V_2}{L_2}+\dfrac{V_3}{L_3}}$ = $\dfrac{100}{\dfrac{70}{15}+\dfrac{21}{9.5}+\dfrac{9}{8.4}}$ = 12.58

참고 ① 산업안전기사 필기 p.5-65(문제 17번)
② 산업안전기사 필기 p.5-11(2. 혼합가스의 폭발범위)
KEY 2015년 5월 31일(문제 96번)

83 다음 중 산화반응에 해당하는 것을 모두 나타낸 것은?

㉮ 철이 공기 중에서 녹이 슬었다.
㉯ 솜이 공기 중에서 불에 탔다.

[정답] 79 ④ 80 ③ 81 ① 82 ② 83 ③

① ㉮　　　　　　　② ㉯
③ ㉮, ㉯　　　　　④ 없음

해설

산화반응이란 물질이 산소와 결합하거나 수소를 잃는 반응
① 탄소가 산소와 결합하여 이산화탄소가 된다. $C + O_2 \rightarrow CO_2$
② 철(금속)이 공기 중에 산소와 반응하여 녹(금속산화물)슨다.
　$4Fe + 3O_2 \rightarrow 2Fe_2O_3$
③ 산화반응은 발열반응이며 경우에 따라서는 반응이 격렬히 진행되는 것도 있으므로 산화성 물질의 취급에는 주의를 요하여야 한다.

보충학습

산화제
(1) 정의 : 자신은 환원되고 다른 물질을 산화시키는 물질
(2) 산화제의 조건
　① 산소를 내기 쉬운 물질
　② 수소와 결합하기 쉬운 물질
　③ 전자를 얻기 쉬운 물질
　④ 발생기산소를 내기 쉬운 물질

참고 산업안전기사 필기 p.5-2(1. 연소)

84 비점이나 인화점이 낮은 액체가 들어 있는 용기 주위에 화재 등으로 인하여 가열되면, 내부의 비등현상으로 인한 압력 상승으로 용기의 벽면이 파열되면서 그 내용물이 폭발적으로 증발, 팽창하면서 폭발을 일으키는 현상을 무엇이라 하는가?

① BLEVE　　　　② UVCE
③ 개방계 폭발　　④ 밀폐계 폭발

해설

용어정의
① UVCE(개방계 증기운폭발)
　대기 중에 구름형태로 모여 바람, 대류 등의 영향으로 움직이다가 점화원에 의하여 순간적으로 폭발하는 현상
② BLEVE(비등액체 증기폭발)
　비점 이상의 온도에서 액체 상태로 들어 있는 용기 파열시 발생

KEY 2015년 5월 31일(문제 95번)

85 일반적인 자동제어시스템의 작동순서를 바르게 나열한 것은?

① 검출 → 조절계 → 공정상황 → 밸브
② 공정상황 → 검출 → 조절계 → 밸브
③ 조절계 → 공정상황 → 검출 → 밸브
④ 밸브 → 조절계 → 공정상황 → 검출

해설

자동제어시스템의 작동
일반적으로 화학공장에서 사용되고 있는 자동제어 시스템과 작동을 표시하면 그림과 같이 된다.

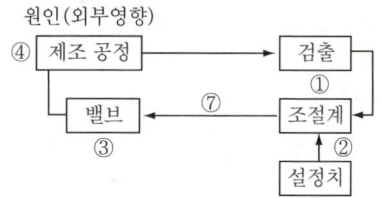

[그림] 자동제어시스템의 작동순서

① 무엇이 원인이 되어 공정상태(상황)이 변화하는가를 검출한다.
② 조절계가 검출치와 설정치를 비교하고 차이가 있으면 차이를 정하도록 출력신호를 보낸다.
③ 밸브가 출력신호에 의해 작동한다.
④ 따라서 공정의 상태(유량, 온도 등)가 변한다.
⑤ 그 변화가 다시 검출되어 조절계로 들어간다.
⑥ 조절계가 설정치와 비교하여 출력신호를 변화시킨다.
⑦ 밸브가 작동한다.

KEY 2013년 6월 2일(문제 89번)

86 가연성 가스 A의 연소범위를 2.2~9.5[vol%]라고 할 때 가스 A의 위험도는 약 얼마인가?

① 2.52　　　　② 3.32
③ 4.91　　　　④ 5.64

해설

A의 위험도 계산

위험도$(H) = \dfrac{\text{폭발상한선}(U) - \text{폭발하한선}(L)}{\text{폭발하한선}(L)}$

$= \dfrac{9.5 - 2.2}{2.2} = 3.32$

참고 산업안전기사 필기 p.5-60(㉮ 위험도)

KEY 2015년 5월 31일(문제 85번)

87 다음 중 관로의 방향을 변경하는 데 가장 적합한 것은?

① 소켓　　　　② 엘보
③ 유니온　　　④ 플러그

[정답] 84 ①　85 ②　86 ②　87 ②

해설
피팅류(Fittings)의 용도

용도	종류
두 개의 관을 연결할 때	플랜지, 유니온, 카플링, 니플, 소켓
관로의 방향을 바꿀 때	엘보, Y지관, 티, 십자
관로의 크기를 바꿀 때	축소관, 부싱
가지관을 설치할 때	티(T), Y지관, 십자
유로를 차단할 때	플러그, 캡, 밸브
유량 조절	밸브

참고 산업안전기사 필기 p.5-58(합격날개 : 합격예측)

KEY 2015년 8월 16일(문제 83번)

88 단위공정시설 및 설비로부터 다른 단위공정 시설 및 설비 사이의 안전거리는 설비의 바깥면으로부터 얼마 이상이 되어야 하는가?

① 5[m]　　② 10[m]
③ 15[m]　　④ 20[m]

해설
화학설비 안전거리

구 분	안 전 거 리
1. 단위공정시설 및 설비로부터 다른 단위공정시설 및 설비의 사이	설비의 바깥면으로부터 10[m] 이상
2. 플레어스택으로부터 단위 공정 시설 및 설비, 위험물질 저장탱크 또는 위험물질 하역설비의 사이	플레어스택으로부터 반경 20[m] 이상. 다만, 단위공정시설 등이 불연재료로 시공된 지붕 아래 설치된 경우에는 그러하지 아니하다.
3. 위험물질 저장탱크로부터 단위공정시설 및 설비, 보일러 또는 가열로의 사이	저장탱크의 바깥면으로부터 20[m] 이상. 다만, 저장탱크에 방호벽, 원격조정 소화설비 또는 살수설비를 설치한 경우에는 그러하지 아니하다.
4. 사무실·연구실·실험실·정비실 또는 식당으로부터 단위공정시설 및 설비, 위험물질 저장탱크, 위험물질 하역설비, 보일러 또는 가열로의 사이	사무실 등의 바깥면으로부터 20[m] 이상. 다만, 난방용 보일러인 경우 또는 사무실 등의 벽을 방호구조로 설치한 경우에는 그러하지 아니하다.

KEY 2013년 8월 18일(문제 87번)

합격정보 산업안전보건기준에 관한 규칙 [별표 8]

89 연소에 관한 설명으로 틀린 것은?

① 인화점이 상온보다 낮은 가연성 액체는 상온에서 인화의 위험이 있다.
② 가연성 액체를 발화점 이상으로 공기 중에서 가열하면 별도의 점화원이 없어도 발화할 수 있다.
③ 가연성 액체는 가열되어 완전 열분해되지 않으면 착화원이 있어도 연소하지 않는다.
④ 열전도도가 클수록 연소하기 어렵다.

해설
가연물의 구비조건
① 산소와 친화력이 좋고 표면적이 넓을 것
② 반응열(발열량)이 클 것
③ 열전도율이 작을 것
④ 활성화 에너지가 작을 것

참고 산업안전기사 필기 p.5-2(1. 연소)

보충학습
연소의 정의
① 물질이 산소와 반응하면서 빛과 열을 발생하는 현상
② 가연성 물질 + 조연성 물질 + 점화원 = 연소(빛과 열 수반)
③ 산화반응으로 그 반응이 급격하여 열과 빛을 동반하는 발열반응
④ 가연성가스의 연소에서는 공기 또는 조연성 가스와 혼합한 상태에서 점화원이 가해질 때 폭발적으로 연소하며 점화에너지는 약 $10^{-4} \sim 10^{-6}$[J]이 필요하다.

90 물과의 반응으로 유독한 포스핀가스를 발생하는 것은?

① HCl　　② NaCl
③ Ca_3P_2　　④ $Al(OH)_3$

해설
Ca_3P_2(인화칼슘) → $3Ca(OH)_2$(수산화칼륨) + $2PH_3$(포스핀)

참고 2014년 8월 17일(문제 94번)

91 위험물안전관리법령에서 정한 제3류 위험물에 해당하지 않는 것은?

① 나트륨　　② 알킬알루미늄
③ 황린　　④ 니트로글리세린

[정답] 88 ②　89 ③　90 ③　91 ④

> **해설**

위험물 분류
① 제1류(산화성 고체) : 아염소산, 염소산, 과염소산, 무기과산화물, 삼산화크롬, 브롬산염류, 요오드산염류, 과망간산염류, 중크롬산염류
② 제2류(인화(가연)성 고체) : 황화인, 적린, 유황, 철분, Mg, 금속분류, 인화성 고체
③ 제3류(자연발화성 물질 및 금수성 물질) : K, Na, 알킬Al, 알킬Li, 황린, 칼슘 또는 Al의 탄화물류 등
④ 제4류(인화성 액체) : 특수인화물류, 동식물류, 알코올류, 제1석유류 ~제4석유류
⑤ 제5류(자기반응성) : 유기산화물류, 질산에스테르류(니트로셀룰로오스, 질산에틸, 니트로글리세린), 셀룰로이드류, 니트로화합물류, 아조화합물류, 디아조화합물류, 히드라진 유도체류
⑥ 제6류(산화성 액체) : 과염소산, 과산화수소, 질산

> **참고** 산업안전기사 필기 p.5-39(1. 위험물 안전관리법의 위험물 분류)

---

92 비교적 저압 또는 상압에서 가연성의 증기를 발생하는 유류를 저장하는 탱크에서 외부에 그 증기를 방출하기도 하고, 탱크 내에 외기를 흡입하기도 하는 부분에 설치하며, 가는 눈금의 금망이 여러 개 겹쳐진 구조로 된 안전장치는?

① Check Valve ② Flame Arrester
③ Ventstack   ④ Rupture Disk

> **해설**

Flame Arrester
① 가연성 증기가 발생하는 유류 저장탱크에서 증기를 방출하거나 외기를 흡입하는 부분에 설치하는 안전장치
② 화염의 차단을 목적으로 하며 40[mesh] 이상의 가는 눈금의 금망이 여러 개 겹쳐져 있다.

> **참고** 산업안전기사 필기 p.5-47(2. 안전장치)

> **보충학습**

(1) Flare Stack계
① 가스나 고휘발성 액체의 vapor를 연소해서 대기중으로 방출하는 방식이다.
② flare stack에서 이동되는 가스는 knock-out drum에서 동반한 mist나 drain을 원심력을 이용해서 제거하고, 이어서 flare stack으로부터의 역화를 방지하기 위해 수봉(水封)된 seal drum을 통해 flare stack으로 도입되며, 상시 연소하고 있는 pilot burner에 의해서 착화 연소하여 가연성·독성, 냄새를 거의 제거하여 대기 중에 방출된다.

(2) check valve
유체의 역류 흐름을 방지하기 위한 밸브

(3) ventstack
탱크 내의 압력을 정상상태로 유지하기 위한 안전장치

(4) rupture disk
안전판은 취급하는 물질의 고화나 현저한 부식성에 의해서 안전밸브의 작동이 곤란하게 되는 경우에 사용되며 또 방출량이 많은 경우나 순간방출을 필요로 하는 경우에 사용

---

93 다음 중 분진의 폭발위험성을 증대시키는 조건에 해당하는 것은?

① 분진의 발열량이 작을수록
② 분위기 중 산소 농도가 작을수록
③ 분진 내의 수분 농도가 작을수록
④ 표면적이 입자체적에 비교하여 작을수록

> **해설**

분진폭발의 위험성이 높아지는 경우
① 분진의 발열량이 높을수록
② 분위기 중 산소농도가 클수록
③ 분진 내의 수분이 작을수록
④ 표면적이 입자체적에 비교하여 작은 입자와 큰 입자가 적당히 교반되어 있을수록

> **참고** 산업안전기사 필기 p.5-11(표. 분진 폭발의 특징)

> **보충학습**

DID가 짧아지는 요인
① 점화에너지가 강할수록 짧다.(고압일 때 짧다)
② 연소속도가 큰 가스일수록 짧다.(정상 연소속도가 큰 혼합일수록)
③ 관경이 가늘거나 관 속에 이물질이 있을 경우 짧다.
④ 압력이 높을수록 짧다.(고압일수록 짧다)

---

94 탄산수소나트륨을 주요성분으로 하는 것은 제 몇 종 분말소화기인가?

① 제1종   ② 제2종
③ 제3종   ④ 제4종

> **해설**

분말소화약제의 종류

종류	주성분		분말색	적용화재
	품명	화학식		
제1종	탄산수소나트륨	$NaHCO_3$	백색	B, C급 화재
제2종	탄산수소칼륨	$KHCO_3$	담청색, 보라색	B, C급 화재
제3종	인산암모늄	$NH_4H_2PO_4$	담홍색, 핑크색	A, B, C급 화재
제4종	탄산수소칼륨과 요소와의 반응물	$KC_2N_2H_3O_3$	쥐색(회색)	B, C급 화재

> **참고** 산업안전기사 필기 p.5-13(2. 분말소화약제의 종류)

> **KEY** 2013년 8월 18일(문제 100번)

> **보충학습**

분말소화원리
① 제1종 $2NaHCO_3 \rightarrow Na_2CO_3 + H_2O + CO_2$
② 제2종 $2KHCO_3 \rightarrow N_2CO_3 + H_2O + CO_2$

[정답] 92 ② 93 ③ 94 ①

③ 제3종 $NH_4H_2PO_4 \rightarrow HPO_3 + NH_3 + H_2O$
④ 제4종 $2KHCO_3 \rightarrow (NH_2)_2CO \rightarrow K_2CO_3 + 2NH_3 + 2CO_2$

95
산업안전보건법령상 물질안전보건자료 작성 시 포함되어 있는 주요 작성항목이 아닌 것은?(단, 기타 참고사항 및 작성자가 필요에 의해 추가하는 세부 항목은 고려하지 않는다.)

① 법적규제 현황
② 폐기시 주의사항
③ 주요 구입 및 폐기처
④ 화학제품과 회사에 관한 정보

해설
MSDS(물질안전보건자료) 16가지 표준항목
① 화학제품과 회사에 관한 정보 ② 구성성분의 명칭 및 함유량
③ 위험·유해성   ④ 응급조치요령
⑤ 폭발·화재시 대처방법   ⑥ 누출사고시 대처방법
⑦ 취급 및 저장방법   ⑧ 노출방지 및 개인보호구
⑨ 물리·화학적 특성   ⑩ 안정성 및 반응성
⑪ 독성에 관한 정보   ⑫ 환경에 미치는 영향
⑬ 폐기시 주의사항   ⑭ 운송에 필요한 정보
⑮ 법적 규제현황   ⑯ 기타 참고사항

KEY 2013년 8월 18일(문제 87번)

96
20[℃], 1기압의 공기를 5기압으로 단열압축하면 공기의 온도는 약 몇 [℃]가 되겠는가?(단, 공기의 비열비는 1.4이다.)

① 32
② 191
③ 305
④ 464

해설
단열압축
외부와 열교환 없이 압력을 높게 하여 온도가 올라가는 현상
$$\frac{T_2}{T_1} = \left(\frac{P_2}{P_1}\right)^{\frac{r-1}{r}} = \frac{T_2}{273+20} = \left(\frac{5}{1}\right)^{\frac{1.4-1}{1.4}} = 464.11[K]$$

참고 2014년 8월 17일(문제 95번)

보충학습
절대온도를 섭씨온도로 바꾸면
① $464.11 - 273 = 191.11[℃]$
② $T_2 = T_1 \times \left(\frac{P_2}{P_1}\right)^{\frac{r-1}{r}} = 293 \times 5^{\frac{1.4-1}{1.4}} = 191[℃]$

97
다음은 산업안전보건기준에 관한 규칙에서 정한 폭발 또는 화재 등의 예방에 관한 내용이다. ( )에 알맞은 용어는?

> 사업주는 인화성 액체의 증기, 인화성 가스 또는 인화성 고체가 존재하여 폭발이나 화재가 발생할 우려가 있는 장소에서 해당 증기·가스 또는 분진에 의한 폭발 또는 화재를 예방하기 위하여 ( )·( ) 및 분진제거 등의 조치를 하여야 한다.

① 통풍, 세척
② 통풍, 환기
③ 제습, 세척
④ 환기, 제습

해설
인화성 증기, 가스, 고체 등의 화재예방대책
① 통풍
② 환기
③ 분진제거

보충학습
폭발 또는 화재 등의 예방
① 사업주는 인화성 액체의 증기, 인화성 가스 또는 인화성 고체가 존재하여 폭발이나 화재가 발생할 우려가 있는 장소에서 해당 증기·가스 또는 분진에 의한 폭발 또는 화재를 예방하기 위하여 통풍·환기 및 분진제거 등의 조치를 하여야 한다.
② 사업주는 증기나 가스에 의한 폭발이나 화재를 미리 감지하기 위하여 가스 검지 및 경보 성능을 갖춘 가스 검지 및 경보 장치를 설치하여야 한다. 다만, 「산업표준화법」의 한국산업표준에 따른 0종 또는 1종 폭발위험장소에 해당하는 경우로서 방폭구조 전기기계·기구를 설치한 경우에는 그러하지 아니하다.

합격정보
산업안전보건기준에 관한 규칙 제232조(폭발 또는 화재 등의 예방)

98
다음 중 Halon 1211의 화학식으로 옳은 것은?

① CH_2FBr
② CH_2ClBr
③ CF_2HCl
④ CF_2ClBr

해설
할론소화기의 종류
① CCl_4 : 1040
② CH_2ClBr : 1011
③ $C_2F_4Br_2$: 2402
④ CF_2ClBr : 1211
⑤ CF_3Br : 1301

[정답] 95 ③   96 ②   97 ②   98 ④

참고 산업안전기사 필기 p.5-15(7. 할론소화기의 종류)
KEY 2015년 3월 8일(문제 95번)

99 다음 중 화재 예방에 있어 화세의 확대방지를 위한 방법으로 적절하지 않은 것은?

① 가연물량의 제한
② 난연화 및 불연화
③ 화재의 조기발견 및 초기 소화
④ 공간의 통합과 대형화

해설

화세의 확대방지 대책
① 가연물량의 제한
② 난연화 및 불연화
③ 화재의 조기발견 및 초기 소화
④ 공간의 분리 및 소형화

100 열교환기의 열교환 능률을 향상시키기 위한 방법이 아닌 것은?

① 유체의 유속을 적절하게 조절한다.
② 유체의 흐르는 방향을 병류로 한다.
③ 열교환기 입구와 출구의 온도차를 크게 한다.
④ 열전도율이 높은 재료를 사용한다.

해설

열교환기 열교환 능률 향상방법
① 유체의 유속을 적절하게 조절한다.
② 유체의 흐르는 방향을 향류로 한다.
③ 열교환기 입구와 출구의 온도차를 크게 한다.
④ 열전도율이 높은 재료를 사용한다.

참고 산업안전기사 필기 p.5-53(합격날개 : 은행문제)

6 건설공사 안전관리

101 구축물에 안전진단 등 안전성 평가를 실시하여 근로자에게 미칠 위험성을 미리 제거하여야 하는 경우가 아닌 것은?

① 구축물 또는 이와 유사한 시설물의 인근에서 굴착·항타작업 등으로 침하·균열 등이 발생하여 붕괴의 위험이 예상될 경우
② 구조물, 건축물, 그 밖의 시설물이 그 자체의 무게·적설·풍압 또는 그 밖에 부가되는 하중 등으로 붕괴 등의 위험이 있을 경우
③ 화재 등으로 구축물 또는 이와 유사한 시설물의 내력(耐力)이 심하게 저하되었을 경우
④ 구축물의 구조체가 과도한 안전측으로 설계가 되었을 경우

해설

구축물 또는 이와 유사한 시설물의 안전성 평가
① 구축물 또는 이와 유사한 시설물의 인근에서 굴착·항타작업 등으로 침하·균열 등이 발생하여 붕괴의 위험이 예상될 경우
② 구축물 또는 이와 유사한 시설물에 지진, 동해(凍害), 부동침하(不同沈下) 등으로 균열·비틀림 등이 발생하였을 경우
③ 구조물, 건축물, 그 밖의 시설물이 그 자체의 무게·적설·풍압 또는 그 밖에 부가되는 하중 등으로 붕괴 등의 위험이 있을 경우
④ 화재 등으로 구축물 또는 이와 유사한 시설물의 내력(耐力)이 심하게 저하되었을 경우
⑤ 오랜기간 사용하지 아니하던 구축물 또는 이와 유사한 시설물을 재사용하게 되어 안전성을 검토하여야 하는 경우
⑥ 그 밖의 잠재위험이 예상될 경우

참고 산업안전보건기준에 관한 규칙 제52조(구축물 또는 이와 유사한 시설물의 안전성 평가)

102 가설구조물에서 많이 발생하는 중대 재해의 유형으로 가장 거리가 먼 것은?

① 무너짐재해
② 낙하물에 의한 재해
③ 굴착기계와의 접촉에 의한 재해
④ 추락재해

[정답] 99 ④ 100 ② 101 ④ 102 ③

> **해설**

가설구조물의 중대 재해 유형
① 무너짐재해
② 낙하물에 의한 재해
③ 추락재해

> **참고** 산업안전기사 필기 p.6-90(합격날개 : 은행문제) 적중

103 철골작업을 중지하여야 하는 조건에 해당되지 않는 것은?

① 풍속이 초당 10[m] 이상인 경우
② 지진이 진도 4 이상의 경우
③ 강우량이 시간당 1[mm] 이상의 경우
④ 강설량이 시간당 1[cm] 이상의 경우

> **해설**

철골작업시 작업중지기준
① 풍속이 초당 10[m] 이상인 경우
② 강우량이 시간당 1[mm] 이상인 경우
③ 강설량이 시간당 1[cm] 이상인 경우

> **참고** 산업안전기사 필기 p.6-154(표. 악천우시 작업중지기준)

> **KEY** ① 2014년 5월 25일(문제 101번)
> ② 2015년 5월 31일(문제 116번)

> **합격정보**
> 산업안전보건기준에 관한 규칙 제383조(작업의 제한)

104 터널작업에 있어서 자동경보장치가 설치된 경우에 이 자동경보장치에 대하여 당일의 작업시작 전 점검하여야 할 사항이 아닌 것은?

① 계기의 이상유무
② 검지부의 이상유무
③ 경보장치의 작동상태
④ 환기 또는 조명시설의 이상유무

> **해설**

자동경보장치 작업시작전 점검사항
① 계기의 이상유무
② 검지부의 이상유무
③ 경보장치의 작동상태

> **합격정보**
> 산업안전보건기준에 관한 규칙 제350조(인화성가스의 농도측정 등)

105 토석붕괴 방지방법에 대한 설명으로 옳지 않은 것은?

① 말뚝(강관, H형강, 철근콘크리트)을 박아 지반을 강화시킨다.
② 활동의 가능성이 있는 토석은 제거한다.
③ 지표수가 침투되지 않도록 배수시키고 지하수위 저하를 위해 수평보링을 하여 배수시킨다.
④ 활동에 의한 붕괴를 방지하기 위해 비탈면, 법면의 상단을 다진다.

> **해설**

토석붕괴방지공법
① 활동할 가능성이 있는 토사는 제거하여야 한다.
② 비탈면 또는 법면의 하단을 다져서 활동이 안 되도록 저항을 만들어야 한다.
③ 지표수가 침투되지 않도록 배수를 시키고 지하수위를 낮추기 위하여 수평 보링(boring)을 하여 배수시켜야 한다.
④ 말뚝(강관, H형강, 철근콘크리트)을 박아 지반을 강화시킨다.

> **참고** 산업안전기사 필기 p.6-56(2. 붕괴방지공법)

> **KEY** 2013년 3월 10일(문제 117번)

106 점토질 지반의 침하 및 압밀 재해를 막기 위하여 실시하는 지반개량 탈수공법으로 적당하지 않은 것은?

① 샌드드레인공법   ② 생석회공법
③ 진동공법   ④ 페이퍼드레인공법

> **해설**

진동다짐공법(vibro floatation)
수평방향으로 진동하는 vibro float를 이용하여 살수와 진동을 동시에 일으켜 느슨한 모래지반 개량

> **참고** 산업안전기사 필기 p.6-63(합격날개 : 합격예측)

> **KEY** ① 2013년 6월 2일(문제 116번)
> ② 2015년 3월 8일(문제 118번)

> **보충학습**

지반개량공법
① 점토질 지반개량공법 : 탈수공법(샌드드레인, 페이퍼드레인, 프리로딩, 침투압, 생석회 말뚝), 치환공법
② 사질토 지반개량공법 : 다짐공법(다짐말뚝 컴포우저, 바이브로플로테이션, 전기충격, 폭파다짐), 배수공법(웰 포인트), 고결공법(약액주입)
③ 일시적 개량공법 : 웰 포인트, 동결, 소결공법

[정답] 103 ②   104 ④   105 ④   106 ③

107 다음 설명에서 제시된 산업안전보건법에서 말하는 고용노동부령으로 정하는 공사에 해당하지 않는 것은?

> 건설업 중 고용노동부령으로 정하는 공사를 착공하려는 사업주는 고용노동부령으로 정하는 자격을 갖춘 자의 의견을 들은 후 유해·위험방지계획서를 작성하여 고용노동부령으로 정하는 바에 따라 고용노동부장관에게 제출하여야 한다.

① 지상높이가 31[m]인 건축물의 건설·개조 또는 해체
② 최대 지간길이가 50[m]인 교량건설 등의 공사
③ 깊이가 8[m]인 굴착공사
④ 터널 건설공사

해설
유해위험방지계획서 제출대상 건설공사
(1) 건축물 또는 시설 등의 건설·개조 또는 해체공사
  가. 지상높이가 31미터 이상인 건축물 또는 인공구조물
  나. 연면적 3만제곱미터 이상인 건축물
  다. 연면적 5천제곱미터 이상인 시설
    ① 문화 및 집회시설(전시장 및 동물원·식물원은 제외한다)
    ② 판매시설, 운수시설(고속철도의 역사 및 집배송시설은 제외한다)
    ③ 종교시설   ④ 의료시설 중 종합병원
    ⑤ 숙박시설 중 관광숙박시설 ⑥ 지하도상가
    ⑦ 냉동·냉장 창고시설
(2) 연면적 5천제곱미터 이상인 냉동·냉장 창고시설의 설비공사 및 단열공사
(3) 최대지간길이가 50[m] 이상인 교량건설 등 공사
(4) 터널건설 등의 공사
(5) 다목적댐, 발전용댐 및 저수용량 2천만톤 이상의 용수전용댐, 지방상수도 전용댐 건설 등의 공사
(6) 깊이 10[m] 이상인 굴착공사

참고 산업안전기사 필기 p.2-20(3. 유해·위험방지계획서 제출대상 건설공사)

합격정보 산업안전보건법 시행령 제42조(대상사업장의 종류 등)

108 건물외부에 낙하물방지망을 설치할 경우 수평면과의 가장 적절한 각도는?

① 5[°] 이상, 10[°] 이하
② 10[°] 이상, 15[°] 이하
③ 15[°] 이상, 20[°] 이하
④ 20[°] 이상, 30[°] 이하

해설
낙하물방지망 또는 방호선반 설치기준
① 높이 10[m] 이내마다 설치하고, 내민 길이는 벽면으로부터 2[m] 이상으로 할 것
② 수평면과의 각도는 20[°] 이상 30[°] 이하를 유지할 것

참고 산업안전기사 필기 p.6-59(그림. 낙하·비래예방)

KEY 2014년 3월 2일(문제 119번)

합격정보 산업안전보건기준에 관한 규칙 제14조(낙하물에 의한 위험의 방지)

109 굴착기계의 운행시 안전대책으로 옳지 않은 것은?

① 버킷에 사람의 탑승을 허용해서는 안 된다.
② 운전반경 내에 사람이 있을 때 회전은 10[rpm] 이하의 느린 속도로 하여야 한다.
③ 장비의 주차시 경사지나 굴착작업장으로부터 충분히 이격시켜 주차한다.
④ 전선이나 구조물 등에 인접하여 붐을 선회해야 될 작업에는 사전에 회전반경, 높이제한 등 방호조치를 강구한다.

해설
굴착기계 안전대책
① 사람이 있을 시 회전 및 운행하면 안 된다.
② 운전반경(작업반경) 내에는 작업자의 출입을 금지시킨다.

110 사급자재비가 30억, 직접노무비가 35억, 관급자재비가 20억인 빌딩신축공사를 할 경우 계상해야 할 산업안전보건관리비는 얼마인가?(단, 공사종류는 일반건설공사(갑)임)

① 122,000,000원   ② 201,450,000원
③ 153,850,000원   ④ 159,800,000원

해설
산업안전보건관리비
(관급자재비+사급자재비+직접노무비)×요율
=(20억+30억+35억)×0.0237=201,450,000원

참고 산업안전기사 필기 p.6-10(3. 건설업 산업안전관리비 계상 및 사용기준)

KEY 2010년 3월 7일(문제 104번)

[정답] 107 ③ 108 ④ 109 ② 110 ②

과년도 출제문제

[합격정보]
건설업 산업안전보건관리비 계상 및 사용기준 : 고용노동부 고시 제2024-53호(2024. 9. 19. 일부개정)

111 차량계 하역운반기계를 사용하는 작업에 있어 고려되어야 할 사항과 가장 거리가 먼 것은?

① 작업지휘자의 배치 ② 유도자의 배치
③ 갓길 붕괴방지 조치 ④ 안전관리자의 선임

[해설]
차량계 하역운반기계 작업시 안전기준
(1) 전도 등의 방지
사업주는 차량계 하역운반기계 등을 사용하는 작업을 할 때에 그 기계가 넘어지거나 굴러떨어짐으로써 근로자에게 위험을 미칠 우려가 있는 경우에는 그 기계를 유도하는 사람(이하 "유도자"라 한다)을 배치하고 지반 부동침하와 방지 및 갓길 붕괴를 방지하기 위한 조치를 하여야 한다.
(2) 접촉의 방지
① 사업주는 차량계 하역운반기계 등을 사용하여 작업을 하는 경우에 하역 또는 운반 중인 화물이나 그 차량계 하역운반기계 등에 접촉되어 근로자가 위험해질 우려가 있는 장소에는 근로자를 출입시켜서는 아니 된다. 다만, 작업지휘자 또는 유도자를 배치하고 그 차량계 하역운반기계 등을 유도하는 경우에는 그러하지 아니하다.
② 차량계 하역운반기계 등의 운전자는 제1항 단서의 작업지휘자 또는 유도자가 유도하는 대로 따라야 한다.

[참고] ① 산업안전보건기준에 관한 규칙 제171조(전도 등의 방지)
② 산업안전보건기준에 관한 규칙 제172조(접촉의 방지)

112 흙막이벽의 근입깊이를 깊게 하고, 전면의 굴착부분을 남겨두어 흙의 중량으로 대항하게 하거나, 굴착예정부분의 일부를 미리 굴착하여 기초콘크리트를 타설하는 등의 대책과 가장 관계 깊은 것은?

① 히빙현상이 있을 때
② 파이핑현상이 있을 때
③ 지하수위가 높을 때
④ 굴착깊이가 깊을 때

[해설]
히빙
(1) 히빙(Heaving)
연약성 점토지반 굴착시 굴착외측 흙의 중량에 의해 굴착저면의 흙이 활동전단 파괴되어 굴착내측으로 부풀어 오르는 현상

(2) 방지대책
① 흙막이 근입깊이를 깊게
② 표토제거 하중감소
③ 지반개량
④ 굴착면 하중증가
⑤ 어스앵커설치 등

[참고] 산업안전기사 필기 p.6-6(합격날개 : 합격예측)

[KEY] ① 2014년 5월 25일(문제 110번)
② 2015년 3월 8일(문제 105번)

113 유해·위험방지계획서 제출시 첨부서류에 해당하지 않는 것은?

① 교통처리계획
② 안전관리 조직표
③ 공사개요서
④ 공사현장의 주변 현황 및 주변과의 관계를 나타내는 도면

[해설]
유해위험방지계획서 첨부서류(공사 개요 및 안전보건관리계획)
① 공사 개요서
② 공사현장의 주변 현황 및 주변과의 관계를 나타내는 도면(매설물 현황을 포함한다)
③ 건설물, 사용 기계설비 등의 배치를 나타내는 도면
④ 전체 공정표
⑤ 산업안전보건관리비 사용계획
⑥ 안전관리 조직표
⑦ 재해 발생 위험시 연락 및 대피방법

[참고] 산업안전기사 필기 p.6-21(4. 제출시 첨부서류)

[KEY] 2015년 5월 31일(문제 118번)

[합격정보]
산업안전보건법 시행규칙 [별표 10] 유해위험방지계획서 첨부서류

114 다음 중 건설재해대책의 사면보호공법에 해당하지 않는 것은?

① 실드공 ② 식생공
③ 뿜어붙이기공 ④ 블록공

[정답] 111 ④ 112 ① 113 ① 114 ①

해설
사(비탈)면 보호공법의 구분

분류	구분
식생 공법	떼붙임공
	식생공
	식수공
	파종공
구조물 보호공법	블록(돌)붙임공
	블록(돌)쌓기공
	콘크리트블록 격자공
	뿜어붙이기공
응급대책방법	배수공
	배토공
	압성토공
항구대책방법	옹벽공
	soil nailing 공법
	earth anchor 공법

참고 산업안전기사 필기 p.6-168(합격날개 : 합격예측)

보충학습
실드공 : 연약지반이나 대수지반(帶水地盤)에 터널을 만들 때 작용하는 굴착공법

115 근로자의 추락 등의 위험을 방지하기 위한 안전난간의 설치기준으로 옳지 않은 것은?

① 상부난간대와 중간난간대는 난간 길이 전체에 걸쳐 바닥면 등과 평행을 유지할 것
② 발끝막이판은 바닥면 등으로부터 20[cm] 이하의 높이를 유지할 것
③ 난간대는 지름 2.7[cm] 이상의 금속제 파이프나 그 이상의 강도가 있는 재료일 것
④ 안전난간은 구조적으로 가장 취약한 지점에서 가장 취약한 방향으로 작용하는 100[kg] 이상의 하중에 견딜 수 있는 튼튼한 구조일 것

해설
안전난간 설치기준
① 상부난간대, 중간난간대, 발끝막이판 및 난간기둥으로 구성할 것, 다만, 중간난간대, 발끝막이판 및 난간기둥은 이와 비슷한 구조와 성능을 가진 것으로 대체할 수 있다.
② 상부난간대는 바닥면·발판 또는 경사로의 표면(이하 "바닥면 등"이라 한다)으로부터 90[cm] 이상 지점에 설치하고, 상부난간대를 120[cm] 이하에 설치하는 경우에는 중간난간대는 상부난간대와 바닥면 등의 중간에 설치하여야 하며, 120[cm] 이상 지점에 설치하는 경우에는 중간난간대를 2[단] 이상으로 균등하게 설치하고 난간의 상하 간격은 60[cm] 이하가 되도록 할 것
③ 발끝막이판은 바닥면 등으로부터 10[cm] 이상의 높이를 유지할 것. 다만, 물체가 떨어지거나 날아올 위험이 없거나 그 위험을 방지할 수 있는 망을 설치하는 등 필요한 예방조치를 한 장소는 제외한다.
④ 난간기둥은 상부난간대와 중간난간대를 견고하게 떠받칠 수 있도록 적정한 간격을 유지할 것
⑤ 상부난간대와 중간난간대는 난간 길이 전체에 걸쳐 바닥면 등과 평행을 유지할 것
⑥ 난간대는 지름 2.7[cm] 이상의 금속제 파이프나 그 이상의 강도가 있는 재료일 것
⑦ 안전난간은 구조적으로 가장 취약한 지점에서 가장 취약한 방향으로 작용하는 100[kg] 이상의 하중에 견딜 수 있는 튼튼한 구조일 것

KEY 2015년 3월 8일(문제 120번)

합격정보
산업안전보건기준에 관한 규칙 제13조(안전난간의 구조 및 설치요건)

116 콘크리트 타설작업의 안전대책으로 옳지 않은 것은?

① 작업시작 전 거푸집동바리 등의 변형, 변위 및 지반침하 유무를 점검한다.
② 작업 중 감시자를 배치하여 거푸집동바리 등의 변형, 변위 유무를 확인한다.
③ 슬래브콘크리트 타설은 한쪽부터 순차적으로 타설하여 붕괴 재해를 방지해야 한다.
④ 설계도서상 콘크리트 양생기간을 준수하여 거푸집동바리 등을 해체한다.

해설
콘크리트 타설작업시 안전기준
① 당일의 작업을 시작하기 전에 해당 작업에 관한 거푸집동바리 등의 변형·변위 및 지반의 침하 유무 등을 점검하고 이상이 있으면 보수할 것
② 작업 중에는 거푸집동바리 등의 변형·변위 및 침하 유무 등을 감시할 수 있는 감시자를 배치하여 이상이 있으면 작업을 중지하고 근로자를 대피시킬 것
③ 콘크리트 타설작업시 거푸집 붕괴의 위험이 발생할 우려가 있으면 충분한 보강조치를 할 것
④ 설계도서상의 콘크리트 양생기간을 준수하여 거푸집동바리 등을 해체할 것
⑤ 콘크리트를 타설하는 경우에는 편심이 발생하지 않도록 골고루 분산하여 타설할 것

참고 산업안전기사 필기 p.6-91(합격날개 : 합격예측 및 관련법규)

KEY 2014년 3월 2일(문제 105번)

합격정보
산업안전보건기준에 관한 규칙 제334조(콘크리트의 타설작업)

[정답] 115 ② 116 ③

과년도 출제문제

117 크레인을 사용하여 작업을 하는 때 작업시작 전 점검사항이 아닌 것은?

① 권과방지장치·브레이크·클러치 및 운전장치의 기능
② 방호장치의 이상유무
③ 와이어로프가 통하고 있는 곳의 상태
④ 주행로의 상측 및 트롤리가 횡행하는 레일의 상태

해설

크레인을 사용하여 작업할 때
① 권과방지장치·브레이크·클러치 및 운전장치의 기능
② 주행로의 상측 및 트롤리가 횡행(橫行)하는 레일의 상태
③ 와이어로프가 통하고 있는 곳의 상태

참고 산업안전기사 필기 p.3-51(표. 작업시작 전 기계·기구 및 점검내용)

합격정보
산업안전보건기준에 관한 규칙 [별표 3] 작업시작 전 점검사항

---

118 외줄비계·쌍줄비계 또는 돌출비계는 벽이음 및 버팀을 설치하여야 하는데 강관비계 중 단관비계로 설치할 때의 조립간격으로 옳은 것은?(단, 수직방향, 수평방향의 순서임)

① 4[m], 4[m]
② 5[m], 5[m]
③ 5.5[m], 7.5[m]
④ 6[m], 8[m]

해설

비계 조립 간격

강관비계의 종류	조립 간격(단위 : [m])	
	수직방향	수평방향
단관비계	5	5
틀비계(높이 5[m] 미만인 것은 제외)	6	8

참고 산업안전기사 필기 p.6-94(표. 조립간격)

KEY ① 2013년 6월 2일(문제 105번)
② 2015년 5월 31일(문제 110번)

합격정보
산업안전보건기준에 관한 규칙 [별표 5] 강관비계의 조립간격

---

119 달비계(곤돌라의 달비계는 제외)의 최대적재하중을 정할 때 사용하는 안전계수의 기준으로 옳은 것은?

① 달기체인의 안전계수는 10 이상
② 달기강대와 달비계의 하부 및 상부 지점의 안전계수는 목재의 경우 2.5 이상
③ 달기와이어로프의 안전계수는 5 이상
④ 달기강선의 안전계수는 10 이상

해설

달비계의 안전계수
① 달기와이어로프 및 달기강선의 안전계수 : 10 이상
② 달기체인 및 달기훅의 안전계수 : 5 이상
③ 달기강대와 달비계의 하부 및 상부 지점의 안전계수 : 강재(鋼材)의 경우 2.5 이상, 목재의 경우 5 이상

KEY 2015년 3월 8일(문제 112번)

합격정보
① 산업안전보건기준에 관한 규칙 제55조(작업발판의 최대적재하중)
② 2024. 7. 1. 법개정으로 안전계수는 삭제 되었습니다.

---

120 다음 토공기계 중 굴착기계와 가장 관계있는 것은?

① Clamshell   ② Road roller
③ Shovel loader   ④ Belt conveyer

해설

클램쉘(Clamshell)
① 연약지반이나 수중굴착 및 자갈 등을 싣는 데 적합하다.
② 깊은 땅파기 공사와 흙막이 버팀대를 설치하는 데 사용한다.
③ 수중굴착 및 수조물의 기초바닥 등과 같은 협소하고 상당히 깊은 범위의 굴착과 호퍼(hopper)에 적당하다.

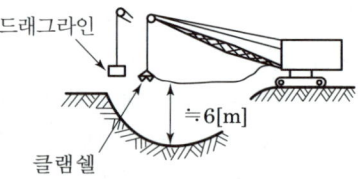

[그림] 드래그라인과 클램쉘의 작업

보충학습
① Road roller : 다짐용
② Shovel loader : 상차 및 운반
③ Belt conveyer : 운반

[정답] 117 ② 118 ② 119 ④ 120 ①

2016년도 기사 정기검정 제2회 (2016년 5월 8일 시행)

자격종목 및 등급(선택분야): 산업안전기사
종목코드 1431 | 시험시간 2시간 | 수험번호 20160508 | 성명 도서출판세화

1 산업재해 예방 및 안전보건교육

01 산업안전보건법상 사업 내 안전보건교육 중 채용 시 교육 및 작업내용 변경 시의 교육 내용이 아닌 것은?

① 기계·기구의 위험성과 작업의 순서 및 동선에 관한 사항
② 정리정돈 및 청소에 관한 사항
③ 물질안전보건자료에 관한 사항
④ 표준안전작업방법에 관한 사항

[해설]
채용시 및 작업내용 변경시 교육내용
① 산업안전 및 사고 예방에 관한 사항
② 산업보건 및 직업병 예방에 관한 사항
③ 위험성 평가에 관한 사항
④ 산업안전보건법령 및 산업재해보상보험 제도에 관한 사항
⑤ 직무스트레스 예방 및 관리에 관한 사항
⑥ 직장 내 괴롭힘, 고객의 폭언 등으로 인한 건강장해 예방 및 관리에 관한 사항
⑦ 기계·기구의 위험성과 작업의 순서 및 동선에 관한 사항
⑧ 작업 개시 전 점검에 관한 사항
⑨ 정리정돈 및 청소에 관한 사항
⑩ 사고 발생 시 긴급조치에 관한 사항
⑪ 물질안전보건자료에 관한 사항

[KEY] 2016년 3월 6일(문제 7번) 출제

02 시몬즈(Simonds)의 재해코스트 산출방식에서 A, B, C, D는 무엇을 뜻하는가?

총재해 코스트 = 보험 코스트 + (A × 휴업상해건수) + (B × 통원상해건수) + (C × 응급조치건수) + (D × 무상해 사고건수)

① 직접손실비
② 간접손실비
③ 보험 코스트
④ 비보험 코스트 평균치

[해설]
시몬즈(R.H. Simonds)의 재해 코스트 산출방식
① 총재해코스트 = 보험 코스트 + 비보험 코스트
② 보험 코스트 : 산재보험료(반드시 사업장에서 지출)
③ 비보험 코스트 = (휴업상해건수) × (A) + (통원상해건수) × (B) + (응급조치건수) × (C) + (무상해 건수) × (D)
④ A, B, C, D는 장해 정도에 따른 비보험 코스트의 평균치

[참고] 산업안전기사 필기 p.3-45(2. 시몬즈의 재해코스트 산출방식)

03 무재해운동의 3원칙에 해당되지 않는 것은?

① 무의 원칙   ② 참가의 원칙
③ 대책선정의 원칙 ④ 선취의 원칙

[해설]
무재해운동의 3원칙
① 무의 원칙
② 선취의 원칙(안전제일의 원칙)
③ 참가의 원칙

[참고] 산업안전기사 필기 p.1-10 (2) 무재해운동기본이념 3대원칙

04 데이비스(K.Davis)의 동기부여 이론 등식으로 옳은 것은?

① 지식 × 기능 = 태도
② 지식 × 상황 = 동기유발
③ 능력 × 상황 = 인간의 성과
④ 능력 × 동기유발 = 인간의 성과

[해설]
데이비스(K. Davis)의 동기부여 이론 등식
① 인간의 성과 × 물질의 성과 = 경영의 성과
② 지식(knowledge) × 기능(skill) = 능력(ability)
③ 상황(situation) × 태도(attitude) = 동기유발(motivation)
④ 능력 × 동기유발 = 인간의 성과(human performance)

[참고] 산업안전기사 필기 p.1-100(2. 데이비스의 동기부여 이론 등식)

[정답] 01 ④ 02 ④ 03 ③ 04 ④

과년도 출제문제

05 인간의 동작특성 중 판단과정의 착오요인이 아닌 것은?
① 합리화 ② 정서불안정
③ 작업조건불량 ④ 정보부족

[해설]
판단과정 착오요인
① 합리화 ② 능력부족
③ 정보부족 ④ 과신(자신 과잉)
⑤ 작업조건불량

[참고] 산업안전기사 필기 p.1-83(3. 판단과정)

[보충학습]
인지과정 착오의 요인
① 생리, 심리적 능력의 한계(정보 수용능력의 한계)
② 정보량 저장의 한계
③ 감각차단현상
④ 정서불안정

06 리더십의 유형에 해당되지 않는 것은?
① 권위형 ② 민주형
③ 자유방임형 ④ 혼합형

[해설]
리더십의 유형 3가지
① 권위형
② 민주형
③ 자유방임형

[참고] 산업안전기사 필기 p.1-112(합격날개 : 합격예측)

07 학습이론 중 자극과 반응의 이론이라 볼 수 없는 것은?
① Köhler의 통찰설
② Thorndike의 시행착오설
③ Pavlov의 조건반사설
④ Skinner의 조작적 조건화설

[해설]
자극과 반응(S-R)이론 3가지
① Thorndike의 시행착오설
② Pavlov의 조건반사설
③ Skinner의 조작적 조건화설

[참고] 산업안전기사 필기 p.1-122(표. S-R학습이론의 종류)

08 안전표지의 종류와 분류가 올바르게 연결된 것은?
① 금연 – 금지표지
② 낙하물 경고 – 지시표지
③ 안전모 착용 – 안내표지
④ 세안장치 – 경고표지

[해설]
안전보건표지 구분
① 낙하물 경고 : 경고표지 ② 안전모 착용 : 지시표지
③ 세안장치 : 안내표지

[참고] 산업안전기사 필기 p.1-61(3. 안전보건표지의 종류와 형태)

[합격정보]
산업안전보건법 시행규칙 [별표 6] 안전보건표지의 종류와 형태

09 안전에 관한 기본 방침을 명확하게 해야 할 임무는 누구에게 있는가?
① 안전관리자 ② 관리감독자
③ 근로자 ④ 사업주

[해설]
사업주의 의무 : 안전에 관한 기본 방침 결정

[참고] 산업안전기사 필기 p.1-6(16. 사업주)

[정보제공] 산업안전보건법 제5조(사업주 등의 의무)

10 학습지도의 형태 중 토의법에 해당되지 않는 것은?
① 패널 디스커션(panel discussion)
② 포럼(forum)
③ 구안법(project method)
④ 버즈 세션(buzz session)

[해설]
구안법(project method)의 특징
① 학생이 마음속에 생각하고 있는 것을 외부에 구체적으로 실현하고 형상화하기 위해서 자기 스스로 계획을 세워 수행하는 학습 활동으로 이루어지는 형태이다.
② Collings는 구안법을 탐험(exploration), 구성(contruction), 의사소통(communication), 유희(play), 기술(skill)의 5가지로 지적하고 산업시찰, 견학, 현장실습 등도 이에 해당된다고 하였다.
③ 구안법의 단계 : 목적, 계획, 수행, 평가의 4단계

[정답] 05 ② 06 ④ 07 ① 08 ① 09 ④ 10 ③

참고 ① 산업안전기사 필기 p.1-172(합격날개 : 합격예측)
       ② 산업안전기사 필기 p.1-174 (1) 토의식 교육방법

11. 안전사업장의 연천인율이 10.8인 경우, 이 사업장의 도수율은 약 얼마인가?

① 5.4
② 4.5
③ 3.7
④ 1.8

해설

도수율 = 연천인율÷2.4 = 10.8÷2.4 = 4.5

참고 산업안전기사 필기 p.3-42[3. 빈도율(도수율)]

12. 위험예지훈련의 문제해결 4라운드에 속하지 않는 것은?

① 현상파악
② 본질추구
③ 대책수립
④ 원인결정

해설

위험예지훈련 문제해결 4라운드
① 현상파악
② 본질추구
③ 대책수립
④ 행동목표설정

참고 산업안전기사 필기 p.1-12(1. 위험예지훈련의 4단계)

13. 다음 중 학습정도(Level of learning)의 4단계를 순서대로 옳게 나열한 것은?

① 이해 → 적용 → 인지 → 지각
② 인지 → 지각 → 이해 → 적용
③ 지각 → 인지 → 적용 → 이해
④ 적용 → 인지 → 지각 → 이해

해설

학습의 정도 4단계
① 인지(to acquaint)
② 지각(to know)
③ 이해(to understand)
④ 적용(to apply)

참고 산업안전기사 필기 p.1-141 (6) 학습의 정도

14. 직계 – 참모식 조직의 특징에 대한 설명으로 옳은 것은?

① 소규모 사업장에 적합하다.
② 생산조직과는 별도의 조직과 기능을 갖고 활동한다.
③ 안전계획, 평가 및 조사는 스태프에서, 생산기술의 안전대책은 라인에서 실시한다.
④ 안전업무가 표준화되어 직장에 정착하기 쉽다.

해설

직계 – 참모조직의 장·단점
(1) 장점
  ① 안전 전문가에 의해 입안된 것을 경영자의 지침으로 명령·실시하므로 정확·신속히 이루어진다.
  ② 안전 입안·계획·평가·조사는 스태프에서, 생산 기술·안전 대책은 라인에서 실시한다.
(2) 단점
  ① 명령계통과 조언, 권고적 참여가 혼동되기 쉽다.
  ② 스태프의 월권 행위가 있을 수 있다.

참고 산업안전기사 필기 p.1-23(표. 안전보건관리 조직형태)

15. 산업안전보건법상 중대재해에 해당하지 않는 것은?

① 사망자가 2명 발생한 재해
② 6개월 요양을 요하는 부상자가 동시에 4명 발생한 재해
③ 부상자 또는 직업성 질병자가 동시에 12명 발생한 재해
④ 3개월 요양을 요하는 부상자가 1명, 2개월 요양을 요하는 부상자가 4명 발생한 재해

해설

중대재해 3가지
① 사망자가 1명 이상 발생한 재해
② 3개월 이상의 요양이 필요한 부상자가 동시에 2명 이상 발생한 재해
③ 부상자 또는 직업성 질병자가 동시에 10명 이상 발생한 재해

참고 산업안전기사 필기 p.1-4(6. 중대재해)

합격정보
① 산업안전보건법 시행규칙 제3조(중대재해의 범위)
② 2024년 7월 1일 개정법 적용

[정답] 11 ② 12 ④ 13 ② 14 ③ 15 ④

과년도 출제문제

16 안전교육훈련에 있어 동기부여 방법에 대한 설명으로 가장 거리가 먼 것은?

① 안전 목표를 명확히 설정한다.
② 결과를 알려준다.
③ 경쟁과 협동을 유발시킨다.
④ 동기유발 수준을 정도 이상으로 높인다.

해설

안전교육훈련 동기부여방법
① 안전의 근본이념(참가치)을 인식시킬 것
② 안전목표를 명확히 설정할 것
③ 결과를 알려줄 것(K.R법 : Knowledge Results)
④ 상과 벌을 줄 것(상벌제도를 합리적으로 시행할 것)
⑤ 경쟁과 협동을 유도할 것
⑥ 동기유발의 최적수준을 유지할 것

참고) 산업안전기사 필기 p.1-99(합격날개 : 합격예측)
KEY) 2021년 8월 14일(문제 2번) 출제

17 고무제 안전화의 구비조건이 아닌 것은?

① 유해한 흠, 균열, 기포, 이물질 등이 없어야 한다.
② 바닥, 발등, 발 뒤꿈치 등의 접착부분에 물이 들어오지 않아야 한다.
③ 에나멜 도포는 벗겨져야 하며, 건조가 완전하여야 한다.
④ 완성품의 성능은 압박감, 충격 등의 성능시험에 합격하여야 한다.

해설

고무제 안전화의 구비조건
① 유해한 흠, 균열, 기포, 이물질 등이 없어야 한다.
② 바닥, 발등, 발 뒤꿈치 등의 접착부분에 물이 들어오지 않아야 한다.
③ 완성품의 성능은 압박감, 충격 등의 성능시험에 합격하여야 한다.
④ 에나멜 도포는 벗겨지지 않아야 하며 건조가 완전하여야 한다.

참고) 산업안전기사 필기 p.1-59(합격날개 : 은행문제)

18 산업재해의 원인 중 기술적 원인에 해당하는 것은?

① 작업준비의 불충분
② 안전장치의 기능 제거
③ 안전교육의 부족
④ 구조재료의 부적당

해설

산업재해 간접원인(관리적 원인)

구 분	내 용
기술적 원인	① 건물·기계 등 설계불량 ② 생산공정 부적당 ③ 구조·재료 부적합 ④ 점검 및 보존 불량
교육적 원인	① 안전지식 및 경험 부족 ② 작업방법 교육 불충분 ③ 경험 훈련 미숙 ④ 안전수칙 오해 ⑤ 유해위험 작업 교육 불충분
작업관리상의 원인	① 안전관리조직 결함 ② 작업지시 부적당 ③ 작업준비 불충분 ④ 인원배치, 적성배치 부적당 ⑤ 안전수칙 미제정 ⑥ 작업기준 불명확

참고) 산업안전기사 필기 p.3-29 (2) 간접원인

19 안전점검 체크리스트에 포함되어야 할 사항이 아닌 것은?

① 점검대상
② 점검부분
③ 점검방법
④ 점검목적

해설

Check List에 포함되어야 하는 사항
① 점검대상
② 점검부분(점검개소)
③ 점검항목(점검내용 : 마모, 균열, 부식, 파손, 변형 등)
④ 점검주기 또는 기간(점검시기)
⑤ 점검방법(육안점검, 기능점검, 기기점검, 정밀점검)
⑥ 판정기준(안전검사기준, 법령에 의한 기준, KS기준 등)
⑦ 조치사항(점검결과에 따른 결함의 시정사항)

참고) 산업안전기사 필기 p.3-50(1. Check List에 포함되어야 하는 사항)

20 매슬로우의 욕구단계 이론에서 편견없이 받아들이는 성향, 타인과의 거리를 유지하며 사생활을 즐기거나 창의성 성격으로 봉사, 특별히 좋아하는 사람과 긴밀한 관계를 유지하려는 인간의 욕구에 해당하는 것은?

[정답] 16 ④ 17 ③ 18 ④ 19 ④ 20 ③

① 생리적 욕구 ② 사회적 욕구
③ 자아실현의 욕구 ④ 안전에 대한 욕구

해설

매슬로우(Maslow, A. H.)의 욕구단계 이론
① 제1단계(생리적 욕구 : 생명유지의 기본적 욕구) : 기아, 갈증, 호흡, 배설, 성욕 등 인간의 가장 기본적인 욕구(종족보존)
② 제2단계(안전욕구) : 자기보존욕구
③ 제3단계(사회적 욕구) : 소속감과 애정욕구
④ 제4단계(존경욕구) : 인정받으려는 욕구
⑤ 제5단계(자아실현의 욕구) : 잠재적인 능력을 실현하고자 하는 욕구 (성취욕구)

참고 ① 산업안전기사 필기 p.1-100 (5) 매슬로우의 욕구 5단계 이론
② 산업안전기사 필기 p.1-100(합격날개 : 은행문제)

2 인간공학 및 위험성 평가·관리

21 인지 및 인식의 오류를 예방하기 위해 목표와 관련하여 작동을 계획해야 하는데 특수하고 친숙하지 않은 상황에서 발생하며, 부적절한 분석이나 의사결정을 잘못하여 발생하는 오류는?

① 기능에 기초한 행동(Skill-based Behavior)
② 규칙에 기초한 행동(Rule-based Behavior)
③ 사고에 기초한 행동(Accident-based Behavior)
④ 지식에 기초한 행동(Knowledge-based Behavior)

해설

라스무센의 행위모델 3가지
(1) 지식베이스(Knowledge-based or Analytical Behavior)
  ① 초보자의 작업 및 행동단계
  ② 분석적인 행위 : 인지 → 해석 → 사고 및 결정 → 행동
  ③ 상황이나 자극에 대해서 적절한 규칙이나 정보가 없기 때문에 '0' 에서 시작한다.
    예 라면을 끓여먹으려고 하는데, 여태까지 물조차 끓여본 적이 없는 초등학생이라고 가정해보자. 라면 한 그릇(목적)을 위해서는 물의 양(목표 1)을 맞추고, 가스레인지를 켜서(목표 2) 끓여내는 시간 지키기(목표 3) 등. 아는 게 전혀 없어서 각 과정마다 설명문을 읽고 시행착오를 거친 후에 라면을 먹을 수 있다.
(2) 규칙베이스(Rule-based or Intuitive Behavior)
  ① 중급자의 작업 및 행동단계
  ② 직관적인 행위 : 인지 → 이전경험에서 유추 → 행동
  ③ 상황이나 자극에 대해서 형성된 자신만의 규칙을 사용한다. 조건-반사 조합(If-Then Association)으로 이루어진다.

(3) 기능베이스(Skill-based or Automatic Behavior)
  ① 숙련자(달인)의 작업 및 행동단계
  ② 자동적인 행위 : 인지 → 행동
  ③ 상황이나 자극에 대해서 자동적으로 반응한다. 무의식에 가까운 단축화로 '습관'이라 할 수 있다. 그 만큼 속도와 효율성이 높아지나 특정자극과 비슷한 경우에도 숙달된 동작을 할 수도 있다.
    예 태권도 등의 대련에서 방어하는 '막기'자세를 지겹도록 연습하고 또 연습하면, 나중에 누군가가 장난으로 때리는 시늉을 해도 당사자는 방어자세를 취하게 된다.

참고 ① 산업안전기사 필기 p.2-4(합격날개 : 합격예측)
② 산업안전기사 필기 p.2-15(합격날개 : 은행문제)
③ 산업안전기사 필기 p.2-22(1. 인간의 행동수준의 3단계)

KEY 2015년 5월 31일(문제 40번)

22 실험실 환경에서 수행하는 인간공학 연구의 장·단점에 대한 설명으로 맞는 것은?

① 변수의 통제가 용이하다.
② 주위 환경의 간섭에 영향 받기 쉽다.
③ 실험 참가자의 안전을 확보하기가 어렵다.
④ 피실험자의 자연스러운 반응을 기대할 수 있다.

해설

실험실과 현장비교

구분	실험실	현장
변수형태	쉽다(용이)	어렵다
현실성	낮다	높다
동기부여	높다	낮다
안전성	높다	낮다

참고 산업안전기사 필기 p.2-8(합격날개 : 합격예측)

23 산업안전보건법에 따라 유해·위험방지계획서의 제출대상 사업은 해당 사업으로서 전기계약용량이 얼마 이상인 사업을 말하는가?

① 150[kW] ② 200[kW]
③ 300[kW] ④ 500[kW]

해설

유해·위험방지계획서 제출대상 사업 전기계약용량 : 300[kW] 이상인 사업

[정답] 21 ④ 22 ① 23 ③

참고 산업안전기사 필기 p.2-44(1. 안전성 검토)

KEY ① 2013년 8월 18일(문제 22번)
② 2012년 8월 26일(문제 27번)

합격정보
산업안전보건법 시행령 제42조(유해위험방지계획서 제출 대상)

24 시스템 안전분석 방법 중 예비위험분석(PHA)단계에서 식별하는 4가지 범주에 속하지 않는 것은?

① 위기상태 ② 무시가능상태
③ 파국적상태 ④ 예비조처상태

해설
PHA의 식별된 사고를 4가지 범주로 분류
① 파국적
② 중대(위기적)
③ 한계적
④ 무시

참고 산업안전기사 필기 p.2-60(2. 예비위험분석)

25 다음 그림과 같이 FTA로 분석된 시스템에서 현재 모든 기본사상에 대한 부품이 고장난 상태이다. 부품 X_1부터 부품 X_5까지 순서대로 복구한다면 어느 부품을 수리 완료하는 순간부터 시스템은 정상 가동이 되겠는가?

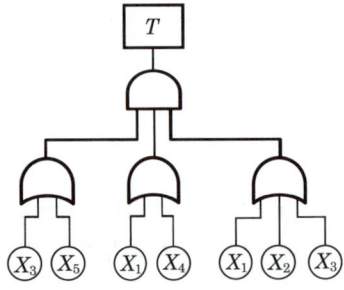

① X_1 ② X_2
③ X_3 ④ X_4

해설
AND → OR
정상 가동되려면 AND게이트이므로 3개의 OR게이트에서 신호가 나와야 한다.

① (X_1 수리) 신호가 2곳에서 나와 가동 안됨

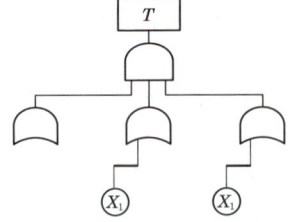

② (X_2 수리) 신호가 2곳에서 나와 가동 안됨

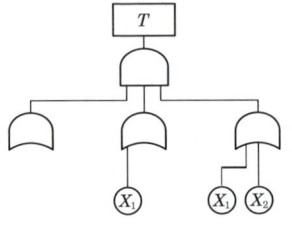

③ (X_3 수리) 신호가 3곳에서 나와 정상 가동

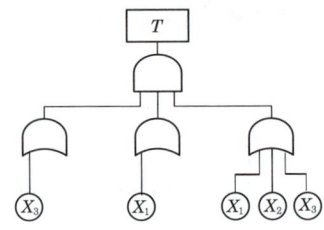

KEY ① 2008년 3월 2일(문제 37번)
② 2010년 7월 25일(문제 24번)
③ 2012년 8월 26일(문제 28번)

보충학습
X_3는 시작과 끝에 있기 때문에 And gate조건과 일치함.

26 다음 중 성격이 다른 정보의 제어 유형은?

① action ② selection
③ setting ④ data entry

해설
세팅((setting) : 시스템의 초기에 설정한 값(시간, 장소)

보충학습
설정된 목표에 달성하기 위한 편차를 제거하는 과정
① action ② selection
③ data entry

[정답] 24 ④ 25 ③ 26 ③

27 기계설비가 설계 사양대로 성능을 발휘하기 위한 적정 윤활의 원칙이 아닌 것은?

① 적량의 규정
② 주유방법의 통일화
③ 올바른 윤활법의 채용
④ 윤활기간의 올바른 준수

해설

윤활의 원칙
① 적량의 규정
② 올바른 윤활법의 채용
③ 윤활기간의 올바른 준수

참고 산업안전기사 필기 p.2-54(합격날개 : 은행문제)

28 인간공학의 궁극적인 목적과 가장 관계가 깊은 것은?

① 경제성 향상
② 인간 능력의 극대화
③ 설비의 가동률 향상
④ 안전성 및 효율성 향상

해설

인간공학의 연구목적(Chapanis, A.)
① 첫째 : 안전성의 향상과 사고방지
② 둘째 : 기계 조작의 능률성과 생산성 향상
③ 셋째 : 쾌적성
④ 3가지의 궁극적인 목적은 안전과 능률(안전성 및 효율성 향상)

참고 산업안전기사 필기 p.2-3(1. 인간공학의 연구목적)

29 특정한 목적을 위해 시각적 암호, 부호 및 기호를 의도적으로 사용할 때에 반드시 고려하여야 할 사항과 가장 거리가 먼 것은?

① 검출성
② 판별성
③ 양립성
④ 심각성

해설

암호체계 사용상 일반적 지침
① 암호의 검출성(감지장치로 검출)
② 암호의 변별성(인접자극의 상이도 영향)
③ 부호의 양립성(인간의 기대와 모순되지 않을 것)
④ 부호의 의미
⑤ 암호의 표준화
⑥ 다차원 암호의 사용

참고 산업안전기사 필기 p.2-82(합격날개 : 합격예측)

30 다음 그림과 같이 7개의 기기로 구성된 시스템의 신뢰도는 약 얼마인가?

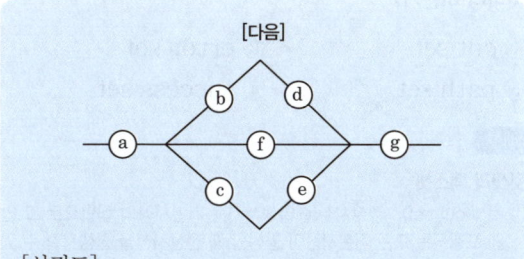

[신뢰도]
a=g : 0.75
b=c=d=e : 0.8
f : 0.9

① 0.5427
② 0.6234
③ 0.5552
④ 0.9740

해설

시스템 신뢰도(R_s)
$= a \times [1-(1-b \times d)(1-f)(1-c \times e)] \times g$
$= 0.75 \times [1-(1-0.8 \times 0.8)(1-0.9)$
    $(1-(0.8 \times 0.8)] \times 0.75$
$= 0.75 \times [1-(1-0.8^2)^2(1-0.9)] \times 0.75$
$= 0.5552$

KEY ① 2001년 9월 23일(문제 32번)
② 2007년 5월 13일(문제 34번)

31 여러 사람이 사용하는 의자 좌면 높이는 어떤 기준으로 설계하는 것이 가장 적절한가?

① 5[%] 오금 높이
② 50[%] 오금 높이
③ 75[%] 오금 높이
④ 95[%] 오금 높이

해설

의자좌면 높이 설계기준 : 5[%] 오금 높이

참고 산업안전기사 필기 p.2-161(3. 의자의 설계원칙)

[정답] 27 ② 28 ④ 29 ④ 30 ③ 31 ①

32. FTA에서 특정 조합의 기본사상들이 동시에 결함이 발생하였을 때 정상사상을 일으키는 기본사상의 집합을 무엇이라 하는가?

① cut set   ② error set
③ path set   ④ success set

해설

컷셋과 패스셋
① 컷셋(cut set) : 정상사상을 발생시키는 기본사상의 집합으로 그 안에 포함되는 모든 기본사상이 발생할 때 정상사상을 발생시킬 수 있는 기본사상의 집합
② 패스셋(path set) : 일정조합 안에 포함되는 모든 기본사상이 일어나지 않을 때 처음으로 정상사상이 일어나지 않는 기본사상의 집합

참고 산업안전기사 필기 p.2-77(합격날개 : 합격예측)
KEY 2013년 3월 10일(문제 30번)

33. 정보의 촉각적 암호화 방법으로만 구성된 것은?

① 점자, 진동, 온도
② 초인종, 점멸등, 점자
③ 신호등, 경보음, 점멸등
④ 연기, 온도, 모스(Morse) 부호

해설

촉각(감)적 표시장치
① 2점 문턱값이란 손으로 두 점을 눌렀을 때 느끼는 감각이 서로 다르게 느끼는 점 사이의 최소거리
② 손바닥 → 손가락 → 손가락 끝
③ 촉각적 암호구성 3가지
　㉮ 점자　㉯ 진동　㉰ 온도

KEY 2013년 8월 18일(문제 37번)

34. 전신육체적 작업에 대한 개략적 휴식시간의 산출공식으로 맞는 것은?[단, R은 휴식시간(분), E는 작업의 에너지소비율(kcal/분)이다.]

① $R = E \times \dfrac{60-4}{E-2}$

② $R = 60 \times \dfrac{E-4}{E-1.5}$

③ $R = 60 \times (E-4) \times (E-2)$

④ $R = E \times (60-4) \times (E-1.5)$

해설

휴식시간$(R) = \dfrac{60(E-4)}{E-1.5}$ [분]

여기서, R : 휴식시간(분)
　　　E : 작업 시 평균 에너지 소비량[kcal/분]
　　　60분 : 총작업 시간
　　　1.5[kcal/분] : 휴식시간 중 에너지 소비량

참고 산업안전기사 필기 p.1-102(3. 휴식)

35. FT도에 사용하는 기호에서 3개의 입력현상 중 임의의 시간에 2개가 발생하면 출력이 생기는 기호의 명칭은?

① 억제 게이트   ② 조합 AND 게이트
③ 배타적 OR 게이트   ④ 우선적 AND 게이트

해설

FTA기호

기호	명칭	발생현상
Ai, Aj, Ak 순으로 / Ai Aj Ak	우선적 AND 게이트	입력사상 중에 어떤 현상이 다른 현상보다 먼저 일어날 때에 출력현상이 생긴다.
2개의 출력 / Ai Aj Ak	조합 AND 게이트	3개 이상의 입력현상 중에 언젠가 2개가 일어나면 출력이 생긴다.
동시발생	배타적 OR 게이트	OR Gate로 2개 이상의 입력이 동시에 존재할 때에는 출력사상이 생기지 않는다. 예를 들면 '동시에 발생하지 않는다'라고 기입한다.

참고 산업안전기사 필기 p.2-70(표. FTA기호)

36. 첨단 경보시스템의 고장률은 0이다. 경계의 효과로 조작자 오류율은 0.01[t/hr]이며, 인간의 실수율은 균질(homogeneous)한 것으로 가정한다. 또한 이 시스템의 스위치 조작자는 1시간마다 스위치를 작동해야 하는데 인간오류확률(HEP : Human Error Probability)이 0.001인 경우에 2시간에서 6시간 사이에 인간-기계 시스템의 신뢰도는 약 얼마인가?

[정답] 32 ①　33 ①　34 ②　35 ②　36 ③

① 0.938　② 0.948
③ 0.957　④ 0.967

해설

인간-기계시스템 신뢰도
① $(1-0.01)^4 = 0.961$
② $(1-0.001)^4 = 0.996$
③ $0.961 \times 0.996 = 0.957$

보충학습

인간신뢰도
① $1-HEP = 1-(0.01+0.001) = 0.959$
② $R(n) = (1-HEP)^n = (0.989)^4 = 0.9567$

37 실내에서 사용하는 습구 흑구 온도(WBGT : Wet Bulb Globe Temperature) 지수는?(단, NWB는 자연습구, GT는 흑구온도, DB는 건구온도이다.)

① $WBGT = 0.6NWB + 0.4GT$
② $WBGT = 0.7NWB + 0.3GT$
③ $WBGT = 0.6NWB + 0.3GT + 0.1DB$
④ $WBGT = 0.7NWB + 0.2GT + 0.1DB$

해설

습구 흑구 온도지수(WBGT)
① 옥외(태양광선이 내리쬐는 장소)
   WBGT = 0.7×자연습구온도(NWB) + 0.2×흑구온도(GT) + 0.1×건구온도(DB)
② 옥내 또는 옥외(태양광선이 내리쬐지 않는 장소)
   WBGT(℃) = 0.7×자연습구온도(NWB) + 0.3×흑구온도(GT)
   여기서 NWB : 자연습구, GT : 흑구온도, DB : 건구온도

참고 산업안전기사 필기 p.2-167(합격날개 : 합격예측)

38 화학설비에 대한 안전성 평가방법 중 공장의 입지조건이나 공장 내 배치에 관한 사항은 어느 단계에서 하는가?

① 제1단계 : 관계자료의 작성 준비
② 제2단계 : 정성적 평가
③ 제3단계 : 정량적 평가
④ 제4단계 : 안전대책

해설

정성적 평가내용에 포함사항
① 입지조건　② 공장 내의 배치
③ 소방설비　④ 공정기기
⑤ 수송·저장　⑥ 원재료, 중간체, 제품

참고 산업안전기사 필기 p.2-36(2. 2단계 : 정성적 평가)

39 국내 규정상 1일 노출횟수가 100일 때 최대 음압수준이 몇 [dB(A)]를 초과하는 충격소음에 노출되어서는 아니 되는가?

① 110　② 120
③ 130　④ 140

해설

충격소음의 노출기준

충격소음의 강도[dB(A)] 초과	140	130	120
1일 노출 횟수 이상	100	1,000	10,000

참고 산업안전기사 필기 p.2-172(합격날개 : 합격예측)

보충학습

충격소음이란 최대 음압수준에 120[dB(A)] 이상인 소음이 1[초] 이상 간격으로 발생하는 것

40 위험 및 운전성 검토(HAZOP)에서 사용되는 가이드 워드 중에서 성질상의 감소를 의미하는 것은?

① Part of　② More less
③ No/Not　④ Other than

해설

유인어(guide words)
① NO 또는 NOT : 설계 의도의 완전한 부정을 의미
② AS Well AS : 성질상의 증가를 나타내는 것으로 설계의도와 운전조건 등 부가적인 행위와 함께 일어나는 것을 의미
③ PART OF : 성질상의 감소, 성취나 성취되지 않음을 나타냄
④ MORE LESS : 양의 증가 또는 양의 감소로 양과 성질을 함께 나타냄
⑤ OTHER THAN : 완전한 대체를 의미
⑥ REVERSE : 설계의도와 논리적인 역을 의미

참고 산업안전기사 필기 p.2-41(2. 유인어)

KEY 2011년 8월 21일(문제 28번)

[정답] 37 ②　38 ②　39 ④　40 ①

3 기계·기구 및 설비안전관리

41 롤러기 급정지장치의 종류가 아닌 것은?

① 어깨조작식 ② 손조작식
③ 복부조작식 ④ 무릎조작식

해설

급정지장치 종류 3가지

급정지장치 조작부의 종류	위치
손으로 조작하는 것	밑면으로부터 1.8[m] 이내
복부로 조작하는 것	밑면으로부터 0.8[m] 이상 1.1[m] 이내
무릎으로 조작하는 것	밑면으로부터 0.6[m] 이내

참고 산업안전기사 필기 p.3-109(합격날개 : 합격예측 및 관련법규)

42 안전색채와 기계장비 또는 배관의 연결이 잘못된 것은?

① 시동스위치 – 녹색
② 급정지스위치 – 황색
③ 고열기계 – 회청색
④ 증기배관 – 암적색

해설

안전색채 사용원칙
① 시동스위치 : 녹색
② 급정지스위치 : 적색
③ 물배관 : 청색
④ 공기배관 : 백색
⑤ 가스배관 : 황색
⑥ 대형기계 : 연녹색
⑦ 고열발생기계 : 청록색(회청색)
⑧ 증기배관 : 암적색

참고 산업안전기사 필기 p.3-24(문제 12번 해설)

43 다음 중 지브가 없는 크레인의 정격하중에 관한 정의로 옳은 것은?

① 짐을 싣고 상승할 수 있는 최대하중
② 크레인의 구조 및 재료에 따라 들어올릴 수 있는 최대하중
③ 권상하중에서 훅, 그랩 또는 버킷 등 달기구의 중량에 상당하는 하중을 뺀 하중
④ 짐을 싣지 않고 상승할 수 있는 최대하중

해설

용어 정의
① 권상하중 : 크레인의 구조와 재료에 따라 부하하는 것이 가능한 최대 하중의 것으로, 이 가운데에는 훅, 크레인버킷 등의 달아올리는 기구의 중량이 포함된다.
② 정격하중 : 크레인으로서 지브가 없는 것은 매다는 하중에서, 지브가 있는 크레인에서는 지브경사각 및 길이와 지브 위의 도르래 위치에 따라 부하할 수 있는 최대하중에서 각각 훅, 크레인버킷 등 달기구의 중량에 상당하는 하중을 뺀 하중을 말한다.
③ 적재하중 : 짐을 싣고 상승할 수 있는 최대 하중을 말한다.
④ 정격속도 : 크레인에 정격하중에 상당하는 짐을 싣고 주행, 선회, 승강 또는 트롤리의 수평이동 최고속도를 말한다.

참고 산업안전기사 필기 p.3-141[(2) 용어의 정의]

44 동력프레스기의 No hand in die 방식의 안전대책으로 틀린 것은?

① 안전금형을 부착한 프레스
② 양수조작식 방호장치의 설치
③ 안전울을 부착한 프레스
④ 전용프레스의 도입

해설

프레스기의 안전장치

금형 안에 손이 들어가지 않는 구조 (No Hand in Die Type : 본질적 안전화)	금형 안에 손이 들어가는 구조 (Hand in Die Type)
① 안전울이 부착된 프레스 ② 안전금형을 부착한 프레스 ③ 전용 프레스 ④ 자동송급, 배출기구가 있는 프레스 ⑤ 자동송급, 배출장치를 부착한 프레스	① 프레스기의 종류, 압력능력 S.P.M, 행정길이·작업방법에 상응하는 방호장치 ㉮ 가드식 ㉯ 수인식 ㉰ 손쳐내기식 ② 정지 성능에 상응하는 방호장치 ㉮ 양수조작식 ㉯ 감응식 광전자식(비접촉) Inter-Lock(접촉)

참고 산업안전기사 필기 p.3-105(표. 프레스기 안전장치)

[정답] 41 ① 42 ② 43 ③ 44 ②

45
물질 내 실제 입자의 진동이 규칙적일 경우 주파수의 단위는 헤르츠[Hz]를 사용하는데 다음 중 통상적으로 초음파는 몇 [Hz] 이상의 음파를 말하는가?

① 10,000
② 20,000
③ 50,000
④ 100,000

해설
초음파의 음파 : 20,000[Hz]＝20[kHz] 이상

참고 산업안전기사 필기 p.3-223(합격날개 : 은행문제1)

보충학습
인간의 귀가 감지할 수 있는 진동수 : 20~20,000[Hz]

46
와이어로프의 구성요소가 아닌 것은?

① 소선
② 클립
③ 스트랜드
④ 심강

해설
와이어로프 구성요소
① 소선(wire)
② 가닥(strand)
③ 심(core) 또는 심강

참고 산업안전기사 필기 p.3-155[(6) 와이어로프 구성요소]

47
이상온도, 이상기압, 과부하 등 기계의 부하가 안전한 계치를 초과하는 경우에 이를 감지하고 자동으로 안전상태가 되도록 조정하거나 기계의 작동을 중지시키는 방호장치는?

① 감지형 방호장치
② 접근거부형 방호장치
③ 위치제한형 방호장치
④ 접근반응형 방호장치

해설
감지형 방호장치
이상온도, 이상기압, 과부하 등 기계의 부하가 안전한계치를 초과하는 경우에 이를 감지하고 자동으로 안전상태가 되도록 조정하거나 기계의 작동을 중지시키는 방호장치

참고 산업안전기사 필기 p.3-201(그림. 방호장치의 구분)

보충학습
포집형 방호장치
① 위험원에 대한 방호장치
② 연삭숫돌의 파괴 또는 가공재의 칩이 비산할 경우 이를 방지하고 안전하게 칩을 포집하는 장치

48
일반구조용 압연강판(SS400)으로 구조물을 설계할 때 허용응력을 10[kg/mm²]으로 정하였다. 이때 적용된 안전율은?

① 2
② 4
③ 6
④ 8

해설
$$\text{안전율} = \frac{\text{극한강도}}{\text{최대설계응력}} = \frac{\text{파단하중}(S)}{\text{최대허용하중}(L)}$$
$$= \frac{\text{인장강도}}{\text{허용응력}} = \frac{400}{10} = 4$$

참고 산업안전기사 필기 p.3-200(합격날개 : 합격예측)

보충학습
① 일반 강판(SS400) = 400[MPa]
② 허용응력(10[kg/mm²]) = 100[MPa]

49
아세틸렌용접장치에 관한 설명 중 틀린 것은?

① 아세틸렌 발생기로부터 5[m] 이내, 발생기실로부터 3[m] 이내에는 흡연 및 화기사용을 금지한다.
② 역화가 일어나면 산소밸브를 즉시 잠그고 아세틸렌밸브를 잠근다.
③ 아세틸렌 용기는 뉘어서 사용한다.
④ 건식안전기에는 차단방법에 따라 소결금속식과 우회로식이 있다.

해설
아세틸렌 용기는 세워서 사용하고, 로프 등으로 묶어 넘어지지 않도록 한다.

참고 산업안전기사 필기 p.3-115(2. 건식안전기)

[정답] 45 ② 46 ② 47 ① 48 ② 49 ③

과년도 출제문제

50 오스테나이트 계열 스테인리스 강판의 표면균열발생을 검출하기 곤란한 비파괴 검사방법은?

① 염료침투검사 ② 자분검사
③ 와류검사 ④ 형광침투검사

해설

비자성체
① 오스테나이트 계열 스테인리스 강판은 비자석 강판이다.
② 자석의 성질이 없기 때문에 자분검사는 불가능하다.

참고 산업안전기사 필기 p.3-223(합격날개 : 은행문제4)

51 지름이 D[mm]인 연삭기 숫돌의 회전수가 N[rpm]일 때 숫돌의 원주속도[m/min]를 옳게 표시한 식은?

① $\dfrac{\pi DN}{1,000}$ ② πDN
③ $\dfrac{\pi DN}{60}$ ④ $\dfrac{DN}{1,000}$

해설

원주속도
$v = \dfrac{\pi DN}{1,000}$[m/min] $= \pi DN$[mm/min]

여기서
D[mm] : 지름, N[rpm] : 회전수

참고 산업안전기사 필기 p.3-88(합격날개 : 합격예측)

52 회전 중인 연삭숫돌이 근로자에게 위험을 미칠 우려가 있을 시 덮개를 설치하여야 할 연삭숫돌의 최소 지름은?

① 지름이 5[cm] 이상인 것
② 지름이 10[cm] 이상인 것
③ 지름이 15[cm] 이상인 것
④ 지름이 20[cm] 이상인 것

해설

덮개 설치 연삭숫돌 최소지름 : 5[cm] 이상

참고 산업안전기사 필기 p.3-93(4. 연삭기 구조면에 있어서 안전대책)

합격정보
산업안전보건기준에 관한 규칙 제122조(연삭숫돌의 덮개 등)

53 프레스작업에서 재해예방을 위한 재료의 자동송급 또는 자동배출장치가 아닌 것은?

① 롤피더 ② 그리퍼피더
③ 플라이어 ④ 셔블 이젝터

해설

프레스 이송장치
① 1차 가공용 송급배출장치 : 롤피터, 그리퍼피더, 셔블 이젝터
② 2차 가공용 송급배출장치 : 슈트, 다이얼피더, 푸셔피더, 트랜스퍼피더, 프레스용로봇
③ 에어분사장치
④ 오토핸드
⑤ 리프터

참고 산업안전기사 필기 p.3-106(표. 프레스 작업점에 대한 방호방법)

54 크레인의 방호장치에 해당되지 않는 것은?

① 권과방지장치 ② 과부하방지장치
③ 자동보수장치 ④ 비상정지장치

해설

크레인 방호장치 종류
① 권과방지장치
② 과부하방지장치
③ 비상정지장치

참고 산업안전기사 필기 p.3-141(합격날개 : 합격예측 및 관련법규)

KEY 2016년 5월 8일(문제 118번)

55 다음 중 선반작업에서 안전한 방법이 아닌 것은?

① 보안경 착용
② 칩 제거는 브러시를 사용
③ 작동 중 수시로 주유
④ 운전 중 백기어 사용금지

해설

선반의 안전한 작업방법
① 보안경 착용 ② 칩 제거는 브러시를 사용
③ 운전 중 백기어 사용금지 ④ 주유 시 기계정지

참고 산업안전기사 필기 p.3-80(3. 선반재해 방지대책)

[**정답**] 50 ② 51 ① 52 ① 53 ③ 54 ③ 55 ③

56 산업용 로봇에 사용되는 안전매트의 종류 및 일반구조에 관한 설명으로 틀린 것은?

① 안전매트의 종류는 연결사용 가능여부에 따라 단일 감지기와 복합 감지기가 있다.
② 단선경보장치가 부착되어 있어야 한다.
③ 감응시간을 조절하는 장치가 부착되어 있어야 한다.
④ 감응도 조절장치가 있는 경우 봉인되어 있어야 한다.

해설
산업용 로봇에 사용되는 안전매트
(1) 종류

구분	형별	용도
단일 감지기	A	감지기를 단독으로 사용
복합 감지기	B	여러 개의 감지기를 연결하여 사용

(2) 시험의 종류
  ① 작동하중시험
  ② 감응시간시험
  ③ 정하중시험
  ④ 내구성시험
  ⑤ 출력부시험
  ⑥ 단선경보장치시험
(3) 표시사항
  ① 작동하중
  ② 감응시간
  ③ 복귀신호의 자동, 수동여부
  ④ 대소인 공용여부

참고) 산업안전기사 필기 p.3-91(합격날개 : 합격예측)

57 기계 고장률의 기본 모형이 아닌 것은?

① 초기고장   ② 우발고장
③ 마모고장   ④ 수시고장

해설
기계설비 고장의 기본유형 3가지

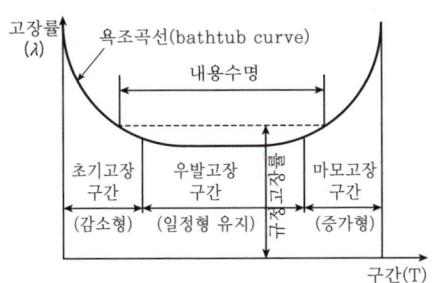

참고) 산업안전기사 필기 p.3-8(그림. 기계설비의 고장유형)

58 프레스 양수조작식 방호장치에서 누름버튼 상호간 최소 내측거리로 옳은 것은?

① 200[mm] 이상   ② 250[mm] 이상
③ 300[mm] 이상   ④ 400[mm] 이상

해설
누름버튼거리 : 300[mm] 이상

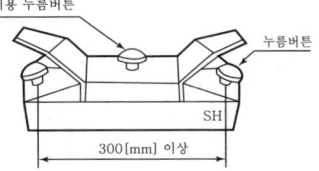

[그림] 양수조작식 누름버튼

참고) 산업안전기사 필기 p.3-100(4. 양수조작식)

59 보일러 과열의 원인이 아닌 것은?

① 수관과 본체의 청소 불량
② 관수 부족 시 보일러의 가동
③ 드럼내 물의 감소
④ 수격작용이 발생될 때

해설
보일러 과열의 원인
① 수관과 본체의 청소 불량
② 관수 부족 시 보일러의 가동
③ 수면계의 고장으로 드럼내 물의 감소

참고) 산업안전기사 필기 p.3-118(합격날개 : 합격예측 및 관련법규)

60 연삭용 숫돌의 3요소가 아닌 것은?

① 조직   ② 입자
③ 결합제   ④ 기공

해설
연삭숫돌의 3요소
① 입자(절삭날)
② 결합제(절삭날지지)
③ 기공(칩의 저장, 배출)

참고) 산업안전기사 필기 p.3-85(합격날개 : 합격예측)

[정답] 56 ③ 57 ④ 58 ③ 59 ④ 60 ①

4 전기설비 안전관리

61 그림과 같은 전기설비에서 누전사고가 발생하여 인체가 전기설비의 외함에 접촉하였을 때 인체통과 전류는 약 몇 [mA]인가?

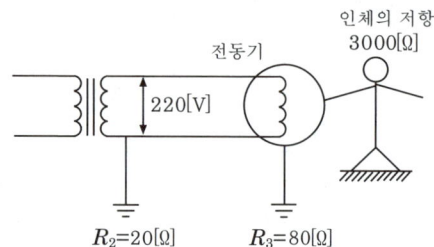

① 43.25
② 51.24
③ 58.36
④ 61.68

해설

인체통과 전류

$$I = \dfrac{E}{R_m\left(1+\dfrac{R_2}{R_3}\right)}$$

여기서, I : 인체에 흐른 전류
　　　　E : 대지전압
　　　　R_2 : 제2종 접지저항값
　　　　R_3 : 제3종 접지저항값
　　　　R_m : 인체저항

$\therefore I = \dfrac{220}{3{,}000\left(1+\dfrac{20}{80}\right)} \times 1{,}000 = 58\,[\text{mA}]$

KEY　① 2005년 출제
　　　　② 2010년 3월 7일(문제 79번)

62 화재대비 비상용 동력설비에 포함되지 않는 것은?

① 소화 펌프
② 급수 펌프
③ 배연용 송풍기
④ 스프링클러용 펌프

해설

비상용 동력설비의 종류
① 소화 펌프
② 배연용 송풍기
③ 스프링클러용 펌프

참고 산업안전기사 필기 p.4-74(합격날개 : 은행문제)

63 방폭지역에 전기기기를 설치할 때 그 위치로 적당하지 않은 것은?

① 운전·조작·조정이 편리한 위치
② 수분이나 습기에 노출되지 않는 위치
③ 정비에 필요한 공간이 확보되는 위치
④ 부식성 가스발산구 주변 검지가 용이한 위치

해설

방폭지역에 전기기기 설치시 고려사항
① 운전·조작·조정 등이 편리한 위치에 설치하여야 한다.
② 보수가 용이한 위치에 설치하고 점검 또는 정비에 필요한 공간을 확보하여야 한다.
③ 가능하면 수분이나 습기에 노출되지 않는 위치를 선정하고, 상시 습기가 많은 장소에 설치하는 것을 피하여야 한다.
④ 부식성 가스발산구의 주변 및 부식성 액체가 비산하는 위치에 설치하는 것은 피하여야 한다.
⑤ 열유관, 증기관 등의 고온발열체에 근접한 위치에는 가능하면 설치를 피하여야 한다.
⑥ 기계장치 등으로부터 현저한 영향을 받을 수 있는 위치에 설치하는 것은 피하여야 한다.

참고 산업안전기사 필기 p.4-56(1. 공사 및 보수)

64 200[A]의 전류가 흐르는 단상 전로의 한 선에서 누전되는 최소전류[mA]의 기준은?

① 100
② 200
③ 10
④ 20

해설

누전되는 최소전류

$I = 200 \times \dfrac{1}{2{,}000} = 0.1\,[\text{A}] \times 1{,}000 = 100\,[\text{mA}]$

참고 산업안전기사 필기 p.4-7(7. 누전전류)

KEY　① 2012년 5월 20일(문제 64번)
　　　　② 2013년 3월 10일(문제 78번)

[정답] 61 ③　62 ②　63 ④　64 ①

65 반도체 취급 시 정전기로 인한 재해 방지대책으로 거리가 먼 것은?

① 작업자 정전화 착용
② 작업자 제전복 착용
③ 부도체 작업대 접지 실시
④ 작업장 도전성 매트 사용

해설
부도체의 대전은 도체의 대전과는 달리 복잡해서 폭발, 화재의 발생한계를 추정하는 데 충분한 유의가 필요하다.

참고) 산업안전기사 필기 p.4-46(문제 5번)

KEY ▶ 2014년 8월 17일(문제 69번)

66 정전작업을 하기 위한 작업 전 조치사항이 아닌 것은?

① 단락접지 상태를 수시로 확인
② 전로의 충전 여부를 검전기로 확인
③ 전력용 커패시터, 전력케이블 등의 잔류전하 방전
④ 개로개폐기의 잠금장치 및 통전금지 표지판 설치

해설
정전작업 전 조치사항
① 전로의 개로 개폐기에 시건장치 및 통전금지 표지판 설치
② 전력케이블, 전력콘덴서 등의 잔류전하 방전
③ 검전기로 충전 여부 확인
④ 단락접지기구로 단락접지

참고) 산업안전기사 필기 p.4-45(문제 4번) 적중

KEY ▶ 2015년 8월 16일(문제 70번)

67 전기작업 안전의 기본대책에 해당되지 않는 것은?

① 취급자의 자세
② 전기설비의 품질 향상
③ 전기시설의 안전관리 확립
④ 유지보수를 위한 부품 재사용

해설
전기작업의 기본대책
① 취급자의 자세
② 전기설비의 품질 향상
③ 전기시설의 안전관리 확립

참고) 산업안전기사 필기 p.4-24(보충문제)

68 피부의 전기저항 연구에 의하면 인체의 피부 중 1~2[mm^2] 정도의 적은 부분은 전기 자극에 의해 신경이 이상적으로 흥분하여 다량의 피부지방이 분비되기 때문에 그 부분의 전기저항이 1/10 정도로 적어지는 피전점(皮電点)이 존재한다고 한다. 이러한 피전점이 존재하는 부분은?

① 머리
② 손등
③ 손바닥
④ 발바닥

해설
피전점이 존재하는 곳
① 손등
② 턱
③ 볼
④ 정강이

참고) 산업안전기사 필기 p.4-86(문제 15번)

69 대지를 접지로 이용하는 이유 중 가장 옳은 것은?

① 대지는 토양의 주성분이 규소(SiO$_2$)이므로 저항이 영(0)에 가깝다.
② 대지는 토양의 주성분이 산화알미늄(Al$_2$O$_3$)이므로 저항이 영(0)에 가깝다.
③ 대지는 철분을 많이 포함하고 있기 때문에 전류를 잘 흘릴 수 있다.
④ 대지는 넓어서 무수한 전류통로가 있기 때문에 저항이 영(0)에 가깝다.

해설
접지의 목적
① 설비의 절연물이 열화 또는 손상시 흐르게 되는 누설전류에 의한 감전방지
② 고전압의 혼촉사고시 인체에 위험을 주는 전류를 대지로 흘려보내 감전을 방지
③ 낙뢰에 의한 피해방지
④ 송배전선, 고저압모선 등에서 지락사고발생시 보호계전기를 신속하게 동작시킴
⑤ 송배전선로의 지락사고시 대지전위의 상승을 억제하고 절연강도를 경감시킴
⑥ 대지를 접지로 이용하는 이유는 대지는 넓어서 무수한 전류통로가 있기 때문에 저항이 영(0)에 가깝다.

참고) 산업안전기사 필기 p.4-88(문제 29번) 적중

KEY ▶ 2014년 5월 25일(문제 73번)

[정답] 65 ③ 66 ① 67 ④ 68 ② 69 ④

70 50[kW], 60[Hz] 3상 유도전동기가 380[V] 전원에 접속된 경우 흐르는 전류는 약 몇 [A]인가? (단, 역률은 80[%]이다.)

① 82.24 ② 94.96
③ 116.30 ④ 164.47

해설

전류계산
① $W = \sqrt{3}VI$
② $50kW = 1.732 \times 380 \times I$
③ $50,000W = 1.732 \times 380 \times I$
④ $I = \dfrac{50,000}{658.16} \div 0.8 = 94.96[A]$

---

71 $Q = 2 \times 10^{-7}[C]$으로 대전하고 있는 반경 25[cm] 도체구의 전위는 약 몇 [kV]인가?

① 7.2 ② 12.5
③ 14.4 ④ 25

해설

도체구의 전위
① $E = \dfrac{Q}{4\pi\varepsilon_0 \times r}[V]$
(유전율 $\varepsilon_0 = 8.855 \times 10^{-12}$, $r = 0.25[m]$)
② $E = \dfrac{2 \times 10^{-7}}{4\pi \times (8.855 \times 10^{-12}) \times 0.25} = 7189.38[V] = 7.2[kV]$

참고 2009년 3월 1일(문제 72번)
KEY 2013년 3월 10일(문제 73번)

---

72 고압 및 특고압 전로에 시설하는 피뢰기의 설치장소로 잘못된 곳은?

① 가공전선로와 지중전선로가 접속되는 곳
② 발전소, 변전소의 가공전선 인입구 및 인출구
③ 가공전선로에 접속하는 배전용 변압기의 저압측
④ 특고압 가공전선로로부터 공급받는 수용장소의 인입구

해설

피뢰기의 설치장소(고압 및 특고압의 전로 중)
① 발전소, 변전소 또는 이에 준하는 장소의 가공전선 인입구 및 인출구
② 가공전선로에 접속하는 배전용 변압기의 고압측 및 특고압측
③ 고압 또는 특고압의 가공전선로로부터 공급을 받는 수용장소의 인입구
④ 가공전선로와 지중전선로가 접속되는 곳
⑤ 고압 가공전선로로부터 공급을 받는 수전전력의 용량이 500[kW] 이상의 수용장소의 인입구
⑥ 배선전로 차단기, 개폐기의 전원측 및 부하측
⑦ 콘덴서의 전원측

참고 산업안전기사 필기 p.4-61(참고)

---

73 전기기기의 케이스를 전폐구조로 하며 접합면에는 일정치 이상의 깊이를 갖는 패킹을 사용하여 분진이 용기 내로 침입하지 못하도록 한 방폭구조는?

① 보통방진 방폭구조 ② 분진특수 방폭구조
③ 특수방진 방폭구조 ④ 밀폐방진 방폭구조

해설

분진 방폭구조의 종류

구분	특징
특수방진 방폭구조(SDP)	전폐구조로서 틈새깊이를 일정치 이상으로 하거나 또는 접합면에 일정치 이상의 깊이가 있는 패킹을 사용하여 분진이 용기내부로 침입하지 않도록 한 구조
보통방진 방폭구조(DP)	전폐구조로서 틈새깊이를 일정치 이상으로 하거나 또는 접합면에 패킹을 사용하여 분진이 용기내부로 침입하기 어렵게 한 구조
방진특수 방폭구조(XDP)	위의 두 가지 구조 이외의 방폭구조로서 방진방폭성능이 시험에 의하여 확인된 구조

참고 산업안전기사 필기 p.4-61(표. 분진방폭구조의 종류)
KEY 2012년 3월 4일(문제 66번)

---

74 전기설비 화재의 경과 별 재해 중 가장 빈도가 높은 것은?

① 단락(합선) ② 누전
③ 접촉부 과열 ④ 정전기

해설

경로별(원인별) 화재 발생순
① 단락(합선) : 25[%] ② 전기스파크 : 24[%]
③ 누전 : 15[%] ④ 접촉부의 과열 : 12[%]
⑤ 접촉불량 ⑥ 정전기

참고 산업안전기사 필기 p.4-72(2. 경로별 발생)

[정답] 70 ② 71 ① 72 ③ 73 ③ 74 ①

75 폴리에스터, 나일론, 아크릴 등의 섬유에 정전기 대전방지 성능이 특히 효과가 있고, 섬유에 균일 부착성과 열안전성이 양호한 외부용 일시성 대전방지제로 옳은 것은?

① 양ion계 활성제
② 음ion계 활성제
③ 비ion계 활성제
④ 양성ion계 활성제

해설

음(陰)이온계 활성제
① 저렴, 무독성, 섬유에 균일 부착성과 열안정성 양호
② 섬유의 원사 등에 사용(외부용 일시성 대전방지제)

참고 산업안전기사 필기 p.4-41(1. 음이온계)

KEY 2006년 3월 5일(문제 71번)

---

76 코로나 방전이 발생할 경우 공기 중에 생성되는 것은?

① O_2
② O_3
③ N_2
④ N_3

해설

코로나(corona) 방전
① 일반적으로 대기 중에서 발생하는 방전으로 방전 물체에 날카로운 돌기 부분이 있는 경우 이 선단 부근에서 "쉿"하는 소리와 함께 미약한 발광이 일어나는 방전현상으로 공기 중에서 오존(O_3)을 생성한다.
② 방전에너지의 밀도가 작아서 장해나 재해의 원인이 될 가능성이 비교적 작다.

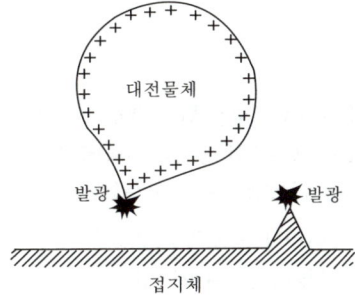

[그림] Corona 방전

KEY 2010년 5월 9일(문제 71번)

---

77 다음 설명과 가장 관계가 깊은 것은?

- 파이프 속에 저항이 높은 액체가 흐를 때 발생된다.
- 액체의 흐름이 정전기 발생에 영향을 준다.

① 충돌대전
② 박리대전
③ 유동대전
④ 분출대전

해설

유동대전
① 액체류가 파이프 등 내부에서 유동시 관벽과 액체 사이에서 발생
② 액체 유동속도가 정전기발생에 큰 영향을 줌
③ 배관 내 유체의 정전하량(대전량) 유속의 1.5~2승에 비례
④ 배관 내 유체의 제한속도
　가솔린이나 벤젠 등이 흐를 때 유속은 1[m/sec] 이하로 제한

참고 산업안전기사 필기 p.4-49(문제 19번) 해설

KEY 2013년 3월 10일(문제 66번)

---

78 전기설비 방폭구조의 종류가 아닌 것은?

① 근본방폭구조
② 압력방폭구조
③ 안전증방폭구조
④ 본질안전방폭구조

해설

전기설비 방폭구조
(1) 인화성물질의 증기 또는 가연성 가스에 의한 폭발위험이 있는 농도에 달할 우려가 있는 장소에서 사용하는 전기기계·기구
　① 내압방폭구조
　② 안전증방폭구조
　③ 본질안전방폭구조
　④ 압력방폭구조
　⑤ 유입방폭구조
　⑥ 특수방폭구조
(2) 가연성 또는 폭발성 분진에 의한 폭발위험이 있는 농도에 달할 우려가 있는 장소에서 사용하는 전기기계·기구
　① 보통방진방폭구조(DP)
　② 특수방진방폭구조(SDP)
　③ 방진특수방폭구조(XDP)

참고 산업안전기사 필기 p.4-53(3. 방폭구조의 종류와 특징)

[정답] 75 ② 　 76 ② 　 77 ③ 　 78 ①

79 분진폭발 방지대책으로 거리가 먼 것은?

① 작업장 등은 분진이 퇴적하지 않는 형상으로 한다.
② 분진취급장치에는 유효한 집진장치를 설치한다.
③ 분체 프로세스의 장치는 밀폐화하고 누설이 없도록 한다.
④ 분진 폭발의 우려가 있는 작업장에는 감독자를 상주시킨다.

해설
폭발시 감독자도 죽는다.(해설이 심하며 용서를 구합니다.)

> 참고: 산업안전기사 필기 p.5-10(합격날개 : 문제은행)

80 전기누전 화재경보기의 시험 방법에 속하지 않는 것은?

① 방수시험 ② 전류특성시험
③ 접지저항시험 ④ 전압특성시험

해설
누전화재경보기 시험

구분	시험종류	
변류기	• 온도특성시험 • 방수시험 • 진동시험 • 충격시험	• 전로개폐시험 • 단락전류강도시험 • 과누전시험 • 노화시험 • 전압강하 방지시험
수신부	• 절연저항시험 • 절연내력시험 • 충격파 내전압시험	• 전원전압 변동시험 • 과입력전압시험 • 개폐기의 조작시험 • 반복시험

> 참고: 산업안전기사 필기 p.4-75(5. 누전경보기)

5 화학설비 안전관리

81 다음 중 인화점이 가장 낮은 물질은?

① 등유 ② 아세톤
③ 이황화탄소 ④ 아세트산

해설
주요 인화성 액체의 인화점

물질명	인화점[℃]	물질명	인화점[℃]
아세톤	-20	아세트알데히드	-39
가솔린	-43	에틸알코올	13
경 유	40~85	메탄올	11
등 유	30~60	산화에틸렌	-17.8
벤 젠	-11	이황화탄소	-30
테레빈유	35	에틸에테르	-45

> 참고: 산업안전기사 필기 p.5-25(문제 18번) 해설

82 일산화탄소에 대한 설명으로 틀린 것은?

① 무색·무취의 기체이다.
② 염소와 촉매 존재하에 반응하여 포스겐이 된다.
③ 인체 내의 헤모글로빈과 결합하여 산소운반기능을 저하시킨다.
④ 불연성가스로서, 허용농도가 10[ppm]이다.

해설
일산화탄소의 특징
① 무색·무취의 기체이다.
② 염소와 촉매 존재하에 반응하여 포스겐이 된다.
③ 인체 내의 헤모글로빈과 결합하여 산소운반기능을 저하시킨다.
④ 독성가스이고 질식성이며 허용농도는 50[ppm]이다.

> 참고: 산업안전기사 필기 p.5-44(표. 주요 고압가스의 분류)

83 4[%] NaOH 수용액과 10[%] NaOH 수용액을 반응기에 혼합하여 6[%] 100[kg]의 NaOH 수용액을 만들려면 각각 몇 [kg]의 NaOH 수용액이 필요한가?

① 4[%] NaOH 수용액 : 50,
   10[%] NaOH 수용액 : 50
② 4[%] NaOH 수용액 : 56.2,
   10[%] NaOH 수용액 : 43.8
③ 4[%] NaOH 수용액 : 66.67,
   10[%] NaOH 수용액 : 33.33
④ 4[%] NaOH 수용액 : 80,
   10[%] NaOH 수용액 : 20

[정답] 79 ④ 80 ③ 81 ③ 82 ④ 83 ③

해설
NaOH 수용액

① $\dfrac{4[\%]\ NaOH}{(x)[kg]} + \dfrac{10[\%]\ NaOH}{(100-x)[kg]} \rightarrow \dfrac{6[\%]\ NaOH의\ 100[kg]}{100[kg]}$

② $0.04x + 0.1 \times (100-x) = 0.06 \times 100$

③ $0.04x + 10 - 0.1x = 6$

④ $x = \dfrac{4}{0.06} = 66.67[kg]$

⑤ 4[%] NaOH수용액 = 66.67[kg]

⑥ 10[%] NaOH수용액 = 33.33[kg]

KEY 2009년 5월 10일 (문제 97번)

---

84 다음 중 산업안전보건기준에 관한 규칙에서 규정한 위험물질의 종류에서 "물반응성 물질 및 인화성 고체"에 해당하는 것은?

① 질산에스테르류
② 니트로화합물
③ 칼륨·나트륨
④ 니트로소화합물

해설
물반응성 물질 및 인화성 고체

구분	종류	
인화성 고체	① 황화인 ③ 적린 ⑤ 마그네슘 분말	② 황 ④ 금속분말
물반응성 물질	① 리튬 ③ 나트륨 ⑤ 알킬리튬 ⑦ 알칼리금속(리튬, 칼륨 및 나트륨 제외) ⑧ 유기금속화합물(알킬알루미늄 및 알킬리튬 제외) ⑨ 금속의 수소화물 ⑩ 금속의 인화물 ⑪ 칼슘 또는 알루미늄의 탄화물	② 칼륨 ④ 알킬알루미늄 ⑥ 황린

참고 산업안전기사 필기 p.5-35(1. 위험물의 성질과 위험성)

보충학습 산업안전보건기준에 관한 규칙 [별표 1] 위험물질의 종류

---

85 다음 중 분진이 발화 폭발하기 위한 조건으로 거리가 먼 것은?

① 불연성질
② 미분상태
③ 점화원의 존재
④ 지연성가스 중에서의 교반과 운동

해설
분진폭발의 조건

① 가연성 고체는 미분상태로 부유되어 있다가 점화에너지를 가하면 가스와 유사한 폭발형태를 가진다.
② 착화에너지 : $10^{-2} \sim 10^{-5}[J]$
③ 폭발범위 : 하한값 25~45[mg/l], 상한값 80[mg/l]

보충학습 산업안전기사 필기 p.5-9(표. 증기폭발, 분진폭발, 분해폭발)

---

86 다음 중 냉각소화에 해당하는 것은?

① 튀김 기름이 인화되었을 때 싱싱한 야채를 넣어 소화한다.
② 가연성 기체의 분출 화재 시 주 밸브를 닫아서 연료 공급을 차단한다.
③ 금속화재의 경우 불활성 물질로 가연물을 덮어 미연소 부분과 분리한다.
④ 촛불을 입으로 불어서 끈다.

해설
가연물 냉각소화

① 액체 또는 고체소화제를 사용하여 가연물을 냉각시켜 인화점 및 발화점 이하로 떨어뜨려 소화하는 방법이다.
② 대표적인 소화제는 물이다.

보충학습 산업안전기사 필기 p.5-125(3. 가연물의 냉각소화)

---

87 인화성액체 위험물을 액체상태로 저장하는 저장탱크를 설치할 때, 위험물질이 누출되어 확산되는 것을 방지하기 위하여 설치해야 하는 것은?

① 방유제
② 유막시스템
③ 방폭제
④ 수막시스템

해설
방유제(artificial barricade, 防油提)

① 위험물을 저장하는 탱크는 화재 등의 재해에 의해서 내용물이 흘러나와 재해를 확대시킬 우려가 있다. 이것을 방지하기 위해 그 주위에 둑을 설치하는 것을 말한다.
② 소방법에서는 액체 위험물(이황화탄소를 제외)을 저장하는 옥외탱크에는 방유제를 설치하도록 규정되어 있다.
③ 주위 저장탱크의 배치나 내용물의 종류에 따라 재해가 일어날 위험성이 있는 것은 법규 규제의 유무에 관계없이 방유제를 설치해야 한다.

[정답] 84 ③ 85 ① 86 ① 87 ①

[참고] 산업안전기사 필기 p.5-90(합격날개 : 은행문제)

[합격정보]
산업안전보건기준에 관한 규칙 제272조(방유제설치)

88 다음 중 C급 화재에 해당하는 것은?
① 금속화재 ② 전기화재
③ 일반화재 ④ 유류화재

[해설]
화재의 종류 및 명칭

종류	명칭
A급 화재(백색)	일반화재
B급 화재(황색)	유류화재
C급 화재(청색)	전기화재
D급 화재(무색)	금속화재

[참고] 산업안전기사 필기 p.5-15(2. 화재의 분류)

89 다음 중 산업안전보건법령상 공정안전보고서의 안전운전계획에 포함되지 않는 항목은?
① 안전작업허가
② 안전운전지침서
③ 가동 전 점검지침
④ 비상조치계획에 따른 교육계획

[해설]
안전운전계획의 주요항목
① 안전운전지침서
② 설비점검·검사 및 보수계획, 유지계획 및 지침서
③ 안전작업허가
④ 도급업체 안전관리계획
⑤ 근로자 등 교육계획
⑥ 가동 전 점검지침
⑦ 변경요소 관리계획
⑧ 자체검사 및 사고조사 계획
⑨ 그 밖에 안전운전에 필요한 사항

[참고] 산업안전기사 필기 p.5-88(표. 공정안전보고서에 포함될 주요 내용)

[합격정보]
① 산업안전보건법 시행규칙 제50조(공정안전보고서의 세부내용 등)
② 2024년 7월 1일 개정법 적용

90 공업용 가스의 용기가 주황색으로 도색되어 있을 때 용기 안에는 어떠한 가스가 들어있는가?
① 수소 ② 질소
③ 암모니아 ④ 아세틸렌

[해설]
공업용 가스용기의 색

가스의 종류	용기도색
액화탄산가스	청색
산소	녹색
수소	주황색
아세틸렌	황색
액화암모니아	백색
액화염소	갈색
액화석유가스(LPG) 및 기타가스	회색

[참고] 산업안전기사 필기 p.5-50(합격날개 : 합격예측)

[합격자의 조언]
제3과목 기계·기구 및 설비 안전관리에도 출제됩니다.

91 다음 중 Flashover의 방지(지연)대책으로 가장 적절한 것은?
① 출입구 개방 전 외부공기 유입
② 실내의 가열
③ 가연성 건축자재 사용
④ 개구부 제한

[해설]
Flashover
(1) 특징
 ① 화재로 인하여 실내온도가 급격히 상승하여 화재가 순간적으로 실내 전체에 확산되어 연소되는 현상
 ② 화재 발생 후 5~6분 경에 발생하며, 발생시점은 성장기~최성기 (성장기에서 최성기로 넘어가는 분기점)이다. 그때의 실내온도는 800~900[℃]이다.
(2) 플래시오버에 영향을 미치는 것
 ① 개구부 : 구멍의 크기
 ② 내장재료 : 단단한 정도를 나타내는 경도와는 상관없음
 ③ 화원의 크기 : 불이 처음 붙었을 때 크기
 ④ 실의 내표면적

[참고] ① 감광계수 : 연기의 농도에 의해 빛이 감해지는 계수
② 산업안전기사 필기 p.5-19(합격날개 : 합격예측)

[정답] 88 ② 89 ④ 90 ① 91 ④

보충학습
(1) 백 드래프트(Back Draft)
실내의 공기가 부족할 때 문을 열면 공기가 급격히 유입되면서 밖으로 순간적으로 나가는 현상
(2) 연기
① 가연물 중 완전 연소되지 않은 고체 또는 액체의 미립자가 떠돌아다니는 상태, 고체는 무독성, 액체는 유독성(체내에 축적)이다. 연기는 대류에 의해 전파된다.
② 연기의 이동속도
㉮ 수평방향 : 0.5~1[m/s]
㉯ 수직방향 : 2~3[m/s]
㉰ 계단실내의 수직 이동속도 : 3~5[m/s]

[표] 연기의 농도와 가시거리

감광계수	가시거리[m]	상황
0.1	20~30	연기감지기가 작동할 때의 농도
10	0.2~0.5	화재 최성기 때의 농도
30	–	출화실에서 연기가 분출할 때의 농도

㈜ 감광계수 : 연기의 농도에 의해 빛이 감해지는 계수

92 위험물안전관리법령에 의한 위험물 분류에서 제1류 위험물은 산화성 고체이다. 다음 중 산화성 고체 위험물에 해당하는 것은?

① 과염소산칼륨 ② 황린
③ 마그네슘 ④ 나트륨

해설

위험물 분류
① 제1류 : 아염소산염류, 염소산염류, 과염소산염류, 무기과산화물, 삼산화크롬, 브롬산염류, 요오드산염류, 질산염류, 과망간산염류, 중크롬산염류
② 제2류 : 황화인, 적린, 유황, 철분, Mg, 금속분류, 인화성 고체
③ 제3류 : K, Na, 알킬Al, 알킬Li, 황린, 칼슘 또는 Al의 탄화물류 등
④ 제4류 : 특수인화물류, 동식물류, 알코올류, 제1석유류~제4석유류
⑤ 제5류 : 유기산화물류, 질산에스테르류(니트로셀룰로오스, 질산에틸, 니트로글리세린), 셀룰로이드류, 니트로화합물, 아조화합물류, 디아조화합물류, 히드라진 유도체류
⑥ 제6류 : 과염소산, 과산화수소, 질산

참고) 산업안전기사 필기 p.5-67(문제 27번)

93 다음 중 가연성 가스의 연소 형태에 해당하는 것은?

① 분해연소 ② 자기연소
③ 표면연소 ④ 확산연소

해설

연소의 형태
(1) 기체연소
① 확산연소(발염연소) ② 혼합연소 ③ 불꽃연소
(2) 액체연소
① 증발연소 ② 액적연소 ③ 불꽃연소
(3) 고체연소
① 표면연소 ② 분해연소 ③ 증발연소 ④ 자기연소

참고) 산업안전기사 필기 p.5-4(2. 연소의 종류)

94 다음 중 송풍기의 상사법칙으로 옳은 것은?(단, 송풍기의 크기와 공기의 비중량은 일정하다.)

① 풍압은 회전수에 반비례한다.
② 풍량은 회전수의 제곱에 비례한다.
③ 소요동력은 회전수의 세제곱에 비례한다.
④ 풍압과 동력은 절대온도에 비례한다.

해설

송풍기 상사법칙(유량·양정·동력)

구분	법칙
토출량 (유량)	$Q' = Q \times \left(\dfrac{N'}{N}\right)$
소요양정	$H' = H \times \left(\dfrac{N'}{N}\right)^2$
소요동력	$P' = P \times \left(\dfrac{N'}{N}\right)^3$

참고) 산업안전기사 필기 p.5-55(표. 상사법칙)

95 폭발하한계를 L, 폭발상한계를 U라 할 경우 다음 중 위험도(H)를 옳게 나타낸 것은?

① $H = \dfrac{U-L}{L}$ ② $H = \dfrac{|L-U|}{U}$
③ $H = \dfrac{L}{U-L}$ ④ $H = \dfrac{U}{|L-U|}$

해설

위험도(H) = $\dfrac{\text{폭발상한계}(U) - \text{폭발하한계}(L)}{\text{폭발하한계}(L)}$

참고) 산업안전기사 필기 p.5-60(㉮ 위험도)

[정답] 92 ① 93 ④ 94 ③ 95 ①

과년도 출제문제

96 다음 중 공기 속에서의 폭발하한계[vol%]값의 크기가 가장 작은 것은?

① H_2 ② CH_4
③ CO ④ C_2H_2

해설

공기 중 폭발한계

구분	하한계	상한계
H_2(수소)	4.0	75.0
CH_4(메탄)	5.0	15.0
CO(일산화탄소)	12.5	74.0
C_2H_2(아세틸렌)	2.5	81.0

참고) 산업안전기사 필기 p.5-59(표1. 공기중의 폭발한계)

97 다음 중 Halon 2402의 화학식으로 옳은 것은?

① $C_2I_4Br_2$ ② $C_2F_4Br_2$
③ $C_2Cl_4Br_2$ ④ $C_2I_4Cl_2$

해설

할론소화기의 종류
① CCl_4 : 1040 ② CH_2ClBr : 1011
③ $C_2F_4Br_2$: 2402 ④ CF_2ClBr : 1211
⑤ CF_3Br : 1301

참고) 산업안전기사 필기 p.5-15(③ 할론소화기의 종류)

98 관부속품 중 유로를 차단할 때 사용되는 것은?

① 유니온 ② 소켓
③ 플러그 ④ 엘보

해설

피팅류(Fittings)

용도	종류
두 개의 관을 연결할 때	플랜지, 유니온, 커플링, 니플, 소켓
관로의 방향을 바꿀 때	엘보, Y지관, 티, 십자
관로의 크기를 바꿀 때	축소관, 부싱
가지관을 설치할 때	티(T), Y지관, 십자
유로를 차단할 때	플러그, 캡, 밸브
유량 조절할 때	밸브

참고) 산업안전기사 필기 p.5-58(합격날개 : 합격예측)

99 산업안전보건법령상 특수화학설비 설치시 반드시 필요한 장치가 아닌 것은?

① 원재료 공급의 긴급차단장치
② 즉시 사용할 수 있는 예비동력원
③ 화재 시 긴급대응을 위한 물분무소화장치
④ 온도계·유량계·압력계 등의 계측장치

해설

특수화학설비에 설치하는 계측장치
① 원재료 공급의 긴급차단장치
② 즉시 사용할 수 있는 예비동력원
③ 온도계·유량계·압력계 등의 계측장치

참고) 산업안전기사 필기 p.5-74(문제 59번) 적중

합격정보
산업안전보건기준에 관한 규칙 제271조~277조

100 다음 중 펌프 사용 시 공동현상(cavitation)을 방지하고자 할 때의 조치사항으로 틀린 것은?

① 펌프의 회전수를 높인다.
② 흡입비 속도를 작게 한다.
③ 펌프의 흡입관의 두(head) 손실을 줄인다.
④ 펌프의 설치높이를 낮추어 흡입양정을 짧게 한다.

해설

공동현상(cavitation)
① 유체에 압력을 가해도 밀도는 극히 작게 증가하고, 압력을 감소시켜 유체의 증기압 이하로 할 경우 부분적으로 증기가 발생하는 현상
② 진공, 소음발생
③ 효율저하 및 침식

참고) 산업안전기사 필기 p.5-59(합격날개 : 합격예측)

6 건설공사 안전관리

101 단관비계를 조립하는 경우 벽이음 및 버팀을 설치할 때의 수평방향 조립간격 기준으로 옳은 것은?

① 3[m] ② 5[m]
③ 6[m] ④ 8[m]

【정답】 96 ④ 97 ② 98 ③ 99 ③ 100 ① 101 ②

> **해설**

강관비계의 조립간격

강관비계의 종류	조립 간격(단위 : [m])	
	수직방향	수평방향
단관비계	5	5
틀비계(높이 5[m] 미만인 것은 제외)	6	8

> **참고** 산업안전기사 필기 p.6-94(표. 조립간격)
> **합격정보**
> 산업안전보건기준에 관한 규칙 [별표 5] 강관비계의 조립간격

102 항타기 또는 항발기에 사용되는 권상용 와이어로프의 안전계수는 최소 얼마 이상이어야 하는가?

① 3   ② 4
③ 5   ④ 6

> **해설**
> 권상용 와이어로프 안전계수 : 5 이상
> **참고** 산업안전기사 필기 p.6-56(합격날개 : 합격예측 및 관련법규)
> **합격정보**
> 산업안전보건기준에 관한 규칙 제211조(권상용 와이어로프의 안전계수)

103 산업안전보건기준에 관한 규칙에 따른 암반 중 풍화암 굴착 시 굴착면의 기울기 기준으로 옳은 것은?

① 1 : 1.5   ② 1 : 1.1
③ 1 : 1.0   ④ 1 : 0.5

> **해설**

굴착면의 기울기 기준

지반의 종류	굴착면의 기울기
모래	1 : 1.8
연암 및 풍화암	1 : 1.0
경암	1 : 0.5
그 밖의 흙	1 : 1.2

> **참고** 산업설안전기사 필기 p.6-56(표. 굴착면의 기울기 기준)
> **합격정보**
> 산업안전보건기준에 관한 규칙 [별표 11] 굴착면의 기울기 기준

104 다음 기계 중 양중기에 포함되지 않는 것은?

① 리프트   ② 곤돌라
③ 크레인   ④ 트롤리 컨베이어

> **해설**

양중기의 종류
① 크레인[호이스트(hoist)를 포함한다.]
② 이동식크레인
③ 리프트(이삿짐운반용 리프트의 경우에는 적재하중이 0.1[t] 이상인 것으로 한정한다.)
④ 곤돌라
⑤ 승강기

> **참고** 산업안전기사 필기 p.6-145(합격날개 : 합격예측)
> **합격정보**
> 산업안전보건기준에 관한 규칙 제132조(양중기)

105 철골작업 시 철골부재에서 근로자가 수직방향으로 이동하는 경우에 설치하여야 하는 고정된 승강로의 최소 답단 간격은 얼마 이내인가?

① 20[cm]   ② 25[cm]
③ 30[cm]   ④ 40[cm]

> **해설**

고정된 승강로 안전기준
① 철근 : 16[mm] 이상
② Trap(답단)간격 : 30[cm] 이내
③ 폭 : 30[cm] 이상

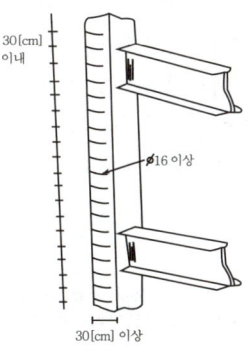

[그림] 고정된 승강로

> **참고** 산업안전기사 필기 p.6-168(그림. 고정된 승강로 트랩)

[정답] 102 ③   103 ③   104 ④   105 ③

과년도 출제문제

106 토질시험 중 액체 상태의 흙이 건조되어 가면서 액성, 소성, 반고체, 고체 상태의 경계선과 관련된 시험의 명칭은?

① 아터버그한계시험 ② 압밀시험
③ 삼축압축시험 ④ 투수시험

해설
Atterberg limit
① 아터버그한계는 원래 7개 결지성 한계를 총칭하는 것이었으나 현재 중요하게 다루어지는 것은 액성한계(Liquid Limit, LL) 소성한계(Plastic Limit, PL)와 소성지수(Plasticity Number, Plasticity Index, PI)이다.
② 토양이 소성을 나타내는 최소 및 최대의 수분함량(%)을 각각 소성한계, 액성한계라 하고 그 차이를 소성지수라 한다.

$PI = LL - PL$

[그림] 토양의 아터버그한계

107 시스템 동바리를 조립하는 경우 수직재와 받침철물 연결부의 겹침길이 기준으로 옳은 것은?

① 받침철물 전체길이의 1/2 이상
② 받침철물 전체길이의 1/3 이상
③ 받침철물 전체길이의 1/4 이상
④ 받침철물 전체길이의 1/5 이상

해설
시스템 비계의 구조
① 수직재·수평재·가새재를 견고하게 연결하는 구조가 되도록 할 것
② 비계 밑단의 수직재의 받침철물은 밀착되도록 설치하고, 수직재와 받침철물의 연결부의 겹침길이는 받침철물 전체길이의 3분의 1 이상이 되도록 할 것
③ 수평재는 수직재와 직각으로 설치하여야 하며, 체결 후 흔들림이 없도록 견고하게 설치할 것
④ 수직재와 수직재의 연결철물은 이탈되지 않도록 견고한 구조로 할 것
⑤ 벽연결재의 설치간격은 제조사가 정한 기준에 따라 설치할 것

참고 산업안전기사 필기 p.6-104(합격날개 : 합격예측 및 관련법규)

합격정보
산업안전보건기준에 관한 규칙 제69조(시스템비계의 구조)

108 흙막이 가시설 공사 시 사용되는 각 계측기 설치 목적으로 옳지 않은 것은?

① 지표침하계 – 지표면 침하량 측정
② 수위계 – 지반 내 지하수위의 변화 측정
③ 하중계 – 상부 적재하중 변화 측정
④ 지중경사계 – 지중의 수평 변위량 측정

해설
계측장치의 종류 및 특성

종류	계측기 설치목적
건물 경사계(tilt meter)	지상 인접구조물의 기울기를 측정하는 기기
지표면 침하계 (level and staff)	주위 지반에 대한 지표면의 침하량을 측정하는 기기
지중 경사계 (inclinometer)	지중수평변위를 측정하여 흙막이의 기울어진 정도를 파악하는 기기
지중 침하계 (extensionmeter)	지중수직변위를 측정하여 지반의 침하정도를 파악하는 기기
변형계(strain gauge)	흙막이 버팀대의 변형 정도를 파악하는 기기
하중계(load cell)	흙막이 버팀대에 작용하는 토압, 어스앵커의 인장력 등을 측정하는 기기
토압계 (earth pressure meter)	흙막이에 작용하는 토압의 변화를 파악하는 기기
간극수압계 (piezo meter)	굴착으로 인한 지하의 간극수압을 측정하는 기기
지하수위계 (water level meter)	지하수의 수위변화를 측정하는 기기

참고 산업안전기사 필기 p.6-119(표. 계측장치의 종류 및 특성)

109 지표면에서 소정의 위치까지 파내려간 후 구조물을 축조하고 되메운 후 지표면을 원상태로 복구시키는 공법은?

① NATM공법
② 개착식 터널공법
③ TBM공법
④ 침매공법

【정답】 106 ① 107 ② 108 ③ 109 ②

> **해설**
>
> **터널공법의 구분**
> ① 재래 공법(ASSM)
> ② 최신 공법
>   ㉮ NATM : 산악터널
>   ㉯ TBM : 암반터널
>   ㉰ Shield : 토사구간
> ③ 기타 공법
>   ㉮ 개착식 공법 : 도심지 터널 ㉯ 침매공법 : 하저 터널
>   ㉰ 잠함침하공법 : 하저 터널 ㉱ Pipe Roof 공법 : 보조 공법
>
> **참고** 산업안전기사 필기 p.6-191(합격날개 : 합격예측)

110 신품의 추락방지망 중 그물코의 크기 10[cm]인 매듭방망의 인장강도 기준으로 옳은 것은?

① 110[kg] 이상   ② 200[kg] 이상
③ 360[kg] 이상   ④ 400[kg] 이상

> **해설**
>
> **신품 방망사의 인장강도**
>
> | 그물코의 크기 (단위 : [cm]) | 방망의 종류(단위 : [kg]) ||
> |---|---|---|
> | | 매듭 없는 방망 | 매듭 방망 |
> | 10 | 240 | 200 |
> | 5 | | 110 |
>
> **참고** 산업안전기사 필기 p.6-50(표. 방망사의 신품에 대한 인장강도)

111 차량계 건설기계를 사용하여 작업하고자 할 때 작업계획서에 포함되어야 할 사항에 해당되지 않는 것은?

① 사용하는 차량계 건설기계의 종류 및 성능
② 차량계 건설기계의 운행경로
③ 차량계 건설기계에 의한 작업방법
④ 차량계 건설기계의 유지보수방법

> **해설**
>
> **차량계 건설기계 작업계획 내용 3가지**
> ① 사용하는 차량계 건설기계의 종류 및 성능
> ② 차량계 건설기계의 운행경로
> ③ 차량계 건설기계에 의한 작업방법
>
> **참고** 산업안전기사 필기 p.6-190(보충학습 : 사전조사 및 작업계획서 내용)
>
> **합격정보**
> 산업안전보건기준에 관한 규칙 [별표 4] 사전조사 및 작업계획서 내용

112 산업안전보건관리비의 효율적인 집행을 위하여 고용노동부장관이 정할 수 있는 기준에 해당되지 않는 것은?

① 안전보건에 관한 협의체 구성 및 운영
② 공사의 진척 정도에 따른 사용기준
③ 사업의 규모별 사용방법 및 구체적인 내용
④ 사업의 종류별 사용방법 및 구체적인 내용

> **해설**
>
> **안전관리비의 효율적 집행을 위한 고용노동부장관이 정하는 기준**
> ① 공사의 진척 정도에 따른 사용기준
> ② 사업의 규모별 사용방법 및 구체적인 내용
> ③ 사업의 종류별 사용방법 및 구체적인 내용

113 건립 중 강풍에 의한 풍압 등 외압에 대한 내력이 설계에 고려되었는지 확인하여야 하는 철골구조물의 기준으로 옳지 않은 것은?

① 높이 20[m] 이상의 구조물
② 구조물의 폭과 높이의 비가 1 : 4 이상인 구조물
③ 이음부가 공장 제작인 구조물
④ 연면적당 철골량이 50[kg/m^2] 이하인 구조물

> **해설**
>
> **강풍여부 설계자 확인사항 6가지**
> ① 연면적당 철골량이 50[kg/m^2] 이하인 구조물
> ② 기둥이 타이플레이트(tie plate)형인 구조물
> ③ 이음부가 현장용접인 구조물
> ④ 높이가 20[m] 이상인 구조물
> ⑤ 구조물의 폭과 높이의 비가 1 : 4 이상인 구조물
> ⑥ 고층건물, 호텔 등에서 단면구조가 현저한 차이가 있는 것
>
> **참고** 산업안전기사 필기 p.6-154(③ 철골의 자립도 검토)

114 기계가 위치한 지면보다 높은 장소의 땅을 굴착하는 데 적합하며 산지에서의 토공사 및 암반으로부터의 점토질까지 굴착할 수 있는 건설장비의 명칭은?

① 파워셔블   ② 불도저
③ 파일드라이버 ④ 크레인

[정답] 110 ② 111 ④ 112 ① 113 ③ 114 ①

해설

파워셔블
① 굳은 점토 등 지반면보다 높은 곳의 땅파기에 적합하다.
② 앞으로 흙을 긁어서 굴착하는 방식이다.
③ 셔블계 굴착기 중에서 가장 기본적인 것으로서 기계가 서 있는 지면보다 높은 곳을 파는 데 가장 좋으므로 산의 절삭 등에도 적합하고, 붐(boom)이 단단하여 굳은 지반의 굴착에도 사용된다.

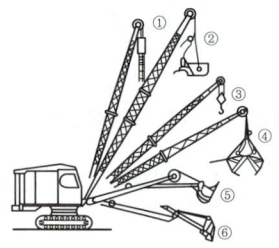

① 파일드라이버
② 드래그라인
③ 크레인
④ 클램쉘
⑤ 파워 셔블
⑥ 드래그셔블

[그림] 굴착기의 앞부속장치

참고) 산업안전기사 필기 p.6-62(1. 파워셔블)

---

115 구조물 해체작업으로 사용되는 공법이 아닌 것은?

① 압쇄공법
② 잭공법
③ 절단공법
④ 진공공법

해설

해체 공법의 종류
① 압쇄공법
② 대형 브레이커공법
③ 전도공법
④ 철해머에 의한 공법
⑤ 화약발파공법
⑥ 핸드 브레이커공법
⑦ 팽창압공법
⑧ 절단공법
⑨ 잭공법
⑩ 쐐기타입공법
⑪ 화염공법

참고) 산업안전기사 필기 p.6-138(2.3 해체공사시 안전수칙)

---

116 유해·위험방지계획서를 제출해야 할 대상 공사의 조건으로 옳지 않은 것은?

① 터널건설 등의 공사
② 최대지간길이가 50[m] 이상인 교량건설 등 공사
③ 다목적댐·발전용댐 및 저수용량 2천만[t] 이상의 용수전용댐, 지방상수도 전용댐 건설 등의 공사
④ 깊이가 5[m] 이상인 굴착공사

해설

유해위험방지계획서 제출대상 건설공사
(1) 건축물 또는 시설 등의 건설·개조 또는 해체공사
  가. 지상높이가 31미터 이상인 건축물 또는 인공구조물
  나. 연면적 3만제곱미터 이상인 건축물
  다. 연면적 5천제곱미터 이상인 시설
    ① 문화 및 집회시설(전시장 및 동물원·식물원은 제외한다)
    ② 판매시설, 운수시설(고속철도의 역사 및 집배송시설은 제외한다)
    ③ 종교시설
    ④ 의료시설 중 종합병원
    ⑤ 숙박시설 중 관광숙박시설
    ⑥ 지하도상가
    ⑦ 냉동·냉장 창고시설
(2) 연면적 5천제곱미터 이상인 냉동·냉장 창고시설의 설비공사 및 단열공사
(3) 최대지간길이가 50[m] 이상인 교량건설 등 공사
(4) 터널건설 등의 공사
(5) 다목적댐, 발전용댐 및 저수용량 2천만톤 이상의 용수전용댐, 지방상수도 전용댐 건설 등의 공사
(6) 깊이 10[m] 이상인 굴착공사

참고) 산업안전기사 필기 p.6-20(3. 유해위험방지계획서 제출대상 건설공사)

합격정보
① 산업안전보건법 시행령 제42조(유해위험방지계획서 제출대상)
② 2024년 7월 1일 개정법 적용

---

117 콘크리트 타설작업을 하는 경우에 준수해야 할 사항으로 옳지 않은 것은?

① 당일의 작업을 시작하기 전에 해당 작업에 관한 거푸집동바리 등의 변형·변위 및 지반의 침하 유무 등을 점검하고 이상이 있으면 보수할 것
② 작업 중에는 거푸집동바리 등의 변형·변위 및 침하 유무 등을 감시할 수 있는 감시자를 배치하여 이상이 있으면 작업을 빠른 시간 내 우선 완료하고 근로자를 대피시킬 것
③ 콘크리트 타설작업 시 거푸집 붕괴의 위험이 발생할 우려가 있으면 충분한 보강조치를 할 것
④ 콘크리트를 타설하는 경우에는 편심이 발생하지 않도록 골고루 분산하여 타설할 것

[정답] 115 ④ 116 ④ 117 ②

해설

콘크리트 타설작업시 준수사항
① 당일의 작업을 시작하기 전에 해당 작업에 관한 거푸집동바리 등의 변형·변위 및 지반의 침하 유무 등을 점검하고 이상이 있으면 보수할 것
② 작업 중에는 거푸집동바리 등의 변형·변위 및 침하 유무 등을 감시할 수 있는 감시자를 배치하여 이상이 있으면 작업을 중지하고 근로자를 대피시킬 것
③ 콘크리트 타설작업시 거푸집 붕괴의 위험이 발생할 우려가 있으면 충분한 보강조치를 할 것
④ 설계도서상의 콘크리트 양생기간을 준수하여 거푸집동바리 등을 해체할 것
⑤ 콘크리트를 타설하는 경우에는 편심이 발생하지 않도록 골고루 분산하여 타설할 것

참고 산업안전기사 필기 p.6-91(합격날개 : 합격예측 및 관련법규)

합격정보
산업안전보건기준에 관한 규칙 제334조(콘크리트의 타설작업)

---

118 재해사고를 방지하기 위하여 크레인에 설치된 방호장치와 거리가 먼 것은?

① 공기정화장치   ② 비상정지장치
③ 제동장치   ④ 권과방지장치

해설

양중기(크레인 등) 방호장치의 종류
① 과부하방지장치
② 권과방지장치(捲過防止裝置)
③ 비상정지장치
④ 제동장치
⑤ 그 밖의 방호장치[승강기의 파이널 리미트 스위치(final limit switch), 속도조절기, 출입문 인터 록(inter lock) 등을 말한다.]

참고 산업안전기사 필기 p.6-141(합격날개 : 합격예측 및 관련법규)

KEY 2016년 5월 8일(문제 54번) 출제

합격정보
산업안전보건기준에 관한 규칙 제134조(방호장치의 조정)

---

119 콘크리트 타설 시 거푸집 측압에 대한 설명으로 옳지 않은 것은?

① 기온이 높을수록 측압은 크다.
② 타설속도가 빠를수록 측압은 크다.
③ 슬럼프가 클수록 측압은 크다.
④ 다짐이 과할수록 측압은 크다.

해설

측압에 영향을 주는 요인(측압이 큰 경우)
① 거푸집 부재 단면이 클수록
② 거푸집 수밀성이 클수록
③ 거푸집 강성이 클수록
④ 거푸집 표면이 평활할수록
⑤ 시공연도(workability)가 좋을수록
⑥ 철골 또는 철근량이 적을수록
⑦ 외기온도가 낮을수록
⑧ 타설속도가 빠를수록
⑨ 다짐이 좋을수록
⑩ 슬럼프가 클수록
⑪ 콘크리트 비중이 클수록
⑫ 조강시멘트 등 응결시간이 빠른 것을 사용할수록
⑬ 습도가 낮을수록

참고 산업안전기사 필기 p.6-151(3. 측압에 영향을 주는 요인)

---

120 철골보 인양 시 준수해야 할 사항으로 옳지 않은 것은?

① 인양 와이어로프의 매달기 각도는 양변 60[°]를 기준으로 한다.
② 클램프로 부재를 체결할 때는 클램프의 정격용량 이상 매달지 않아야 한다.
③ 클램프는 부재를 수평으로 하는 한 곳의 위치에만 사용하여야 한다.
④ 인양 와이어로프는 후크의 중심에 걸어야 한다.

해설

인양 부재 체결 부속으로 클램프를 사용할 경우
① 클램프는 수평으로 체결하고 두 군데 이상 설치한다.
② 클램프의 정격용량 이상은 인양하지 않는다.
③ 부득이 한 군데를 매어 사용할 경우는 위험이 적은 장소와 간단한 이동이 가능한 경우에 한하고 작업 순서에 맞게 작업한다.
④ 체결 작업중 클램프 본체가 장애물에 부딪치지 않게 한다.
⑤ 인양 부재가 지상에서 떨어진 순간 잠시 인양을 멈추고 톱니가 완전히 물렸는지, 중심 상태는 정확한지를 점검하고 들어 올린다.

참고 산업안전기사 필기 p.6-162(㉮ 보 인양)

[정답] 118 ①   119 ①   120 ③

2016년도 기사 정기검정 제3회 (2016년 8월 21일 시행)

자격종목 및 등급(선택분야): 산업안전기사

종목코드	시험시간	수험번호	성명
1431	2시간	20160821	도서출판세화

1 산업재해 예방 및 안전보건교육

01 안전보건교육의 교육지도 원칙에 해당되지 않은 것은?

① 피교육자 중심의 교육을 실시한다.
② 동기부여를 한다.
③ 5관을 활용한다.
④ 어려운 것부터 쉬운 것으로 시작한다.

해설

안전교육의 지도 원칙
① 피교육자 중심 교육(상대방의 입장에서)
② 동기부여를 중요하게
③ 쉬운부분에서 어려운 부분으로 진행
④ 반복에 의한 습관화 진행
⑤ 인상의 강화(사실적 구체적인 진행)
⑥ 오관(감각기관)의 활용
⑦ 기능적인 이해(Functional understanding : 요점위주로 교육)
⑧ 한번에 한가지씩 교육(교육의 성과는 양보다 질을 중시)

참고 산업안전기사 필기 p.1-138(1. 교육지도의 원칙)

02 근로손실일수 산출에 있어서 사망으로 인한 근로손실연수는 보통 몇 년을 기준으로 산정하는가?

① 30   ② 25
③ 15   ④ 10

해설

사망에 의한 근로손실일수 7,500일 이란?
① 사망자의 평균 연령 : 30세
② 근로 가능 연령 : 55세
③ 근로손실연수 = 근로 가능 연령 - 사망자의 평균연령 = 25년
④ 연간 근로일수 : 약 300일
⑤ 사망으로 인한 근로손실일수 = 연간근로일수×근로손실연수 = 300×25 = 7,500일

참고 산업안전기사 필기 p.3-43(4. 강도율)

03 어느 사업장에서 당해년도에 총 660명의 재해자가 발생하였다. 하인리히의 재해구성비율에 의하면 경상의 재해자는 몇 명으로 추정되겠는가?

① 58   ② 64
③ 600   ④ 631

해설

경상해=29×2=58명

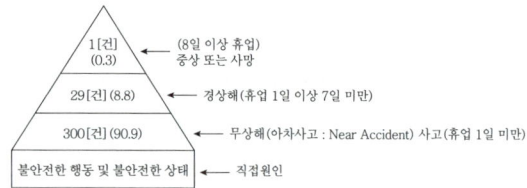

[그림] 하인리히 법칙[단위 : %]

참고 산업안전기사 필기 p.3-32(1. 하인리히의 1:29:300)

04 안전교육 방법 중 강의식 교육을 1시간 하려고 할 경우 가장 시간이 많이 소비되는 단계는?

① 도입   ② 제시
③ 적용   ④ 확인

해설

단계별교육시간

교육법의 4단계	강의식	토의식
1단계 : 도입	5분	5분
2단계 : 제시	40분	10분
3단계 : 적용	10분	40분
4단계 : 확인	5분	5분

참고 산업안전기사 필기 p.1-155(합격날개 : 합격예측)

[정답] 01 ④ 02 ② 03 ① 04 ②

2016년 8월 21일 시행

05 안전교육 중 제2단계로 시행되며 같은 것을 반복하여 개인의 시행착오에 의해서만 점차 그 사람에게 형성되는 교육은?

① 안전기술의 교육 ② 안전지식의 교육
③ 안전기능의 교육 ④ 안전태도의 교육

[해설]
제2단계(기능교육)
① 교육대상자가 그것을 스스로 행함으로 얻어진다.
② 개인의 반복적 시행착오에 의해서만 얻어진다.
③ 시범, 견학, 실습, 현장실습 교육을 통한 경험체득과 이해
[참고] 산업안전기사 필기 p.1-152(1. 안전보건교육의 3단계 및 진행 4단계)

06 산업안전보건법상 안전보건개선계획의 수립·시행명령을 받은 사업주는 고용노동부 장관이 정하는 바에 따라 안전보건개선계획서를 작성하여 그 명령을 받은 날부터 며칠 이내에 관할 지방고용노동관서의 장에게 제출해야 하는가?

① 15일 ② 30일
③ 45일 ④ 60일

[해설]
안전보건개선계획 수립대상 사업장
① 안전보건개선계획의 수립·시행명령은 별지 제 29호 서식에 따른다.
② 안전보건개선계획의 수립·시행명령을 받은 사업주는 고용노동부장관이 정하는 바에 따라 안전보건개선계획서를 작성하여 그 명령을 받은 날부터 60일 이내에 관할 지방고용노동관서의 장에게 제출하여야 한다.
③ 안전보건개선계획서에는 시설, 안전보건관리체제, 안전보건교육, 산업재해예방 및 작업환경의 개선을 위하여 필요한 사항이 포함되어야 한다.
[참고] 산업안전기사 필기 p.1-226(제61조)
[합격정보] 산업안전보건법 시행규칙 제61조(안전보건개선계획의 제출 등)

07 재해통계를 작성하는 필요성에 대한 설명으로 틀린 것은?

① 설비상의 결함요인을 개선 및 시정시키는데 활용한다.
② 재해의 구성요소를 알고 분포상태를 알아 대책을 세우기 위함이다.
③ 근로자의 행동결함을 발견하여 안전 재교육 훈련 자료로 활용한다.
④ 관리책임 소재를 밝혀 관리자의 인책 자료로 삼는다.

[해설]
재해통계작성 필요성
① 설비상의 결함요인을 개선 및 시정 시키는데 활용한다.
② 재해의 구성요소를 알고 분포상태를 알아 대책을 세우기 위함이다.
③ 근로자의 행동결함을 발견하여 안전 재교육 훈련자료로 활용한다.
[참고] 산업안전기사 필기 p.3-42(합격날개 : 합격예측)

08 위험예지훈련에 있어 브레인 스토밍법의 원칙으로 적절하지 않은 것은?

① 무엇이든 좋으니 많이 발언한다.
② 지정된 사람에 한하여 발언의 기회가 부여된다.
③ 타인의 의견을 수정하거나 덧붙여서 말하여도 좋다.
④ 타인의 의견에 대하여 좋고 나쁨을 비평하지 않는다.

[해설]
BS의 4원칙
① 비판금지(criticism is ruled out) : 좋다, 나쁘다 비판은 하지 않는다.
② 자유분방(free wheeling) : 마음대로 자유로이 발언한다.
③ 대량발언(quantity is wanted) : 무엇이든 좋으니 많이 발언한다.
④ 수정발언(combination and improvement of thought) : 타인의 생각에 동참하거나 보충 발언해도 좋다.
[참고] 산업안전기사 필기 p.1-14(4. 집중발상법)

09 산업안전보건법상 금지표지의 종류에 해당하지 않는 것은?

① 금연 ② 출입금지
③ 차량통행금지 ④ 적재금지

[해설]
금지표지의 종류 8가지

출입금지	보행금지	차량통행금지	사용금지

[정답] 05 ③ 06 ④ 07 ④ 08 ② 09 ④

| 탑승금지 | 금연 | 화기금지 | 물체이동금지 |

> 참고) 산업안전기사 필기 p.1-61(4. 안전보건표지의 종류와 형태)
> KEY ▶ 2014년 3월 2일(문제 4번)

10 작업내용 변경 시 일용근로자를 제외한 근로자의 사업 내 안전보건 교육시간 기준으로 옳은 것은?

① 1시간 이상 ② 2시간 이상
③ 4시간 이상 ④ 6시간 이상

해설

산업안전보건관련교육과정별 교육시간

교육과정	교육대상		교육시간
정기교육	사무직 종사 근로자		매반기 6시간 이상
	사무직 종사 근로자 외의 근로자	판매업무에 직접 종사하는 근로자	매반기 6시간 이상
		판매업무에 직접 종사하는 근로자 외의 근로자	매반기 12시간 이상
	관리감독자의 지위에 있는 사람		연간 16시간 이상
채용시의 교육	일용근로자		1시간 이상
	일용근로자를 제외한 근로자		8시간 이상
작업내용 변경시의 교육	일용근로자		1시간 이상
	일용근로자를 제외한 근로자		2시간 이상
특별교육	별표 8의2 제1호라목 각 호의 어느 하나에 해당하는 작업에 종사하는 일용근로자		2시간 이상

> 참고) 산업안전기사 필기 p.1-155(표. 산업안전보건관련 교육과정별 교육시간)

11 OFF.J.T(Off the job Training) 교육방법의 장점으로 옳은 것은?

① 개개인에게 적절한 지도훈련이 가능하다.
② 훈련에 필요한 업무의 계속성이 끊어지지 않는다.
③ 다수의 대상자를 일괄적, 조직적으로 교육할 수 있다.
④ 효과가 곧 업무에 나타나며, 훈련의 좋고 나쁨에 따라 개선이 용이하다.

해설

OJT와 OFF.J.T
① O.J.T(ON the Job Training) : 현장중심 교육으로 직속상사가 현장에서 업무상의 개별교육이나 지도훈련을 하는 교육형태이다.
② OFF.J.T(OFF the Job Training) : 계층별 또는 직능별 등과 같이 공통된 교육대상자를 현장외의 한 장소에 모아 집체 교육훈련을 실시하는 교육형태이다.

> 참고) 산업안전기사 필기 p.1-142(vy. OJT와 OFF JT)
> KEY ▶ 2014년 3월 2일(문제 12번)

12 스트레스의 주요요인 중 환경이나 기타 외부에서 일어나는 자극요인이 아닌 것은?

① 자존심의 손상 ② 대인관계 갈등
③ 죽음, 질병   ④ 경제적 어려움

해설

스트레스의 자극 요인
① 자존심의 손상(내적요인)
② 업무상의 죄책감(내적요인)
③ 현실에서의 부적응(내적요인)
④ 직장에서의 대인 관계상의 갈등과 대립(외적요인)

> 참고) 산업안전기사 필기 p.1-101(합격날개 : 합격예측)

13 크레인, 리프트 및 곤돌라는 사업장에 설치가 끝난 날부터 몇 년 이내에 최초의 안전검사를 실시해야 하는가?

① 1년 ② 2년
③ 3년 ④ 4년

해설

안전검사의 주기

구 분	검 사 주 기
크레인(이동식 크레인은 제외한다) 리프트(이삿짐운반용 리프트는 제외한다)	사업장에서 설치가 끝난 날부터 3년 이내에 최초 안전검사를 실시하되, 그 이후부터 매 2년(건설현장에서 사용하는 것은 최초로 설치한 날부터 매 6개월)
이동식 크레인, 이삿짐 운반용리프트 및 고소작업대	'자동차관리법' 제8조에 따른 신규등록 이후 3년 이내에 최초 안전검사를 실시하되, 그 이후부터 2년마다
프레스, 전단기, 압력용기, 국소 배기장치, 원심기, 롤러기, 사출성형기, 컨베이어, 산업용 로봇, 혼합기, 파쇄기 또는 분쇄기	사업장에 설치가 끝난 날부터 3년 이내에 최초 안전검사를 실시하되, 그 이후부터 매 2년(공정안전보고서를 제출하여 확인을 받은 압력용기는 4년)

> 참고) 산업안전기사 필기 p.3-58(표. 안전검사의 주기)

[정답] 10 ② 11 ③ 12 ① 13 ③

14 산업안전보건법상 고용노동부장관은 자율안전 확인 대상 기계 등의 안전에 관한 성능이 자율안전기준에 맞지 아니하게 된 경우 관련 사항을 신고한 자에게 몇 개월 이내의 기간을 정하여 자율안전확인표시의 사용을 금지하거나 자율안전기준에 맞게 개선하도록 명할 수 있는가?

① 1
② 3
③ 6
④ 12

해설

자율안전확인대상기계
고용노동부장관은 자율안전확인대상기계 등의 안전에 관한 성능이 자율안전기준에 맞지 아니하게 된 경우에는 신고한 자에게 6개월 이내의 기간을 정하여 자율안전확인표시의 사용을 금지하거나 자율안전기준에 맞게 개선하도록 명할수 있다.

정보제공
산업안전보건법 제91조(자율안전확인표시의 사용 금지 등)

15 방진마스크의 형태에 따른 분류 중 그림에서 나타내는 것은 무엇인가?

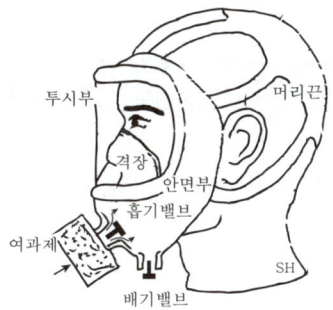

① 격리식 전면형
② 직결식 전면형
③ 격리식 반면형
④ 직결식 반면형

해설

방진마스크의 형태

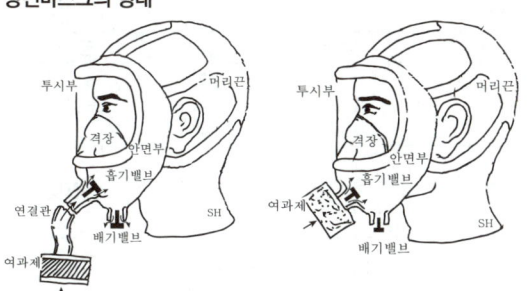

[그림1] 격리식 전면형   [그림2] 직결식 전면형

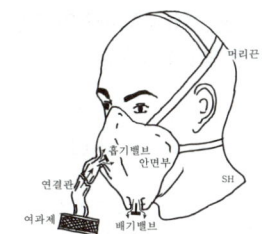

[그림3] 격리식 반면형

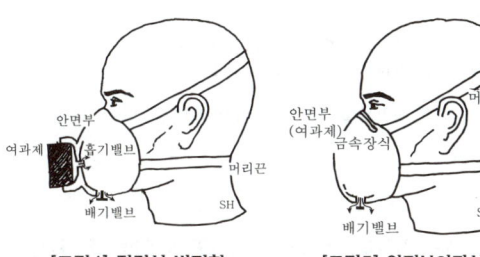

[그림4] 직결식 반면형   [그림5] 안면부여과식

참고 산업안전기사 필기 p.1-55([그림] 방진마스크의 종류)

16 무재해 운동을 추진하기 위한 조직의 3기둥으로 볼 수 없는 것은?

① 최고경영자의 경영자세
② 소집단 자주활동의 활성화
③ 전 종업원의 안전요원화
④ 라인관리자에 의한 안전보건의 추진

해설

무재해 운동의 3요소(3기둥)
① 최고경영자의 경영자세
② 소집단 자주활동의 활성화
③ 라인관리자에 의한 안전보건의 추진

보충학습

무재해운동 이념 3원칙의 정의
① 무의원칙 : 근원적으로 산업재해를 없애는 것이며 '0'의 원칙이다.
② 참가의 원칙 : 근로자 전원이 참석하여 문제해결 등을 실천하는 원칙
③ 선취해결의 원칙 : 무재해를 실현하기 위해 일체의 위험요인을 사전에 발견, 파악, 해결하여 재해를 예방하거나 방지하기 위한 원칙

참고 산업안전기사 필기 p.1-10[3. 무재해 운동의 3요소(3기둥)]

[정답] 14 ③   15 ②   16 ③

17 산업재해의 발생형태 중 사람이 평면상으로 넘어졌을 때의 사고 유형은 무엇이라 하는가?

① 비래 ② 전도
③ 도괴 ④ 추락

해설

재해 발생 형태별 분류
① 추락 : 사람이 건축물, 비계, 기계, 사다리, 계단, 경사면, 나무 등에서 떨어지는 것
② 낙하, 비래 : 물건이 주체가 되어 사람이 맞은 경우
③ 붕괴, 도괴 : 적재물, 비계, 건축물이 무너진 경우

참고) 산업안전기사 필기 p.3-39(합격날개 : 합격예측)

18 매슬로우(Maslow)의 욕구 5단계 이론 중 자기보존에 관한 안전욕구는 몇 단계에 해당되는가?

① 제1단계 ② 제2단계
③ 제3단계 ④ 제4단계

해설

매슬로우(Maslow, A. H.)의 욕구단계 이론
① 제1단계(생리적 욕구 : 생명유지의 기본적 욕구) : 기아, 갈증, 호흡, 배설, 성욕 등 인간의 가장 기본적인 욕구(종족보존)
② 제2단계(안전욕구) : 자기보존욕구
③ 제3단계(사회적 욕구) : 소속감과 애정욕구
④ 제4단계(존경욕구) : 인정받으려는 욕구
⑤ 제5단계(자아실현의 욕구) : 잠재적인 능력을 실현하고자 하는 욕구 (성취욕구)

참고) 산업안전기사 필기 p.1-101(5. 매슬로우의 욕구 5단계 이론)

KEY 2016년 8월 21일 산업기사 출제

19 헤드십의 특성이 아닌 것은?

① 지휘형태는 권위주의적이다.
② 권한행사는 임명된 헤드이다.
③ 구성원과의 사회적 간격은 넓다.
④ 상관과 부하와의 관계는 개인적인 영향이다.

해설

leadership과 headship의 비교

개인과 상황 변수	leadership	headship
권한 행사	선출된 리더	임명적 헤드
권한 부여	밑으로부터 동의	위에서 위임
권한 귀속	집단 목표에 기여한 공로 인정	공식화된 규정에 의함
상사와 부하와의 관계	개인적인 영향	지배적

참고) 산업안전기사 필기 p.1-113(5) leadership과 headship의 비교

20 인간의 심리 중 안전수단이 생략되어 불안전 행위가 나타나는 경우와 가장 거리가 먼 것은?

① 의식과잉이 있는 경우
② 직업규율이 엄한 경우
③ 피로하거나 과로한 경우
④ 조명, 소음 등 주변 환경의 영향이 있는 경우

해설

안전수단을 생략(단락)하는 경우 3가지
① 의식 과잉
② 피로, 과로
③ 주변 영향

참고) 산업안전기사 필기 p.1-97(③ 안전수단을 생략하는 경우)

2 인간공학 및 위험성 평가·관리

21 FTA에 사용되는 기호 중 "통상 사상"을 나타내는 기호는?

① 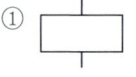   ②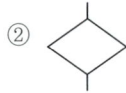

③ 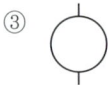   ④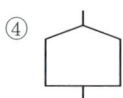

해설

FTA기호

기호	명칭	기호	명칭
	결함사상		통상사상
	기본사상		생략사상

참고) 산업안전기사 필기 p.2-70([표] FTA 기호)

[정답] 17 ② 18 ② 19 ④ 20 ② 21 ④

22 두 가지 상태 중 하나가 고장 또는 결함으로 나타나는 비정상적인 사건은?

① 톱사상 ② 정상적인 사상
③ 결함사상 ④ 기본적인 사상

해설

결함사상
① 개별적인 결함사상
② 비정상적인 사건

참고) 산업안전기사 필기 p.2-70([표] FTA 기호)

KEY▶ 2016년 8월 21일(문제 21번)

23 시스템안전 프로그램에서의 최초단계 해석으로 시스템 내의 위험한 요소가 어떤 위험상태에 있는가를 정성적으로 평가하는 방법은?

① FHA ② PHA
③ FTA ④ FMEA

해설

예비위험분석(PHA : Preliminary Hazards Analysis)
① PHA는 모든 시스템안전 프로그램의 최초 단계의 분석
② 시스템 내의 위험요소가 얼마나 위험한 상태에 있는가를 정성적으로 평가

참고) 산업안전기사 필기 p.2-60(2. 예비위험분석)

KEY▶ 2015년 5월 31일(문제 21번)

24 의자 설계의 일반적인 원리로 가장 적절하지 않은 것은?

① 등근육의 정적 부하를 줄인다.
② 디스크가 받는 압력을 줄인다.
③ 요부전만(腰部前灣)을 유지한다.
④ 일정한 자세를 계속 유지하도록 한다.

해설

의자설계원칙
① 디스크 압력을 줄인다.
② 등근육의 정적 부하를 줄인다.
③ 자세고정을 줄인다.
④ 요추의 전만곡선을 유지한다.
⑤ 쉽게 조절이 가능하게 설계한다.

참고) ① 산업안전기사 필기 p.2-161(3. 의자의 설계원칙)
② 산업안전기사 필기 p.2-161(합격날개 : 은행문제)

KEY▶ 2014년 3월 2일(문제 22번)

25 다음의 설명은 무엇에 해당되는 것인가?

[다음]
• 인간과오(Human error)에서 의지적 제어가 되지 않는다.
• 결정을 잘못한다.

① 동작 조작 미스(Miss)
② 기억 판단 미스(Miss)
③ 인지 확인 미스(Miss)
④ 조치 과정 미스(Miss)

해설

인간정보처리 과정에서 실수(error)가 일어나는 것
① 입력에러 : 확인미스
② 매개에러 : 결정미스
③ 동작에러 : 동작미스
④ 판단에러 : 의지결정의 미스

참고) 산업안전기사 필기 p.5-2(합격날개 : 합격예측)

26 다음 FT도에서 최소컷셋(Minimal cut set)으로만 올바르게 나열한 것은?

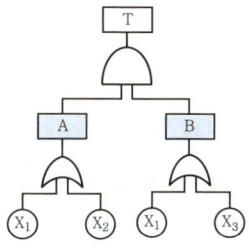

① [X₁]
② [X₁], [X₂]
③ [X₁, X₂, X₃]
④ [X₁, X₂], [X₁, X₃]

[정답] 22 ③ 23 ② 24 ④ 25 ② 26 ①

> 해설

최소컷셋

① $T = A \cdot B$
$= \begin{pmatrix} X_1 \\ X_2 \end{pmatrix} \cdot \begin{pmatrix} X_1 \\ X_3 \end{pmatrix}$
$= (X_1)$
$\quad (X_1 X_3)$
$\quad (X_1 X_2)$
$\quad (X_2 X_3)$

② 미니멀 컷셋 : $(X_1), (X_2 X_3)$

③ 결론 둘 중 1개 : $[X_1]$

> 참고 산업안전기사 필기 p.2-77(합격날개 : 합격예측)

> 해설

사업장에서의 인간공학 적용분야 및 기대효과
① 작업관련성 유해·위험 작업 분석(작업환경개선)
② 제품설계에 있어 인간에 대한 안전성평가(장비 및 공구설계)
③ 작업공간의 설계
④ 인간 – 기계 인터페이스 디자인
⑤ 재해 및 질병 예방

> 참고 산업안전기사 필기 p.2-5(4. 사업장에서의 인간공학 적용분야)

> 보충학습

산업독성학 : 산업보건(위생)분야

---

27 인간 – 기계시스템의 설계 원칙으로 볼 수 없는 것은?

① 배열을 고려한 설계
② 양립성에 맞게 설계
③ 인체특성에 적합한 설계
④ 기계적 성능에 적합한 설계

> 해설

인간–기계 시스템의 설계원칙
① 배열을 고려한 설계
② 양립성에 맞게 설계
③ 인체특성에 적합한 설계

> 참고 산업안전기사 필기 p.2-7(합격날개 : 합격예측)

28 병렬로 이루어진 두 요소의 신뢰도가 각각 0.7일 경우, 시스템 전체의 신뢰도는?

① 0.30
② 0.49
③ 0.70
④ 0.91

> 해설

전체신뢰도
$R_s = 1 - (1 - 0.7)(1 - 0.7) = 0.91$

> 참고 산업안전기사 필기 p.2-144(2. 병렬체계)

29 사업장에서 인간공학 적용분야로 틀린 것은?

① 제품설계
② 산업독성학
③ 재해·질병예방
④ 작업장 내 조사 및 연구

30 신호검출이론(SDT)에서 두 정규분포 곡선이 교차하는 부분에 판별기준이 놓였을 경우 Beta값으로 맞는 것은?

① Beta = 0
② Beta < 1
③ Beta = 1
④ Beta > 1

> 해설

① 반응편향(β) = $\dfrac{b(\text{신호의 길이})}{a(\text{소음의 길이})}$
② 두 정규분포 곡선이 교차하는 부분에서는 $a = b$
 Beta = 1

> 보충학습

신호검출이론(SDT)
① 쉽게 식별할 수 없는 두 독립상태 상황(신호와 무신호)에서의 비교 검출
② 신호의 탐지는 관찰자의 민감도와 반응편향에 달려 있다는 이론

KEY 2011년 6월 12일 (문제 24번) 출제

31 인간이 낼 수 있는 최대의 힘을 최대근력이라고 하며 일반적으로 인간은 자기의 최대근력을 잠시 동안만 낼 수 있다. 이에 근거할 때 인간이 상당히 오래 유지할 수 있는 힘은 근력의 몇 [%] 이하인가?

① 15[%]
② 20[%]
③ 25[%]
④ 30[%]

> 해설

지구력
① 인간이 오랫동안 유지할 수 있는 힘의 근력 : 15[%] 이하
② 1분 정도 : 50[%] 정도
③ 30초 정도 : 최대근력

> 참고 산업안전기사 필기 p.2-160(1. 동적근력 작업)

[정답] 27 ④ 28 ④ 29 ② 30 ③ 31 ①

32 소리의 크고 작은 느낌은 주로 강도의 함수이지만 진동수에 의해서도 일부 영향을 받는다. 음량을 나타내는 척도인 phon의 기준순음 주파수는?

① 1,000[Hz] ② 2,000[Hz]
③ 3,000[Hz] ④ 4,000[Hz]

해설

음의 크기의 수준
① Phon : 1,000[Hz] 순음의 음압수준(dB)을 나타낸다.
② sone : 1,000[Hz], 40[dB]의 음압수준을 가진 순음의 크기(40[Phon])를 1[sone]이라 한다.

참고) 산업안전기사 필기 p.2-173(합격날개 : 합격예측)

33 위험관리에서 위험의 분석 및 평가에 유의할 사항으로 적절하지 않은 것은?

① 기업 간의 의존도는 어느 정도인지 점검한다.
② 발생의 빈도보다는 손실의 규모에 중점을 둔다.
③ 작업표준의 의미를 충분히 이해하고 있는지 점검한다.
④ 한 가지의 사고가 여러 가지 손실을 수반하는지 확인한다.

해설

위험의 분석 및 평가시 유의사항
① 기업 간의 의존도는 어느 정도인지 점검한다.
② 발생의 빈도보다는 손실의 규모에 중점을 둔다.
③ 한 가지의 사고가 여러 가지 손실을 수반하는지 확인한다.

참고) 산업안전기사 필기 p.2-36(4. 위험성 평가)

34 작업장의 소음문제를 처리하기 위한 적극적인 대책이 아닌 것은?

① 소음의 격리   ② 소음원을 통제
③ 방음보호 용구 사용 ④ 차폐장치 및 흡음재 사용

해설

소음대책
① 소음원 통제 : 기계의 적절한 설계, 적절한 정비 및 주유, 기계에 고무받침대(mounting) 부착, 차량에 소음기(muffler) 등을 사용한다.
② 소음의 격리 : 씌우개(enclosure), 방, 장벽 등을 사용하며, 집의 창문을 닫을 경우 약 10[dB] 감음된다.
③ 차폐장치 및 흡음재 사용
④ 음향처리재 사용

⑤ 적절한 배치(layout)
⑥ 배경음악(BGM : Back Ground Music) : 60±3[dB]
⑦ 방음보호구 사용 : 귀마개, 귀덮개(소극적인 대책)

참고) 산업안전기사 필기 p.2-171(1. 소음대책)

KEY 2014년 5월 25일(문제 27번)

35 안전성 평가 항목에 해당하지 않은 것은?

① 작업자에 대한 평가   ② 기계설비에 대한 평가
③ 작업공정에 대한 평가 ④ 레이아웃에 대한 평가

해설

안전성 평가 항목
① 기계설비에 대한 평가
② 작업공정에 대한 평가
③ 레이아웃에 대한 평가

참고) 산업안전기사 필기 p.2-36(1. 안전성 평가의 정의)

36 정량적 표시장치의 용어에 대한 설명 중 틀린 것은?

① 눈금단위(scale unit) : 눈금을 읽는 최소 단위
② 눈금범위(scale range) : 눈금의 최고치와 최저치의 차
③ 수치간격(numbered interval) : 눈금에 나타낸 인접 수치 사이의 차
④ 눈금간격(graduation interval) : 최대눈금선 사이의 값 차

해설

눈금간격 : 최소눈금선 사이의 값차(측정도구에 일정한 간격으로 나타난 선)

37 강의용 책걸상을 설계할 때 고려해야 할 변수와 적용할 인체측정자료 응용원칙이 적절하게 연결된 것은?

① 의자 높이 – 최대 집단치 설계
② 의자 깊이 – 최대 집단치 설계
③ 의자 너비 – 최대 집단치 설계
④ 책상 높이 – 최대 집단치 설계

[정답] 32 ① 33 ③ 34 ③ 35 ① 36 ④ 37 ③

해설

최대치수와 최소치수(극단적인 사람을 위한) 설계

구분	최대 집단치	최소 집단치
정의	대상 집단에 대한 인체 측정 변수의 상위 백분위수(percentile)를 기준으로 90, 95, 99[%]치가 사용 예 울타리	관련 인체 측정 변수 분포의 하위 백분위수를 기준으로 1, 5, 10[%]치가 사용
사용 예	① 출입문, 통로, 의자사이의 간격 등의 공간 여유의 결정 ② 줄사다리, 그네 등의 지지물의 최소 지지중량(강도)	선반의 높이 또는 조정장치까지의 거리, 버스나 전철의 손잡이 등의 결정

[참고] 산업안전기사 필기 p.2-159(2. 신체반응의 측정)

[보충학습]
① 최소 집단치 설계 : 의자깊이
② 최대 집단치 설계 : 의자넓이

---

38 촉감의 일반적인 척도의 하나인 2점문턱값(two-point threshold)이 감소하는 순서대로 나열된 것은?

① 손가락→손바닥→손가락 끝
② 손바닥→손가락→손가락 끝
③ 손가락 끝→손가락→손바닥
④ 손가락 끝→손바닥→손가락

해설

촉각(감)적 표시장치
① 2점 문턱값
  ㉮ 손에 두점을 눌렀을 때 느끼는 감각이 서로 다르게 느끼는 점 사이의 최소거리
  ㉯ 측정이 가능한 최소치
  ㉰ 지각할 수 있는 최소의 물체와 크기
② 손바닥 → 손가락 → 손가락 끝
③ 촉각적 암호구성 : 점자, 진동, 온도

---

39 산업안전보건법령에 따라 기계·기구 및 설비의 설치·이전 등으로 인해 유해·위험방지계획서를 제출하여야 하는 대상에 해당하지 않는 것은?

① 건조설비   ② 공기압축기
③ 화학설비   ④ 가스집합 용접장치

해설

유해위험방지계획서 제출대상 기계·설비
① 금속이나 그 밖의 광물의 용해로
② 화학설비
③ 건조설비
④ 가스집합용접장치

[참고] 산업안전기사 필기 p.2-44(2. 유해·위험방지계획서 제출대상 기계·설비)

[합격정보]
산업안전보건법 시행령 제42조(유해위험방지계획서 제출대상)

---

40 설계단계에서부터 보전에 불필요한 설비를 설계하는 것의 보전방식은?

① 보전예방   ② 생산보전
③ 일상보전   ④ 개량보전

해설

보전예방(Maintenance Prevention : MP)

구분	특징
실시시기	① 기계설비의 노후화가 진행되어 일반적인 보전으로 cost나 생산성에 있어 효율성이 없을 경우 ② 부품 등의 공급에 지장이 있을 경우
실시방법	① 설비의 갱신 ② 갱신의 경우 보전성, 안전성, 신뢰성 등의 보전실시 ③ 기존설비의 보전보다 설계, 제작단계까지 소급하여 보전이 필요없을 정도의 안전한 설계 및 제작이 필요

[참고] 산업안전기사 필기 p.2-49(표. 보전예방)

---

3 기계·기구 및 설비안전관리

41 방호장치의 설치목적이 아닌 것은?

① 가공물 등의 낙하에 의한 위험 방지
② 위험부위와 신체의 접촉방지
③ 비산으로 인한 위험방지
④ 주유나 검사의 편리성

해설

방호장치(덮개)의 설치목적
① 가공물 등의 낙하에 의한 위험 방지
② 위험부위와 신체의 접촉방지
③ 비산으로 인한 위험방지

[참고] 산업안전기사 필기 p.3-214(문제 2번 적중)

[정답] 38 ② 39 ② 40 ① 41 ④

42 아세틸렌 및 가스집합 용접장치의 저압용 수봉식 안전기의 유효수주는 최소 몇 [mm] 이상을 유지해야 하는가?

① 15 ② 20
③ 25 ④ 30

해설

저압용 수봉식 안전기의 유효수주 : 25[mm] 이상

참고 산업안전기사 필기 p.3-114(1. 수봉식 안전기 ⓓ)

보충학습

중압용 수봉식 안전기의 유효수주 : 50[mm] 이상

43 크레인 로프에 질량 2,000[kg]의 물건을 10[m/s²]의 가속도로 감아올릴 때, 로프에 걸리는 총 하중은 약 몇 [kN] 인가?

① 39.6 ② 29.6
③ 19.6 ④ 9.6

해설

총 하중 계산

총 하중(w)=정하중(w_1)+동하중(w_2) =2,000+$\left(\dfrac{2,000}{9.8}\times 10\right)$
=4040.82[kg]×9.8=39,600.036[N]÷1,000=39.6[kN]

보충학습

총 하중(w)=정하중(w_1)+동하중(w_2)=동하중(w_2)+$\left(\dfrac{w_1}{g}\times a\right)$

여기서, w : 총하중[kg$_f$] w_1 : 정하중[kg$_f$]
w_2 : 동하중[kg$_f$] g : 중력 가속도(9.8[m/s²])
a : 가속도[m/s²]
• 정하중 : 매단 물체의 무게

참고 산업안전기사 필기 p.3-182(문제 151번) 적중

KEY 1995년 8월 27일 출제

44 보일러 압력방출장치의 종류에 해당되지 않는 것은?

① 스프링식 ② 중추식
③ 플런저식 ④ 지렛대식

해설

압력방출 장치

① 보일러 규격에 적합한 압력방출장치를 최고사용압력 이하에서 작동되도록 1개 또는 2개 이상 설치
② 2개 이상 설치된 경우 최고사용압력 이하에서 1개가 작동되고, 다른 압력방출장치는 최고사용압력 1.05배 이하에서 작동되도록 부착
③ 1년에 1회 이상 토출압력시험 후 납으로 봉인(공정안전관리 이행수준 평가결과가 우수한 사업장은 4년에 1회 이상 토출압력시험 실시)
④ 스프링식, 중추식, 지렛대식(일반적으로 스프링식 안전밸브를 많이 사용)

참고 산업안전기사 필기 p.3-120(3. 방호장치의 종류)

45 휴대용 연삭기 덮개의 각도는 몇 도 이내인가?

① 60[°] ② 90[°]
③ 125[°] ④ 180[°]

해설

연삭기 종류별 덮개 각도

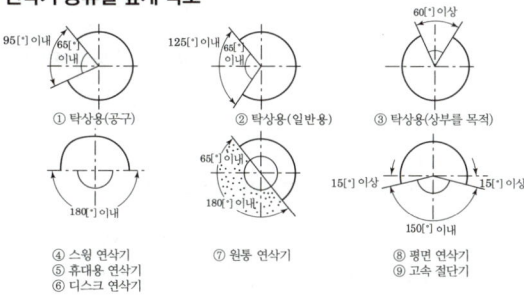

참고 산업안전기사 필기 p.3-93([그림] 연삭기 덮개의 표준형상)

46 프레스의 종류에서 슬라이드 운동기구에 의한 분류에 해당하지 않는 것은?

① 액압 프레스 ② 크랭크 프레스
③ 너클 프레스 ④ 마찰 프레스

해설

프레스 종류별 분류

구분	종류
슬라이드 구동 동력에 의한 분류	인력프레스, 기계프레스, 액압프레스(유압, 수압), 공압프레스
슬라이드 수에 의한 분류	단동프레스(1EA), 복동프레스(2EA), 3동프레스(3EA), 4동프레스(4EA)
슬라이드 운동기구에 의한 분류	크랭크프레스, 크랭크레스프레스, 너클프레스, 마찰프레스, 랙프레스, 스크류프레스, 링크프레스, 캠프레스
유압 프레스	스트레이트사이드 단동유압프레스, 유압복동프레스

참고 산업안전기사 필기 p.3-95(2. 프레스 종류별요약)

[정답] 42 ③ 43 ① 44 ③ 45 ④ 46 ①

과년도 출제문제

47 양중기에 해당하지 않는 것은?
① 크레인   ② 리프트
③ 체인블럭   ④ 곤돌라

해설
양중기의 종류
① 크레인[호이스트(hoist)를 포함한다]
② 이동식 크레인
③ 리프트(이삿짐운반용 리프트의 경우에는 적재하중이 0.1[t] 이상인 것으로 한정한다.)
④ 곤돌라
⑤ 승강기

참고 ① 산업안전기사 필기 p.3-141(합격날개 : 합격예측 및 관련 법규)
② 산업안전기사 필기 p.3-140(1. 양중기의 정의 및 종류)

48 비파괴시험의 종류가 아닌 것은?
① 자분 탐상시험   ② 침투 탐상시험
③ 와류 탐상시험   ④ 샤르피 충격시험

해설
샤르피 충격시험 : 파괴시험

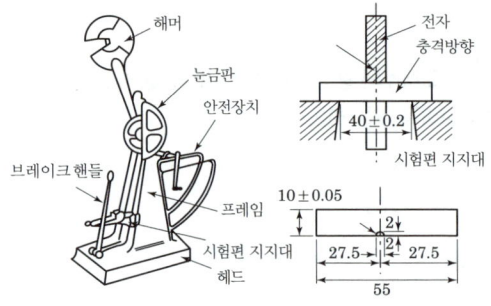

[그림] 샤르피 충격시험

참고 산업안전기사 필기 p.3-219(1. 파괴시험)

49 동력프레스의 종류에 해당하지 않는 것은?
① 크랭크 프레스   ② 푸트 프레스
③ 토글 프레스   ④ 액압 프레스

해설
푸트 프레스 : 인력(족동) 프레스

참고 산업안전기사 필기 p.3-95(2. 프레스 종류 및 요약)

KEY 2016년 8월 21일(문제 46번)

50 목재가공용 둥근톱의 톱날 지름이 500[mm]일 경우 분할날의 최소길이는 약 몇 [mm]인가?
① 462   ② 362
③ 262   ④ 162

해설
분할날의 최소길이$(l) = \dfrac{\pi D}{6} = \dfrac{\pi \times 500}{6} = 262[mm]$

참고 산업안전기사 필기 p.3-131(합격날개 : 합격예측)

51 연삭숫돌의 파괴원인이 아닌 것은?
① 외부의 충격을 받았을 때
② 플랜지가 현저히 작을 때
③ 회전력이 결합력보다 클 때
④ 내·외면의 플랜지 지름이 동일할 때

해설
연삭숫돌의 파괴원인
① 숫돌의 속도가 너무 빠를 때
② 숫돌에 균열이 있을 때
③ 플랜지가 현저히 작을 때
④ 숫돌의 치수(특히 구멍지름)가 부적당할 때
⑤ 숫돌에 과대한 충격을 줄 때
⑥ 작업에 부적당한 숫돌을 사용할 때
⑦ 숫돌의 불균형이나 베어링의 마모에 의한 진동이 있을 때
⑧ 숫돌의 측면을 사용할 때
⑨ 반지름방향의 온도변화가 심할 때

참고 산업안전기사 필기 p.3-90(1. 숫돌의 파괴원인)

52 롤러기의 급정지장치 설치기준으로 틀린 것은?
① 손조작식 급정지장치의 조작부는 밑면에서 1.8[m] 이내에 설치한다.
② 복부조작식 급정지장치의 조작부는 밑면에서 0.8[m] 이상, 1.1[m] 이내에 설치한다.
③ 무릎조작식 급정지장치의 조작부는 밑면에서 0.8[m] 이내에 설치한다.
④ 설치위치는 급정지장치의 조작부 중심점을 기준으로 한다.

[**정답**] 47 ③   48 ④   49 ②   50 ③   51 ④   52 ③

해설

급정지장치 설치기준

급정지장치 조작부의 종류	위 치
손으로 조작하는 것	밑면으로부터 1.8[m] 이내
복부로 조작하는 것	밑면으로부터 0.8[m] 이상 1.1[m] 이내
무릎으로 조작하는 것	밑면으로부터 0.6[m] 이내

참고 산업안전기사 필기 p. 3-109(합격날개 : 합격예측 및 관련법규)

53 산업안전보건법상 보일러에 설치하는 압력방출장치에 대하여 검사 후 봉인에 사용되는 재료로 가장 적합한 것은?

① 납
② 주석
③ 구리
④ 알루미늄

해설

압력방출 장치

① 보일러 규격에 적합한 압력방출장치를 최고사용압력 이하에서 작동되도록 1개 또는 2개 이상 설치
② 2개 이상 설치된 경우 최고사용압력 이하에서 1개가 작동되고, 다른 압력방출장치는 최고사용압력 1.05배 이하에서 작동되도록 부착
③ 1년에 1회 이상 토출압력시험 후 납으로 봉인(공정안전관리 이행수준 평가결과가 우수한 사업장은 4년에 1회 이상 토출압력시험 실시)
④ 스프링식, 중추식, 지렛대식(일반적으로 스프링식 안전밸브를 많이 사용)

참고 산업안전기사 필기 p.3-120(3. 방호장치의 종류)

KEY 2016년 8월 21일(문제 44번)

54 밀링머신 작업의 안전수칙으로 적절하지 않은 것은?

① 강력절삭을 할 때는 일감은 바이스로부터 길게 물린다.
② 일감을 측정할 때에는 반드시 정지시킨 다음에 한다.
③ 상하 이송장치의 핸들은 사용 후 반드시 빼두어야 한다.
④ 커터는 될 수 있는 한 컬럼에 가깝게 설치한다.

해설

밀링머신 작업시 안전수칙

① 강력절삭시 일감을 바이스에 깊게 물린다.
② 일감을 측정할 때에는 반드시 정지시킨 다음에 한다.
③ 상하 이송장치의 핸들은 사용 후 반드시 빼두어야 한다.
④ 커터는 될 수 있는 한 컬럼에 가깝게 설치한다.

참고 산업안전기사 필기 p.3-83(2. 밀링작업시 안전수칙)

KEY 2014년 8월 17일(문제 50번)

55 지게차의 헤드가드(head guard)는 지게차 최대하중의 몇 배가 되는 등분포정하중에 견딜 수 있는 강도를 가져야 하는가?

① 2
② 3
③ 4
④ 5

해설

지게차 헤드가드 설치 기준

① 강도는 지게차의 최대하중 2배의 값(그 값이 4[t]를 넘는 것에 대하여서는 4[t]으로 한다)의 등분포정하중에 견딜 수 있는 것일 것
② 상부틀의 각 개구의 폭 또는 길이가 16[cm] 미만일 것
③ 운전자가 앉아서 조작하는 방식의 지게차에 있어서는 운전자의 좌석의 상면에서 헤드가 상부틀의 하면까지의 높이가 0.903[m] 이상일 것
④ 운전자가 서서 조작하는 방식의 지게차에 있어서는 운전석의 바닥면에서 헤드가드의 상부틀의 하면까지의 높이가 1.88[m] 이상일 것

참고 산업안전기사 필기 p.3-148(합격날개 : 합격예측)

KEY 2014년 8월 17일(문제 56번)

56 기계설비의 작업능률과 안전을 위한 배치(layout)의 3단계를 올바른 순서대로 나열한 것은?

① 지역배치→건물배치→기계배치
② 건물배치→지역배치→기계배치
③ 기계배치→건물배치→지역배치
④ 지역배치→기계배치→건물배치

해설

기계설비 layout 3단계

① 제1단계 : 지역배치
② 제2단계 : 건물배치
③ 제3단계 : 기계배치

참고 산업안전기사 필기 p.3-14(합격날개 : 합격예측)

[정답] 53 ① 54 ① 55 ① 56 ①

과년도 출제문제

57 프레스기의 금형을 부착·해체 또는 조정하는 작업을 할 때, 슬라이드가 갑자기 작동함으로써 발생하는 근로자의 위험을 방지하기 위해 사용해야 하는 것은?

① 방호울 ② 안전블록
③ 시건장치 ④ 날접촉예방장치

[해설]
안전블록 : 금형의 부착 · 해체 조정작업시 슬라이드 불시작동 방지용

[참고] 산업안전기사 필기 p.3-96(합격날개 : 합격예측)

[정보제공]
산업안전보건기준에 관한 규칙 제104조(금형조정작업의 위험 방지)

[KEY] ① 2014년 8월 17일(문제 42번)
② 2016년 8월 21일 산업기사 출제

58 와이어로프의 지름 감소에 대한 폐기기준으로 옳은 것은?

① 공칭지름의 1[%] 초과
② 공칭지름의 3[%] 초과
③ 공칭지름의 5[%] 초과
④ 공칭지름의 7[%] 초과

[해설]
와이어로프 사용금지 기준
① 이음매가 있는 것
② 와이어로프의 한 꼬임[스트랜드(strand)를 말한다. 이하 같다.]에서 끊어진 소선(素線)[필러(pillar)선은 제외한다]의 수가 10[%] 이상(비자전로프의 경우에는 끊어진 소선의 수가 와이어로프 호칭지름의 6배 길이 이내에서 4개 이상이거나 호칭지름 30배 길이 이내에서 8개 이상)인 것
③ 지름 감소가 공칭지름의 7[%]를 초과한 것
④ 꼬인 것
⑤ 심하게 변형 또는 부식된 것
⑥ 열과 전기충격에 의해 손상된 것

[KEY] 2016년 8월 21일(문제 120번)

[보충학습]
산업안전보건기준에 관한규칙 제63조(달비계의 구조)

59 플레이너 작업시의 안전대책이 아닌 것은?

① 베드 위에 다른 물건을 올려놓지 않는다.
② 바이트는 되도록 짧게 나오도록 설치한다.
③ 프레임 내의 피트(pit)에는 뚜껑을 설치한다.
④ 칩 브레이커를 사용하여 칩이 길게 되도록 한다.

[해설]
플레이너 작업시 안전대책
① 베드 위에 다른 물건을 올려놓지 않는다.
② 바이트는 되도록 짧게 나오도록 설치한다.
③ 프레임 내의 피트(pit)에는 뚜껑을 설치한다.

[참고] 산업안전기사 필기 p.3-84(3. 플레이너 안전대책)

[보충학습]
칩브레이커
① 선반작업시 칩을 짧게 자르는 장치
② 오로지 선반에만 적용한다.
[KEY] 2015년 8월 16일(문제 49번)

60 산업안전보건법상 유해·위험방지를 위한 방호조치를 하지 아니하고는 양도, 대여, 설치 또는 사용에 제공하거나, 양도·대여를 목적으로 진열해서는 아니 되는 기계·기구가 아닌 것은?

① 예초기 ② 진공포장기
③ 원심기 ④ 롤러기

[해설]
유해 · 위험 방지를 위하여 방호조치가 필요한 기계 · 기구 등
① 예초기 ② 원심기
③ 공기압축기 ④ 금속절단기
⑤ 지게차 ⑥ 포장기계(진공포장기, 랩핑기로 한정한다)

[참고] 산업안전기사 필기 p.3-14(표. 방호조치가 필요한 유해위험 기계기구 및 방호조치)

[합격정보]
산업안전보건법 시행령[별표 20]

4 전기설비 안전관리

61 가로등의 접지전극을 지면으로부터 75[cm] 이상 깊은 곳에 매설하는 주된 이유는?

① 전극의 부식을 방지하기 위하여
② 접촉 전압을 감소시키기 위하여
③ 접지 저항을 증가시키기 위하여
④ 접지선의 단선을 방지하기 위하여

[정답] 57 ② 58 ④ 59 ④ 60 ④ 61 ②

해설

접지공사의 방법
① 접지극은 지하 75[cm] 이상의 깊이에 묻을 것(목적 : 접촉전압감소)
② 접지극은 지표 위 60[cm]까지의 접지선부분에는 옥내용절연전선, 케이블을 사용할 것
③ 지하 75[cm]로부터 지표 위 2[m]까지의 접지선 부분은 합성수지관, 몰드로 덮을 것
④ 접지선은 캡타이어케이블, 절연전선, 통신용케이블 외의 케이블을 사용할 것
⑤ 접지선을 철주, 그 밖에 금속체를 따라서 시설하는 경우에는 접지극을 지중에서 그 금속체로부터 1[m] 이상 떼어 매설할 것

참고
① 산업안전기사 필기 p.4-36(2. 접지)
② 산업안전기사 필기 p.4-88(문제 31번) 적중

---

62 내압방폭 금속관배선에 대한 설명으로 틀린 것은?

① 전선관은 박강전선관을 사용한다.
② 배관 인입부분은 씰링피팅(Sealing Fitting)을 설치하고 씰링콤파운드로 밀봉한다.
③ 전선관과 전기기기와의 접속은 관용평형나사에 의해 완전나사부가 "5턱" 이상 결합되도록 한다.
④ 가요성을 요하는 접속부분에는 플렉시블 피팅(Flexible Fitting)을 사용하고, 플렉시블 피팅은 비틀어서 사용해서는 안된다.

해설

금속관 배선공사
① 배관 인입부분은 씰링피팅(Sealing Fitting)을 설치하고 씰링콤파운드로 밀봉한다.
② 전선관과 전기기기와의 접속은 관용평형나사에 의해 완전나사부가 "5턱" 이상 결합되도록 한다.
③ 가요성을 요하는 접속부분에는 플렉시블 피팅(Fiexible Fitting)을 사용하고, 플렉시블 피팅은 비틀어서 사용해서는 안된다.

참고 산업안전기사 필기 p.4-61(2. 방폭형 전기기기)

KEY 2014년 8월 17일(문제 80번)

보충학습
전선관 : 후광전선관 사용

---

63 정전용량 C_1[IF]과 C_2[IF]가 직렬 연결된 회로에 E[V]로 송전되다 갑자기 정전이 발생하였을 때, C_2 단자의 전압을 나타낸 식은?

① $\dfrac{C_1}{C_1+C_2}E$ ② $\dfrac{C_2}{C_1+C_2}E$

③ $C_2 E$ ④ $\dfrac{E}{\sqrt{2}}$

해설

정전기 에너지
① 정전용량 C[F]인 물체에 전압 V[V]가 가해져서 Q[C]의 전하가 축적되어 있을 때 에너지 W는 $W = \dfrac{1}{2}QV = \dfrac{1}{2}CV^2 = \dfrac{1}{2}\dfrac{Q^2}{C}$[J]이 된다. 여기서
② C^2 단자 전압 $= \dfrac{C_1}{C_1+C_2}E$

참고 산업안전기사 필기 p.4-33(6. 정전기 에너지)

KEY 2015년 3월 8일(문제 72번)

---

64 충전선로의 활선작업 또는 활선근접작업을 하는 작업자의 감전위험을 방지하기 위해 착용하는 보호구로서 가장 거리가 먼 것은?

① 절연장화   ② 절연장갑
③ 절연안전모   ④ 대전방지용 구두

해설

절연용 보호구
7,000[V] 이하 전로의 활선(근접)작업시 감전사고예방을 위해 작업자 몸에 착용하는 것(감전방지용 보호구)
① 전기용 안전모 : AE종(낙하·비래, 감전위험방지용), ABE종(낙하·비래, 추락, 감전위험방지용)
② 안전화 : 정전기 대전방지용, 절연화
③ 절연장화 : A종(저압용), B종(저압 이상 3,500[V] 이하 작업용), C종(3,500[V] 초과 7,000[V] 이하 작업용)
④ 전기용 고무장갑(절연장갑) : A종, B종, C종 – 사용전압은 절연장화와 동일
⑤ 보호용 가죽장갑, 절연소매, 절연복 등

참고 산업안전기사 필기 p.4-22(3.절연용 안전장구)

---

65 인체의 피부저항은 피부에 땀이 나 있는 경우 건조 시 보다 약 어느 정도 저하되는가?

① $\dfrac{1}{2} \sim \dfrac{1}{4}$ ② $\dfrac{1}{6} \sim \dfrac{1}{10}$

③ $\dfrac{1}{12} \sim \dfrac{1}{20}$ ④ $\dfrac{1}{25} \sim \dfrac{1}{35}$

[정답] 62 ①   63 ①   64 ④   65 ③

> **해설**

인체저항
① 피부의 전기저항 : 2,500[Ω](내부조직저항 : 500[Ω])
② 피부가 땀이 나 있을 경우 : 1/12~1/20 정도로 감소
③ 피부가 물에 젖어 있을 경우 : 1/25 정도로 감소
④ 습기가 많을 경우 : 1/10 정도로 감소
⑤ 발과 신발 사이의 저항 : 1,500[Ω]
⑥ 신발과 대지 사이의 저항 : 700[Ω]
⑦ 1[Ω] : 1[V]의 전압이 가해졌을 때 1[A]의 전류가 흐르는 저항

> **참고** 산업안전기사 필기 p.4-18(2. 인체의 전기저항)

66 정전기 재해방지를 위하여 불활성화할 수 없는 탱크, 탱크롤리 등에 위험물을 주입하는 배관 내 액체의 유속제한에 대한 설명으로 틀린 것은?

① 물이나 기체를 혼합하는 비수용성 위험물의 배관 내 유속은 1[m/s] 이하로 할 것
② 저항률이 $10^{10}[Ω·cm]$ 미만의 도전성 위험물의 배관유속은 매초 7[m] 이하로 할 것
③ 저항률이 $10^{10}[Ω·cm]$ 이상인 위험물의 배관유속은 관내경이 0.05[m]이면 매초 3.5[m] 이하로 할 것
④ 이황화탄소 등과 같이 유동대전이 심하고 폭발 위험성이 높은 것은 배관 내 유속은 5[m/s] 이하로 할 것

> **해설**

초기 배관 내 유속 제한
① 도전성 위험물로써 저항률이 $10^{10}[Ωcm]$ 미만의 배관유속은 7[m/s] 이하
② 이황화탄소, 에테르 등과 같이 폭발위험성이 높고 유동대전이 심한 액체는 1[m/s] 이하
③ 비수용성이면서 물기가 기체를 혼합한 위험물은 1[m/s] 이하

> **참고** ① 산업안전기사 필기 p.4-38(보충학습 : 2. 배관내 액체의 유속제한)
> ② 산업안전기사 필기 p.4-60(문제 19번)
> **KEY** 2015년 3월 8일(문제 64번)

67 정전기로 인하여 화재로 진전되는 조건 중 관계가 없는 것은?

① 방전하기에 충분한 전위차가 있을 때
② 가연성가스 및 증기가 폭발한계 내에 있을 때
③ 대전하기 쉬운 금속부분에 접지를 한 상태일 때
④ 정전기의 스파크 에너지가 가연성가스 및 증기의 최소점화 에너지 이상일 때

> **해설**

접지의 목적
① 설비의 절연물이 열화 또는 손상시 흐르게 되는 누설전류에 의한 감전방지
② 고전압의 혼촉사고시 인체에 위험을 주는 전류를 대지로 흘려보내 감전을 방지
③ 낙뢰에 의한 피해방지
④ 송배전선, 고저압모선 등에서 지락사고발생시 보호계전기를 신속하게 동작시킴
⑤ 송배전선로의 지락사고시 대지전위의 상승을 억제하고 절연강도를 경감시킴

> **참고** 산업안전기사 필기 p.4-36([그림] 정전기 방지대책)

68 화염일주한계에 대한 설명으로 옳은 것은?

① 폭발성 가스와 공기의 혼합기에 온도를 높인 경우 화염이 발생 할 때까지의 시간 한계치
② 폭발성 분위기에 있는 용기의 접합면 틈새를 통해 화염이 내부에서 외부로 전파되는 것을 저지할 수 있는 틈새의 최대간격치
③ 폭발성 분위기 속에서 전기불꽃에 의하여 폭발을 일으킬 수 있는 화염을 발생시키기에 충분한 교류 파형의 1주기치
④ 방폭설비에서 이상이 발생하여 불꽃이 생성된 경우에 그것이 점화원으로 작용하지 않도록 화염의 에너지를 억제하여 폭발하한계로 되도록 화염 크기를 조정하는 한계치

> **해설**

폭발등급 측정에 사용되는 표준용기
내용적이 8[l], 틈새의 안길이(L)이 25[mm]인 용기로서 틈이 폭 W[mm]를 변환시켜서 화염일주한계를 측정하도록 한 것

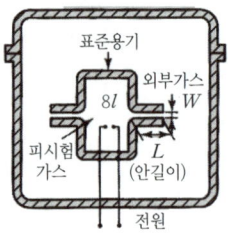

[**정답**] 66 ④ 67 ③ 68 ②

> [참고] ① 산업안전기사 필기 p.4-59(합격날개 : 합격예측)
> ② 산업안전기사 필기 p.5-6(2. 안전간격)
>
> [KEY] 2014년 3월 2일(문제 80번)

69 접지저항 저감 방법으로 틀린 것은?

① 접지극의 병렬 접지를 실시한다.
② 접지극의 매설 깊이를 증가시킨다.
③ 접지극의 크기를 최대한 작게 한다.
④ 접지극 주변의 토양을 개량하여 대지 저항률을 떨어뜨린다.

> [해설]
> **접지저항을 감소시키는 방법**
> ① 약품법 : 도전성 물질을 접지극 주변토양에 주입
> ② 병렬법 : 접지 수를 증가하여 병렬접속
> ③ 접지전극을 대지에 깊이 박는 방법(75[cm] 이상)
> ④ 토질개량
> ⑤ 보조 mesh 및 보조전극 사용
> ⑥ 접지극의 규격을 크게
>
> [참고] 산업안전기사 필기 p.4-37(보충학습)

70 Dalziel에 의하여 동물실험을 통해 얻어진 전류값을 인체에 적용했을 때 심실세동을 일으키는 전기에너지[J]는?(단, 인체 전기저항은 500[Ω]으로 보며, 흐르는 전류 $I = \frac{165}{\sqrt{T}}$[mA]로 한다.)

① 9.8 ② 13.6
③ 19.6 ④ 27

> [해설]
> **Dalziel(달지엘)의 심실세동전기에너지**
> $Q = I^2RT[J/S] = \left(\frac{165 \sim 185}{\sqrt{T}} \times 10^{-3}\right)^2 \times 500 \times T$
> $= \frac{165^2 \sim 185^2}{\sqrt{T}} \times 10^{-6} \times 500 \times T$
> $= 165^2 \times 10^{-6} \times 500 \sim 185^2 \times 10^{-6} \times 500$
> $= 13.61 \sim 17.11[J]$
>
> [참고] 산업안전기사 필기 p.4-18(3. 위험한계 에너지)
>
> [KEY] ① 2014년 8월 17일(문제 74번)
> ② 2015년 3월 8일(문제 75번)

71 접지공사에 관한 설명으로 옳은 것은?

① 뇌해 방지를 위한 피뢰기는 제1종 접지공사를 시행한다.
② 중성선 전로에 시설하는 계통접지는 특별 제3종 접지공사를 시행한다.
③ 제3종 접지공사의 저항값은 100[Ω]이고 교류 750[V] 이하의 저압기기에 설치한다.
④ 고·저압 전로의 변압기 저압측 중성선에는 반드시 제1종 접지공사를 시행한다.

> [해설]
> **개정 접지시스템**
>
> | 구분 | |
> | --- | --- |
> | 구분 | ① 계통접지(TN, TT, IT 계통) ② 보호접지 ③ 피뢰시스템 접지 |
> | 종류 | ① 단독접지 ② 공통접지 ③ 통합접지 |
> | 구성요소 | ① 접지극 ② 접지도체 ③ 보호도체 및 기타 설비 |
> | 연결방법 | 접지극은 접지도체를 사용하여 주 접지단자에 연결 |
>
> [합격안내]
> 본 문제는 법개정으로 출제되지 않습니다.

72 접지목적에 따른 분류에서 병원설비의 의료용 전기전자(M·E)기기와 모든 금속부분 또는 도전바닥에도 접지하여 전위를 동일하게 하기 위한 접지를 무엇이라 하는가?

① 계통 접지
② 등전위 접지
③ 노이즈방지용 접지
④ 정전기 장해방지 이용 접지

> [해설]
> 등전위 접지목적 : 전위일정(예 병원의료용 기기)
>
> [참고] 산업안전기사 필기 p.4-37(합격날개 : 은행문제)
>
> [KEY] 2014년 8월 17일(문제 79번)

[정답] 69 ③ 70 ② 71 ① 72 ②

73 정전기 발생 원인에 대한 설명으로 옳은 것은?

① 분리속도가 느리면 정전기 발생이 커진다.
② 정전기 발생은 처음 접촉, 분리 시 최소가 된다.
③ 물질 표면이 오염된 표면일 경우 정전기 발생이 커진다.
④ 접촉 면적이 작고 압력이 감소할수록 정전기 발생량이 크다.

[해설]
정전기 발생원인
① 분리속도가 빠르며 정전기 발생이 커진다.
② 정전기 발생은 처음접촉·분리 시 최대가 된다.
③ 접촉면적이 크고 접촉 압력이 증가 할수록 정전기 발생량이 크다.

[참고] 산업안전기사 필기 p.4-32(1. 정전기의 위험요소파악)

---

74 정격전류 20[A]와 25[A]인 전동기와 정격전류 10[A]인 전열기 6대에 전기를 공급하는 200[V] 단상저압 간선에는 정격 전류 몇 [A]의 과전류 차단기를 시설하여야 하는가?

① 200
② 150
③ 125
④ 100

[해설]
과전류차단기
① 정격전류=3×45=135[A]
② 전류의 합=135+60=195[A]
③ 간선허용전류=1.25(전동기 전류 + 전열기 전류)
　　　　　　　=1.25(45+60)=131.25
④ 과전류차단기의 정격전류=164[A]
⑤ 간선의 허용전류가 100[A]를 초과하므로
⑥ 바로 위의 정격전류=200[A] 적용

[보충학습]
(1) 과전류 차단기
　① 과전류 차단기는 전로(배선)에 큰 전류가 흐를 때 자동으로 전로를 분리한다.
　② 전로에 큰 전류가 흐르고 있으면 전선이 불타 버린다.
　③ 전로에 큰 전류가 흐를 때 전류가 계속 흘러 가지 않도록 과전류 차단기가 자동으로 OFF 되어 전류가 흐르지 않도록 한다.
(2) 저압옥내간선을 보호하기 위하여 시설하는 과전류 차단기는 저압옥내간선의 허용전류 이하의 정격전류의 것이어야 한다. 다만, 그 간선에 전동기 등이 접속되는 경우는 그 전동기 등의 정격전류 합계의 3배에 다른 전기사용기계기구의 정격전류의 합계를 가산한 값(그 값이 간선 허용전류의 2.5배를 초과할 경우는 그 허용전류를 2.5배한 값)이하의 정격전류인 것(간선의 허용전류가 100[A]를 초과하는 경우에 그 값이 정격에 해당하지 않으면 그 밖의 바로 위의 정격을 사용할 수 있다.)

[참고] ① 산업안전기사 필기 p.4-6(합격날개 : 합격예측 및 관련법규)
　　　② 산업안전기사 필기 p.4-14(문제 17번)

---

75 전기기기 방폭의 기본개념과 이를 이용한 방폭구조로 볼 수 없는 것은?

① 점화원의 격리:내압(耐壓) 방폭구조
② 폭발성 위험분위기 해소:유입 방폭구조
③ 전기기기 안전도의 증강:안전증 방폭구조
④ 점화능력의 본질적 억제:본질안전 방폭구조

[해설]
유입방폭구조(o)
① 유입방폭구조는 아크 또는 고열을 발생하는 전기설비를 용기에 넣고 그 용기 안에 다시 기름을 채워서 외부의 폭발성 가스와 점화원이 접촉하여 인화할 위험이 없도록 하는 구조로 유입 개폐부분에는 가스를 빼내는 배기공을 설치하여야 한다.
② 보통 10[mm] 이상의 유면으로 위험 부위를 커버하고 유면온도가 60[℃] 이상 되면 사용을 금한다.

[참고] ① 산업안전기사 필기 p.4-54(4. 전기설비의 방폭구조)
　　　② 산업안전기사 필기 p.4-57(합격날개 : 보충학습)

[보충학습]
전기설비의 방폭화 방법
① 점화원의 방폭적 격리 : 내압, 압력, 유입 방폭 구조
② 전기설비의 안전도 증강 : 안전증 방폭구조
③ 점화능력의 본질적 억제 : 본질안전 방폭구조

---

76 최소 착화에너지가 0.26[mJ]인 프로판 가스에 정전용량이 100[pF]인 대전 물체로부터 정전기 방전에 의하여 착화할 수 있는 전압은 약 몇 [V] 정도인가?

① 2240
② 2260
③ 2280
④ 2300

[해설]
최소착화 에너지(E)
① $E = \frac{1}{2}CV^2$
② $V = \sqrt{\frac{2E}{C}} = \sqrt{\frac{2 \times 0.26 \times 10^{-3}}{100 \times 10^{-12}}} = 2,280.35[V]$

[참고] 산업안전기사 필기 p.4-33(6. 정전기 에너지)

[정답] 73 ③　74 ①　75 ②　76 ③

보충학습
① $[mJ] = 10^{-3}[J]$
② $[pF] = 10^{-12}[F]$

77 전기기계·기구의 기능 설명으로 옳은 것은?

① CB는 부하전류를 개폐(ON-Off)시킬 수 있다.
② ACB는 접촉스파크 소호를 진공상태로 한다.
③ DS는 회로의 개폐(ON-Off) 및 대용량부하를 개폐시킨다.
④ LA는 피뢰침으로서 낙뢰 피해의 이상 전압을 낮추어 준다.

해설

용어정의
① ACB : 기중차단기(저압용)   ② DS : 단로기(무부하개폐용)
③ ABB : 공기차단기   ④ VCB : 진공차단기
⑤ MCB : 자기차단기   ⑥ OCB : 유입차단기
⑦ GCB : 가스차단기   ⑧ LA : 피뢰기

참고 ① 산업안전기사 필기 p.4-4(3. 개폐기)
② 산업안전기사 필기 p.4-5(합격날개 : 은행문제)

78 배전선로에 정전작업 중 단락 접지기구를 사용하는 목적으로 적합한 것은?

① 통신선 유도 장해 방지
② 배전용 기계 기구의 보호
③ 배전선 통전 시 전위경도 저감
④ 혼촉 또는 오동작에 의한 감전방지

해설

단락접지기구 사용목적 : 혼촉 또는 오동작에 의한 감전방지

참고 산업안전기사 필기 p.4-76(2. 전기설비 위험요인 점검 및 개선)

79 교류 아크용접기의 허용사용률[%]은?(단, 정격사용률은 10[%], 2차 정격전류는 500[A], 교류 아크용접기의 사용전류는 250[A]이다.)

① 30   ② 40
③ 50   ④ 60

해설

허용사용률 $= \dfrac{(정격 2 차전류)^2}{(실제용접전류)^2} \times 정격사용률 = \dfrac{(500)^2}{(250)^2} \times 10 = 40[\%]$

참고 산업안전기사 필기 p.4-79(④ 허용사용률)

80 속류를 차단할 수 있는 최고의 교류전압을 피뢰기의 정격전압이라고 하는데 이 값은 통상적으로 어떤 값으로 나타내고 있는가?

① 최댓값   ② 평균값
③ 실효값   ④ 파고값

해설

정격전압(실효값)

사인파 교류의 실효값 = 교류의 최댓값 $\times \dfrac{1}{\sqrt{2}}$

참고 산업안전기사 필기 p.4-57(2. 피뢰기설비)

KEY 2009년 5월 10일 (문제 63번) 출제

5 화학설비 안전관리

81 다음 중 인화성 물질이 아닌 것은?

① 에테르   ② 아세톤
③ 에틸알코올   ④ 과염소산칼륨

해설

과염소산칼륨($KClO_4$) : 제1류 위험률(산화성 고체)
① 분해온도 400[℃], 무색, 무취의 사방정계결정
② 물에 녹기 어렵고 알코올, 에테르에 불용. 진한 황산과 접촉 시 폭발할 수 있다.(불수용성)
③ 인, 유황, 탄소, 유기물 등과 혼합시 가열, 충격, 마찰에 의하여 폭발한다.
④ 수산화나트륨과는 안정하다.
⑤ 400[℃]에서 분해가 시작되어 600[℃]에서 완전 분해된다.
⑥ $KClO_4 \rightarrow KCl + 2O_2 \uparrow$ (염화칼륨+산소)

참고 산업안전기사 필기 p.5-39(1. 위험물 안전관리법의 위험물 분류)

KEY 2016년 8월 21일(문제 90번)

[정답] 77 ①   78 ④   79 ②   80 ③   81 ④

82 다음 중 산업안전보건법령상 화학설비에 해당하는 것은?

① 응축기·냉각기·가열기·증발기 등 열교환기류
② 사이클론·백필터·전기집진기 등 분진처리설비
③ 온도·압력·유량 등을 지시·기록 등을 하는 자동제어 관련설비
④ 안전밸브·안전판·긴급차단 또는 방출밸브 등 비상조치 관련설비

해설

화학설비의 종류
① 반응기·혼합조 등 화학물질 반응 또는 혼합장치
② 증류탑·흡수탑·추출탑·감압탑 등 화학물질 분리장치
③ 저장탱크·계량탱크·호퍼·사일로 등 화학물질 저장설비 또는 계량설비
④ 응축기·냉각기·가열기·증발기 등 열교환기류
⑤ 고로 등 점화기를 직접 사용하는 열교환기류
⑥ 캘린더(calender)·혼합기·발포기·인쇄기·압출기 등 화학제품 가공설비
⑦ 분쇄기·분체분리기·용융기 등 분체화학물질 취급장치
⑧ 결정조·유동탑·탈습기·건조기 등 분체화학물질 분리장치
⑨ 펌프류·압축기·이젝터(ejector) 등의 화학물질 이송 또는 압축설비

참고 산업안전기사 필기 p.5-16(1. 화학설비의 종류)

KEY 2015년 3월 8일(문제 100번) 출제

합격정보
산업안전기준에 관한규칙 [별표 7] 화학설비 및 부속설비의 종류

83 금속의 용접·용단 또는 가열에 사용되는 가스 등의 용기를 취급할 때의 준수사항으로 옳지 않은 것은?

① 밸브의 개폐는 서서히 할 것
② 용기의 온도를 섭씨 40[℃] 이하로 유지할 것
③ 운반할 때에는 환기를 위하여 캡을 씌우지 않을 것
④ 용기의 부식·마모 또는 변형상태를 점검한 후 사용할 것

해설

가스 등의 용기 취급시 준수사항
① 다음에 해당하는 장소에서 사용하거나 해당 장소에 설치·저장 또는 방치하지 않도록 할 것
　㉮ 통풍이나 환기가 불충분한 장소
　㉯ 화기를 사용하는 장소 및 그 부근
　㉰ 위험물 또는 인화성 액체를 취급하는 장소 및 그 부근
② 용기의 온도를 섭씨 40[℃] 이하로 유지할 것
③ 전도의 위험이 없도록 할 것
④ 충격을 가하지 않도록 할 것
⑤ 운반하는 경우에는 캡을 씌울 것
⑥ 사용하는 경우에는 용기의 마개에 부착되어 있는 유류 및 먼지를 제거할 것
⑦ 밸브의 개폐는 서서히 할 것
⑧ 사용 전 또는 사용 중인 용기와 그 밖의 용기를 명확히 구별하여 보관할 것
⑨ 용해아세틸렌의 용기는 세워 둘 것
⑩ 용기의 부식·마모 또는 변형상태를 점검한 후 사용할 것

참고 산업안전기사 필기 p.5-61(합격날개 : 합격예측)

합격정보
산업안전보건기준에 관한 규칙 제 234조(가스등의 용기)

84 다음 중 자연발화를 방지하기 위한 일반적인 방법으로 적절하지 않은 것은?

① 주위의 온도를 낮춘다.
② 공기의 출입을 방지하고 밀폐시킨다.
③ 습도가 높은 곳에는 저장하지 않는다.
④ 황린의 경우 산소와의 접촉을 피한다.

해설

자연발화 방지대책
① 통풍이 잘되게 할 것
② 저장실 온도를 낮출 것
③ 열이 축적되지 않는 퇴적방법을 선택할 것
④ 습도가 높지 않도록 할 것

참고 산업안전기사 필기 p.5-7(4. 자연발화 및 연소 조건)

85 대기압에서 물의 엔탈피가 1[kcal/kg]이었던 것이 가압하여 1.45[kcal/kg]을 나타내었다면 flash율은 얼마인가?(단, 물의 기화열은 540[cal/g]이라고 가정한다.)

① 0.00083　　② 0.0015
③ 0.0083　　④ 0.015

해설

flash 율

$$\frac{q}{Q} = \frac{(H_{t1} - H_{t2})}{L} = \frac{1.45 - 1}{540} = 0.00083$$

여기서, $\frac{q}{Q}$: flash율,
　　　$q(\text{kg})$: 기화된 액량,　$Q(\text{kg})$: 전체액량,
　　　$H_{t1}(\text{kcal/kg})$: 가압하의 액체 엔탈피,
　　　$H_{t2}(\text{kcal/kg})$: 대기압하의 액체 엔탈피,
　　　L : 증발잠열(기화열)

[정답] 82 ①　83 ③　84 ②　85 ①

KEY 2012년 3월 4일 (문제 86번) 출제

86 다음 중 설비의 주요 구조부분을 변경함으로써 공정안전보고서를 제출하여야 하는 경우가 아닌 것은?

① 플레어스택을 설치 또는 변경하는 경우
② 가스누출감지경보기를 교체 또는 추가로 설치하는 경우
③ 변경된 생산설비 및 부대설비의 해당 전기정격용량이 300[kW] 이상 증가한 경우
④ 생산량의 증가, 원료 또는 제품의 변경을 위하여 반응기(관련설비 포함)를 교체 또는 추가로 설치하는 경우

해설
설비의 주요 구조부분 변경 시 공정안전보고서를 제출하여야 하는 경우
① 플레어스택을 설치 또는 변경하는 경우
② 변경된 생산설비 및 부대설비의 해당 전기 정격용량이 300[kW] 이상 증가한 경우
③ 생산량의 증가, 원료 또는 제품의 변경을 위하여 반응기(관련설비 포함)를 교체 또는 추가로 설치하는 경우

87 다음 중 흡인시 인체에 구내염과 혈뇨, 손 떨림 등의 증상을 일으키며 신경계를 대표적인 표적기관으로 하는 물질은?

① 백금
② 석회석
③ 수은
④ 이산화탄소

해설
수은(Hg)중독
① 제련 및 정련 작업장, 온도계, 압력계, 전기계기 등을 제조하는 작업장, 수은화합물의 제조 작업장, 도금 작업장 등에서 일하는 근로자들에게 많이 발생하고 있다.
② 중독의 초기증상으로는 안색이 누렇게 변하며 구토와 두통, 복통과 설사 등 소화불량증세가 나타난다.
③ 중독현상이 더욱 진행되면 구내염에 의한 금속성 입맛이 나고, 침을 많이 흘리게 되며, 심하면 손이 떨려서 글씨를 쓸 수 없게 되는 의지성 진전(intention tremor)이 나타나고 보행도 어렵게 된다.
④ 불면증과 피부병이 더욱 심하게 되면 정신흥분증상이 나타나기도 한다.

참고 산업안전기사 필기 p.5-69(문제 39번) 적중

KEY ① 2003년 3월 6일 출제
② 2010년 7월 25일 출제

88 위험물을 저장·취급하는 화학설비 및 그 부속 설비를 설치할 때 '단위공정시설 및 설비로부터 다른 단위공정시설 및 설비의 사이'의 안전거리는 설비의 바깥 면으로부터 몇 [m] 이상이 되어야 하는가?

① 5
② 10
③ 15
④ 20

해설
화학설비 안전거리

구 분	안 전 거 리
1. 단위공정시설 및 설비로부터 다른 단위공정시설 및 설비의 사이	설비의 바깥면으로부터 10[m] 이상
2. 플레어스택으로부터 단위 공정 시설 및 설비, 위험물질 저장탱크 또는 위험물질 하역설비의 사이	플레어스택으로부터 반경 20[m] 이상. 다만, 단위공정시설 등이 불연재료로 시공된 지붕 아래 설치된 경우에는 그러하지 아니하다.

참고 산업안전기사 필기 p.5-78(문제 79번) 적중

89 다음 중 화재감지기에 있어 열감지 방식이 아닌 것은?

① 정온식
② 광전식
③ 차동식
④ 보상식

해설
화재감지기의 종류
(1) 열감지식
① 차동식 ② 보상식 ③ 정온식
(2) 연기식
① 이온화식 ② 광전식

참고 산업안전기사 필기 p.5-27(문제 31번) 적중

KEY ① 2005년 3월 6일 출제
② 2014년 8월 7일(문제 93번) 출제

90 고온에서 완전 열분해하였을 때 산소를 발생하는 물질은?

① 황화수소
② 과염소산칼륨
③ 메틸리튬
④ 적린

【정답】 86 ② 87 ③ 88 ② 89 ② 90 ②

> [해설]

과염소산칼륨($KClO_4$)
① 분해온도 400[℃], 무색, 무취의 사방정계결정
② 물에 녹기 어렵고 알코올, 에테르에 불용. 진한 황산과 접촉 시 폭발할 수 있다.
③ 인, 유황, 탄소, 유기물 등과 혼합시 가열, 충격, 마찰에 의하여 폭발한다.
④ 수산화나트륨과는 안정하다.
⑤ 400[℃]에서 분해가 시작되어 600[℃]에서 완전 분해된다.
⑥ $KClO_4 \rightarrow KCl + 2O_2\uparrow$ (염화칼륨+산소)

> [참고] 2016년 8월 21일(문제 81번)

91 다음 중 파열판에 관한 설명으로 틀린 것은?

① 압력 방출속도가 빠르다.
② 설정 파열압력 이하에서 파열될 수 있다.
③ 한번 부착한 후에는 교환할 필요가 없다.
④ 높은 점성의 슬러리나 부식성 유체에 적용할 수 있다.

> [해설]

파열판(Rupture disk)
① 파열판은 취급하는 물질의 고형화나 현저한 부식성에 의해 안전밸브의 작동이 곤란하게 되는 경우에 사용되며 방출량이 많은 경우나 순간방출을 필요로 하는 경우에 이용된다.
② 파열판의 형식에는 평판이나 돔형의 형태가 있다.
③ 파열판이 적정하게 작동하지 않는 예로서는 평판파열판에 내압이 걸리도록 하는 방법으로 돔상태로 변형하여 파열압력이 상승하도록 한 경우 또는 재료가 부식하여 규정압력 이하에서 파열하도록 한 경우 등이 있기 때문에 형식, 재질을 충분히 검토하고 일정기간 정하여 교환하는 것이 필요하다.
④ 파열판은 안전밸브와 비교해서 설정압력과 파열압력(작동압력)과의 오차가 크고, 한번 파열하면 내용물의 전량을 방출해야만 하는 결점이 있다.

> [참고] 산업안전기사 필기 p.5-72(문제 50번) 적중

92 다음 중 허용노출기준(TWA)이 가장 낮은 물질은?

① 불소
② 암모니아
③ 황화수소
④ 니트로벤젠

> [해설]

허용노출기준
① 불소 : 0.1[ppm]
② 암모니아 : 25[ppm]
③ 황화수소 : 10[ppm]
④ 니트로벤젠 : 1[ppm]

> [보충학습]

시간가중 평균농도(TWA)
1일 8시간 작업을 기준으로 하여 유해요인의 측정농도에 발생시간을 곱하여 8시간을 나눈 농도

$$TWA = \left(\frac{C_1 \cdot T_1 + C_2 \cdot T_2 + \cdots + C_n \cdot T_n}{8}\right)$$

C : 유해요인의 측정농도(단위 : ppm 또는 mg/m³)
T : 유해요인의 발생시간(단위 : 시간)

> [참고] 산업안전기사 필기 p.5-41(2. 유해물질의 허용농도)

> **KEY** 2012년 5월 20일 (문제 89번) 출제

93 Burgess-Wheeler의 법칙에 따르면 서로 유사한 탄화수소계의 가스에서 폭발하한계의 농도[vol%]와 연소열[kcal/mol]의 곱의 값은 약 얼마 정도인가?

① 1100
② 2800
③ 3200
④ 3800

> [해설]

포화탄화수소계 가스에서는 폭발하한계의 농도 X[vol%]와 그의 연소열(kcal/mol) Q의 곱은 일정하게 된다는 Burgess-Wheeler의 법칙이 있다.
① Burgess-Wheeler의 법칙
  X[vol%] × Q[kJ/mol] = 4,600[vol% · kJ/mol]
② X[vol%] × Q[kJ/mol] = 1,100[vol% · kJ/mol]

94 산업안전보건법에서 정한 공정안전보고서의 제출대상 업종이 아닌 사업장으로서 유해·위험물질의 1일 취급량이 염소 10,000[kg], 수소 20,000[kg]인 경우 공정안전보고서 제출대상 여부를 판단하기 위한 R값은 얼마인가?(단, 유해·위험물질의 규정수량은 표에 따른다.)

유해·위험물질명	규정수량[kg]
인화성 가스	5,000
염소	20,000
수소	50,000

① 0.9
② 1.2
③ 1.5
④ 1.8

[정답] 91 ③ 92 ① 93 ① 94 ①

해설

공정안전 보고서 제출대상
① 2종 이상의 유해·위험물질을 취급하는 경우에는 당해 유해·위험물질 각각의 취급량을 구한 후 다음공식에 의해 산출한 값 R이 1이상인 경우 유해·위험설비로 본다.
$R = C_1/T_1 + C_2/T_2 + \cdots\cdots + C_n/T_n$
➡ C_n : 위험물질 각각의 사용량, T_n : 위험물질 각각의 규정수량
② $R = \dfrac{10000}{20000} + \dfrac{20000}{50000} = 0.9$

참고 산업안전기사 필기 p.5-41(④ 혼합물질의 허용농도)
➡ ① R>1 : 공정안전보고서 제출대상이 된다.
② R<1이므로 공정안전보고서 제출 대상이 아니다.

---

95 폭발압력과 가연성가스의 농도와의 관계에 대한 설명으로 가장 적절한 것은?

① 가연성가스의 농도와 폭발압력은 반비례 관계이다.
② 가연성가스의 농도가 너무 희박하거나 너무 진하여도 폭발 압력은 최대로 높아진다.
③ 폭발압력은 화학양론 농도보다 약간 높은 농도에서 최대 폭발압력이 된다.
④ 최대 폭발압력의 크기는 공기와의 혼합기계에서 보다 산소의 농도가 큰 혼합기체에서 더 낮아진다.

해설

폭발압력과 가연성 가스 농도와의 관계
① 가연성가스의 농도가 너무 희박하거나 진하면 폭발은 중지되므로 폭발압력은 낮아진다.
② 최대폭발압력의 크기는 공기보다 산소의 농도가 클 때 더 높아진다.
③ 가연성가스의 농도와 폭발압력은 비례관계이다.

KEY ① 2004년 3월 7일 출제
② 2014년 8월 17일(문제 87번)

---

96 프로판가스 1[m³]를 완전 연소시키는데 필요한 이론 공기량 몇 [m³]인가?(단, 공기 중의 산소농도는 20[vol%]이다.)

① 20
② 25
③ 30
④ 35

해설

프로판(C_3H_8)의 완전연소 반응식
① $C_3H_8 + 5O_2 \rightarrow 3CO_2 + 4H_2O$
② MOC농도 = 폭발하한계 × $\dfrac{산소의\ 몰수}{연료몰수}$
③ 프로판 1몰의 완전 연소에 산소 5몰이 필요 → 프로판 1[m³]의 완전 연소에 산소 5[m³]이 필요하다(몰비 = 부피비)
④ 공기가 20[%] 이므로 5[m³]×5=25[m³]

참고 2014년 8월 17일(문제 85번)

---

97 니트로셀룰로오스와 같이 연소에 필요한 산소를 포함하고 있는 물질이 연소하는 것을 무엇이라고 하는가?

① 분해연소
② 확산연소
③ 그을음연소
④ 자기연소

해설

자기연소(자기반응성 물질)
① 제5류 위험물은 인화성이면서 자체 내에 산소를 함유하고 있어 공기 중의 산소를 필요로 하지 않고 연소되는데 이를 자기연소라 한다.
② 니트로 화합물, 다이나마이트 등

참고 산업안전기사 필기 p.5-4(4. 자기연소)

---

98 다음 중 포소화약제 혼합장치로써 정하여진 농도로 물과 혼합하여 거품 수용액을 만드는 장치가 아닌 것은?

① 관로혼합장치
② 차압혼합장치
③ 낙하혼합장치
④ 펌프혼합장치

해설

포소화약제 혼합장치의 종류
① 차압혼합장치(프레져 프로포셔너)
② 관로혼합장치(라인 프로포셔너)
③ 압입혼합장치(프레져 사이드 프로포셔너)
④ 펌프혼합장치(펌프 프로포셔너)

참고 2004년 8월 8일 출제
KEY 2011년 3월 20일 (문제 86번) 출제

[정답] 95 ③ 96 ② 97 ④ 98 ③

99 다음 중 파열판과 스프링식 안전밸브를 직렬로 설치해야 할 경우가 아닌 것은?

① 부식물질로부터 스프링식 안전밸브를 보호할 때
② 독성이 매우 강한 물질을 취급시 완벽하게 격리를 할 때
③ 스프링식 안전밸브에 막힘을 유발시킬 수 있는 슬러리를 방출시킬 때
④ 릴리프 장치가 작동 후 방출라인이 개방되어야 할 때

해설

파열판과 스프링식 안전밸브 직렬설치
① 부식물질로부터 스프링식 안전밸브를 보호할 때
② 독성이 매우 강한 물질을 취급시 완벽하게 격리를 할 때
③ 스프링식 안전밸브에 막힘을 유발시킬 수 있는 슬러리를 방출시킬 때

보충학습

제263조(파열판 및 안전밸브의 직렬설치)
사업주는 급성 독성물질이 지속적으로 외부에 유출될 수 있는 화학설비 및 그 부속설비에 파열판과 안전밸브를 직렬로 설치하고 그 사이에는 압력지시계 또는 자동경보장치를 설치하여야 한다.

KEY 2013년 8월 19일 (문제 82번) 출제

---

100 폭발원인물질의 물리적 상태에 따라 구분할 때 기상폭발(gas explosion)에 해당되지 않는 것은?

① 분진폭발 ② 응상폭발
③ 분무폭발 ④ 가스폭발

해설

화학적(기상) 폭발
폭발 이전의 물질상태가 기체상태로서 화학반응에 의해 아주 짧은 시간에 급격한 압력상승을 수반할 때 압력의 급격한 방출로 인해 일어나는 폭발형태
① 혼합가스 폭발 ② 분진 폭발 ③ 분무 폭발 ④ 중합 폭발

보충학습

물리적(응상) 폭발
폭발 이전의 물질상태가 고체 또는 액체 상태의 폭발형태
① 고상전이에 의한 폭발 ② 수증기 폭발
③ 도선 폭발 ④ 폭발성 화합물의 폭발
⑤ 압력 폭발

참고 산업안전기사 필기 p.5-3(2. 폭발)

KEY 2010년 3월 7일 (문제 92번) 출제

---

6 건설공사 안전관리

101 크롤러 크레인 사용시 준수사항으로 옳지 않은 것은?

① 운반에는 수송차가 필요하다.
② 붐의 조립, 해체장소를 고려해야 한다.
③ 경사지 작업시 아우트리거를 사용한다.
④ 크롤러의 폭을 넓게 할 수 있는 형을 사용할 경우에는 최대 폭을 고려하여 계획한다.

해설

크롤러크레인
① 트럭크레인의 타이어 대신 크롤러를 장착한 것으로, 아우트리거를 갖고 있지 않아 트럭크레인보다 흔들림이 크고 하물 인양시 안정성이 부족하다.
② 크롤러식 타워크레인은 차체는 크롤러크레인과 같지만 직립 고정된 붐 끝에 기복이 가능한 보조 붐을 가지고 있다.

참고 산업안전기사 필기 p.6-157(1. 건립용 기계의 종류)

---

102 다음은 낙하물 방지망 또는 방호선반을 설치하는 경우의 준수해야 할 사항이다. ( )안에 알맞은 숫자는?

> 높이 (A)[m] 이내마다 설치하고, 내민 길이는 벽면으로부터 (B)[m] 이상으로 할 것

① A : 10, B : 2
② A : 8, B : 2
③ A : 10, B : 3
④ A : 8, B : 3

해설

낙하물 방지망 또는 방호선반 설치기준
① 높이 10[m] 이내마다 설치하고, 내민 길이는 벽면으로부터 2[m] 이상으로 할 것
② 수평면과의 각도는 20[°] 이상 30[°] 이하를 유지할 것

정보제공 산업안전보건기준에 관한 규칙 제14조(낙하물에 의한 위험의 방지)

KEY 2016년 8월 21일 산업기사 출제

[정답] 99 ④ 100 ② 101 ③ 102 ①

103. 강관을 사용하여 비계를 구성하는 경우 준수하여야 하는 사항으로 옳지 않은 것은?

① 비계기둥의 간격은 띠장 방향에서는 1.85[m] 이하로 할 것
② 비계기둥 간의 적재하중은 300[kg]을 초과하지 않도록 할 것
③ 비계기둥의 제일 윗부분으로부터 31[m] 되는 지점 밑부분의 비계기둥은 2개의 강관으로 묶어 세울 것
④ 띠장간격은 2[m] 이하로 설치하되, 첫 번째 띠장은 지상으로부터 2[m] 이하의 위치에 설치할 것

해설
비계기둥간의 적재하중 : 400[kg]

보충학습
① 비계기둥의 간격은 띠장 방향에서는 1.85[m] 이하, 장선(長線) 방향에서는 1.5[m] 이하로 할 것. 다만, 선박 및 보트 건조작업의 경우 안전성에 대한 구조검토를 실시하고 조립도를 작성하면 띠장 방향 및 장선 방향으로 각각 2.7[m] 이하로 할 수 있다.
② 띠장 간격은 2.0[m] 이하로 설치하되, 첫 번째 띠장은 지상으로부터 2[m] 이하의 위치에 설치할 것. 다만, 작업의 성질상 이를 준수하기가 곤란하여 쌍기둥틀 등에 의하여 해당 부분을 보강한 경우에는 그러하지 아니하다.
③ 비계기둥의 제일 윗부분으로부터 31[m]되는 지점 밑부분의 비계기둥은 2개의 강관으로 묶어 세울 것. 다만, 브라켓(bracket) 등으로 보강하여 2개의 강관으로 묶을 경우 이상의 강도가 유지되는 경우에는 그러하지 아니하다.
④ 비계기둥 간의 적재하중은 400[kg]을 초과하지 않도록 할 것

KEY 2003년 8월 10일 출제

104. 깊이 10.5[m] 이상의 굴착의 경우 계측기기를 설치하여 흙막이 구조의 안전을 예측하여야 한다. 이에 해당하지 않는 계측기기는?

① 수위계
② 경사계
③ 응력계
④ 지진가속도계

해설
굴착작업시 계측기기의 종류
① 수위계
② 경사계
③ 응력계

참고 산업안전기사 필기 p.6-119(표. 계측장치의 종류 및 설치목적)

105. 다음 중 흙막이벽 설치공법에 속하지 않는 것은?

① 강제 널말뚝 공법
② 지하연속벽 공법
③ 어스앵커 공법
④ 트렌치컷 공법

해설
부분 굴착 공법

구분	특징
아일랜드 (Island)공법	① 흙막이 open cut공법과 경사면 open cut 공법의 절충 ② 1단계 중앙부를 굴착하여 기초를 구축한 후 주변부로 굴착해 나가는 공법
트랜치 컷 (Trench Cut)공법	아일랜드 공법과 반대로 주변부를 먼저 시공한 후 나중에 중앙부를 굴착하는 공법

106. 다음 중 건물 해체용 기구와 거리가 먼 것은?

① 압쇄기
② 스크레이퍼
③ 잭
④ 철해머

해설
스크레이퍼의 용도
① 채굴(digging)
② 성토적재(loading)
③ 운반(hauling)
④ 하역(dumping)

참고 산업안전기사 필기 p.6-67(3. 스크레이퍼)

107. 다음은 가설통로를 설치하는 경우의 준수사항이다. 빈칸에 알맞은 수치를 고르면?

> 건설공사에 사용하는 높이 8[m] 이상인 비계다리에는 (　)[m] 이내마다 계단참을 설치할 것

① 7
② 6
③ 5
④ 4

해설
가설통로 설치시 준수사항
① 견고한 구조로 할 것
② 경사는 30[°] 이하로 할 것. 다만, 계단을 설치하거나 높이 2[m] 미만의 가설통로로서 튼튼한 손잡이를 설치한 경우에는 그러하지 아니하다.

[정답] 103 ② 104 ④ 105 ④ 106 ② 107 ①

③ 경사가 15[°]를 초과하는 경우에는 미끄러지지 아니하는 구조로 할 것
④ 추락할 위험이 있는 장소에는 안전난간을 설치할 것. 다만, 작업상 부득이한 경우에는 필요한 부분만 임시로 해체할 수 있다.
⑤ 수직갱에 가설된 통로의 길이가 15[m] 이상인 경우에는 10[m] 이내마다 계단참을 설치할 것
⑥ 건설공사에 사용하는 높이 8[m] 이상인 비계다리에는 7[m] 이내마다 계단참을 설치할 것

[정보제공]
산업안전보건기준에 관한 규칙 제23조(가설통로의 구조)

108 중량물을 운반할 때의 바른 자세로 옳은 것은?
① 허리를 구부리고 양손으로 들어올린다.
② 중량은 보통 체중의 60[%]가 적당하다.
③ 물건은 최대한 몸에서 멀리 떼어서 들어올린다.
④ 길이가 긴 물건은 앞쪽을 높게 하여 운반한다.

[해설]
요통예방을 위한 안전작업수칙
① 중량물을 취급할 때는 허리의 힘보다는 팔, 다리, 복부의 근력을 이용하도록 한다.
② 중량물을 들어올릴 때는 물체를 최대한 몸 가까이에서 잡고 들어올리도록 한다.
③ 중량물 취급 시 허리는 늘 곧게 펴고 가급적 구부리거나 비틀지 않고 작업하도록 한다.
④ 중량물의 취급에서 근로자가 항상 수작업으로 물건을 취급하는 경우에는 중량이 남자 근로자인 경우 체중의 40[%] 이하, 여자 근로자인 경우 체중의 24[%] 이하가 되도록 하여야 하며 중량물의 폭은 75[cm] 이상되지 않도록 하여야 한다.

[참고] 산업안전기사 필기 p.6-171(1. 운반작업)

109 콘크리트의 압축강도에 영향을 주는 요소로 가장 거리가 먼 것은?
① 콘크리트 양생 온도   ② 콘크리트 재령
③ 물-시멘트비   ④ 거푸집 강도

[해설]
콘크리트 압축강도에 영향을 주는 요소
① 물-시멘트비
② 양생온도
③ 재령
④ 슬럼프값
⑤ 골재의 배합

110 화물의 하중을 직접 지지하는 달기 와이어로프의 안전계수 기준은?
① 2 이상   ② 3 이상
③ 5 이상   ④ 10 이상

[해설]
와이어로프 등 달기구의 안전계수
① 근로자가 탑승하는 운반구를 지지하는 달기와이어로프 또는 달기체인의 경우: 10 이상
② 화물의 하중을 직접 지지하는 달기와이어로프 또는 달기체인의 경우: 5 이상
③ 훅, 샤클, 클램프, 리프팅 빔의 경우: 3 이상
④ 그 밖의 경우: 4 이상

[정보제공]
산업안전보건기준에 관한 규칙 제163조(와이어로프 등 달기구의 안전계수)

111 다음은 산업안전보건기준에 관한 규칙의 콘크리트 타설작업에 관한 사항이다. 빈칸에 들어갈 적절한 용어는?

> 당일의 작업을 시작하기 전에 당해작업에 관한 거푸집 동바리 등의 (A), 변위 및 (B) 등을 점검하고 이상을 발견한 때에는 이를 보수할 것

① A:변형, B:지반의 침하유무
② A:변형, B:개구부 방호설비
③ A:균열, B:깔판
④ A:균열, B:지주의 침하

[해설]
콘크리트 타설작업시 준수사항
① 당일의 작업을 시작하기 전에 해당 작업에 관한 거푸집 동바리 등의 변형·변위 및 지반의 침하 유무 등을 점검하고 이상이 있으면 보수할 것
② 작업 중에는 거푸집 동바리 등의 변형·변위 및 침하 유무 등을 감시할 수 있는 감시자를 배치하여 이상이 있으면 작업을 중지하고 근로자를 대피시킬 것
③ 콘크리트 타설작업 시 거푸집 붕괴의 위험이 발생할 우려가 있으면 충분한 보강조치를 할 것

[보충학습]
산업안전보건기준에 관한규칙 제334조(콘크리트의 타설작업)

[정답] 108 ④   109 ④   110 ③   111 ①

112 건축공사로서 대상액이 5억원 이상 50억원 미만인 경우에 산업안전보건관리비의 비율(가) 및 기초액(나)으로 옳은 것은?

① (가) 2.28[%], (나) 4,325,000원
② (가) 1.99[%], (나) 5,499,000원
③ (가) 2.35[%], (나) 5,400,000원
④ (가) 1.57[%], (나) 4,411,000원

해설

공사종류 및 규모별 안전관리비 계상기준표 (단위 : 원)

구분 공사종류	대상액 5억원 미만	대상액 5억원 이상 50억원 미만		대상액 50억원 이상	영 별표5에 따른 보건관리자 선임 대상 건설공사
		비율(X)	기초액(C)		
건축공사	3.11[%]	2.28[%]	4,325,000원	2.37[%]	2.64[%]
토목공사	3.15[%]	2.53[%]	3,300,000원	2.60[%]	2.73[%]
중건설공사	3.64[%]	3.05[%]	2,975,000원	3.11[%]	3.39[%]
특수건설공사	2.07[%]	1.59[%]	2,450,000원	1.64[%]	1.78[%]

참고) 산업안전기사 필기 p.6-43(1. 안전관리비 항목)

합격정보
2024. 9. 19 고시 적용

113 표면장력이 흙입자의 이동을 막고 조밀하게 다져지는 것을 방해하는 현상과 관계 깊은 것은?

① 흙의 압밀(consolidation)
② 흙의 침하(settlement)
③ 벌킹(bulking)
④ 과다짐(over compaction)

해설

벌킹(bulking)
비점성의 사질토가 건조상태에서 물을 약간 흡수할 경우 표면장력에 의해 입자배열이 변화(단립구조 → 봉소구조)하여 체적이 팽창하는 현상

114 추락방지망 설치 시 그물코의 크기가 10[cm]인 매듭 있는 방망의 신품에 대한 인장강도 기준으로 옳은 것은?

① 100[kgf] 이상
② 200[kgf] 이상
③ 300[kgf] 이상
④ 400[kgf] 이상

해설

방망의 신품에 대한 인장강도

그물코의 크기 (단위 : [cm])	방망의 종류(단위 : [kg])	
	매듭 없는 방망	매듭 방망
10	240	200
5		110

참고) 산업안전기사 필기 p.6-50(표. 방망의 신품에 대한 인장강도)

115 차량계 건설기계를 사용하는 작업 시 작업계획서 내용에 포함되는 사항이 아닌 것은?

① 사용하는 차량계 건설기계의 종류 및 성능
② 차량계 건설기계의 운행 경로
③ 차량계 건설기계에 의한 작업방법
④ 차량계 건설기계의 유도자 배치 관련사항

해설

차량계 건설기계 작업계획서 내용 3가지
① 사용하는 차량계 건설기계의 종류 및 성능
② 차량계 건설기계의 운행경로
③ 차량계 건설기계에 의한 작업방법

참고) 산업안전기사 필기 p.6-190(보충학습 : 사전조사 및 작업계획서 내용)

116 콘크리트 타설시 안전수칙으로 옳지 않은 것은?

① 타설순서는 계획에 의하여 실시하여야 한다.
② 진동기는 최대한 많이 사용하여야 한다.
③ 콘크리트를 치는 도중에는 거푸집, 지보공 등의 이상유무를 확인하여야 한다.
④ 손수레로 콘크리트를 운반할 때에는 손수레를 타설하는 위치까지 천천히 운반하여 거푸집에 충격을 주지 아니하도록 타설하여야 한다.

해설

진동기(콘크리트 vibrator) 사용
① 진동기는 적절히 사용
② 지나친 진동은 거푸집 도괴의 원인이 될 수 있으므로 각별히 주의

참고) 산업안전기사 필기 p.6-152(1. 콘크리트 타설시 안전수칙)

[정답] 112 ① 113 ③ 114 ② 115 ④ 116 ②

117 건설업 산업안전보건관리비로 사용할 수 없는 것은?

① 안전관리자의 인건비
② 교통통제를 위한 교통정리·신호수의 인건비
③ 기성제품에 부착된 안전장치 고장시 교체 비용
④ 근로자의 안전보건 증진을 위한 교육, 세미나 등에 소요되는 비용

해설

안전관리비 항목
① 안전·보건관리자 임금 등
② 안전시설비 등
③ 보호구 등
④ 안전보건진단비 등
⑤ 안전보건교육비 등
⑥ 근로자 건강장해예방비 등
⑦ 건설재해예방전문지도기관 기술지도비
⑧ 본사 전담조직 근로자 임금 등
⑨ 위험성평가 등에 따른 소요비용

참고 산업안전기사 필기 p.6-39(제7조 사용기준)

118 크레인 또는 데릭에서 붐각도 및 작업반경별로 작용시킬 수 있는 최대하중에서 훅(Hook), 와이어로프 등 달기구의 중량을 공제한 하중은?

① 작업하중 ② 정격하중
③ 이동하중 ④ 적재하중

해설

규정(정격)하중
지브(jib)를 갖지 않는 크레인, 또는 붐(boom)을 갖지 않는 크레인, 또는 붐을 갖지 않는 데릭에 있어서는 달아올리기 하중으로부터, 지브를 갖는 크레인(이하 지브 크레인이라 함), 이동식 크레인 또는 붐을 갖는 데릭에 있어서는 그 구조 및 재료와 아울러 지브 혹은 붐의 경사각 및 길이 또는 지브 위에 놓이는 도르래의 위치에 따라 부하시킬 수 있는 최대하중으로부터 각각 훅(hook), 버킷(bucket) 등의 달아올리기 기구의 중량에 상당하는 하중을 공제한 하중을 말한다.

참고 산업안전기사 필기 p.6-132(2. 양중기 용어의 정의)

119 산업안전보건법상 차량계 하역운반기계 등에 단위화물의 무게가 100[kg] 이상인 화물을 싣는 작업 또는 내리는 작업을 하는 경우에 해당작업 지휘자가 준수하여야 할 사항과 가장 거리가 먼 것은?

① 작업순서 및 그 순서마다의 작업방법을 정하고 작업을 지휘할 것
② 기구와 공구를 점검하고 불량품을 제거할 것
③ 대피방법을 미리 교육할 것
④ 로프 풀기 작업 또는 덮개 벗기기 작업은 적재함의 화물이 떨어질 위험이 없음을 확인한 후에 하도록 할 것

해설

100[kg] 이상의 화물 싣거나 내리는 작업시 준수사항
① 작업순서 및 그 순서마다의 작업방법을 정하고 작업을 지휘할 것
② 기구와 공구를 점검하고 불량품을 제거할 것
③ 해당 작업을 하는 장소에 관계 근로자가 아닌 사람이 출입하는 것을 금지할 것
④ 로프 풀기 작업 또는 덮개 벗기기 작업은 적재함의 화물이 떨어질 위험이 없음을 확인한 후에 하도록 할 것

정보제공
산업안전보건기준에 관한 규칙 제177조(싣거나 내리는 작업)

120 다음 와이어로프 중 양중기에 사용가능한 범위안에 있다고 볼 수 있는 것은?

① 와이어로프의 한 꼬임(스트랜드)에서 끊어진 소선의 수가 8[%]인 것
② 지름의 감소가 공칭지름의 8[%]인 것
③ 심하게 부식된 것
④ 이음매가 있는 것

해설

와이어로프 사용금지 기준
① 이음매가 있는 것
② 와이어로프의 한 꼬임[(스트랜드(strand)를 말한다. 이하 같다)]에서 끊어진 소선(素線)[필러(pillar)선은 제외한다)]의 수가 10[%] 이상 (비자전로프의 경우에는 끊어진 소선의 수가 와이어로프 호칭지름의 6배 길이 이내에서 4개 이상이거나 호칭지름 30배 길이 이내에서 8개 이상)인 것
③ 지름의 감소가 공칭지름의 7[%]를 초과하는 것
④ 꼬인 것
⑤ 심하게 변형되거나 부식된 것
⑥ 열과 전기충격에 의해 손상된 것

정보제공
산업안전보건기준에 관한 규칙 제63조(달비계의 구조)

KEY 2016년 8월 21일(문제 58번)

[정답] 117 ② 118 ② 119 ③ 120 ①

산업안전기사 필기

2017년 3월 05일 시행 **제1회**

2017년 5월 07일 시행 **제2회**

2017년 8월 26일 시행 **제3회**

2017년도 기사 정기검정 제1회 (2017년 3월 5일 시행)

자격종목 및 등급(선택분야) : 산업안전기사

종목코드	시험시간	수험번호	성명
1431	2시간	20170305	도서출판세화

1 산업재해 예방 및 안전보건교육

01 산업안전보건법령상 근로자 안전보건교육 중 채용 시의 교육 및 작업내용 변경 시의 교육 내용에 포함되지 않는 것은?

① 물질안전보건자료에 관한 사항
② 작업 개시 전 점검에 관한 사항
③ 유해·위험 작업환경 관리에 관한 사항
④ 기계·기구의 위험성과 작업의 순서 및 동선에 관한 사항

해설

채용시 및 작업내용 변경시 교육내용
① 산업안전 및 사고 예방에 관한 사항
② 산업보건 및 직업병 예방에 관한 사항
③ 위험성 평가에 관한 사항
④ 산업안전보건법령 및 산업재해보상보험 제도에 관한 사항
⑤ 직무스트레스 예방 및 관리에 관한 사항
⑥ 직장 내 괴롭힘, 고객의 폭언 등으로 인한 건강장해 예방 및 관리에 관한 사항
⑦ 기계·기구의 위험성과 작업의 순서 및 동선에 관한 사항
⑧ 작업 개시 전 점검에 관한 사항
⑨ 정리정돈 및 청소에 관한 사항
⑩ 사고 발생 시 긴급조치에 관한 사항
⑪ 물질안전보건자료에 관한 사항

참고 산업안전기사 필기 p.1-153 (1) 근로자 채용시의 교육 및 작업내용 변경시의 교육내용

KEY ① 2016년 3월 6일 출제
② 2016년 3월 6일 산업기사 출제

합격정보
산업안전보건법 시행규칙 [별표 5] 안전보건교육 교육대상별 교육내용

합격자의 조언
실기필답형 시험에도 출제 됩니다.

02 매슬로우(Maslow)의 욕구단계 이론 중 2단계에 해당되는 것은?

① 생리적 욕구
② 안전에 대한 욕구
③ 자아실현의 욕구
④ 존경과 긍지에 대한 욕구

해설

매슬로우(Maslow, A.H.)의 욕구단계 이론
① 제1단계(생리적 욕구 : 생명유지의 기본적 욕구) : 기아, 갈증, 호흡, 배설, 성욕 등 인간의 가장 기본적인 욕구(종족보존)
② 제2단계(안전욕구) : 자기보존욕구
③ 제3단계(사회적 욕구) : 소속감과 애정욕구
④ 제4단계(존경욕구) : 인정받으려는 욕구
⑤ 제5단계(자아실현의 욕구) : 잠재적인 능력을 실현하고자 하는 욕구(성취욕구)

참고 산업안전기사 필기 p.1-101(5. 매슬로우의 욕구 5단계이론)

KEY ① 2016년 3월 6일 출제
② 2016년 5월 8일 출제
③ 2016년 8월 21일 출제
④ 2016년 10월 1일 건설안전기사 출제
⑤ 2017년 3월 5일 건설안전기사 출제

03 플리커 검사(flicker test)의 목적으로 가장 적절한 것은?

① 혈중 알코올농도 측정
② 체내 산소량 측정
③ 작업강도 측정
④ 피로의 정도 측정

해설

점멸-융합주파수(flicker-fusion frequency) : 인치역치방법
① 깜박이는 불빛이 계속 커진것처럼 보일 때의 주파수(약 30[Hz])
② 목적 : 피로의 정도측정

참고 산업안전기사 필기 p.1-105(합격날개:용어정의)

KEY 2017년 3월 5일 건설안전기사 출제

[정답] 01 ③ 02 ② 03 ④

04 라인(Line)형 안전관리 조직의 특징으로 옳은 것은?

① 안전에 관한 기술의 축적이 용이하다.
② 안전에 관한 지시나 조치가 신속하다.
③ 조직원 전원을 자율적으로 안전활동에 참여시킬 수 있다.
④ 권한 다툼이나 조정 때문에 통제수속이 복잡해지며, 시간과 노력이 소모된다.

해설
라인(Line)형 안전관리 조직의 특성

장 점	단 점	비 고
① 안전에 관한 명령과 지시는 생산 라인을 통해 신속·정확히 전달 실시된다. ② 중소 규모 기업에 활용된다.	① 안전 전문 입안이 되어 있지 않아 내용이 빈약하다. ② 안전의 정보가 불충분하다.	① 근로자 100명 이하 사업장에 적합하다. ② 생산과 안전을 동시에 지시한다.

참고) 산업안전기사 필기 p.1-23(2. 안전보건관리 조직형태)

KEY ▶ ① 2016년 3월 6일 출제
② 2016년 3월 6일 산업기사 출제
③ 2016년 10월 1일 건설안전기사 출제
④ 2017년 3월 5일 건설안전기사 출제

05 참가자에게 일정한 역할을 주어 실제적으로 연기를 시켜봄으로써 자기의 역할을 보다 확실히 인식할 수 있도록 체험학습을 시키는 교육방법은?

① Role playing ② Brain storming
③ Action playing ④ Fish Bowl playing

해설
적응과 역할(Super, D. E.의 역할이론)
① 역할연기(Role playing) : 자아 탐색인 동시에 자아실현의 수단이다.(체험학습)
② 역할기대(Role expection) : 자기 자신의 역할을 기대하고 감수하는 자는 자기 직업에 충실하다고 본다.
③ 역할조성(Role shaping) : 여러 가지 역할이 발생시 그 중 어떤 역할에는 불응 또는 거부감을 나타내거나 또 다른 역할에는 적응하여 실현하기 위해 일을 구할 때 발생한다.
④ 역할갈등(Role Conflict) : 작업 중 서로 상반(모순)된 역할이 기대될 경우 갈등이 발생한다.

참고) 산업안전기사 필기 p.1-150 (9) 적응과 역할

KEY ▶ ① 2016년 5월 8일 출제
② 2017년 3월 5일 건설안전기사 출제

06 인간의 적응기제 중 방어기제로 볼 수 없는 것은?

① 승화 ② 고립
③ 합리화 ④ 보상

해설
적응기제의 분류
(1) 방어적 기제
  ① 보상
  ② 합리화
  ③ 동일시
  ④ 승화
(2) 도피적 기제
  ① 고립
  ② 퇴행
  ③ 억압
  ④ 백일몽
(3) 공격적 기제
  ① 직접적
  ② 간접적

참고) 산업안전기사 필기 p.1-150(합격날개 : 합격예측)

KEY ▶ 2016년 5월 8일 산업기사 출제

07 교육훈련 기법 중 Off. J. T의 장점에 해당되지 않는 것은?

① 우수한 전문가를 강사로 활용할 수 있다.
② 특별 교재, 교구, 설비를 유효하게 활용할 수 있다.
③ 다수의 근로자에게 조직적 훈련이 가능하다.
④ 직장의 실정에 맞는 실제적인 교육이 가능하다.

해설
OFF JT의 특징
① 다수의 근로자에게 조직적 훈련을 행하는 것이 가능하다.
② 훈련에만 전념하게 된다.
③ 각자 전문가를 강사로 초청하는 것이 가능하다.
④ 특별 설비기구를 이용하는 것이 가능하다.
⑤ 각 직장의 근로자가 많은 지식이나 경험을 교류할 수 있다.
⑥ 교육 훈련 목표에 대하여 집단적 노력이 흐트러질 수 있다.

참고) 산업안전기사 필기 p.1-142(표. OJT와 OFF JT의 특징)

KEY ▶ 2016년 10월 1일 건설안전기사 출제

[정답] 04 ② 05 ① 06 ② 07 ④

08 산업안전보건법령상 안전보건표지의 색채와 사용사례의 연결이 틀린 것은?

① 노란색 - 정지신호, 소화설비 및 그 장소, 유해행위의 금지
② 파란색 - 특정 행위의 지시 및 사실의 고지
③ 빨간색 - 화학물질 취급장소에서의 유해·위험 경고
④ 녹색 - 비상구 및 피난소, 사람 또는 차량의 통행 표지

해설

안전보건표지의 색채, 색도기준 및 용도

색채	색도기준	용도	사용 예
빨간색	7.5R 4/14	금지	정지신호, 소화설비 및 그 장소, 유해행위의 금지
		경고	화학물질 취급장소에서의 유해위험 경고
노란색	5Y 8.5/12	경고	화학물질 취급장소에서의 유해위험 경고, 이외 위험 경고, 주의표지 또는 기계방호물
파란색	2.5PB 4/10	지시	특정 행위의 지시 및 사실의 고지
녹색	2.5G 4/10	안내	비상구 및 피난소, 사람 또는 차량의 통행 표지
흰색	N9.5		파란색 또는 녹색에 대한 보조색
검은색	N0.5		문자 및 빨간색 또는 노란색에 대한 보조색

참고 산업안전기사 필기 p.1-62(5. 안전보건표지의 색도기준 및 용도)

KEY 2016년 10월 1일 건설안전기사·산업기사 동시 출제

합격정보
산업안전보건법 시행규칙 [별표 8] 안전보건표지의 색채, 색도기준 및 용도

09 버드(Bird)의 재해발생에 관한 연쇄이론 중 직접적인 원인은 몇 단계에 해당되는가?

① 1단계 ② 2단계
③ 3단계 ④ 4단계

해설

버드(Frank Bird)의 최신(새로운) 연쇄성(Domino) 이론
① 제1단계 : 전문적 관리 부족(제어 부족)
② 제2단계 : 기본원인(기원)
③ 제3단계 : 직접원인(징후) : 인적 원인+물적 원인
④ 제4단계 : 사고(접촉)
⑤ 제5단계 : 상해(손해, 손실)

참고 산업안전기사 필기 p.3-31 (2) 버드의 최신 연쇄성 이론

10 근로자수 300명, 총 근로 시간수 48시간×50주이고, 연 재해건수는 200건일 때 이 사업장의 강도율은? (단, 연 근로 손실일수는 800일로 한다.)

① 1.11 ② 0.90
③ 0.16 ④ 0.84

해설

$$강도율 = \frac{근로손실일수}{연근로시간수} \times 1,000 = \frac{800}{300 \times 48 \times 50} \times 1,000 = 1.11$$

참고 산업안전기사 필기 p.3-43(4. 강도율)

KEY ① 2016년 3월 6일 기사 출제
② 2016년 10월 1일 건설안전기사 출제

11 재해예방의 4원칙이 아닌 것은?

① 손실우연의 원칙 ② 사실확인의 원칙
③ 원인계기의 원칙 ④ 대책 선정의 원칙

해설

재해예방 4원칙
① 예방가능의 원칙
② 손실우연의 원칙
③ 원인계기(연계)의 원칙
④ 대책선정의 원칙

참고 산업안전기사 필기 p.3-34(6. 산업재해 예방의 4원칙)

KEY ① 2016년 5월 8일 산업기사 출제
② 2016년 10월 1일 건설안전기사 출제

12 안전교육의 3요소에 해당되지 않는 것은?

① 강사 ② 교육방법
③ 수강자 ④ 교재

해설

안전교육의 3요소

요소 분류	교육의 주체	교육의 객체	교육의 매개체
형식적 교육	교도자(강사)	학생(수강자)	교재(내용)
비형식적 교육	부모, 형, 선배, 사회인사	자녀와 미성숙자	교육적 환경, 인간관계

참고 산업안전기사 필기 p.1-137 (1. 안전교육의 3요소)

[정답] 08 ① 09 ③ 10 ① 11 ② 12 ②

13 산업현장에서 재해 발생 시 조치 순서로 옳은 것은?

① 긴급처리 → 재해조사 → 원인분석 → 대책수립 → 실시계획 → 실시 → 평가
② 긴급처리 → 원인분석 → 재해조사 → 대책수립 → 실시 → 평가
③ 긴급처리 → 재해조사 → 원인분석 → 실시계획 → 실시 → 대책수립 → 평가
④ 긴급처리 → 실시계획 → 재해조사 → 대책수립 → 평가 → 실시

해설

산업재해발생 조치순서

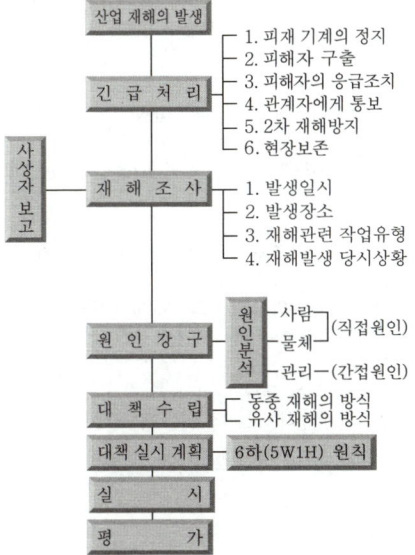

참고) 산업안전기사 필기 p.3-33(4. 산업재해발생 조치순서)
KEY▶ 2016년 10월 1일 건설안전기사 출제

14 산업재해의 분석 및 평가를 위하여 재해발생건수 등의 추이에 대해 한계선을 설정하여 목표관리를 수행하는 재해통계 분석기법은?

① 폴리건(polygon)
② 관리도(control chart)
③ 파레토도(pareto diagram)
④ 특성 요인도(cause & effect diagram)

해설

관리도(Control chart)

재해발생건수 등의 추이파악 → 목표관리 행하는 데 필요한 월별재해발생 수의 그래프화 → 관리 구역 설정 → 관리하는 방법

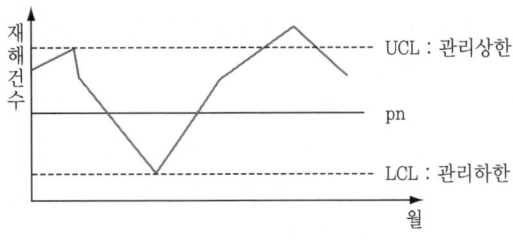

[그림] 관리도

참고) 산업안전기사 필기 p.3-4 (4) 관리도

15 ABE종 안전모에 대하여 내수성 시험을 할 때 물에 담그기 전의 질량이 400g이고, 물에 담근 후의 질량이 410g이었다면 질량증가율과 합격여부로 옳은 것은?

① 질량증가율 : 2.5[%], 합격여부 : 불합격
② 질량증가율 : 2.5[%], 합격여부 : 합격
③ 질량증가율 : 102.5[%], 합격여부 : 불합격
④ 질량증가율 : 102.5[%], 합격여부 : 합격

해설

내수성 시험
① 안전모의 모체를 20~25°C의 수중에 24시간 담가놓은 후, 대기중에 꺼내어 마른천 등으로 표면의 수분을 닦아내고 질량증가율(%)을 산출한다.
② 질량증가율(%) = $\dfrac{\text{담근 후의 질량}-\text{담그기 전의 질량}}{\text{담그기 전의 질량}} \times 100$

$= \dfrac{410-400}{400} \times 100 = 2.5[\%]$

③ 질량증가율이 1[%] 미만이면 합격

참고) 산업안전기사 필기 p.1-52(합격날개 : 합격예측)
KEY▶ 2016년 10월 1일 건설안전기사 출제

[정답] 13 ① 14 ② 15 ①

16 무재해운동에 관한 설명으로 틀린 것은?

① 제3자의 행위에 의한 업무상 재해는 무재해로 본다.
② 작업 시간 중 천재지변 또는 돌발적인 사고로 인한 구조행위 또는 긴급피난 중 발생한 사고는 무재해로 본다.
③ 무재해란 무재해운동 시행사업장에서 근로자가 업무에 기인하여 사망 또는 2일 이상의 요양을 요하는 부상 또는 질병에 이환되지 않는 것을 말한다.
④ 작업 시간 외에 천재지변 또는 돌발적인 사고 우려가 많은 장소에서 사회통념상 인정되는 업무수행 중 발생한 사고는 무재해로 본다.

해설

무재해
근로자가 업무로 인하여 사망 또는 4일 이상의 휴업을 요하는 부상 또는 질병에 이환되지 않는 것을 말한다.

참고 산업안전기사 필기 p.1-11(5. "무재해"라 함은 무엇을 뜻하는가)

17 맥그리거(Mcgregor)의 X, Y 이론에서 X 이론에 대한 관리 처방으로 볼 수 없는 것은?

① 직무의 확장
② 권위주의적 리더십의 확립
③ 경제적 보상체제의 강화
④ 면밀한 감독과 엄격한 통제

해설

X·Y 이론의 관리처방

X 이론	Y 이론
경제적 보상 체제의 강화	민주적 리더십의 확립
권위주의적 리더십의 확보	분권화의 권한과 위임
면밀한 감독과 엄격한 통제	목표에 의한 관리
상부책임제도의 강화	직무확장
조직구조의 고층성	비공식적 조직의 활용
	자체평가제도의 활성화

참고 산업안전기사 필기 p.1-100(표. X·Y 이론의 관리처방)

18 산업안전보건법상 안전관리자가 수행해야 할 업무가 아닌 것은?

① 사업장 순회점검·지도 및 조치의 건의
② 산업재해에 관한 통계의 유지·관리·분석을 위한 보좌 및 지도·조언
③ 작업장 내에서 사용되는 전체 환기장치 및 국소 배기장치 등에 관한 설비의 점검
④ 해당 사업장 안전교육계획의 수립 및 안전교육 실시에 관한 보좌 및 지도·조언

해설

안전관리자의 업무
① 산업안전보건위원회 또는 안전보건에 관한 노사협의체에서 심의·의결한 업무와 해당 사업장의 안전보건관리규정 및 취업규칙에서 정한 업무
② 위험성평가에 관한 보좌 및 지도·조언
③ 안전인증대상 기계 등과 자율안전확인대상 기계 등 구입 시 적격품의 선정에 관한 보좌 및 지도·조언
④ 해당 사업장 안전교육계획의 수립 및 안전교육 실시에 관한 보좌 및 지도·조언
⑤ 사업장 순회점검·지도 및 조치의 건의
⑥ 산업재해 발생의 원인 조사·분석 및 재발 방지를 위한 기술적 보좌 및 지도·조언
⑦ 산업재해에 관한 통계의 유지·관리·분석을 위한 보좌 및 지도·조언
⑧ 법 또는 법에 따른 명령으로 정한 안전에 관한 사항의 이행에 관한 보좌 및 지도·조언
⑨ 업무수행 내용의 기록·유지
⑩ 그 밖에 안전에 관한 사항으로서 고용노동부장관이 정하는 사항

참고 산업안전기사 필기 p.1-26(2. 안전관리자의 업무)

합격정보
산업안전보건법 시행령 제18조(안전관리자의 업무 등)

19 안전교육훈련의 진행 제3단계에 해당하는 것은?

① 적용
② 제시
③ 도입
④ 확인

해설

안전교육훈련의 진행 4단계
① 제1단계 : 도입(준비)
② 제2단계 : 제시
③ 제3단계 : 적용
④ 제4단계 : 확인

참고 산업안전기사 필기 p.1-153 (4) 교육진행(훈련) 4단계 순서)

KEY 2016년 3월 6일 출제

【 정답 】 16 ③   17 ①   18 ③   19 ①

20 산업안전보건기준에 관한 규칙에 따른 프레스기의 작업시작 전 점검사항이 아닌 것은?

① 클러치 및 브레이크의 기능
② 금형 및 고정볼트 상태
③ 방호장치의 기능
④ 언로드밸브의 기능

해설

프레스기의 작업시작 전 점검사항
① 클러치 및 브레이크의 기능
② 크랭크축·플라이휠·슬라이드·연결봉 및 연결나사의 풀림 유무
③ 1행정 1정지기구·급정지장치 및 비상정지장치의 기능
④ 슬라이드 또는 칼날에 의한 위험방지 기구의 기능
⑤ 프레스의 금형 및 고정볼트 상태
⑥ 방호장치의 기능
⑦ 전단기(剪斷機)의 칼날 및 테이블의 상태

참고 산업안전기사 필기 p.3-50(표. 작업 시작 전 점검사항)

KEY 2016년 3월 6일 산업기사 출제

합격정보 산업안전보건기준에 관한 규칙 [별표3] 작업시작 전 점검사항

---

2 인간공학 및 위험성 평가·관리

21 설비보전에서 평균수리시간의 의미로 맞는 것은?

① MTTR   ② MTBF
③ MTTF   ④ MTBP

해설

MTTR(평균수리시간 : Mean Time To Repair)
① 체계의 고장발생 순간부터 수리가 완료되어 정상적으로 작동을 시작하기까지의 평균고장시간이며 지수분포를 따른다.

② MTTR = $\dfrac{1}{U(\text{평균수리율})}$ = $\dfrac{\text{수리시간 합계}}{\text{수리횟수}}$ (시간)

③ MDT(평균정지시간) = $\dfrac{\text{총보전 작업시간}}{\text{총보전 작업건수}}$

참고 산업안전기사 필기 p.2-84(5. MTTR)

22 시스템이 저장되어 이동되고 실행됨에 따라 발생하는 작동시스템의 기능이나 과업, 활동으로부터 발생되는 위험에 초점을 맞춘 위험분석 차트는?

① 결함수분석(FTA : Fault Tree Analysis)
② 사상수분석(ETA : Event Tree Analysis)
③ 결함위험분석(FHA : Fault Hazard Analysis)
④ 운용위험분석(OHA : Operating Hazard Analysis)

해설

OHA(운용위험분석)
① 시스템의 모든 사용 단계에서 생산, 보전, 시험, 운반, 저장, 운전, 비상탈출, 구조, 훈련 및 폐기 등에 사용되는 인원, 순서, 설비에 관하여 위험을 동정하고 제어한다.
② 안전 요건을 결정하기 위하여 실시하는 해석이며 위험에 초점을 맞춘 위험분석차트이다.

[표] 운용 해저드 해석의 서식

프로젝트		운용해저드해석		일시	
시스템				작성	
업무 No.	업무	해저드	안전성요구사항		비고
20	xx시험 작업/기능의 간단한 기술	1 2	1 2-(1)		

참고 ① 산업안전기사 필기 p.2-64(6. 운용 및 지원위험분석)
② 건설안전기사 필기 p.2-64(합격날개 : 은행문제)

23 의자 설계에 대한 조건 중 틀린 것은?

① 좌판의 깊이는 작업자의 등이 등받이에 닿을 수 있도록 설계한다.
② 좌판은 엉덩이가 앞으로 미끄러지지 않는 재질과 구조로 설계한다.
③ 좌판의 넓이는 작은 사람에게 적합하도록, 깊이는 큰 사람에게 적합하도록 설계한다.
④ 등받이는 충분한 넓이를 가지고 요추 부위부터 어깨 부위까지 편안하게 지지하도록 설계한다.

해설

의자 좌판(면)의 깊이와 폭(넓이)
① 좌판의 바람직한 깊이와 폭은 (다용도, 타자용, 휴게실용 등) 의자 종류에 따라 다르지만 일반적으로 폭은 큰 사람에게 맞도록 하고, 깊이는 장딴지 여유를 주고 대퇴를 압박하지 않도록 작은 사람에게 맞도록 해야 한다.
② 의자가 길거나 옆으로 붙어 있는 경우 팔꿈치 폭을 고려한다.(95[%]치 사용 : 콩나물 효과)

참고 산업안전기사 필기 p.2-161(3. 의자 좌판의 깊이와 폭)

[정답] 20 ④ 21 ① 22 ④ 23 ③

과년도 출제문제

24 산업안전보건법령상 유해위험방지계획서 제출 대상 사업은 기계 및 가구를 제외한 금속가공제품 제조업으로서 전기 계약용량이 얼마 이상인 사업을 말하는가?

① 50[kW]   ② 100[kW]
③ 200[kW]   ④ 300[kW]

해설

전기계약용량이 300[kW] 이상인 사업의 종류
① 금속가공제품(기계 및 가구는 제외) 제조업
② 비금속 광물제품 제조업   ③ 기타 기계 및 장비 제조업
④ 자동차 및 트레일러 제조업   ⑤ 식료품 제조업
⑥ 고무제품 및 플라스틱제품 제조업
⑦ 목재 및 나무제품 제조업   ⑧ 기타 제품 제조업
⑨ 1차 금속 제조업   ⑩ 가구 제조업
⑪ 화학물질 및 화학제품제조업   ⑫ 반도체 제조업
⑬ 전자부품 제조업

참고 산업안전기사 필기 p.2-44(1. 유해위험방지계획서 제출대상)

합격정보
산업안전보건법 시행령 제41조(유해위험방지계획서 제출대상)

25 통화이해도를 측정하는 지표로서, 각 옥타브(octave) 대의 음성과 잡음의 데시벨(dB)값에 가중치를 곱하여 합계를 구하는 것을 무엇이라 하는가?

① 명료도 지수   ② 통화 간섭 수준
③ 이해도 점수   ④ 소음 기준 곡선

해설

명료도 지수[articulation index : 明瞭度指數]
① 음성을 미소 주파수 대역폭의 성분으로 나눈 다음 그들 각 성분이 음절 명료도 s에 기여하는 정보를 밝히고 여러 가지 경우의 음절 명료도를 계산할 수 있도록 하기 위해 고안된 것
② 명료도 지수 A_0는 s를 다음 식에 따라 환산한 것이다.
$$A_0 = -(Q/p) \cdot \log_{10}(1-s)$$

참고 산업안전기사 필기 p.2-21(합격날개 : 합격예측)

KEY 2011년 8월 21일 (문제 23번) 출제

26 반사형 없이 모든 방향으로 빛을 발하는 점광원에서 5[m] 떨어진 곳의 조도가 120[lux]라면 2[m] 떨어진 곳의 조도는?

① 150[lux]   ② 192.2[lux]
③ 750[lux]   ④ 3,000[lux]

해설

① 조도 = $\dfrac{광도}{(거리)^2}$

② 5[m]지점 광도 : $120 = \dfrac{x}{(5)^2}$, $x = 120 \times 25 = 3,000$

③ 2[m]지점 조도 : $x = \dfrac{3,000}{(2)^2} = 750[lux]$

참고 산업안전기사 필기 p.2-168(2. 조명 단위)

27 조종 장치의 우발작동을 방지하는 방법 중 틀린 것은?

① 오목한 곳에 둔다.
② 조종 장치를 덮거나 방호해서는 안 된다.
③ 작동을 위해서 힘이 요구되는 조종 장치에는 저항을 제공한다.
④ 순서적 작동이 요구되는 작업일 때 순서를 지나치지 않도록 잠김 장치를 설치한다.

해설

조종 장치의 우발작동 방지 대책
① 오목한 곳에 둔다.
② 조종 장치는 덮개 등으로 방호한다.
③ 작동을 위해서 힘이 요구되는 조종 장치에는 저항을 제공한다.
④ 순서적 작동이 요구되는 작업일 때 순서를 지나치지 않도록 잠김 장치를 설치한다.

28 건구온도 30[℃], 습구온도 35[℃]일 때의 옥스포드(Oxford) 지수는 얼마인가?

① 20.75[℃]   ② 24.58[℃]
③ 32.78[℃]   ④ 34.25[℃]

해설

옥스포드(Oxford) 지수
WD = 0.85W(습구온도) + 0.15d(건구온도)
   = (0.85×35) + (0.15×30) = 34.25[℃]

참고 산업안전기사 필기 p.2-167(6. Oxford 지수)

[정답] 24 ④   25 ①   26 ③   27 ②   28 ④

29 프레스에 설치된 안전장치의 수명은 지수분포를 따르며 평균수명은 100시간이다. 새로 구입한 안전장치가 50시간동안 고장없이 작동할 확률(A)과 이미 100시간을 사용한 안전장치가 앞으로 100시간 이상 견딜 확률(B)은 약 얼마인가?

① A : 0.368, B : 0.368
② A : 0.607, B : 0.368
③ A : 0.368, B : 0.607
④ A : 0.607, B : 0.607

해설

안전장치 수명(A,B)
① 고장없이 작동할 확률=신뢰도
50시간 동안 고장없이 작동할 확률(A)
$= e^{-\frac{50}{100}} = e^{-0.5} = 0.607$
② 앞으로 100시간 이상 견딜 확률(B)
$= e^{-\frac{100}{100}} = 0.368$

참고 ① 산업안전기사 필기 p.2-15(합격날개 : 은행문제2)
② 2015년 3월 8일(문제 28번)

보충학습
신뢰도 $R(t) = e^{-\frac{t}{t_o}} = e^{-\lambda \times t}$
여기서, t_o : 평균고장시간 or 평균수명
t : 앞으로 고장없이 사용할 시간
λ : 고장율

30 다음 중 FT도에서 최소 컷셋을 올바르게 구한 것은?

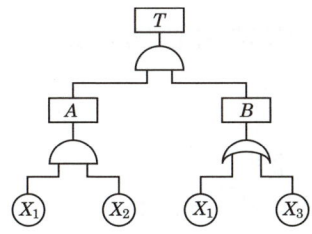

① (X_1, X_2)　　② (X_1, X_3)
③ (X_2, X_3)　　④ (X_1, X_2, X_3)

해설

$T = A \cdot B = \frac{X_1}{X_2} \cdot B = \frac{X_1 X_2 X_1}{X_1 X_2 X_3}$
① 컷셋 : $(X_1 X_2)(X_1 X_2 X_3)$
② 미니멀 컷셋 : $(X_1 X_2)$

참고 산업안전기사 필기 p.2-77(5. 컷셋·미니멀 컷셋 요약)

31 육체작업의 생리학적 부하측정 척도가 아닌 것은?

① 맥박수　　② 산소소비량
③ 근전도　　④ 점멸융합주파수

해설

점멸-융합주파수(flicker-fusion frequency)
① 인치역치방법
② 깜박이는 불빛이 계속 커진 것처럼 보일 때의 주파수(약 30[Hz])

KEY 2017년 3월 5일(문제 3번) 출제

32 화학설비의 안전성 평가의 5단계중 제2단계에 속하는 것은?

① 작성준비　　② 정량적평가
③ 안전대책　　④ 정성적평가

해설

안전성 평가의 6단계
① 1단계 : 관계자료의 정비검토
② 2단계 : 정성적 평가
③ 3단계 : 정량적 평가
④ 4단계 : 안전대책
⑤ 5단계 : 재해정보에 의한 재평가
⑥ 6단계 : FTA에 의한 재평가

참고 산업안전기사 필기 p.2-37(1. 안전성 평가 6단계)

KEY ① 2016년 3월 6일 출제
② 2016년 5월 8일 출제
③ 2016년 10월 1일 건설안전기사 출제

33 작업자가 용이하게 기계·기구를 식별하도록 암호화(Coding)를 한다. 암호화 방법이 아닌 것은?

① 강도　　② 형상
③ 크기　　④ 색채

해설

암호화 방법
① 형상
② 크기
③ 색채

[정답] 29 ②　30 ①　31 ④　32 ④　33 ①

34 시스템 분석 및 설계에 있어서 인간공학의 가치와 가장 거리가 먼 것은?

① 훈련비용의 절감
② 인력 이용률의 향상
③ 생산 및 보전의 경제성 감소
④ 사고 및 오용으로부터의 손실 감소

해설
인간공학의 가치 및 효과
① 성능의 향상
② 훈련비용의 절감
③ 인력이용률의 향상
④ 사고 및 오용에 의한 손실 감소
⑤ 생산 및 정비유지의 경제성 증대
⑥ 사용자의 수용도 향상

참고) 산업안전기사 필기 p.2-4(4. 인간공학의 가치 및 효과)

35 FT도에 사용되는 다음 기호의 명칭으로 옳은 것은?

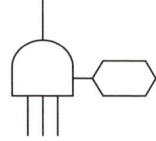

① 억제게이트
② 조합AND게이트
③ 부정게이트
④ 배타적OR게이트

해설
조합AND게이트
3개 이상의 입력현상 중에 언젠가 2개가 일어나면 출력이 생긴다.

참고) 산업안전기사 필기 p.2-70(14. 조합AND게이트)

KEY ① 2016년 5월 8일 출제
② 2016년 5월 8일 산업기사 출제
③ 2016년 10월 1일 건설안전기사 출제

36 일반적으로 위험(Risk)은 3가지 기본요소로 표현되며 3요소(Triplets)로 정의된다. 3요소에 해당되지 않는 것은?

① 사고 시나리오(S_i)
② 사고 발생 확률(P_i)
③ 시스템 불이용도(Q_i)
④ 파급효과 또는 손실(X_i)

해설
Risk 3가지 기본요소
① 사고 시나리오(S_i)
② 사고 발생 확률(P_i)
③ 파급효과 또는 손실(X_i)

참고) 산업안전기사 필기 p.2-58(합격날개 : 은행문제3)

37 그림과 같이 FTA로 분석된 시스템에서 현재 모든 기본사상에 대한 부품이 고장난 상태이다. 부품 X_1부터 부품 X_5까지 순서대로 복구한다면 어느 부품을 수리 완료하는 순간부터 시스템은 정상가동이 되겠는가?

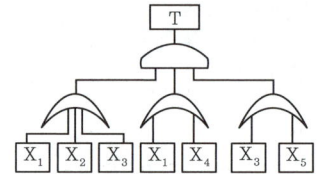

① 부품 X_2
② 부품 X_3
③ 부품 X_4
④ 부품 X_5

해설
AND와 OR
① AND게이트는 모든 입력사상이 공존할 때만 출력사상 발생
② OR게이트는 입력사상 중 어느 것이나 존재할 때 출력사상 발생

참고) 산업안전기사 필기 p.2-77(합격날개 : 은행문제2)

38 자동화시스템에서 인간의 기능으로 적절하지 않은 것은?

① 설비보전
② 작업계획 수립
③ 조정 장치로 기계를 통제
④ 모니터로 작업 상황 감시

해설
자동화시스템에서 인간의 기능
① 설비 보전
② 작업계획 수립
③ 모니터로 작업상황 감시

참고) 산업안전기사 필기 p.2-8(합격날개 : 은행문제)

[정답] 34 ③ 35 ② 36 ③ 37 ② 38 ③

39 일반적으로 보통 작업자의 정상적인 시선으로 가장 적합한 것은?

① 수평선을 기준으로 위쪽 5[°] 정도
② 수평선을 기준으로 위쪽 15[°] 정도
③ 수평선을 기준으로 아래쪽 5[°] 정도
④ 수평선을 기준으로 아래쪽 15[°] 정도

[해설]

display가 형성하는 목시각(目視角)

수평작업조건	수직작업조건
① 최적조건 : 15[°] 좌우 및 아래쪽 ② 제한조건 : 95[°] 좌우	① 최적조건 : 0~30[°] 하한 ② 제한조건 : 75[°] 상한, 85[°] 하한

[참고] ① 산업안전기사 필기 p.2-163(3. display가 형성하는 목시각)
② 산업안전기사 필기 p.2-165(합격날개 : 은행문제1)

40 손이나 특정 신체부위에 발생하는 누적손상장애(CTDs)의 발생인자와 가장 거리가 먼 것은?

① 무리한 힘
② 다습한 환경
③ 장시간의 진동
④ 반복도가 높은 작업

[해설]

CTDs(누적외상병)의 원인
① 부적절한 자세
② 무리한 힘의 사용
③ 과도한 반복작업
④ 연속작업(비휴식)
⑤ 낮은 온도 등

[표] CTDs의 예방대책

구분	방법
관리적인 면	짧은 간격의 작업전환(짧게 자주 휴식), 준비운동, 수공구의 적절한 사용 등
공학적인 면	자동화 작업, 직무 재설계, 작업장 재설계, 수공구의 재설계, 작업의 순환배치 등
치료적인 면	충분한 휴식, 영양분 섭취, 초음파 적용, 보호구 사용, 적절한 투약, 외과 수술 등

[KEY] 2016년 10월 1일 건설안전기사 출제

3 기계·기구 및 설비안전관리

41 다음 중 드릴작업의 안전사항이 아닌 것은?

① 옷소매가 길거나 찢어진 옷은 입지 않는다.
② 작고, 길이가 긴 물건은 플라이어로 잡고 뚫는다.
③ 회전하는 드릴에 걸레 등을 가까이 하지 않는다.
④ 스핀들에서 드릴을 뽑아낼 때에는 드릴 아래에 손을 내밀지 않는다.

[해설]

작은 물건 : 바이스나 클램프 사용

[참고] 산업안전기사 필기 p.3-88(3. 드릴작업시 안전대책)

42 슬라이드가 내려옴에 따라 손을 쳐내는 막대가 좌우로 왕복하면서 위험점으로부터 손을 보호하여 주는 프레스의 안전장치는?

① 손쳐내기식 방호장치
② 수인식 방호장치
③ 게이트 가드식 방호장치
④ 양손조작식 방호장치

[해설]

손쳐내기식 방호장치
기계가 작동할 때 레버나 링크 혹은 캠으로 연결된 제수봉이 위험구역의 전면에 있는 작업자의 손을 우에서 좌, 좌에서 우로 쳐내는 것을 말한다.

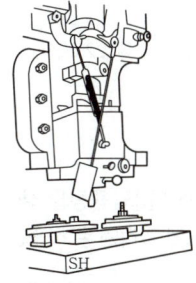

[그림] 손쳐내기식의 방호장치

[참고] 산업안전기사 필기 p.3-98(3. 손쳐내기식)

[KEY] 2016년 8월 21일 산업기사 출제

[정답] 39 ④ 40 ② 41 ② 42 ①

43 양중기(승강기를 제외한다.)를 사용하여 작업하는 운전자 또는 작업자가 보기 쉬운 곳에 해당 양중기에 대해 표시하여야 할 내용이 아닌 것은?

① 정격 하중
② 운전 속도
③ 경고 표시
④ 최대 인양 높이

해설

정격하중 등의 표시
사업주는 양중기(승강기는 제외한다) 및 달기구를 사용하여 작업하는 운전자 또는 작업자가 보기 쉬운 곳에 해당 기계의 ① 정격하중, ② 운전속도, ③ 경고표시 등을 부착하여야 한다. 다만, 달기구는 정격하중만 표시한다.

참고 산업안전기사 필기 p.3-141(합격날개:합격예측 및 관련법규)

합격정보
산업안전보건기준에 관한 규칙 제133조(정격하중 등의 표시)

44 연삭기의 연삭숫돌을 교체했을 경우 시운전은 최소 몇 분 이상 실시해야 하는가?

① 1분
② 3분
③ 5분
④ 7분

해설

연삭기 시운전 시간
① 작업시작 전 : 1[분] 이상
② 숫돌교체 후 : 3[분] 이상

참고 산업안전기사 필기 p.3-93(4. 연삭기 구조면에 있어서의 안전대책)

KEY 2016년 3월 6일 산업기사 출제

합격정보
산업안전보건기준에 관한 규칙 제122조(연삭숫돌의 덮개 등)

45 크레인 로프에 2[t]의 중량을 걸어 20[m/s²] 가속도로 감아올릴 때 로프에 걸리는 총 하중은 약 몇 [kN] 인가?

① 42.8
② 59.6
③ 74.5
④ 91.3

해설

총하중계산
① 총하중(W) = W_1(정하중) + W_2(동하중)
② W_1 = 2,000[kg]
③ $W_2 = \dfrac{W_1}{g} \times a = \dfrac{2,000[kg]}{9.8[m/sec^2]} \times 20[m/sec^2]$
   = 4,082[kg]
④ 결론(W) = (2,000[kg] + 4,082[kg])
   = 6,082[kg] × 9.8 = 59.59[kN]

참고 산업안전기사 필기 p.3-182(문제 151번) 적중

KEY ① 1995년 8월 27일 기출문제
② 2016년 8월 21일(문제 43번) 출제

46 산업안전보건법령에서 정하는 간이리프트의 정의에 대한 설명 중 ( ) 안에 들어갈 말로 옳은 것은?

간이리프트란 동력을 사용하여 가이드 레일을 따라 움직이는 운반구를 매달아 소형화물 운반을 주목적으로 하며 승강기와 유사한 구조로서 운반구의 바닥면적이 (㉠)이거나 천장높이가 (㉡)인 것을 말한다.

① ㉠ 1m² 이상, ㉡ 1.2m 이상
② ㉠ 2m² 이상, ㉡ 2.4m 이상
③ ㉠ 1m² 이하, ㉡ 1.2m 이하
④ ㉠ 2m² 이하, ㉡ 2.4m 이하

해설

간이리프트
동력을 사용하여 가이드레일을 따라 움직이는 운반구를 매달아 소형화물운반을 주목적으로 하며 승강기와 유사한 구조로서 운반구의 바닥면적이 1[m²] 이하이거나 천장높이가 1.2[m] 이하인 것 또는 동력을 사용하여 가이드레일을 따라 움직이는 지지대로 자동차 등을 일정한 높이로 상승 또는 하강시키는 구조의 자동차정비용인 것을 말한다.

합격정보
2019. 4. 19. 개정법으로 간이리프트 삭제

47 다음 ( ) 안에 들어갈 용어로 알맞은 것은?

사업주는 보일러의 과열을 방지하기 위하여 최고 사용 압력과 상용 압력 사이에서 보일러의 버너연소를 차단할 수 있도록 ( )을(를) 부착하여 사용하여야 한다.

① 고저수위 조절장치
② 압력방출장치
③ 압력제한스위치
④ 파열판

[정답] 43 ④ 44 ② 45 ② 46 ③ 47 ③

해설

압력제한스위치

사업주는 보일러의 과열을 방지하기 위하여 최고사용압력과 상용압력 사이에서 보일러의 버너연소를 차단할 수 있도록 압력제한스위치를 부착하여 사용하여야 한다.

참고 ① 산업안전기사 필기 p.3-128(3. 방호장치의 종류)
② 산업안전기사 필기 p.3-123(합격날개 : 합격예측 및 관련 법규)

합격정보

산업안전보건기준에 관한 규칙 제117조(압력제한스위치)

---

48 다음 중 금속 등의 도체에 교류를 통한 코일을 접근시켰을 때, 결함이 존재하면 코일에 유기되는 전압이나 전류가 변하는 것을 이용한 검사방법은?

① 자분탐상검사 ② 초음파탐상검사
③ 와류탐상검사 ④ 침투형광탐상검사

해설

와류탐상검사
① 금속등의 도체에 교류를 통한 코일을 접근
② 결함이 존재하면 코일에 유기되는 전압이나 전류변화 이용

참고 산업안전기사 필기 p.3-223(합격날개:은행문제2)

---

49 산업안전보건법령에서 정하는 압력용기에서 안전인증된 파열판에는 안전인증 표시 외에 추가로 나타내어야 하는 사항이 아닌 것은?

① 분출차(%) ② 호칭지름
③ 용도(요구성능) ④ 유체의 흐름방향 지시

해설

파열판의 추가 표시사항
① 호칭지름
② 용도(요구성능)
③ 설정파열압력(MPa) 및 설정온도(°C)
④ 분출용량(kg/h) 또는 공칭분출계수
⑤ 파열판의 재질
⑥ 유체의 흐름방향 지시

참고 산업안전기사 필기 p.3-121(합격날개:합격예측)

합격정보

방호장치 안전인증 고시(2016. 12. 16)

---

50 롤러기의 앞면 롤의 지름이 300[mm], 분당회전수가 30회일 경우 허용되는 급정지장치의 급정지거리는 약 몇 [mm] 이내이어야 하는가?

① 37.7 ② 31.4
③ 377 ④ 314

해설

급정지 거리 $= \pi \times D \times \dfrac{1}{3} = \pi \times 300 \times \dfrac{1}{3} = 314 [mm]$

보충학습

$V = \dfrac{\pi DN}{1000} = \dfrac{\pi \times 300 \times 30}{1000} = 28.26 [m/min]$

참고 산업안전기사 필기 p.3-109(표:롤러의 급정지 거리)

KEY 2016년 3월 6일 산업기사 출제

---

51 단면적이 1,800[mm²]인 알루미늄 봉의 파괴강도는 70MPa이다. 안전율을 2로 하였을 때 봉에 가해질 수 있는 최대하중은 얼마인가?

① 6.3[kN] ② 126[kN]
③ 63[kN] ④ 12.6[kN]

해설

최대하중

① 파괴강도 $= \dfrac{파괴하중}{단면적}$

② 파괴하중 $=$ 파괴강도 $\times$ 단면적
$= (70 \times 10^2 [kN/m^2]) \times (1.8 \times 10^{-3} [m^2])$
$= 126 [kN]$

③ 안전율 $= \dfrac{파괴하중}{최대사용하중}$

④ 최대사용하중 $= \dfrac{파괴하중}{안전율} = \dfrac{126}{2} = 63 [kN]$

보충학습

① $70[Mpa] = 70 \times 10^3 [kPa] = 70 \times 10^3 [kN/m^2]$
② $1800[mm^2] = 1800 \times 10^{-6} [m^2] = 1.8 \times 10^{-3} [m^2]$

참고 산업안전기사 필기 p.3-188(합격날개 : 참고)

[정답] 48 ③ 49 ① 50 ④ 51 ③

과년도 출제문제

52 원동기, 풀리, 기어 등 근로자에게 위험을 미칠 우려가 있는 부위에 설치하는 위험방지 장치가 아닌 것은?

① 덮개　　　② 슬리브
③ 건널다리　④ 램

[해설]

원동기·회전축 등의 위험 방지
사업주는 기계의 원동기·회전축·기어·풀리·플라이휠·벨트 및 체인 등 근로자가 위험에 처할 우려가 있는 부위에 덮개·울·슬리브 및 건널다리 등을 설치하여야 한다.

[참고] 산업안전기사 필기 p.3-196(합격날개:합격예측 및 관련법규)

[합격정보]
산업안전보건기준에 관한 규칙 제87조(원동기·회전축 등의 위험방지)

[KEY] 2017년 3월 5일 기사·산업기사 동시 출제

---

53 아세틸렌 용접장치에서 사용하는 발생기실의 구조에 대한 요구사항으로 틀린 것은?

① 벽의 재료는 불연성의 재료를 사용할 것
② 천정과 벽은 견고한 콘크리트 구조로 할 것
③ 출입구의 문은 두께 1.5[mm] 이상의 철판 또는 이와 동등 이상의 강도를 가진 구조로 할 것
④ 바닥 면적의 16분의 1 이상의 단면적을 가진 배기통을 옥상으로 돌출시킬 것

[해설]

발생기실의 구조
① 벽은 불연성의 재료로 하고 철근콘크리트 그 밖에 이와 동등 이상의 강도를 가진 구조로 할 것
② 지붕과 천장에는 얇은 철판이나 가벼운 불연성 재료를 사용할 것
③ 바닥면적의 16분의 1 이상의 단면적을 가진 배기통을 옥상으로 돌출시키고 그 개구부를 창이나 출입구로부터 1.5[m] 이상 떨어지도록 할 것
④ 출입구의 문은 불연성 재료로 하고 두께 1.5[mm] 이상의 철판 그 밖에 이와 동등 이상의 강도를 가진 구조로 할 것
⑤ 벽과 발생기 사이에는 발생기의 조정 또는 카바이드 공급 등의 작업을 방해하지 아니하도록 간격을 확보할 것

[참고] 산업안전기사 필기 p.5-57(합격날개:합격예측 및 관련법규)

[합격정보]
산업안전보건기준에 관한 규칙 제287조(발생기실의 구조 등)

---

54 롤러기의 급정지장치로 사용되는 정지봉 또는 로프의 설치에 관한 설명으로 틀린 것은?

① 복부 조작식은 밑면으로부터 1,200~1,400[mm] 이내의 높이로 설치한다.
② 손 조작식은 밑면으로부터 1,800[mm] 이내의 높이로 설치한다.
③ 손 조작식은 앞면 롤 끝단으로부터 수평거리가 50[mm] 이내에 설치한다.
④ 무릎 조작식은 밑면으로부터 600[mm] 이내의 높이로 설치한다.

[해설]

급정지장치 설치 위치

급정지장치 조작부의 종류	위 치
손으로 조작하는 것	밑면으로부터 1.8[m] 이내
복부로 조작하는 것	밑면으로부터 0.8[m] 이상 1.1[m] 이내
무릎으로 조작하는 것	밑면으로부터 0.6[m] 이내

[참고] 산업안전기사 필기 p.3-109(합격날개:합격예측 및 관련법규)

[KEY] 2016년 8월 21일 출제

---

55 산업안전보건법령상 용접장치의 안전에 관한 준수사항 설명으로 옳은 것은?

① 아세틸렌 용접장치의 발생기실을 옥외에 설치한 때에는 그 개구부를 다른 건축물로부터 1[m] 이상 떨어지도록 하여야 한다.
② 가스집합장치로부터 3[m] 이내의 장소에서는 화기의 사용을 금지시킨다.
③ 아세틸렌 발생기에서 10[m] 이내 또는 발생기실에서 4[m] 이내의 장소에서는 흡연행위를 금지시킨다.
④ 아세틸렌 용접장치를 사용하여 용접작업을 할 경우 게이지 압력이 127[kPa]을 초과하는 아세틸렌을 발생시켜 사용해서는 아니 된다.

[해설]

압력의 제한
사업주는 아세틸렌용접장치를 사용하여 금속의 용접·용단 또는 가열작업을 하는 경우에는 게이지압력이 127[kPa]을 초과하는 압력의 아세틸렌을 발생시켜 사용해서는 아니 된다.

[참고] 산업안전기사 필기 p.3-113(합격날개:합격예측 및 관련법규)

[합격정보]
산업안전보건기준에 관한 규칙 제285조(압력의 제한)

[정답] 52 ④　53 ②　54 ①　55 ④

56 다음 중 프레스의 방호장치에 관한 설명으로 틀린 것은?

① 양수조작식 방호장치는 1행정1정지 기구에 사용할 수 있어야 한다.
② 손쳐내기식 방호장치는 슬라이드 하행정거리의 3/4 위치에서 손을 완전히 밀어내야 한다.
③ 광전자식 방호장치의 정상동작 표시램프는 붉은색, 위험 표시램프는 녹색으로 하며, 쉽게 근로자가 볼 수 있는 곳에 설치해야 한다.
④ 게이트 가드 방호장치는 가드가 열린 상태에서 슬라이드를 동작시킬 수 없고 또한 슬라이드 작동 중에는 게이트 가드를 열 수 없어야 한다.

해설

표시램프 색
① 정상 동작 : 녹(초록)색
② 위험 표시 : 붉은(빨간)색

참고 산업안전기사 필기 p.3-101(5. 광전자식)

57 다음 중 비파괴 시험의 종류에 해당하지 않는 것은?

① 와류 탐상시험   ② 초음파 탐상시험
③ 인장 시험   ④ 방사선 투과시험

해설

인장시험
① 시험편을 시험기에 장치하고 서서히 인장하여 시험편이 파괴될 때까지의 하중과 신장의 관계를 선도(線圖)로 나타내고 재료의 항복점, 인장강도, 신장, 교축 등을 조사할 목적으로 행하는 것을 인장시험이라 한다.
② 파괴시험법이다.

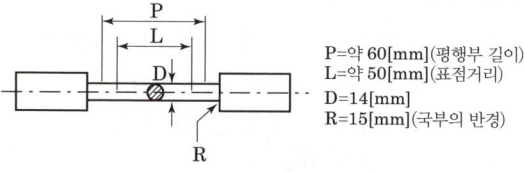

[그림] KS 4호 인장시험편

참고 산업안전기사 필기 p.3-218(1. 파괴시험)

58 두께 2[mm]이고 치진폭이 2.5[mm]인 목재가공용 둥근톱에서 반발예방장치 분할날의 두께(t)로 적절한 것은?

① $2.2[mm] \leq t < 2.5[mm]$
② $2.0[mm] \leq t < 3.5[mm]$
③ $1.5[mm] \leq t < 2.5[mm]$
④ $2.5[mm] \leq t < 3.5[mm]$

해설

분할날(spreader)의 두께
① 분할날의 두께는 톱날 1.1배 이상이고 톱날의 치진폭 미만으로 할 것
② 공식 : $1.1t_1 \leq t_2 < b = 2.2[mm] \leq t < 2.5[mm]$

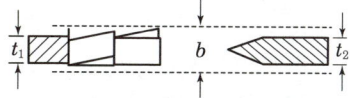

t_1: 톱날두께 b: 톱날치진폭 t_2: 분할날두께
[그림] 분할날 두께

참고 산업안전기사 필기 p.3-132(ⓒ 분할날)

KEY 2017년 3월 5일 기사·산업기사 동시 출제

59 마찰 클러치가 부착된 프레스에 부적합한 방호장치는?(단, 방호장치는 한 가지 형식만 사용할 경우로 한정한다.)

① 양수조작식   ② 광전자식
③ 가드식   ④ 수인식

해설

프레스 방호장치 선택기준

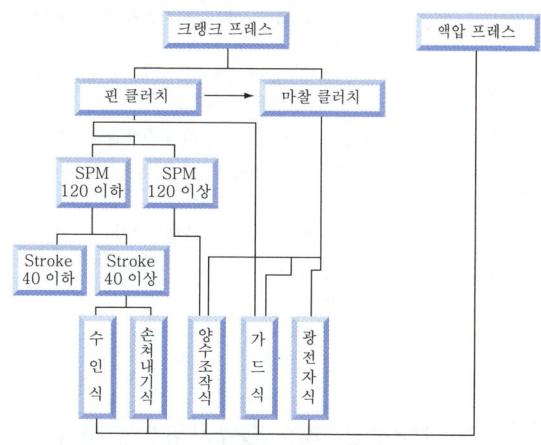

[그림] 안전장치의 선택기준

참고 산업안전기사 필기 p.3-102(그림:안전장치의 선택기준)

[정답] 56 ③   57 ③   58 ①   59 ④

60 아세틸렌용접장치 및 가스집합용접장치에서 가스의 역류 및 역화를 방지하기 위한 안전기의 형식에 속하는 것은?

① 주수식　　② 침지식
③ 투입식　　④ 수봉식

해설

안전기 형식
(1) 수봉식
　　① 저압용　② 중압용
(2) 건식(역화방지기)
　　① 소결금속식　② 우회로식

참고　산업안전기사 필기 p.3-114(4. 안전기)

4 전기설비 안전관리

61 정전기 발생에 영향을 주는 요인이 아닌 것은?

① 분리속도　　② 물체의 질량
③ 접촉면적 및 압력　　④ 물체의 표면상태

해설

정전기 발생에 영향을 주는 요인

구 분	특 성
물체의 특성	대전서열에서 멀리 있는 물체들끼리 마찰할수록 발생량이 많다.
물체의 표면 상태	표면이 거칠수록, 표면이 수분기름 등에 오염될수록 발생량이 많다.
물체의 이력	처음 접촉, 분리할 때 정전기 발생량이 최고이고, 반복될수록 발생량은 줄어든다.
접촉면적 및 압력	접촉면이 넓을수록, 접촉압력이 클수록 발생량이 많다.
분리 속도	분리속도가 빠를수록 발생량이 많다.

참고　산업안전기사 필기 p.4-32(1. 정전기 발새 원리)

KEY　① 2016년 8월 21일 출제
　　　② 2017년 3월 5일(문제 72번)

62 입욕자에게 전기적 자극을 주기 위한 전기욕기의 전원장치에 내장되어 있는 전원 변압기의 2차측 전로의 사용전압은 몇 [V]이하로 하여야 하는가?

① 10　　② 15
③ 30　　④ 60

해설

입욕자에게 전기적 자극을 주기 위한 전원변압기의 2차 전압은 10[V] 이하이다.

참고　① 산업안전기사 필기 p.4-26(문제 5번) 적중
　　　② 산업안전기사 필기 p.4-78(합격날개:참고)

KEY　2009년 5월 10일 (문제 77번) 출제

💬 합격자의 조언
목욕탕에서 기억했습니다.

63 피뢰기의 설치장소가 아닌 것은?(단, 직접 접속하는 전선이 짧은 경우 및 피보호기기가 보호범위 내에 위치하는 경우가 아니다.)

① 저압을 공급받는 수용장소의 인입구
② 지중전선로와 가공전선로가 접속되는 곳
③ 가공전선로에 접속하는 배전용 변압기의 고압측
④ 발전소 또는 변전소의 가공전선 인입구 및 인출구

해설

피뢰기의 설치장소(고압 및 특고압의 전로 중)
① 발전소, 변전소 또는 이에 준하는 장소의 가공전선 인입구 및 인출구
② 가공전선로에 접속하는 배전용 변압기의 고압측 및 특고압측
③ 고압 또는 특고압의 가공전선로로부터 공급을 받는 수용장소의 인입구
④ 가공전선로와 지중전선로가 접속되는 곳

참고　산업안전기사 필기 p.4-61(참고)

KEY　2016년 5월 8일 출제

64 저압방폭구조 배선 중 노출 도전성 부분의 보호접지선으로 알맞은 항목은?

① 전선관이 충분한 지락전류를 흐르게 할 시에도 결합부에 본딩(bonding)을 해야 한다.
② 전선관이 최대지락전류를 안전하게 흐르게 할 시 접지선으로 이용 가능하다.
③ 접지선의 전선 또는 선심은 그 절연피복을 흰색 또는 검정색을 사용한다.
④ 접지선은 1,000[V] 비닐절연전선 이상 성능을 갖는 전선을 사용한다.

[정답]　60 ④　61 ②　62 ①　63 ①　64 ②

> **해설**

방폭지역에서 저압 케이블 공사시 사용되는 케이블
① MI케이블
② 600[V] 폴리에틸렌 케이블(EV, EE, CV, CE)
③ 600[V] 비닐절연외장케이블(VV)
④ 600[V] 콘크리트 직매용 케이블(CB-VV, CB-EV)
⑤ 제어용 비닐절연 비닐외장케이블(CVV)
⑥ 연피케이블
⑦ 약전 계장용 케이블
⑧ 보상도선
⑨ 시내대 폴리에틸렌 절연비닐외장케이블(CPEV)
⑩ 시내대 폴리에틸렌 절연 폴리에틸렌 외장케이블(CPEE)
⑪ 강관 외장케이블
⑫ 강대 외장케이블

> **참고** 산업안전기사 필기 p.4-63(합격날개:합격예측)

> **KEY** 2017년 3월 5일(문제 80번)

65 방폭전기설비의 용기 내부에서 폭발성가스 또는 증기가 폭발하였을 때 용기가 그 압력에 견디고 접합면이나 개구부를 통해서 외부의 폭발성가스나 증기에 인화되지 않도록 한 방폭구조는?

① 내압 방폭구조
② 압력 방폭구조
③ 유입 방폭구조
④ 본질안전 방폭구조

> **해설**

전기설비의 방폭구조
① 내압 방폭구조(d)
   용기가 폭발 압력에 견뎌 외부의 폭발성 가스에 인화될 위험이 없도록 한 구조의 방폭구조(틈의 냉각 효과 이용)
② 압력 방폭구조(P)
   용기 내부에 불연성 가스(공기 또는 질소)를 압입한 구조
③ 유입 방폭구조(o)
   전기설비, 부품을 보호액에 함침시킨 구조
④ 안전증 방폭구조(e)
   전기설비의 안전도를 증가시킨 구조

> **참고** 산업안전기사 필기 p.4-53(3. 방폭구조의 종류 및 특징)

> **KEY** ① 2016년 5월 8일 출제
>　　　② 2016년 8월 21일 기사·산업기사 동시 출제

66 전기시설의 직접 접촉에 의한 감전방지방법으로 적절하지 않은 것은?

① 충전부는 내구성이 있는 절연물로 완전히 덮어 감쌀 것
② 충전부가 노출되지 않도록 폐쇄형 외함이 있는 구조로 할 것
③ 충전부에 충분한 절연효과가 있는 방호망 또는 절연 덮개를 설치할 것
④ 충전부는 관계자 외 출입이 용이한 전개된 장소에 설치하고 위험표시 등의 방법으로 방호를 강화할 것

> **해설**

전기시설의 직·간접 감전방지방법
① 직접 접촉 방법 : ①, ②, ③
② 간접 접촉 방법 : ④

> **참고** 산업안전기사 필기 p.4-21(1. 직접 접촉에 의한 감전방지방법)

> **KEY** 2016년 8월 21일 산업기사 출제

67 누전화재가 발생하기 전에 나타나는 현상으로 거리가 가장 먼 것은?

① 인체 감전현상
② 전등 밝기의 변화현상
③ 빈번한 퓨즈 용단현상
④ 전기 사용 기계장치의 오동작 감소

> **해설**

누전화재 발생 전 현상
① 인체 감전현상
② 전등 밝기의 변화현상
③ 빈번한 퓨즈 용단현상

> **참고** 산업안전기사 필기 p.4-15(문제 20번) 적중

68 인체에 최소감지 전류에 대한 설명으로 알맞은 것은?

① 인체가 고통을 느끼는 전류이다.
② 성인 남자의 경우 상용주파수 60[Hz] 교류에서 약 1[mA]이다.
③ 직류를 기준으로 한 값이며, 성인남자의 경우 약 1[mA]에서 느낄 수 있는 전류이다.
④ 직류를 기준으로 여자의 경우 성인 남자의 70[%]인 0.7[mA]에서 느낄 수 있는 전류의 크기를 말한다.

[정답] 65 ①   66 ④   67 ④   68 ②

해설

최소감지 전류

인체에 미치는 전류의 영향	통전전류
전류의 흐름을 느낄 수 있는 최소전류	60[Hz]에서 성인남자 1[mA]

참고) 산업안전기사 필기 p.4-17(3. 통전 전류에 따른 인체의 영향)

---

69 그림에서 인체의 허용 접촉 전압은 약 몇 [V]인가? (단, 심실세동 전류는 $\frac{0.165}{\sqrt{T}}$ 이며, 인체저항 $R_k = 1,000[\Omega]$, 발의 저항 $R_f = 300[\Omega]$이고, 접촉 시간은 1초로 한다.)

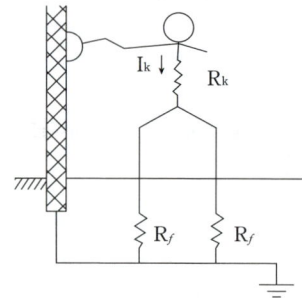

① 107　　② 132
③ 190　　④ 215

해설

허용접촉전압

① 허용접촉전압$(E) = (R_b + \frac{R_S}{2}) \times I_k$

② 허용접촉전압$(E) = (1,000 + \frac{300}{2}) \times \frac{0.165}{\sqrt{1}} = 190[V]$

참고) 산업안전기사 필기 p.4-20(3. 허용접촉전압 계산)

KEY ① 2007년 제3회 참고
② 2013년 제3회 참고

보충학습
한쪽발과 대지의 접촉저항 = 3 × 지표면의 저항률[Ωm]

---

70 교류아크 용접기에 전격 방지기를 설치하는 요령 중 틀린 것은?

① 이완 방지 조치를 한다.
② 직각으로만 부착해야 한다.
③ 동작 상태를 알기 쉬운 곳에 설치한다.
④ 테스트 스위치는 조작이 용이한 곳에 위치시킨다.

해설

전격 방지기 설치
① 연직(불가피한 경우는 연직에서 20[°] 이내)으로 설치할 것
② 용접기의 이동, 전자접촉기의 작동 등으로 인한 진동, 충격에 견딜 수 있도록 할 것
③ 표시등(외부에서 전격방지기의 작동상태를 판별할 수 있는 램프를 말한다)이 보기 쉽고, 점검용 스위치(전격방지기의 작동상태를 점검하기 위한 스위치를 말한다)의 조작이 용이하도록 설치할 것
④ 용접기의 전원측에 접속하는 선과 출력측에 접속하는 선을 혼동되지 않도록 할 것
⑤ 접속부분은 확실하게 접속하여 이완되지 않도록 할 것
⑥ 접속부분을 절연테이프, 절연커버 등으로 절연시킬 것
⑦ 전격방지기의 외함은 접지시킬 것
⑧ 용접기단자의 극성이 정해져 있는 경우에는 접속시 극성이 맞도록 할 것
⑨ 전격방지기와 용접기 사이의 배선 및 접속부분에 외부의 힘이 가해지지 않도록 할 것

참고) 산업안전기사 필기 p.4-81(합격날개:합격예측 및 관련법규)

KEY 2010년 3월 7일 (문제 65번) 출제

---

71 피뢰침의 제한전압이 800[kV], 충격절연강도가 1,000 [kV]라 할 때, 보호여유도는 몇 [%]인가?

① 25　　② 33
③ 47　　④ 63

해설

보호여유도 $= \frac{충격절연강도 - 제한전압}{제한전압} \times 100$

$= \frac{1,000 - 800}{800} \times 100 = 25[\%]$

참고) 산업안전기사 필기 p.4-58(③ 보호여유도)

---

72 물질의 접촉과 분리에 따른 정전기 발생량의 정도를 나타낸 것으로 틀린 것은?

① 표면이 오염될수록 크다.
② 분리속도가 빠를수록 크다.
③ 대전서열이 서로 멀수록 크다.
④ 접촉과 분리가 반복될수록 크다.

[정답] 69 ③　70 ②　71 ①　72 ④

해설

정전기 발생량 정도
① 표면이 오염될수록 크다.
② 분리속도가 빠를수록 크다.
③ 대전서열이 서로 멀수록 크다.
④ 접촉과 분리가 반복될수록 작다.

참고 ① 산업안전기사 필기 p.4-32(1. 정전기 발생 원리)
② 산업안전기사 2017년 3월 5일(문제 61번)

KEY 2016년 8월 21일 출제

---

73 감전 재해자가 발생하였을 때 취하여야 할 최우선 조치는?(단, 감전자가 질식상태라 가정함.)

① 부상 부위를 치료한다.
② 심폐소생술을 실시한다.
③ 의사의 왕진을 요청한다.
④ 우선 병원으로 이동시킨다.

해설

감전사고 발생시 최우선 사항 : 심폐소생술

참고 산업안전기사 필기 p.4-82(보충학습)

---

74 방폭지역 0종 장소로 결정해야 할 곳으로 틀린 것은?

① 인화성 또는 가연성 가스가 장기간 체류하는 곳
② 인화성 또는 가연성 물질을 취급하는 설비의 내부
③ 인화성 또는 가연성 액체가 존재하는 피트등의 내부
④ 인화성 또는 가연성 증기의 순환통로를 설치한 내부

해설

방폭지역
① 0종 장소
위험분위기가 지속적으로 또는 장기간 존재하는 것을 말하며, 용기내부, 장치 및 배관의 내부 등의 장소는 0종 장소로 구분할 수 있다.

② 1종 장소
상용의 상태에서 위험분위기가 존재하기 쉬운 장소를 말하며 0종 장소의 근접주변, 송급통구의 근접주변, 운전상 열게 되는 연결부의 근접주변, 배기관의 유출구 근접주변 등의 장소는 1종 장소로 구분할 수 있다.

참고 산업안전기사 필기 p.4-65(보충문제)

KEY 2011년 3월 20일 (문제 71번) 출제

---

75 인체에 미치는 전격 재해의 위험을 결정하는 주된 인자 중 가장 거리가 먼 것은?

① 통전전압의 크기 ② 통전전류의 크기
③ 통전경로 ④ 통전시간

해설

전격위험도 결정조건(1차적 감전위험요소)
① 통전전류의 크기
② 통전시간
③ 통전경로
④ 전원의 종류(직류보다 상용주파수의 교류전원이 더 위험한 이유 : 극성변화)
⑤ 주파수 및 파형
⑥ 전격인가위상

참고 산업안전기사 필기 p.4-19(1. 전격위험도 결정조건)

KEY 2016년 8월 21일 산업기사 출제

---

76 방전의 분류에 속하지 않는 것은?

① 연면 방전 ② 불꽃 방전
③ 코로나 방전 ④ 스프레이 방전

해설

방전의 종류
① 코로나 방전
② 연면 방전
③ 불꽃 방전
④ 스파크 방전

참고 산업안전기사 필기 p.4-34(3. 방전의 형태 및 영향)

KEY ① 2016년 5월 8일 출제
② 2016년 5월 8일 산업기사 출제

---

77 정전용량 C=20[μF], 방전 시 전압 V=2[kV]일 때 정전에너지는 몇 J인가?

① 40 ② 80
③ 400 ④ 800

[정답] 73 ② 74 ④ 75 ① 76 ④ 77 ①

해설

정전에너지

$$E = \frac{1}{2}CV^2 = \frac{1}{2} \times 20 \times 10^{-6} \times 2{,}000^2 = 40[\text{J}]$$

참고) 산업안전기사 필기 p.4-33(6. 정전기 에너지)

KEY ① 2016년 5월 8일 출제
② 2016년 8월 21일 출제
③ 2017년 3월 5일(문제 87번) 출제

---

78 접지 저항치를 결정하는 저항이 아닌 것은?

① 접지선, 접지극의 도체저항
② 접지전극과 주회로 사이의 낮은 절연저항
③ 접지전극 주위의 토양이 나타내는 저항
④ 접지전극의 표면과 접하는 토양사이의 접촉저항

해설

접지 저항치 결정 저항
① 접지선, 접지극의 도체저항
② 접지전극의 표면과 접하는 토양사이의 접촉저항
③ 접지전극 주위의 토양이 나타내는 저항

참고) 산업안전기사 필기 p.4-21(2. 접지)

KEY 2005년 1회 출제

---

79 작업장소 중 제전복을 착용하지 않아도 되는 장소는?

① 상대 습도가 높은 장소
② 분진이 발생하기 쉬운 장소
③ LCD등 display 제조 작업 장소
④ 반도체 등 전기소자 취급 작업 장소

해설

가습
(1) 공기 중의 상대습도가 70% 정도가 되면 대전이 급격히 감소하기 때문에 작업공정 내의 습도를 70% 정도로 유지한다.
(2) 가습에 의한 부도체의 정전기 대전방지에 사용할 수 있는 부도체의 종류
　① OH　　② SO_3H　　③ NH_2
　④ OCH_3　⑤ COOH　　⑥ CO
(3) 가습에 의한 부도체의 정전기 대전방지에 사용할 수 없는 부도체의 종류
　① C_6H_6　　② CH_3　　③ 에폭시수지
　④ 아닐린수지　⑤ 폴리우레탄수지

참고) 산업안전기사 필기 p.4-42(7. 가습)

---

80 방폭지역에서 저압케이블 공사 시 사용해서는 안되는 케이블은?

① MI 케이블
② 연피 케이블
③ 0.6/1[kV] 고무캡타이어 케이블
④ 0.6/1[kV] 폴리에틸렌 외장케이블

해설

2017년 3월 5일(문제 64번)

KEY 2003년 1회 출제

---

5 화학설비 안전관리

81 화재 감지에 있어서 열감지 방식 중 차동식에 해당하지 않는 것은?

① 공기관식　　② 열전대식
③ 바이메탈식　④ 열반도체식

해설

열감지기의 종류
(1) 차동식 열감지기
　① 차동식 스포트형 열감지기
　　㉠ 공기팽창식
　　㉡ 열기전력식
　② 차동식 분포형 열감지기
　　㉠ 공기관식
　　㉡ 열반도체식
　　㉢ 열전대식
(2) 정온식 열감지기
　① 정온식 스포트형 열감지기
　　㉠ 바이메탈식
　　㉡ 고체팽창식
　　㉢ 기체팽창식
　　㉣ 가용용융식
　② 정온식 분포형 열감지기
(3) 보상식 열감지기

참고) 산업안전기사 필기 p.5-15(합격날개:합격예측)

KEY 2014년 3월 2일 (문제 88번) 출제

[정답] 78 ②　79 ①　80 ③　81 ③

82
각 물질(A~D)의 폭발상한계와 하한계가 다음 [표]와 같을 때 다음 중 위험도가 가장 큰 물질은?

구분	A	B	C	D
폭발상한계	9.5	8.4	15.0	13
폭발하한계	2.1	1.8	5.0	2.6

① A
② B
③ C
④ D

해설
위험도 계산

① $A = \dfrac{9.5 - 2.1}{2.1} = 3.52$ ② $B = \dfrac{8.4 - 1.8}{1.8} = 3.67$

③ $C = \dfrac{15.0 - 5.0}{5.0} = 2$ ④ $D = \dfrac{13 - 2.6}{2.6} = 4$

참고) 산업안전기사 필기 p.5-60(㉑ 위험도)

KEY▶ 2016년 5월 8일 출제

83
NH_4NO_3의 가열, 분해로부터 생성되는 무색의 가스로 일명 웃음가스라고도 하는 것은?

① N_2O
② NO_2
③ N_2O_4
④ NO

해설
N_2O
① 아산화질소
② 가연성 마취제
③ 웃음가스

참고) 산업안전기사 필기 p.5-37(③ N_2O)

KEY▶ 2004년, 2008년 출제

84
다음 중 분진 폭발의 특징으로 옳은 것은?

① 가스폭발보다 연소시간이 짧고, 발생에너지가 작다.
② 압력의 파급속도보다 화염의 파급속도가 빠르다.
③ 가스폭발에 비하여 불완전 연소가 적게 발생한다.
④ 주위의 분진에 의해 2차, 3차의 폭발로 파급될 수 있다.

해설
분진폭발
① 분진, mist 등이 일정 농도 이상으로 공기와 혼합시 발화원에 의해 분진 폭발을 일으킨다.
② 마그네슘, 티타늄 등의 분말, 곡물가루 등

[표] 분진폭발의 발생 순서

참고) 산업안전기사 필기 p.5-11(표. 분진폭발의 특징)

KEY▶ ① 2016년 5월 8일 출제
② 2017년 3월 5일(문제 88번) 출제

85
자연 발화성을 가진 물질이 자연발열을 일으키는 원인으로 거리가 먼 것은?

① 분해열
② 증발열
③ 산화열
④ 중합열

해설
자연발화 구분
① 산화열에 의한 발화 : 석탄, 건성유 등
② 분해열에 의한 발화 : 셀룰로이드, 니트로셀룰로오스 등
③ 흡착열에 의한 발화 : 활성탄, 목탄 등
④ 미생물에 의한 발화 : 퇴비, 먼지 등

참고) 산업안전기사 필기 p.5-7(1. 자연발화의 구분)

86
다음 중 누설 발화형 폭발재해의 예방 대책으로 가장 거리가 먼 것은?

① 발화원 관리
② 밸브의 오동작 방지
③ 가연성 가스의 연소
④ 누설물질의 검지 경보

[정답] 82 ④ 83 ① 84 ④ 85 ② 86 ③

해설

폭발 형태에 따른 예방대책

구분	예방대책	
착화파괴형 폭발	• 불활성 가스로 치환 • 혼합가스의 조성관리	• 발화원 관리 • 열에 민감한 물질의 생성방지
누설착화형 폭발	• 위험물의 누설방지 • 누설물질의 검지 경보	• 밸브의 오조작 방지 • 발화원 관리
반응폭주형 폭발	• 발열반응 특성 조사 • 냉각시설의 조작	• 반응속도 계측관리
자연발화형 폭발	• 물질의 자연발화성 조사 • 혼합위험 방지	• 온도 계측관리 • 물질의 단열특성 조사
열 이동형 증기폭발	• 수분 침입의 방지 • 주수파쇄설비 설계	• 고온 폐기물의 처치
평형 파탄형 폭발	• 용기의 강도 유지 • 화재로 인한 용기 파열 방지	• 반응폭주에 의한 압력상승 방지

KEY ▶ 2013년 6월 2일(문제 92번) 출제

---

87 다음 중 최소발화에너지(E[J])를 구하는 식으로 옳은 것은?(단, I는 전류[A], R은 저항[Ω], V는 전압[V], C는 콘덴서용량[F], T는 시간[초]이라 한다.)

① $E=I^2RT$ ② $E=0.24I^2RT$
③ $E=\frac{1}{2}CV^2$ ④ $E=\frac{1}{2}\sqrt{CV}$

해설

최소발화에너지
① 가연성 혼합기체에 전기적 스파크로 점화 시 착화하기 위하여 필요한 최소한의 에너지를 말하며 최소회로전류치라 한다.
② $E=\frac{1}{2}CV^2$

참고 산업안전기사 필기 p.5-3(합격날개 : 합격예측)

KEY ▶ ① 2016년 5월 8일 산업기사 출제
② 2017년 3월 5일 (문제 77번) 출제

---

88 다음 중 분진 폭발을 일으킬 위험이 가장 높은 물질은?

① 염소 ② 마그네슘
③ 산화칼슘 ④ 에틸렌

해설

분진폭발 금속
① Al ② Mg ③ Fe ④ Mn ⑤ Si ⑥ Sn

참고 산업안전기사 필기 p.5-9(표. 분진폭발)

KEY ▶ 2017년 3월 5일(문제 84번) 출제

---

89 사업주는 특수화학설비를 설치할 때 내부의 이상상태를 조기에 파악하기 위하여 필요한 계측장치를 설치하여야 한다. 다음 중 이에 해당하는 특수화학설비가 아닌 것은?

① 발열 반응이 일어나는 반응장치
② 증류, 증발 등 분리를 행하는 장치
③ 가열로 또는 가열기
④ 액체의 누설을 방지하는 방유장치

해설

특수화학설비의 종류
① 발열반응이 일어나는 반응장치
② 증류·정류·증발·추출 등 분리를 행하는 장치
③ 가열시켜주는 물질의 온도가 가열되는 위험물질의 분해온도 또는 발화점보다 높은 상태에서 운전되는 설비
④ 반응폭주 등 이상 화학반응에 의하여 위험물질이 발생할 우려가 있는 설비
⑤ 온도가 섭씨 350도 이상이거나 게이지압력이 10[kg/cm²] 이상인 상태에서 운전되는 설비
⑥ 가열로 또는 가열기

참고 산업안전기사 필기 p.5-17(합격날개 : 합격예측)

KEY ▶ 2016년 5월 8일 출제

---

90 가스 또는 분진 폭발 위험장소에 설치되는 건축물의 내화 구조를 설명한 것으로 틀린 것은?

① 건축물 기둥 및 보는 지상 1층까지 내화구조로 한다.
② 위험물 저장·취급용기의 지지대는 지상으로부터 지지대의 끝부분까지 내화구조로 한다.
③ 건축물 주변에 자동소화설비를 설치한 경우 건축물 화재 시 1시간 이상 그 안전성을 유지한 경우는 내화구조로 하지 아니할 수 있다.
④ 배관·전선관 등의 지지대는 지상으로부터 1단까지 내화구조로 한다.

해설

내화재료의 내화시간 : 2시간 이상 유지 필수조건

KEY ▶ 2011년 8월 21일 (문제 96번) 출제

합격정보
산업안전보건기준에 관한 규칙 제270조(내화기준)

[정답] 87 ③ 88 ② 89 ④ 90 ③

91. 고압가스의 분류 중 압축가스에 해당되는 것은?

① 질소
② 프로판
③ 산화에틸렌
④ 염소

[해설]

가스 분류
① 질소 : 압축가스
② 프로판 : 액화가스
③ 산화에틸렌 : 액화가스
④ 염소 : 액화가스

참고) 산업안전기사 필기 p.5-44(표:주요 고압가스의 분류)

KEY 2016년 3월 6일 산업기사 출제

92. 건조설비를 사용하여 작업을 하는 경우에 폭발이나 화재를 예방하기 위하여 준수하여야 하는 사항으로 틀린 것은?

① 위험물 건조설비를 사용하는 경우에는 미리 내부를 청소하거나 환기할 것
② 위험물 건조설비를 사용하여 가열건조하는 건조물은 쉽게 이탈되도록 할 것
③ 고온으로 가열건조한 인화성 액체는 발화의 위험이 없는 온도로 냉각한 후에 격납시킬 것
④ 바깥 면이 현저히 고온이 되는 건조설비에 가까운 장소에는 인화성 액체를 두지 않도록 할 것

[해설]

건조설비 사용시 준수사항
① 위험물건조설비를 사용하는 경우에는 미리 내부를 청소하거나 환기할 것
② 위험물건조설비를 사용하는 경우에는 건조로 인하여 발생하는 가스·증기 또는 분진에 의하여 폭발·화재의 위험이 있는 물질을 안전한 장소로 배출시킬 것
③ 위험물건조설비를 사용하여 가열건조하는 건조물은 쉽게 이탈되지 아니하도록 할 것
④ 고온으로 가열건조한 인화성 액체는 발화의 위험이 없는 온도로 냉각한 후에 격납시킬 것
⑤ 건조설비(바깥면에 현저하게 고온이 되는 설비만 해당한다.)에 근접한 장소에는 인화성 액체를 두지 않도록 할 것

참고) 산업안전기사 필기 p.5-55(합격날개:합격예측 및 관련법규)

KEY 2016년 8월 21일 산업기사 출제

[합격정보]
산업안전보건기준에 관한 규칙 제283조(건조설비의 사용)

93. 트리에틸알루미늄에 화재가 발생하였을 때 다음 중 가장 적합한 소화약제는?

① 팽창질석
② 할로겐화합물
③ 이산화탄소
④ 물

[해설]

D급(금속화재) 적용 소화제
① 건조사
② 팽창질석
③ 팽창진주암

참고) 산업안전기사 필기 p.5-15(4. D급 화재)

94. 액화 프로판 310[kg]을 내용적 50[L] 용기에 충전할 때 필요한 소요 용기의 수는 몇 개인가?(단, 액화 프로판의 가스정수는 2.35이다.)

① 15
② 17
③ 19
④ 21

[해설]

용기의 수
① $G = \dfrac{V}{C} = \dfrac{50}{2.35} = 21.28[L]$
② $310[kg] \div 21.28 \div 15[개]$

참고) 산업안전기사 필기 p.5-82(문제 96번) 적중

KEY 2014년 3월 2일 (문제 83번) 출제

95. 「산업안전보건법령」상 위험물질의 종류와 해당물질의 연결이 옳은 것은?

① 폭발성 물질 : 마그네슘분말
② 인화성 고체 : 중크롬산
③ 산화성 물질 : 니트로소화합물
④ 인화성 가스 : 에탄

[해설]

위험물질 구분
① 마그네슘분말 : 물반응성 물질 및 인화성 고체
② 중크롬산 : 산화성 액체
③ 니트로소화합물 : 폭발성 물질

참고) 산업안전기사 필기 p.5-35(1. 위험물 분류와 취급)

[정답] 91 ① 92 ② 93 ① 94 ① 95 ④

96 다음 가스 중 가장 독성이 큰 것은?

① CO
② COCl₂
③ NH₃
④ H₂

해설

독성가스 허용농도 기준
① NH_3 : 25[ppm]
② $COCl_2$: 0.1[ppm]
③ Cl_2 : 1[ppm]
④ H_2S : 10[ppm]
⑤ HCl : 5[ppm]
⑥ Co : 50[ppm]
⑦ Co_2 : 5,000[ppm]
⑧ HCN : 10[ppm]

참고 산업안전기사 필기 p.5-69(문제 34번) 적중

KEY ① 2016년 5월 8일 산업기사 출제
② 2017년 3월 5일 기사·산업기사 동시 출제

97 가연성 기체의 분출 화재 시 주 공급밸브를 닫아서 연료공급을 차단하여 소화하는 방법은?

① 제거소화
② 냉각소화
③ 희석소화
④ 억제소화

해설

제거소화
① 가연물(연료)을 제거하거나 가연성 액체의 농도를 희석시켜 연소를 저지하는 것을 말한다.
② 예 촛불, 산불, 가스화재, 전기화재, 유전화재

참고 산업안전기사 필기 p.5-12(1. 제거소화)

KEY 2016년 3월 6일 산업기사 출제

98 다음 중 산업안전보건법령상 물질안전보건 자료의 작성·비치 제외 대상이 아닌 것은?

① 원자력법에 의한 방사성 물질
② 농약관리법에 의한 농약
③ 비료관리법에 의한 비료
④ 관세법에 의해 수입되는 공업용 유기용제

해설

물질안전보건자료 작성 제외 대상
① 「원자력법」에 따른 방사성물질
② 「약사법」에 따른 의약품·의약외품
③ 「화장품법」에 따른 화장품
④ 「마약류관리에 관한 법률」에 따른 마약 및 향정신성 의약품
⑤ 「농약관리법」에 따른 농약
⑥ 「사료관리법」에 따른 사료
⑦ 「비료관리법」에 따른 비료
⑧ 「식품위생법」에 따른 식품 및 식품첨가물
⑨ 「총포·도검·화약류 등 단속법」에 따른 화약류
⑩ 「폐기물관리법」에 따른 폐기물
⑪ 「의료기기법」에 따른 의료기기
⑫ 일반 소비자의 생활용으로 제공되는 제재

참고 산업안전기사 필기 p.5-94(합격날개:합격예측 및 관련법규)

KEY 2009년 5월 10일(문제 85번) 출제

99 다음 중 산업안전보건법령상 화학설비의 부속설비로만 이루어진 것은?

① 사이클론, 백필터, 전기집진기 등 분진처리설비
② 응축기, 냉각기, 가열기, 증발기 등 열교환기류
③ 고로 등 점화기를 직접 사용하는 열교환기류
④ 혼합기, 발포기, 압출기 등 화학제품 가공설비

해설

화학설비의 부속설비 종류
① 배관·밸브·관·부속류 등 화학물질이송관련 설비
② 온도·압력·유량 등을 지시·기록 등을 하는 자동제어관련설비
③ 안전밸브·안전판·긴급차단 또는 방출밸브등 비상조치관련설비
④ 가스누출감지 및 경보관련설비
⑤ 세정기·응축기·벤트스택·플레어스택 등 폐가스처리설비
⑥ 사이클론·백필터·전기집진기 등 분진처리 설비
⑦ ①목부터 ⑥목까지의 설비를 운전하기 위하여 부속된 전기관련설비
⑧ 정전기제거장치·긴급 샤워설비 등 안전관련 설비

참고 산업안전기사 필기 p.5-16(2. 화학설비의 부속설비 종류)

KEY 2008년 3월 2일 (문제 92번) 출제

100 증류탑에서 포종탑내에 설치되어 있는 포종의 주요역할로 옳은 것은?

① 압력을 증가시켜주는 역할
② 탑내 액체를 이송하는 역할
③ 화학적 반응을 시켜주는 역할
④ 증기와 액체의 접촉을 용이하게 해주는 역할

해설

포종탑의 포종의 주요 역할 : 증기와 액체의 접촉을 용이하게 한다.

참고 산업안전기사 필기 p.5-51(3. 포종탑)

KEY 2017년 3월 5일 기사·산업기사 동시 출제

[정답] 96 ② 97 ① 98 ④ 99 ① 100 ④

6 건설공사 안전관리

101 산업안전보건관리비 계상 및 사용기준에 따른 공사 종류별 계상기준으로 옳은 것은?(단, 특수건설공사이고, 대상액이 5억원 미만인 경우)

① 1.85[%] ② 2.07[%]
③ 3.09[%] ④ 3.43[%]

해설

공사종류 및 규모별 안전관리비 계상기준표 (단위 : 원)

구 분 공사종류	대상액 5억원 미만	대상액 5억원 이상 50억원 미만		대상액 50억원 이상	영 별표5에 따른 보건관리자 선임 대상 건설공사
		비율(X)	기초액(C)		
건축공사	3.11[%]	2.28[%]	4,325,000원	2.37[%]	2.64[%]
토목공사	3.15[%]	2.53[%]	3,300,000원	2.60[%]	2.73[%]
중건설공사	3.64[%]	3.05[%]	2,975,000원	3.11[%]	3.39[%]
특수건설공사	2.07[%]	1.59[%]	2,450,000원	1.64[%]	1.78[%]

참고 산업안전기사 필기 p.6-10(별표1. 공사종류 및 규모별 안전관리비 계상기준표)

KEY ① 2016년 3월 6일 산업기사 출제
② 2016년 10월 1일 건설안전기사 출제

합격정보
2024. 9. 19. 고시 2024-53호 적용

102 지반조사의 목적에 해당되지 않는 것은?

① 토질의 성질 파악
② 지층의 분포 파악
③ 지하수위 및 피압수 파악
④ 구조물의 편심에 의한 적절한 침하 유도

해설

지반조사의 필요성 및 목적
① 구조물에 적합한 기초 형식 및 근입 깊이 결정
② 기초 지반의 조건과 특성에 적합한 시공방법의 결정
③ 토질의 공학적인 특성 파악
④ 잠재적인 지반의 문제점에 대한 평가 및 대책수립
⑤ 지하수위 및 피압수 여부 파악

참고 산업안전기사 필기 p.6-4(합격날개 : 합격예측)

103 크레인의 운전실 또는 운전대를 통하는 통로의 끝과 건설물 등의 벽체의 간격은 최대 얼마 이하로 하여야 하는가?

① 0.2[m] ② 0.3[m]
③ 0.4[m] ④ 0.5[m]

해설

건설물 등의 벽체와 통로와의 간격 : 0.3[m] 이하

참고 산업안전기사 필기 p.6-140(합격날개 : 합격예측 및 관련법규)

합격정보
산업안전보건기준에 관한 규칙 제145조(건설물 등의 벽체와 통로와의 간격 등)
사업주는 다음 각 호에 규정된 간격을 0.3[m] 이하로 하여야 한다. 다만, 근로자가 추락할 위험이 없는 경우에는 그러하지 아니하다.
1. 크레인의 운전실 또는 운전대를 통하는 통로의 끝과 건설물 등의 벽체의 간격
2. 크레인거더의 통로의 끝과 크레인거더와의 간격
3. 크레인거더의 통로로 통하는 통로의 끝과 건설물 등의 벽체의 간격

104 그물코의 크기가 10[cm]인 매듭없는 방망사 신품의 인장강도는 최소 얼마 이상이어야 하는가?

① 240[kg] ② 320[kg]
③ 400[kg] ④ 500[kg]

해설

방망사의 신품에 대한 인장강도

그물코의 크기 (단위 : [cm])	방망의 종류(단위 : [kg])	
	매듭 없는 방망	매듭 방망
10	240	200
5		110

참고 산업안전기사 필기 p.6-50([표] 방망사의 신품에 대한 인장강도)

KEY ① 2016년 5월 8일 출제
② 2016년 10월 1일 건설안전기사 출제

[정답] 101 ② 102 ④ 103 ② 104 ①

105 유해위험방지 계획서를 제출하려고 할 때 그 첨부서류와 가장 거리가 먼 것은?

① 공사개요서
② 산업안전보건관리비 작성요령
③ 전체공정표
④ 재해 발생 위험 시 연락 및 대피방법

해설

건설업 유해위험방지계획서 첨부서류
① 공사개요서
② 공사현장의 주변 현황 및 주변과의 관계를 나타내는 도면(매설물 현황을 포함한다)
③ 건설물, 사용 기계설비 등의 배치를 나타내는 도면
④ 전체 공정표
⑤ 산업안전보건관리비 사용계획
⑥ 안전관리 조직표
⑦ 재해 발생 위험 시 연락 및 대피방법

참고 산업안전기사 필기 p.6-21(4. 제출시 첨부서류)

KEY 2016년 3월 6일(문제 113번) 출제

합격정보
산업안전보건법 시행규칙 [별표 10] 유해위험방지계획서 첨부서류

106 흙막이 공법을 흙막이 지지방식에 의한 분류와 구조방식에 의한 분류로 나눌 때 다음 중 지지방식에 의한 분류에 해당하는 것은?

① 수평 버팀대식 흙막이 공법
② H-Pile 공법
③ 지하연속벽 공법
④ Top down method 공법

해설

흙막이 공법
(1) 지지방식에 의한 분류
  ① 자립식 공법
    ㉠ 줄기초 흙막이
    ㉡ 어미말뚝식 흙막이
    ㉢ 연결재당겨매기식 흙막이
  ② 버팀대식 공법
    ㉠ 수평버팀대식
    ㉡ 경사버팀대식
    ㉢ 어스앵커 공법
(2) 구조방식에 의한 분류
  ① 널말뚝식 공법
    ㉠ 목재널말뚝공법
    ㉡ 기성콘크리트말뚝공법
    ㉢ 철재널말뚝공법
  ② 지하연속벽 공법
    ㉠ 주열식공법, ICOS공법
    ㉡ 프리팩트공법, SCW공법
    ㉢ 벽식공법
  ③ 구체흙막이 공법
    ㉠ 우물통공법
    ㉡ 개방잠함
    ㉢ 용기잠함

참고 산업안전기사 필기 p.6-118(합격날개 : 합격예측)

107 다음 중 차량계 건설기계에 속하지 않는 것은?

① 불도저
② 스크레이퍼
③ 타워크레인
④ 항타기

해설

차량계 건설기계의 종류
① 도저형 건설기계(불도저, 스트레이트도저, 틸트도저, 앵글도저, 버킷도저 등)
② 모터그레이더
③ 로더(포크 등 부착물 종류에 따른 용도 변경 형식을 포함한다)
④ 스크레이퍼
⑤ 크레인형 굴착기계(클램쉘, 드래그라인 등)
⑥ 굴삭기(브레이커, 크러셔, 드릴 등 부착물 종류에 따른 용도 변경 형식을 포함한다)
⑦ 항타기 및 항발기
⑧ 천공용 건설기계(어스드릴, 어스오거, 크롤러드릴, 점보드릴 등)
⑨ 지반 압밀침하용 건설기계(샌드드레인머신, 페이퍼드레인머신, 팩드레인머신 등)
⑩ 지반 다짐용 건설기계(타이어롤러, 매커덤롤러, 탠덤롤러 등)
⑪ 준설용 건설기계(버킷준설선, 그래브준설선, 펌프준설선 등)
⑫ 콘크리트 펌프카
⑬ 덤프트럭
⑭ 콘크리트 믹서 트럭
⑮ 도로포장용 건설기계(아스팔트 살포기, 콘크리트 살포기, 아스팔트 피니셔, 콘크리트 피니셔 등)
⑯ 골재 채취 및 살포용 건설기계(쇄석기, 자갈채취기, 골재살포기 등)
⑰ 제①호부터 제⑯호까지와 유사한 구조 또는 기능을 갖는 건설기계로서 건설작업에 사용하는 것

KEY 2016년 10월 1일 건설안전기사 출제

합격정보
산업안전보건기준에 관한 규칙 [별표 6] 차량계 건설기계

[정답] 105 ② 106 ① 107 ③

108 달비계를 설치할 때 작업발판의 폭은 최소 얼마 이상으로 하여야 하는가?

① 30[cm]　　② 40[cm]
③ 50[cm]　　④ 60[cm]

해설
달비계 작업발판 폭 : 40[cm] 이상

참고 건설안전기사 필기 p.6-102(합격날개 : 합격예측 및 관련법규)

합격정보
산업안전보건기준에 관한 규칙 제63조(달비계의 구조)

---

109 흙막이 지보공을 설치하였을 때 정기적으로 점검하여 이상 발견 시 즉시 보수하여야 할 사항이 아닌 것은?

① 굴착 깊이의 정도
② 버팀대의 긴압의 정도
③ 부재의 접속부·부착부 및 교차부의 상태
④ 부재의 손상·변형·부식·변위 및 탈락의 유무와 상태

해설
흙막이 지보공 정기 점검사항
① 부재의 손상·변형·부식·변위 및 탈락의 유무와 상태
② 버팀대의 긴압의 정도
③ 부재의 접속부·부착부 및 교차부의 상태
④ 침하의 정도

참고 산업안전기사 필기 p.6-106(합격날개 : 합격예측 및 관련법규)

합격정보
산업안전보건기준에 관한 규칙 제347조(붕괴 등의 위험방지)

---

110 다음은 강관을 사용하여 비계를 구성하는 경우에 대한 내용이다. 다음 ( ) 안에 들어갈 내용으로 옳은 것은?

> 비계기둥의 간격은 띠장 방향에서는 (　　　), 장선 방향에서는 1.5[m] 이하로 할 것

① 1.2[m] 이상 1.5[m] 이하
② 1.2[m] 이상 2.0[m] 이하
③ 1.85[m] 이하
④ 1.5[m] 이상 2.0[m] 이하

해설
비계기둥의 간격은 띠장 방향에서는 1.85[m] 이하, 장선 방향에서는 1.5[m] 이하로 할 것

참고 산업안전기사 필기 p.6-98(합격날개 : 합격예측 및 관련법규)

합격정보
산업안전보건기준에 관한 규칙 제60조(강관비계의 구조)

---

111 산소결핍이라 함은 공기 중 산소농도가 몇 퍼센트[%] 미만일 때를 의미하는가?

① 20[%]　　② 18[%]
③ 15[%]　　④ 10[%]

해설
산소결핍
① 산소결핍 : 공기중의 산소농도가 18퍼센트 미만인 상태
② 산소결핍증 : 산소가 결핍된 공기를 들이마심으로써 생기는 증상

참고 산업안전기사 필기 p.6-8(합격날개 : 용어정의)

합격정보
산업안전보건기준에 관한 규칙 제618조(정의)

---

112 크레인 등 건설장비의 가공전선로 접근 시 안전대책으로 거리가 먼 것은?

① 안전 이격거리를 유지하고 작업한다.
② 장비의 조립, 준비 시부터 가공전선로에 대한 감전 방지 수단을 강구한다.
③ 장비 사용 현장의 장애물, 위험물 등을 점검 후 작업계획을 수립한다.
④ 장비를 가공전선로 밑에 보관한다.

해설
크레인 등 건설장비의 가공전선로 접근 시 안전대책
① 장비사용현장의 장애물, 위험물 등을 점검하고, 현장의 작업자에게 업무분담을 하여 작업을 위한 계획을 수립한다.
② 장비사용을 위한 신호수를 선정한다. 신호수는 시야가 가리지 않는 곳에 위치하여, 무전기로서 장비운전사와 긴밀히 연락할 수 있도록 해야 한다.
③ 크레인 등 장비의 조립·준비 시부터 가공전선로에 대한 감전방지수단을 강구해야 한다. 확실한 감전방지수단은 가공전선로를 정전시킨 후 단락접지하는 것이나, 정전작업이 곤란할 경우 가공전선로에 절연 방호구를 설치해야 한다.
④ 안전이격거리를 유지하여 작업해야 한다.

[정답] 108 ②　109 ①　110 ③　111 ②　112 ④

[표] 안전이격거리(NSC)

전압[kV]	이격거리[m]
50 이하	3
154	4.3
345	6.8

113 크레인을 사용하여 작업을 할 때 작업시작 전에 점검하여야 하는 사항에 해당하지 않는 것은?

① 권과방지장치·브레이크·클러치 및 운전장치의 기능
② 주행로의 상측 및 트롤리가 횡행하는 레일의 상태
③ 와이어로프가 통하고 있는 곳의 상태
④ 압력방출장치의 기능

해설

크레인을 사용하여 작업할 때 작업시작 전 점검사항
① 권과방지장치·브레이크·클러치 및 운전장치의 기능
② 주행로의 상측 및 트롤리가 횡행(橫行)하는 레일의 상태
③ 와이어로프가 통하고 있는 곳의 상태

참고 산업안전기사 필기 p.3-51(표. 작업시작 전 기계·기구 및 점검내용)

KEY 2016년 3월 6일 출제

합격정보
산업안전보건기준에 관한 규칙 [별표 3] 작업시작 전 점검사항

114 굴착과 싣기를 동시에 할 수 있는 토공기계가 아닌 것은?

① Power shovel
② Tractor shovel
③ Back hoe
④ Motor grader

해설

Motor grader(자주식 그레이더)
① 끝마무리 작업, 정지작업에 유효 : 전륜을 기울게 할 수 있어 비탈면 고르기 작업도 가능
② 상하작동, 좌우회전 및 경사, 수평선회가 가능

참고 산업안전기사 필기 p.6-69(5. Motor grader)

115 콘크리트 타설 시 거푸집의 측압에 영향을 미치는 인자들에 관한 설명으로 옳지 않은 것은?

① 슬럼프가 클수록 작다.
② 타설속도가 빠를수록 크다.
③ 거푸집 속의 콘크리트 온도가 낮을수록 크다.
④ 콘크리트의 타설높이가 높을수록 크다.

해설

콘크리트 타설시 거푸집 측압에 영향을 미치는 인자
① 슬럼프가 클수록 크다.
② 단면이 클수록 크다.
③ 배합이 좋을수록 크다.
④ 붓는(타설) 속도가 클수록 크다.
⑤ 콘크리트 단위중량(밀도)이 클수록 크다.
⑥ 대기의 온도, 습도가 낮을수록 크다.

KEY ① 2016년 5월 8일 출제
② 2016년 10월 1일 건설안전기사 출제

116 작업발판 및 통로의 끝이나 개구부로서 근로자가 추락할 위험이 있는 장소에서 난간등의 설치가 매우 곤란하거나 작업의 필요상 임시로 난간등을 해체하여야 하는 경우에 설치하여야 하는 것은?

① 구명구   ② 수직보호망
③ 추락방호망   ④ 석면포

해설

추락의 방지 : 추락방호망
① 사업주는 근로자가 추락하거나 넘어질 위험이 있는 장소[작업발판의 끝·개구부(開口部) 등을 제외한다] 또는 기계·설비·선박블록 등에서 작업을 할 때에 근로자가 위험해질 우려가 있는 경우 비계(飛階)를 조립하는 등의 방법으로 작업발판을 설치하여야 한다.
② 사업주는 제1항에 따른 작업발판을 설치하기 곤란한 경우 다음 각 호의 기준에 맞는 추락방호망을 설치하여야 한다. 다만, 추락방호망을 설치하기 곤란한 경우에는 근로자에게 안전대를 착용하도록 하는 등 추락위험을 방지하기 위하여 필요한 조치를 하여야 한다.

합격정보
산업안전보건기준에 관한 규칙 제42조(추락의 방지)

[정답] 113 ④ 114 ④ 115 ① 116 ③

117 건설공사 시공단계에 있어서 안전관리의 문제점에 해당되는 것은?

① 발주자의 조사, 설계 발주능력 미흡
② 용역자의 조사, 설계능력 부실
③ 발주자의 감독 소홀
④ 사용자의 시설 운영관리 능력 부족

해설

건설공사 단계별 점검사항

단계	구분	점검사항
제1단계	조사설계 단계	① 기술용역 심의 사항 ② 기술용역 평가 강화 ③ 설계 심의 내실화 ④ 사후 관리 평가 강화
제2단계	공사시공 단계	① 발주자, 공사 감독 및 감리 강화 ② 시공 계획의 적정성 검토 ③ 검사 시험 및 준공검사 철저 ④ 기성 및 준공검사 철저
제3단계	운영관리 단계	① 우수 공사 우대 ② 부실 시공 제재 ③ 설계 및 시공의 객관적 평가 관리

참고) 산업안전기사 필기 p.6-10([표] 건설공사 단계별 점검사항)

118 흙의 투수계수에 영향을 주는 인자에 관한 설명으로 옳지 않은 것은?

① 공극비 : 공극비가 클수록 투수계수는 작다.
② 포화도 : 포화도가 클수록 투수계수도 크다.
③ 유체의 점성계수 : 점성계수가 클수록 투수계수는 작다.
④ 유체의 밀도 : 유체의 밀도가 클수록 투수계수는 크다.

해설

공(간)극비
① 흙 속에서 공기와 물에 의해 차지되고 있는 입자간의 간극(흙 입자의 체적에 대한 간극의 체적의 비)
② 공극비가 클수록 투수계수는 크다.
③ $e = \dfrac{V_v}{V_s}$ (V_v : 공극의 체적, V_s : 흙입자의 체적)

참고) 산업안전기사 필기 p.6-6(4. 간극비, 함수비, 포화도)

119 항타기 및 항발기에 관한 설명으로 옳지 않은 것은?

① 도괴방지를 위해 시설 또는 가설물 등에 설치하는 때에는 그 내력을 확인하고 내력이 부족하면 그 내력을 보강해야 한다.
② 와이어로프의 한 꼬임에서 끊어진 소선(필러선을 제외한다)의 수가 10[%] 이상인 것은 권상용 와이어로프로 사용을 금한다.
③ 지름 감소가 공칭지름의 7[%]를 초과하는 것은 권상용 와이어로프로 사용을 금한다.
④ 권상용 와이어로프의 안전계수가 4 이상이 아니면 이를 사용하여서는 아니 된다.

해설

권상용 와이어로프 안전계수 : 5 이상

참고) 산업안전기사 필기 p.6-55(합격날개 : 합격예측 및 관련법규)

KEY ① 2016년 5월 8일 출제
② 2016년 10월 1일 건설안전산업기사 출제

합격정보
산업안전보건기준에 관한 규칙 제211조(권상용 와이어로프 안전계수)

120 풍화암의 굴착면 붕괴에 따른 재해를 예방하기 위한 굴착면의 적정한 기울기 기준은?

① 1 : 1.0 ② 1 : 0.8
③ 1 : 0.5 ④ 1 : 0.3

해설

굴착면의 기울기 기준

지반의 종류	굴착면의 기울기
모래	1 : 1.8
연암 및 풍화암	1 : 1.0
경암	1 : 0.5
그 밖의 흙	1 : 1.2

참고) 산업안전기사 필기 p.6-56(표 : 굴착면의 기울기 기준)

KEY ① 2016년 5월 8일 출제
② 2016년 5월 8일 산업기사 출제
③ 2016년 10월 1일 건설안전산업기사 출제

합격정보
산업안전보건기준에 관한 규칙 [별표 11] 굴착면의 기울기 기준

[정답] 117 ③ 118 ① 119 ④ 120 ①

2017년도 기사 정기검정 제2회 (2017년 5월 7일 시행)

자격종목 및 등급(선택분야): 산업안전기사
종목코드 1431 | 시험시간 2시간 | 수험번호 20170507 | 성명 도서출판세화

1 산업재해 예방 및 안전보건교육

01 산업안전보건법상 안전관리자의 업무에 해당되지 않는 것은?

① 업무수행 내용의 기록·유지
② 산업재해에 관한 통계의 유지·관리·분석을 위한 보좌 및 조언·지도
③ 법 또는 법에 따른 명령으로 정한 안전에 관한 사항의 이행에 관한 보좌 및 조언·지도
④ 작업장 내에서 사용되는 전체 환기장치 및 국소 배기장치 등에 관한 설비의 점검과 작업방법의 공학적 개선에 관한 보좌 및 조언·지도

[해설]
안전관리자의 업무
① 산업안전보건위원회 또는 안전보건에 관한 노사협의체에서 심의·의결한 업무와 해당 사업장의 안전보건관리규정 및 취업규칙에서 정한 업무
② 위험성평가에 관한 보좌 및 지도·조언
③ 안전인증대상 기계 등과 자율안전확인대상 기계 등 구입 시 적격품의 선정에 관한 보좌 및 지도·조언
④ 해당 사업장 안전교육계획의 수립 및 안전교육 실시에 관한 보좌 및 지도·조언
⑤ 사업장 순회점검·지도 및 조치의 건의
⑥ 산업재해 발생의 원인 조사·분석 및 재발 방지를 위한 기술적 보좌 및 지도·조언
⑦ 산업재해에 관한 통계의 유지·관리·분석을 위한 보좌 및 지도·조언
⑧ 법 또는 법에 따른 명령으로 정한 안전에 관한 사항의 이행에 관한 보좌 및 지도·조언
⑨ 업무수행 내용의 기록·유지
⑩ 그 밖에 안전에 관한 사항으로서 고용노동부장관이 정하는 사항

[참고] 산업안전기사 필기 p.1-26(2. 안전관리자의 업무)
[KEY] 2017년 3월 5일 출제
[합격정보] 산업안전보건법 시행령 제18조(안전관리자의 업무 등)

02 버드(Bird)의 재해분포에 따르면 20건의 경상(물적, 인적상해)사고가 발생했을 때 무상해, 무사고(위험순간) 고장은 몇 건이 발생하겠는가?

① 600 ② 800
③ 1,200 ④ 1,600

[해설]
버드의 무상해·무사고 계산
① 1 : 10 : 30 : 600
② 2 : 20 : 60 : 1200

[참고] 산업안전기사 필기 p.3-33 (3) 버드이론 1:10:30:600의 법칙
[KEY] 2017년 5월 7일 기사, 산업기사 동시 출제

[보충학습]
버드이론 1:10:30:600의 법칙
① 1960년대 175,300여 건의 보험사고를 분석하여 하인리히가 처음 주장한 사고 발생 연쇄이론을 수정
② 641[건]의 사고 중 중상, 경상, 무상해 물적 손실 사고, 무상해 무손실 사고의 비율이 약 1 : 10 : 30 : 600이라고 제시

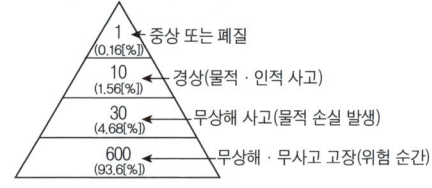

[그림] 버드의 1:10:30:600법칙

03 산업안전보건법상 사업 내 안전보건교육 중 관리감독자 정기안전보건교육의 교육내용이 아닌 것은?

① 유해·위험 작업환경 관리에 관한 사항
② 표준안전작업방법 및 지도 요령에 관한 사항
③ 작업공정의 유해·위험과 재해 예방대책에 관한 사항
④ 기계·기구의 위험성과 작업의 순서 및 동선에 관한 사항

[정답] 01 ④ 02 ③ 03 ④

해설

관리감독자 정기안전보건교육 내용
① 산업안전 및 사고 예방에 관한 사항
② 산업보건 및 직업병 예방에 관한 사항
③ 위험성 평가에 관한 사항
④ 유해·위험 작업환경 관리에 관한 사항
⑤ 산업안전보건법령 및 산업재해보상보험 제도에 관한 사항
⑥ 직무스트레스 예방 및 관리에 관한 사항
⑦ 직장 내 괴롭힘, 고객의 폭언 등으로 인한 건강장해 예방 및 관리에 관한 사항
⑧ 작업공정의 유해·위험과 재해 예방대책에 관한 사항
⑨ 사업장 내 안전보건관리체제 및 안전·보건조치 현황에 관한 사항
⑩ 표준안전 작업방법 결정 및 지도·감독 요령에 관한 사항
⑪ 현장근로자와의 의사소통능력 및 강의 능력 등 안전보건교육 능력 배양에 관한 사항
⑫ 비상시 또는 재해 발생 시 긴급조치에 관한 사항
⑬ 그 밖의 관리감독자의 직무에 관한 사항

참고 산업안전기사 필기 p.1-154 (3) 관리감독자 정기안전보건교육 내용

합격정보 산업안전보건법 시행규칙 [별표 5] 교육대상별 교육내용

KEY 2015년 5월 31일 (문제 9번) 출제

---

04 산업안전보건법상 방독마스크 사용이 가능한 공기 중 최소 산소농도 기준은 몇 [%] 이상인가?

① 14[%]   ② 16[%]
③ 18[%]   ④ 20[%]

해설

방진 · 방독마스크 사용 가능 산소농도 : 18[%] 이상

참고 산업안전기사 필기 p.1-55 (2) 방진·방독마스크

합격정보 산업안전보건기준에 관한 규칙 제618조(정의)

---

05 시몬즈(Simonds)의 재해 손실비용 산정 방식에 있어 비보험 코스트에 포함되지 않는 것은?

① 영구 전노동불능 상해
② 영구 부분노동불능 상해
③ 일시 전노동불능 상해
④ 일시 부분노동불능 상해

해설

재해사고(Category)

분류	내용
휴업상해(A)	영구 부분노동불능, 일시 전노동불능
통원상해(B)	일시 부분노동불능, 의사의 조치를 요하는 통원상해
응급처치(C)	20달러 미만의 손실 또는 8시간 미만의 휴업손실 상해
무상해사고(D)	의료조치를 필요로 하지 않는 경미한 상해, 사고 및 무상해 사고(20달러 이상의 재산손실 또는 8시간 이상의 손실사고)

참고 산업안전기사 필기 p.3-45(2. 시몬즈의 재해코스트 산출방식)

KEY
① 2016년 5월 8일 출제
② 2016년 10월 1일 출제
③ 2017년 5월 7일 기사, 산업기사 동시 출제

---

06 하인리히 사고예방대책의 기본원리 5단계로 옳은 것은?

① 조직 → 사실의 발견 → 분석 → 시정방법의 선정 → 시정책의 적용
② 조직 → 분석 → 사실의 발견 → 시정방법의 선정 → 시정책의 적용
③ 사실의 발견 → 조직 → 분석 → 시정방법의 선정 → 시정책의 적용
④ 사실의 발견 → 분석 → 조직 → 시정방법의 선정 → 시정책의 적용

해설

하인리히 사고예방대책 기본원리 5단계
① 제1단계 : 조직   ② 제2단계 : 사실의 발견
③ 제3단계 : 분석평가   ④ 제4단계 : 시정방법의 선정
⑤ 제5단계 : 시정책의 적용

참고 산업안전기사 필기 p.3-34(7. 하인리히 사고예방대책 기본원리 5단계)

KEY
① 2016년 10월 1일 출제
② 2017년 5월 7일 기사, 산업기사 동시 출제

---

07 교육훈련의 4단계를 올바르게 나열한 것은?

① 도입 → 적용 → 제시 → 확인
② 도입 → 확인 → 제시 → 적용
③ 적용 → 제시 → 도입 → 확인
④ 도입 → 제시 → 적용 → 확인

[정답] 04 ③   05 ①   06 ①   07 ④

해설
교육훈련(학과교육) 4단계
도입 → 제시 → 적용 → 확인

> 참고) 산업안전기사 필기 p.1-153 (4) 교육진행(훈련) 4단계 순서

> KEY) 2016년 3월 6일 출제

08 직무적성검사의 특징과 가장 거리가 먼 것은?
① 재현성　　② 객관성
③ 타당성　　④ 표준화

해설
심리(직무)검사의 구비조건 5가지
① 표준화 : 검사절차의 일관성과 통일성의 표준화
② 객관성 : 채점자의 편견, 주관성 배제
③ 규준 : 검사결과를 해석하기 위한 비교의 틀
④ 신뢰성 : 검사응답의 일관성(반복성)
⑤ 타당성 : 측정하고자 하는 것을 실제로 측정하는 것

> 참고) 산업안전기사 필기 p.1-72(합격날개 : 합격예측)

> KEY) 2016년 3월 6일 출제

09 아담스(Edward Adams)의 사고연쇄 반응이론 중 관리자가 의사결정을 잘못하거나 감독자가 관리적 잘못을 하였을 때의 단계에 해당하는 것은?
① 사고　　② 작전적 에러
③ 관리구조결함　　④ 전술적 에러

해설
아담스(Adams)의 사고 연쇄 이론
① 제1단계 : 관리구조
② 제2단계 : 작전적 에러(관리감독에러)
③ 제3단계 : 전술적 에러(불안전한 행동 or 조작)
④ 제4단계 : 사고(물적 사고)
⑤ 제5단계 : 상해 또는 손실

> 참고) 산업안전기사 필기 p.3-30(합격날개 : 합격예측)

10 재해조사의 목적에 해당되지 않는 것은?
① 재해발생 원인 및 결함 규명
② 재해관련 책임자 문책
③ 재해예방 자료수집
④ 동종 및 유사재해 재발방지

해설
재해조사의 목적
① 동종재해 및 유사한 재해의 재발방지
② 재해발생의 원인분석
③ 재해예방의 적절한 대책수립
④ 불안전한 상태와 행동 등을 파악

> 참고) 산업안전기사 필기 p.3-28(1. 재해조사의 목적)

11 주의의 특성에 관한 설명 중 틀린 것은?
① 한 지점에 주의를 집중하면 다른 곳에의 주의는 약해진다.
② 장시간 주의를 집중하려 해도 주기적으로 부주의의 리듬이 존재한다.
③ 의식이 과잉상태인 경우 최고의 주의집중이 가능해진다.
④ 여러 자극을 지각할 때 소수의 현란한 자극에 선택적 주의를 기울이는 경향이 있다.

해설
주의의 특성
① 주의력의 단속(변동)성(고도의 주의는 장시간 지속 불능)
② 주의력의 중복집중의 곤란(주의는 동시에 두 개 이상의 방향을 잡지 못함)
③ 주의를 집중한다는 것은 좋은 태도라 할 수 있으나 반드시 최상이라 할 수는 없다.
④ 한 지점에 주의를 집중하면 다른 곳의 주의는 약해진다.

> 참고) 산업안전기사 필기 p.1-118 (2) 주의의 특성

12 무재해운동의 기본이념 3원칙 중 다음에서 설명하는 것은?

> 직장 내의 모든 잠재위험요인을 적극적으로 사전에 발견, 파악, 해결함으로서 뿌리에서부터 산업재해를 제거하는 것

① 무의 원칙　　② 선취의 원칙
③ 참가의 원칙　　④ 확인의 원칙

[정답] 08 ①　09 ②　10 ②　11 ③　12 ①

해설

무재해운동 기본 이념 3원칙의 정의
① 무의원칙 : 근원적으로 산업재해를 없애는 것이며 '0'의 원칙
② 참가의 원칙 : 근로자 전원이 참석하여 문제해결 등을 실천하는 원칙
③ 선취해결의 원칙 : 무재해를 실현하기 위해 일체의 위험요인을 사전에 발견, 파악, 해결하여 재해를 예방하거나 방지하기 위한 원칙

[참고] 산업안전기사 필기 p.1-10(2. 무재해운동기본이념 3대원칙)

KEY ① 2016년 5월 8일 출제
② 2016년 10월 1일 기사, 산업기사 출제
③ 2017년 3월 5일 출제

---

13 위험예지훈련 중 작업현장에서 그 때 그 장소의 상황에 즉응하여 실시하는 것은?

① 자문자답 위험예지훈련
② TBM 위험예지훈련
③ 시나리오 역할연기훈련
④ 1인 위험예지훈련

해설

TBM 위험예지 훈련
① 작업 시작전:5~15분
② 작업 후:3~5분 정도의 시간으로 팀장을 주축
③ 인원:5~6명 정도가 회사의 현장 주변에서 짧은 시간의 회합
④ 상황:즉시즉응훈련

[참고] 산업안전기사 필기 p.1-14(합격날개:합격예측)

KEY ① 2016년 3월 6일 출제
② 2016년 10월 1일 출제

---

14 도수율이 12.5인 사업장에서 근로자 1명에게 평생동안 약 몇 건의 재해가 발생하겠는가?(단, 평생근로년수는 40년, 평생근로시간은 잔업시간 4,000시간을 포함하여 80,000시간으로 가정한다.)

① 1   ② 2
③ 4   ④ 12

해설

환산도수율(평생근로시 예상 재해 건수)
=도수율×0.08=12.5×0.08=1[건]

[참고] 산업안전기사 필기 p.3-44(7. 환산강도율 및 환산도수율)

KEY ① 2009년 7월 26일 (문제 1번 출제)
② 2016년 5월 8일 산업기사 출제
③ 2017년 기사, 산업기사 동시 출제

---

15 토의법의 유형 중 다음에서 설명하는 것은?

> 새로운 자료나 교재를 제시하고, 문제점을 피교육자로 하여금 제거하도록 하거나 피교육자의 의견을 여러가지 방법으로 발표하게 하고 청중과 토론자간 활발한 의견개진 과정을 통하여 합의를 도출해 내는 방법이다.

① 포럼   ② 심포지엄
③ 자유토의   ④ 패널 디스커션

해설

포럼 (Forum : 공개토론회)
① 새로운 자료나 교재를 제시하고 거기서의 문제점을 피교육자로 하여금 제기하게 하거나 의견을 여러 가지 방법으로 발표
② 청중과 다시 심도있게 토의를 행하는 방법

[참고] 산업안전기사 필기 p.1-143 (1) 토의식 교육방법

KEY ① 2016년 3월 6일 출제
② 2017년 5월 7일 출제

---

16 레빈(Lewin)은 인간의 행동 특성을 다음과 같이 표현하였다. 변수 "E"가 의미하는 것은?

$$B=f(P \cdot E)$$

① 연령   ② 성격
③ 작업환경   ④ 지능

해설

K.Lewin의 법칙
$B = f(P \cdot E)$
① B : Behavior(인간의 행동)
② f : function(함수관계)
③ P : Person(개체 : 연령, 경험, 심신상태, 성격, 지능, 소질 등)
④ E : Environment(심리적 환경 : 인간관계, 작업환경 등)

[참고] 산업안전기사 필기 p.1-77(합격날개 : 합격예측)

KEY ① 2016년 10월 1일 출제
② 2017년 3월 5일 기사 · 산업기사 동시 출제

[정답] 13 ② 14 ① 15 ① 16 ③

17 산업안전보건법상 안전보건표지의 종류 중 보안경 착용이 표시된 안전보건표지는?

① 안내표지 ② 금지표지
③ 경고표지 ④ 지시표지

[해설]
지시표지의 종류

보안경 착용	방독마스크 착용	방진마스크 착용	보안면 착용	안전모 착용
귀마개 착용	안전화 착용	안전장갑 착용		안전복 착용

[참고] 산업안전기사 필기 p.1-61(4. 안전보건표지의 종류와 형태)

[KEY] 2016년 3월 6일 기사, 산업기사 동시 출제

[합격정보]
산업안전보건법시행규칙 [별표 6] 안전보건표지의 종류와 형태

18 Off.J.T 교육의 특징에 해당되는 것은?

① 많은 지식, 경험을 교류할 수 있다.
② 교육 효과가 업무에 신속히 반영된다.
③ 현장의 관리 감독자가 강사가 되어 교육을 한다.
④ 다수의 대상자를 일괄적으로 교육하기 어려운 점이 있다.

[해설]
OFF JT(OFF the Job Training)
① 공통된 교육목적을 가진 근로자를 일정한 장소에 집합시켜 외부강사를 초청하여 실시하는 방법
② 집합교육에 적합
③ 많은 지식, 경험을 교류할 수 있다.

[참고] 산업안전기사 필기 p.1-142(표. OJT와 OFF JT의 특징)

[KEY] ① 2016년 10월 1일 출제
② 2017년 3월 5일 출제

19 산업안전보건법상 안전보건관리책임자 등에 대한 교육시간 기준으로 틀린 것은?

① 보건관리자, 보건관리전문기관의 종사자 보수교육 : 24시간 이상
② 안전관리자, 안전관리전문기관의 종사자 신규교육 : 34시간 이상
③ 안전보건관리책임자의 보수교육 : 6시간 이상
④ 재해예방 전문지도기관의 종사자 신규교육 : 24시간 이상

[해설]
안전보건관리 책임자 등의 교육시간

교육대상	교육시간	
	신규교육	보수교육
안전보건관리책임자	6시간 이상	6시간 이상
안전관리자, 안전관리전문기관의 종사자	34시간 이상	24시간 이상
보건관리자, 보건관리전문기관의 종사자	34시간 이상	24시간 이상
재해예방 전문지도기관의 종사자	34시간 이상	24시간 이상
석면조사기관의 종사자	34시간 이상	24시간 이상
안전보건관리담당자	–	8시간 이상
안전검사기관, 자율안전검사기관의 종사자	34시간 이상	24시간 이상

[참고] 산업안전기사 필기 p.1-162(3. 안전보건관리책임자 등에 대한 교육시간)

[KEY] 2017년 5월 7일 기사, 산업기사 동시 출제

[합격정보]
산업안전보건법 시행규칙 [별표 5] 산업안전보건관련교육과정별 교육시간

20 안전점검표(check list)에 포함되어야 할 사항이 아닌 것은?

① 점검대상 ② 판정기준
③ 점검방법 ④ 조치결과

[해설]
Check List에 포함되어야 하는 사항
① 점검대상
② 점검부분(점검개소)
③ 점검항목(점검내용 : 마모, 균열, 부식, 파손, 변형 등)
④ 점검주기 또는 기간(점검시기)
⑤ 점검방법(육안점검, 기능점검, 기기점검, 정밀점검)
⑥ 판정기준(안전검사기준, 법령에 의한 기준, KS기준 등)
⑦ 조치사항(점검결과에 따른 결함의 시정사항)

[정답] 17 ④ 18 ① 19 ④ 20 ④

참고: 산업안전기사 필기 p.3-50(8. Check List에 포함되어야 하는 사항)

KEY: 2016년 5월 8일 출제

2 인간공학 및 위험성 평가·관리

21 2017년 A제지회사의 유아용 화장지 생산 공정에서 작업자의 불안전한 행동을 유발하는 상황이 자주 발생하고 있다. 이를 해결하기 위한 개선의 ECRS에 해당하지 않는 것은?

① Combine ② Standard
③ Eliminate ④ Rearrange

해설

작업분석(새로운 작업방법의 개발원칙:ECRS)
① 제거(Eliminate)
② 결합(Combine)
③ 재조정(Rearrange)
④ 단순화(Simplify)

참고: 산업안전기사 필기 p.1-13(합격날개 : 합격예측)

22 결함수분석법에서 path set에 관한 설명으로 맞는 것은?

① 시스템의 약점을 표현한 것이다.
② Top 사상을 발생시키는 조합이다.
③ 시스템이 고장 나지 않도록 하는 사상의 조합이다.
④ 시스템고장을 유발시키는 필요불가결한 기본사상들의 집합이다.

해설

패스셋(path set)
① 기본사상이 일어나지 않을 때 처음으로 정상사상이 일어나지 않는 기본사상의 집합
② 고장나지 않도록 하는 사상의 조합

참고: 산업안전기사 필기 p.2-77(합격날개:합격예측)

보충학습

컷셋(cut set)
① 정상사상을 발생시키는 기본사상의 집합
② 기본사상이 발생할 때 정상사상을 발생시킬 수 있는 기본사상의 집합

23 고령자의 정보처리 과업을 설계할 경우 지켜야 할 지침으로 틀린 것은?

① 표시 신호를 더 크게 하거나 밝게 한다.
② 개념, 공간, 운동 양립성을 높은 수준으로 유지한다.
③ 정보처리 능력에 한계가 있으므로 시분할 요구량을 늘린다.
④ 제어표시장치를 설계할 때 불필요한 세부내용을 줄인다.

해설

고령자의 정보처리 과업 설계원칙
① 표시 신호를 더 크게 하거나 밝게 한다.
② 개념, 공간, 운동 양립성을 높은 수준으로 유지한다.
③ 고령자는 정보처리능력 한계가 있으므로 시분할 요구량을 줄인다.
④ 제어표시장치를 설계할 때 불필요한 세부내용을 줄인다.

참고: 산업안전기사 필기 p.2-9(합격날개:은행문제)

24 자극과 반응의 실험에서 자극 A가 나타날 경우 1로 반응하고 자극 B가 나타날 경우 2로 반응하는 것으로 하고, 100회 반복하여 표와 같은 결과를 얻었다. 제대로 전달된 정보량을 계산하면 약 얼마인가?

자극\반응	1	2
A	50	–
B	10	40

① 0.610 ② 0.871
③ 1.000 ④ 1.361

해설

정보량 계산

자극\반응	1	2	계
A	50		50
B	10	40	50
계	60	40	100

① 전달된 정보량
= 자극정보량 H(A) + 반응정보량 H(B) − 결합정보량 H(A, B)

[정답] 21 ② 22 ③ 23 ③ 24 ①

② 자극정보량 H(A)
$= 0.5 \times \log_2\left(\dfrac{1}{0.5}\right) + 0.5 \times \log_2\left(\dfrac{1}{0.5}\right) = 1$

③ 반응정보량 H(B)
$= 0.6 \times \log_2\left(\dfrac{1}{0.6}\right) + 0.4 \times \log_2\left(\dfrac{1}{0.4}\right) = 0.9710$

④ 결합정보량 H(A, B) : 자극정보량과 반응정보량의 합집합
결합정보량 H(A, B)
$= 0.5 \times \log_2\left(\dfrac{1}{0.5}\right) + 0.1 \times \log_2\left(\dfrac{1}{0.1}\right) + 0.4 \times \log_2\left(\dfrac{1}{0.4}\right)$
$= -1.3610$

⑤ 전달된 정보량 $= 1 + 0.9710 - 1.3610 = 0.610$

KEY 2004년 8월 8일(문제 26번 출제)

---

25 결함수분석법(FTA)에서의 미니멀 컷셋과 미니멀 패스셋에 관한 설명으로 맞는 것은?

① 미니멀 컷셋은 시스템의 신뢰성을 표시하는 것이다.
② 미니멀 패스셋은 시스템의 위험성을 표시하는 것이다.
③ 미니멀 패스셋은 시스템의 고장을 발생시키는 최소의 패스셋이다.
④ 미니멀 컷셋은 정상사상(top event)을 일으키기 위한 최소한의 컷셋이다.

해설

미니멀컷셋과 미니멀패스셋
① 최소컷셋(minimal cut set) : 어떤 고장이나 실수를 일으키면 재해가 일어날까 하는 식으로 결국은 시스템의 위험성(반대로 말하면 안전성)을 표시하는 것
② 최소패스셋(minimal path set) : 어떤 고장이나 실수를 일으키지 않으면 재해는 일어나지 않는다고 하는 것. 즉 시스템의 신뢰성을 나타낸다.

참고 산업안전기사 필기 p.2-77(합격날개:합격예측)

KEY ① 2007년 5월 13일(문제 30번) 출제
② 2008년 7월 27일(문제 37번) 출제
③ 2010년 5월 9일(문제 29번) 출제
④ 2014년 3월 2일(문제 26번) 출제

---

26 자극-반응 조합의 관계에서 인간의 기대와 모순되지 않는 성질을 무엇이라 하는가?

① 양립성   ② 적응성
③ 변별성   ④ 신뢰성

해설

양립성(compatibility)
정보입력 및 처리와 관련한 양립성은 인간의 기대와 모순되지 않는 자극 반응조합의 관계를 말하는 것

참고 산업안전기사 필기 p.1-75(6. 양립성)

보충학습

양립성의 종류

종류	특징
공간(spatial)	표시장치나 조종장치에서 물리적 형태 및 공간적 배치
운동(movement)	표시장치의 움직이는 방향과 조종장치의 방향이 사용자의 기대와 일치
개념(conceptual)	이미 사람들이 학습을 통해 알고있는 개념적 연상
양식(modality)	직무에 맞는 응답양식 존재

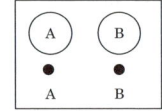 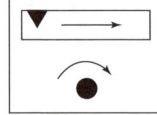 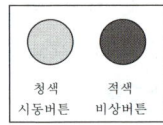

[그림 1] 공간적 양립성 [그림 2] 운동 양립성 [그림 3] 개념적 양립성

---

27 인간-기계시스템에 관한 내용으로 틀린 것은?

① 인간 성능의 고려는 개발의 첫 단계에서부터 시작되어야 한다.
② 기능 할당 시에 인간 기능에 대한 초기의 주의가 필요하다.
③ 평가 초점은 인간 성능의 수용가능한 수준이 되도록 시스템을 개선하는 것이다.
④ 인간-컴퓨터 인터페이스 설계는 인간보다 기계의 효율이 우선적으로 고려되어야 한다.

해설

인간-기계시스템
① 인간 성능의 고려는 개발의 첫 단계에서부터 시작되어야 한다.
② 기능 할당 시에 인간 기능에 대한 초기의 주의가 필요하다.
③ 평가 초점은 인간 성능의 수용가능한 수준이 되도록 시스템을 개선하는 것이다.
④ 인간-컴퓨터 인터페이스 설계는 인간의 효율을 우선적으로 고려한다.

참고 산업안전기사 필기 p.2-6(1. 인간-기계 통합시스템)

[정답] 25 ④   26 ①   27 ④

28
반사율이 85[%], 글자의 밝기가 400[cd/m²]인 VDT화면에 350[lux]의 조명이 있다면 대비는 약 얼마인가?

① -2.8 ② -4.2
③ -5.0 ④ -6.0

해설

대비
(1) 화면의 밝기 계산
① 반사율 = $\frac{광속발산도(fL)}{조명(fc)} \times 100$
② 광속발산도 = $\frac{반사율 \times 조명}{100} = \frac{85 \times 350}{100} = 297.5$
③ 광속발산도 = $\pi \times$ 휘도
④ 조명의 휘도(화면의 밝기) = $\frac{광속발산도}{\pi}$
  = $\frac{297.5}{\pi} = 94.7[cd/m^2]$

(2) 글자의 총 밝기 = 글자의 밝기 + 조명의 휘도
  = 400 + 94.7 = 494.7[cd/m²]

(3) 대비 = $\frac{배경의 밝기 - 표적물체의 밝기}{배경의 밝기}$
  = $\frac{94.7 - 494.7}{94.7} = -4.22$

참고) 산업안전기사 필기 p.2-175(6. 대비)

KEY) ① 2008년 5월 11일(문제 29번) 출제
② 2014년 3월 2일 산업기사 출제

보충학습

휘도(L)
① 일정한 범위를 가진 광원(光源)의 광도(光度)를, 그 광원의 면적으로 나눈 양. 그 자체가 발광하고 있는 광원뿐만 아니라, 조명되어 빛나는 2차적인 광원에 대해서도 밝기를 나타내는 양
② 휘도의 단위는[nit = cd/m²]를 사용
③ 1[nit]는 1[cd]의 빛이 1[m] 떨어진 곳에서 완벽하게 반사된 빛의 밝기

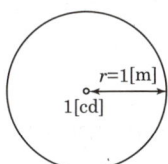

㉮ 1[cd]는 촛불하나의 광량
㉯ 1[m] 떨어진 곳 어느 부분이나 빛의 밝기는 일정

④ 휘도 = $\frac{반사율 \times 조도}{면적}[cd/m^2] = \frac{반사율 \times 조도}{\pi \times r^2}$
  = $\frac{반사율 \times 조도}{\pi \times 1^2} = \frac{반사율 \times 조도}{\pi}$

⑤ 휘도(L_b) = $\frac{0.85 \times 350}{\pi} = 94.697 ≒ 94.7[cd/m^2]$
⑥ 전체휘도(L_t) = 400 + 94.7 = 494.7[cd/m²]

29
신호검출이론에 대한 설명으로 틀린 것은?

① 신호와 소음을 쉽게 식별할 수 없는 상황에 적용된다.
② 일반적인 상황에서 신호 검출을 간섭하는 소음이 있다.
③ 통제된 실험실에서 얻은 결과를 현장에 그대로 적용 가능하다.
④ 긍정(hit), 허위(false alarm), 누락(miss), 부정(correct rejection)의 네 가지 결과로 나눌 수 있다.

해설

신호검출이론
① 신호와 소음을 쉽게 식별할 수 없는 상황에 적용된다.
② 일반적인 상황에서 신호 검출을 간섭하는 소음이 있다.
③ 긍정(hit), 허위(false alarm), 누락(miss), 부정(correct rejection)의 네 가지 결과로 나눌 수 있다.

30
근섬유의 직경이 작아서 큰 힘을 발휘하지 못하지만 장시간 지속시키고 피로가 쉽게 발생하지 않는 골격근의 근섬유는 무엇인가?

① Type S 근섬유 ② Type Ⅱ 근섬유
③ Type F 근섬유 ④ Type Ⅲ 근섬유

해설

근섬유(muscle fibers)
긴 원주형 세포로 대부분 근원섬유(myofibrils)이라 불리는 수축성 요소들로 구성
① 근육섬유(fiber)에는 패스트 트위치(백근 fast twitch;FT)와 슬로 트위치(slow twitch;ST)의 2가지 섬유가 있다.
② 패스트 트위치는 미오글로빈이 적어서 백색으로 보이며(백근), 슬로 트위치는 반대로 많아서 암적색으로 보인다(적근).
③ FT 섬유는 무산소성 운동에 동원되며, 단거리 달리기와 같이 단시간 운동에 많이 사용된다.
④ ST섬유는 유산소성 운동에 동원되며, 장시간 지속되는 운동에 사용된다.
⑤ FT는 ST보다 근육섬유가 거의 2배 빨리 최대 장력에 도달하고, 빨리 완화된다.
⑥ FT섬유(백근)는 ST섬유(적근)보다 지름도 더 크며, 고농축 마이오신 ATP아제(myosin-ATPase)로 되어 있다.
⑦ 이러한 차이 때문에 FT섬유가 보다 높은 장력을 나타내지만, 피로도 빨리 오게 된다.

참고) 산업안전기사 필기 p.2-46(합격날개 : 합격예측)

[정답] 28 ② 29 ③ 30 ①

31 의자 설계의 인간공학적 원리로 틀린 것은?

① 쉽게 조절할 수 있도록 한다.
② 추간판의 압력을 줄일 수 있도록 한다.
③ 등근육의 정적 부하를 줄일 수 있도록 한다.
④ 고정된 자세로 장시간 유지할 수 있도록 한다.

해설

의자설계의 인간공학적 원리
① 쉽게 조절할 수 있도록 한다.
② 추간판의 압력을 줄일 수 있도록 한다.
③ 등근육의 정적 부하를 줄일 수 있도록 한다.

참고 ① 산업안전기사 필기 p.2-161(3. 의자의 설계원칙)
② 산업안전기사 필기 p.2-161(은행문제 1, 2)

KEY ① 2013년 6월 2일(문제 25번) 출제
② 2016년 5월 8일 산업기사 출제

32 그림과 같은 시스템의 전체 신뢰도는 약 얼마인가? (단, 네모 안의 수치는 각 구성요소의 신뢰도이다.)

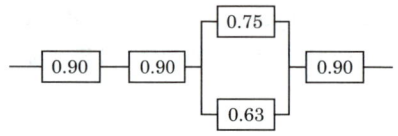

① 0.5275   ② 0.6616
③ 0.7575   ④ 0.8516

해설

$R_s = 0.9 \times 0.9 \times [1-(1-0.75)(1-0.63)] \times 0.9$
    $= 0.66156 ≒ 0.6616$

참고 산업안전기사 필기 p.2-89(문제 25번)

33 시각적 부호의 유형과 내용으로 틀린 것은?

① 임의적 부호 – 주의를 나타내는 삼각형
② 명시적 부호 – 위험표지판의 해골과 뼈
③ 묘사적 부호 – 보호 표지판의 걷는 사람
④ 추상적 부호 – 별자리를 나타내는 12궁도

해설

시각적 부호 3가지
① 묘사적 부호 : 사물의 행동을 단순하고 정확하게 묘사한 것(예 위험표지판의 해골과 뼈, 도보표지판의 걷는 사람)
② 추상적 부호 : 전언의 기본요소를 도식적으로 압축한 부호로 원 개념과는 약간의 유사성이 있을 뿐이다.(예 별자리를 나타내는 12궁도)
③ 임의적 부호 : 부호가 이미 고안되어 있으므로 이를 배워야 하는 부호(예 교통표지판의 삼각형 – 주의, 원형 – 규제, 사각형 – 안내표시)

34 병렬 시스템에 대한 특성이 아닌 것은?

① 요소의 수가 많을수록 고장의 기회는 줄어든다.
② 요소의 중복도가 늘어날수록 시스템의 수명은 길어진다.
③ 요소의 어느 하나라도 정상이면 시스템은 정상이다.
④ 시스템의 수명은 요소 중에서 수명이 가장 짧은 것으로 정해진다.

해설

병렬시스템의 특성
① 요소의 수가 많을수록 고장의 기회는 줄어든다.
② 요소의 중복도가 늘어날수록 시스템의 수명은 길어진다.
③ 요소의 어느 하나라도 정상이면 시스템은 정상이다.
④ 시스템 수명은 요소 중에서 가장 긴 것으로 정해진다.

참고 산업안전기사 필기 p.2-15(2. 병렬연결구조)

KEY 2016년 5월 8일 산업기사 출제

35 적절한 온도의 작업환경에서 추운 환경으로 변할 때, 우리의 신체가 수행하는 조절작용이 아닌 것은?

① 발한(發汗)이 시작된다.
② 피부의 온도가 내려간다.
③ 직장온도가 약간 올라간다.
④ 혈액의 많은 양이 몸의 중심부를 순환한다.

해설

적온에서 추운 환경으로 바뀔 때(저온스트레스)
① 피부온도가 내려간다.
② 피부를 경유하는 혈액순환량이 감소하고, 많은 양의 혈액이 몸의 중심부를 순환한다.
③ 직장(直腸)온도가 약간 올라간다.
④ 소름이 돋고 몸이 떨린다.

참고 산업안전기사 필기 p.2-171(3. 온도변화에 따른 인체의 적응)

KEY 2016년 3월 5일 산업기사 출제

[정답] 31 ④ 32 ② 33 ② 34 ④ 35 ①

36 부품에 고장이 있더라도 플레이너 공작기계를 가장 안전하게 운전할 수 있는 방법은?

① Fail-soft
② Fail-active
③ Fail-passive
④ Fail-operational

해설

Fail operational
① 병렬 또는 대기 여분계의 부품을 구성한 경우이며, 부품의 고장이 있어도 다음 정기점검까지 운전이 가능한 구조
② 운전상 제일 선호하는 안전한 운전방법

참고 산업안전기사 필기 p.2-23(4. Fail safe)

보충학습

Fail soft
기계설비 또는 장치의 일부가 고장났을 때, 기능의 저하가 되더라도 전체로서는 기능을 정지시키지 않는 기법

37 산업안전보건법상 유해·위험방지계획서를 제출한 사업주는 건설공사 중 얼마 이내마다 관련법에 따라 유해·위험방지계획서의 내용과 실제공사 내용이 부합하는지의 여부 등을 확인받아야 하는가?

① 1개월
② 3개월
③ 6개월
④ 12개월

해설

유해·위험방지계획서 확인
제46조(확인) ① 법 제42조제1항 제1호 및 제2호에 따라 유해·위험방지계획서를 제출한 사업주는 해당 건설물·기계·기구 및 설비의 시운전단계에서, 법 제42조제1항제3호에 따른 사업주는 건설공사 중 6개월 이내마다 법 제43조제1항에 따라 다음 각 호의 사항에 관하여 공단의 확인을 받아야 한다.
  1. 유해·위험방지계획서의 내용과 실제공사 내용이 부합하는지 여부
  2. 법 제42조제6항에 따른 유해·위험방지계획서 변경내용의 적정성
  3. 추가적인 유해·위험요인의 존재 여부
② 공단은 제1항에 따른 확인을 할 경우에는 그 일정을 사업주에게 미리 통보하여야 한다.
③ 제44조제4항에 따른 건설물·기계·기구 및 설비 또는 건설공사의 경우 사업주가 고용노동부장관이 정하는 요건을 갖춘 지도사에게 확인을 받고 별지 제22호서식에 따라 그 결과를 공단에 제출하면 공단은 제1항에 따른 확인에 필요한 현장방문을 지도사의 확인결과로 대체할 수 있다. 다만, 건설업의 경우 최근 2년간 사망재해(별표 1 제3호 마목에 따른 재해는 제외한다)가 발생한 경우에는 그러하지 아니한다.
④ 제3항에 따른 유해·위험방지계획서에 대한 확인은 제44조제4항에 따라 평가를 한 자가 하여서는 아니된다.

참고 산업안전기사 필기 p.2-46(합격날개 : 합격예측 및 관련법규인)

합격정보
산업안전보건법 시행규칙 제46조(확인)

38 다음 설명에 해당하는 설비보전방식의 유형은?

설비보전 정보와 신기술을 기초로 신뢰성, 조작성, 보전성, 안전성, 경제성 등이 우수한 설비의 선정, 조달 또는 설계를 통하여 궁극적으로 설비의 설계, 제작 단계에서 보전활동이 불필요한 체제를 목표로 한 설비보전 방법을 말한다.

① 개량보전
② 보전예방
③ 사후보전
④ 일상보전

해설

보전방식의 유형
① 개량보전 : 쌀을 패트병으로 보전할 경우에 활용하는 깔대기
② 사후보전(Corrective Maintenance) : 컴퓨터를 사용할 때 고장이 발생할 경우에 행해지는 장애장치분리 및 재구성, 원래 상태로 복구하는 절차
③ 예방보전(Preventive conservation) : 손상된 유물의 종합적인 관리 및 연구, 치료는 물론 오랫동안 유물의 건강상태를 유지하기 위한 것

참고 산업안전기사 필기 p.2-49(합격날개:은행문제)

KEY 2014년 9월 20일(문제 59번) 출제

39 다음 설명 중 ( )안에 알맞은 용어가 올바르게 짝지어진 것은?

(㉠) : FTA와 동일의 논리적 방법을 사용하여 관리, 설계, 생산, 보전 등에 대한 넓은 범위에 걸쳐 안전성을 확보하려는 시스템안전 프로그램
(㉡) : 사고 시나리오에서 연속된 사건들의 발생경로를 파악하고 평가하기 위한 귀납적이고 정량적인 시스템안전 프로그램

① ㉠ : PHA, ㉡ : ETA
② ㉠ : ETA, ㉡ : MORT
③ ㉠ : MORT, ㉡ : ETA
④ ㉠ : MORT, ㉡ : PHA

[정답] 36 ④ 37 ③ 38 ② 39 ③

해설

MORT와 ETA
① MORT : FTA와 같은 논리기법을 이용하여 관리, 설계, 생산, 보전 등의 광범위한 안전을 도모하는 원자력산업 외에 일반 산업안전에도 적용
② ETA(Event Tree Analysis) : 사상의 안전도를 사용하여 시스템의 안전도를 나타내는 시스템 모델의 하나로서 귀납적이기는 하나, 정량적인 분석수법이다. 종래의 지나치게 쉬웠던 재해확대 요인의 분석 등에 적합하다.

참고   ① 산업안전기사 필기 p.2-63(5. MORT)
　　　② 산업안전기사 필기 p.2-65(1. ETA)

40 FTA에서 사용하는 다음 사상기호에 대한 설명으로 맞는 것은?

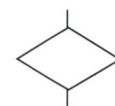

① 시스템 분석에서 좀 더 발전시켜야 하는 사상
② 시스템의 정상적인 가동상태에서 일어날 것이 기대되는 사상
③ 불충분한 자료로 결론을 내릴 수 없어 더 이상 전개 할 수 없는 사상
④ 주어진 시스템의 기본사상으로 고장원인이 분석되었기 때문에 더 이상 분석할 필요가 없는 사상

해설

생략사상

기호	명칭	현상
◇	생략사상	① 정보부족, 해석기술의 불충분으로 더 이상 전개할 수 없는 사상 ② 작업진행에 따라 해석이 가능할 때는 다시 속행한다.

참고   산업안전기사 필기 p.2-71(표. FTA기호)

3 기계·기구 및 설비안전관리

41 반복응력을 받게 되는 기계구조부분의 설계에서 허용응력을 결정하기 위한 기초강도로 가장 적합한 것은?

① 항복점(Yield point)
② 극한 강도(Ultimate strength)
③ 크리프 한도(Creep limit)
④ 피로 한도(Fatigue limit)

해설

피로와 피로한도
① 피로(fatigue) : 재료에 반복하여 하중을 가하면, 반복하는 횟수가 많아짐에 따라 재료의 강도가 저하되는 현상
② 피로한도(fatigue limit) : 허용응력을 결정하기 위한 기초강도

참고   산업안전기사 필기 p.3-220[(1) 용어정의]

42 그림과 같이 목재가공용 둥근톱 기계에서 분할날(t_2) 두께가 4.0[mm]일 때 톱날 두께 및 톱날 진폭과의 관계로 옳은 것은?

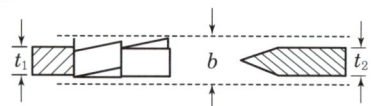

t_1: 톱날두께　b: 톱날치진폭　t_2: 분할날두께

① $b > 4.0mm$, $t \leq 3.6mm$
② $b > 4.0mm$, $t \leq 4.0mm$
③ $b < 4.0mm$, $t \leq 4.4mm$
④ $b > 4.0mm$, $t \geq 3.6mm$

해설

분할날(spreader)의 두께
① 분할날의 두께는 톱날의 1.1배 이상이고 톱날의 치진폭 미만으로 할 것
② 공식: $1.1t_1 \leq t_2 < b$

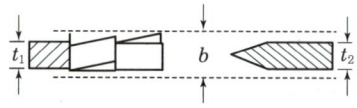

t_1: 톱날두께　b: 톱날치진폭　t_2: 분할날두께

[그림] 분할날 두께

참고   산업안전기사 필기 p.3-131(ⓒ 분할날)

[정답] 40 ③　41 ④　42 ①

KEY ① 2017년 3월 5일 기사, 산업기사 동시 출제
② 2017년 5월 7일 기사, 산업기사 동시 출제

43 컨베이어, 이송용 롤러 등을 사용하는 때에 정전, 전압강하 등에 의한 위험을 방지하기 위하여 설치하는 안전장치는?

① 덮개 또는 울
② 비상정지장치
③ 과부하방지장치
④ 이탈 및 역주행 방지장치

해설
이탈 및 역주행 방지장치
정전, 전압강하 등의 위험을 방지하기 위하여 설치

참고 산업안전기사 필기 p.3-137(④ 컨베이어의 이탈방지 장치)

44 드릴링 머신에서 드릴의 지름이 20[mm]이고 원주속도가 62.8[m/min]일 때 드릴의 회전수는 약 몇 rpm인가?

① 500
② 1,000
③ 2,000
④ 3,000

해설
회전수$(N) = \dfrac{1,000V}{\pi D} = \dfrac{1000 \times 62.8}{\pi \times 20} = 1,000$[rpm]

참고 산업안전기사 필기 p.3-88(합격날개:합격예측)

KEY 2017년 3월 5일 산업기사 출제

보충학습
드릴의 절삭속도
$v = \dfrac{\pi dN}{1,000} = \dfrac{\pi d}{1,000} \times \dfrac{tT}{S}$

여기서, v : 절삭속도[m/min] d : 드릴의 직경[mm]
N : 1분간 회전수[rpm] S : 이송[mm]
t : 길이[mm] T : 공구수명[min]

45 롤러 작업 시 위험점에서 가드(guard)개구부까지의 최단 거리를 60[mm]라고 할 때, 최대로 허용할 수 있는 가드 개구부 틈새는 약 몇 [mm]인가?(단, 위험점은 비전동체이다.)

① 6
② 10
③ 15
④ 18

해설
개구부 틈새
$Y = 6 + (0.15X) = 6 + (0.15 \times 60) = 15$[mm]

참고 산업안전기사 필기 p.3-198(합격날개 : 합격예측)

KEY 2016년 8월 21일 산업기사 출제

46 지게차의 안정을 유지하기 위한 안정도 기준으로 틀린 것은?

① 5톤 미만의 부하 상태에서 하역작업시의 전후 안정도는 4[%] 이내이어야 한다.
② 부하 상태에서 하역작업시의 좌우 안정도는 10[%] 이내이어야 한다.
③ 무부하 상태에서 주행시의 좌우 안정도는 $(15+1.1 \times V)$[%]이내이어야 한다.(단, V는 구내 최고 속도[km/h])
④ 부하 상태에서 주행시 전후 안정도는 18[%] 이내이어야 한다.

해설
지게차의 안정조건

안정도	지게차의 상태
· 하역작업시 전후 안정도 4[%] (5[t] 이상의 것은 3.5[%]) · 부하상태	
· 주행시의 전후 안정도 18[%] · 부하상태	
· 하역작업시의 좌우 안정도 6[%] · 부하상태	
· 주행시의 좌우 안정도(15+1.1V)[%] V:최고속도[km/hr] · 무부하상태	

안정도 = $\dfrac{h}{l} \times 100$[%]

[정답] 43 ④   44 ②   45 ③   46 ②

참고 산업안전기사 필기 p.3-135(표. 지게차의 안정조건)

KEY ① 2016년 5월 8일 산업기사 출제
② 2016년 8월 21일 산업기사 출제

47 산업용 로봇에서 근로자에게 발생할 수 있는 부상 등의 위험을 방지하기 위하여 방책을 세우고자 할 때 일반적으로 높이는 몇 [m] 이상으로 해야 하는가?

① 1.8
② 2.1
③ 2.4
④ 2.7

해설

산업용 로봇 방책높이 : 1.8[m] 이상

참고 산업안전기사 필기 p.3-124(합격날개 : 합격예측 및 관련법규)

KEY 2016년 5월 8일 산업기사 출제

합격정보
산업안전보건기준에 관한 규칙 제223조(운전 중 위험방지)

48 프레스 방호장치에서 수인식 방호장치를 사용하기에 가장 적합한 기준은?

① 슬라이드 행정길이가 100[mm] 이상, 슬라이드 행정수가 100[spm] 이하
② 슬라이드 행정길이가 50[mm] 이상, 슬라이드 행정수가 100[spm] 이하
③ 슬라이드 행정길이가 100[mm] 이상, 슬라이드 행정수가 200[spm] 이하
④ 슬라이드 행정길이가 50[mm] 이상, 슬라이드 행정수가 200[spm] 이하

해설

프레스 방호장치 안전기준
① 가드식, 게이트가드식 : 가드를 닫지 않으면 슬라이드가 작동되지 않고, 슬라이드 작동중에는 열 수 없는 구조에 적용
② 손쳐내기식 : 슬라이드의 행정길이가 40[mm] 이상의 것으로서 120[S.P.M.] 이하의 것에 적용
③ 수인식 : 슬라이드의 행정길이가 40[mm] 이상의 것으로서 120[S.P.M.] 이하의 것에 적용
④ 양수조작식 : 슬라이드 작동 중 정지가 가능하고, 1행정 1정지기구를 갖추고 있는 것에 적용
⑤ 감응식 : 슬라이드 작동중 정지 가능한 구조에 적용

참고 산업안전기사 필기 p.3-96(합격날개 : 합격예측 및 관련법규)

49 숫돌지름이 60[cm]인 경우 숫돌 고정 장치인 평형 플랜지 지름은 몇 [cm] 이상이어야 하는가?

① 10[cm]
② 20[cm]
③ 30[cm]
④ 60[cm]

해설

플랜지 지름 계산

플랜지 지름 = 숫돌바깥지름 × $\frac{1}{3}$ = 60 × $\frac{1}{3}$ = 20[cm] 이상

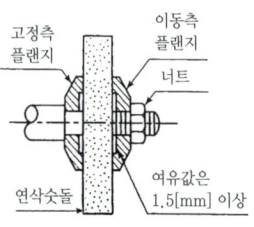

[그림] 플랜지

참고 산업안전기사 필기 p.3-92(합격날개 : 합격예측)

KEY ① 2016년 8월 21일 산업기사 출제
② 2017년 5월 7일 기사, 산업기사 동시출제

50 다음 중 산업안전보건법령상 프레스 등을 사용하여 작업을 할 때에 작업시작 전 점검사항으로 볼 수 없는 것은?

① 압력방출장치의 기능
② 클러치 및 브레이크의 기능
③ 프레스의 금형 및 고정볼트 상태
④ 1행정 1정지기구·급정지장치 및 비상정지장치의 기능

해설

프레스 작업시작전 점검사항
① 클러치 및 브레이크의 기능
② 크랭크축·플라이휠·슬라이드·연결봉 및 연결나사의 풀림 유무
③ 1행정 1정지기구·급정지장치 및 비상정지장치의 기능
④ 슬라이드 또는 칼날에 의한 위험방지 기구의 기능
⑤ 프레스의 금형 및 고정볼트 상태
⑥ 방호장치의 기능
⑦ 전단기(剪斷機)의 칼날 및 테이블의 상태

참고 산업안전기사 필기 p.3-50(표. 작업시작전 기계·기구 점검내용)

KEY 2016년 3월 6일 산업기사 출제

합격정보
산업안전보건기준에 관한 규칙 [별표 3] 작업시작전 점검사항

[정답] 47 ① 48 ② 49 ② 50 ①

51 산업안전보건법령에 따른 가스집합 용접장치의 안전에 관한 설명으로 옳지 않은 것은?

① 가스집합장치에 대해서는 화기를 사용하는 설비로부터 5[m] 이상 떨어진 장소에 설치해야 한다.
② 가스집합 용접장치의 배관에서 플랜지, 밸브 등의 접합부에는 개스킷을 사용하고 접합면을 상호 밀착시킨다.
③ 주관 및 분기관에 안전기를 설치해야 하며 이 경우 하나의 취관에 2개 이상의 안전기를 설치해야 한다.
④ 용해아세틸렌을 사용하는 가스집합 용접장치의 배관 및 부속기구는 구리나 구리 함유량이 60[%] 이상인 합금을 사용해서는 아니 된다.

해설
배관 및 부속기구 구리(Cu) 함유량:70[%] 이상

참고 산업안전기사 필기 p.5-16(합격날개:합격예측 및 관련법규)

합격정보 산업안전보건기준에 관한 규칙 제294조(구리의 사용제한)

52 다음 중 안전율을 구하는 산식으로 옳은 것은?

① $\dfrac{허용\ 응력}{기초강도}$ ② $\dfrac{허용\ 응력}{인장강도}$

③ $\dfrac{인장강도}{허용응력}$ ④ $\dfrac{안전하중}{파단하중}$

해설
안전율(안전계수 : safety factor)
① 정의
  ㉮ 설계상의 가장 큰 과오는 강도 산정상의 오산이다.
  ㉯ 최대 부하 추정의 부정확성과 사용중 일부 재료의 강도가 열화될 것을 감안하여 안전율을 충분히 고려해야 한다.
② 안전율

$$= \dfrac{극한강도}{최대설계응력} = \dfrac{파괴하중}{안전하중}$$

$$= \dfrac{파괴하중(극한하중)}{최대설계응력} = \dfrac{인장강도}{허용응력}$$

참고 산업안전기사 필기 p.3-188(합격날개 : 참고)

KEY 2017년 3월 5일 산업기사 출제

53 다음 중 선반의 방호장치로 볼 수 없는 것은?

① 실드(shield)
② 슬라이딩(sliding)
③ 척커버(chuck cover)
④ 칩 브레이커(chip breaker)

해설
선반의 방호장치
① 실드(shield)
② 척커버(chuck cover)
③ 칩 브레이커(chip breaker)

참고 산업안전기사 필기 p.3-80(4. 선반작업시 안전수칙)

54 다음 중 프레스기에 사용되는 방호장치에 있어 원칙적으로 급정지 기구가 부착되어야만 사용할 수 있는 방식은?

① 양수조작식 ② 손쳐내기식
③ 가드식   ④ 수인식

해설
양수조작식과 양수기동식

구분	특징
양수 조작식	① 급정지기구를 갖춘 마찰식 프레스에 적합 ② 누름버튼에서 손을 뗄 경우 급정지기구 작동, 손이 형틀의 위험한계에 도달할 때까지 슬라이드 정지(핀클러치 방식일 경우 SPM120 이상)
양수 기동식	① 급정지기구가 없는 확동식 클러치 프레스에 적합 ② 누름버튼에서 손이 떠나 위험한계에 도달하기 전 슬라이드가 하사점에 도달 ③ SPM120 이상인 프레스에 주로 사용

참고 산업안전기사 필기 p.3-101(표. 양수조작식, 양수기동식 비교)

💬 **합격자의 조언**
실기 작업형 출제

55 다음 중 보일러의 방호장치와 가장 거리가 먼 것은?

① 언로드밸브   ② 압력방출장치
③ 압력제한스위치   ④ 고저수위조절장치

[정답] 51 ④ 52 ③ 53 ② 54 ① 55 ①

> [해설]

보일러 폭발위험 방지
① 압력방출 장치
② 압력제한스위치
③ 고저수위조절장치
④ 화염검출기

> [참고] 산업안전기사 필기 p.3-120(3. 방호장치의 종류)

> [KEY]
> ① 2017년 3월 5일 출제
> ② 2017년 5월 17일 기사, 산업기사 동시 출제

> [합격정보]
> 산업안전보건기준에 관한 규칙 제119조(폭발의 위험 방지)

56 안전계수가 5인 체인의 최대설계하중이 1,000[N]이라면 이 체인의 극한하중은 약 몇 [N]인가?

① 200
② 2,000
③ 5,000
④ 12,000

> [해설]
> 극한강도(하중) = 안전계수 × 최대설계하중 = 5 × 1,000 = 5,000[N]

> [참고] 산업안전기사 필기 p.3-188(합격날개 : 참고)

57 산업안전보건법령에 따른 아세틸렌 용접장치 발생기실의 구조에 관한 설명으로 옳지 않은 것은?

① 벽은 불연성 재료로 할 것
② 지붕과 천장에는 얇은 철판과 같은 가벼운 불연성 재료를 사용할 것
③ 벽과 발생기 사이에는 작업에 필요한 공간을 확보할 것
④ 배기통을 옥상으로 돌출시키고 그 개구부를 출입구로부터 1.5[m] 거리 이내에 설치할 것

> [해설]
> 발생기실 옥외 설치기준 : 개구부는 다른 건축물로부터 1.5[m] 이상

> [참고] 산업안전기사 필기 p.3-84(합격날개 : 합격예측 및 관련법규)

> [KEY] 2016년 3월 6일 산업기사 출제

> [합격정보]
> 산업안전보건기준에 관한 규칙 제286조(발생기실의 설치 장소 등)

58 지름 5[cm] 이상을 갖는 회전중인 연삭숫돌의 파괴에 대비하여 필요한 방호장치는?

① 받침대
② 과부하 방지장치
③ 덮개
④ 프레임

> [해설]

연삭숫돌의 방호장치
① 덮개
② 숫돌의 지름 : 5[cm] 이상

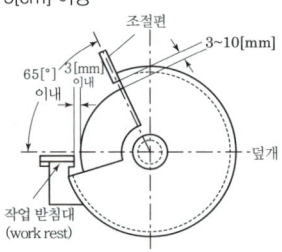

[그림] 탁상용 연삭기 구조

> [참고] 산업안전기사 필기 p.3-93(4. 연삭기 구조면에 있어서의 안전대책)

> [KEY]
> ① 2016년 3월 6일 산업기사 출제
> ② 2017년 3월 5일 산업기사 출제
> ③ 2017년 3월 6일 기사, 산업기사 동시 출제

59 다음 중 와전류비파괴검사법의 특징과 가장 거리가 먼 것은?

① 관, 환봉 등의 제품에 대해 자동화 및 고속화된 검사가 가능하다.
② 검사 대상 이외의 재료적 인자(투자율, 열처리, 온도 등)에 대한 영향이 적다.
③ 가는 선, 얇은 판의 경우도 검사가 가능하다.
④ 표면 아래 깊은 위치에 있는 결함은 검출이 곤란하다.

> [해설]

와전류비파괴탐상검사의 특징
① 자동화 및 고속화가 가능하다.
② 측정치에 영향을 주는 인자가 적다.
③ 표면 아래 깊은 위치에 있는 결함은 검출이 곤란하다.
④ 도체에 교류를 통한 코일을 접근시켰을 때 결함이 존재하면 코일에 유기되는 전압이나 전류가 변하는 것을 이용한 검사

> [참고] 산업안전기사 필기 p.3-223(합격날개 : 은행문제2)

[정답] 56 ③ 57 ④ 58 ③ 59 ②

60 재료에 대한 시험 중 비파괴시험이 아닌 것은?

① 방사선투과시험 ② 자분탐상시험
③ 초음파탐상시험 ④ 피로시험

해설

파괴시험법

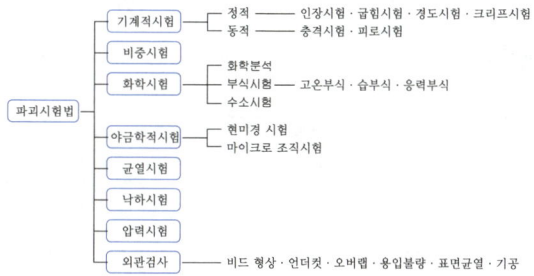

참고) 산업안전기사 필기 p.3-220(그림. 비파괴시험)

4 전기설비 안전관리

61 전기설비에 작업자의 직접 접촉에 의한 감전방지 대책이 아닌 것은?

① 충전부에 절연 방호망을 설치할 것
② 충전부는 내구성이 있는 절연물로 완전히 덮어 감쌀 것
③ 충전부가 노출되지 않도록 폐쇄형 외함구조로 할 것
④ 관계자 외에도 쉽게 출입이 가능한 장소에 충전부를 설치할 것

해설

직접접촉에 의한 감전방지대책
① 충전부에 절연 방호망을 설치할 것
② 충전부는 내구성이 있는 절연물로 완전히 덮어 감쌀 것
③ 충전부가 노출되지 않도록 폐쇄형 외함구조로 할 것
④ 관계자 외에 출입을 금지하고 평소에 잠금상태가 되어야 한다.

참고) 산업안전기사 필기 p. 4-21(1. 직접접촉에 의한 감전방지 방법)

KEY ① 2016년 8월 21일 산업기사 출제
② 2017년 3월 5일 출제

62 교류 아크용접기의 자동전격방지장치는 아크발생이 중단된 후 출력측 무부하 전압을 1초 이내 몇[V] 이하로 저하시켜야 하는가?

① 25~30 ② 35~50
③ 55~75 ④ 80~100

해설

방호장치의 성능
① 아크 발생을 정지시킬 때 주접점이 개로될 때까지의 시간은 1.0초 이내일 것
② 2차 무부하전압은 25[V] 이내일 것

참고) 산업안전기사 필기 p.4-78(1. 방호장치의 성능)

KEY 2016년 5월 8일 출제

63 그림과 같은 설비에 누전되었을 때 인체가 접촉하여도 안전하도록 ELB를 설치하려고 한다. 누전차단기 동작전류 및 시간으로 가장 적당한 것은?

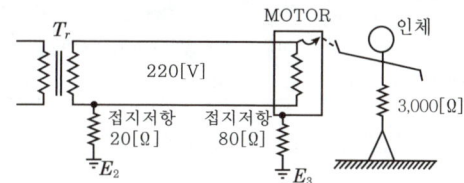

① 30[mA], 0.1초 ② 50[mA], 0.1초
③ 90[mA], 0.1초 ④ 120[mA], 0.1초

해설

누전차단기 동작시간

정격감도전류		동작시간
30[mA]	정격감도전류	0.1초 이내
15[mA]	물을 사용하는 장소	0.03초 이내

참고) 산업안전기사 필기 p.4-5(1.누전차단기의 종류)

KEY 2016년 3월 6일 산업기사 출제

64 고압 및 특고압의 전로에 시설하는 피뢰기의 접지저항은 몇 [Ω]이하로 하여야 하는가?

① 10[Ω] 이하 ② 100[Ω] 이하
③ 10^6[Ω] 이하 ④ 1[kΩ] 이하

[**정답**] 60 ④ 61 ④ 62 ① 63 ① 64 ①

해설
피뢰기 접지공사

공작물 또는 기기의 종별	접지선의 굵기	접지저항
① 피뢰기 ② 고압 또는 특별고압용기기의 철제 및 금속제 외함 ③ 주상에 설치하는 3상 4선식 접지계통 변압기 및 기기의 외함	공칭단면적 $6[mm^2]$ 이상의 연동선	$10[\Omega]$ 이하

안내사항
본 문제는 법개정으로 출제되지 않습니다.

---

65 절연전선의 과전류에 의한 연소단계 중 착화단계의 전선전류밀도(A/mm²)로 알맞은 것은?

① 40 ② 50
③ 65 ④ 120

해설
절연전선의 과대전류

전선	단계	인화단계	착화단계	발화단계		순간용단
				발화 후 용단	용단과 동시 발화	
전류밀도(A/mm²)		40~43	43~60	60~70	75~120	120 이상

참고 산업안전기사 필기 p.4-75([표] 절연전선의 과대전류)

---

66 변압기의 중성점을 제2종 접지한 수전전압 22.9[kV], 사용전압 220[V]인 공장에서 외함을 제3종 접지공사를 한 전동기가 운전 중에 누전되었을 경우에 작업자가 접촉될 수 있는 최소전압은 약 몇 [V]인가?(단, 1선 지락전류 10[A], 제3종 접지저항 30[Ω], 인체저항 : 10,000[Ω]이다.)

① 116.7 ② 127.5
③ 146.7 ④ 165.6

해설
최소전압

① 제2종 접지저항 : $(R_2) = \dfrac{150}{10} = 15[\Omega]$

② 인체에 걸리는 전압 $(e) = \dfrac{\dfrac{30 \times 10,000}{30+10,000}}{\dfrac{30 \times 10,000}{30+10,000}+15} \times 220$
$= 146.7[V]$

---

67 전압은 저압, 고압 및 특별고압으로 구분되고 있다. 다음 중 저압에 대한 설명으로 가장 알맞은 것은?

① 직류 750[V] 미만, 교류 650[V] 미만
② 직류 750[V] 이하, 교류 650[V] 이하
③ 직류 1,500[V] 이하, 교류 1,000[V] 이하
④ 직류 750[V] 미만, 교류 600[V] 미만

해설
전압분류

전압분류	직류	교류
저압	1,500[V] 이하	1,000[V] 이하
고압	1,500~7,000[V] 이하	1,000~7,000[V] 이하
특별고압	7,000[V] 초과	7,000[V] 초과

참고 산업안전기사 필기 p.4-30(문제 30번) 적중

---

68 대전의 완화를 나타내는 데 중요한 인자인 시정수(time constant)는 최초의 전하가 약 몇 [%]까지 완화되는 시간을 말하는가?

① 20 ② 37
③ 45 ④ 50

해설
시정수 : 36.8≒37[%]

참고 산업안전기사 필기 p.4-33(2. 완화시간)

---

69 금속성의 전기기계장치나 구조물에 인체의 일부가 상시 접촉되어 있는 상태의 허용접촉전압으로 옳은 것은?

① 2.5[V] 이하 ② 25[V] 이하
③ 50[V] 이하 ④ 제한없음

해설
종별허용접촉전압

종별	접촉상태	허용접촉전압[V]
제1종	• 인체의 대부분이 수중에 있는 상태	2.5 이하
제2종	• 인체가 많이 젖어 있는 상태 • 금속제 전기기계장치나 구조물에 인체의 일부가 상시접촉되어있는 상태	25 이하

[**정답**] 65 ②   66 ③   67 ③   68 ②   69 ②

제3종	• 제1종, 제2종 이외의 경우로서 통상적인 인체 상태에 있어서 접촉전압이 가해지면 위험성이 높은 상태	50 이하
제4종	• 제1종, 제2종 이외의 경우로서 통상적인 인체상태에 있어서 접촉전압이 가해져도 위험성이 낮은 상태 • 접촉전압이 가해질 우려가 없는 경우	무제한

참고 산업안전기사 필기 p.4-20([표] 종별 허용 접촉전압)

KEY
① 2016년 3월 6일 산업기사 출제
② 2016년 8월 21일 산업기사 출제
③ 2017년 5월 7일 기사 · 산업기사 동시출제

70 정전기 대전현상의 설명으로 틀린 것은?

① 충돌대전 : 분체류와 같은 입자 상호간이나 입자와 고체와의 충돌에 의해 빠른 접촉 또는 분리가 행하여짐으로써 정전기가 발생되는 현상
② 유동대전 : 액체류가 파이프 등 내부에서 유동할 때 액체와 관 벽 사이에서 정전기가 발생되는 현상
③ 박리대전 : 고체나 분체류와 같은 물체가 파괴되었을 때 전하분리에 의해 정전기가 발생되는 현상
④ 분출대전 : 분체류, 액체류, 기체류가 단면적이 작은 분출구를 통해 공기 중으로 분출될 때 분출하는 물질과 분출구의 마찰로 인해 정전기가 발생되는 현상

해설
박리대전
① 일정압력으로 밀착된 물체가 떨어지면서 자유 전자의 이동으로 발생
② 마찰대전보다 더 큰 정전기 발생(예 테이프, 필름)

참고 산업안전기사 필기 p.4-49(문제 19번) 적중

71 상용주파수 60[Hz] 교류에서 성인 남자의 경우 고통한계 전류로 가장 알맞은 것은?

① 15~20[mA]
② 10~15[mA]
③ 7~8[mA]
④ 1[mA]

해설
통전전류에 따른 인체의 영향

분류	인체에 미치는 전류의 영향	통전전류[AC]
최소감지전류	전류의 흐름을 느낄 수 있는 최소 전류	60[Hz]에서 성인남자 1[mA]
고통한계전류	고통을 참을 수 있는 한계 전류	60[Hz]에서 성인남자 7~8[mA]
불수전류	신경이 마비되고 신체를 움직일 수 없으며 말을 할 수 없는 상태	60[Hz]에서 성인남자 20~50[mA]
심실세동전류	심장의 맥동에 영향을 주어 심장마비 상태를 유발	$I=\dfrac{165\sim185}{\sqrt{T}}[mA]$

참고 산업안전기사 필기 p.4-17(3. 통전전류에 따른 인체의 영향)

KEY 2017년 3월 5일 출제

72 정상작동 상태에서 폭발 가능성이 없으나 이상상태에서 짧은 시간동안 폭발성 가스 또는 증기가 존재하는 지역에 사용가능한 방폭용기를 나타내는 기호는?

① ib
② p
③ 3
④ n

해설
비점화방폭구조(n)
① 전기기기가 정상작동과 규정된 특정한 비정상상태에서 주위의 폭발성 가스 분위기를 점화시키지 못하도록 만든 방폭구조
② nA(스파크를 발생하지 않는 장치), nC(장치와 부품), nL(에너지 제한기기)

참고 산업안전기사 필기 p.4-55(⑦ 비점화 방폭구조)

73 정전기 발생에 영향을 주는 요인에 대한 설명으로 틀린 것은?

① 물체의 분리속도가 빠를수록 발생량은 적어진다.
② 접촉면적이 크고 접촉압력이 높을 수록 발생량이 많아진다.
③ 물체 표면이 수분이나 기름으로 오염되면 산화 및 부식에 의해 발생량이 많아진다.
④ 정전기의 발생은 처음 접촉, 분리할 때가 최대로 되고 접촉, 분리가 반복됨에 따라 발생량은 감소한다.

[정답] 70 ③ 71 ③ 72 ④ 73 ①

해설

정전기 분리속도
① 분리속도가 빠르면 정전기의 발생량이 커진다.
② 전하의 완화시간이 길면 전하분리 Energy도 커져서 발생량이 증가한다.

참고 산업안전기사 필기 p.4-32(4. 정전기 분리속도)

KEY ① 2016년 8월 21일 출제
② 2017년 3월 5일 출제

---

74. 분진방폭 배선시설에 분진침투 방지재료로 가장 적합한 것은?

① 분진침투 케이블
② 컴파운드(compound)
③ 자기융착성 테이프
④ 씰링피팅(sealing fitting)

해설

분진침투 방지재료 : 자기 융착성 테이프

참고 산업안전기사 필기 p.4-19(문제 21번) 적중

---

75. 인체의 저항을 1,000[Ω]으로 볼 때 심실세동을 일으키는 전류에서의 전기에너지는 약 몇 [J]인가?(단, 심실세동전류는 $\frac{165}{\sqrt{T}}$ [mA]이며, 통전시간 T는 1초, 전원은 정현파 교류이다.)

① 13.6 ② 27.2
③ 136.6 ④ 272.2

해설

전기에너지
$W = I^2RT$
$= \left(\frac{165}{\sqrt{T}} \times 10^{-3}\right)^2 \times 1,000 \times T = 27.2[J]$

여기서, W : 위험한계에너지[J]
R : 전기저항[Ω]
T : 통전시간[sec]

참고 ① 산업안전기사 필기 p.4-19(3. 위험한계에너지)
② 산업안전기사 필기 p.4-28(문제 14번) 적중

KEY 2016년 8월 21일 출제

---

76. 정전작업 시 조치사항으로 부적합한 것은?

① 작업 전 전기설비의 잔류 전하를 확실히 방전한다.
② 개로된 전로의 충전여부를 검전기구에 의하여 확인한다.
③ 개폐기에 시건장치를 하고 통전금지에 관한 표지판은 제거한다.
④ 예비 동력원의 역송전에 의한 감전의 위험을 방지하기 위해 단락접지 기구를 사용하여 단락접지를 한다.

해설

정전작업시 조치사항
① 작업지휘자에 의해 작업한다.
② 개폐기를 관리한다.
③ 단락접지 상태를 확인관리한다.(혼촉 또는 오동작 방지)
④ 근접활선에 대한 방호상태를 관리한다.

참고 산업안전기사 필기 p.4-76(2. 작업중)

KEY 2016년 8월 21일 출제

보충학습
작업종료 시
① 단락접지기구를 철거한다.
② 표지를 철거한다.
③ 작업자에 대한 위험이 없는 것을 확인한다.
④ 개폐기를 투입하여 송전을 재개한다.

---

77. 300[A]의 전류가 흐르는 저압 가공전선로의 1(한)선에서 허용 가능한 누설전류는 몇 [mA] 인가?

① 600 ② 450
③ 300 ④ 150

해설

누설전류
$I = 300 \times \frac{1}{2,000} = 0.15[A] = 150[mA]$

참고 산업안전기사 필기 p.4-30(문제 29번) 적중

[정답] 74 ③ 75 ② 76 ③ 77 ④

78 방폭전기기기의 성능을 나타내는 기호표시로 EX P IIA T5를 나타내었을 때 관계가 없는 표시 내용은?

① 온도등급 ② 폭발성능
③ 방폭구조 ④ 폭발등급

해설

방폭전기기기의 성능 표시기호 : EX P IIA T5
① EX : 방폭구조의 상징
② P : 방폭구조(압력방폭구조)
③ IIA : 가스·증기 및 분진의 그룹
④ T5 : 온도등급

참고 산업안전기사 필기 p.4-56(5. 방폭기기의 표시 예)

79 다음 중 1종 위험장소로 분류되지 않는 것은?

① Floating roof tank 상의 shell 내의 부분
② 인화성 액체의 용기 내부의 액면 상부의 공간부
③ 점검수리 작업에서 가연성 가스 또는 증기를 방출하는 경우의 밸브 부근
④ 탱크롤리, 드럼관 등이 인화성 액체를 충전하고 있는 경우의 개구부 부근

해설

위험장소의 구분 및 특징
(1) 0종 장소
  정상상태에 있어서 폭발성 분위기가 연속적으로 또는 장기간 생성되는 장소(예 인화성 가스의 용기 및 탱크의 내부, 인화성 액체의 용기 또는 탱크 내 액면 상부의 공간부)
(2) 1종 장소
  정상상태에 있어서 폭발성 분위기가 주기적으로 또는 간헐적으로 생성될 우려가 있는 장소
  ① 탱크류, 가스벤트의 개구부 부근
  ② 점검, 수리작업에서 인화성 가스 또는 증기를 방출하는 경우
  ③ 실내(환기가 방해되는 장소)에서 인화성 가스 또는 증기가 방출할 염려가 있는 경우
  ④ 탱크로리, 드럼관 등에 인화성 액체를 충전하고 있는 경우의 개구부 부근
  ⑤ 릴리프밸브(relief valve)가 가끔 작동하여 인화성 가스 또는 증기를 방출하는 경우의 그 부근
  ⑥ 플로팅 루프 탱크(floating roof tank)상의 셀(shell)내의 부분
  ⑦ 위험한 가스가 누출될 염려가 있는 장소로서 피트류처럼 가스가 축적되는 장소
(3) 2종 장소
  이상상태에 있어서 폭발성 분위기가 생성될 우려가 있는 장소
(4) 준위험 장소
  발생빈도가 극히 작은 지진이나 그 밖에 예상되는 사고시 폭발성 가스가 대량으로 누출되어 위험분위기가 되는 장소

참고 산업안전기사 필기 p.5-65(합격보충문제)

80 저압 전기기기의 누전으로 인한 감전재해의 방지대책이 아닌 것은?

① 보호접지
② 안전전압의 사용
③ 비접지식 전로의 채용
④ 배선용차단기(MCCB)의 사용

해설

MCCB(배선용차단기) : 특별고압 과전류 차단기

참고 산업안전기사 필기 p.4-14(문제 16번)

보충학습

과전류차단기
① 특별고압의 전로 중에 있어서 전기기계·기구 및 전선을 보호하기 위해 시설하는 장치를 말한다.
② 특별고압:7,000[V] 이상의 교류전압

5 화학설비 안전관리

81 다음 중 화학공장에서 주로 사용되는 불활성 가스는?

① 수소 ② 수증기
③ 질소 ④ 일산화탄소

해설

화학공장의 대표적 불활성가스 : N_2(질소)

참고 산업안전기사 필기 p.5-35(합격날개 : 은행문제2)

KEY 2010년 3월 7일 (문제 83번) 출제

보충학습

(1) N_2 : 잠수병, 잠함병원인
(2) 불활성화
  ① 가연성 혼합가스에 불활성 가스를 주입, 산소의 농도를 최소산소농도 이하로 하여 연소를 방지하는 공정
  ② 불활성 가스
    ㉮ 질소 ㉯ 이산화탄소 ㉰ 수증기 ㉱ 헬륨
  ③ 최소 산소 농도(MOC)
    ㉮ 대부분의 가스는 10[%] 정도
    ㉯ 분진인 경우 약 8[%] 정도

【정답】 78 ② 79 ② 80 ④ 81 ③

과년도 출제문제

82 위험물안전관리법령에서 정한 위험물의 유별구분이 나머지 셋과 다른 하나는?

① 질산 ② 질산칼륨
③ 과염소산 ④ 과산화수소

해설

제6류 위험물 : 산화성 액체

성질	품명	지정수량	위험등급	표시
산화성 액체	과산화수소	300[kg]	I	가연물 접촉주의
	과염소산			
	질산			

참고 산업안전기사 필기 p.5-35(3. 산화성 액체 및 산화성 고체)

보충학습

제1류 위험물 : 질산 및 그 염류
① 질산칼륨 ② 질산나트륨 ③ 질산암모늄

83 다음 중 압축기 운전시 토출압력이 갑자기 증가하는 이유로 가장 적절한 것은?

① 윤활유의 과다
② 피스톤 링의 가스 누설
③ 토출관 내에 저항 발생
④ 저장조 내 가스압의 감소

해설

토출관 내 저항발생 이유 : 압축기 운전시 토출압력증가

참고 산업안전기사 필기 p.5-55(2. 압축기 정비)

84 프로판(C_3H_8) 가스가 공기 중 연소할 때의 화학양론 농도는 약 얼마인가?(단, 공기 중의 산소농도는 21[vol%]이다.)

① 2.5[vol%] ② 4.0[vol%]
③ 5.6[vol%] ④ 9.5[vol%]

해설

완전연소 조성농도(화학양론 농도)

$$C_{st} = \frac{100}{1+4.773O_2} = \frac{100}{1+4.773 \times 5} = 4.02[vol\%]$$

참고 산업안전기사 필기 p.5-11(보충학습)

KEY 2017년 3월 5일 산업기사 출제

보충학습

$C_3H_8 + 5O_2 + 18.8N_2 \rightarrow 3CO_2 + 4H_2O + 18.8N_2$
     공기

85 다음 중 CO_2 소화약제의 장점으로 볼 수 없는 것은?

① 기체 팽창률 및 기화 잠열이 작다.
② 액화하여 용기에 보관할 수 있다.
③ 전기에 대해 부도체이다.
④ 자체 증기압이 높기 때문에 자체 압력으로 방사가 가능하다.

해설

소화약제의 특성
① 탄산가스의 함량은 99.5[%] 이상으로 냄새가 없어야 하며 수분의 중량은 0.05[%] 이하여야 한다.
② 수분이 0.05[%] 이상이면 줄-톰슨효과에 의하여 수분이 결빙되어 노즐의 구멍을 폐쇄시키기 때문이다.
③ 줄-톰슨효과는 기체 또는 액체가 가는 관을 통과할 때 온도가 급강하하여 고체로 되는 현상이다.

참고 산업안전기사 필기 p.5-13(1. 소화약제의 물리적 성질)

86 아세톤에 대한 설명으로 틀린 것은?

① 증기는 유독하므로 흡입하지 않도록 주의해야 한다.
② 무색이고 휘발성이 강한 액체이다.
③ 비중이 0.79 이므로 물보다 가볍다.
④ 인화점이 20[℃]이므로 여름철에 더 인화위험이 높다.

해설

아세톤(CH_3COCH_3)의 특징
① 증기는 유독하므로 흡입하지 않도록 주의해야 한다.
② 무색이고 휘발성이 강한 액체이다.
③ 비중이 0.79 이므로 물보다 가볍다.
④ 인화점-20[℃]이다.

참고 산업안전기사 필기 p.5-25(문제 18번 해설)

KEY 2017년 5월 7일(문제 89번)

[정답] 82 ② 83 ③ 84 ② 85 ① 86 ④

87 다음 중 인화점이 가장 낮은 것은?

① 벤젠 ② 메탄올
③ 이황화탄소 ④ 경유

해설

주요 인화성 액체의 인화점

물질명	인화점[℃]	물질명	인화점[℃]
아세톤	-20	아세트알데히드	-39
가솔린	-43	에틸알코올	13
경유	40~85	메탄올	11
등유	30~60	산화에틸렌	-17.8
벤젠	-11	이황화탄소	-30
테레빈유	35	에틸에테르	-45

참고 산업안전기사 필기 p.5-25(문제 18번) 해설

88 다음 중 왕복펌프에 속하지 않는 것은?

① 피스톤 펌프 ② 플런저 펌프
③ 기어 펌프 ④ 격막 펌프

해설

유압펌프의 분류

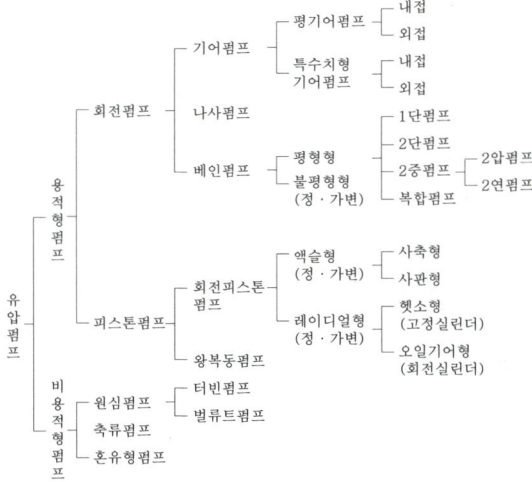

참고 산업안전기사 필기 p.5-80(문제 84번) 적중

89 다음 중 아세틸렌을 용해가스로 만들 때 사용되는 용제로 가장 적합한 것은?

① 아세톤 ② 메탄
③ 부탄 ④ 프로판

해설

용해가스
① 가스의 독특한 특성 때문에 용매를 추진시킨 다공 물질에 용해시켜 사용되는 대표적 가스
② 아세틸렌가스는 압축하거나 액화시키면 분해 폭발을 일으키므로 용기에 다공 물질과 가스를 잘 녹이는 용제(아세톤, 디메틸포름아미드 등)를 넣어 용해시켜 충전

참고 ① 산업안전기사 필기 p.3-114(2. 가스상태에 의한 분류)
② 2017년 5월 7일(문제 86번)

90 다음 금속 중 산(acid)과 접촉하여 수소를 가장 잘 방출시키는 원소는?

① 칼륨 ② 구리
③ 수은 ④ 백금

해설

K(칼륨)
① 영국의 화학자 험프리 데이비가 처음 발견
② 1807년에 데이비는 녹은 가설칼리(수산화칼륨 : KOH)에 전류를 흐르게 했을 때 은회색 칼륨 입자가 "쉿 소리와 함께 아름다운 라벤더 불꽃을 내면서 탔다"고 말했다.
③ H(수소)를 가장 잘 방출시킨다.

참고 산업안전기사 필기 p.5-69(문제 35번) 적중

보충학습
① 금속의 이온화경향
K>Ca>Na>Mg>Al>Zn>Fe>Ni>Sn>Pb>(H)>Cu>Hg>Ag>Pt>Au
② 수소(H)보다 이온화경향이 작은 Cu, Hg, Ag, Pt, Au은 물과 반응하여 수소가스를 발생하지 않는다.

91 비점이 낮은 액체 저장탱크 주위에 화재가 발생했을 때 저장 탱크 내부의 비등 현상으로 인한 압력 상승으로 탱크가 파열되어 그 내용물이 증발, 팽창하면서 발생되는 폭발 현상은?

① Back Draft ② BLEVE
③ Flash Over ④ UVCE

[정답] 87 ③ 88 ③ 89 ① 90 ① 91 ②

해설

비등액체 팽창증기폭발(BLEVE)의 발생단계
① 액체가 들어있는 탱크의 주위에서 화재가 발생한다.
② 화재에 의한 열에 의하여 탱크의 벽이 가열된다.
③ 액위 이하의 탱크벽은 액에 의하여 냉각되나, 액의 온도는 올라가고, 탱크 내의 압력이 증가된다.
④ 화염이 열을 제거시킬 액이 없고 증기만 존재하는 탱크의 벽이나 천장(roof)에 도달하면, 화염과 접촉하는 부위의 금속의 온도는 상승하여 그의 구조적 강도를 잃게 된다.
⑤ 탱크는 파열되고 그 내용물은 폭발적으로 증발한다.

참고) 산업안전기사 필기 p.5-25(문제 19번) 적중

---

92 가연성가스의 폭발범위에 관한 설명으로 틀린 것은?

① 압력 증가에 따라 폭발 상한계와 하한계가 모두 현저히 증가한다.
② 불활성가스를 주입하면 폭발범위는 좁아진다.
③ 온도의 상승과 함께 폭발범위는 넓어진다.
④ 산소 중에서의 폭발범위는 공기 중에서 보다 넓어진다.

해설

연소한계(폭발한계)에 영향을 주는 요인
① 온도 : 폭발하한은 100[℃]증가할 때마다 25[℃]에서의 값이 8[%]가 감소하며, 폭발상한은 8[%]가 증가한다.
② 압력 : 가스압력이 높아질수록 폭발범위는 넓어진다.(상한값이 증가함)
③ 산소 : 폭발하한값은 변함이 없으나 상한값은 산소의 농도가 증가하면 현저히 상승한다.

참고) 산업안전기사 필기 p.5-5(보충학습)

---

93 고체 가연물의 일반적인 4가지 연소방식에 해당하지 않는 것은?

① 분해연소 ② 표면연소
③ 확산연소 ④ 증발연소

해설

고체가연물 연소 4가지
① 표면연소
② 분해연소
③ 증발연소
④ 자기연소

참고) ① 산업안전기사 필기 p.5-4(2. 고체의 연소)
② 2017년 5월 7일 산업기사(문제 79번)

KEY▶ 2016년 8월 21일 출제

---

94 산업안전보건법령에 따라 정변위 압축기 등에 대해서 과압에 따른 폭발을 방지하기 위하여 설치하여야 하는것은?

① 역화방지기 ② 안전밸브
③ 감지기 ④ 체크밸브

해설

과압 및 폭발방지를 위하여 안전밸브 또는 파열판 설치
① 압력용기(안지름이 150[mm] 이하인 압력용기는 제외하며, 관형열교환기는 관의 파열로 인한 압력상승이 동체의 최고사용압력을 초과할 우려가 있는 경우만 해당)
② 정변위압축기
③ 정변위펌프(토출축에 차단밸브가 설치된 것만 해당)
④ 배관(2개 이상의 밸브에 의하여 차단되어 대기온도에서 액체의 열팽창에 의하여 구조적으로 파열이 우려되는 것에 한정)
⑤ 그 밖에 화학설비 및 그 부속설비로서 해당 설비의 최고사용압력을 초과할 우려가 있는 것

참고) 산업안전기사 필기 p.5-3(합격날개 : 합격예측 및 관련법규)

합격정보
산업안전보건기준에 관한 규칙 제261조(안전밸브 등의 설치)

---

95 다음 중 응상폭발이 아닌 것은?

① 분해폭발
② 수증기폭발
③ 전선폭발
④ 고상간의 전이에 의한 폭발

해설

응상폭발의 종류
① 수증기 폭발
② 전선폭발
③ 고상전이 폭발

참고) 산업안전기사 필기 p.5-9([표] 증기, 분진, 분해 폭발)

보충학습
(1) 물리적 폭발
  ① 탱크의 감압폭발
  ② 수증기 폭발
  ③ 고압용기의 폭발
(2) 화학적 폭발
  ① 분해폭발
  ② 화학폭발
  ③ 중합폭발
  ④ 산화폭발

[정답] 92 ① 93 ③ 94 ② 95 ①

96 5[%] NaOH 수용액과 10[%] NaOH 수용액을 반응기에 혼합하여 6[%] 100[kg]의 NaOH 수용액을 만들려면 각각 몇 [kg]의 NaOH수용액이 필요한가?

① 5[%] NaOH 수용액 : 33.3, 10[%] NaOH 수용액 : 66.7
② 5[%] NaOH 수용액 : 50, 10[%] NaOH 수용액 : 50
③ 5[%] NaOH 수용액 : 66.7, 10[%] NaOH 수용액 : 33.3
④ 5[%] NaOH 수용액 : 80, 10[%] NaOH 수용액 : 20

> **해설**
> **수용액 계산**
> 5% NaOH + 10% NaOH → 6% NaOH의 100kg
> x $100-x$ 0.06×100
> $0.05x + 0.1 \times (100-x) = 6$
> $0.05x + 10 - 0.1x = 6$
> $0.05x = 4$
> ∴ $x = 80$kg의 5% NaOH, 20kg의 10% NaOH

97 다음 설명이 의미하는 것은?

> 온도, 압력 등 제어상태가 규정의 조건을 벗어나는 것에 의해 반응속도가 지수함수적으로 증대되고, 반응용기 내의 온도, 압력이 급격히 이상 상승되어 규정 조건을 벗어나고, 반응이 과격화되는 현상

① 비등
② 과열·과압
③ 폭발
④ 반응폭주

> **해설**
> **반응이 과격화 되는 현상**
> 반응폭주
> **참고** ① 산업안전기사 필기 p5-49(1. 반응기의 개요)
>   ② 산업안전기사 필기 p.5-12(합격날개 : 은행문제)

98 분진폭발의 발생 순서로 옳은 것은?

① 비산 → 분산 → 퇴적분진 → 발화원 → 2차폭발 → 전면폭발
② 비산 → 퇴적분진 → 분산 → 발화원 → 2차폭발 → 전면폭발
③ 퇴적분진 → 발화원 → 분산 → 비산 → 전면폭발 → 2차폭발
④ 퇴적분진 → 비산 → 분산 → 발화원 → 전면폭발 → 2차폭발

> **해설**
> **분진 폭발의 과정**
> 분진의 퇴적 → 비산하여 분진운 생성 → 분산 → 점화원 → 폭발
>
>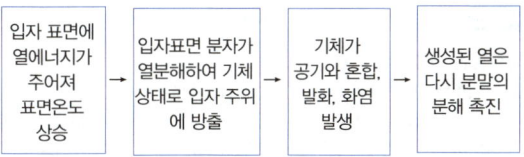
>
> [그림] 분진폭발순서
>
> **참고** 산업안전기사 필기 p.5-9(합격날개 : 합격예측)
> **KEY** 2017년 5월 7일 기사·산업기사 동시출제

99 건축물 공사에 사용되고 있으나, 불에 타는 성질에 있어서 화재 시 유독한 시안화수소가스가 발생되는 물질은?

① 염화비닐
② 염화에틸렌
③ 메타크릴산메틸
④ 우레탄

> **해설**
> **우레탄(urethane)**
> ① 카르바민산의 에스테르 H_2NCOOR(R은 알킬기, 페닐기 등), 에틸에스테르 $H_2NCOOC_2H_5$를 말한다.
> ② 고분자 화학에서는 – NHCOO – 결합을 우레탄 결합이라 한다.
> ③ 화재시 시안화수소 가스가 발생한다.
>
> **KEY** 산업안전기사 필기 p.5-60(합격날개 : 은행문제)

[정답] 96 ④ 97 ④ 98 ④ 99 ④

100 다음 중 밀폐 공간내 작업시의 조치사항으로 가장 거리가 먼 것은?

① 산소결핍이 우려되거나 유해가스 등의 농도가 높아서 폭발할 우려가 있는 경우는 진행 중인 작업에 방해되지 않도록 주의하면서 환기를 강화하여야 한다.
② 해당 작업장을 적정한 공기상태로 유지되도록 환기하여야 한다.
③ 해당 작업장소에 근로자를 입장시킬 때와 퇴장시킬 때에 각각 인원을 점검하여야 한다.
④ 해당 작업장과 외부의 감시인 사이에 상시 연락을 취할 수 있는 설비를 설치하여야 한다.

해설

밀폐공간 작업시의 환기
① 사업주는 근로자가 밀폐공간에서 작업을 하는 경우에 작업을 시작하기 전과 작업 중에 해당 작업장을 적정공기 상태가 유지되도록 환기하여야 한다. 다만, 폭발이나 산화 등의 위험으로 인하여 환기할 수 없거나 작업의 성질상 환기하기가 매우 곤란한 경우에는 근로자에게 공기호흡기 또는 송기마스크를 지급하여 착용하도록 하고 환기하지 아니할 수 있다.
② 근로자는 제①항 단서에 따라 지급된 보호구를 착용하여야 한다.

합격정보
① 산업안전보건기준에 관한 규칙 제620조(환기)
② 2024년 7월 1일 법개정

6 건설공사 안전관리

101 공정율이 65[%]인 건설현장의 경우 공사 진척에 따른 산업안전보건관리비의 최소 사용 기준으로 옳은 것은?

① 40[%] 이상   ② 50[%] 이상
③ 60[%] 이상   ④ 70[%] 이상

해설

공사진척에 따른 안전관리비 사용기준

공정률	50[%] 이상 70[%] 미만	70[%] 이상 90[%] 미만	90[%] 이상
사용기준	50[%] 이상	70[%] 이상	90[%] 이상

참고 산업안전기사 필기 p.6-44(표. 공사 진척에 따른 안전관리비 사용기준)

합격정보
① 건설업산업안전보건관리비 계상 및 사용기준 [별표 3] 공사진척에 따른 안전관리비 사용기준
② 고시개정 : 2022년 6월 2일(고시 고용노동부 제2022-43호)

102 화물취급작업과 관련한 위험방지를 위해 조치하여야 할 사항으로 옳지 않은 것은?

① 작업장 및 통로의 위험한 부분에는 안전하게 작업할 수 있는 조명을 유지할 것
② 차량 등에서 화물을 내리는 작업을 하는 경우에 해당 작업에 종사하는 근로자에게 쌓여 있는 화물 중간에서 화물을 빼내도록하지 말 것
③ 육상에서의 통로 및 작업장소로서 다리 또는 선거 갑문을 넘는 보도 등의 위험한 부분에는 안전난간 또는 울타리 등을 설치할 것
④ 부두 또는 안벽의 선을 따라 통로를 설치하는 경우에는 폭을 50[cm] 이상으로 할 것

해설

부두 · 안벽 통로의 폭 : 90[cm] 이상

참고 산업안전기사 필기 p.6-183[(1) 항만하역작업의 안전기준]

합격정보
산업안전보건기준에 관한 규칙 제 390조(하역작업장의 조치기준)

103 타워크레인을 자립고(自立高) 이상의 높이로 설치할 때 지지벽체가 없어 와이어로프로 지지하는 경우의 준수사항으로 옳지 않은 것은?

① 와이어로프를 고정하기 위한 전용 지지프레임을 사용할 것
② 와이어로프 설치각도는 수평면에서 60[°] 이내로 하되, 지지점은 4개소 이상으로 하고, 같은 각도로 설치할 것
③ 와이어로프와 그 고정부위는 충분한 강도와 장력을 갖도록 설치하되, 와이어로프를 클립·샤클(shackle) 등의 기구를 사용하여 고정하지 않도록 유의할 것
④ 와이어로프가 가공전선(架空電線)에 근접하지 않도록 할 것

[정답] 100 ①   101 ②   102 ④   103 ③

해설
타워크레인 강도 · 장력유지
① 와이어로프와 그 고정부위는 충분한 강도와 장력을 갖도록 설치한다.
② 와이어로프를 클립 · 샤클(shackle) 등의 고정기구를 사용하여 견고하게 고정시켜 풀리지 아니하도록 하며, 사용 중에는 충분한 강도와 장력을 유지하도록 할 것

합격정보
산업안전보건기준에 관한 규칙 제142조(타워크레인의 지지)

---

104 말비계를 조립하여 사용할 때의 준수사항으로 옳지 않은 것은?

① 지주부재의 하단에는 미끄럼 방지장치를 한다.
② 지주부재와 수평면과의 기울기는 75[°] 이하로 한다.
③ 말비계의 높이가 2[m]를 초과할 경우에는 작업발판의 폭을 30[cm] 이상으로 한다.
④ 지주부재와 지주부재 사이를 고정시키는 보조부재를 설치한다.

해설
말비계 작업발판폭 : 40[cm] 이상

KEY ① 2016년 5월 8일 산업기사 출제
② 2017년 3월 5일 산업기사 출제

합격정보
산업안전보건기준에 관한 규칙 제67조(말비계)

---

105 흙막이 지보공의 안전조치로 옳지 않은 것은?

① 굴착배면에 배수로 미설치
② 지하매설물에 대한 조사 실시
③ 조립도의 작성 및 작업순서 준수
④ 흙막이 지보공에 대한 조사 및 점검 철저

해설
흙막이 지보공의 안전조치 사항
① 굴착배면의 배수로 설치
② 지하매설물에 대한 조사 실시
③ 조립도의 작성 및 작업순서 준수
④ 흙막이 지보공에 대한 조사 및 점검 철저

합격정보
산업안전보건기준에 관한 규칙 제346조(조립도)

---

106 거푸집동바리등을 조립 또는 해체하는 작업을 하는 경우의 준수사항으로 옳지 않은 것은?

① 재료, 기구 또는 공구 등을 올리거나 내리는 경우에는 근로자로 하여금 달줄·달포대 등의 사용을 금하도록 할 것
② 낙하·충격에 의한 돌발적 재해를 방지하기 위하여 버팀목을 설치하고 거푸집동바리등을 인양장비에 매단 후에 작업을 하도록 하는 등 필요한 조치를 할 것
③ 비, 눈, 그 밖의 기상상태의 불안정으로 날씨가 몹시 나쁜 경우에는 그 작업을 중지할 것
④ 해당 작업을 하는 구역에는 관계 근로자가 아닌 사람의 출입을 금지할 것

해설
재료 · 기구 · 공구 등을 올리거나 내리는 경우 : 달줄, 달포대 사용

참고 산업안전기사 필기 p.6-105(합격날개 : 합격예측 및 관련법규)

합격정보
산업안전보건기준에 관한 규칙 제336조(조립 등 작업시의 준수사항)

---

107 로드(rod) · 유압잭(jack) 등을 이용하여 거푸집을 연속적으로 이동시키면서 콘크리트를 타설할 때 사용되는 것으로 silo 공사 등에 적합한 거푸집은?

① 메탈폼   ② 슬라이딩폼
③ 워플폼   ④ 페코빔

해설
슬라이딩폼(Sliding form) : 활동거푸집
① 높이 1~1.2[m] 정도의 하부가 약간 벌어진 철판거푸집을 요크(York)로 서서히 끌어올리는 공법
② 콘크리트를 연속하여 타설하므로 일체성이 확보되고 공기가 단축
③ 돌출물이 없는 굴뚝(silo)공사에 적당

보충학습
(1) 메탈폼(Metal form)
① 철판(Steel pannel), 앵글 등을 써서 제작된 거푸집
② 조립이 간단하며, 거푸집의 변형이 적다.
③ 콘크리트면이 평활하여 제치장에 사용된다.
(2) 무지주공법
① 강재의 인장력을 이용하여 만든 조립보로 지주(받침기둥)를 쓰지 않고 보를 걸어서 거푸집널을 지지하는 것

[정답] 104 ③   105 ①   106 ①   107 ②

② 보우빔(Bow beam) : 수평지지보를 걸어서 거푸집을 지지하는 공법으로 철근의 장력을 이용
③ 페코빔(Pecco beam)
　㉮ 철골트러스 신축식 강재보로서 6.4[m]까지 신축조절 가능
　㉯ 천장이 높은 곳에 사용되며 100회 정도 사용 가능
(3) 워플폼(Waffle form) : 무량판(보가 없는)공법
① 무량판구조 또는 평판구조로서 특수상자 모양의 기성재 거푸집
② 크기는 60~90[cm] 각 높이는 9~18[cm]이고 모서리는 둥근형
③ 2방향 장전 바닥판구조를 만들 수 있는 거푸집이다.

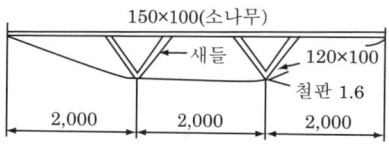

[그림 1] 보우빔

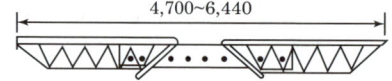

[그림 2] 페코빔

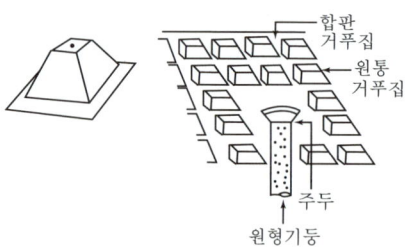

[그림 3] 워플폼

108
양중기에 사용하는 와이어로프에서 화물의 하중을 직접 지지하는 달기와이어로프 또는 달기체인의 안전계수 기준은?

① 3 이상　　② 4 이상
③ 5 이상　　④ 10 이상

해설
와이어로프의 안전계수
① 근로자가 탑승하는 운반구를 지지하는 달기와이어로프 또는 달기체인의 경우 : 10 이상
② 화물의 하중을 직접 지지하는 달기와이어로프 또는 달기체인의 경우 : 5 이상
③ 훅, 샤클, 클램프, 리프팅 빔의 경우 : 3 이상
④ 그 밖의 경우 : 4 이상

참고) 산업안전기사 필기 p.6-132(합격날개:합격예측)

합격정보
산업안전보건기준에 관한 규칙 제163조(와이어로프등 달기구의 안전계수)

109
건설업의 산업안전보건관리비 사용항목에 해당되지 않는 것은?

① 안전시설비　　② 근로자 건강관리비
③ 운반기계 수리비　　④ 안전진단비

해설
건설업 산업안전보건관리비 사용 가능항목 9가지
① 안전·보건관리자 임금 등
② 안전시설비 등
③ 보호구 등
④ 안전보건진단비 등
⑤ 안전보건교육비 등
⑥ 근로자 건강장해예방비 등
⑦ 건설재해예방전문지도기관 기술지도비
⑧ 본사 전담조직 근로자 임금 등
⑨ 위험성평가 등에 따른 소요비용

참고) 산업안전기사 필기 p.6-45(별지 제1호 서식)

합격정보
① 건설업산업안전보건관리비 계상 및 사용기준(별지 제1호 서식 : 산업안전보건관리비 사용내역서)
② 고용노동부 고시 제2024-53호(2024. 9. 19. 일부개정)

110
설치·이전하는 경우 안전인증을 받아야 하는 기계에 해당되지 않는 것은?

① 크레인　　② 리프트
③ 곤돌라　　④ 고소작업대

해설
안전인증대상 기계의 구분
(1) 설치·이전하는 경우 안전인증을 받아야 하는 기계
　① 크레인　　② 리프트
　③ 곤돌라
(2) 주요 구조 부분을 변경하는 경우 안전인증을 받아야 하는 기계
　① 프레스　　② 전단기 및 절곡기(折曲機)
　③ 크레인　　④ 리프트
　⑤ 압력용기　　⑥ 롤러기
　⑦ 사출성형기(射出成形機)　⑧ 고소 작업대
　⑨ 곤돌라

참고) 산업안전기사 필기 p.3-50(1. 안전인증대상 기계)

KEY ① 2017년 3월 5일 기사, 산업기사 동시 출제
　　② 2017년 5월 7일 기사, 산업기사 동시 출제

합격정보
① 산업안전보건법 시행령 제74조(안전인증대상 기계 등)
② 산업안전보건법 시행규칙 제107조(안전인증대상기계 등)

[정답]　108 ③　109 ③　110 ④

> 합격자의 조언
> 제1과목 : 산업재해예방및 안전보건교육에도 출제 됩니다.

111 유해위험방지계획서 첨부서류에 해당되지 않는 것은?

① 안전관리를 위한 교육 자료
② 안전관리 조직표
③ 건설물, 사용 기계설비 등의 배치를 나타내는 도면
④ 재해 발생 시 연락 및 대피방법

[해설]

건설업 유해위험방지계획서 첨부서류
① 공사 개요서
② 공사현장의 주변 현황 및 주변과의 관계를 나타내는 도면(매설물 현황을 포함한다.)
③ 건설물, 사용 기계설비 등의 배치를 나타내는 도면
④ 전체 공정표
⑤ 산업안전보건관리비 사용 계획
⑥ 안전관리 조직표
⑦ 재해 발생 위험 시 연락 및 대피방법

[참고] 산업안전기사 필기 p.6-21[(4) 제출시 첨부서류]

[KEY] 2017년 3월 5일(문제105번) 출제

[합격정보] 산업안전보건법시행규칙 [별표 10] 유해위험방지계획서 첨부서류

112 항타기 또는 항발기의 권상용 와이어로프의 사용금지기준에 해당되지 않는 것은?

① 이음매가 없는 것
② 지름의 감소가 공칭지름의 7[%]를 초과하는 것
③ 꼬인 것
④ 열과 전기충격에 의해 손상된 것

[해설]

와이어로프의 사용제한 조건
① 이음매가 있는 것
② 와이어로프의 한 꼬임에서 끊어진 소선의 수가 10[%] 이상인 것
③ 지름의 감소가 공칭지름의 7[%]를 초과하는 것
④ 꼬인 것
⑤ 심하게 변형 또는 부식된 것
⑥ 열과 전기 충격에 의해 손상된 것

[참고] 산업안전기사 필기 p.6-102(합격날개 : 합격예측)

[KEY] 2017년 5월 7일 기사, 산업기사 동시출제

[합격정보] 산업안전보건기준에 관한 규칙 제63조(달비계의 구조)

113 철골 작업 시 기상조건에 따라 안전상 작업을 중지하여야 하는 경우에 해당되는 기준으로 옳은 것은?

① 강우량이 시간당 5[mm] 이상인 경우
② 강우량이 시간당 10[mm] 이상인 경우
③ 풍속이 초당 10[m] 이상인 경우
④ 강설량이 시간당 20[mm] 이상인 경우

[해설]

철골공사 작업중지 기준
① 풍속이 초당 10[m/sec] 이상인 경우
② 1시간당 강우량이 1[mm] 이상인 경우
③ 1시간당 강설량이 1[cm] 이상인 경우

[참고] 산업안전기사 필기 p.6-155(② 기후에 의한 영향)

[KEY] ① 2016년 5월 8일 출제 기사, 산업기사 동시 출제
② 2016년 10월 1일 산업기사 출제

[합격정보] 산업안전보건기준에 관한 규칙 제383조(작업의 제한)

114 가설통로의 구조에 관한 기준으로 옳지 않은 것은?

① 경사가 15[°]를 초과하는 경우에는 미끄러지지 아니하는 구조로 할 것
② 경사는 20[°] 이하로 할 것
③ 추락의 위험이 있는 장소에는 안전난간을 설치할 것
④ 수직갱에 가설된 통로의 길이가 15[m] 이상인 경우에는 10[m] 이내마다 계단참을 설치할 것

[해설]

가설통로 경사 : 30[°] 이하

[참고] 산업안전기사 필기 p.6-17(합격날개 : 합격예측 및 관련법규)

[KEY] ① 2016년 3월 6일 산업기사 출제
② 2017년 5월 7일 기사, 산업기사 동시 출제

[합격정보] 산업안전보건기준에 관한 규칙 제23조 가설통로의 구조

[정답] 111 ① 112 ① 113 ③ 114 ②

115 동바리로 사용하는 파이프 서포트는 최대 몇 개 이상 이어서 사용하지 않아야 하는가?

① 2개
② 3개
③ 4개
④ 5개

해설
동바리로 사용하는 파이프 서포트 최대개수 : 3개

참고 산업안전기사 필기 p.6-87(합격날개 : 합격예측 및 관련법규)

합격정보
산업안전보건기준에 관한 규칙 제332조의 2(동바리 유형에 따른 동바리 조립시 안전조치)

116 건설현장에 설치하는 사다리식 통로의 설치기준으로 옳지 않은 것은?

① 발판과 벽과의 사이는 15[cm] 이상의 간격을 유지할 것
② 발판의 간격을 일정하게 할 것
③ 사다리의 상단은 걸쳐놓은 지점으로부터 60[cm] 이상 올라가도록 할 것
④ 사다리식 통로의 길이가 10[m] 이상인 경우에는 3[m] 이내마다 계단참을 설치할 것

해설
계단참 기준 : 10[m] 이상인 경우 5[m] 마다 설치

참고 산업안전기사 필기 p.6-18(합격날개 : 합격예측 및 관련법규)
KEY ① 2016년 10월 1일 산업기사 출제
② 2017년 5월 7일 기사, 산업기사 동시 출제

합격정보
산업안전보건기준에 관한 규칙 제24조(사다리식 통로 등의 구조)

117 흙막이 계측기의 종류 중 주변 지반의 변형을 측정하는 기계는?

① Tilt meter
② Inclino meter
③ Strain gauge
④ Load cell

해설
계측장치의 종류 및 설치목적

종류	설치목적
건물 경사계(tilt meter)	지상 인접구조물의 기울기를 측정
지표면 침하계(level and staff)	주위 지반에 대한 지표면의 침하량을 측정
지중 경사계(inclinometer)	지중수평변위를 측정하여 흙막이의 기울어진 정도(주변 지반의 변형측정)
지중 침하계(extension meter)	지중수직변위를 측정하여 지반의 침하정도 파악
변형계(strain gauge)	흙막이 버팀대의 변형 정도 파악
하중계(load cell)	흙막이 버팀대에 작용하는 토압, 토류벽 측정
토압계(earth pressure meter)	흙막이에 작용하는 토압의 변화 파악
간극수압계(piezo meter)	굴착으로 인한 지하의 간극수압 측정
지하수위계(water level meter)	지하수의 수위변화 측정

참고 산업안전기사 필기 p.6-119(표. 계측장치의 종류 및 설치목적)
KEY ① 2016년 3월 6일 산업기사 출제
② 2016년 10월 1일 산업기사 출제
③ 2017년 5월 7일 기사, 산업기사 동시 출제

118 차량계 하역운반기계등에 화물을 적재하는 경우에 준수해야 할 사항으로 옳지 않은 것은?

① 하중이 한쪽으로 치우치도록 하여 공간상 효율적으로 적재할 것
② 구내운반차 또는 화물자동차의 경우 화물의 붕괴 또는 낙하에 의한 위험을 방지하기 위하여 화물에 로프를 거는 등 필요한 조치를 할 것
③ 운전자의 시야를 가리지 않도록 화물을 적재할 것
④ 화물을 적재하는 경우 최대적재량을 초과하지 않을 것

해설
차량계 하역운반기계 화물적재시 준수사항
① 하중이 한쪽으로 치우치지 않도록 적재할 것
② 구내운반차 또는 화물자동차의 경우 화물의 붕괴 또는 낙하에 의한 위험을 방지하기 위하여 화물에 로프를 거는 등 필요한 조치를 할 것
③ 운전자의 시야를 가리지 않도록 화물을 적재할 것

참고 산업안전기사 필기 p.6-135(합격날개 : 합격예측 및 관련법규)

합격정보
산업안전보건기준에 관한 규칙 제173조(화물적재시의 조치)

[정답] 115 ② 116 ④ 117 ② 118 ①

119 다음 설명에 해당하는 안전대와 관련된 용어로 옳은 것은?(단, 보호구 안전인증 고시 기준)

> 신체지지의 목적으로 전신에 착용하는 띠 모양의 것으로서 상체 등 신체 일부분만 지지하는 것은 제외한다.

① 안전그네 ② 벨트
③ 죔줄   ④ 버클

해설
안전대의 종류

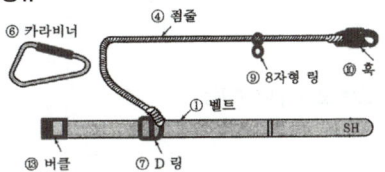
[그림 1] 1개 걸이용 안전대

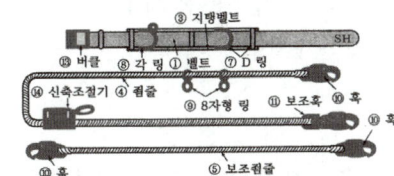
[그림 2] U자 걸이용 안전대

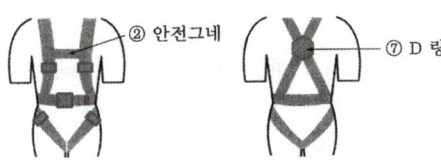
[그림 3] 안전그네

[그림 4] 안전블록   [그림 5] 충격흡수장치

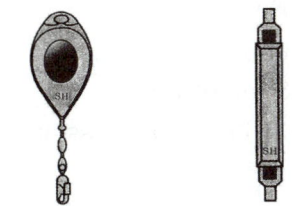
[그림 6] 추락방지대

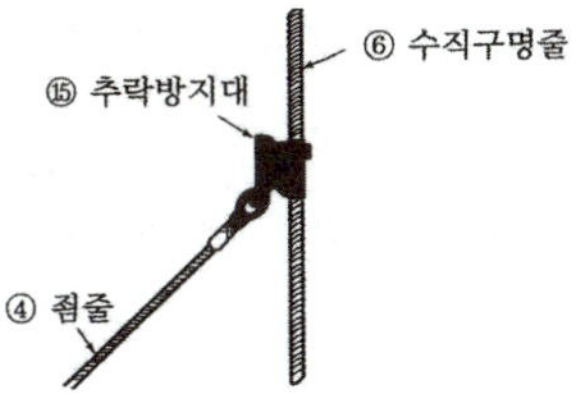

참고) 산업안전기사 필기 p.1-54(합격날개:은행문제)

합격자의 조언
실기 작업형 출제문제

120 터널공사의 전기발파작업에 관한 설명으로 옳지 않은 것은?

① 전선은 점화하기 전에 화약류를 충진한 장소로부터 30[m] 이상 떨어진 안전한 장소에서 도통시험 및 저항시험을 하여야 한다.
② 점화는 충분한 허용량을 갖는 발파기를 사용하고 규정된 스위치를 반드시 사용하여야 한다.
③ 발파 후 발파기와 발파모선의 연결을 유지한 채 그 단부를 절연시킨다.
④ 점화는 선임된 발파책임자가 행하고 발파기의 핸들을 점화할 때 이외는 시건장치를 하거나 모선을 분리하여야 하며 발파책임자의 엄중한 관리하에 두어야 한다.

해설
발파작업 안전기준
① 미지전류의 유무에 대하여 확인하고 미지전류가 0.01[A] 이상일 때에는 전기발파하지 않아야 한다.
② 전기발파기는 충분한 기동이 있는지의 여부를 사전에 점검하여야 한다.
③ 도통시험기는 소정의 저항치가 나타나는가에 대해 사전에 점검하여야 한다.
④ 약포에 뇌관을 장치할 때에는 반드시 전기뇌관의 저항을 측정하여 소정의 저항에 대하여 오차가 ±0.1[Ω] 이내에 있는가를 확인하여야 한다.
⑤ 발파모선의 배선에 있어서는 점화장소를 발파현장에서 충분히 떨어져 있는 장소로 하고 물기나 철관, 궤도 등이 없는 장소를 택하여야 한다.
⑥ 점화장소는 발파현장이 잘 보이는 곳이어야 하며 충분히 떨어져 있는 안전한 장소를 택하여야 한다.
⑦ 전선은 점화하기 전에 화약류를 충진한 장소로부터 30[m] 이상 떨어진 안전한 장소에서 도통시험 및 저항시험을 하여야 한다.
⑧ 점화는 충분한 허용량을 갖는 발파기를 사용하고 규정된 스위치를 반드시 사용하여야 한다.
⑨ 점화는 선임된 발파책임자가 행하고 발파기의 핸들을 점화할 때 이외는 시건장치를 하거나 모선을 분리하여야 하며 발파책임자의 엄중한 관리하에 두어야 한다.
⑩ 발파 후 즉시 발파모선을 발파기로부터 분리하고 그 단부를 절연시킨 후 재점화가 되지 않도록 하여야 한다.
⑪ 발파 후 30분 이상 경과한 후가 아니면 발파장소에 접근하지 않아야 한다.

참고) 산업안전기사 필기 p.6-129(문제 48번) 적중

【 정답 】 119 ① 120 ③

2017년도 기사 정기검정 제3회 (2017년 8월 26일 시행)

자격종목 및 등급(선택분야): 산업안전기사
종목코드 1431 | 시험시간 2시간 | 수험번호 20170826 | 성명 도서출판세화

1 산업재해 예방 및 안전보건교육

01 한국사업장의 2017년 강도율이 2.5이고, 재해발생 건수가 12건, 총 근로 시간수가 120만 시간일 때 이 사업장의 종합재해지수는 약 얼마인가?

① 1.6
② 5.0
③ 27.6
④ 230

해설
종합재해지수 $= \sqrt{FR \times SR} = \sqrt{10 \times 2.5} = 5$

보충학습
빈도(도수)율 $= \dfrac{재해건수}{연근로시간수} \times 10^6 = \dfrac{12}{1,200,000} \times 10^6 = 10$

참고 산업안전기사 필기 p.3-43(5. 종합재해지수)
KEY 2016년 5월 8일 출제

02 재해발생 시 조치순서 중 재해조사 단계에서 실시하는 내용으로 옳은 것은?

① 현장보존
② 관계자에게 통보
③ 잠재재해 위험요인의 색출
④ 피해자의 응급조치

해설
재해조사 단계 내용 : 잠재재해 위험요인의 색출
① 발생일시
② 발생장소
③ 재해관련 작업유형
④ 재해발생 당시상황

보충학습
긴급처리 내용
① 피재기계의 정지 ② 피해자 구출
③ 피해자의 응급조치 ④ 관계자에게 통보
⑤ 2차 재해방지 ⑥ 현장보존

참고 산업안전기사 필기 p.3-33(4. 산업재해발생 조치순서)
KEY ① 산업안전기사 필기 2016년 10월 1일 출제
② 산업안전기사 필기 2017년 3월 5일 출제

03 위치, 순서, 패턴, 형상, 기억오류 등 외부적 요인에 의해 나타나는 것은?

① 메트로놈
② 리스크테이킹
③ 부주의
④ 착오

해설
인간착오 또는 오인의 메커니즘
① 위치의 오인 ② 순서의 오인
③ 패턴의 오인 ④ 형태의 오인
⑤ 기억의 틀림

참고 산업안전기사 필기 p.1-83(합격날개 : 합격예측)
KEY 2006년 5월 14일 (문제 13번) 출제

04 학습지도 형태 중 다음 토의법 유형에 대한 설명으로 옳은 것은?

> 6-6회의라고도 하며, 6명씩 소집단으로 구분하고, 집단별로 각각의 사회자를 선정하여 6분간씩 자유토의를 행하여 의견을 종합하는 방법

① 버즈세션(Buzz session)
② 포럼(Forum)
③ 심포지엄(Symposium)
④ 패널 디스커션(Panel discussion)

해설
Buzz session(6-6회의)

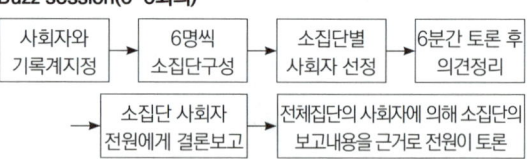

참고 산업안전기사 필기 p.1-144(⑥ 버즈세션)
KEY 2016년 3월 6일 출제

[정답] 01 ② 02 ③ 03 ④ 04 ①

05 하인리히의 재해발생 이론은 다음과 같이 표현할 수 있다. 이때 α가 의미하는 것으로 옳은 것은?

> 재해의 발생＝물적 불안전상태＋인적 불안전행위＋α
> ＝설비적 결함＋관리적 결함＋α

① 노출된 위험의 상태　② 재해의 직접원인
③ 재해의 간접원인　　④ 잠재된 위험의 상태

해설

하인리히 1 : 29 : 300 법칙

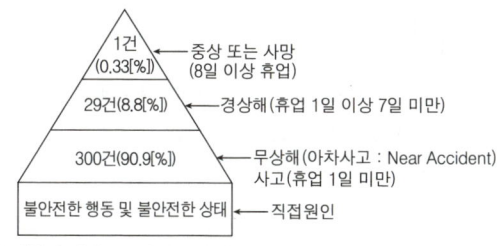

① 재해의 발생＝물적 불안전 상태＋인적 불안전 행동＋α
　　　　　　＝설비적 결함＋관리적 결함＋α
$\alpha = \dfrac{1}{1+29+300} = \dfrac{1}{330}$
② α : 숨은 위험한 요인(잠재된 위험의 상태)
③ 재해건수＝1＋29＋300＝330[건]

참고 산업안전기사 필기 p.3-32 (1) 하인리히의 1 : 29 : 300

KEY 2016년 10월 1일 기사 출제

06 브레인스토밍(Brain-storming) 기법의 4원칙에 관한 설명으로 틀린 것은?

① 한 사람이 많은 의견을 제시할 수 있다.
② 타인의 의견을 수정하여 발언할 수 있다.
③ 타인의 의견에 대하여 비판, 비평하지 않는다.
④ 의견을 발언할 때에는 주어진 요건에 맞추어 발언한다.

해설

BS의 4원칙 기법
① 비판금지(criticism is ruled out) : 좋다. 나쁘다 비판은 하지 않는다.
② 자유분방(free wheeling) : 마음대로 자유로이 발언한다.
③ 대량발언(quantity is wanted) : 무엇이든 좋으니 많이 발언한다.
④ 수정발언(combination and improvement of thought) : 타인의 생각에 동참하거나 보충 발언해도 좋다.

참고 산업안전기사 필기 p.1-14(③ BS의 4원칙)

KEY 2017년 3월 5일 출제

07 재해원인 분석방법의 통계적 원인분석 중 사고의 유형, 기인물 등 분류항목을 큰 순서대로 도표화한 것은?

① 파레토도　② 특성요인도
③ 크로스도　④ 관리도

해설

파레토도(Pareto diagram)
① 관리 대상이 많은 경우 최소의 노력으로 최대의 효과를 얻을 수 있는 방법
② 사고의 유형, 기인물 등 분류항목을 큰 값에서 작은 값의 순서로 도표화하는 데 편리

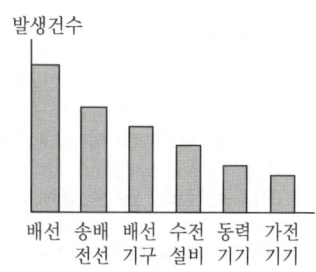

[그림] 전기설비별 감전사고 분포 파레토도

참고 산업안전기사 필기 p.3-3 (1) 파레토도

KEY 2017년 8월 26일 기사·산업기사 동시출제

08 산업안전보건법령상 안전보건표지의 종류 중 안내표지에 해당하지 않는 것은?

① 들것　　　② 비상용기구
③ 출입구　　④ 세안장치

해설

안내표지 8종

① 녹십자 표지	② 응급구호 표지	③ 들것	④ 세안장치
⑤ 비상용기구	⑥ 비상구	⑦ 좌측비상구	⑧ 우측비상구

참고 산업안전기사 필기 p.1-61(4. 안전보건표지의 종류와 형태)

[정답] 05 ④　06 ④　07 ①　08 ③

09 산업안전보건법령상 근로자 안전보건교육 중 관리감독자 정기안전보건교육의 교육내용이 아닌 것은?

① 작업 개시 전 점검에 관한 사항
② 산업보건 및 직업병예방에 관한 사항
③ 유해·위험 작업환경관리에 관한 사항
④ 작업공정의 유해·위험과 재해예방대책에 관한 사항

해설

관리감독자 정기안전보건교육 내용
① 산업안전 및 사고 예방에 관한 사항
② 산업보건 및 직업병 예방에 관한 사항
③ 위험성 평가에 관한 사항
④ 유해·위험 작업환경 관리에 관한 사항
⑤ 산업안전보건법령 및 산업재해보상보험 제도에 관한 사항
⑥ 직무스트레스 예방 및 관리에 관한 사항
⑦ 직장 내 괴롭힘, 고객의 폭언 등으로 인한 건강장해 예방 및 관리에 관한 사항
⑧ 작업공정의 유해·위험과 재해 예방대책에 관한 사항
⑨ 사업장 내 안전보건관리체제 및 안전·보건조치 현황에 관한 사항
⑩ 표준안전 작업방법 결정 및 지도·감독 요령에 관한 사항
⑪ 현장근로자와의 의사소통능력 및 강의 능력 등 안전보건교육 능력 배양에 관한 사항
⑫ 비상시 또는 재해 발생 시 긴급조치에 관한 사항
⑬ 그 밖의 관리감독자의 직무에 관한 사항

참고 산업안전기사 필기 p.1-154 (3) 관리감독자 정기안전보건교육 내용

KEY 2017년 5월 7일(문제 3번) 출제

10 안전점검 보고서 작성내용 중 주요사항에 해당되지 않는 것은?

① 작업현장의 현 배치 상태와 문제점
② 재해다발요인과 유형분석 및 비교 데이터 제시
③ 안전관리 스태프의 인적사항
④ 보호구, 방호장치 작업환경 실태와 개선제시

해설

안전점검 보고서 작성내용 중 주요사항
① 작업현장의 현 배치 상태와 문제점
② 재해다발요인과 유형분석 및 비교 데이터 제시
③ 보호구, 방호장치 작업환경 실태와 개선제시

참고 산업안전기사 필기 p.3-48(합격날개 : 은행문제)

11 안전교육방법 중 구안법(Project Method)의 4단계의 순서로 옳은 것은?

① 목적결정 → 계획수립 → 활동 → 평가
② 계획수립 → 목적결정 → 활동 → 평가
③ 활동 → 계획수립 → 목적결정 → 평가
④ 평가 → 계획수립 → 목적결정 → 활동

해설

구안법의 4단계
① 제1단계 : 목적결정
② 제2단계 : 계획수립
③ 제3단계 : 활동(수행)
④ 제4단계 : 평가

참고 산업안전기사 필기 p.1-141(합격날개 : 합격예측)

KEY ① 2007년 8월 5일 (문제 14번) 출제
② 2016년 5월 8일 출제

12 보호구 안전인증 고시에 따른 방음용 귀마개 또는 귀덮개와 관련된 용어의 정의 중 다음 (   )안에 알맞은 것은?

> 음압수준이란 음압을 다음 식에 따라 데시벨(dB)로 나타낸 것을 말하며 적분 평균소음계(KS C 1505) 또는 소음계 (KS C 1502)에 규정하는 소음계의 (   ) 특성을 기준으로 한다.

① A   ② B
③ C   ④ D

해설

음압수준
"음압수준"이란 음압을 다음 식에 따라 데시벨(dB)로 나타낸 것을 말하며 KS C 1505(적분 평균소음계) 또는 KS C 1502(소음계)에 규정하는 소음계의 "C" 특성을 기준으로 한다.

$$음압수준[dB] = 20\log 10 \frac{P}{P_0}$$

P : 측정음압으로서 파스칼(Pa) 단위를 사용
P_0 : 기준음압으로서 20[μPa] 사용

참고 산업안전기사 필기 p.1-63(합격날개 : 합격예측)

KEY 2009년 5월 10일 (문제 9번) 출제

[정답] 09 ①   10 ③   11 ①   12 ③

13 무재해운동 추진기법 중 위험예지훈련 4라운드 기법에 해당하지 않는 것은?

① 현상파악 ② 행동목표설정
③ 대책수립 ④ 안전평가

해설

문제해결의 4단계(4 Round)
① 1R-현상파악
② 2R-본질추구
③ 3R-대책수립
④ 4R-행동목표설정

참고) 산업안전기사 필기 p.1-12(1. 위험예지훈련의 4단계)

KEY ① 2016년 3월 6일 출제
② 2016년 5월 8일 기사·산업기사 동시 출제
③ 2017년 3월 5일 기사·산업기사 동시 출제
④ 2017년 5월 7일 출제

14 다음 그림과 같은 안전관리 조직의 특징으로 틀린 것은?

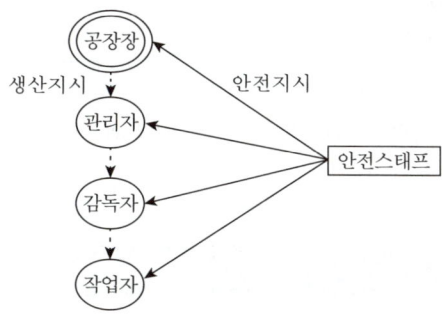

① 1,000명 이상의 대규모 사업장에 적합하다.
② 생산 부문은 안전에 대한 책임과 권한이 없다.
③ 사업장의 특수성에 적합한 기술연구를 전문적으로 할 수 있다.
④ 권한다툼이나 조정 때문에 통제수속이 복잡해지며, 시간과 노력이 소모된다.

해설

Staff(참모)형 안전조직
(1) 장점
  ① 안전 전문가가 안전계획을 세워 문제 해결 방안을 모색하고 조치한다.
  ② 경영자의 조언과 자문 역할을 한다.
  ③ 안전 정보 수집이 용이하고 빠르다.

(2) 단점
  ① 생산 부문에 협력하여 안전 명령을 전달 실시하므로 안전과 생산을 별개로 취급하기 쉽다.
  ② 생산 부문은 안전에 대한 책임과 권한이 없다.
(3) 그 밖의 특징
  ① 관리 상호간 커뮤니케이션이 원활하도록 해야 안전관리가 잘 이루어진다.
  ② 근로자 100~1,000명 정도
  ③ 테일러(F.W.Taylor)가 제창한 기능형 조직에서 발전

참고) 산업안전기사 필기 p.1-23(2. 안전보건관리 조직형태)

KEY ① 2016년 3월 6일 기사·산업기사 출제
② 산업안전기사 필기 2017년 3월 5일 출제
③ 산업안전기사 필기 2017년 5월 7일 출제

15 인간의 행동특성과 관련한 레빈의 법칙(Lewin) 중 P가 의미하는 것은?

$$B=f(P \cdot E)$$

① 사람의 경험, 성격 등
② 인간의 행동
③ 심리에 영향을 주는 인간관계
④ 심리에 영향을 미치는 작업환경

해설

K.Lewin의 법칙
$B=f(P \cdot E)$
여기서, B : Behavior(인간의 행동)
  f : function(함수관계)
  P : Person(개체 : 연령, 경험, 심신상태, 성격, 지능, 소질 등)
   E : Environment(심리적 환경 : 인간관계, 작업환경 등)

참고) 산업안전기사 필기 p.1-77(합격날개 : 합격예측)

KEY ① 2016년 3월 6일 산업기사 출제
② 산업안전기사 필기 2017년 3월 5일 출제
③ 2017년 5월 7일 출제

16 안전교육의 단계에 있어 교육대상자가 스스로 행함으로써 습득하게 하는 교육은?

① 의식교육 ② 기능교육
③ 지식교육 ④ 태도교육

【 정답 】 13 ④ 14 ① 15 ① 16 ②

해설

제2단계(기능교육)
① 교육대상자가 그것을 스스로 행함으로 얻어진다.
② 개인의 반복적 시행착오에 의해서만 얻어진다.
③ 시범, 견학, 실습, 현장실습 교육을 통한 경험체득과 이해

> 참고 산업안전기사 필기 p.1-152 (2) 제2단계 : 기능교육

> KEY ① 2009년 3월 1일 (문제 15번) 출제
> ② 2017년 5월 7일 출제

17 부주의의 현상으로 볼 수 없는 것은?

① 의식의 단절   ② 의식수준 지속
③ 의식의 과잉   ④ 의식의 우회

해설

부주의의 현상 5가지
① 의식의 단절   ② 의식의 우회
③ 의식수준의 저하 ④ 의식의 혼란
⑤ 의식의 과잉

> 참고 산업안전기사 필기 p.1-120 (1) 부주의의 원인

> KEY 2017년 3월 5일 출제

18 산업안전보건법상 근로시간 연장의 제한에 관한 기준에서 아래의 (   ) 안에 알맞은 것은?

> 사업주는 유해하거나 위험한 작업으로서 대통령령으로 정하는 작업에 종사하는 근로자에게는 1일 (㉠)시간, 1주 (㉡)시간을 초과하여 근로하게 하여서는 아니 된다.

① ㉠ 6, ㉡ 34   ② ㉠ 7, ㉡ 36
③ ㉠ 8, ㉡ 40   ④ ㉠ 8, ㉡ 44

해설

근로시간 연장의 제한
사업주는 유해하거나 위험한 작업으로서 대통령령으로 정하는 작업에 종사하는 근로자에게는 1일 6시간, 1주 34시간을 초과하여 근로하게 하여서는 아니 된다.
예) 잠함 잠수작업

> 참고 산업안전기사 필기 p.1-155 (합격날개 : 합격예측)

> **합격정보**
> 산업안전보건법 제139조(유해·위험작업에 대한 근로시간 제한 등)

19 일반적으로 시간의 변화에 따라 야간에 상승하는 생체리듬은?

① 맥박수   ② 염분량
③ 혈압   ④ 체중

해설

위험일의 변화 및 특징
① 혈액의 수분, 염분량 : 주간에 감소, 야간에 상승
② 체중 감소, 소화분비액 불량, 말초운동 기능 저하, 피로의 자각 증상 증가
③ 체온, 혈압, 맥박 : 주간에 상승, 야간에 감소

> 참고 산업안전기사 필기 p.1-108 (5) 위험일의 변화 및 특징

20 성인학습의 원리에 해당되지 않는 것은?

① 간접경험의 원리   ② 자발학습의 원리
③ 상호학습의 원리   ④ 참여교육의 원리

해설

성인학습의 원리
① 자발적 학습의 원리 : 강제적인 학습이 아니다.
② 자기주도적 학습의 원리 : 자기가 설계한 목적 및 방법으로 학습한다.
③ 상호학습의 원리 : 교학상장(敎學相長)을 기하는 학습이다.
④ 생활적응의 원리 : 이론보다 실생활에 적용되는 학습이어야 한다.

> 참고 산업안전기사 필기 p.1-120(합격날개 : 합격예측)

2 인간공학 및 위험성 평가·관리

21 설비보전을 평가하기 위한 식으로 틀린 것은?

① 성능가동률=속도가동률×정미가동률
② 시간가동률=(부하시간－정지시간)/부하시간
③ 설비종합효율=시간가동률×성능가동률×양품률
④ 정미가동률=(생산량×기준주기시간)/가동시간

해설

$$정미가동률=\frac{(생산량 \times 실제주기시간)}{(부하시간－정지시간)}$$

> KEY 2013년 8월 18일(문제 31번) 출제

[정답] 17 ② 18 ① 19 ② 20 ① 21 ④

22 "표시장치와 이에 대응하는 조종장치간의 위치 또는 배열이 인간의 기대와 모순되지 않아야 한다."는 인간공학적 설계원리와 가장 관계가 깊은 것은?

① 개념양립성　　② 운동양립성
③ 문화양립성　　④ 공간양립성

해설

양립성의 종류
① 개념 양립성 : 외부로부터의 자극에 대해 인간이 가지는 개념적 현상
　예) 발간색 버튼 : 정지, 녹색버튼 : 운전
② 공간 양립성 : 표시장치나 조종장치의 물리적인 형태나 공간적인 배치
　예) 오른쪽 : 오른손 조절장치, 왼쪽 : 왼손 조절장치
③ 운동의 양립성 : 표시장치, 조종장치, 체계반응 등의 운동방향의 양립성
　예) 조종장치를 오른쪽으로 돌리면 지침도 오른쪽으로 이동
④ 양식(modality) 양립성 : 직무에 알맞은 응답양식의 존재
　예) 소리로 제시된 정보는 말로 반응하게 하는 것이, 시각적으로 제시된 정보는 손으로 반응하는 것이 양립성이 높다.

참고 산업안전기사 필기 p.1-75(6. 양립성)

KEY 2009년 5월 10일 (문제 27번) 출제

23 다음 그림은 THERP를 수행하는 예이다. 작업개시점 N_1에서부터 작업종점 N_4 까지 도달할 확률은?(단, $P(B_i)$, i=1, 2, 3, 4는 해당 확률을 나타내며, 각 직무과오의 발생은 상호독립이라 가정한다.)

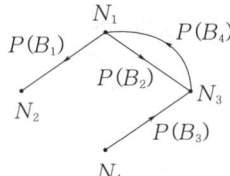

① $1 - P(B_1)$　　② $P(B_2) \cdot P(B_3)$
③ $\dfrac{P(B_2) \cdot P(B_3)}{1 - P(B_4)}$　　④ $\dfrac{P(B_2) \cdot P(B_3)}{1 - P(B_2) \cdot P(B_4)}$

해설

도달할 확률
① N_1에서 시작 N_4 에서 종료 : B_2 B_4 loop
② 도달확률 = $\dfrac{\text{최단경로}}{1-\text{루프경로의 곱}} = \dfrac{P(B_2) \cdot P(B_3)}{1-P(B_2) \cdot P(B_4)}$

참고 산업안전기사 필기 p.2-65(8. THERP)

KEY 2011년 10월 2일 건설안전기사(문제 52번) 출제

보충학습

THERP(technique for human error rate prediction)
① 시스템에 있어서 인간의 과오(휴먼 에러)를 정량적으로 평가하기 위해 1963년 Swain들에 의해서 개발된 기법이며, 인간의 에러(error)율 추정(推定)법 등 5개 step으로 되어 있다.

② 인간동작이 시스템이 미치는 영향을 표시하는 그래프와 같은 수법이다.
③ 기본적으로는 ETA의 변형으로 간주되지만 루프(loop)나 바이 패스(bypass)를 구비할 수 있으며, 맨 머신 시스템의 국소(局所)적인 상세한 해석하는데 적합하다.

24 격렬한 육체적 작업의 작업부담 평가 시 활용되는 주요 생리적 척도로만 이루어진 것은?

① 부정맥, 작업량
② 맥박수, 산소 소비량
③ 점멸융합주파수, 폐활량
④ 점멸융합주파수, 근전도

해설

정신적 작업부하의 척도
(1) 제1직무 척도(Primary task measure)
　① 작업부하 = 직무수행에 필요한 시간/직무수행에 쓸 수 있는 시간
　② 서로 다른 직무의 작업부하를 비교하기는 어려움
(2) 제2직무 척도(Secondary measure)
　① 제1직무에서 사용하지 않은 예비 용량을 제 2직무에서 이용하는 것
　② 제1직무에서의 자원요구량이 클수록 제2직무의 자원이 적어지고 성능이 나빠짐
(3) 생리적 척도(Physiological measure)
　① 중추신경계의 활동을 측정
　② 심박수, 뇌전위, 동공반응, 호흡속도
(4) 주관적 척도(Subjective measure)
　정신적 부하의 개념에 가장 가까운 척도

참고 산업안전기사 필기 p.2-160(합격날개 : 은행문제)

25 산업안전보건기준에 관한 규칙상 작업장의 작업면에 따른 적정 조명 수준은 초정밀작업에서 (㉠)[lux] 이상이고, 보통작업에서는 (㉡)[lux] 이상이다. ( )안에 들어갈 내용은?

① ㉠ : 650, ㉡ : 150　　② ㉠ : 650, ㉡ : 250
③ ㉠ : 750, ㉡ : 150　　④ ㉠ : 750, ㉡ : 250

해설

작업장의 조도기준
① 초정밀작업 : 750[lux] 이상
② 정밀작업 : 300[lux] 이상
③ 보통작업 : 150[lux] 이상
④ 그 밖의 작업 : 75[lux] 이상

참고 산업안전기사 필기 p.2-169(합격날개 : 합격예측)

【 정답 】 22 ④　23 ④　24 ②　25 ③

과년도 출제문제

> **KEY** ① 2011년 8월 21일(문제 25번) 출제
> ② 2017년 3월 5일 출제

> **합격정보**
> 산업안전보건기준에 관한 규칙 제8조(조도)

26 다음 그림과 같은 시스템의 신뢰도는 약 얼마인가?(단, 각각의 네모안의 수치는 각 공정의 신뢰도를 나타낸 것이다.)

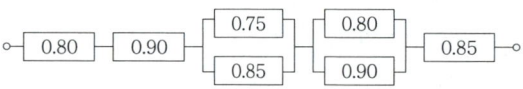

① 0.378
② 0.478
③ 0.578
④ 0.675

> **해설**
> 시스템 신뢰도 계산
> $R_s = (0.8 \times 0.9) \times \{1-(1-0.75)(1-0.85)\}$
> $\times \{1-(1-0.80)(1-0.90)\} \times 0.85$
> $= 0.577269$
> $= 0.577$

> **참고** 산업안전기사 필기 p.2-89(문제 25번)

> **KEY** 2017년 5월 7일(문제 32번) 출제

27 FTA결과 다음과 같은 패스셋을 구하였다. X_4가 중복사상인 경우, 최소 패스셋(minimal path sets)으로 맞는 것은?

$$\{X_2, X_3, X_4\}$$
$$\{X_1, X_3, X_4\}$$
$$\{X_3, X_4\}$$

① $\{X_3, X_4\}$
② $\{X_1, X_3, X_4\}$
③ $\{X_2, X_3, X_4\}$
④ $\{X_2, X_3, X_4\}$와 $\{X_3, X_4\}$

> **해설**
> 최소 패스셋
> ① $T=(X_2+X_3+X_4) \cdot (X_1+X_3+X_4) \cdot (X_3+X_4)$가 되고 FT도는 그림과 같다.

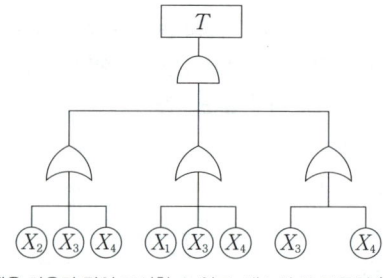

② 패스셋을 다음과 같이 표시할 수 있고, 패스셋 중 공통인 (X_3, X_4)를 FT도에 대입한다.

$$T = \begin{matrix} \text{Path set} \\ X_2, X_3, X_4, \\ X_1, X_3, X_4, \\ X_3, X_4, \end{matrix}$$

③ FT에도 공통이 되는 (X_3, X_4)를 대입하여 T가 발생하는지 확인

> **참고** 산업안전기사 필기 p.2-77(5. 컷셋·미니멀 컷셋 요약)

> **KEY** 2014년 9월 20일(문제 53번) 건설안전기사 출제

28 인간-기계 통합 체계의 인간 또는 기계에 의해서 수행되는 기본기능의 유형에 해당하지 않는 것은?

① 감지
② 환경
③ 행동
④ 정보보관

> **해설**
> 인간-기계 통합체계의 기본기능 4가지
> ① 감지
> ② 정보저장(보관)
> ③ 정보처리 및 결심
> ④ 행동기능

> **참고** 산업안전기사 필기 p.2-8(합격날개 : 합격예측)

> **KEY** 2017년 5월 7일 산업기사 출제

29 시스템의 운용단계에서 이루어져야 할 주요한 시스템안전 부문의 작업이 아닌 것은?

① 생산시스템 분석 및 효율성 검토
② 안전성 손상 없이 사용설명서의 변경과 수정을 평가
③ 운용, 안전성 수준유지를 보증하기 위한 안전성 검사
④ 운용, 보전 및 위급 시 절차를 평가하여 설계 시 고려사항과 같은 타당성 여부 식별

[정답] 26 ③ 27 ① 28 ② 29 ①

해설

시스템의 운용단계에서 이루어져야 하는 시스템안전 부문의 작업
① 안전성 손상 없이 사용설명서의 변경과 수정을 평가
② 운용, 안전성 수준유지를 보증하기 위한 안전성 검사
③ 운용, 보전 및 위급 시 절차를 평가하여 설계 시 고려사항과 같은 타당성 여부 식별

참고 산업안전기사 필기 p.2-64(6. 운용 및 지원위험분석)

---

30 인체측정치의 응용원리에 해당하지 않는 것은?

① 조절식 설계 ② 극단치 설계
③ 평균치 설계 ④ 다차원식 설계

해설

인체측정치의 응용원리 3가지
① 극단치(최소, 최대) 설계
② 조절(조정)식 설계
③ 평균치 설계

참고 산업안전기사 필기 p.2-159(2. 신체반응의 측정)

KEY 2017년 3월 5일 산업기사 출제

---

31 산업안전보건법령상 유해·위험방지계획서의 심사결과에 따른 구분·판정의 종류에 해당하지 않는 것은?

① 보류 ② 부적정
③ 적정 ④ 조건부 적정

해설

심사결과 구분·판정 3가지
① 적정 : 근로자의 안전과 보건상 필요한 조치가 구체적으로 확보되었다고 인정될 때
② 조건부 적정 : 근로자의 안전과 보건을 확보하기 위하여 일부 개선이 필요하다고 인정될 때
③ 부적정 : 건설물, 기계·설비, 기구 및 설비 또는 건설공사가 심사기준에 위반되어 공사착공 시 중대한 위험발생의 우려가 있거나 계획에 근본적 결함이 있다고 인정 될 때

참고 산업안전기사 필기 p.2-45(합격날개 : 합격예측 및 관련법규)

합격정보
산업안전보건법 시행규칙 제45조(심사결과의 구분)

KEY ① 2014년 3월 2일(문제 29번) 출제
② 2015년 8월 16일(문제 25번) 출제

---

32 인간공학 연구조사에 사용되는 기준의 구비조건과 가장 거리가 먼 것은?

① 적절성 ② 다양성
③ 무오염성 ④ 기준 척도의 신뢰성

해설

체계기준의 구비조건
① 적절성(Validity) : 기준이 의도된 목적에 적당하다고 판단되는 정도
② 무오염성(Free from Contamination) : 측정하고자 하는 측정변수 이외의 다른 변수의 영향을 받지 않을 것
③ 기준척도의 신뢰성(Reliability of Criterion Measure)

참고 산업안전기사 필기 p.2-6(합격날개 : 합격예측)

KEY ① 2010년 7월 25일(문제 23번) 출제
② 2011년 3월 20일(문제 29번) 출제
③ 2013년 6월 2일(문제 33번) 출제

---

33 FTA에 대한 설명으로 틀린 것은?

① 정성적 분석만 가능하다.
② 하향식(top-down) 방법이다.
③ 짧은 시간에 점검할 수 있다.
④ 비전문가라도 쉽게 할 수 있다.

해설

FTA의 특징
① Top down 방식
② 정량적, 연역적 해석방법
③ 기능적 결함의 원인을 분석하는 데 용이
④ 논리기호를 사용한 해석
⑤ 잠재위험을 효율적으로 분석
⑥ 복잡하고 대형화된 시스템의 신뢰성 분석에 사용

참고 산업안전기사 필기 p.2-73(3. FTA 특징)

KEY ① 2010년 5월 9일(문제 35번) 출제
② 2017년 5월 7일 산업기사 출제

---

34 4[m] 또는 그보다 먼 물체만을 잘 볼 수 있는 원시 안경은 몇 D인가?(단, 명시거리는 25[cm]로 한다.)

① $1.75D$ ② $2.75D$
③ $3.75D$ ④ $4.75D$

[정답] 30 ④ 31 ① 32 ② 33 ① 34 ③

해설
수정체의 초점 조절작용의 능력
Diopter(D)값으로 표시
① 렌즈의 굴절률 Diopter(D=0.25[m])
$$=\frac{1}{\text{단위의 초점거리}}=\frac{1}{0.25[m]}=4D$$
② $D(4[m])=\frac{1}{4[m]}=0.25D$
③ 안경 $=4D-0.25D=3.75D$

참고 산업안전기사 필기 p.2-173(3. 굴절률)

보충학습
① 사람눈의 굴절률 $=\frac{1}{0.017}=59D$
② D값이 클수록 초점거리는 가까워진다.
③ 젊은 사람의 눈은 보통 59D에서 70D까지 11D정도 굴절률을 증가시킬 수 있으며 이것을 조절폭이라 한다.

KEY 2012년 9월 15일 건설안전기사 (문제 58번) 출제

---

35 작업공간 설계에 있어 "접근제한요건"에 대한 설명으로 맞는 것은?

① 조절식 의자와 같이 누구나 사용할 수 있도록 설계한다.
② 비상벨의 위치를 작업자의 신체조건에 맞추어 설계한다.
③ 트럭운전이나 수리작업을 위한 공간을 확보하여 설계한다.
④ 박물관의 미술품 전시와 같이 장애물 뒤의 타깃과의 거리를 확보하여 설계한다.

해설
접근제한요건 : 특수작업역으로 안전을 우선한 설계원칙

참고 산업안전기사 필기 p.2-162(3. 특수작업역)

KEY 2013년 8월 18일 (문제 23번) 출제

---

36 인간의 에러 중 불필요한 작업 또는 절차를 수행함으로써 기인한 에러를 무엇이라 하는가?

① Omission error
② Sequential error
③ Extraneous error
④ Commission error

해설
독립에러 및 원인의 레벨적 에러

독립행동에 관한 분류	원인의 레벨적 에러
생략에러(omission error)	Primary error
착각수행에러(Commission error)	Secondary error
순서에러(Sequential error)	Command error
시간적 에러(Time error)	
과잉행동에러(Extraneous error)	

참고 산업안전기사 필기 p.2-20(2. 형태적 특성)

KEY 2006년 5월 14일 (문제 40번) 출제

---

37 FTA(Fault Tree Analysis)의 기호 중 다음의 사상기호에 적합한 각각의 명칭은?

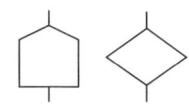

① 전이기호와 통상사상 ② 통상사상과 생략사상
③ 통상사상과 전이기호 ④ 생략사상과 전이기호

해설
FTA기호

기호	명칭	기호	명칭
⌂	통상사상	◇	생략사상

참고 산업안전기사 필기 p.2-77(표. FTA의 기호)

KEY ① 2016년 10월 1일 건설안전산업기사 출제
② 2017년 5월 7일 출제

---

38 화학설비에 대한 안전성 평가에서 정성적 평가 항목이 아닌 것은?

① 건조물 ② 취급물질
③ 공장 내의 배치 ④ 입지조건

[정답] 35 ④ 36 ③ 37 ② 38 ②

> 해설

정성적 평가항목
① 입지조건
② 공장 내의 배치
③ 소방설비
④ 공정기기
⑤ 수송·저장
⑥ 원재료, 중간체, 제품

> 참고 산업안전기사 필기 p.2-38(2. 안전성 평가 6단계)

> KEY ① 2016년 5월 8일 출제
> ② 2017년 3월 5일 출제

> 해설

초음파 소음
① 가청주파수 위(20~20,000[Hz])의 주파수를 가진 소음을 말한다.
② 현재로서는 초저주파 소음의 허용 가능한 노출한계에 대한 국가적 또는 국제적 기준은 없다.
③ 기어크(Von Gierke)와 닉슨(Nixon)은 초저주파 소음의 영향을 검토한 후 주관적으로 감지되는 것이 아니고, 작업 수행, 안락 또는 인간 복지에 아무런 영향을 미치지 않는 것이라고 결론지었다.
④ 청력기관을 보호하기 위해 1[Hz]에서 136[dB], 20[Hz]에서 123[dB]까지의 8시간 노출한계 범위를 권장했다.
⑤ 만약 그 수준이 2[dB] 증가하면, 허용가능한 시간은 반감되어야 한다.

39 청각에 관한 설명으로 틀린 것은?

① 인간에게 음의 높고 낮은 감각을 주는 것은 음의 진폭이다.
② 1,000[Hz] 순음의 가청최소음압을 음의 강도 표준치로 사용한다.
③ 일반적으로 음이 한 옥타브 높아지면 진동수는 2배 높아진다.
④ 복합음은 여러 주파수대의 강도를 표현한 주파수별 분포를 사용하여 나타낸다.

> 해설

음의 감각
① 음(音)의 감각으로는 음의 고저, 강약, 음질을 구별할 수 있다.
② 음의 고저는 '음'의 상태라고도 할 수 있는데 물리학적으로는 진동수(振動數)에 관계된다.
③ 진동수가 많을수록 높은 음으로 느낀다.
④ 몸으로 느낄 수 있는 진동수는 매초 16회로부터 2만회 정도로 이 범위 외의 진동수는 음으로 들리지 않는다.
⑤ 음의 강약은 큰 음과 아주 약한 음으로 나눌 수 있는데 물리학적으로는 음의 진폭에 관계된다.
⑥ 음이 너무 강해도 음에 대한 감각은 일어나지 않는다.

40 초음파 소음(ultrasonic noise)에 대한 설명으로 잘못된 것은?

① 전형적으로 20,000[Hz] 이상이다.
② 가청영역 위의 주파수를 갖는 소음이다.
③ 소음이 3[dB] 증가하면 허용시간은 반감한다.
④ 20,000[Hz] 이상에서 노출 제한은 110[dB]이다.

3 기계·기구 및 설비안전관리

41 보일러에서 프라이밍(priming)과 포밍(foaming)의 발생 원인으로 가장 거리가 먼 것은?

① 역화가 발생되었을 경우
② 기계적 결함이 있을 경우
③ 보일러가 과부하로 사용될 경우
④ 보일러 수에 불순물이 많이 포함되었을 경우

> 해설

보일러 이상연소 현상

구분	현상
불완전 연소	공기의 부족, 연료 분무 상태 불량 등의 원인으로 발생
이상 소화	버너 연소 중 돌연히 불이 꺼지는 현상
2차 연소	불완전 연소에 의해 발생한 미연소가스가 연소실 외, 연관 내 또는 연도에서 연소하는 현상
역화	화염이 버너쪽에서 분출하는 현상으로 점화시에 주로 발생

> 참고 ① 산업안전기사 필기 p.3-119(합격날개 : 합격예측)
> ② 산업안전기사 필기 p.3-120(2. 보일러의 이상연소 현상)

> KEY 2016년 8월 21일 산업기사 출제

42 허용응력이 1[kN/mm²]이고, 단면적이 2[mm²]인 강판의 극한하중이 4,000[N]이라면 안전율은 얼마인가?

① 2   ② 4
③ 5   ④ 50

[정답] 39 ① 40 ③ 41 ① 42 ①

해설

안전율 = $\dfrac{\text{극한강도}}{\text{허용응력}} = \dfrac{2[\text{kN/mm}^2]}{1[\text{kN/mm}^2]} = 2$

보충학습

극한강도 = $\dfrac{\text{극한하중}}{\text{단면적}} = \dfrac{4,000[\text{N}]}{2[\text{mm}^2]} = 2,000[\text{N/mm}^2]$

참고 산업안전기사 필기 p.3-188(합격날개 : 참고)

KEY ① 2017년 5월 7일 출제
② 2017년 8월 25일(문제 52번) 출제

---

43 슬라이드 행정수가 100[spm] 이하이거나, 행정길이가 50[mm] 이상의 프레스에 설치해야 하는 방호장치 방식은?

① 양수조작식
② 수인식
③ 가드식
④ 광전자식

해설

프레스의 행정길이에 따른 방호장치

구분	방호장치
• 1행정 1정지식(크랭크프레스)	① 양수조작식 ② 게이트가드식
• 행정길이(stroke)가 40[mm] 이상의 프레스	① 손쳐내기식 ② 수인식
• 슬라이드 작동중 정지 가능한 구조(마찰프레스)	감응식(광전자식)

참고 산업안전기사 필기 p.3-106(표. 프레스기의 행정길이에 따른 방호장치)

KEY 2017년 5월 7일 출제

---

44 "강렬한 소음작업"이라 함은 90[dB] 이상의 소음이 1일 몇 시간 이상 발생되는 작업을 말하는가?

① 2시간
② 4시간
③ 8시간
④ 10시간

해설

강렬한 소음기준(시간)

dB 기준	90	95	100	105	110	115
허용노출시간	8시간	4시간	2시간	1시간	30분	15분

참고 ① 산업안전기사 필기 p.2-172(표. 음압과 허용노출관계)
② 2017년 8월 26일 산업기사 (문제 21번)

합격정보
산업안전보건기준에 관한 규칙 제512조(정의)

---

45 보일러에서 압력이 규정 압력이상으로 상승하여 과열되는 원인으로 가장 관계가 적은 것은?

① 수관 및 본체의 청소불량
② 관수가 부족할 때 보일러 가동
③ 절탄기의 미부착
④ 수면계의 고장으로 인한 드럼 내 물의 감소

해설

보일러 과열의 원인
① 수관 및 본체의 청소불량
② 관수 부족 시 보일러의 가동
③ 수면계의 고장으로 드럼 내 물의 감소

참고 산업안전기사 필기 p.3-119(합격날개 : 합격예측)

KEY ① 2016년 5월 8일 출제
② 2016년 8월 21일 산업기사 출제

보충학습
절탄기(economizer) : 보일러 급수가열장치

---

46 크레인에서 일반적으로 권상용 와이어로프 및 권상용 체인의 안전율 기준은?

① 10 이상
② 2.7 이상
③ 4 이상
④ 5 이상

해설

와이어로프의 안전율

와이어로프의 종류	안전율
권상용 와이어로프 및 체인	5.0
지브의 기복용 와이어로프 및 케이블	
크레인의 주행용 와이어로프	
지브의 지지용 와이어로프	4.0
가이로프 및 고정용 와이어로프	
케이블크레인의 메인 로프	2.7
레일로프	

참고 산업안전기사 필기 p.3-147(표. 와이어로프의 안전율)

[정답] 43 ② 44 ③ 45 ③ 46 ④

47 컨베이어에 사용되는 방호장치와 그 목적에 관한 설명이 옳지 않은 것은?

① 운전 중인 컨베이어 등의 위로 넘어가고자 할 때를 위하여 급정지장치를 설치한다.
② 근로자의 신체 일부가 말려들 위험이 있을 때 이를 즉시 정지시키기 위한 비상정지장치를 설치한다.
③ 정전, 전압강하 등에 따른 화물 이탈을 방지하기 위해 이탈 및 역주행 방지장치를 설치한다.
④ 낙하물에 의한 위험 방지를 위한 덮개 또는 울을 설치한다.

해설
통행의 제한
① 운전 중인 컨베이어 등의 위로 근로자를 넘어가도록 하는 경우 건널다리 설치
② 동일선상에 구간별 설치된 컨베이어에 중량물을 운반하는 경우 충돌에 대비한 서포트를 설치하거나 작업자 출입금지

참고) 산업안전기사 필기 p.3-138[(2) 컨베이어의 안전기준]

48 연삭숫돌의 지름이 20[cm]이고, 원주속도가 250[m/min]일 때 연삭숫돌의 회전수는 약 몇 [rpm]인가?

① 398   ② 433
③ 489   ④ 552

해설
연삭숫돌의 회전수(N) = $\frac{1,000V}{\pi D} = \frac{1,000 \times 250}{\pi \times 200} = 398[rpm]$

참고) 산업안전기사 필기 p.3-88(합격날개 : 합격예측)
KEY▶ 2016년 5월 8일 출제

49 범용 수동 선반의 방호조치에 관한 설명으로 옳지 않은 것은?

① 척 가드의 폭은 공작물의 가공작업에 방해가 되지 않는 범위 내에서 척 전체 길이를 방호할 수 있을 것
② 척 가드의 개방 시 스핀들의 작동이 정지되도록 연동회로를 구성할 것
③ 전면 칩 가드의 폭은 새들 폭 이하로 설치할 것
④ 전면 칩 가드는 심압대가 베드 끝단부에 위치하고 있고 공작물 고정 장치에서 심압대까지 가드를 연장시킬 수 없는 경우에는 부착위치를 조정할 수 있을 것

해설
전면 칩 가드의 폭 : 새들(saddle)폭 이상

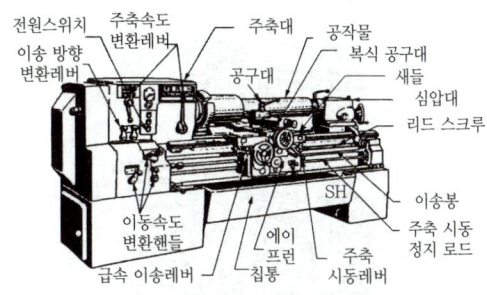

[그림] 선반의 각부 명칭

참고) 산업안전기사 필기 p.3-80(3. 선반재해 방지대책)

50 다음 중 용접부에 발생한 미세균열, 용입부족, 융합불량의 검출에 가장 적합한 비파괴검사법은?

① 방사선투과검사   ② 침투탐상검사
③ 자분탐상검사   ④ 초음파탐상검사

해설
초음파탐상검사
① 원리 : 초음파의 반사, 투과, 공진
② 적용 : 용접부, 주조품, 단조품 등

참고) 산업안전기사 필기 p.3-222(② 초음파검사)

51 다음 설명에 해당하는 기계는?

- chip이 가늘고 예리하여 손을 잘 다치게 한다.
- 주로 평면공작물을 절삭 가공하나, 더브테일 가공이나 나사 가공 등의 복잡한 가공도 가능하다.
- 장갑은 착용을 금하고, 보안경을 착용해야 한다.

① 선반   ② 호빙 머신
③ 연삭기   ④ 밀링

해설
밀링머신(milling machine)
① 다인(多刃 : 많은 절삭날)의 회전절삭공구인 커터로서 공작물을 테이블에서 이송시키면서 절삭하는 절삭가공기계이다.
② Chip이 가늘고 예리하여 손을 다칠 수 있다.

[정답] 47 ①   48 ①   49 ③   50 ④   51 ④

참고) 산업안전기사 필기 p.3-81(1. 밀링머신의 개요)

KEY ▶ 2008년 7월 27일 (문제 44번) 출제

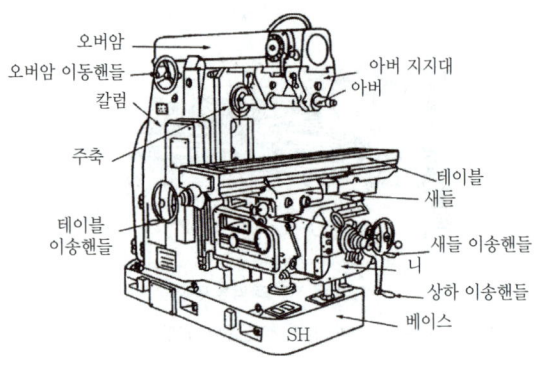

[그림] 밀링머신의 구조 및 명칭

52 취성재료의 극한강도가 128[MPa]이며, 허용응력이 64[MPa]일 경우 안전계수는?

① 1
② 2
③ 4
④ 1/2

해설

안전율(안전계수) = $\dfrac{극한강도}{허용응력} = \dfrac{128}{64} = 2$

KEY ▶ 2017년 8월 25일(문제 42번) 출제

53 프레스기에 금형 설치 및 조정작업 시 준수하여야 할 안전수칙으로 틀린 것은?

① 금형을 부착하기 전에 하사점을 확인한다.
② 금형의 체결은 올바른 치공구를 사용하고 균등하게 체결한다.
③ 금형은 하형부터 잡고 무거운 금형의 받침은 인력으로 하지 않는다.
④ 슬라이드의 불시하강을 방지하기 위하여 안전블록을 제거한다.

해설

금형조정 시 위험방지
프레스 등의 금형을 부착·해체 또는 조정하는 작업을 할 때에 해당 작업에 종사하는 근로자의 신체가 위험한계 내에 있는 경우 슬라이드가 갑자기 작동함으로써 근로자에게 발생할 우려가 있는 위험을 방지하기 위하여 안전블록을 사용하는 등 필요한 조치를 하여야 한다.

참고) 산업안전기사 필기 p.3-96(합격날개 : 합격예측 및 관련법규)

합격정보
산업안전보건기준에 관한 규칙 제104조(금형조정작업의 위험방지)

KEY ▶ ① 2016년 3월 6일 산업기사 출제
② 2016년 8월 21일 기사·산업기사 동시 출제

54 컨베이어 작업시작 전 점검사항에 해당하지 않는 것은?

① 브레이크 및 클러치 기능의 이상유무
② 비상정지장치 기능의 이상유무
③ 이탈 등의 방지장치 기능의 이상유무
④ 원동기 및 풀리기능의 이상유무

해설

컨베이어 작업시작 전 점검사항 4가지
① 원동기 및 풀리기능의 이상유무
② 이탈 등의 방지장치 기능의 이상유무
③ 비상정지장치 기능의 이상유무
④ 원동기·회전축·기어 및 풀리 등의 덮개 또는 울 등의 이상유무

참고) 산업안전기사 필기 p.3-52(13. 컨베이어 등을 사용하여 작업할 때)

KEY ▶ 2011년 8월 21일 (문제 57번) 출제

55 크레인의 방호장치에 대한 설명으로 틀린 것은?

① 권과방지장치를 설치하지 않은 크레인에 대해서는 권상용 와이어로프에 위험표시를 하고 경보장치를 설치하는 등 권상용 와이어로프가 지나치게 감겨서 근로자가 위험해질 상황을 방지하기 위한 조치를 하여야 한다.
② 운반물의 중량이 초과되지 않도록 과부하방지장치를 설치하여야 한다.
③ 크레인을 필요한 상황에서는 저속으로 중지시킬 수 있도록 브레이크장치와 충돌 시 충격을 완화시킬 수 있는 완충장치를 설치한다.
④ 작업 중에 이상발견 또는 긴급히 정지시켜야 할 경우에는 비상정지장치를 사용할 수 있도록 설치하여야 한다.

[정답] 52 ② 53 ④ 54 ① 55 ③

해설

크레인의 방호장치
① 과부하방지장치 : 크레인에 있어서 정격하중 이상의 하중이 부하 되었을 때 자동적으로 상승이 정지되면서 경보음 또는 경보 등을 발생하는 장치
② 권과방지장치 : 권과를 방지하기 위하여 자동적으로 동력을 차단하고 작동을 제동하는 장치
③ 후크해지장치 : 후크에서 와이어로프가 이탈하는 것을 방지하는 장치다.

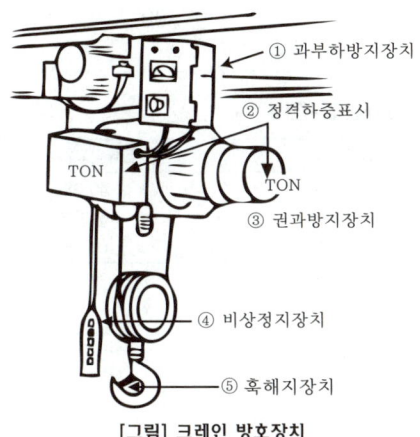

[그림] 크레인 방호장치

56 프레스의 작업시작 전 점검사항이 아닌 것은?
① 권과방지장치 및 그 밖의 경보장치의 기능
② 슬라이드 또는 칼날에 의한 위험방지 기구의 기능
③ 프레스기의 금형 및 고정볼트 상태
④ 전단기의 칼날 및 테이블의 상태

해설
프레스 작업시작 전 점검사항
① 클러치 및 브레이크의 기능
② 크랭크축·플라이휠·슬라이드·연결봉 및 연결나사의 풀림 유무
③ 1행정 1정지기구·급정지장치 및 비상정지장치의 기능
④ 슬라이드 또는 칼날에 의한 위험방지 기구의 기능
⑤ 프레스의 금형 및 고정볼트 상태
⑥ 방호장치의 기능
⑦ 전단기(剪斷機)의 칼날 및 테이블의 상태

참고) 산업안전기사 필기 p.3-50(표. 작업시작 전 기계·기구 및 점검내용)

KEY ① 2016년 3월 6일 산업기사 출제
② 2017년 3월 5일 출제
③ 2017년 5월 7일 출제

57 보일러에서 압력방출장치가 2개 설치된 경우 최고사용압력이 1[MPa]일 때 압력방출장치의 설정 방법으로 가장 옳은 것은?
① 2개 모두 1.1[MPa] 이하에서 작동되도록 설정하였다.
② 하나는 1[MPa] 이하에서 작동되고 나머지는 1.1[MPa] 이하에서 작동되도록 설정하였다.
③ 하나는 1[MPa] 이하에서 작동되고 나머지는 1.05[MPa] 이하에서 작동되도록 설정하였다.
④ 2개 모두 1.05[MPa] 이하에서 작동되도록 설정하였다.

해설
보일러 압력방출장치
① 보일러 규격에 적합한 압력방출장치를 최고사용압력 이하에서 작동되도록 1개 또는 2개 이상 설치
② 2개 이상 설치된 경우 최고사용압력 이하에서 1개가 작동되고, 다른 압력방출장치는 최고사용압력 1.05배 이하에서 작동되도록 부착
③ 1년에 1회 이상 토출압력시험 후 납으로 봉인(공정안전관리 이행수준 평가결과가 우수한 사업장은 4년에 1회 이상 토출압력시험 실시)
④ 종류 : 스프링식, 중추식, 지렛대식(스프링식을 가장 많이 사용)

참고) 산업안전기사 필기 p.3-120(4. 방호장치의 종류)

합격정보
산업안전보건기준에 관한 규칙 제116조(압력방출장치)

KEY 2016년 8월 21일 출제

58 다음 중 롤러기에 설치하여야 할 방호장치는?
① 반발예방장치   ② 급정지장치
③ 접촉예방장치   ④ 파열판장치

해설
롤러기 방호장치 종류 3가지

급정지장치 조작부의 종류	위치
손으로 조작하는 것	밑면으로부터 1.8[m] 이내
복부로 조작하는 것	밑면으로부터 0.8[m] 이상 1.1[m] 이내
무릎으로 조작하는 것	밑면으로부터 0.6[m] 이내

참고) 산업안전기사 필기 p.3-109(합격날개 : 합격예측 및 관련법규)

KEY ① 2016년 8월 21일 출제
② 2017년 3월 5일 기사·산업기사 동시 출제
③ 2017년 5월 7일 출제

[정답] 56 ① 57 ③ 58 ②

59 연삭기의 숫돌지름이 300[mm]일 경우 평형 플랜지의 지름은 몇 [mm] 이상으로 해야 하는가?

① 50   ② 100
③ 150   ④ 200

해설

플랜지 지름 = 숫돌지름 × $\frac{1}{3}$ = 300 × $\frac{1}{3}$ = 100[mm]

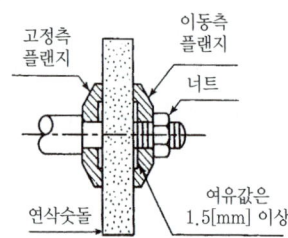

[그림] 플랜지

참고 산업안전기사 필기 p.3-92(합격날개 : 합격예측)

KEY
① 2016년 8월 21일 산업기사 출제
② 2017년 5월 7일 기사·산업기사 동시 출제

60 기계설비에 대한 본질적인 안전화 방안의 하나인 풀 프루프(Fool Proof)에 관한 설명으로 거리가 먼 것은?

① 계기나 표시를 보기 쉽게 하거나 이른바 인체공학적 설계도 넓은 의미의 풀 프루프에 해당된다.
② 설비 및 기계장치 일부가 고장이 난 경우 기능의 저하는 가져오나 전체 기능은 정지하지 않는다.
③ 인간이 에러를 일으키기 어려운 구조나 기능을 가진다.
④ 조작순서가 잘못되어도 올바르게 작동한다.

해설

Fool proof
① 바보같은 행동을 방지하다는 뜻
② 사용자가 비록 잘못된 조작을 하더라도 이로 인해 전체의 고장이 발생되지 아니하도록 하는 설계방법
예) 카메라에서 셔터와 필름 돌림대의 연동(이중 촬영 방지)

참고 산업안전기사 필기 p.3-191(표. fail safe와 fool proof 설계)

KEY 2016년 3월 6일 산업기사 출제

4 전기설비 안전관리

61 인체의 손과 발 사이에 과도전류를 인가한 경우에 파두장 700[μs]에 따른 전류파고치의 최댓값은 약 몇 [mA] 이하인가?

① 4   ② 40
③ 400   ④ 800

해설

과도전류에 대한 감지전류

전압파형(μS)	전류파고치(mA)
7×100	40 이하
5×65	60 이하
2×30	90 이하

합격자의 조언
2018년 부터 계속 출제 예상문제

62 고압 및 특고압의 전로에 시설하는 피뢰기에 접지공사를 할 때 접지저항의 최댓값은 몇 [Ω] 이하로 해야 하는가?

① 100   ② 20
③ 10   ④ 5

해설

피뢰기의 접지방법
① 종합접지 : 10[Ω] 이하
② 단독접지 : 20[Ω] 이하

참고 산업안전기사 필기 p.4-38(3. 접지를 해야하는 대상 부분)

보충학습
단독접지 조건이 없으며 저항은 항상 : 10[Ω] 이하

63 욕실 등 물기가 많은 장소에서 인체감전보호형 누전차단기의 정격감도전류와 동작시간은?

① 정격감도전류 30[mA], 동작시간 0.01초 이내
② 정격감도전류 30[mA], 동작시간 0.03초 이내
③ 정격감도전류 15[mA], 동작시간 0.01초 이내
④ 정격감도전류 15[mA], 동작시간 0.03초 이내

[정답] 59 ② 60 ② 61 ② 62 ③ 63 ④

해설

누전차단기 기준(KS C 4613)
① 승압지구[(220[V]에는 30[mA]의 누전에 30[ms](0.03[sec]) 이내에 작동하는 누전차단기설치(감전보호용)]
② 누전차단기 설치대상전압 : 150[V] 이상

참고) 산업안전기사 필기 p.4-5(1. 누전차단기의 종류)

KEY ▶ ① 2016년 3월 6일 산업기사 출제
② 2017년 5월 7일 출제

보충학습

제170조(옥내에 시설하는 저압용의 배선기구의 시설)
욕실 등 인체가 물에 젖어있는 상태에서 물을 사용하는 장소에 콘센트를 시설하는 경우
① 〈전기용품안전 관리법〉의 적용을 받는 인체감전보호용 누전차단기(정격감도전류 15mA 이하, 동작시간 0.03초 이하의 전류동작형)로 보호된 전로에 접속하거나, 인체감전보호용 누전차단기가 부착된 콘센트를 시설하여야 한다.
② 콘센트는 접지 극이 있는 방전형 콘센트를 사용하여 접지하여야 한다.

64 다음 중 전압을 구분한 것으로 알맞은 것은?

① 저압이란 교류 600[V] 이하, 직류는 교류의 $\sqrt{2}$배 이하인 전압을 말한다.
② 고압이란 교류 7,000[V] 이하, 직류 7,500[V] 이하의 전압을 말한다.
③ 특고압이란 교류, 직류 모두 7,000[V]를 초과하는 전압을 말한다.
④ 고압이란 교류, 직류 모두 7,500[V]를 넘지 않는 전압을 말한다.

해설

전압분류

전압분류	직류(DC)	교류(AC)
저압	1,500[V] 이하	1,000[V] 이하
고압	1,500~7,000[V] 이하	1,000~7,000[V] 이하
특별고압	7,000[V] 초과	7,000[V] 초과

참고) 산업안전기사 필기 p.4-30(문제 30번) 적중

KEY ▶ 2017년 5월 7일 출제

65 단로기를 사용하는 주된 목적은?

① 과부하 차단   ② 변성기의 개폐
③ 이상전압의 차단   ④ 무부하 전로의 개폐

해설

단로기(DS : Disconnecting Switch)
① 차단기의 전후 또는 차단기의 측로회로 및 회로접속의 변환에 사용하는 것으로 무부하회로에서 개폐하는 것이다.
② 전원 개방 시 : 차단기를 개방한 후에 단로기를 개방한다.
③ 전원 투입 시 : 단로기를 투입한 후에 차단기를 투입한다.

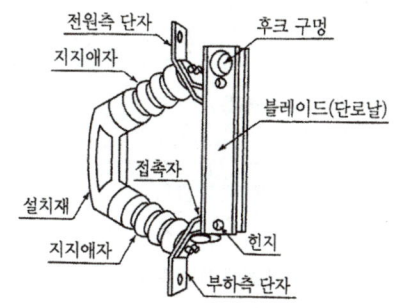

[그림] 단로기의 구조

참고) 산업안전기사 필기 p.4-4(2. 단로기)

KEY ▶ 2016년 8월 21일 출제

66 전격의 위험을 결정하는 주된 인자로 가장 거리가 먼 것은?

① 통전전류   ② 통전시간
③ 통전경로   ④ 통전전압

해설

전격위험도 결정조건(1차적 감전위험요소)
① 통전전류의 크기
② 통전시간
③ 통전경로
④ 전원의 종류(직류보다 상용주파수의 교류전원이 더 위험한 이유 : 극성변화)
⑤ 주파수 및 파형
⑥ 전격인가위상

참고) 산업안전기사 필기 p.4-19(1. 전격위험도 결정조건)

KEY ▶ ① 2016년 8월 21일 산업기사 출제
② 2017년 3월 5일 출제

[정답] 64 ③ 65 ④ 66 ④

67 감전되어 사망하는 주된 메커니즘으로 틀린 것은?

① 심장부에 전류가 흘러 심실세동이 발생하여 혈액 순환기능이 상실되어 일어난 것
② 흉골에 전류가 흘러 혈압이 약해져 뇌에 산소 공급기능이 정지되어 일어난 것
③ 뇌의 호흡중추 신경에 전류가 흘러 호흡기능이 정지되어 일어난 것
④ 흉부에 전류가 흘러 흉부수축에 의한 질식으로 일어난 것

해설

전격현상의 메커니즘(사망경로)
① 흉부수축에 의한 질식
② 심장의 심실세동에 의한 혈액순환 기능의 상실
③ 뇌의 호흡중추신경 마비에 따른 호흡 정지

참고 산업안전기사 필기 p.4-22(3. 전격현상의 메커니즘)

KEY 2013년 3월 10일 (문제 71번) 출제

68 다음은 전기안전에 관한 일반적인 사항을 기술한 것이다. 옳게 설명된 것은?

① 220[V] 동력용 전동기의 외함에 특별 저항공사를 하였다.
② 배선에 사용할 전선의 굵기를 허용전류, 기계적 강도, 전압강하 등을 고려하여 결정하였다.
③ 누전을 방지하기 위해 피뢰침 설비를 설치하였다.
④ 전선 접속 시 전선의 세기가 30[%] 이상 감소되었다.

해설

일반적인 전기안전기준
① 고압, 특별고압 전동기의 외압 : 접지공사
② 누전방지 : 누전차단기
③ 낙뢰방지 : 피뢰침

KEY 2012년 3월 4일 (문제 72번) 출제

69 정격사용률이 30[%], 정격 2차 전류가 300[A]인 교류아크 용접기를 200[A]로 사용하는 경우의 허용사용률 [%]은?

① 67.5 ② 91.6
③ 110.3 ④ 130.5

해설

허용사용률 = $\frac{(정격2차전류)^2}{(실제용접전류)^2} \times 정격사용률 = \frac{300^2}{200^2} \times 30 = 67.5[\%]$

참고 산업안전기사 필기 p.4-79(④ 허용사용률)

KEY ① 2004년 출제
② 2012년 3월 4일 (문제 64번) 출제

70 어느 변전소에서 고장전류가 유입되었을 때 도전성 구조물과 그 부근 지표상의 점과의 사이 (약 1[m])의 허용접촉전압은 약 몇 [V]인가?(단, 심실세동전류 : $Ik = \frac{0.165}{\sqrt{t}}$ A, 인체의 저항 : 1,000[Ω], 표상층 저항률 : 100[Ω·m] 지표면의 저항률 : 150[Ω·m], 통전시간을 1초로 한다.)

① 202 ② 186
③ 228 ④ 164

해설

허용접촉전압

$E = \left(R_b + \frac{3Rs}{2}\right) \times I_k = \left(1000 + \frac{3}{2} \times 150\right) \times \frac{0.165}{\sqrt{t}} = 202[V]$

참고 산업안전기사 필기 p.4-19(2. 허용접촉전압)

KEY ① 2007년 8월 25일 (문제 70번) 출제
② 2017년 5월 7일(문제 69번)
③ 2013년 8월 18일 (문제 78번) 출제

71 아크용접작업 시 감전사고 방지대책으로 틀린 것은?

① 절연 장갑의 사용
② 절연 용접봉의 사용
③ 적정한 케이블의 사용
④ 절연 용접봉 홀더의 사용

해설

용접봉을 절연하면 용접이 불가능하다.

[정답] 67 ② 68 ② 69 ① 70 ① 71 ②

KEY ▶ 2013년 3월 10일 (문제 80번) 출제

72 인체저항에 대한 설명으로 옳지 않은 것은?

① 인체저항은 접촉면적에 따라 변한다.
② 피부저항은 물에 젖어 있는 경우 건조 시의 약 1/12로 저하된다.
③ 인체저항은 한 개의 단일 저항체로 보아 최악의 상태를 적용한다.
④ 인체에 전압이 인가되면 체내로 전류가 흐르게 되어 전격의 정도를 결정한다.

해설
피부가 물에 젖어 있는 경우 인체의 저항 : $\frac{1}{25}$ 정도 감소
참고 ▶ 산업안전기사 필기 p.4-18(2. 인체의 전기저항)
KEY ▶ 2016년 8월 21일 출제

73 저압방폭전기의 배관방법에 대한 설명으로 틀린 것은?

① 전선관용 부속품은 방폭구조에 정한 것을 사용한다.
② 전선관용 부속품은 유효 접속면의 길이를 5[mm] 이상 되도록 한다.
③ 배선에서 케이블의 표면온도가 대상하는 발화온도에 충분한 여유가 있도록 한다.
④ 가요성 피팅(Fitting)은 방폭구조를 이용하되 외경의 반경을 5배 이상으로 한다.

해설
저압방폭전기 배관방법
① 전선관과 전선관용 부속품 또는 전기기기와의 접속, 전선관용 부속품 상호의 접속 또는 전기기기와의 접속은 KS B 0221에서 규정한 관용평형나사에 의해 나사산이 5산이상 결합되도록 하여야 한다.
② 제1항의 나사결합시에는 전선관과 전선관용 부속품 또는 전기기기와의 접속부분에 록크너트를 사용하여 결합부분이 유효하게 고정되도록 하여야 한다.
③ 전선관을 상호 접속시에는 유니온 커플링을 사용하여 5산이상 유효하게 접속되도록 하여야 한다.
④ 가요성을 요하는 접속부분에는 내압방폭성능을 가진 가요전선관을 사용하여 접속하여야 한다.
⑤ 제4항의 가요전선관 공사시에는 구부림 내측반경은 가요전선관 외경의 5배이상으로 하여 비틀림이 없도록 하여야 한다.

74 Freiberger가 제시한 인체의 전기적 등가회로는 다음 중 어느 것인가?(단, 단위는 다음과 같다. 단위 : $R[\Omega]$, $L[H]$, $C[F]$)

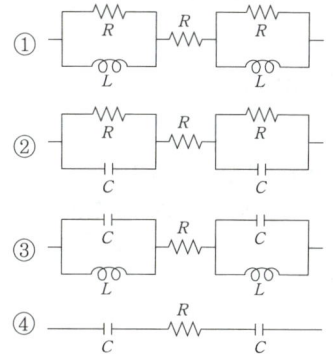

해설
사업장 방폭구조 전기기계·기구·배선 등의 선정·설치 및 보수등에 관한 기준 제18조(전선관의 접속 등)

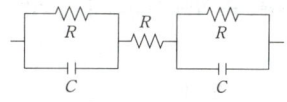

[그림] 등가회로

KEY ▶ 2006년 3월 5일 (문제 61번) 출제

75 전동기용 퓨즈의 사용 목적으로 알맞은 것은?

① 과전압 차단
② 누설전류 차단
③ 지락과전류 차단
④ 회로에 흐르는 과전류 차단

해설
전동기용 퓨즈의 사용목적 : 가장 간단한 과전류차단기

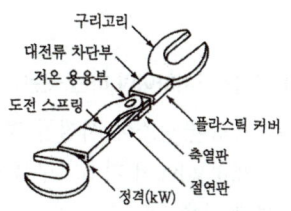

[그림] 고압용 비포장 퓨즈(고리형 퓨즈)

참고 ▶ 산업안전기사 필기 p.4-3(2. 퓨즈)
KEY ▶ 2014년 5월 25일 (문제 69번) 출제

[정답] 72 ② 73 ② 74 ② 75 ④

과년도 출제문제

76 누전으로 인한 화재의 3요소에 대한 요건이 아닌 것은?

① 접속점　② 출화점
③ 누전점　④ 접지점

해설

누전화재라는 것을 입증하기 위한 요건
① 누전점 : 전류의 유입점
② 발(출)화점 : 발화된 장소
③ 접지점 : 확실한 접지점의 소재 및 적당한 접지저항치

참고　산업안전기사 필기 p.4-6(6. 누전화재라는 것을 입증하기 위한 요건)

KEY　2003년 제3회 출제

77 교류아크 용접기의 자동전격 방지장치란 용접기의 2차전압을 25[V] 이하로 자동조절하여 안전을 도모하려는 것이다. 다음 사항 중 어떤 시점에서 그 기능이 발휘되어야 하는가?

① 전체 작업시간 동안
② 아크를 발생시킬 때만
③ 용접작업을 진행하고 있는 동안만
④ 용접작업 중단 직후부터 다음 아크 발생 시까지

해설

방호장치의 성능
① 아크 발생을 정지시킬 때 주접점이 개로될 때까지의 시간은 1.0초 이내일 것
② 2차 무부하전압은 25[V] 이내일 것

참고　산업안전기사 필기 p.4-78(2. 방호장치의 성능)

KEY　① 2016년 5월 8일 산업기사 출제
　　② 2017년 5월 7일 출제

78 누전차단기를 설치하여야 하는 곳은?

① 기계기구를 건조한 장소에 시설한 경우
② 대지전압이 220[V]에서 기계기구를 물기가 없는 장소에 시설한 경우
③ 전기용품안전 관리법의 적용을 받는 2중 절연구조의 기계기구
④ 전원측에 절연변압기(2차 전압이 300[V] 이하)를 시설한 경우

해설

누전차단기 설치장소
① 전기기계, 기구 중 대지전압이 150[V]를 초과하는 이동형 또는 휴대형의 것
② 물 등 도전성이 높은 액체에 의한 습윤한 장소
③ 철판, 철골 위 등 도전성이 높은 장소
④ 임시배선의 전로가 설치되는 장소

참고　산업안전기사 필기 p.4-6(2. 누전차단기 설치장소)

KEY　2017년 5월 7일 산업기사 출제

보충학습

누전차단기의 설치 제외 대상
① 기계·기구를 취급자 이외의 사람이 출입할 수 없도록 시설하는 경우
② 기계·기구를 건조한 곳에 시설하는 경우
③ 대지전압 300[V] 이하인 기계·기구를 건조한 곳에 시설하는 경우
④ 기계·기구에 설치한 접지저항값이 3[Ω] 이하인 경우

79 방폭구조와 기호의 연결이 틀린 것은?

① 압력방폭구조 : p
② 내압방폭구조 : d
③ 안전증방폭구조 : s
④ 본질안전방폭구조 : ia 또는 ib

해설

방폭구조기호
① 안전증방폭구조 : e
② 특수방폭구조 : s

참고　산업안전기사 필기 p.4-54(3. 안전증방폭구조)

KEY　2016년 3월 6일 산업기사 출제

80 전격에 의해 심실세동이 일어날 확률이 가장 큰 심장맥동주기 파형의 설명으로 옳은 것은?(단, 심장 맥동주기를 심전도에서 보았을 때의 파형이다.)

① 심실의 수축에 따른 파형이다.
② 심실의 팽창에 따른 파형이다.
③ 심실의 수축 종료 후 심실의 휴식 시 발생하는 파형이다.
④ 심실의 수축 시작 후 심실의 휴식 시 발생하는 파형이다.

[정답] 76 ①　77 ④　78 ②　79 ③　80 ③

해설

전격인가위상

심장의 맥동주기	구성 및 현상
(그래프)	• P파 : 심방수축에 따른 파형 • Q-R-S파 : 심실수축에 따른 파형 • T파 : 심실의 수축 종료 후 심실의 휴식시 발생하는 파형 • R-R파 : 심장의 맥동주기

[결론] 전격 인가 시 심실세동을 일으키는 확률이 가장 크고 위험한 파 : 심실이 수축 종료하는 T파

참고) 산업안전기사 필기 p.4-82(보충학습)

KEY▶ 2010년 7월 25일 (문제 70번) 출제

---

5 화학설비 안전관리

81 다음 중 마그네슘의 저장 및 취급에 관한 설명으로 틀린 것은?

① 산화제와 접촉을 피한다.
② 고온의 물이나 과열 수증기와 접촉하면 격렬히 반응하므로 주의한다.
③ 분말은 분진폭발성이 있으므로 누설되지 않도록 포장한다.
④ 화재발생 시 물의 사용을 금하고, 이산화탄소소화기를 사용하여야 한다.

해설

Mg의 저장 및 취급
① 마그네슘(Mg)은 공기 중의 습기와 자연발화
② 산화제와의 혼합물은 타격, 충격에 의해 연소하는 가연성 고체
③ 소화 시 건조사를 사용

참고) 산업안전기사 필기 p. 5-13(표. 화재의 급별 명칭의 종류)

KEY▶ ① 산업안전기사 필기 p.5-18 (문제 31번)출제
② 2009년 3월 1일 (문제 82번) 출제

---

82 다음 중 상온에서 물과 격렬히 반응하여 수소를 발생시키는 물질은?

① Au ② K
③ S ④ Ag

해설

K(칼륨) : 칼륨은 금수성 물질로서 산과 접촉 시 수소방출

참고) 산업안전기사 필기 p.5-69(문제 35번) 적중

KEY▶ ① 2006년 5월 14일(문제 88번) 출제
② 2017년 5월 7일(문제 90번) 출제

보충학습
① Cu, Fe, Au, Ag, C : 상온에서 고체로 물과 접촉해도 반응불가
② K, Na, Mg, Zn, Li : 물과 격렬반응하여 수소 발생
③ K(칼륨)과 물(H_2O)의 반응식
$2K + 2H_2O \rightarrow 2KOH + H_2$

---

83 산업안전보건법령상 안전밸브 등의 전단·후단에는 차단밸브를 설치하여서는 아니 되지만 다음 중 자물쇠형 또는 이에 준하는 형식의 차단밸브를 설치할 수 있는 경우로 틀린 것은?

① 인접한 화학설비 및 그 부속설비에 안전밸브 등이 각각 설치되어 있고, 해당 화학설비 및 그 부속설비의 연결배관에 차단밸브가 없는 경우
② 안전밸브 등의 배출용량의 4분의 1 이상에 해당하는 용량의 자동압력조절밸브와 안전밸브 등이 직렬로 연결된 경우
③ 화학설비 및 그 부속설비에 안전밸브 등이 복수방식으로 설치되어 있는 경우
④ 열팽창에 의하여 상승된 압력을 낮추기 위한 목적으로 안전밸브가 설치된 경우

해설

안전밸브 배출용량 : $\frac{1}{2}$ 이상

참고) 산업안전기사 필기 p.5-6(합격날개 : 합격예측 및 관련법규)

합격정보
산업안전보건기준에 관한 규칙 제266조(차단밸브의 설치금지)

KEY▶ ① 2016년 5월 8일 산업기사 출제
② 2014년 3월 2일 (문제 98번) 출제

[정답] 81 ④ 82 ② 83 ②

과년도 출제문제

84 압축기와 송풍의 관로에 심한 공기의 맥동과 진동을 발생하면서 불안정한 운전이 되는 서징(surging) 현상의 방지법으로 옳지 않은 것은?

① 풍량을 감소시킨다.
② 배관의 경사를 완만하게 한다.
③ 교축밸브를 기계에서 멀리 설치한다.
④ 토출가스를 흡입측에 바이패스 시키거나 방출밸브에 의해 대기로 방출시킨다.

해설

서징(맥동현상) 방지대책
① 풍량을 감소시킨다.
② 배관의 경사를 완만하게 한다.
③ 토출가스를 흡입측에 바이패스 시키거나 방출밸브에 의해 대기로 방출시킨다.

참고 산업안전기사 필기 p.5-59(합격날개 : 합격예측)

보충학습

맥동현상 발생원인
① 배관 중에 수조가 있을 때
② 배관 중에 기체상태의 부분이 있을 때
③ 유량조절밸브가 배관 중 수조의 위치 후방에 있을 때
④ 펌프의 특성곡선이 산모양이고 운전점이 그 정상부일 때

85 [보기]의 물질을 폭발범위가 넓은 것부터 좁은 순서로 바르게 배열한 것은?

[보기]
H_2 C_3H_8 CH_4 CO

① $CO > H_2 > C_3H_8 > CH_4$
② $H_2 > CO > C_3H_8 > CH_4$
③ $C_3H_8 > CO > CH_4 > H_2$
④ $CH_4 > H_2 > CO > C_3H_8$

해설

위험도(폭발범위) 큰 순서
① 수소 위험도 $= \dfrac{U-L}{L} = \dfrac{75-4.0}{4.0} = 17.75$
② 일산화탄소 위험도 $= \dfrac{U-L}{L} = \dfrac{74-12.5}{12.5} = 4.92$
③ 메탄의 위험도 $= \dfrac{U-L}{L} = \dfrac{15-5}{5} = 2.0$
④ 프로판 위험도 $= \dfrac{U-L}{L} = \dfrac{9.5-2.1}{2.1} = 3.52$

참고 산업안전기사 필기 p.5-60(㉮ 위험도)
KEY 2014년 5월 25일 (문제 88번) 출제

86 다음 중 산업안전보건법령상 위험물질의 종류와 해당 물질이 올바르게 연결된 것은?

① 부식성 산류 - 아세트산(농도 90[%])
② 부식성 염기류 - 아세톤(농도 90[%])
③ 인화성 가스 - 이황화탄소
④ 인화성 가스 - 수산화칼륨

해설

위험물질 분류
(1) 부식성 산류
  ① 농도가 20[%] 이상인 염산, 황산, 질산, 기타 이와 동등 이상의 부식성을 지니는 물질
  ② 농도가 60[%] 이상인 인산, 아세트산, 플루오르산, 기타 이와 동등 이상의 부식성을 가지는 물질
(2) 부식성 염기류
  농도가 40[%] 이상인 수산화나트륨, 수산화칼슘, 기타 이와 동등 이상의 부식성을 가지는 염기류
(3) 인화성가스의 종류
  ① 수소 ② 아세틸렌
  ③ 에틸렌 ④ 메탄
  ⑤ 에탄 ⑥ 프로판
  ⑦ 부탄 ⑧ 영 별표 10에 따른 인화성 가스

참고 ① 산업안전기사 필기 p.5-36(5. 인화성 가스)
  ② 산업안전기사 필기 p.5-36(7. 부식성 물질)

합격정보
산업안전보건기준에 관한 규칙 [별표 1] 위험물질의 종류

KEY 2016년 3월 6일 산업기사 출제

87 다음 중 화재 시 주수에 의해 오히려 위험성이 증대되는 물질은?

① 황린 ② 니트로셀룰로오스
③ 적린 ④ 금속나트륨

해설

주수소화
① 금속나트륨은 주수소화 시 위험성이 증대된다.
② 이유 : 물과 접촉시 폭발한다.

KEY 2007년 3월 4일 (문제 98번) 출제

[정답] 84 ③ 85 ② 86 ① 87 ④

88. 물과 탄화칼슘이 반응하면 어떤 가스가 생성되는가?

① 염소가스 ② 아황산가스
③ 수성가스 ④ 아세틸렌가스

해설

물과 탄화칼슘 반응

카바이드(CaC_2 : 탄화칼슘)와 물(H_2O)이 반응하면 아세틸렌(C_2H_2) 가스를 발생시킨다.
$CaC_2 + 2H_2O \rightarrow C_2H_2 + CaOH_2$

KEY ① 2006년 8월 6일 (문제 99번) 출제
② 2010년 5월 9일 산업기사 출제

89. 다음 중 분진폭발에 관한 설명으로 틀린 것은?

① 가스폭발에 비교하여 연소시간이 짧고, 발생에너지가 작다.
② 최초의 부분적인 폭발이 분진의 비산으로 2차, 3차 폭발로 파급되어 피해가 커진다.
③ 가스에 비하여 불완전 연소를 일으키기 쉬우므로 연소 후 가스에 의한 중독 위험이 있다.
④ 폭발 시 입자가 비산하므로 이것에 부딪치는 가연물은 국부적으로 탄화를 일으킬 수 있다.

해설

분진폭발의 특성
① 연소속도나 폭발압력은 가스폭발보다는 작지만 가해지는 힘(파괴력)은 매우 크다.
② 2차 폭발을 한다.
③ CO의 중독피해가 우려된다.

참고 산업안전기사 필기 p.5-9(표. 증기폭발, 분진폭발, 분해폭발)

KEY 2011년 6월 12일 (문제 87번) 출제

90. 다음 물질 중 인화점이 가장 낮은 물질은?

① 이황화탄소 ② 아세톤
③ 크실렌   ④ 경유

해설

인화성 물질의 종류
① 인화점 -30[℃] 미만 : 가솔린, 이황화탄소, 아세트알데히드, 에틸에테르, 산화프로필렌 등
② 인화점 : -30[℃] 이상 0[℃] 미만 : 메틸에틸케톤, 아세톤, 산화에틸렌, 노말헥산 등
③ 인화점 : 0[℃] 이상 30[℃] 미만 : 메탄올, 에탄올, 크실렌, 아세트산아밀 등
④ 인화점이 30[℃]~65[℃] 이하 : 등유, 경유, 테레핀유, 아세트산, 이소벤질알코올 등

참고 산업안전기사 필기 p.5-35(4. 인화성 액체)

보충학습

아세톤(CH_3COCH_3 : 디메틸케톤)의 특징
① 수용성의 인화성 물질(인화점 : -20[℃])
② 일광이나 공기 중에 노출되면 폭발성의 과산화물 생성
③ 피부에 닿으면 탈지작용을 일으킴
④ 저장용기는 밀봉하여 냉암소에 보관

KEY 2017년 5월 7일 (문제 87번) 출제

91. 다음의 2가지 물질을 혼합 또는 접촉하였을 때 발화 또는 폭발의 위험성이 가장 낮은 것은?

① 니트로셀룰로오스와 물
② 나트륨과 물
③ 염소산칼륨과 유황
④ 황화인과 무기과산화물

해설

질화면(nitrocellulkose, NC)[$C_6H_7O_2(ONO_2)_3$]$_n$의 특징
① 물과 혼합할수록 위험성이 감소되므로 운반 시는 물(20[%]), 용제 또는 알코올(30[%])을 첨가·습윤시킨다.
② 건조상태에 이르면 즉시 습한 상태를 유지시킨다.

KEY 2011년 6월 12일 (문제 83번)

92. 폭발을 기상폭발과 응상폭발로 분류할 때 다음 중 기상폭발에 해당되지 않는 것은?

① 분진폭발 ② 혼합가스폭발
③ 분무폭발 ④ 수증기폭발

해설

폭발의 분류
(1) 기상폭발
① 혼합가스의 폭발 : 가연성 가스의 연소에 의한 폭발
② 가스의 분해폭발 : 아세틸렌, 산화에틸렌, 에틸렌, 히드라진 등의 폭발
③ 분진폭발 : 가연성 고체의 미분이나 가연성 액체의 무적(mist)에 의한 폭발

[정답] 88 ④ 89 ① 90 ① 91 ① 92 ④

(2) 액상폭발
① 혼합위험성에 의한 폭발 : 산화성 물질과 환원성 물질을 혼합하였을 때 폭발
② 폭발성 화합물의 폭발 : 반응성 물질의 분자 내의 연소에 의한 폭발과 흡열화합물의 분해
③ 증기폭발 : 물, 유기액체 또는 액화가스 등의 과열 시에 순간적인 급속한 증발에 의한 증기 폭발

참고
① 산업안전기사 필기 p.5-9(표. 증기폭발·분진폭발·분해폭발)
② 2017년 8월 28일 산업기사(문제 72번)

KEY
① 2005년 출제
② 2017년 5월 7일(문제 95번)

93 다음 물질 중 공기에서 폭발상한계 값이 가장 큰 것은?

① 사이클로헥산 ② 산화에틸렌
③ 수소 ④ 이황화탄소

해설

주요 인화성 가스의 폭발범위

인화성 가스	폭발하한값[%]	폭발상한값[%]
아세틸렌(C_2H_2)	2.5	81
산화에틸렌(C_2H_4O)	3	80
수소(H_2)	4	75
일산화탄소(CO)	12.5	74
프로판(C_3H_8)	2.1	9.5
에탄(C_2H_6)	3	12.5
메탄(CH_4)	5	15
부탄(C_4H_{10})	1.8	8.4

참고 산업안전기사 필기 p.5-17(합격날개 : 합격예측 및 관련법규)

KEY 2017년 3월 5일 산업기사 출제

94 다음 중 관의 지름을 변경하고자 할 때 필요한 관 부속품은?

① reducer ② elbow
③ plug ④ valve

해설

관의 종류 및 부속품
① 동일 지름의 관(동경관)을 직선 결합한 경우 : 소켓, 유니언 등
② 엘보, 티와 같이 내경이 나사로 된 부품을 폐쇄할 필요가 있는 경우 : 플러그
③ 관의 지름을 변경하고자 할 때 필요한 관 부속품 : reducer

참고 산업안전기사 필기 p.5-58(합격날개 : 합격예측)

KEY 2016년 5월 8일 출제

95 다음 중 자연발화에 대한 설명으로 틀린 것은?

① 분해열에 의해 자연발화가 발생할 수 있다.
② 입자의 표면적이 넓을수록 자연발화가 발생하기 쉽다.
③ 자연발화가 발생하지 않기 위해 습도를 가능한 한 높게 유지시킨다.
④ 열의 축적은 자연발화를 일으킬 수 있는 인자이다.

해설

자연발화에 영향을 주는 인자
① 열의 축적 ② 열전도율
③ 퇴적방법 ④ 공기의 유동상태
⑤ 발열량 ⑥ 수분(건조상태)
⑦ 촉매물질

참고 산업안전기사 필기 p.5-7(2. 자연발화조건)

KEY 2008년 7월 27일 (문제 99번) 출제)

보충학습

자연발화 방지법
① 통풍이 잘 되게 할 것
② 저장실의 온도를 낮출 것
③ 습도가 높은 것을 피할 것
④ 열의 축적을 방지할 것(퇴적 및 수납 시)
⑤ 정촉매 작용을 하는 물질을 피할 것

96 반응성 화학물질의 위험성은 실험에 의한 평가 대신 문헌조사 등을 통해 계산에 의해 평가하는 방법을 사용할 수 있다. 이에 관한 설명으로 옳지 않은 것은?

① 위험성이 너무 커서 물성을 측정할 수 없는 경우 계산에 의한 평가 방법을 사용할 수도 있다.
② 연소열, 분해열, 폭발열 등의 크기에 의해 그 물질의 폭발 또는 발화의 위험예측이 가능하다.
③ 계산에 의한 평가를 하기 위해서는 폭발 또는 분해에 따른 생성물의 예측이 이루어져야 한다.
④ 계산에 의한 위험성 예측은 모든 물질에 대해 정확성이 있으므로 더 이상의 실험을 필요로 하지 않는다.

[정답] 93 ② 94 ① 95 ③ 96 ④

해설

위험성 물질 문헌조사 방법
① 위험성이 너무 커서 물성을 측정할 수 없는 경우 계산에 의한 평가 방법을 사용할 수도 있다.
② 연소열, 분해열, 폭발열 등의 크기에 의해 그 물질의 폭발 또는 발화의 위험예측이 가능하다.
③ 계산에 의한 평가를 하기 위해서는 폭발 또는 분해에 따른 생성물의 예측이 이루어져야 한다.
④ 위험성 예측은 반복실험한다.

KEY 2014년 5월 25일 (문제 95번) 출제

---

97 메탄(CH_4) 70[vol%], 부탄(C_4H_{10}) 30[vol%] 혼합가스의 25[℃], 대기압에서의 공기 중 폭발하한계[vol%]는 약 얼마인가?(단, 각 물질의 폭발하한계는 다음 식을 이용하여 추정, 계산한다.)

$$C_{st} = \frac{1}{1+4.77 \times O_2} \times 100, \quad L_{25} \fallingdotseq 0.55 C_{st}$$

① 1.2   ② 3.2
③ 5.7   ④ 7.7

해설

폭발하한계

$$L = \frac{100}{\frac{V_1}{L_1}+\frac{V_2}{L_2}} = \frac{100}{\frac{70}{5}+\frac{30}{1.8}} = 3.26[vol\%]$$

참고 산업안전기사 필기 p.5-11(보충학습)

KEY ① 2005년 출제
② 2011년 3월 20일 (문제 82번) 출제

보충학습
(1) 메탄(CH_4)의 폭발하한계
  ① 메탄(CH_4)의 완전연소조성농도
  C_{st}(완전연소조성농도)$=\frac{100}{1+4.773 O_2}$
  $=\frac{100}{1+4.773 \times 2}=9.482 \fallingdotseq 9.48$
  ② 메탄(CH_4)의 폭발하한계(Jones식)
  $C_{st} \times 0.55 = 9.48 \times 0.55 = 5.214 \fallingdotseq 5.21$
(2) 부탄(C_4H_{10})의 폭발하한계
  ① 부탄(C_4H_{10})의 완전연소조성농도
  C_{st}(완전연소조성농도)$=\frac{100}{1+4.773 O_2}$
  $=\frac{100}{1+4.773 \times 6.5}=3.122 \fallingdotseq 3.12$
  ② 부탄(C_4H_{10})의 폭발하한계(Johnes식)
  $C_{st} \times 0.55 = 3.12 \times 0.55 = 1.716 \fallingdotseq 1.72$
(3) 메탄, 부탄의 완전연소반응식
  ① 메탄의 완전연소반응식
  $CH_4 + 2O_2 \rightarrow CO_2 + 2H_2O$
  ② 부탄(C_4H_{10})의 완전연소반응식
  $CH_4 + 6.5O_2 \rightarrow 4CO_2 + 5H_2O$

---

98 다음 중 완전연소 조성농도가 가장 낮은 것은?
① 메탄(CH_4)   ② 프로판(C_3H_8)
③ 부탄(C_4H_{10})   ④ 아세틸렌(C_2H_2)

해설

완전연소 조성농도 계산

① $C_{st} = \dfrac{100}{1+4.773\left(1+\frac{4}{4}\right)} = 9.48[Vol\%]$

② $C_{st} = \dfrac{100}{1+4.773\left(3+\frac{8}{4}\right)} = 4.02[Vol\%]$

③ $C_{st} = \dfrac{100}{1+4.773\left(4+\frac{10}{4}\right)} = 3.12[Vol\%]$

④ $C_{st} = \dfrac{100}{1+4.773\left(2+\frac{2}{4}\right)} = 7.73[Vol\%]$

참고 산업안전기사 필기 p.5-11(보충학습)

KEY 2012년 3월 4일 (문제 99번) 출제

보충학습

화학양론농도 구하는 식
$C_nH_mO_xCl_f$에서 다음 식으로 구한다.

$$C_{st} = \frac{100}{1+4.733\left(n+\frac{m-f-2\lambda}{4}\right)}[\%]$$

여기서 n : 탄소, m : 수소, f : 할로겐원소, λ : 산소의 원자수

---

99 유체의 역류를 방지하기 위해 설치하는 밸브는?
① 체크밸브   ② 게이트밸브
③ 대기밸브   ④ 글로브밸브

해설

밸브의 기능
① 체크밸브(check valve) : 유체의 역류를 방지하기 위한 밸브로서, lift check, swing check, ball check 등의 형식이 있다.
② 블로밸브(blow valve) : 수동 및 자동제어에 의해서 과잉압력을 방출할 수 있도록 한 안전장치이다.
③ 대기밸브(breather valve) : 인화성 물질의 저장탱크 내의 압력과 대기압과의 사이에 차이가 발생하였을 때 대기를 탱크 내에 흡입하고 또는 탱크 내의 압력을 밖으로 방출해서 항상 탱크 내의 압력을 대기압과 평형한 압력으로 해서 탱크를 보호하는 안전장치이다.

참고 산업안전기사 필기 p.5-57(표. 밸브의 종류와 기능)

KEY ① 2006년 8월 6일 (문제 96번) 출제
② 2017년 8월 26일 기사·산업기사 동시출제

[정답] 97 ②   98 ③   99 ①

100 산업안전보건법령상 위험물질의 종류를 구분할 때 다음 물질들이 해당하는 것은?

> 리튬, 칼륨·나트륨, 황, 황린, 황화인·적린

① 폭발성 물질 및 유기과산화물
② 산화성 액체 및 산화성 고체
③ 물반응성 물질 및 인화성 고체
④ 급성독성 물질

해설

물반응성 물질 및 인화성 고체
(1) 인화성 고체의 종류
　① 황화인
　② 황
　③ 적린
　④ 금속분말
　⑤ 마그네슘분말
(2) 물반응성 물질의 종류
　① 리튬
　② 칼륨
　③ 나트륨
　④ 알킬알루미늄
　⑤ 알킬리튬
　⑥ 황린
　⑦ 알칼리금속(리튬, 칼륨 및 나트륨 제외)
　⑧ 유기금속화합물(알킬알루미늄 및 알킬리튬 제외)
　⑨ 금속의 수소화물
　⑩ 금속의 인화물
　⑪ 칼슘 또는 알루미늄의 탄화물

참고 산업안전기사 필기 p.5-35(2. 물반응성 물질 및 인화성 고체)

합격정보
산업안전보건기준에 관한 규칙 [별표1] 위험물질의 분류

 ① 2016년 5월 8일 출제
　② 2017년 3월 5일 산업기사 출제
　③ 2017년 5월 7일 산업기사 출제

6 건설공사 안전관리

101 산업안전보건관리비계상기준에 따른 건축공사, 대상액 「5억원 이상~50억원 미만」의 비율 및 기초액으로 옳은 것은?

① 비율 : 2.28[%], 기초액 : 4,325,000원
② 비율 : 1.99[%], 기초액 : 5,499,000원
③ 비율 : 2.35[%], 기초액 : 5,400,000원
④ 비율 : 1.57[%], 기초액 : 4,411,000원

해설

공사종류 및 규모별 안전관리비 계상기준표

구 분 공사종류	대상액 5억원 미만	대상액 5억원 이상 50억원 미만		대상액 50억원 이상	영 별표5에 따른 보건관리자 선임 대상 건설공사
		비율(X)	기초액(C)		
건축공사	3.11[%]	2.28[%]	4,325,000원	2.37[%]	2.64[%]
토목공사	3.15[%]	2.53[%]	3,300,000원	2.60[%]	2.73[%]
중건설공사	3.64[%]	3.05[%]	2,975,000원	3.11[%]	3.39[%]
특수건설공사	2.07[%]	1.59[%]	2,450,000원	1.64[%]	1.78[%]

주 적용일 2025. 1. 1.

참고 산업안전기사 필기 p.6-43(별표1. 공사종류 및 규모별 안전관리비 계상기준표)

합격정보
건설업 산업안전보건관리비 계상 및 사용기준 : 고용노동부 고시 제 2024-53호(2024. 9. 19. 일부개정)

KEY ① 2016년 3월 6일 산업기사 출제
　② 2016년 10월 1일 건설안전기사 출제
　③ 2017년 3월 5일 출제

102 이동식 비계를 조립하여 작업을 하는 경우에 대한 준수사항으로 옳지 않은 것은?

① 승강용사다리는 견고하게 설치할 것
② 비계의 최상부에서 작업을 하는 경우에는 안전난간을 설치할 것
③ 작업발판의 최대적재하중은 400[kg]을 초과하지 않도록 할 것
④ 작업발판은 항상 수평을 유지하고 작업발판 위에서 안전난간을 딛고 작업을 하거나 받침대 또는 사다리를 사용하여 작업하지 않도록 할 것

[정답] 100 ③　101 ①　102 ③

해설
이동식 비계 작업발판 최대적재하중 : 250[kg]

참고 산업안전기사 필기 p.6-103(합격날개 : 합격예측 및 관련법규)

KEY 2014년 5월 25일 (문제 108번) 출제

합격정보
산업안전보건기준에 관한 규칙 제68조(이동식 비계)

---

103 항타기 또는 항발기의 권상용 와이어로프의 절단하중이 100[ton]일 때 와이어로프에 걸리는 최대하중을 얼마까지 할 수 있는가?

① 20[ton]   ② 33.3[ton]
③ 40[ton]   ④ 50[ton]

해설

$$\text{최대하중} = \frac{\text{절단하중}}{\text{안전계수}} = \frac{100}{5} = 20[\text{ton}]$$

참고 산업안전기사 필기 p.6-132(합격날개 : 합격예측)

합격정보
산업안전보건기준에 관한 규칙 제163조(와이어로프 등 달기구의 안전계수)

KEY 2017년 5월 7일 출제

---

104 공사현장에서 가설계단을 설치하는 경우 높이가 3[m]를 초과하는 계단에는 높이 3[m] 이내마다 최소 얼마 이상의 너비를 가진 계단참을 설치하여야 하는가?

① 3.5[m]   ② 2.5[m]
③ 1.2[m]   ④ 1.0[m]

해설
계단의 안전
① 계단의 강도 : 계단 및 계단참은 500[kg/m²] 이상
② 계단의 폭 : 1[m] 이상
③ 계단참 설치 : 높이 3[m]마다 1.2[m] 이상의 계단참 설치
④ 계단 기둥 간격 : 2[m] 이하
⑤ 계단의 난간 : 100[kg] 이상의 하중에 견딜 것
⑥ 계단의 단수가 4단 이상 : 난간 설치

합격정보
산업안전보건기준에 관한 규칙 제28조(계단참의 높이)

---

105 터널지보공을 조립하는 경우에는 미리 그 구조를 검토한 후 조립도를 작성하고, 그 조립도에 따라 조립하도록 하여야 하는데 이 조립도에 명시하여야 할 사항과 가장 거리가 먼 것은?

① 이음방법   ② 단면규격
③ 재료의 재질   ④ 재료의 구입처

해설
터널지보공 조립도 명시사항 4가지
① 재료의 재질
② 단면규격
③ 설치간격
④ 이음방법

참고 산업안전기사 필기 p.6-113(합격날개 : 합격예측 및 관련법규)

KEY 2013년 8월 18일 (문제 103번) 출제

합격정보
산업안전보건기준에 관한 규칙 제363조(조립도)

---

106 강관비계를 조립할 때 준수하여야 할 사항으로 옳지 않은 것은?

① 띠장간격은 2[m] 이하로 설치하되, 첫번째 띠장은 지상으로부터 3[m] 이하의 위치에 설치할 것
② 비계기둥의 간격은 띠장 방향에서 1.85[m] 이하로 할 것
③ 비계기둥의 제일 윗부분으로부터 31[m] 되는 지점 밑부분의 비계기둥은 2개의 강관으로 묶어 세울 것
④ 비계기둥 간의 적재하중은 400[kg]을 초과하지 않도록 할 것

해설
강관비계
① 띠장방향 : 1.85[m] 이하
② 첫번째 띠장은 지상으로부터 : 2[m] 이하

참고 산업안전기사 필기 p.6-98(합격날개 : 합격예측 및 관련법규)

합격정보
산업안전보건기준에 관한 규칙 제60조(강관비계의 구조)

KEY ① 2016년 10월 1일 출제
② 2016년 8월 26일 기사·산업기사 동시출제
③ 2017년 3월 5일 출제
④ 2017년 5월 7일 산업기사 출제

[**정답**] 103 ①   104 ③   105 ④   106 ①

107 작업장소의 지형 및 지반 상태 등에 적합한 제한속도를 미리 정하지 않아도 되는 차량계 건설기계는 최대제한속도가 최대 시속 얼마 이하인 것을 의미하는가?

① 5[km/hr] 이하
② 10[km/hr] 이하
③ 15[km/hr] 이하
④ 20[km/hr] 이하

해설
제한속도를 정하지 않아도 되는 차량계 건설기계의 최대제한속도 : 10[km/h] 이하

참고 산업안전기사 필기 p.6-185(3. 차량계 하역운반기계 및 건설기계 통로 폭 및 속도)

KEY 2014년 8월 17일 (문제 116번)출제

합격정보
산업안전보건기준에 관한 규칙 제98조(제한속도의 지정 등)

---

108 산업안전보건법령에 따른 유해하거나 위험한 기계·기구에 설치하여야 할 방호장치를 연결한 것으로 옳지 않은 것은?

① 포장기계 – 헤드 가드
② 예초기 – 날접촉예방장치
③ 원심기 – 회전체 접촉예방장치
④ 금속절단기 – 날접촉예방장치

해설
유해·위험방지를 위하여 방호조치가 필요한 기계·기구
① 예초기 : 날접촉예방장치
② 원심기 : 회전체 접촉예방장치
③ 공기압축기 : 압력방출장치
④ 금속절단기 : 날접촉예방장치
⑤ 지게차 : 헤드가드, 백레스트(Backrest), 전조등, 후미등, 안전벨트
⑥ 포장기계(진공포장기, 래핑기로 한정한다) : 구동부 방호 연동장치

합격정보
① 산업안전보건법 시행령 [별표 20] 유해·위험방지를 위하여 방호조치가 필요한 기계·기구 등
② 산업안전보건법 시행규칙 제98조(방호조치)

---

109 지반조사의 간격 및 깊이에 대한 내용으로 옳지 않은 것은?

① 조사간격은 지층상태, 구조물 규모에 따라 정한다.
② 절토, 개착, 터널구간은 기반암의 심도 5~6[m]까지 확인한다.
③ 지층이 복잡한 경우에는 기 조사한 간격 사이에 보완조사를 실시한다.
④ 조사깊이는 액상화 문제가 있는 경우에는 모래층 하단에 있는 단단한 지지층까지 조사한다.

해설
지반조사의 간격
① 조사간격은 지층상태, 구조물 규모에 따라 정한다.
② 지층이 복잡한 경우에는 기 조사한 간격 사이에 보완조사를 실시한다.
③ 조사깊이는 액상화 문제가 있는 경우에는 모래층 하단에 있는 단단한 지지층까지 조사한다.
④ 절토, 개착, 터널구간은 지반암의 심도 2[m]까지 확인한다.

참고 산업안전기사 필기 p.6-5(3. 지반조사방법)

KEY 2014년 5월 25일(문제 106번) 출제

---

110 보일링(Boiling)현상에 관한 설명으로 옳지 않은 것은?

① 지하수위가 높은 모래 지반을 굴착할 때 발생하는 현상이다.
② 보일링 현상에 대한 대책의 일환으로 공사기간 중 지하수위를 일정하게 유지시켜야 한다.
③ 보일링 현상이 발생하는 경우 흙막이 보는 지지력이 저하된다.
④ 아랫부분의 수압을 받아 굴착한 곳으로 밀려나와 굴착부분을 다시 메우는 현상이다.

해설
보일링 방지대책
① Filter 및 차수벽 설치
② 흙막이 근입깊이를 깊게(불투수층까지)
③ 약액주입 등의 굴착면 고결
④ 지하수위저하
⑤ 압성토공법 등

참고 산업안전기사 필기 p.6-6(합격날개 : 합격예측)

[정답] 107 ② 108 ① 109 ② 110 ②

111 철골구조의 앵커볼트매립과 관련된 준수사항 중 옳지 않은 것은?

① 기둥중심은 기준선 및 인접기둥의 중심에서 3[mm] 이상 벗어나지 않을 것
② 앵커볼트는 매립 후에 수정하지 않도록 설치할 것
③ 베이스플레이트의 하단은 기준 높이 및 인접기둥의 높이에서 3[mm] 이상 벗어나지 않을 것
④ 앵커볼트는 기둥중심에서 2[mm] 이상 벗어나지 않을 것

해설
앵커볼트 매립 정밀도 범위
① 기둥 중심은 기준선 및 인접 기둥의 중심에서 5[mm] 이상 벗어나지 않을 것

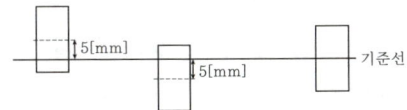

② 인접 기둥 간 중심거리의 오차는 3[mm] 이하일 것

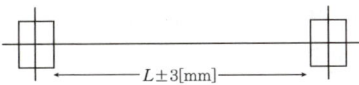

③ 앵커볼트는 기둥 중심에서 2[mm] 이상 벗어나지 않을 것

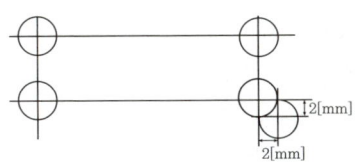

④ Base Plate의 하단은 기준높이 및 인접 기둥 높이에서 3[mm] 이상 벗어나지 않을 것

참고) 산업안전기사 필기 p.6-161(합격날개 : 합격예측)
KEY ▶ 2016년 5월 8일 산업기사 출제

112 토사붕괴 재해를 방지하기 위한 흙막이지보공 설비를 구성하는 부재와 거리가 먼 것은?

① 말뚝 ② 버팀대
③ 띠장 ④ 턴버클

해설
흙막이지보공 조립도 명시사항
① 흙막이판
② 말뚝
③ 버팀대
④ 띠장
⑤ 부재의 배치·치수·재질
⑥ 설치방법과 순서

참고) 산업안전기사 필기 p.6-105(합격날개 : 합격예측 및 관련법규)
KEY ▶ 2015년 3월 8일 (문제 110번) 출제

합격정보
산업안전보건기준에 관한 규칙 제346조(조립도)

113 옥외에 설치되어 있는 주행크레인에 대하여 이탈방지장치를 작동시키는 등 이탈방지를 위한 조치를 하여야 하는 풍속기준으로 옳은 것은?

① 순간풍속이 20[m/sec]를 초과할 때
② 순간풍속이 25[m/sec]를 초과할 때
③ 순간풍속이 30[m/sec]를 초과할 때
④ 순간풍속이 35[m/sec]를 초과할 때

해설
주행크레인 이탈방지장치 작동 풍속기준 : 순간풍속 30[m/sec]

KEY ▶ 2014년 8월 17일 (문제 119번) 출제

합격정보
산업안전보건기준에 관한 규칙 제140조(폭풍에 의한 이탈방지)

114 비계(달비계, 달대비계 및 말비계는 제외)의 높이가 2[m] 이상인 작업장소에 설치하는 작업발판의 구조 및 설비에 관한 기준으로 옳지 않은 것은?

① 작업발판의 폭이 40[cm] 이상이 되도록 한다.
② 발판재료 간의 틈은 3[cm] 이하로 한다.
③ 작업발판을 작업에 따라 이동시킬 경우에는 위험방지에 필요한 조치를 한다.
④ 작업발판재료는 뒤집히거나 떨어지지 않도록 하나 이상의 지지물에 연결하거나 고정시킨다.

[정답] 111 ① 112 ④ 113 ③ 114 ④

해설

작업발판의 구조
① 발판재료는 작업할 때의 하중을 견딜 수 있도록 견고한 것으로 할 것
② 작업발판의 폭은 40[cm] 이상으로 하고, 발판재료 간의 틈은 3[cm] 이하로 할 것. 다만, 외줄비계의 경우에는 고용노동부장관이 별도로 정하는 기준에 따른다.
③ 제②호에도 불구하고 선박 및 보트 건조작업의 경우 선박블록 또는 엔진실 등의 좁은 작업공간에 작업발판을 설치하기 위하여 필요하면 작업발판의 폭을 30[cm] 이상으로 할 수 있고, 걸침비계의 경우 강관기둥 때문에 발판재료 간의 틈을 3[cm] 이하로 유지하기 곤란하면 4[cm] 이하로 할 수 있다. 이 경우 그 틈 사이로 물체 등이 떨어질 우려가 있는 곳에는 출입금지 등의 조치를 하여야 한다.
④ 추락의 위험이 있는 장소에는 안전난간을 설치할 것. 다만, 작업의 성질상 안전난간을 설치하는 것이 곤란한 경우, 작업의 필요상 임시로 안전난간을 해체할 때에 안전방망을 설치하거나 근로자로 하여금 안전대를 사용하도록 하는 등 추락위험 방지조치를 한 경우에는 그러하지 아니하다.
⑤ 작업발판의 지지물은 하중에 의하여 파괴될 우려가 없는 것을 사용할 것
⑥ 작업발판재료는 뒤집히거나 떨어지지 않도록 둘 이상의 지지물에 연결하거나 고정시킬 것
⑦ 작업발판을 작업에 따라 이동시킬 경우에는 위험방지에 필요한 조치를 할 것

참고) 산업안전기사 필기 p.6-94(합격날개 : 합격예측 및 관련법규)

합격정보
산업안전보건기준에 관한 규칙 제56조(작업발판의 구조)

---

115 차량계 하역운반기계 등에 화물을 적재하는 경우의 준수사항이 아닌 것은?

① 하중이 한쪽으로 치우치지 않도록 적재할 것
② 구내운반차 또는 화물자동차의 경우 화물의 붕괴 또는 낙하에 의한 위험을 방지하기 위하여 화물에 로프를 거는 등 미리 필요한 조치를 할 것
③ 운전자의 시야를 가리지 않도록 화물을 적재할 것
④ 차륜의 이상 유무를 점검할 것

해설

차량계 하역운반기계 화물적재 시 준수사항 3가지
① 하중이 한쪽으로 치우치지 않도록 적재할 것
② 구내운반차 또는 화물자동차의 경우 화물의 붕괴 또는 낙하에 의한 위험을 방지하기 위하여 화물에 로프를 거는 등 필요한 조치를 할 것
③ 운전자의 시야를 가리지 않도록 화물을 적재할 것

참고) 산업안전기사 필기 p.6-135(합격날개 : 합격예측 및 관련법규)

합격정보
산업안전보건기준에 관한 규칙 제173조(화물적재 시의 조치)

KEY ▶ 2017년 5월 7일 출제

---

116 이동식 비계를 조립하여 작업을 하는 경우에 작업발판의 최대적재하중은 몇 [kg]을 초과하지 않도록 해야 하는가?

① 150[kg] ② 200[kg]
③ 250[kg] ④ 300[kg]

해설

이동식 비계 작업발판의 최대적재하중 : 250[kg]

참고) 산업안전기사 필기 p.6-103(합격날개 : 합격예측 및 관련법규)

KEY ▶ 2013년 8월 18일 (문제 111번) 출제

합격정보
산업안전보건기준에 관한 규칙 제68조(이동식 비계)

---

117 취급·운반의 원칙으로 옳지 않은 것은?

① 연속운반을 할 것
② 생산을 최고로 하는 운반을 생각할 것
③ 운반작업을 집중하여 시킬 것
④ 곡선운반을 할 것

해설

취급, 운반의 5원칙
① 직선운반을 할 것
② 연속운반을 할 것
③ 운반작업을 집중화시킬 것
④ 생산을 최고로 하는 운반을 생각할 것
⑤ 최대한 시간과 경비를 절약할 수 있는 운반방법을 고려할 것

참고) 산업안전기사 필기 p.6-171(합격날개 : 합격예측)

KEY ▶ 2013년 6월 23일 (문제 112번) 출제

---

118 건설현장에서 작업 중 물체가 떨어지거나 날아올 우려가 있는 경우에 대한 안전조치에 해당하지 않는 것은?

① 수직보호망 설치
② 방호선반 설치
③ 울타리설치
④ 낙하물방지망 설치

【 정답 】 115 ④ 116 ③ 117 ④ 118 ③

해설

낙하·비래방지대책
① 낙하물방지망 설치
② 수직보호망 설치
③ 방호선반 설치
④ 출입금지구역 설정
⑤ 보호구 착용

합격정보
산업안전보건기준에 관한 규칙 제14조(낙하물에 의한 위험의 방지)

---

119 유해·위험방지계획서를 제출해야 할 건설공사 대상 사업장 기준으로 옳지 않은 것은?

① 최대지간길이가 40[m] 이상인 교량건설 등의 공사
② 지상높이가 31[m] 이상인 건축물
③ 터널건설 등의 공사
④ 깊이 10[m] 이상인 굴착공사

해설

유해위험방지계획서 제출대상 건설공사
(1) 건축물 또는 시설 등의 건설·개조 또는 해체공사
   가. 지상높이가 31미터 이상인 건축물 또는 인공구조물
   나. 연면적 3만제곱미터 이상인 건축물
   다. 연면적 5천제곱미터 이상인 시설
      ① 문화 및 집회시설(전시장 및 동물원·식물원은 제외한다)
      ② 판매시설, 운수시설(고속철도의 역사 및 집배송시설은 제외한다)
      ③ 종교시설
      ④ 의료시설 중 종합병원
      ⑤ 숙박시설 중 관광숙박시설
      ⑥ 지하도상가
      ⑦ 냉동·냉장 창고시설
(2) 연면적 5천제곱미터 이상인 냉동·냉장 창고시설의 설비공사 및 단열공사
(3) 최대지간길이가 50[m] 이상인 교량건설 등 공사
(4) 터널건설 등의 공사
(5) 다목적댐, 발전용댐 및 저수용량 2천만톤 이상의 용수전용댐, 지방상수도 전용댐 건설 등의 공사
(6) 깊이 10[m] 이상인 굴착공사

참고 산업안전기사 필기 p.6-20(3. 유해위험방지계획서 제출대상 건설공사)

합격정보
산업안전보건법 시행령 제42조(유해위험방지계획서 제출대상)

KEY ① 2016년 5월 8일 출제
② 2017년 8월 26일 기사·산업기사 동시 출제

---

120 콘크리트 타설을 위한 거푸집동바리의 구조검토 시 가장 선행되어야 할 작업은?

① 각 부재에 생기는 응력에 대하여 안전한 단면을 산정한다.
② 가설물에 작용하는 하중 및 외력의 종류, 크기를 산정한다.
③ 하중·외력에 의하여 각 부재에 생기는 응력을 구한다.
④ 사용할 거푸집동바리의 설치간격을 결정한다.

해설

콘크리트 타설을 위한 거푸집동바리의 최우선 구조검토사항(단계)
① 제1단계 : 가설물에 작용하는 하중 및 외력의 종류, 크기를 산정한다.
② 제2단계 : 하중·외력에 의하여 각 부재에 생기는 응력을 구한다.
③ 제3단계 : 각 부재에 생기는 응력에 대하여 안전한 단면을 산정한다.
④ 제4단계 : 사용할 거푸집동바리의 설치간격을 결정한다.

KEY 2014년 3월 2일 (문제 110번) 출제

[정답] 119 ① 120 ②

산업안전기사 필기

2018년 3월 4일 시행 **제1회**

2018년 4월 28일 시행 **제2회**

2018년 8월 19일 시행 **제3회**

2018년도 기사 정기검정 제1회 (2018년 3월 4일 시행)

자격종목 및 등급(선택분야)
산업안전기사

종목코드	시험시간	수험번호	성명
1431	2시간	20180304	도서출판세화

1 산업재해 예방 및 안전보건교육

01 기업 내 정형교육 중 TWI(Training Within Industry)의 교육내용이 아닌 것은?

① Job Method Training
② Job Relation Training
③ Job Instruction Training
④ Job Standardization Training

해설

TWI 교육내용 4가지
① 작업방법훈련(Job Method Training : JMT) : 작업개선
② 작업지도훈련(Job Instruction Training : JIT) : 작업지도·지시
③ 인간관계훈련(Job Relations Training : JRT) : 부하 통솔
④ 작업안전훈련(Job Safety Training : JST) : 작업안전

참고 산업안전기사 필기 p.1-145(1. 기업내 정형교육)

KEY
① 2016년 3월 6일 기사 출제
② 2016년 8월 21일 산업기사 출제
③ 2017년 5월 7일 산업기사 출제
④ 2017년 8월 26일 산업기사 출제

 합격자의 조언
실기필답형 출제

02 재해사례연구의 진행단계 중 다음 ( )안에 알맞은 것은?

재해 상황의 파악 → (㉠) → (㉡) → 근본적 문제점의 결정 → (㉢)

① ㉠ 사실의 확인 ㉡ 문제점의 발견 ㉢ 대책 수립
② ㉠ 문제점의 발견 ㉡ 사실의 확인 ㉢ 대책 수립
③ ㉠ 사실의 확인 ㉡ 대책수립 ㉢ 문제점의 발견
④ ㉠ 문제점의 발견 ㉡ 대책수립 ㉢ 사실의 확인

해설

재해사례연구 진행단계

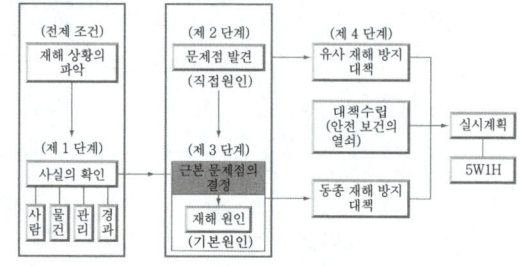

참고 산업안전기사 필기 p.3-46(3. 재해사례연구의 진행단계)

KEY
① 2016년 10월 1일 기사 출제
② 2017년 9월 23일 기사 출제

03 교육심리학의 학습이론에 관한 설명 중 옳은 것은?

① 파블로프(Pavlov)의 조건반사설은 맹목적 시행을 반복하는 가운데 자극과 반응이 결합하여 행동하는 것이다.
② 레빈(Lewin)의 장설은 후천적으로 얻게 되는 반사작용으로 행동을 발생시킨다는 것이다.
③ 톨만(Tolman)의 기호형태설은 학습자의 머리 속에 인지적 지도 같은 인지구조를 바탕으로 학습하려는 것이다.
④ 손다이크(Thorndike)의 시행착오설은 내적, 외적의 전체구조를 새로운 시점에서 파악하여 행동하는 것이다.

해설

학습이론
① 파블로프 : 조건반사설(반드시 목적시행)
② 레빈 : 선천적
③ 손다이크 : 연습과 반복

참고
① 산업안전기사 필기 p.1-149(2. 자극과 반응)
② I. P. Pavlov : 러시아 생리학자

[**정답**] 01 ④ 02 ① 03 ③

04 레빈(Lewin)의 법칙 $B=f(P \cdot E)$ 중 B가 의미하는 것은?

① 인간관계 ② 행동
③ 환경 ④ 함수

해설

레빈의 인간행동법칙

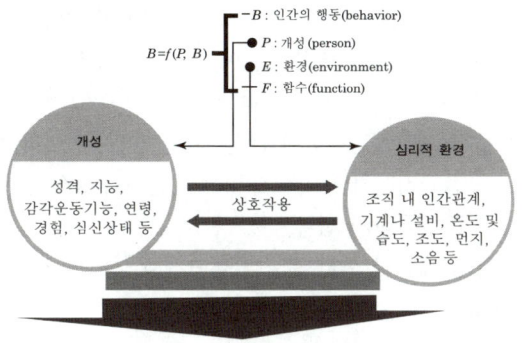

[그림] 인간의 행동이 결정됨

참고
① 산업안전기사 필기 p.1-77(합격날개 : 합격예측)
② Lewin : 독일 태생의 미국인, 행동주의 심리학파

KEY
① 2011년 6월 12일 기사 출제
② 2016년 3월 6일 기사 출제
③ 2016년 10월 1일 기사 출제
④ 2017년 5월 7일 기사 출제
⑤ 2017년 8월 26일 기사 출제
⑥ 2017년 9월 23일 기사 출제

05 학습지도의 형태 중 몇 사람의 전문가에 의해 과정에 관한 견해를 발표하고 참가자로 하여금 의견이나 질문을 하게 하는 토의방식은?

① 포럼(Forum)
② 심포지엄(Symposium)
③ 버즈세션(Buzz session)
④ 자유토의법(Free discussion method)

해설

토의식 교육법
① 포럼(Forum : 공개토론회) : 새로운 자료나 교재를 제시하고 거기서의 문제점을 피교육자로 하여금 제기하게 하거나 의견을 여러 가지 방법으로 발표하게 하고 다시 깊이 파고들어 토의를 행하는 방법.
② 버즈 세션(Buzz Session) : 6 - 6회의라고도 하며, 먼저 사회자와 기록계를 선출한 후 나머지 사람은 6명씩의 소집단으로 구분하고, 소집단별로 각각 사회자를 선발하여 6분씩 자유토의를 행하여 의견을 종합하는 방법

③ 패널 디스커션(Panel Discussion : Workshop) : 패널 멤버(교육과제에 정통한 전문가 4~5명)가 피교육자 앞에서 자유로이 토의를 하고, 다음에 피교육자 전원이 참가하여 사회자의 사회에 따라 토의하는 방법

참고 산업안전기사 필기 p.1-143(1. 토의식 교육법)

KEY
① 2017년 5월 7일 산업기사 출제
② 2017년 9월 23일 기사 출제

06 산업안전보건법령상 지방고용노동관서의 장이 사업주에게 안전관리자·보건관리자 또는 안전보건관리담당자를 정수 이상으로 증원하게 하거나 교체하여 임명할 것을 명할 수 있는 경우의 기준 중 다음 ( )안에 알맞은 것은?

- 중대재해가 연간(㉠)건 이상 발생한 경우
- 해당 사업장의 연간재해율이 같은 업종의 평균재해율의 (㉡)배 이상인 경우

① ㉠ 2, ㉡ 2   ② ㉠ 2, ㉡ 3
③ ㉠ 2, ㉡ 1   ④ ㉠ 3, ㉡ 3

해설

안전관리자 등의 증원 · 교체임명 명령
① 해당 사업장의 연간재해율이 같은 업종의 평균재해율의 2배 이상인 경우
② 중대재해가 연간 2건 이상 발생한 경우
③ 관리자가 질병이나 그 밖의 사유로 3개월 이상 직무를 수행할 수 없게 된 경우
④ 화학적 인자로 인한 직업성질병자가 연간 3명 이상 발생한 경우. 이 경우 직업성질병자 발생일은 「산업재해보상보험법 시행규칙」에 따른 요양급여의 결정일로 한다.

법적근거
산업안전보건법 시행규칙 제12조 (2024년 7월 1일 개정법 적용)

07 하인리히(Heinrich)의 재해구성비율에 따른 58건의 경상이 발생한 경우 무상해 사고는 몇 건이 발생하겠는가?

① 58건   ② 116건
③ 600건   ④ 900건

해설

하인리히 1 : 29 : 300법칙
300건×2=600건

[**정답**] 04 ② 05 ② 06 ① 07 ③

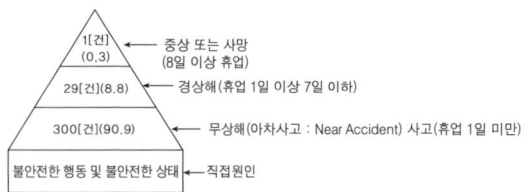

[그림] 하인리히 법칙(단위 : [%])

참고 산업안전기사 필기 p.3-32(1. 하인리히의 1 : 29 : 300)

KEY
① 2016년 10월 1일 기사 출제
② 2017년 9월 23일 산업기사 출제

08 상해 정도별 분류 중 의사의 진단으로 일정기간 정규 노동에 종사할 수 없는 상해에 해당하는 것은?

① 영구 일부노동 불능상해
② 일시 전노동 불능상해
③ 영구 전노동 불능상해
④ 구급처치 상해

해설

근로불능상해의 종류(ILO기준)
① 영구 일부노동불능 상해
 부상 결과로 신체 부분의 일부가 노동 기능을 상실한 부상(신체 장해 등급 제4급에서 제14급에 해당)
② 영구 전노동불능 상해
 부상 결과로 노동 기능을 완전히 잃게 되는 부상(신체 장해 등급 제1급에서 제3급에 해당) : 노동 손실 일수 7,500일
③ 응급(구급)조치 상해
 부상을 입은 다음 치료(1일 미만)를 받고 다음부터 정상작업에 임할 수 있는 정도의 상해

참고 산업안전기사 필기 p.1-5(8. ILO의 국제노동통계의 구분)

💬 동일회 문제 확인
2018년 3월 4일 (문제 16번)

09 데이비스(Davis)의 동기부여이론 중 동기유발의 식으로 옳은 것은?

① 지식×기능
② 지식×태도
③ 상황×기능
④ 상황×태도

해설

데이비스(K. Davis)의 동기부여 이론 등식
① 경영의 성과 = 인간의 성과×물질의 성과
② 능력(ability) = 지식(knowledge)×기능(skill)
③ 동기유발(motivation) = 상황(situation)×태도(attitude)
④ 인간의 성과(human performance) = 능력×동기유발

참고 산업안전기사 필기 p.1-100(2. 데이비스의 동기부여 이론등식)

KEY 2016년 5월 8일 기사 출제

10 안전보건관리조직의 유형 중 스탭형(Staff) 조직의 특징이 아닌 것은?

① 생산부문은 안전에 대한 책임과 권한이 없다.
② 권한 다툼이나 조정 때문에 통제수속이 복잡해지며 시간과 노력이 소모된다.
③ 생산부분에 협력하여 안전명령을 전달, 실시하므로 안전지시가 용이하지 않으며 안전과 생산을 별개로 취급하기 쉽다.
④ 명령 계통과 조언 권고적 참여가 혼동되기 쉽다.

해설

line and staff형 조직의 단점
① 명령계통과 조언, 권고적 참여가 혼돈되기 쉽다.
② 스태프의 월권 행위가 있을 수 있다.

참고 산업안전기사 필기 p.1-23(2. 안전보건관리 조직 형태)

KEY
① 2016년 3월 6일 기사 · 산업기사 동시출제
② 2016년 10월 1일 산업기사 출제
③ 2017년 3월 5일 기사 출제
④ 2017년 5월 7일 기사 출제
⑤ 2017년 8월 26일 기사·산업기사 동시 출제

11 자율검사프로그램을 인정받기 위해 보유하여야 할 검사장비의 이력카드 작성, 교정주기와 방법 설정 및 관리 등의 관리주체는?

① 사업주
② 제조자
③ 안전관리전문기관
④ 안전보건관리책임자

해설

자율안전프로그램의 관리주체 : 사업주

참고 산업안전기사 필기 p.3-59(3. 자율검사 프로그램에 따른 안전검사)

정보제공
산업안전보건법 시행규칙 제137조(자율검사 프로그램의 인정 등)

[정답] 08 ② 09 ④ 10 ④ 11 ①

12 다음의 방진마스크 형태로 옳은 것은?

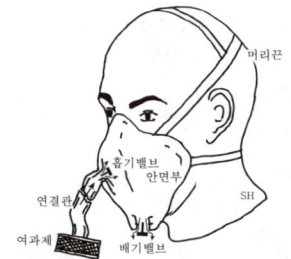

① 직결식 전면형   ② 직결식 반면형
③ 격리식 전면형   ④ 격리식 반면형

해설

방진마스크

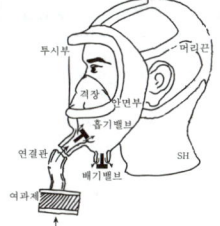
① 격리식 전면형

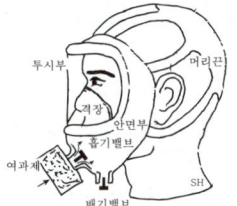
② 직결식 전면형

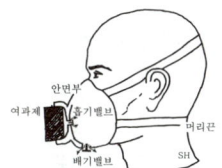
③ 직결식 반면형

[그림] 방진마스크의 종류

참고) 산업안전기사 필기 p.1-55(2. 방진·방독마스크)

KEY▶ 2016년 8월 21일 기사 출제

13 작업자 적성의 요인이 아닌 것은?

① 성격(인간성)   ② 지능
③ 인간의 연령   ④ 흥미

해설

작업자 적성 요인
① 성격(인간성) ② 지능 ③ 흥미

참고) 산업안전기사 필기 p.1-76(합격날개 : 합격예측)

KEY▶ 2006년 3월 5일(문제 2번) 출제

14 산업안전보건법령상 안전보건교육 중 관리감독자 정기안전보건교육의 교육내용으로 옳은 것은? (단, 산업안전보건법 및 일반관리에 관한 사항을 제외한다.)

① 산업안전 및 재해사례에 관한 사항
② 사고 발생 시 긴급조치에 관한 사항
③ 건강증진 및 질병 예방에 관한 사항
④ 산업보건 및 직업병 예방에 관한 사항

해설

관리감독자 정기안전보건교육 내용
① 산업안전 및 사고 예방에 관한 사항
② 산업보건 및 직업병 예방에 관한 사항
③ 위험성 평가에 관한 사항
④ 유해·위험 작업환경 관리에 관한 사항
⑤ 산업안전보건법령 및 산업재해보상보험 제도에 관한 사항
⑥ 직무스트레스 예방 및 관리에 관한 사항
⑦ 직장 내 괴롭힘, 고객의 폭언 등으로 인한 건강장해 예방 및 관리에 관한 사항
⑧ 작업공정의 유해·위험과 재해 예방대책에 관한 사항
⑨ 사업장 내 안전보건관리체제 및 안전·보건조치 현황에 관한 사항
⑩ 표준안전 작업방법 결정 및 지도·감독 요령에 관한 사항
⑪ 현장근로자와의 의사소통능력 및 강의 능력 등 안전보건교육 능력 배양에 관한 사항
⑫ 비상시 또는 재해 발생 시 긴급조치에 관한 사항
⑬ 그 밖의 관리감독자의 직무에 관한 사항

참고) 산업안전기사 필기 p.1-154(3. 관리감독자 정기안전보건교육)

KEY▶ ① 2017년 5월 7일 기사 출제
    ② 2017년 8월 26일 기사(문제 9번) 출제

정보제공
산업안전보건법 시행규칙 [별표 5] 교육대상별 교육내용

15 산업안전보건법령상 안전보건표지의 색채와 색도기준의 연결이 틀린 것은?(단, 색도기준은 한국산업표준(KS)에 따른 색의 3속성에 의한 표시방법에 따른다.)

① 빨간색－7.5R 4/14
② 노란색－5Y 8.5/12
③ 파란색－2.5PB 4/10
④ 흰색－N0.5

【정답】 12 ④ 13 ③ 14 ④ 15 ④

> 해설

안전보건표지의 색채, 색도

색채	색도기준	용도
빨간색	7.5R 4/14	금지
		경고
노란색	5Y 8.5/12	경고
파란색	2.5PB 4/10	지시
녹색	2.5G 4/10	안내
흰색	N9.5	
검은색	N0.5	

> 참고) 산업안전기사 필기 p.1-62(5. 안전보건표지의 색채, 색도기준 및 용도)

> KEY
> ① 2017년 3월 5일 기사 출제
> ② 2017년 8월 26일 산업기사 출제

> 정보제공
> 산업안전보건법 시행규칙 [별표 8] 안전보건표지의 색채, 색도기준 및 용도

---

16 강도율에 관한 설명 중 틀린 것은?

① 사망 및 영구 전노동불능(신체장해등급 1~3급의 근로손실일수는 7,500일로 환산한다.)
② 신체장해 등급 중 제 14급은 근로손실일수를 50일로 환산한다.
③ 영구 일부 노동불능은 신체 장해등급에 따른 근로손실일수에 $\frac{300}{365}$을 곱하여 환산한다.
④ 일시 전노동 불능은 휴업일수에 $\frac{300}{365}$을 곱하여 근로손실일수를 환산한다.

> 해설
> 영구일부노동 신체장해등급 : 노동손실일수로 결정(4급~14급)

> 참고) 산업안전기사 필기 p.3-43(표. 신체장해 환산일수)

> KEY
> ① 2016년 3월 6일 기사·산업기사 동시 출제
> ② 2017년 9월 26일 기사·산업기사 동시 출제

> 💬 동일회 문제확인
> 2018년 3월 4일(문제 8번)

---

17 산업안전보건법령상 안전보건표지의 종류 중 경고표지의 기본모형(형태)이 다른 것은?

① 폭발성물질 경고 ② 방사성물질 경고
③ 매달린 물체 경고 ④ 고압전기 경고

> 해설

경고표지

인화성 물질 경고	산화성 물질 경고	폭발성 물질 경고	급성독성 물질경고	부식성 물질 경고
방사성 물질 경고	고압전기 경고	매달린 물체 경고	낙하물 경고	고온 경고
저온 경고	몸균형 상실 경고	레이저 광선 경고	발암성·변이원성·생식독성·전신독성·호흡기과민성물질 경고	위험장소 경고

> 참고) 산업안전기사 필기 p.1-97(4. 안전보건표지의 종류와 형태)

> KEY 2017년 9월 23일 기사 출제

> 정보제공
> 산업안전보건법 시행규칙 [별표 6] 안전보건표지의 종류와 형태

---

18 석면 취급장소에서 사용하는 방진마스크의 등급으로 옳은 것은?

① 특급 ② 1급
③ 2급 ④ 3급

> 해설

방진마스크의 구분 및 사용장소

등급	특급	1급	2급
사용 장소	• 베릴륨 등과 같이 독성이 강한 물질들을 함유한 분진 등 발생장소 • 석면 취급 장소	• 특급마스크 착용장소를 제외한 분진 등 발생장소 • 금속흄 등과 같이 열적으로 생기는 분진 등 발생장소 • 기계적으로 생기는 분진 등 발생장소(규소 등과 같이 2급 방진마스크를 착용하여도 무방한 경우는 제외한다.)	• 특급 및 1급 마스크 착용 장소를 제외한 분진 등 발생 장소
배기밸브가 없는 안면부여과식 마스크는 특급 및 1급 장소에 사용해서는 안 된다.			

> 참고) 산업안전기사 필기 p.1-67(문제 18번) 적중

[정답] 16 ③ 17 ① 18 ①

19 적응기제 중 도피기제의 유형이 아닌 것은?

① 합리화 ② 고립
③ 퇴행 ④ 억압

해설

도피기제(Excape Mechanism) : 갈등을 해결하지 않고 도망감

구분	특징
억압	무의식으로 쑤셔 넣기
퇴행	유아 시절로 돌아가 유치해짐
백일몽	공상의 나래를 펼침
고립(거부)	외부와의 접촉을 끊음

참고 산업안전기사 필기 p.1-149(표. 적응기제)

KEY
① 2016년 5월 8일 산업기사 출제
② 2017년 3월 5일 기사 출제
③ 2017년 9월 23일 기사 출제

20 생체 리듬(Bio Rhythm)중 일반적으로 33일을 주기로 반복되며, 상상력, 사고력, 기억력 또는 의지, 판단 및 비판력 등과 깊은 관련성을 갖는 리듬은?

① 육체적 리듬 ② 지성적 리듬
③ 감성적 리듬 ④ 생활 리듬

해설

지성적 리듬(I : Intellectual cycle) : PSI학설, 생물시계, 체내시계
① 33일 주기
② 초록(녹)색 표시
③ 일점쇄선 표시
④ 상상력, 사고력, 기억력, 인지력, 판단력 등이 증가

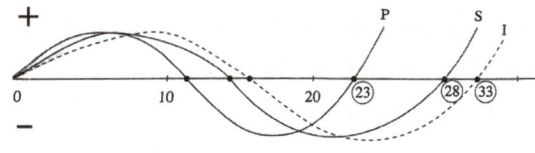

[그림] Biorhythm

참고 산업안전기사 필기 p.1-108(3. 지성적 리듬)

2 인간공학 및 위험성 평가·관리

21 에너지 대사율(RMR)에 대한 설명으로 틀린 것은?

① $RMR = \dfrac{운동대사량}{기초대사량}$

② 보통 작업시 RMR은 4~7임

③ 가벼운 작업시 RMR은 0~2임

④ $RMR = \dfrac{운동시 산소소모량 - 안정시 산소소모량}{기초대사량(산소소비량)}$

해설

작업강도 구분
① 1~2RMR(가벼운 작업)
② 2~4RMR(보통작업)
③ 4~7RMR(중작업)
④ 7RMR 이상(초중작업)

참고 산업안전기사 필기 p.1-102(2. 작업강도 구분)

KEY 2016년 10월 1일 산업기사 출제

22 FMEA의 특징에 대한 설명으로 틀린 것은?

① 서브시스템 분석 시 FTA보다 효과적이다.
② 시스템 해석기법은 정성적·귀납적 분석법 등에 사용된다.
③ 각 요소간 영향 해석이 어려워 2가지 이상 동시 고장은 해석이 곤란하다.
④ 양식이 비교적 간단하고 적은 노력으로 특별한 훈련 없이 해석이 가능하다.

해설

FMEA의 장·단점
① 장점 : 서식이 간단하고 비교적 적은 노력으로 특별한 훈련없이 분석을 할 수 있다.
② 단점 : 논리성이 부족하고 특히 각 요소 간의 영향을 분석하기 어렵기 때문에 동시에 두 가지 이상의 요소가 고장날 경우 분석이 곤란하다.
③ 요소가 물체로 한정되어 있기 때문에 인적원인을 분석하는 데는 곤란이 있다.

참고 산업안전기사 필기 p.2-62(합격날개 : 합격예측)

보충학습
FTA : 서브시스템 분석시 효과적

[정답] 19 ① 20 ② 21 ② 22 ①

23 A사의 안전관리자는 자사 화학 설비의 안전성 평가를 위해 제2단계인 정성적 평가를 진행하기 위하여 평가 항목 대상을 분류하였다. 주요 평가 항목 중에서 설계관계항목이 아닌 것은?

① 건조물 ② 공장 내 배치
③ 입지조건 ④ 원재료, 중간제품

해설

정성적 평가항목
① 입지조건 ② 공장내의 배치
③ 소방설비 ④ 공정기기
⑤ 수송·저장 ⑥ 원재료
⑦ 중간체 ⑧ 제품

참고) 산업안전기사 필기 p.2-38(2. 2단계 : 정성적 평가)

KEY ① 2014년 8월 17일 기사 출제
② 2016년 5월 8일 기사 출제
③ 2016년 10월 1일 산업기사 출제
④ 2017년 3월 5일 기사 출제
⑤ 2017년 8월 26일 기사 출제

보충학습
(1) 설계관계 평가요소
① 건조물
② 입지조건
③ 공장내 배치
(2) 운전관계 평가요소
① 원재료
② 중간제품
③ 공정 및 공정기기
④ 수송 및 저장

24 기계설비 고장 유형 중 기계의 초기결함을 찾아내 고장률을 안정시키는 기간은?

① 마모고장 기간
② 우발고장 기간
③ 에이징(aging) 기간
④ 디버깅(debugging) 기간

해설

초기고장
① 디버깅(Debugging)기간 : 기계의 초기 결함을 찾아내 고장률을 안정시키는 기간
② 번인(Burn-in)기간 : 물품을 실제로 장시간 가동하여 그 동안에 고장난 것을 제거하는 기간
③ 비행기 : 에이징(Aging)이라 하여 3년 이상 시운전
④ 욕조곡선(Bath-tub) : 예방보전을 하지 않을 때의 곡선은 서양식 욕조 모양과 비슷하게 나타나는 현상

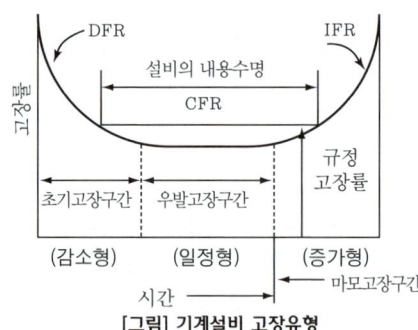

참고) 산업안전기사 필기 p.2-13(2. 기계설비 고장 유형)

25 들기 작업 시 요통재해예방을 위하여 고려할 요소와 가장 거리가 먼 것은?

① 들기 빈도 ② 작업자 신장
③ 손잡이 형상 ④ 허리 비대칭 각도

해설

들기 작업시 요통재해 예방 고려요소(들기작업 변수)
① 무게 : 작업물의 무게(kg)
② 수평위치 : 두 발 뒤꿈치 뼈의 중점에서 손까지의 거리(cm)
③ 수직거리 : 바닥에서 손까지의 거리(cm)
④ 수직이동거리 : 들기작업에서 수직으로 이동한 거리(cm)
⑤ 비대칭 각도 : 정면에서 비틀린 정도를 나타내는 각도
⑥ 들기 빈도 : 15분 동안의 평균적인 분당 들어 올리는 횟수
⑦ 커플링 분류 : 물체를 들 때 미끄러지거나 떨어뜨리지 않도록 하는 손잡이 등의 상태

참고) 산업안전기사 필기 p.2-44(합격날개 : 합격예측)

26 일반적으로 작업장에서 구성요소를 배치할 때, 공간의 배치 원칙에 속하지 않는 것은?

① 사용빈도의 원칙 ② 중요도의 원칙
③ 공정개선의 원칙 ④ 기능성의 원칙

해설

부품(공간)배치의 원칙
① 중요성(도)의 원칙(일반적 위치결정)
② 사용빈도의 원칙(일반적 위치결정)
③ 기능별(성) 배치의 원칙(배치결정)
④ 사용순서의 원칙(배치결정)

[정답] 23 ④ 24 ④ 25 ② 26 ③

참고 ▶ 산업안전기사 필기 p.2-161(2. 부품배치의 4원칙)
KEY ▶ 2017년 9월 23일 산업기사 출제

27. 반사율이 60[%]인 작업 대상물에 대하여 근로자가 검사작업을 수행할 때 휘도(luminance)가 90[fL]이라면 이 작업에서의 소요조명(fc)은 얼마인가?

① 75
② 150
③ 200
④ 300

해설

소요조명(fc)

① 반사율 = $\dfrac{광속발산도(fL)}{조명(fc)} \times 100$

② 소요조명(fc) = $\dfrac{광속발산도(fL)}{반사율} \times 100 = \dfrac{90}{60} \times 100 = 150[fc]$

참고 ▶ 산업안전기사 필기 p.2-169(3. 반사율)
KEY ▶ ① 2011년 6월 12일 기사 출제
② 2017년 5월 7일 산업기사 출제

28. 산업안전보건법령상 유해하거나 위험한 장소에서 사용하는 기계·기구 및 설비를 설치·이전하는 경우 유해위험방지계획서를 작성, 제출하여야 하는 대상이 아닌 것은?

① 화학설비
② 금속 용해로
③ 건조설비
④ 전기용접장치

해설

유해·위험방지계획서의 제출대상 기계·설비
① 금속이나 그 밖의 광물의 용해로
② 화학설비
③ 건조설비
④ 가스집합용접장치
⑤ 제조금지물질 또는 허가대상물질 관련설비
⑥ 분진작업관련설비

참고 ▶ 산업안전기사 필기 p.2-44(2. 유해위험방지계획서의 제출대상 기계·설비)

정보제공
산업안전보건법 시행령 제42조(유해위험방지계획서 제출대상)

29. 동작경제의 원칙에 해당하지 않는 것은?

① 공구의 기능을 각각 분리하여 사용하도록 한다.
② 두 팔의 동작은 동시에 서로 반대방향으로 대칭적으로 움직이도록 한다.
③ 공구나 재료는 작업동작이 원활하게 수행되도록 그 위치를 정해준다.
④ 가능하다면 쉽고도 자연스러운 리듬이 작업동작에 생기도록 작업을 배치한다.

해설

공구 및 설비 디자인에 관한 원칙
(Design of tools and equipment)
① 치구나 발로 작동시키는 기기를 사용할 수 있는 작업에서는 이러한 기기를 활용하여 양손이 다른 일을 할 수 있도록 한다.
② 공구의 기능은 결합하여서 사용하도록 한다.
③ 공구와 자제는 가능한 한 사용하기 쉽도록 미리 위치를 잡아준다.
④ 각 손가락이 서로 다른 작업을 할 때에는 작업량을 각 손가락의 능력에 맞도록 분배해야 한다.
⑤ 레버, 핸들 및 통제기기는 작업자가 몸의 자세를 크게 바꾸지 않더라도 조작하기 쉽도록 배열한다.

참고 ▶ 산업안전기사 필기 p.2-76(3. 공구 및 설비 디자인에 관한 원칙)

30. 휴먼 에러 예방 대책 중 인적 요인에 대한 대책이 아닌 것은?

① 설비 및 환경 개선
② 소집단 활동의 활성화
③ 작업에 대한 교육 및 훈련
④ 전문인력의 적재적소 배치

해설

휴먼에러 예방대책
① 물적대책 : 설비 및 환경 개선
② 인적대책
  ㉮ 소집단 활동의 활성화
  ㉯ 작업에 대한 교육 및 훈련
  ㉰ 전문인력의 적재적소 배치

참고 ▶ 산업안전기사 필기 p.2-84(6. 인간에러예방대책)

[정답] 27 ② 28 ④ 29 ① 30 ①

31
다음 시스템에 대하여 톱사상(top event)에 도달할 수 있는 최소 컷셋(minimal cut sets)을 구할 때 올바른 집합은?(단, X_1, X_2, X_3, X_4는 각 부품의 고장확률을 의미하며 집합 $\{X_1, X_2\}$는 X_1 부품과 X_2 부품이 동시에 고장나는 경우를 의미한다.)

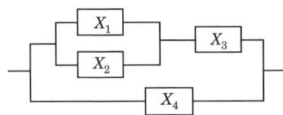

① $\{X_1, X_2\}$, $\{X_3, X_4\}$
② $\{X_1, X_3\}$, $\{X_2, X_4\}$
③ $\{X_1, X_2, X_4\}$, $\{X_3, X_4\}$
④ $\{X_1, X_3, X_4\}$, $\{X_2, X_3, X_4\}$

해설

최소 컷셋(Minimal Cut set)

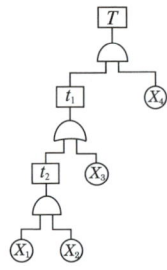

(1) 그림에서 X_1과 X_2를 t_2로 표시하고 t_2와 X_3을 t_1로 표시하여 FT도를 작성(FT도 작성시 병렬연결은 AND, 직렬연결은 OR 기호로 표시)
(2) FT도에서 최소컷셋을 구하면,
$$\therefore T \to t_1 \ X_4 \to \begin{matrix} t_2 & X_4 \\ X_3 & X_4 \end{matrix} \to \begin{matrix} (X_1, X_2, X_4) \\ (X_3, X_4) \end{matrix}$$

참고 산업안전기사 필기 p.2-77(5. 컷셋, 미니멀컷셋 요약)

KEY ① 2001년 6월 3일 출제
② 2006년 5월 14일 출제
③ 2010년 5월 9일 기사 출제

32
운동관계의 양립성을 고려하여 동목(moving scale)형 표시장치를 바람직하게 설계한 것은?

① 눈금과 손잡이가 같은 방향으로 회전하도록 설계한다.
② 눈금의 숫자는 우측으로 감소하도록 설계한다.
③ 꼭지의 시계 방향 회전이 지시치를 감소시키도록 설계한다.
④ 위의 세 가지 요건을 동시에 만족시키도록 설계한다.

해설

정침동목형
① 지침이 고정되어 있고 눈금이 움직이는 형으로서, 정목동침형의 단점에 비해서 개창형(開窓型)이나 수직, 수평형의 정침동목형이 계기반 또한 눈금이 긴 경우에는 이동 테이프를 사용하여 계기반 후면에 말아 넣고 필요한 부분만을 노출시켜 볼 수 있다.
② 장점 : 아날로그표시장치(면적 최소가능)

KEY ① 2016년 1월 1일 산업기사 출제
② 2016년 5월 8일 산업기사 출제

33
신뢰성과 보전성 개선을 목적으로 한 효과적인 보전기록자료에 해당하는 것은?

① 자재관리표 ② 주유지시서
③ 재고관리표 ④ MTBF분석표

해설

MTBF(평균고장간격 : Mean Time Between Failures)
① 고장이 발생되어도 다시 수리를 해서 쓸 수 있는 제품을 의미 : 무고장 시간의 평균
② 고장에서 고장까지의 정상 상태에 머무르는 무고장 동작 시간의 평균치
③ 평균고장 발생의 시간 길이로 수리하면서 사용하는 제품의 신뢰도 척도
④ 고장 사이의 작동시간 평균치 : 보전성개선목적(보전기록자료)

참고 산업안전기사 필기 p.2-83(2. MTBF)

KEY 2016년 3월 6일 산업기사 출제

34
보기의 실내면에서 빛의 반사율이 낮은 곳에서부터 높은 순서대로 나열한 것은?

[보기]
A : 바닥   B : 천정   C : 가구   D : 벽

① A<B<C<D   ② A<C<B<D
③ A<C<D<B   ④ A<D<C<B

해설

옥내 최적반사율
① 천정 : 80~90[%]
② 벽 : 40~60[%]
③ 가구 : 25~45[%]
④ 바닥 : 20~40[%]

참고 산업안전기사 필기 p.2-169(옥내최적반사율)

【 정답 】 31 ③ 32 ① 33 ④ 34 ③

KEY ① 2016년 3월 6일 산업기사 출제
② 2016년 10월 1일 기사 출제
③ 2017년 8월 26일, 9월 23일 산업기사 출제

KEY ① 2016년 10월 1일 산업기사 출제
② 2017년 8월 26일 기사·산업기사 동시 출제

35 다음 시스템의 신뢰도는 얼마인가?(단, 각 요소의 신뢰도는 a, b가 각 0.8, c, d가 각 0.6이다.)

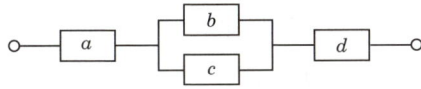

① 0.2245 ② 0.3754
③ 0.4416 ④ 0.5756

해설
$R_s = a \times [1-(1-b)(1-c)] \times d = 0.8 \times [1-(1-0.8)(1-0.6)] \times 0.6$
$= 0.4416$

참고 산업안전기사 필기 p.2-89(문제 25번)

KEY 2017년 5월 7일 기사 출제

37 HAZOP 기법에서 사용하는 가이드워드와 그 의미가 잘못 연결된 것은?

① Other than : 기타 환경적인 요인
② No/Not : 디자인 의도의 완전한 부정
③ Reverse : 디자인 의도의 논리적 반대
④ More/Less : 정량적인 증가 또는 감소

해설

유인어(guide words)
① NO 또는 NOT : 설계 의도의 완전한 부정을 의미
② AS Well AS : 성질상의 증가를 나타내는 것으로 설계의도와 운전조건 등 부가적인 행위와 함께 일어나는 것을 의미
③ PART OF : 성질상의 감소, 성취나 성취되지 않음을 나타냄
④ MORE LESS : 양의 증가 또는 양의 감소로 양과 성질을 함께 나타냄
⑤ OTHER THAN : 완전한 대체를 의미
⑥ REVERSE : 설계의도와 논리적인 역을 의미

참고 산업안전기사 필기 p.2-41(2. 유인어)

KEY ① 2016년 5월 8일 기사 출제
② 2018년 3월 4일 (문제 22번) 출제

36 FTA(Fault Tree Analysis)에 사용되는 논리기호와 명칭이 올바르게 연결된 것은?

① ◇ : 전이기호
② ▭ : 기본사상
③ ⌂ : 통상사상
④ ○ : 결함사상

해설

FTA의 기호

기호	명칭	입·출력현상
▭	결함사상	개별적인 결함사상(비정상적 사건)
○	기본사상	더 이상 전개되지 않는 기본적인 사상
⌂	통상사상	통상발생이 예상되는 사상(예상되는 원인)
◇	생략사상	정보부족, 해석기술의 불충분으로 더 이상 전개할 수 없는 사상. 작업진행에 따라 해석이 가능할 때는 다시 속행한다.

참고 산업안전기사 필기 p.2-70(표. FTA기호)

38 경계 및 경보신호의 설계지침으로 틀린 것은?

① 주의를 환기시키기 위하여 변조된 신호를 사용한다.
② 배경소음의 진동수와 다른 진동수의 신호를 사용한다.
③ 귀는 중음역에 민감하므로 500~3,000[Hz]의 진동수를 사용한다.
④ 300[m] 이상의 장거리용으로는 1,000[Hz]를 초과하는 진동수를 사용한다.

해설

경계 및 경보신호(청각적 표시장치) 선택시 지침
① 귀는 중음역에 가장 민감하므로 500~3,000[Hz]의 진동수를 사용
② 고음은 멀리가지 못하므로 300[m] 이상 장거리용으로는 1,000[Hz] 이하의 진동수 사용

[**정답**] 35 ③ 36 ③ 37 ① 38 ④

참고) 산업안전기사 필기 p.2-203(문제 69번)

KEY ① 2016년 3월 6일 산업기사 출제
② 2017년 3월 5일 산업기사 출제
③ 2017년 9월 23일 산업기사 출제

39 동작의 합리화를 위한 물리적 조건으로 적절하지 않은 것은?

① 고유 진동을 이용한다.
② 접촉 면적을 크게 한다.
③ 대체로 마찰력을 감소시킨다.
④ 인체표면에 가해지는 힘을 적게 한다.

해설

동작의 합리화를 위한 물리적 조건
① 고유 진동을 이용한다.
② 접촉면적을 작게 한다.
③ 대체로 마찰력을 감소시킨다.
④ 인체표면에 가해지는 힘을 적게 한다.

참고) 산업안전기사 필기 p.2-201(문제 57번)

40 정량적 표시장치에 관한 설명으로 맞는 것은?

① 정확한 값을 읽어야 하는 경우 일반적으로 디지털보다 아날로그 표시장치가 유리하다.
② 동목(moving scale)형 아날로그 표시장치는 표시장치의 면적을 최소화할 수 있는 장점이 있다.
③ 연속적으로 변화하는 양을 나타내는 데에는 일반적으로 아날로그보다 디지털 표시장치가 유리하다.
④ 동침(moving pointer)형 아날로그 표시장치는 바늘의 진행 방향과 증감속도에 대한 인식적인 암시 신호를 얻는 것이 불가능한 단점이 있다.

해설

정량적 표시장치
① 정확한 값 : 디지털 표시장치
② 연속적으로 변하는 양 : 아날로그 표시장치
③ 동침형 표시장치 : 인식적인 암시신호를 얻는 것이 장점

참고) 산업안전기사 필기 p.2-33(문제 56번)

KEY 2016년 8월 31일 산업기사 출제

💬 합격자의 조언
2018년 3월 4일(문제 32번)

3 기계·기구 및 설비안전관리

41 로봇의 작동범위 내에서 그 로봇에 관하여 교시 등(로봇의 동력원을 차단하고 행하는 것을 제외한다.)의 작업을 행하는 때 작업시작 전 점검 사항으로 옳은 것은?

① 과부하방지장치의 이상 유무
② 압력제한 스위치 등의 기능의 이상 유무
③ 외부전선의 피복 또는 외장의 손상 유무
④ 권과방지장치의 이상 유무

해설

로봇의 작업시작전 점검 사항
① 외부전선의 피복 또는 외장의 손상유무
② 매니퓰레이터(manipulator) 작동의 이상유무
③ 제동장치 및 비상정지장치의 기능

참고) 산업안전기사 필기 p.3-50(표. 작업시작전 기계·기구 및 점검 내용)

정보제공
산업안전보건기준에 관한 규칙 [별표 3] 작업시작전 점검사항

42 방사선 투과검사에서 투과사진에 영향을 미치는 인자는 크게 콘트라스트(명암도)와 명료도로 나누어 검토할 수 있다. 다음 중 투과사진의 콘트라스트(명암도)에 영향을 미치는 인자에 속하지 않는 것은?

① 방사선의 선질   ② 필름의 종류
③ 현상액의 강도   ④ 초점-필름간 거리

해설

콘트라스트에 영향을 미치는 인자
① 방사선의 선질
② 필름의 종류
③ 현상액의 강도

참고) 산업안전기사 필기 p.3-223(합격날개 : 은행문제3)

43 다음와 같은 기계요소가 단독으로 발생시키는 위험점은?

밀링커터, 둥근톱날

[정답] 39 ② 40 ② 41 ③ 42 ④ 43 ③

① 협착점　　② 끼임점
③ 절단점　　④ 물림점

해설

위험점 구분
① 협착점(Squeeze-point) : 왕복운동을 하는 동작부분과 움직임이 없는 고정부분 사이에서 형성되는 위험점
　예) 프레스기, 전단기, 성형기, 조형기, 굽힘기계(bending machine)
② 끼임점(Shear-point) : 고정부분과 회전하는 동작부분이 함께 만드는 위험점
　예) 연삭숫돌과 덮개, 교반기의 날개와 하우징, 프레임에서 암의 요동 운동을 하는 기계부분 등
③ 물림점(Nip-point) : 회전하는 두 개의 회전체에는 물려 들어가는 위험성이 존재한다. 이때 위험점이 발생되는 조건은 회전체가 서로 반대방향으로 맞물려 회전되어야 한다.
　예) 롤러와 롤러의 물림, 기어와 기어의 물림 등

① 협착점　　　　　　② 끼임점
　　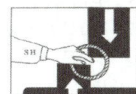

③ 물림점

[그림] 위험점

참고) 산업안전기사 필기 p.3-15(4. 위험점의 분류)

KEY ① 2017년 3월 5일 산업기사 출제
　　② 2017년 5월 7일 산업기사 출제
　　③ 2017년 8월 26일 산업기사 출제

44 프레스 및 전단기에서 위험한계 내에서 작업하는 작업자의 안전을 위하여 안전블록의 사용 등 필요한 조치를 취해야 한다. 다음 중 안전 블록을 사용해야 하는 작업으로 가장 거리가 먼 것은?

① 금형 가공작업　　② 금형 해체작업
③ 금형 부착작업　　④ 금형 조정작업

해설

금형 조정작업의 안전대책
금형을 부착·해체 또는 조정하는 작업을 할 때에 해당 작업에 종사하는 근로자의 신체가 위험한계 내에 있는 경우 슬라이드가 갑자기 작동함으로써 근로자에게 발생할 우려가 있는 위험을 방지하기 위하여 안전블록을 설치

참고) 산업안전기사 필기 p.3-96(합격예측 및 관련법규)

KEY ① 2016년 3월 6일 산업기사 출제
　　② 2016년 8월 21일 기사·산업기사 동시 출제
　　③ 2017년 8월 26일 기사 출제

정보제공
산업안전보건기준에 관한 규칙 제104조(금형조정작업의 위험방지)

45 아세틸렌 용접장치를 사용하여 금속의 용접·용단 또는 가열작업을 하는 경우 아세틸렌을 발생시키는 게이지 압력은 최대 몇 [kPa] 이하이어야 하는가?

① 17　　② 88
③ 127　　④ 210

해설

아세틸렌 용접장치 최대게이지 압력
127[kPa] 이하

참고) 산업안전기사 필기 p.3-113(합격날개 : 합격예측 및 관련법규)

KEY 2017년 3월 5일 기사 출제

정보제공
산업안전보건기준에 관한 규칙 제285조(압력의 제한)

46 산업안전보건법령상 프레스 작업시작 전 점검해야 할 사항에 해당하는 것은?

① 언로드 밸브의 기능
② 하역장치 및 유압장치 기능
③ 권과방지장치 및 그 밖의 경보장치의 기능
④ 1행정 1정지기구·급정지장치 및 비상정지 장치의 기능

해설

프레스 작업시작전 점검사항
① 클러치 및 브레이크의 기능
② 크랭크축·플라이휠·슬라이드·연결봉 및 연결나사의 풀림 유무
③ 1행정 1정지기구·급정지장치 및 비상정지장치의 기능
④ 슬라이드 또는 칼날에 의한 위험방지 기구의 기능
⑤ 프레스의 금형 및 고정볼트 상태
⑥ 방호장치의 기능
⑦ 전단기(剪斷機)의 칼날 및 테이블의 상태

참고) 산업안전기사 필기 p.3-50(표. 작업시작전 기계·기구 및 점검내용)

KEY ① 2016년 3월 6일 기사 출제
　　② 2017년 3월 5일, 5월 7일, 8월 26일 기사 출제

정보제공
산업안전보건기준에 관한 규칙 [별표 3] 작업시작 전 점검사항

[정답] 44 ①　45 ③　46 ④

과년도 출제문제

47 화물중량이 200[kgf], 지게차의 중량이 400[kgf], 앞바퀴에서 화물의 무게중심까지의 최단거리가 1[m]일 때 지게차가 안정되기 위하여 앞바퀴에서 지게차의 무게중심까지 최단거리는 최소 몇 [m]를 초과해야 하는가?

① 0.2[m] ② 0.5[m]
③ 1[m]   ④ 2[m]

[해설]

지게차 무게중심 최단거리

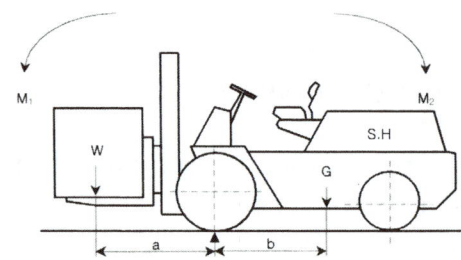

① $M_1 = W \times a = 200 \times 1 = 200$[kgf]
② $M_2 = G \times b = 400 \times b = 400 \cdot b$[kgf]
③ $M_1 \leq M_2, 200 \leq 400 \cdot b$
④ $b = \dfrac{200}{400} = 0.5$[m]

[참고] 산업안전기사 필기 p.3-135(그림. 지게차의 안정성 유지)

[KEY] ① 2004년 5월 23일 기사 출제
② 2018년 3월 4일 기사 출제

---

48 다음 중 셰이퍼에서 근로자의 보호를 위한 방호장치가 아닌 것은?

① 방책   ② 칩받이
③ 칸막이   ④ 급속귀환장치

[해설]

방호장치(플레이너·셰이퍼·슬로터) 공통
① 칩받이
② 방책(방호울)
③ 칸막이
④ 가드

[참고] 산업안전기사 필기 p.3-86(3. 방호장치)

[보충학습]
급속 귀환 운동 기구
① 가고 오는 두 방향의 운동 시간이 각각 다른 왕복 운동 기구
② 불필요한 행정(行程)의 시간을 절약할 목적으로 사용
  [예] 복사기·셰이퍼·플레이너·슬로터

---

49 지게차 및 구내 운반차의 작업시작 전 점검 사항이 아닌 것은?

① 버킷, 디퍼 등의 이상 유무
② 제동장치 및 조종장치 기능의 이상 유무
③ 하역장치 및 유압장치 기능의 이상 유무
④ 전조등, 후미등, 경보장치 기능의 이상 유무

[해설]

지게차 및 구내운반차 작업시작전 점검사항
(1) 지게차를 사용하여 작업을 할 때
  ① 제동장치 및 조종장치 기능의 이상유무
  ② 하역장치 및 유압장치 기능의 이상유무
  ③ 바퀴의 이상유무
  ④ 전조등·후미등·방향지시기 및 경보장치 기능의 이상유무
(2) 구내운반차를 사용하여 작업을 할 때
  ① 제동장치 및 조종장치 기능의 이상유무
  ② 하역장치 및 유압장치 기능의 이상유무
  ③ 바퀴의 이상유무
  ④ 전조등·후미등·방향지시기 및 경음기 기능의 이상유무
  ⑤ 충전장치를 포함한 홀더 등의 결합상태의 이상유무

[참고] 산업안전기사 필기 p.3-50(표. 작업시작전 기계·기구 및 점검내용)

[정보제공]
산업안전보건기준에 관한 규칙 [별표 3] 작업시작전 점검사항

---

50 다음 중 선반에서 절삭가공시 발생하는 칩을 짧게 끊어지도록 공구에 설치되어 있는 방호장치의 일종인 칩 제거 기구를 무엇이라 하는가?

① 칩 브레이커   ② 칩 받침
③ 칩 쉴드   ④ 칩 커터

[해설]

칩브레이커
칩을 짧게 끊어주는 선반전용 안전장치

[그림] 선반 클램프형 칩브레이커

[참고] ① 산업안전기사 필기 p.3-80(4. 선반작업시 안전수칙)
② 산업안전기사 필기 p.3-133(합격날개 : 합격예측)

[KEY] ① 2016년 5월 8일 산업기사 출제
② 2016년 8월 21일 산업기사 출제

[정답] 47 ② 48 ④ 49 ① 50 ①

51 아세틸렌 용접장치에 사용하는 역화방지기에서 요구되는 일반적인 구조로 옳지 않은 것은?

① 재사용 시 안전에 우려가 있으므로 역화방지 후 바로 폐기하도록 해야 한다.
② 다듬질 면이 매끈하고 사용상 지장이 있는 부식, 흠, 균열 등이 없어야 한다.
③ 가스의 흐름방향은 지워지지 않도록 돌출 또는 각인하여 표시하여야 한다.
④ 소염소자는 금망, 소결금속, 스틸울(steel wool), 다공성 금속물 또는 이와 동등 이상의 소염성능을 갖는 것이어야 한다.

해설

역화방지기의 일반구조
① 역화방지기의 구조는 소염소자, 역화방지장치 및 방출장치 등으로 구성되어야 한다. 다만, 토치 입구에 사용하는 것은 방출장치를 생략할 수 있다.
② 역화방지기는 그 다듬질 면이 매끈하고 사용상 지장이 있는 부식, 흠, 균열 등이 없어야 한다.
③ 가스의 흐름방향은 지워지지 않도록 돌출 또는 각인하여 표시 하여야 한다.
④ 소염소자는 금망, 소결금속, 스틸울(steel wool), 다공성금속물 또는 이와 동등 이상의 소염성능을 갖는 것이어야 한다.
⑤ 역화방지기는 역화를 방지한 후 복원이 되어 계속 사용할 수 있는 구조이어야 한다.

참고 산업안전기사 필기 p.3-114(합격날개 : 합격예측)

정보제공
방호장치 자율안전기준고시 [별표 1]

52 초음파 탐상법의 종류에 해당하지 않는 것은?

① 반사식   ② 투과식
③ 공진식   ④ 침투식

해설

초음파 탐상법의 종류
① 반사식
② 투과식
③ 공진식

참고 산업안전기사 필기 p.3-222(표. 초음파 검사종류)

53 다음 목재가공용 기계에 사용되는 방호장치의 연결이 옳지 않은 것은?

① 둥근톱기계 : 톱날접촉 예방장치
② 띠톱기계 : 날접촉 예방장치
③ 모떼기기계 : 날접촉 예방장치
④ 동력식 수동대패기계 : 반발 예방장치

해설

동력식 수동대패기계 방호장치
날접촉예방장치

[그림] 가동식 날접촉 예방장치

참고 산업안전기사 필기 p.3-133(3. 날접촉 예방장치 종류)

정보제공
산업안전보건기준에 관한 규칙 제109조(대패기계의 날접촉 예방장치)

54 급정지기구가 부착되어 있지 않아도 유효한 프레스의 방호장치로 옳지 않은 것은?

① 양수기동식   ② 가드식
③ 손쳐내기식   ④ 양수조작식

해설

급정지 기구에 따른 방호장치

구분	종류
급정지 기구가 부착되어 있어야만 유효한 방호장치	① 양수 조작식 방호장치 ② 감응식 방호장치
급정지 기구가 부착되어 있지 않아도 유효한 방호장치	① 양수 기동식 방호장치 ② 게이트 가드 방호장치 ③ 수인식 방호장치 ④ 손쳐 내기식 방호장치

참고 산업안전기사 필기 p.3-103(표. 급정지기구에 따른 방호장치)

55 인장강도가 350[MPa]인 강판의 안전율이 4라면 허용응력은 몇 [N/mm²]인가?

① 76.4   ② 87.5
③ 98.7   ④ 102.3

[정답] 51 ① 52 ④ 53 ④ 54 ④ 55 ②

해설

① 안전율(S_f) = $\dfrac{\text{기초(인장) 강도}}{\text{허용응력}}$

② 안전율 > 1

③ 허용응력 = $\dfrac{\text{인장강도}}{\text{안전율}}$ = $\dfrac{350}{4}$ = 87.5[N/mm²]

참고 산업안전기사 필기 p.3-146[(1) 와이어로프의 안전율]

보충학습
MPa = N/mm²

---

56 그림과 같이 50[kN]의 중량물을 와이어 로프를 이용하여 상부에 60[°]의 각도가 되도록 들어올릴 때, 로프 하나에 걸리는 하중(T)은 약 몇 [kN]인가?

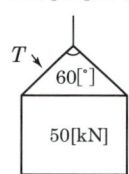

① 16.8   ② 24.5
③ 28.9   ④ 37.9

해설

하중계산

① 한 가닥에 걸리는 하중(kg) = $\dfrac{w}{2} \div \cos\dfrac{\theta}{2}$

여기서, w : 매단 물체의 무게 θ : 매단 각도[kgf]

② 한 가닥에 걸리는 하중 = $\dfrac{50}{2} \div \cos\dfrac{60}{2}$
             = 25 ÷ cos30[°] = 28.9[kN]

참고 산업안전기사 필기 p.3-147(3. 와이어 로프에 걸리는 하중계산)

KEY
① 2010년 3월 7일 기사 출제
② 2016년 5월 14일 기사 출제

---

57 다음 중 휴대용 동력 드릴 작업 시 안전사항에 관한 설명으로 틀린 것은?

① 드릴의 손잡이를 견고하게 잡고 작업하여 드릴손잡이 부위가 회전하지 않고 확실하게 제어 가능하도록 한다.

② 절삭하기 위하여 구멍에 드릴날을 넣거나 뺄 때 반발에 의하여 손잡이 부분이 튀거나 회전하여 위험을 초래하지 않도록 팔을 드릴과 직선으로 유지한다.

③ 드릴이나 리머를 고정시키거나 제거하고자 할 때 금속성 망치 등을 사용하여 확실히 고정 또는 제거한다.

④ 드릴을 구멍에 맞추거나 스핀들의 속도를 낮추기 위해서 드릴날을 손으로 잡아서는 안 된다.

해설

드릴 고정방법
① 전용공구사용
② 금속성 망치 절대금지

참고 산업안전기사 필기 p.3-88(3. 드릴 작업시 안전대책)

KEY
① 2017년 3월 5일 기사 출제
② 2017년 5월 7일 산업기사 출제
③ 2017년 8월 26일 산업기사 출제

---

58 보일러에서 폭발사고를 미연에 방지하기 위해 화염 상태를 검출할 수 있는 장치가 필요하다. 이 중 바이메탈을 이용하여 화염을 검출하는 것은?

① 프레임 아이   ② 스택 스위치
③ 전자 개폐기   ④ 프레임 로드

해설

스택스위치
바이메탈을 이용한 화염검출

참고 산업안전기사 필기 p.3-119(합격날개 : 은행문제)

---

59 밀링작업 시 안전 수칙에 관한 설명으로 옳지 않은 것은?

① 칩은 기계를 정지시킨 다음에 브러시 등으로 제거한다.

② 일감 또는 부속장치 등을 설치하거나 제거할 때는 반드시 기계를 정지시키고 작업한다.

③ 커터는 될 수 있는 한 컬럼에서 멀게 설치한다.

④ 강력 절삭을 할 때는 일감을 바이스에 깊게 물린다.

[**정답**] 56 ③ 57 ③ 58 ② 59 ③

해설
커터 : 컬럼에서 가까이 설치(이유 : 진동방지)

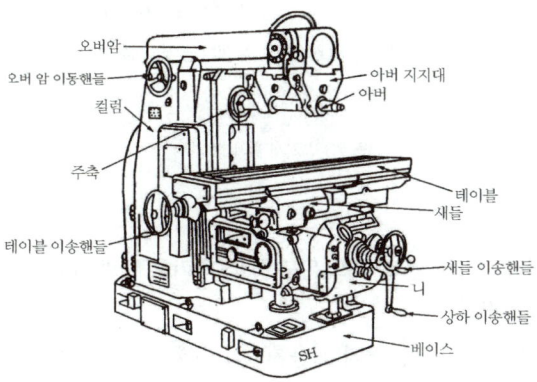

[그림] 밀링머신의 구조 및 명칭

참고 산업안전기사 필기 p.3-35(2. 절삭방향 및 특징)

보충학습
① 컬럼(기둥 : column) : 기계를 지지하는 몸체
② 오버 암(over arm) : 아버의 휨(굽힘) 방지
③ 주축(스핀들 : spindle) : 중공원으로 되어 있으며 앞쪽은 내셔널 테이퍼($T = 7/24$)로 되어 있고 아버에 커터를 끼워서 사용
  예) 테이퍼 롤러 베어링 사용, 재질은 Ni-Cr강 사용
④ 니(knee) : 상하 이동을 하며 수동 및 자동이송장치가 내장되어 있다.
⑤ 새들(saddle) : 전후 이동
⑥ 테이블(table) : 좌우 이동을 하며 테이블 윗면에 T홈이 파져 있으며 직접 또는 바이스에 의해 일감을 고정한다.

60 다음 중 방호장치의 기본목적과 가장 관계가 먼 것은?

① 작업자의 보호
② 기계기능의 향상
③ 인적·물적 손실의 방지
④ 기계위험 부위의 접촉방지

해설
방호장치 기본목적
① 작업자 보호
② 인적·물적 손실 방지
③ 기계위험 부위 접촉방지

참고 산업안전기사 필기 p.3-26(문제 26번)

4 전기설비 안전관리

61 화재·폭발 위험분위기의 생성방지 방법으로 옳지 않은 것은?

① 폭발성 가스의 누설 방지
② 가연성 가스의 방출 방지
③ 폭발성 가스의 체류 방지
④ 폭발성 가스의 옥내 체류

해설
화재·폭발위험분위기 생성 방지방법
① 폭발성 가스의 누설 방지
② 가연성 가스의 방출 방지
③ 폭발성 가스의 체류 방지

참고 산업안전기사 필기 p.4-71(문제 22번) 적중

합격자의 증언
제5과목 : 화학설비 안전관리에도 출제됩니다.

62 우리나라에서 사용하고 있는 전압(교류와 직류)을 크기에 따라 구분한 것으로 알맞은 것은?

① 저압 : 직류는 700[V] 이하
② 저압 : 교류는 1,000[V] 이하
③ 고압 : 직류는 800[V]를 초과하고, 6[kV] 이하
④ 고압 : 교류는 700[V]를 초과하고, 6[kV] 이하

해설
전압분류

전압분류	직류	교류
저압	1,500[V] 이하	1,000[V] 이하
고압	1,500~7,000[V] 이하	1,000~7,000[V] 이하
특별고압	7,000[V] 초과	7,000[V] 초과

참고 산업안전기사 필기 p.4-30(문제 30번) 적중

KEY ① 2017년 5월 7일 기사 출제
② 2017년 8월 26일 기사 출제

[정답] 60 ② 61 ④ 62 ②

과년도 출제문제

63 내압방폭구조의 주요 시험항목이 아닌 것은?

① 폭발강도 ② 인화시험
③ 절연시험 ④ 기계적 강도시험

[해설]
내압방폭용기의 성능시험
① 폭발압력(기준압력)측정
② 폭발강도(정적 및 동적)시험 : 기계적 강도
③ 폭발인화시험

[KEY] 2014년 3월 2일 산업기사 출제

[정보제공]
방호장치 안전인증고시 [별표 7의 2]

---

64 교류아크 용접기의 접점방식(Magnet식)의 전격방지장치에서 지동시간과 용접기 2차측 무부하전압(V)를 바르게 표현한 것은?

① 0.06초 이내, 25[V] 이하
② 1±0.3초 이내, 25[V] 이하
③ 2±0.3초 이내, 50[V] 이하
④ 1.5±0.06초 이내, 50[V] 이하

[해설]
자동전격방지장치 무부하전압
① 시간 : 1±0.3초 이내
② 전압 : 25[V] 이하

[참고] 산업안전기사 필기 p.4-78(2. 방호 장치의 성능)

[KEY]
① 2016년 5월 8일 산업기사 출제
② 2017년 5월 7일 기사 출제
③ 2017년 8월 26일 기사 출제

[동일회 문제확인]
2018년 3월 4일(문제 74번)

---

65 누전차단기의 시설방법 중 옳지 않은 것은?

① 시설장소는 배전반 또는 분전반 내에 설치한다.
② 정격전류용량은 해당 전로의 부하전류 값 이상이어야 한다.
③ 정격감도전류는 정상의 사용상태에서 불필요하게 동작하지 않도록 한다.
④ 인체감전보호형은 0.05초 이내에 동작하는 고감도고속형이어야 한다.

[해설]
인체감전보호형 누전차단기 기준
① 전류 : 30[mA] ② 시간 : 0.03 초 이내

[참고] 산업안전기사 필기 p.4-5(1. 누전차단기의 종류)

[KEY]
① 2016년 3월 6일 산업기사 출제
② 2017년 5월 7일 기사 출제
③ 2017년 8월 26일 기사 출제

---

66 방폭전기기기의 온도등급에서 기호 T2의 의미로 맞는 것은?

① 최고표면온도의 허용치가 135[℃] 이하인 것
② 최고표면온도의 허용치가 200[℃] 이하인 것
③ 최고표면온도의 허용치가 300[℃] 이하인 것
④ 최고표면온도의 허용치가 450[℃] 이하인 것

[해설]
방폭전기기기의 최고표면온도에 따른 분류 : 압력, 유입, 안전증

최고표면온도의 범위[℃]	온도 등급
450 초과	T1
300 초과 450 이하	T2
200 초과 300 이하	T3
135 초과 200 이하	T4
100 초과 135 이하	T5
85 초과 100 이하	T6

[참고] 산업안전기사 필기 p.4-60(표. 방폭전기기기의 최고표면온도에 따른 분류)

---

67 사업장에서 많이 사용되고 있는 이동식 전기기계·기구의 안전대책으로 가장 거리가 먼 것은?

① 충전부 전체를 절연한다.
② 절연이 불량인 경우 접지저항을 측정한다.
③ 금속제 외함이 있는 경우 접지를 한다.
④ 습기가 많은 장소는 누전차단기를 설치한다.

[해설]
절연불량대책
보호망 부착 등 절연대책

[참고] 산업안전기사 필기 p.4-78(합격날개 : 참고)

[정보제공]
산업안전보건기준에 관한 규칙 제309조(임시로 사용하는 전등 등의 위험방지)

[정답] 63 ③ 64 ② 65 ④ 66 ④ 67 ②

68 감전사고를 방지하기 위해 허용보폭전압에 대한 수식으로 맞는 것은?

E : 허용보폭전압　　R_b : 인체의 저항
ρ_s : 지표상층 저항률　I_K : 심실세동전류

① $E=(R_b+3\rho_s)I_K$　② $E=(R_b+4\rho_s)I_K$
③ $E=(R_b+5\rho_s)I_K$　④ $E=(R_b+6\rho_s)I_K$

해설
허용보폭전압$(E)=(R_b+6\rho_s)\times I_k$

참고　산업안전기사 필기 p.4-20(② 허용보폭전압)

KEY　2017년 3월 5일 기사 출제

69 인체저항이 5,000[Ω]이고, 전류가 3[mA]가 흘렀다. 인체의 정전용량이 0.1[μF]라면 인체에 대전된 정전하는 몇 [μC]인가?

① 0.5　② 1.0
③ 1.5　④ 2.0

해설
인체 정전하
① $Q = C \times V = 0.1 \times 15 = 1.5[\mu C]$
② $V = IR = 3 \times 10^{-3} \times 5{,}000 = 15[V]$

참고　① 산업안전기사 필기 p.4-33(6. 정전기에너지)
② 산업안전기사 필기 p.4-34(합격날개 : 은행문제)

KEY　① 2016년 5월 8일 산업기사 출제
② 2016년 8월 21일 기사 출제
③ 2017년 3월 5일 기사 · 산업기사 출제
④ 2017년 5월 7일 산업기사 출제

70 저압전로의 절연성능 시험에서 전로의 사용전압이 380[V]인 경우 전로의 전선 상호간 및 전로와 대지 사이의 절연저항은 최소 몇 [MΩ] 이상이어야 하는가?

① 0.4[MΩ]　② 1.0[MΩ]
③ 0.2[MΩ]　④ 0.1[MΩ]

해설
저압전로의 절연성능

전로의 사용전압[V]	DC 시험전압[V]	절연저항[MΩ] 이상
SELV 및 PELV	250	0.5
FELV, 500[V] 이하	500	1.0
500[V] 초과	1,000	1.0

[주] 특별저압(Extra Low Voltage : 2차 전압이 AC 50[V], DC 120[V] 이하)으로 SELV(비접지회로구성) 및 PELV(접지회로 구성)은 1차와 2차가 전기적으로 절연된 회로, FELV는 1차와 2차가 전기적으로 절연되지 않은 회로

참고　산업안전기사 필기 p.4-87(문제 25번) 적중

KEY　① 2016년 3월 6일 산업기사 출제
② 2016년 8월 21일 산업기사 출제

71 방폭전기기기의 등급에서 위험장소의 등급분류에 해당되지 않는 것은?

① 3종 장소　② 2종 장소
③ 1종 장소　④ 0종 장소

해설
위험장소 등급분류
① 방폭전기기기 : 0종, 1종, 2종
② 분진폭발장소 : 20종, 21종, 22종

참고　산업안전기사 필기 p.4-65(합격보충문제)

KEY　① 2017년 8월 26일 산업기사 출제
② 2018년 3월 4일 기사 · 산업기사 동시 출제

72 다음은 무슨 현상을 설명한 것인가?

전위차가 있는 2개의 대전체가 특정거리에 접근하게 되면 등전위가 되기 위하여 전하가 절연공간을 깨고 순간적으로 빛과 열을 발생하며 이동하는 현상

① 대전　② 충전
③ 방전　④ 열전

해설
방전
전하가 절연공간을 깨고 순간적으로 빛과 열을 발생하여 이동하는 현상

참고　산업안전기사 필기 p.4-17(④ 방전)

[정답] 68 ④　69 ③　70 ②　71 ①　72 ③

73 다음 그림은 심장맥동주기를 나타낸 것이다. T파는 어떤 경우인가?

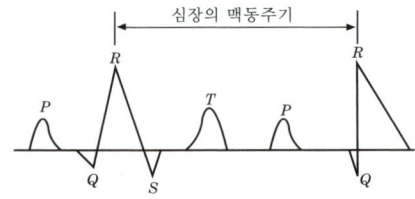

① 심방의 수축에 따른 파형
② 심실의 수축에 따른 파형
③ 심실의 휴식 시 발생하는 파형
④ 심방의 휴식 시 발생하는 파형

해설

전격인가위상 : 심장 맥동주기의 위상에서의 통전여부

심장의 맥동주기	구성 및 현상
(그림)	• P파 : 심방수축에 따른 파형 • Q-R-S파 : 심실수축에 따른 파형 • T파 : 심실의 수축 종료 후 심실의 휴식시 발생하는 파형 • R-R파 : 심장의 맥동주기

◆ 전격이 인가시 심실세동을 일으키는 확률이 가장 크고 위험한 파 : 심실이 수축종료 후 휴식하는 T파

참고 산업안전기사 필기 p.4-82(표. 전격인가위상)

KEY ① 2014년 8월 17일 기사 출제
② 2017년 8월 26일 기사 출제

74 교류 아크 용접기의 자동전격장치는 전격의 위험을 방지하기 위하여 아크 발생이 중단된 후 약 1초 이내에 출력측 무부하 전압을 자동적으로 몇 [V] 이하로 저하시켜야 하는가?

① 85
② 70
③ 50
④ 25

해설

자동전격장치 무부하 전압 : 25[V] 이하

KEY ① 2016년 5월 8일 산업기사 출제
② 2017년 5월 7일 기사 출제
③ 2017년 8월 26일 기사 출제

💬 **동일 회 문제 확인**
2018년 3월 4일(문제 64번) 출제

75 인체의 대부분이 수중에 있는 상태에서 허용접촉전압은 몇 [V] 이하 인가?

① 2.5[V]
② 25[V]
③ 30[V]
④ 50[V]

해설

종별허용접촉전압

종별	접촉 상태	허용접촉전압[V]
제1종	• 인체의 대부분이 수중에 있는 상태	2.5 이하
제2종	• 인체가 많이 젖어 있는 상태 • 금속제 전기기계장치나 구조물에 인체의 일부가 상시 접촉되어 있는 상태	25 이하
제3종	• 제1종, 제2종 이외의 경우로서 통상적인 인체 상태에 있어서 접촉전압이 가해지면 위험성이 높은 상태	50 이하
제4종	• 제1종, 제2종 이외의 경우로서 통상적인 인체 상태에 있어서 접촉전압이 가해져도 위험성이 낮은 상태 • 접촉전압이 가해질 우려가 없는 경우	무제한

참고 산업안전기사 필기 p.4-20(표. 종별허용접촉전압)

KEY ① 2016년 3월 6일 산업기사 출제
② 2016년 8월 21일 산업기사 출제
③ 2017년 5월 7일 기사 · 산업기사 출제

76 우리나라의 안전전압으로 볼 수 있는 것은 약 몇 [V] 인가?

① 30[V]
② 50[V]
③ 60[V]
④ 70[V]

해설

각국의 안전전압[V]

국가명	안전전압[V]	국가명	안전전압[V]
체코	20	프랑스	24[AC], 50[DC]
독일	24	네덜란드	50
영국	24	한국	30
일본	24~30	오스트리아	60(0.5초)
벨기에	35		110~130(0.2초)
스위스	36		

참고 산업안전기사 필기 p.4-16(표. 각국의 안전전압)

[정답] 73 ③ 74 ④ 75 ① 76 ①

77
22.9[kV] 충전전로에 대해 필수적으로 작업자와 이격시켜야 하는 접근한계 거리는?

① 45[cm] ② 60[cm]
③ 90[cm] ④ 110[cm]

해설

충전전로 한계거리

충전전로의 사용전압 (단위 : kV)	충전전로에 대한 접근한계거리 (단위 : cm)
0.3 이하	접촉금지
0.3 초과 0.75 이하	30
0.75 초과 2 이하	45
2 초과 15 이하	60
15 초과 37 이하	90
37 초과 88 이하	110

참고 산업안전기사 필기 p.4-89(문제 32번) 적중

KEY 2016년 5월 8일 산업기사 출제

정보제공 산업안전보건기준에 관한 규칙 제321조(충전전로에서의 전기작업)

78
개폐조작 시 안전절차에 따른 차단 순서와 투입 순서로 가장 올바른 것은?

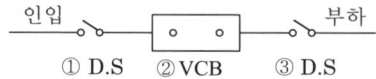

① 차단 ②→①→③, 투입 ①→②→③
② 차단 ②→③→①, 투입 ①→②→③
③ 차단 ②→①→③, 투입 ③→②→①
④ 차단 ②→③→①, 투입 ③→①→②

해설

차단·투입순서
① 투입순서 : ③→①→②(단로기 투입한 후 차단기 투입)
② 차단순서 : ②→③→①(차단기 개방한 후 단로기 개방)

참고 산업안전기사 필기 p.4-7(11. 유입차단기 투입 및 차단 순서)

79
정전기에 대한 설명으로 가장 옳은 것은?

① 전하의 공간적 이동이 크고, 자계의 효과가 전계의 효과에 비해 매우 큰 전기
② 전하의 공간적 이동이 크고, 자계의 효과와 전계의 효과를 서로 비교할 수 없는 전기
③ 전하의 공간적 이동이 적고, 전계의 효과와 자계의 효과가 서로 비슷한 전기
④ 전하의 공간적 이동이 적고, 자계의 효과가 전계에 비해 무시할 정도의 적은 전기

해설

정전기
① 전하의 공간적 이동이 적다.
② 자계의 효과가 전계에 비해 무시할 정도의 적은 전기

참고 산업안전기사 필기 p.4-35(합격날개 : 은행문제)

80
인체저항을 500[Ω]이라 한다면, 심실세동을 일으키는 위험 한계 에너지는 약 몇 [J]인가?(단, 심실세동전류값 $I=\dfrac{165}{\sqrt{T}}$[mA]의 Dalziel의 식을 이용하며, 통전시간은 1초로 한다.)

① 11.5 ② 13.6
③ 15.3 ④ 16.2

해설

위험한계에너지

$q = I^2RT[J/S] = \left(\dfrac{165\sim185}{\sqrt{T}} \times 10^{-3}\right)^2 \times 500 \times T$

$= \dfrac{165^2 \sim 185^2}{T} \times 10^{-6} \times 500 \times T$

$= 165^2 \times 10^{-6} \times 500 \sim 185^2 \times 10^{-6} \times 500$

$= 13.61 \sim 17.11[J] = 13.6 \times 0.24[cal] = 3.3[cal]$

참고 산업안전기사 필기 p.4-18(3. 위험한계에너지)

KEY ① 2016년 8월 21일 기사 출제
② 2017년 5월 7일 기사 출제

[정답] 77 ③ 78 ④ 79 ④ 80 ②

5 화학설비 안전관리

81 다음 물질 중 물에 가장 잘 용해되는 것은?

① 아세톤   ② 벤젠
③ 톨루엔   ④ 휘발유

해설

아세톤(CH₃COCH₃)
① 달콤한 냄새가 나는 투명한 무색 액체이다.
② 인화점은 0[℉]이며 물보다 밀도가 낮고 증기는 공기보다 무겁다.
③ 페인트 및 매니큐어 제거제의 용제로 사용되어진다.

참고 산업안전기사 필기 p.5-43(합격날개 : 은행문제) 적중

KEY 2020년 8월 22일 (문제 83번) 출제

82 다음 중 최소발화에너지가 가장 작은 가연성 가스는?

① 수소   ② 메탄
③ 에탄   ④ 프로판

해설

최소발화에너지

가연물	압력[atm]	최소발화에너지[mJ]
메탄	1	0.29
프로판	1	0.26
헵탄	1	0.25
수소	1	0.03

참고 산업안전기사 필기 p.5-94(표. 최소발화에너지)

KEY 2010년 5월 9일 기사 출제

83 안전설계의 기초에 있어 기상폭발대책을 예방대책, 긴급대책, 방호대책으로 나눌 때, 다음 중 방호대책과 가장 관계가 깊은 것은?

① 경보   ② 발화의 저지
③ 방폭벽과 안전거리   ④ 가연조건의 성립저지

해설

폭발대책
① 경보 : 긴급대책
② 발화저지 : 예방대책
③ 가연조건의 성립저지 : 예방대책

84 공정안전보고서 중 공정안전자료에 포함하여야 할 세부내용에 해당하는 것은?

① 비상조치계획에 따른 교육계획
② 안전운전지침서
③ 각종 건물·설비의 배치도
④ 도급업체 안전관리계획

해설

공정안전자료의 주요세부내용
① 취급·저장하고 있는 유해·위험물질의 종류와 수량
② 유해·위험물질에 대한 물질안전보건자료
③ 유해·위험설비의 목록 및 사양
④ 유해·위험설비의 운전방법을 알 수 있는 공정도면
⑤ 각종 건물·설비의 배치도
⑥ 폭발위험장소구분도 및 전기단선도
⑦ 위험설비의 안전설계·제작 및 설치관련지침서

참고 산업안전기사 필기 p.5-88(표. 공정안전보고서에 포함될 주요내용)

85 다음 중 물질에 대한 저장방법으로 잘못된 것은?

① 나트륨-유동 파라핀 속에 저장
② 니트로글리세린-강산화제 속에 저장
③ 적린-냉암소에 격리 저장
④ 칼륨-등유 속에 저장

해설

발화성 물질의 저장법
① 나트륨·칼륨 : 석유속 또는 유동파라핀 속 등에 저장
② 황린 : 물속에 저장
③ 적린·마그네슘·칼륨 : 냉암소에 격리 저장
④ 질산은(AgNO₃)용액 : 햇빛을 피하여 저장
⑤ 질화면(nitro cellulose) : 저장·취급 중 에틸알코올 또는 이소프로필알코올로 습면상태로 하는 이유는 건조상태에서는 자연발화를 일으켜 분해폭발이 존재하기 때문

참고 산업안전기사 필기 p.5-37(⑨ 발화성 물질의 저장법)

KEY ① 2016년 3월 6일 산업기사 출제
② 2016년 8월 21일 산업기사 출제

[정답] 81 ①　82 ①　83 ③　84 ③　85 ②

86 화학설비 가운데 분체화학물질 분리장치에 해당하지 않는 것은?

① 건조기 ② 분쇄기
③ 유동탑 ④ 결정조

해설

분체화학물질의 분리장치
① 결정조 ② 유동탑 ③ 탈습기 ④ 건조기

참고) 산업안전기사 필기 p.5-49(합격날개 : 참고)

정보제공) 산업안전보건기준에 관한 규칙 [별표 7]

87 특수화학설비를 설치할 때 내부의 이상상태를 조기에 파악하기 위하여 필요한 계측장치로 가장 거리가 먼 것은?

① 압력계 ② 유량계
③ 온도계 ④ 비중계

해설

특수화학설비 이상상태 파악 계측장치 종류
① 온도계 ② 유량계 ③ 압력계

참고) 산업안전기사 필기 p.5-17(합격날개 : 합격예측 및 관련법규)

KEY ▶ 2017년 8월 26일 산업기사 출제

정보제공) 산업안전보건기준에 관한 규칙 제273조(계측장치등의 설치)

88 위험물 또는 위험물이 발생하는 물질을 가열·건조하는 경우 내용적이 몇 세제곱미터 이상인 건조설비인 경우 건조실을 설치하는 건축물의 구조를 독립된 단층건물로 하여야 하는가?(단, 건조실을 건축물의 최상층에 설치하거나 건축물이 내화구조인 경우는 제외한다.)

① 1   ② 10
③ 100   ④ 1,000

해설

위험물 건조설비 건축물의 구조
① 위험물 또는 위험물이 발생하는 물질을 가열·건조하는 경우 내용적이 1[m³] 이상인 건조설비
② 위험물이 아닌 물질을 가열·건조하는 경우로서 다음 각 목의 어느 하나의 용량에 해당하는 건조설비
  ㉮ 고체 또는 액체연료의 최대사용량이 시간당 10[kg] 이상
  ㉯ 기체연료의 최대사용량이 시간당 1[m³] 이상
  ㉰ 전기사용 정격용량이 10[kW] 이상

참고) 산업안전기사 필기 p.5-53(합격날개 : 합격예측 및 관련법규)

정보제공) 산업안전보건기준에 관한 규칙 제280조(위험물건조설비를 설치하는 건축물의 구조)

89 공기 중에서 폭발범위가 12.5~74[vol%]인 일산화탄소의 위험도는 얼마인가?

① 4.92 ② 5.26
③ 6.26 ④ 7.05

해설

위험도(H) = $\dfrac{U-L}{L}$ = $\dfrac{74-12.5}{12.5}$ = 4.92[vol%]

참고) 산업안전기사 필기 p.5-60(㉮ 위험도)

KEY ▶ ① 2016년 5월 8일 기사 출제
② 2017년 3월 5일 기사 출제

90 숯, 코크스, 목탄의 대표적인 연소 형태는?

① 혼합연소 ② 증발연소
③ 표면연소 ④ 비혼합연소

해설

연소형태
① 확산연소 : 가연성 가스와 공기가 확산에 의해 혼합되면서 연소하는 것
  예) 수소, 아세틸렌 등의 기체 연소
② 증발연소 : 액체표면에서 발생된 증기가 연소하는 것
  예) 알코올, 에테르, 등유, 경유 등의 액체연소
③ 분해연소 : 열 분해에 의해 가연성 가스를 방출시켜서 연소하는 것
  예) 중유, 석탄, 목재, 고체 파라핀 등의 고체연소
④ 표면연소 : 고체 표면에서 연소가 일어나는 것
  예) 숯, 알루미늄박, 마그네슘 등의 고체연소

참고) 산업안전기사 필기 p.5-60(합격날개 : 합격예측)

91 다음 중 자연발화가 가장 쉽게 일어나기 위한 조건에 해당하는 것은?

① 큰 열전도율
② 고온, 다습한 환경
③ 표면적이 작은 물질
④ 공기의 이동이 많은 장소

[정답] 86 ② 87 ④ 88 ① 89 ① 90 ③ 91 ②

해설
자연발화조건
① 발열량이 클 것 ② 열전도율이 작을 것
③ 주위의 온도가 높을 것 ④ 표면적이 넓을 것
⑤ 수분이 적당량 존재할 것

> 참고) 산업안전기사 필기 p.5-7(2. 자연발화조건)
> KEY) 2017년 8월 26일 기사 출제

92 위험물에 관한 설명으로 틀린 것은?
① 이황화탄소의 인화점은 0[℃]보다 낮다.
② 과염소산은 쉽게 연소되는 가연성 물질이다.
③ 황린은 물속에 저장한다.
④ 알킬알루미늄은 물과 격렬하게 반응한다.

해설
과염소산 : 조연성 물질

> 참고) ① 산업안전기사 필기 p.5-35(1. 위험물의 성질과 위험성)
> ② 산업안전기사 필기 p.5-39(1. 위험물 안전관리법의 위험물 분류)

보충학습
과염소산
① 일반적 성질
  ㉮ 불쾌한 냄새가 나는 무색 투명의 휘발성 액체로 햇볕을 쬐면 황색으로 변한다.
  ㉯ 물에는 녹지 않지만 벤젠, 알코올, 에테르, 사염화탄소 등에 녹는다.
  ㉰ 물보다 무겁다.
② 위험성
  ㉮ 연소시 유독성 가스인 이산화황(SO_2)과 이산화탄소를 발생한다.
  ㉯ 고온의 물과 반응하여 황화수소를 발생한다.
  ㉰ 증기는 공기보다 무겁고 유독하여 신경에 장애를 줄 수 있다.
  ㉱ 제4류 위험물 중 착화점이 가장 낮고 연소범위가 넓다.
③ 저장 및 취급
  가연성 증기의 발생을 방지하기 위해 물속에 저장한다.

93 물과 반응하여 가연성 기체를 발생하는 것은?
① 피크린산 ② 이황화탄소
③ 칼륨 ④ 과산화칼륨

해설
칼륨(K)
① 칼륨은 공기 중의 수분 또는 물과 반응하여 수소가스를 발생하고 발화한다.
② $2K + 2H_2O \rightarrow 2KOH + H_2 \uparrow + 92.8[kcal]$

> 참고) 산업안전기사 필기 p.5-69(문제 35번) 적중
> KEY) ① 2015년 5월 7일 기사 출제
> ② 2017년 8월 26일 기사 출제

94 프로판(C_3H_8)의 연소하한계가 2.2[vol%]일 때 연소를 위한 최소산소농도(MOC)는 몇 [vol%]인가?
① 5.0 ② 7.0
③ 9.0 ④ 11.0

해설
MOC계산
① 프로판의 연소식 : $1C_3H_8 + 5O_2 = 3CO_2 + 4H_2O$ (여기서 1, 5, 3, 4 = 몰수)
② MOC농도 = 폭발하한계 × $\dfrac{산소의\ 몰수}{연료의\ 몰수}$ [vol%]
③ 프로판의 최소산소농도 = $2.2 \times \dfrac{5}{1} = 11$ [vol%]

> 참고) 산업안전기사 필기 p.5-19(보충학습)
> KEY) 2004년 5월 23일 기사 출제

95 다음 중 유기과산화물로 분류되는 것은?
① 메틸에틸케톤 ② 과망간산칼륨
③ 과산화마그네슘 ④ 과산화벤조일

해설
유기과산화물의 종류
① 메틸에틸케톤과산화물 ② 과산화벤조일
③ 과초산

> 참고) 산업안전기사 필기 p.5-35(1. 위험물의 성질과 위험성)

정보제공
① 산업안전보건기준에 관한 규칙 [별표 9] 위험물의 기준량
② 2020. 5. 26. 개정법 적용

96 연소이론에 대한 설명으로 틀린 것은?
① 착화온도가 낮을수록 연소위험이 크다.
② 인화점이 낮은 물질은 반드시 착화점도 낮다.
③ 인화점이 낮을수록 일반적으로 연소위험이 크다.
④ 연소범위가 넓을수록 연소위험이 크다.

[정답] 92 ② 93 ③ 94 ④ 95 ④ 96 ②

해설

연소위험과 인화점·착화점과의 관계
① 인화점이 낮을수록 연소위험이 크다.
② 착화점이 낮을수록 연소위험이 크다.
③ 연소범위가 넓을수록 연소위험이 크다.
④ 산소농도가 클수록 연소위험이 크다.

참고 산업안전기사 필기 p.5-25(문제 18번 해설)

KEY 2003년 5월 25일 기사 출제

---

97 디에틸에테르의 연소범위에 가장 가까운 값은?

① 2~10.4[%]   ② 1.9~48[%]
③ 2.5~15[%]   ④ 1.5~7.8[%]

해설

디에틸에테르($C_2H_5OC_2H_5$)
① 일반적 성질
  ㉮ 무색 투명한 휘발성 액체이다.
  ㉯ 물에는 약간 녹고, 알코올, 에테르에 잘 녹는다.
  ㉰ 진한 황산과 에틸알코올의 혼합물을 140[℃]로 가열하여 제조한다.
② 위험성
  ㉮ 강산화제와 혼합 시 폭발의 위험이 있다.
  ㉯ 공기와 장시간 접촉하면 과산화물을 생성하며 폭발할 수 있다.
③ 저장 및 취급
  ㉮ 갈색병에 밀봉하여 보관하며, 2[%] 이상의 공간용적을 확보한다.
  ㉯ 대량으로 저장할 때는 불활성가스를 봉입한다.
  ㉰ 동식물성 섬유로 여과 시 정전기로 인해 발화할 수 있다.
  ㉱ 정전기 발생을 방지하기 위해 소량의 염화칼슘을 넣어준다.
  ㉲ 과산화물 생성을 방지하기 위해 저장용기에 40[mesh]의 구리망을 넣어둔다.
④ 연소범위 : 1.9~48[%]

---

98 송풍기의 회전차 속도가 1,300[rpm]일 때 송풍량이 분당 300[m³]였다. 송풍량을 분당 400[m³]으로 증가시키고자 하다면 송풍기의 회전차 속도는 약 몇 [rpm]으로 하여야 하는가?

① 1,533   ② 1,733
③ 1,967   ④ 2,167

해설

송풍기 회전차 속도
① 1,300 : 300 = X : 400   ② X = 1,733[rpm]

참고 산업안전기사 필기 p.5-55(합격날개 : 은행문제)

KEY 2011년 6월 12일(문제 89번) 출제

---

99 다음 중 물과 반응하였을 때 흡열반응을 나타내는 것은?

① 질산암모늄   ② 탄화칼슘
③ 나트륨   ④ 과산화칼륨

해설

질산암모늄
① 화학식 : NH_4NO_3
② 별명 : 초안, 암모니아질산, 암모늄질산, 질산암모늄염, 니트람
③ 특성
  ㉮ 무색, 무취, 백색, 흡습성이 있고 물에 잘 녹으며, 에탄올에도 녹는다.
  ㉯ 공기중에는 안전하나 고온, 또는 밀폐용기, 가연성물질과 공존등에 의하여 폭발하므로 주의해야 한다.
④ 용도
  ㉮ 비료 ㉯ 냉각제 ㉰ 폭약 ㉱ 효모 배양의 양분 ㉲ 인쇄

보충학습

흡열반응
① 열의 흡수가 따르는 화학반응
② 핵반응에 있어서 에너지의 흡수가 따르는 것을 말한다. Q값은 음이 된다. 반응에너지·에너지 증가에 대응해서 작용을 한 입자의 정지질량의 합 보다 생성된 입자의 질량의 합 쪽이 커진다.

---

100 다음 중 노출기준(TWA)이 가장 낮은 물질은?

① 염소   ② 암모니아
③ 에탄올   ④ 메탄올

해설

독성 가스의 허용노출기준(TWA)

가스명칭	허용농도(ppm)	가스명칭	허용농도(ppm)
이산화탄소(CO_2)	5,000	불화수소(HF)	3
일산화탄소(CO)	50	염소(Cl_2)	1
산화에틸렌(C_2H_4O)	50	포스겐($COCl_2$)	0.1
암모니아(NH_3)	25	브롬(Br_2)	0.1
일산화질소(NO)	25	불소(F_2)	0.1
디메틸아민[$(CH_3)_2NH$]	25	오존(O_3)	0.1
브롬메틸(CH_3Br)	20	인화수소(PH_3)	0.3
황화수소(H_2S)	10	아세트알데히드(CH_3CHO)	200
시안화수소(HCN)	10	포름알데히드(HCHO)	5
아황산가스(SO_2)	5	메틸아민(CH_3NH_2)	10
염화수소(HCl)	5		

참고 산업안전기사 필기 p.5-41(2. 유해물질 허용농도)

KEY 2016년 8월 21일 기사 출제

[정답] 97 ② 98 ② 99 ① 100 ①

6 건설공사 안전관리

101 경암을 다음 그림과 같이 굴착하고자 한다. 굴착면의 기울기를 1:0.5로 하고자 할 경우 L의 길이로 옳은 것은?

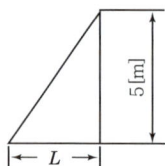

① 2[m] ② 2.5[m]
③ 5[m] ④ 10[m]

해설

굴착면의 기울기 예

① 1 : 0.5

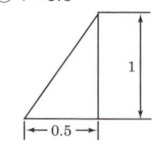

② 1 : 1

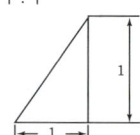

③ 1 : 1.2

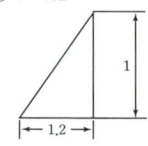

참고 산업안전기사 필기 p.6-56([표] 굴착면의 기울기 기준)

KEY ① 2016년 5월 8일 기사 · 산업기사 동시출제
② 2017년 3월 5일 기사 출제
③ 2017년 9월 23일 기사 출제

정보제공 산업안전보건기준에 관한 규칙 [별표 11] 굴착면의 기울기 기준

102 흙막이 지보공을 조립하는 경우 미리 조립도를 작성하여야 하는데 이 조립도에 명시되어야 할 사항과 가장 거리가 먼 것은?

① 부재의 배치 ② 부재의 치수
③ 부재의 긴압정도 ④ 설치방법과 순서

해설

흙막이 조립도 명시사항
① 부재의 배치 ② 부재의 치수
③ 부재의 재질 ④ 설치방법과 순서

참고 산업안전기사 필기 p.6-105(합격날개 : 합격예측 및 관련법규)

KEY 2017년 8월 26일 기사 출제

정보제공 산업안전보건기준에 관한 규칙 제346조(조립도)

103 미리 작업장소의 지형 및 지반상태 등에 적합한 제한속도를 정하지 않아도 되는 차량계 건설기계의 속도 기준은?

① 최대 제한 속도가 10[km/h] 이하
② 최대 제한 속도가 20[km/h] 이하
③ 최대 제한 속도가 30[km/h] 이하
④ 최대 제한 속도가 40[km/h] 이하

해설

차량계건설기계 제한속도를 정하지 않는 속도기준
10[km/h] 이하

참고 산업안전기사 필기 p.6-185(3. 차량계 하역운반 기계 및 건설기계 통로폭 및 속도)

정보제공 산업안전보건기준에 관한 규칙 제98조(제한속도 지정 등)

104 터널공사에서 발파작업 시 안전대책으로 옳지 않은 것은?

① 발파전 도화선 연결상태, 저항치 조사 등의 목적으로 도통시험 실시 및 발파기의 작동상태에 대한 사전점검 실시
② 모든 동력선은 발원점으로부터 최소한 15[m] 이상 후방으로 옮길 것
③ 지질, 암의 절리 등에 따라 화약량에 대한 검토 및 시방기준과 대비하여 안전조치를 실시
④ 발파용 점화회선은 타동력선 및 조명회선과 한곳으로 통합하여 관리

해설

발파용 점화회선과 타동력선 · 조명회선은 각각 독립하여 관리한다.

[정답] 101 ② 102 ③ 103 ① 104 ④

105 달비계의 최대 적재하중을 정함에 있어서 활용하는 안전계수의 기준으로 옳은 것은?(단, 곤돌라의 달비계를 제외한다.)

① 달기 와이어로프 : 5 이상
② 달기 강선 : 5 이상
③ 달기 체인 : 3 이상
④ 달기 훅 : 5 이상

[참고] 산업안전기사 필기 p.6-91(합격날개 : 합격예측 및 관련법규)

[KEY] ① 2016년 10월 1일 산업기사 출제
② 2018년 3월 4일 기사 · 산업기사 동시 출제

[정보제공]
① 산업안전보건기준에 관한 규칙 제55조(작업발판의 최대적재하중)
② 2024. 7. 1. 법개정으로 안전계수는 삭제되었습니다.

106 다음 보기의 ( )안에 알맞은 내용은?

> 동바리로 사용하는 파이프 서포트의 높이가 ( )[m]를 초과하는 경우에는 높이 2[m] 이내마다 수평연결재를 2개 방향으로 만들고 수평연결재의 변위를 방지할 것

① 3   ② 3.5
③ 4   ④ 4.5

[해설]
동바리로 사용하는 파이프서포트 기준
① 파이프서포트를 3개 이상 이어서 사용하지 아니하도록 할 것
② 파이프서포트를 이어서 사용할 경우에는 4개 이상의 볼트 또는 전용철물을 사용하여 이을 것
③ 높이가 3.5[m]를 초과할 경우에는 높이 2[m] 이내마다 수평연결재를 2개 방향으로 만들고 수평연결재의 변위를 방지할 것

[참고] 산업안전기사 필기 p.6-87(합격날개 : 참고)

[KEY] ① 2016년 10월 1일 기사 출제
② 2017년 5월 7일 기사 출제
③ 2017년 8월 26일 산업기사 출제

[정보제공]
산업안전보건기준에 관한 규칙 제332조의2(동바리 유형에 따른 동바리 조립 시의 안전조치)

107 건립 중 강풍에 의한 풍압 등 외압에 대한 내력이 설계에 고려되었는지 확인하여야 하는 철골 구조물이 아닌 것은?

① 단면이 일정한 구조물
② 기둥이 타이플레이트형인 구조물
③ 이음부가 현장용접인 구조물
④ 구조물의 폭과 높이의 비가 1:4인 구조물

[해설]
내력설계확인 구조물
① 높이 20[m] 이상인 구조물
② 구조물의 폭과 높이의 비가 1 : 4 이상인 구조물
③ 건물, 호텔 등에서 단면 구조에 현저한 차이가 있는 것
④ 연면적당 철골량이 50[kg/m²] 이하인 구조물
⑤ 기둥이 타이 플레이트(tie plate)형인 구조물
⑥ 이음부가 현장 용접인 경우

[참고] 산업안전기사 필기 p.6-154(3. 철골의 자립도 검토)

[KEY] 2017년 9월 23일 기사 출제

108 건설업 산업안전보건관리비 중 안전시설비로 사용할 수 없는 것은?

① 안전통로
② 비계에 추가 설치하는 추락방지용 안전난간 비용
③ 안전대 부착설비 비용
④ 소화기 구입 비용

[해설]
안전시설비 등 사용가능 항목
가. 산업재해 예방을 위한 안전난간, 추락방호망, 안전대 부착설비, 방호장치(기계·기구와 방호장치가 일체로 제작된 경우, 방호장치 부분의 가액에 한함) 등 안전시설의 구입·임대 및 설치를 위해 소요되는 비용
나. 「산업재해예방시설자금 융자금 지원사업 및 보조금 지급사업 운영규정」(고용노동부고시) 제2조제12호에 따른 "스마트안전장비 지원사업" 및 「건설기술진흥법」제62조의3에 따른 스마트 안전장비 구입·임대 비용. 다만, 제4조에 따라 계상된 산업안전보건관리비 총액의 10분의 1을 초과할 수 없다.
다. 용접 작업 등 화재 위험작업 시 소화기의 구입·임대비용

[KEY] 2017년 5월 7일 기사 출제

[합격정보]
제2024-53호 고시 적용(2024. 9. 19.)

【정답】 105 ④   106 ②   107 ①   108 ①

109 터널 등의 건설작업을 하는 경우에 낙반 등에 의하여 근로자가 위험해질 우려가 있는 경우에 필요한 조치와 가장 거리가 먼 것은?

① 터널 지보공을 설치한다.
② 록볼트를 설치한다.
③ 환기, 조명시설을 설치한다.
④ 부석을 제거한다.

해설

터널등의 건설작업시 낙반등의 조치기준
① 터널지보공 설치   ② 록볼트 설치   ③ 부석제거

참고 산업안전기사 필기 p.6-109(합격날개 : 합격예측 및 관련법규)

KEY 2016년 5월 8일 산업기사 출제

정보제공
산업안전보건기준에 관한 규칙 제351조(낙반등에 의한 위험의 방지)

---

110 강관을 사용하여 비계를 구성하는 경우 준수해야 할 사항으로 옳지 않은 것은?

① 비계기둥의 간격은 띠장 방향에서는 1.85[m] 이하, 장선(長線) 방향에서는 1.5[m] 이하로 할 것
② 띠장 간격은 2.0[m] 이하로 설치하되, 첫 번째 띠장은 지상으로부터 2[m] 이하의 위치에 설치할 것
③ 비계기둥의 제일 윗부분으로부터 31[m]되는 지점 밑부분의 비계기둥은 3개의 강관으로 묶어 세울 것
④ 비계기둥 간의 적재하중은 400[kg]을 초과하지 않도록 할 것

해설

비계구성시 준수사항
비계기둥의 제일 윗부분으로부터 31[m]되는 지점 밑부분의 비계기둥은 2개의 강관으로 묶어 세울 것. 다만, 브래킷(bracket) 등으로 보강하여 2개의 강관으로 묶을 경우 이상의 강도가 유지되는 경우에는 그러하지 아니하다.

참고 산업안전기사 필기 p.6-98(합격날개 : 합격예측 및 관련법규)

KEY ① 2017년 3월 5일 기사 출제
② 2017년 5월 7일 산업기사 출제
③ 2017년 8월 26일 기사 · 산업기사 동시출제

정보제공
산업안전보건기준에 관한 규칙 제60조(강관비계의 구조)

---

111 이동식비계 조립 및 사용 시 준수사항으로 옳지 않은 것은?

① 비계의 최상부에서 작업을 하는 경우에는 안전난간을 설치할 것
② 승강용사다리는 견고하게 설치할 것
③ 작업발판은 항상 수평을 유지하고 작업발판 위에서 작업을 위한 거리가 부족할 경우에는 받침대 또는 사다리를 사용할 것
④ 작업발판의 최대적재하중은 250[kg]을 초과하지 않도록 할 것

해설

이동식비계 조립시 기준
① 작업발판 수평유지
② 받침대 또는 사다리는 사용하지 않는다.

참고 산업안전기사 필기 p.6-103(합격날개 : 합격예측 및 관련법규)

KEY 2017년 8월 26일 기사 출제

정보제공
산업안전보건기준에 관한 규칙 제68조(이동식 비계)

---

112 유해·위험 방지를 위한 방호조치를 하지 아니하고는 양도, 대여, 설치 또는 사용에 제공하거나, 양도·대여를 목적으로 진열해서는 아니 되는 기계·기구에 해당하지 않는 것은?

① 지게차   ② 공기압축기
③ 원심기   ④ 덤프트럭

해설

유해위험기계 방호 장치
① 예초기에는 날접촉 예방장치
② 원심기에는 회전체 접촉 예방장치
③ 공기압축기에는 압력방출장치
④ 금속절단기에는 날접촉 예방장치
⑤ 지게차에는 헤드 가드, 백레스트(backrest), 전조등, 후미등, 안전벨트
⑥ 포장기계에는 구동부 방호 연동장치

참고 산업안전기사 필기 p.1-260(제98조)

정보제공
산업안전보건시행규칙 제98조(방호조치)

[정답] 109 ③   110 ③   111 ③   112 ④

113 화물운반하역 작업 중 걸이작업에 관한 설명으로 옳지 않은 것은?

① 와이어로프 등은 크레인의 후크 중심에 걸어야 한다.
② 인양 물체의 안정을 위하여 2줄 걸이 이상을 사용하여야 한다.
③ 매다는 각도는 60[°] 이상으로 하여야 한다.
④ 근로자를 매달린 물체위에 탑승시키지 않아야 한다.

해설
매다는 각도 : 60[°] 이하

참고 산업안전기사 필기 p.6-162(② 보의 조립)

KEY ① 2016년 5월 8일 기사 출제
② 2016년 8월 21일 산업기사 출제

114 거푸집동바리 등을 조립하는 경우에 준수하여야 할 사항으로 옳지 않은 것은?

① 깔목의 사용, 콘크리트 타설, 말뚝박기 등 동바리의 침하를 방지하기 위한 조치를 할 것
② 개구부 상부에 동바리를 설치하는 경우에는 상부하중을 견딜 수 있는 견고한 받침대를 설치할 것
③ 거푸집이 곡면인 경우에는 버팀대의 부착 등 그 거푸집의 부상(浮上)을 방지하기 위한 조치를 할 것
④ 동바리의 이음은 맞댄이음이나 장부이음을 피할 것

해설
동바리 이음 방법
같은 품질 재료 사용

참고 산업안전기사 필기 p.6-92(합격날개 : 합격예측 및 관련법규)

정보제공
산업안전보건기준에 관한 규칙 제332조(동바리 조립 시의 안전조치)

115 사업의 종류가 건설업이고, 공사금액이 850억원일 경우 산업안전보건법령에 따른 안전관리자를 최소 몇 명 이상 두어야 하는가?

① 1명 이상   ② 2명 이상
③ 3명 이상   ④ 4명 이상

해설
건설업의 안전관리자 선임기준
(1) 기본선임 기준
  공사금액 50억원 이상 ~ 800억원 미만 : 1명
(2) 추가 선임기준
  공사금액 800억 이상 ~ 1,500억원 미만 : 2명 선임

정보제공
산업안전보건법 시행령 [별표 3] 건설업 안전관리자수 선임방법

116 선박에서 하역작업 시 근로자들이 안전하게 오르내릴 수 있는 현문 사다리 및 안전망을 설치하여야 하는 것은 선박이 최소 몇 톤급 이상일 경우인가?

① 500톤급   ② 300톤급
③ 200톤급   ④ 100톤급

해설
현문사다리 선박설치기준
① 톤급규격 : 300[t]급 이상
② 너비 : 55[cm] 이상
③ 방책높이 : 82[cm] 이상

참고 산업안전기사 필기 p.6-183(1. 항만하역작업의 안전기준)

KEY 2017년 9월 23일 기사 출제

정보제공
산업안전보건기준에 관한 규칙 제397조(선박승강설비의 설치)

117 타워크레인을 와이어로프로 지지하는 경우에 준수해야 할 사항으로 옳지 않은 것은?

① 와이어로프를 고정하기 위한 전용 지지프레임을 사용할 것
② 와이어로프 설치각도는 수평면에서 60[°] 이상으로 하되, 지지점은 4개소 미만으로 할 것
③ 와이어로프와 그 고정부위는 충분한 강도와 장력을 갖도록 설치할 것
④ 와이어로프가 가공전선에 근접하지 않도록 할 것

[정답] 113 ③ 114 ④ 115 ② 116 ② 117 ②

해설

와이어로프 설치각도 : 수평면에서 60[°] 이내

참고) 산업안전기사 필기 p.6-138(합격날개 : 합격예측 및 관련법규)

정보제공
산업안전보건기준에 관한 규칙 제142조(타워크레인의 지지)

---

118 터널붕괴를 방지하기 위한 지보공에 대한 점검사항과 가장 거리가 먼 것은?

① 부재의 긴압 정도
② 부재의 손상·변형·부식·변위 탈락의 유무 및 상태
③ 기둥침하의 유무 및 상태
④ 경보장치의 작동상태

해설

터널지보공의 수시 점검사항
① 부재의 손상·변형·부식·변위 탈락의 유무 및 상태
② 부재의 긴압의 정도
③ 부재의 접속부 및 교차부의 상태
④ 기둥침하의 유무 및 상태

KEY ▶ 2017년 3월 5일 산업기사 출제

정보제공
산업안전보건기준에 관한 규칙 제366조(붕괴 등의 방지)

---

119 작업중이던 미장공이 상부에서 떨어지는 공구에 의해 상해를 입었다면 어느 부분에 대한 결함이 있었 겠는가?

① 작업대 설치
② 작업방법
③ 낙하물 방지시설 설치
④ 비계설치

해설

추락과 낙하
① 추락 : 사람이 떨어지는 것(대책 : 추락방호망)
② 비래 : 물건이나 물체가 떨어지는 것(대책 : 낙하물 방지망)

참고) 산업안전기사 필기 p.6-58(2. 낙하·비래재해의 예방대책에 관한 사항)

KEY ▶ ① 2016년 3월 6일, 10월 1일기사 출제
② 2017년 3월 5일, 9월 23일 산업기사 출제

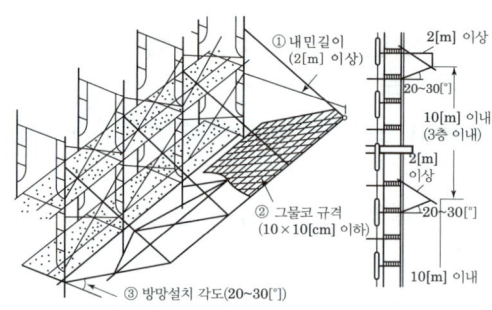

[그림] 낙하물방지망(방호선반)

---

120 이동식 크레인을 사용하여 작업을 할 때 작업시작 전 점검 사항이 아닌 것은?

① 주행로의 상측 및 트롤리(trolley)가 횡행하는 레일의 상태
② 권과방지장치 그 밖의 경보장치의 기능
③ 브레이크·클러치 및 조정장치의 기능
④ 와이어로프가 통하고 있는 곳 및 작업장소의 지반 상태

해설

이동식크레인 작업시작전 점검사항
① 권과방지장치 그 밖의 경보장치의 기능
② 브레이크·클러치 및 조정장치의 기능
③ 와이어로프가 통하고 있는 곳 및 작업장소의 지반상태

참고) 산업안전기사 필기 p.3-59(5. 이동식크레인을 사용하여 작업할 때)

정보제공
산업안전보건기준에 관한 규칙 [별표 3] 작업시작전 점검사항

[정답] 118 ④ 119 ③ 120 ①

2018년도 기사 정기검정 제2회 (2018년 4월 28일 시행)

자격종목 및 등급(선택분야)
산업안전기사

종목코드	시험시간	수험번호	성명
1431	2시간	20180428	도서출판세화

1 산업재해 예방 및 안전보건교육

01 6~12명의 구성원으로 타인의 비판 없이 자유로운 토론을 통하여 다량의 독창적인 아이디어를 이끌어내고, 대안적 해결안을 찾기 위한 집단적 사고기법은?

① Role playing
② Brain storming
③ Action playing
④ Fish Bowl playing

[해설]
집중발상법(Brain Storming : BS)
① 잠재의식을 일깨워 자유로이 아이디어를 개발하자는 토의식 아이디어 개발기법
② 6~12명 정도의 구성원이 대안적 해결 찾기 위한 기법

[참고] 산업안전기사 필기 p.1-14(4. 집중발상법)

02 재해의 발생형태 중 다음 그림이 나타내는 것은?

① 1단순연쇄형
② 2복합연쇄형
③ 단순자극형
④ 복합형

[해설]
재해(⊗)의 발생 형태 3가지

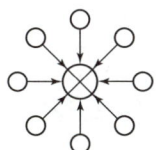

① 단순자극형(집중형)　②-1 단순연쇄형

②-2 복합연쇄형　③ 복합형

[참고] 산업안전기사 필기 p.3-31(그림. 재해발생형태 3가지)

KEY 2017년 3월 5일 출제

03 산업안전보건법령상 근로자에 대한 일반 건강진단의 실시 기준으로 옳은 것은?

① 사무직에 종사하는 근로자 : 1년에 1회 이상
② 사무직에 종사하는 근로자 : 2년에 1회 이상
③ 사무직외의 업무에 종사하는 근로자 : 6개월에 1회 이상
④ 사무직외의 업무에 종사하는 근로자 : 2년에 1회 이상

[해설]
일반건강진단 실시시기
① 사무직 : 2년에 1회 이상
② 그 밖에 근로자 : 1년에 1회 이상

[참고] 산업안전기사 필기 p.1-236(제2절 건강진단 및 건강관리)

[정보제공]
산업안전보건법 시행규칙 제197조(일반 건강진단의 주기 등)

[정답] 01 ② 02 ③ 03 ②

04 재해통계에 있어 강도율이 2.0인 경우에 대한 설명으로 옳은 것은?

① 한 건의 재해로 인해 전체 작업비용의 2.0[%]에 해당하는 손실이 발생하였다.
② 근로자 1,000명당 2.0건의 재해가 발생하였다.
③ 근로시간 1,000시간당 2.0건의 재해가 발생하였다.
④ 근로시간 1,000시간당 2.0일의 근로손실이 발생하였다.

해설

강도율
① 산재로 인한 1,000시간 당 근로손실일수를 말함.(산업재해의 경중의 정도)
② 계산공식

$$강도율 = \frac{총요양근로손실일수}{연근로시간수} \times 1,000$$

참고) 산업안전기사 필기 p.3-43(4. 강도율)

KEY ▶ ① 2016년 3월 6일 기사·산업기사 동시 출제
② 2017년 9월 26일 기사·산업기사 동시 출제
③ 2018년 3월 4일 산업기사 출제
④ 2018년 4월 28일 기사·산업기사 동시 출제

💬 확인 또 확인
2018년 4월 28일(문제 15번)

05 산업안전보건법령상 교육대상별 교육내용 중 관리감독자의 정기안전보건교육 내용이 아닌 것은?(단, 산업안전보건법 및 일반관리에 관한 사항은 제외한다.)

① 산업안전 제도에 관한 사항
② 산업보건 및 직업병 예방에 관한 사항
③ 유해·위험 작업환경 관리에 관한 사항
④ 표준안전작업방법 및 지도 요령에 관한 사항

해설

관리감독자 정기안전보건교육 내용
① 산업안전 및 사고 예방에 관한 사항
② 산업보건 및 직업병 예방에 관한 사항
③ 위험성 평가에 관한 사항
④ 유해·위험 작업환경 관리에 관한 사항
⑤ 산업안전보건법령 및 산업재해보상보험 제도에 관한 사항
⑥ 직무스트레스 예방 및 관리에 관한 사항
⑦ 직장 내 괴롭힘, 고객의 폭언 등으로 인한 건강장해 예방 및 관리에 관한 사항
⑧ 작업공정의 유해·위험과 재해 예방대책에 관한 사항
⑨ 사업장 내 안전보건관리체제 및 안전·보건조치 현황에 관한 사항
⑩ 표준안전 작업방법 결정 및 지도·감독 요령에 관한 사항
⑪ 현장근로자와의 의사소통능력 및 강의 능력 등 안전보건교육 능력 배양에 관한 사항
⑫ 비상시 또는 재해 발생 시 긴급조치에 관한 사항
⑬ 그 밖의 관리감독자의 직무에 관한 사항

참고) 산업안전기사 필기 p.1-154(3. 관리감독자 정기안전보건교육)

KEY ▶ ① 2017년 5월 7일, 8월 26일 출제
② 2018년 3월 4일 출제

정보제공)
산업안전보건법시행규칙 [별표 5] 안전보건교육대상별 교육내용

06 Off JT(Off the Job Training)의 특징으로 옳은 것은?

① 훈련에만 전념할 수 있다.
② 상호신뢰 및 이해도가 높아진다.
③ 개개인에게 적절한 지도훈련이 가능하다.
④ 직장의 설정에 맞게 실제적 훈련이 가능하다.

해설

Off JT교육의 특징
① 다수의 근로자에게 조직적 훈련을 행하는 것이 가능하다.
② 훈련에만 전념하게 된다.
③ 각자 전문가를 강사로 초청하는 것이 가능하다.
④ 특별 설비기구를 이용하는 것이 가능하다.
⑤ 각 직장의 근로자가 많은 지식이나 경험을 교류할 수 있다.
⑥ 교육 훈련 목표에 대하여 집단적 노력이 흐트러질 수 있다.

참고) 산업안전기사 필기 p.1-142(표. OJT와 OFF JT의 특징)

KEY ▶ ① 2016년 10월 1일 출제
② 2017년 3월 5일, 5월 7일 출제
③ 2017년 9월 23일 기사·산업기사 동시 출제
④ 2018년 3월 4일 출제

07 산업안전보건법령상 안전보건표지의 종류 및 다음 안전보건 표지의 명칭은?

① 화물적재금지 ② 차량통행금지
③ 물체이동금지 ④ 화물출입금지

[정답] 04 ④ 05 ① 06 ① 07 ③

[해설]

금지표지의 종류

출입금지	보행금지	차량통행금지	사용금지
탑승금지	금연	화기금지	물체이동금지

[참고] 산업안전기사 필기 p.1-61(1. 금지표지)

[KEY]
① 2016년 3월 6일, 5월 8일출제
② 2017년 5월 7일, 9월 23일 출제

[정보제공]
산업안전보건법시행규칙 [별표 6] 안전보건표지의 종류와 형태

---

08 AE형 안전모에 있어 내전압성 이란 최대 몇 [V] 이하의 전압에 견디는 것을 말하는가?

① 750
② 1,000
③ 3,000
④ 7,000

[해설]

내전압성의 전압
① 내전압성 : 7,000[V] 이하의 전압에 견디는 것
② FRP : Fiber glass reinforced Plastic(유리섬유 강화 플라스틱)

[참고] 산업안전기사 필기 p.1-52(주. 내전압성이란)

---

09 안전점검의 종류 중 태풍, 폭우 등에 의한 침수, 지진 등의 천재지변이 발생한 경우나 이상사태 발생 시 관리자나 감독자가 기계·기구, 설비 등의 기능상 이상 유무에 대하여 점검하는 것은?

① 일상점검
② 정기점검
③ 특별점검
④ 수시점검

[해설]

특별점검
① 기계·기구 또는 설비의 신설·변경 또는 고장 수리 등으로 비정기적인 특정 점검을 말하며 기술 책임자가 실시
② 산업안전 보건 강조기간에도 실시

[참고] 산업안전기사 필기 p.3-49(3. 특별점검)

---

10 재해발생의 직접원인 중 불안전한 상태가 아닌 것은?

① 불안전한 인양
② 부적절한 보호구
③ 결함 있는 기계설비
④ 불안전한 방호장치

[해설]

불안전한 인양 : 불안전한 행동(인적원인)

[참고] 산업안전기사 필기 p.1-41(2. 물적원인)

[KEY] 2017년 5월 7일 산업기사 출제

---

11 매슬로우(Maslow)의 욕구단계 이론 중 제2단계 욕구에 해당하는 것은?

① 자아실현의 욕구
② 안전에 대한 욕구
③ 사회적 욕구
④ 생리적 욕구

[해설]

매슬로우(Maslow, A.H.)의 욕구 5단계 이론
① 제1단계(생리적 욕구) : 생명유지의 기본적 욕구
② 제2단계(안전욕구) : 자기보존욕구
③ 제3단계(사회적 욕구) : 소속감과 애정욕구
④ 제4단계(존경욕구) : 인정받으려는 욕구
⑤ 제5단계 : 자아실현의 욕구

[참고] 산업안전기사 필기 p.1-101(5. 매슬로우욕구단계이론)

[KEY]
① 2016년 3회 연속 출제
② 2017년 3회 연속 출제
③ 2018년 3월 4일 산업기사 출제
④ 2018년 4월 28일 기사·산업기사 동시 출제

---

12 대뇌의 human error로 인한 착오요인이 아닌 것은?

① 인지과정 착오
② 조치과정 착오
③ 판단과정 착오
④ 행동과정 착오

[해설]

대뇌의 정보처리 에러 3가지
① 인지과정착오 : 확인미스(인지실수)
② 판단과정착오 : 기억에 대한 실패(판단실수)
③ 조치과정착오 : 동작 또는 조작실수

[참고] 산업안전기사 필기 p.2-20(3. 대뇌의 정보처리 에러)

[정답] 08 ④ 09 ③ 10 ① 11 ② 12 ④

13 주의의 수준이 Phase0인 상태에서의 의식상태로 옳은 것은?

① 무의식 상태 ② 의식의 이완 상태
③ 명료한 상태 ④ 과긴장 상태

해설

주의의 수준

phase	의식의 상태	주의의 작용
0	무의식, 실신	0
I	이상, 의식불명	부주의
II	이완상태	수동적, 심적내향
III	정상, 명쾌	적극적, 심적외향
IV	과긴장	일점에 고집

참고 산업안전기사 필기 p.1-119(표. 의식레벨의 단계)

KEY ① 2016년 10월 1일 산업기사 출제
② 2017년 5월 7일 출제

14 생체리듬의 변화에 대한 설명으로 틀린 것은?

① 야간에는 체중이 감소한다.
② 야간에는 말초운동 기능이 저하된다.
③ 체온, 혈압, 맥박수는 주간에 상승하고 야간에 감소한다.
④ 혈액의 수분과 염분량은 주간에 증가하고 야간에 감소한다.

해설

혈액의 수분, 염분량 : 주간에 감소, 야간에 상승

참고 산업안전기사 필기 p.1-108(5. 위험일의 변화 및 특징)

KEY ① 2017년 8월 26일 출제
② 2017년 9월 23일 출제

15 어떤 사업장의 상시근로자 1,000명이 작업 중 2명 사망자와 의사진단에 의한 휴업일수 90일 손실을 가져온 경우의 강도율은?(단, 1일 8시간, 연 300일 근무)

① 7.32 ② 6.28
③ 8.12 ④ 5.92

해설

$$강도율 = \frac{총요양근로손실일수}{연근로시간수} \times 1,000$$

$$= \frac{(7,500 \times 2) + \left(90 \times \frac{300}{365}\right)}{1,000 \times 8 \times 300} \times 1,000 = 6.28$$

참고 산업안전기사 필기 p.2-43(4. 강도율)

KEY ① 2016년 3월 6일 기사 · 산업기사 동시출제
② 2017년 9월 26일 기사 · 산업기사 동시출제

💬 **확인 또 확인**
2018년 4월 28일(문제 4번)

16 교육심리학의 기본이론 중 학습지도의 원리가 아닌 것은?

① 직관의 원리 ② 개별화의 원리
③ 계속성의 원리 ④ 사회화의 원리

해설

학습(교육) 지도원리
① 자발성의 원리 ② 개별화의 원리
③ 사회화의 원리 ④ 직관의 원리
⑤ 통합의 원리 ⑥ 목적의 원리
⑦ 생활화의 원리 ⑧ 과학화의 원리
⑨ 자연화의 원리

참고 산업안전기사 필기 p.1-138(3. 교육지도의 원리)

KEY 2017년 9월 23일 출제

17 안전보건교육 계획에 포함하여야 할 사항이 아닌 것은?

① 교육의 종류 및 대상 ② 교육의 과목 및 내용
③ 교육장소 및 방법 ④ 교육지도안

해설

안전보건교육계획의 준비계획(포함사항)
① 교육목표 설정 : 첫째 과제
② 교육 대상자와 범위 설정
③ 교육의 과정 결정
④ 교육방법 결정
⑤ 보조자료 및 강사, 조교의 편성
⑥ 교육진행 사항
⑦ 소요예산 산정

[정답] 13 ① 14 ④ 15 ② 16 ③ 17 ④

> 참고 산업안전기사 필기 p.1-137(2. 안전보건교육계획)

18 인간관계의 메커니즘 중 다른 사람의 행동 양식이나 태도를 투입시키거나 다른 사람 가운데서 자기와 비슷한 것을 발견하는 것은?

① 동일화   ② 일체화
③ 투사   ④ 공감

해설
동일화(identification)
① 다른 사람의 행동 양식이나 태도를 투입시키거나 다른 사람 가운데서 자기와 비슷한 점을 발견하는 것
② 부모나 형 등의 중요한 인물들의 태도나 행동을 따라하는것

> 참고 산업안전기사 필기 p.1-80(⑰ 동일시)

> KEY 2018년 3월 4일 출제

19 유기화합물용 방독마스크 시험가스의 종류가 아닌 것은?

① 염소가스 또는 증기
② 시클로헥산
③ 디메틸에테르
④ 이소부탄

해설
방독마스크 흡수관(정화통)의 종류

종 류	시험가스	정화통 외부측면 표시색
유기화합물용	시클로헥산(C_6H_{12}), 이소부탄, 디메틸에테르	갈색
할로겐용	염소가스 또는 증기(Cl_2)	회색
황화수소용	황화수소가스(H_2S)	회색
시안화수소용	시안화수소가스(HCN)	회색
아황산용	아황산가스(SO_2)	노란색
암모니아용	암모니아가스(NH_3)	녹색

> 참고 산업안전기사 필기 p.1-55(표. 방독마스크 흡수관의 종류)

> KEY ① 2016년 3월 6일 산업기사 출제
>   ② 2017년 3월 5일 출제

20 Line-Staff형 안전보건관리조직에 관한 특징이 아닌 것은?

① 조직원 전원을 자율적으로 안전활동에 참여시킬 수 있다.
② 스태프의 월권행위의 경우가 있으며 라인이 스태프에 의존 또는 활용치 않는 경우가 있다.
③ 생산부문은 안전에 대한 책임과 권한이 없다.
④ 명령계통과 조언 권고적 참여가 혼동되기 쉽다.

해설
Staff형의 단점
① 생산 부문에 협력하여 안전 명령을 전달실시하므로 안전과 생산을 별개로 취급하기 쉽다.
② 생산 부문은 안전에 대한 책임과 권한이 없다.

> 참고 산업안전기사 필기 p.1-23(2. 안보건관리 조직 형태)

> KEY ① 2016년 3월 6일 기사 · 산업기사 동시 출제
>   ② 2017년 8월 26일 기사 · 산업기사 동시 출제

2 인간공학 및 위험성 평가·관리

21 스트레스에 반응하는 신체의 변화로 맞는 것은?

① 혈소판이나 혈액응고 인자가 증가한다.
② 더 많은 산소를 얻기 위해 호흡이 느려진다.
③ 중요한 장기인 뇌·심장·근육으로 가는 혈류가 감소한다.
④ 상황 판단과 빠른 행동 대응을 위해 감각기관은 매우 둔감해진다.

해설
스트레스 반응에 대한 신체의 변화
① 더 많은 산소를 얻기 위해 호흡이 빨라진다.
② 뇌, 심장, 근육으로 가는 혈류는 증가한다.
③ 모든 감각기관이 빨라진다.

> 참고 산업안전기사 필기 p.2-68(합격날개 : 은행문제)

【정답】 18 ①   19 ①   20 ③   21 ①

22 결함수분석법(FTA)의 특징으로 볼 수 없는 것은?

① Top Down 형식
② 특정사상에 대한 해석
③ 정량적 해석의 불가능
④ 논리기호를 사용한 해석

해설

FTA특징
① Top down형식(연역적)
② 정량적 해석기법(컴퓨터 처리가 가능)
③ 논리기호를 사용한 특정사상에 대한 해석
④ 서식이 간단해서 비전문가도 짧은 훈련으로 사용할 수 있다.
⑤ Human Error의 검출이 어렵다.

참고 산업안전기사 필기 p.2-73(3. FTA 특징)

KEY ① 2017년 5월 7일 출제
② 2017년 8월 26일 출제

23 시스템의 수명 및 신뢰성에 관한 설명으로 틀린 것은?

① 병렬설계 및 디레이팅 기술로 시스템의 신뢰성을 증가시킬 수 있다.
② 직렬시스템에서는 부품들 중 최소 수명을 갖는 부품에 의해 시스템 수명이 정해진다.
③ 수리가 가능한 시스템의 평균 수명(MTBF)은 평균 고장율(λ)과 정비례 관계가 성립한다.
④ 수리가 불가능한 구성요소로 병렬구조를 갖는 설비는 중복도가 늘어날수록 시스템 수명이 길어진다.

해설

평균수명(MTBF)과 신뢰도와의 관계
① 평균수명은 평균고장율 λ와 역수 관계

$$\lambda = \frac{1}{MTBF}$$

고장율(λ) = $\dfrac{\text{기간중의 총고장수}(r)}{\text{총동작시간}(T)}$

② 고장확률밀도 함수가 지수분포인 부품을 평균수명만큼 사용한다면
신뢰도 $R(t=MTBF) = e^{-\lambda t} = e^{-\frac{MTBF}{MTBF}} = e^{-1}$
③ 고장율(λ)은 $MTBF$와 역수(반비례)관계이다.

참고 산업안전기사 필기 p.2-83(2. MTBF)

KEY ① 2016년 3월 6일 산업기사 출제
② 2018년 3월 4일 기사 출제

24 음향기기 부품 생산공장에서 안전업무를 담당하는 ○○○대리는 공장 내부에 경보등을 설치하는 과정에서 도움이 될만한 몇 가지 지식을 적용하고자 한다. 적용 지식 중 맞는 것은?

① 신호 대 배경의 휘도대비가 작을 때는 백색신호가 효과적이다.
② 광원의 노출시간이 1초보다 작으면 광속발산도는 작아야 한다.
③ 표적의 크기가 커짐에 따라 광도의 역치가 안정되는 노출시간은 증가한다.
④ 배경광 중 점멸 잡음광의 비율이 10[%] 이상이면 점멸등은 사용하지 않는 것이 좋다.

해설

배경광
① 배경 불빛이 신호등과 비슷하면 신호광의 식별이 힘들어진다.
② 만약 점멸 잡음광의 비율이 $\frac{1}{10}$(10[%])이상이면 상점등을 신호로 사용하는 것이 더 효과적이다.(점멸등은 비효율적)

25 제한된 실내 공간에서 소음문제의 음원에 관한 대책이 아닌 것은?

① 저소음 기계로 대체한다.
② 소음 발생원을 밀폐한다.
③ 방음 보호구를 착용한다.
④ 소음 발생원을 제거한다.

해설

방음보호용구(인체에 적용)
① 귀마개
② 귀덮개
③ 솜으로 임시변동가능

참고 산업안전기사 필기 p.2-171(1. 소음대책)

KEY ① 2016년 3월 6일 출제
② 2016년 8월 21일 출제
③ 2018년 3월 4일 산업기사 출제

보충학습
① 감음 효율이 가장 높은 보호 용구 : 글리세린 같은 액체를 채운 귀덮개
② 소음 평가 방법 : 사람의 청각과 비슷한 3가지 보정회로(A, B, C)를 사용하였으나 최근에는 A회로가 가장 간편하고 알맞은 것으로 확인

[정답] 22 ③   23 ③   24 ④   25 ③

26 인간이 기계와 비교하여 정보처리 및 결정의 측면에서 상대적으로 우수한 것은?(단, 인공지능은 제외한다.)

① 연역적 추리
② 정량적 정보처리
③ 관찰을 통한 일반화
④ 정보의 신속한 보관

해설
인간과 기계의 기능 비교

구분	인간이 기계보다 우수한 기능	기계가 인간보다 우수한 기능
감지 기능	· 저에너지 자극 감지 · 복잡 다양한 자극 형태 식별 · 예기치 못한 사건의 감지	· 인간의 정상적 감지 범위 밖의 자극 감지 · 인간 및 기계에 대한 모니터 기능
정보처리 및 결정	· 많은 양의 정보를 장시간 보관 · 관찰을 통한 일반화 · 귀납적 추리 · 원칙 적용 · 다양한 문제 해결(정서적)	· 암호화된 정보를 신속하게 대량 보관 · 연역적 추리 · 정량적 정보처리
행동 기능	· 과부하 상태에서는 중요한 일에만 전념	· 과부하 상태에서도 효율적 작동 · 장시간 중량작업 · 반복작업, 동시에 여러 가지 작업 가능

참고 산업안전기사 필기 p.2-10([표] 인간과 기계의 기능 비교)
KEY 2016년 5월 8일 산업기사 출제

27 사업장에서 인간공학의 적용분야로 가장 거리가 먼 것은?

① 제품설계
② 설비의 고장률
③ 재해·질병 예방
④ 장비·공구·설비의 배치

해설
사업장에서의 인간공학 적용분야 및 기대효과
① 작업관련성 유해·위험 작업 분석(작업환경개선)
② 제품설계에 있어 인간에 대한 안전성평가(장비 및 공구설계)
③ 작업공간의 설계
④ 인간-기계 인터페이스 디자인
⑤ 재해 및 질병 예방

참고 산업안전기사 필기 p.2-5(4. 사업장에서 인간공학 적용 분야)
KEY ① 2016년 3월 6일 기사(문제 55번) 출제
② 2017년 8월 26일 산업기사 출제
③ 2018년 4월 28일 기사·산업기사 동시출제

28 작업공간의 포락면(包絡面)에 대한 설명으로 맞는 것은?

① 개인이 그 안에서 일하는 일차원 공간이다.
② 작업복 등은 포락면에 영향을 미치지 않는다.
③ 가장 작은 포락면은 몸통을 움직이는 공간이다.
④ 작업의 성질에 따라 포락면의 경계가 달라진다.

해설
작업공간포락면(包絡面, envelope)
① 한 장소에 앉아서 수행하는 작업활동에서 사람이 작업하는 데 사용하는 공간을 말한다.
② 작업의 성질에 따라 포락면의 경계가 달라진다.

참고 산업안전기사 필기 p.2-162(1. 작업공간 포락면)

29 다음 그림과 같은 직·병렬 시스템의 신뢰도는?(단, 병렬 각 구성요소의 신뢰도는 R이고, 직렬 구성요소의 신뢰도는 M이다.)

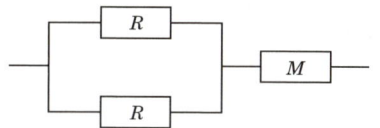

① MR^3
② $R^2(1-MR)$
③ $M(R^2+R)-1$
④ $M(2R-R^2)$

해설
$R_s = [1-(1-R)(1-R)] \times M = M(2R-R^2)$

참고 산업안전기사 필기 p.2-87(문제 10번)

30 다음의 FT도에서 사상 A의 발생 확률 값은?

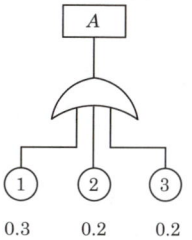

[정답] 26 ③ 27 ② 28 ④ 29 ④ 30 ③

① 게이트 기호가 OR이므로 0.012
② 게이트 기호가 AND이므로 0.012
③ 게이트 기호가 OR이므로 0.552
④ 게이트 기호가 AND이므로 0.552

해설

$A = 1 - (1-0.3)(1-0.2)(1-0.2) = 0.552$

참고 산업안전기사 필기 p.2-89(문제 24번)

31 입력 B_1과 B_2의 어느 한쪽이 일어나면 출력 A가 생기는 경우를 논리합의 관계라 한다. 이때 입력과 출력 사이에는 무슨 게이트로 연결되는가?

① OR게이트
② 억제 게이트
③ AND게이트
④ 부정 게이트

해설

논리게이트(logic gate)
① OR 게이트 : 입력사상 발생확률의 합
② AND 게이트 : 입력사상과 발생확률의 곱
③ 제약 게이트 : 입력사상과 조건사상 발생확률의 곱으로 계산된다.

참고 산업안전기사 필기 p.2-70(③ 논리게이트)

KEY 2017년 5월 7일 산업기사 출제

보충학습
디지털회로의 기본적인 요소 부문. 대부분 2개의 입력과 하나의 출력으로 되어 있으며, 회로가 처리하는 데이터에 따라 각 단자는 2진수 0 혹은 1 상태가 되며, 0은 0볼트, 1은 +5볼트 정도 전압이 유지된다. 기본적인 논리 게이트에는 논리곱(AND), 논리합(OR), 배타적 논리합(XOR), NOT, 부정 논리곱(NAND), 부정 논리합(NOR), XNOR 등 7가지가 있다.

32 음성통신에 있어 소음환경과 관련하여 성격이 다른 지수는?

① AI(Articulation Index) : 명료도지수
② MAA(Minimum Audible Angle) : 최소 가청 각도
③ PSIL(Preferred-Octave Speech Interference Level) : 음성간섭수준
④ PNC(Preferred Noise Criteria Curves) : 신호 소음판단 기준 곡선

해설

최소가청운동각도(MAMA=MAA : Minimum Audible Movement Angle)는 청각신호의 위치를 식별할 때 사용하는 척도

참고 산업안전기사 필기 p.2-171(합격날개 : 은행문제1)

KEY 2014년 3월 2일 (문제 53번)출제

보충학습

소음환경과 관련된 음성통신 지수
① AI(Articulation Index) : 잡음 대 잡음비를 기반으로 명료도 지수로 음성의 명료도를 측정하는 척도
② PNC(Preferred Noise Criteria Curves) : 실내소음 평가지수로 소음에 대한 실태조사, 작업자에 대한 앙케이트 조사, 청감 실험 등을 통해 정리한 값
③ PSIL(Perferred-Octave Speech Interference Level) : 우선 회화 방해레벨의 개념으로 소음에 대한 상호대화를 방해하는 기준을 정리한 값

33 안전교육을 받지 못한 신입직원이 작업 중 전극을 반대로 끼우려고 시도했으나, 플러그의 모양이 반대로는 끼울 수 없도록 설계되어 있어서 사고를 예방할 수 있었다. 작업자가 범한 오류와 이와 같은 사고 예방을 위해 적용된 안전설계 원칙으로 가장 적합한 것은?

① 누락(omission) 오류, fail safe설계원칙
② 누락(omission) 오류, fool proof설계원칙
③ 작위(commission) 오류, fail safe설계원칙
④ 작위(commission) 오류, fool proof설계원칙

해설

누락오류, 작위오류
① 생략에러(Omission Errors : 부작위 실수) : 직무 또는 어떤 단계를 수행치 않음(누락오류)
② 실행에러(Commission error : 작위 실수) : 직무의 불확실한 수행 (선택, 순서, 시간, 정성적 착오)

참고 산업안전기사 필기 p.2-20(2. 형태적 분석)

KEY 2017년 8월 26일 출제

[정답] 31 ① 32 ② 33 ④

34 인간실수확률에 대한 추정기법으로 가장 적절하지 않은 것은?

① CIT(Critical Incident Technique) : 위급사건 기법
② FMEA(Failure Mode and Effect Analysis) : 고장형태 영향분석
③ TCRAM(Task Criticality Rating Analysis Method) : 직무위급도 분석법
④ THERP(Technique for Human Error Rate Prediction) : 인간 실수율 예측기법

해설
인간의 신뢰도 평가방법
사고 전개과정에서 발생 가능한 모든 인간 오류를 파악해 내고, 이를 모델링하고 정량화하는 방법
① HCR   ② THERP
③ SLIM   ④ CIT
⑤ TCRAM

참고 ① 산업안전기사 필기 p.2-62(2. FMEA)
② 산업안전기사 필기 p.2-62(3. FMECA)

KEY 2016년 3월 6일 (문제 53번) 출제

정보제공
FMECA(고장의 형과 영향 및 치명도분석)
① FMEA와 CA를 병용한 안전해석 기법
② 정량적 해석이 가능

35 어떤 소리가 1,000[Hz], 60[dB]인 음과 같은 높이임에도 4배 더 크게 들린다면, 이 소리의 음압수준은 얼마인가?

① 70[dB]   ② 80[dB]
③ 90[dB]   ④ 100[dB]

해설
음압수준
① 10[dB] 증가 시 소음은 2배 증가
② 20[dB] 증가 시 소음은 4배 증가

결론
$4\text{sone} = 2^{\frac{L_1-60}{10}}$
$10 \times \log 4 = (L_1 - 60)\log 2$
$L_1 = \frac{10 \times \log 4}{\log 2} + 60 = 80$

참고 ① 2002년, 2003년 연속 출제
② 2009년 8월 30일 (문제 53번) 출제

보충학습
[표] phon과 sone의 관계

sone	1	2	4	8	16	32	64	128	256	512	1024
phon	40	50	60	70	80	90	100	110	120	130	140

 10[phon]이 증가하면 2배의 소리 크기가 되며, 20[phon]이 증가하면 4배의 소리 크기가 된다.

36 산업안전보건법령에 따라 제조업 등 유해·위험 방지계획서를 작성하고자 할 때 관련 규정에 따라 1명 이상 포함시켜야 하는 사람의 자격으로 적합하지 않은 것은?

① 한국산업안전보건공단이 실시하는 관련 교육을 8시간 이수한 사람
② 기계, 재료, 화학, 전기, 전자, 안전관리 또는 환경분야 기술사 자격을 취득한 사람
③ 관련분야 기사 자격을 취득한 사람으로서 해당 분야에서 5년 이상 근무한 경력이 있는 사람
④ 기계안전, 전기안전, 화공안전분야의 산업안전지도사 또는 산업보건지도사 자격을 취득한 사람

해설
제조업 등 유해위험방지계획서 작성 자격
(1) 사업주는 계획서를 작성할 때에 다음 각 호의 자격을 갖춘 사람 또는 공단이 실시하는 관련 교육을 20시간 이상 이수한 사람 1명 이상을 포함시켜야 한다.
  ① 기계, 금속, 화공, 전기, 안전관리, 산업보건관리, 산업위생 또는 환경분야 기술사 자격을 취득한 사람
  ② 기계, 전기, 화공안전 등 산업안전지도사 또는 산업보건관리, 산업위생 또는 환경분야 기술사 자격을 취득한 사람
  ③ 제①호 관련분야 기사 자격을 취득한 사람으로서 해당 분야에서 5년 이상 근무한 경력이 있는 사람
  ④ 제①호 관련분야 산업기사 자격을 취득한 사람으로서 해당 분야에서 7년 이상 근무한 경력이 있는 사람
  ⑤ 「고등교육법」에 따른 대학 및 산업대학(이공계 학과에 한정한다)을 졸업한 후 해당 분야에서 7년 이상 근무한 경력이 있는 사람 또는 「고등교육법」에 따른 전문대학(이공계 학과에 한정한다)을 졸업한 후 해당 분야에서 9년 이상 근무한 경력이 있는 사람
(2) 공단에서 실시하는 관련교육은 다음 각 호와 같다.
  ① 제조업 유해, 위험방지계획서 작성과 관련된 교육과정
  ② 공정안전보고서 작성과 관련된 교육과정

참고 산업안전기사 필기 p.1-224(제42조 제출서류 등)

KEY 2014년 5월 25일 기사·산업기사 동시출제

정보제공
산업안전보건법 시행규칙 제42조(제출서류 등)

[정답] 34 ② 35 ② 36 ①

37
A회사에서는 새로운 기계를 설계하면서 레버를 위로 올리면 압력이 올라가도록 하고, 오른쪽 스위치를 눌렀을 때 오른쪽 전등이 켜지도록 하였다면, 이것은 각각 어떤 유형의 양립성을 고려한 것인가?

① 레버-공간양립성, 스위치-개념양립성
② 레버-운동양립성, 스위치-개념양립성
③ 레버-개념양립성, 스위치-운동양립성
④ 레버-운동양립성, 스위치-공간양립성

해설
양립성(compatibility)
정보입력 및 처리와 관련한 양립성은 인간의 기대와 모순되지 않는 자극 반응조합의 관계를 말하는 것

참고) 산업안전기사 필기 p.1-75(4. 양립성)

KEY ① 2018년 3월 4일 산업기사 출제
② 2018년 4월 28일 기사·산업기사 동시 출제

보충학습
양립성의 종류

종류	특징
공간(spatial)	표시장치나 조종장치에서 물리적 형태 및 공간적 배치
운동(movement)	표시장치의 움직이는 방향과 조종장치의 방향이 사용자의 기대와 일치
개념(conceptual)	이미 사람들이 학습을 통해 알고있는 개념적 연상
양식(modality)	직무에 맞는 응답양식 존재

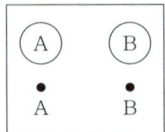
[그림1] 공간 양립성

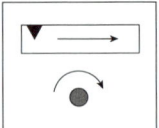
[그림2] 운동 양립성

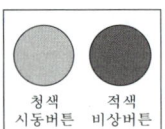
[그림3] 개념 양립성

38
FMEA에서 고장 평점을 결정하는 5가지 평가요소에 해당하지 않는 것은?

① 생산능력의 범위
② 고장발생의 빈도
③ 고장방지의 가능성
④ 영향을 미치는 시스템의 범위

해설
FMEA 고장등급 평가요소
① C_1 : 기능적 고장의 영향의 중요도
② C_2 : 영향을 미치는 시스템의 범위
③ C_3 : 고장 발생의 빈도
④ C_4 : 고장방지의 가능성
⑤ C_5 : 신규 설계의 정도
평가요소 전부를 사용하는 경우 고장 평점 C_s는
$$C_s = (C_1 \cdot C_2 \cdot C_3 \cdot C_4 \cdot C_5)^{\frac{1}{5}}$$

참고) 산업안전기사 필기 p.2-63(5. FMEA고장등급 평가요소)

39
작업장 배치 시 유의사항으로 적정하지 않은 것은?

① 작업의 흐름에 따라 기계를 배치한다.
② 생산효율 증대를 위해 기계설비 주위에 재료나 반제품을 충분히 놓아둔다.
③ 공장내외는 안전한 통로를 두어야 하며, 통로는 선을 그어 작업장과 명확히 구별하도록 한다.
④ 비상시에 쉽게 대비할 수 있는 통로를 마련하고 사고 진압을 위한 활동통로가 반드시 마련되어야 한다.

해설
기계설비(작업장)의 layout시의 검토사항
① 작업의 흐름에 따라 기계를 배치할 것
② 기계설비의 주위에는 충분한 공간을 둘 것
③ 공장 내외에는 안전한 통로를 설치하고 항상 이것을 유효하게 확보할 것
④ 원재료나 제품을 두는 장소를 충분히 넓게 할 것
⑤ 기계설비의 설치에 있어서는 사용 과정에서의 보수, 점검이 용이하도록 배려할 것
⑥ 압력용기, 고속회전체, 고압전기설비, 폭발성 물품을 취급하는 기계, 설비 등의 설치에 있어서는 작업자의 관계위치, 원격거리 등을 고려할 것
⑦ 장래의 확장을 고려하여 설치할 것

참고) 건설안전기사 필기 p.2-192(문제 2번) 적중

40
현재 시험문제와 같이 4지 택일형 문제의 정보량은 얼마인가?

① 2[bit] ② 4[bit]
③ 2[byte] ④ 4[byte]

[정답] 37 ④ 38 ① 39 ② 40 ①

[해설]

4가지 중 한개를 선택할 확률

① A확률 = $\frac{1}{4}$ = 0.25 ② B확률 = $\frac{1}{4}$ = 0.25

③ C확률 = $\frac{1}{4}$ = 0.25 ④ D확률 = $\frac{1}{4}$ = 0.25

[결론] ① 4가지 중 한개를 선택할 확률은 각각 $\frac{1}{4}$

$N = 4$이므로
② $H = \log_2 N = \log_2 4 = 2[\text{bit}]$

[KEY] ① 2017년 5월 7일 기사, 산업기사 동시 출제
② 2017년 9월 23일 산업기사 출제

3 기계·기구 및 설비안전관리

41 연삭숫돌의 상부를 사용하는 것을 목적으로 하는 탁상용 연삭기에서 안전덮개의 노출부위 각도는 몇 [°]이내이어야 하는가?

① 90[°] 이내 ② 75[°] 이내
③ 60[°] 이내 ④ 105[°] 이내

[해설]

연삭숫돌의 상부를 사용하는 것을 목적으로 하는 탁상용 연삭기의 덮개 각도

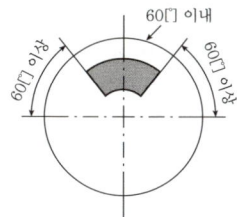

[참고] 산업안전기사 필기 p.3-93(그림. 연삭기의 종류 및 덮개의 표준형상)

[KEY] ① 2016년 8월 21일 출제
② 2017년 3월 5일 산업기사 출제
③ 2017년 5월 7일 기사·산업기사 출제
④ 2017년 8월 26일 산업기사 출제
⑤ 2018년 4월 28일 기사·산업기사 동시 출제

[정보제공] 방호장치 자율안전기준고시 [별표 4] 연삭기 덮개의 성능기준

42 다음 중 산업안전보건법령상 아세틸렌 가스용접장치에 관한 기준으로 틀린 것은?

① 전용의 발생기실은 건물의 최상층에 위치하여야 하며, 화기를 사용하는 설비로부터 1[m]를 초과하는 장소에 설치하여야 한다.
② 전용의 발생기실을 옥외에 설치한 경우에는 그 개구부를 다른 건축물로부터 1.5[m] 이상 떨어지도록 하여야 한다.
③ 아세틸렌 용접장치를 사용하여 금속의 용접·용단 또는 가열작업을 하는 경우에는 게이지 압력이 127[kPa]을 초과하는 압력의 아세틸렌을 발생시켜 사용해서는 아니된다.
④ 전용의 발생기실을 설치하는 경우 벽은 불연성 재료로 하고 철근 콘크리트 또는 그 밖에 이와 동등하거나 그 이상의 강도를 가진 구조로 하여야 한다.

[해설]

발생기실의 설치장소
① 전용의 발생기실 ② 건물의 최상층
③ 화기로부터 3[m] 초과하는 장소

[참고] 산업안전기사 필기 p.3-112(합격날개 : 합격예측 및 관련법규)

[KEY] ① 2016년 3월 6일 산업기사 출제
② 2017년 5월 7일 출제
③ 2018년 3월 4일 산업기사 출제

[정보제공] 산업안전보건기준에 관한 규칙 제286조(발생기실의 설치장소 등)

43 다음 중 포터블 벨트 컨베이어(portable belt conveyor)의 안전 사항과 관련한 설명으로 옳지 않은 것은?

① 포터블 벨트 컨베이어의 차륜간의 거리는 전도 위험이 최소가 되도록 하여야 한다.
② 기복장치는 포터블 벨트 컨베이어의 옆면에서만 조작하도록 한다.
③ 포터블 벨트 컨베이어를 사용하는 경우는 차륜을 고정하여야 한다.
④ 전동식 포터블 컨베이어를 이동하는 경우는 먼저 전원을 내린 후 컨베이어를 이동시킨 다음 컨베이어를 최저의 위치로 내린다.

[정답] 41 ③ 42 ① 43 ④

해설

포터블 벨트 컨베이어 준수사항
① 포터블 벨트 컨베이어를 사용하는 경우는 차륜을 고정하여야 한다.
② 포터블 벨트 컨베이어의 충전부에는 절연덮개를 설치하여야 한다. 다만, 외부전선은 비닐캡타이어 케이블 또는 이와 동등이상의 절연 효력을 가진 것이어야 한다.
③ 전동식의 포터블 벨트 컨베이어에 접속되는 전로에는 감전 방지용 누전차단 장치를 접속하여야 한다.
④ 포터블 벨트 컨베이어를 이동하는 경우는 먼저 컨베이어를 최저의 위치로 내리고 전동식의 경우 전원을 차단하여야 한다.
⑤ 포터블 벨트 컨베이어를 이동하는 경우는 제조자에 의하여 제시된 최대 견인속도를 초과하지 말아야 한다.

참고 산업안전기사 필기 p.3-137(표. 컨베이어의 종류 및 구조)

---

44 사람이 작업하는 기계장치에서 작업자가 실수를 하거나 오조작을 하여도 안전하게 유지되게 하는 안전설계방법은?

① Fail Safe   ② 다중계화
③ Fool proof ④ Back up

해설

Fool proof
① 바보 같은 행동을 방지한다는 뜻으로 사용자가 비록 잘못된 조작을 하더라도 이로 인해 전체의 고장이 발생되지 아니하도록 하는 설계 방법
② 카메라에서 셔터와 필름 돌림대의 연동(예) 이중 촬영 방지)

참고 산업안전기사 필기 p.3-191(표. Fail safe와 Fool proof 설계)

KEY ① 2016년 3월 6일 산업기사 출제
② 2017년 8월 26일 산업기사 출제

---

45 질량 100kg의 화물이 와이어로프에 매달려 2[m/s²]의 가속도로 권상되고 있다. 이때 와이어로프에 작용하는 장력의 크기는 몇 [N]인가?(단, 여기서 중력가속도는 10[m/s²]로 한다.)

① 200[N]   ② 300[N]
③ 1,200[N] ④ 2,000[N]

해설

장력의 크기
① 동하중 $(W_2) = \dfrac{정하중}{중력가속도} \times 가속도 = \dfrac{100}{10} \times 2 = 20[kg]$
② 총하중(W) = 정하중(W_1) + 동하중(W_2) = 100 + 20 = 120[kg]
③ 장력[N] = 총하중[kg] × 중력가속도[m/s²] = 120 × 10 = 1,200[N]

참고 산업안전기사 필기 p.3-182(문제 151번) 적중
KEY 2011년 6월 21일(문제 51번) 출제

---

46 광전자식 방호장치의 광선에 신체의 일부가 감지된 후로부터 급정지기구가 작동개시하기까지의 시간이 40[ms]이고, 광축의 최소설치거리(안전거리)가 200[mm]일 때 급정지기구가 작동개시한 때로부터 프레스기의 슬라이드가 정지될 때까지의 시간은 약 몇 [ms]인가?

① 60[ms]   ② 85[ms]
③ 105[ms]   ④ 130[ms]

해설

슬라이드 정지시간
① $D = 1.6(T_l + T_s)$
② $200 = 1.6 \times (40 + T_s)$
③ $T_s = \dfrac{200}{1.6} - 40 = 85[m/s]$

참고 산업안전기사 필기 p.3-101(3. 방호장치의 설치방법)
KEY 2012년 5월 20일(문제 53번) 출제

---

47 방사선 투과검사에서 투과사진의 상질을 점검할 때 확인해야 할 항목으로 거리가 먼 것은?

① 투과도계의 식별도
② 시험부의 사진농도 범위
③ 계조계의 값
④ 주파수의 크기

해설

방사선 투과검사에서 투과사진의 상질점검항목
① 투과도계의 식별도
② 시험부의 사진농도 범위
③ 계조계의 값

참고 위험물안전관리에 관한 세부기준 제34조(방사선 투과시험의 방법 및 판정기준)

[정답] 44 ③   45 ③   46 ②   47 ④

48 양중기의 과부하장치에서 요구하는 일반적인 성능기준으로 틀린 것은?

① 과부하방지장치 작동 시 경보음과 경보램프가 작동되어야 하며 양중기는 작동이 되지 않아야 한다.
② 외함의 전선 접촉부분은 고무 등으로 밀폐되어 물과 먼지 등이 들어가지 않도록 한다.
③ 과부하방지장치와 타 방호장치는 기능에 서로 장애를 주지 않도록 부착할 수 있는 구조이어야 한다.
④ 방호장치의 기능을 제거하더라도 양중기는 원활하게 작동시킬 수 있는 구조이어야 한다.

해설

과부하방지장치 일반적인 성능기준
① 과부하방지장치 작동 시 경보음과 경보램프가 작동되어야 하며 양중기는 작동이 되지 않아야 한다. 다만, 크레인은 과부하 상태해지를 위하여 권상된 만큼 권하시킬 수 있다.
② 외함은 납봉인 또는 시건할 수 있는 구조이어야 한다.
③ 외함의 전선 접촉부분은 고무 등으로 밀폐되어 물과 먼지 등이 들어가지 않도록 한다.
④ 과부하방지장치와 타 방호장치는 기능에 서로 장애를 주지 않도록 부착할 수 있는 구조이어야 한다.
⑤ 방호장치의 기능을 제거 또는 정지할 때 양중기의 기능도 동시에 정지할 수 있는 구조이어야 한다.
⑥ 과부하방지장치는 정격하중의 1.1배 권상 시 경보와 함께 권상동작이 정지되고 횡행과 주행동작이 불가능한 구조이어야 한다. 다만, 타워크레인은 정격하중의 1.05배 이내로 한다.
⑦ 과부하방지장치에는 정상동작상태의 녹색램프와 과부하 시 경고 표시를 할 수 있는 붉은색램프와 경보음을 발하는 장치 등을 갖추어야 하며, 양중기 운전자가 확인할 수 있는 위치에 설치해야 한다.

참고 방호장치 안전인증고시 [별표 2] 양중기과부하장치 성능기준

49 프레스 작업에서 제품 및 스크랩을 자동적으로 위험한계 밖으로 배출하기 위한 장치로 볼 수 없는 것은?

① 피더 ② 키커
③ 이젝터 ④ 공기 분사 장치

해설

피더 : 재료이송(공급 장치)

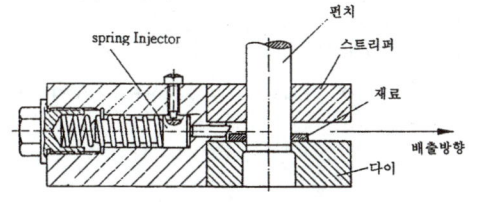

[그림] 프레스금형 스프링 이젝트

참고 산업안전기사 필기 p.3-106(표. 프레스작업점에 대한 방호방법)

50 용접장치에서 안전기의 설치 기준에 관한 설명으로 옳지 않은 것은?

① 아세틸렌 용접장치에 대하여는 일반적으로 각 취관마다 안전기를 설치하여야 한다.
② 아세틸렌 용접장치의 안전기는 가스용기와 발생기가 분리되어 있는 경우 발생기와 가스용기 사이에 설치한다.
③ 가스집합 용접장치에서는 주관 및 분기관에 안전기를 설치하며, 이 경우 하나의 취관에 2개 이상의 안전기를 설치한다.
④ 가스집합 용접장치의 안전기 설치는 화기사용설비로부터 3[m] 이상 떨어진 곳에 설치한다.

해설

가스집합장치는 화기를 사용하는 설비로 5[m] 이상 떨어진 장소 설치

정보제공 산업안전보건기준에 관한 규칙 제291조(가스집합장치의 위험방지)

51 산업안전보건법령상 보일러의 안전한 가동을 위하여 보일러 규격에 맞는 압력방출장치가 2개 이상 설치된 경우에 최고사용압력 이하에서 1개가 작동되고, 다른 압력방출장치는 최고사용압력의 몇 배 이하에서 작동되도록 부착하여야 하는가?

① 1.03배 ② 1.05배
③ 1.2배 ④ 1.5배

해설

압력방출장치
① 보일러 규격에 적합한 압력방출장치를 최고사용압력 이하에서 작동되도록 1개 또는 2개 이상 설치
② 2개 이상 설치된 경우 최고사용압력 이하에서 1개가 작동되고, 다른 압력방출장치는 최고사용압력 1.05배 이하에서 작동되도록 부착
③ 1년에 1회 이상 토출압력시험 후 납으로 봉인(공정안전관리 이행수준 평가결과가 우수한 사업장은 4년에 1회 이상 토출압력시험 실시)
④ 안전밸브 종류 : 스프링식, 중추식, 지렛대식(일반적으로 스프링식 안전밸브를 많이 사용)

[**정답**] 48 ④ 49 ① 50 ④ 51 ②

참고 산업안전기사 필기 p.3-120(압력방출장치)

KEY
① 2016년 8월 21일 출제
② 2017년 8월 16일 출제

정보제공
산업안전보건기준에 관한 규칙 제116조(압력방출장치)

52 밀링작업에서 주의해야 할 사항으로 옳지 않은 것은?

① 보안경을 쓴다.
② 일감 절삭 중 치수를 측정한다.
③ 커터에 옷이 감기지 않게 한다.
④ 커터는 될 수 있는 한 컬럼에 가깝게 설치한다.

해설
측정은 반드시 기계정지 후 실시한다.

참고 산업안전기사 필기 p.3-83(5. 밀링작업시 안전수칙)

KEY
① 2016년 3월 6일 산업기사 출제
② 2018년 3월 4일 출제

53 작업자의 신체부위가 위험한계 내로 접근하였을 때 기계적인 작용에 의하여 접근을 못하도록 하는 방호장치는?

① 위치제한형 방호장치
② 접근거부형 방호장치
③ 접근반응형 방호장치
④ 감지형 방호장치

해설
접근거부형의 대표적인 방호장치 : 프레스 손쳐내기식

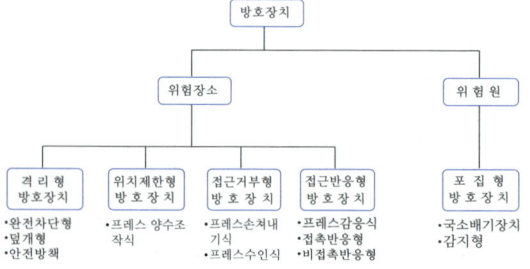

[그림] 방호장치의 구분

참고 산업안전기사 필기 p.3-201(그림. 방호장치의 구분)

54 사업주가 보일러의 폭발사고예방을 위하여 기능이 정상적으로 작동될 수 있도록 유지, 관리할 대상이 아닌 것은?

① 과부하방지장치
② 압력방출장치
③ 압력제한스위치
④ 고저수위조절장치

해설
보일러 방호장치의 종류
① 압력방출장치
② 고저수위 조절장치
③ 압력제한스위치
④ 화염검출기

참고 산업안전기사 필기 p.3-120(3. 방호장치의 종류)

KEY
① 2017년 3월 5일 출제
② 2017년 5월 7일 기사 · 산업기사 동시 출제

보충학습
과부하방지장치 : 양중기 방호장치

정보제공
① 산업안전보건기준에 관한 규칙 제116조(압력방출장치)
② 산업안전보건기준에 관한 규칙 제117조(압력제한스위치)
③ 산업안전보건기준에 관한 규칙 제118조(고저수위조절장치)

55 산업안전보건법령에 따라 프레스 등을 사용하여 작업을 하는 경우 작업시작 전 점검사항과 거리가 먼 것은?

① 전단기의 칼날 및 테이블의 상태
② 프레스의 금형 및 조정 볼트 상태
③ 슬라이드 또는 칼날에 의한 위험방지 기구의 기능
④ 전자밸브, 압력조정밸브 기타 공압 계통의 이상 유무

해설
프레스 작업시작전 점검사항
① 클러치 및 브레이크의 기능
② 크랭크축·플라이휠·슬라이드·연결봉 및 연결나사의 풀림 유무
③ 1행정 1정지기구·급정지장치 및 비상정지장치의 기능
④ 슬라이드 또는 칼날에 의한 위험방지 기구의 기능
⑤ 프레스의 금형 및 고정볼트 상태
⑥ 방호장치의 기능
⑦ 전단기(剪斷機)의 칼날 및 테이블의 상태

참고 산업안전기사 필기 p.3-50(표. 작업시작전 기계·기구 및 점검내용)

[정답] 52 ② 53 ② 54 ① 55 ④

KEY
① 2016년 3월 6일 출제
② 2017년 3월 5일, 5월 7일, 8월 26일 출제
③ 2018년 3월 4일 출제

정보제공
산업안전보건기준에 관한 규칙 [별표 3] 작업시작전 점검사항

56 숫돌 바깥지름이 150[mm]일 경우 평형 플랜지의 지름은 최소 몇 [mm] 이상이어야 하는가?

① 25[mm]   ② 50[mm]
③ 75[mm]   ④ 100[mm]

해설

플랜지지름 = 숫돌바깥지름 × $\frac{1}{3}$ = 150 × $\frac{1}{3}$ = 50[mm]

참고 ① 산업안전기사 필기 p.3-92(합격날개 : 합격예측)
② 산업안전기사 필기 p.3-92(은행문제 : 적중)

KEY ① 2016년 8월 21일 산업기사 출제
② 2017년 3월 5일 산업기사 출제
③ 2017년 5월 7일 기사·산업기사 동시 출제
④ 2017년 8월 26일 출제

57 다음 중 아세틸렌 용접장치에서 역화의 원인으로 가장 거리가 먼 것은?

① 아세틸렌의 공급 과다
② 토치 성능의 부실
③ 압력조정기의 고장
④ 토치 팁에 이물질이 묻은 경우

해설

아세틸렌 용접장치의 역화원인
① 압력 조정기 고장
② 과열되었을 때
③ 산소 공급이 과다할 때
④ 토치의 성능이 좋지 않을 때
⑤ 토치 팁에 이물질이 묻었을 때

참고 ① 산업안전기사 필기 p.3-118(합격날개 : 합격예측)
② 산업안전기사 필기 p.3-118(합격날개 : 은행문제 적중)

58 설비의 고장형태를 크게 초기고장, 우발고장, 마모고장으로 구분할 때 다음 중 마모고장과 가장 거리가 먼 것은?

① 부품, 부재의 마모
② 열화에 생기는 고장
③ 부품, 부재의 반복피로
④ 순간적 외력에 의한 파손

해설

마모고장기
① 고장의 원인 : 부식, 산화, 마모, 피로, 노화, 퇴화, 불충분한 정비
② 고장대책 : 예방보전

참고 산업안전기사 필기 p.3-191(3. 마모고장기)

KEY 2018년 4월 28일 기사·산업기사 동시 출제

59 와이어로프 호칭이 '6×19'라고 할 때 숫자 '6'이 의미하는 것은?

① 소선의 지름(mm)
② 소선의 수량(wire수)
③ 꼬임의수량(strand수)
④ 로프의 최대인장강도(MPa)

해설

와이어로프 호칭 예

종별	3호
단면	
구성	19가닥, 6꼬임, 중심 섬유심
기호	(6×19)

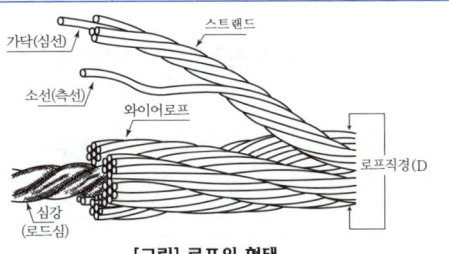

[그림] 로프의 형태

참고 산업안전기사 필기 p.3-181(문제 148번) 적중

KEY 2007년 5월 13일(문제 54번) 출제

[정답] 56 ② 57 ① 58 ④ 59 ③

60 목재가공용 둥근톱에서 안전을 위해 요구되는 구조로 옳지 않은 것은?

① 톱날은 어떤 경우에도 외부에 노출되지 않고 덮개가 덮여 있어야 한다.
② 작업 중 근로자의 부주의에도 신체의 일부가 날에 접촉할 염려가 없도록 설계되어야 한다.
③ 덮개 및 지지부는 경량이면서 충분한 강도를 가져야 하며, 외부에서 힘을 가했을 때 쉽게 회전될 수 있는 구조로 설계되어야 한다.
④ 덮개의 가동부는 원활하게 상하로 움직일 수 있고 좌우로 움직일 수 없는 구조로 설계되어야 한다.

해설

둥근톱의 안전기준
① 덮개 및 지지부는 중량이며 충분한 강도가 있어야 한다.
② 외부에서 힘을 가했을 때 쉽게 회전되지 않게 설계한다.

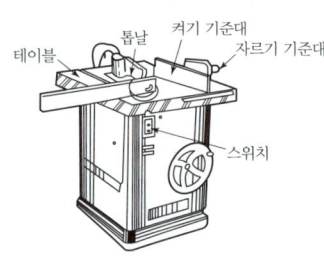

[그림] 목재가공용 둥근톱

정보제공
방호장치 자율안전기준 고시 [별표 5] 목재가공 덮개 및 분할날 성능기준

4 전기설비 안전관리

61 전기기기의 충격 전압시험 시 사용하는 표준 충격파형(T_f, T_t)은?

① $1.2 \times 50[\mu s]$
② $1.2 \times 100[\mu s]$
③ $2.4 \times 50[\mu s]$
④ $2.4 \times 100[\mu s]$

해설

표준충격파형
파고치와 파두길이(파고치에 달할 때까지의 시간)와 파미길이(파고부분에서 파고치가 50[%]로 감소할 때까지의 시간)로 표시된다.
① 파두길이(T_f) : 파고치에 달할 때까지의 시간
② 파미길이(T_t) : 기준점으로부터 파미의 부분에서 파고치의 50[%]로 감소할 때까지의 시간

③ 표준충격파형 : $1.2 \times 50[\mu s]$
㉮ T_f(파두장) = $1.2[\mu s]$
㉯ T_t(파미장) = $50[\mu s]$

참고 산업안전기사 필기 p.4-58(합격날개 : 합격예측)

62 심실세동 전류란?

① 최소 감지전류
② 치사적 전류
③ 고통 한계전류
④ 마비 한계 전류

해설

심실세동(치사)전류

전격의 영향	통전전류값
심근의 미세한 진동으로 혈액을 송출하는 펌프의 기능이 장애를 받는 현상을 심실세동이라하며 이때의 전류	$I = \dfrac{165}{\sqrt{T}}$ [mA] I : 심실세동전류[mA] T : 통전시간(s)

참고 산업안전기사 필기 p.4-17(3. 통전전류에 따른 인체의 영향)

KEY
① 2017년 3월 5일 출제
② 2017년 5월 7일 출제

63 인체의 전기저항을 0.5[kΩ]이라고 하면 심실세동을 일으키는 위험한계 에너지는 몇 [J]인가?(단, 심실세동전류값 $I = \dfrac{165}{\sqrt{T}}$[mA]의 Dalziel(달지엘)의 식을 이용하며, 통전시간은 1초로 한다.)

① 13.6
② 12.6
③ 11.6
④ 10.6

해설

위험한계에너지

$Q = I^2RT = \left(\dfrac{165}{\sqrt{T}} \times 10^{-3}\right)^2 \times 500 \times T$

$= \dfrac{165^2}{T} \times 10^{-6} \times 500 \times T$

$= 165^2 \times 10^{-6} \times 500 = 13.61[J] = 13.6 \times 0.24[cal] = 3.3[cal]$

참고 산업안전기사 필기 p.4-18(3. 위험한계에너지)

KEY
① 2008년 5월 11일(문제 71번) 출제
② 2016년 8월 21일 출제
③ 2017년 5월 7일 출제
④ 2018년 3월 4일 출제
⑤ 2018년 4월 28일 기사 · 산업기사 동시출제

【정답】 60 ③ 61 ① 62 ② 63 ①

64 지구를 고립한 지구도체라 생각하고 1[C]의 전하가 대전되었다면 지구 표면의 전위는 대략 몇 [V]인가?(단, 지구의 반경은 6,367[km]이다.)

① 1,414[V]   ② 2,828[V]
③ 9×10^4[V]   ④ 9×10^9[V]

해설

지구의 표면전위

① $Q = CV \rightarrow V = \dfrac{Q}{C} = \dfrac{Q}{4\pi\varepsilon_0 \times r}$

(유전율 $\varepsilon_0 = 8.855 \times 10^{-12}$, r : 지구반경)

② $V = \dfrac{Q}{4\pi \times (8.855 \times 10^{-12}) \times r} = 9 \times 10^9 \times \dfrac{Q}{r}$

$= 9 \times 10^9 \times \dfrac{1}{6,367 \times 10^3} = 1,413.538 = 1,414$[V]

KEY ① 1996년 10월 6일 출제
② 2009년 3월 1일(문제 72번) 출제

65 감전사고로 인한 전격사의 메카니즘으로 가장 거리가 먼 것은?

① 흉부수축에 의한 질식
② 심실세동에 의한 혈액순환기능의 기능 상실
③ 내장파열에 의한 소화기계통의 기능상실
④ 호흡중추신경 마비에 따른 호흡기능 상실

해설

감전사고 전격사 메카니즘
① 흉부수축에 의한 질식
② 심실세동에 의한 혈액순환기능의 기능 상실
③ 호흡중추신경 마비에 따른 호흡기능 상실

참고 산업안전기사 필기 p.4-22(3. 전격현상의 메커니즘)

66 조명기구를 사용함에 따라 작업면의 조도가 점차적으로 감소되어가는 원인으로 가장 거리가 먼 것은?

① 점등 광원의 노화로 인한 광속의 감소
② 조명기구에 붙은 먼지, 오물, 반사면의 변질에 의한 광속 흡수율 감소
③ 실내 반사면에 붙은 먼지, 오물, 반사면의 화학적 변질에 의한 광속 반사율 감소
④ 공급전압과 광원의 정격전압의 차이에서 오는 광속의 감소

해설

작업면의 조도 감소 원인
① 점등 광원의 노화로 인한 광속의 감소
② 실내 반사면에 붙은 먼지, 오물, 반사면의 화학적 변질에 의한 광속 반사율 감소
③ 공급전압과 광원의 정격전압의 차이에서 오는 광속의 감소

참고 산업안전기사 필기 p.4-71(문제 23번) 적중

67 정전작업 시 정전시킨 전로에 잔류전하를 방전할 필요가 있다. 전원차단 이후에도 잔류전하가 남아 있을 가능성이 가장 낮은 것은?

① 방전 코일   ② 전력 케이블
③ 전력용 콘덴서   ④ 용량이 큰 부하기기

해설

방전 코일(Discharge Coil)
① 회로개방시 콘덴서에 충전 잔류전하를 5초에 50[V] 이하가 되도록 방전하기 위해 사용
② 콘덴서에 병렬로 설치하여 잔류전하가 0이 되도록 한다.

참고 산업안전기사 필기 p.4-7(참고문제)

68 이동식 전기기기의 감전사고를 방지하기 위한 가장 적정한 시설은?

① 접지설비   ② 폭발방지설비
③ 시건장치   ④ 피뢰기설비

해설

접지의 목적
① 접지는 누전시에 인체에 가해지는 전압을 감소시킴으로써 감전을 방지
② 지락전류를 원활히 흐르게 함으로써 차단기를 확실히 동작시켜 화재·폭발의 위험을 방지하기 위해서이다.

참고 산업안전기사 필기 p.4-36(1. 접지의 목적)

69 인체의 피부 전기저항은 여러 가지의 제반조건에 의해서 변화를 일으키는데 제반조건으로써 가장 가까운 것은?

① 피부의 청결   ② 피부의 노화
③ 인가전압의 크기   ④ 통전경로

[정답] 64 ① 65 ③ 66 ② 67 ① 68 ① 69 ③

> **해설**
>
> 인체의 피부전기저항 제반조건 : 인가전압의 크기
>
> **참고** 산업안전기사 필기 p.4-19(합격날개 : 은행문제)
>
> **KEY** 2010년 3월 7일(문제 64번) 출제

70 자동차가 통행하는 도로에서 고압의 지중전선로를 직접 매설식으로 시설할 때 사용되는 전선으로 가장 적합한 것은?

① 비닐 외장 케이블
② 폴리에틸렌 외장 케이블
③ 클로로프렌 외장 케이블
④ 콤바인 덕트 케이블(combine duct cable)

> **해설**
>
> 자동차 통행 도로 고압지중선로 전선 : Combine duct cable
>
> **참고** 산업안전기사 필기 p.4-3(합격날개 : 은행문제)

71 산업안전보건법에는 보호구를 사용 시 안전인증을 받은 제품을 사용토록 하고 있다. 다음 중 안전인증 대상이 아닌 것은?

① 안전화
② 고무장갑
③ 안전장갑
④ 감전위험방지용 안전모

> **해설**
>
> **안전인증대상 보호구 12종류**
> ① 추락 및 감전 위험방지용 안전모
> ② 안전화
> ③ 안전장갑
> ④ 방진마스크
> ⑤ 방독마스크
> ⑥ 송기마스크
> ⑦ 전동식 호흡보호구
> ⑧ 보호복
> ⑨ 안전대
> ⑩ 차광 및 비산물 위험방지용 보안경
> ⑪ 용접용 보안면
> ⑫ 방음용 귀마개 또는 귀덮개
>
> **참고** 산업안전기사 필기 p.1-50(1. 안전인증대상 보호구 종류)
>
> **정보제공**
> 산업안전보건법 시행령 제75조(안전인증대상 기계 등)

72 감전사고로 인한 호흡 정지 시 구강대 구강법에 의한 인공호흡의 매분 회수와 시간은 어느 정도 하는 것이 가장 바람직한가?

① 매분 5~10회, 30분 이하
② 매분 12~15회, 30분 이상
③ 매분 20~30회, 30분 이하
④ 매분 30회 이상 , 20분~30분 정도

> **해설**
>
> **인공호흡방법(구강대 구강법)**
> ① 1분당 12~15회(4초 간격)의 속도로 30분 이상 반복 실시하는 것이 바람직하다.
> ② 인체의 호흡이 멎고 심장이 정지되었더라도 계속하여 인공호흡을 실시하는 것이 현명하다.
> ③ 의식이 없을 경우 최우선 조치 : 심폐소생술
>
> **참고** 산업안전기사 필기 p.4-21(3. 인공호흡)

73 누전차단기의 구성요소가 아닌 것은?

① 누전검출부
② 영상변류기
③ 차단장치
④ 전력퓨즈

> **해설**
>
> **누전차단기 5대 구성요소**
> ① 누전검출부
> ② 영상변류기
> ③ 차단장치
> ④ 시험버튼
> ⑤ 트립코일
>
> **참고** 산업안전기사 필기 p.4-15(문제 20번 해설)

74 1[C]을 갖는 2개의 전하가 공기 중에서 1[m]의 거리에 있을 때 이들 사이에 작용하는 정전력은?

① 8.854×10^{-12}[N]
② 1.0[N]
③ 3×10^3[N]
④ 9×10^9[N]

> **해설**
>
> **1[c]의 값**
> 1[m]의 거리에 작용하는 쿨롱의 힘 : 9×10^9[N]

[정답] 70 ④ 71 ② 72 ② 73 ④ 74 ④

75 고장전류와 같은 대전류를 차단할 수 있는 것은?
① 차단기(CB) ② 유입 개폐기(OS)
③ 단로기(DS) ④ 선로 개폐기(LS)

해설
CB(차단기) : 고장전류 및 대전류 차단

참고 산업안전기사 필기 p.4-5(은행문제 : 적중)

보충학습
① 차단기 : 부하전류 차단
② 단로기 : 충전전류(무부하)차단

76 금속제 외함을 가지는 기계기구에 전기를 공급하는 전로에 지락이 발생했을 때에 자동적으로 전로를 차단하는 누전차단기 등을 설치하여야 한다. 누전차단기를 설치해야 되는 경우로 옳은 것은?
① 기계기구가 고무, 합성수지 기타 절연물로 피복된 것일 경우
② 기계기구가 유도전동기의 2차측 전로에 접속된 저항기일 경우
③ 대지전압이 150[V]를 초과하는 전동 기계·기구를 시설하는 경우
④ 전기용품안전관리법의 적용을 받는 2중 절연 구조의 기계기구를 시설하는 경우

해설
누전차단기 설치장소
① 전기기계, 기구 중 대지전압이 150[V]를 초과하는 이동형 또는 휴대형의 것
② 물 등 도전성이 높은 액체에 의한 습윤한 장소
③ 철판, 철골 위 등 도전성이 높은 장소
④ 임시배선의 전로가 설치되는 장소

참고 산업안전기사 필기 p.4-6(2. 누전차단기 설치장소)

 ① 2017년 5월 7일 산업기사 출제
② 2017년 8월 26일 출제

[그림] 저압용 차단기

77 전기화재의 경로별 원인으로 거리가 먼 것은?
① 단락 ② 누전
③ 저전압 ④ 접촉부의 과열

해설
경로별발생(원인별)
① 단락(합선) : 25[%]   ② 전기스파크 : 24[%]
③ 누전 : 15[%]   ④ 접촉부의 과열 : 12[%]
⑤ 접촉불량   ⑥ 정전기

참고 산업안전기사 필기 p.4-72(2. 경로발생별)

KEY 2016년 5월 8일 출제

78 내압 방폭구조는 다음 중 어느 경우에 가장 가까운가?
① 점화 능력의 본질적 억제
② 점화원의 방폭적 격리
③ 전기설비의 안전도 증강
④ 전기 설비의 밀폐화

해설
전기설비의 기본개념
① 점화원의 방폭적 격리 : 내압(耐壓), 압력(壓力), 유입(油入)방폭구조
② 전기설비의 안전도 증감 : 안전증방폭구조
③ 점화능력의 본질적 억제 : 본질안전방폭구조

참고 산업안전기사 필기 p.4-53(2. 전기설비의 기본개념)

79 인입개폐기를 개방하지 않고 전등용 변압기 1차측 COS만 개방 후 전등용 변압기 접속용 볼트 작업 중 동력용 COS에 접촉, 사망한 사고에 대한 원인으로 가장 거리가 먼 것은?
① 안전장구 미사용
② 동력용 변압기 COS 미개방
③ 전등용 변압기 2차측 COS 미개방
④ 인입구 개폐기 미개방한 상태에서 작업

해설
COS접촉 사망 사고원인
① 안전장구 미사용
② 동력용 변압기 COS 미개방
③ 인입구 개폐기 미개방한 상태에서 작업

[정답] 75 ① 76 ③ 77 ③ 78 ② 79 ③

과년도 출제문제

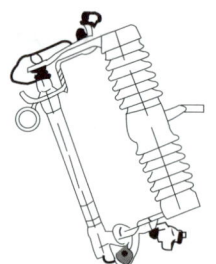

[그림] COS

> 참고) 산업안전기사 필기 p.4-14(문제 18번) 적중

보충학습

컷아웃 스위치(COS : Cut Out Switch)
① 컷아웃 스위치는 변압기의 과전류에 의한 보호와 선로의 개폐기를 위하여 설치하며 단극으로써 변압기의 1차측 각 상에 설치한다.
② 퓨즈 용단시 fuse는 link만을 교환할 수 있어 다시 사용할 수 있다.
③ COS의 동작원리는 퓨즈링크에 용단되면서 발생하는 arc열에 의해 퓨즈홀더(fuse holder) 내부의 물질이 분해되어 절연성 가스가 발생된다.
④ 가스는 arc의 지속을 억제시키고 열에 의해서 팽창되어 외부로 방출되면서 arc를 소멸하여 고장을 제거하는 것이다.
⑤ 선로용 퓨즈의 연속 정격전류는 정격전류의 1.5배이고, 최소동작전류는 정격전류의 2배이다.

---

80 인체통전으로 인한 전격(electric shock)의 정도를 정함에 있어 그 인자로서 가장 거리가 먼 것은?

① 전압의 크기
② 통전시간
③ 전류의 크기
④ 통전경로

> **해설**

1·2차감전(전격) 위험요소
(1) 전격위험도 결정조건(1차적 감전위험요소)
　① 통전전류의 크기
　② 통전시간
　③ 통전경로
　④ 전원의 종류(직류보다 상용주파수의 교류전원이 더 위험한 이유 : 극성변화)
　⑤ 주파수 및 파형
　⑥ 전격인가위상
(2) 2차적 감전위험요소
　① 인체의 조건(저항)
　② 전압
　③ 계절

> 참고) 산업안전기사 필기 p.4-19(1.1·2차 감전위험요소)

 ① 2016년 8월 21일 산업기사 출제
　② 2017년 3월 5일 출제
　③ 2017년 8월 26일 출제
　④ 2018년 3월 4일 산업기사 출제

---

5 화학설비 안전관리

81 다음중 가연성 물질과 산화성 고체가 혼합하고 있을 때 연소에 미치는 현상으로 옳은 것은?

① 착화온도(발화점)가 높아진다.
② 최소점화에너지가 감소하며, 폭발의 위험성이 증가한다.
③ 가스나 가연성 증기의 경우 공기혼합보다 연소범위가 축소된다.
④ 공기 중에서보다 산화작용이 약하게 발생하여 화염온도가 감소하며 연소속도가 늦어진다.

> **해설**

폭발
① 인화성 기체 또는 액체의 발생속도가 열의 일상속도를 상회하는 현상
　(예) 가연성 물질 + 산화성고체 = 폭발)
② 최소점화 에너지 감소

> 참고) 산업안전기사 필기 p.5-3(2. 폭발)

> **KEY** 2016년 8월 21일 출제

---

82 다음 중 전기화재의 종류에 해당하는 것은?

① A급
② B급
③ C급
④ D급

> **해설**

화재의 종류
① A급 화재 : 일반 가연물화재(백색표시)
② B급 화재 : 유류화재(황색표시)
③ C급 화재 : 전기화재(청색표시)
④ D급 화재 : 금속화재(색표시 없음)

> 참고) 산업안전기사 필기 p.5-15(2. 화재의 분류)

> **KEY** 2016년 8월 21일 산업기사 출제

---

83 사업주는 산업안전보건법령에서 정한 설비에 대해서는 과압에 따른 폭발을 방지하기 위하여 안전밸브 등을 설치하여야 한다. 다음 중 이에 해당하는 설비가 아닌 것은?

[정답] 80 ①　81 ②　82 ③　83 ①

① 원심펌프
② 정변위 압축기
③ 정변위 펌프(토출측에 차단밸브가 설치된 것만 해당한다.)
④ 배관(2개 이상의 밸브에 의하여 차단되어 대기온도에서 액체의 열팽창에 의하여 파열될 우려가 있는 것으로 한정한다.)

해설

안전밸브 설치 화학설비
① 압력용기(안지름이 150[mm] 이하인 압력용기는 제외하며, 관형열교환기는 관의 파열로 인한 압력상승이 동체의 최고사용압력을 초과할 우려가 있는 경우만 해당한다)
② 정변위압축기
③ 정변위펌프(토출측에 차단밸브가 설치된 것만 해당한다)
④ 배관(2개 이상의 밸브에 의하여 차단되어 대기온도에서 액체의 열팽창에 의하여 구조적으로 파열이 우려되는 것에 한정한다)
⑤ 그 밖에 화학설비 및 그 부속설비로서 해당 설비의 최고사용압력을 초과할 우려가 있는 것

참고 > 산업안전기사 필기 p.5-3(합격날개 : 합격예측 및 관련법규)

KEY > 2017년 5월 7일 출제

정보제공
산업안전보건기준에 관한 규칙 제261조(안전밸브 등의 설치)

84 니트로셀룰로오스의 취급 및 저장방법에 관한 설명으로 틀린 것은?

① 저장 중 충격과 마찰 등을 방지하여야 한다.
② 물과 격렬히 반응하여 폭발함으로 습기를 제거하고, 건조 상태를 유지한다.
③ 자연발화 방지를 위하여 안전용제를 사용한다.
④ 화재 시 질식소화는 적응성이 없으므로 냉각소화를 한다.

해설

니트로셀룰로오스의 취급 및 저장방법
① 저장 중 충격과 마찰 등을 방지하여야 한다.
② 자연발화 방지를 위하여 안전용제를 사용한다.
③ 화재 시 질식소화는 적응성이 없으므로 냉각소화를 한다.

KEY > 2011년 6월 12일(문제 83번) 출제

보충학습

질화면(窒化綿 : nitrocellulose)
① 셀룰로오스의 질산에스테르이지만 니트로셀룰로오스란 통칭이 널리 쓰여지고 있다.

② 셀룰로오스를 황산과 질산을 혼합한 혼산으로 질산에스테르화하여 얻게 되는 백색 섬유상 물질을 질화면이라고도 한다.
③ 히드록산기로 치환한 NO_2기의 수에 따라 함유되는 질산량이 다르다.
④ 일반적으로 무연 화약에는 질산량이 12[%] 이상, 다이너마이트용에는 12[%] 정도, 도료용, 셀룰로이드용 등에는 12[%] 이하를 사용한다.
⑤ 질산량이 약 13[%] 이상의 것을 강면약, 약 10~12[%]의 것을 약면약이라 한다.

85 위험물을 산업안전보건법령에서 정한 기준량 이상으로 제조하거나 취급하는 설비로서 특수화학설비에 해당되는 것은?

① 가열시켜 주는 물질의 온도가 가열되는 위험물질의 분해온도보다 높은 상태에서 운전되는 설비
② 상온에서 게이지 압력으로 200[kPa]의 압력으로 운전되는 설비
③ 대기압 하에서 섭씨 300[℃]로 운전되는 설비
④ 흡열반응이 행하여지는 반응설비

해설

특수화학설비의 종류
① 발열반응이 일어나는 반응장치
② 증류·정류·증발·추출 등 분리를 하는 장치
③ 가열시켜 주는 물질의 온도가 가열되는 위험물질의 분해온도 또는 발화점보다 높은 상태에서 운전되는 설비
④ 반응폭주 등 이상 화학반응에 의하여 위험물질이 발생할 우려가 있는 설비
⑤ 온도가 섭씨 350도 이상이거나 게이지 압력이 980[kPa] 이상인 상태에서 운전되는 설비
⑥ 가열로 또는 가열기

참고 > 산업안전기사 필기 p.5-17(합격날개 : 합격예측 및 관련법규)

정보제공
산업안전보건기준에 관한 규칙 제273조(계측장치 등의 설치)

86 폭발에 관한 용어 중 "BLEVE"가 의미하는 것은?

① 고농도의 분진폭발
② 저농도의 분해폭발
③ 개방계 증기운 폭발
④ 비등액 팽창증기폭발

[정답] 84 ② 85 ① 86 ④

해설

비등액체 팽창증기폭발(BLEVE)의 발생단계
① 액체가 들어 있는 탱크의 주위에서 화재가 발생한다.
② 화재에 의한 열에 의하여 탱크의 벽이 가열된다.
③ 액위 이하의 탱크 벽은 액에 의하여 냉각되나, 액의 온도는 올라가고, 탱크 내의 압력이 증가된다.
④ 화염이 열을 제거시킬 액이 없고 증기만 존재하는 탱크의 벽이나 천장(roof)에 도달하면, 화염과 접촉하는 부위의 금속의 온도는 상승하여 구조적 강도를 잃게 된다.
⑤ 탱크는 파열되고 그 내용물은 폭발적으로 증발한다.

참고 산업안전기사 필기 p.5-25(문제 19번) 적중

KEY ① 2007년 3월 4일(문제 92번) 출제
② 2017년 5월 7일 출제

---

87 다음 중 인화점이 가장 낮은 물질은?

① CS_2　　　　② C_2H_5OH
③ CH_3COCH_3　④ $CH_3COOC_2H_5$

해설

인화점의 특징
① 정의 : 인화성 액체가 공기 중에서 인화하기에 충분한 인화성 증기를 발생할 수 있는 최저온도로 보통 인화성 위험성의 척도가 되는 것이다.
② 주요 인화성 액체의 인화점(분자구조가 간단하고 분자량이 낮을수록 낮다.)

물질명	인화점(℃)	물질명	인화점(℃)
아세톤	-20	아세트알데히드	-39
가솔린	-43	에틸알코올	13
경 유	40~85	메탄올	11
등 유	30~60	산화에틸렌	-17.8
벤 젠	-11	이황화탄소	-30
테레빈유	35	에틸에테르	-45

참고 산업안전기사 필기 p.5-25(문제 18번) 적중

KEY ① 2014년 5월 25일(문제 91번) 출제
② 2017년 5월 7일 출제

---

88 아세틸렌 압축 시 사용되는 희석제로 적당하지 않은 것은?

① 메탄　　② 질소
③ 산소　　④ 에틸렌

해설

아세틸렌 희석제의 종류
① 메탄　② 질소　③ 에틸렌　④ 일산화탄소

KEY 산소와 결합시 폭발한다.(산소용기와 함께 보관금지)
(예) 가스용접 : $C_2H_2 + O_2 \rightarrow 2CO_2 + H_2$

---

89 수분을 함유하는 에탄올에서 순수한 에탄올을 얻기 위해 벤젠과 같은 물질을 첨가하여 수분을 제거하는 증류 방법은?

① 공비증류　　② 추출증류
③ 가압증류　　④ 감압증류

해설

증류
(1) 공비증류
　분리제가 원료성분과 공비물을 만들 때 이것을 공비증류라 하고 이 분리제를 공비제 또는 엔트레이너라고 한다.
(2) 공비제의 조건
　① 분리해야 할 혼합물의 비휘발도를 바꿔 적어도 분리성분의 하나와 공비할 것
　② 공비제의 회수가 용이할 것
　③ 증발잠열이 작을 것
　④ 열적, 화학적으로 안정할 것(분해, 중합 따위를 일으키지 않을 것)
　⑤ 부식성이 없을 것
　⑥ 가격이 안정할 것
　⑦ 독성이 없을 것

보충학습
(1) 추출증류
　분리제가 연료속의 주성분과 공비물을 만들지 않을뿐더러 분리해야 할 성분보다 비점이 높은 경우를 추출증류라 하고 이 분리제를 추출제라고 하고 있다.
(2) 추출제의 조건
　① 선택성이 높을 것(분리해야 할 성분의 비휘발도를 높일 것)
　② 용해도가 클 것(용제 사용량이 적어도 된다.)
　③ 비점이 비교적 높아서 원료속의 성분과 공비물을 만들지 않을 것 (회수가 용이)
　④ 열적, 화학적으로 안정할 것(분해, 중합 등을 일으키지 않고 또 일으키지 못하게 할 것)
　⑤ 부식성이 없을 것
　⑥ 가격이 안정할 것
　⑦ 독성이 없을 것

---

90 다음 중 벤젠(C_6H_6)의 공기 중 폭발하한계값(vol%)에 가장 가까운 것은?

① 1.0　　② 1.5
③ 2.0　　④ 2.5

[정답] 87 ①　88 ③　89 ①　90 ②

해설
벤젠의 하한계, 상한계
① 하한계 : 1.4(1.5)
② 상한계 : 7.1

KEY 2016년 3월 6일 산업기사 출제

91 다음 중 퍼지의 종류에 해당하지 않는 것은?

① 압력퍼지
② 진공퍼지
③ 스위프퍼지
④ 가열퍼지

해설
퍼지의 종류
① 진공(저압) 퍼지
② 압력퍼지
③ 스위프 퍼지
④ 사이펀 퍼지

KEY 2011년 6월 12일(문제 86번) 출제

💬 합격자의 조언
실기 작업형 출제

92 공업용 용기의 몸체 도색으로 가스명과 도색명의 연결이 옳은 것은?

① 산소-청색
② 질소-백색
③ 수소-주황색
④ 아세틸렌-회색

해설
가스용기 색상
(1) 가연성가스 및 독성가스의 용기

가스의 종류	도색의 구분
액화석유가스	회색
수소	주황색
아세틸렌	황색
액화암모니아	백색
액화염소	갈색
그 밖의 가스	회색

(2) 그 밖의 가스용기

가스의 종류	도색의 구분
산소	녹색
액화탄산가스	파란색
질소	회색
소방용 용기	소방법에 따른 도색
그 밖의 가스	회색

참고 산업안전기사 필기 p.5-20(합격날개 : 합격예측)

KEY 2010년 3월 5일 산업기사 출제

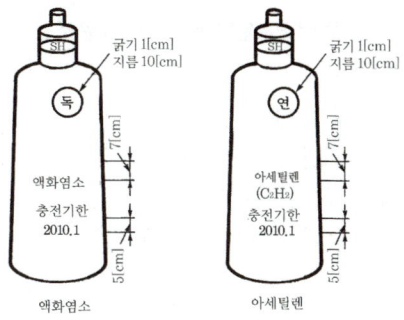

[그림] 압력용기의 형태

93 다음 중 분말 소화약제로 가장 적절한 것은?

① 사염화탄소
② 브롬화메탄
③ 수산화암모늄
④ 제1인산암모늄

해설
분말소화약제의 종류

종류	주성분		분말색	적용화재
	품명	화학식		
제1종	탄산수소나트륨	$NaHCO_3$	백색	B, C급 화재
제2종	탄산수소칼륨	$KHCO_3$	담청색	B, C급 화재
제3종	인산암모늄	$NH_4H_2PO_4$	담홍색	A, B, C급 화재
제4종	탄산수소칼륨 + 요소	$KHCO_3 + (NH_2)_2CO$	쥐색 (회색)	B, C급 화재

참고 산업안전기사 필기 p.5-13(2. 분말소화약제의 종류)

94 비중이 1.50이고, 직경이 74[μm]인 분체가 종말속도 0.2[m/s]로 직경 6[m]의 사일로(silo)에서 질량유속 400 [kg/h]로 흐를 때 평균 농도는 약 얼마인가?

① 10.8[mg/L]
② 14.8[mg/L]
③ 19.8[mg/L]
④ 25.8[mg/L]

해설
평균농도계산
① 직경 6[m] 사일로 = 3×3×π×0.2 = 5.652[m³/sec]
② 400[kg/h]를 sec로 바꾸면 400[kg/h]/3,600[sec/h]
    = 0.11111[kg/sec] = 111.111[g]
③ 111.111[g]/5.65[m³] = 19.7[g/m³] = 19.7[mg/L]

[정답] 91 ④ 92 ③ 93 ④ 94 ③

95 다음 중 분진폭발이 발생하기 쉬운 조건으로 적절하지 않은 것은?

① 발열량이 클 때
② 입자의 표면적이 작을 때
③ 입자의 형상이 복잡할 때
④ 분진의 초기 온도가 높을 때

해설

분진폭발 발생조건
① 발열량이 클 때
② 입자의 표면적이 클 때
③ 입자의 형상이 복잡할 때
④ 분진의 초기 온도가 높을 때

참고 산업안전기사 필기 p.5-11(표. 분진폭발의 특징)

96 다음 중 폭발 또는 화재가 발생할 우려가 있는 건조설비의 구조로 적절하지 않은 것은?

① 건조설비의 바깥 면은 불연성 재료로 만들 것
② 위험물 건조설비의 열원으로서 직화를 사용하지 아니할 것
③ 위험물 건조설비의 측벽이나 바닥은 견고한 구조로 할 것
④ 위험물 건조설비는 상부를 무거운 재료로 만들고 폭발구를 설치할 것

해설

건조설비의 구조
① 건조설비의 바깥면은 불연성 재료로 만들 것
② 건조설비(유기과산화물을 가열건조하는 것을 제외한다)의 내면과 내부의 선반이나 틀은 불연성 재료로 만들 것
③ 위험물건조설비의 측벽이나 바닥은 견고한 구조로 할 것
④ 위험물건조설비는 그 상부를 가벼운 재료로 만들고 주위상황을 고려하여 폭발구를 설치할 것
⑤ 위험물건조설비는 건조하는 경우에 발생하는 가스·증기 또는 분진을 안전한 장소로 배출시킬 수 있는 구조로 할 것
⑥ 액체연료 또는 인화성 가스를 열원의 연료로서 사용하는 건조설비는 점화할 경우에 폭발 또는 화재를 예방하기 위하여 연소실이나 그 밖에 점화하는 부분을 환기시킬 수 있는 구조로 할 것
⑦ 건조설비의 내부는 청소가 쉬운 구조로 할 것
⑧ 건조설비의 감시창·출입구 및 배기구 등과 같은 개구부는 발화시에 불이 다른 곳으로 번지지 아니하는 위치에 설치하고 필요한 경우에는 즉시 밀폐할 수 있는 구조로 할 것
⑨ 건조설비는 내부의 온도가 국부적으로 상승되지 아니하는 구조로 설치할 것
⑩ 위험물건조설비의 열원으로서 직화를 사용하지 아니할 것
⑪ 위험물건조설비가 아닌 건조설비의 열원으로서 직화를 사용하는 때에는 불꽃 등에 의한 화재를 예방하기 위하여 덮개를 설치하거나 격벽을 설치할 것

참고 산업안전기사 필기 p.5-54(합격날개 : 합격예측 및 관련법규)

정보제공
산업안전보건기준에 관한 규칙 제281조(건조설비의 구조 등)

97 위험물안전관리법령에 의한 위험물의 분류 중 제1류 위험물에 속하는 것은?

① 염소산염류   ② 황린
③ 금속칼륨   ④ 질산에스테르

해설

위험물의 분류
① 제1류(산화성 고체) : 아염소산, 염소산, 과염소산, 무기과산화물, 삼산화크롬, 브롬산염류, 요오드산염류, 과망간산염류, 중크롬산염류
② 제2류(가연성 고체) : 황화인, 적린, 유황, 철분, Mg, 금속분류, 인화성 고체
③ 제3류(자연발화성 및 금수성 물질) : K, Na, 알킬Al, 알킬Li, 황린, 칼슘 또는 Al의 탄화물류 등
④ 제4류(인화성 액체) : 특수인화물류, 동식물류, 알코올류, 제1석유류~제4석유류
⑤ 제5류(자기반응성 물질) : 유기산화물류, 질산에스테르류(니트로셀룰로오스, 질산에틸, 니트로글리세린), 셀룰로이드류, 니트로화합물, 아조화합물류, 디아조화합물류, 히드라진 유도체류
⑥ 제6류(산화성 액체) : 과염소산, 과산화수소, 질산

참고 산업안전기사 필기 p.5-39(위험물안전관리법의 위험물 분류)

KEY 2017년 5월 7일 출제

98 산업안전보건법령상 위험물질의 종류에서 "폭발성 물질 및 유기과산화물"에 해당하는 것은?

① 리튬   ② 아조화합물
③ 아세틸렌   ④ 셀룰로이드류

해설

위험물 분류
① 리튬셀룰로이드 : 물반응성 물질 및 인화성 고체
② 아세틸렌 : 인화성 가스

참고 산업안전기사 필기 p.5-35(1. 위험물의 성질과 위험요소)

KEY 2018년 3월 4일 출제

정보제공
산업안전보건기준에 관한 규칙 [별표 1] 위험물질의 종류

[정답] 95 ② 96 ④ 97 ① 98 ②

99 다음 중 축류식 압축기에 대한 설명으로 옳은 것은?

① Casing내에 1개 또는 수 개의 회전체를 설치하여 이것을 회전시킬 때 Casing과 피스톤 사이의 체적이 감소해서 기체를 압축하는 방식이다.
② 실린더 내에서 피스톤을 왕복시켜 이것에 따라 개폐하는 흡입밸브 및 배기밸브의 작용에 의해 기체를 압축하는 방식이다.
③ Casing 내에 넣어진 날개바퀴를 회전시켜 기체에 작용하는 원심력에 의해서 기체를 압송하는 방식이다.
④ 프로펠러의 회전에 의한 추진력에 의해 기체를 압송하는 방식이다.

해설

원심식 또는 축류식 압축기와 왕복식 압축기의 차이점
① 원심식 또는 축류식 압축기는 고속회전을 하지 않으면 임펠러(impeller)를 통하는 기체에 속도와 압력을 줄 수 없다(압력에 한도가 있음).
② 왕복식 압축기는 밸브의 개폐에 다소 시간적 여유가 필요하며, 그 회전수는 비교적 낮아야 한다(토출량이 적음).
③ 왕복운전부의 탄력(momentum)에 의해서 진동이 일어나기 때문에 견고한 기초가 필요하며, 그 위에 맥류(脈流)가 되므로 저장탱크가 필요하다.

[그림] 압축기

참고) 산업안전기사 필기 p.5-55(3. 원심식 또는 축류식 압축기와 왕복식 압축기의 차이점)

100 메탄 50[vol%], 에탄 30[vol%], 프로판 20[vol%] 혼합가스의 공기 중 폭발 하한계는?(단, 메탄, 에탄, 프로판의 폭 하한계는 각각 5.0[vol%], 3.0[vol%], 2.1[vol%]이다.)

① 1.5[vol%] ② 2.1[vol%]
③ 3.4[vol%] ④ 4.8[vol%]

해설

폭발하한계

$$L = \frac{100}{\frac{V_1}{L_1} + \frac{V_2}{L_2} + \frac{V_3}{L_3}} = \frac{100}{\frac{50}{5.0} + \frac{30}{3.0} + \frac{20}{2.1}} = 3.4[vol\%]$$

참고) 산업안전기사 필기 p.5-10(보충학습)

6 건설공사 안전관리

101 추락의 위험이 있는 개구부에 대한 방호조치와 거리가 먼 것은?

① 안전난간, 울타리, 수직형 추락방호망 등으로 방호조치를 한다.
② 충분한 강도를 가진 구조의 덮개를 뒤집히거나 떨어지지 않도록 설치한다.
③ 어두운 장소에서도 식별이 가능한 개구부 주의표지를 부착한다.
④ 폭 30[cm] 이상의 발판을 설치한다.

해설

작업발판폭 : 40[cm] 이상

참고) 산업안전기사 필기 p.6-94(합격날개 : 합격예측 및 관련법규)

KEY ▶ 2017년 8월 26일 출제

정보제공
산업안전보건기준에 관한 규칙 제56조(작업발판의 구조)

102 로프길이 2[m]의 안전대를 착용한 근로자가 추락으로 인한 부상을 당하지 않기 위한 지면으로부터 안전대 고정점까지의 높이(H)의 기준으로 옳은 것은?(단, 로프의 신율 30[%], 근로자의 신장 180[cm])

① H>1.5[m] ② H>2.5[m]
③ H>3.5[m] ④ H>4.5[m]

해설

$h = $ 로프의 길이 + 로프의 늘어난 길이 + $\frac{신장}{2}$

$= 200 \times (200 \times 0.3) + \frac{180}{2} = 350[cm] = 3.5[m]$

【정답】 99 ④ 100 ③ 101 ④ 102 ③

> 참고 산업안전기사 필기 p.6-52(⑩ 최하사점)

KEY 2017년 9월 23일 출제

> 보충학습

로프길이에 따른 결과
① $H > h$: 안전
② $H = h$: 위험
③ $H < h$: 중상 또는 사망

103 압쇄기를 사용하여 건물해체 시 그 순서로 가장 타당한 것은?

[보기]
A : 보, B : 기둥, C : 슬래브, D : 벽체

① $A \to B \to C \to D$
② $A \to C \to B \to D$
③ $C \to A \to D \to B$
④ $D \to C \to B \to A$

> 해설

압쇄기사용 건물해체순서
슬래브 → 보 → 벽체 → 기둥

> 참고 산업안전기사 필기 p.6-139(3. 건물해체순서)

KEY 2017년 9월 23일 산업기사 출제

104 차량계 건설기계를 사용하여 작업할 때에 그 기계가 넘어지거나 굴러떨어짐으로써 근로자가 위험해질 우려가 있는 경우에 조치하여야 할 사항과 거리가 먼 것은?

① 갓길의 붕괴 방지
② 작업반경 유지
③ 지반의 부동침하 방지
④ 도로 폭의 유지

> 해설

차량계 건설기계 전도전락방지대책
① 유도하는 사람 배치
② 지반의 부동 침하 방지
③ 갓길의 붕괴방지
④ 도로의 폭의 유지

> 참고 산업안전기사 필기 p.6-52(합격날개 : 합격예측 및 관련법규)

KEY ① 2015년 3월 8일 출제(문제 108번) 출제
② 2015년 9월 19일(문제 113번) 출제

> 정보제공

산업안전보건기준에 관한 규칙 제199조(전도등의 방지)

105 취급·운반의 원칙으로 옳지 않은 것은?

① 곡선 운반을 할 것
② 운반 작업을 집중하여 시킬 것
③ 생산을 최고로 하는 운반을 생각할 것
④ 연속 운반을 할 것

> 해설

취급, 운반의 5원칙
① 직선운반을 할 것
② 연속운반을 할 것
③ 운반작업을 집중화시킬 것
④ 생산을 최고로 하는 운반을 생각할 것
⑤ 최대한 시간과 경비를 절약할 수 있는 운반방법을 고려할 것

> 참고 산업안전기사 필기 p.6-171(합격날개 : 합격예측)

KEY 2017년 8월 26일 출제

106 부두·안벽 등 하역작업을 하는 장소에서 부두 또는 안벽의 선을 따라 통로를 설치하는 경우에는 그 폭을 최소 얼마 이상으로 하여야 하는가?

① 80[cm]
② 90[cm]
③ 100[cm]
④ 120[cm]

> 해설

부두·안벽선 통로의 최소 폭 : 90[cm] 이상

> 참고 ① 산업안전기사 필기 p.6-183(1. 항만 하역작업의 안전기준)
> ② 산업안전기사 필기 p.6-184(문제 1번)
> ③ 산업안전기사 필기 p.6-185(문제 10번) 적중

KEY ① 2017년 5월 7일 기사·산업기사 동시출제
② 2017년 9월 23일 기사 출제

> 정보제공

산업안전보건기준에 관한 규칙 제390조(하역작업장의 조치기준)

[정답] 103 ③ 104 ② 105 ① 106 ②

107 가설통로의 설치 기준으로 옳지 않은 것은?

① 추락할 위험이 있는 장소에는 안전난간을 설치할 것
② 경사가 10[°]를 초과하는 경우에는 미끄러지지 아니하는 구조로 할 것
③ 경사는 30[°] 이하로 할 것
④ 건설공사에 사용하는 높이 8[m] 이상인 비계다리에는 7[m] 이내마다 계단참을 설치할 것

해설
미끄러지지 않는 구조경사 기준 : 15[°] 초과

참고 산업안전기사 필기 p.6-17(합격날개 : 합격예측 및 관련법규)

KEY
① 2017년 3월 5일 산업기사 출제
② 2017년 5월 7일 산업기사 출제
③ 2017년 9월 23일 기사 출제

정보제공
산업안전보건기준에 관한 규칙 제23조(가설통로의 기준)

108 개착식 흙막이벽의 계측 내용에 해당되지 않는 것은?

① 경사측정
② 지하수위 측정
③ 변형률 측정
④ 내공변위 측정

해설
가시설(토류벽, 흙막이벽) 계측
① 지반을 개착식으로 굴착할 때에 작업장의 안전성 확보와 주변구조물의 피해를 방지하기 위하여 설치하는 가설 흙막이 구조물이며, 벽체 형식과 지지구조는 지형과 지반조건, 지하수위와 투수성, 주변구조물과 매설물 현황, 교통조건, 공사비, 공기, 시공성 및 환경영향 등을 고려하여 선정하여야 한다.
② 설계시에는 굴착공사 단계별로 벽체 자체의 안정성을 검토하고 지하 매설물과 인접구조물에 미치는 영향을 검토하여 대책을 세우며, 계측 및 분석계획을 수립하여 시공 중 안전성을 확보할 수 있는 방안을 강구하여야 한다.
③ 계측(측정)내용 : 경사측정, 지하수위 측정, 변형률 측정 등

KEY 2018년 4월 28일(문제 70번)

109 강관틀 비계를 조립하여 사용하는 경우 준수해야 하는 사항으로 옳지 않은 것은?

① 길이가 띠장 방향으로 4[m] 이하이고 높이가 10[m]를 초과하는 경우에는 10[m] 이내마다 띠장 방향으로 버팀기둥을 설치할 것
② 높이가 20[m]를 초과하거나 중량물의 적재를 수반하는 작업을 할 경우에는 주틀 간의 간격을 1.8[m] 이하로 할 것
③ 주틀 간에 교차가새를 설치하고 최상층 및 10층 이내마다 수평재를 설치할 것
④ 수직방향으로 6[m], 수평방향으로 8[m] 이내마다 벽이음을 할 것

해설
주틀간에 교차가새를 설치하고 최상층 및 5층 이내마다 수평연결재 설치

참고 산업안전기사 필기 p.6-101(합격날개 : 합격예측 및 관련법규)

정보제공
산업안전보건기준에 관한 규칙 제62조(강관틀비계)

110 말비계를 조립하여 사용하는 경우에 지주부재와 수평면의 기울기는 최대 몇 도 이하로 하여야 하는가?

① 30[°]
② 45[°]
③ 60[°]
④ 75[°]

해설
말비계의 안전기준
① 기울기 : 75[°] 이하
② 작업발판 폭 : 40[cm] 이상

참고 산업안전기사 필기 p.6-98(7. 말비계)

KEY
① 2016년 5월 8일 산업기사 출제
② 2017년 3월 5일 산업기사 출제
③ 2017년 5월 7일 출제
④ 2017년 9월 23일 (문제 113번) 출제

정보제공
산업안전보건기준에 관한 규칙 제67조(말비계)

[정답] 107 ② 108 ④ 109 ③ 110 ④

111 사면 보호 공법 중 구조물에 의한 보호공법에 해당되지 않는 것은?

① 식생구멍공
② 블럭공
③ 돌쌓기공
④ 현장타설 콘크리트 격자공

해설

구조물보호공법의 종류

구분	방법
블록(돌)붙임공	법면의 풍화, 침식방지를 목적으로 완구배의 점착력이 없는 토사 및 비탈면
블록(돌)쌓기공	비교적 급구배의 높은 비탈면 보호에 사용(메쌓기, 찰쌓기)
콘크리트블록 격자공	점착력이 없고 용수가 있는 붕괴하기 쉬운 비탈면에 채택하는 공법
뿜어붙이기공	비탈면에 용수가 없고 큰 위험은 없으나 풍화되기 쉬운 암 토사 등에서 식생이 곤란할 때 사용

참고 산업안전기사 필기 p.6-168(합격날개 : 합격예측)

KEY 2015년 5월 31일 (문제 105번)출제

보충학습

식생공법의 종류 : 침식, 세굴방지

구분	방법
떼붙임공	떼를 일정한 간격으로 심어서 비탈면을 보호하는 공법(평떼, 줄떼)
식생공	법면에 식물을 번식시켜 법면의 침식과 표면활동 방지
식수공	떼붙임공, 식생공으로 부족할 경우 나무를 심어서 사면보호
파종공	종자, 비료, 안정제, 흙 등을 혼합하여 입력으로 비탈면에 뿜어붙이는 공법

112 흙의 간극비를 나타낸 식으로 옳은 것은?

① $\dfrac{\text{공기+물의체적}}{\text{흙+물의체적}}$
② $\dfrac{\text{공기+물의체적}}{\text{흙의체적}}$
③ $\dfrac{\text{물의체적}}{\text{물+흙의체적}}$
④ $\dfrac{\text{공기+물의체적}}{\text{공기+흙+물의체적}}$

해설

간(공)극비 = $\dfrac{\text{간극의 용적}}{\text{흙입자의 용적}} = \dfrac{V_v}{V_s}$

참고 산업안전기사 필기 p.6-6(④ 간극비)

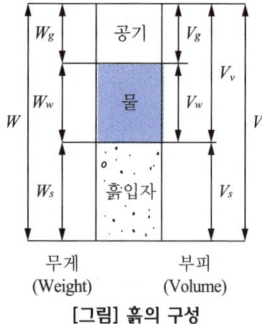

[그림] 흙의 구성

보충학습

① 간(공)극률 = $\dfrac{\text{간극의 용적}}{\text{흙 전체의 용적}} \times 100[\%] = \dfrac{V_v}{V_s} \times 100[\%]$

② 포화도 = $\dfrac{\text{물의 용적}}{\text{간극의 용적}} \times 100[\%] = \dfrac{V_w}{V_v} \times 100[\%]$

③ 함수비 = $\dfrac{\text{물의 용적}}{\text{흙입자의 용적}} \times 100[\%] = \dfrac{W_w}{W_s} \times 100[\%]$

113 건설업 산업안전보건관리비 계상 및 사용기준에 따른 안전관리비의 개인보호구 및 안전장구 구입비 항목에서 안전관리비로 사용이 가능한 경우는?

① 안전보건관리자가 선임되지 않은 현장에서 안전보건업무를 담당하는 현장관계자용 무전기, 카메라, 컴퓨터, 프린터 등 업무용 기기
② 보호구의 구입·수리·비용
③ 근로자에게 일률적으로 지급하는 보냉·보온장구
④ 감리원이나 외부에서 방문하는 인사에게 지급하는 보호구

해설

보호구 등 사용기준

① 영 제74조제1항제3호에 따른 보호구의 구입·수리·관리 등에 소요되는 비용
② 근로자가 가목에 따른 보호구를 직접 구매·사용하여 합리적인 범위 내에서 보전하는 비용
③ 제1호가목부터 다목까지의 규정에 따른 안전관리자 등의 업무용 피복, 기기 등을 구입하기 위한 비용
④ 제1호가목에 따른 안전관리자 및 보건관리자가 안전보건 점검 등을 목적으로 건설공사 현장에서 사용하는 차량의 유류비·수리비·보험료

정보제공
시행 2024. 9. 19 [고용노동부고시 제2024-53호]

[정답] 111 ① 112 ② 113 ②

114 철골기둥, 빔 및 트러스 등의 철골구조물을 일체화 또는 지상에서 조립하는 이유로 가장 타당한 것은?

① 고소작업의 감소
② 화기사용의 감소
③ 구조체 강성 증가
④ 운반물량의 감소

해설

철골기둥, 빔, 트러스 등의 철골구조물을 지상에서 조립하는 이유 : 고소작업의 감소

참고 산업안전기사 필기 p.6-155(합격날개 : 은행문제)

KEY 2008년 7월 27일(문제 109번) 출제

115 다음은 산업안전보건법령에 따른 달비계를 설치하는 경우에 준수해야 할 사항이다. ( )에 들어갈 내용으로 옳은 것은?

작업발판은 폭을 ( )이상으로 하고 틈새가 없도록 할 것

① 15[cm]
② 20[cm]
③ 40[cm]
④ 60[cm]

해설

달비계작업 발판 폭
① 작업발판 폭 : 40[cm] 이상
② 단 5[m] 이상 경우 : 20[cm] 이상

참고 산업안전기사 필기 p.6-95(합격날개 : 합격예측 및 관련법규)

KEY 2015년 9월 19일(문제 115번) 출제

정보제공
① 산업안전보건기준에 관한 규칙 제63조(달비계의 구조)
② 산업안전보건기준에 관한 규칙 제57조(비계 등의 조정·해체 및 변경)

116 강풍이 불어올 때 타워크레인의 운전작업을 중지하여야 하는 순간풍속의 기준으로 옳은 것은?

① 순간풍속이 초당 10[m] 초과
② 순간풍속이 초당 15[m] 초과
③ 순간풍속이 초당 25[m] 초과
④ 순간풍속이 초당 30[m] 초과

해설

타워크레인 운전작업중지
순간풍속 : 초당 15[m] 초과

참고 산업안전기사 필기 p.6-49(합격날개 : 합격예측 및 관련법규)

KEY 2015년 3월 8일 (문제 113번) 출제

정보제공
산업안전보건기준에 관한규칙 제37조(악천후 및 강풍 시 작업중지)

보충학습
풍속에 따른 안전기준
① 순간풍속이 10[m/s] 초과 : 타워크레인 등 설치, 조립, 해체, 점검 작업 중지
② 순간풍속이 15[m/s] 초과 : 타워크레인 등 운전 작업 중지
③ 순간풍속이 30[m/s] 초과 : 옥외주행크레인 이탈방지 조치
④ 순간풍속이 30[m/s] 초과하거나 중진 이상 진도의 지진이 있은 후 : 옥외 양중기의 이상유무 점검
⑤ 순간풍속이 35[m/s] 초과 : 옥외 승강기 및 건설 작업용 리프트의 붕괴방지 조치

117 터널 지보공을 조립하거나 변경하는 경우에 조치하여야 하는 사항으로 옳지 않은 것은?

① 목재의 터널 지보공은 그 터널 지보공의 각 부재에 작용하는 긴압정도를 체크하여 그 정도가 최대한 차이나도록 한다.
② 강(鋼)아치 지보공의 조립은 연결볼트 및 띠장 등을 사용하여 주재 상호간을 튼튼하게 연결할 것
③ 기둥에는 침하를 방지하기 위하여 받침목을 사용하는 등의 조치를 할 것
④ 주재(主材)를 구성하는 1세트의 부재는 동일평면 내에 배치할 것

해설

목재의 터널지보공은 그 터널지보공의 각부의 긴압정도가 균등하게 되도록 할 것

참고 산업안전기사 필기 p.6-113(합격날개 : 합격예측 및 관련법규)

정보제공
산업안전보건기준에 관한 규칙 제364조(조립 또는 변경 시의 조치)

[정답] 114 ① 115 ③ 116 ② 117 ①

118 콘크리트 타설작업 시 안전에 대한 유의사항으로 옳지 않은 것은?

① 콘크리트를 치는 도중에는 지보공·거푸집 등의 이상유무를 확인한다.
② 높은 곳으로부터 콘크리트를 타설할 때는 호퍼로 받아 거푸집내에 꽂아 넣는 슈트를 통해서 부어 넣어야 한다.
③ 진동기를 가능한 한 많이 사용할수록 거푸집에 작용하는 측압상 안전하다.
④ 콘크리트를 한 곳에만 치우쳐서 타설하지 않도록 주의한다.

[해설]
진동다짐
① 콘크리트를 거푸집 구석구석까지 충전시키고 밀실하게 콘크리트를 넣기 위함이 목적이다.
② 콘크리트 진동다짐기계(Vibrator)의 사용원칙 : Slump 15[cm] 이하의 된비빔 콘크리트에 사용함을 원칙으로 한다.
③ 배합 : 가급적 모래의 양을 적게 한다.
④ 콘크리트 붓기(진동 다짐 1회) 높이는 30~60[cm]를 표준으로 한다.
⑤ 진동기의 수 : 막대진동기는 1일 콘크리트 작업량 20[m³]마다 1대로 잡는 것을 표준으로 한다.(3대 사용할 때 예비진동기 1대)

[참고] 산업안전기사 필기 p.6-91(합격날개 : 합격예측)

[정보제공]
산업안전보건기준에 관한 규칙 제334조(콘크리트 타설작업)

[KEY] 2010년 7월 25일(문제 118번) 출제

---

119 지반에서 나타나는 보일링(boiling) 현상의 직접적인 원인으로 볼 수 있는 것은?

① 굴착부와 배면부의 지하수위의 수두차
② 굴착부와 배면부의 흙의 중량차
③ 굴착부와 배면부의 흙의 함수비차
④ 굴착부와 배면부의 흙의 토압차

[해설]
보일링(Boiling)현상
① 투수성이 좋은 사질지반의 흙막이 지면에서 수두차로 인한 상향의 침투압이 발생
② 유효응력이 감소하여 전단강도가 상실되는 현상으로 지하수가 모래와 같이 솟아오르는 현상

[참고] 산업안전기사 필기 p.6-6(합격날개 : 합격예측)

[KEY] 2015년 3월 8일(문제 106번) 출제

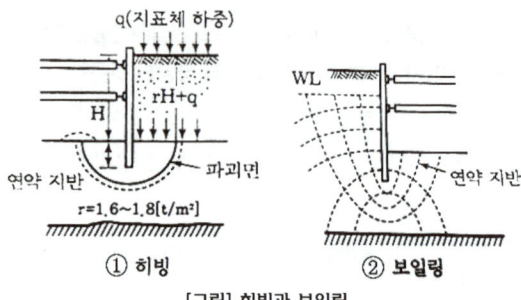

[그림] 히빙과 보일링

120 유해위험방지계획서 제출 대상 공사로 볼 수 없는 것은?

① 지상 높이가 31[m] 이상인 건축물의 건설공사
② 터널건설공사
③ 깊이 10[m] 이상인 굴착공사
④ 교량의 전체길이가 40[m] 이상인 교량공사

[해설]
유해위험방지계획서 제출대상 건설공사
(1) 건축물 또는 시설 등의 건설·개조 또는 해체공사
　가. 지상높이가 31미터 이상인 건축물 또는 인공구조물
　나. 연면적 3만제곱미터 이상인 건축물
　다. 연면적 5천제곱미터 이상인 시설
　　① 문화 및 집회시설(전시장 및 동물원·식물원은 제외한다)
　　② 판매시설, 운수시설(고속철도의 역사 및 집배송시설은 제외한다)
　　③ 종교시설
　　④ 의료시설 중 종합병원
　　⑤ 숙박시설 중 관광숙박시설
　　⑥ 지하도상가
　　⑦ 냉동·냉장 창고시설
(2) 연면적 5천제곱미터 이상인 냉동·냉장 창고시설의 설비공사 및 단열공사
(3) 최대지간길이가 50[m] 이상인 교량건설 등 공사
(4) 터널건설 등의 공사
(5) 다목적댐, 발전용댐 및 저수용량 2천만톤 이상의 용수전용댐, 지방상수도 전용댐 건설 등의 공사
(6) 깊이 10[m] 이상인 굴착공사

[참고] 산업안전기사 필기 p.6-20(3. 유해위험방지계획서 제출대상 건설공사)

[KEY] ① 2016년 5월 8일 출제
　　　② 2017년 8월 26일 기사·산업기사 동시 출제
　　　③ 2017년 8월 26일 (문제 119번) 출제

[정보제공]
산업안전보건법 시행령 제42조(유해위험방지계획서 제출대상)

[정답] 118 ③　119 ①　120 ④

2018년도 기사 정기검정 제3회 (2018년 8월 19일 시행)

자격종목 및 등급(선택분야)	종목코드	시험시간	수험번호	성명
산업안전기사	1431	2시간	20180819	도서출판세화

1 산업재해 예방 및 안전보건교육

01 연간 근로자수가 1,000명인 공장의 도수율이 10인 경우 이 공장에서 연간 발생한 재해건수는 몇 건인가?

① 20건　　② 22건
③ 24건　　④ 26건

해설

재해건수 계산

① 도수율 = $\dfrac{재해건수}{연근로시간수} \times 10^6$

② $10 = \dfrac{x}{1,000 \times 2,400} \times 10^6$

③ $x = 24$[건]

참고 산업안전기사 필기 p.3-54(3. 빈도율)

합격KEY ① 2016년 10월 1일 산업기사 출제
② 2017년 3월 5일 기사·산업기사 동시 출제

합격자의 조언
천인율, 도수율, 강도율은 이번 시험에도 출제됩니다.

보충학습
연천인율 = 도수율 × 2.4 = 24[건]

02 산업안전보건법령에 따라 사업주가 사업장에서 중대재해가 발생한 사실을 알게된 경우 관할지방고용노동관서의 장에게 보고하여야 하는 시기로 옳은 것은? (단, 천재지변 등 부득이한 사유가 발생한 경우는 제외한다.)

① 지체 없이　　② 12시간 이내
③ 24시간 이내　　④ 48시간 이내

해설

산업재해 발생 보고
① 산업일반재해 : 1개월 이내
② 중대재해 : 지체없이

참고 산업안전기사 필기 p.1-226(제67조, 제73조)

KEY ① 2016년 3월 6일 산업기사 출제
② 2017년 3월 5일 출제

합격정보
① 산업안전보건법 시행 규칙 제67조 (중대재해 발생시보고)
② 산업안전보건법 시행 규칙 제73조 (산업재해 발생보고 등)

03 재해사례연구의 진행순서로 옳은 것은?

① 재해 상황 파악 → 사실의 확인 → 문제점 발견 → 근본적 문제점 결정 → 대책수립
② 사실의 확인 → 재해 상황 파악 → 문제점 발견 → 근본적 문제점 결정 → 대책수립
③ 재해 상황 파악 → 사실의 확인 → 근본적 문제점 결정 → 문제점 발견 → 대책수립
④ 사실의 확인 → 재해 상황 파악 → 근본적 문제점 결정 → 문제점 발견 → 대책수립

해설

재해사례 진행 4단계

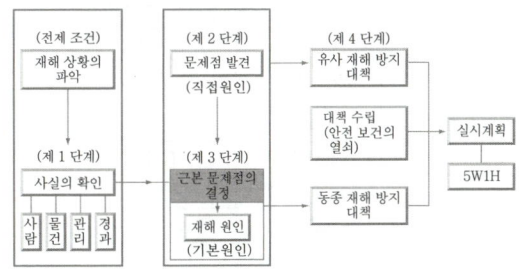

참고 산업안전기사 필기 p.3-46(3. 재해사례연구의 진행단계)

KEY ① 2016년 10월 1일 출제
② 2017년 9월 23일 출제
③ 2018년 3월 4일 기사·산업기사 동시출제

[**정답**] 01 ③　02 ①　03 ①

04 브레인스토밍(Brain-storming) 기법의 4원칙에 관한 설명으로 옳은 것은?

① 주제와 관련이 없는 내용은 발표할 수 없다.
② 동료의 의견에 대하여 좋고 나쁨을 평가한다.
③ 발표 순서를 정하고, 동일한 발표기회를 부여한다.
④ 타인의 의견에 대하여는 수정하여 발표할 수 있다.

해설

BS의 4원칙
① 비판금지(criticism is ruled out) : 좋다, 나쁘다 비판은 하지 않는다.
② 자유분방(free wheeling) : 마음대로 자유로이 발언한다.
③ 대량발언(quantity is wanted) : 무엇이든 좋으니 많이 발언한다.
④ 수정발언(combination and improvement of thought) : 타인의 생각에 동참하거나 보충 발언해도 좋다.

참고 산업안전기사 필기 p.1-14(3. BS의 4원칙)

KEY ① 2017년 8월 26일 출제
② 2017년 9월 23일 산업기사 출제

05 산업안전보건법령에 따른 특정행위의 지시 및 사실의 고지에 사용되는 안전보건표지의 색도기준으로 옳은 것은?

① 2.5G 4/10
② 2.5PB 4/10
③ 5Y 8.5/12
④ 7.5R 4/14

해설

안전보건표지의 색채, 색도기준 및 용도

색채	색도기준	용도
빨간색	7.5R 4/14	금지
		경고
노란색	5Y 8.5/12	경고
파란색	2.5PB 4/10	지시
녹색	2.5G 4/10	안내
흰색	N9.5	
검은색	N0.5	

참고 산업안전기사 필기 p.1-62(4. 안전보건표지의 색채, 색도기준 및 용도)

KEY ① 2017년 3월 5일 출제
② 2017년 8월 26일 산업기사 출제
③ 2018년 3월 4일 출제

합격정보
산업안전보건법 시행 규칙 [별표 8] 안전보건표지의 색채, 색도 기준 및 용도(제38조 관련)

06 OJT(On the Job Training)의 특징에 대한 설명으로 옳은 것은?

① 특별한 교재·교구·설비 등을 이용하는 것이 가능하다.
② 외부의 전문가를 위촉하여 전문교육을 실시할 수 있다.
③ 직장의 실정에 맞는 구체적이고 실제적인 지도 교육이 가능하다.
④ 다수의 근로자들에게 조직적 훈련이 가능하다.

해설

OJT의 특징
① 개개인에게 적절한 지도훈련이 가능하다.
② 직장의 실정에 맞게 구체적이고 실제적 훈련이 가능하다.
③ 즉시 업무에 연결되는 관계로 몸과 관련이 있다.
④ 훈련에 필요한 업무의 계속성이 끊어지지 않는다.
⑤ 효과가 곧 업무에 나타나며 훈련의 좋고 나쁨에 따라 개선이 쉽다.
⑥ 훈련효과를 보고 상호 신뢰, 이해도가 높아지는 것이 가능하다.

참고 산업안전기사 필기 p.1-142(표. OJT와 OFF JT의 특징)

KEY ① 2016년 10월 1일 출제
② 2017년 3월 5일 출제
③ 2017년 5월 7일 출제
④ 2017년 9월 23일 기사·산업기사 동시 출제
⑤ 2018년 3월 4일 출제
⑥ 2018년 8월 19일 기사·산업기사 동시 출제

07 집단에서의 인간관계 매커니즘(Mechanism)과 가장 거리가 먼 것은?

① 모방, 암시
② 분열, 강박
③ 동일화, 일체화
④ 커뮤니케이션, 공감

해설

인간관계 기제(Mechanism)
① 일체화 ② 동일화 ③ 투사
④ 공감   ⑤ 모방   ⑥ 암시

참고 산업안전기사 필기 p.1-79(2. 안나 프로이트의 적응 기제)

KEY ① 2018년 3월 4일 출제
② 2018년 4월 28일 출제

[정답] 04 ④ 05 ② 06 ③ 07 ②

08 부주의에 대한 사고방지 대책 중 기능 및 작업측면의 대책이 아닌 것은?

① 표준작업의 습관화 ② 적성배치
③ 안전의식의 제고 ④ 작업조건의 개선

해설

부주의에 대한 기능 및 작업적 측면에 대한 대책
① 적성 배치
② 안전작업 방법 습득
③ 표준작업 동작의 습관화

참고 산업안전기사 필기 p.1-121(④ 기능 및 작업적 측면에 대한 대책)

KEY 2017년 5월 7일 출제

보충학습

부주의에 대한 정신적 측면에 대한 대책
① 주의력의 집중 훈련
② 스트레스의 해소
③ 안전의식의 고취
④ 작업의욕의 고취

09 유기화합물용 방독마스크의 시험가스가 아닌 것은?

① 증기(Cl_2)
② 디메틸에테르(CH_3OCH_3)
③ 시클로헥산(C_6H_{12})
④ 이소부탄(C_4H_{10})

해설

방독마스크 흡수관(정화통)의 종류

종 류	시험가스	정화통 외부측면 표시색
유기화합물용	시클로헥산(C_6H_{12}), 디메틸에테르 (CH_3OCH_3), 이소부탄(C_4H_{10})	갈색
할로겐용	염소가스 또는 증기(Cl_2)	회색
황화수소용	황화수소가스(H_2S)	회색
시안화수소용	시안화수소가스(HCN)	회색
아황산용	아황산가스(SO_2)	노란색
암모니아용	암모니아가스(NH_3)	녹색

참고 산업안전기사 필기 p.1-55(표. 방독마스크 흡수관의 종류)

KEY ① 2016년 3월 6일 산업기사 출제
② 2017년 3월 5일 출제
③ 2018년 4월 28일 기사 · 산업기사 동시 출제

10 산업안전보건법령에 따른 안전보건관리규정에 포함되어야 할 세부 내용이 아닌 것은?

① 위험성 감소대책 수립 및 시행에 관한 사항
② 하도급 사업장에 대한 안전보건관리에 관한 사항
③ 질병자의 근로 금지 및 취업 제한 등에 관한 사항
④ 물질안전보건자료에 관한 사항

해설

안전보건관리 규정의 세부 내용
① 총칙
② 안전보건 관리조직과 그 직무
③ 안전보건교육
④ 작업장 안전관리
⑤ 작업장 보건관리
⑥ 사고 조사 및 대책 수립
⑦ 위험성 평가에 관한 사항
⑧ 보칙

참고 산업안전기사 필기 p.1-240(별표3)

합격정보
산업안전보건법 시행 규칙 [별표 3] 안전보건관리규정의 세부내용

11 최대사용전압이 교류(실효값) 500[V] 또는 직류 750[V]인 내전압용 절연장갑의 등급은?

① 00 ② 0
③ 1 ④ 2

해설

절연장갑의 등급 및 표시

등급	최대사용전압 [V]		등급별 색상
	교류(실효값)	직류	
00	500	750	갈색
0	1,000	1,500	빨간색
1	7,500	11,250	흰색
2	17,000	25,500	노란색
3	26,500	39,750	녹색
4	36,000	54,000	등색

㈜ 직류값은 교류에 1.5를 곱하면 된다. 예 500×1.5 = 750

참고 산업안전기사 필기 p.1-51(합격날개 : 합격예측)

KEY 2018년 4월 28일 산업기사 출제

[정답] 08 ③ 09 ① 10 ④ 11 ①

12 안전교육의 학습경험선정 원리에 해당하지 않는 것은?

① 계속성의 원리　② 가능성의 원리
③ 동기유발의 원리　④ 다목적 달성의 원리

해설

학습경험 선정의 원리
① 동기유발(만족)의 원리
② 기회의 원리
③ 가능성의 원리
④ 다목적 달성의 원리
⑤ 전이가능성의 원리

참고 │ 산업안전기사 필기 p.1-138(합격날개 : 합격예측)

13 안전교육 방법의 4단계의 순서로 옳은 것은?

① 도입 → 확인 → 적용 → 제시
② 도입 → 제시 → 적용 → 확인
③ 제시 → 도입 → 적용 → 확인
④ 제시 → 확인 → 도입 → 적용

해설

학과교육(안전교육방법)의 4단계
도입 → 제시 → 적용 → 확인

참고 │ 산업안전기사 필기 p.1-153(4.교육진행 4단계 순서)

KEY
① 2016년 3월 6일 출제
② 2016년 10월 1일 출제
③ 2017년 3월 5일 출제
④ 2017년 9월 23일 출제

14 산업재해 기록·분류에 관한 지침에 따른 분류기준 중 다음의 (　) 안에 알맞은 것은?

> 재해자가 넘어짐으로 인하여 기계의 동력 전달부위 등에 끼이는 사고가 발생하여 신체부위가 절단된 경우는 (　)으로 분류한다.

① 넘어짐　② 끼임
③ 깔림　　④ 절단

해설

협착(끼임)·감김
① 두 물체 사이의 움직임에 의하여 일어난 것으로 직선 운동하는 물체 사이의 협착
② 회전부와 고정체 사이의 끼임
③ 롤러 등 회전체 사이에 물리거나 또는 회전체·돌기부 등에 감긴 경우

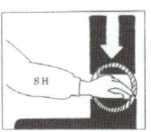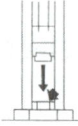　　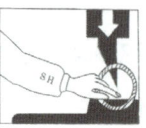

[그림] ①협착점　　　②절단점

참고 │ 산업안전기사 필기 p.3-16 (그림:기계설비위험점 6가지)

15 안전교육 중 프로그램 학습법의 장점이 아닌 것은?

① 학습자의 학습과정을 쉽게 알 수 있다.
② 여러 가지 수업 매체를 동시에 다양하게 활용할 수 있다.
③ 지능, 학습속도 등 개인차를 충분히 고려할 수 있다.
④ 매 반응마다 피드백이 주어지기 때문에 학습자가 흥미를 가질 수 있다.

해설

프로그램 학습법의 장·단점
(1) 장점
① 기본 개념학습이나 논리적인 학습에 유리하다.
② 지능, 학습속도 등 개인차를 고려할 수 있다.
③ 수업의 모든 단계에 적용이 가능하다.
④ 수강자들이 학습이 가능한 시간대의 폭이 넓다.
⑤ 매 학습마다 피드백을 할 수 있다.
⑥ 학습자의 학습과정을 쉽게 알 수 있다.
(2) 단점
① 한 번 개발된 프로그램 자료는 변경이 어렵다.
② 개발비가 많이 들고 제작 과정이 어렵다.
③ 교육 내용이 고정되어 있다.
④ 학습에 많은 시간이 걸린다.
⑤ 집단 사고의 기회가 없다.

참고 │ 산업안전기사 필기 p.1-142(합격날개 : 합격예측)

【정답】 12 ①　13 ②　14 ②　15 ②

16 산업안전보건법령에 따른 근로자 안전보건교육 중 근로자 정기 안전보건교육의 교육내용에 해당하지 않는 것은? (단, 산업안전보건법 및 일반관리에 관한 사항은 제외한다.)

① 건강증진 및 질병 예방에 관한 사항
② 산업보건 및 직업병 예방에 관한 사항
③ 유해·위험 작업환경 관리에 관한 사항
④ 작업공정의 유해·위험과 재해 예방대책에 관한 사항

해설

근로자의 정기안전보건교육 내용
① 산업안전 및 사고 예방에 관한 사항
② 산업보건 및 직업병 예방에 관한 사항
③ 위험성 평가에 관한 사항
④ 유해·위험 작업환경 관리에 관한 사항
⑤ 산업안전보건법령 및 산업재해보상보험 제도에 관한 사항
⑥ 직무스트레스 예방 및 관리에 관한 사항
⑦ 직장 내 괴롭힘, 고객의 폭언 등으로 인한 건강장해 예방 및 관리에 관한 사항
⑧ 작업공정의 유해·위험과 재해 예방대책에 관한 사항
⑨ 사업장 내 안전보건관리체제 및 안전·보건조치 현황에 관한 사항
⑩ 표준안전 작업방법 결정 및 지도·감독 요령에 관한 사항
⑪ 현장근로자와의 의사소통능력 및 강의 능력 등 안전보건교육 능력 배양에 관한 사항
⑫ 비상시 또는 재해 발생 시 긴급조치에 관한 사항
⑬ 그 밖의 관리감독자의 직무에 관한 사항

참고 산업안전기사 필기 p.1-154(2.근로자의 정기안전보건교육)

KEY 2017년 8월 26일 산업기사 출제

합격정보
산업안전보건법 시행 규칙 [별표 5] 안전보건교육 교육대상별 교육 내용

17 주의의 특성에 해당되지 않는 것은?

① 선택성   ② 변동성
③ 가능성   ④ 방향성

해설

주의의 특성 3가지
① 선택성
② 방향성
③ 변동(단속)성

참고 산업안전기사 필기 p.1-117(1.주의의 특성 3가지)

KEY ① 2016년 5월 8일 출제
② 2016년 10월 1일 출제
③ 2018년 3월 4일 출제
④ 2018년 4월 28일 출제

18 버드(Bird)의 신연쇄성 이론 중 재해발생의 근원적 원인에 해당하는 것은?

① 상해 발생   ② 징후 발생
③ 접촉 발생   ④ 관리의 부족

해설

버드(Frank Bird)의 최신(새로운) 연쇄성(domino) 이론
① 제1단계 : 전문적 관리 부족(제어 부족 : 관리 경영) : 근원적 원인
② 제2단계 : 기본원인(기원) : 제거시 큰 사고 예방 가능
③ 제3단계 : 직접원인(징후) : 인적 원인+물적 원인
④ 제4단계 : 사고(접촉)
⑤ 제5단계 : 상해(손해, 손실)

참고 산업안전기사 필기 p.3-31(2.버드의 최신 연쇄성이론)

KEY 2017년 3월 5일 출제

19 관리 그리드 이론에서 인간관계 유지에는 낮은 관심을 보이지만 과업에 대해서는 높은 관심을 가지는 리더십의 유형은?

① 1.1형   ② 1.9형
③ 9.1형   ④ 9.9형

해설

과업(9, 1)형
① 생산에 대한 관심은 매우 높지만 인간에 대한 관심은 매우 낮은 유형
② 인간적인 요소보다도 과업수행에 대한 능력을 중요시하는 리더유형

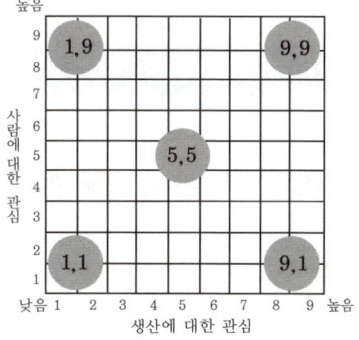

[그림] 관리그리드 이론

참고 산업안전기사 필기 p.1-81(3. 관리그리드의 리더십 5가지 유형)

KEY 2016년 10월 1일 출제

[**정답**] 16 ④   17 ③   18 ④   19 ③

과년도 출제문제

20 산업안전보건법령상 안전검사 대상 기계등에 해당하는 것은?

① 정격 하중이 2톤 미만인 크레인
② 이동식 국소 배기장치
③ 밀폐형 구조 롤러기
④ 산업용 원심기

해설

안전검사 대상 기계의 종류
① 프레스 ② 전단기
③ 크레인(정격하중 2[t] 미만인 것은 제외한다)
④ 리프트 ⑤ 압력용기
⑥ 곤돌라
⑦ 국소배기장치(이동식은 제외한다.)
⑧ 원심기(산업용만 해당)
⑨ 롤러기(밀폐형 구조는 제외한다.)
⑩ 사출성형기[형체결력 294[KN](킬로뉴튼)미만은 제외한다.]
⑪ 고소작업대[「자동차관리법」에 따른 화물자동차 또는 특수자동차에 탑재한 고소작업대(高所作業臺)로 한정한다.]
⑫ 컨베이어 ⑬ 산업용 로봇
⑭ 혼합기 ⑮ 파쇄기 또는 분쇄기

참고 산업안전기사 필기 p.1-79(1.안전검사 대상 기계의 종류)

KEY
① 2017년 5월 7일 출제
② 2017년 8월 26일 기사·산업기사 동시 출제
③ 2017년 9월 23일 출제
④ 2018년 4월 28일 출제

합격정보
산업안전보건법 시행령 제78조 안전검사 대상 기계 등

---

2 인간공학 및 위험성 평가·관리

21 인간공학에 있어 기본적인 가정에 관한 설명으로 틀린 것은?

① 인간 기능의 효율은 인간 – 기계 시스템의 효율과 연계된다.
② 인간에게 적절한 동기부여가 된다면 좀 더 나은 성과를 얻게 된다.
③ 개인이 시스템에서 효과적으로 기능을 하지 못하여도 시스템의 수행도는 변함없다.
④ 장비, 물건, 환경 특성이 인간의 수행도와 인간-기계 시스템의 성과에 영향을 준다.

해설
개인이 시스템에서 효과적으로 기능을 하지 못하면 시스템의 수행도는 저하한다.

참고 산업안전기사 필기 p.2-66(합격날개 : 은행문제) 적중

22 산업안전보건법령에 따라 제출된 유해·위험방지계획서의 심사 결과에 따른 구분·판정결과에 해당하지 않는 것은?

① 적정 ② 일부적정
③ 부적정 ④ 조건부 적정

해설

유해·위험방지계획서 판정구분
① 적정 : 근로자의 안전과 보건상 필요한 조치가 구체적으로 확보되었다고 인정되는 경우
② 조건부 적정 : 근로자의 안전과 보건을 확보하기 위하여 일부 개선이 필요하다고 인정되는 경우
③ 부적정 : 건설물·기계·기구 및 설비 또는 건설공사가 심사기준에 위반되어 공사착공 시 중대한 위험발생의 우려가 있거나 계획에 근본적 결함이 있다고 인정되는 경우

참고 산업안전기사 필기 p.2-45(합격날개 : 합격예측 및 관련법규)

KEY 2017년 8월 26일(문제 31번) 출제

합격정보
산업안전보건법 시행 규칙 제45조(심사결과의 구분)

23 섬유유연제 생산 공정이 복잡하게 연결되어 있어 작업자의 불안전한 행동을 유발하는 상황이 발생하고 있다. 이것을 해결하기 위한 위험처리 기술에 해당하지 않는 것은?

① Transfer(위험전가)
② Retention(위험보류)
③ Reduction(위험감축)
④ Rearrange(작업순서의 변경 및 재배열)

해설

Risk 처리(위험조정)기술 4가지
① 위험회피(Avoidance)
② 위험제거(경감, 감축 : Reduction)
③ 위험보유(보류 : Retention)
④ 위험전가(Transfer) : 보험으로 위험조정

[정답] 20 ④ 21 ③ 22 ② 23 ④

참고 산업안전기사 필기 p.2-58(6. Risk처리(위험조정)기술 4가지)
KEY 2017년 9월 23일 출제

24 소음 발생에 있어 음원에 대한 대책으로 볼 수 없는 것은?

① 설비의 격리
② 적절한 재배치
③ 저소음 설비 사용
④ 귀마개 및 귀덮개 사용

해설

음원에 대한 소음대책
① 소음원 통제
② 소음의 격리
③ 차폐장치 및 흡음재 사용
④ 음향처리재 사용
⑤ 적절한 배치(layout)
⑥ 배경음악(BGM : Back Ground Music)

참고 산업안전기사 필기 p.2-171(1. 소음대책)

KEY ① 2016년 3월 6일 출제
② 2016년 8월 21일 출제
③ 2018년 3월 4일 산업기사 출제
④ 2018년 4월 28일 출제

25 다음 그림의 결함수에서 최소 패스셋(minimal path sets)과 그 신뢰도 R(t)는? (단, 각각의 부품 신뢰도는 0.9이다.)

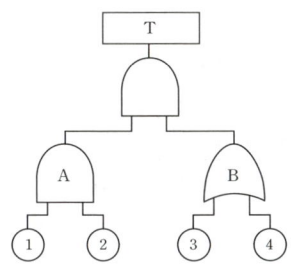

① 최소 패스셋 : {1}, {2}, {3, 4}
   R(t)=0.9081
② 최소 패스셋 : {1}, {2}, {3, 4}
   R(t)=0.9981
③ 최소 패스셋 : {1, 2, 3}, {1, 2, 4}
   R(t)=0.9081
④ 최소 패스셋 : {1, 2, 3}, {1, 2, 4}
   R(t)=0.9981

해설

최소패스셋(minimal path set) : FT도를 반대로 계산
① 어떤 고장이나 실수를 일으키지 않으면 재해는 일어나지 않는다고 하는 것
② 시스템 계산
  ㉮ T = 1−(1−A)(1−B) = 0.0019
  ㉯ A = 1−(1−①)(1−②) = 0.99
  ㉰ B = ③×④ = 0.81
  ㉱ R(t) = 1−0.0019 = 0.9981

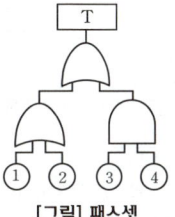

[그림] 패스셋

참고 산업안전(산업)실기 필답형 : 2013년 7월 14일(문제14번)

보충학습

① **최소컷셋(minimal cut set)**
어떤 고장이나 실수를 일으키면 재해가 일어날까 하는 식으로 결국은 시스템의 위험성(반대로 말하면 안전성)을 표시하는 것
② 최소패스셋은 FT도를 반대로 변환 후 미니멀 컷셋을 구한다.

26 정보처리과정에서 부적절한 분석이나 의사결정의 오류에 의하여 발생하는 행동은?

① 규칙에 기초한 행동(rule-based behavior)
② 기능에 기초한 행동(skill-based behavior)
③ 지식에 기초한 행동(knowledge-based behavior)
④ 무의식에 기초한 행동(unconsciousness-based behavior)

해설

지식에 기초한 행동
① 정보처리과정의 부적절한 분석
② 의사결정의 오류

참고 산업안전기사 필기 p.2-4(합격날개 : 합격예측)

27 3개 공정의 소음수준 측정결과 1공정은 100[dB]에서 1[시간], 2공정은 95[dB]에서 1[시간], 3공정은 90[dB]에서 1[시간]이 소요될 때 총 소음량(TND)과 소음설계의 적합성을 맞게 나열한 것은? (단, 90[dB]에서 8시간 노출될 때를 허용기준으로 하며, 5[dB] 증가할 때 허용시간은 1/2로 감소되는 법칙을 적용한다.)

① TND=0.785, 적합
② TND=0.875, 적합
③ TND=0.985, 적합
④ TND=1.085, 부적합

[정답] 24 ④ 25 ② 26 ③ 27 ②

> [해설]

소음설계

① TND = $\frac{1}{2} + \frac{1}{4} + \frac{1}{8}$ = 0.875

② 적합성 : 적합(1보다 작기 때문)

> [합격정보]

산업안전보건기준에 관한 규칙 제612조(정의)

> [보충학습]

① "소음작업"이란 1[일] 8[시간] 작업을 기준으로 85[dB] 이상의 소음이 발생하는 작업을 말한다.
② "강렬한 소음작업"이란 다음 각목의 어느하나에 해당하는 작업을 말한다.
　㉮ 90[dB] 이상의 소음이 1[일] 8[시간] 이상 발생하는 작업
　㉯ 95[dB] 이상의 소음이 1[일] 4[시간] 이상 발생하는 작업
　㉰ 100[dB] 이상의 소음이 1[일] 2[시간] 이상 발생하는 작업
　㉱ 105[dB] 이상의 소음이 1[일] 1[시간] 이상 발생하는 작업
　㉲ 110[dB] 이상의 소음이 1[일] 30[분] 이상 발생하는 작업
　㉳ 115[dB] 이상의 소음이 1[일] 15[분] 이상 발생하는 작업

28 인간의 귀의 구조에 대한 설명으로 틀린 것은?

① 외이는 귓바퀴와 외이도로 구성된다.
② 고막은 중이와 내이의 경계부위에 위치해 있으며 음파를 진동으로 바꾼다.
③ 중이에는 인두와 교통하여 고실 내압을 조절하는 유스타키오관이 존재한다.
④ 내이는 신체의 평형감각수용기인 반규관과 청각을 담당하는 전정기관 및 와우로 구성되어 있다.

> [해설]

고막(ear drum, tympanic membrane) : 외이(outer ear, external ear)와 중이(middle ear)의 경계에 자리잡고 있다.

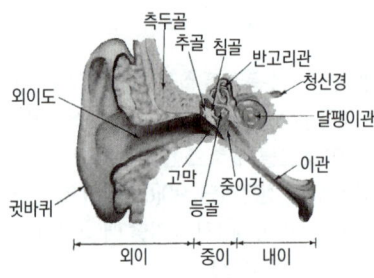

[그림] 귀내부 명칭 해부도

29 다음 그림에서 시스템 위험분석 기법 중 PHA(예비위험분석)가 실행되는 사이클의 영역으로 맞는 것은?

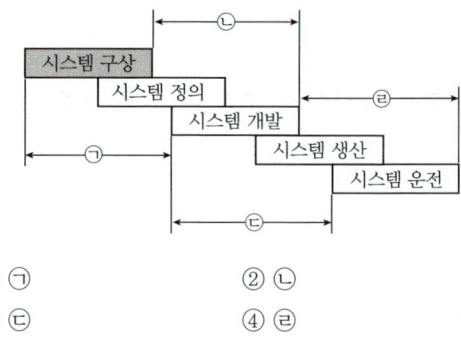

① ㉠　　　② ㉡
③ ㉢　　　④ ㉣

> [해설]

PHA · OSHA · HAZOP 사이클 영역

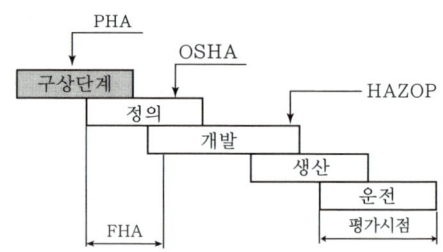

> 참고) 산업안전기사 필기 p.2-60(1.PHA의 목적)

30 인간공학적 의자 설계의 원리로 가장 적합하지 않은 것은?

① 자세고정을 줄인다.
② 요부측만을 촉진한다.
③ 디스크 압력을 줄인다.
④ 등근육의 정적 부하를 줄인다.

> [해설]

인간공학적 의자설계 원리

① 자세고정을 줄인다.
② 디스크 압력을 줄인다.
③ 등근육의 정적 부하를 줄인다.

> 참고) 산업안전기사 필기 p.2-161(합격날개 : 은행문제1)
> KEY) 2016년 8월 21일 출제

[정답] 28 ②　29 ①　30 ②

31 시력에 대한 설명으로 맞는 것은?

① 배열시력(vernier acuity) – 배경과 구별하여 탐지할 수 있는 최소의 점
② 동적시력(dynamic visual acuity) – 비슷한 두 물체가 다른 거리에 있다고 느껴지는 시차각의 최소차로 측정되는 시력
③ 입체시력(stereoscopic acuity) – 거리가 있는 한 물체에 대한 약간 다른 상이 두 눈의 망막에 맺힐 때 이것을 구별하는 능력
④ 최소지각시력(minimum perceptible acuity) – 하나의 수직선이 중간에서 끊겨 아랫 부분이 옆으로 옮겨진 경우에 탐지할 수 있는 최소 측변방위

해설
시력의 척도
① 최소 분간시력(minimum separable acuity)
   최소 분간시력은 눈이 식별할 수 있는 과녁(target)의 최소 특징이나 과녁 부분들 간의 최소 공간을 말한다.
② Vernier시력
   한 선과 다른 선의 측방향 변위, 즉 미세한 치우침(offset)을 분간하는 능력인데, 이 때 치우침이 없으면 두 선은 하나의 연속선이 된다.
   예 어떤 광학기구에서는 여러 선의 "끝"을 정렬한다.
③ 최소 지각시력(minimum perceptible acuity)
   배경으로부터 한 점을 분간하는 능력이다.
④ 입체시력(stereoscopic)
   깊이가 있는 하나의 물체에 대해 두 눈의 망막에서 수용할 때 상이나 그림의 차이를 분간하는 능력을 말한다. (물체가 가까울수록 두 상의 차이가 잘 보이고 멀리 있으면 별 차이가 없어진다.)

[표] 최소 시각에 대한 시력

최소각	시력
2분[′]	0.5
1분	1
30초[″]	2
15초	4

주) radian : 원의 중심에서 인접한 두 반지름에 의해 형성된 호(arc)의 길이가 반지름의 길이와 같은 경우 각의 크기(1rad: 57.3°)

32 욕조곡선의 설명으로 맞는 것은

① 마모고장 기간의 고장 형태는 감소형이다.
② 디버깅(Debugging) 기간은 마모고장에 나타난다.
③ 부식 또는 산화로 인하여 초기고장이 일어난다.
④ 우발고장기간은 고장률이 비교적 낮고 일정한 현상이 나타난다.

해설
기계설비 고장유형 3가지

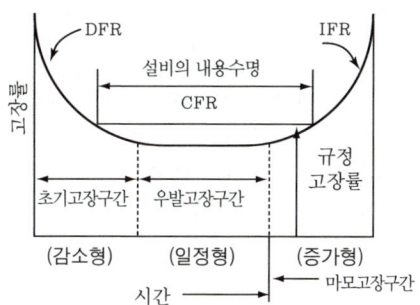

참고) 산업안전기사 필기 p.2-13(그림 : 기계설비의 고장유형)

33 안전성 평가의 기본원칙 6단계에 해당되지 않는 것은?

① 안전대책
② 정성적 평가
③ 작업환경 평가
④ 관계 자료의 정비 검토

해설
안전성 평가의 6단계
① 1단계 : 관계자료의 정비검토
② 2단계 : 정성적 평가
③ 3단계 : 정량적 평가
④ 4단계 : 안전대책
⑤ 5단계 : 재해정보에 의한 재평가
⑥ 6단계 : FTA에 의한 재평가

참고) 산업안전기사 필기 p.2-37(1.안전성 평가 6단계)

KEY ① 2016년 3월 6일 산업기사 출제
② 2018년 4월 28일 산업기사 출제

34 양립성(compatibility)에 대한 설명 중 틀린 것은?

① 개념 양립성, 운동양립성, 공간양립성 등이 있다.
② 인간의 기대에 맞는 자극과 반응의 관계를 의미한다.
③ 양립성의 효과가 크면 클수록, 코딩의 시간이나 반응의 시간은 길어진다.
④ 양립성이란 제어장치와 표시장치의 연관성이 인간의 예상과 어느 정도 일치하는 것을 의미한다.

[정답] 31 ③ 32 ④ 33 ③ 34 ③

해설

양립성[일명 모집단 전형(compatibility, 兩立性)]
① 자극들간의, 반응들간의 혹은 자극-반응들간의 관계가(공간, 운동, 개념적)인간의 기대에 일치되는 정도
② 양립성 정도가 높을수록, 정보처리시 정보변환(암호화, 재암호화)이 줄어들게 되어 학습이 더 빨리 진행되고, 반응시간이 더 짧아지고, 오류가 적어지며, 정신적 부하가 감소하게 된다.

참고 산업안전기사 필기 p.1-75(4.양립성)

KEY ① 2018년 3월 4일 산업기사 출제
② 2018년 4월 28일 기사 · 산업기사 동시 출제

---

35 FTA에서 사용되는 논리게이트 중 입력과 반대되는 현상으로 출력되는 것은?

① 부정 게이트   ② 억제 게이트
③ 배타적 OR게이트 ④ 우선적 AND게이트

해설

부정 Gate
부정 모디파이어 라고도 하며 입력현상의 반대인 출력이 된다.

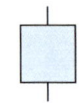

[그림] 부정 Gate

참고 산업안전기사 필기 p.2-72(합격날개 : 합격예측)

보충학습
배타적 OR Gate
OR Gate로 2개 이상의 입력이 동시에 존재할 때에는 출력사상이 생기지 않는다.「동시에 발생하지 않는다.」라고 기입한다.

---

36 FTA를 수행함에 있어 기본사상들의 발생이 서로 독립인가 아닌가의 여부를 파악하기 위해서는 어느 값을 계산해 보는 것이 가장 적합한가?

① 공분산   ② 분산
③ 고장률   ④ 발생확률

해설

공분산
① FTA 수행시 기본 사상들의 발생이 서로 독립인가 아닌가 여부 판단
② 두 확률변수 X, Y의 기댓값을 각각 $\mu_X = E(X)$, $\mu_Y = E(Y)$라고 하자. 공분산 $Cov(X, Y)$는 다음과 같이 정의한다.

$$Cov(X, Y) = E[(X-\mu_X)(Y-\mu_Y)]$$

---

37 고용노동부 고시의 근골격계부담작업의 범위에서 근골격계부담작업에 대한 설명으로 틀린 것은?

① 하루에 10[회] 이상 25[kg] 이상의 물체를 드는 작업
② 하루에 총 2[시간] 이상 쪼그리고 앉거나 무릎을 굽힌 자세에서 이루어지는 작업
③ 하루에 총 2[시간] 이상 집중적으로 자료입력 등을 위해 키보드 또는 마우스를 조작하는 작업
④ 하루에 총 2[시간] 이상 지지되지 않은 상태에서 4.5[kg] 이상의 물건을 한 손으로 들거나 동일한 힘으로 쥐는 작업

해설

근골격계 부담작업
① 하루에 4[시간] 이상 집중적으로 자료입력 등을 위해 키보드 또는 마우스를 조작하는 작업
② 하루에 총 2[시간] 이상 목, 어깨, 팔꿈치, 손목 또는 손을 사용하여 같은 동작을 반복하는 작업
③ 하루에 총 2[시간] 이상 머리위에 손이 있거나, 팔꿈치가 어깨 위에 있거나, 팔꿈치를 몸통으로부터 들거나, 팔꿈치를 몸통뒤쪽에 위치하도록 하는 상태에서 이루어지는 작업
④ 지지되지 않은 상태이거나 임의로 자세를 바꿀 수 없는 조건에서 하루에 총 2[시간] 이상 목이나 허리를 구부리거나 트는 상태에서 이루어지는 작업
⑤ 하루에 총 2[시간] 이상 쪼그리고 앉거나 무릎을 굽힌 자세에서 이루어지는 작업
⑥ 하루에 총 2[시간] 이상 지지되지 않은 상태에서 1[kg]이상의 물건을 한손의 손가락으로 집어 옮기거나, 2[kg] 이상에 상응하는힘을 가하여 한손의 손가락으로 물건을 쥐는 작업
⑦ 하루에 총 2[시간] 이상 지지되지 않은 상태에서 4.5[kg]이상의 물건을 한 손으로 들거나 동일한 힘으로 쥐는 작업
⑧ 하루에 10[회]이상 25[kg] 이상의 물체를 드는 작업
⑨ 하루에 25[회] 이상 10[kg] 이상의 물체를 무릎아래에서 들거나, 어깨 위에서 들거나, 팔을 뻗은 상태에서 드는 작업
⑩ 하루에 총 2[시간] 이상, 분당 2[회] 이상 4.5[kg] 이상의 물체를 드는 작업
⑪ 하루에 총 2[시간] 이상 시간당 10[회] 이상 손 또는 무릎을 사용하여 반복적으로 충격을 가하는 작업

참고 산업안전기사 필기 p.2-112(2.근골격계 부담작업의 범위)

합격정보
고용노동부 고시 제2020-12호(근골격계 부담작업 범위)

[정답] 35 ①   36 ①   37 ③

38 일반적으로 기계가 인간보다 우월한 기능에 해당되는 것은? (단, 인공지능은 제외한다.)

① 귀납적으로 추리한다.
② 원칙을 적용하여 다양한 문제를 해결한다.
③ 다양한 경험을 토대로 하여 의사 결정을 한다.
④ 명시된 절차에 따라 신속하고, 정량적인 정보처리를 한다.

해설
기계가 인간보다 우수한 기능
① 암호화된 정보를 신속하게 대량 보관
② 연역적 추리
③ 정량적 정보처리

참고) 산업안전기사 필기 p.2-10(표. 인간과 기계의 기능 비교)

KEY▶ 2018년 4월 28일 출제

39 인간과 기계의 신뢰도가 인간 0.40, 기계 0.95인 경우, 병렬작업시 전체 신뢰도는?

① 0.89
② 0.92
③ 0.95
④ 0.97

해설
$R_s = 1-(1-0.4)(1-0.95) = 0.97$

참고) 산업안전기사 필기 p.2-27(문제 16번) 적중

40 다음 내용의 ( )에 들어갈 내용을 순서대로 정리한 것은?

근섬유의 수축단위는 (A)(이)라 하는데, 이것은 두 가지 기본형의 단백질 필라멘트로 구성되어 있으며, (B)이(가) (C) 사이로 미끄러져 들어가는 현상으로 근육의 수축을 설명하기도 한다.

① A: 근막, B: 마이오신, C: 액틴
② A: 근막, B: 액틴, C: 마이오신
③ A: 근원섬유, B: 근막, C: 근섬유
④ A: 근원섬유, B: 액틴, C: 마이오신

해설
근원섬유(筋原纖維, myofibri)
① 근원섬유는 근절이라 불리는 골격근의 가장 기본적인 단위로 구분된다.
② 근절은 굵은 필라멘트, 가는 필라멘트, Z선으로 이루어져 있다.
③ 굵은 필라멘트는 마이오신이라는 단백질이 뭉쳐 결합된 부분이며, 가는 필라멘트는 액틴이라는 단백질의 결합체 부분이다.
④ Z선은 근절의 양 끝을 구분짓는 곳에 위치해 있으며 양쪽 가는 필라멘트와 연결된 부분이다.

참고) 산업안전기사 필기 p.2-69(합격날개 : 은행문제)

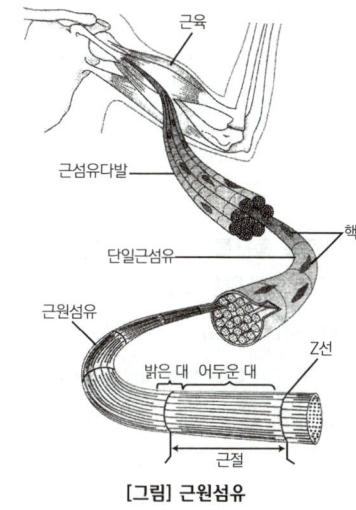

[그림] 근원섬유

3 기계·기구 및 설비안전관리

41 휴대용 동력드릴의 시용 시 주의해야 할 사항에 대한 설명으로 옳지 않은 것은?

① 드릴 작업 시 과도한 진동을 일으키면 즉시 작동을 중단한다.
② 드릴이나 리머를 고정하거나 제거할 때는 금속성 망치 등을 사용한다.
③ 절삭하기 위하여 구멍에 드릴날을 넣거나 뺄 때는 팔을 드릴과 직선이 되도록 한다.
④ 작업 중에는 드릴을 구멍에 맞추거나 하기 위해서 드릴 날을 손으로 잡아서는 안된다.

[정답] 38 ④ 39 ④ 40 ④ 41 ②

해설

휴대용 동력드릴의 안전대책
① 드릴의 손잡이를 견고하게 잡고 작업하여 드릴손잡이 부위가 회전하지 않고 확실하게 제어 가능하도록 한다.
② 절삭하기 위하여 구멍에 드릴날을 넣거나 뺄 때 반발에 의하여 손잡이 부분이 튀거나 회전하여 위험을 초래하지 않도록 팔을 드릴과 직선으로 유지한다.
③ 드릴이나 리머를 고정시키거나 제거하고자 할 때 공구를 사용하고 금속성 해머(망치) 등으로 두드려서는 안 된다.
④ 드릴을 구멍에 맞추거나 스핀들의 속도를 낮추기 위해서 드릴날을 손으로 잡아서는 안 된다.

[참고] 산업안전기사 필기 p.3-164(문제 47번) 적중

[KEY] 2018년 3월 4일 출제

42 목재가공용 둥근톱 기계에서 가동식 접촉예방장치에 대한 요건으로 옳지 않은 것은??

① 덮개의 하단이 송급되는 가공재의 상면에 항상 접하는 방식의 것이고 절단작업을 하고 있지 않을 때에는 톱날에 접촉되는 것을 방지할 수 있어야 한다.
② 절단작업 중 가공재의 절단에 필요한 날 이외의 부분을 항상 자동적으로 덮을 수 있는 구조여야 한다.
③ 지지부는 덮개의 위치를 조정할 수 있고 체결볼트에는 이완방지조치를 해야 한다.
④ 톱날이 보이지 않게 완전히 가려진 구조이어야 한다.

해설

톱날접촉예방장치(보호덮개)
① 설치조건은 보호덮개는 분할날에 대면하고 있는 부분과 가공재를 절단하는 부분 이외의 톱날을 덮을 수 있는 구조이어야 한다.
② 작업자가 톱날의 절삭부분을 볼 수 있어야 한다.

[참고] 산업안전기사 필기 p.3-131(2.방호장치)

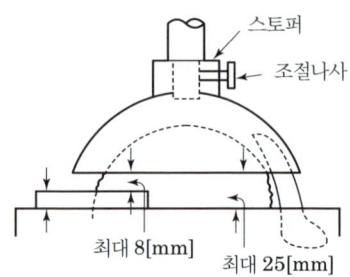

[그림] 고정식 톱날접촉예방장치

43 다음 중 금형 설치·해체작업의 일반적인 안전사항으로 틀린 것은?

① 금형을 설치하는 프레스의 T홈 안길이는 설치볼트 직경 이하로 한다.
② 금형의 설치용구는 프레스의 구조에 적합한 형태로 한다.
③ 고정볼트는 고정 후 가능하면 나사산이 3~4개 정도 짧게 남겨 슬라이드 면과의 사이에 협착이 발생하지 않도록 해야 한다.
④ 금형 고정용 브래킷(물림판)을 고정시킬 때 고정용 브래킷은 수평이 되게 하고, 고정볼트는 수직이 되게 고정하여야 한다.

해설

금형 탈락 및 운반에 따른 위험방지방법
(1) 프레스기계에 설치하기 위해 금형에 설치하는 홈의 안전대책
  ① 설치하는 프레스기계의 T홈에 적합한 형상의 것일 것
  ② 안 길이는 설치볼트 직경의 2배 이상일 것
(2) 금형의 운반에 있어서 형의 어긋남을 방지하기 위해 대판, 안전핀 등을 사용할 것

[참고] 산업안전기사 필기 p.3-104(합격날개 : 합격예측)

44 다음은 프레스 제작 및 안전기준에 따라 높이 2[m] 이상인 작업용 발판의 설치 기준을 설명한 것이다. ( )안에 알맞은 말은?

[안전난간 설치기준]
• 상부 난간대는 바닥면으로부터 (가) 이상 120[cm] 이하에 설치하고, 중간 난간대는 상부 난간대와 바닥면 등의 중간에 설치할 것
• 발끝막이판은 바닥면 등으로부터 (나) 이상의 높이를 유지할 것

① 가. 90[cm]   나. 10[cm]
② 가. 60[cm]   나. 10[cm]
③ 가. 90[cm]   나. 20[cm]
④ 가. 60[cm]   나. 20[cm]

[정답] 42 ④   43 ①   44 ①

해설

안전난간 설치기준

① 상부난간대는 바닥면·발판 또는 경사로의 표면 (이하 "바닥면 등"이라 한다) 으로부터 90[cm] 이상 지점에 설치하고, 상부난간대를 120[cm] 이하에 설치하는 경우에는 중간난간대는 상부난간대와 바닥면 등의 중간에 설치하여야 하며, 120[cm] 이상 지점에 설치하는 경우에는 중간난간대를 2단 이상으로 균등하게 설치하고 난간의 상하 간격은 60[cm] 이하가 되도록 할 것
② 발끝막이판은 바닥면 등으로부터 10[cm] 이상의 높이를 유지할 것. 다만, 물체가 떨어지거나 날아올 위험이 없거나 그 위험을 방지할 수 있는 망을 설치하는 등 필요한 예방조치를 한 장소는 제외한다.

참고) 산업안전기사 필기 p.3-16(합격날개 : 합격예측 및 관련법규)

KEY ① 2016년 5월 8일 산업기사 출제
② 2018년 3월 4일 산업기사 출제
③ 2018년 4월 28일 산업기사 출제

합격정보
산업안전보건기준에 관한 규칙 제13조(안전난간의 구조 및 설치요건)

KEY ① 2016년 8월 21일 출제
② 2017년 3월 5일 산업기사 출제
③ 2017년 5월 7일 기사 · 산업기사 동시출제
④ 2017년 8월 26일 산업기사 출제

45 연삭기 덮개의 개구부 각도가 그림과 같이 150[°] 이하여야 하는 연삭기의 종류로 옳은 것은?

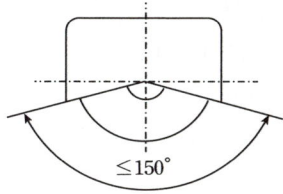

① 센터리스 연삭기 ② 탁상용 연삭기
③ 내면 연삭기   ④ 평면 연삭기

해설

연삭기 종류 및 덮개의 표준형상(개구부각)

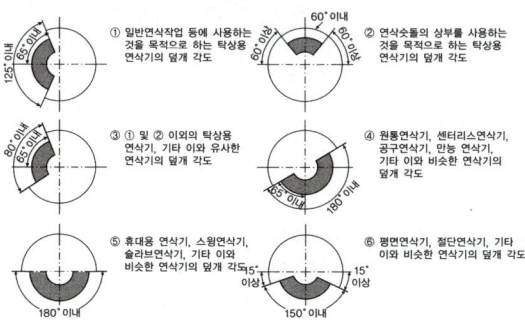

참고) 산업안전기사 필기 p.3-93(그림. 연삭기 종류 및 덮개의 표준형상)

46 방호장치를 분류할 때는 크게 위험장소에 대한 방호장치와 위험원에 대한 방호장치로 구분할 수 있는데, 다음 중 위험장소에 대한 방호장치가 아닌 것은?

① 격리형 방호장치
② 접근거부형 방호장치
③ 접근반응형 방호장치
④ 포집형 방호장치

해설

방호장치 구분

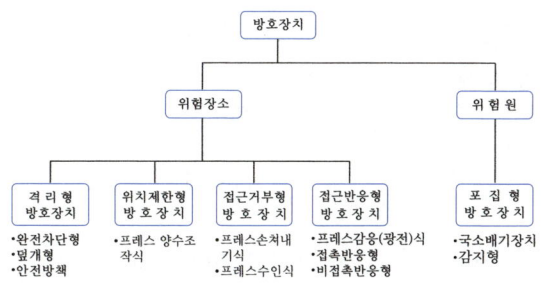

참고) 산업안전기사 필기 p.3-201(그림. 방호장치 구분)

KEY ① 2016년 3월 6일 산업기사 출제
② 2016년 8월 21일 산업기사 출제
③ 2018년 3월 4일 산업기사 출제
④ 2018년 4월 28일 산업기사 출제

47 롤러의 가드 설치방법 중 안전한 작업공간에서 사고를 일으키는 공간함정(trap)을 막기 위해 확보해야 할 신체부위별 최소 틈새가 바르게 짝지어진 것은?

① 다리 : 240[mm]   ② 발 : 180[mm]
③ 손목 : 150[mm]   ④ 손가락 : 25[mm]

[정답] 45 ④ 46 ④ 47 ④

해설

가드에 필요한 공간[공간 함정(Trap)방지를 위한 최소틈새]

신체부위	몸	다리	발과 팔	손목	손가락
트랩 방지 위한 최소틈새	500[mm]	180[mm]	120[mm]	100[mm]	25[mm]

참고) 산업안전기사 필기 p.3-198(그림. 가드에 필요한 공간)

48 크레인의 로프에 질량 100[kg]인 물체를 5[m/s²]의 가속도로 감아올릴 때, 로프에 걸리는 하중은 약 몇 [N]인가?

① 500[N]
② 1,480[N]
③ 2,540[N]
④ 4,900[N]

해설

총하중 계산

① 총하중(W) = W_1(정하중) + W_2(동하중)
② W_1 = 100[kg]
③ $W_2 = \dfrac{W_1}{g} \times a = \dfrac{100[kg]}{9.8[m/sec^2]} \times 5[m/sec^2]$
  = 51.02[kg]
④ 결론(W) = 100[kg] + 51.02[kg] = 151.02[kg] × 10 = 1,510[N]

참고) 산업안전기사 필기 p.3-182(문제 151번) 적중

KEY ① 1995년 8월 27일 기출문제
    ② 2017년 8월 26일 산업기사 출제

보충학습
[N] = 9.8[kg]

49 다음 중 산업안전보건법령상 보일러 및 압력용기에 관한 사항으로 틀린 것은?

① 공정안전보고서 제출 대상으로서 이행상태 평가 결과가 우수한 사업장의 경우 보일러의 압력방출장치에 대하여 8년에 1회 이상으로 설정압력에서 압력방출장치가 적정하게 작동하는지를 검사할 수 있다.
② 보일러의 안전한 가동을 위하여 보일러 규격에 맞는 압력방출장치를 1개 이상 설치하고 최고 사용압력 이하에서 작동되도록 하여야 한다.
③ 보일러의 과열을 방지하기 위하여 최고사용압력과 상용 압력 사이에서 보일러의 버너 연소를 차단할 수 있도록 압력제한스위치를 부착하여 사용하여야 한다.
④ 압력용기에서는 이를 식별할 수 있도록 하기 위하여 그 압력 용기의 최고사용압력, 제조연월일, 제조회사명이 지워지지 않도록 각인(刻印) 표시된 것을 사용하여야 한다.

해설

공정안전보고서를 제출하여 이행상태가 우수한 사업장의 검사기간 : 4년마다 1회 이상

참고) 산업안전기사 필기 p.3-120(합격날개 : 합격예측 및 관련법규)

KEY 2011년 6월 12일 출제

합격정보
산업안전보건기준에 관한 규칙 제116조(압력방출장치)

50 프레스기를 사용하여 작업을 할 때 작업시작전 점검사항으로 틀린 것은?

① 클러치 및 브레이크의 기능
② 압력방출장치의 기능
③ 크랭크축·플라이휠·슬라이드·연결봉 및 연결나사의 풀림유무
④ 금형 및 고정 볼트의 상태

해설

프레스 작업시작전 점검내용

① 클러치 및 브레이크의 기능
② 크랭크축·플라이휠·슬라이드·연결봉 및 연결나사의 풀림 유무
③ 1행정 1정지기구·급정지장치 및 비상정지장치의 기능
④ 슬라이드 또는 칼날에 의한 위험방지 기구의 기능
⑤ 프레스의 금형 및 고정볼트 상태
⑥ 방호장치의 기능
⑦ 전단기(剪斷機)의 칼날 및 테이블의 상태

참고) 산업안전기사 필기 p.3-50(표. 작업시작전 기계·기구 및 점검내용)

KEY ① 2016년 3월 6일 출제
    ② 2017년 3월 5일, 5월 7일, 8월 26일 출제
    ③ 2018년 3월 4일, 4월 28일 출제

합격정보
산업안전보건기준에 관한 규칙 [별표3] 작업시작전 점검사항

[정답] 48 ② 49 ① 50 ②

51 다음 설명 중 ( )에 알맞은 내용은?

롤러기의 급정지장치는 롤러를 무부하로 회전시킨 상태에서 앞면 롤러의 표면속도가 30[m/min] 미만일 때에는 급정지거리가 앞면 롤러 원주의 ( )이내에서 롤러를 정지시킬 수 있는 성능을 보유해야 한다.

① $\dfrac{1}{2}$ ② $\dfrac{1}{4}$ ③ $\dfrac{1}{3}$ ④ $\dfrac{1}{2.5}$

해설

롤러의 급정지거리

앞면롤러의 표면속도[m/min]	급정지거리	표면속도 산출공식
30 미만	앞면 롤러 원주의 1/3 이내 ($\pi \times D \times \dfrac{1}{3}$)	$V = \dfrac{\pi DN}{1,000}$ [m/min]
30 이상	앞면 롤러 원주의 1/2.5 이내 ($\pi \times D \times \dfrac{1}{2.5}$)	

참고) 산업안전기사 필기 p.3-109(표. 롤러의 급정지거리)

KEY
① 2016년 3월 6일 산업기사 출제
② 2017년 3월 5일 출제
③ 2017년 8월 26일 출제

52 사출성형기에서 동력작동식 금형고정장치의 안전사항에 대한 설명으로 옳지 않은 것은?

① 금형 또는 부품의 낙하를 방지하기 위해 기계적 억제장치를 추가하거나 자체 고정장치(self retain clamping unit) 등을 설치해야 한다.
② 자석식 금형 고정장치는 상·하(좌·우)금형의 정확한 위치가 자동적으로 모니터(monitor)되어야 한다.
③ 상·하(좌·우)의 두 금형 중 어느 하나가 위치를 이탈하는 경우 플레이트를 작동시켜야 한다.
④ 전자석 금형 고정장치를 사용하는 경우에는 전자기파에 의한 영향을 받지 않도록 전자파 내성대책을 고려해야 한다.

해설
상하의 두 금형 중 어느 하나가 위치를 이탈하는 경우 플레이트를 작동시켜서는 안된다.

참고) 산업안전기사 필기 p.3-103(합격날개 : 은행문제)

합격정보
산업안전보건기준에 관한 규칙 제121조(사출성형기 등의 방호장치)

53 다음 중 기계설비에서 반대로 회전하는 두 개의 회전체가 맞닿는 사이에 발생하는 위험점을 무엇이라 하는가?

① 물림점(nip point)
② 협착점(squeeze point)
③ 접선물림점(tangential point)
④ 회전말림점(trapping point)

해설

물림점 (Nip-point)
① 회전하는 두 개의 회전체에는 물려 들어가는 위험성이 존재한다.
② 위험점이 발생되는 조건은 회전체가 서로 반대방향으로 맞물려 회전되어야 한다. 예 롤러와 롤러의 물림, 기어와 기어의 물림 등

[그림] 물림점

참고) 산업안전기사 필기 p.3-15(위험점의 분류)

KEY
① 2017년 3월 5일 산업기사 출제
② 2017년 5월 7일 산업기사 출제
③ 2017년 8월 26일 산업기사 출제

54 다음 중 기계 설비에서 재료 내부의 균열 결함을 확인할 수 있는 가장 적절한 검사 방법은?

① 육안검사
② 초음파탐상검사
③ 피로검사
④ 액체침투탐상검사

해설

초음파검사(U. T)
① 높은 주파수(보통 1~5[MHz] : 100만[Hz]~500만[Hz])의 음파, 즉 초음파의 펄스(pulse)를 탐촉자로부터 시험체에 투입시켜 내부 결함을 반사에 의해 탐촉자에 수신되는 현상을 이용
② 결함의 소재나 결함의 위치 및 크기를 비파괴적으로 알아내는 방법으로써 결함 탐상 이외에 기계가공에서 초음파 구멍 뚫기, 초음파 절단, 초음파 용접 작업 등에 적용

참고) 산업안전기사 필기 p.3-222(②초음파검사)

KEY 2017년 8월 26일 출제

[정답] 51 ③ 52 ③ 53 ① 54 ②

55
지게차가 부하상태에서 수평거리가 12[m]이고, 수직높이가 1.5[m]인 오르막길을 주행할 때 이 지게차의 전후 안정도와 지게차 안정도 기준의 만족여부로 옳은 것은?

① 지게차 전후 안정도는 12.5[%]이고 안정도 기준을 만족하지 못한다.
② 지게차 전후 안정도는 12.5[%]이고 안정도 기준을 만족한다.
③ 지게차 전후 안정도는 25[%]이고 안정도 기준을 만족하지 못한다.
④ 지게차 전후 안정도는 25[%]이고 안정도 기준을 만족한다.

해설
안정도 기준 및 만족여부

① 지게차의 전후안정도 = $\dfrac{h}{l} \times 100[\%]$ = $\dfrac{1.5[m]}{12[m]} \times 100 = 12.5[\%]$

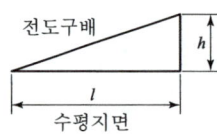

② 만족여부 : 만족(전후안정도 18[%])

참고) 산업안전기사 필기 p.3-135(표. 지게차의 안정조건)

KEY
① 2016년 5월 8일 산업기사 출제
② 2016년 8월 21일 산업기사 출제
③ 2017년 3월 5일 산업기사 출제
③ 2017년 5월 7일 출제

56
어떤 양중기에서 3,000[kg]의 질량을 가진 물체를 한쪽이 45[°]인 각도로 그림과 같이 2개의 와이어로프로 직접 들어올릴 때, 안전율이 고려된 가장 적절한 와이어로프 지름을 표에서 구하면? (단, 안전율은 산업안전보건법령을 따르고, 두 와이어로프의 지름은 동일하며, 기준을 만족하는 가장 작은 지름을 선정한다.)

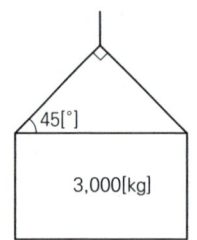

[표] 와이어로프 지름 및 절단강도

와이어로프 지름 [mm]	절단강도 [kN]
10	56
12	88
14	110
16	144

① 10[mm] ② 12[mm]
③ 14[mm] ④ 16[mm]

해설
와이어로프 지름

① $x = \dfrac{\dfrac{W_0}{2}}{\cos\dfrac{\theta}{2}}$

② $x = \dfrac{\dfrac{3,000[kg]}{2}}{\cos\dfrac{90}{2}} = \dfrac{1,500[kg]}{\cos 45} = 2,121.32[kg]$

θ : 상부각도 W_0 : 원래의 하중
③ 화물을 직접 지지하는 와이어로프 안전계수 : 5
④ $2,121.32 \times 5 = 1,060.6[kg]$
⑤ $1[kgf] = 9.81[N]$
⑥ $1,060.6[kg] \times \dfrac{9.8[N]}{1[kg]} = 104,050.746[N] \div \times \dfrac{1[kN]}{1,000[N]}$
  $= 104.05[kg] \approx 110[kN]$

참고) 산업안전기사 필기 p.3-184(문제 165번) 적중

합격정보
① 본 문제는 운반기계에 해당되며 건설안전기술에서도 출제됩니다.
② 실기 작업형에도 출제됩니다.

57 다음 ( )안의 A와 B의 내용을 옳게 나타낸 것은?

아세틸렌용접장치의 관리상 발생기에서 (A)미터 이내 또는 발생기실에서 (B)미터 이내의 장소에서는 흡연, 화기의 사용 또는 불꽃이 발생할 위험한 행위를 금지해야 한다.

① A: 7, B: 5   ② A: 3, B: 1
③ A: 5, B: 5   ④ A: 5, B: 3

해설
아세틸렌 용접장치 화기 안전거리
① 발생기 : 5[m]   ② 발생기실 : 3[m]

참고) 산업안전기사 필기 p.3-172(문제 87번) 적중

[정답] 55 ② 56 ③ 57 ④

합격정보
산업안전보건기준에 관한 규칙 제290조 (아세틸렌 용접장치의 관리등)

58 다음 중 선반에서 사용하는 바이트와 관련된 방호장치는?

① 심압대   ② 터릿
③ 칩 브레이커   ④ 주축대

해설
칩 브레이커 : 칩을 짧게 자르는 바이트 선반 방호장치

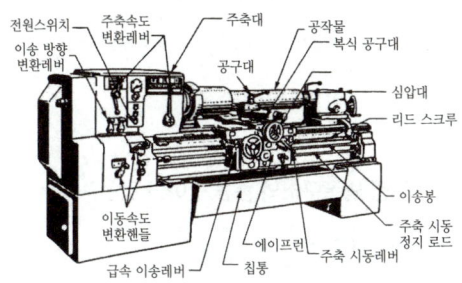

[그림] 선반의 각부 명칭

참고) 산업안전기사 필기 p.3-162(문제 35번) 적중

59 침투탐상검사에서 일반적인 작업 순서로 옳은 것은?

① 전처리 → 침투처리 → 세척처리 → 현상처리 → 관찰 → 후처리
② 전처리 → 세척처리 → 침투처리 → 현상처리 → 관찰 → 후처리
③ 전처리 → 현상처리 → 침투처리 → 세척처리 → 관찰 → 후처리
④ 전처리 → 침투처리 → 현상처리 → 세척처리 → 관찰 → 후처리

해설
침투 탐상검사 사용방법(작업순서)

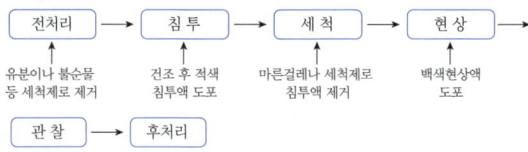

참고) 산업안전기사 필기 p.3-221(표. 사용방법)

60 인장강도가 250[N/mm²]인 강판의 안전율이 4라면 이 강판의 허용응력[N/mm²]은 얼마인가?

① 42.5   ② 62.5
③ 82.5   ④ 102.5

해설
허용응력 = 인장강도 ÷ 안전율 = 250 ÷ 4 = 62.5[N/mm²]

참고) 산업안전기사 필기 p.3-215(문제 7번)

KEY ① 2003년 8월 10일 (문제 57번)
② 2014년 3월 2일 (문제 51번)

4 전기설비 안전관리

61 감전쇼크에 의해 호흡이 정지되었을 경우 일반적으로 약 몇 분 이내에 응급처치를 개시하면 95[%] 정도를 소생시킬 수 있는가?

① 1분 이내   ② 3분 이내
③ 5분 이내   ④ 7분 이내

해설
시간별 소생률[%]
① 1분 이내 : 95~97   ② 2분 이내 : 85~90
③ 3분 이내 : 75   ④ 4분 이내 : 50
⑤ 5분 경과 : 25

참고) 산업안전기사 필기 p.4-21(2. 소생률)

KEY 2018년 4월 28일(문제 72번) 출제

62 정전유도를 받고 있는 접지되어 있지 않는 도전성 물체에 접촉한 경우 전격을 당하게 되는데 이 때 물체에 유도된 전압 V [V]를 옳게 나타낸 것은? (단, E는 송전선의 대지전압, C_1은 송전선과 물체사이의 정전용량, C_2는 물체와 대지사이의 정전용량이며, 물체와 대지사이의 저항은 무시한다.)

① $V = \dfrac{C_1}{C_1+C_2} \cdot E$ ② $V = \dfrac{C_1+C_2}{C_1} \cdot E$

③ $V = \dfrac{C_1}{C_1 \cdot C_2} \cdot E$ ④ $V = \dfrac{C_1 \cdot C_2}{C_1} \cdot E$

[정답] 58 ③   59 ①   60 ②   61 ①   62 ①

해설

유도된 전압 $= \dfrac{C_1}{C_1+C_2}E$

W : 정전기 에너지[J]
C : 도체의 정전용량[F]
V : 유도된 전압(대전전위)[V]
Q : 대전전하량[C]

참고) 산업안전기사 필기 p.4-33(6. 정전기에너지)

---

63 다음 ( )안에 들어갈 내용으로 옳은 것은?

A. 감전 시 인체에 흐르는 전류는 인가전압에 (㉠)하고 인체저항에 (㉡)한다.
B. 인체는 전류의 열작용이 (㉢)×(㉣)이 어느 정도 이상이 되면 발생한다.

① ㉠ 비례, ㉡ 반비례, ㉢ 전류의 세기, ㉣ 시간
② ㉠ 반비례, ㉡ 비례, ㉢ 전류의 세기, ㉣ 시간
③ ㉠ 비례, ㉡ 반비례, ㉢ 전압, ㉣ 시간
④ ㉠ 반비례, ㉡ 비례, ㉢ 전압, ㉣ 시간

해설

옴의 법칙, 줄의 법칙

(1) 옴(Ohm)의 법칙
    E = IR
    여기서, I : 전류, E : 전압, R : 저항 $\left(I=\dfrac{E}{R}\right)$
(2) 줄(Joule)의 법칙
    $Q = I^2RT$
    여기서, Q : 전류발생열(J), I : 전류(A), R : 전기저항(Ω),
        T : 통전시간(S)

참고) ① 산업안전기사 필기 p.4-20(합격날개 : 은행문제)
     ② 산업안전기사 필기 p.4-19(2. 옴의 법칙, 줄의 법칙 및 허용접촉전압)

---

64 전선의 절연 피복이 손상되어 동선이 서로 직접 접촉한 경우를 무엇이라 하는가?

① 절연   ② 누전
③ 접지   ④ 단락

해설

단락(합선 : short-circuit)
① 단락은 전압간의 저항이 0[Ω]에 가까운 회로를 만드는 것으로, 옴의 법칙($I=E/R$)에 따라 극히 큰 전류(단락전류라고 함)가 흐른다.
② 단락사고에서 변전설비를 지키기 위하여 각종 보호 단전기와 차단기가 사용된다.

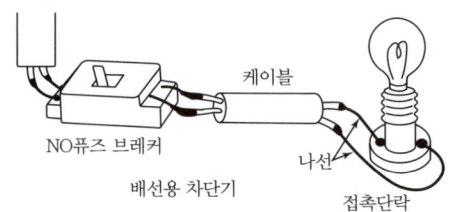

[그림] 단락 현상

참고) 산업안전기사 필기 p.4-72(1.전기화재 폭발의 원인)

---

65 다음 중 방폭구조의 종류가 아닌 것은?

① 본질안전 방폭구조
② 고압 방폭구조
③ 압력 방폭구조
④ 내압 방폭구조

해설

주요 국가 방폭구조의 기호

방폭구조 나라명	내압	유입	압력	안전증	본질안전	특수	사입
한국	d	o	p	e	i	s	—
영국	FLT				ELP		
독일	Exd	Exo	Exf	Exe	Exi	Exs	Exq
오스트리아	Exd	Exo		Exe	Exi	Exs	Exq
프랑스	—	—	—	—	—	—	—
이태리	Exd	Exo	Exp	Exe	Exi		Exq
스위스	Exd	Exo	Exf	Exe		Exs	
스웨덴	Xt	Xo	Xy	Xh	Xi	Xs	

참고) 산업안전기사 필기 p.4-53(3. 방폭구조의 종류 및 특징)

KEY ① 2016년 5월 8일 출제
    ② 2016년 8월 21일 출제 기사·산업기사 동시 출제
    ③ 2017년 3월 5일 출제
    ④ 2018년 3월 4일 산업기사 출제

[정답] 63 ① 64 ④ 65 ②

66 화염일주한계에 대해 가장 잘 설명한 것은?
① 화염이 발화온도로 전파될 가능성의 한계값이다.
② 화염이 전파되는 것을 저지할 수 있는 틈새의 최대 간격치이다.
③ 폭발성 가스와 공기가 혼합되어 폭발한계 내에 있는 상태를 유지하는 한계값이다.
④ 폭발성 분위기가 전기 불꽃에 의하여 화염을 일으킬 수 있는 최소의 전류값이다.

해설
화염일주한계 = 최대안전틈새 = 안전간격(safety gap)

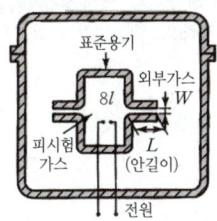

[그림] 폭발등급 측정에 사용되는 표준용기

참고) 산업안전기사 필기 p.4-59(합격날개 : 합격예측)

KEY ▶ 2016년 8월 21일 출제

67 감전사고의 방지 대책으로 가장 거리가 먼 것은?
① 전기 위험부의 위험 표시
② 충전부가 노출된 부분에 절연방호구 사용
③ 충전부에 접근하여 작업하는 작업자 보호구 착용
④ 사고발생 시 처리프로세스 작성 및 조치

해설
사고발생방지처리 프로세스는 사고발생 전에 작성한다.

참고) 산업안전기사 필기 p.4-21(3. 감전사고의 형태 및 인공호흡)

68 정전기 방전에 의한 폭발로 추정되는 사고를 조사함에 있어서 필요한 조치로서 가장 거리가 먼 것은?
① 가연성 분위기 규명
② 사고현장의 방전흔적 조사
③ 방전에 따른 점화 가능성 평가
④ 전하발생 부위 및 축적 기구 규명

해설
정전기 방전사고 조치사항
① 가연성 분위기 규명
② 방전에 따른 점화 가능성 평가
③ 전하발생 부위 및 축적 기구 규명

참고) 산업안전기사 필기 p.4-47(문제 12번) 적중

69 폭발 위험장소 분류시 분진폭발위험장소의 종류에 해당하지 않는 것은?
① 20종 장소   ② 21종 장소
③ 22종 장소   ④ 23종 장소

해설
분진폭발 위험장소 종류
① 20종 장소
② 21종 장소
③ 22종 장소

참고) 산업안전기사 필기 p.4-65(합격보충문제)

KEY ▶ ① 2017년 8월 26일 산업기사 출제
② 2018년 3월 4일 기사 · 산업기사 동시 출제

70 전기기계·기구의 조작시 안전조치로서 사업주는 근로자가 안전하게 작업할 수 있도록 전기 기계·기구로부터 폭 얼마 이상의 작업공간을 확보하여야 하는가?
① 30[cm]   ② 50[cm]
③ 70[cm]   ④ 100[cm]

해설
전기기계, 기구 주위의 작업공간
① 한쪽 작업공간 : 75[cm] 이상
② 양쪽 작업공간 : 135[cm] 이상
③ 보수작업공간 : 70[cm] 이상
④ 수평방향뿐만 아니라, 수직방향으로도 바닥에서 높이 3[m] 미만의 공간에는 충전부분, 전선로 및 그 밖에 장애물이 없어야 한다.

참고) 산업안전기사 필기 p.4-91(문제 46번 해설)

KEY ▶ 2016년 8월 21일 산업기사 출제

[정답] 66 ② 67 ④ 68 ② 69 ④ 70 ③

71 인체의 전기저항이 5,000[Ω]이고, 세동전류와 통전 시간과의 관계를 $I = \dfrac{165}{\sqrt{T}}[mA]$라 할 경우, 심실세동을 일으키는 위험 에너지는 약 몇 [J]인가?
(단, 통전시간은 1[초]로 한다.)

① 5 ② 30
③ 136 ④ 825

해설

위험에너지

$$Q = I^2RT[J/S] = \left(\dfrac{165}{\sqrt{T}} \times 10^{-3}\right)^2 \times 5,000 \times T$$

$$= \dfrac{165^2}{T} \times 10^{-6} \times 5,000 \times T = 136[J]$$

참고 산업안전기사 필기 p.4-18(3. 위험한계에너지)

KEY ① 2016년 8월 21일 기사 출제
② 2017년 5월 7일 기사 출제
③ 2018년 3월 4일 기사 출제
④ 2018년 4월 28일 기사·산업기사 동시 출제

72 정전 작업 시 작업 전 안전조치사항으로 가장 거리가 먼 것은?

① 단락 접지
② 잔류 전하 방전
③ 절연 보호구 수리
④ 검전기에 의한 정전확인

해설

정전 작업 전 조치사항
① 전기기기 등에 공급되는 모든 전원을 관련 도면, 배선도 등으로 확인할 것
② 전원을 차단한 후 각 단로기 등을 개방하고 확인할 것
③ 차단장치나 단로기 등에 잠금장치 및 꼬리표를 부착할 것
④ 개로된 전로에서 유도전압 또는 전기에너지가 축적되어 근로자에게 전기위험을 끼칠 수 있는 전기기기 등은 접촉하기 전에 잔류전하를 완전히 방전시킬 것
⑤ 검전기를 이용하여 작업 대상 기기가 충전되었는지를 확인할 것
⑥ 전기기기 등이 다른 노출 충전부와의 접촉, 유도 또는 예비 동력원의 역송전 등으로 전압이 발생할 우려가 있는 경우에는 충분한 용량을 가진 단락접지기구를 이용하여 접지할 것

참고 산업안전기사 필기 p.4-76(1. 작업전)

KEY ① 2016년 8월 21일 산업기사 출제
② 2017년 5월 7일 산업기사 출제

73 분진폭발 방지대책으로 가장 거리가 먼 것은?

① 작업장 등은 분진이 퇴적하지 않는 형상으로 한다.
② 분진 취급 장치에는 유효한 집진 장치를 설치한다.
③ 분체 프로세스 장치는 밀폐화하고 누설이 없도록 한다.
④ 분진 폭발의 우려가 있는 작업장에는 감독자를 상주시킨다.

해설

분진폭발의 방지대책
① 분진의 농도가 폭발하한 농도 이하가 되도록 철저한 관리
② 분진이 존재하는 매체, 즉 공기 등을 질소, 이산화탄소 등으로 치환
③ 착화원의 제거 및 격리(2,3차 폭발로 주위분진 파급)

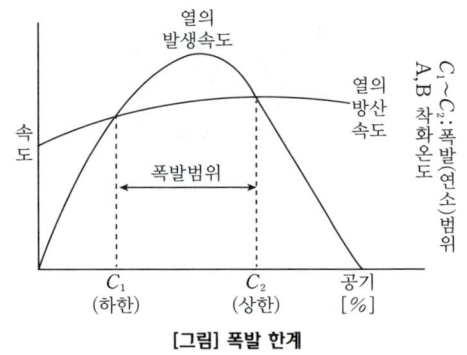

[그림] 폭발 한계

참고 산업안전기사 필기 p.5-8(7. 분진폭발의 방지대책)

KEY ① 2016년 5월 8일 산업기사 출제
② 2017년 3월 5일 출제

74 교류 아크 용접기의 전격방지장치에서 시동감도를 바르게 정의한 것은?

① 용접봉을 모재에 접촉시켜 아크를 발생시킬 때 전격방지 장치가 동작할 수 있는 용접기의 2차측 최대저항을 말한다.
② 안전전압(25[V]이하)이 2차측 전압(85~95[V])으로 얼마나 빨리 전환되는가 하는 것을 말한다.
③ 용접봉을 모재로부터 분리시킨 후 주접점이 개로되어 용접기의 2차측 전압이 무부하 전압(25[V]이하)으로 될 때까지의 시간을 말한다.

[**정답**] 71 ③ 72 ③ 73 ④ 74 ①

④ 용접봉에서 아크를 발생시키고 있을 때 누설 전류가 발생하면 전격방지 장치를 작동시켜야 할지 운전을 계속해야 할지를 결정해야 하는 민감도를 말한다.

해설

용어 정의
① 시동시간
  ㉮ 용접봉을 피용접물에 접촉시켜 전격방지기의 주접점이 폐로될 때까지의 시간
  ㉯ 시동시간은 0.06[초] 이내에서 또한 전격방지기를 시동시키는 데 필요한 용접봉의 접촉소요시간은 0.03[초] 이내일 것
② 지동시간 : 용접봉 홀더에 용접기 출력측의 무부하전압이 발생한 후 주접점이 개방될 때까지의 시간
③ 시동감도 : 용접봉을 모재에 접촉시켜 아크를 발생시킬때 전격방지장치가 동작할 수 있는 용접기의 2차측 최대저항

참고 산업안전기사 필기 p.4-79(1. 정의)

75 가수전류(Let-go Current)에 대한 설명으로 옳은 것은?

① 마이크 사용 중 전격으로 사망에 이른 전류
② 전격을 일으킨 전류가 교류인지 직류인지 구별할 수 없는 전류
③ 충전부로부터 인체가 자력으로 이탈할 수 있는 전류
④ 몸이 물에 젖어 전압이 낮은 데도 전격을 일으킨 전류

해설

가수전류(이탈전류)

전격의 영향	교류값

① 인체가 자력으로 이탈 가능한 전류
② Let-go current
③ 마비한계전류라고 하는 경우도 있음
	① 상용주파수 60[Hz]에서 10~15[mA]
	② 최저가수전류치
	  ㉮ 남자 : 9[mA]
	  ㉯ 여자 : 6[mA]

참고 산업안전기사 필기 p.4-17(3. 통전전류에 따른 인체의 영향)

KEY ① 2017년 3월 5일 기사 출제
② 2017년 5월 7일 기사 출제

76 이상적인 피뢰기가 가져야 할 성능으로 틀린 것은?

① 제한전압이 낮을 것
② 방전개시전압이 낮을 것
③ 뇌전류 방전능력이 적을 것
④ 속류차단을 확실하게 할 수 있을 것

해설

피뢰기의 성능
① 충격방전 개시전압이 낮을 것
② 제한전압이 낮을 것
③ 반복동작이 가능할 것
④ 구조가 견고하고 특성이 변화하지 않을 것
⑤ 점검, 보수가 간단할 것
⑥ 뇌전류에 대한 방전능력이 클 것
⑦ 속류의 차단이 확실할 것(정격전압 : 실효값)

참고 산업안전기사 필기 p.4-57(1. 피뢰기의 성능)

KEY 2016년 8월 21일 출제

77 200[A]의 전류가 흐르는 단상 전로의 한 선에서 누전되는 최소 전류[mA]의 기준은?

① 100 ② 200
③ 10   ④ 20

해설

최소전류
$I = 200 \times \dfrac{1}{2,000} = 0.1[A] = 100[mA]$

참고 산업안전기사 필기 p.4-7(7. 누전전류)

보충학습
저압 가공 전선의 누설전류는 최대공급전류의 1/2,000을 넘지 아니하도록 유지하여야 한다.

78 정전기 발생의 일반적인 종류가 아닌 것은?

① 마찰   ② 중화
③ 박리   ④ 유동

[정답] 75 ③ 76 ③ 77 ① 78 ②

> [해설]

대전의 종류
① 유동정전기 대전   ② 분출정전기 대전
③ 마찰정전기 대전   ④ 박리정전기 대전
⑤ 파괴정전기 대전   ⑥ 충돌정전기 대전
⑦ 교반 또는 침강에 의한 정전기 대전

> [참고] 산업안전기사 필기 p.4-33(2. 정전기 대전)

> [KEY]
> ① 2016년 8월 21일 산업기사 출제
> ② 2018년 3월 4일 산업기사 출제

79 위험방지를 위한 전기기계·기구의 설치시 고려할 사항으로 거리가 먼 것은?

① 전기기계·기구의 충분한 전기적 용량 및 기계적 강도
② 전기기계·기구의 안전을 높이기 위한 시간 가동율
③ 습기·분진 등 사용장소의 주위 환경
④ 전기적·기계적 방호수단의 적정성

> [해설]

위험방지를 위한 전기기계·기구설치시 고려사항
① 전기기계·기구의 충분한 전기적 용량 및 기계적 강도
② 습기·분진 등 사용장소의 주위 환경
③ 전기적·기계적 방호수단의 적정성

> [참고] 산업안전기사 필기 p.4-55(합격날개 : 은행문제)

80 심장의 맥동주기 중 어느 때에 전격이 인가되면 심실세동을 일으킬 확률이 크고, 위험한가?

① 심방의 수축이 있을 때
② 심실의 수축이 있을 때
③ 심실의 수축 종료 후 심실의 휴식이 있을 때
④ 심실의 수축이 있고 심방의 휴식이 있을 때

> [해설]

전격인가위상 : 심장 맥동주기의 어느 위상에서의 통전여부

심장의 맥동주기	구성 및 현상
(심장의 맥동주기 파형 그림: P, Q, R, S, T파)	• P파 : 심방수축에 따른 파형 • Q-R-S파 : 심실수축에 따른 파형 • T파 : 심실의 수축 종료 후 심실의 휴식시 발생하는 파형 • R-R파 : 심장의 맥동주기

> [참고] 산업안전기사 필기 p.4-82(보충학습 : 표. 전격인가위상)

> [KEY]
> ① 2017년 8월 26일 출제
> ② 2018년 3월 4일 출제

5 화학설비 안전관리

81 다음 중 산업안전보건법령상 산화성 액체 또는 산화성 고체에 해당하지 않는 것은?

① 질산   ② 중크롬산
③ 과산화수소   ④ 질산에스테르

> [해설]

질산에스테르 : 폭발성물질

> [참고] 산업안전기사 필기 p.5-35(1. 위험물의 성질과 위험성)

> [KEY]
> ① 2018년 3월 4일 출제
> ② 2018년 4월 28일 출제

> [합격정보]
> 산업안전보건기준에 관한 규칙 [별표1] 위험물질의 종류

82 공기 중 아세톤의 농도가 200[ppm](TLV 500[ppm]), 메틸에틸케톤(MEK)의 농도가 100[ppm](TLV 200[ppm])일 때 혼합물질의 허용농도는 약 몇 [ppm]인가? (단, 두 물질은 서로 상가작용을 하는 것으로 가정한다.)

① 150   ② 200
③ 270   ④ 333

> [해설]

혼합물의 노출기준 및 허용농도

① 노출기준(허용기준) 계산 $\frac{C_1}{T_1}+\frac{C_2}{T_2}=\frac{200}{500}+\frac{100}{200}=0.9$

② 0.9이므로 1을 초과하지 않았으므로 허용기준 이내이다.

③ 혼합물의 허용농도 = $\frac{300}{0.9}$ = 333.33[ppm]

> [참고] 산업안전기사 필기 p.5-41(2. 유해물질의 허용농도)

> [KEY] 2015년 8월 16일 (문제 84번) 출제

[정답] 79 ② 80 ③ 81 ④ 82 ④

83. ABC급 분말 소화약제의 주성분에 해당하는 것은?

① $NH_4H_2PO_4$
② Na_2CO_3
③ Na_2SO_4
④ K_2CO_3

해설

분말소화약제의 종류

종류	주성분		분말색	적용화재
	품명	화학식		
제1종	탄산수소나트륨	$NaHCO_3$	백색	B, C급 화재
제2종	탄산수소칼륨	$KHCO_3$	담청색	B, C급 화재
제3종	인산암모늄	$NH_4H_2PO_4$	담홍색	A, B, C급 화재
제4종	탄산수소칼륨 + 요소	$KHCO_3$ + $(NH_2)_2CO$	쥐색 (회색)	B, C급 화재

참고 산업안전기사 필기 p.5-13(2. 분말소화약제의 종류)
KEY 2018년 4월 28일 출제

84. 위험물의 저장방법으로 적절하지 않은 것은?

① 탄화칼슘은 물 속에 저장한다.
② 벤젠은 산화성 물질과 격리시킨다.
③ 금속나트륨은 석유 속에 저장한다.
④ 질산은 갈색병에 넣어 냉암소에 보관한다.

해설

탄화칼슘 : 금수성 물질

참고 산업안전기사 필기 p.5-37(3. 금수성 물질)

85. 8[%] NaOH 수용액과 5[%] NaOH 수용액을 반응기에 혼합하여 6[%] 100[kg]의 NaOH 수용액을 만들려면 각각 약 몇 [kg]의 NaOH 수용액이 필요한가?

① 5[%] NaOH 수용액 : 33.3[kg]
  8[%] NaOH 수용액 : 66.7[kg]
② 5[%] NaOH 수용액 : 56.8[kg]
  8[%] NaOH 수용액 : 43.2[kg]
③ 5[%] NaOH 수용액 : 66.7[kg]
  8[%] NaOH 수용액 : 33.3[kg]
④ 5[%] NaOH 수용액 : 43.2[kg]
  8[%] NaOH 수용액 : 56.8[kg]

해설

수용액 계산

8[%] NaOH + 5[%] NaOH → 6[%] NaOH의 100[kg]
x $100-x$ 0.06×100

$0.08x + 0.05 \times (100-x) = 6$
$0.08x + 5 - 0.05x = 6$
$0.03x = 1$
∴ $x = 66.7[kg]$의 5[%] NaOH, 33.3[kg]의 8[%] NaOH

KEY 2017년 5월 7일 (문제 96번) 출제

86. 다음 [표]를 참조하여 메탄 70[vol%], 프로판 21[vol%], 부탄 9[vol%]인 혼합가스의 폭발범위를 구하면 약 몇 [vol%]인가?

가스	폭발하한계 [vol%]	폭발상한계 [vol%]
C_4H_{10}	1.8	8.4
C_3H_8	2.1	9.5
C_2H_6	3.0	12.4
CH_4	5.0	15.0

① 3.45~9.11
② 3.45~12.58
③ 3.85~9.11
④ 3.85~12.58

해설

혼합가스 폭발범위

① 하한 = $\dfrac{100}{\dfrac{70}{5}+\dfrac{21}{2.1}+\dfrac{9}{1.8}} = 3.45$

② 상한 = $\dfrac{100}{\dfrac{70}{15}+\dfrac{21}{9.5}+\dfrac{9}{8.4}} = 12.58$

참고 산업안전기사 필기 p.5-11(보충학습)

87. 열교환기의 열 교환 능률을 향상시키기 위한 방법이 아닌 것은?

① 유체의 유속을 적절하게 조절한다.
② 유체의 흐르는 방향을 병류로 한다.
③ 열교환하는 유체의 온도차를 크게 한다.
④ 열전도율이 높은 재료를 사용한다.

해설

[정답] 83 ①   84 ①   85 ③   86 ②   87 ②

열 교환기의 열 교환 능률을 향상시키기 위한 방법
① 유체의 유속을 적절하게 조절한다
② 열 교환하는 유체의 온도차를 크게 한다.
③ 열 전도율이 높은 재료를 사용한다.

> 참고) 산업안전기사 필기 p.5-53(합격날개 : 은행문제) 적중

88 마그네슘의 저장 및 취급에 관한 설명으로 틀린 것은?

① 화기를 엄금하고, 가열, 충격, 마찰을 피한다.
② 질분말이 비산하지 않도록 밀봉하여 저장한다.
③ 제6류 위험물과 같은 산화제와 혼합되지 않도록 격리, 저장한다.
④ 일단 연소하면 소화가 곤란하지만 초기 소화 또는 소규모 화재 시 물, CO_2 소화설비를 이용하여 소화한다.

해설

마그네슘의 저장 취급방법
① 발화성 물질
② 반드시 격리 저장

> 참고) 산업안전기사 필기 p.5-13(2.유독성 물질관리와 관련된 중요 사항)

KEY 2017년 8월 26일(문제 81번) 기사 출제

보충학습
화재시 반드시 건조사를 사용한다.

89 사업주는 산업안전보건기준에 관한 규칙에서 정한 위험물을 기준량 이상으로 제조하거나 취급하는 특수화학설비를 설치하는 경우에는 내부의 이상 상태를 조기에 파악하기 위하여 필요한 온도계·유량계·압력계 등의 계측장치를 설치하여야 한다. 이때 위험물질별 기준량으로 옳은 것은?

① 부탄 – 25[m^3]   ② 부탄 – 150[m^3]
③ 시안화수소 – 5[kg] ④ 시안화수소 – 200[kg]

해설

위험물질 기준량
① 인화성 가스(부탄) : 50 [m^3]
② 급성독성물질(시안화수소) : 5[kg]

합격정보
산업안전보건기준에 관한 규칙 [별표9] 위험물질의 기준량

90 다음 중 고체의 연소방식에 관한 설명으로 옳은 것은?

① 분해연소란 고체가 표면의 고온을 유지하며 타는 것을 말한다.
② 표면연소란 고체가 가열되어 열분해가 일어나고 가연성 가스가 공기 중의 산소와 타는 것을 말한다.
③ 자기연소란 공기 중 산소를 필요로 하지 않고 자신이 분해되며 타는 것을 말한다.
④ 분무연소란 고체가 가열되어 가연성 가스를 발생시키며 타는 것을 말한다.

해설

분무연소[spray combustion : 噴霧燃燒]
① 경질유나 중유의 공업상의 일반적 연소법으로서 연료유를 기계적으로 수(數)미크론 내지 수백(數百) 미크론의 무수한 오일방울로 미립화(분무)함으로써 증발 표면적을 비약적으로 증가시켜 연소시키는 것
② 보일러에 있어서의 오일 연소는 모두 분무 연소이다.

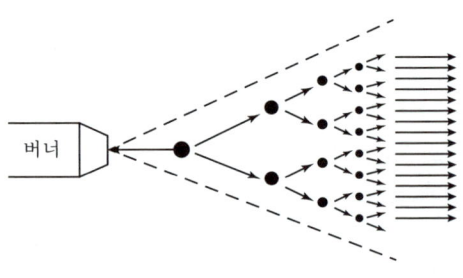

[그림] 분무연소

> 참고) 산업안전기사 필기 p.5-4(2. 고체의 연소)

KEY ① 2016년 8월 21일 출제
② 2017년 5월 7일 출제

보충학습

[표] 고체연소종류

종류	특징
표면연소	연소물 표면에서 산소와 급격한 산화반응으로 열과 빛을 발생하는 현상으로 가연성가스 발생이나 열분해 반응이 없어 불꽃이 없는 것이 특징 예 코크스, 금속분, 목탄 등
분해연소	고체 가연물이 점화원에 의해 복잡한 경로의 열분해 반응으로 가연성 증기가 발생하여 공기과 연소범위를 형성하게 되어 연소하는 형태 예 목재, 종이, 플라스틱, 석탄 등
증발연소	고체 가연물이 점화원에 의해 상태변화(융해)를 일으켜 액체가 되고 일정 온도에서 가연성 증기가 발생, 공기와 혼합하여 연소하는 형태 예 나프탈렌, 황, 파라핀 등
자기연소	분자내에 산소를 함유하고 있는 고체 가연물이 외부의 산소 공급원 없이 점화원에 의해 연소하는 형태 예 제5류 위험물, 니트로 글리셀린, 니트로 세룰로우스, 트리니트로 톨루엔, 질산 에틸 등

[정답] 88 ④   89 ③   90 ③

91 다음의 설명에 해당하는 안전 장치는?

대형의 반응기, 탑, 탱크 등에서 이상상태가 발생할 때 밸브를 정지시켜 원료공급을 차단하기 위한 안전 장치로, 공기압식, 유압식, 전기식 등이 있다.

① 파열판 ② 안전밸브
③ 스팀트랩 ④ 긴급차단장치

해설

산업안전보건기준에 관한 규칙 제275조(긴급차단장치의 설치 등)
사업주는 특수화학설비를 설치하는 경우에는 이상상태의 발생에 따른 폭발·화재 또는 위험물의 누출을 방지하기 위하여 원재료 공급의 긴급차단, 제품 등의 방출, 불활성가스의 주입 또는 냉각용수 등의 공급을 위하여 필요한 장치 등을 설치하여야 한다.

참고 산업안전기사 필기 p.5-18 (합격날개 : 합격예측 및 관련 법규)

92 다음 중 자연발화가 쉽게 일어나는 조건으로 틀린 것은?

① 주위온도가 높을수록
② 열 축적이 클수록
③ 적당량의 수분이 존재할 때
④ 표면적이 작을수록

해설

자연발화조건
① 발열량이 클 것 ② 열전도율이 작을 것
③ 주위의 온도가 높을 것 ④ 표면적이 넓을 것
⑤ 수분이 적당량 존재할 것

참고 산업안전기사 필기 p.5-7(2. 자연발화조건)

KEY ① 2017년 8월 26일 출제
② 2018년 3월 4일 출제

93 다음 중 분진이 발화 폭발하기 위한 조건으로 거리가 먼 것은?

① 불연성질
② 미분상태
③ 점화원의 존재
④ 지연성가스 중에서의 교반과 운동

해설

분진폭발의 특징
① 가연성 고체는 미분상태로 부유되어 있다가 점화에너지를 가하면 가스와 유사한 폭발형태
② 착화에너지 : $10^{-2} \sim 10^{-5}$[J]
③ 폭발범위 : 25~45[mg/l]~80[mg/l]

참고 산업안전기사 필기 p.5-9(표. 분진폭발)

KEY ① 2016년 5월 8일 출제
② 2017년 8월 26일 출제
② 2018년 3월 4일 산업기사 출제

94 다음 중 산업안전보건법령상 공정안전 보고서의 안전운전 계획에 포함되지 않는 항목은?

① 안전작업허가
② 안전운전지침서
③ 가동 전 점검지침
④ 비상조치계획에 따른 교육계획

해설

안전운전계획에 포함 사항
① 안전운전지침서
② 설비점검·검사 및 보수계획, 유지계획 및 지침서
③ 안전 작업허가
④ 도급업체 안전관리계획
⑤ 근로자 등 교육계획
⑥ 가동전 점검지침
⑦ 변경요소 관리계획
⑧ 자체감사 및 사고조사 계획
⑨ 그 밖에 안전운전에 필요한 사항

참고 산업안전기사 필기 p.5-88(표. 안전운전계획)

합격정보
산업안전보건법 시행 규칙 제50조(공정안전보고서의 세부내용 등)

95 위험물안전관리법령에서 정한 제3류 위험물에 해당하지 않는 것은?

① 나트륨 ② 알킬알루미늄
③ 황린 ④ 니트로글리세린

[정답] 91 ④ 92 ④ 93 ① 94 ④ 95 ④

해설

위험물의 분류

① 제1류(산화성 고체) : 아염소산, 염소산, 과염소산, 무기과산화물, 삼산화크롬, 브롬산염류, 요오드산염류, 과망간산염류, 중크롬산염류
② 제2류(가연성 고체) : 황화인, 적린, 유황, 철분, Mg, 금속분류, 인화성 고체
③ 제3류(자연발화성 및 금수성 물질) : K, Na, 알킬Al, 알킬Li, 황린, 칼슘 또는 Al의 탄화물류 등
④ 제4류(인화성 액체) : 특수인화물류, 동식물류, 알코올류, 제1석유류~제4석유류
⑤ 제5류(자기반응성 물질) : 유기산화물류, 질산에스테르류(니트로셀룰로오스, 질산에틸, 니트로글리세린), 셀룰로이드류, 니트로화합물, 아조화합물류, 디아조화합물류, 히드라진 유도체류
⑥ 제6류(산화성 액체) : 과염소산, 과산화수소, 질산

참고 산업안전기사 필기 p.5-39(1. 위험물 안전관리법의 위험물 분류)

KEY
① 2017년 5월 7일 출제
② 2018년 4월 28일 출제

합격자의 조언
① 매 시험마다 위험물에서 1문제가 출제되고 있음.
② 산업안전기사를 합격하여 소방설비기사, 위험물, 고압가스 자격취득도 한걸음 다가선 것이라 할 수 있음.

---

96 사업주는 안전밸브등의 전단·후단에 차단밸브를 설치해서는 아니 된다. 다만 별도로 정한 경우에 해당할 때는 자물쇠형 또는 이에 준하는 형식의 차단밸브를 설치할 수 있다. 이에 해당하는 경우가 아닌 것은?

① 화학설비 및 그 부속설비에 안전밸브등이 복수방식으로 설치되어 있는 경우
② 예비용 설비를 설치하고 각각의 설비에 안전밸브등이 설치되어 있는 경우
③ 파열판과 안전밸브를 직렬로 설치한 경우
④ 열팽창에 의하여 상승된 압력을 낮추기 위한 목적으로 안전밸브가 설치된 경우

해설

차단밸브의 설치금지기준

① 인접한 화학설비 및 그 부속설비에 안전밸브등이 각각 설치되어 있고, 해당 화학설비 및 그 부속설비의 연결배관에 차단밸브가 없는 경우
② 안전밸브등의 배출용량의 2분의 1 이상에 해당하는 용량의 자동압력조절밸브(구동용 동력원의 공급을 차단하는 경우 열리는 구조인 것으로 한정한다)와 안전밸브등이 병렬로 연결된 경우
③ 화학설비 및 그 부속설비에 안전밸브등이 복수방식으로 설치되어 있는 경우
④ 예비용 설비를 설치하고 각각의 설비에 안전밸브등이 설치되어 있는 경우
⑤ 열팽창에 의하여 상승된 압력을 낮추기 위한 목적으로 안전밸브가 설치된 경우
⑥ 하나의 플레어 스택(flare stack)에 둘 이상의 단위공정의 플레어 헤더(flare header)를 연결하여 사용하는 경우로서 각각의 단위공정의 플레어헤더에 설치된 차단밸브의 열림·닫힘 상태를 중앙제어실에서 알 수 있도록 조치한 경우

참고 산업안전기사 필기 p.5-6(합격예측 및 관련법규)

KEY
① 2016년 5월 8일 산업기사 출제
② 2017년 8월 26일 출제
③ 2018년 8월 19일 기사·산업기사 동시 출제

합격정보
산업안전보건기준에 관한 규칙 제266조(차단밸브의 설치금지)

---

97 다음 중 유류화재에 해당하는 화재의 급수는?

① A급
② B급
③ C급
④ D급

해설

화재의 종류

① A급 화재 : 일반 가연물화재(백색표시)
② B급 화재 : 유류화재(황색표시)
③ C급 화재 : 전기화재(청색표시)
④ D급 화재 : 금속화재(색표시 없음)

참고 산업안전기사 필기 p.5-15(2. 화재의 분류)

KEY
① 2016년 8월 21일 산업기사 출제
② 2018년 4월 28일 기사·산업기사 동시 출제

---

98 할론 소화약제 중 Halon 2402의 화학식으로 옳은 것은?

① $C_2F_4Br_2$
② $C_2H_4Br_2$
③ $C_2Br_4H_2$
④ $C_2Br_4F_2$

해설

할론소화기의 종류 및 화학식

① CCl_4 : 1040
② CH_2ClBr : 1011
③ $C_2F_4Br_2$: 2402
④ CF_2ClBr : 1211
⑤ CF_3Br : 1301

참고 산업안전기사 필기 p.5-15(③ 할론소화기의 종류)

KEY
① 2008년 7월 27일 출제
② 2016년 8월 21일 산업기사 출제

[정답] 96 ③ 97 ② 98 ①

99 사업주는 인화성 액체 및 인화성 가스를 저장 취급하는 화학설비에서 증기나 가스를 대기로 방출하는 경우에는 외부로부터의 화염을 방지하기 위하여 화염방지기를 설치하여야 한다. 다음 중 화염방지기의 설치 위치로 옳은 것은?

① 설비의 상단
② 설비의 하단
③ 설비의 측면
④ 설비의 조작부

해설

화염방지기 설치 위치 : 설비의 상단

참고) 산업안전기사 필기 p.5-8(합격날개 : 합격예측 및 관련법규)

합격정보

산업안전보건기준에 관한 규칙 제269조 (화염방지기의 설치)

100 폭발의 위험성을 고려하기 위해 정전에너지 값을 구하고자 한다. 다음 중 정전에너지를 구하는 식은? (단, E는 정전에너지, C는 정전 용량, V는 전압을 의미한다.)

① $E=\frac{1}{2}CV^2$
② $E=\frac{1}{2}VC^2$
③ $E=VC^2$
④ $E=\frac{1}{4}VC$

해설

정전기(전기불꽃) 에너지 식

$E=\frac{1}{2}CV^2=\frac{1}{2}QV$

여기서, E : 전기불꽃(정전)에너지 C : 정전(전기)용량
       Q : 전기량 V : 방전전압

참고) 산업안전기사 필기 p.5-3(합격날개 : 합격예측)

KEY ① 2016년 5월 8일 산업기사 출제
    ② 2017년 3월 5일 출제
    ③ 2018년 4월 28일 산업기사 출제
    ④ 2018년 8월 19일 전기 · 화학 등 2문제 출제

6 건설공사 안전관리

101 훅걸이용 와이어로프 등이 훅으로부터 벗겨지는 것을 방지하기 위한 장치는?

① 해지장치
② 권과방지장치
③ 과부하방지장치
④ 턴버클

해설

크레인의 방호장치

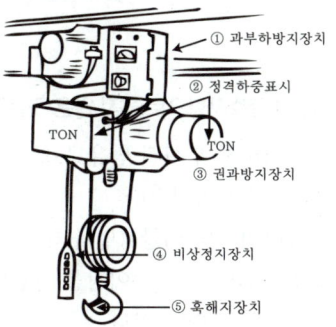

① 과부하방지장치
② 정격하중표시
③ 권과방지장치
④ 비상정지장치
⑤ 훅해지장치

합격정보

산업안전보건기준에 관한 규칙 제137조(해지장치의 사용)

사업주는 훅걸이용 와이어로프 등이 훅으로부터 벗겨지는 것을 방지하기 위한 장치(이하 "해지장치"라 한다)를 구비한 크레인을 사용하여야 하며, 그 크레인을 사용하여 짐을 운반하는 경우에는 해지장치를 사용하여야 한다.

KEY 2018년 8월 19일 기사·산업기사 동시 출제

102 다음 중 직접기초의 터파기 공법이 아닌 것은?

① 개착 공법
② 시트 파일 공법
③ 트렌치 컷 공법
④ 아일랜드 컷 공법

해설

시트 파일 공법

① 대규모 지반개량 공법   ② 바닷물 차수 역할
예 바닷물이 들어가지도 나가지도 못함

103 사다리식 통로 등을 설치하는 경우 폭은 최소 얼마 이상으로 하여야 하는가?

① 30[cm]
② 40[cm]
③ 50[cm]
④ 60[cm]

해설

사다리식 통로 폭 : 30[cm]이상

참고) 산업안전기사 필기 p.6-18(합격날개 : 합격예측 및 관련법규)

KEY ① 2016년 10월 1일 산업기사 출제
    ② 2017년 5월 7일 기사·산업기사 동시 출제
    ③ 2018년 4월 28일 산업기사 출제

[정답] 99 ① 100 ① 101 ① 102 ② 103 ①

과년도 출제문제

> **합격정보**
> 산업안전보건기준에 관한 규칙 제24조(사다리식 통로 등의 구조)

104 화물취급 작업 시 준수사항으로 옳지 않은 것은?

① 꼬임이 끊어지거나 심하게 부식된 섬유로프는 화물운반용으로 사용해서는 아니된다.
② 섬유로프 등을 사용하여 화물취급작업을 하는 경우에 해당 섬유로프 등을 점검하고 이상을 발견한 섬유로프 등을 즉시 교체하여야 한다.
③ 차량 등에서 화물을 내리는 작업을 하는 경우에 해당 작업에 종사하는 근로자에게 쌓여있는 화물의 중간에서 필요한 화물을 빼낼 수 있도록 허용한다.
④ 하역작업을 하는 장소에서 작업장 및 통로의 위험한 부분에는 안전하게 작업할 수 있는 조명을 유지한다.

> **해설**
> **산업안전보건기준에 관한 규칙 제389조(화물 중간에서 화물 빼내기 금지)**
> 사업주는 차량 등에서 화물을 내리는 작업을 하는 경우에 해당 작업에 종사하는 근로자에게 쌓여있는 화물 중간에서 화물을 빼내도록 해서는 아니 된다.
> **참고** 산업안전기사 필기 p.6-183(합격날개 : 합격예측 및 관련법규)

105 건설재해대책의 사면보호공법 중 식물을 생육시켜 그 뿌리로 사면의 표층토를 조성하여 빗물에 의한 침식, 동상, 이완 등을 방지하고, 녹화에 의한 경관조성을 목적으로 시공하는 것은?

① 식생공　　　　② 쉴드공
③ 뿜어 붙이기공　④ 블럭공

> **해설**
> **식생 공법의 종류**
>
> | 구분 | 방법 |
> |---|---|
> | 떼붙임공 | 떼를 일정한 간격으로 심어서 비탈면을 보호하는 공법(평떼, 줄떼) |
> | 식생공 | 법면에 식물을 번식시켜 법면의 침식과 표면활동 방지 |
> | 식수공 | 떼붙임공, 식생공으로 부족할 경우 나무를 심어서 사면보호 |
> | 파종공 | 종자, 비료, 안정제, 양성제, 흙 등을 혼합하여 압력으로 비탈면에 뿜어 붙이는 공법 |

> **참고** 산업안전기사 필기 p.6-168(합격날개 : 합격예측)
> **KEY** 2016년 3월 6일 출제

106 다음은 산업안전보건법령에 따른 동바리로 사용하는 파이프 서포트에 관한 사항이다. ( )안에 들어갈 내용을 순서대로 옳게 나타낸 것은?

> 가. 파이프 서포트를 (A) 이상 이어서 사용하지 않도록 할 것
> 나. 파이프 서포트를 이어서 사용하는 경우에는 (B) 이상의 볼트 또는 전용철물을 사용하여 이을 것

① A: 2개, B: 2개　② A: 3개, B: 4개
③ A: 4개, B: 3개　④ A: 4개, B: 4개

> **해설**
> **동바리로 사용하는 파이프서포트의 안전기준**
> ① 파이프서포트를 3개 이상 이어서 사용하지 아니하도록 할 것
> ② 파이프서포트를 이어서 사용할 경우에는 4개 이상의 볼트 또는 전용철물을 사용하여 이을 것
> ③ 높이가 3.5[m]를 초과할 경우에는 높이 2[m] 이내마다 수평연결재를 2개 방향으로 만들고 수평연결재의 변위를 방지할 것
> **참고** 산업안전기사 필기 p.6-87 (합격날개 : 참고)
> **KEY** ① 2016년 10월 1일 출제
> ② 2017년 5월 7일 출제
> ③ 2017년 8월 26일 산업기사 출제
> ④ 2018년 3월 4일 기사 · 산업기사 동시 출제

> **합격정보**
> 산업안전보건기준에 관한 규칙 제332조의2(동바리 유형에 따른 동바리 조립 시의 안전조치)

107 장비가 위치한 지면보다 낮은 장소를 굴착하는 데 적합한 장비는?

① 트럭크레인　② 파워셔블
③ 백호　　　　④ 진폴

> **해설**
> **백호(back hoe)[드래그셔블(drag shovel)]**
> ① 중기가 위치한 지면보다 낮은 곳의 땅을 파는데 적합하다.
> ② 토목공사나 수중굴착에 많이 사용된다.

[정답]　104 ③　105 ①　106 ②　107 ③

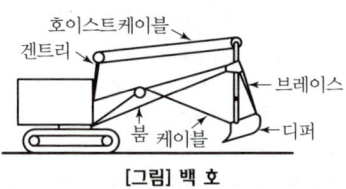

[그림] 백호

참고) 산업안전기사 필기 p.6-63(② 백호)

108 추락재해에 대한 예방차원에서 고소작업의 감소를 위한 근본적인 대책으로 옳은 것은?

① 방망설치
② 지붕트러스의 일체화 또는 지상에서 조립
③ 안전대 사용
④ 비계 등에 의한 작업대 설치

해설
철골기둥, 빔, 트러스 등의 철골구조물을 지상에서 조립하는 이유 : 고소작업의 감소

참고) 산업안전기사 필기 p.6-155(합격날개 : 은행문제)

KEY ▶ 2018년 4월 22일 출제

109 시스템 비계를 사용하여 비계를 구성하는 경우의 준수사항으로 옳지 않은 것은?

① 수직재·수평재·가새재를 견고하게 연결하는 구조가 되도록 할 것
② 수평재는 수직재와 직각으로 설치하여야 하며, 체결 후 흔들림이 없도록 견고하게 설치할 것
③ 비계 밑단의 수직재와 받침철물은 밀착되도록 설치하고, 수직재와 받침철물의 연결부의 겹침길이는 받침철물 전체 길이의 3분의 1 이상이 되도록 할 것
④ 벽 연결재의 설치간격은 시공자가 안전을 고려하여 임의대로 결정한 후 설치할 것

해설
벽 연결재의 설치간격 기준 : 제조사가 정한 기준

참고) 산업안전기사 필기 p.6-104(합격날개 : 합격예측 및 관련법규)

합격정보
산업안전보건기준에 관한 규칙 제69조 (시스템비계의 구조)

110 단관비계의 도괴 또는 전도를 방지하기 위하여 사용하는 벽이음의 간격기준으로 옳은 것은?

① 수직방향 5[m] 이하, 수평방향 5[m] 이하
② 수직방향 6[m] 이하, 수평방향 6[m] 이하
③ 수직방향 7[m] 이하, 수평방향 7[m] 이하
④ 수직방향 8[m] 이하, 수평방향 8[m] 이하

해설
강관비계 조립 간격

강관비계의 종류	조립 간격(단위 : [m])	
	수직 방향	수평 방향
단관비계	5	5
틀비계 (높이 5[m] 미만인 것은 제외)	6	8

참고) 산업안전기사 필기 p.6-94(표. 강관비계의 조립간격)

KEY ▶ ① 2016년 5월 8일 출제
② 2017년 9월 23일 산업기사 출제

합격정보
산업안전보건기준에 관한 규칙 ([별표5] 강관비계의 조립간격)

111 추락방지용 방망 중 그물코의 크기가 5[cm]인 매듭방망 신품의 인장강도는 최소 몇 [kg] 이상이어야 하는가?

① 60   ② 110
③ 150 ④ 200

해설
방망사의 신품에 대한 인장강도

그물코의 크기 (단위 :[cm])	방망의 종류 (단위 : [kg])	
	매듭없는 방망	매듭 방망
10	240	200
5		110

참고) 산업안전기사 필기 p.6-50(1. 방망사의 강도)

KEY ▶ ① 2016년 5월 8일 출제
② 2017년 3월 5일 출제
③ 2017년 8월 26일 출제
④ 2018년 4월 28일 산업기사 출제

[정답] 108 ② 109 ④ 110 ① 111 ②

과년도 출제문제

112 겨울철 공사중인 건축물의 벽체 콘크리트 타설 시 거푸집이 터져서 콘크리트가 쏟아지는 사고가 발생하였다. 이 사고의 발생 원인으로 추정 가능한 사안 중 가장 타당한 것은?

① 콘크리트의 타설속도가 빨랐다.
② 진동기를 사용하지 않았다.
③ 철근 사용량이 많았다.
④ 콘크리트의 슬럼프가 작았다.

해설
측압에 영향을 주는 요인(측압이 큰 경우)
① 거푸집 부재 단면이 클수록 ② 거푸집 수밀성이 클수록
③ 거푸집 강성이 클수록 ④ 거푸집 표면이 평활할수록
⑤ 시공연도(workability)가 좋을수록
⑥ 철골 또는 철근량이 적을수록 ⑦ 외기온도가 낮을수록
⑧ 타설속도가 빠를수록 ⑨ 다짐이 좋을수록
⑩ 슬럼프가 클수록 ⑪ 콘크리트 비중이 클수록
⑫ 조강시멘트 등 응결시간이 빠른 것을 사용할수록
⑬ 습도가 낮을수록

참고 산업안전기사 필기 p.6-151(3. 측압에 영향을 주는 요인)

KEY
① 2016년 5월 8일 산업기사출제
② 2016년 10월 1일 출제
③ 2017년 5월 7일 산업기사 출제

113 이동식비계를 조립하여 작업을 하는 경우의 준수사항으로 옳지 않은 것은?

① 비계의 최상부에서 작업을 하는 경우에는 안전난간을 설치할 것
② 작업발판은 항상 수평을 유지하고 작업발판 위에서 안전난간을 딛고 작업을 하거나 받침대 또는 사다리를 사용하여 작업하지 않도록 할 것
③ 작업발판의 최대적재하중은 150[kg]을 초과하지 않도록 할 것
④ 이동식 비계의 바퀴에는 뜻밖의 갑작스러운 이동 또는 전도를 방지하기 위하여 브레이크·쐐기 등으로 바퀴를 고정시킨 다음 비계의 일부를 견고한 시설물에 고정하거나 아웃트리거(outtrigger)를 설치하는 등 필요한 조치를 할 것

해설
이동식 비계 작업발판 최대적재 하중 : 250[kg] 초과 금지

참고 산업안전기사 필기 p.6-103(합격날개 : 합격예측 및 관련법규)

KEY
① 2017년 8월 26일 출제
② 2017년 3월 5일 산업기사 출제
③ 2018년 3월 4일 출제

합격정보
산업안전보건기준에 관한 규칙 제68조 (이동식비계)

114 건설업 산업안전보건관리비 내역 중 계상비용에 해당되지 않는 것은?

① 근로자 건강관리비
② 건설재해 예방 기술지도비
③ 개인보호구 및 안전장구 구입비
④ 외부비계, 작업발판 등의 가설구조물 설치 소요비

해설
안전관리비 항목 중 계상비용
① 안전·보건관리자 임금 등 ② 안전시설비 등
③ 보호구 등 ④ 안전보건진단비 등
⑤ 안전보건교육비 등 ⑥ 근로자 건강장해예방비 등
⑦ 건설재해예방전문지도기관 기술지도비
⑧ 본사 전담조직 근로자 임금 등 ⑨ 위험성평가 등에 따른 소요비용

참고 산업안전기사 필기 p.6-10 (1. 안전관리비 항목)

합격정보
2024년 9월 19일(고시 2024-53호)

115 다음 중 운반작업 시 주의사항으로 옳지 않은 것은?

① 운반 시의 시선은 진행방향으로 향하고 뒷걸음 운반을 하여서는 안된다.
② 무거운 물건을 운반할 때 무게 중심이 높은 하물은 인력으로 운반하지 않는다.
③ 어깨높이보다 높은 위치에서 하물을 들고 운반하여서는 안 된다.
④ 단독으로 긴 물건을 어깨에 메고 운반할 때에는 뒤쪽을 위로 올린 상태로 운반한다.

해설
긴 물건은 어깨에 메고 운반시 앞쪽을 올린 상태로 운반한다.

참고 산업안전기사 필기 p.6-206 (문제 66번) 적중

[정답] 112 ① 113 ③ 114 ④ 115 ④

116 다음 중 건설공사 유해위험방지계획서 제출대상 공사가 아닌 것은?

① 지상높이가 50[m]인 건축물 또는 인공구조물 건설공사
② 연면적이 3,000[m²]인 냉동·냉장창고시설의 설비공사
③ 최대 지간길이가 60[m]인 교량건설공사
④ 터널건설공사

해설
유해위험방지계획서 제출대상 건설공사
(1) 건축물 또는 시설 등의 건설·개조 또는 해체공사
　가. 지상높이가 31미터 이상인 건축물 또는 인공구조물
　나. 연면적 3만제곱미터 이상인 건축물
　다. 연면적 5천제곱미터 이상인 시설
　　① 문화 및 집회시설(전시장 및 동물원·식물원은 제외한다)
　　② 판매시설, 운수시설(고속철도의 역사 및 집배송시설은 제외한다)
　　③ 종교시설　　　④ 의료시설 중 종합병원
　　⑤ 숙박시설 중 관광숙박시설　⑥ 지하도상가
　　⑦ 냉동·냉장 창고시설
(2) 연면적 5천제곱미터 이상인 냉동·냉장 창고시설의 설비공사 및 단열공사
(3) 최대지간길이가 50[m] 이상인 교량건설 등 공사
(4) 터널건설 등의 공사
(5) 다목적댐, 발전용댐 및 저수용량 2천만톤 이상의 용수전용댐, 지방상수도 전용댐 건설 등의 공사
(6) 깊이 10[m] 이상인 굴착공사

참고 산업안전기사 필기 p.6-20(3. 유해위험방지계획서 제출대상 건설공사)

KEY ① 2016년 5월 8일 출제
② 2017년 3월 5일 산업기사 출제
③ 2018년 4월 28일 출제
④ 2018년 8월 19일 기사·산업기사 출제

합격정보
산업안전보건법 시행령 제42조 (유해위험방지계획서 제출대상)

117 철골작업에서의 승강로 설치기준 중 ( )안에 알맞은 것은?

사업주는 근로자가 수직방향으로 이동하는 철골부재에는 답단간격이 (　　) 이내인 고정된 승강로를 설치하여야 한다.

① 20[cm]　② 30[cm]
③ 40[cm]　④ 50[cm]

해설
고정된 승강로 Trap(답단)

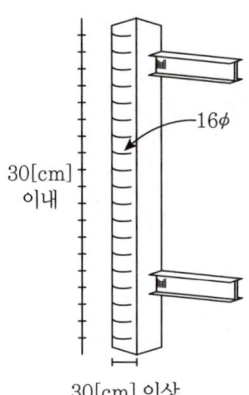

참고 산업안전기사 필기 p.6-168(그림. 고정된 승강로 Trap)

합격정보
산업안전보건기준에 관한 규칙 제381조(승강로의 설치)
사업주는 근로자가 수직방향으로 이동하는 철골부재(鐵骨部材)에는 답단(踏段) 간격이 30센티미터 이내인 고정된 승강로를 설치하여야 하며, 수평방향 철골과 수직방향 철골이 연결되는 부분에는 연결작업을 위하여 작업발판 등을 설치하여야 한다.

118 건설공사 위험성평가에 관한 내용으로 옳지 않은 것은?

① 건설물 기계·기구, 설비 등에 의한 유해·위험요인을 찾아내어 위험성을 결정하고 그 결과에 따른 조치를 하는 것을 말한다.
② 사업주는 위험성 평가의 실시내용 및 결과를 기록·보존하여야 한다.
③ 위험성평가 기록물의 보존기간은 2년이다.
④ 위험성평가 기록물에는 평가대상의 유해·위험요인, 위험성결정의 내용 등이 포함된다.

해설
위험성 평가 기록물 보존기간 : 3년

참고 산업안전기사 필기 p.6-192 (합격날개 : 은행문제)

[**정답**] 116 ② 117 ② 118 ③

보충학습
단계별 위험성 평가 추진방법

(1) 1단계 (사전준비 : Preparation of Risk assessment)
   ① 위험성 평가 실시규정 작성 : 자체계획을 규정화, 생산계획에 따라 연간계획 수립
   ② 위험성평가에 관한 교육 실시 : 전문교육기관 이용, 사업장 자체적으로 위험성평가의 중요성, 실시방법 등을 교육
   ③ 평가대상 선정 : 정상작업, 비정상작업, 설비 포함
   ④ 안전보건정보 사전 조사 : 위험유해요인 누락예방, 사업장의 기본 정보 파악, 유해·위험요인에 관한 정보 입수 시 법령, 지침, 관련 업계, 사내규정 등 각종 기준의 정보를 파악하는 동시에, 재해통계, 안전보건관리 기록, 안전보건활동 기록 등의 정보를 토대로 사업장의 유해, 위험요인에 관한 정보

(2) 2단계 (유해·위험요인 파악 : Hazard identification)
   ① 사업장 순회점검에 의한 방법 : 계측장비 준비, 각종 질병 및 사고 기록, 설비의 특이사항 등
   ② 청취조사에 의한 방법 : 현장근로자의 면담, 누구를 선정, 안전보건 교육자, 현재 작업에 능통자, 유해·위험요인에 대해 판단 가능자, 현재 책임자 등
   ③ 안전보건자료에 의한 방법 : 산업안전보건위원회 회의록, 측정 및 검진 자료, 질병보고서, 안전보건활동자료 등
   ④ 안전보건 체크리스트에 의한 방법
   ⑤ 위 방법 외에 사업장에 적합한 다른 방법을 가미하여 사용 가능

(3) 3단계 (위험성 수준의 결정 : Risk evaluation)
   ① 사람에 따라 주관적인 개입이 많은 단계이므로 자의적해석은 불가
   ② 추정된 위험성(크기)이 받아들여질 만한 수준인지, 즉 허용가능한지 여부를 판단하는 단계
   ③ 위험성이 안전한 수준이라고 판단(결정)되면, 잔류 위험성이 어느 정도 존재하는지를 명기하고 종료 절차
   ④ 안전한 수준이라고 인정되지 않으면 위험성을 감소시키는 조치(대책)를 수립하는 절차 반복

(4) 4단계 (위험성 감소대책 수립/실행 : Risk control action & implementation)
   ① 위험성의 크기가 큰 것부터 위험성 감소대책의 대상으로 함
   ② 위험성이 대책을 실행 후 충분히 감소되었는지 확인
   ③ 위험성이 충분히 제거되지 않을 경우는 다시 감소대책을 수립 시행

(5) 5단계 (위험성 평가의 공유)
   ① 게시판 게시
   ② TBM 등 안전교육시간 활용

(6) 6단계 (기록 및 보존)
   ① 위험성 평가 실시한 경우 실시내용 및 결과를 기록, 보존 : 유해 위험요인, 위험성 결정의 내용, 결정에 따른 조치의 내용, 사전 조사한 내용, 그 밖에 사업장에서 필요하다고 정한 사항
   ② 문서화, 위험성 평가기록은 그 자체로 유용한 도구이며 유용하게 사용
   ③ 사고의 원인규명의 자료에도 도움이 됨
   ④ 기록물 보전 기간은 3년이상, 최초 평가 기록은 영구보존 권장

119
잠함 또는 우물통의 내부에서 굴착작업을 할 때의 준수사항으로 옳지 않은 것은?

① 굴착 깊이가 10[m]를 초과하는 경우에는 해당 작업장소와 외부와의 연락을 위한 통신설비등을 설치하여야 한다.
② 산소 결핍의 우려가 있는 경우에는 산소의 농도를 측정하는 자를 지명하여 측정하도록 한다.
③ 근로자가 안전하게 승강하기 위한 설비를 설치한다.
④ 측정 결과 산소의 결핍이 인정될 경우에는 송기를 위한 설비를 설치하여 필요한 양의 공기를 공급하여야 한다.

해설
잠함작업시 통신설비 설치기준 : 굴착깊이 20[m]초과

참고 산업안전기사 필기 p.6-146(합격날개 : 합격예측 및 관련법규)

KEY 2018년 3월 4일 산업기사 출제

합격정보
산업안전보건기준에 관한 규칙 제377조 (잠함 등 내부에서의 작업)

120
항타기 또는 항발기의 권상장치 드럼축과 권상장치로부터 첫 번째 도르래의 축 간의 거리는 권상장치 드럼폭의 몇 배 이상으로 하여야 하는가?

① 5배　　② 8배
③ 10배　　④ 15배

해설
항타기 또는 항발기의 권상장치의 드럼축과 권상장치로부터 첫 번째 도르래의 축 간의 거리 : 권상장치 드럼폭의 15배 이상

참고 산업안전기사 필기 p.6-57(합격날개 : 합격예측 및 관련법규)

합격정보
산업안전보건기준에 관한 규칙 제216조 (도르래의 부착 등)

[정답]　119 ①　120 ④

저자약력

정재수(靑波:鄭再琇)

인하대학교 공학박사/GTCC 교육학명예박사/한양대학교 공학석사/공학사/문학사/각종국가고시 출제, 검토, 채점, 감독, 면접위원역임/매경TV/EBS/KBS라디오 출연 및 강사/중소기업진흥공단 강사/대한산업안전협회 강사/호원대학교, 신성대학교, 대림대학교, 수원대학교 외래교수/울산대학교, 군산대학교, 한경대학교 등 특강/한국폴리텍II대학 산학협력단장, 평생교육원장, 산학기술연구소장, 디자인센터장/한국폴리텍 대학 교수/한국폴리텍대학남인천캠퍼스 학장/대한민국산업현장 교수/(사)대한민국에너지상생포럼 집행위원장/(사)한국안전돌봄서비스협회 회장/(사)대한민국 청렴코리아 공동대표/협성대학교 IPP추진기획단 특별위원/인천광역시 새마을문고 회장/한국요양신문 논설위원/생명살림운동 강사/GTCC 대학교 겸임교수/ISO국제선임심사원/열린사이버대학교 특임교수/**한국방송통신대학교 및 한국 폴리텍 대학 공동 선정 동영상 강의**

[저서]
- 산업안전공학(도서출판 세화)
- 기계안전기술사(도서출판 세화)
- 건설안전기술사(도서출판 세화)
- 산업안전기사필기, 실기 필답형, 작업형(도서출판 세화)
- 건설안전기사필기, 실기 필답형, 작업형(도서출판 세화)
- 산업안전지도사 시리즈(도서출판 세화)
- 산업보건지도사 시리즈(도서출판 세화)
- 산업안전보건(한국산업인력공단)
- 공업고등학교안전교재(서울교과서)
- 산업안전보건동영상(한국산업인력공단) 등 60여권 저술
- 한국방송통신대학과 한국폴리텍대학 선정 동영상 촬영

[상훈]
대한민국 근정 포장(대통령)/국무총리 표창/행정자치부 장관표창/300만 인천광역시민상 수상과 효행표창 등 8회 수상/인천광역시 교육감 상 수상/Vision2010교육혁신대상수상/2018년 대한민국청렴대상수상/30년이상봉사 새마을기념장 수상/몽골 옵스 주지사 표창 수상

[출강기업(무순)]
삼성(전자, 건설, 중공업, 조선, 물산)/현대(건설, 자동차, 중공업, 제철)/대우(건설, 자동차, 조선), SK(정유, 건설)/GS건설/에스원(S1)/두산(건설, 중공업), 동부(반도체), POSCO건설, 멀티캠퍼스, e-mart, CJ, 한국수자원공사 등 100여기업/이상 안전자격증특강

국가기술자격 필기시험 집중 대비서(녹색자격증, 녹색직업)

산업안전기사 필기[과년도] - 1권 (2015년~2018년)

31판 56쇄 발행	2026. 1. 20. (25. 9. 1.인쇄)	18판 42쇄 발행	2015. 1. 1.	11판 27쇄 발행	2008. 1. 1.	5판 12쇄 발행	2002. 6. 10.
		17판 41쇄 발행	2014. 1. 1.	10판 26쇄 발행	2007. 5. 30.	5판 11쇄 발행	2002. 1. 10.
30판 55쇄 발행	2025. 1. 23.	16판 40쇄 발행	2013. 7. 20.	10판 25쇄 발행	2007. 3. 20.	4판 10쇄 발행	2001. 7. 10.
29판 54쇄 발행	2024. 4. 1.	16판 39쇄 발행	2013. 1. 1.	10판 24쇄 발행	2007. 1. 10.	4판 9쇄 발행	2001. 1. 10.
28판 53쇄 발행	2023. 11. 15.	15판 38쇄 발행	2012. 8. 10.	9판 23쇄 발행	2006. 6. 10.	3판 8쇄 발행	2000. 9. 10.
27판 52쇄 발행	2023. 2. 17.	15판 37쇄 발행	2012. 4. 10.	9판 22쇄 발행	2006. 3. 20.	3판 7쇄 발행	2000. 6. 10.
26판 51쇄 발행	2022. 1. 14.	15판 36쇄 발행	2012. 1. 1.	9판 21쇄 발행	2006. 1. 10.	3판 6쇄 발행	
25판 50쇄 발행	2021. 1. 1.	14판 35쇄 발행	2011. 5. 20.	8판 20쇄 발행	2005. 6. 10.	2판 5쇄 발행	1999. 9. 30.
24판 49쇄 발행	2020. 1. 17.	14판 34쇄 발행	2011. 1. 1.	8판 19쇄 발행	2005. 3. 20.	2판 4쇄 발행	1999. 6. 10.
23판 48쇄 발행	2019. 1. 10.	13판 33쇄 발행	2010. 5. 30.	8판 18쇄 발행	2005. 1. 10.	2판 3쇄 발행	1999. 1. 10.
22판 47쇄 발행	2018. 7. 30.	13판 32쇄 발행	2010. 1. 1.	7판 17쇄 발행	2004. 6. 30.	1판 2쇄 발행	1998. 7. 10.
21판 46쇄 발행	2018. 1. 10.	12판 31쇄 발행	2009. 3. 20.	7판 16쇄 발행	2004. 4. 10.	1판 1쇄 발행	1998. 1. 5.
20판 45쇄 발행	2017. 1. 1.	12판 30쇄 발행	2009. 1. 1.	7판 15쇄 발행	2004. 1. 10.		
20판 44쇄 발행	2016. 2. 10.	11판 29쇄 발행	2008. 6. 10.	6판 14쇄 발행	2003. 6. 10.		
19판 43쇄 발행	2016. 1. 1.	11판 28쇄 발행	2008. 3. 20.	6판 13쇄 발행	2003. 1. 10.		

지은이 정재수
펴낸이 박 용
펴낸곳 도서출판 세화   **주소** 경기도 파주시 회동길 325-22(서패동 469-2)
영업부 (031)955-9331~2   **편집부** (031)955-9333   **FAX** (031)955-9334
등록 1978. 12. 26 (제 1-338호)

정가 43,000원 (1권 / 2권 / 3권)
ISBN 978-89-317-1339-8 13530
※ 파손된 책은 교환하여 드립니다.

본 도서의 내용 문의 및 궁금한 점은 더 정확한 정보를 위하여 저자분에게 문의하시고, 저희 홈페이지 수험서 자료실이나 저자 이메일에 문의바랍니다.
저자명 정재수(jjs90681@naver.com) TEL 010-7209-6627

개정때마다 새롭게 태어납니다.

타 교재와 비교하십시오
탁월한 선택의 즐거움이 커집니다.

산업안전기사 필기 과년도 1

- 제1회의 해설에서 이해하지 못했다면 제3, 제4의 문제해설을 통하여 반드시 이해할 수 있도록 하였다.
- 한 문제(1항목)를 이해하면 열 문제(10항목)를 해결할 수 있도록 구성하였다.
- 산업안전기사 자격취득의 결론은 본서의 문제와 해설의 합격작전으로 합격을 보장할 수 있도록 엮었다.
- 최근까지 출제된 과년도 출제 문제를 수록하여 수험준비에 만전을 기하였다.

본서의 구성
- 제 1 권   2015~2018년 기출문제 수록
- 제 2 권   2019~2021년 기출문제 수록
- 제 3 권   2022~2025년 기출문제 수록

특별부록 QR자료 다운로드
- 1주일에 끝나는 계산문제 총정리
- 미공개문제 11개년(92년~02년)
- 공개문제 12개년(03~14년)

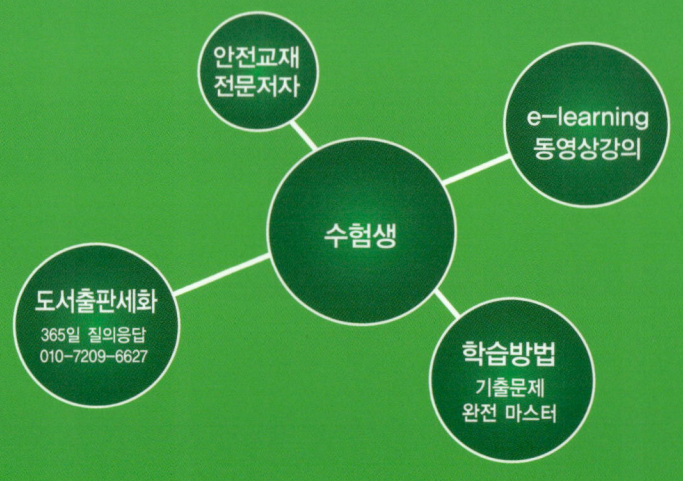

지은이 정재수   펴낸이 박용   펴낸곳 도서출판 세화
등록번호 1978.12.26 (제1-338 호)   주소 경기도 파주시 회동길 325-22(서패동469-2)
구입문의 (031)955-9331~2   편집부 (031)955-9333   fax (031)955-9334

이 책에 실린 모든 글과 일러스트 및 편집 형태에 대한 저작권은 도서출판 세화에 있으므로 무단 복사, 복제는 법에 저촉받습니다.
잘못 제작된 책은 교환해 드립니다.
Copyright ⓒ Sehwa Publishing Co.,Ltd.

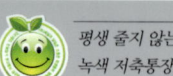
평생 줄지 않는
녹색 저축통장!

보행금지   인화성물질경고   고압전기경고   안전모착용   응급구호표시   녹십자 표시

2026
개정31판 총56쇄

ISO 9001:2015 인증
한국산업기술융합협회
안전연구소 인정

CBT 백과사전식
NCS적용 문제해설

녹색자격증
녹색직업

CBT 실전 연습
AI 기출문제 학습앱

https://MACHUDA.kr

세계유일무이
365일 저자상담직통전화
010-7209-6627

2025년 전회차 CBT 복기문제 수록

산업안전기사 필기

2019~2021년

과년도 2

안전공학박사/명예교육학박사
대한민국산업현장교수/기술지도사

정재수 지음

네이버 검색창에 검색해 보세요.
"정재수의 안전스쿨"
http://cafe.naver.com/anjeonschool
카페에 가입하시면
정재수의 안전스쿨 **무료 동영상**

QR코드를 스캔하여 특별부록을 다운로드 하세요. 홈페이지에서도 다운 받으실 수 있습니다.
도서출판 세화

 동영상 강의

에듀피디	정재수의 안전닷컴
에어클래스	온캠퍼스
이패스코리아	한솔아카데미

"산업안전 우수 숙련기술자" 선정

1
안전분야 베스트셀러
35년 독보적 판매
최신 기출문제 수록

산업안전기사, 건설안전기사 · 지도사 · 기능장 · 기술사 등 관련자격 및 의문사항에 대하여 365일 성심 성의껏 답변해 드리고 있습니다. 저자와 상담 후 교재를 구입하세요.

www.sehwapub.co.kr

대한민국 최초, 최다, 최고, 최상, 최적 적중률의 안전관리 완벽합격!

● 특허 제 10-2687805 호 ●

명칭 : 국가직무능력표준에 따른 자격사 교육 콘텐츠 생성 자동화 방법, 장치 및 시스템

도서출판 세화

2026
개정31판 총56쇄

- ISO 9001:2015 인증
- 안전연구소 인정

CBT 백과사전식
NCS적용 문제해설

녹색자격증
녹색직업

CBT 실전 연습
AI 기출문제 학습앱
https://machuda.kr
맞추다 MACHUDA

세계유일무이
365일 저자상담직통전화
010-7209-6627

2025년 전회차 CBT 복기문제 수록

산업안전기사필기

2019~2021년 과년도 **2**

안전공학박사/명예교육학박사
대한민국산업현장교수/기술지도사

정 재 수 지음

"산업안전 우수 숙련기술자" 선정

안전분야 베스트셀러
35년 독보적 판매
최신 기출문제 수록

건설안전, 산업안전 기사·지도사·기능장·기술사 등 관련 자격 및 의문사항에 대하여
365일 성심 성의껏 답변해 드리고 있습니다. 저자와 상담 후 교재를 구입하세요.
www.sehwapub.co.kr

대한민국 최초, 최다, 최고, 최상, 최적 적중률의 안전관리 완벽합격!

● 특허 제10-2687805호 ●

명칭: 국가직무능력표준에 따른 자격사 교육 콘텐츠 생성 자동화 방법, 장치 및 시스템

도서출판 세화

차례

1992~2002년도 기사 미공개문제 11개년도/QR코드
2003~2014년도 기사 공개문제 12개년도/QR코드
▶ http//cafe.naver.com/anjeonschool/12 – 출력가능

2019 년도 기사 정기검정 과년도 문제해설

2019년도 제1회(2019년 3월 03일 시행)	4
2019년도 제2회(2019년 4월 27일 시행)	35
2019년도 제3회(2019년 8월 04일 시행)	66

2020 년도 기사 정기검정 과년도 문제해설

2020년도 제1·2회(2020년 6월 07일시행)	96
2020년도 제3회(2020년 8월 22일 시행)	125
2020년도 제4회(2020년 9월 27일 시행)	156

2021 년도 기사 정기검정 과년도 문제해설

2021년도 제1회(2021년 3월 07일 시행)	188
2021년도 제2회(2021년 5월 15일 시행)	217
2021년도 제3회(2021년 8월 14일 시행)	250

과년도 출제문제(기사)

합격의 포인트

- 수험생 여러분! 과년도 문제는 뒷부분부터 보세요.(합격의 기쁨이 빨리 옵니다.)
- 과년도 문제에서 많이 출제됨을 기억하세요.(60%출제+해설40%=100%)
- 상세한 해설이 합격을 보장합니다.
- 산업안전기사의 필기, 실기(필답형+작업형)의 전교재를 갖춘 출판사는 대한민국에 세화뿐입니다.

참고

- 한국산업인력공단이 공개한 문제와 비공개 문제를 출판사와 저자가 재작성 및 재편집·해설하여 다음 시험에 100% 적중을 위하여 구성하였습니다.(참고 및 합격키를 확인하는 것이 합격의 비결입니다.)
- 현명한 세화 독자는 뒷부분(최근 기출문제)부터 공부하세요.(최근문제가 이번 시험에 적중합니다.)
- 본서의 문제 중 오답, 오타가 있을 수 있습니다. 발견되면 저자에게 연락주십시오.
- 저자실명제·공식저자, 안전공학박사(365일 상담 : 010-7209-6627)
- 요점정리 및 별도 계산문제도 꼭 보셔야 만점 합격할 수 있습니다.
- 2026년 출제기준과 NCS 출제기준에 맞추어 CBT시험에 적용했습니다.

산업안전기사 필기

2019년 3월 3일 시행 　제1회

2019년 4월 27일 시행 　제2회

2019년 8월 4일 시행 　제3회

2019년도 기사 정기검정 제1회 (2019년 3월 3일 시행)

자격종목 및 등급(선택분야): 산업안전기사

종목코드	시험시간	수험번호	성명
1431	3시간	20190303	도서출판세화

1 산업재해 예방 및 안전보건교육

01 제일선의 감독자를 교육대상으로 하고, 작업을 지도하는 방법, 작업개선방법 등의 주요 내용을 다루는 기업내 교육방법은?

① TWI   ② MTP
③ ATT   ④ CCS

[해설]
TWI(기업내 정형 교육) 교육 내용
① 작업방법훈련(Job Method Training : JMT) : 작업개선
② 작업지도훈련(Job Instruction Training : JIT) : 작업지도·지시
③ 인간관계훈련(Job Relations Training : JRT) : 부하 통솔
④ 작업안전훈련(Job Safety Training : JST) : 작업안전

[참고] 산업안전기사 필기 p.1-145(1. 기업내 정형교육)

[KEY]
① 2016년 3월 6일 기사 출제
② 2016년 8월 21일 산업기사 출제
③ 2017년 5월 7일 산업기사 출제
④ 2017년 8월 26일 산업기사 출제
⑤ 2018년 3월 4일 기사·산업기사 동시 출제
⑥ 2018년 4월 28일 기사 출제
⑦ 2019년 3월 3일 산업안전, 건설안전기사 동시 출제

02 안전검사기관 및 자율검사프로그램 인정기관은 고용노동부장관에게 그 실적을 보고하도록 관련법에 명시되어 있는데 그 주기로 옳은 것은?

① 매월   ② 격월
③ 분기   ④ 반기

[해설]
안전검사 절차
제9조(안전검사 실적보고) ① 안전검사기관 및 공단은 규칙 제73조의2 제2항 및 제74조의2제4항에 따른 안전검사 및 심사 실시결과를 전산으로 입력하는 등 검사 대상품에 대한 통계관리를 하여야 한다.
② 안전검사기관은 별지 제1호서식에 따라 분기마다 다음 달 10일까지 분기별 실적과, 매년 1월20일까지 전년도 실적을 고용노동부장관에게 제출하여야 하며, 공단은 별지 제2호서식에 따라 분기마다 다음 달 10일까지 분기별 실적과, 매년 1월 20일까지 전년도 실적을 고용노동부장관에게 제출하여야 한다.
제9조의2(안전검사 결과의 보존) 안전검사기관은 제4조의 안전검사결과서를 3년간 보존하여야 한다.

[참고] 산업안전기사 필기 p.3-51(합격날개 : 은행문제 2)

[정보제공]
안전검사 절차에 관한 고시 제 2014-164호 제9조(안전검사 실적보고)

03 다음 재해사례에서 기인물에 해당하는 것은?

기계작업에 배치된 작업자가 반장의 지시를 받기 전에 정지된 선반을 운전시키면서 변속치차의 덮개를 벗겨내고 치차를 저속으로 운전하면서 급유하려고 할때 오른손이 변속치차에 맞물려 손가락이 절단되었다.

① 덮개   ② 급유
③ 선반   ④ 변속치차

[해설]
재해발생의 분석시 3가지
① 기인물 : 불안전한 상태에 있는 물체(환경포함 : 선반)
② 가해물 : 직접 사람에게 접촉되어 위해를 가한 물체(변속치차)
③ 사고의 형태(재해형태) : 물체(가해물)와 사람과의 접촉현상(협착)

[참고] 산업안전기사 필기 p.1-28(합격날개 : 합격예측)

[KEY] 2015년 3월 8일 문제 8번 출제

04 보호구 안전인증 고시에 따른 분리식 방진마스크의 성능기준에서 포집효율이 특급인 경우, 염화나트륨(NaCl) 및 파라핀 오일(Paraffin oil) 시험에서의 포집효율은?

① 99.95[%] 이상   ② 99.9[%] 이상
③ 99.5[%] 이상   ④ 99.0[%] 이상

[정답] 01 ① 02 ③ 03 ③ 04 ①

해설

방진마스크의 성능

	종류	등급	염화나트륨(NaCl) 및 파라핀 오일(Paraffin oil) 시험(%)
여과재 분진 등 포집효율	분리식	특급	99.95[%] 이상
		1급	94.0[%] 이상
		2급	80.0[%] 이상
	안면부 여과식	특급	99.0[%] 이상
		1급	94.0[%] 이상
		2급	80.0[%] 이상

	종류	등급	질량(g)
여과재 질량	분리식	전면형	500 이하
		반면형	300 이하

	형태	등급	누설률(%)
안면부 누설률	분리식	전면형	0.05 이하
		반면형	5 이하
	안면부 여과식	특급	5 이하
		1급	11 이하
		2급	25 이하

참고) 산업안전기사 필기 p.1-54(합격날개 : 참고)

---

05 산업안전보건법상 특별안전보건교육에서 방사선 업무에 관계되는 작업을 할 때 교육내용으로 거리가 먼 것은?

① 방사선의 유해·위험 및 인체에 미치는 영향
② 방사선 측정기기 기능의 점검에 관한 사항
③ 비상시 응급처치 및 보호구 착용에 관한 사항
④ 산소농도측정 및 작업환경에 관한 사항

해설

방사선 업무에 관계되는 작업 특별안전보건교육
① 방사선의 유해·위험 및 인체에 미치는 영향
② 방사선의 측정기기 기능의 점검에 관한 사항
③ 방호거리·방호벽 및 방사성물질의 취급 요령에 관한 사항
④ 응급처치 및 보호구 착용에 관한 사항
⑤ 그 밖의 안전보건관리에 필요한 사항

참고) 산업안전기사 필기 p.1-161(33. 방사선 업무에 관계되는 작업)

정보제공
산업안전보건법 시행규칙 [별표 5] 안전보건교육 교육대상별 교육내용

---

06 주의의 수준이 Phase 0인 상태에서의 의식상태는?

① 무의식 상태   ② 의식 이완상태
③ 명료한 상태   ④ 과긴장상태

해설

의식 레벨의 단계

단계	의식의 모드	주의작용	생리적 상태	신뢰성	뇌파 패턴
제0단계	무의식, 실신	zero	수면, 뇌발작	zero	γ파
제1단계	의식 흐림 (subnormal, 의식몽롱함)	inactive	피로, 단조로움, 졸음, 술 취함	0.9 이하	θ파
제2단계	이완상태 (normal, relaxed)	passive, 마음이 안쪽으로 향한다.	안정 기거, 휴식시, 정례 작업시(정상 작업시)	0.99~0.99999	α파
제3단계	상쾌한 상태 (normal, clear)	active, 앞으로 향하는 주의, 시야도 넓다.	적극 활동시	0.999999 이상	β파
제4단계	과긴장 상태 (hypernormal, exited)	일점으로 응집, 판단 정지	긴급 방위 반응, 당황해서 panic(감정 흥분시 당황한 상태)	0.9 이하	β파 또는 전자파

참고) 산업안전기사 필기 p.1-118(4. 의식레벨의 5단계)

KEY ▶ ① 2016년 10월 1일 산업기사 출제
② 2018년 4월 28일 기사 출제

---

07 한 사람, 한 사람의 위험에 대한 감수성 향상을 도모하기 위하여 삼각 및 원 포인트 위험예지 훈련을 통합한 활용기법은?

① 1인 위험예지훈련
② TBM 위험예지훈련
③ 자문자답 위험예지훈련
④ 시나리오 역할연기훈련

해설

1인 위험예지 훈련
① 한 사람 한 사람의 위험에 대한 감수성 향상을 도모하기 위하여 삼각 및 One Point 위험예지훈련을 통합한 활용기법의 하나이다.
② 한 사람 한 사람(리더 제외)이 동시에 공통의 도해로 4라운드까지의 1인 위험예지를 지적확인하면서 단시간에 실시한다.
③ 그 결과를 리더의 사회로 서로서로 발표하고 강평함으로써 자기 개발의 도모를 겨냥하고 있다.

참고) 산업안전기사 필기 p.1-14(합격날개 : 합격예측)

KEY ▶ 2014년 3월 2일 기사 출제

[정답] 05 ④   06 ①   07 ①

과년도 출제문제

08 재해예방의 4원칙에 관한 설명으로 틀린 것은?

① 재해의 발생에는 반드시 원인이 존재한다.
② 재해의 발생과 손실의 발생은 우연적이다.
③ 재해를 예방할 수 있는 안전대책은 반드시 존재한다.
④ 재해는 원인 제거가 불가능하므로 예방만이 최선이다.

해설

하인리히 산업재해예방의 4원칙
① 예방가능의 원칙
  천재지변을 제외한 모든 인재는 예방이 가능하다.
② 손실우연의 원칙
  사고의 결과 손실의 유무 또는 대소는 사고 당시의 조건에 따라 우연적으로 발생한다.
③ 원인연계(계기)의 원칙
  사고에는 반드시 원인이 있고 원인은 대부분 복합적 연계 원인이다.
④ 대책선정의 원칙
  사고의 원인이나 불안전 요소가 발견되면 반드시 대책은 선정 실시되어야 하며 대책선정이 가능하다. 대책은 재해방지의 세 기둥이라고 할 수 있다.

참고 산업안전기사 필기 p.3-34(하인리히 산업재해예방 4원칙)

KEY
① 2016년 5월 8일 산업기사 출제
② 2016년 10월 1일 기사 출제
③ 2017년 3월 5일 기사 출제
④ 2017년 5월 7일 산업기사 출제
⑤ 2017년 9월 23일 기사 출제
⑥ 2018년 3월 4일 기사·산업기사 동시 출제
⑦ 2018년 8월 19일 산업기사 출제

09 적응기제(適應機制, Adjustment Mechanism)의 종류 중 도피적 기제(행동)에 해당하지 않는 것은?

① 고립 ② 퇴행
③ 억압 ④ 합리화

해설

적응기제 3가지
① 도피기제(Excape Mechanism) : 갈등을 해결하지 않고 도망감

구분	특징
억압	무의식으로 쑤셔 넣기
퇴행	유아 시절로 돌아가 유치해짐
백일몽	공상의 나래를 펼침
고립(거부)	외부와의 접촉을 끊음

② 방어기제(Defence Mechanism) : 갈등을 이겨내려는 능동성과 적극성

구분	특징
보상	열등감을 다른 곳에서 강점으로 발휘함
합리화	자기변명, 자기실패의 합리화, 자기미화
승화	열등감과 욕구불만을 사회적으로 바람직한 가치로 나타내는 것
동일시	힘 있고 능력 있는 사람을 통해 자기만족을 얻으려 함
투사	자신의 열등감을 다른 것에 던져 그것들도 결점이 있음을 발견해서 열등감에서 벗어나려 함

③ 공격기제(Aggressive Mechanism) : 직접적, 간접적

참고 산업안전기사 필기 p.1-115(보충학습)

KEY
① 2017년 3월 5일 산업기사 출제
② 2018년 3월 4일 기사 출제

10 인간오류에 관한 분류 중 독립행동에 의한 분류가 아닌 것은?

① 생략오류 ② 실행오류
③ 명령오류 ④ 시간오류

해설

심리적 분류(Swain)의 인적(독립행동)오류(불확정, 시간지연, 순서착오)
① 생략오류(Omission Errors : 부작위 실수) : 직무 또는 어떤 단계를 수행치 않음 (누락오류)
② 실행오류(Commission error : 작위 실수) : 직무의 불확실한 수행 (예 선택, 순서, 시간, 정성적 착오)
③ 과잉행동오류(Extraneous error : 불필요한 과오) : 수행되지 않아야 할 직무수행
④ 순서오류(Sequential error : 순서적 과오) : 순서에서 벗어난 직무수행
⑤ 시간오류(Timing error : 지연 과오) : 계획된 시간 내에 직무수행 실패 너무 늦거나 일찍 수행

참고 산업안전기사 필기 p.2-20(1. 심리적 분류)

KEY 2017년 8월 26일 기사 출제

보충학습
명령(command)오류 : 원인에 의한 분류

11 다음중 안전보건교육계획을 수립할 때 고려할 사항으로 가장 거리가 먼 것은?

① 현장의 의견을 충분히 반영한다.
② 대상자의 필요한 정보를 수집한다.
③ 안전교육시행체계와의 연관성을 고려한다.
④ 정부 규정에 의한 교육에 한정하여 실시한다.

[**정답**] 08 ④ 09 ④ 10 ③ 11 ④

| 기타 비용 | 상해특별급여, 유족특별급여(민법에 의한 손해배상 청구) | |

> 참고) 산업안전기사 필기 p.3-46(표 : 직접비와 간접비)

> KEY ① 2016년 5월 8일 산업기사 출제
> ② 2017년 3월 5일 기사 출제
> ③ 2017년 5월 7일 기사 출제
> ④ 2017년 9월 23일 기사 출제
> ⑤ 2018년 8월 19일 산업기사 출제

해설
안전보건교육계획 수립시 고려할 사항
① 정보수집(자료수집)　② 현장의 의견 반영
③ 교육시행 체계와 관계 고려　④ 법규정 교육과 그 이상의 교육

> 참고) 산업안전기사 필기 p.1-137(3. 안전보건교육계획 수립시 고려할 사항)

> KEY 2015년 5월 30일 기사 출제(문제 19번)

12　사고의 원인분석방법에 해당하지 않는 것은?
① 통계적 원인분석　② 종합적 원인 분석
③ 클로즈(close)분석　④ 관리도

해설
산업재해 통계도 종류
① 파레토도　② 특성요인도
③ 크로스(클로즈)분석　④ 관리도

> 참고) 산업안전기사 필기 p.3-3(2. 파레토도, 특성요인도, 클로즈분석, 관리도)

> KEY 2016년 8월 21일 기사 출제

13　하인리히의 재해 코스트 평가방식 중 직접비에 해당하지 않는 것은?
① 산재보상비　② 치료비
③ 간호비　④ 생산손실

해설
직접비와 간접비

직접비(법적으로 지급되는 산재보상비)		간접비(직접비 제외한 모든 비용)
구분	적용	
요양급여	요양비 전액(진찰, 약제, 처치·수술기타치료, 의료시설수용, 간병, 이송 등)	인적손실 물적손실 생산손실 임금손실 시간손실 기타손실 등
휴업급여	1일당 지급액은 평균임금의 100분의 70에 상당하는 금액	
장해급여	장해등급에 따라 장해보상연금 또는 장해보상일시금으로 지급	
간병급여	요양급여 받은 자가 치유후 간병이 필요하여 실제로 간병을 받는 자에게 지급	
유족급여	근로자가 업무상사유로 사망한 경우 유족에게 지급(유족보상연금 또는 유족보상일시금)	
상병보상연금	요양개시후 2년 경과된 날 이후에 다음의 상태가 계속되는 경우 지급 ① 부상 또는 질병이 치유되지 아니한 상태 ② 부상 또는 질병에 의한 폐질의 정도가 폐질등급기준에 해당	
장의비	평균임금의 120일분에 상당하는 금액	

14　안전관리조직의 참모식(staff형)에 대한 장점이 아닌 것은?
① 경영자의 조언과 자문역할을 한다.
② 안전정보 수집이 용이하고 빠르다.
③ 안전에 관한 명령과 지시는 생산라인을 통해 신속하게 전달한다.
④ 안전전문가가 안전계획을 세워 문제해결 방안을 모색하고 조치한다.

해설
라인형 조직과 스태프형 조직

구 분	장 점	단 점
line형 조직	① 안전에 관한 명령과 지시는 생산 라인을 통해 신속·정확히 전달 실시된다. ② 중소 규모 기업에 활용된다.	① 안전 전문 입안이 되어 있지 않아 내용이 빈약하다. ② 안전의 정보가 불충분하다.
staff형 조직	① 안전 전문가가 안전계획을 세워 문제 해결 방안을 모색하고 조치한다. ② 경영자의 조언과 자문 역할을 한다. ③ 안전 정보 수집이 용이하고 빠르다.	① 생산 부문에 협력하여 안전 명령을 전달 실시하므로 안전과 생산을 별개로 취급하기 쉽다. ② 생산 부문은 안전에 대한 책임과 권한이 없다.

> 참고) 산업안전기사 필기 p.2-3(표. 안전보건관리 조직형태)

> KEY ① 2016년 3월 6일 기사·산업기사 동시 출제
> ② 2016년 10월 1일 산업기사 출제
> ③ 2017년 3월 5일 기사 출제
> ④ 2017년 5월 7일 기사 출제
> ⑤ 2017년 8월 26일 기사·산업기사 동시 출제

[정답] 12 ②　13 ④　14 ③

과년도 출제문제

15 산업안전보건법령상 안전인증대상 기계가 아닌 것은?

① 연삭기
② 롤러기
③ 압력용기
④ 고소(高所) 작업대

[해설]

안전인증대상 기계의 종류
① 프레스
② 전단기 및 절곡기
③ 크레인
④ 리프트
⑤ 압력용기
⑥ 롤러기
⑦ 사출성형기
⑧ 고소 작업대
⑨ 곤돌라

[참고] 산업안전기사 필기 p.3-53(1. 안전인증대상 기계의 종류)

[KEY]
① 2017년 3월 5일 기사·산업기사 동시 출제
② 2017년 5월 7일 기사 출제
③ 2018년 3월 4일 기사 출제

[정보제공]
산업안전보건법 시행령 제74조(안전인증대상 기계 등)

---

16 안전교육방법 중 학습자가 이미 설명을 듣거나 시범을 보고 알게 된 지식이나 기능을 강사의 감독 아래 직접적으로 연습하여 적용할 수 있도록 하는 교육방법은?

① 모의법
② 토의법
③ 실연법
④ 반복법

[해설]

실연법
(1) 개요
　① 학습자가 이미 설명을 듣거나 시범을 보고 알게 된 지식이나 기능을 강사의 감독 아래 직접적으로 연습하여 적용할 수 있도록 하는 교육방법
　② 안전교육방법 중 피교육자의 동작과 직접적으로 관련있는 교육방법
(2) 특징
　① 수업의 중간이나 마지막 단계에 행하는 것으로서 언어 학습이나 문제해결 학습에 효과적인 학습법
　② 직접 실습하는 만큼 학생들의 참여가 높고, 다른 방법에 비해서 교사 대 학습자의 수의 비율이 높다.

[참고] 산업안전기사 필기 p.1-143(합격날개 : 참고)

[KEY] 2009년 5월 10일 문제 3번 출제

[보충학습]

모의법(Simulation method)
실제의 장면이나 상태와 극히 유사한 사태를 인위적으로 만들어 그 속에서 학습토록 하는 교육방법

---

17 산업안전보건법령상 안전보건표지의 종류 중 관계자외 출입금지표지에 해당되는 것은?

① 안전모 착용
② 폭발성물질 경고
③ 방사성물질 경고
④ 석면취급 및 해체·제거

[해설]

관계자외 출입금지 표지의 종류

501 허가대상물질 작업장	502 석면취급/해체 작업장	503 금지대상물질의 취급 실험실 등
관계자외 출입금지 (허가물질 명칭) 제조/사용/보관 중 보호구/보호복 착용 흡연 및 음식물 섭취 금지	관계자외 출입금지 석면 취급/해체 중 보호구/보호복 착용 흡연 및 음식물 섭취 금지	관계자외 출입금지 발암물질 취급 중 보호구/보호복 착용 흡연 및 음식물 섭취 금지

[참고] 산업안전기사 필기 p.1-62(⑤ 관계자외출입금지)

[KEY] 2017년 3월 4일 문제 16번 출제

[정보제공]
산업안전보건법 시행규칙 [별표 6] 안전보건표지의 종류와 형태

---

18 국제노동기구(ILO)의 산업재해 정도구분에서 부상 결과 근로자가 신체장해등급 제12급 판정을 받았다면 이는 어느 정도의 부상을 의미하는가?

① 영구 전노동불능
② 영구 일부노동불능
③ 일시 전노동불능
④ 일시 일부노동불능

[해설]

영구 일부노동불능 상해
① 부상 결과로 신체 부분의 일부가 노동 기능을 상실한 부상
② 신체 장해 등급 제4급에서 제14급에 해당

[참고] 산업안전기사 필기 p.1-5(8. ILO의 근로불능 상해의 종류)

[KEY] 2018년 4월 28일 기사 출제

【정답】 15 ①　16 ③　17 ④　18 ②

19 특정과업에서 에너지 소비수준에 영향을 미치는 인자가 아닌 것은?

① 작업방법
② 작업속도
③ 작업관리
④ 도구

해설

특정 과업에서 에너지 소비수준에 영향을 미치는 인자
① 작업방법
② 작업속도
③ 작업자세
④ 도구설계

참고 산업안전기사 필기 p.1-106(합격날개 : 은행문제)

20 사고예방대책의 기본원리 5단계 중 틀린 것은?

① 1단계 : 안전관리계획
② 2단계 : 현상파악
③ 3단계 : 분석평가
④ 4단계 : 대책의 선정

해설

하인리히 사고예방대책 기본원리 5단계
① 제1단계(안전관리조직 : Organization)
② 제2단계(사실의 발견 : Fact finding:현상파악)
③ 제3단계(분석평가 : Analysis)
④ 제4단계(시정(대)책의 선정 : Selection of remedy)
⑤ 제5단계(시정(대)책의 적용 : Application of remedy)

참고 산업안전기사 필기 p.3-34(7. 하인리히 사고예방대책 기본원리 5단계)

KEY ① 2017년 5월 7일 기사·산업기사 동시 출제
② 2018년 8월 19일 산업기사 출제

2 인간공학 및 위험성 평가·관리

21 의도는 올바른 것이었지만 행동이 의도한 것과는 다르게 나타나는 오류를 무엇이라 하는가?

① Slip
② Mistake
③ Lapse
④ Violation

해설

인간의 오류 모형

구분	특징
착각(Illusion)	감각적으로 물리현상을 왜곡하는 지각 오류
착오(Mistake)	상황해석을 잘못하거나 목표를 잘못 이해하고 착각하여 행하는 인간의 실수로 위치, 순서, 패턴, 형상, 기억오류 등 외부적 요인에 의해 나타나는 오류
실수(Slip)	의도는 올바른 것이었지만, 행동이 의도한 것과는 다르게 나타나는 오류
건망증(Lapse)	일련의 과정에서 일부를 빠뜨리거나 기억의 실패에 의해 발생하는 오류
위반(Violation)	정해진 규칙을 알고 있음에도 의도적으로 따르지 않거나 무시한 경우에 발생하는 오류

참고 산업안전기사 필기 p.2-19(합격날개 : 합격예측)

KEY ① 2009년 5월 10일 문제 35번 출제
② 2017년 8월 26일 기사 출제

22 시스템 수명주기 단계 중 마지막 단계인 것은?

① 구상단계
② 개발단계
③ 운전단계
④ 생산단계

해설

시스템 수명주기 단계

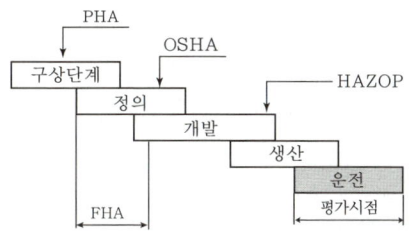

참고 산업안전기사 필기 p.2-60(그림 : PHA, OSHA, HAZOP)

KEY 2018년 8월 19일 기사 출제

23 FT도에 사용되는 다음 게이트의 명칭은?

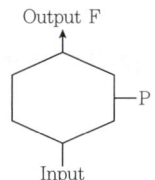

【정답】 19 ③ 20 ① 21 ① 22 ③ 23 ②

① 부정 게이트　② 억제 게이트
③ 배타적 OR 게이트　④ 우선적 AND 게이트

해설

억제 Gate(논리기호)
수정 Gate의 일종으로 억제 모디파이어(Inhibit Modifier)라고도 하며 입력현상이 일어나 조건을 만족하면 출력이 생기고, 조건이 만족되지 않으면 출력이 생기지 않는다.

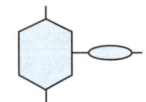

[그림] 억제 Gate

참고 산업안전기사 필기 p.2-71(합격날개 : 합격예측)

KEY ① 2015년 5월 31일 기사 문제 26번 출제
② 2015년 9월 19일 기사 문제 56번 출제

24 FTA에서 시스템의 기능을 살리는데 필요한 최소 요인의 집합을 무엇이라 하는가?

① critical set
② minimal gate
③ minimal path
④ Boolean indicated cut set

해설

최소패스셋(minimal path set)
① 어떤 고장이나 실수를 일으키지 않으면 재해는 일어나지 않는다고 하는 것.
② 시스템의 신뢰도를 나타낸다.
③ FT도에서 최소 패스 셋 구하는 법 : 최소 패스 셋은 FT도의 결합 게이트들을 반대로 (AND↔OR) 변환한 후 최소 컷 셋을 구하면 된다.

참고 산업안전기사 필기 p.2-77(합격날개 : 합격예측)

KEY ① 2017년 5월 7일 기사 출제
② 2017년 9월 23일 기사 출제
③ 2018년 3월 4일 산업기사 출제
④ 2018년 4월 28일 산업기사 출제

25 쾌적환경에서 추운환경으로 변화 시 신체의 조절작용이 아닌 것은?

① 피부온도가 내려간다.
② 직장온도가 약간 내려간다.
③ 몸이 떨리고 소름이 돋는다.
④ 피부를 경유하는 혈액 순환량이 감소한다.

해설

적온에서 추운 환경으로 바뀔 때(저온스트레스)
① 피부온도가 내려간다.
② 피부를 경유하는 혈액순환량이 감소하고, 많은 양의 혈액이 몸의 중심부를 순환한다.
③ 직장(直腸)온도가 약간 올라간다.
④ 소름이 돋고 몸이 떨린다.

참고 산업안전기사 필기 p.2-171(3.온도변화에 따른 인체의 적응)

KEY 2017년 5월 7일 기사 출제

26 염산을 취급하는 A업체에서는 신설 설비에 관한 안전성 평가를 실시해야 한다. 정성적 평가단계의 주요 진단 항목에 해당하는 것은?

① 공장 내의 배치
② 제조공정의 개요
③ 재평가 방법 및 계획
④ 안전보건교육 훈련계획

해설

정성적 평가내용에 포함사항
① 입지조건　　② 공장 내의 배치
③ 소방설비　　④ 공정기기
⑤ 수송·저장　⑥ 원재료, 중간체, 제품

참고 산업안전기사 필기 p.2-38(2. 2단계 : 정성적 평가)

KEY ① 2016년 5월 8일 기사 출제
② 2016년 10월 1일 산업기사 출제
③ 2017년 3월 5일 기사 출제
④ 2017년 8월 26일 기사 출제
⑤ 2018년 3월 4일 기사 출제

27 인간-기계시스템의 설계를 6단계로 구분할 때, 첫번째 단계에서 시행하는 것은?

① 기본 설계
② 시스템의 정의
③ 인터페이스 설계
④ 시스템의 목표와 성능명세 결정

[**정답**]　24 ③　25 ②　26 ①　27 ④

해설

인간-기계 설계시스템 6단계
① 1단계 : 시스템의 목표와 성능 명세 결정
② 2단계 : 시스템의 정의
③ 3단계 : 기본설계
④ 4단계 : 인터페이스설계
⑤ 5단계 : 보조물설계
⑥ 6단계 : 시험 및 평가

> 참고   산업안전기사 필기 p.2-29(문제 31번) 적중

> KEY   ① 2016년 3월 6일 기사 출제
> ② 2016년 10월 1일 기사 출제

---

28 점광원으로부터 0.3[m] 떨어진 구면에 비추는 광량이 5[Lumen]일 때, 조도는 약 몇 [럭스]인가?

① 0.06
② 16.7
③ 55.6
④ 83.4

해설

$$조도 = \frac{광도[cd]}{(거리)^2} = \frac{5}{0.3^2} = 55.6 [Lux]$$

> 참고   산업안전기사 필기 p.2-169(2. 조명단위)

> KEY   2017년 3월 5일 기사 출제

---

29 음량 수준을 측정할 수 있는 3가지 척도에 해당되지 않는 것은?

① sone
② 럭스
③ phon
④ 인식소음 수준

해설

음의 크기의 수준 3가지 척도
① Phon : 1,000[Hz] 순음의 음압수준(dB)을 나타낸다.
② sone : 1,000[Hz], 40[dB]의 음압수준을 가진 순음의 크기(=40[Phon])를 1[sone]이라 한다.

> sone과 Phon의 관계식
> ∴ sone치 = $2^{(phon-40)/10}$

③ 인식소음 수준
  ㉮ PNdb(perceived noise level)의 척도는 910~1,090[Hz]대의 소음 음압수준
  ㉯ PLdb(perceived level of noise)의 척도는 3,150[Hz]에 중심을 둔 1/3 옥타브대 음을 기준으로 사용

> 참고   산업안전기사 필기 p.2-173(합격날개 : 합격예측)

> KEY   2016년 3월 6일 산업기사 출제

---

30 실린더 블록에 사용하는 가스켓의 수명은 평균 10,000[시간]이며, 표준편차는 200[시간]으로 정규분포를 따른다. 사용시간이 9,600[시간]일 경우에 신뢰도는 약 얼마인가?(단, 표준정규분포표에서 $v_{0.8413}=1$, $v_{0.9772}=2$ 이다.)

① 84.13[%]
② 88.73[%]
③ 92.72[%]
④ 97.72[%]

해설

신뢰도
① 확률변수 X는 정규분포 $N(10,000, 200^2)$을 따른다.
② 9,600시간은 $\frac{9,600-10,000}{200} = -2$
③ 표준정규분포상 $-Z_2$보다 큰 값을 신뢰도로 한다.
④ 전체에서 $-Z_2$보다 작은 값을 빼면 된다.
⑤ 정규분포의 특성상 이는 Z_2보다 큰 값과 동일한 값이다.
⑥ Z_2의 값이 0.9772이므로 $1-0.9772=0.0228$이 된다.
⑦ 신뢰도 $= 1-0.0228 = 0.9772 \times 100 = 97.72[\%]$

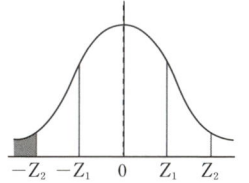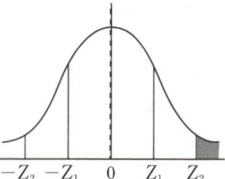

[그림] 정규분포

> 보충학습

정규분포
① 확률변수 X는 정규분포 $N(평균, 표준편차^2)$을 따른다.
② 구하고자 하는 값을 정규분포상의 값으로 변환하려면 $\frac{대상값-평균}{표준편차}$를 이용한다.

> KEY   ① 2014년 8월 17일 산업기사 출제
> ② 2015년 5월 31일(문제35번)산업기사 출제

---

31 음압수준이 70[dB]인 경우, 1,000[Hz]에서 순음의 [phon]치는?

① 50[phon]
② 70[phon]
③ 90[phon]
④ 100[phon]

해설

phon
① 1000[Hz]의 순음의 음압수준 [dB]
② 70[dB] = 70[phon]

> 참고   산업안전기사 필기 p.2-173(합격날개 : 합격예측)

【 정답 】 28 ③   29 ②   30 ④   31 ②

과년도 출제문제

> 💬 **합격자의 조언**
> 정독이 필요한 문제입니다.

32 인체계측자료의 응용원칙 중 조절 범위에서 수용하는 통상의 범위는 얼마인가?

① 5~95[%tile]   ② 20~80[%tile]
③ 30~70[%tile] ④ 40~60[%tile]

해설

조절범위(조정범위) 설계
① 사무실 의자의 높낮이 조절, 자동차 좌석의 전후조절 등
② 통상 5[%]치에서 95[%]치까지에서 90[%] 범위를 수용대상으로 설계
③ 가장 우선적으로 설계적용 고려순서 : 조절식 → 극단치 → 평균치

참고 산업안전기사 필기 p.2-169(2. 조절범위 설계)

KEY ① 2016년 8월 21일 산업기사 출제
② 2017년 9월 23일 기사 출제

보충학습

인체계측에서 [%tile]
① 개요
  ㉠ [%tile] = 평균값 ± (표준편차 ×[%tile]계수)로 구한다.
  ㉡ 조절범위에서 수용하는 통상의 범위는 5~95[%tile]이다.
② [%tile] 구하는 방법
  ㉠ 5[%tile] = 평균 − 1.645 × 표준편차로 구한다.
  ㉡ 95[%tile] = 평균 + 1.645 × 표준편차로 구한다.

33 동작 경제 원칙에 해당되지 않는 것은?

① 신체사용에 관한 원칙
② 작업장 배치에 관한 원칙
③ 사용자 요구 조건에 관한 원칙
④ 공구 및 설비 디자인에 관한 원칙

해설

동작 경제의 3원칙
① 신체의 사용에 관한 원칙(Use of The human body)
② 작업장의 배치에 관한 원칙(Arrangement of the workplace)
③ 공구 및 설비 디자인에 관한 원칙(Design of tools and equipment)

참고 산업안전기사 필기 p.2-75(4. 동작 경제의 3원칙)

KEY 2018년 3월 4일 기사 출제

34 정신적 작업 부하에 관한 생리적 척도에 해당하지 않는 것은?

① 부정맥 지수   ② 근전도
③ 점멸융합주파수 ④ 뇌파도

해설

근전도(EMG : electro-myogram)
① 근육활동의 전위차를 기록한 것
② 심장근의 근전도를 특히 심전도(ECG : electro-cardiogram)라 한다.
③ 신경활동 전위차의 기록은 ENG(electroneurogram)

참고 산업안전기사 필기 p.2-160(1. 동적근력작업)

KEY ① 2016년 3월 6일 문제 24번 출제
② 2016년 10월 1일 기사 출제

35 FMEA의 장점이라 할 수 있는 것은?

① 분석방법에 대한 논리적 배경이 강하다.
② 물적, 인적요소 모두가 분석대상이 된다.
③ 서식이 간단하고 비교적 적은 노력으로 분석이 가능하다.
④ 두 가지 이상의 요소가 동시에 고장 나는 경우에도 분석이 용이하다.

해설

FMEA의 장·단점
① 장점 : 서식이 간단하고 비교적 적은 노력으로 특별한 훈련없이 분석을 할 수 있다.
② 단점 : 논리성이 부족하고 특히 각 요소 간의 영향을 분석하기 어렵기 때문에 동시에 두 가지 이상의 요소가 고장날 경우 분석이 곤란하며, 또한 요소가 물체로 한정되어 있기 때문에 인적원인을 분석하는 데는 곤란이 있다.

참고 산업안전기사 필기 p.2-62(합격날개 : 합격예측)

KEY ① 2015년 9월 19일 기사 문제 46번 출제
② 2018년 3월 4일 산업기사 출제

36 수리가 가능한 어떤 기계의 가용도(availability)는 0.9이고, 평균수리시간(MTTR)이 2시간일 때, 이 기계의 평균수명(MTBF)은?

① 15시간   ② 16시간
③ 17시간   ④ 18시간

[**정답**] 32 ① 33 ③ 34 ② 35 ③ 36 ④

> 해설

평균수명
① MTBF(평균고장간격 : Mean Time Between Failures) : 고장이 발생되어도 다시 수리를 해서 쓸 수 있는 제품을 의미(무고장 시간의 평균)
② MTTR(평균수리시간 : Mean Time To Repair) : 체계의 고장발생 순간부터 수리가 완료되어 정상적으로 작동을 시작하기까지의 평균 고장시간이며 지수분포를 따른다.

> 참고) 산업안전기사 필기 p.2-83(3. MTBF)

> KEY ① 2016년 3월 6일 산업기사 출제
>   ② 2018년 3월 4일 기사 출제
>   ③ 2018년 4월 28일 기사 출제

> 보충학습

① 평균수명(MTBF)은 가용도를 통해서 구할 수 있다.
② 총 운용시간은 (평균 수리시간 + 평균수명(MTBF))이므로 가용도 측면에서 볼 때 총 운용시간은 1이고, 평균 수리시간은 (1-가용도)이므로 0.1에 해당한다. 평균 수리시간이 2시간이라고 했으므로 총 운용시간은 20시간이고, 평균수명은 18시간이 된다.
② 설비의 가동성(Availability)
  ㉠ 가동률, 가용도라고도 하며, 특정 설비가 정상적으로 작동하여 그 설치목적을 수행하는 비율을 말한다.
  ㉡ $\frac{\text{MTBF}}{\text{MTBF}+\text{MTTR}} = \frac{\text{평균고장간격}}{\text{평균고장간격}+\text{평균수리시간}}$
  $= \frac{\text{실질가동시간}}{\text{총운용시간}}$ 으로 구한다.
  ㉢ $0.9 = \frac{\text{MTBF}}{\text{MTBF}+2}$
  ∴ MTBF = 18 [시간]

---

37 산업안전보건법령에 따라 제조업 중 유해위험방지계획서 제출대상 사업의 사업주가 유해 위험방지계획서를 제출하고자 할 때 첨부하여야 하는 서류에 해당하지 않는 것은?

① 공사개요서
② 기계·설비의 배치도면
③ 기계·설비의 개요를 나타내는 서류
④ 원재료 및 제품의 취급, 제조 등의 작업방법의 개요

> 해설

유해·위험방지계획서 제출서류(제조업)
① 건축물 각 층의 평면도
② 기계·설비의 개요를 나타내는 서류
③ 기계·설비의 배치도면
④ 원재료 및 제품의 취급, 제조 등의 작업방법의 개요
⑤ 그 밖에 고용노동부장관이 정하는 도면 및 서류

> 참고) 산업안전기사 필기 p.2-44(합격날개 : 합격예측)

> KEY ① 2015년 3월 8일 기사 문제 33번 출제
>   ② 2015년 9월 19일 기사 문제 43번 출제

> 정보제공

산업안전보건법 시행규칙 제42조 (제출서류 등)

---

38 생명유지에 필요한 단위시간당 에너지량을 무엇이라 하는가?

① 기초 대사량
② 산소 소비율
③ 작업 대사량
④ 에너지 소비율

> 해설

기초대사량(BMR)
① 생명유지에 필요한 단위 시간당 에너지량
② $A = H^{0.725} \times W^{0.425} \times 72.46$
  여기서, A : 몸의 표면적[cm²], H : 신장[cm], W : 체중[kg]

> 참고) 산업안전기사 필기 p.1-102(㉥ 기초대사량)

> KEY ① 2016년 3월 6일 산업기사 출제
>   ② 2017년 3월 5일 산업기사 출제
>   ③ 2017년 9월 23일 산업기사 출제

---

39 다음의 각 단계를 결함수분석법(FTA)에 의한 재해사례의 연구 순서대로 나열한 것은?

[다음]
㉠ 정상사상의 선정
㉡ FT도 작성 및 분석
㉢ 개선 계획의 작성
㉣ 각 사상의 재해원인 규명

① ㉠→㉡→㉢→㉣
② ㉠→㉣→㉢→㉡
③ ㉠→㉢→㉡→㉣
④ ㉠→㉣→㉡→㉢

> 해설

FTA에 의한 재해사례연구순서
① 제1단계 : 톱사상의 선정
② 제2단계 : 사상마다의 재해원인 및 요인 규명
③ 제3단계 : FT도 작성
④ 제4단계 : 개선계획 작성
⑤ 제5단계 : 개선안 실시계획

> 참고) 산업안전기사 필기 p.2-75(5. FTA에 의한 재해사례 연구순서)

> KEY 2016년 10월 1일 기사 출제

[정답] 37 ① 38 ① 39 ④

40. 인간 기계시스템의 연구 목적으로 가장 적절한 것은?

① 정보 저장의 극대화
② 운전시 피로의 평준화
③ 시스템의 신뢰성 극대화
④ 안전의 극대화 및 생산능률의 향상

해설

인간 기계 시스템의 연구목적
안전의 극대화 및 생산 능률의 향상

참고 산업안전기사 필기 p.2-6(1. 인간-기계 통합시스템)

KEY ① 2015년 9월 19일 기사 문제 54번 출제
② 2017년 8월 26일 산업기사 출제

---

3 기계·기구 및 설비안전관리

41. 휴대용 연삭기 덮개의 개방부 각도는 몇 도[°]이내여야 하는가?

① 60[°]　　② 90[°]
③ 125[°]　　④ 180[°]

해설

휴대용 연삭기 개방부 각도
휴대용 연삭기, 스윙연삭기, 슬라브연삭기, 기타 이와 비슷한 연삭기의 덮개 각도

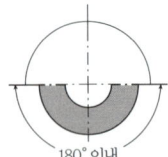

[그림] 개방부 각도

참고 산업안전기사 필기 p.3-93(그림. 연삭기 종류 미 덮개의 표준 형상)

KEY ① 2016년 8월 21일 기사 출제
② 2017년 3월 5일 산업기사 출제
③ 2017년 5월 7일 기사·산업기사 동시 출제
④ 2017년 8월 26일 산업기사 출제
⑤ 2018년 8월 19일 산업기사 출제

---

42. 롤러기 급정지장치 조작부에 사용하는 로프의 성능기준으로 적합한 것은?(단, 로프의 재질은 관련 규정에 적합한 것으로 본다.)

① 지름 1[mm] 이상의 와이어로프
② 지름 2[mm] 이상의 합성섬유로프
③ 지름 3[mm] 이상의 합성섬유로프
④ 지름 4[mm] 이상의 와이어로프

해설

손으로 조작하는 로프식 성능기준
① 수직접선에서 5[cm] 이내 위치
② 직경 4[mm] 이상의 와이어로프 또는 직경이 6[mm] 이상이고 절단하중이 2.94[kN] 이상의 합성섬유 로프 사용

참고 산업안전기사 필기 p.3-109(합격날개 : 합격예측 및 관련법규)

KEY 2013년 6월 2일 문제57번 출제

---

43. 다음 중 공장 소음에 대한 방지 계획에 있어 소음원에 대한 대책에 해당하지 않는 것은?

① 해당 설비의 밀폐
② 설비실의 차음벽 시공
③ 작업자의 보호구 착용
④ 소음기 및 흡음장치 설치

해설

소음원에서 소음을 줄이는 방법
(1) 음향적 설계
　　① 진동시스템의 에너지를 줄인다.
　　② 에너지와 소음발산 시스템과의 조합을 줄인다.
　　③ 구조를 바꿔서 적은 소음이 노출되게 한다.
(2) 저소음 기계로 교체
(3) 작업방법의 변경

참고 산업안전기사 필기 p.3-227(합격날개 : 은행문제)

KEY 2015년 8월 16일 산업기사 출제

보충학습
작업자 보호구 착용
① 개인적인 소음대책
② 소극적인 수용자 대책

[정답] 40 ④　41 ④　42 ④　43 ③

44 와이어로프의 꼬임은 일반적으로 특수로프를 제외하고는 보통 꼬임(Ordinary Lay)과 랭 꼬임(Lang's Lay)으로 분류할 수 있다. 다음 중 랭 꼬임과 비교하여 보통 꼬임의 특징에 관한 설명으로 틀린 것은?

① 킹크가 잘 생기지 않는다.
② 내마모성, 유연성, 저항성이 우수하다.
③ 로프의 변형이나 하중을 걸었을 때 저항성이 크다.
④ 스트랜드의 꼬임 방향과 로프의 꼬임 방향이 반대이다.

해설

와이어로프의 꼬임 방법

꼬임 구분	보통 꼬임(Z꼬임)	랭 꼬임(S꼬임)
외관	• 소선과 로프축은 평행이다. • 가닥과 소선의 꼬임이 반대 방향	• 소선과 로프축은 각도를 가진다. • 가닥과 소선의 꼬임이 같은 방향
장점	• 킹크(kink)를 잘 일으키지 않으므로 취급이 쉽다. • 꼬임이 견고하기 때문에 모양이 잘 흐트러지지 않는다.	• 소선은 긴 거리에 걸쳐서 외부와 접촉하므로 로프의 내마모성이 크다. • 유연하다.
단점	• 소선이 짧은 거리에 걸쳐 외부와 접촉하므로 국부적으로 단선을 일으키기 쉽다.	• 킹크를 일으키기 쉬우므로 취급주의가 필요하다.
용도	• 일반용	• 광산 삭도용

킹크라는 것은 꼬임이 되돌아가든가 서로 걸려서 엉킴(kink)이 생기는 상태

참고) 산업안전기사 필기 p.6-178(표. 와이어로프의 꼬임 방법)

KEY ▶ 2013년 6월 2일 문제 42번 출제

45 보일러 등에 사용하는 압력방출장치의 봉인은 무엇으로 실시해야 하는가?

① 구리테이프 ② 납
③ 봉인용 철사 ④ 알루미늄 실(seal)

해설

봉인재료 : Pb(납)

참고) 산업안전기사 필기 p.3-120(합격날개 : 합격예측 및 관련법규)

KEY ▶ ① 2011년 6월 12일 기사 출제
② 2018년 8월 19일 기사·산업기사 동시 출제

정보제공
산업안전보건기준에 관한 규칙 제116조(압력방출장치)

46 프레스 및 전단기에 사용되는 손쳐내기식 방호장치의 성능기준에 대한 설명 중 옳지 않은 것은?

① 진동각도·진폭시험 : 행정길이가 최소일 때 진동각도는 60[°]~90[°]이다.
② 진동각도·진폭시험 : 행정길이가 최대일 때 진동각도는 30[°]~60[°]이다.
③ 완충시험 : 손쳐내기봉에 의한 과도한 충격이 없어야 한다.
④ 무부하 동작시험 : 1회의 오동작도 없어야 한다.

해설

손쳐내기식 방호장치의 성능기준

구분	성능기준
진동각도·진폭시험	행정길이가 최소일때 : (60~90[°]) 진동각도 　　　　　 최대일때 : (45~90[°]) 진동각도
완충시험	손쳐내기봉에 의한 과도한 충격이 없어야 한다.
무부하 동작시험	1회의 오동작도 없어야 한다.

참고) 산업안전기사 필기 p.3-99(표. 손쳐내기식 방호장치 성능기준)

47 다음 중 산업안전보건법령상 연삭숫돌을 사용하는 작업의 안전수칙으로 틀린 것은?

① 연삭숫돌을 사용하는 경우 작업시작 전과 연삭숫돌을 교체한 후에는 1분 정도 시운전을 통해 이상 유무를 확인한다.
② 회전 중인 연삭숫돌이 근로자에게 위험을 미칠 우려가 있는 경우에 그 부위에 덮개를 설치하여야 한다.
③ 연삭숫돌의 최고 사용회전속도를 초과하여 사용하여서는 안 된다.
④ 측면을 사용하는 목적으로 하는 연삭 숫돌이외에는 측면을 사용해서는 안 된다.

해설

안전기준
① 작업시작하기 전 1분 이상 시운전
② 연삭숫돌을 교체한 후 3분 이상 시운전
③ 숫돌파열이 가장 많이 발생하는 경우는 스위치를 넣는 순간

참고) 산업안전기사 필기 p.3-94(4. 연삭기 구조면에 있어서 안전대책)

[정답] 44 ② 45 ② 46 ② 47 ①

KEY
① 2017년 3월 5일 기사 출제
② 2017년 8월 26일 산업기사 출제
③ 2018년 3월 4일 산업기사 출제

48 다음 중 산업용 로봇에 의한 작업 시 안전조치 사항으로 적절하지 않은 것은?

① 로봇의 운전으로 인해 근로자가 로봇에 부딪칠 위험이 있을 때에는 1.8[m] 이상의 울타리를 설치하여야 한다.
② 작업을 하고 있는 동안 로봇의 가동스위치 등은 작업에 종사하고 있는 근로자가 아닌 사람이 그 스위치 등을 조작할 수 없도록 필요한 조치를 한다.
③ 로봇의 조작방법 및 순서, 작업 중의 매니플레이터의 속도 등에 관한 지침에 따라 작업을 하여야 한다.
④ 작업에 종사하는 근로자가 이상을 발견하면, 관리 감독자에게 우선 보고하고, 지시에 따라 로봇의 운전을 정지시킨다.

해설
이상 발견시 최우선 조치사항 : 운전정지
참고 산업안전기사 필기 p.3-124(합격날개 : 합격예측 및 관련법규)
KEY 2013년 8월 18일 문제59번 출제
정보제공
산업안전보건기준에 관한 규칙 제223조(운전중 위험방지)

49 프레스 작업 시작 전 점검해야 할 사항으로 거리가 먼 것은?

① 매니퓰레이터 작동의 이상유무
② 클러치 및 브레이크 기능
③ 슬라이드, 연결봉 및 연결 나사의 풀림 여부
④ 프레스 금형 및 고정볼트 상태

해설
프레스 작업시작전 점검사항
① 클러치 및 브레이크의 기능
② 크랭크축·플라이휠·슬라이드·연결봉 및 연결나사의 풀림 유무
③ 1행정 1정지기구·급정지장치 및 비상정지장치의 기능
④ 슬라이드 또는 칼날에 의한 위험방지 기구의 기능

⑤ 프레스의 금형 및 고정볼트 상태
⑥ 방호장치의 기능
⑦ 전단기(剪斷機)의 칼날 및 테이블의 상태

참고 산업안전기사 필기 p.3-50(표. 작업시작전 기계·기구 및 점검내용)
KEY
① 2016년 3월 6일 산업기사 출제
② 2017년 3월 5일 기사 출제
③ 2017년 5월 7일 기사 출제
④ 2017년 8월 26일 기사 출제
⑤ 2018년 3월 4일 기사 출제
⑥ 2018년 4월 28일 기사 출제
⑦ 2018년 8월 19일 기사 출제

정보제공
산업안전보건기준에 관한 규칙 [별표 3] 작업시작전 점검사항

50 압력용기 등에 설치하는 안전밸브에 관한 설명으로 옳지 않은 것은?

① 안지름이 150[mm]를 초과하는 압력용기에 대해서는 과압에 따른 폭발을 방지하기 위하여 규정에 맞는 안전밸브를 설치해야 한다.
② 급성 독성물질이 지속적으로 외부에 유출될 수 있는 화학설비 및 그 부속설비에는 파열판과 안전밸브를 병렬로 설치한다.
③ 안전밸브는 보호하려는 설비의 최고사용압력 이하에서 작동되도록 하여야 한다.
④ 안전밸브의 배출용량은 그 작동원인에 따라 각각의 소요분출량을 계산하여 가장 큰 수치를 해당 안전밸브의 배출용량으로 하여야 한다.

해설
파열판 및 안전밸브의 직렬설치
사업주는 급성독성물질이 지속적으로 외부에 유출될 수 있는 화학설비 및 그 부속설비에는 파열판과 안전밸브를 직렬로 설치하고 그 사이에는 압력지시계 또는 자동경보장치를 설치하여야 한다.

참고 산업안전기사 필기 p.5-4(합격날개 : 합격예측 및 관련법규)
KEY 2018년 8월 19일 산업기사 출제
정보제공
산업안전보건기준에 관한 규칙 제263조(파열판 및 안전밸브의 직렬설치)

【 정답 】 48 ④   49 ①   50 ②

51 유해·위험기계·기구 중에서 진동과 소음을 동시에 수반하는 기계설비로 가장 거리가 먼 것은?

① 컨베이어 ② 사출 성형기
③ 가스 용접기 ④ 공기 압축기

해설

가스용접기 : 소음 발생

참고) 산업안전기사 필기 p.3-88(합격날개 : 은행문제)

KEY▶ 2009년 3월 1일 문제47번 출제

52 기능의 안전화 방안을 소극적 대책과 적극적 대책으로 구분할 때 다음 중 적극적 대책에 해당하는 것은?

① 기계의 이상을 확인하고 급정지 시켰다.
② 원활한 작동을 위해 급유를 하였다.
③ 회로를 개선하여 오동작을 방지하도록 하였다.
④ 기계의 볼트 및 너트가 이완되지 않도록 다시 조립하였다.

해설

적극적 대책

회로를 개선하여 오동작을 사전에 방지하거나 또는 별도의 안전한 회로에 의한 정상기능을 찾도록 하는 대책

참고) 산업안전기사 필기 p.3-205(③ 적극적 대책)

KEY▶ ① 2018년 8월 19일 산업기사 출제
② 2012년 5월 20일 문제54번 출제

53 프레스기의 비상정지스위치 작동 후 슬라이드가 하사점까지 도달시간이 0.15[초] 걸렸다면 양수기동식 방호장치의 안전거리는 최소 몇 [cm] 이상이어야 하는가?

① 24 ② 240
③ 15 ④ 150

해설

양수기동식 안전거리(Dm)

$=1.6T_m=1.6\times 0.15=0.24[ms]\times 100=24[cm]$

참고) 산업안전기사 필기 p.3-101(합격날개 : 참고)

KEY▶ ① 2017년 5월 7일 산업기사 출제
② 2018년 3월 4일 산업기사 출제

54 컨베이어(conveyor) 역전방지장치의 형식을 기계식과 전기식으로 구분할 때 기계식에 해당하지 않는 것은?

① 라쳇식 ② 밴드식
③ 스러스트식 ④ 롤러식

해설

컨베이어의 역전방지 장치

(1) 기계식
  ① 라쳇식
  ② 롤러식
  ③ 밴드식
(2) 전기식
  ① 전기브레이크
  ② 스러스트브레이크

참고) 산업안전기사 필기 p.3-137[(3) 컨베이어의 역전방지 장치]

KEY▶ 2012년 8월 26일 문제60번 출제

55 재료의 강도시험중 항복점을 알 수 있는 시험의 종류는?

① 비파괴시험 ② 충격시험
③ 인장시험 ④ 피로시험

해설

인장시험

① 시험편을 시험기에 장치하고 서서히 인장하여 시험편이 파괴될 때까지의 하중과 신장의 관계를 선도(線圖)로 나타낸다.
② 재료의 항복점, 인장강도, 신장, 교축 등을 조사할 목적으로 행하는 것을 인장시험이라 한다.

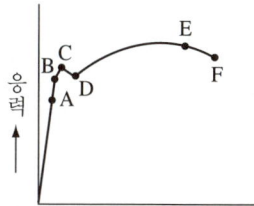

A : 비례한도
B : 탄성한도
C : 상위항복점
D : 하위항복점
E : 최대응력
F : 파괴점

[그림] 응력변형률 곡선

참고) 산업안전기사 필기 p.3-218(1. 인장시험)

KEY▶ 2017년 3월 5일 기사 출제

[정답] 51 ③ 52 ③ 53 ① 54 ③ 55 ③

56 다음 중 프레스를 제외한 사출성형기·주형조형기 및 형단조기 등에 관한 안전조치사항으로 틀린 것은?

① 근로자의 신체 일부가 말려들어갈 우려가 있는 경우에는 양수조작식 방호장치를 설치하여 사용한다.
② 게이트가드식 방호장치를 설치할 경우에는 연동구조를 적용하여 문을 닫지 않아도 동작할 수 있도록 한다.
③ 사출성형기의 전면에 작업용 발판을 설치할 경우 근로자가 쉽게 미끄러지지 않는 구조여야 한다.
④ 기계의 히터 등의 가열부위, 감전우려가 있는 부위에는 방호덮개를 설치하여 사용한다.

해설
게이트가드는 이를 닫지 아니하면 기계가 작동되지 아니하는 연동구조이어야 한다.

참고 산업안전기사 필기 p.3-97(합격날개 : 합격예측 및 관련법규)

정보제공
산업안전보건기준에 관한 규칙 제121조(사출성형기 등의 방호장치)

57 자분탐상검사에서 사용하는 자화방법이 아닌 것은?

① 축통전법   ② 전류 관통법
③ 극간법   ④ 임피던스법

해설
자분탐상 방법

구분	특징
직각 통전법	시험품의 축에 대해 직각인 방향에 직접 전류를 흘려서 전류 주위에 생기는 자장을 이용하여 자화시키는 방법
극간법	시험품의 일부분 또는 전체를 전자석 또는 영구자석의 자극간에 놓고 자화시키는 방법
축 통전법	시험품의 축 방향의 끝단에 전류를 흘려, 전류 둘레에 생기는 원형 자장을 이용하여 자화시키는 방법
자속(전류) 관통법	시험품의 구멍 등에 철심을 놓고 교류 자속을 흘림으로써 시험품 구멍 주변에 유도 전류를 발생시켜, 그 전류가 만드는 자장에 의해서 시험품을 자화시키는 방법

참고 산업안전기사 필기 p.3-223(표. 자분탐상 방법)

58 다음 중 소성가공을 열간가공과 냉간가공으로 분류하는 가공온도의 기준은?

① 융해점 온도   ② 공석점 온도
③ 공정점 온도   ④ 재결정 온도

해설
재결정온도 : 열간가공과 냉간가공온도 기준

참고 산업안전기사 필기 p.3-218(합격날개 : 합격예측)

KEY 2012년 5월 20일 문제 52번 출제

59 컨베이어 설치 시 주의사항에 관한 설명으로 옳지 않은 것은?

① 컨베이어에 설치된 보도 및 운전실 상면은 가능한 수평이어야 한다.
② 근로자가 컨베이어를 횡단하는 곳에는 바닥면 등으로부터 90[cm]이상 120[cm]이하에 상부난간대를 설치하고, 바닥면과의 중간에 중간난간대가 설치된 건널다리를 설치한다.
③ 폭발의 위험이 있는 가연성 분진 등을 운반하는 컨베이어 또는 폭발의 위험이 있는 장소에 사용되는 컨베이어의 전기기계 및 기구는 방폭구조이어야 한다.
④ 보도, 난간, 계단, 사다리의 설치 시 컨베이어를 가동시킨 후에 설치하면서 설치상황을 확인한다.

해설
컨베이어 설치 전 또는 가동개시전에 반드시 정지시킨 후 확인한다.

참고 산업안전기사 필기 p.3-140(합격날개 : 은행문제)

60 다음 중 용접 결함의 종류에 해당하지 않는 것은?

① 비드(bead)
② 기공(blow hole)
③ 언더컷(under cut)
④ 용입 불량(incomplete penetration)

[정답] 56 ② 57 ④ 58 ④ 59 ④ 60 ①

해설

용접결함의 종류

 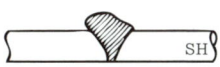
① Under Cut(언더컷)   ② Over Lap(오버랩)

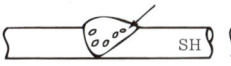 
③ Blow Hole(기공)   ④ 용입부족

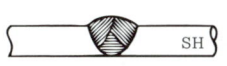 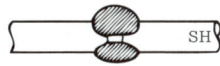
⑤ Slag(슬래그)섞임   ⑥ 용입불량

 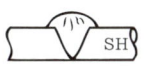
⑦ Crater(크레이터)   ⑧ Crack(크랙)

참고) 산업안전기사 필기 p.6-168(그림. 용접결함의 종류)

KEY ① 2015년 8월 16일 문제 60번 출제
② 2017년 3월 5일 산업기사 출제
③ 2019년 3월 3일 기사, 산업기사 동시 출제

4 전기설비 안전관리

61 정전작업 시 작업 중의 조치사항으로 옳은 것은?

① 검전기에 의한 정전확인
② 개폐기의 관리
③ 잔류전하의 방전
④ 단락접지 실시

해설

정전작업 중(작업 시) 조치사항
① 작업지휘자에 의해 작업한다.
② 개폐기를 관리한다.
③ 단락접지 상태를 확인·관리한다.(혼촉 또는 오동작 방지)
④ 근접활선에 대한 방호상태를 관리한다.

참고) 산업안전기사 필기 p.4-76(2. 작업중)

KEY ① 2017년 8월 21일 기사 출제
② 2017년 5월 7일 기사 출제

보충학습

작업 전 조치사항
① 검전기에 의한 정전확인
② 잔류전하의 방전
③ 단락접지 실시

62 자동전격방지장치에 대한 설명으로 틀린 것은?

① 무부하시 전력손실을 줄인다.
② 무부하 전압을 안전전압 이하로 저하시킨다.
③ 용접을 할 때에만 용접기의 주회로를 개로(OFF)시킨다.
④ 교류 아크용접기의 안전장치로서 용접기의 1차 또는 2차 측에 부착한다.

해설

용접을 할 때에는 용접기의 주회로를 폐로(ON)시킨다.

참고) 산업안전기사 필기 p.4-78(2. 방호장치의 성능)

KEY ① 2016년 5월 8일 산업기사 출제
② 2017년 5월 7일 기사 출제
③ 2018년 3월 4일 기사 출제

63 인체의 전기저항 R을 1,000[Ω]이라고 할 때 위험 한계 에너지의 최저는 약 몇 [J]인가?(단, 통전 시간은 1초이고, 심실세동전류 $I=\dfrac{165}{\sqrt{T}}$[mA]이다.

① 17.23   ② 27.23
③ 37.23   ④ 47.23

해설

위험한계에너지

$Q = I^2RT[J/S] = \left(\dfrac{165\sim185}{\sqrt{T}} \times 10^{-3}\right)^2 \times 1,000 \times T$

$= \dfrac{165^2 \sim 185^2}{T} \times 10^{-6} \times 1,000 \times T$

$= 165^2 \times 10^{-6} \times 1,000 \sim 185^2 \times 10^{-6} \times 1,000$

$= 27.23 \sim 34.22[J] = 27.23 \times 0.24[cal] = 6.5^3[cal]$

참고) 산업안전기사 필기 p.4-18(3. 위험한계에너지)

KEY ① 2016년 8월 21일 기사 출제
② 2017년 5월 7일 기사 출제
③ 2018년 3월 4일 기사 출제
④ 2018년 4월 28일 기사·산업기사 동시 출제
⑤ 2018년 8월 19일 기사 출제

[정답] 61 ② 62 ③ 63 ②

64
다음 그림과 같이 완전 누전되고 있는 전기기기의 외함에 사람이 접촉하였을 경우 인체에 흐르는 전류(I_m)는? (단, E(V)는 전원의 대지전압, R_2[Ω]는 변압기 1선 접지, 제2종 접지저항, R_3[Ω]은 전기기기 외함 접지, 제3종 접지저항, R_m[Ω]은 인체저항이다.)

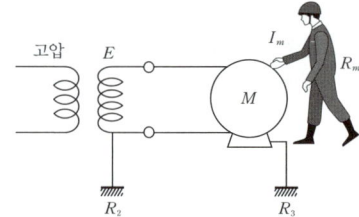

① $\dfrac{E}{R_2+\left(\dfrac{R_3 \times R_m}{R_3+R_m}\right)} \times \dfrac{R_3}{R_3+R_m}$

② $\dfrac{E}{R_2+\left(\dfrac{R_3+R_m}{R_3 \times R_m}\right)} \times \dfrac{R_3}{R_3+R_m}$

③ $\dfrac{E}{R_2+\left(\dfrac{R_3 \times R_m}{R_3+R_m}\right)} \times \dfrac{R_m}{R_3+R_m}$

④ $\dfrac{E}{R_3+\left(\dfrac{R_2 \times R_m}{R_2+R_m}\right)} \times \dfrac{R_3}{R_3+R_m}$

[해설]

인체전류(I_m)

① 저항 R_2와 R_3는 직렬로 연결되었고, 인체는 저항 R_3에 연결되어 병렬로 구성되어 있으므로 합성저항 = $R_2+\left(\dfrac{1}{R_3}+\dfrac{1}{R_m}\right)$

② 지락전류 $I = \dfrac{E}{R_2+\left(\dfrac{1}{R_3}+\dfrac{1}{R_m}\right)} = \dfrac{E}{R_2+\left(\dfrac{R_3 \cdot R_m}{R_3+R_m}\right)}$

여기서 감전전류는 구해진 지락전류가 저항 R_2와 인체의 저항에 반비례하게 나눠서 걸리게 되므로 인체에 걸리는 전류는

③ 지락전류 $I = \dfrac{E}{R_2+\left(\dfrac{R_3 \cdot R_m}{R_3+R_m}\right)} \times \dfrac{R_3}{R_3+R_m}$

④ 인체에 걸리는 전류

$\dfrac{E}{R_2+\left(\dfrac{R_3 \cdot R_m}{R_3+R_m}\right)} \times \dfrac{R_3}{R_3+R_m}$

KEY 2015년 3월 8일 문제 68번 출제

65
전기화재가 발생되는 비중이 가장 큰 발화원은?

① 주방기기
② 이동식 전열기
③ 회전체 전기기계 및 기구
④ 전기배선 및 배선기구

[해설]

발화원(기기별)
① 이동이 가능한 전열기 : 35[%]   ② 전등, 전화 등의 배선 : 27[%]
③ 전기기기 : 14[%]   ④ 전기장치 : 9[%]
⑤ 배선기구 : 5[%]   ⑥ 고정된 전열기 : 5[%]

참고 산업안전기사 필기 p.4-72(1. 발화원)

보충설명 본 문제는 말도 안되지만 답은 ④입니다. 이번 시험에 혹시 출제시 ④로 해야 합니다.

66
역률개선용 커패시터(capacitor)가 접속되어있는 전로에서 정전작업을 할 경우 다른 정전작업과는 달리 주의 깊게 취해야 할 조치사항으로 옳은 것은?

① 안전표지 부착
② 개폐기 전원투입 금지
③ 잔류전하 방전
④ 활선 근접작업에 대한 방호

[해설]

역률개선용 커패시터 접속된 전로 정전작업시 최우선 조치사항 : 잔류전하방전

참고 산업안전기사 필기 p.4-7(합격날개 : 은행문제)

KEY 2016년 8월 26일 문제 78번 출제

정보제공 산업안전보건기준에 관한 규칙 제319조(정전전로에서의 전기작업)

67
감전사고를 방지하기 위한 방법으로 틀린 것은?

① 전기기기 및 설비의 위험부에 위험표지
② 전기설비에 대한 누전차단기 설치
③ 전기기기에 대한 정격표시
④ 부자격자는 전기기계 및 기구에 전기적인 접촉금지

[정답] 64 ①   65 ④   66 ③   67 ③

> **해설**

전기사고 예방대책
① 전기설비 점검철저 ② 보호접지
③ 노출충전부 절연방호구 사용 ④ 전기기기 위험표시
⑤ 작업자 보호대 착용 ⑥ 유자격자 취업
⑦ 안전교육실시

참고 산업안전기사 필기 p.4-29(문제 19번) 적중

KEY ① 1996년 3월 31일 기사 출제
② 2015년 8월 16일 문제 61번 출제
③ 2016년 3월 6일 문제 67번 출제

68 전기기기 방폭의 기본 개념이 아닌 것은?

① 점화원의 방폭적 격리
② 전기기기의 안전도 증강
③ 점화능력의 본질적 억제
④ 전기설비 주위 공기의 절연능력 향상

> **해설**

전기설비의 기본개념(방폭화 방법)
① 점화원의 방폭적 격리 : 내압(耐壓), 압력(壓力), 유입(油入)방폭구조
② 전기설비의 안전도 증감 : 안전증방폭구조
③ 점화능력의 본질적 억제 : 본질안전방폭구조의 전기설비

참고 산업안전기사 필기 p.4-13(3. 전기설비의 기본개념)

KEY 2018년 4월 28일 기사 출제

보충학습
폭발성 위험 분위기 해소 : 충전방폭 구조

69 대전물체의 표면전위를 검출전극에 의한 용량 분할을 통해 측정할 수 있다. 대전물체의 표면전위 V_s는?(단, 대전물체와 검출전극간의 정전용량은 C_1, 검출전극과 대지간의 정전용량은 C_2, 검출전극의 전위는 V_e 이다.)

① $V_s = \left(\dfrac{C_1 \times C_2}{C_1} + 1\right)V_e$

② $V_s = \dfrac{C_1 + C_2}{C_1}V_e$

③ $V_s = \dfrac{C_2}{C_1 + C_2}V_e$

④ $V_s = \left(\dfrac{C_1}{C_1 + C_2} + 1\right)V_e$

> **해설**

표면전위(V_s)
① 직렬로 연결된 C_1과 C_2에서 송전선 전압이 E일 때 정전용량 C_1에 걸리는 전압은 $\dfrac{C_2}{C_1 + C_2}E$가 된다.
② C_2에 걸리는 전압은 $\dfrac{C_1}{C_1 + C_2}E$가 된다.
③ 대전물체의 표면전위(V_s)가 E와 같고, C_2에 걸리는 전압이 검출전극의 전위(V_e)이므로 대입하면 $V_e = \dfrac{C_1}{C_1 + C_2}V_s$가 된다.
④ $V_s = \dfrac{C_1 + C_2}{C_1}V_e$

참고 ① 산업안전기사 필기 p.4-39(합격날개 : 은행문제2)
② 산업안전기사 필기 p.4-33(6. 정전기 에너지)

KEY 2012년 8월 26일 문제 72번 출제

70 다음 중 불꽃(spark)방전의 발생 시 공기 중에 생성되는 물질은?

① O_2 ② O_3
③ H_2 ④ C

> **해설**

불꽃방전과 스파크 방전시 공기중 생성물질 : O_3(오존)

참고 ① 산업안전기사 필기 p.4-34(3. 불꽃방전)
② 산업안전기사 필기 p.4-48(문제 15번)

KEY 2013년 8월 17일 기사 문제 76번 출제

71 감전사고가 발생했을 때 피해자를 구출하는 방법으로 틀린 것은?

① 피해자가 계속하여 전기설비에 접촉되어 있다면 우선 그 설비의 전원을 신속히 차단한다.
② 감전 상황을 빠르게 판단하고 피해자의 몸과 충전부가 접촉되어 있는지를 확인한다.
③ 충전부에 감전되어 있으면 몸이나 손을 잡고 피해자를 곧바로 이탈시켜야 한다.
④ 절연 고무장갑, 고무장화 등을 착용한 후에 구원해 준다.

[정답] 68 ④ 69 ② 70 ② 71 ③

> **해설**

어떠한 경우라도 감전자의 몸이나 손을 잡으면 안된다.(이유 : 동시감전)

> **참고** 산업안전기사 필기 p.4-21(합격날개 : 은행문제)
> **KEY** 2014년 5월 24일 문제 64번 출제

72 샤워시설이 있는 욕실에 콘센트를 시설하고자 한다. 이때 설치되는 인체감전보호용 누전차단기의 정격감도전류는 몇 [mA] 이하인가?

① 5 ② 15
③ 30 ④ 60

> **해설**

욕실 등의 인체 감전방지용 누전차단기
① 정격감도 전류 : 15[mA]
② 시간 : 0.03초 이내

> **참고** 산업안전기사 필기 p.4-6(⑥ 샤워실 있는 인체감전보호용 정격 감도전류)
> **KEY** 2019년 3월 3일 문제 73번 출제

73 인체의 저항을 500[Ω]이라 할 때 단상 440[V]의 회로에서 누전으로 인한 감전재해를 방지할 목적으로 설치하는 누전 차단기의 규격은?

① 30[mA], 0.1[초] ② 30[mA], 0.03[초]
③ 50[mA], 0.1[초] ④ 50[mA], 0.3[초]

> **해설**

누전차단기 규격

> **참고** 산업안전기사 필기 p.4-5(그림. 누전차단기)
> **KEY** ① 2018년 3월 4일 기사·산업기사 동시 출제
> ② 2018년 4월 28일 산업기사 출제
> ③ 2018년 8월 19일 산업기사 출제

74 접지의 종류와 목적이 바르게 짝지어지지 않은 것은?

① 계통 접지 – 고압전로와 저압전로가 혼촉되었을 때의 감전이나 화재 방지를 위하여
② 지락검출용 접지 – 차단기의 동작을 확실하게 하기 위하여
③ 기능용 접지 – 피뢰기 등의 기능손상을 방지하기 위하여
④ 등전위 접지 – 병원에 있어서 의료기기 사용시 안전을 위하여

> **해설**

접지의 종류 및 목적

접지의 종류	목적
계통 접지	고압 전로와 저압 전로의 혼촉으로 인한 감전이나 화재를 방지하기 위해 변압기의 중성점을 접지하는 방식
기기 접지	누전되고 있는 기기에 접촉되었을 때의 감전을 방지
피뢰기 접지	낙뢰로부터 전기 기기의 손상을 방지, 제1종 접지
정전기 장해 방지용 접지	정전기 축적에 의한 폭발 재해를 방지
지락 검출용 접지	누전 차단기의 동작을 확실하게 한다.
등전위 접지	병원에 있어서의 의료 기기 사용 시의 안전을 위해 설치
잡음 대책용접지	잡음에 의한 Electronics 장치의 파괴나 오동작을 방지
기능용 접지	건축물 내에 설치된 전자기기의 안정적 가동을 확보하기 위한 목적으로 설치

> **참고** 산업안전기사 필기 p.4-41(합격날개 : 합격예측)
> **KEY** 2011년 8월 21일 문제 69번 출제

75 방폭 기기·일반요구사항(KS C IEC 60079-0)규정에서 제시하고 있는 방폭기기설치 시 표준환경조건이 아닌 것은?

① 압력 : 80~110[kpa]
② 상대습도 : 40~80[%]
③ 주위온도 : -20~40[℃]
④ 산소 함유율 21[%v/v]의 공기

[정답] 72 ② 73 ② 74 ③ 75 ②

해설
방폭기기 - 일반요구사항 (KSC IEC 60079-0)

구분	조건
주변온도	-20~40[℃]
표 고	1,000[m] 이하
상대습도	45~85[%] (생략가능)
공해, 부식성가스, 진동	전기설비에 특별한 고려를 필요로 하는 정도의 공해, 부식성 가스, 진동 등이 존재하지 않는 환경

참고) 산업안전기사 필기 p.4-54(합격날개 : 합격예측 및 관련법규)

76 정격감도전류에서 동작시간이 가장 짧은 누전 차단기는?

① 시연형 누전차단기
② 반한시형 누전차단기
③ 고속형 누전차단기
④ 감전보호형 누전차단기

해설
누전차단기의 종류

종류		동작시간
고감도형	고속형	• 정격감도전류에서 0.1초 이내 동작
	시연형(지연형)	• 정격감도전류에서 0.1초 초과 2초 이내 동작
	반한시형	• 정격감도전류에서 0.2초 초과 2초 이내 동작 • 정격감도전류의 1.4배에서 0.1초 초과 0.5초 이내 동작 • 정격감도전류의 4.4배에서 0.05초 이내 동작
중감도형	고속형	• 정격감도전류에서 0.1초 이내 동작
	시연형(지연형)	• 정격감도전류에서 0.1초 초과 2초 이내 동작
인체감전 보호형		• 정격감도전류에서 0.03초 이내 동작

참고) 산업안전기사 필기 p.4-5(1. 누전차단기의 종류)

KEY) 2019년 3월 3일 문제 73번 출제

77 방폭지역 구분 중 폭발성 가스 분위기가 정상상태에서 조성되지 않거나 조성된다 하더라도 짧은 기간에만 존재할 수 있는 장소는?

① 0종 장소 ② 1종 장소
③ 2종 장소 ④ 비방폭지역

해설
가스 폭발 위험장소의 구분
① 0종 장소 : 장치 및 기기들이 정상 가동되는 경우에 폭발성 가스가 항상 존재하는 장소이다.
② 1종 장소 : 장치 및 기기들이 정상 가동 상태에서 폭발성 가스가 가끔 누출되어 위험 분위기가 존재하는 장소이다.
③ 2종 장소 : 작업자의 조작상 실수나 이상운전으로 폭발성 가스가 누출되거나 유출된 가스가 체류하여 폭발을 일으킬 우려가 있는 장소이다.

참고) 산업안전기사 필기 p.4-52(3. 가스 폭발 위험장소의 구분)

KEY) ① 2016년 3월 6일 산업기사 출제
② 2018년 3월 4일 산업기사 출제
③ 2018년 8월 19일 산업기사 출제

78 전기설비기술기준에서 정의하는 전압의 구분으로 틀린 것은?

① 교류 저압 : 1,000[V] 이하
② 직류 저압 : 1,500[V] 이하
③ 직류 고압 : 1,500[V] 초과 7,000[V] 이하
④ 특고압 : 7,000[V] 미만

해설
전압분류

전압분류	직류	교류
저압	1,500[V] 이하	1,000[V] 이하
고압	1,500~7,000[V] 이하	1,000~7,000[V] 이하
특별고압	7,000[V] 초과	7,000[V] 초과

참고) 산업안전기사 필기 p.4-30(문제 30번) 적중

KEY) ① 2017년 5월 7일 기사 출제
② 2017년 8월 26일 기사 출제
③ 2018년 3월 4일 기사 출제
④ 2018년 8월 19일 산업기사 출제

79 피뢰기의 구성요소로 옳은 것은?

① 직렬캡, 특성요소
② 병렬캡, 특성요소
③ 직렬캡, 충격요소
④ 병렬캡, 충격요소

[정답] 76 ④ 77 ③ 78 ④ 79 ①

해설

피뢰기 구성요소
① 직렬캡 : 정상 시에는 방전을 하지 않고 절연상태를 유지하며, 이상과 전압 발생 시에는 신속히 이상 전압을 대지로 방전하고 속류를 차단하는 역할을 한다.
② 특성요소 : 뇌전류 방전 시 피뢰기 자신의 전위 상승을 억제하여 자신의 절연 파괴를 방지하는 역할을 한다.

참고 산업안전기사 필기 p.4-58(합격날개 : 은행문제)

KEY 2008년 5월 11일 문제 74번 출제

---

80 내압방폭구조의 필요충분조건에 대한 사항으로 틀린 것은?

① 폭발화염이 외부로 유출되지 않을 것
② 습기침투에 대한 보호를 충분히 할 것
③ 내부에서 폭발한 경우 그 압력에 견딜 것
④ 외함의 표면온도가 외부의 폭발성 가스를 점화하지 않을 것

해설

내압방폭구조(d)
① 아크를 발생시키는 전기설비를 전폐용기에 넣고 용기 내부에서 폭발이 일어날 경우 용기가 폭발 압력에 견뎌 외부의 폭발성 가스에 인화될 위험이 없도록 한 전폐형 구조
② 폭발한 고열 가스가 용기의 틈을 통하여 누설되더라도 틈의 냉각 효과로 인하여 폭발의 위험이 없도록 한다.

참고 산업안전기사 필기 p.4-53(① 내압방폭구조)

KEY
① 2016년 5월 8일 기사 출제
② 2016년 8월 21일 기사·산업기사 동시 출제
③ 2018년 3월 4일 기사 출제
④ 2018년 8월 19일 기사·산업기사 동시 출제

---

5 화학설비 안전관리

81 위험물 또는 가스에 의한 화재를 경보하는 기구에 필요한 설비가 아닌 것은?

① 간이완강기   ② 자동화재감지기
③ 축전지설비   ④ 자동화재수신기

해설

화재 경보설비의 정의 및 종류
① 화재발생 사실을 통보하는 기계·기구 또는 설비
② 비상 방송설비, 자동화재 탐지 설비 및 시각경보기 등

참고 산업안전기사 필기 p.5-88(합격날개 : 은행문제2)

KEY 2015년 8월 16일 문제 87번 출제

보충학습
간이완강기 : 피난설비

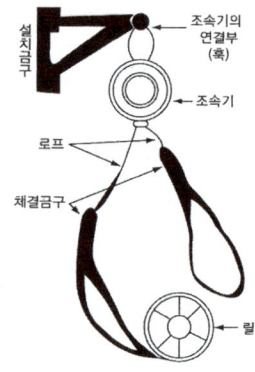

[그림] 간이완강기의 구조

---

82 산업안전보건기준에 관한 규칙에서 지정한 '화학설비 및 그 부속설비의 종류' 중 화학설비의 부속설비에 해당하는 것은?

① 응축기·냉각기 ·가열기 등의 열교환기류
② 반응기·혼합조 등의 화학물질 반응 또는 혼합장치
③ 펌프류·압축기 등의 화학물질 이송 또는 압축설비
④ 온도·압력·유량 등을 지시·기록하는 자동제어 관련 설비

해설

화학설비의 부속설비 종류
① 배관·밸브·관·부속류 등 화학물질이송 관련설비
② 온도·압력·유량 등을 지시·기록 등을 하는 자동제어 관련설비
③ 안전밸브·안전판·긴급차단 또는 방출밸브 등 비상조치 관련설비
④ 가스누출감지 및 경보관련 설비
⑤ 세정기·응축기·벤트스택·플레어스택 등 폐가스처리설비
⑥ 사이클론·백필터·전기집진기 등 분진처리설비
⑦ ①목부터 ⑥목까지의 설비를 운전하기 위하여 부속된 전기관련 설비
⑧ 정전기 제거장치·긴급 샤워설비 등 안전관련 설비

참고 산업안전기사 필기 p.5-49(합격날개 : 합격예측)

[정답] 80 ②   81 ①   82 ④

KEY 2009년 7월 26일 문제 88번 출제

정보제공
산업안전보건기준에 관한 규칙 [별표 9] 화학설비 및 그 부속설비의 종류

보충학습
화학설비
① 응축기·냉각기·가열기 등의 열교환기류
② 반응기·혼합조 등의 화학물질 반응 또는 혼합장치
③ 펌프류·압축기 등의 화학물질 이송 또는 압축설비

---

83 다음 중 반응기를 조작방식에 따라 분류할 때 이에 해당하지 않는 것은?

① 회분식 반응기
② 반회분식 반응기
③ 연속식 반응기
④ 관형식 반응기

해설
반응기의 구분

구분	종류	특징
조작(운전) 방식에 의한 분류	회분식 반응기 (Batch Reactor)	① 원료를 반응기 내에 주입하고, 일정 시간 반응시킨 다음 생성물을 꺼내는 방식 ② 반응이 진행되는 동안 원료 도입 또는 생성물의 배출이 없다. ③ 다품종 소량 생산에 유리하다.
	반회분식 반응기 (semi-batch Reactor)	① 반응 성분의 일부를 반응기 내에 넣어두고 반응이 진행됨에 따라 다른 성분을 계속 첨가하는 형식의 반응기이다.
	연속식 반응기 (plug flow Reactor)	① 원료를 연속적으로 반응기에 도입하는 동시에 반응 생성물을 연속적으로 반응기에 배출시키면서 반응을 진행시키는 반응기이다. ② 소품종 대량생산에 적합하다.
구조에 의한 분류	① 관형반응기 ② 탑형반응기 ③ 교반기형반응기 ④ 유동층형 반응기	

참고 산업안전기사 필기 p.5-49(③ 반응기의 종류)
KEY 2011년 3월 20일 문제 89번 출제

---

84 다음 중 물과 반응하여 수소가스를 발생할 위험이 가장 낮은 물질은?

① Mg
② Zn
③ Cu
④ Na

해설
물과 반응 원소
① 구리(Cu)는 상온에서 고체 상태로 존재하며 녹는점이 낮아 물과 접촉해도 반응하지 않는다.
② 물과의 반응
  ㉠ 구리(Cu), 철(Fe), 금(Au), 은(Ag), 탄소(C) 등은 상온에서 고체 상태로 존재하며 녹는점이 낮아 물과 접촉해도 반응하지 않는다.
  ㉡ 칼륨(K), 나트륨(Na), 마그네슘(Mg), 아연(Zn), 리튬(Li) 등은 물과 격렬히 반응해 수소(H_2)를 발생시킨다.
  ㉢ 탄화칼슘(CaC_2)은 물(H_2O)과 반응하여 아세틸렌(C_2H_2)을 발생시키므로 불연성가스로 봉입하여 밀폐용기에 저장해야 한다.

KEY ① 2008년 7월 27일 문제 98번 출제
② 2013년 3월 10일 문제 95번 출제

---

85 다음 중 가연성 물질이 연소하기 쉬운 조건으로 옳지 않은 것은?

① 연소 발열량이 클 것
② 점화에너지가 작을 것
③ 산소와 친화력이 클 것
④ 입자의 표면적이 작을 것

해설
연소의 조건(타기 쉬운 조건)
① 열전도율이 작은 것일수록
② 건조도가 좋은 것일수록
③ 산소와의 접촉면이 클수록
④ 발열량이 큰 것일수록
⑤ 산화되기 쉬운 것일수록

참고 산업안전기사 필기 p.5-7(3. 연소의 조건)
KEY 2015년 3월 6일 문제 85번 출제

---

86 다음 중 열교환기의 보수에 있어 일상점검항목과 정기적 개방점검항목으로 구분할 때 일상점검항목으로 가장 거리가 먼 것은?

① 도장의 노후상황
② 부착물에 의한 오염의 상황
③ 보온재, 보냉재의 파손여부
④ 기초볼트의 체결정도

[정답] 83 ④ 84 ③ 85 ④ 86 ②

해설
열교환기 일상점검 항목
① 보온재 및 보냉재의 파손상황
② 도장의 노후 상황
③ Flange부, 용접부 등의 누설여부
④ 기초볼트의 조임 상태

참고 산업안전기사 필기 p.5-53(1. 일상점검 항목)

KEY 2009년 5월 10일 문제 83번 출제

---

87 헥산 1[vol%], 메탄 2[vol%], 에틸렌 2[vol%], 공기 95[vol%]로 된 혼합가스의 폭발하한계값[vol%]은 약 얼마인가? (단 헥산, 메탄, 에틸렌의 폭발하한계 값은 각각 1.1, 5.0, 2.7[vol%] 이다.)

① 2.44
② 12.89
③ 21.78
④ 48.78

해설
폭발하한값 계산

$$L = \frac{V_1 + V_2 + \cdots + V_n}{\frac{V_1}{L_1} + \frac{V_2}{L_2} + \cdots + \frac{V_n}{L_n}}$$ (혼합가스가 공기와 섞여 있을 경우)

$$L = \frac{1+2+2}{\frac{1}{1.1} + \frac{2}{5} + \frac{2}{2.7}} = 2.44[\text{vol}\%]$$

참고 산업안전기사 필기 p.5-77(문제 74번)

KEY 2015년 8월 16일 문제 88번 출제

---

88 이산화탄소소화약제의 특징으로 가장 거리가 먼 것은?
① 전기절연성이 우수하다.
② 액체로 저장할 경우 자체 압력으로 방사할 수 있다.
③ 기화상태에서 부식성이 매우 강하다.
④ 저장에 의한 변질이 없어 장기간 저장이 용이한 편이다.

해설
이산화탄소의 특성
① 상온에서 기체이며 그 가스비중(공기=1.0)은 1.51로 공기보다 무겁다.
② 무색무취로 화학적으로 안정하고 가연성·부식성은 거의 없다.
③ 이산화탄소는 화학적으로 비교적 안정하다.
④ 공기보다 1.5배 무겁기 때문에 심부화재에 적합하다.
⑤ 고농도의 이산화탄소는 인체에 독성이 있다.
⑥ 액화가스로 저장하기 위하여 임계온도(31[℃])이하로 냉각시켜놓고 가압한다.
⑦ 저온으로 고체화한 것을 드라이아이스라고 하며 냉각제로 사용한다.

참고 산업안전기사 필기 p.5-14(3. 탄산가스 소화기)

---

89 산업안전보건기준에 관한 규칙 중 급성 독성물질에 관한 기준 중 일부이다. (A)와 (B)에 알맞은 수치를 옳게 나타낸 것은?

- 쥐에 대한 경구투입실험에 의하여 실험동물의 50퍼센트를 사망시킬 수 있는 물질의 양, 즉 LD50(경구, 쥐)이 킬로그램당 (A)밀리그램-(체중) 이하인 화학물질
- 쥐 또는 토끼에 대한 경피흡수실험에 의하여 실험동물의 50퍼센트를 사망시킬 수 있는 물질의 양, 즉 LD50(경피, 토끼 또는 쥐)이 킬로그램당 (B)밀리그램-(체중) 이하인 화학물질

① A : 1,000 B : 300
② A : 1,000 B : 1,000
③ A : 300   B : 300
④ A : 300   B : 1,000

해설
급성독성물질
① 쥐에 대한 경구 투입실험에 의하여 실험동물의 50[%]를 사망시킬 수 있는 물질의 양, 즉 LD_{50}(경구, 쥐)이 킬로그램당(체중) 300[mg] 이하인 화학물질
② 쥐 또는 토끼에 대한 경피흡수 실험에 의하여 실험동물의 50[%]를 사망시킬 수 있는 물질의 양, 즉 LD_{50}(경피, 토끼 또는 쥐)이 킬로그램당(체중) 1,000[mg] 이하인 화학물질

참고 산업안전기사 필기 p.5-36(6. 급성독성물질)

정보제공
산업안전보건기준에 관한 규칙 [별표 1] 위험물질의 종류

---

90 분진폭발을 방지하기 위하여 첨가하는 불활성 첨가물로 적합하지 않은 것은?
① 탄산칼슘
② 모래
③ 석분
④ 마그네슘

[**정답**] 87 ① 88 ③ 89 ④ 90 ④

해설

분진폭발 구분

분진폭발을 일으키는 물질	분진폭발을 일으키지 않는 물질
• 금속분 (알루미늄, 마그네슘, 아연분말) • 플라스틱 • 농산물 • 황	• 시멘트 • 생석회(CaO) • 석회석 • 탄산칼슘($CaCO_3$)

참고 산업안전기사 필기 p.5-8(7. 분진폭발의 방지대책)

KEY
① 2017년 3월 5일 기사 출제
② 2018년 8월 19일 기사 출제

---

91 다음 중 가연성 가스이며 독성 가스에 해당하는 것은?

① 수소 ② 프로판
③ 산소 ④ 일산화탄소

해설
① 일산화탄소(CO)는 질식성가스로 50[ppm]이내 가연성가스이다.
② 독성가스로 TWA 30 이다.

참고 산업안전기사 필기 p.5-44(표. 주요 고압가스의 분류)

KEY 2013년 6월 2일 문제 99번 출제

---

92 위험물을 저장하는 방법으로 틀린 것은?

① 황린은 물속에 저장
② 나트륨은 석유 속에 저장
③ 칼륨은 석유 속에 저장
④ 리튬은 물속에 저장

해설

발화성 물질의 저장법
① 나트륨·칼륨 : 석유 유동파라핀 속에 저장
② 황린 : 물속에 저장
③ 적린·마그네슘·칼륨 : 냉암소 격리 저장
④ 질산은($AgNO_3$)용액 : 햇빛을 피하여 저장, 갈색병에 넣어 냉암소 보관

참고 산업안전기사 필기 p.5-37(9. 발화성물질의 저장법)

KEY
① 2016년 3월 6일 산업기사 출제
② 2016년 8월 21일 산업기사 출제
③ 2018년 3월 4일 기사 출제
④ 2018년 8월 19일 산업기사 출제

정보제공
산업안전보건기준에 관한 규칙 [별표 1] 위험물질의 종류

보충학습
리튬 : 등유 속에 저장(물반응성 물질)

---

93 다음 중 인화성 가스가 아닌 것은?

① 부탄 ② 메탄
③ 수소 ④ 산소

해설

인화성 가스의 종류
① 수소
② 아세틸렌
③ 에틸렌
④ 메탄
⑤ 에탄
⑥ 프로판
⑦ 부탄
⑧ 영 별표 10에 따른 인화성 가스

참고 산업안전기사 필기 p.5-36(5. 인화성 가스)

KEY
① 2017년 8월 26일 기사 출제
② 2019년 3월 3일 기사·산업기사 동시 출제

정보제공
산업안전보건기준에 관한 규칙 [별표 1] 위험물질의 종류

보충학습
산소 : 조연성 가스

---

94 다음 중 자연 발화의 방지법으로 가장 거리가 먼 것은?

① 직접 인화할 수 있는 불꽃과 같은 점화원만 제거하면 된다.
② 저장소 등의 주위 온도를 낮게 한다.
③ 습기가 많은 곳에는 저장하지 않는다.
④ 통풍이나 저장법을 고려하여 열의 축적을 방지한다.

해설

자연발화 방지법
① 저장소의 온도를 낮출 것
② 산소와의 접촉을 피할 것
③ 통풍 및 환기를 철저히 할 것
④ 습도가 높은 곳에는 저장하지 말 것

KEY 2014년 5월 25일 문제 87번 출제

[정답] 91 ④ 92 ④ 93 ④ 94 ①

95 인화성 가스가 발생할 우려가 있는 지하작업장에서 작업을 할 경우 폭발이나 화재를 방지하기 위한 조치사항 중 가스의 농도를 측정하는 기준으로 적절하지 않은 것은?

① 매일 작업을 시작하기 전에 측정한다.
② 가스의 누출이 의심되는 경우 측정한다.
③ 장시간 작업할 때에는 매 8시간마다 측정한다.
④ 가스가 발생하거나 정제할 위험이 있는 장소에 대하여 측정한다.

해설

인화성가스 농도 측정기준
① 매일 작업을 시작하기 전에 측정한다.
② 가스의 누출이 의심되는 경우 측정한다.
③ 가스가 발생하거나 정제할 위험이 있는 장소에 대하여 측정한다.
④ 장시간 작업할 때에는 매 4시간마다 측정한다.

KEY 2009년 5월 10일 문제 94번 출제

96 다음 중 가연성가스가 밀폐된 용기 안에서 폭발할 때 최대폭발압력에 영향을 주는 인자로 가장 거리가 먼 것은?

① 가연성가스의 농도(몰수)
② 가연성가스의 초기온도
③ 가연성가스의 유속
④ 가연성가스의 초기압력

해설

폭발발생의 필수인자
① 인화성 물질 온도   ② 조성(인화성 물질의 농도범위)
③ 압력의 방향   ④ 용기의 크기와 형태(모양)

참고 산업안전기사 필기 p.5-3(2. 폭발발생의 필수인자)

KEY 2014년 3월 2일 문제 85번 출제

97 물이 관 속을 흐를 때 유동하는 물 속의 어느 부분의 정압이 그 때의 물의 증기압보다 낮을 경우 물이 증발하여 부분적으로 증기가 발생되어 배관의 부식을 초래하는 경우가 있다. 이러한 현상을 무엇이라 하는가?

① 서어징(surging)
② 공동현상(cavitation)
③ 비말동반(entrainment)
④ 수격작용(water hammering)

해설

공동현상(cavitation)
유체의 증기압이 물의 증기압보다 낮을 경우 부분적으로 증기를 발생시켜 배관을 부식시키는 현상

참고 산업안전기사 필기 p.5-59(합격날개 : 합격예측)

KEY 2015년 8월 16일 문제 99번 출제

보충학습
① 수격작용(water hammering, 물망치작용)
   밸브를 급격히 개폐 시에 배관 내를 유동하던 물이 배관을 치는 현상(압력파가 급격히 관내를 왕복하는 현상)으로 배관 파열을 초래한다.
② 맥동현상(surging)
   유량이 단속적으로 변하여 펌프입출구에 설치된 진공계, 압력계가 흔들리고 진동과 소음이 일어나며 펌프의 토출량의 변화를 초래한다.

98 메탄이 공기 중에서 연소될 때의 이론혼합비(화학양론조성)는 약 몇 [vol%]인가?

① 2.21   ② 4.03
③ 5.76   ④ 9.5

해설

이론혼합비
메탄(CH_4)은 탄소(a)가, 1 수소(b)가 4이므로

$$Cst = \frac{100}{1+4.773 \times \left(1+\frac{4}{4}\right)} = 9.50 [vol\%]$$

KEY ① 2009년 3월 1일 문제 89번 출제
      ② 2019년 3월 3일 기사·산업기사 동시 출제

보충학습
완전연소 조성농도(화학양론 농도)와 최소산소농도(MOC)
① 완전연소 조성농도(화학양론 농도)
   ㉠ 가연성 가스의 조성은 완전연소 조성농도에서 폭발의 위험성이 가장 높아진다.
   ㉡ 완전연소 조성농도(Cst)는
   $$= \frac{100}{1+공기몰수 \times \left(a+\frac{4b-c-2d}{4}\right)} 이다.$$
   주로 공기의 몰수는 4.773을 사용하므로
   $$\frac{100}{1+4.773\left(a+\frac{4b-c-2d}{4}\right)} [vol\%]로 구한다$$
   단, a : 탄소, b : 수소, c : 할로겐원자의 원자수, d : 산소의 원자수로 구한다.
   ㉢ Jones식에 따라 폭발한계를 추산하면 폭발하한계 = $Cst \times 0.55$, 폭발상한계 = $Cst \times 3.50$이다.

[정답] 95 ③ 96 ③ 97 ② 98 ④

② 최소 산소 농도(MOC)
  ㉠ 연소 시 필요한 산소(O_2) 농도 즉, 산소양론계수는 $a + \dfrac{b-c-2d}{4}$ 로 구한다
  ㉡ 최소산소농도(MOC) = 산소양론계수 × 연소하한값으로 구한다.

99. 고압의 환경에서 장시간 작업하는 경우에 발생할 수 있는 잠함병(潛函病) 또는 잠수병(潛水病)은 다음 중 어떤 물질에 의하여 중독현상이 일어나는가?

① 질소
② 황화수소
③ 일산화탄소
④ 이산화탄소

해설
N_2(질소)
① 잠함병, 잠수병의 중독 원소
② 화학공장의 대표적 불활성가스

참고 산업안전기사 필기 p.5-36(합격날개 : 은행문제)

KEY 2012년 8월 26일 문제 92번 출제

보충학습
잠함·잠수병 : 체내에 축적된 질소의 중독 현상

100. 공기 중에서 A 가스의 폭발하한계는 2.2[vol%]이다. 이 폭발하한계 값을 기준으로 하여 표준상태에서 A 가스와 공기의 혼합기체 1[m³]에 함유되어 있는 A 가스의 질량을 구하면 약 몇 [g]인가?(단, A 가스의 분자량은 26 이다.)

① 19.02
② 25.54
③ 29.02
④ 35.5

해설
A(C_2H_2)가스의 질량
① 표준상태 0[℃], 1기압에서 기체의 부피는 22.4[L]
$\dfrac{22.4}{1,000} = 0.0224[m^3]$
② 분자량은 26, 농도는 폭발하한계로 구하면 0.022가 되므로 기체의 단위부피당 질량 = $\dfrac{26 \times 0.022}{0.0224} = 25.54[g]$

KEY 2010년 5월 9일 문제 82번 출제

보충학습
샤를의 법칙
① 압력이 일정할 때 기체의 부피는 온도의 증가에 비례한다.
② $\dfrac{T_2}{T_1} = \left(\dfrac{V_2}{V_1}\right)$ 또는 $V_1T_2 = V_2T_1$ 으로 표시된다.
③ 표준상태 0[℃], 1기압에서 기체의 부피는 22.4[L]이다.
④ 기체의 단위부피당 질량[g/m³]은 $\dfrac{농도 \times 분자량}{V_1}$ 으로 구한다.

6 건설공사 안전관리

101. 산업안전보건법령에 따른 거푸집동바리를 조립하는 경우의 준수사항으로 옳지 않은 것은?

① 개구부 상부에 동바리를 설치하는 경우에는 상부 하중을 견딜 수 있는 견고한 받침대를 설치할 것
② 동바리의 이음은 맞댄이음이나 장부이음으로 하고 같은 품질의 제품을 사용할 것
③ 강재와 강재의 접속부 및 교차부는 철선을 사용하여 단단히 연결할 것
④ 거푸집이 곡면인 경우에는 버팀대의 부착 등 그 거푸집의 부상(浮上)을 방지하기 위한 조치를 할 것

해설
강재와 강재의 접속부 및 교차부 : 볼트·클램프 등 전용철물을 사용하여 단단히 연결할 것

참고 산업안전기사 필기 p.6-88(합격날개 : 합격예측 및 관련법규)

KEY 2018년 3월 4일 기사·산업기사 동시 출제

정보제공
산업안전보건기준에 관한 규칙 제332조의2(동바리 유형에 따른 동바리의 조립시 안전조치)

102. 타워 크레인(Tower Crane)을 선정하기 위한 사전 검토사항으로서 가장 거리가 먼 것은?

① 붐의 모양
② 인양능력
③ 작업반경
④ 붐의 높이

해설
타워크레인을 선정하기 위한 사전 검토사항
① 작업반경
② 입지조건
③ 건립기계의 소음영향
④ 건물형태
⑤ 인양능력
⑥ 붐의 높이

참고 산업안전기사 필기 p.6-131(합격날개 : 합격예측)

KEY 2003년 2회 출제

[정답] 99 ① 100 ② 101 ③ 102 ①

103
건설현장에서 근로자의 추락재해를 예방하기 위한 안전난간을 설치하는 경우 그 구성요소와 거리가 먼 것은?

① 상부난간대 ② 중간난간대
③ 사다리   ④ 발끝막이판

해설

안전난간의 구성요소
① 상부난간대
② 중간난간대
③ 발끝막이판
④ 난간기둥

참고) 산업안전기사 필기 p.6-151(합격날개 : 합격예측)

KEY ① 2017년 9월 23일 산업기사 출제
② 2018년 3월 4일 산업기사 출제
③ 2018년 8월 19일 산업기사 출제

정보제공
산업안전보건기준에 관한 규칙 제13조(안전난간의 구조 및 설치요건)

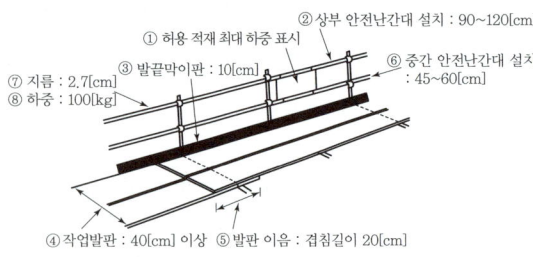

[그림] 안전난간

104
달비계(곤돌라의 달비계는 제외)의 최대적재하중을 정하는 경우에 사용하는 안전계수의 기준으로 옳은 것은?

① 달기체인의 안전계수 : 10 이상
② 달기강대와 달비계의 하부 및 상부지점의 안전계수(목재의 경우) : 2.5 이상
③ 달기와이어로프의 안전계수 : 5 이상
④ 달기강선의 안전계수 : 10 이상

해설

달비계의 안전계수 기준
① 달기와이어로프 및 달기강선의 안전계수는 10 이상
② 달기체인 및 달기훅의 안전계수는 5 이상
③ 달기강대와 달비계의 하부 및 상부지점의 안전계수는 강재의 경우 2.5 이상, 목재의 경우 5 이상

참고) 산업안전기사 필기 p.6-92(합격날개 : 합격예측)

KEY ① 2016년 10월 1일 산업기사 출제
② 2018년 3월 4일 산업기사 출제
③ 2018년 8월 19일 산업기사 출제
④ 2019년 3월 3일 산업기사 출제

정보제공
산업안전보건기준에 관한 규칙 제55조(작업발판의 최대 적재하중)

105
달비계의 구조에서 달비계 작업발판의 폭은 최소 얼마 이상 이어야 하는가?

① 30[cm]   ② 40[cm]
③ 50[cm]   ④ 60[cm]

해설

달비계 작업 발판 기준
① 폭 : 40[cm] 이상
② 틈 : 틈새가 없도록 할 것

참고) 산업안전기사 필기 p.6-102(합격날개 : 합격예측 및 관련법규)

KEY ① 2017년 8월 26일 기사·산업기사 동시 출제
② 2018년 4월 28일 기사 출제

정보제공
산업안전보건기준에 관한 규칙 제63조(달비계의 구조)

106
건설업 중 교량건설 공사의 경우 유해 위험방지계획서를 제출하여야 하는 기준으로 옳은 것은?

① 최대 지간길이가 40[m] 이상인 교량건설 등 공사
② 최대 지간길이가 50[m] 이상인 교량건설 등 공사
③ 최대 지간길이가 60[m] 이상인 교량건설 등 공사
④ 최대 지간길이가 70[m] 이상인 교량건설 등 공사

해설

유해위험방지계획서 제출대상 건설공사
(1) 건축물 또는 시설 등의 건설·개조 또는 해체공사
  가. 지상높이가 31미터 이상인 건축물 또는 인공구조물
  나. 연면적 3만제곱미터 이상인 건축물
  다. 연면적 5천제곱미터 이상인 시설
    ① 문화 및 집회시설(전시장 및 동물원·식물원은 제외한다)
    ② 판매시설, 운수시설(고속철도의 역사 및 집배송시설은 제외한다)
    ③ 종교시설
    ④ 의료시설 중 종합병원
    ⑤ 숙박시설 중 관광숙박시설
    ⑥ 지하도상가
    ⑦ 냉동·냉장 창고시설

[정답] 103 ③ 104 ④ 105 ② 106 ②

(2) 연면적 5천제곱미터 이상인 냉동·냉장 창고시설의 설비공사 및 단열공사
(3) 최대지간길이가 50[m] 이상인 교량건설 등 공사
(4) 터널건설 등의 공사
(5) 다목적댐, 발전용댐 및 저수용량 2천만톤 이상의 용수전용댐, 지방상수도 전용댐 건설 등의 공사
(6) 깊이 10[m] 이상인 굴착공사

참고 산업안전기사 필기 p.6-20(3. 유해위험방지계획서 제출대상 건설공사)

KEY
① 2016년 5월 8일 기사 출제
② 2017년 3월 5일 산업기사 출제
③ 2018년 4월 28일 기사 출제
⑤ 2018년 8월 19일 기사·산업기사 동시 출제

정보제공 산업안전보건기법 시행령 제42조(유해위험방지계획서 제출대상)

107
구축물이 풍압·지진등에 의하여 붕괴 또는 전도하는 위험을 예방하기 위한 조치와 가장 거리가 먼 것은?

① 설계도서에 따라 시공했는지 확인
② 건설공사 시방서에 따라 시공했는지 확인
③ 「건축물의 구조기준 등에 관한 규칙」에 따른 구조기준을 준수했는지 확인
④ 보호구 및 방호장치의 성능검정 합격품을 사용했는지 확인

해설
구축물 풍압·지진 등의 예방조치사항
① 설계도서에 따라 시공했는지 확인
② 건설공사 시방서(示方書)에 따라 시공했는지 확인
③ 「건축물의 구조기준 등에 관한 규칙」에 따른 구조기준을 준수했는지 확인

참고 산업안전기사 필기 p.6-143(합격날개 : 합격예측 및 관련법규)

KEY 2016년 10월 1일 기사 출제

정보제공 산업안전보건기준에 관한 규칙 제51조(구축물 또는 이와 유사한 시설물 등의 안전 유지)

108
철골건립준비를 할 때 준수하여야 할 사항과 가장 거리가 먼 것은?

① 지상 작업장에서 건립준비 및 기계기구를 배치할 경우에는 낙하물의 위험이 없는 평탄한 장소를 선정하여 정비하고 경사지에는 작업대나 임시발판 등을 설치하는 등 안전조치를 한 후 작업하여야 한다.
② 건립작업에 다소 지장이 있다하더라도 수목은 제거하여서는 안된다.
③ 사용전에 기계기구에 대한 정비 및 보수를 철저히 실시하여야 한다.
④ 기계에 부착된 앵커 등 고정장치와 기초구조 등을 확인하여야 한다.

해설
장해물의 제거
건립 작업장에 지장이 되는 수목이나 전주 등은 제거하거나 이설하여 작업능률을 저하시키지 않도록 하여야 한다.

참고 산업안전기사 필기 p.6-160(2. 건립 준비 및 기계 기구의 배치)

KEY 2015년 3월 8일 문제 116번 출제

109
건설현장에서 높이 5[m] 이상인 콘크리트 교량의 설치작업을 하는 경우 재해예방을 위해 준수해야 하는 사항으로 옳지 않은 것은?

① 작업을 하는 구역에는 관계 근로자가 아닌 사람의 출입을 금지할 것
② 재료, 기구 또는 공구 등을 올리거나 내릴 경우에는 근로자로 하여금 크레인을 이용하도록 하고 달줄, 달포대 등의 사용을 금하도록 할 것
③ 중량물 부재를 크레인 등으로 인양하는 경우에는 부재에 인양용 고리를 견고하게 설치하고, 인양용 로프는 부재에 두 군데 이상 결속하여 인양하여야 하며, 중량물이 안전하게 거치되기 전까지는 걸이로프를 해제시키지 아니할 것
④ 자재나 부재의 낙하·전도 또는 붕괴 등에 의하여 근로자에게 위험을 미칠 우려가 있을 경우에는 출입금지구역의 설정, 자재 또는 가설시설의 좌굴(挫屈)또는 변형 방지를 위한 보강재 부착 등의 조치를 할 것

해설
달줄 또는 달포대 사용
재료·기구 또는 공구 등을 올리거나 내리는 경우 근로자는 달줄 또는 달포대를 사용하게 할 것

참고 산업안전기사 필기 p.6-95(합격날개 : 합격예측 및 관련법규)

[정답] 107 ④ 108 ② 109 ②

과년도 출제문제

정보제공
산업안전보건기준에 관한 규칙 제57조(비계 등의 조립·해체 및 변경)

110 건축공사로서 대상액이 5억원 이상 50억원 미만인 경우에 산업안전보건관리비의 비율(가) 및 기초액(나)으로 옳은 것은?

① (가) 2.28% (나) 4,325,000원
② (가) 1.99% (나) 5,499,000원
③ (가) 2.35% (나) 5,400,000원
④ (가) 1.57% (나) 4,411,000원

해설

공사종류 및 규모별 안전관리비 계상기준표

구 분 공사종류	대상액 5억원 미만	대상액 5억원 이상 50억원 미만		대상액 50억원 이상	영 별표5에 따른 보건관리자 선임 대상 건설공사
		비율(X)	기초액(C)		
건축공사	3.11[%]	2.28[%]	4,325,000원	2.37[%]	2.64[%]
토목공사	3.15[%]	2.53[%]	3,300,000원	2.60[%]	2.73[%]
중건설공사	3.64[%]	3.05[%]	2,975,000원	3.11[%]	3.39[%]
특수건설공사	2.07[%]	1.59[%]	2,450,000원	1.64[%]	1.78[%]

참고 산업안전기사 필기 p.6-43(별표1. 공사의 종류 및 규모별 산업안전관리비 계상기준표)

KEY
① 2016년 3월 6일 산업기사 출제
② 2016년 10월 1일 산업기사 출제
③ 2017년 3월 5일 기사 출제
④ 2017년 8월 26일 기사 출제

정보제공
고시 2024-53호 건설업산업안전보건관리비 계상 및 사용기준(개정 2024.9.19)

111 중량물을 운반할 때의 바른 자세로 옳은 것은?

① 허리를 구부리고 양손으로 들어올린다.
② 중량은 보통 체중의 60%가 적당하다.
③ 물건은 최대한 몸에서 멀리 떼어서 들어올린다.
④ 길이가 긴 물건은 앞쪽을 높게 하여 운반한다.

해설

인력운반 안전기준
① 1인당 무게는 25[kg] 정도가 적절하며, 무리한 운반 금지
② 2인 이상 1조가 되어 어깨메기로 하여 운반하는 등 안전을 도모
③ 긴 철근을 1인이 운반시 앞쪽을 높게하여 어깨에 메고 뒤쪽 끝을 끌면서 운반

④ 운반시 양끝을 묶어 운반
⑤ 내려놓을 때는 던지지 말고 천천히 내려놓을 것
⑥ 공동 작업시 신호에 따라 작업(신호 준수)

참고 산업안전기사 필기 p.6-182[(1) 인력운반 안전기준]

KEY 2017년 5월 7일 산업기사 출제

112 추락방지용 방망의 그물코의 크기가 10[cm]인 신품 매듭방망사의 인장강도는 몇 킬로그램 이상이어야 하는가?

① 80   ② 110
③ 150 ④ 200

해설

방망사의 신품에 대한 인장강도

그물코의 크기(단위 :[cm])	방망의 종류(단위 : [kg])	
	매듭없는 방망	매듭 방망
10	240	200
5		110

참고 산업안전기사 필기 p.6-50(① 방망사의 강도)

KEY
① 2016년 5월 8일 기사 출제
② 2017년 3월 5일 기사 출제
③ 2017년 8월 26일 기사 출제
④ 2018년 4월 28일 산업기사 출제
⑤ 2018년 8월 19일 기사 출제

113 다음 중 방망에 표시해야할 사항이 아닌 것은?

① 방망의 신축성   ② 제조자명
③ 제조년월   ④ 재봉치수

해설

방망의 표시사항
① 제조자명   ② 제조연월
③ 재봉치수   ④ 그물코
⑤ 신품인 때의 방망의 강도

참고 산업안전기사 필기 p.6-51(⑤ 방망의 표시사항)

KEY
① 2016년 5월 8일 기사 출제
② 2016년 8월 21일 산업기사 출제

[정답] 110 ①   111 ④   112 ④   113 ①

114. 강관비계 조립시의 준수사항으로 옳지 않은 것은?

① 비계기둥에는 미끄러지거나 침하하는 것을 방지하기 위하여 밑받침철물을 사용한다.
② 지상높이 4층 이하 또는 12[m] 이하인 건축물의 해체 및 조립등의 작업에서만 사용한다.
③ 교차 가새로 보강한다.
④ 외줄비계·쌍줄비계 또는 돌출비계에 대해서는 벽이음 및 버팀을 설치한다.

해설

통나무 비계 적용기준
지상높이 ; 4층 이하 또는 12[m] 이하

참고 산업안전기사 필기 p.6-93(합격날개 : 합격예측 및 관련법규)

KEY 2017년 9월 23일 기사 출제

정보제공
산업안전보건기준에 관한 규칙 제59조(강관비계 조립 시의 준수사항)

115. 사다리식 통로 등을 설치하는 경우 고정식 사다리식 통로의 기울기는 최대 몇 도 이하로 하여야 하는가?

① 60도　② 75도
③ 80도　④ 90도

해설

사다리식 통로등의 기울기 각도
① 일반적인 각도 : 75[°] 이하
② 고정식 : 90[°] 이하

참고 산업안전기사 필기 p.6-18(합격날개 : 합격예측 및 관련법규)

KEY ① 2016년 10월 1일 산업기사 출제
② 2017년 5월 7일 기사 · 산업기사 동시 출제
③ 2018년 4월 28일 산업기사 출제

정보제공
산업안전보건기준에 관한 규칙 제24조(사다리식 통로 등의 구조)

116. 부두·안벽 등 하역작업을 하는 장소에서 부두 또는 안벽의 선을 따라 통로를 설치하는 경우에는 폭을 최소 얼마 이상으로 해야 하는가?

① 70[cm]　② 80[cm]
③ 90[cm]　④ 100[cm]

해설

부두 또는 안벽의 통로 최소 폭
90[cm] 이상

참고 산업안전기사 필기 p.6-183(1. 항만하역작업의 안전기준)

KEY ① 2017년 5월 7일 기사 · 산업기사 동시 출제
② 2017년 9월 23일 기사 출제
③ 2018년 4월 23일 기사 출제

정보제공
산업안전보건기준에 관한 규칙 제390조(하역작업장의 조치기준)

117. 건설작업장에서 근로자가 상시 작업하는 장소의 작업면 조도기준으로 옳지 않은 것은?(단, 갱내 작업장과 감광재료를 취급하는 작업장의 경우는 제외)

① 초정밀 작업 : 600럭스[lux] 이상
② 정밀 작업 : 300럭스[lux] 이상
③ 보통 작업 : 150럭스[lux] 이상
④ 초정밀, 정밀, 보통 작업을 제외한 기타 작업 : 75럭스[lux] 이상

해설

조명(조도)수준
① 초정밀작업 : 750[Lux] 이상
② 정밀작업 : 300[Lux] 이상
③ 보통작업 : 150[Lux] 이상
④ 그 밖의 작업 : 75[Lux] 이상

참고 산업안전기사 필기 p.2-169(합격날개 : 합격예측)

KEY ① 2017년 3월 5일 기사 출제
② 2017년 8월 26일 기사 출제

정보제공
산업안전보건기준에 관한 규칙 제2조(조도)

118. 승강기 강선의 과다감기를 방지하는 장치는?

① 비상정지장치
② 권과방지장치
③ 해지장치
④ 과부하방지방치

[정답] 114 ②　115 ④　116 ③　117 ①　118 ②

해설

크레인의 방호장치

종류	용도
권과방지 장치	양중기의 권상용 와이어로프 또는 지브등의 붐 권상용 와이어로프의 권과 방지 ㉠ 나사형 제동개폐기 ㉡ 롤러형 제동개폐기 ㉢ 캠형 제동개폐기
과부하 방지 장치	정격하중 이상의 하중 부하시 자동으로 상승정지되면서 경보음이나 경보등 발생
비상 정지장치	돌발사태 발생시 안전유지 위한 전원차단 및 크레인 급정지시키는 장치
제동 장치	운동체와 정지체의 기계적접촉에 의해 운동체를 감속하거나 정지 상태로 유지하는 기능을 하는 장치
기타 방호 장치	① 해지장치 ② 스토퍼(Stopper) ③ 이탈방지장치 ④ 안전밸브 등

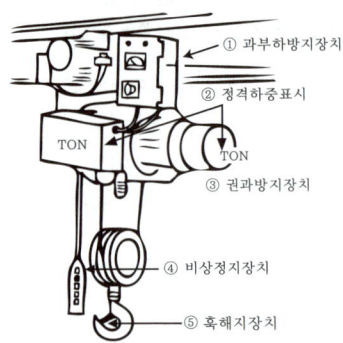

[그림] 크레인의 방호장치

참고 산업안전기사 필기 p.6-131(합격날개 : 합격예측)

KEY 2018년 8월 19일 기사 출제

---

119 흙막이 지보공을 설치하였을 때 정기적으로 점검하여야 할 사항과 거리가 먼 것은?

① 경보장치의 작동상태
② 부재의 손상·변형·부식·변위 및 탈락의 유무와 상태
③ 버팀대의 긴압(緊壓)의 정도
④ 부재의 접속부·부착부 및 교차부의 상태

해설

흙막이 지보공의 정기 점검사항
① 부재의 손상·변형·부식·변위 및 탈락의 유무와 상태
② 버팀대의 긴압의 정도
③ 부재의 접속부·부착부 및 교차부의 상태
④ 침하의 정도

참고 산업안전기사 필기 p.6-106(합격날개 : 합격예측 및 관련법규)

KEY ① 2017년 3월 5일 기사 출제
② 2017년 9월 23일 기사 출제

정보제공
산업안전보건기준에 관한 규칙 제347조(붕괴등의 위험방지)

---

120 사질지반 굴착 시, 굴착부와 지하수위차가 있을 때 수두차에 의하여 삼투압이 생겨 흙막이벽 근입부분을 침식하는 동시에 모래가 액상화되어 솟아오르는 현상은?

① 동상현상   ② 연화현상
③ 보일링현상   ④ 히빙현상

해설

보일링(Boiling)현상
투수성이 좋은 사질지반의 흙막이 지면에서 수두차로 인한 상향의 침투압이 발생 유효응력이 감소하여 전단강도가 상실되는 현상으로 지하수가 모래와 같이 솟아오르는 (모래의 액상화)현상

참고 산업안전기사 필기 p.6-19(합격날개 : 합격예측)

보충학습
① 동상 : 온도가 하강함에 따라 토중수가 얼어 부피가 약 9% 정도 증대하게 됨으로써 지표면이 부풀어 오르는 현상
② 연화 : 동결된 지반이 기온 상승으로 녹기 시작하여 녹은 물이 적절하게 배수되지 않을 때, 녹은 흙의 함수비가 얼기 전보다 훨씬 증가하여 지반이 연약해지고 강도가 떨어지는 현상
③ 히빙현상 : 흙막이 벽체 내·외의 토사의 중량 차에 의해 점토지반의 토공사에서 흙막이 밖에 있는 흙이 안으로 밀려 들어와 내측 흙이 부풀어 오르는 현상

녹색직업 녹색자격증코너

독서는 인생을 향기롭게 한다.

하버드대 졸업장보다 독서하는 습관이 더 중요하다.
– 빌 게이츠(Bill Gates)

평소 독서광이었던 마이크로소프트사의 빌 게이츠의 이 말은 독서의 중요성을 강조하는데 부족함이 없는 명언으로 꼽힙니다.
명문대의 졸업장보다도 늘 독서하는 습관이 인간 형성에 결정적인 역할을 한다는 뜻입니다.
'하루라도 책을 읽지 않으면 입 안에 가시가 돋는다'고 한 안중근 의사는 사형이 집행되기 전 마지막 소원을 묻자 '5분만 시간을 달라. 읽다 만 책을 마저 읽고 싶다.'고 했습니다.
책과 함께 삶의 향기가 더욱 그윽해졌으면 좋겠습니다.
지금 당신 책상 위엔 어떤 책이 놓여 있나요?

[정답] 119 ①   120 ③

2019년도 기사 정기검정 제2회 (2019년 4월 27일 시행)

자격종목 및 등급(선택분야): 산업안전기사

종목코드	시험시간	수험번호	성명
1431	3시간	20190427	도서출판세화

1 산업재해 예방 및 안전보건교육

01 허츠버그(Herzberg)의 일을 통한 동기부여 원칙으로 틀린 것은?

① 새롭고 어려운 업무의 부여
② 교육을 통한 간접적 정보제공
③ 자기과업을 위한 작업자의 책임감 증대
④ 작업자에게 불필요한 통제를 배제

해설

동기부여 방법
① 각 노동자에게 보다 새롭고 힘든 과업을 부여한다.
② 노동자에게 불필요한 통제를 배제한다.
③ 각 노동자에게 완전하고 자연스러운 단위의 도급 작업을 부여할 수 있도록 일을 조정한다.
④ 자기 과업을 위한 노동자의 책임감을 증대시킨다.
⑤ 노동자에게 정기 보고서를 통한 직접적인 정보를 제공한다.
⑥ 특정 작업을 할 기회를 부여한다.

참고 산업안전기사 필기 p.1-99(3. 동기부여 방법)

KEY 2009년 5월 10일(문제 5번) 출제

02 매슬로우의 욕구단계이론 중 자기의 잠재력을 최대한 살리고 자기가 하고 싶었던 일을 실현하려는 인간의 욕구에 해당하는 것은?

① 생리적 욕구
② 사회적 욕구
③ 자아실현의 욕구
④ 안전에 대한 욕구

해설

매슬로우(Maslow, A. H.)의 욕구 5단계 이론
① 제1단계(생리적 욕구 : 생명유지의 기본적 욕구) : 기아, 갈증, 호흡, 배설, 성욕 등 인간의 가장 기본적인 욕구(종족보존)
② 제2단계(안전욕구) : 자기보존욕구
③ 제3단계(사회적 욕구) : 소속감과 애정욕구
④ 제4단계(존경욕구) : 인정받으려는 욕구
⑤ 제5단계(자아실현의 욕구) : 잠재적인 능력을 실현하고자 하는 욕구(성취욕구)

참고 산업안전기사 필기 p.1-101(5. 매슬로우의 욕구 5단계 이론)

KEY ① 2016년 3월 6일 산업기사 출제

② 2016년 5월 8일 출제
③ 2016년 8월 21일, 10월 1일 기사·산업기사 동시 출제
④ 2017년 3월 5일, 5월 7일 출제
⑤ 2018년 3월 4일, 8월 19일, 9월 15일 산업기사 출제
⑥ 2018년 4월 28일 기사·산업기사 동시 출제
⑦ 2019년 3월 3일 출제

03 재해통계에 있어 강도율이 2.0인 경우에 대한 설명으로 옳은 것은?

① 재해로 인해 전체 작업비용의 2.0[%]에 해당하는 손실이 발생하였다.
② 근로자 1,000명당 2.0건의 재해가 발생하였다.
③ 근로시간 1,000시간당 2.0건의 재해가 발생하였다.
④ 근로시간 1,000시간당 2.0일의 근로손실일수가 발생하였다.

해설

강도율(S.R : Severity Rate of Injury)
① 요양재해로 인한 1,000시간당 근로손실일수를 말함.(산업재해의 경중의 정도)
② 계산 공식

$$강도율 = \frac{총요양근로손실일수}{연근로시간수} \times 1,000$$

참고 산업안전기사 필기 p.3-43(4. 강도율)

KEY ① 2012년 3월 4일(문제 11번) 출제
② 2018년 4월 28일(문제 4번) 출제

04 산업안전보건법상 안전인증대상 기계 등의 안전인증 표시에 해당하는 것은?

①
②
③
④

[정답] 01 ② 02 ③ 03 ④ 04 ①

해설

안전인증대상 기계 표시

구분	표시	구분	표시
안전인증대상 기계 등의 안전인증 및 자율안전 확인	KCs	안전인증대상 기계 등이 아닌 안전인증대상 기계 등의 안전인증	S

참고 산업안전기사 필기 p.3-56(표. 안전인증의 표시방법)

KEY ① 2010년 3월 7일(문제 10번) 출제
② 2016년 3월 6일(문제 3번) 출제

정보제공 산업안전보건법 시행규칙 [별표 14] 안전인증 및 자율안전확인의 표시 및 표시 방법

---

05 산업안전보건법령상 유기화합물용 방독마스크의 시험가스로 옳지 않은 것은?

① 이소부탄 ② 시클로헥산
③ 디메틸에테르 ④ 염소가스 또는 증기

해설

방독마스크 흡수관(정화통)의 종류

종류	시험가스	정화통 외부측면 표시색
유기화합물용	시클로헥산(C_6H_{12}), 디메틸에테르(CH_3OCH_3), 이소부탄(C_4H_{10})	갈색
할로겐용	염소가스 또는 증기(Cl_2)	회색
황화수소용	황화수소가스(H_2S)	회색
시안화수소용	시안화수소가스(HCN)	회색
아황산용	아황산가스(SO_2)	노란색
암모니아용	암모니아가스(NH_3)	녹색

참고 산업안전기사 필기 p.1-55(표. 방독마스크 흡수관의 종류)

KEY ① 2016년 3월 6일 산업기사 출제
② 2017년 3월 5일 출제
③ 2018년 4월 28일 기사·산업기사 동시 출제
④ 2018년 8월 19일(문제 9번) 출제

---

06 산업안전보건법상 환기가 극히 불량한 좁고 밀폐된 공간에서 용접작업을 하는 근로자 대상의 특별안전보건교육 교육내용에 해당하지 않는 것은?(단, 그 밖에 안전보건관리에 필요한 사항은 제외한다.)

① 산소농도 측정에 관한 사항
② 작업환경 점검에 관한 사항
③ 사고 시 응급조치에 관한 사항
④ 화재예방 및 초기대응에 관한 사항

해설

밀폐공간에서의 작업 시 교육
① 산소농도 측정 및 작업환경에 관한 사항
② 사고 시의 응급처치 및 비상 시 구출에 관한 사항
③ 보호구 착용 및 보호 장비 사용에 관한 사항
④ 작업내용·안전작업방법 및 절차에 관한 사항
⑤ 장비·설비 및 시설 등의 안전점검에 관한 사항
⑥ 그 밖에 안전·보건관리에 필요한 사항

참고 산업안전기사 필기 p.1-161(34. 밀폐공간에서의 작업)

KEY 2011년 8월 21일(문제 12번) 출제

정보제공 산업안전보건법 시행규칙 [별표 5] 안전보건교육 교육대상별 교육내용

---

07 산업안전보건법령상 안전모의 시험성능기준항목으로 옳지 않은 것은?

① 내열성 ② 턱끈풀림
③ 내관통성 ④ 충격흡수성

해설

안전모의 시험성능기준항목
① 내관통성
② 충격흡수성
③ 내전압성
④ 내수성
⑤ 난연성
⑥ 턱끈풀림

참고 산업안전기사 필기 p.1-52(합격날개 : 합격예측)

KEY ① 2014년 5월 25일(문제 7번) 출제
② 2016년 10월 1일 출제
③ 2018년 4월 28일 출제

정보제공 보호구 안전인증고시 제2017-64호 [별표1] 추락 및 감전위험 방지용 안전모의 성능기준

보충학습

부가성능기준항목
① 측면변형 방호
② 금속용융물 분사 방호

[정답] 05 ④ 06 ④ 07 ①

08 안전조직 중에서 라인-스태프(Line-Staff)조직의 특징으로 옳지 않은 것은?

① 라인형과 스태프형의 장점을 취한 절충식 조직형태이다.
② 중규모 사업장(100명 이상~500명 미만)에 적합하다.
③ 라인의 관리, 감독자에게도 안전에 대한 책임과 권한이 부여된다.
④ 안전활동과 생산업무가 분리될 가능성이 낮기 때문에 균형을 유지할 수 있다.

해설

안전보건관리조직의 형태 3가지
① Line형(직계식) : 100명 미만의 소규모 사업장
② Staff형(참모식) : 100~1,000명의 중규모 사업장
③ Line-staff형(복합식) : 1,000명 이상의 대규모 사업장

참고) 산업안전기사 필기 p.1-23(표. 안전보건관리 조직형태)

KEY ① 2016년 5월 8일 출제
② 2016년 10월 1일 기사 출제
③ 2017년 8월 26일 출제

특별교육	별표 5 제1호 라목 각 호(제39호는 제외한다.)의 어느 하나에 해당하는 작업에 종사하는 일용근로자	2시간 이상
	별표 5 제1호 라목 제39호의 타워크레인 신호작업에 종사하는 일용근로자	8시간 이상
특별교육	별표 5 제1호 라목 각 호의 어느 하나에 해당하는 작업에 종사하는 일용근로자를 제외한 근로자	• 16시간 이상(최초 작업에 종사하기 전 4시간 이상 실시하고 12시간은 3개월 이내에서 분할하여 실시가능) • 단기간 작업 또는 간헐적 작업인 경우에는 2시간 이상
건설업 기초 안전보건교육	건설 일용근로자	4시간 이상

참고) 산업안전기사 필기 p.1-155(표. 산업안전보건관련 교육과정별 교육시간)

KEY ① 2016년 5월 8일 산업기사 출제
② 2016년 8월 21일(문제 10번) 출제
③ 2017년 3월 5일 기사·산업기사 동시 출제
④ 2017년 5월 7일 기사·산업기사 동시 출제
⑤ 2018년 3월 4일 산업기사 출제

정보제공
산업안전보건법 시행규칙 [별표 4] 안전보건교육 교육과정별 교육시간

---

09 산업안전보건법령상 근로자 안전보건교육 중 작업내용 변경 시의 교육을 할 때 일용근로자를 제외한 근로자의 교육시간으로 옳은 것은?

① 1시간 이상　　② 2시간 이상
③ 4시간 이상　　④ 8시간 이상

해설

산업안전보건관련 교육과정별 교육시간

교육과정	교육대상		교육시간
정기교육	사무직 종사 근로자		매반기 6시간 이상
	사무직 종사 근로자 외의 근로자	판매업무에 직접 종사하는 근로자	매반기 6시간 이상
		판매업무에 직접 종사하는 근로자 외의 근로자	매반기 12시간 이상
	관리감독자의 지위에 있는 사람		연간 16시간 이상
채용시의 교육	일용근로자		1시간 이상
	일용근로자를 제외한 근로자		8시간 이상
작업내용 변경시의 교육	일용근로자		1시간 이상
	일용근로자를 제외한 근로자		2시간 이상

---

10 교육훈련 방법 중 OJT(On the Job Training)의 특징으로 옳지 않은 것은?

① 동시에 다수의 근로자들을 조직적으로 훈련이 가능하다.
② 개개인에게 적절한 지도 훈련이 가능하다.
③ 훈련 효과에 의해 상호 신뢰 및 이해도가 높아진다.
④ 직장의 실정에 맞게 실제적 훈련이 가능하다.

해설

OJT의 특징
① 개개인에게 적절한 지도훈련이 가능하다.
② 직장의 실정에 맞게 구체적이고 실제적 훈련이 가능하다.
③ 즉시 업무에 연결되는 관계로 몸과 관련이 있다.
④ 훈련에 필요한 업무의 계속성이 끊어지지 않는다.
⑤ 효과가 곧 업무에 나타나며 훈련의 좋고 나쁨에 따라 개선이 쉽다.
⑥ 훈련효과를 보고 상호 신뢰, 이해도가 높아지는 것이 가능하다.

참고) 산업안전기사 필기 p.1-142(표. OJT와 OFF JT의 특징)

[**정답**] 08 ② 09 ② 10 ①

| KEY | ① 2016년 10월 1일 출제
② 2017년 3월 5일, 5월 7일 출제
③ 2017년 9월 23일 기사·산업기사 동시 출제
④ 2018년 3월 4일 기사 출제
⑤ 2018년 8월 19일 기사·산업기사 동시 출제
⑥ 2019년 3월 3일 기사·산업기사 동시 출제 |

11 다음 중 브레인스토밍(Brain Storming)의 4원칙을 올바르게 나열한 것은?

① 자유분방, 비판금지, 대량발언, 수정발언
② 비판자유, 소량발언, 자유분방, 수정발언
③ 대량발언, 비판자유, 자유분방, 수정발언
④ 소량발언, 자유분방, 비판금지, 수정발언

해설

브레인스토밍(BS)의 4원칙
① 비판금지 ② 자유분방 ③ 대량발언 ④ 수정발언

참고) 산업안전기사 필기 p.1-14(3. BS의 4원칙)

KEY
① 2017년 8월 26일 출제
② 2017년 9월 23일 산업기사 출제
③ 2018년 8월 19일 출제

12 다음 중 산업안전심리의 5대 요소에 포함되지 않는 것은?

① 습관   ② 동기
③ 감정   ④ 지능

해설

안전심리의 5요소
① 동기 ② 기질 ③ 감정 ④ 습성 ⑤ 습관

참고) 산업안전기사 필기 p.1-96(1. 안전심리 5요소)

KEY
① 2016년 5월 8일 기사 출제
② 2018년 3월 4일, 8월 19일 산업기사 출제

13 다음 중 안전보건교육의 단계별 교육과정 순서로 옳은 것은?

① 안전 태도교육 → 안전 지식교육 → 안전 기능교육
② 안전 지식교육 → 안전 기능교육 → 안전 태도교육
③ 안전 기능교육 → 안전 지식교육 → 안전 태도교육
④ 안전 자세교육 → 안전 지식교육 → 안전 기능교육

해설

안전보건교육의 단계별 교육과정 순서
① 제1단계 : 안전 지식교육
② 제2단계 : 안전 기능교육
③ 제3단계 : 안전 태도교육

참고) 산업안전기사 필기 p.1-152(5. 교육내용)

KEY
① 2016년 10월 1일 기사·산업기사 동시 출제
② 2017년 5월 7일 출제
③ 2017년 8월 26일 출제
④ 2018년 4월 28일 출제

14 산업안전보건법령상 산업안전보건위원회의 구성에서 사용자위원 구성원이 아닌 것은?(단, 해당 위원이 사업장에 선임이 되어 있는 경우에 한한다.)

① 안전관리자   ② 보건관리자
③ 산업보건의   ④ 명예산업안전감독관

해설

사용자위원
① 해당 사업의 대표자   ② 안전관리자
③ 보건관리자   ④ 산업보건의
⑤ 해당 사업의 대표자가 지명하는 9명 이내의 해당 사업장의 부서장

참고) 산업안전기사 필기 p.1-193

KEY
① 2017년 9월 23일 기사 출제
② 2018년 4월 28일 기사 출제
③ 2018년 9월 15일 기사 출제
④ 2019년 3월 3일 출제

정보제공
산업안전보건법 시행령 제35조(산업안전보건위원회의 구성)

15 다음 무재해운동의 이념 중 "선취의 원칙"에 대한 설명으로 가장 적절한 것은?

① 사고의 잠재요인을 사후에 파악하는 것
② 근로자 전원이 일체감을 조성하여 참여하는 것
③ 위험요소를 사전에 발견, 파악하여 재해를 예방 또는 방지하는 것
④ 관리감독자 또는 경영층에서의 자발적 참여로 안전 활동을 촉진하는 것

[정답] 11 ① 12 ④ 13 ② 14 ④ 15 ③

2019년 4월 27일 시행

해설

무재해운동 기본이념 3원칙의 정의
① 무의원칙 : 근원적으로 산업재해를 없애는 것이며 '0'의 원칙
② 참가의 원칙 : 근로자 전원이 참석하여 문제해결 등을 실천하는 원칙
③ 안전제일(선취해결)의 원칙 : 무재해를 실현하기 위해 일체의 위험요인을 사전에 발견, 파악, 해결하여 재해를 예방하거나 방지하기 위한 원칙

참고 산업안전기사 필기 p.1-10(합격날개 : 합격예측)

KEY
① 2016년 5월 8일 출제
② 2016년 10월 1일 산업기사 출제
③ 2017년 3월 5일 출제
④ 2017년 8월 26일 산업기사 출제
⑤ 2017년 9월 23일 출제

---

16 연천인율 45인 사업장의 도수율은 얼마인가?

① 10.8　　② 18.75
③ 108　　④ 187.5

해설

도수율＝연천인율÷2.4＝45÷2.4＝18.75

참고 산업안전기사 필기 p.3-42(5. 연천인율과 빈도율 상관관계)

KEY
① 2004년 3월 7일(문제 5번) 출제
② 2006년 3월 5일(문제 12번) 출제
③ 2016년 5월 8일 출제

보충학습
2.4 적용은 연간근로시간이 2,400시간일 때

---

17 기술교육의 형태 중 존 듀이(J. Dewey)의 사고과정 5단계에 해당하지 않는 것은?

① 추론한다.　　② 시사를 받는다.
③ 가설을 설정한다.　　④ 가슴으로 생각한다.

해설

듀이의 사고과정의 5단계
① 1단계 : 시사를 받는다.(suggestion)
② 2단계 : 머리로 생각한다.(intellectualization)
③ 3단계 : 가설을 설정한다.(hypothesis)
④ 4단계 : 추론한다.(reasoning)
⑤ 5단계 : 행동에 의하여 가설을 검토한다.

참고 산업안전기사 필기 p.1-144(합격날개 : 합격예측)

KEY 2014년 8월 17일(문제 14번) 출제

---

18 불안전 상태와 불안전 행동을 제거하는 안전관리의 시책에는 적극적인 대책과 소극적인 대책이 있다. 다음 중 소극적인 대책에 해당하는 것은?

① 보호구의 사용
② 위험공정의 해제
③ 위험물질의 격리 및 대체
④ 위험성평가를 통한 작업환경 개선

해설

보호구의 정의
외계의 유해한 자극물을 차단하거나 또는 그 영향을 감소시키려는 목적을 가지고 근로자의 신체 일부 또는 전부에 장착하는 것으로 소극적이며 2차적인 안전대책이다.

참고 산업안전기사 필기 p.1-50(1. 보호구)

---

19 다음 중 상황성 누발자의 재해유발원인으로 옳지 않은 것은?

① 작업의 난이성　　② 기계설비의 결함
③ 도덕성의 결여　　④ 심신의 근심

해설

상황성 누발자의 재해유발원인
① 작업의 어려움이 많은 자
② 기계 설비의 결함
③ 심신의 근심
④ 환경상 주의력 집중의 혼란

참고 산업안전기사 필기 p.1-98(2. 상황성 누발자)

KEY
① 2017년 8월 26일 산업기사 출제
② 2017년 9월 23일 기사 출제
③ 2019년 3월 3일 기사 출제

---

20 수업매체별 장·단점 중 '컴퓨터 수업(computer assisted instruction)'의 장점으로 옳지 않은 것은?

① 개인차를 최대한 고려할 수 있다.
② 학습자가 능동적으로 참여하고, 실패율이 낮다.
③ 교사와 학습자가 시간을 효과적으로 이용할 수 없다.
④ 학생의 학습과 과정의 평가를 과학적으로 할 수 있다.

[정답] 16 ②　17 ④　18 ①　19 ③　20 ③

1. 산업재해 예방 및 안전보건교육 | **39**

해설
교사와 학습자의 시간을 효과적으로 이용할 수 없는 것은 단점이다.

보충학습
컴퓨터보조수업(computer-assisted instruction : CAI)
① 수업 활동에 있어서 컴퓨터의 도움을 받는 것을 의미한다.
② 컴퓨터는 도구적 의미를 지닌다.
③ 수업내용이 소프트웨어에 담겨 있고 교사는 학생들에게 수업내용을 효과적으로 전달하기 위한 하나의 방법으로 컴퓨터를 이용하는 것이다.
④ 컴퓨터보조수업의 기원은 교수기계와 프로그램학습에서 시작되었다.
⑤ 컴퓨터보조수업에 대하여 좀 더 구체적인 정의를 내려보면 다음과 같다. 컴퓨터보조수업이란 다음의 두 가지 기준을 만족시키는 수업 활동이라고 정의해 볼 수 있을 것이다.
　첫째, 컴퓨터가 수업내용을 전달하는 데 있어서 주된 매체로 활용되고 있어야 한다. 컴퓨터가 전달하는 것은 임의의 어떤 내용일 수도 있다. 즉 수학 및 과학 교과뿐만 아니라 국어, 영어, 사회, 음악, 미술, 실업, 체육 등에 이르기까지 전체 교과에 걸쳐 활용될 수 있는 범위가 넓다. 둘째, 학습자와 컴퓨터가 서로 직접적인 의사소통, 즉 상호작용을 해야 한다. 교사와 학생 간의 직접적인 대면 접촉보다는 융통성이 떨어지기는 할지라도 교사, 컴퓨터, 학습자 간의 삼자간의 상호작용이 필요하다.

2 인간공학 및 위험성 평가·관리

21 FT도에 사용하는 기호에서 3개의 입력현상 중 임의의 시간에 2개가 발생하면 출력이 생기는 기호의 명칭은?
① 억제 게이트
② 조합 AND 게이트
③ 배타적 OR 게이트
④ 우선적 AND 게이트

해설
조합 AND 게이트
3개 이상의 입력현상 중에 언젠가 2개가 일어나면 출력이 생기는 현상

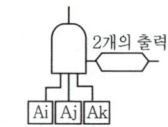

[그림] 조합 AND 게이트 기호

> 참고) 산업안전기사 필기 p.2-71(14. 조합 AND 게이트)

> KEY ① 2016년 5월 8일 기사·산업기사 동시 출제
> 　　 ② 2017년 3월 5일 출제
> 　　 ③ 2017년 9월 23일 산업기사 출제

22 고장형태와 영향분석(FMEA)에서 평가요소로 틀린 것은?
① 고장발생의 빈도
② 고장 영향의 크기
③ 고장방지의 가능성
④ 기능적 고장 영향의 중요도

해설
FMEA 고장등급 평가요소 5가지
① C_1 : 기능적 고장의 영향의 중요도
② C_2 : 영향을 미치는 시스템의 범위
③ C_3 : 고장 발생의 빈도
④ C_4 : 고장방지의 가능성
⑤ C_5 : 신규 설계의 정도

> 참고) 산업안전기사 필기 p.2-63(5. FMEA 고장등급 평가요소 5가지)

> KEY ① 2009년 3월 1일(문제 30번) 출제
> 　　 ② 2015년 8월 16일(문제 27번) 출제
> 　　 ③ 2018년 4월 28일 출제

23 소음방지 대책에 있어 가장 효과적인 방법은?
① 음원에 대한 대책
② 수음자에 대한 대책
③ 전파경로에 대한 대책
④ 거리감쇠와 지향성에 대한 대책

해설
소음원에서 소음을 줄이는 방법 : 가장 효과적인 대책
(1) 음향적 설계
　① 진동시스템의 에너지를 줄인다.
　② 에너지와 소음발산 시스템과의 조합을 줄인다.
　③ 구조를 바꿔서 적은 소음이 노출되게 한다.
(2) 저소음 기계로 교체
(3) 작업방법의 변경

> 참고) 산업안전기사 필기 p.2-171(1. 소음대책)

> KEY ① 2016년 3월 6일 출제
> 　　 ② 2016년 8월 21일 출제
> 　　 ③ 2018년 3월 4일 산업기사 출제
> 　　 ④ 2018년 4월 28일 출제
> 　　 ⑤ 2018년 8월 19일 출제

보충학습
작업자 보호구 착용 : 소극적 대책
① 개인적인 소음대책　　② 소극적인 수용자 대책

[정답] 21 ②　22 ②　23 ①

24 그림과 같이 7개의 부품으로 구성된 시스템의 신뢰도는 약 얼마인가?(단, 네모안의 숫자는 각 부품의 신뢰도이다.)

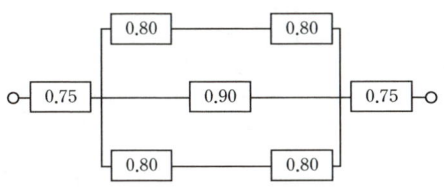

① 0.5552 ② 0.5427
③ 0.6234 ④ 0.9740

해설
$R_s = 0.75^2 \times [1-(1-0.64)^2 \times (1-0.90)] = 0.55521$

참고 산업안전기사 필기 p.2-27(문제 15번)

KEY
① 2001년 9월 1일(문제 32번) 출제
② 2007년 5월 13일(문제 34번) 출제
③ 2016년 5월 8일(문제 30번) 출제

25 산업안전보건법령에 따라 유해위험방지계획서의 제출대상 사업은 해당 사업으로서 전기 계약용량이 얼마 이상인 사업인가?

① 150[kW] ② 200[kW]
③ 300[kW] ④ 500[kW]

해설
제조업 유해위험방지 계획서 제출대상 사업 : 전기계약용량 300[kW] 이상 사업

참고 산업안전기사 필기 p.2-44(1. 유해·위험방지 계획서 제출대상 사업)

KEY
① 2012년 8월 26일(문제 27번) 출제
② 2016년 5월 2일(문제 23번) 출제
③ 2017년 3월 5일 출제

정보제공 산업안전보건법 시행령 제42조(유해위험방지계획서 제출대상 사업)

26 화학설비에 대한 안전성 평가(safety assessment)에서 정량적 평가항목이 아닌 것은?

① 습도 ② 온도
③ 압력 ④ 용량

해설
3단계 : 정량적 평가항목
① 해당 화학설비의 취급물질 ② 해당 화학설비의 용량
③ 온도 ④ 압력
⑤ 조작

참고 산업안전기사 필기 p.2-38(3. 3단계)

KEY
① 2016년 3월 6일 기사 출제
② 2019년 3월 3일 산업기사 출제

27 인간의 오류 모형에서 "알고 있음에도 의도적으로 따르지 않거나 무시한 경우"를 무엇이라 하는가?

① 실수(Slip) ② 착오(Mistake)
③ 건망증(Lapse) ④ 위반(Violation)

해설
인간의 오류 모형

구분	특징
착각(Illusion)	감각적으로 물리현상을 왜곡하는 지각 오류
착오(Mistake)	상황해석을 잘못하거나 목표를 잘못 이해하고 착각하여 행하는 인간의 실수로 위치, 순서, 패턴, 형상, 기억오류 등 외부적 요인에 의해 나타나는 오류
실수(Slip)	의도는 올바른 것이었지만, 행동이 의도한 것과는 다르게 나타나는 오류
건망증(Lapse)	일련의 과정에서 일부를 빠뜨리거나 기억의 실패에 의해 발생하는 오류
위반(Violation)	정해진 규칙을 알고 있음에도 의도적으로 따르지 않거나 무시한 경우에 발생하는 오류

참고 산업안전기사 필기 p.2-9(합격날개 : 합격예측)

KEY
① 2009년 5월 10일(문제 35번) 출제
② 2017년 8월 26일 출제
③ 2019년 3월 3일(문제 21번) 출제

28 아령을 사용하여 30분간 훈련한 후, 이두근의 근육 수축작용에 대한 전기적인 신호 데이터를 모았다. 이 데이터들을 이용하여 분석할 수 있는 것은 무엇인가?

① 근육의 질량과 밀도
② 근육의 활성도와 밀도
③ 근육의 피로도와 크기
④ 근육의 피로도와 활성도

[정답] 24 ① 25 ③ 26 ① 27 ④ 28 ④

해설

근육의 피로도와 활성도
① 이두근의 근육수축작용에 대한 전기적인 데이터 모음
② 데이터를 이용한 분석가능

참고 산업안전기사 필기 p.2-162(1. 작업공간 포락면)

보충학습
EMG : 근전도 검사

KEY 2014년 3월 2일(문제 53번) 출제

---

29 신체 부위의 운동에 대한 설명으로 틀린 것은?

① 굴곡(flexion)은 부위간의 각도가 감소하는 신체의 움직임을 의미한다.
② 외전(abduction)은 신체 중심선으로부터 이동하는 신체의 움직임을 의미한다.
③ 내전(adduction)은 신체의 외부에서 중심선으로 이동하는 신체의 움직임을 의미한다.
④ 외선(lateral rotation)은 신체의 중심선으로부터 회전하는 신체의 움직임을 의미한다.

해설

신체 부위 기본운동
① 굴곡(flexion : 굽히기) – 부위간의 각도가 감소
   신전(extension : 펴기) – 부위간의 각도가 증가 ─ 팔꿈치 운동
② 내전(adduction : 모으기) – 몸의 중심선으로 향하는 이동 ─ 팔·다리
   외전(abduction : 벌리기) – 몸의 중심선으로부터 멀어지는 이동 ─ 운동
③ 내선(medial rotation) – 몸의 중심선으로 향하는 회전 ─ 발운동
   외선(lateral rotation) – 몸의 중심선으로부터의 회전
④ 회내(하향 : pronation) – 손바닥을 아래로 ─ 손운동
   회외(상향 : supination) – 손바닥을 위로

참고 산업안전기사 필기 p.2-166(1. 기본적인 동작)

KEY 2005년 3회 출제

---

30 공정안전관리(process safety management : PSM)의 적용대상 사업장이 아닌 것은?

① 복합비료 제조업
② 농약 원제 제조업
③ 차량 등의 운송설비업
④ 합성수지 및 그 밖에 플라스틱 물질 제조업

해설

공정안전보고서 제출대상 사업장
① 원유 정제처리업
② 기타 석유정제물 재처리업
③ 석유화학계 기초화학물질 제조업 또는 합성수지 및 그 밖에 플라스틱물질 제조업. 다만, 합성수지 및 기타 플라스틱물질 제조업은 별표 11의 제1호 또는 제2호에 해당하는 경우로 한정한다.
④ 질소 화합물, 질소·인산 및 칼리질 화학비료 제조업 중 질소질 화학비료 제조업
⑤ 복합비료 및 기타 화학비료 제조업 중 복합비료 제조업(단순혼합 또는 배합에 의한 경우는 제외한다)
⑥ 화학 살균·살충제 및 농업용 약제 제조업(농약 원제 제조만 해당한다)
⑦ 화약 및 불꽃제품 제조업

참고 산업안전기사 필기 p.1-197(5. 공정안전보고서 제출대상 사업장)

합격정보
산업안전보건법 시행령 43조(공정안전보고서의 제출대상)

---

31 어떤 결함수를 분석하여 minimal cut set을 구한 결과 다음과 같았다. 각 기본사상의 발생확률을 q_i = 1, 2, 3이라 할 때 정상사상의 발생확률함수로 옳은 것은?

[다음]
$k_1 = [1, 2]$, $k_2 = [1, 3]$, $k_3 = [2, 3]$

① $q_1 q_2 + q_1 q_2 - q_2 q_3$
② $q_1 q_2 + q_1 q_3 - q_2 q_3$
③ $q_1 q_2 + q_1 q_3 + q_2 q_3 - q_1 q_2 q_3$
④ $q_1 q_2 + q_1 q_3 + q_2 q_3 - 2 q_1 q_2 q_3$

해설

정상사상의 발생확률 함수

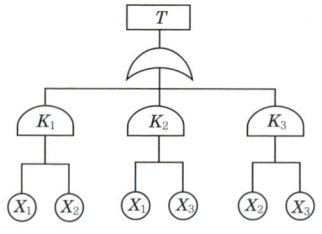

① $T = 1 - (1 - X_1 X_2)(1 - X_1 X_3)(1 - X_2 X_3)$
   $= X_1 X_2 + X_1 X_3 + X_2 X_3 - 2 X_1 X_2 X_3$
② $T_q = q_1 q_2 + q_1 q_3 + q_2 q_3 - 2 q_1 q_2 q_3$

KEY ① 2012년 5월 20일(문제 29번) 출제
② 2016년 3월 6일(문제 26번) 출제

[정답] 29 ③ 30 ③ 31 ④

32 n개의 요소를 가진 병렬 시스템에 있어 요소의 수명(MTTF)이 지수분포를 따를 경우 이 시스템의 수명을 구하는 식으로 맞는 것은?

① $MTTF \times n$
② $MTTF \times \frac{1}{n}$
③ $MTTF\left(1+\frac{1}{2}+\cdots+\frac{1}{n}\right)$
④ $MTTF\left(1 \times \frac{1}{2} \times \cdots \times \frac{1}{n}\right)$

해설
계의 직·병렬계
① 직렬계
$MTTF_s = \frac{MTTF}{n}$
② 병렬계
$MTTF_s = MTTF\left(1+\frac{1}{2}+\frac{1}{3}+\cdots+\frac{1}{n}\right)$

참고 산업안전기사 필기 p.2-83(3. MTTF)
KEY 2014년 3월 2일(문제 53번) 출제

33 결함수분석의 기대효과와 가장 관계가 먼 것은?
① 시스템의 결함 진단
② 시간에 따른 원인 분석
③ 사고원인 규명의 간편화
④ 사고원인 분석의 정량화

해설
FTA의 활용 및 기대 효과
① 사고원인 규명의 간편화
② 사고원인 분석의 일반화
③ 사고원인 분석의 정량화
④ 노력, 시간의 절감
⑤ 시스템의 결함진단
⑥ 안전점검 체크리스트 작성

참고 산업안전기사 필기 p.2-68(2. FTA실시)
KEY 2018년 3월 4일 산업기사 출제

34 인간 전달 함수(Human Transfer Function)의 결점이 아닌 것은?
① 입력의 협소성
② 시점적 제약성
③ 정신운동의 묘사성
④ 불충분한 직무 묘사

해설
인간 전달 함수의 결점
① 입력의 협소성
② 시점의 제약성
③ 불충분한 직무 묘사

KEY ① 2006년 5월 14일(문제 25번) 출제
② 2010년 3월 7일(문제 22번) 출제

35 다음과 같은 실내 표면에서 일반적으로 추천반사율의 크기를 맞게 나열한 것은?

[다음]
㉠ 바닥   ㉡ 천장   ㉢ 가구   ㉣ 벽

① ㉠<㉣<㉢<㉡
② ㉣<㉠<㉡<㉢
③ ㉠<㉢<㉣<㉡
④ ㉣<㉡<㉠<㉢

해설
IES추천 조명반사율 권고
① 바닥 : 20~40[%]
② 가구, 사용기기, 책상 : 25~40[%]
③ 창문발(blind), 벽 : 40~60[%]
④ 천장 : 80~90[%]

참고 산업안전기사 필기 p.2-169(1. 옥내 최적반사율)
KEY ① 2016년 3월 6일 산업기사 출제
② 2016년 10월 1일 기사 출제
③ 2017년 8월 26일 산업기사 출제
④ 2017년 9월 23일 산업기사 출제
⑤ 2018년 3월 4일 출제

36 인간공학에 대한 설명으로 틀린 것은?
① 인간이 사용하는 물건, 설비 환경의 설계에 적용된다.
② 인간을 작업과 기계에 맞추는 설계 철학이 바탕이 된다.
③ 인간 - 기계 시스템의 안전성과 편리성, 효율성을 높인다.
④ 인간의 생리적, 심리적인 면에서의 특성이나 한계점을 고려한다.

[정답] 32 ③ 33 ② 34 ③ 35 ③ 36 ②

해설

인간공학
기계, 기구, 환경 등의 물적 조건을 인간의 특성과 능력에 잘 조화하도록 설계하기 위한 수단을 연구하는 학문이다.

참고 산업안전기사 필기 p.2-2(합격날개 : 합격용어)

KEY
① 2015년 5월 31일(문제 34번) 출제
② 2015년 8월 16일(문제 38번) 출제
③ 2017년 9월 23일 출제

37 정성적 표시장치의 설명으로 틀린 것은?

① 정성적 표시장치의 근본 자료 자체는 정량적인 것이다.
② 전력계에서와 같이 기계적 혹은 전자적으로 숫자가 표시된다.
③ 색채 부호가 부적합한 경우에는 계기판 표시 구간을 형상 부호화하여 나타낸다.
④ 연속적으로 변하는 변수의 대략적인 값이나 변화 추세, 변화율 등을 알고자 할 때 사용된다.

해설

시각적 표시장치

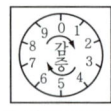  
① 정목동침형   ② 정침동목형   ③ 계수형

KEY
① 2015년 3월 8일(문제 34번) 출제
② 2017년 8월 26일 산업기사 출제

보충학습

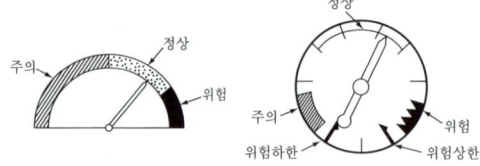
[그림] 정성적 표시장치의 색채 및 형상 암호화

38 착석식 작업대의 높이 설계를 할 경우 고려해야 할 사항과 가장 관계가 먼 것은?

① 의자의 높이   ② 대퇴 여유
③ 작업의 성격   ④ 작업대의 형태

해설

착석식 작업대 높이 설계시 고려사항
① 의자의 높이   ② 작업대 두께
③ 대퇴 여유   ④ 작업의 성격

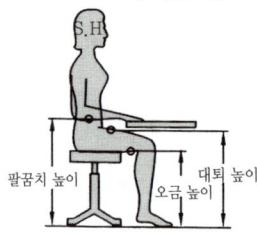
[그림] 신체 치수와 작업대 및 의자 높이의 관계

참고 산업안전기사 필기 p.2-160(합격날개 : 합격예측)

KEY 2004년 8월 8일(문제 40번) 출제

보충학습

입식 작업대 높이 설계시 고려사항
① 근전도(EMG)
② 인체계측(신장 등)
③ 무게중심 결정(물체의 무게 및 크기 등)

39 음량수준을 평가하는 척도와 관계없는 것은?

① HSI   ② phon
③ dB   ④ sone

해설

음의 크기의 수준 3가지 척도
① Phon : 1,000[Hz] 순음의 음압수준(dB)을 나타낸다.
② sone : 1,000[Hz], 40[dB]의 음압수준을 가진 순음의 크기(=40[Phon])를 1[sone]이라 한다.

> sone과 Phon의 관계식
> ∴ sone치 = $2^{(phon-40)/10}$

③ 인식소음 수준
  ㉮ PNdb(perceived noise level)의 척도는 910~1,090[Hz]대의 소음 음압수준
  ㉯ PLdb(perceived level of noise)의 척도는 3,150[Hz]에 중심을 둔 1/3 옥타브대 음을 기준으로 사용

참고 산업안전기사 필기 p.2-60(합격날개 : 합격예측)

KEY
① 2015년 8월 16일(문제 22번) 출제
② 2016년 3월 6일 기사, 산업기사 동시 출제
③ 2019년 3월 3일(문제 29번) 출제

보충학습
① HSI(human-system interface) : 인간-시스템 인터페이스
② HSI(Heat stress Index) : 열압박지수

[정답] 37 ② 38 ④ 39 ①

40 빨강, 노랑, 파랑의 3가지 색으로 구성된 교통 신호등이 있다. 신호등은 항상 3가지 색 중 하나가 켜지도록 되어 있다. 1시간 동안 조사한 결과, 파란등은 총 30분 동안, 빨간등과 노란등은 각각 총 15분 동안 켜진 것으로 나타났다. 이 신호등의 총 정보량은 몇 [bit]인가?

① 0.5　　② 0.75
③ 1.0　　④ 1.5

해설

정보량

① A(파란등) 확률 $= \dfrac{30분}{60분} = 0.5$

　B(빨간등) 확률 $= \dfrac{15분}{60분} = 0.25$

　C(노란등) 확률 $= \dfrac{15분}{60분} = 0.25$

② $A = \dfrac{\log\left(\dfrac{1}{0.5}\right)}{\log 2} = 1$　　$B = \dfrac{\log\left(\dfrac{1}{0.25}\right)}{\log 2} = 2$

　$C = \dfrac{\log\left(\dfrac{1}{0.25}\right)}{\log 2} = 2$

③ 정보량 $= (0.5 \times A) + (0.25 \times B) + (0.25 \times C)$
　　　　$= (0.5 \times 1) + (0.25 \times 2) + (0.25 \times 2) = 1.5$

참고 산업안전기사 필기 p.2-78(합격날개 : 합격예측)

KEY
① 2011년 8월 21일(문제 24번) 출제
② 2017년 5월 7일 기사·산업기사 동시 출제
③ 2017년 9월 23일 산업기사 출제
④ 2018년 4월 28일 기사 출제
⑤ 2019년 3월 3일 산업기사 출제

3 기계·기구 및 설비안전관리

41 지게차의 방호장치인 헤드가드에 대한 설명으로 맞는 것은?

① 상부틀의 각 개구의 폭 또는 길이는 16[cm] 미만일 것
② 운전자가 앉아서 조작하는 방식의 지게차의 경우에는 운전자의 좌석 윗면에서 헤드가드의 상부틀 아랫면까지의 높이는 1.5[m]미터 이상일 것
③ 지게차에는 최대하중의 2배(5[t]을 넘는 값에 대해 5[t]으로 한다)에 해당하는 등분포정하중에 견딜 수 있는 강도의 헤드가드를 설치하여야 한다.
④ 운전자가 서서 조작하는 방식의 지게차의 경우에는 운전석의 바닥면에서 헤드가드의 상부틀까지의 높이는 1.8[m] 이상일 것

해설

지게차 헤드가드 설치기준

① 강도는 지게차의 최대하중의 2배 값(4[t]을 넘는 값에 대해서는 4[t]으로 한다)의 등분포정하중(等分布靜荷重)에 견딜 수 있을 것
② 상부틀의 각 개구의 폭 또는 길이가 16[cm] 미만일 것
③ 운전자가 앉아서 조작하거나 서서 조작하는 지게차의 헤드가드는「산업표준화법」제12조에 따른 한국산업표준에서 정하는 높이 기준 이상일 것(좌식 : 0.903[m], 입식 : 1.88[m] 이상)

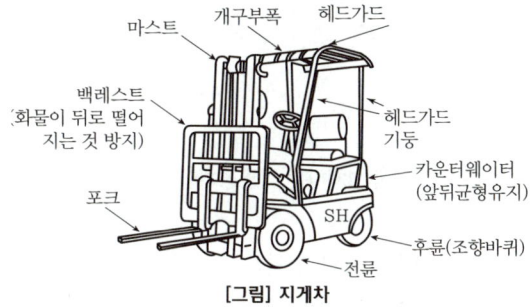

[그림] 지게차

참고 산업안전기사 필기 p.3-148(합격날개 : 합격예측)

KEY
① 2016년 3월 6일 산업기사 출제
② 2016년 8월 21일 출제
③ 2017년 3월 5일 산업기사 출제
④ 2018년 8월 19일 산업기사 출제
⑤ 2019년 4월 27일 기사·산업기사 동시 출제

합격정보
산업안전보건기준에 관한 규칙 제180조(헤드가드)

42 회전수가 300[rpm], 연삭숫돌의 지름이 200[mm]일 때 숫돌의 원주 속도는 약 몇 [m/min]인가?

① 60.0　　② 94.2
③ 150.0　　④ 188.5

해설

$V = \dfrac{\pi D N}{1{,}000} = \dfrac{\pi \times 200 \times 300}{1{,}000} = 188.5 \,[\text{m/min}]$

참고 산업안전기사 필기 p.3-88(합격날개 : 합격예측)

KEY
① 2016년 5월 8일 출제
② 2017년 8월 26일 기사·산업기사 동시 출제

[정답] 40 ④　41 ①　42 ④

과년도 출제문제

43 일반적으로 장갑을 착용해야 하는 작업은?

① 드릴작업 ② 밀링작업
③ 선반작업 ④ 전기용접작업

해설
① 장갑착용 금지작업 : ①, ②, ③
② 장갑착용 필수작업 : ④

참고 산업안전기사 필기 p.3-199(합격날개 : 합격예측 및 관련법규)

KEY ① 2009년 3월 1일(문제 50번) 출제
② 2012년 8월 26일(문제 43번) 출제

정보제공
산업안전보건기준에 관한 규칙 제95조(장갑의 사용금지)

44 프레스기에 설치하는 방호장치에 대한 사항으로 틀린 것은?

① 수인식 방호장치의 수인끈 재료는 합성섬유로 직경이 4[mm] 이상이어야 한다.
② 양수조작식 방호장치는 1행정마다 누름버튼에서 양손을 떼지 않으면 다음 작업의 동작을 할수 없는 구조이어야 한다.
③ 광전자식 방호장치는 정상동작표시램프는 적색, 위험표시램프는 녹색으로 하며, 쉽게 근로자가 볼 수 있는 곳에 설치해야 한다.
④ 손쳐내기식 방호장치는 슬라이드 하행정거리의 3/4 위치에서 손을 완전히 밀어내야 한다.

해설
방호장치 표시램프색상
① 정상동작램프 : 녹(초록)색
② 위험표시램프 : 적(빨간)색

KEY 2013년 3월 10일(문제 44번) 출제

45 가스 용접에 이용하는 아세틸렌가스 용기의 색상으로 옳은 것은?

① 녹색 ② 회색
③ 황색 ④ 청색

해설
충전가스용기(Bombe)의 도색

가스명	도 색	가스명	도 색
산소	녹색	암모니아	백색
수소	주황색	아세틸렌	황색
탄산가스	파란색	프로판	회색
염소	갈색	아르곤	회색

참고 산업안전기사 필기 p.3-118(표 : 충전가스용기의 도색)

KEY 2017년 3월 5일 산업기사 출제

46 와이어로프의 꼬임에 관한 설명으로 틀린 것은?

① 보통 꼬임에는 S꼬임이나 Z꼬임이 있다.
② 보통 꼬임은 스트랜드의 꼬임방향과 로프의 꼬임 방향이 반대로 된 것을 말한다.
③ 랭 꼬임은 로프의 끝이 자유로이 회전하는 경우나 킹크가 생기기 쉬운 곳에 적당하다.
④ 랭 꼬임은 보통 꼬임에 비하여 마모에 대한 저항성이 우수하다.

해설
와이어로프의 꼬임 방법

꼬임 특징	보통 꼬임	랭 꼬임
외관	• 소선과 로프축은 평행이다. (가닥과 소선의 꼬임이 반대)	• 소선과 로프축은 각도를 가진다.(가닥과 소선의 꼬임이 같은 방향)
장점	• 킹크(kink)를 잘 일으키지 않으므로 취급이 쉽다. • 꼬임이 견고하기 때문에 모양이 잘 흐트러지지 않는다.	• 소선은 긴 거리에 걸쳐서 외부와 접촉하므로 로프의 내마모성이 크다. • 유연하다.
단점	• 소선이 짧은 거리에 걸쳐 외부와 접촉하므로 국부적으로 단선을 일으키기 쉽다.	• 킹크를 일으키기 쉬우므로 취급주의가 필요하다.
용도	• 일반용	• 광산 삭도용

① 보통 Z꼬임 ② 보통 S꼬임 ③ 랭Z꼬임 ④ 랭S꼬임
[그림] 로프 꼬임의 종류(KS D 7013)

참고 산업안전기사 필기 p.6-177(표. 와이어로프 꼬임 방법)

KEY 2019년 3월 3일 출제

[정답] 43 ④ 44 ③ 45 ③ 46 ③

47 비파괴시험의 종류가 아닌 것은?

① 자분 탐상시험 ② 침투 탐상시험
③ 와류 탐상시험 ④ 샤르피 충격시험

해설
샤르피 충격시험 : 파괴시험

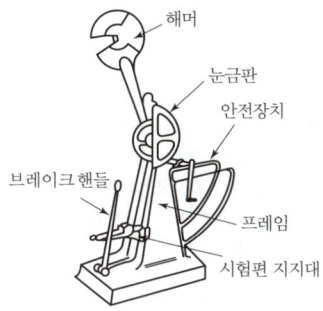

[그림] 샤르피 충격시험

참고 산업안전기사 필기 p.3-218(2. 충격시험)
KEY 2016년 8월 21일 출제

48 다음 중 기계설비의 정비·청소·급유·검사·수리 등의 작업 시 근로자가 위험해질 우려가 있는 경우 필요한 조치와 거리가 먼 것은?

① 근로자의 위험방지를 위하여 해당 기계를 정지시킨다.
② 작업지휘자를 배치하여 갑작스러운 기계가동에 대비한다.
③ 기계 내부에 압축된 기체나 액체가 불시에 방출 될 수 있는 경우에는 사전에 방출조치를 실시한다.
④ 기계 운전을 정지한 경우에는 기동장치에 잠금장치를 하고 다른 작업자가 그 기계를 임의 조작할 수 있도록 열쇠를 찾기 쉬운 곳에 보관한다.

해설
제92조(정비 등의 작업 시의 운전정지 등)
① 사업주는 공작기계·수송기계·건설기계 등의 정비·청소·급유·검사·수리·교체 또는 조정 작업 또는 그 밖에 이와 유사한 작업을 할 때에 근로자가 위험해질 우려가 있으면 해당 기계의 운전을 정지하여야 한다. 다만, 덮개가 설치되어 있는 등 기계의 구조상 근로자가 위험해질 우려가 없는 경우에는 그러하지 아니하다.
② 사업주는 제1항에 따라 기계의 운전을 정지한 경우에 다른 사람이 그 기계를 운전하는 것을 방지하기 위하여 기계의 기동장치에 잠금장치를 하고 그 열쇠를 별도 관리하거나 표지판을 설치하는 등 필요한 방호 조치를 하여야 한다.
③ 사업주는 작업하는 과정에서 적절하지 아니한 작업방법으로 인하여 기계가 갑자기 가동될 우려가 있는 경우 작업지휘자를 배치하는 등 필요한 조치를 하여야 한다.
④ 사업주는 기계·기구 및 설비 등의 내부에 압축된 기체 또는 액체 등이 방출되어 근로자가 위험해질 우려가 있는 경우에 제1항부터 제3항까지의 규정 따른 조치 외에도 압축된 기체 또는 액체 등을 미리 방출시키는 등 위험 방지를 위하여 필요한 조치를 하여야 한다.

참고 산업안전기사 필기 p.3-203(합격날개 : 합격예측 및 관련법규)
KEY 2007년 7월 26일(문제 54번) 출제
정보제공
산업안전보건기준에 관한 규칙 제92조(정비 등의 작업 시의 운전정지 등)

49 다음 중 선반작업 시 지켜야 할 안전수칙으로 거리가 먼 것은?

① 작업 중 절삭칩이 눈에 들어가지 않도록 보안경을 착용한다.
② 공작물 세팅에 필요한 공구는 세팅이 끝난 후 바로 제거한다.
③ 상의의 옷자락은 안으로 넣고, 끈을 이용하여 소맷자락을 묶어 작업을 준비한다.
④ 공작물은 전원스위치를 끄고 바이트를 충분히 멀리 위치시킨 후 고정한다.

해설
옷자락은 끈으로 묶으면 안 된다.

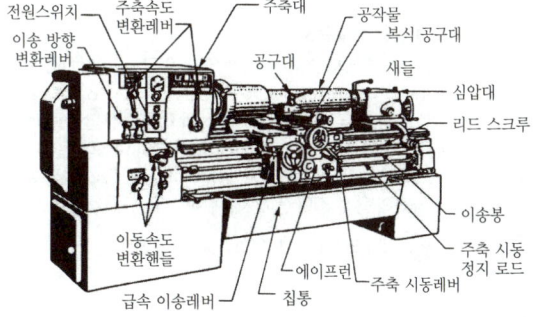

[그림] 선반의 각부 명칭

참고 산업안전기사 필기 p.3-80(4. 선반작업 시 안전수칙)

[정답] 47 ④ 48 ④ 49 ③

50 프레스 금형부착, 수리 작업 등의 경우 슬라이드의 낙하를 방지하기 위하여 설치하는 것은?

① 슈트
② 기어록
③ 안전블록
④ 스트리퍼

해설

제104조(금형조정작업의 위험 방지) 사업주는 프레스 등의 금형을 부착·해체 또는 조정하는 작업을 할 때에 해당 작업에 종사하는 근로자의 신체가 위험한계 내에 있는 경우 슬라이드가 갑자기 작동함으로써 근로자에게 발생할 우려가 있는 위험을 방지하기 위하여 안전블록을 사용하는 등 필요한 조치를 하여야 한다.

참고 산업안전기사 필기 p.3-96(합격날개 : 합격예측 및 관련법규)

KEY ① 2016년 3월 6일 산업기사 출제
② 2016년 8월 21일 기사·산업기사 동시 출제
③ 2017년 8월 26일 출제
④ 2018년 3월 4일 출제
⑤ 2018년 8월 19일 산업기사 출제
⑥ 2019년 3월 3일 산업기사 출제

정보제공
산업안전보건기준에 관한 규칙 제104조(금형조정작업의 위험 방지)

51 다음 용접 중 불꽃 온도가 가장 높은 것은?

① 산소 - 메탄 용접
② 산소 - 수소 용접
③ 산소 - 프로판 용접
④ 산소 - 아세틸렌 용접

해설

산소-아세틸렌 용접 불꽃온도
① 아세틸렌을 산소 속에서 연소시켜 얻는 불꽃이다. 아세틸렌이 완전 연소할 때의 반응식은 $2C_2H_2 + 5O_2 \rightarrow 4CO_2 + 2H_2O + 624[kcal]$인데, 아세틸렌과 산소 두 가지 기체를 이 식의 비율로 혼합했을 때 불꽃은 매우 큰 반응열 때문에 최고온도가 3,000[℃] 이상에 달한다.
② 산소수소 불꽃보다 온도가 높으므로 강판이나 강재 등 고융점(高融點)의 금속 재료의 용접·절단 등에 사용한다.

참고 산업안전기사 필기 p.3-112(합격날개 : 은행문제)

보충학습

불꽃의 온도
① 산소-아세틸렌 용접 : 3,500[℃]
② 산소-수소 용접 : 2,900[℃]
③ 산소-프로판 용접 : 2,820[℃]
④ 산소-메탄 용접 : 2,700[℃]

52 회전 중인 연삭숫돌이 근로자에게 위험을 미칠 우려가 있을 시 덮개를 설치하여야 할 연삭숫돌의 최소 지름은?

① 지름이 5[cm] 이상인 것
② 지름이 10[cm] 이상인 것
③ 지름이 15[cm] 이상인 것
④ 지름이 20[cm] 이상인 것

해설

제122조(연삭숫돌의 덮개 등) ① 사업주는 회전 중인 연삭숫돌(지름이 5[cm] 이상인 것으로 한정한다)이 근로자에게 위험을 미칠 우려가 있는 경우에 그 부위에 덮개를 설치하여야 한다.
② 사업주는 연삭숫돌을 사용하는 작업의 경우 작업을 시작하기 전에는 1분 이상, 연삭숫돌을 교체한 후에는 3분 이상 시험운전을 하고 해당 기계에 이상이 있는지를 확인하여야 한다.
③ 제2항에 따른 시험운전에 사용하는 연삭숫돌은 작업시작 전에 결함이 있는지를 확인한 후 사용하여야 한다.
④ 사업주는 연삭숫돌의 최고 사용회전속도를 초과하여 사용하도록 해서는 아니 된다.
⑤ 사업주는 측면을 사용하는 것을 목적으로 하지 않는 연삭숫돌을 사용하는 경우 측면을 사용하도록 해서는 아니 된다.

참고 ① 산업안전기사 필기 p.3-93(4. 연삭기 구조면에 있어서 안전대책)
② 산업안전기사 필기 p.3-115(합격날개 : 합격예측 및 관련법규)

KEY 2018년 8월 19일 산업기사 출제

정보제공
산업안전보건기준에 관한 규칙 제122조(연삭숫돌의 덮개 등)

53 아세틸렌 용접 시 역류를 방지하기 위하여 설치하여야 하는 것은?

① 안전기
② 청정기
③ 발생기
④ 유량기

해설

안전기
① 역류역화를 방지하기 위하여 취관에 안전기를 설치한다.
② 역화발생 시 최우선 순서 : 산소밸브를 잠근다.

참고 산업안전기사 필기 p.3-176(문제 117번) 적중

KEY 2015년 3월 8일(문제 47번) 출제

[정답] 50 ③ 51 ④ 52 ① 53 ①

54 구내운반차의 제동장치 준수사항에 대한 설명으로 틀린 것은?

① 조명이 없는 장소에서 작업 시 전조등과 후미등을 갖출 것
② 운전석이 차 실내에 있는 것은 좌우에 한 개씩 방향 지시기를 갖출 것
③ 핸들의 중심에서 차체 바깥 측까지의 거리가 70[cm] 이상일 것
④ 주행을 제동하거나 정지상태를 유지하기 위하여 유효한 제동장치를 갖출 것

해설
핸들의 중심에서 차체 바깥 측까지의 거리는 규정이 없다.
참고 산업안전기사 필기 p.3-142(합격날개 : 합격예측 및 관련법규)
합격정보
① 산업안전보건기준에 관한 규칙 제184조(제동장치 등)
② 2021. 11. 19 법 개정으로 바깥측거리는 삭제되었습니다.

55 산업용 로봇에 사용되는 안전 매트의 종류 및 일반구조에 관한 설명으로 틀린 것은?

① 단선 경보장치가 부착되어 있어야 한다.
② 감응시간을 조절하는 장치가 부착되어 있어야 한다.
③ 감응도 조절장치가 있는 경우 봉인되어 있어야 한다.
④ 안전 매트의 종류는 연결사용 가능여부에 따라 단일 감지기와 복합 감지기가 있다.

해설
안전매트의 종류 및 시험에 관한 사항

종류	종류	형태	용도
	단일 감지기	A	감지기를 단독으로 사용
	복합 감지기	B	여러개의 감지기를 연결하여 사용
시험의 종류	작동하중시험, 감응시간시험, 정하중시험, 내구성시험, 출력부시험, 단선경보장치시험		
표시사항	① 작동하중 ② 감응시간 ③ 복귀신호의 자동, 수동여부 ④ 대소인 공용여부		

참고 산업안전기사 필기 p.3-125(4. 산업용 로봇 안전매트)
KEY ① 2011년 8월 21일(문제 46번) 출제
② 2016년 5월 8일(문제 56번) 출제

56 소음에 관한 사항으로 틀린 것은?

① 소음에는 익숙해지기 쉽다.
② 소음계는 소음에 한하여 계측할 수 있다.
③ 소음의 피해는 정신적, 심리적인 것이 주가 된다.
④ 소음이란 귀에 불쾌한 음이나 생활을 방해하는 음을 통틀어 말한다.

해설
소음계 (sound level meter, 騷音計)
① 소리를 인간의 청감(聽感)에 대해서 보정(補正)을 하여 인간이 느끼는 감각적인 크기의 레벨에 근사한 값으로 측정할 수 있도록 한 측정계기
② 구조 및 성능에 따라 간이소음계·지시소음계·정밀소음계 등으로 분류된다.
③ 소음계는 마이크로폰·증폭기·감쇄기·청감보정회로·지시계기·교정 신호 발생회로로 구성된다.
④ 마이크로폰은 압력형(음압에 비례한 출력), 무지향성(無指向性)이어야 하며, 주파수 특성이 좋고 안정성이 있어야 한다. 청감보정회로는 인간의 귀의 특성과 유사한 주파수 특성을 갖게 하기 위한 회로로, 1,000 [Hz]를 기준으로 A, B, C 의 3가지 특성이 있으며, 부가해서 충격음이나 항공기 소음 측정을 위한 D특성도 있다.

[그림] 소음측정기

보충학습
소음계 : 특정소음계측 불가

57 컨베이어 방호장치에 대한 설명으로 맞는 것은?

① 역전방지장치에 롤러식, 라쳇식, 권과방지식, 전기브레이크식 등이 있다.
② 작업자가 임의로 작업을 중단할 수 없도록 비상정지장치를 부착하지 않는다.
③ 구동부 측면에 롤러 안내가이드 등의 이탈방지장치를 설치한다.
④ 롤러컨베이어의 롤 사이에 방호판을 설치할 때 롤과의 최대간격은 8[mm]이다.

[정답] 54 ③ 55 ② 56 ② 57 ③

해설

컨베이어의 역전방지장치
① 기계식
　㉮ 라쳇식　㉯ 롤러식　㉰ 밴드식
② 전기식
　㉮ 전기브레이크　㉯ 슬러스트브레이크

보충학습

컨베이어의 이탈방지장치
① 전자식 브레이크
② 유압조작식 브레이크

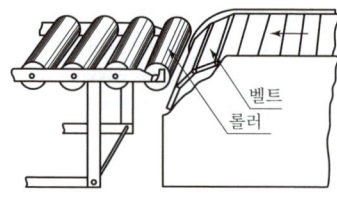

[그림] 롤러컨베이어와 벨트컨베이어의 연결

---

58 기계설비 구조의 안전화 중 가공결함 방지를 위해 고려할 사항이 아닌 것은?

① 안전율　　　② 열처리
③ 가공경화　　④ 응력집중

해설

안전율 : 설계의 잘못

참고 산업안전기사 필기 p.3-4(3. 구조의 안전화)

KEY 2016년 3월 6일 산업기사 출제

---

59 롤러기 맞물림점의 전방에 개구부의 간격을 30[mm]로 하여 가드를 설치하고자 한다. 가드의 설치 위치는 맞물림점에서 적어도 얼마의 간격을 유지하여야 하는가?

① 154[mm]　　② 160[mm]
③ 166[mm]　　④ 172[mm]

해설

롤러 가드의 개구부 간격
$Y = 6 + 0.15X$
X : 가드와 위험점 간의 거리(mm : 안전거리)
Y : 가드 개구부의 간격(mm : 안전간극)
(단, $X \geq 160[mm]$일 때, $Y = 30[mm]$)

참고 산업안전기사 필기 p.3-198(합격날개 : 합격예측)

KEY ① 2016년 8월 21일 산업기사 출제
　　　② 2017년 5월 7일 기사 출제
　　　③ 2017년 8월 19일 산업기사 출제

보충학습

개구부 간격이 30[mm]이므로 식에 대입하면
$30 = 6 + 0.15x$ 이므로 $x = \dfrac{24}{0.15} = 160[mm]$

---

60 프레스의 방호장치 중 광전자식 방호장치에 관한 설명으로 틀린 것은?

① 연속 운전작업에 사용할 수 있다.
② 핀클러치 구조의 프레스에 사용할 수 있다.
③ 기계적 고장에 의한 2차 낙하에는 효과가 없다.
④ 시계를 차단하지 않기 때문에 작업에 지장을 주지 않는다.

해설

급정지장치가 없는 핀클러치방식의 재래식 프레스에는 광전자식 방호장치를 사용할 수 없다.

참고 ① 산업안전기사 필기 p.3-101(5. 광전자식)
　　　② 산업안전기사 필기 p.3-102(합격날개 : 합격예측)

KEY 2019년 3월 3일 산업기사 출제

---

4 전기설비 안전관리

61 정전기 발생현상의 분류에 해당되지 않는 것은?

① 유체대전　　② 마찰대전
③ 박리대전　　④ 교반대전

해설

정전기 대전의 종류
① 유동정전기 대전　② 분출정전기 대전
③ 마찰정전기 대전　④ 박리정전기 대전
⑤ 파괴정전기 대전　⑥ 충돌정전기 대전
⑦ 교반 또는 침강에 의한 정전기 대전

참고 산업안전기사 필기 p.4-33(1. 대전의 종류)

KEY ① 2016년 8월 21일 산업기사 출제
　　　② 2018년 3월 4일 산업기사 출제
　　　③ 2018년 8월 19일 출제

[정답]　58 ①　59 ②　60 ②　61 ①

62
교류 아크용접기의 허용사용률[%]은?(단, 정격사용률은 10[%], 2차 정격전류는 500[A], 교류 아크용접기의 사용전류는 250[A]이다.)

① 30 ② 40
③ 50 ④ 60

해설

허용사용률 = $\dfrac{(정격2차전류)^2}{(실제용접전류)^2} \times 정격사용률 = \dfrac{500^2}{250^2} \times 10 = 40[\%]$

참고 산업안전기사 필기 p.4-79(㉯ 허용사용률)

KEY ① 2016년 8월 21일(문제 79번) 출제
② 2017년 8월 26일 출제

63
정전작업 시 작업 전 조치하여야 할 실무사항으로 틀린 것은?

① 잔류전하의 방전
② 단락 접지기구의 철거
③ 검전기에 의한 정전확인
④ 개로개폐기의 잠금 또는 표시

해설

정전작업 전·종료 시 비교
① 정전작업전 : 단락접지
② 정전작업 종료 시 : 단락접지기구 철거

참고 산업안전기사 필기 p.4-76(1. 작업 전)

KEY ① 2015년 8월 16일(문제 70번) 출제
② 2018년 8월 19일 출제

64
전력용 피뢰기에서 직렬 갭의 주된 사용 목적은?

① 방전내량을 크게 하고 장시간 사용 시 열화를 적게 하기 위하여
② 충격방전 개시전압을 높게 하기 위하여
③ 이상전압 발생 시 신속히 대지로 방류함과 동시에 속류를 즉시 차단하기 위하여
④ 충격파 침입 시에 대지로 흐르는 방전전류를 크게 하여 제한전압을 낮게 하기 위하여

해설

직렬갭의 사용목적
① 이상전압 발생시 대지로 방류
② 이상전압 발생시 속류 즉시 차단

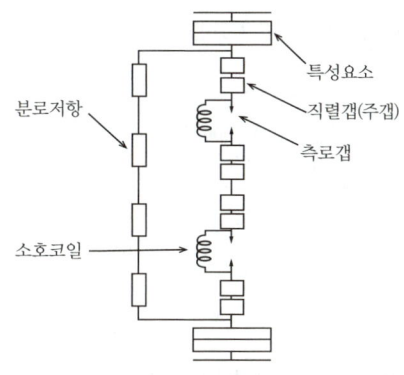

[그림] 피뢰기

참고 산업안전기사 필기 p.4-57(1. 피뢰기 성능)

65
전기기기, 설비 및 전선로 등의 충전 유무 등을 확인하기 위한 장비는?

① 위상검출기 ② 디스콘 스위치
③ COS ④ 저압 및 고압용 검전기

해설

검전기 : 전기기기, 설비, 전선로 등의 충전유무 확인
① 저압용 ② 고압용 ③ 특고압용

참고 산업안전기사 필기 p.4-23(1. 검전기)

KEY 2011년 3월 20일(문제 64번) 출제

66
누전된 전동기에 인체가 접촉하여 500[mA]의 누전전류가 흘렀고 정격감도전류 500[mA]인 누전차단기가 동작하였다. 이때 인체전류를 약 10[mA]로 제한하기 위해서는 전동기 외함에 설치할 접지저항의 크기는 몇 [Ω] 정도로 하면 되는가?(단, 인체저항은 500[Ω]이며, 다른 저항은 무시한다.)

① 5 ② 10
③ 50 ④ 100

[정답] 62 ② 63 ② 64 ③ 65 ④ 66 ②

과년도 출제문제

[해설]

전동기 저항(R) = $\dfrac{V}{\text{전동기 전류}}$[Ω]

= $\dfrac{5}{490 \times 10^{-3}} = 10.204 = 10$[Ω]

KEY 2013년 8월 18일(문제 67번) 출제

[보충학습]
① 전체 전류 = 500[mA]
② 인체전류 및 저항 = 10[mA], 500[Ω]
③ 전동기 전류는 인체저항과 병렬이므로
    500 − 10 = 490[mA]
④ 병렬로 인체전압과 전체전압은 같다.
⑤ V = 인체전류 × 인체저항 = $(10 \times 10^{-3}) \times 500 = 5$[V]

---

67 방전전극에 약 7,000[V]의 전압을 인가하면 공기가 전리되어 코로나 방전을 일으킴으로써 발생한 이온으로 대전체의 전하를 중화시키는 방법을 이용한 제전기는?

① 전압인가식 제전기
② 자기방전식 제전기
③ 이온스프레이식 제전기
④ 이온식 제전기

[해설]

전압 인가식 제전기
① 7,000[V] 정도의 고압으로 코로나 방전을 일으켜 발생하는 이온으로 대전체 전하를 중화시키는 방법
② 고압 전원은 교류방식을 많이 사용

참고 산업안전기사 필기 p.4-44(1. 전압인가식)

KEY ① 2017년 3월 5일 산업기사 출제
② 2017년 8월 26일 산업기사 출제

---

68 감전사고를 방지하기 위한 대책으로 틀린 것은?

① 전기설비에 대한 보호접지
② 전기기기에 대한 정격표시
③ 전기설비에 대한 누전차단기 설치
④ 충전부가 노출된 부분에는 절연방호구 사용

[해설]

감전사고 예방대책
① 전기설비 점검철저   ② 보호접지
③ 노출충전부 절연방호구 사용 ④ 전기기기 위험표시
⑤ 작업자 보호구 착용   ⑥ 유자격자 취업
⑦ 안전교육실시

참고 산업안전기사 필기 p.4-29(문제 19번) 적중

KEY ① 1996년 3월 31일 출제
② 2015년 8월 16일(문제 61번) 출제
③ 2016년 3월 6일(문제 67번) 출제
④ 2019년 3월 3일(문제 67번) 출제

---

69 피뢰기의 여유도가 33[%]이고, 충격절연강도가 1,000[kV]라고 할 때 피뢰기의 제한전압은 약 몇 [kV]인가?

① 852   ② 752
③ 652   ④ 552

[해설]

보호여유도
① 보호여유도[%] = $\dfrac{\text{충격절연강도} - \text{제한전압}}{\text{제한전압}} \times 100$
② 보호여유도를 구하는 식을 이용해 주어진 값을 대입하면
    $33 = \dfrac{1{,}000 - x}{x} \times 100$이 된다.
③ $1.33x = 1{,}000$이므로 $x = 751.88$이 된다.

참고 산업안전기사 필기 p.4-58(3. 보호여유도)

KEY ① 2017년 3월 5일 출제
② 2018년 8월 19일 산업기사 출제

---

70 다음 중 전동기를 운전하고자 할 때 개폐기의 조작순서가 맞는 것은?

① 메인 스위치 → 분전반 스위치 → 전동기용 개폐기
② 분전반 스위치 → 메인 스위치 → 전동기용 개폐기
③ 전동기용 개폐기 → 분전반 스위치 → 메인 스위치
④ 분전반 스위치 → 전동기용 스위치 → 메인 스위치

[해설]

개폐기 조작 순서
메인 스위치 → 분전반 스위치 → 전동기용 개폐기

참고 산업안전기사 필기 p.4-4(3. 개폐기)

KEY ① 2007년 3월 4일(문제 77번) 출제
② 2010년 7월 25일(문제 61번) 출제
③ 2017년 7월 25일(문제 61번) 기사 출제

[정답] 67 ①   68 ②   69 ②   70 ①

71 전류가 흐르는 상태에서 단로기를 끊었을 때 여러 가지 파괴작용을 일으킨다. 다음 그림에서 유입차단기의 차단순위와 투입순위가 안전수칙에 가장 적합한 것은?

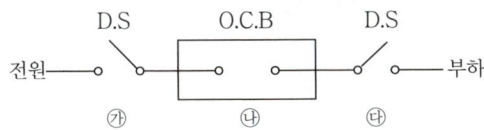

① 차단 ㉮→㉯→㉰, 투입 ㉮→㉯→㉰
② 차단 ㉯→㉰→㉮, 투입 ㉯→㉰→㉮
③ 차단 ㉰→㉯→㉮, 투입 ㉯→㉮→㉰
④ 차단 ㉯→㉰→㉮, 투입 ㉰→㉮→㉯

해설
유입차단기
(1) 유입차단기의 작동순서

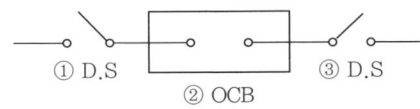

○ 투입순서 : ③-①-② ○ 차단순서 : ②-③-①
(2) By-pass회로 사용시 유입차단기의 작동순서

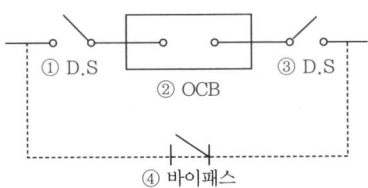

④ 투입 후 ②-③-① 순으로 차단

참고) 산업안전기사 필기 p.4-7(11. 유입차단기 투입 및 차단순서)

KEY ① 1993년 9월 12일 출제
② 2018년 3월 4일(문제 78번) 출제

72 내압방폭구조에서 안전간극(safe gap)을 적게 하는 이유로 가장 옳은 것은?

① 최소점화에너지를 높게 하기 위해
② 폭발화염이 외부로 전파되지 않도록 하기 위해
③ 폭발압력에 견디고 파손되지 않도록 하기 위해
④ 설치류가 전선 등을 훼손하지 않도록 하기 위해

해설
화염일주한계(safe gap)를 작게 하는 이유
① 최소점화에너지 이하로 열을 식히기 위해
② 폭발화염이 외부로 전파되지 않도록 하기 위해
③ 화염일주한계로 폭발 등급을 결정

참고) 산업안전기사 필기 p.4-59(합격날개 : 합격예측)

KEY ① 2009년 7월 26일(문제 72번) 출제
② 2014년 8월 17일(문제 77번) 출제

73 방폭전기기기의 온도등급의 기호는?
① E   ② S
③ T   ④ N

해설
방폭기기의 표시 예
① Ex : 방폭구조의 상징   ② d : 방폭구조(내압방폭구조)
③ IIA : 가스·증기 및 분진의 그룹 ④ T1 : 온도등급
⑤ IP 54 : 보호등급

참고) 산업안전기사 필기 p.4-56(5. 방폭기기의 표시예)

KEY 2017년 5월 7일(문제 78번) 출제

74 인체 피부의 전기저항에 영향을 주는 주요인자와 가장 거리가 먼 것은?
① 접촉면적   ② 인가전압의 크기
③ 통전경로   ④ 인가시간

해설
인체의 전기저항
(1) 피부의 전기저항
 ① 피부의 전기저항은 연령, 성별, 인체의 각 부분별, 수분 함유량에 따라 큰 차이를 보이며 일반적으로 약 2,500[Ω] 정도를 기준으로 한다.
 ② 피부 전기저항에 영향을 주는 요소에는 접촉부 습기상태, 접촉시간, 인가전압의 크기와 주파수, 접촉면적 등이 있다.
 ③ 피부에 땀이 나 있을 경우 기존 저항의 1/20~1/12로 저항이 저하된다.
 ④ 피부가 물에 젖어 있을 경우 기존 저항의 1/25로 저항이 저하된다.
(2) 내부저항
 인체의 두 수족 간 내부저항 값은 500[Ω]를 기준으로 한다.

참고) 산업안전기사 필기 p.4-19(합격날개 : 은행문제)

[정답] 71 ④ 72 ② 73 ③ 74 ③

KEY ① 2013년 3월 10일(문제 79번) 출제
② 2018년 4월 28일 출제

75 산업안전보건기준에 관한 규칙에서 일반 작업장에 전기위험 방지 조치를 취하지 않아도 되는 전압은 몇 [V] 이하인가?

① 24
② 30
③ 50
④ 100

해설
각국의 안전전압[V]

국 가 명	안전전압[V]	국 가 명	안전전압[V]
체 코	20	프 랑 스	24[AC], 50[DC]
독 일	24	네덜란드	50
영 국	24	한 국	30
일 본	24~30	오스트리아	60(0.5초)
벨기에	35		110~130(0.2초)
스위스	36		

참고 산업안전기사 필기 p.4-18(표. 각국의 안전전압)

KEY 2018년 3월 4일 출제

76 폭발위험장소에서의 본질안전방폭구조에 대한 설명이다. 부적절한 것은?

① 본질안전방폭구조의 기본적 개념은 점화능력의 본질적 억제이다.
② 본질안전방폭구조의 Exib는 fault에 대한 2중 안전보장으로 0종~2종 장소에 사용할 수 있다.
③ 본질안전방폭구조의 적용은 에너지가 1.3[W], 30[V] 및 250[mA] 이하인 개소에 가능하다.
④ 온도, 압력, 액면유량 등의 검출용 측정기는 대표적인 본질안전방폭구조의 예이다.

해설
위험장소 및 방폭구조

위험장소	각부의 구조	방폭구조		
		제전전극	고압전선	고압전원
가스, 증기	0종	내압방폭구조	고압전선	내압방폭구조
	1종	내압방폭구조	특수고압전선	내압방폭구조
	2종	내압방폭구조	특수고압전선	내압방폭구조
분진		분진특수방폭구조	특수고압전선	분진방폭구조

참고 ① 산업안전기사 필기 p.4-54(표. 위험장소 및 방폭구조)
② 산업안전기사 필기 p.4-67(문제 8번) 적중

KEY ① 2001년 6월 3일(문제 66번) 출제
② 2007년 3월 4일(문제 67번) 출제
③ 2015년 5월 31일(문제 70번) 출제

77 다음 ( )안에 들어갈 내용으로 알맞은 것은?

> 과전류차단장치는 반드시 접지선이 아닌 전로에 ( )로 연결하여 과전류 발생 시 전로를 자동으로 차단하도록 설치할 것

① 직렬
② 병렬
③ 임시
④ 직병렬

해설
과전류차단장치 : 전로에 직렬설치

참고 산업안전기사 필기 p.4-8(합격날개 : 은행문제)

정보제공
제305조(과전류차단장치) 사업주는 과전류[정격전류를 초과하는 전류로서 단락(短絡)사고전류, 지락사고전류를 포함하는 것을 말한다. 이하 같다]로 인한 재해를 방지하기 위하여 다음 각 호의 방법으로 과전류차단장치[차단기·퓨즈 또는 보호계전기 등과 이에 수반되는 변성기(變成器)를 말한다. 이하 같다]를 설치하여야 한다.
  1. 과전류차단장치는 반드시 접지선이 아닌 전로에 직렬로 연결하여 과전류 발생 시 전로를 자동으로 차단하도록 설치할 것
  2. 차단기·퓨즈는 계통에서 발생하는 최대 과전류에 대하여 충분하게 차단할 수 있는 성능을 가질 것
  3. 과전류차단장치가 전기계통상에서 상호 협조·보완되어 과전류를 효과적으로 차단하도록 할 것

KEY ① 2009년 3월 1일(문제 80번) 출제
② 2015년 5월 31일(문제 62번) 출제

78 일반 허용접촉 전압과 그 종별을 짝지은 것으로 틀린 것은?

① 제1종 : 0.5[V] 이하
② 제2종 : 25[V] 이하
③ 제3종 : 50[V] 이하
④ 제4종 : 제한없음

[정답] 75 ② 76 ② 77 ① 78 ①

해설

종별 허용접촉전압

종별	접촉 상태	허용접촉 전압[V]
제 1 종	• 인체의 대부분이 수중에 있는 상태	2.5 이하
제 2 종	• 인체가 많이 젖어 있는 상태 • 금속제 전기기계장치나 구조물에 인체의 일부가 상시 접촉되어 있는 상태	25 이하
제 3 종	• 제1종, 제2종 이외의 경우로서 통상적인 인체 상태에 있어서 접촉전압이 가해지면 위험성이 높은 상태	50 이하
제 4 종	• 제1종, 제2종 이외의 경우로서 통상적인 인체 상태에 있어서 접촉전압이 가해져도 위험성이 낮은 상태 • 접촉전압이 가해질 우려가 없는 경우	무제한

참고 산업안전기사 필기 p.4-19(표. 종별 허용접촉전압)

KEY
① 2016년 3월 6일 산업기사 출제
② 2016년 8월 21일 산업기사 출제
③ 2017년 5월 7일 기사·산업기사 동시 출제
④ 2018년 3월 4일 출제

---

79 인체감전보호용 누전차단기의 정격감도전류[mA]와 동작시간[초]의 최댓값은?

① 10[mA], 0.03[초]
② 20[mA], 0.01[초]
③ 30[mA], 0.03[초]
④ 50[mA], 0.1[초]

해설

인체감전방지용 누전차단기
① 정격감도전류 : 30[mA]
② 동작시간 : 0.03[초]

참고 산업안전기사 필기 p.4-5(그림. 누전차단기)

KEY
① 2018년 3월 4일 기사·산업기사 동시 출제
② 2018년 4월 28일 산업기사 출제
③ 2018년 8월 19일 산업기사 출제

---

80 내부에서 폭발하더라도 틈의 냉각 효과로 인하여 외부의 폭발성 가스에 착화될 우려가 없는 방폭구조는?

① 내압방폭구조
② 유입방폭구조
③ 안전증방폭구조
④ 본질안전방폭구조

해설

내압방폭구조(d)
① 기기의 케이스는 전폐구조로 한다.
② 용기 내에 외부의 폭발성 가스가 침입하여 내부에서 폭발하더라도 용기는 그 압력에 견디어야 하고, 또 폭발한 고열가스가 용기의 틈으로부터 누설되어도 틈의 냉각효과로 외부의 폭발성 가스에 착화될 우려가 없도록 만들어진 것이다.

참고 ① 산업안전기사 필기 p.4-13(1. 내압방폭구조)
② 산업안전기사 필기 p.4-66(문제 1번) 적중

KEY 2019년 3월 3일 출제

---

5 화학설비 안전관리

81 다음 물질이 물과 접촉하였을 때 위험성이 가장 낮은 것은?

① 과산화칼륨
② 나트륨
③ 메틸리튬
④ 이황화탄소

해설

인화점
(1) 정의
인화성 액체가 공기 중에서 인화하기에 충분한 인화성 증기를 발생할 수 있는 최저온도로 보통 위험성의 척도가 되는 것이다.
(2) 주요 인화성 액체의 인화점

물질명	인화점(℃)	물질명	인화점(℃)
아세톤	-20	아세트알데히드	-39
가솔린	-43	에틸알코올	13
경 유	40~85	메탄올	11
등 유	30~60	산화에틸렌	-17.8
벤 젠	-11	이황화탄소	-30
테레빈유	35	에틸에테르	-45

참고 산업안전기사 필기 p.5-25(문제 18) 해설

KEY ① 2014년 5월 25일(문제 91번) 출제
② 2017년 5월 7일 출제

보충학습
CS_2 : 물속에 저장

[정답] 79 ③ 80 ① 81 ④

82 건조설비를 사용하여 작업을 하는 경우에 폭발이나 화재를 예방하기 위하여 준수하여야 하는 사항으로 틀린 것은?

① 위험물 건조설비를 사용하는 경우에는 미리 내부를 청소하거나 환기할 것
② 위험물 건조설비를 사용하여 가열건조하는 건조물은 쉽게 이탈되도록 할 것
③ 고온으로 가열건조한 인화성 액체는 발화위험이 없는 온도로 냉각한 후에 격납시킬 것
④ 바깥 면이 현저히 고온이 되는 건조설비에 가까운 장소에는 인화성 액체를 두지 않도록 할 것

[해설]
건조설비 사용
① 위험물 건조설비를 사용하는 경우에는 미리 내부를 청소하거나 환기할 것
② 위험물 건조설비를 사용하는 경우에는 건조로 인하여 발생하는 가스·증기 또는 분진에 의하여 폭발·화재의 위험이 있는 물질을 안전한 장소로 배출시킬 것
③ 위험물 건조설비를 사용하여 가열건조하는 건조물은 쉽게 이탈되지 아니하도록 할 것
④ 고온으로 가열건조한 인화성 액체는 발화의 위험이 없는 온도로 냉각한 후에 격납시킬 것
⑤ 건조설비(바깥면에 현저하게 고온이 되는 설비만 해당한다.)에 근접한 장소에는 인화성 액체를 두지 않도록 할 것

[참고] 산업안전기사 필기 p.5-54(합격날개 : 합격예측 및 관련법규)
[KEY] ① 2016년 8월 21일 산업기사 출제
　　　② 2017년 3월 5일 출제
[정보제공] 산업안전보건기준에 관한 규칙 제283조(건조설비의 사용)

83 부탄(C_4H_{10})의 연소에 필요한 최소산소농도(MOC)를 추정하여 계산하면 약 몇 [vol%]인가?(단, 부탄의 폭발하한계는 공기 중에서 1.6[vol%]이다.)

① 5.6　　② 7.8
③ 10.4　　④ 14.1

[해설]
$C_4H_{10} + 6.5O_2 \rightarrow 4CO_2 + 5H_2O$
부탄에 대한 폭발범위 1.6~8.4[vol%]
$MOC = 1.6 \times \left(\dfrac{연료\ 몰수}{연료\ 몰수+공기\ 몰수}\right) \times \left(\dfrac{6.5 \times O_2 몰수}{1.0 \times 연료\ 몰수}\right)$
$MOC = 1.6 \times 6.5 = 10.4$[vol%]

[참고] 산업안전기사 필기 p.5-66(문제 23번) 적중
[KEY] 2017년 8월 26일 산업기사 출제

[보충학습]
① 연소하한계가 주어져 있으므로 산소양론계수만 구하면 된다.
② 부탄은 탄소(a)가 4, 수소(b)가 10이므로 산소양론계수는 $4+\dfrac{10}{4}=6.5$이다.
예) C_6H_6의 O_2 농도 $=\left(a+\dfrac{b-c-2d}{4}\right)=\left(6+\dfrac{6}{4}\right)=7.5$
(단, C_6H_6 $a=6$, $b=6$, $c=0$, $d=0$)

84 산업안전보건법령상 사업주가 인화성액체 위험물을 액체상태로 저장하는 저장탱크를 설치하는 경우에는 위험물질이 누출되어 확산되는 것을 방지하기 위하여 무엇을 설치하여야 하는가?

① Flame arrester　　② Ventstack
③ 긴급방출장치　　④ 방유제

[해설]
제272조(방유제 설치) 사업주는 별표 1 제4호부터 제7호까지의 위험물을 액체상태로 저장하는 저장탱크를 설치하는 경우에는 위험물질이 누출되어 확산되는 것을 방지하기 위하여 방유제(防油堤)를 설치하여야 한다.

[KEY] 2011년 6월 12일(문제 83번) 출제
[정보제공] 산업안전보건기준에 관한 규칙 제272조(방유제)

85 가연성 가스혼합물을 구성하는 성분의 조성과 연소하한값이 다음 [표]와 같을 때 혼합가스의 연소하한값은 약 몇 [vol%]인가?

성분	조성 [vol%]	연소하한값 [vol%]	연소상한값 [vol%]
헥산	1	1.1	7.4
메탄	2.5	5.0	15.0
에틸렌	0.5	2.7	36.0
공기	96	–	–

① 2.51　　② 7.51
③ 12.07　　④ 15.01

[해설]
연소하한값
① 연소혼합가스의 전체체적은 4[vol%]이다.
$\dfrac{4}{L} = \dfrac{2.5}{5.0} + \dfrac{0.5}{2.7} + \dfrac{1}{1.1}$

[정답] 82 ②　83 ③　84 ④　85 ①

② L(혼합가스의 연소하한값)=2.52[vol%]

참고 산업안전기사 필기 p.5-22(문제 5번) 적중

KEY ① 2009년 3월 1일(문제 86번) 출제
② 2011년 8월 21일(문제 81번) 출제

86 가스 또는 분진 폭발 위험장소에 설치되는 건축물의 내화구조를 설명한 것으로 틀린 것은?

① 건축물 기둥 및 보는 지상 1층까지 내화구조로 한다.
② 위험물 저장·취급용기의 지지대는 지상으로부터 지지대의 끝부분까지 내화구조로 한다.
③ 건축물 주변에 자동소화설비를 설치한 경우 건축물 화재 시 1시간 이상 그 안전성을 유지한 경우는 내화구조로 하지 아니할 수 있다.
④ 배관·전선관 등의 지지대는 지상으로부터 1단까지 내화구조로 한다.

해설

제270조(내화기준) ① 사업주는 제230조제1항에 따른 가스폭발 위험장소 또는 분진폭발 위험장소에 설치되는 건축물 등에 대해서는 다음 각 호에 해당하는 부분을 내화구조로 하여야 하며, 그 성능이 항상 유지될 수 있도록 점검·보수 등 적절한 조치를 하여야 한다. 다만, 건축물 등의 주변에 화재에 대비하여 물 분무시설 또는 폼 헤드(foam head)설비 등의 자동소화설비를 설치하여 건축물 등이 화재시에 2시간 이상 그 안전성을 유지할 수 있도록 한 경우에는 내화구조로 하지 아니할 수 있다.
  1. 건축물의 기둥 및 보 : 지상 1층(지상 1층의 높이가 6[m]를 초과하는 경우에는 6[m])까지
  2. 위험물 저장·취급용기의 지지대(높이가 30[cm] 이하인 것은 제외한다) : 지상으로부터 지지대의 끝부분까지
  3. 배관·전선관 등의 지지대 : 지상으로부터 1단(1단의 높이가 6[m]를 초과하는 경우에는 6[m])까지
② 내화재료는 「산업표준화법」에 따른 한국산업표준으로 정하는 기준에 적합하거나 그 이상의 성능을 가지는 것이어야 한다.

참고 산업안전기사 필기 p.5-10(합격날개 : 합격예측 및 관련법규)

정보제공 산업안전보건기준에 관한 규칙 제270조(내화기준)

KEY ① 2011년 8월 21일(문제 96번) 출제
② 2017년 3월 5일(문제 90번) 출제

87 산업안전보건법령에 따라 사업주가 특수화학설비를 설치하는 때에 그 내부의 이상상태를 조기에 파악하기 위하여 설치하여야 하는 장치는?

① 자동경보장치
② 긴급차단장치
③ 자동문개폐장치
④ 스크러버개방장치

해설

제274조(자동경보장치의 설치 등) 사업주는 특수화학설비를 설치하는 경우에는 그 내부의 이상 상태를 조기에 파악하기 위하여 필요한 자동경보장치를 설치하여야 한다. 다만, 자동경보장치를 설치하는 것이 곤란한 경우에는 감시인을 두고 그 특수화학설비의 운전 중 설비를 감시하도록 하는 등의 조치를 하여야 한다.

참고 산업안전기사 필기 p.5-18(합격날개 : 합격예측 및 관련법규)

정보제공 산업안전보건기준에 관한 규칙 제274조(자동차경보장치의 설치 등)

KEY ① 2008년 3월 2일(문제 88번) 출제
② 2010년 3월 7일(문제 81번) 출제

88 20[℃], 1기압의 공기를 5기압으로 단열압축하면 공기의 온도는 약 몇 [℃]가 되겠는가?(단, 공기의 비열비는 1.4이다.)

① 32
② 191
③ 305
④ 464

해설

단열압축
외부와 열교환 없이 압력을 높게 하여 온도가 올라가는 현상

$$\frac{T_2}{T_1} = \left(\frac{P_2}{P_1}\right)^{\frac{r-1}{r}} = \frac{T_2}{273+20} = \left(\frac{5}{1}\right)^{\frac{1.4-1}{1.4}} = 464.11[K]$$

참고 2014년 8월 17일(문제 95번)

보충학습
절대온도를 섭씨온도로 바꾸면
① 464.11−273=191.11[℃]
② $T_2 = T_1 \times \left(\frac{P_2}{P_1}\right)^{\frac{r-1}{r}} = 293 \times 5^{\frac{1.4-1}{1.4}} = 191[℃]$

참고 산업안전기사 필기 p.5-25(문제 21번)

KEY ① 2010년 3월 7일 출제
② 2016년 3월 6일(문제 96번) 출제
③ 2017년 3월 5일 산업기사 출제

89 알루미늄분이 고온의 물과 반응하였을 때 생성되는 가스는?

① 산소
② 수소
③ 메탄
④ 에탄

[정답] 86 ③ 87 ① 88 ② 89 ②

해설

물과 반응으로 기체발생

수소	금속칼륨(K), 알루미늄분(Al), 칼슘(Ca), 수소화칼슘(CaH$_2$)
아세틸렌	탄화칼슘(CaC$_2$)
포스핀	인화칼슘(Ca$_3$P$_2$)

KEY
① 2008년 7월 27일 문제 98번 출제
② 2013년 3월 10일 문제 95번 출제

---

90 공정안전보고서에 포함하여야 할 세부 내용 중 공정안전자료의 세부내용이 아닌 것은?

① 유해·위험설비의 목록 및 사양
② 폭발위험장소 구분도 및 전기단선도
③ 유해·위험물질에 대한 물질안전보건자료
④ 설비점검·검사 및 보수계획, 유지계획 및 지침서

해설

공정안전자료의 주요세부내용
① 취급·저장하고 있는 유해·위험물질의 종류와 수량
② 유해·위험물질에 대한 물질안전보건자료
③ 유해·위험설비의 목록 및 사양
④ 유해·위험설비의 운전방법을 알 수 있는 공정도면
⑤ 각종 건물·설비의 배치도
⑥ 폭발위험장소구분도 및 전기단선도
⑦ 위험설비의 안전설계·제작 및 설치관련지침서

참고 산업안전기사 필기 p.5-88(표. 공정안전보고서에 포함될 주요 내용)

KEY 2018년 3월 4일(문제 84번) 출제

정보제공 산업안전보건법 시행규칙 제50조(공정안전보고서의 세부내용 등)

---

91 산업안전보건법령상 화학설비와 화학설비의 부속설비를 구분할 때 화학설비에 해당하는 것은?

① 응축기·냉각기·가열기·증발기 등의 열교환기류
② 사이클론·백필터·전기점검기 등 분진처리설비
③ 온도·압력·유량 등을 지시·기록하는 자동제어 관련 설비
④ 안전밸브·안전관·긴급차단 또는 방출밸브 등 비상조치 관련 설비

해설

화학설비의 종류
① 응축기·냉각기·가열기 등의 열교환기류
② 반응기·혼합조 등의 화학물질 반응 또는 혼합장치
③ 펌프류·압축기 등의 화학물질 이송 또는 압축설비

참고 산업안전기사 필기 p.5-49(합격날개 : 참고)

KEY
① 2009년 7월 26일(문제 88번) 출제
② 2019년 3월 3일(문제 82번) 출제

정보제공 산업안전보건기준에 관한 규칙 [별표 9] 화학설비 및 그 부속설비의 종류

---

92 위험물 안전관리법령상 제4류 위험물 중 제2석유류로 분류되는 물질은?

① 실린더류
② 휘발유
③ 등유
④ 중유

해설

제4류 위험물 중 제2석유류

구분	종류
비수용성	등유, 경유, 오르소크실렌, 메타크실렌, 파라크실렌, 스티렌, 테레핀유, 장뇌유, 송근유, 클로로벤젠
수용성	포름산(의산), 아세트산(초산), 메틸셀로솔브, 메틸셀로솔브, 프로필셀로솔브, 부틸셀로솔브, 히드라진

참고 산업안전기사 필기 p.5-66(문제 4번)

보충학습
① 가솔린(휘발유)은 제1석유류에 속한다.
② 중유는 제3석유류에 속한다.
③ 실린더유는 제4석유류에 속한다.

---

93 가연성물질을 취급하는 장치를 퍼지하고자 할 때 잘못된 것은?

① 대상가스의 물성을 파악한다.
② 사용하는 불활성 가스의 물성을 파악한다.
③ 퍼지용 가스를 가능한 빠른 속도로 단시간에 다량 송입한다.
④ 장치 내부를 물로 먼저 세정한 후 퍼지용 가스를 송입한다.

[정답] 90 ④ 91 ① 92 ③ 93 ③

해설
퍼지용 가스는 장시간에 걸쳐 천천히 주입한다.

참고 산업안전기사 필기 p.5-20(표. 퍼지의 종류)

KEY 2005년 5월 29일(문제 96번) 출제

보충학습
퍼지(purge)
① 연소되지 않은 가스가 노 안에 또는 기타 장소에 차 있으면 점화를 했을 때 폭발할 우려가 있으므로 점화시키기 전에 이것을 노 밖으로 배출하기 위하여 환기시키는 것을 퍼지라고 한다.
② 점화작업을 하기 전에 하는 것을 프리퍼지(pre-purge), 연소를 정지시킨 뒤에 하는 것을 포스트 퍼지(post-purge)라고 한다. 이 퍼지(purge) 조작에 의해 폭발을 방지한다.
③ 장치 또는 유로(流路)에 새로운 유체를 송입(送入)하는 경우, 흐르고 있던 유체와 새로운 유체가 직접 혼합되지 않고, 다른 불활성 유체에 의해 지금까지 흐르던 유체를 추출하는 조작을 말한다.

94 가솔린(휘발유)의 일반적인 연소범위에 가장 가까운 값은?

① 2.7~27.8[vol%]   ② 3.4~11.8[vol%]
③ 1.4~7.6[vol%]   ④ 5.1~18.2[vol%]

해설
가솔린(휘발유) 연소범위 : 1.4~6.2[vol%]

참고 산업안전기사 필기 p.5-10(표. 혼합가스의 폭굉범위)

95 폭발원인물질의 물리적 상태에 따라 구분할 때 기상폭발(gas explosion)에 해당되지 않는 것은?

① 분진폭발   ② 응상폭발
③ 분무폭발   ④ 가스폭발

해설
기상폭발
① 혼합가스의 폭발 : 가연성 가스의 연소에 의한 폭발
② 가스의 분해폭발 : 아세틸렌, 산화에틸렌, 에틸렌, 히드라진 등의 폭발
③ 분진폭발 : 가연성 고체의 미분이나 가연성 액체의 무적(mist)에 의한 폭발

참고 ① 산업안전기사 필기 p.5-9(표. 증기폭발·분진폭발·분해폭발)
② 2017년 8월 28일 산업기사(문제 72번)

KEY ① 2005년 출제
② 2017년 5월 7일(문제 95번) 출제
③ 2017년 8월 26일(문제 92번) 출제

보충학습
응상폭발
① 폭발이 일어나기 전의 물질상태가 고체 및 액상일 경우의 폭발
② 응상폭발의 종류 : 수증기폭발, 전선폭발, 고상 간의 전이에 의한 폭발 등
③ 응상폭발을 하는 위험성 물질 : TNT, 연화약, 다이너마이트 등

96 다음 중 위험물과 그 소화방법이 잘못 연결된 것은?

① 염소산칼륨 - 다량의 물로 냉각소화
② 마그네슘 - 건조사 등에 의한 질식소화
③ 칼륨 - 이산화탄소에 의한 질식소화
④ 아세트알데히드 - 다량의 물에 의한 희석소화

해설
칼륨소화 : 건조사

참고 산업안전기사 필기 p.5-27(문제 28번)

KEY ① 2013년 8월 18일(문제 79번) 산업기사 출제
② 2019년 3월 3일 산업기사 출제

정보제공
제3류(자연발화성 및 금수성 물질)
K, Na, 알킬Al, 알킬Li, 황린, 칼슘 또는 Al의 탄화물류 등

97 다음 중 자연발화의 방지법으로 적절하지 않은 것은?

① 통풍을 잘 시킬 것
② 습도가 높은 곳에 저장할 것
③ 저장실의 온도 상승을 피할 것
④ 공기가 접촉되지 않도록 불활성물질 중에 저장할 것

해설
자연발화 방지법
① 저장소의 온도를 낮출 것
② 산소와의 접촉을 피할 것
③ 통풍 및 환기를 철저히 할 것
④ 습도가 높은 곳에는 저장하지 말 것

KEY ① 2014년 5월 25일(문제 87번) 출제
② 2019년 3월 3일(문제 94번) 출제

[정답] 94 ③ 95 ② 96 ③ 97 ②

과년도 출제문제

98 다음 가스 중 가장 독성이 큰 것은?
① CO   ② $COCl_2$
③ NH_3 ④ H_2

해설

포스겐($COCl_2$)
① 중요한 유기화학 공업 원료로서 합성수지·고무·합성섬유(폴리우레탄)·도료·의약·용제 등의 원료로 사용됨
② 1, 2차 세계대전 당시 화학무기로 사용되었으며 가스 흡입시 재채기, 호흡 곤란 등의 증상을 나타내며, 2~8시간 이후부터 폐수종을 일으켜 사망하게 됨

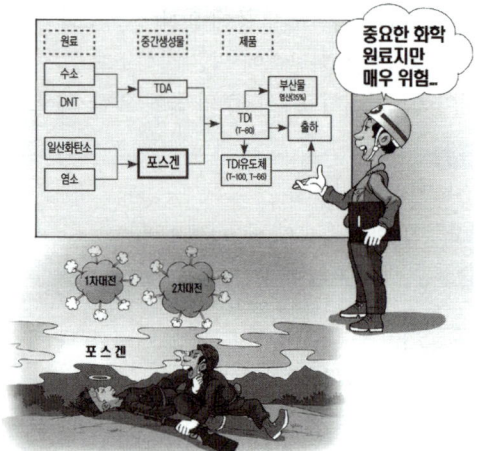

KEY ① 2014년 8월 17일(문제 97번) 출제
② 2017년 3월 5일(문제 96번) 출제

99 다음 중 산화성 물질이 아닌 것은?
① KNO_3 ② NH_4ClO_3
③ HNO_3 ④ P_4S_3

해설

P_4S_3(삼황화린) : 가연성고체
(1) 일반적 성질
 ① 황색의 결정이다.
 ② 차가운 물에는 녹지 않지만 뜨거운 물에는 분해된다.
 ③ 이황화탄소, 톨루엔, 질산, 알칼리 등에 녹지만 염산, 황산, 염소에는 녹지 않는다.
 ④ 조해성이 없다.
(2) 위험성
 ① 연소 시 오산화인과 이산화황을 생성한다.
 ② 황린, 금속분, 과산화물, 과망간산염과 혼합하면 자연발화할 수 있다.

100 화염방지기의 설치에 관한 사항으로 ( )에 옳은 것은?

사업주는 인화성 액체 및 인화성 가스를 저장 취급하는 화학설비에서 증기나 가스를 대기로 방출하는 경우에는 외부로부터의 화염을 방지하기 위하여 화염방지기를 그 설비 ( )에 설치하여야 한다.

① 상단   ② 하단
③ 중앙   ④ 무게중심

해설

화염방지기 설치 위치 : 설비 상단

참고 산업안전기사 필기 p.5-8(합격날개 : 합격예측 및 관련법규)

KEY 2018년 8월 19일(문제 99번) 출제

합격정보
산업안전보건기준에 관한 규칙 제269 (화염방지기의 설치)

6 건설공사 안전관리

101 그물코의 크기가 5[cm]인 매듭 방망사의 폐기 시 인장강도 기준으로 옳은 것은?
① 200[kg]   ② 100[kg]
③ 60[kg]   ④ 30[kg]

해설

방망사의 폐기 시 인장강도

그물코의 크기 (단위 : [cm])	방망의 종류(단위 : [kg])	
	매듭 없는 방망	매듭 방망
10	150	135
5		60

참고 산업안전기사 필기 p.6-106(표. 방망사의 폐기 시 인장강도)

KEY ① 2009년 7월 26일(문제 118번) 출제
② 2012년 5월 20일(문제 111번) 출제

[정답] 98 ② 99 ④ 100 ① 101 ③

102 거푸집 해체작업 시 유의사항으로 옳지 않은 것은?

① 일반적으로 수평부재의 거푸집은 연직부재의 거푸집보다 빨리 떼어낸다.
② 해체된 거푸집이나 각목 등에 박혀있는 못 또는 날카로운 돌출물은 즉시 제거하여야 한다.
③ 상하 동시 작업은 원칙적으로 금지하며 부득이한 경우에는 긴밀히 연락을 취하며 작업을 하여야 한다.
④ 거푸집 해체작업장 주위에는 관계자를 제외하고는 출입을 금지시켜야 한다.

[해설]

거푸집 해체 순서
거푸집 해체시 수평과 수직은 고시로서 적용하지 않는다.

[참고] 산업안전기사 필기 p.6-115(7. 거푸집의 해체 시 안전수칙)

[KEY] ① 2017년 5월 7일 산업기사 출제
② 2017년 8월 26일 산업기사 출제

[합격정보]
콘크리트공사 표준안전 작업지침 제9조(해체) 제2020-9호

103 흙막이 가시설 공사 시 사용되는 각 계측기 설치목적으로 옳지 않은 것은?

① 지표침하계 - 지표면 침하량 측정
② 수위계 - 지반 내 지하수위의 변화 측정
③ 하중계 - 상부 적재하중 변화 측정
④ 지중경사계 - 지중의 수평 변위량 측정

[해설]

계측장치의 종류 및 설치목적

종류	설치목적
건물 경사계(tilt meter)	지상 인접구조물의 기울기 측정
지표면 침하계(level and staff)	주위 지반에 대한 지표면의 침하량 측정
지중 경사계(inclinometer)	지중수평변위를 측정하여 흙막이의 기울어진 정도 파악
지중 침하계(extension meter)	지중수직변위를 측정하여 지반의 침하정도 파악
변형률계(strain gauge)	흙막이 버팀대의 변형 정도 파악
하중계(load cell)	흙막이 버팀대에 작용하는 토압, 토류벽 어스앵커의 인장력 등을 측정
토압계(earth pressure meter)	흙막이에 작용하는 토압의 변화 파악
간극수압계(piezo meter)	굴착으로 인한 지하의 간극수압 측정
지하수위계(water level meter)	지하수의 수위변화 측정

[참고] 산업안전기사 필기 p.6-119(9. 계측장치의 종류 및 설치목적)

[KEY] ① 2016년 3월 6일, 10월 1일 산업기사 출제
② 2017년 3월 5일 산업기사 출제
③ 2017년 5월 7일 기사·산업기사 동시 출제
④ 2018년 4월 28일 기사 출제
⑤ 2019년 3월 3일 산업기사 출제

104 다음은 가설통로를 설치하는 경우의 준수사항이다. ( )안에 알맞은 숫자를 고르면?

> 건설공사에 사용하는 높이 8[m] 이상인 비계다리에는 ( )[m] 이내마다 계단참을 설치할 것

① 7
② 6
③ 5
④ 4

[해설]

높이 8[m] 이상인 비계다리 : 7[m] 이내마다 계단참 설치

[참고] 산업안전기사 필기 p.6-17(합격날개 : 합격예측 및 관련법규)

[KEY] ① 2017년 3월 5일, 5월 7일 산업기사 출제
② 2017년 9월 23일 기사 출제
③ 2018년 4월 28일 기사·산업기사 동시 출제
④ 2018년 8월 19일 산업기사 출제
⑤ 2019년 3월 3일 산업기사 출제

[합격정보]
산업안전보건기준에 관한 규칙 제23조(가설통로의 구조)

105 건설업 산업안전보건관리비의 사용내역에 대하여 수급인 또는 자기공사자는 공사 시작 후 몇 개월 마다 1회 이상 발주자 또는 감리원의 확인을 받아야 하는가?

① 3개월
② 4개월
③ 5개월
④ 6개월

[해설]

제9조(사용내역의 확인) ① 도급인 또는 자기공사자는 안전관리비 사용내역에 대하여 공사 시작 후 6개월마다 1회 이상 발주자 또는 감리원의 확인을 받아야 한다. 다만, 6개월 이내에 공사가 종료되는 경우에는 종료시 확인을 받아야 한다.

[참고] 산업안전기사 필기 p.6-42(제9조)

[합격정보]
건설업 산업안전보건관리비 계상 및 사용기준 제9조(사용내역의 확인)

[정답] 102 ① 103 ③ 104 ① 105 ④

106 차량계 하역운반기계 등에 화물을 적재하는 경우에 준수하여야 할 사항으로 옳지 않은 것은?

① 하중이 한쪽으로 치우쳐도 효율적으로 적재되도록 할 것
② 구내운반차 또는 화물자동차의 경우 화물의 붕괴 또는 낙하에 의한 위험을 방지하기 위하여 화물에 로프를 거는 등 필요한 조치를 할 것
③ 운전자의 시야를 가리지 않도록 화물을 적재할 것
④ 최대적재량을 초과하지 않도록 할 것

해설
하중이 한쪽으로 치우치지 않도록 쌓을 것

참고 산업안전기사 필기 p.6-135(합격날개 : 합격예측 및 관련법규)

KEY
① 2017년 8월 26일 산업기사 출제
② 2018년 3월 4일 산업기사 출제
③ 2019년 3월 3일 산업기사 출제

정보제공
산업안전보건기준에 관한 규칙 제173조(화물의 적재)

107 다음 중 유해위험방지계획서를 작성 및 제출하여야 하는 공사에 해당되지 않는 것은?

① 지상높이가 31[m]인 건축물의 건설·개조 또는 해체
② 최대지간길이가 50[m]인 교량건설 등 공사
③ 깊이가 9[m]인 굴착공사
④ 터널 건설 등의 공사

해설
유해위험방지계획서 제출대상 건설공사
(1) 건축물 또는 시설 등의 건설·개조 또는 해체공사
　가. 지상높이가 31미터 이상인 건축물 또는 인공구조물
　나. 연면적 3만제곱미터 이상인 건축물
　다. 연면적 5천제곱미터 이상인 시설
　　① 문화 및 집회시설(전시장 및 동물원·식물원은 제외한다)
　　② 판매시설, 운수시설(고속철도의 역사 및 집배송시설은 제외한다)
　　③ 종교시설
　　④ 의료시설 중 종합병원
　　⑤ 숙박시설 중 관광숙박시설
　　⑥ 지하도상가
　　⑦ 냉동·냉장 창고시설
(2) 연면적 5천제곱미터 이상인 냉동·냉장 창고시설의 설비공사 및 단열공사
(3) 최대지간길이가 50[m] 이상인 교량건설 등 공사
(4) 터널건설 등의 공사
(5) 다목적댐, 발전용댐 및 저수용량 2천만톤 이상의 용수전용댐, 지방상수도 전용댐 건설 등의 공사
(6) 깊이 10[m] 이상인 굴착공사

참고 산업안전기사 필기 p.6-20(3. 유해위험방지계획서 제출대상 건설공사)

KEY
① 2016년 5월 8일 출제
② 2017년 3월 5일 산업기사 출제
③ 2018년 4월 28일 출제
④ 2018년 8월 19일 기사·산업기사 동시 출제
⑤ 2019년 3월 3일 기사·산업기사 동시 출제

합격정보
산업안전보건법 시행령 제42조(유해위험방지계획서 제출대상)

108 차량계 하역운반기계를 사용하는 작업을 할 때 그 기계가 넘어지거나 굴러떨어짐으로써 근로자에게 위험을 미칠 우려가 있는 경우에 우선적으로 조치하여야 할 사항과 가장 거리가 먼 것은?

① 해당 기계에 대한 유도자 배치
② 지반의 부동침하방지 조치
③ 갓길 붕괴방지 조치
④ 경보장치 설치

해설
제171조(전도 등의 방지) 사업주는 차량계 하역운반기계 등을 사용하는 작업을 할 때에 그 기계가 넘어지거나 굴러 떨어짐으로써 근로자에 위험을 미칠 우려가 있는 경우에는 그 기계를 유도하는 사람(이하 "유도자"라 한다)을 배치하고 지반의 부동침하(不同沈下)방지 및 갓길 붕괴를 방지하기 위한 조치를 하여야 한다.

참고 산업안전기사 필기 p.6-135(합격날개 : 합격예측 및 관련법규)

KEY 2016년 10월 1일(문제 112번) 출제

109 안전대의 종류는 사용구분에 따라 벨트식과 안전그네식으로 구분되는데 이 중 안전그네식에만 적용하는 것은?

① 추락방지대, 안전블록
② 1개 걸이용, U자 걸이용
③ 1개 걸이용, 추락방지대
④ U자 걸이용, 안전블록

[정답] 106 ① 107 ③ 108 ④ 109 ①

해설
안전대의 종류

종류	사용 구분	비고
벨트식(B식) 안전그네식(H식)	U자걸이 전용	
	1개걸이 전용	
안전그네식(H식)	안전블록(H식 적용)	와이어로프지름 : 4[mm] 이상
	추락방지대(H식 적용)	

참고 산업안전기사 필기 p.1-53(1. 안전대의 종류)

KEY 2009년 3월 1일(문제 108번) 출제

---

110 건설현장의 가설계단 및 계단참을 설치하는 경우 얼마 이상의 하중에 견딜 수 있는 강도를 가진 구조로 설치하여야 하는가?

① 200[kg/m²]   ② 300[kg/m²]
③ 400[kg/m²]   ④ 500[kg/m²]

해설
계단강도 : 500[kg/m²] 이상

참고 산업안전기사 필기 p.6-53(2. 계단의 안전)

정보제공 산업안전보건기준에 관한 규칙 제26조(계단의 강도)

KEY
① 2009년 3월 1일(문제 115번) 출제
② 2011년 6월 12일(문제 119번) 출제
③ 2014년 5월 25일(문제 105번) 출제

---

111 다음은 달비계 또는 높이 5[m] 이상의 비계를 조립·해체하거나 변경하는 작업을 하는 경우에 대한 내용이다. ( )에 알맞은 숫자는?

> 비계재료의 연결·해체작업을 하는 경우에는 폭 ( )[cm] 이상의 발판을 설치하고 근로자로 하여금 안전대를 사용하도록 하는 등 추락을 방지하기 위한 조치를 할 것

① 15   ② 20
③ 25   ④ 30

해설
5[m] 이상 달비계 및 비계 작업발판 기준 : 20[cm] 이상

참고 산업안전기사 필기 p.6-95(합격날개 : 합격예측 및 관련법규)

KEY
① 2017년 8월 26일 기사·산업기사 동시 출제
② 2019년 3월 3일 출제

정보제공 산업안전보건기준에 관한 규칙 제57조(비계 등의 조립·해체 및 변경)

---

112 다음은 사다리식 통로 등을 설치하는 경우의 준수사항이다. ( )안에 들어갈 숫자로 옳은 것은?

> 사다리의 상단은 걸쳐놓은 지점으로부터 ( )[cm] 이상 올라가도록 할 것

① 30   ② 40
③ 50   ④ 60

해설
사다리 설치기준

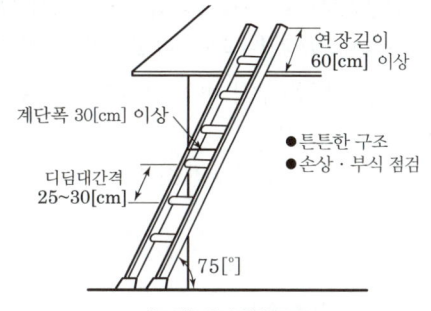

[그림] 사다리의 구조

참고 산업안전기사 필기 p.6-18(합격날개 : 합격예측 및 관련법규)

KEY
① 2016년 10월 1일 산업기사 출제
② 2017년 5월 7일 기사·산업기사 동시 출제
③ 2018년 4월 28일 산업기사 출제

정보제공 산업안전보건기준에 관한 규칙 제24조(사다리식 통로 등의 구조)

---

113 모래 지반을 흙막이지보공 없이 굴착하려 할 때 적합한 굴착면의 기울기 기준으로 옳은 것은?

① 1 : 1.5   ② 1 : 1.5
③ 1 : 1.0   ④ 1 : 1.2

[정답] 110 ④   111 ②   112 ④   113 ②

해설

굴착면의 기울기 기준

지반의 종류	굴착면의 기울기
모래	1 : 1.8
연암 및 풍화암	1 : 1.0
경암	1 : 0.5
그 밖의 흙	1 : 1.2

참고 산업안전기사 필기 p.6-56(표 : 굴착면의 기울기 기준)

KEY
① 2016년 5월 8일 기사·산업기사 동시 출제
② 2017년 3월 5일 출제
③ 2017년 9월 23일 기사 출제
④ 2018년 8월 19일 산업기사 출제

정보제공
산업안전보건기준에 관한 규칙 [별표 11] 굴착면의 기울기 기준

---

114 터널 지보공을 설치한 경우에 수시로 점검하여 이상을 발견시 즉시 보강하거나 보수해야 할 사항이 아닌 것은?

① 부재의 손상·변형·부식·변위·탈락의 유무 및 상태
② 부재의 긴압의 정도
③ 부재의 접속부 및 교차부의 상태
④ 계측기 설치상태

해설

터널 지보공 수시점검사항 4가지
① 부재의 손상·변형·부식·변위 탈락의 유무 및 상태
② 부재의 긴압의 정도
③ 부재의 접속부 및 교차부의 상태
④ 기둥침하의 유무 및 상태

참고 산업안전기사 필기 p.6-116(합격날개 : 합격예측 및 관련법규)

KEY
① 2017년 3월 5일 산업기사 출제
② 2018년 3월 4일 출제

정보제공
산업안전보건기준에 관한 규칙 제366조(붕괴 등의 위험방지)

---

115 크레인 또는 데릭에서 붐각도 및 작업반경별로 작용시킬 수 있는 최대하중에서 후크(Hook), 와이어로프 등 달기구의 중량을 공제한 하중은?

① 작업하중 ② 정격하중
③ 이동하중 ④ 적재하중

해설

정격(규정)하중
크레인 또는 데릭에서 붐각도 및 작업반경별로 작용시킬 수 있는 최대하중에서 후크, 와이어로프 등의 달기구의 중량을 공제한 하중

참고 산업안전기사 필기 p.6-132(2. 양중기 용어의 정의)

KEY
① 2009년 3월 1일(문제 111번) 출제
② 2016년 8월 21일(문제 118번) 출제

---

116 근로자에게 작업중 또는 통행 시 전락(轉落)으로 인하여 근로자가 화상·질식 등의 위험에 처할 우려가 있는 케틀(kettle), 호퍼(hopper), 피트(pit) 등이 있는 경우에 그 위험을 방지하기 위하여 최소 높이 얼마 이상의 울타리를 설치하여야 하는가?

① 80[cm] 이상 ② 85[cm] 이상
③ 90[cm] 이상 ④ 95[cm] 이상

해설

울타리 높이 : 최소 90[cm] 이상

참고 산업안전기사 필기 p.6-150(합격날개 : 합격예측 및 관련법규)

합격정보
산업안전보건기준에 관한 규칙 제48조(울타리의 설치)

---

117 강관비계의 설치 기준으로 옳은 것은?

① 비계기둥의 간격은 띠장방향에서는 1.5[m] 이상 1.8[m] 이하로 하고, 장선방향에서는 2.0[m] 이하로 한다.
② 띠장 간격은 1.8[m] 이하로 설치하되, 첫 번째 띠장은 지상으로부터 2[m] 이하의 위치에 설치한다.
③ 비계기둥 간의 적재하중은 400[kg]을 초과하지 않도록 한다.
④ 비계기둥의 제일 윗부분으로부터 21[m] 되는 지점 밑부분의 비계기둥은 2개의 강관으로 묶어 세운다.

[정답] 114 ④ 115 ② 116 ③ 117 ③

해설
강관비계 설치 기준
① 비계기둥의 간격은 띠장 방향에서는 1.85[m] 이하, 장선(長線) 방향에서는 1.5[m] 이하로 할 것
② 띠장 간격은 2[m] 이하로 설치하되, 첫 번째 띠장은 지상으로부터 2[m] 이하의 위치에 설치할 것. 다만, 작업의 성질상 이를 준수하기가 곤란하여 쌍기둥틀 등에 의하여 해당 부분을 보강한 경우에는 그러하지 아니하다.
③ 비계기둥의 제일 윗부분으로부터 31[m]되는 지점 밑부분의 비계기둥은 2개의 강관으로 묶어 세울 것. 다만, 브라켓(bracket) 등으로 보강하여 2개의 강관으로 묶을 경우 이상의 강도가 유지되는 경우에는 그러하지 아니하다.
④ 비계기둥 간의 적재하중은 400[kg]킬로그램을 초과하지 않도록 할 것

참고 산업안전기사 필기 p.6-99(합격날개 : 합격예측 및 관련법규)

KEY ① 2017년 3월 5일 기사 출제
② 2017년 8월 26일 기사·산업기사 동시 출제
③ 2018년 3월 4일 기사 출제

정보제공
산업안전보건기준에 관한 규칙 제60조(강관비계의 구조)

---

118 터널굴착작업을 하는 때 미리 작성하여야 하는 작업계획서에 포함되어야 할 사항이 아닌 것은?

① 굴착의 방법
② 암석의 분할방법
③ 환기 또는 조명시설을 설치할 때에는 그 방법
④ 터널지보공 및 복공의 시공방법과 용수의 처리방법

해설
터널굴착작업 작업계획서의 내용
① 굴착의 방법
② 터널지보공 및 복공(覆工)의 시공방법과 용수(湧水)의 처리방법
③ 환기 또는 조명시설을 설치할 때에는 그 방법

참고 산업안전기사 필기 p.6-191(7. 터널굴착작업)

정보제공
산업안전보건기준에 관한 규칙 [별표4] 사전조사 및 작업계획서 내용

---

119 비계(달비계, 달대비계 및 말비계는 제외한다)의 높이가 2[m] 이상인 작업장소에 설치하여야 하는 작업발판의 기준으로 옳지 않은 것은?

① 작업발판의 폭은 40[cm] 이상으로 하고, 발판재료 간의 틈은 3[cm] 이하로 할 것
② 추락의 위험이 있는 장소에는 안전난간을 설치할 것
③ 작업발판의 지지물은 하중에 의하여 파괴될 우려가 없는 것을 사용할 것
④ 작업발판재료는 뒤집히거나 떨어지지 않도록 1개 이상의 지지물에 연결하거나 고정시킬 것

해설
지지물 개수 : 둘 이상

참고 산업안전기사 필기 p.6-94(합격날개 : 합격예측 및 관련법규)

KEY ① 2017년 8월 26일 기사·산업기사 동시 출제
② 2018년 4월 28일 기사 출제

정보제공
산업안전보건기준에 관한 규칙 제56조(작업발판의 구조)

---

120 건립 중 강풍에 의한 풍압 등 외압에 대한 내력이 설계에 고려되었는지 확인하여야 하는 철골구조물의 기준으로 옳지 않은 것은?

① 높이 20[m] 이상의 구조물
② 구조물의 폭과 높이의 비가 1:4 이상인 구조물
③ 이음부가 공장 제작인 구조물
④ 연면적당 철골량이 50[kg/m²] 이하 인 구조물

해설
내력설계 확인기준
① 높이 20[m] 이상인 구조물
② 구조물의 폭과 높이의 비가 1 : 4 이상인 구조물
③ 건물, 호텔 등에서 단면 구조에 현저한 차이가 있는 것
④ 연면적당 철골량이 50[kg/m²] 이하인 구조물
⑤ 기둥이 타이 플레이트(tie plate)형인 구조물
⑥ 이음부가 현장 용접인 경우

참고 산업안전기사 필기 p.6-154(3. 철골의 자립도 검토)

KEY ① 2017년 9월 23일 기사 출제
② 2018년 3월 4일 출제

[정답] 118 ② 119 ④ 120 ③

2019년도 기사 정기검정 제3회 (2019년 8월 4일 시행)

자격종목 및 등급(선택분야): 산업안전기사

종목코드	시험시간	수험번호	성명
1431	3시간	20190804	도서출판세화

1 산업재해 예방 및 안전보건교육

01 적성요인에 있어 직업적성을 검사하는 항목이 아닌 것은?

① 기능
② 촉각 적응력
③ 형태식별능력
④ 운동속도

해설

직업적성검사(職業適性檢査, vocational aptitude test)
① 피검사자의 개인적 특징인 적성과 직업의 특성을 대응시키는 검사이다.
② 직업적성검사는 개인의 적성이나 기질과 특정 직종 또는 직업에서 직무수행에 요구되는 활동간의 관계를 밝혀, 개인의 진로개발이나 구직활동에 유용한 직업정보를 제공하는 데 목적이 있다.
③ 대표적인 직업적성검사로는 일반적성검사(GATB : general aptitude test battery), 차별적성검사(DAT : differential aptitude test), 산업적성검사(FIT : flanagan industrial tests), 고용적성조사(EAS : employee aptitude survey) 등이 있다.
④ 종류
  ㉮ 지능 : 일반적인 학습능력 및 원리 이해 능력, 추리 판단 능력
  ㉯ 언어능력 : 단어의 뜻과 함께 그와 관련된 개념을 이해하고 사용하는 능력
  ㉰ 수리능력 : 빠르고 정확하게 계산하는 능력

참고 산업안전기사 필기 p.1-76(3. 적성검사)
KEY 2011년 6월 20일(문제 1번) 출제

02 라인(Line)형 안전관리조직에 대한 설명으로 옳은 것은?

① 명령계통과 조언이나 권고적 참여가 혼동되기 쉽다.
② 생산부서와의 마찰이 일어나기 쉽다.
③ 명령계통이 간단명료하다.
④ 생산부문에는 안전에 대한 책임과 권한이 없다.

해설

라인(Line)형 안전관리조직 장·단점

장점	① 안전에 관한 명령과 지시는 생산 라인을 통해 신속·정확히 전달 실시된다. ② 중소 규모 기업에 활용된다.
단점	① 안전 전문 입안이 되어 있지 않아 내용이 빈약하다. ② 안전의 정보가 불충분하다.
비고	① 근로자 100명 미만 사업장에 적합하다. ② 생산과 안전을 동시에 지시한다.

참고 산업안전기사 필기 p.1-23(2. 안전보건관리 조직형태)
KEY
① 2016년 3월 6일 기사·산업기사 동시 출제
② 2016년 10월 1일 산업기사 출제
③ 2017년 3월 5일 출제
④ 2017년 5월 7일 출제
⑤ 2017년 8월 26일 기사·산업기사 동시 출제
⑥ 2019년 3월 3일 기사 출제

03 서로 손을 얹고 팀의 행동구호를 외치는 무재해 운동 추진 기법의 하나로, 스킨십(Skinship)에 바탕을 두고 팀 전원의 일체감, 연대감을 느끼게 하며, 대뇌피질에 안전태도 형성에 좋은 이미지를 심어주는 기법은?

① Touch and call
② Brain Storming
③ Error cause removal
④ Safty training observation program

해설

터치앤콜(Touch and Call)
① 왼손을 맞잡고 같이 소리치는 것으로 전원이 스킨십(Skinship)을 느끼도록 하는 것
② 팀의 일체감, 연대감을 조성할 수 있다.
③ 대뇌 구피질에 좋은 이미지를 불어넣어 안전행동을 하도록 하는 것

참고 산업안전기사 필기 p.1-15(합격날개 : 합격예측)
KEY 2016년 5월 8일 기사 출제

[정답] 01 ② 02 ③ 03 ①

04 안전점검의 종류 중 태풍이나 폭우 등의 천재지변이 발생한 후에 실시하는 기계, 기구 및 설비 등에 대한 점검의 명칭은?

① 정기점검 ② 수시점검
③ 특별점검 ④ 임시점검

해설

특별점검
① 기계·기구 또는 설비의 신설·변경 또는 고장 수리 등으로 비정기적인 특정 점검을 말하며 기술 책임자가 실시한다.
② 산업안전 보건강조기간에도 실시
③ 중대 재해 발생직후 실시

참고 산업안전기사 필기 p.3-48(3. 특별점검)

KEY ① 2016년 4월 28일 기사 출제
② 2019년 3월 3일 기사 출제

---

05 하인리히 안전론에서 ( )안에 들어갈 단어로 적합한 것은?

- 안전은 사고 예방
- 사고예방은 (   )와(과) 인간 및 기계의 관계를 통제하는 과학이자 기술이다.

① 물리적 환경 ② 화학적 요소
③ 위험요인   ④ 사고 및 재해

해설

H.W. Heinrich의 안전론 정의
① 안전(safety) = 사고방지(accident prevention)
② 사고방지는 물리적 환경과 인간 및 기계의 관계(performance)를 통제하는 과학인 동시에 기술이다.
③ 하인리히는 과학과 기술의 체계를 안전에 도입하였다.

참고 산업안전기사 필기 p.1-7(2. H.W. Heinrich의 안전론 정의)

---

06 1년간 80건의 재해가 발생한 A사업장은 1,000명의 근로자가 1주일당 48시간, 1년간 52주를 근무하고 있다. A사업장의 도수율은?(단, 근로자들은 재해와 관련 없는 사유로 연간 노동시간의 3[%]를 결근하였다.)

① 31.06 ② 32.05
③ 33.04 ④ 34.03

해설

$$도수(빈도)율 = \frac{재해건수}{연근로시간수} \times 10^6$$
$$= \frac{80}{1,000 \times 48 \times 52 \times 0.97} \times 10^6 = 33.04$$

참고 산업안전기사 필기 p.3-42(3. 빈도율)

KEY ① 2016년 10월 1일 산업기사 출제
② 2017년 3월 5일 기사·산업기사 동시 출제
③ 2018년 8월 19일 기사 출제

함정 3[%] : 재해와 관련없는 노동시간

---

07 안전보건교육의 단계에 해당하지 않는 것은?

① 지식교육 ② 기초교육
③ 태도교육 ④ 기능교육

해설

안전교육의 3단계
① 1단계 : 지식교육
② 2단계 : 기능교육
③ 3단계 : 태도교육

참고 산업안전기사 필기 p.1-152(5. 교육내용)

KEY ① 2017년 5월 7일 기사 출제
② 2019년 4월 27일 기사·산업기사 동시 출제

---

08 위험예지훈련의 문제해결 4라운드에 속하지 않는 것은?

① 현상파악 ② 본질추구
③ 원인결정 ④ 대책수립

해설

문제해결의 4단계
① 1R – 현상파악 ② 2R – 본질추구
③ 3R – 대책수립 ④ 4R – 행동목표설정

참고 산업안전기사 필기 p.1-12(1. 위험예지훈련 4단계)

KEY ① 2016년 3월 6일 기사 출제
② 2016년 5월 8일 기사·산업기사 동시 출제
③ 2017년 3월 5일 기사·산업기사 동시 출제
④ 2017년 5월 7일, 8월 26일, 9월 23일 기사 출제
⑤ 2018년 3월 4일 산업기사 출제
⑥ 2019년 4월 27일 기사·산업기사 동시 출제

[정답] 04 ③ 05 ① 06 ③ 07 ② 08 ③

과년도 출제문제

09 산소결핍이 예상되는 맨홀 내에서 작업을 실시할 때의 사고 방지 대책으로 적절하지 않은 것은?

① 작업 시작 전 및 작업 중 충분한 환기 실시
② 작업 장소의 입장 및 퇴장 시 인원 점검
③ 방진마스크의 보급과 착용 철저
④ 작업장과 외부와의 상시 연락을 위한 설비 설치

해설

방진마스크 용도
① 분진이 많은 작업장, 즉 광산·채석장 등에서 규폐(珪肺)증이나 진폐(塵肺)증을 예방하기 위해 착용한다.
② 마스크에는 특수한 필터가 장치되어 있어 분진을 막아주는 한편 흡기(吸氣)의 능률에 지장이 없도록 고안되어 있다.

보충학습
맨홀내 작업 시 : 산소마스크 착용

---

10 안전교육방법 중 강의법에 대한 설명으로 옳지 않은 것은?

① 단기간의 교육 시간 내에 비교적 많은 내용을 전달할 수 있다.
② 다수의 수강자를 대상으로 동시에 교육할 수 있다.
③ 다른 교육방법에 비해 수강자의 참여가 제약된다.
④ 수강자 개개인의 학습강도를 조절할 수 있다.

해설
수강자 개개인 학습진도 조절이 불가능하다.

참고 산업안전기사 필기 p.1-144(표. 토의식 교육과 강의식 교육의 비교)

KEY
① 2017년 3월 5일 기사 출제
② 2017년 5월 7일 기사 출제
③ 2018년 4월 28일 기사 출제

---

11 적응기제(適應機制)의 형태 중 방어적 기제에 해당하지 않는 것은?

① 고립   ② 보상
③ 승화   ④ 합리화

해설

적응기제
① 도피기제(Escape Mechanism) : 갈등을 해결하지 않고 도망감

구분	특징
억압	무의식으로 쑤셔 넣기
퇴행	유아 시절로 돌아가 유치해짐
백일몽	공상의 나래를 펼침
고립(거부)	외부와의 접촉을 끊음

② 방어기제(Defence Mechanism) : 갈등을 이겨내려는 능동성과 적극성

구분	특징
보상	열등감을 다른 곳에서 강점으로 발휘함
합리화	자기변명, 자기실패의 합리화, 자기미화
승화	열등감과 욕구불만을 사회적으로 바람직한 가치로 나타내는 것
동일시	힘 있고 능력 있는 사람을 통해 자기만족을 얻으려 함
투사	자신의 열등감을 다른 것에 던져 그것들도 결점이 있음을 발견해서 열등감에서 벗어나려 함

③ 공격기제(Aggressive Mechanism) : 직접적, 간접적

참고 산업안전기사 필기 p.1-115(보충학습)

KEY
① 2018년 3월 4일 기사 출제
② 2019년 3월 3일 기사 출제
③ 2019년 8월 4일 기사·산업기사 동시 출제

---

12 부주의의 발생 원인에 포함되지 않는 것은?

① 의식의 단절   ② 의식의 우회
③ 의식수준의 저하   ④ 의식의 지배

해설

부주의
① 부주의는 무의식적인 행위 또는 그것에 가까운 의식의 주변에서 행하여지는 행위에서 나타나는 현상으로 불안전한 행위뿐만 아니라 불안전한 상태에도 적용되는 것이다.
② 종류
  ㉮ 의식의 단절
  ㉯ 의식의 우회
  ㉰ 의식의 혼란
  ㉱ 의식수준의 저하
  ㉲ 의식의 과잉

참고 산업안전기사 필기 p.1-119(3. 부주의)

KEY
① 2017년 8월 26일 기사 출제
② 2018년 3월 4일 기사 출제

【 정답 】 09 ③   10 ④   11 ①   12 ④

13 안전교육 훈련에 있어 동기부여 방법에 대한 설명으로 가장 거리가 먼 것은?

① 안전 목표를 명확히 설정한다.
② 안전활동의 결과를 평가, 검토하도록 한다.
③ 경쟁과 협동을 유발시킨다.
④ 동기유발 수준을 과도하게 높인다.

해설

안전교육훈련 동기부여방법
① 안전의 근본이념(참가치)을 인식시킬 것
② 안전목표를 명확히 설정할 것
③ 결과를 알려줄 것(K.R법 : Knowledge Results)
④ 상과 벌을 줄 것(상벌제도를 합리적으로 시행할 것)
⑤ 경쟁과 협동을 유도할 것
⑥ 동기유발의 최적수준을 유지할 것

참고 산업안전기사 필기 p.1-133(합격날개 : 합격예측)

KEY 2016년 5월 8일(문제 16번)출제

14 산업안전보건법령상 유해위험 방지계획서 제출 대상 공사에 해당하는 것은?

① 깊이가 5[m] 이상인 굴착공사
② 최대지간거리 30[m] 이상인 교량건설 공사
③ 지상높이 21[m] 이상인 건축물 공사
④ 터널 건설 공사

해설

유해위험 방지계획서 제출 대상 공사
(1) 건축물 또는 시설 등의 건설·개조 또는 해체공사
  가. 지상높이가 31미터 이상인 건축물 또는 인공구조물
  나. 연면적 3만제곱미터 이상인 건축물
  다. 연면적 5천제곱미터 이상인(에) 해당하는 시설
    ① 문화 및 집회시설(전시장 및 동물원·식물원은 제외한다)
    ② 판매시설, 운수시설(고속철도의 역사 및 집배송시설은 제외한다)
    ③ 종교시설
    ④ 의료시설 중 종합병원
    ⑤ 숙박시설 중 관광숙박시설
    ⑥ 지하도상가
    ⑦ 냉동·냉장 창고시설
(2) 연면적 5천제곱미터 이상의 냉동·냉장창고시설의 설비공사 및 단열공사
(3) 최대지간길이가 50[m] 이상인 교량건설 등 공사
(4) 터널건설 등의 공사
(5) 다목적댐·발전용댐 및 저수용량 2천만톤 이상의 용수전용댐·지방상수도 전용댐 건설 등의 공사
(6) 깊이 10[m] 이상인 굴착공사

참고 산업안전기사 필기 p.2-44(제42조 유해위험방지계획서 제출대상)

KEY
① 2018년 3월 4일 기사 출제
② 2019년 8월 4일(문제 115번) 출제
③ 2019년 8월 4일 기사·산업기사 동시 출제

합격정보
산업안전보건법 시행령 제42조(유해위험방지계획서 제출대상)

15 스트레스의 요인 중 외부적 자극 요인에 해당하지 않는 것은?

① 자존심의 손상
② 대인관계 갈등
③ 가족의 죽음, 질병
④ 경제적 어려움

해설

스트레스 자극 요인
① 자존심의 손상(내적요인)
② 업무상의 죄책감(내적요인)
③ 현실에서의 부적응(내적요인)
④ 직장에서의 대인 관계상의 갈등과 대립(외적요인)

참고 산업안전기사 필기 p.1-101(합격날개 : 합격예측)

KEY 2018년 4월 28일 기사 출제

16 하인리히 방식의 재해코스트 산정에서 직접비에 해당되지 않는 것은?

① 휴업보상비
② 병상위문금
③ 장해특별보상비
④ 상병보상연금

[정답] 13 ④ 14 ④ 15 ① 16 ②

해설

직접비와 간접비

직접비(법적으로 지급되는 산재보상비)		간접비 (직접비 제외한 모든 비용)
구분	적용	
요양급여	요양비 전액(진찰, 약제, 처치·수술기타치료, 의료시설수용, 간병, 이송 등)	인적손실 물적손실 생산손실 임금손실 시간손실 기타손실 등
휴업급여	1일당 지급액은 평균임금의 100분의 70에 상당하는 금액	
장해급여	장해등급에 따라 장해보상연금 또는 장해보상일시금으로 지급	
간병급여	요양급여 받은 자가 치유후 간병이 필요하여 실제로 간병을 받는 자에게 지급	
유족급여	근로자가 업무상사유로 사망한 경우 유족에게 지급(유족보상연금 또는 유족보상일시금)	
상병보상 연금	요양개시후 2년 경과된 날 이후에 다음의 상태가 계속되는 경우 지급 ① 부상 또는 질병이 치유되지 아니한 상태 ② 부상 또는 질병에 의한 폐질의 정도가 폐질등급기준에 해당	
장의비	평균임금의 120일분에 상당하는 금액	
기타 비용	상해특별급여, 유족특별급여(민법에 의한 손해배상 청구)	

참고 산업안전기사 필기 p.3-45(표. 직접비와 간접비)

KEY
① 2016년 5월 8일 산업기사 출제
② 2017년 3월 5일, 5월 7일, 9월 23일 기사 출제
③ 2018년 8월 19일 산업기사 출제
④ 2019년 3월 3일 기사 출제
⑤ 2019년 8월 4일 기사·산업기사 동시 출제

17 산업안전보건법령상 관리감독자 대상 정기안전보건교육의 교육내용으로 옳은 것은?

① 작업 개시 전 점검에 관한 사항
② 정리정돈 및 청소에 관한 사항
③ 작업공정의 유해·위험과 재해 예방대책에 관한 사항
④ 기계·기구의 위험성과 작업의 순서 및 동선에 관한 사항

해설

관리감독자 정기안전보건교육 내용
① 산업안전 및 사고 예방에 관한 사항
② 산업보건 및 직업병 예방에 관한 사항
③ 위험성 평가에 관한 사항
④ 유해·위험 작업환경 관리에 관한 사항
⑤ 산업안전보건법령 및 산업재해보상보험 제도에 관한 사항
⑥ 직무스트레스 예방 및 관리에 관한 사항
⑦ 직장 내 괴롭힘, 고객의 폭언 등으로 인한 건강장해 예방 및 관리에 관한 사항
⑧ 작업공정의 유해·위험과 재해 예방대책에 관한 사항
⑨ 사업장 내 안전보건관리체제 및 안전·보건조치 현황에 관한 사항
⑩ 표준안전 작업방법 결정 및 지도·감독 요령에 관한 사항
⑪ 현장근로자와의 의사소통능력 및 강의 능력 등 안전보건교육 능력 배양에 관한 사항
⑫ 비상시 또는 재해 발생 시 긴급조치에 관한 사항
⑬ 그 밖의 관리감독자의 직무에 관한 사항

참고 산업안전기사 필기 p.1-154(3. 관리 감독자 정기 안전보건 교육)

KEY
① 2017년 5월 7일 기사 출제
② 2017년 8월 26일 기사 출제
③ 2018년 3월 4일 기사 출제
④ 2018년 4월 28일 기사 출제

합격정보
산업안전보건법 시행규칙 [별표 5] 안전보건교육 교육대상별 교육내용

18 산업안전보건법령상 ( )에 알맞은 기준은?

안전보건표지의 제작에 있어 안전보건표지 속의 그림 또는 부호의 크기는 안전보건표지의 크기와 비례하여야 하며, 안전보건표지 전체 규격의 ( )이상이 되어야 한다.

① 20[%] ② 30[%]
③ 40[%] ④ 50[%]

해설

안전보건표지의 [%]
산업안전보건표지 속의 그림 또는 부호의 크기는 안전보건표지의 크기와 비례하여야 하며, 안전보건표지 전체규격의 30[%] 이상

참고 산업안전기사 필기 p.1-60(합격날개 : 합격예측)

합격정보
산업안전보건법 시행규칙 제40조(안전보건표지의 제작)

19 산업안전보건법령상 주로 고음을 차음하고 저음은 차음하지 않는 방음보호구의 기호로 옳은 것은?

① NRR ② EM
③ EP-1 ④ EP-2

[정답] 17 ③ 18 ② 19 ④

해설

방음보호구 적용범위
소음이 발생되는 사업장에 있어서 근로자의 청력을 보호하기 위하여 사용하는 귀마개와 귀덮개(이하 "방음보호구"라 한다.)에 대하여 적용한다.

[표] 종류 및 등급

종류	등급	기호	성능
귀마개	1종	EP-1	저음부터 고음까지 차음하는 것
	2종	EP-2	주로 고음을 차음하여 회화음 영역인 저음은 차음하지 않는 것
귀덮개	–	EM	

참고) 산업안전기사 필기 p.1-58(7. 방음보호구 적용범위)

20 산업재해의 기본원인 중 "작업정보, 작업방법 및 작업환경" 등이 분류되는 항목은?
① Man
② Machine
③ Media
④ Management

해설

미디어(Media)
① 인간과 기계를 잇는 매체란 뜻으로 작업의 방법이나 순서, 작업 정보의 실태나 환경과의 관계, 정리정돈 등이 포함된다.
② 환경개선, 작업방법개선 등

참고) 산업안전기사 필기 p.2-19(1. 휴먼에러의 배후요인)

KEY) 2018년 4월 28일 기사 출제

2 인간공학 및 위험성 평가·관리

21 작업의 강도는 에너지대사율(RMR)에 따라 분류된다. 분류 기준 중, 중(中)작업(보통작업)의 에너지 대사율은?
① 0~1[RMR]
② 2~4[RMR]
③ 4~7[RMR]
④ 7~9[RMR]

해설

작업강도의 구분
① 경작업 : 0~2
② 중(中)작업 : 2~4
③ 중(重)작업 : 4~7
④ 초중작업 : 7 이상

참고) 산업안전기사 필기 p.1-102(② 작업강도구분)

22 산업안전보건법령상 유해위험방지계획서의 제출시 첨부하는 서류에 포함되지 않는 것은?
① 설비점검 및 유지계획
② 기계·설비의 배치도면
③ 건축물 각 층의 평면도
④ 원재료 및 제품의 취급, 제조 등의 작업방법의 개요

해설

제출서류(제조업 등 유해위험방지계획서, 해당작업시작 15일 전까지 공단에 2부 제출)
① 건축물 각 층의 평면도
② 기계·설비의 개요를 나타내는 서류
③ 기계·설비의 배치도면
④ 원재료 및 제품의 취급, 제조 등의 작업방법의 개요
⑤ 그 밖에 고용노동부장관이 정하는 도면 및 서류

참고) 산업안전기사 필기 p.1-224

KEY) 2016년 10월 1일 기사 출제

합격정보
산업안전보건법 시행규칙 제42조(제출서류 등)

23 인간의 실수 중 수행해야 할 작업 및 단계를 생략하여 발생하는 오류는?
① omission error
② commission error
③ sequence error
④ timing error

해설

생략에러와 실행에러
① 생략에러(Omission errors : 부작위 실수) : 직무 또는 어떤 단계를 수행치 않음 (누락오류)
② 실행에러(Commission error : 작위 실수) : 직무의 불확실한 수행 (예) 선택, 순서, 시간, 정성적 착오)

참고) 산업안전기사 필기 p.2-20(2. 형태적 특성)

KEY) ① 2019년 3월 3일 기사 출제
② 2019년 8월 4일 기사·산업기사 동시 출제

[정답] 20 ③ 21 ② 22 ① 23 ①

과년도 출제문제

24 초기고장과 마모고장 각각의 고장형태와 그 예방대책에 관한 연결로 틀린 것은?

① 초기고장 – 감소형 – 번인(Burn in)
② 마모고장 – 증가형 – 예방보전(PM)
③ 초기고장 – 감소형 – 디버깅(debugging)
④ 마모고장 – 증가형 – 스크리닝(screening)

해설
Screening 실험
① 스크리닝은 부품의 잠재결함을 초기에 제거하는 비파괴적 선별기술로, 제품의 구입·안정·출하 등에 있어 신뢰성을 확인·보증하는 시험이다.
② 스크리닝은 실제 사용시 쉽게 고장이 나는 잠재결함을 초기에 강제로 제거하는 기술이므로 실제사용시 고장모드와는 똑같지 않을 수 있다.

참고 산업안전기사 필기 p.2-13(합격날개 : 합격예측)

KEY 2019년 8월 4일 기사·산업기사 동시 출제

25 작업개선을 위하여 도입되는 원리인 ECRS에 포함되지 않는 것은?

① Combine   ② Standard
③ Eliminate   ④ Rearrange

해설
작업분석(새로운 작업방법의 개발원칙) : ECRS
① 제거(Eliminate)   ② 결합(Combine)
③ 재조정(Rearrange) ④ 단순화(Simplify)

참고 산업안전기사 필기 p.1-13(합격날개 : 합격예측)

KEY 2017년 5월 7일 출제

26 온도와 습도 및 공기 유동이 인체에 미치는 열효과를 하나의 수치로 통합한 경험적 감각지수로, 상대습도 100[%]일 때의 건구온도에서 느끼는 것과 동일한 온감을 의미하는 온열조건의 용어는?

① Oxford 지수   ② 발한율
③ 실효온도   ④ 열압박지수

해설
실효온도(감각온도, effective temperature)
① 실효온도는 온도, 습도 및 공기 유동이 인체에 미치는 열효과를 하나의 수치로 통합한 경험적 감각지수

② 상대습도 100[%]일 때의 (건구)온도에서 느끼는 것과 동일한 온감(溫感)이다.

참고 산업안전기사 필기 p.2-168(3. 실효온도)

27 화학설비의 안전성 평가 5단계 중 4단계에 해당하는 것은?

① 안전대책   ② 정성적 평가
③ 정량적 평가   ④ 재평가

해설
안전성 평가의 6단계
① 1단계 : 관계자료의 정비검토
② 2단계 : 정성적 평가
③ 3단계 : 정량적 평가
④ 4단계 : 안전대책
⑤ 5단계 : 재해정보에 의한 재평가
⑥ 6단계 : FTA에 의한 재평가

참고 산업안전기사 필기 p.2-37(1. 안전성 평가 6단계)

KEY 2018년 8월 19일 기사·산업기사 동시 출제

28 양립성의 종류에 포함되지 않는 것은?

① 공간 양립성   ② 형태 양립성
③ 개념 양립성   ④ 운동 양립성

해설
양립성의 종류
① 운동 양립성(Moment)   ② 공간 양립성(Spatial)

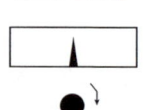   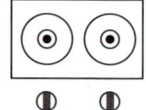

③ 개념 양립성(Conceptual)   ④ 양식 양립성(Modality) : 문화적인 관습

참고 산업안전기사 필기 p.1-75(6. 양립성)

KEY ① 2018년 3월 4일 산업기사 출제
② 2018년 4월 28일 기사·산업기사 동시 출제
③ 2018년 8월 19일 기사 출제

【정답】 24 ④ 25 ② 26 ③ 27 ① 28 ②

29 다음 설명에 해당하는 설비보전방식의 유형은?

> 설비보전 정보와 신기술을 기초로 신뢰성, 조작성, 보전성, 안전성, 경제성 등이 우수한 설비의 선정, 조달 또는 설계를 통하여 궁극적으로 설비의 설계, 제작 단계에서 보전활동이 불필요한 체제를 목표로 한 설비 보전 방법을 말한다.

① 개량보전 ② 보전예방
③ 사후보전 ④ 일상

해설
질의내용 : 보전예방

참고 산업안전기사 필기 p.2-49(합격날개 : 은행문제) 적중

KEY 2017년 5월 7일 기사 출제

30 원자력 산업과 같이 상당한 안전이 확보되어 있는 장소에서 추가적인 고도의 안전 달성을 목적으로 하고 있으며, 관리, 설계, 생산, 보전 등 광범위한 안전을 도모하기 위하여 개발된 분석기법은?

① DT ② FTA
③ THERP ④ MORT

해설
MORT(Management Oversight and Risk Tree : 경영소홀 및 위험수 분석)
1970년 이후 미국의 W.G.Johnson 등에 의해 개발된 최신 시스템 안전프로그램으로서 원자력 산업의 고도 안전 달성을 위해 개발된 분석기법이다. 이는 산업안전을 목적으로 개발된 시스템안전 프로그램으로서의 의의가 크다.

참고 산업안전기사 필기 p.2-63(5. MORT)

KEY ① 2017년 5월 7일 기사 출제
② 2017년 9월 23일 기사 출제

31 결함수 분석(FTA)에 관한 설명으로 틀린 것은?

① 연역적 방법이다.
② 버텀-업(Bottom Up) 방식이다.
③ 기능적 결함의 원인을 분석하는데 용이하다.
④ 정량적 분석이 가능하다.

해설
FTA특징
① Top down형식(연역적)
② 정량적 해석기법(컴퓨터 처리가 가능)
③ 논리기호를 사용한 특정사상에 대한 해석
④ 서식이 간단해서 비전문가도 짧은 훈련으로 사용할 수 있다.
⑤ Human Error의 검출이 어렵다.

참고 산업안전기사 필기 p.2-73(3. FTA특징)

KEY ① 2017년 5월 7일 산업기사 출제
② 2017년 8월 26일 기사 출제
③ 2018년 4월 28일 기사 출제

32 조종-반응비(Control-Response Ratio, C/R비)에 대한 설명중 틀린 것은?

① 조종장치와 표시장치의 이동 거리 비율을 의미한다.
② C/R비가 클수록 조종장치는 민감하다.
③ 최적 C/R비는 조정시간과 이동시간의 교점이다.
④ 이동시간과 조정시간을 감안하여 최적 C/R비를 구할 수 있다.

해설
최적 C/D비(C/R비)
① 이동 동작과 조종 동작을 절충하는 동작이 수반
② 최적치는 두 곡선의 교점 부호
③ C/D비가 작을수록 이동시간은 짧고, 조종은 어려워서 민감한 조종장치이다.

참고 산업안전기사 필기 p.2-177(합격날개 : 합격예측)

KEY 2018년 4월 28일 산업기사 출제

33 다음 FT도에서 최소 컷셋(Minimal cut set)으로만 올바르게 나열한 것은?

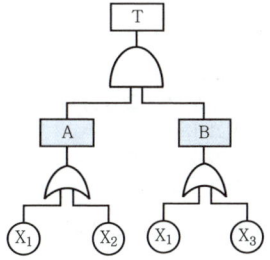

[정답] 29 ② 30 ④ 31 ② 32 ② 33 ①

① $[X_1]$ ② $[X_1], [X_2]$
③ $[X_1, X_2, X_3]$ ④ $[X_1, X_2], [X_1, X_3]$

해설

최소컷셋

① $T = A \cdot B$
$= \begin{pmatrix} X_1 \\ X_2 \end{pmatrix} \cdot \begin{pmatrix} X_1 \\ X_3 \end{pmatrix}$
$= (X_1)$
$(X_1 X_3)$
$(X_1 X_2)$
$(X_2 X_3)$

② 미니멀 컷셋 : $(X_1), (X_2 X_3)$

참고 산업안전기사 필기 p.2-78(합격날개 : 은행문제)

KEY 2016년 8월 21일(문제 26번) 출제

---

34 인간의 정보처리 과정 3단계에 포함되지 않는 것은?

① 인지 및 정보처리단계 ② 반응단계
③ 행동단계 ④ 인식 및 감지단계

해설

인식과 자극의 정보처리 과정 3단계 내용
① 인지단계 ② 인식단계 ③ 행동단계

참고 산업안전기사 필기 p.2-11(합격날개 : 합격예측)

---

35 시각 표시장치보다 청각 표시장치의 사용이 바람직한 경우는?

① 전언이 복잡한 경우
② 전언이 재참조되는 경우
③ 전언이 즉각적인 행동을 요구하는 경우
④ 직무상 수신자가 한 곳에 머무는 경우

해설

시각적 표시장치 사용
① 전언이 복잡하고 길 때
② 전언이 후에 재참조될 경우
③ 전언이 공간적 위치를 다룰 때
④ 수신자의 청각 계통이 과부화 상태일 경우
⑤ 수신 장소가 너무 시끄러울 경우
⑥ 즉각적인 행동을 요구하지 않을 때
⑦ 직무상 한 곳에 머무르는 경우

참고 산업안전기사 필기 p.2-31(문제 43번)

KEY ① 2017년 5월 7일 산업기사 출제
② 2018년 3월 4일, 4월 28일, 8월 19일 산업기사 출제
③ 2019년 4월 27일 산업기사 출제

---

36 FTA에서 사용하는 수정게이트의 종류 중 3개의 입력현상 중 2개가 발생한 경우에 출력이 생기는 것은?

① 위험지속기호 ② 조합 AND 게이트
③ 배타적 OR 게이트 ④ 억제 게이트

해설

조합 AND 게이트
3개 이상의 입력현상 중에 언젠가 2개가 일어나면 출력이 생긴다.

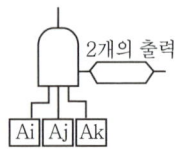

참고 산업안전기사 필기 p.2-71(조합 AND 게이트)

KEY ① 2016년 5월 8일 기사·산업기사 동시 출제
② 2017년 3월 5일 기사 출제
③ 2017년 9월 23일 산업기사 출제
④ 2019년 4월 27일 기사

---

37 인간의 신뢰도가 0.6, 기계의 신뢰도가 0.9이다. 인간과 기계가 직렬체제로 작업할 때의 신뢰도는?

① 0.32 ② 0.54
③ 0.75 ④ 0.96

해설

신뢰도 = 인간 × 기계 = 0.6 × 0.9 = 0.54

참고 산업안전기사 필기 p.2-13(1. 직렬체계)

---

38 8시간 근무를 기준으로 남성작업자 A의 대사량을 측정한 결과, 산소소비량이 1.3[L/min]으로 측정되었다. Murrell 방법으로 계산 시, 8시간의 총 근로시간에 포함되어야 할 휴식시간은?

① 124분 ② 134분
③ 144분 ④ 154분

[정답] 34 ② 35 ③ 36 ② 37 ② 38 ③

> **해설**

작업에 대한 평균 에너지값 산출
① 보통사람의 1[일] 소비에너지 : 약 4,300[kcal/day]
② 기초대사와 여가에 필요한 에너지 : 2,300[kcal/day]
③ 작업시 소비에너지 : (4,300 - 2,300) = 2,000[kcal/day]
④ 1[일] 작업시간 8[시간](480[분])
⑤ 작업에 대한 평균 에너지값 : 2,000[kcal/day]÷480[분]
 = 약 4[kcal/분](기초대사를 포함 상한 값은 약 5[kcal/분])
⑥ 1[l]당 O_2 소비량은 5[kcal]이다.
 따라서, 작업 중에 분당 산소 공급량이
 1.3[l/min]이라면 1.3[l/min]×5[kcal]
 = 6.5[kcal]가 된다.
⑦ 휴식시간$(R) = \frac{(60 \times h) \times (E-5)}{E-1.5}$[분]
 $= \frac{(60 \times 8) \times (6.5-5)}{6.5-1.5} = 144$[분]
 여기서, E : 작업의 평균에너지[kcal/min],
 에너지 값의 상한 : 5[kcal/min]

> **참고** 산업안전기사 필기 p.1-102(3. 휴식)

> **KEY** 2010년 5월 7일 산업기사 출제

39 국소진동에 지속적으로 노출된 근로자에게 발생할 수 있으며, 말초혈관 장애로 손가락이 창백해지고 동통을 느끼는 질환의 명칭은?

① 레이노병
② 파킨슨 병
③ 규폐증
④ C_5-dip 현상

> **해설**

레이노병(Raynaud's disease)
① 혈관운동신경 장애를 주증(主症)으로 하는 질환
② 프랑스 의사 M.레이노(1834~1881)가 보고한 것으로 피부교원섬유(皮膚膠原纖維)의 이상에서 오는 교원병(膠原病)으로도 볼 수 있다.
③ 사지(四肢)의 동맥에 간헐적 경련이 일어나 혈액결핍 때문에 손발 끝이 창백해지고 빳빳하게 굳어지며, 냉감(冷感)·의주감(蟻走感:개미가 기어가는 듯한 감각)·동통(疼痛) 등을 느낀다.

> **보충학습**
① 파킨슨병 : 신경세포 소실로 발생되는 대표적 퇴행성 신경질환
② 규폐증 : 유리규산 분진을 흡입함에 따라 발생되는 폐의 섬유화질환
③ C_5-dip : 소음성 난청 초기단계로 4,000[Hz]에서 청력장애가 현저히 커지는 현상

40 암호체계의 사용상에 있어서, 일반적인 지침에 포함되지 않는 것은?

① 암호의 검출성
② 부호의 양립성
③ 암호의 표준화
④ 암호의 단일 차원화

> **해설**

암호체계 사용상 일반적 지침
① 암호의 검출성(감지장치로 검출)
② 암호의 변별성(인접자극의 상이도 영향)
③ 부호의 양립성(인간의 기대와 모순되지 않을 것)
④ 부호의 의미
⑤ 암호의 표준화
⑥ 다차원 암호의 사용(정보전달 촉진)

> **참고** 산업안전기사 필기 p.2-203(문제 66번) 적중

3 기계·기구 및 설비안전관리

41 연삭기에서 숫돌의 바깥지름이 180[mm]일 경우 숫돌 고정용 평형플랜지의 지름으로 적합한 것은?

① 30[mm] 이상
② 40[mm] 이상
③ 50[mm] 이상
④ 60[mm] 이상

> **해설**

플랜지 지름 = 숫돌바깥지름 $\times \frac{1}{3}$
$= 180 \times \frac{1}{3} = 60$[mm] 이상

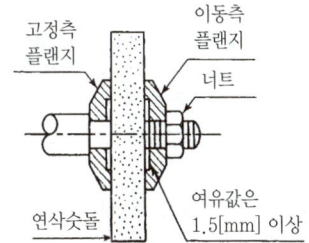

[그림] 플랜지

> **참고** 산업안전기사 필기 p.3-92(합격날개 : 합격예측)

> **KEY**
① 2016년 8월 21일 산업기사 출제
② 2017년 5월 7일 기사·산업기사 동시 출제
③ 2017년 8월 26일 기사 출제
④ 2018년 8월 19일 산업기사 출제
⑤ 2019년 8월 4일 기사·산업기사 동시 출제

[정답] 39 ① 40 ④ 41 ④

42 산업안전보건법령에 따라 산업용 로봇의 작동범위에서 교시 등의 작업을 하는 경우에 로봇에 의한 위험을 방지하기 위한 조치사항으로 틀린 것은?

① 2명 이상의 근로자에게 작업을 시킬 경우의 신호방법을 정한다.
② 작업 중의 매니퓰레이터 속도에 관한 지침을 정하고 그 지침에 따라 작업한다.
③ 작업을 하는 동안 다른 작업자가 작동시킬 수 없도록 기동스위치에 작업 중 표시를 한다.
④ 작업에 종사하고 있는 근로자가 이상을 발견하면 즉시 안전담당자에게 보고하고 계속해서 로봇을 운전한다.

해설

교시등의 작업에 조치사항
① 다음 각 목의 사항에 관한 지침을 정하고 그 지침에 따라 작업을 시킬 것
  ㉮ 로봇의 조작방법 및 순서
  ㉯ 작업 중의 매니퓰레이터의 속도
  ㉰ 2명 이상의 근로자에게 작업을 시킬 경우의 신호방법
  ㉱ 이상을 발견한 경우의 조치
  ㉲ 이상을 발견하여 로봇의 운전을 정지시킨 후 이를 재가동시킬 경우의 조치
  ㉳ 그 밖에 로봇의 예기치 못한 작동 또는 오조작에 의한 위험을 방지하기 위하여 필요한 조치
② 작업에 종사하고 있는 근로자 또는 해당 근로자를 감시하는 자가 이상을 발견한 때에는 즉시 로봇의 운전을 정지시키기 위한 조치를 할 것
③ 작업을 하고 있는 동안 로봇의 기동스위치 등에 작업중이라는 표시를 하는 등 작업에 종사하고 있는 근로자가 아닌 사람이 그 스위치 등을 조작할 수 없도록 필요한 조치를 할 것

참고 산업안전기사 필기 p.3-126(합격날개 : 합격예측 및 관련법규)

정보제공
산업안전보건기준에 관한 규칙 제222조(교시 등)

43 기준무부하 상태에서 지게차 주행 시의 좌우안정도 기준은?(단, V는 구내최고속도[km/h] 이다.)

① $(15+1.1\times V)\%$ 이내
② $(15+1.5\times V)\%$ 이내
③ $(20+1.1\times V)\%$ 이내
④ $(20+1.5\times V)\%$ 이내

해설

주행 시의 좌우안정도 = $15+1.1V$

참고 산업안전기사 필기 p.3-135(표. 지게차의 안정조건)

KEY ① 2016년 5월 8일 산업기사 출제
② 2016년 8월 21일 기사 출제
③ 2017년 3월 5일 산업기사 출제
④ 2017년 5월 7일 기사 출제

44 산업안전보건법령에 따라 사다리식 통로를 설치하는 경우 준수해야 할 기준으로 틀린 것은?

① 사다리식 통로의 기울기는 60[°] 이하로 할 것
② 발판과 벽과의 사이는 15[cm] 이상의 간격을 유지할 것
③ 사다리의 상단은 걸쳐놓은 지점으로부터 60[cm] 이상 올라가도록 할 것
④ 사다리식 통로의 길이가 10[m] 이상인 경우에는 5[m] 이내마다 계단참을 설치할 것

해설

사다리식 통로의 기울기 : 75[°] 이하

참고 산업안전기사 필기 p.3-192(합격날개 : 합격예측 및 관련법규)

정보제공
산업안전보건기준에 관한 규칙 제24조(사다리식 통로 등의 구조)

45 산업안전보건법령에 따른 승강기의 종류에 해당하지 않는 것은?

① 리프트
② 승용 승강기
③ 에스컬레이터
④ 화물용 승강기

해설

승강기의 종류
① 승객용 엘리베이터 : 사람의 운송에 적합하게 제조·설치된 엘리베이터
② 승객화물용 엘리베이터 : 사람의 운송과 화물 운반을 겸용하는데 적합하게 제조·설치된 엘리베이터
③ 화물용 엘리베이터 : 화물 운반에 적합하게 제조·설치된 엘리베이터로서 조작자 또는 화물취급자 1명은 탑승할 수 있는 것(적재용량이 300킬로그램 미만인 것은 제외한다)
④ 소형화물용 엘리베이터 : 음식물이나 서적 등 소형 화물의 운반에 적합하게 제조·설치된 엘리베이터로서 사람의 탑승이 금지된 것
⑤ 에스컬레이터 : 일정한 경사로 또는 수평로를 따라 위·아래 또는 옆으로 움직이는 디딤판을 통해 사람이나 화물을 승강장으로 운송시키는 설비

[정답] 42 ④ 43 ① 44 ① 45 ①

참고 산업안전기사 필기 p.3-150(② 승강기)
정보제공 산업안전보건기준에 관한 규칙 제132조(양중기)

46 재료가 변형 시에 외부응력이나 내부의 변형과정에서 방출되는 낮은 응력파(stress wave)를 감지하여 측정하는 비파괴시험은?

① 와류탐상 시험
② 침투탐상 시험
③ 음향탐상 시험
④ 방사선투과 시험

해설
음향탐상시험
① 재료가 변형될 때에 외부응력이나 내부의 변형과정에서 방출하게 되는 낮은 응력파를 감지
② 공학적인 방법으로 재료 또는 구조물이 우는(cry)것을 탐지하는 기술 방법

참고 산업안전기사 필기 p.3-223(4. 음향탐상검사)

47 산업안전보건법령에 따라 다음 괄호 안에 들어갈 내용으로 옳은 것은?

사업주는 바닥으로부터 짐 윗면과의 높이가 (   )미터 이상인 화물자동차에 짐을 싣는 작업 또는 내리는 작업을 하는 경우에는 근로자의 추락 위험을 방지하기 위하여 해당 작업에 종사하는 근로자가 바닥과 적재함의 짐 윗면간을 안전하게 오르내리기 위한 설비를 설치하여야 한다.

① 1.5
② 2
③ 2.5
④ 3

해설
제187조(승강설비) 사업주는 바닥으로부터 짐 윗면과의 높이가 2[m] 이상인 화물자동차에 짐을 싣는 작업 또는 내리는 작업을 하는 경우에는 근로자의 추락 위험을 방지하기 위하여 해당 작업에 종사하는 근로자가 바닥과 적재함의 짐 윗면간을 안전하게 오르내리기 위한 설비를 설치하여야 한다.

참고 산업안전기사 필기 p.3-155(합격날개 : 합격예측 및 관련법규)
정보제공 산업안전보건기준에 관한 규칙 제187조(승강설비)

48 진동에 의한 1차 설비진단법 중 정상, 비정상, 악화의 정도를 판단하기 위한 방법에 해당하지 않는 것은?

① 상호 판단
② 비교 판단
③ 절대 판단
④ 평균 판단

해설
진동에서 악화·비정상·정상 판단설비진단 방법
① 상호판단
② 비교판단
③ 절대판단

참고 산업안전기사 필기 p.3-226(합격날개 : 합격예측)

49 둥근톱 기계의 방호장치에서 분할날과 톱날 원주면과의 거리는 몇 [mm] 이내로 조정, 유지할 수 있어야 하는가?

① 12
② 14
③ 16
④ 18

해설
반발예방장치의 분할날(dividing knife)이 대면하는 둥근톱날의 원주면과의 거리 : 12[mm] 이내

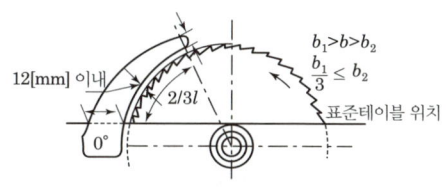

[그림] 톱날형 분할날

참고 산업안전기사 필기 p.3-131(3. 반발예방장치)

50 산업안전보건법령에 따라 사업주가 보일러의 폭발사고를 예방하기 위하여 유지·관리하여야 할 안전장치가 아닌 것은?

① 압력방호판
② 화염 검출기
③ 압력방출장치
④ 고저수위 조절장치

해설
제119조(폭발위험의 방지) 사업주는 보일러의 폭발사고예방을 위하여 압력방출장치·압력제한스위치·고저수위조절장치, 화염검출기 등의 기능이 정상적으로 작동될 수 있도록 유지·관리하여야 한다.

[정답] 46 ③　47 ②　48 ④　49 ①　50 ①

참고 ▶ 산업안전기사 필기 p.3-120(3. 방호장치의 종류)

KEY ▶ ① 2017년 3월 5일 기사 출제
② 2017년 5월 7일 기사·산업기사 동시 출제
③ 2018년 4월 28일 기사 출제
④ 2018년 8월 19일 산업기사 출제
⑤ 2019년 8월 4일 기사·산업기사 동시 출제

51 질량이 100[kg]인 물체를 길이가 같은 2개의 와이어로프로 매달아 옮기고자 할 때 와이어로프 Ta에 걸리는 장력은 약 몇 N인가?

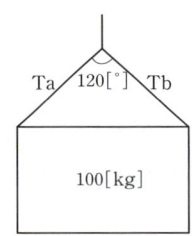

① 200   ② 400
③ 490   ④ 980

해설

하중계산

$$x = \frac{\frac{W_0}{2}}{\cos\frac{\theta}{2}}$$

$$x = \frac{\frac{100[kg]}{2}}{\cos\frac{120}{2}} = \frac{50[kg]}{\cos 60} = 100[kg] \times 9.8 = 980[N]$$

θ : 상부각도 W_0 : 원래의 하중

참고 ▶ ① 본 문제는 운반기계에 해당되며 건설안전기술에서도 출제됩니다.
② 실기 작업형에도 출제됩니다.

참고 ▶ 산업안전기사 필기 p.3-184(문제 165번) 적중

KEY ▶ 2018년 8월 19일 기사 출제

52 다음 중 드릴 작업의 안전수칙으로 가장 적합한 것은?

① 손을 보호하기 위해 장갑을 착용한다.
② 작은일감은 양 손으로 견고히 잡고 작업한다.
③ 정확한 작업을 위하여 구멍에 손을 넣어 확인한다.
④ 작업시작 전 척 렌치(chuck wrench)를 반드시 제거하고 작업한다.

해설

드릴작업시 안전수칙
① 장갑착용 금지
② 작은일감 : 바이스 사용
③ 구멍확인을 손으로 하면 손에 구멍 난다.

참고 ▶ 산업안전기사 필기 p.3-88(4. 드릴작업시 안전대책)

KEY ▶ ① 2017년 3월 5일 기사 출제
② 2017년 5월 7일 산업기사 출제
③ 2017년 8월 26일 산업기사 출제
④ 2018년 3월 4일 기사·산업기사 동시 출제
⑤ 2018년 8월 19일 기사 출제

53 산업안전보건법령에 따라 레버풀러(lever puller) 또는 체인블록(chain block)을 사용하는 경우 훅의 입구(hook mouth) 간격이 제조자가 제공하는 제품사양서 기준으로 몇 [%] 이상 벌어진 것은 폐기하여야 하는가?

① 3   ② 5
③ 7   ④ 10

해설

제96조(작업도구 등의 목적 외 사용 금지 등)
① 사업주는 기계·기구·설비 및 수공구 등을 제조 당시의 목적 외의 용도로 사용하도록 해서는 아니 된다.
② 사업주는 레버풀러(lever puller) 또는 체인블록(chain block)을 사용하는 경우 다음 각 호의 사항을 준수하여야 한다.
 1. 정격하중을 초과하여 사용하지 말 것
 2. 레버풀러 작업 중 훅이 빠져 튕길 우려가 있을 경우에는 훅을 대상물에 직접 걸지 말고 피봇클램프(pivot clamp)나 러그(lug)를 연결하여 사용할 것
 3. 레버풀러의 레버에 파이프 등을 끼워서 사용하지 말 것
 4. 체인블록의 상부 훅(top hook)은 인양하중에 충분히 견디는 강도를 갖고, 정확히 지탱될 수 있는 곳에 걸어서 사용할 것
 5. 훅의 입구(hook mouth) 간격이 제조자가 제공하는 제품사양서 기준으로 10퍼센트 이상 벌어진 것은 폐기할 것
 6. 체인블록은 체인의 꼬임과 헝클어지지 않도록 할 것
 7. 체인과 훅은 변형, 파손, 부식, 마모(磨耗)되거나 균열된 것을 사용하지 않도록 조치할 것
 8. 제167조(늘어난 달기체인 등의 사용 금지) 각 호의 사항을 준수할 것

참고 ▶ 산업안전기사 필기 p.3-202(합격날개 : 은행문제)

정보제공
산업안전보건기준에 관한 규칙 제96조(작업도구 등의 목적 외 사용 금지 등)

[정답] 51 ④   52 ④   53 ④

54 금형의 설치, 해체, 운반 시 안전사항에 관한 설명으로 틀린 것은?

① 운반을 위하여 관통 아이볼트가 사용될 때는 구멍 틈새가 최소화되도록 한다.
② 금형을 설치하는 프레스의 T홈 안길이는 설치 볼트 지름의 1/2배 이하로 한다.
③ 고정볼트는 고정 후 가능하면 나사산이 3~4개 정도 짧게 남겨 설치 또는 해체 시 슬라이드 면과의 사이에 협착이 발생하지 않도록 해야 한다.
④ 운반 시 상부금형과 하부금형이 닿을 위험이 있을 때는 고정 패드를 이용한 스트랩, 금속재질이나 우레탄 고무의 블록 등을 사용한다.

해설
프레스기계에 설치하기 위해 금형에 설치하는 홈의 안전대책
① 설치하는 프레스기계의 T홈에 적합한 형상의 것일 것
② 안 길이는 설치볼트 직경의 2배 이상일 것

참고 산업안전기사 필기 p.3-104(합격날개 : 합격예측)

KEY 2018년 8월 19일 기사 출제

---

55 밀링작업의 안전조치에 대한 설명으로 적절하지 않은 것은?

① 절삭 중의 칩 제거는 칩 브레이커로 한다.
② 공작물을 고정할 때에는 기계를 정지시킨 후 작업한다.
③ 강력절삭을 할 경우에는 공작물을 바이스에 깊게 물려 작업한다.
④ 가공 중 공작물의 치수를 측정할 때에는 기계를 정지시킨 후 측정한다.

해설
칩 브레이커 : 선반의 칩 절단장치

[그림] 선반 클램프형 칩브레이커

참고 산업안전기사 필기 p.3-83(합격날개 : 합격예측)

KEY ① 2018년 3월 4일 기사 출제
② 2018년 4월 28일 산업기사 출제

---

56 산업안전보건법령에 따라 아세틸렌 용접장치의 아세틸렌 발생기를 설치하는 경우, 발생기실의 설치장소에 대한 설명 중 A, B에 들어갈 내용으로 옳은 것은?

- 발생기실은 건물의 최상층에 위치하여야 하며, 화기를 사용하는 설비로부터 (A)를 초과하는 장소에 설치하여야 한다.
- 발생기실을 옥외에 설치한 경우에는 그 개구부를 다른 건축물로부터 (B)이상 떨어지도록 하여야 한다.

① A : 1.5 [m], B : 3 [m]
② A : 2 [m], B : 4 [m]
③ A : 3 [m], B : 1.5 [m]
④ A : 4 [m], B : 2 [m]

해설
제286조(발생기실의 설치장소 등) ① 사업주는 아세틸렌 용접장치의 아세틸렌 발생기(이하 "발생기"라 한다)를 설치하는 경우에는 전용의 발생기실에 설치하여야 한다.
② 제1항의 발생기실은 건물의 최상층에 위치하여야 하며, 화기를 사용하는 설비로부터 3[m]를 초과하는 장소에 설치하여야 한다.
③ 제1항의 발생기실을 옥외에 설치한 경우에는 그 개구부를 다른 건축물로부터 1.5[m] 이상 떨어지도록 하여야 한다.

참고 산업안전기사 필기 p.3-112(합격날개 : 합격예측 및 관련법규)

KEY ① 2016년 3월 6일 산업기사 출제
② 2017년 5월 7일 기사 출제
③ 2018년 3월 4일 산업기사 출제
④ 2018년 4월 28일 기사 출제

---

57 프레스기의 방호장치 중 위치제한형 방호장치에 해당되는 것은?

① 수인식 방호장치
② 광전자식 방호장치
③ 손쳐내기식 방호장치
④ 양수조작식 방호장치

[정답] 54 ② 55 ① 56 ③ 57 ④

해설

프레스의 행정길이에 따른 방호장치

구 분	방호 장치
1행정 1정지식(크랭크프레스)	① 양수조작식 ② 게이트가드식
행정길이(stroke)가 40[mm] 이상의 프레스	① 손쳐내기식 ② 수인식
슬라이드 작동중 정지 가능한 구조(마찰프레스)	감응식(광전자식)

(주) 일반적으로 자동송급장치가 구비되어 있는 프레스기 또는 전단기는 방호장치가 설치된 것으로 간주한다.

참고) 산업안전기사 필기 p.3-106(3. 프레스의 행정길이에 따른 방호장치)

KEY▶ 2017년 8월 26일 기사 출제

---

58 프레스 방호장치 중 수인식 방호장치의 일반 구조에 대한 사항으로 틀린 것은?

① 수인끈의 재료는 합성섬유로 지름이 4[mm] 이상이어야 한다.
② 수인끈의 길이는 작업자에 따라 임의로 조정할 수 없도록 해야 한다.
③ 수인끈의 안내통은 끈의 마모와 손상을 방지 할 수 있는 조치를 해야 한다.
④ 손목밴드(wrist band)의 재료는 유연한 내유성 피혁 또는 이와 동등한 재료를 사용해야 한다.

해설

수인식 방호장치
① 수인끈의 끈길이 : 정반 안길이의 1/2이상
② 길이는 작업자에 맞도록 조절해야 한다.

참고) 산업안전기사 필기 p.3-98(2. 수인식)

KEY▶ 2016년 3월 6일 산업기사 출제

---

59 산업안전보건법령에 따라 원동기·회전축 등의 위험 방지를 위한 설명 중 괄호 안에 들어갈 내용은?

사업주는 회전축·기어·풀리 및 플라이 휠 등에 부속되는 키·핀 등의 기계요소는 (　)으로 하거나 해당 부위에 덮개를 설치하여야 한다.

① 개방형　　② 돌출형
③ 묻힘형　　④ 고정형

해설

사업주는 회전축·기어·풀리 및 플라이휠 등에 부속되는 키·핀 등의 기계요소는 묻힘형으로 하거나 해당 부위에 덮개를 설치하여야 한다.

참고) 산업안전기사 필기 p.3-196(합격날개 : 합격예측 및 관련법규)

KEY▶ ① 2017년 3월 5일 기사·산업기사 동시 출제
② 2017년 8월 26일 기사 출제
③ 2019년 4월 27일 산업기사 출제

정보제공) 산업안전보건기준에 관한 규칙 제87조(원동기·회전축 등의 위험 방지)

---

60 공기압축기의 방호장치가 아닌 것은?

① 언로드 밸브　　② 압력방출장치
③ 수봉식 안전기　④ 회전부의 덮개

해설

공기압축기의 방호장치
① 언로드 밸브
② 압력방출장치
③ 회전부의 덮개

[그림] 공기압축기

참고) 산업안전기사 필기 p.3-122(합격날개 : 은행문제)

보충학습)
수봉식 안전기 : 산소아세틸렌용접장치의 방호장치

[정답] 58 ② 59 ③ 60 ③

4 전기설비 안전관리

61 **아래 그림과 같이 인체가 전기설비의 외함에 접촉하였을때 누전사고가 발생하였다. 인체통과전류[mA]는 약 얼마인가?**

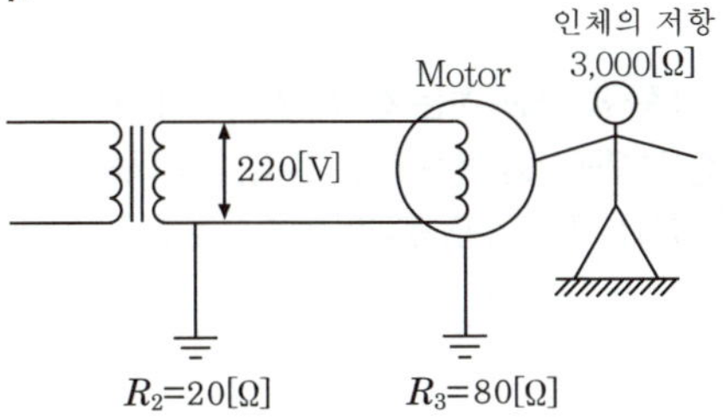

① 35　　② 47
③ 58　　④ 66

해설

인체통과 전류

$$I=\frac{E}{R_m\left(1+\frac{R_2}{R_3}\right)}$$

여기서, I : 인체에 흐른 전류　E : 대지전압
R_2 : 제2종 접지저항값　R_3 : 제3종 접지저항값
R_m : 인체저항

$$\therefore I=\frac{220}{3{,}000\left(1+\frac{20}{80}\right)}\times 1{,}000=58[\text{mA}]$$

KEY ① 2005년 출제
② 2010년 3월 7일(문제 79번) 출제
③ 2016년 5월 8일(문제 61번) 출제

62 **전기화재 발생 원인으로 틀린 것은?**

① 발화원　　② 내화물
③ 착화물　　④ 출화의 경과

해설

전기화재 발생 원인

① 발화원　② 경로　③ 착화물

참고 산업안전기사 필기 p.4-72(1. 전기화재 폭발의 원인)

KEY 2017년 3월 5일 산업기사 출제

63 **사용전압이 380[V]인 전동기 전로에서 절연저항은 몇 [MΩ] 이상이어야 하는가?**

① 0.1　　② 0.2
③ 1.0　　④ 0.4

해설

저압전로의 절연성능

전로의 사용전압[V]	DC 시험전압[V]	절연저항([MΩ] 이상)
SELV 및 PELV	250	0.5
FELV, 500[V] 이하	500	1.0
500[V] 초과	1,000	1.0

[주] 특별저압(Extra Low Voltage : 2차 전압이 AC 50[V], DC 120[V] 이하)으로 SELV(비접지회로구성) 및 PELV(접지회로 구성)은 1차와 2차가 전기적으로 절연된 회로, FELV는 1차와 2차가 전기적으로 절연되지 않은 회로

참고 산업안전기사 필기 p.4-77(합격날개 : 합격예측)

KEY ① 2016년 3월 6일 산업기사 출제
② 2016년 8월 21일 산업기사 출제
③ 2018년 3월 4일 기사 출제
④ 2018년 8월 19일 산업기사 출제

64 **정전에너지를 나타내는 식으로 알맞은 것은?(단, Q는 대전 전하량, C는 정전용량이다.)**

① $\frac{Q}{2C}$　② $\frac{Q}{2C^2}$　③ $\frac{Q^2}{2C}$　④ $\frac{Q^2}{2C^2}$

해설

정전기 에너지

① 정전용량 C[F]인 물체에 전압 V[V]가 가해져서 Q[C]의 전하가 축적되어 있을 때 에너지는 $W=\frac{1}{2}QV=\frac{1}{2}CV^2=\frac{1}{2}\frac{Q^2}{C}$[J]이 된다.

② 유도된 전압$=\frac{C_1}{C_1+C_2}E$

W : 정전기 에너지[J]　C : 도체의 정전용량[F]
V : 대전전위(유도된 전압)[V]　Q : 대전전하량[C]

참고 산업안전기사 필기 p.4-33(6. 정전기 에너지)

KEY ① 2006년 3월 5일(문제 73번) 출제
② 2016년 5월 8일 산업기사 출제
③ 2016년 8월 21일 기사 출제
④ 2017년 3월 5일 기사·산업기사 동시 출제
⑤ 2017년 5월 7일 산업기사 출제
⑥ 2018년 3월 4일 기사 출제

[정답] 61 ③ 62 ② 63 ③ 64 ③

2019

과년도 출제문제

65 누전차단기의 설치가 필요한 것은?

① 이중절연 구조의 전기기계·기구
② 비접지식 전로의 전기기계·기구
③ 절연대 위에서 사용하는 전기기계·기구
④ 도전성이 높은 장소의 전기기계·기구

해설

누전차단기 설치장소
① 전기기계, 기구 중 대지전압이 150[V]를 초과하는 이동형 또는 휴대형의 것
② 물 등 도전성이 높은 액체에 의한 습윤한 장소
③ 철판, 철골 위 등 도전성이 높은 장소
④ 임시배선의 전로가 설치되는 장소

참고) 산업안전기사 필기 p.4-6(2. 누전차단기 설치장소)

KEY ▶ ① 2017년 5월 7일 산업기사 출제
② 2017년 8월 26일 기사 출제
③ 2018년 4월 28일 기사 출제

66 동작 시 아크를 발생하는 고압용 개폐기·차단기·피뢰기 등은 목재의 벽 또는 천장, 기타의 가연성 물체로부터 몇 [m] 이상 떼어놓아야 하는가?

① 0.3   ② 0.5
③ 1.0   ④ 1.5

해설

스파크의 원인 및 대책
(1) 원인
① 스위치의 개폐시에 발생되는 스파크가 주위 가연성 물질에 인화
② 콘센트에 플러그를 꽂거나 뽑을 경우 스파크로 인하여 주위 가연물에 착화될 가능성
(2) 대책
① 개폐기, 차단기, 피뢰기 등 아크를 발생하는 기구의 시설
② 고압용 : 목재의 벽 또는 천정 기타 가연성 물체로부터 1[m] 이상 격리
③ 특고압용 : 목재의 벽 또는 천정 기타 가연성 물체로부터 2[m] 이상 격리

참고) 산업안전기사 필기 p.4-15(문제 21번) 적중

67 6,600/100[V], 15[kVA]의 변압기에서 공급하는 저압 전선로의 허용 누설전류는 몇 [A]를 넘지 않아야 하는가?

① 0.025   ② 0.045
③ 0.075   ④ 0.085

해설

누설전류 = 최대공급전류 × $\frac{1}{2,000}$ = $\frac{15 \times 1,000}{100}$ × $\frac{1}{2,000}$ = 0.075[A]

참고) 1996년 7월 21일(문제 77번)

KEY ▶ 2006년 3월 5일(문제 67번) 출제

68 이동하여 사용하는 전기기계기구의 금속제 외함 등에 제1종 접지공사를 하는 경우, 접지선 등 가요성을 요하는 부분의 접지선 종류와 단면적의 기준으로 옳은 것은?

① 다심코드, 0.75[mm²] 이상
② 다심캡타이어 케이블, 2.5[mm²] 이상
③ 3종 클로로프렌 캡타이어 케이블, 4[mm²] 이상
④ 3종 클로로프렌 캡타이어 케이블, 10[mm²] 이상

합격안내

본 문제는 법개정으로 출제되지 않습니다.

69 정전기 발생에 대한 방지대책의 설명으로 틀린 것은?

① 가스용기, 탱크 등의 도체부는 전부 접지한다.
② 배관 내 액체의 유속을 제한한다.
③ 화학섬유의 작업복을 착용한다.
④ 대전 방지제 또는 제전기를 사용한다.

해설

정전기 방지대책

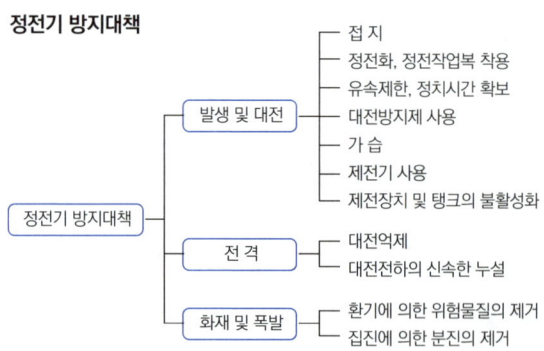

참고) 산업안전기사 필기 p.4-36(그림. 정전기 방지대책)

KEY ▶ ① 2016년 5월 8일, 8월 21일기사 출제
② 2017년 5월 7일 기사 출제
③ 2018년 3월 4일, 8월 19일 산업기사 출제
④ 2019년 3월 3일 산업기사 출제

[정답] 65 ④   66 ③   67 ③   68 ④   69 ③

70 정전기의 유동대전에 가장 크게 영향을 미치는 요인은?

① 액체의 밀도   ② 액체의 유동속도
③ 액체의 접촉면   ④ 액체의 분출온도

해설

유동대전
① 액체류가 파이프 등 내부에서 유동시 관벽과 액체 사이에서 발생
② 액체 유동속도가 정전기발생에 큰 영향
③ 배관 내 유체의 정전하량(대전량) 유속의 1.5 ~ 2승에 비례
④ 배관내 유체의 제한속도
 가솔린이나 벤젠 등이 흐를 때 유속은 1[m/sec] 이하로 제한

참고 산업안전기사 필기 p.4-49(문제 19번) 해설

KEY ① 2016년 5월 8일 기사출제
② 2018년 8월 19일 산업기사 출제

71 과전류에 의해 전선의 허용전류보다 큰 전류가 흐르는 경우 절연물이 화구가 없더라도 자연히 발화하고 심선이 용단되는 발화단계의 전선 전류밀도[A/mm²]는?

① 10~20   ② 30~50
③ 60~120   ④ 130~200

해설

전선의 전류밀도에 따른 화재위험정도 분류

화재위험 정도		전선전류밀도 [A/mm²]	비 고
인화단계		40~43	허용전류의 3배 정도가 흐르게 되면 점화원에 대해 절연물이 인화하는 단계
착화단계		43~60	허용전류의 3배 이상의 전류가 흐르게 되어 점화원이 존재하지 않더라도 절연물이 스스로 탄화되어 빨갛게 달구어진 전선의 심선이 노출되는 단계
발화 단계	발화후 용융	60~70	착화단계보다 더 큰 전류가 흐르는 경우 점화원 없이도 절연물이 스스로 발화되어 용융되는 단계
	용융과 동시에 발화	75~120	발화후 용융단계보다 더 큰 전류가 흐르는 경우 점화원 없이도 절연물이 용융되면서 스스로 발화하는 단계
전선폭발 단계		120 이상	전선에 매우 큰 전류가 흐를 경우 전선의 심선이 용융되며 끊어지면서 전선피복을 뚫고 나와 심선인 동이 폭발하며 비산하는 단계

참고 ① 산업안전기사 필기 p.4-75(표. 절연전선의 과대 전류)
② 산업안전기사 필기 p.4-84(문제 5번) 적중

KEY ① 2017년 5월 7일 기사 출제
② 2017년 8월 26일 산업기사 출제

72 방폭구조에 관계있는 위험 특징이 아닌 것은?

① 발화온도   ② 증기 밀도
③ 화염 일주한계   ④ 최소 점화전류

해설

방폭구조에 관계있는 위험 특성
① 발화온도
② 화염 일주한계
③ 최소 점화전류

보충학습
(1) 폭발등급 측정에 사용되는 표준용기
 내용적이 8[l], 틈새의 안길이가 L이 25[mm]인 용기로서 틈이 폭 W[mm]를 변환시켜서 화염일주한계를 측정하도록 한 것 (안전 간격)

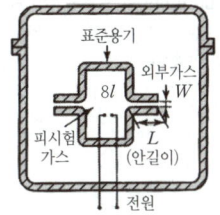

[그림] 안전간격

(2) 폭발성분위기 생성조건에 관계있는 위험 특성
 ① 인화점
 ② 증기밀도
 ③ 폭발한계

참고 ① 산업안전기사 필기 p.4-59(합격날개 : 합격예측)
② 산업안전기사 필기 p.4-61(1. 방폭전기기기의 선정요건)

KEY 2014년 5월 25일(문제 76번) 출제

73 금속관의 방폭형 부속품에 대한 설명으로 틀린 것은?

① 재료는 아연도금을 하거나 녹이 스는 것을 방지하도록 한 강 또는 가단주철일 것
② 안쪽 면 및 끝부분은 전선의 피복을 손상하지 않도록 매끈한 것일 것
③ 전선관과의 접속부분의 나사는 5턱 이상 완전히 나사결합이 될수 있는 길이일 것
④ 완성품은 유입방폭구조의 폭발압력시험에 적합할 것

[정답] 70 ② 71 ③ 72 ② 73 ④

해설

금속관의 방폭형 부속품에 관한 내용
① 재료는 건식아연도금법에 의하여 아연도금을 한 위에 투명한 도료를 칠하거나 기타 적당한 방법으로 녹이 스는 것을 방지 하도록 한 강 또는 가단주철(可鍛鑄鐵)일것
② 안쪽 면 및 끝부분은 전선을 넣거나 바꿀 때에 전선의 피복을 손상하지 아니하도록 매끈한 것일 것
③ 전선관과의 접속부분의 나사는 5턱 이상 완전히 나사결합이 될 수 있는 길이일 것
④ 접합면 중 나사의 접합은 내압방폭구조(d)의 폭발압력시험에 적합할 것
⑤ 완성품은 내압방폭구조(d)의 폭발압력(기준압력)측정 및 압력시험에 적합한 것일 것

KEY ▶ 2010년 7월 25일(문제 76번) 출제

보충학습
금속관 부속품(conduit fittings, 金屬管附屬品)
금속제 철선관에 사용되는 커플링, 새들, 아우트렛 박스 등, 금속관 공사를 할 때 필요한 부속품의 총칭

75
방폭전기설비의 용기내부에 보호가스를 압입하여 내부압력을 외부 대기 이상의 압력으로 유지함으로써 용기 내부에 폭발성가스 분위기가 형성되는 것을 방지하는 방폭구조는?

① 내압 방폭구조
② 압력 방폭구조
③ 안전증 방폭구조
④ 유입 방폭구조

해설

압력방폭구조(p)
① 용기 내부에 불연성 가스인 공기나 질소를 압입시켜 내부압력을 유지함으로써 외부의 폭발성 가스가 용기 내부에 침투하지 못하도록 한 구조
② 용기 안의 압력을 항상 용기 외부의 압력보다 높게 해 두어야 한다.

참고 산업안전기사 필기 p.4-54(4. 압력방폭구조)

KEY ▶ ① 2017년 8월 26일 기사·산업기사 동시 출제
② 2019년 8월 4일 기사·산업기사 동시 출제

74
접지의 목적과 효과로 볼 수 없는 것은?

① 낙뢰에 의한 피해방지
② 송배전선에서 지락사고의 발생 시 보호계전기를 신속하게 작동시킴
③ 설비의 절연물이 손상되었을 때 흐르는 누설전류에 의한 감전 방지
④ 송배전선로의 지락사고 시 대지전위의 상승을 억제하고 절연강도를 상승시킴

해설

접지의 목적
① 접지는 누전시에 인체에 가해지는 전압을 감소시킴으로써 감전을 방지
② 지락 전류를 원활히 흐르게 함으로써 차단기를 확실히 동작시켜 화재·폭발의 위험을 방지

참고 산업안전기사 필기 p.4-36(1. 접지의 목적)

KEY ▶ 2018년 4월 28일 기사 출제

76
1종 위험장소로 분류되지 않는 것은?

① 탱크류의 벤트(Vent) 개구부 부근
② 인화성 액체 탱크 내의 액면 상부의 공간부
③ 점검수리 작업에서 가연성 가스 또는 증기를 방출하는 경우의 밸브 부근
④ 탱크롤리, 드럼관 등이 인화성 액체를 충전하고 있는 경우의 개구부 부근

해설

0종 장소
정상상태에 있어서 폭발성 분위기가 연속적으로 또는 장기간 생성되는 장소를 말한다. (예) 인화성 가스의 용기 및 탱크의 내부, 인화성 액체의 용기 또는 탱크 내 액면 상부의 공간부)

참고 산업안전기사 필기 p.4-49(문제 21번) 해설

KEY ▶ ① 2017년 5월 7일 기사 출제
② 2019년 8월 4일 기사·산업기사 동시 출제

77
기중 차단기의 기호로 옳은 것은?

① VCB
② MCCB
③ OCB
④ ACB

[정답] 74 ④ 75 ② 76 ② 77 ④

해설

차단기의 종류 및 사용장소

차단기의 종류	사용장소
① 배선용 차단기(MCCB) ② 기중차단기(ACB)	저압전기설비(저압용)
① 종래 : 유입차단기(OCB) ② 최근 : 진공차단기(VCB), 　　　　 가스차단기(GCB)	변전소 및 자가용 고압 및 특고압 전기설비
① 종래 : 공기차단기(ABB) ② 최근 : 가스차단기(GCB)	특고압 및 대전류 차단용량을 필요로 하는 대규모 전기설비

참고 산업안전기사 필기 p.4-8(차단기의 종류 및 사용장소)

---

78 누전사고가 발생될 수 있는 취약 개소가 아닌 것은?

① 나선으로 접속된 분기회로의 접속점
② 전선의 열화가 발생한 곳
③ 부도체를 사용하여 이중절연이 되어 있는 곳
④ 리드선과 단자와의 접속이 불량한 곳

해설

누전(electric leakage : 漏電)

(1) 개요 : 절연이 불완전하여 전기의 일부가 전선 밖으로 새어 나와 주변의 도체에 흐르는 현상
(2) 누전의 원인
　① 전기장치나 오래된 전선의 절연 불량, 전선 피복의 손상또는 습기의 침입 등이 주된 원인이다.
　② 한번 누전현상이 일어나면 그 부분에 계속 누설전류가 흘러 절연 상태가 더욱 악화될 수 있으므로 주의가 필요하다.

---

79 지락전류가 거의 0에 가까워서 안정도가 양호하고 무정전의 송전이 가능한 접지방식은?

① 직접접지방식
② 리엑터접지방식
③ 저항접지방식
④ 소호리엑터접지방식

해설

소호리엑터접지방식

① 지락전류가 0에 가깝고 무정전 송전가능
② 1선 지락고장시 극히 작은 손실전류가 흐른다.

참고 산업안전기사 필기 p.4-15(문제 23번) 적중

KEY 2005년 5월 29일 출제

보충학습

저항접지방식

① 송전선의 중성점 접지방식의 하나로 중성점을 저항을 통하여 접지하는 것으로 지락고장시의 지락전류를 제어할 수 있다.
② 저항값의 대소에 따라 저저항접지 방식과 고저항접지 방식으로 나누어진다.

---

80 피뢰기가 갖추어야 할 특성으로 알맞은 것은?

① 충격방전 개시전압이 높을 것
② 제한 전압이 높을 것
③ 뇌전류의 방전 능력이 클 것
④ 속류를 차단하지 않을 것

해설

피뢰기의 성능

① 충격방전 개시전압이 낮을 것
② 제한전압이 낮을 것
③ 반복동작이 가능할 것
④ 구조가 견고하고 특성이 변화하지 않을 것
⑤ 점검, 보수가 간단할 것
⑥ 뇌전류에 대한 방전능력이 클 것
⑦ 속류의 차단이 확실할 것(정격전압 : 실효값)

참고 산업안전기사 필기 p.4-57(1. 피뢰기 성능)

KEY ① 2016년 8월 21일 기사 출제
　　　② 2018년 8월 19일 기사 출제

---

5 화학설비 안전관리

81 고체의 연소형태 중 증발연소에 속하는 것은?

① 나프탈렌　　② 목재
③ TNT　　　　④ 목탄

해설

증발연소

고체위험물을 가열하면 열분해를 일으켜 액체가 된 후 어떤 일정온도에서 발생된 인화성 증기가 연소하는 형태(예 황, 나프탈렌)

참고 산업안전기사 필기 p.5-4(2. 고체의 연소)

KEY ① 2016년 8월 21일 기사 출제
　　　② 2017년 5월 7일 기사 출제
　　　③ 2018년 8월 19일 기사 출제

[정답] 78 ③　79 ④　80 ③　81 ①

과년도 출제문제

82 산업안전보건법령상 "부식성 산류"에 해당하지 않는 것은?

① 농도 20[%]인 염산 ② 농도 40[%]인 인산
③ 농도 50[%]인 질산 ④ 농도 60[%]인 아세트산

[해설]

부식성 물질
① 부식성 산류
  ㉮ 농도가 20[%] 이상인 염산, 황산, 질산, 기타 이와 동등 이상의 부식성을 지니는 물질
  ㉯ 농도가 60[%] 이상인 인산, 아세트산, 플루오르산, 기타 이와 동등 이상의 부식성을 가지는 물질
② 부식성 염기류 : 농도가 40[%] 이상인 수산화나트륨, 수산화칼슘, 기타 이와 동등 이상의 부식성을 가지는 염기류

[참고] 산업안전기사 필기 p.5-36(7. 부식성 물질)

[KEY] ① 2016년 3월 6일 산업기사 출제
② 2017년 8월 26일 기사·산업기사 동시 출제
③ 2019년 4월 27일 산업기사 출제

[정보제공]
산업안전보건기준에 관한 규칙 [별표1] 위험물질종류

---

83 뜨거운 금속에 물이 닿으면 튀는 현상과 같이 핵비등(nuclear boiling) 상태에서 막비등(film boiling)으로 이행하는 온도를 무엇이라 하는가?

① Burn-out point
② Leidenfrost point
③ Entrainment point
④ Sub-cooling boiling point

[해설]

Leidenfrost point
① 물이 담긴 냄비의 바닥을 가열할 때 냄비바닥의 온도가 비등점(100[℃])에서 점점 올라감에 따라 처음에는 바닥으로부터 공기방울이 올라오고, 이어서 기화된 수증기방울이 올라오며 이 방울이 점점 많아지는 현상을 Nucleate Boiling(핵비등 : 바닥의 옴폭한 홈 등에서 기포가 시작된다고 하여 붙인 이름)이라 한다.
② 물은 200[℃] 근방까지는 이러한 끓는 모양을 보인다.

[KEY] 2013년 8월 18일(문제92번) 출제

[보충학습]

번 아웃 점(burn-out point)
① 비등 전열에 있어 핵 비등에서 막 비등으로 이행할 때 열유속이 극댓값을 나타내는 점
② 막 비등 상태에 이행하기 쉽고 전열면 온도가 매우 높으므로 전열면이 융해 파손하는 경우가 있으므로 중요시되고 있다.

---

84 위험물의 취급에 관한 설명으로 틀린 것은?

① 모든 폭발성 물질은 석유류에 침지시켜 보관해야 한다.
② 산화성 물질의 경우 가연물과의 접촉을 피해야 한다.
③ 가스 누설의 우려가 있는 장소에서는 점화원의 철저한 관리가 필요하다.
④ 도전성이 나쁜 액체는 정전기 발생을 방지하기 위한 조치를 취한다.

[해설]

폭발성물질 및 유기과산화물
가열, 마찰, 충격, 또는 다른 화학물질과의 접촉 등으로 인하여 산소나 산화제의 공급이 없더라도 폭발 등 격렬한 반응을 일으킬 수 있는 고체나 액체인 물질

[참고] 산업안전기사 필기 p.5-2(합격날개 : 합격예측)

---

85 이상반응 또는 폭발로 인하여 발생되는 압력의 방출장치가 아닌 것은?

① 파열판
② 폭압방산구
③ 화염방지기
④ 가용합금안전밸브

[해설]

Flame arrester(화염방지기)
① 인화성 액체 및 인화성가스를 저장·취급하는 화학설비에서 증기나 가스를 발생하는 액체저장탱크에서 외부로 증기를 방출하고 탱크내부로 외부공기를 유입하는 부분에 설치하는 안전장치
② 40[mesh] 금속망을 설치하여 인화를 방지하기 위하여 설치한다.

[참고] 산업안전기사 필기 p.5-70(문제 2번) 적중

[KEY] ① 2018년 8월 19일 기사 출제
② 2019년 8월 4일(문제 94번) 확인

[정보제공]
산업안전보건기준에 관한 규칙 제269조(화염방지기의 설치 등)

[정답] 82 ② 83 ② 84 ① 85 ③

86 분진폭발의 특징으로 옳은 것은?

① 연소속도가 가스폭발보다 크다.
② 완전연소로 가스중독의 위험이 작다.
③ 화염의 파급속도보다 압력의 파급속도가 크다.
④ 가스 폭발보다 연소시간은 짧고 발생에너지는 작다.

해설

압력의 속도
① 압력속도는 300[m/s] 정도이다.
② 화염속도보다는 압력속도가 훨씬 빠르다.

참고 산업안전기사 필기 p.5-11(표. 분진폭발의 특징)

KEY 2018년 4월 28일 기사 출제

87 독성가스에 속하지 않은 것은?

① 암모니아   ② 황화수소
③ 포스겐   ④ 질소

해설

질소(N_2) : 불연성가스

참고 산업안전기사 필기 p.5-44(표. 주요 고압가스의 분류)

정보제공
산업안전보건기준에 관한 규칙 제274조(자동차경보장치의 설치 등)

KEY
① 2016년 5월 8일 기사 출제
② 2016년 8월 21일 산업기사 출제
③ 2017년 8월 26일 산업기사 출제
④ 2019년 3월 3일 기사 출제
⑤ 2019년 8월 4일(문제91번) 확인

88 Burgess Wheeler의 법칙에 따르면 서로 유사한 탄화수소계의 가스에서 폭발하한계의 농도[vol/%]와 연소열[kcal/mol]의 곱의 값은 약 얼마 정도인가?

① 1,100   ② 2,800
③ 3,200   ④ 3,800

해설

Burgess-Wheeler의 법칙
포화탄화수소계 가스에서는 폭발하한계의 농도 X[vol%]와 연소열(kcal/mol) Q의 곱은 일정하게 된다는 Burgess-Wheeler의 법칙이 있다.
① X[vol%] × Q[kJ/mol]=4,600[vol% · kJ/mol]
② X[vol%] × Q[kJ/mol]=1,100[vol% · kJ/mol]

KEY 2016년 8월 21일(문제 93번) 출제

89 위험물안전관리법령상 제3류 위험물 중 금수성 물질에 대하여 적응성이 있는 소화기는?

① 포소화기
② 이산화탄소소화기
③ 할로겐화합물소화기
④ 탄산수소염류분말소화기

해설

3류 위험물(자연 발화성 및 금수성 물질)
① 고체 및 액체이며 공기 중에서 발열·발화 또는 물과의 접촉으로 가연성 가스를 발생하거나 급격히 발화하는 경우도 있다.
② 점화원 또는 공기와의 접촉을 피하고 금수성 물질은 물과의 접촉을 피해야 한다.
③ 적응소화기 : 탄산수소염류 분말소화기

참고 산업안전기사 필기 p.5-38(1. 위험물 안전관리법의 위험물 분류)

90 공기 중에서 이황화탄소(CS_2)의 폭발한계는 하한값이 1.25[vol%], 상한값이 44[vol%]이다. 이를 20[℃] 대기압하에서 [mg/L]의 단위로 환산하면 하한값과 상한값은 각각 약 얼마인가?(단, 이황화탄소의 분자량은 76.1 이다)

① 하한값 : 61,   상한값 : 640
② 하한값 : 39.6,   상한값 : 1.393
③ 하한값 : 146,   상한값 : 860
④ 하한값 : 55.4,   상한값 : 1.642

해설

상하한값계산
0도 1기압 1몰은 22.4[L]인데 20도이므로 캘빈온도로 샤를법칙적용
$22.4 \times (273+20)/273 = 24.04$[L]
① 이황화탄소 L당 무게 : 76.1/24.04=3.165[g/L]=3,165[mg/L]
② 하한값=3.165×1.25[%]=39.56
③ 상한값=3.165×44[%]=1.3926

보충학습
① 적용식 : mg/L = $\dfrac{\text{체적}[\%] \times \text{분자량}}{24.45} \times 10$
② 하한값 = $\dfrac{1.25 \times 76.1}{24} ≒ 39.6$
② 상한값 = $\dfrac{44 \times 76.1}{24} ≒ 1.3952$

KEY 2005년 3월 6일(문제 92번) 출제

[정답] 86 ③ 87 ④ 88 ① 89 ④ 90 ②

91 일산화탄소에 대한 설명으로 틀린 것은?

① 무색·무취의 기체이다.
② 염소와 촉매 존재 하에 반응하여 포스겐이 된다.
③ 인체 내의 헤모글로빈과 결합하여 산소운반기능을 저하시킨다.
④ 불연성가스로서, 허용농도가 10[ppm]이다.

해설

일산화탄소(CO)
① 독성가스
② 질식성
③ 허용농도 : 50[ppm]

참고 산업안전기사 필기 p.5-44(표. 주요 고압가스의 분류)

KEY
① 2016년 5월 8일 기사 출제
② 2017년 8월 26일 기사 출제
③ 2019년 3월 3일 기사 출제
④ 2019년 8월 4일(문제 87번) 확인

92 금속의 용접·용단 또는 가열에 사용되는 가스 등의 용기를 취급할 때의 준수사항으로 틀린 것은?

① 전도의 위험이 없도록 한다.
② 밸브를 서서히 개폐한다.
③ 용해아세틸렌의 용기는 세워서 보관한다.
④ 용기의 온도를 65[℃] 이하로 유지한다.

해설

가스용기 보관온도 : 40[℃] 이하

정보제공 산업안전보건기준에 관한 규칙 제234조(가스 등의 용기)

93 산업안전보건법령상 건조설비를 사용하여 작업을 하는 경우 폭발 또는 화재를 예방하기 위하여 준수하여야 하는 사항으로 적절하지 않은 것은?

① 위험물 건조설비를 사용하는 때에는 미리 내부를 청소하거나 환기할 것
② 위험물 건조설비를 사용하는 때에는 건조로 인하여 발생하는 가스·증기 또는 분진에 의하여 폭발·화재의 위험이 있는 물질을 안전한 장소로 배출시킬 것
③ 건조물 건조설비를 사용하여 가열건조하는 건조물은 쉽게 이탈되도록 할 것
④ 고온으로 가열건조한 가연성 물질은 발화의 위험이 없는 온도로 냉각한 후에 격납시킬 것

해설

건조물이 이탈되어서는 안된다.

참고 산업안전기사 필기 p.5-54(4. 건조설비 취급시의 안전대책)

94 유류저장탱크에서 화염의 차단을 목적으로 외부에 증기를 방출하기도 하고 탱크 내 외기를 흡입하기도 하는 부분에 설치하는 안전장치는?

① vent stack
② safty valve
③ gate valve
④ flame arrester

해설

Flame arrester(화염방지기)
인화성 액체 및 인화성가스를 저장·취급하는 화학설비에서 증기나 가스를 발생하는 액체저장탱크에서 외부로 증기를 방출하고 탱크내부로 외부공기를 유입하는 부분에 설치하는 안전장치로서 40[mesh] 금속망을 설치하여 인화를 방지하기 위하여 설치한다.

참고 산업안전기사 필기 p.5-70(문제 2번) 적중

KEY
① 2018년 8월 19일 기사 출제
② 2019년 8월 4일 (문제 85번) 확인

정보제공 산업안전보건기준에 관한 규칙 제269조(화염방지기의 설치 등)

95 다음 중 공기와 혼합 시 최소착화에너지 값이 가장 작은 것은?

① CH_4
② C_3H_8
③ C_6H_6
④ H_2

해설

최소착화에너지(최소발화에너지 : MIE)

위험물	분자식	최소 착화에너지[mJ]	가연성 가스농도[vol%]
메탄	CH_4	0.28	8.5
프로판	C_3H_8	0.26	5.0~5.5
벤젠	C_6H_6	0.2	4.7
수소	H_2	0.019	

[정답] 91 ④　92 ④　93 ③　94 ④　95 ④

참고 ① 산업안전기사 필기 p.5-33(문제 3번)
② 산업안전기사 필기 p.5-42(문제 1번)

96 펌프의 사용 시 공동현상(cavitation)을 방지하고자 할 때의 조치사항으로 틀린 것은?

① 펌프의 회전수를 높인다.
② 흡입비 속도를 작게 한다.
③ 펌프의 흡입관의 헤드(head) 손실을 줄인다.
④ 펌프의 설치높이를 낮추어 흡입양정을 짧게 한다.

해설

cavitation 현상(공동현상)
① 유체에 압력을 가해도 밀도는 극히 작게 증가하고, 압력을 감소시켜 유체의 증기압 이하로 할 경우 부분적으로 증기가 발생하는 현상
② 진공, 소음발생
③ 효율저하 및 침식

참고 산업안전기사 필기 p.5-80(문제 85번) 적중

KEY ① 2004년 5월 23일 기사
② 1995년 4월 23일 기출문제

97 다음 중 연소속도에 영향을 주는 요인으로 가장 거리가 먼 것은?

① 가연물의 색상
② 촉매
③ 산소와의 혼합비
④ 반응계의 온도

해설

연소속도에 영향을 주는 요인
① 촉매   ② 산소와의 혼합비   ③ 반응계의 온도

98 기체의 자연발화온도 측정법에 해당하는 것은?

① 중량법
② 접촉법
③ 예열법
④ 발열법

해설

발화온도 측정법 : 예열법
① 승온법
② 정온법

참고 산업안전기사 필기 p.5-9(합격날개 : 합격예측)

99 디에틸에테르와 에틸알코올이 3:1로 혼합증기의 몰 비가 각각 0.75, 0.25이고, 디에틸에테르와 에틸알코올의 폭발하한값이 각각 1.9[vol%], 4.3[vol%]일 때 혼합가스의 폭발하한값은 약 몇 [vol%]인가?

① 2.2
② 3.5
③ 22.0
④ 34.7

해설

하한값 계산

① $\dfrac{100}{L} = \dfrac{75}{1.9} + \dfrac{25}{4.3}$ ② $L = 2.21$

100 프로판가스 1[m³]를 완전 연소시키는데 필요한 이론 공기량은 몇 [m³]인가?(단, 공기 중의 산소농도는 20[vol%]이다.)

① 20
② 25
③ 30
④ 35

해설

프로판(C_3H_8)의 완전연소 반응식
① $C_3H_8 + 5O_2 \rightarrow 3CO_2 + 4H_2O$
② MOC농도 = 폭발하한계 × $\dfrac{산소의\ 몰수}{연료몰수}$
③ 프로판 1몰의 완전 연소에 산소 5몰이 필요 → 프로판 1[m³]의 완전 연소에 산소 5[m³]이 필요하다(몰비 = 부피비)
④ 공기가 20[%] 이므로 5[m³] × 5 = 25[m³]

참고 ① 2014년 8월 17일(문제 85번) 출제
② 2016년 8월 21일(문제 96번) 출제

6 건설공사 안전관리

101 다음은 동바리로 사용하는 파이프 서포트의 설치 기준이다. ( )안에 들어갈 내용으로 옳은 것은?

> 파이프 서포트를 ( ) 이상 이어서 사용하지 않도록 할 것

① 2개
② 3개
③ 4개
④ 5개

[정답] 96 ① 97 ① 98 ③ 99 ① 100 ② 101 ②

해설
동바리로 사용하는 파이프서포트에 대하여는 다음 각 목의 정하는 바에 의할 것
① 파이프서포트를 3개 이상 이어서 사용하지 아니하도록 할 것
② 파이프서포트를 이어서 사용할 경우에는 4개 이상의 볼트 또는 전용 철물을 사용하여 이을 것
③ 높이가 3.5[m]를 초과할 경우에는 높이 2[m] 이내마다 수평연결재를 2개 방향으로 만들고 수평연결재의 변위를 방지할 것

참고 산업안전기사 필기 p.6-87(합격날개 : 합격예측 및 관련법규)

KEY
① 2016년 10월 1일 기사 출제
② 2017년 5월 7일 기사 출제
③ 2017년 8월 26일 산업기사 출제
④ 2018년 3월 4일 기사·산업기사 동시 출제
⑤ 2018년 8월 19일 기사 출제

정보제공
산업안전보건기준에 관한 규칙 제331조(조립도)

---

102 콘크리트 타설 시 거푸집 측압에 관한 설명으로 옳지 않은 것은?

① 타설속도가 빠를수록 측압이 커진다.
② 거푸집의 투수성이 낮을수록 측압은 커진다.
③ 타설높이가 높을수록 측압이 커진다.
④ 콘크리트의 온도가 높을수록 측압이 커진다.

해설
측압
외기 온도가 낮을수록 측압이 크다.

참고 산업안전기사 필기 p.6-151(3. 측압에 영향을 주는 요인)

KEY
① 2016년 5월 8일 기사 출제
② 2016년 10월 1일 기사 출제
③ 2017년 5월 7일 산업기사 출제
④ 2018년 8월 19일 기사·산업기사 동시 출제

---

103 권상용 와이어로프의 절단하중이 200[ton]일 때 와이어로프에 걸리는 최대하중은?

① 1,000[ton]   ② 400[ton]
③ 100[ton]   ④ 40[ton]

해설
최대하중 $= \dfrac{절단하중}{안전계수} = \dfrac{200}{5} = 40[\text{ton}]$

참고 산업안전기사 필기 p.6-179(4. 와이어로프의 안전율)

---

104 터널지보공을 설치한 경우에 수시로 점검하고, 이상을 발견한 경우에는 즉시 보강하거나 보수해야 할 사항이 아닌 것은?

① 부재의 긴압 정도
② 기둥침하의 유무 및 상태
③ 부재의 접속부 및 교차부 상태
④ 부재를 구성하는 재질의 종류 확인

해설
터널지보공 수시 점검사항
① 부재의 손상·변형·부식·변위 탈락의 유무 및 상태
② 부재의 긴압의 정도
③ 부재의 접속부 및 교차부의 상태
④ 기둥침하의 유무 및 상태

참고 산업안전기사 필기 p.6-116(합격날개 : 합격예측 및 관련법규)

KEY
① 2017년 3월 5일 산업기사 출제
② 2018년 3월 4일 기사 출제
③ 2019년 4월 27일 기사 출제

정보제공
산업안전보건기준에 관한 규칙 제366조(붕괴등의 방지)

---

105 선창의 내부에서 화물취급작업을 하는 근로자가 안전하게 통행할 수 있는 설비를 설치하여야 하는 기준은 갑판의 윗면에서 선창(船倉) 밑바닥까지의 깊이가 최소 얼마를 초과할 때인가?

① 1.3[m]   ② 1.5[m]
③ 1.8[m]   ④ 2.0[m]

해설
선창내부작업
갑판의 윗면에서 선창 밑바닥까지 깊이 : 1.5[m] 초과

참고 산업안전기사 필기 p.6-183(2. 하역 작업의 안전)

KEY
① 2017년 5월 7일 기사·산업기사 동시 출제
② 2018년 4월 28일 기사 출제
③ 2017년 9월 23일 기사 출제
④ 2018년 4월 28일 기사 출제
⑤ 2019년 8월 4일(문제 109번) 출제

정보제공
산업안전보건기준에 관한 규칙 제394조(통행설비의 설치 등)

[정답] 102 ④ 103 ④ 104 ④ 105 ②

106 굴착기계의 운행 시 안전대책으로 옳지 않은 것은?

① 버킷에 사람의 탑승을 허용해서는 안 된다.
② 운전반경 내에 사람이 있을 때 회전은 10[rpm] 정도의 느린 속도로 하여야 한다.
③ 장비의 주차 시 경사지나 굴착작업장으로부터 충분히 이격시켜 주차한다.
④ 전선이나 구조물 등에 인접하여 붐을 선회해야할 작업에는 사전에 회전반경, 높이제한 등 방호조치를 강구한다.

해설
운전반경내 사람이 있을 시 : 작업중지

---

107 폭우 시 옹벽배면의 배수시설이 취약하면 옹벽 저면을 통하여 침투수(seeping)의 수위가 올라간다. 이 침투수가 옹벽의 안정에 미치는 영향으로 옳지 않은 것은?

① 옹벽 배면토의 단위수량 감소로 인한 수직 저항력 증가
② 옹벽 바닥면에서의 양압력 증가
③ 수평 저항력(수동토압)의 감소
④ 포화 또는 부분 포화에 따른 뒷채움용 흙무게의 증가

해설
옹벽 배면토의 단위수량 증가로 수직저항력 증가

---

108 그물코의 크기가 5[cm]인 매듭방망일 경우 방망사의 인장강도는 최소 얼마 이상이어야 하는가?(단, 방망사는 신품인 경우이다.)

① 50[kg]   ② 100[kg]
③ 110[kg]   ④ 150[kg]

해설
방망사의 신품에 대한 인장강도

그물코의 크기 (단위 : [cm])	방망의 종류(단위 : [kg])	
	매듭 없는 방망	매듭 방망
10	240	200
5		110

참고 산업안전기사 필기 p.6-50(표. 방망사의 신품에 대한 인장강도)

KEY
① 2016년 5월 8일 기사 출제
② 2017년 3월 5일 기사 출제
③ 2017년 8월 26일 기사 출제
④ 2018년 4월 28일 산업기사 출제
⑤ 2018년 8월 19일 기사 출제
⑥ 2019년 3월 3일 기사 출제

---

109 부두 등의 하역작업장에서 부두 또는 안벽의 선에 따라 통로를 설치하는 경우, 최소 폭 기준은?

① 90[cm] 이상   ② 75[cm] 이상
③ 60[cm] 이상   ④ 45[cm] 이상

해설
부두 또는 안벽의 선 통로 : 90[cm] 이상

참고 산업안전기사 필기 p.6-183(2. 하역작업의 안전기준)

KEY 2019년 8월 4일(문제 105번)

정보제공
산업안전보건기준에 관한 규칙 제390조(하역작업장의 조치기준)

---

110 건설업 산업안전보건관리비 계상 및 사용기준(고용노동부 고시)은 산업재해보상 보험법의 적용을 받는 공사 중 총 공사금액이 얼마 이상인 공사에 적용하는가?

① 4천만원   ② 3천만원
③ 2천만원   ④ 1천만원

해설
제3조(적용범위) 이 고시는 「산업재해보상보험법」 제6조의 규정에 의하여 「산업재해보상보험법」의 적용을 받는 공사중 총공사금액 2천만원 이상인 공사에 적용한다. 다만, 다음 각 호의 어느 하나에 해당되는 공사중 단가계약에 의하여 행하는 공사에 대하여는 총계약금액을 기준으로 이를 적용한다.

참고 산업안전기사 필기 p.6-38(제3조 적용범위)

KEY
① 2016년 3월 6일 기사 출제
② 2017년 5월 7일 산업기사 출제
③ 2017년 8월 26일 기사·산업기사 동시 출제

정보제공
적용범위 : 2020년 7월 1일부터 2천만원 이상(고시2024-53호)

【 정답 】 106 ②   107 ①   108 ③   109 ①   110 ③

111 가설통로를 설치하는 경우 준수하여야 할 기준으로 옳지 않은 것은?

① 경사는 30[°] 이하로 할 것
② 경사가 15[°]를 초과하는 경우에는 미끄러지지 아니하는 구조로 할 것
③ 수직갱에 가설된 통로의 길이가 15[m]이상인 때에는 15[m] 이내마다 계단참을 설치할 것
④ 건설공사에 사용하는 높이 8[m] 이상의 비계다리에는 7[m] 이내마다 계단참을 설치할 것

해설
수직갱에 가설된 통로의 길이가 15[m] 이상 : 10[m] 이내 마다 계단참 설치

참고 산업안전기사 필기 p.6-17(합격날개 : 합격예측 및 관련법규)

KEY
① 2017년 3월 5일 산업기사 출제
② 2017년 5월 7일 산업기사 출제
③ 2017년 9월 23일 기사 출제
④ 2018년 4월 28일 기사·산업기사 동시 출제
⑤ 2018년 8월 19일 산업기사 출제
⑥ 2019년 3월 3일 산업기사 출제
⑦ 2019년 4월 27일 기사·산업기사 동시 출제

정보제공
산업안전보건기준에 관한 규칙 제23조(가설통로의 구조)

112 온도가 하강함에 따라 토중수가 얼어 부피가 약 9[%] 정도 증대하게 됨으로써 지표면이 부풀어 오르는 현상은?

① 동상현상　　② 연화현상
③ 리칭현상　　④ 액상화현상

해설
동상현상 : 토중수가 얼어 부피 증대 현상

참고 산업안전기사 필기 p.6-2(합격날개 : 은행문제)

KEY 2016년 10월 1일 기사 출제

113 강관틀비계를 조립하여 사용하는 경우 준수해야 할 기준으로 옳지 않은 것은?

① 높이가 20[m]를 초과하거나 중량물의 적재를 수반하는 작업을 할 경우에는 주틀 간의 간격을 2.4[m] 이하로 할 것
② 수직방향으로 6[m], 수평방향으로 8[m] 이내마다 벽이음을 할 것
③ 길이가 띠장 방향으로 4[m] 이하이고 높이가 10[m]를 초과하는 경우에는 10[m] 이내마다 띠장 방향으로 버팀기둥을 설치할 것
④ 주틀 간에 교차 가새를 설치하고 최상층 및 5층 이내마다 수평재를 설치할 것

해설
높이 20[m] 초과시 주틀간의 간격 : 1.8[m] 이하

참고 ① 산업안전기사 필기 p.6-96(3. 틀비계)
② 산업안전기사 필기 p.6-19(합격날개 : 합격예측 및 관련법규)

KEY ① 2018년 4월 28일 기사 출제
② 2019년 3월 3일 산업기사 출제

정보제공
산업안전보건기준에 관한 규칙 제62조(강관틀비계)

114 근로자의 추락 등의 위험을 방지하기 위한 안전난간의 구조 및 설치요건에 관한 기준으로 옳지 않은 것은?

① 상부난간대는 바닥면·발판 또는 경사로의 표면으로부터 90[cm] 이상 지점에 설치할 것
② 발끝막이판은 바닥면 등으로부터 10[cm] 이상의 높이를 유지할 것
③ 난간대는 지름 1.5[cm] 이상의 금속제파이프나 그 이상의 강도를 가진 재료일 것
④ 안전난간은 구조적으로 가장 취약한 지점에서 가장 취약한 방향으로 작용하는 100[kg] 이상의 하중에 견딜 수 있는 튼튼한 구조일 것

해설
난간대 지름 : 2.7[cm] 이상

참고 산업안전기사 필기 p.6-151(합격날개 : 합격예측 및 관련법규)

KEY ① 2016년 5월 8일 산업기사 출제
② 2018년 8월 19일 기사·산업기사 동시 출제

정보제공
산업안전보건기준에 관한 규칙 제13조(안전난간의 구조 및 설치요건)

[정답] 111 ③　112 ①　113 ①　114 ③

115 건설공사 유해위험방지계획서를 제출해야 할 대상공사에 해당하지 않는 것은?

① 깊이 10[m]인 굴착공사
② 다목적댐 건설공사
③ 최대 지간길이가 40[m]인 교량건설 공사
④ 연면적 5,000[m²]인 냉동·냉장창고시설의 설비공사

해설
유해위험 방지계획서 제출 대상 공사
(1) 건축물 또는 시설 등의 건설·개조 또는 해체공사
 가. 지상높이가 31미터 이상인 건축물 또는 인공구조물
 나. 연면적 3만제곱미터 이상인 건축물
 다. 연면적 5천제곱미터 이상인(에) 해당하는 시설
  ① 문화 및 집회시설(전시장 및 동물원·식물원은 제외한다)
  ② 판매시설, 운수시설(고속철도의 역사 및 집배송시설은 제외한다)
  ③ 종교시설
  ④ 의료시설 중 종합병원
  ⑤ 숙박시설 중 관광숙박시설
  ⑥ 지하도상가
  ⑦ 냉동·냉장 창고시설
(2) 연면적 5천제곱미터 이상의 냉동·냉장창고시설의 설비공사 및 단열공사
(3) 최대지간길이가 50[m] 이상인 교량건설 등 공사
(4) 터널건설 등의 공사
(5) 다목적댐, 발전용댐, 저수용량 2천만톤 이상의 용수전용댐 및 지방상수도 전용댐의 건설 등 공사
(6) 깊이 10[m] 이상인 굴착공사

참고) 산업안전기사 필기 p.6-20

KEY ① 2018년 3월 4일 기사 출제
② 2019년 8월 4일(문제 14번) 출제

합격정보) 산업안전보건법 시행령 제42조(유해위험방지계획서 제출대상)

116 건설현장에 달비계를 설치하여 작업 시 달비계에 사용가능한 와이어로프로 볼 수 있는 것은?

① 이음매가 있는 것
② 와이어로프의 한 꼬임에서 끊어진 소선의 수가 5[%]인 것
③ 지름의 감소가 공칭지름의 10[%]인 것
④ 열과 전기충격에 의해 손상된 것

해설
달비계에 사용하는 와이어로프 금지기준
① 이음매가 있는 것
② 와이어로프의 한 꼬임[스트랜드(strand)를 말한다. 이하 같다]에서 끊어진 소선(素線)[필러(pillar)선은 제외한다]의 수가 10[%] 이상(비자전로프의 경우에는 끊어진 소선의 수가 와이어로프 호칭지름의 6배 길이 이내에서 4개 이상이거나 호칭지름 30배 길이 이내에서 8개 이상)인 것
③ 지름의 감소가 공칭지름의 7[%]를 초과하는 것
④ 꼬인 것
⑤ 심하게 변형되거나 부식된 것
⑥ 열과 전기충격에 의해 손상된 것

참고) 산업안전기사 필기 p.6-102(합격날개 : 합격예측 및 관련법규)

KEY ① 2017년 3월 5일 기사 출제
② 2018년 4월 28일 산업기사 출제

정보제공) 산업안전보건기준에 관한 규칙 제63조(달비계의 구조)

117 토질시험(soil test) 방법 중 전단시험에 해당하지 않는 것은?

① 1면 전단 시험
② 베인 테스트
③ 일축 압축 시험
④ 투수시험

해설
전단시험
직접전단시험은 시험장치를 이용하여 수직력을 변화시켜 이에 대응하는 전단력을 측정한다.(예)1면 전단시험, 베인테스트, 일축압축시험)

참고) 산업안전기사 필기 p.6-7(1. 전단시험)

118 철골 건립기계 선정 시 사전 검토사항과 가장 거리가 먼 것은?

① 건립기계의 소음영향
② 건립기계로 인한 일조권 침해
③ 건물형태
④ 작업반경

해설
타워크레인 선정시 사전 검토사항
① 작업반경   ② 입지조건
③ 건립기계의 소음영향   ④ 건물형태
⑤ 인양능력

참고) 산업안전기사 필기 p.6-131(합격날개 : 합격예측)

KEY 2019년 3월 3일 기사 출제

【 정답 】 115 ③ 116 ② 117 ④ 118 ②

119 감전재해의 직접적인 요인으로 가장 거리가 먼 것은?

① 통전전압의 크기 ② 통전전류의 크기
③ 통전시간 ④ 통전경로

해설

전격 위험도 결정조건(1차적 감전위험요소)
① 통전전류의 크기
② 통전시간
③ 통전경로
④ 전원의 종류(직류보다 상용주파수의 교류전원이 더 위험)

KEY ① 2017년 8월 26일 기사·산업기사 동시 출제
② 2018년 4월 28일 기사 출제

보충학습

2차적 감전 위험요소
① 인체의 조건(저항)
② 전압
③ 계절

120 클램쉘(Clam shell)의 용도로 옳지 않은 것은?

① 잠함안의 굴착에 사용된다.
② 수면아래의 자갈, 모래를 굴착하고 준설선에 많이 사용된다.
③ 건축구조물의 기초 등 정해진 범위의 깊은 굴착에 적합하다.
④ 단단한 지반의 작업도 가능하며 작업속도가 빠르고 특히 암반굴착에 적합하다.

해설

클램쉘(clamshell)
① 연약지반이나 수중굴착 및 자갈 등을 싣는 데 적합하다.
② 깊은 땅파기 공사와 흙막이 버팀대를 설치하는 데 사용한다.
③ 수중굴착 및 수조물의 기초바닥 등과 같은 협소하고 상당히 깊은 범위의 굴착과 호퍼(hopper)에 적당하다.

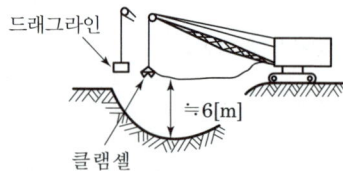

[그림] 드래그라인과 클램쉘의 작업

참고 산업안전기사 필기 p.6-63(4. 클램쉘)

KEY ① 2016년 5월 8일 산업기사 출제
② 2017년 5월 7일 산업기사 출제

녹색직업 녹색자격증코너

우환에 살고 안락에 죽는다.

사람은 항상 잘못을 저지른 다음에 고칠 수 있고,
마음이 괴롭고 자꾸 생각에 걸려야 분발하며,
남의 안색에서 확인하고
남의 목소리에서 드러나야만 깨닫는다.
안으로는 법도 있는 대신과 보필하는 선비가 없고,
밖으로 적국과 외환이 없으면
이런 나라는 항상 망하게 되어있다.
사람은 우환에 살고 안락에서 죽는다.
— 맹자

변화에 능한 자만이 살아남는다고
역사는 우리에게 가르칩니다.
그러나 혁신은 이대로 가다가는 생존이 불가능하다는
절대적 위기의식 속에서만 시작될 수 있습니다.
변화로 인해 잃는 것은 실제보다 크게 느끼고
변화로 인해 얻을 수 있는 것은 불확실하기 때문입니다.

【정답】 119 ① 120 ④

산업안전기사필기

2020년 6월 7일 시행 **제1·2회**

2020년 8월 22일 시행 **제3회**

2020년 9월 27일 시행 **제4회**

2020년도 기사 정기검정 제1·2회 통합 (2020년 6월 7일 시행)

자격종목 및 등급(선택분야)
산업안전기사

종목코드	시험시간	수험번호	성명
1431	3시간	20200607	도서출판세화

1 산업재해 예방 및 안전보건교육

01 산업안전보건법상 안전관리자의 업무는?
① 직업성질환 발생의 원인조사 및 대책수립
② 해당 사업장 안전교육계획의 수립 및 안전교육 실시에 관한 보좌 및 조언·지도
③ 근로자의 건강장해의 원인조사와 재발방지를 위한 의학적 조치
④ 당해 작업에서 발생한 산업재해에 관한 보고 및 이에 대한 응급조치

해설

안전관리자의 업무
① 산업안전보건위원회 또는 안전보건에 관한 노사협의체에서 심의·의결한 업무와 해당 사업장의 안전보건관리규정 및 취업규칙에서 정한 업무
② 위험성평가에 관한 보좌 및 지도·조언
③ 안전인증대상 기계 등과 자율안전확인대상 기계 등 구입 시 적격품의 선정에 관한 보좌 및 지도·조언
④ 해당 사업장 안전교육계획의 수립 및 안전교육 실시에 관한 보좌 및 지도·조언
⑤ 사업장 순회점검·지도 및 조치의 건의
⑥ 산업재해 발생의 원인 조사·분석 및 재발 방지를 위한 기술적 보좌 및 지도·조언
⑦ 산업재해에 관한 통계의 유지·관리·분석을 위한 보좌 및 지도·조언
⑧ 법 또는 법에 따른 명령으로 정한 안전에 관한 사항의 이행에 관한 보좌 및 지도·조언
⑨ 업무수행 내용의 기록·유지
⑩ 그 밖에 안전에 관한 사항으로서 고용노동부장관이 정하는 사항

참고 산업안전기사 필기 p.1-26(2. 안전관리자의 업무)

KEY
① 2017년 3월 5일 기사 출제
② 2017년 5월 7일 기사 출제
③ 2017년 9월 23일 기사 출제
④ 2018년 3월 4일 기사 출제
⑤ 2018년 4월 28일 기사 출제
⑥ 2018년 8월 19일 산업기사 출제

정보제공
① 산업안전보건법 시행령 제18조(안전관리자의 업무 등)
② 2024. 1. 1. 개정법 적용

02 산업안전보건법령상 안전보건표지의 종류 중 경고표지에 해당하지 않는 것은?
① 레이저광선 경고
② 급성독성물질 경고
③ 매달린 물체 경고
④ 차량통행 경고

해설

경고표지의 종류

201 인화성 물질경고	202 산화성 물질경고	203 폭발성 물질경고	204 급성독성 물질경고	205 부식성 물질경고
206 방사성 물질경고	207 고압전기 경고	208 매달린 물체경고	209 낙하물 경고	210 고온 경고
211 저온 경고	212 몸균형 상실경고	213 레이저 광선경고	214 발암성·변이원성·생식독성·전신독성·호흡기과민성 물질경고	215 위험장소 경고

참고 산업안전기사 필기 p.1-61(2. 경고표지)

KEY
① 2017년 9월 23일 기사 출제
② 2018년 3월 4일 기사 출제
③ 2019년 4월 27일 산업기사 출제
④ 2020년 6월 14일 산업기사 출제

정보제공
산업안전보건법 시행규칙 [별표6] 안전보건표지의 종류와 형태

[**정답**] 01 ② 02 ④

03
크레인, 리프트 및 곤돌라는 사업장에 설치가 끝난 날부터 몇 년 이내에 최초의 안전검사를 실시해야 하는가? (단, 이동식 크레인, 이삿짐운반용 리프트는 제외한다.)

① 1년 ② 2년
③ 3년 ④ 4년

해설

안전검사의 주기

구분	검사 주기
크레인(이동식 크레인은 제외한다) 리프트(이삿짐운반용 리프트는 제외한다) 및 곤돌라	사업장에서 설치가 끝난 날부터 3년 이내에 최초 안전검사를 실시하되, 그 이후부터 매 2년(건설현장에서 사용하는 것은 최초로 설치한 날부터 매 6개월 마다)

참고 산업안전기사 필기 p.3-59(표. 안전검사의 주기)

KEY
① 2016년 8월 21일 기사 출제
② 2017년 3월 5일 산업기사 출제
③ 2018년 3월 4일 기사·산업기사 동시 출제
④ 2018년 8월 19일 기사·산업기사 동시 출제
⑤ 2019년 3월 3일 기사 출제

정보제공
산업안전보건법 시행령 제126조 (안전검사주기와 합격표시 및 표시방법)

04
Y·G 성격검사에서 "안전, 적응, 적극형"에 해당하는 형의 종류는?

① A형 ② B형
③ C형 ④ D형

해설

Y·G(矢田部·Guilford) 성격검사
① A형(평균형) : 조화적, 적응적
② B형(右偏형) : 정서 불안정, 활동적, 외향적(불안정, 부적응, 적극형)
③ C형(左偏형) : 안전 소극형(온순, 소극적, 안전, 비활동, 내향적)
④ D형(右下형) : 안전, 적응, 적극형(정서 안전, 사회 적응, 활동적 대인관계 양호)
⑤ E형(左下형) : 불안전, 부적응, 수동형(D형과 반대)

참고 산업안전기사 필기 p.1-78(2. Y·G 성격검사)

05
위험예지훈련 4R(라운드) 기법의 진행방법에서 3R에 해당하는 것은?

① 목표설정 ② 대책수립
③ 본질추구 ④ 현상파악

해설

문제해결의 4단계(4 Round)
① 1R – 현상파악 ② 2R – 본질추구
③ 3R – 대책수립 ④ 4R – 행동목표설정

참고 산업안전기사 필기 p.1-12(1. 위험예지훈련의 4단계)

KEY
① 2016년 3월 6일 기사 출제
② 2016년 5월 8일 기사·산업기사 동시 출제
③ 2017년 3월 5일 기사·산업기사 동시 출제
④ 2017년 5월 7일 기사 출제
⑤ 2017년 8월 26일 기사 출제
⑥ 2017년 9월 23일 기사 출제
⑦ 2018년 3월 4일 산업기사 출제
⑧ 2019년 4월 27일 기사·산업기사 동시 출제
⑨ 2019년 8월 4일 기사 출제
⑩ 2020년 6월 14일 산업기사 출제

06
S사업장의 2019년 도수율이 10이라 할 때 연천인율은 얼마인가?

① 2.4 ② 5
③ 12   ④ 24

해설

도수율과 연천인율 관계
연천인율 = 도수율×2.4=10×2.4=24

참고 산업안전기사 필기 p.3-43(5. 연천인율과 빈도율 상관 관계)

KEY
① 2016년 5월 8일 기사 출제
② 2019년 4월 27일 기사 출제

07
안전보건교육계획에 포함해야 할 사항이 아닌 것은?

① 교육지도안
② 교육장소 및 교육방법
③ 교육의 종류 및 대상
④ 교육의 과목 및 교육내용

해설

교육의 준비사항
① 지도교육안 작성(이론 수업) 4단계
  ㉮ 준비(도입)단계 : 5분   ㉯ 제시단계 : 40분
  ㉰ 실습 또는 적용 단계 : 10분   ㉱ 확인 또는 평가 단계 : 5분
② 교재준비
③ 강사선정

[정답] 03 ③ 04 ④ 05 ② 06 ④ 07 ①

> 참고 산업안전기사 필기 p.1-137(2. 안전보건교육계획 수립 및 실시)
> KEY 2019년 9월 21일 산업기사 출제

보충학습

안전교육계획에 포함시켜야 할 사항
① 교육목표
② 교육의 종류 및 교육대상
③ 교육의 과목 및 교육내용
④ 교육기간(교육시기)
⑤ 교육방법
⑥ 교육장소
⑦ 교육담당자 및 강사

---

08 몇 사람의 전문가에 의하여 과제에 관한 견해를 발표한 뒤에 참가자로 하여금 의견이나 질문을 하게 하여 토의하는 방법을 무엇이라 하는가?

① 심포지엄(symposium)
② 버즈 세션(buzz session)
③ 케이스 메소드(case method)
④ 패널 디스커션(panel discussion)

해설

심포지엄(symposium)
① 몇 사람의 전문가에 의하여 과제에 관한 견해를 발표
② 참가자로 하여금 의견이나 질문을 하게 하여 토의하는 방법

> 참고 산업안전기사 필기 p.1-144(③ 심포지엄)
> KEY ① 2018년 3월 4일 기사 출제
>   ② 2018년 9월 15일 산업기사 출제

---

09 방진마스크의 사용 조건 중 산소농도의 최소기준으로 옳은 것은?

① 16[%]
② 18[%]
③ 21[%]
④ 23.5[%]

해설

방진·방독마스크 조건
O_2(산소) 농도 최소기준 : 18[%] 이상

> 참고 산업안전기사 필기 p.1-55(2. 방진·방독마스크)
> KEY 2017년 5월 7일 기사 출제

실기작업형 출제사례
"적정한 공기"라 함은 산소농도의 범위가 (①)[%] 이상, (②)[%] 미만, 이산화탄소의 농도가 (③)[%] 미만, 일산화탄소 농도가 30[ppm] 미만, 황화수소의 농도가 (④)[%] 미만인 수준의 공기를 말한다.

정보제공
산업안전보건기준에 관한 규칙 제618조 (정의)

---

10 안전교육에 대한 설명으로 옳은 것은?

① 사례중심과 실연을 통하여 기능적 이해를 돕는다.
② 사무직과 기능직은 그 업무가 판이하게 다르므로 분리하여 교육한다.
③ 현장 작업자는 이해력이 낮으므로 단순반복 및 암기를 시킨다.
④ 안전교육에 건성으로 참여하는 것을 방지하기 위하여 인사고과에 필히 반영한다.

해설

기능적인 이해를 돕는다
① 기술교육 과정에서 가장 중요한 것이 바로 기능적인 이해의 증진이다. '왜 그렇게 되어야 하는가?' 하는 문제에 관하여 근거 있게 기능적으로 이해시켜야 한다.
② 무조건 암기식 교육이나 주입식 교육은 오래가지 않으며 기억량이 적을 뿐만 아니라 행동상에도 무리가 오는 법이다.

> 참고 산업안전기사 필기 p.1-138(1. 교육지도의 원칙)

---

11 산업안전보건법령에 따라 환기가 극히 불량한 좁은 밀폐된 공간에서 용접작업을 하는 근로자를 대상으로 한 특별안전 보건교육내용에 포함되지 않는 것은?(단, 일반적인 안전보건에 필요한 사항은 제외한다.)

① 작업환경에 관한 사항
② 사고 시 응급조치에 관한 사항
③ 작업내용, 안전작업방법 및 절차에 관한 사항
④ 폭발 한계점, 발화점 및 인화점 등에 관한 사항

해설

밀폐공간에서의 작업 시 교육
① 산소농도 측정 및 작업환경에 관한 사항
② 사고 시의 응급처치 및 비상 시 구출에 관한 사항
③ 보호구 착용 및 보호 장비 사용에 관한 사항
④ 작업내용·안전작업방법 및 절차에 관한 사항
⑤ 장비·설비 및 시설 등의 안전점검에 관한 사항
⑥ 그 밖에 안전·보건관리에 필요한 사항

> 참고 산업안전기사 필기 p.1-161(1. 특별안전보건교육 교육대상 작업별 교육내용)
> KEY 2019년 4월 27일 기사 출제(문제 19번)

정보제공
산업안전보건법 시행규칙 [별표5] 안전보건교육 교육대상별 교육내용

[정답] 08 ① 09 ② 10 ① 11 ④

12
생체 리듬(Bio Rhythm) 중 일반적으로 28일을 주기로 반복되며, 주의력·창조력·예감 및 통찰력 등을 좌우하는 리듬은?

① 육체적 리듬　② 지성적 리듬
③ 감성적 리듬　④ 정신적 리듬

해설

감성적 리듬(S : Sensitivity cycle)
① 28일 주기
② 빨간(적)색 표시
③ 점선 표시
④ 감정, 주의심, 창조력, 희로애락 등이 증가

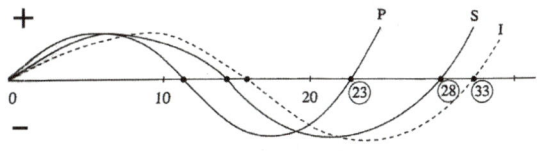

[그림] Biorhythm(PSI학설)

참고　산업안전기사 필기 p.1-108(2. 감성적 리듬)

13
재해예방의 4원칙에 해당하지 않는 것은?

① 예방가능의 원칙　② 손실가능의 원칙
③ 원인연계의 원칙　④ 대책선정의 원칙

해설

하인리히 산업재해예방의 4원칙
① 예방가능의 원칙
② 손실우연의 원칙
③ 원인연계(계기)의 원칙
④ 대책선정의 원칙

참고　산업안전기사 필기 p.3-34(6. 하인리히 산업재해예방의 4원칙)

KEY
① 2016년 5월 8일 산업기사 출제
② 2016년 10월 1일 기사 출제
③ 2017년 3월 5일 기사 출제
④ 2017년 5월 7일 산업기사 출제
⑤ 2017년 9월 23일 기사 출제
⑥ 2018년 3월 4일 기사·산업기사 동시 출제
⑦ 2018년 8월 19일 산업기사 출제
⑧ 2019년 3월 3일 기사·산업기사 동시 출제
⑨ 2019년 9월 21일 기사 출제
⑩ 2020년 6월 14일 산업기사 출제

14
작업을 하고 있을 때 긴급 이상상태 또는 돌발 사태가 되면 순간적으로 긴장하게 되어 판단능력의 둔화 또는 정지상태가 되는 것은?

① 의식의 우회　② 의식의 과잉
③ 의식의 단절　④ 의식의 수준저하

해설

의식의 과잉
① 돌발사태, 긴급 이상 상태 직면시 순간적으로 의식이 긴장
② 한 방향으로만 집중하는 판단력 정지, 긴급 방위 반응 등의 주의의 일점집중 현상이 발생

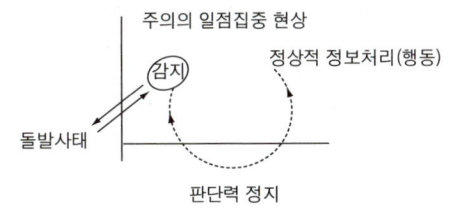

[그림] 의식의 과잉

참고　산업안전기사 필기 p.1-120(5. 의식의 과잉)

KEY
① 2016년 3월 6일 기사·산업기사 동시 출제
② 2016년 10월 1일 산업기사 출제
③ 2017년 3월 5일 기사 출제
④ 2017년 5월 7일 기사 출제
⑤ 2017년 8월 26일 기사·산업기사 동시 출제

15
관리감독자를 대상으로 교육하는 TWI의 교육내용이 아닌 것은?

① 문제해결능력　② 작업지도훈련
③ 인간관계훈련　④ 작업방법훈련

해설

TWI 교육내용 4가지
① 작업 방법 훈련(Job Method Training : JMT) : 작업개선
② 작업 지도 훈련(Job Instruction Training : JIT) : 작업지도·지시
③ 인간 관계 훈련(Job Relations Training : JRT) : 부하 통솔
④ 작업 안전 훈련(Job Safety Training : JST) : 작업안전

참고　산업안전기사 필기 p.1-145(2. 관리감독자 교육)

KEY
① 2016년 3월 6일 기사·산업기사 동시 출제
② 2016년 8월 21일 산업기사 출제
③ 2017년 5월 7일 기사 출제
④ 2017년 8월 26일 산업기사 출제
⑤ 2018년 3월 4일 기사·산업기사 동시 출제

[정답]　12 ③　13 ②　14 ②　15 ①

⑥ 2018년 4월 28일 기사 출제
⑦ 2019년 3월 3일 기사 출제
⑧ 2019년 8월 4일 산업기사 출제

16 재해 코스트 산정에 있어 시몬즈(R.H. Simonds) 방식에 의한 재해코스트 산정법으로 옳은 것은?

① 직접비 + 간접비
② 간접비 + 비보험코스트
③ 보험코스트 + 비보험코스트
④ 보험코스트 + 사업부보상금 지급액

해설

시몬즈(R.H. Simonds)의 재해코스트 산출방식
① 총재해코스트 = 보험 코스트 + 비보험 코스트
② 보험 코스트 : 산재보험료(반드시 사업장에서 지출)
③ 비보험 코스트 = (휴업상해건수×A)+(통원상해건수×B)+(응급조치 건수×C)+(무상해 건수×D)
주 A, B, C, D는 장해 정도에 따른 비보험 코스트의 평균치

참고 산업안전기사 필기 p.3-45(2. 시몬스의 재해코스트 산출방식)

KEY ① 2016년 5월 8일 기사 출제
② 2016년 10월 1일 기사 출제
③ 2017년 5월 7일 기사·산업기사 동시 출제
④ 2018년 3월 4일 기사 출제

17 무재해운동의 기본이념 3원칙 중 다음에서 설명하는 것은?

직장 내의 모든 잠재위험요인을 적극적으로 사전에 발견, 파악, 해결함으로서 뿌리에서부터 산업재해를 제거하는 것

① 무의 원칙   ② 선취의 원칙
③ 참가의 원칙   ④ 확인의 원칙

해설

무의원칙
① 근원적으로 산업재해를 없애는 것
② '0'의 원칙이다.

참고 산업안전기사 필기 p.1-10(합격날개 : 합격예측)

KEY 2017년 5월 7일 기사 출제

18 어느 사업장에서 물적손실이 수반된 무상해사고가 180건 발생하였다면 중상은 몇 건이나 발생할 수 있는가? (단, 버드의 재해구성 비율법칙에 따른다.)

① 6건   ② 18건
③ 20건   ④ 29건

해설

버드 이론 1 : 10 : 30 : 600의 법칙
① 1960년대 175,300여 건의 보험사고를 분석하여 하인리히가 처음 주장한 사고 발생 연쇄이론을 수정
② 641[건]의 사고 중 중상, 경상, 무상해 물적 손실 사고, 무상해 무손실 사고의 비율이 약 1 : 10 : 30 : 600이라고 제시
③ 무상해 : 180건 ÷ 30 = 6
④ 중상해 : 1×6건 = 6건

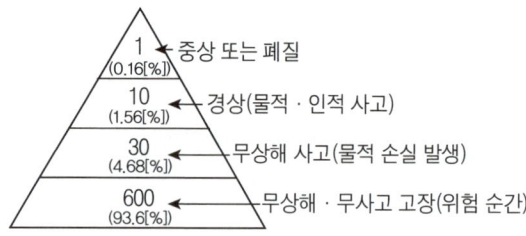

[그림] 버드의 법칙

참고 산업안전기사 필기 p.3-33(3. 버드 이론 1 : 10 : 30 : 600의 법칙)

KEY ① 2016년 5월 8일 기사 출제
② 2017년 5월 7일 기사 출제
③ 2017년 9월 23일 기사 출제

19 산업안전보건법령상 산업안전보건위원회의 사용자 위원에 해당되지 않는 사람은? (단, 각 사업장은 해당하는 사람을 선임하여야 하는 대상 사업장으로 한다.)

① 안전관리자   ② 산업보건의
③ 명예산업안전감독관   ④ 해당 사업장 부서의 장

해설

근로자 위원의 종류
① 근로자 대표
② 명예산업안전감독관이 위촉되어 있는 사업장의 경우 근로자대표가 지명하는 1명 이상의 명예산업안전감독관
③ 근로자대표가 지명하는 9명(근로자인 제②호의 위원이 있는 경우에는 9명에서 그 위원의 수를 제외한 수를 말한다) 이내의 해당 사업장의 근로자

[정답] 16 ③ 17 ① 18 ① 19 ③

> [정보제공]
> ① 산업안전보건법 시행령 제35조(산업안전보건위원회의 구성)
> ② 2023. 12. 12. 「법률 제33913호」 적용

20 다음 중 맥그리거(McGregor)의 Y이론과 가장 거리가 먼 것은?

① 성선설 ② 상호신뢰
③ 선진국형 ④ 권위주의적 리더십

> [해설]
> **X · Y 이론 특징**
>
> | X 이론의 특징 | Y 이론의 특징 |
> |---|---|
> | 인간 불신감 | 상호 신뢰감 |
> | 성악설 | 성선설 |
> | 인간은 원래 게으르고 태만하여 남의 지배를 받기를 즐긴다. | 인간은 부지런하고 근면 적극적이며 자주적이다. |
> | 물질 욕구(저차원 욕구) | 정신욕구(고차원 욕구) |
> | 명령 통제에 의한 관리 | 목표 통합과 자기통제에 의한 자율 관리 |
> | 저개발국형 | 선진국형 |
>
> [참고] 산업안전기사 필기 p.1-100(4. McGregor의 X·Y 이론)
>
> [KEY]
> ① 2016년 3월 6일 기사 출제
> ② 2016년 5월 8일 기사 출제
> ③ 2017년 9월 23일 기사 출제
> ④ 2018년 3월 4일 기사 출제
> ⑤ 2019년 3월 3일 기사 출제

2 인간공학 및 위험성 평가·관리

21 인간공학 연구조사에 사용되는 기준의 구비조건과 가장 거리가 먼 것은?

① 다양성 ② 적절성
③ 무오염성 ④ 기준 척도의 신뢰성

> [해설]
> **인간공학 연구조사에 사용되는 기준 3가지**
> ① 적절성
> ② 무오염성
> ③ 기준 척도의 신뢰성
>
> [참고] ① 산업안전기사 필기 p.2-6(합격날개 : 합격예측)
>   ② 산업안전기사 필기 p.2-31(문제 40번)
>
> [KEY] 2010년 7월 25일(문제 23번) 출제

22 산업안전보건법령상 사업주가 유해위험방지계획서를 제출할 때에는 사업장 별로 관련 서류를 첨부하여 해당 작업 시작 며칠 전까지 해당 기관에 제출하여야 하는가?

① 7일 ② 15일
③ 30일 ④ 60일

> [해설]
> **유해위험방지 계획서 제출시기 및 부수**
> ① 제조업 : 해당 작업시작 15일 전까지 공단에 2부 제출
> ② 건설업 : 공사 착공전날까지 공단에 2부 제출
>
> [참고] ① 공단 : 한국산업안전보건공단
>   ② 산업안전기사 필기 p.1-224(제42조 제출서류등)
>
> [정보제공]
> ① 산업안전보건법 시행규칙 제42조(제출서류등)
> ② 2023. 9. 27 개정 「고용노동부령 제393호」 적용

23 손이나 특정 신체부위에 발생하는 누적손상장애(CTD)의 발생인자와 가장 거리가 먼 것은?

① 무리한 힘 ② 다습한 환경
③ 장시간의 진동 ④ 반복도가 높은 작업

> [해설]
> **누적손상장애(CTD)**
> (1) CTD_s(누적외상병)의 원인
>   ① 부적절한 자세
>   ② 무리한 힘의 사용
>   ③ 과도한 반복작업
>   ④ 연속작업(비휴식)
>   ⑤ 낮은 온도 등
> (2) CTD_s의 예방대책
>
> | 관리적인 면 | 짧은 간격의 작업전환(짧게 자주 휴식), 준비운동, 수공구의 적절한 사용 등 |
> |---|---|
> | 공학적인 면 | 자동화 작업, 직무 재설계, 작업장 재설계, 수공구의 재설계, 작업의 순환배치 등 |
> | 치료적인 면 | 충분한 휴식, 영양분 섭취, 초음파 적용, 보호구 사용, 적절한 투약, 외과 수술 등 |
>
> [참고] 산업안전기사 필기 p.2-197(문제 36번) 적중
>
> [KEY]
> ① 2016년 10월 1일 기사 출제
> ② 2017년 3월 5일 기사 출제
> ③ 2019년 9월 21일 산업기사 출제

[정답] 20 ④ 21 ① 22 ② 23 ②

24. 화학설비에 대한 안정성 평가 중 정량적 평가항목에 해당되지 않는 것은?

① 공정
② 취급물질
③ 압력
④ 화학설비용량

해설

3단계 : 정량적 평가항목
① 해당 화학설비의 취급물질
② 해당 화학설비의 용량
③ 온도
④ 압력
⑤ 조작

참고 산업안전기사 필기 p.2-38(3. 3단계 : 정량적 평가항목)

KEY
① 2016년 3월 6일 기사 출제
② 2019년 3월 3일 산업기사 출제
③ 2019년 4월 27일 기사 출제

25. 휴먼 에러(Human Error)의 요인을 심리적 요인과 물리적 요인으로 구분할 때, 심리적 요인에 해당하는 것은?

① 일이 너무 복잡한 경우
② 일의 생산성이 너무 강조될 경우
③ 동일 형상의 것이 나란히 있을 경우
④ 서두르거나 절박한 상황에 놓여있을 경우

해설

내적 요인(심리적 요인)
① 지식 부족
② 의욕이나 사기 결여
③ 서두르거나 절박한 상황
④ 체험적 습관
⑤ 선입관
⑥ 주의 소홀
⑦ 과다자극, 과소자극
⑧ 피로

참고 산업안전기사 필기 p.2-19(3.인간과오의 내적요인과 외적 요인)

26. 모든 시스템 안전분석에서 제일 첫번째 단계의 분석으로, 실행되고 있는 시스템을 포함한 모든 것의 상태를 인식하고 시스템의 개발단계에서 시스템 고유의 위험상태를 식별하여 예상되고 있는 재해의 위험수준을 결정하는 것을 목적으로 하는 위험분석기법은?

① 결함위험분석(FHA : Fault Hazards Analysis)
② 시스템위험분석(SHA : System Hazards Analysis)
③ 예비위험분석(PHA : Preliminary Hazard Analysis)
④ 운용위험분석(OHA : Operating Hazard Analysis)

해설

PHA의 목적
① 시스템 개발 단계에서 시스템 고유의 위험 영역을 식별하고 예상되는 재해의 위험 수준을 구상단계에서 적용하고 평가하는 데 있다.
② 정성적 평가기법

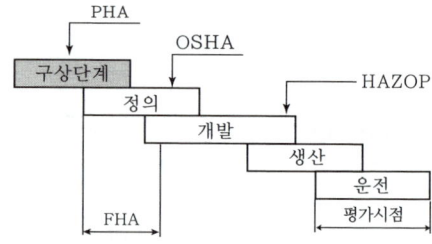

[그림] PHA · OSHA · FHA · HAZOP

참고 산업안전기사 필기 p.2-60(2. PHA)

KEY
① 2012년 3월 4일 기사 출제
② 2018년 8월 19일 기사 출제
③ 2019년 3월 3일 기사 출제
④ 2019년 9월 21일 기사 출제
⑤ 2020년 6월 14일 산업기사 출제

27. FT도에서 사용하는 기호 중 다음 그림과 같이 OR 게이트이지만 2개 또는 그 이상의 입력이 동시에 존재할 때 출력이 생기지 않는 경우 사용하는 것은?

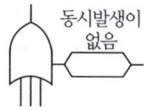

① 부정 OR 게이트
② 배타적 OR 게이트
③ 억제 게이트
④ 조합 OR 게이트

해설

FTA기호

기호	명칭	기호	명칭
Ai, Aj, Ak 순으로	우선적 AND 게이트	동시발생없음	배타적 OR 게이트

[정답] 24 ① 25 ④ 26 ③ 27 ②

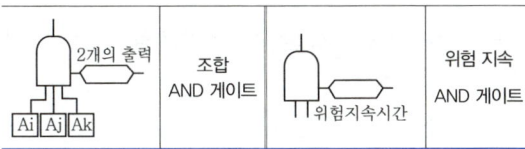

| 참고 | 산업안전기사 필기 p.2-70(표 : FTA기호) |

KEY
① 2017년 3월 5일 산업기사 출제
② 2017년 9월 23일 기사 출제
③ 2019년 3월 3일 산업기사 출제
④ 2019년 4월 27일 산업기사 출제
⑤ 2019년 9월 21일 기사 출제

28 의자 설계 시 고려해야할 일반적인 원리와 가장 거리가 먼 것은?

① 자세고정을 줄인다.
② 조정이 용이해야 한다.
③ 디스크가 받는 압력을 줄인다.
④ 요추 부위의 후만곡선을 유지한다.

해설
의자설계시 인간공학적 원칙 4가지
① 등받이의 굴곡은 요추의 굴곡(전만곡)과 일치해야 한다.
② 좌면의 높이는 사람의 신장에 따라 조절 가능해야 한다.
③ 정적인 부하와 고정된 작업자세를 피해야 한다.
④ 의자의 높이는 오금의 높이보다 같거나 낮아야 한다.

| 참고 | 산업안전기사 필기 p.2-163(합격날개 : 합격예측) |

KEY 2017년 3월 5일 기사 출제

29 각 부품의 신뢰도가 다음과 같을 때 시스템의 전체 신뢰도는 약 얼마인가?

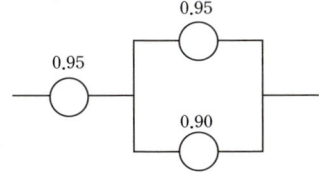

① 0.8123 ② 0.9453
③ 0.9553 ④ 0.9953

해설
신뢰도 계산
$R_s = 0.95 \times [1-(1-0.95) \times (1-0.90)] = 0.9453$

| 참고 | 산업안전기사 필기 p.2-89(문제 25번) |

KEY
① 2017년 5월 7일 기사 출제
② 2018년 3월 4일 기사 출제
③ 2018년 4월 28일 산업기사 출제
④ 2019년 4월 27일 산업기사 출제

30 다음 FT도에서 시스템에 고장이 발생할 확률은 약 얼마인가? (단, X_1과 X_2의 발생확률은 각각 0.05, 0.03 이다.)

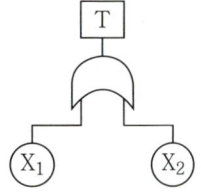

① 0.0015 ② 0.0785
③ 0.9215 ④ 0.9985

해설
고장발생확률계산
$R_s = 1-(1-X_1) \times (1-X_2) = 1-(1-0.05) \times (1-0.03) = 0.0785$

| 참고 | 산업안전기사 필기 p.2-92(문제 38번) |

31 조종장치를 촉각적으로 식별하기 위하여 사용되는 촉각적 코드화의 방법으로 옳지 않은 것은?

① 색감을 활용한 코드화
② 크기를 이용한 코드화
③ 조종장치의 형상 코드화
④ 표면 촉감을 이용한 코드화

해설
촉각적 표시장치
① 기계적진동(mechanical vibration)이나 전기적 임펄스(electric impulse)이다.
② 암호화를 위하여 고려할 특성 : 형상, 크기, 표면촉감

KEY 2017년 9월 23일 산업기사 출제

[정답] 28 ④ 29 ② 30 ② 31 ①

32 인체 계측 자료의 응용 원칙이 아닌 것은?

① 기존 동일 제품을 기준으로 한 설계
② 최대치수와 최소치수를 기준으로 한 설계
③ 조정범위를 기준으로 한 설계
④ 평균치를 기준으로 한 설계

해설

인체계측자료의 응용원칙
① 최대치수와 최소치수(극단치기준) : 최대치수 또는 최소치수를 기준으로 하여 설계한다.
② 조절범위(조절식) : 체격이 다른 여러 사람에 맞도록 만든 것이다.
③ 평균치를 기준으로 한 설계 : 최대치수나 최소치수, 조절식으로 하기에 곤란할 때 평균치를 기준으로 하여 설계한다.

참고 산업안전기사 필기 p.2-159(합격날개 및 합격예측)

KEY ① 2018년 3월 4일 산업기사 출제
② 2018년 9월 15일 산업기사 출제

33 반사율이 85[%], 글자의 밝기가 400[cd/m²]인 VDT화면에 350[lux]의 조명이 있다면 대비는 약 얼마인가?

① -6.0
② -5.0
③ -4.2
④ -2.8

해설

대비
(1) 화면의 밝기 계산
① 반사율 = $\dfrac{광속발산도(fL)}{조명(fc)} \times 100$
② 광속발산도 = $\dfrac{반사율 \times 조명}{100} = \dfrac{85 \times 350}{100} = 297.5$
③ 광속발산도 = $\pi \times 휘도$
④ 조명의 휘도(화면의 밝기) = $\dfrac{광속발산도}{\pi}$
   = $\dfrac{297.5}{\pi} = 94.7[cd/m^2]$
(2) 글자의 총 밝기 = 글자의 밝기 + 조명의 휘도
   = 400 + 94.7 = 494.7[cd/m²]
(3) 대비 = $\dfrac{배경의 밝기 - 표적물체의 밝기}{배경의 밝기}$
   = $\dfrac{94.7 - 494.7}{94.7} = -4.22$

참고 산업안전기사 필기 p.2-175(6. 대비)

KEY ① 2008년 5월 11일(문제 29번) 출제
② 2014년 3월 2일 산업기사 출제
③ 2017년 5월 7일(문제 28번) 출제

34 적절한 온도의 작업환경에서 추운 환경으로 온도가 변할 때 잘못된 것은?

① 발한(發汗)이 시작된다.
② 피부의 온도가 내려간다.
③ 직장(直腸)온도가 약간 올라간다.
④ 혈액의 많은 양이 몸의 중심부를 위주로 순환한다.

해설

적온에서 추운 환경으로 바뀔 때(저온스트레스)
① 피부온도가 내려간다.
② 피부를 경유하는 혈액순환량이 감소하고, 많은 양의 혈액이 몸의 중심부를 순환한다.
③ 직장(直腸)온도가 약간 올라간다.
④ 소름이 돋고 몸이 떨린다.

참고 산업안전기사 필기 p.2-171(3. 온도변화에 따른 인체의 적응)

KEY ① 2017년 5월 7일 기사 출제
② 2019년 3월 3일 기사 출제
③ 2019년 8월 4일 산업기사 출제

35 인체에서 뼈의 주요 기능이 아닌 것은?

① 인체의 지주
② 장기의 보호
③ 골수의 조혈
④ 근육의 대사

해설

뼈의 역할 및 기능
(1) 뼈의 역할
  ① 신체 중요부분 보호
  ② 신체의 지지 및 형상 유지
  ③ 신체 활동 수행
(2) 뼈의 기능
  ① 골수에서 혈구세포를 만드는 조혈 기능
  ② 칼슘, 인 등의 무기질 저장 및 공급 기능

참고 산업안전기사 필기 p.2-164(합격날개 : 합격예측)

KEY 2018년 4월 28일 산업기사 출제

[정답] 32 ① 33 ③ 34 ① 35 ④

36 시스템안전 MIL-STD-882B 분류기준의 위험성 평가 매트릭스에서 발생빈도에 속하지 않는 것은?

① 거의 발생하지 않는(Remote)
② 전혀 발생하지 않는(impossible)
③ 보통 발생하는(reasonably probable)
④ 극히 발생하지 않을 것 같은(extremely im-probable)

해설

MIL-STD-882B의 위험성평가 매트릭스(Matrix) 분류
① 자주 발생(Frequent)
② 보통 발생(Probable)
③ 가끔 발생(Occasional)
④ 거의 발생하지 않음(Remote)
⑤ 극히 발생하지 않음(Improbable)

참고 산업안전기사 필기 p.2-60(합격날개 : 합격예측)

보충학습
MIL-STD-882B의 시스템 안전 필요사항에 대한 우선권 순서
최소리스크를 위한 설계 → 안전장치 설치 → 경보장치 설치 → 절차 및 교육훈련 개발

37 인간-기계 시스템을 설계할 때에는 특정기능을 기계에 할당하거나 인간에게 할당하게 된다. 이러한 기능할당과 관련된 사항으로 옳지 않은 것은? (단, 인공지능과 관련된 사항은 제외한다.)

① 인간은 원칙을 적용하여 다양한 문제를 해결하는 능력이 기계에 비해 우월하다.
② 일반적으로 기계는 장시간 일관성이 있는 작업을 수행하는 능력이 인간에 비해 우월하다.
③ 인간은 소음, 이상온도 등의 환경에서 작업을 수행하는 능력이 기계에 비해 우월하다.
④ 일반적으로 인간은 주위가 이상하거나 예기치 못한 사건을 감지하여 대처하는 능력이 기계에 비해 우월하다.

해설
기계는 소음·이상온도 등의 환경에서 작업을 수행하는 능력이 인간에 비해 우월하다.

참고 산업안전기사 필기 p.2-11(표 : 인간-기계의 장단점)

KEY
① 2010년 7월 22일(문제 30번) 출제
② 2016년 5월 8일 산업기사 출제
③ 2018년 9월 15일 기사 출제

38 시각 장치와 비교하여 청각 장치 사용이 유리한 경우는?

① 메시지가 길 때
② 메시지가 복잡할 때
③ 정보 전달 장소가 너무 소란할 때
④ 메시지에 대한 즉각적인 반응이 필요할 때

해설

시각적 장치 사용시 유리한 경우
① 전언이 복잡하고 길 때
② 전언이 후에 재참조될 경우
③ 전언이 공간적 위치를 다룰 때
④ 수신자의 청각 계통이 과부화 상태일 경우
⑤ 수신 장소가 너무 시끄러울 경우
⑥ 즉각적인 행동을 요구하지 않을 때
⑦ 직무상 한 곳에 머무르는 경우

참고 산업안전기사 필기 p.2-31(문제 43번)

KEY
① 2017년 5월 7일 산업기사 출제
② 2018년 3월 4일, 4월 28일, 8월 19일, 9월 15일 산업기사 출제
③ 2019년 4월 27일, 9월 21일 산업기사 출제
④ 2019년 8월 4일 기사 출제

39 컷셋(cut set)과 패스셋(path set)에 관한 설명으로 옳은 것은?

① 동일한 시스템에서 패스셋의 개수와 컷셋의 개수는 같다.
② 패스셋은 동시에 발생했을 때 정상사상을 유발하는 사상들의 집합이다.
③ 일반적으로 시스템에서 최소 컷셋의 개수가 늘어나면 위험 수준이 높아진다.
④ 최소 컷셋은 어떤 고장이나 실수를 일으키지 않으면 재해는 일어나지 않는다고 하는 것이다.

해설

컷셋과 패스셋
① 컷셋(cut set) : 정상사상을 발생시키는 기본사상의 집합으로 그 안에 포함되는 모든 기본사상이 발생할 때 정상사상을 발생시킬 수 있는 기본사상의 집합
② 패스셋(path set) : 모든 기본사상이 일어나지 않을 때 처음으로 정상사상이 일어나지 않는 기본사상의 집합(고장나지 않도록 하는 사상의 조합)

[정답] 36 ② 37 ③ 38 ④ 39 ③

참고 산업안전기사 필기 p.2-77(합격날개 : 합격예측)

KEY
① 2017년 5월 7일 기사 출제
② 2018년 3월 4일 산업기사 출제
③ 2018년 4월 28일 산업기사 출제
④ 2019년 4월 27일 산업기사 출제
⑤ 2020년 6월 14일 산업기사 출제

40 FTA에 의한 재해사례 연구순서 중 2단계에 해당하는 것은?

① FT도의 작성
② 톱사상의 선정
③ 개선계획의 작성
④ 사상의 재해원인을 규명

해설

D. R. Cheriton의 FTA에 의한 재해사례 연구순서
① 제1단계 : 톱(top)사상의 선정
② 제2단계 : 사상마다 재해원인 및 요인규명
③ 제3단계 : FT(Fault Tree)도의 작성
④ 제4단계 : 개선계획 작성
⑤ 제5단계 : 개선안 실시계획

참고 산업안전기사 필기 p.2-67(합격날개 : 합격예측)

KEY
① 2016년 10월 1일 기사 출제
② 2017년 3월 5일 기사 출제
③ 2018년 9월 15일 기사 출제
④ 2019년 9월 21일 산업기사 출제

3 기계·기구 및 설비안전관리

41 기계설비의 작업능률과 안전을 위해 공장의 설비배치 3단계를 올바른 순서대로 나열한 것은?

① 지역배치 → 건물배치 → 기계배치
② 건물배치 → 지역배치 → 기계배치
③ 기계배치 → 건물배치 → 지역배치
④ 지역배치 → 기계배치 → 건물배치

해설

기계설비 layout 3단계
① 제1단계 : 지역배치
② 제2단계 : 건물배치
③ 제3단계 : 기계배치

참고 산업안전기사 필기 p.3-13(합격날개 : 합격예측)

KEY
① 2016년 8월 21일 기사 출제
② 2018년 4월 15일 실기 필답형 출제

💬 합격자의 조언
실기 필답형에 단골 출제 문제입니다.

42 다음 중 설비의 진단방법에 있어 비파괴시험이나 검사에 해당하지 않는 것은?

① 피로시험
② 음향탐사검사
③ 방사선투과시험
④ 초음파탐상검사

해설

파괴시험법
- 기계적시험 ─ 정적 ─ 인장시험·굽힘시험·경도시험·크리프시험
          └ 동적 ─ 충격시험·피로시험
- 비중시험
- 화학시험 ─ 화학분석
          ├ 부식시험 ─ 고온부식·습부식·응력부식
          └ 수소시험
- 야금학적시험 ─ 현미경 시험
              └ 마이크로 조직시험
- 균열시험
- 낙하시험
- 압력시험
- 외관검사 ─ 비드 형상·언더컷·오버랩·용입불량·표면균열·기공

참고 산업안전기사 필기 p.3-220(그림 : 파괴시험)

KEY
① 2010년 7월 25일(문제 47번) 출제
② 2017년 5월 7일 출제

43 밀링작업 시 안전수칙으로 틀린 것은?

① 보안경을 착용한다.
② 칩은 기계를 정지시킨 다음에 브러시로 제거한다.
③ 가공 중에는 손으로 가공면을 점검하지 않는다.
④ 면장갑을 착용하여 작업한다.

해설

회전하는 기계는 면장갑 착용금지 입니다.

참고 산업안전기사 필기 p.3-83(2. 밀링작업시 안전수칙)

KEY
① 2016년 3월 6일 산업기사 출제
② 2018년 3월 4일 기사 출제
③ 2018년 4월 28일 기사 출제

[정답] 40 ④   41 ①   42 ①   43 ④

44 다음 중 회전축, 커플링 등 회전하는 물체에 작업복 등이 말려드는 위험을 초래하는 위험점은?

① 협착점　　② 접선물림점
③ 절단점　　④ 회전말림점

해설

회전말림점(Trapping-point)
① 회전하는 물체에 작업복, 머리카락 등이 말려드는 위험이 존재하는 점
② 회전하는 축, 커플링, 돌출된 키나 고정나사, 회전하는 공구 등

[그림] 회전말림점

참고　산업안전기사 필기 p.3-14(4. 위험점의 분류)

45 무부하 상태에서 지게차로 20[km/h]의 속도로 주행할 때, 좌우 안정도는 몇[%] 이내이어야 하는가?

① 37[%]　　② 39[%]
③ 41[%]　　④ 43[%]

해설

지게차 좌우 안정도
$15+1.1[V]=15+1.1\times20=37[\%]$

참고　산업안전기사 필기 p.3-135(표 : 지게차의 안정조건)

KEY ① 2016년 5월 8일 산업기사 출제
② 2016년 8월 21일 산업기사 출제
③ 2017년 3월 5일 산업기사 출제
④ 2017년 5월 7일 기사 출제

46 산업안전보건법령상 승강기의 종류에 해당하지 않는 것은?

① 리프트　　② 에스컬레이터
③ 화물용 엘리베이터　　④ 승객용 엘리베이터

해설

승강기 종류 5가지
① 승객용 엘리베이터　　② 승객화물용 엘리베이터
③ 화물용 엘리베이터　　④ 소형화물용 엘리베이터
⑤ 에스컬레이터

참고　산업안전기사 필기 p.3-150(7. 곤돌라 및 승강기)

정보제공
산업안전보건기준에 관한 규칙 제132조(양중기)

합격자의 조언
제6과목 건설안전기술에도 출제되고 실기 필답형에도 출제되는 내용입니다.

47 프레스 금형의 파손에 의한 위험방지 방법이 아닌 것은?

① 금형에 사용하는 스프링은 반드시 인장형으로 할 것
② 작업 중 진동 및 충격에 의해 볼트 및 너트의 헐거워짐이 없도록 할 것
③ 금형의 하중 중심은 원칙적으로 프레스 기계의 하중 중심과 일치하도록 할 것
④ 캠, 기타 충격이 반복해서 가해지는 부분에는 완충장치를 설치할 것

해설

금형에 사용되는 스프링 : 압축형

참고　산업안전기사 필기 p.3-106(합격날개 : 합격예측)

KEY 2018년 8월 19일 산업기사 출제

48 다음 중 연삭 숫돌의 파괴원인으로 거리가 먼 것은?

① 플랜지가 현저히 클 때
② 숫돌에 균열이 있을 때
③ 숫돌의 측면을 사용할 때
④ 숫돌의 치수 특히 내경의 크기가 적당하지 않을 때

해설

연삭 숫돌의 파괴원인
① 숫돌의 속도가 너무 빠를 때
② 숫돌에 균열이 있을 때
③ 플랜지가 현저히 작을 때
④ 숫돌의 치수(특히 구멍지름)가 부적당할 때
⑤ 숫돌에 과대한 충격을 줄 때
⑥ 작업에 부적당한 숫돌을 사용할 때
⑦ 숫돌의 불균형이나 베어링의 마모에 의한 진동이 있을 때
⑧ 숫돌의 측면을 사용할 때
⑨ 반지름방향의 온도변화가 심할 때

[정답] 44 ④　45 ①　46 ①　47 ①　48 ①

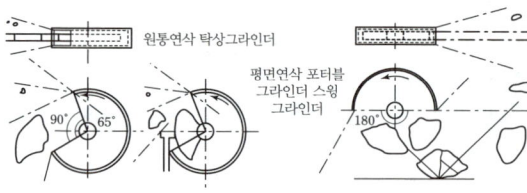

[그림] 안전덮개의 개구각과 파편의 비산방향

참고 산업안전기사 필기 p.3-90(1. 숫돌의 파괴원인)

KEY
① 2016년 5월 8일 산업기사 출제
② 2016년 8월 21일 기사 출제
③ 2020년 6월 14일 산업기사 출제

49 지름 5[cm] 이상을 갖는 회전중인 연삭숫돌이 근로자들에게 위험을 미칠 우려가 있는 경우에 필요한 방호장치는?

① 받침대
② 과부하 방지장치
③ 덮개
④ 프레임

해설
연삭기 구조면에 있어서 안전대책
① 구조 규격에 적당한 덮개를 설치할 것(숫돌지름 : 5[cm] 이상)
② 플랜지의 직경은 숫돌직경의 1/3 이상인 것을 사용하며 양쪽을 모두 같은 크기로 할 것(플랜지 안쪽에 종이나 고무판을 부착하여 고정시, 종이나 고무판의 두께는 0.5~1[mm] 정도가 적합하며, 숫돌의 종이 라벨은 제거하지 않고 고정)

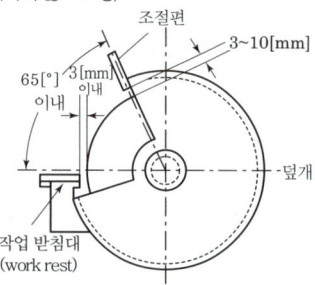

[그림] 덮개의 표준조건

참고 산업안전기사 필기 p.3-93(4. 연삭기 구조면에 있어서 안전대책)

정보제공 산업안전보건기준에 관한 규칙 제122조(연삭숫돌의 덮개 등)

50 롤러기의 앞면 롤의 지름이 300[mm] 분당회전수가 30[회]일 경우 허용되는 급정지장치의 급정지거리는 약 몇 [mm] 이내이어야 하는가?

① 37.7
② 31.4
③ 377
④ 314

해설
앞면 롤러의 표면속도에 따른 급정지거리
(1) 표면속도
$$V = \frac{\pi \times D \times N}{1,000}[m/min]$$
여기서, V : 표면속도 D : 롤러 원통의 직경[mm]
N : 1분간에 롤러가 회전되는 수[rpm]
$$V = \frac{\pi \times D \times N}{1,000} = \frac{\pi \times 300 \times 30}{1,000} = 28.25[m/min]$$
(2) 속도가 30 미만이므로
급정지거리 $= \pi \times d \times \frac{1}{3} = \pi \times 300 \times \frac{1}{3} = 314[mm]$

참고 산업안전기사 필기 p.3-109(표 : 롤러의 급정지거리)

KEY
① 2016년 3월 6일 산업기사 출제
② 2017년 3월 5일 기사 출제
③ 2017년 8월 26일 산업기사 출제
④ 2018년 8월 19일 기사 출제
⑤ 2019년 3월 3일, 4월 27일 산업기사 출제

51 크레인의 방호장치에 해당되지 않는 것은?

① 권과방지장치
② 과부하방지장치
③ 비상정지장치
④ 자동보수장치

해설
양중기 방호장치
(1) 크레인 방호장치
　① 권과방지장치　② 과부하방지장치
　③ 제동장치　　　④ 비상정지장치
(2) 승강기 방호장치
　① 과부하방지장치　② 파이널 리밋스위치
　③ 비상정지장치　　④ 속도조절기
　⑤ 출입문 인터로크

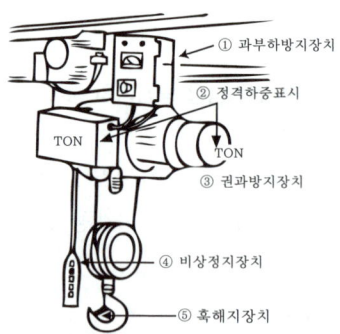

[그림] 크레인의 방호장치

[정답] 49 ③　50 ④　51 ④

참고) 산업안전기사 필기 p.3-149(합격날개 : 합격예측 및 관련법규)

KEY ① 2017년 5월 7일 산업기사 출제
② 2017년 8월 26일 산업기사 출제

정보제공
산업안전보건기준에 관한 규칙 제134조(방호장치의 조정)

④ 2019년 3월 3일 기사 출제
⑤ 2019년 4월 27일 산업기사 출제
⑥ 2020년 6월 14일 산업기사 출제

정보제공
산업안전보건기준에 관한 규칙 [별표3] 작업시작전 점검사항

---

52 어떤 로프의 최대하중이 700[N]이고, 정격하중은 100[N]이다. 이 때 안전계수는 얼마인가?

① 5 ② 6
③ 7 ④ 8

해설

$$\text{안전계수} = \frac{\text{최대하중}}{\text{정격하중}} = \frac{700[N]}{100[N]} = 7$$

참고) 산업안전기사 필기 p.3-188(합격날개 : 합격예측)

KEY ① 2017년 5월 7일 기사 출제
② 2017년 8월 26일 기사 출제
③ 2018년 4월 28일 산업기사 출제
④ 2019년 4월 27일 산업기사 출제

정보제공
산업안전보건기준에 관한 규칙 제164조(고리걸이 훅 등의 안전계수)

---

54 컨베이어의 제작 및 안전기준 상 작업구역 및 통행구역에 덮개, 울 등을 설치해야 하는 부위에 해당하지 않는 것은?

① 컨베이어의 동력전달 부분
② 컨베이어의 제동장치 부분
③ 호퍼, 슈트의 개구부 및 장력 유지장치
④ 컨베이어 벨트, 폴리, 롤러, 체인, 스프라켓, 스크류 등

해설

컨베이어 제작 및 안전기준상 방호장치 덮개, 울 등 설치기준
① 컨베이어의 동력전달 부분
② 호퍼, 슈트의 개구부 및 장력 유지장치
③ 컨베이어 벨트, 폴리, 롤러, 체인, 스프라켓, 스크류 등

참고) 산업안전기사 필기 p.3-138(합격날개 : 은행문제)

---

53 산업안전보건법령상 프레스의 작업시작 전 점검사항이 아닌 것은?

① 금형 및 고정볼트 상태
② 방호장치의 기능
③ 전단기의 칼날 및 테이블의 상태
④ 트롤리(trolley)가 횡행하는 레일의 상태

해설

프레스 등을 사용하여 작업을 할 때 점검사항
① 클러치 및 브레이크의 기능
② 크랭크축·플라이휠·슬라이드·연결봉 및 연결나사의 풀림 유무
③ 1행정 1정지기구·급정지장치 및 비상정지장치의 기능
④ 슬라이드 또는 칼날에 의한 위험방지 기구의 기능
⑤ 프레스의 금형 및 고정볼트 상태
⑥ 방호장치의 기능
⑦ 전단기(剪斷機)의 칼날 및 테이블의 상태

참고) 산업안전기사 필기 p.3-50(표 : 작업시작전 점검사항)

KEY ① 2016년 3월 6일 산업기사 출제
② 2017년 3월 5일, 5월 7일, 8월 26일 기사 출제
③ 2018년 3월 4일, 4월 28일, 8월 19일 기사 출제

---

55 아세틸렌 용접장치에 관한 설명 중 틀린 것은?

① 아세틸렌발생기로부터 5[m] 이내, 발생기실로부터 3[m] 이내에는 흡연 및 화기사용을 금지한다.
② 발생기실에는 관계 근로자가 아닌 사람이 출입하는 것을 금지한다.
③ 아세틸렌 용기는 뉘어서 사용한다.
④ 건식안전기의 형식으로 소결금속식과 우회로식이 있다.

해설

아세틸렌 용기는 뉘어서는 안된다.

참고) 산업안전기사 필기 p.3-173(문제 98번) 적중

[정답] 52 ③ 53 ④ 54 ② 55 ③

과년도 출제문제

56 가공기계에 쓰이는 주된 풀 푸르프(Fool Proof)에서 가드(Guard)의 형식으로 틀린 것은?

① 인터록 가드(Interlock Guard)
② 안내 가드(Guide Guard)
③ 조정 가드(Adjustable Guard)
④ 고정 가드(Fixed Guard)

[해설]

fool proof 가드 형식 및 기능

형식	기능
고정가드 (fixed guard)	개구부로부터 가공물과 공구 등을 넣어도 손은 위험 영역에 머무르지 않는다.
조정가드 (adjustable guard)	가공물과 공구에 맞도록 형상과 크기를 조절한다.
경고가드(warning guard)	손이 위험 영역에 들어가기 전에 경고한다.
인터록 가드 (interlock guard)	기계가 작동 중에 개폐되는 경우 기계가 정지한다.

[참고] 산업안전기사 필기 p.3-192(표: 절삭가공기계에 사용되는 주된 fool proof 기구)

57 산업안전보건법령상 로봇에 설치되는 제어장치의 조건에 적합하지 않은 것은?

① 누름버튼은 오작동 방지를 위한 가드를 설치하는 등 불시기동을 방지할 수 있는 구조로 제작·설치되어야 한다.
② 로봇에는 외부 보호 장치와 연결하기 위해 하나 이상의 보호정지회로를 구비해야 한다.
③ 전원공급램프, 자동운전, 결함검출 등 자동제어의 상태를 확인할 수 있는 표시장치를 설치해야 한다.
④ 조작버튼 및 선택스위치 등 제어장치에는 해당 기능을 명확하게 구분할 수 있도록 표시해야 한다.

[해설]

로봇에 설치되는 제어장치의 조건
① 누름버튼은 오작동 방지를 위한 가드를 설치하는 등 불시기동을 방지할 수 있는 구조로 제작·설치되어야 한다.
② 전원공급램프, 자동운전, 결함검출 등 자동제어의 상태를 확인할 수 있는 표시장치를 설치해야 한다.
③ 조작버튼 및 선택스위치 등 제어장치에는 해당 기능을 명확하게 구분할 수 있도록 표시해야 한다.

[참고] 산업안전기사 필기 p.3-125(보충문제)

[정보제공] 위험기계·기구 자율안전확인 고시 [별표 2] 산업용 로봇의 제작 및 안전기준

58 선반가공 시 연속적으로 발생되는 칩으로 인해 작업자가 다치는 것을 방지하기 위하여 칩을 짧게 절단 시켜주는 안전장치는?

① 커버
② 브레이크
③ 보안경
④ 칩 브레이커

[해설]

칩브레이커 : 칩을 짧게 끊어주는 선반전용 안전장치

[그림] 선반 클램프형 칩브레이커

[참고] 산업안전기사 필기 p.3-81(4. 선반작업시 안전장치)

[KEY] ① 2018년 3월 4일 기사 출제
② 2018년 4월 28일 산업기사 출제
③ 2019년 8월 4일 기사 출제

59 프레스 양수조작식 방호장치 누름버튼의 상호간 내측거리는 몇[mm] 이상인가?

① 50
② 100
③ 200
④ 300

[해설]

양수조작식 방호장치

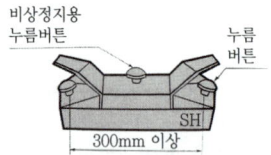

[그림] 양수조작식 누름버튼

[참고] 산업안전기사 필기 p.3-100(합격날개 : 합격예측)

[KEY] ① 2018년 3월 4일 산업기사 출제
② 2018년 8월 19일 산업기사 출제
③ 2019년 4월 27일 산업기사 출제
④ 2019년 8월 4일 기사 출제

[정답] 56 ② 57 ② 58 ④ 59 ④

60. 산업안전보건법령상 탁상용 연삭기의 덮개에는 작업 받침대와 연삭숫돌과의 간격을 몇 [mm] 이하로 조정할 수 있어야 하는가?

① 3 ② 4
③ 5 ④ 10

해설

작업받침대와 연삭숫돌과의 간격 : 3[mm] 이하

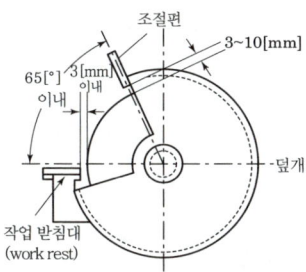

[그림] 덮개의 표준조건

참고) 산업안전기사 필기 p.3-93(4. 연삭기 구조면에 있어서 안전대책)

---

4 전기설비 안전관리

61. 화재가 발생하였을 때 조사해야 하는 내용으로 가장 관계가 먼 것은?

① 발화원 ② 착화물
③ 출화의 경과 ④ 응고물

해설

전기화재 폭발의 원인 3가지
① 발화원 ② 경로(출화의 경과) ③ 착화물

참고) 산업안전기사 필기 p.4-72(1. 전기화재 폭발의 원인)

KEY ① 2017년 3월 5일 산업기사 출제
② 2019년 8월 4일 기사 출제

62. 감전사고 방지대책으로 틀린 것은?

① 설비의 필요한 부분에 보호접지 실시
② 누출된 충전부에 통전망 설치
③ 안전전압 이하의 전기기기 사용
④ 전기기기 및 설비의 정비

해설

간접접촉(누전)에 의한 감전방지방법
① 보호절연물을 사용한다.
② 안전전압 이하의 기기를 사용한다.
③ 보호접지(기기접지)를 사용한다.
④ 사고회로의 신속한 차단을 한다.
⑤ 회로를 전기적으로 격리한다.

참고) 산업안전기사 필기 p.4-21(2. 간접접촉에 의한 감전방지방법)

63. 전기기기의 Y종 절연물의 최고 허용온도는?

① 80[℃] ② 85[℃]
③ 90[℃] ④ 105[℃]

해설

전기기기의 절연의 종류와 최고허용온도
① Y종 절연 : 허용온도 90[℃] - 목면, 견, 지류 등을 기름에 먹이지 않은 채 절연한 것
② A종 절연 : 허용온도 105[℃] - 목면, 견, 지류 등을 기름에 적셔서 절연한 것
③ E종 절연 : 허용온도 120[℃] - 에나멜선용 폴리우레탄 및 에폭시수지, 셀룰로오스, 트리아세테이트 등의 재료로 절연한 것
④ B종 절연 : 허용온도 130[℃] - 운모, 석면, 유리 섬유 등 무기질재료를 접착제와 함께 사용하여 절연한 것
⑤ H종 절연 : 허용온도 180[℃] - 운모, 석면, 유리 섬유 등의 재료를 실리콘수지 또는 같은 성질의 재료로 된 접착재료와 함께 사용하여 절연한 것
⑥ C종 절연 : 허용온도 180[℃] 초과 - 운모, 석면 자기 등을 단독 또는 접착재료와 함께 사용하여 절연한 것

참고) ① 산업안전기사 필기 p.4-74(표. 절연물의 내열구분)
② 산업안전기사 필기 p.4-74(문제 8번) 적중

64. 활선 작업 시 사용할 수 없는 전기작업용 안전장구는?

① 전기안전모 ② 절연장갑
③ 검전기 ④ 승주용 가제

해설

활선작업용 기구
① 사용시 손으로 잡을 수 있는 부분을 포함하여 절연재료로 만들어진 봉상의 절연공구
② 절연봉(핫스틱), 다용도집게봉, 조작용훅봉(디스콘봉), 수동식절단기, 활차

참고) 산업안전기사 필기 p.4-23(5. 활선작업용 장치)

[정답] 60 ① 61 ④ 62 ② 63 ③ 64 ④

보충학습
승주용 가제 : 승주작업을 위한 임시 지지물

65 인체의 전기저항을 500[Ω]이라 한다면 심실세동을 일으키는 위험에너지(J)는?(단, 심실세동전류 $I=\dfrac{165}{\sqrt{T}}$ [mA], 통전 시간은 1초이다.)

① 13.61　　② 23.21
③ 33.42　　④ 44.63

해설
심실세동을 일으키는 위험에너지
$I[\text{mA}]=\dfrac{165}{\sqrt{T}}$ 를 대입하여 푼다.
Q : J, I=A, R=X, T=sec
$Q=\left(\dfrac{165}{\sqrt{T}}\times 10^{-3}\right)^2 \times 500 \times T$
　$=\dfrac{165^2}{\sqrt{T}}\times 10^{-6}\times 500 \times T$
　$=165^2 \times 10^{-6}\times 500 ≒ 13.6[J]$

참고　산업안전기사 필기 p.4-18(3. 위험한계에너지)

KEY
① 2016년 8월 21일 기사 출제
② 2017년 5월 7일 기사 출제
③ 2018년 3월 4일 기사 출제
④ 2018년 4월 28일 기사 · 산업기사 동시출제
⑤ 2018년 8월 19일 기사 출제
⑥ 2019년 3월 3일 기사 출제

66 교류아크 용접기에 전격 방지기를 설치하는 요령 중 틀린 것은?

① 이완 방지 조치를 한다.
② 직각으로만 부착해야 한다.
③ 동작 상태를 알기 쉬운 곳에 설치한다.
④ 테스트 스위치는 조작이 용이한 곳에 위치시킨다.

해설
전격방지기 설치 상 주의사항
① 직각으로 설치한다.(단, 불가피한 경우 20[℃] 이내)
② 전격방지기의 외함은 접지시킬것

참고　산업안전기사 필기 p.4-78(2. 전격방지기 설치 상 주의사항)

67 인체의 표면적이 0.5[m²]이고 정전용량은 0.02 [pF/cm²]이다. 3,300[V]의 전압이 인가되어 있는 전선에 접근하여 작업을 할 때 인체에 축적되는 정전기 에너지(J)는?

① 5.445×10^{-2}　　② 5.445×10^{-4}
③ 2.723×10^{-2}　　④ 2.723×10^{-4}

해설
정전기 에너지
$W=\dfrac{1}{2}QV=\dfrac{1}{2}CV^2[J]$ 이므로
$W=\dfrac{1}{2}\times(0.02\times 10^{-12})\times 0.5\times 10^4 \times 3300^2 = 5.445\times 10^{-4}$

참고　산업안전기사 필기 p.4-33(6. 정전기 에너지)

KEY
① 2016년 5월 8일 산업기사 출제
② 2016년 8월 21일 기사 출제
③ 2017년 3월 5일 기사 · 산업기사 동시출제
④ 2017년 5월 7일 산업기사 출제
⑤ 2018년 8월 4일 기사 출제
⑥ 2019년 8월 4일 기사 출제

합격조언
① P(피코) : 10^{-12}
② 면적 : 0.5[m²]=0.5×10,000[cm²]

68 정전기에 관한 설명으로 옳은 것은?

① 정전기는 발생에서부터 억제-축적방지-안전한 방전이 재해를 방지할 수 있다.
② 정전기발생은 고체의 분쇄공정에서 가장 많이 발생한다.
③ 액체의 이송시는 그 속도(유속)를 7[m/s] 이상 빠르게 하여 정전기의 발생을 억제한다.
④ 접지 값은 10[Ω] 이하로 하되 플라스틱 같은 절연도가 높은 부도체를 사용한다.

해설
정전기
① 전하의 공간적 이동이 적다
② 자계의 효과가 전계에 비해 무시할 정도의 적은 전기

참고　산업안전기사 필기 p.4-35(합격날개 ; 은행문제)

[정답]　65 ①　66 ②　67 ②　68 ①

69
폭발위험장소의 분류 중 인화성 액체의 증기 또는 가연성 가스에 의한 폭발위험이 지속적으로 또는 장기간 존재하는 장소는 몇종 장소로 분류되는가?

① 0종 장소 ② 1종 장소
③ 2종 장소 ④ 3종 장소

해설

가스 폭발 위험장소의 구분
① 0종 장소 : 장치 및 기기들이 정상 가동되는 경우에 폭발성 가스가 항상 존재하는 장소
② 1종 장소 : 장치 및 기기들이 정상 가동 상태에서 폭발성 가스가 가끔 누출되어 위험 분위기가 존재하는 장소
③ 2종 장소 : 작업자의 조작상 실수나 이상운전으로 폭발성 가스가 누출되거나 유출된 가스가 체류하여 폭발을 일으킬 우려가 있는 장소

참고 산업안전기사 필기 p.4-65(보충문제 해설)

KEY
① 2016년 3월 6일 산업기사 출제
② 2018년 3월 4일 산업기사 출제
③ 2018년 8월 19일 산업기사 출제
④ 2019년 3월 3일 기사 출제

70
화염일주한계에 대한 설명으로 옳은 것은?

① 폭발성 가스와 공기의 혼합기에 온도를 높인 경우 화염이 발생할 때까지의 시간 한계치
② 폭발성 분위기에 있는 용기의 접합면 틈새를 통해 화염이 내부에서 외부로 전파되는 것을 저지할 수 있는 틈새의 최대간격치
③ 폭발성 분위기 속에서 전기불꽃에 의하여 폭발을 일으킬 수 있는 화염을 발생시키기에 충분한 교류 파형의 1주기치
④ 방폭설비에서 이상이 발생하여 불꽃이 생성된 경우에 그것이 점화원으로 작용하지 않도록 화염의 에너지를 억제하여 폭발하한계로 되도록 화염 크기를 조정하는 한계치

해설

화염일주한계[최대안전틈새(MESG : Maximum Experimental Safe Gap)]
① 폭발성 분위기 내에 방치된 표준용기의 접합면 틈새를 통하여 폭발화염이 내부에서 외부로 전파되는 것을 저지(최소점화에너지 이하)할 수 있는 틈새의 최대간격치
② 폭발등급측정에 사용되는 표준용기 : 내용적이 8[l], 틈새의 안길이 L이 25[mm]인 용기로서 틈이 폭 W[mm]를 변환시켜서 화염일주한계를 측정하도록 한 것 (안전간격 : 내압방폭구조에 적용)

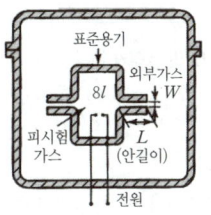

참고
① 산업안전기사 필기 p.4-59(합격날개 : 합격예측)
② 산업안전기사 필기 p.5-5(합격날개 : 합격예측)

KEY
① 2016년 8월 21일 기사 출제
② 2018년 8월 19일 기사 출제
③ 2020년 6월 7일 기사 (문제 90번)
④ 2020년 6월 14일 산업기사 출제

71
내압방폭구조의 기본적 성능에 관한 사항으로 틀린 것은?

① 내부에서 폭발할 경우 그 압력에 견딜 것
② 폭발화염이 외부로 유출되지 않을 것
③ 습기침투에 대한 보호가 될 것
④ 외함 표면온도가 주위의 가연성 가스에 점화하지 않을 것

해설

내압(耐壓)방폭구조(explosion proof : d)의 특징
① 용기의 내부에 폭발성 가스의 폭발이 일어날 경우에 용기가 폭발압력에 견디고 또한 외부의 폭발성 분위기에의 불꽃의 전파를 방지하도록 한 방폭구조
② 점화원의 방폭적 격리
③ MESG 특성 적용

참고 산업안전기사 필기 p.4-53(1. 내압방폭구조)

KEY
① 2019년 3월 3일 기사 출제
② 2019년 4월 27일 기사 · 산업기사 동시출제

72
감전사고를 일으키는 주된 형태가 아닌 것은?

① 충전전로에 인체가 접촉되는 경우
② 이중절연 구조로 된 전기 기계·기구를 사용하는 경우
③ 고전압의 전선로에 인체가 근접하여 섬락이 발생된 경우
④ 충전 전기회로에 인체가 단락회로의 일부를 형성하는 경우

[**정답**] 69 ① 70 ② 71 ③ 72 ②

해설
이중절연구조 : 감전사고의 염려가 없다.

[참고] 산업안전기사 필기 p.4-21(2. 간접접촉에 의한 감전방지 방법)

보충학습
섬락(閃絡 : flashover)
고체나 액체의 절연물 주위의 공간을 통하여 전위차가 있는 두 장소 사이에서 방전이 이루어지는 것

73 전자파 중에서 광량자 에너지가 가장 큰 것은?
① 극저주파 ② 마이크로파
③ 가시광선 ④ 적외선

해설
전자파
(1) 전자파 장해를 방지하기 위해 시설하는 것 중 가장 효과적인 접지 방식 : 다점접지방식
(2) 전자파 장해를 방지하기 위한 대책
　① 차폐대책(자기차폐, 전자파차폐)
　② 필터를 이용한 전자파 흡수체(저항손실형, 자기 손실형, 복합형)
　③ 접지대책
　④ 와이어링에 의한 대책 : 전자장의 노이즈 장해 제거
(3) 에너지크기 순서
　가시광선 > 적외선 > 마이크로파 > 극저주파

[참고] 산업안전기사 필기 p.4-63(7. 전자파)

보충학습
광량자설
① 빛을 연속적인 파동의 흐름으로 보아서는 광전 효과를 합리적으로 설명할 수 없어 아인슈타인은 빛이 불연속적인 에너지의 입자라는 광량자설을 주장하였다.
② 광량자의 에너지는 빛의 진동수에 비례한다.

74 피뢰침의 제한전압이 800[kV] 충격절연강도가 1,000[kV]라 할 때, 보호여유도는 몇 [%] 인가?
① 25 ② 33
③ 47 ④ 63

해설
보호여유도

$$보호여유도[\%] = \frac{충격절연강도 - 제한전압}{제한전압} \times 100$$

$$= \frac{1,000 - 800}{800} \times 100 = 25[\%]$$

[참고] 산업안전기사 필기 p.4-58(2. 보호범위와 여유도)

KEY
① 2017년 3월 5일 기사 출제
② 2018년 8월 19일 산업기사 출제

75 제3종 접지공사를 시설하여야 하는 장소가 아닌 것은?
① 금속몰드 배선에 사용하는 몰드
② 고압계기용 변압기의 2차측 전로
③ 고압용 금속제 케이블트레이 계통의 금속트레이
④ 400[V] 미만의 저압용 기계기구의 철대 및 금속제 외함

해설
개정 접지시스템

구분	① 계통접지(TN, TT, IT 계통) ② 보호접지 ③ 피뢰시스템 접지
종류	① 단독접지 ② 공통접지 ③ 통합접지
구성요소	① 접지극 ② 접지도체 ③ 보호도체 및 기타 설비
연결방법	접지극은 접지도체를 사용하여 주 접지단자에 연결

합격안내
본 문제는 법개정으로 출제되지 않습니다.

76 다음 중 폭발위험장소에 전기설비를 설치할 때 전기적인 방호조치로 적절하지 않은 것은?
① 다상 전기기기는 결상운전으로 인한 과열방지조치를 한다.
② 배선은 단락·지락 사고시의 영향과 과부하로부터 보호한다.
③ 자동차단이 점화의 위험보다 클 때는 경보장치를 사용한다.
④ 단락보호장치는 고장상태에서 자동복구 되도록 한다.

해설
폭발위험장소 전기설비설치시 방호조치 조건
① 다상 전기기기는 결상운전으로 인한 과열방지조치를 한다.
② 배선은 단락·지락 사고시의 영향과 과부하로부터 보호한다.
③ 자동차단이 점화의 위험보다 클 때는 경보장치를 사용한다.

[정답] 73 ③ 74 ① 75 ③ 76 ④

77
충격전압시험시의 표준충격파형을 1.2×50[μs]로 나타내는 경우 1.2와 50이 뜻하는 것은?

① 파두장 – 파미장
② 최초섬락시간 – 최종섬락시간
③ 라이징타임 – 스테이블타임
④ 라이징타임 – 충격전압인가시간

해설

표준충격 파형
예) 1.2×50[μs]
① 1.2 : 파두장　② 50 : 파미장

참고) 산업안전기사 필기 p.4-58(합격날개 : 용어정의)

KEY 2018년 4월 28일 (문제 61번) 출제

78
온도조절용 바이메탈과 온도 퓨즈가 회로에 조합되어 있는 다리미를 사용한 가정에서 화재가 발생했다. 다리미에 부착되어 있던 바이메탈과 온도퓨즈를 대상으로 화재사고를 분석하려 하는데 논리기호를 사용하여 표현하고자 한다. 어느 기호가 적당한가?(단, 바이메탈의 작동과 온도 퓨즈가 끊어졌을 경우를 0, 그렇지 않을 경우를 1이라 한다.)

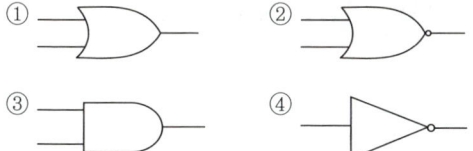

해설

논리기호
① 바이메탈 : 바이메탈을 이용하여 일정한 온도에 이르면 자동으로 회로가 열려 과열방지
② 온도퓨즈 : 바이메탈을 이용한 자동온도 조절장치가 고장나면 퓨즈가 끊어지면서 전류를 차단시킴

[표] 입·출력

입력		출력
바이메탈	온도퓨즈	
0	0	0
0	1	0
1	0	0
1	1	1

③ 논리곱(AND) : 두 개의 입력이 모두 "1"일 때 출력도 "1"이 된다.

KEY 2010년 5월 9일(문제 73번) 출제

79
폭발위험이 있는 장소의 설정 및 관리와 가장 관계가 먼 것은?

① 인화성 액체의 증기 사용
② 가연성 가스의 제조
③ 가연성 분진 제조
④ 종이 등 가연성 물질 취급

해설

화재·폭발 위험 분위기의 생성방지 방법
① 폭발성 가스의 누설 방지
② 가연성 가스의 방출 방지
③ 폭발성 가스의 체류 방지

80
전기설비의 필요한 부분에 반드시 보호접지를 실시하여야 한다. 접지공사의 종류에 따른 접지저항과 접지선의 굵기가 틀린것은?

① 제1종 – 10[Ω]이하, 공칭단면적 6[mm²]이상의 연동선
② 제2종 – $\frac{150}{1선 지락전류}$[Ω] 이하, 공칭단면적 2.5[mm²]이상의 연동선
③ 제3종 – 100[Ω]이하, 공칭단면적 2.5[mm²]이상의 연동선
④ 특별 제3종 – 10[Ω]이하, 공칭단면적 2.5[mm²]이상의 연동선

해설

개정 접지시스템

구분	① 계통접지(TN, TT, IT 계통) ② 보호접지 ③ 피뢰시스템 접지
종류	① 단독접지 ② 공통접지 ③ 통합접지
구성요소	① 접지극 ② 접지도체 ③ 보호도체 및 기타 설비
연결방법	접지극은 접지도체를 사용하여 주 접지단자에 연결

합격안내
본 문제는 법개정으로 출제되지 않습니다.

[정답] 77 ①　78 ③　79 ④　80 ②

5 화학설비 안전관리

81 프로판(C_3H_8)의 연소에 필요한 최소산소농도의 값은 약 얼마인가? (단, 프로판의 폭발하한은 Jone식에 의해 추산한다.)

① 8.1[vol%] ② 11.1[vol%]
③ 15.1[vol%] ④ 20.1[vol%]

해설

최소산소농도(MOC)

① 프로판의 연소식 : $1C_3H_8 + 5O_2 = 3CO_2 + 4H_2O$ (여기서 1, 5, 3, 4 = 몰수)

② MOC농도 = 폭발하한계 × $\dfrac{\text{산소의 몰수}}{\text{연료의 몰수}}$ [vol%]

③ 프로판의 최소산소농도 = $2.2 \times \dfrac{5}{1} = 11$ [vol%]

참고 산업안전기사 필기 p.5-19(실전문제) 적중

KEY ① 2004년 5월 23일 기사 출제
② 2018년 3월 4일 기사 출제

---

82 다음 관(pipe) 부속품 중 관로의 방향을 변경하기 위하여 사용하는 부속품은?

① 니플(nipple) ② 유니온(union)
③ 플랜지(flange) ④ 엘보우(elbow)

해설

피팅류(Fittings)

용도	종류
두 개의 관을 연결할 때	플랜지, 유니온, 커플링, 니플, 소켓
관로의 방향을 바꿀 때	엘보우, Y지관, 티, 십자
관로의 크기를 바꿀 때	축소관, 부싱
가지관을 설치할 때	티(T), Y지관, 십자
유로를 차단할 때	플러그, 캡, 밸브
유량 조절	밸브

elbow : 팔꿈치, ㄱ자

참고 산업안전기사 필기 p.5-58(합격날개 : 합격예측)

KEY ① 2016년 5월 8일 기사 출제
② 2017년 5월 26일 기사 출제
③ 2018년 3월 4일 산업기사 출제
④ 2018년 8월 19일 산업기사 출제

---

83 산업안전보건기준에 관한 규칙에 따르면 쥐에 대한 경구투입실험에 의하여 실험동물의 50퍼센트를 사망시킬 수 있는 물질의 양, 즉 LD_{50}(경구, 쥐)이 킬로그램당 몇 밀리그램-(체중) 이하인 화학물질이 급성 독성물질에 해당하는가?

① 25 ② 100
③ 300 ④ 500

해설

급성독성물질

① 쥐에 대한 경구 투입실험에 의하여 실험동물의 50[%]를 사망시킬 수 있는 물질의 양

② 즉 LD_{50}(경구, 쥐)이 킬로그램당(체중) 300[mg] 이하인 화학물질

참고 산업안전기사 필기 p.5-36(6. 급성독성물질)

KEY 2019년 3월 3일 기사 출제

정보제공
산업안전보건기준에 관한 규칙 [별표 1] 위험물질의 종류

보충학습

급성독성물질 기준

① 경구(oral) : 300[mg/kg] ② 경피 : 1,000[mg/kg]
③ 가스 : 2,500[ppm] ④ 증기 : 10[mg/l]
⑤ 분진 : 미스트[mg/l]

---

84 분진폭발의 발생 순서로 옳은 것은?

① 비산 → 분산 → 퇴적분진 → 발화원 → 2차폭발 → 전면폭발

② 비산 → 퇴적분진 → 분산 → 발화원 → 2차폭발 → 전면폭발

③ 퇴적분진 → 발화원 → 분산 → 비산 → 전면폭발 → 2차폭발

④ 퇴적분진 → 비산 → 분산 → 발화원 → 전면폭발 → 2차폭발

해설

분진폭발의 과정

분진의 퇴적 → 비산하여 분진운 생성 → 분산 → 점화원 → 폭발

참고 산업안전기사 필기 p.5-9(합격날개 : 합격예측) 적중

보충학습

분진폭발의 특성 : 퇴적(1차) - 2차 폭발(나중)

[정답] 81 ② 82 ④ 83 ③ 84 ④

85 산업안전보건기준에 관한 규칙상 국소배기장치의 후드 설치 기준이 아닌 것은?

① 유해물질이 발생하는 곳마다 설치할 것
② 후드의 개구부 면적은 가능한 한 크게 할 것
③ 외부식 또는 리시버식 후드는 해당 분진등의 발산원에 가장 가까운 위치에 설치할 것
④ 후드 형식은 가능하면 포위식 또는 부스식 후드를 설치할 것

해설

후드(Hood)
(1) 기능
  오염물(Contaminant)의 발생원을 되도록 포위하도록 설치된 국소배기장치의 입구부
(2) 설치기준
  ① 유해물질이 발생하는 곳마다 설치할 것
  ② 유해인자의 발생형태 및 비중, 작업방법 등을 고려하여 해당 분진 등의 발산원을 제어할 수 있는 구조로 설치할 것
  ③ 후드형식은 가능한 한 포위식 또는 부스식 후드를 설치할 것
  ④ 외부식 또는 리시버식 후드는 해당 분진에 설치할 것
  ⑤ 후드의 개구면적을 크게 하지 않을 것

참고 산업안전기사 필기 p.5-38(표. 국소배기장치의 후드 및 덕트 설치 요령)

86 폭발방호대책 중 이상 또는 과잉압력에 대한 안전장치로 볼 수 없는 것은?

① 안전밸브(safety valve)
② 릴리프밸브(relief valve)
③ 파열판(burst disk)
④ 플레임 어레스터(flame arrester)

해설

Flame arrester(인화방지망, 화염방지기)
① 인화성 증기를 발생하는 액체저장탱크에서 외부로 증기를 방출하고 탱크내부로 외부공기를 유입하는 부분에 설치하는 안전장치
② 40[mesh] 금속망을 설치하여 인화를 방지

참고 산업안전기사 필기 p.5-47(2. 안전장치)

KEY 2010년 5월 9일 (문제 98번) 출제

87 산업안전보건법령에 따라 유해하거나 위험한 설비의 설치·이전 또는 주요 구조부분의 변경 공사시 공정안전보고서의 제출시기는 착공일 며칠 전까지 관련기관에 제출하여야 하는가?

① 15[일] ② 30[일]
③ 60[일] ④ 90[일]

해설

공정안전보고서 제출시기 및 기관
① 제출시기 : 변경공사 착공일 30[일] 전까지
② 제출기관 : 공단(한국산업안전보건공단) 2부 제출

참고 산업안전기사 필기 p.5-91(2. 공정안전보고서의 제출시기등)

KEY 2014년 8월 17일 (문제 92번) 출제

정보제공
① 산업안전보건법 시행규칙 제51조(공정안전보고서의 제출시기)
② 2023. 9. 28. 「고용노동부령 제393호」 적용

88 다음 중 메타인산(HPO_3)에 의한 소화효과를 가진 분말소화약제의 종류는?

① 제1종 분말소화약제 ② 제2종 분말소화약제
③ 제3종 분말소화약제 ④ 제4종 분말소화약제

해설

분말소화약제의 종류

종류	주성분		분말색	적용화재
	품명	화학식		
제1종	탄산수소나트륨	$NaHCO_3$	백색	B, C급 화재
제2종	탄산수소칼륨	$KHCO_3$	담청색	B, C급 화재
제3종	인산암모늄	$NH_4H_2PO_4$	담홍색	A, B, C급 화재
제4종	탄산수소칼륨 요소	$KHCO_3 + (NH_2)_2CO$	쥐색 (회색)	B, C급 화재

참고 산업안전기사 필기 p.5-13(2. 분말 소화약제의 종류)

KEY ① 2018년 4월 28일 기사 출제
② 2018년 8월 19일 기사 출제

89 다음 인화성 가스 중 가장 가벼운 물질은?

① 아세틸렌 ② 수소
③ 부탄   ④ 에틸렌

해설

① 원자번호 1번 : 수소(H_2) **예** 수소풍선
② 무게 : 1[m³]당 0.025[N]
③ 분자량 2인 가장 가벼운 물질

[정답] 85 ② 86 ④ 87 ② 88 ③ 89 ②

90 가연성 가스 및 증기의 위험도에 따른 방폭전기기기의 분류로 폭발등급을 사용하는데, 이러한 폭발등급을 결정하는 것은?

① 발화도 ② 화염일주한계
③ 폭발한계 ④ 최소발화에너지

해설

안전간격(화염일주 한계 : MESG)
① 화염이 틈새를 통하여 바깥쪽의 폭발성 가스에 전달되지 않는 한계의 틈새
② 폭발등급 결정
③ 폭발성 가스의 종류에 따라 다르다.

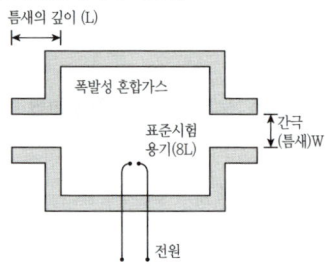

[그림] 폭발 등급 측정장치

참고 산업안전기사 필기 p.5-6(2. 안전간격)

KEY 2020년 6월 7일 (문제 70번) 출제

보충학습
逸走 : 일주
① 도주(일본식 한자어)
② 화염이 도망가지 못하도록 하는 좁은 공간(한계)

91 다음 중 독성이 가장 강한 가스는?

① NH_3 ② $COCl_2$
③ $C_6H_5CH_3$ ④ H_2S

해설

독성가스 허용농도
① NH_3(암모니아) : 25[ppm] ② $COCl_2$(포스겐) : 0.1[ppm]
③ Cl_2(염소) : 1[ppm] ④ H_2S(황화수소) : 10[ppm]

참고 ① 산업안전기사 필기 p.5-68(문제 34번 적중)
② 산업안전기사 필기 p.5-44(표. 주요 고압가스의 분류)

KEY ① 2017년 3월 5일 기사 출제
② 2019년 8월 4일 기사 출제

보충학습
$COCl_2$: 1차 세계대전 독가스

92 공기 중에서 폭발범위가 12.5~74[vol%]인 일산화탄소의 위험도는 얼마인가?

① 4.92 ② 5.26
③ 6.26 ④ 7.05

해설

위험도(H) = $\dfrac{\text{폭발상한선(U)} - \text{폭발하한선(L)}}{\text{폭발하한선(L)}} = \dfrac{74-12.5}{12.5} = 4.92$

참고 산업안전기사 필기 p.5-70(문제 40번) 출제

93 반응성 화학물질의 위험성은 실험에 의한 평가 대신 문헌조사 등을 통해 계산에 의해 평가하는 방법을 사용할 수 있다. 이에 관한 설명으로 옳지 않은 것은?

① 위험성이 너무 커서 물성을 측정할 수 없는 경우 계산에 의한 평가 방법을 사용할 수도 있다.
② 연소열, 분해열, 폭발열 등의 크기에 의해 그 물질의 폭발 또는 발화의 위험예측이 가능하다.
③ 계산에 의한 평가를 하기 위해서는 폭발 또는 분해에 따른 생성물의 예측이 이루어져야 한다.
④ 계산에 의한 위험성 예측은 모든 물질에 대해 정확성이 있으므로 더 이상의 실험을 필요로 하지 않는다.

해설

화학물질의 위험성 평가방법
① 위험성이 너무 커서 물성을 측정할 수 없는 경우 계산에 의한 평가 방법을 사용할 수도 있다.
② 연소열, 분해열, 폭발열 등의 크기에 의해 그 물질의 폭발 또는 발화의 위험예측이 가능하다.
③ 계산에 의한 평가를 하기 위해서는 폭발 또는 분해에 따른 생성물의 예측이 이루어져야 한다.

94 메탄 1[vol%], 헥산 2[vol%], 에틸렌 2[vol%], 공기 95[vol%]로 된 혼합가스의 폭발하한계값(vol%)은 약 얼마인가? (단, 메탄, 헥산, 에틸렌의 폭발하한계 값은 각각 5.0, 1.1, 2.7[vol%] 이다.)

① 1.8 ② 3.5
③ 12.8 ④ 21.7

[정답] 90 ② 91 ② 92 ① 93 ④ 94 ①

해설

폭발하한계 계산
① 혼합가스의 전체적은 5[vol%]이다.
$$\frac{5}{L} = \frac{1}{5.0} + \frac{2}{1.1} + \frac{2}{2.7}$$
② L = 1.8[vol%]

참고 산업안전기사 필기 p.5-22(문제 5번) 적중

KEY 2019년 4월 27일 기사 출제

---

95 다음 중 분해 폭발의 위험성이 있는 아세틸렌의 용제로 가장 적절한 것은?

① 에테르
② 에틸알코올
③ 아세톤
④ 아세트알데히드

해설

아세톤(CH_3COCH_3)
① C_2H_2의 용제 : 아세톤
② 달콤한 냄새가 나는 무색투명액체

참고 산업안전기사 필기 p.5-43(합격날개 : 은행문제)

KEY 2009년 5월 10일 (문제 94번) 출제

---

96 소화약제(IG) 100의 구성성분은?

① 질소
② 산소
③ 이산화탄소
④ 수소

해설

불활성가스 소화약제
① 소화약제 IG100의 구성성분 : 질소(N_2)
② N_2 : 100[%] 구성 예 IG541 : $N_2$52, Ar40, CO18

보충학습
(1) 불활성기체 소화약제
　① 헬륨　② 네온　③ 아르곤　④ 질소
(2) 할로겐화합물(청정) 소화약제
　① 불소　② 염소　③ 브롬　④ 요오드

---

97 압축기와 송풍의 관로에 심한 공기의 맥동과 진동을 발생하면서 불안정한 운전이 되는 서징(surging) 현상의 방지법으로 옳지 않은 것은?

① 풍량을 감소시킨다.
② 배관의 경사를 완만하게 한다.
③ 교축밸브를 기계에서 멀리 설치한다.
④ 토출가스를 흡입측에 바이패스 시키거나 방출밸브에 의해 대기로 방출시킨다.

해설

맥동현상(surging)
① 유량이 단속적으로 변하여 펌프입출구에 설치된 진공계, 압력계가 흔들리고 진동과 소음이 일어나며 펌프의 토출량의 변화를 초래한다.
② 방지대책 : 교축밸브를 기계에서 가까이 설치한다.

---

98 가열·마찰·충격 또는 다른 화학물질과의 접촉 등으로 인하여 산소나 산화제의 공급이 없더라도 폭발 등 격렬한 반응을 일으킬 수 있는 물질은?

① 에틸알코올
② 인화성 고체
③ 니트로화합물
④ 테레핀유

해설

니트로화합물
(1) 제5류(자기반응성물질)
(2) 자기연소성 물질이라 하며, 가연성인 동시에 산소공급원을 함께 가지고 있어 위험하다.
(3) 연소의 속도가 매우 빨라 폭발적이며 화약의 원료로 많이 사용된다.
(4) 니트로N(질소성분) 예 TNT
(5) 4류 위험물 : ①, ④
(6) 2류 위험물 : ②

---

99 다음 중 물과 반응하여 아세틸렌을 발생시키는 물질은?

① Zn
② Mg
③ Al
④ CaC_2

해설

아세틸렌용접장치
① 발생기 : 물과 작용하여 아세틸렌가스가 발생되고, 소석회의 백색분말이 남는다.
　$CaC_2 + 2H_2O = C_2H_2 + CaOH_2$
② 순수한 카바이드 1[kg]으로 348[l]의 아세틸렌이 발생되나 불순물이 포함된 시판제품은 230~300[l]가 발생된다.

참고 산업안전기사 필기 p.5-76(문제 71번) 적중

[정답]　95 ③　96 ①　97 ③　98 ③　99 ④

과년도 출제문제

100 다음 중 파열판에 관한 설명으로 틀린 것은?

① 압력 방출속도가 빠르다.
② 한번 파열되면 재사용 할 수 없다.
③ 한번 부착한 후에는 교환할 필요가 없다.
④ 높은 점성의 슬러리나 부식성 유체에 적용할 수 있다.

해설

파열판(Rupture disk)
① 파열판이 적정하게 작동하지 않는 예로서는 평판파열판에 내압이 걸리도록 하는 방법
② 돔상태로 변형하여 파열압력이 상승하도록 한 경우
③ 재료가 부식하여 규정압력 이하에서 파열하도록 한 경우
④ 형식, 재질을 충분히 검토하고 일정기간 정하여 교환하는 것이 필요

참고 산업안전기사 필기 p.5-72(문제 50번) 해설

KEY 2016년 8월 21일 출제

정보제공
산업안전보건기준에 관한 규칙 제263조(파열판 및 안전밸브의 직렬설치)

---

6 건설공사 안전관리

101 작업장에 계단 및 계단참을 설치하는 경우 매 제곱미터 당 최소 몇 킬로그램 이상의 하중에 견딜 수 있는 강도를 가진 구조로 설치하여야 하는가?

① 300[kg]   ② 400[kg]
③ 500[kg]   ④ 600[kg]

해설

계단의 강도 : 500[kg/m^2] 이상

참고 산업안전기사 필기 p.6-53(2. 계단의 안전)

정보제공
산업안전보건기준에 관한 규칙 제26조 (계단의 강도)

102 작업으로 인하여 물체가 떨어지거나 날아올 위험이 있는 경우 필요한 조치와 가장 거리가 먼 것은?

① 투하설비 설치   ② 낙하물 방지망 설치
③ 수직보호망 설치   ④ 출입금지구역 설정

해설

낙하, 비래에 의한 위험방지 안전대책
① 낙하물 방지망 설치   ② 수직보호망 설치
③ 방호 선반의 설치   ② 출입금지 구역의 설정
③ 보호구 착용

참고 산업안전기사 필기 p.6-76(문제 1번)

KEY ① 2017년 8월 26일 기사 출제
② 2019년 9월 21일 기사 출제

정보제공
산업안전보건기준에 관한 규칙 제14조 (낙하물에 의한 위험의 방지)

103 공정율이 65[%]인 건설현장의 경우 공사 진척에 따른 산업안전보건관리비의 최소 사용기준으로 옳은 것은? (단, 공정율은 기성공정율을 기준으로 함)

① 40[%] 이상   ② 50[%] 이상
③ 60[%] 이상   ④ 70[%] 이상

해설

공사진척에 따른 안전관리비 사용기준

공정률	50[%] 이상 70[%] 미만	70[%] 이상 90[%] 미만	90[%] 이상
사용 기준	50[%] 이상	70[%] 이상	90[%] 이상

참고 산업안전기사 필기 p.6-44(표 : 공사진척에 따른 안전관리비 사용기준)

KEY ① 2017년 5월 7일, 9월 23일기사 출제
② 2019년 8월 4일 산업기사 출제

정보제공
건설업 산업안전보건관리비계상기준 고시 2020-63호(2020. 1. 23.)

104 사업주가 유해위험방지 계획서 제출 후 건설공사 중 6개월 이내마다 안전보건공단의 확인을 받아야 할 내용이 아닌 것은?

① 유해위험방지 계획서의 내용과 실제공사 내용이 부합하는지 여부
② 유해위험방지 계획서 변경 내용의 적정성
③ 자율안전관리 업체 유해위험방지 계획서 제출·심사 면제
④ 추가적인 유해·위험요인의 존재 여부

[정답] 100 ③   101 ③   102 ①   103 ②   104 ③

해설
유해위험방지계획서 공단 확인 내용
① 유해위험방지 계획서의 내용과 실제공사 내용이 부합하는지 여부
② 유해위험방지 계획서 변경 내용의 적정성
③ 추가적인 유해·위험요인의 존재 여부

정보제공
산업안전보건법 시행규칙 제46조(확인)

105 다음 중 방망사의 폐기 시 인장강도에 해당하는 것은? (단, 그물코의 크기는 10[cm]이며 매듭없는 방망의 경우임)

① 50[kg] ② 100[kg]
③ 150[kg] ④ 200[kg]

해설
방망사의 폐기시 인장강도

그물코의 크기 (단위 : [cm])	방망의 종류(단위 : [kg])	
	매듭 없는 방망	매듭 방망
10	150	135
5		60

참고 산업안전기사 필기 p.6-107(표 : 방망사의 폐기시 인장강도)

106 굴착공사에서 비탈면 또는 비탈면 하단을 성토하여 붕괴를 방지하는 공법은?

① 배수공
② 배토공
③ 공작물에 의한 방지공
④ 압성토공

해설
압성토 공법(sur charge)
① 토사의 측방에 압성토를 하거나 법면 구배를 작게 하여 활동에 저항하는 모멘트 증가
② 점성토 연약지반 개량공법

107 지면보다 낮은 땅을 파는데 적합하고 수중굴착도 가능한 굴착기계는?

① 백호 ② 파워셔블
③ 가이데릭 ④ 파일드라이버

해설
백호(back hoe)[드래그셔블(drag shovel)]
① 토목공사나 수중굴착에 많이 사용된다.
② 지하층이나 기초의 굴착에 사용된다.

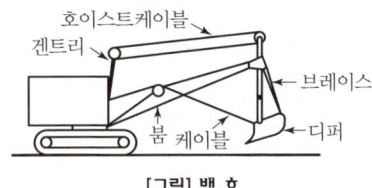

[그림] 백 호

참고 산업안전기사 필기 p.6-63(2. 백호)

108 다음은 안전대와 관련된 설명이다. 아래 내용에 해당되는 용어로 옳은 것은?

> 로프 또는 레일 등과 같은 유연하거나 단단한 고정줄로서 추락발생시 추락을 저지시키는 추락방지대를 지탱해 주는 줄모양의 부품

① 안전블록 ② 수직구명줄
③ 죔줄 ④ 보조죔줄

해설
안전대 부속품
① "안전블록"이란 안전그네와 연결하여 추락발생시 추락을 억제할 수 있는 자동잠김장치가 갖추어져 있고 죔줄이 자동적으로 수축되는 장치
② "보조죔줄"이란 안전대를 U자걸이를 위해 훅 또는 카라비너를 지탱벨트의 D링에 걸거나 떼어낼 때 잘못하여 추락하는 것을 방지하기 위한 링과 걸이설비연결에 사용하는 훅 또는 카라비너를 갖춘 줄모양의 부품
③ "수직구명줄"이란 로프 또는 레일 등과 같은 유연하거나 단단한 고정줄로서 추락발생시 추락을 저지시키는 추락방지대를 지탱해 주는 줄모양의 부품
④ "충격흡수장치"란 추락 시 신체에 가해지는 충격하중을 완화시키는 기능을 갖는 죔줄에 연결되는 부품

[**정답**] 105 ③ 106 ④ 107 ① 108 ②

109 굴착과 싣기를 동시에 할 수 있는 토공기계가 아닌 것은?

① Power shovel ② Tractor shovel
③ Back hoe ④ Motor grader

해설

모터그레이더(motor grader)
① 끝마무리 작업, 정지작업에 유효 : 전륜을 기울게 할 수 있어 비탈면 고르기 작업도 가능(예 땅 고르기 작업)
② 상하작동, 좌우회전 및 경사, 수평선회가 가능

참고 산업안전기사 필기 p.6-69(5. 모터그레이더)

KEY ① 2017년 3월 5일 기사 출제
② 2017년 9월 23일 기사 출제

110 구축물에 안전진단 등 안전성 평가를 실시하여 근로자에게 미칠 위험성을 미리 제거하여야 하는 경우가 아닌 것은?

① 구축물 또는 이와 유사한 시설물의 인근에서 굴착·항타작업 등으로 침하·균열 등이 발생하여 붕괴의 위험이 예상될 경우
② 구조물, 건축물, 그 밖의 시설물이 그 자체의 무게·적설·풍압 또는 그 밖에 부가되는 하중 등으로 붕괴 등의 위험이 있을 경우
③ 화재 등으로 구축물 또는 이와 유사한 시설물의 내력(耐力)이 심하게 저하되었을 경우
④ 구축물의 구조체가 안전측으로 과도하게 설계가 되었을 경우

해설

구축물 안전성 평가내용
① 구축물 또는 이와 유사한 시설물의 인근에서 굴착·항타작업 등으로 침하·균열 등이 발생하여 붕괴의 위험이 예상될 경우
② 구축물 또는 이와 유사한 시설물에 지진, 동해(凍害), 부동침하(不同沈下) 등으로 균열·비틀림 등이 발생하였을 경우
③ 구조물, 건축물, 그 밖의 시설물이 그 자체의 무게·적설·풍압 또는 그 밖에 부가되는 하중 등으로 붕괴 등의 위험이 있을 경우
④ 화재 등으로 구축물 또는 이와 유사한 시설물의 내력(耐力)이 심하게 저하되었을 경우
⑤ 오랜 기간 사용하지 아니하던 구축물 또는 이와 유사한 시설물을 재사용하게 되어 안전성을 검토하여야 하는 경우
⑥ 그 밖에 잠재위험이 예상될 경우

정보제공
산업안전보건기준에 관한 규칙 제52조(구축물 또는 이와 유사한 시설물의 안전성 평가)

111 산업안전보건법령에 따른 지반의 종류별 굴착면의 기울기 기준으로 옳지 않은 것은?

① 모래 − 1 : 1.8 ② 그 밖의 흙 − 1 : 1.5
③ 풍화암 − 1 : 1.0 ④ 연암 − 1 : 1.0

해설

굴착면의 기울기 기준

지반의 종류	굴착면의 기울기
모래	1 : 1.8
연암 및 풍화암	1 : 1.0
경암	1 : 0.5
그 밖의 흙	1 : 1.2

참고 산업안전기사 필기 p.6-56(표 : 굴착면의 기울기 기준)

KEY ① 2016년 5월 8일 기사·산업기사 동시 출제
② 2017년 3월 5일 기사 출제
③ 2017년 9월 23일 기사 출제
④ 2018년 8월 19일 산업기사 출제
⑤ 2019년 4월 27일 기사·산업기사 동시 출제

정보제공
산업안전보건기준에 관한 규칙 [별표 11] 굴착면의 기울기 기준

112 달비계의 사용이 불가한 와이어로프의 기준으로 옳지 않은 것은?

① 이음매가 있는 것
② 와이어로프의 한 꼬임에서 끊어진 소선의 수가 7[%] 이상인 것
③ 지름의 감소가 공칭지름의 7[%]를 초과하는 것
④ 심하게 변형되거나 부식된 것

해설

와이어로프 사용금지기준
① 이음매가 있는 것
② 와이어로프의 한 꼬임에서 끊어진 소선(필러선을 제외한다)의 수가 10[%] 이상인 것
③ 지름의 감소가 공칭지름의 7[%]를 초과하는 것
④ 심하게 변형되거나 부식된 것
⑤ 꼬인 것
⑥ 열과 전기충격에 의해 손상된 것

참고 산업안전기사 필기 p.6-102(합격날개 : 합격예측 및 관련법규)

정보제공
산업안전보건기준에 관한 규칙 제63조(달비계의 구조)

【정답】 109 ④ 110 ④ 111 ② 112 ②

113 가설통로 설치에 관한 기준으로 옳지 않은 것은?

① 경사는 30[°]이하로 한다.
② 건설공사에 사용하는 높이 8[m] 이상인 비계다리에는 7[m] 이내마다 계단참을 설치한다.
③ 작업상 부득이한 경우에는 필요한 부분에 한하여 안전난간을 임시로 해체할 수 있다.
④ 수직갱에 가설된 통로의 길이가 10[m] 이상인 경우에는 5[m] 이내마다 계단참을 설치한다.

해설
수직갱 15[m] 이상인 경우 : 10[m] 이내마다 계단참 설치

참고 산업안전기사 필기 p.6-17(합격날개 : 합격예측 및 관련법규)

KEY
① 2017년 3월 5일 산업기사 출제
② 2017년 5월 7일 산업기사 출제
③ 2017년 9월 23일 기사 출제
④ 2018년 4월 28일 기사·산업기사 동시 출제
⑤ 2018년 8월 19일 산업기사 출제
⑥ 2018년 9월 15일 산업기사 출제
⑦ 2019년 3월 3일 산업기사 출제
⑧ 2019년 4월 27일 기사·산업기사 동시 출제
⑨ 2019년 8월 4일 기사 출제
⑩ 2020년 6월 14일 산업기사 출제

정보제공
산업안전보건기준에 관한 규칙 제23조(가설통로의 구조)

114 강관비계의 수직방향 벽이음 조립간격(m)으로 옳은 것은? (단, 틀비계이며 높이가 5[m] 이상일 경우)

① 2[m] ② 4[m]
③ 6[m] ④ 9[m]

해설
강관비계 조립 간격

강관비계의 종류	조립 간격(단위 : [m])	
	수직 방향	수평 방향
단관비계	5	5
틀비계(높이 5[m] 미만인 것은 제외)	6	8

참고 산업안전기사 필기 p.6-94([표] 강관비계 조립 간격)
정보제공
산업안전보건기준에 관한 규칙 [별표 5] 강관비계의 조립 간격

115 크레인의 운전실 또는 운전대를 통하는 통로의 끝과 건설물 등의 벽체의 간격은 최대 얼마 이하로 하여야 하는가?

① 0.2[m] ② 0.3[m]
③ 0.4[m] ④ 0.5[m]

해설
벽체의 간격 : 0.3[m] 이하

참고 산업안전기사 필기 p.6-140(합격날개 : 합격예측 및 관련법규)

KEY
① 2017년 3월 5일 기사 출제
② 2020년 6월 14일 산업기사 출제

정보제공
산업안전보건기준에 관한 규칙 제145조(건설물 등의 벽체와 통로와의 간격등)

116 흙막이 지보공을 설치하였을 때 정기적으로 점검하여 이상 발견 시 즉시 보수하여야 할 사항이 아닌 것은?

① 굴착 깊이의 정도
② 버팀대의 긴압의 정도
③ 부재의 접속부·부착부 및 교차부의 상태
④ 부재의 손상·변형·부식 ·변위 및 탈락의 유무와 상태

해설
흙막이지보공 정기점검사항
① 부재의 손상·변형·부식·변위 및 탈락의 유무와 상태
② 버팀대의 긴압의 정도
③ 부재의 접속부·부착부 및 교차부의 상태
④ 침하의 정도

참고 산업안전기사 필기 p.6-106(합격날개 : 합격예측 및 관련법규)

KEY
① 2017년 3월 5일 기사 출제
② 2017년 9월 23일 기사 출제
③ 2019년 3월 3일 기사·산업기사 동시 출제

정보제공
산업안전보건기준에 관한 규칙 제347조(붕괴 등의 위험방지)

[정답] 113 ④ 114 ③ 115 ② 116 ①

117 달비계의 최대 적재하중을 정하는 경우 그 안전계수 기준으로 옳지 않은 것은?

① 달기와이어로프 및 달기강선의 안전계수 : 10 이상
② 달기체인 및 달기훅의 안전계수 : 5 이상
③ 달기강대와 달비계의 하부 및 상부지점의 안전계수 : 강재의 경우 3 이상
④ 달기강대와 달비계의 하부 및 상부지점의 안전계수 : 목재의 경우 5 이상

해설

달비계의 안전계수
① 달기와이어로프 및 달기강선의 안전계수는 10 이상
② 달기체인 및 달기훅의 안전계수는 5 이상
③ 달기강대와 달비계의 하부 및 상부지점의 안전계수는 강재의 경우 2.5 이상, 목재의 경우 5 이상

참고 산업안전기사 필기 p.6-92(합격날개 : 합격예측 및 관련법규)

KEY
① 2016년 10월 1일 산업기사 출제
② 2018년 3월 4일 기사·산업기사 동시 출제
③ 2018년 8월 19일 산업기사 출제
④ 2019년 3월 3일 기사 출제

정보제공
산업안전보건기준에 관한 규칙 제55조(작업발판의 최대적재하중)

118 철골공사 시 안전작업방법 및 준수사항으로 옳지 않은 것은?

① 강풍, 폭우 등과 같은 악천우시에는 작업을 중지하여야 하며 특히 강풍시에는 높은 곳에 있는 부재나 공구류가 낙하비래하지 않도록 조치하여야 한다.
② 철골부재 반입 시 시공순서가 빠른 부재는 상단부에 위치하도록 한다.
③ 구명줄 설치 시 마닐라 로프 직경 10[mm]를 기준하여 설치하고 작업방법을 충분히 검토하여야 한다.
④ 철골보의 두 곳을 매어 인양시킬 때 와이어로프의 내각은 60[°] 이하이어야 한다.

해설

구명줄 설치기준
① 1가닥에 여러명 동시사용 금지
② 마닐라 로프 직경 16[mm]를 기준

119 해체공사 시 작업용 기계기구의 취급안전기준에 관한 설명으로 옳지 않은 것은?

① 철제햄머와 와이어로프의 결속은 경험이 많은 사람으로서 선임된 자에 한하여 실시하도록 하여야 한다.
② 팽창제 천공간격은 콘크리트 강도에 의하여 결정되나 70~120[cm] 정도를 유지하도록 한다.
③ 쐐기타입으로 해체 시 천공구멍은 타입기삽입부분의 직경과 거의 같아야 한다.
④ 화염방사기로 해체작업 시 용기 내 압력은 온도에 의해 상승하기 때문에 항상 40[℃] 이하로 보존해야 한다.

해설

팽창제 안전
① 천공재 직경 : 30~50[mm] 정도
② 천공 간격 : 30~70[cm] 정도

참고 산업안전기사 필기 p.6-141(4. 팽창제의 안전)

120 콘크리트 타설 시 거푸집 측압에 관한 설명으로 옳지 않은 것은?

① 기온이 높을수록 측압은 크다.
② 타설속도가 클수록 측압은 크다.
③ 슬럼프가 클수록 측압은 크다.
④ 다짐이 과할수록 측압은 크다.

해설

기온이 낮을수록 측압이 크다.

참고 산업안전기사 필기 p.6-151(3. 측압에 영향을 주는 요인)

KEY
① 2016년 5월 8일 산업기사 출제
② 2016년 10월 1일 기사 출제
③ 2017년 5월 7일 산업기사 출제
④ 2018년 8월 19일 기사·산업기사 동시 출제
⑤ 2018년 9월 15일 기사 출제
⑥ 2019년 8월 4일 기사 출제

【정답】 117 ③   118 ③   119 ②   120 ①

2020년도 기사 정기검정 제3회 (2020년 8월 22일 시행)

자격종목 및 등급(선택분야)
산업안전기사

종목코드	시험시간	수험번호	성명
1431	3시간	20200822	도서출판세화

1 산업재해 예방 및 안전보건교육

01 산업안전보건법령상 안전보건표지의 색채와 사용사례의 연결로 틀린 것은?

① 노란색 – 정지신호, 소화설비 및 그 장소, 유해행위의 금지
② 파란색 – 특정 행위의 지시 및 사실의 고지
③ 빨간색 – 화학물질 취급장소에서의 유해·위험 경고
④ 녹색 – 비상구 및 피난소, 사람 또는 차량의 통행 표지

[해설]
안전보건표지의 색채, 색도기준 및 용도

색채	색도기준	용도	사용 예
빨간색	7.5R 4/14	금지	정지신호, 소화설비 및 그 장소, 유해행위의 금지
		경고	화학물질 취급장소에서의 유해·위험 경고
노란색	5Y 8.5/12	경고	화학물질 취급장소에서의 유해·위험 경고 이외의 위험 경고, 주의표지 또는 기계방호물
파란색	2.5PB 4/10	지시	특정 행위의 지시 및 사실의 고지
녹색	2.5G 4/10	안내	비상구 및 피난소, 사람 또는 차량의 통행표지
흰색	N9.5		파란색 또는 녹색에 대한 보조색
검은색	N0.5		문자 및 빨간색 또는 노란색에 대한 보조색

[참고] 산업안전기사 필기 p.1-62(4. 안전보건표지의 색채, 색도기준 및 용도)

[KEY] ① 2017년 3월 5일 기사 출제
② 2017년 8월 26일 산업기사 출제
③ 2018년 3월 4일 기사 출제
④ 2019년 9월 21일 기사·산업기사 동시 출제

[정보제공] 산업안전보건법 시행규칙 [별표 8] 안전보건표지의 색채, 색도기준 및 용도

02 파블로프(Pavlov)의 조건반사설에 의한 학습이론의 원리가 아닌 것은?

① 일관성의 원리   ② 계속성의 원리
③ 준비성의 원리   ④ 강도의 원리

[해설]
Pavlov의 조건반사(반응)설의 학습원리
① 시간의 원리(the time principle)
② 강도의 원리(the intensity principle)
③ 일관성의 원리(the consistency principle)
④ 계속성의 원리(the continuity principle)

[참고] 산업안전기사 필기 p.1-149(2. 자극과 반응)

[KEY] ① 2017년 8월 26일 산업기사 출제
② 2019년 9월 21일 산업기사 출제

03 허즈버그(Herzberg)의 위생-동기이론에서 동기요인에 해당하는 것은?

① 감독   ② 안전
③ 책임감   ④ 작업조건

[해설]
위생요인과 동기요인

위생요인(직무환경)	동기요인(직무내용)
회사 정책과 관리, 개인 상호간의 관계, 감독, 임금, 보수, 작업 조건, 지위, 안전	성취감, 책임감, 안정감, 성장과 발전, 도전감, 일 그 자체(일의 내용)

[참고] 산업안전기사 필기 p.1-99(표. 위생요인과 동기요인)

[KEY] ① 2017년 5월 7일 기사 출제
② 2017년 8월 26일 기사 출제
③ 2017년 9월 23일 기사 출제

[정답] 01 ① 02 ③ 03 ③

과년도 출제문제

04 매슬로우(Maslow)의 욕구단계이론 중 제2단계 욕구에 해당하는 것은?

① 자아실현의 욕구 ② 안전에 대한 욕구
③ 사회적 욕구   ④ 생리적 욕구

해설

Maslow의 욕구단계 이론
① 1단계 생리적 욕구 : 기아, 갈증, 호흡, 배설, 성욕 등 인간의 가장 기본적인 욕구(종족보존)
② 2단계 안전욕구 : 안전을 구하려는 욕구
③ 3단계 사회적 욕구 : 애정, 소속에 대한 욕구(친화욕구)
④ 4단계 인정을 받으려는 욕구 : 자기 존경의 욕구로 자존심, 명예, 성취, 지위에 대한 욕구(승인의 욕구)
⑤ 5단계 자아실현의 욕구 : 잠재적인 능력을 실현하고자 하는 욕구(성취욕구)

[참고] 산업안전기사 필기 p.1-101(5. 매슬로우의 욕구 5단계 이론)

[KEY] ① 2016년 5월 8일 기사 출제
② 2019년 8월 4일 산업기사 출제

05 다음 중 안전모의 성능시험에 있어서 AE, ABE종에만 한하여 실시하는 시험은?

① 내관통성시험, 충격흡수성시험
② 난연성시험, 내수성시험
③ 난연성시험, 내전압성시험
④ 내전압성시험, 내수성시험

해설

안전모 성능시험

구분	시험항목
AB, AE, ABE	① 내관통성
AB, AE, ABE	② 충격흡수성
AE, ABE	③ 내전압성
AE, ABE	④ 내수성
AB, AE, ABE	⑤ 난연성
AB, AE, ABE	⑥ 턱끈풀림

[참고] 산업안전기사 필기 p.1-52(합격날개 : 합격예측)

 ① 2016년 10월 1일 기사 출제
② 2018년 4월 28일 기사 출제
③ 2019년 4월 27일 기사 출제
④ 2019년 9월 21일 산업기사 출제
⑤ 2020년 8월 23일 산업기사 출제

06 다음 중 안전교육의 기본 방향과 가장 거리가 먼 것은?

① 생산성 향상을 위한 교육
② 사고사례중심의 안전교육
③ 안전작업을 위한 교육
④ 안전의식 향상을 위한 교육

해설

안전교육의 기본방향 3가지
① 사고사례 중심의 안전교육
② 안전작업(표준작업)을 위한 안전교육
③ 안전의식 향상을 위한 안전교육

[참고] 산업안전기사 필기 p.1-136(합격날개 : 합격예측)

07 강도율에 관한 설명 중 틀린 것은?

① 사망 및 영구 전노동불능(신체장해등급 1~3급)의 근로손실일수는 7,500일로 환산한다.
② 신체장해등급 중 제14급은 근로손실일수를 50일로 환산한다.
③ 영구 일부 노동불능은 신체 장해등급에 따른 근로손실일수에 $\frac{300}{365}$을 곱하여 환산한다.
④ 일시 전노동 불능은 휴업일수에 $\frac{300}{365}$을 곱하여 근로손실일수를 환산한다.

해설

영구 일부노동불능 상해
① 부상 결과로 신체 부분의 일부가 노동 기능을 상실한 부상(신체 장해등급 제4급에서 제14급에 해당)
② 근로손실일수는 등급 그대로 적용

[참고] 산업안전기사 필기 p.1-5(8. ILO의 근로불능 상해의 종류)

[KEY] ① 2018년 3월 4일 (문제 16번) 출제
② 2019년 3월 3일 기사 출제

[합격정보]
산업재해 통계업무 처리규정 제3조(산업재해통계의 산출방법 및 정의)

[정답] 04 ② 05 ④ 06 ① 07 ③

08 플리커 검사(flicker test)의 목적으로 가장 적절한 것은?

① 혈중 알코올농도 측정   ② 체내 산소량 측정
③ 작업강도 측정   ④ 피로의 정도 측정

해설

점멸 – 융합주파수(flicker-fusion frequency) : 인치역치방법
① 깜박이는 불빛이 계속 켜진 것처럼 보일 때의 주파수(약 30[Hz])
② 목적 : 피로의 정도측정

참고 산업안전기사 필기 p.1-105(합격날개 : 합격예측)

KEY
① 2017년 3월 5일 기사 출제
② 2019년 9월 21일 기사 출제

09 레빈(Lewin)은 인간의 행동 특성을 다음과 같이 표현하였다. 변수 'E'가 의미하는 것은?

$$B = f(P \cdot E)$$

① 연령   ② 성격
③ 환경   ④ 지능

해설

K.Lewin의 법칙

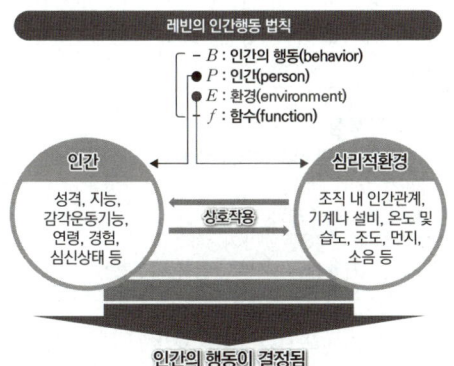

참고 산업안전기사 필기 p.1-77(7. K.Lewin의 법칙)

KEY
① 2016년 10월 1일 기사 출제
② 2017년 5월 7일, 8월 26일, 9월 23일 기사 출제
③ 2018년 3월 4일(문제 4번), 9월 15일 출제
④ 2019년 4월 27일, 8월 4일, 9월 21일 산업기사 출제

10 하인리히의 재해발생 이론이 다음과 같이 표현될 때, α가 의미하는 것으로 옳은 것은?

재해의 발생 = 설비적 결함 + 관리적 결함 + α

① 노출된 위험의 상태   ② 재해의 직접원인
③ 물적 불안전 상태   ④ 잠재된 위험의 상태

해설

하인리히(H.W.Heinrich)의 1 : 29 : 300의 법칙
① 재해의 발생 = 물적 불안전 상태 + 인적 불안전 행동 + α
  = 설비적 결함 + 관리적 결함 + α
② $\alpha = \dfrac{1}{1 + 29 + 300} = \dfrac{1}{330}$
② 숨은 위험한 요인(잠재된 위험의 상태)
③ 재해건수 = 1 + 29 + 300 = 330[건]

참고 산업안전기사 필기 p.3-33(1. 하인리히의 1 : 29 : 300)

KEY 2017년 8월 26일 출제

11 인간의 동작특성 중 판단과정의 착오요인이 아닌 것은?

① 합리화   ② 정서불안정
③ 자신과잉   ④ 정보부족

해설

착오요인
(1) 인지과정착오
  ① 생리·심리적 능력의 한계
  ② 정보수용능력의 한계
  ③ 감각차단현상
  ④ 정서불안정 등 심리적 요인
(2) 판단과정착오
  ① 합리화
  ② 능력부족
  ③ 정보부족
  ④ 자신과잉(과신)
(3) 조작과정착오
  판단한 내용에 따라 실제 동작하는 과정에서의 착오

참고 산업안전기사 필기 p.1-92(2. 인간의 착오요인)

KEY
① 2016년 5월 8일 기사·산업기사 동시 출제
② 2017년 3월 5일, 9월 23일 기사 출제
③ 2018년 4월 28일 산업기사 출제
④ 2020년 8월 23일 산업기사 출제

[정답] 08 ④   09 ③   10 ④   11 ②

과년도 출제문제

12 다음 설명의 학습지도 형태는 어떤 토의법 유형인가?

> 6-6회의라고도 하며, 6명씩 소집단으로 구분하고, 집단별로 각각의 사회자를 선발하여 6분간씩 자유토의를 행하여 의견을 종합하는 방법

① 포럼(Forum)
② 버즈세션(Buzz session)
③ 케이스 메소드(Case method)
④ 패널 디스커션(Panel discussion)

해설
Buzz session(6-6회의)

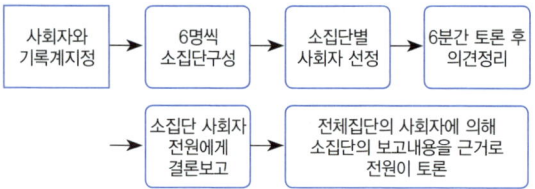

참고 산업안전기사 필기 p.1-144(6. 버즈세션)

KEY ① 2016년 3월 6일 기사 출제
② 2017년 8월 26일 기사 출제
③ 2019년 8월 4일 산업기사 출제

보충학습
Buzz session : 벌이 윙윙 소리를 내며 6명은 벌집을 의미

13 다음 중 브레인 스토밍의 4원칙과 가장 거리가 먼 것은?

① 자유로운 비평
② 자유분방한 발언
③ 대량적인 발언
④ 타인 의견의 수정 발언

해설
BS의 4원칙
① 비판금지(criticism is ruled out) : 좋다, 나쁘다 비판은 하지 않는다.
② 자유분방(free wheeling) : 마음대로 자유로이 발언한다.
③ 대량발언(quantity is wanted) : 무엇이든 좋으니 많이 발언한다.
④ 수정발언(combination and improvement of thought) : 타인의 생각에 동참하거나 보충 발언해도 좋다.

참고 산업안전기사 필기 p.1-14(3. BS의 4원칙)

KEY ① 2017년 8월 26일 기사 출제
② 2017년 9월 23일 산업기사 출제
③ 2018년 8월 19일 기사 출제
④ 2019년 4월 27일 기사 출제
⑤ 2020년 6월 7일 기사 출제

14 다음 중 산업재해의 원인으로 간접적 원인에 해당되지 않는 것은

① 기술적 원인
② 물적 원인
③ 관리적 원인
④ 교육적 원인

해설
산업재해원인

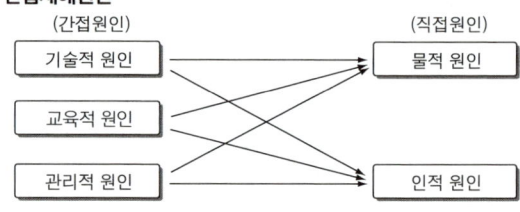

[그림] 직·간접재해원인 비교

참고 산업안전기사 필기 p.3-30(1. 산업재해의 직·간접원인)

KEY ① 2017년 5월 7일 산업기사 출제
② 2018년 4월 28일 기사 출제
③ 2019년 4월 27일 기사 출제

15 다음 중 안전교육의 형태 중 OJT(On The Job of Training) 교육에 대한 설명과 가장 거리가 먼 것은?

① 다수의 근로자에게 조직적 훈련이 가능하다.
② 직장의 실정에 맞게 실제적인 훈련이 가능하다.
③ 훈련에 필요한 업무의 지속성이 유지된다.
④ 직장의 직속상사에 의한 교육이 가능하다.

해설
OFF JT 교육의 특징
① 다수의 근로자에게 조직적 훈련을 행하는 것이 가능하다.
② 훈련에만 전념하게 된다.
③ 각자 전문가를 강사로 초청하는 것이 가능하다.
④ 특별 설비기구를 이용하는 것이 가능하다.
⑤ 각 직장의 근로자가 많은 지식이나 경험을 교류할 수 있다.
⑥ 교육 훈련 목표에 대하여 집단적 노력이 흐트러질 수 있다.

참고 산업안전기사 필기 p.1-142(1. OJT와 OFF JT)

KEY ① 2016년 10월 1일 기사 출제
② 2017년 3월 5일, 5월 7일 기사 출제
③ 2017년 9월 23일 기사·산업기사 동시 출제
④ 2018년 3월 4일 기사 출제
⑤ 2018년 8월 19일, 9월 15일 기사·산업기사 동시 출제
⑥ 2019년 3월 3일 기사·산업기사 동시 출제
⑦ 2019년 4월 27일 기사 출제
⑧ 2020년 6월 14일, 8월 23일 산업기사 출제

[**정답**] 12 ② 13 ① 14 ② 15 ①

16. 산업안전보건법령상 안전보건관리책임자 등에 대한 교육시간 기준으로 틀린 것은?

① 보건관리자, 보건관리전문기관의 종사자 보수교육 : 24시간 이상
② 안전관리자, 안전관리전문기관의 종사자 신규교육 : 34시간 이상
③ 안전보건관리책임자, 보수교육 : 6시간 이상
④ 건설재해예방전문지도기관의 종사자 신규교육 : 24시간 이상

해설

안전보건관리책임자 등에 대한 교육시간

교육대상	교육시간	
	신규교육	보수교육
① 안전보건관리책임자	6시간 이상	6시간 이상
② 안전관리자, 안전관리전문기관의 종사자	34시간 이상	24시간 이상
③ 보건관리자, 보건관리전문기관의 종사자	34시간 이상	24시간 이상
④ 건설재해예방 전문지도기관의 종사자	34시간 이상	24시간 이상
⑤ 석면조사기관의 종사자	34시간 이상	24시간 이상
⑥ 안전보건관리담당자	–	8시간 이상
⑦ 안전검사기관, 자율안전검사기관의 종사자	34시간 이상	24시간 이상

참고 산업안전기사 필기 p.1-162(3. 안전보건관리책임자 등에 대한 교육시간)

KEY 2017년 5월 7일 기사 출제

정보제공
산업안전보건법 시행규칙 [별표 4] 안전보건교육 교육과정별 교육시간

17. 안전점검의 종류 중 태풍, 폭우 등에 의한 침수, 지진 등의 천재지변이 발생한 경우나 이상사태 발생 시 관리자나 감독자가 기계·기구, 설비 등의 기능상 이상 유무에 대하여 점검하는 것은?

① 일상점검 ② 정기점검
③ 특별점검 ④ 수시점검

해설

특별점검
① 기계·기구 또는 설비의 신설·변경 또는 중대재해 발생 직후 등 고장 수리 등으로 비정기적인 특정 점검을 말하며 기술 책임자가 실시한다.
② 산업안전 보건강조기간에도 실시

참고 산업안전기사 필기 p.3-49(3. 특별점검)

KEY
① 2018년 4월 28일 기사 출제
② 2019년 3월 3일 기사 출제
③ 2019년 8월 4일 기사 출제
④ 2020년 6월 14일 산업기사 출제

18. 산업안전보건법령상 안전보건표지의 종류 중 다음 표지의 명칭은? (단, 마름모 테두리는 빨간색이며, 안의 내용은 검은색이다.)

① 폭발성물질 경고 ② 산화성물질 경고
③ 부식성물질 경고 ④ 급성독성물질 경고

해설

경고표지

인화성 물질경고	산화성 물질경고	폭발성 물질경고	급성독성 물질경고	부식성 물질경고	방사성 물질경고

참고 산업안전기사 필기 p.1-61(4. 안전보건표지의 종류와 형태)

KEY
① 2017년 9월 23일 기사 출제
② 2018년 3월 4일 기사 출제
③ 2019년 4월 27일 기사 출제

정보제공
산업안전보건법 시행규칙 [별표 6] 안전보건표지의 종류와 형태

19. 재해분석도구 중 재해발생의 유형을 어골상(魚骨象)으로 분류하여 분석하는 것은?

① 파레토도 ② 특성요인도
③ 관리도   ④ 클로즈분석

해설

특성요인도
① 특성과 요인관계를 어골상(魚骨象)으로 세분하여 연쇄관계를 나타내는 방법
② 원인요소와의 관계를 상호의 인과관계만으로 결부
③ 재해사례연구시 사실확인에 적합

[정답] 16 ④ 17 ③ 18 ④ 19 ②

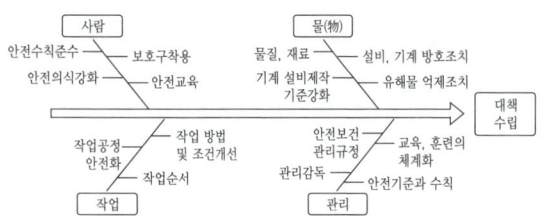

[그림] 특성요인도

> 참고 | 산업안전기사 필기 p.3-3(2. 특성요인도)

> KEY | ① 2016년 5월 8일 기사 출제
> ② 2017년 3월 5일 기사 출제
> ③ 2019년 4월 27일 기사 출제

20 다음 중 재해예방의 4원칙과 관련이 가장 적은 것은?

① 모든 재해의 발생 원인은 우연적인 상황에서 발생한다.
② 재해손실은 사고가 발생할 때 사고 대상의 조건에 따라 달라진다.
③ 재해예방을 위한 가능한 안전대책은 반드시 존재한다.
④ 재해는 원칙적으로 원인만 제거되면 예방이 가능하다.

> 해설
> **하인리히 산업재해예방의 4원칙**
> ① 예방가능의 원칙
>   천재지변을 제외한 모든 인재는 예방이 가능하다.
> ② 손실우연의 원칙
>   사고의 결과 손실의 유무 또는 대소는 사고 당시의 조건에 따라 우연적으로 발생한다.
> ③ 원인연계(계기)의 원칙
>   사고에는 반드시 원인이 있고 원인은 대부분 복합적 연계 원인이다.
> ④ 대책선정의 원칙
>   사고의 원인이나 불안전 요소가 발견되면 반드시 대책은 선정 실시되어야 하며 대책선정이 가능하다. 대책은 재해방지의 세 기둥이라고 할 수 있다.

> 참고 | 산업안전기사 필기 p.3-35(6. 하인리히 산업재해예방의 4원칙)

> KEY | ① 2016년 5월 8일 기사 출제
> ② 2017년 3월 5일 기사 출제
> ③ 2019년 4월 27일 기사 출제

2 인간공학 및 위험성 평가·관리

21 후각적 표시장치(olfactory display)와 관련된 내용으로 옳지 않은 것은?

① 냄새의 확산을 제어할 수 없다.
② 시각적 표시장치에 비해 널리 사용되지 않는다.
③ 냄새에 대한 민감도의 개별적 차이가 존재한다.
④ 경보 장치로서 실용성이 없기 때문에 사용되지 않는다.

> 해설
> **후각적 표시장치 특징**
> ① 표시장치로서의 활용은 저조
>   ㉮ 심한 개인차
>   ㉯ 코막힘 등으로 민감도 저하
>   ㉰ 가장 피로해 지기 쉬운 기관
>   ㉱ 냄새의 확산 통제가 곤란
> ② 경보장치로 활용
>   ㉮ gas 회사의 gas 누출 탐지(부취제)
>   ㉯ 광산의 탈출 신호용

22 HAZOP 기법에서 사용하는 가이드 워드와 의미가 잘못 연결된 것은?

① No/Not – 설계 의도의 완전한 부정
② More/Less – 정량적인 증가 또는 감소
③ Part of – 성질상의 감소
④ Other than – 기타 환경적인 요인

> 해설
> OTHER THAN : 완전한 대체를 의미

> 참고 | 산업안전기사 필기 p.2-41(2. 유인어)

> KEY | ① 2016년 5월 8일 기사 출제
> ② 2018년 3월 4일(문제 37번) 출제

[정답] 20 ① 21 ④ 22 ④

23 그림과 같은 FT도에서 $F_1=0.015$, $F_2=0.02$, $F_3=0.05$ 이면, 정상사상 T가 발생할 확률은 약 얼마인가?

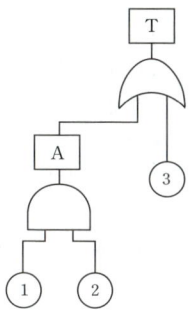

① 0.0002
② 0.0283
③ 0.0503
④ 0.9500

해설

발생확률
$T=1-(1-A)(1-③)=1-(1-0.0003)(1-0.05)$
$\quad=0.050285≒0.0503$
$A=①×②=0.015×0.02=0.0003$

KEY 2019년 9월 21일 (문제 41번) 출제

24 다음은 유해위험방지계획서의 제출에 관한 설명이다. ( ) 안의 들어갈 내용으로 옳은 것은?

[다음]
산업안전보건법령상 "대통령령으로 정하는 사업의 종류 및 규모에 해당하는 사업으로서 해당 제품의 생산공정과 직접적으로 관련된 건설물·기계·기구 및 설비 등 일체를 설치·이전하거나 그 주요 구조부분을 변경하려는 경우"에 해당하는 사업주는 유해위험방지계획서에 관련 서류를 첨부하여 해당작업 시작 (㉠) 까지 공단에 (㉡) 부를 제출하여야 한다.

① ㉠ : 7일 전,   ㉡ : 2
② ㉠ : 7일 전,   ㉡ : 4
③ ㉠ : 15일 전, ㉡ : 2
④ ㉠ : 15일 전, ㉡ : 4

해설

유해위험방지계획서 제출기간
① 제조업 : 해당작업시작 15일 전까지
② 건설업 : 해당공사착공 전날 까지
③ 제출기관 및 부수 : 한국산업안전보건공단, 2부

KEY 2015년 5월 31일(문제 28번) 출제

정보제공 산업안전보건법 시행규칙 제42조(제출서류등)

25 차폐효과에 대한 설명으로 옳지 않은 것은?

① 차폐음과 배음의 주파수가 가까울 때 차폐효과가 크다.
② 헤어드라이어 소음 때문에 전화 음을 듣지 못한 것과 관련이 있다.
③ 유의적 신호와 배경 소음의 차이를 신호/소음(S/N) 비로 나타낸다.
④ 차폐효과는 어느 한 음 때문에 다른 음에 대한 감도가 증가되는 현상이다.

해설

masking(은폐 : 차폐)현상
dB이 높은 음과 낮은 음이 공존할 때 낮은 음이 강한 음에 가로막혀 숨겨져 들리지 않게 되는 현상

참고 산업안전기사 필기 p.2-173(합격날개 : 합격예측)

KEY ① 2017년 5월 7일 산업기사 출제
② 2019년 9월 21일(문제 58번) 출제

26 그림과 같이 FTA로 분석된 시스템에서 현재 모든 기본사상에 대한 부품이 고장난 상태이다. 부품 X_1부터 부품 X_5 까지 순서대로 복구한다면 어느 부품을 수리 완료하는 시점에서 시스템이 정상가동 되는가?

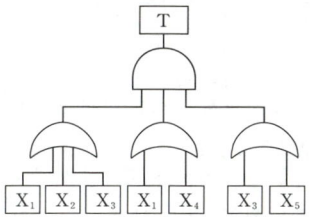

① 부품 X_2
② 부품 X_3
③ 부품 X_4
④ 부품 X_5

[정답] 23 ③ 24 ③ 25 ④ 26 ②

해설

시스템 복구
① 부품 X₃를 수리하며 3개의 OR 게이트가 모두 정상으로 바뀐다.(이유 : OR 게이트는 요소 중 하나가 정상이면 전체 시스템이 정상이 된다.)
② 3개의 OR 게이트가 AND 게이트로 연결되어 있으므로 OR 게이트 3개가 모두 정상이면 전체 시스템은 정상이 된다.
③ 부품 X₃를 수리하는 순간부터 전체 시스템이 정상이 된다.

참고 산업안전기사 필기 p.2-77(합격날개 : 은행문제2)

KEY 2017년 3월 5일(문제 37번) 출제

---

27 인간이 기계보다 우수한 기능으로 옳지 않은 것은? (단, 인공지능은 제외한다.)

① 암호화된 정보를 신속하게 대량으로 보관할 수 있다.
② 관찰을 통해서 일반화하여 귀납적으로 추리한다.
③ 항공사진의 피사체나 말소리처럼 상황에 따라 변화하는 복잡한 자극의 형태를 식별할 수 있다.
④ 수신 상태가 나쁜 음극선관에 나타나는 영상과 같이 배경 잡음이 심한 경우에도 신호를 인지할 수 있다.

해설

인간이 현존하는 기계를 능가하는 기능
① 저에너지의 자극을 감지하는 기능
② 복잡 다양한 자극의 형태를 식별하는 기능
③ 예기치 못한 사건들을 감지하는 기능(예감, 느낌)
④ 다량의 정보를 장시간 기억하고 필요시 내용을 회상하는 기능
⑤ 관찰을 일반화하여 귀납적으로 추리하는 기능
⑥ 원칙을 적용하여 다양한 문제를 해결하는 기능
⑦ 어떤 운용 방법이 실패할 경우 다른 방법을 선택(융통성)
⑧ 다양한 경험을 토대로 의사 결정, 상황적인 요구에 따라 적응적인 결정, 비상사태시 임기응변
⑨ 주관적으로 추산하고 평가하는 기능
⑩ 문제 해결에 있어서 독창력을 발휘하는 기능
⑪ 과부하(overload) 상태에서는 중요한 일에만 전념하는 기능

참고 ① 산업안전기사 필기 p.2-11(표 : 인간과 기계의 기능비교)
② 산업안전기사 필기 p.2-26(문제 12번) 적중

KEY ① 2018년 4월 28일 기사 출제
② 2018년 8월 19일 기사 출제
③ 2018년 9월 15일 (문제 55번) 출제

---

28 THERP(Technique for human error rate prediction)의 특징에 대한 설명으로 옳은 것을 모두 고른 것은?

[다음]
㉠ 인간-기계 계(system)에서 여러가지 인간의 에러와 이에 의해 발생할 수 있는 위험성의 예측과 개선을 위한 기법
㉡ 인간의 과오를 정성적으로 평가하기 위하여 개발된 기법
㉢ 가지처럼 갈라지는 형태의 논리구조와 나무 형태의 그래프를 이용

① ㉠, ㉡
② ㉠, ㉢
③ ㉡, ㉢
④ ㉠, ㉡, ㉢

해설

THERP : 정량적 평가

참고 산업안전기사 필기 p.2-53(3. THERP)

KEY ① 2017년 3월 5일 산업기사 출제
② 2017년 9월 23일 기사 출제

---

29 설비의 고장과 같이 발생확률이 낮은 사건의 특정시간 또는 구간에서의 발생횟수를 측정하는데 가장 적합한 확률분포는?

① 이항분포(Binomial distribution)
② 푸아송분포(Poisson distribution)
③ 와이블분포(Weibull distribution)
④ 지수분포(Exponential distribution)

해설

푸아송 분포(Poisson distributtion)
① 단위 시간안에 어떤 사건이 몇 번 발생할 것인지를 표현하는 이산 확률분포
② 푸아송 분포는 18세기에 시메옹 드니 푸아송의 1838년 "민사사건과 형사사건 재판의 확률에 관한 연구"라는 논문을 통해 알려졌다.

참고 산업안전기사 필기 p.2-65(합격날개 : 합격예측)

KEY ① 2012년 5월 20일(문제 54번)출제
② 2014년 1회 출제
③ 2019년 9월 21일 (문제 49번) 출제

[정답] 27 ① 28 ② 29 ②

30 인간공학을 기업에 적용할 때의 기대효과로 볼 수 없는 것은?

① 노사 간의 신뢰 저하
② 작업손실시간의 감소
③ 제품과 작업의 질 향상
④ 작업자의 건강 및 안전 향상

해설

인간공학의 기업적용에 따른 기대 효과
① 생산성의 향상
② 작업자의 건강 및 안전 향상
③ 직무 만족도의 향상
④ 제품과 작업의 질 향상
⑤ 이직률 및 작업손실시간의 감소
⑥ 산재손실비용의 감소
⑦ 기업 이미지와 상품선호도 향상
⑧ 노사간의 신뢰 구축
⑨ 선진 수준의 작업환경과 작업조건을 마련함으로써 국제적 경제력의 확보

참고) 산업안전기사 필기 p.2-5(4. 인간공학의 가치 및 효과)

KEY▶ 2017년 3월 5일 (문제 34번) 출제

---

31 인간 에러(human error)에 관한 설명으로 틀린 것은?

① omission errors : 필요한 작업 또는 절차를 수행하지 않는데 기인한 에러
② commission errors : 필요한 작업 또는 절차의 수행지연으로 인한 에러
③ extraneous errors : 불필요한 작업 또는 절차를 수행함으로써 기인한 에러
④ sequential errors : 필요한 작업 또는 절차의 순서 착오로 인한 에러

해설

누락오류, 작위오류
① 생략에러(Omission Errors : 부작위 실수) : 직무 또는 어떤 단계를 수행치 않음(누락오류)
② 실행에러(Commission error : 작위 실수) : 직무의 불확실한 수행 (선택, 순서, 시간, 정성적 착오)

참고) 산업안전기사 필기 p.2-20(2. 형태적 특성)

KEY▶ ① 2017년 8월 26일 출제
② 2018년 4월 28일(문제 33번) 출제

---

32 눈과 물체의 거리가 23[cm], 시선과 직각으로 측정한 물체의 크기가 0.03[cm] 일 때 시각(분)은 얼마인가?(단, 시각은 600 이하이며, radian 단위를 분으로 환산하기 위한 상수값은 57.3과 60을 모두 적용하여 계산하도록 한다.)

① 0.001
② 0.007
③ 4.48
④ 24.55

해설

시각(분) 계산

$$시각(분) = \frac{57.3 \times 60 \times L}{D} = \frac{57.3 \times 60 \times 0.03}{23} = 4.484 ≒ 4.48$$

① D : 물체와 눈 사이의 거리
② L : 시선과 직각으로 측정한 물체의 크기

참고) 산업안전기사 필기 p.2-172(6. 시력)

---

33 산업안전보건기준에 관한 규칙상 "강렬한 소음작업"에 해당하는 기준은?

① 85데시벨 이상의 소음이 1일 4시간 이상 발생하는 작업
② 85데시벨 이상의 소음이 1일 8시간 이상 발생하는 작업
③ 90데시벨 이상의 소음이 1일 4시간 이상 발생하는 작업
④ 90데시벨 이상의 소음이 1일 8시간 이상 발생하는 작업

해설

음압과 허용노출관계(120[dB] 이상격벽설치)

dB 기준	90	95	100	105	110	115
허용노출시간	8시간	4시간	2시간	1시간	30분	15분

[참고] 강렬한 소음작업의 기준임

참고) 산업안전기사 필기 p.2-172(3. masking 현상)

KEY▶ 2016년 8월 26일 기사·산업기사 동시출제

정보제공
산업안전보건기준에 관한 규칙 제512조(정의)

[정답] 30 ① 31 ② 32 ③ 33 ④

34 컴퓨터 스크린 상에 있는 버튼을 선택하기 위해 커서를 이동시키는데 걸리는 시간을 예측하는 데 가장 적합한 법칙은?

① Fitts의 법칙 ② Lewin의 법칙
③ Hick의 법칙 ④ Weber의 법칙

해설

Fitt's law의 변수 법칙
인간의 제어 및 조정능력을 나타내는 법칙

$$MT = a + b\log_2 \frac{2D}{W}$$

① MT : 동작시간
② a, b : 작업 난이도에 대한 실험상수
③ D : 동작 시발점에서 표적 중심까지의 거리
④ W : 표적의 폭(너비)

참고 ① 산업안전기사 필기 p.2-172(합격날개 : 은행문제)
② 2015년 3월 8일(문제 40번)

KEY ① 2011년 3월 20일(문제 38번)
② 2016년 3월 6일(문제 34번) 출제

보충학습

Fitts 법칙
① 동작 거리와 동작 대상인 과녁의 크기에 따라 요구되는 정밀도가 동작시간에 영향을 미칠 것임을 직관적으로 알 수 있다.
② 거리가 멀고 과녁이 작을수록 동작에 걸리는 시간이 길어진다.
③ Fitts의 법칙에 따르면 동작 시간은 과녁이 일정할 때 거리의 로그 함수이고, 거리가 일정할 때는 동작거리의 로그 함수이다.

35 직무에 대하여 청각적 자극 제시에 대한 음성 응답을 하도록 할 때 가장 관련 있는 양립성은?

① 공간적 양립성
② 양식 양립성
③ 운동 양립성
④ 개념적 양립성

해설

양립성(compatibility)
정보입력 및 처리와 관련한 양립성은 인간의 기대와 모순되지 않는 자극 반응조합의 관계를 말하는 것

참고 산업안전기사 필기 p.2-179(6. 양립성)

KEY ① 2018년 3월 4일 산업기사 출제
② 2018년 4월 28일 기사·산업기사 동시 출제

보충학습
양립성의 종류

종류	특징
공간(spatial)	표시장치나 조종장치에서 물리적 형태 및 공간적 배치
운동(movement)	표시장치의 움직이는 방향과 조종장치의 방향이 사용자의 기대와 일치
개념(conceptual)	이미 사람들이 학습을 통해 알고있는 개념적 연상
양식(modality)	직무에 맞는 응답양식 존재 예 청각적 자극 제시

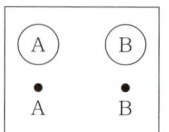 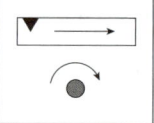 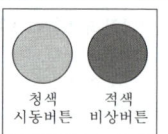

[그림1] 공간 양립성 [그림2] 운동 양립성 [그림3] 개념 양립성

36 NIOSH lifting guideline에서 권장무게한계(RWL) 산출에 사용되는 계수가 아닌 것은?

① 휴식 계수 ② 수평 계수
③ 수직 계수 ④ 비대칭 계수

해설

권장무게한계(RWL : Recommended Weight Limit)
RWL = LC × HM × VM × DM × AM × FM × CM
• LC = 부하상수 = 23[kg]
• HM = 수평계수 = 25/H
• VM = 수직계수 = 1 − (0.003 × |V − 75|)
• DM = 거리계수 = 0.82 + (4.5/D)
• AM = 비대칭계수 = 1 − (0.0032 × A)
• FM = 빈도계수(표 이용)
• CM = 결합계수(표 이용)

참고 산업안전기사 필기 p.2-168(합격날개 : 합격예측)

㈜ NIOSH : 미국 국립산업안전보건연구원

37 Sanders와 McCormick의 의자 설계의 일반적인 원칙으로 옳지 않은 것은?

① 요부 후만을 유지한다.
② 조정이 용이해야 한다.
③ 등근육의 정적부하를 줄인다.
④ 디스크가 받는 압력을 줄인다.

[**정답**] 34 ① 35 ② 36 ① 37 ①

> **해설**
>
> **의자설계의 인간공학적 원리**
> ① 쉽게 조절할 수 있도록 한다.
> ② 추간판의 압력을 줄일 수 있도록 한다.
> ③ 등근육의 정적 부하를 줄일 수 있도록 한다.
>
> **참고** ① 산업안전기사 필기 p.2-161(3. 의자의 설계원칙)
> ② 산업안전기사 필기 p.2-161(은행문제 1, 2)
>
> **KEY** ① 2013년 6월 2일(문제 25번) 출제
> ② 2016년 5월 8일 산업기사 출제
> ③ 2017년 5월 7일(문제 51번) 출제

38 화학설비의 안정성 평가에서 정량적 평가의 항목에 해당되지 않는 것은?

① 훈련   ② 조작
③ 취급물질 ④ 화학설비용량

> **해설**
>
> **3단계 : 정량적 평가항목**
> ① 해당 화학설비의 취급물질
> ② 해당 화학설비의 용량
> ③ 온도
> ④ 압력
> ⑤ 조작
>
> **참고** 산업안전기사 필기 p.2-36(3. 3단계)
>
> **KEY** ① 2016년 3월 6일 기사 출제
> ② 2019년 3월 3일 산업기사 출제
> ③ 2019년 4월 27일 (문제 26번) 출제

39 [그림]과 같이 신뢰도 95[%]인 펌프 A가 각각 신뢰도 90[%]인 밸브 B와 밸브 C의 병렬밸브계와 직렬계를 이룬 시스템의 실패 확률은 약 얼마인가?

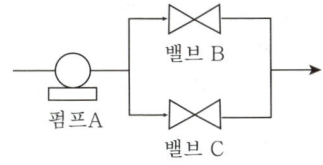

① 0.0091   ② 0.0595
③ 0.9405   ④ 0.9811

> **해설**
>
> **실패확률**
> ① 성공확률(R_s) = A × [1−(1−B)(1−C)]
>   = 0.95 × [1−(1−0.9)(1−0.9)] = 0.9405
> ② 실패확률 = 1−성공확률 = 1−0.9405 = 0.0595
>
> **KEY** 2014년 9월 20일(문제 45번) 출제

40 FTA에서 사용되는 최소 컷셋에 관한 설명으로 옳지 않은 것은?

① 일반적으로 Fussell Algorithm을 이용한다.
② 정상사상(Top event)을 일으키는 최소한의 집합이다.
③ 반복되는 사건이 많은 경우 Limnios와 Ziani Algorithm을 이용하는 것이 유리하다.
④ 시스템에 고장이 발생하지 않도록 하는 모든 사상의 집합이다.

> **해설**
>
> **최소컷셋(minimal cut set)**
> ① 어떤 고장이나 실수를 일으키면 재해가 일어날까 하는 식으로 결국은 시스템의 위험성(반대로 말하면 안전성)을 표시하는 것
> ② 컷셋 중 타 컷셋을 배제하고 남은 컷셋
>
> **참고** 산업안전기사 필기 p.2-77(합격날개 : 합격예측)
>
> **KEY** ① 2017년 5월 7일 기사 출제
> ② 2017년 9월 23일 기사 출제
> ③ 2018년 3월 4일 산업기사 출제
> ④ 2018년 4월 28일 산업기사 출제
>
> **보충학습**
> **최소패스셋(minimal path set)** : 어떤 고장이나 실수를 일으키지 않으면 재해는 일어나지 않는다고 하는 것. 즉 시스템의 신뢰성을 나타낸다.

3 기계·기구 및 설비안전관리

41 산업안전보건법령상 형삭기(slotter, shaper)의 주요 구조부로 가장 거리가 먼 것은?

① 공구대   ② 공작물 테이블
③ 램   ④ 아버

[정답] 38 ① 39 ② 40 ④ 41 ④

해설
셰이퍼의 구조

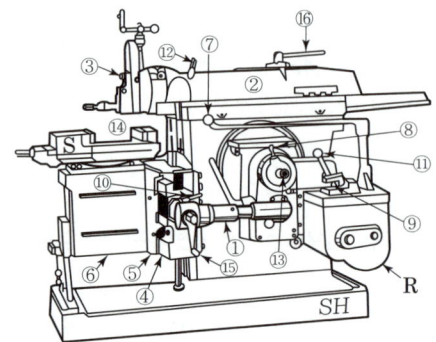

① 직주(直柱 : pillar or column)
② 램
③ 셰이퍼 공구대
④ 횡주(橫柱 : cross rail)
⑤ 새들(saddle)
⑥ 테이블
⑦ 기동(起動) 레버
⑧ 이송용 레버
⑨ 변환기어 레버
⑩ 이송 방향 조절 레버
⑪ 백기어 레버
⑫ 램(ram) 위치 지정축
⑬ 스트로크 조정 장치
⑭ 바이스
⑮ 기어상자
⑯ 램 고정용 레버

[그림] 셰이퍼(shaper)

〔참고〕 산업안전기사 필기 p.3-85(2. 셰이퍼)

---

42 둥근톱기계의 방호장치 중 반발예방장치의 종류로 틀린 것은?

① 분할날
② 반발방지 기구(finger)
③ 보조 안내판
④ 안전덮개

해설
둥근톱기계의 반발예방장치 종류
① 반발방지 발톱(finger)
② 분할날(spreader)
③ 반발방지롤(roll)

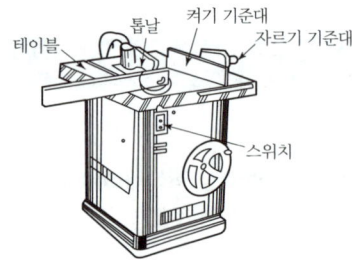

[그림] 목재가공용 둥근톱

〔참고〕 산업안전기사 필기 p.3-129(합격날개 : 합격예측)

KEY ▶ 2016년 5월 8일 산업기사 출제

---

43 크레인의 사용 중 하중의 정격을 초과하였을 때 자동적으로 상승이 정지되는 장치는?

① 해지장치
② 이탈방지장치
③ 아우트리거
④ 과부하방지장치

해설
과부하방지장치 안전기준
① 양중기에 있어서 정격하중 이상의 하중이 부하되었을 경우 자동적으로 동작을 정지시켜주는 방호장치를 말한다.
② 과부하방지장치는 정격하중의 1.1배 권상 시 경보와 함께 권상동작이 정지되고 횡행과 주행동작이 불가능한 구조이어야 한다. 다만, 타워크레인은 정격하중의 1.05배 이내로 한다.
③ 과부하방지장치 작동 시 경보음과 경보램프가 작동되어야 하며 양중기는 작동이 되지 않아야 한다. 다만, 크레인은 과부하 상태 해지를 위하여 권상된 만큼 권하시킬 수 있다.
④ 과부하방지장치에는 정상동작상태의 녹색램프와 과부하 시 경고 표시를 할 수 있는 붉은색램프와 경보음을 발하는 장치 등을 갖추어야 하며, 양중기 운전자가 확인할 수 있는 위치에 설치해야 한다.

〔참고〕 산업안전기사 필기 p.3-141(합격날개 : 합격예측 및 관련법규)

KEY ▶ ① 2017년 5월 7일 산업기사 출제
② 2017년 8월 26일 산업기사 출제
③ 2020년 6월 7일 기사 출제

〔합격정보〕
산업안전보건기준에 관한 규제 제134조(방호장치의 조정)

---

44 산업안전보건법령상 아세틸렌 용접장치를 사용하여 금속의 용접·용단 또는 가열작업을 하는 경우 게이지 압력은 얼마를 초과하는 압력의 아세틸렌을 발생시켜 사용하면 안 되는가?

① 98[kPa]
② 127[kPa]
③ 147[kPa]
④ 196[kPa]

해설
아세틸렌용접장치게이지 압력기준 : 127[kPa] 초과금지

〔참고〕 산업안전기사 필기 p.3-113(합격날개 : 합격예측 및 관련법규)

KEY ▶ ① 2017년 3월 5일 기사 출제
② 2018년 3월 4일 기사 출제

〔합격정보〕
산업안전보건기준에 관한 규칙 제285조(압력의 제한)

〔보충학습〕
일반적인 기준
① 대기압 : 약 101.325[kPa]
② 대기압의 1.3배까지만 허용

[정답] 42 ④ 43 ④ 44 ②

45 산업안전보건법령상 컨베이어를 사용하여 작업을 할 때 작업시작 전 점검사항으로 가장 거리가 먼 것은?

① 원동기 및 풀리(pulley) 기능의 이상 유무
② 이탈 등의 방지장치 기능의 이상 유무
③ 유압장치의 기능의 이상 유무
④ 비상정지장치 기능의 이상 유무

해설

컨베이어 등을 사용하여 작업할 때 작업시작전 점검사항
① 원동기 및 풀리기능의 이상유무
② 이탈 등의 방지장치 기능의 이상유무
③ 비상정지장치 기능의 이상유무
④ 원동기·회전축·기어 및 풀리 등의 덮개 또는 울 등의 이상유무

참고 산업안전기사 필기 p.3-52(표 : 작업시작전 점검사항)

KEY ① 2017년 8월 26일 기사 출제
② 2018년 3월 4일 산업기사 출제
③ 2018년 8월 19일 산업기사 출제

합격정보
산업안전보건기준에 관한 규칙 [별표 3] 작업시작전 점검사항

---

46 선반 작업 시 안전수칙으로 가장 적절하지 않은 것은?

① 기계에 주유 및 청소 시 반드시 기계를 정지시키고 한다.
② 칩 제거 시 브러시를 사용한다.
③ 바이트에는 칩 브레이커를 설치한다.
④ 선반의 바이트는 끝을 길게 장착한다.

해설

선반 바이트 끝은 짧게 장착한다.

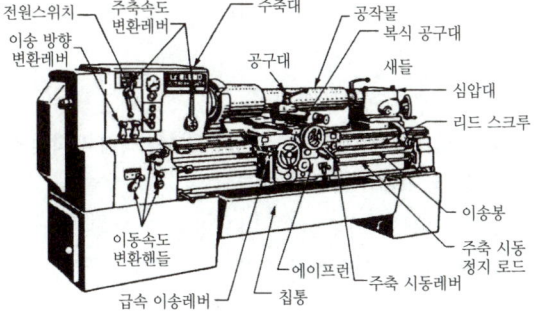

[그림] 선반의 각부 명칭

참고 산업안전기사 필기 p.3-80(4. 선반작업 시 안전수칙)

KEY ① 2016년 5월 8일 산업기사 출제
② 2020년 6월 7일 기사 출제
③ 2020년 6월 14일 산업기사 출제

---

47 산업안전보건법령상 보일러의 과열을 방지하기 위하여 최고사용압력과 상용압력사이에서 보일러의 버너 연소를 차단하여 정상 압력으로 유도하는 방호장치로 가장 적절한 것은?

① 압력방출장치   ② 고저수위조절장치
③ 언로우드밸브   ④ 압력제한스위치

해설

압력제한 스위치
① 보일러의 과열방지를 위해 최고사용압력과 상용압력 사이에서 버너 연소를 차단할 수 있도록 압력제한스위치 부착 사용
② 압력계가 설치된 배관상에 설치

참고 산업안전기사 필기 p.3-120(3. 방호장치의 종류)

합격정보
산업안전보건기준에 관한 규칙 제117조(압력제한스위치)

---

48 산업안전보건법령상 프레스 및 전단기에서 안전 블록을 사용해야 하는 작업으로 가장 거리가 먼 것은?

① 금형 가공작업   ② 금형 해체작업
③ 금형 부착작업   ④ 금형 조정작업

해설

안전블록의 사용 예
① 부착
② 해체
③ 조정

참고 산업안전기사 필기 p.3-96(합격날개 : 합격예측 및 관련법규)

KEY ① 2016년 3월 6일 산업기사 출제
② 2018년 3월 4일 (문제 44번) 출제
③ 2020년 6월 14일 산업기사 출제

합격정보
산업안전보건기준에 관한 규칙 제104조(금형조정작업의 위험방지)

【 정답 】 45 ③   46 ④   47 ④   48 ①

과년도 출제문제

49 롤러기의 가드와 위험점간의 거리가 100[mm]일 경우 ILO 규정에 의한 가드 개구부의 안전간격은?

① 11[mm] ② 21[mm]
③ 26[mm] ④ 31[mm]

해설

개구부 안전간격
$Y = 6 + 0.15X = 6 + 0.15 \times 100 = 21[mm]$
여기서, X : 가드와 위험점간의 거리[mm]
Y : 가드의 개구부간격[mm]

참고 산업안전기사 필기 p.3-110(합격날개 : 참고)

50 프레스 작동 후 슬라이드가 하사점에 도달할 때까지의 소요시간이 0.5[s] 일 때 양수기동식 방호장치의 안전거리는 최소 얼마인가?

① 200[mm] ② 400[mm]
③ 600[mm] ④ 800[mm]

해설

양수기동식 안전거리
① $D_m = 1.6 T_m = 1.6 \times 0.5 = 0.8 \times 1,000 = 800[mm]$
② D_m = 안전거리(단위[mm])
③ T_m = 양손으로 누름단추를 조작하고 슬라이드가 하사점에 도달하기까지의 소요최대시간(단위[ms])

참고 산업안전기사 필기 p.3-101(합격날개 : 합격예측 및 관련법규)

KEY
① 2017년 5월 7일 산업기사 출제
② 2018년 3월 4일 산업기사 출제
③ 2019년 3월 3일 기사 출제

보충학습
① 1.6[m/s] : 손의 속도
② 2020년 제2회 필답형 출제

51 연삭기의 안전작업수칙에 대한 설명 중 가장 거리가 먼 것은?

① 숫돌의 정면에 서서 숫돌 원주면을 사용한다.
② 숫돌 교체시 3분 이상 시운전을 한다.
③ 숫돌의 회전은 최고 사용 원주속도를 초과하여 사용하지 않는다.
④ 연삭숫돌에 충격을 가하지 않는다.

해설

작업자가 숫돌 원주면을 사용 시 측면에 서서 작업하셔야 합니다.

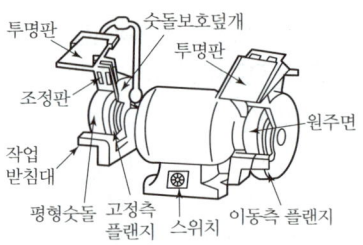

[그림] 탁상용연삭기

참고 산업안전기사 필기 p.3-45(4. 연삭기 구조면에 있어서 안전대책)

KEY
① 2016년 3월 6일 산업기사 출제
② 2020년 6월 7일 기사 출제

52 지게차의 포크에 적재된 화물이 마스트 후방으로 낙하함으로서 근로자에게 미치는 위험을 방지하기 위하여 설치하는 것은?

① 헤드가드 ② 백레스트
③ 낙하방지장치 ④ 과부하방지장치

해설

지게차 구조

[그림] 포크리프트

참고 산업안전기사 필기 p.6-148(합격날개 : 합격예측)

53 산업안전보건법령상 산업용 로봇의 작업 시작전 점검 사항으로 가장 거리가 먼 것은?

① 외부 전선의 피복 또는 외장의 손상 유무
② 압력방출장치의 이상 유무
③ 매니퓰레이터 작동 이상 유무
④ 제동장치 및 비상정지 장치의 기능

[**정답**] 49 ② 50 ④ 51 ① 52 ② 53 ②

해설
로봇의 작동범위 내에서 그 로봇에 관하여 교시 등(로봇의 동력원을 차단하고 행하는 것을 제외한다)의 작업을 할 때 작업시작전 점검사항
① 외부전선의 피복 또는 외장의 손상유무
② 매니퓰레이터(manipulator) 작동의 이상유무
③ 제동장치 및 비상정지장치의 기능

참고) 산업안전기사 필기 p.1-50(표 : 작업시작전 점검사항)

KEY ① 2018년 3월 4일 기사 출제
② 2019년 4월 27일 기사 출제

정보제공
산업안전보건기준에 관한 규칙 [별표 3] 작업시작 전 점검사항

---

54 산업안전보건법령상 산업용 로봇으로 인하여 근로자에게 발생할 수 있는 부상 등의 위험이 있는 경우 위험을 방지하기 위하여 울타리를 설치 할 때 높이는 최소 몇 [m] 이상으로 해야 하는가? (단, 산업표준화법 및 국제적으로 통용되는 안전기준은 제외한다.)

① 1.8　　　　② 2.1
③ 2.4　　　　④ 1.2

해설
산업용 로봇 근로자 보호용 울타리 높이 : 1.8[m] 이상

참고) 산업안전기사 필기 p.3-124(합격날개 : 합격예측 및 관련법규)

KEY ① 2016년 5월 8일 산업기사 출제
② 2017년 5월 8일 기사 출제
③ 2019년 3월 3일 기사출제

정보제공
산업안전보건기준에 관한 규칙 제223조(운전중 위험방지)

보충학습
1.8[m]: 사람이 울타리를 넘기 힘든 높이의 최솟값

---

55 인간이 기계 등의 취급을 잘못해도 그것이 바로 사고나 재해와 연결되는 일이 없는 기능을 의미하는 것은?

① fail safe　　　② fail active
③ fail operational　　④ fool proof

해설
fool proof
① 기계장치 설계단계에서 안전화를 도모하는 것으로 근로자가 기계 등의 취급을 잘 못해도 사고로 연결 되는 일이 없도록 하는 안전기구로 인간과오(human error)를 방지하기 위한 것

② 용도 : 가드(guard), 세이프티블록(safety block : 안전블록), 카메라의 이중 촬영방지기구 등

참고) 산업안전기사 필기 p.3-190(1. 기계·설비의 본질 안전조건)

KEY ① 2016년 3월 6일 산업기사 출제
② 2019년 3월 3일 기사 출제

---

56 산업안전보건법령상 양중기를 사용하여 작업하는 운전자 또는 작업자가 보기 쉬운 곳에 해당 양중기에 대해 표시하여야 할 내용으로 가장 거리가 먼것은?

① 정격하중　　　② 운전 속도
③ 경고 표시　　　④ 최대 인양 높이

해설
양중기 표시 사항
① 정격하중　② 운전 속도　③ 경고 표시

참고) 산업안전기사 필기 p.3-149(합격날개 : 합격예측 및 관련법규)

KEY 2017년 3월 5일 기사 출제

정보제공
산업안전보건기준에 관한 규칙 제133조(정격하중 등의 표시)

---

57 롤러기의 급정지장치에 관한 설명으로 가장 적절하지 않은 것은?

① 복부 조작식은 조작부 중심점을 기준으로 밑면으로부터 1.2~1.4[m] 이내의 높이로 설치한다.
② 손 조작식은 조작부 중심점을 기준으로 밑면으로부터 1.8[m] 이내의 높이로 설치한다.
③ 급정지장치의 조작부에 사용하는 줄은 사용중에 늘어져서는 안 된다.
④ 급정지장치의 조작부에 사용하는 줄은 충분한 인장강도를 가져야 한다.

해설
롤러기 급정지장치 종류

급정지장치 조작부의 종류	위 치
손으로 조작하는 것	밑면으로부터 1.8[m] 이내
복부로 조작하는 것	밑면으로부터 0.8[m] 이상 1.1[m] 이내
무릎으로 조작하는 것	밑면으로부터 0.6[m] 이내

[정답] 54 ①　55 ④　56 ④　57 ①

참고) 산업안전기사 필기 p.3-109(합격날개 : 합격예측 및 관련법규)

KEY ▶ ① 2016년 8월 21일 기사 출제
② 2017년 3월 5일 기사 · 산업기사 동시 출제
③ 2017년 5월 7일 산업기사 출제
④ 2017년 8월 26일 기사 · 산업기사 동시 출제
⑤ 2018년 3월 4일, 4월 28일 산업기사 출제
⑥ 2020년 6월 14일 산업기사 출제

58 다음 중 비파괴검사법으로 틀린 것은?

① 인장검사 ② 자기탐상검사
③ 초음파탐상검사 ④ 침투탐상검사

해설

인장시험(검사)
① 시험편을 시험기에 장착하고 서서히 인장하여 시험편이 파괴될 때까지의 하중과 신장의 관계를 선도(線圖)로 나타낸다.
② 재료의 항복점, 인장강도, 신장, 교축 등을 조사할 목적으로 행하는 파괴시험

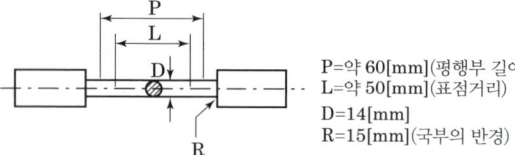

P=약 60[mm] (평행부 길이)
L=약 50[mm] (표점거리)
D=14[mm]
R=15[mm] (국부의 반경)

[그림] 4호 인장시험편

참고) 산업안전기사 필기 p.3-218(1. 파괴시험)

59 다음 중 기계설비에서 반대로 회전하는 두 개의 회전체가 맞닿는 사이에 발생하는 위험점으로 가장 적절한 것은?

① 물림점 ② 협착점
③ 끼임점 ④ 절단점

해설

물림점(Nip-point)
① 회전하는 두 개의 회전체에는 물려 들어가는 위험성이 존재한다.
② 위험점이 발생되는 조건은 회전체가 서로 반대방향으로 맞물려 회전되어야 한다. 예) 롤러와 롤러의 물림, 기어와 기어의 물림 등

참고) 산업안전기사 필기 p.3-14(2. 위험점의 분류)

KEY ▶ ① 2018년 8월 19일 기사 출제
② 2019년 8월 4일 산업기사 출제

60 다음 중 기계 설비의 안전조건에서 안전화의 종류로 가장 거리가 먼 것은?

① 재질의 안전화 ② 작업의 안전화
③ 기능의 안전화 ④ 외형의 안전화

해설

기계의 안전조건
① 외형의 안전화
② 기능의 안전화
③ 구조의 안전화
④ 작업점의 안전화
⑤ 작업의 안전화
⑥ 작업보전의 안전화

참고) 산업안전기사 필기 p.3-26(문제 28번 해설) 적중

4 전기설비 안전관리

61 300[A]의 전류가 흐르는 저압 가공전선로의 1선에서 허용 가능한 누설전류[mA]는?

① 600 ② 450
③ 300 ④ 150

해설

누설전류
① 저압 가공 전선의 누설전류는 최대공급전류의 1/2,000을 넘지 아니하도록 유지하여야 한다.
② $I = 300 \times \dfrac{1}{2,000} = 0.15[A] \times 1,000 = 150[mA]$

참고) 산업안전기사 필기 p.4-30(문제 29번) 적중

KEY ▶ 2018년 8월 19일 출제

62 전기설비 방폭구조의 종류가 아닌 것은?

① 근본 방폭구조
② 압력 방폭구조
③ 안전증 방폭구조
④ 본질안전 방폭구조

[정답] 58 ① 59 ① 60 ① 61 ④ 62 ①

해설

주요 국가 방폭구조의 기호

방폭구조 나라명	내압	유입	압력	안전증	본질 안전	특수	사입
한 국	d	o	p	e	i	s	—
영 국	FLT				ELP		
독 일	Exd	Exo	Exf	Exe	Exi	Exs	Exq
오스트리아	Exd	Exo		Exe	Exi	Exs	Exq
프랑스	—	—	—	—	—	—	—
이태리	Exd	Exo	Exp	Exe	Exi		Exq
스위스	Exd	Exo	Exf	Exe		Exs	
스웨덴	Xt	Xo	Xy	Xh	Xi	Xs	

참고 산업안전기사 필기 p.4-68(문제 11번 적중))

KEY ① 2018년 3월 4일 산업기사 출제
② 2019년 4월 27일 산업기사 출제

합격정보
위험기계·기구방호장치성능검정규정 제52조 (용어의 정의)

---

63 전로에 시설하는 기계·기구의 금속제 외함에 접지공사를 하지않아도 되는 경우로 틀린 것은?

① 저압용의 기계·기구를 건조한 목재의 마루 위에서 취급하도록 시설한 경우
② 외함 주위에 적당한 절연대를 설치한 경우
③ 교류 대지 전압이 360[V] 이하인 기계·기구를 건조한 곳에 시설한 경우
④ 전기용품 및 생활용품 안전관리법의 적용을 받는 2중 절연구조로 되어 있는 기계·기구를 시설하는 경우

해설

접지를 실시하지 않아도 되는 경우
① 「전기용품안전 관리법」에 따른 이중절연구조 또는 이와 같은 수준 이상으로 보호되는 전기기계·기구
② 절연대 위 등과 같이 감전 위험이 없는 장소에서 사용하는 전기기계·기구
③ 비접지방식의 전로(그 전기기계·기구의 전원측의 전로에 설치한 절연변압기의 2차 전압이 300볼트 이하, 정격용량이 3킬로볼트암페어 이하이고 그 절연전압기의 부하측의 전로가 접지되어 있지 아니한 것으로 한정한다)에 접속하여 사용되는 전기기계·기구

합격정보
산업안전보건기준에 관한 규칙 제302조(전기 기계·기구의 접지)

---

64 다음 중 정전기의 발생 현상에 포함되지 않는 것은?

① 파괴에 의한 발생
② 분출에 의한 발생
③ 전도 대전
④ 유동에 의한 대전

해설

정전기 대전의 종류
① 유동정전기 대전
② 분출정전기 대전
③ 마찰정전기 대전
④ 박리정전기 대전
⑤ 파괴정전기 대전
⑥ 충돌정전기 대전
⑦ 교반 또는 침강에 의한 정전기 대전

참고 산업안전기사 필기 p.4-33(2. 정전기 대전)

---

65 방폭 전기기기에 "Ex ia ⅡC T4 Ga"라고 표시되어 있다. 해당 기기에 대한 설명으로 틀린 것은?

① 정상 작동, 예상된 오작동 또는 드문 오작동 중에 점화원이 될 수 없는 "매우 높은" 보호등급의 기기 이다.
② 온도 등급이 T5이므로 최고표면온도가 150[℃]를 초과해서는 안된다.
③ 본질안전 방폭구조로 0종 장소에서 사용이 가능하다.
④ 수소 및 아세틸렌 등의 가스가 존재하는 곳에 사용이 가능하다.

해설

방폭전기기기의 최고표면온도에 따른 분류 : 압력, 유입, 안전증

최고표면온도의 범위[℃]	온도 등급
450 초과	T1
300 초과 450 이하	T2
200 초과 300 이하	T3
135 초과 200 이하	T4
100 초과 135 이하	T5
85 초과 100 이하	T6

참고 산업안전기사 필기 p.4-60(표. 방폭전기기기의 최고표면온도에 따른 분류)

KEY ① 2018년 3월 4일 기사 출제
② 2020년 8월 22일 (문제 74번) 확인

[정답] 63 ③   64 ③   65 ②

과년도 출제문제

66 Dalziel에 의하여 동물실험을 통해 얻어진 전류값을 인체에 적용했을 때 심실세동을 일으키는 전기에너지(J)는 약 얼마인가?(단, 인체 전기저항은 500[Ω]으로 보며, 흐르는 전류 $I = \dfrac{165}{\sqrt{T}}$[mA] 로 한다.)

① 9.8   ② 13.6
③ 19.6   ④ 27

해설

위험한계에너지

인체의 전기저항을 500[Ω]이라 할 때 심실세동을 일으키는 위험한계에너지

$$Q = I^2RT[J/S] = \left(\dfrac{165\sim 185}{\sqrt{T}} \times 10^{-3}\right)^2 \times 500 \times T$$
$$= \dfrac{165^2\sim 185^2}{T} \times 10^{-6} \times 500 \times T$$
$$= 13.61\sim 17.11[J] = 13.6 \times 0.24[cal] = 3.3[cal]$$

참고 산업안전기사 필기 p.4-18(3. 위험한계에너지)

KEY
① 2016년 8월 21일 기사 출제
② 2017년 5월 7일 기사 출제
③ 2018년 3월 4일 기사 출제
④ 2018년 4월 28일 기사·산업기사 동시 출제
⑤ 2018년 8월 19일 기사 출제
⑥ 2019년 3월 3일 기사 출제

67 정전기로 인한 화재 및 폭발을 방지하기 위하여 조치가 필요한 설비가 아닌 것은?

① 드라이클리닝 설비   ② 위험물 건조설비
③ 화약류 제조설비   ④ 위험기구의 제전설비

해설

제전기
① 이온을 이용하여 정전기를 중화시키는 기계
② 제전기의 제전효율은 설치 시에 90[%] 이상 되어야 한다.

참고 산업안전기사 필기 p.4-41(4. 제전현상에 따른 제전기의 선정)

KEY
① 2017년 3월 5일 산업기사 출제
② 2017년 8월 26일 산업기사 출제

68 정전용량 C=20[μF], 방전 시 전압 V=2[kV]일 때 정전에너지 [J]는?

① 40   ② 80
③ 400   ④ 800

해설

정전에너지

$$W = \dfrac{1}{2}CV^2 = \dfrac{1}{2} \times 20 \times 10^{-6} \times 2,000^2 = 40[J]$$

여기서 [μF] = 10^{-6}[F]
E : 정전기 에너지[J]
C : 도체의 정전 용량[F]
V : 대전 전위[V]

참고 산업안전기사 필기 p.4-33(6. 정전기 에너지)

KEY
① 2016년 5월 8일 산업기사 출제
② 2016년 8월 21일 기사 출제
③ 2017년 3월 5일 기사·산업기사 동시출제
④ 2017년 5월 7일 산업기사 출제
⑤ 2018년 8월 4일 기사 출제
⑥ 2019년 8월 4일 기사 출제
⑦ 2020년 6월 7일, 8월 22일 기사 출제

69 피뢰기가 구비하여야 할 조건으로 틀린 것은?

① 제한전압이 낮아야 한다.
② 상용 주파 방전 개시 전압이 높아야 한다.
③ 충격방전 개시전압이 높아야 한다.
④ 속류 차단 능력이 충분하여야 한다.

해설

피뢰기의 성능
① 충격파방전 개시전압이 낮을 것(단, 상용주파 방전개시전압이 높을 것)
② 제한전압이 낮을 것
③ 반복동작이 가능할 것
④ 구조가 견고하고 특성이 변화하지 않을 것
⑤ 점검, 보수가 간단할 것
⑥ 뇌전류에 대한 방전능력이 클 것
⑦ 속류의 차단이 확실할 것(정격전압 : 실효값)

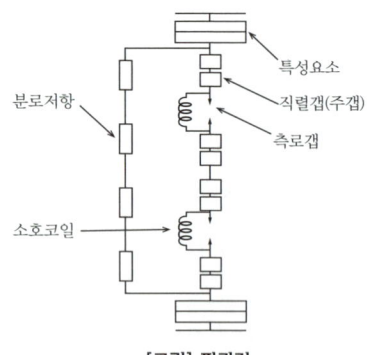

[그림] 피뢰기

참고 산업안전기사 필기 p.4-57(2. 피뢰기에 관한 안전)

[정답] 66 ②　67 ④　68 ①　69 ③

KEY ① 2018년 8월 21일 기사 출제
② 2018년 8월 19일 기사 출제
③ 2019년 8월 4일 기사 출제
④ 2020년 6월 14일 산업기사 출제

70 작업자가 교류전압 7,000[V] 이하의 전로에 활선 근접작업 시 감전사고 방지를 위한 절연용 보호구는?

① 고무절연관
② 절연시트
③ 절연커버
④ 절연안전모

해설
전기작업용 안전용구
① 절연용 보호구 : 7,000[V] 이하 전로의 활선(근접)작업시 감전사고예방을 위해 작업자 몸에 착용하는 것(감전방지용 보호구) 예 ④
② 절연용 방호구 : 활선(근접)작업시 감전사고예방을 위해 전로의 충전부, 지지물 주변의 전기배선 등에 설치하는 것 예 ①, ②, ③

참고 산업안전기사 필기 p.4-22(2. 전기작업용 안전용구)

KEY ① 2016년 8월 21일 기사 출제
② 2019년 3월 3일 산업기사 출제

71 전로에 지락이 생겼을 때에 자동적으로 전로를 차단하는 장치를 시설해야하는 전기기계의 사용전압 기준은?(단, 금속제 외함을 가지는 저압의 기계·기구로서 사람이 쉽게 접촉할 우려가 있는 곳에 시설되어 있다.)

① 30[V] 초과
② 50[V] 초과
③ 90[V] 초과
④ 150[V] 초과

해설
전기설비기술기준상 적용범위
금속제 외함을 가지는 사용전압이 50[V]를 초과하는 저압의 기계·기구로서 사람이 쉽게 접촉할 우려가 있는 곳에 전기를 공급하는 전로에는 전로에 지락이 생긴 경우에 자동적으로 전로를 차단하는 장치를 설치하여야 한다.

참고 산업안전기사 필기 p.4-24(합격날개 : 은행문제2)

72 변압기의 중성점을 제2종 접지한 수전전압 22.9[kV], 사용전압 220[V]인 공장에서 외함을 제3종 접지공사를 한 전동기가 운전 중에 누전되었을 경우에 작업자가 접촉될 수 있는 최소전압은 약 몇 [V]인가? (단, 1선 지락전류 10[A], 제3종 접지저항 30[Ω], 인체저항 1,000[Ω] 이다.)

① 116.7
② 127.5
③ 146.7
④ 165.6

해설
개정 접지시스템

구분	① 계통접지(TN, TT, IT 계통) ② 보호접지 ③ 피뢰시스템 접지
종류	① 단독접지 ② 공통접지 ③ 통합접지
구성요소	① 접지극 ② 접지도체 ③ 보호도체 및 기타 설비
연결방법	접지극은 접지도체를 사용하여 주 접지단자에 연결

합격안내
본 문제는 법개정으로 출제되지 않습니다.

73 전기기계·기구의 기능 설명으로 옳은 것은?

① CB는 부하전류를 개폐시킬 수 있다.
② ACB는 진공 중에서 차단동작을 한다.
③ DS는 회로의 개폐 및 대용량부하를 개폐시킨다.
④ 피뢰침은 뇌나 계통의 개폐에 의해 발생하는 이상전압을 대지로 방전시킨다.

해설
전기기계·기구의 기능
① 공기차단기(ABB, airblast breaker) : 압축공기로 아크를 소호하는 차단기로서 대규모 설비에 이용된다.
② 단로기(DS, Disconnecting Switch) : 차단기의 전후, 회로의 접속 변환, 고압 또는 특고압 회로의 기기분리 등에 사용하는 개폐기로서 반드시 무부하시 개폐 조작을 하여야 한다.
③ 피뢰침(lightning rod) : 천둥 번개와 벼락으로부터 구조물을 보호하고 피뢰침과 연결된 금속선에 의해 지면에 있는 접지선으로 전하를 흘려 보낸다.
④ ACB : 공기 중에서 행해지는 차단기로 수동식 개폐, 교류 1,000[V] 이하에서 사용
⑤ CB(circuit breaker) : 대전류 회로차단

참고 산업안전기사 필기 p.4-5(합격날개 : 은행문제)

KEY ① 2016년 8월 21일 (문제 77번) 출제
② 2018년 4월 28일 (문제 75번) 출제

74 가스(발화온도 120[℃])가 존재하는 지역에 방폭기기를 설치하고자 한다. 설치가 가능한 기기의 온도 등급은?

① T2
② T3
③ T4
④ T5

[정답] 70 ④ 71 ② 72 ③ 73 ① 74 ④

해설
최고표면온도등급 및 발화도 등급

최고표면 온도등급	전기기기의 최고표면온도[℃]	발화도 등급	증기 또는 가스의 발화도[℃]
T1	450 초과	G1	450 초과
T2	300 초과 450 이하	G2	300 초과 450 이하
T3	200 초과 300 이하	G3	200 초과 300 이하
T4	135 초과 200 이하	G4	135 초과 200 이하
T5	100 초과 135 이하	G5	100 초과 135 이하
T6	85 초과 100 이하	G6	85 초과 100 이하

참고 산업안전기사 필기 p.4-55(표. 폭발성가스의 폭발등급 및 발화도)

KEY
① 2018년 3월 4일 기사 출제
② 2020년 8월 22일 (문제 65번) 확인

---

75 방폭기기에 별도의 주위 온도 표시가 없을 때 방폭기기의 주위 온도 범위는?(단, 기호 "X"의 표시가 없는 기기이다.)

① 20[℃]~40[℃]
② -20[℃]~40[℃]
③ 10[℃]~50[℃]
④ -10[℃]~50[℃]

해설
전기설비의 표준환경 조건
① 주변온도 : -20[℃]~40[℃]
② 표고 : 1,000[m] 이하
③ 상대습도 : 45~85[%]
④ 전기설비에 특별한 고려를 필요로 하는 정도의 공해, 부식성 가스, 진동 등이 존재하지 않는 환경
⑤ 압력 : 80~110[kpa]
⑥ 산소함유율 : 21[%v/v]의 공기

참고 산업안전기사 필기 p.4-54(합격날개 : 합격예측 및 관련법규)

KEY 2019년 3월 3일 기사 출제

---

76 유자격자가 아닌 근로자가 방호되지 않은 충전전로 인근의 높은 곳에서 작업할 때에 근로자의 몸은 충전전로에서 몇 [cm] 이내로 접근할 수 없도록 하여야 하는가?(단, 대지전압이 50[kV]이다.)

① 50
② 100
③ 200
④ 300

해설
충전전로 전기작업기준
유자격자가 아닌 근로자가 충전전로 인근의 높은 곳에서 작업할 때에 근로자의 몸 또는 긴 도전성 물체가 방호되지 않은 충전전로에서 대지전압이 50[kV] 이하인 경우에는 300[cm] 이내로, 대지전압이 50[kV]를 넘는 경우에는 10[kV] 당 10[cm] 씩 더한 거리 이내로 각각 접근할 수 없도록 할 것

참고 산업안전기사 필기 p.4-59(합격날개 : 합격예측 및 관련법규)

정보제공 산업안전보건기준에 관한 규칙 제321조(충전전로에서의 전기작업)

---

77 다음 중 정전기의 재해방지 대책으로 틀린 것은?

① 설비의 도체 부분을 접지
② 작업자는 정전화를 착용
③ 작업장의 습도를 30[%] 이하로 유지
④ 배관 내 액체의 유속제한

해설
습도증가에 의한 도전성 향상방법
① 플라스틱 제품 등은 습도증가에 따라 전기저항값이 저하되므로 공장설비 등은 가습에 의한 대전방지법이 이용된다.
② 공기중의 상대습도를 60~70[%] 정도를 유지하기 위해서 가습방법이 많이 이용된다.
③ 가습방법
　㉮ 물의 분무법
　㉯ 증발법
　㉰ 습기 분무법

참고 산업안전기사 필기 p.4-47(문제 11번, 문제 14번) 적중

KEY 1997년 10월 12일 기사 출제

---

78 정전기 방전현상에 해당되지 않는 것은?

① 연면방전
② 코로나방전
③ 낙뢰방전
④ 스팀방전

해설
정전기 방전현상
① 코로나방전　　스파크 방전
③ 연면방전　　　④ 불꽃방전
⑤ 브러시(스트리머) 방전

참고 산업안전기사 필기 p.4-48(문제 15번) 적중

[정답] 75 ②　76 ④　77 ③　78 ④

79 제전기의 종류가 아닌 것은?

① 전압인가식 제전기 ② 정전식 제전기
③ 방사선식 제전기   ④ 자기방전식 제전기

[해설]

제전기의 종류 및 특징

구분	전압인가식	자기방전식	방사선식
제전능력	크다	보통	작다
구조	복잡	간단	간단
취급	복잡	간단	간단
적용범위	넓다	좁다	좁다
기종	많다	적다	적다

[참고] 산업안전기사 필기 p.4-46(문제 8번) 적중

---

80 산업안전보건기준에 관한 규칙 제319조에 따라 감전될 우려가 있는 장소에서 작업을 하기 위해서는 전로를 차단하여야 한다. 전로 차단을 위한 시행 절차 중 틀린 것은?

① 전기기기 등에 공급되는 모든 전원을 관련 도면, 배선도 등으로 확인
② 각 단로기를 개방한 후 전원 차단
③ 단로기 개방 후 차단장치나 단로기 등에 잠금장치 및 꼬리표를 부착
④ 잔류전하 방전 후 검전기를 이용하여 작업 대상 기기가 충전되어 있는 지 확인

[해설]

전로차단방법

① 전기기기등에 공급되는 모든 전원을 관련 도면, 배선도 등으로 확인할 것
② 전원을 차단한 후 각 단로기 등을 개방하고 확인할 것
③ 차단장치나 단로기 등에 잠금장치 및 꼬리표를 부착할 것
④ 개로된 전로에서 유도전압 또는 전기에너지가 축적되어 근로자에게 전기위험을 끼칠 수 있는 전기기기등은 접촉하기 전에 잔류전하를 완전히 방전시킬 것
⑤ 검전기를 이용하여 작업 대상 기기가 충전되었는지를 확인할 것
⑥ 전기기기등이 다른 노출 충전부와의 접촉, 유도 또는 예비동력원의 역송전 등으로 전압이 발생할 우려가 있는 경우에는 충분한 용량을 가진 단락 접지기구를 이용하여 접지할 것

[참고] 산업안전기사 필기 p.4-9(합격날개 : 은행문제)

[정보제공]
산업안전보건기준에 관한 규칙 제319조 (정전전로에서의 전기작업)

---

5 화학설비 안전관리

81 다음 중 유류화재의 화재급수에 해당하는 것은?

① A급   ② B급
③ C급   ④ D급

[해설]

화재의 종류 및 특성

화재구분 화재의 종류	화재급수	소화기 표시 색상	소화 효과	화재특성
일반 가연물 화재	A급	백색	냉각 소화	① 백색연기 발생 ② 연소 후 재를 남긴다.
유류화재	B급	황색	질식 효과	① 검은연기 발생 ② 연소 후 재를 남기지 않는다.
전기화재	C급	청색	질식 효과	전기시설물이 점화원의 기능을 하며 발화 후 일반 유류화재로 전환
금속화재	D급	무색	마른모래 피복 (건조사)	금속이 열을 발생
가스화재	E급	황색		재가 없음
부엌화재	K급			주방화재

[참고] 산업안전기사 필기 p.5-23(문제 13번 적중)

[KEY] ① 2016년 8월 21일 산업기사 출제
② 2018년 8월 19일 출제

---

82 다음 중 분진 폭발에 관한 설명으로 틀린 것은?

① 폭발한계 내에서 분진의 휘발성분이 많으면 폭발 위험성이 높다.
② 분진이 발화 폭발하기 위한 조건은 가연성, 미분 상태, 공기 중에서의 교반과 유동 및 점화원의 존재이다.
③ 가스폭발과 비교하여 연소의 속도나 폭발의 압력이 크고, 연소시간이 짧으며, 발생에너지가 작다.
④ 폭발한계는 입자의 크기, 입도분포, 산소농도, 함유수분, 가연성가스의 혼입등에 의해 같은 물질의 분진에서도 달라진다.

[정답] 79 ② 80 ② 81 ② 82 ③

해설
분진폭발은 발생에너지가 크고, 파괴력과 타는 정도가 크다.

참고 산업안전기사 필기 p.5-11(표. 분진폭발의 특징)

KEY ① 2018년 4월 28일 기사 출제
② 2019년 8월 4일 기사 출제

---

83 다음 중 아세틸렌을 용해가스로 만들 때 사용되는 용제로 가장 적합한 것은?

① 아세톤 ② 메탄
③ 부탄   ④ 프로판

해설
아세틸렌의 용제
① 아세톤(CH_3COCH_3) ② 디메틸포름아미드(DMF)

참고 산업안전기사 필기 p.5-43(합격날개 : 은행문제)

KEY ① 2009년 5월 10일 (문제 94번) 출제
② 2020년 6월 7일 (문제 95번) 출제

---

84 진한 질산이 공기 중에서 햇빛에 의해 분해되었을 때 발생하는 갈색증기는?

① N_2 ② NO_2
③ NH_3 ④ NH_2

해설
NO_2
질산은 공기 중 또는 직사일광에서 분해하며 NO_2가 생겨 무색 액체가 갈색이 되므로 갈색 유리병에 보관한다.
$4HNO_3 \rightarrow 2H_2O + NO_2 + [O]$(발생기산소)

참고 산업안전기사 필기 p.5-4(문제 1) 적중

---

85 프로판과 메탄의 폭발하한계가 각각 2.5, 5.0[vol%]이라고 할 때 프로판과 메탄이 3:1의 체적비로 혼합되어 있다면 이 혼합가스의 폭발하한계는 약 몇 [vol%] 인가?

① 2.9   ② 3.3
③ 3.8   ④ 4.0

해설
폭발하한계(르샤틀리에 법칙)
$L = \dfrac{100}{\dfrac{V_1}{L_1}+\dfrac{V_2}{L_2}} = \dfrac{100}{\dfrac{75}{2.5}+\dfrac{25}{5}} = 2.9[vol\%]$

참고 산업안전기사 필기 p.5-77(문제 74번) 적중

KEY ① 2018년 3월 14일 산업기사 출제
② 2019년 3월 3일 기사 출제

---

86 탄화수소의 증기의 연소하한값 추정식은 연료의 양론농도(Cst)의 0.55배이다. 프로판 1몰의 연소반응식이 다음과 같을 때 연소하한값은 약 몇 [vol%] 인가?

$$C_3H_8 + 5O_2 \rightarrow 3CO_2 + 4H_2O$$

① 2.22   ② 4.03
③ 4.44   ④ 8.06

해설
C_3H_8 양론농도계산
① $C_{st} = \dfrac{100}{1+4.773\left(3+\dfrac{8}{4}\right)} = 4.02$

② 연소하한값 $= 0.55 \times C_{st} = 0.55 \times 4.02 = 2.21$

참고 산업안전기사 필기 p.5-10(보충학습 : 폭발범위의 계산)

보충학습
폭발범위의 계산 : Jones식
① 폭발하한계 $= 0.55 \times C_{st}$
② 폭발상한계 $= 3.50 \times C_{st}$

여기서, $C_{st} = \dfrac{100}{1+4.773\left(n+\dfrac{m-f-\lambda}{4}\right)}$

(n : 탄소, m : 수소, f : 할로겐원소, λ : 산소의 원자수)

---

87 다음 중 물질의 자연발화를 촉진시키는 요인으로 가장 거리가 먼 것은?

① 표면적이 넓고, 발열량이 클 것
② 열전도율이 클 것
③ 주위 온도가 높을 것
④ 적당한 수분을 보유할 것

해설
자연발화조건
① 발열량이 클 것   ② 열전도율이 작을 것
③ 주위의 온도가 높을 것 ④ 표면적이 넓을 것
⑤ 수분이 적당량 존재할 것

[정답] 83 ①   84 ②   85 ①   86 ①   87 ②

참고) 산업안전기사 필기 p.5-7(2. 자연발화조건)

KEY
① 2017년 8월 26일 기사 출제
② 2018년 3월 4일 (문제 91번) 출제
③ 2018년 8월 19일 기사 출제

88 에틸알콜(C_2H_5OH) 1몰이 완전연소 할 때 생성되는 CO_2의 몰수로 옳은 것은?

① 1 ② 2
③ 3 ④ 4

해설

CO_2와 H_2O몰수

$C_2H_5OH + 3O_2 \rightarrow 2CO_2 + 3H_2O$

예) 미정계수법 : C가 2개이며 CO_2도 2개 있다.

참고) 산업안전기사 필기 p.5-66(문제 22번) 적중

KEY 2013년 8월 18일 (문제 185번) 출제

89 증기 배관 내에 생성하는 응축수를 제거할 때 증기가 배출되지 않도록 하면서 응축수를 자동적으로 배출하기 위한 장치를 무엇이라 하는가?

① Vent stack ② Steam trap
③ Blow-down ④ Relief valve

해설

제어장치
① 가스방출장치(vent stack) : 탱크 내의 압력을 정상인 상태로 유지하기 위한 가스방출장치
② 릴리프밸브(relief valve) : 액체계의 과도한 상승압력의 방출에 이용되고, 설정압력이 되었을 때 압력상승에 비례하여 서서히 개방되는 밸브
③ blow-down : 응축성 증기, 열유(熱油), 열액(熱液) 등 공정액체를 빼내고 이것을 안전하게 유지 또는 처리하기 위한 설비(펌프, 탱크, 증발기로 구성)

참고) 산업안전기사 필기 p.5-47(2. 안전장치)

KEY 2016년 3월 6일 산업기사 출제

보충학습
Steam : 증기

90 다음 중 산업안전보건법령상 화학설비의 부속설비로만 이루어진 것은?

① 사이클론, 백필터, 전기집진기 등 분진처리설비
② 응축기, 냉각기, 가열기, 증발기 등 열교환기류
③ 고로 등 점화기를 직접 사용하는 열교환기류
④ 혼합기, 발포기, 압출기 등 화학제품 가공설비

해설

화학설비와 부속설비
(1) 화학설비 : ②, ③, ④
(2) 부속설비 : ①

참고)
① 산업안전기사 필기 p.5-49(합격날개 : 참고)
② 산업안전기사 필기 p.5-50(합격날개 : 참고)

KEY 2017년 3월 5일 출제

정보제공
산업안전보건기준에 관한 규칙 [별표 7] 화학설비 및 그 부속설비의 종류

91 고온에서 완전 열분해하였을 때 산소를 발생하는 물질은?

① 황화수소 ② 과염소산칼륨
③ 메틸리튬 ④ 적린

해설

산화제

산화제의 조건	해당 물질
산소를 내기 쉬운 물질	H_2O_2, $KClO_4$, $NaClO_3$
수소와 결합하기 쉬운 물질	O_2, Cl_2, Br_2
전자를 얻기 쉬운 물질	MnO_4^-, $(Cr_2O_7)^{-2}$
발생기산소를 내기 쉬운 물질	O_2, O_3, Cl_2, MnO_2, HNO_3, H_2SO_4, $KMnO_4$, $K_2Cr_2O_7$

참고) 산업안전기사 필기 p.5-61(2. 산화제)

보충학습
$KClO_4 \rightarrow KCl + 2O_2$

92 산업안전보건법령에서 규정하고 있는 위험물질의 종류 중 부식성 염기류로 분류되기 위하여 농도가 40[%] 이상이어야 하는 물질은?

① 염산 ② 아세트산
③ 불산 ④ 수산화칼륨

[정답] 88 ② 89 ② 90 ① 91 ② 92 ④

해설

부식성 물질

(1) 부식성 산류
  ① 농도가 20[%] 이상인 염산, 황산, 질산, 기타 이와 동등 이상의 부식성을 지니는 물질
  ② 농도가 60[%] 이상인 인산, 아세트산, 플루오르산, 기타 이와 동등 이상의 부식성을 가지는 물질
(2) 부식성 염기류 : 농도가 40[%] 이상인 수산화나트륨, 수산화칼슘, 기타 이와 동등 이상의 부식성을 가지는 염기류

참고) 산업안전기사 필기 p.5-36(7. 부식성 물질)

KEY ▶ ① 2019년 4월 27일 산업기사 출제
② 2019년 8월 4일 기사 출제

---

93 다음 중 소화약제로 사용되는 이산화탄소에 관한 설명으로 틀린 것은?

① 사용 후에 오염의 영향이 거의 없다.
② 장시간 저장하여도 변화가 없다.
③ 주된 소화효과는 억제소화이다.
④ 자체 압력으로 방사가 가능하다.

해설

CO_2 소화약제
① CO_2 : 질식, 냉각, 피복효과
② Halogen 분말 : 질식, 냉각, 부촉매(억제 효과)

참고) 산업안전기사 필기 p.5-26(문제 25번) 적중

---

94 산업안전보건법령상 폭발성 물질을 취급하는 화학설비를 설치하는 경우에 단위공정설비로부터 다른 단위공정설비 사이의 안전거리는 설비 바깥 면으로부터 몇 [m] 이상이어야 하는가?

① 10 　　② 15
③ 20 　　④ 30

해설

안전거리

구 분	안전거리
1. 단위공정시설 및 설비로부터 다른 단위공정시설 및 설비의 사이	설비의 바깥면으로부터 10[m] 이상
2. 플레어스택으로부터 단위공정시설 및 설비, 위험물질 저장탱크 또는 위험물질 하역설비의 사이	플레어스택으로부터 반경 20[m] 이상. 다만, 단위 공정시설 등이 불연재로 시공된 지붕 아래 설치된 경우에는 그러하지 아니하다.
3. 위험물질 저장탱크로부터 단위공정시설 및 설비, 보일러 또는 가열로의 사이	저장탱크의 바깥면으로부터 20[m] 이상. 다만, 저장탱크에 방호벽, 원격조정 소화설비 또는 살수설비를 설치한 경우에는 그러하지 아니하다.
4. 사무실·연구실·실험실·정비실 또는 식당으로부터 단위공정시설 및 설비, 위험물질 저장탱크, 위험물질 하역설비, 보일러 또는 가열로의 사이	사무실 등의 바깥면으로부터 20[m] 이상. 다만, 난방용 보일러인 경우 또는 사무실 등의 벽을 방호구조로 설치한 경우에는 그러하지 아니하다.

참고) 산업안전기사 필기 p.5-72(문제 51번) 적중

KEY ▶ ① 2010년 7월 25일 기사 출제
② 2019년 4월 27일 산업기사 출제

---

95 인화점이 각 온도 범위에 포함되지 않는 물질은?

① −30[℃] 미만 : 디에틸에테르
② −30[℃] 이상 0[℃] 미만 : 아세톤
③ 0[℃] 이상 30[℃] 미만 : 벤젠
④ 30[℃] 이상 65[℃] 이하 : 아세트산

해설

C_6H_6 (benzene : 벤젠)
① 인화점 : −11[℃]　　② 착화점 : 538[℃]

보충학습
① 벤젠중독 : 백혈병(조혈기관장애)
② 인화점 : 가연물을 가열할 때 가연성 증기가 연소범위 하한에 달하는 최저온도
③ 착화점 : 가연물을 가열할 때 점화원 없이 가열된 열만 가지고 스스로 자체연소가 시작되는 최저온도

---

96 자동화재탐지설비의 감지기 종류 중 열감지기가 아닌 것은?

① 차동식 　　② 정온식
③ 보상식 　　④ 광전식

해설

감지기의 종류
(1) 열감지식
  ① 차동식　② 보상식　③ 정온식
(2) 연기식
  ① 이온화식　② 광(光)전식
(3) 화염(불꽃)식
  ① 자외선　② 적외선

[정답] 93 ③　94 ①　95 ③　96 ④

참고) 산업안전기사 필기 p.5-27(문제 31번) 적중

97 다음 중 수분(H_2O)과 반응하여 유독성 가스인 포스핀이 발생되는 물질은?

① 금속나트륨 ② 알루미늄 분말
③ 인화칼슘 ④ 수소화리튬

해설

포스핀(PH_3) : 기상인화수소
$Ca_3P_2 + 6H_2O \rightarrow 3Ca(OH)_2 + 2PH_3$

98 대기압에서 사용하나 증발에 의한 액체의 손실을 방지함과 동시에 액면 위의 공간에 폭발성 위험가스를 형성할 위험이 적은 구조의 저장탱크는?

① 유동형 지붕 탱크 ② 원추형 지붕 탱크
③ 원통형 저장 탱크 ④ 구형 저장 탱크

해설

위험물 탱크의 종류 및 특징
(1) Floating Roof Tank(유동형 지붕 탱크)
  ① 탱크 천정이 Tank Shell에 고정되어 있지 않고 기름과 같이 상하로 움직이는 형
  ② Tank Shell과 Roof 사이에는 Seal로써 밀폐시켜 공기와 탄화수소 증기가 혼합되지 않도록 해준다.
(2) Cone Roof Tank(원추형 지붕 탱크)
  ① 정유공장, 석유화학공장, 기타 화학공장 및 저유소에서 흔히 볼 수 있는 대부분의 탱크
  ② 탱크 천정이 Tank Shell에 고정되어 있으며 증기의 증발손실이 적은 중질유 제품을 저장하는데 적합하다.
(3) International Floating Roof Tank(복합형 탱크)
  ① Cone Roof Tank와 Floating Roof Tank의 복합형
  ② Tank 상단외부는 Cone Roof로 되어 있고 그 내부에 다시 Floating Roof가 설치되어 있는 탱크이다.
(4) Spherical Tank(구형 탱크)
  ① 높은 압력에 견딜 수 있도록 두꺼운 철판을 이용하며 구형으로 만들어져 압축가스 혹은 액화가스 같은 압력을 필요로 하는 유체 저장에 많이 사용
  ② 주로 LPG를 저장한다.
(5) Dome Roof Tank(돔형 탱크)
  ① 제품의 증기압이 Cone Roof Tank에 저장하는 제품보다 고압이고 Spherical Tank에 저장하는 제품보다 저압일 경우에 저장하는 Tank로 사용
  ② 주로 C5/C6를 저장하는데 쓰인다.

99 다음 중 밀폐 공간내 작업시의 조치사항으로 가장 거리가 먼 것은?

① 산소결핍이나 유해가스로 인한 질식의 우려가 있으면 진행 중인 작업에 방해되지 않도록 주의하면서 환기를 강화하여야 한다.
② 해당 작업장을 적정한 공기상태로 유지되도록 환기하여야 한다.
③ 그 장소에 근로자를 입장시킬 때와 퇴장시킬 때마다 인원을 점검하여야 한다.
④ 그 작업장과 외부의 감시인 간에 항상 연락을 취할 수 있는 설비를 설치하여야 한다.

해설

밀폐 공간내 작업시 조치사항
① 사업주는 근로자가 밀폐공간에서 작업을 하는 경우에 작업을 시작하기 전과 작업 중에 해당 작업장을 적정공기 상태가 유지되도록 환기하여야 한다. 다만, 폭발이나 산화 등의 위험으로 인하여 환기할 수 없거나 작업의 성질상 환기하기가 매우 곤란한 경우에는 근로자에게 공기호흡기 또는 송기마스크를 지급하여 착용하도록 하고 환기하지 아니할 수 있다.
② 근로자는 제1항 단서에 따라 지급된 보호구를 착용하여야 한다.

정보제공) 산업안전보건기준에 관한 규칙 제620조 (환기 등)

결론) 환기보다 우선 : 작업중지

100 다음 중 압축기 운전시 토출압력이 갑자기 증가하는 이유로 가장 적절한 것은?

① 윤활유의 과다
② 피스톤 링의 가스 누설
③ 토출관 내에 저항 발생
④ 저장조 내 가스압의 감소

해설

압축기 운전시 토출압력이 증가하는 원인 : 토출관내 저항발생

참고) 산업안전기사 필기 p.5-6(참고) 적중

KEY ① 2013년 6월 2일 (문제 90번) 출제
  ② 2017년 5월 7일 출제

[정답] 97 ③ 98 ① 99 ① 100 ③

6 건설공사 안전관리

101 비계의 부재 중 기둥과 기둥을 연결시키는 부재가 아닌 것은?

① 띠장
② 장선
③ 가새
④ 작업발판

해설

비계에서 기둥과 기둥을 연결시키는 부재
① 띠장
② 장선
③ 가새

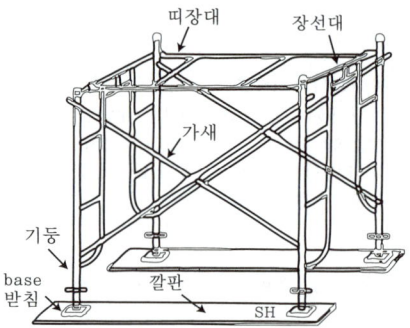

[그림] 강관틀 비계

참고) 산업안전기사 필기 p.6-87(그림. 강관틀비계)

102 터널작업 시 자동경보장치에 대하여 당일의 작업시작 전 점검하여야 할 사항이 아닌 것은?

① 검지부의 이상 유무
② 조명시설의 이상 유무
③ 경보장치의 작동 상태
④ 계기의 이상 유무

해설

터널건설작업시 자동경보장치 당일 작업시작전 점검사항 3가지
① 계기의 이상유무
② 검지부의 이상 유무
③ 경보장치의 작동상태

참고) 산업안전기사 필기 p.6-108(합격날개 : 합격예측 및 관련법규)

정보제공
산업안전보건기준에 관한 규칙 제350조(인화성가스의 농도측정 등)

103 다음은 말비계를 조립하여 사용하는 경우에 관한 준수사항이다. ( )안에 들어갈 내용으로 옳은 것은?

- 지주부재와 수평면의 기울기를 (A)[°] 이하로 하고 지주부재와 지주부재 사이를 고정시키는 보조부재를 설치할 것
- 말비계의 높이가 2[m]를 초과하는 경우에는 작업발판의 폭을 (B)[cm] 이상으로 할 것

① A : 75, B : 30
② A : 75, B : 40
③ A : 85, B : 30
④ A : 85, B : 40

해설

말비계
① 수평면과의 기울기 : 75[°] 이하
② 작업발판 폭 : 40[cm] 이상

참고) 산업안전기사 필기 p.6-99(합격날개 : 합격예측 및 관련법규)

KEY
① 2017년 9월 23일 기사 출제
② 2018년 4월 28일 기사 출제
③ 2019년 3월 3일 산업기사 출제
④ 2019년 4월 27일 산업기사 출제

정보제공
산업안전보건기준에 관한 규칙 제67조(말비계)

104 본 터널(main tunnel)을 시공하기 전에 터널에서 약간 떨어진 곳에 지질조사 환기 배수, 운반 등의 상태를 알아보기 위하여 설치하는 터널은?

① 프리패브(prefab) 터널
② 사이드(side) 터널
③ 쉴드(shield) 터널
④ 파일럿(pilot) 터널

해설

pilot 터널 공법
① 본 터널 굴착전에 여러 가지 다양한 조사를 목적으로 pilot 터널을 선시공(선진도갱공법)
② 연속적인 지질 및 성상에 관한 조사
③ 지하수 배출을 위한 수로 및 환기구 역할

【정답】 101 ④ 102 ② 103 ② 104 ④

105 항만하역작업에서의 선박승강설비 설치기준으로 옳지 않은 것은?

① 200톤급 이상의 선박에서 하역작업을 하는 경우에 근로자들이 안전하게 오르내릴 수 있는 있는 현문(舷門) 사다리를 설치하여야 하며, 이 사다리 밑에 안전망을 설치하여야 한다.
② 현문 사다리는 견고한 재료로 제작된 것으로 너비는 55[cm] 이상이어야 한다.
③ 현문 사다리의 양측에는 82[cm] 이상의 높이로 울타리를 설치하여야 한다.
④ 현문 사다리는 근로자의 통행에만 사용하여야 하며, 화물용 발판 또는 화물용 보관으로 사용하도록 해서는 아니 된다.

[해설]
현문사다리 설치기준 선박 : 300[t]급 이상

[참고] 산업안전기사 필기 p.6-183[(1) 항만하역작업의 안전기준]

[정보제공]
산업안전보건기준에 관한 규칙 제397조(선박승강설비의 설치)

106 산업안전보건관리비계상기준에 따른 건축공사, 대상액 「5억원 이상~50억원 미만」의 안전관리비 비율 및 기초액으로 옳은 것은?

① 비율 : 2.28[%], 기초액 : 4,325,000원
② 비율 : 1.99[%], 기초액 : 5,499,000원
③ 비율 : 2.35[%], 기초액 : 5,400,000원
④ 비율 : 1.57[%], 기초액 : 4,411,000원

[해설]
공사종류 및 규모별 안전관리비 계상기준표

구 분 공사종류	대상액 5억원 미만	대상액 5억원 이상 50억원 미만		대상액 50억원 이상	영 별표5에 따른 보건관리자 선임 대상 건설공사
		비율(X)	기초액(C)		
건축공사	3.11[%]	2.28[%]	4,325,000원	2.37[%]	2.64[%]
토목공사	3.15[%]	2.53[%]	3,300,000원	2.60[%]	2.73[%]
중건설공사	3.64[%]	3.05[%]	2,975,000원	3.11[%]	3.39[%]
특수건설공사	2.07[%]	1.59[%]	2,450,000원	1.64[%]	1.78[%]

[참고] 산업안전기사 필기 p.6-43(별표1. 공사종류 및 규모별 안전관리비 계상기준표)

[KEY]
① 2016년 3월 6일, 10월 1일 산업기사 출제
② 2017년 3월 5일, 8월 26일 기사 출제
③ 2019년 3월 3일 기사 출제
④ 2020년 6월 7일 기사 출제

[합격정보]
2024년 9월 19일 개정법 적용

107 토질시험 중 연약한 점토 지반의 점착력을 판별하기 위하여 실시하는 현장시험은?

① 베인테스트(Vane Test)
② 표준관입시험(SPT)
③ 하중재하시험
④ 삼축압축시험

[해설]
베인테스트(vane test)
① 보링의 구멍을 이용
② 십자 날개형의 베인 테스터를 지반에 박고 이것을 회전시켜 그 회전력에 의하여 10[m]이내 점토(진흙)의 점착력을 판별하는 것

[참고] 산업안전기사 필기 p.6-8(3. 베인테스트)

[KEY] 2018년 9월 15일 기사 출제

108 추락방지망 설치 시 그물코의 크기가 10[cm]인 매듭 있는 방망의 신품에 대한 인장강도 기준으로 옳은 것은?

① 100[kgf] 이상　② 200[kgf] 이상
③ 300[kgf] 이상　④ 400[kgf] 이상

[해설]
방망사의 신품에 대한 인장강도

그물코의 크기 (단위 : [cm])	방망의 종류(단위 : [kg])	
	매듭 없는 방망	매듭 방망
10	240	200
5		110

[참고] 산업안전기사 필기 p.6-50(1. 방망사의 강도)

[KEY]
① 2016년 5월 8일 기사 출제
② 2017년 3월 5일, 8월 26일 기사 출제
③ 2018년 4월 28일, 8월 19일 기사 출제
④ 2019년 3월 3일 기사 출제

[정답] 105 ①　106 ①　107 ①　108 ②

109 사다리식 통로의 길이가 10[m] 이상일 때 얼마 이내마다 계단참을 설치하여야 하는가?

① 3[m] 이내마다 ② 4[m] 이내마다
③ 5[m] 이내마다 ④ 6[m] 이내마다

해설

사다리통로 계단참 설치기준
길이 10[m] 이상시 : 5[m] 이내마다

참고) 산업안전기사 필기 p.6-18(합격날개 : 합격예측 및 관련법규)

KEY ① 2018년 9월 15일 기사 출제
② 2019년 3월 3일 기사 출제

정보제공
산업안전보건기준에 관한 규칙 제24조(사다리통로 등의 구조)

110 거푸집동바리 등을 조립하는 경우에 준수하여야 할 안전조치기준으로 옳지 않은 것은?

① 동바리로 사용하는 강관은 높이 2[m] 이내마다 수평연결재를 2개 방향으로 만들고 수평연결재의 변위를 방지할 것
② 동바리로 사용하는 파이프 서포트는 3개 이상 이어서 사용하지 않도록 할 것
③ 동바리로 사용하는 파이프 서포트를 이어서 사용하는 경우에는 3개 이상의 볼트 또는 전용철물을 사용하여 이을 것
④ 동바리로 사용하는 강관틀과 강관틀 사이에는 교차가새를 설치할 것

해설

동바리로 사용하는 파이프서포트 안전기준
① 파이프서포트를 3개 이상 이어서 사용하지 아니하도록 할 것
② 파이프서포트를 이어서 사용할 경우에는 4개 이상의 볼트 또는 전용 철물을 사용하여 이을 것
③ 높이가 3.5[m]를 초과할 경우에는 높이 2[m] 이내마다 수평연결재를 2개 방향으로 만들고 수평연결재의 변위를 방지할 것

참고) 산업안전기사 필기 p.6-87(합격날개 : 합격예측 및 관련법규)

KEY ① 2018년 3월 4일 기사·산업기사 동시 출제
② 2018년 8월 19일 기사 출제
③ 2018년 9월 15일 산업기사 출제
④ 2020년 8월 23일 산업기사 출제

정보제공
산업안전보건기준에 관한 규칙 제332조의2(동바리 유형에 따른 동바리 조립 시의 안전조치)

111 다음 중 해체작업용 기계·기구로 가장 거리가 먼 것은?

① 압쇄기 ② 핸드 브레이커
③ 철제햄머 ④ 진동롤러

해설

진동롤러 : 다짐기계

참고) 산업안전기사 필기 p.6-73(합격날개 : 합격예측)

112 지반의 종류가 다음과 같을 때 굴착면의 기울기 기준으로 옳은 것은?

모래

① 1 : 0.5 ~ 1 : 1 ② 1 : 1.8
③ 1 : 0.8 ④ 1 : 0.5

해설

굴착면의 기울기 기준

지반의 종류	굴착면의 기울기
모래	1 : 1.8
연암 및 풍화암	1 : 1.0
경암	1 : 0.5
그 밖의 흙	1 : 1.2

(2) 예 1 : 1.5

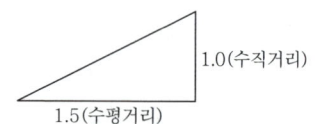

참고) 산업안전기사 필기 p.6-56(표. 굴착면의 기울기 기준)

KEY ① 2016년 5월 8일 기사·산업기사 동시 출제
② 2020년 6월 7일 기사 출제

정보제공
산업안전보건기준에 관한 규칙 [별표 11] 굴착면의 기울기 기준

[정답] 109 ③ 110 ③ 111 ④ 112 ②

113 장비 자체보다 높은 장소의 땅을 굴착하는데 적합한 장비는?

① 파워셔블(power shovel)
② 불도저(bulldozer)
③ 드래그라인(Drag line)
④ 클램쉘(clamshell)

해설

파워셔블(Power shovel) [dipper shovel : 동력삽]
① 굳은 점토 등 지반면보다 높은 곳의 땅파기에 적합하다.
② 앞으로 흙을 긁어서 굴착하는 방식이다.

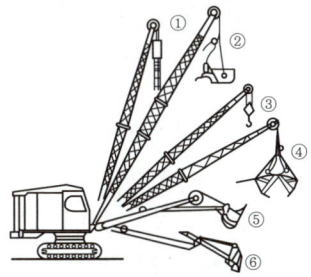

[그림] 굴착기의 앞부속장치

참고) 산업안전기사 필기 p.6-62(1. 파워셔블)

KEY ① 2016년 5월 8일 기사 출제
② 2018년 9월 15일 산업기사 출제
③ 2019년 9월 21일 산업기사 출제

114 운반작업을 인력운반작업과 기계운반작업으로 분류할 때 기계운반작업으로 실시하기에 부적당한 대상은?

① 단순하고 반복적인 작업
② 표준화되어 있어 지속적이고 운반량이 많은 작업
③ 취급물의 형상, 성질, 크기 등이 다양한 작업
④ 취급물이 중량인 작업

해설

인력과 기계운반작업

인력 운반	기계 운반
• 두뇌적인 판단이 필요한 작업 예) 분류, 판독, 검사 • 단독적이고 소량 취급 작업 • 취급물의 형상, 성질, 크기 등이 다양한 작업 • 취급물이 경량물인 작업	• 단순하고 반복적인 작업 • 표준화되어 있어 지속적이고 운반량이 많은 작업 • 취급물의 형상, 성질, 크기 등이 일정한 작업 • 취급물이 중량인 작업

참고) 산업안전기사 필기 p.6-175(2. 작업방법을 개선하는 방법)

115 타워크레인을 자립고(自立高) 이상의 높이로 설치할 때 지지벽체가 없어 와이어로프로 지지하는 경우의 준수사항으로 옳지 않은 것은?

① 와이어로프를 고정하기 위한 전용 지지프레임을 사용할 것
② 와이어로프 설치각도는 수평면에서 60[°] 이내로 하되, 지지점은 4개소 이상으로 하고, 같은 각도로 설치할 것
③ 와이어로프와 그 고정부위는 충분한 강도와 장력을 갖도록 설치하되, 와이어로프를 클립·샤클(shackle) 등의 기구를 사용하여 고정하지 않도록 유의할 것
④ 와이어로프가 가공전선(架空電線)에 근접하지 않도록 할 것

해설

타워크레인의 지지
와이어로프와 그 고정부위는 충분한 강도와 장력을 갖도록 설치하고, 와이어로프를 클립·샤클(shackle) 등의 고정기구를 사용하여 견고하게 고정시켜 풀리지 아니하도록 하며, 사용 중에는 충분한 강도와 장력을 유지하도록 할 것

참고) 산업안전기사 필기 p.6-138(합격날개 : 합격예측 및 관련법규)

KEY 2018년 3월 4일 출제

정보제공
산업안전보건기준에 관한 규칙 제142조(타워크레인의 지지)

116 다음은 강관틀비계를 조립하여 사용하는 경우 준수해야할 기준이다. ( )안에 알맞은 숫자를 나열한 것은?

> 길이가 띠장방향으로 (A)미터 이하이고 높이가 (B)미터를 초과하는 경우 (C)미터 이내 마다 띠장방향으로 버팀기둥을 설치할 것

① A : 4   B : 10   C : 5
② A : 4   B : 10   C : 10
③ A : 5   B : 10   C : 5
④ A : 5   B : 10   C : 10

[정답] 113 ①   114 ③   115 ③   116 ②

해설

강관틀비계 안전기준
① 수직방향으로 6[m], 수평방향으로 8[m] 이내마다 벽이음을 할 것
② 길이가 띠장방향으로 4[m] 이하이고 높이가 10[m]를 초과하는 경우에는 10[m] 이내마다 띠장방향으로 버팀기둥을 설치할 것

참고 산업안전기사 필기 p.6-101(합격날개 : 합격예측 및 관련법규)

KEY
① 2018년 4월 28일 출제
② 2019년 8월 4일 출제

정보제공
산업안전보건기준에 관한 규칙 제62조(강관틀비계)

117 다음 중 유해위험방지계획서 제출 대상공사가 아닌 것은?

① 지상높이가 30[m]인 건축물 건설공사
② 최대지간길이가 50[m]인 교량건설공사
③ 터널건설공사
④ 깊이가 11[m]인 굴착공사

해설

유해위험방지계획서 제출대상 건설공사
(1) 건축물 또는 시설 등의 건설·개조 또는 해체공사
  가. 지상높이가 31미터 이상인 건축물 또는 인공구조물
  나. 연면적 3만제곱미터 이상인 건축물
  다. 연면적 5천제곱미터 이상인 시설
   ① 문화 및 집회시설(전시장 및 동물원·식물원은 제외한다)
   ② 판매시설, 운수시설(고속철도의 역사 및 집배송시설은 제외한다)
   ③ 종교시설
   ④ 의료시설 중 종합병원
   ⑤ 숙박시설 중 관광숙박시설
   ⑥ 지하도상가
   ⑦ 냉동·냉장 창고시설
(2) 연면적 5천제곱미터 이상인 냉동·냉장 창고시설의 설비공사 및 단열공사
(3) 최대지간길이가 50[m] 이상인 교량건설 등 공사
(4) 터널건설 등의 공사
(5) 다목적댐, 발전용댐 및 저수용량 2천만톤 이상의 용수전용댐, 지방상수도 전용댐 건설 등의 공사
(6) 깊이 10[m] 이상인 굴착공사

참고 산업안전기사 필기 p.6-20(3. 유해위험방지계획서 제출대상 건설공사)

KEY
① 2016년 5월 8일 기사 출제
② 2017년 3월 5일 산업기사 출제
③ 2018년 4월 28일, 9월 15일 기사 출제
④ 2018년 8월 19일 기사·산업기사 동시 출제
⑤ 2019년 3월 3일, 4월 27일 기사·산업기사 동시 출제
⑥ 2019년 8월 4일 산업기사 출제
⑦ 2019년 9월 21일 기사 출제

정보제공
산업안전보건법시행령 제42조(유해위험방지계획서 제출대상)

118 동력을 사용하는 항타기 또는 항발기에 대하여 무너짐을 방지하기 위하여 준수하여야 할 기준으로 옳지 않은 것은?

① 연약한 지반에 설치하는 경우에는 각부(脚部)나 가대(架臺)의 침하를 방지하기 위하여 깔판·깔목 등을 사용할 것
② 각부나 가대가 미끄러질 우려가 있는 경우에는 말뚝 또는 쐐기 등을 사용하여 각부나 가대를 고정시킬 것
③ 버팀대만으로 상단부분을 안정시키는 경우에는 버팀대는 3개 이상으로 하고 그 하단 부분은 견고한 버팀·말뚝 또는 철골 등으로 고정시킬 것
④ 버팀줄만으로 상단 부분을 안정시키는 경우에는 버팀줄을 2개 이상으로 하고 같은 간격으로 배치할 것

해설

항타기 및 항발기 버팀줄 안전기준 : 3개 이상

참고 산업안전기사 필기 p.6-55(합격날개 : 합격예측 및 관련법규)

KEY 2018년 9월 15일 기사·산업기사 동시 출제

정보제공
산업안전보건기준에 관한 규칙 제209조(무너짐의 방지)

119 터널 등의 건설작업을 하는 경우에 낙반 등에 의하여 근로자가 위험해질 우려가 있는 경우에 필요한 직접적인 조치사항과 거리가 먼 것은?

① 터널지보공 설치
② 부석의 제거
③ 울 설치
④ 록볼트 설치

해설

터널건설작업시 낙반 등에 의한 근로자 위험방지
① 터널지보공 설치
② 록볼트 설치
③ 부석의 제거

[정답] 117 ① 118 ④ 119 ③

참고) 산업안전기사 필기 p.6-109(합격날개 : 합격예측 및 관련법규)
KEY ① 2016년 5월 8일 산업기사 출제
② 2019년 8월 4일 산업기사 출제

정보제공
산업안전보건기준에 관한 규칙 제351조(낙반등에 의한 위험의 방지)

120 콘크리트 타설을 위한 거푸집동바리의 구조검토시 가장 선행되어야 할 작업은?

① 각 부재에 생기는 응력에 대하여 안전한 단면을 산정한다.
② 가설물에 작용하는 하중 및 외력의 종류 크기를 산정한다.
③ 하중 및 외력에 의하여 각 부재에 생기는 응력을 구한다.
④ 사용할 거푸집동바리의 설치간격을 결정한다.

해설
콘크리트 타설을 위한 거푸집동바리의 구조검토시 최우선 조치사항
① 가설물에 작용하는 하중
② 외력의 종류
③ 크기 산정

녹색직업 녹색자격증코너
이런 사람이 멋있다.

1. "할 수 있습니다."라는 긍정적인 사람
2. "제가 하겠습니다."라는 능동적인 사람
3. "무엇이든 도와드리겠습니다."라는 적극적인 사람
4. "기꺼이 해 드리겠습니다."라는 헌신적인 사람
5. "잘못된 것은 즉시 고치겠습니다."라는 겸허한 사람
6. "참 좋은 말씀입니다."라는 수용적인 사람
7. "이렇게 하면 어떨까요?"라는 협조적인 사람
8. "대단히 고맙습니다."라는 감사할 줄 아는 사람
9. "도울 일 없습니까?"라고 물을 수 있는 여유있는 사람
10. "이 순간 할 일이 무엇일까"라고 일을 찾아 할 줄 아는 사람

마음의 경영은 사람에게 있어도 말의 응답은
여호와께로부터 나오느니라. (잠언 16:1)

[정답] 120 ②

2020년도 기사 정기검정 제4회 (2020년 9월 27일 시행)

자격종목 및 등급(선택분야): 산업안전기사

종목코드	시험시간	수험번호	성명
1431	3시간	20200927	도서출판세화

1 산업재해 예방 및 안전보건교육

01 라인(Line)형 안전관리 조직의 특징으로 옳은 것은?

① 안전에 관한 기술의 축적이 용이하다.
② 안전에 관한 지시나 조치가 신속하다.
③ 조직원 전원을 자율적으로 안전활동에 참여시킬 수 있다.
④ 권한 다툼이나 조정 때문에 통제수속이 복잡해지며, 시간과 노력이 소모된다.

해설

라인형 안전조직의 장·단점

장 점	단 점
① 안전에 관한 명령과 지시는 생산 라인을 통해 신속·정확히 전달 실시된다. ② 중소 규모 기업에 활용된다.	① 안전 전문 입안이 되어 있지 않아 내용이 빈약하다. ② 안전의 정보가 불충분하다.

참고 건설안전기사 필기 p.1-23(2. 안전보건관리 조직형태)

KEY
① 2016년 3월 6일 기사·산업기사 동시출제
② 2016년 10월 1일 산업기사 출제
③ 2017년 3월 5일 기사 출제
④ 2017년 5월 7일 기사 출제
⑤ 2017년 8월 26일 기사·산업기사 동시출제
⑥ 2019년 3월 3일 기사 출제
⑦ 2019년 8월 4일 기사·산업기사 동시출제
⑧ 2019년 9월 21일 산업기사 출제
⑨ 2020년 8월 22일 기사 출제

💬 **합격자의 조언**
이번 시험에도 틀림없이 출제 예정 단원입니다.

02 레빈(Lewin)은 인간의 행동 특성을 다음과 같이 표현하였다. 변수 'P'가 의미하는 것은?

$$B=f(P \cdot E)$$

① 행동 ② 소질
③ 환경 ④ 함수

해설

K.Lewin의 법칙

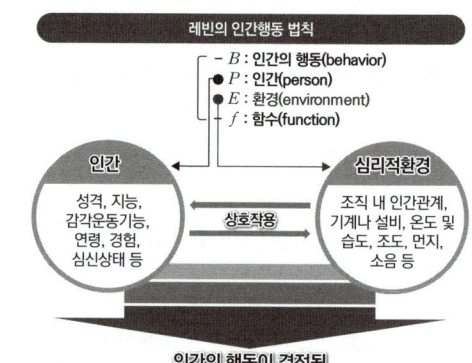

- B : 인간의 행동(behavior)
- P : 인간(person)
- E : 환경(environment)
- f : 함수(function)

참고 산업안전기사 필기 p.1-77(합격날개 : 합격예측)

KEY
① 2016년 10월 1일 기사 출제
② 2017년 5월 7일 기사 출제
③ 2017년 8월 26일 기사 출제
④ 2017년 9월 23일 기사 출제
⑤ 2018년 9월 15일 기사 출제
⑥ 2019년 4월 27일 산업기사 출제
⑦ 2019년 8월 4일 산업기사 출제
⑧ 2019년 9월 21일 기사 출제
⑨ 2020년 8월 22일 (문제 9번) 출제

03 Y-K(Yutaka-Kohate) 성격검사에 관한 사항으로 옳은 것은?

① C, C' 형은 적응이 빠르다.
② M, M' 형은 내구성, 집념이 부족하다.
③ S, S' 형은 담력, 자신감이 강하다.
④ P, P' 형은 운동, 결단이 빠르다.

[정답] 01 ② 02 ② 03 ①

> **해설**

C, C'형 : 담즙질(진공성형)

작업 성격 인자	적성 직종의 일반적 성향
① 운동 및 결단이 빠르고 기민하다.	① 대인적 직업
② 적응이 빠르다.	② 창조적, 관리자적 직업
③ 세심하지 않다.	③ 변화있는 기술적, 가공작업
④ 내구, 집념이 부족	④ 변화있는 물품을 대상으로 하는 불연속 작업
⑤ 진공, 자신감 강함	

> **참고** 산업안전기사 필기 p.1-78(1. Y-K 성격검사)

---

04 재해예방의 4원칙이 아닌 것은?

① 손실우연의 원칙 ② 사전준비의 원칙
③ 원인계기의 원칙 ④ 대책선정의 원칙

> **해설**

재해예방의 4원칙
① 예방가능의 원칙
② 손실우연의 원칙
③ 원인연계(계기)의 원칙
④ 대책선정의 원칙

> **참고** 산업안전기사 필기 p.3-35(6. 하인리히 산업재해예방의 4원칙)

> **KEY** ① 2016년 5월 8일 산업기사 출제
> ② 2020년 8월 22일 (문제 20번) 출제

> 💬 **합격자의 조언**
> 반드시 이번 시험에도 출제 예정 문제입니다.

---

05 재해의 발생확률은 개인적 특성이 아니라 그 사람이 종사하는 작업의 위험성에 기초한다는 이론은?

① 암시설 ② 경향설
③ 미숙설 ④ 기회설

> **해설**

재해 빈발설
① 기회설 : 작업에 어려움(위험성)이 많기 때문에 재해가 유발하게 된다는 설
② 암시설 : 한번 재해를 당한 사람은 겁쟁이가 되거나 신경과민 등으로 재해를 유발하게 된다는 설
③ 경향설 : 근로자 가운데 재해가 빈발하는 소질적 결함자가 있다는 설

> **참고** 산업안전기사 필기 p.1-98(1. 재해설)

---

06 타인의 비판 없이 자유로운 토론을 통하여 다량의 독창적인 아이디어를 이끌어내고, 대안적 해결안을 찾기 위한 집단적 사고기법은?

① Role playing ② Brain storming
③ Action playing ④ Fish Bowl playing

> **해설**

집중발상법(Brain Storming : BS)
① 6~12명 정도의 구성원으로 잠재의식을 일깨워 자유로이 아이디어를 개발하자는 토의식 아이디어 개발기법
② A.F. Osborn, 1941년

> **참고** 산업안전기사 필기 p.1-14(4. 집중발상법)

> **KEY** 2018년 4월 28일 기사 출제

---

07 강도율 7인 사업장에서 한 작업자가 평생 동안 작업을 한다면 산업재해로 인한 근로손실 일수는 며칠로 예상되는가? (단, 이 사업장의 연근로시간과 한 작업자의 평생근로시간은 100,000시간으로 가정한다.)

① 500 ② 600
③ 700 ④ 800

> **해설**

환산강도율 = 강도율 × 100 = 7 × 100 = 700[일]

> **참고** 산업안전기사 필기 p.3-44(7. 환산강도율)

> **KEY** ① 2016년 5월 8일 산업기사 출제
> ② 2020년 8월 22일 기사 출제

> **보충학습**
> 환산강도율 = 평생작업시 예상 근로손실일수

---

08 산업안전보건법령상 유해·위험 방지를 위한 방호조치가 필요한 기계·기구가 아닌 것은?

① 예초기 ② 지게차
③ 금속절단기 ④ 금속탐지기

> **해설**

유해·위험방지를 위한 방호조치가 필요한 기계·기구
① 예초기 ② 원심기 ③ 공기압축기 ④ 금속절단기
⑤ 지게차 ⑥ 포장기계(진공포장기, 랩핑기로 한정한다)

[정답] 04 ② 05 ④ 06 ② 07 ③ 08 ④

> [참고] 산업안전기사 필기 p.1-219(별표 20)

정보제공
① 산업안전보건법 시행령 [별표 20] 유해·위험방지를 위한 방호조치가 필요한 기계·기구
② 산업안전보건법 시행규칙 제98조(방호조치)

09 산업안전보건법령상 안전보건표지의 색채와 사용사례의 연결로 틀린 것은?

① 노란색 – 화학물질 취급장소에서의 유해·위험 경고 이외의 위험경고
② 파란색 – 특정 행위의 지시 및 사실의 고지
③ 빨간색 – 화학물질 취급장소에서의 유해·위험 경고
④ 녹색 – 정지신호, 소화설비 및 그 장소, 유해행위의 금지

해설

안전보건표지의 색채, 색도기준 및 용도

색채	색도기준	용도	사용 예
빨간색	7.5R 4/14	금지	정지신호, 소화설비 및 그 장소, 유해행위의 금지
		경고	화학물질 취급장소에서의 유해·위험 경고
노란색	5Y 8.5/12	경고	화학물질 취급장소에서의 유해·위험 경고 이외의 위험 경고, 주의표지 또는 기계방호물
파란색	2.5PB 4/10	지시	특정 행위의 지시 및 사실의 고지
녹색	2.5G 4/10	안내	비상구 및 피난소, 사람 또는 차량의 통행표지
흰색	N9.5		파란색 또는 녹색에 대한 보조색
검은색	N0.5		문자 및 빨간색 또는 노란색에 대한 보조색

> [참고] 산업안전기사 필기 p.1-62(4. 안전보건표지의 색채, 색도기준 및 용도)

KEY
① 2017년 3월 5일 기사 출제
② 2017년 8월 26일 산업기사 출제
③ 2018년 3월 4일 기사 출제
④ 2019년 9월 21일 기사·산업기사 동시 출제
⑤ 2020년 8월 22일 기사 출제

정보제공
산업안전보건법 시행규칙 [별표 8] 안전보건표지의 색채, 색도기준 및 용도

10 재해의 발생형태 중 다음 그림이 나타내는 것은?

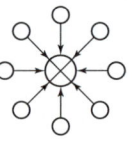

① 단순연쇄형 ② 복합연쇄형
③ 단순자극형 ④ 복합형

해설

산업재해발생의 mechanism(형태) 3가지
① 단순자극형(집중형)
② 연쇄형
③ 복합형

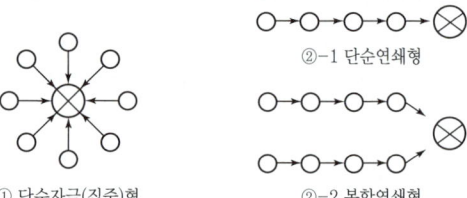

① 단순자극(집중)형   ②-1 단순연쇄형
                    ②-2 복합연쇄형

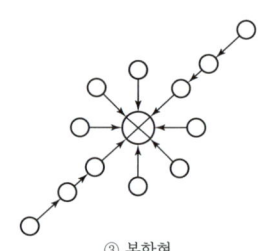

③ 복합형

[그림] 재해(⊗)의 발생 형태 3가지

> [참고] 산업안전기사 필기 p.3-31(2. 산업재해발생의 mechanism 3가지)

KEY
① 2017년 3월 5일 기사 출제
② 2020년 6월 14일 산업기사 출제

11 생체리듬의 변화에 대한 설명으로 틀린 것은?

① 야간에는 체중이 감소한다.
② 야간에는 말초운동 기능이 증가된다.
③ 체온, 혈압, 맥박수는 주간에 상승하고 야간에 감소한다.
④ 혈액의 수분과 염분량은 주간에 감소하고 야간에 상승한다.

[정답] 09 ④ 10 ③ 11 ②

> [해설]

위험일의 변화 및 특징
① 혈액의 수분, 염분량 : 주간에 감소, 야간에 상승
② 체중 감소, 소화분비액 불량, 말초운동 기능 저하, 피로의 자각 증상 증가
③ 체온, 혈압, 맥박 : 주간에 상승, 야간에 감소

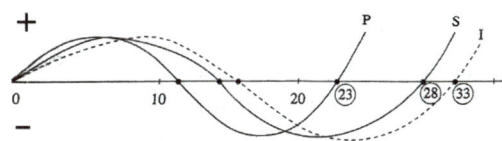

[그림] Biorhythm(PSI학설)

> [참고] 산업안전기사 필기 p.1-108(5. 위험일의 변화 및 특징)

> [KEY]
> ① 2017년 8월 26일 기사 출제
> ② 2017년 9월 23일 기사 출제
> ③ 2018년 4월 28일 기사 출제

12 무재해 운동을 추진하기 위한 조직의 세 기둥으로 볼 수 없는 것은?

① 최고경영자의 경영자세
② 소집단 자주활동의 활성화
③ 전 종업원의 안전요원화
④ 라인관리자에 의한 안전보건의 추진

> [해설]

무재해운동의 3요소(3기둥)

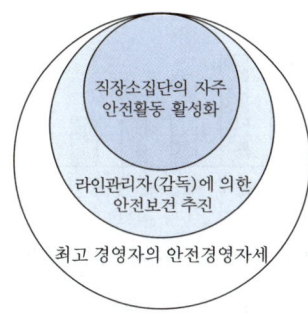

[그림] 무재해운동의 3요소(3기둥)

> [참고] 산업안전기사 필기 p.1-10(3. 무재해운동의 3요소)

> [KEY]
> ① 2016년 3월 6일 기사 출제
> ② 2016년 5월 8일 기사 출제
> ③ 2017년 3월 5일 산업기사 출제
> ④ 2017년 5월 7일 기사 출제
> ⑤ 2019년 3월 3일 기사 출제
> ⑥ 2019년 11월 9일 기사실기 출제

13 안전인증 절연장갑에 안전인증 표시 외에 추가로 표시하여야 하는 등급별 색상의 연결로 옳은 것은? (단, 고용노동부 고시를 기준으로 한다.)

① 00등급 : 갈색
② 0등급 : 흰색
③ 1등급 : 노란색
④ 2등급 : 빨강색

> [해설]

절연장갑의 등급 및 표시

등급	최대사용전압		등급별 색상
	교류(V, 실효값)	직류(V)	
00	500	750	갈색
0	1,000	1,500	빨간색
1	7,500	11,250	흰색
2	17,000	25,500	노란색
3	26,500	39,750	녹색
4	36,000	54,000	등색

㈜ 직류값은 교류에 1.5를 곱하면 된다. 예 500×1.5 = 750[V]

> [참고] 산업안전기사 필기 p.1-51(합격날개 : 합격예측)

> [KEY]
> ① 2018년 4월 28일 산업기사 출제
> ② 2018년 8월 19일 기사 출제
> ③ 2019년 4월 27일 기사 출제
> ④ 2020년 6월 14일 산업기사 출제

14 안전교육방법 중 구안법(Project Method)의 4단계의 순서로 옳은 것은?

① 계획수립 → 목적결정 → 활동 → 평가
② 평가 → 계획수립 → 목적결정 → 활동
③ 목적결정 → 계획수립 → 활동 → 평가
④ 활동 → 계획수립 → 목적결정 → 평가

> [해설]

구안법의 순서
① 제1단계 : 목적 결정
② 제2단계 : 계획 수립
③ 제3단계 : 활동(수행)
④ 제4단계 : 평가

> [참고] 산업안전기사 필기 p.1-141(합격날개 : 합격예측)

> [KEY]
> ① 2016년 5월 8일 기사 출제
> ② 2018년 3월 4일 기사 · 산업기사 동시 출제

[정답] 12 ③ 13 ① 14 ③

과년도 출제문제

15 산업안전보건법령상 안전보건교육 중 관리감독자 정기교육의 내용이 아닌 것은?

① 유해·위험 작업환경 관리에 관한 사항
② 표준안전작업방법 및 지도 요령에 관한 사항
③ 작업공정의 유해·위험과 재해 예방대책에 관한 사항
④ 기계·기구의 위험성과 작업의 순서 및 동선에 관한 사항

해설
관리감독자 정기안전보건교육 내용
① 산업안전 및 사고 예방에 관한 사항
② 산업보건 및 직업병 예방에 관한 사항
③ 위험성 평가에 관한 사항
④ 유해·위험 작업환경 관리에 관한 사항
⑤ 산업안전보건법령 및 산업재해보상보험 제도에 관한 사항
⑥ 직무스트레스 예방 및 관리에 관한 사항
⑦ 직장 내 괴롭힘, 고객의 폭언 등으로 인한 건강장해 예방 및 관리에 관한 사항
⑧ 작업공정의 유해·위험과 재해 예방대책에 관한 사항
⑨ 사업장 내 안전보건관리체제 및 안전·보건조치 현황에 관한 사항
⑩ 표준안전 작업방법 결정 및 지도·감독 요령에 관한 사항
⑪ 현장근로자와의 의사소통능력 및 강의 능력 등 안전보건교육 능력 배양에 관한 사항
⑫ 비상시 또는 재해 발생 시 긴급조치에 관한 사항
⑬ 그 밖의 관리감독자의 직무에 관한 사항

참고 산업안전기사 필기 p.1-154(3. 관리감독자 정기안전보건교육 내용)

KEY
① 2017년 5월 7일 기사 출제
② 2017년 8월 26일 기사 출제
③ 2018년 3월 4일 기사 출제
④ 2018년 4월 28일 기사 출제
⑤ 2019년 8월 4일 기사 출제

정보제공
산업안전보건법 시행규칙 [별표 5] 안전보건교육 교육대상자별 교육내용

16 다음 재해원인 중 간접원인에 해당하지 않는 것은?

① 기술적 원인
② 교육적 원인
③ 관리적 원인
④ 인적 원인

해설
재해원인 비교

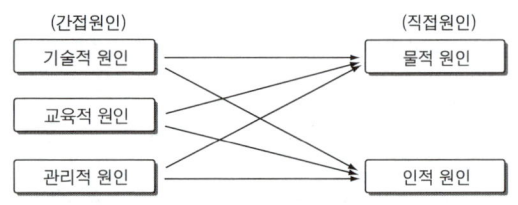

[그림] 직·간접재해원인 비교

참고 산업안전기사 필기 p.3-30(2. 산업재해의 직·간접원인)

KEY
① 2016년 5월 8일 산업기사 출제
② 2020년 8월 22일 기사 출제

17 재해원인 분석방법의 통계적 원인분석 중 사고의 유형, 기인물 등 분류항목을 큰 순서대로 도표화한 것은?

① 파레토도
② 특성요인도
③ 크로스도
④ 관리도

해설
파레토도(Pareto diagram)
① 관리 대상이 많은 경우 최소의 노력으로 최대의 효과를 얻을 수 있는 방법
② 사고의 유형, 기인물 등 분류항목을 큰 값에서 작은 값의 순서로 도표화하는 데 편리

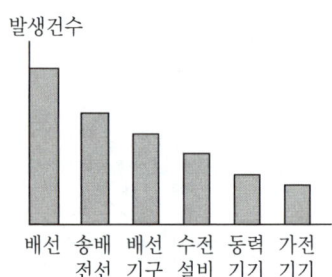

[그림] 전기설비별 감전사고 분포(파레토도)

참고 산업안전기사 필기 p.3-3(1. 파레토도)

KEY
① 2017년 8월 26일 기사 출제
② 2018년 3월 4일 기사 출제
③ 2018년 9월 15일 산업기사 출제
④ 2019년 9월 21일 기사 출제
⑤ 2020년 6월 14일 산업기사 출제

[정답] 15 ④ 16 ④ 17 ①

18 다음 중 헤드십(headship)에 관한 설명과 가장 거리가 먼 것은?

① 권한의 근거는 공식적이다.
② 지휘의 형태는 민주주의적이다.
③ 상사와 부하와의 사회적 간격은 넓다.
④ 상사와 부하와의 관계는 지배적이다.

해설

leadership과 headship의 비교

개인과 상황 변수	leadership	headship
권한 행사	선출된 리더	임명적 헤드
권한 부여	밑으로부터 동의	위에서 위임
권한 귀속	집단 목표에 기여한 공로 인정	공식화된 규정에 의함
상사와 부하와의 관계	개인적인 영향	지배적
부하와의 사회적 관계 (간격)	좁음	넓음
지휘 형태	민주주의적	권위주의적
책임 귀속	상사와 부하	상사
권한 근거	개인적	법적 또는 공식적

참고) 산업안전기사 필기 p.1-113(5. leadership과 headship의 비교)

KEY ① 2016년 3월 6일, 8월 21일, 10월 1일 기사 출제
② 2017년 5월 7일, 9월 23일 기사 출제
③ 2018년 3월 4일 기사·산업기사 동시출제
④ 2018년 8월 19일 산업기사 출제
⑤ 2019년 9월 21일 산업기사 출제
⑥ 2020년 8월 23일 산업기사 출제

19 다음 설명에 해당하는 학습 지도의 원리는?

> 학습자가 지니고 있는 각자의 요구와 능력등에 알맞은 학습활동의 기회를 마련해주어야 한다는 원리

① 직관의 원리
② 자기활동의 원리
③ 개별화의 원리
④ 사회화의 원리

해설

교육(학습)지도 원리
① 자발성(자기활동)의 원리 : 학습자 자신이 자발적으로 학습에 참여하는 데 중점을 둔 원리
② 개별화의 원리 : 학습자가 지니고 있는 각자의 요구와 능력 등에 알맞은 학습활동의 기회를 마련해 주어야 한다는 원리(계열성 원리)
③ 사회화의 원리 : 학습내용을 현실 사회의 사상과 문제를 기반으로 하여 학교에서 경험한 것과 사회에서 경험한 것을 교류시키고 공동학습을 통해서 협력적이고 우호적인 학습을 진행하는 원리

참고) 산업안전기사 필기 p.1-138(3. 학습지도원리)

KEY ① 2017년 9월 23일 기사 출제
② 2018년 4월 28일 기사 출제

20 안전교육의 단계에 있어 교육대상자가 스스로 행함으로서 습득하게 하는 교육은?

① 의식교육
② 기능교육
③ 지식교육
④ 태도교육

해설

제2단계(기능교육)
① 교육대상자가 그것을 스스로 행함으로 얻어진다.
② 개인의 반복적 시행착오에 의해서만 얻어진다.
③ 시범, 견학, 실습, 현장실습 교육을 통한 경험체득과 이해

참고) 산업안전기사 필기 p.1-112(2. 제2단계 - 기능교육)

KEY ① 2017년 8월 26일 기사 출제
② 2019년 4월 27일 기사 출제
③ 2020년 8월 22일 기사 출제

2 인간공학 및 위험성 평가·관리

21 결함수분석의 기호 중 입력사상이 어느 하나라도 발생할 경우 출력사상이 발생하는 것은?

① NOR GATE
② AND GATE
③ OR GATE
④ NAND GATE

해설

OR GATE

기호	명칭	입·출력
출력 ∩ 입력	OR 게이트(논리기호)	입력사상 중 어느 것이나 하나가 존재할 때 출력 사상이 발생

참고) 산업안전기사 필기 p.2-71(12. OR게이트)

[정답] 18 ② 19 ③ 20 ② 21 ③

과년도 출제문제

22 가스밸브를 잠그는 것을 잊어 사고가 발생했다면 작업자는 어떤 인적오류를 범한 것인가?

① 생략 오류(omission error)
② 시간지연 오류(time error)
③ 순서 오류(sequential error)
④ 작위적 오류(commission error)

해설

생략에러(Omission Errors : 부작위 실수)
① 직무 또는 어떤 단계를 수행치 않음
② 누락인적 오류

참고 산업안전기사 필기 p.2-20(1. 심리적 분류)

KEY ① 2019년 3월 3일 기사 출제
② 2019년 8월 4일 기사 출제
③ 2020년 6월 14일 산업기사 출제

23 어떤 소리가 1,000[Hz], 60[dB]인 음과 같은 높이임에도 4배 더 크게 들린다면, 이 소리의 음압수준은 얼마인가?

① 70[dB]   ② 80[dB]
③ 90[dB]   ④ 100[dB]

해설

음압수준
① 10[dB] 증가 시 소음은 2배 증가
② 20[dB] 증가 시 소음은 4배 증가
③ 60+20=80[dB]

결론
$4\text{sone} = 2^{\frac{L_1-60}{10}}$
$10 \times \log 4 = (L_1-60)\log 2$
$L_1 = \frac{10 \times \log 4}{\log 2} + 60 = 80$

참고 ① 2002년, 2003년 연속 출제
② 2009년 8월 30일(문제 53번) 출제

KEY 2018년 4월 28일(문제 35번) 출제

보충학습

[표] phon과 sone의 관계

sone	1	2	4	8	16	32	64	128	256	512	1024
phon	40	50	60	70	80	90	100	110	120	130	140

예 10[phon]이 증가하면 2배의 소리 크기가 되며, 20[phon]이 증가하면 4배의 소리 크기가 된다.

24 시스템 안전분석 방법 중 예비위험분석(PHA) 단계에서 식별하는 4가지 범주에 속하지 않는 것은?

① 위기상태   ② 무시가능상태
③ 파국적상태   ④ 예비조처상태

해설

식별된 사고의 4가지 PHA범주
① 파국적   ② 중대(위기적)
③ 한계적   ④ 무시

참고 산업안전기사 필기 p.2-60(3. PHA의 카테고리 분류)

KEY ① 2016년 5월 8일 기사 출제
② 2018년 9월 15일(문제 48번) 출제

25 다음은 불꽃놀이용 화학물질취급설비에 대한 정량적 평가이다. 해당 항목에 대한 위험등급이 올바르게 연결된 것은?

항목	A (10점)	B (5점)	C (2점)	D (0점)
취급물질	○	○	○	
조작		○		○
화학설비의 용량	○			
온도	○	○		
압력		○	○	○

① 취급물질-Ⅰ등급,   화학설비 용량-Ⅰ등급
② 온도-Ⅰ등급,   화학설비 용량-Ⅱ등급
③ 취급물질-Ⅰ등급,   조작-Ⅳ등급
④ 온도-Ⅱ등급,   압력-Ⅲ등급

해설

정량적 평가
(1) 정량적 평가 5항목에 의해 A(10점), B(5점), C(2점), D(0점)으로 판정하고 폭발 등급(위험 등급)은 1급이 합산한 점수가 16점 이상, 2급은 11~16점 사이, 3급은 11점 미만(10점 이하)으로서 안전대책을 강구
(2) 점수 및 등급
① 취급물질 : 17점, Ⅰ등급   ② 조작 : 5점, Ⅲ등급
③ 화학설비용량 : 12점, Ⅱ등급 ④ 온도 : 15점, Ⅱ등급
⑤ 압력 : 7점, Ⅲ등급

참고 산업안전기사 필기 p.2-38(3. 3단계 정량적 평가항목)

[정답] 22 ①   23 ②   24 ④   25 ④

26
산업안전보건법령상 유해위험방지계획서의 제출 대상 제조업은 전기 계약 용량이 얼마 이상인 경우에 해당되는가?(단, 기타 예외사항은 제외한다.)

① 50[kW]   ② 100[kW]
③ 200[kW] ④ 300[kW]

해설

제조업 유해·위험방지 계획서 제출대상 사업 : 전기계약용량 300[kW] 이상 사업

참고
① 산업안전기사 필기 p.1-198(4. 유해·위험 방지 조치)
② 산업안전기사 필기 p.2-44(1. 유해위험방지계획서의 제출대상 사업)

KEY
① 2012년 8월 26일(문제 27번) 출제
② 2016년 5월 2일(문제 23번) 출제
③ 2017년 3월 5일 출제
④ 2019년 4월 27일(문제 25번) 출제

정보제공
산업안전보건법 시행령 제42조(유해위험방지계획서 제출대상 사업)

27
인간-기계 시스템에서 시스템의 설계를 다음과 같이 구분할 때 제3단계인 기본설계에 해당되지 않는 것은?

1단계 : 시스템의 목표와 성능 명세 결정
2단계 : 시스템의 정의
3단계 : 기본설계
4단계 : 인터페이스설계
5단계 : 보조물 설계
6단계 : 시험 및 평가

① 화면 설계   ② 작업 설계
③ 직무 분석   ④ 기능 할당

해설

제3단계 : 기본설계 내용
① 인간 : 하드웨어·소프트웨어의 기능 할당
② 인간성능 요건 명세
③ 직무분석
④ 작업설계

참고 산업안전기사 필기 p.2-29(문제 31번) 적중

KEY
① 2016년 3월 6일 출제
② 2016년 10월 1일(문제 45번) 출제

28
결함수분석법에서 path set에 관한 설명으로 옳은 것은?

① 시스템의 약점을 표현한 것이다.
② Top사상을 발생시키는 조합이다.
③ 시스템이 고장 나지 않도록 하는 사상의 조합이다.
④ 시스템공장을 유발시키는 필요불가결한 기본사상들의 집합이다.

해설

패스셋(path set)
① 기본사상이 일어나지 않을 때 처음으로 정상사상이 일어나지 않는 기본사상의 집합
② 고장나지 않도록 하는 사상의 조합

참고 산업안전기사 필기 p.2-98(합격날개 : 합격예측)

KEY 2017년 5월 7일(문제 22번) 출제

보충학습

컷셋(cut set)
① 정상사상을 발생시키는 기본사상의 집합
② 기본사상이 발생할 때 정상사상을 발생시킬 수 있는 기본사상의 집합

29
연구 기준의 요건과 내용이 옳은 것은?

① 무오염성 : 실제로 의도하는 바와 부합해야 한다.
② 적절성 : 반복 실험 시 재현성이 있어야 한다.
③ 신뢰성 : 측정하고자 하는 변수 이외의 다른 변수의 영향을 받아서는 안된다.
④ 민감도 : 피실험자 사이에서 볼 수 있는 예상 차이점에 비례하는 단위로 측정해야 한다.

해설

기준의 요건

구분	특징
적절성(relevance)	기준이 의도된 목적에 적합하다고 판단되는 정도
무오염성	측정하고자 하는 변수외의 영향이 없도록
기준척도의 신뢰성 (reliability criterion measure)	척도의 신뢰성 즉 반복성(repeatability)

참고 산업안전기사 필기 p.2-6(합격날개 : 합격예측)

KEY
① 2017년 8월 26일 출제
② 2019년 8월 4일 산업기사 출제

[정답] 26 ④ 27 ① 28 ③ 29 ④

30
FTA결과 다음과 같은 패스셋을 구하였다. 최소 패스셋(minimal path sets)으로 옳은 것은?

[다음]
$\{X_2, X_3, X_4\}$
$\{X_1, X_3, X_4\}$
$\{X_3, X_4\}$

① $\{X_3, X_4\}$
② $\{X_1, X_3, X_4\}$
③ $\{X_2, X_3, X_4\}$
④ $\{X_2, X_3, X_4\}$와 $\{X_3, X_4\}$

해설
최소 패스셋

① $T = (X_2 + X_3 + X_4) \cdot (X_1 + X_3 + X_4) \cdot (X_3 + X_4)$

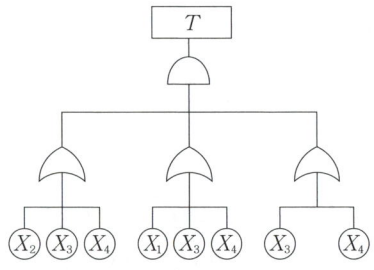

[그림] FT도

② 패스셋을 다음과 같이 표시할 수 있고, 패스셋 중 공통인 (X_3, X_4)를 FT도에 대입한다.

$$T = \begin{array}{|c|c|} \hline \multicolumn{2}{|c|}{\text{Path set}} \\ \hline X_2, & X_3, X_4, \\ X_1, & X_3, X_4, \\ & X_3, X_4, \\ \hline \end{array}$$

③ FT에도 공통이 되는 (X_3, X_4)를 대입하여 T가 발생하는지 확인

참고) 산업안전기사 필기 p. 2-77(5. 컷셋·미니멀 컷셋 요약)

KEY ① 2014년 9월 20일(문제 53번) 건설안전기사 출제
② 2017년 8월 26일(문제 27번) 출제

31
인체측정에 대한 설명으로 옳은 것은?
① 인체측정은 동적측정과 정적측정이 있다.
② 인체측정학은 인체의 생화학적 특징을 다룬다.
③ 자세에 따른 인체치수의 변화는 없다고 가정한다.
④ 측정항목에 무게, 둘레, 두께, 길이는 포함되지 않는다.

해설
인체측정
① 신체 치수를 기본으로 신체 각 부위의 무게, 무게중심, 부피, 운동범위, 관성 등의 물리적 특성을 측정
② 일상생활에 적용하는 분야 측정
③ 인간공학적 설계 위한 자료 목적

참고) 산업안전기사 필기 p.2-158(1. 인체계측 방법)

KEY 2017년 9월 23일 (문제 46번) 출제

32
실린더 블록에 사용하는 가스켓의 수명 분포는 $X \sim N(10,000, 200^2)$인 정규분포를 따른다. $t = 9,600$시간일 경우에 신뢰도($R(t)$)는? (단, $P(Z \leq 1) = 0.8413$, $P(Z \leq 1.5) = 0.9332$, $P(Z \leq 2) = 0.9772$, $P(Z \leq 3) = 0.9987$이다.)

① 84.13[%]
② 93.32[%]
③ 97.72[%]
④ 99.87[%]

해설
신뢰도
① 확률변수 X는 정규분포 $N(10,000, 200^2)$을 따른다.
② 9,600시간 = $\dfrac{9,600 - 10,000}{200} = -2$
③ 표준정규분포상 $-Z_2$보다 큰 값을 신뢰도로 한다.
④ 전체에서 $-Z_2$보다 작은 값을 빼면 된다.
⑤ 정규분포의 특성상 이는 Z_2보다 큰 값과 동일한 값이다.
⑥ Z_2의 값이 0.9772이므로 $1 - 0.9772 = 0.0228$이 된다.
⑦ 신뢰도 $= 1 - 0.0228 = 0.9772 \times 100 = 97.72[\%]$

KEY ① 2014년 8월 17일 산업기사 출제
② 2015년 5월 31일(문제35번)산업기사 출제
③ 2019년 3월 3일(문제 30번) 출제

33
다음 중 열 중독증(heat illness)의 강도를 올바르게 나열한 것은?

ⓐ 열소모(heat exhaustion)
ⓑ 열발진(heat rash)
ⓒ 열경련(heat cramp)
ⓓ 열사병(heat stroke)

[정답] 30 ① 31 ① 32 ③ 33 ③

① ⓒ<ⓑ<ⓐ<ⓓ ② ⓒ<ⓑ<ⓓ<ⓐ
③ ⓑ<ⓒ<ⓐ<ⓓ ④ ⓑ<ⓓ<ⓐ<ⓒ

[해설]

열에 의한 손상

종류	특징
열경련 (Heat Cramp)	고온 환경에서 심한 육체적 노동이나 운동을 함으로써 과다한 땀의 배출로 전해질이 고갈되어 발생하는 근육의 경련현상
열피로 (heat Exhaustion)	고온에서 장시간 힘든 일을 하거나, 심한 운동으로 땀을 다량 흘렸을 때 흔히 나타나는 현상으로 땀을 통해 손실하는 염분을 충분히 보충하지 못했을 때 주로 발생
열사병 (Heat Stroke)	고온, 다습한 환경에 노출될 때 갑자기 발생해 심각한 체온조절장애를 일으키며, 땀이 배출되지 않음으로 인해 체온상승(직장온도 40도 이상)등이 나타나 심할 경우 혼수상태에 빠지거나 때로는 생명을 앗아감
열쇠약 (Heat Prostration)	이상 고온 환경에서 격심한 육체노동으로 인하여 체온조절 중추의 기능 장애와 만성적인 체력소모가 나타나는 현상

[참고] 산업안전기사 필기 p.2-170(합격날개 : 은행문제)

[KEY] 2015년 3월 8일 산업기사 출제

34 사무실 의자나 책상에 적용할 인체 측정 자료의 설계 원칙으로 가장 적합한 것은?

① 평균치 설계 ② 조절식 설계
③ 최대치 설계 ④ 최소치 설계

[해설]

인체계측자료의 응용원칙
① 최대치수와 최소치수(극단설계) : 최대치수 또는 최소치수를 기준으로 하여 설계
② 조절범위(조절식) : 체격이 다른 여러 사람에 맞도록 만든 것
③ 평균치를 기준으로 한 설계 : 최대치수나 최소치수, 조절식으로 하기에 곤란할 때 평균치를 기준으로 하여 설계

[참고] 산업안전기사 필기 p.2-159(합격날개 : 합격예측)

[KEY] ① 2018년 3월 4일 산업기사 출제
② 2018년 9월 15일 산업기사 출제
③ 2020년 6월 7일(문제 23번) 출제

35 암호체계의 사용 시 고려해야 될 사항과 거리가 먼 것은?

① 정보를 암호화한 자극은 검출이 가능하여야 한다.
② 다 차원의 암호보다 단일 차원화된 암호가 정보 전달이 촉진된다.
③ 암호를 사용할 때는 사용자가 그 뜻을 분명히 알 수 있어야 한다.
④ 모든 암호 표시는 감지장치에 의해 검출될 수 있고, 다른 암호 표시와 구별될 수 있어야 한다.

[해설]

다차원 시각적 암호
① 색이나 숫자로 된 단일 암호보다 색과 숫자의 중복으로 된 조합암호 차원의 전달된 정보가 촉진된다.
② 양이 많은 것으로 실험결과 확인

[보충학습]

색의 시각적 암호
① 일반적으로 9가지 면색 구별 가능
② 훈련을 할 경우 20~30개까지 식별 가능
③ 적용 : 탐색, 위치확인, 정밀한 조사 등

36 신호검출이론(SDT)의 판정결과 중 신호가 없었는데도 있었다고 말하는 경우는?

① 긍정(hit)
② 누락(miss)
③ 허위(false alarm)
④ 부정(correct rejection)

[해설]

신호검출이론
① 신호와 소음을 쉽게 식별할 수 없는 상황에 적용된다.
② 일반적인 상황에서 신호 검출을 간섭하는 소음이 있다.
③ 긍정(hit), 허위(false alarm), 누락(miss), 부정(correct rejection)의 네가지 결과로 나눌 수 있다.

[KEY] 2017년 5월 7일(문제 29번)

37 촉감의 일반적인 척도의 하나인 2점 문턱값(two-point threshold)이 감소하는 순서대로 나열된 것은?

① 손가락→손바닥→손가락 끝
② 손바닥→손가락→손가락 끝
③ 손가락 끝→손가락→손바닥
④ 손가락 끝→손바닥→손가락

[정답] 34 ② 35 ② 36 ③ 37 ②

해설

촉각(감)적 표시장치
① 2점 문턱값이란 손으로 두 점을 눌렀을 때 느끼는 감각이 서로 다르게 느끼는 점 사이의 최소거리
② 손바닥 → 손가락 → 손가락 끝
③ 촉각적 암호구성 3가지
　㉮ 점자　㉯ 진동　㉰ 온도

KEY ① 2013년 8월 18일(문제 37번)
　　　② 2016년 5월 8일(문제 33번)

보충학습

MTTF(Mean Time To Failure)
① 평균작동시간, 고장까지의 평균시간
② 제품 고장시 수명이 다하는 것으로 평균 수명

KEY ① 2008년 제2회 출제
　　　② 2014년 5월 25일(문제 31번) 출제

---

38 시스템 안전분석 방법 중 HAZOP에서 "완전대체"를 의미하는 것은?

① NOT　　　　② REVERSE
③ PART OF　　④ OTHER THAN

해설

유인어(guide words)
① NO 또는 NOT : 설계 의도의 완전한 부정을 의미
② AS Well AS : 성질상의 증가를 나타내는 것으로 설계의도와 운전조건 등 부가적인 행위와 함께 일어나는 것을 의미
③ PART OF : 성질상의 감소, 성취나 성취되지 않음을 나타냄
④ MORE LESS : 양의 증가 또는 양의 감소로 양과 성질을 함께 나타냄
⑤ OTHER THAN : 완전한 대체를 의미
⑥ REVERSE : 설계의도와 논리적인 역을 의미

참고 산업안전기사 필기 p.2-117(2. 유인어)

KEY ① 2016년 5월 8일 기사 출제
　　　② 2018년 3월 4일(문제 37번) 출제

---

40 신체활동의 생리학적 측정법 중 전신의 육체적인 활동을 측정하는데 가장 적합한 방법은?

① Flicker 측정
② 산소 소비량 측정
③ 근전도(EMG) 측정
④ 피부전기반사(GSR) 측정

해설

신체활동 측정

구분	특징
동적 근력작업	에너지 대사량(R.M.R), 산소섭취량, CO_2 배출량과 호흡량, 심박수, 근전도(E.M.G) 등
정적 근력작업	에너지 대사량과 심박수와의 상관관계 또는 시간적 경과, 근전도 등
신경적 작업	매회 평균 호흡 진폭, 심박수(맥박수), 피부전기반사(G.S.R) 등
심적 작업	플리커 값

참고 산업안전기사 필기 p.1-105(6. 피로측정 방법 3가지)

---

39 어느 부품 1,000개를 100,000시간 동안 가동하였을 때 5개의 불량품이 발생하였을 경우 평균동작시간(MTTF)은?

① 1×10^6 시간　　② 2×10^7 시간
③ 1×10^8 시간　　④ 2×10^9 시간

해설

평균동작시간 계산

$$\text{MTTF} = \frac{\text{부품수} \times \text{가동시간}}{\text{불량품수(고장수)}} = \frac{1000 \times 100000}{5}$$
$$= 20000000 = 2 \times 10^7$$

참고 산업안전기사 필기 p.2-83(3. MTTF)

---

3 기계·기구 및 설비안전관리

41 산업안전보건법령상 롤러기의 방호장치 중 롤러의 앞면 표면속도가 30[m/min]이상일 때 무부하 동작에서 급정지거리는?

① 앞면 롤러 원주의 1/2.5 이내
② 앞면 롤러 원주의 1/3 이내
③ 앞면 롤러 원주의 1/3.5 이내
④ 앞면 롤러 원주의 1/5.5 이내

[정답] 38 ④　39 ②　40 ②　41 ①

해설

롤러의 급정지거리

앞면롤의 표면속도 [m/min]	급정지거리	표면속도 산출공식
30 미만	앞면 롤 원주의 1/3 이내 ($\pi \times D \times \frac{1}{3}$)	$V = \frac{\pi DN}{1,000}$ [m/min]
30 이상	앞면 롤 원주의 1/2.5 이내 ($\pi \times D \times \frac{1}{2.5}$)	

참고) 산업안전기사 필기 p.3-109(표. 롤러기의 급정지거리)

KEY
① 2016년 3월 6일 산업기사 출제
② 2020년 6월 7일 기사 출제

---

42 극한하중이 600[N]인 체인에 안전계수가 4일 때 체인의 정격하중[N]은?

① 130   ② 140
③ 150   ④ 160

해설

정격하중 = $\frac{극한하중}{안전계수}$ = $\frac{600}{4}$ = 150[N]

참고) 산업안전기사 필기 p.3-188(합격날개 : 합격예측)

KEY
① 2017년 5월 7일 기사 출제
② 2017년 8월 26일 기사 출제
③ 2018년 4월 28일 산업기사 출제
④ 2019년 4월 27일 산업기사 출제
⑤ 2020년 6월 7일(문제 52번)

---

43 연삭작업에서 숫돌의 파괴원인으로 가장 적절하지 않은 것은?

① 숫돌의 회전속도가 너무 빠를 때
② 연삭작업 시 숫돌의 정면을 사용할 때
③ 숫돌에 큰 충격을 줬을 때
④ 숫돌의 회전중심이 제대로 잡히지 않았을 때

해설

연삭숫돌의 파괴원인
① 숫돌의 속도가 너무 빠를 때
② 숫돌에 균열이 있을 때
③ 플랜지가 현저히 작을 때
④ 숫돌의 치수(특히 구멍지름)가 부적당할 때
⑤ 숫돌에 과대한 충격을 줄 때
⑥ 작업에 부적당한 숫돌을 사용할 때
⑦ 숫돌의 불균형이나 베어링의 마모에 의한 진동이 있을 때

⑧ 숫돌의 측면을 사용할 때
⑨ 반지름방향의 온도변화가 심할 때

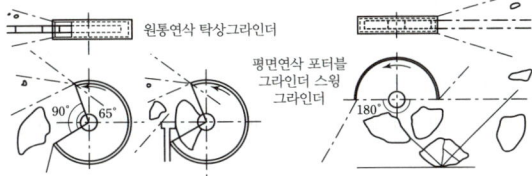

[그림] 안전덮개의 개구각과 파편의 비산방향

참고) 산업안전기사 필기 p.3-93(1. 숫돌의 파괴원인)

KEY
① 2016년 5월 8일 산업기사 출제
② 2016년 8월 21일 기사 출제
③ 2020년 6월 14일 산업기사 출제
④ 2020년 6월 7일(문제 47번) 출제

---

44 산업안전보건법령상 용접장치의 안전에 관한 준수사항으로 옳은 것은?

① 아세틸렌 용접장치의 발생기실 옥외에 설치한 경우에는 그 개구부를 다른 건축물로부터 1[m] 이상 떨어지도록 하여야 한다.
② 가스집합장치로부터 7[m] 이내의 장소에서는 화기의 사용을 금지시킨다.
③ 아세틸렌 발생기에서 10[m] 이내 또는 발생기실에서 4[m] 이내의 장소에서는 화기의 사용을 금지시킨다.
④ 아세틸렌 용접장치를 사용하여 용접작업을 할 경우 게이지 압력이 127[kPa]을 초과하는 압력의 아세틸렌을 발생시켜 사용해서는 아니 된다.

해설

제286조(발생기실의 설치장소 등) ① 사업주는 아세틸렌 용접장치의 아세틸렌 발생기(이하 "발생기"라 한다)를 설치하는 경우에는 전용의 발생기실에 설치하여야 한다.
② 제①항의 발생기실은 건물의 최상층에 위치하여야 하며, 화기를 사용하는 설비로부터 3[m]를 초과하는 장소에 설치하여야 한다.
③ 제①항의 발생기실을 옥외에 설치한 경우에는 그 개구부를 다른 건축물로부터 1.5[m] 이상 떨어지도록 하여야 한다.

참고) 산업안전기사 필기 p.3-113(합격날개 : 합격예측 및 관련법규)

KEY
① 2016년 3월 6일 산업기사 출제
② 2017년 5월 7일 기사 출제
③ 2018년 3월 4일 산업기사 출제
④ 2018년 4월 28일 기사 출제
⑤ 2019년 8월 4일(문제 56번)

[정답] 42 ③   43 ②   44 ④

보충학습

아세틸렌 용접장치 화기 안전거리
① 발생기 : 5[m]
② 발생기실 : 3[m]

정보제공
산업안전보건기준에 관한 규칙 제290조(아세틸렌 용접장치의 관리 등)

45 500[rpm]으로 회전하는 연삭숫돌의 지름이 300[mm] 일때 원주속도[m/min]는?

① 약 748   ② 약 650
③ 약 532   ④ 약 471

해설

원주속도

$$V = \frac{\pi DN}{1,000} = \frac{\pi \times 500 \times 300}{1,000} = 471[\text{m/min}]$$

참고 산업안전기사 필기 p.3-88(합격날개 : 합격예측)

KEY ① 2016년 5월 8일 출제
② 2017년 8월 26일 기사·산업기사 동시 출제
③ 2019년 4월 27일(문제 42번) 출제

46 산업안전보건법령상 로봇을 운전하는 경우 근로자가 로봇에 부딪칠 위험이 있을 때 높이는 최소 얼마 이상의 울타리를 설치하여야 하는가?(단, 로봇의 가동범위 등을 고려하여 높이로 인한 위험성이 없는 경우는 제외)

① 0.9[m]   ② 1.2[m]
③ 1.5[m]   ④ 1.8[m]

해설

산업용 로봇 근로자 보호용 울타리 높이 : 1.8[m] 이상

참고 산업안전기사 필기 p.3-124(합격날개 : 합격예측 및 관련법규)

KEY ① 2016년 5월 8일 산업기사 출제
② 2017년 5월 8일 기사 출제
③ 2019년 3월 3일 기사 출제
④ 2020년 8월 22일(문제 54번) 출제

정보제공
산업안전보건기준에 관한 규칙 제223조(운전중 위험방지)

보충학습
1.8[m] : 사람이 울타리를 넘기 힘든 높이의 최솟값

47 일반적으로 전류가 과대하고, 용접속도가 너무 빠르며, 아크를 짧게 유지하기 어려운 경우 모재 및 용접부의 일부가 녹아서 홈 또는 오목한 부분이 생기는 용접부 결함은?

① 잔류응력   ② 융합불량
③ 기공   ④ 언더컷

해설

용접결함의 종류

① Under Cut(언더컷)   ② Over Lap(오버랩)

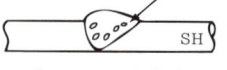 
③ Blow Hole(기공)   ④ 용입부족

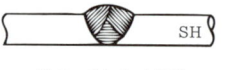 
⑤ Slag(슬래그)섞임   ⑥ 용입불량

⑦ Crater(크레이터)   ⑧ Crack(크랙)

참고 산업안전기사 필기 p.6-167(그림. 용접결함의 종류)

KEY ① 2015년 8월 16일 문제 60번 출제
② 2017년 3월 5일 산업기사 출제
③ 2019년 3월 3일 기사, 산업기사 동시 출제

48 산업안전보건법령상 승강기의 종류로 옳지 않은 것은?

① 승객용 엘리베이터
② 리프트
③ 화물용 엘리베이터
④ 승객화물용 엘리베이터

해설

승강기 종류 5가지
① 승객용 엘리베이터
② 승객화물용 엘리베이터
③ 화물용 엘리베이터
④ 소형화물용 엘리베이터
⑤ 에스컬레이터

참고 산업안전기사 필기 p.3-150(7. 곤돌라 및 승강기)

[정답] 45 ④ 46 ④ 47 ④ 48 ②

KEY 2020년 6월 7일(문제 46번) 출제

정보제공
산업안전보건기준에 관한 규칙 제132조(양중기)

합격자의 조언
제6과목 건설공사 안전관리에도 출제되고 실기 필답형에도 출제되는 내용입니다.

49 다음 중 선반의 방호장치로 가장 거리가 먼 것은?
① 쉴드(shield) ② 슬라이딩
③ 척 커버 ④ 칩 브레이커

해설
선반의 방호장치
① 실드(shield)
② 척커버(chuck cover)
③ 칩브레이커(chip breaker)

참고 산업안전기사 필기 p.3-157(문제 9번) 적중
KEY 2017년 5월 7일(문제 53번) 출제

50 산업안전보건법령상 목재가공용 둥근톱 작업에서 분할날과 톱날 원주면과의 간격은 최대 얼마 이내가 되도록 조정하는가?
① 10[mm] ② 12[mm]
③ 14[mm] ④ 16[mm]

해설
분할날
반발예방장치의 분할날(dividing knife)이 대면하는 둥근톱날의 원주면과의 거리 : 12[mm] 이내

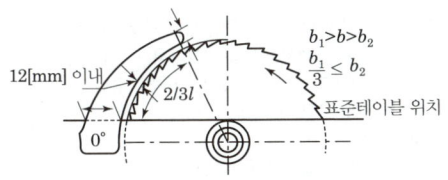

[그림] 톱날형 분할날

참고 산업안전기사 필기 p.3-131(3. 반발예방장치)
KEY 2019년 8월 4일(문제 49번) 출제

51 기계설비에서 기계 고장률의 기본 모형으로 옳지 않은 것은?
① 조립 고장 ② 초기 고장
③ 우발 고장 ④ 마모 고장

해설
기계설비 고장유형 3가지

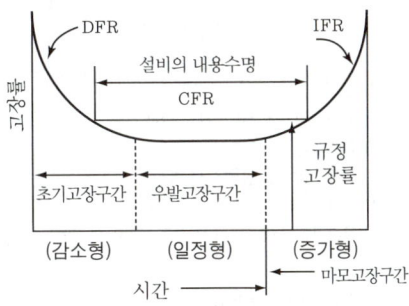

참고 산업안전기사 필기 p.3-191(그림 : 기계설비의 고장유형)
KEY ① 2018년 4월 28일 산업기사 출제
② 2018년 8월 19일 기사 · 산업기사 동시출제

52 산업안전보건법령상 화물의 낙하에 의해 운전자가 위험을 미칠 경우 지게차의 헤드가드(head guard)는 지게차 최대하중의 몇 배가 되는 등분포정하중에 견디는 강도를 가져야 하는가?(단, 4톤을 넘는 값은 제외)
① 1배 ② 1.5배
③ 2배 ④ 3배

해설
지게차 헤드가드 설치기준
① 강도는 지게차의 최대하중의 2배 값(4[t]을 넘는 값에 대해서는 4[t]으로 한다)의 등분포정하중(等分布靜荷重)에 견딜 수 있을 것
② 상부틀의 각 개구의 폭 또는 길이가 16[cm] 미만일 것
③ 운전자가 앉아서 조작하거나 서서 조작하는 지게차의 헤드가드는 「산업표준화법」 제12조에 따른 한국산업표준에서 정하는 높이 기준 이상일 것(좌식 : 0.903[m], 입식 : 1.88[m] 이상)

[정답] 49 ② 50 ② 51 ① 52 ③

과년도 출제문제

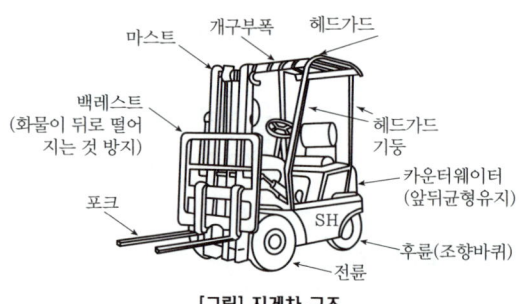

[그림] 지게차 구조

참고 산업안전기사 필기 p.3-148(합격날개 : 합격예측)

KEY ① 2016년 3월 6일 산업기사 출제
② 2016년 8월 21일 출제
③ 2017년 3월 5일 산업기사 출제
④ 2018년 8월 19일 산업기사 출제
⑤ 2019년 4월 27일 기사·산업기사 동시 출제

정보제공
산업안전보건기준에 관한 규칙 제180조(헤드가드)

53 다음 중 컨베이어의 안전장치로 옳지 않은 것은?

① 비상정지장치 ② 반발예방장치
③ 역회전방지장치 ④ 이탈방지장치

해설
컨베이어 안전장치 종류
① 비상정지장치
② 역회전 방지장치
③ 이탈방지 장치

참고 산업안전기사 필기 p.3-136(3. 컨베이어 안전장치)

KEY ① 2016년 8월 21일 산업기사 출제
② 2017년 5월 7일 산업기사 출제
③ 2018년 8월 4일 산업기사 출제

54 크레인에 돌발 상황이 발생한 경우 안전을 유지하기 위하여 모든 전원을 차단하여 크레인을 급정지시키는 방호장치는?

① 호이스트 ② 이탈방지장치
③ 비상정지장치 ④ 아우트리거

해설
크레인 방호장치의 종류
① 권과방지장치 ② 과부하방지장치
③ 제동장치 ④ 비상정지장치

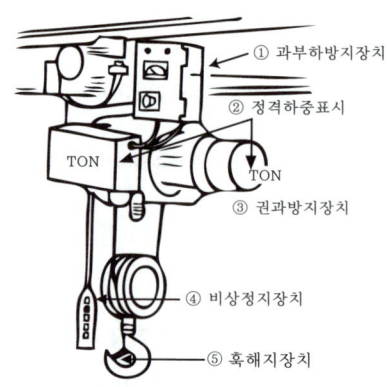

[그림] 크레인의 방호장치

참고 산업안전기사 필기 p.3-149(합격날개 : 합격예측 및 관련법규)

KEY ① 2017년 5월 7일 산업기사 출제
② 2017년 8월 26일 산업기사 출제

정보제공
산업안전보건기준에 관한 규칙 제134조(방호장치의 조정)

보충학습
비상정지장치 : 모든 전원 차단장치

55 산업안전보건법령상 프레스 등을 사용하여 작업을 할 때 작업시작 전 점검 사항으로 가장 거리가 먼 것은?

① 압력방출장치의 기능
② 클러치 및 브레이크의 기능
③ 프레스의 금형 및 고정볼트 상태
④ 1행정 1정지기구·급정지장치 및 비상정지장치의 기능

해설
프레스 작업시작 전 점검사항
① 클러치 및 브레이크의 기능
② 크랭크축·플라이휠·슬라이드·연결봉 및 연결나사의 풀림 유무
③ 1행정 1정지기구·급정지장치 및 비상정지장치의 기능
④ 슬라이드 또는 칼날에 의한 위험방지 기구의 기능
⑤ 프레스의 금형 및 고정볼트 상태
⑥ 방호장치의 기능
⑦ 전단기(剪斷機)의 칼날 및 테이블의 상태

참고 산업안전산업기사 필기 p.3-50(표. 기계·기구의 위험요소 작업시작 전 점검사항)

KEY ① 2016년 3월 6일 출제
② 2017년 3월 5일 기사 출제
③ 2017년 5월 7일 기사 출제

[**정답**] 53 ② 54 ③ 55 ①

④ 2017년 8월 26일 기사 출제
⑤ 2018년 3월 4일 기사 출제
⑥ 2018년 4월 28일 기사 출제
⑦ 2018년 8월 19일 기사 출제
⑧ 2019년 3월 3일 기사 출제
⑨ 2019년 4월 27일 산업기사 출제
⑩ 2020년 6월 14일 산업기사 출제
⑪ 2020년 6월 7일(문제 53번) 출제

정보제공
산업안전보건기준에 관한 규칙 [별표 3] 작업시작전 점검사항

56 다음 중 프레스 방호장치에서 게이트 가드식 방호장치의 종류를 작동방식에 따라 분류할 때 가장 거리가 먼 것은?

① 경사식   ② 하강식
③ 도립식   ④ 횡 슬라이드식

해설
게이트 가드식의 종류
① 하강식   ② 상승식
③ 도입(립)식   ④ 횡슬라이드식

참고 산업안전기사 필기 p.3-97(1. 게이트가드식)

57 선반작업의 안전수칙으로 가장 거리가 먼 것은?

① 기계에 주유 및 청소를 할 때에는 저속회전에서 한다.
② 일반적으로 가공물의 길이가 지름의 12배 이상일 때는 방진구를 사용하여 선반작업을 한다.
③ 바이트는 가급적 짧게 설치한다.
④ 면장갑을 사용하지 않는다.

해설
주유 및 청소시에는 기계를 정지시켜야 합니다.

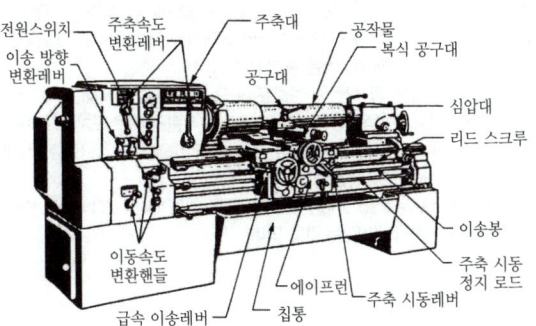

참고 산업안전기사 필기 p.3-80(4. 선반작업시 안전수칙)

58 다음 중 보일러 운전 시 안전수칙으로 가장 적절하지 않은 것은?

① 가동 중인 보일러에는 작업자가 항상 정위치를 떠나지 아니할 것
② 보일러의 각종 부속장치의 누설상태를 점검할 것
③ 압력방출장치는 매 7년 마다 정기적으로 작동시험을 할 것
④ 노 내의 환기 및 통풍 장치를 점검할 것

해설
공정안전보고서를 제출하여 이행상태가 우수한 사업장의 검사기간 : 4년 마다 1회 이상

참고 산업안전기사 필기 p.3-120(합격날개 : 합격예측 및 관련법규)

KEY 2011년 6월 12일 출제

정보제공
산업안전보건기준에 관한 규칙 제116조(압력방출장치)

59 산업안전보건법령상 크레인에서 권과방지장치의 달기구 윗면이 권상장치의 아랫면과 접촉할 우려가 있는 경우 최소 몇 [m] 이상 간격이 되도록 조정하여야 하는가?(단, 직동식 권과방지장치의 경우는 제외)

① 0.1   ② 0.15
③ 0.25   ④ 0.3

해설
권과방지장치 조정 간격 : 0.25[m] 이상

정보제공
산업안전보건기준에 관한 규칙 제133조(정격하중 등의 표시)

보충학습
직동식 : 0.05[m] 이상

[정답] 56 ① 57 ① 58 ③ 59 ③

60 슬라이드가 내려옴에 따라 손을 쳐내는 막대가 좌우로 왕복하면서 위험한계에 있는 손을 보호하는 프레스 방호장치는?

① 수인식 ② 게이트 가드식
③ 반발예방장치 ④ 손쳐내기식

해설

손쳐내기식 방호장치
기계가 작동할 때 레버나 링크 혹은 캠으로 연결된 제수봉이 위험구역의 전면에 있는 작업자의 손을 우에서 좌, 좌에서 우로 쳐내는 것

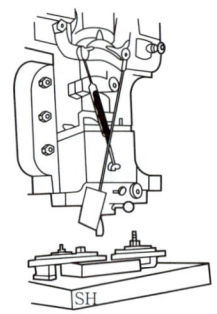

[그림] 손쳐내기식의 방호장치

참고) 산업안전기사 필기 p.3-99(3. 손쳐내기식)

KEY ① 2016년 8월 21일 산업기사 출제
② 2017년 3월 5일(문제 42번) 출제

---

4 전기설비 안전관리

61 KS C IEC60079-0에 따른 방폭기기에 대한 설명이다. 다음 빈칸에 들어갈 알맞은 용어는?

(ⓐ)은 EPL로 표현되며 점화원이 될 수 있는 가능성에 기초하여 기기에 부여된 보호등급이다. EPL의 등급 중 (ⓑ)는 정상 작동, 예상된 오작동, 드문 오작동 중에 점화원이 될 수 없는 "매우높은" 보호 등급의 기기이다.

① ⓐ Explosion Protection Level
  ⓑ EPL Ga
② ⓐ Explosion Protection Level
  ⓑ EPL Gc
③ ⓐ Equipment Protection Level
  ⓑ EPL Ga
④ ⓐ Equipment Protection Level
  ⓑ EPL Gc

해설

KSCIEC60079-6의 EPL 등급
① EPL Ga : 폭발성 가스 대기에 사용되는 기기로서 방호 수준이 "매우 높음" 정상 작동할 시, 예상되는 오작동이나 매우 드문 오작동이 발생할 시 발화원이 되지 않는 기기
② EPL Gb : 폭발성 가스 대기에 사용되는 기기로서 방호 수준이 "높음" 정상 작동할 시, 예상되는 오작동이 발생할 시 발화원이 되지 않는 기기
③ EPL Gc : 폭발성 가스 대기에 사용되는 기기로서 방호 수준이 "향상"되어 있음. 정상 작동 시 발화원이 되지 않으며, 주기적으로 발생하는 문제(예 램프 불량)가 나타날 때도 발화원이 되지 않도록 추가 방호 조치가 취해질 수 있는 기기

참고) 산업안전기사 필기 p.4-71(문제 24번) 적중

KEY 2019년 3월 3일(문제 75번)

62 접지계통 분류에서 TN접지방식이 아닌 것은?

① TN-S방식 ② TN-C방식
③ TNT방식 ④ TN-C-S방식

해설

TN(기기접지)접지방식
① TN-S 방식 ② TN-C 방식
③ TN-C-S방식 ④ TT방식
⑤ IT방식

참고) 산업안전기사 필기 p.4-37(표. TN 계통(계통접지)의 특징)

보충학습

문자의 뜻
① 첫번째 문자는 전원과 대지와의 관계를 나타내는 것으로 T는 Terre라는 불어로 대지라는 의미로 대지에 1점에서 직접 접지하는 것을 말하며, I는 Insulation으로 절연이라는 뜻인데 이는 대지에서 완전히 절연하거나 혹은 임피던스를 통해서 대지의 1점에 접지
② 두 번째 문자는 기기의 도전성 노출부분과 대지와의 관계를 나타내는 것으로, T(Terra)는 도전성 노출부분을 대지에 접지하는 것 즉 기기접지를 말하고, N(Neutral)은 중성점에 접지
③ 세 번째 문자는 중성선 및 보호도체 포설 관계를 나타내는 기호로, S(Separated)는 중성선과 보호도체가 분리된 상태로 도체를 포설하는 것을 말하고, C(Combined)는 중성선과 보호도체가 조합된 상태로 단일도체를 포설하는 것
④ PE(Protective Earthing)은 보호도체를 의미하며 PEN이라고 하면 PE와 N이 조합되었다는 것을 의미

【정답】 60 ④ 61 ③ 62 ③

63. 접지공사의 종류에 따른 접지선(연동선)의 굵기 기준으로 옳은 것은?

① 제1종 : 공칭단면적 6[mm²] 이상
② 제2종 : 공칭단면적 12[mm²] 이상
③ 제3종 : 공칭단면적 5[mm²] 이상
④ 특별 제3종 : 공칭단면적 3.5[mm²] 이상

해설

접지공사
① 제1종 : 10[Ω]이하, 공칭단면적 6[mm²] 이상의 연동선
② 제2종 : $\frac{150}{1선지락 전류}$[Ω] 이하, 공칭단면적 16[mm²] 이상의 연동선(특고압전로와 전압전로변압기에 결합되는 경우 6[mm²] 이상의 연동선
③ 제3종 : 100[Ω]이하, 공칭단면적 2.5[mm²] 이상의 연동선
④ 특별 제3종 : 10[Ω]이하, 공칭단면적 2.5[mm²] 이상의 연동선

안내사항
본 문제는 법개정으로 출제되지 않습니다.

64. 최소 착화에너지가 0.26[mJ]인 가스에 정전용량이 100[pF]인 대전 물체로부터 정전기 방전에 의하여 착화할 수 있는 전압은 약 몇 [V]인가?

① 2,240 ② 2,260
③ 2,280 ④ 2,300

해설

최소착화 에너지(E)
① $E = \frac{1}{2}CV^2$
② $V = \sqrt{\frac{2E}{C}} = \sqrt{\frac{2 \times 0.26 \times 10^{-3}}{100 \times 10^{-12}}} = 2,280.35[V]$

참고 산업안전기사 필기 p.4-33(6. 정전기 에너지)
KEY 2016년 8월 21일(문제 76번) 출제

보충학습
① [mJ] = 10⁻³[J]
② [pF] = 10⁻¹²[F]

65. 누전차단기의 구성요소가 아닌 것은?

① 누전검출부   ② 영상변류기
③ 차단장치   ④ 전력퓨즈

해설

누전차단기 5대 구성요소
① 누전검출부   ② 영상변류기
③ 차단장치   ④ 시험버튼
⑤ 트립코일

참고 산업안전기사 필기 p.4-15(문제 20번) 해설
KEY 2018년 4월 28일(문제 73번) 출제

66. 우리나라의 안전전압으로 볼 수 있는 것은 약 몇 [V]인가?

① 30   ② 50
③ 60   ④ 70

해설

각국의 안전전압[V]

국 가 명	안전전압[V]	국 가 명	안전전압[V]
체 코	20	프 랑 스	24[AC], 50[DC]
독 일	24	네덜란드	50
영 국	24	한 국	30
일 본	24~30	오스트리아	60(0.5초)
벨기에	35		110~130(0.2초)
스위스	36		

참고 산업안전기사 필기 p.4-18(표. 각국의 안전전압)
KEY ① 2018년 3월 4일 출제
② 2019년 4월 27일(문제 75번) 출제

67. 산업안전보건기준에 관한 규칙에 따라 누전에 의한 감전의 위험을 방지하기 위하여 접지를 하여야 하는 대상의 기준으로 틀린 것은?(단, 예외조건은 고려하지 않는다.)

① 전기기계·기구의 금속제 외함
② 고압 이상의 전기를 사용하는 전기기계·기구 주변의 금속제 칸막이
③ 고정배선에 접속된 전기기계·기구 중 사용전압이 대지 전압 100[V]를 넘는 비충전 금속체
④ 코드와 플러그를 접속하여 사용하는 전기기계·기구 중 휴대형 전동기계·기구의 노출된 비충전 금속제

[정답] 63 ① 64 ③ 65 ④ 66 ① 67 ③

해설
누전차단기 설치장소
① 전기기계, 기구 중 대지전압이 150[V]를 초과하는 이동형 또는 휴대형의 것
② 물 등 도전성이 높은 액체에 의한 습윤한 장소
③ 철판, 철골 위 등 도전성이 높은 장소
④ 임시배선의 전로가 설치되는 장소

참고 산업안전기사 필기 p.4-6(2. 누전차단기 설치장소)

KEY
① 2017년 5월 7일 산업기사 출제
② 2017년 8월 26일 출제
③ 2018년 4월 28일(문제 76번) 출제

68 정전유도를 받고 있는 접지되어 있지 않는 도전성 물체에 접촉한 경우 전격을 당하게 되는데 이 때 물체에 유도된 전압 V[V]를 옳게 나타낸 것은?(단, E는 송전선의 대지전압, C_1은 송전선과 물체사이의 정전용량, C_2는 물체와 대지사이의 정전용량이며, 물체와 대지 사이의 저항은 무시한다.)

① $V = \dfrac{C_1}{C_1 + C_2} \times E$
② $V = \dfrac{C_1 + C_2}{C_1 + C_2} \times E$
③ $V = \dfrac{C_1}{C_1 \times C_2} \times E$
④ $V = \dfrac{C_1 \times C_2}{C_1 + C_2} \times E$

해설
정전기 에너지
① 정전용량 C[F]인 물체에 전압 V[V]가 가해져서 Q[C]의 전하가 축적되어 있을 때 에너지는 $W = \dfrac{1}{2}QV = \dfrac{1}{2}CV^2 = \dfrac{1}{2}\dfrac{Q^2}{C}$[J]이 된다.
② 유도된 전압 $= \dfrac{C_1}{C_1 + C_2} E$

W : 정전기 에너지[J]
C : 도체의 정전용량[F]
V : 대전전위(유도된 전압)[V]
Q : 대전전하량[C]

참고 산업안전기사 필기 p.4-33(6. 정전기 에너지)

KEY
① 2006년 3월 5일(문제 73번) 출제
② 2016년 5월 8일 산업기사 출제
③ 2016년 8월 21일 기사 출제
④ 2017년 3월 5일 기사·산업기사 동시 출제
⑤ 2017년 5월 7일 산업기사 출제
⑥ 2018년 3월 4일 기사 출제
⑦ 2019년 8월 4일(문제 64번) 출제

69 교류 아크 용접기의 자동전격방지장치는 전격의 위험을 방지하기 위하여 아크 발생이 중단된 후 약 1초 이내에 출력 측 무부하 전압을 자동적으로 몇 [V] 이하로 저하시켜야 하는가?

① 85
② 70
③ 50
④ 25

해설
자동전격방지장치 무부하전압
① 시간 : 1±0.3초 이내
② 전압 : 25[V] 이하

참고 산업안전기사 필기 p.4-78(2. 방호 장치의 성능)

KEY
① 2016년 5월 8일 산업기사 출제
② 2017년 5월 7일 기사 출제
③ 2017년 8월 26일 기사 출제
④ 2018년 3월 4일(문제 64번) 출제

70 정전기 발생에 영향을 주는 요인으로 가장 적절하지 않은 것은?

① 분리속도
② 물체의 질량
③ 접촉면적 및 압력
④ 물체의 표면상태

해설
정전기 발생에 영향을 주는 요인

구 분	특 성
물체의 특성	대전서열에서 멀리 있는 물체들끼리 마찰할수록 발생량이 많다.
물체의 표면 상태	표면이 거칠수록, 표면이 수분·기름 등에 오염될수록 발생량이 많다.
물체의 이력	처음 접촉, 분리할 때 정전기 발생량이 최고이고, 반복될수록 발생량은 줄어든다.
접촉면적 및 압력	접촉면이 넓을수록, 접촉압력이 클수록 발생량이 많다.
분리 속도	분리속도가 빠를수록 발생량이 많다.

참고 산업안전기사 필기 p.4-32(1. 정전기 위험요소 파악)

KEY
① 2016년 8월 21일 출제
② 2017년 3월 5일(문제 72번) 출제
③ 2017년 3월 5일(문제 61번) 출제

[정답] 68 ① 69 ④ 70 ②

71. 다음에서 설명하고 있는 방폭구조는?

전기기기의 정상 사용 조건 및 특정 비정상 상태에서 과도한 온도 상승, 아크 또는 스파크의 발생위험을 방지하기 위해 추가적인 안전 조치를 취한 것으로 Ex e라고 표시한다.

① 유입 방폭구조
② 압력 방폭구조
③ 내압 방폭구조
④ 안전증 방폭구조

해설

안전증 방폭구조(e) : 본문제 질의 내용

참고) 산업안전기사 필기 p.4-54(③ 안전증)

KEY ① 2014년 8월 17일(문제 71번) 출제
② 2016년 3월 6일(문제 65번) 출제

72. KS C IEC 60079-6에 따른 유입방폭구조 "o"방폭장비의 최소 IP등급은?

① IP44
② IP54
③ IP55
④ IP66

해설

KS C IEC 60079-6에 따른 유입방폭구조 최소 IP 등급 : IP66

참고) 산업안전기사 필기 p.4-65(합격날개 : 은행문제)

정보제공
유입방폭구조인 전기기기의 성능기준(제21조)

73. 20[Ω]의 저항 중에 5[A]의 전류를 3분간 흘렸을 때의 발열량[cal]은?

① 4,320
② 90,000
③ 21,600
④ 376,560

해설

발열량 계산

① $H = 0.24 I^2 RT = 0.24 \times 5^2 \times 20 \times (3 \times 60)$
  $= 21,600 [cal]$
② $1[cal] = 4.18[Joule]$

참고) 산업안전기사 필기 p.4-29(문제 24번)

KEY 2009년 5월 10일(문제 69번) 출제

74. 다음은 어떤 방전에 대한 설명인가?

정전기가 대전되어 있는 부도체에 접지체가 접근한 경우 대전물체와 접지체 사이에 발생하는 방전과 거의 동시에 부도체의 표면을 따라서 발생하는 나뭇가지 형태의 발광을 수반하는 방전

① 코로나 방전
② 뇌상 방전
③ 연면 방전
④ 불꽃 방전

해설

연면방전(Surface Discharge)
① 큰 출력의 도전용 벨트, 항공기의 플라스틱창 등 주로 기계적 마찰에 의하여 큰 표면에 높은 전하밀도가 조성될 때 발생한다.
② 액체 혹은 고체절연제와 기체 사이의 경계에 따른 방전이다.

참고) ① 산업안전기사 필기 p.4-34(2. 연면방전)
② 2014년 5월 25일(문제 62번)

KEY 2016년 3월 6일(문제 66번) 출제

75. 가연성 가스가 있는 곳에 저압·옥내전기설비를 금속관 공사에 의해 시설하고자 한다. 관 상호 간 또는 관과 전기기계기구와는 몇 턱 이상 나사조임으로 접속하여야 하는가?

① 2턱
② 3턱
③ 4턱
④ 5턱

해설

금속관의 방폭형 부속품에 관한 내용
① 재료는 건식아연도금법에 의하여 아연도금을 한 위에 투명한 도료를 칠하거나 기타 적당한 방법으로 녹이 스는 것을 방지하도록 한 강 또는 가단주철(可鍛鑄鐵)일 것
② 안쪽 면 및 끝부분은 전선을 넣거나 바꿀 때에 전선의 피복을 손상하지 아니하도록 매끈한 것일 것
③ 전선관과의 접속부분의 나사는 5턱 이상 완전히 나사결합이 될 수 있는 길이일 것
④ 접합면 중 나사의 접합은 내압방폭구조(d)의 폭발압력시험에 적합할 것
⑤ 완성품은 내압방폭구조(d)의 폭발압력(기준압력) 측정 및 압력시험에 적합한 것일 것

참고) 산업안전기사 필기 p.4-52(합격날개 : 은행문제 1)적중

KEY 2014년 8월 17일(문제 80번) 출제

[정답] 71 ④ 72 ④ 73 ③ 74 ③ 75 ④

과년도 출제문제

76 전기시설의 직접 접촉에 의한 감전방지 방법으로 적절하지 않은 것은?

① 충전부는 내구성이 있는 절연물로 완전히 덮어 감쌀 것
② 충전부가 노출되지 않도록 폐쇄형 외함이 있는 구조로 할 것
③ 충전부에 충분한 절연효과가 있는 방호망 또는 절연 덮개를 설치할 것
④ 충전부는 출입이 용이한 전개된 장소에 설치하고 위험표시 등의 방법으로 방호를 강화할 것

해설

직접접촉에 의한 감전방지대책
① 충전부에 절연 방호망을 설치할 것
② 충전부는 내구성이 있는 절연물로 완전히 덮어 감쌀 것
③ 충전부가 노출되지 않도록 폐쇄형 외함구조로 할 것
④ 관계자 외에 출입을 금지하고 평소에 잠금상태가 되어야 한다.

참고 산업안전기사 필기 p.4-20(1. 직접접촉에 의한 감전방지 방법)

KEY
① 2016년 8월 21일 산업기사 출제
② 2017년 3월 5일 출제
③ 2017년 5월 7일(문제 76번) 출제

77 심실세동을 일으키는 위험한계 에너지는 약 몇 [J]인가?(단, 심실세동 전류 $I = \dfrac{165}{\sqrt{T}}$[mA], 인체의 전기저항 R=800[Ω], 통전시간 T=1[초]이다.)

① 12 ② 22
③ 32 ④ 42

해설

위험한계에너지

$Q = I^2RT[J/S] = \left(\dfrac{165}{\sqrt{T}} \times 10^{-3}\right)^2 \times 800 \times T$

$= \dfrac{165^2}{T} \times 10^{-6} \times 800 \times T = 22[J]$

참고 산업안전기사 필기 p.4-18(3. 위험한계에너지)

KEY
① 2016년 8월 21일 기사 출제
② 2017년 5월 7일 기사 출제
③ 2018년 3월 4일 기사 출제
④ 2018년 4월 28일기사·산업기사 동시 출제
⑤ 2018년 8월 19일 기사 출제
⑥ 2019년 3월 4일 기사 출제
⑦ 2020년 8월 22일 출제

78 전기기계·기구에 설치되어 있는 감전방지용 누전차단기의 정격감도전류 및 작동시간으로 옳은 것은?(단, 정격전부하전류가 50[A] 미만이다.)

① 15[mA] 이하, 0.1초 이내
② 30[mA] 이하, 0.03초 이내
③ 50[mA] 이하, 0.5초 이내
④ 100[mA] 이하, 0.05초 이내

해설

누전차단기 동작시간

정격감도전류	동작시간	
30[mA]	정격감도전류	0.1초 이내(인체 0.03초 이내)
15[mA]	물을 사용하는 장소	0.03초 이내

참고 산업안전산업기사 필기 p.4-6(④ 누전차단기 설치기준)

KEY
① 2016년 3월 4일 기사·산업기사 동시 출제
② 2018년 4월 28일 산업기사 출제
③ 2018년 8월 19일 산업기사 출제
⑤ 2019년 4월 27일(문제 79번) 출제

79 피뢰레벨에 따른 회전구체 반경이 틀린 것은?

① 피뢰레벨 Ⅰ : 20[m]
② 피뢰레벨 Ⅱ : 30[m]
③ 피뢰레벨 Ⅲ : 50[m]
④ 피뢰레벨 Ⅳ : 60[m]

해설

피뢰레벨 회전구체 반경(R) 기준
① 피뢰레벨 Ⅰ : 20[m]   ② 피뢰레벨 Ⅱ : 30[m]
③ 피뢰레벨 Ⅲ : 45[m]   ④ 피뢰레벨 Ⅳ : 60[m]

참고 산업안전산업기사 필기 p.4-59(표. 보호레벨에 따른 건축물)

80 지락사고 시 1초를 초과하고 2초 이내에 고압전로를 자동차단하는 장치가 설치되어 있는 고압전로에 제2종 접지공사를 하였다. 접지저항은 몇 [Ω]이하로 유지해야 하는가?(단, 변압기의 고압측 전로의 1선 지락전류는 10[A] 이다.)

① 10[Ω]   ② 20[Ω]
③ 30[Ω]   ④ 40[Ω]

[정답] 76 ④ 77 ② 78 ② 79 ③ 80 ③

해설

개정 접지시스템

구분	① 계통접지(TN, TT, IT 계통) ② 보호접지 ③ 피뢰시스템 접지
종류	① 단독접지 ② 공통접지 ③ 통합접지
구성요소	① 접지극 ② 접지도체 ③ 보호도체 및 기타 설비
연결방법	접지극은 접지도체를 사용하여 주 접지단자에 연결

합격안내
본 문제는 법개정으로 출제되지 않습니다.

5 화학설비 안전관리

81 사업주는 가스폭발 위험장소 또는 분진폭발 위험장소에 설치되는 건축물 등에 대해서는 규정에서 정한 부분을 내화구조로 하여야 한다. 다음 중 내화구조로 하여야 하는 부분에 대한 기준이 틀린 것은?

① 건축물의 기둥 : 지상 1층(지상 1층의 높이가 6미터를 초과하는 경우에는 6미터)까지
② 위험물 저장·취급용기의 지지대(높이가 30센티미터 이하인 것은 제외) : 지상으로부터 지지대의 끝부분까지
③ 건축물의 보 : 지상 2층(지상 2층의 높이가 10미터를 초과하는 경우에는 10미터)까지
④ 배관·전선관 등의 지지대 : 지상으로부터 1단(1단의 높이가 6미터를 초과하는 경우에는 6미터)까지

해설

제270조(내화기준) ① 사업주는 제230조제1항에 따른 가스폭발 위험장소 또는 분진폭발 위험장소에 설치되는 건축물 등에 대해서는 다음 각 호에 해당하는 부분을 내화구조로 하여야 하며, 그 성능이 항상 유지될 수 있도록 점검·보수 등 적절한 조치를 하여야 한다. 다만, 건축물 등의 주변에 화재에 대비하여 물 분무시설 또는 폼 헤드(foam head)설비 등의 자동소화설비를 설치하여 건축물 등이 화재시에 2시간 이상 그 안전성을 유지할 수 있도록 한 경우에는 내화구조로 하지 아니할 수 있다.
  1. 건축물의 기둥 및 보 : 지상 1층(지상 1층의 높이가 6[m]를 초과하는 경우에는 6[m])까지
  2. 위험물 저장·취급용기의 지지대(높이가 30[cm] 이하인 것은 제외한다) : 지상으로부터 지지대의 끝부분까지
  3. 배관·전선관 등의 지지대 : 지상으로부터 1단(1단의 높이가 6[m]를 초과하는 경우에는 6[m])까지
② 내화재료는 「산업표준화법」에 따른 한국산업표준으로 정하는 기준에 적합하거나 그 이상의 성능을 가지는 것이어야 한다.

참고 산업안전기사 필기 p.5-10(합격날개 : 합격예측 및 관련법규)

합격정보
산업안전보건기준에 관한 규칙 제270조(내화기준)

KEY ① 2011년 8월 21일(문제 96번) 출제
② 2017년 3월 5일(문제 90번) 출제
③ 2019년 4월 27일(문제 86번) 출제

82 다음 물질 중 인화점이 가장 낮은 물질은?

① 이황화탄소 ② 아세톤
③ 크실렌 ④ 경유

해설

인화점
인화성 액체가 공기 중에서 인화하기에 충분한 인화성 증기를 발생할 수 있는 최저온도로 보통 위험성의 척도가 되는 것

[표] 주요 인화성 액체의 인화점

물질명	인화점(℃)	물질명	인화점(℃)
아세톤	-20	아세트알데히드	-39
가솔린	-43	에틸알코올	13
경유	40~85	메탄올	11
등유	30~60	산화에틸렌	-17.8
벤젠	-11	이황화탄소	-30
테레빈유	35	에틸에테르	-45

참고 ① 산업안전기사 필기 p.5-25(문제 18) 해설
② 2020년 9월 27일(문제 90번)

KEY ① 2014년 5월 25일(문제 91번) 출제
② 2017년 5월 7일 출제
③ 2019년 4월 27일(문제 81번) 출제

보충학습
CS_2 : 물속에 저장

83 물의 소화력을 높이기 위하여 물에 탄산칼륨(K_2CO_3)과 같은 염류를 첨가한 소화약제를 일반적으로 무엇이라 하는가?

① 포 소화약제 ② 분말 소화약제
③ 강화액 소화약제 ④ 산알칼리 소화약제

[정답] 81 ③ 82 ① 83 ③

> [해설]

강화액 소화약제
① 탄산나트륨과 같은 무기염의 용액이 사용된다.
② 물보다 좋은 소화제가 된다.
③ 분무로 사용되면 B, C급 화재에도 적용이 가능하다.

[참고] 산업안전기사 필기 p.5-27(문제 9번) 해설

[KEY] 2013년 3월 10일(문제 81번) 출제

---

84. 다음 중 분진의 폭발위험성을 증대시키는 조건에 해당하는 것은?

① 분진의 온도가 낮을수록
② 분위기 중 산소 농도가 작을수록
③ 분진 내의 수분농도가 작을수록
④ 분진의 표면적이 입자체적에 비교하여 작을수록

> [해설]

폭발발생의 필수인자
① 인화성 물질 온도
② 조성(인화성 물질의 농도범위)
③ 압력의 방향
④ 용기의 크기와 형태(모양)

[참고] 산업안전기사 필기 p.5-3(2. 폭발발생의 필수인자)

[KEY] ① 2014년 3월 2일(문제 85번) 출제
② 2019년 3월 3일(문제 96번) 출제

---

85. 다음 중 관의 지름을 변경하는데 사용되는 관의 부속품으로 가장 적절한 것은?

① 엘보우(Elbow)
② 커플링(Coupling)
③ 유니온(Union)
④ 리듀서(Reducer)

> [해설]

피팅류(Fittings)의 용도

용도	종류
두 개의 관을 연결할 때	플랜지, 유니언(union), 커플링(coupling), 니플(nipple), 소켓(socket)
관로의 방향을 바꿀 때	엘보(elbow), Y지관(Y-banch), 티(tee), 십자(cross)
관로의 크기를 바꿀 때	축소관(reducer), 부싱(bushing)
가지관을 설치할 때	티(T), Y지관(Y-branch), 십자(cross)
유로를 차단할 때	플러그(plug), 캡(cap), 밸브(valve)
유량 조절	밸브(valve)

주 elbow : 팔꿈치, ㄱ자

[참고] 산업안전기사 필기 p.5-58(합격날개 : 합격예측)

[KEY] ① 2016년 5월 8일 기사 출제
② 2017년 5월 26일 기사 출제
③ 2018년 3월 4일, 8월 19일 산업기사 출제
④ 2020년 8월 22일(문제 8번) 출제

---

86. 가연성물질의 저장 시 산소농도를 일정한 값 이하로 낮추어 연소를 방지할 수 있는데 이때 첨가하는 물질로 적합하지 않은 것은?

① 질소
② 이산화탄소
③ 헬륨
④ 일산화탄소

> [해설]

CO(일산화탄소)
① 질식성가스로 50[ppm] 이내 가연성 가스이다.
② 독성가스로 TWA 30이다.

[참고] 산업안전기사 필기 p.5-44(표. 주요 고압가스의 분류)

[KEY] ① 2013년 6월 2일(문제 99번) 출제
② 2019년 3월 3일(문제 91번) 출제

---

87. 다음 중 물과의 반응성이 가장 큰 물질은?

① 니트로글리세린
② 이황화탄소
③ 금속나트륨
④ 석유

> [해설]

물과 반응성
① Cu, Fe, Au, Ag, C : 상온에서 고체로 물과 접촉해도 반응불가
② K, Na, Mg, Zn, Li : 물과 격렬반응하여 수소 발생

[참고] 산업안전기사 필기 p.5-69(문제 35번) 해설

[KEY] ① 2006년 5월 14일(문제 88번) 출제
② 2017년 5월 7일(문제 90번) 출제

[정보제공]
제3류(자연발화성 및 금수성 물질)
K, Na, 알킬Li, 황린, 칼슘 또는 Al의 탄화물류 등

---

88. 산업안전보건법령상 위험물질의 종류에서 폭발성 물질에 해당하는 것은?

① 니트로화합물
② 등유
③ 황
④ 질산

[정답] 84 ③   85 ④   86 ④   87 ③   88 ①

해설

니트로화합물
① 제5류(자기반응성물질)
② 자기연소성물질이라 하며, 가연성인 동시에 산소공급원을 함께 가지고 있어 위험하다.
③ 연소의 속도가 매우 빨라 폭발적이며 화약의 원료로 많이 사용된다.
④ 니트로 N(질소성분) ⊕ TNT

참고 산업안전기사 필기 p.5-39(5류 위험물)

KEY 2020년 6월 7일(문제 98번) 출제

---

89 어떤 습한 고체재료 10[kg]을 완전 건조 후 무게를 측정하였더니 6.8[kg]이었다. 이 재료의 건조량 기준 함수율은 몇 [kg·H$_2$O/kg]인가?

① 0.25 ② 0.36
③ 0.47 ④ 0.58

해설

함수율 계산

함수율 = $\dfrac{\text{습한 고체재료} - \text{건조후 무게}}{\text{건조후 무게}}$

$= \dfrac{10 - 6.8}{6.8} = 0.47$[kg·H$_2$O/kg]

KEY 2014년 5월 25일(문제 94번) 출제

---

90 대기압하에서 인화점이 0[℃] 이하인 물질이 아닌 것은?

① 메탄올 ② 이황화탄소
③ 산화프로필렌 ④ 디에틸에테르

해설

주요 인화성 액체의 인화점

물질명	인화점(℃)	물질명	인화점(℃)
아세톤	-20	아세트알데히드	-39
가솔린	-43	에틸알코올	13
경 유	40~85	메탄올	11
등 유	30~60	산화에틸렌	-17.8
벤 젠	-11	이황화탄소	-30
테레빈유	35	에틸에테르	-45

참고 ① 산업안전기사 필기 p.5-25(문제 18번) 해설
② 2020년 9월 27일(문제 82번)

KEY ① 2014년 5월 25일(문제 91번) 출제
② 2017년 5월 7일 출제
③ 2019년 4월 27일(문제 81번) 출제

---

91 가연성가스의 폭발범위에 관한 설명으로 틀린 것은?

① 압력 증가에 따라 폭발 상한계와 하한계가 모두 현저히 증가한다.
② 불활성가스를 주입하면 폭발범위는 좁아진다.
③ 온도의 상승과 함께 폭발범위는 넓어진다.
④ 산소 중에서 폭발범위는 공기 중에서 보다 넓어진다.

해설

연소한계(폭발한계)에 영향을 주는 요인
① 온도 : 폭발하한은 100[℃]증가할 때마다 25[℃]에서의 값이 8[%]가 감소하며, 폭발상한은 8[%]가 증가한다.
② 압력 : 가스압력이 높아질수록 폭발범위는 넓어진다.(상한값이 증가함)
③ 산소 : 폭발하한값은 변함이 없으나 상한값은 산소의 농도가 증가하면 현저히 상승한다.

참고 산업안전기사 필기 p.5-5(보충학습)

KEY 2017년 5월 7일(문제 92번) 출제

---

92 열교환기의 정기적 점검을 일상점검과 개방점검으로 구분할 때 개방점검 항목에 해당하는 것은?

① 보냉재의 파손상황
② 플랜지부나 용접부에서의 누출 여부
③ 기초볼트의 체결 상태
④ 생성물, 부착물에 의한 오염 상황

해설

열교환기 정기점검(개방) 항목
① 부식 및 고분자 등 생성물의 상황, 또는 부착물에 의한 오염의 상황
② 부식의 형태, 정도, 범위
③ 누출의 원인이 되는 비율, 결점
④ 칠의 두께 감소정도
⑤ 용접선의 상황
⑥ Lining 또는 코팅의 상태

[정답] 89 ③ 90 ① 91 ① 92 ④

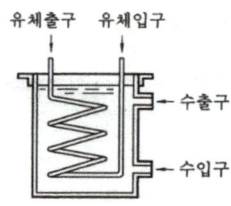

[그림] Coil식 열교환기

> 참고: 산업안전기사 필기 p.5-53(2. 정기점검 항목)

93 다음 중 분진 폭발을 일으킬 위험이 가장 높은 물질은?

① 염소
② 마그네슘
③ 산화칼슘
④ 에틸렌

해설

Mg의 저장 및 취급
① 마그네슘(Mg)은 공기 중의 습기와 자연발화
② 산화제와의 혼합물은 타격, 충격에 의해 연소하는 가연성 고체
③ 소화 시 건조사를 사용

> 참고: 산업안전기사 필기 p. 5-15(2. 화재의 분류)

KEY
① 산업안전기사 필기 p.5-14 (문제 8번)출제
② 2009년 3월 1일 (문제 82번) 출제
③ 2017년 3월 5일 (문제 88번) 출제
④ 2017년 8월 27일 (문제 81번) 출제

94 산업안전보건법령에서 인화성액체를 정의할 때 기준이 되는 표준압력은 몇 [kPa]인가?

① 1
② 100
③ 101.3
④ 273.15

해설

인화성 액체
표준압력(101.3[kPa])에서 인화점이 60[℃] 이하인 가연성 물질

> 참고: 산업안전기사 필기 p.5-67(문제 6번) 해설

KEY 2010년 3월 7일 출제

정보제공
산업안전보건법시행령 [별표 13] 유해·위험물질 규정량

95 다음 중 C급 화재에 해당하는 것은?

① 금속화재
② 전기화재
③ 일반화재
④ 유류화재

해설

화재의 종류 및 특성

화재구분 화재의 종류	화재급수	소화기 표시 색상	소화 효과	화재특성
일반 가연물 화재	A급	백색	냉각 소화	① 백색연기 발생 ② 연소 후 재를 남긴다.
유류화재	B급	황색	질식 효과	① 검은연기 발생 ② 연소 후 재를 남기지 않는다.
전기화재	C급	청색	질식 효과	전기시설물이 점화원의 기능을 하며 발화 후 일반 유류화재로 전환
금속화재	D급	무색	마른모래 피복 (건조사)	금속이 열을 발생
가스화재	E급	황색		재가 없음
부엌화재	K급			주방화재

> 참고: 산업안전기사 필기 p.5-13(표. 화재의 급별 명칭의 종류)

KEY
① 2016년 8월 21일 산업기사 출제
② 2018년 8월 19일 출제
③ 2020년 8월 22일(문제 81번) 출제

96 액화 프로판 310[kg]을 내용적 50[L] 용기에 충전할 때 필요한 소요 용기의 수는 몇개인가?(단, 액화 프로판의 가스정수는 2.35이다.)

① 15
② 17
③ 19
④ 21

해설

용기의 수
① $G = \dfrac{V}{C} = \dfrac{50}{2.35} = 21.28[L]$
② $310[kg] \div 21.28 \div 15[개]$

> 참고: 산업안전기사 필기 p.5-82(문제 96번) 적중

KEY
① 2014년 3월 2일 (문제 83번) 출제
② 2017년 3월 5일(문제 94번) 출제

97 다음 중 가연성 가스의 연소 형태에 해당하는 것은?

① 분해연소
② 증발연소
③ 표면연소
④ 확산연소

[정답] 93 ② 94 ③ 95 ② 96 ① 97 ④

해설

연소의 형태
(1) 기체연소
　① 확산연소(발염연소) ② 혼합연소 ③ 불꽃연소
(2) 액체연소
　① 증발연소 ② 액적연소 ③ 불꽃연소
(3) 고체연소
　① 표면연소 ② 분해연소 ③ 증발연소 ④ 자기연소

참고 산업안전기사 필기 p.5-4(2. 연소의 종류)

KEY 2016년 5월 8일(문제 93번) 출제

---

98 다음 중 산업안전보건법령상 위험물질의 종류에 있어 인화성 가스에 해당하지 않는 것은?

① 수소　　　　② 부탄
③ 에틸렌　　　④ 과산화수소

해설

인화성 가스의 종류
① 수소　　② 아세틸렌
③ 에틸렌　④ 메탄
⑤ 에탄　　⑥ 프로판
⑦ 부탄　　⑧ 영 별표 10에 따른 인화성 가스

참고 산업안전기사 필기 p.5-36(5. 인화성 가스)

KEY ① 2017년 8월 26일 기사 출제
　　　② 2019년 3월 3일 기사·산업기사 동시 출제

정보제공 산업안전보건기준에 관한 규칙 [별표 1] 위험물질의 종류

---

99 반응폭주 등 급격한 압력상승의 우려가 있는 경우에 설치하여야 하는 것은?

① 파열판　　　② 통기밸브
③ 체크밸브　　④ Flame arrester

해설

파열판(Rupture disk)
① 파열판이 적정하게 작동하지 않는 예로서는 평판파열판에 내압이 걸리도록 하는 방법
② 돔상태로 변형하여 파열압력이 상승하도록 한 경우
③ 재료가 부식하여 규정압력 이하에서 파열하도록 한다.
④ 형식, 재질을 충분히 검토하고 일정기간 정하여 교환하는 것이 필요

참고 산업안전기사 필기 p.5-72(문제 50번) 해설

KEY ① 2016년 8월 21일 출제
　　　② 2020년 6월 7일(문제 100번) 출제

---

100 다음 중 응상폭발이 아닌 것은?

① 분해폭발
② 수증기폭발
③ 전선폭발
④ 고상간의 전이에 의한 폭발

해설

응상폭발의 종류
① 수증기 폭발
② 전선폭발
③ 고상전이 폭발

참고 산업안전기사 필기 p.5-9(표. 증기, 분진, 분해 폭발)

KEY 2017년 5월 7일 (문제 9번) 출제

보충학습
(1) 물리적 폭발
　① 탱크의 감압폭발 ② 수증기 폭발 ③ 고압용기의 폭발
(2) 화학적 폭발
　① 분해폭발 ② 화학폭발 ③ 중합폭발 ④ 산화폭발

---

6 건설공사 안전관리

101 건설재해대책의 사면보호공법 중 식물을 생육시켜 그 뿌리로 사면의 표층토를 고정하여 빗물에 의한 침식, 동상, 이완 등을 방지하고, 녹화에 의한 경관조성을 목적으로 시공하는 것은?

① 식생공　　　② 쉴드공
③ 뿜어 붙이기공　④ 블럭공

해설

식생공법의 종류

구분	방법
떼붙임공	떼를 일정한 간격으로 심어서 비탈면을 보호하는 공법(평떼, 줄떼)
식생공	법면에 식물을 번식시켜 법면의 침식과 표면활동 방지
식수공	떼붙임공, 식생공으로 부족할 경우 나무를 심어서 사면보호
파종공	종자, 비료, 안정제, 흙 등을 혼합하여 입력으로 비탈면에 뿜어 붙이는 공법

참고 산업안전기사 필기 p.6-168(합격날개 : 합격예측)

[정답] 98 ④　99 ①　100 ①　101 ①

KEY ① 2016년 3월 6일(문제 114번) 출제
② 2018년 8월 19일(문제 105번) 출제

102 산업안전보건법령에 따른 양중기의 종류에 해당하지 않는 것은?

① 곤돌라 ② 리프트
③ 클램쉘 ④ 크레인

해설

클램쉘(clam shell)
① 연약지반이나 수중굴착 및 자갈 등을 싣는 데 적합하다.
② 깊은 땅파기 공사와 흙막이 버팀대를 설치하는 데 사용한다.
③ 수중굴착 및 수조물의 기초바닥 등과 같은 협소하고 상당히 깊은 범위의 굴착과 호퍼(hopper)에 적당하다.

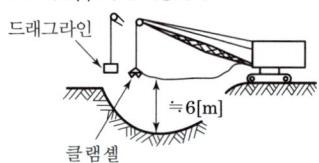

[그림] 드래그라인과 클램쉘의 작업

참고 산업안전기사 필기 p.6-63(4. 클램쉘)

KEY ① 2016년 5월 8일 산업기사 출제
② 2017년 5월 7일 산업기사 출제
③ 2019년 8월 4일(문제 120번) 출제

보충학습

제132조(양중기)
"양중기"라 함은 다음 각 호의 기계를 말한다.
① 크레인(호이스트를 포함한다.) ② 이동식크레인
③ 리프트(이삿짐운반용 리프트의 경우에는 적재하중이 0.1[t] 이상의 것으로 한정한다.)
④ 곤돌라
⑤ 승강기

103 화물취급작업과 관련한 위험방지를 위해 조치하여야 할 사항으로 옳지 않은 것은?

① 하역작업을 하는 장소에서 작업장 및 통로의 위험한 부분에는 안전하게 작업할 수 있는 조명을 유지할 것
② 하역작업을 하는 장소에서 부두 또는 안벽의 선을 따라 통로를 설치하는 경우에는 폭을 50[cm] 이상으로 할 것
③ 차량 등에서 화물을 내리는 작업을 하는 경우에 해당 작업에 종사하는 근로자에게 쌓여 있는 화물 중간에서 화물을 빼내도록 하지 말 것
④ 꼬임이 끊어진 섬유로프 등을 화물운반용 또는 고정용으로 사용하지 말 것

해설
부두 또는 안벽의 통로 : 90[cm] 이상

참고 산업안전기사 필기 p.1-183[(1) 하역작업의 안전기준]

KEY ① 2019년 8월 4일(문제 105번) 출제
② 2019년 8월 4일(문제 109번) 출제

104 표준관입시험에 관한 설명으로 옳지 않은 것은?

① N치(N-value)는 지반을 30[cm] 굴진하는데 필요한 타격횟수를 의미한다.
② N치가 4~10일 경우 모래의 상대밀도는 매우 단단한 편이다.
③ 63.5[kg] 무게의 추를 76[cm] 높이에서 자유낙하하여 타격하는 시험이다.
④ 사질지반에 적용하며, 점토지반에서는 편차가 커서 신뢰성이 떨어진다.

해설

타격횟수에 따른 지반 밀도

N값	모래지반 상대 밀도
0~4	몹시느슨
4~10	느슨
10~30	보통
30~50	조밀
50 이상	대단히 조밀

N값	점토지반 접착력
0~2	몹시느슨
2~4	느슨
4~8	보통
8~15	조밀
15~30	매우 강한 점착력
30 이상	견고(경질)

참고 산업안전기사 필기 p.6-7(합격날개 : 합격예측)

【정답】 102 ③ 103 ② 104 ②

2020년 9월 27일 시행

105 근로자의 추락 등의 위험을 방지하기 위한 안전난간의 설치요건에서 상부난간대를 120[cm]이상 지점에 설치하는 경우 중간난간대를 최소 몇 단 이상 균등하게 설치하여야 하는가?

① 2단
② 3단
③ 4단
④ 5단

해설

안전난간의 구성
① 상부난간대 : 120[cm]
② 중간난간대 : 60[cm]
③ 단수 : 2단

참고) 산업안전기사 필기 p.6-128(문제 43번) 적중

정보제공
산업안전보건기준에 관한 규칙 제13조(안전난간의 구조 및 설치요건)

106 건설현장에 설치하는 사다리식 통로의 설치기준으로 옳지 않은 것은?

① 발판과 벽과의 사이는 15[cm] 이상의 간격을 유지할 것
② 발판의 간격은 일정하게 할 것
③ 사다리의 상단은 걸쳐놓은 지점으로부터 60[cm] 이상 올라가도록 할 것
④ 사다리식 통로의 길이가 10[m] 이상인 경우에는 3[m] 이내마다 계단참을 설치할 것

해설

사다리통로 계단참 설치기준
길이 10[m] 이상시 : 5[m] 이내마다

참고) 산업안전기사 필기 p.6-18(합격열쇠 : 합격예측 및 관련법규)

KEY ① 2018년 9월 15일 기사 출제
② 2019년 3월 3일 기사 출제
③ 2020년 8월 22일(문제 109번) 출제

정보제공
산업안전보건기준에 관한 규칙 제24조 사다리통로 등의 구조

107 불도저를 이용한 작업 중 안전조치사항으로 옳지 않은 것은?

① 작업종료와 동시에 삽날을 지면에서 띄우고 주차 제동장치를 건다.
② 모든 조종간은 엔진 시동전에 중립 위치에 놓는다.
③ 장비의 승차 및 하차 시 뛰어내리거나 오르지 말고 안전하게 잡고 오르내린다.
④ 야간작업 시 자주 장비에서 내려와 장비 주위를 살피며 점검하여야 한다.

해설

불도저를 비롯한 모든 굴삭기계는 작업종료시 삽날을 지면에 밀착시켜야 한다.(이유 : 제동장치 역할을 함)

참고) 산업안전기사 필기 p.6-65(합격날개 : 은행문제)

108 건설공사의 산업안전보건관리비 계상 시 대상액이 구분되어 있지 않은 공사는 도급계약 또는 자체사업 계획상의 총 공사금액 중 얼마를 대상액으로 하는가?

① 50[%]
② 60[%]
③ 70[%]
④ 80[%]

해설

대상액이 구분이 없을 때 : 70[%]

참고) 산업안전기사 필기 p.6-44(표. 공사진척에 따른 안전관리비 사용기준)

KEY ① 2017년 5월 7일 기사 출제
② 2017년 9월 23일 기사 출제
③ 2019년 8월 4일 산업기사 출제
④ 2020년 6월 7일(문제 103번) 출제

정보제공
건설업 산업안전보건관리비계상기준 고시 2022-43호(2022. 6. 2)

보충학습
공사진척에 따른 안전관리비 사용기준

공정률	50[%] 이상 70[%] 미만	70[%] 이상 90[%] 미만	90[%] 이상
사용 기준	50[%] 이상	70[%] 이상	90[%] 이상

【정답】 105 ① 106 ④ 107 ① 108 ③

109 도심지 폭파해체공법에 관한 설명으로 옳지 않은 것은?

① 장기간 발생하는 진동, 소음이 적다.
② 해체 속도가 빠르다.
③ 주위의 구조물에 끼치는 영향이 적다.
④ 많은 분진 발생으로 민원을 발생시킬 우려가 있다.

해설
도심지 폭파해체 공법
① 장기간 발생하는 진동, 소음이 적다.
② 해체 속도가 빠르다.
③ 많은 분진 발생으로 민원을 발생시킬 우려가 있다.
④ 주위의 구조물에 끼치는 영향이 매우 크다.

참고 산업안전기사 필기 p.6-145(합격날개 : 은행문제)

110 NATM공법 터널공사의 경우 록 볼트 작업과 관련된 계측결과에 해당되지 않은 것은?

① 내공변위 측정 결과 ② 천단침하 측정 결과
③ 인발시험 결과 ④ 진동 측정 결과

해설
계측결과 기록보존 사항
① 터널내 육안조사 ② 내공변위 측정
③ 천단침하 측정 ④ 록 볼트 인발시험
⑤ 지표면 침하측정 ⑥ 지중변위 측정
⑦ 지중침하 측정 ⑧ 지중수평변위 측정
⑨ 지하수위 측정 ⑩ 록 볼트축력 측정
⑪ 뿜어붙이기 콘크리트응력 측정 ⑫ 터널내 탄성파 속도 측정
⑬ 주변 구조물의 변형상태 조사

정보제공
터널공사 표준안전작업지침-NATM공법 제25조(계측의 목적)

111 거푸집동바리 등을 조립하는 경우에 준수하여야 할 사항으로 옳지 않은 것은?

① 깔목의 사용, 콘크리트 타설, 말뚝박기 등 동바리의 침하를 방지하기 위한 조치를 할 것
② 개구부 상부에 동바리를 설치하는 경우에는 상부하중을 견딜 수 있는 견고한 받침대를 설치할 것
③ 거푸집이 곡면인 경우에는 버팀대의 부착 등 그 거푸집의 부상(浮上)을 방지하기 위한 조치를 할 것
④ 동바리의 이음은 맞댄이음이나 장부이음을 피할 것

해설
동바리의 이음은 맞댄이음이나 장부이음으로 하고 같은 품질의 제품을 사용할 것

참고 산업안전기사 필기 p.6-88(합격날개 : 합격예측 및 관련법규)

KEY ① 2018년 3월 4일 기사 · 산업기사 동시 출제
② 2019년 3월 3일(문제 101번) 출제

정보제공
산업안전보건기준에 관한 규칙 제332조의2(동바리 유형에 따른 동바리 조립 시의 안전조치)

112 비계의 높이가 2[m] 이상인 작업장소에 설치하는 작업발판의 설치기준으로 옳지 않은 것은?(단, 달비계, 달대비계 및 말비계는 제외)

① 작업발판의 폭은 40[cm] 이상으로 한다.
② 작업발판재료는 뒤집히거나 떨어지지 않도록 하나 이상의 지지물에 연결하거나 고정시킨다.
③ 발판재료 간의 틈은 3[cm] 이하로 한다.
④ 작업발판의 지지물은 하중에 의하여 파괴될 우려가 없는 것을 사용한다.

해설
지지물 개수 : 둘 이상

참고 산업안전기사 필기 p.6-94(합격날개 : 합격예측 및 관련법규)

KEY ① 2017년 8월 24일 기사 · 산업기사 동시 출제
② 2018년 4월 28일 기사 출제
③ 2019년 4월 27일(문제 119번) 출제

정보제공
산업안전보건기준에 관한 규칙 제56조(작업발판의 구조)

113 흙막이 지보공을 설치하였을 경우 정기적으로 점검하고 이상을 발견하면 즉시 보수하여야 하는 사항과 가장 거리가 먼 것은?

① 부재의 접속부·부착부 및 교차부의 상태
② 버팀대의 긴압(緊壓)의 정도
③ 부재의 손상·변형·부식·변위 및 탈락의 유무와 상태
④ 지표수의 흐름 상태

【정답】 109 ③ 110 ④ 111 ④ 112 ② 113 ④

해설

흙막이지보공 정기점검사항
① 부재의 손상·변형·부식·변위 및 탈락의 유무와 상태
② 버팀대의 긴압의 정도
③ 부재의 접속부·부착부 및 교차부의 상태
④ 침하의 정도

참고) 산업안전기사 필기 p.6-106(합격날개 : 합격예측 및 관련 법규)

KEY) ① 2017년 3월 5일 기사 출제
② 2017년 9월 23일 기사 출제
③ 2019년 3월 3일 기사·산업기사 동시 출제
④ 2020년 6월 7일(문제 116번) 출제

정보제공) 산업안전보건기준에 관한 규칙 제347조(붕괴등의 위험방지)

---

114 말비계를 조립하여 사용하는 경우 지주부재와 수평면의 기울기는 얼마 이하로 하여야 하는가?

① 65[°] ② 70[°]
③ 75[°] ④ 80[°]

해설

말비계
① 말비계 지주부재와 수평면 기울기 : 75[°]이하
② 작업발판 폭 : 40[cm] 이상

참고) 산업안전기사 필기 p.6-99(합격날개 : 합격예측 및 관련법규)

KEY) ① 2017년 9월 23일 기사 출제
② 2018년 4월 28일 기사 출제
③ 2019년 3월 3일, 4월 27일 산업기사 출제
④ 2020년 8월 22일(문제 103번) 출제

정보제공) 산업안전보건기준에 관한 규칙 제67조(말비계)

---

115 지반 등의 굴착시 위험을 방지하기 위한 연암 지반 굴착면의 기울기 기준으로 옳은 것은?

① 1 : 0.3   ② 1 : 0.4
③ 1 : 1.0   ④ 1 : 0.6

해설

굴착면의 기울기 기준

지반의 종류	굴착면의 기울기
모래	1 : 1.8
연암 및 풍화암	1 : 1.0
경암	1 : 0.5
그 밖의 흙	1 : 1.2

예) 1 : 1.0

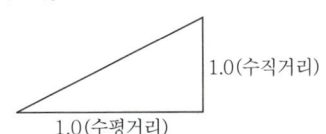

1.0(수직거리)
1.0(수평거리)

참고) 산업안전기사 필기 p.6-56(표. 굴착면의 기울기 기준)

KEY) ① 2016년 5월 8일 기사·산업기사 동시 출제
② 2020년 6월 7일(문제 111번) 출제

정보제공) 산업안전보건기준에 관한 규칙 제338조(지반 등의 굴착 시 위험방지)

---

116 작업발판 및 통로의 끝이나 개구부로서 근로자가 추락할 위험이 있는 장소에서 난간등의 설치가 매우 곤란하거나 작업의 필요상 임시로 난간등을 해체하여야 하는 경우에 설치하여야 하는 것은?

① 구명구   ② 수직방호망
③ 석면포   ④ 추락방호망

해설

추락의 방지설비
① 비계   ② 추락방호망
③ 달비계 ④ 수평통로
⑤ 난간   ⑥ 울타리
⑦ 구명줄 ⑧ 안전대

참고) 산업안전기사 필기 p.6-78(문제 12번) 적중

KEY) ① 2017년 3월 5일(문제 116번) 출제
② 2018년 4월 28일 산업기사 출제
③ 2018년 8월 19일 산업기사 출제

보충학습) 투하설비 : 높이 3[m] 이상 설치

정보제공) 산업안전보건기준에 관한 규칙 제42조(추락의 방지) : 사업주는 작업장이나 기계·설비의 바닥·작업 발판 및 통로 등의 끝이나 개구부로부터 근로자가 추락하거나 넘어질 위험이 있는 장소에는 안전난간, 울, 손잡이 또는 충분한 강도를 가진 덮개등을 설치하는 등 필요한 조치를 하여야 한다.

---

117 흙막이 공법을 흙막이 지지방식에 의한 분류와 구조방식에 의한 분류로 나눌 때 다음 중 지지방식에 의한 분류에 해당하는 것은?

[정답] 114 ③   115 ③   116 ④   117 ①

① 수평 버팀대식 흙막이 공법
② H-Pile공법
③ 지하연속벽 공법
④ Top down method 공법

해설

지지방식에 의한 분류
(1) 자립식 공법
　① 줄기초흙막이
　② 어미말뚝식 흙막이
　③ 연결재당겨매기식 흙막이
(2) 버팀대식 공법
　① 수평버팀대식
　② 경사버팀대식
　③ 어스앵커 공법

[참고] 산업안전기사 필기 p.6-119(합격날개 : 합격예측)

KEY 2017년 3월 5일(문제 106번) 출제

118 철골용접부의 내부결함을 검사하는 방법으로 가장 거리가 먼 것은?

① 알칼리 반응 시험　② 방사선 투과시험
③ 자기분말 탐상시험　④ 침투 탐상시험

해설

용접결함검사
(1) 용접부내부검사 방법
　① 방사선 투과시험(RT)
　② 초음파 탐상시험(UT)
(2) 용접부 표면검사방법
　① 육안검사
　② 액체침투탐상시험(PT)
　③ 자분탐상시험(MT)

[보충학습]
① 알카리 반응시험(KSF2545) : 골재시험
② 약간의 문제가 있는 문제입니다. 그러나 ①번이 가장 거리가 먼 것입니다.

119 유해위험방지 계획서를 제출하려고 할 때 그 첨부서류와 가장 거리가 먼 것은?

① 공사개요서
② 산업안전보건관리비 작성요령
③ 전체 공정표
④ 재해 발생 위험 시 연락 및 대피방법

해설

건설업 유해위험방지계획서 첨부서류
① 공사개요서
② 공사현장의 주변 현황 및 주변과의 관계를 나타내는 도면(매설물 현황을 포함한다)
③ 건설물, 사용 기계설비 등의 배치를 나타내는 도면
④ 전체 공정표
⑤ 산업안전보건관리비 사용계획
⑥ 안전관리 조직표
⑦ 재해 발생 위험 시 연락 및 대피방법

KEY ① 2016년 3월 6일(문제 113번) 출제
　　　② 2017년 3월 5일(문제 105번) 출제

[정보제공] 산업안전보건법 시행규칙 [별표 10] 유해·위험방지계획서 첨부서류

120 콘크리트 타설작업과 관련하여 준수하여야 할 사항으로 가장 거리가 먼 것은?

① 당일의 작업을 시작하기 전에 해당 작업에 관한 거푸집 동바리 등의 변형·변위 및 지반의 침하 유무 등을 점검하고 이상이 있으면 보수할 것
② 콘크리트를 타설하는 경우에는 편심이 발생하지 않도록 골고루 분산하여 타설할 것
③ 진동기의 사용은 많이 할수록 균일한 콘크리트를 얻을 수 있으므로 가급적 많이 사용할 것
④ 설계도서상의 콘크리트 양생기간을 준수하여 거푸집동바리 등을 해체할 것

해설

진동다짐
① 콘크리트를 거푸집 구석구석까지 충전시키고 밀실하게 콘크리트를 넣기 위함이 목적이다.
② 콘크리트 진동다짐기계(Vibrator)의 사용원칙 : Slump 15[cm] 이하의 된비빔 콘크리트에 사용함을 원칙으로 한다.
③ 배합 : 가급적 모래의 양을 적게 한다.
④ 콘크리트 붓기(진동 다짐 1회) 높이는 30~60[cm]를 표준으로 한다.
⑤ 진동기의 수 : 막대진동기는 1일 콘크리트 작업량 20[m³]마다 1대로 잡는 것을 표준으로 한다.(3대 사용할 때 예비진동기 1대)

[참고] 산업안전기사 필기 p.6-149(6. 콘크리트 타설시 준수사항)

[정보제공] 산업안전보건기준에 관한 규칙 제334조(콘크리트 타설작업)

KEY ① 2010년 7월 25일(문제 118번) 출제
　　　② 2018년 4월 28일(문제 118번) 출제

【정답】 118 ①　119 ②　120 ③

산업안전기사필기

2021년 3월 7일 시행 **제1회**

2021년 5월 15일 시행 **제2회**

2021년 8월 14일 시행 **제3회**

2021년도 기사 정기검정 제1회 (2021년 3월 7일 시행)

자격종목 및 등급(선택분야): 산업안전기사

종목코드	시험시간	수험번호	성명
1431	3시간	20210307	도서출판세화

1 산업재해 예방 및 안전보건교육

01 산업안전보건법령상 중대재해의 범위에 해당하지 않는 것은?

① 1명의 사망자가 발생한 재해
② 1개월의 요양을 요하는 부상자가 동시에 5명 발생한 재해
③ 3개월의 요양을 요하는 부상자가 동시에 3명 발생한 재해
④ 10명의 직업성 질병자가 동시에 발생한 재해

해설

중대재해의 종류 3가지
① 사망자가 1명 이상 발생한 재해
② 3개월 이상의 요양이 필요한 부상자가 동시에 2명 이상 발생한 재해
③ 부상자 또는 직업성 질병자가 동시에 10명 이상 발생한 재해

참고) 산업안전기사 필기 p.1-4(6. 중대재해)

KEY ▶ ① 2016년 3월 8일 기사 및 산업기사 동시출제
② 2016년 5월 8일 기사 출제
③ 2020년 8월 22일 기사 출제

합격정보
산업안전보건법 시행규칙 제3조(중대재해의 범위)

02 Thorndike의 시행착오설에 의한 학습의 원칙이 아닌 것은?

① 연습의 원칙   ② 효과의 원칙
③ 동일성의 원칙   ④ 준비성의 원칙

해설

시행착오설에 의한 학습의 3원칙
① 효과의 원칙   ② 연습의 원칙   ③ 준비성의 원칙

참고) 산업안전기사 필기 p.1-149(2. Thorndike의 시행착오설)

KEY ▶ ① 2017년 3월 5일 기사 출제
② 2018년 3월 4일 기사·산업기사 동시 출제
③ 2020년 6월 7일 기사 출제

03 재해의 빈도와 상해의 강약도를 혼합하여 집계하는 지표로 옳은 것은?

① 강도율   ② 종합재해지수
③ 안전활동률   ④ Safe-T-Score

해설

종합재해지수(FSI)
① 종합재해지수는 재해의 빈도의 다수와 상해정도의 강약을 나타내는 성적지표로 사용
② 종합재해지수(FSI) = $\sqrt{도수율} \times \sqrt{강도율}$

참고) 산업안전기사 필기 p.3-44(5. 종합재해지수)

KEY ▶ ① 2016년 5월 8일 기사 출제
② 2017년 8월 26일 기사 출제
③ 2018년 8월 19일 산업기사 출제
④ 2018년 9월 15일 산업기사 출제

04 집단에서의 인간관계 메커니즘(Mechanism)과 가장 거리가 먼 것은?

① 분열, 강박   ② 모방, 암시
③ 동일화, 일체화   ④ 커뮤니케이션, 공감

해설

적응기제(mechanism)의 분류

- 방어적 기제 — 보상, 합리화, 동일시, 승화
- 도피적 기제 — 고립, 퇴행, 억압, 백일몽
- 공격적 기제 — 직접적, 간접적

참고) 산업안전기사 필기 p.1-115(보충학습)

[정답] 01 ②   02 ③   03 ②   04 ①

05 재해조사의 목적과 가장 거리가 먼 것은?

① 재해예방 자료수집
② 재해관련 책임자 문책
③ 동종 및 유사재해 재발방지
④ 재해발생 원인 및 결함 규명

해설

재해조사의 목적
① 관계자의 책임을 추궁하는 것이 아니다.
② 사고의 진실을 밝혀내는 것이다.

참고) 산업안전기사 필기 p.3-31(4. 재해 조사시의 유의사항)

KEY ① 2016년 3월 6일 기사 출제
② 2018년 4월 28일 기사 출제
③ 2019년 4월 27일 기사 출제

06 무재해 운동의 3원칙에 해당되지 않는 것은?

① 무의 원칙   ② 참가의 원칙
③ 선취의 원칙   ④ 대책선정의 원칙

해설

무재해 운동의 3원칙
① 무의 원칙 : 근원적 산업재해 "제거"
② 참가의 원칙 : "전원"이 각각의 입장에서 적극적으로 위험을 해결
③ 선취의 원칙 : "미리" 발견, 파악, 해결하여 재해를 예방

참고) 산업안전기사 필기 p.1-10(2. 무재해 운동기본이념 3대 원칙)

KEY 2020년 6월 7일 등 20번 이상 출제

보충학습

하인리히 재해예방 4원칙
① 예방가능 : 재해는 원칙적으로 원인만 제거하면 예방이 가능
② 원인계기(원인연계) : 재해발생은 반드시 원인이 있고, 서로 연계됨
③ 손실우연 : 재해손실은 사고발생시 사고대상의 조건에 따라 달라지므로, 손실의 크기는 우연에 의해서 결정
④ 대책선정 : 재해예방을 위한 안전대책은 반드시 존재

07 산업안전보건법령상 보안경 착용을 포함하는 안전보건표지의 종류는?

① 지시표지   ② 안내표지
③ 금지표지   ④ 경고표지

해설

지시표시의 종류
① 보안경 착용   ② 방독마스크/방진마스크 착용
③ 보안면 착용   ④ 안전모 착용
⑤ 귀마개 착용   ⑥ 안전화 착용
⑦ 안전장갑 착용   ⑧ 안전복 착용

참고) 산업안전기사 필기 p.1-61(4. 안전보건표지의 종류와 형태)

KEY 2020년 9월 27일 등 20번 이상 출제

합격정보
산업안전보건법 시행규칙 [별표 6] 안전보건표지의 종류와 형태

08 안전보건관리조직의 형태 중 라인-스태프(Line-Staff)형에 관한 설명으로 틀린 것은?

① 조직원 전원을 자율적으로 안전 활동에 참여시킬 수 있다.
② 라인의 관리, 감독자에게도 안전에 관한 책임과 권한이 부여된다.
③ 중규모 사업장(100명 이상~500명 미만)에 적합하다.
④ 안전 활동과 생산업무가 유리될 우려가 없기 때문에 균형을 유지할 수 있어 이상적인 조직형태이다.

해설

직계·참모식 조직(Line-staff형) 의 특징
① Line형과 staff형의 장점을 취한 절충식 조직형태
② 안전계획, 평가 및 조사는 스태프에서, 생산기술의 안전대책은 라인에서
③ 안전스태프는 안전에 관한 기획, 입안, 조사, 검토 및 연구
④ 라인의 관리, 감독자에게도 안전에 관한 책임과 권한이 부여
⑤ 1,000명 이상의 대규모 사업장에 적용

참고) 산업안전기사 필기 p.1-23([표] 안전보건관리 조직 형태)

KEY 2020년 8월 23일 등 20회 이상 출제

09 교육훈련기법 중 Off.J.T(Off the Job Training)의 장점이 아닌 것은?

① 업무의 계속성이 유지된다.
② 외부의 전문가를 강사로 활용할 수 있다.
③ 특별교재, 시설을 유효하게 사용할 수 있다.
④ 다수의 대상자에게 조직적 훈련이 가능하다.

[정답] 05 ② 06 ④ 07 ① 08 ③ 09 ①

해설
OFF.J.T와 OJT
① Off.J.T 장점 : ②, ③, ④
② OJT 장점 : ①

참고 산업안전기사 필기 p.1-142(표 : OJT와 Off.J.T의 특징)

KEY 2020년 8월 22일 등 20회 이상 출제

---

10 안전교육 중 같은 것을 반복하여 개인의 시행착오에 의해서만 점차 그 사람에게 형성되는 것은?

① 안전기술의 교육　② 안전지식의 교육
③ 안전기능의 교육　④ 안전태도의 교육

해설
기능교육의 특징
① 안전지식교육에 의해서 얻은 지식을 살려서 기능을 체득하는 것을 목적으로 실시하는 것
② 현장실습을 통한 경험체득

참고 산업안전기사 필기 p.1-152(2. 제2단계 : 기능교육)

KEY ① 2017년 8월 26일 기사 출제
② 2019년 4월 27일 기사 출제
③ 2020년 9월 27일 기사 출제

---

11 산업안전보건법령상 안전인증대상기계 등에 포함되는 기계, 설비, 방호장치에 해당하지 않는 것은?

① 롤러기
② 크레인
③ 동력식 수동대패용 칼날 접촉 방지장치
④ 방폭구조(防爆構造) 전기기계·기구 및 부품

해설
안전인증대상기계 방호장치의 종류
① 프레스 및 전단기 방호장치
② 양중기용 과부하방지장치
③ 보일러 압력방출용 안전밸브
④ 압력용기 압력방출용 안전밸브
⑤ 압력용기 압력방출용 발열판
⑥ 절연용 방호구 및 활선작업용 기구
⑦ 방폭구조 전기기계 기구 및 부품
⑧ 추락, 낙하 및 붕괴 등의 위험방호에 필요한 가설기자재
⑨ 충돌·협착 등의 위험방지에 필요한 산업용 로봇의 방호장치

참고 산업안전기사 필기 p.3-54(2. 방호장치의 종류)

KEY ① 2016년 3월 6일 기사 출제
② 2018년 4월 28일 기사 출제

합격정보
산업안전보건법 시행령 제74조(안전인증대상기계 등)

보충학습
① 설치·이전하는 경우 안전인증을 받아야 하는 기계
　가. 크레인
　나. 리프트
　다. 곤돌라
② 주요 구조 부분을 변경하는 경우 안전인증을 받아야 하는 기계 및 설비
　가. 프레스
　나. 전단기 및 절곡기(折曲機)
　다. 크레인
　라. 리프트
　마. 압력용기
　바. 롤러기
　사. 사출성형기(射出成形機)
　아. 고소(高所)작업대
　자. 곤돌라

---

12 재해로 인한 직접비용으로 8,000만원의 산재보상비가 지급되었을 때, 하인리히 방식에 따른 총 손실비용은?

① 16,000만원　② 24,000만원
③ 32,000만원　④ 40,000만원

해설
하인리히 총 손실비용
직접비＋간접비＝1:4＝8,000＋32,000＝40,000만원

참고 산업안전기사 필기 p.3-45(1. 하인리히의 재해코스트 산출방식)

KEY ① 2017년 8월 26일 산업기사 출제
② 2018년 4월 28일 산업기사 출제
③ 2020년 9월 27일 기사 출제

---

13 일반적으로 시간의 변화에 따라 야간에 상승하는 생체리듬은?

① 혈압　② 맥박수
③ 체중　④ 혈액의 수분

해설
생체리듬의 변화
① 야간에는 체중이 감소한다.
② 야간에는 말초운동 기능이 저하된다.
③ 체온, 혈압, 맥박수는 주간에 상승하고 야간에 감소한다.
④ 혈액의 수분과 염분량은 주간에 감소하고 야간에 증가한다.

【정답】 10 ③　11 ③　12 ④　13 ④

> 참고 산업안전기사 필기 p.1-108(5. 위험일의 변화 및 특징)

KEY
① 2017년 8월 28일 기사 출제
② 2017년 9월 23일 기사 출제
③ 2018년 4월 28일 기사 출제
④ 2020년 9월 27일 기사 출제

14 상황성 누발자의 재해 유발원인과 가장 거리가 먼 것은?

① 작업이 어렵기 때문이다.
② 심신에 근심이 있기 때문이다.
③ 기계설비의 결함이 있기 때문이다.
④ 도덕성이 결여되어 있기 때문이다.

해설
상황성 누발자의 재해 유발원인
① 작업에 어려움이 많은 자
② 기계 설비의 결함이 있을 때
③ 심신에 근심이 있는 자
④ 환경 상 주의력 집중이 혼란되기 쉬울 때

보충학습
소질성 누발자
개인 소질 가운데 재해 원인 요소를 가지고 있는 자(도덕성의 결여 등)

> 참고 산업안전기사 필기 p.1-98(2. 상황성 누발자)

KEY
① 2017년 8월 26일 산업기사 출제
② 2017년 9월 23일 기사 출제
③ 2019년 3월 3일 기사 출제
④ 2019년 4월 27일 기사 출제
⑤ 2020년 8월 22일 기사 출제
⑥ 2020년 8월 23일 산업기사 출제

15 작업자 적성의 요인이 아닌 것은?

① 지능
② 인간성
③ 흥미
④ 연령

해설
작업자의 적성요인 3가지
① 지능 ② 인간성(성격) ③ 흥미

> 참고 산업안전기사 필기 p.1-76(합격날개 : 합격예측)

KEY 2018년 3월 4일 기사 출제

16 보호구에 관한 설명으로 옳은 것은?

① 유해물질이 발생하는 산소결핍지역에서는 필히 방독마스크를 착용하여야 한다.
② 차광용보안경의 사용구분에 따른 종류에는 자외선용, 적외선용, 복합용, 용접용이 있다.
③ 선반작업과 같이 손에 재해가 많이 발생하는 작업장에서는 장갑 착용을 의무화한다.
④ 귀마개는 처음에는 저음만을 차단하는 제품부터 사용하며, 일정 기간이 지난 후 고음까지 모두 차단할 수 있는 제품을 사용한다.

해설
보호구 착용 작업
① 유해물질이 발생하는 산소결핍지역에서는 필히 산소마스크를 착용
② 선반작업과 같이 손에 재해가 많이 발생하는 작업장에서는 회전말림점에 장갑이 말려 들어가므로, 장갑 착용금지

> 참고 산업안전기사 필기 p.1-58(1. 보호구)

보충학습
방음보호구 적용 범위

종류	등급	기호	성능
귀마개	1종	EP-1	저음부터 고음까지 차음하는 것
	2종	EP-2	주로 고음을 차음하여 회화음 영역인 저음은 차음하지 않는 것
귀덮개	–	EM	

17 참가자에게 일정한 역할을 주어 실제적으로 연기를 시켜봄으로써 자기의 역할을 보다 확실히 인식할 수 있도록 체험학습을 시키는 교육방법은?

① Symposium
② Brain Storming
③ Role Playing
④ Fish Bowl Playing

해설
Role Playing
참가자에게 일정한 역할을 주어서 실제적으로 연기를 시켜봄으로써 자기의 역할을 보다 확실히 인식시키는 방법
(예) 연극하는 것, 체험학습, Role Model 등

> 참고 산업안전기사 필기 p.1-150(9. 적응과 역할)

KEY
① 2017년 3월 5일 기사 출제
② 2019년 2월 21일 기사 출제

[정답] 14 ④ 15 ④ 16 ② 17 ③

18 브레인스토밍 기법에 관한 설명으로 옳은 것은?

① 타인의 의견을 수정하지 않는다.
② 지정된 표현방식에서 벗어나 자유롭게 의견을 제시한다.
③ 참여자에게는 동일한 횟수의 의견제시 기회가 부여된다.
④ 주제와 내용이 다르거나 잘못된 의견은 지적하여 조정한다.

해설

BS의 4원칙
① 타인의 의견을 수정권장(발언)한다.
② 지정된 표현방식에서 벗어나 자유롭게 의견을 제시한다 : 자유분방
③ 참여자에게는 동일한 횟수의 의견제시 무제한 기회
④ 주제와 내용이 다르거나 잘못된 의견은 비판금지

참고 산업안전기사 필기 p.1-14(3. BS의 4원칙)
KEY 2020년 9월 27일 기사 등 10번 이상 출제

19 하인리히의 재해구성비율 "1 : 29 : 300"에서 "29"에 해당되는 사고발생비율은?

① 8.8[%]   ② 9.8[%]
③ 10.8[%] ④ 11.8[%]

해설

하인리히(330)건
① 1회 중상 - 0.3[%]
② 29회 경상 - 8.8[%]
③ 300회 아차사고 - 90.9[%]
④ 29÷(1+29+300)×100 = 약 8.8[%]

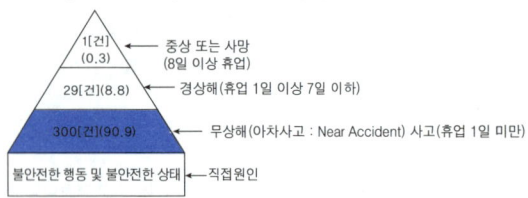

[그림] 하인리히 법칙[단위 : %]

참고 산업안전기사 필기 p.3-32(1. 하인리히의 1 : 29 : 300)
KEY 2019년 9월 21일 기사 등 10번 이상 출제

보충학습

버드(641)건
① 1회 중상
② 10회 경상
③ 30회 무상해사고(물적손실)
④ 600회 아차사고

20 산업안전보건법령상 대상자별 안전보건교육의 교육시간에 관한 설명으로 옳은 것은?

① 일용근로자의 작업내용 변경 시의 교육은 2시간 이상이다.
② 사무직에 종사하는 근로자의 정기교육은 매반기 6시간 이상이다.
③ 일용근로자를 제외한 근로자의 채용 시 교육은 4시간 이상이다.
④ 관리감독자의 지위에 있는 사람의 정기교육은 연간 8시간 이상이다.

해설

안전보건교육 시간
(1) 정기교육
　① 사무직 종사 근로자 : 매반기 6시간 이상
　② 사무직 종사 근로자 외(판매 직접종사) : 매반기 6시간 이상
　③ 사무직 종사 근로자 외(판매 직접 외) : 매반기 12시간 이상
　④ 관리감독자 : 연간 16시간 이상
(2) 채용 시 교육
　① 일용근로자 : 1시간 이상
　② 일용근로자를 제외 : 8시간 이상
(3) 작업내용 변경 시 교육
　① 일용근로자 : 1시간 이상
　② 일용근로자를 제외 : 2시간 이상

참고 산업안전기사 필기 p.1-190(표 : 안전보건 교육 과정별 교육 시간)
KEY 2020년 8월 23일 산업기사 등 10번 이상 출제

합격정보
산업안전보건법 시행규칙 [별표 4] 안전보건교육 교육과정별 교육시간
(제26조제1항 등 관련)

[정답] 18 ② 19 ① 20 ②

2 인간공학 및 위험성 평가·관리

21 자동차를 생산하는 공장의 어떤 근로자가 95[dB](A)의 소음수준에서 하루 8시간 작업하며 매 시간 조용한 휴게실에서 20분씩 휴식을 취한다고 가정하였을 때, 8시간 시간가중평균(TWA)은?(단, 소음은 누적소음노출량측정기로 측정하였으며, OSHA에서 정한 95[dB](A)의 허용시간은 4시간이라 가정한다.)

① 약 91[dB](A)   ② 약 92[dB](A)
③ 약 93[dB](A)   ④ 약 94[dB](A)

해설

시간가중평균

① 소음노출량(D) = $\dfrac{\text{가동시간}}{\text{기준시간(hr)}} = \dfrac{8 \times (60-20)}{60 \times 4} \times 100 = 133[\%]$

② 소음수준 $= 16.61 \times \log \dfrac{133}{100} + 90 = 92.06[dB]$

보충학습

"시간 가중 평균 농도(TWA)"라 함은 1일 8시간 작업을 기준으로 하여 유해요인의 측정 농도에 발생 시간을 곱하여 8시간으로 나눈 농도를 말하며 산출 공식은 다음과 같다.

TWA 농도 $= \dfrac{C_1 \cdot T_1 + C_2 \cdot T_2 + \cdots C_n \cdot T_n}{8}$

㈜ C : 유해 요인의 측정 농도(단위 : ppm 또는 mg/m³)
　T : 유해 요인의 발생 시간(단위 : 시간)

합격정보

작업환경 측정 및 정도 관리 등에 관한 고시 제36조(소음수준의 평가)

22 정신작업 부하를 측정하는 척도를 크게 4가지로 분류할 때 심박수의 변동, 뇌 전위, 동공 반응 등 정보처리에 중추신경계 활동이 관여하고 그 활동이나 징후를 측정하는 것은?

① 주관적(subjective) 척도
② 생리적(physiological) 척도
③ 주 임무(primary task) 척도
④ 부 임무(secondary task) 척도

해설

생리적 척도
① 에너지 소비와 심장 박동수
② 동공반응 등 스트레스 분석

참고 ① 산업안전기사 필기 p.2-5(3. 인간기준의 종류)
② 산업안전기사 필기 p.2-4(합격날개 : 은행문제)

KEY 2016년 10월 1일 기사 출제

23 Chapanis가 정의한 위험의 확률수준과 그에 따른 위험발생률로 옳은 것은?

① 전혀 발생하지 않는(impossible) 발생빈도 : 10^{-8}/day
② 극히 발생할 것 같지 않는(extremely unlikely) 발생빈도 : 10^{-7}/day
③ 거의 발생하지 않은(remote) 발생빈도 : 10^{-6}/day
④ 가끔 발생하는(occasional) 발생빈도 : 10^{-5}/day

해설

Chapanis의 위험발생률 분석

확률수준	발생빈도
극히 발생하지 않는(impossible)	$>10^{-8}$/day
매우 가능성이 없는(extremely unlikely)	$>10^{-6}$/day
거의 발생하지 않는(remote)	$>10^{-5}$/day
가끔 발생하는(occasional)	$>10^{-4}$/day
가능성이 있는(reasonably probable)	$>10^{-3}$/day
자주 발생하는(frequent)	$>10^{-2}$/day

참고 산업안전기사 필기 p.2-3(합격날개 : 합격예측)

KEY 2018년 4월 28일 출제

24 인간의 위치 동작에 있어 눈으로 보지 않고 손을 수평면상에서 움직이는 경우 짧은 거리는 지나치고, 긴 거리는 못 미치는 경향이 있는데 이를 무엇이라고 하는가?

① 사정효과(range effect)
② 반응효과(reaction effect)
③ 간격효과(distance effect)
④ 손동작효과(hand action effect)

해설

사정효과(Range effect)
① 짧은 거리는 지나치고 긴거리는 못미치는 영향(거리효과)
② 조작자가 작은 오차에는 과잉반응, 큰 오차에는 과소반응을 하는 현상

참고 ① 산업안전기사 필기 p.2-34(문제 60번) 적중
② 산업안전기사 필기 p.2-158(합격날개 : 합격예측)

[정답] 21 ②　22 ②　23 ①　24 ①

25 불(Boole) 대수의 정리를 나타낸 관계식으로 틀린 것은?

① $A \cdot A = A$
② $A + \overline{A} = 0$
③ $A + AB = A$
④ $A + A = A$

해설

불대수 정리
$A + \overline{A} = 1$ (예) $1 + 0 = 0 + 1 = 1$)

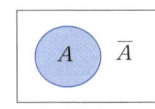

[그림] 명제 (예)

참고) 산업안전기사 필기 p.2-59(합격날개 : 합격예측)
KEY) 2018년 9월 15일 기사 출제

26 그림과 같은 FT도에서 정상사상 T의 발생 확률은? (단, X_1, X_2, X_3의 발생 확률은 각각 0.1, 0.15, 0.1 이다.)

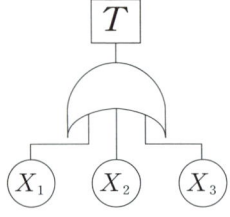

① 0.3115
② 0.35
③ 0.496
④ 0.9985

해설

T의 발생확률
$R_s = 1 - [(1-0.1)(1-0.15)(1-0.1)] = 0.3115$

참고) 산업안전기사 필기 p.2-89(문제 24번)

27 서브시스템, 구성요소, 기능 등의 잠재적 고장형태에 따른 시스템의 위험을 파악하는 위험분석 기법으로 옳은 것은?

① ETA(Event Tree Analysis)
② HEA(Human Error Analysis)
③ PHA(Preliminary Hazard Analysis)
④ FMEA(Failure Mode and Effect Analysis)

해설

FMEA
기계부품의 고장이 기계시스템 전체에 미치는 영향을 예측하는 해석방법

참고) 산업안전기사 필기 p.2-62(4. 고장형태 및 영향분석)
KEY) 2018년 8월 19일 산업기사 출제

28 불필요한 작업을 수행함으로써 발생하는 오류로 옳은 것은?

① Command error
② Extraneous error
③ Secondary error
④ Commission error

해설

심리적 분류(Swain)의 인적(독립행동)오류(불확정, 시간지연, 순서 착오)
① 생략에러(Omission errors : 부작위 실수) : 직무 또는 어떤 단계를 수행치 않음(누락오류)
② 실행에러(Commission error : 작위 실수) : 직무의 불확실한 수행 (예) 선택, 순서, 시간, 정성적 착오)
③ 과잉행동에러(Extraneous error : 불필요한 과오) : 수행되지 않아야 할 직무수행
④ 순서에러(Sequential error : 순서적 과오) : 순서에서 벗어난 직무수행
⑤ 시간에러(Timing error : 지연오류) : 계획된 시간 내에 직무수행 실패 너무 늦거나 일찍 수행

참고) ① 산업안전기사 필기 p.2-20(2. 인간실수의 분류)
② 2021년 3월 7일 산업심리 및 교육 출제
KEY) ① 2019년 3월 3일 기사 출제
② 2019년 8월 4일 기사, 산업기사 출제
③ 2020년 6월 14일 산업기사 출제

29 작업공간의 배치에 있어 구성요소 배치의 원칙에 해당하지 않는 것은?

① 기능성의 원칙
② 사용빈도의 원칙
③ 사용순서의 원칙
④ 사용방법의 원칙

해설

구성요소 배치의 4원칙
① 중요성의 원칙
② 기능별 배치의 원칙
③ 사용순서의 원칙
④ 사용빈도의 원칙

[정답] 25 ② 26 ① 27 ④ 28 ② 29 ④

참고 ▶ 산업안전기사 필기 p.2-160(2. 부품배치의 4원칙)

KEY ▶ ① 2018년 3월 4일 기사, 산업기사 출제
② 2018년 8월 19일 산업기사 출제
③ 2019년 3월 3일 산업기사 출제
④ 2020년 6월 14일 산업기사 출제

30 인간이 기계보다 우수한 기능이라 할 수 있는 것은? (단, 인공지능은 제외한다.)

① 일반화 및 귀납적 추리
② 신뢰성 있는 반복 작업
③ 신속하고 일관성 있는 반응
④ 대량의 암호화된 정보의 신속한 보관

해설

인간과 기계의 기능
① 인간 : 귀납적
② 기계 : 연역적

참고 ▶ 산업안전기사 필기 p.2-11(표 : 인간-기계의 장단점)

KEY ▶ ① 2016년 5월 8일 산업기사 출제
② 2018년 9월 15일 기사 출제
③ 2020년 6월 7일 기사 출제

31 다음 시스템의 신뢰도 값은?

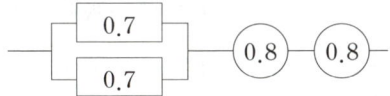

① 0.5824
② 0.6682
③ 0.7855
④ 0.8642

해설

신뢰도 계산
$Rs = \{1-[(1-0.7)(1-0.7)]\} \times 0.8 \times 0.8 = 0.5824$

참고 ▶ 산업안전기사 필기 p.2-89(문제 25번)

KEY ▶ ① 2017년 5월 7일 기사 출제
② 2018년 3월 4일 기사 출제
③ 2018년 4월 28일 산업기사 출제
④ 2019년 4월 27일 산업기사 출제
⑤ 2020년 6월 7일 기사 출제

32 인체측정 자료를 장비, 설비 등의 설계에 적용하기 위한 응용원칙에 해당하지 않는 것은?

① 조절식 설계
② 극단치를 이용한 설계
③ 구조적 치수 기준의 설계
④ 평균치를 기준으로 한 설계

해설

인간계측자료의 응용 3원칙
① 최대치수와 최소치수 설계(극단치 설계)
② 조절범위(조절식 설계)
③ 평균치를 기준으로 한 설계

참고 ▶ 산업안전기사 필기 p.2-158(1. 인체계측 및 응용 원칙)

KEY ▶ ① 2017년 3월 5일 산업기사 출제
② 2017년 8월 26일 기사 출제
③ 2017년 9월 23일 산업기사 출제
④ 2018년 3월 4일 산업기사 출제
⑤ 2019년 8월 4일 기사 출제

33 시각적 표시장치보다 청각적 표시장치를 사용하는 것이 더 유리한 경우는?

① 정보의 내용이 복잡하고 긴 경우
② 정보가 공간적인 위치를 다룬 경우
③ 직무상 수신자가 한 곳에 머무르는 경우
④ 수신 장소가 너무 밝거나 암순응이 요구될 경우

해설

시각과 청각
(1) 시각적 표시장치 사용 : ①, ②, ③
(2) 청각적 표시장치 사용 : ④

참고 ▶ 산업안전기사 필기 p.2-31(문제 43번)

KEY ▶ ① 2017년 5월 7일 산업기사 출제
② 2018년 3월 4일 산업기사 출제
③ 2018년 4월 28일 산업기사 출제
④ 2018년 8월 19일 산업기사 출제
⑤ 2018년 9월 15일 산업기사 출제
⑥ 2019년 4월 27일 산업기사 출제
⑦ 2019년 8월 4일 기사 출제
⑧ 2019년 9월 21일 산업기사 출제
⑨ 2020년 6월 7일 기사 출제

[정답] 30 ① 31 ① 32 ③ 33 ④

34 시스템의 수명 및 신뢰성에 관한 설명으로 틀린 것은?

① 병렬설계 및 디레이팅 기술로 시스템의 신뢰성을 증가시킬 수 있다.
② 직렬시스템에서는 부품들 중 최소 수명을 갖는 부품에 의해 시스템 수명이 정해진다.
③ 수리가 가능한 시스템의 평균 수명(MTBF)은 평균 고장률(λ)과 정비례 관계가 성립한다.
④ 수리가 불가능한 구성요소로 병렬구조를 갖는 설비는 중복도가 늘어날수록 시스템 수명이 길어진다.

해설
MTBF(평균고장간격)
① 고장율과 반비례 관계
② $\lambda = \dfrac{1}{MTBF}$

참고 산업안전기사 필기 p.2-83[2. MTBF(평균고장간격 : Mean Time Between Failures)]

KEY
① 2016년 3월 6일 산업기사 출제
② 2018년 3월 4일 기사 출제
③ 2018년 4월 28일 기사 출제
④ 2019년 3월 3일 기사 출제
⑤ 2019년 9월 21일 산업기사 출제

35 컷셋(Cut Sets)과 최소 패스셋(Minimal Path Sets)의 정의로 옳은 것은?

① 컷셋은 시스템 고장을 유발시키는 필요 최소한의 고장들의 집합이며, 최소 패스셋은 시스템의 신뢰성을 표시한다.
② 컷셋은 시스템 고장을 유발시키는 기본고장들의 집합이며, 최소 패스셋은 시스템의 불신뢰도를 표시한다.
③ 컷셋은 그 속에 포함되어 있는 모든 기본 사상이 일어났을 때 정상사상을 일으키는 기본사상의 집합이며, 최소 패스셋은 시스템의 신뢰성을 표시한다.
④ 컷셋은 그 속에 포함되어 있는 모든 기본 사상이 일어났을 때 정상사상을 일으키는 기본사상의 집합이며, 최소 패스셋은 시스템의 성공을 유발하는 기본사상의 집합이다.

해설
용어정의
① 컷셋 : 모든 기본사상이 일어났을 때 정상사상을 일으키는 기본사상의 집합
② 미니멀 컷셋 : 정상사상을 일으키기 위한 기본사상의 최소집합으로 시스템의 위험성을 나타낸다.
③ 미니멀 패스셋 : 시스템의 신뢰성을 표시한다.

참고 산업안전기사 필기 p.2-77(합격날개 : 합격예측)

KEY
① 2017년 5월 7일, 9월 23일기사 출제
② 2018년 3월 4일, 4월 28일 산업기사 출제
③ 2018년 9월 15일 기사 출제

36 동작경제의 원칙에 해당하지 않는 것은?

① 공구의 기능을 각각 분리하여 사용하도록 한다.
② 두 팔의 동작은 동시에 서로 반대방향으로 대칭적으로 움직이도록 한다.
③ 공구나 재료는 작업동작이 원활하게 수행되도록 그 위치를 정해준다.
④ 가능하다면 쉽고도 자연스러운 리듬이 작업동작에 생기도록 작업을 배치한다.

해설
동작경제의 원칙
① 양손의 동작은 동시에 시작하여 동시에 끝나야 한다.
② 양손은 휴식시간을 제외하고는 동시에 쉬어서는 안된다.
③ 팔의 동작은 서로 반대의 대칭적 방향으로 이루어져야 하며 동시에 행해져야 한다.
④ 손과 몸의 동작은 일에 만족스럽게 할 수 있는 가장 단순한 동작에 한정되어야 한다.
⑤ 작업에 도움이 되도록 가급적 물체의 관성(慣性)을 활용하고, 근육운동으로 작업을 수행하는 경우를 최소한으로 줄여야 한다.
⑥ 갑자기 예각방향으로 변화를 하는 직선동작보다는 유연하고 연속적인 곡선동작을 하는 것이 좋다.
⑦ 제한되거나 통제된 동작보다는 탄도적 동작이 보다 빠르고 쉬우며 정확하다.
⑧ 작업을 원활하고 자연스럽게 수행하는 데는 리듬이 중요하다. 가급적 쉽고 자연스러운 리듬이 가능하도록 작업이 배열되어야 한다.
⑨ 눈의 고정은 가급적 줄이고 함께 가까이 있도록 한다.
⑩ 공구의 기능은 결합하여 사용한다.

참고
① 산업안전기사 필기 p.2-75(4. 동작경제의 원칙)
② 2021년 3월 7일 산업심리 및 교육 출제

KEY
① 2010년 3월 7일 기사 출제
② 2018년 3월 4일 기사 출제
③ 2019년 3월 3일 기사 출제

[정답] 34 ③   35 ③   36 ①

37 화학설비에 대한 안전성 평가 중 정성적 평가방법의 주요 진단 항목으로 볼 수 없는 것은?

① 건조물
② 취급물질
③ 입지 조건
④ 공장 내 배치

해설

정량적 평가항목
① 취급물질
② 화학설비의 용량
③ 온도
④ 압력
⑤ 조작

참고 산업안전기사 필기 p.2-38(2. 2단계 : 정성적 평가)

KEY
① 2016년 5월 8일 기사 출제
② 2016년 10월 1일 산업기사 출제
③ 2017년 3월 5일, 8월 26일 기사 출제
④ 2018년 3월 4일 기사 출제
⑤ 2019년 3월 3일 기사 출제

38 산업안전보건법령상 해당 사업주가 유해위험방지계획서를 작성하여 제출해야 하는 대상은?

① 시·도지사
② 관할 구청장
③ 고용노동부장관
④ 행정안전부장관

해설

유해위험방지계획서 제출
사업주가 일정한 공사 또는 작업을 개시하려고 할 때, 유해위험방지계획서를 고용노동부 장관(안전보건공단 위탁)에 제출하여 심사를 받아야 한다.

참고 산업안전기사 필기 p.2-35(제42조 : 제출서류 등)

합격정보
산업안전보건법 시행규칙 제42조(제출서류 등)

39 작업면상의 필요한 장소만 높은 조도를 취하는 조명은?

① 완화조명
② 전반조명
③ 투명조명
④ 국소조명

해설

국소조명 : 작업대의 조명과 같이 필요한 부분만 밝게 하는 조명

참고 산업안전기사 필기 p.2-168(1. 조명)

40 다음 현상을 설명하는 이론은?

> 인간이 감지할 수 있는 외부의 물리적 자극 변화의 최소범위는 표준 자극의 크기에 비례한다.

① 피츠(Fitts) 법칙
② 웨버(Weber) 법칙
③ 신호검출이론(SDT)
④ 힉-하이만(Hick-Hyman) 법칙

해설

웨버(Weber) 법칙
① 같은 종류의 두 자극을 구별할 수 있는 최소 차이는 자극의 강도에 비례한다고 하는 법칙
② $Weber비 = \dfrac{변화감지역}{기준자극의 크기}$
③ Weber비가 작을수록 분별력이 뛰어난 감각이다.

참고 산업안전기사 필기 p.2-172(합격날개 : 합격예측)

3 기계·기구 및 설비안전관리

41 비파괴 검사 방법으로 틀린 것은?

① 인장 시험
② 음향 탐상 시험
③ 와류 탐상 시험
④ 초음파 탐상 시험

해설

파괴 시험과 비파괴 시험
(1) 인장 시험 : 파괴시험
(2) 비파괴검사 종류
  ① 침투탐상검사
  ② 자분탐상검사
  ③ 방사선투과검사
  ④ 초음파탐상검사
  ⑤ 와전류탐상검사
  ⑥ 육안검사
  ⑦ 누설검사
  ⑧ 음향방출검사

참고 산업안전기사 필기 p.3-218(1. 인장시험)

KEY
① 2017년 3월 5일 기사 출제
② 2019년 3월 3일 기사 출제
③ 2020년 8월 22일 기사 출제

[정답] 37 ② 38 ③ 39 ④ 40 ② 41 ①

42. 기계설비의 위험점 중 연삭숫돌과 작업받침대, 교반기의 날개와 하우스 등 고정부분과 회전하는 동작 부분 사이에서 형성되는 위험점은?

① 끼임점 ② 물림점
③ 협착점 ④ 절단점

해설

기계·기구 설비의 6가지 위험점
① 협착점 : 왕복운동을 하는 동작 부분과 움직임이 없는 고정 부분 사이에 형성되는 위험점
② 끼임점 : 고정 부분과 회전하는 동작 부분이 함께 만드는 위험점
③ 절단점 : 회전하는 운동부분 자체의 위험에서 초래되는 위험점
④ 물림점 : 회전하는 두 개의 회전체에 물려 들어갈 위험성이 형성되는 것
⑤ 접선 물림점 : 회전하는 부분의 접선방향으로 물려 들어갈 위험성이 존재하는 점
⑥ 회전 말림점 : 회전하는 물체에 작업복 등이 말려드는 위험이 존재하는 점

참고 산업안전기사 필기 p.3-14(2. 끼임점)

KEY
① 2016년 8월 21일 산업기사 출제
② 2018년 3월 4일 산업기사 출제
③ 2020년 6월 14일 산업기사 출제

43. 다음 중 금형을 설치 및 조정할 때 안전수칙으로 가장 적절하지 않은 것은?

① 금형을 체결할 때에는 적합한 공구를 사용한다.
② 금형의 설치 및 조정은 전원을 끄고 실시한다.
③ 금형을 부착하기 전에 하사점을 확인하고 설치한다.
④ 금형을 체결할 때에는 안전블록을 잠시 제거하고 실시한다.

해설

금형의 안전화
금형을 부착, 해체, 조정 작업할 때 신체 일부가 위험점 내에서 슬라이드 불시 하강으로 인한 위험을 방지하기 위해 안전블록을 설치한다.

참고 산업안전기사 필기 p.3-96(합격날개 : 합격예측)

KEY 2020년 6월 14일 산업기사 등 20번 이상 출제

합격정보
산업안전보건기준에 관한 규칙 제104조(금형조정작업의 위험방지)

44. 선반 작업에 대한 안전수칙으로 가장 적절하지 않은 것은?

① 선반의 바이트는 끝을 짧게 장치한다.
② 작업 중에는 면장갑을 착용하지 않도록 한다.
③ 작업이 끝난 후 절삭 칩의 제거는 반드시 브러시 등의 도구를 사용한다.
④ 작업 중 일감의 치수 측정 시 기계 운전상태를 저속으로 하고 측정한다.

해설

일감의 치수 측정
① 치수 측정 시 기계 운전상태를 정지하고 측정한다.
② 저속시 가장 큰 힘이 작용한다.

참고 산업안전기사 필기 p.3-80(4. 선박작업시 안전수칙)

KEY 2020년 9월 27일 기사 등 20번 이상 출제

45. 프레스의 손쳐내기식 방호장치 설치기준으로 틀린 것은?

① 방호판의 폭이 금형 폭의 1/2 이상이어야 한다.
② 슬라이드 행정수가 300SPM 이상의 것에 사용한다.
③ 손쳐내기봉의 행정(Stroke) 길이를 금형의 높이에 따라 조정할 수 있고 진동폭은 금형폭 이상이어야 한다.
④ 슬라이드 하행정거리의 3/4 위치에서 손을 완전히 밀어내야 한다.

해설

손쳐내기식 방호장치의 일반구조
① 슬라이드 하행정거리의 3/4 위치에서 손을 완전히 밀어내야 한다.
② 손쳐내기봉의 행정(Stroke) 길이를 금형의 높이에 따라 조정할 수 있고 진동폭은 금형폭 이상이어야 한다.
③ 방호판과 손쳐내기봉은 경량이면서 충분한 강도를 가져야 한다.
④ 방호판의 폭은 금형폭의 1/2 이상이어야 하고, 행정길이가 300[mm] 이상의 프레스기계에는 방호판 폭을 300[mm]로 해야 한다.
⑤ 손쳐내기봉은 손 접촉 시 충격을 완화할 수 있는 완충재를 부착해야 한다.
⑥ 부착볼트 등의 고정금속부분은 예리하게 돌출되지 않아야 한다.

참고 산업안전기사 필기 p.3-99(3. 손쳐내기식)

[정답] 42 ① 43 ④ 44 ④ 45 ②

KEY
① 2016년 8월 21일 산업기사 출제
② 2017년 3월 5일 기사 출제
③ 2017년 8월 26일 산업기사 출제
④ 2019년 8월 4일 산업기사 출제
⑤ 2020년 9월 27일 기사 출제

합격정보
방호장치 안전인증 고시 [별표 1] 프레스 또는 전단기 방호장치의 성능기준(제4조 관련) 31. 손쳐내기식 방호장치의 일반구조

보충학습
보기 ②는 양수조작식 핀클러치 방식에 적용

---

46 산업안전보건법령상 정상적으로 작동될 수 있도록 미리 조정해 두어야 할 이동식 크레인의 방호장치로 가장 적절하지 않은 것은?

① 제동장치
② 권과방지장치
③ 과부하방지장치
④ 파이널 리미트 스위치

해설
이동식크레인 방호장치의 종류
① 과부하방지장치
② 권과방지장치
③ 비상정지장치
④ 제동장치

참고 산업안전기사 필기 p.3-141(합격날개 : 합격예측 및 관련법규)

KEY 2020년 9월 27일 기사 등 10번 이상 출제

합격정보
산업안전보건기준에 관한 규칙 제134조(방호장치의 조정)

보충학습
파이널 리미트 스위치 : 승강기 방호장치

---

47 산업안전보건법령상 고속회전체의 회전시험을 하는 경우 미리 회전축의 재질 및 형상 등에 상응하는 종류의 비파괴검사를 해서 결함 유무를 확인해야 한다. 이 때 검사대상이 되는 고속회전체의 기준은?

① 회전축의 중량이 0.5톤을 초과하고, 원주속도가 100[m/s] 이내인 것
② 회전축의 중량이 0.5톤을 초과하고, 원주속도가 120[m/s] 이상인 것
③ 회전축의 중량이 1톤을 초과하고, 원주속도가 100[m/s] 이내인 것
④ 회전축의 중량이 1톤을 초과하고, 원주속도가 120[m/s] 이상인 것

해설
비파괴검사 실시 기준
고속회전체(회전축의 중량이 1톤을 초과하고, 원주속도가 초당 120미터 이상인 것으로 한정한다.)의 회전시험을 하는 경우 미리 회전축의 재질 및 형상 등에 상응하는 종류의 비파괴검사를 해서 결함 유무를 확인한다.

참고 산업안전기사 필기 p.3-111(합격날개 : 합격예측 및 관련법규)

KEY
① 2017년 3월 5일 산업기사 출제
② 2018년 3월 4일 산업기사 출제

합격정보
산업안전보건기준에 관한 규칙 제115조(비파괴검사의 실시)

---

48 보일러 부하의 급변, 수위의 과상승 등에 의해 수분이 증기와 분리되지 않아 보일러 수면이 심하게 솟아올라 올바른 수위를 판단하지 못하는 현상은?

① 프라이밍
② 모세관
③ 워터해머
④ 역화

해설
프라이밍(priming)
보일러 수위가 너무 높아졌을 때 보일러 속의 수면으로부터 격렬하게 증발하는 증기와 동반하여 보일러수가 물보라처럼 비상하여, 가는 입자의 물방울로 되어 다량이 날라나오며 증기와 함께 보일러 밖으로 송출되는 현상

참고 산업안전기사 필기 p.3-119(1. 보일러 이상현상의 종류)

KEY
① 2016년 8월 21일 산업기사 출제
② 2018년 3월 4일, 4월 28일 산업기사 출제
③ 2020년 8월 23일 산업기사 출제

---

49 다음 중 절삭가공으로 틀린 것은?

① 선반
② 밀링
③ 프레스
④ 보링

해설
절삭가공에 사용되는 공작기계의 종류
① 선반
② 드릴링 머신
③ 밀링 머신
④ 세이빙 머신

보충학습
press(프레스) : 비절삭(소성)가공 기계

참고
① 산업안전기사 필기 p.3-78(중점학습내용)
② 산업안전기사 필기 p.3-94(1. 소성가공의 개요)

[정답] 46 ④ 47 ④ 48 ① 49 ③

과년도 출제문제

50 500[rpm]으로 회전하는 연삭숫돌의 지름이 300[mm]일 때 회전속도[m/min]는?

① 471 ② 551
③ 751 ④ 1,025

해설

회전속도 계산
회전속도 = $\pi \times D \times N / 1,000$
= $\pi \times 300 \times 500 / 1,000 = 471$[m/min]
D : 직경[mm], N : 회전수[rpm]

참고) 산업안전기사 필기 p.3-92(합격날개 : 합격예측)

KEY ① 2016년 5월 8일 기사 출제
② 2017년 8월 26일 기사, 산업기사 출제
③ 2019년 4월 27일 기사 출제
④ 2020년 9월 27일 기사 출제

51 산업안전보건법령상 금속의 용접, 용단에 사용하는 가스 용기를 취급할 때 유의사항으로 틀린 것은?

① 밸브의 개폐는 서서히 할 것
② 운반하는 경우에는 캡을 벗길 것
③ 용기의 온도는 40[℃] 이하로 유지할 것
④ 통풍이나 환기가 불충분한 장소에는 설치하지 말 것

해설

운반하는 경우에는 캡을 씌울 것

참고) 산업안전기사 필기 p.3-116(합격날개 : 합격예측)

KEY 산업안전보건기준에 관한 규칙 제234조(가스 등의 용기)

52 크레인 로프에 질량 2,000[kg]의 물건을 10[m/s²]의 가속도로 감아올릴 때, 로프에 걸리는 총 하중[kN]은? (단, 중력가속도는 9.8[m/s²])

① 9.6 ② 19.6
③ 29.6 ④ 39.6

해설

총 하중계산
① 힘 = 질량 × 가속도 = 질량 × (끌어올리는 가속도 + 중력가속도)
② 총 하중 = 2,000 × (10 + 9.8) = 39,600 = 39.6[KN]

참고) 산업안전기사 필기 p.3-148(합격날개 : 참고)

KEY 2018년 8월 21일 기사 출제

53 산업안전보건법령상 숫돌 지름이 60[cm]인 경우 숫돌 고정 장치인 평형 플랜지의 지름은 최소 몇 [cm] 이상인가?

① 10 ② 20
③ 30 ④ 60

해설

평행플랜지 지름계산
① 연삭숫돌 지름의 1/3 이상
② 60 × 1/3 = 20[cm] 이상

참고) 산업안전기사 필기 p.3-92(합격날개 : 합격예측)

KEY 2019년 8월 4일 기사·산업기사 동시출제 등 10번 이상 출제

합격정보
연삭기의 안전기준에 관한 기술상의 지침 제5조(평형플랜지의 치수)

54 산업안전보건법령상 롤러기의 방호장치 설치시 유의해야 할 사항으로 가장 적절하지 않은 것은?

① 손으로 조작하는 급정지장치의 조작부는 롤러기의 전면 및 후면에 각각 1개씩 수평으로 설치하여야 한다.
② 앞면 롤러의 표면속도가 30[m/min] 미만인 경우 급정지 거리는 앞면 롤러 원주의 1/2.5 이하로 한다.
③ 급정지장치의 조작부에 사용하는 줄은 사용중 늘어져서는 안된다.
④ 급정지장치의 조작부에 사용하는 줄은 충분한 인장강도를 가져야 한다.

해설

급정지거리 계산기준
① 표면속도 30[m/min] 이상 = $\pi \times D \times 1/2.5$
② 표면속도 30[m/min] 미만 = $\pi \times D \times 1/3$

참고) 산업안전기사 필기 p.3-109(합격날개 : 합격예측)

KEY 2020년 9월 27일 기사 등 10번 이상 출제

[정답] 50 ① 51 ② 52 ④ 53 ② 54 ②

55 산업안전보건법령상 컨베이어에 설치하는 방호장치로 거리가 가장 먼 것은?

① 건널다리
② 반발예방장치
③ 비상정지장치
④ 역주행방지장치

해설
컨베이어의 방호장치의 종류
① 이탈방지장치
② 비상정지장치
③ 덮개, 울의 설치

보충학습
반발예방장치 : 목재가공 기계톱날의 방호장치

참고 산업안전기사 필기 p.3-136(3. 컨베이어의 역전방지장치)

KEY ① 2019년 4월 27일 산업기사 출제
② 2020년 6월 14일 산업기사 출제

56 자동화 설비를 사용하고자 할 때 기능의 안전화를 위하여 검토할 사항으로 거리가 가장 먼 것은?

① 재료 및 가공 결함에 의한 오동작
② 사용압력 변동 시의 오동작
③ 전압강하 및 정전에 따른 오동작
④ 단락 또는 스위치 고장 시의 오동작

해설
기능의 안전화 대책
① 전압강하 및 정전에 따른 오작동
② 사용압력 변동 시 오작동
③ 밸브고장 시 오작동
④ 단락 또는 스위치 고장 시 오작동

보충학습
구조의 안전화
결함을 사전에 제거(예) 재료, 설계, 가공 결함)

참고 산업안전기사 필기 p.3-188(2. 기능의 안전화)

KEY 2020년 8월 23일 산업기사 출제

57 프레스 작동 후 작업점까지의 도달시간이 0.3초인 경우 위험한계로부터 양수조작식 방호장치의 최단 설치거리는?

① 48[cm] 이상
② 58[cm] 이상
③ 68[cm] 이상
④ 78[cm] 이상

해설
최단설치(안전)거리
Dm(안전거리)=1.6Tm(슬라이드가 하사점에 도달하기까지의 소요시간)=1.6×0.3=0.48[m]=48[cm] 이상

참고 산업안전기사 필기 p.3-101(합격날개 : 합격예측)

KEY 2020년 8월 22일 기사 등 10번 이상 출제

58 휴대형 연삭기 사용 시 안전사항에 대한 설명으로 가장 적절하지 않은 것은?

① 잘 안맞는 장갑이나 옷은 착용하지 말 것
② 긴 머리는 묶고 모자를 착용하고 작업할 것
③ 연삭숫돌을 설치하거나 교체하기 전에 전선과 압축공기 호스를 설치할 것
④ 연삭작업 시 클램핑 장치를 사용하여 공작물을 확실히 고정할 것

해설
연삭숫돌을 설치하거나 교체한 후에 전선과 압축공기 호스를 설치할 것

[그림] 휴대용연삭기 구조

59 산업안전보건법령상 보일러에 설치해야하는 안전장치로 거리가 가장 먼 것은?

① 해지장치
② 압력방출장치
③ 압력제한스위치
④ 고·저수위조절장치

[정답] 55 ② 56 ① 57 ① 58 ③ 59 ①

> **[해설]**
> **보일러 안전장치의 종류**
> ① 압력방출장치
> ② 압력제한 스위치
> ④ 고저수위 조절장치
>
> **[보충학습]**
> 해지장치 : 훅걸이용 와이어로프 등이 훅으로부터 벗겨지는 것을 방지하기 위한 장치
>
> **[참고]** 산업안전기사 필기 p.3-120(3. 방호장치의 종류)
>
> **[KEY]** 2019년 8월 4일 기사·산업기사 등 10번 이상 출제

60. 지게차의 방호장치에 해당하는 것은?

① 버킷　　② 포크
③ 마스트　④ 헤드가드

> **[해설]**
> **지게차의 방호장치**
> 헤드가드 : 최대하중의 2배(4톤 넘는 값에 대해서는 4톤으로 한다)에 해당하는 등분포정하중에 견딜 수 있는 강도의 헤드가드를 설치하여야 한다.
>
> **[참고]** 산업안전기사 필기 p.3-148(합격날개 : 합격예측)
>
> **[KEY]** 2020년 9월 27일 기사 등 10번 이상 출제
>
> **[합격정보]**
> 산업안전보건기준에 관한 규칙 제180조(헤드가드)

4 전기설비 안전관리

61. 전기설비에 접지를 하는 목적으로 틀린 것은?

① 누설전류에 의한 감전방지
② 낙뢰에 의한 피해방지
③ 지락사고 시 대지전위 상승유도 및 절연강도 증가
④ 지락사고 시 보호계전기 신속동작

> **[해설]**
> 지락사고 시 대지전위 상승억제 및 절연강도 증가
>
> **[참고]** 산업안전기사 필기 p.4-36(1. 접지의 목적)
>
> **[KEY]** ① 2018년 4월 28일 기사 출제
> ② 2019년 8월 4일 기사 출제

62. 전로에 시설하는 기계기구의 철대 및 금속제외함에 접지공사를 생략할 수 없는 경우는?

① 30[V] 이하의 기계기구를 건조한 곳에 시설하는 경우
② 물기 없는 장소에 설치하는 저압용 기계기구를 위한 전로에 정격감도전류 40[mA] 이하, 동작시간 2초 이하의 전류동작형 누전차단기를 시설하는 경우
③ 철대 또는 외함의 주위에 적당한 절연대를 설치하는 경우
④ 「전기용품 및 생활용품 안전관리법」의 적용을 받는 이중절연구조로 되어 있는 기계기구를 시설하는 경우

> **[해설]**
> **접지를 해야 하는 대상부분**
> ① 전기기계·기구의 금속제 외함, 금속제 외피 및 철대
> ② 고정 설치되거나 고정배선에 접속된 전기기계·기구의 노출된 비충전 금속체 중 충전될 우려가 있는 다음에 해당하는 비충전 금속체
> ③ 지면이나 접지된 금속체로부터 수직거리 2.4[m], 수평거리 1.5[m] 이내의 것
> ④ 물기 또는 습기가 있는 장소에 설치되어 있는 것
> ⑤ 금속으로 되어있는 기기접지용 전선의 피복·외장 또는 배선관 등
> ⑥ 사용전압이 대지전압 150[V]를 넘는 것
>
> **[참고]** 산업안전기사 필기 p.4-37(3. 접지를 해야 하는 대상 부분)
>
> **[합격정보]**
> 산업안전보건기준에 관한 규칙 제302조(전기기계·기구의 접지)
>
> **[보충학습]**
> **누전차단기 설치기준**
> 전기기계·기구에 접속되어 있는 누전차단기는 정격감도전류가 30[mA] 이하이고 작동시간은 0.03[초] 이내일 것(다만, 정격전부하전류가 50[A] 이상인 전기기계·기구에 접속되는 누전차단기는 오작동을 방지하기 위하여 정격감도전류는 200[mA] 이하로, 작동시간은 0.1[초] 이내로 할 수 있다.

63. 한국전기설비규정에 따라 욕조나 샤워시설이 있는 욕실 등 인체가 물에 젖어있는 상태에서 전기를 사용하는 장소에 인체감전보호용 누전차단기가 부착된 콘센트를 시설하는 경우 누전차단기의 정격감도전류 및 동작시간은?

① 15[mA] 이하, 0.01[초] 이하
② 15[mA] 이하, 0.03[초] 이하
③ 30[mA] 이하, 0.01[초] 이하
④ 30[mA] 이하, 0.03[초] 이하

[정답] 60 ④　61 ③　62 ②　63 ②

해설

인체감전보호용 누전차단기 기준
① 정격 감도 전류 : 15[mA]
② 동작시간 : 0.03[초] 이하

> 참고: 산업안전기사 필기 p.4-5(1. 누전차단기 종류)
> KEY: 2020년 9월 27일 기사 등 20번 이상 출제

---

64 개폐기로 인한 발화는 스파크에 의한 가연물의 착화 화재가 많이 발생한다. 이를 방지하기 위한 대책으로 틀린 것은?

① 가연성증기, 분진 등이 있는 곳은 방폭형을 사용한다.
② 개폐기를 불연성 상자 안에 수납한다.
③ 비포장 퓨즈를 사용한다.
④ 접속부분의 나사풀림이 없도록 한다.

해설
화재방지를 위하여 포장 퓨즈를 사용한다.

> 참고: 산업안전기사 필기 p.4-73(2. 전기화재의 예방대책)

---

65 인체의 전기저항을 500[Ω]으로 하는 경우 심실세동을 일으킬 수 있는 에너지는 약 얼마인가?(단, 심실세동전류 $I = \dfrac{165}{\sqrt{T}}$ [mA]로 한다.)

① 13.6[J] ② 19.0[J]
③ 13.6[mJ] ④ 19.0[mJ]

해설

위험한계 에너지

$Q = I^2 RT [J/S] = \left(\dfrac{165}{\sqrt{T}} \times 10^{-3}\right)^2 \times 500$

$= \dfrac{165^2}{T} \times 10^{-6} \times 500$

$= 13.61 [J]$

> 참고: 산업안전기사 필기 p.4-18(3. 위험한계 에너지)
> KEY: 2020년 9월 27일 기사 등 20번 이상 출제

---

66 방폭인증서에서 방폭부품을 나타내는데 사용되는 인증번호의 접미사는?

① "G" ② "X"
③ "D" ④ "U"

해설

방호장치 안전인증 고시 제2조(정의)
"방폭부품(Ex component)"이란 전기기기 및 모듈(ex 케이블글랜드를 제외한다)의 부품을 말하며, 기호 "U"로 표시하고, 폭발성가스 분위기에서 사용하는 전기기기 및 시스템에 사용할 때 단독으로 사용하지 않고 추가 고려사항이 요구된다.

---

67 개폐기, 차단기, 유도 전압조정기의 최대 사용전압이 7[kV] 이하인 전로의 경우 절연 내력시험은 최대 사용 전압의 1.5배의 전압을 몇분간 가하는가?

① 10 ② 15
③ 20 ④ 25

해설

시험전압시간 : 10[분]

[표] 최대사용전압과 시험전압

최대 사용 전압	시험전압	최저시험전압	예
1. 7,000[V] 이하	1.5배	500[V]	6,600→9,900
2. 7,000[V] 초과 25,000[V] 중성점 접지식(중성선을 가지는 것으로 그 중성선을 다중 접지하는 것에 한한다.)	0.92배		22,900→21,068
3. 7,000[V] 초과 60,000[V] 이하인 전로로 2의 것을 제외	1.25배	10,500[V]	60,000→75,000
4. 60,000[V] 초과 중성점 비접지식 전로(전위 변성기를 사용하여 접지하는 것 포함)	1.25배		66,000→82,500
5. 60,000[V] 초과 중성점 직접 접지식전로(6과 7의 것을 제외)	1.1배	75,000[V]	66,000→72,600
6. 60,000[V] 초과 중성점 직접접지식(7란의 것을 제외)	0.72배		154,000→110,880 345,000→248,400
7. 170,000[V] 넘는 중성점 직접 접지식 발전소/ 변전소에 시설하는 것 (구내)	0.64배		345,000→220,800

단, 전로에 케이블을 사용하는 경우에는 직류로 시험할 수 있으며, 시험전압은 교류인 경우의 2배

[정답] 64 ③ 65 ① 66 ④ 67 ①

68 다른 두 물체가 접촉할 때 접촉 전위차가 발생하는 원인으로 옳은 것은?

① 두 물체의 온도 차
② 두 물체의 습도 차
③ 두 물체의 밀도 차
④ 두 물체의 일함수 차

해설

일함수 에너지의 힘 : 두 물체의 일함수 차

> 참고 산업안전기사 필기 p.4-32(합격날개 : 용어정의)

69 방폭전기설비의 용기내부에서 폭발성가스 또는 증기가 폭발하였을 때 용기가 그 압력에 견디고 접합면이나 개구부를 통해서 외부의 폭발성가스나 증기에 인화되지 않도록 한 방폭구조는?

① 내압 방폭구조
② 압력 방폭구조
③ 유입 방폭구조
④ 본질안전 방폭구조

해설

방폭구조의 기호
① 내압 방폭구조 : 내부압력, 기호 Ex d
② 압력 방폭구조 : 외부압력, 기호 Ex p
③ 유입 방폭구조 : 기름으로 보호. 기호 Ex o
④ 본질안전 방폭구조 : Intrinsically Safe, Ex i

> 참고 산업안전기사 필기 p.4-53(1. 내압방폭구조)

> KEY 2020년 6월 7일 기사 등 10번 이상 출제

70 불활성화할 수 없는 탱크, 탱크롤리 등에 위험물을 주입하는 배관은 정전기 재해방지를 위하여 배관 내 액체의 유속제한을 한다. 배관 내 유속제한에 대한 설명으로 틀린 것은?

① 물이나 기체를 혼합하는 비수용성 위험물의 배관 내 유속은 1[m/s] 이하로 할 것
② 저항률이 $10^{10}[\Omega \cdot cm]$ 미만의 도전성 위험물의 배관 내 유속은 7[m/s] 이하로 할 것
③ 저항률이 $10^{10}[\Omega \cdot cm]$ 이상인 위험물의 배관 내 유속은 관내경이 0.05[m] 이면 3.5[m/s] 이하로 할 것
④ 이황화탄소 등과 같이 유동대전이 심하고 폭발 위험성이 높은 것은 배관 내 유속을 3[m/s] 이하로 할 것

해설

이황화탄소 등과 같이 유동대전이 심하고 폭발 위험성이 높은 것은 배관 내 유속을 1[m/s] 이하로 할 것

> 참고 산업안전기사 필기 p.4-38(2. 배관내 액체의 유속제한)

> KEY 2016년 8월 21일 기사 출제

71 고압 및 특고압 전로에 시설하는 피뢰기의 설치장소로 잘못된 곳은?

① 가공전선로와 지중전선로가 접속되는 곳
② 발전소, 변전소의 가공전선 인입구 및 인출구
③ 고압 가공전선로에 접속하는 배전용 변압기의 저압측
④ 고압 가공전선로로부터 공급을 받는 수용장소의 인입구

해설

피뢰기 설치 장소
고압 가공전선로에 접속하는 배전용 변압기의 고압측 및 특고압측에 설치

> 참고 산업안전기사 필기 p.4-53(2. 피뢰기 설비)

> KEY ① 2016년 5월 8일 기사 출제
> ② 2017년 3월 5일 기사 출제

72 속류를 차단할 수 있는 최고의 교류전압을 피뢰기의 정격전압이라고 하는데 이 값은 통상적으로 어떤 값으로 나타내고 있는가?

① 최댓값
② 평균값
③ 실효값
④ 파고값

해설

실효값(RMS value : 實效)
① 실제로 효과 : 우리나라 – 실효값
② RMS(Root Mean Square) : 외국

> 참고 산업안전기사 필기 p.4-57(1. 피뢰기의 성능)

> KEY ① 2016년 8월 21일 기사 출제
> ② 2018년 8월 19일 기사 출제
> ③ 2019년 8월 4일 기사 출제

[정답] 68 ④   69 ①   70 ④   71 ③   72 ③

73 감전 등의 재해를 예방하기 위하여 특고압용 기계·기구 주위에 관계자 외 출입을 금하도록 울타리를 설치할 때, 울타리의 높이와 울타리로부터 충전부분까지의 거리의 합이 최소 몇 [m] 이상이 되어야 하는가?(단, 사용전압이 35[kV] 이하인 특고압용 기계기구이다.)

① 5[m] ② 6[m]
③ 7[m] ④ 9[m]

해설

특별고압 가공전선
① 35[kV] 이하 : 지표상 5[m]
  ㉮ 철도를 횡단하는 경우 : 궤도면상 5.5[m]
  ㉯ 횡단보도교 위의 케이블인 경우 : 노면상 4[m]
② 160[kV] 이하 : 지표상 6[m](단, 산지 등에 설치시 : 지표상 5[m])
③ 160[kV] 초과 : 지표상 6[m](단, 산지 5[m]에 10[kV] 증가시마다 0.12[m]를 더한 값)

참고 산업안전기사 필기 p.4-59(2. 특별고압가공전선)

74 산업안전보건기준에 관한 규칙 제319조에 의한 정전전로에서의 정전 작업을 마친 후 전원을 공급하는 경우에 사업주가 작업에 종사하는 근로자 및 전기기기와 접촉할 우려가 있는 근로자에게 감전의 위험이 없도록 준수해야할 사항이 아닌 것은?

① 단락 접지기구 및 작업기구를 제거하고 전기기기 등이 안전하게 통전될 수 있는지 확인한다.
② 모든 작업자가 작업이 완료된 전기기기에서 떨어져 있는지 확인한다.
③ 잠금장치와 꼬리표를 근로자가 직접 설치한다.
④ 모든 이상 유무를 확인한 후 전기기기 등의 전원을 투입한다.

해설

잠금장치와 꼬리표를 근로자가 직접 철거한다.

참고 산업안전기사 필기 p.4-77(3. 작업종료시)

합격정보

산업안전보건기준에 관한 규칙
제319조(정전전로에서의 전기작업)
③ 사업주는 제1항 각 호 외의 부분 본문에 따른 작업 중 또는 작업을 마친 후 전원을 공급하는 경우에는 작업에 종사하는 근로자 또는 그 인근에서 작업하거나 정전된 전기기기등(고정 설치된 것으로 한정한다)과 접촉할 우려가 있는 근로자에게 감전의 위험이 없도록 다음 각 호의 사항을 준수하여야 한다.

1. 작업기구, 단락 접지기구 등을 제거하고 전기기기등이 안전하게 통전될 수 있는지를 확인할 것
2. 모든 작업자가 작업이 완료된 전기기기등에서 떨어져 있는지를 확인할 것
3. 잠금장치와 꼬리표는 설치한 근로자가 직접 철거할 것
4. 모든 이상 유무를 확인한 후 전기기기등의 전원을 투입할 것

75 한국전기설비규정에 따라 과전류차단기로 저압전로에 사용하는 범용 퓨즈(gG)의 용단전류는 정격전류의 몇 배인가?(단, 정격전류가 4[A] 이하인 경우이다.)

① 1.5배 ② 1.6배
③ 1.9배 ④ 2.1배

해설

범용퓨즈(gG)의 용단전류는 정격전류 : 2.1배

참고 산업안전기사 필기 p.4-3(1. 퓨즈의 재료)

76 정전기가 대전된 물체를 제전시키려고 한다. 다음 중 대전된 물체의 절연저항이 증가되어 제전의 효과를 감소시키는 것은?

① 접지한다. ② 건조시킨다.
③ 도전성 재료를 첨가한다. ④ 주위를 가습한다.

해설

정전기 방지대책

발생 및 대전 ─ 접지
  ├ 정전화, 정전작업복 착용
  ├ 유속제한, 정치시간 확보
  ├ 대전방지제 사용
  ├ 가습
  ├ 제전기 사용
  └ 제조장치 및 탱크의 불활성화
전격 ─ 대전억제
  └ 대전전하의 신속한 누설
화재 및 폭발 ─ 환기에 의한 위험물질의 제거
  └ 집진에 의한 분진의 제거

참고 산업안전기사 필기 p.4-36([그림] 정전기 방지대책)

KEY ① 2016년 5월 8일, 8월 21일기사 출제
② 2017년 5월 7일 산업기사 출제
③ 2018년 3월 4일, 8월 19일 산업기사 출제
④ 2019년 3월 3일 산업기사 출제
⑤ 2019년 8월 4일 기사 출제

[정답] 73 ① 74 ③ 75 ④ 76 ②

77 변압기의 최소 IP 등급은?(단, 유입 방폭구조의 변압기이다.)

① IP55
② IP56
③ IP65
④ IP66

해설

유입방폭구조(KSC IEC 60079-6)
① 변압기 최소 IP : IP66
② 방폭구조(기호) : O

참고 산업안전기사 필기 p.4-54(② 유입방폭구조)

KEY 2020년 9월 27일(문제 72번)

합격정보
유입방폭구조인 전기기기의 성능기준 제21조

78 절연물의 절연계급을 최고허용온도가 낮은 온도에서 높은 온도 순으로 배치한 것은?

① Y종 → A종 → E종 → B종
② A종 → B종 → E종 → Y종
③ Y종 → E종 → B종 → A종
④ B종 → Y종 → A종 → E종

해설

절연물의 내열구분

종별	허용 최고 온도 [℃]	절연물의 종류
Y종	90	유리화수지, 메타크릴수지, 폴리에틸렌, 폴리염화비닐, 폴리스티렌
A종	105	폴리에스테르수지, 셀룰로오스 유도체, 폴리아미드, 폴리비닐포르말
E종	120	멜라민수지, 페놀수지의 유기질, 폴리에스테르수지
B종	130	무기질기재의 각종 성형 적층물
F종	155	에폭시수지, 폴리우레탄수지, 변성실리콘수지
H종	180	유리, 실리콘, 고무
C종	180 이상	실리콘, 플루오르화에틸렌

참고 산업안전기사 필기 p.4-74(표 : 절연물의 내열구분)

KEY 2020년 6월 7일 기사 출제

79 가스그룹이 IIB인 지역에 내압방폭구조 "d"의 방폭기기가 설치되어 있다. 기기의 플랜지 개구부에서 장애물까지의 최소 거리[mm]는?

① 10
② 20
③ 30
④ 40

해설

안전간격과 폭발등급
① 화염일주 한계에서 말하는 틈을 안전간격이라 하며 안전간격이 작은 가스일수록 폭발하기 쉬운 위험한 가스로 취급된다.
② 폭 10[mm], 길이(거리) 30[mm], 틈새길이 25[mm]

보충학습
"최대실험안전틈새, MESG(Maximum experimental safe gap, MESG)"이란 IEC 60079-1-1에서 규정한 조건에 따라 시험을 10회 실시했을 때 화염이 전파되지 않고, 접합면의 길이가 25[mm]인 접합의 최대틈새를 말한다.

참고 산업안전기사 필기 p.4-53(합격날개 : 합격예측)

KEY ① 2016년 8월 21일 기사 출제
② 2018년 8월 19일 기사 출제

80 극간 정전용량이 1,000[pF]이고, 착화에너지가 0.019[mJ]인 가스에서 폭발한계 전압[V]은 약 얼마인가? (단, 소수점 이하는 반올림 한다.)

① 3,900
② 1,950
③ 390
④ 195

해설

최소착화 에너지(E)

① $E = \frac{1}{2}CV^2$

② $V = \sqrt{\dfrac{2E}{C}} = \sqrt{\dfrac{2 \times 0.019 \times 10^{-3}}{1000 \times 10^{-12}}} = 195[V]$

보충학습
① $[mJ] = 10^{-3}[J]$
② $[pF] = 10^{-12}[F]$

참고 산업안전기사 필기 p.4-33(6. 정전기 에너지)

KEY ① 2016년 8월 21일 기사 (문제 76번) 출제
② 2020년 9월 27일 등 20번 이상 출제
③ 2021년 3월 7일 기사 (문제 98번) 출제

[정답] 77 ④ 78 ① 79 ③ 80 ④

5 화학설비 안전관리

81 산업안전보건법령상 대상 설비에 설치된 안전밸브에 대해서는 경우에 따라 구분된 검사주기마다 안전밸브가 적정하게 작동하는지 검사하여야 한다. 화학공정 유체와 안전밸브의 디스크 또는 시트가 직접 접촉될 수 있도록 설치된 경우의 검사주기로 옳은 것은?

① 매년 1회 이상
② 2년마다 1회 이상
③ 3년마다 1회 이상
④ 4년마다 1회 이상

[해설]

제261조(안전밸브 등의 설치)
설치된 안전밸브에 대해서는 다음 각 호의 구분에 따른 검사주기마다 국가교정기관에서 교정을 받은 압력계를 이용하여 설정압력에서 안전밸브가 적정하게 작동하는지를 검사한 후 납으로 봉인하여 사용하여야 한다. 다만, 공기나 질소취급용기 등에 설치된 안전밸브 중 안전밸브 자체에 부착된 레버 또는 고리를 통하여 수시로 안전밸브가 적정하게 작동하는지를 확인할 수 있는 경우에는 검사하지 아니할 수 있고 납으로 봉인하지 아니할 수 있다.
① 화학공정 유체와 안전밸브의 디스크 또는 시트가 직접 접촉될 수 있도록 설치된 경우 : 매년 1회 이상
② 안전밸브 전단에 파열판이 설치된 경우 : 2년마다 1회 이상
③ 공정안전보고서 제출 대상으로서 고용노동부장관이 실시하는 공정안전보고서 이행상태 평가결과가 우수한 사업장의 안전밸브의 경우 : 4년마다 1회 이상

[참고] 산업안전기사 필기 p.5-6(합격날개 : 합격예측 및 관련법규)

[합격정보]
산업안전보건기준에 관한 규칙

82 위험물안전관리법령상 제1류 위험물에 해당하는 것은?

① 과염소산나트륨
② 과염소산
③ 과산화수소
④ 과산화벤조일

[해설]

위험물의 분류
① 제1류(산화성 고체) : 아염소산, 염소산, 과염소산나트륨, 무기과산화물, 삼산화크롬, 브롬산염류, 요오드산염류, 과망간산염류, 중크롬산염류
② 제2류(가연성 고체) : 황화인, 적린, 유황, 철분, Mg, 금속분류, 인화성 고체
③ 제3류(자연발화성 및 금수성 물질) : K, Na, 알킬Al, 알킬Li, 황린, 칼슘 또는 Al의 탄화물류 등
④ 제4류(인화성 액체) : 특수인화물류, 동식물류, 알코올류, 제1석유류 ~제4석유류

⑤ 제5류(자기반응성 물질) : 유기산화물류, 질산에스테르류(니트로셀룰로오스, 질산에틸, 니트로글리세린), 셀룰로이드류, 니트로화합물, 아조화합물류, 디아조화합물류, 히드라진 유도체류
⑥ 제6류(산화성 액체) : 과염소산, 과산화수소, 질산

[참고] 산업안전기사 필기 p.5-66(문제 27번) 적중

[KEY]
① 2017년 5월 7일 기사 출제
② 2018년 4월 25일 기사 출제
③ 2018년 8월 19일 기사 출제

합격자의 조언
① 매 시험마다 위험물에서 1문제가 출제되고 있음
② 산업안전기사를 합격하여 소방설비기사, 위험물, 자격취득도 한걸음 다가선 것이라 할 수 있음

83 산업안전보건법령상 다음 내용에 해당하는 폭발위험장소는?

20종 장소 밖으로서 분진운 형태의 가연성 분진이 폭발농도를 형성할 정도의 충분한 양이 정상 작동 중에 존재할 수 있는 장소를 말한다.

① 21종 장소
② 22종 장소
③ 0종 장소
④ 1종 장소

[해설]

분진폭발위험장소

구분	적요
20종 장소	분진운 형태의 가연성 분진이 폭발농도를 형성할 정도로 충분한 양이 정상작동 중에 연속적으로 또는 자주 존재하거나, 제어할 수 없을 정도의 양 및 두께의 분진층이 형성될 수 있는 장소
21종 장소	20종 장소 외의 장소로서, 분진운 형태의 가연성 분진이 폭발농도를 형성할 정도의 충분한 양이 정상작동 중에 존재할 수 있는 장소
22종 장소	21종 장소 외의 장소로서, 가연성 분진운 형태가 드물게 발생 또는 단기간 존재할 우려가 있거나, 이상작동 상태하에서 가연성 분진층이 형성될 수 있는 장소

[참고] 산업안전기사 필기 p.5-58(표 : 폭발위험장소의 분류)

[KEY]
① 2016년 3월 6일 산업기사 출제
② 2018년 3월 4일 기사, 산업기사 출제
③ 2018년 8월 19일 산업기사 출제

[정답] 81 ① 82 ① 83 ①

84 다음 중 질식소화에 해당하는 것은?

① 가연성 기체의 분출화재시 주 밸브를 닫는다.
② 가연성 기체의 연쇄반응을 차단하여 소화한다.
③ 연료 탱크를 냉각하여 가연성 가스의 발생속도를 작게 한다.
④ 연소하고 있는 가연물이 존재하는 장소를 기계적으로 폐쇄하여 공기의 공급을 차단한다.

해설

소화구분
① : 제거소화
② : 억제소화
③ : 냉각소화

참고 산업안전기사 필기 p.5-12(2. 소화의 종류)

KEY ① 2016년 3월 6일 산업기사 출제
② 2017년 3월 5일 기사 출제

85 포스겐가스 누설검지의 시험지로 사용되는 것은?

① 연당지
② 염화팔라듐지
③ 하리슨시험지
④ 초산구리벤젠지

해설

각종 가스의 누설검지 시험지 및 변색상태

종류	시험지	색깔의 변색상태
암모니아(NH_3)	붉은리트머스 시험지	갈색
염소(Cl_2)	KI전분지(요오드화칼륨 녹말종이)	청색
포스겐($COCl_2$)	하리슨시약(시험지)	오렌지색
아세틸렌(C_2H_2)	염화제2구리 착염지	적색
일산화탄소(CO)	염화팔라듐지	검은색
황화수소(H_2S)	연당지(초산납 시험지)	검은색
시안화수소(HCN)	질산구리벤젠지(초산구리벤젠지)	청색
아황산가스(SO_2)	암모니아에 적신 헝겊	흰 연기
프로판(C_3H_8)	비눗물	기포발생

참고 산업안전기사 필기 p.5-63(문제 12번) 적중
KEY 2021년 3월 7일 기사 출제

86 공기 중 아세톤의 농도가 20[ppm](TLV 500ppm), 메틸에틸케톤(MEK)의 농도가 100[ppm](TLV 200ppm)일 때 혼합물질의 허용농도[ppm]는?(단, 두 물질은 서로 상가작용을 하는 것으로 가정한다.)

① 150   ② 200
③ 270   ④ 222

해설

허용농도
① 노출지수(EI) = 20/500 + 100/200 = 0.54
② 보정된 허용농도 = 혼합물의 공기 중 농도/노출지수
  = (20+100)/(20/500+100/200) = 222[ppm]
③ 1을 초과하지 않으므로 허용기준 이내
  ∴ 허용농도 = $\frac{120}{0.54}$ = 222.22[ppm]

참고 산업안전기사 필기 p.5-41(2. 유해물질의 허용농도)

KEY ① 2016년 8월 21일 산업기사 출제
② 2018년 3월 4일 산업기사 출제
③ 2019년 3월 3일 기사 출제

보충학습

상가 작용(相加作用 : additive action, additive Wirkung)
두 종류 이상의 약물을 병용했을 때, 약물의 효력이 따로따로 투여한 경우의 합으로 나타나는 경우를 말한다.(출처 : 화학대사전, 세화)

87 Li과 Na에 관한 설명으로 틀린 것은?

① 두 금속 모두 실온에서 자연발화의 위험성이 있으므로 알코올 속에 저장해야 한다.
② 두 금속은 물과 반응하여 수소기체를 발생한다.
③ Li은 비중 값이 물보다 작다.
④ Na는 은백색의 무른 금속이다.

해설

Li과 Na의 저장법
① 나트륨 : 3류 금수성
② $2Na+2H_2O \rightarrow 2NaOH+H_2$(수소)
③ 석유 속에 저장

참고 산업안전기사 필기 p.5-37(9. 발화성 물질의 저장법)

KEY ① 2016년 3월 6일 산업기사 출제
② 2016년 8월 21일 기사, 산업기사 출제
③ 2018년 3월 4일 기사 출제
④ 2018년 8월 19일 산업기사 출제
⑤ 2019년 3월 3일 기사 출제

[정답] 84 ④   85 ③   86 ④   87 ①

88. 분진폭발의 특징에 관한 설명으로 옳은 것은?

① 가스폭발보다 발생에너지가 작다.
② 폭발압력과 연소속도는 가스폭발보다 크다.
③ 입자의 크기, 부유성 등이 분진폭발에 영향을 준다.
④ 불완전연소로 인한 가스중독의 위험성은 작다.

해설

분진폭발의 특성
① 가스폭발보다 발생에너지가 크다.
② 폭발압력과 연소속도는 가스폭발보다 작다.
③ 불완전연소로 인한 가스중독의 위험성은 크다.

참고 산업안전기사 필기 p.5-9(표 : 증기폭발, 분진폭발, 분해폭발)

KEY
① 2016년 5월 8일 기사 출제
② 2017년 8월 26일 기사 출제
③ 2018년 3월 4일 산업기사 출제
④ 2018년 8월 19일 기사 출제
⑤ 2021년 3월 7일(문제 99번)

89. 다음 중 누설 발화형 폭발재해의 예방 대책으로 가장 거리가 먼 것은?

① 발화원 관리
② 밸브의 오동작 방지
③ 가연성 가스의 연소
④ 누설물질의 검지 경보

해설

국한대책
① 가연성 물질의 집적(集積)방지
② 건물 및 설비의 불연성화(不燃性化)
③ 일정한 공지의 확보
④ 방화벽 및 문, 방유제, 방액제 등의 정비
⑤ 위험물 시설 등의 지하 매설

참고
① 산업안전기사 필기 p.5-18(2. 화재가 확대되지 않도록 국한대책)
② 산업안전기사 필기 p.5-21(문제 4번) 적중

보충학습

폭발재해 형태
① 열이동형 : 수증기폭발, 저비점 액체가 고열물과 접촉
② 평형파탄형 : 액체가 들어있는 고압용기의 파손, 비등, 폭발
③ 반응폭주형 : 화학공장 용기 폭발
④ 자연발화형 : 3류 위험물
⑤ 누설착화형 : UVCE(LPG 저장탱크)
⑥ 착화파괴형 : VCE(경질유 저장탱크)

90. 다음 중 폭발한계[vol%]의 범위가 가장 넓은 것은?

① 메탄
② 부탄
③ 톨루엔
④ 아세틸렌

해설

혼합가스의 폭발범위

가연성 가스	하한계[%]	상한계[%]
아세틸렌(C_2H_2)	2.5	81
산화에틸렌(C_2H_4O)	3	80
수소(H_2)	4	75
일산화탄소(CO)	12.5	75
프로판(C_3H_8)	2.1	9.5
에탄(C_2H_6)	3	12.5
메탄(CH_4)	5	15
부탄(C_4H_{10})	1.8	8.4

참고 산업안전기사 필기 p.5-10(표 : 혼합가스의 폭굉 범위)

KEY
① 2017년 3월 5일 산업기사 출제
② 2017년 8월 26일 기사 출제

91. 다음 중 관의 지름을 변경하고자 할 때 필요한 관 부속품은?

① elbow
② reducer
③ plug
④ valve

해설

reducer(축소관) : 관을 줄이는 것

참고 산업안전기사 필기 p.5-58(합격날개 : 합격예측)

KEY 2020년 9월 27일 기사 등 10번 이상 출제

[정답] 88 ③   89 ③   90 ④   91 ②

92 안전밸브 전단·후단에 자물쇠형 또는 이에 준하는 형식의 차단밸브 설치를 할 수 있는 경우에 해당하지 않는 것은?

① 자동압력조절밸브와 안전밸브 등이 직렬로 연결된 경우
② 화학설비 및 그 부속설비에 안전밸브 등이 복수방식으로 설치되어 있는 경우
③ 열팽창에 의하여 상승된 압력을 낮추기 위한 목적으로 안전밸브가 설치된 경우
④ 인접한 화학설비 및 그 부속설비에 안전밸브 등이 각각 설치되어 있고, 해당 화학설비 및 그 부속설비의 연결배관에 차단밸브가 없는 경우

해설
자동압력조절밸브와 안전밸브 등은 직렬로 보호

참고 산업안전기사 필기 p.5-6(합격날개 : 합격예측 및 관련법규)

KEY
① 2016년 5월 8일 산업기사 출제
② 2017년 8월 26일 기사 출제
③ 2018년 8월 19일 기사 출제

합격정보
산업안전보건기준에 관한 규칙 제266조(차단밸브의 설치금지)

93 산업안전보건기준에 관한 규칙에 정한 위험물질의 종류에서 "물반응성 물질 및 인화성 고체"에 해당하는 것은?

① 질산에스테르류
② 니트로화합물
③ 칼륨·나트륨
④ 니트로소화합물

해설
물반응성 물질
① 나트륨 : 3류 금수성(물반응성 물질)
② $2Na + 2H_2O \rightarrow 2NaOH + H_2$(수소)

참고 산업안전기사 필기 p.5-35(2. 물반응성 물질 및 인화성 고체)

KEY 2016년 5월 8일 기사 출제

합격정보
산업안전보건기준에 관한 규칙 [별표 1] 위험물질의 종류

94 다음 중 인화점에 관한 설명으로 옳은 것은?

① 액체의 표면에서 발생한 증기농도가 공기중에서 연소하한 농도가 될 수 있는 가장 높은 액체온도
② 액체의 표면에서 발생한 증기농도가 공기중에서 연소상한 농도가 될 수 있는 가장 낮은 액체온도
③ 액체의 표면에서 발생한 증기농도가 공기중에서 연소하한 농도가 될 수 있는 가장 낮은 액체온도
④ 액체의 표면에서 발생한 증기농도가 공기중에서 연소상한 농도가 될 수 있는 가장 높은 액체온도

해설
인화점(flash point)
액체의 표면에서 발생한 증기농도가 공기 중에서 연소하한 농도가 될 수 있는 가장 낮은 액체온도

참고
① 산업안전기사 필기 p.5-39(합격날개 : 합격예측)
② 산업안전기사 필기 p.5-25(문제 18번 해설)

KEY 2018년 3월 4일 산업기사 출제

95 수분을 함유하는 에탄올에서 순수한 에탄올을 얻기 위해 벤젠과 같은 물질을 첨가하여 수분을 제거하는 증류 방법은?

① 공비증류
② 추출증류
③ 가압증류
④ 감압증류

해설
공비(共沸)증류
벤젠과 같은 물질을 첨가하여 수분을 제거하는 증류 방법

참고 산업안전기사 필기 p.5-50(1. 증류)

[정답] 92 ① 93 ③ 94 ③ 95 ①

96 위험물을 산업안전보건법령에서 정한 기준량 이상으로 제조하거나 취급하는 설비로서 특수화학설비에 해당되는 것은?

① 가열시켜 주는 물질의 온도가 가열되는 위험물질의 분해온도보다 높은 상태에서 운전되는 설비
② 상온에서 게이지 압력으로 200[kPa]의 압력으로 운전되는 설비
③ 대기압 하에서 300[℃]로 운전되는 설비
④ 흡열반응이 행하여지는 반응설비

해설

특수화학설비의 종류
사업주는 별표 9에 따른 위험물을 같은 표에서 정한 기준량 이상으로 제조하거나 취급하는 다음 각 호의 어느 하나에 해당하는 화학설비(이하 "특수화학설비"라 한다)를 설치하는 경우에는 내부의 이상 상태를 조기에 파악하기 위하여 필요한 온도계·유량계·압력계 등의 계측장치를 설치하여야 한다.
① 발열반응이 일어나는 반응장치
② 증류·정류·증발·추출 등 분리를 하는 장치
③ 가열시켜 주는 물질의 온도가 가열되는 위험물질의 분해온도 또는 발화점보다 높은 상태에서 운전되는 설비
④ 반응폭주 등 이상 화학반응에 의하여 위험물질이 발생할 우려가 있는 설비
⑤ 온도가 섭씨 350도 이상이거나 게이지 압력이 980킬로파스칼 이상인 상태에서 운전되는 설비
⑥ 가열로 또는 가열기

참고 산업안전기사 필기 p.5-17(합격날개 : 합격예측 및 관련법규)

KEY ① 2017년 8월 28일 산업기사 출제
② 2018년 3월 4일 기사, 산업기사 출제
③ 2018년 4월 28일 기사 출제

합격정보
산업안전보건기준에 관한 규칙 제273조(계측장치 등의 설치)

97 공기 중에서 A물질의 폭발하한계가 4[vol%], 상한계가 75[vol%] 라면 이 물질의 위험도는?

① 16.75 ② 17.75
③ 18.75 ④ 19.75

해설

위험도 계산

 $H = \dfrac{\text{폭발상한계} - \text{폭발하한계}}{\text{폭발하한계}} = \dfrac{75-4}{4} = 17.75$

참고 산업안전기사 필기 p.5-70(문제 40번) 적중

KEY ① 2020년 6월 7일 기사 출제
② 2020년 6월 14일 산업기사 출제

98 다음 중 최소발화에너지(E[J])를 구하는 식으로 옳은 것은?(단, I는 전류[A], R은 저항[Ω], V는 전압[V], C는 콘덴서용량[F], T는 시간[초]이라 한다.)

① $E = IRT$
② $E = 0.24I^2\sqrt{R}$
③ $E = \dfrac{1}{2}CV^2$
④ $E = \dfrac{1}{2}\sqrt{C^2V}$

해설

최소 발화(정전기)에너지
① 정전용량 C[F]인 물체에 전압 V[V]가 가해져서 Q[C]의 전하가 축적되어 있을 때 에너지는 $W = \dfrac{1}{2}QV = \dfrac{1}{2}CV^2 = \dfrac{1}{2}\dfrac{Q^2}{C}$[J]이 된다.
② 유도된 전압 $= \dfrac{C_1}{C_1 + C_2}E$

W : 정전기 에너지[J]
C : 도체의 정전용량[F]
V : 대전전위(유도된 전압)[V]
Q : 대전전하량[C]

참고 ① 산업안전기사 필기 p.4-33(6. 정전기 에너지)
② 산업안전기사 필기 p.4-34(합격날개 : 은행문제)

KEY ① 2016년 5월 8일 산업기사 출제
② 2016년 8월 21일 기사 출제
③ 2017년 3월 5일 기사, 산업기사 출제
④ 2017년 5월 7일 산업기사 출제
⑤ 2018년 3월 4일 기사 출제
⑥ 2019년 8월 4일 기사 출제
⑦ 2020년 6월 7일, 8월 22일, 9월 27일 기사 출제
⑧ 2020년 8월 23일 산업기사 출제

99 다음 중 분진이 발화 폭발하기 위한 조건으로 거리가 먼 것은?

① 불연성질 ② 미분상태
③ 점화원의 존재 ④ 산소 공급

해설

분진폭발의 특성
① 입자들이 어떤 최소 크기 이하여야 한다.
② 부유된 입자의 농도가 어떤 한계 사이에 있어야 한다.
③ 부유된 분진은 거의 균일하여야 한다.

참고 산업안전기사 필기 p.5-8(합격날개 : 합격예측)

KEY ① 2019년 8월 4일 산업기사 출제
② 2019년 4월 27일 기사 출제
③ 2021년 3월 7일 (문제 88번) 출제

보충학습
불연성질 : 불연은 불이 안 붙는것

[정답] 96 ① 97 ② 98 ③ 99 ①

100. 압축하면 폭발할 위험성이 높아 아세톤 등에 용해시켜 다공성 물질과 함께 저장하는 물질은?

① 염소
② 아세틸렌
③ 에탄
④ 수소

해설

아세틸렌 용기에 충전할 때 다공성 물질의 종류
① 다공성플라스틱
② 규조토
③ 석회
④ 목탄
⑤ 산화철
⑥ 탄산마그네슘
⑦ 석면
⑧ 아세톤

참고 산업안전기사 필기 p.5-43(합격날개 : 은행문제)

6 건설공사 안전관리

101. 거푸집동바리 등을 조립하는 경우에 준수하여야 하는 기준으로 옳지 않은 것은?

① 동바리로 사용하는 파이프 서포트를 이어서 사용하는 경우에는 3개 이상의 볼트 또는 전용철물을 사용하여 이을 것
② 동바리로 사용하는 강관은 높이 2[m] 이내마다 수평연결재를 2개 방향으로 만들것
③ 받침목의 사용, 콘크리트 타설, 말뚝박기 등 동바리의 침하를 방지하기 위한 조치를 할 것
④ 동바리로 사용하는 파이프 서포트를 3개 이상 이어서 사용하지 않도록 할 것

해설

파이프 서포트 안전기준
① 파이프 서포트를 3개 이상 이어서 사용하지 않도록 할 것
② 파이프 서포트를 이어서 사용하는 경우에는 4개 이상의 볼트 또는 전용철물을 사용하여 이을 것

참고 산업안전기사 필기 p.6-88(합격날개 : 합격예측 및 관련법규)

합격정보
산업안전보건기준에 관한 규칙 제332조의 2(동바리 유형에 따른 동바리 조립시의 안전조치)

102. 사면 보호 공법 중 구조물에 의한 보호공법에 해당되지 않는 것은?

① 블럭공
② 식생구멍공
③ 돌쌓기공
④ 현장타설 콘크리트 격자공

해설

식생구멍공
식생(植生)은 구조물이 아닌 나무

KEY 함정이 있습니다. : 구조물

103. 산업안전보건법령에서 규정하는 철골작업을 중지하여야 하는 기후조건에 해당하지 않는 것은?

① 풍속이 초당 10[m] 이상인 경우
② 강우량이 시간당 1[mm] 이상인 경우
③ 강설량이 시간당 1[cm] 이상인 경우
④ 기온이 영하 5[℃] 이하인 경우

해설

철골작업을 중지하여야 하는 기후조건
① 풍속이 초당 10[m] 이상인 경우
② 강우량이 시간당 1[mm] 이상인 경우
③ 강설량이 시간당 1[cm] 이상인 경우

참고 산업안전기사 필기 p.6-147([표] 악천후 시 작업중지 기준)

합격정보
산업안전보건기준에 관한 규칙 제383조(작업의 제한)

104. 강관을 사용하여 비계를 구성하는 경우 준수하여야 할 기준으로 옳지 않은 것은?

① 비계기둥의 간격은 띠장 방향에서는 1.85[m] 이하, 장선(長線) 방향에서는 1.5[m] 이하로 할 것
② 띠장 간격은 2.0[m] 이하로 할 것
③ 비계기둥의 제일 윗부분으로부터 31[m] 되는 지점 밑부분의 비계기둥은 3개의 강관으로 묶어 세울 것
④ 비계기둥 간의 적재하중은 400[kg]을 초과하지 않도록 할 것

[정답] 100 ② 101 ① 102 ② 103 ④ 104 ③

해설

강관비계의 구조
① 비계기둥의 간격은 띠장 방향에서는 1.85미터 이하, 장선(長線) 방향에서는 1.5미터 이하로 할 것. 다만, 선박 및 보트 건조작업의 경우 안전성에 대한 구조검토를 실시하고 조립도를 작성하면 띠장 방향 및 장선 방향으로 각각 2.7미터 이하로 할 수 있다.
② 띠장 간격은 2.0미터 이하로 할 것. 다만, 작업의 성질상 이를 준수하기가 곤란하여 쌍기둥틀 등에 의하여 해당 부분을 보강한 경우에는 그러하지 아니하다.
③ 비계기둥의 제일 윗부분으로부터 31미터되는 지점 밑부분의 비계기둥은 2개의 강관으로 묶어 세울 것. 다만, 브라켓(bracket, 까치발) 등으로 보강하여 2개의 강관으로 묶을 경우 이상의 강도가 유지되는 경우에는 그러하지 아니하다.
④ 비계기둥 간의 적재하중은 400킬로그램을 초과하지 않도록 할 것

참고 산업안전기사 필기 p.6-99(합격날개 : 합격예측 및 관련법규)

합격정보
산업안전보건기준에 관한 규칙 제60조(강관비계의 구조)

105 다음 중 지하수위 측정에 사용되는 계측기는?

① Load Cell
② Inclinometer
③ Extension meter
④ Piezo meter

해설

지하수위 측정에 사용되는 계측기

종류	용도
건물 경사계(tilt meter)	지상 인접구조물의 기울기를 측정하는 기기
지표면 침하계(level and staff)	주위 지반에 대한 지표면의 침하량을 측정하는 기기
지중 경사계(inclinometer)	지중수평변위를 측정하여 흙막이의 기울어진 정도를 파악하는 기기
지중 침하계(extension meter)	지중수직변위를 측정하여 지반의 침하정도를 파악하는 기기
변형계(strain gauge)	흙막이 버팀대의 변형 정도를 파악하는 기기
하중계(load cell)	흙막이 버팀대에 작용하는 토압, 어스 앵커의 인장력 등을 측정하는 기기
토압계(earth pressure meter)	흙막이에 작용하는 토압의 변화를 파악하는 기기
간극 수압계(piezo meter)	굴착으로 인한 지하의 간극수압을 측정하는 기기
지하수위계(water level meter)	지하수의 수위변화를 측정하는 기기

참고 산업안전기사 필기 p.6-118([표] 계측장치의 종류 및 설치 목적)

KEY 2021년 3월 7일 (문제 66번) 출제

106 터널 지보공을 조립하거나 변경하는 경우에 조치하여야 하는 사항으로 옳지 않은 것은?

① 목재의 터널 지보공은 그 터널 지보공의 각 부재에 작용하는 긴압 정도를 체크하여 그 정도가 최대한 차이나도록 할 것
② 강(鋼)아치 지보공의 조립은 연결볼트 및 띠장 등을 사용하여 주재 상호간을 튼튼하게 연결할 것
③ 기둥에는 침하를 방지하기 위하여 받침목을 사용하는 등의 조치를 할 것
④ 주재(主材)를 구성하는 1세트의 부재는 동일 평면 내에 배치할 것

해설

목재의 터널 지보공은 그 터널 지보공의 각 부재에 작용하는 긴압 정도를 체크하여 그 정도 : 균등

합격정보
산업안전보건기준에 관한 규칙 제364조(조립 또는 변경시의 조치)
사업주는 터널 지보공을 조립하거나 변경하는 경우에는 다음 각 호의 사항을 조치하여야 한다.
① 주재(主材)를 구성하는 1세트의 부재는 동일 평면 내에 배치할 것
② 목재의 터널 지보공은 그 터널 지보공의 각 부재의 긴압 정도가 균등하게 되도록 할 것

107 미리 작업장소의 지형 및 지반상태 등에 적합한 제한속도를 정하지 않아도 되는 차량계 건설기계의 속도 기준은?

① 최대 제한 속도가 10[km/h] 이하
② 최대 제한 속도가 20[km/h] 이하
③ 최대 제한 속도가 30[km/h] 이하
④ 최대 제한 속도가 40[km/h] 이하

해설

산업안전보건기준에 관한 규칙 제98조(제한속도의 지정 등)
① 사업주는 차량계 하역운반기계, 차량계 건설기계(최대제한속도가 시속 10킬로미터 이하인 것은 제외한다)를 사용하여 작업을 하는 경우 미리 작업장소의 지형 및 지반 상태 등에 적합한 제한속도를 정하고, 운전자로 하여금 준수하도록 하여야 한다.
② 사업주는 궤도작업차량을 사용하는 작업, 입환기로 입환작업을 하는 경우에 작업에 적합한 제한속도를 정하고, 운전자로 하여금 준수하도록 하여야 한다.
③ 운전자는 제1항과 제2항에 따른 제한속도를 초과하여 운전해서는 아니 된다.

[정답] 105 모두 답 106 ① 107 ①

108 차량계 건설기계를 사용하여 작업을 하는 경우 작업계획서 내용에 포함되지 않는 사항은?

① 사용하는 차량계 건설기계의 종류 및 성능
② 차량계 건설기계의 운행경로
③ 차량계 건설기계에 의한 작업방법
④ 차량계 건설기계 사용 시 유도자 배치 위치

해설

차량계 건설기계를 사용하여 작업을 하는 경우 작업계획서 내용
① 사용하는 차량계 건설기계의 종류 및 성능
② 차량계 건설기계의 운행경로
③ 차량계 건설기계에 의한 작업방법

합격정보
산업안전보건기준에 관한 규칙(별표 [4] 사전조사 및 작업계획서 내용)

109 이동식비계를 조립하여 작업을 하는 경우에 준수하여야 할 기준으로 옳지 않은 것은?

① 승강용사다리는 견고하게 설치할 것
② 비계의 최상부에서 작업을 하는 경우에는 안전난간을 설치할 것
③ 작업발판의 최대적재하중은 400[kg]을 초과하지 않도록 할 것
④ 작업발판은 항상 수평을 유지하고 작업발판 위에서 안전난간을 딛고 작업을 하거나 받침대 또는 사다리를 사용하여 작업하지 않도록 할 것

해설

작업발판의 최대적재하중 : 250[kg]

참고) 산업안전보건기준에 관한 규칙 제68조(이동식비계)
사업주는 이동식비계를 조립하여 작업을 하는 경우에는 다음 각 호의 사항을 준수하여야 한다.
① 이동식비계의 바퀴에는 뜻밖의 갑작스러운 이동 또는 전도를 방지하기 위하여 브레이크·쐐기 등으로 바퀴를 고정시킨 다음 비계의 일부를 견고한 시설물에 고정하거나 아웃트리거(outrigger, 전도방지용 지지대)를 설치하는 등 필요한 조치를 할 것
② 승강용사다리는 견고하게 설치할 것
③ 비계의 최상부에서 작업을 하는 경우에는 안전난간을 설치할 것
④ 작업발판은 항상 수평을 유지하고 작업발판 위에서 안전난간을 딛고 작업을 하거나 받침대 또는 사다리를 사용하여 작업하지 않도록 할 것
⑤ 작업발판의 최대적재하중은 250킬로그램을 초과하지 않도록 할 것

110 화물을 적재하는 경우의 준수사항으로 옳지 않은 것은?

① 침하 우려가 없는 튼튼한 기반 위에 적재할 것
② 건물의 칸막이나 벽 등이 화물의 압력에 견딜 만큼의 강도를 지니지 아니한 경우에는 칸막이나 벽에 기대어 적재하지 않도록 할 것
③ 불안정할 정도로 높이 쌓아 올리지 말 것
④ 하중을 한쪽으로 치우더라도 화물을 최대한 효율적으로 적재할 것

해설

한쪽으로 치우치지 않도록 적재할 것

합격정보
산업안전보건기준에 관한 규칙 제173조(화물적재시의 조치)

111 유해위험방지계획서를 고용노동부장관에게 제출하고 심사를 받아야 하는 대상 건설공사 기준으로 옳지 않은 것은?

① 최대 지간길이가 50[m] 이상인 다리의 건설 등 공사
② 지상높이 25[m] 이상인 건축물 또는 인공구조물의 건설 등 공사
③ 깊이 10[m] 이상인 굴착공사
④ 다목적댐, 발전용댐, 저수용량 2천만톤 이상의 용수 전용 댐 및 지방상수도 전용 댐의 건설 등 공사

해설

지상높이 31[m] 이상인 건축물 또는 인공구조물의 건설 등 공사

참고) 산업안전기사 필기 p.6-20(3. 유해위험방지 계획서 제출 대상 건설공사)

합격정보
산업안전보건법 시행령 제42조(유해위험방지계획서 제출 대상)

[정답] 108 ④ 109 ③ 110 ④ 111 ②

112 가설통로를 설치하는 경우 준수하여야 할 기준으로 옳지 않은 것은?

① 경사는 30[°] 이하로 할 것
② 경사가 15[°]를 초과하는 경우에는 미끄러지지 아니하는 구조로 할 것
③ 추락할 위험이 있는 장소에는 안전난간을 설치할 것
④ 수직갱에 가설된 통로의 길이가 15[m] 이상인 경우에는 7[m] 이내마다 계단참을 설치할 것

해설
수직갱에 가설된 통로의 길이가 15[m] 이상인 경우에는 10[m] 이내마다 계단참을 설치할 것

참고 산업안전기사 필기 p.6-17(합격날개 : 합격예측 및 관련법규)

합격정보
산업안전보건기준에 관한 규칙 제23조(가설통로의 구조)

113 발파구간 인접구조물에 대한 피해 및 손상을 예방하기 위한 건물기초에서의 허용진동치[cm/sec] 기준으로 옳지 않은 것은?(단, 기존 구조물에 금이 가 있거나 노후구조물 대상일 경우 등은 고려하지 않는다)

① 문화재 : 0.2[cm/sec]
② 주택, 아파트 : 0.5[cm/sec]
③ 상가 : 1.0[cm/sec]
④ 철골콘크리트 빌딩 : 0.8~1.0[cm/sec]

해설
발파허용 진동치[cm/sec]

건물분류	문화재	주택 아파트	상가	철골콘크리트 빌딩 및 상가
건물기초에서 허용진동치	0.2	0.5	1.0	1.0~4.0

참고 산업안전기사 필기 p.6-6(합격날개 : 합격예측)

합격정보
터널공사 표준안전작업지침 - NATM 공법(2020. 1. 7 고용노동부고시 제2020-10호)

◎ 2023년 7월 1일 법개정으로 출제되지 않습니다.

114 안전계수가 4이고 2,000[MPa]의 인장강도를 갖는 강선의 최대허용응력은?

① 500[MPa]
② 1,000[MPa]
③ 4,500[MPa]
④ 2,000[MPa]

해설
$$허용응력 = \frac{인장강도}{안전계수} = \frac{2,000}{4} = 500[MPa]$$

참고 산업안전기사 필기 p.6-14(문제 18번) 적중

115 지하수위 상승으로 포화된 사질토 지반의 액상화 현상을 방지하기 위한 가장 직접적이고 효과적인 대책은?

① well point 공법 적용
② 동다짐 공법 적용
③ 입도가 불량한 재료를 입도가 양호한 재료로 치환
④ 밀도를 증가시켜 한계간극비 이하로 상대밀도를 유지하는 방법 강구

해설
지반 액상화 방지대책
well point 공법 적용 : 지중에 1~2[m] 간격으로 집수관을 설치하고, 지하수를 흡입펌프를 이용하여 지하수위를 저하시키는 공법

참고 산업안전기사 필기 p.6-19(합격날개 : 합격예측)

116 공사진척에 따른 공정률이 다음과 같을 때 산업안전관리비 사용기준으로 옳은 것은?(단, 공정률은 기성공정률을 기준으로 함)

> 공정률 : 70퍼센트 이상, 90퍼센트 미만

① 50퍼센트 이상
② 60퍼센트 이상
③ 70퍼센트 이상
④ 80퍼센트 이상

해설
공사진척에 따른 안전관리비 사용기준

공정률	50[%] 이상 70[%] 미만	70[%] 이상 90[%] 미만	90[%] 이상
사용 기준	50[%] 이상	70[%] 이상	90[%] 이상

(주) 공정률은 기성공정률을 기준으로 한다.

[정답] 112 ④ 113 ④ 114 ① 115 ① 116 ③

과년도 출제문제

참고 산업안전기사 필기 p.6-44(표 : 공사진척에 따른 산업안전관리비 사용기준)

KEY
① 2017년 5월 7일 기사 출제
② 2017년 9월 23일 기사 출제
③ 2019년 8월 4일 산업기사 출제
④ 2020년 6월 7일 기사 출제

117 크레인 등 건설장비의 가공전선로 접근시 안전대책으로 옳지 않은 것은?

① 안전 이격거리를 유지하고 작업한다.
② 장비를 가공전선로 밑에 보관한다.
③ 장비의 조립, 준비 시부터 가공전선로에 대한 감전 방지 수단을 강구한다.
④ 장비 사용 현장의 장애물, 위험물 등을 점검후 작업계획을 수립한다.

해설
가공전선로에서 멀리 보관해야 한다.

합격정보 산업안전보건기준에 관한 규칙 제322조(충전전로 인근에서의 차량·기계 장치 작업)

118 거푸집동바리등을 조립 또는 해체하는 작업을 하는 경우의 준수사항으로 옳지 않은 것은?

① 재료, 기구 또는 공구 등을 올리거나 내리는 경우에는 근로자로 하여금 달줄·달포대 등의 사용을 금하도록 할 것
② 낙하·충격에 의한 돌발적 재해를 방지하기 위하여 버팀목을 설치하고 거푸집동바리 등을 인양장비에 매단 후에 작업을 하도록 하는 등 필요한 조치를 할 것
③ 비, 눈, 그 밖의 기상상태의 불안정으로 날씨가 몹시 나쁜 경우에는 그 작업을 중지할 것
④ 해당 작업을 하는 구역에는 관계 근로자가 아닌 사람의 출입을 금지할 것

해설
재료, 기구 또는 공구 등을 올리거나 내리는 경우에는 근로자로 하여금 달줄·달포대를 사용할 것

합격정보 산업안전보건기준에 관한 규칙 제226조(조립 등 작업시의 준수사항)

119 흙의 투수계수에 영향을 주는 인자에 관한 설명으로 옳지 않은 것은?

① 포화도 : 포화도가 클수록 투수계수도 크다.
② 공극비 : 공극비가 클수록 투수계수는 작다.
③ 유체의 점성계수 : 점성계수가 클수록 투수계수는 작다.
④ 유체의 밀도 : 유체의 밀도가 클수록 투수계수는 크다.

해설
공극비 : 공극비가 클수록 투수계수는 크다.

참고 산업안전기사 필기 p.6-9(합격날개 : 합격예측)

보충학습
공극비(孔隙比 : void ratio) : 구멍의 비율

120 터널공사의 전기발파작업에 관한 설명으로 옳지 않은 것은?

① 전선은 점화하기 전에 화약류를 충진한 장소로부터 30[m] 이상 떨어진 안전한 장소에서 도통시험 및 저항시험을 하여야 한다.
② 점화는 충분한 허용량을 갖는 발파기를 사용하고 규정된 스위치를 반드시 사용하여야 한다.
③ 발파 후 발파기와 발파모선의 연결을 유지한 채 그 단부를 절연시킨 후 재점화가 되지 않도록 한다.
④ 점화는 선임된 발파책임자가 행하고 발파기의 핸들을 점화할 때 이외는 시건장치를 하거나 모선을 분리하여야 하며 발파책임자의 엄중한 관리하에 두어야 한다.

해설
발파 모선의 연결을 제거(분리)한다.

합격정보 산업안전보건기준에 관한 규칙 제348조(발파의 작업기준)

[**정답**] 117 ② 118 ① 119 ② 120 ③

2021년도 기사 정기검정 제2회 (2021년 5월 15일 시행)

자격종목 및 등급(선택분야): 산업안전기사

종목코드	시험시간	수험번호	성명
1431	3시간	20210515	도서출판세화

1 산업재해 예방 및 안전보건교육

01 학습자가 자신의 학습속도에 적합하도록 프로그램 자료를 가지고 단독으로 학습하도록 하는 안전교육 방법은?

① 실연법 ② 모의법
③ 토의법 ④ 프로그램 학습법

[해설]
프로그램학습법(Programmed self-instrucion method)
① 수업 프로그램이 학습의 원리에 의하여 만들어지고 학생이 자기학습속도에 따른 학습이 허용되어 있는 상태에서 학습자가 프로그램 자료를 가지고 단독으로 학습토록 교육하는 방법
② 개발비가 많이 드는 것이 단점이다.

[참고] 산업안전기사 필기 p.1-143(합격날개 : 합격예측)

[KEY] 2016년 5월 8일 기사 출제

02 헤드십의 특성이 아닌 것은?

① 지휘형태는 권위주의적이다.
② 권한행사는 임명된 헤드이다.
③ 구성원과 사회적 간격은 넓다.
④ 상관과 부하와의 관계는 개인적인 영향이다.

[해설]
leadership과 headship의 비교

개인과 상황 변수	leadership	headship
권한 행사	선출된 리더	임명적 헤드
권한 부여	밑으로부터 동의	위에서 위임
권한 귀속	집단 목표에 기여한 공로 인정	공식화된 규정에 의함
상사와 부하와의 관계	개인적인 영향	지배적
부하와의 사회적 관계 (간격)	좁음	넓음
지휘 형태	민주주의적	권위주의적
책임 귀속	상사와 부하	상사
권한 근거	개인적	법적 또는 공식적

[참고] 산업안전기사 필기 p.1-113(5. leadership과 headship의 비교)

[KEY] ① 2016년 3월 6일, 8월 21일, 10월 1일 기사 출제
② 2017년 5월 7일, 9월 23일 기사 출제
③ 2018년 3월 4일 기사, 산업기사 출제
④ 2018년 8월 19일 산업기사 출제
⑤ 2019년 9월 21일 산업기사 출제
⑥ 2020년 8월 23일 산업기사 출제
⑦ 2020년 9월 27일 기사 출제

03 산업안전보건법상 특정 행위의 지시 및 사실의 고지에 사용되는 안전보건표지의 색도기준으로 옳은 것은?

① 2.5G 4/10 ② 5Y 8.5/12
③ 2.5PB 4/10 ④ 7.5R 4/14

[해설]
안전보건표지의 색도기준 및 용도

색채	색도기준	용도	사용 예
빨간색	7.5R 4/14	금지	정지신호, 소화설비 및 그 장소, 유해행위의 금지
		경고	화학물질 취급장소에서의 유해·위험 경고
노란색	5Y 8.5/12	경고	화학물질 취급장소에서의 유해·위험 경고 이외의 위험 경고, 주의표지 또는 기계방호물
파란색	2.5PB 4/10	지시	특정 행위의 지시 및 사실의 고지
녹색	2.5G 4/10	안내	비상구 및 피난소, 사람 또는 차량의 통행표지
흰색	N9.5		파란색 또는 녹색에 대한 보조색
검은색	N0.5		문자 및 빨간색 또는 노란색에 대한 보조색

[참고] 산업안전기사 필기 p.1-62(5. 안전보건표지의 색도기준 및 용도)

[KEY] ① 2017년 3월 5일 기사 출제
② 2017년 8월 26일 산업기사 출제
③ 2018년 3월 4일 기사 출제
④ 2019년 9월 21일 기사, 산업기사 출제
⑤ 2020년 8월 22일, 9월 27일 기사 출제
⑥ 2021년 3월 7일 기사 출제
⑦ 2021년 5월 15일 산업기사 출제

[보충학습]
산업안전보건법 시행규칙[별표 6] 안전보건표지의 종류와 형태

[정답] 01 ④ 02 ④ 03 ③

과년도 출제문제

04 인간관계의 메커니즘 중 다른 사람의 행동 양식이나 태도를 투입시키거나 다른 사람 가운데서 자기와 비슷한 것을 발견 하는 것은?

① 공감   ② 모방
③ 동일화   ④ 일체화

해설

동일화(identification)
① 다른 사람의 행동 양식이나 태도를 투입시키거나 다른 사람 가운데서 자기와 비슷한 점을 발견하는 것
② 부모나 형 등의 중요한 인물들의 태도나 행동을 따라하는 것

참고) 산업안전기사 필기 p.1-73(2. 동일화)

KEY ▶ ① 2018년 3월 4일 기사 출제
② 2018년 4월 28일 기사 출제
③ 2020년 8월 23일 산업기사 출제

05 다음의 교육내용과 관련 있는 교육은?

- 작업 동작 및 표준작업방법의 습관화
- 공구·보호구 등의 관리 및 취급태도의 확립
- 작업 전후의 점검, 검사요령의 정확화 및 습관화

① 지식교육   ② 기능교육
③ 태도교육   ④ 문제해결교육

해설

제3단계(태도교육)
생활지도, 작업 동작 지도 등을 통한 안전의 습관화
① 청취한다.
② 이해, 납득시킨다.
③ 모범(시범)을 보인다.
④ 권장(평가)한다.
⑤ 칭찬한다.
⑥ 벌을 준다.

참고) 산업안전기사 필기 p.1-152(3. 제3단계 : 태도교육)

KEY ▶ ① 2016년 10월 1일 기사 출제
② 2018년 4월 28일 기사 출제
③ 2019년 4월 27일 산업기사 출제
④ 2019년 9월 21일 기사 출제

06 데이비스(K.Davis)의 동기부여 이론에 관한 등식에서 그 관계가 틀린 것은?

① 지식×기능=능력
② 상황×능력=동기유발
③ 능력×동기유발=인간의 성과
④ 인간의 성과×물질의 성과=경영의 성과

해설

데이비스(K. Davis)의 동기부여 이론 등식
① 경영의 성과=인간의 성과×물질의 성과
② 능력(ability)=지식(knowledge)×기능(skill)
③ 동기유발(motivation)=상황(situation)×태도(attitude)
④ 인간의 성과(human performance)=능력×동기유발

참고) 산업안전기사 필기 p.1-100(2. 데이비스의 동기부여 이론 등식)

KEY ▶ ① 2016년 5월 8일 기사 출제
② 2018년 3월 4일 기사 출제
③ 2020년 9월 27일 기사 출제

07 산업안전보건법령상 보호구 안전인증 대상 방독마스크의 유기화합물용 정화통 외부 측면 표시 색으로 옳은 것은?

① 갈색   ② 녹색
③ 회색   ④ 노랑색

해설

방독마스크 흡수관(정화통)의 종류

종 류	시험가스	정화통 외부측면 표시색
유기화합물용	시클로헥산(C_6H_{12}) 디메틸에테르(CH_3OCH_3), 이소부탄(C_4H_{10})	갈색
할로겐용	염소가스 또는 증기(Cl_2)	회색
황화수소용	황화수소가스(H_2S)	회색
시안화수소용	시안화수소가스(HCN)	회색
아황산용	아황산가스(SO_2)	노란색
암모니아용	암모니아가스(NH_3)	녹색

참고) 산업안전기사 필기 p.1-55(표 : 방독마스크 흡수관의 종류)

KEY ▶ ① 2016년 3월 6일 산업기사 출제
② 2017년 3월 5일 기사 출제
③ 2018년 4월 28일 기사 출제
④ 2018년 8월 19일 산업기사 출제
⑤ 2019년 3월 3일, 4월 27일 기사 출제

【 정답 】 04 ③ 05 ③ 06 ② 07 ①

08 재해원인 분석기법의 하나인 특성요인도의 작성 방법에 대한 설명으로 틀린 것은?

① 큰뼈는 특성이 일어나는 요인이라고 생각되는 것을 크게 분류하여 기입한다.
② 등뼈는 원칙적으로 우측에서 좌측으로 향하여 가는 화살표를 기입한다.
③ 특성의 결정은 무엇에 대한 특성요인도를 작성할 것인가를 결정하고 기입한다.
④ 중뼈는 특성이 일어나는 큰뼈의 요인마다 다시 미세하게 원인을 결정하여 기입한다.

해설
통계원인 분석방법 4가지
① 파레토(Pareto)도 : 사고의 유형, 기인물 등의 분류 항목을 순서대로 도표화하여 문제나 목표의 이해에 편리하다.
② 특성 요인도 : 특성과 요인과의 관계를 도표로 하여 어골상으로 세분화한다.
③ 크로스(Cross) 분석 : 2개 이상의 문제를 분석하는 데 사용한다.
④ 관리도 : 재해 발생건수 등의 추이를 파악하고 상방관리선(UCL), 중심선(CL), 하방관리선(LCL)으로 표시한다.

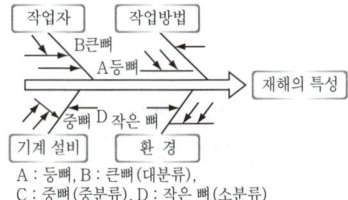

[그림] 특성 요인도

참고
① 산업안전기사 필기 p.3-3(2. 특성요인도)
② 산업안전기사 필기 p.3-75(문제 87) 적중

KEY
① 2016년 5월 8일 기사 출제
② 2017년 3월 5일 산업기사 출제
③ 2019년 4월 27일 기사 출제
④ 2020년 8월 22일 기사 출제

09 TWI의 교육 내용 중 인간관계 관리방법 즉 부하 통솔법을 주로 다루는 것은?

① JST(Job Safety Training)
② JMT(Job Method Training)
③ JRT(Job Relation Training)
④ JIT(Job Instruction Training)

해설
기업내 정형교육(TWI : Training Within Industry)
① 작업 방법 훈련(Job Method Training: JMT) : 작업개선
② 작업 지도 훈련(Job Instruction Training : JIT) : 작업지도·지시
③ 인간 관계 훈련(Job Relations Training : JRT) : 부하 통솔
④ 작업 안전 훈련(Job Safety Training : JST) : 작업안전

참고 산업안전기사 필기 p.1-145(1.기업내 정형교육)

KEY
① 2016년 3월 6일 기사, 산업기사 출제
② 2016년 8월 21일 산업기사 출제
③ 2017년 5월 7일 산업기사 출제
④ 2017년 8월 26일 산업기사 출제
⑤ 2018년 3월 4일 기사, 산업기사 출제
⑥ 2018년 4월 28일 기사 출제
⑦ 2019년 3월 3일 기사 출제
⑧ 2019년 8월 4일 산업기사 출제
⑨ 2020년 6월 7일 기사 출제

10 산업안전보건법령상 안전보건관리규정에 반드시 포함되어야 할 사항이 아닌 것은? (단, 그 밖에 안전 및 보건에 관한 사항은 제외한다.)

① 재해코스트 분석 방법
② 사고 조사 및 대책 수립
③ 작업장 안전 및 보건관리
④ 안전 및 보건 관리조직과 그 직무

해설
안전보건관리규정에 반드시 포함사항
① 안전 및 보건에 관한 관리조직과 그 직무에 관한 사항
② 안전보건교육에 관한 사항
③ 작업장의 안전 및 보건 관리에 관한 사항
④ 사고 조사 및 대책 수립에 관한 사항
⑤ 그 밖에 안전 및 보건에 관한 사항

참고 산업안전기사 필기 p.1-179(제25조 안전보건관리 규정의 작성)

합격정보
산업안전보건법

💬 합격자의 조언
실기 필답형에도 자주 출제됩니다.

[정답] 08 ② 09 ③ 10 ①

11 재해조사에 관한 설명으로 틀린 것은?

① 조사목적에 무관한 조사는 피한다.
② 조사는 현장을 정리한 후에 실시한다.
③ 목격자나 현장 책임자의 진술을 듣는다.
④ 조사자는 객관적이고 공정한 입장을 취해야 한다.

해설

재해(사고)조사방향
① 해당 사고에 대한 순수한 원인 규명을 한다.
② 동종 사고의 재발방지를 위해 노력한다.
③ 생산성 저해요인을 없애야 한다.
④ 관리·조직상의 장애요인을 색출한다.

참고 산업안전기사 필기 p.3-31(3. 재해조사시의 유의사항)

KEY
 ① 2016년 3월 6일 기사 출제
 ② 2018년 4월 28일 기사 출제
 ③ 2019년 4월 27일 기사 출제

12 산업안전보건법령상 안전보건표지의 종류 중 경고표지의 기본모형 (형태)이 다른 것은?

① 고압전기 경고 ② 방사성물질 경고
③ 폭발성물질 경고 ④ 매달린 물체 경고

해설

경고표지

201 인화성 물질경고	202 산화성 물질경고	203 폭발성 물질경고	204 급성독성 물질경고	205 부식성 물질경고
206 방사성 물질경고	207 고압전기 경고	208 매달린 물체경고	209 낙하물 경고	210 고온 경고
211 저온 경고	212 몸균형 상실경고	213 레이저 광선경고	214 발암성·변이원성·생식독성·전신독성·호흡기과민성 물질 경고	215 위험장소 경고

참고 산업안전기사 필기 p.1-61(4. 안전보건표지의 종류와 형태)

KEY
 ① 2017년 9월 23일 기사 출제
 ② 2018년 3월 4일 기사 출제
 ③ 2019년 4월 27일 산업기사 출제
 ④ 2020년 6월 7일 기사 출제
 ⑤ 2020년 6월 14일 산업기사 출제
 ⑥ 2020년 8월 22일 기사 출제

13 무재해운동 추진의 3요소에 관한 설명이 아닌 것은?

① 안전보건은 최고경영자의 무재해 및 무질병에 대한 확고한 경영자세로 시작된다.
② 안전보건을 추진하는 데에는 관리감독자들의 생산 활동속에 안전보건을 실천하는 것이 중요하다.
③ 모든 재해는 잠재요인을 사전에 발견·파악·해결함으로써 근원적으로 산업재해를 없애야 한다.
④ 안전보건은 각자 자신의 문제이며, 동시에 동료의 문제로서 직장의 팀 멤버와 협동 노력하여 자주적으로 추진하는 것이 필요하다.

해설

무재해운동 3요소의 정의
① 최고 경영자의 안전경영자세 : 사업주
② 관리감독자에 의한 안전보건의 추진 : 관리감독자(안전관리 라인화)
③ 직장소집단의 자주안전 활동의 활성화 : 근로자

참고 산업안전기사 필기 p.1-10(3. 무재해 운동의 3요소)

KEY
 ① 2016년 3월 6일 기사 출제
 ② 2016년 5월 8일 기사 출제
 ③ 2017년 3월 5일 산업기사 출제
 ④ 2017년 5월 7일 기사 출제
 ⑤ 2019년 3월 3일 기사 출제
 ⑥ 2019년 11월 9일 기사 실기 출제
 ⑦ 2020년 9월 27일 기사 출제

[정답] 11 ② 12 ③ 13 ③

14 헤링(Hering)의 착시현상에 해당하는 것은?

①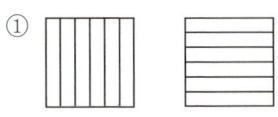

②

③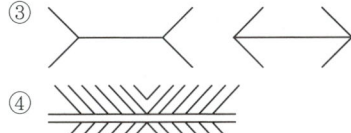

④

해설
착시의 구분
① Helmholtz의 분할착시
② Köhler의 윤곽착시
③ Müller-Lyer의 동화착시

참고) 산업안전기사 필기 p.1-116(2. 착시의 종류)

KEY ① 2016년 3월 6일 기사 출제
② 2016년 8월 21일 산업기사 출제
③ 2017년 8월 26일 산업기사 출제
④ 2018년 9월 15일 산업기사 출제
⑤ 2019년 9월 21일 기사 출제

15 도수율이 24.5이고, 강도율이 1.15인 사업장에서 한 근로자가 입사하여 퇴직할 때까지의 근로손실일수는?

① 2.45일 ② 115일
③ 215일   ④ 245일

해설
환산강도율(평생작업시 예상 근로손실일수 : S)
＝강도율×100＝1.15×100＝115[일]

참고) 산업안전기사 필기 p.3-45(7. 환산도수율과 강도율)

KEY ① 2016년 5월 8일 산업기사 출제
② 2017년 5월 7일 기사, 산업기사 동시 출제
③ 2018년 9월 15일 기사 출제
④ 2020년 8월 22일 기사 출제

합격팁
① 환산도수율(평생작업시 예상 재해건수 : F)
＝도수율÷10＝도수율×0.1
[참고] 평생근로시간이 120,000인 경우
환산도수율＝도수율×0.12
② $\frac{S}{F}$ 이 는 재해 1건당 근로 손실일수이다.

16 학습을 자극(Stimulus)에 의한 반응(Response)으로 보는 이론에 해당하는 것은?

① 장설(Field Theory)
② 통찰설(Insight Theory)
③ 시행착오설(Trial and Error Theory)
④ 기호형태설(Sign-gestalt Theory)

해설
Thorndike의 시행착오설
① 연습 또는 반복의 법칙(the law of exercise or repetition)
② 효과의 법칙(the law of effect)
③ 준비성의 법칙(the law of readiness)

참고) 산업안전기사 필기 p.1-149(2. 자극과 반응)

KEY ① 2017년 3월 5일 기사 출제
② 2018년 3월 4일 기사, 산업기사 출제
③ 2020년 6월 7일 기사 출제

17 하인리히의 사고방지 기본원리 5단계 중 시정방법의 선정단계에 있어서 필요한 조치가 아닌 것은?

① 인사조정
② 안전행정의 개선
③ 교육 및 훈련의 개선
④ 안전점검 및 사고조사

해설
제4단계(시정방법의 선정 : Selection of remedy)
① 기술적 개선
② 배치 (인사) 조정
③ 교육 및 훈련 개선
④ 안전 행정의 개선
⑤ 규정 및 수칙·작업 표준·제도 개선
⑥ 안전 운동 전개 등의 효과적인 개선 방법을 선정

참고) 산업안전기사 필기 p.3-36(4. 제4단계 : 시정방법의 선정)

KEY 2018년 3월 4일 산업기사 출제

[정답] 14 ④ 15 ② 16 ③ 17 ④

18 산업안전보건법령상 안전보건교육 교육대상별 교육내용 중 관리감독자 정기교육의 내용으로 틀린 것은?

① 정리정돈 및 청소에 관한 사항
② 유해·위험 작업환경 관리에 관한 사항
③ 표준안전작업방법 및 지도 요령에 관한 사항
④ 작업공정의 유해·위험과 재해 예방대책에 관한 사항

해설

관리감독자 정기교육내용
① 산업안전 및 사고 예방에 관한 사항
② 산업보건 및 직업병 예방에 관한 사항
③ 위험성 평가에 관한 사항
④ 유해·위험 작업환경 관리에 관한 사항
⑤ 산업안전보건법령 및 산업재해보상보험 제도에 관한 사항
⑥ 직무스트레스 예방 및 관리에 관한 사항
⑦ 직장 내 괴롭힘, 고객의 폭언 등으로 인한 건강장해 예방 및 관리에 관한 사항
⑧ 작업공정의 유해·위험과 재해 예방대책에 관한 사항
⑨ 사업장 내 안전보건관리체제 및 안전·보건조치 현황에 관한 사항
⑩ 표준안전 작업방법 결정 및 지도·감독 요령에 관한 사항
⑪ 현장근로자와의 의사소통능력 및 강의능력 등 안전보건교육 능력 배양에 관한 사항
⑫ 비상시 또는 재해 발생 시 긴급조치에 관한 사항
⑬ 그 밖의 관리감독자의 직무에 관한 사항

참고 산업안전기사 필기 p.1-154(3. 관리감독자 정기안전보건교육 내용)

KEY
① 2017년 5월 7일 기사 출제
② 2017년 8월 26일 기사 출제
③ 2018년 3월 4일 기사 출제
④ 2018년 4월 28일 기사 출제
⑤ 2019년 8월 4일 기사 출제
⑥ 2020년 9월 27일 기사 출제

합격정보
산업안전보건법 시행규칙 [별표 5] 안전보건교육 교육대상별 교육내용

합격팁

채용 시의 교육 및 작업내용 변경 시의 교육
① 산업안전 및 사고 예방에 관한 사항
② 산업보건 및 직업병 예방에 관한 사항
③ 위험성 평가에 관한 사항
④ 산업안전보건법령 및 산업재해보상보험 제도에 관한 사항
⑤ 직무스트레스 예방 및 관리에 관한 사항
⑥ 직장 내 괴롭힘, 고객의 폭언 등으로 인한 건강장해 예방 및 관리에 관한 사항
⑦ 기계·기구의 위험성과 작업의 순서 및 동선에 관한 사항
⑧ 작업 개시 전 점검에 관한 사항
⑨ 정리정돈 및 청소에 관한 사항
⑩ 사고 발생 시 긴급조치에 관한 사항
⑪ 물질안전보건자료에 관한 사항

19 산업안전보건법령상 협의체 구성 및 운영에 관한 사항으로 ( )에 알맞은 내용은?

> 도급인은 관계 수급인 근로자가 도급인의 사업장에서 작업을 하는 경우 도급인과 수급인을 구성원으로 하는 안전 및 보건에 관한 협의체를 구성 및 운영하여야 한다. 이 협의체는 (   ) 정기적으로 회의를 개최하고 그 결과를 기록 보존해야 한다.

① 매월 1회 이상
② 2개월마다 1회
③ 3개월마다 1회
④ 6개월마다 1회

해설

제79조(협의체의 구성 및 운영) ① 법 제64조제1항제1호에 따른 안전 및 보건에 관한 협의체(이하 이 조에서 "협의체"라 한다)는 도급인 및 그의 수급인 전원으로 구성해야 한다.
② 협의체는 다음 각 호의 사항을 협의해야 한다.
1. 작업의 시작 시간
2. 작업 또는 작업장 간의 연락방법
3. 재해발생 위험이 있는 경우 대피방법
4. 작업장에서의 법 제36조에 따른 위험성평가의 실시에 관한 사항
5. 사업주와 수급인 또는 수급인 상호 간의 연락 방법 및 작업공정의 조정
③ 협의체는 매월 1회 이상 정기적으로 회의를 개최하고 그 결과를 기록·보존해야 한다.

참고 산업안전기사 필기 p.1-228(제79조 : 협의체의 구성 및 운영)

합격정보
산업안전보건법 시행규칙

20 산업안전보건법령상 프레스를 사용하여 작업을 할 때 작업시작 전 점검사항으로 틀린 것은?

① 방호장치의 기능
② 언로드밸브의 기능
③ 금형 및 고정볼트 상태
④ 클러치 및 브레이크의 기능

[정답] 18 ① 19 ① 20 ②

해설

프레스의 작업시작전 점검사항
① 클러치 및 브레이크의 기능
② 크랭크축·플라이휠·슬라이드·연결봉 및 연결나사의 풀림 유무
③ 1행정 1정지기구·급정지장치 및 비상정지장치의 기능
④ 슬라이드 또는 칼날에 의한 위험방지 기구의 기능
⑤ 프레스의 금형 및 고정볼트 상태
⑥ 방호장치의 기능
⑦ 전단기(剪斷機)의 칼날 및 테이블의 상태

[참고] 산업안전기사 필기 p.3-51(표 : 작업시작전 점검사항)

[KEY]
① 2016년 3월 6일 산업기사 출제
② 2017년 3월 5일, 5월 7일, 8월 26일 기사 출제
③ 2018년 3월 4일, 4월 28일, 8월 19일 기사 출제
④ 2019년 3월 3일 기사 출제
⑤ 2019년 4월 27일 산업기사 출제
⑥ 2020년 6월 7일 기사 출제
⑦ 2020년 6월 14일, 8월 23일 산업기사 출제

[합격정보]
산업안전보건기준에 관한 규칙[별표 3] 작업시작전 점검사항

---

2 인간공학 및 위험성 평가·관리

21 일반적인 화학설비에 대한 안전성 평가(safety assessment) 절차에 있어 안전대책 단계에 해당되지 않는 것은?

① 보전
② 위험도 평가
③ 설비적 대책
④ 관리적 대책

해설

제4단계 : 안전대책 수립
① 설비 등에 관한 대책(위험등급 1·2등급의 물적 안전조치 사항)
② 위험등급 3등급시 설비 등에 관한 대책
③ 관리적 대책(인원 배치, 보전, 교육훈련)

[참고] 산업안전기사 필기 p.2-40(4. 제4단계 : 안전대책 수립)

[KEY] 2018년 9월 15일 출제

[보충학습]
안전성 평가의 6단계
① 1단계 : 관계자료의 정비 검토
② 2단계 : 정성적 평가
③ 3단계 : 정량적 평가
④ 4단계 : 안전대책
⑤ 5단계 : 재해정보에 의한 재평가
⑥ 6단계 : FTA에 의한 재평가

---

22 의도는 올바른 것이었지만, 행동이 의도한 것과는 다르게 나타나는 오류는?

① Slip
② Mistake
③ Lapse
④ Violation

해설

인간의 오류 5가지 모형

구분	특징
착각(Illusion)	감각적으로 물리현상을 왜곡하는 지각 오류
착오(Mistake)	상황해석을 잘못하거나 목표를 잘못 이해하고 착각하여 행하는 인간의 실수로 위치, 순서, 패턴, 형상, 기억오류 등 외부적 요인에 의해 나타나는 오류
실수(Slip)	의도는 올바른 것이었지만, 행동이 의도한 것과는 다르게 나타나는 오류
건망증(Lapse)	일련의 과정에서 일부를 빠뜨리거나 기억의 실패에 의해 발생하는 오류
위반(Violation)	정해진 규칙을 알고 있음에도 의도적으로 따르지 않거나 무시한 경우에 발생하는 오류

[참고] 산업안전기사 필기 p.2-19(합격날개 : 합격예측)

[KEY]
① 2009년 5월 10일(문제 35번) 출제
② 2017년 8월 26일 출제
③ 2019년 3월 3일(문제 21번) 출제
④ 2019년 4월 27일(문제 47번) 출제

[KEY] 산업안전기사 필기 p.2-140(합격날개 : 은행문제) 적중

---

23 2021년 S작업장의 설비 3대에서 각각 80[dB], 86[dB], 78[dB]의 소음이 발생되고 있을 때 작업장의 음압수준은?

① 약 81.3[dB]
② 약 85.5[dB]
③ 약 87.5[dB]
④ 약 90.3[dB]

해설

음압수준(PWL)

$$PWL = 10\log(10^{\frac{A_1}{10}} + 10^{\frac{A_2}{10}} + 10^{\frac{A_3}{10}})$$
$$= 10\log(10^{\frac{80}{10}} + 10^{\frac{86}{10}} + 10^{\frac{78}{10}})$$
$$≒ 87.5[dB]$$

[정답] 21 ② 22 ① 23 ③

과년도 출제문제

24 위험분석기법 중 고장이 시스템의 손실과 인명의 사상에 연결되는 높은 위험도를 가진 요소나 고장의 형태에 따른 분석법은?

① CA
② ETA
③ FHA
④ FTA

해설

위험도평가 용어정의
① FMEA : 가장 일반적이고 전형적인 방법, 정성적, 귀납적 해석방법
② CA : 위험성이 높은 요소, 직접 시스템의 손상이나 인원의 사상에 연결되는 요소에 대해서 특별한 주의와 해석이 필요하며 항공기 안전성 평가에 적용
③ FTA : 결함수 분석법
④ ETA : 사건수 분석법
  ㉮ 귀납적, 정량적 방법이며 작성은 좌에서 우로, 성공사상은 상측에, 실패사상은 하측에 분기된다.
  ㉯ ETA에서 분기된 각 사상의 확률의 합은 항상 1이다.

참고) 산업안전기사 필기 p.2-65(3. CA)

25 설비보전 방법 중 설비의 열화를 방지하고 그 진행을 지연시켜 수명을 연장하기 위한 점검, 청소, 주유 및 교체 등의 활동은?

① 사후 보전
② 개량 보전
③ 일상 보전
④ 보전 예방

해설

보전의 구분
① 사후보전 : 고장이 발생한 이후에 시스템을 원래 상태로 되돌리는 것
② 보전예방 : 유지보수가 필요없는 설비를 만들기 위해 설계단계부터 개선사항 등을 반영하는 관리체계. 즉, 설계부터 근원적으로 고장이 나지 않도록 '보전이 불필요한 설비'를 만드는 것
③ 개량보전 : 설비가 고장난 후에 설계변경, 부품의 개선 등으로 수명을 연장하거나 수리검사가 용이하도록 설비 자체의 체질개선을 꾀하는 보전방식
④ 일상보전 : 설비보전방법 중 설비의 열화를 방지시키고 그 진행을 지연시켜 수명을 연장하기 위한 점검, 청소, 주유 및 교체 등의 활동

참고) 산업안전기사 필기 p.2-48(합격날개 : 은행문제 3) 적중

26 인간-기계시스템 설계과정 중 직무분석을 하는 단계는?

① 제1단계 : 시스템의 목표와 성능명세 결정
② 제2단계 : 시스템의 정의
③ 제3단계 : 기본 설계
④ 제4단계 : 인터페이스 설계

해설

인간-기계 시스템 설계 3단계 : 기본설계
① 작업설계
② 직무분석
③ 기능할당
④ 인간성능-요건명세

참고) ① 산업안전기사 필기 p.2-11(1. 체계설계과정의 주요단계)
② 산업안전기사 필기 p.2-29(문제 31번) 적중

KEY ▶ ① 2016년 3월 6일 기사 출제
② 2016년 10월 1일 기사 출제
③ 2019년 9월 21일 산업기사 출제
④ 2020년 9월 27일 기사 출제

27 인간공학 연구방법 중 실제의 제품이나 시스템이 추구하는 특성 및 수준이 달성 되는지를 비교하고 분석하는 연구는?

① 조사연구
② 실험연구
③ 분석연구
④ 평가연구

해설

평가연구
실제의 제품이나 시스템이 추구하는 특성 및 수준이 달성되는지 비교분석 하는 연구

참고) 산업안전기사 필기 p.2-4(4. 인간공학의 연구방법)

KEY ▶ 2016년 10월 1일 출제

28 FT도에서 시스템의 신뢰도는 얼마인가?(단, 모든 부품의 발생확률은 0.1 이다.)

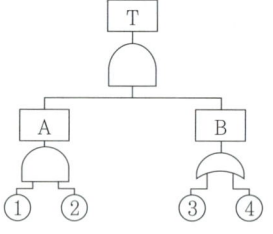

① 0.0033
② 0.0062
③ 0.9981
④ 0.9936

[정답] 24 ① 25 ③ 26 ③ 27 ④ 28 ③

해설

신뢰도 계산
① T=A×B=0.01×0.19=0.0019
② A=①×②=0.1×0.1=0.01
③ B=1−(1−③)(1−④)=1−(1−0.1)(1−0.1)=0.19
④ 신뢰도=1−불신뢰도=1−0.0019=0.9981

29 두 가지 상태 중 하나가 고장 또는 결함으로 나타나는 비정상적인 사건은?

① 톱사상 ② 결함사상
③ 정상적인 사상 ④ 기본적인 사상

해설

결함사상
두 가지 상태 중 하나가 고장 또는 결함으로 나타나는 비정상적인 사건(event)

[그림] 결함사상

참고 산업안전기사 필기 p.2-70(표 : FTA기호)

KEY 2019년 9월 21일 출제

30 음량수준을 평가하는 척도와 관계없는 것은?

① dB ② HSI
③ phon ④ sone

해설

음의 크기와 수준
① Phon : 1,000[Hz] 순음의 음압수준(dB)을 나타낸다.
② sone : 1,000[Hz], 40[dB]의 음압수준을 가진 순음의 크기(40[Phon])를 1[sone]이라 한다.
③ sone과 Phon의 관계식
∴ sone치 = $2^{(phon-40)/10}$
④ 인식소음 수준
㉮ PN[dB](perceived noise level)의 척도는 910~1,090[Hz]대의 소음 음압수준
㉯ PL[dB](perceived level of noise)의 척도는 3,150 [Hz]에 중심을 둔 1/3 옥타브대 음을 기준으로 사용
⑤ 음압레벨(PWL, Sound Power Lever)

PWL = $10\log\left(\dfrac{P}{P_0}\right)$dB

(P : 음압[Watt], P_0 : 기준의 음압 10~12[Watt])

참고 산업안전기사 필기 p.2-173(합격날개 : 합격예측)

KEY ① 2015년 8월 16일(문제 22번) 출제
② 2016년 3월 6일 기사, 산업기사 동시 출제
③ 2019년 3월 3일(문제 29번), 4월 27일(문제 59번) 출제

보충학습
① HSI(human-system interface) : 인간-시스템 인터페이스
② HSI(Heat stress Index) : 열압박지수

31 동작경제의 원칙과 가장 거리가 먼 것은?

① 급작스런 방향의 전환은 피하도록 할 것
② 가능한 관성을 이용하여 작업하도록 할 것
③ 두 손의 동작은 같이 시작하고 같이 끝나도록 할 것
④ 두 팔의 동작은 동시에 같은 방향으로 움직일 것

해설

동작 개선의 원칙
① 두팔의 동작은 동시에 서로 반대 방향으로 합니다.
② 우리의 일상생활(예) 제식훈련)

참고 ① 산업안전기사 필기 p.2-75
② 산업안전기사 필기 p.2-76(4. 동작개선의 3원칙)

KEY ① 2006년 8월 6일 출제
② 2010년 3월 7일 기사 출제
③ 2018년 3월 4일 기사 출제
④ 2019년 3월 3일 기사 출제

합격팁
① 산업안전기사 필기 p.2-75(4. 동작경제의 원칙)
② 2021년 3월 7일 산업심리 및 교육 출제

32 FTA에서 사용하는 다음 사상기호에 대한 설명으로 맞는 것은?

① 시스템 분석에서 좀 더 발전시켜야 하는 사상
② 시스템의 정상적인 가동상태에서 일어날 것이 기대되는 사상
③ 불충분한 자료로 결론을 내릴 수 없어 더 이상 전개 할 수 없는 사상
④ 주어진 시스템의 기본사상으로 고장원인이 분석되었기 때문에 더 이상 분석할 필요가 없는 사상

[정답] 29 ② 30 ② 31 ④ 32 ③

해설
생략사상
① 정보부족(불충분한 자료), 해석기술의 불충분으로 더 이상 전개할 수 없는 사상
② 작업진행에 따라 해석이 가능할 때는 다시 속행한다.

[그림] FTA기호 : 생략사상

참고) 산업안전기사 필기 p.2-70(표 : FTA 기호)

KEY ① 2017년 8월 26일 기사 출제
② 2017년 5월 7일 기사 출제

33 욕조곡선에서의 고장 형태에서 일정한 형태의 고장률이 나타나는 구간은?
① 초기 고장구간 ② 마모 고장구간
③ 피로 고장구간 ④ 우발 고장구간

해설
고장형태 3가지
① 초기고장 : 감소형(DFR : Decreasing Failure Rate) - 디버깅기간, 번인 기간
② 우발고장 : 일정형(CFR : Constant Failure Rate) - 내용 수명
③ 마모고장 : 증가형(IFR : Increasing Failure Rate) - 정기진단(검사)

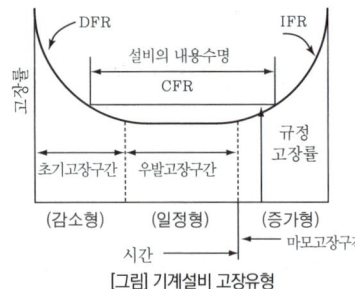

[그림] 기계설비 고장유형

참고) 산업안전기사 필기 p.2-12(2. 기계설비의 고장유형)

KEY ① 2018년 8월 19일 기사 출제
② 2019년 8월 4일 산업기사 출제

34 감각저장으로부터 정보를 작업기억으로 전달하기 위한 코드화 분류에 해당되지 않는 것은?
① 시각코드 ② 촉각코드
③ 음성코드 ④ 의미코드

해설
코드화 분류
① 시각코드
② 음성코드
③ 의미코드

참고) 산업안전기사 필기 p.2-35(문제 66번) 적중

35 중량물 들기 작업 시 5분간의 산소소비량을 측정한 결과 90[L]의 배기량 중에 산소가 16[%], 이산화탄소가 4[%]로 분석되었다. 해당 작업에 대한 산소소비량[L/min]은 약 얼마인가?(단, 공기 중 질소는 79[vol%], 산소는 21[vol%]이다.)
① 0.948 ② 1.948
③ 4.74   ④ 5.74

해설
산소 소비량 계산
① 분당 배기량 :
$V_2 = \dfrac{\text{총 배기량}}{\text{시간}} = \dfrac{90}{5} = 18[L/min]$
② 분당 흡기량 :
$V_1 = \dfrac{(100-O_2-CO_2)}{79} \times V_2 = \dfrac{(100-16-4)}{79} \times 18 = 18.23[L/min]$
③ 분당 산소소비량 :
$= (V_1 \times 21[\%]) - (V_2 \times 16[\%]) = (18.23 \times 0.21) - (18 \times 0.16)$
$= 0.948[L/min]$

참고) 산업안전기사 필기 p.2-37(은행문제) 적중

KEY 2017년 3월 5일 산업기사 출제

36 어떤 설비의 시간당 고장률이 일정하다고 할 때 이 설비의 고장간격은 다음 중 어떤 확률분포를 따르는가?
① t분포   ② 와이블분포
③ 지수분포 ④ 아이링(Eyring)분포

해설
지수분포
설비의 시간당 고장률이 일정하다고 할 때 이 설비 고장간격의 확률분포

참고) 산업안전기사 필기 p.2-101(문제 84번) 적중

[정답] 33 ④ 34 ② 35 ① 36 ③

37 시스템 수명주기에 있어서 예비 위험분석(PHA)이 이루어지는 단계에 해당하는 것은?

① 구상단계   ② 점검단계
③ 운전단계   ④ 생산단계

해설

PHA의 목적
① 시스템 개발 단계에서 시스템 고유의 위험 영역을 식별
② 예상되는 재해의 위험 수준을 구상단계에서 적용하고 평가

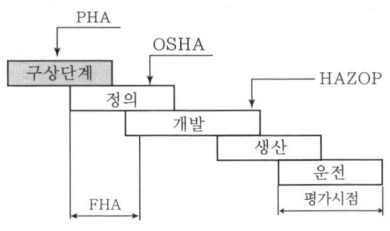

[그림] PHA·OSHA·FHA·HAZOP

참고 산업안전기사 필기 p.2-60(2. 예비 위험 분석)

KEY
① 2012년 3월 4일 기사 출제
② 2016년 5월 8일 산업기사 출제
③ 2018년 8월 19일 기사 출제
④ 2019년 3월 3일 기사 출제
⑤ 2019년 9월 21일 기사 출제
⑥ 2020년 6월 7일 기사 출제
⑦ 2020년 6월 14일 산업기사 출제

38 실효 온도(effective temperature)에 영향을 주는 요인이 아닌 것은?

① 온도   ② 습도
③ 복사열   ④ 공기 유동

해설

실효온도에 영향을 주는 요인
① 온도
② 습도
③ 기류(대류 : 공기유동)

참고 산업안전기사 필기 p.2-168(3. 실효온도)

KEY
① 2015년 8월 16일 산업기사 출제
② 2018년 8월 19일 산업기사 출제

합격팁

열교환(증발)에 영향을 주는 4요소
① 기온 ② 습도 ③ 복사온도 ④ 대류

39 일반적으로 은행의 접수대 높이나 공원의 벤치를 설계할 때 가장 적합한 인체 측정 자료의 응용 원칙은?

① 조절식 설계
② 평균치를 이용한 설계
③ 최대치수를 이용한 설계
④ 최소치수를 이용한 설계

해설

평균치를 기준으로 한 설계
최대치수나 최소치수 조절식으로 하기가 곤란할 때 평균치를 기준으로 하여 설계(예 ① 은행창구 ② 슈퍼마켓 계산대)

참고
① 산업안전기사 필기 p.2-159(3. 평균치를 기준으로 한 설계)
② 산업안전기사 필기 p.2-158(2. 인체계측 자료의 응용 3원칙)

KEY
① 2016년 10월 1일 기사 출제
② 2017년 3월 5일 산업기사 출제
③ 2017년 8월 26일 기사 출제
④ 2017년 9월 23일 산업기사 출제
⑤ 2018년 3월 4일 산업기사 출제
⑥ 2019년 8월 4일 기사 출제
⑦ 2019년 9월 21일 기사 출제

합격팁

인간계측자료의 응용 3원칙
① 최대치수와 최소치수 설계(극단치 설계)
② 조절범위(조절식) 설계
③ 평균치를 기준으로 한 설계

40 정보를 전송하기 위해 청각적 표시장치보다 시각적 표시장치를 사용하는 것이 더 효과적인 경우는?

① 정보의 내용이 간단한 경우
② 정보가 후에 재참조되는 경우
③ 정보가 즉각적인 행동을 요구하는 경우
④ 정보의 내용이 시간적인 사건을 다루는 경우

해설

정보전송방법
① 시각적 표시장치 사용 : ②
② 청각적 표시장치 사용 : ①, ③, ④

참고 산업안전기사 필기 p.2-31(문제 43번)

[정답] 37 ① 38 ③ 39 ② 40 ②

KEY
① 2017년 5월 7일 산업기사 출제
② 2018년 3월 4일, 4월 28일, 8월 19일, 9월 15일 산업기사 출제
③ 2019년 4월 27일 산업기사 출제
④ 2019년 8월 4일 기사 출제
⑤ 2019년 9월 21일 산업기사 출제
⑥ 2020년 6월 7일 기사 출제
⑦ 2021년 3월 7일 (문제 53번) 출제

합격자의 조언
최근문제(정보)가 당락을 결정합니다.

3 기계·기구 및 설비안전관리

41 산업안전보건법령상 보일러 수위가 이상현상으로 인해 위험수위로 변하면 작업자가 쉽게 감지할 수 있도록 경보등, 경보음을 발하고 자동적으로 급수 또는 단수되어 수위를 조절하는 방호장치는?

① 압력방출장치
② 고저수위 조절장치
③ 압력제한 스위치
④ 과부하방지장치

해설
고저수위 조절장치
① 고저수위 지점을 알리는 경보등·경보음 장치 등을 설치 : 동작상태 쉽게 감시
② 자동으로 급수 또는 단수되도록 설치
③ 종류 : 플로트식, 전극식, 차압식 등

참고 산업안전기사 필기 p.3-120(3. 방호장치의 종류)

KEY
① 2017년 3월 5일 기사 출제
② 2017년 5월 7일 기사, 산업기사 출제
③ 2018년 4월 28일 기사 출제
④ 2018년 8월 19일 산업기사 출제
⑤ 2019년 8월 4일 기사, 산업기사 출제

합격정보
산업안전보건기준에 관한 규칙 제119조(폭발위험의 방지)
사업주는 보일러의 폭발사고예방을 위하여 압력방출 장치·압력제한스위치, 고저수위조절장치, 화염검출기 등의 기능이 정상적으로 작동될 수 있도록 유지·관리하여야 한다.

42 프레스 작업에서 제품 및 스크랩을 자동적으로 위험한계 밖으로 배출하기 위한 장치로 틀린것은?

① 피더
② 키커
③ 이젝터
④ 공기 분사 장치

해설
프레스 제품 및 스크랩 이송(동)장치
① 1차 가공용 송급배출장치(예) 로울피더, 그리퍼 피더, 셔블이젝터 등 사용)
② 2차 가공용 송급배출장치(예) 슈트, 다이얼피더, 푸셔피더, 트랜스퍼피더, 프레스용로봇 등)
③ 에어분사장치
④ 오토핸드
⑤ 리프터 등

참고 산업안전기사 필기 p.3-106(표. 프레스 작업점에 대한 방호방법)

KEY
① 2016년 5월 8일 기사 출제
② 2018년 4월 28일 기사 출제
③ 2019년 4월 27일 산업기사 출제

43 산업안전보건법령상 로봇의 작동범위 내에서 그 로봇에 관하여 교시 등 작업을 행하는 때 작업시작 전 점검 사항으로 옳은 것은?(단, 로봇의 동력원을 차단하고 행하는 것은 제외)

① 과부하방지장치의 이상 유무
② 압력제한스위치의 이상 유무
③ 외부 전선의 피복 또는 외장의 손상 유무
④ 권과방지장치의 이상 유무

해설
로봇의 작업시작 전 점검사항
로봇의 작동범위 내에서 그 로봇에 관하여 교시 등(로봇의 동력원을 차단하고 행하는 것을 제외한다)의 작업을 할 때
① 외부전선의 피복 또는 외장의 손상유무
② 매니퓰레이터(manipulator) 작동의 이상유무
③ 제동장치 및 비상정지장치의 기능

참고 산업안전기사 필기 p.3-50(표 : 작업시작전 점검사항)

KEY
① 2018년 3월 4일 기사 출제
② 2019년 4월 27일 기사 출제

합격정보
산업안전보건기준에 관한 규칙 [별표 3] 작업시작 전 점검사항

[**정답**] 41 ② 42 ① 43 ③

44 산업안전보건법령상 지게차 작업시작 전 점검 사항으로 거리가 가장 먼 것은?

① 제동장치 및 조종장치 기능의 이상 유무
② 압력방출장치의 작동 이상 유무
③ 바퀴의 이상 유무
④ 전조등·후미등·방향지시기 및 경보장치 기능의 이상 유무

해설
지게차를 사용하여 작업을 할 때 작업시작 전 점검사항
① 제동장치 및 조종장치 기능의 이상유무
② 하역장치 및 유압장치 기능의 이상유무
③ 바퀴의 이상유무
④ 전조등·후미등·방향지시기 및 경보장치 기능의 이상유무

참고) 산업안전기사 필기 p.3-50(표 : 작업시작전 점검사항)

KEY▶ 2018년 3월 4일 기사 출제

합격정보
산업안전보건기준에 관한 규칙 [별표 3] 작업시작전 점검사항

45 다음 중 가공재료의 칩이나 절삭유 등이 비산되어 나오는 위험으로부터 보호하기 위한 선반의 방호장치는?

① 바이트
② 권과방지장치
③ 압력제한스위치
④ 쉴드(shield)

해설
칩(chip) 처리장치
① 공작기계에는 칩 및 절삭유에 의한 근로자의 위험을 방지하기 위해 가능한한 덮개 또는 울을 설치하여야 하며, 자동공작기계에는 반드시 울 또는 덮개를 설치하여야 한다.
② 제①항의 덮개 또는 울은 가능한 한 그 일부에 견고한 투명재료를 사용하여 가공상황을 관찰할 수 있도록 하여야 한다.
③ 덮개 중에 투명재료를 사용한 부분은 쉽게 교체할 수 있는 구조로 하여야 한다.

참고) 산업안전기사 필기 p.3-81(합격날개 : 합격예측 및 관련법규)

46 산업안전보건법령상 보일러의 압력방출장치가 2개 설치된 경우 그 중 1개는 최고사용압력이하에서 작동된다고 할 때 다른 압력방출장치는 최고사용압력의 최대 몇 배 이하에서 작동되도록 하여야 하는가?

① 0.5
② 1
③ 1.05
④ 2

해설
압력방출 장치
① 보일러 규격에 적합한 압력방출장치를 최고사용압력 이하에서 작동하도록 1개 또는 2개 이상 설치
② 2개 이상 설치된 경우 최고사용압력 이하에서 1개가 작동되고, 다른 압력방출장치는 최고사용압력 1.05배 이하에서 작동되도록 부착
③ 1년에 1회 이상 토출압력시험 후 납으로 봉인(공정안전관리 이행수준 평가결과가 우수한 사업장은 4년에 1회 이상 토출압력시험 실시)
④ 종류 : 스프링식, 중추식, 지렛대식(일반적으로 스프링식 안전밸브를 많이 사용)

참고) 산업안전기사 필기 p.3-120(3. 방호장치의 종류)

KEY▶ ① 2016년 8월 21일 기사 출제
② 2017년 8월 16일 기사 출제
③ 2018년 4월 28일 기시 출제
④ 2019년 3월 3일 기사 출제
⑤ 2020년 9월 27일 기사 출제

합격정보
산업안전보건기준에 관한 규칙 제116조(압력방출장치)

47 상용운전압력 이상으로 압력이 상승할 경우 보일러의 파열을 방지하기 위하여 버너의 연소를 차단하여 정상압력으로 유도하는 장치는?

① 압력방출장치
② 고저수위 조절장치
③ 압력제한 스위치
④ 통풍제어 스위치

해설
압력제한 스위치
① 보일러의 과열방지를 위해 최고사용압력과 상용압력 사이에서 버너 연소를 차단할 수 있도록 압력제한스위치 부착 사용
② 압력계가 설치된 배관상에 설치

참고) 산업안전기사 필기 p.3-120(3. 방호장치의 종류)

KEY▶ 2020년 8월 22일 기사 출제

합격정보
산업안전보건기준에 관한 규칙 제118조(고저수위 조절 장치)

48 용접부 결함에서 전류가 과대하고, 용접속도가 너무 빨라 용접부의 일부가 홈 또는 오목하게 생기는 결함은?

① 언더컷
② 기공
③ 균열
④ 융합불량

[정답] 44 ② 45 ④ 46 ③ 47 ③ 48 ①

해설

용접결함의 종류 및 원인

종류	원인	상태	그림
슬래그(slag) 감싸들기	운봉방법불량, 용접전류 및 속도의 부적당, 피복제조성불량	녹은 피복제가 용착. 금속내에 혼입되는 것	slag
언더컷 (under cut)	과대전류, 운봉속도가 빠를 때, 부당한 용접봉 사용	융착금속이 채워지지 않고 홈으로 남게 된 부분	언더컷
오버랩 (over lap)	운봉속도가 느릴 때, 낮은전류	용융된 금속이 모재위에 겹쳐지는 상태	오버랩
블로홀 (blow hole)	아크분위기의 수소 또는 일산화탄소가 너무 많을 때, 모재에 불순물(유황성분)이 많을 때, 융착부 급냉, 이음부에 유지 페인트 등 부착	융착금속에 방출가스로 인해 생긴 기포나 작은 틈	블로홀
피트(pit)	부식 또는 모재의 화학 성분	용접부위에 생기는 작은구멍이나 미세한 갈라짐	피트
용입부족	운봉속도과다, 낮은전류	융착금속이 채워지지않고 홈으로 남게 되는 것	용입부족

참고 산업안전기사 필기 p.6-167(그림 : 용접결함의 종류)

KEY ① 2017년 3월 5일 산업기사 출제
② 2019년 3월 3일 기사, 산업기사 동시 출제
③ 2020년 9월 27일(문제 47번) 출제

💬 **합격자의 조언**
제6과목 건설안전기술과목에 더 많이 출제됩니다.

---

49 물체의 표면에 침투력이 강한 적색 또는 형광성의 침투액을 표면 개구 결함에 침투시켜 직접 또는 자외선 등으로 관찰하여 결함장소와 크기를 판별하는 비파괴시험은?

① 피로시험
② 음향탐상시험
③ 와류탐상시험
④ 침투탐상시험

해설

비파괴검사의 종류별 특징

시험방법	원리	특성	적용 예
액체 침투 탐상 시험	액체의 표면 장력과 모세관 현상에 의한 액체 침투	거친 표면 및 다공성 재료 적용 불가	철강, 비철, 비금속 재료
자분 탐상 시험	누설 자장에 자분 부착	자성 재료만 적용	철강 재료

참고 산업안전기사 필기 p.3-221(합격날개 : 합격예측)

---

50 연삭숫돌의 파괴원인으로 거리가 가장 먼 것은?

① 숫돌이 외부의 큰 충격을 받았을 때
② 숫돌의 회전속도가 너무 빠를 때
③ 숫돌 자체에 이미 균열이 있을 때
④ 플랜지 직경이 숫돌 직경의 1/3 이상일 때

해설

연삭숫돌의 파괴원인
① 숫돌의 속도가 너무 빠를 때
② 숫돌에 균열이 있을 때
③ 플랜지가 현저히 작을 때
④ 숫돌의 치수(특히 구멍지름)가 부적당할 때
⑤ 숫돌에 과대한 충격을 줄 때
⑥ 작업에 부적당한 숫돌을 사용할 때
⑦ 숫돌의 불균형이나 베어링의 마모에 의한 진동이 있을 때
⑧ 숫돌의 측면을 사용할 때
⑨ 반지름방향의 온도변화가 심할 때

참고 산업안전기사 필기 p.3-90(1. 숫돌의 파괴원인)

KEY ① 2016년 5월 8일 산업기사 출제
② 2016년 8월 21일 기사 출제
③ 2020년 6월 7일 기사 출제
④ 2020년 6월 14일 산업기사 출제
⑤ 2020년 9월 27일 기사 출제
⑥ 2020년 9월 27일 기사(문제 43번) 출제

---

51 산업안전보건법령상 프레스 등 금형을 부착·해체 또는 조정하는 작업을 할 때, 슬라이드가 갑자기 작동함으로써 근로자에게 발생할 우려가 있는 위험을 방지하기 위해 사용해야 하는 것은?(단, 해당 작업에 종사하는 근로자의 신체가 위험한계 내에 있는 경우)

① 방진구
② 안전블록
③ 시건장치
④ 날접촉예방장치

해설

금형의 안전화
금형을 부착, 해체, 조정 작업할 때 신체 일부가 위험점 내에서 슬라이드 불시 하강으로 인한 위험을 방지하기 위해 안전블록을 설치한다.

참고 산업안전기사 필기 p.3-96(합격날개 : 합격예측)

KEY 2021년 3월 7일 산업기사 등 20번 이상 출제

보충학습
산업안전보건기준에 관한 규칙 제104조(금형조정작업의 위험방지)

【 **정답** 】 49 ④ 50 ④ 51 ②

52 페일 세이프(fail safe)의 기능적인 면에서 분류할 때 거리가 가장 먼 것은?

① Fool proof
② Fail passive
③ Fail active
④ Fail operational

해설

fail safe의 기능면 3단계
① fail-passive   ② fail-active   ③ fail-operational

참고 산업안전기사 필기 p.3-193(3. 페일세이프)

KEY 2017년 5월 7일 산업기사 출제

53 산업안전보건법령상 크레인에서 정격하중에 대한 정의는?(단, 지브가 있는 크레인은 제외)

① 부하할 수 있는 최대하중
② 부하할 수 있는 최대하중에서 달기기구의 중량에 상당하는 하중을 뺀 하중
③ 짐을 싣고 상승할 수 있는 최대하중
④ 가장 위험한 상태에서 부하할 수 있는 최대하중

해설

정격하중
크레인으로서 지브가 없는 것은 매다는 하중에서, 지브가 있는 크레인에서는 지브경사각 및 길이와 지브 위의 도르래 위치에 따라 부하할 수 있는 최대의 하중에서 각각 훅, 크레인버킷 등의 달기구의 중량에 상당하는 하중을 뺀 하중

참고 산업안전기사 필기 p.3-141(2. 용어의 정의)

KEY
① 2016년 5월 8일 기사 출제
② 2018년 8월 19일 산업기사 출제

54 기계설비의 안전조건인 구조의 안전화와 거리가 가장 먼 것은?

① 전압 강하에 따른 오동작 방지
② 재료의 결함 방지
③ 설계상의 결함 방지
④ 가공 결함 방지

해설

구조의 안전화
결함을 사전에 제거(예 재료, 설계, 가공)

참고 산업안전기사 필기 p.3-188(3. 구조의 안전화)

KEY
① 2016년 3월 6일 산업기사 출제
② 2019년 8월 4일 산업기사 출제

보충학습

기능의 안전화 원인
① 전압강하 및 정전에 따른 오작동 (예 fail safe)
② 사용압력 변동 시 오작동
③ 밸브고장 시 오작동
④ 단락 또는 스위치 고장 시 오작동

55 공기압축기의 작업안전수칙으로 가장 적절하지 않은 것은?

① 공기압축기의 점검 및 청소는 반드시 전원을 차단한 후에 실시한다.
② 운전 중에 어떠한 부품도 건드려서는 안 된다.
③ 공기압축기 분해 시 내부의 압축공기를 이용하여 분해한다.
④ 최대공기압력을 초과한 공기압력으로는 절대로 운전하여서는 안 된다.

해설

공기 압축기 분해시 외부의 압축공기를 이용해야 합니다.

참고 2018년 4월 28일(문제 99번) 출제

56 산업안전보건법령상 컨베이어, 이송용 롤러 등을 사용하는 경우 정전·전압강하 등에 의한 위험을 방지하기 위하여 설치하는 안전장치는?

① 권과방지장치
② 동력전달장치
③ 과부하방지장치
④ 화물의 이탈 및 역주행 방지장치

해설

컨베이어의 역주행 방지 장치 : 본 문제 질의 내용

합격정보

산업안전보건기준에 관한 규칙 제191조(이탈 등의 방지)
사업주는 컨베이어, 이송용 롤러 등(이하 "컨베이어 등"이라 한다)을 사용하는 경우에는 감전·전압 강하 등에 따른 화물 또는 운반구의 이탈 및 역주행을 방지하는 장치를 갖추어야 한다. 다만, 무동력상태 또는 수평상태로만 사용하여 근로자가 위험해질 우려가 없는 경우에는 그러하지 아니하다.

[정답] 52 ①   53 ②   54 ①   55 ③   56 ④

57
회전하는 동작 부분과 고정부분이 함께 만드는 위험점으로 주로 연삭숫돌과 작업대, 교반기의 교반날개와 몸체 사이에서 형성되는 위험점은?

① 협착점 ② 절단점
③ 물림점 ④ 끼임점

해설

끼임점(Shear-point)
① 고정부분과 회전하는 동작부분이 함께 만드는 위험점
② 연삭숫돌과 덮개, 교반기의 날개와 하우징, 프레임에서 암의 요동운동을 하는 기계부분 등

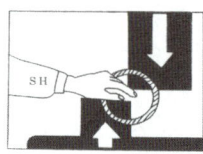 

[그림] 끼임점

참고 | 산업안전기사 필기 p.3-14(4. 위험점의 종류)

KEY ▶
① 2016년 8월 21일 산업기사 출제
② 2018년 3월 4일 산업기사 출제
③ 2020년 6월 14일 산업기사 출제
④ 2021년 3월 7일 기사 출제

58
다음 중 드릴 작업의 안전사항으로 틀린 것은?

① 옷소매가 길거나 찢어진 옷은 입지 않는다.
② 작고, 길이가 긴 물건은 손으로 잡고 뚫는다.
③ 회전하는 드릴에 걸레 등을 가까이 하지 않는다.
④ 스핀들에서 드릴을 뽑아낼 때에는 드릴 아래에 손을 내밀지 않는다.

해설

공작물 고정 방법
① 바이스 : 일감이 작을 때
② 볼트와 고정구 : 일감이 크고 복잡할 때
③ 지그(jig) : 대량생산과 정밀도를 요구할 때

참고 | 산업안전기사 필기 p.3-88(2. 공작물 고정법)

KEY ▶ 2018년 8월 19일 산업기사 출제

59
산업안전보건법령상 양중기의 과부하방지장치에서 요구하는 일반적인 성능기준으로 가장 적절하지 않은 것은?

① 과부하방지장치 작동 시 경보음과 경보램프가 작동되어야 하며 양중기는 작동이 되지 않아야 한다.
② 외함의 전선 접촉부분은 고무 등으로 밀폐되어 물과 먼지 등이 들어가지 않도록 한다.
③ 과부하방지장치와 타 방호장치는 기능에 서로 장애를 주지 않도록 부착할 수 있는 구조이어야 한다.
④ 방호장치의 기능을 정지 및 제거할 때 양중기의 기능이 동시에 원활하게 작동하는 구조이며 정지해서는 안 된다.

해설

양중기 과부하 방지장치 성능기준
① 과부하방지장치 작동 시 경보음과 경보램프가 작동되어야 하며 양중기는 작동이 되지 않아야 한다. 다만, 크레인은 과부하 상태 해지를 위하여 권상된 만큼 권하시킬 수 있다.
② 외함은 납봉인 또는 시건할 수 있는 구조이어야 한다.
③ 외함의 전선 접촉부분은 고무 등으로 밀폐되어 물과 먼지 등이 들어가지 않도록 한다.
④ 과부하방지장치와 타 방호장치는 기능에 서로 장애를 주지 않도록 부착할 수 있는 구조이어야 한다.
⑤ 방호장치의 기능을 제거 또는 정지할 때 양중기의 기능도 동시에 정지할 수 있는 구조이어야 한다.
⑥ 과부하방지장치는 시험 후 정격하중의 1.1배 권상 시 경보와 함께 권상동작이 정지되고 횡행과 주행동작이 불가능한 구조이어야 한다. 다만, 타워크레인은 정격하중의 1.05배 이내로 한다.
⑦ 과부하방지장치에는 정상동작상태의 녹색램프와 과부하 시 경고 표시를 할 수 있는 붉은색램프와 경보음을 발하는 장치 등을 갖추어야 하며, 양중기 운전자가 확인할 수 있는 위치에 설치해야 한다.

60
프레스기의 SPM(stroke per minute)이 200이고, 클러치의 맞물림 개소수가 6인 경우 양수기동식 방호장치의 안전거리는?

① 120[mm] ② 200[mm]
③ 320[mm] ④ 400[mm]

해설

안전거리계산
① $T_m = \left(\dfrac{1}{6} + \dfrac{1}{2}\right) \times 60,000/200 = 200$[ms]
② $D_m = 1.6 T_m = 1.6 \times 200 = 320$[mm]

【정답】 57 ④ 58 ② 59 ④ 60 ③

> 참고 ① 산업안전기사 필기 p.3-101(합격날개 : 합격예측)
> ② 산업안전기사 필기 p.3-167(문제 63번) 적중

KEY ① 2017년 5월 7일 산업기사 출제
② 2018년 3월 4일 산업기사 출제
③ 2019년 3월 3일 기사 출제
④ 2020년 6월 14일 산업기사 출제
⑤ 2020년 8월 22일 기사 출제

[합격팁]
양수기동식 안전거리
① $D_m = 1.6 T_m$
② D_m = 안전거리(단위[mm])
③ T_m = 양손으로 누름단추를 조작하고 슬라이드가 하사점에 도달하기까지의 소요최대시간(단위[ms])
④ $T_m = \left(\dfrac{1}{\text{클러치가 걸리는 개소수}} + \dfrac{1}{2}\right) \times 60,000/\text{매분 행정수(SPM)}$(단위[ms])

4 전기설비 안전관리

61 폭발한계에 도달한 메탄가스가 공기에 혼합되었을 경우 착화한계전압[V]은 약 얼마인가?(단, 메탄의 착화최소에너지는 0.2[mJ], 극간용량은 10[pF]으로 한다.)

① 6,325
② 5,225
③ 4,135
④ 3,035

[해설]
최소착화 에너지(E)
① $E = \dfrac{1}{2}CV^2$
② $V = \sqrt{\dfrac{2E}{C}} = \sqrt{\dfrac{2 \times 0.2 \times 10^{-3}}{10 \times 10^{-12}}} = 6,325[V]$

[보충학습]
① $[mJ] = 10^{-3}[J]$
② $[pF] = 10^{-12}[F]$

> 참고 산업안전기사 필기 p.4-33(6. 정전기 에너지)

KEY ① 2016년 8월 21일 기사 (문제 76번) 출제
② 2020년 9월 27일 등 20번 이상 출제
③ 2021년 3월 7일 기사 (문제 98번) 출제
④ 2021년 3월 7일 (문제 80번) 출제

62 $Q = 2 \times 10^{-7}[C]$으로 대전하고 있는 반경 25[cm] 도체구의 전위[kV]는 약 얼마인가?

① 7.2
② 12.5
③ 14.4
④ 25

[해설]
지구의 표면전위
① $E = \dfrac{Q}{4\pi\varepsilon_0 \times r}[V]$
(유전율 $\varepsilon_0 = 8.855 \times 10^{-12}$, $r : 0.25[m]$)
② $E = \dfrac{2 \times 10^{-7}}{4\pi \times (8.855 \times 10^{-12}) \times 0.25} = 7189.38[V] = 7.2[kV]$

> 참고 2009년 3월 1일(문제 72번)

KEY ① 2013년 3월 10일(문제 73번) 출제
② 2016년 5월 8일(문제 71번) 출제

63 다음 중 누전차단기를 시설하지 않아도 되는 전로가 아닌 것은?(단, 전로는 금속제 외함을 가지는 사용전압이 50[V]를 초과하는 저압의 기계기구에 전기를 공급하는 전로이며, 기계기구에는 사람이 쉽게 접촉할 우려가 있다.)

① 기계기구를 건조한 장소에 시설하는 경우
② 기계기구가 고무, 합성수지, 기타 절연물로 피복된 경우
③ 대지전압 200[V] 이하인 기계기구를 물기가 있는 곳 이외의 곳에 시설하는 경우
④ 「전기용품 및 생활용품 안전관리법」의 적용을 받는 이중절연구조의 기계기구를 시설하는 경우

[해설]
누전차단기 설치장소
① 전기기계, 기구 중 대지전압이 150[V]를 초과하는 이동형 또는 휴대형의 것
② 물 등 도전성이 높은 액체에 의한 습윤한 장소
③ 철판, 철골 위 등 도전성이 높은 장소
④ 임시배선의 전로가 설치되는 장소

> 참고 산업안전기사 필기 p.4-6(2. 누전차단기 설치장소)

KEY ① 2017년 5월 7일 산업기사 출제
② 2017년 8월 26일 기사 출제
③ 2018년 4월 28일 기사 출제
④ 2020년 9월 27일 기사 출제

[정답] 61 ① 62 ① 63 ③

64. 고압전로에 설치된 전동기용 고압전류 제한퓨즈의 불용단전류의 조건은?

① 정격전류 1.3배의 전류로 1시간 이내에 용단되지 않을 것
② 정격전류 1.3배의 전류로 2시간 이내에 용단되지 않을 것
③ 정격전류 2배의 전류로 1시간 이내에 용단되지 않을 것
④ 정격전류 2배의 전류로 2시간 이내에 용단되지 않을 것

해설

퓨즈의 종류 및 용단시간

퓨즈의 종류	정격 용량	용단 시간
저압용 포장퓨즈	정격전류의 1.1배	30[A] 이하 : 2배 전류로 2분 30~60[A] 이하 : 2배의 전류로 4분 60~100[A] 이하 : 2배 전류로 6분
고압용 포장퓨즈	정격전류의 1.3배	2배의 전류로 120분
고압용 비포장퓨즈	정격전류의 1.25배	2배의 전류로 2분

참고 산업안전기사 필기 p.4-3(표 : 퓨즈의 종류 및 용단시간)

KEY ① 2019년 8월 4일 산업기사 출제
② 2018년 4월 28일 산업기사 출제

65. 누전차단기의 시설방법 중 옳지 않은 것은?

① 시설장소는 배전반 또는 분전반 내에 설치한다.
② 정격전류용량은 해당 전로의 부하전류 값 이상이어야 한다.
③ 정격감도전류는 정상의 사용상태에서 불필요하게 동작하지 않도록 한다.
④ 인체감전보호형은 0.05초 이내에 동작하는 고감도고속형이어야 한다.

해설

인체감전보호용 누전차단기 기준
① 정격 감도 전류 : 15[mA]
② 동작시간 : 0.03[초] 이내

참고 산업안전기사 필기 p.4-5(1. 누전차단기 종류)

KEY 2021년 3월 7일 기사 등 20번 이상 출제

보충학습

누전차단기 설치기준
전기기계·기구에 접속되어 있는 누전차단기는 정격감도전류가 30[mA] 이하이고 작동시간은 0.03[초] 이내일 것(다만, 정격전부하전류가 50[A] 이상인 전기기계·기구에 접속되는 누전차단기는 오작동을 방지하기 위하여 정격감도전류는 200[mA] 이하로, 작동시간은 0.1[초] 이내로 할 수 있다.

66. 정전기 방지대책 중 적합하지 않는 것은?

① 대전서열이 가급적 먼 것으로 구성한다.
② 카본 블랙을 도포하여 도전성을 부여한다.
③ 유속을 저감 시킨다.
④ 도전성 재료를 도포하여 대전을 감소시킨다.

해설

정전기 방지대책

발생 및 대전
- 접지
- 정전화, 정전작업복 착용
- 유속제한, 정치시간 확보
- 대전방지제 사용
- 가습
- 제전기 사용
- 제조장치 및 탱크의 불활성화

전격
- 대전억제
- 대전전하의 신속한 누설

화재 및 폭발
- 환기에 의한 위험물질의 제거
- 집진에 의한 분진의 제거

참고 산업안전기사 필기 p.4-36([그림] 정전기 방지대책)

KEY ① 2016년 5월 8일, 8월 21일기사 출제
② 2017년 5월 7일 산업기사 출제
③ 2018년 3월 4일, 8월 19일 산업기사 출제
④ 2019년 3월 3일 산업기사 출제
⑤ 2019년 8월 4일 기사 출제
⑥ 2021년 3월 7일(문제 76번) 출제
⑦ 2021년 5월 15일(문제 79번) 및 (문제 80번) 출제

67. 다음 중 방폭전기기기의 구조별 표시방법으로 틀린 것은?

① 내압방폭구조 : p
② 본질안전 방폭구조 : ia, ib
③ 유입방폭구조 : o
④ 안전증방폭구조 : e

[정답] 64 ② 65 ④ 66 ① 67 ①

해설
방폭구조의 기호
① 내압 방폭구조 : 내부압력, 기호 Ex d
② 압력 방폭구조 : 외부압력, 기호 Ex p
③ 유입 방폭구조 : 기름으로 보호, 기호 Ex o
④ 본질안전 방폭구조 : Intrinsically Safe, Ex i

참고 산업안전기사 필기 p.4-53(1. 내압방폭구조)

KEY 2021년 3월 7일 기사 등 10번 이상 출제

---

68 내전압용절연장갑의 등급에 따른 최대사용전압이 틀린 것은?(단, 교류 전압은 실효값이다.)

① 등급 00 : 교류 500[V]
② 등급 1 : 교류 7,500[V]
③ 등급 2 : 직류 17,000[V]
④ 등급 3 : 직류 39,750[V]

해설
절연장갑의 등급 및 표시

등급	최대사용전압		등급별 색상
	교류([V], 실효값)	직류[V]	
00	500	750	갈색
0	1,000	1,500	빨간색
1	7,500	11,250	흰색
2	17,000	25,500	노란색
3	26,500	39,750	녹색
4	36,000	54,000	등색

[주] 직류값은 교류에 1.5를 곱하면 된다. **예** 500×1.5=750

참고 ① 산업안전기사 필기 p.1-51(합격날개 : 합격예측)
② 산업안전기사 필기 p.4-23(합격날개 : 합격예측)

KEY ① 2018년 4월 28일 산업기사 출제
② 2018년 8월 19일 기사 출제
③ 2019년 4월 27일 기사 출제
④ 2020년 6월 14일 산업기사 출제
⑤ 2020년 9월 27일 기사(문제 13번) 출제

---

69 저압 전로의 절연성능에 관한 설명으로 적합하지 않는 것은?

① 전로의 사용전압이 SELV 및 PELV 일 때 절연저항은 0.5[MΩ] 이상이어야 한다.
② 전로의 사용전압이 FELV 일 때 절연저항은 1[MΩ] 이상이어야 한다.
③ 전로의 사용전압이 FELV 일 때 DC 시험 전압은 500[V]이다.
④ 전로의 시험전압이 600[V] 일 때 절연저항은 1.5[MΩ] 이상이어야 한다.

해설
저압전로의 절연 성능

전로의 사용전압[V]	DC 시험전압[V]	절연저항[MΩ] 이상
SELV 및 PELV	250	0.5
FELV, 500[V] 이하	500	1.0
500[V] 초과	1,000	1.0

[주1] 특별저압(Extra Low Voltage : 2차 전압이 AC 50[V], DC 120[V] 이하)으로 SELV(비접지회로구성) 및 PELV(접지회로 구성)은 1차와 2차가 전기적으로 절연된 회로, FELV는 1차와 2차가 전기적으로 절연되지 않은 회로
[주2] 측정시 영향을 주거나 손상을 받을 수 있는 SPD 또는 기타 기기 등은 측정 전에 분리시켜야 하고 부득이하게 분리가 어려운 경우에는 시험전압을 250[V] DC로 낮추어 측정할 수 있지만 절연저항값은 1[MΩ] 이상이어야 한다.

참고 산업안전기사 필기 p.4-23(합격날개 : 합격예측)

보충학습
한국전기설비규정(KEC) 제52조(저압전로의 절연저항)

---

70 다음 중 0종 장소에 사용될 수 있는 방폭구조의 기호는?

① Ex ia
② Ex ib
③ Ex d
④ Ex e

해설
방폭구조 선정기준

폭발위험장소의 분류		방폭구조 전기기계기구의 선정기준
가스폭발 위험장소	0종 장소	본질안전방폭구조(ia) 그 밖에 관련 공인 인증기관이 0종 장소에서 사용이 가능한 방폭구조로 인증한 방폭구조
	1종 장소	내압방폭구조(d) 압력방폭구조(p) 충전방폭구조(q) 유입방폭구조(o) 안전증방폭구조(e) 본질안전방폭구조(ia, ib) 몰드방폭구조(m) 그 밖에 관련 공인 인증기관이 1종 장소에서 사용이 가능한 방폭구조로 인증한 방폭구조
	2종 장소	0종 장소 및 1종 장소에 사용가능한 방폭구조 비점화방폭구조(n) 그 밖에 2종 장소에서 사용하도록 특별히 고안된 비방폭형 구조

[정답] 68 ③ 69 ④ 70 ①

과년도 출제문제

폭발위험장소의 분류		방폭구조 전기기계기구의 선정기준
분진폭발 위험장소	20종 장소	밀폐방진방폭구조(DIP A20 또는 DIP B20) 그 밖에 관련 공인 인증기관이 20종 장소에서 사용이 가능한 방폭구조로 인증한 방폭 구조
	21종 장소	밀폐방진방폭구조(DIP A20 또는 A21, DIP B20 또는 B21) 특수방진방폭구조(SDP) 그 밖에 관련 공인 인증기관이 21종 장소에서 사용이 가능한 방폭구조로 인증한 방폭 구조
	22종 장소	20종 장소 및 21종 장소에서 사용가능한 방폭구조 일반방진방폭구조(DIP A22 또는 DIP B22) 보통방진방폭구조(DP) 그 밖에 22종 장소에서 사용하도록 특별히 고안된 비방폭형 구조

참고 산업안전기사 필기 p.4-65(보충학습)

71 다음 중 전기화재의 주요 원인이라고 할 수 없는 것은?

① 절연전선의 열화 ② 정전기 발생
③ 과전류 발생 ④ 절연저항값의 증가

해설

전기화재의 경로별발생(원인별)
① 단락(합선) : 25[%] ② 전기스파크 : 24[%]
③ 누전 : 15[%] ④ 접촉부의 과열 : 12[%]
⑤ 접촉불량 ⑥ 정전기

참고 산업안전기사 필기 p.4-72(2.경로별 발생)

합격팁
(1) 화재의 3요건
 ① 산소 ② 발화원 ③ 착화물
(2) 전기화재
 ① 전기가 원인이 되어 일어나는 화재
 ② 전기화재는 광범위한 손실을 초래

KEY ① 2016년 5월 8일 기사
 ② 2018년 9월 28일 기사
 ③ 2018년 8월 19일 기사

72 배전선로에 정전작업 중 단락 접지기구를 사용하는 목적으로 가장 적합한 것은?

① 통신선 유도 장해 방지
② 배전용 기계 기구의 보호
③ 배전선 통전 시 전위경도 저감
④ 혼촉 또는 오동작에 의한 감전방지

해설

단락접지기구 사용 목적 : 혼촉 또는 오동작에 의한 감전방지

참고 산업안전기사 필기 p.4-76(1. 작업전)

73 어느 변전소에서 고장전류가 유입되었을 때 도전성 구조물과 그 부근 지표상의 점과의 사이(약 1[m])의 허용접촉전압은 약 몇[V] 인가?(단, 심실세동전류 : $I_k = \dfrac{0.165}{\sqrt{t}}$ [A], 인체의 저항 : 1,000[Ω], 지표면의 저항률 : 150 [Ω·m], 통전시간을 1초로 한다.)

① 164 ② 186
③ 202 ④ 228

해설

허용 접촉전압
$$E = \left(R_b + \dfrac{3R_s}{2}\right) \times I_k = \left(1,000 + \dfrac{3 \times 150}{2}\right) \times \dfrac{0.165}{\sqrt{1}} \times 10^{-3}$$
$$= 202[V]$$

여기서, E : 허용접촉전압
  R_b : 인체의 저항률[Ω]
  R_s : 지표상층 저항률[Ω·m]
  I_k : 심실세동전류[A]

참고 산업안전기사 필기 p.4-19(3. 허용접촉전압)

KEY 2017년 3월 5일 출제

합격팁
허용접촉전압 계산 : 변전소 등에 고장전류가 유입되었을 때 그 부근 지표상과 도전성 구조물의 두 점(보통 1[m])간 전위차의 허용값

74 방폭기기 그룹에 관한 설명으로 틀린 것은?

① 그룹 I, 그룹 II, 그룹 III가 있다.
② 그룹 I의 기기는 폭발성 갱내 가스에 취약한 광산에서의 사용을 목적으로 한다.
③ 그룹 II의 세부 분류로 IIA, IIB, IIC가 있다.
④ IIA로 표시된 기기는 그룹 IIB기기를 필요로 하는 지역에 사용할 수 있다.

[정답] 71 ④ 72 ④ 73 ③ 74 ④

해설
내압 방폭구조를 대상으로 하는 가스 또는 증기의 분류

가스 또는 증기의 최대안전틈새의 범위 [mm]	가스 또는 증기의 분류	전기기기
0.9 초과	A	IIA
0.5 초과 0.9 이하	B	IIB
0.5 이하	C	IIC

(참고) 산업안전기사 필기 p.4-53(합격날개 : 합격예측)

---

75 한국전기설비규정에 따라 피뢰설비에서 외부피뢰시스템의 수뢰부시스템으로 적합하지 않은 것은?

① 돌침 ② 수평도체
③ 메시도체 ④ 환상도체

해설
수뢰부 시스템 선정

구분	특징
돌침	① 뇌격을 선단으로 흡입하여 선단과 대지사이를 연결한 도체를 이용 뇌격전류를 안전하게 대지로 방류 ② 돌침이 길어질 경우 보호효과가 불확실해지는 부분이 생겨 차폐가 실패할 수 있으므로 주의가 필요 ③ 보호하려는 대상물의 면적이 좁을수록 유리
수평도체	건축물 상부에 수평도체를 가설하여 뇌격을 흡입하여 대지 사이를 연결하는 도체를 이용 대지로 방류하는 방식(송전선의 가공지선)
메시도체	① 피보호물 주위를 적당한 간격의 망상도체로 감싸는 방식 ② 철골조 또는 철근 콘크리트조 빌딩(자체가 케이지 형성)에서는 전등, 전화선등에 대한 별도의 보호 필요 ③ 내부의 사람이나 물체만 보호할 목적이라면 접지 불필요

(참고) 산업안전기사 필기 p.4-57(2. 피뢰기 설비)

---

76 정전기 재해의 방지를 위하여 배관 내 액체의 유속 제한이 필요하다. 배관의 내경과 유속 제한 값으로 적절하지 않은 것은?

① 관내경(mm) : 25, 제한유속(m/s) : 6.5
② 관내경(mm) : 50, 제한 유속(m/s) : 3.5
③ 관내경(mm) : 100, 제한유속(m/s) : 2.5
④ 관내경(mm) : 200, 제한유속(m/s) : 1.8

해설
배관내 유속제한

관내경(단위 : [m])	유속(단위 : [m/s])
0.01	8.0
0.025	4.9
0.05	3.5
0.1	2.5
0.2	1.8
0.4	1.3

비고 : 독일화학공업협회 기준 $v^2 d < 0.64$
단 v : 제한유속[m/s], d : 관내경

(참고) 산업안전기사 필기 p.4-39(표 : 배관내 액체의 유속제한)

KEY ① 2016년 8월 21일 기사 출제
② 2021년 3월 7일 기사(문제 70번) 출제

---

77 지락이 생긴 경우 접촉상태에 따라 접촉 전압을 제한할 필요가 있다. 인체의 접촉상태에 따른 허용접촉전압을 나타낸 것으로 다음 중 옳지 않은 것은?

① 제1종 : 2.5[V] 이하 ② 제2종 : 25[V] 이하
③ 제3종 : 35[V] 이하 ④ 제4종 : 제한 없음

해설
종별허용접촉전압

종별	접 촉 상 태	허용접촉전압[V]
제1종	• 인체의 대부분이 수중에 있는 상태	2.5 이하
제2종	• 인체가 많이 젖어 있는 상태 • 금속제 전기기계장치나 구조물에 인체의 일부가 상시 접촉되어 있는 상태	25 이하
제3종	• 제1종, 제2종 이외의 경우로서 통상적인 인체 상태에 있어서 접촉전압이 가해지면 위험성이 높은 상태	50 이하
제4종	• 제1종, 제2종 이외의 경우로서 통상적인 인체 상태에 있어서 접촉전압이 가해져도 위험성이 낮은 상태 • 접촉전압이 가해질 우려가 없는 경우	무제한

(참고) 산업안전기사 필기 p.4-19(3. 허용접촉전압)

KEY ① 2016년 3월 6일 산업기사 출제
② 2016년 8월 21일 산업기사 출제
③ 2017년 5월 7일 기사, 산업기사 출제
④ 2018년 3월 4월 기사 출제
⑤ 2019년 8월 4일 산업기사 출제
⑥ 2019년 4월 27일 기사, 산업기사 출제
⑦ 2020년 8월 23일 산업기사 출제

[정답] 75 ④ 76 ① 77 ③

78 계통접지로 적합하지 않는 것은?

① TN계통 ② TT계통
③ IN계통 ④ IT계통

해설

접지의 구분 및 종류

구분	종류
종류	① 계통접지(TN, TT, IT계통) ② 보호접지 ③ 피뢰시스템 접지
방법	① 단독접지 ② 공통접지 ③ 통합접지

참고 산업안전기사 필기 p.4-37(표 : 접지의 구분 및 종류)

KEY 2020년 9월 27일(문제 62번) 참고

79 정전기 발생에 영향을 주는 요인이 아닌 것은?

① 물체의 분리속도 ② 물체의 특성
③ 물체의 접촉시간 ④ 물체의 표면상태

해설

정전기 발생의 영향 요인

구분	영향요인
물체의 특성	① 접촉 분리하는 두 가지 물체의 상호특성에 의해 결정 된다. ② 대전열 ㉮ 물체를 마찰시킬 때 전자를 잃기 쉬운 순서대로 나열한 것이다. ㉯ 대전열에서 멀리 있는 두 물체를 마찰할수록 대전이 일어난다. (+) 털가죽-유리-명주-나무-고무-플라스틱-에보나이트(-)
물체의 표면상태	① 표면이 매끄러운 것보다 거칠수록 정전기가 크게 발생한다. ② 표면이 수분, 기름 등에 오염되거나 산화(부식)되어 있으면 정전기가 크게 발생한다.
물체의 이력	① 물체가 이미 대전된 이력이 있을 경우 정전기 발생의 영향이 작아지는 경향이 있다. ② 처음접촉, 분리 때가 최고이며 반복될수록 감소한다.
접촉 면적 및 압력	접촉 면적과 압력이 클수록 정전기 발생량이 증가하는 경향이 있다.
분리 속도	분리속도가 클수록 주어지는 에너지가 크게 되므로 정전기 발생량도 증가하는 경향이 있다.
완화시간	완화시간이 길면 길수록 정전기 발생량은 증가한다.

참고 산업안전기사 필기 p.4-32(1. 정전기 위험요소 파악)

KEY ① 2016년 8월 21일 기사 출제
② 2017년 3월 5일 기사 출제
③ 2018년 4월 28일 산업기사 출제
④ 2020년 9월 27일 기사 출제

80 정전기재해의 방지대책에 대한 설명으로 적합하지 않는 것은?

① 접지의 접속은 납땜, 용접 또는 멈춤나사로 실시한다.
② 회전부품의 유막 저항이 높으면 도전성의 윤활제를 사용한다.
③ 이동식의 용기는 절연성 고무제 바퀴를 달아서 폭발위험을 제거한다.
④ 폭발의 위험이 있는 구역은 도전성 고무류로 바닥 처리를 한다.

해설

이동식 용기는 도전성 바퀴를 사용한다.

KEY ① 2021년 5월 15일(문제 66번) 출제
② 2021년 5월 15일(문제 79번) 출제

5 화학설비 안전관리

81 산업안전보건법령상 특수화학설비를 설치할 때 내부의 이상상태를 조기에 파악하기 위하여 필요한 계측장치를 설치하여야 한다. 이러한 계측장치로 거리가 먼 것은?

① 압력계 ② 유량계
③ 온도계 ④ 비중계

해설

특수화학설비의 종류

사업주는 위험물을 같은 표에서 정한 기준량 이상으로 제조하거나 취급하는 다음 각 호의 어느 하나에 해당하는 화학설비(이하"특수화학설비"라 한다)를 설치하는 경우에는 내부의 이상 상태를 조기에 파악하기 위하여 필요한 온도계·유량계·압력계 등의 계측장치를 설치하여야 한다.
① 발열반응이 일어나는 반응장치
② 증류·정류·증발·추출 등 분리를 하는 장치
③ 가열시켜 주는 물질의 온도가 가열되는 위험물질의 분해온도 또는 발화점보다 높은 상태에서 운전되는 설비
④ 반응폭주 등 이상 화학반응에 의하여 위험물질이 발생할 우려가 있는 설비
⑤ 온도가 섭씨 350도 이상이거나 게이지 압력이 980킬로파스칼 이상인 상태에서 운전되는 설비
⑥ 가열로 또는 가열기

[정답] 78 ③ 79 ③ 80 ③ 81 ④

[참고] 산업안전기사 필기 p.5-17(합격날개 : 합격예측 및 관련법규)

[KEY]
① 2017년 8월 28일 산업기사 출제
② 2018년 3월 4일 기사(문제 87번) 출제
③ 2018년 4월 28일 기사 출제
④ 2021년 3월 7일(문제 96번) 출제

[합격정보]
산업안전보건기준에 관한 규칙 제273조(계측장치 등의 설치)

82. 불연성이지만 다른 물질의 연소를 돕는 산화성 액체 물질에 해당하는 것은?

① 히드라진   ② 과염소산
③ 벤젠   ④ 암모니아

[해설]
위험물의 분류
① 제1류(산화성 고체) : 아염소산, 염소산, 과염소산나트륨, 무기과산화물, 삼산화크롬, 브롬산염류, 요오드산염류, 과망간산염류, 중크롬산염류
② 제2류(가연성 고체) : 황화인, 적린, 유황, 철분, Mg, 금속분류, 인화성 고체
③ 제3류(자연발화성 및 금수성 물질) : K, Na, 알킬Al, 알킬Li, 황린, 칼슘 또는 Al의 탄화물류 등
④ 제4류(인화성 액체) : 특수인화물류, 동식물류, 알코올류, 제1석유류~제4석유류
⑤ 제5류(자기반응성 물질) : 유기산화물류, 질산에스테르류(니트로셀룰로오스, 질산에틸, 니트로글리세린), 셀룰로이드류, 니트로화합물, 아조화합물류, 디아조화합물류, 히드라진 유도체류
⑥ 제6류(산화성 액체) : 과염소산, 과산화수소, 질산

[참고]
① 산업안전기사 필기 p.5-66(문제 27번) 적중
② 2021년 5월 15일(문제 95번) 출제

[KEY]
① 2017년 5월 7일 출제
② 2018년 4월 25일 출제
③ 2018년 8월 19일 기사 출제
④ 2021년 3월 7일(문제 95번) 출제
⑤ 2021년 5월 15일(문제 86번) 출제

83. 아세톤에 대한 설명으로 틀린 것은?

① 증기는 유독하므로 흡입하지 않도록 주의해야 한다.
② 무색이고 휘발성이 강한 액체이다.
③ 비중이 0.79 이므로 물보다 가볍다.
④ 인화점이 20[℃]이므로 여름철에 인화 위험이 더 높다.

[해설]
아세톤 성질
① 분자식 : C_3H_6O
② 인화점 : $-18[℃]$

[참고] 산업안전기사 필기 p.5-43(합격날개 : 은행문제)

[KEY] 2017년 5월 7일(문제 86번)출제

[합격팁]
아세틸렌의 용제
① 아세톤
② 디메틸포름아미드(DMF)

84. 화학물질 및 물리적 인자의 노출기준에서 정한 유해인자에 대한 노출기준의 표시단위가 잘못 연결된 것은?

① 에어로졸 : ppm
② 증기 : ppm
③ 가스 : ppm
④ 고온 : 습구흑구온도지수(WBGT)

[해설]
에어로졸
병원균 감염의 경로 중 하나로 1[㎛]이하 연무질에 포함된 바이러스가 공기 중을 떠다니다 흡입됐을 때 일으키는 감염을 말함

[참고] 산업안전기사 필기 p.5-43(합격날개 : 합격예측)

[합격팁]
노출기준의 표시단위

구분	표시단위
가스 및 증기	① ppm 또는 mg/m³ ② mg/m³= $\dfrac{ppm \times 분자량(g)}{24.45(25℃ \cdot 1기압)}$
분진	mg/m³(단, 석면은 개수/cm³)

고온	습구 흑구 온도지수(WBGT)
	① 옥외(태양광선이 내리쬐는 장소) :
	  WBGT[℃]=(0.7×자연습구온도)+(0.2×흑구온도)+(0.1×건구온도)
	② 옥내 또는 옥외(태양광선이 내리쬐지 않는 장소) :
	  WBGT[℃]=(0.7×자연습구온도)+(0.3×흑구온도)

[주] ppm : 허용농도단위(parts per million)

[정답] 82 ②   83 ④   84 ①

85
다음 [표]를 참조하여 메탄 70[vol%], 프로판 21[vol%], 부탄 9[vol%]인 혼합가스의 폭발범위를 구하면 약 몇 [vol%] 인가?

가스	폭발하한계(vol%)	폭발상한계(vol%)
C_4H_{10}	1.8	8.4
C_3H_8	2.1	9.5
C_2H_6	3.0	12.4
CH_4	5.0	15.0

① 3.45~9.11　　② 3.45~12.58
③ 3.85~9.11　　④ 3.85~12.58

해설
혼합가스 폭발범위

① 하한 = $\dfrac{100}{\dfrac{70}{5}+\dfrac{21}{2.1}+\dfrac{9}{1.8}} = 3.45$

② 상한 = $\dfrac{100}{\dfrac{70}{15}+\dfrac{21}{9.5}+\dfrac{9}{8.4}} = 12.58$

참고 산업안전기사 필기 p.5-64(문제 17번)

KEY 2018년 8월 19일(문제 88번) 출제

합격팁
① 폭발하한계 = $0.55 \times C_{st}$
② 폭발상한계 = $3.50 \times C_{st}$

여기서, $C_{st} = \dfrac{100}{1+4.773\left(n+\dfrac{m-f-2\lambda}{4}\right)}$

(n : 탄소, m : 수소, f : 할로겐원소, λ : 산소의 원자수)

폭발하한계

$L = \dfrac{100}{\dfrac{V_1}{L_1}+\dfrac{V_2}{L_2}} = \dfrac{100}{\dfrac{70}{5}+\dfrac{30}{1.8}} = 3.26[vol\%]$

참고 산업안전기사 필기 p.5-32(보충학습)

KEY
① 2005년 출제
② 2011년 3월 20일 (문제 82번) 출제
③ 2017년 8월 26일(문제 97번) 출제

86
산업안전보건법령상 위험물질의 종류를 구분할 때 다음 물질들이 해당하는 것은?

리튬, 칼륨, 나트륨, 황, 황린, 황화인, 적린

① 폭발성 물질 및 유기과산화물
② 산화성 액체 및 산화성 고체
③ 물반응성 물질 및 인화성 고체
④ 급성 독성 물질

해설
물반응성 물질
① 나트륨 : 3류 금수성(물반응성 물질)
② $2Na + 2H_2O \rightarrow 2NaOH + H_2$(수소)

참고 산업안전기사 필기 p.5-35(2. 물반응성 물질 및 인화성 고체)

KEY
① 2016년 5월 8일 기사 출제
② 2017년 8월 26일(문제 100번) 출제
③ 2021년 3월 7일(문제 93번) 출제
④ 2021년 5월 15일(문제 82번) 출제

87
제1종 분말소화약제의 주성분에 해당하는 것은?

① 사염화탄소　　② 브롬화메탄
③ 수산화암모늄　④ 탄산수소나트륨

해설
분말소화약제의 종류

종류	주성분		분말색	적용화재
	품명	화학식		
제1종	탄산수소나트륨	$NaHCO_3$	백색	B, C급 화재
제2종	탄산수소칼륨	$KHCO_3$	담청색	B, C급 화재
제3종	인산암모늄	$NH_4H_2PO_4$	담홍색	A, B, C급 화재
제4종	탄산수소칼륨 요소	$KHCO_3$ + $(NH_2)_2CO$	쥐색 (회색)	B, C급 화재

참고 산업안전기사 필기 p.5-13(2. 분말소화약제의 종류)

KEY
① 2018년 4월 28일(문제 93번) 출제
② 2018년 8월 19일 기사 출제
③ 2020년 6월 7일 기사 출제

88
탄화칼슘이 물과 반응하였을 때 생성물을 옳게 나타낸 것은?

① 수산화칼슘 + 아세틸렌
② 수산화칼슘 + 수소
③ 염화칼슘 + 아세틸렌
④ 염화칼슘 + 수소

[정답] 85 ②　86 ③　87 ④　88 ①

해설

물과 탄화칼슘 반응
① 카바이드(CaC_2 : 탄화칼슘)와 물(H_2O)이 반응하면 아세틸렌(C_2H_2) 가스를 발생시킨다.
② $CaC_2 + 2H_2O \rightarrow C_2H_2 + Ca(OH)_2$

> 참고) 산업안전기사 필기 p.3-114(합격날개 : 합격예측)

> KEY ▶ ① 2006년 8월 6일 (문제 99번) 출제
> ② 2010년 5월 9일 산업기사 출제
> ③ 2017년 8월 27일(문제 88번) 출제
> ④ 2018년 3월 4일(문제 93번) 출제
> ⑤ 2020년 6월 7일(문제 99번) 출제

89 다음 중 분진 폭발의 특징으로 옳은 것은?

① 가스폭발보다 연소시간이 짧고, 발생에너지가 작다.
② 압력의 파급속도보다 화염의 파급속도가 빠르다.
③ 가스폭발에 비하여 불완전 연소의 발생이 없다.
④ 주위의 분진에 의해 2차, 3차의 폭발로 파급될 수 있다.

해설

분진폭발의 특성
① 연소속도나 폭발압력은 가스폭발보다는 작지만 가해지는 힘(파괴력)은 매우 크다.
② 2차 폭발을 한다.
③ CO의 중독피해가 우려된다.

> 참고) ① 산업안전기사 필기 p.5-9(표. 증기폭발, 분진폭발, 분해폭발)
> ② 2021년 3월 7일(문제 88번)

> KEY ▶ ① 2011년 6월 12일 (문제 87번) 출제
> ② 2017년 6월 26일(문제 89번) 출제

90 가연성 가스 A의 연소범위를 2.2~9.5[vol%]라 할 때 가스 A의 위험도는 얼마인가?

① 2.52 ② 3.32
③ 4.91 ④ 5.64

해설

위험도 계산

$H = \dfrac{폭발상한계 - 폭발하한계}{폭발하한계} = \dfrac{9.5 - 2.2}{2.2} = 3.32$

> 참고) 산업안전기사 필기 p.5-70(문제 40번) 적중

> KEY ▶ ① 2020년 6월 7일 기사 출제
> ② 2020년 6월 14일 산업기사 출제
> ③ 2021년 3월 7일(문제 97번) 출제

91 다음 중 증기배관내에 생성된 증기의 누설을 막고 응축수를 자동적으로 배출하기 위한 안전장치는?

① Steam trap   ② Vent stack
③ Blow down   ④ Flame arrester

해설

steam-draft(steam trap)
① 증기배관 내에 생기는 응축수를 자동적으로 배출하기 위한 장치
② 종류는 디스크식, 바이메탈식, 버킷식 등

> 참고) 산업안전기사 필기 p.5-47(2. 종류)

> KEY ▶ 2020년 8월 22일(문제 89번) 출제

92 CF_3Br 소화약제의 할론 번호를 옳게 나타낸 것은?

① 하론 1031   ② 하론 1311
③ 하론 1301   ④ 하론 1310

해설

할론 넘버 : C, F, Cl, Br의 개수로 표시
① 일염화 일취화 메탄 : 1011
② 일취화 일염화 이불화 메탄 : 1211
③ 이취화 사불화 에탄 : 2402
④ 일취화 삼불화 메탄 : 1301

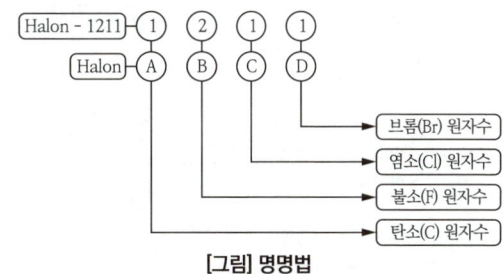

[그림] 명명법

> 참고) 산업안전기사 필기 p.5-15(7. 할로겐화물 소화기)

> KEY ▶ ① 2008년 7월 27일 기사 출제
> ② 2016년 8월 21일 산업기사 출제
> ③ 2018년 8월 19일 기사 출제

[정답] 89 ④ 90 ② 91 ① 92 ③

과년도 출제문제

93 산업안전보건법령에 따라 공정안전보고서에 포함해야 할 세부내용 중 공정안전 자료에 해당하지 않는 것은?

① 안전운전지침서
② 각종 건물, 설비의 배치도
③ 유해하거나 위험한 설비의 목록 및 사양
④ 위험설비의 안전설계ㆍ제작 및 설치관련 지침서

해설

공정안전자료의 주요세부내용
① 취급·저장하고 있는 유해·위험물질의 종류와 수량
② 유해·위험물질에 대한 물질안전보건자료
③ 유해·위험설비의 목록 및 사양
④ 유해·위험설비의 운전방법을 알 수 있는 공정도면
⑤ 각종 건물·설비의 배치도
⑥ 폭발위험장소구분도 및 전기단선도
⑦ 위험설비의 안전설계·제작 및 설치관련지침서

참고 산업안전기사 필기 p.5-88(표. 공정안전보고서에 포함될 주요 내용)

KEY 2018년 3월 4일(문제 84번) 출제

94 산업안전보건법령상 단위공정시설 및 설비로부터 다른 단위 공정 시설 및 설비사이의 안전거리는 설비의 바깥면부터 얼마 이상이 되어야 하는가?

① 5[m]　② 10[m]
③ 15[m]　④ 20[m]

해설

안전거리

구 분	안전거리
1. 단위공정시설 및 설비로부터 다른 단위공정시설 및 설비의 사이	설비의 바깥면으로부터 10[m] 이상
2. 플레어스택으로부터 단위공정시설 및 설비, 위험물질 저장탱크 또는 위험물질 하역설비의 사이	플레어스택으로부터 반경 20[m] 이상. 다만, 단위 공정시설 등이 불연재로 시공된 지붕 아래 설치된 경우에는 그러하지 아니하다.
3. 위험물질 저장탱크로부터 단위공정시설 및 설비, 보일러 또는 가열로의 사이	저장탱크의 바깥면으로부터 20[m] 이상. 다만, 저장탱크에 방호벽, 원격조정 소화설비 또는 살수설비를 설치한 경우에는 그러하지 아니하다.
4. 사무실·연구실·실험실·정비실 또는 식당으로부터 단위공정시설 및 설비, 위험물질 저장탱크, 위험물질 하역설비, 보일러 또는 가열로의 사이	사무실 등의 바깥면으로부터 20[m] 이상. 다만, 난방용 보일러인 경우 또는 사무실 등의 벽을 방호구조로 설치한 경우에는 그러하지 아니하다.

참고 산업안전기사 필기 p.5-72(문제 51번) 적중

KEY
① 2010년 7월 25일 기사 출제
② 2019년 4월 27일 산업기사 출제
③ 2020년 8월 22일 기사 출제

합격정보
산업안전보건기준에 관한 규칙 [별표 8] 안전거리

95 자연발화 성질을 갖는 물질이 아닌 것은?

① 질화면　② 목탄분말
③ 아마인유　④ 과염소산

해설

과염소산
① 산화성 액체
② 제6류 위험물

KEY 2021년 5월 15일(문제 82번) 출제

96 다음 중 왕복펌프에 속하지 않는 것은?

① 피스톤 펌프　② 플런저 펌프
③ 기어 펌프　④ 격막 펌프

해설

유압펌프의 분류

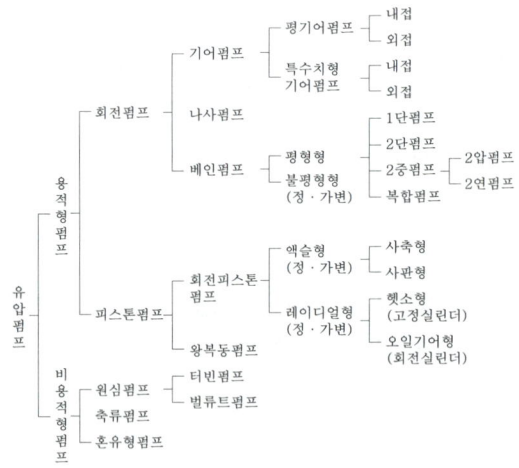

참고 산업안전기사 필기 p.5-80(문제 84번) 적중
KEY 2017년 5월 7일(문제 89번) 출제

[정답] 93 ①　94 ②　95 ④　96 ③

97 두 물질을 혼합하면 위험성이 커지는 경우가 아닌 것은?

① 이황화탄소+물 ② 나트륨+물
③ 과산화나트륨+염산 ④ 염소산칼륨+적린

해설

이황화탄소
① 화학식 : CS_2. 무색 투명한 유동성 액체인 특수인화물
② 녹는점 : $-111[℃]$
③ 끓는점 : $46.3[℃]$
④ 비중 : $1.297(0[℃])$
⑤ 인화점 : $-30[℃]$
⑥ 발화점 : $90[℃]$
⑦ 연소범위 : $1\sim50[\%]$

KEY 2007년 8월 26일(문제 91번)

보충학습
CS_2(제4류 특수인화물) : 물에 넣어서 보관

98 10[%] NaOH 수용액과 5[%] NaOH 수용액을 반응기에 혼합하여 6[%] 100[kg]의 NaOH 수용액을 만들려면 각각 몇 [kg]의 NaOH 수용액이 필요한가?

① 5[%] NaOH 수용액 : 33.3, 10[%] NaOH 수용액 : 66.7
② 5[%] NaOH 수용액 : 50, 10[%] NaOH 수용액 : 50
③ 5[%] NaOH 수용액 : 66.7, 10[%] NaOH 수용액 : 33.3
④ 5[%] NaOH 수용액 : 80, 10[%] NaOH 수용액 : 20

해설

수용액 계산

$\underline{10[\%]\ NaOH} + \underline{5[\%]\ NaOH} \rightarrow \underline{6[\%]\ NaOH의\ 100[kg]}$
$\quad\quad x \quad\quad\quad\quad 100-x \quad\quad\quad\quad 0.06\times 100$

$0.05x + 0.1\times(100-x) = 6$
$0.05x + 10 - 0.1x = 6$
$0.05x = 4$
$\therefore x = 80[kg]$의 5[%] NaOH, 20[kg]의 10[%] NaOH

KEY ① 2017년 5월 7일 (문제 96번) 출제
② 2018년 8월 19일 (문제 85번) 출제

99 다음 중 노출기준(TWA, ppm) 값이 가장 작은 물질은?

① 염소 ② 암모니아
③ 에탄올 ④ 메탄올

해설

독성 가스의 허용노출기준(TWA)

가스명칭	허용농도(ppm)	가스명칭	허용농도(ppm)
이산화탄소(CO_2)	5,000	불화수소(HF)	3
일산화탄소(CO)	50	염소(Cl_2)	1
산화에틸렌(C_2H_4O)	50	포스겐($COCl_2$)	0.1
암모니아(NH_3)	25	브롬(Br_2)	0.1
일산화질소(NO)	25	불소(F_2)	0.1
디메틸아민[$(CH_3)_2NH$]	25	오존(O_3)	0.1
브롬메틸(CH_3Br)	20	인화수소(PH_3)	0.3
황화수소(H_2S)	10	아세트알데히드(CH_3CHO)	200
시안화수소(HCN)	10	포름알데히드(HCHO)	5
아황산가스(SO_2)	5	메틸아민(CH_3NH_2)	10
염화수소(HCl)	5		

참고 산업안전기사 필기 p.5-41(2. 유해물질 허용농도)

KEY ① 2016년 8월 21일 기사 출제
② 2018년 3월 4일(문제 100번) 출제

100 산업안전보건법령에 따라 위험물 건조설비 중 건조실을 설치하는 건축물의 구조를 독립된 단층 건물로 하여야 하는 건조설비가 아닌 것은?

① 위험물 또는 위험물이 발생하는 물질을 가열·건조하는 경우 내용적이 $2[m^3]$인 건조설비
② 위험물이 아닌 물질을 가열·건조하는 경우 액체 연료의 최대사용량이 $5[kg/h]$인 건조설비
③ 위험물이 아닌 물질을 가열·건조하는 경우 기체 연료의 최대사용량이 $2[m^3/h]$인 건조설비
④ 위험물이 아닌 물질을 가열·건조하는 경우 전기 사용 정격용량이 $20[kw]$인 건조설비

해설

위험물 건조설비 건축물의 구조
① 위험물 또는 위험물이 발생하는 물질을 가열·건조하는 경우 내용적이 $1[m^3]$ 이상인 건조설비
② 위험물이 아닌 물질을 가열·건조하는 경우로서 다음 각 목의 어느 하나의 용량에 해당하는 건조설비

[정답] 97 ① 98 ④ 99 ① 100 ②

㉮ 고체 또는 액체연료의 최대사용량이 시간당 10[kg] 이상
㉯ 기체연료의 최대사용량이 시간당 1[m³] 이상
㉰ 전기사용 정격용량이 10[kW] 이상

참고 산업안전기사 필기 p.5-53(합격날개 : 합격예측 및 관련법규)

KEY 2018년 3월 4일(문제 88번) 출제

정보제공
산업안전보건기준에 관한 규칙 제280조(위험물건조설비를 설치하는 건축물의 구조)

합격자의 조언
① 6과목 문제가 1과목에도 출제됩니다.
② 결론은 문제는 다다익선 즉 10년 과년도를 보시되 반드시 최근문제(역순)부터 보시는 것이 합격의 비결입니다.

6 건설공사 안전관리

101 다음은 산업안전보건법령에 따른 산업안전보건관리비의 사용에 관한 규정이다. ( )안에 들어갈 내용을 순서대로 옳게 작성한 것은?

건설공사도급인은 고용노동부장관이 정하는 바에 따라 해당 건설공사를 위하여 계상된 산업안전보건관리비를 그가 사용하는 근로자와 그의 관계수급인이 사용하는 근로자의 산업재해 및 건강장해 예방에 사용하고, 그 사용명세서를 ( ) 작성하고 건설공사 종료 후 ( )간 보존해야 한다.

① 매월, 6개월
② 매월, 1년
③ 2개월 마다, 6개월
④ 2개월 마다, 1년

해설
재해예방 전문지도기관의 지도를 받아야 하는 사업

구 분	적 용
대상 사업	공사 금액 1억원 이상 120억원(토목공사업에 속하는 공사는 150억원) 미만인 공사를 하는 자와 「건축법」에 따른 건축허가의 대상이 되는 공사를 하는 자
제외되는 공사	① 공사기간이 1개월 미만인 공사 ② 육지와 연결되지 아니한 섬지역(제주특별자치도는 제외)에서 이루어지는 공사 ③ 사업주가 안전관리자의 자격을 가진 사람을 선임하여 안전관리자의 업무만을 전담하도록 하는 공사 ④ 유해·위험방지계획서를 제출하여야 하는 공사
사용명세서 작성 및 보존	매월작성(공사가 1개월 이내 종료되는 경우 공사종료 시) 하고 공사 종료 후 1년간 보존

참고 산업안전기사 필기 p.6-17(합격날개 : 합격예측)

합격정보
산업안전보건법 시행령 제59조(건설재해 예방지도 대상 건설공사 도급인)

KEY 2021년 3월 7일 (문제 12번) 출제

102 산업안전보건법령에 따른 건설공사 중 다리 건설공사의 경우 유해위험방지계획서를 제출하여야 하는 기준으로 옳은 것은?

① 최대 지간길이가 40[m] 이상인 다리의 건설 등 공사
② 최대 지간길이가 50[m] 이상인 다리의 건설 등 공사
③ 최대 지간길이가 60[m] 이상인 다리의 건설 등 공사
④ 최대 지간길이가 70[m] 이상인 다리의 건설 등 공사

해설
유해위험방지계획서 제출 대상 교량 : 최대지간 거리 50[m] 이상

참고 산업안전기사 필기 p.6-20(3. 유해위험방지계획서 제출 대상 건설공사)

KEY 2021년 3월 7일(문제 111번) 등 20번 이상 출제

합격정보
산업안전보건법 시행령 제42조(유해위험방지계획서 제출 대상)

103 건설공사도급인은 건설공사 중에 가설구조물의 붕괴 등 산업재해가 발생할 위험이 있다고 판단되면 건축·토목 분야의 전문가의 의견을 들어 건설공사 발주자에게 해당 건설공사의 설계변경을 요청할 수 있는데, 이러한 가설구조물의 기준으로 옳지 않은 것은?

① 높이 20[m] 이상인 비계
② 작업발판 일체형 거푸집 또는 높이 6[m] 이상인 거푸집 동바리
③ 터널의 지보공 또는 높이 2[m] 이상인 흙막이 지보공
④ 동력을 이용하여 움직이는 가설구조물

[정답] 101 ② 102 ② 103 ①

해설

가설구조물의 기준
① 높이가 31미터 이상인 비계
② 브라켓(bracket) 비계
③ 작업발판 일체형 거푸집 또는 높이가 5미터 이상인 거푸집 및 동바리
④ 터널의 지보공(支保工) 또는 높이가 2미터 이상인 흙막이 지보공
⑤ 동력을 이용하여 움직이는 가설구조물
⑥ 높이 10미터 이상에서 외부작업을 하기 위하여 작업발판 및 안전시설물을 일체화하여 설치하는 가설 구조물
⑦ 공사현장에서 제작하여 조립·설치하는 복합형 가설구조물
⑧ 그 밖에 발주자 또는 인·허가기관의 장이 필요하다고 인정하는 가설구조물

[참고] 산업안전기사 필기 p.6-89(합격날개 : 은행문제 2)

[합격정보]
건설기술 진흥법 시행령
제101조의2(가설구조물의 구조적 안전성 확인)

해설

강관비계 조립 간격

강관비계의 종류	조립 간격(단위 : [m])	
	수직 방향	수평 방향
단관비계	5	5
틀비계(높이 5[m] 미만인 것은 제외)	6	8

[참고] 산업안전기사 필기 p.6-94(표 : 강관비계 조립간격)

[KEY]
① 2016년 5월 8일 기사 출제
② 2017년 9월 23일 산업기사 출제
③ 2018년 8월 19일 기사 출제
④ 2019년 9월 21일 기사 출제
⑤ 2020년 6월 7일 기사 출제

[합격정보]
산업안전보건기준에 관한 규칙 [별표 5] 강관비계의 조립간격

104 지반의 굴착 작업에 있어서 비가 올 경우를 대비한 직접적인 대책으로 옳은 것은?

① 측구 설치
② 낙하물 방지망 설치
③ 추락 방호망 설치
④ 매설물 등의 유무 또는 상태 확인

해설

굴착작업시 비가 올 경우 직접적인 대책 : 측구(側溝)설치

[참고] 산업안전기사 필기 p.6-105(합격날개 : 합격예측 및 관련법규)

[합격정보]
산업안전보건기준에 관한 규칙 제339조(굴착면의 붕괴 등에 의한 위험방지)

105 강관틀비계(높이 5[m] 이상)의 넘어짐을 방지하기 위하여 사용하는 벽이음 및 버팀의 설치간격 기준으로 옳은 것은?

① 수직방향 5[m], 수평방향 5[m]
② 수직방향 6[m], 수평방향 7[m]
③ 수직방향 6[m], 수평방향 8[m]
④ 수직방향 7[m], 수평방향 8[m]

106 거푸집동바리 등을 조립하는 경우에 준수해야 할 기준으로 옳지 않은 것은?

① 동바리의 상하 고정 및 미끄러짐 방지조치를 하고, 하중의 지지상태를 유지한다.
② 강재와 강재의 접속부 및 교차부는 볼트 클램프 등 전용철물을 사용하여 단단히 연결한다.
③ 파이프서포트를 제외한 동바리로 사용하는 강관은 높이 2[m]마다 수평연결재를 2개 방향으로 만들고 수평연결재의 변위를 방지할 것
④ 동바리로 사용하는 파이프서포트는 4개 이상 이어서 사용하지 않도록 할 것

해설

파이프 서포트 안전기준
① 파이프 서포트를 3개 이상 이어서 사용하지 않도록 할 것
② 파이프 서포트를 이어서 사용하는 경우에는 4개 이상의 볼트 또는 전용철물을 사용하여 이을 것

[참고] 산업안전기사 필기 p.6-87(합격날개 : 합격예측 및 관련법규)

[KEY]
① 2018년 3월 4일 기사, 산업기사 출제
② 2018년 9월 15일 기사 출제
③ 2019년 3월 3일 기사 출제
④ 2019년 9월 21일 기사 출제
⑤ 2021년 3월 7일 (문제 101번) 출제

[합격정보]
산업안전보건기준에 관한 규칙 제332조의2(동바리 유형에 따른 동바리 조립시의 안전조치)

[정답] 104 ① 105 ③ 106 ④

107 흙막이 가시설 공사 중 발생할 수 있는 보일링(Boiling) 현상에 관한 설명으로 옳지 않은 것은?

① 이 현상이 발생하면 흙막이 벽의 지지력이 상실된다.
② 지하수위가 높은 지반을 굴착할 때 주로 발생한다.
③ 흙막이벽의 근입장 깊이가 부족할 경우 발생한다.
④ 연약한 점토지반에서 굴착면의 융기로 발생한다.

해설
보일링(Boiling)현상
① 투수성이 좋은 사질지반의 흙막이 지면에서 수두차로 인한 상향의 침투압이 발생, 유효응력이 감소하여 전단강도가 상실되는 현상
② 지하수가 모래와 같이 솟아오르는 현상
③ 모래의 액상화

참고) 산업안전기사 필기 p.6-6(합격날개 : 합격대책)

KEY ① 2016년 10월 1일 기사 출제
② 2019년 3월 3일 기사 출제
③ 2019년 4월 27일 산업기사 출제
④ 2020년 8월 23일 산업기사 출제

합격팁
히빙(Heaving) 현상
연약성 점토지반 굴착시 굴착외측 흙의 중량에 의해 굴착저면의 흙이 활동전단 파괴되어 굴착내측으로 부풀어 오르는 현상

108 산업안전보건법령에 따른 양중기의 종류에 해당하지 않는 것은?

① 고소작업차
② 이동식 크레인
③ 승강기
④ 리프트(Lift)

해설
양중기란 동력을 사용하여 화물, 사람 등을 운반하는 기계·설비
① 크레인(호이스트 포함)
② 이동식 크레인
③ 리프트(이삿짐운반용 리프트의 경우에는 적재하중이 0.1[t] 이상인 것)
④ 곤돌라
⑤ 승강기

참고) 산업안전기사 필기 p.6-145(합격날개 : 합격예측)

합격정보
산업안전보건기준에 관한 규칙 제132조(양중기)

109 산업안전보건법령에 따른 작업발판 일체형 거푸집에 해당되지 않는 것은?

① 갱 폼(Gang Form)
② 슬립 폼(Slip Form)
③ 유로 폼(Euro Form)
④ 클라이밍 폼(Climbing Form)

해설
작업발판 일체형 거푸집의 종류
① 갱폼(gang form)
② 슬립 폼(slip form)
③ 클라이밍 폼(climbing form)
④ 터널 라이닝 폼(tunnel lining form)
⑤ 그 밖에 거푸집과 작업 발판이 일체로 제작된 거푸집 등

참고) 산업안전기사 필기 p.6-100(합격날개 : 합격예측)

KEY 2017년 9월 23일 기사 출제

합격정보
산업안전보건기준에 관한 규칙 제331조의3(작업발판 일체형 거푸집의 안전조치)

110 굴착과 싣기를 동시에 할 수 있는 토공기계가 아닌 것은?

① 트랙터 셔블(tractor shovel)
② 백호(back hoe)
③ 파워 셔블(power shovel)
④ 모터 그레이더(motor grader)

해설
파워셔블(power shovel)[dipper shovel : 동력삽]

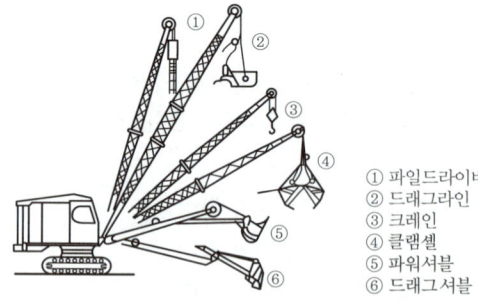

① 파일드라이버
② 드래그라인
③ 크레인
④ 클램셸
⑤ 파워셔블
⑥ 드래그셔블

[그림] 굴착기의 앞부속장치

참고) 산업안전기사 필기 p.6-62(3. 작업에 따른 분류)

【 정답 】 107 ④　108 ①　109 ③　110 ④

KEY
① 2016년 5월 8일 기사 출제
② 2018년 9월 15일 산업기사 출제
③ 2019년 9월 21일 산업기사 출제
④ 2020년 8월 22일 기사 출제

합격팁
모터 그레이더 : 땅고르기에 사용

111 강관틀 비계를 조립하여 사용하는 경우 준수하여야 할 사항으로 옳지 않은 것은?

① 비계기둥의 밑둥에는 밑받침 철물을 사용할 것
② 높이가 20[m]를 초과하거나 중량물의 적재를 수반하는 작업을 할 경우에는 주틀 간의 간격을 1.8[m] 이하로 할 것
③ 주틀 간에 교차 가새를 설치하고 최하층 및 3층 이내마다 수평재를 설치할 것
④ 길이가 띠장 방향으로 4[m] 이하이고 높이가 10[m]를 초과하는 경우에는 10[m] 이내마다 띠장 방향으로 버팀기둥을 설치할 것

해설
주틀간에 교차가새를 설치하고 최상층 및 5층 이내마다 수평재를 설치할 것

참고 산업안전기사 필기 p.6-101(합격날개 : 합격예측 및 관련법규)

KEY
① 2018년 4월 28일 기사 출제
② 2019년 3월 3일 산업기사 출제
③ 2019년 8월 4일 기사 출제

합격정보
산업안전보건기준에 관한 규칙 제62조(강관틀비계)

112 장비가 위치한 지면보다 낮은 장소를 굴착하는 데 적합한 장비는?

① 트럭크레인   ② 파워셔블
③ 백호   ④ 진폴

해설
백호(back hoe)[드래그셔블(drag shovel)]
① 토목공사나 수중굴착에 많이 사용된다.
② 지하층이나 기초의 굴착에 사용된다.
③ 기계가 서 있는 지면보다 낮은 장소의 굴착에도 적당하고 수중굴착도 가능하다.
④ 파워셔블과 같이 굳은 지반의 토질에서도 정확한 굴착이 된다.

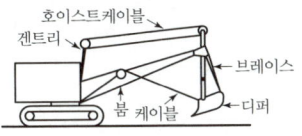
[그림] 백호

참고
① 산업안전기사 필기 p.6-63(2. 백호)
② 산업안전기사 필기 p.6-62(합격날개 : 은행문제) 적중

KEY
① 2018년 8월 19일 기사 출제
② 2020년 6월 7일 기사 출제

113 다음은 산업안전보건법령에 따른 시스템 비계의 구조에 관한 사항이다. (   )안에 들어갈 내용으로 옳은 것은?

> 비계 밑단의 수직재와 받침철물은 밀착되도록 설치하고, 수직재와 받침철물의 연결부의 겹침길이는 받침철물 전체길이의 (   )이상이 되도록 할 것

① 2분의 1   ② 3분의 1
③ 4분의 1   ④ 5분의 1

해설
시스템 비계의 구조
비계 밑단의 수직재와 받침철물은 밀착되도록 설치하고, 수직재와 받침철물의 연결부의 겹침길이는 받침철물 전체길이의 3분의 1이상이 되도록 할 것

참고 산업안전기사 필기 p.6-104(합격날개 : 합격예측 및 관련 법규)

KEY
① 2016년 5월 8일 기사 출제
② 2017년 9월 23일 기사 출제
③ 2018년 8월 19일 기사 출제
④ 2019년 4월 27일 산업기사 출제

합격정보
산업안전보건기준에 관한 규칙 제69조(시스템비계의 구조)

114 부두·안벽 등 하역작업을 하는 장소에서 부두 또는 안벽의 선을 따라 통로를 설치하는 경우에는 폭을 최소 얼마 이상으로 하여야 하는가?

① 85[cm]   ② 90[cm]
③ 100[cm]   ④ 120[cm]

[정답] 111 ③ 112 ③ 113 ② 114 ②

해설
부두 및 안벽선의 통로 : 90[cm] 이상

참고 산업안전기사 필기 p.6-183(1. 항만 작업장의 안전기준)

KEY
① 2017년 5월 7일 기사, 산업기사 출제
② 2017년 9월 23일 기사 출제
③ 2018년 4월 28일 기사 출제
④ 2019년 3월 3일 기사 출제
⑤ 2020년 6월 14일 산업기사 출제

합격정보
산업안전보건기준에 관한 규칙 제390조(하역작업장의 조치기준)

---

115 건설현장에서 작업으로 인하여 물체가 떨어지거나 날아올 위험이 있는 경우에 대한 안전조치에 해당하지 않는 것은?

① 수직보호망 설치
② 방호선반 설치
③ 울타리 설치
④ 낙하물 방지망 설치

해설
낙하, 비래에 의한 위험방지 안전기준
① 낙하물 방지망
② 수직보호망
③ 방호 선반의 설치
④ 출입금지 구역의 설정
⑤ 보호구 착용

참고 산업안전기사 필기 p.6-76(출제예상문제 : 1번) 적중

KEY
① 2017년 8월 26일 기사 출제
② 2019년 9월 21일 기사 출제
③ 2020년 6월 7일 기사 출제

합격정보
산업안전보건기준에 관한 규칙 제14조(낙하물에 의한 위험의 방지)

---

116 콘크리트 타설 시 안전수칙으로 옳지 않은 것은?

① 타설 순서는 계획에 의하여 실시하여야 한다.
② 진동기는 최대한 많이 사용하여야 한다.
③ 콘크리트를 치는 도중에는 거푸집, 지보공 등의 이상유무를 확인하여야 한다.
④ 손수레로 콘크리트를 운반할 때에는 손수레를 타설하는 위치까지 천천히 운반하여 거푸집에 충격을 주지 아니하도록 타설하여야 한다.

해설
진동기는 적정(안전)하게 사용한다.

참고 산업안전기사 필기 p.6-91(합격날개 : 합격예측 및 관련법규)

KEY
① 2016년 5월 8일 기사 출제
② 2016년 10월 1일 산업기사 출제
③ 2017년 3월 5일 산업기사 출제

정보제공
산업안전보건기준에 관한 규칙 제334조(콘크리트의 타설작업)

---

117 강관을 사용하여 비계를 구성하는 경우 준수해야 할 사항으로 옳지 않은 것은?

① 비계기둥의 간격은 띠장 방향에서는 1.85[m] 이하, 장선(長線) 방향에서는 1.5[m] 이하로 할 것
② 띠장 간격은 2.0[m] 이하로 할 것
③ 비계기둥의 제일 윗부분으로부터 31[m]되는 지점 밑부분의 비계기둥은 3개의 강관으로 묶어 세울 것
④ 비계기둥 간의 적재하중은 400[kg]을 초과하지 않도록 할 것

해설
강관비계의 구조
① 비계기둥의 간격은 띠장 방향에서는 1.85미터 이하, 장선(線) 방향에서는 1.5미터 이하로 할 것. 다만, 선박 및 보트 건조작업의 경우 안전성에 대한 구조검토를 실시하고 조립도를 작성하면 띠장 방향 및 장선 방향으로 각각 2.7미터 이하로 할 수 있다.
② 띠장 간격은 2.0미터 이하로 할 것. 다만, 작업의 성질상 이를 준수하기가 곤란하여 쌍기둥틀 등에 의하여 해당 부분을 보강한 경우에는 그러하지 아니하다.
③ 비계기둥의 제일 윗부분으로부터 31 미터되는 지점 밑부분의 비계기둥은 2개의 강관으로 묶어 세울 것. 다만, 브라켓(bracket. 까치발) 등으로 보강하여 2개의 강관으로 묶을 경우 이상의 강도가 유지되는 경우에는 그러하지 아니하다.
④ 비계기둥 간의 적재하중은 400킬로그램을 초과하지 않도록 할 것

참고 산업안전기사 필기 p.6-98(합격날개 : 합격예측 및 관련법규)

KEY
① 2017년 3월 5일 기사 출제
② 2017년 8월 26일 기사, 산업기사 출제
③ 2018년 3월 4일 기사 출제
④ 2019년 8월 4일 산업기사 출제
⑤ 2020년 8월 23일 산업기사 출제
⑥ 2021년 3월 7일 기사(문제 104번) 출제

정보제공
산업안전보건기준에 관한 규칙 제60조(강관비계의 구조)

[정답] 115 ③ 116 ② 117 ③

118 가설통로 설치에 있어 경사가 최소 얼마를 초과하는 경우에는 미끄러지지 아니하는 구조로 하여야 하는가?

① 15도 ② 20도
③ 30도 ④ 40도

해설

가설통로
경사가 15[°]를 초과하는 경우에는 미끄러지지 아니하는 구조로 할 것

참고 산업안전기사 필기 p.6-17(합격날개 : 합격예측 및 관련법규)

KEY
① 2017년 3월 5일 산업기사 출제
② 2017년 5월 7일 산업기사 출제
③ 2017년 9월 23일 기사 출제
④ 2018년 4월 28일 기사, 산업기사 출제
⑤ 2018년 8월 19일 산업기사 출제
⑥ 2018년 9월 15일 산업기사 출제
⑦ 2020년 6월 7일 기사 출제
⑧ 2020년 6월 14일 산업기사 출제

합격정보
산업안전보건기준에 관한 규칙 제23조(가설통로의 구조)

---

119 굴착공사에 있어서 비탈면붕괴를 방지하기 위하여 실시하는 대책으로 옳지 않은 것은?

① 지표수의 침투를 막기 위해 표면 배수공을 한다.
② 지하수위를 내리기 위해 수평배수공을 설치한다.
③ 비탈면 하단을 성토한다.
④ 비탈면 상부에 토사를 적재한다.

해설

붕괴방지공법
① 활동할 가능성이 있는 토사는 제거하여야 한다.
② 비탈면 또는 법면의 하단을 다져서 활동이 안 되도록 저항을 만들어야 한다.
③ 지표수가 침투되지 않도록 배수를 시키고 지하수위를 낮추기 위하여 수평 보링(boring)을 하여 배수시켜야 한다.
④ 말뚝(강관, H형강, 철근 콘크리트)을 박아 지반을 강화시킨다.

참고 산업안전기사 필기 p.6-57(2. 붕괴방지 공법)

KEY 2016년 3월 6일 기사 출제

합격정보
굴착공사 표준안전 작업지침 제31조(예방)

---

120 터널 지보공을 조립하는 경우에는 미리 그 구조를 검토한 후 조립도를 작성하고, 그 조립도에 따라 조립하도록 하여야 하는데 이 조립도에 명시하여야할 사항과 가장 거리가 먼 것은?

① 이음방법 ② 단면규격
③ 재료의 재질 ④ 재료의 구입처

해설

터널지보공 조립도에 명시사항
① 재료의 재질
② 단면규격
③ 설치간격
④ 이음방법

참고 산업안전기사 필기 p.6-113(합격날개 : 합격예측 및 관련법규)

KEY 2017년 8월 26일 기사 출제

정보제공
산업안전보건기준에 관한 규칙 제363조(조립도)

녹색직업 녹색자격증코너

무시하고 방치하는 것은 최악의 직무유기다.

상사가 직원을 철저히 무시하는 경우
40%의 직원이 일에서 확연히 멀어진다.
반면 상사가 직원을 수시로 야단치는 경우
22%의 직원이 확연히 멀어진다.
상사가 직원의 장점중 한가지만이라도 인정해 주고
잘 한 일에 보상을 해 줄 경우
할 일에서 멀어지는 직원은 1%에 불과하다.

―갤럽

기대만큼 일을 못하거나 자신과 잘 맞지 않는 경우
자칫 방치해 두기가 쉽습니다.
그러나 직원들을 방치해두고 무시하는 것이야말로
절대 있어서는 안될 리더의 직무유기입니다.
애정을 가지고 직원들을 성장시키고 직원들을 통해서
성과를 창출하는 것이야 말로 리더십의 본질이기 때문입니다.7

[정답] 118 ① 119 ④ 120 ④

2021년도 기사 정기검정 제3회 (2021년 8월 14일 시행)

산업안전기사

종목코드	시험시간	수험번호	성명
1431	3시간	20210814	도서출판세화

1 산업재해 예방 및 안전보건교육

01 안전점검표(체크리스트) 항목 작성 시 유의사항으로 틀린 것은?

① 정기적으로 검토하여 설비나 작업방법이 타당성 있게 개조된 내용일 것
② 사업장에 적합한 독자적 내용을 가지고 작성할 것
③ 위험성이 낮은 순서 또는 긴급을 요하는 순서대로 작성할 것
④ 점검항목을 이해하기 쉽게 구체적으로 표현할 것

해설
안전점검표(check list) 작성
① 반드시 위험성이 높은 순서
② 긴급을 요하는 순서대로 작성

참고) 산업안전기사 필기 p.3-49(합격날개 : 은행문제)
KEY▶ 2023년 3월 1일 산업기사 출제

02 안전교육에 있어서 동기부여방법으로 가장 거리가 먼 것은?

① 책임감을 느끼게 한다.
② 관리감독을 철저히 한다.
③ 자기 보존본능을 자극한다.
④ 물질적 이해관계에 관심을 두도록 한다.

해설
안전교육훈련 동기부여방법
① 안전의 근본이념(참가치)을 인식시킬 것
② 안전목표를 명확히 설정할 것
③ 결과를 알려줄 것(K.R법 : Knowledge Results)
④ 상과 벌을 줄 것(상벌제도를 합리적으로 시행할 것)
⑤ 경쟁과 협동을 유도할 것
⑥ 동기유발의 최적수준을 유지할 것

참고) 산업안전기사 필기 p.1-99(합격날개 : 합격예측)
KEY▶ 2016년 5월 8일(문제 16번) 출제

03 교육과정 중 학습경험 조직의 원리에 해당하지 않는 것은?

① 기회의 원리   ② 계속성의 원리
③ 계열성의 원리 ④ 통합성의 원리

해설
학습경험 조직의 원리
① 계속성의 원리 : 경험 요소가 계속적으로 반복되도록 조직화해야 한다.
② 계열성의 원리 : 경험의 수준을 갈수록 높여 깊이있고 폭넓은 경험이 되도록 하여야 한다.
③ 통합성의 원리 : 학습경험을 횡적으로 연결지어 조화롭게 통합해야 한다.

참고) ① 산업안전기사 필기 p.1-138(합격날개 : 합격예측)
　　　② 산업안전기사 필기 p.1-151(합격날개 : 은행문제)
KEY▶ ① 2015년 5월 31일 건설안전기사 (문제 40번) 출제
　　　② 2019년 3월 3일 건설안전기사 (문제 29번) 출제

04 근로자 1,000명 이상의 대규모 사업장에 적합한 안전관리 조직의 유형은?

① 직계식 조직   ② 참모식 조직
③ 병렬식 조직   ④ 직계참모식 조직

해설
안전보건관리조직의 형태 3가지
① Line형(직계식) : 100명 미만의 소규모 사업장
② Staff형(참모식) : 100 ~ 1,000명의 중규모 사업장
③ Line-staff형(복합식) : 1,000명 이상의 대규모 사업장

참고) 산업안전기사 필기 p.1-23(표 : 안전보건관리 조직형태)
KEY▶ ① 2016년 5월 8일, 10월 1일 출제
　　　② 2017년 9월 23일 출제
　　　③ 2019년 3월 3일(문제 15번) 출제

[정답] 01 ③　02 ②　03 ①　04 ④

05
산업안전보건법령상 안전보건표지의 종류와 형태 중 관계자 외 출입금지에 해당하지 않는 것은?

① 관리대상물질 작업장
② 허가대상물질 작업장
③ 석면취급·해체 작업장
④ 금지대상물질의 취급 실험실

해설

관계자외 출입금지 안전보건표지 3가지
① 허가대상물질 작업장
② 석면취급·해체작업장
③ 금지대상물질의 취급 실험실 등

참고) 산업안전기사 필기 p.1-62(5. 관계자외 출입금지)

합격정보
산업안전보건법 시행규칙 [별표 6] 안전보건표지의 종류와 형태

06
산업안전보건법령상 명시된 타워크레인을 사용하는 작업에서 신호업무를 하는 작업 시 특별교육 대상 작업별 교육 내용이 아닌 것은?(단, 그 밖에 안전보건관리에 필요한 사항은 제외한다.)

① 신호방법 및 요령에 관한 사항
② 걸고리·와이어로프 점검에 관한 사항
③ 화물의 취급 및 안전작업방법에 관한 사항
④ 인양물이 적재될 지반의 조건, 인양하중, 풍압 등이 인양물과 타워크레인에 미치는 영향

해설

타워크레인을 사용하는 작업 시 신호업무를 하는 작업교육 내용
① 타워크레인의 기계적 특성 및 방호장치 등에 관한 사항
② 화물의 취급 및 안전작업방법에 관한 사항
③ 신호방법 및 요령에 관한 사항
④ 인양 물건의 위험성 및 낙하·비래·충돌재해 예방에 관한 사항
⑤ 인양물이 적재될 지반의 조건, 인양하중, 풍압 등이 인양물과 타워크레인에 미치는 영향

참고) 산업안전기사 필기 p.1-162(39. 타워크레인을 사용하는 작업 시 신호업무를 하는 작업)

합격정보
산업안전보건법 시행규칙 [별표 5] 안전보건교육 교육대상자별 교육내용

07
보호구 안전인증 고시상 추락방지대가 부착된 안전대 일반구조에 관한 내용 중 틀린 것은?

① 죔줄은 합성섬유로프를 사용해서는 안된다.
② 고정된 추락방지대의 수직구명줄은 와이어로프 등으로 하여 최소지름이 8[mm]이상이어야 한다.
③ 수직구명줄에서 걸이설비와의 연결부위는 훅 또는 카라비너 등이 장착되어 걸이설비와 확실히 연결되어야 한다.
④ 추락방지대를 부착하여 사용하는 안전대는 신체지지의 방법으로 안전그네만을 사용하여야 하며 수직구명줄이 포함되어야 한다.

해설

추락방지대가 부착된 안전대의 구조
① 추락방지대를 부착하여 사용하는 안전대는 신체지지의 방법으로 안전그네만을 사용하여야 하며 수직구명줄이 포함될 것
② 수직구명줄에서 걸이설비와의 연결부위는 훅 또는 카라비너 등이 장착되어 걸이설비와 확실히 연결될 것
③ 유연한 수직구명줄은 합성섬유로프 또는 와이어로프 등이어야 하며 구명줄이 고정되지 않아 흔들림에 의한 추락방지대의 오작동을 막기 위하여 적절한 긴장수단을 이용, 팽팽히 당겨질 것
④ 죔줄은 합성섬유로프, 웨빙, 와이어로프 등일 것
⑤ 고정된 추락방지대의 수직구명줄은 와이어로프 등으로 하며 최소지름이 8[mm]이상일 것
⑥ 고정 와이어로프에는 하단부에 무게추가 부착되어 있을 것

참고) 산업안전기사 필기 p.1-54(3. 추락방지대가 부착된 안전대의 구조)

합격정보
보호구 안전인증고시 제2020-35호 [별표 9] 안전대의 성능기준

08
하인리히 재해 구성 비율 중 무상해사고가 600건이라면 사망 또는 중상 발생 건수는?

① 1   ② 2
③ 29   ④ 58

해설

하인리히 재해 구성 비율
① 중상해 : 1 → 2
② 경상해 : 29 → 58
③ 무상해 사고 : 300 → 600

[정답] 05 ① 06 ② 07 ① 08 ②

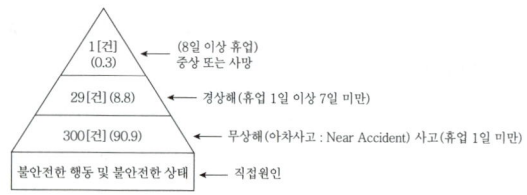

[그림] 하인리히 법칙[단위 : %]

> 참고 산업안전기사 필기 p.3-32(1. 하인리히의 1:29:300의 재해법칙)
>
> KEY 2016년 8월 21일(문제 3번) 출제

09 재해사례연구 순서로 옳은 것은?

> 재해 상황의 파악 → (㉠) → (㉡) → 근본적 문제점의 결정 → (㉢)

① ㉠ 문제점의 발견, ㉡ 대책수립, ㉢ 사실의 확인
② ㉠ 문제점의 발견, ㉡ 사실의 확인, ㉢ 대책수립
③ ㉠ 사실의 확인, ㉡ 대책수립, ㉢ 문제점의 발견
④ ㉠ 사실의 확인, ㉡ 문제점의 발견, ㉢ 대책수립

> 해설
> **재해사례 연구순서 4단계**
> ① 1단계 : 사실의 확인
> ② 2단계 : 문제점의 발견
> ③ 3단계 : 근본적 문제점 결정
> ④ 4단계 : 대책 수립
>
> 참고 산업안전기사 필기 p.3-46(3. 재해사례연구의 진행단계)
>
> KEY ① 2016년 10월 1일 기사 출제
> ② 2017년 9월 23일 기사 출제
> ③ 2018년 3월 4일 기사, 산업기사 출제
> ④ 2018년 8월 19일 기사 출제
> ⑤ 2018년 9월 15일 기사 출제
> ⑥ 2020년 6월 7일 기사 출제

10 강의식 교육지도에서 가장 많은 시간을 소비하는 단계는?

① 도입 ② 제시
③ 적용 ④ 확인

> 해설
> **단계별교육시간**
>
> | 교육법의 4단계 | 강의식 | 토의식 |
> | --- | --- | --- |
> | 1단계 : 도입 | 5분 | 5분 |
> | 2단계 : 제시 | 40분 | 10분 |
> | 3단계 : 적용 | 10분 | 40분 |
> | 4단계 : 확인 | 5분 | 5분 |
>
> 참고 산업안전기사 필기 p.1-155(합격날개 : 합격예측)
>
> KEY 2016년 8월 21일(문제 4번) 출제

11 위험예지훈련 4단계의 진행 순서를 바르게 나열한 것은?

① 목표설정 → 현상파악 → 대책수립 → 본질추구
② 목표설정 → 현상파악 → 본질추구 → 대책수립
③ 현상파악 → 본질추구 → 대책수립 → 목표설정
④ 현상파악 → 본질추구 → 목표설정 → 대책수립

> 해설
> **문제해결의 4단계(4 Round)**
> ① 1R - 현상파악 ② 2R - 본질추구
> ③ 3R - 대책수립 ④ 4R - 행동목표설정
>
> 참고 산업안전기사 필기 p.1-12(1. 위험예지훈련의 4단계)
>
> KEY ① 2016년 3월 6일 기사 출제
> ② 2016년 5월 8일 기사, 산업기사 출제
> ③ 2017년 3월 5일 기사, 산업기사 출제
> ④ 2017년 5월 7일, 8월 26일, 9월 23일 기사 출제
> ⑤ 2018년 3월 4일 산업기사 출제
> ⑥ 2019년 4월 27일 기사, 산업기사 출제
> ⑦ 2019년 8월 4일 기사 출제
> ⑧ 2020년 6월 7일, 9월 27일 기사 출제
> ⑨ 2020년 6월 14일 산업기사 출제

12 레윈(Lewin.K)에 의하여 제시된 인간의 행동에 관한 식을 올바르게 표현한 것은?(단, B는 인간의 행동, P는 개체, E는 환경, f는 함수관계를 의미한다.)

① $B = f(P \cdot E)$ ② $B = f(P+E)^E$
③ $P = E \cdot f(B)$ ④ $E = f(P \cdot B)$

[정답] 09 ④ 10 ② 11 ③ 12 ①

해설
레빈의 법칙
$B = f(P \cdot E)$
① B : Behavior(인간의 행동)
② f : function(함수관계)
③ P : Person(개체 : 연령, 경험, 심신상태, 성격, 지능, 소질 등)
④ E : Environment(심리적 환경 : 인간관계, 작업환경 등)

참고 산업안전기사 필기 p.1-77(합격예측 : 참고)

KEY 2015년 5월 31일(문제 10번) 출제

보충학습
2015년 5월 31일(문제 6번)

---

13 산업안전보건법령상 근로자에 대한 일반 건강진단의 실시 시기 기준으로 옳은 것은?

① 사무직에 종사하는 근로자 : 1년에 1회 이상
② 사무직에 종사하는 근로자 : 2년에 1회 이상
③ 사무직외의 업무에 종사하는 근로자 : 6월에 1회 이상
④ 사무직외의 업무에 종사하는 근로자 : 2년에 1회 이상

해설
건강진단 실시 시기
① 사무직 : 2년 1회 이상
② 그 밖의 근로자 : 1년 1회 이상

참고 산업안전기사 필기 p.1-236(제2절 건강진단 등 건강관리)

KEY 2015년 5월 31일(문제 10번) 출제

합격정보
산업안전보건법 시행규칙 제197조(일반건강진단의 주기 등)

---

14 매슬로우(Maslow)의 욕구 5단계 이론 중 안전욕구의 단계는?

① 제1단계
② 제2단계
③ 제3단계
④ 제4단계

해설
매슬로우(Maslow, A. H.)의 욕구단계 이론
① 제1단계(생리적 욕구 : 생명유지의 기본적 욕구) : 기아, 갈증, 호흡, 배설, 성욕 등 인간의 가장 기본적인 욕구(종족보존)
② 제2단계(안전욕구) : 자기보존욕구
③ 제3단계(사회적 욕구) : 소속감과 애정욕구
④ 제4단계(존경욕구) : 인정받으려는 욕구
⑤ 제5단계(자아실현의 욕구) : 잠재적인 능력을 실현하고자 하는 욕구(성취욕구)

참고 ① 산업안전기사 필기 p.1-101(5. 매슬로우의 욕구 단계이론)
② 산업안전기사 필기 p.1-100(합격날개 : 은행문제)

KEY 2016년 5월 8일 (문제 20번 등) 30회 이상 출제

---

15 교육계획 수립 시 가장 먼저 실시하여야 하는 것은?

① 교육내용의 결정
② 실행교육계획서 작성
③ 교육의 요구사항 파악
④ 교육실행을 위한 순서, 방법, 자료의 검토

해설
교육계획의 수립 및 추진 순서
① 교육의 필요점(요구사항)을 발견한다.
② 교육대상을 결정하고(파악) 그것에 따라 교육내용 및 교육방법을 결정한다.
③ 교육의 준비를 한다.
④ 교육을 실시한다.
⑤ 교육의 성과를 평가한다.

참고 산업안전기사 필기 p.1-137(합격날개 : 합격예측)

KEY ① 2012년 9월 15일 기사 출제
② 2020년 6월 7일 기사 출제

---

16 상황성 누발자의 재해유발원인이 아닌 것은?

① 심신의 근심
② 작업의 어려움
③ 도덕성의 결여
④ 기계설비의 결함

해설
상황(기회)성 누발자 재해유발 원인
① 작업에 어려움이 많은 자
② 기계 설비의 결함
③ 심신에 근심이 있는 자
④ 환경상 주의력의 집중이 혼란되기 때문에 발생되는 자

참고 산업안전기사 필기 p.1-98(② 상황성 누발자)

KEY ① 2017년 8월 26일 산업기사 출제
② 2017년 9월 23일 기사 출제
③ 2019년 3월 3일 건설안전기사 (문제 31번) 출제

[정답] 13 ② 14 ② 15 ③ 16 ③

17. 인간의 의식 수준을 5단계로 구분할 때 의식이 몽롱한 상태의 단계는?

① Phase I
② Phase II
③ Phase III
④ Phase IV

해설

의식 level의 생리적 상태
① 범주(Phase) 0 : 수면, 뇌발작
② 범주(Phase) I : 피로, 단조로움, 졸음, 술취함, 몽롱한 상태 등
③ 범주(Phase) II : 안정기거, 휴식시, 정례작업시
④ 범주(Phase) III : 적극활동시
⑤ 범주(Phase) IV : 긴급방위반응, 당황해서 panic

참고 산업안전기사 필기 p.1-118(4. 의식 레벨의 단계)

KEY
① 2016년 10월 1일 산업기사 출제
② 2018년 4월 28일 기사 출제
③ 2018년 9월 15일 산업기사 출제
④ 2019년 3월 3일 기사 출제
⑤ 2020년 9월 27일 기사 출제

18. 산업안전보건법령상 사업장에서 산업재해발생 시 사업주가 기록·보존하여야 하는 사항을 모두 고른 것은?(단, 산업재해조사표와 요양신청서의 사본은 보존하지 않았다.)

ㄱ. 사업장의 개요 및 근로자의 인적사항
ㄴ. 재해 발생의 일시 및 장소
ㄷ. 재해 발생의 원인 및 과정
ㄹ. 재해 재발방지 계획

① ㄱ, ㄹ
② ㄴ, ㄷ, ㄹ
③ ㄱ, ㄴ, ㄷ
④ ㄱ, ㄴ, ㄷ, ㄹ

해설

산업재해발생 시 기록 보존(3년간 보관)해야 할 사항
① 사업장의 개요 및 근로자의 인적사항
② 재해발생의 일시 및 장소
③ 재해발생의 원인 및 과정
④ 재해 재발방지 계획

참고
① 산업안전기사 필기 p.3-29(합격날개 : 합격예측)
② 산업안전기사 필기 p.1-227(제72조 산업재해기록 등)

KEY
① 2016년 3월 6일 출제
② 2017년 5월 7일 산업안전기사(문제 1번) 출제

정보제공
산업안전보건법 시행규칙 제72조(산업재해 기록 등)

19. A사업장의 조건이 다음과 같을 때 A사업장에서 연간 재해발생으로 인한 근로손실일수는?

- 강도율 : 0.4
- 근로자 수 : 1,000명
- 연근로시간수 : 2,400시간

① 480
② 720
③ 960
④ 1,440

해설

근로손실일수 계산
① 강도율 $= \dfrac{\text{총요양근로손실일수}}{\text{연근로시간수}} \times 1,000$

② 총요양근로손실일수 = 연근로시간 × 강도율
   = 2,400 × 0.4 = 960[일]

③ 다른방법 : $\dfrac{0.4 \times (1,000 \times 2,400)}{1,000} = 960$[일]

참고 산업안전기사 필기 p.3-43(4. 강도율)

KEY 2020년 8월 23일 산업기사 등 30회 이상 출제

합격정보
산업재해 통계업무 처리규정 제3조(산업재해통계의 산출방법 및 정의)

20. 무재해운동의 이념 중 선취의 원칙에 대한 설명으로 옳은 것은?

① 사고의 잠재 요인을 사후에 파악하는 것
② 근로자 전원이 일체감을 조성하여 참여하는 것
③ 위험요소를 사전에 발견, 파악하여 재해를 예방 또는 방지하는 것
④ 관리감독자 또는 경영층에서의 자발적 참여로 안전 활동을 촉진하는 것

해설

무재해운동 이념 3원칙
① 무(zero)의 원칙 : 근원적으로 산업재해를 없애는 것이며 '0'의 원칙이다.
② 참가의 원칙 : 근로자 전원이 참석하여 문제해결 등을 실천하는 원칙
③ 선취해결(안전제일)의 원칙 : 무재해를 실현하기 위해 일체의 위험요인을 사전에 발견, 파악, 해결하여 재해를 예방하거나 방지하기 위한 원칙

참고 산업안전기사 필기 p.1-10(합격날개 : 합격예측)

KEY 2015년 5월 31일 (문제 16번 등) 20회 이상 출제

[정답] 17 ① 18 ④ 19 ③ 20 ③

2 인간공학 및 위험성 평가·관리

21 다음 상황은 인간실수의 분류 중 어느 것에 해당하는가?

전자기기 수리공이 어떤 제품의 분해·조립 과정을 거쳐서 수리를 마친 후 부품 하나가 남았다.

① time error
② omission error
③ command error
④ extraneous error

해설
인간실수 분류
① omission error : 작업수행을 행하지 않으므로 발생된 error
② time error : 수행지연
③ commission error : 불확실한 수행
④ sequential error : 순서착오
⑤ extraneous error : 불필요한 작업수행

참고) 산업안전기사 필기 p.2-20(2. 인간의 실수분류)

KEY ① 2006년 8월 6일(문제 30번) 출제
② 2017년 8월 26일 기사 출제
③ 2019년 3월 3일 기사 출제
④ 2019년 8월 4일 기사, 산업기사 출제
⑤ 2020년 6월 14일 산업기사 출제
⑥ 2020년 9월 27일 기사 출제
⑦ 2021년 3월 7일 기사 출제

보충학습
커맨드 실수(Command error : 지시과오) : 직무를 하려고 해도 필요한 정보, 물건, 에너지 등이 없어 발생하는 실수

22 스트레스의 영향으로 발생된 신체 반응의 결과인 스트레인(strain)을 측정하는 척도가 잘못 연결된 것은?

① 인지적 활동 - EEG
② 육체적 동적 활동 - GSR
③ 정신 운동적 활동 - EOG
④ 국부적 근육 활동 - EMG

해설
Strain 척도

생리적 긴장척도			심리적 긴장척도	
화학적	전기적	신체적	활동	태도
• 혈액 성분 • 요 성분 • 산소 소비량 • 산소 결손 • 산소 회복 곡선(긴장도) • 열량	• 뇌전도(EEG) • 심전도(ECG) • 근전도(EMG) • 안전도(EOG) • 전기피부반응(GSR)	• 혈압 • 심박수 • 부정맥 • 박동량 • 박동결손 • 신체 온도 • 호흡수	• 작업 속도 • 실수 • 눈 깜박수	• 권태 • 안락감 • 기타 태도 요소

참고) 산업안전기사 필기 p.2-160(1. 신체반응의 측정)

KEY ① 2015년 3월 8일 산업기사(문제 29번) 출제
② 2016년 3월 6일 기사 출제
③ 2016년 10월 1일 기사 출제
④ 2019년 3월 3일 기사 출제

23 일반적인 시스템의 수명곡선(욕조곡선)에서 고장형태 중 증가형 고장률을 나타내는 구간으로 옳은 것은?

① 우발 고장구간   ② 마모 고장구간
③ 초기 고장구간   ④ Burn-in 고장구간

해설
시스템의 수명곡선
① 초기고장 : 감소형(DFR : Decreasing Failure Rate) - 디버깅기간, 번인 기간
② 우발고장 : 일정형(CFR : Constant Failure Rate) - 내용 수명
③ 마모고장 : 증가형(IFR : Increasing Failure Rate) - 정기진단(검사)

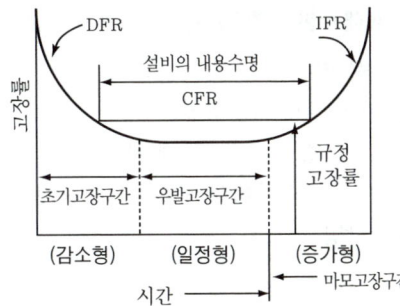

[그림] 기계설비 수명(욕조)곡선

참고) 산업안전기사 필기 p.2-13(그림 : 기계설비 고장유형)

KEY ① 2008년 5월 11일(문제 34번) 출제
② 2018년 8월 19일 기사 출제
③ 2019년 8월 4일 산업기사 출제
④ 2021년 5월 15일 기사 출제

[정답] 21 ② 22 ② 23 ②

24. 청각적 표시장치의 설계 시 적용하는 일반 원리에 대한 설명으로 틀린 것은?

① 양립성이란 긴급용 신호일 때는 낮은 주파수를 사용하는 것을 의미한다.
② 검약성이란 조작자에 대한 입력신호는 꼭 필요한 정보만을 제공하는 것이다.
③ 근사성이란 복잡한 정보를 나타내고자 할 때 2단계의 신호를 고려하는 것이다.
④ 분리성이란 두 가지 이상의 채널을 듣고 있다면 각 채널의 주파수가 분리되어 있어야 한다는 의미이다.

해설

양립성(compatibility : 兩立性)
① 자극들간의 반응들간의 혹은 자극-반응들간의 관계가(공간, 운동, 개념적) 인간의 기대에 일치되는 정도
② 양립성 정도가 높을수록, 정보처리시 정보변환(암호화, 재암호화)이 줄어들게 되어 학습이 더 빨리 진행되고, 반응시간이 더 짧아지고, 오류가 적어지며, 정신적 부하가 감소하게 된다.
③ 공간적 양립성, 운동적 양립성, 개념적 양립성, 양식(modality) 양립성
  예 소리로 제시된 정보는 말로 반응케 하는것이, 시각적으로 제시된 정보는 손으로 반응하는 것이 양립성이 높다.
④ 개념 양립성 : 사람들이 가지고 있는 개념적 연상(어떤 암호체계에서 청색이 정상을 나타내듯이)의 양립성

참고 산업안전기사 필기 p.2-31(문제 43번)

25. FTA 에 대한 설명으로 가장 거리가 먼 것은?

① 정성적 분석만 가능
② 하향식(top-down) 방법
③ 복잡하고 대형화된 시스템에 활용
④ 논리게이트를 이용하여 도해적으로 표현하여 분석하는 방법

해설

FTA의 활용 및 기대 효과
① 사고원인 규명의 간편화   ② 사고원인 분석의 일반화
③ 사고원인 분석의 정량화   ④ 노력, 시간의 절감
⑤ 시스템의 결함진단   ⑥ 안전점검 체크리스트 작성

참고 산업안전기사 필기 p.2-68(2. FTA실시)

KEY ① 2008년 3월 2일(문제 36번) 출제
② 2018년 3월 4일 산업기사 출제
③ 2019년 4월 27일 기사 출제

26. 발생 확률이 동일한 64가지의 대안이 있을 때 얻을 수 있는 총 정보량은?

① 6 bit   ② 16 bit
③ 32 bit   ④ 64 bit

해설

bit(binary unit의 합성어)의 개요
① bit의 정의 : 실현가능성이 같은 2개의 대안 중 하나가 명시되었을 때 얻는 정보량을 나타낸다.
② 일반적으로 실현가능성이 같은 n개의 대안이 있을 때 총정보량 H는 다음 공식으로 구한다.
$$\therefore H = \log_2 n = \log_2 64 = \log_2 2^6 = 6\log_2 2 = 6$$
여기서, p : 대안의 실현확률(n의 역수)

KEY ① 2005년 8월 7일(문제 31번)
② 2008년 7월 27일(문제 28번) 출제

27. 인간-기계 시스템의 설계 과정을 [보기]와 같이 분류할 때 다음 중 인간, 기계의 기능을 할당하는 단계는?

> [보기]
> 1단계 : 시스템의 목표와 성능명세 결정
> 2단계 : 시스템의 정의
> 3단계 : 기본 설계
> 4단계 : 인터페이스 설계
> 5단계 : 보조물 설계 혹은 편의 수단 설계
> 6단계 : 평가

① 기본 설계
② 인터페이스 설계
③ 시스템의 목표와 성능 명세 결정
④ 보조물 설계 혹은 편의수단 설계

해설

인간-기계 시스템 기본 설계 단계
① 작업설계   ② 직무분석
③ 기능할당   ④ 인간성능-요건명세

참고 산업안전기사 필기 p.2-28(문제 31번) 적중

KEY ① 2009년 7월 26일(문제 39번) 출제
② 2016년 3월 6일, 10월 1일 기사 출제
③ 2018년 9월 15일 산업기사 출제
④ 2019년 3월 3일 기사 출제

[**정답**] 24 ① 25 ① 26 ① 27 ①

⑤ 2019년 4월 27일, 9월 21일 산업기사 출제
⑥ 2020년 9월 27일 기사 출제
⑦ 2021년 5월 15일 기사 출제

KEY ① 2017년 3월 5일 산업기사 출제
② 2017년 8월 26일 기사 출제
③ 2017년 9월 23일 산업기사 출제
④ 2018년 3월 4일 산업기사 출제
⑤ 2019년 8월 4일 기사 출제
⑥ 2021년 3월 7일 기사 출제

28 FT도에서 최소 컷셋을 올바르게 구한 것은?

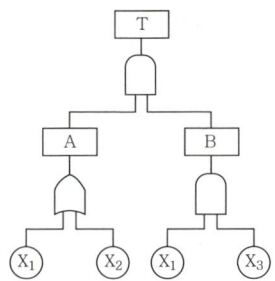

① (X_1, X_2) ② (X_1, X_3)
③ (X_2, X_3) ④ (X_1, X_2, X_3)

해설

최소컷셋
① T = A · B
  $= \begin{matrix} X_1 \\ X_2 \end{matrix} \cdot B$
  $= \begin{matrix} X_1 X_1 X_3 \\ X_2 X_1 X_3 \end{matrix}$
② 컷셋 = ($X_1 X_3$)($X_1 X_2 X_3$)
③ 미니멀(최소) 컷셋 = ($X_1 X_3$)

참고 산업안전기사 필기 p.2-77(5. 컷셋·미니멀 컷셋 요약)

KEY 2016년 10월 1일 출제

29 일반적으로 인체측정치의 최대집단치를 기준으로 설계하는 것은?

① 선반의 높이   ② 공구의 크기
③ 출입문의 크기 ④ 안내 데스크의 높이

해설

인체측정

구분	최대 집단치
정의	대상 집단에 대한 인체 측정 변수의 상위 백분위수(percentile)를 기준으로 90, 95, 99[%]치가 사용 **예** 울타리
사용 **예**	① 출입문, 통로, 의자사이의 간격 등의 공간 여유의 결정 ② 줄사다리, 그네 등의 지지물의 최소 지지중량(강도)

참고 산업안전기사 필기 p.2-159(1. 최대치수와 최소치수)

30 인간공학의 궁극적인 목적과 가장 관계가 깊은 것은?

① 경제성 향상   ② 인간 능력의 극대화
③ 설비의 가동률 향상 ④ 안전성 및 효율성 향상

해설

인간공학의 연구목적(Chapanis, A.)
① 첫째 : 안전성의 향상과 사고방지
② 둘째 : 기계 조작의 능률성과 생산성의 향상
③ 셋째 : 쾌적성
④ 위 3가지의 궁극적인 목적은 안전과 능률(안전성 및 효율성 향상)이다.

참고 산업안전기사 필기 p.2-3(1. 인간공학의 연구목적)

KEY ① 2016년 5월 8일 기사 출제
② 2017년 3월 5일 산업기사 출제

31 '화재 발생'이라는 시작(초기) 사상에 대하여, 화재감지기, 화재 경보, 스프링클러 등의 성공 또는 실패 작동여부와 그 확률에 따른 피해 결과를 분석하는데 가장 적합한 위험 분석 기법은?

① FTA   ② ETA
③ FHA   ④ THERP

해설

시스템안전에서의 사실의 발견방법
① FTA(Fault Tree Analysis) : 결함수 분석(목본석법)
② ETA(Event Tree Analysis) : 귀납적, 정량적 분석, 성공과 실패 결과분석
③ FMEA(Failure Mode and Effect Analysis) : 고장의 유형과 영향 분석
④ FMECA(Failure Mode Effect and Criticality Analysis) : FMEA + CA(정성적 + 정량적)
⑤ THERP(Technique for Human Error Rate Prediction) : 인간과오율 예측법
⑥ OS(Operability Study) : 안전요건 결정기법
⑦ MORT(Management Oversight and Risk Tree) : 연역적, 정량적 분석기법
⑧ HAZOP(Hazard and operability study) : 사업장의 유해요인 파악

[정답] 28 ② 29 ③ 30 ④ 31 ②

| 참고 | 산업안전기사 필기 p.2-65(1. ETA) |

KEY
① 2006년 5월 14일(문제 23번) 출제
② 2016년 5월 8일 산업기사 출제
③ 2017년 5월 7일 기사 출제
④ 2018년 9월 15일 산업기사 출제

32 여러 사람이 사용하는 의자의 좌판 높이 설계 기준으로 옳은 것은?

① 5[%] 오금높이   ② 50[%] 오금높이
③ 75[%] 오금높이   ④ 95[%] 오금높이

해설

의자 좌판의 높이 설계 기준
① 치수 : 5[%] 오금 높이 사용(작은사람 기준)
② 사무실 의자 좌판 각도 : 3[°]
③ 사무실 의자 등판 각도 : 100[°]

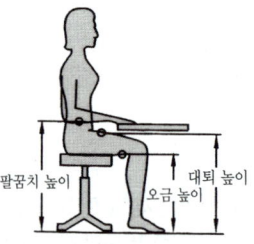

[그림] 신체 치수와 작업대 및 의자 높이의 관계

| 참고 | 산업안전기사 필기 p.2-161(2. 의자 좌판의 높이) |

KEY
① 2006년 3월 5일(문제 40번) 출제
② 2016년 10월 1일 산업기사 출제

33 FTA에서 사용되는 사상기호 중 결함사상을 나타낸 기호로 옳은 것은?

① 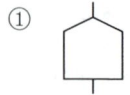   ②

③    ④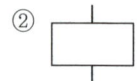

해설

FTA 기호

기 호	명 칭
	결함사상
	기본사상
	생략사상
	통상사상

| 참고 | 산업안전기사 필기 p.2-70(표 : FTA 기호) |

KEY
① 2007년 8월 5일(문제 33번) 출제
② 2016년 10월 1일 산업기사 출제
③ 2017년 5월 7일 기사 출제
④ 2017년 8월 19일 산업기사 출제
⑤ 2017년 8월 26일 기사, 산업기사 출제
⑥ 2018년 3월 4일 기사 출제
⑦ 2018년 8월 19일 산업기사 출제
⑧ 2020년 6월 14일 산업기사 출제
⑨ 2021년 5월 15일 기사 출제

34 기술개발과정에서 효율성과 위험성을 종합적으로 분석·판단할 수 있는 평가방법으로 가장 적절한 것은?

① Risk Assessment
② Risk Management
③ Safety Assessment
④ Technology Assessment

해설

안전성 평가의 종류
① 세이프티 어세스먼트(Safety Assessment)=Risk Assessment : 설비의 전공정에 걸친 안전성 사전평가 행위
② Risk Assessment(Risk Management) : 위험성 평가
③ Human Assessmert : 인간, 사고상의 평가

| 참고 | 산업안전기사 필기 p.2-43(6. Technology Amnessment) |

[정답] 32 ① 33 ② 34 ④

35
자동차를 타이어가 4개인 하나의 시스템으로 볼 때, 타이어 1개가 파열될 확률이 0.01 이라면, 이 자동차의 신뢰도는 약 얼마인가?

① 0.91　　② 0.93
③ 0.96　　④ 0.99

해설

자동차의 신뢰도
① 타이어 1개의 신뢰도=1-0.01=0.99
② 타이어는 직렬=0.99×0.99×0.99×0.99=0.96

참고 │ 산업안전기사 계산문제 총정리 p.14(문제 16번) 적중

KEY
① 2007년 8월 5일 출제
② 2011년 6월 12일(문제 38번) 출제

36
다음 그림에서 명료도 지수는?

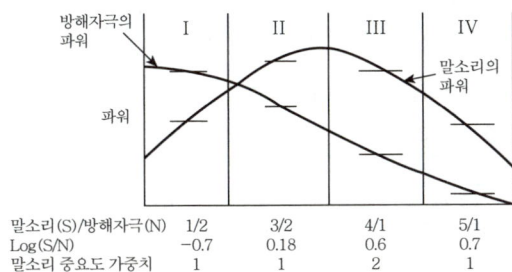

① 0.38　　② 0.68
③ 1.38　　④ 5.68

해설

명료도 지수(AI : Articulation index)
① 통화 이해도를 추정하는 근거로 사용되는데 각 옥타브대의 음성과 잡음을 데시벨 치에 가중치를 곱하여 합계를 구한 값이다.
② 명료도 지수(통화 이해도 평가척도)
= (-0.7×1)+(0.18×1)+(0.6×2)+(0.7×1)
= 1.38

참고 │ 산업안전기사 필기 p.2-21(합격날개 : 합격예측)

KEY
① 2014년 3월 2일(문제 33번) 출제
② 2015년 5월 31일(문제 33번) 출제

37
정보수용을 위한 작업자의 시각 영역에 대한 설명으로 옳은 것은?

① 판별시야 - 안구운동만으로 정보를 주시하고 순간적으로 특정정보를 수용할 수 있는 범위
② 유효시야 - 시력, 색판별 등의 시각 기능이 뛰어나며 정밀도가 높은 정보를 수용할 수 있는 범위
③ 보조시야 - 머리부분의 운동이 안구운동을 돕는 형태로 발생하며 무리 없이 주시가 가능한 범위
④ 유도시야 - 제시된 정보의 존재를 판별할 수 있는 정도의 식별능력 밖에 없지만 인간의 공간좌표 감각에 영향을 미치는 범위

해설

시야(visual field)
① 우리가 눈을 이용하여 관찰할 수 있는 범위
② 인간의 시야는 전방 180도 정도이며, 다른 동물들은 눈의 위치에 따라 각각 다른 시야를 가진다.
③ 새들은 거의 360도에 가까운 시야를 가지기도 한다.

38
FMEA 분석 시 고장평점법의 5가지 평가요소에 해당하지 않는 것은?

① 고장발생의 빈도
② 신규설계의 가능성
③ 기능적 고장 영향의 중요도
④ 영향을 미치는 시스템의 범위

해설

FMEA 고장등급 평가요소 5가지
① C_1 : 기능적 고장의 영향의 중요도
② C_2 : 영향을 미치는 시스템의 범위
③ C_3 : 고장 발생의 빈도
④ C_4 : 고장방지의 가능성
⑤ C_5 : 신규 설계의 정도

참고 │ 산업안전기사 필기 p.2-63(5. FMEA 고장등급 평가요소 5가지)

KEY
① 2009년 3월 1일(문제 30번) 출제
② 2018년 4월 28일 기사 출제
③ 2019년 4월 27일 기사 출제

[정답] 35 ③　36 ③　37 ④　38 ②

39 건구온도 30[℃], 습구온도 35[℃]일 때의 옥스퍼드(Oxford) 지수는?

① 20.75
② 24.58
③ 30.75
④ 34.25

해설

Oxford지수
WD = 0.85W(습구온도) + 0.15D(건구온도)
   = (0.85 × 35) + (0.15 × 30) = 34.25
여기서, W : 습구온도
       D : 건구온도

참고 산업안전기사 필기 p.2-167(1. Oxford 지수)

KEY
① 2017년 3월 5일 기사 출제
② 2017년 9월 23일 기사 출제
③ 2018년 4월 28일 산업기사 출제
④ 2018년 9월 15일 기사 출제
⑤ 2020년 6월 14일 산업기사 출제

40 설비보전에서 평균수리시간을 나타내는 것은?

① MTBF
② MTTR
③ MTTF
④ MTBP

해설

MTTR(평균수리시간 : Mean Time To Repair)
체계의 고장발생 순간부터 완료되어 정상적으로 작동을 시작하기까지의 평균고장시간

① MTTR = $\dfrac{1}{U(평균수리율)}$

② MDT(평균정지시간) = $\dfrac{총보전작업시간}{총보전작업건수}$

참고 산업안전기사 필기 p.2-84(4. MTTR)

KEY 2015년 3월 8일 산업기사 (문제 38번) 출제

보충학습
① MTTF(평균고장시간) : 제품 고장시 수명이 다하는 것으로 고장까지의 평균시간
② MTBF(평균고장간격) : 고장이 발생하여도 다시 수리를 해서 쓸 수 있는 제품을 의미

3 기계·기구 및 설비안전관리

41 산업안전보건법령상 사업장내 근로자 작업환경 중 '강렬한 소음작업'에 해당하지 않는 것은?

① 85데시벨 이상의 소음이 1일 10시간 이상 발생하는 작업
② 90데시벨 이상의 소음이 1일 8시간 이상 발생하는 작업
③ 95데시벨 이상의 소음이 1일 4시간 이상 발생하는 작업
④ 100데시벨 이상의 소음이 1일 2시간 이상 발생하는 작업

해설

강렬한 소음작업 기준

dB 기준	90	95	100	105	110	115
허용노출시간	8시간	4시간	2시간	1시간	30분	15분

참고 산업안전기사 필기 p.2-171(표 : 음압과 허용노출관계)

KEY
① 2016년 8월 26일 기사, 산업기사 출제
② 2020년 8월 22일 기사 출제

합격정보
산업안전보건기준에 관한 규칙 제512조(정의)

보충학습
① 소음작업 : 1일 8시간 작업을 기준으로 85[dB] 이상의 소음을 발생하는 작업
② 충격소음(최대음압수준) : 140[dBA]

42 산업안전보건법령상 프레스의 작업 시작 전 점검 사항이 아닌 것은?

① 슬라이드 또는 칼날에 의한 위험방지 기구의 기능
② 프레스의 금형 및 고정볼트 상태
③ 전단기의 칼날 및 테이블의 상태
④ 권과방지장치 및 그 밖의 경보장치의 기능

[정답] 39 ④ 40 ② 41 ① 42 ④

해설

프레스 등을 사용하여 작업을 할 때 작업시작 전 점검사항
① 클러치 및 브레이크의 기능
② 크랭크축·플라이휠·슬라이드·연결봉 및 연결나사의 풀림 유무
③ 1행정 1정지기구·급정지장치 및 비상정지장치의 기능
④ 슬라이드 또는 칼날에 의한 위험방지 기구의 기능
⑤ 프레스의 금형 및 고정볼트 상태
⑥ 방호장치의 기능
⑦ 전단기(剪斷機)의 칼날 및 테이블의 상태

[참고] 산업안전기사 필기 p.3-50(표 : 작업시작전 점검사항)

[KEY]
① 2016년 3월 6일 산업기사 출제
② 2017년 3월 5일, 5월 7일, 8월 26일 기사 출제
③ 2018년 3월 4일, 4월 28일, 8월 19일 기사 출제
④ 2019년 3월 3일 기사 출제
⑤ 2019년 4월 27일 산업기사 출제
⑥ 2020년 6월 14일 산업기사 출제
⑦ 2020년 6월 7일(문제 53번) 출제

[정보제공]
산업안전보건기준에 관한 규칙 [별표3] 작업시작전 점검사항

---

43 동력전달부분의 전방 35[cm] 위치에 일반 평형보호망을 설치하고자 한다. 보호망의 최대 구멍의 크기는 몇 [mm]인가?

① 41 ② 45
③ 51 ④ 55

해설

보호망 개구부 간격

$Y = 6 + \frac{1}{10} \times 350 = 41[mm]$

X : 가드와 위험점 간의 거리(mm : 안전거리)
Y : 가드 개구부의 간격(mm : 안전간극)

[참고] 산업안전기사 필기 p.3-198(합격날개 : 합격예측)

[KEY]
① 2016년 8월 21일 산업기사 출제
② 2017년 5월 7일 기사 출제
③ 2017년 8월 19일 산업기사 출제
④ 2019년 4월 27일(문제 59번) 출제

---

44 다음 연삭숫돌의 파괴원인 중 가장 적절하지 않은 것은?

① 숫돌의 회전속도가 너무 빠른 경우
② 플랜지의 직경이 숫돌 직경의 1/3 이상으로 고정된 경우
③ 숫돌 자체에 균열 및 파손이 있는 경우
④ 숫돌에 과대한 충격을 준 경우

해설

연삭숫돌의 파괴원인
① 숫돌의 속도가 너무 빠를 때
② 숫돌에 균열이 있을 때
③ 플랜지가 현저히 작을 때
④ 숫돌의 치수(특히 구멍지름)가 부적당할 때
⑤ 숫돌에 과대한 충격을 줄 때
⑥ 작업에 부적당한 숫돌을 사용할 때
⑦ 숫돌의 불균형이나 베어링의 마모에 의한 진동이 있을 때
⑧ 숫돌의 측면을 사용할 때
⑨ 반지름방향의 온도변화가 심할 때

[참고] 산업안전기사 필기 p.3-90(1. 숫돌의 파괴원인)

[KEY]
① 2016년 5월 8일 산업기사 출제
② 2016년 8월 21일 기사 출제
③ 2020년 6월 14일 산업기사 출제
④ 2020년 6월 7일(문제 47번) 출제
⑤ 2020년 9월 27일(문제 43번) 출제

---

45 화물중량이 200[kgf], 지게차의 중량이 400[kgf], 앞바퀴에서 화물의 무게중심까지의 최단거리가 1[m]일 때 지게차가 안정되기 위하여 앞바퀴에서 지게차의 무게중심까지 최단거리는 최소 몇 [m]를 초과해야 하는가?

① 0.2[m] ② 0.5[m]
③ 1[m]   ④ 2[m]

해설

지게차 무게중심 최단거리

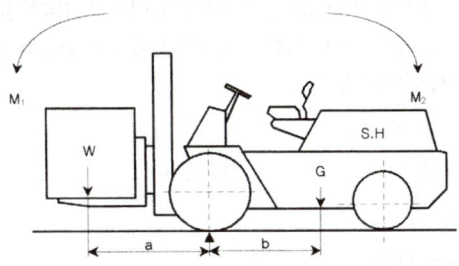

① $M_1 = W \times a = 200 \times 1 = 200[kgf]$
② $M_2 = G \times b = 400 \times b = 400 \cdot b[kgf]$
③ $M_1 \leq M_2$, $200 \leq 400 \cdot b$
④ $b = \frac{200}{400} = 0.5[m]$

[참고] 산업안전기사 필기 p.3-187(문제 180번) 적중

[KEY]
① 2004년 5월 23일 기사 출제
② 2018년 3월 4일 기사 출제
③ 2018년 3월 4일(문제 47번) 출제

[정답] 43 ① 44 ② 45 ②

보충학습
화물의 모멘트 평형=지게차 모멘트 평형
① 200×1=400×거리
② 거리=$\frac{200}{400}$=0.5

46 산업안전보건법령상 압력용기에서 안전인증된 파열판에 안전인증 표시 외에 추가로 나타내어야 하는 사항이 아닌 것은?

① 분출차(%) ② 호칭지름
③ 용도(요구성능) ④ 유체의 흐름방향 지시

해설
파열판의 추가 표시사항
① 호칭지름
② 용도(요구성능)
③ 설정파열압력(MPa) 및 설정온도(℃)
④ 분출용량(kg/h) 또는 공칭분출계수
⑤ 파열판의 재질
⑥ 유체의 흐름방향 지시

참고) 산업안전기사 필기 p.3-121(합격날개:합격예측)

KEY) 2017년 3월 5일(문제 49번) 출제

정보제공) 방호장치 안전인증 고시(2016. 12. 16)

47 선반에서 일감의 길이가 지름에 비하여 상당히 길 때 사용하는 부속품으로 절삭 시 절삭저항에 의한 일감의 진동을 방지하는 장치는?

① 칩 브레이커 ② 척 커버
③ 방진구 ④ 실드

해설
방진(진동방지)구
① 선반작업시 일감의 진동 방지로 사용
② 일감의 길이가 지름의 12배 이상일 때 사용

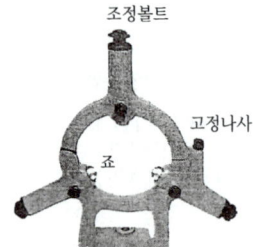

[그림] 고정식 방진구

참고) 산업안전기사 필기 p.3-80(4. 선반 작업시 안전수칙)

KEY)
① 2016년 5월 8일 산업기사 출제
② 2016년 8월 21일 산업기사 출제
③ 2019년 4월 27일 기사 출제
④ 2019년 8월 4일 기사 출제
⑤ 2020년 6월 7일 기사 출제
⑥ 2020년 9월 27일 기사 출제

48 산업안전보건법령상 프레스를 제외한 사출성형기·주형조형기 및 형단조기 등에 관한 안전조치 사항으로 틀린 것은?

① 근로자의 신체 일부가 말려들어갈 우려가 있는 경우에는 양수조작식 방호장치를 설치하여 사용한다.
② 게이트 가드식 방호장치를 설치할 경우에는 연동구조를 적용하여 문을 닫지 않아도 동작할 수 있도록 한다.
③ 사출성형기의 전면에 작업용 발판을 설치할 경우 근로자가 쉽게 미끄러지지 않는 구조여야 한다.
④ 기계의 히터 등의 가열 부위, 감전 우려가 있는 부위에는 방호덮개를 설치하여 사용한다.

해설
사출성형기 등의 방호장치
① 사업주는 사출성형기(射出成形機)·주형조형기(鑄型造形機) 및 형단조기(프레스 등은 제외한다) 등에 근로자의 신체 일부가 말려들어갈 우려가 있는 경우 게이트가드(gate guard) 또는 양수조작식 등에 의한 방호장치, 그 밖에 필요한 방호 조치를 하여야 한다.
② 제1항의 게이트가드는 닫지 아니하면 기계가 작동되지 아니하는 연동구조(連動構造)여야 한다.
③ 사업주는 제1항에 따른 기계의 히터 등의 가열 부위 또는 감전 우려가 있는 부위에는 방호덮개를 설치하는 등 필요한 안전 조치를 하여야 한다.

합격정보) 산업안전보건기준에 관한 규칙 제121조(사출성형기 등의 방호장치)

49 연강의 인장강도가 420[MPa]이고, 허용응력이 140[MPa]이라면 안전율은?

① 1 ② 2
③ 3 ④ 4

[정답] 46 ① 47 ③ 48 ② 49 ③

해설

안전율(계수) = $\frac{\text{인장강도[MPa]}}{\text{허용응력[MPa]}} = \frac{420}{140} = 3$

참고 산업안전기사 필기 p.3-188(합격날개 : 합격예측)

KEY
① 2017년 5월 7일 기사 출제
② 2017년 8월 26일 기사 출제
③ 2018년 4월 28일 산업기사 출제
④ 2019년 4월 27일 산업기사 출제
⑤ 2020년 6월 7일(문제 52번) 출제
⑥ 2020년 9월 27일(문제 42번) 출제

---

50 밀링 작업 시 안전 수칙에 관한 설명으로 틀린 것은?

① 칩은 기계를 정지시킨 다음에 브러시 등으로 제거한다.
② 일감 또는 부속장치 등을 설치하거나 제거할 때는 반드시 기계를 정지시키고 작업한다.
③ 면장갑을 반드시 끼고 작업한다.
④ 강력 절삭을 할 때는 일감을 바이스에 깊게 물린다.

해설

밀링 작업시 안전수칙
① 회전하는 기계는 면장갑 착용금지 입니다.
② 말림이 없는 장갑착용은 가능합니다.

참고 산업안전기사 필기 p.3-83(2. 밀링작업시 안전수칙)

KEY
① 2016년 3월 6일 산업기사 출제
② 2018년 3월 4일 기사 출제
③ 2018년 4월 28일 기사 출제
④ 2020년 6월 7일(문제 43번) 출제

---

51 다음 중 프레스기에 사용되는 방호장치에 있어 원칙적으로 급정지 기구가 부착되어야만 사용할 수 있는 방식은?

① 양수조작식   ② 손쳐내기식
③ 가드식   ④ 수인식

해설

급정지 기구에 따른 방호장치

구분	종류
급정지 기구가 부착되어 있어야만 유효한 방호장치	① 양수 조작식 방호장치 ② 감응식 방호장치
급정지 기구가 부착되어 있지 않아도 유효한 방호장치	① 양수 기동식 방호장치 ② 게이트 가드 방호장치 ③ 수인식 방호장치 ④ 손쳐 내기식 방호장치

참고 산업안전기사 필기 p.3-106(표. 급정지기구에 따른 방호장치)

KEY 2018년 3월 4일(문제 54번) 출제

합격정보
방호장치 안전인증고시 [별표 1] 프레스 또는 전단기방호장치의 성능기준(제4조)

---

52 산업안전보건법령상 지게차의 최대하중의 2배 값이 6톤일 경우 헤드가드의 강도는 몇 톤의 등분포정하중에 견딜 수 있어야 하는가?

① 4   ② 6
③ 8   ④ 10

해설

지게차 헤드가드 설치기준
① 강도는 지게차의 최대하중의 2배 값(4[t]을 넘는 값에 대해서는 4[t]으로 한다)의 등분포정하중(等分布靜荷重)에 견딜 수 있을 것
② 상부틀의 각 개구의 폭 또는 길이가 16[cm] 미만일 것
③ 운전자가 앉아서 조작하거나 서서 조작하는 지게차의 헤드가드는 「산업표준화법」 제12조에 따른 한국산업표준에서 정하는 높이 기준 이상일 것(좌식 : 0.903[m], 입식 : 1.88[m] 이상)

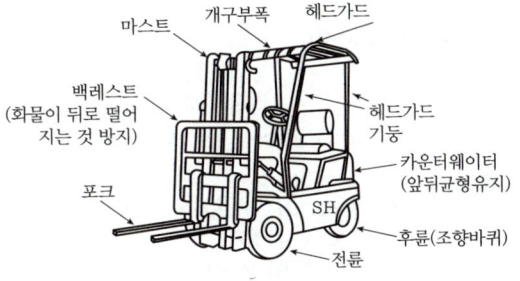

[그림] 지게차 구조

참고 산업안전기사 필기 p.3-148(합격날개 : 합격예측)

KEY
① 2016년 3월 6일 산업기사 출제
② 2016년 8월 21일 출제
③ 2017년 3월 5일 산업기사 출제
④ 2018년 8월 19일 산업기사 출제
⑤ 2019년 4월 27일 기사·산업기사 동시 출제
⑥ 2020년 9월 27일 (문제 52번) 출제

정보제공
산업안전보건기준에 관한 규칙 제180조(헤드가드)

[정답] 50 ③   51 ①   52 ①

53 강자성체를 자화하여 표면의 누설자속을 검출하는 비파괴 검사 방법은?

① 방사선 투과 시험
② 인장시험
③ 초음파 탐상 시험
④ 자분 탐상 시험

해설

자기 탐상검사(MT : Magnetic Test)
① 강자성체(Fe, Ni, Co 및 그 합금)에 발생한 표면 크랙을 찾아내는 것
② 결함을 가지고 있는 시험에 적절한 자장을 가해 자속(磁束)을 흐르게 하여 결함부에 의해 누설된 누설자속에 의해 생긴 자장에 자분을 흡착시켜 큰 자분 모양으로 나타내어 육안으로 결함을 검출하는 방법

참고 ① 산업안전기사 필기 p.3-223(④ 자기 탐상검사)
② 2019년 3월 3일(문제 57번)

54 산업안전보건법령상 보일러 방호장치로 거리가 가장 먼 것은?

① 고저수위 조절장치
② 아웃트리거
③ 압력방출장치
④ 압력제한스위치

해설

보일러 폭발위험의 방지 장치
① 압력방출장치
② 압력제한스위치
③ 고저수위조절장치
④ 화염검출기

참고 산업안전기사 필기 p.3-120(3. 방호장치의 종류)

KEY ① 2017년 3월 5일 기사 출제
② 2017년 5월 7일 기사·산업기사 동시 출제
③ 2018년 4월 28일 기사 출제
④ 2018년 8월 19일 산업기사 출제
⑤ 2019년 8월 4일 기사·산업기사 동시 출제
⑥ 2019년 8월 4일 (문제 50번) 출제

합격정보
산업안전보건기준에 관한 규칙 제119조(폭발위험의 방지)

55 산업안전보건법령상 아세틸렌 용접장치에 관한 설명이다. ( )안에 공통으로 들어갈 내용으로 옳은 것은?

○ 사업주는 아세틸렌 용접장치의 취관마다 ( )를 설치하여야 한다.
○ 사업주는 가스용기가 발생기와 분리되어 있는 아세틸렌 용접장치에 대하여 발생기와 가스용기 사이에 ( )를 설치하여야 한다.

① 분기장치
② 자동발생 확인장치
③ 유수 분리장치
④ 안전기

해설

안전기의 설치
① 사업주는 아세틸렌 용접장치에 대하여는 그 취관마다 안전기를 설치하여야 한다. 다만, 주관 및 취관에 가장 근접한 분기관마다 안전기를 부착한 때에는 그러하지 아니하다.
② 사업주는 가스용기가 발생기와 분리되어 있는 아세틸렌용접장치에 대하여는 발생기와 가스용기 사이에 안전기를 설치하여야 한다.

참고 산업안전기사 필기 p.3-114(합격날개 : 합격예측)

KEY 2017년 5월 7일 출제

합격정보
산업안전보건기준에 관한 규칙 제289조(안전기의 설치)

56 프레스기의 안전대책 중 손을 금형 사이에 집어넣을 수 없도록 하는 본질적 안전화를 위한 방식(no-hand in die)에 해당하는 것은?

① 수인식
② 광전자식
③ 방호울식
④ 손쳐내기식

해설

프레스기의 안전장치

금형 안에 손이 들어가지 않는 구조 (No Hand in Die Type : 본질적 안전화)	금형 안에 손이 들어가는 구조 (Hand in Die Type)
① 안전울이 부착된 프레스 ② 안전금형을 부착한 프레스 ③ 전용 프레스 ④ 자동송급, 배출기구가 있는 프레스 ⑤ 자동송급, 배출장치를 부착한 프레스	① 프레스기의 종류, 압력능력 S.P.M, 행정길이·작업방법에 상응하는 방호장치 ㉮ 가드식 ㉯ 수인식 ㉰ 손쳐내기식 ② 정지 성능에 상응하는 방호장치 ㉮ 양수조작식 ㉯ 감응식 광전자식(비접촉) Inter-Lock(접촉)

참고 산업안전기사 필기 p.3-106(표. 프레스기 안전장치)

KEY 2016년 5월 8일(문제 44번) 출제

[정답] 53 ④ 54 ② 55 ④ 56 ③

57
회전하는 부분의 접선방향으로 물려 들어갈 위험이 존재하는 점으로 주로 체인, 풀리, 벨트, 기어와 랙 등에서 형성되는 위험점은?

① 끼임점　　② 협착점
③ 절단점　　④ 접선물림점

해설

위험점의 분류
① 협착점(squeeze-point) : 왕복운동을 하는 동작부분과 움직임이 없는 고정부분 사이에서 형성되는 위험점
　예 프레스, 전단기, 성형기, 조형기, 굽힘기계(bending machine) 등(왕복+고정)
② 끼임점(Shear-point) : 고정부분과 회전하는 동작부분이 함께 만드는 위험점
　예 연삭숫돌과 덮개, 교반기의 날개와 하우스, 프레임에서 암의 요동운동을 하는 기계부분 등(회전+고정)
③ 절단점 (Cutting-point) : 고정부분과 운동부분이 만드는 위험점이 아니고 회전하는 운동부 자체의 위험이나 운동하는 기계 부분 자체의 위험에서 초래되는 위험점
　예 밀링의 커터, 띠톱이나 둥근톱의 톱날, 벨트의 이음 부분 등
④ 접선물림점(Tangential Nip-point) : 회전하는 부분의 접선방향으로 물려 들어갈 위험이 존재하는 점
　예 벨트와 풀리, 체인과 스프로킷, 랙과 피니언 등

참고 산업안전기사 필기 p.3-14(4. 위험점의 분류)

KEY 2016년 5월 8일 산업기사 (문제 48번) 출제

58
산업안전보건법령상 양중기에 해당하지 않는 것은?

① 곤돌라
② 이동식 크레인
③ 적재하중 0.05톤의 이삿짐 운반용 리프트
④ 화물용 엘리베이터

해설

양중기의 종류
① 크레인[호이스트(hoist)를 포함한다.]
② 이동식크레인
③ 리프트(이삿짐운반용 리프트의 경우에는 적재하중이 0.1[t] 이상인 것으로 한정한다.)
④ 곤돌라
⑤ 승강기

참고 ① 산업안전기사 필기 p.3-138(합격날개 : 합격예측 및 관련법규)
② 산업안전기사 필기 p.3-140(1. 양중기의 정의 및 종류)

KEY 2016년 8월 21일(문제 47번) 출제

합격정보
산업안전보건 기준에 관한 규칙 제132조(양중기)

59
다음 설명 중(　)안에 알맞은 내용은?

산업안전보건법령상 롤러기의 급정지장치는 롤러를 무부하로 회전시킨 상태에서 앞면 롤러의 표면 속도가 30[m/min]미만일 때에는 급정지거리가 앞면 롤러 원주의(　) 이내에서 롤러를 정지시킬 수 있는 성능을 보유해야 한다.

① $\frac{1}{4}$　　② $\frac{1}{3}$
③ $\frac{1}{2.5}$　　④ $\frac{1}{2}$

해설

롤러의 급정지거리

앞면롤의 표면속도 [m/min]	급정지거리	표면속도 산출공식
30 미만	앞면 롤 원주의 1/3 이내 $(\pi \times D \times \frac{1}{3})$	$V = \frac{\pi DN}{1,000}$ [m/min]
30 이상	앞면 롤 원주의 1/2.5 이내 $(\pi \times D \times \frac{1}{2.5})$	

참고 산업안전기사 필기 p.3-109(표. 롤러기의 급정지거리)

KEY ① 2016년 3월 6일 산업기사 출제
② 2020년 6월 7일 기사 출제
③ 2020년 9월 27일(문제 41번) 출제

60
산업안전보건법령상 지게차에서 통상적으로 갖추고 있어야 하나, 마스트의 후방에서 화물이 낙하함으로써 근로자에게 위험을 미칠 우려가 없는 때에는 반드시 갖추지 않아도 되는 것은?

① 전조등　　② 헤드가드
③ 백레스트　　④ 포크

해설

백레스트
① 사업주는 백레스트(backrest)를 갖추지 아니한 지게차를 사용해서는 아니 된다.
② 다만, 마스트의 후방에서 화물이 낙하함으로써 근로자가 위험해질 우려가 없는 경우에는 그러하지 아니하다.

[정답] 57 ④　58 ③　59 ②　60 ③

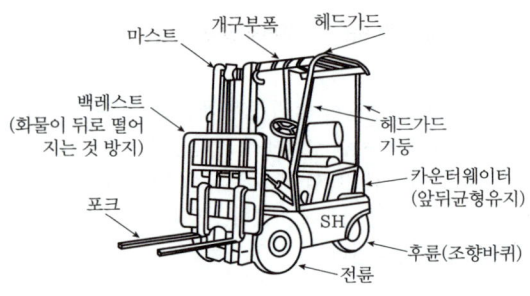

[그림] 지게차 구조

> 참고　산업안전기사 필기 p.3-148(합격날개 : 합격예측)

> 합격정보
> 산업안전보건기준에 관한 규칙 제181조(백레스트)

4 전기설비 안전관리

61 피뢰시스템의 등급에 따른 회전구체의 반지름으로 틀린 것은?

① Ⅰ 등급 : 20[m]　② Ⅱ 등급 : 30[m]
③ Ⅲ 등급 : 40[m]　④ Ⅳ 등급 : 60[m]

> 해설
> 뇌격전류 파라미터 최솟값과 LPL에 상응하는 회전구체 반지름

수뢰기준			피뢰레벨(LPL)			
구분	기호	단위	Ⅰ	Ⅱ	Ⅲ	Ⅳ
최소 피크전류	I	kA	3	5	10	16
회전구체 반지름	r	m	20	30	45	60

> 합격정보
> 피뢰시스템(KSC IEC 62305)

> 보충학습
> ① 피뢰(LP : Lightning Protection)
>   뇌(뇌방전)로부터 사람뿐만 아니라 내부시스템 및 내용물을 포함한 구조물의 보호를 위한 전체 시스템, 일반적으로 LPS(피뢰 시스템)와 SPM(LEMP 방호대책)으로 구성된다.
> ② 피뢰 시스템(LPS : Lightning Protection System)
>   구조물 뇌격으로 인한 물리적 손실을 줄이기 위해 사용되는 전체 시스템을 말한다. 피뢰시스템은 외부시스템과 내부시스템으로 구성된다.
> ③ 피뢰 구역(LPZ : Lightning Protection Zone)
>   뇌 전자기적 환경이 정의된 구역을 말한다.
> ④ 피뢰 레벨(LPL : Lightning Protection Level)
>   자연적으로 발생하는 뇌방전을 초과하지 않는 최대, 최소 설계값 확률에 관련된 일련의 뇌전류 파라미터로 정해지는 레벨을 말한다.

LPL은 뇌전류 파라미터에 따라 보호대책을 설계하는데 이용된다.
⑤ LEMP 방호대책 (SPM, LEMP Protection Measures)
　뇌전자기 임펄스(LEMP)의 영향으로부터 내부시스템을 보호하기 위한 대책을 말한다.

62 전류가 흐르는 상태에서 단로기를 끊었을 때 여러 가지 파괴 작용을 일으킨다. 다음 그림에서 유입차단기의 차단순서와 투입순서가 안전수칙에 가장 적합한 것은?

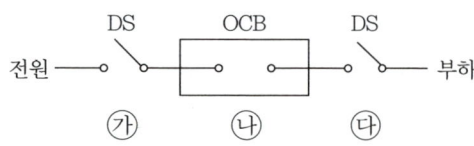

① 차단 : ㉮→㉯→㉰, 투입 : ㉮→㉯→㉰
② 차단 : ㉯→㉰→㉮, 투입 : ㉯→㉰→㉮
③ 차단 : ㉰→㉯→㉮, 투입 : ㉰→㉯→㉮
④ 차단 : ㉯→㉰→㉮, 투입 : ㉰→㉮→㉯

> 해설
> **유입차단기(Oil Circuit Breaker)**
> ① 유입차단기의 작동순서

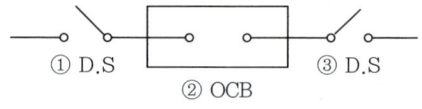

○ 투입순서 : ③-①-②　○ 차단순서 : ②-③-①
② By-pass회로 사용시 유입차단기의 작동순서

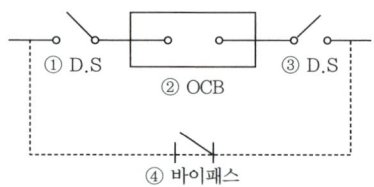

④ 투입 후 ②-③-① 순으로 차단

> 참고　산업안전기사 필기 p.4-7(11. 유입차단기 투입 및 차단순서)

> KEY　① 1993년 9월 12일 출제
> 　　　② 2018년 3월 4일(문제 78번) 출제
> 　　　③ 2019년 4월 27일(문제 71번) 출제

[정답] 61 ③　62 ④

63 다음은 무슨 현상을 설명한 것인가?

> 전위차가 있는 2개의 대전체가 특정 거리에 접근하게 되면 등전위가 되기 위하여 전하가 절연공간을 깨고 순간적으로 빛과 열을 발생하며 이동하는 현상

① 대전 ② 충전
③ 방전 ④ 열전

해설

방전
전하가 절연공간을 깨고 순간적으로 빛과 열을 발생하며 이동하는 현상

참고) 산업안전기사 필기 p.4-17(4. 방전)

KEY) 2018년 3월 4일(문제 72번) 출제

64 정전기 재해를 예방하기 위해 설치하는 제전기의 제전효율은 설치 시에 얼마 이상이 되어야 하는가?

① 40[%] 이상 ② 50[%] 이상
③ 70[%] 이상 ④ 90[%] 이상

해설

제전기 설치시 제전효율 : 90[%] 이상

참고) 산업안전기사 필기 p.4-41(합격날개 : 은행문제)

65 정전기 화재폭발 원인으로 인체 대전에 대한 예방대책으로 옳지 않은 것은?

① Wrist Strap을 사용하여 접지선과 연결한다.
② 대전방지제를 넣은 제전복을 착용한다.
③ 대전방지 성능이 있는 안전화를 착용한다.
④ 바닥 재료는 고유저항이 큰 물질로 사용한다.

해설

인체대전에 대한 정전기 예방대책
① 접지
② 정전화, 정전작업복 착용
③ 유속제한, 정치시간 확보
④ 대전방지제 사용
⑤ 가습
⑥ 제전기 사용
⑦ 제전장치 및 탱크의 불활성화
⑧ 바닥재료는 고유저항이 작은 물질 사용(정전기 발생 방지)

참고) 산업안전기사 필기 p.4-35(그림 : 정전기 방지대책)

66 정격사용률이 30[%], 정격2차 전류가 300[A]인 교류아크 용접기를 200[A]로 사용하는 경우의 허용 사용률[%]은?

① 13.3 ② 67.5
③ 110.3 ④ 157.5

해설

허용사용률 계산

허용사용률 = $\dfrac{(정격2차전류)^2}{(실제용접전류)^2} \times 정격사용률 = \dfrac{300^2}{200^2} \times 30 = 67.5[\%]$

참고) 산업안전기사 필기 p.4-79(④ 허용사용률)

KEY) ① 2016년 8월 21일(문제 79번) 출제
② 2017년 8월 26일 출제
③ 2019년 4월 27일(문제 62번) 출제

67 피뢰기의 제한 전압이 752[kV]이고 변압기의 기준충격 절연강도가 1,050[kV] 이라면, 보호여유도 [%]는 약 얼마인가?

① 18 ② 28
③ 40 ④ 43

해설

보호여유도

보호여유도[%] = $\dfrac{충격절연강도 - 제한전압}{제한전압} \times 100$

$= \dfrac{1,050 - 752}{752} \times 100 = 40[\%]$

참고) 산업안전기사 필기 p.4-58(2. 보호범위와 여유도)

KEY) ① 2017년 3월 5일 기사 출제
② 2018년 8월 19일 산업기사 출제
③ 2020년 6월 7일(문제 74번) 출제

68 절연물의 절연불량 주요원인으로 거리가 먼 것은?

① 진동, 충격 등에 의한 기계적 요인
② 산화 등에 의한 화학적 요인
③ 온도상승에 의한 열적 요인
④ 정격전압에 의한 전기적 요인

[정답] 63 ③ 64 ④ 65 ④ 66 ② 67 ③ 68 ④

해설
절연물의 절연불량요인
① 높은 이상전압 등에 의한 전기적 요인
② 진동, 충격 등에 의한 기계적 요인
③ 산화 등에 의한 화학적 요인
④ 온도상승에 의한 열적 요인

> 참고 | 산업안전기사 필기 p.4-74(2. 절연물의 절연불량요인)

69 고장전류를 차단할 수 있는 것은?
① 차단기(CB) ② 유입 개폐기(OS)
③ 단로기(DS) ④ 선로 개폐기(LS)

해설
CB(차단기 : Circuit Breaker) : 고장전류 및 대전류 차단

> 참고 | 산업안전기사 필기 p.4-5(은행문제 : 적중)
> KEY | 2018년 4월 28일(문제 75번) 출제

보충학습
① 차단기 : 부하전류 차단 ② 단로기 : 충전전류(무부하)차단

70 주택용 배선차단기 B타입의 경우 순시 동작범위는?(단, I_n는 차단기 정격전류이다.)
① $3I_n$ 초과 ~ $5I_n$ 이하
② $5I_n$ 초과 ~ $10I_n$ 이하
③ $10I_n$ 초과 ~ $15I_n$ 이하
④ $10I_n$ 초과 ~ $20I_n$ 이하

해설
동작시간 및 동작특성

주택용 누전 차단기	산업용 누전 차단기
(1) 과전류 트립 ① 정격전류의 1.13배에서 부동작 ② 정격전류의 1.45배에서 동작	(1) 과전류 트립 ① 정격전류의 1.05배에서 부동작 ② 정격전류의 1.3배에서 동작
(2) 순시 트립 ① type B : $3I_n$ 초과 $5I_n$ 이하 ② type C : $5I_n$ 초과 $10I_n$ 이하 ③ type D : $10I_n$ 초과 $20I_n$ 이하	(2) 순시 트립 ① 트립전류 설정값의 80[%]에서 0.2초 이내 비트립 ② 트립전류 설정값의 120[%]에서 0.2초 이내 트립

[그림] 주택용 누전 차단기

71 다음 중 방폭 구조의 종류가 아닌 것은?
① 유입 방폭구조(k)   ② 내압 방폭구조(d)
③ 본질안전 방폭구조(i)   ④ 압력 방폭구조(p)

해설
주요 국가 방폭구조의 기호

방폭구조 나라명	내압	유입	압력	안전증	본질 안전	특수	사입
한국	d	o	p	e	i	s	—
영국	FLT				ELP		
독일	Exd	Exo	Exf	Exe	Exi	Exs	Exq
오스트리아	Exd	Exo		Exe	Exi	Exs	Exq
프랑스	—	—	—	—	—	—	—
이태리	Exd	Exo	Exp	Exe	Exi		Exq
스위스	Exd	Exo	Exf	Exe		Exs	
스웨덴	Xt	Xo	Xy	Xh	Xi	Xs	

> 참고 | 산업안전기사 필기 p.4-68(문제 11번) 적중
> KEY | ① 2018년 3월 4일 산업기사 출제
> ② 2019년 4월 27일 산업기사 출제
> ③ 2020년 8월 22일(문제 62번) 출제

정보제공
위험기계·기구방호장치성능검정규정 제52조 (용어의 정의)

72 동작 시 아크가 발생하는 고압 및 특고압용 개폐기·차단기의 이격거리(목재의 벽 또는 천장, 기타 가연성 물체로부터의 거리)의 기준으로 옳은 것은?(단, 사용전압이 35[kV] 이하의 특고압용의 기구 등으로서 동작할 때에 생기는 아크의 방향과 길이를 화재가 발생할 우려가 없도록 제한하는 경우가 아니다)
① 고압용 : 0.8[m] 이상, 특고압용 : 1.0[m] 이상
② 고압용 : 1.0[m] 이상, 특고압용 : 2.0[m] 이상
③ 고압용 : 2.0[m] 이상, 특고압용 : 3.0[m] 이상
④ 고압용 : 3.5[m] 이상, 특고압용 : 4.0[m] 이상

해설
목재의 벽 또는 천장 기타의 가연성 물체로부터 이격거리

기구 등의 구분	이격거리
고압용의 것	1[m] 이상
특고압용의 것	2[m] 이상(사용전압이 35[kV] 이하의 특고압용의 기구 등으로서 동작할 때에 생기는 아크의 방향과 길이를 화재가 발생할 우려가 없도록 제한하는 경우는 1[m] 이상)

【정답】 69 ① 70 ① 71 ① 72 ②

참고) 산업안전기사 필기 p.4-92(문제 40번) 적중

73
3,300/220[V], 20[kVA]인 3상 변압기로부터 공급받고 있는 저압 전선로의 절연 부분의 전선과 대지 간의 절연저항의 최솟값은 약 몇[Ω] 인가?(단, 변압기의 저압 측 중성점에 접지가 되어있다.)

① 1,240 ② 2,794
③ 4,840 ④ 8,383

해설

절연저항 최솟값
저압전선로 중 절연부분의 전선과 대지간의 절연저항은 사용전압에 대한 누설전류가 최대 공급전류의 1/2,000이 넘지 않도록 유지해야 하므로

① 절연저항 = $\dfrac{전압}{누설전류}[Ω] = \dfrac{220}{\dfrac{20 \times 1,000}{220} \times \dfrac{1}{2,000}} = 4,840[Ω]$

② 3상변압기에서의 절연저항 = $\sqrt{3} \times 4,840 = 8,383[Ω]$

KEY
① 1996년 7월 21일(문제 77번)
② 2001년 9월 23일(문제 65번)
③ 2002년 3월 10일(문제 65번)
④ 2005년 3월 6일(문제 64번)
⑤ 2015년 5월 31일(문제 78번) 출제

74
감전사고로 인한 전격사의 메커니즘으로 가장 거리가 먼 것은?

① 흉부수축에 의한 질식
② 심실세동에 의한 혈액순환기능의 상실
③ 내장파열에 의한 소화기계통의 기능상실
④ 호흡중추신경 마비에 따른 호흡기능 상실

해설

전격현상의 메커니즘(사망경로)
① 흉부수축에 의한 질식
② 심장의 심실세동에 의한 혈액순환 기능의 상실
③ 뇌의 호흡중추신경 마비에 따른 호흡 정지

참고) 산업안전기사 필기 p.4-21(3. 전격현상의 메커니즘)

KEY
① 2013년 3월 10일 (문제 71번) 출제
② 2017년 8월 26일(문제 67번) 출제

75
욕조나 샤워시설이 있는 욕실 또는 화장실에 콘센트가 시설되어 있다. 해당 전로에 설치된 누전차단기의 정격감도전류와 동작시간은?

① 정격감도전류 15[mA] 이하, 동작시간 0.01[초] 이하
② 정격감도전류 15[mA] 이하, 동작시간 0.03[초] 이하
③ 정격감도전류 30[mA] 이하, 동작시간 0.01[초] 이하
④ 정격감도전류 30[mA] 이하, 동작시간 0.03[초] 이하

해설

누전차단기 기준(KS C 4613)
① 승압지구(220[V])에는 30[mA]의 누전에 30[ms](0.03[sec]) 이내에 작동하는 누전차단기설치(감전보호용)]
② 누전차단기 설치대상전압 : 150[V] 이상

참고) 산업안전기사 필기 p.4-5(1. 누전차단기의 종류)

KEY
① 2016년 3월 6일 산업기사 출제
② 2017년 5월 7일 출제
③ 2017년 8월 26일(문제 63번) 출제

합격정보
제170조(옥내에 시설하는 저압용의 배선기구의 시설) 욕실 등 인체가 물에 젖어있는 상태에서 물을 사용하는 장소에 콘센트를 시설하는 경우
① 〈전기용품안전 관리법〉의 적용을 받는 인체감전보호용 누전차단기(정격감도전류 15[mA] 이하, 동작시간 0.03[초] 이하의 전류동작형)로 보호된 전로에 접속하거나, 인체감전보호용 누전차단기가 부착된 콘센트를 시설하여야 한다.
② 콘센트는 접지 극이 있는 방전형 콘센트를 사용하여 접지하여야 한다.

76
50[kW], 60[Hz] 3상 유도전동기가 380[V] 전원에 접속된 경우 흐르는 전류(A)는 약 얼마인가?(단, 역률은 80[%]이다.)

① 82.24 ② 94.96
③ 116.30 ④ 164.47

해설

전류계산
① $W = AV$
 $A = \dfrac{W}{V} = \dfrac{50,000}{380} = 131.58[A]$

[정답] 73 ④ 74 ③ 75 ② 76 ②

② 3상

$131.58 \times \frac{1}{\sqrt{3}} = 75.97$

③ $80 : 75.97 = 100 : X$

$X = \frac{75.97 \times 100}{80} = 94.96[A]$

KEY 2021년 8월 14일(문제 73번) 출제

보충학습
① 3상 : $\sqrt{3}$적용
② 역률적용이유 : 교류이기 때문
③ 50[kW] = 50,000[W]

---

77 인체저항을 500[Ω] 이라 한다면, 심실세동을 일으키는 위험 한계 에너지는 약 몇 [J] 인가?(단, 심실세동 전류값 $I = \frac{165}{\sqrt{T}}$ [mA]의 Dalziel의 식을 이용하며, 통전시간은 1초로 한다.)

① 11.5   ② 13.6
③ 15.3   ④ 16.2

해설

심실세동을 일으키는 위험에너지

$I[mA] = \frac{165}{\sqrt{T}}$ 를 대입하여 푼다.

Q : J, I=A, R=Ω, T=sec

$Q = \left(\frac{165}{\sqrt{T}} \times 10^{-3}\right)^2 \times 500 \times T = \frac{165^2}{\sqrt{T}} \times 10^{-6} \times 500 \times T$

$= 165^2 \times 10^{-6} \times 500 ≒ 13.6[J]$

참고 산업안전기사 필기 p.4-18(3. 위험한계에너지)

KEY
① 2016년 8월 21일 기사 출제
② 2017년 5월 7일 기사 출제
③ 2018년 3월 4일 기사 출제
④ 2018년 4월 28일 기사·산업기사 동시출제
⑤ 2018년 8월 19일 기사 출제
⑥ 2019년 3월 3일 기사 출제
⑦ 2020년 6월 7일(문제 65번) 출제

---

78 내압방폭용기 "d"에 대한 설명으로 틀린 것은?

① 원통형 나사 접합부의 체결 나사산 수는 5산 이상이어야 한다.
② 가스/증기 그룹이 IIB일 때 내압 접합면과 장애물과의 최소 이격거리는 20[mm]이다.
③ 용기 내부의 폭발이 용기 주위의 폭발성 가스 분위기로 화염이 전파되지 않도록 방지하는 부분은 내압방폭 접합부이다.
④ 가스/증기 그룹이 IIC일 때 내압 접합면과 장애물과의 최소 이격거리는 40[mm]이다.

해설

내압방폭구조 "d"플랜지 개구부에서 장애물까지의 최소거리

가스그룹	최소거리[mm]
IIA	10
IIB	30
IIC	40

[비고] KS C IEC 60079-14는 플랜지(평면) 접합부가 있는 방폭구조 "d"로 설계된 기기의 설치를 제한한다. 구체적으로 가기가 해당조건으로 시험되지 않은 한, 플랜지 접합부는 기준에 명시한 치수보다 기기의 일부가 아닌 고형 물체(solid objects)에 더 가까이 설치해서는 안 된다.

---

79 KS C IEC 60079-0의 정의에 따라 '두 도전부 사이의 고체 절연물 표면을 따른 최단거리'를 나타내는 명칭은?

① 전기적 간격   ② 절연공간거리
③ 연면거리   ④ 충전물 통과거리

해설

연면거리(creeping distance : 沿面距離)
불꽃 방전을 일으키는 두 전극 간 거리를 고체 유전체의 표면을 따라서 그 최단 거리로 나타낸 값

보충학습
공간거리 : 도전부 사이의 공간 최단거리

---

80 접지 목적에 따른 분류에서 병원설비의 의료용 전기전자(ME)기기와 모든 금속부분 또는 도전 바닥에도 접지하여 전위를 동일하게 하기 위한 접지를 무엇이라 하는가?

① 계통 접지   ② 등전위 접지
③ 노이즈방지용 접지 ④ 정전기 장해방지 이용 접지

해설

등전위 접지목적 : 전위일정(예 병원의료용 기기)

참고 산업안전기사 필기 p.4-37(합격날개 : 은행문제) 적중

KEY
① 2014년 8월 17일(문제 79번) 출제
② 2016년 8월 21일(문제 72번) 출제

[정답] 77 ② 78 ② 79 ③ 80 ②

5. 화학설비 안전관리

81 다음 중 고체연소의 종류에 해당하지 않는 것은?

① 표면연소 ② 증발연소
③ 분해연소 ④ 예혼합연소

[해설]

기체 연소
① 확산연소(불균질 연소) : 가연성 기체를 대기 중에 분출·확산시켜 연소하는 방식(불꽃은 있으나 불티가 없는 연소)
② 혼합연소(예혼합 연소, 균질연소) : 먼저 가연성 기체를 공기와 혼합시켜 놓고 연소하는 방식

[참고] ① 산업안전기사 필기 5-4(2. 연소의 종류)
② 2017년 5월 7일 기사(문제 93번)

[KEY] 2017년 5월 7일 산업기사 출제

82 가연성 물질을 취급하는 장치를 퍼지하고자 할 때 잘못된 것은?

① 대상물질의 물성을 파악한다.
② 사용하는 불활성가스의 물성을 파악한다.
③ 퍼지용 가스를 가능한 한 빠른 속도로 단시간에 다량 송입한다.
④ 장치 내부를 세정한 후 퍼지용 가스를 송입한다.

[해설]

퍼지방법
① 퍼지용 가스는 장시간에 걸쳐 천천히 주입한다.
② why : 빨리 주입시 폭발한다.

[참고] 산업안전기사 필기 p.5-20(표. 퍼지의 종류)

[KEY] ① 2005년 5월 29일(문제 96번) 출제
② 2019년 4월 27일(문제 93번) 출제

[보충학습]

퍼지(purge)
연소되지 않은 가스가 노 안에 또는 기타 장소에 차 있으면 점화를 했을 때 폭발할 우려가 있으므로 점화시키기 전에 이것을 노 밖으로 배출하기 위하여 환기시키는 것을 퍼지라고 한다.

83 위험 물질에 대한 설명 중 틀린 것은?

① 과산화나트륨에 물이 접촉하는 것은 위험하다.
② 황린은 물속에 저장한다.
③ 염소산나트륨은 물과 반응하여 폭발성의 수소기체를 발생한다.
④ 아세트알데히드는 0[℃] 이하의 온도에서도 인화할 수 있다.

[해설]

염소산 나트륨($NaClO_3$)의 용도
① 주로 과염소산염의 제조에 사용
② 산화제, 성냥, 폭죽, 폭약의 재료
③ 염색, 직물 가공, 가죽 무두질, 살충제
④ 이산화염소 원료(종이, 펄프 표백용)
⑤ 제초제
[출처 : 도서출판 세화 화학대사전]

[보충학습]

$2Na + 2H_2O = 2NaOH + H_2$

84 공정안전보고서 중 공정안전자료에 포함하여야 할 세부내용에 해당하는 것은?

① 비상조치계획에 따른 교육계획
② 안전운전지침서
③ 각종 건물·설비의 배치도
④ 도급업체 안전관리계획

[해설]

공정안전자료의 내용
① 취급·저장하고 있는 유해·위험물질의 종류와 수량
② 유해·위험물질에 대한 물질안전보건자료
③ 유해·위험설비의 목록 및 사양
④ 유해·위험설비의 운전방법을 알 수 있는 공정도면
⑤ 각종 건물·설비의 배치도
⑥ 폭발위험장소구분도 및 전기단선도
⑦ 위험설비의 안전설계·제작 및 설치관련지침서

[참고] 산업안전산업기사 필기 p.5-88(공정안전자료)

[KEY] ① 2018년 3월 4일 기사 출제
② 2018년 8월 19일 산업기사 출제

[정보제공] 산업안전보건법시행규칙 제130조의 2(공정안전보고서의 세부내용 등)

[정답] 81 ④ 82 ③ 83 ③ 84 ③

과년도 출제문제

85 디에틸에테르의 연소범위에 가장 가까운 값은?

① 2~10.4[%] ② 1.9~48[%]
③ 2.5~15[%] ④ 1.5~7.8[%]

해설

디에틸에테르 연소범위 : 1.9~48[%]

참고 산업안전기사 필기 p.5-59(3. 가스의 폭발·폭굉 한계)

---

86 공기 중에서 A 가스의 폭발하한계는 2.2[vol%] 이다. 이 폭발하한계 값을 기준으로 하여 표준상태에서 A 가스와 공기의 혼합기체 1[m³]에 함유되어 있는 A 가스의 질량을 구하면 약 몇 [g] 인가?(단, A 가스의 분자량은 26 이다.)

① 19.02 ② 25.54
③ 29.02 ④ 35.54

해설

A(C_2H_2)가스의 질량

① 표준상태 0[℃], 1기압에서 기체의 부피는 22.4[L]

$\frac{22.4}{1,000} = 0.0224[m^3]$ ∴ 1[m³] = 1,000[l]

② 분자량은 26, 농도는 폭발하한계로 구하면 0.022가 되므로 기체의 단위부피당 질량 = $\frac{26 \times 0.022}{0.0224} = 25.54[g]$

KEY ① 2010년 5월 9일 문제 82번 출제
② 2019년 3월 3일(문제 100번) 출제

보충학습

샤를의 법칙

① 압력이 일정할 때 기체의 부피는 온도의 증가에 비례한다.
② $\frac{T_2}{T_1} = \left(\frac{V_2}{V_1}\right)$ 또는 $V_1T_2 = V_2T_1$ 으로 표시된다.
③ 표준상태 0[℃], 1기압에서 기체의 부피는 22.4[L]이다.
④ 기체의 단위부피당 질량[g/m³]은 $\frac{농도 \times 분자량}{V_1}$ 으로 구한다.

---

87 다음 물질 중 물에 가장 잘 용해되는 것은?

① 아세톤 ② 벤젠
③ 톨루엔 ④ 휘발유

해설

아세톤(CH_3COCH_3)

(1) 용도
 ① 아세톤은 아주 중요한 용매중 하나이며 플라스틱이나 셀룰로스 도료 제작, 공업용, 제약용, 가정용, 식품 처리과정에서 추출 용매로서 사용된다.(제4류 위험물, 제1석유류)
 ② 아세틸렌을 녹여 저장하는 용도로도 사용된다.
 ③ 유기합성의 원료로도 사용되며 아세톤으로부터 생성되는 대표적인 화합물은 다이아세톤 알코올이다.
 ④ 다이아세톤 알코올은 용매, 시너 등으로 사용된다.
 ⑤ 실생활에서는 물과 유기용매 모두에 대해서 잘 녹는다는 성질을 이용하여, 페인트와 같이 물로 세척되지 않는 물질을 세척하는데 사용된다.

(2) 아세틸렌의 용제
 ① 아세톤(CH_3COCH_3)
 ② 디메틸포름아미드(DMF)

참고 산업안전기사 필기 p.5-43(합격날개 : 은행문제)

KEY ① 2009년 5월 10일 (문제 94번) 출제
② 2020년 6월 7일 (문제 95번) 출제

---

88 가스누출감지경보기 설치에 관한 기술상의 지침으로 틀린 것은?

① 암모니아를 제외한 가연성가스 누출감지경보기는 방폭성능을 갖는 것이어야 한다.
② 독성가스 누출감지경보기는 해당 독성가스 허용농도의 25[%] 이하에서 경보가 울리도록 설정하여야 한다.
③ 하나의 감지대상가스가 가연성이면서 독성인 경우에는 독성가스를 기준하여 가스누출감지경보기를 선정하여야 한다.
④ 건축물 안에 설치되는 경우, 감지 대상가스의 비중이 공기보다 무거운 경우에는 건축물 내의 하부에 설치하여야 한다.

해설

경보설정치

① 가연성 가스누출감지경보기는 감지대상 가스의 폭발하한계 25퍼센트 이하, 독성가스 누출감지경보기는 해당 독성가스의 허용농도 이하에서 경보가 울리도록 설정하여야 한다.
② 가스누출감지경보의 정밀도는 경보설정치에 대하여 가연성 가스누출감지경보기는 ±25퍼센트 이하, 독성가스누출감지경보기는 ±30퍼센트 이하이어야 한다.

합격정보

고용노동부고시 제2020-49호 가스누출감지경보기 설치에 관한 기술상의 지침

[정답] 85 ② 86 ② 87 ① 88 ②

89. 폭발을 기상폭발과 응상폭발로 분류할 때 기상 폭발에 해당되지 않는 것은?

① 분진폭발　　② 혼합가스폭발
③ 분무폭발　　④ 수증기 폭발

해설
기상폭발(기체상태 폭발 : 가스, 분진, 분무)
① 혼합가스의 폭발 : 가연성 가스의 연소에 의한 폭발
② 가스의 분해폭발 : 아세틸렌, 산화에틸렌, 에틸렌, 히드라진 등의 폭발
③ 분진폭발 : 가연성 고체의 미분이나 가연성 액체의 무적(mist)에 의한 폭발

참고
① 산업안전기사 필기 p.5-9(표 : 증기폭발·분진폭발·분해폭발)
② 2017년 8월 28일 산업기사(문제 72번)
③ 산업안전기사 필기 p.5-10(보충문제)

KEY
① 2005년 출제
② 2017년 5월 7일(문제 95번) 출제
③ 2017년 8월 26일(문제 92번) 출제
④ 2019년 4월 27일(문제 95번) 출제

보충학습
응상(고체와 액체상태) 폭발
① 수증기(액체) 폭발
② 증기폭발
③ 전선폭발

90. 다음 가스 중 가장 독성이 큰 것은?

① CO　　② $COCl_2$
③ NH_3　　④ H_2

해설
포스겐($COCl_2$)
① 중요한 유기화학 공업 원료로서 합성수지·고무·합성섬유(폴리우레탄)·도료·의약·용제 등의 원료로 사용됨
② 1, 2차 세계대전 당시 화학무기로 사용되었으며 가스 흡입시 재채기, 호흡 곤란 등의 증상을 나타내며, 2~8시간 이후부터 폐수종을 일으켜 사망하게 됨
③ TWA(시간가중 평균 노출기준) : 0.1[ppm]

참고 산업안전기사 필기 p.5-66(문제 34번) 적중

KEY
① 2014년 8월 17일(문제 97번) 출제
② 2017년 3월 5일(문제 96번) 출제
③ 2019년 4월 27일(문제 98번) 출제

91. 처음 온도가 20[℃]인 공기를 절대압력 1기압에서 3기압으로 단열압축하면 최종온도는 약 몇 도인가?(단, 공기의 비열비 1.4 이다.)

① 68[℃]　　② 75[℃]
③ 128[℃]　　④ 164[℃]

해설
단열압축
외부와 열교환 없이 압력을 높게 하여 온도가 올라가는 현상

$$\frac{T_2}{T_1} = \left(\frac{P_2}{P_1}\right)^{\frac{r-1}{r}} = \frac{T_2}{273+20} = \left(\frac{3}{1}\right)^{\frac{1.4-1}{1.4}} = 401[K]$$

참고 2014년 8월 17일(문제 95번)

보충학습
절대온도를 섭씨온도로 바꾸면
① $401 - 273 = 128[℃]$
② $T_2 = T_1 \times \left(\frac{P_2}{P_1}\right)^{\frac{r-1}{r}} = 293 \times 3^{\frac{1.4-1}{1.4}} = 128[℃]$

참고 산업안전기사 필기 p.5-25(문제 21번) 적중

KEY
① 2010년 3월 7일 출제
② 2016년 3월 6일(문제 96번) 출제
③ 2017년 3월 5일 산업기사 출제
④ 2019년 4월 27일(문제 88번) 출제

92. 물질의 누출방지용으로써 접합면을 상호 밀착시키기 위하여 사용하는 것은?

① 개스킷　　② 체크밸브
③ 플러그　　④ 콕크

해설
제257조(덮개 등의 접합부)
사업주는 화학설비 또는 그 배관의 덮개·플랜지·밸브 및 콕의 접합부에 대해서는 접합부에서의 위험물질 등이 누출되어 폭발·화재 또는 위험물의 누출을 방지하기 위하여 적절한 개스킷(gasket)을 사용하고 접합면을 상호 밀착시키는 등 적절한 조치를 하여야 한다.

참고 산업안전기사 필기 p.5-42(합격날개 : 합격예측 및 관련법규)

합격정보
산업안전보건기준에 관한 규칙 제257조(덮개 등의 접합부)

[정답] 89 ④　90 ②　91 ③　92 ①

과년도 출제문제

93 건조설비의 구조를 구조부분, 가열장치, 부속설비로 구분할 때 다음 중 "부속설비"에 속하는 것은?

① 보온판 ② 열원장치
③ 소화장치 ④ 철골부

해설

건조설비에서 부속설비 종류
① 소화설비(장치)
② 방호장치
③ 보호구
④ 환기장치
⑤ 온도측정장치 및 조절장치

참고 산업안전기사 필기 p.5-53(합격날개 : 합격예측)

94 에틸렌(C_2H_4)이 완전연소하는 경우 다음의 Jones 식을 이용하여 계산할 경우 연소하한계는 약 몇 [vol%]인가? Jones식 : LFL＝0.55×Cst

① 0.55 ② 3.6
③ 6.3 ④ 8.5

해설

C_2H_4 양론농도계산
① $C_{st} = \dfrac{100}{1+4.773\left(2+\dfrac{4}{4}\right)} = 6.53$
② 연소하한값 $= 0.55 \times C_{st} = 0.55 \times 6.53 = 3.59$

참고 산업안전기사 필기 p.5-11(보충학습 : 폭발범위의 계산)

KEY 2020년 8월 22일(문제 86번) 출제

보충학습

폭발범위의 계산 : Jones식
① 폭발하한계＝0.55×C_{st}
② 폭발상한계＝3.50×C_{st}

여기서, $C_{st} = \dfrac{100}{1+4.773\left(n+\dfrac{m-f-\lambda}{4}\right)}$

(n:탄소, m:수소, f:할로겐원소, λ:산소의 원자수)

95 [보기]의 물질을 폭발 범위가 넓은 것부터 좁은 순서로 옳게 배열한 것은?

[보기]
H_2 C_3H_8 CH_4 CO

① CO ＞ H_2 ＞ C_3H_8 ＞ CH_4
② H_2 ＞ CO ＞ CH_4 ＞ C_3H_8
③ C_3H_8 ＞ CO ＞ CH_4 ＞ H_2
④ CH_4 ＞ H_2 ＞ CO ＞ C_3H_8

해설

위험도(폭발범위) 큰 순서
① 수소 위험도＝$\dfrac{U-L}{L} = \dfrac{75-4.0}{4} = 17.75$
② 일산화탄소 위험도＝$\dfrac{U-L}{L} = \dfrac{74-10.5}{10.5} = 6.05$
③ 메탄의 위험도＝$\dfrac{U-L}{L} = \dfrac{8.4-1.4}{1.4} = 5.0$
④ 프로판 위험도＝$\dfrac{U-L}{L} = \dfrac{9.5-2.2}{2.2} = 3.32$

참고 산업안전기사 필기 p.5-10(표. 혼합가스의 폭굉범위)

KEY ① 2014년 5월 25일 (문제 88번) 출제
② 2017년 8월 26일 (문제 85번) 출제

96 산업안전보건법령상 위험물질의 종류에서 "폭발성 물질 및 유기과산화물"에 해당하는 것은?

① 디아조화합물 ② 황린
③ 알킬알루미늄 ④ 마그네슘 분말

해설

위험물질구분
① 황린 및 알킬알루미늄 : 물반응성 물질
② 마그네슘 분말 : 인화성 고체

참고 산업안전기사 필기 p.5-35(2. 물반응성 물질 및 인화성 고체)

합격정보 산업안전보건기준에 관한 규칙 [별표 1] 위험물질의 종류

97 화염방지기의 설치에 관한 사항으로 (　)에 알맞은 것은?

사업주는 인화성 액체 및 인화성 가스를 저장·취급하는 화학설비에서 증기나 가스를 대기로 방출하는 경우에는 외부로부터의 화염을 방지하기 위하여 화염방지기를 그 설비(　)에 설치하여야 한다.

[정답] 93 ③ 94 ② 95 ② 96 ① 97 ①

① 상단 ② 하단
③ 중앙 ④ 무게중심

> **해설**

화염방지기(Flame arrester)
① 화염방지기 설치 위치 : 설비 상단
② 굴뚝같은 통기관에 끼움

> 참고 산업안전기사 필기 p.5-8(합격날개 : 합격예측 및 관련법규)

> KEY ① 2018년 8월 19일(문제 99번) 출제
>   ② 2019년 4월 27일(문제 100번) 출제

> **합격정보**
> 산업안전보건기준에 관한 규칙 제269조(화염방지기의 설치)

98 다음 중 인화성 가스가 아닌 것은?

① 부탄 ② 메탄
③ 수소 ④ 산소

> **해설**

인화성 가스의 종류
① 수소   ② 아세틸렌
③ 에틸렌   ④ 메탄
⑤ 에탄   ⑥ 프로판
⑦ 부탄   ⑧ 영 별표 10에 따른 인화성 가스

> 참고 산업안전기사 필기 p.5-36(5. 인화성 가스)

> KEY ① 2017년 8월 26일 기사 출제
>   ② 2019년 3월 3일 기사·산업기사 동시 출제
>   ③ 2020년 9월 27일(문제 98번) 출제

> **정보제공**
> 산업안전보건기준에 관한 규칙 [별표 1] 위험물질의 종류

> **보충학습**
> 산소 : 조연성 가스

99 반응기를 조작방식에 따라 분류할 때 해당되지 않는 것은?

① 회분식 반응기
② 반회분식 반응기
③ 연속식 반응기
④ 관형식 반응기

> **해설**

반응기의 구분

구분	종류	특징
조작(운전) 방식에 의한 분류	회분식 반응기 (Batch Reactor)	① 원료를 반응기 내에 주입하고, 일정시간 반응시킨 다음 생성물을 꺼내는 방식 ② 반응이 진행되는 동안 원료 도입 또는 생성물의 배출이 없다. ③ 다품종 소량 생산에 유리하다.
	반회분식 반응기 (semi-batch Reactor)	① 반응 성분의 일부를 반응기 내에 넣어두고 반응이 진행됨에 따라 다른 성분을 계속 첨가하는 형식의 반응기이다.
	연속식 반응기 (plug flow Reactor)	① 원료를 연속적으로 반응기에 도입하는 동시에 반응 생성물을 연속적으로 반응기에 배출시키면서 반응을 진행시키는 반응기이다. ② 소품종 대량생산에 적합하다.
구조에 의한 분류	① 관형반응기 ③ 교반기형반응기	② 탑형반응기 ④ 유동층형 반응기

> 참고 산업안전기사 필기 p.5-50(합격날개 : 합격예측)

> KEY ① 2011년 3월 20일(문제 89번) 출제
>   ② 2019년 3월 3일(문제 83번) 출제

100 다음 중 가연성 물질과 산화성 고체가 혼합하고 있을 때 연소에 미치는 현상으로 옳은 것은?

① 착화온도(발화점)가 높아진다.
② 최소 점화에너지가 감소하며, 폭발의 위험성이 증가한다.
③ 가스나 가연성 증기의 경우 공기 혼합보다 연소범위가 축소된다.
④ 공기 중에서보다 산화작용이 약하게 발생하여 화염온도가 감소하며 연소속도가 늦어진다.

> **해설**

폭발
① 인화(가연)성 기체 또는 액체의 발생속도가 열의 일상속도를 상회하는 현상
  (예) 가연성 물질 + 산화성고체 = 폭발
② 최소점화 에너지 감소(착화온도는 내려간다)

> 참고 산업안전기사 필기 p.5-6(2. 폭발)

> KEY ① 2016년 8월 21일 출제
>   ② 2018년 4월 28일(문제 81번) 출제

[정답] 98 ④ 99 ④ 100 ②

6 건설공사 안전관리

101 건설현장에서 사용되는 작업발판 일체형 거푸집의 종류에 해당되지 않는 것은?

① 갱폼(gang form)
② 슬립폼(slip form)
③ 클라이밍 폼(climbing form)
④ 유로폼(euro form)

해설

작업발판 일체형 거푸집의 종류
① 갱폼(gang form)
② 슬립폼(slip form)
③ 클라이밍폼(climbing form)
④ 터널라이닝폼(tunnel lining form)
⑤ 그 밖에 거푸집과 작업발판이 일체로 제작된 거푸집 등

참고 산업안전기사 필기 p.6-100(합격날개 : 합격예측 및 관련법규)

KEY 2017년 9월 23일 건설안전기사 출제

정보제공 산업안전보건기준에 관한 규칙 제331조의3(작업발판 일체형 거푸집의 안전조치)

---

102 콘크리트 타설작업을 하는 경우 준수하여야 할 사항으로 옳지 않은 것은?

① 당일의 작업을 시작하기 전에 해당 작업에 관한 거푸집동바리 등의 변형·변위 및 지반의 침하 유무 등을 점검하고 이상이 있으면 보수할 것
② 콘크리트를 타설하는 경우에는 편심이 발생하지 않도록 골고루 분산하여 타설할 것
③ 설계도서상의 콘크리트 양생기간을 준수하여 거푸집동바리 등을 해체할 것
④ 작업 중에는 거푸집동바리 등의 변형·변위 및 침하 유무 등을 감시할 수 있는 감시자를 배치하여 이상이 있으면 작업을 중지하지 아니하고, 즉시 충분한 보강조치를 실시할 것

해설

콘크리트 타설작업시 준수사항
① 당일의 작업을 시작하기 전에 해당 작업에 관한 거푸집 및 동바리를 변형·변위 및 지반의 침하유무 등을 점검하고 이상이 있으면 보수할 것
② 작업중에는 거푸집동바리 등의 변형·변위 및 침하유무 등을 감시할 수 있는 감시자를 배치하여 이상이 있으면 작업을 중지시키고 근로자를 대피시킬 것
③ 콘크리트의 타설작업시 거푸집붕괴의 위험이 발생할 우려가 있는 경우에는 충분한 보강조치를 할 것
④ 설계도서상의 콘크리트 양생기간을 준수하여 거푸집 및 동바리를 해체할 것
⑤ 콘크리트를 타설하는 경우에는 편심이 발생하지 않도록 골고루 분산하여 타설할 것

참고 산업안전기사 필기 p.6-91(합격날개 : 합격예측 및 관련법규)

KEY
① 2016년 5월 8일 기사 출제
② 2016년 10월 1일 산업기사 출제
③ 2017년 3월 5일 산업기사 출제
④ 2018년 5월 8일(문제 117번) 출제

정보제공 산업안전보건기준에 관한 규칙 제334조(콘크리트의 타설작업)

---

103 버팀보, 앵커 등의 축하중 변화상태를 측정하여 이들 부재의 지지효과 및 그 변화 추이를 파악하는데 사용되는 계측기기는?

① water level meter   ② load cell
③ piezo meter   ④ strain gauge

해설

계측장치의 종류 및 설치목적

종류	설치목적
변형률계 (strain gauge)	흙막이 버팀대의 변형 정도 파악
하중계 (load cell)	흙막이 버팀대에 작용하는 토압, 토류벽 어스앵커의 인장력 등을 측정
토압계 (earth pressure meter)	흙막이에 작용하는 토압의 변화 파악
간극수압계 (piezo meter)	굴착으로 인한 지하의 간극수압 측정
지하수위계 (water level meter)	지하수의 수위변화 측정

참고
① 산업안전기사 필기 p.6-119(표 : 계측장치의 종류 및 설치목적)
② load cell : 하중계(체중)

KEY
① 2016년 3월 6일 산업기사 출제
② 2016년 10월 1일 산업기사 출제
③ 2017년 3월 5일 산업기사 출제
④ 2017년 5월 7일 기사·산업기사 동시 출제
⑤ 2018년 4월 28일 기사 출제
⑥ 2019년 3월 3일 산업기사 출제
⑦ 2019년 4월 27일(문제 103번) 출제

[정답] 101 ④   102 ④   103 ②

104 차량계 건설기계를 사용하여 작업을 하는 경우 작업계획서 내용에 포함되지 않는 것은?

① 사용하는 차량계 건설기계의 종류 및 성능
② 차량계 건설기계의 운행경로
③ 차량계 건설기계에 의한 작업방법
④ 차량계 건설기계의 유지보수 방법

해설

차량계 건설기계 작업계획 내용 3가지
① 사용하는 차량계 건설기계의 종류 및 성능
② 차량계 건설기계의 운행경로
③ 차량계 건설기계에 의한 작업방법

참고: 산업안전기사 필기 p.6-190(보충학습 : 사전조사 및 작업계획서 내용)

KEY: 2016년 5월 8일(문제 111번) 출제

정보제공: 산업안전보건기준에 관한 규칙 [별표 4] 사전조사 및 작업계획서 내용

105 근로자의 추락 등의 위험을 방지하기 위한 안전난간의 설치기준으로 옳지 않은 것은?

① 상부 난간대와 중간 난간대는 난간 길이 전체에 걸쳐 바닥면 등과 평행을 유지할 것
② 발끝막이판은 바닥면등으로부터 20[cm] 이상의 높이를 유지할 것
③ 난간대는 지름 2.7[cm] 이상의 금속제 파이프나 그 이상의 강도가 있는 재료일 것
④ 안전난간은 구조적으로 가장 취약한 지점에서 가장 취약한 방향으로 작용하는 100[kg] 이상의 하중에 견딜 수 있는 튼튼한 구조일 것

해설

안전난간

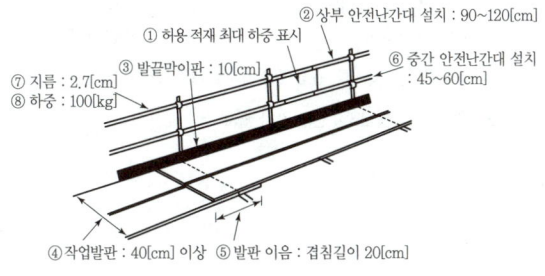

[그림] 안전난간

참고:
① 산업안전기사 필기 p.6-105(2. 안전난간설치기준)
② 산업안전기사 필기 p.6-151(합격날개 : 합격예측)

KEY:
① 2017년 9월 23일 산업기사 출제
② 2018년 3월 4일 산업기사 출제
③ 2018년 8월 19일 산업기사 출제

정보제공: 산업안전보건기준에 관한 규칙 제13조(안전난간의 구조 및 설치요건)

106 흙 속의 전단응력을 증대시키는 원인에 해당하지 않는 것은?

① 자연 또는 인공에 의한 지하공동의 형성
② 함수비의 감소에 따른 흙의 단위 체적 중량의 감소
③ 지진, 폭파에 의한 진동 발생
④ 균열내에 작용하는 수압증가

해설

흙의 전단강도(쿨롱의 법칙)
(1) 개요
  ① 전단강도란 흙에 관한 역학적 성질로 기초의 극한 지지력을 알 수 있다.
  ② 기초의 하중이 흙의 전단강도 이상이면 흙은 붕괴되고 기초는 침하된다.
(2) 전단강도 공식(coulomb의 법칙)
  $\tau = c + \sigma \tan\phi$
  = 점착력 + 마찰력
  여기서, τ : 전단강도 c : 점착력
  σ : 수직응력 ϕ : 마찰각
  $\sigma\tan\phi$: 마찰력
(3) 결론 : 함수비 감소에 따른 흙의 단위체적 중량 증가함

참고: 산업안전기사 필기 p.6-3(합격날개 : 합격예측)

107 다음은 산업안전보건법령에 따른 항타기 또는 항발기에 권상용 와이어로프를 사용하는 경우에 준수하여야 할 사항이다. ( )안에 알맞은 내용으로 옳은 것은?

권상용 와이어로프는 추 또는 해머가 최저의 위치에 있을 때 또는 널말뚝을 빼내기 시작할 때를 기준으로 권상장치의 드럼에 적어도 (   ) 감기고 남을 수 있는 충분한 길이일 것

[정답] 104 ④ 105 ② 106 ② 107 ②

① 1회　　　　② 2회
③ 4회　　　　④ 6회

해설
권상용 와이어로프는 추 또는 해머가 최저의 위치에 있는 때 또는 널말뚝을 빼내기 시작할 때를 기준으로 하여 권상장치의 드럼에 적어도 2회 감기고 남을 수 있는 충분한 길이일 것

참고 산업안전기사 필기 p.6-56(합격날개 : 합격예측 및 관련법규)

합격정보
산업안전보건기준에 관한 규칙 제212조(권상용 와이어로프의 길이 등)

108 산업안전보건법령에 따른 유해위험방지계획서 제출 대상 공사로 볼 수 없는 것은?

① 지상 높이가 31[m] 이상인 건축물의 건설공사
② 터널 건설공사
③ 깊이 10[m] 이상인 굴착공사
④ 다리의 전체길이가 40[m] 이상인 건설공사

해설
유해위험방지계획서 제출대상 건설공사
(1) 건축물 또는 시설 등의 건설·개조 또는 해체공사
　가. 지상높이가 31미터 이상인 건축물 또는 인공구조물
　나. 연면적 3만제곱미터 이상인 건축물
　다. 연면적 5천제곱미터 이상인 시설
　　① 문화 및 집회시설(전시장 및 동물원·식물원은 제외한다)
　　② 판매시설, 운수시설(고속철도의 역사 및 집배송시설은 제외한다)
　　③ 종교시설
　　④ 의료시설 중 종합병원
　　⑤ 숙박시설 중 관광숙박시설
　　⑥ 지하도상가
　　⑦ 냉동·냉장 창고시설
(2) 연면적 5천제곱미터 이상인 냉동·냉장 창고시설의 설비공사 및 단열공사
(3) 최대지간길이가 50[m] 이상인 다리건설 등 공사
(4) 터널건설 등의 공사
(5) 다목적댐, 발전용댐 및 저수용량 2천만톤 이상의 용수전용댐, 지방상수도 전용댐 건설 등의 공사
(6) 깊이 10[m] 이상인 굴착공사

참고 산업안전기사 필기 p.6-20(3. 유해위험방지계획서 제출대상 건설공사)

KEY
① 2016년 5월 8일 기사 출제
② 2017년 3월 5일 산업기사 출제
③ 2018년 4월 28일 기사 출제
④ 2018년 8월 19일 기사·산업기사 동시 출제
⑤ 2019년 3월 3일(문제 106번) 출제

정보제공
산업안전보건법 시행령 제42조(유해위험방지계획서 제출대상)

109 사다리식 통로 등을 설치하는 경우 고정식 사다리식 통로의 기울기는 최대 몇 도 이하로 하여야 하는가?

① 60도　　　　② 75도
③ 80도　　　　④ 90도

해설
사다리식 통로등의 기울기 각도
① 일반적인 각도 : 75[°] 이하
② 고정식 : 90[°] 이하

참고 산업안전기사 필기 p.6-18(합격날개 : 합격예측 및 관련법규)

KEY
① 2016년 10월 1일 산업기사 출제
② 2017년 5월 7일 기사·산업기사 동시 출제
③ 2018년 4월 28일 산업기사 출제
④ 2019년 3월 3일(문제 115번) 출제

정보제공
산업안전보건기준에 관한 규칙 제24조(사다리식 통로 등의 구조)

110 거푸집동바리 구조에서 높이가 $l=3.5[m]$ 인 파이프서포트의 좌굴하중은?(단, 상부받이판과 하부받이판은 힌지로 가정하고, 단면2차모멘트 $I=8.31[cm^4]$, 탄성계수 $E=2.1×10^6[MPa]$)

① 14,060[N]　　　　② 15,060[N]
③ 16,060[N]　　　　④ 17,060[N]

해설
오일러의 좌굴하중(P_{cr})
$$P_{cr}=\frac{n\pi^2 EI}{l^2}=\frac{\pi^2 EI}{(kl)^2}=\frac{\pi^2 \times 2.1 \times 10^5 \times 8.31}{350^2}=14,060[N]$$

여기서, n : 지지상태에 따른 좌굴계수　　E : 탄성계수
　　　　I : 단면 2차모멘트　　　　　　l : 기둥길이
　　　　kl : 유효길이　　　　　　　　 k : 1.0(양단힌지)

참고 산업안전기사 필기 p.6-95(합격날개 : 합격예측)

KEY 2017년 9월 23일 산업기사 출제

[정답] 108 ④　109 ④　110 ①

111 하역작업 등에 의한 위험을 방지하기 위하여 준수하여야 할 사항으로 옳지 않은 것은?

① 꼬임이 끊어진 섬유로프를 화물운반용으로 사용해서는 안 된다.
② 심하게 부식된 섬유로프를 고정용으로 사용해서는 안 된다.
③ 차량 등에서 화물을 내리는 작업 시 해당작업에 종사하는 근로자에게 쌓여 있는 화물 중간에서 화물을 빼내도록 할 경우에는 사전 교육을 철저히 한다.
④ 부두 또는 안벽의 선을 따라 통로를 설치하는 경우에는 폭을 90[cm] 이상으로 한다.

[해설]
산업안전보건기준에 관한 규칙 제389조(화물 중간에서 화물 빼내기 금지)
사업주는 차량 등에서 화물을 내리는 작업을 하는 경우에 해당 작업에 종사하는 근로자에게 쌓여있는 화물 중간에서 화물을 빼내도록 해서는 아니 된다.

[참고] 산업안전기사 필기 p.6-184(합격예측 및 관련법규)

[KEY] 2018년 8월 19일(문제 104번) 출제

112 추락방지용 방망 중 그물코의 크기가 5[cm]인 매듭방망 신품의 인장강도는 최소 몇 [kg] 이상이어야 하는가?

① 60
② 110
③ 150
④ 200

[해설]
신품 방망사의 인장강도

그물코의 크기 (단위 : [cm])	방망의 종류(단위 : [kg])	
	매듭 없는 방망	매듭 방망
10	240	200
5		110

[KEY] 2016년 5월 8일(문제 110번) 출제

[참고] 산업안전기사 필기 p.6-50(표. 방망사의 신품에 대한 인장강도)

113 단관비계의 도괴 또는 전도를 방지하기 위하여 사용하는 벽이음의 간격기준으로 옳은것은?

① 수직방향 5[m] 이하, 수평방향 5[m] 이하
② 수직방향 6[m] 이하, 수평방향 6[m] 이하
③ 수직방향 7[m] 이하, 수평방향 7[m] 이하
④ 수직방향 8[m] 이하, 수평방향 8[m] 이하

[해설]
강관비계 조립 간격

강관비계의 종류	조립 간격(단위 : [m])	
	수직 방향	수평 방향
단관비계	5	5
틀비계(높이 5[m] 미만인 것은 제외)	6	8

[KEY] 2020년 6월 7일(문제 114번) 등 30번 이상 출제

[참고] 산업안전기사 필기 p.6-94(강관비계 조립 간격)

[정보제공]
산업안전보건기준에 관한 규칙 [별표 5] 강관비계의 조립 간격

114 인력으로 하물을 인양할 때의 몸의 자세와 관련하여 준수하여야 할 사항으로 옳지 않은 것은?

① 한쪽 발은 들어올리는 물체를 향하여 안전하게 고정시키고 다른 발은 그 뒤에 안전하게 고정시킬 것
② 등은 항상 직립한 상태와 90도 각도를 유지하여 가능한 한 지면과 수평이 되도록 할 것
③ 팔은 몸에 밀착시키고 끌어당기는 자세를 취하며 가능한 한 수평거리를 짧게 할 것
④ 손가락으로만 인양물을 잡아서는 아니 되며 손바닥으로 인양물 전체를 잡을 것

[해설]
화물인양시 몸의 자세

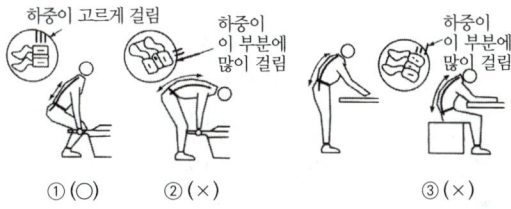

[그림] 자세에 따른 요추 부위의 하중 차이

[결론] 등은 지면과 수직이 되어야 함

[정답] 111 ③ 112 ② 113 ① 114 ②

참고 산업안전기사 필기 p.6-173(4. 인력운반시 재해)

115 산업안전보건관리비 항목 중 안전시설비로 사용 가능한 것은?

① 원활한 공사수행을 위한 가설시설 중 비계설치 비용
② 소음관련 민원예방을 위한 건설 현장 소음방지용 방음시설 설치 비용
③ 근로자의 산업재해예방을 위한 목적으로만 사용하는 안전난간 구입비용
④ 기계·기구 등과 일체형 안전장치의 구입비용

해설

안전시설비 사용기준
① 산업재해 예방을 위한 안전난간, 추락방호망, 안전대 부착설비, 방호장치(기계·기구와 방호장치가 일체로 제작된 경우, 방호장치 부분의 가액에 한함) 등 안전시설의 구입·임대 및 설치를 위해 소요되는 비용
② 「산업재해예방시설자금 융자금 지원사업 및 보조금 지급사업 운영규정」(고용노동부고시) 제2조제12호에 따른 "스마트안전장비 지원사업" 및 「건설기술진흥법」 제62조의3에 따른 스마트 안전장비 구입·임대 비용. 다만, 제4조에 따라 계상된 산업안전보건관리비 총액의 10분의 1을 초과할 수 없다.
③ 용접 작업 등 화재 위험작업 시 사용하는 소화기의 구입·임대비용

참고 산업안전기사 필기 p.6-39(2. 안전시설비 등)

KEY ① 2017년 5월 7일 기사 출제
     ② 2018년 3월 4일(문제 108번) 출제

합격정보
건설업 산업안전보건관리비 계상 및 사용기준
(고용노동부고시 제2024-53호, 2024. 9. 19., 개정)

116 유한사면에서 원형 활동면에 의해 발생하는 일반적인 사면 파괴의 종류에 해당하지 않는 것은?

① 사면 내 파괴 (Slope failure)
② 사면 선단 파괴(Toe failure)
③ 사면 인장 파괴(Tension failure)
④ 사면 저부파괴(Base failure)

해설

유한사면의 원호 활동면 붕괴 형태
① 사면 선단 파괴(Toe Failure)
② 사면 내 파괴(Slope Failure)
③ 사면 저부 파괴(Base Failure)

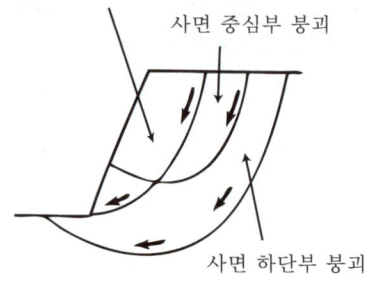

[그림] 사면 붕괴 형태

참고 산업안전기사 필기 p.6-55(합격날개 : 합격예측)

KEY 2016년 10월 1일 건설안전산업기사 출제

합격정보
굴착공사 표준안전작업 지침 제29조(붕괴의 형태)

117 강관비계를 사용하여 비계를 구성하는 경우 준수해야할 기준으로 옳지 않은 것은?

① 비계기둥의 간격은 띠장 방향에서는 1.85[m] 이하, 장선(長線) 방향에서는 1.5[m] 이하로 할 것
② 띠장 간격은 2.0[m] 이하로 할 것
③ 비계기둥의 제일 윗부분으로부터 31[m] 되는 지점 밑부분의 비계기둥은 2개의 강관으로 묶어 세울 것
④ 비계기둥 간의 적재하중은 600[kg]을 초과하지 않도록 할 것

해설

강관비계구성시 준수사항
① 비계기둥의 제일 윗부분으로부터 31[m]되는 지점 밑부분의 비계기둥은 2개의 강관으로 묶어 세울 것. 다만, 브래킷(bracket) 등으로 보강하여 2개의 강관으로 묶을 경우 이상의 강도가 유지되는 경우에는 그러하지 아니하다.
② 비계기둥 간의 적재하중은 400[kg]을 초과하지 않도록 할 것

참고 산업안전기사 필기 p.6-99(합격날개 : 합격예측 및 관련법규)

KEY ① 2017년 3월 5일 기사 출제
     ② 2017년 5월 7일 산업기사 출제
     ③ 2017년 8월 26일 기사 · 산업기사 동시출제
     ④ 2018년 3월 4일(문제 110번) 출제

정보제공
산업안전보건기준에 관한 규칙 제60조(강관비계의 구조)

【 정답 】 115 ③ 116 ③ 117 ④

118 다음은 산업안전보건법령에 따른 화물자동차의 승강설비에 관한 사항이다. ( )안에 알맞은 내용으로 옳은 것은?

> 사업주는 바닥으로부터 짐 윗면까지의 높이가 ( ) 이상인 화물자동차에 짐을 싣는 작업 또는 내리는 작업을 하는 경우에는 근로자의 추가 위험을 방지하기 위하여 해당 작업에 종사하는 근로자가 바닥과 적재함의 짐 윗면 간을 안전하게 오르내리기 위한 설비를 설치하여야 한다.

① 2[m]　　② 4[m]
③ 6[m]　　④ 8[m]

해설

화물자동차 승강설비 기준
사업주는 바닥으로부터 짐 윗면과의 높이가 2[m] 이상인 화물자동차에 짐을 싣는 작업 또는 내리는 작업을 하는 경우에는 근로자의 추락 위험을 방지하기 위하여 해당 작업에 종사하는 근로자가 바닥과 적재함의 짐 윗면간을 안전하게 오르내리기 위한 설비를 설치하여야 한다.

참고 산업안전기사 필기 p.6-51(합격날개 : 합격예측 및 관련법규)

KEY 2019년 8월 4일 기사 출제

합격정보
산업안전보건기준에 관한 규칙 제187조(승강설비)

---

119 달비계의 최대 적재하중을 정함에 있어서 활용하는 안전계수의 기준으로 옳은 것은?(단, 곤돌라의 달비계를 제외한다.)

① 달기 훅 : 5 이상　　② 달기 강선 : 5 이상
③ 달기 체인 : 3 이상　　④ 달기 와이어로프 : 5 이상

해설

달비계의 안전계수
① 달기와이어로프 및 달기 강선의 안전계수는 10 이상
② 달기체인 및 달기훅의 안전계수는 5 이상
③ 달기강대와 달비계의 하부 및 상부지점의 안전계수는 강재의 경우 2.5 이상, 목재의 경우 5 이상

참고 산업안전기사 필기 p.6-92(합격날개 : 합격예측 및 관련법규)

KEY ① 2016년 10월 1일 산업기사 출제
② 2018년 3월 4일 기사·산업기사 동시 출제

정보제공
산업안전보건기준에 관한 규칙 제55조(작업발판의 최대적재하중)

---

120 발파작업 시 암질변화 구간 및 이상암질의 출현 시 반드시 암질판별을 실시하여야 하는데, 이와 관련된 암질 판별기준과 가장 거리가 먼 것은?

① R.Q.D[%]　　② 탄성파 속도[m/sec]
③ 전단강도[kg/cm²]　　④ R.M.R

해설

암질 판별 기준
(1) 암질 변화구간 및 이상 암질 출현 판별 방법
　① R.Q.D[%] : Rock Quality Designation
　② 탄성파 속도[kine = cm/sec]
　③ R.M.R[%] : Rock Mass Rating
　④ 1축 압축강도[kg/cm²]
(2) 터널의 경우(NATM 기준) 지속적 보강대책기준
　① 내공 변위 측정
　② 천단 침하 측정
　③ 지중, 지표 침하 측정
　④ 록볼트 축력 측정

KEY ① 2001년 9월 23일(문제 90번)
② 2006년 9월 10일(문제 100번) 산업기사 출제
③ 2018년 3월 4일 산업기사 출제

합격정보
① 굴착공사 표준안전 작업지침 제12조(준비 및 발파)
② 2023년 7월 1일 지침삭제로 출제되지 않습니다.

[정답] 118 ①　119 ①　120 ③

저자약력

정재수(靑波:鄭再琇)

인하대학교 공학박사/GTCC 교육학명예박사/한양대학교 공학석사/공학사/문학사/각종국가고시 출제, 검토, 채점, 감독, 면접위원역임/매경TV/EBS/KBS라디오 출연 및 강사/중소기업진흥공단 강사/대한산업안전협회 강사/호원대학교, 신성대학교, 대림대학교, 수원대학교 외래교수/울산대학교, 군산대학교, 한경대학교 등 특강/한국폴리텍Ⅱ대학 산학협력단장, 평생교육원장, 산학기술연구소장, 디자인센터장/한국폴리텍 대학 교수/한국폴리텍대학남인천캠퍼스 학장/대한민국산업현장 교수/(사)대한민국에너지상생포럼 집행위원장/(사)한국안전돌봄서비스협회 회장/(사)대한민국 청렴코리아 공동대표/협성대학교 IPP추진기획단 특별위원/인천광역시 새마을문고 회장/한국요양신문 논설위원/생명살림운동 강사/GTCC 대학교 겸임교수/ISO국제선임심사원/열린사이버대학교 특임교수/**한국방송통신대학교 및 한국 폴리텍 대학 공동 선정 동영상 강의**

[저서]
- 산업안전공학(도서출판 세화)
- 기계안전기술사(도서출판 세화)
- 건설안전기술사(도서출판 세화)
- 산업안전기사[필기, 실기 필답형, 작업형](도서출판 세화)
- 건설안전기사[필기, 실기 필답형, 작업형](도서출판 세화)
- 산업안전지도사 시리즈(도서출판 세화)
- 산업보건지도사 시리즈(도서출판 세화)
- 산업안전보건(한국산업인력공단)
- 공업고등학교안전교재(서울교과서)
- 산업안전보건동영상(한국산업인력공단) 등 60여권 저술
- 한국방송통신대학과 한국폴리텍대학 선정 동영상 촬영

[상훈]
대한민국 근정 포장(대통령)/국무총리 표창/행정자치부 장관표창/300만 인천광역시민상 수상과 효행표창 등 8회 수상/인천광역시 교육감 상 수상/Vision2010교육혁신대상수상/2018년 대한민국청렴대상수상/30년이상봉사 새마을기념장 수상/몽골 옵스 주지사 표창 수상

[출강기업(무순)]
삼성(전자, 건설, 중공업, 조선, 물산)/현대(건설, 자동차, 중공업, 제철)/대우(건설, 자동차, 조선), SK(정유, 건설)/GS건설/에스원(S1)/두산(건설, 중공업), 동부(반도체), POSCO건설, 멀티캠퍼스, e-mart, CJ, 한국수자원공사 등 100여기업/이상 안전자격증특강

국가기술자격 필기시험 집중 대비서(녹색자격증, 녹색직업)

산업안전기사 필기[과년도] - 2권 (2019년~2021년)

31판 56쇄 발행	**2026. 1. 20.** (25. 9. 1.인쇄)	18판 42쇄 발행	2015. 1. 1.	11판 27쇄 발행	2008. 1. 1.	5판 12쇄 발행	2002. 6. 10.
30판 55쇄 발행	2025. 1. 23.	17판 41쇄 발행	2014. 1. 1.	10판 26쇄 발행	2007. 5. 30.	5판 11쇄 발행	2002. 1. 10.
29판 54쇄 발행	2024. 4. 1.	16판 40쇄 발행	2013. 7. 20.	10판 25쇄 발행	2007. 3. 20.	4판 10쇄 발행	2001. 7. 10.
28판 53쇄 발행	2023. 11. 15.	16판 39쇄 발행	2013. 1. 1.	10판 24쇄 발행	2007. 1. 10.	4판 9쇄 발행	2001. 1. 10.
27판 52쇄 발행	2023. 2. 17.	15판 38쇄 발행	2012. 8. 10.	9판 23쇄 발행	2006. 6. 10.	3판 8쇄 발행	2000. 9. 10.
26판 51쇄 발행	2022. 1. 14.	15판 37쇄 발행	2012. 4. 10.	9판 22쇄 발행	2006. 3. 20.	3판 7쇄 발행	2000. 6. 10.
25판 50쇄 발행	2021. 1. 10.	15판 36쇄 발행	2012. 1. 1.	9판 21쇄 발행	2006. 1. 10.	3판 6쇄 발행	2000. 1. 10.
24판 49쇄 발행	2020. 1. 17.	14판 35쇄 발행	2011. 5. 20.	8판 20쇄 발행	2005. 6. 10.	2판 5쇄 발행	1999. 9. 30.
23판 48쇄 발행	2019. 1. 10.	14판 34쇄 발행	2011. 1. 1.	8판 19쇄 발행	2005. 3. 20.	2판 4쇄 발행	1999. 6. 10.
22판 47쇄 발행	2018. 7. 30.	13판 33쇄 발행	2010. 5. 30.	8판 18쇄 발행	2005. 1. 10.	2판 3쇄 발행	1999. 1. 10.
21판 46쇄 발행	2018. 1. 10.	13판 32쇄 발행	2010. 1. 1.	7판 17쇄 발행	2004. 6. 30.	1판 2쇄 발행	1998. 7. 10.
20판 45쇄 발행	2017. 1. 1.	12판 31쇄 발행	2009. 3. 20.	7판 16쇄 발행	2004. 4. 10.	1판 1쇄 발행	1998. 1. 5.
20판 44쇄 발행	2016. 2. 10.	12판 30쇄 발행	2009. 1. 1.	7판 15쇄 발행	2004. 1. 10.		
19판 43쇄 발행	2016. 1. 1.	11판 29쇄 발행	2008. 6. 10.	6판 14쇄 발행	2003. 6. 10.		
		11판 28쇄 발행	2008. 3. 20.	6판 13쇄 발행	2003. 1. 10.		

지은이 정재수
펴낸이 박 용
펴낸곳 도서출판 세화 **주소** 경기도 파주시 회동길 325-22(서패동 469-2)
영업부 (031)955-9331~2 **편집부** (031)955-9333 **FAX** (031)955-9334
등록 1978. 12. 26 (제 1-338호)

정가 43,000원 (1권/2권/3권)
ISBN 978-89-317-1339-8 13530
※ 파손된 책은 교환하여 드립니다.

본 도서의 내용 문의 및 궁금한 점은 더 정확한 정보를 위하여 저자분에게 문의하시고, 저희 홈페이지 수험서 자료실이나 저자 이메일에 문의바랍니다.
저자명 정재수(jjs90681@naver.com) TEL 010-7209-6627

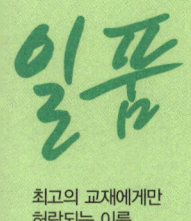

최고의 교재에게만
허락되는 이름

「**일품**」합격수험서로 녹색자격증 취득한다!
자격증 취득은 원리에 충실해야 합니다. 최적의 길잡이가 되어드리겠습니다.

「**일품**」합격수험서로 녹색직업 부자된다!
다른 수험서와 차별화된 차이점은 조그마한 부분에서부터 시작됩니다.

365일 저자상담직통전화
010-7209-6627

지난 40여 년 동안 수많은 수험생들이 세화출판사의 안전수험서로 합격의 기쁨을 누렸습니다.

많은 독자들의 추천과 선택으로 대한민국 안전수험서 분야 1위 석권을 꾸준히 지키고 있는 도서출판 세화는 항상 수험생들의 안전한 합격을 위해 최신기출문제를 백과사전식 해설과 함께 빠르게 증보하고 있습니다.
저희 세화는 독자 여러분의 안전한 합격을 응원합니다.

40년의 열정, 40년의 노력, 40년의 경험

정부가 위촉한 대한민국 산업현장 교수!
안전수험서 판매량 1위 교재 집필자인
정재수 안전공학박사가 제안하는
과목별 **321** 공부법!!

[되고 법칙]

돈이 없으면 벌면 되고 잘못이 있으면 고치면 되고 안되는 것은 되게 하면 되고, 모르면 배우면 되고, 부족하면 메우면 되고, 잘 안되면 될때까지 하면 되고, 길이 안보이면 길을 찾을때까지 찾으면 되고, 길이 없으면 길을 만들면 되고, 기술이 없으면 연구하면 되고, 생각이 부족하면 생각을 하면 된다.

*수험정보나 일정에 대하여 궁금하시면 세화홈페이지(www.sehwapub.co.kr)에 접속하여 내려받으시고 게시판에 질문을 남기시거나 궁금한 점이 있으시면 언제든지 아래의 번호로 전화하세요.

3단계 대비학습 365일 합격상담직통전화 **010-7209-6627**

1 필기 합격

- **3단계 합격단계** · 합격날개 · 과목별 필수요점 및 문제

- **2단계 기본단계** · 필수문제 · 최근 3개년 3단계 과년도

- **1단계 만점단계** · 알짬QR · 1주일에 끝나는 합격요점

2 필기 과년도 34년치 3주 합격

- **3단계 합격단계**
  · 기사—공개문제 23개년도 (2003~2025년)기출문제
  · 산업기사—공개문제 24개년도 (2002~2025년)기출문제

- **2단계 기본단계**
  · 기사—미공개문제 11개년도 (1992~2002년)기출문제
  · 산업기사—미공개문제 10개년도 (1992~2001년)기출문제

- **1단계 만점단계** · 알짬QR ·
  · 1주일에 끝나는 계산문제총정리
  · 미공개 문제 및 지난과년도

산업안전 우수 숙련 기술자 (숙련 기술장려법 제10조)

정/직한 수험서!
재/수있는 수험서!
수/석예감 수험서!

아래와 같은 방법으로 공부하시면 반드시 합격합니다.

• 특허 제 10-2687805호 •   "특허받은 교재"

자격증 취득은 기초부터 차근차근 다져나가는 것이 중요합니다. 필기에서는 과목별 요점정리와 출제예상문제를, 과년도에서는 최근 기출문제와 계산문제 총정리를, 실기 필답형에서는 합격예상작전과 과년도 기출문제를, 실기 작업형에서는 최근 기출문제 풀이 중심으로 공부하시면 됩니다.

필기시험 합격자에게는 2년간 실기시험 수험의 응시가 주어지고, 최종 실기시험 합격자는 21C 유망 녹색자격증 취득의 기쁨이 주어지게 됩니다.

일품 필기 → 일품 필기 과년도 → 일품 실기 필답형 → 일품 실기 작업형

---

3 실기 필답형 4주 합격

3단계 합격단계 — 과목별 필수요점 및 출제예상문제

⇩

2단계 기본단계
- 기본 : 과년도 출제문제 (2011~2015년)
- 필수 : 과년도 출제문제 (2016~2025년)

⇩

1단계 만점단계
• 알짬QR •
- 실기필답형 1주일 최종정리
- 1991~2010년 기출문제

4 실기 작업형 1주 합격

3단계 합격단계 — 과년도 출제문제 (2018~2025년)

⇩

2단계 기본단계 — 각 과목별 필수 요점 및 문제

⇩

1단계 만점단계
• 알짬QR •
- 2000~2017년 기출문제

*산재사고로 피해를 입으신 근로자 및 유가족들에게 심심한 조의와 유감을 표합니다.

2026
개정31판 총56쇄

ISO 9001:2015

한국산업기술진흥협회

▶ ISO 9001:2015 인증
▶ 안전연구소 인정

CBT 백과사전식
NCS적용 문제해설

녹색자격증 녹색직업

CBT 실전 연습
AI 기출문제 학습앱
맞추다 MACHUDA
https://machuda.kr

세계유일무이
365일 저자상담직통전화
010-7209-6627

2025년 전회차 CBT 복기문제 수록

산업안전기사 필기

2022~2025년 과년도 **3**

안전공학박사/명예교육학박사
대한민국산업현장교수/기술지도사

정재수 지음

"산업안전 우수 숙련기술자" 선정

건설안전, 산업안전 기사·지도사·기능장·기술사 등 관련 자격 및 의문사항에 대하여
365일 성심 성의껏 답변해 드리고 있습니다. 저자와 상담 후 교재를 구입하세요.
www.sehwapub.co.kr

안전분야 베스트셀러
35년 독보적 판매
최신 기출문제 수록

대한민국 최초, 최다, 최고, 최상, 최적 적중률의 안전관리 완벽합격!

● 특허 제10-2687805호 ●
명칭 : 국가직무능력표준에 따른 자격사 교육 콘텐츠 생성 자동화 방법, 장치 및 시스템

도서출판  세화

차례

1992~2002년도 기사 미공개문제 11개년도/QR코드
2003~2014년도 기사 공개문제 12개년도/QR코드
▶ http://cafe.naver.com/anjeonschool/12 – 출력가능

2022년도 기사 정기검정 과년도 문제해설

2022년도 제1회(2022년 3월 05일 시행) … 4
2022년도 제2회(2022년 4월 24일 시행) … 37

2023년도 기사 정기검정 과년도 문제해설

2023년도 제1회(2023년 2월 28일 CBT 시행) … 74
2023년도 제2회(2023년 6월 04일 CBT 시행) … 109
2023년도 제3회(2023년 7월 08일 CBT 시행) … 142

2024년도 기사 정기검정 과년도 문제해설

2024년도 제1회(2024년 2월 15일 CBT 시행) … 178
2024년도 제2회(2024년 5월 09일 CBT 시행) … 214
2024년도 제3회(2024년 7월 27일 CBT 시행) … 250

2025년도 기사 정기검정 과년도 문제해설

2025년도 제1회(2025년 2월 07일 CBT 시행) … 286
2025년도 제2회(2025년 5월 10일 CBT 시행) … 320
2025년도 제3회(2025년 8월 09일 CBT 시행) … 358

과년도 출제문제(기사)

합격의 포인트

- 수험생 여러분! 과년도 문제는 뒷부분부터 보세요.(합격의 기쁨이 빨리 옵니다.)
- 과년도 문제에서 많이 출제됨을 기억하세요.(60%출제+해설40%=100%)
- 상세한 해설이 합격을 보장합니다.
- 산업안전기사의 필기, 실기(필답형+작업형)의 전교재를 갖춘 출판사는 대한민국에 세화뿐입니다.

참고

- 한국산업인력공단이 공개한 문제와 비공개 문제를 출판사와 저자가 재작성 및 재편집·해설하여 다음 시험에 100% 적중을 위하여 구성하였습니다.(참고 및 합격키를 확인하는 것이 합격의 비결입니다.)
- 현명한 세화 독자는 뒷부분(최근 기출문제)부터 공부하세요.(최근문제가 이번 시험에 적중합니다.)
- 본서의 문제 중 오답, 오타가 있을 수 있습니다. 발견되면 저자에게 연락주십시오.
- 저자실명제·공식저자, 안전공학박사(365일 상담 : 010-7209-6627)
- 요점정리 및 별도 계산문제도 꼭 보셔야 만점 합격할 수 있습니다.
- 2026년 출제기준과 NCS 출제기준에 맞추어 CBT시험에 적용했습니다.

산업안전기사 필기

2022년 3월 5일 시행 **제1회**

2022년 4월 24일 시행 **제2회**

2022년도 기사 정기검정 제1회 (2022년 3월 5일 시행)

자격종목 및 등급(선택분야): 산업안전기사

종목코드	시험시간	수험번호	성명
1431	3시간	20220305	도서출판세화

1 산업재해 예방 및 안전보건교육

01 산업안전보건법령상 산업안전보건위원회의 구성·운영에 관한 설명 중 틀린 것은?

① 정기회의는 분기마다 소집한다.
② 위원장은 위원 중에서 호선(互選)한다.
③ 근로자대표가 지명하는 명예산업안전 감독관은 근로자 위원에 속한다.
④ 공사금액 100억원 이상 건설업의 경우 산업안전보건위원회를 구성·운영해야 한다.

해설

건설업 산업안전보건위원회 구성 조건
① 공사금액 : 120억원 이상
② 토목공사 : 150억원 이상

참고 산업안전기사 필기 p.1-24(20. 건설업)

KEY 2020년 6월 7일 기사 출제

합격정보
① 산업안전보건법 시행령 제35조(산업안전보건위원회의 구성)
② 산업안전보건법 시행령 제36조(산업안전보건위원회의 위원장)
③ 산업안전보건법 시행령 제37조(산업안전보건위원회의 회의 등)
④ 산업안전보건법 시행령 [별표 9] 산업안전보건위원회를 구성해야할 사업의 종류 및 사업장의 상시 근로자 수 (예 제조업 : 50명, 100명, 300명 등)

02 산업안전보건법령상 잠함(潛函) 또는 잠수작업 등 높은 기압에서 작업하는 근로자의 근로시간 기준은?

① 1일 6시간, 1주 32시간 초과금지
② 1일 6시간, 1주 34시간 초과금지
③ 1일 8시간, 1주 32시간 초과금지
④ 1일 8시간, 1주 34시간 초과금지

해설

근로시간 연장의 제한
사업주는 유해하거나 위험한 작업으로서 대통령령으로 정하는 작업에 종사하는 근로자에게는 1일 6시간, 1주 34시간을 초과하여 근로하게 하여서는 아니된다.
예 잠함 잠수작업

KEY 2017년 8월 26일(문제 18번) 출제

합격정보
산업안전보건법 제139조(유해·위험작업에 대한 근로시간 제한 등)

03 산업현장에서 재해 발생 시 조치 순서로 옳은 것은?

① 긴급처리 → 재해조사 → 원인분석 → 대책수립
② 긴급처리 → 원인분석 → 대책수립 → 재해조사
③ 재해조사 → 원인분석 → 대책수립 → 긴급처리
④ 재해조사 → 대책수립 → 원인분석 → 긴급처리

해설

재해발생 조치사항

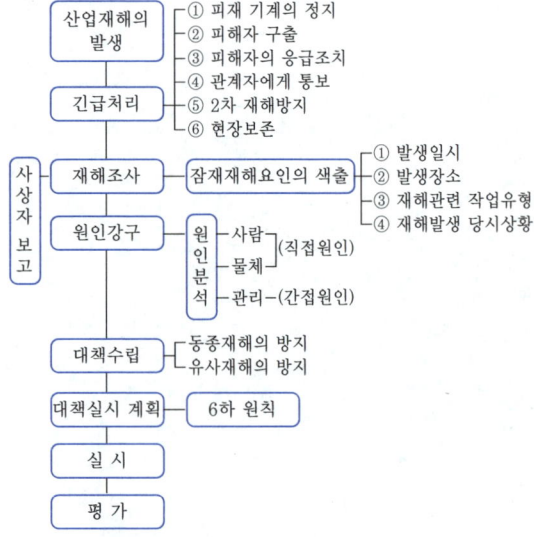

참고 산업안전기사 필기 p.3-34(4.산업재해발생 조치순서)

[정답] 01 ④ 02 ② 03 ①

KEY ① 산업안전기사 필기 2016년 10월 1일 출제
② 산업안전기사 필기 2017년 3월 5일 출제
③ 산업안전기사 필기 2017년 8월 26일(문제 2번) 출제

04 산업재해보험적용근로자 1,000명인 플라스틱 제조 사업장에서 작업 중 재해 5건이 발생하였고, 1명이 사망하였을 때 이 사업장의 사망만인율은?

① 2
② 5
③ 10
④ 20

해설

사망만인율 $= \dfrac{\text{사망자수}}{\text{산재보험적용 근로자수}} \times 10,000 = \dfrac{1}{1,000} \times 10,000 = 10$

참고 산업안전기사 필기 p.3-44(합격날개 : 합격예측)

KEY 2019년 4월 27일 산업기사 출제

합격정보
산업재해 통계업무처리 규정 제3조(산업재해 통계의 산출방법 및 정의)

05 안전보건 교육계획 수립 시 고려사항 중 틀린것은?

① 필요한 정보를 수집한다.
② 현장의 의견은 고려하지 않는다.
③ 지도안은 교육대상을 고려하여 작성한다.
④ 지도안에 의한 교육에만 그치지 않아야 한다.

해설

교육계획수립시 필수사항 : 현장의 의견 반영(예 우문현답)

참고 산업안전기사 필기 p.1-137(3. 안전보건교육 계획 수립시 고려할 사항)

06 학습지도의 형태 중 몇 사람의 전문가가 주제에 대한 견해를 발표하고 참가자로 하여금 의견을 내거나 질문을 하게 하는 토의 방식은?

① 포럼(Forum)
② 심포지엄(Symposium)
③ 버즈세션(Buzz session)
④ 자유토의법(Free discussion method)

해설

토의법
① 포럼(Forum : 많은 인원이 회의)
   새로운 자료나 교재를 제시하고 거기서의 문제점을 피교육자로 하여금 제기하도록 하거나 의견을 여러 가지 방법으로 발표하게 하고 다시 깊이 파고 들어 토의
② 심포지엄(symposium : 전문가와 질문)
   몇 사람의 전문가에 의하여 과제에 관한 견해를 발표한 뒤 참가자로 하여금 의견이나 질문을 하게 하여 토의
③ 패널 디스커션(Panel Discussion : 전문가와 전문가, 교육자와 교육자)
   패널 멤버가 피교육자 앞에서 자유로이 토의를 하고 뒤에 피교육자 전원이 참가하여 사회자의 사회에 따라 토의
④ 버즈 세션(Buzz session : 6-6 회의)
   먼저 사회자와 기록계를 선출한 후 나머지 사람은 6명씩 소집단으로 구분하고, 소집단별로 각각 사회자를 선발하여 6분간씩 토의
   (예 이라고 벌이 웅웅 대는 Buzz)
⑤ 사례연구법(case method)
   먼저 사례를 제시하고 문제적 사실들과 그의 상호관계에 대해서 검토하고 대책을 토의

참고 산업안전기사 필기 p.1-173(1. 토의식 교육방법)

KEY ① 2018년 3월 4일 기사 출제
② 2018년 9월 15일 산업기사 출제
③ 2020년 6월 7일(문제 8번) 출제

07 산업안전보건법령상 근로자 안전보건교육 대상에 따른 교육시간 기준 중 틀린 것은?(단, 상시 작업이며, 일용근로자는 제외한다.)

① 특별교육 - 16시간 이상
② 채용 시 교육 - 8시간 이상
③ 작업내용 변경 시 교육 - 2시간 이상
④ 사무직 종사 근로자 정기교육 - 매분기 1시간 이상

해설

근로자 안전보건교육

교육과정	교육대상		교육시간
정기교육	사무직 종사 근로자		매반기 6시간 이상
	사무직 종사 근로자 외의 근로자	판매업무에 직접 종사하는 근로자	매반기 6시간 이상
		판매업무에 직접 종사하는 근로자 외의 근로자	매반기 12시간 이상
	관리감독자의 지위에 있는 사람		연간 16시간 이상
채용시의 교육	일용근로자		1시간 이상
	일용근로자를 제외한 근로자		8시간 이상

[정답] 04 ③ 05 ② 06 ② 07 ④

과년도 출제문제

교육과정	교육대상	교육시간
작업내용 변경시의 교육	일용근로자	1시간 이상
	일용근로자를 제외한 근로자	2시간 이상
특별교육	별표 5 제1호라목 각 호의 어느 하나에 해당하는 작업에 종사하는 일용근로자	2시간 이상
	별표 5 제1호라목 제39호의 타워크레인 신호작업에 종사하는 일용근로자	8시간 이상
특별교육	별표 5 제1호라목 각 호의 어느 하나에 해당하는 작업에 종사하는 일용근로자를 제외한 근로자	−16시간 이상(최초 작업에 종사하기 전 4시간 이상 실시하고 12시간은 3개월 이내에서 분할하여 실시가능) −단기간 작업 또는 간헐적 작업인 경우에는 2시간 이상
건설업 기초 안전보건교육	건설 일용근로자	4시간 이상

참고 산업안전산업기사 필기 p.1-155(표 : 안전보건교육 교육과정별 교육시간)

KEY
① 2016년 5월 8일 기사 출제
② 2020년 6월 7일 기사 출제
③ 2020년 8월 23일 산업기사 출제

정보제공
산업안전보건법 시행규칙 [별표 4] 안전보건교육 교육과정별 교육시간

08 버드(Bird)의 신 도미노이론 5단계에 해당하지 않는 것은?

① 제어부족(관리)
② 직접원인(징후)
③ 간접원인(평가)
④ 기본원인(기원)

해설
버드(Frank Bird)의 최신(새로운) 연쇄성(Domino) 이론
① 제1단계 : 전문적 관리 부족(제어 부족)
② 제2단계 : 기본원인(기원)
③ 제3단계 : 직접원인(징후) : 인적 원인+물적 원인
④ 제4단계 : 사고(접촉)
⑤ 제5단계 : 상해(손해, 손실)

참고 산업안전기사 필기 p.3-32(2. 버드의 최신 연쇄성 이론)

KEY 2017년 3월 5일(문제 9번) 출제

09 재해예방의 4원칙에 해당하지 않는 것은?

① 예방가능의 원칙
② 손실우연의 원칙
③ 원인연계의 원칙
④ 재해 연쇄성의 원칙

해설
재해예방 4원칙
① 예방가능의 원칙
② 손실우연의 원칙
③ 원인계기(연계)의 원칙
④ 대책선정의 원칙

참고 산업안전기사 필기 p.3-35(6. 산업재해 예방의 4원칙)

KEY
① 2016년 5월 8일 산업기사 출제
② 2016년 10월 1일 건설안전기사 출제
③ 2017년 3월 5일(문제 11번) 출제
④ 2022년 3월 5일 건설안전기사 출제

10 안전점검을 점검시기에 따라 구분할 때 다음에서 설명하는 안전점검은?

> 작업담당자 또는 해당 관리감독자가 맡고 있는 공정의 설비, 기계, 공구 등을 매일 작업 전 또는 작업 중에 일상적으로 실시하는 안전점검

① 정기점검
② 수시점검
③ 특별점검
④ 임시점검

해설
수시점검(일상점검)
매일 작업 전·작업 중 또는 작업 후에 일상적으로 실시하는 점검을 말하며 작업과 작업책임자·관리감독자가 실시하고 사업주의 안전순찰도 넓은 의미에서 포함된다.
예 작업전 점검내용 : 방호장치 작동 여부

참고 산업안전기사 필기 p.3-49(2. 수시점검)

KEY 2022년 3월 5일 건설안전기사 출제

11 타일러(Tyler)의 교육과정 중 학습경험선정의 원리에 해당하는 것은?

① 기회의 원리
② 계속성의 원리
③ 계열성의 원리
④ 통합성의 원리

[정답] 08 ③ 09 ④ 10 ② 11 ①

> **해설**

학습경험 선정의 원리
① 동기유발(만족)의 원리
② 기회의 원리
③ 가능성의 원리
④ 다목적 달성의 원리
⑤ 전이가능성의 원리

> 참고 산업안전기사 필기 p.1-138(합격날개 : 합격예측)

> KEY ① 2018년 8월 19일(문제 12번) 출제
>   ② 2020년 9월 27일 건설안전기사 출제

> **정보제공**

Frederick W.Taylor 과학적 관리
(1) 과학적 관리의 원칙(생산성과 종업원의 임금 동시 향상) → 작업환경의 재설계
    ① 과학적 방법
    ② 과학적 선발과 교육
    ③ 개인주의가 아닌 협동심 고취
    ④ 경영층과 근로자들의 일을 최적화 하기 위한 작업의 균등분배
(2) 단점
    ① 고임금을 희망하는 근로자들을 비인간적으로 착취
    ② 최소 인원으로 작업이 가능하여 대량의 실업자 유발

12 주의(Attention)의 특성에 관한 설명 중 틀린 것은?

① 고도의 주의는 장시간 지속하기 어렵다.
② 한 지점에 주의를 집중하면 다른 곳의 주의는 약해진다.
③ 최고의 주의 집중은 의식의 과잉상태에서 가능하다.
④ 여러 자극을 지각할 때 소수의 현란한 자극에 선택적 주의를 기울이는 경향이 있다.

> **해설**

주의의 특성 3가지
① 선택성 : 사람은 한 번에 여러 종류의 자극을 자각하거나 수용하지 못하며 소수의 특정한 것으로 한정해서 선택하는 기능을 말한다.
② 방향성 : 공간적으로 보면 시선의 초점에 맞았을 때는 쉽게 인지되지만 시선에서 벗어난 부분은 무시되기 쉽다.
③ 변동(단속)성 : 주의는 리듬이 있어 언제나 일정한 수준을 지키지는 못한다.

> 참고 산업안전기사 필기 p.1-117(2. 인간의 주의 특성)

> KEY ① 2016년 5월 8일 출제
>   ② 2016년 10월 1일 출제
>   ③ 2017년 3월 4일 산업기사 출제
>   ④ 2018년 4월 28일(문제 22번) 출제
>   ⑤ 2020년 9월 27일(문제 38번) 출제
>   ⑥ 2021년 9월 12 건설안전기사 출제

13 산업재해보상보험법령상 보험급여의 종류가 아닌 것은?

① 장례비
② 간병급여
③ 직업재활급여
④ 생산손실비용

> **해설**

하인리히(H,W.Heinrich)방식(1:4원칙)
① 직접비와 간접비
   직접비는 법적으로 지급되는 산재보상이며, 간접비는 그 이외의 비용

구분	종류
직접비	요양급여, 휴업급여, 장해급여, 유족급여, 장의비 등
간접비	인적손실, 물적손실, 생산손실, 임금손실, 시간손실 등

② 직접손실비용 : 간접손실비용 = 1:4(표 : 1대 4의 경험법칙)
   재해손실비용 = 직접비 + 간접비 = 직접비 × 5

> 참고 산업안전기사 필기 p.3-46(표 : 직접비와 간접비)

> KEY ① 2016년 5월 8일 산업기사 출제
>   ② 2017년 3월 5일 출제
>   ③ 2017년 5월 7일 출제
>   ④ 2017년 9월 23일 출제
>   ⑤ 2018년 8월 19일 산업기사 출제
>   ⑥ 2019년 3월 3일 출제
>   ⑦ 2019년 8월 4일 출제
>   ⑧ 2021년 3월 7일 (문제 16번) 출제
>   ⑨ 2021년 5월 15일 건설안전기사 출제

14 산업안전보건법령상 그림과 같은 기본 모형이 나타내는 안전보건표지의 표시사항으로 옳은 것은?(단, L은 안전보건표지를 인식할 수 있거나 인식해야 할 안전거리를 말한다.)

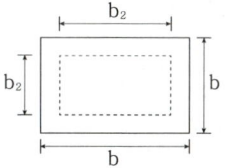

$b \geq 0.0224L$
$b_2 = 0.8b$

① 금지
② 경고
③ 지시
④ 안내

[정답] 12 ③ 13 ④ 14 ④

해설

안전보건표지의 기본 모형

① 금지 ② 경고 ③ 지시

[참고] 산업안전기사 필기 p.1-60(2. 안전보건표지의 크기 및 표준기준)

[KEY] ① 2017년 5월 7일 산업기사 출제
② 2018년 9월 15일 출제

[합격정보] 산업안전보건법 시행 규칙 [별표 9] 안전보건표지의 기본 모형

---

15 기업내의 계층별 교육훈련 중 주로 관리감독자를 교육대상자로 하며 작업을 가르치는 능력, 작업방법을 개선하는 기능 등을 교육 내용으로 하는 기업 내 정형교육은?

① TWI(Training Within Industry)
② ATT(American Telephone Telegram)
③ MTP(Management Training Program)
④ ATP(Administration Training Program)

해설

기업내 정형교육(TWI : Training Within Industry)
① 작업 방법 훈련(JMT : Job Method Training) : 작업개선
② 작업 지도 훈련(JIT : Job Instruction Training) : 작업지도·지시
③ 인간 관계 훈련(JRT : Job Relations Training) : 부하 통솔
④ 작업 안전 훈련(JST : Job Safety Training) : 작업안전

[참고] 산업안전기사 필기 p.1-145(1.기업내 정형교육)

[KEY] ① 2016년 3월 6일 기사, 산업기사 출제
② 2016년 8월 21일 산업기사 출제
③ 2017년 5월 7일, 8월 26일 산업기사 출제
④ 2018년 3월 4일 기사, 산업기사 출제
⑤ 2018년 4월 28일 기사 출제
⑥ 2019년 3월 3일 기사 출제
⑦ 2019년 8월 4일 산업기사 출제
⑧ 2020년 6월 7일 기사 출제
⑨ 2021년 5월 15일(문제 9번) 출제

[보충학습]
(1) CCS(Civil Communication Section) = ATP(Administration Training Program)
  ① 교육대상 : 원래 회사 운영진 대상
  ② 정책의 수립, 조직, 통제 및 운영
(2) MTP(Management Training Program)
  교육대상 : 중간 관리층
(3) ATT(American Telephone Telegram) - 미국 전화국에서 직급 상하를 떠나 부하직원이 상사에 지도원이 될 수 있다.

---

16 사회행동의 기본 형태가 아닌 것은?

① 모방   ② 대립
③ 도피   ④ 협력

해설

인간의 사회적 행동의 기본형태
① 협력(cooperation) : 조력, 분업
② 대립(opposition) : 공격, 경쟁
③ 도피(escape) : 고립, 정신병, 자살
④ 융합(accomodation) : 강제, 타협, 통합

[참고] 산업안전기사 필기 p.1-110(합격날개 : 합격예측)

[KEY] ① 2017년 8월 26일 산업기사 출제
② 2022년 3월 5일 건설안전기사 출제
③ 2022년 3월 5일(문제 25번) 출제

---

17 위험예지훈련의 문제해결 4라운드에 해당하지 않는 것은?

① 현상파악   ② 본질추구
③ 대책수립   ④ 원인결정

해설

문제해결의 4단계(4 Round)
① 1R – 현상파악
② 2R – 본질추구
③ 3R – 대책수립
④ 4R – 행동목표설정

[참고] 산업안전기사 필기 p.1-12(1. 위험예지훈련의 4단계)

[KEY] ① 2016년 3월 6일 기사 출제
② 2016년 5월 8일 기사·산업기사 동시 출제
③ 2017년 3월 5일 기사·산업기사 동시 출제
④ 2017년 5월 7일 기사 출제
⑤ 2017년 8월 26일 기사 출제
⑥ 2017년 9월 23일 기사 출제
⑦ 2018년 3월 4일 산업기사 출제
⑧ 2019년 4월 27일 기사·산업기사 동시 출제
⑨ 2019년 8월 4일 기사 출제
⑩ 2020년 6월 7일 기사 출제
⑪ 2020년 6월 14일 산업기사 출제
⑫ 2020년 9월 27일 기사 출제
⑬ 2021년 8월 14일(문제 11번) 출제
⑭ 2022년 3월 5일 건설안전기사 출제

[정답] 15 ① 16 ① 17 ④

18 바이오리듬(생체리듬)에 관한 설명 중 틀린 것은?

① 안정기(+)와 불안정기(-)의 교차점을 위험일이라 한다.
② 감성적 리듬은 33일을 주기로 반복하며, 주의력, 예감 등과 관련되어 있다.
③ 지성적 리듬은 "I"로 표시하며 사고력과 관련이 있다.
④ 육체적 리듬은 신체적 컨디션의 율동적 발현, 즉 식욕·활동력 등과 밀접한 관계를 갖는다.

해설

PSI학설(생물시계, 체내시계)

리듬 방법	색으로 표시	주기
육체적(P)	청색	23일
감성적(S)	적색	28일
지성적(I)	녹색	33일
위험일(O)	점(·), 하트형, 크로바형 등	

참고 산업안전기사 필기 p.1-107(3. 위험일)

KEY
① 2017년 3월 5일(문제 33번) 출제
② 2018년 4월 28일(문제 27번) 출제
③ 2020년 9월 27일 건설안전기사 출제
④ 2022년 3월 5일 건설안전기사 출제

19 운동의 시지각(착각현상) 중 자동운동이 발생하기 쉬운 조건에 해당하지 않는 것은?

① 광점이 작은 것
② 대상이 단순한 것
③ 광의 강도가 큰 것
④ 시야의 다른 부분이 어두운 것

해설

자동운동이 발생하기 쉬운 조건
① 광점이 작을 것
② 시야의 다른 부분이 어두울 것
③ 광의 강도가 작을 것
④ 대상이 단순할 것

참고 산업안전기사 필기 p.1-117(합격날개 : 합격예측)

KEY 2023년 4월 1일 지도사 출제

20 보호구 안전인증 고시상 안전인증 방독마스크의 정화통 종류와 외부 측면의 표시 색이 잘못 연결된 것은?

① 할로겐용 - 회색
② 황화수소용 - 회색
③ 암모니아용 - 회색
④ 시안화수소용 - 회색

해설

방독마스크 흡수관(정화통)의 종류

종류	시험가스	정화통 외부측면 표시색
유기화합물용	시클로헥산(C_6H_{12}) 디메틸에테르(CH_3OCH_3), 이소부탄(C_4H_{10})	갈색
할로겐용	염소가스 또는 증기(Cl_2)	회색
황화수소용	황화수소가스(H_2S)	회색
시안화수소용	시안화수소가스(HCN)	회색
아황산용	아황산가스(SO_2)	노란색
암모니아용	암모니아가스(NH_3)	녹색

참고 산업안전기사 필기 p.1-55(표 : 방독마스크 흡수관의 종류)

KEY
① 2016년 3월 6일 산업기사 출제
② 2017년 3월 5일 기사 출제
③ 2018년 4월 28일 기사 출제
④ 2021년 5월 15일(문제 7번) 출제

2 인간공학 및 위험성 평가·관리

21 태양광이 내리쬐지 않는 옥내의 습구흑구 온도지수(WBGT) 산출 식은?

① 0.6×자연습구온도+0.3×흑구온도
② 0.7×자연습구온도+0.3×흑구온도
③ 0.6×자연습구온도+0.4×흑구온도
④ 0.7×자연습구온도+0.4×흑구온도

해설

습구 흑구 온도지수(WBGT)
① 옥외(태양광선이 내리 쬐는 장소)
$$WBGT = 0.7 \times 자연습구온도(NWB) + 0.2 \times 흑구온도(GT) + 0.1 \times 건구온도(DB)$$
② 옥내 또는 옥외(태양광선이 내리쬐지 않는 장소)
$$WBGT(℃) = 0.7 \times 자연습구온도(NWB) + 0.3 \times 흑구온도(GT)$$

참고 산업안전기사 필기 p.2-170(합격날개 : 합격예측)

KEY 2016년 5월 8일(문제 57번) 출제

[정답] 18 ② 19 ③ 20 ③ 21 ②

22 부품 배치의 원칙 중 기능적으로 관련된 부품들을 모아서 배치한다는 원칙은?

① 중요성의 원칙
② 사용 빈도의 원칙
③ 사용 순서의 원칙
④ 기능별 배치의 원칙

해설

구성요소 배치의 4원칙
① 중요성의 원칙
② 기능별 배치의 원칙
③ 사용순서의 원칙
④ 사용빈도의 원칙

참고 산업안전기사 필기 p.2-160(2. 부품배치의 4원칙)

KEY
① 2018년 3월 4일 기사, 산업기사 출제
② 2018년 8월 19일 산업기사 출제
③ 2019년 3월 3일 산업기사 출제
④ 2020년 6월 14일 산업기사 출제
⑤ 2021년 3월 7일(문제 29번) 출제

23 인간공학의 목표와 거리가 가장 먼 것은?

① 사고 감소
② 생산성 증대
③ 안전성 향상
④ 근골격계 질환 증가

해설

인간공학의 연구목적(Chapanis, A.)
① 첫째 : 안전성의 향상과 사고방지
② 둘째 : 기계 조작의 능률성과 생산성 향상
③ 셋째 : 쾌적성
④ 3가지의 궁극적인 목적은 안전과 능률(안전성 및 효율성 향상)

참고 산업안전기사 필기 p.2-3(1. 인간공학의 연구목적)

KEY
① 2016년 5월 8일 기사 출제
② 2017년 3월 5일 산업기사 출제
③ 2021년 8월 14일 산업안전기사 출제

24 시각적 식별에 영향을 주는 각 요소에 대한 설명 중 틀린 것은?

① 조도는 광원의 세기를 말한다.
② 휘도는 단위 면적당 표면에 반사 또는 방출되는 광량을 말한다.
③ 반사율은 물체의 표면에 도달하는 조도와 광도의 비를 말한다.
④ 광도 대비란 표적의 광도와 배경의 광도의 차이를 배경 광도로 나눈 값을 말한다.

해설

조도
① 단위면적에 비추는 빛의 양(밀도)
② 공식= $\dfrac{광도[cd]}{(거리)^2}$

참고 산업안전기사 필기 p.2-169(3. 조도)

KEY
① 2017년 3월 5일 출제
② 2019년 3월 3일 출제
③ 2021년 9월 12일(문제 50번) 출제

보충학습
광도 : 광원의 세기

25 A사의 안전관리자는 자사 화학 설비의 안전성 평가를 실시하고 있다. 그 중 제2단계인 정성적 평가를 진행하기 위하여 평가항목을 설계관계 대상과 운전관계 대상으로 분류하였을 때 설계관계 항목이 아닌 것은?

① 건조물   ② 공장 내 배치
③ 입지조건 ④ 원재료, 중간제품

해설

정성적 평가(제2단계)
(1) 설계관계
    ① 입지조건
    ② 공장내의 배치
    ③ 건조물
    ④ 소방용 설비 등
(2) 운전관계
    ① 원재료
    ② 중간제품 등의 위험성
    ③ 프로세스의 운전조건 수송, 저장 등에 대한 안전대책
    ④ 프로세스기기의 선정요건

참고 산업안전기사 필기 p.2-37(합격날개 : 합격예측)

[정답] 22 ④ 23 ④ 24 ① 25 ④

26 양립성의 종류가 아닌 것은?

① 개념의 양립성　② 감성의 양립성
③ 운동의 양립성　④ 공간의 양립성

해설

양립성(compatibility)
정보입력 및 처리와 관련한 양립성은 인간의 기대와 모순되지 않는 자극 반응조합의 관계를 말하는 것

참고　① 산업안전기사 필기 p.1-75(6. 양립성)
　　　② 산업안전기사 필기 p.2-176(합격날개 : 합격예측)

KEY　① 2018년 3월 4일 산업기사 출제
　　　② 2018년 4월 28일 기사·산업기사 동시 출제
　　　③ 2020년 8월 22일(문제 55번) 출제

보충학습

양립성의 종류

종류	특징
공간(spatial)	표시장치나 조종장치에서 물리적 형태 및 공간적 배치
운동(movement)	표시장치의 움직이는 방향과 조종장치의 방향이 사용자의 기대와 일치
개념(conceptual)	이미 사람들이 학습을 통해 알고있는 개념적 연상
양식(modality)	직무에 맞는 응답양식 존재

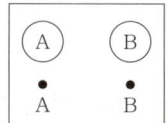 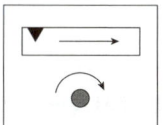 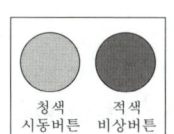

[그림 1] 공간 양립성　[그림 2] 운동 양립성　[그림 3] 개념 양립성

27 그림과 같은 시스템에서 부품 A, B, C, D의 신뢰도가 모두 r로 동일할 때 이 시스템의 신뢰도는?

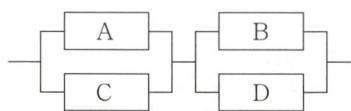

① $r(2-r^2)$　　② $r^2(2-r)^2$
③ $r^2(2-r^2)$　④ $r^2(2-r)$

해설

시스템 신뢰도 계산
$R = [1-(1-r)(1-r)] \times [1-(1-r)(1-r)] = r^2(2-r)^2$

KEY　산업안전기사 필기 p.2-94(문제 48번) 적중

보충학습

① 병렬 연결
　(A, C)구간 $= 1-(1-A)\times(1-C) = 1-(1-r)^2 = 1-(1-2r+r^2)$
　　　　　$= r(2-r)$
　(B, D)구간 $= 1-(1-B)\times(1-D) = r(2-r)$

② 직렬 연결
　$(AC, BD) = (A, C)\times(B, D) = r(2-r)\times r(2-r) = r^2(2-r)^2$

28 FTA에서 사용되는 논리게이트 중 입력과 반대되는 현상으로 출력되는 것은?

① 부정 게이트
② 억제 게이트
③ 배타적 OR 게이트
④ 우선적 AND 게이트

해설

부정 Gate
부정 모디파이어 라고도 하며 입력현상의 반대인 출력이 된다.

[그림] 부정 Gate

참고　산업안전기사 필기 p.2-72(합격날개 : 합격예측)

KEY　2018년 8월 19일 출제

보충학습

배타적 OR Gate
① OR Gate로 2개 이상의 입력이 동시에 존재할 때에는 출력사상이 생기지 않는다. 예를 들면 '동시에 발생하지 않는다'라고 기입한다. (1개만 되고, 2개 이상은 안된다.)
② OR 게이트 : 입력사상 중 한 가지라도 발생하면 출력사상 발생.(합집합)
③ AND 게이트 : 입력사상이 전부 발생하는 경우에만 출력사상 발생. (교집합)
④ 우선적 AND 게이트 : 입력사상이 특정한 순서대로 발생한 경우 출력사상 발생.
⑤ 조합 AND 게이트 : 3개의 입력사상 중 오직 2개가 일어나면 출력사상 발생.(1개×, 3개× 오직 2개만 ○)

[정답] 26 ②　27 ②　28 ①

29 어떤 결함수를 분석하여 minimal cut set을 구한 결과 다음과 같았다. 각 발행확률을 q_i, i=1, 2, 3 이라 할 때, 정상사상의 발생확률함수로 맞는 것은?

[다음]
$k_1=[1, 2]$ $k_2=[1, 3]$ $k_3=[2, 3]$

① $q_1q_2+q_1q_2-q_2q_3$
② $q_1q_2+q_1q_3-q_2q_3$
③ $q_1q_2+q_1q_3+q_2q_3-q_1q_2q_3$
④ $q_1q_2+q_1q_3+q_2q_3-2q_1q_2q_3$

해설

정상사상의 발생확률 함수

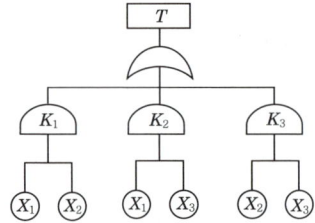

① $T=1-(1-X_1X_2)(1-X_1X_3)(1-X_2X_3)$
 $=X_1X_2+X_1X_3+X_2X_3-X_1X_2X_3$
② $T_q=q_1q_2+q_1q_3+q_2q_3-2q_1q_2q_3$

KEY ① 2003년 8월 30일 출제
② 2012년 5월 20일(문제 49번)
③ 2019년 4월 27일(문제 51번) 출제

보충학습
① 1, 2, 3 중에 2개가 동시에 발생하면, 정상사상이 발생하는 것이며, 이중에 3개가 동시에 발생하는 q1, q2, q3는 교집합 개념으로 제외
② q1, q2, q3는 교집합이 2개 적용된다는 것에 유의

30 부품고장이 발생하여도 기계가 추후 보수 될 때까지 안전한 기능을 유지할 수 있도록 하는 기능은?

① fail - soft   ② fail - active
③ fail - operational ④ fail - passive

해설

Fail operational
① 병렬 또는 대기 여분계의 부품을 구성한 경우이며, 부품의 고장이 있어도 다음 정기점검까지 운전이 가능한 구조
② 운전상 제일 선호하는 안전한 운전방법

참고 산업안전기사 필기 p.2-23(4. Fail-safe)

KEY 2017년 5월 7일(문제 56번) 출제

보충학습
Fail soft
기계설비 또는 장치의 일부가 고장났을 때, 기능의 저하가 되더라도 전체로서는 기능을 정지시키지 않는 기법

31 반사경 없이 모든 방향으로 빛을 발하는 점광원에서 3[m] 떨어진 곳의 조도가 300[lux]라면 2[m] 떨어진 곳에서 조도[lux]는?

① 375   ② 675
③ 875   ④ 975

해설

조도
① 조도 $=\dfrac{광도}{(거리)^2}$
② 빛이 퍼져가는 면적은 거리에 반비례
③ $300[lux] \times (\dfrac{3}{2})^2 = 675[lux]$

참고 산업안전기사 필기 p.2-168(2. 조명단위)

KEY 2017년 3월 5일(문제 46번) 출제

32 통화이해도 척도로서 통화 이해도에 영향을 주는 잡음의 영향을 추정하는 지수는?

① 명료도 지수   ② 통화 간섭 수준
② 이해도 점수   ④ 통화 공진 수준

해설

통화 간섭 수준(SIL)
① 통화 이해도에 영향을 주는 잡음의 영향 추정 지수
② 통화 이해도 척도

보충학습
통화 이해도 측정 방법
① 송화자료를 수화자에게 전송하는 실험
② 명료도지수의 사용 : 옥타브대의 음성과 잡음의 dB값에 가중치를 곱하여 합계를 구하는 방법
③ 이해도 점수 : 송화 내용 중에서 알아듣고 인식한 비율(%)
④ 통화간섭수준(SIL) : 통화 이해도에 끼치는 잡음의 영향을 추정하는 지수
⑤ 소음기준(NC)곡선 : 사무실, 회의실, 공장 등에서의 통화평가 방법

[정답] 29 ④ 30 ③ 31 ② 32 ②

33 예비위험분석(PHA)에서 식별된 사고의 범주가 아닌 것은?

① 중대(critical)
② 한계적(marginal)
③ 파국적(catastrophic)
④ 수용가능(acceptable)

해설

식별된 사고의 4가지 PHA범주
① 파국적 ② 중대(위기적) ③ 한계적 ④ 무시

참고 산업안전기사 필기 p.2-60(3. PHA의 카테고리 분류)

KEY
① 2016년 5월 8일 기사 출제
② 2018년 9월 15일(문제 48번) 출제
③ 2020년 9월 27일(문제 44번) 출제

34 인간공학적 연구에 사용되는 기준 척도의 요건 중 다음 설명에 해당하는 것은?

> 기준 척도는 측정하고자 하는 변수 외의 다른 변수들의 영향을 받아서는 안된다.

① 신뢰성
② 적절성
③ 검출성
④ 무오염성

해설

기준의 요건

구분	특징
적절성(relevance)	기준이 의도된 목적에 적합하다고 판단되는 정도
무오염성	측정하고자 하는 변수외의 영향이 없도록
기준척도의 신뢰성 (reliability criterion measure)	척도의 신뢰성 즉 반복성(repeatability)

참고 산업안전기사 필기 p.2-6(합격날개 : 합격예측)

KEY
① 2017년 8월 26일 출제
② 2019년 8월 4일 산업기사 출제
③ 2020년 9월 27일(문제 49번) 출제

35 James Reason의 원인적 휴먼에러 종류 중 다음 설명의 휴먼에러 종류는?

> 자동차가 우측 운행하는 한국의 도로에 익숙해진 운전자가 좌측 운행을 해야 하는 일본에서 우측 운행을 하다가 교통사고를 냈다.

① 고의 사고(Violation)
② 숙련 기반 에러(Skill based error)
③ 규칙 기반 착오(Rule based mistake)
④ 지식 기반 착오(Knowledge based mistake)

해설

라스무센의 3가지 휴먼에러
① 지식기반착오(Konowledge based Mistake) : 무지로 발생하는 착오
② 규칙기반착오(Rule-base Mistake) : 규칙을 알지 못해 발생하는 착오
③ 숙련기반착오(Skill-base Mistake) : 숙련되지 못해 발생하는 착오

참고 산업안전기사 필기 p.2-4(합격날개 : 합격예측)

KEY 2017년 5월 7일 출제

36 근골격계부담작업의 범위 및 유해요인조사 방법에 관한 고시상 근골격계부담작업에 해당하지 않는 것은?(단, 상시 작업을 기준으로 한다.)

① 하루에 10회 이상 25[kg] 이상의 물체를 드는 작업
② 하루에 총 2시간 이상 쪼그리고 앉거나 무릎을 굽힌 자세에서 이루어지는 작업
③ 하루에 총 2시간 이상 시간당 5회 이상 손 또는 무릎을 사용하여 반복적으로 충격을 가하는 작업
④ 하루에 4시간 이상 집중적으로 자료입력 등을 위해 키보드 또는 마우스를 조작하는 작업

해설

근골격계 부담작업
① 하루에 4시간 이상 집중적으로 자료입력 등을 위해 키보드 또는 마우스를 조작하는 작업
② 하루에 총 2시간 이상 목, 어깨, 팔꿈치, 손목 또는 손을 사용하여 같은 동작을 반복하는 작업

[정답] 33 ④ 34 ④ 35 ③ 36 ③

③ 하루에 총 2시간 이상 머리 위에 손이 있거나, 팔꿈치가 어깨위에 있거나, 팔꿈치를 몸통으로부터 들거나, 팔꿈치를 몸통뒤쪽에 위치하도록 하는 상태에서 이루어지는 작업
④ 지지되지 않은 상태이거나 임의로 자세를 바꿀 수 없는 조건에서, 하루에 총 2시간 이상 목이나 허리를 구부리거나 트는 상태에서 이루어지는 작업
⑤ 하루에 총 2시간 이상 쪼그리고 앉거나 무릎을 굽힌 자세에서 이루어지는 작업
⑥ 하루에 총 2시간 이상 지지되지 않은 상태에서 1[kg] 이상의 물건을 한손의 손가락으로 집어 옮기거나, 2[kg] 이상에 상응하는 힘을 가하여 한손의 손가락으로 물건을 쥐는 작업
⑦ 하루에 총 2시간 이상 지지되지 않은 상태에서 4.5[kg] 이상의 물건을 한 손으로 들거나 동일한 힘으로 쥐는 작업
⑧ 하루에 10회 이상 25[kg] 이상의 물체를 드는 작업
⑨ 하루에 25회 이상 10[kg] 이상의 물체를 무릎 아래에서 들거나, 어깨 위에서 들거나, 팔을 뻗은 상태에서 드는 작업
⑩ 하루에 총 2시간 이상, 분당 2회 이상 4.5[kg] 이상의 물체를 드는 작업
⑪ 하루에 총 2시간 이상 시간당 10회 이상 손 또는 무릎을 사용하여 반복적으로 충격을 가하는 작업

참고 산업안전기사 필기 p.2-112(2. 근골격계 부담작업의 범위)

KEY 2018년 8월 19일 출제

정보제공 고용노동부 고시 제2020-12호(근골격계 부담작업 범위)

37 HAZOP 분석기법의 장점이 아닌 것은?

① 학습 및 적용이 쉽다.
② 기법 적용에 큰 전문성을 요구하지 않는다.
③ 짧은 시간에 저렴한 비용으로 분석이 가능하다.
④ 다양한 관점을 가진 팀 단위 수행이 가능하다.

해설

HAZOP의 개념
① 공장 설비 프로세스에 존재하는 해저드(hazards) 및 운용 상의 문제점(operability problems)을 찾아내는 정성적 분석 기법
② 시스템의 원래 의도한 설계와 차이가 있는 변이(deviations)를 일련의 가이드워드(guidewords)를 활용하여 체계적으로 식별
③ Hazard : 인적, 경제적, 환경적 피해 초래할 수 있는 바람직하지 않은 이벤트
④ 단점 : 장시간 비용이 많이 든다.

참고 산업안전기사 필기 p.2-66(10. 위험 및 운용성 분석)

KEY 2020년 6월 14일 산업기사 출제

38 서브시스템 분석에 사용되는 분석방법으로 시스템 수명주기에서 ㉠에 들어갈 위험분석기법은?

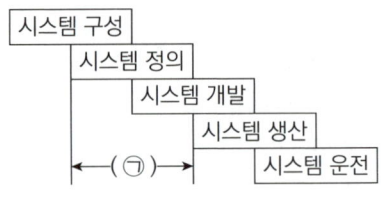

① PHA
② FHA
③ FTA
④ ETA

해설

시스템 분석

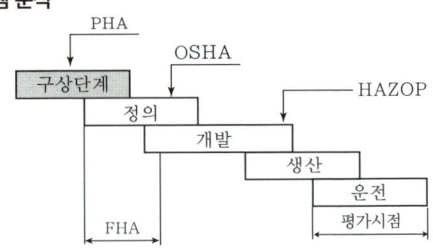

[그림] PHA·OSHA·FHA·HAZOP

참고 산업안전기사 필기 p.2-60(2. 예비 위험 분석)

KEY
① 2012년 3월 4일 출제
② 2016년 5월 8일 산업기사 출제
③ 2018년 8월 19일 출제
④ 2019년 3월 3일 출제
⑤ 2019년 9월 21일 출제
⑥ 2020년 6월 7일 출제
⑦ 2020년 6월 14일 산업기사 출제

39 불(Boole) 대수의 관계식으로 틀린 것은?

① $A+\overline{A}=1$
② $A+AB=A$
③ $A(A+B)=A+B$
④ $A+\overline{A}B=A+B$

해설

$A(A+B)=AA+AB=A+AB$

참고 산업안전기사 필기 p.2-59(7. 불대수 기본공식)

KEY
① 2018년 9월 15일 출제
② 2020년 3월 7일 출제

[정답] 37 ③ 38 ② 39 ③

보충학습

불 대수의 대수법칙

동정법칙	$A+A=A,\ AA=A$
교환법칙	$AB=BA,\ A+B=B+A$
흡수법칙	$A(AB)=(AA)B=AB$ $A+AB=A\cup(A\cap B)=(A\cup A)\cap(A\cup B)$ $=A\cap(A\cup B)=A$
분배법칙	$A(B+C)=AB+AC,$ $A+(BC)=(A+B)\cdot(A+C)$
결합법칙	$A(BC)=(AB)C,\ A+(B+C)=(A+B)+C$

40 정신적 작업 부하에 관한 생리적 척도에 해당하지 않는 것은?

① 근전도
② 뇌파도
③ 부정맥 지수
④ 점멸융합주파수

해설

근전도(EMG : electro-myogram : 육체적 척도)
① 근육활동의 전위차를 기록한 것
② 심장근의 근전도를 특히 심전도(ECG : Electro-cardiogram)
③ 신경활동 전위차의 기록은 ENG(electroneurogram)

참고 산업안전기사 필기 p.2-160(1. 동적근력작업)

KEY ① 2016년 3월 6일 기사(문제 24번) 출제
② 2016년 10월 1일 기사 출제
③ 2019년 3월 3일(문제 54번) 출제

3 기계·기구 및 설비안전관리

41 산업안전보건법령상 사업주가 진동작업을 하는 근로자에게 충분히 알려야 할 사항과 거리가 가장 먼 것은?

① 인체에 미치는 영향과 증상
② 진동기계·기구 관리방법
③ 보호구 선정과 착용방법
④ 진동재해 시 비상연락체계

해설

유해성 등의 주지
① 인체에 미치는 영향과 증상
② 보호구의 선정과 착용방법
③ 진동 기계·기구 관리방법
④ 진동 장해 예방방법

참고 산업안전기사 필기 p.3-228(합격날개 : 은행문제)

합격정보
산업안전보건기준에 관한 규칙 제519조(유해성 등의 주지)

42 산업안전보건법령상 크레인에 전용탑승설비를 설치하고 근로자를 달아 올린 상태에서 작업에 종사시킬 경우 근로자의 추락 위험을 방지하기 위하여 실시해야 할 조치 사항으로 적합하지 않은 것은?

① 승차석 외의 탑승 제한
② 안전대나 구명줄의 설치
③ 탑승설비의 하강시 동력하강방법을 사용
④ 탑승설비가 뒤집히거나 떨어지지 않도록 필요한 조치

해설

탑승의 제한기준
① 탑승설비가 뒤집히거나 떨어지지 않도록 필요한 조치를 할 것
② 안전대나 구명줄을 설치하고, 안전난간을 설치할 수 있는 구조인 경우에는 안전난간을 설치할 것
③ 탑승설비를 하강시킬 때에는 동력하강방법으로 할 것

참고 산업안전기사 필기 p.3-204(합격날개 : 합격예측 및 관련법규)

합격정보
산업안전보건기준에 관한 규칙 제86조(탑승의 제한)

43 연삭기에서 숫돌의 바깥지름이 150[mm]일 경우 평형플랜지 지름은 몇 [mm] 이상이어야 하는가?

① 30
② 50
③ 60
④ 90

해설

플랜지 지름 계산

플랜지지름 = 숫돌바깥지름 × $\frac{1}{3}$ = 150 × $\frac{1}{3}$ = 50[mm]

참고 ① 산업안전기사 필기 p.3-92(합격날개 : 합격예측)
② 산업안전기사 필기 p.3-92(은행문제 : 적중)

KEY ① 2016년 8월 21일 산업기사 출제
② 2017년 3월 5일 산업기사 출제
③ 2017년 5월 7일 기사·산업기사 출제
④ 2017년 8월 26일 출제
⑤ 2018년 4월 28일(문제 56번) 출제

합격정보
위험기계·기구 자율안전확인고시 [별표 1]

[정답] 40 ① 41 ④ 42 ① 43 ②

44 플레이너 작업시의 안전대책이 아닌 것은?

① 베드 위에 다른 물건을 올려놓지 않는다.
② 바이트는 되도록 짧게 나오도록 설치한다.
③ 프레인 내의 피트(pit)에는 뚜껑을 설치한다.
④ 칩 브레이커를 사용하여 칩이 길게 되도록 한다.

해설

플레이너 작업시 안전대책
① 베드 위에 다른 물건을 올려놓지 않는다.
② 바이트는 되도록 짧게 나오도록 설치한다.
③ 프레임 내의 피트(pit)에는 뚜껑을 설치한다.

참고 산업안전기사 필기 p.3-84(2. 플레이너 안전대책)

보충학습

칩브레이커
① 선반작업시 칩을 짧게 자르는 장치
② 오로지 선반에만 적용한다.

KEY ① 2015년 8월 16일(문제 49번)
② 2016년 8월 21일(문제 59번) 출제

45 양중기 과부하방지장치의 일반적인 공통사항에 대한 설명 중 부적합한 것은?

① 과부하방지장치와 타 방호장치는 기능에 서로 장애를 주지 않도록 부착할 수 있는 구조이어야 한다.
② 방호장치의 기능을 변형 또는 보수할 때 양중기의 기능도 동시에 정지할 수 있는 구조이어야 한다.
③ 과부하방지장치에는 정상동작상태의 녹색램프와 과부하 시 경고 표시를 할 수 있는 붉은색램프와 경보음을 발하는 장치 등을 갖추어야 하며, 양중기 운전자가 확인할 수 있는 위치에 설치해야 한다.
④ 과부하방지장치 작동 시 경보음과 경보램프가 작동되어야 하며 양중기는 작동이 되지 않아야 한다. 다만, 크레인은 과부하 상태 해지를 위하여 권상된 만큼 권하시킬 수 있다.

해설

과부하방지장치 일반적인 성능기준
① 과부하방지장치 작동 시 경보음과 경보램프가 작동되어야 하며 양중기는 작동이 되지 않아야 한다. 다만, 크레인은 과부하 상태해지를 위하여 권상된 만큼 권하시킬 수 있다.
② 외함은 납봉인 또는 시건할 수 있는 구조이어야 한다.
③ 외함의 전선 접촉부분은 고무 등으로 밀폐되어 물과 먼지 등이 들어가지 않도록 한다.
④ 과부하방지장치와 타 방호장치는 기능에 서로 장애를 주지 않도록 부착할 수 있는 구조이어야 한다.
⑤ 방호장치의 기능을 제거 또는 정지할 때 양중기의 기능도 동시에 정지할 수 있는 구조이어야 한다.
⑥ 과부하방지장치는 정격하중의 1.1배 권상 시 경보와 함께 권상동작이 정지되고 횡행과 주행동작이 불가능한 구조이어야 한다. 다만, 타워크레인은 정격하중의 1.05배 이내로 한다.
⑦ 과부하방지장치에는 정상동작상태의 녹색램프와 과부하 시 경고 표시를 할 수 있는 붉은색램프와 경보음을 발하는 장치 등을 갖추어야 하며, 양중기 운전자가 확인할 수 있는 위치에 설치해야 한다.

참고 방호장치 안전인증고시 [별표 2] 양중기과부하장치 성능기준

KEY 2018년 4월 28일(문제 48번) 출제

46 방호장치를 분류할 때는 크게 위험장소에 대한 방호장치와 위험원에 대한 방호장치로 구분할 수 있는데, 다음 중 위험장소에 대한 방호장치가 아닌 것은?

① 격리형 방호장치
② 접근거부형 방호장치
③ 접근반응형 방호장치
④ 포집형 방호장치

해설

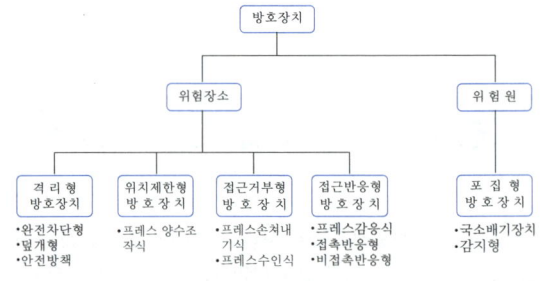

[그림] 방호장치의 구분

참고 산업안전기사 필기 p.3-201(그림. 방호장치의 구분)

KEY 2018년 4월 28일(문제 53번) 출제

[정답] 44 ④ 45 ② 46 ④

47 산업안전보건법령상 프레스 작업시작 전 점검해야 할 사항에 해당하는 것은?

① 와이어로프가 통하고 있는 곳 및 작업장소의 지반 상태
② 하역장치 및 유압장치 기능
③ 권과방지장치 및 그 밖의 경보장치의 기능
④ 1행정 1정지기구·급정지장치 및 비상정지 장치의 기능

해설

프레스 작업시작전 점검사항
① 클러치 및 브레이크의 기능
② 크랭크축·플라이휠·슬라이드·연결봉 및 연결나사의 풀림 유무
③ 1행정 1정지기구·급정지장치 및 비상정지장치의 기능
④ 슬라이드 또는 칼날에 의한 위험방지 기구의 기능
⑤ 프레스의 금형 및 고정볼트 상태
⑥ 방호장치의 기능
⑦ 전단기(剪斷機)의 칼날 및 테이블의 상태

참고 산업안전기사 필기 p.3-50(표 : 작업시작전 기계 · 기구 및 점검내용)

KEY ① 2016년 3월 6일 출제
② 2017년 3월 5일, 5월 7일, 8월 26일 출제
③ 2018년 3월 4일 출제
④ 2021년 8월 14일 출제

합격정보 산업안전보건기준에 관한 규칙 [별표 3] 작업시작전 점검사항

48 산업안전보건법령상 목재가공용 기계에 사용되는 방호장치의 연결이 옳지 않은 것은?

① 둥근톱기계 : 톱날접촉예방장치
② 띠톱기계 : 날접촉예방장치
③ 모떼기기계 : 날접촉예방장치
④ 동력식 수동대패기계 : 반발예방장치

해설

동력식 수동대패기계 방호장치
날접촉예방장치

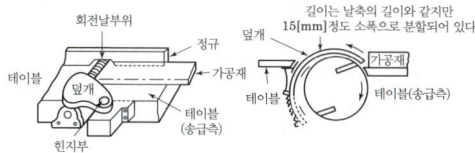

[그림] 가동식 날접촉 예방장치

참고 산업안전기사 필기 p.3-133(3. 날접촉 예방장치 종류)

합격정보 산업안전보건기준에 관한 규칙 제109조(대패기계의 날접촉 예방장치)

KEY 2018년 3월 4일(문제 53번) 출제

49 다음 중 금속 등의 도체에 교류를 통한 코일을 접근시켰을 때, 결함이 존재하면 코일에 유기되는 전압이나 전류가 변하는 것을 이용한 검사방법은?

① 자분탐상검사 ② 초음파탐상검사
③ 와류탐상검사 ④ 침투형광탐상검사

해설

와류탐상검사(Eddy Current)
① 금속등의 도체에 교류를 통한 코일을 접근
② 결함이 존재하면 코일에 유기되는 전압이나 전류변화 이용

참고 산업안전기사 필기 p.3-223(합격날개 : 은행문제2)

KEY 2017년 3월 5일(문제 48번) 출제

50 산업안전보건법령상에서 정한 양중기의 종류에 해당하지 않는 것은?

① 크레인[호이스트(hoist)를 포함한다]
② 도르래
③ 곤돌라
④ 승강기

해설

양중기의 종류 5가지
① 크레인(호이스트 포함)
② 이동식 크레인
③ 리프트(이삿짐운반용 리프트의 경우에는 적재하중이 0.1[t] 이상인 것)
④ 곤돌라
⑤ 승강기

참고 ① 산업안전기사 필기 p.3-140(1. 양중기의 종류)
② 산업안전기사 필기 p.3-138(합격날개 : 합격예측)

KEY 2021년 5월 15일 등 20회 이상 출제

합격정보 산업안전보건기준에 관한 규칙 제132조(양중기)

[정답] 47 ④ 48 ④ 49 ③ 50 ②

51 롤러의 급정지를 위한 방호장치를 설치하고자 한다. 앞면 롤러 직경이 36[cm]이고, 분당회전속도가 50[rpm]이라면 급정지거리는 약 얼마 이내이어야 하는가?(단, 무부하 동작에 해당한다.)

① 45[cm]　　　② 50[cm]
③ 55[cm]　　　④ 60[cm]

해설

급정지 거리 계산

급정지 거리 $= \pi \times D \times \dfrac{1}{2.5} = \pi \times 36 \times \dfrac{1}{2.5} = 452.16 = 45[\text{cm}]$

보충학습

$V = \dfrac{\pi DN}{1000} = \dfrac{\pi \times 36 \times 50}{1000} = 5.65[\text{m/min}]$

참고　산업안전기사 필기 p.3-109(표 : 롤러의 급정지 거리)

KEY　① 2016년 3월 6일 산업기사 출제
　　　② 2017년 3월 5일(문제 50번) 출제

52 다음 중 금형 설치·해체작업의 일반적인 안전사항으로 틀린 것은?

① 고정볼트는 고정 후 가능하면 나사산이 3~4개 정도 짧게 남겨 슬라이드 면과의 사이에 협착이 발생하지 않도록 해야 한다.
② 금형 고정용 브래킷(물림판)을 고정시킬 때 고정용 브래킷은 수평이 되게 하고, 고정볼트는 수직이 되게 고정하여야 한다.
③ 금형을 설치하는 프레스의 T홈 안길이는 설치 볼트 직경 이하로 한다.
④ 금형의 설치 용구는 프레스의 구조에 적합한 형태로 한다.

해설

프레스 기계에 설치하기 위해 금형에 설치하는 홈의 안전대책
① 설치하는 프레스기계의 T홈에 적합한 형상의 것일 것
② 안길이는 설치볼트 직경의 2배 이상일 것

참고　산업안전기사 필기 p.3-104(합격날개 : 합격예측)

KEY　① 2018년 8월 19일 기사 출제
　　　② 2019년 8월 4일(문제 54번) 출제

53 산업안전보건법령상 보일러에 설치하는 압력방출장치에 대하여 검사 후 봉인에 사용되는 재료로 가장 적합한 것은?

① 납　　　　　② 주석
③ 구리　　　　④ 알루미늄

해설

봉인재료
압력방출장치 봉인재료 : 납(pb)

참고　산업안전기사 필기 p.3-120(합격날개 : 합격예측 및 관련법규)

합격정보
산업안전보건기준에 관한 규칙 제116조(압력방출장치)

54 슬라이드가 내려옴에 따라 손을 쳐내는 막대가 좌우로 왕복하면서 위험점으로부터 손을 보호하여 주는 프레스의 안전장치는?

① 수인식 방호장치
② 양손조작식 방호장치
③ 손쳐내기식 방호장치
④ 게이트 가드식 방호장치

해설

손쳐내기식 방호장치의 일반구조
① 슬라이드 하행정거리의 3/4 위치에서 손을 완전히 밀어내야 한다.
② 손쳐내기봉의 행정(Stroke) 길이를 금형의 높이에 따라 조정할 수 있고 진동폭은 금형폭 이상이어야 한다.
③ 방호판과 손쳐내기봉은 경량이면서 충분한 강도를 가져야 한다.
④ 방호판의 폭은 금형폭의 1/2 이상이어야 하고, 행정길이가 300[mm] 이상의 프레스기계에는 방호판 폭을 300[mm]로 해야 한다.
⑤ 손쳐내기봉은 손 접촉 시 충격을 완화할 수 있는 완충재를 부착해야 한다.
⑥ 부착볼트 등의 고정금속부분은 예리하게 돌출되지 않아야 한다.

참고　산업안전기사 필기 p.3-98(3. 손쳐내기식)

KEY　① 2016년 8월 21일 산업기사 출제
　　　② 2017년 3월 5일 기사 출제
　　　③ 2017년 8월 26일 산업기사 출제
　　　④ 2019년 8월 4일 산업기사 출제
　　　⑤ 2020년 9월 27일 기사 출제
　　　⑥ 2021년 3월 7일(문제 45번) 출제

합격정보
방호장치 안전인증 고시 [별표 1] 프레스 또는 전단기 방호장치의 성능기준(제4조 관련) 31. 손쳐내기식 방호장치의 일반구조

[정답]　51 ①　52 ③　53 ①　54 ③

55 산업안전보건법령에 따라 사업주는 근로자가 안전하게 통행할 수 있도록 통로에 얼마 이상의 채광 또는 조명시설을 하여야 하는가?

① 50럭스 ② 75럭스
③ 90럭스 ④ 100럭스

해설
통로의 조명기준 : 75럭스 이상

참고 산업안전기사 필기 p.3-190(합격날개 : 합격예측 및 관련법규)

합격정보
산업안전보건기준에 관한 규칙 제21조(통로의 조명)

56 산업안전보건법령상 다음 중 보일러의 방호장치와 가장 거리가 먼 것은?

① 언로드밸브 ② 압력방출장치
③ 압력제한스위치 ④ 고저수위 조절장치

해설
보일러 방호장치의 종류
① 압력방출장치
② 고저수위 조절장치
③ 압력제한스위치
④ 화염검출기

참고 산업안전기사 필기 p.3-120(3. 방호장치의 종류)

KEY
① 2017년 3월 5일 출제
② 2017년 5월 7일 기사 · 산업기사 동시 출제
③ 2018년 4월 28일(문제 54번) 출제
④ 2020년 8월 22일(문제 47번) 출제

정보제공
① 산업안전보건기준에 관한 규칙 제116조(압력방출장치)
② 산업안전보건기준에 관한 규칙 제117조(압력제한스위치)
③ 산업안전보건기준에 관한 규칙 제118조(고저수위조절장치)

보충학습
언로드 밸브 : 공기압축기 방호장치

57 다음 중 롤러기 급정지장치의 종류가 아닌 것은?

① 어깨조작식 ② 손조작식
③ 복부조작식 ④ 무릎조작식

해설
롤러기 급정지장치 종류

급정지장치 조작부의 종류	위 치
손으로 조작하는 것	밑면으로부터 1.8[m] 이내
복부로 조작하는 것	밑면으로부터 0.8[m] 이상 1.1[m] 이내
무릎으로 조작하는 것	밑면으로부터 0.6[m] 이내

참고 산업안전기사 필기 p.3-109(합격날개 : 합격예측 및 관련법규)

KEY
① 2016년 8월 21일 기사 출제
② 2017년 3월 5일 기사 · 산업기사 동시 출제
③ 2017년 5월 7일 산업기사 출제
④ 2017년 8월 26일 기사 · 산업기사 동시 출제
⑤ 2018년 3월 4일 산업기사 출제
⑥ 2018년 4월 28일 산업기사 출제
⑦ 2020년 6월 14일 산업기사 출제
⑧ 2020년 8월 22일(문제 57번) 출제

합격정보
방호장치 자율안전기준고시 [별표 3] 롤러기 급정지장치의 성능 기준

58 산업안전보건법령에 따라 레버풀러(lever puller) 또는 체인블록(chain block)을 사용하는 경우 훅의 입구(hook mouth) 간격이 제조자가 제공하는 제품사양서 기준으로 몇 [%] 이상 벌어진 것은 폐기하여야 하는가?

① 3 ② 5
③ 7 ④ 10

해설
레버풀러(lever puller) 또는 체인블록(chain block)을 사용시 준수사항
① 정격하중을 초과하여 사용하지 말 것
② 레버풀러 작업 중 훅이 빠져 튕길 우려가 있을 경우에는 훅을 대상물에 직접 걸지 말고 피벗 클램프(pivot clamp)나 러그(lug)를 연결하여 사용할 것
③ 레버풀러의 레버에 파이프 등을 끼워서 사용하지 말 것
④ 체인블록의 상부 훅(top hook)은 인양하중에 충분히 견디는 강도를 갖고, 정확히 지탱될 수 있는 곳에 걸어서 사용할 것
⑤ 훅의 입구 (hook mouth) 간격이 제조자가 제공하는 제품사양서 기준으로 10퍼센트 이상 벌어진 것은 폐기할 것
⑥ 체인블록은 체인의 꼬임과 헝클어지지 않도록 할 것
⑦ 체인과 훅은 변형, 파손, 부식, 마모(磨耗)되거나 균열된 것을 사용하지 않도록 조치할 것

참고 산업안전기사 필기 p.3-201(합격날개 : 은행문제)

합격정보
산업안전보건기준에 관한 규칙 제96조(작업도구 등의 목적 외 사용 금지 등)

[정답] 55 ② 56 ① 57 ① 58 ④

59 컨베이어(conveyor)역전방지장치의 형식을 기계식과 전기식으로 구분할 때 기계식에 해당하지 않는 것은?

① 라쳇식　② 밴드식
③ 슬러스트식　④ 롤러식

해설

컨베이어의 역전방지 장치
(1) 기계식
　① 라쳇식　② 롤러식　③ 밴드식
(2) 전기식
　① 전기브레이크　② 스러스트브레이크

참고 산업안전기사 필기 p.3-137(3. 컨베이어의 역전방지 장치)

KEY ① 2012년 8월 26일 문제60번 출제
② 2019년 3월 3일(문제 54번) 출제

60 다음 중 연삭 숫돌의 3요소가 아닌 것은?

① 결합제　② 입자
③ 저항　④ 기공

해설

연삭숫돌의 3요소
① 입자(절삭날)
② 결합제(절삭날지지)
③ 기공(칩의 저장, 배출)

참고 산업안전기사 필기 p.3-88(합격날개 : 합격예측)

---

4 전기설비 안전관리

61 다음 (　)안에 알맞은 내용을 나타낸 것은?

폭발성 가스의 폭발등급 측정에 사용되는 표준용기는 내용적이 (㉮)[cm³], 반구상의 플랜지 접합면의 안길이(㉯)[mm]의 구상용기의 틈새를 통과시켜 화염일주 한계를 측정하는 장치이다.

① ㉮ 600　㉯ 0.4
② ㉮ 1800　㉯ 0.6
③ ㉮ 4500　㉯ 8
④ ㉮ 8000　㉯ 25

해설

화염일주한계 = 최대안전틈새 = 안전간격(safety gap)
① 내용적 : 8000[cm³]＝8[ℓ]
② 접합면의 안길이 : 25[mm]

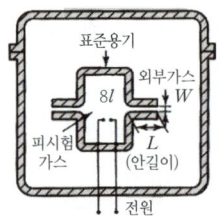

[그림] 폭발등급 측정에 사용되는 표준용기

참고 산업안전기사 필기 p.4-59 (합격날개 : 합격예측)

KEY ① 2016년 8월 21일 출제
② 2018년 8월 19일(문제 66번) 출제

보충학습

화염일주한계
폭발성분위기 내에서 방치된 표준용기의 접합 면 틈새를 통하여 폭발화염이 내부에서 외부로 전파되는 것을 저지할 수 있는 틈새의 최대간격치

62 다음 차단기는 개폐기구가 절연물의 용기 내에 일체로 조립한 것으로 과부하 및 단락사고 시에 자동적으로 전로를 차단하는 장치는?

① OS　② VCB
③ MCCB　④ ACB

해설

MCCB(배선용 차단기)
① MCCB는 산업용 차단기로 1,000[V] 이하 정격전류 2,000[A] 이하
② 순시트립전류는 정격전류의 10배
③ 차단 시간은 10[m/s](0.01초) 이하
예 옛날 두꺼비 집 개량

참고 산업안전기사 필기 p.4-8(13. 배선용 차단기)

보충학습

① MCB
　MCB는 주택용 차단기로 380[V] 이하 정격전류 125[A] 이하이며, 부동작 전류 1.13배, 동작전류 1.45배, 순시트립 전류는 정격전류의 5~10배 이며, 차단시간은 약 0.02초 이하임.
② VCB(진공차단기)
③ ACB(기중차단기 : Air Circuit Breaker)

【정답】 59 ③　60 ③　61 ④　62 ③

63
한국전기설비규정에 따라 보호등전위본딩 도체로서 주접지단자에 접속하기 위한 등전위본딩 도체(구리도체)의 단면적은 몇 [mm²] 이상이어야 하는가?(단, 등전위본딩 도체는 설비 내에 있는 가장 큰 보호접지 도체 단면적의 $\frac{1}{2}$이상의 단면적을 가지고 있다.)

① 2.5   ② 6
③ 16   ④ 50

해설
등전위 본딩
① 낙뢰시 접지되어있는 주접지도체에 다른 기기나 보호해야할 대상을 도체를 이용하여 전위차가 접지도체와 등전위가 되게하여 낙뢰로 부터 보호하게 하는 방법
② 주 접지단자에 접속되는 등전위본딩선의 단면적
　㉮ 동 6[mm²]
　㉯ 알루미늄 16[mm²]
　㉰ 철 50[mm²]
③ 등전위본딩도체
　주접지단자에 접속하기 위한 등전위본딩 도체는 설비 내에 있는 가장 큰 보호접지도체 단면적의 1/2 이상의 단면적을 가져야 하고 위의 단면적 이상이어야 한다.
④ 중성선 : 다선식 전로에서 전원의 중성극에 접속된 전선
⑤ 분기회로 : 간선에서 분기하여 분기과전류 차단기를 거쳐서 부하에 이르는 사이의 배선
⑥ 등전위본딩(등 전위접속) : 등 전위성을 얻기 위해 전선간을 전기적으로 접속하는 조치를 말한다.

참고 ① 산업안전기사 필기 p.4-43(8. 본딩)
　　　② 산업안전기사 필기 p.4-43(합격날개 : 합격예측)

64
저압전로의 절연성능 시험에서 전로의 사용전압이 380[V]인 경우 전로의 전선 상호간 및 전로와 대지 사이의 절연저항은 최소 몇 [MΩ] 이상이어야 하는가?

① 0.1   ② 0.3
③ 0.5   ④ 1

해설
저압전로의 절연성능

전로의 사용전압[V]	DC 시험전압[V]	절연저항
SELV 및 PELV	250	0.5[MΩ] 이상
FELV, 500[V]	500	1.0[MΩ] 이상
500[V]	1,000	1.0[MΩ] 이상

참고 산업안전기사 필기 p.4-87(문제 23번) 적중

65
전격의 위험을 결정하는 주된 인자로 가장 거리가 먼 것은?

① 통전전류   ② 통전시간
③ 통전경로   ④ 접촉전압

해설
1·2차 감전(전격) 위험요소
(1) 전격위험도 결정조건(1차적 감전위험요소)
　① 통전전류의 크기
　② 통전시간
　③ 통전경로
　④ 전원의 종류(직류보다 상용주파수의 교류전원이 더 위험한 이유 : 극성변화)
　⑤ 주파수 및 파형
　⑥ 전격인가위상
(2) 2차적 감전위험요소
　① 인체의 조건(저항)
　② 전압
　③ 계절

참고 산업안전기사 필기 p.4-18(1. 감전요소)

KEY ① 2016년 8월 21일 산업기사 출제
　　　② 2017년 3월 5일 출제
　　　③ 2017년 8월 26일 출제
　　　④ 2018년 3월 4일 산업기사 출제
　　　⑤ 2018년 4월 28일(문제 80번) 출제

66
교류 아크용접기의 허용사용률[%]은?(단, 정격사용률은 10[%], 2차 정격전류는 500[A], 교류 아크용접기의 사용전류는 250[A]이다.)

① 30   ② 40
③ 50   ④ 60

해설
허용사용률 계산

허용사용률 $= \frac{(\text{정격2차전류})^2}{(\text{실제용접전류})^2} \times \text{정격사용률} = \frac{500^2}{250^2} \times 10 = 40[\%]$

참고 산업안전기사 필기 p.4-79(㉱ 허용사용률)

KEY ① 2016년 8월 21일(문제 79번) 출제
　　　② 2017년 8월 26일 출제
　　　③ 2019년 4월 27일(문제 62번) 출제
　　　④ 2021년 8월 14일(문제 66번) 출제

[정답] 63 ② 64 ④ 65 ④ 66 ②

67. 내압방폭구조의 필요충분조건에 대한 사항으로 틀린 것은?

① 폭발화염이 외부로 유출되지 않을 것
② 습기침투에 대한 보호를 충분히 할 것
③ 내부에서 폭발한 경우 그 압력에 견딜 것
④ 외함의 표면온도가 외부의 폭발성가스를 점화하지 않을 것

해설

내압(耐壓)방폭구조(explosion proof : d)의 특징
① 용기의 내부에 폭발성 가스의 폭발이 일어날 경우에 용기가 폭발압력에 견디고 또한 외부의 폭발성 분위기에의 불꽃의 전파를 방지하도록 한 방폭구조
② 점화원의 방폭적 격리
③ MESG 특성 적용

참고 산업안전기사 필기 p.4-53(1. 내압방폭구조)

KEY
① 2019년 3월 3일 기사 출제
② 2019년 4월 27일 기사 · 산업기사 동시출제
③ 2020년 6월 7일(문제 71번) 출제

68. 다음 중 전동기를 운전하고자 할 때 개폐기의 조작순서로 옳은 것은?

① 메인 스위치 → 분전반 스위치 → 전동기용 개폐기
② 분전반 스위치 → 메인 스위치 → 전동기용 개폐기
③ 전동기용 개폐기 → 분전반 스위치 → 메인스위치
④ 분전반 스위치 → 전동기용 스위치 → 메인스위치

해설

개폐기 조작 순서
메인 스위치(메인전력분배) - 분전반 스위치(메인전력을 받은 분배기) - 전동기용 개폐기(분전반에서 나온 전력)

참고 산업안전기사 필기 p.4-4(2. 개폐기)

KEY
① 2007년 3월 4일(문제 77번) 출제
② 2010년 7월 25일(문제 61번) 출제
③ 2017년 7월 25일(문제 61번) 출제
④ 2019년 4월 27일(문제 70번) 출제

69. 다음 빈 칸에 들어갈 내용으로 알맞은 것은?

"교류 특고압 가공전선로에서 발생하는 극저주파 전자계는 지표상 1[m]에서 전계가 (ⓐ), 자계가 (ⓑ)가 되도록 시설하는 등 상시 정전유도 및 전자유도 작용에 의하여 사람에게 위험을 줄 우려가 없도록 시설하여야 한다."

① ⓐ 0.35[kV/m] 이하 ⓑ 0.833[μT] 이하
② ⓐ 3.5[kV/m] 이하   ⓑ 8.33[μT] 이하
③ ⓐ 3.5[kV/m] 이하   ⓑ 83.3[μT] 이하
④ ⓐ 35[kV/m] 이하   ⓑ 833[μT] 이하

해설

전기사업법, 전기설비기준
① 특고압 가공전선로에서 발생하는 극저주파 전자계는 지표상 1[m]에서 전계가 3.5[kV/m] 이하
② 자계가 83.3[μT] 이하가 되도록 시설

참고 산업안전기사 필기 p.4-95(문제 67번) 적중

70. 감전사고를 방지하기 위한 방법으로 틀린 것은?

① 전기기기 및 설비의 위험부에 위험표지
② 전기설비에 대한 누전차단기 설치
③ 전기기기에 대한 정격표시
④ 무자격자는 전기기계 및 기구에 전기적인 접촉 금지

해설

직접접촉에 의한 감전방지대책
① 충전부에 절연 방호망을 설치할 것
② 충전부는 내구성이 있는 절연물로 완전히 덮어 감쌀 것
③ 충전부가 노출되지 않도록 폐쇄형 외함구조로 할 것
④ 관계자 외에 출입을 금지하고 평소에 잠금상태가 되어야 한다.

참고 산업안전기사 필기 p. 4-20(1. 직접접촉에 의한 감전방지 방법)

KEY
① 2016년 8월 21일 산업기사 출제
② 2017년 3월 5일 출제
③ 2017년 5월 7일(문제 76번) 출제
④ 2020년 9월 27일(문제 76번) 출제

[정답] 67 ② 68 ① 69 ③ 70 ③

71
외부피뢰시스템에서 접지극은 지표면에서 몇[m] 이상 깊이로 매설하여야 하는가?(단, 동결심도는 고려하지 않는 경우이다.)

① 0.5　　② 0.75
③ 1　　　④ 1.25

해설

접지공사의 방법
① 접지극은 지하 75[cm] 이상의 깊이에 묻을 것(목적 : 접촉전압감소)
② 접지극은 지표 위 60[cm]까지의 접지선부분에는 옥내용절연전선, 케이블을 사용할 것
③ 지하 75[cm]로부터 지표 위 2[m]까지의 접지선 부분은 합성수지관, 몰드로 덮을 것
④ 접지선은 캡타이어케이블, 절연전선, 통신용케이블 외의 케이블을 사용할 것
⑤ 접지선을 철주, 그 밖에 금속체를 따라서 시설하는 경우에는 접지극을 지중에서 그 금속체로부터 1[m] 이상 떼어 매설할 것

참고 산업안전기사 필기 p.4-89(문제 31번) 적중

73
어떤 부도체에서 정전용량이 10[pF] 이고, 전압이 5[kV]일 때 전하량[C]은?

① 9×10^{-12}　② 6×10^{-10}
③ 5×10^{-8}　　④ 2×10^{-6}

해설

전하량계산
$Q = CV = 10[pF] \times 5[kV]$
$= (10 \times 10^{-12}) \times (5 \times 10^{3})$
$= 50 \times 10^{-9} = 5 \times 10^{-8}$

참고 ① 산업안전기사 필기 p.4-33(6. 정전기 에너지)
② 산업안전기사 필기 p.4-34(합격날개 : 은행문제)

KEY ① 2016년 8월 21일 기사(문제 76번) 출제
② 2020년 9월 27일 등 20번 이상 출제
③ 2021년 3월 7일 기사(문제 98번) 출제

보충학습
① $[mJ] = 10^{-3}[J]$
② $[pF] = 10^{-12}[F]$

72
정전기의 재해방지 대책이 아닌 것은?

① 부도체에는 도전성을 향상 또는 제전기를 설치 운영한다.
② 접촉 및 분리를 일으키는 기계적 작용으로 인한 정전기 발생을 적게 하기 위해서는 가능한 접촉면적을 크게 하여야 한다.
③ 저항률이 $10^{10}[\Omega \cdot cm]$미만의 도전성 위험물의 배관유속은 7[m/s] 이하로 한다.
④ 생산공정에 별다른 문제가 없다면, 습도를 70[%] 정도 유지하는 것도 무방하다.

해설

접촉면적 및 압력
① 접촉면적이 크고 접촉압력이 증가할수록 정전기의 발생량이 크다.
② 접촉면적을 작게한다.

참고 산업안전기사 필기 p.4-33(5. 접촉면적 및 압력)

KEY 2021년 5월 15일(문제 79번) 출제

74
KS C IEC 60079-0에 따른 방폭에 대한 설명으로 틀린 것은?

① 기호 "X"는 방폭기기의 특정사용조건을 나타내는 데 사용되는 인증번호의 접미사이다.
② 인화하한(LFL)과 인화상한(UFL) 사이의 범위가 클수록 폭발성 가스 분위기 형성 가능성이 크다.
③ 기기그룹에 따라 폭발성가스를 분류할 때 IIA의 대표 가스로 에틸렌이 있다.
④ 연면거리는 두 도전부 사이의 고체 절연물 표면을 따른 최단거리를 말한다.

해설

기기 그룹(Equipment Grouping)
① Group I - '폭발성 갱내 가스에 취약한 광산'에서의 사용을 목적으로 한다.
② Group II - Group I 장소 이외의 '폭발성 가스 분위기'가 존재하는 장소에서 사용하기 위함. Group II의 세부 분류로써 IIA 대표 가스는 프로판, IIB 대표 가스는 에틸렌, IIC 대표 가스는 수소 및 아세틸렌 등이다. 참고로 IIB로 표시된 기기는 IIA 지역에 사용할 수 있다. IIC로 표시된 기기는 IIA 또는 IIB 지역에 사용할 수 있다.
③ Group III - '폭발성 분진 분위기'가 존재하는 장소에서 사용하기 위함. Group III의 세부 분류로써 IIIA 가연성부유물, IIIB 비도전성 분진, IIIC로 표시된 기기는 IIIA 또는 IIIB 지역에 사용할 수 있다.

[**정답**] 71 ② 72 ② 73 ③ 74 ③

75 다음 중 활선근접 작업시의 안전조치로 적절하지 않은 것은?

① 근로자가 절연용 방호구의 설치·해체작업을 하는 경우에는 절연용 보호구를 착용하거나 활선작업용 기구 및 장치를 사용하도록 하여야 한다.
② 저압인 경우에는 해당 전기작업자가 절연용 보호구를 착용하되, 충전전로에 접촉할 우려가 없는 경우에는 절연용 방호구를 설치하지 아니할 수 있다.
③ 유자격자가 아닌 근로자가 근로자의 몸 또는 긴 도전성 물체가 방호되지 않은 충전전로에서 대지전압이 50[kV]이하인 경우에는 400[cm] 이내로 접근할 수 없도록 하여야 한다.
④ 고압 및 특별고압의 전로에서 전기작업을 하는 근로자에게 활선작업용 기구 및 장치를 사용하여야 한다.

해설

충전전로에서 전기작업
① 유자격자가 아닌 근로자가 충전전로 인근의 높은 곳에서 작업할 때에 근로자의 몸 또는 긴 도전성 물체가 방호되지 않은 충전전로에서 대지전압이 50 킬로볼트 이하인 경우에는 300센티미터 이내이다.
② 대지전압이 50킬로볼트를 넘는 경우에는 10킬로볼트당 10센티미터씩 더한 거리 이내로 각각 접근할 수 없도록 할 것

합격정보
산업안전보건기준에 관한 규칙 제321조(충전전로에서의 전기작업)

76 밸브 저항형 피뢰기의 구성요소로 옳은 것은?

① 직렬갭, 특성요소   ② 병렬갭, 특성요소
③ 직렬갭, 충격요소   ④ 병렬갭, 충격요소

해설

피뢰기 특징
(1) 피뢰기의 기능
  ① 기능 : 이상전압의 내습 시 이를 신속하게 대지로 방전하고 속류를 차단한다.
  ② 역할 : 뇌전류 및 이상전압으로부터 전기기계기구를 보호한다.
(2) 피뢰기 구성요소
  ① 직렬캡 : 정상 시에는 방전을 하지 않고 절연상태를 유지하며, 이상과 전압 발생 시에는 신속히 이상 전압을 대지로 방전하고 속류를 차단하는 역할을 한다.
  ② 특성요소 : 뇌전류 방전 시 피뢰기 자신의 전위 상승을 억제하여 자신의 절연 파괴를 방지하는 역할을 한다.

(3) 피뢰기의 종류
  ① 갭 저항형 피뢰기
  ② 갭 레스형 피뢰기
  ③ 밸브형 피뢰기 밸브
  ④ 저항형 피뢰기
(4) 피뢰기의 제한전압
  피뢰기 단자 간에 남게되는 충격전압

참고 산업안전기사 필기 p.4-57(2. 피뢰기 설비)

KEY ① 2008년 5월 11일(문제 74번) 출제
② 2019년 3월 3일(문제 79번) 출제

77 정전기 제거 방법으로 가장 거리가 먼 것은?

① 작업장 바닥을 도전처리한다.
② 설비의 도체 부분은 접지시킨다.
③ 작업자는 대전방지화를 신는다.
④ 작업장을 항온으로 유지한다.

해설

정전기 방지대책
- 발생 및 대전
  - 접지
  - 정전화, 정전작업복 착용
  - 유속제한, 정치시간 확보
  - 대전방지제 사용
  - 가습
  - 제전기 사용
  - 제조장치 및 탱크의 불활성화
- 전격
  - 대전억제
  - 대전전하의 신속한 누설
- 화재 및 폭발
  - 환기에 의한 위험물질의 제거
  - 집진에 의한 분진의 제거

참고 산업안전기사 필기 p.4-36([그림] 정전기 방지대책)

KEY ① 2016년 5월 8일 기사 출제
② 2016년 8월 21일 기사 출제
③ 2017년 5월 7일 산업기사 출제
④ 2018년 3월 4일 산업기사 출제
⑤ 2018년 8월 19일 산업기사 출제
⑥ 2019년 3월 3일 산업기사 출제
⑦ 2019년 8월 4일 기사 출제
⑧ 2021년 3월 7일(문제 76번) 출제
⑨ 2021년 5월 15일(문제 79번) 및 (문제 80번) 출제
⑩ 2021년 5월 15일(문제 66번) 출제

[정답] 75 ③ 76 ① 77 ④

78 인체의 전기저항을 0.5[kΩ]이라고 하면 심실 세동을 일으키는 위험한계 에너지는 몇 [J] 인가?(단, 심실세동전류 값 I=$\frac{165}{\sqrt{T}}$[mA]의 Dalziel의 식을 이용하며, 통전시간은 1초로 한다.)

① 13.6 ② 12.6
③ 11.6 ④ 10.6

해설

위험한계에너지

$Q = I^2RT[J/S] = \left(\frac{165}{\sqrt{T}} \times 10^{-3}\right)^2 \times 500 \times T$

$= \frac{165^2}{T} \times 10^{-6} \times 500 \times T$

$= 13.6[J]$

참고) 산업안전기사 필기 p.4-18(3. 위험한계에너지)

KEY
① 2016년 8월 21일 기사 출제
② 2017년 5월 7일 기사 출제
③ 2018년 3월 4일 기사 출제
④ 2018년 4월 28일 기사·산업기사 동시 출제
⑤ 2018년 8월 19일 기사 출제
⑥ 2019년 3월 4일 기사 출제
⑦ 2020년 8월 22일(문제 67번) 출제
⑧ 2020년 9월 27일(문제 77번) 출제

79 다음 중 전기설비기술기준에 따른 전압의 구분으로 틀린 것은?

① 저압 : 직류 1[kV] 이하
② 고압 : 교류 1[kV] 초과, 7[kV] 이하
③ 특고압 : 직류 7[kV] 초과
④ 특고압 : 교류 7[kV] 초과

해설

전압분류

전압분류	직류	교류
저압	1,500[V] 이하	1,000[V] 이하
고압	1,500~7,000[V] 이하	1,000~7,000[V] 이하
특별고압	7,000[V] 초과	7,000[V] 초과

참고) 산업안전기사 필기 p.4-30(문제 30번) 적중

KEY
① 2017년 5월 7일 기사 출제
② 2017년 8월 26일 기사 출제
③ 2018년 3월 4일 기사 출제
④ 2018년 8월 19일 산업기사 출제
⑤ 2019년 3월 3일(문제 78번) 출제

80 가스 그룹 IIB 지역에 설치된 내압방폭구조 "d"장비의 플랜지 개구부에서 장애물까지의 최소 거리[mm]는?

① 10 ② 20
③ 30 ④ 40

해설

내압방폭구조 플랜지 접합부와 장애물 간 최소 이격거리

가스그룹	최소 이격거리[mm]
IIA	10
IIB	30
IIC	40

참고) 산업안전기사 필기 p.4-53(합격날개 : 합격예측)

5 화학설비 안전관리

81 다음 설명이 의미하는 것은?

온도, 압력 등 제어상태가 규정의 조건을 벗어나는 것에 의한 반응속도가 지수함수적으로 증대되고, 반응 용기 내의 온도, 압력이 급격히 이상 상승되어 규정 조건을 벗어나고, 반응이 과격화되는 현상

① 비등 ② 과열·과압
③ 폭발 ④ 반응폭주

해설

반응폭주의 원리
① 반응물질량 제어 실패 : 반응물질과 투입에 다른 반응 활성화로 반응폭주 발생
② 반응온도 제어 실패 : 반응온도의 상승으로 인한 반응속도의 증가로 반응폭주 발생
③ 촉매의 양 제어 실패 : 반응속도를 높이는 촉매의 과 투입에 따른 반응폭주 발생
④ 이물질 흡입에 의한 이상반응 발생으로 반응폭주 발생

참고) 산업안전기사 필기 p.5-52(합격날개 : 은행문제)

KEY
① 2017년 5월 7일(문제 97번) 출제
② 2020년 9월 27일(문제 99번) 출제

합격정보
산업안전보건기준에 관한규칙 제262조(파열판의 설치)

[정답] 78 ① 79 ① 80 ③ 81 ④

82 다음 중 전기화재의 종류에 해당하는 것은?

① A급 ② B급
③ C급 ④ D급

해설

화재의 종류 및 특성

화재구분 화재의 종류	화재 급수	소화기 표시 색상	소화 효과	화재특성
일반 가연물 화재	A급	백색	냉각 소화	① 백색연기 발생 ② 연소 후 재를 남긴다.
유류화재	B급	황색	질식 효과	① 검은연기 발생 ② 연소 후 재를 남기지 않는다.
전기화재	C급	청색	질식 효과	전기시설물이 점화원의 기능을 하며 발화 후 일반 유류화재로 전환
금속화재	D급	무색	마른모래 피복 (건조사)	금속이 열을 발생
가스화재	E급	황색		재가 없음
부엌화재	K급			주방화재

참고) 산업안전기사 필기 p.5-23(문제 13번 적중)

KEY ① 2016년 8월 21일 산업기사 출제
② 2018년 8월 19일 출제
③ 2020년 8월 22일(문제 81번) 출제
④ 2020년 9월 27일(문제 95번) 출제

83 다음 중 폭발범위에 관한 설명으로 틀린 것은?

① 상한값과 하한값이 존재한다.
② 온도에는 비례하지만 압력과는 무관하다.
③ 가연성 가스의 종류에 따라 각각 다른 값을 갖는다.
④ 공기와 혼합된 가연성 가스의 체적 농도로 나타낸다.

해설

폭발발생의 필수인자
① 인화성 물질 온도
② 조성(인화성 물질의 농도범위)
③ 압력의 방향
④ 용기의 크기와 형태(모양)

참고) 산업안전기사 필기 p.5-3(2. 폭발발생의 필수인자)

KEY ① 2014년 3월 2일(문제 85번) 출제
② 2019년 3월 3일(문제 96번) 출제
③ 2020년 9월 27일(문제 84번) 출제

보충학습
보일 샤를 법칙에 의해 온도 상승 시 부피, 압력이 상승하여 넓어진다.

$$\frac{P_1 V_1}{T_1} = \frac{P_2 V_2}{T_2} = K(일정)$$

84 다음 [표]와 같은 혼합가스의 폭발범위(vol%)로 옳은 것은?

종류	용적비율 (vol%)	폭발하한계 (vol%)	폭발상한계 (vol%)
CH_4	70	5	15
C_2H_6	15	3	12.5
C_3H_8	5	2.1	9.5
C_4H_{10}	10	1.9	8.5

① 3.75~13.21 ② 4.33~13.21
③ 4.33~15.22 ④ 3.75~15.22

해설

혼합가스의 폭발범위

① $L(하한) = \dfrac{100}{\dfrac{V_1}{L_1}+\dfrac{V_2}{L_2}+\dfrac{V_3}{L_3}+\dfrac{V_4}{L_4}} = \dfrac{100}{\dfrac{70}{5}+\dfrac{15}{3}+\dfrac{5}{2.1}+\dfrac{10}{1.9}}$
$= 3.75$

② $U(상한) = \dfrac{100}{\dfrac{V_1}{L_1}+\dfrac{V_2}{L_2}+\dfrac{V_3}{L_3}+\dfrac{V_4}{L_4}} = \dfrac{100}{\dfrac{70}{15}+\dfrac{15}{12.5}+\dfrac{5}{9.5}+\dfrac{10}{8.5}}$
$= 13.21$

∴ V = 각성분의 체적
L = 각성분의 폭발하한치(LFL)

참고) 산업안전기사 필기 p.5-11(보충학습 : 혼합가스의 폭발범위)

KEY ① 2017년 8월 26일 산업기사 출제
② 2018년 8월 19일(문제 86번) 출제

85 위험물을 저장·취급하는 화학설비 및 그 부속설비를 설치할 때 '단위공정시설 및 설비로부터 다른 단위공정시설 및 설비의 사이'의 안전거리는 설비의 바깥 면으로부터 몇 [m] 이상이 되어야 하는가?

① 5 ② 10
③ 15 ④ 20

[정답] 82 ③ 83 ② 84 ① 85 ②

해설
안전거리

구분	안전거리
1. 단위공정시설 및 설비로부터 다른 단위공정시설 및 설비의 사이	설비의 바깥면으로부터 10[m] 이상
2. 플레어스택으로부터 단위공정시설 및 설비, 위험물질 저장탱크 또는 위험물질 하역설비의 사이	플레어스택으로부터 반경 20[m] 이상. 다만, 단위 공정시설 등이 불연재로 시공된 지붕 아래 설치된 경우에는 그러하지 아니하다.
3. 위험물질 저장탱크로부터 단위공정시설 및 설비, 보일러 또는 가열로의 사이	저장탱크의 바깥면으로부터 20[m] 이상. 다만, 저장탱크의 방호벽, 원격조정 소화설비 또는 살수설비를 설치한 경우에는 그러하지 아니하다.
4. 사무실·연구실·실험실·정비실 또는 식당으로부터 단위공정시설 및 설비, 위험물질 저장탱크, 위험물질 하역설비, 보일러 또는 가열로의 사이	사무실 등의 바깥면으로부터 20[m] 이상. 다만, 난방용 보일러인 경우 또는 사무실 등의 벽을 방호구조로 설치한 경우에는 그러하지 아니하다.

참고) 산업안전기사 필기 p.5-72(문제 51번) 적중

KEY ▶ ① 2010년 7월 25일 기사 출제
② 2019년 4월 27일 산업기사 출제
③ 2020년 8월 22일 기사 출제
④ 2021년 5월 15일(문제 94번) 출제

합격정보
산업안전보건기준에 관한 규칙 [별표 8] 안전거리

86 열교환기의 열교환 능률을 향상시키기 위한 방법으로 거리가 먼 것은?

① 유체의 유속을 적절하게 조절한다.
② 유체의 흐르는 방향을 병류로 한다.
③ 열교환기 입구와 출구의 온도차를 크게 한다.
④ 열전도율이 좋은 재료를 사용한다.

해설
열 교환기의 열 교환 능률을 향상시키기 위한 방법
① 유체의 유속을 적절하게 조절한다
② 열 교환하는 유체의 온도차를 크게 한다.
③ 열 전도율이 높은 재료를 사용한다.
④ 유체의 흐르는 방향을 향류로 한다.

참고) 산업안전기사 필기 p.5-53(합격날개 : 은행문제)

KEY ▶ 2018년 8월 19일(문제 87번) 출제

보충학습
향류 : 열 교환이 잘 되도록 반대로 흐르게 함

87 다음 중 인화성 물질이 아닌 것은?

① 디에틸에테르 ② 아세톤
③ 에틸알코올   ④ 과염소산칼륨

해설
산화성 고체
$KClO_4$(과염소산칼륨) → KCl(차아염소산칼륨) + $2O_2$(산소)

참고) 산업안전기사 필기 p.5-35(3. 산화성 액체 및 산화성 고체)

KEY ▶ 2016년 8월 21일(문제 81번) 출제

합격정보
산업안전보건기준에 관한 규칙 [별표 1] 위험물질의 종류

보충학습
위험물 분류
① 산고(산화성 고체)
② 가고(가연성 고체)
③ 자금(자연발화성 물질 및 금수성 물질)
④ 인해(인화성 액체)
⑤ 자생(자기반응성 물질)
⑥ 산액(산화성 액체)

88 산업안전보건법령상 위험물질의 종류에서 "폭발성 물질 및 유기과산화물"에 해당하는 것은?

① 리튬   ② 아조화합물
③ 아세틸렌   ④ 셀룰로이드류

해설
폭발성 물질 및 유기과산화물의 종류
① 질산에스테르류
② 니트로화합물
③ 니트로소화합물
④ 아조화합물 및 디아조화합물
⑤ 하이드라진 유도체
⑥ 유기과산화물

참고) 산업안전기사 필기 p.5-35(1. 폭발성 물질 및 유기과산화물)

KEY ▶ ① 2018년 3월 4일 출제
② 2018년 4월 28일 출제

합격정보
산업안전보건기준에 관한 규칙 [별표 1] 위험물질의 종류

[정답] 86 ② 87 ④ 88 ②

과년도 출제문제

89 건축물 공사에 사용되고 있으나, 불에 타는 성질이 있어서 화재 시 유독한 사이안화수소(HCN)가스가 발생되는 물질은?

① 염화비닐
② 염화에틸렌
③ 메타크릴산메틸
④ 우레탄

해설

우레탄
(1) 카밤산에스터
  ① 화학식 H_2NCOOR. 카밤산 H_2NCOOH의 $-OH$기가 $-OR$기로 치환된 에스터 화합물이다.
  ② R가 에틸기 C_2H_5인 경우는 카밤산에틸, R이 메틸기 CH_3인 경우는 카밤산메틸이라 한다.
  ③ 카르밤산과 알코올 또는 페놀에서 생기는 에스터이다. 유리카밤산은 불안정하여 존재하지는 않으나 에스터로서는 안정하다.
  ④ 알코올 또는 페놀류(類)의 존재를 확인하기 위하여 사용되나 그 이용도는 낮다.(예 2021년 이천 물류창고 화재)
(2) 카밤산에틸
  ① 화학식 $H_2NCOOC_2H_5$. 대표적인 우레탄이다.
  ② 단순히 우레탄이라 할 때는 이것을 가리킬 때가 많다.
  ③ 막대 모양 결정이며, 녹는 점 49~50[℃], 끓는 점 184[℃]이다.
  ④ 최면제로서 쓰이지만 그 작용이 약하므로, 특히 심장병 등에서 다른 최면약의 사용을 기피하는 경우에 사용된다.
  ⑤ 습관성이 강하므로 사용시에는 주의해야 한다.

참고 산업안전기사 필기 p.5-60(합격날개 : 은행문제)

KEY 2017년 5월 7일(문제 99번) 출제

90 반응기를 설계할 때 고려하여야 할 요인으로 가장 거리가 먼 것은?

① 부식성
② 상의 형태
③ 온도 범위
④ 중간생성물의 유무

해설

반응기 안전설계시 고려할 요소
① 상(Phase)의 형태(고체, 액체, 기체)
② 온도범위
③ 운전압력
④ 부식성

참고 산업안전기사 필기 p.5-49(합격날개 : 합격예측)

91 에틸알코올 1몰이 완전 연소 시 생성되는 CO_2와 H_2O의 몰수로 옳은 것은?

① CO_2 : 1, H_2O : 4
② CO_2 : 2, H_2O : 3
③ CO_2 : 3, H_2O : 2
④ CO_2 : 4, H_2O : 1

해설

에틸알코올
$C_2H_5OH + 3O_2 = 2CO_2 + 3H_2O$

92 산업안전보건법령상 각 물질이 해당하는 위험물질의 종류를 옳게 연결한 것은?

① 아세트산(농도 90[%]) - 부식성 산류
② 아세톤(농도 90[%]) - 부식성 염기류
③ 이황화탄소 - 인화성 가스
④ 수산화칼륨 - 인화성 가스

해설

부식성 물질
(1) 부식성 산류
  ① 농도가 20퍼센트 이상인 염산, 황산, 질산, 그 밖에 이와 같은 정도 이상의 부식성을 가지는 물질
  ② 농도가 60퍼센트 이상인 인산, 아세트산, 불산, 그 밖에 이와 같은 정도 이상의 부식성을 가지는 물질
(2) 부식성 염기류
  농도가 40퍼센트 이상인 수산화나트륨, 수산화칼륨, 그 밖에 이와 같은 정도 이상의 부식성을 가지는 염기류
(3) 인화성 가스
  ① 수소
  ② 아세틸렌
  ③ 에틸렌
  ④ 메탄
  ⑤ 에탄
  ⑥ 프로판
  ⑦ 부탄
  ⑧ 영 별표 13에 따른 인화성 가스
(4) 수산화칼륨(KOH)
  ① 무기 화합물
  ② 위험물은 아님

참고 산업안전기사 필기 p.5-36(7. 부식성 물질)

KEY ① 2019년 8월 4일 출제
② 2020년 8월 22일 출제

합격정보
산업안전보건기준에 관한 규칙 [별표 1] 위험물질의 종류

[정답] 89 ④ 90 ④ 91 ② 92 ①

93 물과의 반응으로 유독한 포스핀가스를 발생하는 것은?

① HCl
② NaCl
③ Ca_3P_2
④ $Al(OH)_3$

해설

포스핀가스(PH_3)
Ca_3P_2(인화칼슘) + $6H_2O$ → $3Ca(OH)_2$ + $2PH_3$(포스핀)

94 분진폭발의 요인을 물리적 인자와 화학적 인자로 분류할 때 화학적 인자에 해당하는 것은?

① 연소열
② 입도분포
③ 열전도율
④ 입자의 형상

해설

분진폭발의 화학적 인자
① 연소열
② 산화속도

참고) 산업안전기사 필기 p.5-8(7. 분진폭발의 방지대책)

95 메탄올에 관한 설명으로 틀린 것은?

① 무색투명한 액체이다.
② 비중은 1보다 크고, 증기는 공기보다 가볍다.
③ 금속나트륨과 반응하여 수소를 발생한다.
④ 물에 잘 녹는다.

해설

메탄올(methanol)
① 분자식 CH_3OH($CO + 2H_2$ → CH_3OH)
② 가장 간단한 구조의 알코올이며 물의 수소원자 하나를 메틸기(-CH_3)로서 치환한 구조를 가진 것
③ 1661년 R. 보일은 목재의 건류에서 중성의 액체를 얻었는데, 1834년 B.A. 뒤마에 의해 이물질은 CH_3OH로 결정되었다.
④ 비중 0.79로 증기는 공기보다 가볍다.
⑤ 일산화탄소를 수소로 환원하는 고압접촉반응에 의해 제조된다.

96 다음 중 자연발화가 쉽게 일어나는 조건으로 틀린 것은?

① 주위온도가 높을수록
② 열 축적이 클수록
③ 적당량의 수분이 존재할 때
④ 표면적이 작을수록

해설

자연발화조건
① 발열량이 클 것
② 연전도율이 작을 것
③ 주위의 온도가 높을 것
④ 표면적이 클수록(공기를 접촉할 면적 넓어야)
⑤ 수분이 적당량 존재할 것

참고) 산업안전기사 필기 p.5-7(2. 자연발화조건)

KEY ① 2017년 8월 26일 기사 출제
② 2018년 3월 4일(문제 91번) 출제
③ 2018년 8월 19일 기사 출제
④ 2020년 8월 22일(문제 87번) 출제

97 다음 중 인화점이 가장 낮은 것은?

① 벤젠
② 메탄올
③ 이황화탄소
④ 경유

해설

인화점[℃]
① 벤젠 : -11[℃]
② 이황화탄소 : -30[℃]
③ 가솔린 : -43[℃]
④ 경유 : 40~85[℃]

98 자연발화성을 가진 물질이 자연발화를 일으키는 원인으로 거리가 먼 것은?

① 분해열
② 증발열
③ 산화열
④ 중합열

해설

자연발화 구분
① 산화열에 의한 발화 : 석탄, 건성유 등
② 분해열에 의한 발화 : 셀룰로이드, 니트로셀룰로오스 등
③ 흡착열에 의한 발화 : 활성탄 목탄 등
④ 미생물에 의한 발화 : 퇴비, 먼지 등

[정답] 93 ③ 94 ① 95 ② 96 ④ 97 ③ 98 ②

과년도 출제문제

참고 산업안전기사 필기 p.5-7(1. 자연발화의 구분)

KEY 2017년 3월 5일(문제 85번) 출제

보충학습
증발열 : 흡열반응으로 온도가 내려간다.
예 사람의 땀이 증발 시 시원함을 느끼는 것

---

99 비점이 낮은 가연성 액체 저장탱크 주위에 화재가 발생했을 때 저장탱크 내부의 비등현상으로 인한 압력 상승으로 탱크가 파열되어 그 내용물이 증발, 팽창하면서 발생되는 폭발현상은?

① Back Draft ② BLEVE
③ Flash Over ④ UVCE

해설
비등액체 팽창증기폭발(BLEVE)의 발생단계
① 액체가 들어있는 탱크의 주위에서 화재가 발생한다.
② 화재에 의한 열에 의하여 탱크의 벽이 가열된다.
③ 액위 이하의 탱크벽은 액에 의하여 냉각되나, 액의 온도는 올라가고, 탱크 내의 압력이 증가된다.
④ 화염이 열을 제거시킬 액이 없고 증기만 존재하는 탱크의 벽이나 천장(roof)에 도달하면, 화염과 접촉하는 부위의 금속의 온도는 상승하여 그의 구조적 강도를 잃게 된다.
⑤ 탱크는 파열되고 그 내용물은 폭발적으로 증발한다.

참고 산업안전기사 필기 p.5-25(문제 19번) 적중
KEY 2017년 6월 7일(문제 91번) 출제

보충학습
BLEVE 비등액 팽창증기폭발 : Boiling Liquid Expanding Vapor Explosion

---

100 사업주는 산업안전보건법령에서 정한 설비에 대해서는 과압에 따른 폭발을 방지하기 위하여 안전밸브 등을 설치하여야 한다. 다음 중 이에 해당하는 설비가 아닌 것은?

① 원심펌프
② 정변위 압축기
③ 정변위 펌프(토출축에 차단밸브가 설치된 것만 해당한다)
④ 배관(2개 이상의 밸브에 의하여 차단되어 대기온도에서 액체의 열팽창에 의하여 파열될 우려가 있는 것으로 한정한다)

해설
안전밸브 설치 화학설비
사업주는 다음 각 호의 어느 하나에 해당하는 설비에 대해서는 과압에 따른 폭발을 방지하기 위하여 폭발 방지 성능과 규격을 갖춘 안전밸브 또는 파열판(이하 "안전밸브 등"이라 한다.)을 설치하여야 한다. 다만, 안전밸브 등에 상응하는 방호장치를 설치한 경우에는 그러하지 아니하다.
① 압력용기(안지름이 150밀리미터 이하인 압력용기는 제외하며, 압력용기 중 관형 열교환기의 경우에는 관의 파열로 인하여 상승한 압력이 압력용기의 최고사용압력을 초과할 우려가 있는 경우만 해당한다.)
② 정변위 압축기
③ 정변위 펌프(토출축에 차단밸브가 설치된 것만 해당한다)
④ 배관(2개 이상의 밸브에 의하여 차단되어 대기온도에서 액체의 열팽창에 의하여 파열될 우려가 있는 것으로 한정)

참고 산업안전기사 필기 p.5-3(합격날개 : 합격예측 및 관련법규)

KEY ① 2017년 5월 7일 출제
② 2018년 4월 28일(문제 83번) 출제

정보제공
산업안전보건기준에 관한 규칙 제261조(안전밸브 등의 설치)

---

6 건설공사 안전관리

101 유해위험방지계획서 제출 시 첨부서류로 옳지 않은 것은?

① 공사현장의 주변 현황 및 주변과의 관계를 나타내는 도면
② 공사개요서
③ 전체공정표
④ 작업인부의 배치를 나타내는 도면 및 서류

해설
건설업 유해위험방지계획서 첨부서류
① 공사개요서
② 공사현장의 주변 현황 및 주변과의 관계를 나타내는 도면(매설물 현황을 포함한다)
③ 건설물, 사용 기계설비 등의 배치를 나타내는 도면
④ 전체 공정표
⑤ 산업안전보건관리비 사용계획
⑥ 안전관리 조직표
⑦ 재해 발생 위험 시 연락 및 대피방법

참고 산업안전기사 필기 p.6-21(4. 제출시 첨부서류)

KEY ① 2016년 3월 6일(문제 113번) 출제
② 2017년 3월 5일(문제 105번) 출제
③ 2020년 9월 27일(문제 119번) 출제
④ 2021년 9월 12일(문제 107번) 출제

[정답] 99 ② 100 ① 101 ④

[정보제공]
산업안전보건법 시행규칙 [별표 10] 유해위험방지계획서 첨부서류

[합격정보]
2024년 9월 19일 개정고시 적용

102
추락·재해방지 설비 중 근로자의 추락재해를 방지할 수 있는 설비로 작업발판 설치가 곤란한 경우에 필요한 설비는?

① 경사로
② 추락방호망
③ 고정사다리
④ 달비계

[해설]
작업발판 설치가 곤란한 경우 : 추락방호망 설치

[합격정보]
산업안전보건기준에 관한 규칙 제42조(추락의 방지)

103
건설업 산업안전보건관리비 계상 및 사용 기준에 따른 안전관리비의 개인보호구 및 안전장구 구입비 항목에서 안전관리비로 사용이 가능한 경우는?

① 안전보건관리자가 선임되지 않은 현장에서 안전보건업무를 담당하는 현장관계자용 무전기, 카메라, 컴퓨터, 프린터 등 업무용 기기
② 중대재해 목적으로 발생한 정신질환을 치료하기 위해 소요되는 비용
③ 근로자에게 일률적으로 지급하는 보냉·보온장구
④ 감리원이나 외부에서 방문하는 인사에게 지급하는 보호구

[해설]
근로자 건강장해예방비 등
① 법·영·규칙에서 규정하거나 그에 준하여 필요로 하는 각종 근로자의 건강장해 예방에 필요한 비용
② 중대재해 목적으로 발생한 정신질환을 치료하기 위해 소요되는 비용
③ 「감염병의 예방 및 관리에 관한 법률」 제2조제1호에 따른 감염병의 확산 방지를 위한 마스크, 손소독제, 체온계 구입비용 및 감염병병체 검사를 위해 소요되는 비용
④ 법 제128조의2 등에 따른 휴게시설을 갖춘 경우 온도, 조명 설치·관리기준을 준수하기 위해 소요되는 비용

[참고] 산업안전기사 필기 p.6-41(6. 근로자 건강장해 예방비 등)

[KEY] ① 2017년 6월 7일 산업기사 출제
② 2018년 3월 4일 기사 출제
③ 2019년 3월 3일 산업기사 출제
④ 2020년 6월 14일 산업기사 출제

104
가설통로의 설치기준으로 옳지 않은 것은?

① 경사가 15[°]를 초과하는 때에는 미끄러지지 않는 구조로 한다.
② 건설공사에 사용하는 높이 8[m] 이상인 비계다리에는 7[m] 이내마다 계단참을 설치한다.
③ 수직갱에 가설된 통로의 길이가 15[m] 이상일 경우에는 15[m] 이내 마다 계단참을 설치한다.
④ 추락의 위험이 있는 장소에는 안전난간을 설치한다.

[해설]
수직갱에 가설된 통로의 길이가 15[m] 이상인 경우에는 10[m] 이내마다 계단참을 설치할 것

[참고] 산업안전기사 필기 p.6-17(합격날개 : 합격예측 및 관련법규)

[합격정보]
산업안전보건기준에 관한 규칙 제23조(가설통로의 구조)

[KEY] 2021년 3월 7일(문제 112번) 출제

105
비계의 높이가 2[m] 이상인 작업장소에 작업발판을 설치할 경우 준수하여야 할 기준으로 옳지 않은 것은?

① 작업발판의 폭은 30[cm] 이상으로 한다.
② 발판재료간의 틈은 3[cm] 이하로 한다.
③ 추락의 위험성이 있는 장소에는 안전난간을 설치한다.
④ 발판재료는 뒤집히거나 떨어지지 않도록 2개 이상의 지지물에 연결하거나 고정시킨다.

[해설]
작업발판 폭 : 40[cm]이상

[참고] 산업안전기사 필기 p.6-94(합격날개 : 합격예측 및 관련법규)

[KEY] 2021년 9월 12일(문제 102번) 출제

[합격정보]
산업안전보건기준에 관한 규칙 제56조(작업 발판의 구조)

[정답] 102 ② 103 ② 104 ③ 105 ①

과년도 출제문제

106 가설구조물의 문제점으로 옳지 않은 것은?

① 도괴(무너짐)재해의 가능성이 크다.
② 추락재해 가능성이 크다.
③ 부재의 결합이 간단하나 연결부가 견고하다.
④ 구조물이라는 통상의 개념이 확고하지 않으며 조립의 정밀도가 낮다.

해설

가설 구조물의 특징
① 연결재가 부족하여 불안정해지기 쉽다.
② 부재 결합이 간략하고 불완전 결합이 많다.
③ 구조물이라는 통상의 개념이 확고하지 않아 조립의 정밀도가 낮다.
④ 부재는 과소 단면이거나 결함이 있는 재료가 사용되기 쉽다.

참고) 산업안전기사 필기 p.6-87(1. 가설 구조물의 특징)

---

107 거푸집 해체작업 시 유의사항으로 옳지 않은 것은?

① 일반적으로 수평부재의 거푸집은 연직부재의 거푸집보다 빨리 떼어낸다.
② 해체된 거푸집이나 각목 등에 박혀있는 못 또는 날카로운 돌출물은 즉시 제거하여야 한다.
③ 상하 동시 작업은 원칙적으로 금지하여 부득이한 경우에는 긴밀히 연락을 취하며 작업을 하여야 한다.
④ 거푸집 해체작업장 주위에는 관계자를 제외하고는 출입을 금지시켜야 한다.

해설

거푸집 해체 순서
① 거푸집은 일반적으로 연직부재를 먼저 떼어낸다.
② 이유 : 하중을 받지 않기 때문

참고) 산업안전기사 필기 p.6-115(7. 거푸집의 해체 시 안전수칙)

KEY ① 2017년 5월 7일 산업기사 출제
② 2017년 8월 26일 산업기사 출제
③ 2019년 4월 27일(문제 102번) 출제

---

108 법면 붕괴에 의한 재해 예방조치로서 옳은 것은?

① 지표수와 지하수의 침투를 방지한다.
② 법면의 경사를 증가한다.
③ 절토 및 성토높이를 증가한다.
④ 토질의 상태에 관계없이 구배조건을 일정하게 한다.

해설

붕괴방지공법
① 활동할 가능성이 있는 토사는 제거하여야 한다.
② 비탈면 또는 법면의 하단을 다져서 활동이 안 되도록 저항을 만들어야 한다.
③ 지표수가 침투되지 않도록 배수를 시키고 지하수위를 낮추기 위하여 수평 보링(boring)을 하여 배수시켜야 한다.
④ 말뚝(강관, H형강, 철근 콘크리트)을 박아 지반을 강화시킨다.

참고) 산업안전기사 필기 p.6-57(2. 붕괴방지 공법)

KEY ① 2016년 3월 6일 출제
② 2021년 5월 15일(문제 119번) 출제

합격정보
굴착공사 표준안전 작업지침 제31조(예방)

---

109 취급·운반의 원칙으로 옳지 않은 것은?

① 운반 작업을 집중하여 시킬 것
② 생산을 최고로 하는 운반을 생각할 것
③ 곡선 운반을 할 것
④ 연속 운반을 할 것

해설

취급, 운반의 5원칙
① 직선운반을 할 것
② 연속운반을 할 것
③ 운반작업을 집중화시킬 것
④ 생산을 최고로 하는 운반을 생각할 것
⑤ 최대한 시간과 경비를 절약할 수 있는 운반방법을 고려할 것

참고) 산업안전기사 필기 p.6-171(합격날개 : 합격예측)

KEY ① 2017년 8월 26일 출제
② 2018년 4월 28일 기사 출제
③ 2019년 3월 3일 산업기사 출제

[정답] 106 ③ 107 ① 108 ① 109 ③

110 철골작업 시 철골부재에서 근로자가 수직 방향으로 이동하는 경우에 설치하여야 하는 고정된 승강로의 최대 답단 간격은 얼마 이내인가?

① 20[cm]   ② 25[cm]
③ 30[cm]   ④ 40[cm]

해설
승강로 답단간격

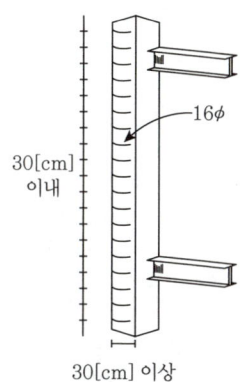

[그림] 고정된 승강로 Trap(답단)

참고 산업안전기사 필기 p.6-168 (그림 : 고정된 승강로 Trap)

KEY ① 2018년 8월 19일 기사 출제
② 2018년 7월 7일 기사 작업형 출제
③ 2018년 9월 15일(문제 11번) 출제

정보제공
산업안전보건기준에 관한 규칙 제381조(승강로의 설치)
사업주는 근로자가 수직방향으로 이동하는 철골부재(鐵骨部材)에는 답단(踏段) 간격이 30센티미터 이내인 고정된 승강로를 설치하여야 하며, 수평방향 철골과 수직방향 철골이 연결되는 부분에는 연결작업을 위하여 작업발판 등을 설치하여야 한다.

111 재해사고를 방지하기 위하여 크레인에 설치된 방호장치로 옳지 않은 것은?

① 공기정화장치
② 비상정지장치
③ 제동장치
④ 권과방지장치

해설
크레인의 방호장치

종류	용도
권과방지 장치	양중기의 권상용 와이어로프 또는 지브등의 붐 권상용 와이어로프의 권과 방지 ⊙ 나사형 제동개폐기 ⓒ 롤러형 제동개폐기 ⓒ 캠형 제동개폐기
과부하 방지 장치	정격하중 이상의 하중 부하시 자동으로 상승정지되면서 경보음이나 경보등 발생
비상 정지장치	돌발사태 발생시 안전유지 위한 전원차단 및 크레인 급정지시키는 장치
제동 장치	운동체와 정지체의 기계적접촉에 의해 운동체를 감속하거나 정지 상태로 유지하는 기능을 하는 장치
기타 방호 장치	① 해지장치 ② 스토퍼(Stopper) ③ 이탈방지장치 ④ 안전밸브 등

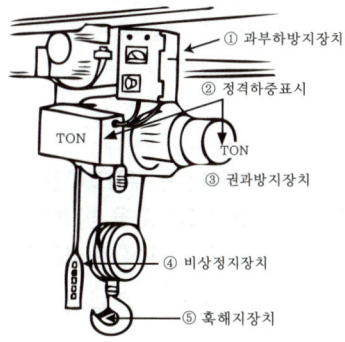

[그림] 크레인의 방호장치

참고 산업안전기사 필기 p.6-131(합격날개 : 합격예측)

KEY ① 2018년 8월 19일 기사 출제
② 2019년 3월 7일(문제 118번) 출제
③ 2021년 9월 12일(문제 103번) 출제

112 작업장 출입구 설치 시 준수해야 할 사항으로 옳지 않은 것은?

① 출입구의 위치·수 및 크기가 작업장의 용도와 특성에 맞도록 한다.
② 출입구에 문을 설치하는 경우에는 근로자가 쉽게 열고 닫을 수 있도록 한다.
③ 주된 목적이 하역운반기계용인 출입구에는 보행자용 출입구를 따로 설치하지 않는다.
④ 계단이 출입구와 바로 연결된 경우에는 작업자의 안전한 통행을 위하여 그 사이에 1.2[m] 이상 거리를 두거나 안내표지 또는 비상벨 등을 설치한다.

[정답] 110 ③ 111 ① 112 ③

해설

산업안전보건기준에 관한 규칙

제11조(작업장의 출입구) 사업주는 작업장에 출입구(비상구는 제외한다. 이하 같다)를 설치하는 경우 다음 각 호의 사항을 준수하여야 한다.
1. 출입구의 위치, 수 및 크기가 작업장의 용도와 특성에 맞도록 할 것
2. 출입구에 문을 설치하는 경우에는 근로자가 쉽게 열고 닫을 수 있도록 할 것
3. 주된 목적이 하역운반기계용인 출입구에는 인접하여 보행자용 출입구를 따로 설치할 것
4. 하역운반기계의 통로와 인접하여 있는 출입구에서 접촉에 의하여 근로자에게 위험을 미칠 우려가 있는 경우에는 비상등·비상벨 등 경보장치를 할 것
5. 계단이 출입구와 바로 연결된 경우에는 작업자의 안전한 통행을 위하여 그 사이에 1.2미터 이상 거리를 두거나 안내표지 또는 비상벨 등을 설치할 것. 다만, 출입구에 문을 설치하지 아니한 경우에는 그러하지 아니하다.

[참고] 산업안전기사 필기 p.3-14(합격날개 : 합격예측 및 관련법규)

---

113 옥외에 설치되어 있는 주행크레인에 대하여 이탈방지장치를 작동시키는 등 그 이탈을 방지하기 위한 조치를 하여야 하는 순간풍속에 대한 기준으로 옳은 것은?

① 순간풍속이 초당 10[m]를 초과하는 바람이 불어올 우려가 있는 경우
② 순간풍속이 초당 20[m]를 초과하는 바람이 불어올 우려가 있는 경우
③ 순간풍속이 초당 30[m]를 초과하는 바람이 불어올 우려가 있는 경우
④ 순간풍속이 초당 40[m]를 초과하는 바람이 불어올 우려가 있는 경우

해설

옥외 주행크레인 이탈방지조치 풍속기준 : 30[m/sec]

[참고] 산업안전기사 필기 p.6-139(합격날개 : 합격예측 및 관련법규)

[정보제공] 산업안전보건기준에 관한 규칙 제140조(폭풍에 의한 이탈 방지)

---

114 지반 등의 굴착작업 시 연암의 굴착면 기울기로 옳은 것은?

① 1 : 0.3
② 1 : 0.5
③ 1 : 0.8
④ 1 : 1.0

해설

굴착면의 기울기 기준

지반의 종류	굴착면의 기울기
모래	1 : 1.8
연암 및 풍화암	1 : 1.0
경암	1 : 0.5
그 밖의 흙	1 : 1.2

(2) 예 1 : 1.0

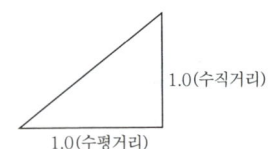

[참고] 산업안전기사 필기 p.6-56(표. 굴착면의 기울기 기준)

[KEY]
① 2016년 5월 8일 기사·산업기사 동시 출제
② 2020년 6월 7일(문제 111번) 출제
③ 2020년 9월 27일(문제 115번) 출제
④ 2021년 9월 12(문제 115번) 출제

[정보제공] 산업안전보건기준에 관한 규칙 제338조([별표 11] 지반 등의 굴착 시 위험방지) : 2024. 1. 1. 적용

---

115 사면지반 개량 공법으로 옳지 않은 것은?

① 전기 화학적 공법
② 석회 안정처리 공법
③ 이온 교환 공법
④ 옹벽 공법

해설

지반개량공법

① 점토질 지반개량공법 : 탈수공법(샌드드레인, 페이퍼드레인, 프리로딩, 침투압, 생석회 말뚝)과 치환공법
② 사질토 지반개량공법 : 다짐공법(다짐말뚝, 컴포우져, 바이브로플로테이션, 전기충격, 폭파다짐), 배수공법(웰 포인트), 고결공법(약액주입)
③ 일시적 개량공법 : 웰 포인트, 동결, 소결공법이 있다.

[참고] 산업안전기사 필기 p.6-63(합격날개 : 합격예측)

[KEY]
① 2013년 6월 2일(문제 116번)
② 2015년 3월 8일(문제 118번)
③ 2016년 3월 6일(문제 106번) 출제

[정답] 113 ③ 114 ④ 115 ④

116
흙막이벽의 근입깊이를 깊게하고, 전면의 굴착부분을 남겨두어 흙의 중량으로 대항하게 하거나, 굴착예정부분의 일부를 미리 굴착하여 기초콘크리트를 타설하는 등의 대책과 가장 관계 깊은 것은?

① 파이핑현상이 있을 때
② 히빙현상이 있을 때
③ 지하수위가 높을 때
④ 굴착깊이가 깊을 때

해설
히빙
(1) 히빙(Heaving)의 정의
연약성 점토지반 굴착시 굴착외측 흙의 중량에 의해 굴착저면의 흙이 활동전단 파괴되어 굴착내측으로 부풀어 오르는 현상
(2) 방지대책
　① 흙막이 근입깊이를 깊게
　② 표토제거 하중감소
　③ 지반개량
　④ 굴착면 하중증가
　⑤ 어스앵커설치 등

참고 산업안전기사 필기 p.6-19(합격날개 : 합격예측)

KEY ① 2014년 5월 25일(문제 110번)
　　　② 2015년 3월 8일(문제 105번)
　　　③ 2016년 3월 6일(문제 112번) 출제

117
사다리식 통로 등을 설치하는 경우 통로 구조로서 옳지 않은 것은?

① 발판의 간격은 일정하게 한다.
② 발판과 벽과의 사이는 15[cm] 이상의 간격을 유지한다.
③ 사다리의 상단은 걸쳐놓은 지점으로부터 60[cm] 이상 올라가도록 한다.
④ 폭은 40[cm] 이상으로 한다.

해설
사다리식 통로 폭 : 30[cm]이상

참고 산업안전기사 필기 p.6-18(합격날개 : 합격예측 및 관련법규)

KEY ① 2016년 10월 1일 산업기사 출제
　　　② 2017년 5월 7일 기사·산업기사 동시출제
　　　③ 2018년 4월 28일 산업기사 출제

118
콘크리트 타설작업을 하는 경우에 준수해야할 사항으로 옳지 않은 것은?

① 당일의 작업을 시작하기 전에 해당 작업에 관한 거푸집동바리 등의 변형·변위 및 지반의 침하 유무 등을 점검하고 이상이 있으면 보수한다.
② 작업 중에는 거푸집동바리 등의 변형·변위 및 침하 유무 등을 감시할 수 있는 감시자를 배치하여 이상이 있으면 작업을 빠른 시간 내 우선 완료하고 근로자를 대피시킨다.
③ 콘크리트 타설작업 시 거푸집붕괴의 위험이 발생할 우려가 있으면 충분한 보강 조치를 한다.
④ 콘크리트를 타설하는 경우에는 편심이 발생하지 않도록 골고루 분산하여 타설한다.

해설
제334조(콘크리트의 타설작업) 사업주는 콘크리트의 타설작업을 하는 경우에는 다음 각 호의 사항을 준수하여야 한다.
1. 당일의 작업을 시작하기 전에 해당 작업에 관한 거푸집 및 동바리를 변형·변위 및 지반의 침하유무 등을 점검하고 이상이 있으면 보수할 것
2. 작업중에는 거푸집동바리 등의 변형·변위 및 침하유무 등을 감시할 수 있는 감시자를 배치하여 이상이 있으면 작업을 중지시키고 근로자를 대피시킬 것
3. 콘크리트의 타설작업시 거푸집붕괴의 위험이 발생할 우려가 있는 경우에는 충분한 보강조치를 할 것
4. 설계도서상의 콘크리트 양생기간을 준수하여 거푸집 및 동바리를 해체할 것
5. 콘크리트를 타설하는 경우에는 편심이 발생하지 않도록 골고루 분산하여 타설할 것

참고 산업안전기사 필기 p.6-91(합격날개 : 합격예측 및 관련법규)

KEY ① 2016년 5월 8일 기사 출제
　　　② 2016년 10월 1일 산업기사 출제
　　　③ 2017년 3월 5일 산업기사 출제
　　　④ 2021년 5월 15일 기사 출제
　　　⑤ 2021년 8월 14일 기사 출제

[정답] 116 ② 117 ④ 118 ②

과년도 출제문제

119 건설작업장에서 근로자가 상시 작업하는 장소의 작업면 조도기준으로 옳지 않은 것은?(단, 갱내 작업장과 감광재료를 취급하는 작업장의 경우는 제외)

① 초정밀 작업 : 600럭스[lux] 이상
② 정밀 작업 : 300럭스[lux] 이상
③ 보통 작업 : 150럭스[lux] 이상
④ 초정밀, 정밀, 보통작업을 제외한 기타 작업 : 75럭스[lux] 이상

해설

조명(조도)수준
① 초정밀작업 : 750[Lux] 이상
② 정밀작업 : 300[Lux] 이상
③ 보통작업 : 150[Lux] 이상
④ 그 밖의 작업 : 75[Lux] 이상

참고 산업안전기사 필기 p.2-169(합격날개 : 합격예측)

KEY
① 2017년 3월 5일 기사 출제
② 2017년 8월 26일 기사 출제
③ 2019년 3월 3일(문제 117번) 출제

정보제공
산업안전보건기준에 관한 규칙 제2조(조도)

120 강관틀비계를 조립하여 사용하는 경우 준수해야 할 기준으로 옳지 않은 것은?

① 수직방향으로 6[m], 수평방향으로 8[m] 이내마다 벽이음을 할 것
② 높이가 20[m]를 초과하거나 중량물의 적재를 수반하는 작업을 할 경우에는 주틀 간의 간격을 2.4[m] 이하로 할 것
③ 길이가 띠장 방향으로 4[m] 이하이고 높이가 10[m]를 초과하는 경우에는 10[m] 이내마다 띠장 방향으로 버팀기둥을 설치할 것
④ 주틀 간에 교차 가새를 설치하고 최상층 및 5층 이내마다 수평재를 설치할 것

해설

높이 20[m]이상 시 주틀간의 간격 : 1.8[m] 이하

참고 산업안전기사 필기 p.6-101(합격날개 : 합격예측 및 관련법규)

KEY
① 2016년 5월 8일(문제 101번) 출제
② 2017년 9월 23일 산업기사 출제
③ 2018년 8월 19일 기사 출제
④ 2019년 9월 21(문제 103번) 출제

합격정보
① 산업안전보건기준에 관한 규칙(별표 5) 강관비계의 조립간격
② 산업안전보건기준에 관한 규칙 제62조(강관틀 비계)

녹색직업 녹색자격증코너

오늘만은 행복하게

사람은 자기가 행복하게 되려고 결심한 그만큼 행복해집니다.
이것은 더하고 뺄 여지가 없는 공식이지요.
오늘만은 몸조심하고, 오늘만은 마음을 굳게 다지며,
운동을 하고, 몸을 아끼고, 영양을 섭취하고,
뭔가 유익한 것은 배워 보십시오.
남모르게 어떤 좋은 일을 해 보십시오.
오늘만은 기분좋게 최선을 다하여 활발하게 움직이고,
예의바르게 행동하며, 다른 사람들을 아낌없이 칭찬하십시오.
남을 탓하거나 원망하거나 꾸짖지 않도록 하십시오.
오늘만은 단 30분이라도 혼자서 조용히 휴식할 시간을 가져 보십시오.
오늘만은 꼭 행복해지십시오.
오늘만은, 오늘만은…

이것이 네 몸에 양약이 되어 네 골수로 윤택하게 하리라. (잠언 3:8)

[정답] 119 ① 120 ②

2022년도 기사 정기검정 제2회 (2022년 4월 24일 시행)

자격종목 및 등급(선택분야): 산업안전기사

종목코드	시험시간	수험번호	성명
1431	3시간	20220424	도서출판세화

1 산업재해 예방 및 안전보건교육

01 매슬로우(Maslow)의 인간의 욕구단계 중 5번째 단계에 속하는 것은?

① 안전욕구   ② 존경의 욕구
③ 사회적 욕구 ④ 자아실현의 욕구

해설

매슬로우(Maslow, A. H.)의 욕구단계 이론
① 제1단계(생리적 욕구 : 생명유지의 기본적 욕구) : 기아, 갈증, 호흡, 배설, 성욕 등 인간의 가장 기본적인 욕구(종족보존)
② 제2단계(안전욕구) : 자기보존욕구
③ 제3단계(사회적 욕구) : 소속감과 애정욕구
④ 제4단계(존경욕구) : 인정받으려는 욕구
⑤ 제5단계(자아실현의 욕구) : 잠재적인 능력을 실현하고자 하는 욕구 (성취욕구)

참고 ① 산업안전기사 필기 p.1-101(5. 매슬로우의 욕구 단계이론)
② 산업안전기사 필기 p.1-100(합격날개 : 은행문제)

KEY 2021년 8월 14일 (문제 14번 등) 30회 이상 출제

02 A사업장의 현황이 다음과 같을 때 이 사업장의 강도율은?

- 근로자수 : 500명
- 연근로시간수 : 2,400시간
- 신체장해등급
  - 2급 : 3명
  - 10급 : 5명
- 의사진단에 의한 휴업일수 : 1,500일

① 0.22   ② 2.22
③ 22.28 ④ 222.88

해설

강도율 계산

$$강도율 = \frac{총요양근로손실일수}{연근로시간수} \times 1,000$$

$$= \frac{(7,500 \times 3) + (600 \times 5) + \left(1,500 \times \frac{300}{365}\right)}{500 \times 2,400} \times 1,000$$

$$= 22.28$$

참고 산업안전기사 필기 p.3-43(4. 강도율)

KEY 2020년 8월 23일 산업기사 등 30회 이상 출제

정보제공 산업재해 통계업무 처리규정 제3조(산업재해 통계의 산출방법 및 정의) : 2022년 5월 2일 개정

보충학습

[표] 신체 장해 근로 손실일수 등급

신체장해등급	4	5	6	7	8	9	10	11	12	13	14
손실일수	5,500	4,000	3,000	2,200	1,500	1,000	600	400	200	100	50

※ 사망자 및 장해등급 1, 2, 3급의 노동(근로)손실일수 7,500일

03 보호구 자율안전확인 고시상 자율안전확인 보호구에 표시하여야 하는 사항을 모두 고른 것은?

ㄱ. 모델명   ㄴ. 제조 번호
ㄷ. 사용 기한 ㄹ. 자율안전확인 번호

① ㄱ, ㄴ, ㄷ   ② ㄱ, ㄴ, ㄹ
③ ㄱ, ㄷ, ㄹ   ④ ㄴ, ㄷ, ㄹ

해설

자율안전 확인 제품 표시 방법
① 형식 또는 모델명   ② 규격 또는 등급 등
③ 제조자명   ④ 제조번호 및 제조연월
⑤ 자율안전 확인 번호

참고 산업안전기사 필기 p.3-57(2. 자율안전확인제품 표시방법)

[정답] 01 ④ 02 ③ 03 ②

04 학습지도의 형태 중 참가자에게 일정한 역할을 주어 실제적으로 연기를 시켜봄으로써 자기의 역할을 보다 확실히 인식시키는 방법은?

① 포럼(Forum)
② 심포지엄(Symposium)
③ 롤 플레잉(Role Playing)
④ 사례연구법(Case study method)

해설

Role Playing(역할연기)
참가자에게 일정한 역할을 주어서 실제적으로 연기를 시켜봄으로써 자기의 역할을 보다 확실히 인식시키는 방법
(예) 연극하는 것, 체험학습, Role Model 등

참고) 산업안전기사 필기 p.1-150(9. 적응과 역할)

KEY ① 2017년 3월 5일 기사 출제
② 2019년 2월 21일 기사 출제
③ 2021년 3월 7일(문제 17번) 출제

05 보호구 안전인증 고시상 전로 또는 평로 등의 작업 시 사용하는 방열두건의 차광도 번호는?

① #2 ~ #3 ② #3 ~ #5
③ #6 ~ #8 ④ #9 ~ #11

해설

방열두건의 사용구분

차광도 번호	사용구분
#2~ #3	고로강판가열로, 조괴(造塊) 등의 작업
#3~ #5	전로 또는 평로 등의 작업
#6~ #8	전기로의 작업

참고) 산업안전기사 필기 p.1-54(합격날개 : 합격예측)

정보제공
보호구 안전인증고시 제2020-35호 [별표 8] 방열복의 성능기준

06 산업재해의 분석 및 평가를 위하여 재해발생건수 등의 추이에 대해 한계선을 설정하여 목표관리를 수행하는 재해 통계 분석기법은?

① 관리도   ② 안전 T점수
③ 파레토도 ④ 특성 요인도

해설

관리도(Control chart)
재해발생건수 등의 추이파악 → 목표관리 행하는 데 필요한 월별재해발생 수의 그래프화 → 관리 구역 설정 → 관리하는 방법

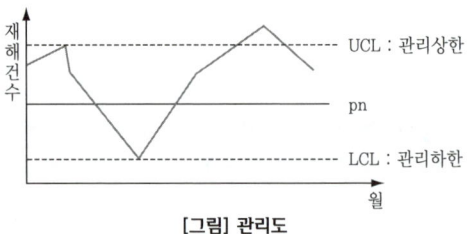

[그림] 관리도

참고) 산업안전기사 필기 p.3-4(4. 관리도)

KEY ① 2017년 3월 5일(문제 14번) 출제
② 2018년 9월 15일 출제

07 산업안전보건법령상 안전보건관리규정 작성시 포함되어야 할 사항을 모두 고른 것은? (단, 그 밖에 안전 및 보건에 관한 사항은 제외한다.)

ㄱ. 안전보건교육에 관한 사항
ㄴ. 재해사례 연구·토의 결과에 관한 사항
ㄷ. 사고 조사 및 대책 수립에 관한 사항
ㄹ. 작업장의 안전 및 보건 관리에 관한 사항
ㅁ. 안전 및 보건에 관한 관리조직과 그 직무에 관한 사항

① ㄱ, ㄴ, ㄷ, ㄹ ② ㄱ, ㄴ, ㄹ, ㅁ
③ ㄱ, ㄷ, ㄹ, ㅁ ④ ㄴ, ㄷ, ㄹ, ㅁ

해설

안전보건관리규정 작성 시 포함사항
① 안전 및 보건에 관한 관리조직과 그 직무에 관한 사항
② 안전보건교육에 관한 사항
③ 작업장의 안전 및 보건 관리에 관한 사항
④ 사고 조사 및 대책 수립에 관한 사항
⑤ 그 밖에 안전 및 보건에 관한 사항

참고) 산업안전기사 필기 p.1-179(제2절 안전보건관리 규정)

KEY 2021년 5월 15일 기사 출제

정보제공
산업안전보건법 제25조(안전보건관리규정의 작성)

[정답] 04 ③ 05 ② 06 ① 07 ③

08 억측판단의 배경으로 볼 수 없는 것은?

① 정보가 불확실할 때
② 타인의 의견에 동조할 때
③ 희망적인 관측이 있을 때
④ 과거에 성공한 경험이 있을 때

해설

억측판단이 발생하는 배경 4가지
① 희망적인 관측 : 그때도 그랬으니까 괜찮겠지 하는 관측
② 정보나 지식의 불확실 : 위험에 대한 정보의 불확실 및 지식의 부족
③ 과거의 선입관 : 과거에 그 행위로 성공하는 경험의 선입관
④ 초조한 심정 : 일을 빨리 끝내고 싶은 초조한 심정

참고) 산업안전기사 필기 p.1-119(합격날개 : 합격예측)

KEY ▶ 2017년 3월 5일 산업기사(문제 1번) 출제

09 하인리히의 사고예방원리 5단계 중 교육 및 훈련의 개선, 인사조정, 안전관리규정 및 수칙의 개선 등을 행하는 단계는?

① 사실의 발견   ② 분석 평가
③ 시정방법의 선정 ④ 시정책의 적용

해설

제4단계(시정방법의 선정 : Selection of remedy)
① 기술적 개선
② 배치 (인사) 조정
③ 교육 및 훈련 개선
④ 안전 행정의 개선
⑤ 규정 및 수칙·작업 표준·제도 개선
⑥ 안전 운동 전개 등의 효과적인 개선 방법을 선정

참고) 산업안전기사 필기 p.3-36(4. 제4단계 : 시정방법의 선정)

KEY ▶ ① 2018년 3월 4일 산업기사 출제
② 2021년 5월 15일(문제 17번) 출제

10 재해예방의 4원칙에 대한 설명으로 틀린 것은?

① 재해발생은 반드시 원인이 있다.
② 손실과 사고와의 관계는 필연적이다.
③ 재해는 원인을 제거하면 예방이 가능하다.
④ 재해를 예방하기 위한 대책은 반드시 존재한다.

해설

하인리히 산업재해예방의 4원칙
① 예방가능의 원칙
  천재지변을 제외한 모든 인재는 예방이 가능하다.
② 손실우연의 원칙
  사고의 결과 손실의 유무 또는 대소는 사고 당시의 조건에 따라 우연적으로 발생한다.
③ 원인연계(계기)의 원칙
  사고에는 반드시 원인이 있고 원인은 대부분 복합적 연계 원인이다.
④ 대책선정의 원칙
  사고의 원인이나 불안전 요소가 발견되면 반드시 대책은 선정 실시되어야 하며 대책선정이 가능하다. 대책은 재해방지의 세 기둥이라고 할 수 있다.

참고) 산업안전기사 필기 p.3-35(6. 하인리히 산업재해예방의 4원칙)

KEY ▶ ① 2016년 5월 8일 기사 출제
② 2017년 3월 5일 기사 출제
③ 2019년 4월 27일 기사 출제
④ 2020년 8월 22일(문제 20번) 출제
⑤ 2022년 3월 5일 기사 출제

11 산업안전보건법령상 안전보건진단을 받아 안전보건 개선계획의 수립 및 명령을 할 수 있는 대상이 아닌 것은?

① 유해인자의 노출기준을 초과한 사업장
② 산업재해율이 같은 업종 평균 산업재해율의 2배 이상인 사업장
③ 사업주가 필요한 안전조치 또는 보건조치를 이행하지 아니하여 중대재해가 발생한 사업장
④ 상시 근로자 1천명 이상인 사업장에서 직업성 질병자가 연간 2명 이상 발생한 사업장

해설

안전보건진단을 받아 안전보건 개선계획을 수립할 대상 4가지
① 산업재해율이 같은 업종 평균 산업재해율의 2배 이상인 사업장
② 법 제49조제1항제2호(사업주가 필요한 안전조치 또는 보건조치를 이행하지 아니하여 중대재해가 발생한 사업장)에 해당하는 사업장
③ 직업성 질병자가 연간 2명 이상(상시근로자 1천명 이상 사업장의 경우 3명 이상) 발생한 사업장
④ 그 밖에 작업환경 불량, 화재·폭발 또는 누출 사고 등으로 사업장 주변까지 피해가 확산된 사업장으로서 고용노동부령으로 정하는 사업장

참고) 산업안전기사 필기 p.1-198(제49조)

정보제공
산업안전보건법 시행령 제49조(안전보건진단을 받아 안전보건개선계획을 수립할 대상)

[정답] 08 ② 09 ③ 10 ② 11 ④

12
버드(Bird)의 재해분포에 따르면 20건의 경상(물적, 인적상해)사고가 발생했을 때 무상해·무사고(위험순간) 고장 발생 건수는?

① 200
② 600
③ 1,200
④ 12,000

해설
버드 이론 1 : 10 : 30 : 600의 법칙
① 1960년대 175,300여 건의 보험사고를 분석하여 하인리히가 처음 주장한 사고 발생 연쇄이론을 수정
② 641[건]의 사고 중 중상, 경상, 무상해 물적 손실 사고, 무상해 무손실 사고의 비율이 약 1 : 10 : 30 : 600이라고 제시
③ 무상해 : 600건 × 2 = 1,200[건]

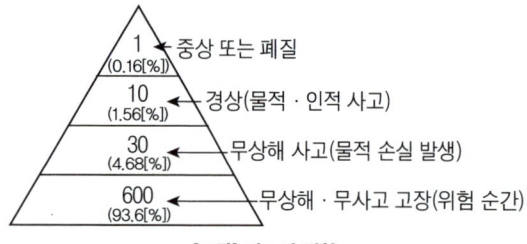

[그림] 버드의 법칙

참고) 산업안전기사 필기 p.3-33(3. 버드 이론 1 : 10 : 30 : 600의 법칙)

KEY ① 2016년 5월 8일 기사 출제
② 2017년 5월 7일 기사 출제
③ 2017년 9월 23일 기사 출제
④ 2020년 6월 7일(문제 18번) 출제

13
산업안전보건법령상 거푸집 및 동바리의 조립 또는 해체작업시 특별교육 내용이 아닌 것은?(단, 그 밖에 안전보건관리에 필요한 사항은 제외한다.)

① 비계의 조립순서 및 방법에 관한 사항
② 조립 해체 시의 사고 예방에 관한 사항
③ 동바리의 조립방법 및 작업 절차에 관한 사항
④ 조립재료의 취급방법 및 설치기준에 관한 사항

해설
거푸집동바리의 조립 또는 해체작업 특별교육 내용
① 동바리의 조립방법 및 작업절차에 관한 사항
② 조립재료의 취급방법 및 설치기준에 관한 사항
③ 조립해체시의 사고예방에 관한 사항
④ 보호구 착용 및 점검에 관한 사항
⑤ 그 밖에 안전보건관리에 필요한 사항

참고) 산업안전기사 필기 p.1-160(25. 거푸집동바리의 조립 또는 해체작업)

정보제공
산업안전보건법 시행규칙 [별표 5] 안전보건교육 교육대상별 교육내용

14
산업안전보건법령상 다음의 안전보건표지 중 기본모형이 다른 것은?

① 위험 장소 경고
② 인화성 물질 경고
③ 산화성 물질 경고
④ 부식성 물질 경고

해설
경고표지 모형 비교

인화성 물질경고	산화성 물질경고	폭발성 물질경고	급성독성 물질경고	부식성 물질경고	위험장소 경고

참고) 산업안전기사 필기 p.1-61(4. 안전보건표지의 종류와 형태)

KEY ① 2017년 9월 23일 기사 출제
② 2018년 3월 4일 기사 출제
③ 2019년 4월 27일 산업기사 출제
④ 2020년 8월 22일(문제 18번) 출제
⑤ 2021년 5월 15일(문제 12번) 출제

15
학습정도(Level of learning)의 4단계를 순서대로 나열한 것은?

① 인지 → 이해 → 지각 → 적용
② 인지 → 지각 → 이해 → 적용
③ 지각 → 이해 → 인지 → 적용
④ 지각 → 인지 → 이해 → 적용

해설
학습의 정도 4단계
① 인지(to acquaint)
② 지각(to know)
③ 이해(to understand)
④ 적용(to apply)

참고) 산업안전기사 필기 p.1-141(6. 학습의 정도)

KEY 2016년 3월 6일 기사, 산업기사 출제

【정답】 12 ③ 13 ① 14 ① 15 ②

16. 기업내 정형교육 중 TWI(Training Within Industry)의 교육 내용이 아닌 것은?

① Job Method Training
② Job Relation Training
③ Job Instruction Training
④ Job Standardiziation Training

해설

기업내 정형교육(TWI : Training Within Industry)
① 작업 방법 훈련(Job Method Training: JMT) : 작업개선
② 작업 지도 훈련(Job Instruction Training : JIT) : 작업지도·지시
③ 인간 관계 훈련(Job Relations Training : JRT) : 부하 통솔
④ 작업 안전 훈련(Job Safety Training : JST) : 작업안전

참고) 산업안전기사 필기 p.1-145(1.기업내 정형교육)

KEY ① 2016년 3월 6일 기사, 산업기사 출제
② 2016년 8월 21일 산업기사 출제
③ 2017년 5월 7일 산업기사 출제
④ 2017년 8월 26일 산업기사 출제
⑤ 2018년 3월 4일 기사, 산업기사 출제
⑥ 2018년 4월 28일 기사 출제
⑦ 2019년 3월 3일 기사 출제
⑧ 2019년 8월 4일 산업기사 출제
⑨ 2020년 6월 7일 기사 출제
⑩ 2021년 5월 15일(문제 9번) 출제

17. 레빈(Lewin)의 법칙 $B=f(P·E)$ 중 B가 의미하는 것은?

① 행동   ② 경험
③ 환경   ④ 인간관계

해설

레빈의 법칙
$B=f(P·E)$
① B : Behavior(인간의 행동)
② f : function(함수관계)
③ P : Person(개체 : 연령, 경험, 심신상태, 성격, 지능, 소질 등)
④ E : Environment(심리적 환경 : 인간관계, 작업환경 등)

참고) 산업안전기사 필기 p.1-77(합격예측 : 참고)

KEY 2021년 8월 14일(문제 12번) 등 3번 이상 출제

18. 재해원인을 직접원인과 간접원인으로 분류할 때 직접원인에 해당하는 것은?

① 물적 원인   ② 교육적 원인
③ 정신적 원인 ④ 관리적 원인

해설

산업재해원인

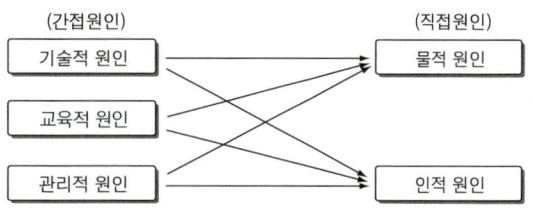

[그림] 직·간접재해원인 비교

참고) 산업안전기사 필기 p.3-30(그림 : 직·간접재해원인 비교)

KEY ① 2017년 5월 7일 산업기사 출제
② 2018년 4월 28일 기사 출제
③ 2019년 4월 27일 기사 출제
④ 2020년 8월 22일(문제 14번) 출제

19. 산업안전보건법령상 안전관리자의 업무가 아닌 것은?(단, 그 밖에 고용노동부장관이 정하는 사항은 제외한다.)

① 업무 수행 내용의 기록
② 산업재해에 관한 통계의 유지·관리·분석을 위한 보좌 및 지도·조언
③ 안전교육계획의 수립 및 안전교육 실시에 관한 보좌 및 지도·조언
④ 작업장 내에서 사용되는 전체 환기장치 및 국소배기장치 등에 관한 설비의 점검

해설

안전관리자의 업무
① 산업안전보건위원회 또는 안전보건에 관한 노사협의체에서 심의·의결한 업무와 해당 사업장의 안전보건관리규정 및 취업규칙에서 정한 업무
② 위험성평가에 관한 보좌 및 지도·조언
③ 안전인증대상 기계 등과 자율안전확인대상 기계 등 구입 시 적격품의 선정에 관한 보좌 및 지도·조언
④ 해당 사업장 안전교육계획의 수립 및 안전교육 실시에 관한 보좌 및 지도·조언
⑤ 사업장 순회점검·지도 및 조치의 건의

[정답] 16 ④ 17 ① 18 ① 19 ④

⑥ 산업재해 발생의 원인 조사·분석 및 재발 방지를 위한 기술적 보좌 및 지도·조언
⑦ 산업재해에 관한 통계의 유지·관리·분석을 위한 보좌 및 지도·조언
⑧ 법 또는 법에 따른 명령으로 정한 안전에 관한 사항의 이행에 관한 보좌 및 지도·조언
⑨ 업무수행 내용의 기록·유지
⑩ 그 밖에 안전에 관한 사항으로서 고용노동부장관이 정하는 사항

참고) 산업안전기사 필기 p.1-26(2. 안전관리자의 업무)

KEY ① 2017년 3월 5일, 5월 7일, 9월 23일 기사 출제
② 2018년 3월 4일, 4월 28일 기사 출제
③ 2018년 8월 19일 산업기사 출제
④ 2020년 6월 7일(문제 1번) 출제

합격정보
산업안전보건법 시행령 제18조(안전관리자의 업무 등)

20 헤드십(headship)의 특성에 관한 설명으로 틀린 것은?

① 지휘형태는 권위주의적이다.
② 상사의 권한 근거는 비공식적이다.
③ 상사와 부하의 관계는 지배적이다.
④ 상사와 부하의 사회적 간격은 넓다.

해설
leadership과 headship의 비교

개인과 상황 변수	leadership	headship
권한 행사	선출된 리더	임명적 헤드
권한 부여	밑으로부터 동의	위에서 위임
권한 귀속	집단 목표에 기여한 공로 인정	공식화된 규정에 의함
상사와 부하와의 관계	개인적인 영향	지배적
부하와의 사회적 관계 (간격)	좁음	넓음
지휘 형태	민주주의적	권위주의적
책임 귀속	상사와 부하	상사
권한 근거	개인적	법적 또는 공식적

참고) 산업안전기사 필기 p.1-113(5. leadership과 headship의 비교)

KEY ① 2016년 3월 6일, 8월 21일, 10월 1일 기사 출제
② 2017년 5월 7일, 9월 23일 기사 출제
③ 2018년 3월 4일 기사, 산업기사 출제
④ 2018년 8월 19일 산업기사 출제
⑤ 2019년 9월 21일 산업기사 출제
⑥ 2020년 8월 23일 산업기사 출제
⑦ 2020년 9월 27일 기사 출제
⑧ 2021년 5월 15일(문제 2번) 출제

2 인간공학 및 위험성 평가·관리

21 위험분석 기법 중 시스템 수명주기 관점에서 적용 시점이 가장 빠른 것은?

① PHA ② FHA
③ OHA ④ SHA

해설
시스템 분석

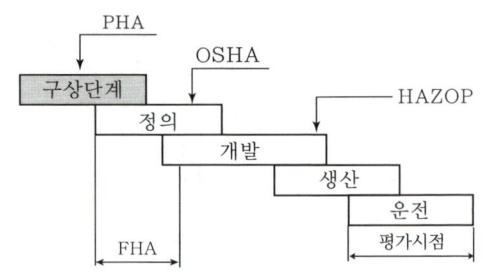

[그림] PHA·OSHA·FHA·HAZOP

참고) 산업안전기사 필기 p.2-60(2. 예비 위험 분석)

KEY ① 2012년 3월 4일 출제
② 2016년 5월 8일 산업기사 출제
③ 2018년 8월 19일 출제
④ 2019년 3월 3일 출제
⑤ 2019년 9월 21일 출제
⑥ 2020년 6월 7일 출제
⑦ 2020년 6월 14일 산업기사 출제
⑧ 2022년 3월 5일(문제 38번) 출제

22 상황해석을 잘못하거나 목표를 잘못 설정하여 발생하는 인간의 오류 유형은?

① 실수(Slip)
② 착오(Mistake)
③ 위반(Violation)
④ 건망증(Lapse)

[정답] 20 ② 21 ① 22 ②

해설
인간의 오류 5가지 모형

구분	특징
착각(Illusion)	감각적으로 물리현상을 왜곡하는 지각 오류
착오(Mistake)	상황해석을 잘못하거나 목표를 잘못 이해하고 착각하여 행하는 인간의 실수로 위치, 순서, 패턴, 형상, 기억오류 등 외적적 요인에 의해 나타나는 오류
실수(Slip)	의도는 올바른 것이었지만, 행동이 의도한 것과는 다르게 나타나는 오류
건망증(Lapse)	일련의 과정에서 일부를 빠뜨리거나 기억의 실패에 의해 발생하는 오류
위반(Violation)	정해진 규칙을 알고 있음에도 의도적으로 따르지 않거나 무시한 경우에 발생하는 오류

참고 산업안전기사 필기 p.2-19(합격날개 : 합격예측)

KEY
① 2009년 5월 10일(문제 35번) 출제
② 2017년 8월 26일 출제
③ 2019년 3월 3일(문제 21번) 출제
④ 2019년 4월 27일(문제 47번) 출제
⑤ 2021년 5월 15일(문제 42번) 출제
⑥ 2021년 9월 12일(문제 59번) 출제

---

23 A작업의 평균에너지소비량이 다음과 같을 때, 60분간의 총 작업시간 내에 포함되어야 하는 휴식시간(분)은?

- 휴식중 에너지소비량 : 1.5[kcal/min]
- A작업시 평균 에너지소비량 : 6[kcal/min]
- A기초대사를 포함한 작업에 대한 평균 에너지소비량 상한 : 5[kcal/min]

① 10.3   ② 11.3
③ 12.3   ④ 13.3

해설
휴식시간 계산

휴식시간$(R) = \dfrac{60(E-5)}{E-1.5} = \dfrac{60(6-5)}{6-1.5} = 13.33$[분]

여기서, R : 휴식시간(분)
E : 작업 시 평균 에너지 소비량[kcal/분]
60분 : 총작업 시간 1.5[kcal/분] : 휴식시간 중 에너지 소비량
5[kcal/분] : 기초대사량을 포함한 보통작업에 대한 평균 에너지(기초대사량을 포함하지 않을 경우 : 4[kcal/분])

참고 산업안전기사 필기 p.1-102(3. 휴식)

KEY
① 2016년 5월 8일 기사 출제
② 2016년 10월 1일 기사 출제
③ 2018년 9월 15일(문제 43번) 출제

---

24 시스템의 수명곡선(욕조곡선)에 있어서 디버깅(Debugging)에 관한 설명으로 옳은 것은?

① 초기고장의 결함을 찾아 고장률을 안정시키는 과정이다.
② 우발 고장의 결함을 찾아 고장률을 안정시키는 과정이다.
③ 마모 고장의 결함을 찾아 고장률을 안정시키는 과정이다.
④ 기계 결함을 발견하기 위해 동작시험을 하는 기간이다.

해설
초기고장

① 디버깅(Debugging)기간 : 기계의 초기 결함을 찾아내 고장률을 안정시키는 기간
② 번인(Burn-in)기간 : 물품을 실제로 장시간 가동하여 그 동안에 고장난 것을 제거하는 기간
③ 비행기 : 에이징(Aging)이라 하여 3년 이상 시운전
④ 욕조곡선(Bath-tub) : 예방보전을 하지 않을 때의 곡선은 서양식 욕조 모양과 비슷하게 나타나는 현상

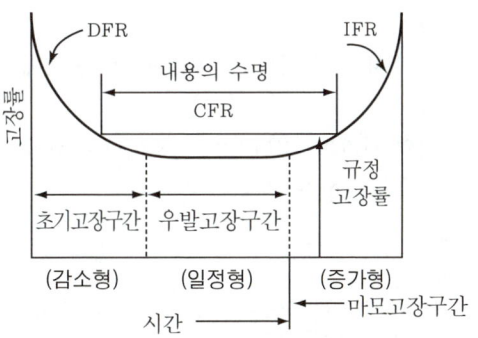

[그림] 기계설비 고장유형

참고 산업안전기사 필기 p.2-13(2. 기계설비 고장 유형)

KEY 2018년 3월 4일(문제 44번) 출제

[정답] 23 ④   24 ①

과년도 출제문제

25 밝은 곳에서 어두운 곳으로 갈 때 망막에 조응이 형성되는 생리적 과정인 암조응이 발생하는데 완전 암조응(Dark adaptation)이 발생하는데 소요되는 시간은?

① 약 3~5분 ② 약 10~5분
③ 약 30~40분 ④ 약 60~90분

해설

암조응
① 밝은 곳에서 어두운 곳으로 갈 때 : 원추세포의 감수성 상실, 간상세포에 의해 물체 식별
② 완전 암조응 : 보통 30~40분 소요(명조응 : 수초 내지 1~2분)

참고 산업안전기사 필기 p.2-175(7. 암조음)

KEY 2019년 4월 27일 산업기사 출제

26 인간공학에 대한 설명으로 틀린 것은?

① 인간-기계 시스템의 안전성, 편리성, 효율성을 높인다.
② 인간을 작업과 기계에 맞추는 설계 철학이 바탕이 된다.
③ 인간이 사용하는 물건, 설비, 환경의 설계에 적용된다.
④ 인간의 생리적, 심리적인 면에서의 특성이나 한계점을 고려한다.

해설

인간공학
기계, 기구, 환경 등의 물적 조건을 인간의 특성과 능력에 잘 조화하도록 설계하기 위한 수단을 연구하는 학문이다.

참고 산업안전기사 필기 p.2-2(합격날개 : 합격용어)

KEY ① 2015년 5월 31일(문제 34번) 출제
② 2015년 8월 16일(문제 38번) 출제
③ 2017년 9월 23일 출제
④ 2019년 4월 27일 출제

27 HAZOP 기법에서 사용하는 가이드워드와 그 의미가 잘못 연결된 것은?

① Part of : 성질상의 감소
② As well as : 성질상의 증가
③ Other than : 기타 환경적인 요인
④ More/Less : 정량적인 증가 또는 감소

해설

유인어(guide words)
① NO 또는 NOT : 설계 의도의 완전한 부정을 의미
② AS Well AS : 성질상의 증가를 나타내는 것으로 설계의도와 운전조건 등 부가적인 행위와 함께 일어나는 것을 의미
③ PART OF : 성질상의 감소, 성취나 성취되지 않음을 나타냄
④ MORE LESS : 양의 증가 또는 양의 감소로 양과 성질을 함께 나타냄
⑤ OTHER THAN : 완전한 대체를 의미
⑥ REVERSE : 설계의도와 논리적인 역을 의미

참고 산업안전기사 필기 p.2-41(2. 유인어)

KEY ① 2016년 5월 8일 출제
② 2018년 3월 4일(문제 37번) 출제
③ 2020년 9월 27일(문제 58번) 출제
④ 2021년 9월 12일(문제 55번) 출제

28 그림과 같은 FT도에 대한 최소 컷셋(minimal cut sets)으로 옳은 것은?(단, Fussell의 알고리즘을 따른다.)

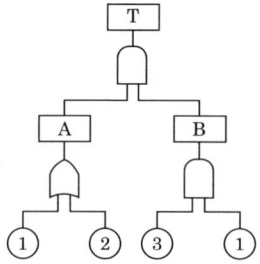

① {1, 2} ② {1, 3}
③ {2, 3} ④ {1, 2, 3}

해설

최소컷셋
① $T = A \cdot B$
$= \begin{matrix} X_1 \\ X_2 \end{matrix} \cdot B$
$= X_1 X_1 X_3$
$ X_2 X_1 X_3$
② 컷셋 = $(X_1 X_3)(X_1 X_2 X_3)$
③ 미니멀(최소) 컷셋 = $(X_1 X_3)$

참고 산업안전기사 필기 p.2-77(5. 컷셋·미니멀 컷셋 요약)

KEY ① 2016년 10월 1일 출제
② 2021년 8월 14일(문제 28번) 출제

[정답] 25 ③ 26 ② 27 ③ 28 ②

29 경계 및 경보신호의 설계지침으로 틀린 것은?

① 주의를 환기시키기 위하여 변조된 신호를 사용한다.
② 배경소음의 진동수와 다른 진동수의 신호를 사용한다.
③ 귀는 중음역에 민감하므로 500~3,000[Hz]의 진동수를 사용한다.
④ 300[m] 이상의 장거리용으로는 1,000[Hz]를 초과하는 진동수를 사용한다.

해설

경계 및 경보신호(청각적 표시장치) 선택시 지침
① 귀는 중음역에 가장 민감하므로 500~3,000[Hz]의 진동수를 사용
② 고음은 멀리가지 못하므로 300[m] 이상 장거리용으로는 1,000[Hz] 이하의 진동수 사용

KEY
① 2016년 3월 6일 산업기사 출제
② 2017년 3월 5일, 9월 23일 산업기사 출제
③ 2018년 3월 4일(문제 38번) 출제

30 FTA(Fault Tree Analysis)에서 사용되는 사상기호 중 통상의 작업이나 기계의 상태에서 재해의 발생 원인이 되는 요소가 있는 것을 나타내는 것은?

① 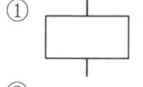   ②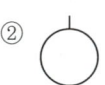
③ 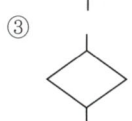   ④

해설

FTA 기호

기 호	명 칭	기 호	명 칭
사각형	결함사상	다이아몬드	생략사상
원	기본사상	오각형	통상사상

참고 산업안전기사 필기 p.2-70(표 : FTA 기호)

KEY
① 2007년 8월 5일(문제 33번) 출제
② 2016년 10월 1일 산업기사 출제
③ 2017년 5월 7일 기사 출제

④ 2017년 8월 19일 산업기사 출제
⑤ 2017년 8월 26일 기사, 산업기사 출제
⑥ 2018년 3월 4일 기사 출제
⑦ 2018년 8월 19일 산업기사 출제
⑧ 2020년 6월 14일 산업기사 출제
⑨ 2021년 5월 15일 기사 출제
⑩ 2021년 8월 14일(문제 33번) 출제

31 불(Bool) 대수의 정리를 나타낸 관계식 중 틀린 것은?

① $A \cdot 0 = 0$
② $A + 1 = 1$
③ $A \cdot \overline{A} = 1$
④ $A(A+B) = A$

해설

멱등법칙
① $A + A = A$
② $A \times A = A$(+합집합, ×는 교집합으로서 A와 A의 교집합과 합집합은 항상 A이다)
③ $A + A' = 1$(A와 non A의 합집합은 1, 즉 신호 있음)
④ $A \times A' = 0$(A와 non A의 교집합은 0, 즉 신호 없음)

참고 산업안전기사 필기 p.2-59(7. 불대수 기본공식)

KEY
① 2018년 9월 15일 출제
② 2020년 3월 7일 출제
③ 2022년 3월 5일(문제 39번) 출제

32 근골격계질환 작업분석 및 평가 방법인 OWAS의 평가요소를 모두 고른 것은?

| ㄱ. 상지 | ㄴ. 무게(하중) |
| ㄷ. 하지 | ㄹ. 허리 |

① ㄱ, ㄴ
② ㄱ, ㄷ, ㄹ
③ ㄴ, ㄷ, ㄹ
④ ㄱ, ㄴ, ㄷ, ㄹ

해설

OWAS의 평가도구

평가도구명 (Abaktsus Tools)	구분	평가요소
OWAS (와스 : Ovaco Working Posture Anslysing System)	평가되는 위해요인	자세, 힘, 노출시간
	관련된 신체부위	상체, 허리, 하체
	적용대상 작업종류	중량물 취급
	한계점	중량물작업 한정, 반복성 미고려

[정답] 29 ④   30 ④   31 ③   32 ④

참고) 산업안전기사 필기 p.2-113(2. 인간공학적 유해요인 평가)

33 다음 중 좌식작업이 가장 적합한 작업은?

① 정밀 조립 작업
② 4.5[kg] 이상의 중량물을 다루는 작업
③ 작업장이 서로 떨어져 있으며 작업장 간 이동이 잦은 작업
④ 작업자의 정면에서 매우 높거나 낮은 곳으로 손을 자주 뻗어야 하는 작업

해설

좌식작업이 적합한 작업 : 정밀조립 작업
예) 시계를 수리하는 사람

참고) 산업안전기사 필기 p.2-166(보충문제)

34 n개의 요소를 가진 병렬 시스템에 있어 요소의 수명(MTTF)이 지수분포를 따를 경우 이 시스템의 수명으로 옳은 것은?

① $\text{MTTF} \times n$
② $\text{MTTF} \times \dfrac{1}{n}$
③ $\text{MTTF}\left(1+\dfrac{1}{2}+\cdots+\dfrac{1}{n}\right)$
④ $\text{MTTF}\left(1 \times \dfrac{1}{2} \times \cdots \times \dfrac{1}{n}\right)$

해설

MTTF(고장까지의 평균시간 : Mean Time To Failure)
① 기계의 평균수명으로 모든 기계가 t_0를 갖지 않기 때문에 확률분포로 파악
② 고장이 발생하면 그것으로 수명이 없어지는 제품
③ 한번 고장이 발생하면 수명이 다하는 것으로 생각하여 수리하지 않고 폐기 또는 교환하는 제품의 고장까지의 평균시간
④ $MTTF\left(1+\dfrac{1}{2}+\cdots+\dfrac{1}{n}\right)$

참고) 산업안전기사 필기 p.2-83(4. MTTF)

KEY ▶ ① 2011년 3월 20일(문제 55번) 출제
② 2013년 6월 2일(문제 52번) 출제
③ 2019년 9월 21일 건설안전기사(문제 50번) 출제

35 인간 – 기계 시스템에 관한 설명으로 틀린 것은?

① 자동 시스템에서는 인간요소를 고려하여야 한다.
② 자동차 운전이나 전기 드릴 작업은 반자동 시스템의 예시이다.
③ 자동 시스템에서 인간은 감시, 정비유지, 프로그램 등의 작업을 담당한다.
④ 수동 시스템에서 기계는 동력원을 제공하고 인간의 통제 하에서 제품을 생산한다.

해설

인간-기계 시스템
① 수동체계의 경우 : 장인과 공구, 가수와 앰프
② 기계화 체계의 경우 : 운전하는 사람과 자동차 엔진
③ 자동화 체계 : 인간은 주로 감시, 프로그램 입력, 정비유지

참고) 산업안전기사 필기 p.2-9(합격날개 : 합격예측)

KEY ▶ ① 2019년 3월 3일 산업기사 출제
② 2019년 9월 21일 건설안전기사(문제 46번) 출제

36 양식 양립성의 예시로 가장 적절한 것은?

① 자동차 설계 시 고도계 높낮이 표시
② 방사능 사업장에 방사능 폐기물 표시
③ 청각적 자극 제시와 이에 대한 음성 응답
④ 자동차 설계 시 제어장치와 표시장치의 배열

해설

양립성(compatibility)
정보입력 및 처리와 관련한 양립성은 인간의 기대와 모순되지 않는 자극 반응조합의 관계를 말하는 것

참고) ① 산업안전기사 필기 p.1-75(6. 양립성)
② 산업안전기사 필기 p.2-176(합격날개 : 합격예측)

KEY ▶ ① 2018년 3월 4일 산업기사 출제
② 2018년 4월 28일 기사·산업기사 동시 출제

보충학습

양립성의 종류

종류	특징
공간 (spatial)	표시장치나 조종장치에서 물리적 형태 및 공간적 배치
운동 (movement)	표시장치의 움직이는 방향과 조종장치의 방향이 사용자의 기대와 일치
개념 (conceptual)	이미 사람들이 학습을 통해 알고있는 개념적 연상
양식 (modality)	직무에 맞는 응답양식 존재 예) 청각적 자극 제시

[정답] 33 ① 34 ③ 35 ④ 36 ③

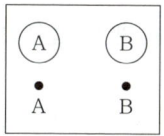
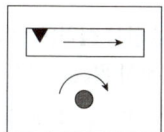
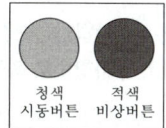

[그림1] 공간 양립성   [그림2] 운동 양립성   [그림3] 개념 양립성

37 다음에서 설명하는 용어는?

> 유해·위험요인을 파악하고 해당 유해·위험요인에 의한 부상 또는 질병의 발생 가능성(빈도)과 중대성(강도)을 추정·결정하고 감소대책을 수립하여 실행하는 일련의 과정을 말한다.

① 위험성 결정   ② 위험성 평가
③ 위험빈도 추정   ④ 유해·위험요인 파악

해설
위험성 평가 용어정의
① "위험성평가"란 유해·위험 요인을 파악하고 해당 유해·위험요인에 의한 부상 또는 질병의 발생 가능성(빈도)과 중대성(강도)을 추정·결정하고 감소대책을 수립하여 실행하는 일련의 과정을 말한다.
② "유해 위험요인"이란 유해·위험을 일으킬 잠재적 가능성이 있는 것의 고유한 특징이나 속성을 말한다.
③ "유해·위험요인 파악"이란 유해요인과 위험요인을 찾아내는 과정을 말한다.
④ "위험성"이란 유해·위험요인이 부상 또는 질병으로 이어질 수 있는 가능성(빈도)과 중대성(강도)을 조합한 것을 의미한다.

참고 산업안전기사 필기 p.2-43(합격날개 : 은행문제)
합격정보
사업장 위험성 평가에 관한 지침 제3조(정의)

38 태양광선이 내리쬐는 옥외장소의 자연습구 온도 20[℃], 흑구온도 18[℃], 건구온도 30[℃] 일 때 습구흑구 온도지수(WBGT)는?

① 20.6[℃]   ② 22.5[℃]
③ 25.0[℃]   ④ 28.5[℃]

해설
습구 흑구 온도지수(WBGT)
① 옥외(태양광선이 내리 쬐는 장소)
$WBGT = 0.7 \times$ 자연습구온도$(NWB) + 0.2 \times$ 흑구온도(GT)
$+ 0.1 \times$ 건구온도$(DB) = 0.7 \times 20[℃] + 0.2 \times 18[℃]$
$+ 0.1 \times 30[℃] = 20.6[℃]$

② 옥내 또는 옥외(태양광선이 내리쬐지 않는 장소)
$WBGT(℃) = 0.7 \times$ 자연습구온도$(NWB) + 0.3 \times$ 흑구온도(GT)

참고 산업안전기사 필기 p.2-170(합격날개 : 합격예측)
KEY 2016년 5월 8일(문제 57번) 출제

39 FTA(Fault Tree Analysis)에 관한 설명으로 옳은 것은?

① 정성적 분석만 가능하다.
② 복잡하고 대형화된 시스템의 신뢰성 분석 및 안정성 분석에 이용되는 기법이다.
③ FT에 동일한 사건이 중복되어 나타나는 경우 상향식(Bottom up)으로 정상 사건 T의 발생 확률을 계산 할 수 있다.
④ 기초사건과 생략사건의 확률값이 주어지게 되더라도 정상 사건의 최종적인 발생확률을 계산할 수 없다.

해설
FTA의 특징
① FTA는 시스템이나 기기의 신뢰성이나 안전성을 그림으로 그려 해석하는 방법
② 대륙간 탄도탄(ICBM : Intercontinental Ballistic Missile)의 고장에 곤욕을 치르고 있는 미 국방성이 BTL에 의뢰하여 W.A.Watson 등에 의해 고안되어 1961년 개발 미사일의 발사 제어 시스템의 안전성 확립에 활용하여 성과를 거둠
③ 1965년 Boeing 항공회사의 D.F.Haasl에 의해 보완됨으로써 실용화되기 시작한 시스템의 고장 해석방법

참고 산업안전기사 필기 p.2-67(5. FTA 특징)

40 1sone에 관한 설명으로 ( )에 알맞은 수치는?

> 1sone : (ㄱ)[Hz], (ㄴ)[dB]의 음압수준을 가진 순음의 크기

① ㄱ : 1,000, ㄴ : 1
② ㄱ : 4,000, ㄴ : 1
③ ㄱ : 1,000, ㄴ : 40
④ ㄱ : 4,000, ㄴ : 40

[정답] 37 ② 38 ① 39 ② 40 ③

해설

음의 크기의 수준
① Phon : 1,000[Hz] 순음의 음압수준(dB)을 나타낸다.
② sone : 1,000[Hz], 40[dB]의 음압수준을 가진 순음의 크기 (=40[Phon])를 1 [sone]이라 한다.
③ sone과 Phon의 관계식
∴ sone치 = $2^{(phon-40)/10}$

참고 산업안전기사 필기 p.2-173(합격날개 : 합격예측)

KEY
① 2015년 8월 16일(문제 22번) 출제
② 2016년 3월 6일 기사, 산업기사 동시 출제
③ 2019년 3월 3일(문제 29번) 출제
④ 2019년 4월 27일(문제 55번) 출제
⑤ 2021년 5월 15일(문제 30번) 출제

3 기계·기구 및 설비안전관리

41 다음 중 와이어 로프의 구성요소가 아닌 것은?
① 클립
② 소선
③ 스트랜드
④ 심강

해설

와이어 로프의 구성요소
① 소선(wire)
② 가닥(strand)
③ 심(core) 또는 심강

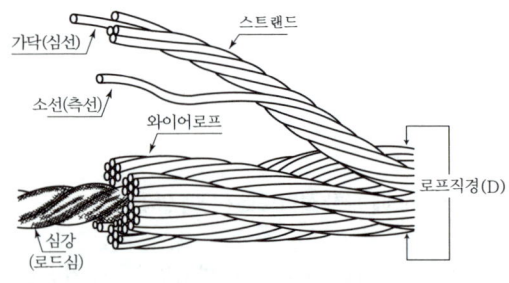

[그림] 로프의 형태

참고
① 산업안전기사 필기 p.3-151(그림 : 로프의 형태)
② 산업안전기사 필기 p.6-176(합격날개 : 합격예측)

💬 **합격자의 조언**
제6과목 건설안전기술에도 자주 출제됩니다.

---

42 산업안전보건법령상 산업용 로봇에 의한 작업시 안전조치 사항으로 적절하지 않은 것은?

① 로봇의 운전으로 인해 근로자가 로봇에 부딪칠 위험이 있을 때에는 높이 1.8[m] 이상의 울타리를 설치하여야 한다.
② 작업을 하고 있는 동안 로봇의 가동스위치 등은 작업에 종사하고 있는 근로자가 아닌 사람이 그 스위치 등을 조작할 수 없도록 필요한 조치를 한다.
③ 로봇의 조작방법 및 순서, 작업 중의 매니퓰레이터의 속도 등에 관한 지침에 따라 작업을 하여야 한다.
④ 작업에 종사하는 근로자가 이상을 발견하면, 관리 감독자에게 우선 보고하고, 지시가 나올 때까지 작업을 진행한다.

해설

교시등의 작업에 조치사항
① 다음 각 목의 사항에 관한 지침을 정하고 그 지침에 따라 작업을 시킬 것
  ㉮ 로봇의 조작방법 및 순서
  ㉯ 작업 중의 매니퓰레이터의 속도
  ㉰ 2명 이상의 근로자에게 작업을 시킬 경우의 신호방법
  ㉱ 이상을 발견한 경우의 조치
  ㉲ 이상을 발견하여 로봇의 운전을 정지시킨 후 이를 재가동시킬 경우의 조치
  ㉳ 그 밖에 로봇의 예기치 못한 작동 또는 오조작에 의한 위험을 방지하기 위하여 필요한 조치
② 작업에 종사하고 있는 근로자 또는 해당 근로자를 감시하는 자가 이상을 발견한 때에는 즉시 로봇의 운전을 정지시키기 위한 조치를 할 것
③ 작업을 하고 있는 동안 로봇의 기동스위치 등에 작업중이라는 표시를 하는 등 작업에 종사하고 있는 근로자가 아닌 사람이 그 스위치 등을 조작할 수 없도록 필요한 조치를 할 것

참고 산업안전기사 필기 p.3-126(합격날개 : 합격예측 및 관련법규)

정보제공 산업안전보건기준에 관한 규칙 제222조(교시 등)

KEY 2019년 8월 4일(문제 42번) 출제

[정답] 41 ① 42 ④

43 밀링 작업 시 안전수칙으로 옳지 않은 것은?

① 테이블 위에 공구나 기타 물건 등을 올려놓지 않는다.
② 제품 치수를 측정할 때는 절삭 공구의 회전을 정지한다.
③ 강력 절삭을 할 때는 일감을 바이스에 짧게 물린다.
④ 상·하, 좌·우 이송장치의 핸들은 사용 후 풀어둔다.

해설
강력절삭시 일감은 깊게 물려야 합니다.

[그림] 밀링바이스

참고 산업안전기사 필기 p.3-83(밀링작업시 안전수칙)

KEY
① 2016년 3월 6일 산업기사 출제
② 2018년 3월 4일 기사 출제
③ 2018년 4월 28일 기사 출제
④ 2020년 6월 7일(문제 43번) 출제

44 다음 중 지게차의 작업 상태별 안정도에 관한 설명으로 틀린 것은?(단, V는 최고속도[km/h]이다.)

① 기준 부하상태에서 하역작업 시의 전후 안정도는 20[%] 이내이다.
② 기준 부하상태에서 하역작업 시의 좌우 안정도는 6[%] 이내이다.
③ 기준 부하상태에서 주행 시의 전후 안정도는 18[%] 이내이다.
④ 기준 무부하상태에서 주행 시의 좌우 안정도는 $(15+1.1V)[\%]$ 이내이다.

해설

지게차의 안정조건

안정도	지게차의 상태	
· 하역작업시 전후 안정도 4[%] (5[t] 이상의 것은 3.5[%]) · 부하상태		위에서 본 모양
· 주행시의 전후 안정도 18[%] · 부하상태		
· 하역작업시의 좌우 안정도 6[%] · 부하상태		
· 주행시의 좌우 안정도 $(15+1.1V)[\%]$ V : 최고속도[km/hr] · 무부하상태		위에서 본 모양

$$안정도 = \frac{h}{l} \times 100[\%]$$

참고 산업안전기사 필기 p.3-135(표. 지게차의 안정조건)

KEY
① 2016년 5월 8일 산업기사 출제
② 2016년 8월 21일 산업기사 출제
③ 2017년 5월 7일(문제 46번) 출제

합격정보

건설기계 안전기준에 관한 규칙
제22조(안정도) ① 지게차는 다음 각 호에 해당하는 지면에서 중심선이 지면의 기울어진 방향과 평행할 경우 앞이나 뒤로 넘어지지 아니하여야 한다.
 1. 지게차의 최대하중상태에서 쇠스랑을 가장 높이 올린 경우 기울기가 100분의 4(지게차의 최대하중이 5톤 이상인 경우에는 100분의 3.5)인 지면
 2. 지게차의 기준부하상태에서 주행할 경우 기울기가 100분의 18인 지면
② 지게차는 다음 각 호에 해당하는 지면에서 중심선이 지면의 기울어진 방향과 직각으로 교차할 경우 옆으로 넘어지지 아니하여야 한다.
 1. 지게차의 최대하중상태에서 쇠스랑을 가장 높이 올리고 마스트를 가장 뒤로 기울인 경우 기울기가 100분의 6인 지면
 2. 지게차의 기준무부하상태에서 주행할 경우 구배가 지게차의 최고주행속도에 1.1을 곱한 후 15를 더한 값인 지면. 다만, 규격이 5,000킬로그램 미만인 경우에는 최대 기울기가 100분의 50, 5,000킬로그램 이상인 경우에는 최대 기울기가 100분의 40인 지면을 말한다.

[정답] 43 ③ 44 ①

과년도 출제문제

45 산업안전보건법령상 보일러의 안전한 가동을 위하여 보일러 규격에 맞는 압력방출장치가 2개 이상 설치된 경우에 최고사용압력 이하에서 1개가 작동되고, 다른 압력방출장치는 최고사용압력의 몇 배 이하에서 작동되도록 부착하여야 하는가?

① 1.03배　　② 1.05배
③ 1.2배　　④ 1.5배

해설

압력방출 장치
① 보일러 규격에 적합한 압력방출장치를 최고사용압력 이하에서 작동하도록 1개 또는 2개 이상 설치
② 2개 이상 설치된 경우 최고사용압력 이하에서 1개가 작동되고, 다른 압력방출장치는 최고사용압력 1.05배 이하에서 작동되도록 부착
③ 1년에 1회 이상 토출압력시험 후 납으로 봉인(공정안전관리 이행수준 평가결과가 우수한 사업장은 4년에 1회 이상 토출압력시험 실시)
④ 종류 : 스프링식, 중추식, 지렛대식(일반적으로 스프링식 안전밸브를 많이 사용)

[그림] 압력방출장치(안전밸브)

참고 산업안전기사 필기 p.3-120(3. 방호장치의 종류)

KEY
① 2016년 8월 21일 기사 출제
② 2017년 8월 16일 기사 출제
③ 2018년 4월 28일 기시 출제
④ 2019년 3월 3일 기사 출제
⑤ 2020년 9월 27일 기사 출제
⑥ 2021년 5월 15일(문제 46번) 출제

합격정보
산업안전보건기준에 관한 규칙 제116조(압력방출장치)

46 금형의 설치, 해체, 운반 시 안전사항에 관한 설명으로 틀린 것은?

① 운반을 위하여 관통 아이볼트가 사용될 때는 구멍 틈새가 최소화되도록 한다.
② 금형을 설치하는 프레스의 T홈 안길이는 설치 볼트 지름의 1/2이하로 한다.
③ 고정볼트는 고정 후 가능하면 나사산을 3~4개 정도 짧게 남겨 설치 또는 해체 시 슬라이드 면과의 사이에 협착이 발생하지 않도록 해야 한다.
④ 운반 시 상부금형과 하부금형이 닿을 위험이 있을 때는 고정 패드를 이용한 스트랩, 금속재질이나 우레탄 고무의 블록 등을 사용한다.

해설

프레스 기계에 설치하기 위해 금형에 설치하는 홈의 안전대책
① 설치하는 프레스기계의 T홈에 적합한 형상의 것일 것
② 안길이는 설치볼트 직경의 2배 이상일 것

[그림] 아이볼트

참고 산업안전기사 필기 p.3-104(합격날개 : 합격예측)

KEY
① 2018년 8월 19일 기사 출제
② 2019년 8월 4일(문제 54번) 출제
③ 2022년 3월 5일(문제 52번) 출제

47 선반에서 절삭 가공 시 발생하는 칩을 짧게 끊어지도록 공구에 설치되어 있는 방호장치의 일종인 칩 제거 기구를 무엇이라 하는가?

① 칩 브레이커　　② 칩 받침
③ 칩 쉴드　　　　④ 칩 커터

해설

칩브레이커
칩을 짧게 끊어주는 선반전용 안전장치

[정답] 45 ②　46 ②　47 ①

[그림] 선반 클램프형 칩브레이커

> 참고) 산업안전기사 필기 p.3-80(4. 선반작업시 안전수칙)
> KEY ▶ ① 2016년 5월 8일 산업기사 출제
> ② 2016년 8월 21일 산업기사 출제
> ③ 2018년 8월 19일 산업기사(문제 41번) 출제

> 참고) 산업안전기사 필기 p.3-188(합격날개 : 합격예측)
> KEY ▶ ① 2017년 5월 7일 기사 출제
> ② 2017년 8월 26일 기사 출제
> ③ 2018년 4월 28일 산업기사 출제
> ④ 2019년 4월 27일 산업기사 출제
> ⑤ 2020년 6월 7일(문제 52번) 출제
> ⑥ 2020년 9월 27일(문제 42번) 출제
> ⑦ 2021년 8월 14일(문제 49번) 출제

48 다음 중 산업안전보건법령상 안전인증대상 방호장치에 해당하지 않는 것은?

① 연삭기 덮개
② 압력용기 압력방출용 파열판
③ 압력용기 압력방출용 안전밸브
④ 방폭구조(防爆構造) 전기기계·기구 및 부품

해설
안전인증대상기계 방호장치의 종류
① 프레스 및 전단기 방호장치
② 양중기용 과부하방지장치
③ 보일러 압력방출용 안전밸브
④ 압력용기 압력방출용 안전밸브
⑤ 압력용기 압력방출용 파열판
⑥ 절연용 방호구 및 활선작업용 기구
⑦ 방폭구조 전기기계 기구 및 부품
⑧ 추락, 낙하 및 붕괴 등의 위험방호에 필요한 가설기자재
⑨ 충돌·협착 등의 위험방지에 필요한 산업용 로봇의 방호장치

> 참고) 산업안전기사 필기 p.3-53(2. 방호장치의 종류)
> KEY ▶ ① 2016년 3월 6일 기사 출제
> ② 2018년 4월 28일 기사 출제
> ③ 2021년 3월 7일(문제 11번) 출제

> 합격정보
> 산업안전보건법 시행령 제74조(안전인증대상기계 등)

50 산업안전보건법령상 강렬한 소음작업에서 데시벨에 따른 노출시간으로 적합하지 않은 것은?

① 100데시벨 이상의 소음이 1일 2시간 이상 발생하는 작업
② 110데시벨 이상의 소음이 1일 30분 이상 발생하는 작업
③ 115데시벨 이상의 소음이 1일 15분 이상 발생하는 작업
④ 120데시벨 이상의 소음이 1일 7분 이상 발생하는 작업

해설
강렬한 소음작업 기준

dB 기준	90	95	100	105	110	115
허용노출시간	8시간	4시간	2시간	1시간	30분	15분

> 참고) 산업안전기사 필기 p.2-171(표 : 음압과 허용노출관계)
> KEY ▶ ① 2016년 8월 26일 기사, 산업기사 출제
> ② 2020년 8월 22일 기사 출제
> ③ 2021년 8월 14일(문제 41번) 출제

> 합격정보
> 산업안전보건기준에 관한 규칙 제512조(정의)

> 보충학습
> ① 소음작업 : 1일 8시간 작업을 기준으로 85[dB] 이상의 소음을 발생하는 작업
> ② 충격소음(최대음압수준) : 140[dBA]

49 인장강도가 250[N/mm²]인 강판에서 안전율이 4라면 이 강판의 허용응력(N/mm²)은 얼마인가?

① 42.5   ② 62.5
③ 82.5   ④ 102.5

해설
허용응력 = $\dfrac{\text{인장강도}}{\text{안전율}} = \dfrac{250}{4} = 62.5[N/mm^2]$

[정답] 48 ①   49 ②   50 ④

51 방호장치 안전인증 고시에 따라 프레스 및 전단기에 사용되는 광전자식 방호장치의 일반구조에 대한 설명으로 가장 적절하지 않은 것은?

① 정상동작표시램프는 녹색, 위험표시램프는 붉은색으로 하며, 근로자가 쉽게 볼 수 있는 곳에 설치해야 한다.
② 슬라이드 하강 중 정전 또는 방호장치의 이상 시에 정지할 수 있는 구조이어야 한다.
③ 방호장치는 릴레이, 리미트 스위치 등의 전기부품의 고장, 전원전압의 변동 및 정전에 의해 슬라이드가 불시에 동작하지 않아야 하며, 사용전원전압의 ±(100분의 10)의 변동에 대하여 정상으로 작동되어야 한다.
④ 방호장치의 감지기능은 규정한 검출영역 전체에 걸쳐 유효하여야 한다.(다만, 블랭킹 기능이 있는 경우 그렇지 않다.)

해설
광전자식 방호장치의 일반구조
① 방호장치는 릴레이, 리미트 스위치 등의 전기부품의 고장, 전원전압의 변동 및 정전에 의해 스라이드가 불시에 동작하지 않아야 한다.
② 사용전원전압의 ±(100분의 20)의 변동에 대하여 정상으로 작동되어야 한다.

[그림] 광전자식 방호장치

> 참고 : 산업안전기사 필기 p.3-102(합격날개 : 합격예측)
> KEY : 2018년 3월 4일 산업기사(문제 54번) 출제

52 산업안전보건법령상 연삭기 작업 시 작업자가 안심하고 작업을 할 수 있는 상태는?

① 탁상용 연삭기에서 숫돌과 작업 받침대의 간격이 5[mm]이다.
② 덮개 재료의 인장강도는 224[MPa]이다.
③ 숫돌 교체 후 2분 정도 시험운전을 실시하여 해당 기계의 이상 여부를 확인하였다.
④ 작업 시작 전 1분 정도 시험운전을 실시하여 해당 기계의 이상 여부를 확인하였다.

해설
연삭기 시험운전 시간
① 작업시작 전 : 1분 이상
② 숫돌 교체시 : 3분 이상

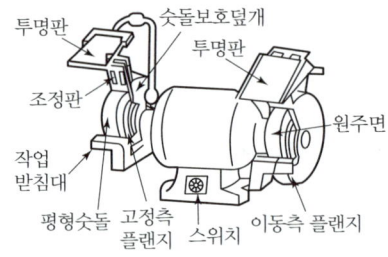

[그림] 탁상용연삭기

> 참고 : 산업안전기사 필기 p.3-93(4. 연삭기 구조면에 있어서 안전대책)
> KEY :
> ① 2016년 3월 6일 산업기사 출제
> ② 2020년 6월 7일 기사 출제
> ③ 2020년 8월 22일(문제 51번) 출제

53 보기와 같은 기계요소가 단독으로 발생시키는 위험점은?

[보기]
밀링커터, 둥근톱날

① 협착점   ② 끼임점
③ 절단점   ④ 물림점

[정답] 51 ③ 52 ④ 53 ③

> 해설

위험점 구분
① 협착점(Squeeze-point) : 왕복운동을 하는 동작부분과 움직임이 없는 고정부분 사이에서 형성되는 위험점(왕복+고정)
　　예) 프레스기, 전단기, 성형기, 조형기, 굽힘기계(bending machine)
② 끼임점(Shear-point) : 고정부분과 회전하는 동작부분이 함께 만드는 위험점(회전+고정)
　　예) 연삭숫돌과 덮개, 교반기의 날개와 하우징, 프레임에서 암의 요동 운동을 하는 기계부분 등
③ 물림점(Nip-point) : 회전하는 두 개의 회전체에는 물려 들어가는 위험성이 존재한다. 이때 위험점이 발생되는 조건은 회전체가 서로 반대방향으로 맞물려 회전되어야 한다.(회전+회전)
　　예) 롤러와 롤러의 물림, 기어와 기어의 물림 등

① 협착점　　　　　② 끼임점
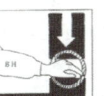 
③ 물림점

[그림] 위험점

> 참고) 산업안전기사 필기 p.3-14(4. 위험점의 분류)

> KEY
① 2017년 3월 5일 산업기사 출제
② 2017년 5월 7일 산업기사 출제
③ 2017년 8월 26일 산업기사 출제
④ 2018년 3월 4일(문제 43번) 출제

54 다음 중 크레인의 방호장치로 가장 거리가 먼 것은?
① 권과방지장치　　② 과부하방지장치
③ 비상정지장치　　④ 자동보수장치

> 해설

크레인의 방호장치

종류	용도
권과방지 장치	양중기의 권상용 와이어로프 또는 지브등의 붐 권상용 와이어로프의 권과 방지 ㉠ 나사형 제동개폐기　㉡ 롤러형 제동개폐기 ㉢ 캠형 제동개폐기
과부하 방지 장치	정격하중 이상의 하중 부하시 자동으로 상승정지되면서 경보음이나 경보등 발생
비상 정지장치	돌발사태 발생시 안전유지 위한 전원차단 및 크레인 급정지시키는 장치
제동 장치	운동체와 정지체의 기계적접촉에 의해 운동체를 감속하거나 정지 상태로 유지하는 기능을 하는 장치
기타 방호 장치	① 해지장치　　② 스토퍼(Stopper) ③ 이탈방지장치　④ 안전밸브 등

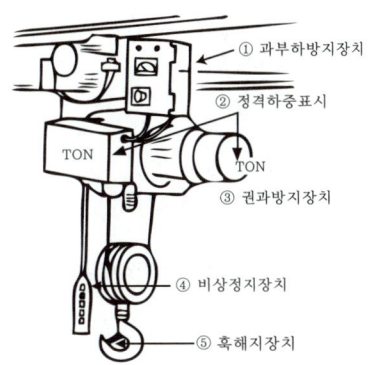
[그림] 크레인의 방호장치

> 참고) ① 산업안전기사 필기 p.3-185(문제 169번)
② 산업안전기사 필기 p.6-130(합격날개 : 합격예측)

> KEY
① 2018년 8월 19일 기사 출제
② 2019년 3월 7일(문제 118번) 출제
③ 2021년 9월 12일(문제 103번) 출제
④ 2022년 3월 5일(문제 111번) 출제
⑤ 2022년 4월 24일(문제 108번) 출제

> 합격정보
산업안전보건기준에 관한 규칙 제134조(방호조치의 조정)

55 산업안전보건법령상 프레스기를 사용하여 작업을 할 때 작업시작 전 점검사항으로 틀린 것은?
① 클러치 및 브레이크의 기능
② 압력방출장치의 기능
③ 크랭크축·플라이휠·슬라이드·연결봉 및 연결나사의 풀림 유무
④ 프레스의 금형 및 고정 볼트의 상태

> 해설

프레스 작업시작전 점검사항
① 클러치 및 브레이크의 기능
② 크랭크축·플라이휠·슬라이드·연결봉 및 연결나사의 풀림 유무
③ 1행정 1정지기구·급정지장치 및 비상정지장치의 기능
④ 슬라이드 또는 칼날에 의한 위험방지 기구의 기능
⑤ 프레스의 금형 및 고정볼트 상태
⑥ 방호장치의 기능
⑦ 전단기(剪斷機)의 칼날 및 테이블의 상태

> 참고) 산업안전기사 필기 p.3-50(표 : 작업시작전 기계·기구 및 점검내용)

[정답] 54 ④　55 ②

과년도 출제문제

KEY
① 2016년 3월 6일 출제
② 2017년 3월 5일 출제
③ 2017년 5월 7일 출제
④ 2017년 8월 26일 출제
⑤ 2018년 3월 4일 출제
⑥ 2021년 8월 14일 출제
⑦ 2022년 3월 5일(문제 47번) 출제

정보제공
산업안전보건기준에 관한 규칙 [별표 3] 작업시작전 점검사항

56 설비보전은 예방보전과 사후보전으로 대별된다. 다음 중 예방보전의 종류가 아닌 것은?

① 시간계획보전
② 개량보전
③ 상태기준보전
④ 적응보전

해설

보전의 분류

구분	특징
예방보전(PM)	계획적으로 일정한 사용기간마다 실시하는 보전으로 PM에 대하여 항상 사용 가능한 상태로 유지(시간계획보전, 상태기준보전, 적응보전)
사후보전(BM)	기계설비의 고장이나 결함등이 발생했을 경우 이를 수리 또는 보수하여 회복시키는 보전활동
개량보전(CM)	설비를 안정적으로 가동하기 위해 고장이 발생한 후 설비자체의 체질 개선을 실시하는 사후 보전방식
보전예방(MP)	설비의 계획단계 및 설치 시부터 고장 예방을 위한 여러 가지 연구가 필요하다는 보전 방식

참고 산업안전기사 필기 p.2-47(2. 보전의 분류)

보충학습
개량보전(corrective maintenance : CM)
기기나 시스템의 고장 후 설계변경, 재료의 개선 등으로 수명을 연장하거나 수리, 검사가 쉽도록 설비자체의 체질개선을 하는 사후 보전방식

57 천장크레인에 중량 3[kN]의 화물을 2줄로 매달았을 때 매달기용 와이어(sling wire)에 걸리는 장력은 약 몇 [kN]인가?(단, 매달기용 와이어(Sling wire) 2줄 사이의 각도는 55[°]이다.)

① 1.3
② 1.7
③ 2.0
④ 2.3

해설

장력계산

$$장력 = \frac{\frac{T}{2}}{\cos\frac{\theta}{2}} = \frac{\frac{3}{2}}{\cos\frac{55[°]}{2}} = 1.7[kN]$$

참고 산업안전기사 필기 p.3-147(3. 와이어로프에 걸리는 하중계산)

KEY
① 2006년 5월 14일 출제
② 2010년 3월 7일 출제
③ 2018년 3월 4일 출제
④ 2018년 8월 19일 출제

58 다음 중 롤러의 급정지 성능으로 적합하지 않은 것은?

① 앞면 롤러 표면 원주속도가 25[m/min], 앞면 롤러의 원주 5[m]일 때 급정지거리 1.6[m]이내
② 앞면 롤러 표면 원주속도가 35[m/min], 앞면 롤러의 원주가 7[m] 일 때 급정지거리 2.8[m] 이내
③ 앞면 롤러 표면 원주속도가 30[m/min], 앞면 롤러의 원주가 6[m]일 때 급정지거리 2.6[m] 이내
④ 앞면 롤러 표면 원주속도가 20[m/min], 앞면롤러의 원주가 8[m]일 때 급정지거리 2.6[m] 이내

해설

급정지 거리계산

(1) 앞면 롤러 표면 원주 속도가 25[m/min]이므로
  ① 급정지거리 = 앞면 롤러의 원주 $\times \frac{1}{3}$
    $= 5 \times \frac{1}{3} = 1.67[m]$ 이내
  ② 급정지거리가 1.6[m] 이내이므로 적합

(2) 앞면 롤러 표면 원주 속도가 35[m/min]이므로
  ① 급정지거리 = 앞면 롤러의 원주 $\times \frac{1}{2.5}$
    $= 7 \times \frac{1}{2.5} = 2.8[m]$ 이내
  ② 급정지거리가 2.8[m] 이내이므로 적합

(3) 앞면 롤러 표면 원주 속도가 30[m/min] 이므로
  ① 급정지거리 = 앞면 롤러의 원주 $\times \frac{1}{2.5}$
    $= 6 \times \frac{1}{2.5} = 2.4[m]$ 이내
  ② 급정지거리가 2.6[m] 이내이므로 부적합

(4) 앞면 롤러 표면 원주 속도가 20[m/min] 이므로
  ① 급정지거리 = 앞면 롤러의 원주 $\times \frac{1}{3}$
    $= 8 \times \frac{1}{3} = 2.67[m]$ 이내
  ② 급정지거리가 2.6[m] 이내이므로 적합

참고 산업안전기사 필기 p.3-109(표 : 롤러의 급정지 거리)

KEY
① 2016년 3월 6일 산업기사 출제
② 2017년 3월 5일(문제 50번) 출제
③ 2022년 3월 5일(문제 51번) 출제

[정답] 56 ② 57 ② 58 ③

보충학습

(1) 앞면 롤러의 표면 속도에 따른 급정지 거리

앞면 롤러의 표면속도 [m/min]	급정지거리
30 미만	앞면 롤러 원주의 $\frac{1}{3}$ 이내 ($=\pi \cdot D \cdot \frac{1}{3}$)
30 이상	앞면 롤러 원주의 $\frac{1}{2.5}$ 이내 ($=\pi \cdot D \cdot \frac{1}{2.5}$)

(2) 표면속도의 산식

$$V = \frac{\pi \cdot D \cdot N}{1,000} [m/min]$$

여기서, V : 표면속도
D : 롤러 원통의 직경[mm]
N : 1분간에 롤러기가 회전되는 수[rpm]

59
조작자의 신체부위가 위험한계 밖에 위치하도록 기계의 조작 장치를 위험구역에서 일정거리 이상 떨어지게 하는 방호장치는?

① 덮개형 방호장치
② 차단형 방호장치
③ 위치제한형 방호장치
④ 접근반응형 방호장치

해설

방호장치의 종류

구 분	종 류	사용용도
위험장소	격리형 방호장치	작업점에 접촉하여 재해가 발생하지 않도록 기계 설비 외부에 차단벽이나 방호망을 설치 하는 것
	위치제한형 방호장치	작업자의 신체부위가 위험한계 구역에 있지 아니하고 안전거리를 유지할 수 있도록 하는 것
	접근거부형 방호장치	작업자의 신체부위가 위험한계 구역에 접근 시 신체부위를 안전한 곳으로 되돌리는 것
	접근반응형 방호장치	작업자의 신체부위가 위험한계 구역으로 들어오면 이를 감지하여 작동 중인 기계를 즉시 정지하거나 전원이 차단되도록 하는 것
위험원	포집형 방호장치	위험원이 외부로 비산되지 않도록 포집하는 방식으로 용접흄의 발생을 국소배기장치나 연삭기의 비산칩을 포집하여 방호하는 것을 예로 들 수 있다.
	감지형 방호장치	이상온도, 압력상승, 과부하 등 기계의 이상상황 발생시 이를 감지하여 안전한 상태로 조정하거나 정상상태로 복구되도록 하는 것

참고 산업안전기사 필기 p.3-201(표 : 용도별 방호장치의 구분)

KEY
① 2012년 5월 20일 (문제 50번) 출제
② 2019년 3월 3일 산업기사(문제 50번) 출제

60
산업안전보건법령상 아세틸렌 용접장치의 아세틸렌 발생기실을 설치하는 경우 준수하여야 하는 사항으로 옳은 것은?

① 벽은 가연성 재료로 하고 철근 콘크리트 또는 그 밖에 이와 동등하거나 그 이상의 강도를 가진 구조로 할 것
② 바닥면적의 16분의 1 이상의 단면적을 가진 배기통을 옥상으로 돌출시키고 그 개구부를 창이나 출입구로부터 1.5미터 이상 떨어지도록 할 것
③ 출입구의 문은 불연성 재료로 하고 두께 1.0밀리미터 이하의 철판이나 그 밖에 그 이상의 강도를 가진 구조로 할 것
④ 발생기실을 옥외에 설치한 경우에는 그 개구부를 다른 건축물로부터 1.0미터 이내 떨어지도록 할 것

해설

제287조(발생기실의 구조 등) 사업주는 발생기실을 설치하는 경우에 다음 각 호의 사항을 준수하여야 한다. 〈개정 2019. 1. 31.〉
1. 벽은 불연성 재료로 하고 철근 콘크리트 또는 그 밖에 이와 같은 수준이거나 그 이상의 강도를 가진 구조로 할 것
2. 지붕과 천장에는 얇은 철판이나 가벼운 불연성 재료를 사용할 것
3. 바닥면적의 16분의 1 이상의 단면적을 가진 배기통을 옥상으로 돌출시키고 그 개구부를 창이나 출입구로부터 1.5미터 이상 떨어지도록 할 것
4. 출입구의 문은 불연성 재료로 하고 두께 1.5밀리미터 이상의 철판이나 그 밖에 그 이상의 강도를 가진 구조로 할 것
5. 벽과 발생기 사이에는 발생기의 조정 또는 카바이드 공급 등의 작업을 방해하지 않도록 간격을 확보할 것

참고 산업안전기사 필기 p.3-114(합격날개 : 합격예측 및 관련법규)

KEY
① 2016년 3월 6일 산업기사 출제
② 2017년 5월 7일 기사 출제
③ 2018년 3월 4일 산업기사 출제
④ 2018년 4월 28일 기사 출제
⑤ 2019년 8월 4일(문제 56번)
⑥ 2020년 9월 27일 (문제 44번) 출제

보충학습

아세틸렌 용접장치 화기 안전거리
① 발생기 : 5[m]
② 발생기실 : 3[m]

정보제공

산업안전보건기준에 관한 규칙 제287조(발생기실의 구조 등)

[정답] 59 ③　60 ②

4 전기설비 안전관리

61 대지에서 용접작업을 하고 있는 작업자가 용접봉에 접촉한 경우 통전전류는?(단, 용접기의 출력 측 무부하전압 : 90[V], 접촉저항(손, 용접봉 등 포함) : 10[kΩ], 인체의 내부저항 : 1[kΩ], 발과 대지의 접촉저항 : 20[kΩ] 이다.)

① 약 0.19[mA]   ② 약 0.29[mA]
③ 약 1.96[mA]   ④ 약 2.90[mA]

해설

통전전류
① $R = 10+1+20 = 31[kΩ]$
② $I = \dfrac{V}{R} = \dfrac{90}{31} = 2.90[mA]$

참고) 산업안전기사 필기 p.4-25 (문제 4번)

KEY) 1995년 8월 27일 기출문제

62 KS C IEC 60079-10-2에 따라 공기 중에 분진운의 형태로 폭발성 분진 분위기가 지속적으로 또는 장기간 또는 빈번히 존재하는 장소는?

① 0종 장소   ② 1종 장소
③ 20종 장소 ④ 21종 장소

해설

분진 폭발 위험 장소

장소	적요	예
20종 장소	분진운 형태의 가연성 분진이 폭발농도를 형성할 정도로 충분한 양이 정상작동 중에 연속적으로 또는 자주 존재하거나, 제어할 수 없을 정도의 양 및 두께의 분진층이 형성될 수 있는 장소	호퍼·분진저장소·집진장치·필터 등의 내부
21종 장소	20종 장소 외의 장소로서, 분진운 형태의 가연성 분진이 폭발농도를 형성할 정도의 충분한 양이 정상작동 중에 존재할 수 있는 장소	집진장치·백필터·배기구 등의 주위, 이송벨트 샘플링 지역 등
22종 장소	21종 장소 외의 장소로서, 가연성 분진운 형태가 드물게 발생 또는 단기간 존재할 우려가 있거나, 이상작동 상태하에서 가연성 분진층이 형성될 수 있는 장소	21종 장소에서 예방조치가 취하여진 지역, 환기설비 등과 같은 안전장치 배출구 주위 등

참고) 산업안전기사 필기 p.4-49(문제 21번) 해설

63 설비의 이상현상에 나타나는 아크(Arc)의 종류가 아닌 것은?

① 단락에 의한 아크   ② 지락에 의한 아크
③ 차단기에서의 아크 ④ 전선저항에 의한 아크

해설

설비의 이상 현상에 나타나는 아크의 종류
① 교류아크용접기의 아크
② 단락에 의한 아크
③ 지락에 의한 아크
④ 섬락(플래시오버)의 아크
⑤ 차단기(서킷 브레이커, CB)에 있어서의 아크
⑥ 전선 절단에 의한 아크

KEY) 2007년 3월 4일(문제 65번) 출제

64 정전기 재해방지에 관한 설명 중 틀린 것은?

① 이황화탄소의 수송 과정에서 배관 내의 유속을 2.5[m/s] 이상으로 한다.
② 포장 과정에서 용기를 도전성 재료에 접지한다.
③ 인쇄 과정에서 도포량을 소량으로 하고 접지한다.
④ 작업장의 습도를 높여 전하가 제거되기 쉽게 한다.

해설

초기 배관 내 유속 제한
① 도전성 위험물로써 저항률이 $10^{10}[Ω cm]$ 미만의 배관유속은 7[m/s] 이하
② 이황화탄소, 에테르 등과 같이 폭발위험성이 높고 유동대전이 심한 액체는 1[m/s] 이하
③ 비수용성이면서 물기가 기체를 혼합한 위험물은 1[m/s] 이하

참고) ① 산업안전기사 필기 p.4-38(2. 배관내 액체의 유속제한)
② 산업안전기사 필기 p.4-49(문제 19번) 해설

KEY) ① 2015년 3월 8일(문제 64번)
② 2016년 8월 21일 (문제 66번) 출제

65 한국전기설비규정에 따라 사람이 쉽게 접촉할 우려가 있는 곳에 금속제 외함을 가지는 저압의 기계기구가 시설되어 있다. 이 기계기구의 사용전압이 몇 [V]를 초과할 때 전기를 공급하는 전로에 누전차단기를 시설해야 하는가?(단, 누전차단기를 시설하지 않아도 되는 조건은 제외한다.)

[정답] 61 ④ 62 ③ 63 ④ 64 ① 65 ③

① 30[V]　　② 40[V]
③ 50[V]　　④ 60[V]

> **해설**

KEC 211.2.4 누전차단기의 시설
전원의 자동차단에 의한 저압전로의 보호대책으로 누전차단기를 시설해야 할 대상
(1) 금속제 외함을 가지는 사용전압이 50[V]를 초과하는 저압의 기계기구로서 사람이 쉽게 접촉할 우려가 있는 곳에 시설하는 것에 전기를 공급하는 전로. 다만, 다음의 어느 하나에 해당하는 경우에는 적용하지 아니한다.
　① 기계·기구를 발전소·변전소·개폐소 또는 이에 준하는 곳에 시설하는 경우
　② 기계·기구를 건조한 곳에 시설하는 경우
　③ 대지전압이 150[V] 이하인 기계·기구를 물기가 있는 곳 이외의 곳에 시설하는 경우
(2) 주택의 인입구 등 이 규정에서 누전차단기 설치를 요구하는 전로
(3) 특고압전로, 고압전로 또는 저압전로와 변압기에 의하여 결합되는 사용전압 400[V]초과의 저압전로 또는 발전기에서 공급하는 사용전압 400[V] 초과의 저압전로

66 다음 중 방폭설비의 보호등급(IP)에 대한 설명으로 옳은 것은?

① 제 1 특성 숫자가 "1"인 경우 지름 50[mm] 이상의 외부 분진에 대한 보호
② 제 1 특성 숫자가 "2"인 경우 지름 10[mm] 이상의 외부 분진에 대한 보호
③ 제 2 특성 숫자가 "1"인 경우 지름 50[mm] 이상의 외부 분진에 대한 보호
④ 제 2 특성 숫자가 "2"인 경우 지름 10[mm] 이상의 외부 분진에 대한 보호

> **해설**

IP(Ingress Protection)이란 국제전기 표준회의(IEC)가 제정한 고체(방진＋액체(방수)의 침투에 대한 보호 수준을 규정하는 기준

고체에 대한 보호 정도 First Number		액체에 대한 보호 정도 Second Number	
1	50mm 이상의 고체로 부터 보호함 (손에 닿는 정도)	1	수직이 낙수물로 부터 보호됨
2	12mm 이상의 고체로 부터 보호함 (손가락 크기 정도)	2	15정도 들이치는 낙수물로 부터 보호됨
3	2.4mm 이상의 고체로 부터 보호함 (연장, 전선크기)	3	60까지의 스프레이로 부터 보호됨
4	1mm 이상의 고체로 부터 보호함 (연장, 전선크기)	4	모든 방향의 스프레이로 부터 보호됨
5	먼지로 부터 보호됨	5	모든 방향의 낮은 압력의 분사되는 물로부터 보호됨
6	먼지로 부터 완벽하게 보호됨	6	모든 방향의 높은 압력의 분사되는 물로부터 보호됨
		7	15cm ~ 1m 까지 침수되어도 보호됨
		8	장기간 침수되어 수압을 받아도 보호됨

67 정전기 발생에 영향을 주는 요인에 대한 설명으로 틀린 것은?

① 물체의 분리속도가 빠를수록 발생량은 적어진다.
② 접촉면적이 크고 접촉압력이 높을수록 발생량이 많아진다.
③ 물체 표면이 수분이나 기름으로 오염되면 산화 및 부식에 의해 발생량이 많아진다.
④ 정전기의 발생은 처음 접촉, 분리할 때가 최대로 되고 접촉, 분리가 반복됨에 따라 발생량은 감소한다.

> **해설**

정전기 분리속도
① 분리속도가 빠르면 정전기의 발생량이 커진다.
② 전하의 완화시간이 길면 전하분리 Energy도 커져서 발생량이 증가한다.

> **참고** 산업안전기사 필기 p.4-32(4. 정전기 분리속도)

> **KEY**
> ① 2016년 8월 21일 출제
> ② 2017년 3월 5일 출제
> ③ 2017년 5월 7일(문제 73번) 출제

68 전기기기, 설비 및 전선로 등의 충전 유무 등을 확인하기 위한 장비는?

① 위상검출기　　② 디스콘 스위치
③ COS　　　　④ 저압 및 고압용 검전기

> **해설**

검전기 : 전기기기, 설비, 전선로 등의 충전유무 확인
① 저압용
② 고압용
③ 특고압용

[정답] 66 ①　67 ①　68 ④

[그림] 검전기 소형

참고 산업안전기사 필기 p.4-23(1. 검전기)

KEY ① 2011년 3월 20일(문제 64번) 출제
② 2019년 4월 27일(문제 65번) 출제

보충학습
COS : Cut Out Switch

69 피뢰기로서 갖추어야 할 성능 중 틀린 것은?

① 충격 방전 개시전압이 낮을 것
② 뇌전류의 방전 능력이 클 것
③ 제한 전압이 높을 것
④ 속류 차단을 확실하게 할 수 있을 것

해설
피뢰기의 성능
① 충격방전 개시전압이 낮을 것
② 제한전압이 낮을 것
③ 반복동작이 가능할 것
④ 구조가 견고하고 특성이 변화하지 않을 것
⑤ 점검, 보수가 간단할 것
⑥ 뇌전류에 대한 방전능력이 클 것
⑦ 속류의 차단이 확실할 것(정격전압 : 실효값)

참고 산업안전기사 필기 p.4-57(1. 피뢰기 성능)

KEY ① 2016년 8월 21일 기사 출제
② 2018년 8월 19일 기사 출제
③ 2019년 8월 4일(문제 80번) 출제

70 접지저항 저감 방법으로 틀린 것은?

① 접지극의 병렬 접지를 실시한다.
② 접지극의 매설 깊이를 증가시킨다.
③ 접지극의 크기를 최대한 작게 한다.
④ 접지극 주변의 토양을 개량하여 대지 저항률을 떨어뜨린다.

해설
접지저항을 감소시키는 방법
① 약품법 : 도전성 물질을 접지극 주변토양에 주입
② 병렬법 : 접지 수를 증가하여 병렬접속
③ 접지전극을 대지에 깊이 박는 방법(75[cm] 이상)
④ 토질개량
⑤ 보조 mesh 및 보조전극 사용
⑥ 접지극의 규격을 크게

참고 산업안전기사 필기 p.4-37(보충학습)

KEY 2016년 8월 21일(문제 69번) 출제

71 교류 아크용접기의 사용에서 무부하 전압이 80[V], 아크 전압 25[V], 아크 전류 300[A]일 경우 효율은 약 몇 [%]인가?(단, 내부손실은 4[kW]이다.)

① 65.2 ② 70.5
③ 75.3 ④ 80.6

해설
효율계산
① 사용전력=아크전압×전류=25×300=7500[W]
② 총 전력=사용전력+손실전력
　　　　=7,500+4,000=11,500[W]
③ 효율= $\dfrac{사용전력}{총전력}$ ×100= $\dfrac{7,500}{11,500}$ ×100=65.22[%]

참고 산업안전기사 필기 p.4-78(2. 전격방지기의 설치시 주의사항)

KEY ① 2012년 8월 26일(문제 66번) 출제
② 2016년 3월 6일(문제 78번) 출제

72 아크방전의 전압전류 특성으로 가장 옳은 것은?

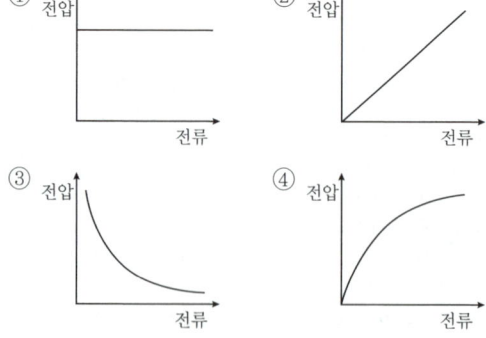

[정답] 69 ③　70 ③　71 ①　72 ③

해설

아크방전 특성
아크 양쪽 끝의 전압은 전류가 증가함에 따라 감소한다.

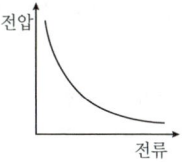

보충학습

아크 방전(electric arc)
전극 사이에 저전압 대전류를 흘릴 때 전극이 가열되어 열전자를 방출하며 강렬한 빛을 내는 방전현상

---

73 다음 중 기기보호등급(EPL)에 해당하지 않는 것은?

① EPL Ga
② EPL Ma
③ EPL Dc
④ EPL Mc

해설

EPL(Equipment Protection Level)
① 기기보호등급을 의미한다.
② 점화원이 될 수 있는 가능성에 기초하여 기기에 부여된 보호등급이다. 폭발성 가스 분위기, 폭발성 분진 분위기, 폭발성 광산 내 분위기의 차이를 구별한다.
③ 종류 : EPL Ma, EPL Mb, EPL Ga, EPL Gb, EPL Gc, EPL Da, EPL Db, EPL Dc

---

74 다음 중 산업안전보건기준에 관한 규칙에 따라 누전차단기를 설치하지 않아도 되는 곳은?

① 철판·철골 위 등 도전성이 높은 장소에서 사용하는 이동형 전기기계·기구
② 대지전압이 220[V]인 휴대형 전기기계·기구
③ 임시배선의 전로가 설치되는 장소에서 사용하는 이동형 전기기계·기구
④ 절연대 위에서 사용하는 전기기계·기구

해설

누전차단기 설치장소
① 전기기계, 기구 중 대지전압이 150[V]를 초과하는 이동형 또는 휴대형의 것
② 물 등 도전성이 높은 액체에 의한 습윤한 장소
③ 철판, 철골 위 등 도전성이 높은 장소
④ 임시배선의 전로가 설치되는 장소

참고 산업안전기사 필기 p.4-6(2. 누전차단기 설치장소)

KEY
① 2017년 5월 7일 산업기사 출제
② 2017년 8월 26일 기사 출제
③ 2018년 4월 28일 기사 출제
④ 2020년 9월 27일 기사 출제
⑤ 2021년 5월 15일(문제 63번) 출제

합격정보
산업안전보건기준에 관한 규칙 제304조(누전차단기에 의한 감전방지)

---

75 다음 설명이 나타내는 현상은?

> 전압이 인가된 이극 도체간의 고체 절연물 표면에 이물질이 부착되면 미소방전이 일어난다. 이 미소방전이 반복되면서 절연물 표면에 도전성 통로가 형성되는 현상이다.

① 흑연화 현상
② 트래킹 현상
③ 반단선 현상
④ 절연이동현상

해설

트래킹 현상(Tracking effect)
① 전기기기 등에 묻어있는 습기, 수분, 먼지, 기타 오염물질이 부착된 표면을 따라서 전류가 흘러 주변의 절연물질이 탄화
② 오랜시간 탄화가 지속되면 결국 이 부분에 지락 및 단락으로 진행되어 전기적인 열 스트레스와 플러그 양극 간에 불꽃방전이 반복 발생하여 화재가 발생

참고 산업안전기사 필기 p.4-39(합격날개 : 용어정의)

---

76 다음 중 방폭구조의 종류가 아닌 것은?

① 본질안전 방폭구조
② 고압 방폭구조
③ 압력 방폭구조
④ 내압 방폭구조

[정답] 73 ④ 74 ④ 75 ② 76 ②

해설
주요 국가 방폭구조의 기호

나라명\방폭구조	내압	유입	압력	안전증	본질안전	특수	사입
한국	d	o	p	e	i	s	—
영국	FLT				ELP		
독일	Exd	Exo	Exf	Exe	Exi	Exs	Exq
오스트리아	Exd	Exo		Exe	Exi	Exs	Exq
프랑스	—	—	—	—	—	—	—
이태리	Exd	Exo	Exp	Exe	Exi		Exq
스위스	Exd	Exo	Exf	Exe		Exs	
스웨덴	Xt	Xo	Xy	Xh	Xi	Xs	

참고 산업안전기사 필기 p.4-68(문제 11번 적중))

KEY
① 2018년 3월 4일 산업기사 출제
② 2019년 4월 27일 산업기사 출제
③ 2020년 8월 22일(문제 62번) 출제

정보제공
위험기계·기구방호장치성능검정규정 제52조 (용어의 정의)

77
심실세동전류 $I=\dfrac{165}{\sqrt{T}}$ [mA]라면 심실세동시 인체에 직접받는 전기 에너지 [cal]는 약 얼마인가?(단, T는 통전시간으로 1초이며, 인체의 저항은 500[Ω]으로 한다.)

① 0.52
② 1.35
③ 2.14
④ 3.27

해설
위험한계에너지

$$Q = I^2RT[J] = \left(\dfrac{165}{\sqrt{T}} \times 10^{-3}\right)^2 \times 500 \times T$$

$$= \dfrac{165^2}{T} \times 10^{-6} \times 500 \times T$$

$$= 13.6[J] \times 0.24[cal] = 3.26[cal]$$

참고 산업안전기사 필기 p.4-18(3. 위험한계에너지)

KEY
① 2016년 8월 21일 기사 출제
② 2017년 5월 7일 기사 출제
③ 2018년 3월 4일 기사 출제
④ 2018년 4월 28일 기사·산업기사 동시 출제
⑤ 2018년 8월 19일 기사 출제
⑥ 2019년 3월 4일 기사 출제
⑦ 2020년 8월 22일(문제 67번) 출제
⑧ 2020년 9월 27일(문제 77번) 출제
⑨ 2022년 3월 5일(문제 78번) 출제

78
산업안전보건기준에 관한 규칙에 따른 전기기계·기구의 설치시 고려할 사항으로 거리가 먼 것은?

① 전기기계·기구의 충분한 전기적 용량 및 기계적 강도
② 전기기계·기구의 안전효율을 높이기 위한 시간 가동율
③ 습기·분진 등 사용장소의 주위 환경
④ 전기적·기계적 방호수단의 적정성

해설
전기기계·기구의 설치시 고려사항
① 전기 기계기구의 충분한 전기적 용량 및 기계적 강도
② 습기·분진 등 사용장소의 주위 환경
③ 전기적, 기계적 방호수단의 적정성

참고 산업안전기사 필기 p.4-37(합격날개 : 합격예측 및 관련법규)

합격정보
산업안전보건기준에 관한 규칙 제303조 (전기기계·기구의 적정설치 등)

79
정전작업 시 조치사항으로 틀린 것은?

① 작업 전 전기설비의 잔류 전하를 확실히 방전한다.
② 개로된 전로의 충전여부를 검전기구에 의하여 확인한다.
③ 개폐기에 잠금장치를 하고 통전금지에 관한 표지판은 제거한다.
④ 예비 동력원의 역송전에 의한 감전의 위험을 방지하기 위해 단락접지 기구를 사용하여 단락접지를 한다.

해설
정전작업시 조치사항
① 작업지휘자에 의해 작업한다.
② 개폐기를 관리한다.
③ 단락접지 상태를 확인관리한다.(혼촉 또는 오동작 방지)
④ 근접활선에 대한 방호상태를 관리한다.

참고 산업안전기사 필기 p.4-76(2. 작업중)

KEY
① 2016년 8월 21일 출제
② 2017년 5월 7일(문제 76번) 출제

보충학습
작업종료 시
① 단락접지기구를 철거한다.
② 표지를 철거한다.

[**정답**] 77 ④ 78 ② 79 ③

③ 작업자에 대한 위험이 없는 것을 확인한다.
④ 개폐기를 투입하여 송전을 재개한다.

80 정전기로 인한 화재 폭발의 위험이 가장 높은 것은?

① 드라이클리닝설비 ② 농작물 건조기
③ 가습기 ④ 전동기

[해설]

드라이클리닝(dry cleaning)
① 물 대신 유기용제(有機溶劑)를 사용하는 세탁법으로 의복의 형태와 염색 등이 손상되기 쉬운 모직물이나 견직물 제품에 많이 사용된다.
② 화재 폭발의 위험이 가장 높다.

[합격정보]

산업안전보건기준에 관한 규칙 제325조(정전기로 인한 화재·폭발 등의 방지)
① 위험물을 탱크로리·탱크차 및 드럼 등에 주입하는 설비
② 탱크로리·탱크차 및 드럼 등 위험물저장설비
③ 인화성 액체를 함유하는 도료 및 접착제 등을 제조·저장·취급 또는 도포(塗布)하는 설비
④ 위험물 건조설비 또는 그 부속설비
⑤ 인화성 고체를 저장하거나 취급하는 설비
⑥ 드라이클리닝설비, 염색가공설비 또는 모피류 등을 씻는 설비 등 인화성유기용제를 사용하는 설비
⑦ 유압, 압축공기 또는 고전위정전기 등을 이용하여 인화성 액체나 인화성 고체를 분무하거나 이송하는 설비
⑧ 고압가스를 이송하거나 저장·취급하는 설비
⑨ 화약류 제조설비
⑩ 발파공에 장전된 화약류를 점화시키는 경우에 사용하는 발파기(발파공을 막는 재료로 물을 사용하거나 갱도발파를 하는 경우는 제외한다)

5 화학설비 안전관리

81 산업안전보건법에서 정한 위험물질을 기준량 이상 제조하거나 취급하는 화학설비로서 내부의 이상상태를 조기에 파악하기 위하여 필요한 온도계·유량계·압력계 등의 계측장치를 설치하여야 하는 대상이 아닌 것은?

① 가열로 또는 가열기
② 증류·정류·증발·추출 등 분리를 하는 장치
③ 반응폭주 등 이상 화학반응에 의하여 위험물질이 발생할 우려가 있는 설비
④ 흡열반응이 일어나는 반응장치

[해설]

특수화학설비의 종류
사업주는 위험물을 같은 표에서 정한 기준량 이상으로 제조하거나 취급하는 다음 각 호의 어느 하나에 해당하는 화학설비(이하 "특수화학설비"라 한다)를 설치하는 경우에는 내부의 이상 상태를 조기에 파악하기 위하여 필요한 온도계·유량계·압력계 등의 계측장치를 설치하여야 한다.
① 발열반응이 일어나는 반응장치
② 증류·정류·증발·추출 등 분리를 하는 장치
③ 가열시켜 주는 물질의 온도가 가열되는 위험물질의 분해온도 또는 발화점보다 높은 상태에서 운전되는 설비
④ 반응폭주 등 이상 화학반응에 의하여 위험물질이 발생할 우려가 있는 설비
⑤ 온도가 섭씨 350도 이상이거나 게이지 압력이 980킬로파스칼 이상인 상태에서 운전되는 설비
⑥ 가열로 또는 가열기

[참고] 산업안전기사 필기 p.5-17(합격날개 : 합격예측 및 관련법규)

[KEY] ① 2017년 8월 28일 산업기사 출제
② 2018년 3월 4일 기사(문제 87번) 출제
③ 2018년 4월 28일 기사 출제
④ 2021년 3월 7일(문제 96번) 출제
⑤ 2021년 5월 15일(문제 81번) 출제

[합격정보]
산업안전보건기준에 관한 규칙 제273조(계측장치 등의 설치)

82 다음 중 퍼지(purge)의 종류에 해당하지 않는 것은?

① 압력퍼지 ② 진공퍼지
③ 스위프퍼지 ④ 가열퍼지

[해설]

퍼지(purge)의 종류
① 압력퍼지 ② 진공 퍼지
③ 가압퍼지 ④ 스위프 퍼지
⑤ 사이펀 퍼지

[참고] 산업안전기사 필기 p.5-20(표 : 퍼지의 종류)

[KEY] ① 2011년 6월 12일(문제 86번) 출제
② 2018년 4월 28일(문제 91번) 출제
③ 2021년 8월 14일(문제 82번) 출제
④ 2022년 4월 24일(문제 85번) 출제

83 폭발한계와 완전 연소 조성 관계인 Jones식을 이용하여 부탄(C_4H_{10})의 폭발하한계를 구하면 약 몇 [vol%]인가?

① 1.4 ② 1.7
③ 2.0 ④ 2.3

[정답] 80 ① 81 ④ 82 ④ 83 ②

해설

C₄H₁₀ 양론농도계산

① $C_{st} = \dfrac{100}{1+4.773\left(4+\dfrac{10}{4}\right)} = 3.125$

② 연소하한값 $= 0.55 \times C_{st} = 0.55 \times 3.125 = 1.718$

참고 산업안전기사 필기 p.5-11(보충학습 : 폭발범위의 계산)

KEY
① 2020년 8월 22일(문제 86번) 출제
② 2021년 8월 14일(문제 94번) 출제

보충학습

폭발범위의 계산 : Jones식
① 폭발하한계 $=0.55 \times C_{st}$
② 폭발상한계 $=3.50 \times C_{st}$

여기서, $C_{st} = \dfrac{100}{1+4.773\left(n+\dfrac{m-f-\lambda}{4}\right)}$

(n:탄소, m:수소, f:할로겐원소, λ:산소의 원자수)

84 가스를 분류할 때 독성가스에 해당하지 않는 것은?

① 황화수소
② 시안화수소
③ 이산화탄소
④ 산화에틸렌

해설

독성가스 허용농도
① NH_3(암모니아) : 25[ppm]
② $COCl_2$(포스겐) : 0.1[ppm]
③ Cl_2(염소) : 1[ppm]
④ H_2S(황화수소) : 10[ppm]

참고 산업안전기사 필기 p.5-44(표. 주요 고압가스의 분류)

KEY
① 2017년 3월 5일 기사 출제
② 2019년 8월 4일 기사 출제

보충학습

① $COCl_2$: 1차 세계대전 독가스
② CO_2 : 불연성가스(질식성 가스)

85 다음 중 폭발 방호 대책과 가장 거리가 먼 것은?

① 불활성화
② 억제
③ 방산
④ 봉쇄

해설

폭발 재해의 보호대책
① 폭발 봉쇄 : 압력을 완화시켜 폭발을 방지한다.
② 폭발 억제 : 큰 폭발이 되지 않도록 폭발을 진압한다.
③ 폭발 방산 : 안전밸브나 파열판 등으로 탱크 내압력을 방출시킨다.

보충학습

퍼지(불활성화 : purge)
연소되지 않은 가스가 노 안에 또는 기타 장소에 차 있으면 점화를 했을 때 폭발할 우려가 있으므로 점화시키기 전에 이것을 노 밖으로 배출하기 위하여 환기시키는 것을 퍼지라고 한다.(화재방호대책)

참고 산업안전기사 필기 p.5-20(표. 퍼지의 종류)

KEY 2022년 4월 24일(문제 82번)

86 질화면(Nitrocellulose)은 저장·취급 중에는 에틸알코올 등으로 습면상태를 유지해야 한다. 그 이유를 옳게 설명한 것은?

① 질화면을 건조 상태에서는 자연적으로 분해하면서 발화할 위험이 있기 때문이다.
② 질화면은 알코올과 반응하여 안정한 물질을 만들기 때문이다.
③ 질화면은 건조 상태에서 공기 중의 산소와 환원반응을 하기 때문이다.
④ 질화면은 건조 상태에서 유독한 중합물을 형성하기 때문이다.

해설

니트로셀룰로오스의 취급 및 저장방법
① 저장 중 충격과 마찰 등을 방지하여야 한다.
② 자연발화 방지를 위하여 안전용제를 사용한다.
③ 화재 시 질식소화는 적응성이 없으므로 냉각소화를 한다.
④ 건조하면 분해·폭발하므로 알코올에 적셔 습하게 보관한다.

KEY
① 2011년 6월 12일(문제 83번) 출제
② 2018년 4월 28일(문제 84번) 출제

보충학습

질화면(窒化綿 : nitrocellulose)
셀룰로오스의 질산에스테르이지만 니트로셀룰로오스란 통칭이 널리 쓰여지고 있다.

87 분진폭발의 특징으로 옳은 것은?

① 연소속도가 가스폭발보다 크다.
② 완전연소로 가스중독의 위험이 작다.
③ 화염의 파급속도보다 압력의 파급속도가 빠르다.
④ 가스 폭발보다 연소시간은 짧고 발생에너지는 작다.

[정답] 84 ③ 85 ① 86 ① 87 ③

해설

압력의 속도
① 압력속도는 300[m/s] 정도이다.
② 화염속도보다는 압력속도가 훨씬 빠르다.

> 참고) 산업안전기사 필기 p.5-11(표. 분진폭발의 특징)

> KEY ► ① 2018년 4월 28일 기사 출제
>   ② 2019년 8월 4일(문제 86번) 출제

---

88 크롬에 대한 설명으로 옳은 것은?

① 은백색 광택이 있는 금속이다.
② 중독 시 미나마타병이 발병한다.
③ 비중이 물보다 작은 값을 나타낸다.
④ 3가 크롬이 인체에 가장 유해하다.

해설

크롬(Cr)중독
① 전기업체의 크롬합금, 크롬도금이나 시멘트공장, 사진현상소, 크롬연료 제조공장 등에서 일하는 근로자들에게 많이 발생하고 있다.
② 크롬중독은 피부와 점막에 자극 증상을 일으켜 궤양을 형성하지만 통증이 없는 특징이 있고 눈꺼풀, 손가락마디, 손톱 부근 등에서 증상이 잘 나타난다.
③ 사회적으로 문제가 되고 있는 직업병, 비충격 천공증세를 일으키는데 이것은 코의 점막을 자극하여 콧물이 나오다가 염증이 생기면 고름이 나오고, 딱지가 생겼다 하는 증상이 반복되다가 코 내부의 물렁뼈에 구멍이 생기는 무서운 병이다.
④ 발암성 물질로서 폐암을 일으킬 우려가 있는 물질이다.

> 참고) 산업안전기사 필기 p.5-69(문제 39번)

> KEY ► ① 2018년 3월 4일 출제
>   ② 2018년 4월 28일 출제

보충학습
① 크롬의 직업병은 대부분 이따이이따이병으로 알고 있고 실제 학명도 동일하나 여러분은 실기시험에서는 폐암, 비충격 천공증세로 써야 합니다.
② 3가, 6가의 화합물 사용
③ 미나마타병 원인 : 수은(Hg)

---

89 사업주는 인화성 액체 및 인화성 가스를 저장 취급하는 화학설비에서 증기나 가스를 대기로 방출하는 경우에는 외부로부터의 화염을 방지하기 위하여 화염방지기를 설치하여야 한다. 다음 중 화염방지기의 설치 위치로 옳은 것은?

① 설비의 상단
② 설비의 하단
③ 설비의 측면
④ 설비의 조작부

해설

화염방지기 설치 위치 : 설비의 상단

> 참고) 산업안전기사 필기 p.5-8(합격날개 : 합격예측 및 관련법규)

> KEY ► ① 2018년 8월 19일(문제 99번) 출제
>   ② 2021년 8월 14일(문제 97번) 출제

> 합격정보
> 산업안전보건기준에 관한 규칙 제269조(화염방지기의 설치)

---

90 열교환탱크 외부를 두께 0.2[m]의 단열재(열전도율 K=0.037 [kcal/m·h·℃])로 보온하였더니 단열재 내면은 40[℃], 외면은 20[℃]이었다. 면적 1[m²]당 1시간에 손실되는 열량(kcal)은?

① 0.0037   ② 0.037
③ 1.37   ④ 3.7

해설

열교환기 손실 열량 계산

$$Q = KA \frac{\Delta T}{\Delta X}$$

$$= 0.037 \times \frac{(40-20)[℃]}{0.2} = 3.7[kcal]$$

여기서, K : 전열계수 A : 면적
        ΔX : 두께 ΔT : 온도변화량

> 참고) 산업안전기사 필기 p.5-76(문제 68번) 적중

> KEY ► 2020년 6월 7일 출제

---

91 산업안전보건법령상 다음 인화성 가스의 정의에서 ( )안에 알맞은 값은?

> "인화성 가스"란 인화한계 농도의 최저한도가 (㉠) [%] 이하 또는 최고한도와 최저한도의 차가 (㉡) [%] 이상인 것으로서 표준압력(101.3[kPa]), 20[℃]에서 가스 상태인 물질을 말한다.

① ㉠ 13, ㉡ 12   ② ㉠ 13, ㉡ 15
③ ㉠ 12, ㉡ 13   ④ ㉠ 12, ㉡ 15

[정답] 88 ① 89 ① 90 ④ 91 ①

> **해설**
>
> "인화성 가스"란 인화한계 농도의 최저한도가 13[%] 이하 또는 최고한도와 최저한도의 차가 12[%] 이상인 것으로서 표준압력(101.3 [kPa])에서 20[℃]에서 가스 상태인 물질을 말한다.
>
> **합격정보**
> 산업안전보건법 시행령 [별표 13] 비고

92 액체 표면에서 발생한 증기농도가 공기 중에서 연소하한농도가 될 수 있는 가장 낮은 액체온도를 무엇이라 하는가?

① 인화점 ② 비등점
③ 연소점 ④ 발화온도

> **해설**
>
> **인화점**
> ① 점화원에 의하여 인화될 수 있는 최저 온도(낮으면 낮을수록 위험하다.)
> ② 연소가능한 인화성 증기를 발생시킬 수 있는 최저 온도
>
> **참고** 산업안전산업기사 필기 p.5-39(합격날개 : 합격예측)
>
> **KEY** 2017년 8월 26일 산업기사(문제 77번) 출제

93 위험물의 저장방법으로 적절하지 않은 것은?

① 탄화칼슘은 물 속에 저장한다.
② 벤젠은 산화성 물질과 격리시킨다.
③ 금속나트륨은 석유 속에 저장한다.
④ 질산은 갈색병에 넣어 냉암소에 보관한다.

> **해설**
>
> 탄화칼슘(카바이트) : 금수성 물질
>
> **참고** 산업안전기사 필기 p.5-39(3류 자연발화성 및 금수성물질)
>
> **KEY** 2018년 8월 19일(문제 84번) 출제

94 다음 중 열교환기의 보수에 있어 일상점검항목과 정기적 개방점검항목으로 구분할 때 일상점검항목으로 거리가 먼 것은?

① 도장의 노후상황
② 부착물에 의한 오염의 상황
③ 보온재, 보냉재의 파손여부
④ 기초볼트의 체결정도

> **해설**
>
> **열교환기 일상점검 항목**
> ① 보온재 및 보냉재의 파손상황
> ② 도장의 노후 상황
> ③ Flange부, 용접부 등의 누설여부
> ④ 기초볼트의 조임 상태
>
> **참고** 산업안전기사 필기 p.5-51(1. 일상점검 항목)
>
> **KEY** ① 2009년 5월 10일(문제 83번) 출제
> ② 2019년 3월 3일(문제 86번) 출제

95 다음 중 반응기의 구조 방식에 의한 분류에 해당하는 것은?

① 탑형 반응기 ② 연속식 반응기
③ 반회분식 반응기 ④ 회분식 균일상 반응기

> **해설**
>
> **조작방법에 의한 분류 반응기**
> ① 회분식 균일상 반응기 : 여러 액체와 가스를 가지고 진행시켜 가스를 만들고, 이것을 회수하여 1회의 조작이 끝나는 경우에 사용되는 반응기이다.
> ② 반회분식 반응기
> ③ 연속식 반응기 : 반응기의 한쪽에 연속적으로 원료액체를 유입시키고 다른 쪽에서 연속적으로 반응성 액체를 유출하는 형식이며 농도, 압력, 온도 등은 시간적인 변화가 없다.
>
> **참고** 산업안전기사 필기 p.5-77(문제 73번) 적중

96 다음 중 공기 중 최소 발화에너지 값이 가장 작은 물질은?

① 에틸렌 ② 아세트알데히드
③ 메탄 ④ 에탄

> **해설**
>
> **최소발화에너지**
>
> | 가연물 | 압력[atm] | 최소발화에너지[mJ] |
> |---|---|---|
> | 메탄 | 1 | 0.29 |
> | 프로판 | 1 | 0.26 |
> | 헵탄 | 1 | 0.25 |
> | 수소 | 1 | 0.03 |
> | 에틸렌 | 1 | 0.10 |
> | 에탄 | 1 | 0.69 |
> | 아세트알데히드 | 1 | 0.37 |

[정답] 92 ① 93 ① 94 ② 95 ① 96 ①

2022년 4월 24일 시행

| 참고 | 산업안전기사 필기 p.5-94(표. 최소발화에너지) |

KEY
① 2010년 5월 9일 기사 출제
② 2017년 8월 26일(문제 93번) 출제
③ 2018년 3월 4일(문제 82번) 출제

97 다음 [표]의 가스(A~D)를 위험도가 큰 것부터 작은 순으로 나열한 것은?

가스	폭발하한값	폭발상한값
A	4.0 [vol%]	75.0 [vol%]
B	3.0 [vol%]	80.0 [vol%]
C	1.25 [vol%]	44.0 [vol%]
D	2.5 [vol%]	81.0 [vol%]

① D-B-C-A   ② D-B-A-C
③ C-D-A-B   ④ C-D-B-A

해설

위험도 계산

위험도$(H) = \dfrac{U-L}{L}$

① $A = \dfrac{75-4}{4} = 17.75$ ② $B = \dfrac{80-3}{3} = 25.67$

③ $C = \dfrac{44-1.25}{1.25} = 34.2$ ④ $D = \dfrac{81-2.5}{2.5} = 31.4$

| 참고 | 산업안전기사 필기 p.5-60(㉮ 위험도) |

KEY
① 2021년 5월 15일 기사 등 10회 이상 출제
② 2018년 8월 19일 산업기사 등 10회 이상 출제

98 알루미늄분이 고온의 물과 반응하였을 때 생성되는 가스는?

① 이산화탄소   ② 수소
③ 메탄   ④ 에탄

해설

Al과 물의 반응
① Al : 금수성 물질로서 산과 접촉 시 수소(H_2)방출
② $Al + 3H_2O = Al(OH)_3 + 1.5H_2$

| 참고 | 산업안전기사 필기 p.5-69(문제 35번) |

KEY
① 2006년 5월 14일 (문제 88번) 출제
② 2017년 5월 7일 (문제 90번) 출제

보충학습
① Cu, Fe, Au, Ag, C : 상온에서 고체로 물과 접촉해도 반응불가
② K, Na, Mg, Zn, Li : 물과 격렬반응하여 수소(H_2) 발생

99 메탄, 에탄, 프로판의 폭발하한계가 각각 5[vol%], 3[vol%], 2.1[vol%]이일 때, 다음 중 폭발하한계가 가장 낮은 것은? (단, Le Chatelier의 법칙을 이용한다.)?

① 메탄 20[vol%], 에탄 30[vol%], 프로판 50[vol%]의 혼합가스
② 메탄 30[vol%], 에탄 30[vol%], 프로판 40[vol%]의 혼합가스
③ 메탄 40[vol%], 에탄 30[vol%], 프로판 30[vol%]의 혼합가스
④ 메탄 50[vol%], 에탄 30[vol%], 프로판 20[vol%]의 혼합가스

해설

르샤틀리에(Le Chatelier) 법칙

(1) $L = \dfrac{100}{\dfrac{V_1}{L_1} + \dfrac{V_2}{L_2} + \cdots + \dfrac{V_n}{L_n}}$ (순수한 혼합가스일 경우)

(2) $L = \dfrac{V_1 + V_2 + \cdots + V_n}{\dfrac{V_1}{L_1} + \dfrac{V_2}{L_2} + \cdots + \dfrac{V_n}{L_n}}$ (혼합가스가 공기와 섞여 있을 경우)

여기서, L : 혼합가스의 폭발한계[%] - 폭발상한, 폭발하한 모두 적용 가능
$L_1, L_2, L_3, \cdots, L_n$: 각 성분가스의 폭발한계(%) - 폭발상한계, 폭발하한계
$V_1, V_2, V_3, \cdots, V_n$: 전체 혼합가스 중 각 성분가스의 비율(%) - 부피비

(3) 결론

① $\dfrac{100}{\dfrac{20}{5} + \dfrac{30}{3} + \dfrac{50}{2.1}} = 2.65[vol\%]$

② $\dfrac{100}{\dfrac{30}{5} + \dfrac{30}{3} + \dfrac{40}{2.1}} = 2.86[vol\%]$

③ $\dfrac{100}{\dfrac{40}{5} + \dfrac{30}{3} + \dfrac{30}{2.1}} = 3.09[vol\%]$

④ $\dfrac{100}{\dfrac{50}{5} + \dfrac{30}{3} + \dfrac{20}{2.1}} = 3.39[vol\%]$

| 참고 | 산업안전기사 필기 p.5-77(문제 74번) |

KEY 2020년 8월 22일 등 수없이 출제

[정답] 97 ④ 98 ② 99 ①

100 고압가스 용기 파열사고의 주요 원인 중 하나는 용기의 내압력(耐壓力, capacity to resist pressure) 부족이다. 다음 중 내압력 부족의 원인으로 거리가 먼 것은?

① 용기 내벽의 부식 ② 강재의 피로
③ 과잉 충전 ④ 용접 불량

해설
고압가스용기 파열사고 원인
(1) 용기의 내압력부족
　① 용기자체에 결함이 있는 경우 : 용기재료의 불량, 용기 내벽의 부식, 강재의 피로, 용접불량 등
　② 용기에 대해 낙하, 충돌 등의 충격 및 기타 타격을 주는 경우
　③ 용기에 절단, 구멍 뚫기 등의 가공을 하는 경우
(2) 용기 내압(耐壓)이 이상상승
　① 과잉 충전
　② 가열, 직사광선, 화재 등에 의한 용기 온도의 상승
　③ 내용물의 중합반응 또는 분해반응에 의한 것 등

참고 산업안전기사 필기 p.5-74(문제 61번) 적중

6 건설공사 안전관리

101 건설현장에 거푸집동바리 설치 시 준수사항으로 옳지 않은 것은?

① 파이프 서포트 높이가 4.5[m]를 초과하는 경우에는 높이 2[m] 이내마다 2개 방향으로 수평연결재를 설치한다.
② 동바리의 침하 방지를 위해 받침목의 사용, 콘크리트 타설, 말뚝박기 등을 실시한다.
③ 강재와 강재의 접속부는 볼트 또는 클램프 등 전용철물을 사용한다.
④ 강관틀 동바리는 강관틀과 강관틀 사이에 교차가새를 설치한다.

해설
동바리로 사용하는 파이프서포트 안전기준
① 파이프서포트를 3개 이상 이어서 사용하지 아니하도록 할 것
② 파이프서포트를 이어서 사용할 경우에는 4개 이상의 볼트 또는 전용철물을 사용하여 이을 것
③ 높이가 3.5[m]를 초과할 경우에는 높이 2[m] 이내마다 수평연결재를 2개 방향으로 만들고 수평연결재의 변위를 방지할 것

참고 산업안전기사 필기 p.6-88(합격날개 : 합격예측 및 관련법규)

KEY ① 2018년 3월 4일 기사·산업기사 동시 출제
② 2018년 8월 19일 출제
③ 2018년 9월 15일 산업기사 출제
④ 2020년 8월 22일 출제
⑤ 2020년 8월 22일 산업기사등 20번 이상 출제

정보제공
산업안전보건기준에 관한 규칙 제332조의2(동바리 유형에 따른 동바리 조립시의 안전조치)

102 고소작업대를 설치 및 이동하는 경우에 준수하여야 할 사항으로 옳지 않은 것은?

① 와이어로프 또는 체인의 안전율은 3 이상일 것
② 붐의 최대 지면경사각을 초과 운전하여 전도되지 않도록 할 것
③ 고소작업대를 이동하는 경우 작업대를 가장 낮게 내릴 것
④ 작업대에 끼임·충돌 등 재해를 예방하기 위한 가드 또는 과상승방지장치를 설치할 것

해설
고소작업대의 와이어로프 및 체인의 안전율 : 5 이상

참고 산업안전기사 필기 p.6-50(합격날개:합격예측 및 관련법규)

정보제공
산업안전보건기준에 관한규칙 제186조(고소작업대 설치 등의 조치)

KEY ① 2017년 3월 5일 산업기사 출제
② 2017년 9월 23일 산업기사 출제

103 건설공사의 유해위험방지계획서 제출 기준일로 옳은 것은?

① 당해공사 착공 1개월 전까지
② 당해공사 착공 15일 전까지
③ 당해공사 착공 전날 까지
④ 당해공사 착공 15일 후까지

해설
유해위험방지계획서 제출기간
① 건설업 : 공사착공 전날까지
② 제조업 : 해당작업 시작 15일 전까지
③ 제출처 : 한국산업안전보건공단

[정답] 100 ③ 101 ① 102 ① 103 ③

참고 산업안전기사 필기 p.2-37(3. 법적 목적)

KEY
① 2012년 5월 20일 건설안전기사(문제 57번) 출제
② 2016년 3월 6일 건설안전기사(문제 57번) 출제
③ 2017년 9월 23일 건설안전기사(문제 57번) 출제

정보제공
산업안전보건법 시행규칙 제42조(제출서류 등)

104 철골건립준비를 할 때 준수하여야 할 사항으로 옳지 않은 것은?

① 지상 작업장에서 건립준비 및 기계기구를 배치할 경우에는 낙하물의 위험이 없는 평탄한 장소를 선정하여 정비하여야 한다.
② 건립작업에 다소 지장이 있다하더라도 수목은 제거하거나 이설하여서는 안된다.
③ 사용전에 기계기구에 대한 정비 및 보수를 철저히 실시하여야 한다.
④ 기계에 부착된 앵카 등 고정장치와 기초구조 등을 확인하여야 한다.

해설

장해물의 제거
① 수목이나 전주 등은 제거 또는 이설
② 이유 : 작업능률을 저하 방지

참고 산업안전기사 필기 p.6-160(2. 건립 준비 및 기계 기구의 배치)

KEY
① 2015년 3월 8일(문제 116번) 출제
② 2019년 3월 3일(문제 108번) 출제

105 가설공사 표준안전 작업지침에 따른 통로발판을 설치하여 사용함에 있어 준수사항으로 옳지 않은 것은?

① 추락의 위험이 있는 곳에는 안전난간이나 철책을 설치하여야 한다.
② 작업발판의 최대폭은 1.6[m] 이내이어야 한다.
③ 비계발판의 구조에 따라 최대 적재하중을 정하고 이를 초과하지 않도록 하여야 한다.
④ 발판을 겹쳐 이음하는 경우 장선 위에서 이음을 하고 겹침길이는 10[cm] 이상으로 하여야 한다.

해설

안전난간 및 통로발판

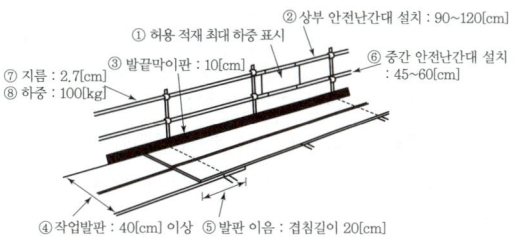

[그림] 안전난간·통로발판

참고
① 산업안전기사 필기 p.6-105(2. 안전난간설치기준)
② 산업안전기사 필기 p.6-151(합격날개 : 합격예측)

KEY
① 2017년 9월 23일 산업기사 출제
② 2018년 3월 4일 산업기사 출제
③ 2018년 8월 19일 산업기사 출제
④ 2021년 8월 14일(문제 105번) 출제

정보제공
산업안전보건기준에 관한 규칙 제13조(안전난간의 구조 및 설치요건)

106 항타기 또는 항발기의 사용 시 준수사항으로 옳지 않은 것은?

① 증기나 공기를 차단하는 장치를 작업관리자가 쉽게 조작할 수 있는 위치에 설치한다.
② 해머의 운동에 의하여 증기호스 또는 공기호스와 해머의 접속부가 파손되거나 벗겨지는 것을 방지하기 위하여 그 접속부가 아닌 부위를 선정하여 증기호스 또는 공기호스를 해머에 고정시킨다.
③ 항타기나 항발기의 권상장치의 드럼에 권상용 와이어로프가 꼬인 경우에는 와이어로프에 하중을 걸어서는 안된다.
④ 항타기나 항발기의 권상장치에 하중을 건 상태로 정지하여 두는 경우에는 쐐기장치 또는 역회전방지용 브레이크를 사용하여 제동하는 등 확실하게 정지시켜 두어야 한다.

해설

항타기·항발기 안전기준
① 해머의 운동에 의하여 증기호스 또는 공기호스와 해머의 접속부가 파손되거나 벗겨지는 것을 방지하기 위하여 그 접속부가 아닌 부위를 선정하여 증기호스 또는 공기호스를 해머에 고정시킬 것

[정답] 104 ② 105 ④ 106 ①

② 증기나 공기를 차단하는 장치를 해머의 운전자가 쉽게 조작할 수 있는 위치에 설치할 것
③ 사업주는 항타기나 항발기의 권상장치의 드럼에 권상용 와이어로프가 꼬인 경우에는 와이어로프에 하중을 걸어서는 아니 된다.
④ 사업주는 항타기나 항발기의 권상장치에 하중을 건 상태로 정지하여 두는 경우에는 쐐기장치 또는 역회전방지용 브레이크를 사용하여 제동하는 등 확실하게 정지시켜 두어야 한다.

참고 산업안전기사 필기 p.6-58(합격날개 : 합격예측 및 관련법규)

KEY 2016년 10월 1일 건설안전기사(문제 117번) 출제

정보제공
산업안전보건기준에 관한 규칙 제217조(사용시의 조치 등)

KEY
① 2016년 5월 8일 기사 출제
② 2017년 3월 5일 산업기사 출제
③ 2018년 4월 28일 기사 출제
④ 2018년 8월 19일 기사·산업기사 동시 출제
⑤ 2018년 9월 15일 기사 출제
⑥ 2019년 3월 3일, 4월 27일 기사·산업기사 동시 출제
⑦ 2019년 8월 4일 산업기사 출제
⑧ 2019년 9월 21일 기사 출제
⑨ 2020년 8월 22일(문제 117번) 출제

정보제공
산업안전보건법시행령 제42조(유해위험방지계획서 제출대상)

합격자의 조언
제2과목에서도 출제가 됩니다.

107 건설업 중 유해위험방지계획서 제출대상 사업장으로 옳지 않은 것은?

① 지상높이가 31[m] 이상인 건축물 또는 인공구조물, 연면적 30,000[m²] 이상인 건축물 또는 연면적 5,000[m²] 이상의 문화 및 집회시설의 건설공사
② 연면적 3,000[m²] 이상의 냉동·냉장 창고시설의 설비공사 및 단열공사
③ 깊이 10[m] 이상인 굴착공사
④ 최대 지간길이가 50[m] 이상인 다리의 건설공사

해설
유해위험방지계획서 제출대상 건설공사
(1) 건축물 또는 시설 등의 건설·개조 또는 해체공사
  가. 지상높이가 31미터 이상인 건축물 또는 인공구조물
  나. 연면적 3만제곱미터 이상인 건축물
  다. 연면적 5천제곱미터 이상인 시설
    ① 문화 및 집회시설(전시장 및 동물원·식물원은 제외한다)
    ② 판매시설, 운수시설(고속철도의 역사 및 집배송시설은 제외한다)
    ③ 종교시설
    ④ 의료시설 중 종합병원
    ⑤ 숙박시설 중 관광숙박시설
    ⑥ 지하도상가
    ⑦ 냉동·냉장 창고시설
(2) 연면적 5천제곱미터 이상인 냉동·냉장 창고시설의 설비공사 및 단열공사
(3) 최대지간길이가 50[m] 이상인 교량건설 등 공사
(4) 터널건설 등의 공사
(5) 다목적댐, 발전용댐 및 저수용량 2천만톤 이상의 용수전용댐, 지방상수도 전용댐 건설 등의 공사
(6) 깊이 10[m] 이상인 굴착공사

참고
① 산업안전기사 필기 p.2-44(3. 유해위험방지계획서 제출대상 건설공사)
② 산업안전기사 필기 p.6-20(3. 유해위험방지계획서 제출대상 건설공사)

108 건설작업용 타워크레인의 안전장치로 옳지 않은 것은?

① 비상정지장치   ② 권과방지장치
③ 해지장치   ④ 자동보수장치

해설
크레인의 방호장치

종류	용도
권과방지 장치	양중기의 권상용 와이어로프 또는 지브등의 붐 권상용 와이어로프의 권과 방지 ㉠ 나사형 제동개폐기 ㉡ 롤러형 제동개폐기 ㉢ 캠형 제동개폐기
과부하 방지 장치	정격하중 이상의 하중 부하시 자동으로 상승정지되면서 경보음이나 경보등 발생
비상 정지장치	돌발사태 발생시 안전유지 위한 전원차단 및 크레인 급정지시키는 장치
제동 장치	운동체와 정지체의 기계적접촉에 의해 운동체를 감속하거나 정지 상태로 유지하는 기능을 하는 장치
기타 방호 장치	① 해지장치 ② 스토퍼(Stopper) ③ 이탈방지장치 ④ 안전밸브 등

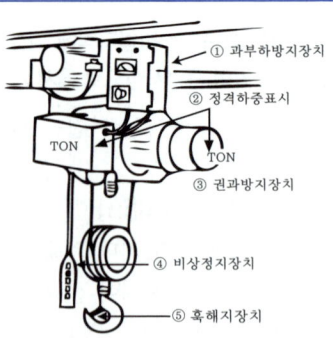

[그림] 크레인의 방호장치

[정답] 107 ② 108 ④

참고) 산업안전기사 필기 p.6-131(합격날개 : 합격예측)

KEY ① 2018년 8월 19일 기사 출제
② 2019년 3월 3일(문제 118번) 출제

109 이동식비계를 조립하여 작업을 하는 경우의 준수사항으로 옳지 않은 것은?

① 비계의 최상부에서 작업을 할 때에는 안전난간을 설치하여야 한다.
② 작업발판의 최대적재하중은 400[kg]을 초과하지 않도록 한다.
③ 승강용 사다리는 견고하게 설치하여야 한다.
④ 작업발판은 항상 수평을 유지하고 작업발판 위에서 안전난간을 딛고 작업을 하거나 받침대 또는 사다리를 사용하여 작업하지 않도록 한다.

해설

이동식 비계 작업발판 최대적재 하중 : 250[kg] 초과 금지

참고) 산업안전기사 필기 p.6-103(합격날개 : 합격예측 및 관련법규)

합격KEY ① 2017년 8월 26일 출제
② 2017년 3월 5일 산업기사 출제
③ 2018년 3월 4일 출제
④ 2018년 8월 19일(문제 113번) 출제

합격정보

산업안전보건기준에 관한 규칙 제68조 (이동식비계)

110 토사붕괴원인으로 옳지 않은 것은?

① 경사 및 기울기 증가
② 성토높이의 증가
③ 건설기계 등 하중작용
④ 토사중량의 감소

해설

토석붕괴 재해의 원인
(1) 외적 요인
① 사면, 법면의 경사 및 기울기의 증가
② 절토 및 성토 높이의 증가
③ 공사에 의한 진동 및 반복하중의 증가
④ 지표수 및 지하수의 침투에 의한 토사 중량의 증가
⑤ 지진, 차량, 구조물의 중량
⑥ 토사 및 암석의 혼합층 두께
(2) 내적 요인
① 절토 사면의 토질·암질
② 성토 사면의 토질
③ 토석의 강도 저하

참고) 산업안전산업기사 필기 p.6-55(1. 토석붕괴 재해의 원인)

KEY ① 2016년 5월 8일 출제
② 2019년 4월 27일 산업기사 등 10번 이상 출제

합격정보

굴착공사 표준안전작업지침 제28조(토석붕괴의 원인)

111 건설용 리프트의 붕괴 등을 방지하기 위해 받침의 수를 증가시키는 등 안전조치를 하여야 하는 순간풍속 기준은?

① 초당 15[m] 초과
② 초당 25[m] 초과
③ 초당 35[m] 초과
④ 초당 45[m] 초과

해설

건설용 리프트 붕괴 방지 풍속 : 순간 풍속 35[m/sec] 초과

참고) 산업안전기사 필기 p.6-144(합격날개 : 합격예측 및 관련법규)

KEY 2017년 5월 7일 산업기사(문제 90번) 출제

정보제공

산업안전보건기준에 관한 규칙 제154조(붕괴 등의 방지)

112 토사붕괴에 따른 재해를 방지하기 위한 흙막이 지보공 부재로 옳지 않은 것은?

① 흙막이판
② 말뚝
③ 턴버클
④ 띠장

해설

흙막이벽 부재(설비)의 종류
① 버팀대(strut)
② 띠장(wale)
③ 버팀대 기둥
④ 모서리 버팀대

참고) 산업안전기사 필기 p.6-122(문제 4번 적중)

보충학습

턴버클(turn buckle)
지지막대나 지지 와이어 로프 등의 길이를 조절하기 위한 기구, 철골 구조나 목조의 현장 조립 등에서 다시 세우기나 철근 가새 등에 사용

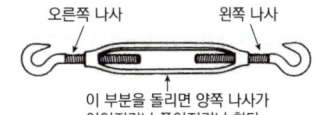

[그림] 턴 버클

[정답] 109 ② 110 ④ 111 ③ 112 ③

113 가설구조물의 특징으로 옳지 않은 것은?

① 연결재가 적은 구조로 되기 쉽다.
② 부재 결합이 간략하여 불안전 결합이다.
③ 구조물이라는 개념이 확고하여 조립의 정밀도가 높다.
④ 사용부재는 과소단면이거나 결함재가 되기 쉽다.

해설

가설 구조물의 특징
① 연결재가 부족하여 불안정해지기 쉽다.
② 부재 결합이 간략하고 불완전 결합이 많다.
③ 구조물이라는 통상의 개념이 확고하지 않아 조립의 정밀도가 낮다.
④ 부재는 과소 단면이거나 결함이 있는 재료가 사용되기 쉽다.

참고 산업안전기사 필기 p.6-87(1. 가설 구조물의 특징)

KEY 2022년 3월 5일(문제 106번) 출제

114 사다리식 통로 등의 구조에 대한 설치기준으로 옳지 않은 것은?

① 발판의 간격은 일정하게 할 것
② 발판과 벽과의 사이는 15[cm] 이상의 간격을 유지 할 것
③ 사다리식 통로의 길이가 10[m] 이상인 때에는 7[m] 이내마다 계단참을 설치할 것
④ 사다리의 상단은 걸쳐놓은 지점으로부터 60[cm] 이상 올라가도록 할 것

해설

사다리식 통로의 길이가 10[m] 이상인 경우에는 5[m] 이내마다 계단참을 설치할 것

참고 산업안전기사 필기 p.6-18(합격날개 : 합격예측 및 관련법규)

KEY
① 2016년 10월 1일 산업기사 출제
② 2017년 5월 7일 기사·산업기사 동시출제
③ 2018년 4월 28일 산업기사 출제
④ 2022년 3월 5일(문제 117번) 출제

합격정보
산업안전보건기준에 관한 규칙 제24조 (사다리식 통로등의 구조)

115 가설통로를 설치하는 경우 준수해야할 기준으로 옳지 않은 것은?

① 경사는 30[°] 이하로 할 것
② 경사가 25[°]를 초과하는 경우에는 미끄러지지 아니하는 구조로 할 것
③ 건설공사에 사용하는 높이 8[m] 이상인 비계다리에는 7[m] 이내마다 계단참을 설치할 것
④ 수직갱에 가설된 통로의 길이가 15[m] 이상인 때에는 10[m] 이내마다 계단참을 설치할 것

해설

경사가 15[°]를 초과하는 경우 미끄러지지 아니하는 구조로 할 것

참고 산업안전기사 필기 p.6-17(합격날개 : 합격예측 및 관련법규)

KEY
① 2021년 3월 7일(문제 112번) 출제
② 2022년 3월 5일(문제 104번) 출제

합격정보
산업안전보건기준에 관한 규칙 제23조(가설통로의 구조)

116 터널공사에서 발파작업 시 안전대책으로 옳지 않은 것은?

① 발파전 도화선 연결상태, 저항치 조사 등의 목적으로 도통시험 실시 및 발파기의 작동상태에 대한 사전점검 실시
② 모든 동력선은 발원점으로부터 최소한 15[m] 이상 후방으로 옮길 것
③ 지질, 암의 절리 등에 따라 화약량에 대한 검토 및 시방기준과 대비하여 안전조치 실시
④ 발파용 점화회선은 타동력선 및 조명회선과 한곳으로 통합하여 관리

해설

점화회선·타동력선·조명회선은 반드시 분리하여 관리한다.

KEY
① 2017년 9월 23일 기사·산업기사 동시출제
② 2018년 4월 28일 출제

합격정보
산업안전보건기준에 관한 규칙 제348조(발파의 작업 기준)

[정답] 113 ③ 114 ③ 115 ② 116 ④

117
건설업 산업안전보건관리비 계상 및 사용기준은 산업재해보상 보험법의 적용을 받는 공사 중 총 공사금액이 얼마 이상인 공사에 적용하는가?(단, 전기공사업법, 정보통신공사업법에 의한 공사는 제외)

① 4천만원　　② 3천만원
③ 2천만원　　④ 1천만원

해설
제3조(적용범위) 이 고시는 「산업재해보상보험법」 제6조의 규정에 의하여 「산업재해보상보험법」의 적용을 받는 공사중 총공사금액 2천만원 이상인 공사에 적용한다. 다만, 다음 각 호의 어느 하나에 해당되는 공사중 단가계약에 의하여 행하는 공사에 대하여는 총계약금액을 기준으로 이를 적용한다.

참고 산업안전기사 필기 p.6-38(합격날개 : 합격예측 및 관련법규)

KEY
① 2016년 3월 6일 기사 출제
② 2017년 5월 7일 산업기사 출제
③ 2017년 8월 26일 기사·산업기사 동시 출제
④ 2019년 8월 4일(문제 110번) 출제

정보제공
적용시기 : 2020년 7월 1일부터 2천만원 이상(고시2024-53호)

118
건설업의 공사금액이 850억 원일 경우 산업안전보건법령에 따른 안전관리자의 수로 옳은 것은?(단, 전체 공사기간을 100으로 할 때 공사 전·후 15에 해당하는 경우는 고려하지 않는다.)

① 1명 이상　　② 2명 이상
③ 3명 이상　　④ 4명 이상

해설
안전관리자 수
① 공사금액 50억 이상 800억 원 미만 : 1명
② 공사금액 800억 이상 1,500억 원 미만 : 2명
③ 공사금액 1,500억 이상 2,200억 원 미만 : 3명
④ 공사금액 2,200억 이상 3,000억 원 미만 : 4명

참고 산업안전기사 필기 p.1-211(49. 건설업)

합격정보
산업안전보건법 시행령 [별표 3] 안전관리자의 수 및 선임방법
2024. 7. 1. 개정법 적용

119
동바리의 침하를 방지하기 위한 직접적인 조치로 옳지 않은 것은?

① 수평연결재 사용　　② 받침목의 사용
③ 콘크리트의 타설　　④ 말뚝박기

해설
동바리의 침하 방지를 위한 직접적인 조치 4가지
① 받침목의 사용　　② 깔판의 사용
③ 콘크리트 타설　　④ 말뚝박기

참고 산업안전기사 필기 p.6-88(합격날개 : 합격예측 및 관련법규)

KEY 2022년 4월 24일 (문제 101번) 지문

정보제공
산업안전보건기준에 관한 규칙 제332조(동바리 조립시의 안전조치)

120
달비계를 사용하는 와이어로프의 사용금지 기준으로 옳지 않은 것은?

① 이음매가 있는 것
② 열과 전기충격에 의해 손상된 것
③ 지름의 감소가 공칭지름의 7[%]를 초과하는 것
④ 와이어로프의 한 꼬임에서 끊어진 소선의 수가 7[%] 이상인 것

해설
달비계에 사용하는 와이어로프 금지기준
① 이음매가 있는 것
② 와이어로프의 한 꼬임[스트랜드(strand)를 말한다. 이하 같다]에서 끊어진 소선(素線)[필러(pillar)선은 제외한다]의 수가 10[%] 이상(비자전로프의 경우에는 끊어진 소선의 수가 와이어로프 호칭지름의 6배 길이 이내에서 4개 이상이거나 호칭지름 30배 길이 이내에서 8개 이상)인 것
③ 지름의 감소가 공칭지름의 7[%]를 초과하는 것
④ 꼬인 것
⑤ 심하게 변형되거나 부식된 것
⑥ 열과 전기충격에 의해 손상된 것

참고 산업안전기사 필기 p.6-102(합격날개 : 합격예측 및 관련법규)

KEY
① 2017년 3월 5일 기사 출제
② 2018년 4월 28일 산업기사 출제
③ 2019년 8월 4일(문제 116번) 출제

정보제공
산업안전보건기준에 관한 규칙 제63조(달비계의 구조)

[정답] 117 ③　118 ②　119 ①　120 ④

산업안전기사 필기

2023년 2월 28일 시행 제1회
2023년 6월 04일 시행 제2회
2023년 7월 08일 시행 제3회

2023년도 기사 정기검정 제1회 (2023년 2월 28일 시행)

자격종목 및 등급(선택분야)
산업안전기사

종목코드	시험시간	수험번호	성명
1431	3시간	20230228	도서출판세화

※ 본 문제는 복원문제 및 2024 예적(예상적중) 문제로 실제문제와 동일하지 않을 수 있습니다.

1 산업재해 예방 및 안전보건교육

01 산업안전보건법령상 중대재해의 범위에 해당하지 않는 것은?

① 1명의 사망자가 발생한 재해
② 1개월의 요양을 요하는 부상자가 동시에 5명 발생한 재해
③ 3개월의 요양을 요하는 부상자가 동시에 3명 발생한 재해
④ 10명의 직업성 질병자가 동시에 발생한 재해

해설

중대재해의 종류 3가지
① 사망자가 1명 이상 발생한 재해
② 3개월 이상의 요양이 필요한 부상자가 동시에 2명 이상 발생한 재해
③ 부상자 또는 직업성 질병자가 동시에 10명 이상 발생한 재해

참고 산업안전기사 필기 p.1-4(6. 중대재해)

KEY ① 2016년 3월 8일 기사 및 산업기사 동시출제
② 2016년 5월 8일 기사 출제
③ 2020년 8월 22일 기사 출제

합격정보
산업안전보건법 시행규칙 제3조(중대재해의 범위)

02 산업안전보건법령상 잠함(潛函) 또는 잠수작업 등 높은 기압에서 작업하는 근로자의 근로시간 기준은?

① 1일 6시간, 1주 32시간 초과금지
② 1일 6시간, 1주 34시간 초과금지
③ 1일 8시간, 1주 32시간 초과금지
④ 1일 8시간, 1주 34시간 초과금지

해설

근로시간 연장의 제한
사업주는 유해하거나 위험한 작업으로서 대통령령으로 정하는 작업에 종사하는 근로자에게는 1일 6시간, 1주 34시간을 초과하여 근로하게 하여서는 아니된다. 예) 잠함 잠수작업

KEY 2017년 8월 26일(문제 18번) 출제

합격정보
산업안전보건법 제139조(유해·위험작업에 대한 근로시간 제한 등)

보충학습

잠함(caisson : 潛函)
지상에서 구축한 철근 콘크리트체의 상자나 통 형태의 지하 구축물(기초구조물, 하부 구조물)로써 그 밑을 굴착하여 소정의 위치까지 침하시키는 것.(출처 : 인테리어 용어사전)

03 다음 재해사례에서 기인물에 해당하는 것은?

> 기계작업에 배치된 작업자가 반장의 지시를 받기 전에 정지된 선반을 운전시키면서 변속치차의 덮개를 벗겨내고 치차를 저속으로 운전하면서 급유하려고 할때 오른손이 변속치차에 맞물려 손가락이 절단되었다.

① 덮개   ② 급유
③ 선반   ④ 변속치차

해설

재해발생의 분석시 3가지
① 기인물 : 불안전한 상태에 있는 물체(환경포함 : 선반)
② 가해물 : 직접 사람에게 접촉되어 위해를 가한 물체(변속치차)
③ 사고의 형태(재해형태) : 물체(가해물)와 사람과의 접촉현상(협착)

참고 ① 산업안전기사 필기 p.1-27(합격날개 : 합격예측)
② 산업안전기사 필기 p.1-27(합격날개 : 은행문제)

KEY 2015년 3월 8일 문제 8번 출제

보충학습

선반(旋盤 : Lathe)
가공할 공작물을 고정구에 물려 고정한 다음 빠른 속도로 회전시키면서 공구를 대어 가공하는 공작기계

[**정답**] 01 ② 02 ② 03 ③

04 레빈(Lewin)의 법칙 $B=f(P\cdot E)$ 중 B가 의미하는 것은?

① 인간관계 ② 행동
③ 환경 ④ 함수

해설

레빈의 인간행동법칙

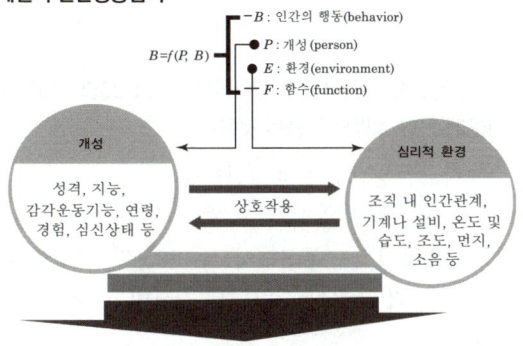

[그림] 인간의 행동이 결정됨

참고 ① 산업안전기사 필기 p.1-77(합격날개 : 합격예측)
② Lewin : 독일 출생의 미국인, 행동주의 심리학파

KEY ① 2011년 6월 12일 기사 출제
② 2016년 3월 6일 기사 출제
③ 2016년 10월 1일 기사 출제
④ 2017년 5월 7일 기사 출제
⑤ 2017년 8월 26일 기사 출제
⑥ 2017년 9월 23일 기사 출제
⑦ 2018년 3월 4일 기사 출제
⑧ 2018년 9월 15일 기사 출제
⑨ 2019년 9월 21일 기사 출제
⑩ 2020년 8월 22일 기사 출제

05 헤드십(headship)의 특성에 관한 설명으로 틀린 것은?

① 상사와 부하의 사회적 간격은 넓다.
② 지휘형태는 권위주의적이다.
③ 상사와 부하의 관계는 지배적이다.
④ 상사의 권한 근거는 비공식적이다.

해설

leadership과 headship의 비교

개인과 상황 변수	leadership	headship
권한 행사	선출된 리더	임명적 헤드
권한 부여	밑으로부터 동의	위에서 위임
권한 귀속	집단 목표에 기여한 공로 인정	공식화된 규정에 의함
상사와 부하와의 관계	개인적인 영향	지배적
부하와의 사회적 관계(간격)	좁음	넓음
지휘 형태	민주주의적	권위주의적
책임 귀속	상사와 부하	상사
권한 근거	개인적	법적 또는 공식적

참고 산업안전기사 필기 p.1-113 (5) leadership과 headship의 비교

KEY ① 2016년 3월 6일 기사 출제
② 2016년 8월 21일 기사 출제
③ 2016년 10월 1일 기사 출제
④ 2017년 5월 7일 기사 출제
⑤ 2017년 9월 23일 기사 출제
⑥ 2018년 3월 4일 기사, 산업기사 출제
⑦ 2018년 8월 19일 산업기사 출제
⑧ 2019년 9월 21일 산업기사 출제
⑨ 2020년 9월 27일 기사 출제
⑩ 2021년 5월 15일(문제 2번) 출제
⑪ 2022년 4월 24일(문제 20번) 출제

06 산업안전보건법에 따라 안전관리자를 정수 이상으로 증원하거나 교체하여 임명할 것을 명할 수 있는 경우가 아닌 것은?

① 중대재해가 연간 5건 발생한 경우
② 안전관리자가 질병으로 인하여 3개월 동안 직무를 수행할 수 없게 된 경우
③ 안전관리자가 질병 외의 사유로 인하여 6개월 동안 직무를 수행할 수 없게 된 경우
④ 해당 사업장의 연간재해율이 전체 평균재해율 이상인 경우

해설

안전관리자의 증원·교체임명
① 해당 사업장의 연간재해율이 같은 업종 평균재해율의 2배 이상인 때
② 중대재해가 연간 2건 이상 발생한 때
③ 관리자가 질병 그 밖의 사유로 3개월 이상 직무를 수행할 수 없게 된 때
④ 화학적 인자로 인한 직업성 질병자가 연간 3명 이상 발생한 경우

참고 산업안전기사 필기 p.1-221(제12조)

합격정보
산업안전보건법 시행규칙 제12조(안전관리자 등의 증원·교체 임명 명령)

KEY ① 2011년 3월 20일 기사 출제
② 2018년 3월 4일 기사 출제

[정답] 04 ② 05 ④ 06 ④

07
다음 중 근로자가 물체의 낙하 또는 비래 및 추락에 의한 위험을 방지 또는 경감하고, 머리부위 감전에 의한 위험을 방지하고자 할 때 사용하여야 하는 안전모의 종류로 가장 적합한 것은?

① A형
② AB형
③ ABE형
④ AE형

[해설]

안전모의 종류 및 용도

종류 기호	사용구분
AB	물체낙하, 날아옴, 추락에 의한 위험을 방지, 경감시키는 것
AE	물체낙하, 날아옴에 의한 위험을 방지 또는 경감하고 머리부위 감전에 의한 위험을 방지하기 위한 것
ABE	물체의 낙하 또는 날아옴 및 추락에 의한 위험을 방지하기 위한 것 및 감전 방지용

[참고] 산업안전기사 필기 p.1-52(1. 안전모)

[KEY] 2012년 3월 4일 기사 출제

08
산업안전보건법령상 안전보건표지의 색채와 사용사례의 연결이 틀린 것은?

① 노란색 – 정지신호, 소화설비 및 그 장소, 유해행위의 금지
② 파란색 – 특정 행위의 지시 및 사실의 고지
③ 빨간색 – 화학물질 취급장소에서의 유해·위험 경고
④ 녹색 – 비상구 및 피난소, 사람 또는 차량의 통행 표지

[해설]

안전보건표지의 색채, 색도기준 및 용도

색채	색도기준	용도	사용 예
빨간색	7.5R 4/14	금지	정지신호, 소화설비 및 그 장소, 유해행위의 금지
		경고	화학물질 취급장소에서의 유해위험 경고
노란색	5Y 8.5/12	경고	화학물질 취급장소에서의 유해위험 경고, 이외 위험 경고, 주의표지 또는 기계방호물
파란색	2.5PB 4/10	지시	특정 행위의 지시 및 사실의 고지
녹색	2.5G 4/10	안내	비상구 및 피난소, 사람 또는 차량의 통행표지
흰색	N9.5		파란색 또는 녹색에 대한 보조색
검은색	N0.5		문자 및 빨간색 또는 노란색에 대한 보조색

[참고] 산업안전기사 필기 p.1-62(5. 안전보건표지의 색도기준 및 용도)

[KEY]
① 2017년 3월 5일 기사 출제
② 2017년 8월 26일 산업기사 출제
③ 2018년 3월 4일 기사 출제
④ 2019년 9월 21일 기사, 산업기사 출제
⑤ 2020년 8월 22일 기사 출제

[합격정보]
산업안전보건법 시행규칙 [별표 8] 안전보건표지의 색채, 색도기준 및 용도

09
다음 중 하인리히가 제시한 1 : 29 : 300의 재해구성비율에 관한 설명으로 틀린 것은?

① 총 사고발생건수는 300[건]이다.
② 중상 또는 사망은 1[건] 발생된다.
③ 고장이 포함되는 무상해사고는 300[건] 발생된다.
④ 인적, 물적 손실이 수반되는 경상이 29[건] 발생된다.

[해설]

하인리히법칙(1 : 29 : 300 재해구성비율)

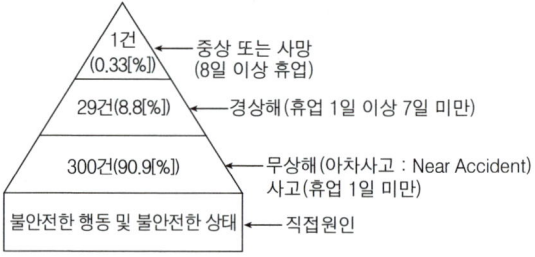

[참고] 산업안전기사 필기 p.3-33 (1) 하인리히 1 : 29 : 300

[보충학습]
총사고 발생건수 = 중상해(사망) 1[건] + 경상해 29[건] + 무상해 사고 300[건] = 330[건]

[보충학습]
1대 29대 300의 법칙(하인리히 법칙역사)
보험설계사가 고객 상담을 통해 사고를 분석해 본 결과, 노동 재해가 발생하는 과정에 중상자 한 명이 나오면 그 전에 같은 원인으로 발생한 경상자가 29[명], 또 운 좋게 재난은 피했지만 같은 원인으로 부상을 당할 뻔한 잠재적 상해자가 300[명]이 있었다. 즉 '1대 29대 300의 법칙'이 발견되었다.
H.W.하인리히 : 1930년대 초 미국 한 보험회사 관리

[KEY]
① 2014년 3월 2일 기사 출제
② 2016년 8월 21일 기사 출제
③ 2021년 8월 14일 기사 출제

[정답] 07 ③ 08 ① 09 ①

10. 다음 중 교육훈련 방법에 있어 OJT(On the Job Training)의 특징이 아닌 것은?

① 다수의 근로자들에게 조직적 훈련이 가능하다.
② 개개인에게 적절한 지도 훈련이 가능하다.
③ 훈련 효과에 의해 상호 신뢰이해도가 높아진다.
④ 직장의 실정에 맞게 실제적 훈련이 가능하다.

해설

OJT의 특징
① 개개인에게 적절한 지도훈련이 가능하다.
② 직장의 실정에 맞게 실제적 훈련이 가능하다.
③ 즉시 업무에 연결되는 관계로 몸과 관련이 있다.
④ 훈련에 필요한 업무의 계속성이 끊어지지 않는다.
⑤ 효과가 곧 업무에 나타나며 훈련의 좋고 나쁨에 따라 개선이 쉽다.
⑥ 훈련효과를 보고 상호 신뢰, 이해도가 높아지는 것이 가능하다.

참고 산업안전기사 필기 p.1-142(표. OJT와 OFFJT의 특징)

KEY
① 2017년 3월 5일 기사 출제
② 2017년 5월 7일 기사 출제
③ 2018년 3월 4일 기사 출제
④ 2018년 8월 19일 기사, 산업기사 출제
⑤ 2019년 3월 3일 기사, 산업기사 출제
⑥ 2019년 4월 27일 기사 출제
⑦ 2020년 6월 14일 산업기사 출제
⑧ 2020년 8월 22일 기사 출제

11. 산업안전보건법령상 산업안전보건위원회의 사용자 위원에 해당되지 않는 사람은? (단, 각 사업장은 해당하는 사람을 선임하여야 하는 대상 사업장으로 한다.)

① 안전관리자
② 산업보건의
③ 명예산업안전감독관
④ 해당 사업장 부서의 장

해설

근로자 위원의 종류
① 근로자 대표
② 명예산업안전감독관이 위촉되어 있는 사업장의 경우 근로자대표가 지명하는 1명 이상의 명예산업안전감독관
③ 근로자대표가 지명하는 9명(근로자인 제②호의 위원이 있는 경우에는 9명에서 그 위원의 수를 제외한 수를 말한다) 이내의 해당 사업장의 근로자

참고 산업안전기사 필기 p.1-193(제35조)

KEY 2020년 6월 7일 기사 출제

합격정보
① 산업안전보건법 시행령 제35조(산업안전보건위원회의 구성)
② 2023. 9. 28. 「대통령령 제33597호」 적용

12. 주의(Attention)의 특성에 관한 설명 중 틀린 것은?

① 고도의 주의는 장시간 지속하기 어렵다.
② 한 지점에 주의를 집중하면 다른 곳의 주의는 약해진다.
③ 최고의 주의 집중은 의식의 과잉상태에서 가능하다.
④ 여러 자극을 지각할 때 소수의 현란한 자극에 선택적 주의를 기울이는 경향이 있다.

해설

주의의 특성 3가지
① 선택성 : 사람은 한 번에 여러 종류의 자극을 자각하거나 수용하지 못하며 소수의 특정한 것으로 한정해서 선택하는 기능을 말한다.
② 방향성 : 공간적으로 보면 시선의 초점에 맞았을 때는 쉽게 인지되지만 시선에서 벗어난 부분은 무시되기 쉽다.
③ 변동(단속)성 : 주의는 리듬이 있어 언제나 일정한 수순을 지키지는 못한다.

참고 산업안전기사 필기 p.1-117(2. 인간의 주의 특성)

KEY
① 2016년 5월 8일 출제
② 2016년 10월 1일 출제
③ 2017년 3월 4일 산업기사 출제
④ 2018년 4월 28일(문제 22번) 출제
⑤ 2020년 9월 27일(문제 38번) 출제
⑥ 2021년 9월 12일 건설안전기사 출제

보충학습

Phase IV(과긴장상태) 단계
① 목전의 사건에 깜짝 놀라 거기에 주의를 빼앗기거나 조작을 잘못하는 에러 행동이 나오기 쉽다. (예) 당황, Panic)
② 일본의 의학자 "하시모토 쿠니데" 제시

13. 다음 중 재해통계에 있어 강도율이 2.0인 경우에 대한 설명으로 옳은 것은?

① 한 건의 재해로 인해 전체 작업비용의 2.0[%]에 해당하는 손실이 발생하였다.
② 근로자 1,000[명]당 2.0[건]의 재해가 발생하였다.
③ 근로시간 1,000[시간]당 2.0[건]의 재해가 발생하였다.
④ 근로시간 1,000[시간]당 2.0[일]의 근로손실이 발생하였다.

[정답] 10 ① 11 ③ 12 ③ 13 ④

해설

강도율(S.R : Severity Rate of Injury)
① 산재로 인한 1,000[시간]당 근로손실일수를 말함(산업재해의 경중의 정도)
② 강도율 = $\dfrac{\text{총요양근로손실일수}}{\text{연근로시간수}} \times 1,000$
③ 강도율 2라는 뜻은 1,000[시간]당 작업시 2[일]의 근로손실이 발생한다는 뜻

[참고] 산업안전기사 필기 p.3-44(4. 강도율)

[KEY] 2022년 3월 5일 기사 등 20회 이상 출제

[합격정보]
산업재해통계업무처리규정 제3조(산업재해통계의 산출방법 및 정의)

---

14 맥그리거(Mcgregor)의 X,Y 이론에서 X 이론에 대한 관리 처방으로 볼 수 없는 것은?

① 직무의 확장
② 권위주의적 리더십의 확립
③ 경제적 보상체제의 강화
④ 면밀한 감독과 엄격한 통제

해설

X·Y 이론의 관리처방

X 이론	Y 이론
경제적 보상 체제의 강화	민주적 리더십의 확립
권위주의적 리더십의 확보	분권화의 권한과 위임
면밀한 감독과 엄격한 통제	목표에 의한 관리
상부책임제도의 강화	직무확장
조직구조의 고층성	비공식적 조직의 활용
	자체평가제도의 활성화

[참고] 산업안전기사 필기 p.1-100(표. X·Y 이론의 관리처방)

[KEY] ① 2016년 3월 6일 기사 출제
② 2016년 5월 8일 기사 출제
③ 2018년 3월 4일 기사 출제
④ 2019년 3월 3일 기사 출제
⑤ 2020년 6월 7일 기사 출제

[참고] 더글라스 맥그리거(Douglas Mcgregor) : 심리학자이자 교수 (미국 안티오크대학 총장)

---

15 다음 설명에 해당하는 학습 지도의 원리는?

> 학습자가 지니고 있는 각자의 요구와 능력등에 알맞은 학습활동의 기회를 마련해주어야 한다는 원리

① 직관의 원리
② 자기활동의 원리
③ 개별화의 원리
④ 사회화의 원리

해설

교육(학습)지도 원리
① 자발성(자기활동)의 원리 : 학습자 자신이 자발적으로 학습에 참여하는 데 중점을 둔 원리
② 개별화의 원리 : 학습자가 지니고 있는 각자의 요구와 능력 등에 알맞은 학습활동의 기회를 마련해 주어야 한다는 원리(계열성 원리)
③ 사회화의 원리 : 학습내용을 현실 사회의 사상과 문제를 기반으로 하여 학교에서 경험한 것과 사회에서 경험한 것을 교류시키고 공동학습을 통해서 협력적이고 우호적인 학습을 진행하는 원리

[참고] 산업안전기사 필기 p.1-122(3. 학습지도원리)

[KEY] ① 2017년 9월 23일 기사 출제
② 2018년 4월 28일 기사 출제
③ 2020년 9월 27일 기사 출제

---

16 주로 관리감독자를 교육대상자로 하며 직무에 관한 지식, 작업을 가르치는 능력, 작업방법을 개선하는 기능 등을 교육내용으로 하는 기업 내 정형교육의 종류는?

① TWI(Training Within Industry)
② MTP(Management Training Program)
③ ATT(American Telephone Telegram)
④ ATP(Administration Training Program)

해설

TWI(Training Within Industry)
주로 감독자를 교육대상자로 하며, 감독자는
① 직무에 관한 지식
② 책임에 관한 지식
③ 작업을 가르치는 능력
④ 작업방법을 개선하는 기능
⑤ 사람을 다루는 기량의 5가지 요건을 구비해야 한다는 전제하에 ③, ④, ⑤항을 교육내용으로 하며, 전체 교육시간은 10시간으로, 1일 2시간씩 5일간 실시한다. 한 클래스는 10명 정도, 토의식과 실연법을 중심으로 한다. 오늘날은 작업 안전 훈련 과정을 포함하여 4개 과정으로 하고 있다.

[참고] 산업안전기사 필기 p.1-145(2. 관리감독자 교육)

[정답] 14 ① 15 ③ 16 ①

보충학습

① MTP : 관리자 훈련, 부장, 과장, 계장 등 중간 관리층을 대상으로 하는 관리자 훈련을 말한다.
② ATT : 미국 전신 전화 회사가 만든 것으로 직급 상하를 떠나 부하직원이 상사에 지도원이 될 수 있다.
③ CCS : 정책의 수립, 조직, 통제 및 운영으로 되어 있으며, 강의법에 토의법이 가미된 것이다.

KEY
① 2016년 3월 6일 기사, 산업기사 출제
② 2016년 8월 21일 산업기사 출제
③ 2017년 5월 7일 산업기사 출제
④ 2017년 8월 26일 산업기사 출제
⑤ 2018년 3월 4일 기사, 산업기사 출제
⑥ 2018년 4월 28일 기사 출제
⑦ 2019년 3월 3일 기사 출제
⑧ 2019년 8월 4일 산업기사 출제
⑨ 2020년 6월 7일 기사 출제
⑩ 2021년 5월 15일 기사 출제

17 국제노동기구(ILO)의 산업재해 정도구분에서 부상 결과 근로자가 신체장해등급 제12급 판정을 받았다면 이는 어느 정도의 부상을 의미하는가?

① 영구 전노동불능
② 영구 일부노동불능
③ 일시 전노동불능
④ 일시 일부노동불능

해설
영구 일부노동불능 상해
① 부상 결과로 신체 부분의 일부가 노동 기능을 상실한 부상
② 신체 장해 등급 제4급에서 제14급에 해당

참고 산업안전기사 필기 p.1-5(8. ILO의 근로불능 상해의 종류)

KEY
① 2018년 4월 28일 기사 출제
② 2019년 3월 3일 기사 출제
③ 2020년 8월 22일 기사 출제

18 참가자가 다수인 경우에 전원을 토의에 참가시키기 위한 방법으로 소집단을 구성하여 회의를 진행시키며 6-6 회의라고도 하는 것은?

① 포럼(Forum)
② 심포지엄(Symposium)
③ 버즈 세션(Buzz Session)
④ 패널 디스커션(Panel Discussion)

해설
버즈 세션(Buzz Session)
① 6-6회의라고도 한다.
② 먼저 사회자와 기록계를 선출한 후 나머지 사람은 6명씩의 소집단으로 구분하고, 소집단별로 각각 사회자를 선발하여 6분씩 자유토의를 행하여 의견을 종합하는 방법이다.

참고 산업안전기사 필기 p.1-144 (⑥ 버즈 세션)

KEY
① 2015년 3월 8일(문제 12번) 출제
② 2015년 5월 31일(문제 13번) 출제
③ 2016년 3월 6일 기사 출제
④ 2017년 8월 26일 기사 출제
⑤ 2019년 8월 4일 산업기사 출제
⑥ 2020년 8월 22일 기사 출제

19 브레인스토밍 기법에 관한 설명으로 옳은 것은?

① 타인의 의견을 수정하지 않는다.
② 지정된 표현방식에서 벗어나 자유롭게 의견을 제시한다.
③ 참여자에게는 동일한 횟수의 의견제시 기회가 부여된다.
④ 주제와 내용이 다르거나 잘못된 의견은 지적하여 조정한다.

해설
BS의 4원칙
① 타인의 의견을 수정권장(발언)한다.
② 지정된 표현방식에서 벗어나 자유롭게 의견을 제시한다 : 자유분방
③ 참여자에게는 동일한 횟수의 의견제시 무제한 기회
④ 주제와 내용이 다르거나 잘못된 의견은 비판금지

참고 산업안전기사 필기 p.1-14(3. BS의 4원칙)

KEY 2020년 9월 27일 기사 등 10번 이상 출제

20 방진마스크의 사용 조건 중 산소농도의 최소기준으로 옳은 것은?

① 16[%]
② 18[%]
③ 21[%]
④ 23.5[%]

【 정답 】 17 ② 18 ③ 19 ② 20 ②

해설

방진·방독마스크 조건
O_2(산소) 농도 최소기준 : 18[%] 이상

[참고] 산업안전기사 필기 p.1-55(2. 방진·방독마스크)

[KEY] 2017년 5월 7일 기사 출제

[실기작업형 출제사례]
"적정한 공기"라 함은 산소농도의 범위가 (①)[%] 이상, (②)[%] 미만, 이산화탄소의 농도가 (③)[%] 미만, 일산화탄소 농도가 30[ppm] 미만, 황화수소의 농도가 (④)[ppm] 미만인 수준의 공기를 말한다.

[해답] ① 18 ② 23.5 ③ 1.5 ④ 10

[합격정보]
산업안전보건기준에 관한 규칙 제618조 (정의)(2024. 1. 1. 적용)

2 인간공학 및 위험성 평가·관리

21 의도는 올바른 것이었지만 행동이 의도한 것과는 다르게 나타나는 오류를 무엇이라 하는가?

① Slip
② Mistake
③ Lapse
④ Violation

해설

인간의 오류 모형

구분	특징
착각(Illusion)	감각적으로 물리현상을 왜곡하는 지각 오류
착오(Mistake)	상황해석을 잘못하거나 목표를 잘못 이해하고 착각하여 행하는 인간의 실수로 위치, 순서, 패턴, 형상, 기억오류 등 외부적 요인에 의해 나타나는 오류
실수(Slip)	의도는 올바른 것이었지만, 행동이 의도한 것과는 다르게 나타나는 오류
건망증(Lapse)	일련의 과정에서 일부를 빠뜨리거나 기억의 실패에 의해 발생하는 오류
위반(Violation)	정해진 규칙을 알고 있음에도 의도적으로 따르지 않거나 무시한 경우에 발생하는 오류

[참고] 산업안전기사 필기 p.2-19(합격날개 : 합격예측)

[KEY] ① 2009년 5월 10일(문제 35번) 출제
② 2017년 8월 26일 기사 출제
③ 2019년 3월 3일 기사 출제
④ 2019년 4월 27일 기사 출제
⑤ 2021년 5월 15일 기사 출제

22 산업안전보건법령상 사업주가 유해위험방지계획서를 제출할 때에는 사업장 별로 관련 서류를 첨부하여 해당 작업 시작 며칠 전까지 해당 기관에 제출하여야 하는가?

① 7일
② 15일
③ 30일
④ 60일

해설

유해위험방지 계획서 제출시기 및 부수
① 제조업 : 해당 작업시작 15일 전까지 공단에 2부 제출
② 건설업 : 공사 착공전날까지 공단에 2부 제출

[참고] ① 공단 : 한국산업안전보건공단
② 산업안전기사 필기 p.2-37(③ 법적목적)

[합격정보]
① 산업안전보건법 시행규칙 제42조(제출서류등)
② 2023. 1. 1 개정「고용노동부령 제363호」적용

[KEY] ① 2016년 3월 6일 기사 출제
② 2017년 9월 23일 기사 출제
③ 2022년 4월 24일 기사 출제

23 부품 배치의 원칙 중 기능적으로 관련된 부품들을 모아서 배치한다는 원칙은?

① 중요성의 원칙
② 사용 빈도의 원칙
③ 사용 순서의 원칙
④ 기능별 배치의 원칙

해설

부품 배치의 4원칙
① 중요성의 원칙
② 기능별 배치의 원칙
③ 사용순서의 원칙
④ 사용빈도의 원칙

[참고] 산업안전기사 필기 p.2-160(2. 부품배치의 4원칙)

[KEY] ① 2018년 3월 4일 기사, 산업기사 출제
② 2018년 8월 19일 산업기사 출제
③ 2019년 3월 3일 산업기사 출제
④ 2020년 6월 14일 산업기사 출제
⑤ 2021년 3월 7일(문제 49번) 출제

[보충학습]
기능별 배치의 원칙 : 기능적으로 관련된 부품을 모아서 배치
(예) 표시장치, 조정장치

[정답] 21 ① 22 ② 23 ④

24 다음 중 FT도에서 최소 컷셋을 올바르게 구한 것은?

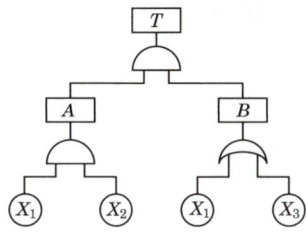

① (X_1, X_2) ② (X_1, X_3)
③ (X_2, X_3) ④ (X_1, X_2, X_3)

해설

최소컷셋
$$T = A \cdot B = \frac{X_1}{X_2} \cdot B = \frac{X_1 X_2 X_1}{X_1 X_2 X_3}$$
① 컷셋 : $(X_1 X_2)(X_1 X_2 X_3)$
② 미니멀 컷셋 : $(X_1 X_2)$

참고 산업안전기사 필기 p.2-77(5. 컷셋·미니멀 컷셋 요약)

KEY
① 2016년 10월 1일 출제
② 2017년 3월 5일 기사 출제
③ 2021년 8월 14일 기사 출제

25 자동차를 생산하는 공장의 어떤 근로자가 95[dB](A)의 소음수준에서 하루 8시간 작업하며 매 시간 조용한 휴게실에서 20분씩 휴식을 취한다고 가정하였을 때, 8시간 시간가중평균(TWA)은?(단, 소음은 누적소음노출량측정기로 측정하였으며, OSHA에서 정한 95[dB](A)의 허용시간은 4시간이라 가정한다.)

① 약 91[dB](A) ② 약 92[dB](A)
③ 약 93[dB](A) ④ 약 94[dB](A)

해설

시간가중평균(TWA)
① 소음노출량(D) = $\frac{\text{가동시간}}{\text{기준시간(hr)}} \times 100$
$= \frac{8 \times (60-20)}{60 \times 4} \times 100 = 133[\%]$
② TWA = $16.61 \times \log \frac{133}{100} + 90 = 92.06[dB]$

참고 가동시간 : $40 \times 8 = 320[\text{분}] = 5.3[\text{시간}]$
기준시간 : 4[시간]
누적소음노출량 : D = $\frac{5.3}{4} \times 100 = 133[\%]$
TWA = $16.61\log(\frac{D}{100}) + 90$
D = $\frac{\text{가동시간(hr)}}{\text{기준시간(hr)}}$

보충학습
"시간 가중 평균 농도(TWA)"라 함은 1일 8시간 작업을 기준으로 하여 유해요인의 측정 농도에 발생 시간을 곱하여 8시간으로 나눈 농도를 말하며 산출 공식은 다음과 같다.

TWA 농도 = $\frac{C_1 \cdot T_1 + C_2 \cdot T_2 + \cdots C_n \cdot T_n}{8}$

※ C : 유해 요인의 측정 농도(단위 : ppm 또는 mg/m³)
T : 유해 요인의 발생 시간(단위 : 시간)

합격정보
작업환경 측정 및 정도 관리 등에 관한 고시 제36조(소음수준의 평가)

26 다음 중 광원의 밝기에 비례하고, 거리의 제곱에 반비례하며, 반사체의 반사율과는 상관없이 일정한 값을 갖는 것은?

① 광도 ② 휘도
③ 조도 ④ 휘광

해설

조도
① 거리가 증가할 때에 조도는 역제곱의 법칙에 따라 감소한다.
② 공식 : 조도 = $\frac{\text{광도(광원의 밝기)[cd]}}{(\text{거리})^2}$ = $\frac{\text{비례}}{\text{반비례}}$

참고 산업안전기사 필기 p.2-169(2. 조명)

합격정보
산업안전보건기준에 관한 규칙 제8조(조도)

27 다음 중 반응시간이 가장 느린 감각은?

① 청각 ② 시각
③ 미각 ④ 통각

해설

감각 기능별 반응시간
① 청각 : 0.17[초] ② 촉각 : 0.18[초]
③ 시각 : 0.20[초] ④ 미각 : 0.29[초]
⑤ 통각 : 0.7[초]

참고 산업안전기사 필기 p.1-139(다. 감각 기능별 반응시간)

KEY
① 2007년 5월 13일(문제 27번) 출제
② 2014년 3월 2일 기사 출제

합격자의 증언
1과목, 2과목 공통문제

[정답] 24 ① 25 ② 26 ③ 27 ④

과년도 출제문제

28 다음 중 욕조곡선에서의 고장 형태에서 일정한 형태의 고장률이 나타나는 구간은?

① 초기고장률 구간 ② 마모고장 구간
③ 피로고장 구간   ④ 우발고장 구간

> **해설**
>
> **우발고장의 특징**
> (1) 정의
>   ① 예측할 수 없을 때에 생기는 고장으로 시운전이나 점검작업으로는 방지할 수 없다.
>   ② 요소의 우발고장에 있어서는 평균고장시간과 비율을 알고 있으면 제어계 전체 고장을 일으키지 않는 신뢰도를 구할 수 있다.(일정형 고장)
> (2) 우발고장의 고장발생원인
>   ① 안전계수가 낮기 때문에
>   ② stress가 strength보다 크기 때문에
>   ③ 사용자의 과오 때문에
>   ④ 최선의 검사방법으로도 탐지되지 않은 결함 때문에
>   ⑤ 디버깅 중에도 발견되지 않는 고장 때문에
>   ⑥ 예방보전에 의해서도 예방될 수 없는 고장 때문에
>   ⑦ 천재지변에 의한 고장 때문에

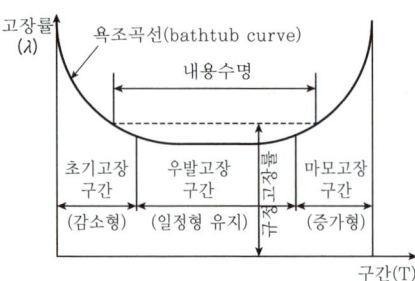

[그림] 욕조곡선

> **참고** 산업안전기사 필기 p.2-12(2. 우발고장)
>
> **KEY** ① 2009년 5월 10일(문제 28번)
> ② 2016년 3월 6일 기사 출제
> ③ 2018년 8월 19일 기사 출제
> ④ 2019년 8월 4일 산업기사 출제
> ⑤ 2021년 5월 15일 기사 출제

29 동작경제의 원칙에 해당하지 않는 것은?

① 공구의 기능을 각각 분리하여 사용하도록 한다.
② 두 팔의 동작은 동시에 서로 반대방향으로 대칭적으로 움직이도록 한다.
③ 공구나 재료는 작업동작이 원활하게 수행되도록 그 위치를 정해준다.
④ 가능하다면 쉽고도 자연스러운 리듬이 작업동작에 생기도록 작업을 배치한다.

> **해설**
>
> **공구 및 설비 디자인에 관한 원칙**
> **(Design of tools and equipment)**
> ① 치구나 발로 작동시키는 기기를 사용할 수 있는 작업에서는 이러한 기기를 활용하여 양손이 다른 일을 할 수 있도록 한다.
> ② 공구의 기능은 결합하여서 사용하도록 한다.
> ③ 공구와 재료는 가능한 한 사용하기 쉽도록 미리 위치를 잡아준다.
> ④ 각 손가락이 서로 다른 작업을 할 때에는 작업량을 각 손가락의 능력에 맞도록 분배해야 한다.
> ⑤ 레버, 핸들 및 통제기기는 작업자가 몸의 자세를 크게 바꾸지 않더라도 조작하기 쉽도록 배열한다.
>
> **참고** 산업안전기사 필기 p.2-76(3. 공구 및 설비 디자인에 관한 원칙)
>
> **KEY** 2023년 4월 1일 산업안전(보건)지도사 출제

30 다음 중 청각적 표시장치보다 시각적 표시장치를 이용하는 경우가 더 유리한 경우는?

① 메시지가 간단한 경우
② 메시지가 추후에 재참조되지 않는 경우
③ 직무상 수신자가 자주 움직이는 경우
④ 메시지가 즉각적인 행동을 요구하지 않는 경우

> **해설**
>
> **청각장치와 시각장치의 사용 경위**
>
> | 청각장치 사용 예 | 시각장치 사용 예 |
> |---|---|
> | ① 전언이 간단할 경우 | ① 전언이 복잡할 경우 |
> | ② 전언이 짧을 경우 | ② 전언이 길 경우 |
> | ③ 전언이 후에 재참조되지 않을 경우 | ③ 전언이 후에 재참조될 경우 |
> | ④ 전언이 시간적인 사상(event)을 다룰 경우 | ④ 전언이 공간적인 위치를 다룰 경우 |
> | ⑤ 전언이 즉각적인 행동을 요구할 경우 | ⑤ 전언이 즉각적인 행동을 요구하지 않을 경우 |
> | ⑥ 수신자의 시각 계통이 과부하 상태일 경우 | ⑥ 수신자의 청각 계통이 과부하 상태일 경우 |
> | ⑦ 수신 장소가 너무 밝거나 암조응(暗調應) 유지가 필요할 경우 | ⑦ 수신 장소가 너무 시끄러울 경우 |
> | ⑧ 직무상 수신자가 자주 움직이는 경우 | ⑧ 직무상 수신자가 한 곳에 머무르는 경우 |
>
> **참고** 산업안전기사 필기 p.2-31(문제 43번)
>
> **KEY** ① 2015년 3월 8일(문제 26번) 출제
> ② 2016년 3월 6일 기사 출제
> ③ 2017년 5월 7일 산업기사 출제
> ④ 2018년 3월 4일, 4월 28일 산업기사 출제
> ⑤ 2018년 8월 19일, 9월 15일 산업기사 출제
> ⑥ 2019년 4월 27일, 9월 21일 산업기사 출제
> ⑦ 2019년 8월 4일 기사 출제
> ⑧ 2020년 6월 7일 기사 출제
> ⑨ 2021년 3월 7일, 5월 15일 기사 출제

[정답] 28 ④ 29 ① 30 ④

31. 의자 설계 시 고려해야할 일반적인 원리와 가장 거리가 먼 것은?

① 자세고정을 줄인다.
② 조정이 용이해야 한다.
③ 디스크가 받는 압력을 줄인다.
④ 요추 부위의 후만곡선을 유지한다.

[해설]

의자설계시 인간공학적 원칙 4가지
① 등받이의 굴곡은 요추의 굴곡(전만곡)과 일치해야 한다.
② 좌면의 높이는 사람의 신장에 따라 조절 가능해야 한다.
③ 정적인 부하와 고정된 작업자세를 피해야 한다.
④ 의자의 높이는 오금의 높이보다 같거나 낮아야 한다.

[참고] 산업안전기사 필기 p.2-163(합격날개 : 합격예측)

[KEY] ① 2017년 3월 5일 기사 출제
② 2020년 6월 7일 기사 출제

32. 다음 중 근골격계부담작업에 속하지 않는 것은?

① 하루에 10[회] 이상 25[kg] 이상의 물체를 드는 작업
② 하루에 총 2[시간] 이상 목, 어깨, 팔꿈치, 손목 또는 손을 사용하여 같은 동작을 반복하는 작업
③ 하루에 총 2[시간] 이상 쪼그리고 앉거나 무릎을 굽힌 자세에서 이루어지는 작업
④ 하루에 총 2[시간] 이상 시간당 5[회] 이상 손 또는 무릎을 사용하여 반복적으로 충격을 가하는 작업

[해설]

근골격계 부담작업
① 하루 4[시간] 이상 집중적으로 자료입력 등을 위해 키보드 또는 마우스를 조작하는 작업
② 하루 2[시간] 이상 목, 어깨, 팔꿈치, 손목 또는 손을 사용하여 같은 동작을 반복하는 작업
③ 하루에 2[시간] 이상 머리 위에 손이 있거나, 팔꿈치가 어깨 위에 있거나, 팔꿈치를 몸통으로부터 들거나 팔꿈치를 몸통 뒤쪽에 위치하도록 하는 상태에서 이루어지는 작업
④ 지지되지 않은 상태이거나 임의로 자세를 바꿀 수 없는 조건에서 하루에 총 2[시간] 이상 목이나 허리를 구부리거나 트는 상태에서 이루어지는 작업
⑤ 하루에 2[시간] 이상 쪼그리고 앉거나 무릎을 굽힌 자세에서 이루어지는 작업
⑥ 하루에 2[시간] 이상 지지되지 않은 상태에서 1[kg] 이상의 물건을 한 손의 손가락으로 집어 옮기거나, 2[kg] 이상에 상응하는 힘을 가하여 한 손의 손가락으로 물건을 쥐는 작업
⑦ 하루에 2[시간] 이상 지지되지 않은 상태에서 4.5[kg] 이상의 물건을 한손으로 들거나 동일한 힘으로 쥐는 작업
⑧ 하루에 10[회] 이상 25[kg] 이상의 물체를 드는 작업
⑨ 하루에 25[회] 이상 10[kg] 이상의 물체를 무릎 아래에서 들거나 어깨 위에서 들거나 팔을 뻗은 상태에서 드는 작업
⑩ 하루에 2[시간] 이상 분당 2[회] 이상 4.5[kg] 이상의 물체를 드는 작업
⑪ 하루에 2[시간] 이상 시간당 10[회] 이상 손 또는 무릎을 사용하여 반복적으로 충격을 가하는 작업

[참고] 산업안전기사 필기 p.2-112(2. 근골격계 부담 작업)

[KEY] ① 2018년 8월 19일 기사 출제
② 2022년 3월 5일 기사 출제

[합격정보]
근골격계 부담 작업의 범위
고시 제2020-12호(제1조) 근골격계 부담 작업

33. 다음 중 일반적인 화학설비에 대한 안전성 평가(safety assessment) 절차에 있어 안전대책 단계에 해당되지 않는 것은?

① 보전
② 설비 대책
③ 위험도 평가
④ 관리적 대책

[해설]

화학설비의 안전성 평가 6단계
① 제1단계 : 관계자료의 작성준비
② 제2단계 : 정성적 평가
③ 제3단계 : 정량적 평가(위험도 평가)
④ 제4단계 : 안전대책
 ㉮ 설비대책 : 안전장치 및 방재장치에 관해서 배려한다.
 ㉯ 관리적 대책 : 인원배치, 교육훈련 및 보전에 관해서 배려한다.
⑤ 제5단계 : 재평가
⑥ 제6단계 : FTA에 의한 평가

[참고] 산업안전기사 필기 p.2-40(4. 4단계 : 안전대책수립)

[KEY] 2023년 4월 1일 산업안전(보건)지도사 출제

[보충학습]
위험도 평가는 3단계에서 실시한다.

34. 다음 중 인간의 과오(Human error)를 정량적으로 평가하고 분석하는 데 사용하는 기법으로 가장 적절한 것은?

① THERP
② FMEA
③ CA
④ FMECA

[정답] 31 ④ 32 ④ 33 ③ 34 ①

과년도 출제문제

해설

인간실수율 예측기법(THERP) : 인간신뢰도 분석에서의 HEP에 대한 예측기법

[참고] 산업안전기사 필기 p.2-64(8. THERP)

KEY ① 2005년 8월 7일(문제 24번)
② 2014년 3월 2일 기사 출제
③ 2017년 3월 5일 산업기사 출제
④ 2020년 8월 22일 기사 출제

[보충학습]
HEP : 인간신뢰도 기본단위

---

35 FTA(Fault Tree Analysis)에 사용되는 논리기호와 명칭이 올바르게 연결된 것은?

① ◇ : 전이기호
② ▭ : 기본사상
③ ⬠ : 통상사상
④ ○ : 결함사상

해설

FTA의 기호

기호	명칭	입·출력현상
▭	결함사상	개별적인 결함사상(비정상적 사건)
○	기본사상	더 이상 전개되지 않는 기본적인 사상
⬠	통상사상	통상발생이 예상되는 사상(예상되는 원인)
◇	생략사상	정보부족, 해석기술의 불충분으로 더 이상 전개할 수 없는 사상. 작업진행에 따라 해석이 가능할 때는 다시 속행한다.

[참고] 산업안전기사 필기 p.2-70(표. FTA기호)

KEY ① 2016년 10월 1일 산업기사 출제
② 2017년 8월 26일 기사·산업기사 동시 출제
③ 2018년 3월 4일 기사 출제

---

36 일반적으로 보통 작업자의 정상적인 시선으로 가장 적합한 것은?

① 수평선을 기준으로 위쪽 5[℃] 정도
② 수평선을 기준으로 위쪽 15[℃] 정도
③ 수평선을 기준으로 아래쪽 5[℃] 정도
④ 수평선을 기준으로 아래쪽 15[℃] 정도

해설

display가 형성하는 목시각(目視角)

수평작업조건	수직작업조건
① 최적조건 : 15[°] 좌우 및 아래쪽 ② 제한조건 : 95[°] 좌우	① 최적조건 : 0~30[°] 하한 ② 제한조건 : 75[°] 상한, 85[°] 하한

[참고] ① 산업안전기사 필기 p.2-163(3. display가 형성하는 목시각)
② 산업안전기사 필기 p.2-165(합격날개 : 은행문제)

KEY 2017년 5월 7일 기사 출제

---

37 서브시스템 분석에 사용되는 분석방법으로 시스템 수명주기에서 ㉠에 들어갈 위험분석기법은?

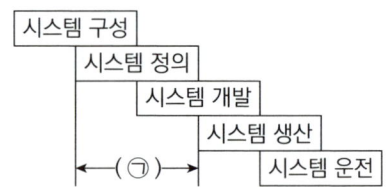

① PHA
② FHA
③ FTA
④ ETA

해설

시스템 분석

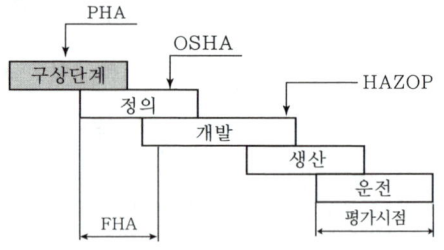

[그림] PHA·OSHA·FHA·HAZOP

[참고] 산업안전기사 필기 p.2-60(2. 예비 위험 분석)

[**정답**] 35 ③ 36 ④ 37 ②

KEY
① 2012년 3월 4일 출제
② 2016년 5월 8일 산업기사 출제
③ 2018년 8월 19일 출제
④ 2019년 3월 3일 출제
⑤ 2019년 9월 21일 출제
⑥ 2020년 6월 7일 출제
⑦ 2020년 6월 14일 산업기사 출제
⑧ 2022년 3월 5일 기사 출제

38 다음 현상을 설명하는 이론은?

> 인간이 감지할 수 있는 외부의 물리적 자극 변화의 최소범위는 표준 자극의 크기에 비례한다.

① 피츠(Fitts) 법칙
② 웨버(Weber) 법칙
③ 신호검출이론(SDT)
④ 힉-하이만(Hick-Hyman) 법칙

해설

웨버(Weber) 법칙
① 같은 종류의 두 자극을 구별할 수 있는 최소 차이는 자극의 강도에 비례한다고 하는 법칙
② Weber비 $= \dfrac{\text{변화감지역}}{\text{기준자극의 크기}}$
③ Weber비가 작을수록 분별력이 뛰어난 감각이다.

참고 산업안전기사 필기 p.2-172(합격날개 : 합격예측)

KEY 2021년 3월 7일 기사 출제

39 인간 기계시스템의 연구 목적으로 가장 적절한 것은?

① 정보 저장의 극대화
② 운전시 피로의 평준화
③ 시스템의 신뢰성 극대화
④ 안전의 극대화 및 생산능률의 향상

해설

인간 기계 시스템의 연구목적
안전의 극대화 및 생산 능률의 향상

참고 산업안전기사 필기 p.2-6(1. 인간-기계 통합시스템)

KEY
① 2015년 9월 19일 기사 출제
② 2017년 8월 26일 산업기사 출제
③ 2019년 3월 3일 기사 출제

40 어느 부품 1,000개를 100,000시간 동안 가동하였을 때 5개의 불량품이 발생하였을 경우 평균동작시간(MTTF)은?

① 1×10^6 시간
② 2×10^7 시간
③ 1×10^8 시간
④ 2×10^9 시간

해설

평균동작시간 계산

$$\text{MTTF} = \frac{\text{부품수} \times \text{가동시간}}{\text{불량품수(고장수)}} = \frac{1000 \times 100000}{5}$$
$$= 20000000 = 2 \times 10^7$$

참고 산업안전기사 필기 p.2-83(3. MTTF)

보충학습

MTTF(Mean Time To Failure)
① 평균작동시간, 고장까지의 평균시간
② 제품 고장시 수명이 다하는 것으로 평균 수명

KEY
① 2008년 제2회 출제
② 2014년 5월 25일(문제 31번) 출제
③ 2020년 9월 27일 기사 출제

3 기계·기구 및 설비안전관리

41 산업안전보건법령상 프레스 작업시작 전 점검해야 할 사항에 해당하는 것은?

① 와이어로프가 통하고 있는 곳 및 작업장소의 지반 상태
② 하역장치 및 유압장치 기능
③ 권과방지장치 및 그 밖의 경보장치의 기능
④ 1행정 1정지기구·급정지장치 및 비상정지 장치의 기능

해설

프레스 작업시작전 점검사항
① 클러치 및 브레이크의 기능
② 크랭크축·플라이휠·슬라이드·연결봉 및 연결나사의 풀림 유무
③ 1행정 1정지기구·급정지장치 및 비상정지장치의 기능
④ 슬라이드 또는 칼날에 의한 위험방지 기구의 기능
⑤ 프레스의 금형 및 고정볼트 상태
⑥ 방호장치의 기능
⑦ 전단기(剪斷機)의 칼날 및 테이블의 상태

[정답] 38 ② 39 ④ 40 ② 41 ④

> **참고** 산업안전기사 필기 p.3-50(표. 기계·기구의 위험요소 작업 시 작 전 점검사항)

> **KEY**
> ① 2016년 3월 6일 산업기사 출제
> ② 2017년 3월 5일, 5월 7일, 8월 26일 기사 출제
> ③ 2018년 3월 4일, 4월 28일, 8월 19일 기사 출제
> ④ 2019년 3월 3일 기사 출제
> ⑤ 2019년 4월 27일 산업기사 출제
> ⑥ 2020년 6월 7일 기사 출제
> ⑦ 2020년 6월 14일, 8월 23일 산업기사 출제
> ⑧ 2021년 8월 14일 기사 출제
> ⑨ 2022년 3월 5일, 4월 24일 기사 출제
> ⑩ 2023년 4월 1일 산업안전(보건)지도사 출제

> **합격정보** 산업안전보건기준에 관한 규칙 [별표 3] 작업시작전 점검사항

42 기계설비의 작업능률과 안전을 위해 공장의 설비 배치 3단계를 올바른 순서대로 나열한 것은?

① 지역배치 → 건물배치 → 기계배치
② 건물배치 → 지역배치 → 기계배치
③ 기계배치 → 건물배치 → 지역배치
④ 지역배치 → 기계배치 → 건물배치

> **해설**
> **기계설비 layout 3단계**
> ① 제1단계 : 지역배치   ② 제2단계 : 건물배치
> ③ 제3단계 : 기계배치

> **참고** 산업안전기사 필기 p.3-13(합격날개 : 합격예측)

> **KEY**
> ① 2016년 8월 21일 기사 출제
> ② 2018년 4월 15일 실기 필답형 출제
> ③ 2020년 6월 7일 기사 출제

> 💬 **합격자의 조언**
> 실기 필답형에도 출제되는 문제입니다.

43 아세틸렌 용접장치를 사용하여 금속의 용접·용단 또는 가열작업을 하는 경우 아세틸렌을 발생시키는 게이지 압력은 최대 몇 [kPa] 이하이어야 하는가?

① 17   ② 88
③ 127   ④ 210

> **해설**
> **아세틸렌 용접장치 최대게이지 압력**
> 127[kPa] 이하

> **참고** 산업안전기사 필기 p.3-113(합격날개 : 합격예측 및 관련법규)

> **KEY**
> ① 2017년 3월 5일 기사 출제
> ② 2018년 3월 4일 기사 출제
> ③ 2020년 8월 22일 기사 출제

> **합격정보** 산업안전보건기준에 관한 규칙 제285조(압력의 제한)

44 회전축, 커플링에 사용하는 덮개는 다음 중 어떠한 위험점을 방호하기 위한 것인가?

① 협착점   ② 접선물림점
③ 절단점   ④ 회전말림점

> **해설**
> **회전말림점(Trapping-point)**
> 회전하는 물체에 작업복, 머리카락 등이 말려드는 위험이 존재하는 점
> **예** 회전하는 축, 커플링, 돌출된 키나 고정나사, 회전하는 공구 등
>
> ① 회전축 ② 커플링 ③ 드릴작업
>
>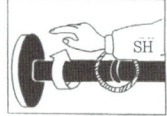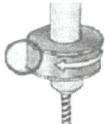
>
> [그림] 회전말림점 예

> **참고** 산업안전기사 필기 p.3-14(4. 위험점의 분류)

> **KEY** 2020년 6월 7일 기사 출제

45 선반 작업에 대한 안전수칙으로 가장 적절하지 않은 것은?

① 선반의 바이트는 끝을 짧게 장치한다.
② 작업 중에는 면장갑을 착용하지 않도록 한다.
③ 작업이 끝난 후 절삭 칩의 제거는 반드시 브러시 등의 도구를 사용한다.
④ 작업 중 일감의 치수 측정 시 기계 운전상태를 저속으로 하고 측정한다.

> **해설**
> **일감의 치수 측정**
> ① 치수 측정 시 기계 운전상태를 정지하고 측정한다.
> ② 저속시 가장 큰 힘이 작용한다.(**예** 자동차 기어변속)

> **참고** 산업안전기사 필기 p.3-80(4. 선박작업시 안전수칙)

> **KEY** 2021년 3월 7일 기사 등 20번 이상 출제

[정답] 42 ①   43 ③   44 ④   45 ④

46 보일러 발생증기가 불안정하게 되는 현상이 아닌 것은?

① 캐리오버(carry over)
② 프라이밍(priming)
③ 절탄기(economizer)
④ 포밍(foaming)

> **해설**
> **절탄기(economizer, 節炭器)**
> ① 보일러 전열면(傳熱面)을 가열하고 난 연도(煙道) 가스에 의하여 보일러 급수를 가열하는 장치
> ② 장점은 열 이용률의 증가로 인한 연료 소비량의 감소, 증발량의 증가
> ③ 보일러 몸체에 일어나는 열응력(熱應力)의 경감, 스케일의 감소

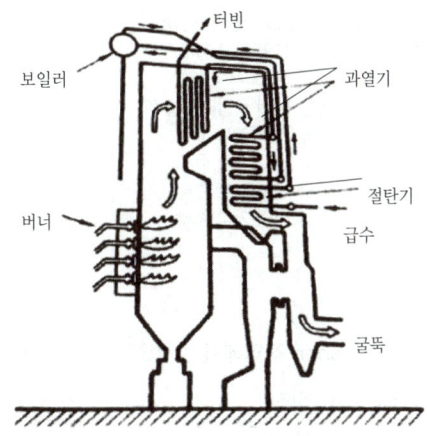

> 참고 ① 산업안전기사 필기 p.3-119(1. 보일러 이상현상의 종류)
> ② 산업안전기사 필기 p.3-119(합격날개 : 은행문제)
> ③ 산업안전기사 필기 p.3-120(합격날개 : 합격예측)
>
> KEY ① 2015년 5월 31일 기사 출제
> ② 2016년 3월 6일 기사 출제
> ③ 2020년 6월 14일 산업기사 출제

47 다음 ( ) 안에 들어갈 용어로 알맞은 것은?

> 사업주는 보일러의 과열을 방지하기 위하여 최고 사용 압력과 상용 압력 사이에서 보일러의 버너연소를 차단할 수 있도록 ( )을(를) 부착하여 사용하여야 한다.

① 고저수위 조절장치 ② 압력방출장치
③ 압력제한스위치   ④ 파열판

> **해설**
> **압력제한스위치**
> 사업주는 보일러의 과열을 방지하기 위하여 최고사용압력과 상용압력 사이에서 보일러의 버너연소를 차단할 수 있도록 압력제한스위치를 부착하여 사용하여야 한다.
>
> 참고 ① 산업안전기사 필기 p.3-120(3. 방호장치의 종류)
> ② 산업안전기사 필기 p.3-23(합격날개:합격예측 및 관련법규)
>
> KEY ① 2017년 3월 5일 기사 출제
> ② 2020년 8월 22일 기사 출제
> ③ 2021년 5월 15일 기사 출제
>
> **합격정보**
> 산업안전보건기준에 관한 규칙 제117조(압력제한스위치)

48 다음 중 정(chisel)작업시 안전수칙으로 적합하지 않은 것은?

① 반드시 보안경을 사용한다.
② 담금질한 재료는 정으로 작업하지 않는다.
③ 정작업에서 모서리 부분은 크기를 3[R] 정도로 한다.
④ 철강재를 정으로 절단작업을 할 때 끝날 무렵에는 세게 때려 작업을 마무리한다.

> **해설**
> **정작업 안전수칙**
> ① 시선은 정의 날끝을 본다.
> ② 정을 잡은 손의 힘을 뺀다.
> ③ 처음에는 가볍게 두드리고 점차 힘을 가한 후, 작업이 끝날 때는 가볍게 두드린다.
> ④ 절삭 칩을 손으로 제거하지 말 것
>
> 참고 ① 산업안전기사 필기 p.3-158(문제 19번)
> ② 산업안전기사 필기 p.3-225(2. 정작업)
>
> KEY ① 2009년 3월 1일(문제 48번) 출제
> ② 2011년 8월 21일(문제 48번) 출제
> ③ 2012년 3월 4일(문제 54번) 출제
> ④ 2014년 3월 2일 기사 출제

① 좋은 예(가볍게 잡는다.)   ② 나쁜 예(지나치게 강하게 잡는다.)
[그림] 정을 잡는 법

[정답] 46 ③ 47 ③ 48 ④

과년도 출제문제

49 압력용기 등에 설치하는 안전밸브에 관련한 설명으로 옳지 않은 것은?

① 안지름이 150[mm]를 초과하는 압력용기에 대해서는 과압에 따른 폭발을 방지하기 위하여 규정에 맞는 안전밸브를 설치해야 한다.
② 급성 독성물질이 지속적으로 외부에 유출될 수 있는 화학설비 및 그 부속설비에는 파열판과 안전밸브를 병렬로 설치한다.
③ 안전밸브는 보호하려는 설비의 최고사용압력이하에서 작동되도록 하여야 한다.
④ 안전밸브의 배출용량은 그 작동원인에 따라 각각의 소요분출량을 계산하여 가장 큰 수치를 해당 안전밸브의 배출용량으로 하여야 한다.

해설

파열판 및 안전밸브의 직렬설치
사업주는 급성독성물질이 지속적으로 외부에 유출될 수 있는 화학설비 및 그 부속설비에는 파열판과 안전밸브를 직렬로 설치하고 그 사이에는 압력지시계 또는 자동경보장치를 설치하여야 한다.

참고 산업안전기사 필기 p.5-3(합격날개 : 합격예측 및 관련법규)

KEY ① 2018년 8월 19일 산업기사 출제
② 2019년 3월 3일 기사 출제

합격정보
산업안전보건기준에 관한 규칙 제263조(파열판 및 안전밸브의 직렬설치)

50 기계설비가 이상이 있을 때 기계를 급정지시키거나 방호장치가 작동되도록 하는 것과 전기회로를 개선하여 오동작을 방지하거나 별도의 완전한 회로에 의해 정상기능을 찾을 수 있도록 하는 것은?

① 구조부분 안전화　② 기능적 안전화
③ 보전작업 안전화　④ 외관상 안전화

해설

기능적 안전화
① 반자동 또는 자동제어장치를 갖추고 있어서 에너지 변동에 따라 오동작을 방지하기 위한 장치
② 전압 강하시 기계의 자동정지, 안전장치의 일정방식

참고 산업안전기사 필기 p.3-188(2. 기능의 안전화)

KEY 2012년 3월 4일 기사 출제

51 다음 중 연삭숫돌의 파괴원인과 가장 거리가 먼 것은?

① 외부의 충격을 받았을 때
② 플랜지가 현저히 작을 때
③ 회전력이 결합력보다 클 때
④ 내·외면의 플랜지 지름이 동일할 때

해설

연삭숫돌의 파괴원인
① 숫돌의 속도가 너무 빠르거나 균열이 있을 때
② 플랜지가 현저히 작을 때(플랜지는 숫돌차의 1/3 이상이어야 한다.)
③ 숫돌의 치수(특히 구멍지름)가 부적당할 때
④ 숫돌에 과대한 충격을 주거나 작업에 부적당한 숫돌사용

참고 산업안전기사 필기 p.3-161(문제 31번) 해설

KEY ① 2016년 5월 8일 산업기사 출제
② 2016년 8월 21일 기사 출제
③ 2020년 6월 7일 기사 출제
④ 2020년 6월 14일 산업기사 출제
⑤ 2020년 9월 27일 기사 출제
⑥ 2020년 9월 27일 기사 출제
⑦ 2021년 5월 15일 기사 출제
⑧ 2021년 8월 14일 기사 출제

52 세이퍼(shaper) 작업에서 위험요인이 아닌 것은?

① 가공칩(chip)비산
② 램(ram)말단부 충돌
③ 바이트(bite)의 이탈
④ 척-핸들(chuck-handle) 이탈

해설

세이퍼 작업 시 안전대책
① 운전중 램의 운전방향에 있어서는 안 된다.
② 램의 행정 내에 장애물이 있어서는 안 된다.

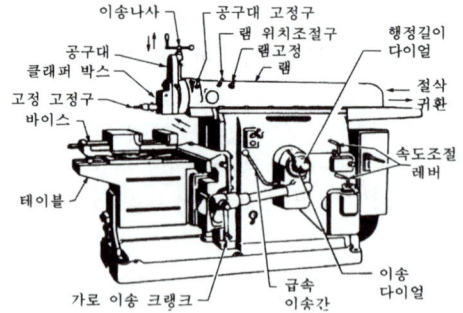

[그림] 세이퍼

[정답] 49 ② 50 ② 51 ④ 52 ④

참고 산업안전기사 필기 p.3-85(4. 셰이퍼 작업 시 안전대책)
KEY
① 2008년 5월 11일 (문제 54번) 출제
② 2011년 3월 20일 기사 출제
③ 2016년 3월 6일 기사 출제

53 다음 중 금속 등의 도체에 교류를 통한 코일을 접근시켰을 때, 결함이 존재하면 코일에 유기되는 전압이나 전류가 변하는 것을 이용한 검사방법은?

① 자분탐상검사
② 초음파탐상검사
③ 와류탐상검사
④ 침투형광탐상검사

해설
와류탐상검사(Eddy Current)
① 금속등의 도체에 교류를 통한 코일을 접근
② 결함이 존재하면 코일에 유기되는 전압이나 전류변화 이용

참고 산업안전기사 필기 p.3-223(합격날개 : 은행문제 2)

KEY
① 2017년 3월 5일(문제 48번) 출제
② 2022년 3월 5일 기사 출제

54 다음 중 유체의 흐름에 있어 수격작용(water hammering)과 가장 관계가 적은 것은?

① 과열
② 밸브의 개폐
③ 압력파
④ 관내의 유동

해설
워터해머 현상
① 증기관 내에서 증기를 보내기 시작할 때 해머로 치는 듯한 소리를 내며 관이 진동하는 현상
② 워터해머는 캐리오버에 기인한다.

참고
① 산업안전기사 필기 p.3-119(합격날개 : 합격예측)
② 산업안전기사 필기 p.3-119(1. 보일러 이상현상의 종류)

보충학습
보일러 과열의 원인
① 수관과 본체의 청소불량
② 관수 부족시 보일러의 가동
③ 수면계의 고장으로 드럼내의 물의 감소

KEY 2015년 3월 8일 기사 출제

55 컨베이어(conveyor) 역전방지장치의 형식을 기계식과 전기식으로 구분할 때 기계식에 해당하지 않는 것은?

① 라쳇식
② 밴드식
③ 스러스트식
④ 롤러식

해설
컨베이어의 역전방지 장치
(1) 기계식
　① 라쳇식
　② 롤러식
　③ 밴드식
(2) 전기식
　① 전기브레이크
　② 스러스트브레이크

참고 산업안전기사 필기 p.3-136[(3) 컨베이어의 역전방지 장치]

KEY
① 2012년 8월 26일(문제 60번) 출제
② 2019년 3월 5일(문제 54번) 출제
③ 2022년 3월 5일 기사 출제

56 크레인 로프에 질량 2,000[kg]의 물건을 10[m/s²]의 가속도로 감아올릴 때, 로프에 걸리는 총 하중[kN]은? (단, 중력가속도는 9.8[m/s²])

① 9.6
② 19.6
③ 29.6
④ 39.6

해설
총 하중계산
① 힘＝질량×가속도＝질량×(끌어올리는 가속도＋중력가속도)
② 총 하중＝2,000＋$\frac{2,000}{9.8}×10$
　　　＝4,040×9.8＝39.6[KN]

참고 산업안전기사 필기 p.3-148(합격날개 : 참고)

KEY
① 2018년 8월 21일 기사 출제
② 2021년 3월 7일 기사 출제

보충학습
① 총 하중(w)＝정하중(w_1)＋동하중(w_2)
　　　　＝$w_1＋\frac{w_1}{g}×a$
② 동하중(w_2)＝$\frac{w_1}{g}×a$
　여기서, w : 총하중(kg$_f$)　w_1 : 정하중(kg$_f$)
　　　　 w_2 : 동하중(kg$_f$)　g : 중력 가속도(9.8m/s²)
　　　　 a : 가속도(m/s²)
③ 정하중 : 매단 물체의 무게

[정답] 53 ③ 54 ① 55 ③ 56 ④

과년도 출제문제

57 두께 2[mm]이고 치진폭이 2.5[mm]인 목재가공용 둥근톱에서 반발예방장치 분할날의 두께(t)로 적절한 것은?

① $2.2[mm] \leq t < 2.5[mm]$
② $2.0[mm] \leq t < 3.5[mm]$
③ $1.5[mm] \leq t < 2.5[mm]$
④ $2.5[mm] \leq t < 3.5[mm]$

해설

분할날(spreader)의 두께
① 분할날의 두께는 톱날 1.1배 이상이고 톱날의 치진폭 미만으로 할 것
② 공식 : $1.1t_1 \leq t_2 < b = 2.2[mm] \leq t < 2.5[mm]$

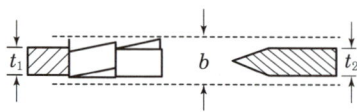

t_1 : 톱날두께 b : 톱날치진폭 t_2 : 분할날두께

[그림] 분할날 두께

참고 산업안전기사 필기 p.3-48(ⓒ 분할날)

KEY 2017년 3월 5일 기사·산업기사 동시 출제

합격정보
산업안전보건기준에 관한 규칙 제101조(원형톱 기계의 톱날접촉 예방장치)

58 지게차의 헤드가드에 관한 기준으로 틀린 것은?

① 4[t] 이하의 지게차에서 헤드가드의 강도는 지게차 최대하중의 2배 값의 등분포정하중에 견딜 수 있을 것
② 상부틀의 각 개구의 폭 또는 길이가 25[cm] 미만일 것
③ 운전자가 앉아서 조작하는 방식의 지게차의 경우에는 운전자의 좌석 윗면에서 헤드가드의 상부틀 아랫면까지의 높이가 0.903[m] 이상일 것
④ 운전자가 서서 조작하는 방식의 지게차의 상부틀 하면까지의 높이가 1.88[m] 이상일 것

해설

상부틀의 각 개구의 폭 또는 길이 : 16[cm] 미만

참고 ① 산업안전기사 필기 p.3-148(합격날개 : 합격예측)
② 산업안전기사 필기 p.6-70(3. 지게차의 헤드가드 구비조건)

[그림] 포크리프트 헤드가드

KEY ① 2016년 3월 6일 산업기사 출제
② 2016년 8월 21일 출제
③ 2017년 3월 5일 산업기사 출제
④ 2018년 8월 19일 산업기사 출제
⑤ 2019년 4월 27일 기사, 산업기사 동시출제

합격정보
산업안전보건기준에 관한 규칙 제10절 제2관(지게차)

59 선반가공 시 연속적으로 발생되는 칩으로 인해 작업자가 다치는 것을 방지하기 위하여 칩을 짧게 절단 시켜주는 안전장치는?

① 커버   ② 브레이크
③ 보안경   ④ 칩 브레이커

해설

칩브레이커 : 칩을 짧게 끊어주는 선반전용 안전장치

[그림] 선반 클램프형 칩브레이커

참고 산업안전기사 필기 p.3-80(4. 선반작업시 안전장치)

KEY ① 2018년 3월 4일 기사 출제
② 2018년 4월 28일 산업기사 출제
③ 2019년 8월 4일 기사 출제
④ 2020년 6월 7일 기사 출제
⑤ 2022년 4월 24일 기사 출제

[정답] 57 ① 58 ② 59 ④

60 다음 중 방호장치의 기본목적과 가장 관계가 먼 것은?

① 작업자의 보호
② 기계기능의 향상
③ 인적·물적 손실의 방지
④ 기계위험 부위의 접촉방지

> **해설**
> **방호장치 기본목적**
> ① 작업자 보호
> ② 인적·물적 손실 방지
> ③ 기계위험 부위 접촉방지
>
> 참고) 산업안전기사 필기 p.3-25(문제 26번)
>
> KEY▶ 2018년 3월 4일 기사 출제

---

4 전기설비 안전관리

61 화재가 발생하였을 때 조사해야 하는 내용으로 가장 관계가 먼 것은?

① 발화원
② 착화물
③ 출화의 경과
④ 응고물

> **해설**
> **전기화재 폭발의 원인 3가지**
> ① 발화원   ② 경로(출화의 경과)   ③ 착화물
>
> 참고) 산업안전기사 필기 p.4-72(1. 전기화재 폭발의 원인)
>
> KEY▶ ① 2017년 3월 5일 산업기사 출제
> ② 2019년 8월 4일 기사 출제
> ③ 2020년 6월 7일 기사 출제

62 전로에 시설하는 기계기구의 철대 및 금속제외함에 접지공사를 생략할 수 없는 경우는?

① 30[V] 이하의 기계기구를 건조한 곳에 시설하는 경우
② 물기 없는 장소에 설치하는 저압용 기계기구를 위한 전로에 정격감도전류 40[mA] 이하, 동작시간 2초 이하의 전류동작형 누전차단기를 시설하는 경우
③ 철대 또는 외함의 주위에 적당한 절연대를 설치하는 경우
④ 「전기용품 및 생활용품 안전관리법」의 적용을 받는 이중절연구조로 되어 있는 기계기구를 시설하는 경우

> **해설**
> **접지를 해야 하는 대상부분**
> ① 전기기계·기구의 금속제 외함, 금속제 외피 및 철대
> ② 고정 설치되거나 고정배선에 접속된 전기기계·기구의 노출된 비충전 금속체 중 충전될 우려가 있는 다음에 해당하는 비충전 금속체
> ㉮ 지면이나 접지된 금속체로부터 수직거리 2.4[m], 수평거리 1.5[m] 이내의 것
> ㉯ 물기 또는 습기가 있는 장소에 설치되어 있는 것
> ㉰ 금속으로 되어있는 기기접지용 전선의 피복·외장 또는 배선관 등
> ㉱ 사용전압이 대지전압 150[V]를 넘는 것
>
> 참고) 산업안전기사 필기 p.4-37(3. 접지를 해야 하는 대상 부분)
>
> KEY▶ 2021년 3월 7일 기사 출제
>
> **합격정보**
> 산업안전보건기준에 관한 규칙 제302조(전기기계·기구의 접지)
>
> **보충학습**
> **누전차단기 설치기준**
> 전기기계·기구에 접속되어 있는 누전차단기는 정격감도전류가 30[mA] 이하이고 작동시간은 0.03[초] 이내일 것(다만, 정격전부하전류가 50[A] 이상인 전기기계·기구에 접속되는 누전차단기는 오작동을 방지하기 위하여 정격감도전류는 200[mA] 이하로, 작동시간은 0.1[초] 이내로 할 수 있다.)

63 저압방폭구조 배선 중 노출 도전성 부분의 보호접지선으로 알맞은 항목은?

① 전선관이 충분한 지락전류를 흐르게 할 시에도 결합부에 본딩(bonding)을 해야 한다.
② 전선관이 최대지락전류를 안전하게 흐르게 할 시 접지선으로 이용 가능하다.
③ 접지선의 전선 또는 선심은 그 절연피복을 회색 또는 검정색을 사용한다.
④ 접지선은 1,000[V] 비닐절연전선 이상 성능을 갖는 전선을 사용한다.

[**정답**]   60 ②   61 ④   62 ②   63 ②

> **해설**

방폭지역에서 저압 케이블 공사시 사용되는 케이블
① MI케이블
② 600[V] 폴리에틸렌 케이블(EV, EE, CV, CE)
③ 600[V] 비닐절연외장케이블(VV)
④ 600[V] 콘크리트 직매용 케이블(CB-VV, CB-EV)
⑤ 제어용 비닐절연 비닐외장케이블(CVV)
⑥ 연피케이블
⑦ 약전 계장용 케이블
⑧ 보상도선
⑨ 시내용 폴리에틸렌 절연비닐외장케이블(CPEV)
⑩ 시내용 폴리에틸렌 절연 폴리에틸렌 외장케이블(CPEE)
⑪ 강관 외장케이블
⑫ 강대 외장케이블

> **참고** 산업안전기사 필기 p.4-63(합격날개:합격예측)

> **KEY** 2017년 3월 5일 기사 출제

---

64 자동전격방지장치에 대한 설명으로 틀린 것은?

① 무부하시 전력손실을 줄인다.
② 무부하 전압을 안전전압 이하로 저하시킨다.
③ 용접을 할 때에만 용접기의 주회로를 개로(OFF)시킨다.
④ 교류 아크용접기의 안전장치로서 용접기의 1차 또는 2차 측에 부착한다.

> **해설**

자동전격방지장치(交流-鎔接機用 自動電擊防止裝置)
① 교류아크용접기의 출력측 무부하전압(교류아크용접기의 아크 발생을 정지시켰을 경우에서 용접봉과 피용접물 사이의 전압을 말한다)이 1.5초 이내에 30 V 이하가 되도록 교류아크용접기에 장착하는 감전방지용 안전장치(자동전격방지장치(自動電擊防止裝置 : automatic electric shock prevention apparatus))
② 용접을 할 때에는 용접기의 주회로를 폐로(ON)시킨다.

> **참고** 산업안전기사 필기 p.4-78(2. 방호장치의 성능)

> **KEY** ① 2016년 5월 8일 산업기사 출제
> ② 2017년 5월 7일 기사 출제
> ③ 2018년 3월 4일 기사 출제
> ④ 2019년 3월 3일 기사 출제

> **합격정보**
> 산업안전보건기준에 관한 규칙 제306조(교류아크용접기 등)

---

65 폭연성 분진 또는 화약류의 분말이 전기설비가 발화원이 되어 폭발할 우려가 있는 곳에 시설하는 저압 옥내 전기설비의 공사 방법으로 옳은 것은?

① 금속관 공사
② 합성수지관 공사
③ 가요전선관 공사
④ 캡타이어 케이블 공사

> **해설**

전기설비공사
(1) 분진이 많은 장소의 배선공사방법
　① 폭연성 분진(Mg, Al, Ti 등의 먼지로서 폭발할 우려가 있는 것)이 있는 곳의 경우 : 금속관 공사 또는 케이블 공사(단, 캡타이어 케이블은 제외)
　② 가연성 분진(소맥분, 전분, 유황 등의 가연성 먼지로서 착화하였을 때 폭발할 우려가 있는 것)이 있는 곳의 경우 : 합성수지관 공사, 금속관 공사, 케이블 공사
　③ 일반적인 먼지가 있는 장소(폭연성, 가연성 분진 제외) : 애자사용 공사, 합성수지관 공사, 금속관 공사, 가요전선관 공사, 금속덕트 공사, 케이블 공사 등등
(2) 폭발성 물질과 가스가 있는 창고 내에 전등스위치로 적합한 시설방법 : 밀폐형 스위치

> **참고** 산업안전기사 필기 p.4-69(문제 13번) 적중

> **KEY** 2016년 3월 6일 기사 출제

> 💬 **합격자의 조언**
> 화학설비에도 출제되는 문제입니다.

---

66 정전기 재해방지를 위한 배관내 액체의 유속제한에 관한 사항으로 옳은 것은?

① 저항률이 $10^{10}[\Omega \cdot cm]$ 미만의 도전성 위험물의 배관유속은 7[m/s] 이하로 할 것
② 에테르, 이황화탄소 등과 같이 유동대전이 심하고 폭발위험성이 높으면 4[m/s] 이하로 할 것
③ 물이나 기체를 혼합하는 비수용성 위험물의 배관내 유속은 5[m/s] 이하로 할 것
④ 저항률이 $10^{10}[\Omega \cdot cm]$ 이상인 위험물의 배관내 유속은 배관내경 4인치일 때 10[m/s] 이하로 할 것

[정답] 64 ③ 65 ① 66 ①

해설

배관내 액체의 유속제한
① 저항률이 $10^{10}[\Omega \cdot m]$ 미만인 도전성 위험물의 배관유속 : 7[m/s] 이하
② 에테르, 이황화탄소 등과 같이 유동성이 심하고 폭발 위험성이 높은 것 : 1[m/s] 이하
③ 물이나 기체를 혼합한 비 수용성 위험물 : 1[m/s] 이하
④ 저항률이 $10^{10}[\Omega \cdot m]$ 이상인 위험물의 배관내 유속은 기준에 준하고, 유입구가 액면 아래로 충분히 잠길 때까지는 1[m/s] 이하

> 참고) 산업안전기사 필기 p.4-38(2. 배관내 액체의 유속제한)

> KEY
> ① 2015년 3월 8일 산업기사 출제
> ② 2016년 8월 21일 기사 출제
> ③ 2021년 3월 7일 기사 출제
> ④ 2021년 5월 15일 기사 출제

---

67 방폭전기기기의 온도등급에서 기호 T_2의 의미로 맞는 것은?

① 최고표면온도의 허용치가 135[℃] 이하인 것
② 최고표면온도의 허용치가 200[℃] 이하인 것
③ 최고표면온도의 허용치가 300[℃] 이하인 것
④ 최고표면온도의 허용치가 450[℃] 이하인 것

해설

방폭전기기기의 최고표면온도에 따른 분류 : 압력, 유입, 안전증

최고표면온도의 범위[℃]	온도 등급
450 초과	T1
300 초과 450 이하	T2
200 초과 300 이하	T3
135 초과 200 이하	T4
100 초과 135 이하	T5
85 초과 100 이하	T6

> 참고) 산업안전기사 필기 p.4-60(3. 방폭전기기기의 온도등급 및 폭발 등급)

> KEY
> ① 2018년 3월 4일 기사 출제
> ② 2020년 8월 22일 기사 출제

---

68 다음 빈 칸에 들어갈 내용으로 알맞은 것은?

"교류 특고압 가공전선로에서 발생하는 극저주파 전자계는 지표상 1[m]에서 전계가 (ⓐ), 자계가 (ⓑ)가 되도록 시설하는 등 상시 정전유도 및 전자유도 작용에 의하여 사람에게 위험을 줄 우려가 없도록 시설하여야 한다."

① ⓐ 0.35[kV/m] 이하   ⓑ 0.833[μT] 이하
② ⓐ 3.5[kV/m] 이하   ⓑ 8.33[μT] 이하
③ ⓐ 3.5[kV/m] 이하   ⓑ 83.3[μT] 이하
④ ⓐ 35[kV/m] 이하   ⓑ 833[μT] 이하

해설

전기사업법, 전기설비기준
① 특고압 가공전선로에서 발생하는 극저주파 전자계는 지표상 1[m]에서 전계가 3.5[kV/m] 이하
② 자계가 83.3[μT] 이하가 되도록 시설

> 참고) 산업안전기사 필기 p.4-95(문제 67번) 적중

> KEY 2022년 3월 5일 기사 출제

---

69 방폭전기설비 계획 수립시의 기본 방침에 해당되지 않는 것은?

① 가연성 가스 및 가연성 액체의 위험특성 확인
② 시설장소의 제조건 검토
③ 전기설비의 선정 및 결정
④ 위험장소 종별 및 범위의 결정

해설

방폭전기설비 계획 수립시 기본 방침 6가지
① 방폭전기설비 계획의 기본
② 시설장소의 제조건 검토
③ 가연성 가스 및 가연성 액체의 위험특성 확인
④ 위험장소의 종별 및 범위의 결정
⑤ 전기설비 배치의 결정
⑥ 전기설비의 선정

> KEY
> ① 2004년 5월 23일(문제 62번)
> ② 2014년 3월 2일 기사 출제

> 참고) 산업안전기사 필기 p.4-60(합격날개 : 은행문제)

---

70 활선작업 시 필요한 보호구 중 가장 거리가 먼 것은?

① 고무장갑
② 안전화
③ 대전방지용 구두
④ 안전모

[정답] 67 ④ 68 ③ 69 ③ 70 ③

> 해설

활선작업용 보호구 및 방호구
① 절연용 보호구라 함은 절연장갑(고무장갑), 전기용 안전모, 절연용 고무 소매, 절연화(안전화) 등 작업을 하는 사람이 신체에 착용하는 감전방지용 보호구를 말한다.
② 절연용 방호구라 함은 전로의 충전부, 지지울 주변의 전기배선 등에 설치하는 절연판, 절연덮개, 절연시트 등 감전방지용 장구를 말한다.
③ 활선작업용 기구라 함은 그 사용 범위에 작업하는 사람의 손으로 잡을 수 있는 부분이 절연재료로 만들어진 봉상의 절연공구를 말하며 핫 스틱이 좋은 예이다.
④ 활선작업용 장치라 함은 대지절연을 실시한 활선작업용 차 또는 활선작업용 절연대를 말한다.

> 참고 산업안전기사 필기 p.4-22(3. 절연용 안전장구)

> KEY ① 2016년 8월 21일 기사 출제
>   ② 2019년 3월 3일 산업기사 출제

71 다음 중 불꽃(spark)방전의 발생 시 공기 중에 생성되는 물질은?

① O_2 ② O_3
③ H_2 ④ C

> 해설

불꽃방전과 스파크 방전시 공기중 생성물질 : O_3(오존)

> 참고 ① 산업안전기사 필기 p.4-34(3. 불꽃방전)
>   ② 산업안전기사 필기 p.4-59(문제 15번) 적중

> KEY ① 2013년 8월 17일 기사(문제 76번) 출제
>   ② 2019년 3월 3일 기사 출제
>   ③ 2023년 2월 28일(문제 74번) 확인

72 인화성 가스 또는 인화성 액체의 용기류가 부식, 열화 등으로 파손되어 가스 또는 액체가 누출 할 염려가 있는 경우의 방폭지역은?

① 0종 장소 ② 1종 장소
③ 2종 장소 ④ 비방폭지역

> 해설

위험장소의 구분
① 0종 장소 : 장치 및 기기들이 정상 가동되는 경우에 폭발성 가스가 항상 존재하는 장소이다.
② 1종 장소 : 장치 및 기기들이 정상 가동 상태에서 폭발성 가스가 가끔 누출되어 위험 분위기가 존재하는 장소이다.
③ 2종 장소 : 작업자의 조작상 실수나 이상운전으로 폭발성 가스가 누출되거나 유출된 가스가 체류하여 폭발을 일으킬 우려가 있는 장소이다.

> 참고 산업안전기사 필기 p.4-52(3. 가스 폭발 위험장소)

> KEY ① 2011년 3월 20일 기사 출제
>   ② 2018년 8월 19일 산업기사 출제
>   ③ 2020년 6월 7일 기사 출제

73 속류를 차단할 수 있는 최고의 교류전압을 피뢰기의 정격전압이라고 하는데 이 값은 통상적으로 어떤 값으로 나타내고 있는가?

① 최댓값 ② 평균값
③ 실효값 ④ 파고값

> 해설

실효값(RMS value : 實效)
① 실제로 효과 : 우리나라 – 실효값
② RMS(Root Mean Square) : 외국

> 참고 산업안전기사 필기 p.4-57(1. 피뢰기의 성능)

> KEY ① 2016년 8월 21일 기사 출제
>   ② 2018년 8월 19일 기사 출제
>   ③ 2019년 8월 4일 기사 출제
>   ④ 2021년 3월 7일 기사 출제
>   ⑤ 2022년 4월 24일 기사 출제

74 방전의 분류에 속하지 않는 것은?

① 연면 방전 ② 불꽃 방전
③ 코로나 방전 ④ 스프레이 방전

> 해설

방전의 종류
① 코로나 방전
② 연면 방전
③ 불꽃 방전
④ 스파크 방전

> 참고 산업안전기사 필기 p.4-34(3. 방전의 형태 및 영향)

> KEY ① 2016년 5월 8일 기사, 산업기사 동시 출제
>   ② 2017년 3월 5일 기사 출제
>   ③ 2023년 2월 28일(문제 71번) 확인

[정답] 71 ② 72 ③ 73 ③ 74 ④

75 화염일주한계에 대한 설명으로 옳은 것은?

① 폭발성 가스와 공기의 혼합기에 온도를 높인 경우 화염이 발생할 때까지의 시간 한계치
② 폭발성 분위기에 있는 용기의 접합면 틈새를 통해 화염이 내부에서 외부로 전파되는 것을 저지할 수 있는 틈새의 최대간격치
③ 폭발성 분위기 속에서 전기불꽃에 의하여 폭발을 일으킬 수 있는 화염을 발생시키기에 충분한 교류 파형의 1주기치
④ 방폭설비에서 이상이 발생하여 불꽃이 생성된 경우에 그것이 점화원으로 작용하지 않도록 화염의 에너지를 억제하여 폭발하한계로 되도록 화염 크기를 조정하는 한계치

해설

화염일주한계[최대안전틈새(MESG : Maximum Experimental Safe Gap)]
① 폭발성 분위기 내에 방치된 표준용기의 접합면 틈새를 통하여 폭발화염이 내부에서 외부로 전파되는 것을 저지(최소점화에너지 이하)할 수 있는 틈새의 최대간격치
② 폭발등급측정에 사용되는 표준용기 : 내용적이 8[l], 틈새의 안길이 L이 25[mm]인 용기로서 틈이 폭 W[mm]를 변환시켜서 화염일주한계를 측정하도록 한 것 (안전간격 : 내압방폭구조에 적용)

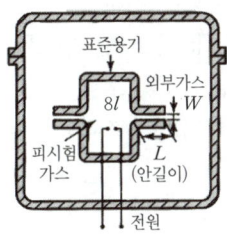

참고
① 산업안전기사 필기 p.4-59(합격날개 : 합격예측)
② 산업안전기사 필기 p.5-6([그림] 안전간격)

KEY
① 2016년 8월 21일 기사 출제
② 2018년 8월 19일 기사 출제
③ 2020년 6월 7일 기사 출제
④ 2020년 6월 14일 산업기사 출제

76 인체저항이 5,000[Ω]이고, 전류가 3[mA]가 흘렀다. 인체의 정전용량이 0.1[μF]라면 인체에 대전된 정전하는 몇 [μC]인가?

① 0.5
② 1.0
③ 1.5
④ 2.0

해설

인체 정전하
① $Q = C \times V = 0.1 \times 15 = 1.5[\mu C]$
② $V = IR = 3 \times 10^{-3} \times 5,000 = 15[V]$

참고
① 산업안전기사 필기 p.4-33(6. 정전기에너지)
② 산업안전기사 필기 p.4-34(합격날개 : 은행문제)

KEY
① 2016년 5월 8일 산업기사 출제
② 2016년 8월 21일 기사 출제
③ 2017년 3월 5일 기사·산업기사 출제
④ 2017년 5월 7일 산업기사 출제
⑤ 2018년 3월 4일 기사 출제

보충학습
정전하
도체의 표면에 분포되어 있거나 유전체의 마찰에 의해서 대전한 전하처럼 정지상태인 전기

77 내압방폭구조의 기본적 성능에 관한 사항으로 옳지 않은 것은?

① 내부에서 폭발할 경우 그 압력에 견딜 것
② 폭발화염이 외부로 유출되지 않을 것
③ 습기침투에 대한 보호가 될 것
④ 외함 표면온도가 주위의 인화성 가스에 점화하지 않을 것

해설

내압방폭구조(d)
① 전기설비에서 아크 또는 고열이 발생하여 폭발성 가스에 점화할 우려가 있는 부분을 전폐한 용기에 넣음으로써 폭발이 일어날 경우 이 용기가 압력에 견딘다.
② 외부의 폭발성 가스에 인화될 위험이 없도록 한 구조의 방폭구조이다.

참고 산업안전기사 필기 p.4-53(3. 방폭구조의 종류 및 특징)

KEY
① 2010년 5월 6일(문제 76번) 출제
② 2019년 3월 3일 기사 출제
③ 2019년 4월 27일 기사, 산업기사 동시 출제
④ 2020년 6월 7일 기사 출제

[정답] 75 ② 76 ③ 77 ③

과년도 출제문제

78 활선작업을 시행할 때 감전의 위험을 방지하고 안전한 작업을 하기 위한 활선장구 중 충전중인 전선의 변경작업이나 활선작업으로 애자 등을 교환할 때 사용하는 것은?

① 점프선
② 활선커터
③ 활선시메라
④ 디스콘스위치 조작봉

[해설]

활선시메라 용도
① 충전중인 전선의 변경시
② 활선작업시 애자 교환시

[그림] 활선 장선기(활선 시메라)

[참고] 산업안전기사 필기 p.4-83(문제 2번) 해설

[KEY] ① 2015년 8월 16일 기사 출제
② 2016년 3월 6일 기사 출제

[보충학습]

활선작업용구 및 장치
① 활선시메라
② 점퍼선
③ 활선커터
④ 컷아웃스위치조작봉
⑤ 활선작업대
⑥ 디스콘스위치 조작봉

79 전기설비의 안전을 유지하기 위해서는 체계적인 점검, 보수가 아주 중요하다. 방폭전기설비의 유지보수에 관한 사항으로 틀린 것은?

① 점검원은 해당 전기설비에 대해 필요한 지식과 기능을 가져야 한다.
② 불꽃 점화시점의 경과조치에 따른다.
③ 본질안전방폭구조의 경우에도 통전 중에는 기기의 외함을 열어서는 안 된다.
④ 위험분위기에서 작업시에는 수공구 등의 충격에 의한 불꽃이 생기지 않도록 주의해야 한다.

[해설]

내압방폭구조의 전기기기 보수시 방폭성능의 복원을 위하여 확인하여야 할 사항
① 용기의 접합면에 손상이 없을 것
② 접합면의 틈새 및 접합면의 안쪽길이는 방폭구조상 필요한 수치가 확보되어 있을 것
③ 용기내면 및 투광성 부품 등에 손상 또는 균열이 없을 것
④ 조임나사류는 균일하고 적절하게 조여져 있을 것
⑤ 녹이 발생하지 않도록 방식처리가 충분히 실시되어 있을 것

[참고] 산업안전기사 필기 p.4-57(3. 내압방폭구조의 전기기기 보수시 방폭성능의 복원을 위하여 확인하여야 할 사항)

[보충학습]

본질안전방폭구조(Intrinsic Safety type, i)
① 주어진 이상상태(정상 또는 이상상태)의 조건하에서 어떠한 스파크나 온도에도 영향을 받지 않는 구조이다.
② 본질안전방폭구조 특징 및 유지보수
㉮ 폭발분위기에 노출되어 있는 기계기구 내의 전기에너지 권선 상호 접속에 의한 전기불꽃 또는 열 영향을 점화에너지 이하의 수준까지 제한하는 것을 기반으로 하는 방폭구조이다.
㉯ 통전 중 기기의 외함을 열어 유지보수를 하여도 된다.

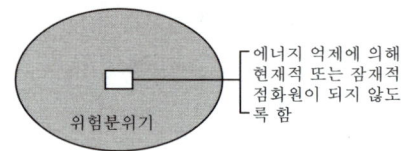

[그림] 본질안전방폭구조

80 다음 중 전기설비기술기준에 따른 전압의 구분으로 틀린 것은?

① 저압 : 직류 1[kV] 이하
② 고압 : 교류 1[kV] 초과, 7[kV] 이하
③ 특고압 : 직류 7[kV] 초과
④ 특고압 : 교류 7[kV] 초과

[해설]

전압분류

전압분류	직류	교류
저압	1,500[V] 이하	1,000[V] 이하
고압	1,500~7,000[V] 이하	1,000~7,000[V] 이하
특별고압	7,000[V] 초과	7,000[V] 초과

[참고] 산업안전기사 필기 p.4-30(문제 30번) 적중

[KEY] ① 2017년 5월 7일 기사 출제
② 2017년 8월 26일 기사 출제
③ 2018년 3월 4일 기사 출제
④ 2018년 8월 19일 산업기사 출제
⑤ 2019년 3월 3일 기사 출제
⑥ 2022년 3월 5일 기사 출제

[정답] 78 ③ 79 ③ 80 ①

5 화학설비 안전관리

81 다음 중 폭발범위에 관한 설명으로 틀린 것은?

① 상한값과 하한값이 존재한다.
② 온도에는 비례하지만 압력과는 무관하다.
③ 가연성 가스의 종류에 따라 각각 다른 값을 갖는다.
④ 공기와 혼합된 가연성 가스의 체적 농도로 나타낸다.

해설

폭발발생의 필수인자
① 인화성 물질 온도
② 조성(인화성 물질의 농도범위)
③ 압력의 방향
④ 용기의 크기와 형태(모양)

참고 산업안전기사 필기 p.5-3(2. 폭발발생의 필수인자)

KEY ① 2014년 3월 2일(문제 85번) 출제
② 2019년 3월 3일(문제 96번) 출제
③ 2020년 9월 27일(문제 84번) 출제
④ 2022년 3월 5일(문제 83번) 출제

보충학습
보일 샤를 법칙에 의해 온도 상승 시 부피, 압력이 상승하여 넓어진다.

$$\frac{P_1 V_1}{T_1} = \frac{P_2 V_2}{T_2} = K (일정)$$

82 다음 중 반응기를 조작방식에 따라 분류할 때 이에 해당하지 않는 것은?

① 회분식 반응기
② 반회분식 반응기
③ 연속식 반응기
④ 관형식 반응기

해설

반응기의 구분

구분	종류	특징
조작(운전)방식에 의한 분류	회분식 반응기 (Batch Reactor)	① 원료를 반응기 내에 주입하고, 일정 시간 반응시킨 다음 생성물을 꺼내는 방식 ② 반응이 진행되는 동안 원료 도입 또는 생성물의 배출이 없다. ③ 다품종 소량 생산에 유리하다.
	반회분식 반응기 (semi-batch Reactor)	① 반응 성분의 일부를 반응기 내에 넣어두고 반응이 진행됨에 따라 다른 성분을 계속 첨가하는 형식의 반응기이다.
	연속식 반응기 (plug flow Reactor)	① 원료를 연속적으로 반응기에 도입하는 동시에 반응 생성물을 연속적으로 반응기에 배출시키면서 반응을 진행시키는 반응기이다. ② 소품종 대량생산에 적합하다.
구조에 의한 분류	① 관형반응기 ③ 교반기형반응기	② 탑형반응기 ④ 유동층형 반응기

참고 산업안전기사 필기 p.5-49(1. 반응기)

KEY ① 2011년 3월 20일 문제 89번 출제
② 2019년 3월 3일(문제 83번) 출제
③ 2021년 8월 14일(문제 99번) 출제
④ 2022년 4월 24일(문제 95번) 출제

83 프로판(C_3H_8)의 연소에 필요한 최소산소농도의 값은 약 얼마인가? 단, 프로판의 폭발하한은 Jone식에 의해 추산한다.)

① 8.1[vol%] ② 11.1[vol%]
③ 15.1[vol%] ④ 20.1[vol%]

해설

최소산소농도(MOC)

① 프로판의 연소식 : $1C_3H_8 + 5O_2 = 3CO_2 + 4H_2O$(여기서 1, 5, 3, 4 = 몰수)

② MOC농도 = 폭발하한계 × $\frac{산소의\ 몰수}{연료의\ 몰수}$ [vol%]

③ 프로판의 최소산소농도 = $2.2 \times \frac{5}{1} = 11$ [vol%]

참고 산업안전기사 필기 p.5-19(실전문제)

KEY ① 2004년 5월 23일 기사 출제
② 2018년 3월 4일 기사 출제
③ 2020년 6월 7일 기사 출제

84 산업안전보건법령상 대상 설비에 설치된 안전밸브에 대해서는 경우에 따라 구분된 검사주기마다 안전밸브가 적정하게 작동하는지 검사하여야 한다. 화학공정 유체와 안전밸브의 디스크 또는 시트가 직접 접촉될 수 있도록 설치된 경우의 검사주기로 옳은 것은?

① 매년 1회 이상
② 2년마다 1회 이상
③ 3년마다 1회 이상
④ 4년마다 1회 이상

[정답] 81 ② 82 ④ 83 ② 84 ①

> **해설**

제261조(안전밸브 등의 설치)
설치된 안전밸브에 대해서는 다음 각 호의 구분에 따른 검사주기마다 국가교정기관에서 교정을 받은 압력계를 이용하여 설정압력에서 안전밸브가 적정하게 작동하는지를 검사한 후 납으로 봉인하여 사용하여야 한다. 다만, 공기나 질소취급용기 등에 설치된 안전밸브 중 안전밸브 자체에 부착된 레버 또는 고리를 통하여 수시로 안전밸브가 적정하게 작동하는지를 확인할 수 있는 경우에는 검사하지 아니할 수 있고 납으로 봉인하지 아니할 수 있다.
① 화학공정 유체와 안전밸브의 디스크 또는 시트가 직접 접촉될 수 있도록 설치된 경우 : 매년 1회 이상
② 안전밸브 전단에 파열판이 설치된 경우 : 2년마다 1회 이상
③ 공정안전보고서 제출 대상으로서 고용노동부장관이 실시하는 공정안전보고서 이행상태 평가결과가 우수한 사업장의 안전밸브의 경우 : 4년마다 1회 이상

> **참고** 산업안전기사 필기 p.5-3(합격날개 : 합격예측 및 관련법규)

> **KEY** 2021년 3월 7일 기사 출제

> **합격정보**
산업안전보건기준에 관한 규칙 제261조(안전밸브 등의 설치)

> **보충학습**
안전밸브
기기(機器)나 관 등의 파괴를 방지하기 위하여 부착하는 최고 압력을 한정하는 밸브로서, 설정 압력 이상이 되면 유체를 내뿜어 압력을 설정 압력 이하로 낮추도록 되어있다.

85 다음 중 산화반응에 해당하는 것을 모두 나타낸 것은?

> ㉮ 철이 공기 중에서 녹이 슬었다.
> ㉯ 솜이 공기 중에서 불에 탔다.

① ㉮   ② ㉯
③ ㉮, ㉯   ④ 없음

> **해설**

산화반응이란 물질이 산소와 결합하거나 수소를 잃는 반응
① 탄소가 산소와 결합하여 이산화탄소가 된다. $C + O_2 \rightarrow CO_2$
② 철(금속)이 공기 중에 산소와 반응하여 녹(금속산화물)슨다. $4Fe + 3O_2 \rightarrow 2Fe_2O_3$
③ 산화반응은 발열반응이며 경우에 따라서는 반응이 격렬히 진행되는 것도 있으므로 산화성 물질의 취급에는 주의를 요하여야 한다.

> **보충학습**
산화제
(1) 정의
  자신은 환원되고 다른 물질을 산화시키는 물질
(2) 산화제의 조건
  ① 산소를 내기 쉬운 물질
  ② 수소와 결합하기 쉬운 물질
  ③ 전자를 얻기 쉬운 물질
  ④ 발생기산소를 내기 쉬운 물질

> **참고** 산업안전기사 필기 p.5-2(1. 연소)

86 금속의 증기가 공기 중에서 응고되어 화학변화를 일으켜 고체의 미립자로 되어 공기 중에 부유하는 것을 의미하는 용어는?

① 흄(fume)   ② 분진(dust)
③ 미스트(mist)   ④ 스모크(smoke)

> **해설**

유해물질의 종류별 성상

구분	성상	입자의 지름
흄(fume)	화학반응에 의한 무기성가스 또는 금속증기가 변화하여 생긴 고체의 미립자상의 화합물	0.01~1[μ]
스모크(smoke)	유기물의 불완전 연소에 의하여 생긴 미립자	0.01~1[μ]
미스트(mist)	공기중에 분산된 액체의 미립자	0.1~100[μ]
분진(dust)	공기중에 분산된 고체의 미립자	0.01~100[μ]
가스(gas)	25[℃], 760[mmHg]에서 기체	분자상
증기(vapor)	25[℃], 760[mmHg]에서 액체 또는 고체 표면에서 발생한 기체	분자상

> **참고** ① 산업안전기사 필기 p.5-65(문제 19번) 적중
> ② 산업안전기사 필기 p.5-37(합격날개 : 합격예측)

87 다음 중 분진폭발의 특징으로 옳은 것은?

① 가스폭발보다 연소시간이 짧고, 발생에너지가 작다.
② 압력의 파급속도보다 화염의 파급속도가 빠르다.
③ 가스폭발에 비하여 불완전 연소가 적게 발생한다.
④ 주위의 분진에 의해 2차, 3차의 폭발로 파급될 수 있다.

> **해설**

분진폭발
① 분진, mist 등이 일정 농도 이상으로 공기와 혼합시 발화원에 의해 분진 폭발을 일으킨다.
② 마그네슘, 티타늄 등의 분말, 곡물가루 등

[**정답**] 85 ③ 86 ① 87 ④

[표] 분진폭발의 발생 순서

참고 ① 산업안전기사 필기 p.5-9(합격날개 : 합격예측)
② 산업안전기사 필기 p.5-11([표] 분진폭발의 특징)

KEY ① 2015년 3월 8일 기사 출제
② 2015년 3월 8일 기사 출제
③ 2017년 3월 5일 기사 출제
④ 2017년 8월 26일 기사 출제
⑤ 2019년 8월 4일 기사 출제
⑥ 2020년 8월 22일 기사 출제
⑦ 2021년 3월 7일 기사 출제
⑧ 2021년 5월 15일 기사 출제
⑨ 2022년 4월 24일 기사 출제

88 숯, 코크스, 목탄의 대표적인 연소 형태는?

① 혼합연소 ② 증발연소
③ 표면연소 ④ 비혼합연소

해설

연소형태
① 확산연소 : 가연성 가스와 공기가 확산에 의해 혼합되면서 연소하는 것
  예) 수소, 아세틸렌 등의 기체 연소
② 증발연소 : 액체표면에서 발생된 증기가 연소하는 것
  예) 알코올, 에테르, 등유, 경유 등의 액체연소
③ 분해연소 : 열 분해에 의해 가연성 가스를 방출시켜서 연소하는 것
  예) 중유, 석탄, 목재, 고체 파라핀 등의 고체연소
④ 표면연소 : 고체 표면에서 연소가 일어나는 것
  예) 숯, 알루미늄박, 마그네슘 등의 고체연소

참고 산업안전기사 필기 p.5-4(2. 고체연소)

KEY ① 2018년 3월 4일 기사 출제
② 2021년 8월 14일 기사 출제

89 산업안전보건기준에 관한 규칙상 국소배기장치의 후드 설치 기준이 아닌 것은?

① 유해물질이 발생하는 곳마다 설치할 것
② 후드의 개구부 면적은 가능한 한 크게 할 것
③ 외부식 또는 리시버식 후드는 해당 분진등의 발산원에 가장 가까운 위치에 설치할 것
④ 후드 형식은 가능하면 포위식 또는 부스식 후드를 설치할 것

해설

후드(Hood)
(1) 기능
  오염물(Contaminant)의 발생원을 되도록 포위하도록 설치된 국소배기장치의 입구부
(2) 설치기준
  ① 유해물질이 발생하는 곳마다 설치할 것
  ② 유해인자의 발생형태 및 비중, 작업방법 등을 고려하여 해당 분진 등의 발산원을 제어할 수 있는 구조로 설치할 것
  ③ 후드형식은 가능한 한 포위식 또는 부스식 후드를 설치할 것
  ④ 외부식 또는 리시버식 후드는 해당 분진에 설치할 것
  ⑤ 후드의 개구면적을 크게 하지 않을 것

참고 산업안전기사 필기 p.5-38(표. 국소배기장치의 후드 및 덕트 설치 요령)

KEY 2020년 6월 7일 기사 출제

90 다음 중 자연발화를 방지하기 위한 일반적인 방법으로 적절하지 않은 것은?

① 주위의 온도를 낮춘다.
② 공기의 출입을 방지하고 밀폐시킨다.
③ 습도가 높은 곳에는 저장하지 않는다.
④ 황린의 경우 산소와의 접촉을 피한다.

해설

자연발화 방지대책
① 통풍을 잘 시킬 것
② 습기가 높은 것을 피할 것
③ 연소성 가스의 발생에 주의할 것
④ 저장실의 온도 상승을 피할 것

참고 산업안전기사 필기 p.5-38([표] 자연발화의 형태 및 조건)

KEY ① 2015년 3월 8일 기사 출제
② 2016년 8월 21일 기사 출제
③ 2019년 3월 3일 기사 출제
④ 2019년 4월 27일 기사 출제

91 다음 중 관의 지름을 변경하고자 할 때 필요한 관 부속품은?

① reducer ② elbow
③ plug   ④ valve

[정답] 88 ③ 89 ② 90 ② 91 ①

> 해설

피팅류(Fittings)의 용도

용도	종류
두 개의 관을 연결할 때	플랜지(flange), 유니언(union), 커플링(coupling), 니플(nipple), 소켓(socket)
관로의 방향을 바꿀 때	엘보(elbow), Y자관(Y-banch), 티(tee), 십자(cross)
관로의 크기를 바꿀 때	축소관(reducer), 부싱(bushing)
가지관을 설치 할 때	티(T), Y자관(Y-branch), 십자(cross)
유로를 차단 할 때	플러그(plug), 캡(cap), 밸브(valve)
유량 조절	밸브(valve)

> 참고 산업안전기사 필기 p.5-58(합격날개 : 합격예측)

▶ KEY
① 2014년 3월 2일 기사 출제
② 2017년 8월 26일 기사 출제
③ 2020년 9월 27일 기사 출제
④ 2021년 3월 7일 기사 출제

92 트라이에틸알루미늄에 화재가 발생하였을 때 다음 중 가장 적합한 소화약제는?

① 팽창질석 ② 할로겐화합물
③ 이산화탄소 ④ 물

> 해설

D급(금속화재) 적용 소화제
① 건조사
② 팽창질석
③ 팽창진주암

> 참고 산업안전기사 필기 p.5-28(문제 33번)

> 보충학습

트라이에틸알루미늄(triethylaluminium : $(C_2H_5)_3Al$)
폴리에틸렌을 합성할 때 촉매로서 사용되는 중요한 유기금속 화합물로 알루미늄과 에틸렌 및 수소로부터 합성된다.

93 물과 카바이드가 결합하면 어떤 가스가 생성되는가?

① 염소가스 ② 아황산가스
③ 수성가스 ④ 아세틸렌가스

> 해설

아세틸렌 제조 분자식
$2H_2O$ + CaC_2 → $Ca(OH)_2$ + C_2H_2
(물) (카바이드 = 탄화칼슘) (수산화칼슘) (아세틸렌)

> 참고 산업안전기사 필기 p.3-114(합격날개 : 합격예측)

▶ KEY
① 2015년 3월 8일 기사 출제
② 2017년 8월 26일 기사 출제
③ 2020년 6월 7일 기사 출제
④ 2021년 5월 15일 기사 출제

94 질화면(Nitrocellulose)은 저장·취급 중에는 에틸알코올 또는 이소프로필 알코올로 습면의 상태로 되어 있다. 그 이유를 바르게 설명한 것은?

① 질화면은 건조 상태에서는 자연발열을 일으켜 분해폭발의 위험이 존재하기 때문이다.
② 질화면은 알코올과 반응하여 안정한 물질을 만들기 때문이다.
③ 질화면은 건조 상태에서 공기 중의 산소와 환원반응을 하기 때문이다.
④ 질화면은 건조 상태에서 용이하게 중합물을 형성하기 때문이다.

> 해설

니트로셀룰로오스(nitrocellulose : 질화면) 특징
① 셀룰로오스의 질산에스테르이지만 니트로셀룰로오스란 통칭이 널리 쓰여지고 있다.(알콜침지 보관)
② 셀룰로오스를 황산과 질산을 혼합한 혼산으로 질산에스테르화하여 얻게 되는 백색 섬유상 물질, 질화면이라고도 한다.
③ 히드록실기로 치환한 NO_2기의 수에 따라 함유되는 질소량이 다르다.
④ 일반적으로 무연 화약에는 질소량이 12[%] 이상, 다이너마이트용에는 12[%] 정도, 도료용, 셀룰로이드용 등에는 12[%] 이하를 사용한다.(건조시 분해폭발)
⑤ 편의상 질소량이 약 13[%] 이상의 것을 강면약, 약 10~12[%]의 것을 약면약이라 한다.

▶ KEY
① 2011년 6월 12일 (문제 83번) 출제
② 2018년 4월 28일 (문제 84번) 출제
③ 2022년 4월 24일 (문제 86번) 출제

95 연소이론에 대한 설명으로 틀린 것은?

① 착화온도가 낮을수록 연소위험이 크다.
② 인화점이 낮은 물질은 반드시 착화점도 낮다.
③ 인화점이 낮을수록 일반적으로 연소위험이 크다.
④ 연소범위가 넓을수록 연소위험이 크다.

[정답] 92 ① 93 ④ 94 ① 95 ②

해설

연소위험과 인화점·착화점과의 관계
① 인화점이 낮을수록 연소위험이 크다.
② 착화점이 낮을수록 연소위험이 크다.
③ 연소범위가 넓을수록 연소위험이 크다.
④ 산소농도가 클수록 연소위험이 크다.

> 참고) 산업안전기사 필기 p.5-24(문제 18번)

> KEY ① 2003년 5월 25일 기사 출제
> ② 2018년 3월 4일 기사 출제

---

96 물이 관 속을 흐를 때 유동하는 물 속의 어느 부분의 정압이 그 때의 물의 증기압보다 낮을 경우 물이 증발하여 부분적으로 증기가 발생되어 배관의 부식을 초래하는 경우가 있다. 이러한 현상을 무엇이라 하는가?

① 서어징(surging)
② 공동현상(cavitation)
③ 비말동반(entrainment)
④ 수격작용(water hammering)

해설

공동현상(cavitation)
유체의 증기압이 물의 증기압보다 낮을 경우 부분적으로 증기를 발생시켜 배관을 부식시키는 현상

> 참고) 산업안전기사 필기 p.5-59(합격날개 : 합격예측)

> KEY ① 2015년 8월 16일 (문제 99번) 출제
> ② 2019년 3월 3일 (문제 97번) 출제

보충학습
① 수격작용(water hammering, 물망치작용)
   밸브를 급격히 개폐 시에 배관 내를 유동하던 물이 배관을 치는 현상(압력파가 급격히 관내를 왕복하는 현상)으로 배관 파열을 초래한다.
② 맥동현상(surging)
   유량이 단속적으로 변하여 펌프입출구에 설치된 진공계, 압력계가 흔들리고 진동과 소음이 일어나며 펌프의 토출량의 변화를 초래한다.

---

97 공기 중에서 A물질의 폭발하한계가 4[vol%], 상한계가 75[vol%] 라면 이 물질의 위험도는?

① 16.75 ② 17.75
③ 18.75 ④ 19.75

해설

위험도 계산

$H = \dfrac{\text{폭발상한계} - \text{폭발하한계}}{\text{폭발하한계}} = \dfrac{75-4}{4} = 17.75$

> 참고) 산업안전기사 필기 p.5-70(문제 40번) 적중

> KEY ① 2015년 5월 31일 (문제 85번) 출제
> ② 2016년 3월 6일 (문제 86번) 출제
> ③ 2017년 3월 5일 (문제 82번) 출제
> ④ 2018년 3월 4일 (문제 89번) 출제
> ⑤ 2020년 6월 7일 (문제 92번) 출제
> ⑥ 2021년 3월 7일 (문제 97번) 출제
> ⑦ 2021년 5월 15일(문제 90번) 출제
> ⑧ 2022년 4월 24일 (문제 97번) 출제

---

98 사업주는 산업안전보건법령에서 정한 설비에 대해서는 과압에 따른 폭발을 방지하기 위하여 안전밸브 등을 설치하여야 한다. 다음 중 이에 해당하는 설비가 아닌 것은?

① 원심펌프
② 정변위 압축기
③ 정변위 펌프(토출축에 차단밸브가 설치된 것만 해당한다)
④ 배관(2개 이상의 밸브에 의하여 차단되어 대기온도에서 액체의 열팽창에 의하여 파열될 우려가 있는 것으로 한정한다)

해설

안전밸브 설치 화학설비
사업주는 다음 각 호의 어느 하나에 해당하는 설비에 대해서는 과압에 따른 폭발을 방지하기 위하여 폭발 방지 성능과 규격을 갖춘 안전밸브 또는 파열판(이하 "안전밸브 등"이라 한다.)을 설치하여야 한다. 다만, 안전밸브 등에 상응하는 방호장치를 설치한 경우에는 그러하지 아니하다.
① 압력용기(안지름이 150밀리미터 이하인 압력용기는 제외하며, 압력용기 중 관형 열교환기의 경우에는 관의 파열로 인하여 상승한 압력이 압력용기의 최고사용압력을 초과할 우려가 있는 경우만 해당한다.)
② 정변위 압축기
③ 정변위 펌프(토출축에 차단밸브가 설치된 것만 해당한다)
④ 배관(2개 이상의 밸브에 의하여 차단되어 대기온도에서 액체의 열팽창에 의하여 파열될 우려가 있는 것으로 한정)

> 참고) 산업안전기사 필기 p.5-3(합격날개 : 합격예측 및 관련법규)

> KEY ① 2017년 5월 7일 출제
> ② 2018년 4월 28일(문제 83번) 출제

합격정보
산업안전보건기준에 관한 규칙 제261조(안전밸브 등의 설치)

[정답] 96 ② 97 ② 98 ①

99. 열교환기의 열교환 능률을 향상시키기 위한 방법이 아닌 것은?

① 유체의 유속을 적절하게 조절한다.
② 유체의 흐르는 방향을 병류로 한다.
③ 열교환기 입구와 출구의 온도차를 크게 한다.
④ 열전도율이 높은 재료를 사용한다.

해설

열교환기 열교환 능률 향상방법
① 유체의 유속을 적절하게 조절한다.
② 유체의 흐르는 방향을 향류로 한다.
③ 열교환기 입구와 출구의 온도차를 크게 한다.
④ 열전도율이 높은 재료를 사용한다.

참고 산업안전기사 필기 p.5-53(합격날개 : 은행문제)

KEY
① 2018년 8월 19일 기사 출제
② 2022년 3월 5일 기사 출제

보충학습

열교환기(Heat exchanger)
① 두 개 또는 그 이상의 유체 사이에서 열을 교환할 수 있게 고안된 장치를 열교환기라고 한다.
② 열교환기는 유체의 냉각 또는 유체의 온도를 높이는 난방의 목적으로 서로 다른 유체의 열을 교환할 수 있도록 사용된다.
③ 향류(向流 : counter flow : counter current)
  ㉮ 2개의 유체사이에서 열이나 물질의 이동이 있을 경우 이 유체들이 서로 반대로 흐르는 경우를 의미한다.
  ㉯ 반대로 흐름의 방향이 서로 같은 경우에는 병류라고하며 서로 수직으로 흐르는 경우는 십자류라고 한다.

100. 고압가스 용기 파열사고의 주요 원인 중 하나는 용기의 내압력(耐壓力)부족이다. 다음 중 내압력 부족의 원인으로 틀린 것은?

① 용기 내벽의 부식
② 강재의 피로
③ 과잉 충전
④ 용접 불량

해설

내압력
(1) 용기의 내압력부족
  ① 용기자체의 결함이 있는 경우 : 용기재료의 불량, 용기 내벽의 부식, 강재의 피로, 용접 불량 등
  ② 용기에 대해 낙하, 충돌 등의 충격 및 기타 타격을 주는 경우
  ③ 용기에 절단, 구멍 뚫기 등의 가공을 하는 경우
(2) 용기 내압(耐壓)의 이상상승
  ① 과잉 충전
  ② 가열, 직사광선, 화재 등에 의한 용기 온도의 상승
  ③ 내용물의 중합반응 또는 분해반응에 의한 것 등

참고 산업안전기사 필기 p.5-74(문제 61번) 적중

KEY
① 2012년 3월 4일 기사 출제
② 2022년 4월 24일 기사 출제

6 건설공사 안전관리

101. 그물코의 크기가 10[cm]인 매듭없는 방망사 신품의 인장강도는 최소 얼마 이상이어야 하는가?

① 240[kg]
② 320[kg]
③ 400[kg]
④ 500[kg]

해설

방망사의 신품에 대한 인장강도

그물코의 크기 (단위 : [cm])	방망의 종류(단위 : [kg])	
	매듭 없는 방망	매듭 방망
10	240	200
5		110

참고 산업안전기사 필기 p.6-50([표] 방망사의 신품에 대한 인장강도)

KEY
① 2016년 5월 8일 기사 출제
② 2017년 3월 5일 기사 출제
③ 2017년 8월 26일 기사 출제
④ 2018년 4월 28일 기사 출제
⑤ 2018년 8월 19일 기사 출제
⑥ 2019년 3월 3일 기사 출제
⑦ 2019년 8월 4일 기사 출제
⑧ 2020년 8월 22일 기사 출제
⑨ 2021년 8월 14일 기사 출제

102. 공정율이 65[%]인 건설현장의 경우 공사 진척에 따른 산업안전보건관리비의 최소 사용기준으로 옳은 것은? (단, 공정율은 기성공정율을 기준으로 함)

① 40[%] 이상
② 50[%] 이상
③ 60[%] 이상
④ 70[%] 이상

【 정답 】 99 ② 100 ③ 101 ① 102 ②

> [해설]

공사진척에 따른 안전관리비 사용기준

공정률	50[%] 이상 70[%] 미만	70[%] 이상 90[%] 미만	90[%] 이상
사용 기준	50[%] 이상	70[%] 이상	90[%] 이상

> [참고] 산업안전기사 필기 p.6-44(표 : 공사진척에 따른 산업안전관리비 사용기준)

> [KEY]
> ① 2017년 5월 7일 기사 출제
> ② 2017년 9월 23일 기사 출제
> ③ 2019년 8월 4일 산업기사 출제
> ④ 2020년 6월 7일 기사 출제
> ⑤ 2020년 9월 27일 기사 출제
> ⑥ 2021년 3월 7일 기사 출제

> [합격정보]
> 건설업 산업안전보건관리비계상기준 고시 2024-53호(2024. 9. 19.)

103 취급·운반의 원칙으로 옳지 않은 것은?

① 운반 작업을 집중하여 시킬 것
② 생산을 최고로 하는 운반을 생각할 것
③ 곡선 운반을 할 것
④ 연속 운반을 할 것

> [해설]

취급, 운반의 5원칙
① 직선운반을 할 것
② 연속운반을 할 것
③ 운반작업을 집중화시킬 것
④ 생산을 최고로 하는 운반을 생각할 것
⑤ 최대한 시간과 경비를 절약할 수 있는 운반방법을 고려할 것

> [참고] 산업안전기사 필기 p.6-171(합격날개 : 합격예측)

> [KEY]
> ① 2017년 8월 26일 출제
> ② 2018년 4월 28일 기사 출제
> ③ 2019년 3월 3일 산업기사 출제
> ④ 2022년 3월 5일 기사 출제

104 철골작업을 중지하여야 하는 조건에 해당되지 않는 것은?

① 풍속이 초당 10[m] 이상인 경우
② 지진이 진도 4 이상인 경우
③ 강우량이 시간당 1[mm] 이상인 경우
④ 강설량이 시간당 1[cm] 이상인 경우

> [해설]

철골작업시 작업중지기준
① 풍속이 초당 10[m] 이상인 경우
② 강우량이 시간당 1[mm] 이상인 경우
③ 강설량이 시간당 1[cm] 이상인 경우

> [참고] 산업안전기사 필기 p.6-147(표. 악천우시 작업중지기준)

> [KEY]
> ① 2014년 5월 25일 (문제 101번) 출제
> ② 2015년 5월 31일 (문제 116번) 출제
> ③ 2015년 8월 16일 (문제 120번) 출제
> ④ 2016년 3월 6일 (문제 103번) 출제
> ⑤ 2021년 3월 7일 (문제 103번) 출제

> [합격정보]
> 산업안전보건기준에 관한 규칙 제383조(작업의 제한)

105 달비계의 최대 적재하중을 정함에 있어서 활용하는 안전계수의 기준으로 옳은 것은?(단, 곤돌라의 달비계를 제외한다.)

① 달기 와이어로프 : 5 이상
② 달기 강선 : 5 이상
③ 달기 체인 : 3 이상
④ 달기 훅 : 5 이상

> [해설]

달비계의 안전계수
① 달기와이어로프 및 달기 강선의 안전계수는 10 이상
② 달기체인 및 달기훅의 안전계수는 5 이상
③ 달기강대와 달비계의 하부 및 상부지점의 안전계수는 강재의 경우 2.5 이상, 목재의 경우 5 이상

> [참고] 산업안전기사 필기 p.6-92(합격날개 : 합격예측 및 관련법규)

> [KEY]
> ① 2016년 3월 6일 기사 출제
> ② 2016년 10월 1일 산업기사 출제
> ③ 2018년 3월 4일 기사, 산업기사 동시 출제
> ④ 2018년 8월 19일 산업기사 출제
> ⑤ 2019년 3월 3일 기사 출제
> ⑥ 2020년 6월 7일 기사 출제
> ⑦ 2021년 8월 14일 기사 출제

> [합격정보]
> ① 산업안전보건기준에 관한 규칙 제55조(작업발판의 최대적재하중)
> ② 2024. 7. 1. 법개정으로 안전계수는 삭제되었습니다.

[정답] 103 ③ 104 ②   105 ④

106 미리 작업장소의 지형 및 지반상태 등에 적합한 제한속도를 정하지 않아도 되는 차량계 건설기계의 속도 기준은?

① 최대 제한 속도가 10[km/h] 이하
② 최대 제한 속도가 20[km/h] 이하
③ 최대 제한 속도가 30[km/h] 이하
④ 최대 제한 속도가 40[km/h] 이하

해설

산업안전보건기준에 관한 규칙 제98조(제한속도의 지정 등)
① 사업주는 차량계 하역운반기계, 차량계 건설기계(최대제한속도가 시속 10킬로미터 이하인 것은 제외한다)를 사용하여 작업을 하는 경우 미리 작업장소의 지형 및 지반 상태 등에 적합한 제한속도를 정하고, 운전자로 하여금 준수하도록 하여야 한다.
② 사업주는 궤도작업차량을 사용하는 작업, 입환기로 입환작업을 하는 경우에 작업에 적합한 제한속도를 정하고, 운전자로 하여금 준수하도록 하여야 한다.
③ 운전자는 제①항과 제②항에 따른 제한속도를 초과하여 운전해서는 아니 된다.

참고
① 산업안전기사 필기 p.6-61(합격날개 : 합격예측)
② 산업안전기사 필기 p.6-171(합격날개 : 합격예측)

KEY
① 2014년 8월 17일 기사 출제
② 2017년 8월 26일 기사 출제
③ 2018년 3월 4일 기사 출제
④ 2021년 3월 7일 기사 출제

107 부두·안벽 등 하역작업을 하는 장소에서는 부두 또는 안벽의 선을 따라 통로를 설치하는 경우에는 폭을 최소 얼마 이상으로 해야 하는가?

① 70[cm]
② 80[cm]
③ 90[cm]
④ 100[cm]

해설

부두·안벽 등 하역작업을 하는 장소의 안전기준
① 작업장 및 통로의 위험한 부분에는 안전하게 작업할 수 있는 조명을 유지할 것
② 부두 또는 안벽의 선을 따라 통로를 설치하는 경우에는 폭을 90[cm] 이상으로 할 것
③ 육상에서의 통로 및 작업장소로서 다리 또는 선거(船渠) 갑문(閘門)을 넘는 보도(步道) 등의 위험한 부분에는 안전난간 또는 울타리 등을 설치할 것

참고 산업안전기사 필기 p.6-184(합격날개 : 합격예측 및 관련법규)

합격정보
산업안전보건기준에 관한 규칙 제390조(하역작업장의 조치기준)

KEY
① 2018년 4월 28일 기사 출제
② 2019년 3월 3일, 8월 4일 기사 출제
③ 2021년 5월 15일 기사 출제

108 히빙(Heaving)현상 방지대책으로 틀린 것은?

① 소단굴착을 실시하여 소단부 흙의 중량이 바닥을 누르게 한다.
② 흙막이 벽체 배면의 지반을 개량하여 흙의 전단강도를 높인다.
③ 부풀어 솟아오르는 바닥면의 토사를 제거한다.
④ 흙막이 벽체의 근입깊이를 깊게 한다.

해설

히빙 방지대책
① 흙막이 근입깊이를 깊게
② 표토제거 하중감소
③ 지반개량
④ 굴착면 하중증가
⑤ 어스앵커설치 등

참고 산업안전기사 필기 p.6-19(합격날개 : 합격예측)

💬 **합격자의 조언**
실기 필답형에도 단골 출제되는 내용입니다.

109 건설현장에서 높이 5[m] 이상인 콘크리트 교량의 설치작업을 하는 경우 재해예방을 위해 준수해야 하는 사항으로 옳지 않은 것은?

① 작업을 하는 구역에는 관계 근로자가 아닌 사람의 출입을 금지할 것
② 재료, 기구 또는 공구 등을 올리거나 내릴 경우에는 근로자로 하여금 크레인을 이용하도록 하고 달줄, 달포대 등의 사용을 금하도록 할 것
③ 중량물 부재를 크레인 등으로 인양하는 경우에는 부재에 인양용 고리를 견고하게 설치하고, 인양용 로프는 부재에 두 군데 이상 결속하여 인양하여야 하며, 중량물이 안전하게 거치되기 전까지는 걸이로프를 해제시키지 아니할 것
④ 자재나 부재의 낙하·전도 또는 붕괴 등에 의하여 근로자에게 위험을 미칠 우려가 있을 경우에는 출입금지구역의 설정, 자재 또는 가설시설의 좌굴

[정답] 106 ① 107 ③ 108 ③ 109 ②

(挫屈)또는 변형 방지를 위한 보강재 부착 등의 조치를 할 것

해설

달줄 또는 달포대 사용
재료·기구 또는 공구 등을 올리거나 내리는 경우 근로자는 달줄 또는 달포대를 사용하게 할 것

[참고] 산업안전기사 필기 p.6-95(합격날개 : 합격예측 및 관련법규)

[합격정보] 산업안전보건기준에 관한 규칙 제57조(비계 등의 조립·해체 및 변경)

[KEY] ① 2019년 3월 3일 기사 출제
② 2019년 4월 27일 기사 출제

110 산소결핍이라 함은 공기 중 산소농도가 몇 퍼센트[%] 미만일 때를 의미하는가?

① 20[%] ② 18[%]
③ 15[%] ④ 10[%]

해설

산소결핍
① 산소결핍 : 공기중의 산소농도가 18퍼센트 미만인 상태
② 산소결핍증 : 산소가 결핍된 공기를 들이마심으로써 생기는 증상

[참고] 산업안전기사 필기 p.6-8(합격날개 : 용어정의)

[KEY] 2017년 3월 5일 기사 출제

[합격정보] 산업안전보건기준에 관한 규칙 제618조(정의)

111 작업장 출입구 설치 시 준수해야 할 사항으로 옳지 않은 것은?

① 출입구의 위치·수 및 크기가 작업장의 용도와 특성에 맞도록 한다.
② 출입구에 문을 설치하는 경우에는 근로자가 쉽게 열고 닫을 수 있도록 한다.
③ 주된 목적이 하역운반기계용인 출입구에는 보행자용 출입구를 따로 설치하지 않는다.
④ 계단이 출입구와 바로 연결된 경우에는 작업자의 안전한 통행을 위하여 그 사이에 1.2[m] 이상 거리를 두거나 안내표지 또는 비상벨 등을 설치한다.

해설

산업안전보건기준에 관한 규칙
제11조(작업장의 출입구) 사업주는 작업장에 출입구(비상구는 제외한다. 이하 같다)를 설치하는 경우 다음 각 호의 사항을 준수하여야 한다.
1. 출입구의 위치, 수 및 크기가 작업장의 용도와 특성에 맞도록 할 것
2. 출입구에 문을 설치하는 경우에는 근로자가 쉽게 열고 닫을 수 있도록 할 것
3. 주된 목적이 하역운반기계용인 출입구에는 인접하여 보행자용 출입구를 따로 설치할 것
4. 하역운반기계의 통로와 인접하여 있는 출입구에서 접촉에 의하여 근로자에게 위험을 미칠 우려가 있는 경우에는 비상등·비상벨 등 경보장치를 할 것
5. 계단이 출입구와 바로 연결된 경우에는 작업자의 안전한 통행을 위하여 그 사이에 1.2미터 이상 거리를 두거나 안내표지 또는 비상벨 등을 설치할 것. 다만, 출입구에 문을 설치하지 아니한 경우에는 그러하지 아니하다.

[참고] 산업안전기사 필기 p.3-14(합격날개 : 합격예측 및 관련법규)

[KEY] 2022년 3월 5일 기사 출제

112 장비가 위치한 지면보다 낮은 장소를 굴착하는 데 적합한 장비는?

① 백호 ② 파워셔블
③ 트럭크레인 ④ 진폴

해설

백호(back hoe)[드래그셔블(drag shovel)]
① 토목공사나 수중굴착에 많이 사용된다.
② 지하층이나 기초의 굴착에 사용된다.
③ 기계가 서 있는 지면보다 낮은 장소의 굴착에도 적당하고 수중굴착도 가능하다.
④ 파워셔블과 같이 굳은 지반의 토질에서도 정확한 굴착이 된다.

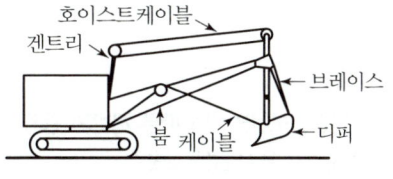

[그림] 백호

[참고] 산업안전기사 필기 p.6-63(2. 백호)

[KEY] ① 2015년 3월 8일 기사 출제
② 2018년 8월 19일 기사 출제
③ 2020년 6월 7일 기사 출제
④ 2021년 5월 15일 기사 출제

[정답] 110 ② 111 ③ 112 ①

113 가설통로의 설치기준으로 옳지 않은 것은?

① 추락할 위험이 있는 장소에는 안전난간을 설치할 것
② 경사가 10[°]를 초과하는 경우에는 미끄러지지 않는 구조로 할 것
③ 경사는 30[°] 이하로 할 것
④ 건설공사에 사용하는 높이 8[m] 이상인 비계다리에는 7[m] 이내마다 계단참을 설치할 것

해설
가설통로 설치기준
① 견고한 구조로 할 것
② 경사는 30[°] 이하로 할 것. 다만, 계단을 설치하거나 높이 2[m] 미만의 가설통로로서 튼튼한 손잡이를 설치한 경우에는 그러하지 아니하다.
③ 경사가 15[°]를 초과하는 경우에는 미끄러지지 아니하는 구조로 할 것
④ 추락할 위험이 있는 장소에는 안전난간을 설치할 것. 다만, 작업상 부득이한 경우에는 필요한 부분만 임시로 해체할 수 있다.
⑤ 수직갱에 가설된 통로의 길이가 15[m] 이상인 경우에는 10[m] 이내마다 계단참을 설치할 것
⑥ 건설공사에 사용하는 높이 8[m] 이상인 비계다리에는 7[m] 이내마다 계단참을 설치할 것

참고 산업안전기사 필기 p.6-127(문제 40번)

KEY
① 2017년 5월 7일 기사 출제
② 2018년 4월 28일 기사 출제
③ 2019년 8월 4일 기사 출제
④ 2020년 6월 7일 기사 출제
⑤ 2021년 3월 7일 기사 출제
⑥ 2022년 3월 5일, 4월 24일 기사 출제

합격정보
산업안전보건기준에 관한 규칙 제23조(가설통로의 구조)

114 산업안전보건법령에 따른 지반의 종류별 굴착면의 기울기 기준으로 옳지 않은 것은?

① 모래 - 1 : 1.8
② 그 밖의 흙 - 1 : 0.3
③ 풍화암 - 1 : 1.0
④ 연암 - 1 : 1.0

해설
굴착면의 기울기 기준

지반의 종류	굴착면의 기울기
모래	1 : 1.8
연암 및 풍화암	1 : 1.0
경암	1 : 0.5
그 밖의 흙	1 : 1.2

참고 산업안전기사 필기 p.6-56(표 : 굴착면의 기울기 기준)

KEY
① 2016년 5월 8일 기사·산업기사 동시 출제
② 2017년 3월 5일 기사 출제
③ 2017년 9월 23일 기사 출제
④ 2018년 8월 19일 산업기사 출제
⑤ 2019년 4월 27일 기사·산업기사 동시 출제
⑥ 2020년 6월 7일 기사 출제
⑦ 2020년 8월 22일 기사 출제
⑧ 2020년 9월 27일 기사 출제
⑨ 2022년 3월 5일 기사 출제

합격정보
산업안전보건기준에 관한 규칙 [별표 11] 굴착면의 기울기 기준

115 사다리식 통로의 구조에 대한 아래의 설명 중 ( )에 알맞은 것은?

> 사다리의 상단은 걸쳐놓은 지점으로부터 (   )[cm] 이상 올라가도록 할 것

① 30
② 40
③ 50
④ 60

해설
사다리 작업의 안전지침
① 안전하게 수리될 수 없는 사다리는 작업장 외로 반출시켜야 한다.
② 사다리는 작업장에서 최소한 위로 60[cm]는 연장되어 있어야 한다.

참고 산업안전기사 필기 p.6-18(합격날개 : 합격예측 및 관련법규)

KEY 2020년 8월 22일 기사 등 20회 이상 출제

합격정보
산업안전보건기준에 관한 규칙 제24조(사다리식 통로 등의 구조)

[정답] 113 ② 114 ② 115 ④

116 다음 중 건설재해대책의 사면보호공법에 해당하지 않는 것은?

① 실드공   ② 식생공
③ 뿜어붙이기공   ④ 블록공

해설

사(비탈)면 보호공법의 구분

분류	구분
식생 공법	떼붙임공
	식생공
	식수공
	파종공
구조물 보호공법	블록(돌)붙임공
	블록(돌)쌓기공
	콘크리트블록 격자공
	뿜어붙이기공
응급대책방법	배수공
	배토공
	압성토공
항구대책방법	옹벽공
	soil nailing 공법
	earth anchor 공법

참고 산업안전기사 필기 p.6-168(합격날개 : 합격예측)

보충학습
실드공법(shield method)
① 연약지반이나 대수지반(帶水地盤)에 터널을 만들 때 작용하는 굴착공법
② 1818년 프랑스에서 개발된 뒤, 1825년 영국 템즈강 하저 횡단 터널 공사에 처음 사용하였다.
③ 원래 강이나 바다 등 연약지반이나 대수지반에서 터널을 만들기 위해 고안된 공법이지만, 근래에는 지하철이나 기반시설(상하수도·전기·통신선로 등) 공사를 위한 도시터널 시공에 많이 이용된다.

117 흙막이 지보공을 설치하였을 때 정기적으로 점검하여야 할 사항과 거리가 먼 것은?

① 경보장치의 작동상태
② 부재의 손상·변형·부식·변위 및 탈락의 유무와 상태
③ 버팀대의 긴압(緊壓)의 정도
④ 부재의 접속부·부착부 및 교차부의 상태

해설

흙막이 지보공의 정기 점검사항
① 부재의 손상·변형·부식·변위 및 탈락의 유무와 상태
② 버팀대의 긴압의 정도
③ 부재의 접속부·부착부 및 교차부의 상태
④ 침하의 정도

참고 산업안전기사 필기 p.6-106(합격날개 : 합격예측 및 관련법규)

KEY
① 2015년 8월 16일 기사 출제
② 2017년 3월 5일 기사 출제
③ 2019년 3월 3일 기사 출제
④ 2020년 6월 7일 기사 출제
⑤ 2020년 9월 27일 기사 출제

합격정보
산업안전보건기준에 관한 규칙 제347조(붕괴등의 위험방지)

118 안전난간의 구조 및 설치요건에 대한 기준으로 옳지 않은 것은?

① 상부난간대는 바닥면·발판 또는 경사로의 표면으로부터 90[cm] 이상 지점에 설치할 것
② 발끝막이판은 바닥면 등으로부터 10[cm] 이상의 높이를 유지할 것
③ 난간대는 지름 1.5[cm] 이상의 금속제파이프나 그 이상의 강도를 가진 재료일 것
④ 안전난간은 구조적으로 가장 취약한 지점에서 가장 취약한 방향으로 작용하는 100[kg] 이상의 하중에 견딜 수 있는 튼튼한 구조일 것

해설

난간대 지름 : 2.7[cm] 이상

참고 산업안전기사 필기 p.6-151(합격날개 : 합격예측 및 관련법규)

합격정보
산업안전보건기준에 관한 규칙 제13조(안전난간의 구조 및 설치요건)

KEY
① 2016년 3월 6일 기사 출제
② 2019년 8월 4일 기사 출제
③ 2021년 8월 14일 기사 출제

[정답] 116 ① 117 ① 118 ③

119 터널공사의 전기발파작업에 관한 설명으로 옳지 않은 것은?

① 전선은 점화하기 전에 화약류를 충진한 장소로부터 30[m] 이상 떨어진 안전한 장소에서 도통시험 및 저항시험을 하여야 한다.
② 점화는 충분한 허용량을 갖는 발파기를 사용하고 규정된 스위치를 반드시 사용하여야 한다.
③ 발파 후 발파기와 발파모선의 연결을 유지한 채 그 단부를 절연시킨 후 재점화가 되지 않도록 한다.
④ 점화는 선임된 발파책임자가 행하고 발파기의 핸들을 점화할 때 이외는 시건장치를 하거나 모선을 분리하여야 하며 발파책임자의 엄중한 관리하에 두어야 한다.

해설

발파 모선의 연결을 제거(분리)한다.

참고) 산업안전기사 필기 p.6-108(합격날개 : 합격예측 및 관련법규)

합격정보
산업안전보건기준에 관한 규칙 제348조(발파의 작업기준)

KEY ▶ ① 2017년 5월 7일 기사 출제
② 2021년 3월 7일 기사 출제

120 이동식 크레인을 사용하여 작업을 할 때 작업시작 전 점검 사항이 아닌 것은?

① 주행로의 상측 및 트롤리(trolley)가 횡행하는 레일의 상태
② 권과방지장치 그 밖의 경보장치의 기능
③ 브레이크·클러치 및 조정장치의 기능
④ 와이어로프가 통하고 있는 곳 및 작업장소의 지반상태

해설

이동식크레인 작업시작전 점검사항
① 권과방지장치 그 밖의 경보장치의 기능
② 브레이크·클러치 및 조정장치의 기능
③ 와이어로프가 통하고 있는 곳 및 작업장소의 지반상태

참고) 산업안전기사 필기 p.3-52(5. 이동식크레인을 사용하여 작업할 때)

KEY ▶ ① 2018년 3월 4일 기사 출제
② 2018년 9월 15일 기사 출제

합격정보
산업안전보건기준에 관한 규칙 [별표 3] 작업시작전 점검사항

💬 합격자의 조언

실기 필답형과 작업형에도 출제됩니다.

[정답] 119 ③ 120 ①

2023년도 기사 정기검정 제2회 (2023년 6월 4일 시행)

산업안전기사

종목코드	시험시간	수험번호	성명
1431	3시간	20230604	도서출판세화

※ 본 문제는 복원문제 및 2024 예적(예상적중) 문제로 실제문제와 동일하지 않을 수 있습니다.

1 산업재해 예방 및 안전보건교육

01 안전점검 체크리스트에 포함되어야 할 사항이 아닌 것은?

① 점검대상 ② 점검부분
③ 점검방법 ④ 점검목적

[해설]

Check List에 포함되어야 하는 사항
① 점검대상
② 점검부분(점검개소)
③ 점검항목(점검내용 : 마모, 균열, 부식, 파손, 변형 등)
④ 점검주기 또는 기간(점검시기)
⑤ 점검방법(육안점검, 기능점검, 기기점검, 정밀점검)
⑥ 판정기준(안전검사기준, 법령에 의한 기준, KS기준 등)
⑦ 조치사항(점검결과에 따른 결함의 시정사항)

[참고] 산업안전기사 필기 p.3-51(1. Check List에 포함되어야 하는 사항)

[KEY] ① 2016년 5월 8일(문제 19번) 출제
② 2017년 5월 7일 기사 출제

02 하인리히 사고예방대책의 기본원리 5단계로 옳은 것은?

① 조직 → 사실의 발견 → 분석 → 시정방법의 선정 → 시정책의 적용
② 조직 → 분석 → 사실의 발견 → 시정방법의 선정 → 시정책의 적용
③ 사실의 발견 → 조직 → 분석 → 시정방법의 선정 → 시정책의 적용
④ 사실의 발견 → 분석 → 조직 → 시정방법의 선정 → 시정책의 적용

[해설]

하인리히 사고예방대책 기본원리 5단계
① 제1단계 : 조직
② 제2단계 : 사실의 발견
③ 제3단계 : 분석평가
④ 제4단계 : 시정방법의 선정
⑤ 제5단계 : 시정책의 적용

[참고] 산업안전기사 필기 p.3-35(7. 하인리히 사고예방대책 기본원리 5단계)

[KEY] ① 2016년 10월 1일 출제
② 2017년 5월 7일 기사, 산업기사 동시 출제

03 K형 베어링을 생산하는 경기도 A사업장에 300명의 근로자가 근무하고 있다. 1년에 21건의 재해가 발생하였다면 이 사업장에서 근로자 1명이 평생 작업시 약 몇 건의 재해를 당할 수 있겠는가?(단, 1일 8시간씩 1년에 300일을 근무하며, 평생근로시간은 10만시간으로 가정한다.)

① 1건 ② 3건
③ 5건 ④ 6건

[해설]

환산도수율 계산비교

① 도수(빈도)율 = $\dfrac{재해건수}{연근로시간수} \times 10^6$

   = $\dfrac{21}{300 \times 8 \times 300} \times 10^6 = 29.17$

② 환산도수율 = 도수율 ÷ 10 = 29.17 ÷ 10 = 2.92
    = 도수율 × 0.1 = 2.92 ≒ 3건

[참고] 산업안전기사 필기 p.3-43(3. 빈도율)

[KEY] 2023년 3월 1일 산업기사 등 20회 이상 출제

[합격정보]
산업재해 통계 업무처리규정 제3조(산업재해 통계의 산출방법 및 정의)

[정답] 01 ④ 02 ① 03 ②

과년도 출제문제

보충학습

[표] 근로시간 적용방법

평생근로시간이 10만[시간]인 경우	평생근로시간이 12만[시간]인 경우
① 환산도수율=도수율×0.1	① 환산도수율=도수율×0.12
② 환산강도율=강도율×100	② 환산강도율=강도율×120

합격자의 조언
① 평생이라는 용어가 나오면 환산도수율을 말합니다.
② 2015년 5월 31일 산업기사 출제

04 산업안전보건법령상 산업안전보건위원회의 구성에서 사용자위원 구성원이 아닌 것은?(단, 해당 위원이 사업장에 선임이 되어 있는 경우에 한한다.)

① 안전관리자　　② 보건관리자
③ 산업보건의　　④ 명예산업안전감독관

해설
사용자위원
① 해당 사업의 대표자
② 안전관리자
③ 보건관리자
④ 산업보건의
⑤ 해당 사업의 대표자가 지명하는 9명 이내의 해당 사업장의 부서장

참고) 산업안전기사 필기 p.1-193(제35조)

KEY
① 2017년 9월 23일 기사 출제
② 2018년 4월 28일 기사 출제
③ 2018년 9월 15일 기사 출제
④ 2019년 3월 3일 출제
⑤ 2023년 2월 28일 출제

합격정보
① 산업안전보건법 시행령 제35조(산업안전보건위원회의 구성)
② 2023년 12월 12일 개정법 적용

05 플리커 검사(flicker test)의 목적으로 가장 적절한 것은?

① 혈중 알코올농도 측정　② 체내 산소량 측정
③ 작업강도 측정　　　　④ 피로의 정도 측정

해설
점멸-융합주파수(flicker-fusion frequency) : 인지역치방법
① 깜박이는 불빛이 계속 커진 것처럼 보일 때의 주파수(약 30[Hz])
② 목적 : 피로의 정도측정(생리학적 방법)

참고) 산업안전기사 필기 p.1-105(3. 피로측정검사 방법 3가지)

KEY
① 2017년 3월 5일 기사 출제
② 2019년 9월 21일 기사 출제
③ 2020년 8월 22일 기사 출제

06 보호구 자율안전확인 고시상 자율안전확인 보호구에 표시하여야 하는 사항을 모두 고른 것은?

ㄱ. 모델명　　　ㄴ. 제조 번호
ㄷ. 사용 기한　ㄹ. 자율안전확인 번호

① ㄱ, ㄴ, ㄷ　　② ㄱ, ㄴ, ㄹ
③ ㄱ, ㄷ, ㄹ　　④ ㄴ, ㄷ, ㄹ

해설
자율안전 확인 제품 표시 방법
① 형식 또는 모델명
② 규격 또는 등급 등
③ 제조자명
④ 제조번호 및 제조연월
⑤ 자율안전 확인 번호

참고) 산업안전기사 필기 p.3-57(2. 자율안전확인제품 표시방법)

KEY 2022년 3월 5일 출제

합격정보
산업안전보건법 시행령 제77조(자율안전 확인대상기계 등)

07 헤링(Hering)의 착시현상에 해당하는 것은?

①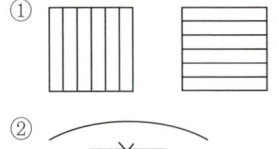

②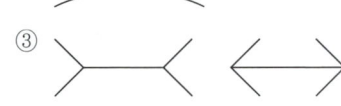

③

④

[정답] 04 ④　05 ④　06 ②　07 ④

> [해설]

착시의 구분(형상)
① Helmholtz의 분할착시
② Köhler의 윤곽착시
③ Müller-Lyer의 동화착시

> [참고] 산업안전기사 필기 p.1-116(2. 착시의 종류)

> [KEY]
> ① 2016년 3월 6일 기사 출제
> ② 2016년 8월 21일 산업기사 출제
> ③ 2017년 8월 26일 산업기사 출제
> ④ 2018년 9월 15일 산업기사 출제
> ⑤ 2019년 9월 21일 기사 출제
> ⑥ 2021년 5월 15일 기사 출제

08 새로운 자료나 교재를 제시하고, 문제점을 피교육자로 하여금 제기하도록 하거나 의견을 여러 가지 방법으로 발표하게 하여 청중과 토론자간 활발한 의견 개진과 합의를 도출해가는 토의방법은?

① 포럼(Forum)
② 심포지엄(Symposium)
③ 자유토의(Free discussion)
④ 패널 디스커션(Panel discussion)

> [해설]

포럼(Forum)
① 새로운 자료나 교재를 제시하고 거기서의 문제점을 피교육자로 하여금 제기하게 하거나 의견을 여러 가지 방법으로 발표하게 하고 다시 깊이 파고들어 토의를 행하는 방법
② 청중과 토론자간 활발한 의견 개진가능

> [참고] 산업안전기사 필기 p.1-144 (1) 토의식 교육방법

> [KEY] 2021년 9월 12일 기사 등 5회 이상 출제

> [보충학습]
> ① 심포지엄 : 몇 사람의 전문가에 의하여 과정에 관한 견해를 발표하게 한 뒤 참가자로 하여금 의견이나 질문을 하게 하는 토의법
> ② 자유토의법 : 참가자는 고정적인 규칙이나 리더에게 얽매이지 않고 자유로이 의견이나 태도를 표명하며, 지식이나 정보를 상호 제공, 교환함으로써 참가자 상호 간의 의견이나 견해의 차이를 상호작용으로 조정하여 집단으로 의견을 요약해 나가는 방법
> ③ 패널 디스커션 : 패널멤버(교육과제에 정통한 전문가 4~5[명])가 피교육자 앞에서 자유로이 토의하고 뒤에 피교육자 전원이 참가하여 사회자의 사회에 따라 토의하는 방법

09 경보기가 울려도 기차가 오기까지 아직 시간이 있다고 판단하여 건널목을 건너다가 사고를 당했다. 다음 중 이 재해자의 행동성향으로 옳은 것은?

① 착오·착각
② 무의식행동
③ 억측판단
④ 지름길반응

> [해설]

억측판단
부주의가 발생하는 경우에 있어 자동차를 운전할 때 신호가 바뀌기 전에 신호가 바뀔 것을 예상하고 자동차를 출발시키는 행동(예 건널목 사고 등)

> [참고] 산업안전기사 필기 p.1-119(합격날개 : 합격예측)

> [KEY]
> ① 2009년 제3회 출제
> ② 2016년 3월 6일 기사 출제

> [보충학습]

억측판단의 배경
① 과거의 성공한 경험 : 이전에 그 행위로 성공한 적이 있다.
② 희망적 관측 : 그때도 그랬으니까 괜찮겠지
③ 정보나 지식이 불확실할 때 : 위험한 결과에 대한 지식부족
④ 초조한 심정 : 일을 빨리 끝내고 싶다. 귀찮다는 강한 욕망

> [합격자의 조언]
> ① 합격예측에서 적중된 것을 확인했습니다.
> ② 안전한 합격은 합격날개를 꼭 보셔야 합니다.

10 산업안전보건법령상 교육대상별 교육내용 중 관리감독자의 정기안전보건교육 내용이 아닌 것은?(단, 산업안전보건법 및 일반관리에 관한 사항은 제외한다.)

① 산업안전 제도에 관한 사항
② 산업보건 및 직업병 예방에 관한 사항
③ 유해·위험 작업환경 관리에 관한 사항
④ 표준안전작업방법 및 지도 요령에 관한 사항

> [해설]

관리감독자 정기안전보건교육 내용
① 산업안전 및 사고 예방에 관한 사항
② 산업보건 및 직업병 예방에 관한 사항
③ 위험성 평가에 관한 사항
④ 유해·위험 작업환경 관리에 관한 사항
⑤ 산업안전보건법령 및 산업재해보상보험 제도에 관한 사항
⑥ 직무스트레스 예방 및 관리에 관한 사항
⑦ 직장 내 괴롭힘, 고객의 폭언 등으로 인한 건강장해 예방 및 관리에 관한 사항
⑧ 작업공정의 유해·위험과 재해 예방대책에 관한 사항

[정답] 08 ① 09 ③ 10 ①

⑨ 사업장 내 안전보건관리체제 및 안전·보건조치 현황에 관한 사항
⑩ 표준안전 작업방법 결정 및 지도·감독 요령에 관한 사항
⑪ 현장근로자와의 의사소통능력 및 강의 능력 등 안전보건교육 능력 배양에 관한 사항
⑫ 비상시 또는 재해 발생 시 긴급조치에 관한 사항
⑬ 그 밖의 관리감독자의 직무에 관한 사항

참고 산업안전기사 필기 p.1-154(3. 관리감독자 정기안전보건교육)

KEY ① 2017년 5월 7일 출제
② 2017년 8월 26일 출제
③ 2018년 3월 4일 출제

합격정보
산업안전보건법시행규칙 [별표 5] 안전보건교육대상별 교육내용

11 다음 무재해운동의 이념 중 "선취의 원칙"에 대한 설명으로 가장 적절한 것은?

① 사고의 잠재요인을 사후에 파악하는 것
② 근로자 전원이 일체감을 조성하여 참여하는 것
③ 위험요소를 사전에 발견, 파악하여 재해를 예방 또는 방지하는 것
④ 관리감독자 또는 경영층에서의 자발적 참여로 안전 활동을 촉진하는 것

해설
무재해운동 기본이념 3원칙의 정의
① 무의원칙 : 근원적으로 산업재해를 없애는 것이며 '0'의 원칙
② 참가의 원칙 : 근로자 전원이 참석하여 문제해결 등을 실천하는 원칙
③ 안전제일(선취해결)의 원칙 : 무재해를 실현하기 위해 일체의 위험요인을 사전에 발견, 파악, 해결하여 재해를 예방하거나 방지하기 위한 원칙

참고 산업안전기사 필기 p.1-10(합격날개 : 합격예측)

KEY ① 2016년 5월 8일 출제
② 2016년 10월 1일 산업기사 출제
③ 2017년 3월 5일 출제
④ 2017년 8월 26일 산업기사 출제
⑤ 2017년 9월 23일 출제
⑥ 2021년 8월 14일 기사 출제

12 버드(Bird)의 재해분포에 따르면 20건의 경상(물적, 인적상해)사고가 발생했을 때 무상해, 무사고(위험순간) 고장은 몇 건이 발생하겠는가?

① 600   ② 800
③ 1,200 ④ 1,600

해설
버드의 무상해·무사고 건수 계산
① 1 : 10 : 30 : 600
② 2 : 20 : 60 : 1200

참고 산업안전기사 필기 p.3-33 (3) 버드이론 1:10:30:600의 법칙

KEY ① 2017년 5월 7일 기사, 산업기사 동시 출제
② 2022년 4월 24일 기사 출제

보충학습
버드이론 1:10:30:600의 법칙
① 1960년대 175,300여 건의 보험사고를 분석하여 하인리히가 처음 주장한 사고 발생 연쇄이론을 수정
② 641[건]의 사고 중 중상, 경상, 무상해 물적 손실 사고, 무상해 무손실 사고의 비율이 약 1 : 10 : 30 : 600이라고 제시

[그림] 버드의 1:10:30:600법칙

13 생체리듬의 변화에 대한 설명으로 틀린 것은?

① 야간에는 체중이 감소한다.
② 야간에는 말초운동 기능이 저하된다.
③ 체온, 혈압, 맥박수는 주간에 상승하고 야간에 감소한다.
④ 혈액의 수분과 염분량은 주간에 증가하고 야간에 감소한다.

해설
위험일 변화
혈액의 수분, 염분량 : 주간에 감소, 야간에 상승

참고 산업안전기사 필기 p.1-108(5. 위험일의 변화 및 특징)

KEY ① 2017년 8월 26일 출제
② 2017년 9월 23일 출제
③ 2021년 3월 7일 기사 출제

[정답] 11 ③ 12 ③ 13 ④

14. 산업안전보건법령상 협의체 구성 및 운영에 관한 사항으로 ( )에 알맞은 내용은?

도급인은 관계 수급인 근로자가 도급인의 사업장에서 작업을 하는 경우 도급인과 수급인을 구성원으로 하는 안전 및 보건에 관한 협의체를 구성 및 운영하여야 한다. 이 협의체는 ( ) 정기적으로 회의를 개최하고 그 결과를 기록 보존해야 한다.

① 매월 1회 이상 ② 2개월마다 1회
③ 3개월마다 1회 ④ 6개월마다 1회

해설

제79조(협의체의 구성 및 운영)
① 법 제64조제1항제1호에 따른 안전 및 보건에 관한 협의체(이하 이 조에서 "협의체"라 한다)는 도급인 및 그의 수급인 전원으로 구성해야 한다.
② 협의체는 다음 각 호의 사항을 협의해야 한다.
  1. 작업의 시작 시간
  2. 작업 또는 작업장 간의 연락방법
  3. 재해발생 위험이 있는 경우 대피방법
  4. 작업장에서의 법 제36조에 따른 위험성평가의 실시에 관한 사항
  5. 사업주와 수급인 또는 수급인 상호 간의 연락 방법 및 작업공정의 조정
③ 협의체는 매월 1회 이상 정기적으로 회의를 개최하고 그 결과를 기록·보존해야 한다.

참고 산업안전기사 필기 p.1-228(제79조 : 협의체의 구성 및 운영)

KEY 2021년 5월 15일 출제

합격정보
산업안전보건법 시행규칙

15. 파블로프(Pavlov)의 조건반사설에 의한 학습이론의 원리가 아닌 것은?

① 일관성의 원리 ② 계속성의 원리
③ 준비성의 원리 ④ 강도의 원리

해설

Pavlov의 조건반사(반응)설의 학습원리
① 시간의 원리(the time principle)
② 강도의 원리(the intensity principle)
③ 일관성의 원리(the consistency principle)
④ 계속성의 원리(the continuity principle)

참고 산업안전기사 필기 p.1-149(2. 자극과 반응)

KEY ① 2017년 8월 26일 산업기사 출제
② 2019년 9월 21일 산업기사 출제
③ 2021년 3월 7일 기사 출제

16. 다음 중 산업 재해의 분석 및 평가를 위하여 재해발생 건수 등의 추이에 대해 한계선을 설정하여 목표 관리를 수행하는 재해통계 분석기법은?

① 폴리건(polygon)
② 관리도(control chart)
③ 파레토도(pareto diagram)
④ 특성요인도(cause & effect diagram)

해설

관리도
재해발생건수 등의 추이파악 → 목표관리 행하는 데 필요한 월별재해발생 수의 그래프화 → 관리 구역 설정 → 관리하는 방법

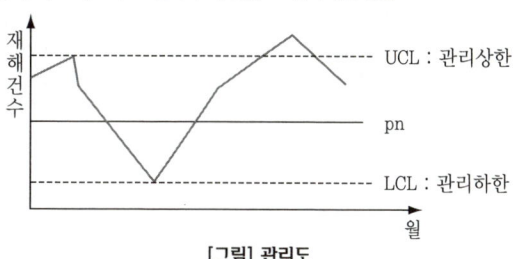

[그림] 관리도

참고 산업안전기사 필기 p.3-4(4. 관리도)

KEY ① 2017년 3월 5일 기사 출제
② 2018년 9월 15일 기사 출제

보충학습
① 파레토도 : 사고의 유형, 기인물 등 분류 항목을 큰 순서대로 도표화한다.
② 특성요인도 : 특성과 요인 관계를 도표로 하여 어골상으로 세분한다.
③ 크로스분석 : 2[개] 이상의 문제 관계를 분석하는 데 사용하는 것으로, 데이터를 집계하고 표로 표시하여 요인별 결과 내역을 교차한 크로스 그림을 작성하여 분석한다.

17. 다음 중 부주의의 발생 현상으로 혼미한 정신상태에서 심신의 피로나 단조로운 반복작업시 일어나는 현상은?

① 의식의 과잉 ② 의식의 집중
③ 의식의 우회 ④ 의식수준의 저하

해설

의식수준의 저하
뚜렷하지 않은 의식의 상태로 심신이 피로하거나 단조로움 등에 의해 발생

[정답] 14 ① 15 ③ 16 ② 17 ④

과년도 출제문제

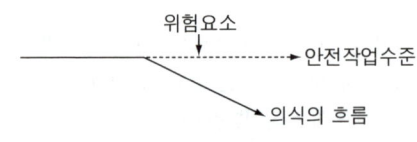

[그림] 의식수준의 저하

참고) 산업안전기사 필기 p.1-120(3. 의식수준의 저하)

KEY ① 2017년 8월 26일 출제
② 2019년 8월 4일 출제

보충학습
① 의식의 단절 : 지속적인 흐름에 공백이 발생하며 질병이 있는 경우에만 발생한다.
② 의식의 우회 : 의식의 흐름이 옆으로 빗나가 발생하는 경우로 작업도중의 걱정, 고뇌, 욕구 불만 등에 의해 다른 것에 주의하는 것이 이에 속한다.
③ 의식의 과잉 : 지나친 의욕에 의해서 생기는 부주의 현상으로 돌발사태 및 긴급이상 사태시 순간적으로 긴장되고 의식이 한 방향으로만 쏠리게 되는 경우가 이에 해당된다.
④ 의식의 혼란 : 인간공학적 디자인과 설계의 불량으로 인해 판단의 혼란으로 발생한다.

18 데이비스(K.Davis)의 동기부여 이론 등식으로 옳은 것은?

① 지식×기능=태도
② 지식×상황=동기유발
③ 능력×상황=인간의 성과
④ 능력×동기유발=인간의 성과

해설

데이비스(K. Davis)의 동기부여 이론 등식
① 인간의 성과×물질의 성과 = 경영의 성과
② 지식(knowledge)×기능(skill) = 능력(ability)
③ 상황(situation)×태도(attitude) = 동기유발(motivation)
④ 능력×동기유발 = 인간의 성과(human performance)

참고) 산업안전기사 필기 p.1-100(2. 데이비드의 동기부여 이론 등식)

KEY 2021년 5월 15일 기사 등 10회 이상 출제

19 산업안전보건법령상 안전보건관리규정 작성시 포함되어야 할 사항을 모두 고른 것은? (단, 그 밖에 안전 및 보건에 관한 사항은 제외한다.)

ㄱ. 안전보건교육에 관한 사항
ㄴ. 재해사례 연구·토의 결과에 관한 사항
ㄷ. 사고 조사 및 대책 수립에 관한 사항
ㄹ. 작업장의 안전 및 보건 관리에 관한 사항
ㅁ. 안전 및 보건에 관한 관리조직과 그 직무에 관한 사항

① ㄱ, ㄴ, ㄷ, ㄹ
② ㄱ, ㄴ, ㄹ, ㅁ
③ ㄱ, ㄷ, ㄹ, ㅁ
④ ㄴ, ㄷ, ㄹ, ㅁ

해설

안전보건관리규정 작성 시 포함사항
① 안전 및 보건에 관한 관리조직과 그 직무에 관한 사항
② 안전보건교육에 관한 사항
③ 작업장의 안전 및 보건 관리에 관한 사항
④ 사고 조사 및 대책 수립에 관한 사항
⑤ 그 밖에 안전 및 보건에 관한 사항

참고) 산업안전기사 필기 p.1-179(제2절 안전보건관리 규정)

KEY 2021년 5월 15일 기사 출제

합격정보
산업안전보건법 제25조(안전보건관리규정의 작성)

20 관리그리드 이론에서 인간관계 유지에는 낮은 관심을 보이지만 과업에 대해서는 높은 관심을 가지는 리더십의 유형에 해당하는 것은?

① (1, 1)형
② (1, 9)형
③ (9, 1)형
④ (9, 9)형

해설

관리그리드 이론 5가지 유형

유형	관심도
1.1	무관심형
1.9	인기형
9.1	과업형
5.5	타협형
9.9	이상형

[정답] 18 ④ 19 ③ 20 ③

2023년 6월 4일 시행

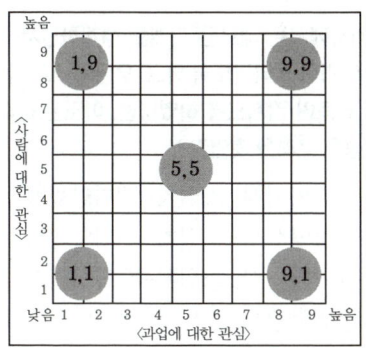

[그림] 관리그리드 이론[SH]

> 참고 │ 산업안전기사 필기 p.1-80 (3) 관리그리드의 리더십 5가지 이론

> KEY ▶ ① 2009년 3월 1일 제1회(문제 19번) 출제
> ② 2009년 7월 26일 제3회(문제 10번) 출제
> ③ 2020년 6월 7일 기사 출제

💬 합격자의 조언
① 이번 시험에도 출제가능 문제입니다.
② 산업안전기사를 취득하여 이상형이 되었으면 합니다.

2 인간공학 및 위험성 평가·관리

21 정성적 표시장치의 설명으로 틀린 것은?

① 정성적 표시장치의 근본 자료 자체는 정량적인 것이다.
② 전력계에서와 같이 기계적 혹은 전자적으로 숫자가 표시된다.
③ 색채 부호가 부적합한 경우에는 계기판 표시 구간을 형상 부호화하여 나타낸다.
④ 연속적으로 변하는 변수의 대략적인 값이나 변화 추세, 변화율 등을 알고자 할 때 사용된다.

> 해설
> **시각적 표시장치**

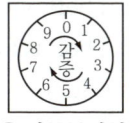  
① 정목동침형　② 정침동목형　③ 계수형

> KEY ▶ ① 2015년 3월 8일(문제 34번) 출제
> ② 2017년 8월 26일 산업기사 출제

> 보충학습

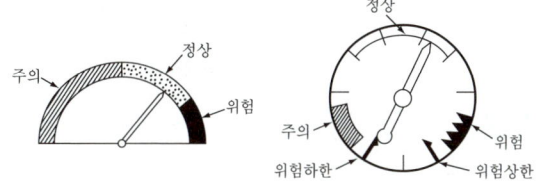

[그림] 정성적 표시장치의 색채 및 형상 암호화

22 FTA에서 사용하는 다음 사상기호에 대한 설명으로 맞는 것은?

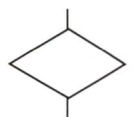

① 시스템 분석에서 좀 더 발전시켜야 하는 사상
② 시스템의 정상적인 가동상태에서 일어날 것이 기대되는 사상
③ 불충분한 자료로 결론을 내릴 수 없어 더 이상 전개 할 수 없는 사상
④ 주어진 시스템의 기본사상으로 고장원인이 분석되었기 때문에 더 이상 분석할 필요가 없는 사상

> 해설
> **생략사상**

기호	명칭	현상
◇	생략사상	① 정보부족, 해석기술의 불충분으로 더 이상 전개할 수 없는 사상 ② 작업진행에 따라 해석이 가능할 때는 다시 속행한다.

> 참고 │ 산업안전기사 필기 p.2-70(표. FTA기호)

> KEY ▶ ① 2017년 8월 26일 기사 출제
> ② 2017년 5월 7일 기사 출제
> ③ 2021년 5월 15일 기사 출제

[정답] 21 ② 22 ③

23
설비보전 방법 중 설비의 열화를 방지하고 그 진행을 지연시켜 수명을 연장하기 위한 점검, 청소, 주유 및 교체 등의 활동은?

① 사후 보전
② 개량 보전
③ 일상 보전
④ 보전 예방

해설

보전의 구분
① 사후보전 : 고장이 발생한 이후에 시스템을 원래 상태로 되돌리는 것
② 보전예방 : 유지보수가 필요없는 설비를 만들기 위해 설계단계부터 개선사항 등을 반영하는 관리체계. 즉, 설계부터 근원적으로 고장이 나지 않도록 '보전이 불필요한 설비'를 만드는 것
③ 개량보전 : 설비가 고장난 후에 설계변경, 부품의 개선 등으로 수명을 연장하거나 수리검사가 용이하도록 설비 자체의 체질개선을 꾀하는 보전방식
④ 일상보전 : 설비보전방법 중 설비의 열화를 방지시키고 그 진행을 지연시켜 수명을 연장하기 위한 점검, 청소, 주유 및 교체 등의 활동

참고 산업안전기사 필기 p.2-48(합격날개 : 은행문제 3) 적중

KEY 2021년 5월 15일 출제

24
차폐효과에 대한 설명으로 옳지 않은 것은?

① 차폐음과 배음의 주파수가 가까울 때 차폐효과가 크다.
② 헤어드라이어 소음 때문에 전화 음을 듣지 못한 것과 관련이 있다.
③ 유의적 신호와 배경 소음의 차이를 신호/소음(S/N) 비로 나타낸다.
④ 차폐효과는 어느 한 음 때문에 다른 음에 대한 감도가 증가되는 현상이다.

해설

masking(은폐 : 차폐)현상
dB이 높은 음과 낮은 음이 공존할 때 낮은 음이 강한 음에 가로막혀 숨겨져 들리지 않게 되는 현상

참고 산업안전기사 필기 p.2-173(합격날개 : 합격예측)

KEY
① 2017년 5월 7일 산업기사 출제
② 2019년 9월 21일(문제 58번) 출제
③ 2020년 8월 22일 기사 출제

25
A회사에서는 새로운 기계를 설계하면서 레버를 위로 올리면 압력이 올라가도록 하고, 오른쪽 스위치를 눌렀을 때 오른쪽 전등이 켜지도록 하였다면, 이것은 각각 어떤 유형의 양립성을 고려한 것인가?

① 레버-공간양립성, 스위치-개념양립성
② 레버-운동양립성, 스위치-개념양립성
③ 레버-개념양립성, 스위치-운동양립성
④ 레버-운동양립성, 스위치-공간양립성

해설

양립성(compatibility)
정보입력 및 처리와 관련한 양립성은 인간의 기대와 모순되지 않는 자극 반응조합의 관계를 말하는 것

참고
① 산업안전기사 필기 p.1-75(6. 양립성)
② 산업안전기사 필기 p.2-179(6. 양립성)

KEY
① 2018년 3월 4일 산업기사 출제
② 2018년 4월 28일 기사·산업기사 동시 출제
③ 2022년 4월 24일 기사 출제

보충학습

양립성의 종류

종류	특징
공간(spatial)	표시장치나 조종장치에서 물리적 형태 및 공간적 배치
운동(movement)	표시장치의 움직이는 방향과 조종장치의 방향이 사용자의 기대와 일치
개념(conceptual)	이미 사람들이 학습을 통해 알고있는 개념적 연상
양식(modality)	직무에 맞는 응답양식 존재

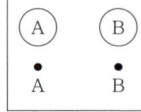 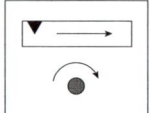 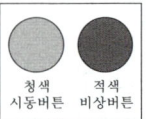

[그림1] 공간 양립성   [그림2] 운동 양립성   [그림3] 개념 양립성

26
Rasmussen은 행동을 세 가지로 분류하였는데, 그 분류에 해당하지 않는 것은?

① 숙련 기반 행동(skill-based behavior)
② 지식 기반 행동(knowledge-based behavior)
③ 경험 기반 행동(experience-based behavior)
④ 규칙 기반 행동(rule-based behavior)

[정답] 23 ③ 24 ④ 25 ④ 26 ③

해설
Rasmussen(라스무센)의 행동 세가지 분류
① 숙련 기반 행동(skill-based behavior)
② 지식 기반 행동(knowledge-based behavior)
③ 규칙 기반 행동(rule-based behavior)

참고 ① 산업안전기사 필기 p.2-4(합격날개 : 합격예측)
② 산업안전기사 필기 p.2-22(3. 인간의 행동수준)

KEY ① 2016년 5월 8일 기사 출제
② 2018년 8월 19일 기사 출제

27 결함수분석법에서 path set에 관한 설명으로 맞는 것은?

① 시스템의 약점을 표현한 것이다.
② Top 사상을 발생시키는 조합이다.
③ 시스템이 고장 나지 않도록 하는 사상의 조합이다.
④ 시스템고장을 유발시키는 필요불가결한 기본사상들의 집합이다.

해설
패스셋(path set)
① 기본사상이 일어나지 않을 때 처음으로 정상사상이 일어나지 않는 기본사상의 집합
② 고장나지 않도록 하는 사상의 조합

참고 산업안전기사 필기 p.2-77(합격날개:합격예측)

KEY ① 2018년 4월 18일 산업기사 출제
② 2020년 9월 27일 기사 출제

보충학습
컷셋(cut set)
① 정상사상을 발생시키는 기본사상의 집합
② 기본사상이 발생할 때 정상사상을 발생시킬 수 있는 기본사상의 집합

28 A작업의 평균에너지소비량이 다음과 같을 때, 60분간의 총 작업시간 내에 포함되어야 하는 휴식시간(분)은?

- 휴식중 에너지소비량 : 1.5[kcal/min]
- A작업시 평균 에너지소비량 : 6[kcal/min]
- A기초대사를 포함한 작업에 대한 평균 에너지소비량 상한 : 5[kcal/min]

① 10.3   ② 11.3
③ 12.3   ④ 13.3

해설
휴식시간 계산

휴식시간$(R) = \dfrac{60(E-5)}{E-1.5} = \dfrac{60(6-5)}{6-1.5} = 13.33$[분]

여기서, R : 휴식시간(분)
E : 작업 시 평균 에너지 소비량[kcal/분]
60분 : 총작업 시간 1.5[kcal/분] : 휴식시간 중 에너지 소비량
5[kcal/분] : 기초대사량을 포함한 보통작업에 대한 평균 에너지(기초대사량을 포함하지 않을 경우 : 4[kcal/분]

참고 산업안전기사 필기 p.1-102(3. 휴식)

KEY ① 2016년 5월 8일 기사 출제
② 2016년 10월 1일 기사 출제
③ 2018년 9월 15일(문제 43번) 출제
④ 2022년 4월 24일 기사 출제

29 다음 중 설비의 고장과 같이 특정시간 또는 구간에 어떤 사건의 발생확률이 적은 경우 그 사건의 발생횟수를 측정하는데 가장 적합한 확률분포는?

① 와이블 분포(Weibull distribution)
② 푸아송 분포(Poisson distribution)
③ 지수 분포(exponential distribution)
④ 이항 분포(binomial distuibution)

해설
푸아송 분포(Poisson distribution)
① 단위시간안에 어떤 사건이 몇 번 발생할 것인지를 표현하는 이산 확률 분포이다.
② 푸아송 분포는 19세기의 수학자 시메옹 드니 푸아송의 "민사사건과 형사사건 재판의 확률에 관한 연구(1838년)"라는 논문을 통해 알려졌다.

참고 산업안전기사 필기 p.2-65(합격예측 : 푸아송 분포)

KEY 2019년 9월 21일 기사 출제

30 위험 및 운전성 검토(HAZOP)에서 사용되는 가이드 워드 중에서 성질상의 감소를 의미하는 것은?

① Part of   ② More less
③ No/Not   ④ Other than

[정답] 27 ③ 28 ④ 29 ② 30 ①

[해설]

유인어(guide words)
① NO 또는 NOT : 설계 의도의 완전한 부정을 의미
② AS Well AS : 성질상의 증가를 나타내는 것으로 설계의도와 운전조건 등 부가적인 행위와 함께 일어나는 것을 의미
③ PART OF : 성질상의 감소, 성취나 성취되지 않음을 나타냄
④ MORE LESS : 양의 증가 또는 양의 감소로 양과 성질을 함께 나타냄
⑤ OTHER THAN : 완전한 대체를 의미
⑥ REVERSE : 설계의도와 논리적인 역을 의미

[참고] 산업안전기사 필기 p.2-41(2. 유인어)

[KEY]
① 2011년 8월 21일(문제 28번) 출제
② 2020년 9월 27일 기사 출제

---

31 다음과 같은 실내 표면에서 일반적으로 추천반사율의 크기를 맞게 나열한 것은?

[다음]
㉠ 바닥   ㉡ 천장   ㉢ 가구   ㉣ 벽

① ㉠<㉣<㉢<㉡
② ㉣<㉠<㉢<㉡
③ ㉠<㉢<㉣<㉡
④ ㉣<㉡<㉠<㉢

[해설]

IES추천 조명반사율 권고
① 바닥 : 20~40[%]
② 가구, 사용기기, 책상 : 25~40[%]
③ 창문발(blind), 벽 : 40~ 60[%]
④ 천장 : 80~90[%]

[참고] 산업안전기사 필기 p.2-169(1. 옥내 최적반사율)

[KEY]
① 2016년 3월 6일 산업기사 출제
② 2016년 10월 1일 기사 출제
③ 2017년 8월 26일 산업기사 출제
④ 2017년 9월 23일 산업기사 출제
⑤ 2018년 3월 4일 출제
⑥ 2019년 9월 21일 산업기사 출제

---

32 인간 에러(human error)에 관한 설명으로 틀린 것은?

① omission errors : 필요한 작업 또는 절차를 수행하지 않는데 기인한 에러
② commission errors : 필요한 작업 또는 절차의 수행지연으로 인한 에러
③ extraneous errors : 불필요한 작업 또는 절차를 수행함으로써 기인한 에러
④ sequential errors : 필요한 작업 또는 절차의 순서 착오로 인한 에러

[해설]

누락오류, 작위오류
① 생략에러(Omission Errors : 부작위 실수) : 직무 또는 어떤 단계를 수행치 않음(누락오류)
② 실행에러(Commission error : 작위 실수) : 직무의 불확실한 수행 (선택, 순서, 시간, 정성적 착오)

[참고] 산업안전기사 필기 p.2-20(2. 인간실수의 분류)

[KEY]
① 2017년 8월 26일 출제
② 2018년 4월 28일(문제 33번) 출제
③ 2021년 8월 14일 기사 출제

---

33 다음 중 조종-반응비율(C/R비)에 관한 설명으로 틀린 것은?

① C/R비가 클수록 민감한 제어장치이다.
② "X"가 조종장치의 변위량, "Y"가 표시장치의 변위량일 때 $\dfrac{X}{Y}$로 표현된다.
③ Knob의 C/R비는 손잡이 1회전시 움직이는 표시장치 이동거리의 역수로 나타낸다.
④ 최적의 C/R비는 제어장치의 종류나 표시장치의 크기, 허용오차 등에 의해 달라진다.

[해설]

최적 C/R비의 특징
① 이동 동작과 조종 동작을 절충하는 동작이 수반된다.
② 최적치는 두 곡선의 교점 부호이다.
③ C/R비가 작을수록 이동시간은 짧고, 조종은 어려워서 민감한 조종장치이다.
④ 최초통제비 : 2.5~3.0

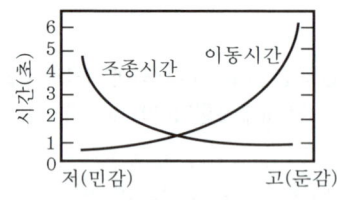

[그림] C/R비

[참고] 산업안전기사 필기 p.2-175[4. 통제표시비(통제비)]

[KEY]
① 2019년 8월 4일 산업기사 출제
② 2023년 4월 1일 지도사 출제

[정답] 31 ③ 32 ② 33 ①

34
FT도에 사용하는 기호에서 3개의 입력현상 중 임의의 시간에 2개가 발생하면 출력이 생기는 기호의 명칭은?

① 억제 게이트
② 조합 AND 게이트
③ 배타적 OR 게이트
④ 우선적 AND 게이트

[해설]

FTA기호

기호	명칭	발생현상
Ai, Aj, Ak 순으로	우선적 AND 게이트	입력사상 중에 어떤 현상이 다른 현상보다 먼저 일어날 때에 출력현상이 생긴다.
2개의 출력	조합 AND 게이트	3개 이상의 입력현상 중에 언젠가 2개가 일어나면 출력이 생긴다.
동시발생	배타적 OR 게이트	OR Gate로 2개 이상의 입력이 동시에 존재할 때에는 출력사상이 생기지 않는다. 예를 들면 '동시에 발생하지 않는다'라고 기입한다.

[참고] ① 산업안전기사 필기 p.2-70(표. FTA기호)
② 산업안전기사 필기 p.2-71(합격날개 : 합격예측)

[KEY] 2021년 9월 12일 기사 등 10회 이상 출제

35
실효 온도(effective temperature)에 영향을 주는 요인이 아닌 것은?

① 온도
② 습도
③ 복사열
④ 공기 유동

[해설]

실효온도에 영향을 주는 요인
① 온도
② 습도
③ 기류(대류 : 공기유동)

[참고] 산업안전기사 필기 p.2-168(3. 실효온도)

[KEY] ① 2015년 8월 16일 산업기사 출제
② 2018년 8월 19일 산업기사 출제
③ 2021년 5월 15일 기사 출제

[합격팁]
열교환(증발)에 영향을 주는 4요소
① 기온   ② 습도   ③ 복사온도   ④ 대류

36
다음 중 불(Bool)대수와 정리를 나타낸 관계식으로 틀린 것은?

① $A \cdot 0 = 0$
② $A + 1 = 1$
③ $A \cdot \overline{A} = 1$
④ $A(A+B) = A$

[해설]

멱등·보수법칙
① 멱등법칙 : $A + A = A$, $A \cdot A = A$
② 보수법칙 : $A + \overline{A} = 1$, $A \cdot \overline{A} = 0$

[참고] 산업안전기사 필기 p.2-59(7. 불대수의 기본공식)

[KEY] 2022년 3월 5일 기사 등 10회 이상 출제

[보충학습]
불대수의 기본 정리

① $A + 0 = A$	⑤ $A + A = A$	⑨ $\overline{\overline{A}} = A$
② $A + 1 = 1$	⑥ $A + \overline{A} = 1$	⑩ $A + AB = A$
③ $A \cdot 0 = 0$	⑦ $A \cdot A = A$	⑪ $A + \overline{A}B = A + B$
④ $A \cdot 1 = A$	⑧ $A \cdot \overline{A} = 0$	⑫ $(A+B) \cdot (A+C) = A + BC$

37
다음 중 인체에서 뼈의 주요기능이 아닌 것은?

① 인체의 지주
② 장기의 보호
③ 골수의 조혈
④ 근육의 대사

[해설]

뼈의 주요기능 및 역할
① 신체 중요부분 보호
② 신체의 지지 및 형상 유지
③ 신체 활동 수행
④ 피를 만드는 기능

[참고] 산업안전기사 필기 p.2-164(합격예측 : 뼈의 역할)

[KEY] 2018년 4월 28일 산업기사 출제

38
인간이 기계와 비교하여 정보처리 및 결정의 측면에서 상대적으로 우수한 것은?(단, 인공지능은 제외한다.)

① 연역적 추리
② 정량적 정보처리
③ 관찰을 통한 일반화
④ 정보의 신속한 보관

[정답] 34 ②   35 ③   36 ③   37 ④   38 ③

해설

인간과 기계의 기능 비교

구분	인간이 기계보다 우수한 기능	기계가 인간보다 우수한 기능
감지 기능	· 저에너지 자극 감지 · 복잡 다양한 자극 형태 식별 · 예기치 못한 사건의 감지	· 인간의 정상적 감지 범위 밖의 자극 감지 · 인간 및 기계에 대한 모니터 기능
정보처리 및 결정	· 많은 양의 정보를 장시간 보관 · 관찰을 통한 일반화 · 귀납적 추리 · 원칙 적용 · 다양한 문제 해결(정서적)	· 암호화된 정보를 신속하게 대량 보관 · 연역적 추리 · 정량적 정보처리
행동 기능	· 과부하 상태에서는 중요한 일에만 전념	· 과부하 상태에서도 효율적 작동 · 장시간 중량작업 · 반복작업, 동시에 여러 가지 작업 가능

참고 산업안전기사 필기 p.2-10([표] 인간과 기계의 기능 비교)

KEY
① 2016년 5월 8일 산업기사 출제
② 2022년 6월 14일 산업기사 출제

---

39 태양광선이 내리쬐는 옥외장소의 자연습구 온도 20[℃], 흑구온도 18[℃], 건구온도 30[℃] 일 때 습구흑구온도지수(WBGT)는?

① 20.6[℃] ② 22.5[℃]
③ 25.0[℃] ④ 28.5[℃]

해설

습구 흑구 온도지수(WBGT)

① 옥외(태양광선이 내리 쬐는 장소)
$$WBGT = 0.7 \times 자연습구온도(NWB) + 0.2 \times 흑구온도(GT) + 0.1 \times 건구온도(DB) = 0.7 \times 20[℃] + 0.2 \times 18[℃] + 0.1 \times 30[℃] = 20.6[℃]$$

② 옥내 또는 옥외(태양광선이 내리쬐지 않는 장소)
$$WBGT(℃) = 0.7 \times 자연습구온도(NWB) + 0.3 \times 흑구온도(GT)$$

참고 산업안전기사 필기 p.2-170(합격날개 : 합격예측)

KEY
① 2016년 5월 8일(문제 57번) 출제
② 2022년 4월 24일 기사 출제

---

40 다음 중 감각적으로 물리현상을 왜곡하는 지각현상에 해당되는 것은?

① 주의산만 ② 착각
③ 피로   ④ 무관심

해설

용어정의

① 착각 : 물리현상을 왜곡하는 감각적 지각 현상
② 가현운동 : 물리적으로 일정한 위치에 있는 물체가 착각(착시)에 의해 움직이는 것처럼 보이는 현상으로 영화 영상의 방법으로 마치 대상물이 움직이는 것처럼 인식되는 현상

참고 산업안전기사 필기 p.1-117(합격날개 : 합격예측)

KEY 2015년 5월 31일 출제

---

3 기계 · 기구 및 설비안전관리

41 둥근톱기계의 방호장치 중 반발예방장치의 종류로 틀린 것은?

① 분할날
② 반발방지 기구(finger)
③ 보조 안내판
④ 안전덮개

해설

둥근톱기계의 반발예방장치 종류

① 반발방지 발톱(finger) : 반발 방지 기구
② 분할날(spreader)
③ 반발방지롤(roll) : 보조 안내판

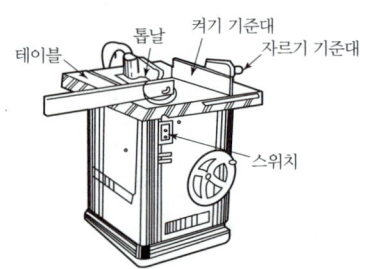

[그림] 목재가공용 둥근톱

참고 산업안전기사 필기 p.3-129(합격날개 : 합격예측)

KEY
① 2016년 5월 8일 산업기사 출제
② 2020년 8월 22일 기사 출제

[정답] 39 ① 40 ② 41 ④

42 다음 중 산업안전보건법령상 승강기의 종류에 해당하지 않는 것은?

① 승객용 엘리베이터 ② 리프트
③ 에스컬레이터 ④ 화물용 엘리베이터

해설

승강기 종류 5가지
① 승객용 엘리베이터
② 승객화물용 엘리베이터
③ 화물용 엘리베이터
④ 소형화물용 엘리베이터
⑤ 에스컬레이터

참고 산업안전기사 필기 p.3-150(7. 곤돌라 및 승강기)

KEY 2020년 9월 27일 기사 출제

합격자의 조언
① 실기필답형·작업형 단골출제
② 건설안전기술(제6과목 : 건설공사 안전관리) 출제

합격정보
산업안전보건기준에 관한 규칙 제132조(양중기)

---

43 사람이 작업하는 기계장치에서 작업자가 실수를 하거나 오조작을 하여도 안전하게 유지되게 하는 안전설계방법은?

① Fail Safe ② 다중계화
③ Fool proof ④ Back up

해설

Fool proof
① 바보 같은 행동을 방지한다는 뜻으로 사용자가 비록 잘못된 조작을 하더라도 이로 인해 전체의 고장이 발생되지 아니하도록 하는 설계방법
② 카메라에서 셔터와 필름 돌림대의 연동(예) 이중 촬영 방지)

참고 산업안전기사 필기 p.3-190(2. Fool proof)

KEY ① 2016년 3월 6일 산업기사 출제
② 2017년 8월 26일 산업기사 출제

---

44 산업안전보건법령상 산업용 로봇에 의한 작업시 안전조치 사항으로 적절하지 않은 것은?

① 로봇의 운전으로 인해 근로자가 로봇에 부딪칠 위험이 있을 때에는 높이 1.8[m] 이상의 울타리를 설치하여야 한다.
② 작업을 하고 있는 동안 로봇의 가동스위치 등은 작업에 종사하고 있는 근로자가 아닌 사람이 그 스위치 등을 조작할 수 없도록 필요한 조치를 한다.
③ 로봇의 조작방법 및 순서, 작업 중의 매니퓰레이터의 속도 등에 관한 지침에 따라 작업을 하여야 한다.
④ 작업에 종사하는 근로자가 이상을 발견하면, 관리 감독자에게 우선 보고하고, 지시가 나올 때까지 작업을 진행한다.

해설

교시등의 작업에 조치사항
① 다음 각 목의 사항에 관한 지침을 정하고 그 지침에 따라 작업을 시킬 것
  ㉠ 로봇의 조작방법 및 순서
  ㉡ 작업 중의 매니퓰레이터의 속도
  ㉢ 2명 이상의 근로자에게 작업을 시킬 경우의 신호방법
  ㉣ 이상을 발견한 경우의 조치
  ㉤ 이상을 발견하여 로봇의 운전을 정지시킨 후 이를 재가동시킬 경우의 조치
  ㉥ 그 밖에 로봇의 예기치 못한 작동 또는 오조작에 의한 위험을 방지하기 위하여 필요한 조치
② 작업에 종사하고 있는 근로자 또는 해당 근로자를 감시하는 자가 이상을 발견한 때에는 즉시 로봇의 운전을 정지시키기 위한 조치를 할 것
③ 작업을 하고 있는 동안 로봇의 기동스위치 등에 작업중이라는 표시를 하는 등 작업에 종사하고 있는 근로자가 아닌 사람이 그 스위치 등을 조작할 수 없도록 필요한 조치를 할 것

참고 산업안전기사 필기 p.3-126(합격날개 : 합격예측 및 관련법규)

합격정보
산업안전보건기준에 관한 규칙 제222조(교시 등)

KEY 2019년 8월 4일(문제 42번) 출제

---

45 와이어로프의 꼬임에 관한 설명으로 틀린 것은?

① 보통 꼬임에는 S꼬임이나 Z꼬임이 있다.
② 보통 꼬임은 스트랜드의 꼬임방향과 로프의 꼬임방향이 반대로 된 것을 말한다.
③ 랭 꼬임은 로프의 끝이 자유로이 회전하는 경우나 킹크가 생기기 쉬운 곳에 적당하다.
④ 랭 꼬임은 보통 꼬임에 비하여 마모에 대한 저항성이 우수하다.

[정답] 42 ② 43 ③ 44 ④ 45 ③

해설

와이어로프의 꼬임 방법

꼬임 특징	보통 꼬임	랭 꼬임
외관	• 소선과 로프축은 평행이다. (가닥과 소선의 꼬임이 반대)	• 소선과 로프축은 각도를 가진다.(가닥과 소선의 꼬임이 같은 방향)
장점	• 킹크(kink)를 잘 일으키지 않으므로 취급이 쉽다. • 꼬임이 견고하기 때문에 모양이 잘 흐트러지지 않는다.	• 소선은 긴 거리에 걸쳐서 외부와 접촉하므로 로프의 내마모성이 크다. • 유연하다.
단점	• 소선이 짧은 거리에 걸쳐 외부와 접촉하므로 국부적으로 단선을 일으키기 쉽다.	• 킹크를 일으키기 쉬우므로 취급주의가 필요하다.
용도	• 일반용	• 광산 삭도용

① 보통 Z꼬임 ② 보통 S꼬임 ③ 랭Z꼬임 ④ 랭S꼬임

[그림] 로프 꼬임의 종류 (KS D 7013)

참고) 산업안전기사 필기 p.6-176(표. 와이어로프 꼬임 방법)

KEY ① 2019년 3월 3일 출제
② 2019년 4월 27일 기사 출제

---

46 작업자의 신체부위가 위험한계내로 접근하였을 때 기계적인 작용에 의하여 접근을 못하도록 하는 방호장치는?

① 위치제한형 방호장치
② 접근거부형 방호장치
③ 접근반응형 방호장치
④ 감지형 방호장치

해설

접근거부형 방호장치 설치조건

작업자의 신체부위가 위험한계내로 접근하였을 때 기계적인 작용에 의하여 접근을 못하도록 저지하는 방호장치

참고) 산업안전기사 필기 p.3-201(그림. 방호장치의 구분)

KEY 2022년 3월 5일 등 10회 이상 출제

보충학습
① 위치제한형 : 작업자의 신체부위가 위험한계 밖에 있도록 기계의 조작장치를 위험한 작업점에서 안전거리 이상 떨어지게 하거나 조작장치를 양손(양수)으로 동시 조작하게 함으로써 위험한계에 접근하는 것을 제한하는 방호조치

---

② 접근반응형 : 작업자의 신체부위가 위험한계 또는 그 인접한 거리내로 들어오면 이를 감지하여 그 즉시 기계의 동작을 정지시키고 경보 등을 발하는 방호장치
③ 포집형 : 연삭기 덮개나 빈발예방장치 등과 같이 위험장소에 설치하여 위험원이 비산하거나 튀는 것을 포집하여 작업자로부터 위험원을 차단하는 방호장치
④ 감지형 : 이상온도, 이상기압, 과부하 등 기계의 부하가 안전한계치를 초과하는 경우에 이를 감지하고 자동으로 안전상태가 되도록 조정하거나 기계의 작동을 중지시키는 방호장치

---

47 반복응력을 받게 되는 기계구조부분의 설계에서 허용응력을 결정하기 위한 기초강도로 가장 적합한 것은?

① 항복점(Yield point)
② 극한 강도(Ultimate strength)
③ 크리프 한도(Creep limit)
④ 피로 한도(Fatigue limit)

해설

피로와 피로한도
① 피로(fatigue) : 재료에 반복하여 하중을 가하면, 반복하는 횟수가 많아짐에 따라 재료의 강도가 저하되는 현상
② 피로한도(fatigue limit) : 허용응력을 결정하기 위한 기초강도

참고) 산업안전기사 필기 p.3-220[(1) 용어정의]

KEY 2017년 5월 7일 기사 출제

---

48 산업안전보건법령상 양중기를 사용하여 작업하는 운전자 또는 작업자가 보기 쉬운 곳에 해당 양중기에 대해 표시하여야 할 내용으로 가장 거리가 먼것은?

① 정격하중   ② 운전 속도
③ 경고 표시   ④ 최대 인양 높이

해설

양중기 표시 사항
① 정격하중 ② 운전 속도 ③ 경고 표시

참고) 산업안전기사 필기 p.3-149(합격날개 : 합격예측 및 관련법규)

KEY ① 2017년 3월 5일 기사 출제
② 2020년 8월 22일 기사 출제

합격정보
산업안전보건기준에 관한 규칙 제133조(정격하중 등의 표시)

[정답] 46 ② 47 ④ 48 ④

49 롤러기 급정지장치의 종류가 아닌 것은?

① 어깨조작식 ② 손조작식
③ 복부조작식 ④ 무릎조작식

해설

급정지장치 종류 3가지

급정지장치 조작부의 종류	위치
손으로 조작하는 것	밑면으로부터 1.8[m] 이내
복부로 조작하는 것	밑면으로부터 0.8[m] 이상 1.1[m] 이내
무릎으로 조작하는 것	밑면으로부터 0.6[m] 이내

참고 산업안전기사 필기 p.3-109(합격날개 : 합격예측 및 관련법규)

KEY 2022년 4월 24일 기사 등 10회 이상 출제

50 다음 중 드릴작업의 안전수칙으로 가장 적합한 것은?

① 손을 보호하기 위하여 장갑을 착용한다.
② 작은 일감은 양손으로 견고히 잡고 작업한다.
③ 정확한 작업을 위하여 구멍에 손을 넣어 확인한다.
④ 작업시작 전 척 렌치(chuck wrench)를 반드시 뺀다.

해설

드릴작업 안전수칙
① 기계 작동 중 구멍에 손을 넣으면 위험하다.
② 작은 일감은 바이스, 클램프 등으로 고정하고 작업한다.
③ 회전기계에는 장갑 착용을 금지한다.

참고 산업안전기사 필기 p.3-88(3. 드릴 작업시 안전대책)

KEY 2020년 6월 14일 산업기사 등 10회 이상 출제

51 산업안전보건법령상 지게차 작업시작 전 점검 사항으로 거리가 가장 먼 것은?

① 제동장치 및 조종장치 기능의 이상 유무
② 압력방출장치의 작동 이상 유무
③ 바퀴의 이상 유무
④ 전조등·후미등·방향지시기 및 경보장치 기능의 이상 유무

해설

지게차를 사용하여 작업을 할 때 작업시작 전 점검사항
① 제동장치 및 조종장치 기능의 이상유무
② 하역장치 및 유압장치 기능의 이상유무
③ 바퀴의 이상유무
④ 전조등·후미등·방향지시기 및 경보장치 기능의 이상유무

참고 산업안전기사 필기 p.3-50(표 : 작업시작전 점검사항)

KEY ① 2018년 3월 4일 기사 출제
② 2021년 5월 15일 기사 출제

합격정보
산업안전보건기준에 관한 규칙 [별표 3] 작업시작전 점검사항

52 비파괴검사 방법 중 육안으로 결함을 검출하는 시험법은?

① 방사선투과시험 ② 와류탐상시험
③ 초음파탐상시험 ④ 자분탐상시험

해설

비파괴검사
① 방사선투과 : 물체에 X선, γ선을 투과하여 물체의 결함을 검출하는 방법
② 와류탐상 : 코일을 이용하여 도체에 시간적으로 변화하는 자계(교류 등)를 걸어, 도체에 발생한 와전류가 결함 등에 의해 변화하는 것을 이용하여 결함을 검출하는 방법
③ 초음파탐상 : 사람이 귀로 들을 수 없는 파장의 짧은 음파를 검사물의 내부에 입사시켜 내부의 결함을 검출하는 방법
④ 자분탐상 : 강자성체에 대해 표면이나 표면하부에 발생하는 결함 또는 물성의 변화 등에 의한 국부적인 현상은 누설자속법을 이용하여 육안으로 결함을 검출하는 방법

참고 산업안전기사 필기 p.2-23(4. 자기탐상검사)

KEY 2018년 4월 28일 출제

53 산업안전보건법령상 보일러의 안전한 가동을 위하여 보일러 규격에 맞는 압력방출장치가 2개 이상 설치된 경우에 최고사용압력 이하에서 1개가 작동되고, 다른 압력방출장치는 최고사용압력의 몇 배 이하에서 작동되도록 부착하여야 하는가?

① 1.03배 ② 1.05배
③ 1.2배   ④ 1.5배

[정답] 49 ① 50 ④ 51 ② 52 ④ 53 ②

해설

압력방출장치
① 보일러 규격에 적합한 압력방출장치를 최고사용압력 이하에서 작동되도록 1개 또는 2개 이상 설치
② 2개 이상 설치된 경우 최고사용압력 이하에서 1개가 작동되고, 다른 압력방출장치는 최고사용압력 1.05배 이하에서 작동되도록 부착
③ 1년에 1회 이상 토출압력시험 후 납으로 봉인(공정안전관리 이행수준 평가결과가 우수한 사업장은 4년에 1회 이상 토출압력시험 실시)
④ 안전밸브 종류 : 스프링식, 중추식, 지렛대식(일반적으로 스프링식 안전밸브를 많이 사용)

[참고] 산업안전기사 필기 p.3-120(압력방출장치)

[KEY] ① 2016년 8월 21일 출제
② 2017년 8월 16일 출제 등 10회 이상 출제

[합격정보] 산업안전보건기준에 관한 규칙 제116조(압력방출장치)

---

54 회전 중인 연삭숫돌이 근로자에게 위험을 미칠 우려가 있을 시 덮개를 설치하여야 할 연삭숫돌의 최소 지름은?

① 지름이 5[cm] 이상인 것
② 지름이 10[cm] 이상인 것
③ 지름이 15[cm] 이상인 것
④ 지름이 20[cm] 이상인 것

해설

덮개 설치 연삭숫돌 최소지름 : 5[cm] 이상

[참고] 산업안전기사 필기 p.3-93(4. 연삭기 구조면에 있어서 안전대책)

[KEY] ① 2019년 4월 27일 기사 출제
② 2020년 6월 14일 산업기사 출제

[합격정보] 산업안전보건기준에 관한 규칙 제122조(연삭숫돌의 덮개 등)

---

55 산업안전보건기준에 관한 규칙에 따라 기계·기구 및 설비의 위험예방을 위하여 사업주는 회전축·기어·풀리 및 플라이휠 등에 부속되는 키·핀 등의 기계요소는 어떠한 형태로 설치하여야 하는가?

① 개방형
② 돌출형
③ 묻힘형
④ 고정형

해설

묻힘형
사업주는 회전축·기어·풀리 및 플라이휠 등에 부속되는 키·핀 등의 기계 요소는 묻힘형으로 하거나 해당 부위에 덮개를 설치하여야 한다.

[참고] 산업안전기사 필기 p.3-196(합격날개 : 합격예측 및 관련법규)

[KEY] 2017년 8월 26일 산업기사 출제

[합격정보] 산업안전보건기준에 관한 규칙 제87조(원동기·회전축 등의 위험방지)

---

56 용접부 결함에서 전류가 과대하고, 용접속도가 너무 빨라 용접부의 일부가 홈 또는 오목하게 생기는 결함은?

① 언더컷
② 기공
③ 균열
④ 융합불량

해설

용접결함의 종류 및 원인

종류	원인	상태	그림
슬래그(slag) 감싸들기	운봉방법불량, 용접전류 및 속도의 부적당, 피복제조성불량	녹은 피복제가 용착. 금속내에 혼입되는 것	slag
언더컷 (under cut)	과대전류, 운봉속도가 빠를 때, 부당한 용접봉 사용	착금속이 채워지지 않고 홈으로 남게 된 부분	언더컷
오버랩 (over lap)	운봉속도가 느릴 때, 낮은전류	용융된 금속이 모재위에 겹쳐지는 상태	오버랩
블로홀 (blow hole)	아크분위기의 수소 또는 일산화탄소가 너무 많을 때, 모재에 불순물(유황성분)이 많을 때, 용착부 급냉, 이음부에 유지 페인트 등 부착	융착금속에 방출가스로 인해 생긴 기포나 작은 틈	블로홀
피트(pit)	부식 또는 모재의 화학 성분	용접부위에 생기는 작은구멍이나 미세한 갈라짐	피트
용입부족	운봉속도과다, 낮은전류	융착금속이 채워지지않고 홈으로 남게 되는 것	용입부족

[참고] 산업안전기사 필기 p.6-167(그림 : 용접결함의 종류)

[KEY] ① 2017년 3월 5일 산업기사 출제
② 2019년 3월 3일 기사, 산업기사 동시 출제
③ 2020년 9월 27일(문제 47번) 출제

💬 **합격자의 조언**
제6과목 건설안전기술과목(건설공사 안전관리)에 더 많이 출제됩니다.

[정답] 54 ① 55 ③ 56 ①

57 롤러의 급정지를 위한 방호장치를 설치하고자 한다. 앞면 롤러 직경이 36[cm]이고, 분당 회전속도가 50[rpm]이라면 급정지거리는 약 얼마 이내이어야 하는가?(단, 무부하동작에 해당한다.)

① 45[cm]   ② 50[cm]
③ 55[cm]   ④ 60[cm]

해설

급정지거리 계산

① 표면속도(V) $= \dfrac{\pi DN}{1,000} = \dfrac{\pi \times 360 \times 50}{1,000} = 56.52$[m/min]

② 급정지거리 $= \pi D \times \dfrac{1}{2.5} = (3.14 \times 360) \times \dfrac{1}{2.5}$
$= 452.16$[mm] $= 45$[cm]

참고 산업안전기사 필기 p.3-109(표. 롤의 급정지거리)

KEY 2012년 5월 20일(문제 57번) 등 10회이상 출제

---

58 방호장치 안전인증 고시에 따라 프레스 및 전단기에 사용되는 광전자식 방호장치의 일반구조에 대한 설명으로 가장 적절하지 않은 것은?

① 정상동작표시램프는 녹색, 위험표시램프는 붉은색으로 하며, 근로자가 쉽게 볼 수 있는 곳에 설치해야 한다.
② 슬라이드 하강 중 정전 또는 방호장치의 이상 시에 정지할 수 있는 구조이어야 한다.
③ 방호장치는 릴레이, 리미트 스위치 등의 전기부품의 고장, 전원전압의 변동 및 정전에 의해 슬라이드가 불시에 동작하지 않아야 하며, 사용전원전압의 ±(100분의 10)의 변동에 대하여 정상으로 작동되어야 한다.
④ 방호장치의 감지기능은 규정한 검출영역 전체에 걸쳐 유효하여야 한다.(다만, 블랭킹 기능이 있는 경우 그렇지 않다.)

해설

광전자식 방호장치의 일반구조

① 방호장치는 릴레이, 리미트 스위치 등의 전기부품의 고장, 전원전압의 변동 및 정전에 의해 슬라이드가 불시에 동작하지 않아야 한다.
② 사용전원전압의 ±(100분의 20)의 변동에 대하여 정상으로 작동되어야 한다.

[그림] 광전자식 방호장치

참고 산업안전기사 필기 p.3-102(합격날개 : 합격예측)

KEY ① 2018년 3월 4일 산업기사(문제 54번) 출제
② 2022년 4월 24일 기사 출제

---

59 지게차의 안정을 유지하기 위한 안정도 기준으로 틀린 것은?

① 5톤 미만의 부하 상태에서 하역작업시의 전후 안정도는 4[%] 이내이어야 한다.
② 부하 상태에서 하역작업시의 좌우 안정도는 10[%] 이내이어야 한다.
③ 무부하 상태에서 주행시의 좌우 안정도는 (15+ 1.1×V) [%]이내이어야 한다.(단, V는 구내 최고 속도[km/h])
④ 부하 상태에서 주행시 전후 안정도는 18[%] 이내이어야 한다.

해설

지게차의 안정조건

안정도	지게차의 상태
· 하역작업시 전후 안정도 4[%] (5[t] 이상의 것은 3.5[%]) · 부하상태	
· 주행시의 전후 안정도 18[%] · 부하상태	위에서 본 모양

[**정답**] 57 ① 58 ③ 59 ②

과년도 출제문제

· 하역작업시의 좌우 안정도 6[%] · 부하상태	
· 주행시의 좌우 안정도(15+1.1V)[%] V : 최고속도[km/hr] · 무부하상태	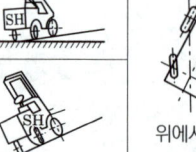 위에서 본 모양

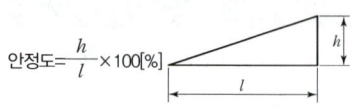

안정도 = $\dfrac{h}{l} \times 100[\%]$

> **참고** 산업안전기사 필기 p.3-135(표. 지게차의 안정조건)

> **KEY** ① 2016년 5월 8일 산업기사 출제
> ② 2016년 8월 21일 산업기사 출제

60 아세틸렌 용접 시 역류를 방지하기 위하여 설치하여야 하는 것은?

① 안전기 ② 청정기
③ 발생기 ④ 유량기

> **해설**
> **안전기**
> ① 역류역화를 방지하기 위하여 취관에 안전기를 설치한다.
> ② 역화발생 시 최우선 순서 : 산소밸브를 잠근다.

> **참고** 산업안전기사 필기 p.3-176(문제 117번) 적중

> **KEY** ① 2015년 3월 8일(문제 47번) 출제
> ② 2019년 4월 27일 기사 등 10회 이상 출제

4 전기설비 안전관리

61 피뢰기가 구비하여야 할 조건으로 틀린 것은?

① 제한전압이 낮아야 한다.
② 상용 주파 방전 개시 전압이 높아야 한다.
③ 충격방전 개시전압이 높아야 한다.
④ 속류 차단 능력이 충분하여야 한다.

> **해설**
> **피뢰기의 성능**
> ① 충격파방전 개시전압이 낮을 것(단, 상용주파 방전개시전압이 높을 것)
> ② 제한전압이 낮을 것
> ③ 반복동작이 가능할 것
> ④ 구조가 견고하고 특성이 변화하지 않을 것
> ⑤ 점검, 보수가 간단할 것
> ⑥ 뇌전류에 대한 방전능력이 클 것
> ⑦ 속류의 차단이 확실할 것(정격전압 : 실효값)

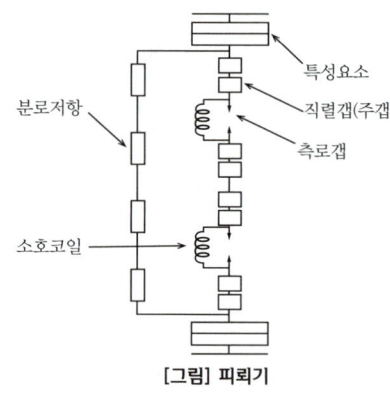

[그림] 피뢰기

> **참고** 산업안전기사 필기 p.4-57(1. 피뢰기의 성능)

> **KEY** ① 2018년 8월 21일 기사 출제
> ② 2018년 8월 19일 기사 출제
> ③ 2019년 8월 4일 기사 출제
> ④ 2020년 6월 14일 산업기사 출제
> ⑤ 2022년 4월 24일 기사 출제

62 정전기 방지대책 중 적합하지 않는 것은?

① 대전서열이 가급적 먼 것으로 구성한다.
② 카본 블랙을 도포하여 도전성을 부여한다.
③ 유속을 저감 시킨다.
④ 도전성 재료를 도포하여 대전을 감소시킨다.

> **해설**
> **정전기 방지대책**
> ① 발생 및 대전 ─ 접지
>   ─ 정전화, 정전작업복 착용
>   ─ 유속제한, 정치시간 확보
>   ─ 대전방지제 사용
>   ─ 가습
>   ─ 제전기 사용
>   ─ 제조장치 및 탱크의 불활성화

[정답] 60 ① 61 ③ 62 ①

② 전격 ── 대전억제
        └ 대전전하의 신속한 누설
③ 화재 및 폭발 ── 환기에 의한 위험물질의 제거
              └ 집진에 의한 분진의 제거

참고 산업안전기사 필기 p.4-36([그림] 정전기 방지대책)

KEY
① 2016년 5월 8일 기사 출제
② 2016년 8월 21일 기사 출제
③ 2017년 5월 7일 산업기사 출제
④ 2018년 3월 4일 산업기사 출제
⑤ 2018년 8월 19일 산업기사 출제
⑥ 2019년 3월 3일 산업기사 출제
⑦ 2019년 8월 4일 기사 출제
⑧ 2021년 3월 7일(문제 76번) 출제
⑨ 2021년 5월 15일(문제 79번) 및 (문제 80번) 출제

63. 폭발위험장소에서의 본질안전방폭구조에 대한 설명이다. 부적절한 것은?

① 본질안전방폭구조의 기본적 개념은 점화능력의 본질적 억제이다.
② 본질안전방폭구조의 Exib는 fault에 대한 2중 안전보장으로 0종~2종 장소에 사용할 수 있다.
③ 본질안전방폭구조의 적용은 에너지가 1.3[W], 30[V] 및 250[mA] 이하인 개소에 가능하다.
④ 온도, 압력, 액면유량 등의 검출용 측정기는 대표적인 본질안전방폭구조의 예이다.

해설

위험장소 및 방폭구조

각부의 구조 위험장소		방폭구조	
	제전전극	고압전선	고압전원
가스, 증기 0종	내압방폭구조	고압전선	내압방폭구조
가스, 증기 1종	내압방폭구조	특수고압전선	내압방폭구조
가스, 증기 2종	내압방폭구조	특수고압전선	내압방폭구조
분진	분진특수방폭구조	특수고압전선	분진방폭구조

참고 산업안전기사 필기 p.4-53(3. 방폭구조의 종류 및 특징) 적중

KEY
① 2001년 6월 3일(문제 66번) 출제
② 2007년 3월 4일(문제 67번) 출제
③ 2015년 5월 31일(문제 70번) 출제

64. 한국전기설비규정에 따라 사람이 쉽게 접촉할 우려가 있는 곳에 금속제 외함을 가지는 저압의 기계기구가 시설되어 있다. 이 기계기구의 사용전압이 몇 [V]를 초과할 때 전기를 공급하는 전로에 누전차단기를 시설해야 하는가?(단, 누전차단기를 시설하지 않아도 되는 조건은 제외한다.)

① 30[V] ② 40[V]
③ 50[V] ④ 60[V]

해설

KEC 211.2.4 누전차단기의 시설
전원의 자동차단에 의한 저압전로의 보호대책으로 누전차단기를 시설해야 할 대상
(1) 금속제 외함을 가지는 사용전압이 50[V]를 초과하는 저압의 기계기구로서 사람이 쉽게 접촉할 우려가 있는 곳에 시설하는 것에 전기를 공급하는 전로. 다만, 다음의 어느 하나에 해당하는 경우에는 적용하지 아니한다.
 ① 기계·기구를 발전소·변전소·개폐소 또는 이에 준하는 곳에 시설하는 경우
 ② 기계·기구를 건조한 곳에 시설하는 경우
 ③ 대지전압이 150[V] 이하인 기계·기구를 물기가 있는 곳 이외의 곳에 시설하는 경우
(2) 주택의 인입구 등 이 규정에서 누전차단기 설치를 요구하는 전로
(3) 특고압전로, 고압전로 또는 저압전로와 변압기에 의하여 결합되는 사용전압 400[V]초과의 저압전로 또는 발전기에서 공급하는 사용전압 400[V] 초과의 저압전로

KEY 2022년 4월 24일(문제 65번) 출제

65. 전기작업 안전의 기본대책에 해당되지 않는 것은?

① 취급자의 자세
② 전기설비의 품질 향상
③ 전기시설의 안전관리 확립
④ 유지보수를 위한 부품 재사용

해설

전기작업의 3대 안전기본대책
① 취급자의 자세
② 전기설비의 품질 향상
③ 전기시설의 안전관리 확립

참고 산업안전기사 필기 p.4-73(1. 법적인 예방대책)

KEY 2016년 5월 8일 기사 출제

[정답] 63 ② 64 ③ 65 ④

66
인체의 전기저항을 0.5[kΩ]이라고 하면 심실세동을 일으키는 위험한계 에너지는 몇 [J]인가?(단, 심실세동전류값 $I=\dfrac{165}{\sqrt{T}}$[mA]의 Dalziel(달지엘)의 식을 이용하며, 통전시간은 1초로 한다.)

① 13.6 ② 12.6
③ 11.6 ④ 10.6

해설

위험한계에너지

$Q = I^2RT = \left(\dfrac{165}{\sqrt{T}} \times 10^{-3}\right)^2 \times 500 \times T$

$= \dfrac{165^2}{T} \times 10^{-6} \times 500 \times T$

$= 165^2 \times 10^{-6} \times 500 = 13.61[J] = 13.6 \times 0.24[cal] = 3.3[cal]$

참고 산업안전기사 필기 p.4-18(3. 위험한계에너지)

KEY
① 2008년 5월 11일(문제 71번) 출제
② 2016년 8월 21일 출제
③ 2017년 5월 7일 출제
④ 2018년 3월 4일 출제
⑤ 2018년 4월 28일 기사 · 산업기사 동시출제 등 10회 이상 출제

67
전기설비 방폭구조의 종류가 아닌 것은?

① 근본 방폭구조   ② 압력 방폭구조
③ 안전증 방폭구조 ④ 본질안전 방폭구조

해설

주요 국가 방폭구조의 기호

방폭구조 나라명	내압	유입	압력	안전증	본질 안전	특수	사입
한국	d	o	p	e	i	s	—
영국	FLT				ELP		
독일	Exd	Exo	Exf	Exe	Exi	Exs	Exq
오스트리아	Exd	Exo		Exe	Exi	Exs	Exq
프랑스	—	—	—	—	—	—	—
이태리	Exd	Exo	Exp	Exe	Exi		Exq
스위스	Exd	Exo	Exf	Exe		Exs	
스웨덴	Xt	Xo	Xy	Xh	Xi	Xs	

참고 산업안전기사 필기 p.4-68(문제 11번 적중))

KEY
① 2018년 3월 4일 산업기사 출제
② 2019년 4월 27일 산업기사 출제 등 10회 이상 출제

합격정보
위험기계 · 기구방호장치성능검정규정 제52조 (용어의 정의)

68
다음 ( ) 안에 들어갈 내용으로 알맞은 것은?

> 과전류보호장치는 반드시 접지선외의 전로에 ( )로 연결하여 과전류 발생시 전로를 자동으로 차단하도록 설치할 것

① 직렬   ② 병렬
③ 임시   ④ 직병렬

해설

과전류차단장치

사업주는 과전류(정격전류를 초과하는 전류로서 단락(短絡)사고전류, 지락사고전류를 포함하는 것을 말한다.)]로 인한 재해를 방지하기 위하여 다음 각 호의 방법으로 과전류차단장치[(차단기·퓨즈 또는 보호계전기 등과 이에 수반되는 변성기(變成器)를 말한다.)]를 설치하여야 한다.
① 과전류차단장치는 반드시 접지선이 아닌 전로에 직렬로 연결하여 과전류 발생시 전로를 자동으로 차단하도록 설치할 것
② 차단기·퓨즈는 계통에서 발생하는 최대 과전류에 대하여 충분하게 차단할 수 있는 성능을 가질 것
③ 과전류차단장치가 전기계통상에서 상호협조·보완되어 과전류를 효과적으로 차단하도록 할 것

참고 산업안전기사 필기 p.4-6(합격날개 : 합격예측 및 관련법규)

KEY 2016년 8월 21일 기사 출제

합격정보
산업안전보건기준에 관한 규칙 제305조(과전류차단장치)

69
정전작업시 정전시킨 전로에 잔류전하를 방전할 필요가 있다. 전원차단 이후에도 잔류전하가 남아 있을 가능성이 낮은 것은?

① 전력케이블   ② 용량이 큰 부하기기
③ 전력용콘덴서 ④ 방전 코일

해설

잔류전하가 남아 있을 가능성이 있는 것
① 전력케이블
② 전력콘덴서
③ 용량이 큰 부하기기

참고 산업안전기사 필기 p.4-76(1. 정전작업시 조치사항)

KEY 2019년 4월 27일 기사 출제

보충학습
방전코일 : 콘덴서를 전로로부터 개방할 경우 잔류 전하로 인한 위험한 사고의 방지와 재투입할 때 걸리는 과전압의 방지를 위해서 단시간에 방전시킬 목적으로 설치한다.

【 정답 】 66 ① 67 ① 68 ① 69 ④

70 금속성의 전기기계장치나 구조물에 인체의 일부가 상시 접촉되어 있는 상태의 허용접촉전압으로 옳은 것은?

① 2.5[V] 이하   ② 25[V] 이하
③ 50[V] 이하   ④ 제한없음

해설

종별허용접촉전압

종별	접촉상태	허용접촉전압[V]
제1종	• 인체의 대부분이 수중에 있는 상태	2.5 이하
제2종	• 인체가 많이 젖어 있는 상태 • 금속제 전기기계장치나 구조물에 인체의 일부가 상시접촉되어있는 상태	25 이하
제3종	• 제1종, 제2종 이외의 경우로서 통상적인 인체 상태에 있어서 접촉전압이 가해지면 위험성이 높은 상태	50 이하
제4종	• 제1종, 제2종 이외의 경우로서 통상적인 인체상태에 있어서 접촉전압이 가해져도 위험성이 낮은 상태 • 접촉전압이 가해질 우려가 없는 경우	무제한

참고 산업안전기사 필기 p.4-19([표] 종별 허용 접촉전압)

KEY
① 2016년 3월 6일 산업기사 출제
② 2016년 8월 21일 산업기사 출제
③ 2017년 5월 7일 기사·산업기사 동시출제

71 대지를 접지로 이용하는 이유는?

① 대지는 넓어서 무수한 전류통로가 있기 때문에 저항이 작다.
② 대지는 철분을 많이 포함하고 있기 때문에 저항이 작다.
③ 대지는 토양의 주성분이 산화알루미늄(Al_2O_3)이므로 저항이 작다.
④ 대지는 토양의 주성분이 규소(SiO_2)이므로 저항이 영(Zero)에 가깝다.

해설

대지를 접지로 이용하는 이유
① 토양의 주성분은 규소(SiO_2)나 산화알루미늄(Al_2O_3)이므로 완전한 건조 상태에서는 전기가 흐르지 않는 절연체이다.
② 자연계의 토양은 수분이 함유되어 있어 저항률이 [0]에 가까워 전기가 대지로 잘 흐른다.

참고 ① 산업안전기사 필기 p.4-30(2. 접지)
② 산업안전기사 필기 p.4-83(문제 4번) 적중

KEY 2022년 3월 5일 기사 출제

72 정전기 발생현상의 분류에 해당되지 않는 것은?

① 유체대전   ② 마찰대전
③ 박리대전   ④ 교반대전

해설

정전기 대전의 종류
① 유동정전기 대전   ② 분출정전기 대전
③ 마찰정전기 대전   ④ 박리정전기 대전
⑤ 파괴정전기 대전   ⑥ 충돌정전기 대전
⑦ 교반 또는 침강에 의한 정전기 대전

참고 산업안전기사 필기 p.4-33(1. 대전의 종류)

KEY
① 2016년 8월 21일 산업기사 출제
② 2018년 3월 4일 산업기사 출제
③ 2018년 8월 19일 출제
④ 2020년 8월 22일 기사 출제

73 저압 및 고압선을 직접 매설식으로 매설할 때 중량물의 압력을 받지 않는 장소에서의 매설깊이는?

① 100[cm] 이상   ② 90[cm] 이상
③ 70[cm] 이상   ④ 60[cm] 이상

해설

저압 및 고압선의 매설깊이
① 중량물 압력을 받지 않는 장소 : 60[cm] 이상
② 중량물의 압력을 받는 장소 : 120[cm] 이상

참고 산업안전기사 필기 p.4-66(문제 4번) 적중

KEY 2003년 8월 10일(문제 73번)

74 계통접지로 적합하지 않는 것은?

① TN계통   ② TT계통
③ IN계통   ④ IT계통

해설

접지의 구분 및 종류

구분	종류
종류	① 계통접지(TN, TT, IT계통) ② 보호접지 ③ 피뢰시스템 접지
방법	① 단독접지 ② 공통접지 ③ 통합접지

참고 산업안전기사 필기 p.4-37(표 : 접지의 구분 및 종류)

KEY 2020년 9월 27일(문제 62번) 참고

[정답] 70 ② 71 ① 72 ① 73 ④ 74 ③

75 스파크화재의 방지책이 아닌 것은?

① 개폐기를 불연성 외함 내에 내장시키거나 통형 퓨즈를 사용할 것
② 접지부분의 산화, 변형, 퓨즈의 나사풀림 등으로 인한 접촉저항이 증가되는 것을 방지할 것
③ 가연성증기, 분진 등 위험한 물질이 있는 곳에는 방폭형 개폐기를 사용할 것
④ 유입 개폐기는 절연유의 비중 정도, 배선에 주의하고 주위에는 내수벽을 설치할 것

> **해설**
> 스파크화재 방지대책
> ① 개폐기를 불연성 외함에 내장 또는 통형퓨즈 사용
> ② 접촉부분의 산화, 변형, 퓨즈의 나사풀림 등으로 인한 접촉저항 상승 방지
> ③ 유입 개폐기는 절연유의 열화정도, 유량 등에 주의하고 주위에는 내화벽을 설치할 것
> ④ 가연성증기, 분진 등 위험한 물질이 있는 곳에는 방폭형 개폐기를 사용
>
> **참고** 산업안전기사 필기 p.4-86(문제 16번 적중)
>
> **KEY** 2015년 5월 31일 출제

76 피부의 전기저항 연구에 의하면 인체의 피부 중 1~2[mm²] 정도의 적은 부분은 전기 자극에 의해 신경이 이상적으로 흥분하여 다량의 피부지방이 분비되기 때문에 그 부분의 전기저항이 1/10 정도로 적어지는 피전점(皮電點)이 존재한다고 한다. 이러한 피전점이 존재하는 부분은?

① 머리
② 손등
③ 손바닥
④ 발바닥

> **해설**
> 피전점이 존재하는 곳
> ① 손등
> ② 턱
> ③ 볼
> ④ 정강이
>
> **참고** 산업안전기사 필기 p.4-86(문제 15번)
>
> **KEY** 2016년 5월 8일 기사 출제

77 다음 중 기기보호등급(EPL)에 해당하지 않는 것은?

① EPL Ga
② EPL Ma
③ EPL Dc
④ EPL Mc

> **해설**
> EPL(Equipment Protection Level) : 기기보호등급
> ① 기기보호등급을 의미한다.
> ② 점화원이 될 수 있는 가능성에 기초하여 기기에 부여된 보호등급이다. 폭발성 가스 분위기, 폭발성 분진 분위기, 폭발성 광산 내 분위기의 차이를 구별한다.
> ③ 종류 : EPL Ma, EPL Mb, EPL Ga, EPL Gb, EPL Gc, EPL Da, EPL Db, EPL Dc
>
> **KEY** 2022년 4월 24일 기사 출제

78 다음 중 비전도성 가연성 분진은?

① 아연
② 염료
③ 코크스
④ 카본블랙

> **해설**
> 분진 구분
> ① 비전도성 가연성 분진 : 밀, 옥수수, 염료, 페놀수지, 설탕, 코코아, 쌀겨, 리그닌, 유황
> ② 전도성 가연성 분진 : 아연, 티탄, 코크스, 카본블랙, 철, 석탄
> ③ 폭연성 분진 : 마그네슘, 알루미늄, 알루미늄 브론즈
>
> **참고** 산업안전기사 필기 p.5-9([표] 증기폭발·분진폭발)
>
> **KEY** ① 2013년 6월 2일 산업기사 출제
> ② 2023년 2월 28일 기사 출제

79 인입개폐기를 개방하지 않고 전등용 변압기 1차측 COS만 개방 후 전등용 변압기 접속용 볼트 작업 중 동력용 COS에 접촉, 사망한 사고에 대한 원인으로 가장 거리가 먼 것은?

① 안전장구 미사용
② 동력용 변압기 COS 미개방
③ 전등용 변압기 2차측 COS 미개방
④ 인입구 개폐기 미개방한 상태에서 작업

[정답] 75 ④ 76 ② 77 ④ 78 ② 79 ③

| 해설 |

COS접촉 사망 사고원인
① 안전장구 미사용
② 동력용 변압기 COS 미개방
③ 인입구 개폐기 미개방한 상태에서 작업

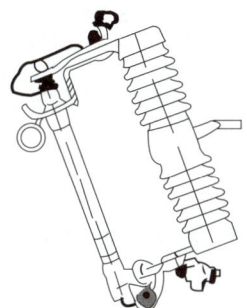

[그림] COS

| 참고 | 산업안전기사 필기 p.4-14(문제 18번) 적중

| KEY | 2018년 4월 28일 기사 출제

| 보충학습 |

컷아웃 스위치(COS : Cut Out Switch)
① 컷아웃 스위치는 변압기의 과전류에 의한 보호와 선로의 개폐를 위하여 설치하며 단극으로써 변압기의 1차측 각 상에 설치한다.
② 퓨즈 용단시 fuse는 link만을 교환할 수 있어 다시 사용할 수 있다.
③ COS의 동작원리는 퓨즈링크에 용단되면서 발생하는 arc열에 의해 퓨즈홀더(fuse holder) 내부의 물질이 분해되어 절연성 가스가 발생된다.
④ 가스는 arc의 지속을 억제시키고 열에 의해서 팽창되어 외부로 방출되면서 arc를 소멸하여 고장을 제거하는 것이다.
⑤ 선로용 퓨즈의 연속 정격전류는 정격전류의 1.5배이고, 최소동작전류는 정격전류의 2배이다.

80 방폭전기기기의 성능을 나타내는 기호표시로 EX P IIA T5를 나타내었을 때 관계가 없는 표시 내용은?

① 온도등급 ② 폭발성능
③ 방폭구조 ④ 폭발등급

| 해설 |

방폭전기기기의 성능 표시기호 : EX P IIA T5
① EX : 방폭구조의 상징
② P : 방폭구조(압력방폭구조)
③ IIA : 가스 · 증기 및 분진의 그룹
④ T5 : 온도등급

| 참고 | 산업안전기사 필기 p.4-56(4. 방폭기기의 표시 예)

| KEY | ① 2017년 5월 7일 기사 출제
② 2019년 4월 27일 기사 출제

---

5 화학설비 안전관리

81 다음 중 CO_2 소화약제의 장점으로 볼 수 없는 것은?

① 기체 팽창률 및 기화 잠열이 작다.
② 액화하여 용기에 보관할 수 있다.
③ 전기에 대해 부도체이다.
④ 자체 증기압이 높기 때문에 자체 압력으로 방사가 가능하다.

| 해설 |

소화약제의 특성
① 탄산가스의 함량은 99.5[%] 이상으로 냄새가 없어야 하며 수분의 중량은 0.05[%] 이하여야 한다.
② 수분이 0.05[%] 이상이면 줄-톰슨효과에 의하여 수분이 결빙되어 노즐의 구멍을 폐쇄시키기 때문이다.
③ 줄-톰슨효과는 기체 또는 액체가 가는 관을 통과할 때 온도가 급강하여 고체로 되는 현상이다.
④ 증발잠열 : 137.8[cal/g]으로 매우 크다.

| 참고 | 산업안전기사 필기 p.5-13(1. 소화약제의 물리적 성질)

| KEY | 2017년 5월 7일 (문제 85번) 출제

82 건조설비를 사용하여 작업을 하는 경우에 폭발이나 화재를 예방하기 위하여 준수하여야 하는 사항으로 틀린 것은?

① 위험물 건조설비를 사용하는 경우에는 미리 내부를 청소하거나 환기할 것
② 위험물 건조설비를 사용하여 가열건조하는 건조물은 쉽게 이탈되도록 할 것
③ 고온으로 가열건조한 인화성 액체는 발화위험이 없는 온도로 냉각한 후에 격납시킬 것
④ 바깥 면이 현저히 고온이 되는 건조설비에 가까운 장소에는 인화성 액체를 두지 않도록 할 것

| 해설 |

건조설비 사용
① 위험물 건조설비를 사용하는 경우에는 미리 내부를 청소하거나 환기할 것
② 위험물 건조설비를 사용하는 경우에는 건조로 인하여 발생하는 가스·증기 또는 분진에 의하여 폭발·화재의 위험이 있는 물질을 안전한 장소로 배출시킬 것
③ 위험물 건조설비를 사용하여 가열건조하는 건조물은 쉽게 이탈되지 아니하도록 할 것

[정답] 80 ② 81 ① 82 ②

④ 고온으로 가열건조한 인화성 액체는 발화의 위험이 없는 온도로 냉각한 후에 격납시킬 것
⑤ 건조설비(바깥면에 현저하게 고온이 되는 설비만 해당한다.)에 근접한 장소에는 인화성 액체를 두지 않도록 할 것

> 참고) 산업안전기사 필기 p.5-55(합격날개 : 합격예측 및 관련법규)

> KEY) ① 2016년 8월 21일 산업기사 출제
> ② 2017년 3월 5일 출제
> ③ 2019년 4월 27일 기사 출제

> 합격정보
> 산업안전보건기준에 관한 규칙 제283조(건조설비의 사용)

83 마그네슘의 저장 및 취급에 관한 설명으로 틀린 것은?

① 화기를 엄금하고, 가열, 충격, 마찰을 피한다.
② 분말이 비산하지 않도록 완전 밀봉하여 저장한다.
③ 1류 또는 6류와 같은 산화제와 혼합되지 않도록 격리, 저장한다.
④ 일단 연소하면 소화가 곤란하지만 초기 소화 또는 소규모 화재시 물, CO_2 소화설비를 이용하여 소화한다.

> 해설
> **Mg의 저장취급방법**
> ① 마그네슘은 제2류 위험물 중 물기엄금 물질이다.
> ② 화기를 엄금하고, 가열, 충격, 마찰을 피한다.
> ③ 분말은 분진폭발에 위험이 있어 비산하지 않도록 완전 밀봉하여 저장한다.
> ④ 1류 또는 6류와 같은 산화제 및 할로겐원소와 혼합되지 않도록 격리 저장한다.
> ⑤ 물과 반응하면 수소 발생, 이산화탄소와는 폭발적인 반응을 하므로 소화는 마른 모래나 분말 소화약제를 사용한다.

> 참고) 산업안전기사 필기 p.5-66(문제 31번) 적중

> KEY) 2015년 5월 31일(문제 92번) 출제

84 위험물을 산업안전보건법령에서 정한 기준량 이상으로 제조하거나 취급하는 설비로서 특수화학설비에 해당되는 것은?

① 가열시켜 주는 물질의 온도가 가열되는 위험물질의 분해온도보다 높은 상태에서 운전되는 설비
② 상온에서 게이지 압력으로 200[kPa]의 압력으로 운전되는 설비
③ 대기압 하에서 섭씨 300[℃]로 운전되는 설비
④ 흡열반응이 행하여지는 반응설비

> 해설
> **특수화학설비의 종류**
> ① 발열반응이 일어나는 반응장치
> ② 증류·정류·증발·추출 등 분리를 하는 장치
> ③ 가열시켜 주는 물질의 온도가 가열되는 위험물질의 분해온도 또는 발화점보다 높은 상태에서 운전되는 설비
> ④ 반응폭주 등 이상 화학반응에 의하여 위험물질이 발생할 우려가 있는 설비
> ⑤ 온도가 섭씨 350도 이상이거나 게이지 압력이 980[kPa] 이상인 상태에서 운전되는 설비
> ⑥ 가열로 또는 가열기

> 참고) 산업안전기사 필기 p.5-17(합격날개 : 합격예측 및 관련법규)

> KEY) 2022년 4월 24일 기사 등 10회 이상 출제

> 합격정보
> 산업안전보건기준에 관한 규칙 제273조(계측장치 등의 설치)

85 다음 [보기]에서 일반적인 자동제어 시스템의 작동순서를 바르게 나열한 것은?

[보기]
(1) 검출   (2) 조절계
(3) 밸브   (4) 공정상황

① (1) → (2) → (4) → (3)
② (4) → (1) → (2) → (3)
③ (2) → (4) → (1) → (3)
④ (3) → (2) → (4) → (1)

> 해설
> **자동제어 시스템의 작동순서**
> 공정상황→검출→조절계→밸브

> 참고) 산업안전기사 필기 p.5-46(1. 제어장치)

> KEY) ① 2010년 3월 7일(문제 89번) 출제
> ② 2011년 6월 12일(문제 84번) 출제
> ③ 2011년 8월 21일(문제 84번) 출제

[정답] 83 ④ 84 ① 85 ②

86 4[%] NaOH 수용액과 10[%] NaOH 수용액을 반응기에 혼합하여 6[%] 100[kg]의 NaOH 수용액을 만들려면 각각 몇 [kg]의 NaOH 수용액이 필요한가?

① 4[%] NaOH 수용액 : 50,
 10[%] NaOH 수용액 : 50
② 4[%] NaOH 수용액 : 56.2,
 10[%] NaOH 수용액 : 43.8
③ 4[%] NaOH 수용액 : 66.67,
 10[%] NaOH 수용액 : 33.33
④ 4[%] NaOH 수용액 : 80,
 10[%] NaOH 수용액 : 20

해설

NaOH 수용액

① $\dfrac{4[\%]\ NaOH}{(x)[kg]} + \dfrac{10[\%]\ NaOH}{(100-x)[kg]} \rightarrow \dfrac{6[\%]\ NaOH의\ 100[kg]}{100[kg]}$

② $0.04x + 0.1 \times (100-x) = 0.06 \times 100$
③ $0.04x + 10 - 0.1x = 6$
④ $x = \dfrac{4}{0.06} = 66.67[kg]$
⑤ 4[%] NaOH수용액 = 66.67[kg]
⑥ 10[%] NaOH수용액 = 33.33[kg]

참고 산업안전기사 필기 p.5-77(보충문제)

KEY ① 2009년 5월 10일 (문제 97번)
② 2016년 5월 8일(문제 88번) 출제

---

87 다음 중 열교환기의 보수에 있어 일상점검항목과 정기적 개방점검항목으로 구분할 때 일상점검항목으로 거리가 먼 것은?

① 도장의 노후상황
② 부착물에 의한 오염의 상황
③ 보온재, 보냉재의 파손여부
④ 기초볼트의 체결정도

해설

열교환기 일상점검 항목
① 보온재 및 보냉재의 파손상황
② 도장의 노후 상황
③ Flange부, 용접부 등의 누설여부
④ 기초볼트의 조임 상태

참고 산업안전기사 필기 p.5-53(1. 일상점검 항목)

KEY ① 2009년 5월 10일(문제 83번) 출제
② 2019년 3월 3일(문제 86번) 출제

---

88 다음 중 인화성 기체의 폭발한계와 폭굉한계를 가장 올바르게 설명한 것은?

① 폭발한계와 폭굉한계는 농도범위가 같다.
② 폭굉한계는 폭발한계의 최상한치에 존재한다.
③ 폭발한계는 폭굉한계보다 농도범위가 넓다.
④ 두 한계의 하한계는 같으나, 상한계는 폭굉한계가 더 높다.

해설

용어정의
(1) 폭발과 폭굉
 ① 폭발
  인화성 기체 또는 액체의 발생속도가 열의 일상속도를 상회하는 현상
 ② 폭굉(Detonation)
  폭발범위 내의 어떤 특정 농도범위에서는 연소의 속도가 폭발에 비해 수백 내지 수천배에 달하는 현상
(2) 폭발(연소)한계에 영향을 주는 요인(KOSHA CODE D-44-2007)
 ① 온도 : 기준이 되는 25[℃]씩 증가할 때마다 폭발하한계는 값의 8[%]가 감소하며, 폭발상한은 8[%] 증가한다.
  -폭발하한계:
   $L_t = L_{25℃} - (0.8 L_{25℃} \times 10^{-3})(T-25)$
  -폭발상한계:
   $U_t = U_{25℃} - (0.8 U_{25℃} \times 10^{-3})(T-25)$
 ② 압력 : 폭발하한계에는 영향이 경미하나 폭발상한계에는 크게 영향을 준다. 보통의 경우 가스압력이 높아질수록 폭발범위는 넓어진다.
 ③ 산소 : 폭발하한계는 공기나 산소 중에서 변함이 없으나 폭발상한계는 산소농도 증가에 따라 비례하여 상승하게 된다.
 ④ 화염의 진행 방향

참고 산업안전기사 필기 p.5-6(3. 폭굉의 조건)

KEY 2012년 5월 20일(문제 88번) 출제

---

89 다음 중 연소시 발생하는 열에너지를 흡수하는 매체를 화염 속에 투입하여 소화하는 방법은?

① 냉각소화 ② 희석소화
③ 질식소화 ④ 억제소화

【 정답 】 86 ③ 87 ② 88 ③ 89 ①

해설

화재 및 소화기 종류

화재구분	소화대책	적응 소화기
A급 (일반화재)	냉각소화	① 물 소화기 ② 강화액 소화기 ③ 산, 알칼리 소화기
B급(유류 및 가스화재)	질식소화	① 이산화탄소 소화기 ② 할로겐화합물 소화기 ③ 분말 소화기 ④ 포 소화기
C급 (전기화재)	질식소화	① 이산화탄소 소화기 ② 할로겐화합물 소화기 ③ 분말 소화기 ④ 무상강화액 소화기
D급 (금속화재)	피복소화	① 건조사 ② 팽창 질석 ③ 팽창 진주암

참고 산업안전기사 필기 p.5-23(문제 13번)

KEY 2014년 5월 25일(문제 83번) 출제

보충학습

소화 구분
① 냉각소화 : 화점의 냉각
② 질식소화 : 불연성 기체, 포말, 고체, 소화 분말로 연소물을 덮는 방법
③ 제거소화 : 가연물의 제거
④ 억제소화 : 연쇄반응의 억제에 의한 소화
⑤ 희석소화 : 수용성인 인화성액체 화재시 물을 방사하여 가연물의 농도를 낮추어 소화

---

90 불연성이지만 다른 물질의 연소를 돕는 산화성 액체 물질에 해당하는 것은?

① 히드라진 ② 과염소산
③ 벤젠 ④ 암모니아

해설

위험물의 분류
① 제1류(산화성 고체) : 아염소산, 염소산, 과염소산나트륨, 무기과산화물, 삼산화크롬, 브롬산염류, 요오드산염류, 과망간산염류, 중크롬산염류
② 제2류(가연성 고체) : 황화인, 적린, 유황, 철분, Mg, 금속분류, 인화성 고체
③ 제3류(자연발화성 및 금수성 물질) : K, Na, 알킬Al, 알킬Li, 황린, 칼슘 또는 Al의 탄화물류 등
④ 제4류(인화성 액체) : 특수인화물류, 동식물류, 알코올류, 제1석유류~제4석유류
⑤ 제5류(자기반응성 물질) : 유기산화물류, 질산에스테르류(니트로셀룰로오스, 질산에틸, 니트로글리세린), 셀룰로이드류, 니트로화합물, 아조화합물류, 디아조화합물류, 히드라진 유도체류
⑥ 제6류(산화성 액체) : 과염소산, 과산화수소, 질산

참고 ① 산업안전기사 필기 p.5-66(문제 27번) 적중
② 2021년 5월 15일(문제 95번) 출제

KEY ① 2017년 5월 7일 출제
② 2018년 4월 25일, 8월 19일 출제
③ 2021년 3월 7일(문제 95번), 5월 15일(문제 86번) 출제

---

91 산업안전보건법령상 폭발성 물질을 취급하는 화학설비를 설치하는 경우에 단위공정설비로부터 다른 단위공정설비 사이의 안전거리는 설비 바깥 면으로부터 몇 [m] 이상이어야 하는가?

① 10 ② 15
③ 20 ④ 30

해설

안전거리

구 분	안전거리
1. 단위공정시설 및 설비로부터 다른 단위공정시설 및 설비의 사이	설비의 바깥면으로부터 10[m] 이상
2. 플레어스택으로부터 단위공정시설 및 설비, 위험물질 저장탱크 또는 위험물질 하역설비의 사이	플레어스택으로부터 반경 20[m] 이상. 다만, 단위 공정시설 등이 불연재로 시공된 지붕 아래 설치된 경우에는 그러하지 아니하다.
3. 위험물질 저장탱크로부터 단위공정시설 및 설비, 보일러 또는 가열로의 사이	저장탱크의 바깥면으로부터 20[m] 이상. 다만, 저장탱크에 방호벽, 원격조정 소화설비 또는 살수설비를 설치한 경우에는 그러하지 아니하다.
4. 사무실·연구실·실험실·정비실 또는 식당으로부터 단위공정시설 및 설비, 위험물질 저장탱크, 위험물질 하역설비, 보일러 또는 가열로의 사이	사무실 등의 바깥면으로부터 20[m] 이상. 다만, 난방용 보일러인 경우 또는 사무실 등의 벽을 방호구조로 설치한 경우에는 그러하지 아니하다.

참고 산업안전기사 필기 p.5-72(문제 51번) 적중

KEY ① 2010년 7월 25일 기사 출제
② 2019년 4월 27일 산업기사 출제
③ 2022년 3월 5일 기사 출제

---

92 다음 설명에 해당하는 안전장치는?

"대형의 반응기, 탑, 탱크 등에 있어서 이상상태가 발생할 때 밸브를 정지시켜 원료공급을 차단하기 위한 안전장치로, 공기압식, 유압식, 전기식 등이 있다."

① 파열판 ② 안전밸브
③ 스팀트랩 ④ 긴급차단장치

해설

긴급차단장치
① 화재나 배관의 파열 또는 오조작 등으로 사고가 발생한 경우 저장탱크에서 연결되는 배관 중간에 설치하여 차단한다.
② 작동원리에 따라 공기압식, 유압식, 전기식, 수동식으로 분류하는데 보통 공기압식과 유압식을 채용하고 있다.

[정답] 90 ② 91 ① 92 ④

참고: 산업안전기사 필기 p.5-47(1. 긴급차단장치의 종류)
KEY: 2011년 6월 12일 기사 출제

93 다음 중 공기 속에서의 폭발하한계[vol%]값의 크기가 가장 작은 것은?

① H_2
② CH_4
③ CO
④ C_2H_2

해설
공기 중 폭발한계

구분	하한계	상한계
H_2(수소)	4.0	75.0
CH_4(메탄)	5.0	15.0
CO(일산화탄소)	12.5	74.0
C_2H_2(아세틸렌)	2.5	81.0

참고: 산업안전기사 필기 p.5-10(표 : 혼합가스의 폭발범위)
KEY: 2016년 5월 8일(문제 96번) 출제

94 아세톤에 대한 설명으로 틀린 것은?

① 증기는 유독하므로 흡입하지 않도록 주의해야 한다.
② 무색이고 휘발성이 강한 액체이다.
③ 비중이 0.79 이므로 물보다 가볍다.
④ 인화점이 20[℃]이므로 여름철에 더 인화위험이 높다.

해설
아세톤(CH_3COCH_3)의 특징
① 증기는 유독하므로 흡입하지 않도록 주의해야 한다.
② 무색이고 휘발성이 강한 액체이다.
③ 비중이 0.79 이므로 물보다 가볍다.
④ 인화점-20[℃]이다.

참고: 산업안전기사 필기 p.5-36(문제 18번 해설)
KEY: ① 2017년 5월 7일(문제 89번) 출제
② 2023년 2월 28일 기사 출제

95 액체 표면에서 발생한 증기농도가 공기 중에서 연소하한농도가 될 수 있는 가장 낮은 액체온도를 무엇이라 하는가?

① 인화점
② 비등점
③ 연소점
④ 발화온도

해설
인화점
① 점화원에 의하여 인화될 수 있는 최저 온도(낮으면 낮을수록 위험하다.)
② 연소가능한 인화성 증기를 발생시킬 수 있는 최저 온도

참고: 산업안전산업기사 필기 p.5-39(합격날개 : 합격예측)
KEY: ① 2017년 8월 26일 산업기사(문제 77번) 출제
② 2022년 4월 24일 기사 출제

96 화염방지기의 설치에 관한 사항으로 ( )에 옳은 것은?

> 사업주는 인화성 액체 및 인화성 가스를 저장 취급하는 화학설비에서 증기나 가스를 대기로 방출하는 경우에는 외부로부터의 화염을 방지하기 위하여 화염방지기를 그 설비 ( )에 설치하여야 한다.

① 상단
② 하단
③ 중앙
④ 무게중심

해설
화염방지기 설치 위치 : 설비 상단

참고: 산업안전기사 필기 p.5-47(⑤ 화염방지기)
KEY: ① 2018년 8월 19일(문제 99번) 출제
② 2022년 4월 24일 기사 출제

합격정보: 산업안전보건기준에 관한 규칙 제269조 (화염방지기의 설치)

97 CF_3Br 소화약제의 할론 번호를 옳게 나타낸 것은?

① 하론 1031
② 하론 1311
③ 하론 1301
④ 하론 1310

해설
할론 넘버 : C, F, Cl, Br의 개수로 표시
① 일염화 일취화 메탄 : 1011
② 일취화 일염화 이불화 메탄 : 1211
③ 이취화 사불화 에탄 : 2402
④ 일취화 삼불화 메탄 : 1301

[정답] 93 ④ 94 ④ 95 ① 96 ① 97 ③

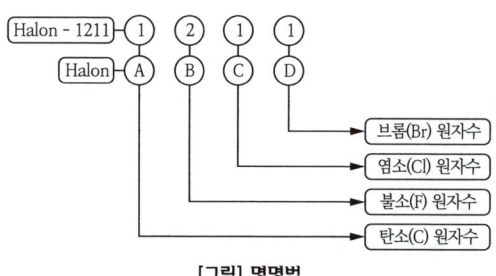

[그림] 명명법

참고 산업안전기사 필기 p.5-15(7. 할로겐화물 소화기)

KEY
① 2008년 7월 27일 기사 출제
② 2016년 8월 21일 산업기사 출제
③ 2018년 8월 19일 기사 출제

98 다음 중 유해화학물질의 중독에 대한 일반적인 응급처치 방법으로 적정하지 않은 것은?

① 알코올 등의 필요한 약품을 투여한다.
② 환자를 안정시키고, 침대에 옆으로 누인다.
③ 호흡 정지시 가능한 경우 인공호흡을 실시한다.
④ 신체를 따뜻하게 하고 신선한 공기를 확보한다.

해설
유해화학물질의 중독에 대한 응급처치 방법
① 환자를 안정시키고, 침대에 옆으로 누인다.
② 호흡 정지시 가능한 경우 인공호흡을 실시한다.
③ 신체를 따뜻하게 하고 신선한 공기를 확보한다.

참고 산업안전기사 필기 p.5-37(2. 위험물의 성질 및 저장위험성)

KEY 2015년 5월 31일(문제 81번) 출제

보충학습
의사의 처방 없이 약품을 임의로 투여하면 안 된다.

99 다음 중 퍼지의 종류에 해당하지 않는 것은?

① 압력퍼지   ② 진공퍼지
③ 스위프퍼지 ④ 가열퍼지

해설
퍼지의 종류
① 진공(저압) 퍼지   ② 압력퍼지
③ 스위프 퍼지   ④ 사이펀 퍼지

참고 산업안전기사 필기 p.5-20([표] 퍼지의 종류)

KEY
① 2011년 6월 12일(문제 86번) 출제
② 2022년 4월 24일 기사 출제

합격자의 조언
실기 작업형 출제

합격정보
Purge
연소되지 않은 가연성 가스 혹은 유독성 가스가 공정 안에 차 있는 경우 근로자들이 안전하게 작업할 수 있도록 가스를 공정 밖으로 배출하기 위하여 환기시키는 것

100 다음 중 산업안전보건법령상 화학설비의 부속설비로만 이루어진 것은?

① 사이클론, 백필터, 전기집진기 등 분진처리설비
② 응축기, 냉각기, 가열기, 증발기 등 열교환기류
③ 고로 등 점화기를 직접 사용하는 열교환기류
④ 혼합기, 발포기, 압출기 등 화학제품 가공설비

해설
화학설비와 부속설비
(1) 화학설비 : ②, ③, ④
(2) 부속설비 : ①

참고
① 산업안전기사 필기 p.5-49(합격날개 : 참고)
② 산업안전기사 필기 p.5-50(합격날개 : 참고)

KEY
① 2017년 3월 5일 출제
② 2020년 8월 22일 기사 출제

합격정보
산업안전보건기준에 관한 규칙 [별표 7] 화학설비 및 그 부속설비의 종류

6 건설공사 안전관리

101 항타기 또는 항발기의 권상용 와이어로프의 사용금지기준에 해당되지 않는 것은?

① 이음매가 없는 것
② 지름의 감소가 공칭지름의 7[%]를 초과하는 것
③ 꼬인 것
④ 열과 전기충격에 의해 손상된 것

[정답] 98 ① 99 ④ 100 ① 101 ①

해설
와이어로프의 사용제한 조건
① 이음매가 있는 것
② 와이어로프의 한 꼬임에서 끊어진 소선의 수가 10[%] 이상인 것
③ 지름의 감소가 공칭지름의 7[%]를 초과하는 것
④ 꼬인 것
⑤ 심하게 변형 또는 부식된 것
⑥ 열과 전기 충격에 의해 손상된 것

참고) 산업안전기사 필기 p.6-102(합격날개 : 합격예측)

KEY▶ 2017년 5월 7일 기사, 산업기사 20회 이상 동시출제

합격정보
산업안전보건기준에 관한 규칙 제63조(달비계의 구조)

---

102 흙막이 가시설 공사 중 발생할 수 있는 보일링(Boiling) 현상에 관한 설명으로 옳지 않은 것은?

① 이 현상이 발생하면 흙막이 벽의 지지력이 상실된다.
② 지하수위가 높은 지반을 굴착할 때 주로 발생한다.
③ 흙막이벽의 근입장 깊이가 부족할 경우 발생한다.
④ 연약한 점토지반에서 굴착면의 융기로 발생한다.

해설
보일링(Boiling)현상
① 투수성이 좋은 사질지반의 흙막이 지면에서 수두차로 인한 상향의 침투압이 발생, 유효응력이 감소하여 전단강도가 상실되는 현상
② 지하수가 모래와 같이 솟아오르는 현상
③ 모래의 액상화

참고) 산업안전기사 필기 p.6-6(합격날개 : 합격대책)

KEY▶ ① 2016년 10월 1일 기사 출제
② 2019년 3월 3일 기사 출제
③ 2019년 4월 27일 산업기사 출제
④ 2020년 8월 23일 산업기사 출제

합격팁
히빙(Heaving) 현상
연약성 점토지반 굴착시 굴착외측 흙의 중량에 의해 굴착저면의 흙이 활동전단 파괴되어 굴착내측으로 부풀어 오르는 현상

---

103 말비계를 조립하여 사용하는 경우에 지주부재와 수평면의 기울기는 최대 몇 도 이하로 하여야 하는가?

① 30[°]   ② 45[°]
③ 60[°]   ④ 75[°]

해설
말비계의 안전기준
① 기울기 : 75[°] 이하
② 작업발판 폭 : 40[cm] 이상

참고) 산업안전기사 필기 p.6-99(7. 말비계)

KEY▶ ① 2016년 5월 8일 산업기사 출제
② 2017년 3월 5일 산업기사 출제
③ 2017년 5월 7일 출제
④ 2017년 9월 23일 (문제 113번) 출제

합격정보
산업안전보건기준에 관한 규칙 제67조(말비계)

---

104 산업안전보건관리비계상기준에 따른 건축공사, 대상액 「5억원 이상~50억원 미만」의 안전관리비 비율 및 기초액으로 옳은 것은?

① 비율 : 2.28[%], 기초액 : 4,325,000원
② 비율 : 1.99[%], 기초액 : 5,499,000원
③ 비율 : 2.35[%], 기초액 : 5,400,000원
④ 비율 : 1.57[%], 기초액 : 4,411,000원

해설
공사종류 및 규모별 안전관리비 계상기준표

구 분 공사종류	대상액 5억원 미만	대상액 5억원 이상 50억원 미만		대상액 50억원 이상	영 별표5에 따른 보건관리자 선임 대상 건설공사
		비율(X)	기초액(C)		
건축공사	3.11[%]	2.28[%]	4,325,000원	2.37[%]	2.64[%]
토목공사	3.15[%]	2.53[%]	3,300,000원	2.60[%]	2.73[%]
중건설공사	3.64[%]	3.05[%]	2,975,000원	3.11[%]	3.39[%]
특수건설공사	2.07[%]	1.59[%]	2,450,000원	1.64[%]	1.78[%]

참고) 산업안전기사 필기 p.6-43(별표1. 공사의 종류 및 규모별 산업안전관리비 계상기준표)

KEY▶ ① 2016년 3월 6일 산업기사 출제
② 2016년 10월 1일 산업기사 출제
③ 2017년 3월 5일 기사 출제
④ 2017년 8월 26일 기사 출제
⑤ 2019년 3월 3일 기사 출제
⑥ 2020년 6월 14일 기사 등 10회 이상 출제

합격정보
2024년 9월 19일 개정법 적용

[정답] 102 ④ 103 ④ 104 ①

105 차량계 하역운반기계 등에 화물을 적재하는 경우에 준수하여야 할 사항으로 옳지 않은 것은?

① 하중이 한쪽으로 치우쳐도 효율적으로 적재되도록 할 것
② 구내운반차 또는 화물자동차의 경우 화물의 붕괴 또는 낙하에 의한 위험을 방지하기 위하여 화물에 로프를 거는 등 필요한 조치를 할 것
③ 운전자의 시야를 가리지 않도록 화물을 적재할 것
④ 최대적재량을 초과하지 않도록 할 것

해설
하중이 한쪽으로 치우치지 않도록 쌓을 것

참고 산업안전기사 필기 p.6-135(합격날개 : 합격예측 및 관련법규)

KEY
① 2017년 8월 26일 산업기사 출제
② 2018년 3월 4일 산업기사 출제
③ 2019년 3월 3일 산업기사 출제

합격정보
산업안전보건기준에 관한 규칙 제173조(화물의 적재)

106 안전계수가 4이고 2,000[kg/cm²]의 인장강도를 갖는 강선의 최대허용응력은?

① 500[kg/cm²] ② 1,000[kg/cm²]
③ 1,500[kg/cm²] ④ 2,000[kg/cm²]

해설
최대허용응력
$$\frac{인장강도}{안전계수} = \frac{2,000}{4} = 500[kg/cm^2]$$

참고 산업안전기사 필기 p.6-201(문제 37번)

KEY 2015년 5월 31일(문제 101번) 출제

107 동바리의 침하를 방지하기 위한 직접적인 조치로 옳지 않은 것은?

① 수평연결재 사용
② 받침목의 사용
③ 콘크리트의 타설
④ 말뚝박기

해설
동바리의 침하 방지를 위한 직접적인 조치 4가지
① 받침목의 사용
② 깔판의 사용
③ 콘크리트 타설
④ 말뚝박기

참고 산업안전기사 필기 p.6-88(합격날개 : 합격예측 및 관련법규)

KEY 2022년 4월 24일 (문제 101번) 지문

합격정보
산업안전보건기준에 관한 규칙 제332조(동바리조립시의 안전조치)

108 흙막이 가시설 공사 시 사용되는 각 계측기 설치목적으로 옳지 않은 것은?

① 지표침하계 – 지표면 침하량 측정
② 수위계 – 지반 내 지하수위의 변화 측정
③ 하중계 – 상부 적재하중 변화 측정
④ 지중경사계 – 지중의 수평 변위량 측정

해설
계측장치의 종류 및 특성

종류	계측기 설치목적
건물 경사계 (tilt meter)	지상 인접구조물의 기울기를 측정하는 기기
지표면 침하계 (level and staff)	주위 지반에 대한 지표면의 침하량을 측정하는 기기
지중 경사계 (inclinometer)	지중수평변위를 측정하여 흙막이의 기울어진 정도를 파악하는 기기
지중 침하계 (extensionmeter)	지중수직변위를 측정하여 지반의 침하 정도를 파악하는 기기
변형계 (strain gauge)	흙막이 버팀대의 변형 정도를 파악하는 기기
하중계 (load cell)	흙막이 버팀대에 작용하는 토압, 어스 앵커의 인장력 등을 측정하는 기기
토압계 (earth pressure meter)	흙막이에 작용하는 토압의 변화를 파악하는 기기
간극수압계 (piezo meter)	굴착으로 인한 지하의 간극수압을 측정하는 기기
지하수위계 (water level meter)	지하수의 수위변화를 측정하는 기기

참고 산업안전기사 필기 p.6-119(표 : 계측장치의 종류 및 설치목적)

KEY 2021년 9월 12일 기사 등 10회 이상 출제

[정답] 105 ① 106 ① 107 ① 108 ③

109
타워크레인을 자립고(自立高) 이상의 높이로 설치할 때 지지벽체가 없어 와이어로프로 지지하는 경우의 준수사항으로 옳지 않은 것은?

① 와이어로프를 고정하기 위한 전용 지지프레임을 사용할 것
② 와이어로프 설치각도는 수평면에서 60[°] 이내로 하되, 지지점은 4개소 이상으로 하고, 같은 각도로 설치할 것
③ 와이어로프와 그 고정부위는 충분한 강도와 장력을 갖도록 설치하되, 와이어로프를 클립·샤클(shackle) 등의 기구를 사용하여 고정하지 않도록 유의할 것
④ 와이어로프가 가공전선(架空電線)에 근접하지 않도록 할 것

해설

타워크레인 강도 · 장력유지
① 와이어로프와 그 고정부위는 충분한 강도와 장력을 갖도록 설치한다.
② 와이어로프를 클립 · 샤클(shackle) 등의 고정기구를 사용하여 견고하게 고정시켜 풀리지 아니하도록 하며, 사용 중에는 충분한 강도와 장력을 유지하도록 할 것

참고 산업안전기사 필기 p.6-198(문제 22번) 적중

KEY ① 2018년 3월 4일 기사 출제
② 2020년 8월 22일 기사 출제

합격정보
산업안전보건기준에 관한 규칙 제142조(타워크레인의 지지)

110
[보기]에서 압쇄기를 사용하여 건물해체시 그 순서로 옳은 것은?

[보기]
A : 보, B : 기둥, C : 슬래브, D : 벽체

① A-B-C-D   ② A-C-B-D
③ C-A-D-B   ④ D-C-B-A

해설

압쇄기의 사용방법 및 해체순서
① 항시 중기의 안전성을 확인하고 중기침하로 인한 위험을 사전 제거토록 조치하여야 하며, 중기작업구조의 지반다짐을 확인하고 편도는 1/100 이내이어야 한다.
② 중기의 작업가능 높이보다 높은 부분 해체시에는 해체물을 깔고 올라가 작업을 하고, 이때에는 중기전도로 인한 사고가 발생되지 않도록 조치한다.
③ 외벽을 해체할 때에는 비계철거 작업자와 서로 연락하여야 하고 벽과 연결된 비계는 외벽해체직전에 철거한다.
④ 상층 부분의 보와 기둥, 벽체를 해체할 경우에는 해체물이 비산, 낙하할 위험이 있으므로 해체구조 바로 아래층에 수평 낙하물 방호책을 설치해서 해체물이 비산, 낙하되지 않도록 하여야 한다.
⑤ 압쇄기에 의한 건물해체순서는 슬래브, 보, 벽체, 기둥의 순서로 해체한다.

KEY ① 2009년 제3회 출제
② 2014년 5월 25일(문제 103번) 출제

111
터널굴착작업을 하는 때 미리 작성하여야 하는 작업계획서에 포함되어야 할 사항이 아닌 것은?

① 굴착의 방법
② 암석의 분할방법
③ 환기 또는 조명시설을 설치할 때에는 그 방법
④ 터널지보공 및 복공의 시공방법과 용수의 처리방법

해설

터널굴착작업 작업계획서의 내용
① 굴착의 방법
② 터널지보공 및 복공(覆工)의 시공방법과 용수(湧水)의 처리방법
③ 환기 또는 조명시설을 설치할 때에는 그 방법

참고 산업안전기사 필기 p.6-191(7. 터널굴착작업)

KEY ① 2018년 9월 15일 기사 출제
② 2019년 4월 27일 기사 출제

합격정보
산업안전보건기준에 관한 규칙 [별표4] 사전조사 및 작업계획서 내용

112
다음은 시스템 비계 구성에 관한 내용이다. ( )안에 들어갈 말로 옳은 것은?

비계 밑단의 수직재와 받침철물은 밀착되도록 설치하고, 수직재와 받침철물의 연결부의 겹침길이는 받침철물(　　) 이상이 되도록 할 것

① 전체길이의 4분의 1   ② 전체길이의 3분의 1
③ 전체길이의 3분의 2   ④ 전체길이의 2분의 1

[정답] 109 ③ 110 ③ 111 ② 112 ②

해설

시스템 비계 구성시 준수사항
① 수직재·수평재·가새재를 견고하게 연결하는 구조가 되도록 할 것
② 비계 밑단의 수직재와 받침철물은 밀착되도록 설치하고, 수직재와 받침철물의 연결부의 겹침길이는 받침철물 전체길이의 3분의 1 이상이 되도록 할 것
③ 수평재는 수직재와 직각으로 설치하여야 하며, 체결 후 흔들림이 없도록 견고하게 설치할 것
④ 수직재와 수직재의 연결철물은 이탈되지 않도록 견고한 구조로 할 것
⑤ 벽 연결재의 설치간격은 제조사가 정한 기준에 따라 설치할 것

참고 산업안전보건기준에 관한 규칙 제69조(시스템 비계의 구조)

KEY 2021년 5월 15일 기사 등 5회 이상 출제

---

113 항만하역작업에서의 선박승강설비 설치기준으로 옳지 않은 것은?

① 200톤급 이상의 선박에서 하역작업을 하는 경우에 근로자들이 안전하게 오르내릴 수 있는 있는 현문(舷門) 사다리를 설치하여야 하며, 이 사다리 밑에 안전망을 설치하여야 한다.
② 현문 사다리는 견고한 재료로 제작된 것으로 너비는 55[cm] 이상이어야 한다.
③ 현문 사다리의 양측에는 82[cm] 이상의 높이로 울타리를 설치하여야 한다.
④ 현문 사다리는 근로자의 통행에만 사용하여야 하며, 화물용 발판 또는 화물용 보판으로 사용하도록 해서는 아니 된다.

해설

현문사다리 설치기준 선박 : 300[t]급 이상

참고 산업안전기사 필기 p.6-183(⑤ 항만하역작업의 안전기준)

KEY 2020년 8월 22일 기사 등 5회 이상 출제

합격정보
산업안전보건기준에 관한 규칙 제397조(선박승강설비의 설치)

보충학습
현문사다리 : 보통 갱웨이(Gangway)라고 부르며, 선박이 정박 또는 접안하였을 때 통선 또는 육상과의 연결 통로

---

114 다음 중 토사붕괴의 내적 원인인 것은?

① 절토 및 성토 높이 증가
② 사면, 법면의 기울기 증가
③ 토석의 강도저하
④ 공사에 의한 진동 및 반복하중 증가

해설

토사붕괴 외적 요인
① 사면, 법면의 경사 및 기울기의 증가
② 절토 및 성토 높이의 증가
③ 공사에 의한 진동 및 반복하중의 증가
④ 지표수 및 지하수의 침투에 의한 토사 중량의 증가
⑤ 지진, 차량, 구조물의 하중 작용
⑥ 토사 및 암석의 혼합층 두께

참고 산업안전기사 필기 p.6-55(1. 토석붕괴의 재해원인)

KEY ① 2015년 3월 8일 산업기사 출제
② 2022년 4월 24일 기사 등 10회 이상 출제

보충학습
토사붕괴 내적 원인
① 절토 사면의 토질·암질
② 성토 사면의 토질 구성 분포
③ 토석의 강도 저하

---

115 추락의 위험이 있는 개구부에 대한 방호조치와 거리가 먼 것은?

① 안전난간, 울타리, 수직형 추락방망 등으로 방호조치를 한다.
② 충분한 강도를 가진 구조의 덮개를 뒤집히거나 떨어지지 않도록 설치한다.
③ 어두운 장소에서도 식별이 가능한 개구부 주의표지를 부착한다.
④ 폭 30[cm] 이상의 발판을 설치한다.

해설

작업발판폭 : 40[cm] 이상

참고 산업안전기사 필기 p.6-94(합격날개 : 합격예측 및 관련법규)

KEY ① 2017년 8월 26일 출제
② 2020년 8월 23일 산업기사 등 10회 이상 출제

합격정보
① 산업안전보건기준에 관한 규칙 제43조(개구부 등의 방호조치)
② 산업안전보건기준에 관한 규칙 제56조(작업발판의 구조)

---

116 구조물 해체작업으로 사용되는 공법이 아닌 것은?

① 압쇄공법　　② 잭공법
③ 절단공법　　④ 진공공법

[정답] 113 ①　114 ③　115 ④　116 ④

> [해설]

해체 공법의 종류
① 압쇄공법　　② 대형 브레이커공법
③ 전도공법　　④ 철해머에 의한 공법
⑤ 화약발파공법　⑥ 핸드 브레이커공법
⑦ 팽창압공법　⑧ 절단공법
⑨ 잭공법　　⑩ 쐐기타입공법
⑪ 화염공법

> [참고] 산업안전기사 필기 p.6-196(문제 11번) 적중

> [KEY] 2016년 5월 8일 기사 출제

117 고소작업대를 설치 및 이동하는 경우에 준수하여야 할 사항으로 옳지 않은 것은?

① 와이어로프 또는 체인의 안전율은 3 이상일 것
② 붐의 최대 지면경사각을 초과 운전하여 전도되지 않도록 할 것
③ 고소작업대를 이동하는 경우 작업대를 가장 낮게 내릴 것
④ 작업대에 끼임·충돌 등 재해를 예방하기 위한 가드 또는 과상승방지장치를 설치할 것

> [해설]

고소작업대의 와이어로프 및 체인의 안전율 : 5 이상

> [참고] 산업안전기사 필기 p.6-50(합격날개:합격예측 및 관련법규)

> [KEY] ① 2017년 3월 5일 산업기사 출제
> ② 2017년 9월 23일 산업기사 출제

> [합격정보]
> 산업안전보건기준에 관한규칙 제186조(고소작업대 설치 등의 조치)

118 토질시험 중 사질토시험에서 얻을 수 있는 값이 아닌 것은?

① 체적압축계수　② 내부마찰각
③ 액상화 평가　　④ 탄성계수

> [해설]

체적압축계수
① 점성토지반의 압밀침하량 계산
② 점성토지반의 침하시간 계산

> [참고] 산업안전기사 필기 p.6-7(4. 토질시험의 종류 및 특징)

> [KEY] 2012년 5월 20일(문제 118번) 출제

119 단관비계를 조립하는 경우 벽이음 및 버팀을 설치할 때의 수평방향 조립간격 기준으로 옳은 것은?

① 3[m]　　② 5[m]
③ 6[m]　　④ 8[m]

> [해설]

강관비계의 조립간격

강관비계의 종류	조립 간격(단위 : [m])	
	수직방향	수평방향
단관비계	5	5
틀비계(높이 5[m] 미만인 것은 제외)	6	8

> [참고] 산업안전기사 필기 p.6-94(표. 조립간격)

> [KEY] 2021년 8월 14일 기사 등 10회 이상 출제

> [합격정보] 산업안전보건기준에 관한 규칙 [별표 5] 강관비계의 조립간격

120 지반의 굴착 작업에 있어서 비가 올 경우를 대비한 직접적인 대책으로 옳은 것은?

① 측구 설치
② 낙하물 방지망 설치
③ 추락 방호망 설치
④ 매설물 등의 유무 또는 상태 확인

> [해설]

굴착작업시 비가 올 경우 직접적인 대책 : 측구(側溝)설치

> [참고] 산업안전기사 필기 p.6-105(합격날개 : 합격예측 및 관련법규)

> [KEY] 2021년 5월 15일(문제 104번) 출제

> [합격정보]
> 산업안전보건기준에 관한 규칙 제339조(굴착면의 붕괴 등에 의한 위험방지)

> [보충학습]
> **측구**
> ① 도로의 노면, 도로 비탈면 또는 측도(側道)의 노면이나 비탈면 및 인접지에 내린 우수의 원활한 처리를 위하여 설치하는 시설로서, 도로의 배수시설(排水施設)
> ② 배수시설 : 도로시설의 보전, 교통안전, 유지보수 등을 위하여 도로에 설치하는 시설로서 측구(側溝), 집수정 및 도수로(導水路)
> ③ 측구는 일반적으로 L자형과 U자형이 사용되며, 길어깨에 붙여서 측구를 설치하는 경우에는 교통안전을 위하여 윗면이 열린 측구를 설치해서는 안 된다.

> [관련법령]
> 도로의 구조·시설 기준에 관한 규칙 제30조

【정답】 117 ①　118 ①　119 ②　120 ①

2023년도 기사 정기검정 제3회 (2023년 7월 8일 시행)

산업안전기사

종목코드	시험시간	수험번호	성명
1431	3시간	20230708	도서출판세화

※ 본 문제는 복원문제 및 2024 예적(예상적중) 문제로 실제문제와 동일하지 않을 수 있습니다.

1 산업재해 예방 및 안전보건교육

01 OFF.J.T(Off the job Training) 교육방법의 장점으로 옳은 것은?

① 개개인에게 적절한 지도훈련이 가능하다.
② 훈련에 필요한 업무의 계속성이 끊어지지 않는다.
③ 다수의 대상자를 일괄적, 조직적으로 교육할 수 있다.
④ 효과가 곧 업무에 나타나며, 훈련의 좋고 나쁨에 따라 개선이 용이하다.

해설

OJT와 OFF.J.T
① O.J.T(ON the Job Training) : 현장중심 교육으로 직속상사가 현장에서 업무상의 개별교육이나 지도훈련을 하는 교육형태이다.
② OFF.J.T(OFF the Job Training) : 계층별 또는 직능별 등과 같이 공통된 교육대상자를 현장외의 한 장소에 모아 집체 교육훈련을 실시하는 교육형태이다.

참고 산업안전기사 필기 p.1-142(1. OJT와 OFF JT)

KEY
① 2011년 6월 12일 기사 출제
② 2011년 8월 21일 기사 출제
③ 2013년 6월 2일 기사 출제
④ 2017년 3월 5일 기사 출제
⑤ 2017년 5월 7일 기사 출제
⑥ 2018년 4월 28일 기사 출제
⑦ 2021년 3월 7일 기사 출제

02 재해의 발생형태 중 다음 그림이 나타내는 것은?

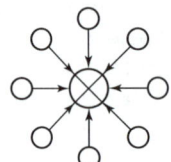

① 단순연쇄형 ② 복합연쇄형
③ 단순자극형 ④ 복합형

해설

산업재해발생의 mechanism(형태) 3가지
① 단순자극형(집중형)
② 연쇄형
③ 복합형

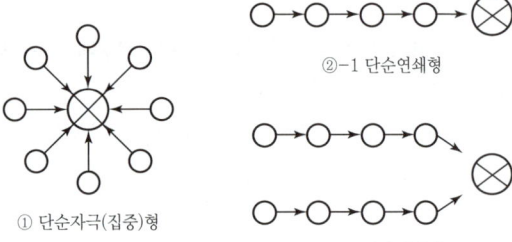

① 단순자극(집중)형
②-1 단순연쇄형
②-2 복합연쇄형

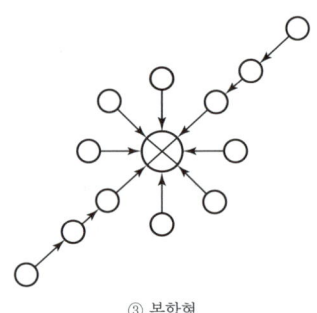

③ 복합형

[그림] 재해(⊗)의 발생 형태 3가지

참고 산업안전기사 필기 p.3-32(2. 산업재해발생의 mechanism 3가지)

KEY
① 2018년 4월 28일 기사 출제
② 2020년 9월 27일 기사 출제

03 하인리히의 재해손실비 산정방식에서 직접비로 볼 수 없는 것은?

① 직업재활급여 ② 간병급여
③ 생산손실급여 ④ 장해급여

[정답] 01 ③ 02 ③ 03 ③

해설

직접비와 간접비

직접비(법적으로 지급되는 산재보상비)		간접비 (직접비 제외한 모든 비용)
구분	적용	
요양급여	요양비 전액(진찰, 약제, 처치·수술 기타치료, 의료시설수용, 간병, 이송 등)	인적손실 물적손실 생산손실 임금손실 시간손실 기타손실 등
휴업급여	1일당 지급액은 평균임금의 100분의 70에 상당하는 금액	
장해급여	장해등급에 따라 장해보상연금 또는 장해보상일시금으로 지급	
간병급여	요양급여 받은 자가 치유 후 간병이 필요하여 실제로 간병을 받는 자에게 지급	
유족급여	근로자가 업무상 사유로 사망한 경우 유족에게 지급(유족보상연금 또는 유족보상일시금)	
상병보상연금	요양개시 후 2년 경과된 날 이후에 다음의 상태가 계속되는 경우 지급 1. 부상 또는 질병이 치유되지 아니한 상태 2. 부상 또는 질병에 의한 폐질의 정도가 폐질등급기준에 해당	
장의비	평균임금의 120일분에 상당하는 금액	
기타비용	장해특별급여, 유족특별급여(민법에 의한 손해배상 청구)	

참고 산업안전기사 필기 p.3-46(표. 직접비와 간접비)

KEY
① 2012년 8월 26일 기사 출제
② 2013년 8월 18일 기사 출제
③ 2015년 5월 31일 기사 출제
④ 2015년 8월 16일 기사 출제
⑤ 2019년 3월 3일 기사 출제
⑥ 2019년 8월 4일 기사 출제
⑦ 2022년 3월 5일 기사 출제

04 무재해운동 추진기법 중 위험예지훈련 4라운드 기법에 해당하지 않는 것은?

① 현상파악
② 행동목표설정
③ 대책수립
④ 안전평가

해설

문제해결의 4단계(4 Round)
① 1R-현상파악
② 2R-본질추구
③ 3R-대책수립
④ 4R-행동목표설정

참고 산업안전기사 필기 p.1-12(1. 위험예지훈련의 4단계)

KEY
① 2015년 3월 8일 기사 출제
② 2015년 8월 16일 기사 출제
③ 2016년 3월 6일 기사 출제
④ 2016년 5월 8일 기사 출제
⑤ 2017년 8월 26일 기사 출제
⑥ 2019년 8월 4일 기사 출제
⑦ 2020년 6월 7일 기사 출제
⑧ 2021년 8월 14일 기사 출제
⑨ 2022년 3월 5일 기사 출제

05 산업안전보건법령상 사업장에서 산업재해발생 시 사업주가 기록·보존하여야 하는 사항을 모두 고른 것은?(단, 산업재해조사표와 요양신청서의 사본은 보존하지 않았다.)

> ㄱ. 사업장의 개요 및 근로자의 인적사항
> ㄴ. 재해 발생의 일시 및 장소
> ㄷ. 재해 발생의 원인 및 과정
> ㄹ. 재해 재발방지 계획

① ㄱ, ㄹ
② ㄴ, ㄷ, ㄹ
③ ㄱ, ㄴ, ㄷ
④ ㄱ, ㄴ, ㄷ, ㄹ

해설

산업재해발생 시 기록 보존(3년간 보관)해야 할 사항
① 사업장의 개요 및 근로자의 인적사항
② 재해발생의 일시 및 장소
③ 재해발생의 원인 및 과정
④ 재해 재발방지 계획

참고
① 산업안전기사 필기 p.3-30(합격날개 : 합격예측)
② 산업안전기사 필기 p.1-227(제72조 산업재해기록 등)

KEY 2021년 8월 14일 기사 출제

합격정보
산업안전보건법 시행규칙 제72조(산업재해 기록 등)

06 다음 중 몇 사람의 전문가에 의하여 과제에 관한 견해를 발표하게 한 뒤에 참가자로 하여금 의견이나 질문을 하게 하여 토의하는 방법은?

① 포럼(Forum)
② 심포지엄(Symposium)
③ 케이스 스터디(Case study)
④ 패널 디스커션(Panel discussion)

[정답] 04 ④ 05 ④ 06 ②

> **해설**

심포지엄(Symposium)
몇 사람의 전문가에 의하여 과제에 관한 견해를 발표하게 한 뒤 참가자로 하여금 의견이나 질문을 하게 하여 토의하는 방법

> **참고** 산업안전기사 필기 p.1-144(④ 토의식 교육방법)

> **KEY**
> ① 2011년 6월 12일 기사 출제
> ② 2013년 8월 18일 기사 출제
> ③ 2015년 5월 31일 기사 출제
> ④ 2015년 8월 16일 기사 출제
> ⑤ 2018년 3월 4일 기사 출제
> ⑥ 2020년 6월 7일 기사 출제
> ⑦ 2022년 3월 5일 기사 출제

07 연간 근로자수가 1,000명인 공장의 도수율이 10인 경우 이 공장에서 연간 발생한 재해건수는 몇 건인가?

① 20건 ② 22건
③ 24건 ④ 26건

> **해설**

재해건수 계산

① 도수율 = $\dfrac{\text{재해건수}}{\text{연근로시간수}} \times 10^6$

② $10 = \dfrac{x}{1{,}000 \times 2{,}400} \times 10^6$

③ $x = 24[\text{건}]$

> **참고** 산업안전기사 필기 p.3-65(문제25번) 적중

> **KEY** 2018년 8월 19일 기사 출제

> **합격자의 조언**
> 천인율, 도수율, 강도율은 이번 시험에도 출제됩니다.

> **보충학습**
> 연천인율 = 도수율×2.4 = 24[건]

08 산업안전보건법령상 주로 고음을 차음하고 저음은 차음하지 않는 방음보호구의 기호로 옳은 것은?

① NRR ② EM
③ EP-1 ④ EP-2

> **해설**

방음보호구 적용범위
소음이 발생되는 사업장에 있어서 근로자의 청력을 보호하기 위하여 사용하는 귀마개와 귀덮개(이하 "방음보호구"라 한다.)에 대하여 적용한다.

[표] 종류 및 등급

종류	등급	기호	성능
귀마개	1종	EP-1	저음부터 고음까지 차음하는 것
귀마개	2종	EP-2	주로 고음을 차음하여 회화음 영역인 저음은 차음하지 않는 것
귀덮개	-	EM	

> **참고** 산업안전기사 필기 p.1-58(7. 방음보호구 적용범위)

> **KEY**
> ① 2013년 3월 10일 기사 출제
> ② 2019년 8월 4일 기사 출제
> ③ 2021년 3월 7일 기사 출제

09 Y-K(Yutaka-Kohate) 성격검사에 관한 사항으로 옳은 것은?

① C, C' 형은 적응이 빠르다.
② M, M' 형은 내구성, 집념이 부족하다.
③ S, S' 형은 담력, 자신감이 강하다.
④ P, P' 형은 운동, 결단이 빠르다.

> **해설**

C, C'형 : 담즙질(진공성형)

작업 성격 인자	적성 직종의 일반적 성향
① 운동 및 결단이 빠르고 기민하다.	① 대인적 직업
② 적응이 빠르다.	② 창조적, 관리자적 직업
③ 세심하지 않다.	③ 변화있는 기술적, 가공작업
④ 내구, 집념이 부족	④ 변화있는 물품을 대상으로 하는 불연속 작업
⑤ 진공, 자신감 강함	

> **참고** 산업안전기사 필기 p.1-78(1. Y-K 성격검사)

> **KEY** 2020년 9월 27일 기사 출제

10 다음 중 산업안전보건법령상 안전보건표지의 종류에 있어 안내표지에 해당하지 않는것은?

① 들것 ② 비상용기구
③ 출입구 ④ 세안장치

[정답] 07 ③ 08 ④ 09 ① 10 ③

> [해설]

안내표지의 종류

① 녹십자표지	② 응급구호표지	③ 들것	④ 세안장치
⑤ 비상용기구	⑥ 비상구	⑦ 좌측비상구	⑧ 우측비상구

> [참고] 산업안전기사 필기 p.1-62(4. 안전보건표지의 종류와 형태)

> [KEY]
> ① 2011년 6월 12일 기사 출제
> ② 2014년 8월 17일 기사 출제
> ③ 2017년 8월 26일 기사 출제

11 일반적으로 시간의 변화에 따라 야간에 상승하는 생체리듬은?

① 맥박수 ② 염분량
③ 혈압   ④ 체중

> [해설]

위험일의 변화 및 특징
① 혈액의 수분, 염분량 : 주간에 감소, 야간에 상승
② 체중 감소, 소화분비액 불량, 말초운동 기능 저하, 피로의 자각 증상 증가
③ 체온, 혈압, 맥박 : 주간에 상승, 야간에 감소

> [참고] 산업안전기사 필기 p.1-108 (5) 위험일의 변화 및 특징

> [KEY]
> ① 2014년 3월 2일 기사 출제
> ② 2017년 8월 26일 기사 출제
> ③ 2018년 4월 28일 기사 출제
> ④ 2020년 9월 27일 기사 출제
> ⑤ 2021년 3월 7일 기사 출제

12 교육과정 중 학습경험 조직의 원리에 해당하지 않는 것은?

① 기회의 원리   ② 계속성의 원리
③ 계열성의 원리 ④ 통합성의 원리

> [해설]

학습경험 조직의 원리
① 계속성의 원리 : 경험 요소가 계속적으로 반복되도록 조직화해야 한다.
② 계열성의 원리 : 경험의 수준을 갈수록 높여 깊이있고 폭넓은 경험이 되도록 하여야 한다.
③ 통합성의 원리 : 학습경험을 횡적으로 연결지어 조화롭게 통합해야 한다.

> [참고] 산업안전기사 필기 p.1-151(합격날개 : 은행문제)

> [KEY]
> ① 2021년 8월 14일 기사 출제
> ② 2022년 3월 5일 기사 출제

13 재해원인 분석방법의 통계적 원인분석 중 사고의 유형, 기인물 등 분류항목을 큰 순서대로 도표화한 것은?

① 파레토도   ② 특성요인도
③ 크로스도   ④ 관리도

> [해설]

파레토도(Pareto diagram)
① 관리 대상이 많은 경우 최소의 노력으로 최대의 효과를 얻을 수 있는 방법
② 사고의 유형, 기인물 등 분류항목을 큰 값에서 작은 값의 순서로 도표화하는 데 편리

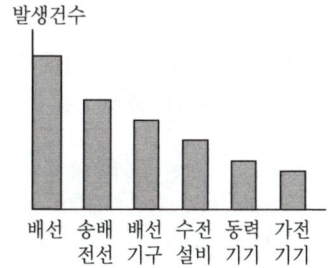

[그림] 전기설비별 감전사고 분포 파레토도

> [참고] 산업안전기사 필기 p.3-3 (1) 파레토도

> [KEY]
> ① 2017년 8월 26일 기사 출제
> ② 2020년 9월 27일 기사 출제

> [읽을꺼리]
> 이탈리아 경제학자 파레토의 이름을 따서 만든 것으로 이 분석의 목적은 발생사례를 중요정도에 따라 분류해서 가장 중요한 것의 해결에 먼저 중점을 두고 있다. 이 분석은 대부분의 80% 문제는 20% 항목에서 발생한다고 해서 80-20법칙이라고 한다.

[정답] 11 ② 12 ① 13 ①

14. 적성요인에 있어 직업적성을 검사하는 항목이 아닌 것은?

① 지능
② 촉각 적응력
③ 형태식별능력
④ 운동속도

해설

직업적성검사(職業適性檢査, vocational aptitude test)
① 피검사자의 개인적 특징인 적성과 직업의 특성을 대응시키는 검사이다.
② 직업적성검사는 개인의 적성이나 기질과 특정 직종 또는 직업에서 직무수행에 요구되는 활동간의 관계를 밝혀, 개인의 진로개발이나 구직활동에 유용한 직업정보를 제공하는 데 목적이 있다.
③ 대표적인 직업적성검사로는 일반적성검사(GATB : general aptitude test battery), 차별적성검사(DAT : differential aptitude test), 산업적성검사(FIT : flanagan industrial tests), 고용적성조사(EAS : employee aptitude survey) 등이 있다.
④ 종류
 ㉮ 지능 : 일반적인 학습능력 및 원리 이해 능력, 추리 판단 능력
 ㉯ 언어능력 : 단어의 뜻과 함께 그와 관련된 개념을 이해하고 사용하는 능력
 ㉰ 수리능력 : 빠르고 정확하게 계산하는 능력

참고 산업안전기사 필기 p.1-76(합격날개 : 합격예측)

KEY ① 2011년 6월 12일 기사 출제
② 2019년 8월 4일 기사 출제

15. 산업재해 기록·분류에 관한 지침에 따른 분류기준 중 다음의 ( ) 안에 알맞은 것은?

재해자가 넘어짐으로 인하여 기계의 동력 전달부위 등에 끼이는 사고가 발생하여 신체부위가 절단된 경우는 ( )으로 분류한다.

① 넘어짐
② 끼임
③ 깔림
④ 절단

해설

협착(끼임)·감김
① 두 물체 사이의 움직임에 의하여 일어난 것으로 직선 운동하는 물체 사이의 협착
② 회전부와 고정체 사이의 끼임
③ 롤러 등 회전체 사이에 물리거나 또는 회전체·돌기부 등에 감긴 경우

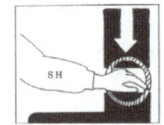 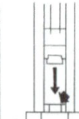 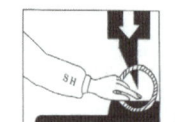 

[그림] ①협착점   ②절단점

참고 ① 산업안전기사 필기 p.3-43(표 : 상해종류)
② 산업안전기사 필기 p.3-16(그림 : 기계설비위험점 6가지)

KEY 2018년 8월 19일 기사 출제

16. 매슬로우(Maslow)의 욕구 5단계 이론 중 자기보존에 관한 안전욕구는 몇 단계에 해당되는가?

① 제1단계
② 제2단계
③ 제3단계
④ 제4단계

해설

매슬로우(Maslow, A. H.)의 욕구단계 이론
① 제1단계(생리적 욕구) : 생명유지의 기본적 욕구) : 기아, 갈증, 호흡, 배설, 성욕 등 인간의 가장 기본적인 욕구(종족보존)
② 제2단계(안전욕구) : 자기보존욕구
③ 제3단계(사회적 욕구) : 소속감과 애정욕구
④ 제4단계(존경욕구) : 인정받으려는 욕구
⑤ 제5단계(자아실현의 욕구) : 잠재적인 능력을 실현하고자 하는 욕구(성취욕구)

참고 산업안전기사 필기 p.1-101(5. 매슬로우의 욕구 5단계 이론)

KEY
① 2013년 3월 10일 기사 출제
② 2014년 3월 2일 기사 출제
③ 2016년 5월 8일, 8월 21일 기사 출제
④ 2017년 3월 5일 기사 출제
⑤ 2018년 4월 28일 기사 출제
⑥ 2019년 4월 27일 기사 출제
⑦ 2020년 8월 22일 기사 출제
⑧ 2021년 8월 14일 기사 출제
⑨ 2022년 4월 24일 기사 출제

17. 보호구 안전인증 고시상 추락방지대가 부착된 안전대 일반구조에 관한 내용 중 틀린 것은?

① 죔줄은 합성섬유로프를 사용해서는 안된다.
② 고정된 추락방지대의 수직구명줄은 와이어로프 등으로 하여 최소지름이 8[mm]이상이어야 한다.
③ 수직구명줄에서 걸이설비와의 연결부위는 훅 또는 카라비너 등이 장착되어 걸이설비와 확실히 연결되어야 한다.
④ 추락방지대를 부착하여 사용하는 안전대는 신체지지의 방법으로 안전그네만을 사용하여야 하며 수직구명줄이 포함되어야 한다.

[정답] 14 ② 15 ② 16 ② 17 ①

해설

추락방지대가 부착된 안전대의 구조
① 추락방지대를 부착하여 사용하는 안전대는 신체지지의 방법으로 안전그네만을 사용하여야 하며 수직구명줄이 포함될 것
② 수직구명줄에서 걸이설비와의 연결부위는 훅 또는 카라비너 등이 장착되어 걸이설비와 확실히 연결될 것
③ 유연한 수직구명줄은 합성섬유로프 또는 와이어로프 등이어야 하며 구명줄이 고정되지 않아 흔들림에 의한 추락방지대의 오작동을 막기 위하여 적절한 긴장수단을 이용, 팽팽히 당겨질 것
④ 죔줄은 합성섬유로프, 웨빙, 와이어로프 등일 것
⑤ 고정된 추락방지대의 수직구명줄은 와이어로프 등으로 하며 최소지름이 8[mm]이상일 것
⑥ 고정 와이어로프에는 하단부에 무게추가 부착되어 있을 것

[참고] 산업안전기사 필기 p.1-54(3. 추락방지대가 부착된 안전대의 구조)

[KEY] 2021년 8월 14일 기사 출제

[합격정보]
보호구 안전인증고시 제2020-35호 [별표 9] 안전대의 성능기준

---

18. 안전교육방법 중 강의법에 대한 설명으로 옳지 않은 것은?

① 단기간의 교육 시간 내에 비교적 많은 내용을 전달할 수 있다.
② 다수의 수강자를 대상으로 동시에 교육할 수 있다.
③ 다른 교육방법에 비해 수강자의 참여가 제약된다.
④ 수강자 개개인의 학습강도를 조절할 수 있다.

해설

강의법의 특징
① 강의법은 그야말로 교사의 일방적인 의사소통으로 진행되는 수업방법이다.
② 교사의 뛰어난 의사소통 능력과 학생들의 뛰어난 청취 능력 및 필기 능력이 요구된다.
③ 강의법을 통해 교사의 가치관 등이 학생들에게 전달될 수 있다.

[참고] 산업안전기사 필기 p.1-144(표. 토의식 교육과 강의식 교육의 비교)

[KEY] ① 2012년 5월 20일 기사 출제
② 2019년 8월 4일 기사 출제

---

19. 재해예방의 4원칙이 아닌 것은?

① 손실우연의 원칙
② 사전준비의 원칙
③ 원인계기의 원칙
④ 대책선정의 원칙

해설

재해예방의 4원칙
① 예방가능의 원칙
② 손실우연의 원칙
③ 원인연계(계기)의 원칙
④ 대책선정의 원칙

[참고] 산업안전기사 필기 p.3-35(6. 하인리히 산업재해예방의 4원칙)

[KEY] ① 2014년 8월 17일 기사 출제
② 2015년 8월 16일 기사 출제
③ 2017년 3월 5일 기사 출제
④ 2020년 6월 7일 기사 출제
⑤ 2020년 8월 22일 기사 출제
⑥ 2020년 9월 27일 기사 출제
⑦ 2022년 3월 5일 기사 출제

💬 **합격자의 조언**
반드시 이번 시험에도 출제 예정 문제입니다.

---

20. 부주의에 대한 사고방지 대책 중 기능 및 작업측면의 대책이 아닌 것은?

① 표준작업의 습관화
② 적성배치
③ 안전의식의 제고
④ 작업조건의 개선

해설

부주의에 대한 기능 및 작업적 측면에 대한 대책
① 적성 배치
② 안전작업 방법 습득
③ 표준작업 동작의 습관화

[참고] 산업안전기사 필기 p.1-121(④ 기능 및 작업적 측면에 대한 대책)

[KEY] 2018년 8월 19일 기사 출제

[보충학습]
부주의에 대한 정신적 측면에 대한 대책
① 주의력의 집중 훈련
② 스트레스의 해소
③ 안전의식의 고취
④ 작업의욕의 고취

[정답] 18 ④ 19 ② 20 ③

2 인간공학 및 위험성 평가·관리

21 산업안전보건기준에 관한 규칙상 작업장의 작업면에 따른 적정 조명 수준은 초정밀작업에서 (㉠)[lux] 이상이고, 보통작업에서는 (㉡)[lux] 이상이다. ( )안에 들어갈 내용은?

① ㉠ : 650, ㉡ : 150
② ㉠ : 650, ㉡ : 250
③ ㉠ : 750, ㉡ : 150
④ ㉠ : 750, ㉡ : 250

해설

작업장의 조도기준
① 초정밀작업 : 750[lux] 이상
② 정밀작업 : 300[lux] 이상
③ 보통작업 : 150[lux] 이상
④ 그 밖의 작업 : 75[lux] 이상

참고 ① 산업안전기사 필기 p.2-169(합격날개 : 합격예측)
② 산업안전기사 필기 p.2-201(문제 52번)

KEY ① 2011년 8월 21일 기사 출제
② 2017년 8월 26일 기사 출제
③ 2019년 3월 3일 기사 출제
④ 2022년 3월 5일 기사 출제

합격정보
산업안전보건기준에 관한 규칙 제8조(조도)

💬 합격자의 조언
필기 제6과목과 실기에서도 출제되는 내용입니다.

22 인간의 실수 중 수행해야 할 작업 및 단계를 생략하여 발생하는 오류는?

① omission error
② commission error
③ sequence error
④ timing error

해설

생략에러와 실행에러
① 생략에러(Omission errors : 부작위 실수) : 직무 또는 어떤 단계를 수행치 않음 (누락오류)
② 실행에러(Commission error : 작위 실수) : 직무의 불확실한 수행
(예) 선택, 순서, 시간, 정성적 착오

참고 산업안전기사 필기 p.2-20(2. 인간 실수의 분류)

KEY ① 2013년 6월 2일, 8월 18일기사 출제
② 2015년 3월 8일 기사 출제
③ 2017년 8월 26일 기사 출제
④ 2018년 4월 28일 기사 출제
⑤ 2019년 3월 3일, 8월 4일 기사 출제
⑥ 2020년 8월 22일, 9월 27일 기사 출제
⑦ 2021년 3월 7일, 8월 14일 기사 출제

23 양립성(compatibility)에 대한 설명 중 틀린 것은?

① 개념 양립성, 운동양립성, 공간양립성 등이 있다.
② 인간의 기대에 맞는 자극과 반응의 관계를 의미한다.
③ 양립성의 효과가 크면 클수록, 코딩의 시간이나 반응의 시간은 길어진다.
④ 양립성이란 제어장치와 표시장치의 연관성이 인간의 예상과 어느 정도 일치하는 것을 의미한다.

해설

양립성[일명 모집단 전형(compatibility, 兩立性)]
① 자극들의, 반응들간의 혹은 자극 - 반응들간의 관계가(공간, 운동, 개념적)인간의 기대에 일치되는 정도
② 양립성 정도가 높을수록, 정보처리시 정보변환(암호화, 재암호화)이 줄어들게 되어 학습이 더 빨리 진행되고, 반응시간이 더 짧아지고, 오류가 적어지며, 정신적 부하가 감소하게 된다.

참고 ① 산업안전기사 필기 p.1-75(6.양립성)
② 산업안전기사 필기 p.2-179(6.양립성)

KEY ① 2017년 5월 7일 기사 출제
② 2018년 8월 19일 기사 출제

24 신호검출이론(SDT)의 판정결과 중 신호가 없었는데도 있었다고 말하는 경우는?

① 긍정(hit)
② 누락(miss)
③ 허위(false alarm)
④ 부정(correct rejection)

해설

신호검출이론
① 신호와 소음을 쉽게 식별할 수 없는 상황에 적용된다.
② 일반적인 상황에서 신호 검출을 간섭하는 소음이 있다.
③ 긍정(hit), 허위(false alarm), 누락(miss), 부정(correct rejection)의 네가지 결과로 나눌 수 있다.

KEY ① 2017년 5월 7일 기사 출제
② 2020년 9월 27일 기사 출제

[정답] 21 ③ 22 ① 23 ③ 24 ③

25
[그림]과 같은 FT도에서 $a=0.015$, $b=0.02$, $c=0.05$ 이면, 정상사상 T가 발생할 확률은 약 얼마인가?

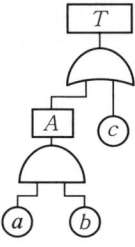

① 0.0002
② 0.0283
③ 0.0503
④ 0.950

해설

정상사상 발생확률
① $T = 1-(1-A)(1-c)$
　　$= 1-(1-0.0003)(1-0.05)$
　　$= 0.0503$
② $A = a \times b = 0.015 \times 0.02 = 0.0003$

참고　산업안전기사 필기 p.2-89(문제 23번)

KEY
① 2013년 8월 18일 기사 출제
② 2015년 8월 16일 기사 출제
③ 2020년 8월 22일 기사 출제
④ 2021년 3월 7일 기사 출제

26
인간-기계 체계를 분석하는 방법 중의 하나인 OSD(Operational Sequence Diagram)에 사용되는 기본 기호 중 전달정보를 나타내는 기호는?

① 　　②
③ 　　④

해설

OSD(Operational Sequence Diagram)
'정보-의사결정-행동'으로 하는 작업순서를 기호로써 표시하는 방법
(1) 기본 기호
　○ : 수신정보, □ : 행동, ▽ : 전달정보
(2) lamp가 점화된 것을 보고 button을 누르는 작업 순서

(3) light가 자동으로 켜지면 작업자는 그것을 보고 button을 누르는 경우의 OSD
① 작업자를 중심으로 한 기술

② 시스템을 중심으로 한 기술

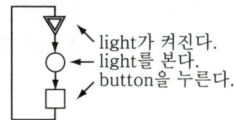

참고　① 산업안전기사 필기 p.2-28(문제 20번) 적중
　　　② 산업안전기사 필기 p.3-9(3. 공정분석기술)

KEY 2023년 7월 19일 산업기사 출제

27
화학설비에 대한 안전성 평가에서 정성적 평가 항목이 아닌 것은?

① 건조물
② 취급물질
③ 공장 내의 배치
④ 입지조건

해설

정성적 평가항목
① 입지조건
② 공장 내의 배치
③ 소방설비
④ 공정기기
⑤ 수송·저장
⑥ 원재료, 중간체, 제품

참고　산업안전기사 필기 p.2-37(1. 안전성 평가 6단계)

KEY
① 2012년 3월 4일 기사 출제
② 2013년 6월 2일 기사 출제
③ 2014년 8월 17일 기사 출제
④ 2015년 5월 31일 기사 출제
⑤ 2016년 5월 8일 기사 출제
⑥ 2017년 8월 26일 기사 출제
⑦ 2018년 3월 4일 기사 출제
⑧ 2019년 3월 3일 기사 출제
⑨ 2022년 3월 5일 기사 출제

[정답] 25 ③　26 ③　27 ②

과년도 출제문제

28 연구 기준의 요건과 내용이 옳은 것은?

① 무오염성 : 실제로 의도하는 바와 부합해야 한다.
② 적절성 : 반복 실험 시 재현성이 있어야 한다.
③ 신뢰성 : 측정하고자 하는 변수 이외의 다른 변수의 영향을 받아서는 안된다.
④ 민감도 : 피실험자 사이에서 볼 수 있는 예상 차이점에 비례하는 단위로 측정해야 한다.

해설

기준의 요건

구분	특징
적절성(relevance)	기준이 의도된 목적에 적합하다고 판단되는 정도
무오염성	측정하고자 하는 변수외의 영향이 없도록
기준척도의 신뢰성 (reliability criterion measure)	척도의 신뢰성 즉 반복성(repeatability)

참고 산업안전기사 필기 p.2-6(합격날개 : 합격예측)

KEY
① 2011년 3월 20일 기사 출제
② 2013년 6월 2일 기사 출제
③ 2014년 3월 2일 기사 출제
④ 2017년 8월 26일 기사 출제
⑤ 2020년 6월 7일 기사 출제
⑥ 2020년 9월 27일 기사 출제
⑦ 2022년 3월 5일 기사 출제

29 다음 중 촉감의 일반적인 척도의 하나인 2점 문턱값(two-point threshold)이 감소하는 순서대로 나열된 것은?

① 손바닥→손가락→손가락 끝
② 손가락→손바닥→손가락 끝
③ 손가락 끝→손가락→손바닥
④ 손가락 끝→손바닥→손가락

해설

촉각적 표시장치
① 2점 문턱값이란 손의 두 점을 눌렀을 때 느끼는 감각이 서로 다르게 느끼는 점 사이의 최소거리
② 손바닥→손가락→손가락 끝

 KEY
① 2012년 8월 26일 기사 출제
② 2016년 8월 21일 기사 출제
③ 2020년 9월 27일 기사 출제

30 조종-반응비(Control-Response Ratio, C/R비)에 대한 설명중 틀린 것은?

① 조종장치와 표시장치의 이동 거리 비율을 의미한다.
② C/R비가 클수록 조종장치는 민감하다.
③ 최적 C/R비는 조정시간과 이동시간의 교점이다.
④ 이동시간과 조정시간을 감안하여 최적 C/R비를 구할 수 있다.

해설

최적 C/D비(C/R비)
① 이동 동작과 조종 동작을 절충하는 동작이 수반
② 최적치는 두 곡선의 교점 부호
③ C/D비가 작을수록 이동시간은 짧고, 조종은 어려워서 민감한 조종장치이다.

참고 산업안전기사 필기 p.2-177(합격날개 : 합격예측)

 KEY
① 2013년 6월 2일 기사 출제
② 2019년 8월 4일 기사 출제

31 섬유유연제 생산 공정이 복잡하게 연결되어 있어 작업자의 불안전한 행동을 유발하는 상황이 발생하고 있다. 이것을 해결하기 위한 위험처리 기술에 해당하지 않는 것은?

① Transfer(위험전가)
② Retention(위험보류)
③ Reduction(위험감축)
④ Rearrange(작업순서의 변경 및 재배열)

해설

Risk 처리(위험조정)기술 4가지
① 위험회피(Avoidance)
② 위험제거(경감, 감축 : Reduction)
③ 위험보유(보류 : Retention)
④ 위험전가(Transfer) : 보험으로 위험조정

참고 산업안전기사 필기 p.2-36(합격날개 : 합격예측)

KEY
① 2014년 3월 2일 기사 출제
② 2018년 8월 19일 기사 출제

[정답] 28 ④ 29 ① 30 ② 31 ④

32 다음 그림에서 명료도 지수는?

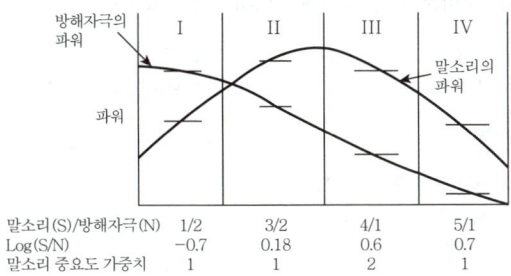

① 0.38
② 0.68
③ 1.38
④ 5.68

해설

명료도 지수(AI : Articulation index)
① 통화 이해도를 추정하는 근거로 사용되는데 각 옥타브대의 음성과 잡음을 데시벨 치에 가중치를 곱하여 합계를 구한 값이다.
② 명료도 지수(통화 이해도 평가척도)
  $= (-0.7 \times 1) + (0.18 \times 1) + (0.6 \times 2) + (0.7 \times 1)$
  $= 1.38$

KEY ① 2015년 5월 31일 기사 출제
② 2021년 8월 14일 기사 출제

33 국소진동에 지속적으로 노출된 근로자에게 발생할 수 있으며, 말초혈관 장애로 손가락이 창백해지고 동통을 느끼는 질환의 명칭은?

① 레이노병
② 파킨슨 병
③ 규폐증
④ C5-dip 현상

해설

레이노병(Raynaud's disease)
① 혈관운동신경 장애를 주증(主症)으로 하는 질환
② 프랑스 의사 M.레이노(1834~1881)가 보고한 것으로 피부교원섬유(皮膚膠原纖維)의 이상에서 오는 교원병(膠原病)으로도 볼 수 있다.
③ 사지(四肢)의 동맥에 간헐적 경련이 일어나 혈액결핍 때문에 손발 끝이 창백해지고 뻣뻣하게 굳어지며, 냉감(冷感)·의주감(蟻走感:개미가 기어가는 듯한 감각)·동통(疼痛) 등을 느낀다.

KEY 2019년 8월 4일 기사 출제

보충학습
① 파킨슨병 : 신경세포 소실로 발생되는 대표적 퇴행성 신경질환
② 규폐증 : 유리규산 분진을 흡입함에 따라 발생되는 폐의 섬유화질환
③ C_5-dip : 소음성 난청 초기단계로 4,000[Hz]에서 청력장애가 현저히 커지는 현상

34 FTA에 사용되는 기호 중 "통상 사상"을 나타내는 기호는?

①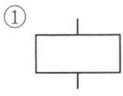
②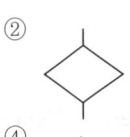
③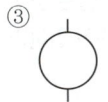
④

해설

FTA기호

기호	명칭	기호	명칭
	결함사상		통상사상
	기본사상		생략사상

참고 산업안전기사 필기 p.2-70([표] FTA 기호)

KEY ① 2011년 6월 12일 기사 출제
② 2014년 5월 25일 기사 출제
③ 2016년 8월 21일 기사 출제
④ 2017년 8월 26일 기사 출제
⑤ 2018년 3월 4일 기사 출제
⑥ 2022년 4월 24일 기사 출제

35 시스템의 운용단계에서 이루어져야 할 주요한 시스템안전 부문의 작업이 아닌 것은?

① 생산시스템 분석 및 효율성 검토
② 안전성 손상 없이 사용설명서의 변경과 수정을 평가
③ 운용, 안전성 수준유지를 보증하기 위한 안전성 검사
④ 운용, 보전 및 위급 시 절차를 평가하여 설계 시 고려사항과 같은 타당성 여부 식별

해설

시스템의 운용단계에서 이루어져야 하는 시스템안전 부문의 작업
① 안전성 손상 없이 사용설명서의 변경과 수정을 평가
② 운용, 안전성 수준유지를 보증하기 위한 안전성 검사
③ 운용, 보전 및 위급 시 절차를 평가하여 설계 시 고려사항과 같은 타당성 여부 식별

[정답] 32 ③ 33 ① 34 ④ 35 ①

참고 | 산업안전기사 필기 p.1-8(합격날개 : 은행문제)
KEY | 2017년 8월 26일 기사 출제

36 어떤 소리가 1,000[Hz], 60[dB]인 음과 같은 높이임에도 4배 더 크게 들린다면, 이 소리의 음압수준은 얼마인가?

① 70[dB] ② 80[dB]
③ 90[dB] ④ 100[dB]

해설

음압수준
① 10[dB] 증가 시 소음은 2배 증가
② 20[dB] 증가 시 소음은 4배 증가
③ 60＋20＝80[dB]

결론
$4 \text{sone} = 2^{\frac{L_1-60}{10}}$
$10 \times \log 4 = (L_1 - 60)\log 2$
$L_1 = \frac{10 \times \log 4}{\log 2} + 60 = 80$

참고 | ① 2002년, 2003년 연속 출제
② 2009년 8월 30일(문제 53번) 출제
KEY | ① 2018년 4월 28일 기사 출제
② 2020년 9월 27일 기사 출제

보충학습

[표] phon과 sone의 관계

sone	1	2	4	8	16	32	64	128	256	512	1024
phon	40	50	60	70	80	90	100	110	120	130	140

예 10[phon]이 증가하면 2배의 소리 크기가 되며, 20[phon]이 증가하면 4배의 소리 크기가 된다.

37 병렬로 이루어진 두 요소의 신뢰도가 각각 0.7일 경우, 시스템 전체의 신뢰도는?

① 0.30 ② 0.49
③ 0.70 ④ 0.91

해설

전체신뢰도
$R_s = 1 - (1-0.7)(1-0.7) = 0.91$

참고 | 산업안전기사 필기 p.2-13(2. 병렬체계)
KEY | ① 2016년 8월 21일 기사 출제
② 2018년 8월 19일 기사 출제

38 산업안전보건법령상 유해·위험방지계획서의 심사결과에 따른 구분·판정에 해당하지 않는 것은?

① 적정 ② 일부적정
③ 부적정 ④ 조건부적정

해설

심사결과 구분·판정 3가지
① 적정 : 근로자의 안전과 보건상 필요한 조치가 구체적으로 확보되었다고 인정될 때
② 조건부 적정 : 근로자의 안전과 보건을 확보하기 위하여 일부 개선이 필요하다고 인정될 때
③ 부적정 : 기계·설비 또는 건설물이 심사기준에 위반되어 공사착공시 중대한 위험발생의 우려가 있거나 계획에 근본적 결함이 있다고 인정될 때

참고 | 산업안전기사 필기 p.2-45(합격날개 : 합격예측)
KEY | ① 2014년 3월 2일 기사 출제
② 2015년 8월 16일 기사 출제
③ 2017년 8월 26일 기사 출제
④ 2018년 8월 19일 기사 출제

합격정보
산업안전보건법 시행규칙 제123조(심사결과의 구분)

39 FTA를 수행함에 있어 기본사상들의 발생이 서로 독립인가 아닌가의 여부를 파악하기 위해서는 어느 값을 계산해 보는 것이 가장 적합한가?

① 공분산 ② 분산
③ 고장률 ④ 발생확률

해설

공분산
① FTA 수행시 기본 사상들의 발생이 서로 독립인가 아닌가 여부 판단
② 두 확률변수 X, Y의 기댓값을 각각 $\mu_x = E(X)$, $\mu_Y = E(Y)$라고 하자. 공분산 $\text{Cov}(X, Y)$는 다음과 같이 정의한다.
$\text{Cov}(X, Y) = E[(X - \mu_x)(Y - \mu_Y)]$

KEY | 2018년 8월 19일 기사 출제

40 일반적으로 인체측정치의 최대집단치를 기준으로 설계하는 것은?

① 선반의 높이 ② 공구의 크기
③ 출입문의 크기 ④ 안내 데스크의 높이

[정답] 36 ② 37 ④ 38 ② 39 ① 40 ③

해설
인체측정

구분	최대 집단치
정의	대상 집단에 대한 인체 측정 변수의 상위 백분위수(percentile)를 기준으로 90, 95, 99[%]치가 사용 예 울타리
사용 예	① 출입문, 통로, 의자사이의 간격 등의 공간 여유의 결정 ② 줄사다리, 그네 등의 지지물의 최소 지지중량(강도)

참고) 산업안전기사 필기 p.2-159(1. 최대치수와 최소치수)

KEY ▶ 2021년 8월 14일 기사 출제

---

3 기계·기구 및 설비안전관리

41 공기압축기의 방호장치가 아닌 것은?
① 언로드 밸브
② 압력방출장치
③ 수봉식 안전기
④ 회전부의 덮개

해설
공기압축기의 방호장치
① 언로드 밸브
② 압력방출장치
③ 회전부의 덮개

[그림] 공기압축기

KEY ▶ ① 2011년 3월 20일 기사 출제
② 2013년 8월 18일 기사 출제
③ 2019년 8월 4일 기사 출제

보충학습
수봉식 안전기 : 산소아세틸렌용접장치의 방호장치

---

42 산업안전보건법령상 압력용기에서 안전인증된 파열판에 안전인증 표시 외에 추가로 나타내어야 하는 사항이 아닌 것은?
① 분출차(%)
② 호칭지름
③ 용도(요구성능)
④ 유체의 흐름방향 지시

해설
파열판의 추가 표시사항
① 호칭지름
② 용도(요구성능)
③ 설정파열압력(MPa) 및 설정온도(℃)
④ 분출용량(kg/h) 또는 공칭분출계수
⑤ 파열판의 재질
⑥ 유체의 흐름방향 지시

참고) 산업안전기사 필기 p.3-121(합격날개:합격예측)

KEY ▶ ① 2017년 3월 5일 기사 출제
② 2021년 8월 14일 기사 출제

합격정보
방호장치 안전인증 고시(2016. 12. 16)

---

43 다음 중 동력프레스기 중 hand in die 방식의 프레스기에서 사용하는 방호대책에 해당하는 것은?
① 가드식 방호장치
② 전용 프레스의 도입
③ 자동 프레스의 도입
④ 안전울을 부착한 프레스

해설
금형 안에 손이 들어가는 구조(Hand in Die Type)
(1) 프레스기의 종류, 압력능력 S.P.M, 행정길이·작업방법에 상응하는 방호장치
① 가드식
② 수인식
③ 손쳐내기식
(2) 정지 성능에 상응하는 방호장치
① 양수조작식
② 감응식 광전자식(비접촉)
   Inter-Lock(접촉)

참고) 산업안전기사 필기 p.3-106(표. 프레스기 안전장치)

KEY ▶ 2013년 8월 18일 기사 출제

[정답] 41 ③ 42 ① 43 ①

보충학습
No-hand in die방식의 종류
① 안전울 부착 프레스
② 안전금형 부착 프레스
③ 전용 프레스 도입
④ 자동 프레스 도입

44 500[rpm]으로 회전하는 연삭숫돌의 지름이 300[mm] 일때 원주속도[m/min]는?

① 약 748
② 약 650
③ 약 532
④ 약 471

해설
원주속도
$$V = \frac{\pi DN}{1,000} = \frac{\pi \times 500 \times 300}{1,000} = 471[\text{m/min}]$$

참고 산업안전기사 필기 p.3-88(합격날개 : 합격예측)

KEY
① 2011년 3월 20일, 8월 21일 기사 출제
② 2012년 3월 4일 기사 출제
③ 2014년 3월 2일 기사 출제
④ 2016년 3월 6일 기사 출제
⑤ 2017년 8월 26일 기사 출제
⑥ 2020년 9월 27일 기사 출제

45 보일러에서 프라이밍(priming)과 포밍(foaming)의 발생 원인으로 가장 거리가 먼 것은?

① 역화가 발생되었을 경우
② 기계적 결함이 있을 경우
③ 보일러가 과부하로 사용될 경우
④ 보일러 수에 불순물이 많이 포함되었을 경우

해설
보일러 이상연소 현상

구분	현상
불완전 연소	공기의 부족, 연료 분무 상태 불량 등의 원인으로 발생
이상 소화	버너 연소 중 돌연히 불이 꺼지는 현상
2차 연소	불완전 연소에 의해 발생한 미연소가스가 연소실 외, 연관 내 또는 연도에서 연소하는 현상
역화	화염이 버너쪽에서 분출하는 현상으로 점화시에 주로 발생

참고
① 산업안전기사 필기 p.3-119(합격날개 : 합격예측)
② 산업안전기사 필기 p.3-119(2. 보일러의 이상연소 현상)

KEY
① 2017년 8월 26일 기사 출제
② 2021년 3월 7일 기사 출제

46 산업안전보건법상 유해·위험방지를 위한 방호조치를 하지 아니하고는 양도, 대여, 설치 또는 사용에 제공하거나, 양도·대여를 목적으로 진열해서는 아니 되는 기계·기구가 아닌 것은?

① 예초기
② 진공포장기
③ 원심기
④ 롤러기

해설
유해·위험 방지를 위하여 방호조치가 필요한 기계·기구 등
① 예초기
② 원심기
③ 공기압축기
④ 금속절단기
⑤ 지게차
⑥ 포장기계(진공포장기, 랩핑기로 한정한다)

참고 산업안전보건법 시행령[별표 20]

KEY
① 2011년 6월 12일 기사 출제
② 2016년 8월 21일 기사 출제
③ 2018년 3월 4일 기사 출제
④ 2020년 9월 27일 기사 출제

47 다음 중 금형 설치·해체작업의 일반적인 안전사항으로 틀린 것은?

① 금형을 설치하는 프레스의 T홈 안길이는 설치 볼트 직경 이하로 한다.
② 금형의 설치용구는 프레스의 구조에 적합한 형태로 한다.
③ 고정볼트는 고정 후 가능하면 나사산이 3~4개 정도 짧게 남겨 슬라이드 면과의 사이에 협착이 발생하지 않도록 해야 한다.
④ 금형 고정용 브래킷(물림판)을 고정시킬 때 고정용 브래킷은 수평이 되게 하고, 고정볼트는 수직이 되게 고정하여야 한다.

[정답] 44 ④ 45 ① 46 ④ 47 ①

해설

금형 탈락 및 운반에 따른 위험방지방법
(1) 프레스기계에 설치하기 위해 금형에 설치하는 홈의 안전대책
  ① 설치하는 프레스기계의 T홈에 적합한 형상의 것일 것
  ② 안 길이는 설치볼트 직경의 2배 이상일 것
(2) 금형의 운반에 있어서 형의 어긋남을 방지하기 위해 대판, 안전핀 등을 사용할 것

참고 산업안전기사 필기 p.3-104(합격날개 : 합격예측)

KEY ① 2018년 8월 19일 기사 출제
② 2022년 3월 5일 기사 출제

---

48 재료가 변형 시에 외부응력이나 내부의 변형과정에서 방출되는 낮은 응력파(stress wave)를 감지하여 측정하는 비파괴시험은?

① 와류탐상 시험 ② 침투탐상 시험
③ 음향탐상 시험 ④ 방사선투과 시험

해설

음향탐상시험
① 재료가 변형될 때에 외부응력이나 내부의 변형과정에서 방출하게 되는 낮은 응력파를 감지
② 공학적인 방법으로 재료 또는 구조물이 우는(cry)것을 탐지하는 기술 방법

참고 산업안전기사 필기 p.3-223(4. 음향탐상검사)

KEY 2019년 8월 4일 기사 출제

보충학습
응력파(stress wave : 應力波)
① 암석이 매체 내에서 폭파될 때 물체내의 응력은 어떤 종류의 파동에 의해 전달되는 이 파를 응력파라고 한다.
② 원폭거리에 따라 여러 가지의 성질을 갖는 응력파가 전달되나, 응력과 뒤틀림의 관계가 직선적으로 있는 매질 중에 생성하는 것은 탄성파이다.
③ 직선적이 아닌 매질중에 생기는 것은 소성파의 충격파이다.

---

49 산업안전보건법령상 롤러기의 방호장치 중 롤러의 앞면 표면속도가 30[m/min]이상일 때 무부하 동작에서 급정지거리는?

① 앞면 롤러 원주의 1/2.5 이내
② 앞면 롤러 원주의 1/3 이내
③ 앞면 롤러 원주의 1/3.5 이내
④ 앞면 롤러 원주의 1/5.5 이내

해설

롤러의 급정지거리

앞면롤의 표면속도 [m/min]	급정지거리	표면속도 산출공식
30 미만	앞면 롤 원주의 1/3 이내 ($\pi \times D \times \frac{1}{3}$)	$V = \frac{\pi DN}{1,000}$ [m/min]
30 이상	앞면 롤 원주의 1/2.5 이내 ($\pi \times D \times \frac{1}{2.5}$)	

참고 산업안전기사 필기 p.3-109(표. 롤러기의 급정지거리)

KEY ① 2014년 3월 2일 기사 출제
② 2014년 5월 25일 기사 출제
③ 2018년 8월 19일 기사 출제
④ 2020년 9월 27일 기사 출제
⑤ 2021년 3월 7일 기사 출제
⑥ 2021년 8월 14일 기사 출제

---

50 회전축이나 베어링 등이 마모 등으로 변형되거나 회전의 불균형에 의하여 발생하는 진동을 무엇이라 하는가?

① 단속진동 ② 정상진동
③ 충격진동 ④ 우연진동

해설

정상진동
회전축이나 베어링 등이 마모 등으로 변형되거나 회전의 불균형에 의하여 발생하는 진동

참고 산업안전기사 필기 p.3-226(합격날개 : 은행문제 1) 적중

KEY 2014년 8월 17일 기사 출제

---

51 기계설비에 대한 본질적인 안전화 방안의 하나인 풀 프루프(Fool Proof)에 관한 설명으로 거리가 먼 것은?

① 계기나 표시를 보기 쉽게 하거나 이른바 인체공학적 설계도 넓은 의미의 풀 프루프에 해당된다.
② 설비 및 기계장치 일부가 고장이 난 경우 기능의 저하는 가져오나 전체 기능은 정지하지 않는다.
③ 인간이 에러를 일으키기 어려운 구조나 기능을 가진다.
④ 조작순서가 잘못되어도 올바르게 작동한다.

[정답] 48 ③ 49 ① 50 ② 51 ②

> **해설**

Fool proof
① 바보같은 행동을 방지하다는 뜻
② 사용자가 비록 잘못된 조작을 하더라도 이로 인해 전체의 고장이 발생되지 아니하도록 하는 설계방법
   예) 카메라에서 셔터와 필름 돌림대의 연동(이중 촬영 방지)

> 참고) 산업안전기사 필기 p.3-191(표. fail safe와 fool proof 설계)

> KEY ① 2017년 8월 26일 기사 출제
> ② 2018년 4월 28일 기사 출제
> ③ 2020년 8월 22일 기사 출제

52 산업안전보건법령상 프레스를 제외한 사출성형기·주형조형기 및 형단조기 등에 관한 안전조치 사항으로 틀린 것은?

① 근로자의 신체 일부가 말려들어갈 우려가 있는 경우에는 양수조작식 방호장치를 설치하여 사용한다.
② 게이트 가드식 방호장치를 설치할 경우에는 연동구조를 적용하여 문을 닫지 않아도 동작할 수 있도록 한다.
③ 사출성형기의 전면에 작업용 발판을 설치할 경우 근로자가 쉽게 미끄러지지 않는 구조여야 한다.
④ 기계의 히터 등의 가열 부위, 감전 우려가 있는 부위에는 방호덮개를 설치하여 사용한다.

> **해설**

사출성형기 등의 방호장치
① 사업주는 사출성형기(射出成形機)·주형조형기(鑄型造形機) 및 형단조기(프레스 등은 제외한다) 등에 근로자의 신체 일부가 말려들어갈 우려가 있는 경우 게이트가드(gate guard) 또는 양수조작식 등에 의한 방호장치, 그 밖에 필요한 방호 조치를 하여야 한다.
② 제1항의 게이트가드는 닫지 아니하면 기계가 작동되지 아니하는 연동구조(連動構造)여야 한다.
③ 사업주는 제①항에 따른 기계의 히터 등의 가열 부위 또는 감전 우려가 있는 부위에는 방호덮개를 설치하는 등 필요한 안전 조치를 하여야 한다.

> KEY ① 2015년 5월 31일 기사 출제
> ② 2019년 3월 3일 기사 출제
> ③ 2021년 8월 14일 기사 출제

> 합격정보
> 산업안전보건기준에 관한 규칙 제121조(사출성형기 등의 방호장치)

53 다음 ( )안의 A와 B의 내용을 옳게 나타낸 것은?

> 아세틸렌용접장치의 관리상 발생기에서 (A)미터 이내 또는 발생기실에서 (B)미터 이내의 장소에서는 흡연, 화기의 사용 또는 불꽃이 발생할 위험한 행위를 금지해야 한다.

① A: 7, B: 5
② A: 3, B: 1
③ A: 5, B: 5
④ A: 5, B: 3

> **해설**

아세틸렌 용접장치 화기 안전거리
① 발생기 : 5[m]
② 발생기실 : 3[m]

> 참고) 산업안전기사 필기 p.3-171(문제 87번)

> KEY 2020년 9월 27일 기사 등 10회 이상 출제

> 합격정보
> 산업안전보건기준에 관한 규칙 제290조 (아세틸렌 용접장치의 관리등)

54 산업안전보건법상 보일러에 설치하는 압력방출장치에 대하여 검사 후 봉인에 사용되는 재료로 가장 적합한 것은?

① 납
② 주석
③ 구리
④ 알루미늄

> **해설**

압력방출 장치
① 보일러 규격에 적합한 압력방출장치를 최고사용압력 이하에서 작동되도록 1개 또는 2개 이상 설치
② 2개 이상 설치된 경우 최고사용압력 이하에서 1개가 작동되고, 다른 압력방출장치는 최고사용압력 1.05배 이하에서 작동되도록 부착
③ 1년에 1회 이상 토출압력시험 후 납으로 봉인(공정안전관리 이행수준 평가결과가 우수한 사업장은 4년에 1회 이상 토출압력시험 실시)
④ 스프링식, 중추식, 지렛대식(일반적으로 스프링식 안전밸브를 많이 사용)

> 참고) 산업안전기사 필기 p.3-120(3. 방호장치의 종류)

> KEY ① 2013년 6월 2일 기사 출제
> ② 2016년 8월 21일 기사 출제
> ③ 2019년 3월 3일 기사 출제
> ④ 2022년 3월 5일 기사 출제

[정답] 52 ② 53 ④ 54 ①

55
산업용 로봇의 작동 범위 내에서 교시 등의 작업을 하는 경우, 작업시작 전 점검사항에 해당하지 않는 것은?

① 외부전선의 피복 또는 외장의 손상유무
② 매니퓰레이터 작동의 이상유무
③ 제동장치 및 비상정지장치의 기능
④ 압력방출장치의 기능

해설
로봇의 작동범위 내에서 그 로봇에 관하여 교시(로봇의 동력원을 차단하고 행하는 것을 제외한다)의 작업을 할 때 작업시작 전 점검내용
① 외부전선의 피복 또는 외장의 손상유무
② 매니퓰레이터(manipulator) 작동의 이상유무
③ 제동장치 및 비상정지장치의 기능

참고) 산업안전기사 필기 p.3-50([표] 기계·기구의 위험요소 작업시작 전 점검사항)

KEY ① 2011년 6월 12일 기사 출제
② 2011년 8월 21일 기사 출제
③ 2012년 8월 26일 기사 출제
④ 2015년 5월 31일 기사 출제
⑤ 2018년 3월 4일 기사 출제
⑥ 2020년 8월 22일 기사 출제
⑦ 2021년 5월 15일 기사 출제

56
질량이 100[kg]인 물체를 길이가 같은 2개의 와이어로프로 매달아 옮기고자 할 때 와이어로프 Ta에 걸리는 장력은 약 몇 N인가?

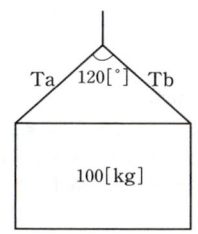

① 200
② 400
③ 490
④ 980

해설
하중계산

$$x = \frac{\frac{W_0}{2}}{\cos\frac{\theta}{2}}$$

$$x = \frac{\frac{100[kg]}{2}}{\cos\frac{120}{2}} = \frac{50[kg]}{\cos 60} = 100[kg] \times 9.8 = 980[N]$$

θ : 상부각도 W_0 : 원래의 하중

참고) ① 본 문제는 운반기계에 해당되며 건설안전기술(건설공사 안전관리)에서도 출제됩니다.
② 실기 작업형에도 출제됩니다.

참고) 산업안전기사 필기 p.3-184(문제165번) 적중

KEY ① 2011년 6월 12일 기사 출제
② 2018년 4월 28일 기사 출제
③ 2019년 8월 4일 기사 출제

57
연삭기 덮개의 개구부 각도가 그림과 같이 150[°] 이하여야 하는 연삭기의 종류로 옳은 것은?

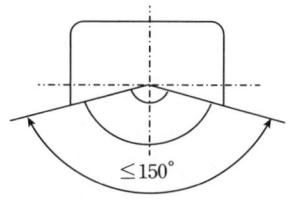

① 센터리스 연삭기
② 탁상용 연삭기
③ 내면 연삭기
④ 평면 연삭기

해설
연삭기 종류 및 덮개의 표준형상(개구부각)

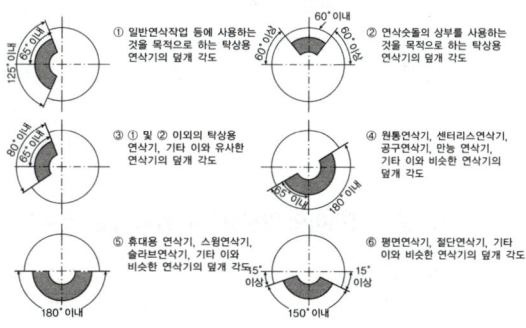

참고) 산업안전기사 필기 p.3-93(그림. 연삭기 종류 및 덮개의 표준형상)

KEY 2018년 8월 19일 기사 출제

[정답] 55 ④ 56 ④ 57 ④

과년도 출제문제

58 산업안전보건법령상 지게차에서 통상적으로 갖추고 있어야 하나, 마스트의 후방에서 화물이 낙하함으로써 근로자에게 위험을 미칠 우려가 없는 때에는 반드시 갖추지 않아도 되는 것은?

① 전조등 ② 헤드가드
③ 백레스트 ④ 포크

해설

백레스트
① 사업주는 백레스트(backrest)를 갖추지 아니한 지게차를 사용해서는 아니 된다.
② 다만, 마스트의 후방에서 화물이 낙하함으로써 근로자가 위험해질 우려가 없는 경우에는 그러하지 아니하다.

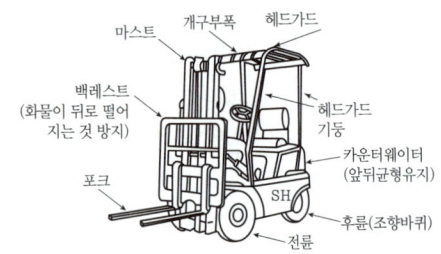

[그림] 지게차 구조

참고 산업안전기사 필기 p.3-148(합격날개 : 합격예측)

KEY
① 2011년 3월 20일 기사 출제
② 2020년 8월 22일 기사 출제
③ 2021년 8월 14일 기사 출제

합격정보
산업안전보건기준에 관한 규칙 제181조(백레스트)

59 다음 중 컨베이어의 안전장치로 옳지 않은 것은?

① 비상정지장치 ② 반발예방장치
③ 역회전방지장치 ④ 이탈방지장치

해설

컨베이어 안전장치 종류
① 비상정지장치
② 역회전 방지장치
③ 이탈방지 장치

참고 산업안전기사 필기 p.3-136(3. 컨베이어 안전장치)

KEY
① 2012년 3월 4일 기사 출제
② 2017년 8월 26일 기사 출제
③ 2019년 4월 27일 기사 출제
④ 2020년 9월 27일 기사 출제
⑤ 2021년 3월 7일 기사 출제

60 기계설비의 작업능률과 안전을 위한 배치(layout)의 3단계를 올바른 순서대로 나열한 것은?

① 지역배치→건물배치→기계배치
② 건물배치→지역배치→기계배치
③ 기계배치→건물배치→지역배치
④ 지역배치→기계배치→건물배치

해설

기계설비 layout 3단계
① 제1단계 : 지역배치
② 제2단계 : 건물배치
③ 제3단계 : 기계배치

참고 산업안전기사 필기 p.3-13(합격날개 : 합격예측)

KEY
① 2013년 6월 2일 기사 출제
② 2016년 8월 21일 기사 출제
③ 2020년 6월 7일 기사 출제

4 전기설비 안전관리

61 전선의 절연 피복이 손상되어 동선이 서로 직접 접촉한 경우를 무엇이라 하는가?

① 절연 ② 누전
③ 접지 ④ 단락

해설

단락(합선 : short-circuit)
① 단락은 전압간의 저항이 0[Ω]에 가까운 회로를 만드는 것으로, 옴의 법칙($I=E/R$)에 따라 극히 큰 전류(단락전류라고 함)가 흐른다.
② 단락사고에서 변전설비를 지키기 위하여 각종 보호 단전기와 차단기가 사용된다.

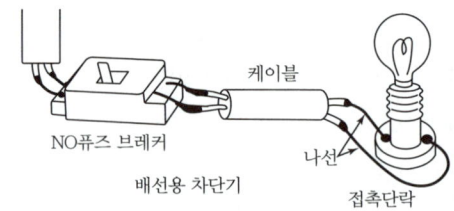

[그림] 단락 현상

참고 산업안전기사 필기 p.4-72(1.전기화재의 발생원인 및 대책)

KEY 2018년 8월 19일 기사 출제

[정답] 58 ③ 59 ② 60 ① 61 ④

62. KS C IEC 60079-0의 정의에 따라 '두 도전부 사이의 고체 절연물 표면을 따른 최단거리'를 나타내는 명칭은?

① 전기적 간격
② 절연공간거리
③ 연면거리
④ 충전물 통과거리

해설

연면거리(creeping distance : 沿面距離)
불꽃 방전을 일으키는 두 전극 간 거리를 고체 유전체의 표면을 따라서 그 최단 거리로 나타낸 값

KEY 2021년 8월 14일 기사 출제

보충학습
공간거리 : 도전부 사이의 공간 최단거리

63. 다음 중 전기화재시 소화에 적합한 소화기가 아닌 것은?

① 사염화탄소소화기 ② 분말소화기
③ 산알칼리소화기 ④ CO_2소화기

해설

산·알칼리소화기 : A급 화재에 적합
① 외약제 : $NaHCO_3$
② 내약제 : H_2SO_4
③ 2년에 1회 약제 교환

참고 산업안전기사 필기 p.4-86(문제 19번) 적중

KEY ① 2013년 6월 2일 기사 출제
② 2015년 8월 16일 기사 출제

보충학습

	대상물 구분							
제1류 : 산화성 고체 제2류 : 가연성 고체 제3류 : 자연발화 및 금수성 제4류 : 인화성 액체 제5류 : 자기반응성 물질 제6류 : 산화성 액체	건축물·그 밖의 공작물	전기설비	알칼리금속과산화물 등	철분·금속분·마그네슘 등	인화성 고체	그 밖의 것	금수성 물질	그 밖의 것	제4류 위험물	제5류 위험물	제6류 위험물
봉상수소화기	○				○	○		○		○	○
무상수소화기	○	○			○	○		○		○	○
봉상강화액소화기	○				○	○		○		○	○
무상강화액소화기	○	○			○	○		○		○	○
포소화기	○				○	○		○		○	○
이산화탄소소화기		○			○					○	△
할로겐화합물소화기		○			○					○	
분말소화기 - 인산염류소화기	○	○			○	○				○	○
분말소화기 - 탄산수소염류소화기		○	○	○		○	○		○		
분말소화기 - 그 밖의 것			○	○			○				
기타 - 물통 또는 수조	○				○	○		○		○	○
기타 - 건조사			○	○	○	○	○	○	○	○	○
기타 - 팽창질석 또는 팽창진주암			○	○	○	○	○	○	○	○	○

64. 전기시설의 직접 접촉에 의한 감전방지 방법으로 적절하지 않은 것은?

① 충전부는 내구성이 있는 절연물로 완전히 덮어 감쌀 것
② 충전부가 노출되지 않도록 폐쇄형 외함이 있는 구조로 할 것
③ 충전부에 충분한 절연효과가 있는 방호망 또는 절연 덮개를 설치할 것
④ 충전부는 출입이 용이한 전개된 장소에 설치하고 위험표시 등의 방법으로 방호를 강화할 것

해설

직접접촉에 의한 감전방지대책
① 충전부에 절연 방호망을 설치할 것
② 충전부는 내구성이 있는 절연물로 완전히 덮어 감쌀 것
③ 충전부가 노출되지 않도록 폐쇄형 외함구조로 할 것
④ 관계자 외에 출입을 금지하고 평소에 잠금상태가 되어야 한다.

참고 산업안전기사 필기 p. 4-20(1. 직접접촉에 의한 감전방지 방법)

KEY ① 2012년 8월 26일 기사 출제
② 2013년 6월 2일 기사 출제
③ 2017년 3월 5일 기사 출제
④ 2017년 5월 7일 기사 출제
⑤ 2020년 9월 27일 기사 출제
⑥ 2022년 3월 5일 기사 출제

[정답] 62 ③ 63 ③ 64 ④

과년도 출제문제

65 전기기기 방폭의 기본개념과 이를 이용한 방폭구조로 볼 수 없는 것은?

① 점화원의 격리:내압(耐壓) 방폭구조
② 폭발성 위험분위기 해소:유입 방폭구조
③ 전기기기 안전도의 증강:안전증 방폭구조
④ 점화능력의 본질적 억제:본질안전 방폭구조

해설

유입방폭구조(o)
① 유입방폭구조는 아크 또는 고열을 발생하는 전기설비를 용기에 넣고 그 용기 안에 다시 기름을 채워서 외부의 폭발성 가스와 점화원이 접촉하여 인화할 위험이 없도록 하는 구조로 유입 개폐부분에는 가스를 빼내는 배기공을 설치하여야 한다.
② 보통 10[mm] 이상의 유면으로 위험 부위를 커버하고 유면온도가 60[℃] 이상 되면 사용을 금한다.

참고 ① 산업안전기사 필기 p.4-53(3. 방폭구조의 종류 및 특징)
② 산업안전기사 필기 p.4-57(합격날개 : 보충학습)

KEY 2022년 4월 24일 기사 등 10회 이상 출제

보충학습
전기설비의 방폭화 방법
① 점화원의 방폭적 격리 : 내압, 압력, 유입 방폭 구조
② 전기설비의 안전도 증강 : 안전증 방폭구조
③ 점화능력의 본질적 억제 : 본질안전 방폭구조

66 지락전류가 거의 0에 가까워서 안정도가 양호하고 무정전의 송전이 가능한 접지방식은?

① 직접접지방식
② 리엑터접지방식
③ 저항접지방식
④ 소호리엑터접지방식

해설

소호리엑터접지방식
① 지락전류가 0에 가깝고 무정전 송전가능
② 1선 지락고장시 극히 작은 손실전류가 흐른다.

KEY 2019년 8월 4일 기사 출제

보충학습
저항접지방식
① 송전선의 중성점 접지방식의 하나로 중성점을 저항을 통하여 접지하는 것으로 지락고장시의 지락전류를 제어할 수 있다.
② 저항값의 대소에 따라 저저항접지 방식과 고저항접지 방식으로 나누어진다.

67 정전기 재해를 예방하기 위해 설치하는 제전기의 제전효율은 설치 시에 얼마 이상이 되어야 하는가?

① 40[%] 이상   ② 50[%] 이상
③ 70[%] 이상   ④ 90[%] 이상

해설
제전기 설치시 제전효율 : 90[%] 이상

참고 산업안전기사 필기 p.4-41(합격날개 : 은행문제)

KEY ① 2012년 3월 4일 기사 출제
② 2021년 8월 14일 기사 출제

68 고압 및 특고압의 전로에 시설하는 피뢰기에 접지공사를 할 때 접지저항의 최댓값은 몇 [Ω] 이하로 해야 하는가?

① 100   ② 20
③ 10   ④ 5

해설

피뢰기의 접지방법
① 종합접지 : 10[Ω] 이하
② 단독접지 : 20[Ω] 이하

참고 산업안전기사 필기 p.4-58(3. 피뢰기의 접지방법)

KEY ① 2011년 3월 20일 기사 출제
② 2013년 8월 18일 기사 출제
③ 2017년 5월 7일 기사 출제
④ 2017년 8월 26일 기사 출제

보충학습
단독접지 조건이 없으면 저항은 항상 : 10[Ω] 이하

69 가연성 가스가 있는 곳에 저압·옥내전기설비를 금속관 공사에 의해 시설하고자 한다. 관 상호 간 또는 관과 전기기계기구와는 몇 턱 이상 나사조임으로 접속하여야 하는가?

① 2턱   ② 3턱
③ 4턱   ④ 5턱

해설

금속관의 방폭형 부속품에 관한 내용
① 재료는 건식아연도금법에 의하여 아연도금을 한 위에 투명한 도료를 칠하거나 기타 적당한 방법으로 녹이 스는 것을 방지하도록 한 강 또는 가단주철(可鍛鑄鐵)일 것

[정답] 65 ② 66 ④ 67 ④ 68 ③ 69 ④

② 안쪽 면 및 끝부분은 전선을 넣거나 바꿀 때에 전선의 피복을 손상하지 아니하도록 매끈한 것일 것
③ 전선관과의 접속부분의 나사는 5턱 이상 완전히 나사결합이 될 수 있는 길이일 것
④ 접합면 중 나사의 접합은 내압방폭구조(d)의 폭발압력시험에 적합할 것
⑤ 완성품은 내압방폭구조(d)의 폭발압력(기준압력) 측정 및 압력시험에 적합한 것일 것

참고 산업안전기사 필기 p.4-52(합격날개 : 은행문제 1)적중

KEY
① 2014년 8월 17일 기사 출제
② 2020년 9월 27일 기사 출제

70 인체의 피부저항은 피부에 땀이 나 있는 경우 건조 시 보다 약 어느 정도 저하되는가?

① $\dfrac{1}{2} \sim \dfrac{1}{4}$
② $\dfrac{1}{6} \sim \dfrac{1}{10}$
③ $\dfrac{1}{12} \sim \dfrac{1}{20}$
④ $\dfrac{1}{25} \sim \dfrac{1}{35}$

해설

인체저항
① 피부의 전기저항 : 2,500[Ω](내부조직저항 : 500[Ω])
② 피부가 땀이 나 있을 경우 : 1/12~1/20 정도로 감소
③ 피부가 물에 젖어 있을 경우 : 1/25 정도로 감소
④ 습기가 많을 경우 : 1/10 정도로 감소
⑤ 발과 신발 사이의 저항 : 1,500[Ω]
⑥ 신발과 대지 사이의 저항 : 700[Ω]
⑦ 1[Ω] : 1[V]의 전압이 가해졌을 때 1[A]의 전류가 흐르는 저항

참고 산업안전기사 필기 p.4-17(2. 인체의 저항 및 위험에너지)

KEY 2016년 8월 21일 기사 출제

71 과전류에 의해 전선의 허용전류보다 큰 전류가 흐르는 경우 절연물이 화구가 없더라도 자연히 발화하고 심선이 용단되는 발화단계의 전선 전류밀도[A/mm²]는?

① 10~20
② 30~50
③ 60~120
④ 130~200

해설

전선의 전류밀도에 따른 화재위험정도 분류

화재위험 정도	전선전류밀도 [A/mm²]	비 고
인화단계	40~43	허용전류의 3배 정도가 흐르게 되면 점화원에 대해 절연물이 인화하는 단계
착화단계	43~60	허용전류의 3배 이상의 전류가 흐르게 되어 점화원이 존재하지 않더라도 절연물이 스스로 탄화되어 빨갛게 달구어진 전선의 심선이 노출되는 단계
발화 단계	발화후 용융	60~70	착화단계보다 더 큰 전류가 흐르는 경우 점화원 없이도 절연물이 스스로 발화되어 용융되는 단계
	용융과 동시에 발화	75~120	발화후 용융단계보다 더 큰 전류가 흐르는 경우 점화원 없이도 절연물이 용융되면서 스스로 발화하는 단계
전선폭발 단계		120 이상	전선에 매우 큰 전류가 흐를 경우 전선의 심선이 용융되며 끊어지면서 전선피복을 뚫고 나와 심선인 동이 폭발하며 비산하는 단계

참고
① 산업안전기사 필기 p.4-75(표. 절연전선의 과대 전류)
② 산업안전기사 필기 p.4-84(문제 5번)

KEY
① 2015년 8월 16일 기사 출제
② 2019년 8월 4일 기사 출제

72 피뢰시스템의 등급에 따른 회전구체의 반지름으로 틀린 것은?

① I 등급 : 20[m]
② II 등급 : 30[m]
③ III 등급 : 40[m]
④ IV 등급 : 60[m]

해설

뇌격전류 파라미터 최솟값과 LPL에 상응하는 회전구체 반지름

수뢰기준			피뢰레벨(LPL)			
구분	기호	단위	I	II	III	IV
최소 피크전류	I	kA	3	5	10	16
회전구체 반지름	r	m	20	30	45	60

KEY
① 2020년 9월 27일 기사 출제
② 2021년 8월 14일 기사 출제

합격정보
피뢰시스템(KSC IEC 62305)

보충학습
① 피뢰(LP : Lightning Protection)
뇌(뇌방전)로부터 사람만 아니라 내부시스템 및 내용물을 포함한 구조물의 보호를 위한 전체 시스템, 일반적으로 LPS(피뢰 시스템)와 SPM(LEMP 방호대책)으로 구성된다.
② 피뢰 시스템(LPS : Lightning Protection System)
구조물 뇌격으로 인한 물리적 손상을 줄이기 위해 사용되는 전체 시스템을 말한다. 피뢰시스템은 외부시스템과 내부시스템으로 구성된다.
③ 피뢰 구역(LPZ : Lightning Protection Zone)
뇌 전자기적 환경이 정의된 구역을 말한다.
④ 피뢰 레벨(LPL : Lightning Protection Level)
자연적으로 발생하는 뇌방전을 초과하지 않는 최대, 최소 설계값 확률에 관련된 일련의 뇌전류 파라미터로 정해지는 레벨을 말한다. LPL은 뇌전류 파라미터에 따라 보호대책을 설계하는데 이용된다.

[정답] 70 ③ 71 ③ 72 ③

⑤ LEMP 방호대책 (SPM, LEMP Protection Measures)
뇌전자기 임펄스(LEMP)의 영향으로부터 내부시스템을 보호하기 위한 대책을 말한다.

KEY
① 2011년 6월 12일 기사 출제
② 2012년 8월 26일 기사 출제
③ 2017년 5월 7일 기사 출제
④ 2018년 3월 4일 기사 출제
⑤ 2020년 9월 27일 기사 출제

73 저압방폭전기의 배관방법에 대한 설명으로 틀린 것은?

① 전선관용 부속품은 방폭구조에서 정한 것을 사용한다.
② 전선관용 부속품은 유효 접속면의 길이를 5[mm] 이상 되도록 한다.
③ 배선에서 케이블의 표면온도가 대상하는 발화온도에 충분한 여유가 있도록 한다.
④ 가요성 피팅(Fitting)은 방폭구조를 이용하되 외경의 반경을 5배 이상으로 한다.

해설
저압방폭전기 배관방법
① 전선관과 전선관용 부속품 또는 전기기기와의 접속, 전선관용 부속품 상호의 접속 또는 전기기기와의 접속은 KS B 0221에서 규정한 관용 평행나사에 의해 나사산이 5산이상 결합되도록 하여야 한다.
② 제1항의 나사결합시에는 전선관과 전선관용 부속품 또는 전기기기와의 접속부분에 록크너트를 사용하여 결합부분이 유효하게 고정되도록 하여야 한다.
③ 전선관을 상호 접속시에는 유니온 커플링을 사용하여 5산이상 유효하게 접속되도록 하여야 한다.
④ 가요성을 요하는 접속부분에는 내압방폭성능을 가진 가요전선관을 사용하여 접속하여야 한다.
⑤ 제4항의 가요전선관 공사시에는 구부림 내측반경은 가요전선관 외경의 5배이상으로 하여 비틀림이 없도록 하여야 한다.

KEY 2017년 8월 26일 기사 출제

74 교류 아크 용접기의 자동전격방지장치는 전격의 위험을 방지하기 위하여 아크 발생이 중단된 후 약 1초 이내에 출력 측 무부하 전압을 자동적으로 몇 [V] 이하로 저하시켜야 하는가?

① 85
② 70
③ 50
④ 25

해설
자동전격방지장치 무부하전압
① 시간 : 1±0.3초 이내   ② 전압 : 25[V] 이하

참고 산업안전기사 필기 p.4-78(2. 방호 장치의 성능)

75 활선장구 중 활선시메라의 사용 목적이 아닌 것은?

① 충전중인 전선을 장선할 때
② 충전중인 전선의 변경작업을 할 때
③ 활선작업으로 애자 등을 교환할 때
④ 특고압 부분의 검전 및 잔류전하를 방전할 때

해설
활선시메라 사용 목적
① 충전중인 전선을 장선할 때
② 충전중인 전선의 변경작업을 할 때
③ 활선작업으로 애자 등을 교환할 때

참고 산업안전기사 필기 p.4-24([표] 활선 안전용구의 사용목적)

KEY
① 2015년 8월 16일 기사 출제
② 2016년 3월 6일 기사 출제

76 가수전류(Let-go Current)에 대한 설명으로 옳은 것은?

① 마이크 사용 중 전격으로 사망에 이른 전류
② 전격을 일으킨 전류가 교류인지 직류인지 구별할 수 없는 전류
③ 충전부로부터 인체가 자력으로 이탈할 수 있는 전류
④ 몸이 물에 젖어 전압이 낮은 데도 전격을 일으킨 전류

해설
가수전류(이탈전류)

전격의 영향	교류값
① 인체가 자력으로 이탈 가능한 전류 ② Let-go current ③ 마비한계전류라고 하는 경우도 있음	① 상용주파수 60[Hz]에서 10~15[mA] ② 최저가수전류치 ㉮ 남자 : 9[mA] ㉯ 여자 : 6[mA]

[정답] 73 ② 74 ④ 75 ④ 76 ③

참고 산업안전기사 필기 p.4-17(3. 통전전류에 따른 인체의 영향)

KEY ① 2012년 8월 26일 기사 출제
② 2018년 8월 19일 기사 출제

참고 산업안전기사 필기 p.4-3(2. 퓨즈)

KEY ① 2014년 5월 25일 기사 출제
② 2017년 8월 26일 기사 출제

77 정전기 화재폭발 원인으로 인체 대전에 대한 예방대책으로 옳지 않은 것은?

① Wrist Strap을 사용하여 접지선과 연결한다.
② 대전방지제를 넣은 제전복을 착용한다.
③ 대전방지 성능이 있는 안전화를 착용한다.
④ 바닥 재료는 고유저항이 큰 물질로 사용한다.

해설

인체대전에 대한 정전기 예방대책
① 접지
② 정전화, 정전작업복 착용
③ 유속제한, 정치시간 확보
④ 대전방지제 사용
⑤ 가습
⑥ 제전기 사용
⑦ 제전장치 및 탱크의 불활성화
⑧ 바닥재료는 고유저항이 작은 물질 사용(정전기 발생 방지)

참고 산업안전기사 필기 p.4-36(그림 : 정전기 방지대책)

KEY 2021년 8월 14일 기사 출제

보충학습
Wrist strap : 정전기방지 손목띠

79 정전에너지를 나타내는 식으로 알맞은 것은?(단, Q는 대전 전하량, C는 정전용량이다.)

① $\dfrac{Q}{2C}$ ② $\dfrac{Q}{2C^2}$

③ $\dfrac{Q^2}{2C}$ ④ $\dfrac{Q^2}{2C^2}$

해설

정전기 에너지
① 정전용량 $C[F]$인 물체에 전압 $V[V]$가 가해져서 $Q[C]$의 전하가 축적되어 있을 때 에너지는 $W = \dfrac{1}{2}QV = \dfrac{1}{2}CV^2 = \dfrac{1Q^2}{2C}[J]$이 된다.
② 유도된 전압 $= \dfrac{C_1}{C_1+C_2}E$

W : 정전기 에너지[J]
C : 도체의 정전용량[F]
V : 대전전위(유도된 전압)[V]
Q : 대전전하량[C]

참고 산업안전기사 필기 p.4-33(6. 정전기 에너지)

KEY 2019년 8월 4일 기사 출제

78 전동기용 퓨즈의 사용 목적으로 알맞은 것은?

① 과전압 차단
② 누설전류 차단
③ 지락과전류 차단
④ 회로에 흐르는 과전류 차단

해설

전동기용 퓨즈의 사용목적 : 가장 간단한 과전류차단기

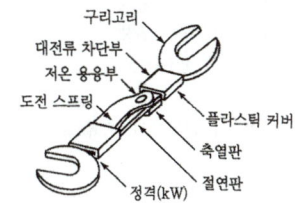

[그림] 고압용 비포장 퓨즈(고리형 퓨즈)

80 심장의 맥동주기 중 어느 때에 전격이 인가되면 심실세동을 일으킬 확률이 크고, 위험한가?

① 심방의 수축이 있을 때
② 심실의 수축이 있을 때
③ 심실의 수축 종료 후 심실의 휴식이 있을 때
④ 심실의 수축이 있고 심방의 휴식이 있을 때

[정답] 77 ④ 78 ④ 79 ③ 80 ③

해설
전격인가위상 : 심장 맥동주기의 어느 위상에서의 통전여부

심장의 맥동주기	구성 및 현상
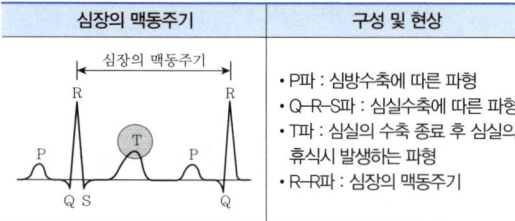	• P파 : 심방수축에 따른 파형 • Q-R-S파 : 심실수축에 따른 파형 • T파 : 심실의 수축 종료 후 심실의 휴식시 발생하는 파형 • R-R파 : 심장의 맥동주기

참고) 산업안전기사 필기 p.4-82(표. 전격인가위상)

KEY ① 2015년 5월 31일 기사 출제
② 2018년 8월 19일 기사 출제

5 화학설비 안전관리

81 다음 물질 중 공기에서 폭발상한계 값이 가장 큰 것은?

① 사이클로헥산   ② 산화에틸렌
③ 수소   ④ 이황화탄소

해설
주요 인화성 가스의 폭발범위

인화성 가스	폭발하한값[%]	폭발상한값[%]
아세틸렌(C_2H_2)	2.5	81
산화에틸렌(C_2H_4O)	3	80
수소(H_2)	4	75
일산화탄소(CO)	12.5	74
프로판(C_3H_8)	2.1	9.5
에탄(C_2H_6)	3	12.5
메탄(CH_4)	5	15
부탄(C_4H_{10})	1.8	8.4

참고) 산업안전기사 필기 p.5-17(합격날개 : 합격예측 및 관련법규)

KEY ① 2013년 3월 10일 기사 출제
② 2016년 5월 8일 기사 출제
③ 2017년 8월 26일 기사 출제
④ 2021년 3월 7일 기사 출제

82 다음 중 자연발화가 쉽게 일어나는 조건으로 틀린 것은?

① 주위온도가 높을수록
② 열 축적이 클수록
③ 적당량의 수분이 존재할 때
④ 표면적이 작을수록

해설
자연발화조건
① 발열량이 클 것   ② 열전도율이 작을 것
③ 주위의 온도가 높을 것   ④ 표면적이 넓을 것
⑤ 수분이 적당량 존재할 것

참고) 산업안전기사 필기 p.5-7(2. 자연발화조건)

KEY ① 2011년 6월 12일 기사 출제
② 2018년 3월 4일 기사 출제
③ 2018년 8월 19일 기사 출제
④ 2020년 8월 22일 기사 출제
⑤ 2022년 3월 5일 기사 출제

83 산업안전보건법령상 "부식성 산류"에 해당하지 않는 것은?

① 농도 20[%]인 염산
② 농도 40[%]인 인산
③ 농도 50[%]인 질산
④ 농도 60[%]인 아세트산

해설
부식성 물질
① 부식성 산류
 ㉮ 농도가 20[%] 이상인 염산, 황산, 질산, 기타 이와 동등 이상의 부식성을 지니는 물질
 ㉯ 농도가 60[%] 이상인 인산, 아세트산, 플루오르산, 기타 이와 동등 이상의 부식성을 가지는 물질
② 부식성 염기류 : 농도가 40[%] 이상인 수산화나트륨, 수산화칼슘, 기타 이와 동등 이상의 부식성을 가지는 염기류

참고) 산업안전기사 필기 p.5-36(7. 부식성 물질)

KEY ① 2011년 8월 21일 기사 출제
② 2012년 8월 26일 기사 출제
③ 2019년 8월 4일 기사 출제

합격정보
산업안전보건기준에 관한 규칙 [별표1] 위험물질종류

[**정답**] 81 ② 82 ④ 83 ②

84 다음 중 화재감지기에 있어 열감지 방식이 아닌 것은?

① 정온식　　② 광전식
③ 차동식　　④ 보상식

해설

화재감지기의 종류
(1) 열감지식
　① 차동식
　② 보상식
　③ 정온식
(2) 연기식
　① 이온화식
　② 광전식

참고 산업안전기사 필기 p.5-27(문제 31번) 적중

KEY ① 2012년 3월 4일 기사 출제
　　② 2012년 5월 20일 기사 출제
　　③ 2013년 3월 10일 기사 출제
　　④ 2014년 8월 17일 기사 출제
　　⑤ 2016년 8월 21일 기사 출제
　　⑥ 2020년 8월 22일 기사 출제

85 사업주는 가스폭발 위험장소 또는 분진폭발 위험장소에 설치되는 건축물 등에 대해서는 규정에서 정한 부분을 내화구조로 하여야 한다. 다음 중 내화구조로 하여야 하는 부분에 대한 기준이 틀린 것은?

① 건축물의 기둥 : 지상 1층(지상 1층의 높이가 6미터를 초과하는 경우에는 6미터)까지
② 위험물 저장·취급용기의 지지대(높이가 30센티미터 이하인 것은 제외) : 지상으로부터 지지대의 끝부분까지
③ 건축물의 보 : 지상 2층(지상 2층의 높이가 10미터를 초과하는 경우에는 10미터)까지
④ 배관·전선관 등의 지지대 : 지상으로부터 1단(1단의 높이가 6미터를 초과하는 경우에는 6미터)까지

해설

제270조(내화기준) ① 사업주는 제230조제1항에 따른 가스폭발 위험장소 또는 분진폭발 위험장소에 설치되는 건축물 등에 대해서는 다음 각 호에 해당하는 부분을 내화구조로 하여야 하며, 그 성능이 항상 유지될 수 있도록 점검·보수 등 적절한 조치를 하여야 한다. 다만, 건축물 등의 주변에 화재에 대비하여 물 분무시설 또는 폼 헤드(foam head)설비 등의 자동소화설비를 설치하여 건축물이 화재시에 2시간 이상 그 안전성을 유지할 수 있도록 한 경우에는 내화구조로 하지 아니할 수 있다.

1. 건축물의 기둥 및 보 : 지상 1층(지상 1층의 높이가 6[m]를 초과하는 경우에는 6[m])까지
2. 위험물 저장·취급용기의 지지대(높이가 30[cm] 이하인 것은 제외한다) : 지상으로부터 지지대의 끝부분까지
3. 배관·전선관 등의 지지대 : 지상으로부터 1단(1단의 높이가 6[m]를 초과하는 경우에는 6[m])까지

② 내화재료는 「산업표준화법」에 따른 한국산업표준으로 정하는 기준에 적합하거나 그 이상의 성능을 가지는 것이어야 한다.

참고 산업안전기사 필기 p.5-10(합격날개 : 합격예측 및 관련법규)

KEY ① 2011년 8월 21일 기사 출제
　　② 2017년 3월 5일 기사 출제
　　③ 2019년 4월 27일 기사 출제
　　④ 2020년 9월 27일 기사 출제

합격정보
산업안전보건기준에 관한 규칙 제270조(내화기준)

86 다음 관(pipe) 부속품 중 관로의 방향을 변경하기 위하여 사용하는 부속품은?

① 니플(nipple)　　② 유니온(union)
③ 플랜지(flange)　　④ 엘보(elbow)

해설

피팅류(Fittings)의 용도

용도	종류
두 개의 관을 연결할 때	플랜지, 유니온, 커플링, 니플, 소켓
관로의 방향을 바꿀 때	엘보, Y지관, 티, 십자
관로의 크기를 바꿀 때	축소관, 부싱
가지관을 설치할 때	티(T), Y지관, 십자
유로를 차단할 때	플러그, 캡, 밸브
유량 조절	밸브

참고 산업안전기사 필기 p.5-58(합격날개 : 합격예측)

KEY ① 2013년 3월 10일 기사 출제
　　② 2014년 3월 2일 기사 출제
　　③ 2015년 8월 16일 기사 출제
　　④ 2016년 3월 6일 기사 출제
　　⑤ 2016년 5월 8일 기사 출제
　　⑥ 2020년 6월 7일 기사 출제
　　⑦ 2020년 9월 27일 기사 출제

[정답] 84 ②　85 ③　86 ④

과년도 출제문제

87 다음 중 상온에서 물과 격렬히 반응하여 수소를 발생시키는 물질은?

① Au ② K
③ S   ④ Ag

해설

K(칼륨) : 칼륨은 금수성 물질로서 산과 접촉 시 수소방출

참고 ① 산업안전기사 필기 p.5-62(문제 4번)
② 산업안전기사 필기 p.5-69(문제 35번) 적중

KEY ① 2012년 5월 20일 기사 출제
② 2016년 5월 8일 기사 출제
③ 2017년 8월 26일 기사 출제
④ 2018년 3월 4일 기사 출제
⑤ 2019년 3월 3일 기사 출제
⑥ 2021년 3월 7일, 5월 15일 기사 출제

보충학습

① 반응식 : $2K + 2H_2O \rightarrow 2KOH + H_2$
② Cu, Fe, Au, Ag, C : 상온에서 고체로 물과 접촉해도 반응불가
③ K, Na, Mg, Zn, Li : 물과 격렬반응하여 수소 발생

88 공정안전보고서 중 공정안전자료에 포함하여야 할 세부내용에 해당하는 것은?

① 비상조치계획에 따른 교육계획
② 안전운전지침서
③ 각종 건물·설비의 배치도
④ 도급업체 안전관리계획

해설

공정안전자료의 내용
① 취급·저장하고 있는 유해·위험물질의 종류와 수량
② 유해·위험물질에 대한 물질안전보건자료
③ 유해·위험설비의 목록 및 사양
④ 유해·위험설비의 운전방법을 알 수 있는 공정도면
⑤ 각종 건물·설비의 배치도
⑥ 폭발위험장소구분도 및 전기단선도
⑦ 위험설비의 안전설계·제작 및 설치관련지침서

참고 산업안전산업기사 필기 p.5-88(공정안전자료)

KEY ① 2011년 3월 20일 기사 출제
② 2014년 3월 2일 기사 출제
③ 2014년 5월 25일 기사 출제
④ 2018년 3월 4일 기사 출제
⑤ 2019년 4월 27일 기사 출제
⑥ 2021년 5월 15일, 8월 14일 기사 출제

합격정보

산업안전보건법시행규칙 제130조의 2(공정안전보고서의 세부내용 등)

89 위험물의 저장방법으로 적절하지 않은 것은?

① 탄화칼슘은 물 속에 저장한다.
② 벤젠은 산화성 물질과 격리시킨다.
③ 금속나트륨은 석유 속에 저장한다.
④ 질산은 갈색병에 넣어 냉암소에 보관한다.

해설

탄화칼슘(CaC_2) : 금수성 물질

참고 산업안전기사 필기 p.5-39(3류 자연 발화성 및 금수성 물질)

KEY ① 2012년 3월 4일 기사 출제
② 2018년 8월 19일 기사 출제
③ 2022년 4월 24일 기사 출제

보충학습

$CaC_2 + 2H_2O \rightarrow Ca(OH)_2 + C_2H_2$

90 다음 중 고체연소의 종류에 해당하지 않는 것은?

① 표면연소 ② 증발연소
③ 분해연소 ④ 혼합연소

해설

고체연소의 종류
① 표면 연소
② 증발연소
③ 분해연소
④ 자기연소

참고 산업안전기사 필기 p.5-4(2. 고체의 연소)

KEY ① 2015년 8월 16일 기사 출제
② 2018년 8월 19일 기사 출제
③ 2021년 8월 14일 기사 출제

91 다음 중 응상폭발이 아닌 것은?

① 분해폭발
② 수증기폭발
③ 전선폭발
④ 고상간의 전이에 의한 폭발

[**정답**] 87 ② 88 ③ 89 ① 90 ④ 91 ①

해설

응상폭발의 종류
① 수증기 폭발
② 전선폭발
③ 고상간 전이 폭발
④ 불안정 물질의 폭발
⑤ 혼합·혼촉에 의한 폭발

[참고] 산업안전기사 필기 p.5-9([표] 증기, 분진, 분해 폭발)

[KEY] ① 2017년 5월 7일 기사 출제
② 2020년 9월 27일 기사 출제

[보충학습]
(1) 물리적 폭발
　① 탱크의 감압폭발
　② 수증기 폭발
　③ 고압용기의 폭발
(2) 화학적 폭발
　① 분해폭발
　② 화학폭발
　③ 중합폭발
　④ 산화폭발

[보충학습]
응상(凝狀)
물질이 엉긴상태를 말한다. 즉, 폭발물의 분자가 응집되어 액체 또는 고체상태

---

92 다음 중 흡입시 인체에 구내염과 혈뇨, 손 떨림 등의 증상을 일으키며 신경계를 대표적인 표적기관으로 하는 물질은?

① 백금　　　　② 석회석
③ 수은　　　　④ 이산화탄소

해설

수은(Hg)중독
① 제련 및 정련 작업장, 온도계, 압력계, 전기계기 등을 제조하는 작업장, 수은화합물의 제조 작업장, 도금 작업장 등에서 일하는 근로자들에게 많이 발생하고 있다.
② 중독의 초기증상으로는 안색이 누렇게 변하며 구토와 두통, 복통과 설사 등 소화불량증세가 나타난다.
③ 중독현상이 더욱 진행되면 구내염에 의한 금속성 입맛이 나고, 침을 많이 흘리게 되며, 심하면 손이 떨려서 글씨를 쓸 수 없게 되는 의지성 진전(intention tremor)이 나타나고 보행도 어렵게 된다.
④ 불면증과 피부병이 더욱 심하게 되면 정신흥분증상이 나타나기도 한다.

[참고] 산업안전기사 필기 p.5-69(문제 4번)

[KEY] 2016년 8월 21일 기사 출제

---

93 가스누출감지경보기 설치에 관한 기술상의 지침으로 틀린 것은?

① 암모니아를 제외한 가연성가스 누출감지경보기는 방폭성능을 갖는 것이어야 한다.
② 독성가스 누출감지경보기는 해당 독성가스 허용농도의 25[%] 이하에서 경보가 울리도록 설정하여야 한다.
③ 하나의 감지대상가스가 가연성이면서 독성인 경우에는 독성가스를 기준하여 가스누출감지경보기를 선정하여야 한다.
④ 건축물 안에 설치되는 경우, 감지 대상가스의 비중이 공기보다 무거운 경우에는 건축물 내의 하부에 설치하여야 한다.

해설

경보설정치
① 가연성 가스누출감지경보기는 감지대상 가스의 폭발하한계 25퍼센트 이하, 독성가스 누출감지경보기는 해당 독성가스의 허용농도 이하에서 경보가 울리도록 설정하여야 한다.
② 가스누출감지경보의 정밀도는 경보설정치에 대하여 가연성 가스누출감지경보기는 ±25퍼센트 이하, 독성가스누출감지경보기는 ±30퍼센트 이하이어야 한다.

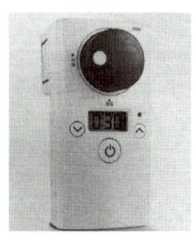

[그림] 가스누출감지경보기

[KEY] ① 2014년 5월 25일 기사 출제
② 2021년 8월 14일 기사 출제

[합격정보]
고용노동부고시 제2020-49호 가스누출감지경보기 설치에 관한 기술상의 지침

[정답] 92 ③ 93 ②

94 뜨거운 금속에 물이 닿으면 튀는 현상과 같이 핵비등(nuclear boiling) 상태에서 막비등(film boiling)으로 이행하는 온도를 무엇이라 하는가?

① Burn-out point
② Leidenfrost point
③ Entrainment point
④ Sub-cooling boiling point

해설

Leidenfrost point
① 물이 담긴 냄비의 바닥을 가열할 때 냄비바닥의 온도가 비등점(100[℃])에서 점점 올라감에 따라 처음에는 바닥으로부터 공기방울이 올라오고, 이어서 기화된 수증기방울이 올라오며 이 방울이 점점 많아지는 현상을 Nucleate Boiling(핵비등 : 바닥의 옴폭한 홈 등에서 기포가 시작된다고 하여 붙인 이름)이라 한다.
② 물은 200[℃] 근방까지는 이러한 끓는 모양을 보인다.

KEY ① 2013년 8월 18일 기사 출제
② 2019년 8월 4일 기사 출제

보충학습

번 아웃 점(burn-out point)
① 비등 전열에 있어 핵 비등에서 막 비등으로 이행할 때 열유속이 극댓값을 나타내는 점
② 막 비등 상태에 이행하기 쉽고 전열면 온도가 매우 높으므로 전열면이 융해 파손하는 경우가 있으므로 중요시되고 있다.

읽을꺼리

라이덴프로스트효과는 요한 고틀롭 라이덴프로스트가 그의 저서인 "A Tract About Some Qualities of Common Water"에서 처음 논의하면서 그의 이름을 따서 지어졌다.

95 사업주는 안전밸브등의 전단·후단에 차단밸브를 설치해서는 아니 된다. 다만 별도로 정한 경우에 해당할 때는 자물쇠형 또는 이에 준하는 형식의 차단밸브를 설치할 수 있다. 이에 해당하는 경우가 아닌 것은?

① 화학설비 및 그 부속설비에 안전밸브등이 복수방식으로 설치되어 있는 경우
② 예비용 설비를 설치하고 각각의 설비에 안전밸브등이 설치되어 있는 경우
③ 파열판과 안전밸브를 직렬로 설치한 경우
④ 열팽창에 의하여 상승된 압력을 낮추기 위한 목적으로 안전밸브가 설치된 경우

해설

차단밸브의 설치금지기준
① 인접한 화학설비 및 그 부속설비에 안전밸브등이 각각 설치되어 있고, 해당 화학설비 및 그 부속설비의 연결배관에 차단밸브가 없는 경우
② 안전밸브등의 배출용량의 2분의 1 이상에 해당하는 용량의 자동압력조절밸브(구동용 동력원의 공급을 차단하는 경우 열리는 구조인 것으로 한정한다)와 안전밸브등이 병렬로 연결된 경우
③ 화학설비 및 그 부속설비에 안전밸브등이 복수방식으로 설치되어 있는 경우
④ 예비용 설비를 설치하고 각각의 설비에 안전밸브등이 설치되어 있는 경우
⑤ 열팽창에 의하여 상승된 압력을 낮추기 위한 목적으로 안전밸브가 설치된 경우
⑥ 하나의 플레어 스택(flare stack)에 둘 이상의 단위공정의 플레어 헤더(flare header)를 연결하여 사용하는 경우로서 각각의 단위공정의 플레어헤더에 설치된 차단밸브의 열림·닫힘 상태를 중앙제어실에서 알 수 있도록 조치한 경우

참고 산업안전기사 필기 p.5-6(합격날개 : 합격예측 및 관련법규)

KEY ① 2012년 3월 4일 기사 출제
② 2014년 3월 2일 기사 출제
③ 2017년 8월 26일 기사 출제
④ 2018년 8월 19일 기사 출제
⑤ 2021년 3월 7일 기사 출제

합격정보

산업안전보건기준에 관한 규칙 제266조(차단밸브의 설치금지)

96 니트로셀룰로오스와 같이 연소에 필요한 산소를 포함하고 있는 물질이 연소하는 것을 무엇이라고 하는가?

① 분해연소
② 확산연소
③ 그을음연소
④ 자기연소

해설

자기연소(자기반응성 물질)
① 제5류 위험물은 인화성이면서 자체 내에 산소를 함유하고 있어 공기 중의 산소를 필요로 하지 않고 연소되는데 이를 자기연소라 한다.
② 니트로 화합물, 다이나마이트 등

참고 산업안전기사 필기 p.5-5(4. 자기연소)

KEY ① 2016년 8월 21일 기사 출제
② 2020년 6월 7일 기사 출제

[정답] 94 ② 95 ③ 96 ④

97 가연성 물질을 취급하는 장치를 퍼지하고자 할 때 잘못된 것은?

① 대상물질의 물성을 파악한다.
② 사용하는 불활성가스의 물성을 파악한다.
③ 퍼지용 가스를 가능한 한 빠른 속도로 단시간에 다량 송입한다.
④ 장치 내부를 세정한 후 퍼지용 가스를 송입한다.

해설

퍼지방법
① 퍼지용 가스는 장시간에 걸쳐 천천히 주입한다.
② why : 빨리 주입시 폭발한다.

참고 산업안전기사 필기 p.5-20(표. 퍼지의 종류)

KEY ① 2019년 4월 27일 기사 출제
② 2021년 8월 14일 기사 출제

보충학습

퍼지(purge)
연소되지 않은 가스가 노 안에 또는 기타 장소에 차 있으면 점화를 했을 때 폭발할 우려가 있으므로 점화시키기 전에 이것을 노 밖으로 배출하기 위하여 환기시키는 것을 퍼지라고 한다.

98 압축기와 송풍기의 관로에 심한 공기의 맥동과 진동을 발생하면서 불안정한 운전이 되는 서징(surging) 현상의 방지법으로 옳지 않은 것은?

① 풍량을 감소시킨다.
② 배관의 경사를 완만하게 한다.
③ 교축밸브를 기계에서 멀리 설치한다.
④ 토출가스를 흡입측에 바이패스 시키거나 방출밸브에 의해 대기로 방출시킨다.

해설

서징(맥동현상) 방지대책
① 풍량을 감소시킨다.
② 배관의 경사를 완만하게 한다.
③ 토출가스를 흡입측에 바이패스 시키거나 방출밸브에 의해 대기로 방출시킨다.

참고 산업안전기사 필기 p.5-81(문제 91번) 해설

KEY ① 2015년 3월 8일 기사 출제
② 2017년 8월 26일 기사 출제
③ 2020년 6월 7일 기사 출제

보충학습

맥동현상 발생원인
① 배관 중에 수조가 있을 때
② 배관 중에 기체상태의 부분이 있을 때
③ 유량조절밸브가 배관 중 수조의 위치 후방에 있을 때
④ 펌프의 특성곡선이 산모양이고 운전점이 그 정상부일 때

99 대기압하에서 인화점이 0[℃] 이하인 물질이 아닌 것은?

① 메탄올
② 이황화탄소
③ 산화프로필렌
④ 디에틸에테르

해설

주요 인화성 액체의 인화점

물질명	인화점(℃)	물질명	인화점(℃)
아세톤	-20	아세트알데히드	-39
가솔린	-43	에틸알코올	13
경유	40~85	메탄올	11
등유	30~60	산화에틸렌	-17.8
벤젠	-11	이황화탄소	-30
테레빈유	35	에틸에테르	-45

참고 ① 산업안전기사 필기 p.5-25(문제 18번 해설)
② 2020년 9월 27일(문제 82번)

KEY 2020년 9월 27일 기사 출제

보충학습

CH_3OH(메탄올 : 목정) 인화점 : 11~12[℃]

100 펌프의 사용 시 공동현상(cavitation)을 방지하고자 할 때의 조치사항으로 틀린 것은?

① 펌프의 회전수를 높인다.
② 흡입비 속도를 작게 한다.
③ 펌프의 흡입관의 헤드(head) 손실을 줄인다.
④ 펌프의 설치높이를 낮추어 흡입양정을 짧게 한다.

[정답] 97 ③ 98 ③ 99 ① 100 ①

해설

cavitation 현상(공동현상)
① 유체에 압력을 가해도 밀도는 극히 작게 증가하고, 압력을 감소시켜 유체의 증기압 이하로 할 경우 부분적으로 증기가 발생하는 현상
② 진공, 소음발생
③ 효율저하 및 침식

[참고] 산업안전기사 필기 p.5-81(문제 91번) 적중

[KEY] ① 2012년 8월 26일 기사 출제
② 2013년 8월 18일 기사 출제
③ 2015년 3월 8일 기사 출제
④ 2016년 5월 8일 기사 출제
⑤ 2019년 8월 4일 기사 출제

6 건설공사 안전관리

101 건설공사 유해위험방지계획서를 제출해야 할 대상공사에 해당하지 않는 것은?

① 깊이 10[m]인 굴착공사
② 다목적댐 건설공사
③ 최대 지간길이가 40[m]인 교량건설 공사
④ 연면적 5,000[m²]인 냉동·냉장창고시설의 설비공사

해설

유해위험 방지계획서 제출 대상 공사
(1) 건축물 또는 시설 등의 건설·개조 또는 해체공사
　가. 지상높이가 31미터 이상인 건축물 또는 인공구조물
　나. 연면적 3만제곱미터 이상인 건축물
　다. 연면적 5천제곱미터 이상인(에) 해당하는 시설
　　① 문화 및 집회시설(전시장 및 동물원·식물원은 제외한다)
　　② 판매시설, 운수시설(고속철도의 역사 및 집배송시설은 제외한다)
　　③ 종교시설
　　④ 의료시설 중 종합병원
　　⑤ 숙박시설 중 관광숙박시설
　　⑥ 지하도상가
　　⑦ 냉동·냉장 창고시설
(2) 연면적 5천제곱미터 이상의 냉동·냉장창고시설의 설비공사 및 단열공사
(3) 최대지간길이가 50[m] 이상인 교량건설 등 공사
(4) 터널건설 등의 공사
(5) 다목적댐, 발전용댐, 저수용량 2천만톤 이상의 용수전용댐 및 지방상수도 전용댐의 건설 등 공사
(6) 깊이 10[m] 이상인 굴착공사

[참고] 산업안전기사 필기 p.6-20(3. 유해위험방지계획서 제출대상 건설공사)

[KEY] 2022년 4월 24일 기사 등 15회 이상 출제

[합격정보] 산업안전보건법 시행령 제42조(유해위험방지계획서 제출대상)

[합격자의 조언] 제2과목에도 출제가 됩니다.

102 터널지보공을 조립하는 경우에는 미리 그 구조를 검토한 후 조립도를 작성하고, 그 조립도에 따라 조립하도록 하여야 하는데 이 조립도에 명시하여야 할 사항과 가장 거리가 먼 것은?

① 이음방법　　② 단면규격
③ 재료의 재질　④ 재료의 구입처

해설

터널지보공 조립도 명시사항 4가지
① 재료의 재질
② 단면규격
③ 설치간격
④ 이음방법

[참고] 산업안전기사 필기 p.6-113(합격날개 : 합격예측 및 관련법규)

[KEY] ① 2013년 8월 18일 기사 출제
② 2017년 8월 26일 기사 출제
③ 2021년 5월 15일 기사 출제

[합격정보] 산업안전보건기준에 관한 규칙 제363조(조립도)

103 불도저를 이용한 작업 중 안전조치사항으로 옳지 않은 것은?

① 작업종료와 동시에 삽날을 지면에서 띄우고 주차제동장치를 건다.
② 모든 조종간은 엔진 시동전에 중립 위치에 놓는다.
③ 장비의 승차 및 하차 시 뛰어내리거나 오르지 말고 안전하게 잡고 오르내린다.
④ 야간작업 시 자주 장비에서 내려와 장비 주위를 살피며 점검하여야 한다.

[정답] 101 ③　102 ④　103 ①

해설
불도저를 비롯한 모든 굴착기계는 작업종료시 삽날은 지면에 밀착시켜야 한다.(이유 : 제동장치 역할을 함)

참고 산업안전기사 필기 p.6-30(합격날개 : 은행문제)

KEY 2020년 9월 27일 기사 출제

---

104 온도가 하강함에 따라 토중수가 얼어 부피가 약 9[%] 정도 증대하게 됨으로써 지표면이 부풀어오르는 현상은?

① 동상현상　　② 연화현상
③ 리칭현상　　④ 액상화현상

해설
동상현상(frost heave)
온도가 하강함에 따라 토중수가 얼어 부피가 약 9[%] 정도 증대하게 됨으로써 지표면이 부풀어오르는 현상

참고 산업안전기사 필기 p.6-2(합격날개 : 은행문제)

KEY ① 2015년 8월 16일 기사 출제
② 2019년 8월 4일 기사 출제

보충학습
동상원인
① 모관상승고가 크다.
② 투수성이 크다.
③ 지하수위가 높아 동결선 위쪽에 있다.
④ 영하의 온도 지속기간이 길때(동결지수가 크다.)

---

105 훅걸이용 와이어로프 등이 훅으로부터 벗겨지는 것을 방지하기 위한 장치는?

① 해지장치　　② 권과방지장치
③ 과부하방지장치　　④ 턴버클

해설
크레인의 방호장치

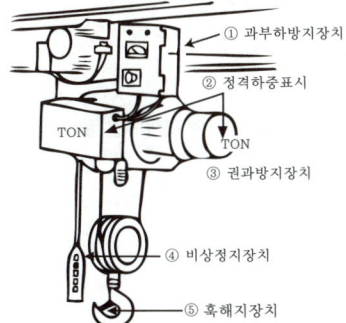

① 과부하방지장치
② 정격하중표시
③ 권과방지장치
④ 비상정지장치
⑤ 훅해지장치

참고 산업안전기사 필기 p.6-131(합격날개 : 합격예측)

KEY ① 2014년 8월 17일 기사 출제
② 2015년 5월 31일 기사 출제
③ 2018년 8월 19일 기사 출제

합격정보
산업안전보건기준에 관한 규칙 제137조(해지장치의 사용)
사업주는 훅걸이용 와이어로프 등이 훅으로부터 벗겨지는 것을 방지하기 위한 장치(이하 "해지장치"라 한다)를 구비한 크레인을 사용하여야 하며, 그 크레인을 사용하여 짐을 운반하는 경우에는 해지장치를 사용하여야 한다.

---

106 유한사면에서 원형 활동면에 의해 발생하는 일반적인 사면 파괴의 종류에 해당하지 않는 것은?

① 사면 내 파괴 (Slope failure)
② 사면 선단 파괴(Toe failure)
③ 사면 인장 파괴(Tension failure)
④ 사면 저부파괴(Base failure)

해설
유한사면의 원호 활동면 붕괴 형태
① 사면 선단 파괴(Toe Failure)
② 사면 내 파괴(Slope Failure)
③ 사면 저부 파괴(Base Failure)

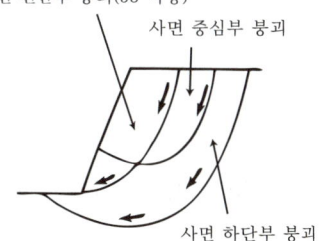

[그림] 사면 붕괴 형태

참고 산업안전기사 필기 p.6-55(합격날개:합격예측)

KEY 2021년 8월 14일 기사 출제

합격정보
굴착공사 표준안전작업 지침 제29조(붕괴의 형태)

[정답] 104 ① 105 ① 106 ③

107 철골구조의 앵커볼트매립과 관련된 준수사항 중 옳지 않은 것은?

① 기둥중심은 기준선 및 인접기둥의 중심에서 3[mm] 이상 벗어나지 않을 것
② 앵커볼트는 매립 후에 수정하지 않도록 설치할 것
③ 베이스플레이트의 하단은 기준 높이 및 인접기둥의 높이에서 3[mm] 이상 벗어나지 않을 것
④ 앵커볼트는 기둥중심에서 2[mm] 이상 벗어나지 않을 것

해설
앵커볼트 매립 정밀도 범위
① 기둥 중심은 기준선 및 인접 기둥의 중심에서 5[mm] 이상 벗어나지 않을 것

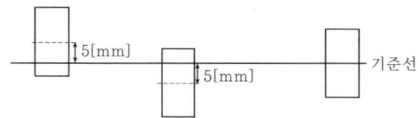

② 인접 기둥 간 중심거리의 오차는 3[mm] 이하일 것

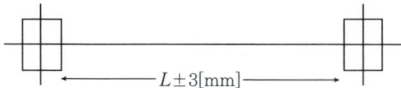

③ 앵커볼트는 기둥 중심에서 2[mm] 이상 벗어나지 않을 것

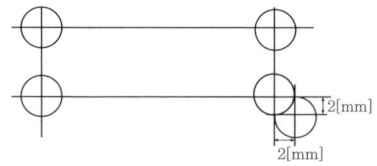

④ Base Plate의 하단은 기준높이 및 인접 기둥 높이에서 3[mm] 이상 벗어나지 않을 것

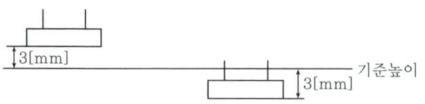

참고 산업안전기사 필기 p.6-161(합격날개 : 합격예측)

KEY ① 2014년 3월 2일 기사 출제
② 2017년 8월 26일 기사 출제

108 건설재해대책의 사면보호공법 중 식물을 생육시켜 그 뿌리로 사면의 표층토를 고정하여 빗물에 의한 침식, 동상, 이완 등을 방지하고, 녹화에 의한 경관조성을 목적으로 시공하는 것은?

① 식생공   ② 쉴드공
③ 뿜어 붙이기공   ④ 블럭공

해설
식생공법의 종류

구분	방법
떼붙임공	떼를 일정한 간격으로 심어서 비탈면을 보호하는 공법(평떼, 줄떼)
식생공	법면에 식물을 번식시켜 법면의 침식과 표면활동 방지
식수공	떼붙임공, 식생공으로 부족할 경우 나무를 심어서 사면보호
파종공	종자, 비료, 안정제, 흙 등을 혼합하여 압력으로 비탈면에 뿜어 붙이는 공법

참고 산업안전기사 필기 p.6-168(합격날개 : 합격예측)

KEY ① 2018년 8월 19일 기사 출제
② 2020년 9월 27일 기사 출제

109 미리 작업장소의 지형 및 지반상태 등에 적합한 제한속도를 정하지 않아도 되는 차량계 건설기계의 속도기준은?

① 최대 제한속도가 10[km/h] 이하
② 최대 제한속도가 20[km/h] 이하
③ 최대 제한속도가 30[km/h] 이하
④ 최대 제한속도가 40[km/h] 이하

해설
제한속도가 정해져 있지 않은 차량계 건설기계 속도 : 10[km/h] 이하

참고 산업안전기사 필기 p.6-61(합격날개 : 합격예측)

KEY ① 2014년 8월 17일 기사 출제
② 2017년 8월 26일 기사 출제
③ 2018년 3월 4일 기사 출제
④ 2021년 3월 7일 기사 출제

합격정보 산업안전보건기준에 관한 규칙 제98조(제한속도의 지정 등)

[정답] 107 ④ 108 ① 109 ①

110 잠함 또는 우물통의 내부에서 굴착작업을 할 때의 준수사항으로 옳지 않은 것은?

① 굴착 깊이가 10[m]를 초과하는 경우에는 해당 작업장소와 외부와의 연락을 위한 통신설비등을 설치하여야 한다.
② 산소 결핍의 우려가 있는 경우에는 산소의 농도를 측정하는 자를 지명하여 측정하도록 한다.
③ 근로자가 안전하게 승강하기 위한 설비를 설치한다.
④ 측정 결과 산소의 결핍이 인정될 경우에는 송기를 위한 설비를 설치하여 필요한 양의 공기를 공급하여야 한다.

해설

잠함작업시 통신설비 설치기준 : 굴착깊이 20[m]초과

참고 산업안전기사 필기 p.6-146(합격날개 : 합격예측 및 관련법규)

KEY
① 2012년 8월 26일 기사 출제
② 2018년 8월 19일 기사 출제

합격정보
산업안전보건기준에 관한 규칙 제377조 (잠함 등 내부에서의 작업)

111 거푸집동바리 구조에서 높이가 l =3.5[m] 인 파이프서포트의 좌굴하중은?(단, 상부받이판과 하부받이판은 힌지로 가정하고, 단면2차모멘트 I =8.31[cm⁴], 탄성계수 E =2.1 × 10⁵[MPa])

① 14,060[N]
② 15,060[N]
③ 16,060[N]
④ 17,060[N]

해설

오일러의 좌굴하중(P_{cr})

$$P_{cr} = \frac{n\pi^2 EI}{l^2} = \frac{\pi^2 EI}{(kl)^2} = \frac{\pi^2 \times 2.1 \times 10^5 \times 8.31}{350^2} = 14,060[N]$$

여기서, n : 지지상태에 따른 좌굴계수
E : 탄성계수
I : 단면 2차모멘트
l : 기둥길이
kl : 유효길이
k : 1.0(양단힌지)

참고 산업안전기사 필기 p.6-95(합격날개 : 합격예측)

KEY 2021년 8월 14일 기사 출제

112 구조물의 해체작업시 해체 작업계획서에 포함하여야 할 사항으로 틀린 것은?

① 해체의 방법 및 해체순서 도면
② 해체물의 처분계획
③ 주변 민원 처리계획
④ 현장 안전 조치 계획

해설

해체작업시 해체계획 작성항목
① 해체의 방법 및 해체의 순서도면
② 가설설비·방호설비·환기설비 및 살수·방화설비 등의 방법
③ 사업장 내 연락 방법
④ 해체물의 처분계획
⑤ 해체 작업용 기계·기구 등의 작업계획서
⑥ 해체 작업용 화약류 등의 사용계획서
⑦ 그밖의 안전보건에 관련된 사항

참고 ① 산업안전기사 필기 p.6-140(4. 해체작업시 해체계획 작성항목)
② 산업안전기사 필기 p.6-192(10. 건물 등의 해체 작업)

KEY 2015년 8월 16일 기사 출제

합격정보
산업안전보건기준에 관한 규칙 [별표 4] 사전조사 및 작업계획서 내용

113 콘크리트 타설 시 거푸집 측압에 관한 설명으로 옳지 않은 것은?

① 타설속도가 빠를수록 측압이 커진다.
② 거푸집의 투수성이 낮을수록 측압은 커진다.
③ 타설높이가 높을수록 측압이 커진다.
④ 콘크리트의 온도가 높을수록 측압이 커진다.

해설

측압
외기 온도가 낮을수록 측압이 크다.

참고 산업안전기사 필기 p.6-151(3. 측압에 영향을 주는 요인)

KEY
① 2014년 5월 25일 기사 출제
② 2015년 5월 31일 기사 출제
③ 2016년 5월 8일 기사 출제
④ 2017년 3월 5일 기사 출제
⑤ 2019년 8월 4일 기사 출제
⑥ 2020년 6월 7일 기사 출제

[정답] 110 ① 111 ① 112 ③ 113 ④

과년도 출제문제

114 흙 속의 전단응력을 증대시키는 원인에 해당하지 않는 것은?

① 자연 또는 인공에 의한 지하공동의 형성
② 함수비의 감소에 따른 흙의 단위 체적 중량의 감소
③ 지진, 폭파에 의한 진동 발생
④ 균열내에 작용하는 수압증가

해설

흙의 전단강도(쿨롱의 법칙)
(1) 개요
   ① 전단강도란 흙에 관한 역학적 성질로 기초의 극한 지지력을 알 수 있다.
   ② 기초의 하중이 흙의 전단강도 이상이면 흙은 붕괴되고 기초는 침하된다.
(2) 전단강도 공식(coulomb의 법칙)
   $\tau = c + \sigma \tan\phi$
   = 점착력 + 마찰력
   여기서, τ : 전단강도 c : 점착력
   　　　　σ : 수직응력 ϕ : 마찰각
   　　　　$\sigma \tan\phi$: 마찰력
(3) 결론 : 함수비 감소에 따른 흙의 단위체적 중량 증가함

참고 산업안전기사 필기 p.6-3(합격날개 : 합격예측)

KEY ① 2011년 6월 12일 기사 출제
　　　② 2021년 8월 14일 기사 출제

115 다음 와이어로프 중 양중기에 사용가능한 범위안에 있다고 볼 수 있는 것은?

① 와이어로프의 한 꼬임(스트랜드)에서 끊어진 소선의 수가 8[%]인 것
② 지름의 감소가 공칭지름의 8[%]인 것
③ 심하게 부식된 것
④ 이음매가 있는 것

해설

와이어로프 사용금지 기준
① 이음매가 있는 것
② 와이어로프의 한 꼬임[(스트랜드(strand)를 말한다. 이하 같다)]에서 끊어진 소선(素線)[필러(pillar)선은 제외한다)]의 수가 10[%] 이상(비자전로프의 경우에는 끊어진 소선의 수가 와이어로프 호칭지름의 6배 길이 이내에서 4개 이상이거나 호칭지름 30배 길이 이내에서 8개 이상)인 것
③ 지름의 감소가 공칭지름의 7[%]를 초과하는 것
④ 꼬인 것
⑤ 심하게 변형되거나 부식된 것
⑥ 열과 전기충격에 의해 손상된 것

합격정보
산업안전보건기준에 관한 규칙 제63조(달비계의 구조)

KEY
① 2014년 5월 25일 기사 출제
② 2014년 8월 17일 기사 출제
③ 2015년 3월 8일 기사 출제
④ 2015년 5월 31일 기사 출제
⑤ 2016년 8월 21일 기사 출제
⑥ 2017년 5월 7일 기사 출제
⑦ 2019년 8월 4일 기사 출제
⑧ 2020년 6월 7일 기사 출제
⑨ 2022년 4월 24일 기사 출제

116 강관비계를 조립할 때 준수하여야 할 사항으로 옳지 않은 것은?

① 띠장간격은 2[m] 이하로 설치하되, 첫번째 띠장은 지상으로부터 3[m] 이하의 위치에 설치할 것
② 비계기둥의 간격은 띠장 방향에서 1.85[m] 이하로 할 것
③ 비계기둥의 제일 윗부분으로부터 31[m] 되는 지점 밑부분의 비계기둥은 2개의 강관으로 묶어 세울 것
④ 비계기둥 간의 적재하중은 400[kg]을 초과하지 않도록 할 것

해설

강관비계
① 띠장간격 : 1.85[m] 이하
② 첫번째 띠장은 지상으로부터 : 2[m] 이하

참고 산업안전기사 필기 p.6-99(합격날개 : 합격예측 및 관련법규)

합격정보
산업안전보건기준에 관한 규칙 제60조(강관비계의 구조)

KEY 2022년 3월 5일 기사 등 20회 이상 출제

[**정답**] 114 ② 115 ① 116 ①

117 항타기 또는 항발기의 권상장치 드럼축과 권상장치로부터 첫 번째 도르래의 축 간의 거리는 권상장치 드럼폭의 몇 배 이상으로 하여야 하는가?

① 5배
② 8배
③ 10배
④ 15배

[해설]
항타기 또는 항발기의 권상장치의 드럼축과 권상장치로부터 첫 번째 도르래의 축 간의 거리 : 권상장치 드럼폭의 15배 이상

[참고] 산업안전기사 필기 p.6-57(합격날개 : 합격예측 및 관련법규)

[KEY] ① 2012년 3월 4일 기사 출제
② 2014년 8월 17일 기사 출제
③ 2018년 8월 19일 기사 출제

[합격정보]
산업안전보건기준에 관한 규칙 제216조 (도르래의 부착 등)

118 건축공사로서 대상액이 5억원 이상 50억원 미만인 경우에 산업안전보건관리비의 비율(가) 및 기초액(나)로 옳은 것은?

① (가) 2.28[%], (나) 4,325,000원
② (가) 1.99[%], (나) 5,499,000원
③ (가) 2.35[%], (나) 5,400,000원
④ (가) 1.57[%], (나) 4,411,000원

[해설]
공사종류 및 규모별 산업안전관리비 계상기준표
(단위 : 원)

구 분 공사종류	대상액 5억원 미만	대상액 5억원 이상 50억원 미만		대상액 50억원 이상	영 별표5에 따른 보건관리자 선임 대상 건설공사
		비율(X)	기초액(C)		
건축공사	3.11[%]	2.28[%]	4,325,000원	2.37[%]	2.64[%]
토목공사	3.15[%]	2.53[%]	3,300,000원	2.60[%]	2.73[%]
중건설공사	3.64[%]	3.05[%]	2,975,000원	3.11[%]	3.39[%]
특수건설공사	2.07[%]	1.59[%]	2,450,000원	1.64[%]	1.78[%]

[참고] 산업안전기사 필기 p.6-43(별표1. 공사의 종류 및 규모별 산업안전관리비 계상기준표)

[KEY] ① 2013년 6월 2일 기사 출제
② 2016년 8월 21일 기사 출제
③ 2017년 3월 5일 기사 출제
④ 2017년 8월 26일 기사 출제
⑤ 2019년 3월 3일 기사 출제
⑥ 2020년 8월 22일 기사 출제

119 흙막이 공법을 흙막이 지지방식에 의한 분류와 구조방식에 의한 분류로 나눌 때 다음 중 지지방식에 의한 분류에 해당하는 것은?

① 수평 버팀대식 흙막이 공법
② H-Pile공법
③ 지하연속벽 공법
④ Top down method 공법

[해설]
지지방식에 의한 분류
(1) 자립식 공법
　① 줄기초흙막이
　② 어미말뚝식 흙막이
　③ 연결재당겨매기식 흙막이
(2) 버팀대식 공법
　① 수평버팀대식
　② 경사버팀대식
　③ 어스앵커 공법

[참고] 산업안전기사 필기 p.6-119(합격날개 : 합격예측)

[KEY] ① 2011년 8월 21일 기사 출제
② 2017년 3월 5일 기사 출제
③ 2020년 9월 27일 기사 출제

120 선창의 내부에서 화물취급작업을 하는 근로자가 안전하게 통행할 수 있는 설비를 설치하여야 하는 기준은 갑판의 윗면에서 선창(船倉) 밑바닥까지의 깊이가 최소 얼마를 초과할 때인가?

① 1.3[m]
② 1.5[m]
③ 1.8[m]
④ 2.0[m]

[해설]
선창내부작업
갑판의 윗면에서 선창 밑바닥까지 깊이 : 1.5[m] 초과

[참고] 산업안전기사 필기 p.6-183(2. 하역 작업의 안전)

[KEY] ① 2012년 5월 20일 기사 출제
② 2014년 3월 2일 기사 출제
③ 2019년 8월 4일 기사 출제

[합격정보]
산업안전보건기준에 관한 규칙 제394조(통행설비의 설치 등)

[정답] 117 ④ 118 ① 119 ① 120 ②

산업안전기사 필기

2024년 2월 15일 시행 제1회
2024년 5월 09일 시행 제2회
2024년 7월 27일 시행 제3회

2024년도 기사 정기검정 제1회 (2024년 2월 15일 시행)

자격종목 및 등급(선택분야)
산업안전기사

종목코드	시험시간	수험번호	성명
1431	3시간	20240215	도서출판세화

※ 본 문제는 복원문제 및 2025 예적(예상적중) 문제로 실제문제와 동일하지 않을 수 있습니다.

1 산업재해 예방 및 안전보건교육

01 사고예방대책의 기본원리 5단계 중 틀린 것은?

① 1단계 : 안전관리계획
② 2단계 : 현상파악
③ 3단계 : 분석평가
④ 4단계 : 대책의 선정

[해설]
하인리히 사고예방대책 기본원리 5단계
① 제1단계(안전관리조직 : Organization)
② 제2단계(사실의 발견 : Fact finding:현상파악)
③ 제3단계(분석평가 : Analysis)
④ 제4단계(시정(대)책의 선정 : Selection of remedy)
⑤ 제5단계(시정(대)책의 적용 : Application of remedy)

[참고] 산업안전기사 필기 p.3-35(7. 하인리히 사고예방대책 기본원리 5단계)

[KEY]
① 2017년 5월 7일 기사·산업기사 동시 출제
② 2018년 8월 19일 산업기사 출제
③ 2019년 3월 3일(문제 20번) 출제

02 허츠버그(Herzberg)의 일을 통한 동기부여 원칙으로 틀린 것은?

① 새롭고 어려운 업무의 부여
② 교육을 통한 간접적 정보제공
③ 자기과업을 위한 작업자의 책임감 증대
④ 작업자에게 불필요한 통제를 배제

[해설]
동기부여 방법
① 각 노동자에게 보다 새롭고 힘든 과업을 부여한다.
② 노동자에게 불필요한 통제를 배제한다.
③ 각 노동자에게 완전하고 자연스러운 단위의 도급 작업을 부여할 수 있도록 일을 조정한다.
④ 자기 과업을 위한 노동자의 책임감을 증대시킨다.
⑤ 노동자에게 정기 보고서를 통한 직접적인 정보를 제공한다.
⑥ 특정 작업을 할 기회를 부여한다.

[참고] 산업안전기사 필기 p.1-99(3. 동기부여 방법)

[KEY]
① 2009년 5월 10일(문제 5번) 출제
② 2019년 4월 27일(문제1번) 출제

03 Y·G 성격검사에서 "안전, 적응, 적극형"에 해당하는 형의 종류는?

① A형
② B형
③ C형
④ D형

[해설]
Y·G(矢田部·Guilford) 성격검사
① A형(평균형) : 조화적, 적응적
② B형(右偏형) : 정서 불안정, 활동적, 외향적(불안정, 부적응, 적극형)
③ C형(左偏형) : 안전 소극형(온순, 소극적, 안전, 비활동, 내향적)
④ D형(右下형) : 안전, 적응, 적극형(정서 안전, 사회 적응, 활동적 대인관계 양호)
⑤ E형(左下형) : 불안전, 부적응, 수동형(D형과 반대)

[참고] 산업안전기사 필기 p.1-79(2. Y·G 성격검사)

[KEY]
① 2020년 6월 7일(문제 4번) 출제
② 2023년 6월 7일 산업기사 출제

04 안전관리조직의 참모식(staff형)에 대한 장점이 아닌 것은?

① 경영자의 조언과 자문역할을 한다.
② 안전정보 수집이 용이하고 빠르다.
③ 안전에 관한 명령과 지시는 생산라인을 통해 신속하게 전달한다.
④ 안전전문가가 안전계획을 세워 문제해결 방안을 모색하고 조치한다.

[정답] 01 ① 02 ② 03 ④ 04 ③

해설

라인형 조직과 스태프형 조직

구 분	장 점	단 점
line형 조직	① 안전에 관한 명령과 지시는 생산 라인을 통해 신속·정확히 전달 실시된다. ② 중소 규모 기업에 활용된다.	① 안전 전문 입안이 되어 있지 않아 내용이 빈약하다. ② 안전의 정보가 불충분하다.
staff형 조직	① 안전 전문가가 안전 계획을 세워 문제 해결 방안을 모색하고 조치한다. ② 경영자의 조언과 자문 역할을 한다. ③ 안전 정보 수집이 용이하고 빠르다.	① 생산 부문에 협력하여 안전 명령을 전달 실시하므로 안전과 생산을 별개로 취급하기 쉽다. ② 생산 부문은 안전에 대한 책임과 권한이 없다.

참고) 산업안전기사 필기 p.1-23(표. 안전보건관리 조직형태)

KEY
① 2016년 3월 6일 기사·산업기사 동시 출제
② 2016년 10월 1일 산업기사 출제
③ 2017년 3월 5일 기사 출제
④ 2017년 5월 7일 기사 출제
⑤ 2017년 8월 26일 기사·산업기사 동시 출제
⑥ 2019년 3월 3일(문제 14번) 출제

05 재해조사의 목적과 가장 거리가 먼 것은?

① 재해예방 자료수집
② 재해관련 책임자 문책
③ 동종 및 유사재해 재발방지
④ 재해발생 원인 및 결함 규명

해설

재해조사의 목적
① 관계자의 책임을 추궁하는 것이 아니다.
② 사고의 진실을 밝혀내는 것이다.

참고) 산업안전기사 필기 p.3-31(4. 재해 조사시의 유의사항)

KEY
① 2016년 3월 6일 기사 출제
② 2018년 4월 28일 기사 출제
③ 2019년 4월 27일 기사 출제
④ 2021년 3월 7일(문제 5번) 출제

06 산업안전보건법령상 안전보건표지의 종류 중 다음 표지의 명칭은? (단, 마름모 테두리는 빨간색이며, 안의 내용은 검은색이다.)

① 폭발성물질 경고
② 산화성물질 경고
③ 부식성물질 경고
④ 급성독성물질 경고

해설

경고표지

인화성 물질경고	산화성 물질경고	폭발성 물질경고	급성독성 물질경고	부식성 물질경고	방사성 물질경고

참고) 산업안전기사 필기 p.1-61(4. 안전보건표지의 종류와 형태)

KEY
① 2017년 9월 23일 기사 출제
② 2018년 3월 4일 기사 출제
③ 2019년 4월 27일 기사 출제
④ 2020년 8월 22일(18번) 출제

정보제공) 산업안전보건법 시행규칙 [별표 6] 안전보건표지의 종류와 형태

07 학습을 자극(Stimulus)에 의한 반응(Response)으로 보는 이론에 해당하는 것은?

① 장설(Field Theory)
② 통찰설(Insight Theory)
③ 시행착오설(Trial and Error Theory)
④ 기호형태설(Sign-gestalt Theory)

해설

Thorndike의 시행착오설
① 연습 또는 반복의 법칙(the law of exercise or repetition)
② 효과의 법칙(the law of effect)
③ 준비성의 법칙(the law of readiness)

참고) 산업안전기사 필기 p.1-149(2. 자극과 반응)

KEY
① 2017년 3월 5일 기사 출제
② 2018년 3월 4일 기사, 산업기사 출제
③ 2020년 6월 7일 기사 출제
④ 2021년 5월 15일(문제 16번) 출제

[정답] 05 ② 06 ④ 07 ③

과년도 출제문제

08 새로운 자료나 교재를 제시하고, 문제점을 피교육자로 하여금 제기하도록 하거나 의견을 여러 가지 방법으로 발표하게 하여 청중과 토론자간 활발한 의견 개진과 합의를 도출해가는 토의방법은?

① 포럼(Forum)
② 심포지엄(Symposium)
③ 자유토의(Free discussion)
④ 패널 디스커션(Panel discussion)

해설

포럼(Forum)
① 새로운 자료나 교재를 제시하고 거기서의 문제점을 피교육자로 하여금 제기하게 하거나 의견을 여러 가지 방법으로 발표하게 하고 다시 깊이 파고들어 토의를 행하는 방법
② 청중과 토론자간 활발한 의견 개진가능

참고 산업안전기사 필기 p.1-144((1) 토의식 교육방법)

KEY
① 2021년 9월 12일 기사 등 5회 이상 출제
② 2023년 6월 4일(문제 8번) 출제

보충학습
① 심포지엄 : 몇 사람의 전문가에 의하여 과정에 관한 견해를 발표하게 한 뒤 참가자로 하여금 의견이나 질문을 하게 하는 토의법
② 자유토의법 : 참가자는 고정적인 규칙이나 리더에게 얽매이지 않고 자유로이 의견이나 태도를 표명하며, 지식이나 정보를 상호 제공, 교환함으로써 참가자 상호 간의 의견이나 견해의 차이를 상호작용으로 조정하여 집단으로 의견을 요약해 나가는 방법
③ 패널 디스커션 : 패널멤버(교육과제에 정통한 전문가 4~5[명])가 피교육자 앞에서 자유로이 토의하고 뒤에 피교육자 전원이 참가하여 사회자의 사회에 따라 토의하는 방법

09 재해원인을 직접원인과 간접원인으로 분류할 때 직접원인에 해당하는 것은?

① 물적 원인
② 교육적 원인
③ 정신적 원인
④ 관리적 원인

해설

산업재해원인

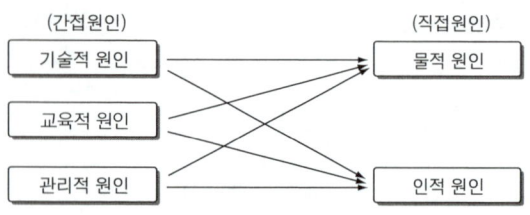

[그림] 직·간접재해원인 비교

참고 산업안전기사 필기 p.3-30(그림. 직·간접재해원인 비교)

KEY
① 2017년 5월 7일 산업기사 출제
② 2018년 4월 28일 기사 출제
③ 2019년 4월 27일 기사 출제
④ 2020년 8월 22일(문제 14번) 출제
⑤ 2022년 4월 24일(문제 18번) 출제

10 데이비스(K.Davis)의 동기부여 이론 등식으로 옳은 것은?

① 지식×기능=태도
② 지식×상황=동기유발
③ 능력×상황=인간의 성과
④ 능력×동기유발=인간의 성과

해설

데이비스(K. Davis)의 동기부여 이론 등식
① 인간의 성과×물질의 성과=경영의 성과
② 지식(knowledge)×기능(skill)=능력(ability)
③ 상황(situation)×태도(attitude)=동기유발(motivation)
④ 능력×동기유발=인간의 성과(human performance)

참고 산업안전기사 필기 p.1-100(2. 데이비스의 동기부여 이론 등식)

KEY 2016년 5월 8일(문제 4번) 출제

11 매슬로우의 욕구단계 이론에서 편견없이 받아들이는 성향, 타인과의 거리를 유지하며 사생활을 즐기거나 창의성 격격으로 봉사, 특별히 좋아하는 사람과 긴밀한 관계를 유지하려는 인간의 욕구에 해당하는 것은?

① 생리적 욕구
② 사회적 욕구
③ 자아실현의 욕구
④ 안전에 대한 욕구

해설

매슬로우(Maslow, A. H.)의 욕구단계 이론
① 제1단계(생리적 욕구 : 생명유지의 기본적 욕구) : 기아, 갈증, 호흡, 배설, 성욕 등 인간의 가장 기본적인 욕구(종족보존)
② 제2단계(안전욕구) : 자기보존욕구
③ 제3단계(사회적 욕구) : 소속감과 애정욕구
④ 제4단계(존경욕구) : 인정받으려는 욕구
⑤ 제5단계(자아실현의 욕구) : 잠재적인 능력을 실현하고자 하는 욕구(성취욕구)

[정답] 08 ① 09 ① 10 ④ 11 ③

참고
① 산업안전기사 필기 p.1-101((5) 매슬로우의 욕구 5단계 이론)
② 산업안전기사 필기 p.1-100(합격날개 : 은행문제)

KEY
① 2016년 5월 8일(문제 20번)
② 2024년 2월 15일 등 20번 이상 출제

12 맥그리거(McGregor)의 Y이론과 관계가 없는 것은?

① 직무확장
② 책임과 창조력
③ 인간관계 관리방식
④ 권위주의적 리더십

해설

맥그리거의 X, Y이론 대비표

X 이론 (인간을 부정적 측면으로 봄)	Y 이론 (인간을 긍정적 측면으로 봄)
인간불신	상호신뢰
성악설	성선설
인간은 본래 게으르고 태만하여 수동적이고 남의 지배받기를 즐긴다.	인간은 본래 부지런하고 적극적이며 스스로의 일을 자기 책임하에 자주적으로 행한다.
저차원적 욕구(물질욕구)	고차원적 욕구(정신적 욕구)
명령통제에 의한 관리(권위적)	목표 통합과 자기통제에 의한 관리
저개발국형	선진국형

참고 산업안전기사 필기 p.1-100(표. X · Y이론의 특징)

KEY
① 2013년 8월 18일(문제 3번) 출제
② 2015년 3월 8일(문제 19번) 출제
③ 2016년 3월 6일(문제 6번) 출제

13 보호구 안전인증 고시에 따른 안전모의 일반 구조 중 턱끈의 최소 폭 기준은?

① 5[mm] 이상
② 7[mm] 이상
③ 10[mm] 이상
④ 12[mm] 이상

해설

턱끈의 최소 폭 : 10[mm] 이상

참고 산업안전산업기사 필기 p.1-89 (2) 안전모의 구비조건

KEY 2017년 3월 5일 산업기사 출제

14 산업안전보건법령상 안전보건교육 중 관리감독자 정기안전보건교육의 교육내용으로 옳은 것은?(단, 산업안전보건법 및 일반관리에 관한 사항을 제외한다.)

① 산업안전 및 재해사례에 관한 사항
② 사고 발생 시 긴급조치에 관한 사항
③ 건강증진 및 질병 예방에 관한 사항
④ 산업보건 및 직업병 예방에 관한 사항

해설

관리감독자 정기안전보건교육 내용
① 산업안전 및 사고 예방에 관한 사항
② 산업보건 및 직업병 예방에 관한 사항
③ 위험성 평가에 관한 사항
④ 유해·위험 작업환경 관리에 관한 사항
⑤ 산업안전보건법령 및 산업재해보상보험 제도에 관한 사항
⑥ 직무스트레스 예방 및 관리에 관한 사항
⑦ 직장 내 괴롭힘, 고객의 폭언 등으로 인한 건강장해 예방 및 관리에 관한 사항
⑧ 작업공정의 유해·위험과 재해 예방대책에 관한 사항
⑨ 사업장 내 안전보건관리체제 및 안전·보건조치 현황에 관한 사항
⑩ 표준안전 작업방법 결정 및 지도·감독 요령에 관한 사항
⑪ 현장근로자와의 의사소통능력 및 강의 능력 등 안전보건교육 능력 배양에 관한 사항
⑫ 비상시 또는 재해 발생 시 긴급조치에 관한 사항
⑬ 그 밖의 관리감독자의 직무에 관한 사항

참고 산업안전기사 필기 p.1-154(3. 관리감독자 정기안전교육)

KEY
① 2017년 5월 7일 출제
② 2017년 8월 26일 출제
③ 2018년 3월 4일(문제 14번) 출제

정보제공
산업안전보건법시행규칙 [별표 5] 안전보건교육대상별 교육내용

15 적응기제 중 도피기제의 유형이 아닌 것은?

① 합리화
② 고립
③ 퇴행
④ 억압

해설

도피기제(Excape Mechanism) : 갈등을 해결하지 않고 도망감

구분	특징
억압	무의식으로 쑤셔 넣기
퇴행	유아 시절로 돌아가 유치해짐
백일몽	공상의 나래를 펼침
고립(거부)	외부와의 접촉을 끊음

[정답] 12 ④ 13 ③ 14 ④ 15 ①

참고 ① 산업안전기사 필기 p.1-115(적응기제 3가지)
② 산업안전기사 필기 p.1-150(합격날개 : 합격예측)

KEY ① 2016년 5월 8일 산업기사 출제
② 2017년 3월 5일 기사 출제
③ 2017년 9월 23일 기사 출제
④ 2018년 3월 4일(문제 19번) 출제

해설

음압수준

"음압수준"이란 음압을 다음 식에 따라 데시벨(dB)로 나타낸 것을 말하며 KS C 1505(적분 평균소음계) 또는 KS C 1502(소음계)에 규정하는 소음계의 "C" 특성을 기준으로 한다.

$$음압수준[dB] = 20\log 10 \frac{P}{P_0}$$

P : 측정음압으로서 파스칼(Pa) 단위를 사용
P_0 : 기준음압으로서 20[μPa] 사용

참고 산업안전기사 필기 p.1-63(합격날개 : 합격예측)

KEY ① 2009년 5월 10일 (문제 9번) 출제
② 2017년 8월 26일(문제 12번) 출제

16 생체 리듬(Bio Rhythm)중 일반적으로 33일을 주기로 반복되며, 상상력, 사고력, 기억력 또는 의지, 판단 및 비판력 등과 깊은 관련성을 갖는 리듬은?

① 육체적 리듬
② 지성적 리듬
③ 감성적 리듬
④ 생활 리듬

해설

지성적 리듬(I : Intellectual cycle) : PSI학설, 생물시계, 체내시계
① 33일 주기
② 초록(녹)색 표시
③ 일점쇄선 표시
④ 상상력, 사고력, 기억력, 인지력, 판단력 등이 증가

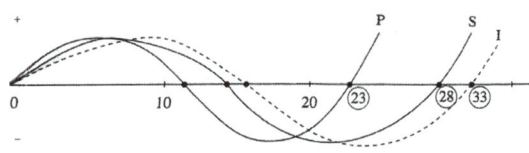

[그림] Biorhythm

참고 산업안전기사 필기 p.1-108(3. 지성적 리듬)

KEY 2018년 3월 4일(문제 20번) 출제

18 아담스(Edward Adams)의 사고연쇄 반응이론 중 관리자가 의사결정을 잘못하거나 감독자가 관리적 잘못을 하였을 때의 단계에 해당하는 것은?

① 사고
② 작전적 에러
③ 관리구조결함
④ 전술적 에러

해설

아담스(Adams)의 사고 연쇄 이론
① 제1단계 : 관리구조
② 제2단계 : 작전적 에러(관리감독에러)
③ 제3단계 : 전술적 에러(불안전한 행동 or 조작)
④ 제4단계 : 사고(물적 사고)
⑤ 제5단계 : 상해 또는 손실

참고 산업안전기사 필기 p.3-31(합격날개 : 합격예측)

KEY 2017년 5월 7일(문제 9번) 출제

17 보호구 안전인증 고시에 따른 방음용 귀마개 또는 귀덮개와 관련된 용어의 정의 중 다음 (   )안에 알맞은 것은?

음압수준이란 음압을 다음 식에 따라 데시벨(dB)로 나타낸 것을 말하며 적분 평균소음계(KS C 1505) 또는 소음계 (KS C 1502)에 규정하는 소음계의 (   ) 특성을 기준으로 한다.

① A
② B
③ C
④ D

19 KOSHA GUIDE(안전보건 기술지침)의 설명이 틀린 것은?

① 법령에서 정한 최소 수준이 아닌 더 높은 수준의 기술적 사항을 정리한 자료이다.
② 자율적 안전보건가이드이다.
③ 분류기준 D는 안전설계 지침이다.
④ 법적 구속력이 있다.

[정답] 16 ② 17 ③ 18 ② 19 ④

> 해설

KOSHA GUIDE
① 안전보건기술지침이다.
② 문항 ④번이 틀린 이유 : 법적 구속력이 없다.

> 참고 산업안전기사 필기 p.1-17(7. KOSHA GUIDE)

20 제조업자는 제조물의 결함으로 인하여 생명·신체 또는 재산에 손해를 입은 자에게 그 손해를 배상하여야 하는데 이를 무엇이라 하는가? (단, 당해 제조물에 대해서만 발생한 손해는 제외한다.)

① 입증 책임   ② 담보 책임
③ 연대 책임   ④ 제조물 책임

> 해설

제조물책임(PL)
① 제조물 책임이란 결함 제조물로 인해 생명·신체 또는 재산 손해가 발생할 경우 제조업자 또는 판매업자가 그 손해에 대하여 배상 책임을 지는 것
② 유럽에서는 100여년의 역사를 가지고 있으며, 미국, 일본에서도 1960~70년대부터 사회문제로 대두되어 '소비자 위험부담시대'에서 '판매자 위험부담시대'로 변환
③ 제조업에서 사고발생을 방지할 책임이 있기 때문에 결함 제조물에 대한 전적인 책임이 있다.

> 참고 산업안전산업기사 필기 p.1-8(2. 제조물 책임)

> KEY 2019년 3월 3일 산업기사 출제

2 인간공학 및 위험성 평가·관리

21 [그림]과 같이 신뢰도 95[%]인 펌프 A가 각각 신뢰도 90[%]인 밸브 B와 밸브 C의 병렬밸브계와 직렬계를 이룬 시스템의 실패 확률은 약 얼마인가?

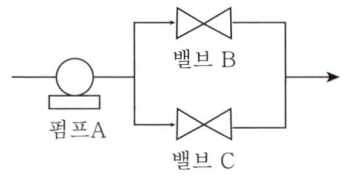

① 0.0091   ② 0.0595
③ 0.9405   ④ 0.9811

> 해설

실패확률
① 성공확률$(R_s) = A \times [1-(1-B)(1-C)]$
$= 0.95 \times [1-(1-0.9)(1-0.9)]$
$= 0.9405$
② 실패확률 $= 1-$성공확률 $= 1-0.9405 = 0.0595$

> 참고 산업안전산업기사 필기 p.2-89(문제 25번)

> KEY ① 2014년 9월 20일(문제 45번) 출제
>   ② 2020년 8월 22일(문제 39번) 출제

22 인간의 실수 중 수행해야 할 작업 및 단계를 생략하여 발생하는 오류는?

① omission error
② commission error
③ sequence error
④ timing error

> 해설

생략에러와 실행에러
① 생략에러(Omission errors : 부작위 실수) : 직무 또는 어떤 단계를 수행치 않음 (누락오류)
② 실행에러(Commission error : 작위 실수) : 직무의 불확실한 수행 (예 선택, 순서, 시간, 정성적 착오)

> 참고 산업안전기사 필기 p.2-20(1. 심리적 분류의 인적오류)

> KEY ① 2013년 6월 2일, 8월 18일 출제
>   ② 2015년 3월 8일 출제
>   ③ 2017년 8월 26일 출제
>   ④ 2018년 4월 28일 출제
>   ⑤ 2019년 3월 3일, 8월 4일 출제
>   ⑥ 2020년 8월 22일, 9월 27일 출제
>   ⑦ 2021년 3월 7일, 8월 14일 출제
>   ⑧ 2023년 7월 8일(문제 22번) 출제

23 국소진동에 지속적으로 노출된 근로자에게 발생할 수 있으며, 말초혈관 장애로 손가락이 창백해지고 동통을 느끼는 질환의 명칭은?

① 레이노병   ② 파킨슨 병
③ 규폐증   ④ C_5-dip 현상

[정답] 20 ④ 21 ② 22 ① 23 ①

해설

레이노병(Raynaud's disease)
① 혈관운동신경 장애를 주증(主症)으로 하는 질환
② 프랑스 의사 M.레이노(1834~1881)가 보고한 것으로 피부교원섬유(皮膚膠原纖維)의 이상에서 오는 교원병(膠原病)으로도 볼 수 있다.
③ 사지(四肢)의 동맥에 간헐적 경련이 일어나 혈액결핍 때문에 손발 끝이 창백해지고 빳빳하게 굳어지며, 냉감(冷感)·의주감(蟻走感:개미가 기어가는 듯한 감각)·동통(疼痛) 등을 느낀다.

KEY
① 2019년 8월 4일 기사 출제
② 2023년 7월 8일(문제 33번) 출제

보충학습
① 파킨슨병 : 신경세포 소실로 발생되는 대표적 퇴행성 신경질환
② 규폐증 : 유리규산 분진을 흡입함에 따라 발생되는 폐의 섬유화질환
③ C_5- dip : 소음성 난청 초기단계로 4,000[Hz]에서 청력장애가 현저히 커지는 현상

---

24 산업안전보건기준에 관한 규칙상 작업장의 작업면에 따른 적정 조명 수준은 초정밀작업에서 (㉠)[lux] 이상이고, 보통작업에서는 (㉡)[lux] 이상이다. ( )안에 들어갈 내용은?

① ㉠ : 650, ㉡ : 150
② ㉠ : 650, ㉡ : 250
③ ㉠ : 750, ㉡ : 150
④ ㉠ : 750, ㉡ : 250

해설

작업장의 조도기준
① 초정밀작업 : 750[lux] 이상
② 정밀작업 : 300[lux] 이상
③ 보통작업 : 150[lux] 이상
④ 그 밖의 작업 : 75[lux] 이상

참고
① 산업안전기사 필기 p.2-169(합격날개 : 합격예측)
② 산업안전기사 필기 p.2-201(문제 52번)

KEY
① 2011년 8월 21일 기사 출제
② 2017년 8월 26일 기사 출제
③ 2019년 3월 3일 기사 출제
④ 2022년 3월 5일 기사 출제
⑤ 2023년 7월 8일(문제 21번) 출제

정보제공
산업안전보건기준에 관한 규칙 제8조(조도)

💬 **합격자의 조언**
필기 제6과목과 실기에서도 출제되는 내용입니다.

---

25 양립성(compatibility)에 대한 설명 중 틀린 것은?

① 개념 양립성, 운동양립성, 공간양립성 등이 있다.
② 인간의 기대에 맞는 자극과 반응의 관계를 의미한다.
③ 양립성의 효과가 크면 클수록, 코딩의 시간이나 반응의 시간은 길어진다.
④ 양립성이란 제어장치와 표시장치의 연관성이 인간의 예상과 어느 정도 일치하는 것을 의미한다.

해설

양립성[일명 모집단 전형(compatibility, 兩立性)]
① 자극들간의, 반응들간의 혹은 자극-반응들간의 관계가(공간, 운동, 개념적)인간의 기대에 일치되는 정도
② 양립성 정도가 높을수록, 정보처리시 정보변환(암호화, 재암호화)이 줄어들게 되어 학습이 더 빨리 진행되고, 반응시간이 더 짧아지고, 오류가 적어지며, 정신적 부하가 감소하게 된다.

참고
① 산업안전기사 필기 p.1-75(6.양립성)
② 산업안전기사 필기 p.2-179(6.양립성)

KEY
① 2017년 5월 7일 기사 출제
② 2018년 8월 19일 기사 출제
③ 2023년 7월 8일(문제 23번) 출제

---

26 인간-기계 시스템에서 시스템의 설계를 다음과 같이 구분할 때 제3단계인 기본설계에 해당되지 않는 것은?

```
1단계 : 시스템의 목표와 성능 명세 결정
2단계 : 시스템의 정의
3단계 : 기본설계
4단계 : 인터페이스설계
5단계 : 보조물 설계
6단계 : 시험 및 평가
```

① 화면 설계 ② 작업 설계
③ 직무 분석 ④ 기능 할당

해설

인간-기계 시스템 기본 설계 단계(제3단계)
① 작업설계 ② 직무분석
③ 기능할당 ④ 인간성능-요건명세

참고 산업안전기사 필기 p.2-29(문제 31번) 적중

[정답] 24 ③ 25 ③ 26 ①

KEY
① 2009년 7월 26일(문제 39번) 출제
② 2016년 3월 6일, 10월 1일 출제
③ 2018년 9월 15일 산업기사 출제
④ 2019년 3월 3일 출제
⑤ 2019년 4월 27일, 9월 21일 산업기사 출제
⑥ 2020년 9월 27일 출제
⑦ 2021년 5월 15일, 8월 14일(문제 27번) 출제

27 다음 중 욕조곡선에서의 고장 형태에서 일정한 형태의 고장률이 나타나는 구간은?

① 초기고장률 구간　② 마모고장 구간
③ 피로고장 구간　　④ 우발고장 구간

해설

우발고장의 특징
(1) 정의
　① 예측할 수 없을 때에 생기는 고장으로 시운전이나 점검작업으로는 방지할 수 없다.
　② 요소의 우발고장에 있어서는 평균고장시간과 비율을 알고 있으면 제어계 전체 고장을 일으키지 않는 신뢰도를 구할 수 있다.(일정형 고장)
(2) 우발고장의 고장발생원인
　① 안전계수가 낮기 때문에
　② stress가 strength보다 크기 때문에
　③ 사용자의 과오 때문에
　④ 최선의 검사방법으로도 탐지되지 않은 결함 때문에
　⑤ 디버깅 중에도 발견되지 않는 고장 때문에
　⑥ 예방보전에 의해서도 예방될 수 없는 고장 때문에
　⑦ 천재지변에 의한 고장 때문에

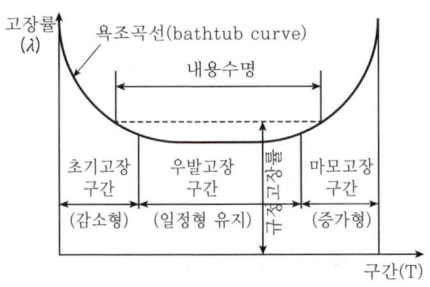

[그림] 욕조곡선

참고　산업안전기사 필기 p.2-12(2. 우발고장)

KEY
① 2009년 5월 10일(문제 28번)
② 2016년 3월 6일 출제
③ 2018년 8월 19일 출제
④ 2019년 8월 4일 산업기사 출제
⑤ 2021년 5월 15일 출제
⑥ 2023년 2월 28일(문제 28번) 출제

28 일반적으로 인체측정치의 최대집단치를 기준으로 설계하는 것은?

① 선반의 높이　　② 공구의 크기
③ 출입문의 크기　④ 안내 데스크의 높이

해설

인체측정

구분	최대 집단치
정의	대상 집단에 대한 인체 측정 변수의 상위 백분위수(percentile)를 기준으로 90, 95, 99[%]치가 사용 예 울타리
사용 예	① 출입문, 통로, 의자사이의 간격 등의 공간 여유의 결정 ② 줄사다리, 그네 등의 지지물의 최소 지지중량(강도)

참고　산업안전기사 필기 p.2-159(1. 최대치수와 최소치수)

KEY
① 2021년 8월 14일 기사 출제
② 2023년 7월 8일(문제 40번)

29 다음 중 근골격계부담작업에 속하지 않는 것은?

① 하루에 10[회] 이상 25[kg] 이상의 물체를 드는 작업
② 하루에 총 2[시간] 이상 목, 어깨, 팔꿈치, 손목 또는 손을 사용하여 같은 동작을 반복하는 작업
③ 하루에 총 2[시간] 이상 쪼그리고 앉거나 무릎을 굽힌 자세에서 이루어지는 작업
④ 하루에 총 2[시간] 이상 시간당 5[회] 이상 손 또는 무릎을 사용하여 반복적으로 충격을 가하는 작업

해설

근골격계 부담작업
① 하루 4[시간] 이상 집중적으로 자료입력 등을 위해 키보드 또는 마우스를 조작하는 작업
② 하루 2[시간] 이상 목, 어깨, 팔꿈치, 손목 또는 손을 사용하여 같은 동작을 반복하는 작업
③ 하루에 2[시간] 이상 머리 위에 손이 있거나, 팔꿈치가 어깨 위에 있거나, 팔꿈치를 몸통으로부터 들거나 팔꿈치를 몸통 뒤쪽에 위치하도록 하는 상태에서 이루어지는 작업
④ 지지되지 않은 상태이거나 임의로 자세를 바꿀 수 없는 조건에서 하루에 총 2[시간] 이상 목이나 허리를 구부리거나 트는 상태에서 이루어지는 작업
⑤ 하루에 2[시간] 이상 쪼그리고 앉거나 무릎을 굽힌 자세에서 이루어지는 작업

[정답] 27 ④　28 ③　29 ④

과년도 출제문제

⑥ 하루에 2[시간] 이상 지지되지 않은 상태에서 1[kg] 이상의 물건을 한 손의 손가락으로 집어 옮기거나, 2[kg] 이상에 상응하는 힘을 가하여 한 손의 손가락으로 물건을 쥐는 작업
⑦ 하루에 2[시간] 이상 지지되지 않은 상태에서 4.5[kg] 이상의 물건을 한손으로 들거나 동일한 힘으로 쥐는 작업
⑧ 하루에 10[회] 이상 25[kg] 이상의 물체를 드는 작업
⑨ 하루에 25[회] 이상 10[kg] 이상의 물체를 무릎 아래에서 들거나 어깨 위에서 들거나 팔을 뻗은 상태에서 드는 작업
⑩ 하루에 2[시간] 이상 분당 2[회] 이상 4.5[kg] 이상의 물체를 드는 작업
⑪ 하루에 2[시간] 이상 시간당 10[회] 이상 손 또는 무릎을 사용하여 반복적으로 충격을 가하는 작업

[참고] 산업안전기사 필기 p.2-112(2. 근골격계 부담 작업)

[KEY]
① 2018년 8월 19일 기사 출제
② 2022년 3월 5일 기사 출제
③ 2023년 2월 28일(문제 32번) 출제

[합격정보]
근골격계 부담 작업의 범위
고시 제2020-12호(제1조) 근골격계 부담 작업

30
A작업의 평균에너지소비량이 다음과 같을 때, 60분간의 총 작업시간 내에 포함되어야 하는 휴식시간(분)은?

- 휴식중 에너지소비량 : 1.5[kcal/min]
- A작업시 평균 에너지소비량 : 6[kcal/min]
- A기초대사를 포함한 작업에 대한 평균 에너지소비량 상한 : 5[kcal/min]

① 10.3 ② 11.3
③ 12.3 ④ 13.3

[해설]
휴식시간 계산
$$휴식시간(R) = \frac{60(E-5)}{E-1.5} = \frac{60(6-5)}{6-1.5} = 13.33[분]$$
여기서, R : 휴식시간(분)
 E : 작업 시 평균 에너지 소비량[kcal/분]
 60분 : 총작업 시간
 1.5[kcal/분] : 휴식시간 중 에너지 소비량
 5[kcal/분] : 기초대사량을 포함한 보통작업에 대한 평균 에너지(기초대사량을 포함하지 않을 경우 : 4[kcal/분])

[참고] 산업안전기사 필기 p.1-102(3. 휴식)

[KEY]
① 2016년 5월 8일 기사 출제
② 2016년 10월 1일 기사 출제
③ 2018년 9월 15일(문제 43번) 출제
④ 2022년 4월 24일 기사 출제
⑤ 2023년 6월 4일(문제 28번) 출제

31
인간공학에 대한 설명으로 틀린 것은?

① 인간-기계 시스템의 안전성, 편리성, 효율성을 높인다.
② 인간을 작업과 기계에 맞추는 설계 철학이 바탕이 된다.
③ 인간이 사용하는 물건, 설비, 환경의 설계에 적용된다.
④ 인간의 생리적, 심리적인 면에서의 특성이나 한계점을 고려한다.

[해설]
인간공학
기계, 기구, 환경 등의 물적 조건을 인간의 특성과 능력에 잘 조화하도록 설계하기 위한 수단을 연구하는 학문이다.

[참고] 산업안전기사 필기 p.2-2(합격날개 : 합격용어)

[KEY]
① 2015년 5월 31일(문제 34번) 출제
② 2015년 8월 16일(문제 38번) 출제
③ 2017년 9월 23일 출제
④ 2019년 4월 27일 출제
⑤ 2022년 4월 24일(문제 26번) 출제

32
인간 기계시스템의 연구 목적으로 가장 적절한 것은?

① 정보 저장의 극대화
② 운전시 피로의 평준화
③ 시스템의 신뢰성 극대화
④ 안전의 극대화 및 생산능률의 향상

[해설]
인간 기계 시스템의 연구목적
안전의 극대화 및 생산 능률의 향상

[참고] 산업안전기사 필기 p.2-6(1. 인간-기계 통합시스템)

[KEY]
① 2015년 9월 19일 기사 출제
② 2017년 8월 26일 산업기사 출제
③ 2019년 3월 3일 기사 출제
④ 2023년 2월 28일(문제 39번) 출제

[정답] 30 ④ 31 ② 32 ④

33 다음 중 동작경제의 원칙에 해당하지 않는 것은?

① 공구의 기능을 각각 분리하여 사용하도록 한다.
② 두 팔의 동작은 동시에 서로 반대방향으로 대칭적으로 움직이도록 한다.
③ 공구나 재료는 작업동작이 원활하게 수행되도록 그 위치를 정해준다.
④ 가능하다면 쉽고도 자연스러운 리듬이 작업동작에 생기도록 작업을 배치한다.

해설

공구 및 설비 디자인에 관한 원칙
(Design of tools and equipment)
① 치구나 발로 작동시키는 기기를 사용할 수 있는 작업에서는 이러한 기기를 활용하여 양손이 다른 일을 할 수 있도록 한다.
② 공구의 기능은 결합하여서 사용하도록 한다.
③ 공구와 재료는 가능한 한 사용하기 쉽도록 미리 위치를 잡아준다.
④ 각 손가락이 서로 다른 작업을 할 때에는 작업량을 각 손가락의 능력에 맞도록 분배해야 한다.
⑤ 레버, 핸들 및 통제기기는 작업자가 몸의 자세를 크게 바꾸지 않더라도 조작하기 쉽도록 배열한다.

참고 산업안전기사 필기 p.2-76(3. 공구 및 설비 디자인에 관한 원칙)

KEY ① 2023년 2월 28일(문제 29번) 출제
② 2023년 4월 1일 산업안전(보건)지도사 출제

34 Rasmussen은 행동을 세 가지로 분류하였는데, 그 분류에 해당하지 않는 것은?

① 숙련 기반 행동(skill-based behavior)
② 지식 기반 행동(knowledge-based behavior)
③ 경험 기반 행동(experience-based behavior)
④ 규칙 기반 행동(rule-based behavior)

해설

Rasmussen(라스무센)의 행동 세가지 분류
① 숙련 기반 행동(skill-based behavior)
② 지식 기반 행동(knowledge-based behavior)
③ 규칙 기반 행동(rule-based behavior)

참고 ① 산업안전기사 필기 p.2-4(합격날개 : 합격예측)
② 산업안전기사 필기 p.2-22(3. 인간의 행동수준)

KEY ① 2016년 5월 8일 기사 출제
② 2018년 8월 19일 기사 출제
③ 2023년 6월 4일(문제 26번) 출제

35 연구 기준의 요건과 내용이 옳은 것은?

① 무오염성 : 실제로 의도하는 바와 부합해야 한다.
② 적절성 : 반복 실험 시 재현성이 있어야 한다.
③ 신뢰성 : 측정하고자 하는 변수 이외의 다른 변수의 영향을 받아서는 안된다.
④ 민감도 : 피실험자 사이에서 볼 수 있는 예상 차이점에 비례하는 단위로 측정해야 한다.

해설

기준의 요건

구분	특징
적절성(relevance)	기준이 의도된 목적에 적합하다고 판단되는 정도
무오염성	측정하고자 하는 변수외의 영향이 없도록
기준척도의 신뢰성 (reliability criterion measure)	척도의 신뢰성 즉 반복성(repeatability)

참고 산업안전기사 필기 p.2-6(합격날개 : 합격예측)

KEY ① 2011년 3월 20일 기사 출제
② 2013년 6월 2일 기사 출제
③ 2014년 3월 2일 기사 출제
④ 2017년 8월 26일 기사 출제
⑤ 2020년 6월 7일, 9월 27일 기사 출제
⑥ 2022년 3월 5일 기사 출제
⑦ 2023년 7월 8일(문제 28번) 출제

36 섬유유연제 생산 공정이 복잡하게 연결되어 있어 작업자의 불안전한 행동을 유발하는 상황이 발생하고 있다. 이것을 해결하기 위한 위험처리 기술에 해당하지 않는 것은?

① Transfer(위험전가)
② Retention(위험보류)
③ Reduction(위험감축)
④ Rearrange(작업순서의 변경 및 재배열)

해설

Risk 처리(위험조정)기술 4가지
① 위험회피(Avoidance)
② 위험제거(경감, 감축 : Reduction)
③ 위험보유(보류 : Retention)
④ 위험전가(Transfer) : 보험으로 위험조정

참고 산업안전기사 필기 p.2-36(합격날개 : 합격예측)

[정답] 33 ① 34 ③ 35 ④ 36 ④

KEY ① 2014년 3월 2일 기사 출제
② 2018년 8월 19일 기사 출제
② 2023년 7월 8일(문제 31번) 출제

참고 산업안전기사 필기 p.2-169(1. 옥내 최적반사율)

KEY ① 2016년 3월 6일 산업기사 출제
② 2016년 10월 1일 기사 출제
③ 2017년 8월 26일, 9월 23일 산업기사 출제
④ 2018년 3월 4일 출제
⑤ 2019년 9월 21일 산업기사 출제
⑥ 2023년 6월 4일(문제 31번) 출제

37 산업안전보건법령상 유해·위험방지계획서의 심사결과에 따른 구분·판정에 해당하지 않는 것은?

① 적정   ② 일부적정
③ 부적정   ④ 조건부적정

해설

심사결과 구분·판정 3가지
① 적정 : 근로자의 안전과 보건상 필요한 조치가 구체적으로 확보되었다고 인정될 때
② 조건부 적정 : 근로자의 안전과 보건을 확보하기 위하여 일부 개선이 필요하다고 인정될 때
③ 부적정 : 기계·설비 또는 건설물이 심사기준에 위반되어 공사착공시 중대한 위험발생의 우려가 있거나 계획에 근본적 결함이 있다고 인정될 때

참고 산업안전기사 필기 p.2-45(합격날개 : 합격예측)

KEY ① 2014년 3월 2일 기사 출제
② 2015년 8월 16일 기사 출제
③ 2017년 8월 26일 기사 출제
④ 2018년 8월 19일 기사 출제
⑤ 2023년 7월 8일(문제 38번) 출제

정보제공
산업안전보건법 시행규칙 제123조(심사결과의 구분)

38 다음과 같은 실내 표면에서 일반적으로 추천반사율의 크기를 맞게 나열한 것은?

[다음]
㉠ 바닥   ㉡ 천장   ㉢ 가구   ㉣ 벽

① ㉠<㉣<㉢<㉡
② ㉣<㉠<㉡<㉢
③ ㉠<㉢<㉣<㉡
④ ㉣<㉡<㉠<㉢

해설

IES추천 조명반사율 권고
① 바닥 : 20~40[%]
② 가구, 사용기기, 책상 : 25~40[%]
③ 창문발(blind), 벽 : 40~60[%]
④ 천장 : 80~90[%]

39 의도는 올바른 것이었지만 행동이 의도한 것과는 다르게 나타나는 오류를 무엇이라 하는가?

① Slip   ② Mistake
③ Lapse   ④ Violation

해설

인간의 오류 모형

구분	특징
착각(Illusion)	감각적으로 물리현상을 왜곡하는 지각 오류
착오(Mistake)	상황해석을 잘못하거나 목표를 잘못 이해하고 착각하여 행하는 인간의 실수로 위치, 순서, 패턴, 형상, 기억오류 등 외부적 요인에 의해 나타나는 오류
실수(Slip)	의도는 올바른 것이었지만, 행동이 의도한 것과는 다르게 나타나는 오류
건망증(Lapse)	일련의 과정에서 일부를 빠뜨리거나 기억의 실패에 의해 발생하는 오류
위반(Violation)	정해진 규칙을 알고 있음에도 의도적으로 따르지 않거나 무시한 경우에 발생하는 오류

참고 산업안전기사 필기 p.2-19(합격날개 : 합격예측)

KEY ① 2009년 5월 10일(문제 35번) 출제
② 2017년 8월 26일 기사 출제
③ 2019년 3월 3일, 4월 27일기사 출제
④ 2021년 5월 15일 기사 출제
⑤ 2023년 2월 28일(문제 21번) 출제

40 산업안전보건법령상 사업주가 유해위험방지계획서를 제출할 때에는 사업장 별로 관련 서류를 첨부하여 해당 작업 시작 며칠 전까지 해당 기관에 제출하여야 하는가?

① 7일   ② 15일
③ 30일   ④ 60일

[정답] 37 ② 38 ③ 39 ① 40 ②

해설

유해위험방지 계획서 제출시기 및 부수
① 제조업 : 해당 작업시작 15일 전까지 공단에 2부 제출
② 건설업 : 공사 착공전날까지 공단에 2부 제출

참고 ① 공단 : 한국산업안전보건공단
② 산업안전기사 필기 p.2-37(③ 법적목적)

정보제공
① 산업안전보건법 시행규칙 제42조(제출서류등)
② 2023. 9. 28 개정「고용노동부령 제393호」적용

KEY ① 2016년 3월 6일 기사 출제
② 2017년 9월 23일 기사 출제
③ 2022년 4월 24일 기사 출제
④ 2023년 2월 28일(문제 22번) 출제

3 기계·기구 및 설비안전관리

41 연삭기의 안전작업수칙에 대한 설명 중 가장 거리가 먼 것은?

① 숫돌의 정면에 서서 숫돌 원주면을 사용한다.
② 숫돌 교체시 3분 이상 시운전을 한다.
③ 숫돌의 회전은 최고 사용 원주속도를 초과하여 사용하지 않는다.
④ 연삭숫돌에 충격을 가하지 않는다.

해설
작업자가 숫돌 원주면에서 사용 시 측면에 서서 작업하셔야 합니다.

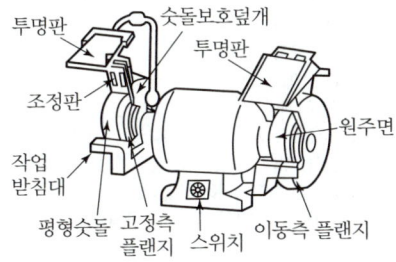

[그림] 탁상용연삭기

참고 산업안전기사 필기 p.3-93(4. 연삭기 구조면에 있어서 안전대책)

KEY ① 2016년 3월 6일 산업기사 출제
② 2020년 6월 7일 기사 출제
③ 2020년 8월 22일(문제 51번) 출제

42 산업안전보건법령상 산업용 로봇에 의한 작업시 안전조치 사항으로 적절하지 않은 것은?

① 로봇의 운전으로 인해 근로자가 로봇에 부딪칠 위험이 있을 때에는 높이 1.8[m] 이상의 울타리를 설치하여야 한다.
② 작업을 하고 있는 동안 로봇의 가동스위치 등은 작업에 종사하고 있는 근로자가 아닌 사람이 그 스위치 등을 조작할 수 없도록 필요한 조치를 한다.
③ 로봇의 조작방법 및 순서, 작업 중의 매니퓰레이터의 속도 등에 관한 지침에 따라 작업을 하여야 한다.
④ 작업에 종사하는 근로자가 이상을 발견하면, 관리 감독자에게 우선 보고하고, 지시가 나올 때까지 작업을 진행한다.

해설
교시등의 작업에 조치사항
① 다음 각 목의 사항에 관한 지침을 정하고 그 지침에 따라 작업을 시킬 것
  ㉮ 로봇의 조작방법 및 순서
  ㉯ 작업 중의 매니퓰레이터의 속도
  ㉰ 2명 이상의 근로자에게 작업을 시킬 경우의 신호방법
  ㉱ 이상을 발견한 경우의 조치
  ㉲ 이상을 발견하여 로봇의 운전을 정지시킨 후 이를 재가동시킬 경우의 조치
  ㉳ 그 밖에 로봇의 예기치 못한 작동 또는 오조작에 의한 위험을 방지하기 위하여 필요한 조치
② 작업에 종사하고 있는 근로자 또는 해당 근로자를 감시하는 자가 이상을 발견한 때에는 즉시 로봇의 운전을 정지시키기 위한 조치를 할 것
③ 작업을 하고 있는 동안 로봇의 기동스위치 등에 작업중이라는 표시를 하는 등 작업에 종사하고 있는 근로자가 아닌 사람이 그 스위치 등을 조작할 수 없도록 필요한 조치를 할 것

참고 산업안전기사 필기 p.3-126(합격날개 : 합격예측 및 관련법규)

정보제공
산업안전보건기준에 관한 규칙 제222조(교시 등)

KEY ① 2019년 8월 4일(문제 42번) 출제
② 2023년 2월 15일(문제 54번) 출제
③ 2023년 6월 4일(문제 44번) 출제

43 비파괴 검사 방법으로 틀린 것은?

① 인장 시험   ② 음향 탐상 시험
③ 와류 탐상 시험   ④ 초음파 탐상 시험

[정답] 41 ① 42 ④ 43 ①

> **해설**

파괴 시험과 비파괴 시험
(1) 인장 시험 : 파괴시험
(2) 비파괴검사 종류
   ① 침투탐상검사
   ② 자분탐상검사
   ③ 방사선투과검사
   ④ 초음파탐상검사
   ⑤ 와전류탐상검사
   ⑥ 육안검사
   ⑦ 누설검사
   ⑧ 음향방출검사

> **참고** 산업안전기사 필기 p.3-218(1. 인장시험)

> **KEY**
> ① 2017년 3월 5일 기사 출제
> ② 2019년 3월 3일 기사 출제
> ③ 2020년 8월 22일 기사 출제
> ④ 2021년 3월 7일(문제 41번) 출제

44 컨베이어 설치 시 주의사항에 관한 설명으로 옳지 않은 것은?

① 컨베이어에 설치된 보도 및 운전실 상면은 가능한 수평이어야 한다.
② 근로자가 컨베이어를 횡단하는 곳에는 바닥면 등으로부터 90[cm]이상 120[cm]이하에 상부난간대를 설치하고, 바닥면과의 중간에 중간난간대가 설치된 건널다리를 설치한다.
③ 폭발의 위험이 있는 가연성 분진 등을 운반하는 컨베이어 또는 폭발의 위험이 있는 장소에 사용되는 컨베이어의 전기기계 및 기구는 방폭구조이어야 한다.
④ 보도, 난간, 계단, 사다리의 설치 시 컨베이어를 가동시킨 후에 설치하면서 설치상황을 확인한다.

> **해설**

컨베이어 설치 전 또는 가동개시전에 반드시 정지시킨 후 확인한다.

> **참고** 산업안전기사 필기 p.3-116(합격날개 : 은행문제)

> **보충학습**

컨베이어벨트 사용시 주의사항
경사진 면에 설치 시 역회전방지장치를 설치한다.

45 회전 중인 연삭숫돌이 근로자에게 위험을 미칠 우려가 있을 시 덮개를 설치하여야 할 연삭숫돌의 최소 지름은?

① 5[cm]   ② 10[cm]
③ 15[cm] ④ 20[cm]

> **해설**

덮개 설치 연삭숫돌 최소지름 : 5[cm] 이상

> **참고** 산업안전기사 필기 p.3-93(4. 연삭기 구조면에 있어서 안전대책)

> **KEY**
> ① 2019년 4월 27일 기사 출제
> ② 2020년 6월 14일 산업기사 출제
> ③ 2023년 6월 4일(문제 54번) 출제

> **정보제공**

산업안전보건기준에 관한 규칙 제122조(연삭숫돌의 덮개 등)

46 [보기]와 같은 기계요소가 단독으로 발생시키는 위험점은?

[보기]
밀링커터, 둥근톱날

① 협착점   ② 끼임점
③ 절단점   ④ 물림점

> **해설**

위험점 구분

① 협착점(Squeeze-point) : 왕복운동을 하는 동작부분과 움직임이 없는 고정부분 사이에서 형성되는 위험점(왕복+고정)
   예) 프레스기, 전단기, 성형기, 조형기, 굽힘기계(bending machine)
② 끼임점(Shear-point) : 고정부분과 회전하는 동작부분이 함께 만드는 위험점(회전+고정)
   예) 연삭숫돌과 덮개, 교반기의 날개와 하우징, 프레임에서 암의 요동운동을 하는 기계부분 등
③ 물림점(Nip-point) : 회전하는 두 개의 회전체에는 물려 들어가는 위험성이 존재한다. 이때 위험점이 발생되는 조건은 회전체가 서로 반대방향으로 맞물려 회전되어야 한다.(회전+회전)
   예) 롤러와 롤러의 물림, 기어와 기어의 물림 등

① 협착점 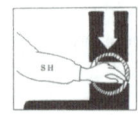 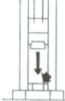 ② 끼임점

[정답] 44 ④ 45 ① 46 ③

③ 물림점 ④ 절단점

 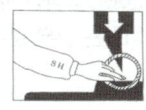

[그림] 위험점

참고 산업안전기사 필기 p.3-14(4. 위험점의 분류)

KEY ① 2017년 3월 5일, 5월 7일, 8월 26일 산업기사 출제
② 2018년 3월 4일(문제 43번) 출제
③ 2022년 4월 24일(문제 53번) 출제

47 프레스의 손쳐내기식 방호장치 설치기준으로 틀린 것은?

① 방호판의 폭이 금형 폭의 1/2 이상이어야 한다.
② 슬라이드 행정수가 300SPM 이상의 것에 사용한다.
③ 손쳐내기봉의 행정(Stroke) 길이를 금형의 높이에 따라 조정할 수 있고 진동폭은 금형폭 이상이어야 한다.
④ 슬라이드 하행정거리의 3/4 위치에서 손을 완전히 밀어내야 한다.

해설
손쳐내기식 방호장치의 일반구조
① 슬라이드 하행정거리의 3/4 위치에서 손을 완전히 밀어내야 한다.
② 손쳐내기봉의 행정(Stroke) 길이를 금형의 높이에 따라 조정할 수 있고 진동폭은 금형폭 이상이어야 한다.
③ 방호판과 손쳐내기봉은 경량이면서 충분한 강도를 가져야 한다.
④ 방호판의 폭은 금형폭의 1/2 이상이어야 하고, 행정길이가 300[mm] 이상의 프레스기계에는 방호판 폭을 300[mm]로 해야 한다.
⑤ 손쳐내기봉은 손 접촉 시 충격을 완화할 수 있는 완충재를 부착해야 한다.
⑥ 부착볼트 등의 고정금속부분은 예리하게 돌출되지 않아야 한다.

참고 산업안전기사 필기 p.3-99(3. 손쳐내기식)

KEY ① 2016년 8월 21일 산업기사 출제
② 2017년 3월 5일 기사 출제
③ 2017년 8월 26일 산업기사 출제
④ 2019년 8월 4일 산업기사 출제
⑤ 2020년 9월 27일 기사 출제
⑥ 2021년 3월 7일(문제 45번) 출제

합격정보
방호장치 안전인증 고시
[별표 1] 프레스 또는 전단기 방호장치의 성능기준(제4조 관련)
31. 손쳐내기식 방호장치의 일반구조

보충학습
보기 ②는 양수조작식 핀클러치 방식에 적용

48 지게차의 헤드가드에 관한 기준으로 틀린 것은?

① 4[t] 이하의 지게차에서 헤드가드의 강도는 지게차 최대하중의 2배 값의 등분포정하중에 견딜 수 있을 것
② 상부틀의 각 개구의 폭 또는 길이가 25[cm] 미만일 것
③ 운전자가 앉아서 조작하는 방식의 지게차의 경우에는 운전자의 좌석 윗면에서 헤드가드의 상부틀 아랫면까지의 높이가 0.903[m] 이상일 것
④ 운전자가 서서 조작하는 방식의 지게차의 상부틀 하면까지의 높이가 1.88[m] 이상일 것

해설
상부틀의 각 개구의 폭 또는 길이 : 16[cm] 미만

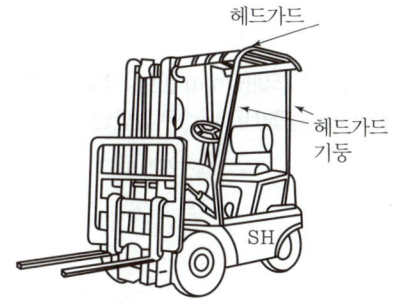

[그림] 포크리프트 헤드가드

참고 ① 산업안전기사 필기 p.3-148(합격날개 : 합격예측)
② 산업안전기사 필기 p.6-70(3. 지게차의 헤드가드 구비조건)

KEY ① 2016년 3월 6일 산업기사 출제
② 2016년 8월 21일 출제
③ 2017년 3월 5일 산업기사 출제
④ 2018년 8월 19일 산업기사 출제
⑤ 2019년 4월 27일 기사, 산업기사 동시출제
⑥ 2023년 2월 28일(문제 58번) 출제

합격정보
산업안전보건기준에 관한 규칙 제10절 제2관(지게차)

[정답] 47 ② 48 ②

49. 로봇의 작동범위 내에서 그 로봇에 관하여 교시 등(로봇의 동력원을 차단하고 행하는 것을 제외한다.)의 작업을 행하는 때 작업시작 전 점검 사항으로 옳은 것은?

① 과부하방지장치의 이상 유무
② 압력제한 스위치 등의 기능의 이상 유무
③ 외부전선의 피복 또는 외장의 손상 유무
④ 권과방지장치의 이상 유무

[해설]
로봇의 작업시작전 점검 사항
① 외부전선의 피복 또는 외장의 손상유무
② 매니퓰레이터(manipulator) 작동의 이상유무
③ 제동장치 및 비상정지장치의 기능

[참고] 산업안전기사 필기 p.3-50(표. 2. 작업시작전 기계·기구 및 점검내용)

[KEY] 2018년 3월 4일(문제 41번) 출제

[정보제공]
산업안전보건기준에 관한 규칙 [별표 3] 작업시작전 점검사항

50. 인장강도가 250[N/mm²]인 강판에서 안전율이 4라면 이 강판의 허용응력(N/mm²)은 얼마인가?

① 42.5
② 62.5
③ 82.5
④ 102.5

[해설]

$$허용응력 = \frac{인장강도}{안전율} = \frac{250}{4} = 62.5[N/mm^2]$$

[참고] 산업안전기사 필기 p.3-188(합격날개 : 합격예측)

[KEY]
① 2017년 5월 7일 기사 출제
② 2017년 8월 26일 기사 출제
③ 2018년 4월 28일 산업기사 출제
④ 2019년 4월 27일 산업기사 출제
⑤ 2020년 6월 7일(문제 52번) 출제
⑥ 2020년 9월 27일(문제 42번) 출제
⑦ 2021년 8월 14일(문제 49번) 출제
⑧ 2022년 4월 24일(문제 49번) 출제

51. 산업안전보건법령상 아세틸렌 용접장치의 아세틸렌 발생기실을 설치하는 경우 준수하여야 하는 사항으로 옳은 것은?

① 벽은 가연성 재료로 하고 철근 콘크리트 또는 그 밖에 이와 동등하거나 그 이상의 강도를 가진 구조로 할 것
② 바닥면적의 16분의 1 이상의 단면적을 가진 배기통을 옥상으로 돌출시키고 그 개구부를 창이나 출입구로부터 1.5미터 이상 떨어지도록 할 것
③ 출입구의 문은 불연성 재료로 하고 두께 1.0밀리미터 이하의 철판이나 그 밖에 그 이상의 강도를 가진 구조로 할 것
④ 발생기실을 옥외에 설치한 경우에는 그 개구부를 다른 건축물로부터 1.0미터 이내 떨어지도록 할 것

[해설]
제287조(발생기실의 구조 등)
사업주는 발생기실을 설치하는 경우에 다음 각 호의 사항을 준수하여야 한다.
1. 벽은 불연성 재료로 하고 철근 콘크리트 또는 그 밖에 이와 같은 수준이거나 그 이상의 강도를 가진 구조로 할 것
2. 지붕과 천장에는 얇은 철판이나 가벼운 불연성 재료를 사용할 것
3. 바닥면적의 16분의 1 이상의 단면적을 가진 배기통을 옥상으로 돌출시키고 그 개구부를 창이나 출입구로부터 1.5미터 이상 떨어지도록 할 것
4. 출입구의 문은 불연성 재료로 하고 두께 1.5밀리미터 이상의 철판이나 그 밖에 그 이상의 강도를 가진 구조로 할 것
5. 벽과 발생기 사이에는 발생기의 조정 또는 카바이드 공급 등의 작업을 방해하지 않도록 간격을 확보할 것

[참고] 산업안전기사 필기 p.3-114(합격날개 : 합격예측 및 관련법규)

[KEY]
① 2016년 3월 6일 산업기사 출제
② 2017년 5월 7일 기사 출제
③ 2018년 3월 4일 산업기사 출제
④ 2018년 4월 28일 기사 출제
⑤ 2019년 8월 4일(문제 56번)
⑥ 2020년 9월 27일 (문제 44번) 출제
⑦ 2022년 4월 24일(문제 60번) 출제

[보충학습]
아세틸렌 용접장치 화기 안전거리
① 발생기 : 5[m]
② 발생기실 : 3[m]

[정보제공]
산업안전보건기준에 관한 규칙 제287조(발생기실의 구조 등)

[정답] 49 ③ 50 ② 51 ②

52 밀링 작업 시 안전수칙으로 옳지 않은 것은?

① 테이블 위에 공구나 기타 물건 등을 올려놓지 않는다.
② 제품 치수를 측정할 때는 절삭 공구의 회전을 정지한다.
③ 강력 절삭을 할 때는 일감을 바이스에 짧게 물린다.
④ 상·하, 좌·우 이송장치의 핸들은 사용 후 풀어둔다.

해설
강력절삭시 일감은 깊게 물려야 합니다.

[그림] 밀링바이스

참고 산업안전기사 필기 p.3-83(밀링작업시 안전수칙)

KEY
① 2016년 3월 6일 산업기사 출제
② 2018년 3월 4일, 4월 28일 기사 출제
③ 2020년 6월 7일(문제 43번) 출제

53 어떤 양중기에서 3,000[kg]의 질량을 가진 물체를 한쪽이 45[°]인 각도로 그림과 같이 2개의 와이어로프로 직접 들어올릴 때, 안전율이 고려된 가장 적절한 와이어로프 지름을 표에서 구하면? (단, 안전율은 산업안전보건법령을 따르고, 두 와이어로프의 지름은 동일하며, 기준을 만족하는 가장 작은 지름을 선정한다.)

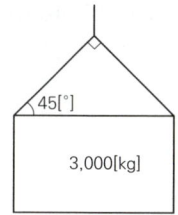

[표] 와이어로프 지름 및 절단강도

와이어로프 지름 [mm]	절단강도 [kN]
10	56
12	88
14	110
16	144

① 10[mm] ② 12[mm]
③ 14[mm] ④ 16[mm]

해설
와이어로프 지름

① $x = \dfrac{\dfrac{W_0}{2}}{\cos\dfrac{\theta}{2}}$

② $x = \dfrac{\dfrac{3,000[kg]}{2}}{\cos\dfrac{90}{2}} = \dfrac{1,500[kg]}{\cos 45} = 2,121.32[kg]$

  θ : 상부각도 W_0 : 원래의 하중
③ 화물을 직접 지지하는 와이어로프 안전계수 : 5
④ $2,121.32 \times 5 = 1,060.6[kg]$
⑤ $1[kgf] = 9.81[N]$
⑥ $1,060.6[kg] \times \dfrac{9.8[N]}{1[kg]} = 104,050.746[N] \div \dfrac{1[kN]}{1,000[N]}$
  $= 104.05[kg] = 110[kN]$

참고 산업안전기사 필기 p.3-184(문제 165번) 적중

KEY 2018년 8월 19일(문제 56번) 출제

합격정보
① 본 문제는 운반기계에 해당되며 건설공사 안전관리에도 출제됩니다.
② 실기 작업형에도 출제됩니다.

54 산업안전보건법령에 따라 산업용 로봇의 작동범위에서 교시 등의 작업을 하는 경우에 로봇에 의한 위험을 방지하기 위한 조치사항으로 틀린 것은?

① 2명 이상의 근로자에게 작업을 시킬 경우의 신호방법을 정한다.
② 작업 중의 매니퓰레이터 속도에 관한 지침을 정하고 그 지침에 따라 작업한다.
③ 작업을 하는 동안 다른 작업자가 작동시킬 수 없도록 기동스위치에 작업 중 표시를 한다.
④ 작업에 종사하고 있는 근로자가 이상을 발견하면 즉시 안전담당자에게 보고하고 계속해서 로봇을 운전한다.

[정답] 52 ③ 53 ③ 54 ④

해설

교시등의 작업에 조치사항
① 다음 각 목의 사항에 관한 지침을 정하고 그 지침에 따라 작업을 시킬 것
  ㉮ 로봇의 조작방법 및 순서
  ㉯ 작업 중의 매니퓰레이터의 속도
  ㉰ 2명 이상의 근로자에게 작업을 시킬 경우의 신호방법
  ㉱ 이상을 발견한 경우의 조치
  ㉲ 이상을 발견하여 로봇의 운전을 정지시킨 후 이를 재가동시킬 경우의 조치
  ㉳ 그 밖에 로봇의 예기치 못한 작동 또는 오조작에 의한 위험을 방지하기 위하여 필요한 조치
② 작업에 종사하고 있는 근로자 또는 해당 근로자를 감시하는 자가 이상을 발견한 때에는 즉시 로봇의 운전을 정지시키기 위한 조치를 할 것
③ 작업을 하고 있는 동안 로봇의 기동스위치 등에 작업중이라는 표시를 하는 등 작업에 종사하고 있는 근로자가 아닌 사람이 그 스위치 등을 조작할 수 없도록 필요한 조치를 할 것

참고 산업안전기사 필기 p.3-126(합격날개 : 합격예측 및 관련법규)

KEY ① 2019년 8월 4일(문제 42번) 출제
② 2024년 2월 15일(문제 42번) 출제

정보제공
산업안전보건기준에 관한 규칙 제222조(교시 등)

---

55 산업안전보건법령에 따라 사다리식 통로를 설치하는 경우 준수해야 할 기준으로 틀린 것은?

① 사다리식 통로의 기울기는 60[°] 이하로 할 것
② 발판과 벽과의 사이는 15[cm] 이상의 간격을 유지할 것
③ 사다리의 상단은 걸쳐놓은 지점으로부터 60[cm] 이상 올라가도록 할 것
④ 사다리식 통로의 길이가 10[m] 이상인 경우에는 5[m] 이내마다 계단참을 설치할 것

해설
사다리식 통로의 기울기 : 75[°] 이하

참고 산업안전기사 필기 p.6-17(합격날개 : 합격예측 및 관련법규)

KEY 2019년 8월 4일(문제 44번) 출제

정보제공
산업안전보건기준에 관한 규칙 제24조(사다리식 통로 등의 구조)

---

56 공기압축기의 방호장치가 아닌 것은?

① 언로드 밸브
② 압력방출장치
③ 수봉식 안전기
④ 회전부의 덮개

해설
공기압축기의 방호장치
① 언로드 밸브
② 압력방출장치
③ 회전부의 덮개

[그림] 공기압축기

참고 산업안전기사 필기 p.3-122(합격날개 : 은행문제)

KEY ① 2011년 3월 20일 기사 출제
② 2013년 8월 18일 기사 출제
③ 2019년 8월 4일 기사 출제
④ 2023년 7월 8일(문제 41번) 출제

보충학습
수봉식 안전기 : 산소아세틸렌용접장치의 방호장치

---

57 다음 중 동력프레스기 중 hand in die 방식의 프레스기에서 사용하는 방호대책에 해당하는 것은?

① 가드식 방호장치
② 전용 프레스의 도입
③ 자동 프레스의 도입
④ 안전울을 부착한 프레스

[정답] 55 ① 56 ③ 57 ①

> 해설

금형 안에 손이 들어가는 구조(Hand in Die Type)
(1) 프레스기의 종류, 압력능력 S.P.M, 행정길이·작업방법에 상응하는 방호장치
　① 가드식
　② 수인식
　③ 손쳐내기식
(2) 정지 성능에 상응하는 방호장치
　① 양수조작식
　② 감응식 광전자식(비접촉)
　　Inter-Lock(접촉)

> 참고　산업안전기사 필기 p.3-106(표. 프레스기 안전장치)

> KEY　① 2013년 8월 18일 기사 출제
　　　② 2023년 7월 8일(문제 43번) 출제

> 보충학습

No-hand in die방식의 종류
① 안전울 부착 프레스
② 안전금형 부착 프레스
③ 전용 프레스 도입
④ 자동 프레스 도입

58　보일러에서 프라이밍(priming)과 포밍(foaming)의 발생 원인으로 가장 거리가 먼 것은?

① 역화가 발생되었을 경우
② 기계적 결함이 있을 경우
③ 보일러가 과부하로 사용될 경우
④ 보일러 수에 불순물이 많이 포함되었을 경우

> 해설

보일러 이상연소 현상

구분	현상
불완전 연소	공기의 부족, 연료 분무 상태 불량 등의 원인으로 발생
이상 소화	버너 연소 중 돌연히 불이 꺼지는 현상
2차 연소	불완전 연소에 의해 발생한 미연소가스가 연소실 외, 연관 내 또는 연도에서 연소하는 현상
역화	화염이 버너쪽에서 분출하는 현상으로 점화시에 주로 발생

> 참고　① 산업안전기사 필기 p.3-119(합격날개 : 합격예측)
　　　② 산업안전기사 필기 p.3-119(2. 보일러의 이상연소 현상)

> KEY　① 2017년 8월 26일 기사 출제
　　　② 2021년 3월 7일 기사 출제
　　　③ 2023년 7월 8일(문제 45번) 출제

59　산업안전보건법령상 롤러기의 방호장치 중 롤러의 앞면 표면속도가 30[m/min]이상일 때 무부하 동작에서 급정지거리는?

① 앞면 롤러 원주의 1/2.5 이내
② 앞면 롤러 원주의 1/3 이내
③ 앞면 롤러 원주의 1/3.5 이내
④ 앞면 롤러 원주의 1/5.5 이내

> 해설

롤러의 급정지거리

앞면롤의 표면속도 [m/min]	급정지거리	표면속도 산출공식
30 미만	앞면 롤 원주의 1/3 이내 $(\pi \times D \times \frac{1}{3})$	$V = \frac{\pi DN}{1,000}$ [m/min]
30 이상	앞면 롤 원주의 1/2.5 이내 $(\pi \times D \times \frac{1}{2.5})$	

> 참고　산업안전기사 필기 p.3-109(표. 롤러기의 급정지거리)

> KEY　① 2014년 3월 2일 기사 출제
　　　② 2014년 5월 25일 기사 출제
　　　③ 2018년 8월 19일 기사 출제
　　　④ 2020년 9월 27일 기사 출제
　　　⑤ 2021년 3월 7일 기사 출제
　　　⑥ 2021년 8월 14일 기사 출제
　　　⑦ 2023년 7월 8일(문제 49번) 출제

60　다음 중 드릴작업의 안전수칙으로 가장 적합한 것은?

① 손을 보호하기 위하여 장갑을 착용한다.
② 작은 일감은 양손으로 견고히 잡고 작업한다.
③ 정확한 작업을 위하여 구멍에 손을 넣어 확인한다.
④ 작업시작 전 척 렌치(chuck wrench)를 반드시 뺀다.

> 해설

드릴작업 안전수칙
① 기계 작동 중 구멍에 손을 넣으면 위험하다.
② 작은 일감은 바이스, 클램프 등으로 고정하고 작업한다.
③ 회전기계에는 장갑 착용을 금지한다.

> 참고　산업안전기사 필기 p.3-88(3. 드릴 작업시 안전대책)

> KEY　① 2020년 6월 14일 산업기사 등 10회 이상 출제
　　　② 2023년 6월 4일(문제 50번) 출제

[정답]　58 ① 　59 ① 　60 ④

4 전기설비 안전관리

61 한국전기설비규정에 따라 욕조나 샤워시설이 있는 욕실 등 인체가 물에 젖어있는 상태에서 전기를 사용하는 장소에 인체감전보호용 누전차단기가 부착된 콘센트를 시설하는 경우 누전차단기의 정격감도전류 및 동작시간은?

① 15[mA] 이하, 0.01[초] 이하
② 15[mA] 이하, 0.03[초] 이하
③ 30[mA] 이하, 0.01[초] 이하
④ 30[mA] 이하, 0.03[초] 이하

해설

인체감전보호용 누전차단기 기준
① 정격 감도 전류 : 15[mA]
② 동작시간 : 0.03[초] 이하

참고 산업안전기사 필기 p.4-5(1. 누전차단기 종류)

KEY ① 2020년 9월 27일 기사 등 20번 이상 출제
② 2021년 3월 7일(문제 63번) 출제
③ 2024년 2월 15일(문제 66번) 출제

62 방폭구조에 관계있는 위험 특징이 아닌 것은?

① 발화온도 ② 증기 밀도
③ 화염 일주한계 ④ 최소 점화전류

해설

방폭구조에 관계있는 위험 특성
① 발화온도
② 화염 일주한계
③ 최소 점화전류

참고 산업안전기사 필기 p.4-61(1. 방폭전기기기의 선정요건)

KEY ① 2014년 5월 25일(문제 76번) 출제
② 2019년 8월 4일(문제 72번) 출제

보충학습
(1) 폭발등급 측정에 사용되는 표준용기
 내용적이 8[*l*], 틈새의 안길이 L이 25[mm]인 용기로서 틈이 폭 W[mm]를 변환시켜서 화염일주한계를 측정하도록 한 것 (안전 간격)

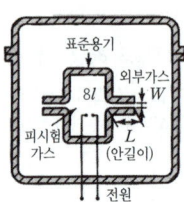

[그림] 안전간격

(2) 폭발성분위기 생성조건에 관계있는 위험 특성
① 인화점
② 증기밀도
③ 폭발한계

63 방폭전기설비의 용기내부에 보호가스를 압입하여 내부압력을 외부 대기 이상의 압력으로 유지함으로써 용기 내부에 폭발성가스 분위기가 형성되는 것을 방지하는 방폭구조는?

① 내압 방폭구조 ② 압력 방폭구조
③ 안전증 방폭구조 ④ 유입 방폭구조

해설

압력방폭구조(p)
① 용기 내부에 불연성 가스인 공기나 질소를 압입시켜 내부압력을 유지함으로써 외부의 폭발성 가스가 용기 내부에 침투하지 못하도록 한 구조
② 용기 안의 압력을 항상 용기 외부의 압력보다 높게 해 두어야 한다.

참고 산업안전기사 필기 p.4-54(4. 압력방폭구조)

KEY ① 2017년 8월 26일 기사·산업기사 동시 출제
② 2019년 8월 4일 기사·산업기사 동시 출제

64 누전사고가 발생될 수 있는 취약 개소가 아닌 것은?

① 나선으로 접속된 분기회로의 접속점
② 전선의 열화가 발생한 곳
③ 부도체를 사용하여 이중절연이 되어 있는 곳
④ 리드선과 단자와의 접속이 불량한 곳

해설

누전(electric leakage : 漏電)
(1) 개요 : 절연이 불완전하여 전기의 일부가 전선 밖으로 새어 나와 주변의 도체에 흐르는 현상
(2) 누전의 원인
 ① 전기장치나 오래된 전선의 절연 불량, 전선 피복의 손상또는 습기의 침입 등이 주된 원인이다.
 ② 한번 누전현상이 일어나면 그 부분에 계속 누설전류가 흘러 절연상태가 더욱 악화될 수 있으므로 주의가 필요하다.

참고 산업안전기사 필기 p.4-6(2. 누전차단기 설치 장소)

KEY 2019년 8월 4일(문제 78번) 출제

[**정답**] 61 ② 62 ② 63 ② 64 ③

65 제전기의 제전효과에 영향을 미치는 요인으로 볼 수 없는 것은?

① 제전기의 이온 생성능력
② 전원의 극성 및 전선의 길이
③ 대전 물체의 대전전위 및 대전분포
④ 제전기의 설치 위치 및 설치 각도

해설

제전효과에 영향을 미치는 요인
① 단위시간당 이온 생성 능력(50[mA] 이상)
② 설치 위치, 거리, 각도
③ 대전 물체의 대전전위 및 대전분포
④ 피대전 물체의 이동속도
⑤ 대전물체와 제전기 사이의 기류
⑥ 피대전 물체의 형상
⑦ 근접 접지체의 형상 위치 크기

참고 산업안전기사 필기 p.4-44(9. 제전기)

KEY 2015년 5월 31일(문제 72번) 출제

66 욕조나 샤워시설이 있는 욕실 또는 화장실에 콘센트가 시설되어 있다. 해당 전로에 설치된 누전차단기의 정격감도전류와 동작시간은?

① 정격감도전류 15[mA] 이하, 동작시간 0.01[초] 이하
② 정격감도전류 15[mA] 이하, 동작시간 0.03[초] 이하
③ 정격감도전류 30[mA] 이하, 동작시간 0.01[초] 이하
④ 정격감도전류 30[mA] 이하, 동작시간 0.03[초] 이하

해설

누전차단기 기준(KS C 4613)
① 승압지구[220[V]에는 30[mA]의 누전에 30[ms](0.03[sec]) 이내에 작동하는 누전차단기설치(감전보호용)]
② 누전차단기 설치대상전압 : 150[V] 이상

참고 산업안전기사 필기 p.4-5(1. 누전차단기의 종류)

KEY ① 2016년 3월 6일 산업기사 출제
② 2017년 5월 7일 출제
③ 2017년 8월 26일(문제 63번) 출제
④ 2021년 8월 14일(문제 75번) 출제
⑤ 2024년 2월 15일(문제 61번) 출제

합격정보
제170조(옥내에 시설하는 저압용의 배선기구의 시설) 욕실 등 인체가 물에 젖어있는 상태에서 물을 사용하는 장소에 콘센트를 시설하는 경우
① 〈전기용품안전 관리법〉의 적용을 받는 인체감전보호용 누전차단기(정격감도전류 15[mA] 이하, 동작시간 0.03[초] 이하의 전류동작형)로 보호된 전로에 접속하거나, 인체감전보호용 누전차단기가 부착된 콘센트를 시설하여야 한다.
② 콘센트는 접지 극이 있는 방전형 콘센트를 사용하여 접지하여야 한다.

67 충격전압시험시의 표준충격파형을 $1.2 \times 50[\mu s]$로 나타내는 경우 1.2와 50이 뜻하는 것은?

① 파두장 – 파미장
② 최초섬락시간 – 최종섬락시간
③ 라이징타임 – 스테이블타임
④ 라이징타임 – 충격전압인가시간

해설

표준충격 파형
예 $1.2 \times 50[\mu s]$
① 1.2 : 파두장 ② 50 : 파미장

참고 산업안전기사 필기 p.4-58(합격날개 : 용어정의)

KEY ① 2018년 4월 28일(문제 61번) 출제
② 2020년 6월 7일(문제 77번) 출제

68 정전유도를 받고 있는 접지되어 있지 않는 도전성 물체에 접촉한 경우 전격을 당하게 되는데 이 때 물체에 유도된 전압 V[V]를 옳게 나타낸 것은?(단, E는 송전선의 대지전압, C_1은 송전선과 물체사이의 정전용량, C_2는 물체와 대지사이의 정전용량이며, 물체와 대지 사이의 저항은 무시한다.)

① $V = \dfrac{C_1}{C_1 + C_2} \times E$

② $V = \dfrac{C_1 + C_2}{C_1 + C_2} \times E$

③ $V = \dfrac{C_1}{C_1 \times C_2} \times E$

④ $V = \dfrac{C_1 \times C_2}{C_1 + C_2} \times E$

[정답] 65 ② 66 ② 67 ① 68 ①

해설

정전기 에너지

① 정전용량 $C[F]$인 물체에 전압 $V[V]$가 가해져서 $Q[C]$의 전하가 축적되어 있을 때 에너지는 $W=\frac{1}{2}QV=\frac{1}{2}CV^2=\frac{1}{2}\frac{Q^2}{C}[J]$이 된다.

② 유도된 전압 $=\frac{C_1}{C_1+C_2}E$

W : 정전기 에너지[J]
C : 도체의 정전용량[F]
V : 대전전위(유도된 전압)[V]
Q : 대전전하량[C]

참고 산업안전기사 필기 p.4-33(6. 정전기 에너지)

KEY
① 2006년 3월 5일(문제 73번) 출제
② 2016년 5월 8일 산업기사 출제
③ 2016년 8월 21일 기사 출제
④ 2017년 3월 5일 기사·산업기사 동시 출제
⑤ 2017년 5월 7일 산업기사 출제
⑥ 2018년 3월 4일 기사 출제
⑦ 2019년 8월 4일(문제 64번) 출제
⑧ 2020년 9월 27일(문제 68번) 출제

---

69 자동전격방지장치에 대한 설명으로 틀린 것은?

① 무부하시 전력손실을 줄인다.
② 무부하 전압을 안전전압 이하로 저하시킨다.
③ 용접을 할 때에만 용접기의 주회로를 개로(OFF)시킨다.
④ 교류 아크용접기의 안전장치로서 용접기의 1차 또는 2차 측에 부착한다.

해설

자동전격방지장치(交流-鎔接機用 自動電擊防止裝置)

① 교류아크용접기의 출력측 무부하전압(교류아크용접기의 아크 발생을 정지시켰을 경우에서 용접봉과 피용접물 사이의 전압을 말한다)이 1.5초 이내에 30V 이하가 되도록 교류아크용접기에 장착하는 감전방지용 안전장치(자동전격방지장치(自動電擊防止裝置 : automatic electric shock prevention apparatus))
② 용접을 할 때에는 용접기의 주회로를 폐로(ON)시킨다.

참고 산업안전기사 필기 p.4-78(2. 방호장치의 성능)

KEY
① 2016년 5월 8일 산업기사 출제
② 2017년 5월 7일 기사 출제
③ 2018년 3월 4일 기사 출제
④ 2019년 3월 3일 기사 출제
⑤ 2023년 2월 28일(문제 64번) 출제

합격정보
산업안전보건기준에 관한 규칙 제306조(교류아크용접기 등)

---

70 개폐기, 차단기, 유도 전압조정기의 최대 사용전압이 7[kV] 이하인 전로의 경우 절연 내력시험은 최대 사용 전압의 1.5배의 전압을 몇분간 가하는가?

① 10
② 15
③ 20
④ 25

해설

시험전압시간 : 10[분]

[표] 최대사용전압과 시험전압

최대 사용 전압	시험전압	최저시험전압	예
1. 7,000[V] 이하	1.5배	500[V]	6,600 → 9,900
2. 7,000[V] 초과 25,000[V] 중성점 접지식(중성선을 가지는 것으로 그 중성선을 다중 접지하는 것에 한한다.)	0.92배		22,900 → 21,068
3. 7,000[V] 초과 60,000[V] 이하인 전로로 2의 것을 제외	1.25배	10,500[V]	60,000 → 75,000
4. 60,000[V] 초과 중성점 비접지식 전로(전위 변성기를 사용하여 접지하는 것 포함)	1.25배		66,000 → 82,500
5. 60,000[V] 초과 중성점 직접 접지식전로(6과 7의 것을 제외)	1.1배	75,000[V]	66,000 → 72,600
6. 60,000[V] 초과 중성점 직접접지식(7란의 것을 제외)	0.72배		154,000 → 110,880 345,000 → 248,400
7. 170,000[V] 넘는 중성점 직접 접지식 발전소/ 변전소에 시설하는 것 (구내)	0.64배		345,000 → 220,800

단, 전로에 케이블을 사용하는 경우에는 직류로 시험할 수 있으며, 시험전압은 교류인 경우의 2배

KEY 2021년 3월 7일(문제 67번) 출제

---

71 접지 목적에 따른 분류에서 병원설비의 의료용 전기전자(ME)기기와 모든 금속부분 또는 도전 바닥에도 접지하여 전위를 동일하게 하기 위한 접지를 무엇이라 하는가?

① 계통 접지
② 등전위 접지
③ 노이즈방지용 접지
④ 정전기 장해방지 이용 접지

[정답] 69 ③ 70 ① 71 ②

해설

등전위 접지목적 : 전위일정(예) 병원의료용 기기)

참고 산업안전기사 필기 p.4-41(합격날개 : 은행문제) 적중

KEY ① 2014년 8월 17일(문제 79번) 출제
② 2016년 8월 21일(문제 72번) 출제
③ 2021년 8월 14일(문제 80번) 출제

72 다음 중 전기화재시 소화에 적합한 소화기가 아닌 것은?

① 사염화탄소소화기   ② 분말소화기
③ 산알칼리소화기   ④ CO_2소화기

해설

산·알칼리소화기 : A급 화재에 적합
① 외약제 : $NaHCO_3$
② 내약제 : H_2SO_4
③ 2년에 1회 약제 교환

참고 산업안전기사 필기 p.4-86(문제 19번) 적중

KEY ① 2013년 6월 2일 기사 출제
② 2015년 8월 16일 기사 출제
③ 2023년 7월 8일(문제 63번) 출제

보충학습

		대상물 구분						
제1류 : 산화성 고체 제2류 : 가연성 고체 제3류 : 자연발화 및 금수성 제4류 : 인화성 액체 제5류 : 자기반응성 물질 제6류 : 산화성 액체		건축물·그 밖의 공작물	전기설비	알칼리금속과산화물 등	철분·금속분·마그네슘 등	인화성 고체	그 밖의 것	금수성 물질	그 밖의 것	제4류 위험물	제5류 위험물	제6류 위험물
봉상수소화기		○				○	○		○		○	○
무상수소화기		○	○			○	○		○		○	○
봉상강화액소화기		○				○	○		○		○	○
무상강화액소화기		○	○			○	○		○	○	○	○
포소화기		○				○	○		○	○	○	○
이산화탄소소화기			○			○				○		△
할로겐화합물소화기			○			○				○		
분말 소화기	인산염류소화기	○	○			○	○			○		○
	탄산수소염류소화기		○	○	○			○		○		
	그 밖의 것			○	○			○				
기타	물통 또는 수조	○				○	○		○		○	○
	건조사			○	○	○	○	○	○	○	○	○
	팽창질석 또는 팽창진주암			○	○	○	○	○	○	○	○	○

73 심장의 맥동주기 중 어느 때에 전격이 인가되면 심실세동을 일으킬 확률이 크고, 위험한가?

① 심방의 수축이 있을 때
② 심실의 수축이 있을 때
③ 심실의 수축 종료 후 심실의 휴식이 있을 때
④ 심실의 수축이 있고 심방의 휴식이 있을 때

해설

전격인가위상 : 심장 맥동주기의 어느 위상에서의 통전여부

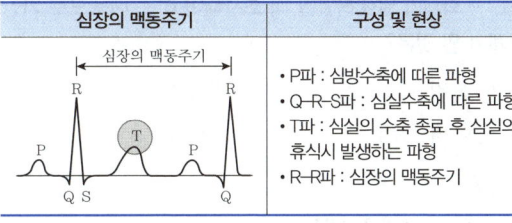

심장의 맥동주기	구성 및 현상
	• P파 : 심방수축에 따른 파형 • Q-R-S파 : 심실수축에 따른 파형 • T파 : 심실의 수축 종료 후 심실의 휴식시 발생하는 파형 • R-R파 : 심장의 맥동주기

참고 산업안전기사 필기 p.4-82(표. 전격인가위상)

KEY ① 2015년 5월 31일 기사 출제
② 2018년 8월 19일 기사 출제
③ 2023년 7월 8일(문제 80번) 출제

74 정전기 방지대책 중 적합하지 않은 것은?

① 대전서열이 가급적 먼 것으로 구성한다.
② 카본 블랙을 도포하여 도전성을 부여한다.
③ 유속을 저감 시킨다.
④ 도전성 재료를 도포하여 대전을 감소시킨다.

해설

정전기 방지대책

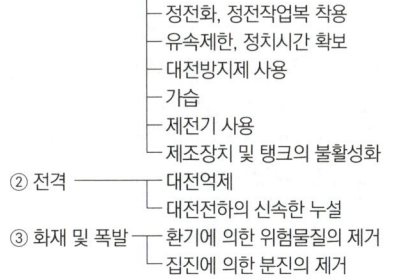

① 발생 및 대전 ─ 접지
  ─ 정전화, 정전작업복 착용
  ─ 유속제한, 정치시간 확보
  ─ 대전방지제 사용
  ─ 가습
  ─ 제전기 사용
  ─ 제조장치 및 탱크의 불활성화
② 전격 ─ 대전억제
  ─ 대전전하의 신속한 누설
③ 화재 및 폭발 ─ 환기에 의한 위험물질의 제거
  ─ 집진에 의한 분진의 제거

참고 산업안전기사 필기 p.4-36([그림] 정전기 방지대책)

[정답] 72 ③ 73 ③ 74 ①

KEY
① 2016년 5월 8일, 8월 21일기사 출제
② 2017년 5월 7일 산업기사 출제
③ 2018년 3월 4일, 8월 19일 산업기사 출제
④ 2019년 3월 3일 산업기사 출제
⑤ 2019년 8월 4일 기사 출제
⑥ 2021년 3월 7일(문제 76번) 출제
⑦ 2021년 5월 15일(문제 79번) 및 (문제 80번) 출제
⑧ 2023년 6월 4일(문제 62번) 출제

75 화재가 발생하였을 때 조사해야 하는 내용으로 가장 관계가 먼 것은?

① 발화원
② 착화물
③ 출화의 경과
④ 응고물

해설

전기화재 폭발의 원인 3가지
① 발화원
② 경로(출화의 경과)
③ 착화물

참고 산업안전기사 필기 p.4-72(1. 화재 및 폭발의 원인)

KEY
① 2017년 3월 5일 산업기사 출제
② 2019년 8월 4일 기사 출제
③ 2020년 6월 7일 기사 출제
④ 2023년 2월 28일(문제 61번) 출제

76 다음 중 불꽃(spark)방전의 발생 시 공기 중에 생성되는 물질은?

① O_2
② O_3
③ H_2
④ C

해설

불꽃방전과 스파크 방전시 공기중 생성물질 : O_3(오존)

참고
① 산업안전기사 필기 p.4-34(3. 불꽃방전)
② 산업안전기사 필기 p.4-59(문제 15번) 적중

KEY
① 2013년 8월 17일 기사(문제 76번) 출제
② 2019년 3월 3일 기사 출제
③ 2023년 2월 28일(문제 71번) 출제

77 전기기기, 설비 및 전선로 등의 충전 유무 등을 확인하기 위한 장비는?

① 위상검출기
② 디스콘 스위치
③ COS
④ 저압 및 고압용 검전기

해설

검전기 : 전기기기, 설비, 전선로 등의 충전유무 확인
① 저압용
② 고압용
③ 특고압용

[그림] 검전기 소형

참고 산업안전기사 필기 p.4-23(1. 검전기)

KEY
① 2011년 3월 20일(문제 64번) 출제
② 2019년 4월 27일(문제 65번) 출제
③ 2022년 4월 24일(문제 68번) 출제

보충학습
COS : Cut Out Switch

78 다음 (   )안에 알맞은 내용을 나타낸 것은?

> 폭발성 가스의 폭발등급 측정에 사용되는 표준용기는 내용적이 (㉮)[cm³], 반구상의 플랜지 접합면의 안길이(㉯)[mm]의 구상용기의 틈새를 통과시켜 화염일주 한계를 측정하는 장치이다.

① ㉮ 600   ㉯ 0.4
② ㉮ 1800 ㉯ 0.6
③ ㉮ 4500 ㉯ 8
④ ㉮ 8000 ㉯ 25

해설

화염일주한계 = 최대안전틈새 = 안전간격(safety gap)
① 내용적 : 8000[cm³]=8[ℓ]
② 접합면의 안길이 : 25[mm]

[정답] 75 ④ 76 ② 77 ④ 78 ④

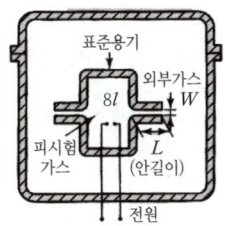

[그림] 폭발등급 측정에 사용되는 표준용기

참고 산업안전기사 필기 p.4-59(합격날개 : 합격예측)

KEY ① 2016년 8월 21일 출제
② 2018년 8월 19일(문제 66번) 출제
③ 2022년 3월 5일(문제 61번) 출제

보충학습

화염일주한계
폭발성분위기 내에서 방치된 표준용기의 접합 면 틈새를 통하여 폭발화염이 내부에서 외부로 전파되는 것을 저지할 수 있는 틈새의 최대간격치

79 전격의 위험을 결정하는 주된 인자로 가장 거리가 먼 것은?

① 통전전류 ② 통전시간
③ 통전경로 ④ 접촉전압

해설

1·2차 감전(전격) 위험요소
(1) 전격위험도 결정조건(1차적 감전위험요소)
    ① 통전전류의 크기
    ② 통전시간
    ③ 통전경로
    ④ 전원의 종류(직류보다 상용주파수의 교류전원이 더 위험한 이유 : 극성변화)
    ⑤ 주파수 및 파형
    ⑥ 전격인가위상
(2) 2차적 감전위험요소
    ① 인체의 조건(저항)
    ② 전압
    ③ 계절

참고 산업안전기사 필기 p.4-18(1. 감전요소)

KEY ① 2016년 8월 21일 산업기사 출제
② 2017년 3월 5일 출제
③ 2017년 8월 26일 출제
④ 2018년 3월 4일 산업기사 출제
⑤ 2018년 4월 28일(문제 80번) 출제
⑥ 2022년 3월 5일(문제 65번) 출제

80 다음 중 전기화재의 주요 원인이라고 할 수 없는 것은?

① 절연전선의 열화 ② 정전기 발생
③ 과전류 발생   ④ 절연저항값의 증가

해설

전기화재의 경로별발생(원인별)
① 단락(합선) : 25[%]
② 전기스파크 : 24[%]
③ 누전 : 15[%]
④ 접촉부의 과열 : 12[%]
⑤ 접촉불량
⑥ 정전기

참고 산업안전기사 필기 p.4-72(2.경로별 발생)

합격팁
(1) 화재의 3요건
    ① 산소
    ② 발화원
    ③ 착화물
(2) 전기화재
    ① 전기가 원인이 되어 일어나는 화재
    ② 전기화재는 광범위한 손실을 초래

KEY ① 2016년 5월 8일 기사
② 2018년 9월 28일 기사
③ 2018년 8월 19일 기사
④ 2021년 5월 15일(문제 71번) 출제

5 화학설비 안전관리

81 다음 중 산업안전보건법령상 화학설비의 부속설비로만 이루어진 것은?

① 사이클론, 백필터, 전기집진기 등 분진처리설비
② 응축기, 냉각기, 가열기, 증발기 등 열교환기류
③ 고로 등 점화기를 직접 사용하는 열교환기류
④ 혼합기, 발포기, 압출기 등 화학제품 가공설비

해설

화학설비와 부속설비
(1) 화학설비 : ②, ③, ④
(2) 부속설비 : ①

참고 ① 산업안전기사 필기 p.5-49(합격날개 : 참고)
② 산업안전기사 필기 p.5-50(합격날개 : 참고)

[정답] 79 ④ 80 ④ 81 ①

KEY ① 2017년 3월 5일 출제
② 2020년 8월 22일 기사 출제
③ 2023년 6월 4일(문제 100번) 출제

정보제공
산업안전보건기준에 관한 규칙 [별표 7] 화학설비 및 그 부속설비의 종류

82 가스를 분류할 때 독성가스에 해당하지 않는 것은?

① 황화수소 ② 시안화수소
③ 이산화탄소 ④ 산화에틸렌

해설

독성가스 허용농도
① NH₃(암모니아) : 25[ppm]
② COCl₂(포스겐) : 0.1[ppm]
③ Cl₂(염소) : 1[ppm]
④ H₂S(황화수소) : 10[ppm]

참고 산업안전기사 필기 p.5-44(표. 주요 고압가스의 분류)

KEY ① 2017년 3월 5일 기사 출제
② 2019년 8월 4일 기사 출제
③ 2022년 4월 24일(문제 84번) 출제

보충학습
① COCl₂ : 1차 세계대전 독가스
② CO₂ : 불연성가스(질식성 가스)

83 다음 물질이 물과 접촉하였을 때 위험성이 가장 낮은 것은?

① 과산화칼륨 ② 나트륨
③ 메틸리튬 ④ 이황화탄소

해설

인화점
① 정의
인화성 액체가 공기 중에서 인화하기에 충분한 인화성 증기를 발생할 수 있는 최저온도로 보통 위험성의 척도가 되는 것이다.
② 주요 인화성 액체의 인화점

물질명	인화점(℃)	물질명	인화점(℃)
아세톤	-20	아세트알데히드	-39
가솔린	-43	에틸알코올	13
경유	40~85	메탄올	11
등유	30~60	산화에틸렌	-17.8
벤젠	-11	이황화탄소	-30
테레빈유	35	에틸에테르	-45

참고 산업안전기사 필기 p.5-24(문제 18)

KEY ① 2014년 5월 25일(문제 91번) 출제
② 2017년 5월 7일 출제
③ 2019년 4월 27일(문제 81번) 출제

보충학습
CS₂ : 물속에 저장

84 다음 중 폭발범위에 관한 설명으로 틀린 것은?

① 상한값과 하한값이 존재한다.
② 온도에는 비례하지만 압력과는 무관하다.
③ 가연성 가스의 종류에 따라 각각 다른 값을 갖는다.
④ 공기와 혼합된 가연성 가스의 체적 농도로 나타낸다.

해설

폭발발생의 필수인자
① 인화성 물질 온도
② 조성(인화성 물질의 농도범위)
③ 압력의 방향
④ 용기의 크기와 형태(모양)

참고 산업안전기사 필기 p.5-3(2. 폭발발생의 필수인자)

KEY ① 2014년 3월 2일(문제 85번) 출제
② 2019년 3월 3일(문제 96번) 출제
③ 2020년 9월 27일(문제 84번) 출제
④ 2022년 3월 5일(문제 83번) 출제
⑤ 2023년 2월 28일(문제 81번) 출제

보충학습
보일 샤를 법칙에 의해 온도 상승 시 부피, 압력이 상승하여 넓어진다.
$$\frac{P_1V_1}{T_1} - \frac{P_2V_2}{T_2} = K(일정)$$

85 다음 중 분진폭발의 특징으로 옳은 것은?

① 가스폭발보다 연소시간이 짧고, 발생에너지가 작다.
② 압력의 파급속도보다 화염의 파급속도가 빠르다.
③ 가스폭발에 비하여 불완전 연소가 적게 발생한다.
④ 주위의 분진에 의해 2차, 3차의 폭발로 파급될 수 있다.

[정답] 82 ③ 83 ④ 84 ② 85 ④

해설
분진폭발
① 분진, mist 등이 일정 농도 이상으로 공기와 혼합시 발화원에 의해 분진 폭발을 일으킨다.
② 마그네슘, 티타늄 등의 분말, 곡물가루 등

[표] 분진폭발의 발생 순서

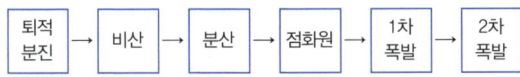

참고 ① 산업안전기사 필기 p.5-9(합격날개 : 합격예측)
② 산업안전기사 필기 p.5-11([표] 분진폭발의 특징)

KEY ① 2015년 3월 8일 기사 출제
② 2017년 3월 5일, 8월 26일 기사 출제
③ 2019년 8월 4일 기사 출제
④ 2020년 8월 22일 기사 출제
⑤ 2021년 3월 7일, 5월 15일 기사 출제
⑥ 2022년 4월 24일 기사 출제
⑦ 2023년 2월 28일(문제 87번) 출제

86 다음 중 인화점에 관한 설명으로 옳은 것은?

① 액체의 표면에서 발생한 증기농도가 공기중에서 연소하한 농도가 될 수 있는 가장 높은 액체온도
② 액체의 표면에서 발생한 증기농도가 공기중에서 연소상한 농도가 될 수 있는 가장 낮은 액체온도
③ 액체의 표면에서 발생한 증기농도가 공기중에서 연소하한 농도가 될 수 있는 가장 낮은 액체온도
④ 액체의 표면에서 발생한 증기농도가 공기중에서 연소상한 농도가 될 수 있는 가장 높은 액체온도

해설
인화점(flash point)
액체의 표면에서 발생한 증기농도가 공기 중에서 연소하한 농도가 될 수 있는 가장 낮은 액체온도

참고 ① 산업안전기사 필기 p.5-39(합격날개 : 합격예측)
② 산업안전기사 필기 p.5-25(문제 18번 해설)

KEY ① 2018년 3월 4일 산업기사 출제
② 2021년 3월 7일(문제 94번) 출제

87 산업안전보건법에서 정한 위험물질을 기준량 이상 제조하거나 취급하는 화학설비로서 내부의 이상상태를 조기에 파악하기 위하여 필요한 온도계·유량계·압력계 등의 계측장치를 설치하여야 하는 대상이 아닌 것은?

① 가열로 또는 가열기
② 증류·정류·증발·추출 등 분리를 하는 장치
③ 반응폭주 등 이상 화학반응에 의하여 위험물질이 발생할 우려가 있는 설비
④ 흡열반응이 일어나는 반응장치

해설
특수화학설비의 종류
사업주는 위험물을 같은 표에서 정한 기준량 이상으로 제조하거나 취급하는 다음 각 호의 어느 하나에 해당하는 화학설비(이하"특수화학설비"라 한다)를 설치하는 경우에는 내부의 이상 상태를 조기에 파악하기 위하여 필요한 온도계·유량계·압력계 등의 계측장치를 설치하여야 한다.
① 발열반응이 일어나는 반응장치
② 증류·정류·증발·추출 등 분리를 하는 장치
③ 가열시켜 주는 물질의 온도가 가열되는 위험물질의 분해온도 또는 발화점보다 높은 상태에서 운전되는 설비
④ 반응폭주 등 이상 화학반응에 의하여 위험물질이 발생할 우려가 있는 설비
⑤ 온도가 섭씨 350도 이상이거나 게이지 압력이 980킬로파스칼 이상인 상태에서 운전되는 설비
⑥ 가열로 또는 가열기

참고 산업안전기사 필기 p.5-17(합격날개 : 합격예측 및 관련법규)

KEY ① 2017년 8월 28일 산업기사 출제
② 2018년 3월 4일 기사(문제 87번) 출제
③ 2018년 4월 28일 기사 출제
④ 2021년 3월 7일(문제 96번) 출제
⑤ 2021년 5월 15일(문제 81번) 출제
⑥ 2022년 4월 24일(문제 81번) 출제

합격정보
산업안전보건기준에 관한 규칙 제273조(계측장치 등의 설치)

88 가연성 물질을 취급하는 장치를 퍼지하고자 할 때 잘못된 것은?

① 대상물질의 물성을 파악한다.
② 사용하는 불활성가스의 물성을 파악한다.
③ 퍼지용 가스를 가능한 한 빠른 속도로 단시간에 다량 송입한다.
④ 장치 내부를 세정한 후 퍼지용 가스를 송입한다.

해설
퍼지방법
① 퍼지용 가스는 장시간에 걸쳐 천천히 주입한다.
② why : 빨리 주입시 폭발한다.

[정답] 86 ③ 87 ④ 88 ③

> **참고** 산업안전기사 필기 p.5-20(표. 퍼지의 종류)
>
> **KEY** ① 2019년 4월 27일 기사 출제
> ② 2021년 8월 14일 기사 출제
> ③ 2023년 7월 8일(문제 97번) 출제

> **보충학습**
> **퍼지(purge)**
> 연소되지 않은 가스가 노 안에 또는 기타 장소에 차 있으면 점화를 했을 때 폭발할 우려가 있으므로 점화시키기 전에 이것을 노 밖으로 배출하기 위하여 환기시키는 것을 퍼지라고 한다.

89 다음 중 상온에서 물과 격렬히 반응하여 수소를 발생시키는 물질은?

① Au
② K
③ S
④ Ag

> **해설**
> K(칼륨) : 칼륨은 금수성 물질로서 산과 접촉 시 수소방출
>
> **참고** ① 산업안전기사 필기 p.5-62(문제 4번)
> ② 산업안전기사 필기 p.5-69(문제 35번) 적중
>
> **KEY** ① 2012년 5월 20일 기사 출제
> ② 2016년 5월 8일 기사 출제
> ③ 2017년 8월 26일 기사 출제
> ④ 2018년 3월 4일 기사 출제
> ⑤ 2019년 3월 3일 기사 출제
> ⑥ 2021년 3월 7일, 5월 15일 기사 출제
> ⑦ 2023년 7월 8일(문제 87번) 출제

> **보충학습**
> ① 반응식 : $2K+2H_2O \rightarrow 2KOH+H_2$
> ② Cu, Fe, Au, Ag, C : 상온에서 고체로 물과 접촉해도 반응불가
> ③ K, Na, Mg, Zn, Li : 물과 격렬반응하여 수소 발생

90 위험물의 저장방법으로 적절하지 않은 것은?

① 탄화칼슘은 물 속에 저장한다.
② 벤젠은 산화성 물질과 격리시킨다.
③ 금속나트륨은 석유 속에 저장한다.
④ 질산은 갈색병에 넣어 냉암소에 보관한다.

> **해설**
> 탄화칼슘(CaC_2) : 금수성 물질
>
> **참고** 산업안전기사 필기 p.5-39(3류 자연 발화성 및 금수성 물질)

> **KEY** ① 2012년 3월 4일 기사 출제
> ② 2018년 8월 19일 기사 출제
> ③ 2022년 4월 24일 기사 출제
> ④ 2023년 7월 8일(문제 89번) 출제

> **보충학습**
> $CaC_2+2H_2O \rightarrow Ca(OH)_2+C_2H_2$

91 니트로셀룰로오스와 같이 연소에 필요한 산소를 포함하고 있는 물질이 연소하는 것을 무엇이라고 하는가?

① 분해연소
② 확산연소
③ 그을음연소
④ 자기연소

> **해설**
> **자기연소(자기반응성 물질)**
> ① 제5류 위험물은 인화성이면서 자체 내에 산소를 함유하고 있어 공기 중의 산소를 필요로 하지 않고 연소되는데 이를 자기연소라 한다.
> ② 니트로 화합물, 다이나마이트 등
>
> **참고** 산업안전기사 필기 p.5-5(4. 자기연소)
>
> **KEY** ① 2016년 8월 21일 기사 출제
> ② 2020년 6월 7일 기사 출제
> ③ 2023년 7월 8일(문제 96번) 출제

92 건조설비를 사용하여 작업을 하는 경우에 폭발이나 화재를 예방하기 위하여 준수하여야 하는 사항으로 틀린 것은?

① 위험물 건조설비를 사용하는 경우에는 미리 내부를 청소하거나 환기할 것
② 위험물 건조설비를 사용하여 가열건조하는 건조물은 쉽게 이탈되도록 할 것
③ 고온으로 가열건조한 인화성 액체는 발화위험이 없는 온도로 냉각한 후에 격납시킬 것
④ 바깥 면이 현저히 고온이 되는 건조설비에 가까운 장소에는 인화성 액체를 두지 않도록 할 것

> **해설**
> **건조설비 사용**
> ① 위험물 건조설비를 사용하는 경우에는 미리 내부를 청소하거나 환기할 것
> ② 위험물 건조설비를 사용하는 경우에는 건조로 인하여 발생하는 가스·증기 또는 분진에 의하여 폭발·화재의 위험이 있는 물질을 안전한 장소로 배출시킬 것

[정답] 89 ② 90 ① 91 ④ 92 ②

③ 위험물 건조설비를 사용하여 가열건조하는 건조물은 쉽게 이탈되지 아니하도록 할 것
④ 고온으로 가열건조한 인화성 액체는 발화의 위험이 없는 온도로 냉각한 후에 격납시킬 것
⑤ 건조설비(바깥면에 현저하게 고온이 되는 설비만 해당한다.)에 근접한 장소에는 인화성 액체를 두지 않도록 할 것

참고 산업안전기사 필기 p.5-55(합격날개 : 합격예측 및 관련법규)

KEY
① 2016년 8월 21일 산업기사 출제
② 2017년 3월 5일 출제
③ 2019년 4월 27일 기사 출제
④ 2023년 6월 4일(문제 82번) 출제

정보제공
산업안전보건기준에 관한 규칙 제283조(건조설비의 사용)

93 다음 중 연소시 발생하는 열에너지를 흡수하는 매체를 화염 속에 투입하여 소화하는 방법은?

① 냉각소화
② 희석소화
③ 질식소화
④ 억제소화

해설
화재 및 소화기 종류

화재구분	소화대책	적응 소화기
A급(일반화재)	냉각소화	① 물 소화기 ② 강화액 소화기 ③ 산, 알칼리 소화기
B급(유류 및 가스화재)	질식소화	① 이산화탄소 소화기 ② 할로겐화합물 소화기 ③ 분말 소화기 ④ 포 소화기
C급(전기화재)	질식소화	① 이산화탄소 소화기 ② 할로겐화합물 소화기 ③ 분말 소화기 ④ 무상강화액 소화기
D급(금속화재)	피복소화	① 건조사 ② 팽창 질석 ③ 팽창 진주암

참고 산업안전기사 필기 p.5-23(문제 13번)

KEY 2014년 5월 25일(문제 83번) 출제

보충학습
소화 구분
① 냉각소화 : 화점의 냉각
② 질식소화 : 불연성 기체, 포말, 고체, 소화 분말로 연소물을 덮는 방법
③ 제거소화 : 가연물의 제거
④ 억제소화 : 연쇄반응의 억제에 의한 소화
⑤ 희석소화 : 수용성인 인화성액체 화재시 물을 방사하여 가연물의 농도를 낮추어 소화

94 불연성이지만 다른 물질의 연소를 돕는 산화성 액체 물질에 해당하는 것은?

① 히드라진
② 과염소산
③ 벤젠
④ 암모니아

해설
위험물의 분류
① 제1류(산화성 고체) : 아염소산, 염소산, 과염소산나트륨, 무기과산화물, 삼산화크롬, 브롬산염류, 요오드산염류, 과망간산염류, 중크롬산염류
② 제2류(가연성 고체) : 황화인, 적린, 유황, 철분, Mg, 금속분류, 인화성 고체
③ 제3류(자연발화성 및 금수성 물질) : K, Na, 알킬Al, 알킬Li, 황린, 칼슘 또는 Al의 탄화물류 등
④ 제4류(인화성 액체) : 특수인화물류, 동식물류, 알코올류, 제1석유류~제4석유류
⑤ 제5류(자기반응성 물질) : 유기산화물류, 질산에스테르류(니트로셀룰로오스, 질산에틸, 니트로글리세린), 셀룰로이드류, 니트로화합물, 아조화합물류, 디아조화합물류, 히드라진 유도체류
⑥ 제6류(산화성 액체) : 과염소산, 과산화수소, 질산

참고
① 산업안전기사 필기 p.5-66(문제 27번) 적중
② 2021년 5월 15일(문제 95번) 출제

KEY
① 2017년 5월 7일 출제
② 2018년 4월 25일 출제
③ 2018년 8월 19일 기사 출제
④ 2021년 3월 7일(문제 95번) 출제
⑤ 2021년 5월 15일(문제 86번) 출제
⑥ 2023년 6월 4일(문제 90번) 출제

95 CF_3Br 소화약제의 할론 번호를 옳게 나타낸 것은?

① 하론 1031
② 하론 1311
③ 하론 1301
④ 하론 1310

해설
할론 넘버 : C, F, Cl, Br의 개수로 표시
① 일염화 일취화 메탄 : 1011
② 일취화 일염화 이불화 메탄 : 1211
③ 이취화 사불화 에탄 : 2402
④ 일취화 삼불화 메탄 : 1301

참고 산업안전기사 필기 p.5-15(7. 할로겐화물 소화기)

KEY
① 2008년 7월 27일 기사 출제
② 2016년 8월 21일 산업기사 출제
③ 2018년 8월 19일 기사 출제
④ 2023년 6월 4일(문제 97번) 출제

[정답] 93 ① 94 ② 95 ③

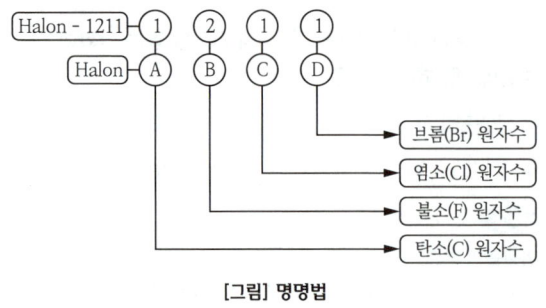

[그림] 명명법

KEY ① 2020년 8월 22일(문제 86번) 출제
② 2021년 8월 14일(문제 94번) 출제
③ 2022년 4월 24일(문제 83번) 출제

보충학습
폭발범위의 계산 : Jones식
① 폭발하한계 $= 0.55 \times C_{st}$
② 폭발상한계 $= 3.50 \times C_{st}$

여기서, $C_{st} = \dfrac{100}{1 + 4.773\left(n + \dfrac{m-f-\lambda}{4}\right)}$

(n : 탄소, m : 수소, f : 할로겐원소, λ : 산소의 원자수)

96
프로판(C_3H_8)의 연소에 필요한 최소산소농도의 값은 약 얼마인가? (단, 프로판의 폭발하한은 Jone식에 의해 추산한다.)

① 8.1[vol%] ② 11.1[vol%]
③ 15.1[vol%] ④ 20.1[vol%]

해설
최소산소농도(MOC)
① 프로판의 연소식 : $1C_3H_8 + 5O_2 = 3CO_2 + 4H_2O$ (여기서 1, 5, 3, 4 = 몰수)
② MOC농도 = 폭발하한계 × $\dfrac{산소의 몰수}{연료의 몰수}$ [vol%]
③ 프로판의 최소산소농도 = $2.2 \times \dfrac{5}{1} = 11$ [vol%]

참고 산업안전기사 필기 p.5-19(실전문제)

KEY ① 2004년 5월 23일 기사 출제
② 2018년 3월 4일 기사 출제
③ 2020년 6월 7일 기사 출제
④ 2023년 2월 28일(문제 83번) 출제

98
산업안전보건법령상 다음 인화성 가스의 정의에서 (   )안에 알맞은 값은?

"인화성 가스"란 인화한계 농도의 최저한도가 (㉠) [%] 이하 또는 최고한도와 최저한도의 차가 (㉡) [%] 이상인 것으로서 표준압력(101.3[kPa]), 20[℃]에서 가스 상태인 물질을 말한다.

① ㉠ 13, ㉡ 12 ② ㉠ 13, ㉡ 15
③ ㉠ 12, ㉡ 13 ④ ㉠ 12, ㉡ 15

해설
"인화성 가스"란 인화한계 농도의 최저한도가 13[%] 이하 또는 최고한도와 최저한도의 차가 12[%] 이상인 것으로서 표준압력(101.3 [kPa])에서 20[℃]에서 가스 상태인 물질을 말한다.

KEY 2022년 4월 24일(문제 91번) 출제

합격정보
산업안전보건법 시행령 [별표 13] 비고

97
폭발한계와 완전 연소 조성 관계인 Jones식을 이용하여 부탄(C_4H_{10})의 폭발하한계를 구하면 약 몇 [vol%]인가?

① 1.4 ② 1.7
③ 2.0 ④ 2.3

해설
C_4H_{10} 양론농도계산
① $C_{st} = \dfrac{100}{1 + 4.773\left(4 + \dfrac{10}{4}\right)} = 3.125$
② 연소하한값 $= 0.55 \times C_{st} = 0.55 \times 3.125 = 1.718$

참고 산업안전기사 필기 p.5-11(보충학습 : 폭발범위의 계산)

99
다음 설명이 의미하는 것은?

온도, 압력 등 제어상태가 규정의 조건을 벗어나는 것에 의한 반응속도가 지수함수적으로 증대되고, 반응 용기 내의 온도, 압력이 급격히 이상 상승되어 규정 조건을 벗어나고, 반응이 과격화되는 현상

① 비등 ② 과열·과압
③ 폭발 ④ 반응폭주

[정답] 96 ② 97 ② 98 ① 99 ④

해설

반응폭주의 원리
① 반응물질량 제어 실패 : 반응물질과 투입에 다른 반응 활성화로 반응폭주 발생
② 반응온도 제어 실패 : 반응온도의 상승으로 인한 반응속도의 증가로 반응폭주 발생
③ 촉매의 양 제어 실패 : 반응속도를 높이는 촉매의 과 투입에 따른 반응폭주 발생
④ 이물질 흡입에 의한 이상반응 발생으로 반응폭주 발생

참고 산업안전기사 필기 p.5-52(합격날개 : 은행문제)

KEY
① 2017년 5월 7일(문제 97번) 출제
② 2020년 9월 27일(문제 99번) 출제
③ 2022년 3월 5일(문제 81번) 출제

정보제공
산업안전보건기준에 관한규칙 제262조(파열판의 설치)

---

100 다음 표에 있는 가스들은 위험도가 높은 가스들이다. 위험도 순위로 나열한 것은?

구 분 종 류	폭발하한선	폭발상한선
수소	4.0[vol%]	75.0[vol%]
산화에틸렌	3.0[vol%]	80.0[vol%]
이황화탄소	1.25[vol%]	44.0[vol%]
아세틸렌	2.5[vol%]	81.0[vol%]

① 아세틸렌－산화에틸렌－이황화탄소－수소
② 아세틸렌－산화에틸렌－수소－이황화탄소
③ 이황화탄소－아세틸렌－수소－산화에틸렌
④ 이황화탄소－아세틸렌－산화에틸렌－수소

해설

위험도 계산

위험도(H) = $\dfrac{폭발상한선(U) - 폭발하한선(L)}{폭발하한선(L)}$

① 수소 = $\dfrac{75-4}{4}$ = 17.75
② 산화에틸렌 = $\dfrac{80-3}{3}$ = 25.67
③ 이황화탄소 = $\dfrac{44-1.25}{1.25}$ = 34.2
④ 아세틸렌 = $\dfrac{81-2.5}{2.5}$ = 31.4

참고 산업안전기사 필기 p.5-70(문제 40번)

KEY
① 2020년 6월 7일, 6월 14일 출제
② 2021년 3월 7일 출제
③ 2023년 2월 28일 출제

---

6 건설공사 안전관리

101 중량물을 운반할 때의 바른 자세로 옳은 것은?

① 허리를 구부리고 양손으로 들어올린다.
② 중량은 보통 체중의 60%가 적당하다.
③ 물건은 최대한 몸에서 멀리 떼어서 들어올린다.
④ 길이가 긴 물건은 앞쪽을 높게 하여 운반한다.

해설

인력운반 안전기준
① 1인당 무게는 25[kg] 정도가 적절하며, 무리한 운반 금지
② 2인 이상 1조가 되어 어깨메기로 하여 운반하는 등 안전을 도모
③ 긴 철근을 1인이 운반시 앞쪽을 높게하여 어깨에 메고 뒤쪽 끝을 끌면서 운반
④ 운반시 양끝을 묶어 운반
⑤ 내려놓을 때는 던지지 말고 천천히 내려놓을 것
⑥ 공동 작업시 신호에 따라 작업(신호 준수)

참고 산업안전기사 필기 p.6-182[(1) 인력운반 안전기준]

KEY
① 2017년 5월 7일 산업기사 출제
② 2019년 3월 3일(문제 111번) 출제

102 산업안전보건법령에 따른 지반의 종류별 굴착면의 기울기 기준으로 옳지 않은 것은?

① 모래 － 1 : 1.8   ② 그 밖의 흙 － 1 : 0.3
③ 풍화암 － 1:1.0   ④ 연암 － 1:1.0

해설

굴착면의 기울기 기준

지반의 종류	굴착면의 기울기
모래	1 : 1.8
연암 및 풍화암	1 : 1.0
경암	1 : 0.5
그 밖의 흙	1 : 1.2

참고 산업안전기사 필기 p.6-56(표 : 굴착면의 기울기 기준)

KEY
① 2016년 5월 8일 기사·산업기사 동시 출제
② 2017년 3월 5일, 9월 23일 기사 출제
③ 2018년 8월 19일 산업기사 출제
④ 2019년 4월 27일 기사·산업기사 동시 출제
⑤ 2020년 6월 7일, 8월 22일, 9월 27일 기사 출제
⑥ 2022년 3월 5일 기사 출제
⑦ 2023년 2월 28일(문제 114번) 출제

[정답] 100 ④   101 ④   102 ②

정보제공
산업안전보건기준에 관한 규칙 [별표 11] 굴착면의 기울기 기준

103 다음 중 해체작업용 기계·기구로 가장 거리가 먼 것은?

① 압쇄기
② 핸드 브레이커
③ 철제햄머
④ 진동롤러

해설

진동롤러 : 다짐기계

참고) 산업안전기사 필기 p.6-59(표. 전압식 다짐기계의 종류 및 특징)

KEY▶ 2020년 8월 22일(문제 111번) 출제

104 다음은 타워크레인을 와이어로프로 지지하는 경우의 준수해야 할 기준이다. 빈칸에 들어갈 알맞은 내용을 순서대로 옳게 나타낸 것은?

> 와이어로프 설치각도는 수평면에서 (   )도 이내로 하되, 지지점은 (   )개소 이상으로 하고, 같은 각도로 설치할 것

① 45, 4
② 45, 5
③ 60, 4
④ 60, 5

해설

와이어로프로 지지하는 경우 준수사항
① 「산업안전보건법 시행규칙」에 따른 서면심사에 관한 서류(「건설기계관리법」에 따른 형식승인서류를 포함한다) 또는 제조사의 설치작업설명서 등에 따라 설치할 것
② 제①호의 서면심사 서류 등이 없거나 명확하지 아니한 경우에는 「국가기술자격법」에 따른 건축구조·건설기계·기계안전·건설안전기술사 또는 건설안전분야 산업안전지도사의 확인을 받아 설치하거나 기종별·모델별 공인된 표준방법으로 설치할 것
④ 와이어로프를 고정하기 위한 전용 지지프레임을 사용할 것
⑤ 와이어로프 설치각도는 수평면에서 60도 이내로 하고, 지지점은 4개소 이상으로 할 것
⑥ 와이어로프와 그 고정부위는 충분한 강도와 장력을 갖도록 설치하고, 와이어로프를 클립·샤클(shackle) 등의 고정기구를 사용하여 견고하게 고정시켜 풀리지 아니하도록 할 것
⑦ 와이어로프가 가공전선(架空電線)에 근접하지 않도록 할 것

참고) 산업안전기사 필기 p.6-138(합격날개 : 합격예측 및 관련법규)

KEY▶ 2015년 5월 31일(문제 114번) 출제

정보제공
산업안전보건기준에 관한 규칙 제142조(타워크레인의 지지)

105 콘크리트 타설작업을 하는 경우에 준수해야할 사항으로 옳지 않은 것은?

① 당일의 작업을 시작하기 전에 해당 작업에 관한 거푸집동바리 등의 변형·변위 및 지반의 침하 유무 등을 점검하고 이상이 있으면 보수한다.
② 작업 중에는 거푸집동바리 등의 변형·변위 및 침하 유무 등을 감시할 수 있는 감시자를 배치하여 이상이 있으면 작업을 빠른 시간 내 우선 완료하고 근로자를 대피시킨다.
③ 콘크리트 타설작업 시 거푸집붕괴의 위험이 발생할 우려가 있으면 충분한 보강 조치를 한다.
④ 콘크리트를 타설하는 경우에는 편심이 발생하지 않도록 골고루 분산하여 타설한다.

해설

제334조(콘크리트의 타설작업) 사업주는 콘크리트의 타설작업을 하는 경우에는 다음 각 호의 사항을 준수하여야 한다.
1. 당일의 작업을 시작하기 전에 해당 작업에 관한 거푸집 및 동바리를 변형·변위 및 지반의 침하유무 등을 점검하고 이상이 있으면 보수할 것
2. 작업중에는 거푸집동바리 등의 변형·변위 및 침하유무 등을 감시할 수 있는 감시자를 배치하여 이상이 있으면 작업을 중지시키고 근로자를 대피시킬 것
3. 콘크리트의 타설작업시 거푸집붕괴의 위험이 발생할 우려가 있는 경우에는 충분한 보강조치를 할 것
4. 설계도서상의 콘크리트 양생기간을 준수하여 거푸집 및 동바리를 해체할 것
5. 콘크리트를 타설하는 경우에는 편심이 발생하지 않도록 골고루 분산하여 타설할 것

참고) 산업안전기사 필기 p.6-91(합격날개 : 합격예측 및 관련법규)

KEY▶ ① 2016년 5월 8일 기사 출제
② 2016년 10월 1일 산업기사 출제
③ 2017년 3월 5일 산업기사 출제
④ 2021년 5월 15일, 8월 14일 기사 출제
⑤ 2022년 3월 5일(문제 118번) 출제

[정답] 103 ④ 104 ③ 105 ②

106. 미리 작업장소의 지형 및 지반상태 등에 적합한 제한속도를 정하지 않아도 되는 차량계 건설기계의 속도 기준은?

① 최대 제한 속도가 10[km/h] 이하
② 최대 제한 속도가 20[km/h] 이하
③ 최대 제한 속도가 30[km/h] 이하
④ 최대 제한 속도가 40[km/h] 이하

[해설]

산업안전보건기준에 관한 규칙 제98조(제한속도의 지정 등)
① 사업주는 차량계 하역운반기계, 차량계 건설기계(최대제한속도가 시속 10킬로미터 이하인 것은 제외한다)를 사용하여 작업을 하는 경우 미리 작업장소의 지형 및 지반 상태 등에 적합한 제한속도를 정하고, 운전자로 하여금 준수하도록 하여야 한다.
② 사업주는 궤도작업차량을 사용하는 작업, 입환기로 입환작업을 하는 경우에 작업에 적합한 제한속도를 정하고, 운전자로 하여금 준수하도록 하여야 한다.
③ 운전자는 제①항과 제②항에 따른 제한속도를 초과하여 운전해서는 아니 된다.

[참고] ① 산업안전기사 필기 p.6-61(합격날개 : 합격예측)
② 산업안전기사 필기 p.6-171(합격날개 : 합격예측)

[KEY] ① 2014년 8월 17일 기사 출제
② 2017년 8월 26일 기사 출제
③ 2018년 3월 4일 기사 출제
④ 2021년 3월 7일 기사 출제
⑤ 2023년 7월 8일(문제 109번) 출제

107. 건설현장에 거푸집 및 동바리 설치 시 준수사항으로 옳지 않은 것은?

① 파이프 서포트 높이가 4.5[m]를 초과하는 경우에는 높이 2[m] 이내마다 2개 방향으로 수평연결재를 설치한다.
② 동바리의 침하 방지를 위해 받침목의 사용, 콘크리트 타설, 말뚝박기 등을 실시한다.
③ 강재와 강재의 접속부는 볼트 또는 클램프 등 전용철물을 사용한다.
④ 강관틀 동바리는 강관틀과 강관틀 사이에 교차가새를 설치한다.

[해설]

동바리로 사용하는 파이프서포트 안전기준
① 파이프서포트를 3개 이상 이어서 사용하지 아니하도록 할 것
② 파이프서포트를 이어서 사용할 경우에는 4개 이상의 볼트 또는 전용철물을 사용하여 이을 것
③ 높이가 3.5[m]를 초과할 경우에는 높이 2[m] 이내마다 수평연결재를 2개 방향으로 만들고 수평연결재의 변위를 방지할 것

[참고] 산업안전기사 필기 p.6-88(합격날개 : 합격예측 및 관련법규)

[KEY] ① 2018년 3월 4일 기사·산업기사 동시 출제
② 2018년 8월 19일 출제
③ 2018년 9월 15일 산업기사 출제
④ 2020년 8월 22일 출제
⑤ 2020년 8월 22일 산업기사등 20번 이상 출제
⑥ 2022년 4월 24일(문제 101번) 출제

[정보제공]
산업안전보건기준에 관한 규칙 제332조의2(동바리 유형에 따른 동바리 조립시의 안전조치)

108. 건설공사 유해위험방지계획서를 제출해야 할 대상공사에 해당하지 않는 것은?

① 깊이 10[m]인 굴착공사
② 다목적댐 건설공사
③ 최대 지간길이가 40[m]인 교량건설 공사
④ 연면적 5,000[m²]인 냉동·냉장창고시설의 설비 공사

[해설]

유해위험 방지계획서 제출 대상 공사
(1) 건축물 또는 시설 등의 건설·개조 또는 해체공사
  가. 지상높이가 31미터 이상인 건축물 또는 인공구조물
  나. 연면적 3만제곱미터 이상인 건축물
  다. 연면적 5천제곱미터 이상인(에) 해당하는 시설
    ① 문화 및 집회시설(전시장 및 동물원·식물원은 제외한다)
    ② 판매시설, 운수시설(고속철도의 역사 및 집배송시설은 제외한다)
    ③ 종교시설
    ④ 의료시설 중 종합병원
    ⑤ 숙박시설 중 관광숙박시설
    ⑥ 지하도상가
    ⑦ 냉동·냉장 창고시설
(2) 연면적 5천제곱미터 이상의 냉동·냉장창고시설의 설비공사 및 단열공사
(3) 최대지간길이가 50[m] 이상인 교량건설 등 공사
(4) 터널건설 등의 공사
(5) 다목적댐, 발전용댐, 저수용량 2천만톤 이상의 용수전용댐 및 지방상수도 전용댐의 건설 등 공사
(6) 깊이 10[m] 이상인 굴착공사

[참고] 산업안전기사 필기 p.6-20(3. 유해위험방지계획서 제출대상 건설공사)

[KEY] 2022년 4월 24일 기사 등 15회 이상 출제

[정답] 106 ① 107 ① 108 ③

합격정보
산업안전보건법 시행령 제42조(유해위험방지계획서 제출대상)

합격자의 조언
제2과목에도 출제가 됩니다.

109 달비계를 사용하는 와이어로프의 사용금지 기준으로 옳지 않은 것은?

① 이음매가 있는 것
② 열과 전기충격에 의해 손상된 것
③ 지름의 감소가 공칭지름의 7[%]를 초과하는 것
④ 와이어로프의 한 꼬임에서 끊어진 소선의 수가 7[%] 이상인 것

해설
달비계에 사용하는 와이어로프 금지기준
① 이음매가 있는 것
② 와이어로프의 한 꼬임[스트랜드(strand)를 말한다. 이하 같다]에서 끊어진 소선(素線)[필러(pillar)선은 제외한다]의 수가 10[%] 이상(비자전로프의 경우에는 끊어진 소선의 수가 와이어로프 호칭지름의 6배 길이 이내에서 4개 이상이거나 호칭지름 30배 길이 이내에서 8개 이상)인 것
③ 지름의 감소가 공칭지름의 7[%]를 초과하는 것
④ 꼬인 것
⑤ 심하게 변형되거나 부식된 것
⑥ 열과 전기충격에 의해 손상된 것

참고 산업안전기사 필기 p.6-102(합격날개 : 합격예측 및 관련법규)

KEY
① 2017년 3월 5일 기사 출제
② 2018년 4월 28일 산업기사 출제
③ 2019년 8월 4일(문제 116번) 출제
④ 2022년 4월 24일(문제 120번) 출제
⑤ 2024년 2월 15일(문제 114번) 출제

정보제공
산업안전보건기준에 관한 규칙 제63조(달비계의 구조)

110 비계에서 벽 고정을 하고 기둥과 기둥을 수평재나 가새로 연결하는 가장 큰 이유는?

① 작업자의 추락재해를 방지하기 위해
② 인장파괴를 방지하기 위해
③ 좌굴을 방지하기 위해
④ 해체를 용이하게 하기 위해

해설
벽연결 역할 기능
① 비계 전체 좌굴을 방지한다.
② 위험방지판, 네트 프레임(net frame) 등에 의한 편심하중을 지탱하여 도괴를 방지한다.
③ 풍하중에 의한 도괴를 방지한다.

참고 산업안전기사 필기 p.6-90(6. 벽연결 역할기능)

KEY 2011년 3월 20일(문제 104번) 출제

용어정의
① 휨 : 부재가 부재 길이 방향에 수직으로 하중을 받을 때 보가 변형되는 현상
② 좌굴 : 부재 길이 방향의 압축력이 걸릴 때(주로 기둥에 하중이 걸리는 경우) 부재가 변형되는 현상

111 건설업 산업안전보건관리비 계상 및 사용 기준에 따른 안전관리비의 개인보호구 및 안전장구 구입비 항목에서 안전관리비로 사용이 가능한 경우는?

① 안전보건관리자가 선임되지 않은 현장에서 안전보건업무를 담당하는 현장관계자용 무전기, 카메라, 컴퓨터, 프린터 등 업무용 기기
② 중대재해 목적으로 발생한 정신질환을 치료하기 위해 소요되는 비용
③ 근로자에게 일률적으로 지급하는 보냉·보온장구
④ 감리원이나 외부에서 방문하는 인사에게 지급하는 보호구

해설
근로자 건강장해예방비 등
① 법·영·규칙에서 규정하거나 그에 준하여 필요로 하는 각종 근로자의 건강장해 예방에 필요한 비용
② 중대재해 목적으로 발생한 정신질환을 치료하기 위해 소요되는 비용
③ 「감염병의 예방 및 관리에 관한 법률」 제2조제1호에 따른 감염병의 확산 방지를 위한 마스크, 손소독제, 체온계 구입비용 및 감염병병원체 검사를 위해 소요되는 비용
④ 법 제128조의2 등에 따른 휴게시설을 갖춘 경우 온도, 조명 설치·관리기준을 준수하기 위해 소요되는 비용

참고 산업안전기사 필기 p.6-41(6. 근로자 건강장해 예방비 등)

KEY
① 2017년 6월 7일 산업기사 출제
② 2018년 3월 4일 기사 출제
③ 2019년 3월 3일 산업기사 출제
④ 2020년 6월 14일 산업기사 출제
⑤ 2022년 3월 5일(문제 103번) 출제

【 정답 】 109 ④ 110 ③ 111 ②

합격정보
2023년 10월 5일 개정고시 적용

112 가설통로의 설치기준으로 옳지 않은 것은?

① 추락할 위험이 있는 장소에는 안전난간을 설치할 것
② 경사가 10[°]를 초과하는 경우에는 미끄러지지 않는 구조로 할 것
③ 경사는 30[°] 이하로 할 것
④ 건설공사에 사용하는 높이 8[m] 이상인 비계다리에는 7[m] 이내마다 계단참을 설치할 것

해설
가설통로 설치기준
① 견고한 구조로 할 것
② 경사는 30[°] 이하로 할 것. 다만, 계단을 설치하거나 높이 2[m] 미만의 가설통로로서 튼튼한 손잡이를 설치한 경우에는 그러하지 아니하다.
③ 경사가 15[°]를 초과하는 경우에는 미끄러지지 아니하는 구조로 할 것
④ 추락할 위험이 있는 장소에는 안전난간을 설치할 것. 다만, 작업상 부득이한 경우에는 필요한 부분만 임시로 해체할 수 있다.
⑤ 수직갱에 가설된 통로의 길이가 15[m] 이상인 경우에는 10[m] 이내마다 계단참을 설치할 것
⑥ 건설공사에 사용하는 높이 8[m] 이상인 비계다리에는 7[m] 이내마다 계단참을 설치할 것

참고 산업안전기사 필기 p.6-127(문제 40번)

KEY
① 2017년 5월 7일 기사 출제
② 2018년 4월 28일 기사 출제
③ 2019년 8월 4일 기사 출제
④ 2020년 6월 7일 기사 출제
⑤ 2021년 3월 7일 기사 출제
⑥ 2022년 3월 5일, 4월 24일 기사 출제
⑦ 2023년 2월 28일(문제 113번) 출제

합격정보
산업안전보건기준에 관한 규칙 제23조(가설통로의 구조)

113 훅걸이용 와이어로프 등이 훅으로부터 벗겨지는 것을 방지하기 위한 장치는?

① 해지장치   ② 권과방지장치
③ 과부하방지장치   ④ 턴버클

해설
크레인의 방호장치

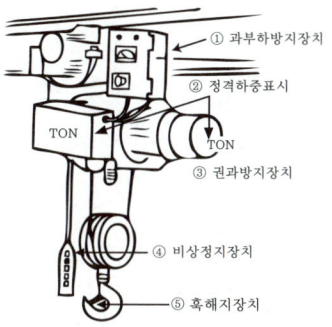
① 과부하방지장치
② 정격하중표시
③ 권과방지장치
④ 비상정지장치
⑤ 훅해지장치

참고 산업안전기사 필기 p.6-131(합격날개 : 합격예측)

KEY
① 2014년 8월 17일 기사 출제
② 2015년 5월 31일 기사 출제
③ 2018년 8월 19일 기사 출제
④ 2023년 7월 8일(문제 105번) 출제

합격정보
산업안전보건기준에 관한 규칙 제137조(해지장치의 사용)
사업주는 훅걸이용 와이어로프 등이 훅으로부터 벗겨지는 것을 방지하기 위한 장치(이하 "해지장치"라 한다)를 구비한 크레인을 사용하여야 하며, 그 크레인을 사용하여 짐을 운반하는 경우에는 해지장치를 사용하여야 한다.

114 다음 와이어로프 중 양중기에 사용가능한 범위안에 있다고 볼 수 있는 것은?

① 와이어로프의 한 꼬임(스트랜드)에서 끊어진 소선의 수가 8[%]인 것
② 지름의 감소가 공칭지름의 8[%]인 것
③ 심하게 부식된 것
④ 이음매가 있는 것

해설
와이어로프 사용금지 기준
① 이음매가 있는 것
② 와이어로프의 한 꼬임[(스트랜드(strand)를 말한다. 이하 같다)]에서 끊어진 소선(素線)[필러(pillar)선은 제외한다]의 수가 10[%] 이상(비자전로프의 경우에는 끊어진 소선의 수가 와이어로프 호칭지름의 6배 길이 이내에서 4개 이상이거나 호칭지름 30배 길이 이내에서 8개 이상)인 것
③ 지름의 감소가 공칭지름의 7[%]를 초과하는 것
④ 꼬인 것
⑤ 심하게 변형되거나 부식된 것
⑥ 열과 전기충격에 의해 손상된 것

[정답] 112 ② 113 ① 114 ①

정보제공
산업안전보건기준에 관한 규칙 제63조(달비계의 구조)

① 2014년 5월 25일 기사 출제
② 2014년 8월 17일 기사 출제
③ 2015년 3월 8일 기사 출제
④ 2015년 5월 31일 기사 출제
⑤ 2016년 8월 21일 기사 출제
⑥ 2017년 5월 7일 기사 출제
⑦ 2019년 8월 4일 기사 출제
⑧ 2020년 6월 7일 기사 출제
⑨ 2022년 4월 24일 기사 출제
⑩ 2023년 7월 8일(문제 115번) 출제
⑩ 2024년 2월 15일(문제 109번) 출제

115 산업안전보건관리비계상기준에 따른 건축공사에서 대상액 「5억원 이상~50억원 미만」의 안전관리비 비율 및 기초액으로 옳은 것은?

① 비율 : 2.28[%], 기초액 : 4,325,000원
② 비율 : 1.99[%], 기초액 : 5,499,000원
③ 비율 : 2.35[%], 기초액 : 5,400,000원
④ 비율 : 1.57[%], 기초액 : 4,411,000원

해설

공사종류 및 규모별 안전관리비 계상기준표

공사종류 \ 구 분	대상액 5억원 미만	대상액 5억원 이상 50억원 미만 비율(X)	대상액 5억원 이상 50억원 미만 기초액(C)	대상액 50억원 이상	영 별표5에 따른 보건관리자 선임대상 건설공사
건축공사	3.11[%]	2.28[%]	4,325,000원	2.37[%]	2.64[%]
토목공사	3.15[%]	2.53[%]	3,300,000원	2.60[%]	2.73[%]
중건설공사	3.64[%]	3.05[%]	2,975,000원	3.11[%]	3.39[%]
특수건설공사	2.07[%]	1.59[%]	2,450,000원	1.64[%]	1.78[%]

참고 산업안전기사 필기 p.6-43(별표1. 공사의 종류 및 규모별 산업안전관리비 계상기준표)

① 2016년 3월 6일 산업기사 출제
② 2016년 10월 1일 산업기사 출제
③ 2017년 3월 5일 기사 출제
④ 2017년 8월 26일 기사 출제
⑤ 2019년 3월 3일 기사 출제
⑥ 2020년 6월 14일 기사 등 10회 이상 출제
⑦ 2023년 6월 4일(문제 104번) 출제

합격정보
2024년 9월 19일 개정법 적용

116 흙막이 가시설 공사 중 발생할 수 있는 보일링(Boiling) 현상에 관한 설명으로 옳지 않은 것은?

① 이 현상이 발생하면 흙막이 벽의 지지력이 상실된다.
② 지하수위가 높은 지반을 굴착할 때 주로 발생한다.
③ 흙막이벽의 근입장 깊이가 부족할 경우 발생한다.
④ 연약한 점토지반에서 굴착면의 융기로 발생한다.

해설
보일링(Boiling)현상
① 투수성이 좋은 사질지반의 흙막이 지면에서 수두차로 인한 상향의 침투압이 발생, 유효응력이 감소하여 전단강도가 상실되는 현상
② 지하수가 모래와 같이 솟아오르는 현상
③ 모래의 액상화

참고 산업안전기사 필기 p.6-6(합격날개 : 합격대책)

① 2016년 10월 1일 기사 출제
② 2019년 3월 3일 기사 출제
③ 2019년 4월 27일 산업기사 출제
④ 2020년 8월 23일 산업기사 출제
⑤ 2023년 6월 4일(문제 102번) 출제

합격팁
히빙(Heaving) 현상
연약성 점토지반 굴착시 굴착외측 흙의 중량에 의해 굴착저면의 흙이 활동전단 파괴되어 굴착내측으로 부풀어 오르는 현상

117 단관비계를 조립하는 경우 벽이음 및 버팀을 설치할 때의 수평방향 조립간격 기준으로 옳은 것은?

① 3[m] ② 5[m]
③ 6[m] ④ 8[m]

해설
강관비계의 조립간격

강관비계의 종류	조립 간격(단위 : [m])	
	수직방향	수평방향
단관비계	5	5
틀비계(높이 5[m] 미만인 것은 제외)	6	8

참고 산업안전기사 필기 p.6-94(표. 조립간격)

KEY 2021년 8월 14일 기사 등 10회 이상 출제

정보제공 산업안전보건기준에 관한 규칙 [별표 5] 강관비계의 조립간격

[정답] 115 ① 116 ④ 117 ②

118
그물코의 크기가 10[cm]인 매듭없는 방망사 신품의 인장강도는 최소 얼마 이상이어야 하는가?

① 240[kg]
② 320[kg]
③ 400[kg]
④ 500[kg]

해설

방망사의 신품에 대한 인장강도

그물코의 크기 (단위 : [cm])	방망의 종류(단위 : [kg])	
	매듭 없는 방망	매듭 방망
10	240	200
5		110

참고) 산업안전기사 필기 p.6-50([표] 방망사의 신품에 대한 인장강도)

KEY
① 2016년 5월 8일 기사 출제
② 2017년 3월 5일, 8월 26일 기사 출제
③ 2018년 4월 28일, 8월 19일 기사 출제
④ 2019년 3월 3일, 8월 4일 기사 출제
⑤ 2020년 8월 22일 기사 출제
⑥ 2021년 8월 14일 기사 출제
⑦ 2023년 2월 28일(문제 101번) 출제

119
부두·안벽 등 하역작업을 하는 장소에서는 부두 또는 안벽의 선을 따라 통로를 설치하는 경우에는 폭을 최소 얼마 이상으로 해야 하는가?

① 70[cm]
② 80[cm]
③ 90[cm]
④ 100[cm]

해설

부두·안벽 등 하역작업을 하는 장소의 안전기준
① 작업장 및 통로의 위험한 부분에는 안전하게 작업할 수 있는 조명을 유지할 것
② 부두 또는 안벽의 선을 따라 통로를 설치하는 경우에는 폭을 90[cm] 이상으로 할 것
③ 육상에서의 통로 및 작업장소로서 다리 또는 선거(船渠) 갑문(閘門)을 넘는 보도(步道) 등의 위험한 부분에는 안전난간 또는 울타리 등을 설치할 것

참고) 산업안전기사 필기 p.6-183(합격날개 : 합격예측 및 관련법규)

합격정보
산업안전보건기준에 관한 규칙 제390조(하역작업장의 조치기준)

KEY
① 2018년 4월 28일 기사 출제
② 2019년 3월 3일 기사 출제
③ 2019년 8월 4일 기사 출제
④ 2021년 5월 15일 기사 출제
⑤ 2023년 2월 28일(문제 107번) 출제

120
흙막이 지보공을 설치하였을 때 정기적으로 점검하여야 할 사항과 거리가 먼 것은?

① 경보장치의 작동상태
② 부재의 손상·변형·부식·변위 및 탈락의 유무와 상태
③ 버팀대의 긴압(緊壓)의 정도
④ 부재의 접속부·부착부 및 교차부의 상태

해설

흙막이 지보공의 정기 점검사항
① 부재의 손상·변형·부식·변위 및 탈락의 유무와 상태
② 버팀대의 긴압의 정도
③ 부재의 접속부·부착부 및 교차부의 상태
④ 침하의 정도

참고) 산업안전기사 필기 p.6-106(합격날개 : 합격예측 및 관련법규)

KEY
① 2015년 8월 16일 기사 출제
② 2017년 3월 5일 기사 출제
③ 2019년 3월 3일 기사 출제
④ 2020년 6월 7일, 9월 27일 기사 출제
⑤ 2023년 2월 28일(문제 117번) 출제

정보제공
산업안전보건기준에 관한 규칙 제347조(붕괴등의 위험방지)

녹색직업 녹색자격증코너

오늘이 삶의 마지막 날인 것처럼

바둑시합을 할 때 자기에게 주어진 시간을 다 쓰고 나면 초 읽기를 합니다. 이때 바둑을 두지 못하면 시합은 끝나 버리게 되는 것이지요.
삶에 있어서도 마찬가지입니다.
만약 오늘이 나의 마지막 날이라고 생각해 보십시오.
마지막 날이라면 과연 어떻게 보낼 것인가?
권태롭다고 자리에 누워 짜증만 부리지는 않을 것입니다.
때때로 자신의 삶에 대하여 마감정신을 갖는 것이 필요합니다.
그렇게 함으로써 자신을 채찍질하고 분발하는 계기로 삼는 것입니다.
사실 누구나 자기 자신의 삶이 언제 어디서 어떻게 마감될지 모릅니다.
때문에 철저하게 마감정신을 가지고 살아야 합니다.
이렇게 살다 보면 더욱 성실한 태도, 애정 어린 태도가 나타납니다.

두렵건데 마지막에 이르러 네 몸 네 육체가 쇠패할 때에
네가 한탄하여(잠언 5:11)

[정답] 118 ① 119 ③ 120 ①

2024년도 기사 정기검정 제2회 (2024년 5월 9일 시행)

자격종목 및 등급(선택분야): 산업안전기사
종목코드	시험시간	수험번호	성명
1431	3시간	20240509	도서출판세화

※ 본 문제는 복원문제 및 2025 예적(예상적중) 문제로 실제문제와 동일하지 않을 수 있습니다.

1 산업재해 예방 및 안전보건교육

01 안전관리조직의 참모식(staff형)에 대한 장점이 아닌 것은?

① 경영자의 조언과 자문역할을 한다.
② 안전정보 수집이 용이하고 빠르다.
③ 안전에 관한 명령과 지시는 생산라인을 통해 신속하게 전달한다.
④ 안전전문가가 안전계획을 세워 문제해결 방안을 모색하고 조치한다.

해설

라인형 조직과 스태프형 조직

구 분	장 점	단 점
line형 조직 (경영자→생산지시→안전지시→작업자)	① 안전에 관한 명령과 지시는 생산 라인을 통해 신속·정확히 전달 실시된다. ② 중소 규모 기업에 활용된다.	① 안전 전문 입안이 되어 있지 않아 내용이 빈약하다. ② 안전의 정보가 불충분하다.
staff형 조직 (경영자→생산지시→안전스태프지시→작업자)	① 안전 전문가가 안전 계획을 세워 문제 해결 방안을 모색하고 조치한다. ② 경영자의 조언과 자문 역할을 한다. ③ 안전 정보 수집이 용이하고 빠르다.	① 생산 부문에 협력하여 안전 명령을 전달 실시하므로 안전과 생산을 별개로 취급하기 쉽다. ② 생산 부문은 안전에 대한 책임과 권한이 없다.

참고 산업안전기사 필기 p.1-23(표. 안전보건관리 조직형태)

KEY
① 2016년 3월 6일 기사·산업기사 동시 출제
② 2016년 10월 1일 산업기사 출제
③ 2017년 3월 5일 기사 출제
④ 2017년 5월 7일 기사 출제
⑤ 2017년 8월 26일 기사·산업기사 동시 출제
⑥ 2019년 3월 3일(문제 14번) 출제
⑦ 2024년 2월 15일(문제 4번) 출제

02 매슬로우의 욕구단계 이론에서 편견없이 받아들이는 성향, 타인과의 거리를 유지하며 사생활을 즐기거나 창의성 성격으로 봉사, 특별히 좋아하는 사람과 긴밀한 관계를 유지하려는 인간의 욕구에 해당하는 것은?

① 생리적 욕구
② 사회적 욕구
③ 자아실현의 욕구
④ 안전에 대한 욕구

해설

매슬로우(Maslow, A. H.)의 욕구단계 이론
① 제1단계(생리적 욕구 : 생명유지의 기본적 욕구) : 기아, 갈증, 호흡, 배설, 성욕 등 인간의 가장 기본적인 욕구(종족보존)
② 제2단계(안전욕구) : 자기보존욕구
③ 제3단계(사회적 욕구) : 소속감과 애정욕구
④ 제4단계(존경욕구) : 인정받으려는 욕구
⑤ 제5단계(자아실현의 욕구) : 잠재적인 능력을 실현하고자 하는 욕구(성취욕구)

참고 ① 산업안전기사 필기 p.1-101((5) 매슬로우의 욕구 5단계 이론)
② 산업안전기사 필기 p.1-100(합격날개 : 은행문제)

KEY ① 2016년 5월 8일(문제 20번)
② 2024년 5월 9일 등 20번 이상 출제

03 아담스(Edward Adams)의 사고연쇄 반응이론 중 관리자가 의사결정을 잘못하거나 감독자가 관리적 잘못을 하였을 때의 단계에 해당하는 것은?

① 사고
② 작전적 에러
③ 관리구조결함
④ 전술적 에러

해설

아담스(Adams)의 사고 연쇄 이론
① 제1단계 : 관리구조
② 제2단계 : 작전적 에러(관리감독에러)
③ 제3단계 : 전술적 에러(불안전한 행동 or 조작)
④ 제4단계 : 사고(물적 사고)
⑤ 제5단계 : 상해 또는 손실

참고 산업안전기사 필기 p.3-31(합격날개 : 합격예측)

[정답] 01 ③ 02 ③ 03 ②

KEY ① 2017년 5월 7일(문제 9번) 출제
② 2024년 2월 15일(문제 18번) 출제

04 OFF.J.T(Off the job Training) 교육방법의 장점으로 옳은 것은?

① 개개인에게 적절한 지도훈련이 가능하다.
② 훈련에 필요한 업무의 계속성이 끊어지지 않는다.
③ 다수의 대상자를 일괄적, 조직적으로 교육할 수 있다.
④ 효과가 곧 업무에 나타나며, 훈련의 좋고 나쁨에 따라 개선이 용이하다.

해설

OJT와 OFF.J.T
① O.J.T(ON the Job Training) : 현장중심 교육으로 직속상사가 현장에서 업무상의 개별교육이나 지도훈련을 하는 교육형태이다.
② OFF.J.T(OFF the Job Training) : 계층별 또는 직능별 등과 같이 공통된 교육대상자를 현장외의 한 장소에 모아 집체 교육훈련을 실시하는 교육형태이다.

참고 산업안전기사 필기 p.1-142(1. OJT와 OFF JT)

KEY ① 2011년 6월 12일 기사 출제
② 2011년 8월 21일 기사 출제
③ 2013년 6월 2일 기사 출제
④ 2017년 3월 5일 기사 출제
⑤ 2017년 5월 7일 기사 출제
⑥ 2018년 4월 28일 기사 출제
⑦ 2021년 3월 7일 기사 출제
⑧ 2023년 7월 8일(문제 1번) 출제

05 연간 근로자수가 1,000명인 공장의 도수율이 10인 경우 이 공장에서 연간 발생한 재해건수는 몇 건인가?

① 20건   ② 22건
③ 24건   ④ 26건

해설

재해건수 계산
① 도수율 = $\dfrac{재해건수}{연근로시간수} \times 10^6$
② $10 = \dfrac{x}{1{,}000 \times 2{,}400} \times 10^6$
③ $x = 24$[건]

참고 산업안전기사 필기 p.3-65(문제25번) 적중

KEY ① 2018년 8월 19일 기사 출제
② 2023년 7월 8일(문제 7번) 출제

보충학습
연천인율 = 도수율×2.4 = 24[건]

06 재해원인 분석방법의 통계적 원인분석 중 사고의 유형, 기인물 등 분류항목을 큰 순서대로 도표화한 것은?

① 파레토도   ② 특성요인도
③ 크로스도   ④ 관리도

해설

파레토도(Pareto diagram)
① 관리 대상이 많은 경우 최소의 노력으로 최대의 효과를 얻을 수 있는 방법
② 사고의 유형, 기인물 등 분류항목을 큰 값에서 작은 값의 순서로 도표화하는 데 편리

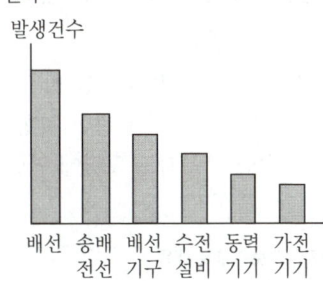

[그림] 전기설비별 감전사고 분포 파레토도

참고 산업안전기사 필기 p.3-3 (1) 파레토도

KEY ① 2017년 8월 26일 출제
② 2020년 9월 27일 출제
③ 2023년 7월 8일(문제 13번) 출제

07 보호구 자율안전확인 고시상 자율안전확인 보호구에 표시하여야 하는 사항을 모두 고른 것은?

ㄱ. 모델명   ㄴ. 제조 번호
ㄷ. 사용 기한   ㄹ. 자율안전확인 번호

① ㄱ, ㄴ, ㄷ   ② ㄱ, ㄴ, ㄹ
③ ㄱ, ㄷ, ㄹ   ④ ㄴ, ㄷ, ㄹ

[정답] 04 ③   05 ③   06 ①   07 ②

해설

자율안전 확인 제품 표시 방법
① 형식 또는 모델명
② 규격 또는 등급 등
③ 제조자명
④ 제조번호 및 제조연월
⑤ 자율안전 확인 번호

참고) 산업안전기사 필기 p.3-57(2. 자율안전확인제품 표시방법)

KEY ▶ ① 2022년 3월 5일 출제
② 2023년 6월 4일(문제 6번) 출제

합격정보
산업안전보건법 시행령 제77조(자율안전 확인대상기계 등)

---

08 산업안전보건법령상 교육대상별 교육내용 중 관리감독자의 정기안전보건교육 내용이 아닌 것은?(단, 산업안전보건법 및 일반관리에 관한 사항은 제외한다.)

① 산업안전 제도에 관한 사항
② 산업보건 및 직업병 예방에 관한 사항
③ 유해·위험 작업환경 관리에 관한 사항
④ 표준안전작업방법 및 지도 요령에 관한 사항

해설

관리감독자 정기안전보건교육 내용
① 산업안전 및 사고 예방에 관한 사항
② 산업보건 및 직업병 예방에 관한 사항
③ 위험성 평가에 관한 사항
④ 유해·위험 작업환경 관리에 관한 사항
⑤ 산업안전보건법령 및 산업재해보상보험 제도에 관한 사항
⑥ 직무스트레스 예방 및 관리에 관한 사항
⑦ 직장 내 괴롭힘, 고객의 폭언 등으로 인한 건강장해 예방 및 관리에 관한 사항
⑧ 작업공정의 유해·위험과 재해 예방대책에 관한 사항
⑨ 사업장 내 안전보건관리체제 및 안전·보건조치 현황에 관한 사항
⑩ 표준안전 작업방법 결정 및 지도·감독 요령에 관한 사항
⑪ 현장근로자와의 의사소통능력 및 강의 능력 등 안전보건교육 능력 배양에 관한 사항
⑫ 비상시 또는 재해 발생 시 긴급조치에 관한 사항
⑬ 그 밖의 관리감독자의 직무에 관한 사항

참고) 산업안전기사 필기 p.1-154(3. 관리감독자 정기안전보건교육)

KEY ▶ ① 2017년 5월 7일 출제
② 2017년 8월 26일 출제
③ 2018년 3월 4일 출제
④ 2023년 6월 4일(문제 10번) 출제

합격정보
산업안전보건법시행규칙 [별표 5] 안전보건교육대상별 교육내용

---

09 파블로프(Pavlov)의 조건반사설에 의한 학습이론의 원리가 아닌 것은?

① 일관성의 원리   ② 계속성의 원리
③ 준비성의 원리   ④ 강도의 원리

해설

Pavlov의 조건반사(반응)설의 학습원리
① 시간의 원리(the time principle)
② 강도의 원리(the intensity principle)
③ 일관성의 원리(the consistency principle)
④ 계속성의 원리(the continuity principle)

참고) 산업안전기사 필기 p.1-149(2. 자극과 반응)

KEY ▶ ① 2017년 8월 26일 산업기사 출제
② 2019년 9월 21일 산업기사 출제
③ 2021년 3월 7일 기사 출제
④ 2023년 6월 4일(문제 15번) 출제

---

10 산업안전보건법령상 안전보건관리규정 작성시 포함되어야 할 사항을 모두 고른 것은? (단, 그 밖에 안전 및 보건에 관한 사항은 제외한다.)

ㄱ. 안전보건교육에 관한 사항
ㄴ. 재해사례 연구·토의 결과에 관한 사항
ㄷ. 사고 조사 및 대책 수립에 관한 사항
ㄹ. 작업장의 안전 및 보건 관리에 관한 사항
ㅁ. 안전 및 보건에 관한 관리조직과 그 직무에 관한 사항

① ㄱ, ㄴ, ㄷ, ㄹ   ② ㄱ, ㄴ, ㄹ, ㅁ
③ ㄱ, ㄷ, ㄹ, ㅁ   ④ ㄴ, ㄷ, ㄹ, ㅁ

해설

안전보건관리규정 작성 시 포함사항
① 안전 및 보건에 관한 관리조직과 그 직무에 관한 사항
② 안전보건교육에 관한 사항
③ 작업장의 안전 및 보건 관리에 관한 사항
④ 사고 조사 및 대책 수립에 관한 사항
⑤ 그 밖에 안전 및 보건에 관한 사항

참고) 산업안전기사 필기 p.1-179(제2절 안전보건관리 규정)

KEY ▶ ① 2021년 5월 15일 기사 출제
② 2023년 6월 4일(문제 19번) 출제

[정답] 08 ①   09 ③   10 ③

> [합격정보]
> 산업안전보건법 제25조(안전보건관리규정의 작성)

11 헤드십(headship)의 특성에 관한 설명으로 틀린 것은?

① 상사와 부하의 사회적 간격은 넓다.
② 지휘형태는 권위주의적이다.
③ 상사와 부하의 관계는 지배적이다.
④ 상사의 권한 근거는 비공식적이다.

> [해설]
> leadership과 headship의 비교
>
> | 개인과 상황 변수 | leadership | headship |
> |---|---|---|
> | 권한 행사 | 선출된 리더 | 임명적 헤드 |
> | 권한 부여 | 밑으로부터 동의 | 위에서 위임 |
> | 권한 귀속 | 집단 목표에 기여한 공로 인정 | 공식화된 규정에 의함 |
> | 상사와 부하와의 관계 | 개인적인 영향 | 지배적 |
> | 부하와의 사회적 관계(간격) | 좁음 | 넓음 |
> | 지휘 형태 | 민주주의적 | 권위주의적 |
> | 책임 귀속 | 상사와 부하 | 상사 |
> | 권한 근거 | 개인적 | 법적 또는 공식적 |
>
> [참고] 산업안전기사 필기 p.1-113 (5) leadership과 headship의 비교
>
> [KEY]
> ① 2016년 3월 6일, 8월 21일, 10월 1일 기사 출제
> ② 2017년 5월 7일, 9월 23일 기사 출제
> ③ 2018년 3월 4일 기사, 산업기사 동시 출제
> ④ 2018년 8월 19일 산업기사 출제
> ⑤ 2019년 9월 21일 산업기사 출제
> ⑥ 2020년 9월 27일 기사 출제
> ⑦ 2021년 5월 15일(문제 2번) 출제
> ⑧ 2022년 4월 24일(문제 20번) 출제
> ⑨ 2023년 2월 28일(문제 5번) 출제

12 산업안전보건법령상 안전보건표지의 색채와 사용사례의 연결이 틀린 것은?

① 노란색 – 정지신호, 소화설비 및 그 장소, 유해행위의 금지
② 파란색 – 특정 행위의 지시 및 사실의 고지
③ 빨간색 – 화학물질 취급장소에서의 유해·위험 경고
④ 녹색 – 비상구 및 피난소, 사람 또는 차량의 통행 표지

> [해설]
> 안전보건표지의 색채, 색도기준 및 용도
>
> | 색채 | 색도기준 | 용도 | 사용 예 |
> |---|---|---|---|
> | 빨간색 | 7.5R 4/14 | 금지 | 정지신호, 소화설비 및 그 장소, 유해행위의 금지 |
> | | | 경고 | 화학물질 취급장소에서의 유해위험 경고 |
> | 노란색 | 5Y 8.5/12 | 경고 | 화학물질 취급장소에서의 유해위험 경고, 이외 위험 경고, 주의표지 또는 기계방호물 |
> | 파란색 | 2.5PB 4/10 | 지시 | 특정 행위의 지시 및 사실의 고지 |
> | 녹색 | 2.5G 4/10 | 안내 | 비상구 및 피난소, 사람 또는 차량의 통행표지 |
> | 흰색 | N9.5 | | 파란색 또는 녹색에 대한 보조색 |
> | 검은색 | N0.5 | | 문자 및 빨간색 또는 노란색에 대한 보조색 |
>
> [참고] 산업안전기사 필기 p.1-62(5. 안전보건표지의 색도기준 및 용도)
>
> [KEY]
> ① 2017년 3월 5일 기사 출제
> ② 2017년 8월 26일 산업기사 출제
> ③ 2018년 3월 4일 기사 출제
> ④ 2019년 9월 21일 기사, 산업기사 출제
> ⑤ 2020년 8월 22일 기사 출제
> ⑥ 2023년 2월 28일(문제 8번) 출제
>
> [합격정보]
> 산업안전보건법 시행규칙 [별표 8] 안전보건표지의 색채, 색도기준 및 용도

13 주로 관리감독자를 교육대상자로 하며 직무에 관한 지식, 작업을 가르치는 능력, 작업방법을 개선하는 기능 등을 교육내용으로 하는 기업 내 정형교육의 종류는?

① TWI(Training Within Industry)
② MTP(Management Training Program)
③ ATT(American Telephone Telegram)
④ ATP(Administration Training Program)

> [해설]
> **TWI(Training Within Industry)**
> 주로 감독자를 교육대상자로 하며, 감독자는
> ① 직무에 관한 지식
> ② 책임에 관한 지식
> ③ 작업을 가르치는 능력
> ④ 작업방법을 개선하는 기능
> ⑤ 사람을 다루는 기량의 5가지 요건을 구비해야 한다는 전제하에 ③, ④, ⑤항을 교육내용으로 하며, 전체 교육시간은 10시간으로, 1일 2시간씩 5일간 실시한다. 한 클래스는 10명 정도, 토의식과 실연법을 중심으로 한다. 오늘날은 작업 안전 훈련 과정을 포함하여 4개 과정으로 하고 있다.

[정답] 11 ④ 12 ① 13 ①

> 참고) 산업안전기사 필기 p.1-145(2. 관리감독자 교육)

보충학습
① MTP : 관리자 훈련, 부장, 과장, 계장 등 중간 관리층을 대상으로 하는 관리자 훈련을 말한다.
② ATT : 미국 전신 전화 회사가 만든 것으로 직급 상하를 떠나 부하직원이 상사에 지도원이 될 수 있다.
③ CCS : 정책의 수립, 조직, 통제 및 운영으로 되어 있으며, 강의법에 토의법이 가미된 것이다.

KEY ① 2016년 3월 6일 기사, 산업기사 출제
② 2016년 8월 21일 산업기사 출제
③ 2017년 5월 7일, 8월 26일 산업기사 출제
④ 2018년 3월 4일 기사, 산업기사 출제
⑤ 2018년 4월 28일 기사 출제
⑥ 2019년 3월 3일 기사 출제
⑦ 2019년 8월 4일 산업기사 출제
⑧ 2020년 6월 7일 기사 출제
⑨ 2021년 5월 15일 기사 출제
⑩ 2023년 2월 28일(문제 16번) 출제

교육과정	교육대상	교육시간
특별교육	별표 5 제1호라목 각 호의 어느 하나에 해당하는 작업에 종사하는 일용근로자를 제외한 근로자	-16시간 이상(최초 작업에 종사하기 전 4시간 이상 실시하고 12시간은 3개월 이내에서 분할하여 실시가능) -단기간 작업 또는 간헐적 작업인 경우에는 2시간 이상
건설업 기초 안전보건교육	건설 일용근로자	4시간 이상

> 참고) 산업안전산업기사 필기 p.1-155(표 : 안전보건교육 교육과정별 교육시간)

KEY ① 2016년 5월 8일 기사 출제
② 2020년 6월 7일 기사 출제
③ 2020년 8월 23일 산업기사 출제
④ 2022년 3월 5일(문제 7번) 출제

합격정보
산업안전보건법 시행규칙 [별표 4] 안전보건교육 교육과정별 교육시간

14 산업안전보건법령상 근로자 안전보건교육 대상에 따른 교육시간 기준 중 틀린 것은?(단, 상시 작업이며, 일용근로자는 제외한다.)

① 특별교육 - 16시간 이상
② 채용 시 교육 - 8시간 이상
③ 작업내용 변경 시 교육 - 2시간 이상
④ 사무직 종사 근로자 정기교육 - 매분기 1시간 이상

해설

근로자 안전보건교육

교육과정	교육대상		교육시간
정기교육	사무직 종사 근로자		매반기 6시간 이상
	사무직 종사 근로자 외의 근로자	판매업무에 직접 종사하는 근로자	매반기 6시간 이상
		판매업무에 직접 종사하는 근로자 외의 근로자	매반기 12시간 이상
	관리감독자의 지위에 있는 사람		연간 16시간 이상
채용시의 교육	일용근로자		1시간 이상
	일용근로자를 제외한 근로자		8시간 이상
작업내용 변경시의 교육	일용근로자		1시간 이상
	일용근로자를 제외한 근로자		2시간 이상
특별교육	별표 5 제1호라목 각 호의 어느 하나에 해당하는 작업에 종사하는 일용근로자		2시간 이상
	별표 5 제1호라목 제39호의 타워크레인 신호작업에 종사하는 일용근로자		8시간 이상

15 안전교육에 있어서 동기부여방법으로 가장 거리가 먼 것은?

① 책임감을 느끼게 한다.
② 관리감독을 철저히 한다.
③ 자기 보존본능을 자극한다.
④ 물질적 이해관계에 관심을 두도록 한다.

해설

안전교육훈련 동기부여방법
① 안전의 근본이념(참가치)을 인식시킬 것
② 안전목표를 명확히 설정할 것
③ 결과를 알려줄 것(K.R법 : Knowledge Results)
④ 상과 벌을 줄 것(상벌제도를 합리적으로 시행할 것)
⑤ 경쟁과 협동을 유도할 것
⑥ 동기유발의 최적수준을 유지할 것

> 참고) 산업안전기사 필기 p.1-99(합격날개 : 합격예측)

KEY ① 2016년 5월 8일(문제 19번) 출제
② 2021년 8월 14일(문제 2번) 출제

[정답] 14 ④   15 ②

16
근로자 1,000명 이상의 대규모 사업장에 적합한 안전관리 조직의 유형은?

① 직계식 조직
② 참모식 조직
③ 병렬식 조직
④ 직계참모식 조직

해설
안전보건관리조직의 형태 3가지
① Line형(직계식) : 100명 미만의 소규모 사업장
② Staff형(참모식) : 100 ~ 1,000명의 중규모 사업장
③ Line-staff형(복합식) : 1,000명 이상의 대규모 사업장

참고 산업안전기사 필기 p.1-23(표 : 안전보건관리 조직형태)

KEY
① 2016년 5월 8일, 10월 1일 출제
② 2017년 9월 23일 출제
③ 2019년 3월 3일(문제 15번) 출제
④ 2021년 8월 14일(문제 4번) 출제

17
하인리히 재해 구성 비율 중 무상해사고가 600건이라면 사망 또는 중상 발생 건수는?

① 1   ② 2
③ 29   ④ 58

해설
하인리히 재해 구성 비율
① 중상해 : 1 → 2
② 경상해 : 29 → 58
③ 무상해 사고 : 300 → 600

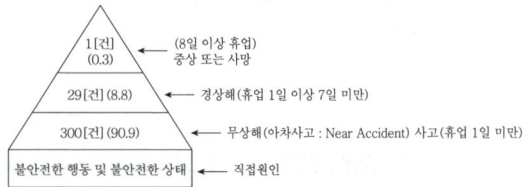

[그림] 하인리히 법칙[단위 : %]

참고 산업안전기사 필기 p.3-33(1. 하인리히의 1:29:300의 재해법칙)

KEY
① 2016년 8월 21일(문제 3번) 출제
② 2021년 8월 14일(문제 8번) 출제

18
교육계획 수립 시 가장 먼저 실시하여야 하는 것은?

① 교육내용의 결정
② 실행교육계획서 작성
③ 교육의 요구사항 파악
④ 교육실행을 위한 순서, 방법, 자료의 검토

해설
교육계획의 수립 및 추진 순서
① 교육의 필요점(요구사항)을 발견한다.
② 교육대상을 결정하고(파악) 그것에 따라 교육내용 및 교육방법을 결정한다.
③ 교육의 준비를 한다.
④ 교육을 실시한다.
⑤ 교육의 성과를 평가 한다.

참고 산업안전기사 필기 p.1-137(합격날개 : 합격예측)

KEY
① 2012년 9월 15일 기사 출제
② 2020년 6월 7일 기사 출제
③ 2021년 8월 14일(문제 15번) 출제

19
산업안전보건법상 특정 행위의 지시 및 사실의 고지에 사용되는 안전보건표지의 색도기준으로 옳은 것은?

① 2.5G 4/10   ② 5Y 8.5/12
③ 2.5PB 4/10   ④ 7.5R 4/14

해설
안전보건표지의 색도기준 및 용도

색채	색도기준	용도	사용 예
빨간색	7.5R 4/14	금지	정지신호, 소화설비 및 그 장소, 유해행위의 금지
		경고	화학물질 취급장소에서의 유해·위험 경고
노란색	5Y 8.5/12	경고	화학물질 취급장소에서의 유해·위험 경고 이외의 위험 경고, 주의표지 또는 기계방호물
파란색	2.5PB 4/10	지시	특정 행위의 지시 및 사실의 고지
녹색	2.5G 4/10	안내	비상구 및 피난소, 사람 또는 차량의 통행표지
흰색	N9.5		파란색 또는 녹색에 대한 보조색
검은색	N0.5		문자 및 빨간색 또는 노란색에 대한 보조색

참고 산업안전기사 필기 p.1-62(5. 안전보건표지의 색도기준 및 용도)

KEY
① 2017년 3월 5일 기사, 8월 26일 산업기사출제
② 2018년 3월 4일 기사 출제
③ 2019년 9월 21일 기사, 산업기사 동시 출제
④ 2021년 5월 15일(문제 3번) 출제

보충학습
산업안전보건법 시행규칙[별표 6] 안전보건표지의 종류와 형태

【정답】 16 ④ 17 ② 18 ③ 19 ③

과년도 출제문제

20 레빈(Lewin)은 인간의 행동 특성을 다음과 같이 표현하였다. 변수 'E'가 의미하는 것은?

$$B=f(P \cdot E)$$

① 연령
② 성격
③ 환경
④ 지능

해설

K.Lewin의 법칙

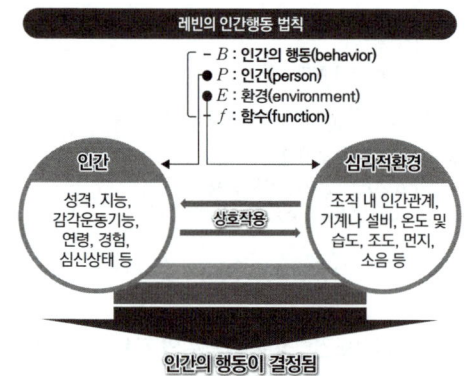

참고 산업안전기사 필기 p.1-77(7. K.Lewin의 법칙)

KEY ① 2016년 10월 1일 기사 출제
② 2017년 5월 7일, 8월 26일, 9월 23일 기사 출제
③ 2018년 3월 4일(문제 4번), 9월 15일 출제
④ 2019년 4월 27일, 8월 4일, 9월 21일 산업기사 출제
⑤ 2020년 8월 22일(문제 9번) 출제

2 인간공학 및 위험성 평가·관리

21 인간공학에 대한 설명으로 틀린 것은?

① 인간-기계 시스템의 안전성, 편리성, 효율성을 높인다.
② 인간을 작업과 기계에 맞추는 설계 철학이 바탕이 된다.
③ 인간이 사용하는 물건, 설비, 환경의 설계에 적용된다.
④ 인간의 생리적, 심리적인 면에서의 특성이나 한계점을 고려한다.

해설

인간공학
기계, 기구, 환경 등의 물적 조건을 인간의 특성과 능력에 잘 조화하도록 설계하기 위한 수단을 연구하는 학문이다.

참고 산업안전기사 필기 p.2-2(합격날개 : 합격용어)

KEY ① 2015년 5월 31일(문제 34번) 출제
② 2015년 8월 16일(문제 38번) 출제
③ 2017년 9월 23일 출제
④ 2019년 4월 27일 출제
⑤ 2022년 4월 24일(문제 26번) 출제
⑥ 2024년 2월 15일(문제 31번) 출제

22 산업안전보건법령상 사업주가 유해위험방지계획서를 제출할 때에는 사업장 별로 관련 서류를 첨부하여 해당 작업 시작 며칠 전까지 해당 기관에 제출하여야 하는가?

① 7일
② 15일
③ 30일
④ 60일

해설

유해위험방지 계획서 제출시기 및 부수
① 제조업 : 해당 작업시작 15일 전까지 공단에 2부 제출
② 건설업 : 공사 착공전날까지 공단에 2부 제출

참고 ① 공단 : 한국산업안전보건공단
② 산업안전기사 필기 p.2-37(③ 법적목적)

합격정보
① 산업안전보건법 시행규칙 제42조(제출서류등)
② 2023. 9. 28 개정 「고용노동부령 제393호」 적용

KEY ① 2016년 3월 6일 출제
② 2017년 9월 23일 출제
③ 2022년 4월 24일 출제
④ 2023년 2월 28일(문제 22번) 출제
⑤ 2024년 2월 15일(문제 40번) 출제

23 [그림]과 같은 FT도에서 $a=0.015, b=0.02, c=0.05$이면, 정상사상 T가 발생할 확률은 약 얼마인가?

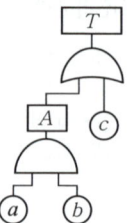

[정답] 20 ③   21 ②   22 ②   23 ③

① 0.0002　② 0.0283
③ 0.0503　④ 0.950

> **해설**

정상사상 발생확률
① $T = 1-(1-A)(1-c)$
　$= 1-(1-0.0003)(1-0.05) = 0.0503$
② $A = a \times b = 0.015 \times 0.02 = 0.0003$

> **참고** 산업안전기사 필기 p.2-89(문제 23번)

> **KEY**
> ① 2013년 8월 18일 기사 출제
> ② 2015년 8월 16일 기사 출제
> ③ 2020년 8월 22일 기사 출제
> ④ 2021년 3월 7일 기사 출제
> ⑤ 2023년 7월 8일(문제 25번) 출제

24 화학설비에 대한 안전성 평가에서 정성적 평가 항목이 아닌 것은?

① 건조물　② 취급물질
③ 공장 내의 배치　④ 입지조건

> **해설**

정성적 평가항목
① 입지조건　② 공장 내의 배치
③ 소방설비　④ 공정기기
⑤ 수송·저장　⑥ 원재료, 중간체, 제품

> **참고** 산업안전기사 필기 p.2-37(1. 안전성 평가 6단계)

> **KEY**
> ① 2012년 3월 4일 기사 출제
> ② 2013년 6월 2일 기사 출제
> ③ 2014년 8월 17일 기사 출제
> ④ 2015년 5월 31일 기사 출제
> ⑤ 2016년 5월 8일 기사 출제
> ⑥ 2017년 8월 26일 기사 출제
> ⑦ 2018년 3월 4일 기사 출제
> ⑧ 2019년 3월 3일 기사 출제
> ⑨ 2022년 3월 5일 기사 출제
> ⑩ 2023년 7월 8일(문제 27번) 출제

25 조종-반응비(Control-Response Ratio, C/R비)에 대한 설명중 틀린 것은?

① 조종장치와 표시장치의 이동 거리 비율을 의미한다.
② C/R비가 클수록 조종장치는 민감하다.
③ 최적 C/R비는 조정시간과 이동시간의 교점이다.
④ 이동시간과 조정시간을 감안하여 최적 C/R비를 구할 수 있다.

> **해설**

최적 C/D비(C/R비)
① 이동 동작과 조종 동작을 절충하는 동작이 수반
② 최적치는 두 곡선의 교점 부호
③ C/D비가 작을수록 이동시간은 짧고, 조종은 어려워서 민감한 조종장치이다.

> **참고** 산업안전기사 필기 p.2-177(합격날개 : 합격예측)

> **KEY**
> ① 2013년 6월 2일 기사 출제
> ② 2019년 8월 4일 기사 출제
> ③ 2023년 7월 8일(문제 30번) 출제

26 병렬로 이루어진 두 요소의 신뢰도가 각각 0.7일 경우, 시스템 전체의 신뢰도는?

① 0.30　② 0.49
③ 0.70　④ 0.91

> **해설**

전체신뢰도
$R_s = 1-(1-0.7)(1-0.7) = 0.91$

> **참고** 산업안전기사 필기 p.2-13(2. 병렬체계)

> **KEY**
> ① 2016년 8월 21일 출제
> ② 2018년 8월 19일 출제
> ③ 2023년 7월 8일(문제 37번) 출제

27 차폐효과에 대한 설명으로 옳지 않은 것은?

① 차폐음과 배음의 주파수가 가까울 때 차폐효과가 크다.
② 헤어드라이어 소음 때문에 전화 음을 듣지 못한 것과 관련이 있다.
③ 유의적 신호와 배경 소음의 차이를 신호/소음 (S/N) 비로 난타낸다.
④ 차폐효과는 어느 한 음 때문에 다른 음에 대한 감도가 증가되는 현상이다.

> **해설**

masking(은폐 : 차폐)현상
dB이 높은 음과 낮은 음이 공존할 때 낮은 음이 강한 음에 가로막혀 숨겨져 들리지 않게 되는 현상

> **참고** 산업안전기사 필기 p.2-173(합격날개 : 합격예측)

[정답] 24 ②　25 ②　26 ④　27 ④

KEY
① 2017년 5월 7일 산업기사 출제
② 2019년 9월 21일(문제 58번) 출제
③ 2020년 8월 22일 기사 출제
④ 2023년 6월 4일(문제 24번) 출제

참고 산업안전기사 필기 p.2-31(문제 43번)

KEY
① 2015년 3월 8일(문제 26번) 출제
② 2016년 3월 6일 출제
③ 2017년 5월 7일 산업기사 출제
④ 2018년 3월 4일, 4월 28일 산업기사 출제
⑤ 2018년 8월 19일, 9월 15일 산업기사 출제
⑥ 2019년 4월 27일, 9월 21일 산업기사 출제
⑦ 2019년 8월 4일 출제
⑧ 2020년 6월 7일 출제
⑨ 2021년 3월 7일, 5월 15일 출제
⑩ 2023년 2월 28일(문제 30번) 출제

28 태양광선이 내리쬐는 옥외장소의 자연습구 온도 20[℃], 흑구온도 18[℃], 건구온도 30[℃] 일 때 습구흑구 온도지수(WBGT)는?

① 20.6[℃] ② 22.5[℃]
③ 25.0[℃] ④ 28.5[℃]

해설
습구 흑구 온도지수(WBGT)
① 옥외(태양광선이 내리 쬐는 장소)
WBGT=0.7×자연습구온도(NWB)+0.2×흑구온도(GT)+0.1×건구온도(DB)=0.7×20[℃]+0.2×18[℃]+0.1×30[℃]=20.6[℃]
② 옥내 또는 옥외(태양광선이 내리쬐지 않는 장소)
WBGT(℃)=0.7×자연습구온도(NWB)+0.3×흑구온도(GT)

참고 산업안전기사 필기 p.2-170(합격날개 : 합격예측)

KEY
① 2016년 5월 8일(문제 57번) 출제
② 2022년 4월 24일 기사 출제
③ 2023년 6월 4일(문제 39번) 출제

30 다음 중 인간의 과오(Human error)를 정량적으로 평가하고 분석하는 데 사용하는 기법으로 가장 적절한 것은?

① THERP ② FMEA
③ CA   ④ FMECA

해설
인간실수율 예측기법(THERP) : 인간신뢰도 분석에서의 HEP에 대한 예측기법

참고 산업안전기사 필기 p.2-64(8. THERP)

KEY
① 2005년 8월 7일(문제 24번)
② 2014년 3월 2일 기사 출제
③ 2017년 3월 5일 산업기사 출제
④ 2020년 8월 22일 기사 출제
⑤ 2023년 2월 28일(문제 34번) 출제

보충학습
HEP : 인간신뢰도 기본단위

29 다음 중 청각적 표시장치보다 시각적 표시장치를 이용하는 경우가 더 유리한 경우는?

① 메시지가 간단한 경우
② 메시지가 추후에 재참조되지 않는 경우
③ 직무상 수신자가 자주 움직이는 경우
④ 메시지가 즉각적인 행동을 요구하지 않는 경우

해설
청각장치와 시각장치의 사용 경위

청각장치 사용 예	시각장치 사용 예
① 전언이 간단할 경우	① 전언이 복잡할 경우
② 전언이 짧을 경우	② 전언이 길 경우
③ 전언이 후에 재참조되지 않을 경우	③ 전언이 후에 재참조될 경우
④ 전언이 시간적인 사상(event)을 다룰 경우	④ 전언이 공간적인 위치를 다룰 경우
⑤ 전언이 즉각적인 행동을 요구할 경우	⑤ 전언이 즉각적인 행동을 요구하지 않을 경우
⑥ 수신자의 시각 계통이 과부하 상태일 경우	⑥ 수신자의 청각 계통이 과부하 상태일 경우
⑦ 수신 장소가 너무 밝거나 암조응(暗調應) 유지가 필요할 경우	⑦ 수신 장소가 너무 시끄러울 경우
⑧ 직무상 수신자가 자주 움직이는 경우	⑧ 직무상 수신자가 한 곳에 머무르는 경우

31 서브시스템 분석에 사용되는 분석방법으로 시스템 수명주기에서 ㉠에 들어갈 위험분석기법은?

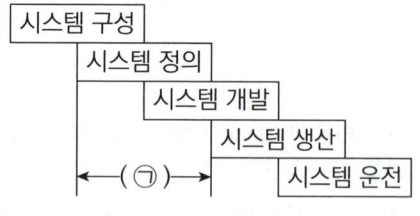

① PHA ② FHA
③ FTA ④ ETA

[정답] 28 ① 29 ④ 30 ① 31 ②

해설

시스템 분석

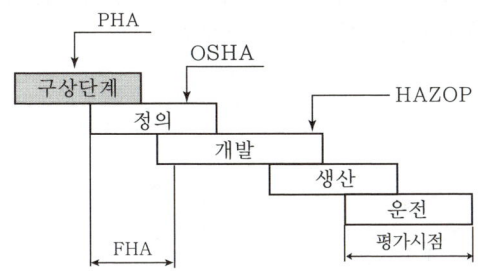

[그림] PHA·OSHA·FHA·HAZOP

참고 산업안전기사 필기 p.2-60(2. 예비 위험 분석)

KEY
① 2012년 3월 4일 출제
② 2016년 5월 8일 산업기사 출제
③ 2018년 8월 19일 출제
④ 2019년 3월 3일, 9월 21일 출제
⑤ 2020년 6월 7일 출제
⑥ 2020년 6월 14일 산업기사 출제
⑦ 2022년 3월 5일 기사 출제
⑧ 2023년 2월 28일(문제 37번) 출제

32 어느 부품 1,000개를 100,000시간 동안 가동하였을 때 5개의 불량품이 발생하였을 경우 평균동작시간(MTTF)은?

① 1×10^6 시간 ② 2×10^7 시간
③ 1×10^8 시간 ④ 2×10^9 시간

해설

평균동작시간 계산

$$MTTF = \frac{부품수 \times 가동시간}{불량품수(고장수)} = \frac{1000 \times 100000}{5}$$
$$= 20000000 = 2 \times 10^7$$

참고 산업안전기사 필기 p.2-83(3. MTTF)

보충학습

MTTF(Mean Time To Failure)
① 평균작동시간, 고장까지의 평균시간
② 제품 고장시 수명이 다하는 것으로 평균 수명

KEY
① 2008년 제2회 출제
② 2014년 5월 25일(문제 31번) 출제
③ 2020년 9월 27일 기사 출제
④ 2023년 2월 28일(문제 40번) 출제

33 상황해석을 잘못하거나 목표를 잘못 설정하여 발생하는 인간의 오류 유형은?

① 실수(Slip) ② 착오(Mistake)
③ 위반(Violation) ④ 건망증(Lapse)

해설

인간의 오류 5가지 모형

구분	특징
착각(Illusion)	감각적으로 물리현상을 왜곡하는 지각 오류
착오(Mistake)	상황해석을 잘못하거나 목표를 잘못 이해하고 착각하여 행하는 인간의 실수로 위치, 순서, 패턴, 형상, 기억오류 등 외부적 요인에 의해 나타나는 오류
실수(Slip)	의도는 올바른 것이었지만, 행동이 의도한 것과는 다르게 나타나는 오류
건망증(Lapse)	일련의 과정에서 일부를 빠뜨리거나 기억의 실패에 의해 발생하는 오류
위반(Violation)	정해진 규칙을 알고 있음에도 의도적으로 따르지 않거나 무시한 경우에 발생하는 오류

참고 산업안전기사 필기 p.2-19(합격날개 : 합격예측)

KEY
① 2009년 5월 10일(문제 35번) 출제
② 2017년 8월 26일 출제
③ 2019년 3월 3일(문제 21번) 4월 27일(문제 47번) 출제
④ 2021년 5월 15일(문제 42번) 9월 12일(문제 59번) 출제
⑤ 2022년 4월 24일(문제 22번) 출제

34 시스템의 수명곡선(욕조곡선)에 있어서 디버깅(Debugging)에 관한 설명으로 옳은 것은?

① 초기고장의 결함을 찾아 고장률을 안정시키는 과정이다.
② 우발 고장의 결함을 찾아 고장률을 안정시키는 과정이다.
③ 마모 고장의 결함을 찾아 고장률을 안정시키는 과정이다.
④ 기계 결함을 발견하기 위해 동작시험을 하는 기간이다.

[정답] 32 ② 33 ② 34 ①

해설

초기고장
① 디버깅(Debugging)기간 : 기계의 초기 결함을 찾아내 고장률을 안정시키는 기간
② 번인(Burn-in)기간 : 물품을 실제로 장시간 가동하여 그 동안에 고장난 것을 제거하는 기간
③ 비행기 : 에이징(Aging)이라 하여 3년 이상 시운전
④ 욕조곡선(Bath-tub) : 예방보전을 하지 않을 때의 곡선은 서양식 욕조 모양과 비슷하게 나타나는 현상

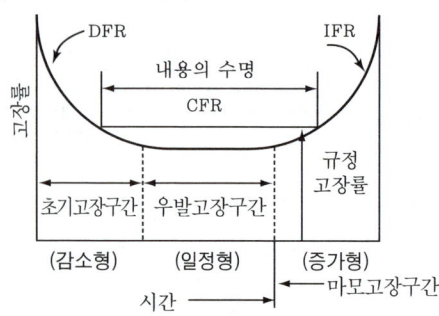

[그림] 기계설비 고장유형

참고) 산업안전기사 필기 p.2-13(2. 기계설비 고장 유형)

KEY ① 2018년 3월 4일(문제 44번) 출제
② 2022년 4월 24일(문제 24번) 출제

---

35 경계 및 경보신호의 설계지침으로 틀린 것은?

① 주의를 환기시키기 위하여 변조된 신호를 사용한다.
② 배경소음의 진동수와 다른 진동수의 신호를 사용한다.
③ 귀는 중음역에 민감하므로 500~3,000[Hz]의 진동수를 사용한다.
④ 300[m] 이상의 장거리용으로는 1,000[Hz]를 초과하는 진동수를 사용한다.

해설

경계 및 경보신호(청각적 표시장치) 선택시 지침
① 귀는 중음역에 가장 민감하므로 500~3,000[Hz]의 진동수를 사용
② 고음은 멀리가지 못하므로 300[m] 이상 장거리용으로는 1,000[Hz] 이하의 진동수 사용

KEY ① 2016년 3월 6일 산업기사 출제
② 2017년 3월 5일, 9월 23일 산업기사 출제
③ 2018년 3월 4일(문제 38번) 출제
④ 2022년 4월 24일(문제 38번) 출제

---

36 FTA(Fault Tree Analysis)에서 사용되는 사상기호 중 통상의 작업이나 기계의 상태에서 재해의 발생 원인이 되는 요소가 있는 것을 나타내는 것은?

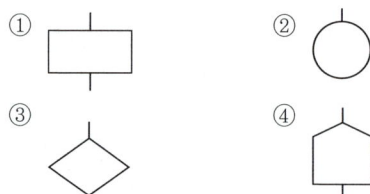

해설

FTA 기호

기호	명칭	기호	명칭
▭	결함사상	◇	생략사상
○	기본사상	⌂	통상사상

참고) 산업안전기사 필기 p.2-70(표 : FTA 기호)

KEY ① 2007년 8월 5일(문제 33번) 출제
② 2016년 10월 1일 산업기사 출제
③ 2017년 5월 7일 기사 출제
④ 2017년 8월 19일 산업기사 출제
⑤ 2017년 8월 26일 기사, 산업기사 출제
⑥ 2018년 3월 4일 기사 출제
⑦ 2018년 8월 19일 산업기사 출제
⑧ 2020년 6월 14일 산업기사 출제
⑨ 2021년 5월 15일 기사 출제
⑩ 2021년 8월 14일(문제 33번) 출제
⑪ 2022년 4월 24일(문제 30번) 출제

---

37 n개의 요소를 가진 병렬 시스템에 있어 요소의 수명(MTTF)이 지수분포를 따를 경우 이 시스템의 수명으로 옳은 것은?

① $\text{MTTF} \times n$
② $\text{MTTF} \times \dfrac{1}{n}$
③ $\text{MTTF}\left(1 + \dfrac{1}{2} + \cdots + \dfrac{1}{n}\right)$
④ $\text{MTTF}\left(1 \times \dfrac{1}{2} \times \cdots \times \dfrac{1}{n}\right)$

[정답] 35 ④ 36 ④ 37 ③

해설

MTTF(고장까지의 평균시간 : Mean Time To Failure)
① 기계의 평균수명으로 모든 기계가 t_0를 갖지 않기 때문에 확률분포로 파악
② 고장이 발생하면 그것으로 수명이 없어지는 제품
③ 한번 고장이 발생하면 수명이 다하는 것으로 생각하여 수리하지 않고 폐기 또는 교환하는 제품의 고장까지의 평균시간
④ $MTTF(1+\frac{1}{2}+\cdots+\frac{1}{n})$

참고 산업안전기사 필기 p.2-83(4. MTTF)

KEY
① 2011년 3월 20일(문제 55번) 출제
② 2013년 6월 2일(문제 52번) 출제
③ 2019년 9월 21일 건설안전기사(문제 50번) 출제
④ 2022년 4월 24일(문제 34번) 출제

38 양립성의 종류가 아닌 것은?

① 개념의 양립성   ② 감성의 양립성
③ 운동의 양립성   ④ 공간의 양립성

해설

양립성(compatibility)
정보입력 및 처리와 관련한 양립성은 인간의 기대와 모순되지 않는 자극 반응조합의 관계를 말하는 것

참고
① 산업안전기사 필기 p.1-75(6. 양립성)
② 산업안전기사 필기 p.2-176(합격날개 : 합격예측)

KEY
① 2018년 3월 4일 산업기사 출제
② 2018년 4월 28일 기사·산업기사 동시 출제
③ 2020년 8월 22일(문제 55번) 출제
④ 2022년 3월 5일(문제 26번) 출제

보충학습

양립성의 종류

종류	특징
공간(spatial)	표시장치나 조종장치에서 물리적 형태 및 공간적 배치
운동(movement)	표시장치의 움직이는 방향과 조종장치의 방향이 사용자의 기대와 일치
개념(coneptual)	이미 사람들이 학습을 통해 알고있는 개념적 연상
양식(modality)	직무에 맞는 응답양식 존재

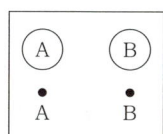
[그림 1] 공간 양립성

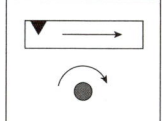
[그림 2] 운동 양립성

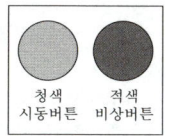
[그림 3] 개념 양립성

39 FTA에서 사용되는 논리게이트 중 입력과 반대되는 현상으로 출력되는 것은?

① 부정 게이트   ② 억제 게이트
③ 배타적 OR 게이트   ④ 우선적 AND 게이트

해설

부정 Gate
부정 모디파이어 라고도 하며
입력현상의 반대인 출력이 된다.

[그림] 부정 Gate

참고 산업안전기사 필기 p.2-72(합격날개 : 합격예측)

KEY
① 2018년 8월 19일 출제
② 2022년 3월 5일(문제 28번) 출제

보충학습

배타적 OR Gate
① OR Gate로 2개 이상의 입력이 동시에 존재할 때에는 출력사상이 생기지 않는다. 예를 들면 '동시에 발생하지 않는다'라고 기입한다. (1개만 되고, 2개 이상은 안된다.)
② OR 게이트 : 입력사상 중 한 가지라도 발생하면 출력사상 발생.(합집합)
③ AND 게이트 : 입력사상이 전부 발생하는 경우에만 출력사상 발생.(교집합)
④ 우선전 AND 게이트 : 입력사상이 특정한 순서대로 발생한 경우 출력사상 발생.
⑤ 조합 AND 게이트 : 3개의 입력사상 중 오직 2개가 일어나면 출력사상 발생.(1개×, 3개× 오직 2개만 ○)

40 반사경 없이 모든 방향으로 빛을 발하는 점광원에서 3[m] 떨어진 곳의 조도가 300[lux]라면 2[m] 떨어진 곳에서 조도[lux]는?

① 375   ② 675
③ 875   ④ 975

해설

조도
① 조도 $= \dfrac{광도}{(거리)^2}$
② 빛이 퍼져가는 면적은 거리에 반비례
③ $300[lux] \times (\dfrac{3}{2})^2 = 675[lux]$

[정답] 38 ② 39 ① 40 ②

참고 산업안전기사 필기 p.2-168(2. 조명단위)

KEY ① 2017년 3월 5일(문제 46번) 출제
② 2022년 3월 5일(문제 31번) 출제

3 기계·기구 및 설비안전관리

41 프레스의 손쳐내기식 방호장치 설치기준으로 틀린 것은?

① 방호판의 폭이 금형 폭의 1/2 이상이어야 한다.
② 슬라이드 행정수가 300SPM 이상의 것에 사용한다.
③ 손쳐내기봉의 행정(Stroke) 길이를 금형의 높이에 따라 조정할 수 있고 진동폭은 금형폭 이상이어야 한다.
④ 슬라이드 하행정거리의 3/4 위치에서 손을 완전히 밀어내야 한다.

해설

손쳐내기식 방호장치의 일반구조
① 슬라이드 하행정거리의 3/4 위치에서 손을 완전히 밀어내야 한다.
② 손쳐내기봉의 행정(Stroke) 길이를 금형의 높이에 따라 조정할 수 있고 진동폭은 금형폭 이상이어야 한다.
③ 방호판과 손쳐내기봉은 경량이면서 충분한 강도를 가져야 한다.
④ 방호판의 폭은 금형폭의 1/2 이상이어야 하고, 행정길이가 300[mm] 이상의 프레스기계에는 방호판 폭을 300[mm]로 해야 한다.
⑤ 손쳐내기봉은 손 접촉 시 충격을 완화할 수 있는 완충재를 부착해야 한다.
⑥ 부착볼트 등의 고정금속부분은 예리하게 돌출되지 않아야 한다.

참고 산업안전기사 필기 p.3-99(3. 손쳐내기식)

KEY ① 2016년 8월 21일 산업기사 출제
② 2017년 3월 5일 기사 출제
③ 2017년 8월 26일 산업기사 출제
④ 2019년 8월 4일 산업기사 출제
⑤ 2020년 9월 27일 기사 출제
⑥ 2021년 3월 7일(문제 45번) 출제
⑦ 2024년 2월 15일(문제 47번) 출제

합격정보

방호장치 안전인증 고시
[별표 1] 프레스 또는 전단기 방호장치의 성능기준(제4조 관련)
31. 손쳐내기식 방호장치의 일반구조

보충학습
보기 ②는 양수조작식 핀클러치 방식에 적용

42 어떤 양중기에서 3,000[kg]의 질량을 가진 물체를 한쪽이 45[°]인 각도로 그림과 같이 2개의 와이어로프로 직접 들어올릴 때, 안전율이 고려된 가장 적절한 와이어로프 지름을 표에서 구하면? (단, 안전율은 산업안전보건법령을 따르고, 두 와이어로프의 지름은 동일하며, 기준을 만족하는 가장 작은 지름을 선정한다.)

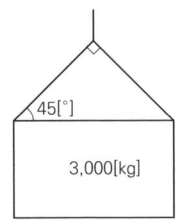

[표] 와이어로프 지름 및 절단강도

와이어로프 지름 [mm]	절단강도 [kN]
10	56
12	88
14	110
16	144

① 10[mm]　② 12[mm]
③ 14[mm]　④ 16[mm]

해설

와이어로프 지름

① $x = \dfrac{\dfrac{W_0}{2}}{\cos\dfrac{\theta}{2}}$

② $x = \dfrac{\dfrac{3,000[\text{kg}]}{2}}{\cos\dfrac{90}{2}} = \dfrac{1,500[\text{kg}]}{\cos 45} = 2,121.32[\text{kg}]$

θ : 상부각도　　W_0 : 원래의 하중

③ 화물을 직접 지지하는 와이어로프 안전계수 : 5
④ $2,121.32 \times 5 = 1,060.6[\text{kg}]$
⑤ $1[\text{kgf}] = 9.81[\text{N}]$
⑥ $1,060.6[\text{kg}] \times \dfrac{9.8[\text{N}]}{1[\text{kg}]} = 104,050.746[\text{N}] \div \dfrac{1[\text{kN}]}{1,000[\text{N}]}$
$= 104.05[\text{kg}] \doteqdot 110[\text{kN}]$

참고 산업안전기사 필기 p.3-184(문제 165번) 적중

KEY ① 2018년 8월 19일(문제 56번) 출제
② 2024년 2월 15일(문제 53번) 출제

합격정보
① 본 문제는 운반기계에 해당되며 건설공사 안전관리에도 출제됩니다.
② 실기 작업형에도 출제됩니다.

[정답] 41 ②　42 ③

43 산업안전보건법령에 따라 사다리식 통로를 설치하는 경우 준수해야 할 기준으로 틀린 것은?

① 사다리식 통로의 기울기는 60[°] 이하로 할 것
② 발판과 벽과의 사이는 15[cm] 이상의 간격을 유지할 것
③ 사다리의 상단은 걸쳐놓은 지점으로부터 60[cm] 이상 올라가도록 할 것
④ 사다리식 통로의 길이가 10[m] 이상인 경우에는 5[m] 이내마다 계단참을 설치할 것

해설

사다리식 통로의 기울기 : 75[°] 이하

참고 산업안전기사 필기 p.6-17(합격날개 : 합격예측 및 관련법규)

KEY ① 2019년 8월 4일(문제 44번) 출제
② 2024년 2월 15일(문제 55번) 출제

합격정보
산업안전보건기준에 관한 규칙 제24조(사다리식 통로 등의 구조)

44 산업안전보건법령상 압력용기에서 안전인증된 파열판에 안전인증 표시 외에 추가로 나타내어야 하는 사항이 아닌 것은?

① 분출차(%)
② 호칭지름
③ 용도(요구성능)
④ 유체의 흐름방향 지시

해설

파열판의 추가 표시사항
① 호칭지름
② 용도(요구성능)
③ 설정파열압력(MPa) 및 설정온도(℃)
④ 분출용량(kg/h) 또는 공칭분출계수
⑤ 파열판의 재질
⑥ 유체의 흐름방향 지시

참고 산업안전기사 필기 p.3-121(합격날개:합격예측)

KEY ① 2017년 3월 5일 출제
② 2021년 8월 14일 출제
③ 2023년 7월 8일(문제 42번) 출제

합격정보
방호장치 안전인증 고시(2016. 12. 16)

45 500[rpm]으로 회전하는 연삭숫돌의 지름이 300[mm] 일때 원주속도[m/min]는?

① 약 748   ② 약 650
③ 약 532   ④ 약 471

해설

원주속도

$$V = \frac{\pi DN}{1,000} = \frac{\pi \times 500 \times 300}{1,000} = 471[m/min]$$

참고 산업안전기사 필기 p.3-88(합격날개 : 합격예측)

KEY ① 2011년 3월 20일, 8월 21일 출제
② 2012년 3월 4일 출제
③ 2014년 3월 2일 출제
④ 2016년 3월 6일 출제
⑤ 2017년 8월 26일 출제
⑥ 2020년 9월 27일 출제
⑦ 2023년 7월 8일(문제 44번) 출제

46 기계설비에 대한 본질적인 안전화 방안의 하나인 풀 프루프(Fool Proof)에 관한 설명으로 거리가 먼 것은?

① 계기나 표시를 보기 쉽게 하거나 이른바 인체공학적 설계도 넓은 의미의 풀 프루프에 해당된다.
② 설비 및 기계장치 일부가 고장이 난 경우 기능의 저하는 가져오나 전체 기능은 정지하지 않는다.
③ 인간이 에러를 일으키기 어려운 구조나 기능을 가진다.
④ 조작순서가 잘못되어도 올바르게 작동한다.

해설

Fool proof
① 바보같은 행동을 방지하다는 뜻
② 사용자가 비록 잘못된 조작을 하더라도 이로 인해 전체의 고장이 발생되지 아니하도록 하는 설계방법
   예 카메라에서 셔터와 필름 돌림대의 연동(이중 촬영 방지)

참고 산업안전기사 필기 p.3-191(표. fail safe와 fool proof 설계)

KEY ① 2017년 8월 26일 출제
② 2018년 4월 28일 출제
③ 2020년 8월 22일 출제
④ 2023년 7월 8일(문제 51번) 출제

[정답] 43 ①   44 ①   45 ④   46 ②

47 질량이 100[kg]인 물체를 길이가 같은 2개의 와이어로프로 매달아 옮기고자 할 때 와이어로프 Ta에 걸리는 장력은 약 몇 N인가?

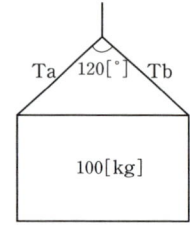

① 200
② 400
③ 490
④ 980

해설

하중계산

$$x = \frac{\frac{W_0}{2}}{\cos\frac{\theta}{2}}$$

$$x = \frac{\frac{100[kg]}{2}}{\cos\frac{120}{2}} = \frac{50[kg]}{\cos 60} = 100[kg] \times 9.8 = 980[N]$$

θ : 상부각도 W_0 : 원래의 하중

참고 ① 본 문제는 운반기계에 해당되며 건설안전기술(건설공사 안전관리)에서도 출제됩니다.
② 실기 작업형에도 출제됩니다.

참고 산업안전기사 필기 p.3-184(문제165번) 적중

KEY ① 2011년 6월 12일 출제
② 2018년 4월 28일 출제
③ 2019년 8월 4일 출제
④ 2023년 7월 8일(문제 56번) 출제

48 산업안전보건법령상 지게차에서 통상적으로 갖추고 있어야 하나, 마스트의 후방에서 화물이 낙하함으로써 근로자에게 위험을 미칠 우려가 없는 때에는 반드시 갖추지 않아도 되는 것은?

① 전조등
② 헤드가드
③ 백레스트
④ 포크

해설

백레스트
① 사업주는 백레스트(backrest)를 갖추지 아니한 지게차를 사용해서는 아니 된다.
② 다만, 마스트의 후방에서 화물이 낙하함으로써 근로자가 위험해질 우려가 없는 경우에는 그러하지 아니하다.

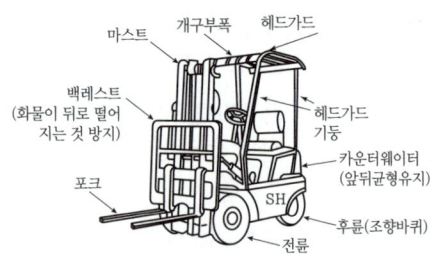

[그림] 지게차 구조

참고 산업안전기사 필기 p.3-148(합격날개 : 합격예측)

KEY ① 2011년 3월 20일 출제
② 2020년 8월 22일 출제
③ 2021년 8월 14일 출제
④ 2023년 7월 8일(문제 58번) 출제

합격정보
산업안전보건기준에 관한 규칙 제181조(백레스트)

49 비파괴검사 방법 중 육안으로 결함을 검출하는 시험법은?

① 방사선투과시험
② 와류탐상시험
③ 초음파탐상시험
④ 자분탐상시험

해설

비파괴검사
① 방사선투과 : 물체에 X선, γ선을 투과하여 물체의 결함을 검출하는 방법
② 와류탐상 : 코일을 이용하여 도체에 시간적으로 변화하는 자계(교류 등)를 걸어, 도체에 발생한 와전류가 결함 등에 의해 변화하는 것을 이용하여 결함을 검출하는 방법
③ 초음파탐상 : 사람이 귀로 들을 수 없는 파장의 짧은 음파를 검사물의 내부에 입사시켜 내부의 결함을 검출하는 방법
④ 자분탐상 : 강자성체에 대해 표면이나 표면하부에 발생하는 결함 또는 물성의 변화 등에 의한 국부적인 현상은 누설자속법을 이용하여 육안으로 결함을 검출하는 방법

참고 산업안전기사 필기 p.2-23(4. 자기탐상검사)

KEY ① 2018년 4월 28일 출제
② 2023년 6월 4일(문제 52번) 출제

[정답] 47 ④ 48 ③ 49 ④

50 롤러의 급정지를 위한 방호장치를 설치하고자 한다. 앞면 롤러 직경이 36[cm]이고, 분당 회전속도가 50[rpm]이라면 급정지거리는 약 얼마 이내이어야 하는가?(단, 무부하동작에 해당한다.)

① 45[cm] ② 50[cm]
③ 55[cm] ④ 60[cm]

> [해설]

급정지거리 계산

① 표면속도$(V) = \dfrac{\pi DN}{1,000} = \dfrac{\pi \times 360 \times 50}{1,000}$

$\quad\quad\quad\quad\quad = 56.52[m/min]$

② 급정지거리 $= \pi D \times \dfrac{1}{2.5}$

$\quad\quad\quad\quad = (3.14 \times 360) \times \dfrac{1}{2.5}$

$\quad\quad\quad\quad = 452.16[mm] = 45[cm]$

> [참고] 산업안전기사 필기 p.3-109(표. 롤의 급정지거리)

> [KEY] 2023년 6월 4일(문제 57번) 등 10회 이상 출제

51 지게차의 안정을 유지하기 위한 안정도 기준으로 틀린 것은?

① 5톤 미만의 부하 상태에서 하역작업시의 전후 안정도는 4[%] 이내이어야 한다.
② 부하 상태에서 하역작업시의 좌우 안정도는 10[%] 이내이어야 한다.
③ 무부하 상태에서 주행시의 좌우 안정도는 (15+1.1×V) [%] 이내이어야 한다.(단, V는 구내 최고 속도[km/h])
④ 부하 상태에서 주행시 전후 안정도는 18[%] 이내이어야 한다.

> [해설]

지게차의 안정조건

안정도	지게차의 상태	
·하역작업시 전후 안정도 4[%] (5[t] 이상의 것은 3.5[%]) ·부하상태		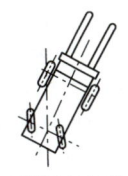
·주행시의 전후 안정도 18[%] ·부하상태		위에서 본 모양
·하역작업시의 좌우 안정도 6[%] ·부하상태	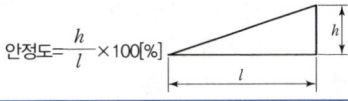	
·주행시의 좌우 안정도(15+1.1V)[%] V : 최고속도[km/hr] ·무부하상태		위에서 본 모양

안정도 $= \dfrac{h}{l} \times 100[\%]$

> [참고] 산업안전기사 필기 p.3-135(표. 지게차의 안정조건)

> [KEY] ① 2016년 5월 8일 산업기사 출제
> ② 2016년 8월 21일 산업기사 출제
> ③ 2023년 6월 4일(문제 59번) 출제

52 산업안전보건법령상 프레스 작업시작 전 점검해야 할 사항에 해당하는 것은?

① 와이어로프가 통하고 있는 곳 및 작업장소의 지반 상태
② 하역장치 및 유압장치 기능
③ 권과방지장치 및 그 밖의 경보장치의 기능
④ 1행정 1정지기구·급정지장치 및 비상정지 장치의 기능

> [해설]

프레스 작업시작전 점검사항

① 클러치 및 브레이크의 기능
② 크랭크축·플라이휠·슬라이드·연결봉 및 연결나사의 풀림 유무
③ 1행정 1정지기구·급정지장치 및 비상정지장치의 기능
④ 슬라이드 또는 칼날에 의한 위험방지 기구의 기능
⑤ 프레스의 금형 및 고정볼트 상태
⑥ 방호장치의 기능
⑦ 전단기(剪斷機)의 칼날 및 테이블의 상태

> [참고] 산업안전기사 필기 p.3-50(표. 기계·기구의 위험요소 작업 시작 전 점검사항)

> [KEY] ① 2016년 3월 6일 산업기사 출제
> ② 2017년 1~3회, 2018년 1~3회 출제
> ③ 2019년 3월 3일 출제
> ④ 2019년 4월 27일 산업기사 출제
> ⑤ 2020년 6월 7일 출제
> ⑥ 2020년 6월 14일, 8월 23일 산업기사 출제

[정답] 50 ① 51 ② 52 ④

⑦ 2021년 8월 14일 출제
⑧ 2022년 3월 5일, 4월 24일 출제
⑨ 2023년 4월 1일 산업안전(보건)지도사 출제
⑩ 2023년 2월 28일(문제 41번) 출제

[합격정보]
산업안전보건기준에 관한 규칙 [별표 3] 작업시작전 점검사항

53 아세틸렌 용접장치를 사용하여 금속의 용접·용단 또는 가열작업을 하는 경우 아세틸렌을 발생시키는 게이지 압력은 최대 몇 [kPa] 이하이어야 하는가?

① 17
② 88
③ 127
④ 210

[해설]
아세틸렌 용접장치 최대게이지 압력
127[kPa] 이하

[참고] 산업안전기사 필기 p.3-113(합격날개 : 합격예측 및 관련법규)

[KEY]
① 2017년 3월 5일 출제
② 2018년 3월 4일 출제
③ 2020년 8월 22일 출제
④ 2023년 2월 28일(문제 43번) 출제

[합격정보]
산업안전보건기준에 관한 규칙 제285조(압력의 제한)

54 다음 중 유체의 흐름에 있어 수격작용(water hammering)과 가장 관계가 적은 것은?

① 과열
② 밸브의 개폐
③ 압력파
④ 관내의 유동

[해설]
워터해머 현상
① 증기관 내에서 증기를 보내기 시작할 때 해머로 치는 듯한 소리를 내며 관이 진동하는 현상
② 워터해머는 캐리오버에 기인한다.

[참고]
① 산업안전기사 필기 p.3-119(합격날개 : 합격예측)
② 산업안전기사 필기 p.3-119(1. 보일러 이상현상의 종류)

[보충학습]
보일러 과열의 원인
① 수관과 본체의 청소불량
② 관수 부족시 보일러의 가동
③ 수면계의 고장으로 드럼내의 물의 감소

[KEY]
① 2015년 3월 8일 기사 출제
② 2023년 2월 28일(문제 54번) 출제

55 크레인 로프에 질량 2,000[kg]의 물건을 10[m/s²]의 가속도로 감아올릴 때, 로프에 걸리는 총 하중[kN]은? (단, 중력가속도는 9.8[m/s²])

① 9.6
② 19.6
③ 29.6
④ 39.6

[해설]
총 하중계산
① 힘=질량×가속도=질량×(끌어올리는 가속도+중력가속도)
② 총 하중=$2,000+\dfrac{2,000}{9.8}\times 10$
　　　　=$4,040\times 9.8=39.6$[KN]

[참고] 산업안전기사 필기 p.3-148(합격날개 : 참고)

[KEY]
① 2018년 8월 21일 기사 출제
② 2021년 3월 7일 기사 출제
③ 2023년 2월 28일(문제 56번) 출제

[보충학습]
① 총 하중(w)=정하중(w_1)+동하중(w_2)=$w_1+\dfrac{w_1}{g}\times a$
② 동하중(w_2)=$\dfrac{w_1}{g}\times a$
　여기서, w : 총하중(kg$_f$)　　w_1 : 정하중(kg$_f$)
　　　　 w_2 : 동하중(kg$_f$)　　g : 중력 가속도(9.8m/s²)
　　　　 a : 가속도(m/s²)
③ 정하중 : 매단 물체의 무게

56 산업안전보건법령상 강렬한 소음작업에서 데시벨에 따른 노출시간으로 적합하지 않은 것은?

① 80데시벨 이상의 소음이 1일 10시간 이상 발생하는 작업
② 95데시벨 이상의 소음이 1일 4시간 이상 발생하는 작업
③ 110데시벨 이상의 소음이 1일 30분 이상 발생하는 작업
④ 115데시벨 이상의 소음이 1일 15분 이상 발생하는 작업

[해설]
강렬한 소음작업 기준

dB 기준	90	95	100	105	110	115
허용노출시간	8시간	4시간	2시간	1시간	30분	15분

[정답] 53 ③　54 ①　55 ④　56 ①

> [참고] 산업안전기사 필기 p.2-171(표 : 음압과 허용노출관계)

KEY ① 2016년 8월 26일 기사, 산업기사 출제
② 2020년 8월 22일 기사 출제
③ 2021년 8월 14일(문제 41번) 출제
④ 2022년 4월 24일(문제 50번) 출제

> [합격정보] 산업안전보건기준에 관한 규칙 제512조(정의)

> [보충학습]
> ① 소음작업 : 1일 8시간 작업을 기준으로 85[dB] 이상의 소음을 발생하는 작업
> ② 충격소음(최대음압수준) : 140[dBA]

57 산업안전보건법령상 연삭기 작업 시 작업자가 안심하고 작업을 할 수 있는 상태는?

① 탁상용 연삭기에서 숫돌과 작업 받침대의 간격이 5[mm]이다.
② 덮개 재료의 인장강도는 224[MPa]이다.
③ 숫돌 교체 후 2분 정도 시험운전을 실시하여 해당 기계의 이상 여부를 확인하였다.
④ 작업 시작 전 1분 정도 시험운전을 실시하여 해당 기계의 이상 여부를 확인하였다.

[해설]
연삭기 시험운전 시간
① 작업시작 전 : 1분 이상
② 숫돌 교체시 : 3분 이상

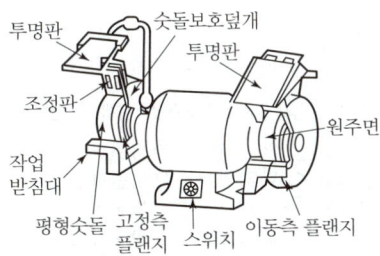

[그림] 탁상용연삭기

> [참고] 산업안전기사 필기 p.3-93(4. 연삭기 구조면에 있어서 안전대책)

KEY ① 2016년 3월 6일 산업기사 출제
② 2020년 6월 7일 기사 출제
③ 2020년 8월 22일(문제 51번) 출제
④ 2022년 4월 24일(문제 52번) 출제

58 조작자의 신체부위가 위험한계 밖에 위치하도록 기계의 조작 장치를 위험구역에서 일정거리 이상 떨어지게 하는 방호장치는?

① 덮개형 방호장치
② 차단형 방호장치
③ 위치제한형 방호장치
④ 접근반응형 방호장치

[해설]
방호장치의 종류

구 분	종 류	사용용도
위험장소	격리형 방호장치	작업점에 접촉하여 재해가 발생하지 않도록 기계설비 외부에 차단벽이나 방호망을 설치 하는 것
	위치제한형 방호장치	작업자의 신체부위가 위험한계 구역에 있지 아니하고 안전거리를 유지할 수 있도록 하는 것
	접근거부형 방호장치	작업자의 신체부위가 위험한계 구역에 접근 시 신체부위를 안전한 곳으로 되돌리는 것
	접근반응형 방호장치	작업자의 신체부위가 위험한계 구역으로 들어오면 이를 감지하여 작동 중인 기계를 즉시 정지하거나 전원이 차단되도록 하는 것
위험원	포집형 방호장치	위험원이 외부로 비산되지 않도록 포집하는 방식으로 용접흄의 발생을 국소배기장치나 연삭기의 비산칩을 포집하여 방호하는 것을 예로 들 수 있다.
	감지형 방호장치	이상온도, 압력상승, 과부하 등 기계의 이상상황 발생시 이를 감지하여 안전한 상태로 조정하거나 정상상태로 복구되도록 하는 것

> [참고] 산업안전기사 필기 p.3-201(표 : 용도별 방호장치의 구분)

KEY ① 2012년 5월 20일 (문제 50번) 출제
② 2019년 3월 3일 산업기사(문제 50번) 출제
③ 2022년 4월 24일(문제 59번) 출제

59 연삭기에서 숫돌의 바깥지름이 150[mm]일 경우 평형플랜지 지름은 몇 [mm] 이상이어야 하는가?

① 30   ② 50
③ 60   ④ 90

[해설]
플랜지 지름 계산

플랜지지름 = 숫돌바깥지름 × $\frac{1}{3}$ = 150 × $\frac{1}{3}$ = 50[mm]

> [참고] ① 산업안전기사 필기 p.3-93(합격날개 : 합격예측)
> ② 산업안전기사 필기 p.3-93(은행문제 : 적중)

[정답] 57 ④ 58 ③ 59 ②

KEY
① 2016년 8월 21일 산업기사 출제
② 2017년 3월 5일 산업기사 출제
③ 2017년 5월 7일 기사·산업기사 출제
④ 2017년 8월 26일 출제
⑤ 2018년 4월 28일(문제 56번) 출제
⑥ 2022년 3월 5일(문제 43번) 출제

합격정보
위험기계·기구 자율안전확인고시 [별표 1]

60 산업안전보건법령상에서 정한 양중기의 종류에 해당하지 않는 것은?

① 크레인[호이스트(hoist)를 포함한다]
② 도르래
③ 곤돌라
④ 승강기

해설
양중기의 종류 5가지
① 크레인(호이스트 포함)
② 이동식 크레인
③ 리프트(이삿짐운반용 리프트의 경우에는 적재하중이 0.1[t] 이상인 것)
④ 곤돌라
⑤ 승강기

참고 ① 산업안전기사 필기 p.3-140(1. 양중기의 종류)
② 산업안전기사 필기 p.3-138(합격날개 : 합격예측)

KEY 2022년 3월 5일(문제 50번) 등 20회 이상 출제

합격정보
산업안전보건기준에 관한 규칙 제132조(양중기)

4 전기설비 안전관리

61 정전유도를 받고 있는 접지되어 있지 않는 도전성 물체에 접촉한 경우 전격을 당하게 되는데 이 때 물체에 유도된 전압 V[V]를 옳게 나타낸 것은?(단, E는 송전선의 대지전압, C_1은 송전선과 물체사이의 정전용량, C_2는 물체와 대지사이의 정전용량이며, 물체와 대지 사이의 저항은 무시한다.)

① $V = \dfrac{C_1}{C_1+C_2} \times E$ ② $V = \dfrac{C_1+C_2}{C_1+C_2} \times E$

③ $V = \dfrac{C_1}{C_1 \times C_2} \times E$ ④ $V = \dfrac{C_1 \times C_2}{C_1+C_2} \times E$

해설
정전기 에너지
① 정전용량 C[F]인 물체에 전압 V[V]가 가해져서 Q[C]의 전하가 축적되어 있을 때 에너지는 $W = \dfrac{1}{2}QV = \dfrac{1}{2}CV^2 = \dfrac{1}{2}\dfrac{Q^2}{C}$[J]이 된다.
② 유도된 전압[V] = $\dfrac{C_1}{C_1+C_2}E$

W : 정전기 에너지[J]
C : 도체의 정전용량[F]
V : 대전전위(유도된 전압)[V]
Q : 대전전하량[C]

참고 산업안전기사 필기 p.4-33(6. 정전기 에너지)

KEY
① 2006년 3월 5일(문제 73번) 출제
② 2016년 5월 8일 산업기사 출제
③ 2016년 8월 21일 기사 출제
④ 2017년 3월 5일 기사·산업기사 동시 출제
⑤ 2017년 5월 7일 산업기사 출제
⑥ 2018년 3월 4일 기사 출제
⑦ 2019년 8월 4일(문제 64번) 출제
⑧ 2020년 9월 27일(문제 68번) 출제
⑨ 2024년 2월 15일(문제 68번) 출제

62 접지 목적에 따른 분류에서 병원설비의 의료용 전기전자(ME)기기와 모든 금속부분 또는 도전 바닥에도 접지하여 전위를 동일하게 하기 위한 접지를 무엇이라 하는가?

① 계통 접지
② 등전위 접지
③ 노이즈방지용 접지
④ 정전기 장해방지 이용 접지

해설
등전위 접지목적 : 전위일정(예) 병원의료용 기기)

참고 산업안전기사 필기 p.4-37(합격날개 : 은행문제) 적중

KEY
① 2014년 8월 17일(문제 79번) 출제
② 2016년 8월 21일(문제 72번) 출제
③ 2021년 8월 14일(문제 80번) 출제
④ 2024년 2월 15일(문제 71번) 출제

63 다음 중 전기화재의 주요 원인이라고 할 수 없는 것은?

① 절연전선의 열화   ② 정전기 발생
③ 과전류 발생   ④ 절연저항값의 증가

[**정답**] 60 ②   61 ①   62 ②   63 ④

해설

전기화재의 경로별발생(원인별)
① 단락(합선) : 25[%]
② 전기스파크 : 24[%]
③ 누전 : 15[%]
④ 접촉부의 과열 : 12[%]
⑤ 접촉불량
⑥ 정전기

참고 산업안전기사 필기 p.4-72(2.경로별 발생)

보충학습
(1) 화재의 3요건
　　① 산소　② 발화원　③ 착화물
(2) 전기화재
　　① 전기가 원인이 되어 일어나는 화재
　　② 전기화재는 광범위한 손실을 초래

KEY
① 2016년 5월 8일 기사
② 2018년 9월 28일 기사
③ 2018년 8월 19일 기사
④ 2021년 5월 15일(문제 71번) 출제
⑤ 2024년 2월 15일(문제 80번) 출제

---

64 KS C IEC 60079-0의 정의에 따라 '두 도전부 사이의 고체 절연물 표면을 따른 최단거리'를 나타내는 명칭은?

① 전기적 간격
② 절연공간거리
③ 연면거리
④ 충전물 통과거리

해설

연면거리(creeping distance : 沿面距離)
불꽃 방전을 일으키는 두 전극 간 거리를 고체 유전체의 표면을 따라서 그 최단 거리로 나타낸 값

참고 산업안전기사 필기 p.4-43(합격날개 : 은행문제)

KEY
① 2021년 8월 14일 기사 출제
② 2023년 7월 8일(문제 62번) 출제

보충학습
공간거리 : 도전부 사이의 공간 최단거리

---

65 전기기기 방폭의 기본개념과 이를 이용한 방폭구조로 볼 수 없는 것은?

① 점화원의 격리:내압(耐壓) 방폭구조
② 폭발성 위험분위기 해소:유입 방폭구조
③ 전기기기 안전도의 증강:안전증 방폭구조
④ 점화능력의 본질적 억제:본질안전 방폭구조

해설

유입방폭구조(o)
① 유입방폭구조는 아크 또는 고열을 발생하는 전기설비를 용기에 넣고 그 용기 안에 다시 기름을 채워서 외부의 폭발성 가스와 점화원이 접촉하여 인화할 위험이 없도록 하는 구조로 유입 개폐부분에는 가스를 빼내는 배기공을 설치하여야 한다.
② 보통 10[mm] 이상의 유면으로 위험 부위를 커버하고 유면온도가 60[℃] 이상 되면 사용을 금한다.

참고 ① 산업안전기사 필기 p.4-53(3. 방폭구조의 종류 및 특징)
② 산업안전기사 필기 p.4-57(합격날개 : 보충학습)

KEY ① 2022년 4월 24일 기사 등 10회 이상 출제
② 2023년 7월 8일(문제 65번) 출제

보충학습
전기설비의 방폭화 방법
① 점화원의 방폭적 격리 : 내압, 압력, 유입 방폭 구조
② 전기설비의 안전도 증강 : 안전증 방폭구조
③ 점화능력의 본질적 억제 : 본질안전 방폭구조

---

66 고압 및 특고압의 전로에 시설하는 피뢰기에 접지공사를 할 때 접지저항의 최댓값은 몇 [Ω] 이하로 해야 하는가?

① 100　② 20
③ 10　④ 5

해설

피뢰기의 접지방법
① 종합접지 : 10[Ω] 이하　② 단독접지 : 20[Ω] 이하

참고 산업안전기사 필기 p.4-58(3. 피뢰기의 접지방법)

KEY
① 2011년 3월 20일 기사 출제
② 2013년 8월 18일 기사 출제
③ 2017년 5월 7일, 8월 26일 기사 출제
④ 2023년 7월 8일(문제 68번) 출제

보충학습
단독접지 조건이 없으면 저항은 항상 : 10[Ω] 이하

---

67 정전에너지를 나타내는 식으로 알맞은 것은?(단, Q는 대전 전하량, C는 정전용량이다.)

① $\dfrac{Q}{2C}$　② $\dfrac{Q}{2C^2}$
③ $\dfrac{Q^2}{2C}$　④ $\dfrac{Q^2}{2C^2}$

[정답] 64 ③　65 ②　66 ③　67 ③

해설

정전기 에너지

① 정전용량 $C[F]$인 물체에 전압 $V[V]$가 가해져서 $Q[C]$의 전하가 축적되어 있을 때 에너지는 $W = \frac{1}{2}QV = \frac{1}{2}CV^2 = \frac{1}{2}\frac{Q^2}{C}[J]$이 된다.

② 유도된 전압 $[V] = \frac{C_1}{C_1+C_2}E$

W : 정전기 에너지[J]
C : 도체의 정전용량[F]
V : 대전전위(유도된 전압)[V]
Q : 대전전하량[C]

참고 산업안전기사 필기 p.4-33(6. 정전기 에너지)

KEY ① 2019년 8월 4일 기사 출제
② 2023년 6월 4일(문제 63번) 출제

---

68 폭발위험장소에서의 본질안전방폭구조에 대한 설명이다. 부적절한 것은?

① 본질안전방폭구조의 기본적 개념은 점화능력의 본질적 억제이다.
② 본질안전방폭구조의 Exib는 fault에 대한 2중 안전보장으로 0종~2종 장소에 사용할 수 있다.
③ 본질안전방폭구조의 적용은 에너지가 1.3[W], 30[V] 및 250[mA] 이하인 개소에 가능하다.
④ 온도, 압력, 액면유량 등의 검출용 측정기는 대표적인 본질안전방폭구조의 예이다.

해설

위험장소 및 방폭구조

각부의 구조 위험장소		방폭구조		
		제전전극	고압전선	고압전원
가스, 증기	0종	내압방폭구조	고압전선	내압방폭구조
	1종	내압방폭구조	특수고압전선	내압방폭구조
	2종	내압방폭구조	특수고압전선	내압방폭구조
분진		분진특수방폭구조	특수고압전선	분진방폭구조

참고 산업안전기사 필기 p.4-53(3. 방폭구조의 종류 및 특징) 적중

KEY ① 2001년 6월 3일(문제 66번) 출제
② 2007년 3월 4일(문제 67번) 출제
③ 2015년 5월 31일(문제 70번) 출제
④ 2023년 6월 4일(문제 63번) 출제

---

69 금속성의 전기기계장치나 구조물에 인체의 일부가 상시 접촉되어 있는 상태의 허용접촉전압으로 옳은 것은?

① 2.5[V] 이하   ② 25[V] 이하
③ 50[V] 이하   ④ 제한없음

해설

종별허용접촉전압

종별	접촉상태	허용접촉전압[V]
제1종	• 인체의 대부분이 수중에 있는 상태	2.5 이하
제2종	• 인체가 많이 젖어 있는 상태 • 금속제 전기기계장치나 구조물에 인체의 일부가 상시접촉되어있는 상태	25 이하
제3종	• 제1종, 제2종 이외의 경우로서 통상적인 인체 상태에 있어서 접촉전압이 가해지면 위험성이 높은 상태	50 이하
제4종	• 제1종, 제2종 이외의 경우로서 통상적인 인체상태에 있어서 접촉전압이 가해져도 위험성이 낮은 상태 • 접촉전압이 가해질 우려가 없는 경우	무제한

참고 산업안전기사 필기 p.4-19([표] 종별 허용 접촉전압)

KEY ① 2016년 3월 6일 산업기사 출제
② 2016년 8월 21일 산업기사 출제
③ 2017년 5월 7일 기사·산업기사 동시출제
④ 2023년 6월 4일(문제 70번) 출제

---

70 방폭전기기기의 성능을 나타내는 기호표시로 EX P IIA T5를 나타내었을 때 관계가 없는 표시 내용은?

① 온도등급   ② 폭발성능
③ 방폭구조   ④ 폭발등급

해설

방폭전기기기의 성능 표시기호 : EX P IIA T5
① EX : 방폭구조의 상징
② P : 방폭구조(압력방폭구조)
③ IIA : 가스·증기 및 분진의 그룹
④ T5 : 온도등급

참고 산업안전기사 필기 p.4-56(4. 방폭기기의 표시 예)

KEY ① 2017년 5월 7일 기사 출제
② 2019년 4월 27일 기사 출제
③ 2023년 6월 4일(문제 80번) 출제

[정답] 68 ② 69 ② 70 ②

71 전로에 시설하는 기계기구의 철대 및 금속제외함에 접지공사를 생략할 수 없는 경우는?

① 30[V] 이하의 기계기구를 건조한 곳에 시설하는 경우
② 물기 없는 장소에 설치하는 저압용 기계기구를 위한 전로에 정격감도전류 40[mA] 이하, 동작시간 2초 이하의 전류동작형 누전차단기를 시설하는 경우
③ 철대 또는 외함의 주위에 적당한 절연대를 설치하는 경우
④ 「전기용품 및 생활용품 안전관리법」의 적용을 받는 이중절연구조로 되어 있는 기계기구를 시설하는 경우

해설

접지를 해야 하는 대상부분
① 전기기계·기구의 금속제 외함, 금속제 외피 및 철대
② 고정 설치되거나 고정배선에 접속된 전기기계·기구의 노출된 비충전 금속체 중 충전될 우려가 있는 다음에 해당하는 비충전 금속체
 ㉮ 지면이나 접지된 금속체로부터 수직거리 2.4[m], 수평거리 1.5[m] 이내의 것
 ㉯ 물기 또는 습기가 있는 장소에 설치되어 있는 것
 ㉰ 금속으로 되어있는 기기접지용 전선의 피복·외장 또는 배선관 등
 ㉱ 사용전압이 대지전압 150[V]를 넘는 것

참고 산업안전기사 필기 p.4-37(3. 접지를 해야 하는 대상 부분)

KEY ① 2021년 3월 7일 기사 출제
② 2023년 2월 28일(문제 62번) 출제

합격정보
산업안전보건기준에 관한 규칙 제302조(전기기계·기구의 접지)

보충학습
누전차단기 설치기준
전기기계·기구에 접속되어 있는 누전차단기는 정격감도전류가 30[mA] 이하이고 작동시간은 0.03[초] 이내일 것(다만, 정격전부하전류가 50[A] 이상인 전기기계·기구에 접속되는 누전차단기는 오작동을 방지하기 위하여 정격감도전류는 200[mA] 이하로, 작동시간은 0.1[초] 이내로 할 수 있다.)

72 정전기 재해방지를 위한 배관내 액체의 유속제한에 관한 사항으로 옳은 것은?

① 저항률이 $10^{10}[\Omega \cdot cm]$ 미만의 도전성 위험물의 배관유속은 7[m/s] 이하로 할 것
② 에테르, 이황화탄소 등과 같이 유동대전이 심하고 폭발위험성이 높으면 4[m/s] 이하로 할 것
③ 물이나 기체를 혼합하는 비수용성 위험물의 배관내 유속은 5[m/s] 이하로 할 것
④ 저항률이 $10^{10}[\Omega \cdot cm]$ 이상인 위험물의 배관내 유속은 배관내경 4인치일 때 10[m/s] 이하로 할 것

해설

배관내 액체의 유속제한
① 저항률이 $10^{10}[\Omega \cdot m]$ 미만인 도전성 위험물의 배관유속 : 7[m/s] 이하
② 에테르, 이황화탄소 등과 같이 유동성이 심하고 폭발 위험성이 높은 것 : 1[m/s] 이하
③ 물이나 기체를 혼합한 비 수용성 위험물 : 1[m/s] 이하
④ 저항률이 $10^{10}[\Omega \cdot m]$ 이상인 위험물의 배관내 유속은 기준에 준하고, 유입구가 액면 아래로 충분히 잠길 때까지는 1[m/s] 이하

참고 산업안전기사 필기 p.4-38(2. 배관내 액체의 유속제한)

KEY ① 2015년 3월 8일 산업기사 출제
② 2016년 8월 21일 출제
③ 2021년 3월 7일, 5월 15일 출제
④ 2023년 2월 28일(문제 66번) 출제

73 속류를 차단할 수 있는 최고의 교류전압을 피뢰기의 정격전압이라고 하는데 이 값은 통상적으로 어떤 값으로 나타내고 있는가?

① 최댓값   ② 평균값
③ 실효값   ④ 파고값

해설

실효값(RMS value : 實效)
① 실제로 효과 : 우리나라 – 실효값
② RMS(Root Mean Square) : 외국

참고 산업안전기사 필기 p.4-57(1. 피뢰기의 성능)

KEY ① 2016년 8월 21일 출제
② 2018년 8월 19일 출제
③ 2019년 8월 4일 출제
④ 2021년 3월 7일 출제
⑤ 2022년 4월 24일 출제
④ 2023년 2월 28일(문제 73번) 출제

[정답] 71 ② 72 ① 73 ③

74 인체저항이 5,000[Ω]이고, 전류가 3[mA]가 흘렀다. 인체의 정전용량이 0.1[μF]라면 인체에 대전된 정전하는 몇 [μC]인가?

① 0.5
② 1.0
③ 1.5
④ 2.0

해설

인체 정전하
① $Q = C \times V = 0.1 \times 15 = 1.5[\mu C]$
② $V = IR = 3 \times 10^{-3} \times 5,000 = 15[V]$

참고 ① 산업안전기사 필기 p.4-33(6. 정전기에너지)
② 산업안전기사 필기 p.4-34(합격날개 : 은행문제)

KEY ① 2016년 5월 8일 산업기사 출제
② 2016년 8월 21일 출제
③ 2017년 3월 5일 기사 · 산업기사 출제
④ 2017년 5월 7일 산업기사 출제
⑤ 2018년 3월 4일 출제
⑥ 2023년 2월 28일(문제 76번) 출제

보충학습

정전하
도체의 표면에 분포되어 있거나 유전체의 마찰에 의해서 대전한 전하처럼 정지상태인 전기

75 심실세동전류 $I = \dfrac{165}{\sqrt{T}}$ [mA]라면 심실세동시 인체에 직접받는 전기 에너지 [cal]는 약 얼마인가?(단, T는 통전시간으로 1초이며, 인체의 저항은 500[Ω]으로 한다.)

① 0.52
② 1.35
③ 2.14
④ 3.27

해설

위험한계에너지
$Q = I^2RT[J] = \left(\dfrac{165}{\sqrt{T}} \times 10^{-3}\right)^2 \times 500 \times T$
$= \dfrac{165^2}{T} \times 10^{-6} \times 500 \times T$
$= 13.6[J] \times 0.24[cal] = 3.26[cal]$

참고 산업안전기사 필기 p.4-18(3. 위험한계에너지)

KEY ① 2016년 8월 21일 기사 출제
② 2017년 5월 7일 기사 출제
③ 2018년 3월 4일 기사 출제
④ 2018년 4월 28일 기사·산업기사 동시 출제
⑤ 2018년 8월 19일 기사 출제
⑥ 2019년 3월 4일 기사 출제
⑦ 2020년 8월 22일(문제 67번) 출제
⑧ 2020년 9월 27일(문제 77번) 출제
⑨ 2022년 3월 5일(문제 78번), 4월 24일(문제 77번) 출제

76 교류 아크용접기의 허용사용률[%]은?(단, 정격사용률은 10[%], 2차 정격전류는 500[A], 교류 아크용접기의 사용전류는 250[A]이다.)

① 30
② 40
③ 50
④ 60

해설

허용사용률 계산
허용사용률 $= \dfrac{(정격2차전류)^2}{(실제용접전류)^2} \times 정격사용률$
$= \dfrac{500^2}{250^2} \times 10 = 40[\%]$

참고 산업안전기사 필기 p.4-79(㉣ 허용사용률)

KEY ① 2016년 8월 21일(문제 79번) 출제
② 2017년 8월 26일 출제
③ 2019년 4월 27일(문제 62번) 출제
④ 2021년 8월 14일(문제 66번) 출제
⑤ 2022년 3월 5일(문제 76번) 출제

77 감전사고를 방지하기 위한 방법으로 틀린 것은?

① 전기기기 및 설비의 위험부에 위험표지
② 전기설비에 대한 누전차단기 설치
③ 전기기기에 대한 정격표시
④ 무자격자는 전기기계 및 기구에 전기적인 접촉 금지

해설

직접접촉에 의한 감전방지대책
① 충전부에 절연 방호망을 설치할 것
② 충전부는 내구성이 있는 절연물로 완전히 덮어 감쌀 것
③ 충전부가 노출되지 않도록 폐쇄형 외함구조로 할 것
④ 관계자 외에 출입을 금지하고 평소에 잠금상태가 되어야 한다.

참고 산업안전기사 필기 p. 4-20(1. 직접접촉에 의한 감전방지 방법)

KEY ① 2016년 8월 21일 산업기사 출제
② 2017년 3월 5일 출제
③ 2017년 5월 7일(문제 76번) 출제
④ 2020년 9월 27일(문제 76번) 출제
⑤ 2022년 3월 5일(문제 70번) 출제

[정답] 74 ③ 75 ④ 76 ② 77 ③

78 다음 중 전기설비기술기준에 따른 전압의 구분으로 틀린 것은?

① 저압 : 직류 1[kV] 이하
② 고압 : 교류 1[kV] 초과, 7[kV] 이하
③ 특고압 : 직류 7[kV] 초과
④ 특고압 : 교류 7[kV] 초과

해설
전압분류

전압분류	직류	교류
저압	1,500[V] 이하	1,000[V] 이하
고압	1,500~7,000[V] 이하	1,000~7,000[V] 이하
특별고압	7,000[V] 초과	7,000[V] 초과

참고) 산업안전기사 필기 p.4-30(문제 30번) 적중

KEY
① 2017년 5월 7일 기사 출제
② 2017년 8월 26일 기사 출제
③ 2018년 3월 4일 기사 출제
④ 2018년 8월 19일 산업기사 출제
⑤ 2019년 3월 3일(문제 78번) 출제
⑥ 2022년 3월 5일(문제 79번) 출제

79 감전사고로 인한 전격사의 메커니즘으로 가장 거리가 먼 것은?

① 흉부수축에 의한 질식
② 심실세동에 의한 혈액순환기능의 상실
③ 내장파열에 의한 소화기계통의 기능상실
④ 호흡중추신경 마비에 따른 호흡기능 상실

해설
전격현상의 메커니즘(사망경로)
① 흉부수축에 의한 질식
② 심장의 심실세동에 의한 혈액순환 기능의 상실
③ 뇌의 호흡중추신경 마비에 따른 호흡 정지

참고) 산업안전기사 필기 p.4-21(3. 전격현상의 메커니즘)

KEY
① 2013년 3월 10일 (문제 71번) 출제
② 2017년 8월 26일(문제 67번) 출제
③ 2021년 8월 14일(문제 74번) 출제

80 누전차단기의 시설방법 중 옳지 않은 것은?

① 시설장소는 배전반 또는 분전반 내에 설치한다.
② 정격전류용량은 해당 전로의 부하전류 값 이상이어야 한다.
③ 정격감도전류는 정상의 사용상태에서 불필요하게 동작하지 않도록 한다.
④ 인체감전보호형은 0.05초 이내에 동작하는 고감도고속형이어야 한다.

해설
인체감전보호용 누전차단기 기준
① 정격 감도 전류 : 15[mA]
② 동작시간 : 0.03[초] 이내

참고) 산업안전기사 필기 p.4-5(1. 누전차단기 종류)

KEY 2021년 5월 15일(문제 65번) 등 20번 이상 출제

보충학습
누전차단기 설치기준
전기기계·기구에 접속되어 있는 누전차단기는 정격감도전류가 30[mA] 이하이고 작동시간은 0.03[초] 이내일 것(다만, 정격전부하전류가 50[A] 이상인 전기기계·기구에 접속되는 누전차단기는 오작동을 방지하기 위하여 정격감도전류는 200[mA] 이하로, 작동시간은 0.1[초] 이내로 할 수 있다.

5 화학설비 안전관리

81 다음 물질이 물과 접촉하였을 때 위험성이 가장 낮은 것은?

① 과산화칼륨　　② 나트륨
③ 메틸리튬　　　④ 이황화탄소

해설
인화점
① 정의
인화성 액체가 공기 중에서 인화하기에 충분한 인화성 증기를 발생할 수 있는 최저온도로 보통 위험성의 척도가 되는 것이다.

[정답] 78 ① 79 ③ 80 ④ 81 ④

② 주요 인화성 액체의 인화점

물질명	인화점(℃)	물질명	인화점(℃)
아세톤	-20	아세트알데히드	-39
가솔린	-43	에틸알코올	13
경 유	40~85	메탄올	11
등 유	30~60	산화에틸렌	-17.8
벤 젠	-11	이황화탄소	-30
테레빈유	35	에틸에테르	-45

참고 산업안전기사 필기 p.5-24(문제 18)

KEY
① 2014년 5월 25일(문제 91번) 출제
② 2017년 5월 7일 출제
③ 2019년 4월 27일(문제 81번) 출제
④ 2024년 2월 15일(문제 83번) 출제

보충학습
CS_2 : 물속에 저장

82
산업안전보건법에서 정한 위험물질을 기준량 이상 제조하거나 취급하는 화학설비로서 내부의 이상상태를 조기에 파악하기 위하여 필요한 온도계·유량계·압력계 등의 계측장치를 설치하여야 하는 대상이 아닌 것은?

① 가열로 또는 가열기
② 증류·정류·증발·추출 등 분리를 하는 장치
③ 반응폭주 등 이상 화학반응에 의하여 위험물질이 발생할 우려가 있는 설비
④ 흡열반응이 일어나는 반응장치

해설

특수화학설비의 종류
사업주는 위험물을 같은 표에서 정한 기준량 이상으로 제조하거나 취급하는 다음 각 호의 어느 하나에 해당하는 화학설비(이하"특수화학설비"라 한다)를 설치하는 경우에는 내부의 이상 상태를 조기에 파악하기 위하여 필요한 온도계·유량계·압력계 등의 계측장치를 설치하여야 한다.
① 발열반응이 일어나는 반응장치
② 증류·정류·증발·추출 등 분리를 하는 장치
③ 가열시켜 주는 물질의 온도가 가열되는 위험물질의 분해온도 또는 발화점보다 높은 상태에서 운전되는 설비
④ 반응폭주 등 이상 화학반응에 의하여 위험물질이 발생할 우려가 있는 설비
⑤ 온도가 섭씨 350도 이상이거나 게이지 압력이 980킬로파스칼 이상인 상태에서 운전되는 설비
⑥ 가열로 또는 가열기

참고 산업안전기사 필기 p.5-17(합격날개 : 합격예측 및 관련법규)

KEY
① 2017년 8월 28일 산업기사 출제
② 2018년 3월 4일(문제 87번) 출제
③ 2018년 4월 28일 출제

④ 2021년 3월 7일(문제 96번) 출제
⑤ 2021년 5월 15일(문제 81번) 출제
⑥ 2022년 4월 24일(문제 81번) 출제
⑦ 2024년 2월 15일(문제 87번) 출제

합격정보
산업안전보건기준에 관한 규칙 제273조(계측장치 등의 설치)

83
다음 설명이 의미하는 것은?

> 온도, 압력 등 제어상태가 규정의 조건을 벗어나는 것에 의한 반응속도가 지수함수적으로 증대되고, 반응용기 내의 온도, 압력이 급격히 이상 상승되어 규정 조건을 벗어나고, 반응이 과격화되는 현상

① 비등
② 과열·과압
③ 폭발
④ 반응폭주

해설

반응폭주의 원리
① 반응물질량 제어 실패 : 반응물질과 투입에 다른 반응 활성화로 반응폭주 발생
② 반응온도 제어 실패 : 반응온도의 상승으로 인한 반응속도의 증가로 반응폭주 발생
③ 촉매의 양 제어 실패 : 반응속도를 높이는 촉매의 과 투입에 따른 반응폭주 발생
④ 이물질 흡입에 의한 이상반응 발생으로 반응폭주 발생

참고 산업안전기사 필기 p.5-52(합격날개 : 은행문제)

KEY
① 2017년 5월 7일(문제 97번) 출제
② 2020년 9월 27일(문제 99번) 출제
③ 2022년 3월 5일(문제 81번) 출제
④ 2024년 2월 15일(문제 99번) 출제

합격정보
산업안전보건기준에 관한규칙 제262조(파열판의 설치)

84
산업안전보건법령상 "부식성 산류"에 해당하지 않는 것은?

① 농도 20[%]인 염산
② 농도 40[%]인 인산
③ 농도 50[%]인 질산
④ 농도 60[%]인 아세트산

[정답] 82 ④ 83 ④ 84 ②

해설

부식성 물질
① 부식성 산류
  ㉮ 농도가 20[%] 이상인 염산, 황산, 질산, 기타 이와 동등 이상의 부식성을 지니는 물질
  ㉯ 농도가 60[%] 이상인 인산, 아세트산, 플루오르산, 기타 이와 동등 이상의 부식성을 가지는 물질
② 부식성 염기류 : 농도가 40[%] 이상인 수산화나트륨, 수산화칼슘, 기타 이와 동등 이상의 부식성을 가지는 염기류

참고) 산업안전기사 필기 p.5-36(7. 부식성 물질)

KEY ① 2011년 8월 21일 기사 출제
② 2012년 8월 26일 기사 출제
③ 2019년 8월 4일 기사 출제
④ 2023년 7월 8일(문제 83번) 출제

합격정보
산업안전보건기준에 관한 규칙 [별표1] 위험물질종류

---

85 다음 관(pipe) 부속품 중 관로의 방향을 변경하기 위하여 사용하는 부속품은?

① 니플(nipple)
② 유니온(union)
③ 플랜지(flange)
④ 엘보(elbow)

해설

피팅류(Fittings)의 용도

용도	종류
두 개의 관을 연결할 때	플랜지, 유니온, 커플링, 니플, 소켓
관로의 방향을 바꿀 때	엘보, Y지관, 티, 십자
관로의 크기를 바꿀 때	축소관, 부싱
가지관을 설치할 때	티(T), Y지관, 십자
유로를 차단할 때	플러그, 캡, 밸브
유량 조절	밸브

참고) 산업안전기사 필기 p.5-58(합격날개 : 합격예측)

KEY ① 2013년 3월 10일 출제
② 2014년 3월 2일 출제
③ 2015년 8월 16일 출제
④ 2016년 3월 6일, 5월 8일 출제
⑤ 2020년 6월 7일, 9월 27일 출제
⑥ 2023년 7월 8일(문제 86번) 출제

---

86 다음 중 응상폭발이 아닌 것은?

① 분해폭발
② 수증기폭발
③ 전선폭발
④ 고상간의 전이에 의한 폭발

해설

응상폭발의 종류
① 수증기 폭발 ② 전선폭발
③ 고상간 전이 폭발 ④ 불안정 물질의 폭발
⑤ 혼합·혼촉에 의한 폭발

참고) 산업안전기사 필기 p.5-9([표] 증기, 분진, 분해 폭발)

KEY ① 2017년 5월 7일 기사 출제
② 2020년 9월 27일 기사 출제
③ 2023년 7월 8일(문제 91번) 출제

보충학습
(1) 물리적 폭발
  ① 탱크의 감압폭발 ② 수증기 폭발 ③ 고압용기의 폭발
(2) 화학적 폭발
  ① 분해폭발 ② 화학폭발 ③ 중합폭발 ④ 산화폭발

보충학습
응상(凝狀)
물질이 엉긴상태를 말한다. 즉, 폭발물의 분자가 응집되어 액체 또는 고체상태

---

87 가스누출감지경보기 설치에 관한 기술상의 지침으로 틀린 것은?

① 암모니아를 제외한 가연성가스 누출감지경보기는 방폭성능을 갖는 것이어야 한다.
② 독성가스 누출감지경보기는 해당 독성가스 허용농도의 25[%] 이하에서 경보가 울리도록 설정하여야 한다.
③ 하나의 감지대상가스가 가연성이면서 독성인 경우에는 독성가스를 기준하여 가스누출감지경보기를 선정하여야 한다.
④ 건축물 안에 설치되는 경우, 감지 대상가스의 비중이 공기보다 무거운 경우에는 건축물 내의 하부에 설치하여야 한다.

[정답] 85 ④ 86 ① 87 ②

해설

경보설정치
① 가연성 가스누출감지경보기는 감지대상 가스의 폭발하한계 25퍼센트 이하, 독성가스 누출감지경보기는 해당 독성가스의 허용농도 이하에서 경보가 울리도록 설정하여야 한다.
② 가스누출감지경보의 정밀도는 경보설정치에 대하여 가연성 가스누출감지경보기는 ±25퍼센트 이하, 독성가스누출감지경보기는 ±30퍼센트 이하이어야 한다.

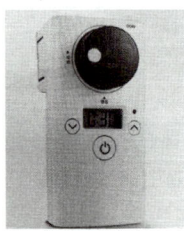

[그림] 가스누출감지경보기

 ① 2014년 5월 25일 출제
② 2021년 8월 14일 출제
③ 2023년 7월 8일(문제 93번) 출제

합격정보
고용노동부고시 제2020-49호 가스누출감지경보기 설치에 관한 기술상의 지침

---

88 사업주는 안전밸브등의 전단·후단에 차단밸브를 설치해서는 아니 된다. 다만 별도로 정한 경우에 해당할 때는 자물쇠형 또는 이에 준하는 형식의 차단밸브를 설치할 수 있다. 이에 해당하는 경우가 아닌 것은?

① 화학설비 및 그 부속설비에 안전밸브등이 복수방식으로 설치되어 있는 경우
② 예비용 설비를 설치하고 각각의 설비에 안전밸브등이 설치되어 있는 경우
③ 파열판과 안전밸브를 직렬로 설치한 경우
④ 열팽창에 의하여 상승된 압력을 낮추기 위한 목적으로 안전밸브가 설치된 경우

해설

차단밸브의 설치금지기준
① 인접한 화학설비 및 그 부속설비에 안전밸브등이 각각 설치되어 있고, 해당 화학설비 및 그 부속설비의 연결배관에 차단밸브가 없는 경우
② 안전밸브등의 배출용량의 2분의 1 이상에 해당하는 용량의 자동압력조절밸브(구동용 동력원의 공급을 차단하는 경우 열리는 구조인 것으로 한정한다)와 안전밸브등이 병렬로 연결된 경우
③ 화학설비 및 그 부속설비에 안전밸브등이 복수방식으로 설치되어 있는 경우
④ 예비용 설비를 설치하고 각각의 설비에 안전밸브등이 설치되어 있는 경우
⑤ 열팽창에 의하여 상승된 압력을 낮추기 위한 목적으로 안전밸브가 설치된 경우
⑥ 하나의 플레어 스택(flare stack)에 둘 이상의 단위공정의 플레어 헤더(flare header)를 연결하여 사용하는 경우로서 각각의 단위공정의 플레어헤더에 설치된 차단밸브의 열림·닫힘 상태를 중앙제어실에서 알 수 있도록 조치한 경우

참고 산업안전기사 필기 p.5-6(합격날개 : 합격예측 및 관련법규)

KEY ① 2012년 3월 4일 출제
② 2014년 3월 2일 출제
③ 2017년 8월 26일 출제
④ 2018년 8월 19일 출제
⑤ 2021년 3월 7일 출제
⑥ 2023년 7월 8일(문제 95번) 출제

합격정보
산업안전보건기준에 관한 규칙 제266조(차단밸브의 설치금지)

---

89 마그네슘의 저장 및 취급에 관한 설명으로 틀린 것은?

① 화기를 엄금하고, 가열, 충격, 마찰을 피한다.
② 분말이 비산하지 않도록 완전 밀봉하여 저장한다.
③ 1류 또는 6류와 같은 산화제와 혼합되지 않도록 격리, 저장한다.
④ 일단 연소하면 소화가 곤란하지만 초기 소화 또는 소규모 화재시 물, CO_2 소화설비를 이용하여 소화한다.

해설

Mg의 저장취급방법
① 마그네슘은 제2류 위험물 중 물기엄금 물질이다.
② 화기를 엄금하고, 가열, 충격, 마찰을 피한다.
③ 분말은 분진폭발에 위험이 있어 비산하지 않도록 완전 밀봉하여 저장한다.
④ 1류 또는 6류와 같은 산화제 및 할로겐원소와 혼합되지 않도록 격리 저장한다.
⑤ 물과 반응하면 수소 발생, 이산화탄소와는 폭발적인 반응을 하므로 소화는 마른 모래나 분말 소화약제를 사용한다.

참고 산업안전기사 필기 p.5-68(문제 31번) 적중

KEY ① 2015년 5월 31일(문제 92번) 출제
② 2023년 6월 4일(문제 83번) 출제

[정답] 88 ③ 89 ④

90 위험물을 산업안전보건법령에서 정한 기준량 이상으로 제조하거나 취급하는 설비로서 특수화학설비에 해당되는 것은?

① 가열시켜 주는 물질의 온도가 가열되는 위험물질의 분해온도보다 높은 상태에서 운전되는 설비
② 상온에서 게이지 압력으로 200[kPa]의 압력으로 운전되는 설비
③ 대기압 하에서 섭씨 300[℃]로 운전되는 설비
④ 흡열반응이 행하여지는 반응설비

[해설]

특수화학설비의 종류
① 발열반응이 일어나는 반응장치
② 증류·정류·증발·추출 등 분리를 하는 장치
③ 가열시켜 주는 물질의 온도가 가열되는 위험물질의 분해온도 또는 발화점보다 높은 상태에서 운전되는 설비
④ 반응폭주 등 이상 화학반응에 의하여 위험물질이 발생할 우려가 있는 설비
⑤ 온도가 섭씨 350도 이상이거나 게이지 압력이 980[kPa] 이상인 상태에서 운전되는 설비
⑥ 가열로 또는 가열기

[참고] 산업안전기사 필기 p.5-17(합격날개 : 합격예측 및 관련법규)

[KEY] 2023년 6월 4일(문제 84번) 등 10회 이상 출제

[합격정보]
산업안전보건기준에 관한 규칙 제273조(계측장치 등의 설치)

---

91 산업안전보건법령상 폭발성 물질을 취급하는 화학설비를 설치하는 경우에 단위공정설비로부터 다른 단위공정설비 사이의 안전거리는 설비 바깥 면으로부터 몇 [m] 이상이어야 하는가?

① 10   ② 15
③ 20   ④ 30

[해설]

안전거리

구분	안전거리
1. 단위공정시설 및 설비로부터 다른 단위공정시설 및 설비의 사이	설비의 바깥면으로부터 10[m] 이상
2. 플레어스택으로부터 단위공정시설 및 설비, 위험물질 저장탱크 또는 위험물질 하역설비의 사이	플레어스택으로부터 반경 20[m] 이상. 다만, 단위 공정시설 등이 불연재로 시공된 지붕 아래 설치된 경우에는 그러하지 아니하다.
3. 위험물질 저장탱크로부터 단위공정시설 및 설비, 보일러 또는 가열로의 사이	저장탱크의 바깥면으로부터 20[m] 이상. 다만, 저장탱크에 방호벽, 원격조정 소화설비 또는 살수설비를 설치한 경우에는 그러하지 아니하다.
4. 사무실·연구실·실험실·정비실 또는 식당으로부터 단위공정시설 및 설비, 위험물질 저장탱크, 위험물질 하역설비, 보일러 또는 가열로의 사이	사무실 등의 바깥면으로부터 20[m] 이상. 다만, 난방용 보일러인 경우 또는 사무실 등의 벽을 방호구조로 설치한 경우에는 그러하지 아니하다.

[참고] 산업안전기사 필기 p.5-72(문제 51번) 적중

[KEY] ① 2010년 7월 25일 출제
② 2019년 4월 27일 산업기사 출제
③ 2022년 3월 5일 출제
④ 2023년 6월 4일(문제 91번) 출제

---

92 아세톤에 대한 설명으로 틀린 것은?

① 증기는 유독하므로 흡입하지 않도록 주의해야 한다.
② 무색이고 휘발성이 강한 액체이다.
③ 비중이 0.79 이므로 물보다 가볍다.
④ 인화점이 20[℃]이므로 여름철에 더 인화위험이 높다.

[해설]

아세톤(CH_3COCH_3)의 특징
① 증기는 유독하므로 흡입하지 않도록 주의해야 한다.
② 무색이고 휘발성이 강한 액체이다.
③ 비중이 0.79 이므로 물보다 가볍다.
④ 인화점-20[℃]이다.

[참고] 산업안전기사 필기 p.5-25(문제 18번 해설)

[KEY] ① 2017년 5월 7일(문제 89번) 출제
② 2023년 2월 28일, 6월 4일(문제 94번) 출제

---

93 액체 표면에서 발생한 증기농도가 공기 중에서 연소하한농도가 될 수 있는 가장 낮은 액체온도를 무엇이라 하는가?

① 인화점   ② 비등점
③ 연소점   ④ 발화온도

[정답] 90 ① 91 ① 92 ④ 93 ①

해설

인화점
① 점화원에 의하여 인화될 수 있는 최저 온도(낮으면 낮을수록 위험하다.)
② 연소가능한 인화성 증기를 발생시킬 수 있는 최저 온도

참고 산업안전산업기사 필기 p.5-39(합격날개 : 합격예측)

KEY ① 2017년 8월 26일 산업기사(문제 77번) 출제
② 2022년 4월 24일 출제
③ 2023년 6월 4일(문제 95번) 출제

94 다음 중 반응기를 조작방식에 따라 분류할 때 이에 해당하지 않는 것은?

① 회분식 반응기
② 반회분식 반응기
③ 연속식 반응기
④ 관형식 반응기

해설

반응기의 구분

구분	종류	특징
조작(운전) 방식에 의한 분류	회분식 반응기 (Batch Reactor)	① 원료를 반응기 내에 주입하고, 일정시간 반응시킨 다음 생성물을 꺼내는 방식 ② 반응이 진행되는 동안 원료 도입 또는 생성물의 배출이 없다. ③ 다품종 소량 생산에 유리하다.
	반회분식 반응기 (semi-batch Reactor)	① 반응 성분의 일부를 반응기 내에 넣어두고 반응이 진행됨에 따라 다른 성분을 계속 첨가하는 형식의 반응기이다.
	연속식 반응기 (plug flow Reactor)	① 원료를 연속적으로 반응기에 도입하는 동시에 반응 생성물을 연속적으로 반응기에 배출시키면서 반응을 진행시키는 반응기이다. ② 소품종 대량생산에 적합하다.
구조에 의한 분류	① 관형반응기 ② 탑형반응기 ③ 교반기형반응기 ④ 유동층형 반응기	

참고 산업안전기사 필기 p.5-49(1. 반응기)

① 2011년 3월 20일 문제 89번 출제
② 2019년 3월 3일(문제 83번) 출제
③ 2021년 8월 14일(문제 99번) 출제
④ 2022년 4월 24일(문제 95번) 출제
⑤ 2023년 2월 28일(문제 82번) 출제

95 산업안전보건법령상 대상 설비에 설치된 안전밸브에 대해서는 경우에 따라 구분된 검사주기마다 안전밸브가 적정하게 작동하는지 검사하여야 한다. 화학공정 유체와 안전밸브의 디스크 또는 시트가 직접 접촉될 수 있도록 설치된 경우의 검사주기로 옳은 것은?

① 매년 1회 이상
② 2년마다 1회 이상
③ 3년마다 1회 이상
④ 4년마다 1회 이상

해설

제261조(안전밸브 등의 설치)
설치된 안전밸브에 대해서는 다음 각 호의 구분에 따른 검사주기마다 국가교정기관에서 교정을 받은 압력계를 이용하여 설정압력에서 안전밸브가 적정하게 작동하는지를 검사한 후 납으로 봉인하여 사용하여야 한다. 다만, 공기나 질소취급용기 등에 설치된 안전밸브 중 안전밸브 자체에 부착된 레버 또는 고리를 통하여 수시로 안전밸브가 적정하게 작동하는지를 확인할 수 있는 경우에는 검사하지 아니할 수 있고 납으로 봉인하지 아니할 수 있다.
① 화학공정 유체와 안전밸브의 디스크 또는 시트가 직접 접촉될 수 있도록 설치된 경우 : 매년 1회 이상
② 안전밸브 전단에 파열판이 설치된 경우 : 2년마다 1회 이상
③ 공정안전보고서 제출 대상으로서 고용노동부장관이 실시하는 공정안전보고서 이행상태 평가결과가 우수한 사업장의 안전밸브의 경우 : 4년마다 1회 이상

참고 산업안전기사 필기 p.5-3(합격날개 : 합격예측 및 관련법규)

KEY ① 2021년 3월 7일 기사 출제
② 2023년 2월 28일(문제 84번) 출제

합격정보
산업안전보건기준에 관한 규칙 재261조(안전밸브 등의 설치)

보충학습
안전밸브
기기(機器)나 관 등의 파괴를 방지하기 위하여 부착하는 최고 압력을 한정하는 밸브로서, 설정 압력 이상이 되면 유체를 내뿜어 압력을 설정 압력 이하로 낮추도록 되어있다.

96 산업안전보건기준에 관한 규칙상 국소배기장치의 후드 설치 기준이 아닌 것은?

① 유해물질이 발생하는 곳마다 설치할 것
② 후드의 개구부 면적은 가능한 한 크게 할 것
③ 외부식 또는 리시버식 후드는 해당 분진등의 발산원에 가장 가까운 위치에 설치할 것
④ 후드 형식은 가능하면 포위식 또는 부스식 후드를 설치할 것

[정답] 94 ④ 95 ① 96 ②

해설

후드(Hood)
(1) 기능
오염물(Contaminant)의 발생원을 되도록 포위하도록 설치된 국소 배기장치의 입구부
(2) 설치기준
① 유해물질이 발생하는 곳마다 설치할 것
② 유해인자의 발생형태 및 비중, 작업방법 등을 고려하여 해당 분진 등의 발산원을 제어할 수 있는 구조로 설치할 것
③ 후드형식은 가능한 한 포위식 또는 부스식 후드를 설치할 것
④ 외부식 또는 리시버식 후드는 해당 분진에 설치할 것
⑤ 후드의 개구면적을 크게 하지 않을 것

참고 산업안전기사 필기 p.5-38(표. 국소배기장치의 후드 및 덕트 설치 요령)

KEY
① 2020년 6월 7일 기사 출제
② 2023년 2월 28일(문제 89번) 출제

---

97 질화면(Nitrocellulose)은 저장·취급 중에는 에틸 알코올 또는 이소프로필 알코올로 습면의 상태로 되어 있다. 그 이유를 바르게 설명한 것은?

① 질화면은 건조 상태에서는 자연발열을 일으켜 분해폭발의 위험이 존재하기 때문이다.
② 질화면은 알코올과 반응하여 안정한 물질을 만들기 때문이다.
③ 질화면은 건조 상태에서 공기 중의 산소와 환원반응을 하기 때문이다.
④ 질화면은 건조 상태에서 용이하게 중합물을 형성하기 때문이다.

해설

니트로셀룰로오스(nitrocellulose : 질화면) 특징
① 셀룰로오스의 질산에스테르이지만 니트로셀룰로오스란 통칭이 널리 쓰여지고 있다.(알콜침지 보관)
② 셀룰로오스를 황산과 질산을 혼합한 혼산으로 질산에스테르화하여 얻게 되는 백색 섬유상 물질, 질화면이라고도 한다.
③ 히드록실기로 치환한 NO_2의 수에 따라 함유되는 질소량이 다르다.
④ 일반적으로 무연 화약에는 질소량이 12[%] 이상, 다이너마이트용에는 12[%] 정도, 도료용, 셀룰로이드용 등에는 12[%] 이하를 사용한다.(건조시 분해폭발)
⑤ 편의상 질소량이 약 13[%] 이상의 것을 강면약, 약 10~12[%]의 것을 약면약이라 한다.

KEY
① 2011년 6월 12일 (문제 83번) 출제
② 2018년 4월 28일 (문제 84번) 출제
③ 2022년 4월 24일 (문제 86번) 출제
④ 2023년 2월 28일 (문제 94번) 출제

---

98 물이 관 속을 흐를 때 유동하는 물 속의 어느 부분의 정압이 그 때의 물의 증기압보다 낮을 경우 물이 증발하여 부분적으로 증기가 발생되어 배관의 부식을 초래하는 경우가 있다. 이러한 현상을 무엇이라 하는가?

① 서어징(surging)
② 공동현상(cavitation)
③ 비말동반(entrainment)
④ 수격작용(water hammering)

해설

공동현상(cavitation)
유체의 증기압이 물의 증기압보다 낮을 경우 부분적으로 증기를 발생시켜 배관을 부식시키는 현상

참고 산업안전기사 필기 p.5-59(합격날개 : 합격예측)

KEY
① 2015년 8월 16일 (문제 99번) 출제
② 2019년 3월 3일 (문제 97번) 출제
③ 2023년 2월 28일(문제 96번) 출제

보충학습
① 수격작용(water hammering, 물망치작용)
　밸브를 급격히 개폐 시에 배관 내를 유동하던 물이 배관을 치는 현상(압력파가 급격히 관내를 왕복하는 현상)으로 배관 파열을 초래한다.
② 맥동현상(surging)
　유량이 단속적으로 변하여 펌프입구측에 설치된 진공계, 압력계가 흔들리고 진동과 소음이 일어나며 펌프의 토출량의 변화를 초래한다.

---

99 고압가스 용기 파열사고의 주요 원인 중 하나는 용기의 내압력(耐壓力)부족이다. 다음 중 내압력 부족의 원인으로 틀린 것은?

① 용기 내벽의 부식
② 강재의 피로
③ 과잉 충전
④ 용접 불량

해설

내압력
(1) 용기의 내압력부족
　① 용기자체의 결함이 있는 경우 : 용기재료의 불량, 용기 내벽의 부식, 강재의 피로, 용접 불량 등
　② 용기에 대해 낙하, 충돌 등의 충격 및 기타 타격을 주는 경우
　③ 용기에 절단, 구멍 뚫기 등의 가공을 하는 경우
(2) 용기 내압(耐壓)의 이상상승
　① 과잉 충전
　② 가열, 직사광선, 화재 등에 의한 용기 온도의 상승
　③ 내용물의 중합반응 또는 분해반응에 의한 것 등

참고 산업안전기사 필기 p.5-74(문제 61번) 적중

[정답] 97 ① 98 ② 99 ③

과년도 출제문제

KEY
① 2012년 3월 4일 출제
② 2022년 4월 24일 출제
③ 2023년 2월 28일(문제 100번) 출제

100 다음 중 폭발 방호 대책과 가장 거리가 먼 것은?

① 불활성화
② 억제
③ 방산
④ 봉쇄

해설

폭발 재해의 보호대책
① 폭발 봉쇄 : 압력을 완화시켜 폭발을 방지한다.
② 폭발 억제 : 큰 폭발이 되지 않도록 폭발을 진압한다.
③ 폭발 방산 : 안전밸브나 파열판 등으로 탱크 내압력을 방출시킨다.

보충학습

퍼지(불활성화 : purge)
연소되지 않은 가스가 노 안에 또는 기타 장소에 차 있으면 점화를 했을 때 폭발할 우려가 있으므로 점화시키기 전에 이것을 노 밖으로 배출하기 위하여 환기시키는 것을 퍼지라고 한다.(화재방호대책)

참고 산업안전기사 필기 p.5-20(표. 퍼지의 종류)

KEY 2022년 4월 24일(문제 85번)

6 건설공사 안전관리

101 건설현장에 거푸집 및 동바리 설치 시 준수사항으로 옳지 않은 것은?

① 파이프 서포트 높이가 4.5[m]를 초과하는 경우에는 높이 2[m] 이내마다 2개 방향으로 수평연결재를 설치한다.
② 동바리의 침하 방지를 위해 받침목의 사용, 콘크리트 타설, 말뚝박기 등을 실시한다.
③ 강재와 강재의 접속부는 볼트 또는 클램프 등 전용철물을 사용한다.
④ 강관틀 동바리는 강관틀과 강관틀 사이에 교차가새를 설치한다.

해설

동바리로 사용하는 파이프서포트 안전기준
① 파이프서포트를 3개 이상 이어서 사용하지 아니하도록 할 것
② 파이프서포트를 이어서 사용할 경우에는 4개 이상의 볼트 또는 전용 철물을 사용하여 이을 것

③ 높이가 3.5[m]를 초과할 경우에는 높이 2[m] 이내마다 수평연결재를 2개 방향으로 만들고 수평연결재의 변위를 방지할 것

참고 산업안전기사 필기 p.6-88(합격날개 : 합격예측 및 관련법규)

KEY
① 2018년 3월 4일 기사·산업기사 동시 출제
② 2018년 8월 19일 출제
③ 2018년 9월 15일 산업기사 출제
④ 2020년 8월 22일 출제
⑤ 2020년 8월 22일 산업기사등 20번 이상 출제
⑥ 2022년 4월 24일(문제 101번) 출제

합격정보

산업안전보건기준에 관한 규칙 제332조의2(동바리 유형에 따른 동바리 조립시의 안전조치)

102 단관비계를 조립하는 경우 벽이음 및 버팀을 설치할 때의 수평방향 조립간격 기준으로 옳은 것은?

① 3[m]
② 5[m]
③ 6[m]
④ 8[m]

해설

강관비계의 조립간격

강관비계의 종류	조립 간격(단위 : [m])	
	수직방향	수평방향
단관비계	5	5
틀비계(높이 5[m] 미만인 것은 제외)	6	8

참고 산업안전기사 필기 p.6-94(표. 조립간격)

KEY 2024년 2월 15일(문제 117번) 등 10회 이상 출제

합격정보

산업안전보건기준에 관한 규칙 [별표 5] 강관비계의 조립간격

103 철골구조의 앵커볼트매립과 관련된 준수사항 중 옳지 않은 것은?

① 기둥중심은 기준선 및 인접기둥의 중심에서 3[mm] 이상 벗어나지 않을 것
② 앵커볼트는 매립 후에 수정하지 않도록 설치할 것
③ 베이스플레이트의 하단은 기준 높이 및 인접기둥의 높이에서 3[mm] 이상 벗어나지 않을 것
④ 앵커볼트는 기둥중심에서 2[mm] 이상 벗어나지 않을 것

[정답] 100 ① 101 ① 102 ② 103 ①

> **해설**

앵커볼트 매립 정밀도 범위
① 기둥 중심은 기준선 및 인접 기둥의 중심에서 5[mm] 이상 벗어나지 않을 것

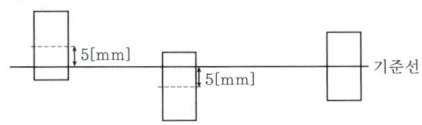

② 인접 기둥 간 중심거리의 오차는 3[mm] 이하일 것

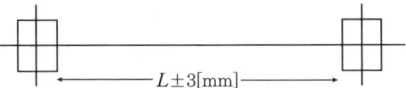

③ 앵커볼트는 기둥 중심에서 2[mm] 이상 벗어나지 않을 것

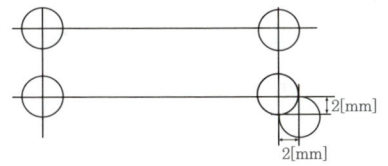

④ Base Plate의 하단은 기준높이 및 인접 기둥 높이에서 3[mm] 이상 벗어나지 않을 것

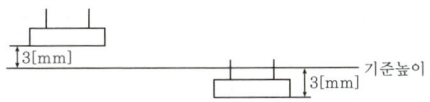

> **참고** 산업안전기사 필기 p.6-161(합격날개 : 합격예측)

> **KEY** ① 2014년 3월 2일 출제
> ② 2017년 8월 26일 출제
> ③ 2023년 7월 8일(문제 107번) 출제

104 잠함 또는 우물통의 내부에서 굴착작업을 할 때의 준수사항으로 옳지 않은 것은?

① 굴착 깊이가 10[m]를 초과하는 경우에는 해당 작업장소와 외부와의 연락을 위한 통신설비등을 설치하여야 한다.
② 산소 결핍의 우려가 있는 경우에는 산소의 농도를 측정하는 자를 지명하여 측정하도록 한다.
③ 근로자가 안전하게 승강하기 위한 설비를 설치한다.
④ 측정 결과 산소의 결핍이 인정될 경우에는 송기를 위한 설비를 설치하여 필요한 양의 공기를 공급하여야 한다.

> **해설**

잠함작업시 통신설비 설치기준 : 굴착깊이 20[m]초과

> **참고** 산업안전기사 필기 p.6-146(합격날개 : 합격예측 및 관련법규)

> **KEY** ① 2012년 8월 26일 기사 출제
> ② 2018년 8월 19일 기사 출제
> ③ 2023년 7월 8일(문제 110번) 출제

> **합격정보**

산업안전보건기준에 관한 규칙 제377조 (잠함 등 내부에서의 작업)

105 콘크리트 타설 시 거푸집 측압에 관한 설명으로 옳지 않은 것은?

① 타설속도가 빠를수록 측압이 커진다.
② 거푸집의 투수성이 낮을수록 측압은 커진다.
③ 타설높이가 높을수록 측압이 커진다.
④ 콘크리트의 온도가 높을수록 측압이 커진다.

> **해설**

측압
외기 온도가 낮을수록 측압이 크다.

> **참고** 산업안전기사 필기 p.6-151(3. 측압에 영향을 주는 요인)

> **KEY** ① 2014년 5월 25일 출제
> ② 2015년 5월 31일 출제
> ③ 2016년 5월 8일 출제
> ④ 2017년 3월 5일 출제
> ⑤ 2019년 8월 4일 출제
> ⑥ 2020년 6월 7일 출제
> ⑦ 2023년 7월 8일(문제 113번) 출제

106 강관비계를 조립할 때 준수하여야 할 사항으로 옳지 않은 것은?

① 띠장간격은 2[m] 이하로 설치하되, 첫번째 띠장은 지상으로부터 3[m] 이하의 위치에 설치할 것
② 비계기둥의 간격은 띠장 방향에서 1.85[m] 이하로 할 것
③ 비계기둥의 제일 윗부분으로부터 31[m] 되는 지점 밑부분의 비계기둥은 2개의 강관으로 묶어 세울 것
④ 비계기둥 간의 적재하중은 400[kg]을 초과하지 않도록 할 것

[정답] 104 ① 105 ④ 106 ①

과년도 출제문제

해설

강관비계
① 띠장간격 : 1.85[m] 이하
② 첫번째 띠장은 지상으로부터 : 2[m] 이하

참고 산업안전기사 필기 p.6-99(합격날개 : 합격예측 및 관련법규)

합격정보 산업안전보건기준에 관한 규칙 제60조(강관비계의 구조)

KEY 2023년 7월 8일 기사 등 20회 이상 출제

---

107 말비계를 조립하여 사용하는 경우에 지주부재와 수평면의 기울기는 최대 몇 도 이하로 하여야 하는가?

① 30[°]   ② 45[°]
③ 60[°]   ④ 75[°]

해설

말비계의 안전기준
① 기울기 : 75[°] 이하
② 작업발판 폭 : 40[cm] 이상

참고 산업안전기사 필기 p.6-99(7. 말비계)

KEY ① 2016년 5월 8일 산업기사 출제
② 2017년 3월 5일 산업기사 출제
③ 2017년 5월 7일, 9월 23일 (문제 113번) 출제
④ 2023년 6월 4일 (문제 103번) 출제

합격정보 산업안전보건기준에 관한 규칙 제67조(말비계)

---

108 동바리의 침하를 방지하기 위한 직접적인 조치로 옳지 않은 것은?

① 수평연결재 사용   ② 받침목의 사용
③ 콘크리트의 타설   ④ 말뚝박기

해설

동바리의 침하 방지를 위한 직접적인 조치 4가지
① 받침목의 사용   ② 깔판의 사용
③ 콘크리트 타설   ④ 말뚝박기

참고 산업안전기사 필기 p.6-88(합격날개 : 합격예측 및 관련법규)

KEY ① 2022년 4월 24일(문제 119번) 출제
② 2023년 6월 4일(문제 107번) 출제

합격정보 산업안전보건기준에 관한 규칙 제332조(동바리조립시의 안전조치)

---

109 항만하역작업에서의 선박승강설비 설치기준으로 옳지 않은 것은?

① 200톤급 이상의 선박에서 하역작업을 하는 경우에 근로자들이 안전하게 오르내릴 수 있는 있는 현문(舷門) 사다리를 설치하여야 하며, 이 사다리 밑에 안전망을 설치하여야 한다.
② 현문 사다리는 견고한 재료로 제작된 것으로 너비는 55[cm] 이상이어야 한다.
③ 현문 사다리의 양측에는 82[cm] 이상의 높이로 울타리를 설치하여야 한다.
④ 현문 사다리는 근로자의 통행에만 사용하여야 하며, 화물용 발판 또는 화물용 보판으로 사용하도록 해서는 아니 된다.

해설

현문사다리 설치기준 선박 : 300[t]급 이상

참고 산업안전기사 필기 p.6-183(⑤ 항만하역작업의 안전기준)

KEY 2023년 6월 4일(문제 113번) 기사 등 5회 이상 출제

합격정보 산업안전보건기준에 관한 규칙 제397조(선박승강설비의 설치)

보충학습

현문사다리 : 보통 갱웨이(Gangway)라고 부르며, 선박이 정박 또는 접안하였을 때 통선 또는 육상과의 연결 통로

---

110 달비계의 최대 적재하중을 정함에 있어서 활용하는 안전계수의 기준으로 옳은 것은?(단, 곤돌라의 달비계를 제외한다.)

① 달기 와이어로프 : 5 이상
② 달기 강선 : 5 이상
③ 달기 체인 : 3 이상
④ 달기 훅 : 5 이상

해설

달비계의 안전계수
① 달기와이어로프 및 달기 강선의 안전계수는 10 이상
② 달기체인 및 달기훅의 안전계수는 5 이상
③ 달기강대와 달비계의 하부 및 상부지점의 안전계수는 강재의 경우 2.5 이상, 목재의 경우 5 이상

참고 산업안전기사 필기 p.6-92(합격날개 : 합격예측 및 관련법규)

[정답] 107 ④   108 ①   109 ①   110 ④

KEY
① 2016년 3월 6일 출제
② 2016년 10월 1일 산업기사 출제
③ 2018년 3월 4일 기사, 산업기사 동시 출제
④ 2018년 8월 19일 산업기사 출제
⑤ 2019년 3월 3일 출제
⑥ 2020년 6월 7일 출제
⑦ 2021년 8월 14일 출제
⑧ 2023년 2월 28일(문제 105번) 출제

합격정보
① 산업안전보건기준에 관한 규칙 제55조(작업발판의 최대적재하중)
② 2024. 7. 1. 법개정으로 안전계수는 삭제되었습니다.

111 장비가 위치한 지면보다 낮은 장소를 굴착하는 데 적합한 장비는?

① 백호   ② 파워셔블
③ 트럭크레인 ④ 진폴

해설
백호(back hoe)[드래그셔블(drag shovel)]
① 토목공사나 수중굴착에 많이 사용된다.
② 지하층이나 기초의 굴착에 사용된다.
③ 기계가 서 있는 지면보다 낮은 장소의 굴착에도 적당하고 수중굴착도 가능하다.
④ 파워셔블과 같이 굳은 지반의 토질에서도 정확한 굴착이 된다.

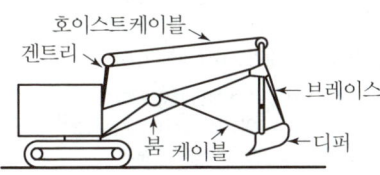
[그림] 백호

참고 산업안전기사 필기 p.6-63(2. 백호)

KEY
① 2015년 3월 8일 기사 출제
② 2018년 8월 19일 기사 출제
③ 2020년 6월 7일 기사 출제
④ 2021년 5월 15일 기사 출제
⑤ 2023년 2월 28일(문제 112번) 출제

112 산업안전보건법령에 따른 지반의 종류별 굴착면의 기울기 기준으로 옳지 않은 것은?

① 모래 - 1 : 1.8 ② 그 밖의 흙 - 1 : 0.3
③ 풍화암 - 1:1.0 ④ 연암 - 1:1.0

해설
굴착면의 기울기 기준

지반의 종류	굴착면의 기울기
모래	1 : 1.8
연암 및 풍화암	1 : 1.0
경암	1 : 0.5
그 밖의 흙	1 : 1.2

참고 산업안전기사 필기 p.6-56(표 : 굴착면의 기울기 기준)

KEY
① 2016년 5월 8일 기사·산업기사 동시 출제
② 2017년 3월 5일, 9월 23일 출제
③ 2018년 8월 19일 산업기사 출제
④ 2019년 4월 27일 기사·산업기사 동시 출제
⑤ 2020년 6월 7일, 8월 22일, 9월 27일 출제
⑥ 2022년 3월 5일 출제
⑦ 2023년 2월 28일(문제 114번) 출제

합격정보
산업안전보건기준에 관한 규칙 [별표 11] 굴착면의 기울기 기준

113 안전난간의 구조 및 설치요건에 대한 기준으로 옳지 않은 것은?

① 상부난간대는 바닥면·발판 또는 경사로의 표면으로부터 90[cm] 이상 지점에 설치할 것
② 발끝막이판은 바닥면 등으로부터 10[cm] 이상의 높이를 유지할 것
③ 난간대는 지름 1.5[cm] 이상의 금속제파이프나 그 이상의 강도를 가진 재료일 것
④ 안전난간은 구조적으로 가장 취약한 지점에서 가장 취약한 방향으로 작용하는 100[kg] 이상의 하중에 견딜 수 있는 튼튼한 구조일 것

해설
난간대 지름 : 2.7[cm] 이상

참고 산업안전기사 필기 p.6-151(합격날개 : 합격예측 및 관련법규)

합격정보
산업안전보건기준에 관한 규칙 제13조(안전난간의 구조 및 설치요건)

KEY
① 2016년 3월 6일 출제
② 2019년 8월 4일 출제
③ 2021년 8월 14일 출제
④ 2023년 2월 28일(문제 118번) 출제

[정답] 111 ① 112 ② 113 ③

114 건설공사의 유해위험방지계획서 제출 기준일로 옳은 것은?

① 당해공사 착공 1개월 전까지
② 당해공사 착공 15일 전까지
③ 당해공사 착공 전날 까지
④ 당해공사 착공 15일 후까지

해설

유해위험방지계획서 제출기간
① 건설업 : 공사착공 전날까지
② 제조업 : 해당작업 시작 15일 전까지
③ 제출처 : 한국산업안전보건공단

참고 산업안전기사 필기 p.2-37(3. 법적 목적)

KEY ① 2012년 5월 20일 건설안전기사(문제 57번) 출제
② 2016년 3월 6일 건설안전기사(문제 57번) 출제
③ 2017년 9월 23일 건설안전기사(문제 57번) 출제
④ 2022년 4월 24일(문제 114번) 출제

합격정보
산업안전보건법 시행규칙 제42조(제출서류 등)

115 가설공사 표준안전 작업지침에 따른 통로발판을 설치하여 사용함에 있어 준수사항으로 옳지 않은 것은?

① 추락의 위험이 있는 곳에는 안전난간이나 철책을 설치하여야 한다.
② 작업발판의 최대폭은 1.6[m] 이내이어야 한다.
③ 비계발판의 구조에 따라 최대 적재하중을 정하고 이를 초과하지 않도록 하여야 한다.
④ 발판을 겹쳐 이음하는 경우 장선 위에서 이음을 하고 겹침길이는 10[cm] 이상으로 하여야 한다.

해설

안전난간 및 통로발판

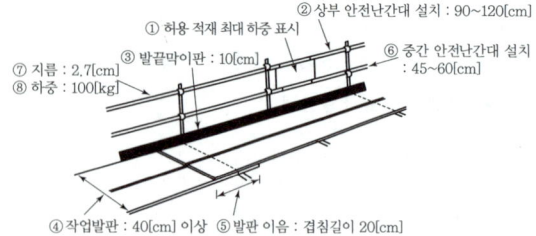

[그림] 안전난간·통로발판

116 사다리식 통로 등의 구조에 대한 설치기준으로 옳지 않은 것은?

① 발판의 간격은 일정하게 할 것
② 발판과 벽과의 사이는 15[cm] 이상의 간격을 유지 할 것
③ 사다리식 통로의 길이가 10[m] 이상인 때에는 7[m] 이내마다 계단참을 설치할 것
④ 사다리의 상단은 걸쳐놓은 지점으로부터 60[cm] 이상 올라가도록 할 것

해설

사다리식 통로의 길이가 10[m] 이상인 경우에는 5[m] 이내마다 계단참을 설치할 것

참고 산업안전기사 필기 p.6-18(합격날개 : 합격예측 및 관련법규)

KEY ① 2016년 10월 1일 산업기사 출제
② 2017년 5월 7일 기사·산업기사 동시출제
③ 2018년 4월 28일 산업기사 출제
④ 2022년 3월 5일(문제 117번), 4월 24일(문제 114번) 출제

합격정보
산업안전보건기준에 관한 규칙 제24조 (사다리식 통로등의 구조)

117 건설업 산업안전보건관리비 계상 및 사용기준은 산업재해보상 보험법의 적용을 받는 공사 중 총 공사금액이 얼마 이상인 공사에 적용하는가?(단, 전기공사업법, 정보통신공사업법에 의한 공사는 제외)

① 4천만원   ② 3천만원
③ 2천만원   ④ 1천만원

[**정답**] 114 ③   115 ④   116 ③   117 ③

참고 ① 산업안전기사 필기 p.6-105(2. 안전난간설치기준)
② 산업안전기사 필기 p.6-151(합격날개 : 합격예측)

KEY ① 2017년 9월 23일 산업기사 출제
② 2018년 3월 4일 산업기사 출제
③ 2018년 8월 19일 산업기사 출제
④ 2021년 8월 14일(문제 105번) 출제
⑤ 2022년 4월 24일(문제 105번) 출제

합격정보
산업안전보건기준에 관한 규칙 제13조(안전난간의 구조 및 설치요건)

해설

제3조(적용범위)

이 고시는 「산업재해보상보험법」 제6조의 규정에 의하여 「산업재해보상보험법」의 적용을 받는 공사중 총공사금액 2천만원 이상인 공사에 적용한다. 다만, 다음 각 호의 어느 하나에 해당되는 공사중 단가계약에 의하여 행하는 공사에 대하여는 총계약금액을 기준으로 이를 적용한다.

참고 산업안전기사 필기 p.6-38(합격날개 : 합격예측 및 관련법규)

KEY
① 2016년 3월 6일 출제
② 2017년 5월 7일 산업기사 출제
③ 2017년 8월 26일 기사 · 산업기사 동시 출제
④ 2019년 8월 4일(문제 110번) 출제
⑤ 2022년 4월 24일(문제 117번) 출제

합격정보
적용시기 : 2020년 7월 1일부터 2천만원 이상(고시2023-49호)

---

118 거푸집 해체작업 시 유의사항으로 옳지 않은 것은?

① 일반적으로 수평부재의 거푸집은 연직부재의 거푸집보다 빨리 떼어낸다.
② 해체된 거푸집이나 각목 등에 박혀있는 못 또는 날카로운 돌출물은 즉시 제거하여야 한다.
③ 상하 동시 작업은 원칙적으로 금지하여 부득이한 경우에는 긴밀히 연락을 취하며 작업을 하여야 한다.
④ 거푸집 해체작업장 주위에는 관계자를 제외하고는 출입을 금지시켜야 한다.

해설

거푸집 해체 순서

거푸집은 보 또는 슬래브를 먼저 떼어낸다. 한쪽을 묶어두고 다른 쪽을 떼어낸다.

참고 산업안전기사 필기 p.6-115(7. 거푸집의 해체 시 안전수칙)

KEY
① 2017년 5월 7일, 8월 26일산업기사 출제
② 2019년 4월 27일(문제 102번) 출제
③ 2022년 3월 5일(문제 107번) 출제

---

119 철골작업 시 철골부재에서 근로자가 수직 방향으로 이동하는 경우에 설치하여야 하는 고정된 승강로의 최대 답단 간격은 얼마 이내인가?

① 20[cm]   ② 25[cm]
③ 30[cm]   ④ 40[cm]

해설

승강로 답단간격

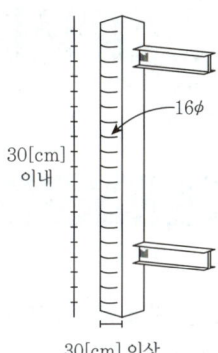

[그림] 고정된 승강로 Trap(답단)

참고 산업안전기사 필기 p.6-168(그림 : 고정된 승강로 Trap)

KEY
① 2018년 8월 19일, 9월 15일(문제 11번) 출제
② 2018년 7월 7일 기사 작업형 출제
③ 2022년 3월 5일(문제 110번) 출제

합격정보
산업안전보건기준에 관한 규칙 제381조(승강로의 설치)
사업주는 근로자가 수직방향으로 이동하는 철골부재(鐵骨部材)에는 답단(踏段) 간격이 30센티미터 이내인 고정된 승강로를 설치하여야 하며, 수평방향 철골과 수직방향 철골이 연결되는 부분에는 연결작업을 위하여 작업발판 등을 설치하여야 한다.

---

120 지반 등의 굴착작업 시 경암의 굴착면 기울기로 옳은 것은?

① 1 : 0.3   ② 1 : 0.5
③ 1 : 0.8   ④ 1 : 1.0

해설

굴착면의 기울기 기준

지반의 종류	굴착면의 기울기
모래	1 : 1.8
연암 및 풍화암	1 : 1.0
경암	1 : 0.5
그 밖의 흙	1 : 1.2

참고 산업안전기사 필기 p.6-56(표. 굴착면의 기울기 기준)

KEY
① 2016년 5월 8일 기사 · 산업기사 동시 출제
② 2020년 6월 7일(문제 111번) 9월 27일(문제 115번) 출제
③ 2021년 9월 12(문제 115번) 출제
④ 2022년 3월 5일(문제 114번) 출제

[정답] 118 ① 119 ③ 120 ②

2024년도 기사 정기검정 제3회 (2024년 7월 27일 시행)

자격종목 및 등급(선택분야): 산업안전기사

종목코드	시험시간	수험번호	성명
1431	3시간	20240727	도서출판세화

※ 본 문제는 복원문제 및 2026 예적(예상적중) 문제로 실제문제와 동일하지 않을 수 있습니다.

1 산업재해 예방 및 안전보건교육

01 산업안전보건법령상 안전보건표지의 종류 중 다음 표지의 명칭은? (단, 마름모 테두리는 빨간색이며, 안의 내용은 검은색이다.)

① 폭발성물질 경고
② 산화성물질 경고
③ 부식성물질 경고
④ 급성독성물질 경고

해설

경고표지

인화성 물질경고	산화성 물질경고	폭발성 물질경고	급성독성 물질경고	부식성 물질경고	방사성 물질경고

참고 산업안전기사 필기 p.1-61(4. 안전보건표지의 종류와 형태)

KEY
① 2017년 9월 23일 출제
② 2018년 3월 4일 출제
③ 2019년 4월 27일 출제
④ 2020년 8월 22일(18번) 출제
⑤ 2024년 2월 15일(6번) 출제

정보제공
산업안전보건법 시행규칙 [별표 6] 안전보건표지의 종류와 형태

02 새로운 자료나 교재를 제시하고, 문제점을 피교육자로 하여금 제기하도록 하거나 의견을 여러 가지 방법으로 발표하게 하여 청중과 토론자간 활발한 의견 개진과 합의를 도출해가는 토의방법은?

① 포럼(Forum)
② 심포지엄(Symposium)
③ 자유토의(Free discussion)
④ 패널 디스커션(Panel discussion)

해설

포럼(Forum)
① 새로운 자료나 교재를 제시하고 거기서의 문제점을 피교육자로 하여금 제기하게 하거나 의견을 여러 가지 방법으로 발표하게 하고 다시 깊이 파고들어 토의를 행하는 방법
② 청중과 토론자간 활발한 의견 개진가능

참고 산업안전기사 필기 p.1-143((1) 토의식 교육방법)

KEY
① 2021년 9월 12일 기사 등 5회 이상 출제
② 2023년 6월 4일(문제 8번) 출제
③ 2024년 2월 15일(8번) 출제

보충학습
① 심포지엄 : 몇 사람의 전문가에 의하여 과정에 관한 견해를 발표하게 한 뒤 참가자로 하여금 의견이나 질문을 하게 하는 토의법
② 자유토의법 : 참가자는 고정적인 규칙이나 리더에게 얽매이지 않고 자유로이 의견이나 태도를 표명하며, 지식이나 정보를 상호 제공, 교환함으로써 참가자 상호 간의 의견이나 견해의 차이를 상호작용으로 조정하여 집단으로 의견을 요약해 나가는 방법
③ 패널 디스커션 : 패널멤버(교육과제에 정통한 전문가 4~5[명])가 피교육자 앞에서 자유로이 토의하고 뒤에 피교육자 전원이 참가하여 사회자의 사회에 따라 토의하는 방법

03 산업안전보건법령상 안전보건교육 중 관리감독자 정기안전보건교육의 교육내용으로 옳은 것은?(단, 산업안전보건법 및 일반관리에 관한 사항을 제외한다.)

① 산업안전 및 재해사례에 관한 사항
② 사고 발생 시 긴급조치에 관한 사항
③ 건강증진 및 질병 예방에 관한 사항
④ 산업보건 및 건강장해 예방에 관한 사항

[정답] 01 ④ 02 ① 03 ④

해설

관리감독자 정기안전보건교육 내용
① 산업안전 및 산업재해 예방에 관한 사항(화재·폭발 사고 발생 시 대피에 관한 사항을 포함한다)
② 산업보건 및 건강장해 예방에 관한 사항(폭염·한파작업으로 인한 건강장해 발생 시 응급조치에 관한 사항을 포함한다)
③ 위험성 평가에 관한 사항
④ 유해·위험 작업환경 관리에 관한 사항
⑤ 산업안전보건법령 및 산업재해보상보험 제도에 관한 사항
⑥ 직무스트레스 예방 및 관리에 관한 사항
⑦ 직장 내 괴롭힘, 고객의 폭언 등으로 인한 건강장해 예방 및 관리에 관한 사항
⑧ 작업공정의 유해·위험과 재해 예방대책에 관한 사항
⑨ 사업장 내 안전보건관리체제 및 안전·보건조치 현황에 관한 사항
⑩ 표준안전 작업방법 결정 및 지도·감독 요령에 관한 사항
⑪ 현장근로자와의 의사소통능력 및 강의 능력 등 안전보건교육 능력 배양에 관한 사항
⑫ 비상시 또는 재해 발생 시 긴급조치에 관한 사항
⑬ 그 밖의 관리감독자의 직무에 관한 사항

참고 산업안전기사 필기 p.1-154(3. 관리감독자 정기안전보건교육)

KEY ① 2017년 5월 7일 출제
② 2017년 8월 26일 출제
③ 2018년 3월 4일(문제 14번) 출제
④ 2024년 2월 15일(14번) 출제

정보제공
산업안전보건법시행규칙 [별표 5] 안전보건교육대상별 교육내용

---

04 무재해운동 추진기법 중 위험예지훈련 4라운드 기법에 해당하지 않는 것은?

① 현상파악 ② 행동목표설정
③ 대책수립 ④ 안전평가

해설

문제해결의 4단계(4 Round)
① 1R-현상파악
② 2R-본질추구
③ 3R-대책수립
④ 4R-행동목표설정

참고 산업안전기사 필기 p.1-12(1. 위험예지훈련의 4단계)

KEY ① 2015년 3월 8일, 8월 16일 출제
② 2016년 3월 6일, 5월 8일 출제
③ 2017년 8월 26일 출제
④ 2019년 8월 4일 출제
⑤ 2020년 6월 7일 출제
⑥ 2021년 8월 14일 출제
⑦ 2022년 3월 5일 출제
⑧ 2023년 7월 8일(4번) 출제

---

05 재해예방의 4원칙이 아닌 것은?

① 손실우연의 원칙
② 사전준비의 원칙
③ 원인계기의 원칙
④ 대책선정의 원칙

해설

재해예방의 4원칙
① 예방가능의 원칙
② 손실우연의 원칙
③ 원인연계(계기)의 원칙
④ 대책선정의 원칙

참고 산업안전기사 필기 p.3-35(6. 하인리히 산업재해예방의 4원칙)

KEY ① 2014년 8월 17일 출제
② 2015년 8월 16일 출제
③ 2017년 3월 5일 출제
④ 2020년 6월 7일, 8월 22일, 9월 27일 출제
⑤ 2022년 3월 5일 출제
⑥ 2023년 7월 8일(19번) 출제

---

06 K형 베어링을 생산하는 경기도 A사업장에 300명의 근로자가 근무하고 있다. 1년에 21건의 재해가 발생하였다면 이 사업장에서 근로자 1명이 평생 작업시 약 몇 건의 재해를 당할 수 있겠는가?(단, 1일 8시간씩 1년에 300일을 근무하며, 평생근로시간은 10만 시간으로 가정한다.)

① 1건 ② 3건
③ 5건 ④ 6건

해설

환산도수율 계산비교

① 도수(빈도)율 $= \dfrac{재해건수}{연근로시간수} \times 10^6$

$= \dfrac{21}{300 \times 8 \times 300} \times 10^6 = 29.17$

② 환산도수율 = 도수율 ÷ 10 = 29.17 ÷ 10 = 2.92
= 도수율 × 0.1 = 2.92 ≒ 3건

참고 산업안전기사 필기 p.3-43(3. 빈도율)

KEY 2023년 6월 4일(문제 3번) 등 20회 이상 출제

합격정보
산업재해 통계 업무처리규정 제3조(산업재해 통계의 산출방법 및 정의)

[정답] 04 ④ 05 ② 06 ②

07 플리커 검사(flicker test)의 목적으로 가장 적절한 것은?

① 혈중 알코올농도 측정
② 체내 산소량 측정
③ 작업강도 측정
④ 피로의 정도 측정

해설

점멸 – 융합주파수(flicker-fusion frequency) : 인지역치방법
① 깜박이는 불빛이 계속 커진 것처럼 보일 때의 주파수(약 30[Hz])
② 목적 : 피로의 정도측정(생리학적 방법)

> 참고 ① 산업안전기사 필기 p.1-105(3. 피로측정검사 방법 3가지)
> ② 산업안전기사 필기 p.1-105(합격날개 : 합격예측)

> KEY ① 2017년 3월 5일 출제
> ② 2019년 9월 21일 출제
> ③ 2020년 8월 22일 출제
> ④ 2023년 6월 4일(문제 5번) 출제

08 경보기가 울려도 기차가 오기까지 아직 시간이 있다고 판단하여 건널목을 건너다가 사고를 당했다. 다음 중 이 재해자의 행동성향으로 옳은 것은?

① 착오·착각   ② 무의식행동
③ 억측판단   ④ 지름길반응

해설

억측판단
부주의가 발생하는 경우에 있어 자동차를 운전할 때 신호가 바뀌기 전에 신호가 바뀔 것을 예상하고 자동차를 출발시키는 행동(건널목 사고 등)

> 참고 산업안전기사 필기 p.1-119(합격날개 : 합격예측)

> KEY ① 2009년 제3회 출제
> ② 2016년 3월 6일 출제
> ③ 2020년 8월 22일 출제
> ④ 2023년 6월 4일(문제 9번) 출제

보충학습

억측판단의 배경
① 과거의 성공한 경험 : 이전에 그 행위로 성공한 적이 있다.
② 희망적 관측 : 그때도 그랬으니까 괜찮겠지
③ 정보나 지식이 불확실할 때 : 위험한 결과에 대한 지식부족
④ 초조한 심정 : 일을 빨리 끝내고 싶다. 귀찮다는 강한 욕망

09 생체리듬의 변화에 대한 설명으로 틀린 것은?

① 야간에는 체중이 감소한다.
② 야간에는 말초운동 기능이 저하된다.
③ 체온, 혈압, 맥박수는 주간에 상승하고 야간에 감소한다.
④ 혈액의 수분과 염분량은 주간에 증가하고 야간에 감소한다.

해설

위험일 변화
혈액의 수분, 염분량 : 주간에 감소, 야간에 상승

> 참고 산업안전기사 필기 p.1-108(5. 위험일의 변화 및 특징)

> KEY ① 2017년 8월 26일, 9월 23일출제
> ② 2021년 3월 7일 출제
> ③ 2023년 6월 4일(문제 13번) 출제

10 다음 중 산업 재해의 분석 및 평가를 위하여 재해발생 건수 등의 추이에 대해 한계선을 설정하여 목표 관리를 수행하는 재해통계 분석기법은?

① 폴리건(polygon)
② 관리도(control chart)
③ 파레토도(pareto diagram)
④ 특성요인도(cause & effect diagram)

해설

관리도
재해발생건수 등의 추이파악 → 목표관리 행하는 데 필요한 월별재해발생 수의 그래프화 → 관리 구역 설정 → 관리하는 방법

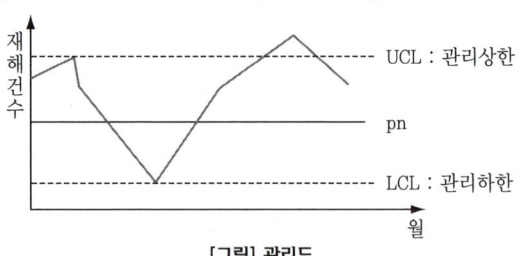

[그림] 관리도

> 참고 산업안전기사 필기 p.3-4(4. 관리도)

> KEY ① 2017년 3월 5일 출제
> ② 2018년 9월 15일 출제
> ③ 2023년 6월 4일(문제 16번) 출제

[정답] 07 ④ 08 ③ 09 ④ 10 ②

보충학습
① 파레토도 : 사고의 유형, 기인물 등 분류 항목을 큰 순서대로 도표화한다.
② 특성요인도 : 특성과 요인 관계를 도표로 하여 어골상으로 세분한다.
③ 크로스분석 : 2[개] 이상의 문제 관계를 분석하는 데 사용하는 것으로, 데이터를 집계하고 표로 표시하여 요인별 결과 내역을 교차한 크로스 그림을 작성하여 분석한다.

11 관리그리드 이론에서 인간관계 유지에는 낮은 관심을 보이지만 과업에 대해서는 높은 관심을 가지는 리더십의 유형에 해당하는 것은?

① (1, 1)형
② (1, 9)형
③ (9, 1)형
④ (9, 9)형

해설
관리그리드 이론 5가지 유형

유형	관심도
1.1	무관심형
1.9	인기형
9.1	과업형
5.5	타협형
9.9	이상형

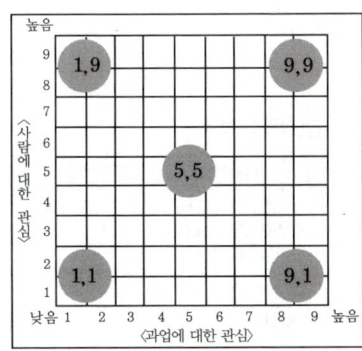

[그림] 관리그리드 이론[SH]

참고 산업안전기사 필기 p.1-80 (3) 관리그리드의 리더십 5가지 이론

KEY
① 2009년 3월 1일 제1회(문제 19번) 출제
② 2009년 7월 26일 제3회(문제 10번) 출제
③ 2020년 6월 7일 출제
④ 2023년 6월 4일(문제 20번) 출제

합격자의 조언
① 이번 시험에도 출제가능 문제입니다.
② 산업안전기사를 취득하여 이상형이 되었으면 합니다.

12 산업안전보건법령상 잠함(潛函) 또는 잠수작업 등 높은 기압에서 작업하는 근로자의 근로시간 기준은?

① 1일 6시간, 1주 32시간 초과금지
② 1일 6시간, 1주 34시간 초과금지
③ 1일 8시간, 1주 32시간 초과금지
④ 1일 8시간, 1주 34시간 초과금지

해설
근로시간 연장의 제한
사업주는 유해하거나 위험한 작업으로서 대통령령으로 정하는 작업에 종사하는 근로자에게는 1일 6시간, 1주 34시간을 초과하여 근로하게 하여서는 아니된다. **예** 잠함 잠수작업

KEY
① 2017년 8월 26일(문제 18번) 출제
② 2023년 2월 28일(문제 2번) 출제

합격정보
산업안전보건법 제139조(유해·위험작업에 대한 근로시간 제한 등)

보충학습
잠함(caisson : 潛函)
지상에서 구축한 철근 콘크리트체의 상자나 통 형태의 지하 구축물(기초 구조물, 하부 구조물)로써 그 밑을 굴착하여 소정의 위치까지 침하시키는 것.(출처 : 인테리어 용어사전)

13 산업안전보건법에 따라 안전관리자를 정수 이상으로 증원하거나 교체하여 임명할 것을 명할 수 있는 경우가 아닌 것은?

① 중대재해가 연간 5건 발생한 경우
② 안전관리자가 질병으로 인하여 3개월 동안 직무를 수행할 수 없게 된 경우
③ 안전관리자가 질병 외의 사유로 인하여 6개월 동안 직무를 수행할 수 없게 된 경우
④ 해당 사업장의 연간재해율이 전체 평균재해율 이상인 경우

해설
안전관리자의 증원·교체임명
① 해당 사업장의 연간재해율이 같은 업종 평균재해율의 2배 이상인 때
② 중대재해가 연간 2건 이상 발생한 때
③ 관리자가 질병 그 밖의 사유로 3개월 이상 직무를 수행할 수 없게 된 때
④ 화학적 인자로 인한 직업성 질병자가 연간 3명 이상 발생한 경우

참고 산업안전기사 필기 p.1-221(제12조)

[정답] 11 ③ 12 ② 13 ④

과년도 출제문제

> **합격정보**
> 산업안전보건법 시행규칙 제12조(안전관리자 등의 증원·교체 임명 명령)
> **KEY** ① 2011년 3월 20일 출제
> ② 2018년 3월 4일 출제
> ③ 2023년 2월 28일(문제 6번) 출제

14 근로자 1,000명 이상의 대규모 사업장에 적합한 안전관리 조직의 유형은?

① 직계식 조직
② 참모식 조직
③ 병렬식 조직
④ 직계참모식 조직

> **해설**
> **안전보건관리조직의 형태 3가지**
> ① Line형(직계식) : 100명 미만의 소규모 사업장
> ② Staff형(참모식) : 100 ~ 1,000명의 중규모 사업장
> ③ Line-staff형(복합식) : 1,000명 이상의 대규모 사업장
>
> **참고** 산업안전기사 필기 p.1-23(표 : 안전보건관리 조직형태)
> **KEY** ① 2016년 5월 8일, 10월 1일 출제
> ② 2017년 9월 23일 출제
> ③ 2019년 3월 3일(문제 15번) 출제
> ④ 2021년 8월 14일(문제 4번) 출제

15 데이비스(K.Davis)의 동기부여 이론에 관한 등식에서 그 관계가 틀린 것은?

① 지식×기능=능력
② 상황×능력=동기유발
③ 능력×동기유발=인간의 성과
④ 인간의 성과×물질의 성과=경영의 성과

> **해설**
> **데이비스(K. Davis)의 동기부여 이론 등식**
> ① 경영의 성과=인간의 성과×물질의 성과
> ② 능력(ability)=지식(knowledge)×기능(skill)
> ③ 동기유발(motivation)=상황(situation)×태도(attitude)
> ④ 인간의 성과(human performance)=능력×동기유발
>
> **참고** 산업안전기사 필기 p.1-100(2. 데이비스의 동기부여 이론 등식)
> **KEY** ① 2016년 5월 8일 출제
> ② 2018년 3월 4일 출제
> ③ 2020년 9월 27일 출제
> ④ 2021년 5월 15일(문제 6번) 출제

16 Thorndike의 시행착오설에 의한 학습의 원칙이 아닌 것은?

① 연습의 원칙
② 효과의 원칙
③ 동일성의 원칙
④ 준비성의 원칙

> **해설**
> **시행착오설에 의한 학습의 3원칙**
> ① 효과의 원칙
> ② 연습의 원칙
> ③ 준비성의 원칙
>
> **참고** 산업안전기사 필기 p.1-149(2. Thorndike의 시행착오설)
> **KEY** ① 2017년 3월 5일 출제
> ② 2018년 3월 4일 기사·산업기사 동시 출제
> ③ 2020년 6월 7일 출제
> ④ 2021년 3월 7일(문제 2번) 출제

17 보호구 안전인증 고시상 안전인증 방독마스크의 정화통 종류와 외부 측면의 표시 색이 잘못 연결된 것은?

① 할로겐용 – 회색
② 황화수소용 – 회색
③ 암모니아용 – 회색
④ 시안화수소용 – 회색

> **해설**
> **방독마스크 흡수관(정화통)의 종류**
>
> | 종 류 | 시험가스 | 정화통 외부측면 표시색 |
> |---|---|---|
> | 유기화합물용 | 시클로헥산(C_6H_{12}) 디메틸에테르(CH_3OCH_3), 이소부탄(C_4H_{10}) | 갈색 |
> | 할로겐용 | 염소가스 또는 증기(Cl_2) | 회색 |
> | 황화수소용 | 황화수소가스(H_2S) | 회색 |
> | 시안화수소용 | 시안화수소가스(HCN) | 회색 |
> | 아황산용 | 아황산가스(SO_2) | 노란색 |
> | 암모니아용 | 암모니아가스(NH_3) | 녹색 |
>
> **참고** 산업안전기사 필기 p.1-55(표 : 방독마스크 흡수관의 종류)
> **KEY** ① 2016년 3월 6일 산업기사 출제
> ② 2017년 3월 5일 출제
> ③ 2018년 4월 28일 출제
> ④ 2021년 5월 15일(문제 7번) 출제

[정답] 14 ④   15 ②   16 ③   17 ③

18 사회행동의 기본 형태가 아닌 것은?

① 모방   ② 대립
③ 도피   ④ 협력

[해설]

인간의 사회적 행동의 기본형태
① 협력(cooperation) : 조력, 분업
② 대립(opposition) : 공격, 경쟁
③ 도피(escape) : 고립, 정신병, 자살
④ 융합(accomodation) : 강제, 타협, 통합

[참고] 산업안전기사 필기 p.1-110(합격날개 : 합격예측)

[KEY] ① 2017년 8월 26일 산업기사 출제
② 2022년 3월 5일 건설안전기사 출제
③ 2022년 3월 5일(문제 25번) 출제

19 산업안전보건법령상 안전보건관리규정 작성시 포함되어야 할 사항을 모두 고른 것은? (단, 그 밖에 안전 및 보건에 관한 사항은 제외한다.)

ㄱ. 안전보건교육에 관한 사항
ㄴ. 재해사례 연구·토의 결과에 관한 사항
ㄷ. 사고 조사 및 대책 수립에 관한 사항
ㄹ. 작업장의 안전 및 보건 관리에 관한 사항
ㅁ. 안전 및 보건에 관한 관리조직과 그 직무에 관한 사항

① ㄱ, ㄴ, ㄷ, ㄹ   ② ㄱ, ㄴ, ㄹ, ㅁ
③ ㄱ, ㄷ, ㄹ, ㅁ   ④ ㄴ, ㄷ, ㄹ, ㅁ

[해설]

안전보건관리규정 작성 시 포함사항
① 안전 및 보건에 관한 관리조직과 그 직무에 관한 사항
② 안전보건교육에 관한 사항
③ 작업장의 안전 및 보건 관리에 관한 사항
④ 사고 조사 및 대책 수립에 관한 사항
⑤ 그 밖에 안전 및 보건에 관한 사항

[참고] 산업안전기사 필기 p.1-179(제2절 안전보건관리 규정)

[KEY] ① 2021년 5월 15일 출제
② 2024년 7월 28일 실기 필답형 출제

[합격정보]
산업안전보건법 제25조(안전보건관리규정의 작성)

20 매슬로우(Maslow)의 욕구 5단계 이론 중 자기보존에 관한 안전욕구는 몇 단계에 해당되는가?

① 제1단계   ② 제2단계
③ 제3단계   ④ 제4단계

[해설]

매슬로우(Maslow, A. H.)의 욕구단계 이론
① 제1단계(생리적 욕구 : 생명유지의 기본적 욕구) : 기아, 갈증, 호흡, 배설, 성욕 등 인간의 가장 기본적인 욕구(종족보존)
② 제2단계(안전욕구) : 자기보존욕구
③ 제3단계(사회적 욕구) : 소속감과 애정욕구
④ 제4단계(존경욕구) : 인정받으려는 욕구
⑤ 제5단계(자아실현의 욕구) : 잠재적인 능력을 실현하고자 하는 욕구(성취욕구)

[참고] 산업안전기사 필기 p.1-101(5. 매슬로우의 욕구 5단계 이론)

[KEY] ① 2013년 3월 10일 출제
② 2014년 3월 2일 출제
③ 2016년 5월 8일, 8월 21일 출제
④ 2017년 3월 5일 출제
⑤ 2018년 4월 28일 출제
⑥ 2019년 4월 27일 출제
⑦ 2020년 8월 22일 출제
⑧ 2021년 8월 14일 출제
⑨ 2022년 4월 24일 출제
⑩ 2024년 4월 27일 실기 필답형 출제

2 인간공학 및 위험성 평가·관리

21 인간-기계 시스템에서 시스템의 설계를 다음과 같이 구분할 때 제3단계인 기본설계에 해당되지 않는 것은?

1단계 : 시스템의 목표와 성능 명세 결정
2단계 : 시스템의 정의
3단계 : 기본설계
4단계 : 인터페이스설계
5단계 : 보조물 설계
6단계 : 시험 및 평가

① 화면 설계   ② 작업 설계
③ 직무 분석   ④ 기능 할당

[정답] 18 ①   19 ③   20 ②   21 ①

해설

인간-기계 시스템 기본 설계 단계(제3단계)
① 작업설계
② 직무분석
③ 기능할당
④ 인간성능-요건명세

참고 산업안전기사 필기 p.2-29(문제 31번) 적중

KEY
① 2009년 7월 26일(문제 39번) 출제
② 2016년 3월 6일, 10월 1일 출제
③ 2018년 9월 15일 산업기사 출제
④ 2019년 3월 3일 출제
⑤ 2019년 4월 27일, 9월 21일 산업기사 출제
⑥ 2020년 9월 27일 출제
⑦ 2021년 5월 15일, 8월 14일(문제 27번) 출제
⑧ 2024년 2월 15일(문제 26번) 출제

---

22 A작업의 평균에너지소비량이 다음과 같을 때, 60분간의 총 작업시간 내에 포함되어야 하는 휴식시간(분)은?

- 휴식중 에너지소비량 : 1.5[kcal/min]
- A작업시 평균 에너지소비량 : 6[kcal/min]
- A기초대사를 포함한 작업에 대한 평균 에너지소비량 상한 : 5[kcal/min]

① 10.3　　② 11.3
③ 12.3　　④ 13.3

해설

휴식시간 계산

휴식시간$(R) = \dfrac{60(E-5)}{E-1.5} = \dfrac{60(6-5)}{6-1.5} = 13.33$[분]

여기서, R : 휴식시간(분)
　　　　E : 작업 시 평균 에너지 소비량[kcal/분]
　　　　60분 : 총작업 시간
　　　　1.5[kcal/분] : 휴식시간 중 에너지 소비량
　　　　5[kcal/분] : 기초대사량을 포함한 보통작업에 대한 평균 에너지(기초대사량을 포함하지 않을 경우 : 4[kcal/분])

참고 산업안전기사 필기 p.1-102(3. 휴식)

KEY
① 2016년 5월 8일 출제
② 2016년 10월 1일 출제
③ 2018년 9월 15일(문제 43번) 출제
④ 2022년 4월 24일 출제
⑤ 2023년 6월 4일(문제 28번) 출제
⑥ 2024년 2월 15일(문제 30번) 출제

---

23 섬유유연제 생산 공정이 복잡하게 연결되어 있어 작업자의 불안전한 행동을 유발하는 상황이 발생하고 있다. 이것을 해결하기 위한 위험처리 기술에 해당하지 않는 것은?

① Transfer(위험전가)
② Retention(위험보류)
③ Reduction(위험감축)
④ Rearrange(작업순서의 변경 및 재배열)

해설

Risk 처리(위험조정)기술 4가지
① 위험회피(Avoidance)
② 위험제거(경감, 감축 : Reduction)
③ 위험보유(보류 : Retention)
④ 위험전가(Transfer) : 보험으로 위험조정

참고 산업안전기사 필기 p.2-36(합격날개 : 합격예측)

KEY
① 2014년 3월 2일 출제
② 2018년 8월 19일 출제
③ 2023년 7월 8일(문제 31번) 출제
④ 2024년 2월 15일(문제 36번) 출제

---

24 다음과 같은 실내 표면에서 일반적으로 추천반사율의 크기를 맞게 나열한 것은?

[다음]
㉠ 바닥　㉡ 천장　㉢ 가구　㉣ 벽

① ㉠<㉣<㉢<㉡
② ㉣<㉠<㉡<㉢
③ ㉠<㉢<㉣<㉡
④ ㉣<㉡<㉠<㉢

해설

IES추천 조명반사율 권고
① 바닥 : 20~40[%]
② 가구, 사용기기, 책상 : 25~40[%]
③ 창문발(blind), 벽 : 40~60[%]
④ 천장 : 80~90[%]

참고 산업안전기사 필기 p.2-169(1. 옥내 최적반사율)

KEY
① 2016년 3월 6일 산업기사 출제
② 2016년 10월 1일 출제
③ 2017년 8월 26일, 9월 23일 산업기사 출제
④ 2018년 3월 4일 출제
⑤ 2019년 9월 21일 산업기사 출제
⑥ 2023년 6월 4일(문제 31번) 출제
⑦ 2024년 2월 15일(문제 38번) 출제

【정답】 22 ④　23 ④　24 ③

25. 신호검출이론(SDT)의 판정결과 중 신호가 없었는데도 있었다고 말하는 경우는?

① 긍정(hit)
② 누락(miss)
③ 허위(false alarm)
④ 부정(correct rejection)

해설
신호검출이론
① 신호와 소음을 쉽게 식별할 수 없는 상황에 적용된다.
② 일반적인 상황에서 신호 검출을 간섭하는 소음이 있다.
③ 긍정(hit), 허위(false alarm), 누락(miss), 부정(correct rejection)의 네가지 결과로 나눌 수 있다.

KEY
① 2017년 5월 7일 출제
② 2020년 9월 27일 출제
③ 2023년 7월 8일(문제 24번) 출제

26. 인간 – 기계 체계를 분석하는 방법 중의 하나인 OSD (Operational Sequence Diagram)에 사용되는 기본 기호 중 전달정보를 나타내는 기호는?

①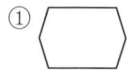
②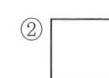
③
④

해설
OSD(Operational Sequence Diagram)
'정보 – 의사결정 – 행동'으로 하는 작업순서를 기호로써 표시하는 방법
(1) 기본 기호
　○ : 수신정보, □ : 행동, ▽ : 전달정보
(2) lamp가 점화된 것을 보고
　　 button을 누르는 작업 순서

(3) light가 자동으로 켜지면 작업자는 그것을 보고 button을 누르는 경우의 OSD
　① 작업자를 중심으로 한 기술　② 시스템을 중심으로 한 기술

 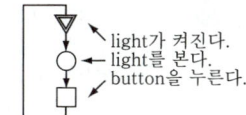

참고
① 산업안전기사 필기 p.2-28(문제 20번) 적중
② 산업안전기사 필기 p.3-9(3. 공정분석기술)

KEY
① 2023년 7월 19일 산업기사 출제
② 2023년 7월 8일(문제 26번) 출제

27. 어떤 소리가 1,000[Hz], 60[dB]인 음과 같은 높이임에도 4배 더 크게 들린다면, 이 소리의 음압수준은 얼마인가?

① 70[dB]　② 80[dB]
③ 90[dB]　④ 100[dB]

해설
음압수준
① 10[dB] 증가 시 소음은 2배 증가
② 20[dB] 증가 시 소음은 4배 증가
③ 60+20=80[dB]

결론
$4\text{sone}=2^{\frac{L_1-60}{10}}$ $10\times\log 4=(L_1-60)\log 2$

$L_1=\dfrac{10\times\log 4}{\log 2}+60=80$

KEY
① 2009년 8월 30일(문제 53번) 출제
② 2018년 4월 28일 출제
③ 2020년 9월 27일 출제
④ 2023년 7월 8일(문제 36번) 출제

보충학습

[표] phon과 sone의 관계

sone	1	2	4	8	16	32	64	128	256	512	1024
phon	40	50	60	70	80	90	100	110	120	130	140

예) 10[phon]이 증가하면 2배의 소리 크기가 되며, 20[phon]이 증가하면 4배의 소리 크기가 된다.

28. FTA에서 사용하는 다음 사상기호에 대한 설명으로 맞는 것은?

① 시스템 분석에서 좀 더 발전시켜야 하는 사상
② 시스템의 정상적인 가동상태에서 일어날 것이 기대되는 사상
③ 불충분한 자료로 결론을 내릴 수 없어 더 이상 전개 할 수 없는 사상
④ 주어진 시스템의 기본사상으로 고장원인이 분석되었기 때문에 더 이상 분석할 필요가 없는 사상

[정답] 25 ③　26 ③　27 ②　28 ③

해설

생략사상

기호	명칭	현상
◇	생략사상	① 정보부족, 해석기술의 불충분으로 더 이상 전개할 수 없는 사상 ② 작업진행에 따라 해석이 가능할 때는 다시 속행한다.

[참고] 산업안전기사 필기 p.2-70(표. FTA기호)

[KEY]
① 2017년 8월 26일, 5월 7일 출제
② 2021년 5월 15일 출제
③ 2023년 6월 4일(문제 22번) 출제

---

29 A회사에서는 새로운 기계를 설계하면서 레버를 위로 올리면 압력이 올라가도록 하고, 오른쪽 스위치를 눌렀을 때 오른쪽 전등이 켜지도록 하였다면, 이것은 각각 어떤 유형의 양립성을 고려한 것인가?

① 레버-공간양립성, 스위치-개념양립성
② 레버-운동양립성, 스위치-개념양립성
③ 레버-개념양립성, 스위치-운동양립성
④ 레버-운동양립성, 스위치-공간양립성

해설

양립성(compatibility)
정보입력 및 처리와 관련한 양립성은 인간의 기대와 모순되지 않는 자극반응조합의 관계를 말하는 것

[참고]
① 산업안전기사 필기 p.1-75(6. 양립성)
② 산업안전기사 필기 p.2-179(6. 양립성)

[KEY]
① 2018년 3월 4일 산업기사 출제
② 2018년 4월 28일 기사·산업기사 동시 출제
③ 2022년 4월 24일 출제
④ 2023년 6월 4일(문제 25번) 출제

보충학습

양립성의 종류

종류	특징
공간(spatial)	표시장치나 조종장치에서 물리적 형태 및 공간적 배치
운동(movement)	표시장치의 움직이는 방향과 조종장치의 방향이 사용자의 기대와 일치
개념(conceptual)	이미 사람들이 학습을 통해 알고있는 개념적 연상
양식(modality)	직무에 맞는 응답양식 존재

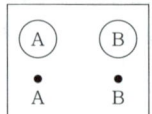   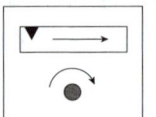   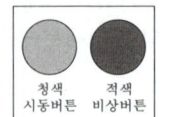

[그림1] 공간 양립성　[그림2] 운동 양립성　[그림3] 개념 양립성

---

30 결함수분석법에서 path set에 관한 설명으로 맞는 것은?

① 시스템의 약점을 표현한 것이다.
② Top 사상을 발생시키는 조합이다.
③ 시스템이 고장 나지 않도록 하는 사상의 조합이다.
④ 시스템고장을 유발시키는 필요불가결한 기본사상들의 집합이다.

해설

패스셋(path set)
① 기본사상이 일어나지 않을 때 처음으로 정상사상이 일어나지 않는 기본사상의 집합
② 고장나지 않도록 하는 사상의 조합

[참고] 산업안전기사 필기 p.2-77(합격날개:합격예측)

[KEY]
① 2018년 4월 18일 산업기사 출제
② 2020년 9월 27일 출제
③ 2023년 6월 4일(문제 27번) 출제

보충학습

컷셋(cut set)
① 정상사상을 발생시키는 기본사상의 집합
② 기본사상이 발생할 때 정상사상을 발생시킬 수 있는 기본사상의 집합

---

31 위험 및 운전성 검토(HAZOP)에서 사용되는 가이드 워드 중에서 성질상의 감소를 의미하는 것은?

① Part of　　② More less
③ No/Not　　④ Other than

해설

유인어(guide words)
① NO 또는 NOT : 설계 의도의 완전한 부정을 의미
② AS Well AS : 성질상의 증가를 나타내는 것으로 설계의도와 운전조건 등 부가적인 행위와 함께 일어나는 것을 의미
③ PART OF : 성질상의 감소, 성취나 성취되지 않음을 나타냄
④ MORE LESS : 양의 증가 또는 양의 감소로 양과 성질을 함께 나타냄
⑤ OTHER THAN : 완전한 대체를 의미
⑥ REVERSE : 설계의도와 논리적인 역을 의미

[참고] 산업안전기사 필기 p.2-41(2. 유인어)

[KEY]
① 2011년 8월 21일(문제 28번) 출제
② 2020년 9월 27일 출제
④ 2023년 6월 4일(문제 30번) 출제

[정답] 29 ④　30 ③　31 ①

32 인간 에러(human error)에 관한 설명으로 틀린 것은?

① omission errors : 필요한 작업 또는 절차를 수행하지 않는데 기인한 에러
② commission errors : 필요한 작업 또는 절차의 수행지연으로 인한 에러
③ extraneous errors : 불필요한 작업 또는 절차를 수행함으로써 기인한 에러
④ sequential errors : 필요한 작업 또는 절차의 순서 착오로 인한 에러

해설

누락오류, 작위오류
① 생략에러(Omission Errors : 부작위 실수) : 직무 또는 어떤 단계를 수행치 않음(누락오류)
② 실행에러(Commission error : 작위 실수) : 직무의 불확실한 수행 (선택, 순서, 시간, 정성적 착오)

참고 산업안전기사 필기 p.2-20(2. 인간실수의 분류)

KEY
① 2017년 8월 26일 출제
② 2018년 4월 28일(문제 33번) 출제
③ 2021년 8월 14일 출제
④ 2023년 6월 4일(문제 32번) 출제

33 FT도에 사용하는 기호에서 3개의 입력현상 중 임의의 시간에 2개가 발생하면 출력이 생기는 기호의 명칭은?

① 억제 게이트
② 조합 AND 게이트
③ 배타적 OR 게이트
④ 우선적 AND 게이트

해설

FTA기호

기호	명칭	발생현상
Ai, Aj, Ak 순으로 Ai Aj Ak	우선적 AND 게이트	입력사상 중에 어떤 현상이 다른 현상보다 먼저 일어날 때에 출력현상이 생긴다.
2개의 출력 Ai Aj Ak	조 합 AND 게이트	3개 이상의 입력현상 중에 언젠가 2개가 일어나면 출력이 생긴다.
동시발생 없음	배타적 OR 게이트	OR Gate로 2개 이상의 입력이 동시에 존재할 때에는 출력사상이 생기지 않는다. 예를 들면 '동시에 발생하지 않는다'라고 기입한다.

참고
① 산업안전기사 필기 p.2-70(표. FTA기호)
② 산업안전기사 필기 p.2-71(합격날개 : 합격예측)

KEY 2023년 6월 4일 기사 등 10회 이상 출제

34 자동차를 생산하는 공장의 어떤 근로자가 95[dB](A)의 소음수준에서 하루 8시간 작업하며 매 시간 조용한 휴게실에서 20분씩 휴식을 취한다고 가정하였을 때, 8시간 시간가중평균(TWA)은?(단, 소음은 누적소음노출량측정기로 측정하였으며, OSHA에서 정한 95[dB](A)의 허용시간은 4시간이라 가정한다.)

① 약 91[dB](A)
② 약 92[dB](A)
③ 약 93[dB](A)
④ 약 94[dB](A)

해설

시간가중평균(TWA)

① 소음노출량(D) = $\frac{가동시간}{기준시간(hr)} \times 100$

$= \frac{8 \times (60-20)}{60 \times 4} \times 100 = 133[\%]$

② $TWA = 16.61 \times \log\frac{133}{100} + 90 = 92.06[dB]$

참고
가동시간 : $40 \times 8 = 320[분] = 5.3[시간]$
기준시간 : 4[시간]
누적소음노출량 : $D = \frac{5.3}{4} \times 100 = 133[\%]$

$TWA = 16.61 \times \log\frac{133}{100} + 90$

$D = \frac{가동시간(hr)}{기준시간(hr)}$

보충학습

"시간 가중 평균 농도(TWA)"라 함은 1일 8시간 작업을 기준으로 하여 유해요인의 측정 농도에 발생 시간을 곱하여 8시간으로 나눈 농도를 말하며 산출 공식은 다음과 같다.

TWA 농도 = $\frac{C_1 \cdot T_1 + C_2 \cdot T_2 + \cdots C_n \cdot T_n}{8}$

주 C : 유해 요인의 측정 농도(단위 : ppm 또는 mg/m³)
T : 유해 요인의 발생 시간(단위 : 시간)

합격정보
작업환경 측정 및 정도 관리 등에 관한 고시 제36조(소음수준의 평가)

35 다음 중 광원의 밝기에 비례하고, 거리의 제곱에 반비례하며, 반사체의 반사율과는 상관없이 일정한 값을 갖는 것은?

① 광도
② 휘도
③ 조도
④ 휘광

[정답] 32 ② 33 ② 34 ② 35 ③

해설
조도
① 거리가 증가할 때에 조도는 역제곱의 법칙에 따라 감소한다.
② 공식 : 조도 = $\dfrac{광도(광원의\ 밝기)[cd]}{(거리)^2}$ = $\dfrac{비례}{반비례}$

참고 산업안전기사 필기 p.2-169(2. 조명)

KEY 2023년 2월 28일(문제 26번) 출제

합격정보
산업안전보건기준에 관한 규칙 제8조(조도)

---

36 상황해석을 잘못하거나 목표를 잘못 설정하여 발생하는 인간의 오류 유형은?

① 실수(Slip) ② 착오(Mistake)
③ 위반(Violation) ④ 건망증(Lapse)

해설
인간의 오류 5가지 모형

구분	특징
착각(Illusion)	감각적으로 물리현상을 왜곡하는 지각 오류
착오(Mistake)	상황해석을 잘못하거나 목표를 잘못 이해하고 착각하여 행하는 인간의 실수로 위치, 순서, 패턴, 형상, 기억오류 등 외부적 요인에 의해 나타나는 오류
실수(Slip)	의도는 올바른 것이었지만, 행동이 의도한 것과는 다르게 나타나는 오류
건망증(Lapse)	일련의 과정에서 일부를 빠뜨리거나 기억의 실패에 의해 발생하는 오류
위반(Violation)	정해진 규칙을 알고 있음에도 의도적으로 따르지 않거나 무시한 경우에 발생하는 오류

참고 산업안전기사 필기 p.2-19(합격날개 : 합격예측)

KEY ① 2009년 5월 10일(문제 35번) 출제
② 2017년 8월 26일 출제
③ 2019년 3월 3일(문제 21번), 4월 27일(문제 47번) 출제
④ 2021년 5월 15일(문제 42번), 9월 12일(문제 59번) 출제
⑤ 2022년 4월 24일(문제 22번) 출제

---

37 인간공학적 연구에 사용되는 기준 척도의 요건 중 다음 설명에 해당하는 것은?

> 기준 척도는 측정하고자 하는 변수 외의 다른 변수들의 영향을 받아서는 안된다.

① 신뢰성 ② 적절성
③ 검출성 ④ 무오염성

해설
기준의 요건

구분	특징
적절성(relevance)	기준이 의도된 목적에 적합하다고 판단되는 정도
무오염성	측정하고자 하는 변수외의 영향이 없도록
기준척도의 신뢰성 (reliability criterion measure)	척도의 신뢰성 즉 반복성(repeatability)

참고 산업안전기사 필기 p.2-6(합격날개 : 합격예측)

KEY ① 2017년 8월 26일 출제
② 2019년 8월 4일 산업기사 출제
③ 2020년 9월 27일(문제 49번) 출제
④ 2022년 3월 5일(문제 34번) 출제

---

38 산업안전보건기준에 관한 규칙상 작업장의 작업면에 따른 적정 조명 수준은 초정밀작업에서 (㉠)[lux] 이상이고, 보통작업에서는 (㉡)[lux] 이상이다. ( )안에 들어갈 내용은?

① ㉠ : 650, ㉡ : 150 ② ㉠ : 650, ㉡ : 250
③ ㉠ : 750, ㉡ : 150 ④ ㉠ : 750, ㉡ : 250

해설
작업장의 조도기준
① 초정밀작업 : 750[lux] 이상
② 정밀작업 : 300[lux] 이상
③ 보통작업 : 150[lux] 이상
④ 그 밖의 작업 : 75[lux] 이상

참고 ① 산업안전기사 필기 p.2-169(합격날개 : 합격예측)
② 산업안전기사 필기 p.2-201(문제 52번)

KEY ① 2011년 8월 21일 출제
② 2017년 8월 26일 출제
③ 2019년 3월 3일 출제
④ 2022년 3월 5일 출제
⑤ 2023년 7월 8일(문제 21번) 출제

합격정보
산업안전보건기준에 관한 규칙 제8조(조도)

합격자의 조언
필기 제6과목과 실기에서도 출제되는 내용입니다.

[정답] 36 ② 37 ④ 38 ③

39 다음 중 조종-반응비율(C/R비)에 관한 설명으로 틀린 것은?

① C/R비가 클수록 민감한 제어장치이다.
② "X"가 조종장치의 변위량, "Y"가 표시장치의 변위량일 때 $\dfrac{X}{Y}$로 표현된다.
③ Knob의 C/R비는 손잡이 1회전시 움직이는 표시장치 이동거리의 역수로 나타낸다.
④ 최적의 C/R비는 제어장치의 종류나 표시장치의 크기, 허용오차 등에 의해 달라진다.

해설

최적 C/R비의 특징
① 이동 동작과 조종 동작을 절충하는 동작이 수반된다.
② 최적치는 두 곡선의 교점 부호이다.
③ C/R비가 작을수록 이동시간은 짧고, 조종은 어려워서 민감한 조종장치이다.
④ 최초통제비 : 2.5~3.0

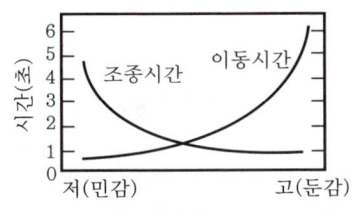

[그림] C/R비

참고 산업안전기사 필기 p.2-175(4. 통제표시비(통제비))

KEY ① 2019년 8월 4일 산업기사 출제
② 2023년 4월 1일 지도사 출제

40 인간이 기계와 비교하여 정보처리 및 결정의 측면에서 상대적으로 우수한 것은?(단, 인공지능은 제외한다.)

① 연역적 추리   ② 정량적 정보처리
③ 관찰을 통한 일반화   ④ 정보의 신속한 보관

해설

인간과 기계의 기능 비교

구분	인간이 기계보다 우수한 기능	기계가 인간보다 우수한 기능
감지 기능	· 저에너지 자극 감지 · 복잡 다양한 자극 형태 식별 · 예기치 못한 사건의 감지	· 인간의 정상적 감지 범위 밖의 자극 감지 · 인간 및 기계에 대한 모니터 기능
정보 처리 및 결정	· 많은 양의 정보를 장시간 보관 · 관찰을 통한 일반화 · 귀납적 추리 · 원칙 적용 · 다양한 문제 해결(정서적)	· 암호화된 정보를 신속하게 대량 보관 · 연역적 추리 · 정량적 정보처리
행동 기능	· 과부하 상태에서는 중요한 일에만 전념	· 과부하 상태에서도 효율적 작동 · 장시간 중량작업 · 반복작업, 동시에 여러 가지 작업 가능

참고 산업안전기사 필기 p.2-10([표] 인간과 기계의 기능 비교)

KEY ① 2016년 5월 8일 산업기사 출제
② 2022년 6월 14일 산업기사 출제

3 기계·기구 및 설비안전관리

41 지게차의 헤드가드에 관한 기준으로 틀린 것은?

① 4[t] 이하의 지게차에서 헤드가드의 강도는 지게차 최대하중의 2배 값의 등분포정하중에 견딜 수 있을 것
② 상부틀의 각 개구의 폭 또는 길이가 25[cm] 미만일 것
③ 운전자가 앉아서 조작하는 방식의 지게차의 경우에는 운전자의 좌석 윗면에서 헤드가드의 상부틀 아랫면까지의 높이가 0.903[m] 이상일 것
④ 운전자가 서서 조작하는 방식의 지게차의 상부틀 하면까지의 높이가 1.88[m] 이상일 것

해설
상부틀의 각 개구의 폭 또는 길이 : 16[cm] 미만

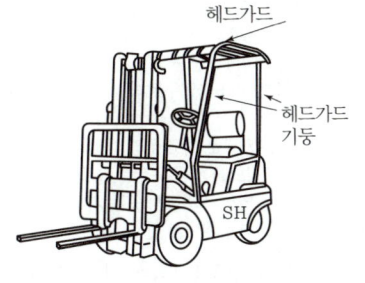

[그림] 포크리프트 헤드가드

참고 ① 산업안전기사 필기 p.3-148(합격날개 : 합격예측)
② 산업안전기사 필기 p.6-70(3. 지게차의 헤드가드 구비조건)

[정답] 39 ① 40 ③ 41 ②

KEY
① 2016년 3월 6일 산업기사 출제
② 2016년 8월 21일 출제
③ 2017년 3월 5일 산업기사 출제
④ 2018년 8월 19일 산업기사 출제
⑤ 2019년 4월 27일 기사, 산업기사 동시출제
⑥ 2023년 2월 28일(문제 58번) 출제
⑦ 2024년 2월 15일(문제 48번) 출제

합격정보
산업안전보건기준에 관한 규칙 제10절 제2관(지게차)

⑥ 2020년 9월 27일(문제 44번) 출제
⑦ 2022년 4월 24일(문제 60번) 출제
⑧ 2024년 2월 15일(문제 51번) 출제

보충학습
아세틸렌 용접장치 화기 안전거리
① 발생기 : 5[m]
② 발생기실 : 3[m]

정보제공
산업안전보건기준에 관한 규칙 제287조(발생기실의 구조 등)

42 산업안전보건법령상 아세틸렌 용접장치의 아세틸렌 발생기실을 설치하는 경우 준수하여야 하는 사항으로 옳은 것은?

① 벽은 가연성 재료로 하고 철근 콘크리트 또는 그 밖에 이와 동등하거나 그 이상의 강도를 가진 구조로 할 것
② 바닥면적의 16분의 1 이상의 단면적을 가진 배기통을 옥상으로 돌출시키고 그 개구부를 창이나 출입구로부터 1.5미터 이상 떨어지도록 할 것
③ 출입구의 문은 불연성 재료로 하고 두께 1.0밀리미터 이하의 철판이나 그 밖에 그 이상의 강도를 가진 구조로 할 것
④ 발생기실을 옥외에 설치한 경우에는 그 개구부를 다른 건축물로부터 1.0미터 이내 떨어지도록 할 것

해설
제287조(발생기실의 구조 등)
사업주는 발생기실을 설치하는 경우에 다음 각 호의 사항을 준수하여야 한다.
1. 벽은 불연성 재료로 하고 철근 콘크리트 또는 그 밖에 이와 같은 수준이거나 그 이상의 강도를 가진 구조로 할 것
2. 지붕과 천장에는 얇은 철판이나 가벼운 불연성 재료를 사용할 것
3. 바닥면적의 16분의 1 이상의 단면적을 가진 배기통을 옥상으로 돌출시키고 그 개구부를 창이나 출입구로부터 1.5미터 이상 떨어지도록 할 것
4. 출입구의 문은 불연성 재료로 하고 두께 1.5밀리미터 이상의 철판이나 그 밖에 그 이상의 강도를 가진 구조로 할 것
5. 벽과 발생기 사이에는 발생기의 조정 또는 카바이드 공급 등의 작업을 방해하지 않도록 간격을 확보할 것

참고 산업안전기사 필기 p.3-114(합격날개 : 합격예측 및 관련법규)

KEY
① 2016년 3월 6일 산업기사 출제
② 2017년 5월 7일 출제
③ 2018년 3월 4일 산업기사 출제
④ 2018년 4월 28일 출제
⑤ 2019년 8월 4일(문제 56번)

43 보일러에서 프라이밍(priming)과 포밍(foaming)의 발생 원인으로 가장 거리가 먼 것은?

① 역화가 발생되었을 경우
② 기계적 결함이 있을 경우
③ 보일러가 과부하로 사용될 경우
④ 보일러 수에 불순물이 많이 포함되었을 경우

해설
보일러 이상연소 현상

구분	현상
불완전 연소	공기의 부족, 연료 분무 상태 불량 등의 원인으로 발생
이상 소화	버너 연소 중 돌연히 불이 꺼지는 현상
2차 연소	불완전 연소에 의해 발생한 미연소가스가 연소실 외, 연관 내 또는 연도에서 연소하는 현상
역화	화염이 버너쪽에서 분출하는 현상으로 점화시에 주로 발생

참고
① 산업안전기사 필기 p.3-119(합격날개 : 합격예측)
② 산업안전기사 필기 p.3-119(2. 보일러의 이상연소 현상)

KEY
① 2017년 8월 26일 출제
② 2021년 3월 7일 출제
③ 2023년 7월 8일(문제 45번) 출제
④ 2024년 2월 15일(문제 58번) 출제

44 다음 중 금형 설치·해체작업의 일반적인 안전사항으로 틀린 것은?

① 금형을 설치하는 프레스의 T홈 안길이는 설치 볼트 직경 이하로 한다.
② 금형의 설치용구는 프레스의 구조에 적합한 형태로 한다.

[정답] 42 ② 43 ① 44 ①

③ 고정볼트는 고정 후 가능하면 나사산이 3~4개 정도 짧게 남겨 슬라이드 면과의 사이에 협착이 발생하지 않도록 해야 한다.
④ 금형 고정용 브래킷(물림판)을 고정시킬 때 고정용 브래킷은 수평이 되게 하고, 고정볼트는 수직이 되게 고정하여야 한다.

해설
금형 탈락 및 운반에 따른 위험방지방법
(1) 프레스기계에 설치하기 위해 금형에 설치하는 홈의 안전대책
   ① 설치하는 프레스기계의 T홈에 적합한 형상의 것일 것
   ② 안 길이는 설치볼트 직경의 2배 이상일 것
(2) 금형의 운반에 있어서 형의 어긋남을 방지하기 위해 대판, 안전핀 등을 사용할 것

참고 산업안전기사 필기 p.3-104(합격날개 : 합격예측)

KEY
① 2018년 8월 19일 출제
② 2022년 3월 5일 출제
③ 2023년 7월 8일(문제 47번) 출제

---

45 산업안전보건법령상 프레스를 제외한 사출성형기·주형조형기 및 형단조기 등에 관한 안전조치 사항으로 틀린 것은?

① 근로자의 신체 일부가 말려들어갈 우려가 있는 경우에는 양수조작식 방호장치를 설치하여 사용한다.
② 게이트 가드식 방호장치를 설치할 경우에는 연동구조를 적용하여 문을 닫지 않아도 동작할 수 있도록 한다.
③ 사출성형기의 전면에 작업용 발판을 설치할 경우 근로자가 쉽게 미끄러지지 않는 구조여야 한다.
④ 기계의 히터 등의 가열 부위, 감전 우려가 있는 부위에는 방호덮개를 설치하여 사용한다.

해설
사출성형기 등의 방호장치
① 사업주는 사출성형기(射出成形機)·주형조형기(鑄型造形機) 및 형단조기(프레스 등은 제외한다) 등에 근로자의 신체 일부가 말려들어갈 우려가 있는 경우 게이트가드(gate guard) 또는 양수조작식 등에 의한 방호장치, 그 밖에 필요한 방호 조치를 하여야 한다.
② 제1항의 게이트가드는 닫지 아니하면 기계가 작동되지 아니하는 연동구조(連動構造)여야 한다.
③ 사업주는 제1항에 따른 기계의 히터 등의 가열 부위 또는 감전 우려가 있는 부위에는 방호덮개를 설치하는 등 필요한 안전 조치를 하여야 한다.

KEY
① 2015년 5월 31일 출제
② 2019년 3월 3일 출제
③ 2021년 8월 14일 출제
④ 2023년 7월 8일(문제 52번) 출제

합격정보
산업안전보건기준에 관한 규칙 제121조(사출성형기 등의 방호장치)

---

46 산업용 로봇의 작동 범위 내에서 교시 등의 작업을 하는 경우, 작업시작 전 점검사항에 해당하지 않는 것은?

① 외부전선의 피복 또는 외장의 손상유무
② 매니퓰레이터 작동의 이상유무
③ 제동장치 및 비상정지장치의 기능
④ 압력방출장치의 기능

해설
로봇의 작동범위 내에서 그 로봇에 관하여 교시 등(로봇의 동력원을 차단하고 행하는 것을 제외한다)의 작업을 할 때 작업시작 전 점검내용
① 외부전선의 피복 또는 외장의 손상유무
② 매니퓰레이터(manipulator) 작동의 이상유무
③ 제동장치 및 비상정지장치의 기능

참고 산업안전기사 필기 p.3-50([표] 기계·기구의 위험요소 작업 시작 전 점검사항)

KEY
① 2011년 6월 12일, 8월 21일 출제
② 2012년 8월 26일 출제
③ 2015년 5월 31일 출제
④ 2018년 3월 4일 출제
⑤ 2020년 8월 22일 출제
⑥ 2021년 5월 15일 출제
⑦ 2023년 7월 8일(문제 55번) 출제

---

47 기계설비의 위험점 중 연삭숫돌과 작업받침대, 교반기의 날개와 하우스 등 고정부분과 회전하는 동작 부분 사이에서 형성되는 위험점은?

① 끼임점   ② 물림점
③ 협착점   ④ 절단점

해설
기계·기구 설비의 6가지 위험점
① 협착점 : 왕복운동을 하는 동작 부분과 움직임이 없는 고정 부분 사이에 형성되는 위험점
② 끼임점 : 고정 부분과 회전하는 동작 부분이 함께 만드는 위험점

[정답] 45 ② 46 ④ 47 ①

③ 절단점 : 회전하는 운동부분 자체의 위험에서 초래되는 위험점
④ 물림점 : 회전하는 두 개의 회전체에 물려 들어갈 위험성이 형성되는 것
⑤ 접선 물림점 : 회전하는 부분의 접선방향으로 물려 들어갈 위험성이 존재하는 점
⑥ 회전 말림점 : 회전하는 물체에 작업복 등이 말려드는 위험이 존재하는 점

참고 산업안전기사 필기 p.3-14(2. 끼임점)

KEY
① 2016년 8월 21일 산업기사 출제
② 2018년 3월 4일 산업기사 출제
③ 2020년 6월 14일 산업기사 출제
④ 2021년 3월 7일(문제 42번) 출제
⑤ 2023년 7월 8일(문제 59번) 출제

48 다음 중 컨베이어의 안전장치로 옳지 않은 것은?

① 비상정지장치
② 반발예방장치
③ 역회전방지장치
④ 이탈방지장치

해설

컨베이어 안전장치 종류
① 비상정지장치
② 역회전 방지장치
③ 이탈방지 장치

참고 산업안전기사 필기 p.3-136(3. 컨베이어 안전장치)

KEY
① 2012년 3월 4일 출제
② 2017년 8월 26일 출제
③ 2019년 4월 27일 출제
④ 2020년 9월 27일 출제
⑤ 2021년 3월 7일 출제
⑥ 2023년 6월 4일(문제 42번) 출제

49 와이어로프의 꼬임에 관한 설명으로 틀린 것은?

① 보통 꼬임에는 S꼬임이나 Z꼬임이 있다.
② 보통 꼬임은 스트랜드의 꼬임방향과 로프의 꼬임 방향이 반대로 된 것을 말한다.
③ 랭 꼬임은 로프의 끝이 자유로이 회전하는 경우나 킹크가 생기기 쉬운 곳에 적당하다.
④ 랭 꼬임은 보통 꼬임에 비하여 마모에 대한 저항성이 우수하다.

해설

와이어로프의 꼬임 방법

꼬임 특징	보통 꼬임	랭 꼬임
외관	• 소선과 로프축은 평행이다. (가닥과 소선의 꼬임이 반대)	• 소선과 로프축은 각도를 가진다.(가닥과 소선의 꼬임이 같은 방향)
장점	• 킹크(kink)를 잘 일으키지 않으므로 취급이 쉽다. • 꼬임이 견고하기 때문에 모양이 잘 흐트러지지 않는다.	• 소선은 긴 거리에 걸쳐서 외부와 접촉하므로 로프의 내마모성이 크다. • 유연하다.
단점	• 소선이 짧은 거리에 걸쳐 외부와 접촉하므로 국부적으로 단선을 일으키기 쉽다.	• 킹크를 일으키기 쉬우므로 취급주의가 필요하다.
용도	• 일반용	• 광산 삭도용

① 보통 Z꼬임 ② 보통 S꼬임 ③ 랭Z꼬임 ④ 랭S꼬임

[그림] 로프 꼬임의 종류(KS D 7013)

참고 산업안전기사 필기 p.6-176(표. 와이어로프 꼬임 방법)

KEY
① 2019년 3월 3일 출제
② 2019년 4월 27일 출제
③ 2023년 6월 4일(문제 45번) 출제

50 롤러의 급정지를 위한 방호장치를 설치하고자 한다. 앞면 롤러 직경이 36[cm]이고, 분당 회전속도가 50[rpm]이라면 급정지거리는 약 얼마 이내이어야 하는가?(단, 무부하동작에 해당한다.)

① 45[cm]
② 50[cm]
③ 55[cm]
④ 60[cm]

해설

급정지거리 계산

① 표면속도$(V) = \dfrac{\pi DN}{1,000} = \dfrac{\pi \times 360 \times 50}{1,000} = 56.52[\text{m/min}]$

② 급정지거리 $= \pi D \times \dfrac{1}{2.5} = (3.14 \times 360) \times \dfrac{1}{2.5}$
$= 452.16[\text{mm}] = 45[\text{cm}]$

참고 산업안전기사 필기 p.3-109(표. 롤의 급정지거리)

KEY 2023년 6월 4일(문제 57번) 등 10회 이상 출제

[정답] 48 ② 49 ③ 50 ①

51 산업안전보건법령상 양중기를 사용하여 작업하는 운전자 또는 작업자가 보기 쉬운 곳에 해당 양중기에 대해 표시하여야 할 내용으로 가장 거리가 먼것은?

① 정격하중
② 운전 속도
③ 경고 표시
④ 최대 인양 높이

해설

양중기 표시 사항
① 정격하중
② 운전 속도
③ 경고 표시

참고) 산업안전기사 필기 p.3-149(합격날개 : 합격예측 및 관련법규)

KEY ▶ ① 2017년 3월 5일 출제
② 2020년 8월 22일 출제
③ 2023년 6월 4일(문제 48번) 출제

합격정보
산업안전보건기준에 관한 규칙 제133조(정격하중 등의 표시)

52 롤러기 급정지장치의 종류가 아닌 것은?

① 어깨조작식
② 손조작식
③ 복부조작식
④ 무릎조작식

해설

급정지장치 종류 3가지

급정지장치 조작부의 종류	위치
손으로 조작하는 것	밑면으로부터 1.8[m] 이내
복부로 조작하는 것	밑면으로부터 0.8[m] 이상 1.1[m] 이내
무릎으로 조작하는 것	밑면으로부터 0.6[m] 이내

참고) 산업안전기사 필기 p.3-109(합격날개 : 합격예측 및 관련법규)

KEY ▶ 2023년 6월 4일 기사 등 10회 이상 출제

53 산업안전보건법령상 보일러의 안전한 가동을 위하여 보일러 규격에 맞는 압력방출장치가 2개 이상 설치된 경우에 최고사용압력 이하에서 1개가 작동되고, 다른 압력방출장치는 최고사용압력의 몇 배 이하에서 작동되도록 부착하여야 하는가?

① 1.03배
② 1.05배
③ 1.2배
④ 1.5배

해설

압력방출장치
① 보일러 규격에 적합한 압력방출장치를 최고사용압력 이하에서 작동되도록 1개 또는 2개 이상 설치
② 2개 이상 설치된 경우 최고사용압력 이하에서 1개가 작동되고, 다른 압력방출장치는 최고사용압력 1.05배 이하에서 작동되도록 부착
③ 1년에 1회 이상 토출압력시험 후 납으로 봉인(공정안전관리 이행수준 평가결과가 우수한 사업장은 4년에 1회 이상 토출압력시험 실시)
④ 안전밸브 종류 : 스프링식, 중추식, 지렛대식(일반적으로 스프링식 안전밸브를 많이 사용)

참고) 산업안전기사 필기 p.3-120(압력방출장치)

KEY ▶ 2023년 6월 4일(문제 53번) 등 10회 이상 출제

합격정보
산업안전보건기준에 관한 규칙 제116조(압력방출장치)

54 방호장치 안전인증 고시에 따라 프레스 및 전단기에 사용되는 광전자식 방호장치의 일반구조에 대한 설명으로 가장 적절하지 않은 것은?

① 정상동작표시램프는 녹색, 위험표시램프는 붉은 색으로 하며, 근로자가 쉽게 볼 수 있는 곳에 설치해야 한다.
② 슬라이드 하강 중 정전 또는 방호장치의 이상 시에 정지할 수 있는 구조이어야 한다.
③ 방호장치는 릴레이, 리미트 스위치 등의 전기부품의 고장, 전원전압의 변동 및 정전에 의해 슬라이드가 불시에 동작하지 않아야 하며, 사용전원전압의 ±(100분의 10)의 변동에 대하여 정상으로 작동되어야 한다.
④ 방호장치의 감지기능은 규정한 검출영역 전체에 걸쳐 유효하여야 한다.(다만, 블랭킹 기능이 있는 경우 그렇지 않다.)

해설

광전자식 방호장치의 일반구조
① 방호장치는 릴레이, 리미트 스위치 등의 전기부품의 고장, 전원전압의 변동 및 정전에 의해 슬라이드가 불시에 동작하지 않아야 한다.
② 사용전원전압의 ±(100분의 20)의 변동에 대하여 정상으로 작동되어야 한다.

[정답] 51 ④ 52 ① 53 ② 54 ③

[그림] 광전자식 방호장치

참고) 산업안전기사 필기 p.3-102(합격날개 : 합격예측)

KEY ① 2018년 3월 4일 산업기사(문제 54번) 출제
② 2022년 4월 24일 출제
③ 2023년 6월 4일(문제 58번) 출제

55 산업안전보건법령상 프레스 작업시작 전 점검해야 할 사항에 해당하는 것은?

① 와이어로프가 통하고 있는 곳 및 작업장소의 지반 상태
② 하역장치 및 유압장치 기능
③ 권과방지장치 및 그 밖의 경보장치의 기능
④ 1행정 1정지기구·급정지장치 및 비상정지 장치의 기능

해설

프레스 작업시작전 점검사항
① 클러치 및 브레이크의 기능
② 크랭크축·플라이휠·슬라이드·연결봉 및 연결나사의 풀림 유무
③ 1행정 1정지기구·급정지장치 및 비상정지장치의 기능
④ 슬라이드 또는 칼날에 의한 위험방지 기구의 기능
⑤ 프레스의 금형 및 고정볼트 상태
⑥ 방호장치의 기능
⑦ 전단기(剪斷機)의 칼날 및 테이블의 상태

참고) 산업안전기사 필기 p.3-50(표. 기계·기구의 위험요소 작업 시작 전 점검사항)

KEY ① 2023년 2월 28일(문제 41번) 등 10회 이상 출제
② 2023년 4월 1일 산업안전(보건)지도사 출제

합격정보
산업안전보건기준에 관한 규칙 [별표 3] 작업시작전 점검사항

56 산업안전보건법령상 연삭기 작업 시 작업자가 안심하고 작업을 할 수 있는 상태는?

① 탁상용 연삭기에서 숫돌과 작업 받침대의 간격이 5[mm]이다.
② 덮개 재료의 인장강도는 224[MPa]이다.
③ 숫돌 교체 후 2분 정도 시험운전을 실시하여 해당 기계의 이상 여부를 확인하였다.
④ 작업 시작 전 1분 정도 시험운전을 실시하여 해당 기계의 이상 여부를 확인하였다.

해설

연삭기 시험운전 시간
① 작업시작 전 : 1분 이상
② 숫돌 교체시 : 3분 이상
③ 덮개인장강도 : 274.5[MPa] 이상

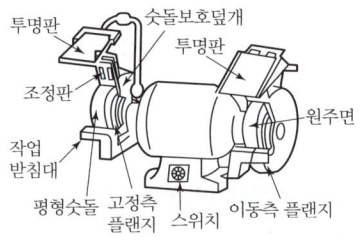

[그림] 탁상용연삭기

참고) 산업안전기사 필기 p.3-93(4. 연삭기 구조면에 있어서 안전 대책)

KEY ① 2016년 3월 6일 산업기사 출제
② 2020년 6월 7일, 8월 22일(문제 51번)출제
③ 2022년 4월 24일(문제 52번) 출제

57 강자성체를 자화하여 표면의 누설자속을 검출하는 비파괴 검사 방법은?

① 방사선 투과 시험   ② 인장시험
③ 초음파 탐상 시험   ④ 자분 탐상 시험

해설

자기 탐상검사(MT : Magnetic Test)
① 강자성체(Fe, Ni, Co 및 그 합금)에 발생한 표면 크랙을 찾아내는 것
② 결함을 가지고 있는 시험에 적절한 자장을 가해 자속(磁束)을 흐르게 하여 결함부에 의해 누설된 누설자속에 의해 생긴 자장에 자분을 흡착시켜 큰 자분 모양으로 나타내어 육안으로 결함을 검출하는 방법

참고) 산업안전기사 필기 p.3-223(④ 자기 탐상검사)

[정답] 55 ④   56 ④   57 ④

KEY ① 2019년 3월 3일(문제 57번) 출제
② 2021년 8월 14일(문제 53번) 출제

58 선반 작업에 대한 안전수칙으로 가장 적절하지 않은 것은?

① 선반의 바이트는 끝을 짧게 장치한다.
② 작업 중에는 면장갑을 착용하지 않도록 한다.
③ 작업이 끝난 후 절삭 칩의 제거는 반드시 브러시 등의 도구를 사용한다.
④ 작업 중 일감의 치수 측정 시 기계 운전상태를 저속으로 하고 측정한다.

해설
일감의 치수 측정
① 치수 측정 시 기계 운전상태를 정지하고 측정한다.
② 저속시 가장 큰 힘이 작용한다.

참고 산업안전기사 필기 p.3-80(4. 선박작업시 안전수칙)
KEY 2021년 3월 7일 기사 등 20번 이상 출제

59 다음 중 절삭가공으로 틀린 것은?

① 선반 ② 밀링
③ 프레스 ④ 보링

해설
절삭가공에 사용되는 공작기계의 종류
① 선반 ② 드릴링 머신 ③ 밀링 머신 ④ 세이빙 머신

보충학습
press(프레스) : 비절삭(소성)가공 기계

참고 ① 산업안전기사 필기 p.3-78(중점학습내용)
② 산업안전기사 필기 p.3-94(1. 소성기공의 개요)
KEY 2021년 3월 7일(문제 49번) 출제

60 자동화 설비를 사용하고자 할 때 기능의 안전화를 위하여 검토할 사항으로 거리가 가장 먼 것은?

① 재료 및 가공 결함에 의한 오동작
② 사용압력 변동 시의 오동작
③ 전압강하 및 정전에 따른 오동작
④ 단락 또는 스위치 고장 시의 오동작

해설
기능의 안전화 대책
① 전압강하 및 정전에 따른 오작동
② 사용압력 변동 시 오작동
③ 밸브고장 시 오작동
④ 단락 또는 스위치 고장 시 오작동

참고 산업안전기사 필기 p.3-188(2. 기능의 안전화)
KEY ① 2020년 8월 23일 산업기사 출제
② 2021년 3월 7일(문제 56번) 출제

보충학습
구조의 안전화
결함을 사전에 제거(예 재료, 설계, 가공 결함)

4 전기설비 안전관리

61 욕조나 샤워시설이 있는 욕실 또는 화장실에 콘센트가 시설되어 있다. 해당 전로에 설치된 누전차단기의 정격감도전류와 동작시간은?

① 정격감도전류 15[mA] 이하, 동작시간 0.01[초] 이하
② 정격감도전류 15[mA] 이하, 동작시간 0.03[초] 이하
③ 정격감도전류 30[mA] 이하, 동작시간 0.01[초] 이하
④ 정격감도전류 30[mA] 이하, 동작시간 0.03[초] 이하

해설
누전차단기 기준(KS C 4613)
① 승압지구[(220[V]에는 30[mA]의 누전에 30[ms](0.03[sec]) 이내에 작동하는 누전차단기설치(감전보호용)]
② 누전차단기 설치대상전압 : 150[V] 이상

참고 산업안전기사 필기 p.4-5(1. 누전차단기의 종류)
KEY ① 2016년 3월 6일 산업기사 출제
② 2017년 5월 7일, 8월 26일(문제 63번) 출제
③ 2021년 8월 14일(문제 75번) 출제
④ 2024년 2월 15일(문제 61번) 출제

[정답] 58 ④ 59 ③ 60 ① 61 ②

> **합격정보**
>
> 제170조(옥내에 시설하는 저압용의 배선기구의 시설) 욕실 등 인체가 물에 젖어있는 상태에서 물을 사용하는 장소에 콘센트를 시설하는 경우
> ① 〈전기용품안전 관리법〉의 적용을 받는 인체감전보호용 누전차단기(정격감도전류 15[mA] 이하, 동작시간 0.03[초] 이하의 전류동작형)로 보호된 전로에 접속하거나, 인체감전보호용 누전차단기가 부착된 콘센트를 시설하여야 한다.
> ② 콘센트는 접지 극이 있는 방전형 콘센트를 사용하여 접지하여야 한다

62 자동전격방지장치에 대한 설명으로 틀린 것은?

① 무부하시 전력손실을 줄인다.
② 무부하 전압을 안전전압 이하로 저하시킨다.
③ 용접을 할 때에만 용접기의 주회로를 개로(OFF)시킨다.
④ 교류 아크용접기의 안전장치로서 용접기의 1차 또는 2차 측에 부착한다.

해설

자동전격방지장치(交流-鎔接機用 自動電擊防止裝置)
① 교류아크용접기의 출력측 무부하전압(교류아크용접기의 아크 발생을 정지시켰을 경우에서 용접봉과 피용접물 사이의 전압을 말한다)이 1.5초 이내에 30V 이하가 되도록 교류아크용접기에 장착하는 감전방지용 안전장치(자동전격방지장치(自動電擊防止裝置 : automatic electric shock prevention apparatus))
② 용접을 할 때에는 용접기의 주회로를 폐로(ON)시킨다.

> **참고** 산업안전기사 필기 p.4-78(2. 방호장치의 성능)
>
> **KEY** ① 2016년 5월 8일 산업기사 출제
> ② 2017년 5월 7일 출제
> ③ 2018년 3월 4일 출제
> ④ 2019년 3월 3일 출제
> ⑤ 2023년 2월 28일(문제 64번) 출제
> ⑥ 2024년 2월 15일(문제 69번) 출제

> **합격정보**
> 산업안전보건기준에 관한 규칙 제306조(교류아크용접기 등)

63 다음 중 전기화재시 소화에 적합한 소화기가 아닌 것은?

① 사염화탄소소화기
② 분말소화기
③ 산알칼리소화기
④ CO_2 소화기

해설

산·알칼리소화기 : A급 화재에 적합
① 외약제 : $NaHCO_3$
② 내약제 : H_2SO_4
③ 2년에 1회 약제 교환

> **참고** 산업안전기사 필기 p.4-86(문제 19번) 적중
>
> **KEY** ① 2013년 6월 2일 출제
> ② 2015년 8월 16일 출제
> ③ 2023년 7월 8일(문제 63번) 출제
> ④ 2024년 2월 15일(문제 72번) 출제

> **보충학습**
>
> | | | 대상물 구분 | | | | | | | |
> |---|---|---|---|---|---|---|---|---|---|
> | 제1류 : 산화성 고체
제2류 : 가연성 고체
제3류 : 자연발화 및 금수성
제4류 : 인화성 액체
제5류 : 자기반응성 물질
제6류 : 산화성 액체 | | 건축물·그밖의 공작물 | 전기설비 | 알칼리금속과산화물 등 | 철분·금속분·마그네슘 등 | 인화성 고체 | 금수성 물질 | 그밖의 것 | 제4류 위험물 | 제5류 위험물 | 제6류 위험물 |
> | 봉상수소화기 | | ○ | | | ○ | | ○ | | ○ | ○ |
> | 무상수소화기 | | ○ | ○ | | ○ | | ○ | | ○ | ○ |
> | 봉상강화액소화기 | | ○ | | | ○ | | ○ | | ○ | ○ |
> | 무상강화액소화기 | | ○ | ○ | | ○ | | ○ | ○ | ○ | ○ |
> | 포소화기 | | ○ | | | ○ | | ○ | ○ | ○ | ○ |
> | 이산화탄소소화기 | | | ○ | | | | | ○ | | △ |
> | 할로겐화합물소화기 | | | ○ | | | | | ○ | | |
> | 분말
소화기 | 인산염류소화기 | ○ | ○ | | ○ | | | ○ | | ○ |
> | | 탄산수소염류소화기 | | ○ | ○ | ○ | | ○ | ○ | | |
> | | 그 밖의 것 | | | ○ | | | ○ | | | |
> | 기타 | 물통 또는 수조 | ○ | | | ○ | | ○ | | ○ | ○ |
> | | 건조사 | | | ○ | ○ | | ○ | ○ | ○ | ○ |
> | | 팽창질석 또는 팽창진주암 | | | ○ | ○ | | ○ | ○ | ○ | ○ |

64 다음 ( )안에 알맞은 내용을 나타낸 것은?

폭발성 가스의 폭발등급 측정에 사용되는 표준용기는 내용적이 (㉮)[cm^3], 반구상의 플렌지 접합면의 안 길이(㉯)[mm]의 구상용기의 틈새를 통과시켜 화염일주 한계를 측정하는 장치이다.

① ㉮ 600 ㉯ 0.4
② ㉮ 1800 ㉯ 0.6
③ ㉮ 4500 ㉯ 8
④ ㉮ 8000 ㉯ 25

[정답] 62 ③ 63 ③ 64 ④

> **해설**

화염일주한계 = 최대안전틈새 = 안전간격(safety gap)
① 내용적 : 8000[cm³]=8[ℓ]
② 접합면의 안길이 : 25[mm]

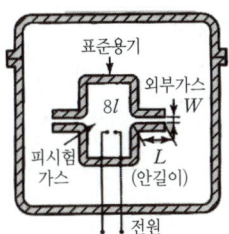

[그림] 폭발등급 측정에 사용되는 표준용기

> **참고** 산업안전기사 필기 p.4-59 (합격날개 : 합격예측)

> **KEY**
> ① 2016년 8월 21일 출제
> ② 2018년 8월 19일(문제 66번) 출제
> ③ 2022년 3월 5일(문제 61번) 출제
> ④ 2024년 2월 15일(문제 78번) 출제

> **보충학습**

화염일주한계
폭발성분위기 내에서 방치된 표준용기의 접합 면 틈새를 통하여 폭발화염이 내부에서 외부로 전파되는 것을 저지할 수 있는 틈새의 최대간격치

65 전선의 절연 피복이 손상되어 동선이 서로 직접 접촉한 경우를 무엇이라 하는가?

① 절연 ② 누전
③ 접지 ④ 단락

> **해설**

단락(합선 : short-circuit)
① 단락은 전압간의 저항이 0[Ω]에 가까운 회로를 만드는 것으로, 옴의 법칙($I=E/R$)에 따라 극히 큰 전류(단락전류라고 함)가 흐른다.
② 단락사고에서 변전설비를 지키기 위하여 각종 보호 단전기와 차단기가 사용된다.

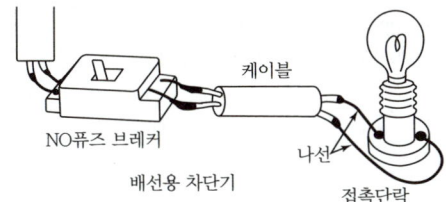

[그림] 단락 현상

> **참고** 산업안전기사 필기 p.4-72(1.전기화재의 발생원인 및 대책)

> **KEY**
> ① 2018년 8월 19일 출제
> ② 2023년 7월 8일(문제 61번) 출제

66 정전기 재해를 예방하기 위해 설치하는 제전기의 제전효율은 설치 시에 얼마 이상이 되어야 하는가?

① 40[%] 이상 ② 50[%] 이상
③ 70[%] 이상 ④ 90[%] 이상

> **해설**

제전기 설치시 제전효율 : 90[%] 이상

> **참고** 산업안전기사 필기 p.4-41(합격날개 : 은행문제)

> **KEY**
> ① 2012년 3월 4일 출제
> ② 2021년 8월 14일 출제
> ③ 2023년 7월 8일(문제 67번) 출제

67 과전류에 의해 전선의 허용전류보다 큰 전류가 흐르는 경우 절연물이 화구가 없더라도 자연히 발화하고 심선이 용단되는 발화단계의 전선 전류밀도[A/mm²]는?

① 10~20 ② 30~50
③ 60~120 ④ 130~200

> **해설**

전선의 전류밀도에 따른 화재위험정도 분류

화재위험 정도		전선전류밀도 [A/mm²]	비 고
인화단계		40~43	허용전류의 3배 정도가 흐르게 되면 점화원에 대해 절연물이 인화하는 단계
착화단계		43~60	허용전류의 3배 이상의 전류가 흐르게 되어 점화원이 존재하지 않더라도 절연물이 스스로 탄화되어 빨구어진 전선의 심선이 노출되는 단계
발화 단계	발화후 용융	60~70	착화단계보다 더 큰 전류가 흐르는 경우 점화원 없이도 절연물이 스스로 발화되어 용융되는 단계
	용융과 동시에 발화	75~120	발화후 용융단계보다 더 큰 전류가 흐르는 경우 점화원 없이도 절연물이 용융되면서 스스로 발화하는 단계
전선폭발 단계		120 이상	전선에 매우 큰 전류가 흐를 경우 전선의 심선이 용융되며 끊어지면서 전선피복을 뚫고 나와 심선인 동이 폭발하며 비산하는 단계

> **참고**
> ① 산업안전기사 필기 p.4-75(표. 절연전선의 과대 전류)
> ② 산업안전기사 필기 p.4-84(문제 5번)

> **KEY**
> ① 2015년 8월 16일 출제
> ② 2019년 8월 4일 출제
> ③ 2023년 7월 8일(문제 71번) 출제

[정답] 65 ④ 66 ④ 67 ③

과년도 출제문제

68 교류 아크 용접기의 자동전격방지장치는 전격의 위험을 방지하기 위하여 아크 발생이 중단된 후 약 1초 이내에 출력 측 무부하 전압을 자동적으로 몇 [V] 이하로 저하시켜야 하는가?

① 85
② 70
③ 50
④ 25

해설

자동전격방지장치 무부하전압
① 시간 : 1±0.3초 이내 ② 전압 : 25[V] 이하

참고 산업안전기사 필기 p.4-78(2. 방호 장치의 성능)

KEY
① 2011년 6월 12일 출제
② 2012년 8월 26일 출제
③ 2017년 5월 7일 출제
④ 2018년 3월 4일 출제
⑤ 2020년 9월 27일 출제
⑥ 2023년 7월 8일(문제 74번) 출제

69 한국전기설비규정에 따라 사람이 쉽게 접촉할 우려가 있는 곳에 금속제 외함을 가지는 저압의 기계기구가 시설되어 있다. 이 기계기구의 사용전압이 몇 [V]를 초과할 때 전기를 공급하는 전로에 누전차단기를 시설해야 하는가?(단, 누전차단기를 시설하지 않아도 되는 조건은 제외한다.)

① 30[V]
② 40[V]
③ 50[V]
④ 60[V]

해설

KEC 211.2.4 누전차단기의 시설
전원의 자동차단에 의한 저압전로의 보호대책으로 누전차단기를 시설해야 할 대상
(1) 금속제 외함을 가지는 사용전압이 50[V]를 초과하는 저압의 기계기구로서 사람이 쉽게 접촉할 우려가 있는 곳에 시설하는 것에 전기를 공급하는 전로. 다만, 다음의 어느 하나에 해당하는 경우에는 적용하지 아니한다.
  ① 기계·기구를 발전소·변전소·개폐소 또는 이에 준하는 곳에 시설하는 경우
  ② 기계·기구를 건조한 곳에 시설하는 경우
  ③ 대지전압이 150[V] 이하인 기계·기구를 물기가 있는 곳 이외의 곳에 시설하는 경우
(2) 주택의 인입구 등 이 규정에서 누전차단기 설치를 요구하는 전로
(3) 특고압전로, 고압전로 또는 저압전로와 변압기에 의하여 결합되는 사용전압 400[V]초과의 저압전로 또는 발전기에서 공급하는 사용전압 400[V] 초과의 저압전로

KEY
① 2022년 4월 24일(문제 65번) 출제
② 2023년 6월 4일(문제 64번) 출제
③ 2024년 4월 27일 실기 필답형 출제

70 인체의 전기저항을 0.5[kΩ]이라고 하면 심실세동을 일으키는 위험한계 에너지는 몇 [J]인가?(단, 심실세동전류값 $I=\dfrac{165}{\sqrt{T}}$ [mA]의 Dalziel(달지엘)의 식을 이용하며, 통전시간은 1초로 한다.)

① 13.6
② 12.6
③ 11.6
④ 10.6

해설

위험한계에너지

$$Q = I^2RT = \left(\dfrac{165}{\sqrt{T}} \times 10^{-3}\right)^2 \times 500 \times T$$

$$= \dfrac{165^2}{T} \times 10^{-6} \times 500 \times T$$

$$= 165^2 \times 10^{-6} \times 500 = 13.61[J]$$

$$= 13.6 \times 0.24[cal] = 3.3[cal]$$

참고 산업안전기사 필기 p.4-18(3. 위험한계에너지)

KEY
① 2008년 5월 11일(문제 71번) 출제
② 2016년 8월 21일 출제
③ 2017년 5월 7일 출제
④ 2018년 3월 4일 출제
⑤ 2018년 4월 28일 기사·산업기사 동시출제 등 10회 이상 출제

71 저압 및 고압선을 직접 매설식으로 매설할 때 중량물의 압력을 받지 않는 장소에서의 매설깊이는?

① 100[cm] 이상
② 90[cm] 이상
③ 70[cm] 이상
④ 60[cm] 이상

해설

저압 및 고압선의 매설깊이
① 중량물 압력을 받지 않는 장소 : 60[cm] 이상
② 중량물의 압력을 받는 장소 : 120[cm] 이상

참고 산업안전기사 필기 p.4-66(문제 4번) 적중

KEY
① 2003년 8월 10일(문제 73번)
② 2023년 6월 4일(문제 73번) 출제

72 스파크화재의 방지책이 아닌 것은?

① 개폐기를 불연성 외함 내에 내장시키거나 통형 퓨

[정답] 68 ④ 69 ③ 70 ① 71 ④

즈를 사용할 것
② 접지부분의 산화, 변형, 퓨즈의 나사풀림 등으로 인한 접촉저항이 증가되는 것을 방지할 것
③ 가연성증기, 분진 등 위험한 물질이 있는 곳에는 방폭형 개폐기를 사용할 것
④ 유입 개폐기는 절연유의 비중 정도, 배선에 주의하고 주위에는 내수벽을 설치할 것

해설

스파크화재 방지대책
① 개폐기를 불연성 외함에 내장 또는 통형퓨즈 사용
② 접촉부분의 산화, 변형, 퓨즈의 나사풀림 등으로 인한 접촉저항 상승 방지
③ 유입 개폐기는 절연유의 열화정도, 유량 등에 주의하고 주위에는 내화벽을 설치할 것
④ 가연성증기, 분진 등 위험한 물질이 있는 곳에는 방폭형 개폐기를 사용

참고) 산업안전기사 필기 p.4-86(문제 16번 적중)

KEY ① 2015년 5월 31일 출제
② 2023년 6월 4일(문제 75번) 출제

---

73 다음 빈 칸에 들어갈 내용으로 알맞은 것은?

"교류 특고압 가공전선로에서 발생하는 극저주파 전자계는 지표상 1[m]에서 전계가 (ⓐ), 자계가 (ⓑ)가 되도록 시설하는 등 상시 정전유도 및 전자유도 작용에 의하여 사람에게 위험을 줄 우려가 없도록 시설하여야 한다."

① ⓐ 0.35[kV/m] 이하 ⓑ 0.833[μT] 이하
② ⓐ 3.5[kV/m] 이하   ⓑ 8.33[μT] 이하
③ ⓐ 3.5[kV/m] 이하   ⓑ 83.3[μT] 이하
④ ⓐ 35[kV/m] 이하   ⓑ 833[μT] 이하

해설

전기사업법, 전기설비기준
① 특고압 가공전선로에서 발생하는 극저주파 전자계는 지표상 1[m]에서 전계가 3.5[kV/m] 이하
② 자계가 83.3[μT] 이하가 되도록 시설

참고) 산업안전기사 필기 p.4-95(문제 67번) 적중

KEY ① 2022년 3월 5일 출제
② 2023년 2월 15일(문제 68번) 출제

---

74 인화성 가스 또는 인화성 액체의 용기류가 부식, 열화 등으로 파손되어 가스 또는 액체가 누출 할 염려가 있는 경우의 방폭지역은?

① 0종 장소   ② 1종 장소
③ 2종 장소   ④ 비방폭지역

해설

위험장소의 구분
① 0종 장소 : 장치 및 기기들이 정상 가동되는 경우에 폭발성 가스가 항상 존재하는 장소이다.
② 1종 장소 : 장치 및 기기들이 정상 가동 상태에서 폭발성 가스가 가끔 누출되어 위험 분위기가 존재하는 장소이다.
③ 2종 장소 : 작업자의 조작상 실수나 이상운전으로 폭발성 가스가 누출되거나 유출된 가스가 체류하여 폭발을 일으킬 우려가 있는 장소이다.

참고) 산업안전기사 필기 p.4-52(3. 가스 폭발 위험장소)

KEY ① 2011년 3월 20일 출제
② 2018년 8월 19일 산업기사 출제
③ 2020년 6월 7일 출제
④ 2023년 2월 15일(문제 72번) 출제

---

75 다음 중 전기화재의 종류에 해당하는 것은?

① A급   ② B급
③ C급   ④ D급

해설

화재의 종류 및 특성

화재구분 화재의 종류	화재 급수	소화기 표시 색상	소화 효과	화재특성
일반 가연물 화재	A급	백색	냉각 소화	① 백색연기 발생 ② 연소 후 재를 남긴다.
유류화재	B급	황색	질식 효과	① 검은연기 발생 ② 연소 후 재를 남기지 않는다.
전기화재	C급	청색	질식 효과	전기시설물이 점화원의 기능을 하며 발화 후 일반 유류화재로 전환
금속화재	D급	무색	마른모래 피복 (건조사)	금속이 열을 발생
가스화재	E급	황색		재가 없음
부엌화재	K급			주방화재

참고) 산업안전기사 필기 p.5-23(문제 13번 적중)

[정답] 72 ④ 73 ③ 74 ③ 75 ③

KEY
① 2016년 8월 21일 산업기사 출제
② 2018년 8월 19일 출제
③ 2020년 8월 22일(문제 81번), 9월 27일(문제 95번) 출제
④ 2022년 3월 5일(문제 82번) 출제

76 내전압용절연장갑의 등급에 따른 최대사용전압이 틀린 것은?(단, 교류 전압은 실효값이다.)

① 등급 00 : 교류 500[V]
② 등급 1 : 교류 7,500[V]
③ 등급 2 : 직류 17,000[V]
④ 등급 3 : 직류 39,750[V]

해설

절연장갑의 등급 및 표시

등급	최대사용전압		등급별 색상
	교류([V], 실효값)	직류[V]	
00	500	750	갈색
0	1,000	1,500	빨간색
1	7,500	11,250	흰색
2	17,000	25,500	노란색
3	26,500	39,750	녹색
4	36,000	54,000	등색

[주] 직류값은 교류에 1.5를 곱하면 된다. 예 $500 \times 1.5 = 750$

참고
① 산업안전기사 필기 p.1-51(합격날개 : 합격예측)
② 산업안전기사 필기 p.4-23(합격날개 : 합격예측)

KEY
① 2018년 4월 28일 산업기사 출제
② 2018년 8월 19일 출제
③ 2019년 4월 27일 출제
④ 2020년 6월 14일 산업기사 출제
⑤ 2020년 9월 27일 기사(문제 13번) 출제
⑥ 2021년 5월 15일(문제 68번) 출제

77 고압 및 특고압 전로에 시설하는 피뢰기의 설치장소로 잘못된 곳은?

① 가공전선로와 지중전선로가 접속되는 곳
② 발전소, 변전소의 가공전선 인입구 및 인출구
③ 고압 가공전선로에 접속하는 배전용 변압기의 저압측
④ 고압 가공전선로로부터 공급을 받는 수용장소의 인입구

해설

피뢰기 설치 장소
고압 가공전선로에 접속하는 배전용 변압기의 고압측 및 특고압측에 설치

참고 산업안전기사 필기 p.4-53(2. 피뢰기 설비)

KEY
① 2016년 5월 8일 출제
② 2017년 3월 5일 출제
③ 2021년 3월 7일(문제 71번) 출제

78 절연물의 절연계급을 최고허용온도가 낮은 온도에서 높은 온도 순으로 배치한 것은?

① Y종 → A종 → E종 → B종
② A종 → B종 → E종 → Y종
③ Y종 → E종 → B종 → A종
④ B종 → Y종 → A종 → E종

해설

절연물의 내열구분

종별	허용 최고 온도 [℃]	절연물의 종류
Y종	90	유리화수지, 메타크릴수지, 폴리에틸렌, 폴리염화비닐, 폴리스티렌
A종	105	폴리에스테르수지, 셀룰로오스 유도체, 폴리아미드, 폴리비닐포르말
E종	120	멜라민수지, 페놀수지의 유기질, 폴리에스테르수지
B종	130	무기질기재의 각종 성형 적층물
F종	155	에폭시수지, 폴리우레탄수지, 변성실리콘수지
H종	180	유리, 실리콘, 고무
C종	180 이상	실리콘, 플루오르화에틸렌

참고 산업안전기사 필기 p.4-74(표 : 절연물의 내열구분)

KEY
① 2020년 6월 7일 출제
② 2021년 3월 7일(문제 78번) 출제

79 속류를 차단할 수 있는 최고의 교류전압을 피뢰기의 정격전압이라고 하는데 이 값은 통상적으로 어떤 값으로 나타내고 있는가?

① 최댓값   ② 평균값
③ 실효값   ④ 파고값

[정답] 76 ③   77 ③   78 ①   79 ③

해설

실효값(RMS value : 實效)
① 실제로 효과 : 우리나라 - 실효값
② RMS(Root Mean Square) : 외국

[참고] 산업안전기사 필기 p.4-57(1. 피뢰기의 성능)

[KEY]
① 2016년 8월 21일 출제
② 2018년 8월 19일 출제
③ 2019년 8월 4일 출제
④ 2021년 3월 7일(문제 72번) 출제

---

80 심장의 맥동주기 중 어느 때에 전격이 인가되면 심실세동을 일으킬 확률이 크고, 위험한가?

① 심방의 수축이 있을 때
② 심실의 수축이 있을 때
③ 심실의 수축 종료 후 심실의 휴식이 있을 때
④ 심실의 수축이 있고 심방의 휴식이 있을 때

해설

전격인가위상 : 심장 맥동주기의 어느 위상에서의 통전여부

심장의 맥동주기	구성 및 현상
(그래프: P, Q, R, S, T 파형)	• P파 : 심방수축에 따른 파형 • Q-R-S파 : 심실수축에 따른 파형 • T파 : 심실의 수축 종료 후 심실의 휴식시 발생하는 파형 • R-R파 : 심장의 맥동주기

[참고] 산업안전기사 필기 p.4-82(표. 전격인가위상)

[KEY]
① 2015년 5월 31일 출제
② 2018년 8월 19일 출제
③ 2023년 7월 8일(문제 80번) 출제

---

5 화학설비 안전관리

81 가스를 분류할 때 독성가스에 해당하지 않는 것은?

① 황화수소   ② 시안화수소
③ 이산화탄소   ④ 산화에틸렌

해설

독성가스 허용농도
① NH_3(암모니아) : 25[ppm]
② $COCl_2$(포스겐) : 0.1[ppm]
③ Cl_2(염소) : 1[ppm]
④ H_2S(황화수소) : 10[ppm]

[참고] 산업안전기사 필기 p.5-44(표. 주요 고압가스의 분류)

[KEY]
① 2017년 3월 5일 출제
② 2019년 8월 4일 출제
③ 2022년 4월 24일(문제 84번) 출제
④ 2024년 2월 15일(문제 82번) 출제

[보충학습]
① $COCl_2$: 1차 세계대전 독가스
② CO_2 : 불연성가스(질식성 가스)

---

82 가연성 물질을 취급하는 장치를 퍼지하고자 할 때 잘못된 것은?

① 대상물질의 물성을 파악한다.
② 사용하는 불활성가스의 물성을 파악한다.
③ 퍼지용 가스를 가능한 한 빠른 속도로 단시간에 다량 송입한다.
④ 장치 내부를 세정한 후 퍼지용 가스를 송입한다.

해설

퍼지방법
① 퍼지용 가스는 장시간에 걸쳐 천천히 주입한다.
② why : 빨리 주입시 폭발한다.

[참고] 산업안전기사 필기 p.5-20(표. 퍼지의 종류)

[KEY]
① 2019년 4월 27일 출제
② 2021년 8월 14일 출제
③ 2023년 7월 8일(문제 97번) 출제
④ 2024년 2월 15일(문제 88번) 출제

[보충학습]
퍼지(purge)
연소되지 않은 가스가 노 안에 또는 기타 장소에 차 있으면 점화를 했을 때 폭발할 우려가 있으므로 점화시키기 전에 이것을 노 밖으로 배출하기 위하여 환기시키는 것을 퍼지라고 한다.

[정답] 80 ③   81 ③   82 ③

과년도 출제문제

83 다음 중 상온에서 물과 격렬히 반응하여 수소를 발생시키는 물질은?

① Au ② K
③ S   ④ Ag

해설

K(칼륨) : 칼륨은 금수성 물질로서 산과 접촉 시 수소방출

참고
① 산업안전기사 필기 p.5-62(문제 4번)
② 산업안전기사 필기 p.5-69(문제 35번) 적중

KEY
① 2012년 5월 20일 출제
② 2016년 5월 8일 출제
③ 2017년 8월 26일 출제
④ 2018년 3월 4일 출제
⑤ 2019년 3월 3일 출제
⑥ 2021년 3월 7일, 5월 15일 출제
⑦ 2023년 7월 8일(문제 87번) 출제
⑧ 2024년 2월 15일(문제 89번) 출제

보충학습
① 반응식 : $2K + 2H_2O \rightarrow 2KOH + H_2$
② Cu, Fe, Au, Ag, C : 상온에서 고체로 물과 접촉해도 반응불가
③ K, Na, Mg, Zn, Li : 물과 격렬반응하여 수소 발생

---

84 다음 중 자연발화가 쉽게 일어나는 조건으로 틀린 것은?

① 주위온도가 높을수록
② 열 축적이 클수록
③ 적당량의 수분이 존재할 때
④ 표면적이 작을수록

해설

자연발화조건
① 발열량이 클 것
② 열전도율이 작을 것
③ 주위의 온도가 높을 것
④ 표면적이 넓을 것
⑤ 수분이 적당량 존재할 것

참고 산업안전기사 필기 p.5-7(2. 자연발화조건)

KEY
① 2011년 6월 12일 출제
② 2018년 3월 4일 출제
③ 2018년 8월 19일 출제
④ 2020년 8월 22일 출제
⑤ 2022년 3월 5일 출제
⑥ 2024년 7월 8일(문제 82번) 출제

---

85 압축기와 송풍기의 관로에 심한 공기의 맥동과 진동을 발생하면서 불안정한 운전이 되는 서징(surging) 현상의 방지법으로 옳지 않은 것은?

① 풍량을 감소시킨다.
② 배관의 경사를 완만하게 한다.
③ 교축밸브를 기계에서 멀리 설치한다.
④ 토출가스를 흡입측에 바이패스 시키거나 방출밸브에 의해 대기로 방출시킨다.

해설

서징(맥동현상) 방지대책
① 풍량을 감소시킨다.
② 배관의 경사를 완만하게 한다.
③ 토출가스를 흡입측에 바이패스 시키거나 방출밸브에 의해 대기로 방출시킨다.

참고 산업안전기사 필기 p.5-81(문제 91번) 해설

KEY
① 2015년 3월 8일 출제
② 2017년 8월 26일 출제
③ 2020년 6월 7일 출제
④ 2023년 7월 8일(문제 98번) 출제

보충학습

맥동현상 발생원인
① 배관 중에 수조가 있을 때
② 배관 중에 기체상태의 부분이 있을 때
③ 유량조절밸브가 배관 중 수조의 위치 후방에 있을 때
④ 펌프의 특성곡선이 산모양이고 운전점이 그 정상부일 때

---

86 대기압하에서 인화점이 0[℃] 이하인 물질이 아닌 것은?

① 메탄올   ② 이황화탄소
③ 산화프로필렌 ④ 디에틸에테르

해설

주요 인화성 액체의 인화점

물질명	인화점(℃)	물질명	인화점(℃)
아세톤	-20	아세트알데히드	-39
가솔린	-43	에틸알코올	13
경유	40~85	메탄올	11
등유	30~60	산화에틸렌	-17.8
벤젠	-11	이황화탄소	-30
테레빈유	35	에틸에테르	-45

[정답] 83 ② 84 ④ 85 ③ 86 ①

| 참고 | ① 산업안전기사 필기 p.5-25(문제 18번 해설)
② 2020년 9월 27일(문제 82번) |
| KEY | ① 2020년 9월 27일 출제
② 2024년 7월 8일(문제 99번) 출제 |

보충학습

CH_3OH(메탄올 : 목정) 인화점 : 11~12[℃]

---

87 4[%] NaOH 수용액과 10[%] NaOH 수용액을 반응기에 혼합하여 6[%] 100[kg]의 NaOH 수용액을 만들려면 각각 몇 [kg]의 NaOH 수용액이 필요한가?

① 4[%] NaOH 수용액 : 50,
  10[%] NaOH 수용액 : 50
② 4[%] NaOH 수용액 : 56.2,
  10[%] NaOH 수용액 : 43.8
③ 4[%] NaOH 수용액 : 66.67,
  10[%] NaOH 수용액 : 33.33
④ 4[%] NaOH 수용액 : 80,
  10[%] NaOH 수용액 : 20

해설

NaOH 수용액

① $\dfrac{4[\%] \text{ NaOH}}{(x)[kg]} + \dfrac{10[\%] \text{ NaOH}}{(100-x)[kg]} \rightarrow \dfrac{6[\%] \text{ NaOH의 } 100[kg]}{100[kg]}$

② $0.04x + 0.1 \times (100-x) = 0.06 \times 100$
③ $0.04x + 10 - 0.1x = 6$
④ $x = \dfrac{4}{0.06} = 66.67[kg]$
⑤ 4[%] NaOH수용액 = 66.67[kg]
⑥ 10[%] NaOH수용액 = 33.33[kg]

| 참고 | 산업안전기사 필기 p.5-77(보충문제) |
| KEY | ① 2009년 5월 10일 (문제 97번)
② 2016년 5월 8일(문제 88번) 출제
③ 2023년 6월 4일(문제 86번) 출제 |

---

88 다음 중 공기 속에서의 폭발하한계[vol%]값의 크기가 가장 작은 것은?

① H_2 ② CH_4
③ CO ④ C_2H_2

해설

공기 중 폭발한계

구분	하한계	상한계
H_2(수소)	4.0	75.0
CH_4(메탄)	5.0	15.0
CO(일산화탄소)	12.5	74.0
C_2H_2(아세틸렌)	2.5	81.0

| 참고 | 산업안전기사 필기 p.5-10(표 : 혼합가스의 폭발범위) |
| KEY | ① 2016년 5월 8일(문제 96번) 출제
② 2023년 6월 4일(문제 93번) 출제 |

---

89 다음 중 퍼지의 종류에 해당하지 않는 것은?

① 압력퍼지   ② 진공퍼지
③ 스위프퍼지   ④ 가열퍼지

해설

퍼지의 종류

① 진공(저압) 퍼지
② 압력퍼지
③ 스위프 퍼지
④ 사이펀 퍼지

| 참고 | 산업안전기사 필기 p.5-20([표] 퍼지의 종류) |
| KEY | ① 2011년 6월 12일(문제 86번) 출제
② 2022년 4월 24일 출제
③ 2023년 6월 4일(문제 99번) 출제 |

합격자의 조언

실기 작업형 출제

보충학습

Purge

연소되지 않은 가연성 가스 혹은 유독성 가스가 공정 안에 차 있는 경우 근로자들이 안전하게 작업할 수 있도록 가스를 공정 밖으로 배출하기 위하여 환기시키는 것

---

90 다음 중 분진폭발의 특징으로 옳은 것은?

① 가스폭발보다 연소시간이 짧고, 발생에너지가 작다.
② 압력의 파급속도보다 화염의 파급속도가 빠르다.
③ 가스폭발에 비하여 불완전 연소가 적게 발생한다.
④ 주위의 분진에 의해 2차, 3차의 폭발로 파급될 수 있다.

[정답] 87 ③ 88 ④ 89 ④ 90 ④

해설

분진폭발

① 분진, mist 등이 일정 농도 이상으로 공기와 혼합시 발화원에 의해 분진 폭발을 일으킨다.
② 마그네슘, 티타늄 등의 분말, 곡물가루 등

[표] 분진폭발의 발생 순서

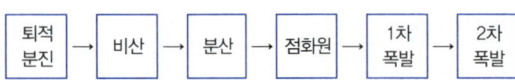

참고 ① 산업안전기사 필기 p.5-9(합격날개 : 합격예측)
② 산업안전기사 필기 p.5-11([표] 분진폭발의 특징)

KEY
① 2015년 3월 8일 출제
② 2017년 3월 5일, 8월 26일 출제
③ 2019년 8월 4일 출제
④ 2020년 8월 22일 출제
⑤ 2021년 3월 7일, 5월 15일 출제
⑥ 2022년 4월 24일 출제
⑦ 2023년 2월 28일(문제 87번) 출제

---

91 숯, 코크스, 목탄의 대표적인 연소 형태는?

① 혼합연소　　② 증발연소
③ 표면연소　　④ 비혼합연소

해설

연소형태

① 확산연소 : 가연성 가스와 공기가 확산에 의해 혼합되면서 연소하는 것
　예) 수소, 아세틸렌 등의 기체 연소
② 증발연소 : 액체표면에서 발생된 증기가 연소하는 것
　예) 알코올, 에테르, 등유, 경유 등의 액체연소
③ 분해연소 : 열 분해에 의해 가연성 가스를 방출시켜서 연소하는 것
　예) 중유, 석탄, 목재, 고체 파라핀 등의 고체연소
④ 표면연소 : 고체 표면에서 연소가 일어나는 것
　예) 숯, 알루미늄박, 마그네슘 등의 고체연소

참고 산업안전기사 필기 p.5-4(2. 고체연소)

KEY
① 2018년 3월 4일 출제
② 2021년 8월 14일 출제
③ 2023년 2월 28일(문제 88번) 출제

---

92 물과 카바이드가 결합하면 어떤 가스가 생성되는가?

① 염소가스　　② 아황산가스
③ 수성가스　　④ 아세틸렌가스

해설

아세틸렌 제조 분자식

$2H_2O + CaC_2 \rightarrow Ca(OH)_2 + C_2H_2$
(물)　(카바이드 = 탄화칼슘)　(수산화칼슘)　(아세틸렌)

참고 산업안전기사 필기 p.3-114(합격날개 : 합격예측)

KEY
① 2015년 3월 8일 출제
② 2017년 8월 26일 출제
③ 2020년 6월 7일 출제
④ 2021년 5월 15일 출제
⑤ 2023년 2월 28일(문제 93번) 출제

---

93 공기 중에서 A물질의 폭발하한계가 4[vol%], 상한계가 75[vol%] 라면 이 물질의 위험도는?

① 16.75　　② 17.75
③ 18.75　　④ 19.75

해설

위험도 계산

$H = \dfrac{\text{폭발상한계} - \text{폭발하한계}}{\text{폭발하한계}} = \dfrac{75-4}{4} = 17.75$

참고 산업안전기사 필기 p.5-70(문제 40번) 적중

KEY
① 2015년 5월 31일 (문제 85번) 출제
② 2016년 3월 6일 (문제 86번) 출제
③ 2017년 3월 5일 (문제 82번) 출제
④ 2018년 3월 4일 (문제 89번) 출제
⑤ 2020년 6월 7일 (문제 92번) 출제
⑥ 2021년 3월 7일 (문제 97번), 5월 15일(문제 90번) 출제
⑦ 2022년 4월 24일 (문제 97번) 출제
⑧ 2023년 2월 28일 (문제 97번) 출제

---

94 열교환탱크 외부를 두께 0.2[m]의 단열재(열전도율 K=0.037 [kcal/m·h·℃])로 보온하였더니 단열재 내면은 40[℃], 외면은 20[℃]이었다. 면적 1[m²]당 1시간에 손실되는 열량(kcal)은?

① 0.0037　　② 0.037
③ 1.37　　④ 3.7

해설

열교환기 손실 열량 계산

$Q = KA \dfrac{\varDelta T}{\varDelta X} = 0.037 \times \dfrac{(40-20)[℃]}{0.2} = 3.7[kcal]$

여기서, K : 전열계수, A : 면적, $\varDelta X$: 두께, $\varDelta T$: 온도변화량

[정답] 91 ③　92 ④　93 ②　94 ④

참고) 산업안전기사 필기 p.5-76(문제 68번) 적중

KEY ① 2020년 6월 7일 출제
② 2022년 4월 24일(문제 90번) 출제

95
메탄, 에탄, 프로판의 폭발하한계가 각각 5[vol%], 3[vol%], 2.1[vol%]이일 때, 다음 중 폭발하한계가 가장 낮은 것은? (단, Le Chatelier의 법칙을 이용한다.)?

① 메탄 20[vol%], 에탄 30[vol%], 프로판 50[vol%]의 혼합가스
② 메탄 30[vol%], 에탄 30[vol%], 프로판 40[vol%]의 혼합가스
③ 메탄 40[vol%], 에탄 30[vol%], 프로판 30[vol%]의 혼합가스
④ 메탄 50[vol%], 에탄 30[vol%], 프로판 20[vol%]의 혼합가스

해설
르샤틀리에(Le Chatelier) 법칙

(1) $L = \dfrac{100}{\dfrac{V_1}{L_1} + \dfrac{V_2}{L_2} + \cdots + \dfrac{V_n}{L_n}}$ (순수한 혼합가스일 경우)

(2) $L = \dfrac{V_1 + V_2 + \cdots + V_n}{\dfrac{V_1}{L_1} + \dfrac{V_2}{L_2} + \cdots + \dfrac{V_n}{L_n}}$ (혼합가스가 공기와 섞여 있을 경우)

여기서, L : 혼합가스의 폭발한계[%] – 폭발상한, 폭발하한 모두 적용 가능
$L_1, L_2, L_3, \cdots, L_n$: 각 성분가스의 폭발한계(%) – 폭발상한계, 폭발하한계
$V_1, V_2, V_3, \cdots, V_n$: 전체 혼합가스 중 각 성분가스의 비율(%) – 부피비

(3) 결론

① $\dfrac{100}{\dfrac{20}{5} + \dfrac{30}{3} + \dfrac{50}{2.1}} = 2.65[\text{vol}\%]$

② $\dfrac{100}{\dfrac{30}{5} + \dfrac{30}{3} + \dfrac{40}{2.1}} = 2.86[\text{vol}\%]$

③ $\dfrac{100}{\dfrac{40}{5} + \dfrac{30}{3} + \dfrac{30}{2.1}} = 3.09[\text{vol}\%]$

④ $\dfrac{100}{\dfrac{50}{5} + \dfrac{30}{3} + \dfrac{20}{2.1}} = 3.39[\text{vol}\%]$

참고) 산업안전기사 필기 p.5-77(문제 74번)

KEY ① 2020년 8월 22일 등 수없이 출제
② 2022년 4월 24일(문제 99번) 출제

96
공기 중에서 A 가스의 폭발하한계는 2.2[vol%] 이다. 이 폭발하한계 값을 기준으로 하여 표준상태에서 A 가스와 공기의 혼합기체 1[m³]에 함유되어 있는 A 가스의 질량을 구하면 약 몇 [g] 인가?(단, A 가스의 분자량은 26 이다.)

① 19.02
② 25.54
③ 29.02
④ 35.54

해설
A(C_2H_2)가스의 질량

① 표준상태 0[℃], 1기압에서 기체의 부피는 22.4[L]
$\dfrac{22.4}{1,000} = 0.224[\text{m}^3]$

② 분자량은 26, 농도는 폭발하한계로 구하면 0.022가 되므로 기체의 단위부피당 질량 $= \dfrac{26 \times 0.022}{0.0224} = 25.54[\text{g}]$

KEY ① 2010년 5월 9일 문제 82번 출제
② 2019년 3월 3일(문제 100번) 출제
③ 2021년 8월 14일(문제 86번) 출제

보충학습
샤를의 법칙
① 압력이 일정할 때 기체의 부피는 온도의 증가에 비례한다.
② $\dfrac{T_2}{T_1} = \left(\dfrac{V_2}{V_1}\right)$ 또는 $V_1 T_2 = V_2 T_1$ 으로 표시된다.
③ 표준상태 0[℃], 1기압에서 기체의 부피는 22.4[L]이다.
④ 기체의 단위부피당 질량[g/m³]은 $\dfrac{농도 \times 분자량}{V_1}$ 으로 구한다.

97
산업안전보건법령상 특수화학설비를 설치할 때 내부의 이상상태를 조기에 파악하기 위하여 필요한 계측장치를 설치하여야 한다. 이러한 계측장치로 거리가 먼 것은?

① 압력계
② 유량계
③ 온도계
④ 비중계

해설
특수화학설비의 종류
사업주는 위험물을 같은 표에서 정한 기준량 이상으로 제조하거나 취급하는 다음 각 호의 어느 하나에 해당하는 화학설비(이하"특수화학설비"라 한다)를 설치하는 경우에는 내부의 이상 상태를 조기에 파악하기 위하여 필요한 온도계·유량계·압력계 등의 계측장치를 설치하여야 한다.
① 발열반응이 일어나는 반응장치
② 증류·정류·증발·추출 등 분리를 하는 장치
③ 가열시켜 주는 물질의 온도가 가열되는 위험물질의 분해온도 또는 발화점보다 높은 상태에서 운전되는 설비
④ 반응폭주 등 이상 화학반응에 의하여 위험물질이 발생할 우려가 있는 설비

[정답] 95 ① 96 ② 97 ④

⑤ 온도가 섭씨 350도 이상이거나 게이지 압력이 980킬로파스칼 이상인 상태에서 운전되는 설비
⑥ 가열로 또는 가열기

[참고] 산업안전기사 필기 p.5-17(합격날개 : 합격예측 및 관련법규)

[KEY]
① 2017년 8월 28일 산업기사 출제
② 2018년 3월 4일 기사(문제 87번) 출제
③ 2018년 4월 28일 출제
④ 2021년 3월 7일(문제 96번) 출제

[합격정보]
산업안전보건기준에 관한 규칙 제273조(계측장치 등의 설치)

98 위험물을 산업안전보건법령에서 정한 기준량 이상으로 제조하거나 취급하는 설비로서 특수화학설비에 해당되는 것은?

① 가열시켜 주는 물질의 온도가 가열되는 위험물질의 분해온도보다 높은 상태에서 운전되는 설비
② 상온에서 게이지 압력으로 200[kPa]의 압력으로 운전되는 설비
③ 대기압 하에서 300[℃]로 운전되는 설비
④ 흡열반응이 행하여지는 반응설비

[해설]
특수화학설비의 종류
사업주는 별표 9에 따른 위험물을 같은 표에서 정한 기준량 이상으로 제조하거나 취급하는 다음 각 호의 어느 하나에 해당하는 화학설비(이하 "특수화학설비"라 한다)를 설치하는 경우에는 내부의 이상 상태를 조기에 파악하기 위하여 필요한 온도계·유량계·압력계 등의 계측장치를 설치하여야 한다.
① 발열반응이 일어나는 반응장치
② 증류·정류·증발·추출 등 분리를 하는 장치
③ 가열시켜 주는 물질의 온도가 가열되는 위험물질의 분해온도 또는 발화점보다 높은 상태에서 운전되는 설비
④ 반응폭주 등 이상 화학반응에 의하여 위험물질이 발생할 우려가 있는 설비
⑤ 온도가 섭씨 350도 이상이거나 게이지 압력이 980킬로파스칼 이상인 상태에서 운전되는 설비
⑥ 가열로 또는 가열기

[참고] 산업안전기사 필기 p.5-17(합격날개 : 합격예측 및 관련법규)

[KEY]
① 2017년 8월 28일 산업기사 출제
② 2018년 3월 4일 기사, 산업기사 출제
③ 2018년 4월 28일 출제

[합격정보]
산업안전보건기준에 관한 규칙 제273조(계측장치 등의 설치)

99 다음 관(pipe) 부속품 중 관로의 방향을 변경하기 위하여 사용하는 부속품은?

① 니플(nipple)
② 유니온(union)
③ 플랜지(flange)
④ 엘보(elbow)

[해설]
피팅류(Fittings)의 용도

용도	종류
두 개의 관을 연결할 때	플랜지, 유니온, 커플링, 니플, 소켓
관로의 방향을 바꿀 때	엘보, Y지관, 티, 십자
관로의 크기를 바꿀 때	축소관, 부싱
가지관을 설치할 때	티(T), Y지관, 십자
유로를 차단할 때	플러그, 캡, 밸브
유량 조절	밸브

[참고] 산업안전기사 필기 p.5-58(합격날개 : 합격예측)

[KEY]
① 2013년 3월 10일 출제
② 2014년 3월 2일 출제
③ 2015년 8월 16일 출제
④ 2016년 3월 6일, 5월 8일 출제
⑤ 2020년 6월 7일, 9월 27일 출제
⑥ 2023년 7월 8일(문제 86번) 출제

100 다음 중 화재감지기에 있어 열감지 방식이 아닌 것은?

① 정온식
② 광전식
③ 차동식
④ 보상식

[해설]
화재감지기의 종류
(1) 열감지식
　① 차동식　② 보상식　③ 정온식
(2) 연기식
　① 이온화식　② 광전식

[참고] 산업안전기사 필기 p.5-27(문제 31번) 적중

[KEY]
① 2012년 3월 4일, 5월 20일 출제
② 2013년 3월 10일 출제
③ 2014년 8월 17일 출제
④ 2016년 8월 21일 출제
⑤ 2020년 8월 22일 출제
⑥ 2023년 7월 8일(문제 84번) 출제

[정답] 98 ①　99 ④　100 ②

6 건설공사 안전관리

101 공정율이 65[%]인 건설현장의 경우 공사 진척에 따른 산업안전보건관리비의 최소 사용기준으로 옳은 것은? (단, 공정율은 기성공정율을 기준으로 함)

① 40[%] 이상
② 50[%] 이상
③ 60[%] 이상
④ 70[%] 이상

해설

공사진척에 따른 안전관리비 사용기준

공정률	50[%] 이상 70[%] 미만	70[%] 이상 90[%] 미만	90[%] 이상
사용 기준	50[%] 이상	70[%] 이상	90[%] 이상

참고 산업안전기사 필기 p.6-44(표 : 공사진척에 따른 안전관리비 사용기준)

KEY
① 2017년 5월 7일, 9월 23일 출제
② 2019년 8월 4일 산업기사 출제
③ 2020년 6월 7일(문제 103번) 출제

정보제공
건설업 산업안전보건관리비계상기준 고시 2025-11호(2025. 2. 12.)

102 사업주가 유해위험방지 계획서 제출 후 건설공사 중 6개월 이내마다 안전보건공단의 확인을 받아야 할 내용이 아닌 것은?

① 유해위험방지 계획서의 내용과 실제공사 내용이 부합하는지 여부
② 유해위험방지 계획서 변경 내용의 적정성
③ 자율안전관리 업체 유해위험방지 계획서 제출·심사 면제
④ 추가적인 유해·위험요인의 존재 여부

해설

유해위험방지계획서 공단 확인 내용
① 유해위험방지 계획서의 내용과 실제공사 내용이 부합하는지 여부
② 유해위험방지 계획서 변경 내용의 적정성
③ 추가적인 유해·위험요인의 존재 여부

KEY 2020년 6월 7일(문제 104번) 출제

정보제공
산업안전보건법 시행규칙 제46조(확인)

103 구축물에 안전진단 등 안전성 평가를 실시하여 근로자에게 미칠 위험성을 미리 제거하여야 하는 경우가 아닌 것은?

① 구축물 또는 이와 유사한 시설물의 인근에서 굴착·항타작업 등으로 침하·균열 등이 발생하여 붕괴의 위험이 예상될 경우
② 구조물, 건축물, 그 밖의 시설물이 그 자체의 무게·적설·풍압 또는 그 밖에 부가되는 하중 등으로 붕괴 등의 위험이 있을 경우
③ 화재 등으로 구축물 또는 이와 유사한 시설물의 내력(耐力)이 심하게 저하되었을 경우
④ 구축물의 구조체가 안전측으로 과도하게 설계가 되었을 경우

해설

구축물 안전성 평가내용
① 구축물등의 인근에서 굴착·항타작업 등으로 침하·균열 등이 발생하여 붕괴의 위험이 예상될 경우
② 구축물등에 지진, 동해(凍害), 부동침하(不同沈下) 등으로 균열·비틀림 등이 발생했을 경우
③ 구축물등이 그 자체의 무게·적설·풍압 또는 그 밖에 부가되는 하중 등으로 붕괴 등의 위험이 있을 경우
④ 화재 등으로 구축물등의 내력(耐力)이 심하게 저하됐을 경우
⑤ 오랜 기간 사용하지 않던 구축물등을 재사용하게 되어 안전성을 검토해야 하는 경우
⑥ 구축물등의 주요구조부에 대한 설계 및 시공 방법의 전부 또는 일부를 변경하는 경우
⑦ 그 밖의 잠재위험이 예상될 경우

KEY 2020년 6월 7일(문제 110번) 출제

정보제공
산업안전보건기준에 관한 규칙 제52조(구축물등의 안전성 평가)

104 장비 자체보다 높은 장소의 땅을 굴착하는데 적합한 장비는?

① 파워셔블(power shovel)
② 불도저(bulldozer)
③ 드래그라인(Drag line)
④ 클램셸(clamshell)

[정답] 101 ② 102 ③ 103 ④ 104 ①

해설

파워셔블(Power shovel) [dipper shovel : 동력삽]
① 굳은 점토 등 지반면보다 높은 곳의 땅파기에 적합하다.
② 앞으로 흙을 긁어서 굴착하는 방식이다.

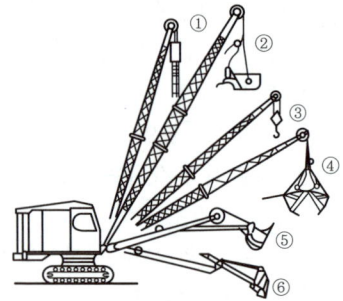

① 파일드라이버
② 드래그라인
③ 크레인
④ 클램셸
⑤ 파워셔블
⑥ 드래그셔블

[그림] 굴착기의 앞부속장치

> 참고) 산업안전기사 필기 p.6-62(1. 파워셔블)

> KEY ① 2016년 5월 8일 출제
> ② 2018년 9월 15일 산업기사 출제
> ③ 2019년 9월 21일 산업기사 출제
> ④ 2020년 8월 22일(문제 113번) 출제

105 산업안전보건법령에 따른 양중기의 종류에 해당하지 않는 것은?

① 곤돌라   ② 리프트
③ 클램셸   ④ 크레인

해설

클램셸(clam shell)
① 연약지반이나 수중굴착 및 자갈 등을 싣는 데 적합하다.
② 깊은 땅파기 공사와 흙막이 버팀대를 설치하는 데 사용한다.
③ 수중굴착 및 수조물의 기초바닥 등과 같은 협소하고 상당히 깊은 범위의 굴착과 호퍼(hopper)에 적당하다.

> 참고) 산업안전기사 필기 p.6-63(4. 클램셸)

> KEY ① 2016년 5월 8일 산업기사 출제
> ② 2017년 5월 7일 산업기사 출제
> ③ 2019년 8월 4일(문제 120번) 출제
> ④ 2020년 9월 7일(문제 102번) 출제

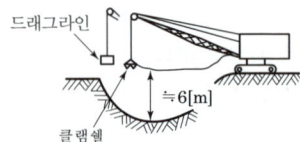

[그림] 드래그라인과 클램셸의 작업

보충학습

제132조(양중기)
"양중기"라 함은 다음 각 호의 기계를 말한다.
① 크레인(호이스트를 포함한다.)
② 이동식크레인
③ 리프트(이삿짐운반용 리프트의 경우에는 적재하중이 0.1[t] 이상의 것으로 한정한다.)
④ 곤돌라
⑤ 승강기

106 건설현장에서 작업으로 인하여 물체가 떨어지거나 날아올 위험이 있는 경우에 대한 안전조치에 해당하지 않는 것은?

① 수직보호망 설치   ② 방호선반 설치
③ 울타리 설치   ④ 낙하물 방지망 설치

해설

낙하, 비래에 의한 위험방지 안전기준
① 낙하물 방지망
② 수직보호망
③ 방호 선반의 설치
④ 출입금지 구역의 설정
⑤ 보호구 착용

> 참고) 산업안전기사 필기 p.6-76(출제예상문제 : 1번) 적중

> KEY ① 2017년 8월 26일 출제
> ② 2019년 9월 21일 출제
> ③ 2020년 6월 7일 출제
> ④ 2021년 5월 15일(문제 115번) 출제

> 합격정보
> 산업안전보건기준에 관한 규칙 제14조(낙하물에 의한 위험의 방지)

107 굴착공사에 있어서 비탈면붕괴를 방지하기 위하여 실시하는 대책으로 옳지 않은 것은?

① 지표수의 침투를 막기 위해 표면 배수공을 한다.
② 지하수위를 내리기 위해 수평배수공을 설치한다.
③ 비탈면 하단을 성토한다.
④ 비탈면 상부에 토사를 적재한다.

[정답] 105 ③   106 ③   107 ④

해설

붕괴방지공법
① 활동할 가능성이 있는 토사는 제거하여야 한다.
② 비탈면 또는 법면의 하단을 다져서 활동이 안 되도록 저항을 만들어야 한다.
③ 지표수가 침투되지 않도록 배수를 시키고 지하수위를 낮추기 위하여 수평 보링(boring)을 하여 배수시켜야 한다.
④ 말뚝(강관, H형강, 철근 콘크리트)을 박아 지반을 강화시킨다.

참고 산업안전기사 필기 p.6-57(2. 붕괴방지 공법)

KEY ① 2016년 3월 6일 출제
② 2021년 5월 15일(문제 119번) 출제

합격정보 굴착공사 표준안전 작업지침 제31조(예방)

---

108 비계의 높이가 2[m] 이상인 작업장소에 작업발판을 설치할 때 그 폭은 최소 얼마이상이어야 하는가?

① 30[cm]　　② 40[cm]
③ 50[cm]　　④ 60[cm]

해설

작업발판 폭 : 40[cm] 이상

참고 산업안전기사 필기 p.6-94(합격날개 : 합격예측 및 관련법규)

KEY ① 2017년 8월 24일 기사·산업기사 동시 출제
② 2018년 4월 28일(문제 101번) 출제
③ 2019년 4월 27일(문제 119번) 출제
④ 2020년 9월 27일(문제 112번) 출제
⑤ 2021년 9월 12일(문제 102번) 출제

합격정보 산업안전보건기준에 관한 규칙 제56조(작업발판의 구조)

---

109 달비계의 구조에서 달비계 작업발판의 폭과 틈새 기준으로 옳은 것은?

① 작업발판의 폭 30[cm] 이상, 틈새 3[cm] 이하
② 작업발판의 폭 40[cm] 이상, 틈새 3[cm] 이하
③ 작업발판의 폭 30[cm] 이상, 틈새 없도록 할 것
④ 작업발판의 폭 40[cm] 이상, 틈새 없도록 할 것

해설

달비계 안전기준
① 작업 발판의 폭 : 40[cm] 이상　② 틈새 : 없도록 할 것

참고 ① 산업안전기사 필기 p.6-94(합격날개 : 합격예측 및 관련법규)
② 산업안전기사 필기 p.6-102(합격날개 : 합격예측 및 관련 법규)

KEY ① 2017년 3월 5일(문제 108번)
② 2017년 8월 26일 기사·산업기사 동시 출제
③ 2019년 3월 3일 출제
④ 2021년 9월 12일(문제 105번) 출제

합격정보 산업안전보건기준에 관한 규칙 제63조(달비계의 구조)

보충학습
달비계 중 5[m] 이상 작업 발판 폭 기준
① 폭 : 20[cm] 이상　② 틈 : 틈새가 없도록 할 것

---

110 강관을 사용하여 비계를 구성하는 경우의 준수사항으로 옳지 않은 것은?

① 비계기둥의 간격은 띠장 방향에서는 1.85[m] 이하, 장선(長線) 방향에서는 1.5[m] 이하로 할 것
② 띠장 간격은 2.0[m] 이하로 할 것
③ 비계기둥 간의 적재하중을 400[kg]을 초과하지 않도록 할 것
④ 비계기둥의 제일 윗부분으로 부터 31[m]되는 지점 밑부분의 비계기둥은 3개의 강관으로 묶어 세울 것

해설

강관비계의 구조
① 비계기둥의 간격은 띠장 방향에서는 1.85미터 이하, 장선(線) 방향에서는 1.5미터 이하로 할 것. 다만, 선박 및 보트 건조작업의 경우 안전성에 대한 구조검토를 실시하고 조립도를 작성하면 띠장 방향 및 장선 방향으로 각각 2.7미터 이하로 할 수 있다.
② 띠장 간격은 2.0미터 이하로 할 것. 다만, 작업의 성질상 이를 준수하기가 곤란하여 쌍기둥틀 등에 의하여 해당 부분을 보강한 경우에는 그러하지 아니하다.
③ 비계기둥의 제일 윗부분으로부터 31 미터되는 지점 밑부분의 비계기둥은 2개의 강관으로 묶어 세울 것. 다만, 브라켓(bracket. 까치발) 등으로 보강하여 2개의 강관으로 묶을 경우 이상의 강도가 유지되는 경우에는 그러하지 아니하다.
④ 비계기둥 간의 적재하중은 400킬로그램을 초과하지 않도록 할 것

참고 산업안전기사 필기 p.6-99(합격날개 : 합격예측 및 관련법규)

KEY ① 2017년 3월 5일(문제 110번) 출제
② 2017년 8월 26일 기사, 산업기사 출제
③ 2018년 3월 4일(문제 110번) 출제
④ 2019년 8월 4일 산업기사 출제
⑤ 2020년 8월 23일 산업기사 출제
⑥ 2021년 3월 2일 PBT 출제
⑦ 2021년 3월 7일(문제 104번), 5월 15일(문제 117번) 출제

합격정보 산업안전보건기준에 관한 규칙 제60조(강관비계의 구조)

[**정답**] 108 ②　109 ④　110 ④

과년도 출제문제

111 안흙막이 가시설 공사 시 사용되는 각 계측기 설치 목적으로 옳지 않은 것은?

① 지표침하계 – 지표면 침하량 측정
② 수위계 – 지반 내 지하수위의 변화 측정
③ 하중계 – 상부 적재하중 변화 측정
④ 지중경사계 – 인접지반의 수평 변위량 측정

해설

계측기 종류 및 설치 목적

종류	설치 목적
하중계 (load cell)	흙막이 버팀대에 작용하는 토압, 어스 앵커의 인장력 등을 측정하는 계측기
토압계 (earth pressure meter)	흙막이에 작용하는 토압의 변화를 파악하는 계측기
간극 수압계 (piezo meter)	굴착으로 인한 지하의 간극수압을 측정하는 계측기
지하수위계 (water level meter)	지하수의 수위변화를 측정하는 계측기

참고 산업안전기사 필기 p.6-119(표.계측장치의 종류 및 설치목적)

KEY
① 2016년 3월 6일, 10월 1일 산업기사 출제
② 2017년 3월 5일, 5월 7일 산업기사 출제
③ 2017년 5월 7일 출제
④ 2018년 4월 28일, 9월 15일 출제
⑤ 2019년 3월 3일 산업기사, 4월 27일 출제
⑥ 2021년 3월 7일(문제 105번), 9월 12일(문제 108번) 출제

112 다음은 산업안전보건법령에 따른 투하설비 설치에 관련된 사항이다. ( )안에 들어갈 내용으로 옳은 것은?

> 사업주는 높이가 ( )미터 이상인 장소로부터 물체를 투하하는 때에는 적당한 투하설비를 설치하거나 감시인을 배치하는 등 위험방지를 위하여 필요한 조치를 하여야 한다.

① 1   ② 2
③ 3   ④ 4

해설

투하설비 설치
① 높이 3[m] 이상인 장소
② 감시인 배치

KEY
① 2020년 9월 27일(문제 116번) 보충학습
② 2021년 5월 15일(문제 111번) 출제

합격정보 산업안전보건기준에 관한 규칙 제15조(투하설비등)

113 작업중이던 미장공이 상부에서 떨어지는 공구에 의해 상해를 입었다면 어느 부분에 대한 결함이 있었겠는가?

① 작업대 설치   ② 작업방법
③ 낙하물 방지시설 설치   ④ 비계설치

해설

낙하, 비래에 의한 위험방지 안전기준
① 낙하물 방지망   ② 수직보호망
③ 방호 선반의 설치   ④ 출입금지 구역의 설정
⑤ 보호구 착용

참고 산업안전기사 필기 p.6-76(출제예상문제 : 1번) 적중

KEY
① 2017년 8월 26일 출제
② 2012년 3월 4일(문제 119번) 출제
③ 2019년 9월 21일 출제
④ 2020년 6월 7일 출제
⑤ 2021년 5월 15일, 9월 12일(문제 112번)

합격정보 산업안전보건기준에 관한 규칙 제14조(낙하물에 의한 위험의 방지)

114 건설현장에서 동력을 사용하는 항타기 또는 항발기에 대하여 무너짐을 방지하기 위하여 준수하여야 할 사항으로 옳지 않은 것은?

① 버팀줄만으로 상단 부분을 안정시키는 경우에는 버팀줄을 4개 이상으로 하고 같은 간격으로 배치할 것
② 버팀대만으로 상단부분을 안정시키는 경우에는 버팀대는 3개 이상으로 하고 그 하단 부분은 견고한 버팀·말뚝 또는 철골 등으로 고정시킬 것
③ 궤도 또는 차로 이동하는 항타기 또는 항발기에 대해서는 불시에 이동하는 것을 방지하기 위하여 레일 클램프(rail clamp) 및 쐐기 등으로 고정시킬 것
④ 연약한 지반에 설치하는 경우에는 각부나 가대의 침하를 방지하기 위하여 깔판·깔목 등을 사용할 것

[정답] 111 ③   112 ③   113 ③   114 ①

해설
항타기 및 항발기 버팀줄 개수 : 3개 이상

참고 산업안전기사 필기 p.6-55(합격날개 : 합격예측 및 관련법규)

KEY
① 2018년 9월 15일 기사·산업기사 동시 출제
② 2020년 8월 22일(문제 118번) 출제
② 2021년 9월 12일(문제 113번) 출제

정보제공
산업안전보건기준에 관한 규칙 제209조(무너짐의 방지)

115 이동식비계 조립 및 사용 시 준수사항으로 옳지 않은 것은?

① 비계의 최상부에서 작업을 하는 경우에는 안전난간을 설치할 것
② 승강용사다리는 견고하게 설치할 것
③ 작업발판은 항상 수평을 유지하고 작업발판 위에서 사다리를 사용하여 작업할 것
④ 작업발판의 최대적재하중은 250[kg]을 초과하지 않도록 할 것

해설
이동식비계 조립시 준수사항
① 이동식비계의 바퀴에는 뜻밖의 갑작스러운 이동 또는 전도를 방지하기 위하여 브레이크·쐐기 등으로 바퀴를 고정시킨 다음 비계의 일부를 견고한 시설물에 고정하거나 아웃트리거(outrigger, 전도방지용 지지대)를 설치하는 등 필요한 조치를 할 것
② 승강용사다리는 견고하게 설치할 것
③ 비계의 최상부에서 작업을 하는 경우에는 안전난간을 설치할 것
④ 작업발판은 항상 수평을 유지하고 작업발판 위에서 안전난간을 딛고 작업을 하거나 받침대 또는 사다리를 사용하여 작업하지 않도록 할 것
⑤ 작업발판의 최대적재하중은 250킬로그램을 초과하지 않도록 할 것

참고 산업안전기사 필기 p.6-96(4. 이동식비계)

KEY 2021년 3월 7일(문제 109번), 9월 12일(문제 118번) 출제

정보제공
산업안전보건기준에 관한 규칙 제68조(이동식비계)

116 산업안전보건법령에 따른 중량물 취급작업 시 작업계획서에 포함시켜야 할 사항이 아닌 것은?

① 협착위험을 예방할 수 있는 안전대책
② 감전위험을 예방할 수 있는 안전대책
③ 추락위험을 예방할 수 있는 안전대책
④ 전도위험을 예방할 수 있는 안전대책

해설
중량물 취급작업 작업계획서 내용
① 추락위험을 예방할 수 있는 안전대책
② 낙하위험을 예방할 수 있는 안전대책
③ 전도위험을 예방할 수 있는 안전대책
④ 협착위험을 예방할 수 있는 안전대책
⑤ 붕괴위험을 예방할 수 있는 안전대책

참고 산업안전기사 필기 p.6-192(11. 중량물 취급작업)

KEY
① 2018년 4월 28일 산업기사 출제
② 2019년 3월 3일 산업기사 출제
② 2021년 9월 12일(문제 119번) 출제

정보제공
산업안전보건기준에 관한 규칙 [별표 4] 사전조사 및 작업계획서 내용

117 취급·운반의 원칙으로 옳지 않은 것은?

① 운반 작업을 집중하여 시킬 것
② 생산을 최고로 하는 운반을 생각할 것
③ 곡선 운반을 할 것
④ 연속 운반을 할 것

해설
취급, 운반의 5원칙
① 직선운반을 할 것
② 연속운반을 할 것
③ 운반작업을 집중화시킬 것
④ 생산을 최고로 하는 운반을 생각할 것
⑤ 최대한 시간과 경비를 절약할 수 있는 운반방법을 고려할 것

참고 산업안전기사 필기 p.6-161(합격날개 : 합격예측)

KEY
① 2017년 8월 26일 출제
② 2018년 4월 28일 출제
③ 2019년 3월 3일 산업기사 출제
④ 2022년 3월 5일(문제 109번) 출제

참고 산업안전기사 필기 p.6-171(합격날개 : 합격예측)

118 철골작업 시 철골부재에서 근로자가 수직 방향으로 이동하는 경우에 설치하여야 하는 고정된 승강로의 최대답단 간격은 얼마 이내인가?

① 20[cm]   ② 25[cm]
③ 30[cm]   ④ 40[cm]

【정답】 115 ③   116 ②   117 ③   118 ③

해설

승강로 답단간격

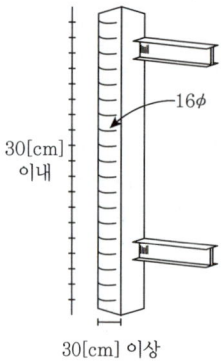

[그림] 고정된 승강로 Trap(답단)

참고) 산업안전기사 필기 p.6-168 (그림 : 고정된 승강로 Trap)

KEY ① 2018년 8월 19일, 9월 15일(문제 110번) 출제
② 2018년 7월 7일 기사 작업형 출제
③ 2022년 3월 5일(문제 110번) 출제

정보제공

산업안전보건기준에 관한 규칙 제381조(승강로의 설치)
사업주는 근로자가 수직방향으로 이동하는 철골부재(鐵骨部材)에는 답단(踏段) 간격이 30센티미터 이내인 고정된 승강로를 설치하여야 하며, 수평방향 철골과 수직방향 철골이 연결되는 부분에는 연결작업을 위하여 작업발판 등을 설치하여야 한다.

119 콘크리트 타설작업을 하는 경우에 준수해야 할 사항으로 옳지 않은 것은?

① 당일의 작업을 시작하기 전에 해당 작업에 관한 거푸집동바리 등의 변형·변위 및 지반의 침하 유무 등을 점검하고 이상이 있으면 보수한다.
② 작업 중에는 거푸집동바리 등의 변형·변위 및 침하 유무 등을 감시할 수 있는 감시자를 배치하여 이상이 있으면 작업을 빠른 시간 내 우선 완료하고 근로자를 대피시킨다.
③ 콘크리트 타설작업 시 거푸집붕괴의 위험이 발생할 우려가 있으면 충분한 보강 조치를 한다.
④ 콘크리트를 타설하는 경우에는 편심이 발생하지 않도록 골고루 분산하여 타설한다.

해설

제334조(콘크리트의 타설작업) 사업주는 콘크리트의 타설작업을 하는 경우에는 다음 각 호의 사항을 준수하여야 한다.
1. 당일의 작업을 시작하기 전에 해당 작업에 관한 거푸집동바리 등의 변형·변위 및 지반의 침하유무 등을 점검하고 이상이 있으면 보수할 것
2. 작업중에는 거푸집동바리 등의 변형·변위 및 침하유무 등을 감시할 수 있는 감시자를 배치하여 이상이 있으면 작업을 중지시키고 근로자를 대피시킬 것
3. 콘크리트의 타설작업시 거푸집붕괴의 위험이 발생할 우려가 있는 경우에는 충분한 보강조치를 할 것
4. 설계도서상의 콘크리트 양생기간을 준수하여 거푸집동바리 등을 해체할 것
5. 콘크리트를 타설하는 경우에는 편심이 발생하지 않도록 골고루 분산하여 타설할 것

참고) 산업안전기사 필기 p.6-91(합격날개 : 합격예측 및 관련법규)

KEY ① 2016년 5월 8일 출제
② 2016년 10월 1일 산업기사 출제
③ 2017년 3월 5일 산업기사 출제
④ 2021년 5월 15일, 8월 14일기사 출제
⑤ 2022년 3월 5일(문제 110번) 출제

120 철골건립준비를 할 때 준수하여야 할 사항으로 옳지 않은 것은?

① 지상 작업장에서 건립준비 및 기계기구를 배치할 경우에는 낙하물의 위험이 없는 평탄한 장소를 선정하여 정비하여야 한다.
② 건립작업에 다소 지장이 있다하더라도 수목은 제거하거나 이설하여서는 안된다.
③ 사용전에 기계기구에 대한 정비 및 보수를 철저히 실시하여야 한다.
④ 기계에 부착된 앵커 등 고정장치와 기초구조 등을 확인하여야 한다.

해설

장해물의 제거
① 수목이나 전주 등은 제거 또는 이설
② 이유 : 작업능률을 저하 방지

참고) 산업안전기사 필기 p.6-160(2. 건립 준비 및 기계 기구의 배치)

KEY ① 2015년 3월 8일(문제 116번) 출제
② 2019년 3월 3일(문제 108번) 출제
③ 2022년 4월 24일(문제 104번) 출제

[정답] 119 ② 120 ②

산업안전기사 필기

2025년 2월 07일 시행 **제1회**

2025년 5월 10일 시행 **제2회**

2025년 8월 09일 시행 **제3회**

2025년도 기사 정기검정 제1회 (2025년 2월 7일 시행)

자격종목 및 등급(선택분야)
산업안전기사

종목코드	시험시간	수험번호	성명
1431	3시간	20250207	도서출판세화

※ 본 문제는 복원문제 및 2026 예적(예상적중) 문제로 실제문제와 동일하지 않을 수 있습니다.

1 산업재해 예방 및 안전보건교육

01 보호구 안전인증 고시상 안전인증 방독마스크의 정화통 종류와 외부 측면의 표시 색이 잘못 연결된 것은?

① 할로겐용 – 회색
② 황화수소용 – 회색
③ 암모니아용 – 회색
④ 시안화수소용 – 회색

[해설]

방독마스크 흡수관(정화통)의 종류

종 류	시험가스	정화통 외부측면 표시색
유기화합물용	시클로헥산(C_6H_{12}) 디메틸에테르(CH_3OCH_3), 이소부탄(C_4H_{10})	갈색
할로겐용	염소가스 또는 증기(Cl_2)	회색
황화수소용	황화수소가스(H_2S)	회색
시안화수소용	시안화수소가스(HCN)	회색
아황산용	아황산가스(SO_2)	노란색
암모니아용	암모니아가스(NH_3)	녹색

 산업안전기사 필기 p.1-55(표 : 방독마스크 흡수관의 종류)

KEY
① 2016년 3월 6일 산업기사 출제
② 2017년 3월 5일 출제
③ 2018년 4월 28일 출제
④ 2021년 5월 15일(문제 7번) 출제
⑤ 2024년 7월 27일(문제 17번) 출제

02 Y·G 성격검사에서 "안전, 적응, 적극형"에 해당하는 형의 종류는?

① A형
② B형
③ C형
④ D형

[해설]

Y·G(矢田部·Guilford) 성격검사
① A형(평균형) : 조화적, 적응적
② B형(右偏형) : 정서 불안정, 활동적, 외향적(불안정, 부적응, 적극형)
③ C형(左偏형) : 안전 소극형(온순, 소극적, 안전, 비활동, 내향적)
④ D형(右下형) : 안전, 적응, 적극형(정서 안전, 사회 적응, 활동적 대인관계 양호)
⑤ E형(左下형) : 불안전, 부적응, 수동형(D형과 반대)

참고 산업안전기사 필기 p.1-79(2. Y·G 성격검사)

KEY
① 2020년 6월 7일(문제 4번) 출제
② 2023년 6월 7일 산업기사 출제
③ 2024년 2월 15일(문제 3번) 출제

03 매슬로우(Maslow)의 욕구 5단계 이론 중 자기보존에 관한 안전욕구는 몇 단계에 해당되는가?

① 제1단계
② 제2단계
③ 제3단계
④ 제4단계

[해설]

매슬로우(Maslow, A. H.)의 욕구단계 이론
① 제1단계(생리적 욕구 : 생명유지의 기본적 욕구) : 기아, 갈증, 호흡, 배설, 성욕 등 인간의 가장 기본적인 욕구(종족보존)
② 제2단계(안전욕구) : 자기보존욕구
③ 제3단계(사회적 욕구) : 소속감과 애정욕구
④ 제4단계(존경욕구) : 인정받으려는 욕구
⑤ 제5단계(자아실현의 욕구) : 잠재적인 능력을 실현하고자 하는 욕구(성취욕구)

참고 산업안전기사 필기 p.1-101(5. 매슬로우의 욕구 5단계 이론)

KEY
① 2014년 3월 2일 출제
② 2016년 5월 8일, 8월 21일 출제
③ 2017년 3월 5일 출제
④ 2018년 4월 28일 출제
⑤ 2019년 4월 27일 출제
⑥ 2020년 8월 22일 출제
⑦ 2021년 8월 14일 출제
⑧ 2022년 4월 24일 출제
⑨ 2024년 7월 27일(문제 20번) 등 10회 이상 출제
⑩ 2024년 4월 27일 실기 필답형 출제

[정답] 01 ③ 02 ④ 03 ②

04
산업안전보건법령상 안전보건표지의 종류 중 다음 표지의 명칭은? (단, 마름모 테두리는 빨간색이며, 안의 내용은 검은색이다.)

① 폭발성물질 경고   ② 산화성물질 경고
③ 부식성물질 경고   ④ 급성독성물질 경고

해설

경고표지

인화성 물질경고	산화성 물질경고	폭발성 물질경고	급성독성 물질경고	부식성 물질경고	방사성 물질경고

참고) 산업안전기사 필기 p.1-61(4. 안전보건표지의 종류와 형태)

KEY ▶ ① 2017년 9월 23일 출제
② 2018년 3월 4일 출제
③ 2019년 4월 27일 출제
④ 2020년 8월 22일(18번) 출제
⑤ 2024년 2월 15일(6번), 7월 27일(1번) 출제

정보제공) 산업안전보건법 시행규칙 [별표 6] 안전보건표지의 종류와 형태

05
생체리듬의 변화에 대한 설명으로 틀린 것은?

① 야간에는 체중이 감소한다.
② 야간에는 말초운동 기능이 저하된다.
③ 체온, 혈압, 맥박수는 주간에 상승하고 야간에 감소한다.
④ 혈액의 수분과 염분량은 주간에 증가하고 야간에 감소한다.

해설

위험일 변화

혈액의 수분, 염분량 : 주간에 감소, 야간에 상승

참고) 산업안전기사 필기 p.1-108(5. 위험일의 변화 및 특징)

KEY ▶ ① 2017년 8월 26일, 9월 23일출제
② 2021년 3월 7일 출제
③ 2023년 6월 4일(문제 13번) 출제
④ 2024년 7월 27일(문제 9번) 출제

06
안전관리조직의 참모식(staff형)에 대한 장점이 아닌 것은?

① 경영자의 조언과 자문역할을 한다.
② 안전정보 수집이 용이하고 빠르다.
③ 안전에 관한 명령과 지시는 생산라인을 통해 신속하게 전달한다.
④ 안전전문가가 안전계획을 세워 문제해결 방안을 모색하고 조치한다.

해설

라인형 조직과 스태프형 조직

구 분	장 점	단 점
line형 조직	① 안전에 관한 명령과 지시는 생산 라인을 통해 신속·정확히 전달 실시된다. ② 중소 규모 기업에 활용된다.	① 안전 전문 입안이 되어 있지 않아 내용이 빈약하다. ② 안전의 정보가 불충분하다.
staff형 조직	① 안전 전문가가 안전계획을 세워 문제 해결 방안을 모색하고 조치한다. ② 경영자의 조언과 자문 역할을 한다. ③ 안전 정보 수집이 용이하고 빠르다.	① 생산 부문에 협력하여 안전 명령을 전달 실시하므로 안전과 생산을 별개로 취급하기 쉽다. ② 생산 부문은 안전에 대한 책임과 권한이 없다.

참고) 산업안전기사 필기 p.1-23(표. 안전보건관리 조직형태)

KEY ▶ ① 2016년 3월 6일 기사·산업기사 동시 출제
② 2016년 10월 1일 산업기사 출제
③ 2017년 3월 5일, 5월 7일 기사 출제
④ 2017년 8월 26일 기사·산업기사 동시 출제
⑤ 2019년 3월 3일(문제 14번) 출제
⑥ 2024년 2월 15일(문제 4번), 5월 9일(문제 1번) 출제

07
산업안전보건법령상 교육대상별 교육내용 중 관리감독자의 정기안전보건교육 내용이 아닌 것은?(단, 산업안전보건법 및 일반관리에 관한 사항은 제외한다.)

① 산업안전 제도에 관한 사항
② 산업보건 및 건강장해 예방에 관한 사항
③ 유해·위험 작업환경 관리에 관한 사항
④ 표준안전작업방법 및 지도 요령에 관한 사항

[정답] 04 ④ 05 ④ 06 ③ 07 ①

해설

관리감독자 정기안전보건교육 내용
① 산업안전 및 산업재해 예방에 관한 사항(화재·폭발 사고 발생 시 대피에 관한 사항을 포함한다)
② 산업보건 및 건강장해 예방에 관한 사항(폭염·한파작업으로 인한 건강장해 발생 시 응급조치에 관한 사항을 포함한다)
③ 위험성 평가에 관한 사항
④ 유해·위험 작업환경 관리에 관한 사항
⑤ 산업안전보건법령 및 산업재해보상보험 제도에 관한 사항
⑥ 직무스트레스 예방 및 관리에 관한 사항
⑦ 직장 내 괴롭힘, 고객의 폭언 등으로 인한 건강장해 예방 및 관리에 관한 사항
⑧ 작업공정의 유해·위험과 재해 예방대책에 관한 사항
⑨ 사업장 내 안전보건관리체제 및 안전·보건조치 현황에 관한 사항
⑩ 표준안전 작업방법 결정 및 지도·감독 요령에 관한 사항
⑪ 현장근로자와의 의사소통능력 및 강의 능력 등 안전보건교육 능력 배양에 관한 사항
⑫ 비상시 또는 재해 발생 시 긴급조치에 관한 사항
⑬ 그 밖의 관리감독자의 직무에 관한 사항

참고 산업안전기사 필기 p.1-154(3. 관리감독자 정기안전보건교육)

KEY
① 2017년 5월 7일, 8월 26일 출제
② 2018년 3월 4일 출제
③ 2023년 6월 4일(문제 10번) 출제
④ 2024년 5월 9일(문제 8번) 출제

합격정보
산업안전보건법시행규칙 [별표 5] 안전보건교육대상별 교육내용

---

08 사고예방대책의 기본원리 5단계 중 틀린 것은?

① 1단계 : 안전관리계획
② 2단계 : 현상파악
③ 3단계 : 분석평가
④ 4단계 : 대책의 선정

해설

하인리히 사고예방대책 기본원리 5단계
① 제1단계(안전관리조직 : Organization)
② 제2단계(사실의 발견 : Fact finding:현상파악)
③ 제3단계(분석평가 : Analysis)
④ 제4단계(시정(대)책의 선정 : Selection of remedy)
⑤ 제5단계(시정(대)책의 적용 : Application of remedy)

참고 산업안전기사 필기 p.3-35(7. 하인리히 사고예방대책 기본원리 5단계)

KEY
① 2017년 5월 7일 기사·산업기사 동시 출제
② 2018년 8월 19일 산업기사 출제
③ 2019년 3월 3일(문제 20번) 출제
④ 2024년 5월 9일(문제 8번) 출제

---

09 재해조사의 목적과 가장 거리가 먼 것은?

① 재해예방 자료수집
② 재해관련 책임자 문책
③ 동종 및 유사재해 재발방지
④ 재해발생 원인 및 결함 규명

해설

재해조사의 목적
① 관계자의 책임을 추궁하는 것이 아니다.
② 사고의 진실을 밝혀내는 것이다.

참고 산업안전기사 필기 p.3-30(4. 재해 조사시의 유의사항)

KEY
① 2016년 3월 6일 기사 출제
② 2018년 4월 28일 기사 출제
③ 2019년 4월 27일 기사 출제
④ 2021년 3월 7일(문제 5번) 출제
⑤ 2024년 2월 15일(문제 5번) 출제

---

10 재해원인을 직접원인과 간접원인으로 분류할 때 직접원인에 해당하는 것은?

① 물적 원인　② 교육적 원인
③ 정신적 원인　④ 관리적 원인

해설

산업재해원인

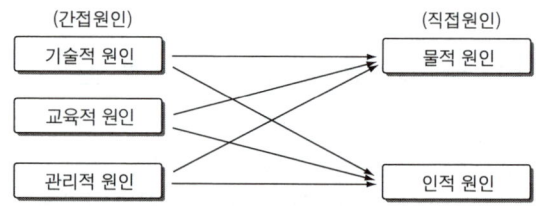

[그림] 직·간접재해원인 비교

참고 산업안전기사 필기 p.3-29(그림. 직·간접재해원인 비교)

KEY
① 2017년 5월 7일 산업기사 출제
② 2018년 4월 28일 기사 출제
③ 2019년 4월 27일 기사 출제
④ 2020년 8월 22일(문제 14번) 출제
⑤ 2022년 4월 24일(문제 18번) 출제
⑥ 2024년 2월 15일(문제 9번) 출제

[정답] 08 ① 09 ② 10 ①

11. 적응기제 중 도피기제의 유형이 아닌 것은?

① 합리화 ② 고립
③ 퇴행 ④ 억압

[해설]

도피기제(Excape Mechanism): 갈등을 해결하지 않고 도망감

구분	특징
억압	무의식으로 쑤셔 넣기
퇴행	유아 시절로 돌아가 유치해짐
백일몽	공상의 나래를 펼침
고립(거부)	외부와의 접촉을 끊음

[참고] ① 산업안전기사 필기 p.1-115(적응기제 3가지)
② 산업안전기사 필기 p.1-150(합격날개 : 합격예측)

[KEY] ① 2016년 5월 8일 산업기사 출제
② 2017년 3월 5일 기사 출제
③ 2017년 9월 23일 기사 출제
④ 2018년 3월 4일(문제 19번) 출제
⑤ 2024년 2월 15일(문제 15번) 출제

12. 보호구 안전인증 고시에 따른 방음용 귀마개 또는 귀덮개와 관련된 용어의 정의 중 다음 (   )안에 알맞은 것은?

음압수준이란 음압을 다음 식에 따라 데시벨(dB)로 나타낸 것을 말하며 적분 평균소음계(KSC1505) 또는 소음계 (KSC1502)에 규정하는 소음계의 (   )특성을 기준으로 한다.

① A ② B
③ C ④ D

[해설]

음압수준

"음압수준"이란 음압을 다음 식에 따라 데시벨(dB)로 나타낸 것을 말하며 KSC1505(적분 평균소음계) 또는 KSC1502(소음계)에 규정하는 소음계의 "C" 특성을 기준으로 한다.

$$\text{음압수준[dB]} = 20\log 10 \frac{P}{P_0}$$

P : 측정음압으로서 파스칼(Pa) 단위를 사용
P_0 : 기준음압으로서 $20[\mu Pa]$ 사용

[참고] 산업안전기사 필기 p.1-63(합격날개 : 합격예측)

[KEY] ① 2009년 5월 10일 (문제 9번) 출제
② 2017년 8월 26일(문제 12번) 출제
③ 2024년 2월 15일(문제 17번) 출제

13. 다음 중 몇 사람의 전문가에 의하여 과제에 관한 견해를 발표하게 한 뒤에 참가자로 하여금 의견이나 질문을 하게 하여 토의하는 방법은?

① 포럼(Forum)
② 심포지엄(Symposium)
③ 케이스 스터디(Case study)
④ 패널 디스커션(Panel discussion)

[해설]

심포지엄(Symposium)
몇 사람의 전문가에 의하여 과제에 관한 견해를 발표하게 한 뒤 참가자로 하여금 의견이나 질문을 하게 하여 토의하는 방법

[참고] 산업안전기사 필기 p.1-144(④ 토의식 교육방법)

[KEY] ① 2011년 6월 12일 기사 출제
② 2013년 8월 18일 기사 출제
③ 2015년 5월 31일, 8월 16일 기사 출제
④ 2018년 3월 4일 기사 출제
⑤ 2020년 6월 7일 기사 출제
⑥ 2022년 3월 5일 기사 출제
⑦ 2023년 7월 8일(문제 6번) 출제

14. 적성요인에 있어 직업적성을 검사하는 항목이 아닌 것은?

① 지능 ② 촉각 적응력
③ 형태식별능력 ④ 운동속도

[해설]

직업적성검사(職業適性檢査, vocational aptitude test)
① 피검사자의 개인적 특징인 적성과 직업의 특성을 대응시키는 검사이다.
② 직업적성검사는 개인의 적성이나 기질과 특정 직종 또는 직업에서 직무수행에 요구되는 활동간의 관계를 밝혀, 개인의 진로개발이나 구직 활동에 유용한 직업정보를 제공하는 데 목적이 있다.
③ 대표적인 직업적성검사로는 일반적성검사(GATB : general aptitude test battery), 차별적성검사(DAT : differential aptitude test), 산업적성검사(FIT : flanagan industrial tests), 고용적성조사(EAS : employee aptitude survey) 등이 있다.
④ 종류
 ㉮ 지능 : 일반적인 학습능력 및 원리 이해 능력, 추리 판단 능력
 ㉯ 언어능력 : 단어의 뜻과 함께 그와 관련된 개념을 이해하고 사용하는 능력
 ㉰ 수리능력 : 빠르고 정확하게 계산하는 능력

[참고] 산업안전기사 필기 p.1-77(합격날개 : 합격예측)

[정답] 11 ① 12 ③ 13 ② 14 ②

KEY ① 2011년 6월 12일 기사 출제
② 2019년 8월 4일 기사 출제
③ 2023년 7월 8일(문제 14번) 출제

15 부주의에 대한 사고방지 대책 중 기능 및 작업측면의 대책이 아닌 것은?

① 표준작업의 습관화
② 적성배치
③ 안전의식의 제고
④ 작업조건의 개선

해설

부주의에 대한 기능 및 작업적 측면에 대한 대책
① 적성 배치
② 안전작업 방법 습득
③ 표준작업 동작의 습관화

참고 산업안전기사 필기 p.1-121(④ 기능 및 작업적 측면에 대한 대책)

KEY ① 2018년 8월 19일 기사 출제
② 2023년 7월 8일(문제 20번) 출제

보충학습

부주의에 대한 정신적 측면에 대한 대책
① 주의력의 집중 훈련
② 스트레스의 해소
③ 안전의식의 고취
④ 작업의욕의 고취

16 안전점검 체크리스트에 포함되어야 할 사항이 아닌 것은?

① 점검대상
② 점검부분
③ 점검방법
④ 점검목적

해설

Check List에 포함되어야 하는 사항
① 점검대상
② 점검부분(점검개소)
③ 점검항목(점검내용 : 마모, 균열, 부식, 파손, 변형 등)
④ 점검주기 또는 기간(점검시기)
⑤ 점검방법(육안점검, 기능점검, 기기점검, 정밀점검)
⑥ 판정기준(안전검사기준, 법령에 의한 기준, KS기준 등)
⑦ 조치사항(점검결과에 따른 결함의 시정사항)

참고 산업안전기사 필기 p.3-50(1. Check List에 포함되어야 하는 사항)

KEY ① 2016년 5월 8일(문제 19번) 출제
② 2017년 5월 7일 기사 출제
③ 2023년 6월 4일(문제 1번) 출제

17 산업안전보건법령상 협의체 구성 및 운영에 관한 사항으로 ( )에 알맞은 내용은?

> 도급인은 관계 수급인 근로자가 도급인의 사업장에서 작업을 하는 경우 도급인과 수급인을 구성원으로 하는 안전 및 보건에 관한 협의체를 구성 및 운영하여야 한다. 이 협의체는 ( ) 정기적으로 회의를 개최하고 그 결과를 기록 보존해야 한다.

① 매월 1회 이상
② 2개월마다 1회
③ 3개월마다 1회
④ 6개월마다 1회

해설

제79조(협의체의 구성 및 운영)
① 법 제64조제1항제1호에 따른 안전 및 보건에 관한 협의체(이하 이 조에서 "협의체"라 한다)는 도급인 및 그의 수급인 전원으로 구성해야 한다.
② 협의체는 다음 각 호의 사항을 협의해야 한다.
  1. 작업의 시작 시간
  2. 작업 또는 작업장 간의 연락방법
  3. 재해발생 위험이 있는 경우 대피방법
  4. 작업장에서의 법 제36조에 따른 위험성평가의 실시에 관한 사항
  5. 사업주와 수급인 또는 수급인 상호 간의 연락 방법 및 작업공정의 조정
③ 협의체는 매월 1회 이상 정기적으로 회의를 개최하고 그 결과를 기록·보존해야 한다.

참고 산업안전기사 필기 p.1-228(제79조 : 협의체의 구성 및 운영)

KEY ① 2021년 5월 15일 출제
② 2023년 6월 4일(문제 14번) 출제

합격정보

산업안전보건법 시행규칙

18 다음 중 부주의의 발생 현상으로 혼미한 정신상태에서 심신의 피로나 단조로운 반복작업시 일어나는 현상은?

① 의식의 과잉
② 의식의 집중
③ 의식의 우회
④ 의식수준의 저하

해설

의식수준의 저하
뚜렷하지 않은 의식의 상태로 심신이 피로하거나 단조로움 등에 의해 발생

참고 산업안전기사 필기 p.1-120(3. 의식수준의 저하)

[정답] 15 ③ 16 ④ 17 ① 18 ④

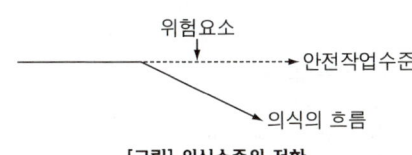

[그림] 의식수준의 저하

KEY
① 2017년 8월 26일 출제
② 2019년 8월 4일 출제
③ 2023년 6월 4일(문제 17번) 출제

보충학습
① 의식의 단절 : 지속적인 흐름에 공백이 발생하며 질병이 있는 경우에만 발생한다.
② 의식의 우회 : 의식의 흐름이 옆으로 빗나가 발생하는 경우로 작업도중의 걱정, 고뇌, 욕구 불만 등에 의해 다른 것에 주의하는 것이 이에 속한다.
③ 의식의 과잉 : 지나친 의욕에 의해서 생기는 부주의 현상으로 돌발사태 및 긴급이상 사태시 순간적으로 긴장되고 의식이 한 방향으로만 쏠리게 되는 경우가 이에 해당된다.
④ 의식의 혼란 : 인간공학적 디자인과 설계의 불량으로 인해 판단의 혼란으로 발생한다.

19 산업안전보건법령상 중대재해의 범위에 해당하지 않는 것은?

① 1명의 사망자가 발생한 재해
② 1개월의 요양을 요하는 부상자가 동시에 5명 발생한 재해
③ 3개월의 요양을 요하는 부상자가 동시에 3명 발생한 재해
④ 10명의 직업성 질병자가 동시에 발생한 재해

해설

중대재해의 종류 3가지
① 사망자가 1명 이상 발생한 재해
② 3개월 이상의 요양이 필요한 부상자가 동시에 2명 이상 발생한 재해
③ 부상자 또는 직업성 질병자가 동시에 10명 이상 발생한 재해

참고 산업안전기사 필기 p.1-4(6. 중대재해)

KEY
① 2016년 3월 8일 기사 및 산업기사 동시출제
② 2016년 5월 8일 기사 출제
③ 2020년 8월 22일 기사 출제
③ 2023년 2월 28일(문제 1번) 출제

합격정보
산업안전보건법 시행규칙 제3조(중대재해의 범위)

20 산업안전보건법령상 안전관리자의 업무가 아닌 것은?(단, 그 밖에 고용노동부장관이 정하는 사항은 제외한다.)

① 업무 수행 내용의 기록
② 산업재해에 관한 통계의 유지·관리·분석을 위한 보좌 및 지도·조언
③ 안전교육계획의 수립 및 안전교육 실시에 관한 보좌 및 지도·조언
④ 작업장 내에서 사용되는 전체 환기장치 및 국소 배기장치 등에 관한 설비의 점검

해설

안전관리자의 업무
① 산업안전보건위원회 또는 안전보건에 관한 노사협의체에서 심의·의결한 업무와 해당 사업장의 안전보건관리규정 및 취업규칙에서 정한 업무
② 위험성평가에 관한 보좌 및 지도·조언
③ 안전인증대상 기계 등과 자율안전확인대상 기계 등 구입 시 적격품의 선정에 관한 보좌 및 지도·조언
④ 해당 사업장 안전교육계획의 수립 및 안전교육 실시에 관한 보좌 및 지도·조언
⑤ 사업장 순회점검·지도 및 조치의 건의
⑥ 산업재해 발생의 원인 조사·분석 및 재발 방지를 위한 기술적 보좌 및 지도·조언
⑦ 산업재해에 관한 통계의 유지·관리·분석을 위한 보좌 및 지도·조언
⑧ 법 또는 법에 따른 명령으로 정한 안전에 관한 사항의 이행에 관한 보좌 및 지도·조언
⑨ 업무수행 내용의 기록·유지
⑩ 그 밖에 안전에 관한 사항으로서 고용노동부장관이 정하는 사항

참고 산업안전기사 필기 p.1-26(2. 안전관리자의 업무)

KEY
① 2017년 3월 5일, 5월 7일, 9월 23일 기사 출제
② 2018년 3월 4일, 4월 28일 기사 출제
③ 2018년 8월 19일 산업기사 출제
④ 2020년 6월 7일(문제 1번) 출제
⑤ 2022년 4월 24일(문제 19번) 출제

합격정보
산업안전보건법 시행령 제18조(안전관리자의 업무 등)

[정답] 19 ② 20 ④

2 인간공학 및 위험성 평가·관리

21 FTA(Fault Tree Analysis)에서 사용되는 사상기호 중 통상의 작업이나 기계의 상태에서 재해의 발생 원인이 되는 요소가 있는 것을 나타내는 것은?

① 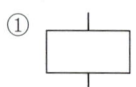 ②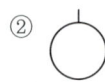

③ 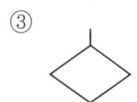 ④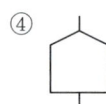

해설

FTA 기호

기호	명칭	기호	명칭
▭	결함사상	◇	생략사상
○	기본사상	⌂	통상사상

참고) 산업안전기사 필기 p.2-70(표 : FTA 기호)

KEY ① 2007년 8월 5일(문제 33번) 출제
② 2016년 10월 1일 산업기사 출제
③ 2017년 5월 7일 기사 출제
④ 2017년 8월 19일 산업기사 출제
⑤ 2017년 8월 26일 기사, 산업기사 출제
⑥ 2018년 3월 4일 기사 출제
⑦ 2018년 8월 19일 산업기사 출제
⑧ 2020년 6월 14일 산업기사 출제
⑨ 2021년 5월 15일, 8월 14일(문제 33번) 기사 출제
⑩ 2022년 4월 24일(문제 30번) 출제
⑪ 2024년 5월 9일(문제 36번) 출제

22 섬유유연제 생산 공정이 복잡하게 연결되어 있어 작업자의 불안전한 행동을 유발하는 상황이 발생하고 있다. 이것을 해결하기 위한 위험처리 기술에 해당하지 않는 것은?

① Transfer(위험전가)
② Retention(위험보류)
③ Reduction(위험감축)
④ Rearrange(작업순서의 변경 및 재배열)

해설

Risk 처리(위험조정)기술 4가지
① 위험회피(Avoidance)
② 위험제거(경감, 감축 : Reduction)
③ 위험보유(보류 : Retention)
④ 위험전가(Transfer) : 보험으로 위험조정

참고) 산업안전기사 필기 p.2-36(합격날개 : 합격예측)

KEY ① 2014년 3월 2일 출제
② 2018년 8월 19일 출제
③ 2023년 7월 8일(문제 31번) 출제
④ 2024년 2월 15일(문제 36번), 7월 27일(문제 23번) 출제

23 신호검출이론(SDT)의 판정결과 중 신호가 없었는데도 있었다고 말하는 경우는?

① 긍정(hit)
② 누락(miss)
③ 허위(false alarm)
④ 부정(correct rejection)

해설

신호검출이론
① 신호와 소음을 쉽게 식별할 수 없는 상황에 적용된다.
② 일반적인 상황에서 신호 검출을 간섭하는 소음이 있다.
③ 긍정(hit), 허위(false alarm), 누락(miss), 부정(correct rejection) 의 네가지 결과로 나눌 수 있다.

KEY ① 2017년 5월 7일 출제
② 2020년 9월 27일 출제
③ 2023년 7월 8일(문제 24번) 출제
④ 2024년 7월 27일(문제 25번) 출제

24 어떤 소리가 1,000[Hz], 60[dB]인 음과 같은 높이임에도 4배 더 크게 들린다면, 이 소리의 음압수준은 얼마인가?

① 70[dB]   ② 80[dB]
③ 90[dB]   ④ 100[dB]

해설

음압수준
① 10[dB] 증가 시 소음은 2배 증가
② 20[dB] 증가 시 소음은 4배 증가
③ 60+20=80[dB]

[정답] 21 ④ 22 ④ 23 ③ 24 ②

결론 $4\text{sone}=2^{\frac{L_1-60}{10}}$ $10\times\log 4=(L_1-60)\log 2$

$$L_1=\frac{10\times\log 4}{\log 2}+60=80$$

참고 산업안전기사 필기 p.2-173(합격날개 : 합격예측)

KEY
① 2009년 8월 30일(문제 53번) 출제
② 2018년 4월 28일 출제
③ 2020년 9월 27일 출제
④ 2023년 7월 8일(문제 36번) 출제
⑤ 2024년 7월 27일(문제 27번) 출제

보충학습

[표] phon과 sone의 관계

sone	1	2	4	8	16	32	64	128	256	512	1024
phon	40	50	60	70	80	90	100	110	120	130	140

예 10[phon]이 증가하면 2배의 소리 크기가 되며, 20[phon]이 증가하면 4배의 소리 크기가 된다.

25
산업안전보건법령상 사업주가 유해위험방지계획서를 제출할 때에는 사업장 별로 관련 서류를 첨부하여 해당 작업 시작 며칠 전까지 해당 기관에 제출하여야 하는가?

① 7일
② 15일
③ 30일
④ 60일

해설

유해위험방지 계획서 제출시기 및 부수
① 제조업 : 해당 작업시작 15일 전까지 공단에 2부 제출
② 건설업 : 공사 착공전날까지 공단에 2부 제출

참고
① 공단 : 한국산업안전보건공단
② 산업안전기사 필기 p.2-37(③ 법적목적)

KEY
① 2016년 3월 6일 출제
② 2017년 9월 23일 출제
③ 2022년 4월 24일 출제
④ 2023년 2월 28일(문제 22번) 출제
⑤ 2024년 2월 15일(문제 40번), 5월 9일(문제 22번) 출제

합격정보
① 산업안전보건법 시행규칙 제42조(제출서류등)
② 2025. 1. 31 개정 「고용노동부령 제419호」 적용

26
화학설비에 대한 안전성 평가에서 정성적 평가 항목이 아닌 것은?

① 건조물
② 취급물질
③ 공장 내의 배치
④ 입지조건

해설

정성적 평가항목
① 입지조건   ② 공장 내의 배치   ③ 소방설비
④ 공정기기   ⑤ 수송·저장   ⑥ 원재료, 중간체, 제품

참고 산업안전기사 필기 p.2-37(1. 안전성 평가 6단계)

KEY
① 2012년 3월 4일 기사 출제
② 2013년 6월 2일 기사 출제
③ 2014년 8월 17일 기사 출제
④ 2015년 5월 31일 기사 출제
⑤ 2016년 5월 8일 기사 출제
⑥ 2017년 8월 26일 기사 출제
⑦ 2018년 3월 4일 기사 출제
⑧ 2019년 3월 3일 기사 출제
⑨ 2022년 3월 5일 기사 출제
⑩ 2023년 7월 8일(문제 27번) 출제
⑪ 2024년 5월 9일(문제 24번) 출제

27
병렬로 이루어진 두 요소의 신뢰도가 각각 0.7일 경우, 시스템 전체의 신뢰도는?

① 0.30
② 0.49
③ 0.70
④ 0.91

해설

전체신뢰도
$R_s=1-(1-0.7)(1-0.7)=0.91$

참고 산업안전기사 필기 p.2-13(2. 병렬체계)

KEY
① 2016년 8월 21일 출제
② 2018년 8월 19일 출제
③ 2023년 7월 8일(문제 37번) 출제
④ 2024년 5월 9일(문제 26번) 출제

28
경계 및 경보신호의 설계지침으로 틀린 것은?

① 주의를 환기시키기 위하여 변조된 신호를 사용한다.
② 배경소음의 진동수와 다른 진동수의 신호를 사용한다.
③ 귀는 중음역에 민감하므로 500~3,000[Hz]의 진동수를 사용한다.
④ 300[m] 이상의 장거리용으로는 1,000[Hz]를 초과하는 진동수를 사용한다.

[정답] 25 ② 26 ② 27 ④ 28 ④

해설

경계 및 경보신호(청각적 표시장치) 선택시 지침
① 귀는 중음역에 가장 민감하므로 500~3,000[Hz]의 진동수를 사용
② 고음은 멀리가지 못하므로 300[m] 이상 장거리용으로는 1,000[Hz] 이하의 진동수 사용

참고
① 산업안전기사 필기 p.2-195(문제 23번)
② 산업안전기사 필기 p.2-203(문제 69번)

KEY
① 2016년 3월 6일 산업기사 출제
② 2017년 3월 5일, 9월 23일 산업기사 출제
③ 2018년 3월 4일(문제 38번) 출제
④ 2022년 4월 24일(문제 38번) 출제
⑤ 2024년 5월 9일(문제 35번) 출제

---

29 반사경 없이 모든 방향으로 빛을 발하는 점광원에서 3[m] 떨어진 곳의 조도가 300[lux]라면 2[m] 떨어진 곳에서 조도[lux]는?

① 375　　② 675
③ 875　　④ 975

해설

조도
① 조도 $= \dfrac{광도}{(거리)^2}$
② 빛이 퍼져가는 면적은 거리에 반비례
③ $300[lux] \times \left(\dfrac{3}{2}\right)^2 = 675[lux]$

참고 산업안전기사 필기 p.2-168(2. 조명단위)

KEY
① 2017년 3월 5일(문제 46번) 출제
② 2022년 3월 5일(문제 31번) 출제
③ 2024년 5월 9일(문제 40번) 출제

---

30 다음 중 근골격계부담작업에 속하지 않는 것은?

① 하루에 10[회] 이상 25[kg] 이상의 물체를 드는 작업
② 하루에 총 2[시간] 이상 목, 어깨, 팔꿈치, 손목 또는 손을 사용하여 같은 동작을 반복하는 작업
③ 하루에 총 2[시간] 이상 쪼그리고 앉거나 무릎을 굽힌 자세에서 이루어지는 작업
④ 하루에 총 2[시간] 이상 시간당 5[회] 이상 손 또는 무릎을 사용하여 반복적으로 충격을 가하는 작업

해설

근골격계 부담작업
① 하루 4[시간] 이상 집중적으로 자료입력 등을 위해 키보드 또는 마우스를 조작하는 작업
② 하루 2[시간] 이상 목, 어깨, 팔꿈치, 손목 또는 손을 사용하여 같은 동작을 반복하는 작업
③ 하루에 2[시간] 이상 머리 위에 손이 있거나, 팔꿈치가 어깨 위에 있거나, 팔꿈치를 몸통으로부터 들거나 팔꿈치를 몸통 뒤쪽에 위치하도록 하는 상태에서 이루어지는 작업
④ 지지되지 않은 상태이거나 임의로 자세를 바꿀 수 없는 조건에서 하루에 총 2[시간] 이상 목이나 허리를 구부리거나 트는 상태에서 이루어지는 작업
⑤ 하루에 2[시간] 이상 쪼그리고 앉거나 무릎을 굽힌 자세에서 이루어지는 작업
⑥ 하루에 2[시간] 이상 지지되지 않은 상태에서 1[kg] 이상의 물건을 한 손의 손가락으로 집어 옮기거나, 2[kg] 이상에 상응하는 힘을 가하여 한 손의 손가락으로 물건을 쥐는 작업
⑦ 하루에 2[시간] 이상 지지되지 않은 상태에서 4.5[kg] 이상의 물건을 한손으로 들거나 동일한 힘으로 쥐는 작업
⑧ 하루에 10[회] 이상 25[kg] 이상의 물체를 드는 작업
⑨ 하루에 25[회] 이상 10[kg] 이상의 물체를 무릎 아래에서 들거나 어깨 위에서 들거나 팔을 뻗은 상태에서 드는 작업
⑩ 하루에 2[시간] 이상 분당 2[회] 이상 4.5[kg] 이상의 물체를 드는 작업
⑪ 하루에 2[시간] 이상 시간당 10[회] 이상 손 또는 무릎을 사용하여 반복적으로 충격을 가하는 작업

참고 산업안전기사 필기 p.2-112(2. 근골격계 부담 작업)

KEY
① 2018년 8월 19일 기사 출제
② 2022년 3월 5일 기사 출제
③ 2023년 2월 28일(문제 32번) 출제
④ 2024년 2월 15일(문제 29번) 출제

합격정보
근골격계 부담 작업의 범위
고시 제2020-12호(제3조) 근골격계 부담 작업

---

31 인간 기계시스템의 연구 목적으로 가장 적절한 것은?

① 정보 저장의 극대화
② 운전시 피로의 평준화
③ 시스템의 신뢰성 극대화
④ 안전의 극대화 및 생산능률의 향상

해설

인간 기계 시스템의 연구목적
안전의 극대화 및 생산 능률의 향상

참고 산업안전기사 필기 p.2-6(1. 인간-기계 통합시스템)

[정답] 29 ② 30 ④ 31 ④

KEY
① 2015년 9월 19일 기사 출제
② 2017년 8월 26일 산업기사 출제
③ 2019년 3월 3일 기사 출제
④ 2023년 2월 28일(문제 39번) 출제
⑤ 2024년 2월 15일(문제 32번) 출제

32 다음 중 동작경제의 원칙에 해당하지 않는 것은?

① 공구의 기능을 각각 분리하여 사용하도록 한다.
② 두 팔의 동작은 동시에 서로 반대방향으로 대칭적으로 움직이도록 한다.
③ 공구나 재료는 작업동작이 원활하게 수행되도록 그 위치를 정해준다.
④ 가능하다면 쉽고도 자연스러운 리듬이 작업동작에 생기도록 작업을 배치한다.

해설

공구 및 설비 디자인에 관한 원칙
(Design of tools and equipment)
① 치구나 발로 작동시키는 기기를 사용할 수 있는 작업에서는 이러한 기기를 활용하여 양손이 다른 일을 할 수 있도록 한다.
② 공구의 기능은 결합하여서 사용하도록 한다.
③ 공구와 재료는 가능한 한 사용하기 쉽도록 미리 위치를 잡아준다.
④ 각 손가락이 서로 다른 작업을 할 때에는 작업량을 각 손가락의 능력에 맞도록 분배해야 한다.
⑤ 레버, 핸들 및 통제기기는 작업자가 몸의 자세를 크게 바꾸지 않더라도 조작하기 쉽도록 배열한다.

참고 산업안전기사 필기 p.2-76(3. 공구 및 설비 디자인에 관한 원칙)

KEY
① 2023년 2월 28일(문제 29번) 출제
② 2023년 4월 1일 산업안전(보건)지도사 출제
③ 2024년 2월 15일(문제 33번) 출제

33 의도는 올바른 것이었지만 행동이 의도한 것과는 다르게 나타나는 오류를 무엇이라 하는가?

① Slip
② Mistake
③ Lapse
④ Violation

해설

인간의 오류 모형

구분	특징
착각(Illusion)	감각적으로 물리현상을 왜곡하는 지각 오류
착오(Mistake)	상황해석을 잘못하거나 목표를 잘못 이해하고 착각하여 행하는 인간의 실수로 위치, 순서, 패턴, 형상, 기억오류 등 외부적 요인에 의해 나타나는 오류
실수(Slip)	의도는 올바른 것이었지만, 행동이 의도한 것과는 다르게 나타나는 오류
건망증(Lapse)	일련의 과정에서 일부를 빠뜨리거나 기억의 실패에 의해 발생하는 오류
위반(Violation)	정해진 규칙을 알고 있음에도 의도적으로 따르지 않거나 무시한 경우에 발생하는 오류

참고 산업안전기사 필기 p.2-19(합격날개 : 합격예측)

KEY
① 2009년 5월 10일(문제 35번) 출제
② 2017년 8월 26일 기사 출제
③ 2019년 3월 3일, 4월 27일기사 출제
④ 2021년 5월 15일 기사 출제
⑤ 2023년 2월 28일(문제 21번) 출제
⑥ 2024년 2월 15일(문제 39번) 출제

34 시스템의 운용단계에서 이루어져야 할 주요한 시스템안전 부문의 작업이 아닌 것은?

① 생산시스템 분석 및 효율성 검토
② 안전성 손상 없이 사용설명서의 변경과 수정을 평가
③ 운용, 안전성 수준유지를 보증하기 위한 안전성 검사
④ 운용, 보전 및 위급 시 절차를 평가하여 설계 시 고려사항과 같은 타당성 여부 식별

해설

시스템의 운용단계에서 이루어져야 하는 시스템안전 부문의 작업
① 안전성 손상 없이 사용설명서의 변경과 수정을 평가
② 운용, 안전성 수준유지를 보증하기 위한 안전성 검사
③ 운용, 보전 및 위급 시 절차를 평가하여 설계 시 고려사항과 같은 타당성 여부 식별

참고 산업안전기사 필기 p.1-8(합격날개 : 은행문제)

KEY
① 2017년 8월 26일 기사 출제
② 2023년 7월 8일(문제 35번) 출제

35 FTA를 수행함에 있어 기본사상들의 발생이 서로 독립인가 아닌가의 여부를 파악하기 위해서는 어느 값을 계산해 보는 것이 가장 적합한가?

① 공분산
② 분산
③ 고장률
④ 발생확률

[정답] 32 ① 33 ① 34 ① 35 ①

> **해설**

공분산
① FTA 수행시 기본 사상들의 발생이 서로 독립인가 아닌가 여부 판단
② 두 확률변수 X, Y의 기댓값을 각각 $\mu_X = E(X)$, $\mu_Y = E(Y)$ 라고 하자. 공분산 $\text{Cov}(X, Y)$는 다음과 같이 정의한다.
$$\text{Cov}(X, Y) = E[(X-\mu_X)(Y-\mu_Y)]$$

> **참고** 산업안전기사 필기 p.2-101(문제 85번 적중)

> **KEY** ① 2018년 8월 19일 기사 출제
> ② 2023년 7월 8일(문제 39번) 출제

---

36 설비보전 방법 중 설비의 열화를 방지하고 그 진행을 지연시켜 수명을 연장하기 위한 점검, 청소, 주유 및 교체 등의 활동은?

① 사후 보전 ② 개량 보전
③ 일상 보전 ④ 보전 예방

> **해설**

보전의 구분
① 사후보전 : 고장이 발생한 이후에 시스템을 원래 상태로 되돌리는 것
② 보전예방 : 유지보수가 필요없는 설비를 만들기 위해 설계단계부터 개선사항 등을 반영하는 관리체계. 즉, 설계부터 근원적으로 고장이 나지 않도록 '보전이 불필요한 설비'를 만드는 것
③ 개량보전 : 설비가 고장난 후에 설계변경, 부품의 개선 등으로 수명을 연장하거나 수리검사가 용이하도록 설비 자체의 체질개선을 꾀하는 보전방식
④ 일상보전 : 설비보전방법 중 설비의 열화를 방지시키고 그 진행을 지연시켜 수명을 연장하기 위한 점검. 청소, 주유 및 교체 등의 활동

> **참고** 산업안전기사 필기 p.2-48(합격날개 : 은행문제 3) 적중

> **KEY** ① 2021년 5월 15일 출제
> ② 2023년 6월 4일(문제 23번) 출제

---

37 다음 중 일반적인 화학설비에 대한 안전성 평가(safety assessment) 절차에 있어 안전대책 단계에 해당되지 않는 것은?

① 보전 ② 설비 대책
③ 위험도 평가 ④ 관리적 대책

> **해설**

화학설비의 안전성 평가 6단계
① 제1단계 : 관계자료의 작성준비
② 제2단계 : 정성적 평가
③ 제3단계 : 정량적 평가(위험도 평가)
④ 제4단계 : 안전대책
  ㉮ 설비대책 : 안전장치 및 방재장치에 관해서 배려한다.
  ㉯ 관리적 대책 : 인원배치, 교육훈련 및 보전에 관해서 배려한다.

⑤ 제5단계 : 재평가
⑥ 제6단계 : FTA에 의한 평가

> **참고** 산업안전기사 필기 p.2-40(4. 4단계 : 안전대책수립)

> **KEY** ① 2023년 2월 28일(문제 33번) 출제
> ② 2023년 4월 1일 산업안전(보건)지도사 출제

> **보충학습**
위험도 평가는 3단계에서 실시한다.

---

38 다음 현상을 설명하는 이론은?

> 인간이 감지할 수 있는 외부의 물리적 자극 변화의 최소범위는 표준 자극의 크기에 비례한다.

① 피츠(Fitts) 법칙
② 웨버(Weber) 법칙
③ 신호검출이론(SDT)
④ 힉-하이만(Hick-Hyman) 법칙

> **해설**

웨버(Weber) 법칙
① 같은 종류의 두 자극을 구별할 수 있는 최소 차이는 자극의 강도에 비례한다고 하는 법칙
② $\text{Weber비} = \dfrac{\text{변화감지역}}{\text{기준자극의 크기}}$
③ Weber비가 작을수록 분별력이 뛰어난 감각이다.

> **참고** 산업안전기사 필기 p.2-172(합격날개 : 합격예측)

> **KEY** ① 2021년 3월 7일 기사 출제
> ② 2023년 2월 28일(문제 38번) 출제

---

39 밝은 곳에서 어두운 곳으로 갈 때 망막에 조응이 형성되는 생리적 과정인 암조응이 발생하는데 완전 암조응(Dark adaptation)이 발생하는데 소요되는 시간은?

① 약 3~5분 ② 약 10~5분
③ 약 30~40분 ④ 약 60~90분

> **해설**

암조응
① 밝은 곳에서 어두운 곳으로 갈 때 : 원추세포의 감수성 상실, 간상세포에 의해 물체 식별
② 완전 암조응 : 보통 30~40분 소요(명조응 : 수초 내지 1~2분)

[정답] 36 ③ 37 ③ 38 ② 39 ③

참고 산업안전기사 필기 p.2-175(7. 암조음)

KEY ① 2019년 4월 27일 산업기사 출제
② 2022년 4월 24일(문제 25번) 출제

40 1sone에 관한 설명으로 ( )에 알맞은 수치는?

1sone : (ㄱ)[Hz], (ㄴ)[dB]의 음압수준을 가진 순음의 크기

① ㄱ : 1,000, ㄴ : 1
② ㄱ : 4,000, ㄴ : 1
③ ㄱ : 1,000, ㄴ : 40
④ ㄱ : 4,000, ㄴ : 40

해설

음의 크기의 수준
① Phon : 1,000[Hz] 순음의 음압수준(dB)을 나타낸다.
② sone : 1,000[Hz], 40[dB]의 음압수준을 가진 순음의 크기 (= 40[Phon])를 1 [sone]이라 한다.
③ sone과 Phon의 관계식
  ∴ sone치 = $2^{(phon-40)/10}$

참고 산업안전기사 필기 p.2-173(합격날개 : 합격예측)

KEY ① 2015년 8월 16일(문제 22번) 출제
② 2016년 3월 6일 기사, 산업기사 동시 출제
③ 2019년 3월 3일(문제 29번), 4월 27일(문제 55번) 출제
④ 2021년 5월 15일(문제 30번) 출제
⑤ 2022년 4월 24일(문제 40번) 출제

3 기계·기구 및 설비안전관리

41 그림과 같이 2줄의 와이어로프로 중량물을 달아 올릴 때, 로프에 가장 힘이 적게 걸리는 각도(θ)는?

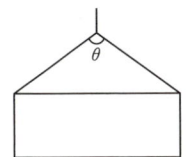

① 30[°]
② 60[°]
③ 90[°]
④ 120[°]

해설

sling wire 한 가닥에 걸리는 하중

하중 = $\dfrac{\text{하물의 무게}}{2} \div \cos\dfrac{\theta}{2}$

[표] 각도변화

①	②	③	④
$\dfrac{W/2}{\cos\dfrac{30}{2}}=0.51$	$\dfrac{W/2}{\cos\dfrac{60}{2}}=0.57$	$\dfrac{W/2}{\cos\dfrac{120}{2}}=1$	$\dfrac{W/2}{\cos\dfrac{150}{2}}=1.9$

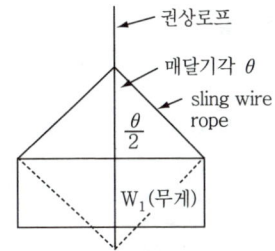

참고 산업안전기사 필기 p.3-153(그림. 달아매기 각도에 의한 장력의 변화)

KEY ① 2006년 3월 5일(문제 47번) 출제
② 2008년 5월 11일(문제 48번) 출제
③ 2019년 8월 4일 산업기사(문제 51번) 출제
④ 2025년 2월 7일 산업기사 출제

42 기계설비의 위험점 중 연삭숫돌과 작업받침대, 교반기의 날개와 하우스 등 고정부분과 회전하는 동작 부분 사이에서 형성되는 위험점은?

① 끼임점
② 물림점
③ 협착점
④ 절단점

해설

기계·기구 설비의 6가지 위험점
① 협착점 : 왕복운동을 하는 동작 부분과 움직임이 없는 고정 부분 사이에 형성되는 위험점
② 끼임점 : 고정 부분과 회전하는 동작 부분이 함께 만드는 위험점
③ 절단점 : 회전하는 운동부분 자체의 위험에서 초래되는 위험점
④ 물림점 : 회전하는 두 개의 회전체에 물려 들어갈 위험성이 형성되는 것
⑤ 접선 물림점 : 회전하는 부분의 접선방향으로 물려 들어갈 위험성이 존재하는 점
⑥ 회전 말림점 : 회전하는 물체에 작업복 등이 말려드는 위험이 존재하는 점

참고 산업안전기사 필기 p.3-15(2. 끼임점)

KEY ① 2016년 8월 21일 산업기사 출제
② 2018년 3월 4일 산업기사 출제
③ 2020년 6월 14일 산업기사 출제
④ 2021년 3월 7일(문제 42번) 출제
⑤ 2023년 7월 8일(문제 59번) 출제
⑥ 2024년 7월 27일(문제 47번) 출제

[정답] 40 ③ 41 ① 42 ①

43 다음 중 컨베이어의 안전장치로 옳지 않은 것은?

① 비상정지장치　　② 반발예방장치
③ 역회전방지장치　④ 이탈방지장치

해설

컨베이어 안전장치 종류
① 비상정지장치　　② 역회전 방지장치
③ 이탈방지 장치

참고) 산업안전기사 필기 p.3-136(3. 컨베이어 안전장치)

KEY
① 2012년 3월 4일 출제
② 2017년 8월 26일 출제
③ 2019년 4월 27일 출제
④ 2020년 9월 27일 출제
⑤ 2021년 3월 7일 출제
⑥ 2023년 6월 4일(문제 42번) 출제
⑦ 2024년 7월 27일(문제 48번) 출제

44 롤러의 급정지를 위한 방호장치를 설치하고자 한다. 앞면 롤러 직경이 36[cm]이고, 분당 회전속도가 50[rpm]이라면 급정지거리는 약 얼마 이내이어야 하는가?(단, 무부하동작에 해당한다.)

① 45[cm]　　② 50[cm]
③ 55[cm]　　④ 60[cm]

해설

급정지거리 계산
① 표면속도$(V) = \dfrac{\pi DN}{1,000} = \dfrac{\pi \times 360 \times 50}{1,000} = 56.52$[m/min]

② 급정지거리 $= \pi D \times \dfrac{1}{2.5} = (3.14 \times 360) \times \dfrac{1}{2.5}$
$= 452.16$[mm] $= 45$[cm]

참고) 산업안전기사 필기 p.3-109(표. 롤의 급정지거리)

KEY
① 2023년 6월 4일(문제 57번) 등 10회 이상 출제
② 2024년 7월 27일(문제 50번) 출제

45 산업안전보건법령상 보일러의 안전한 가동을 위하여 보일러 규격에 맞는 압력방출장치가 2개 이상 설치된 경우에 최고사용압력 이하에서 1개가 작동되고, 다른 압력방출장치는 최고사용압력의 몇 배 이하에서 작동되도록 부착하여야 하는가?

① 1.03배　　② 1.05배
③ 1.2배　　 ④ 1.5배

해설

압력방출장치
① 보일러 규격에 적합한 압력방출장치를 최고사용압력 이하에서 작동되도록 1개 또는 2개 이상 설치
② 2개 이상 설치된 경우 최고사용압력 이하에서 1개가 작동되고, 다른 압력방출장치는 최고사용압력 1.05배 이하에서 작동되도록 부착
③ 1년에 1회 이상 토출압력시험 후 납으로 봉인(공정안전관리 이행수준 평가결과가 우수한 사업장은 4년에 1회 이상 토출압력시험 실시)
④ 안전밸브 종류 : 스프링식, 중추식, 지렛대식(일반적으로 스프링식 안전밸브를 많이 사용)

참고) 산업안전기사 필기 p.3-120(압력방출장치)

KEY
① 2023년 6월 4일(문제 53번) 등 10회 이상 출제
② 2024년 7월 27일(문제 53번) 출제

합격정보
산업안전보건기준에 관한 규칙 제116조(압력방출장치)

46 산업안전보건법령에 따라 사다리식 통로를 설치하는 경우 준수해야 할 기준으로 틀린 것은?

① 사다리식 통로의 기울기는 60[°] 이하로 할 것
② 발판과 벽과의 사이는 15[cm] 이상의 간격을 유지할 것
③ 사다리의 상단은 걸쳐놓은 지점으로부터 60[cm] 이상 올라가도록 할 것
④ 사다리식 통로의 길이가 10[m] 이상인 경우에는 5[m] 이내마다 계단참을 설치할 것

해설

사다리식 통로의 기울기 : 75[°] 이하

참고) 산업안전기사 필기 p.6-17(합격날개 : 합격예측 및 관련법규)

KEY
① 2019년 8월 4일(문제 44번) 출제
② 2024년 2월 15일(문제 55번), 5월 9일(문제 43번) 출제

합격정보
산업안전보건기준에 관한 규칙 제24조(사다리식 통로 등의 구조)

47 500[rpm]으로 회전하는 연삭숫돌의 지름이 300[mm] 일때 원주속도[m/min]는?

① 약 748　　② 약 650
③ 약 532　　④ 약 471

[정답] 43 ② 44 ① 45 ② 46 ① 47 ④

해설

원주속도

$$V = \frac{\pi DN}{1,000} = \frac{\pi \times 500 \times 300}{1,000} = 471 \, [\text{m/min}]$$

참고 산업안전기사 필기 p.3-88(합격날개 : 합격예측)

KEY
① 2011년 3월 20일, 8월 21일 출제
② 2012년 3월 4일 출제
③ 2014년 3월 2일 출제
④ 2016년 3월 6일 출제
⑤ 2017년 8월 26일 출제
⑥ 2020년 9월 27일 출제
⑦ 2023년 7월 8일(문제 44번) 출제
⑧ 2024년 5월 9일(문제 45번) 출제
⑨ 2025년 2월 7일 산업기사 출제

---

48 질량이 100[kg]인 물체를 길이가 같은 2개의 와이어 로프로 매달아 옮기고자 할 때 와이어로프 Ta에 걸리는 장력은 약 몇 N인가?

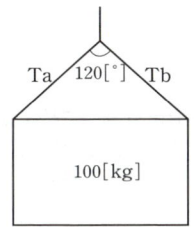

① 200
② 400
③ 490
④ 980

해설

하중계산

$$x = \frac{\frac{W_0}{2}}{\cos\frac{\theta}{2}}$$

$$x = \frac{\frac{100[\text{kg}]}{2}}{\cos\frac{120}{2}} = \frac{50[\text{kg}]}{\cos 60} = 100[\text{kg}] \times 9.8 = 980[\text{N}]$$

θ : 상부각도 W_0 : 원래의 하중

참고
① 본 문제는 운반기계에 해당되며 건설안전기술(건설공사 안전관리)에서도 출제됩니다.
② 실기 작업형에도 출제됩니다.

참고 산업안전기사 필기 p.3-184(문제165번) 적중

KEY
① 2011년 6월 12일 출제
② 2018년 4월 28일 출제
③ 2019년 8월 4일 출제
④ 2023년 7월 8일(문제 56번) 출제
⑤ 2024년 5월 9일(문제 47번) 출제

---

49 크레인 로프에 질량 2,000[kg]의 물건을 10[m/s²]의 가속도로 감아올릴 때, 로프에 걸리는 총 하중[kN]은? (단, 중력가속도는 9.8[m/s²])

① 9.6
② 19.6
③ 29.6
④ 39.6

해설

총 하중계산

① 힘 = 질량 × 가속도 = 질량 × (끌어올리는 가속도 + 중력가속도)
② 총 하중 = $2,000 + \frac{2,000}{9.8} \times 10$
   $= 4,040 \times 9.8 = 39.6[\text{KN}]$

참고 산업안전기사 필기 p.3-148(합격날개 : 참고)

KEY
① 2018년 8월 21일 기사 출제
② 2021년 3월 7일 기사 출제
③ 2023년 2월 28일(문제 56번) 출제

보충학습

① 총 하중(w) = 정하중(w_1) + 동하중(w_2) = $w_1 + \frac{w_1}{g} \times a$
② 동하중(w_2) = $\frac{w_1}{g} \times a$

여기서, w : 총하중(kgf) w_1 : 정하중(kgf)
w_2 : 동하중(kgf) g : 중력 가속도(9.8m/s²)
a : 가속도(m/s²)

③ 정하중 : 매단 물체의 무게

---

50 비파괴 검사 방법으로 틀린 것은?

① 인장 시험
② 음향 탐상 시험
③ 와류 탐상 시험
④ 초음파 탐상 시험

해설

파괴 시험과 비파괴 시험

(1) 인장 시험 : 파괴시험
(2) 비파괴검사 종류
  ① 침투탐상검사
  ② 자분탐상검사
  ③ 방사선투과검사
  ④ 초음파탐상검사
  ⑤ 와전류탐상검사
  ⑥ 육안검사
  ⑦ 누설검사
  ⑧ 음향방출검사

참고 산업안전기사 필기 p.3-218(1. 인장시험)

KEY
① 2017년 3월 5일 기사 출제
② 2019년 3월 3일 기사 출제
③ 2020년 8월 22일 기사 출제
④ 2021년 3월 7일(문제 41번) 출제
⑤ 2024년 2월 15일(문제 43번) 출제

[정답] 48 ④ 49 ④ 50 ①

과년도 출제문제

51 회전 중인 연삭숫돌이 근로자에게 위험을 미칠 우려가 있을 시 덮개를 설치하여야 할 연삭숫돌의 최소 지름은?

① 5[cm]   ② 10[cm]
③ 15[cm]   ④ 20[cm]

해설

덮개 설치 연삭숫돌 최소지름 : 5[cm] 이상

참고 산업안전기사 필기 p.3-93(4. 연삭기 구조면에 있어서 안전대책)

KEY
① 2019년 4월 27일 기사 출제
② 2020년 6월 14일 산업기사 출제
③ 2023년 6월 4일(문제 54번) 출제
④ 2024년 2월 15일(문제 45번) 출제

정보제공

산업안전보건기준에 관한 규칙 제122조(연삭숫돌의 덮개 등)

---

52 인장강도가 250[N/mm²]인 강판에서 안전율이 4라면 이 강판의 허용응력(N/mm²)은 얼마인가?

① 42.5   ② 62.5
③ 82.5   ④ 102.5

해설

$$허용응력 = \frac{인장강도}{안전율} = \frac{250}{4} = 62.5 [N/mm^2]$$

참고 산업안전기사 필기 p.3-188(합격날개 : 합격예측)

KEY
① 2017년 5월 7일, 8월 26일기사 출제
② 2018년 4월 28일 산업기사 출제
③ 2019년 4월 27일 산업기사 출제
④ 2020년 6월 7일(문제 52번), 9월 27일(문제 42번) 출제
⑤ 2021년 8월 14일(문제 49번) 출제
⑥ 2022년 4월 24일(문제 49번) 출제
⑦ 2024년 2월 15일(문제 50번) 출제

---

53 사람이 작업하는 기계장치에서 작업자가 실수를 하거나 오조작을 하여도 안전하게 유지되게 하는 안전설계방법은?

① Fail Safe
② 다중계화
③ Fool proof
④ Back up

해설

Fool proof

① 바보 같은 행동을 방지한다는 뜻으로 사용자가 비록 잘못된 조작을 하더라도 이로 인해 전체의 고장이 발생되지 아니하도록 하는 설계방법
② 카메라에서 셔터와 필름 돌림대의 연동(예 이중 촬영 방지)

참고 산업안전기사 필기 p.3-190(2. Fool proof)

KEY
① 2016년 3월 6일 산업기사 출제
② 2017년 8월 26일 산업기사 출제
③ 2023년 6월 4일(문제 43번) 출제

---

54 산업안전보건법령상 지게차 작업시작 전 점검 사항으로 거리가 가장 먼 것은?

① 제동장치 및 조종장치 기능의 이상 유무
② 압력방출장치의 작동 이상 유무
③ 바퀴의 이상 유무
④ 전조등·후미등·방향지시기 및 경보장치 기능의 이상 유무

해설

지게차를 사용하여 작업을 할 때 작업시작 전 점검사항
① 제동장치 및 조종장치 기능의 이상유무
② 하역장치 및 유압장치 기능의 이상유무
③ 바퀴의 이상유무
④ 전조등·후미등·방향지시기 및 경보장치 기능의 이상유무

참고 산업안전기사 필기 p.3-50(표 : 작업시작전 점검사항)

KEY
① 2018년 3월 4일 기사 출제
② 2021년 5월 15일 기사 출제
③ 2023년 6월 4일(문제 51번) 출제

합격정보

산업안전보건기준에 관한 규칙 [별표 3] 작업시작전 점검사항

---

55 회전축, 커플링에 사용하는 덮개는 다음 중 어떠한 위험점을 방호하기 위한 것인가?

① 협착점   ② 접선물림점
③ 절단점   ④ 회전말림점

해설

회전말림점(Trapping-point)

회전하는 물체에 작업복, 머리카락 등이 말려드는 위험이 존재하는 점
예 회전하는 축, 커플링, 돌출된 키나 고정나사, 회전하는 공구 등

[정답] 51 ①   52 ②   53 ③   54 ②   55 ④

 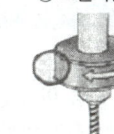

① 회전축　　② 커플링　　③ 드릴작업

[그림] 회전말림점 예

참고) 산업안전기사 필기 p.3-15(4. 위험점의 분류)

KEY ▶ ① 2020년 6월 7일 기사 출제
② 2023년 2월 28일(문제 44번) 출제

56 보일러 발생증기가 불안정하게 되는 현상이 아닌 것은?

① 캐리오버(carry over)
② 프라이밍(priming)
③ 절탄기(economizer)
④ 포밍(foaming)

해설

절탄기(economizer, 節炭器)
① 보일러 전열면(傳熱面)을 가열하고 난 연도(煙道) 가스에 의하여 보일러 급수를 가열하는 장치
② 장점은 열 이용률의 증가로 인한 연료 소비량의 감소, 증발량의 증가
③ 보일러 몸체에 일어나는 열응력(熱應力)의 경감, 스케일의 감소

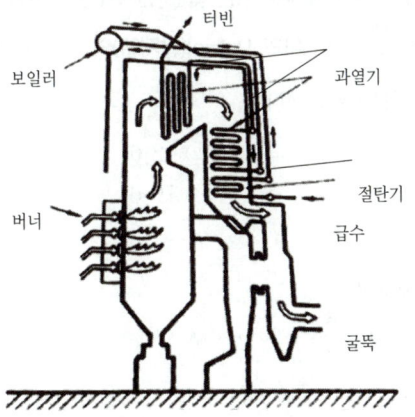

참고) ① 산업안전기사 필기 p.3-119(1. 보일러 이상현상의 종류)
② 산업안전기사 필기 p.3-119(합격날개 : 은행문제)
③ 산업안전기사 필기 p.3-120(합격날개 : 합격예측)

KEY ▶ ① 2015년 5월 31일 기사 출제
② 2016년 3월 6일 기사 출제
③ 2020년 6월 14일 산업기사 출제
④ 2023년 2월 28일(문제 46번) 출제

57 압력용기 등에 설치하는 안전밸브에 관련한 설명으로 옳지 않은 것은?

① 안지름이 150[mm]를 초과하는 압력용기에 대해서는 과압에 따른 폭발을 방지하기 위하여 규정에 맞는 안전밸브를 설치해야 한다.
② 급성 독성물질이 지속적으로 외부에 유출될 수 있는 화학설비 및 그 부속설비에는 파열판과 안전밸브를 병렬로 설치한다.
③ 안전밸브는 보호하려는 설비의 최고사용압력 이하에서 작동되도록 하여야 한다.
④ 안전밸브의 배출용량은 그 작동원인에 따라 각각의 소요분출량을 계산하여 가장 큰 수치를 해당 안전밸브의 배출용량으로 하여야 한다.

해설

파열판 및 안전밸브의 직렬설치
사업주는 급성독성물질이 지속적으로 외부에 유출될 수 있는 화학설비 및 그 부속설비에는 파열판과 안전밸브를 직렬로 설치하고 그 사이에는 압력지시계 또는 자동경보장치를 설치하여야 한다.

참고) 산업안전기사 필기 p.5-3(합격날개 : 합격예측 및 관련법규)

KEY ▶ ① 2018년 8월 19일 산업기사 출제
② 2019년 3월 3일 기사 출제
③ 2023년 2월 28일(문제 49번) 출제

합격정보
산업안전보건기준에 관한 규칙 제263조(파열판 및 안전밸브의 직렬설치)

58 다음 중 금속 등의 도체에 교류를 통한 코일을 접근시켰을 때, 결함이 존재하면 코일에 유기되는 전압이나 전류가 변하는 것을 이용한 검사방법은?

① 자분탐상검사　　② 초음파탐상검사
③ 와류탐상검사　　④ 침투형광탐상검사

해설

와류탐상검사(Eddy Current)
① 금속등의 도체에 교류를 통한 코일을 접근
② 결함이 존재하면 코일에 유기되는 전압이나 전류변화 이용

참고) 산업안전기사 필기 p.3-223(합격날개 : 은행문제 2)

KEY ▶ ① 2017년 3월 5일(문제 48번) 출제
② 2022년 3월 5일 기사 출제
③ 2023년 2월 28일(문제 53번) 출제

[정답] 56 ③　57 ②　58 ③

59 컨베이어(conveyor) 역전방지장치의 형식을 기계식과 전기식으로 구분할 때 기계식에 해당하지 않는 것은?

① 라쳇식　　② 밴드식
③ 스러스트식　　④ 롤러식

해설

컨베이어의 역전방지 장치
(1) 기계식
　① 라쳇식
　② 롤러식
　③ 밴드식
(2) 전기식
　① 전기브레이크
　② 스러스트브레이크

참고) 산업안전기사 필기 p.3-136[(3) 컨베이어의 역전방지 장치]

KEY
① 2012년 8월 26일(문제 60번) 출제
② 2019년 3월 5일(문제 54번) 출제
③ 2022년 3월 5일 기사 출제
④ 2023년 2월 28일(문제 55번) 출제

60 두께 2[mm]이고 치진폭이 2.5[mm]인 목재가공용 둥근톱에서 반발예방장치 분할날의 두께(t)로 적절한 것은?

① 2.2[mm]≤t<2.5[mm]
② 2.0[mm]≤t<3.5[mm]
③ 1.5[mm]≤t<2.5[mm]
④ 2.5[mm]≤t<3.5[mm]

해설

분할날(spreader)의 두께
① 분할날의 두께는 톱날 1.1배 이상이고 톱날의 치진폭 미만으로 할 것
② 공식 : $1.1t_1 ≤ t_2 < b = 2.2[mm] ≤ t < 2.5[mm]$

t_1 : 톱날두께　b : 톱날치진폭　t_2 : 분할날두께
[그림] 분할날 두께

참고) 산업안전기사 필기 p.3-131(ⓒ 분할날)

KEY
① 2017년 3월 5일 기사·산업기사 동시 출제
② 2023년 2월 28일(문제 57번) 출제

합격정보
산업안전보건기준에 관한 규칙 제101조(원형톱 기계의 톱날접촉 예방장치)

4 전기설비 안전관리

61 교류 아크 용접기의 자동전격방지장치는 전격의 위험을 방지하기 위하여 아크 발생이 중단된 후 약 1초 이내에 출력 측 무부하 전압을 자동적으로 몇 [V] 이하로 저하시켜야 하는가?

① 85　　② 70
③ 50　　④ 25

해설

자동전격방지장치 무부하전압
① 시간 : 1±0.3초 이내　② 전압 : 25[V] 이하

참고) 산업안전기사 필기 p.4-78(2. 방호 장치의 성능)

KEY
① 2011년 6월 12일 출제
② 2012년 8월 26일 출제
③ 2017년 5월 7일 출제
④ 2018년 3월 4일 출제
⑤ 2020년 9월 27일 출제
⑥ 2023년 7월 8일(문제 74번) 출제
⑦ 2024년 7월 27일(문제 68번) 출제

62 인체의 전기저항을 0.5[kΩ]이라고 하면 심실세동을 일으키는 위험한계 에너지는 몇 [J]인가?(단, 심실세동전류값 $I = \dfrac{165}{\sqrt{T}}$[mA]의 Dalziel(달지엘)의 식을 이용하며, 통전시간은 1초로 한다.)

① 13.6　　② 12.6
③ 11.6　　④ 10.6

해설

위험한계에너지

$Q = I^2RT = \left(\dfrac{165}{\sqrt{T}} \times 10^{-3}\right)^2 \times 500 \times T$

$= \dfrac{165^2}{T} \times 10^{-6} \times 500 \times T$

$= 165^2 \times 10^{-6} \times 500 = 13.61[J]$

$= 13.6 \times 0.24[cal] = 3.3[cal]$

참고) 산업안전기사 필기 p.4-18(3. 위험한계에너지)

KEY
① 2008년 5월 11일(문제 71번) 출제
② 2016년 8월 21일 출제
③ 2017년 5월 7일 출제
④ 2018년 3월 4일 출제

[정답] 59 ③　60 ①　61 ④　62 ①

⑤ 2018년 4월 28일 기사·산업기사 동시출제
⑥ 2024년 7월 27일(문제 70번) 출제 등 10회 이상 출제

KEY
① 2018년 4월 28일 산업기사 출제
② 2018년 8월 19일 출제
③ 2019년 4월 27일 출제
④ 2020년 6월 14일 산업기사 출제
⑤ 2020년 9월 27일 기사(문제 13번) 출제
⑥ 2021년 5월 15일(문제 68번) 출제
⑦ 2024년 7월 27일(문제 76번) 출제
⑧ 2025년 2월 7일 산업기사 출제

63 인화성 가스 또는 인화성 액체의 용기류가 부식, 열화 등으로 파손되어 가스 또는 액체가 누출 할 염려가 있는 경우의 방폭지역은?

① 0종 장소
② 1종 장소
③ 2종 장소
④ 비방폭지역

해설
위험장소의 구분
① 0종 장소 : 장치 및 기기들이 정상 가동되는 경우에 폭발성 가스가 항상 존재하는 장소이다.
② 1종 장소 : 장치 및 기기들이 정상 가동 상태에서 폭발성 가스가 가끔 누출되어 위험 분위기가 존재하는 장소이다.
③ 2종 장소 : 작업자의 조작상 실수나 이상운전으로 폭발성 가스가 누출되거나 유출된 가스가 체류하여 폭발을 일으킬 우려가 있는 장소이다.

참고 산업안전기사 필기 p.4-52(3. 가스 폭발 위험장소)

KEY
① 2011년 3월 20일 출제
② 2018년 8월 19일 산업기사 출제
③ 2020년 6월 7일 출제
④ 2023년 2월 15일(문제 72번) 출제
⑤ 2024년 7월 27일(문제 74번) 출제

64 내전압용절연장갑의 등급에 따른 최대사용전압이 틀린 것은?(단, 교류 전압은 실효값이다.)

① 등급 00 : 교류 500[V]
② 등급 1 : 교류 7,500[V]
③ 등급 2 : 직류 17,000[V]
④ 등급 3 : 직류 39,750[V]

해설
절연장갑의 등급 및 표시

등급	최대사용전압		등급별 색상
	교류([V], 실효값)	직류[V]	
00	500	750	갈색
0	1,000	1,500	빨간색
1	7,500	11,250	흰색
2	17,000	25,500	노란색
3	26,500	39,750	녹색
4	36,000	54,000	등색

[주] 직류값은 교류에 1.5를 곱하면 된다. 예 500×1.5=750

참고
① 산업안전기사 필기 p.1-51(합격날개 : 합격예측)
② 산업안전기사 필기 p.4-23(합격날개 : 합격예측)

65 고압 및 특고압 전로에 시설하는 피뢰기의 설치장소로 잘못된 곳은?

① 가공전선로와 지중전선로가 접속되는 곳
② 발전소, 변전소의 가공전선 인입구 및 인출구
③ 고압 가공전선로에 접속하는 배전용 변압기의 저압측
④ 고압 가공전선로로부터 공급을 받는 수용장소의 인입구

해설
피뢰기 설치 장소
고압 가공전선로에 접속하는 배전용 변압기의 고압측 및 특고압측에 설치

참고 산업안전기사 필기 p.4-57(2. 피뢰기 설비)

KEY
① 2016년 5월 8일 출제
② 2017년 3월 5일 출제
③ 2021년 3월 7일(문제 71번) 출제
④ 2024년 7월 27일(문제 77번) 출제

66 KS C IEC 60079-0의 정의에 따라 '두 도전부 사이의 고체 절연물 표면을 따른 최단거리'를 나타내는 명칭은?

① 전기적 간격
② 절연공간거리
③ 연면거리
④ 충전물 통과거리

해설
연면거리(creeping distance : 沿面距離)
불꽃 방전을 일으키는 두 전극 간 거리를 고체 유전체의 표면을 따라서 그 최단 거리로 나타낸 값

참고 산업안전기사 필기 p.4-33(합격날개 : 은행문제)

KEY
① 2021년 8월 14일 기사 출제
② 2023년 7월 8일(문제 62번) 출제
③ 2024년 5월 9일(문제 64번) 출제

[정답] 63 ③ 64 ④ 65 ③ 66 ③

보충학습

공간거리 : 도전부 사이의 공간 최단거리

KEY ① 2016년 3월 6일 산업기사 출제
② 2016년 8월 21일 산업기사 출제
③ 2017년 5월 7일 기사 · 산업기사 동시출제
④ 2023년 6월 4일(문제 70번) 출제
⑤ 2024년 5월 9일(문제 69번) 출제

---

67 정전에너지를 나타내는 식으로 알맞은 것은?(단, Q는 대전 전하량, C는 정전용량이다.)

① $\dfrac{Q}{2C}$ ② $\dfrac{Q}{2C^2}$
③ $\dfrac{Q^2}{2C}$ ④ $\dfrac{Q^2}{2C^2}$

[해설]

정전기 에너지

① 정전용량 $C[F]$인 물체에 전압 $V[V]$가 가해져서 $Q[C]$의 전하가 축적되어 있을 때 에너지는 $W = \dfrac{1}{2}QV = \dfrac{1}{2}CV^2 = \dfrac{1}{2}\dfrac{Q^2}{2C}[J]$이 된다.

② 유도된 전압 $[V] = \dfrac{C_1}{C_1+C_2}E$

W : 정전기 에너지$[J]$
V : 대전전위(유도된 전압)$[V]$
C : 도체의 정전용량$[F]$
Q : 대전전하량$[C]$

[참고] 산업안전기사 필기 p.4-33(6. 정전기 에너지)

KEY ① 2019년 8월 4일 기사 출제
② 2023년 6월 4일(문제 63번) 출제
③ 2024년 5월 9일(문제 67번) 출제

---

68 금속성의 전기기계장치나 구조물에 인체의 일부가 상시 접촉되어 있는 상태의 허용접촉전압으로 옳은 것은?

① 2.5[V] 이하 ② 25[V] 이하
③ 50[V] 이하 ④ 제한없음

[해설]

종별허용접촉전압

종별	접촉상태	허용접촉전압[V]
제1종	• 인체의 대부분이 수중에 있는 상태	2.5 이하
제2종	• 인체가 많이 젖어 있는 상태 • 금속제 전기기계장치나 구조물에 인체의 일부가 상시접촉되어있는 상태	25 이하
제3종	• 제1종, 제2종 이외의 경우로서 통상적인 인체 상태에 있어서 접촉전압이 가해지면 위험성이 높은 상태	50 이하
제4종	• 제1종, 제2종 이외의 경우로서 통상적인 인체상태에 있어서 접촉전압이 가해져도 위험성이 낮은 상태 • 접촉전압이 가해질 우려가 없는 경우	무제한

[참고] 산업안전기사 필기 p.4-20([표] 종별 허용 접촉전압)

---

69 방폭전기기기의 성능을 나타내는 기호표시로 EX P IIA T5를 나타내었을 때 관계가 없는 표시 내용은?

① 온도등급 ② 폭발성능
③ 방폭구조 ④ 폭발등급

[해설]

방폭전기기기의 성능 표시기호 : EX P IIA T5

① EX : 방폭구조의 상징
② P : 방폭구조(압력방폭구조)
③ IIA : 가스 · 증기 및 분진의 그룹
④ T5 : 온도등급

[참고] 산업안전기사 필기 p.4-56(4. 방폭기기의 표시 예)

KEY ① 2017년 5월 7일 기사 출제
② 2019년 4월 27일 기사 출제
③ 2023년 6월 4일(문제 80번) 출제
④ 2024년 5월 9일(문제 70번) 출제

---

70 인체저항이 5,000[Ω]이고, 전류가 3[mA]가 흘렀다. 인체의 정전용량이 0.1[μF]라면 인체에 대전된 정전하는 몇 [μC]인가?

① 0.5 ② 1.0
③ 1.5 ④ 2.0

[해설]

인체 정전하

① $Q = C \times V = 0.1 \times 15 = 1.5[\mu C]$
② $V = IR = 3 \times 10^{-3} \times 5,000 = 15[V]$

[참고] ① 산업안전기사 필기 p.4-33(6. 정전기에너지)
② 산업안전기사 필기 p.4-34(합격날개 : 은행문제)

KEY ① 2016년 5월 8일 산업기사 출제
② 2016년 8월 21일 출제
③ 2017년 3월 5일 기사 · 산업기사 출제
④ 2017년 5월 7일 산업기사 출제
⑤ 2018년 3월 4일 출제
⑥ 2023년 2월 28일(문제 76번) 출제
⑦ 2024년 5월 9일(문제 74번) 출제

[정답] 67 ③ 68 ② 69 ② 70 ③

[보충학습]
정전하
도체의 표면에 분포되어 있거나 유전체의 마찰에 의해서 대전한 전하처럼 정지상태인 전기

[보충학습]
누전차단기 설치기준
전기기계·기구에 접속되어 있는 누전차단기는 정격감도전류가 30[mA] 이하이고 작동시간은 0.03[초] 이내일 것(다만, 정격전부하전류가 50[A] 이상인 전기기계·기구에 접속되는 누전차단기는 오작동을 방지하기 위하여 정격감도전류는 200[mA] 이하로, 작동시간은 0.1[초] 이내로 할 수 있다.

71 감전사고로 인한 전격사의 메커니즘으로 가장 거리가 먼 것은?

① 흉부수축에 의한 질식
② 심실세동에 의한 혈액순환기능의 상실
③ 내장파열에 의한 소화기계통의 기능상실
④ 호흡중추신경 마비에 따른 호흡기능 상실

[해설]
전격현상의 메커니즘(사망경로)
① 흉부수축에 의한 질식
② 심장의 심실세동에 의한 혈액순환 기능의 상실
③ 뇌의 호흡중추신경 마비에 따른 호흡 정지

[참고] 산업안전기사 필기 p.4-22(3. 전격현상의 메커니즘)

[KEY]
① 2013년 3월 10일 (문제 71번) 출제
② 2017년 8월 26일(문제 67번) 출제
③ 2021년 8월 14일(문제 74번) 출제
④ 2024년 5월 9일(문제 79번) 출제

72 누전차단기의 시설방법 중 옳지 않은 것은?

① 시설장소는 배전반 또는 분전반 내에 설치한다.
② 정격전류용량은 해당 전로의 부하전류 값 이상이어야 한다.
③ 정격감도전류는 정상의 사용상태에서 불필요하게 동작하지 않도록 한다.
④ 인체감전보호형은 0.05초 이내에 동작하는 고감도고속형이어야 한다.

[해설]
인체감전보호용 누전차단기 기준
① 정격 감도 전류 : 15[mA]
② 동작시간 : 0.03[초] 이내

[참고] 산업안전기사 필기 p.4-5(1. 누전차단기 종류)

[KEY]
① 2021년 5월 15일(문제 65번) 출제
② 2024년 5월 9일(문제 80번) 등 20번 이상 출제

73 누전사고가 발생될 수 있는 취약 개소가 아닌 것은?

① 나선으로 접속된 분기회로의 접속점
② 전선의 열화가 발생한 곳
③ 부도체를 사용하여 이중절연이 되어 있는 곳
④ 리드선과 단자와의 접속이 불량한 곳

[해설]
누전(electric leakage : 漏電)
(1) 개요 : 절연이 불완전하여 전기의 일부가 전선 밖으로 새어 나와 주변의 도체에 흐르는 현상
(2) 누전의 원인
  ① 전기장치나 오래된 전선의 절연 불량, 전선 피복의 손상또는 습기의 침입 등이 주된 원인이다.
  ② 한번 누전현상이 일어나면 그 부분에 계속 누설전류가 흘러 절연상태가 더욱 악화될 수 있으므로 주의가 필요하다.

[참고] 산업안전기사 필기 p.4-6(2. 누전차단기 설치 장소)

[KEY]
① 2019년 8월 4일(문제 78번) 출제
② 2024년 2월 15일(문제 64번) 출제

74 충격전압시험시의 표준충격파형을 1.2×50[μs]로 나타내는 경우 1.2와 50이 뜻하는 것은?

① 파두장 – 파미장
② 최초섬락시간 – 최종섬락시간
③ 라이징타임 – 스테이블타임
④ 라이징타임 – 충격전압인가시간

[해설]
표준충격 파형
 1.2×50[μs]
① 1.2 : 파두장   ② 50 : 파미장

[참고] 산업안전기사 필기 p.4-58(합격날개 : 합격예측)

[정답] 71 ③ 72 ④ 73 ③ 74 ①

KEY
① 2018년 4월 28일(문제 61번) 출제
② 2020년 6월 7일(문제 77번) 출제
③ 2024년 2월 15일(문제 67번) 출제

75
개폐기, 차단기, 유도 전압조정기의 최대 사용전압이 7[kV] 이하인 전로의 경우 절연 내력시험은 최대 사용 전압의 1.5배의 전압을 몇분간 가하는가?

① 10　　　　　② 15
③ 20　　　　　④ 25

해설
시험전압시간 : 10[분]

[표] 최대사용전압과 시험전압

최대 사용 전압	시험전압	최저시험전압	예
1. 7,000[V] 이하	1.5배	500[V]	6,600 → 9,900
2. 7,000[V] 초과 25,000[V] 중성점 접지식(중성선을 가지는 것으로 그 중성선을 다중 접지하는 것에 한한다.)	0.92배		22,900 → 21,068
3. 7,000[V] 초과 60,000[V] 이하인 전로로 2의 것을 제외	1.25배	10,500[V]	60,000 → 75,000
4. 60,000[V] 초과 중성점 비접지식 전로(전위 변성기를 사용하여 접지하는 것 포함)	1.25배		66,000 → 82,500
5. 60,000[V] 초과 중성점 직접 접지식전로(6과 7의 것을 제외)	1.1배	75,000[V]	66,000 → 72,600
6. 60,000[V] 초과 중성점 직접접지식(7란의 것을 제외)	0.72배		154,000 → 110,880 345,000 → 248,400
7. 170,000[V] 넘는 중성점 직접 접지식 발전소/ 변전소에 시설하는 것 (구내)	0.64배		345,000 → 220,800

단, 전로에 케이블을 사용하는 경우에는 직류로 시험할 수 있으며, 시험전압은 교류인 경우의 2배

KEY
① 2021년 3월 7일(문제 67번) 출제
② 2024년 2월 15일(문제 70번) 출제

76
정전기 방지대책 중 적합하지 않은 것은?

① 대전서열이 가급적 먼 것으로 구성한다.
② 카본 블랙을 도포하여 도전성을 부여한다.
③ 유속을 저감 시킨다.
④ 도전성 재료를 도포하여 대전을 감소시킨다.

해설
정전기 방지대책
① 발생 및 대전 ─ 접지
　　　　　　　├ 정전화, 정전작업복 착용
　　　　　　　├ 유속제한, 정치시간 확보
　　　　　　　├ 대전방지제 사용
　　　　　　　├ 가습
　　　　　　　├ 제전기 사용
　　　　　　　└ 제조장치 및 탱크의 불활성화
② 전격 ─ 대전억제
　　　　└ 대전전하의 신속한 누설
③ 화재 및 폭발 ─ 환기에 의한 위험물질의 제거
　　　　　　　└ 집진에 의한 분진의 제거

참고 산업안전기사 필기 p.4-36([그림] 정전기 방지대책)

KEY
① 2016년 5월 8일, 8월 21일 기사 출제
② 2017년 5월 7일 산업기사 출제
③ 2018년 3월 4일, 8월 19일 산업기사 출제
④ 2019년 3월 3일 산업기사 출제
⑤ 2019년 8월 4일 기사 출제
⑥ 2021년 3월 7일(문제 76번) 출제
⑦ 2021년 5월 15일(문제 79번) 및 (문제 80번) 출제
⑧ 2023년 6월 4일(문제 62번) 출제
⑨ 2024년 2월 15일(문제 74번) 출제

77
전격의 위험을 결정하는 주된 인자로 가장 거리가 먼 것은?

① 통전전류　　　　② 통전시간
③ 통전경로　　　　④ 접촉전압

해설
1·2차 감전(전격) 위험요소
(1) 전격위험도 결정조건(1차적 감전위험요소)
① 통전전류의 크기　② 통전시간
③ 통전경로
④ 전원의 종류(직류보다 상용주파수의 교류전원이 더 위험한 이유 : 극성변화)
⑤ 주파수 및 파형　⑥ 전격인가위상
(2) 2차적 감전위험요소
① 인체의 조건(저항)　② 전압　③ 계절

참고 산업안전기사 필기 p.4-19(1. 감전요소)

KEY
① 2016년 8월 21일 산업기사 출제
② 2017년 3월 5일, 8월 26일 출제
③ 2018년 3월 4일 산업기사 출제
④ 2018년 4월 28일(문제 80번) 출제
⑤ 2022년 3월 5일(문제 65번) 출제
⑥ 2024년 2월 15일(문제 79번) 출제

[정답] 75 ① 76 77 ④

78 전기시설의 직접 접촉에 의한 감전방지 방법으로 적절하지 않은 것은?

① 충전부는 내구성이 있는 절연물로 완전히 덮어 감쌀 것
② 충전부가 노출되지 않도록 폐쇄형 외함이 있는 구조로 할 것
③ 충전부에 충분한 절연효과가 있는 방호망 또는 절연 덮개를 설치할 것
④ 충전부는 출입이 용이한 전개된 장소에 설치하고 위험표시 등의 방법으로 방호를 강화할 것

해설

직접접촉에 의한 감전방지대책
① 충전부에 절연 방호망을 설치할 것
② 충전부는 내구성이 있는 절연물로 완전히 덮어 감쌀 것
③ 충전부가 노출되지 않도록 폐쇄형 외함구조로 할 것
④ 관계자 외에 출입을 금지하고 평소에 잠금상태가 되어야 한다.

참고 산업안전기사 필기 p.4-20(1. 직접접촉에 의한 감전방지 방법)

KEY
① 2012년 8월 26일 기사 출제
② 2013년 6월 2일 기사 출제
③ 2017년 3월 5일, 5월 7일 기사 출제
④ 2020년 9월 27일 기사 출제
⑤ 2022년 3월 5일 기사 출제
⑥ 2023년 7월 8일(문제 64번) 출제

79 활선장구 중 활선시메라의 사용 목적이 아닌 것은?

① 충전중인 전선을 장선할 때
② 충전중인 전선의 변경작업을 할 때
③ 활선작업으로 애자 등을 교환할 때
④ 특고압 부분의 검전 및 잔류전하를 방전할 때

해설

활선시메라 사용 목적
① 충전중인 전선을 장선할 때
② 충전중인 전선의 변경작업을 할 때
③ 활선작업으로 애자 등을 교환할 때

참고 산업안전기사 필기 p.4-24([표] 활선 안전용구의 사용목적)

KEY
① 2015년 8월 16일 기사 출제
② 2016년 3월 6일 기사 출제
③ 2023년 7월 8일(문제 64번) 출제

80 활선작업 시 필요한 보호구 중 가장 거리가 먼 것은?

① 고무장갑
② 안전화
③ 대전방지용 구두
④ 안전모

해설

활선작업용 보호구 및 방호구
① 절연용 보호구라 함은 절연장갑(고무장갑), 전기용 안전모, 절연용 고무 소매, 절연화(안전화) 등 작업을 하는 사람이 신체에 착용하는 감전방지용 보호구를 말한다.
② 절연용 방호구라 함은 전로의 충전부, 지지울 주변의 전기배선 등에 설치하는 절연판, 절연덮개, 절연시트 등 감전방지용 장구를 말한다.
③ 활선작업용 기구라 함은 그 사용 범위에 작업하는 사람의 손으로 잡을 수 있는 부분이 절연재료로 만들어진 봉상의 절연공구를 말하며 핫 스틱이 좋은 예이다.
④ 활선작업용 장치라 함은 대지절연을 실시한 활선작업용 차 또는 활선작업용 절연대를 말한다.

참고 산업안전기사 필기 p.4-22(3. 절연용 안전장구)

KEY
① 2016년 8월 21일 기사 출제
② 2019년 3월 3일 산업기사 출제
③ 2023년 2월 28일(문제 70번) 출제

5 화학설비 안전관리

81 압축기와 송풍기의 관로에 심한 공기의 맥동과 진동을 발생하면서 불안정한 운전이 되는 서징(surging) 현상의 방지법으로 옳지 않은 것은?

① 풍량을 감소시킨다.
② 배관의 경사를 완만하게 한다.
③ 교축밸브를 기계에서 멀리 설치한다.
④ 토출가스를 흡입측에 바이패스 시키거나 방출밸브에 의해 대기로 방출시킨다.

해설

서징(맥동현상) 방지대책
① 풍량을 감소시킨다.
② 배관의 경사를 완만하게 한다.
③ 토출가스를 흡입측에 바이패스 시키거나 방출밸브에 의해 대기로 방출시킨다.

참고 산업안전기사 필기 p.5-81(문제 91번) 해설

[정답] 78 ④ 79 ④ 80 ③ 81 ③

> **KEY**
> ① 2015년 3월 8일 출제
> ② 2017년 8월 26일 출제
> ③ 2020년 6월 7일 출제
> ④ 2023년 7월 8일(문제 98번) 출제
> ⑤ 2024년 7월 27일(문제 85번) 출제

> **보충학습**
> **맥동현상 발생원인**
> ① 배관 중에 수조가 있을 때
> ② 배관 중에 기체상태의 부분이 있을 때
> ③ 유량조절밸브가 배관 중 수조의 위치 후방에 있을 때
> ④ 펌프의 특성곡선이 산모양이고 운전점이 그 정상부일 때

82 다음 중 분진폭발의 특징으로 옳은 것은?

① 가스폭발보다 연소시간이 짧고, 발생에너지가 작다.
② 압력의 파급속도보다 화염의 파급속도가 빠르다.
③ 가스폭발에 비하여 불완전 연소가 적게 발생한다.
④ 주위의 분진에 의해 2차, 3차의 폭발로 파급될 수 있다.

> **해설**
> **분진폭발**
> ① 분진, mist 등이 일정 농도 이상으로 공기와 혼합시 발화원에 의해 분진 폭발을 일으킨다.
> ② 마그네슘, 티타늄 등의 분말, 곡물가루 등
>
> [표] 분진폭발의 발생 순서

> 퇴적분진 → 비산 → 분산 → 점화원 → 1차 폭발 → 2차 폭발

> **참고** ① 산업안전기사 필기 p.5-9(합격날개 : 합격예측)
> ② 산업안전기사 필기 p.5-11([표] 분진폭발의 특징)

> **KEY**
> ① 2015년 3월 8일 출제
> ② 2017년 3월 5일, 8월 26일 출제
> ③ 2019년 8월 4일 출제
> ④ 2020년 8월 22일 출제
> ⑤ 2021년 3월 7일, 5월 15일 출제
> ⑥ 2022년 4월 24일 출제
> ⑦ 2023년 2월 28일(문제 87번) 출제
> ⑧ 2024년 7월 27일(문제 90번) 출제

83 공기 중에서 A물질의 폭발하한계가 4[vol%], 상한계가 75[vol%] 라면 이 물질의 위험도는?

① 16.75 ② 17.75
③ 18.75 ④ 19.75

> **해설**
> **위험도 계산**
> $H = \dfrac{\text{폭발상한계} - \text{폭발하한계}}{\text{폭발하한계}} = \dfrac{75-4}{4} = 17.75$

> **참고** 산업안전기사 필기 p.5-70(문제 40번) 적중

> **KEY**
> ① 2015년 5월 31일 (문제 85번) 출제
> ② 2016년 3월 6일 (문제 86번) 출제
> ③ 2017년 3월 5일 (문제 82번) 출제
> ④ 2018년 3월 4일 (문제 89번) 출제
> ⑤ 2020년 6월 7일 (문제 92번) 출제
> ⑥ 2021년 3월 7일 (문제 97번), 5월 15일(문제 90번) 출제
> ⑦ 2022년 4월 24일 (문제 97번) 출제
> ⑧ 2023년 2월 28일(문제 97번) 출제
> ⑨ 2024년 7월 27일(문제 93번) 출제

84 산업안전보건법령상 "부식성 산류"에 해당하지 않는 것은?

① 농도 20[%]인 염산
② 농도 40[%]인 인산
③ 농도 50[%]인 질산
④ 농도 60[%]인 아세트산

> **해설**
> **부식성 물질**
> ① 부식성 산류
> ㉮ 농도가 20[%] 이상인 염산, 황산, 질산, 기타 이와 동등 이상의 부식성을 지니는 물질
> ㉯ 농도가 60[%] 이상인 인산, 아세트산, 플루오르산, 기타 이와 동등 이상의 부식성을 가지는 물질
> ② 부식성 염기류 : 농도가 40[%] 이상인 수산화나트륨, 수산화칼슘, 기타 이와 동등 이상의 부식성을 가지는 염기류

> **참고** 산업안전기사 필기 p.5-36(7. 부식성 물질)

> **KEY**
> ① 2011년 8월 21일 기사 출제
> ② 2012년 8월 26일 기사 출제
> ③ 2019년 8월 4일 기사 출제
> ④ 2023년 7월 8일(문제 83번) 출제
> ⑤ 2024년 5월 9일(문제 84번) 출제

> **합격정보**
> 산업안전보건기준에 관한 규칙 [별표1] 위험물질종류

[정답] 82 ④ 83 ② 84 ②

85 다음 중 응상폭발이 아닌 것은?

① 분해폭발
② 수증기폭발
③ 전선폭발
④ 고상간의 전이에 의한 폭발

해설

응상폭발의 종류
① 수증기 폭발   ② 전선폭발
③ 고상간 전이 폭발   ④ 불안정 물질의 폭발
⑤ 혼합·혼촉에 의한 폭발

참고 산업안전기사 필기 p.5-9([표] 증기, 분진, 분해 폭발)

KEY
① 2017년 5월 7일 기사 출제
② 2020년 9월 27일 기사 출제
③ 2023년 7월 8일(문제 91번) 출제
④ 2024년 5월 9일(문제 86번) 출제

보충학습1
(1) 물리적 폭발
  ① 탱크의 감압폭발 ② 수증기 폭발 ③ 고압용기의 폭발
(2) 화학적 폭발
  ① 분해폭발 ② 화학폭발
  ③ 중합폭발 ④ 산화폭발

보충학습2
응상(凝狀)
물질이 엉긴상태를 말한다. 즉, 폭발물의 분자가 응집되어 액체 또는 고체상태

86 사업주는 안전밸브등의 전단·후단에 차단밸브를 설치해서는 아니 된다. 다만 별도로 정한 경우에 해당할 때는 자물쇠형 또는 이에 준하는 형식의 차단밸브를 설치할 수 있다. 이에 해당하는 경우가 아닌 것은?

① 화학설비 및 그 부속설비에 안전밸브등이 복수방식으로 설치되어 있는 경우
② 예비용 설비를 설치하고 각각의 설비에 안전밸브등이 설치되어 있는 경우
③ 파열판과 안전밸브를 직렬로 설치한 경우
④ 열팽창에 의하여 상승된 압력을 낮추기 위한 목적으로 안전밸브가 설치된 경우

해설

차단밸브의 설치금지기준
① 인접한 화학설비 및 그 부속설비에 안전밸브등이 각각 설치되어 있고, 해당 화학설비 및 그 부속설비의 연결배관에 차단밸브가 없는 경우
② 안전밸브등의 배출용량의 2분의 1 이상에 해당하는 용량의 자동압력조절밸브(구동용 동력원의 공급을 차단하는 경우 열리는 구조인 것으로 한정한다)와 안전밸브등이 병렬로 연결된 경우
③ 화학설비 및 그 부속설비에 안전밸브등이 복수방식으로 설치되어 있는 경우
④ 예비용 설비를 설치하고 각각의 설비에 안전밸브등이 설치되어 있는 경우
⑤ 열팽창에 의하여 상승된 압력을 낮추기 위한 목적으로 안전밸브가 설치된 경우
⑥ 하나의 플레어 스택(flare stack)에 둘 이상의 단위공정의 플레어 헤더(flare header)를 연결하여 사용하는 경우로서 각각의 단위공정의 플레어헤더에 설치된 차단밸브의 열림·닫힘 상태를 중앙제어실에서 알 수 있도록 조치한 경우

참고 산업안전기사 필기 p.5-6(합격날개 : 합격예측 및 관련법규)

KEY
① 2012년 3월 4일 출제
② 2014년 3월 2일 출제
③ 2017년 8월 26일 출제
④ 2018년 8월 19일 출제
⑤ 2021년 3월 7일 출제
⑥ 2023년 7월 8일(문제 95번) 출제
⑦ 2024년 5월 9일(문제 88번) 출제

합격정보
산업안전보건기준에 관한 규칙 제266조(차단밸브의 설치금지)

87 산업안전보건법령상 대상 설비에 설치된 안전밸브에 대해서는 경우에 따라 구분된 검사주기마다 안전밸브가 적정하게 작동하는지 검사하여야 한다. 화학공정 유체와 안전밸브의 디스크 또는 시트가 직접 접촉될 수 있도록 설치된 경우의 검사주기로 옳은 것은?

① 매년 1회 이상   ② 2년마다 1회 이상
③ 3년마다 1회 이상   ④ 4년마다 1회 이상

해설

제261조(안전밸브 등의 설치)
설치된 안전밸브에 대해서는 다음 각 호의 구분에 따른 검사주기마다 국가교정기관에서 교정을 받은 압력계를 이용하여 설정압력에서 안전밸브가 적정하게 작동하는지를 검사한 후 납으로 봉인하여 사용하여야 한다. 다만, 공기나 질소취급용기 등에 설치된 안전밸브 중 안전밸브 자체에 부착된 레버 또는 고리를 통하여 수시로 안전밸브가 적정하게 작동하는지를 확인할 수 있는 경우에는 검사하지 아니할 수 있고 납으로 봉인하지 아니할 수 있다.
① 화학공정 유체와 안전밸브의 디스크 또는 시트가 직접 접촉될 수 있도록 설치된 경우 : 2년 마다 1회 이상
② 안전밸브 전단에 파열판이 설치된 경우 : 3년마다 1회 이상
③ 공정안전보고서 제출 대상으로서 고용노동부장관이 실시하는 공정안전보고서 이행상태 평가결과가 우수한 사업장의 안전밸브의 경우 : 4년마다 1회 이상

[정답] 85 ① 86 ③ 87 ②

참고) 산업안전기사 필기 p.5-3(합격날개 : 합격예측 및 관련법규)

KEY ① 2021년 3월 7일 기사 출제
② 2023년 2월 28일(문제 84번) 출제
③ 2024년 5월 9일(문제 95번) 출제

합격정보
① 산업안전보건기준에 관한 규칙 제261조(안전밸브 등의 설치)
② 2024. 6. 28. 개정법 적용

보충학습
안전밸브
기기(機器)나 관 등의 파괴를 방지하기 위하여 부착하는 최고 압력을 한정하는 밸브로서, 설정 압력 이상이 되면 유체를 내뿜어 압력을 설정 압력 이하로 낮추도록 되어있다.

88 질화면(Nitrocellulose)은 저장·취급 중에는 에틸 알코올 또는 이소프로필 알코올로 습면의 상태로 되어 있다. 그 이유를 바르게 설명한 것은?

① 질화면은 건조 상태에서는 자연발열을 일으켜 분해폭발의 위험이 존재하기 때문이다.
② 질화면은 알코올과 반응하여 안정한 물질을 만들기 때문이다.
③ 질화면은 건조 상태에서 공기 중의 산소와 환원반응을 하기 때문이다.
④ 질화면은 건조 상태에서 용이하게 중합물을 형성하기 때문이다.

해설
니트로셀룰로오스(nitrocellulose : 질화면) 특징
① 셀룰로오스의 질산에스테르이지만 니트로셀룰로오스란 통칭이 널리 쓰여지고 있다.(알콜침지 보관)
② 셀룰로오스를 황산과 질산을 혼합한 혼산으로 질산에스테르화하여 얻게 되는 백색 섬유상 물질, 질화면이라고도 한다.
③ 히드록실기로 치환한 NO_2기의 수에 따라 함유되는 질소량이 다르다.
④ 일반적으로 무연 화약에는 질소량이 12[%] 이상, 다이너마이트용에는 12[%] 정도, 도료용, 셀룰로이드용 등에는 12[%] 이하를 사용한다.(건조시 분해폭발)
⑤ 편의상 질소량이 약 13[%] 이상의 것을 강약, 약 10~12[%]의 것을 약면약이라 한다.

참고) 산업안전기사 필기 p.5-39(5류 위험물)

KEY ① 2011년 6월 12일 (문제 83번) 출제
② 2018년 4월 28일 (문제 84번) 출제
③ 2022년 4월 24일 (문제 86번) 출제
④ 2023년 2월 28일(문제 94번) 출제
⑤ 2024년 5월 9일(문제 97번) 출제

89 다음 중 폭발 방호 대책과 가장 거리가 먼 것은?

① 불활성화   ② 억제
③ 방산   ④ 봉쇄

해설
폭발 재해의 보호대책
① 폭발 봉쇄 : 압력을 완화시켜 폭발을 방지한다.
② 폭발 억제 : 큰 폭발이 되지 않도록 폭발을 진압한다.
③ 폭발 방산 : 안전밸브나 파열판 등으로 탱크 내압력을 방출시킨다.

보충학습
퍼지(불활성화 : purge)
연소되지 않은 가스가 노 안에 또는 기타 장소에 차 있으면 점화를 했을 때 폭발할 우려가 있으므로 점화시키기 전에 이것을 노 밖으로 배출하기 위하여 환기시키는 것을 퍼지라고 한다.(화재방호대책)

참고) 산업안전기사 필기 p.5-20(표. 퍼지의 종류)

KEY ① 2022년 4월 24일(문제 85번)
② 2024년 5월 9일(문제 100번) 출제

90 다음 중 폭발범위에 관한 설명으로 틀린 것은?

① 상한값과 하한값이 존재한다.
② 온도에는 비례하지만 압력과는 무관하다.
③ 가연성 가스의 종류에 따라 각각 다른 값을 갖는다.
④ 공기와 혼합된 가연성 가스의 체적 농도로 나타낸다.

해설
폭발발생의 필수인자
① 인화성 물질 온도
② 조성(인화성 물질의 농도범위)
③ 압력의 방향
④ 용기의 크기와 형태(모양)

참고) 산업안전기사 필기 p.5-3(2. 폭발발생의 필수인자)

KEY ① 2014년 3월 2일(문제 85번) 출제
② 2019년 3월 3일(문제 96번) 출제
③ 2020년 9월 27일(문제 84번) 출제
④ 2022년 3월 5일(문제 83번) 출제
⑤ 2023년 2월 28일(문제 81번) 출제
⑥ 2024년 2월 15일(문제 84번) 출제

보충학습
보일 샤를 법칙에 의해 온도 상승 시 부피, 압력이 상승하여 넓어진다.
$$\frac{P_1 V_1}{T_1} = \frac{P_2 V_2}{T_2} = K(일정)$$

[정답] 88 ① 89 ① 90 ②

91. 다음 중 연소시 발생하는 열에너지를 흡수하는 매체를 화염 속에 투입하여 소화하는 방법은?

① 냉각소화
② 희석소화
③ 질식소화
④ 억제소화

해설

화재 및 소화기 종류

화재구분	소화대책	적응 소화기
A급(일반화재)	냉각소화	① 물 소화기 ② 강화액 소화기 ③ 산, 알칼리 소화기
B급(유류 및 가스화재)	질식소화	① 이산화탄소 소화기 ② 할로겐화합물 소화기 ③ 분말 소화기 ④ 포 소화기
C급(전기화재)	질식소화	① 이산화탄소 소화기 ② 할로겐화합물 소화기 ③ 분말 소화기 ④ 무상강화액 소화기
D급(금속화재)	피복소화	① 건조사 ② 팽창 질석 ③ 팽창 진주암

참고 산업안전기사 필기 p.5-23(문제 13번) 해설

KEY ① 2014년 5월 25일(문제 83번) 출제
② 2024년 2월 15일(문제 93번) 출제

보충학습

소화 구분
① 냉각소화 : 화점의 냉각
② 질식소화 : 불연성 기체, 포말, 고체, 소화 분말로 연소물을 덮는 방법
③ 제거소화 : 가연물의 제거
④ 억제소화 : 연쇄반응의 억제에 의한 소화
⑤ 희석소화 : 수용성인 인화성액체 화재시 물을 방사하여 가연물의 농도를 낮추어 소화

92. 산업안전보건법령상 다음 인화성 가스의 정의에서 ( )안에 알맞은 값은?

"인화성 가스"란 인화한계 농도의 최저한도가 (㉠)[%] 이하 또는 최고한도와 최저한도의 차가 (㉡)[%] 이상인 것으로서 표준압력(101.3[kPa]), 20[℃]에서 가스 상태인 물질을 말한다.

① ㉠ 13, ㉡ 12
② ㉠ 13, ㉡ 15
③ ㉠ 12, ㉡ 13
④ ㉠ 12, ㉡ 15

해설

"인화성 가스"란 인화한계 농도의 최저한도가 13[%] 이하 또는 최고한도와 최저한도의 차가 12[%] 이상인 것으로서 표준압력(101.3 [kPa])에서 20[℃]에서 가스 상태인 물질을 말한다.

참고 산업안전기사 필기 p.5-36(합격날개 : 합격예측)

KEY ① 2022년 4월 24일(문제 91번) 출제
② 2024년 2월 15일(문제 98번) 출제

합격정보
산업안전보건법 시행령 [별표 13] 비고

93. 다음 물질 중 공기에서 폭발상한계 값이 가장 큰 것은?

① 사이클로헥산
② 산화에틸렌
③ 수소
④ 이황화탄소

해설

주요 인화성 가스의 폭발범위

인화성 가스	폭발하한값[%]	폭발상한값[%]
아세틸렌(C_2H_2)	2.5	81
산화에틸렌(C_2H_4O)	3	80
수소(H_2)	4	75
일산화탄소(CO)	12.5	74
프로판(C_3H_8)	2.1	9.5
에탄(C_2H_6)	3	12.5
메탄(CH_4)	5	15
부탄(C_4H_{10})	1.8	8.4
이황화탄소(CS_2)	1.0	44
사이클로헥산(헥세인)(C_6H_{12})	1.26	7.75

참고 산업안전기사 필기 p.5-17(합격날개 : 합격예측 및 관련법규)

KEY ① 2013년 3월 10일 기사 출제
② 2016년 5월 8일 기사 출제
③ 2017년 8월 26일 기사 출제
④ 2021년 3월 7일 기사 출제
⑤ 2023년 7월 8일(문제 81번) 출제

94. 공정안전보고서 중 공정안전자료에 포함하여야 할 세부내용에 해당하는 것은?

① 비상조치계획에 따른 교육계획
② 안전운전지침서
③ 각종 건물·설비의 배치도
④ 도급업체 안전관리계획

[정답] 91 ① 92 ① 93 ② 94 ③

> [해설]

공정안전자료의 내용
① 취급·저장하고 있는 유해·위험물질의 종류와 수량
② 유해·위험물질에 대한 물질안전보건자료
③ 유해·위험설비의 목록 및 사양
④ 유해·위험설비의 운전방법을 알 수 있는 공정도면
⑤ 각종 건물·설비의 배치도
⑥ 폭발위험장소구분도 및 전기단선도
⑦ 위험설비의 안전설계·제작 및 설치관련지침서

> [참고] 산업안전산업기사 필기 p.5-88(공정안전자료)

> [KEY]
> ① 2011년 3월 20일 기사 출제
> ② 2014년 3월 2일, 5월 25일 기사 출제
> ③ 2018년 3월 4일 기사 출제
> ④ 2019년 4월 27일 기사 출제
> ⑤ 2021년 5월 15일, 8월 14일 기사 출제
> ⑥ 2023년 7월 8일(문제 88번) 출제

> [합격정보]
> 산업안전보건법시행규칙 제130조의 2(공정안전보고서의 세부내용 등)

95. 뜨거운 금속에 물이 닿으면 튀는 현상과 같이 핵비등(nuclear boiling) 상태에서 막비등(film boiling)으로 이행하는 온도를 무엇이라 하는가?

① Burn-out point
② Leidenfrost point
③ Entrainment point
④ Sub-cooling boiling point

> [해설]

Leidenfrost point
① 물이 담긴 냄비의 바닥을 가열할 때 냄비바닥의 온도가 비등점(100[℃])에서 점점 올라감에 따라 처음에는 바닥으로부터 공기방울이 올라오고, 이어서 기화된 수증기방울이 올라오며 이 방울이 점점 많아지는 현상을 Nucleate Boiling(핵비등 : 바닥의 옴폭한 홈 등에서 기포가 시작된다고 하여 붙인 이름)이라 한다.
② 물은 200[℃] 근방까지는 이러한 끓는 모양을 보인다.

> [KEY]
> ① 2013년 8월 18일 기사 출제
> ② 2019년 8월 4일 기사 출제
> ③ 2023년 7월 8일(문제 94번) 출제

> [보충학습]

번 아웃 점(burn-out point)
① 비등 전열에 있어 핵 비등에서 막 비등으로 이행할 때 열유속이 극댓값을 나타내는 점
② 막 비등 상태에 이행하기 쉽고 전열면 온도가 매우 높으므로 전열면이 융해 파손되는 경우가 있으므로 중요시되고 있다.

> [읽을꺼리]
> 라이덴프로스트효과는 요한 고틀롭 라이덴프로스트가 그의 저서인 "A Tract About Some Qualities of Common Water"에서 처음 논의하면서 그의 이름을 따서 지어졌다.

96. 펌프의 사용 시 공동현상(cavitation)을 방지하고자 할 때의 조치사항으로 틀린 것은?

① 펌프의 회전수를 높인다.
② 흡입비 속도를 작게 한다.
③ 펌프의 흡입관의 헤드(head) 손실을 줄인다.
④ 펌프의 설치높이를 낮추어 흡입양정을 짧게 한다.

> [해설]

cavitation 현상(공동현상)
① 유체에 압력을 가해도 밀도는 극히 작게 증가하고, 압력을 감소시켜 유체의 증기압 이하로 할 경우 부분적으로 증기가 발생하는 현상
② 진공, 소음발생
③ 효율저하 및 침식

> [참고] 산업안전기사 필기 p.5-81(문제 91번) 적중

> [KEY]
> ① 2012년 8월 26일 기사 출제
> ② 2013년 8월 18일 기사 출제
> ③ 2015년 3월 8일 기사 출제
> ④ 2016년 5월 8일 기사 출제
> ⑤ 2019년 8월 4일 기사 출제
> ⑥ 2023년 7월 8일(문제 100번) 출제

97. 다음 중 CO_2 소화약제의 장점으로 볼 수 없는 것은?

① 기체 팽창률 및 기화 잠열이 작다.
② 액화하여 용기에 보관할 수 있다.
③ 전기에 대해 부도체이다.
④ 자체 증기압이 높기 때문에 자체 압력으로 방사가 가능하다.

> [해설]

소화약제의 특성
① 탄산가스의 함량은 99.5[%] 이상으로 냄새가 없어야 하며 수분의 중량은 0.05[%] 이하여야 한다.
② 수분이 0.05[%] 이상이면 줄-톰슨효과에 의하여 수분이 결빙되어 노즐의 구멍을 폐쇄시키기 때문이다.

[정답] 95 ② 96 ① 97 ①

③ 줄-톰슨효과는 기체 또는 액체가 가는 관을 통과할 때 온도가 급강하하여 고체로 되는 현상이다.
④ 증발잠열 : 137.8[cal/g]으로 매우 크다.

참고 산업안전기사 필기 p.5-13(1. 소화약제의 물리적 성질)

KEY
① 2017년 5월 7일 (문제 85번) 출제
② 2023년 6월 4일(문제 81번) 출제

98 다음 [보기]에서 일반적인 자동제어 시스템의 작동순서를 바르게 나열한 것은?

[보기]
(1) 검출   (2) 조절계
(3) 밸브   (4) 공정상황

① (1) → (2) → (4) → (3)
② (4) → (1) → (2) → (3)
③ (2) → (4) → (1) → (3)
④ (3) → (2) → (4) → (1)

해설
자동제어 시스템의 작동순서
공정상황 → 검출 → 조절계 → 밸브

참고 산업안전기사 필기 p.5-46(1. 제어장치)

KEY
① 2010년 3월 7일(문제 89번) 출제
② 2011년 6월 12일(문제 84번) 출제
③ 2011년 8월 21일(문제 84번) 출제
④ 2023년 6월 4일(문제 85번) 출제

99 화염방지기의 설치에 관한 사항으로 (   )에 옳은 것은?

사업주는 인화성 액체 및 인화성 가스를 저장 취급하는 화학설비에서 증기나 가스를 대기로 방출하는 경우에는 외부로부터의 화염을 방지하기 위하여 화염방지기를 그 설비 (   )에 설치하여야 한다.

① 상단   ② 하단
③ 중앙   ④ 무게중심

해설
화염방지기 설치 위치 : 설비 상단

참고 산업안전기사 필기 p.5-47(⑤ 화염방지기)

KEY
① 2018년 8월 19일(문제 99번) 출제
② 2022년 4월 24일 기사 출제
③ 2023년 6월 4일(문제 96번) 출제

합격정보
산업안전보건기준에 관한 규칙 제269조 (화염방지기의 설치)

100 사업주는 산업안전보건법령에서 정한 설비에 대해서는 과압에 따른 폭발을 방지하기 위하여 안전밸브 등을 설치하여야 한다. 다음 중 이에 해당하는 설비가 아닌 것은?

① 원심펌프
② 정변위 압축기
③ 정변위 펌프(토출축에 차단밸브가 설치된 것만 해당한다)
④ 배관(2개 이상의 밸브에 의하여 차단되어 대기온도에서 액체의 열팽창에 의하여 파열될 우려가 있는 것으로 한정한다)

해설
안전밸브 설치 화학설비
사업주는 다음 각 호의 어느 하나에 해당하는 설비에 대해서는 과압에 따른 폭발을 방지하기 위하여 폭발 방지 성능과 규격을 갖춘 안전밸브 또는 파열판(이하 "안전밸브 등"이라 한다.)을 설치하여야 한다. 다만, 안전밸브 등에 상응하는 방호장치를 설치한 경우에는 그러하지 아니하다.
① 압력용기(안지름이 150밀리미터 이하인 압력용기는 제외하며, 압력용기 중 관형 열교환기의 경우에는 관의 파열로 인하여 상승한 압력이 압력용기의 최고사용압력을 초과할 우려가 있는 경우만 해당한다.)
② 정변위 압축기
③ 정변위 펌프(토출축에 차단밸브가 설치된 것만 해당한다)
④ 배관(2개 이상의 밸브에 의하여 차단되어 대기온도에서 액체의 열팽창에 의하여 파열될 우려가 있는 것으로 한정)

참고 산업안전기사 필기 p.5-3(합격날개 : 합격예측 및 관련법규)

KEY
① 2017년 5월 7일 출제
② 2018년 4월 28일(문제 83번) 출제
③ 2023년 2월 28일(문제 98번) 출제

합격정보
산업안전보건기준에 관한 규칙 제261조(안전밸브 등의 설치)

[정답] 98 ② 99 ① 100 ①

6 건설공사 안전관리

101 잠함 또는 우물통의 내부에서 굴착작업을 할 때의 준수사항으로 옳지 않은 것은?

① 굴착 깊이가 10[m]를 초과하는 경우에는 해당 작업장소와 외부와의 연락을 위한 통신설비등을 설치하여야 한다.
② 산소 결핍의 우려가 있는 경우에는 산소의 농도를 측정하는 자를 지명하여 측정하도록 한다.
③ 근로자가 안전하게 승강하기 위한 설비를 설치한다.
④ 측정 결과 산소의 결핍이 인정될 경우에는 송기를 위한 설비를 설치하여 필요한 양의 공기를 공급하여야 한다.

해설
잠함작업시 통신설비 설치기준 : 굴착깊이 20[m]초과

참고 산업안전기사 필기 p.6-146(합격날개 : 합격예측 및 관련법규)

KEY
① 2012년 8월 26일 기사 출제
② 2018년 8월 19일 기사 출제
③ 2023년 7월 8일(문제 110번) 출제
④ 2024년 5월 9일(문제 104번) 출제

합격정보
산업안전보건기준에 관한 규칙 제377조 (잠함 등 내부에서의 작업)

---

102 말비계를 조립하여 사용하는 경우에 지주부재와 수평면의 기울기는 최대 몇 도 이하로 하여야 하는가?

① 30[°] ② 45[°]
③ 60[°] ④ 75[°]

해설
말비계의 안전기준
① 기울기 : 75[°] 이하
② 작업발판 폭 : 40[cm] 이상

참고 산업안전기사 필기 p.6-99(7. 말비계)

KEY
① 2016년 5월 8일 산업기사 출제
② 2017년 3월 5일 산업기사 출제
③ 2017년 5월 7일, 9월 23일 (문제 113번) 출제
④ 2023년 6월 4일 (문제 103번) 출제
⑤ 2024년 5월 9일(문제 107번) 출제

합격정보
산업안전보건기준에 관한 규칙 제67조(말비계)

---

103 장비가 위치한 지면보다 낮은 장소를 굴착하는 데 적합한 장비는?

① 백호 ② 파워셔블
③ 트럭크레인 ④ 진폴

해설
백호(back hoe)[드래그셔블(drag shovel)]
① 토목공사나 수중굴착에 많이 사용된다.
② 지하층이나 기초의 굴착에 사용된다.
③ 기계가 서 있는 지면보다 낮은 장소의 굴착에도 적당하고 수중굴착도 가능하다.
④ 파워셔블과 같이 굳은 지반의 토질에서도 정확한 굴착이 된다.

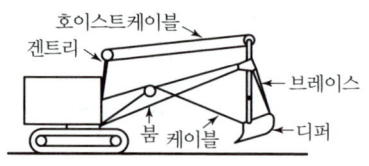

[그림] 백호

참고 산업안전기사 필기 p.6-63(2. 백호)

KEY
① 2015년 3월 8일 기사 출제
② 2018년 8월 19일 기사 출제
③ 2020년 6월 7일 기사 출제
④ 2021년 5월 15일 기사 출제
⑤ 2023년 2월 28일(문제 112번) 출제
⑥ 2024년 5월 9일(문제 111번) 출제

---

104 산업안전보건법령에 따른 지반의 종류별 굴착면의 기울기 기준으로 옳지 않은 것은?

① 모래 − 1 : 1.8
② 그 밖의 흙 − 1 : 0.3
③ 풍화암 − 1 : 1.0
④ 연암 − 1 : 1.0

해설
굴착면의 기울기 기준

지반의 종류	굴착면의 기울기
모래	1 : 1.8
연암 및 풍화암	1 : 1.0
경암	1 : 0.5
그 밖의 흙	1 : 1.2

[정답] 101 ① 102 ④ 103 ① 104 ②

참고) 산업안전기사 필기 p.6-56(표 : 굴착면의 기울기 기준)

KEY
① 2016년 5월 8일 기사·산업기사 동시 출제
② 2017년 3월 5일, 9월 23일 출제
③ 2018년 8월 19일 산업기사 출제
④ 2019년 4월 27일 기사·산업기사 동시 출제
⑤ 2020년 6월 7일, 8월 22일, 9월 27일 출제
⑥ 2022년 3월 5일 출제
⑦ 2023년 2월 28일(문제 114번) 출제
⑧ 2024년 5월 9일(문제 112번) 출제

합격정보) 산업안전보건기준에 관한 규칙 [별표 11] 굴착면의 기울기 기준

105 건설공사의 유해위험방지계획서 제출 기준일로 옳은 것은?

① 당해공사 착공 1개월 전까지
② 당해공사 착공 15일 전까지
③ 당해공사 착공 전날 까지
④ 당해공사 착공 15일 후까지

해설) 유해위험방지계획서 제출기간
① 건설업 : 공사착공 전날까지
② 제조업 : 해당작업 시작 15일 전까지
③ 제출처 : 한국산업안전보건공단

참고) 산업안전기사 필기 p.2-37(3. 법적 목적)

KEY
① 2012년 5월 20일 건설안전기사(문제 57번) 출제
② 2016년 3월 6일 건설안전기사(문제 57번) 출제
③ 2017년 9월 23일 건설안전기사(문제 57번) 출제
④ 2022년 4월 24일(문제 114번) 출제
⑤ 2024년 5월 9일(문제 114번) 출제

합격정보) 산업안전보건법 시행규칙 제42조(제출서류 등)

106 건설업 산업안전보건관리비 계상 및 사용기준은 산업재해보상 보험법의 적용을 받는 공사 중 총 공사금액이 얼마 이상인 공사에 적용하는가?(단, 전기공사업법, 정보통신공사업법에 의한 공사는 제외)

① 4천만원   ② 3천만원
③ 2천만원   ④ 1천만원

해설) 제3조(적용범위)
이 고시는 「산업재해보상보험법」 제6조의 규정에 의하여 「산업재해보상보험법」의 적용을 받는 공사중 총공사금액 2천만원 이상인 공사에 적용한다. 다만, 다음 각 호의 어느 하나에 해당되는 공사중 단가계약에 의하여 행하는 공사에 대하여는 총계약금액을 기준으로 이를 적용한다.

참고) 산업안전기사 필기 p.6-38(합격날개 : 합격예측 및 관련법규)

KEY
① 2016년 3월 6일 출제
② 2017년 5월 7일 산업기사 출제
③ 2017년 8월 26일 기사·산업기사 동시 출제
④ 2019년 8월 4일(문제 110번) 출제
⑤ 2022년 4월 24일(문제 117번) 출제
⑥ 2024년 5월 9일(문제 117번) 출제

합격정보) 적용시기 : 2020년 7월 1일부터 2천만원 이상

107 다음은 타워크레인을 와이어로프로 지지하는 경우의 준수해야 할 기준이다. 빈칸에 들어갈 알맞은 내용을 순서대로 옳게 나타낸 것은?

> 와이어로프 설치각도는 수평면에서 (   )도 이내로 하되, 지지점은 (   )개소 이상으로 하고, 같은 각도로 설치할 것

① 45, 4   ② 45, 5
③ 60, 4   ④ 60, 5

해설) 와이어로프로 지지하는 경우 준수사항
① 「산업안전보건법 시행규칙」에 따른 서면심사에 관한 서류(「건설기계관리법」에 따른 형식승인서류를 포함한다) 또는 제조사의 설치작업 설명서 등에 따라 설치할 것
② 제①호의 서면심사 서류 등이 없거나 명확하지 아니한 경우에는 「국가기술자격법」에 따른 건축구조·건설기계·기계안전·건설안전기술사 또는 건설안전분야 산업안전지도사의 확인을 받아 설치하거나 기종별·모델별 공인된 표준방법으로 설치할 것
④ 와이어로프를 고정하기 위한 전용 지지프레임을 사용할 것
⑤ 와이어로프 설치각도는 수평면에서 60도 이내로 하고, 지지점은 4개소 이상으로 할 것
⑥ 와이어로프와 그 고정부위는 충분한 강도와 장력을 갖도록 설치하고, 와이어로프를 클립·샤클(shackle) 등의 고정기구를 사용하여 견고하게 고정시켜 풀리지 아니하도록 할 것
⑦ 와이어로프가 가공전선(架空電線)에 근접하지 않도록 할 것

참고) 산업안전기사 필기 p.6-138(합격날개 : 합격예측 및 관련법규)

[정답] 105 ③ 106 ③ 107 ③

KEY
① 2015년 5월 31일(문제 114번) 출제
② 2024년 2월 15일(문제 104번) 출제

정보제공
산업안전보건기준에 관한 규칙 제142조(타워크레인의 지지)

108 달비계를 사용하는 와이어로프의 사용금지 기준으로 옳지 않은 것은?

① 이음매가 있는 것
② 열과 전기충격에 의해 손상된 것
③ 지름의 감소가 공칭지름의 7[%]를 초과하는 것
④ 와이어로프의 한 꼬임에서 끊어진 소선의 수가 7[%] 이상인 것

해설
달비계에 사용하는 와이어로프 금지기준
① 이음매가 있는 것
② 와이어로프의 한 꼬임[스트랜드(strand)를 말한다. 이하 같다]에서 끊어진 소선(素線)[필러(pillar)선은 제외한다]의 수가 10[%] 이상(비자전로프의 경우에는 끊어진 소선의 수가 와이어로프 호칭지름의 6배 길이 이내에서 4개 이상이거나 호칭지름 30배 길이 이내에서 8개 이상)인 것
③ 지름의 감소가 공칭지름의 7[%]를 초과하는 것
④ 꼬인 것
⑤ 심하게 변형되거나 부식된 것
⑥ 열과 전기충격에 의해 손상된 것

참고 산업안전기사 필기 p.6-102(합격날개 : 합격예측 및 관련법규)

KEY
① 2017년 3월 5일 기사 출제
② 2018년 4월 28일 산업기사 출제
③ 2019년 8월 4일(문제 116번) 출제
④ 2022년 4월 24일(문제 120번) 출제
⑤ 2024년 2월 15일(문제 109번) 출제

합격정보
산업안전보건기준에 관한 규칙 제63조(달비계의 구조)

109 다음 와이어로프 중 양중기에 사용가능한 범위안에 있다고 볼 수 있는 것은?

① 와이어로프의 한 꼬임(스트랜드)에서 끊어진 소선의 수가 8[%]인 것
② 지름의 감소가 공칭지름의 8[%]인 것
③ 심하게 부식된 것
④ 이음매가 있는 것

해설
문제 108번 해설 확인

정보제공
산업안전보건기준에 관한 규칙 제63조(달비계의 구조)

KEY
① 2014년 5월 25일, 8월 17일기사 출제
② 2015년 3월 8일, 5월 31일 기사 출제
③ 2016년 8월 21일 기사 출제
④ 2017년 5월 7일 기사 출제
⑤ 2019년 8월 4일 기사 출제
⑥ 2020년 6월 7일 기사 출제
⑦ 2022년 4월 24일 기사 출제
⑧ 2023년 7월 8일(문제 115번) 출제
⑨ 2024년 2월 15일(문제 114번) 출제

110 그물코의 크기가 10[cm]인 매듭없는 방망사 신품의 인장강도는 최소 얼마 이상이어야 하는가?

① 240[kg] ② 320[kg]
③ 400[kg] ④ 500[kg]

해설
방망사의 신품에 대한 인장강도

그물코의 크기 (단위 : [cm])	방망의 종류(단위 : [kg])	
	매듭 없는 방망	매듭 방망
10	240	200
5		110

참고 산업안전기사 필기 p.6-50([표] 방망사의 신품에 대한 인장강도)

KEY
① 2016년 5월 8일 기사 출제
② 2017년 3월 5일, 8월 26일 기사 출제
③ 2018년 4월 28일, 8월 19일 기사 출제
④ 2019년 3월 3일, 8월 4일 기사 출제
⑤ 2020년 8월 22일 기사 출제
⑥ 2021년 8월 14일 기사 출제
⑦ 2023년 2월 28일(문제 101번) 출제
⑧ 2024년 2월 15일(문제 118번) 출제

보충학습
방망사의 폐기시 인장강도

그물코의 크기 (단위 : [cm])	방망의 종류(단위 : [kg])	
	매듭 없는 방망	매듭 방망
10	150	135
5		60

[정답] 108 ④ 109 ① 110 ①

111 불도저를 이용한 작업 중 안전조치사항으로 옳지 않은 것은?

① 작업종료와 동시에 삽날을 지면에서 띄우고 주차 제동장치를 건다.
② 모든 조종간은 엔진 시동전에 중립 위치에 놓는다.
③ 장비의 승차 및 하차 시 뛰어내리거나 오르지 말고 안전하게 잡고 오르내린다.
④ 야간작업 시 자주 장비에서 내려와 장비 주위를 살피며 점검하여야 한다.

해설

브레이크
불도저를 비롯한 모든 굴착기계는 작업종료시 삽날은 지면에 밀착시켜야 한다.(이유 : 제동장치 역할을 함)

참고) 산업안전기사 필기 p.6-65(합격날개 : 은행문제)

KEY ① 2020년 9월 27일 기사 출제
② 2023년 7월 8일(문제 103번) 출제

112 거푸집동바리 구조에서 높이가 $l=3.5[m]$ 인 파이프서포트의 좌굴하중은?(단, 상부받이판과 하부받이판은 힌지로 가정하고, 단면2차모멘트 $I=8.31[cm^4]$, 탄성계수 $E=2.1\times10^5[MPa]$)

① 14,060[N]   ② 15,060[N]
③ 16,060[N]   ④ 17,060[N]

해설

오일러의 좌굴하중(P_{cr})

$$P_{cr} = \frac{n\pi^2 EI}{l^2} = \frac{\pi^2 EI}{(kl)^2} = \frac{\pi^2 \times 2.1 \times 10^5 \times 8.31}{350^2} = 14,060[N]$$

여기서, n : 지지상태에 따른 좌굴계수
E : 탄성계수
I : 단면 2차모멘트
l : 기둥길이
kl : 유효길이
k : 1.0(양단힌지)

참고) 산업안전기사 필기 p.6-95(합격날개 : 합격예측)

KEY ① 2021년 8월 14일 기사 출제
② 2023년 7월 8일(문제 111번) 출제

113 항타기 또는 항발기의 권상장치 드럼축과 권상장치로부터 첫 번째 도르래의 축 간의 거리는 권상장치 드럼폭의 몇 배 이상으로 하여야 하는가?

① 5배   ② 8배
③ 10배   ④ 15배

해설

드럼폭
항타기 또는 항발기의 권상장치의 드럼축과 권상장치로부터 첫 번째 도르래의 축 간의 거리 : 권상장치 드럼폭의 15배 이상

참고) 산업안전기사 필기 p.6-57(합격날개 : 합격예측 및 관련법규)

KEY ① 2012년 3월 4일 기사 출제
② 2014년 8월 17일 기사 출제
③ 2018년 8월 19일 기사 출제
④ 2023년 7월 8일(문제 117번) 출제

합격정보
산업안전보건기준에 관한 규칙 제216조 (도르래의 부착 등)

114 선창의 내부에서 화물취급작업을 하는 근로자가 안전하게 통행할 수 있는 설비를 설치하여야 하는 기준은 갑판의 윗면에서 선창(船倉) 밑바닥까지의 깊이가 최소 얼마를 초과할 때인가?

① 1.3[m]   ② 1.5[m]
③ 1.8[m]   ④ 2.0[m]

해설

선창내부작업
갑판의 윗면에서 선창 밑바닥까지 깊이 : 1.5[m] 초과

참고) 산업안전기사 필기 p.6-183(2. 하역 작업의 안전)

KEY ① 2012년 5월 20일 기사 출제
② 2014년 3월 2일 기사 출제
③ 2019년 8월 4일 기사 출제
④ 2023년 7월 8일(문제 120번) 출제

합격정보
산업안전보건기준에 관한 규칙 제394조(통행설비의 설치 등)

[정답] 111 ① 112 ① 113 ④ 114 ②

과년도 출제문제

115 안전계수가 4이고 2,000[kg/cm²]의 인장강도를 갖는 강선의 최대허용응력은?

① 500[kg/cm²]
② 1,000[kg/cm²]
③ 1,500[kg/cm²]
④ 2,000[kg/cm²]

해설

최대허용응력
$= \dfrac{\text{인장강도}}{\text{안전계수}} = \dfrac{2{,}000}{4} = 500[\text{kg/cm}^2]$

참고 산업안전기사 필기 p.6-201(문제 37번)

KEY
① 2015년 5월 31일(문제 101번) 출제
② 2023년 6월 4일(문제 106번) 출제

---

116 다음은 시스템 비계 구성에 관한 내용이다. ( )안에 들어갈 말로 옳은 것은?

> 비계 밑단의 수직재와 받침철물은 밀착되도록 설치하고, 수직재와 받침철물의 연결부의 겹침길이는 받침철물 ( ) 이상이 되도록 할 것

① 전체길이의 4분의 1
② 전체길이의 3분의 1
③ 전체길이의 3분의 2
④ 전체길이의 2분의 1

해설

시스템 비계 구성시 준수사항
① 수직재·수평재·가새재를 견고하게 연결하는 구조가 되도록 할 것
② 비계 밑단의 수직재와 받침철물은 밀착되도록 설치하고, 수직재와 받침철물의 연결부의 겹침길이는 받침철물 전체길이의 3분의 1 이상이 되도록 할 것
③ 수평재는 수직재와 직각으로 설치하여야 하며, 체결 후 흔들림이 없도록 견고하게 설치할 것
④ 수직재와 수직재의 연결철물은 이탈되지 않도록 견고한 구조로 할 것
⑤ 벽 연결재의 설치간격은 제조사가 정한 기준에 따라 설치할 것

참고 산업안전기사 필기 p.6-104(합격날개 : 합격예측 및 관련법규)

KEY
① 2021년 5월 15일 기사 등 5회 이상 출제
② 2023년 6월 4일(문제 112번) 출제

합격정보
산업안전보건기준에 관한 규칙 제69조(시스템 비계의 구조)

---

117 추락의 위험이 있는 개구부에 대한 방호조치와 거리가 먼 것은?

① 안전난간, 울타리, 수직형 추락방망 등으로 방호조치를 한다.
② 충분한 강도를 가진 구조의 덮개를 뒤집히거나 떨어지지 않도록 설치한다.
③ 어두운 장소에서도 식별이 가능한 개구부 주의표지를 부착한다.
④ 폭 30[cm] 이상의 발판을 설치한다.

해설

작업발판폭 : 40[cm] 이상

참고 산업안전기사 필기 p.6-94(합격날개 : 합격예측 및 관련법규)

KEY
① 2017년 8월 26일 출제
② 2020년 8월 23일 산업기사 출제
③ 2023년 6월 4일(문제 115번) 등 10회 이상 출제

합격정보
① 산업안전보건기준에 관한 규칙 제43조(개구부 등의 방호조치)
② 산업안전보건기준에 관한 규칙 제56조(작업발판의 구조)

---

118 히빙(Heaving)현상 방지대책으로 틀린 것은?

① 소단굴착을 실시하여 소단부 흙의 중량이 바닥을 누르게 한다.
② 흙막이 벽체 배면의 지반을 개량하여 흙의 전단강도를 높인다.
③ 부풀어 솟아오르는 바닥면의 토사를 제거한다.
④ 흙막이 벽체의 근입깊이를 깊게 한다.

해설

히빙 방지대책
① 흙막이 근입깊이를 깊게
② 표토제거 하중감소
③ 지반개량
④ 굴착면 하중증가
⑤ 어스앵커설치 등

참고 산업안전기사 필기 p.6-7(합격날개 : 합격예측)

KEY 2023년 2월 28일(문제 108번) 출제

합격자의 조언
실기 필답형에도 단골 출제되는 내용입니다.

[정답] 115 ① 116 ② 117 ④ 118 ③

119 산소결핍이라 함은 공기 중 산소농도가 몇 퍼센트[%] 미만일 때를 의미하는가?

① 20[%]   ② 18[%]
③ 15[%]   ④ 10[%]

[해설]

산소결핍
① 산소결핍 : 공기중의 산소농도가 18퍼센트 미만인 상태
② 산소결핍증 : 산소가 결핍된 공기를 들이마심으로써 생기는 증상

[참고] 산업안전기사 필기 p.6-8(합격날개 : 용어정의)

[KEY] ① 2017년 3월 5일 기사 출제
② 2023년 2월 28일(문제 110번) 출제

[합격정보]
산업안전보건기준에 관한 규칙 제618조(정의)

120 가설통로의 설치기준으로 옳지 않은 것은?

① 경사가 15[°]를 초과하는 때에는 미끄러지지 않는 구조로 한다.
② 건설공사에 사용하는 높이 8[m] 이상인 비계다리에는 7[m] 이내마다 계단참을 설치한다.
③ 수직갱에 가설된 통로의 길이가 15[m] 이상일 경우에는 15[m] 이내 마다 계단참을 설치한다.
④ 추락의 위험이 있는 장소에는 안전난간을 설치한다.

[해설]
수직갱에 가설된 통로의 길이가 15[m] 이상인 경우에는 10[m] 이내마다 계단참을 설치할 것

[참고] 산업안전기사 필기 p.6-17(합격날개 : 합격예측 및 관련법규)

[합격정보]
산업안전보건기준에 관한 규칙 제23조(가설통로의 구조)

[KEY] ① 2021년 3월 7일(문제 112번) 출제
② 2022년 3월 5일(문제 104번) 출제

[정답] 119 ② 120 ③

2025년도 기사 정기검정 제2회 (2025년 5월 10일 시행)

산업안전기사

종목코드	시험시간	수험번호	성명
1431	3시간	20250510	도서출판세화

※ 본 문제는 복원문제 및 2026 예적(예상적중) 문제로 실제문제와 동일하지 않을 수 있습니다.

1 산업재해 예방 및 안전보건교육

01 무재해운동 추진기법 중 위험예지훈련 4라운드 기법에 해당하지 않는 것은?

① 현상파악 ② 행동목표설정
③ 대책수립 ④ 안전평가

해설

문제해결의 4단계(4 Round)
① 1R-현상파악 ② 2R-본질추구
③ 3R-대책수립 ④ 4R-행동목표설정

참고) 산업안전기사 필기 p.1-12(1. 위험예지훈련의 4단계)

KEY ① 2015년 3월 8일, 8월 16일 출제
② 2016년 3월 6일, 5월 8일 출제
③ 2017년 8월 26일 출제
④ 2019년 8월 4일 출제
⑤ 2020년 6월 7일 출제
⑥ 2021년 8월 14일 출제
⑦ 2022년 3월 5일 출제
⑧ 2023년 7월 8일(4번) 출제
⑧ 2024년 7월 27일(4번) 출제

02 K형 베어링을 생산하는 경기도 A사업장에 300명의 근로자가 근무하고 있다. 1년에 21건의 재해가 발생하였다면 이 사업장에서 근로자 1명이 평생 작업시 약 몇 건의 재해를 당할 수 있겠는가?(단, 1일 8시간씩 1년에 300일을 근무하며, 평생근로시간은 10만 시간으로 가정한다.)

① 1건 ② 3건
③ 5건 ④ 6건

해설

환산도수율 계산비교

① 도수(빈도)율 = $\dfrac{\text{재해건수}}{\text{연근로시간수}} \times 10^6$

= $\dfrac{21}{300 \times 8 \times 300} \times 10^6 = 29.17$

② 환산도수율 = 도수율÷10 = 29.17÷10 = 2.92
= 도수율×0.1 = 2.92 = 3건

참고) 산업안전기사 필기 p.3-43(3. 빈도율)

KEY 2024년 7월 27일(문제 6번) 등 20회 이상 출제

합격정보
산업재해 통계 업무처리규정 제3조(산업재해 통계의 산출방법 및 정의)

03 플리커 검사(flicker test)의 목적으로 가장 적절한 것은?

① 혈중 알코올농도 측정 ② 체내 산소량 측정
③ 작업강도 측정 ④ 피로의 정도 측정

해설

점멸 – 융합주파수(flicker-fusion frequency) : 인지역치방법
① 깜박이는 불빛이 계속 커진 것처럼 보일 때의 주파수(약 30[Hz])
② 목적 : 피로의 정도측정(생리학적 방법)

참고) ① 산업안전기사 필기 p.1-105(3. 피로측정검사 방법 3가지)
② 산업안전기사 필기 p.1-105(합격날개 : 합격예측)

KEY ① 2017년 3월 5일 출제
② 2019년 9월 21일 출제
③ 2020년 8월 22일 출제
④ 2023년 6월 4일(문제 5번) 출제
⑤ 2024년 7월 27일(문제 7번) 출제

04 산업안전보건법령상 안전보건교육 중 관리감독자 정기안전보건교육의 교육내용으로 옳은 것은?(단, 산업안전보건법 및 일반관리에 관한 사항을 제외한다.)

① 산업안전 및 재해사례에 관한 사항
② 사고 발생 시 긴급조치에 관한 사항
③ 건강증진 및 질병 예방에 관한 사항
④ 산업보건 및 건강장해 예방에 관한 사항

[정답] 01 ④ 02 ② 03 ④ 04 ④

해설

관리감독자 정기안전보건교육 내용
① 산업안전 및 산업재해 예방에 관한 사항(화재·폭발 사고 발생 시 대피에 관한 사항을 포함한다)
② 산업보건 및 건강장해 예방에 관한 사항(폭염·한파작업으로 인한 건강장해 발생 시 응급조치에 관한 사항을 포함한다)
③ 위험성 평가에 관한 사항
④ 유해·위험 작업환경 관리에 관한 사항
⑤ 산업안전보건법령 및 산업재해보상보험 제도에 관한 사항
⑥ 직무스트레스 예방 및 관리에 관한 사항
⑦ 직장 내 괴롭힘, 고객의 폭언 등으로 인한 건강장해 예방 및 관리에 관한 사항
⑧ 작업공정의 유해·위험과 재해 예방대책에 관한 사항
⑨ 사업장 내 안전보건관리체제 및 안전·보건조치 현황에 관한 사항
⑩ 표준안전 작업방법 결정 및 지도·감독 요령에 관한 사항
⑪ 현장근로자와의 의사소통능력 및 강의 능력 등 안전보건교육 능력 배양에 관한 사항
⑫ 비상시 또는 재해 발생 시 긴급조치에 관한 사항
⑬ 그 밖의 관리감독자의 직무에 관한 사항

참고 산업안전기사 필기 p.1-154(3. 관리감독자 정기안전보건교육)

KEY ① 2017년 5월 7일, 8월 26일출제
② 2018년 3월 4일(문제 14번) 출제
③ 2024년 2월 15일(14번), 7월 27일(3번) 출제

합격정보
① 산업안전보건법시행규칙 [별표 5] 안전보건교육대상별 교육내용
② 2025. 6. 1. 시행개정법 적용

---

05 관리그리드 이론에서 인간관계 유지에는 낮은 관심을 보이지만 과업에 대해서는 높은 관심을 가지는 리더십의 유형에 해당하는 것은?

① (1, 1)형　　② (1, 9)형
③ (9, 1)형　　④ (9, 9)형

해설

관리그리드 이론 5가지 유형

유형	1.1	1.9	9.1	5.5	9.9
관심도	무관심형	인기형	과업형	타협형	이상형

참고 산업안전기사 필기 p.1-80 (3) 관리그리드의 리더십 5가지 이론

KEY ① 2009년 3월 1일 제1회(문제 19번) 출제
② 2009년 7월 26일 제3회(문제 10번) 출제
③ 2020년 6월 7일 출제
④ 2023년 6월 4일(문제 20번) 출제
⑤ 2024년 7월 27일(11번) 출제

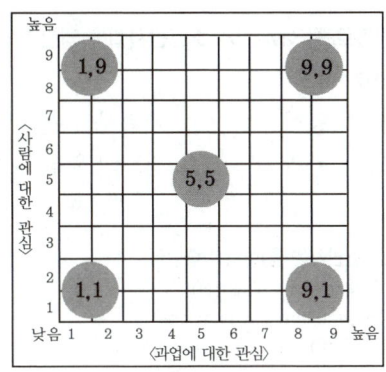

[그림] 관리그리드 이론[SH]

06 OFF.J.T(Off the job Training) 교육방법의 장점으로 옳은 것은?

① 개개인에게 적절한 지도훈련이 가능하다.
② 훈련에 필요한 업무의 계속성이 끊어지지 않는다.
③ 다수의 대상자를 일괄적, 조직적으로 교육할 수 있다.
④ 효과가 곧 업무에 나타나며, 훈련의 좋고 나쁨에 따라 개선이 용이하다.

해설

OJT와 OFF.J.T
① O.J.T(ON the Job Training) : 현장중심 교육으로 직속상사가 현장에서 업무상의 개별교육이나 지도훈련을 하는 교육형태이다.
② OFF.J.T(OFF the Job Training) : 계층별 또는 직능별 등과 같이 공통된 교육대상자를 현장외의 한 장소에 모아 집체 교육훈련을 실시하는 교육형태이다.

참고 산업안전기사 필기 p.1-142(1. OJT와 OFF JT)

KEY ① 2011년 6월 12일 기사 출제
② 2011년 8월 21일 기사 출제
③ 2013년 6월 2일 기사 출제
④ 2017년 3월 5일, 5월 7일 기사 출제
⑤ 2018년 4월 28일 기사 출제
⑥ 2021년 3월 7일 기사 출제
⑦ 2023년 7월 8일(문제 1번) 출제
⑧ 2024년 5월 9일(문제 4번) 출제

[정답] 05 ③　06 ③

07. 파블로프(Pavlov)의 조건반사설에 의한 학습이론의 원리가 아닌 것은?

① 일관성의 원리
② 계속성의 원리
③ 준비성의 원리
④ 강도의 원리

해설

Pavlov의 조건반사(반응)설의 학습원리
① 시간의 원리(the time principle)
② 강도의 원리(the intensity principle)
③ 일관성의 원리(the consistency principle)
④ 계속성의 원리(the continuity principle)

참고) 산업안전기사 필기 p.1-149(2. 자극과 반응)

KEY
① 2017년 8월 26일 산업기사 출제
② 2019년 9월 21일 산업기사 출제
③ 2021년 3월 7일 기사 출제
④ 2023년 6월 4일(문제 15번) 출제
⑤ 2024년 5월 9일(문제 9번) 출제

08. 산업안전보건법상 특정 행위의 지시 및 사실의 고지에 사용되는 안전보건표지의 색도기준으로 옳은 것은?

① 2.5G 4/10
② 5Y 8.5/12
③ 2.5PB 4/10
④ 7.5R 4/14

해설

안전보건표지의 색도기준 및 용도

색채	색도기준	용도	사용 예
빨간색	7.5R 4/14	금지	정지신호, 소화설비 및 그 장소, 유해행위의 금지
		경고	화학물질 취급장소에서의 유해·위험 경고
노란색	5Y 8.5/12	경고	화학물질 취급장소에서의 유해·위험 경고 이외의 위험 경고, 주의표지 또는 기계방호물
파란색	2.5PB 4/10	지시	특정 행위의 지시 및 사실의 고지
녹색	2.5G 4/10	안내	비상구 및 피난소, 사람 또는 차량의 통행표지
흰색	N9.5		파란색 또는 녹색에 대한 보조색
검은색	N0.5		문자 및 빨간색 또는 노란색에 대한 보조색

참고) 산업안전기사 필기 p.1-62(5. 안전보건표지의 색도기준 및 용도)

KEY
① 2017년 3월 5일 기사, 8월 26일 산업기사 출제
② 2018년 3월 4일 기사 출제
③ 2019년 9월 21일 기사, 산업기사 동시 출제
④ 2021년 5월 15일(문제 3번) 출제
⑤ 2024년 5월 9일(문제 19번) 출제

보충학습) 산업안전보건법 시행규칙[별표 6] 안전보건표지의 종류와 형태

09. 산업안전보건법령상 근로자 안전보건교육 대상에 따른 교육시간 기준 중 틀린 것은?(단, 상시 작업이며, 일용 근로자는 제외한다.)

① 특별교육 − 16시간 이상
② 채용 시 교육 − 8시간 이상
③ 작업내용 변경 시 교육 − 2시간 이상
④ 사무직 종사 근로자 정기교육 − 매분기 1시간 이상

해설

근로자 안전보건교육

교육과정	교육대상		교육시간
정기교육	사무직 종사 근로자		매반기 6시간 이상
	사무직 종사 근로자 외의 근로자	판매업무에 직접 종사하는 근로자	매반기 6시간 이상
		판매업무에 직접 종사하는 근로자 외의 근로자	매반기 12시간 이상
	관리감독자의 지위에 있는 사람		연간 16시간 이상
채용시의 교육	일용근로자		1시간 이상
	일용근로자를 제외한 근로자		8시간 이상
작업내용 변경시의 교육	일용근로자		1시간 이상
	일용근로자를 제외한 근로자		2시간 이상
특별교육	별표 5 제1호라목 각 호의 어느 하나에 해당하는 작업에 종사하는 일용근로자		2시간 이상
	별표 5 제1호라목 제39호의 타워크레인 신호작업에 종사하는 일용근로자		8시간 이상
특별교육	별표 5 제1호라목 각 호의 어느 하나에 해당하는 작업에 종사하는 일용근로자를 제외한 근로자		−16시간 이상(최초 작업에 종사하기 전 4시간 이상 실시하고 12시간은 3개월 이내에서 분할하여 실시가능) −단기간 작업 또는 간헐적 작업인 경우에는 2시간 이상
건설업 기초 안전보건교육	건설 일용근로자		4시간 이상

참고) 산업안전산업기사 필기 p.1-155(표 : 안전보건교육 교육과정별 교육시간)

KEY
① 2016년 5월 8일 기사 출제
② 2020년 6월 7일 기사 출제
③ 2020년 8월 23일 산업기사 출제
④ 2022년 3월 5일(문제 7번) 출제
⑤ 2024년 5월 9일(문제 14번) 출제

합격정보) 산업안전보건법 시행규칙 [별표 4] 안전보건교육 교육과정별 교육시간

[정답] 07 ③ 08 ③ 09 ④

10 허츠버그(Herzberg)의 일을 통한 동기부여 원칙으로 틀린 것은?

① 새롭고 어려운 업무의 부여
② 교육을 통한 간접적 정보제공
③ 자기과업을 위한 작업자의 책임감 증대
④ 작업자에게 불필요한 통제를 배제

해설

동기부여 방법
① 각 노동자에게 보다 새롭고 힘든 과업을 부여한다.
② 노동자에게 불필요한 통제를 배제한다.
③ 각 노동자에게 완전하고 자연스러운 단위의 도급 작업을 부여할 수 있도록 일을 조정한다.
④ 자기 과업을 위한 노동자의 책임감을 증대시킨다.
⑤ 노동자에게 정기 보고서를 통한 직접적인 정보를 제공한다.
⑥ 특정 작업을 할 기회를 부여한다.

참고 산업안전기사 필기 p.1-99(3. 동기부여 방법)

KEY
① 2009년 5월 10일(문제 5번) 출제
② 2019년 4월 27일(문제1번) 출제
③ 2024년 2월 15일(문제 2번) 출제

11 학습을 자극(Stimulus)에 의한 반응(Response)으로 보는 이론에 해당하는 것은?

① 장설(Field Theory)
② 통찰설(Insight Theory)
③ 시행착오설(Trial and Error Theory)
④ 기호형태설(Sign-gestalt Theory)

해설

Thorndike의 시행착오설
① 연습 또는 반복의 법칙(the law of exercise or repetition)
② 효과의 법칙(the law of effect)
③ 준비성의 법칙(the law of readiness)

참고 산업안전기사 필기 p.1-149(2. 자극과 반응)

KEY
① 2017년 3월 5일 기사 출제
② 2018년 3월 4일 기사, 산업기사 출제
③ 2020년 6월 7일 기사 출제
④ 2021년 5월 15일(문제 16번) 출제
⑤ 2024년 2월 15일(문제 7번) 출제

12 새로운 자료나 교재를 제시하고, 문제점을 피교육자로 하여금 제기하도록 하거나 의견을 여러 가지 방법으로 발표하게 하여 청중과 토론자간 활발한 의견 개진과 합의를 도출해가는 토의방법은?

① 포럼(Forum)
② 심포지엄(Symposium)
③ 자유토의(Free discussion)
④ 패널 디스커션(Panel discussion)

해설

포럼(Forum)
① 새로운 자료나 교재를 제시하고 거기서의 문제점을 피교육자로 하여금 제기하게 하거나 의견을 여러 가지 방법으로 발표하게 하고 다시 깊이 파고들어 토의를 행하는 방법
② 청중과 토론자간 활발한 의견 개진가능

참고 산업안전기사 필기 p.1-144((1) 토의식 교육방법)

KEY
① 2021년 9월 12일 기사 등 5회 이상 출제
② 2023년 6월 4일(문제 8번) 출제
③ 2024년 2월 15일(문제 8번) 출제

보충학습
① 심포지엄 : 몇 사람의 전문가에 의하여 과정에 관한 견해를 발표하게 한 뒤 참가자로 하여금 의견이나 질문을 하게 하는 토의법
② 자유토의법 : 참가자는 고정적인 규칙이나 리더에게 얽매이지 않고 자유로이 의견이나 태도를 표명하며, 지식이나 정보를 상호 제공, 교환함으로써 참가자 상호 간의 의견이나 견해의 차이를 상호작용으로 조정하여 집단으로 의견을 요약해 나가는 방법
③ 패널 디스커션 : 패널멤버(교육과제에 정통한 전문가 4~5[명])가 피교육자 앞에서 자유로이 토의하고 뒤에 피교육자 전원이 참가하여 사회자의 사회에 따라 토의하는 방법

13 보호구 안전인증 고시에 따른 안전모의 일반 구조 중 턱끈의 최소 폭 기준은?

① 5[mm] 이상
② 7[mm] 이상
③ 10[mm] 이상
④ 12[mm] 이상

해설

턱끈의 최소 폭 : 10[mm] 이상

참고 산업안전산업기사 필기 p.1-54 (2) 안전모의 구비조건

KEY
① 2017년 3월 5일 산업기사 출제
② 2024년 2월 15일(문제 13번) 출제

[정답] 10 ② 11 ③ 12 ① 13 ③

보충학습
안전모의 구조 및 명칭

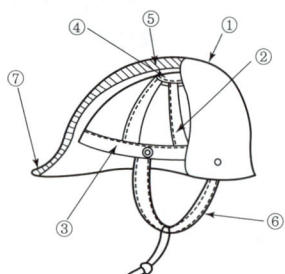

번호	명칭	
①	모체	
②	착장체	머리받침끈
③		머리고정대
④		머리받침고리
⑤	충격흡수재	
⑥	턱끈	
⑦	모자챙	

14 아담스(Edward Adams)의 사고연쇄 반응이론 중 관리자가 의사결정을 잘못하거나 감독자가 관리적 잘못을 하였을 때의 단계에 해당하는 것은?

① 사고 ② 작전적 에러
③ 관리구조결함 ④ 전술적 에러

해설

아담스(Adams)의 사고 연쇄 이론
① 제1단계 : 관리구조
② 제2단계 : 작전적 에러(관리감독에러)
③ 제3단계 : 전술적 에러(불안전한 행동 or 조작)
④ 제4단계 : 사고(물적 사고)
⑤ 제5단계 : 상해 또는 손실

참고 산업안전기사 필기 p.3-31(합격날개 : 합격예측)

KEY ① 2017년 5월 7일(문제 9번) 출제
② 2024년 2월 15일(문제 18번) 출제

15 재해의 발생형태 중 다음 그림이 나타내는 것은?

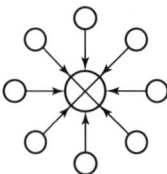

① 단순연쇄형 ② 복합연쇄형
③ 단순자극형 ④ 복합형

해설

산업재해발생의 mechanism(형태) 3가지
① 단순자극형(집중형) ② 연쇄형 ③ 복합형

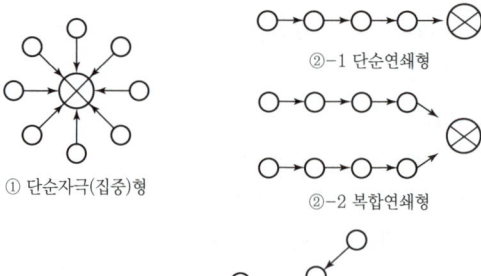

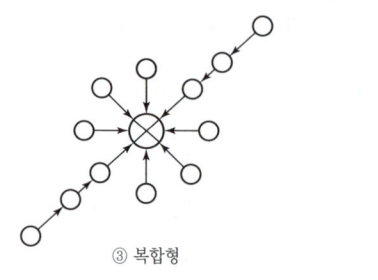

[그림] 재해(⊗)의 발생 형태 3가지

참고 산업안전기사 필기 p.3-32(2. 산업재해발생의 형태 3가지)

16 산업안전보건법령상 사업장에서 산업재해발생 시 사업주가 기록·보존하여야 하는 사항을 모두 고른 것은?(단, 산업재해조사표와 요양신청서의 사본은 보존하지 않았다.)

ㄱ. 사업장의 개요 및 근로자의 인적사항
ㄴ. 재해 발생의 일시 및 장소
ㄷ. 재해 발생의 원인 및 과정
ㄹ. 재해 재발방지 계획

① ㄱ, ㄹ ② ㄴ, ㄷ, ㄹ
③ ㄱ, ㄴ, ㄷ ④ ㄱ, ㄴ, ㄷ, ㄹ

해설

산업재해발생 시 기록 보존(3년간 보존)해야 할 사항
① 사업장의 개요 및 근로자의 인적사항
② 재해발생의 일시 및 장소
③ 재해발생의 원인 및 과정
④ 재해 재발방지 계획

참고 ① 산업안전기사 필기 p.3-30(합격날개 : 합격예측)
② 산업안전기사 필기 p.1-227(제72조 산업재해기록 등)

KEY ① 2021년 8월 14일 기사 출제
② 2023년 7월 8일(문제 5번) 출제

합격정보
산업안전보건법 시행규칙 제72조(산업재해 기록 등)

[정답] 14 ② 15 ③ 16 ④

17 참가자가 다수인 경우에 전원을 토의에 참가시키기 위한 방법으로 소집단을 구성하여 회의를 진행시키며 6-6 회의라고도 하는 것은?

① 포럼(Forum)
② 심포지엄(Symposium)
③ 버즈 세션(Buzz Session)
④ 패널 디스커션(Panel Discussion)

해설

버즈 세션(Buzz Session)
① 6-6회의라고도 한다.
② 먼저 사회자와 기록계를 선출한 후 나머지 사람은 6명씩의 소집단으로 구분하고, 소집단별로 각각 사회자를 선발하여 6분씩 자유토의를 행하여 의견을 종합하는 방법이다.

참고 산업안전기사 필기 p.1-144 (⑥ 버즈 세션)

KEY
① 2015년 3월 8일(문제 12번) 출제
② 2015년 5월 31일(문제 13번) 출제
③ 2016년 3월 6일 기사 출제
④ 2017년 8월 26일 기사 출제
⑤ 2019년 8월 4일 산업기사 출제
⑥ 2020년 8월 22일 기사 출제
⑦ 2023년 2월 28일(문제 18번) 출제

18 산업안전보건법령상 산업안전보건위원회의 구성·운영에 관한 설명 중 틀린 것은?

① 정기회의는 분기마다 소집한다.
② 위원장은 위원 중에서 호선(互選)한다.
③ 근로자대표가 지명하는 명예산업안전 감독관은 근로자 위원에 속한다.
④ 공사금액 100억원 이상 건설업의 경우 산업안전보건위원회를 구성·운영해야 한다.

해설

건설업 산업안전보건위원회 구성 조건
① 공사금액 : 120억원 이상
② 토목공사 : 150억원 이상

참고 산업안전기사 필기 p.1-24(20. 건설업)

KEY
① 2020년 6월 7일 기사 출제
② 2022년 3월 5일(문제 1번) 출제

합격정보
① 산업안전보건법 시행령 제35조(산업안전보건위원회의 구성)
② 산업안전보건법 시행령 제36조(산업안전보건위원회의 위원장)
③ 산업안전보건법 시행령 제37조(산업안전보건위원회의 회의 등)
④ 산업안전보건법 시행령 [별표 9] 산업안전보건위원회를 구성해야할 사업의 종류 및 사업장의 상시 근로자 수(예 제조업 : 50명, 100명, 300명 등)

19 산업재해보험적용근로자 1,000명인 플라스틱 제조 사업장에서 작업 중 재해 5건이 발생하였고, 1명이 사망하였을 때 이 사업장의 사망만인율은?

① 2   ② 5
③ 10   ④ 20

해설

$$사망만인율 = \frac{사망자수}{산재보험적용\ 근로자수} \times 10,000$$

$$= \frac{1}{1,000} \times 10,000 = 10$$

참고 산업안전기사 필기 p.3-44(합격날개 : 합격예측)

KEY
① 2019년 4월 27일 산업기사 출제
② 2022년 3월 5일(문제 4번) 출제

합격정보
산업재해 통계업무처리 규정 제3조(산업재해 통계의 산출방법 및 정의)

20 버드(Bird)의 신 도미노이론 5단계에 해당하지 않는 것은?

① 제어부족(관리)   ② 직접원인(징후)
③ 간접원인(평가)   ④ 기본원인(기원)

해설

버드(Frank Bird)의 최신(새로운) 연쇄성(Domino) 이론
① 제1단계 : 전문적 관리 부족(제어 부족)
② 제2단계 : 기본원인(기원)
③ 제3단계 : 직접원인(징후) : 인적 원인+물적 원인
④ 제4단계 : 사고(접촉)
⑤ 제5단계 : 상해(손해, 손실)

참고 산업안전기사 필기 p.3-32(2. 버드의 최신 연쇄성 이론)

KEY
① 2017년 3월 5일(문제 9번) 출제
② 2022년 3월 5일(문제 8번) 출제

【정답】 17 ③ 18 ④ 19 ③ 20 ③

2 인간공학 및 위험성 평가·관리

21 A작업의 평균에너지소비량이 다음과 같을 때, 60분간의 총 작업시간 내에 포함되어야 하는 휴식시간(분)은?

- 휴식중 에너지소비량 : 1.5[kcal/min]
- A작업시 평균 에너지소비량 : 6[kcal/min]
- A기초대사를 포함한 작업에 대한 평균 에너지소비량 상한 : 5[kcal/min]

① 10.3
② 11.3
③ 12.3
④ 13.3

해설

휴식시간 계산

$$휴식시간(R) = \frac{60(E-5)}{E-1.5} = \frac{60(6-5)}{6-1.5} = 13.33[분]$$

여기서, R : 휴식시간(분)
E : 작업 시 평균 에너지 소비량[kcal/분]
60분 : 총작업 시간
1.5[kcal/분] : 휴식시간 중 에너지 소비량
5[kcal/분] : 기초대사량을 포함한 보통작업에 대한 평균 에너지(기초대사량을 포함하지 않을 경우 : 4[kcal/분])

참고 산업안전기사 필기 p.1-102(3. 휴식)

KEY
① 2016년 5월 8일 출제
② 2016년 10월 1일 출제
③ 2018년 9월 15일(문제 43번) 출제
④ 2022년 4월 24일 출제
⑤ 2023년 6월 4일(문제 28번) 출제
⑥ 2024년 2월 15일(문제 30번), 7월 27일(문제 22번) 출제

22 다음과 같은 실내 표면에서 일반적으로 추천반사율의 크기를 맞게 나열한 것은?

[다음]
㉠ 바닥 ㉡ 천장 ㉢ 가구 ㉣ 벽

① ㉠<㉣<㉢<㉡
② ㉣<㉠<㉡<㉢
③ ㉠<㉢<㉣<㉡
④ ㉣<㉡<㉠<㉢

해설

IES추천 조명반사율 권고
① 바닥 : 20~40[%]
② 가구, 사용기기, 책상 : 25~40[%]
③ 창문발(blind), 벽 : 40~60[%]
④ 천장 : 80~90[%]

참고 산업안전기사 필기 p.2-169(1. 옥내 최적반사율)

KEY
① 2016년 3월 6일 산업기사 출제
② 2016년 10월 1일 출제
③ 2017년 8월 26일, 9월 23일 산업기사 출제
④ 2018년 3월 4일 출제
⑤ 2019년 9월 21일 산업기사 출제
⑥ 2023년 6월 4일(문제 31번) 출제
⑦ 2024년 2월 15일(문제 38번), 7월 27일(문제 24번) 출제

23 A회사에서는 새로운 기계를 설계하면서 레버를 위로 올리면 압력이 올라가도록 하고, 오른쪽 스위치를 눌렀을 때 오른쪽 전등이 켜지도록 하였다면, 이것은 각각 어떤 유형의 양립성을 고려한 것인가?

① 레버-공간양립성, 스위치-개념양립성
② 레버-운동양립성, 스위치-개념양립성
③ 레버-개념양립성, 스위치-운동양립성
④ 레버-운동양립성, 스위치-공간양립성

해설

양립성(compatibility)
정보입력 및 처리와 관련한 양립성은 인간의 기대와 모순되지 않는 자극 반응조합의 관계를 말하는 것

참고
① 산업안전기사 필기 p.1-75(6. 양립성)
② 산업안전기사 필기 p.2-179(6. 양립성)

KEY
① 2018년 3월 4일 산업기사 출제
② 2018년 4월 28일 기사·산업기사 동시 출제
③ 2022년 4월 24일 출제
④ 2023년 6월 4일(문제 25번) 출제
⑤ 2024년 7월 27일(문제 29번) 출제

보충학습

양립성의 종류

종류	특징
공간(spatial)	표시장치나 조종장치에서 물리적 형태 및 공간적 배치
운동(movement)	표시장치의 움직이는 방향과 조종장치의 방향이 사용자의 기대와 일치
개념(conceptual)	이미 사람들이 학습을 통해 알고있는 개념적 연상
양식(modality)	직무에 맞는 응답양식 존재

[정답] 21 ④ 22 ③ 23 ④

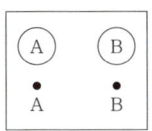 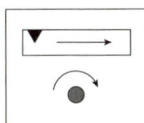 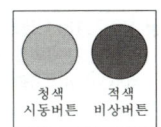

[그림1] 공간 양립성　[그림2] 운동 양립성　[그림3] 개념 양립성

24
어떤 소리가 1,000[Hz], 60[dB]인 음과 같은 높이임에도 4배 더 크게 들린다면, 이 소리의 음압수준은 얼마인가?

① 70[dB]　② 80[dB]
③ 90[dB]　④ 100[dB]

해설

음압수준
① 10[dB] 증가 시 소음은 2배 증가
② 20[dB] 증가 시 소음은 4배 증가
③ 60+20=80[dB]

결론　$4\text{sone}=2^{\frac{L_1-60}{10}}$　　$10 \times \log 4 = (L_1 - 60)\log 2$
$L_1 = \dfrac{10 \times \log 4}{\log 2} + 60 = 80$

참고　산업안전기사 필기 p.2-173(합격날개 ; 합격예측)

KEY
① 2009년 8월 30일(문제 53번) 출제
② 2018년 4월 28일 출제
③ 2020년 9월 27일 출제
④ 2023년 7월 8일(문제 36번) 출제
⑤ 2024년 7월 27일(문제 27번) 출제

보충학습

[표] phon과 sone의 관계

sone	1	2	4	8	16	32	64	128	256	512	1024
phon	40	50	60	70	80	90	100	110	120	130	140

예　10[phon]이 증가하면 2배의 소리 크기가 되며, 20[phon]이 증가하면 4배의 소리 크기가 된다.

25
인간의 실수 중 수행해야 할 작업 및 단계를 생략하여 발생하는 오류는?

① omission error　② commission error
③ sequence error　④ timing error

해설

생략에러와 실행에러
① 생략에러(Omission errors : 부작위 실수) : 직무 또는 어떤 단계를 수행치 않음 (누락오류)
② 실행에러(Commission error : 작위 실수) : 직무의 불확실한 수행
　예 선택, 순서, 시간, 정성적 착오

참고　산업안전기사 필기 p.2-20(1. 심리적 분류의 인적오류)

KEY
① 2013년 6월 2일, 8월 18일 출제
② 2015년 3월 8일 출제
③ 2017년 8월 26일 출제
④ 2018년 4월 28일 출제
⑤ 2019년 3월 3일, 8월 4일 출제
⑥ 2020년 8월 22일, 9월 27일 출제
⑦ 2021년 3월 7일, 8월 14일 출제
⑧ 2023년 7월 8일(문제 22번) 출제
⑨ 2024년 2월 15일(문제 22번) 출제

26
태양광선이 내리쬐는 옥외장소의 자연습구 온도 20[℃], 흑구온도 18[℃], 건구온도 30[℃] 일 때 습구흑구온도지수(WBGT)는?

① 20.6[℃]　② 22.5[℃]
③ 25.0[℃]　④ 28.5[℃]

해설

습구 흑구 온도지수(WBGT)
① 옥외(태양광선이 내리 쬐는 장소)
　WBGT=0.7×자연습구온도(NWB)+0.2×흑구온도(GT)+0.1×건구온도(DB)=0.7×20[℃]+0.2×18[℃]+0.1×30[℃]=20.6[℃]
② 옥내 또는 옥외(태양광선이 내리쬐지 않는 장소)
　WBGT(℃)=0.7×자연습구온도(NWB)+0.3×흑구온도(GT)

참고　산업안전기사 필기 p.2-170(합격날개 : 합격예측)

KEY
① 2016년 5월 8일(문제 57번) 출제
② 2022년 4월 24일 기사 출제
③ 2023년 6월 4일(문제 39번) 출제
④ 2024년 5월 9일(문제 28번) 출제

27
어느 부품 1,000개를 100,000시간 동안 가동하였을 때 5개의 불량품이 발생하였을 경우 평균동작시간(MTTF)은?

① 1×10^6 시간　② 2×10^7 시간
③ 1×10^8 시간　④ 2×10^9 시간

해설

평균동작시간 계산
$$\text{MTTF} = \frac{\text{부품수} \times \text{가동시간}}{\text{불량품수(고장수)}} = \frac{1000 \times 100000}{5}$$
$$= 20000000 = 2 \times 10^7$$

[정답]　24 ②　25 ①　26 ①　27 ②

참고 산업안전기사 필기 p.2-83(3. MTTF)

보충학습

MTTF(Mean Time To Failure)
① 평균작동시간, 고장까지의 평균시간
② 제품 고장시 수명이 다하는 것으로 평균 수명

KEY ① 2008년 제2회 출제
② 2014년 5월 25일(문제 31번) 출제
③ 2020년 9월 27일 기사 출제
④ 2023년 2월 28일(문제 40번) 출제
⑤ 2024년 5월 9일(문제 32번) 출제

28 시스템의 수명곡선(욕조곡선)에 있어서 디버깅(Debugging)에 관한 설명으로 옳은 것은?

① 초기고장의 결함을 찾아 고장률을 안정시키는 과정이다.
② 우발 고장의 결함을 찾아 고장률을 안정시키는 과정이다.
③ 마모 고장의 결함을 찾아 고장률을 안정시키는 과정이다.
④ 기계 결함을 발견하기 위해 동작시험을 하는 기간이다.

해설

초기고장
① 디버깅(Debugging)기간 : 기계의 초기 결함을 찾아내 고장률을 안정시키는 기간
② 번인(Burn-in)기간 : 물품을 실제로 장시간 가동하여 그 동안에 고장난 것을 제거하는 기간
③ 비행기 : 에이징(Aging)이라 하여 3년 이상 시운전
④ 욕조곡선(Bath-tub) : 예방보전을 하지 않을 때의 곡선은 서양식 욕조 모양과 비슷하게 나타나는 현상

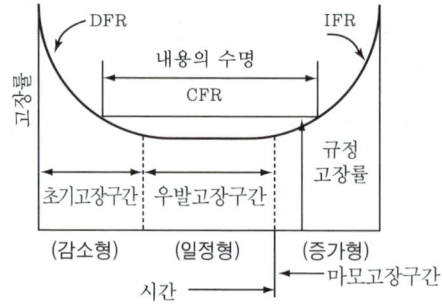

[그림] 기계설비 고장유형

참고 산업안전기사 필기 p.2-13(2. 기계설비 고장 유형)

KEY ① 2018년 3월 4일(문제 44번) 출제
② 2022년 4월 24일(문제 24번) 출제
③ 2024년 5월 9일(문제 34번) 출제

29 n개의 요소를 가진 병렬 시스템에 있어 요소의 수명(MTTF)이 지수분포를 따를 경우 이 시스템의 수명으로 옳은 것은?

① $\mathrm{MTTF} \times n$
② $\mathrm{MTTF} \times \dfrac{1}{n}$
③ $\mathrm{MTTF}\left(1+\dfrac{1}{2}+\cdots+\dfrac{1}{n}\right)$
④ $\mathrm{MTTF}\left(1\times\dfrac{1}{2}\times\cdots\times\dfrac{1}{n}\right)$

해설

MTTF(고장까지의 평균시간 : Mean Time To Failure)
① 기계의 평균수명으로 모든 기계가 t_0를 갖지 않기 때문에 확률분포로 파악
② 고장이 발생하면 그것으로 수명이 없어지는 제품
③ 한번 고장이 발생하면 수명이 다하는 것으로 생각하여 수리하지 않고 폐기 또는 교환하는 제품의 고장까지의 평균시간
④ $MTTF\left(1+\dfrac{1}{2}+\cdots+\dfrac{1}{n}\right)$

참고 산업안전기사 필기 p.2-83(4. MTTF)

KEY ① 2011년 3월 20일(문제 55번) 출제
② 2013년 6월 2일(문제 52번) 출제
③ 2019년 9월 21일 건설안전기사(문제 50번) 출제
④ 2022년 4월 24일(문제 34번) 출제
⑤ 2024년 5월 9일(문제 37번) 출제

30 [그림]과 같이 신뢰도 95[%]인 펌프 A가 각각 신뢰도 90[%]인 밸브 B와 밸브 C의 병렬밸브계와 직렬계를 이룬 시스템의 실패 확률은 약 얼마인가?

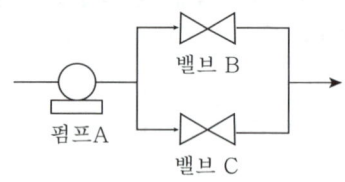

① 0.0091
② 0.0595
③ 0.9405
④ 0.9811

[정답] 28 ① 29 ③ 30 ②

> **해설**

실패확률
① 성공확률(R_s) = A × [1-(1-B)(1-C)]
　　　　　　 = 0.95 × [1-(1-0.9)(1-0.9)]
　　　　　　 = 0.9405
② 실패확률 = 1 - 성공확률 = 1 - 0.9405 = 0.0595

> **참고** 산업안전산업기사 필기 p.2-89(문제 25번)

> **KEY**
> ① 2014년 9월 20일(문제 45번) 출제
> ② 2020년 8월 22일(문제 39번) 출제
> ③ 2024년 2월 15일(문제 21번) 출제

31 다음 중 욕조곡선에서의 고장 형태에서 일정한 형태의 고장률이 나타나는 구간은?

① 초기고장률 구간　② 마모고장 구간
③ 피로고장 구간　　④ 우발고장 구간

> **해설**

우발고장의 특징
(1) 정의
　① 예측할 수 없을 때에 생기는 고장으로 시운전이나 점검작업으로는 방지할 수 없다.
　② 요소의 우발고장에 있어서는 평균고장시간과 비율을 알고 있으면 제어계 전체 고장을 일으키지 않는 신뢰도를 구할 수 있다.(일정형 고장)
(2) 우발고장의 고장발생원인
　① 안전계수가 낮기 때문에
　② stress가 strength보다 크기 때문에
　③ 사용자의 과오 때문에
　④ 최선의 검사방법으로도 탐지되지 않은 결함 때문에
　⑤ 디버깅 중에도 발견되지 않는 고장 때문에
　⑥ 예방보전에 의해서도 예방될 수 없는 고장 때문에
　⑦ 천재지변에 의한 고장 때문에

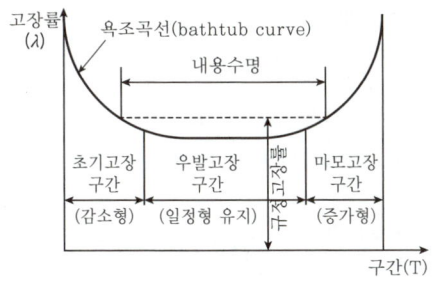

[그림] 욕조곡선

> **참고** 산업안전기사 필기 p.2-12(2. 우발고장)

> **KEY**
> ① 2009년 5월 10일(문제 28번)
> ② 2016년 3월 6일 출제
> ③ 2018년 8월 19일 출제
> ④ 2019년 8월 4일 산업기사 출제
> ⑤ 2021년 5월 15일 출제

⑥ 2023년 2월 28일(문제 28번) 출제
⑦ 2024년 2월 15일(문제 27번) 출제

32 연구 기준의 요건과 내용이 옳은 것은?

① 무오염성 : 실제로 의도하는 바와 부합해야 한다.
② 적절성 : 반복 실험 시 재현성이 있어야 한다.
③ 신뢰성 : 측정하고자 하는 변수 이외의 다른 변수의 영향을 받아서는 안된다.
④ 민감도 : 피실험자 사이에서 볼 수 있는 예상 차이점에 비례하는 단위로 측정해야 한다.

> **해설**

기준의 요건

구분	특징
적절성(relevance)	기준이 의도된 목적에 적합하다고 판단되는 정도
무오염성	측정하고자 하는 변수외의 영향이 없도록
기준척도의 신뢰성 (reliability criterion measure)	척도의 신뢰성 즉 반복성(repeatability)

> **참고** 산업안전기사 필기 p.2-6(합격날개 : 합격예측)

> **KEY**
> ① 2011년 3월 20일 기사 출제
> ② 2013년 6월 2일 기사 출제
> ③ 2014년 3월 2일 기사 출제
> ④ 2017년 8월 26일 기사 출제
> ⑤ 2020년 6월 7일, 9월 27일 기사 출제
> ⑥ 2022년 3월 5일 기사 출제
> ⑦ 2023년 7월 8일(문제 28번) 출제
> ⑧ 2024년 2월 15일(문제 35번) 출제

33 다음 중 근골격계부담작업에 속하지 않는 것은?

① 하루에 10[회] 이상 25[kg] 이상의 물체를 드는 작업
② 하루에 총 2[시간] 이상 목, 어깨, 팔꿈치, 손목 또는 손을 사용하여 같은 동작을 반복하는 작업
③ 하루에 총 2[시간] 이상 쪼그리고 앉거나 무릎을 굽힌 자세에서 이루어지는 작업
④ 하루에 총 2[시간] 이상 시간당 5[회] 이상 손 또는 무릎을 사용하여 반복적으로 충격을 가하는 작업

[정답] 31 ④　32 ④　33 ④

> 해설

근골격계 부담작업
① 하루 4[시간] 이상 집중적으로 자료입력 등을 위해 키보드 또는 마우스를 조작하는 작업
② 하루 2[시간] 이상 목, 어깨, 팔꿈치, 손목 또는 손을 사용하여 같은 동작을 반복하는 작업
③ 하루에 2[시간] 이상 머리 위에 손이 있거나, 팔꿈치가 어깨 위에 있거나, 팔꿈치를 몸통으로부터 들거나 팔꿈치를 몸통 뒤쪽에 위치하도록 하는 상태에서 이루어지는 작업
④ 지지되지 않은 상태이거나 임의로 자세를 바꿀 수 없는 조건에서 하루에 총 2[시간] 이상 목이나 허리를 구부리거나 트는 상태에서 이루어지는 작업
⑤ 하루에 2[시간] 이상 쪼그리고 앉거나 무릎을 굽힌 자세에서 이루어지는 작업
⑥ 하루에 2[시간] 이상 지지되지 않은 상태에서 1[kg] 이상의 물건을 한 손의 손가락으로 집어 옮기거나, 2[kg] 이상에 상응하는 힘을 가하여 한 손의 손가락으로 물건을 쥐는 작업
⑦ 하루에 2[시간] 이상 지지되지 않은 상태에서 4.5[kg] 이상의 물건을 한손으로 들거나 동일한 힘으로 쥐는 작업
⑧ 하루에 10[회] 이상 25[kg] 이상의 물체를 드는 작업
⑨ 하루에 25[회] 이상 10[kg] 이상의 물체를 무릎 아래에서 들거나 어깨 위에서 들거나 팔을 뻗은 상태에서 드는 작업
⑩ 하루에 2[시간] 이상 분당 2[회] 이상 4.5[kg] 이상의 물체를 드는 작업
⑪ 하루에 2[시간] 이상 시간당 10[회] 이상 손 또는 무릎을 사용하여 반복적으로 충격을 가하는 작업

> 참고 산업안전기사 필기 p.2-112(2. 근골격계 부담 작업)

> KEY
> ① 2018년 8월 19일 기사 출제
> ② 2022년 3월 5일 기사 출제
> ③ 2023년 2월 28일(문제 32번) 출제
> ④ 2024년 2월 15일(문제 29번) 출제

> 합격정보
> 고용노동부고시 제2020-12호(제3조 근골격계 부담 작업)

34 인간 기계시스템의 연구 목적으로 가장 적절한 것은?

① 정보 저장의 극대화
② 운전시 피로의 평준화
③ 시스템의 신뢰성 극대화
④ 안전의 극대화 및 생산능률의 향상

> 해설

인간 기계 시스템의 연구목적
안전의 극대화 및 생산 능률의 향상

> 참고 산업안전기사 필기 p.2-6(1. 인간-기계 통합시스템)

> KEY
> ① 2015년 9월 19일 기사 출제
> ② 2017년 8월 26일 산업기사 출제
> ③ 2019년 3월 3일 기사 출제
> ④ 2023년 2월 28일(문제 39번) 출제
> ⑤ 2024년 2월 15일(문제 32번) 출제

35 HAZOP 기법에서 사용하는 가이드워드와 그 의미가 잘못 연결된 것은?

① Part of : 성질상의 감소
② As well as : 성질상의 증가
③ Other than : 기타 환경적인 요인
④ More/Less : 정량적인 증가 또는 감소

> 해설

유인어(guide words)
① NO 또는 NOT : 설계 의도의 완전한 부정을 의미
② AS Well AS : 성질상의 증가를 나타내는 것으로 설계의도와 운전조건 등 부가적인 행위와 함께 일어나는 것을 의미
③ PART OF : 성질상의 감소, 성취나 성취되지 않음을 나타냄
④ MORE LESS : 양의 증가 또는 양의 감소로 양과 성질을 함께 나타냄
⑤ OTHER THAN : 완전한 대체를 의미
⑥ REVERSE : 설계의도와 논리적인 역을 의미

> 참고 산업안전기사 필기 p.2-41(2. 유인어)

> KEY
> ① 2016년 5월 8일 출제
> ② 2018년 3월 4일(문제 37번) 출제
> ③ 2020년 9월 27일(문제 58번) 출제
> ④ 2021년 9월 12일(문제 55번) 출제
> ⑤ 2024년 4월 24일(문제 27번) 출제

36 통화이해도 척도로서 통화 이해도에 영향을 주는 잡음의 영향을 추정하는 지수는?

① 명료도 지수
② 이해도 점수
③ 통화 간섭 수준
④ 통화 공진 수준

> 해설

통화 간섭 수준(SIL)
① 통화 이해도에 영향을 주는 잡음의 영향 추정 지수
② 통화 이해도 척도

> 참고 산업안전기사 필기 p.2-171(4. 소음)

> KEY 2022년 3월 5일(문제 32번) 출제

> 보충학습

통화 이해도 측정 방법
① 송화자료를 수화자에게 전송하는 실험
② 명료도지수의 사용 : 옥타브대의 음성과 잡음의 dB값에 가중치를 곱하여 합계를 구하는 방법
③ 이해도 점수 : 송화 내용 중에서 알아듣고 인식한 비율(%)
④ 통화간섭수준(SIL) : 통화 이해도에 끼치는 잡음의 영향을 추정하는 지수
⑤ 소음기준(NC)곡선 : 사무실, 회의실, 공장 등에서의 통화평가 방법

[정답] 34 ④   35 ③   36 ②

37 빨강, 노랑, 파랑의 3가지 색으로 구성된 교통 신호등이 있다. 신호등은 항상 3가지 색 중 하나가 켜지도록 되어 있다. 1시간 동안 조사한 결과, 파란등은 총 30분 동안, 빨간등과 노란등은 각각 총 15분 동안 켜진 것으로 나타났다. 이 신호등의 총 정보량은 몇 [bit]인가?

① 0.5　　　　　　　② 0.75
③ 1.0　　　　　　　④ 1.5

해설

정보량

① A(파란등) 확률 $= \dfrac{30분}{60분} = 0.5$

　B(빨간등) 확률 $= \dfrac{15분}{60분} = 0.25$

　C(노란등) 확률 $= \dfrac{15분}{60분} = 0.25$

② $A = \dfrac{\log\left(\dfrac{1}{0.5}\right)}{\log 2} = 1$　$B = \dfrac{\log\left(\dfrac{1}{0.25}\right)}{\log 2} = 2$

　$C = \dfrac{\log\left(\dfrac{1}{0.25}\right)}{\log 2} = 2$

③ 정보량 $= (0.5 \times A) + (0.25 \times B) + (0.25 \times C)$
　　　　$= (0.5 \times 1) + (0.25 \times 2) + (0.25 \times 2) = 1.5$

참고 산업안전기사 필기 p.2-78(합격날개 : 합격예측)

KEY ① 2011년 8월 21일(문제 24번) 출제
② 2017년 5월 7일 기사·산업기사 동시 출제
③ 2017년 9월 23일 산업기사 출제
④ 2018년 4월 28일 기사 출제
⑤ 2019년 3월 3일 산업기사 출제
⑥ 2019년 4월 27일(문제 40번) 출제

38 결함수분석의 기대효과와 가장 관계가 먼 것은?

① 시스템의 결함 진단
② 시간에 따른 원인 분석
③ 사고원인 규명의 간편화
④ 사고원인 분석의 정량화

해설

FTA의 활용 및 기대 효과
① 사고원인 규명의 간편화
② 사고원인 분석의 일반화
③ 사고원인 분석의 정량화
④ 노력, 시간의 절감
⑤ 시스템의 결함진단
⑥ 안전점검 체크리스트 작성

참고 산업안전기사 필기 p.2-68(2. FTA실시)

KEY ① 2018년 3월 4일 산업기사 출제
② 2019년 4월 27일(문제 33번) 출제

39 작업의 강도는 에너지대사율(RMR)에 따라 분류된다. 분류 기준 중, 중(中)작업(보통작업)의 에너지 대사율은?

① 0~1[RMR]　　　② 2~4[RMR]
③ 4~7[RMR]　　　④ 7~9[RMR]

해설

작업강도의 구분
① 경작업 : 0~2
② 중(中)작업 : 2~4
③ 중(重)작업 : 4~7
④ 초중작업 : 7 이상

참고 산업안전기사 필기 p.1-102(② 작업강도구분)

KEY 2019년 8월 4일(문제 21번) 출제

40 국소진동에 지속적으로 노출된 근로자에게 발생할 수 있으며, 말초혈관 장애로 손가락이 창백해지고 동통을 느끼는 질환의 명칭은?

① 레이노병　　　　② 파킨슨 병
③ 규폐증　　　　　④ C_5-dip 현상

해설

레이노병(Raynaud's disease)
① 혈관운동신경 장애를 주증(主症)으로 하는 질환
② 프랑스 의사 M.레이노(1834~1881)가 보고한 것으로 피부교원섬유(皮膚膠原纖維)의 이상에서 오는 교원병(膠原病)으로도 볼 수 있다.
③ 사지(四肢)의 동맥에 간헐적 경련이 일어나 혈액결핍 때문에 손발 끝이 창백해지고 빳빳하게 굳어지며, 냉감(冷感)·의주감(蟻走感:개미가 기어가는 듯한 감각)·동통(疼痛) 등을 느낀다.

참고 산업안전기사 필기 p.2-139(2. 진동)

KEY 2019년 8월 4일(문제 39번) 출제

보충학습
① 파킨슨병 : 신경세포 소실로 발생되는 대표적 퇴행성 신경질환
② 규폐증 : 유리규산 분진을 흡입함에 따라 발생되는 폐의 섬유화질환
③ C_5-dip : 소음성 난청 초기단계로 4,000[Hz]에서 청력장애가 현저히 커지는 현상

[정답] 37 ④　38 ②　39 ②　40 ①

3 기계·기구 및 설비안전관리

41 산업안전보건법령상 아세틸렌 용접장치의 아세틸렌 발생기실을 설치하는 경우 준수하여야 하는 사항으로 옳은 것은?

① 벽은 가연성 재료로 하고 철근 콘크리트 또는 그 밖에 이와 동등하거나 그 이상의 강도를 가진 구조로 할 것
② 바닥면적의 16분의 1 이상의 단면적을 가진 배기통을 옥상으로 돌출시키고 그 개구부를 창이나 출입구로부터 1.5미터 이상 떨어지도록 할 것
③ 출입구의 문은 불연성 재료로 하고 두께 1.0밀리미터 이하의 철판이나 그 밖에 그 이상의 강도를 가진 구조로 할 것
④ 발생기실을 옥외에 설치한 경우에는 그 개구부를 다른 건축물로부터 1.0미터 이내 떨어지도록 할 것

[해설]

제287조(발생기실의 구조 등)
사업주는 발생기실을 설치하는 경우에 다음 각 호의 사항을 준수하여야 한다.
1. 벽은 불연성 재료로 하고 철근 콘크리트 또는 그 밖에 이와 같은 수준이거나 그 이상의 강도를 가진 구조로 할 것
2. 지붕과 천장에는 얇은 철판이나 가벼운 불연성 재료를 사용할 것
3. 바닥면적의 16분의 1 이상의 단면적을 가진 배기통을 옥상으로 돌출시키고 그 개구부를 창이나 출입구로부터 1.5미터 이상 떨어지도록 할 것
4. 출입구의 문은 불연성 재료로 하고 두께 1.5밀리미터 이상의 철판이나 그 밖에 그 이상의 강도를 가진 구조로 할 것
5. 벽과 발생기 사이에는 발생기의 조정 또는 카바이드 공급 등의 작업을 방해하지 않도록 간격을 확보할 것

[참고] 산업안전기사 필기 p.3-114(합격날개 : 합격예측 및 관련법규)

[KEY]
① 2016년 3월 6일 산업기사 출제
② 2017년 5월 7일 출제
③ 2018년 3월 4일 산업기사 출제
④ 2018년 4월 28일 출제
⑤ 2019년 8월 4일(문제 56번)
⑥ 2020년 9월 27일(문제 44번) 출제
⑦ 2022년 4월 24일(문제 60번) 출제
⑧ 2024년 2월 15일(문제 51번), 7월 27일(문제 42번) 출제

[보충학습]

아세틸렌 용접장치 화기 안전거리
① 발생기 : 5[m]
② 발생기실 : 3[m]

[합격정보]
산업안전보건기준에 관한 규칙 제287조(발생기실의 구조 등)

42 다음 중 금형 설치·해체작업의 일반적인 안전사항으로 틀린 것은?

① 금형을 설치하는 프레스의 T홈 안길이는 설치볼트 직경 이하로 한다.
② 금형의 설치용구는 프레스의 구조에 적합한 형태로 한다.
③ 고정볼트는 고정 후 가능하면 나사산이 3~4개 정도 짧게 남겨 슬라이드 면과의 사이에 협착이 발생하지 않도록 해야 한다.
④ 금형 고정용 브래킷(물림판)을 고정시킬 때 고정용 브래킷은 수평이 되게 하고, 고정볼트는 수직이 되게 고정하여야 한다.

[해설]

금형 탈락 및 운반에 따른 위험방지방법
(1) 프레스기계에 설치하기 위해 금형에 설치하는 홈의 안전대책
　① 설치하는 프레스기계의 T홈에 적합한 형상의 것일 것
　② 안 길이는 설치볼트 직경의 2배 이상일 것
(2) 금형의 운반에 있어서 형의 어긋남을 방지하기 위해 대판, 안전핀 등을 사용할 것

[참고] 산업안전기사 필기 p.3-104(합격날개 : 합격예측)

[KEY]
① 2018년 8월 19일 출제
② 2022년 3월 5일 출제
③ 2023년 7월 8일(문제 47번) 출제
④ 2024년 7월 27일(문제 44번) 출제

43 와이어로프의 꼬임에 관한 설명으로 틀린 것은?

① 보통 꼬임에는 S꼬임이나 Z꼬임이 있다.
② 보통 꼬임은 스트랜드의 꼬임방향과 로프의 꼬임방향이 반대로 된 것을 말한다.
③ 랭 꼬임은 로프의 끝이 자유로이 회전하는 경우나 킹크가 생기기 쉬운 곳에 적당하다.
④ 랭 꼬임은 보통 꼬임에 비하여 마모에 대한 저항성이 우수하다.

[정답] 41 ② 42 ① 43 ③

해설

와이어로프의 꼬임 방법

꼬임 특징	보통 꼬임	랭 꼬임
외관	• 소선과 로프축은 평행이다. (가닥과 소선의 꼬임이 반대)	• 소선과 로프축은 각도를 가진다. (가닥과 소선의 꼬임이 같은 방향)
장점	• 킹크(kink)를 잘 일으키지 않으므로 취급이 쉽다. • 꼬임이 견고하기 때문에 모양이 잘 흐트러지지 않는다.	• 소선은 긴 거리에 걸쳐서 외부와 접촉하므로 로프의 내마모성이 크다. • 유연하다.
단점	• 소선이 짧은 거리에 걸쳐 외부와 접촉하므로 국부적으로 단선을 일으키기 쉽다.	• 킹크를 일으키기 쉬우므로 취급주의가 필요하다.
용도	• 일반용	• 광산 삭도용

① 보통 Z꼬임   ② 보통 S꼬임   ③ 랭Z꼬임   ④ 랭S꼬임

[그림] 로프 꼬임의 종류 (KS D 7013)

참고 산업안전기사 필기 p.6-176(표. 와이어로프 꼬임 방법)

KEY
① 2019년 3월 3일 출제
② 2019년 4월 27일 출제
③ 2023년 6월 4일(문제 45번) 출제
④ 2024년 7월 27일(문제 49번) 출제

보충학습

킹크(kink)

와이어 로프 등의 사용시에 생기는 로프 상태의 하나로, 그림에서 ① 처럼 바퀴가 생겨 있을 때 펴지 않고 그대로 인장하면, ②, ③과 같은 상태(이것을 킹크라 한다)로 되고, 이 상태가 된 후에는펴도 ④처럼 되어 원래대로 되돌아가지 않는다. 한 번 킹크 상태가 된 부분의 손상은 영구적이며, 겉보기로는 펴진 것처럼 보이지만 그것이 약점이 되어 로프가 절단된다. 바퀴가 형성되면 반드시 손을 대어 원래대로 펴주어 킹크 상태가 되지 않도록 하는 것이 중요하다.

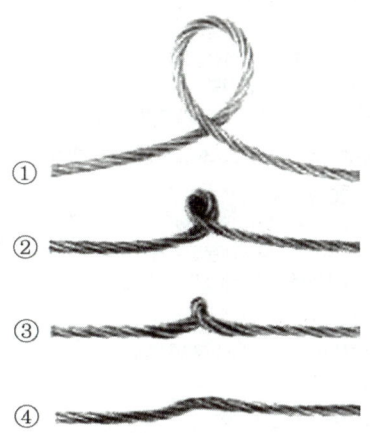

44 롤러기 급정지장치의 종류가 아닌 것은?

① 어깨조작식   ② 손조작식
③ 복부조작식   ④ 무릎조작식

해설

급정지장치 종류 3가지

급정지장치 조작부의 종류	위치
손으로 조작하는 것	밑면으로부터 1.8[m] 이내
복부로 조작하는 것	밑면으로부터 0.8[m] 이상 1.1[m] 이내
무릎으로 조작하는 것	밑면으로부터 0.6[m] 이내

참고 산업안전기사 필기 p.3-109(합격날개 : 합격예측 및 관련법규)

KEY 2024년 7월 27일 기사(문제 52번) 등 10회 이상 출제

45 방호장치 안전인증 고시에 따라 프레스 및 전단기에 사용되는 광전자식 방호장치의 일반구조에 대한 설명으로 가장 적절하지 않은 것은?

① 정상동작표시램프는 녹색, 위험표시램프는 붉은색으로 하며, 근로자가 쉽게 볼 수 있는 곳에 설치해야 한다.
② 슬라이드 하강 중 정전 또는 방호장치의 이상 시에 정지할 수 있는 구조이어야 한다.
③ 방호장치는 릴레이, 리미트 스위치 등의 전기부품의 고장, 전원전압의 변동 및 정전에 의해 슬라이드가 불시에 동작하지 않아야 하며, 사용전원전압의 ±(100분의 10)의 변동에 대하여 정상으로 작동되어야 한다.
④ 방호장치의 감지기능은 규정한 검출영역 전체에 걸쳐 유효하여야 한다.(다만, 블랭킹 기능이 있는 경우 그렇지 않다.)

해설

광전자식 방호장치의 일반구조
① 방호장치는 릴레이, 리미트 스위치 등의 전기부품의 고장, 전원전압의 변동 및 정전에 의해 슬라이드가 불시에 동작하지 않아야 한다.
② 사용전원전압의 ±(100분의 20)의 변동에 대하여 정상으로 작동되어야 한다.

참고 산업안전기사 필기 p.3-102(합격날개 : 합격예측)

[정답] 44 ①   45 ③

[그림] 광전자식 방호장치

KEY
① 2018년 3월 4일 산업기사(문제 54번) 출제
② 2022년 4월 24일 출제
③ 2023년 6월 4일(문제 58번) 출제
④ 2024년 7월 27일(문제 54번) 출제

46 선반 작업에 대한 안전수칙으로 가장 적절하지 않은 것은?

① 선반의 바이트는 끝을 짧게 장치한다.
② 작업 중에는 면장갑을 착용하지 않도록 한다.
③ 작업이 끝난 후 절삭 칩의 제거는 반드시 브러시 등의 도구를 사용한다.
④ 작업 중 일감의 치수 측정 시 기계 운전상태를 저속으로 하고 측정한다.

해설
일감의 치수 측정
① 치수 측정 시 기계 운전상태를 정지하고 측정한다.
② 저속시 가장 큰 힘이 작용한다.

참고 산업안전기사 필기 p.3-80(4. 선박작업시 안전수칙)

KEY 2024년 7월 27일 기사(문제 58번) 등 20번 이상 출제

47 프레스의 손쳐내기식 방호장치 설치기준으로 틀린 것은?

① 방호판의 폭이 금형 폭의 1/2 이상이어야 한다.
② 슬라이드 행정수가 300SPM 이상의 것에 사용한다.
③ 손쳐내기봉의 행정(Stroke) 길이를 금형의 높이에 따라 조정할 수 있고 진동폭은 금형폭 이상이어야 한다.
④ 슬라이드 하행정거리의 3/4 위치에서 손을 완전히 밀어내야 한다.

해설
손쳐내기식 방호장치의 일반구조
① 슬라이드 하행정거리의 3/4 위치에서 손을 완전히 밀어내야 한다.
② 손쳐내기봉의 행정(Stroke) 길이를 금형의 높이에 따라 조정할 수 있고 진동폭은 금형폭 이상이어야 한다.
③ 방호판과 손쳐내기봉은 경량이면서 충분한 강도를 가져야 한다.
④ 방호판의 폭은 금형폭의 1/2 이상이어야 하고, 행정길이가 300[mm] 이상의 프레스기계에는 방호판 폭을 300[mm]로 해야 한다.
⑤ 손쳐내기봉은 손 접촉 시 충격을 완화할 수 있는 완충재를 부착해야 한다.
⑥ 부착볼트 등의 고정금속부분은 예리하게 돌출되지 않아야 한다.
⑦ 속도제한 : 300SPM 이상의 고속프레스는 부적합

참고 산업안전기사 필기 p.3-99(3. 손쳐내기식)

KEY
① 2016년 8월 21일 산업기사 출제
② 2017년 3월 5일 기사, 8월 26일 산업기사 출제
③ 2019년 8월 4일 산업기사 출제
④ 2020년 9월 27일 기사 출제
⑤ 2021년 3월 7일(문제 45번) 출제
⑥ 2024년 2월 15일(문제 47번), 5월 9일(문제 41번) 출제

합격정보
방호장치 안전인증 고시
[별표 1] 프레스 또는 전단기 방호장치의 성능기준(제4조 관련)
31. 손쳐내기식 방호장치의 일반구조

보충학습
보기 ②는 양수조작식 핀클러치 방식에 적용

48 산업안전보건법령상 압력용기에서 안전인증된 파열판에 안전인증 표시 외에 추가로 나타내어야 하는 사항이 아닌 것은?

① 분출차(%)   ② 호칭지름
③ 용도(요구성능)   ④ 유체의 흐름방향 지시

해설
파열판의 추가 표시사항
① 호칭지름   ② 용도(요구성능)
③ 설정파열압력(MPa) 및 설정온도(°C)
④ 분출용량(kg/h) 또는 공칭분출계수
⑤ 파열판의 재질   ⑥ 유체의 흐름방향 지시

참고 산업안전기사 필기 p.3-121(합격날개:합격예측)

KEY
① 2017년 3월 5일 출제
② 2021년 8월 14일 출제
③ 2023년 7월 8일(문제 42번) 출제
④ 2024년 5월 9일(문제 44번) 출제

합격정보
방호장치 안전인증 고시 2021-22호(2021 3. 11)

[정답] 46 ④ 47 ② 48 ①

49 산업안전보건법령상 지게차에서 통상적으로 갖추고 있어야 하나, 마스트의 후방에서 화물이 낙하함으로써 근로자에게 위험을 미칠 우려가 없는 때에는 반드시 갖추지 않아도 되는 것은?

① 전조등 ② 헤드가드
③ 백레스트 ④ 포크

해설

백레스트
① 사업주는 백레스트(backrest)를 갖추지 아니한 지게차를 사용해서는 아니 된다.
② 다만, 마스트의 후방에서 화물이 낙하함으로써 근로자가 위험해질 우려가 없는 경우에는 그러하지 아니하다.

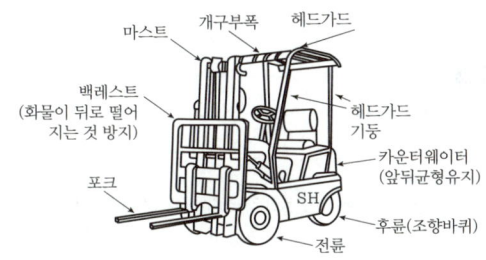

[그림] 지게차 구조

참고) 산업안전기사 필기 p.3-148(합격날개 : 합격예측)

KEY ① 2011년 3월 20일 출제
② 2020년 8월 22일 출제
③ 2021년 8월 14일 출제
④ 2023년 7월 8일(문제 58번) 출제
⑤ 2024년 5월 9일(문제 48번) 출제

합격정보
산업안전보건기준에 관한 규칙 제181조(백레스트)

50 지게차의 안정을 유지하기 위한 안정도 기준으로 틀린 것은?

① 5톤 미만의 부하 상태에서 하역작업시의 전후 안정도는 4[%] 이내이어야 한다.
② 부하 상태에서 하역작업시의 좌우 안정도는 10[%] 이내이어야 한다.
③ 무부하 상태에서 주행시의 좌우 안정도는 (15+1.1×V)[%]이내이어야 한다.(단, V는 구내 최고 속도[km/h])
④ 부하 상태에서 주행시 전후 안정도는 18[%] 이내이어야 한다.

해설

지게차의 안정조건

안정도	지게차의 상태	
・하역작업시 전후 안정도 4[%] (5[t] 이상의 것은 3.5[%]) ・부하상태		위에서 본 모양
・주행시의 전후 안정도 18[%] ・부하상태		위에서 본 모양
・하역작업시의 좌우 안정도 6[%] ・부하상태		
・주행시의 좌우 안정도(15+1.1V)[%] V : 최고속도[km/hr] ・무부하상태		위에서 본 모양

안정도 = $\dfrac{h}{l} \times 100$[%]

참고) 산업안전기사 필기 p.3-135(표. 지게차의 안정조건)

KEY ① 2016년 5월 8일, 8월 21일산업기사 출제
② 2023년 6월 4일(문제 59번) 출제
③ 2024년 5월 9일(문제 51번) 출제

51 아세틸렌 용접장치를 사용하여 금속의 용접·용단 또는 가열작업을 하는 경우 아세틸렌을 발생시키는 게이지 압력은 최대 몇 [kPa] 이하이어야 하는가?

① 17 ② 88
③ 127 ④ 210

해설

아세틸렌 용접장치 최대게이지 압력
127[kPa] 이하

참고) 산업안전기사 필기 p.3-113(합격날개 : 합격예측 및 관련법규)

KEY ① 2017년 3월 5일 출제
② 2018년 3월 4일 출제
③ 2020년 8월 22일 출제
④ 2023년 2월 28일(문제 43번) 출제
⑤ 2024년 5월 9일(문제 53번) 출제

합격정보
산업안전보건기준에 관한 규칙 제285조(압력의 제한)

[정답] 49 ③ 50 ② 51 ③

52 산업안전보건법령상 강렬한 소음작업에서 데시벨에 따른 노출시간으로 적합하지 않은 것은?

① 80데시벨 이상의 소음이 1일 10시간 이상 발생하는 작업
② 95데시벨 이상의 소음이 1일 4시간 이상 발생하는 작업
③ 110데시벨 이상의 소음이 1일 30분 이상 발생하는 작업
④ 115데시벨 이상의 소음이 1일 15분 이상 발생하는 작업

해설

강렬한 소음작업 기준

dB 기준	90	95	100	105	110	115
허용노출시간	8시간	4시간	2시간	1시간	30분	15분

참고 산업안전기사 필기 p.2-171(표 : 음압과 허용노출관계)

KEY
① 2016년 8월 26일 기사, 산업기사 출제
② 2020년 8월 22일 기사 출제
③ 2021년 8월 14일(문제 41번) 출제
④ 2022년 4월 24일(문제 50번) 출제
⑤ 2024년 5월 9일(문제 56번) 출제

합격정보
산업안전보건기준에 관한 규칙 제512조(정의)

보충학습
① 소음작업 : 1일 8시간 작업을 기준으로 85[dB] 이상의 소음을 발생하는 작업
② 충격소음(최대음압수준) : 140[dBA]

53 연삭기에서 숫돌의 바깥지름이 150[mm]일 경우 평형플랜지 지름은 몇 [mm] 이상이어야 하는가?

① 30   ② 50
③ 60   ④ 90

해설

플랜지 지름 계산

플랜지지름 = 숫돌바깥지름 $\times \frac{1}{3}$ = $150 \times \frac{1}{3}$ = 50[mm]

참고
① 산업안전기사 필기 p.3-93(합격날개 : 합격예측)
② 산업안전기사 필기 p.3-93(은행문제 : 적중)

KEY
① 2016년 8월 21일 산업기사 출제
② 2017년 3월 5일, 5월 7일 산업기사 출제
③ 2017년 5월 7일, 8월 26일 출제
④ 2018년 4월 28일(문제 56번) 출제
⑤ 2022년 3월 5일(문제 43번) 출제
⑥ 2024년 5월 9일(문제 59번) 출제

합격정보
위험기계·기구 자율안전확인고시 [별표 1]

54 산업안전보건법령상에서 정한 양중기의 종류에 해당하지 않는 것은?

① 크레인[호이스트(hoist)를 포함한다]
② 도르래
③ 곤돌라
④ 승강기

해설

양중기의 종류 5가지
① 크레인(호이스트 포함)
② 이동식 크레인
③ 리프트(이삿짐운반용 리프트의 경우에는 적재하중이 0.1[t] 이상인 것)
④ 곤돌라
⑤ 승강기

참고
① 산업안전기사 필기 p.3-140(1. 양중기의 종류)
② 산업안전기사 필기 p.3-138(합격날개 : 합격예측)

KEY
① 2022년 3월 5일(문제 50번) 등 20회 이상 출제
② 2024년 5월 9일(문제 60번) 출제

합격정보
산업안전보건기준에 관한 규칙 제132조(양중기)

55 [보기]와 같은 기계요소가 단독으로 발생시키는 위험점은?

[보기]
밀링커터, 둥근톱날

① 협착점   ② 끼임점
③ 절단점   ④ 물림점

해설

위험점 구분
① 협착점(Squeeze-point) : 왕복운동을 하는 동작부분과 움직임이 없는 고정부분 사이에서 형성되는 위험점(왕복+고정)
  예 프레스기, 전단기, 성형기, 조형기, 굽힘기계(bending machine)

[정답] 52 ① 53 ② 54 ② 55 ③

② 끼임점(Shear-point) : 고정부분과 회전하는 동작부분이 함께 만드는 위험점(회전+고정)
　예) 연삭숫돌과 덮개, 교반기의 날개와 하우징, 프레임에서 암의 요동운동을 하는 기계부분 등
③ 물림점(Nip-point) : 회전하는 두 개의 회전체에는 물려 들어가는 위험성이 존재한다. 이때 위험점이 발생되는 조건은 회전체가 서로 반대방향으로 맞물려 회전되어야 한다.(회전+회전)
　예) 롤러와 롤러의 물림, 기어와 기어의 물림 등

① 협착점　　　　② 끼임점
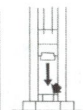 

③ 물림점　　　　④ 절단점
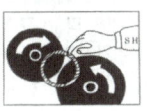 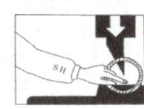

[그림] 위험점

참고) 산업안전기사 필기 p.3-14(4. 위험점의 분류)

KEY ① 2017년 3월 5일, 5월 7일, 8월 26일 산업기사 출제
　　② 2018년 3월 4일(문제 43번) 출제
　　③ 2022년 4월 24일(문제 53번) 출제
　　④ 2024년 2월 15일(문제 46번) 출제

56
로봇의 작동범위 내에서 그 로봇에 관하여 교시 등(로봇의 동력원을 차단하고 행하는 것을 제외한다.)의 작업을 행할 때 작업시작 전 점검 사항으로 옳은 것은?

① 과부하방지장치의 이상 유무
② 압력제한 스위치 등의 기능의 이상 유무
③ 외부전선의 피복 또는 외장의 손상 유무
④ 권과방지장치의 이상 유무

해설
로봇의 작업시작전 점검 사항
① 외부전선의 피복 또는 외장의 손상유무
② 매니퓰레이터(manipulator) 작동의 이상유무
③ 제동장치 및 비상정지장치의 기능

참고) 산업안전기사 필기 p.3-50(표. 2. 작업시작전 기계·기구 및 점검내용)

KEY ① 2018년 3월 4일(문제 41번) 출제
　　② 2024년 2월 15일(문제 49번) 출제

정보제공
산업안전보건기준에 관한 규칙 [별표 3] 작업시작전 점검사항

57
둥근톱기계의 방호장치 중 반발예방장치의 종류로 틀린 것은?

① 분할날
② 반발방지 기구(finger)
③ 보조 안내판
④ 안전덮개

해설
둥근톱기계의 반발예방장치 종류
① 반발방지 발톱(finger) : 반발 방지 기구
② 분할날(spreader)
③ 반발방지롤(roll) : 보조 안내판

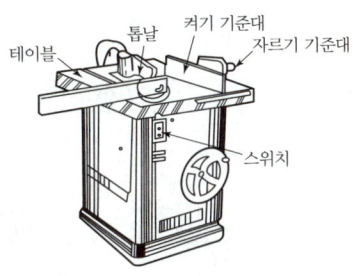

[그림] 목재가공용 둥근톱

참고) 산업안전기사 필기 p.3-129(합격날개 : 합격예측)

KEY ① 2016년 5월 8일 산업기사 출제
　　② 2020년 8월 22일 기사 출제
　　③ 2023년 6월 4일(문제 41번) 출제

58
아세틸렌 용접 시 역류를 방지하기 위하여 설치하여야 하는 것은?

① 안전기　　　② 청정기
③ 발생기　　　④ 유량기

해설
안전기
① 역류역화를 방지하기 위하여 취관에 안전기를 설치한다.
② 역화발생 시 최우선 순서 : 산소밸브를 잠근다.

참고) 산업안전기사 필기 p.3-176(문제 117번) 적중

KEY ① 2015년 3월 8일(문제 47번) 출제
　　② 2019년 4월 27일 기사 출제
　　③ 2023년 6월 4일(문제 60번)등 10회 이상 출제

[정답] 56 ③　57 ④　58 ①

59 다음 중 지게차의 작업 상태별 안정도에 관한 설명으로 틀린 것은?(단, V는 최고속도[km/h]이다.)

① 기준 부하상태에서 하역작업 시의 전후 안정도는 20[%] 이내이다.
② 기준 부하상태에서 하역작업 시의 좌우 안정도는 6[%] 이내이다.
③ 기준 부하상태에서 주행 시의 전후 안정도는 18[%] 이내이다.
④ 기준 무부하상태에서 주행 시의 좌우 안정도는 (15+1.1V)[%] 이내이다.

해설
지게차의 안정조건

안정도	지게차의 상태
· 하역작업시 전후 안정도 4[%] (5[t] 이상의 것은 3.5[%]) · 부하상태	위에서 본 모양
· 주행시의 전후 안정도 18[%] · 부하상태	
· 하역작업시의 좌우 안정도 6[%] · 부하상태	
· 주행시의 좌우 안정도 (15+1.1V)[%] V : 최고속도[km/hr] · 무부하상태	위에서 본 모양

안정도 = $\dfrac{h}{l} \times 100[\%]$

참고) 산업안전기사 필기 p.3-135(표. 지게차의 안정조건)

 KEY
① 2016년 5월 8일 산업기사 출제
② 2016년 8월 21일 산업기사 출제
③ 2017년 5월 7일(문제 46번) 출제
④ 2022년 4월 24일(문제 44번) 출제

합격정보
건설기계 안전기준에 관한 규칙 제22조(안정도)
① 지게차는 다음 각 호에 해당하는 지면에서 중심선이 지면의 기울어진 방향과 평행할 경우 앞이나 뒤로 넘어지지 아니하여야 한다.
　1. 지게차의 최대하중상태에서 쇠스랑을 가장 높이 올린 경우 기울기가 100분의 4(지게차의 최대하중이 5톤 이상인 경우에는 100분의 3.5)인 지면
　2. 지게차의 기준부하상태에서 주행할 경우 기울기가 100분의 18인 지면
② 지게차는 다음 각 호에 해당하는 지면에서 중심선이 지면의 기울어진 방향과 직각으로 교차할 경우 옆으로 넘어지지 아니하여야 한다.
　1. 지게차의 최대하중상태에서 쇠스랑을 가장 높이 올리고 마스트를 가장 뒤로 기울인 경우 기울기가 100분의 6인 지면
　2. 지게차의 기준무부하상태에서 주행할 경우 구배가 지게차의 최고 주행속도에 1.1을 곱한 후 15를 더한 값인 지면. 다만, 규격이 5,000킬로그램 미만인 경우에는 최대 기울기가 100분의 50, 5,000킬로그램 이상인 경우에는 최대 기울기가 100분의 40인 지면을 말한다.

60 산업안전보건법령상 목재가공용 기계에 사용되는 방호장치의 연결이 옳지 않은 것은?

① 둥근톱기계 : 톱날접촉예방장치
② 띠톱기계 : 날접촉예방장치
③ 모떼기기계 : 날접촉예방장치
④ 동력식 수동대패기계 : 반발예방장치

해설
동력식 수동대패기계 방호장치
날접촉예방장치

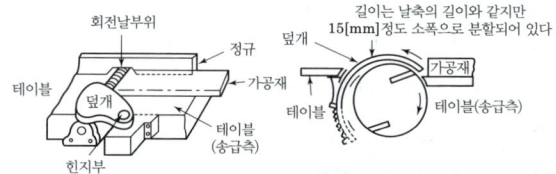

[그림] 가동식 날접촉 예방장치

참고) 산업안전기사 필기 p.3-133(3. 날접촉 예방장치 종류)

합격정보
산업안전보건기준에 관한 규칙 제109조(대패기계의 날접촉 예방장치)

 KEY
① 2018년 3월 4일(문제 53번) 출제
② 2022년 3월 5일(문제 48번) 출제

[정답] 59 ①　60 ④

4 전기설비 안전관리

61 접지의 목적과 효과로 볼 수 없는 것은?

① 낙뢰에 의한 피해방지
② 송배전선에서 지락사고의 발생 시 보호계전기를 신속하게 작동시킴
③ 설비의 절연물이 손상되었을 때 흐르는 누설전류에 의한 감전 방지
④ 송배전선로의 지락사고 시 대지전위의 상승을 억제하고 절연강도를 상승시킴

해설

접지의 목적
① 접지는 누전시에 인체에 가해지는 전압을 감소시킴으로써 감전을 방지
② 지락 전류를 원활히 흐르게 함으로써 차단기를 확실히 동작시켜 화재·폭발의 위험을 방지

참고 산업안전기사 필기 p.4-36(1. 접지의 목적)

KEY
① 2018년 4월 28일 기사 출제
② 2019년 8월 4일(문제 74번) 출제

읽을거리

Earthing(어싱)
'땅'(Earth)과 '현재진행형'(ing)의 합성어로, 맨발로 땅을 밟으며 지구와 몸을 하나로 연결한다는 의미를 갖고 있다. 이는 단순히 '걷기 운동'에 초점이 맞춰진 것이 아닌 땅과 직접 접촉하는 '접지(接地)'를 핵심으로 하는데, '지구와 우리 몸을 연결한다'는 의미에서 '어싱(Earthing)'이라는 명칭이 붙은 것이다. 그리고 이러한 어싱을 즐기는 이들을 가리켜 '어싱족(Earthing族)'이라고 한다.

62 다음 중 유류화재의 화재급수에 해당하는 것은?

① A급
② B급
③ C급
④ D급

해설

화재의 종류 및 특성

화재구분 화재의 종류	화재급수	소화기 표시 색상	소화효과	화재특성
일반 가연물 화재	A급	백색	냉각 소화	① 백색연기 발생 ② 연소 후 재를 남긴다.
유류화재	B급	황색	질식 효과	① 검은연기 발생 ② 연소 후 재를 남기지 않는다.
전기화재	C급	청색	질식 효과	전기시설물이 점화원의 기능을 하며 발화 후 일반 유류화재로 전환
금속화재	D급	무색	마른모래 피복 (건조사)	금속이 열을 발생
가스화재	E급	황색		재가 없음
부엌화재	K급			주방화재

참고 산업안전기사 필기 p.5-23(문제 13번 적중)

KEY
① 2016년 8월 21일 산업기사 출제
② 2018년 8월 19일 출제
③ 2020년 8월 22일(문제 81번) 출제

63 한국전기설비규정에 따라 사람이 쉽게 접촉할 우려가 있는 곳에 금속제 외함을 가지는 저압의 기계기구가 시설되어 있다. 이 기계기구의 사용전압이 몇 [V]를 초과할 때 전기를 공급하는 전로에 누전차단기를 시설해야 하는가?(단, 누전차단기를 시설하지 않아도 되는 조건은 제외한다.)

① 30[V]
② 40[V]
③ 50[V]
④ 60[V]

해설

KEC 211.2.4 누전차단기의 시설
전원의 자동차단에 의한 저압전로의 보호대책으로 누전차단기를 시설해야 할 대상
(1) 금속제 외함을 가지는 사용전압이 50[V]를 초과하는 저압의 기계기구로서 사람이 쉽게 접촉할 우려가 있는 곳에 시설하는 것에 전기를 공급하는 전로. 다만, 다음의 어느 하나에 해당하는 경우에는 적용하지 아니한다.
① 기계·기구를 발전소·변전소·개폐소 또는 이에 준하는 곳에 시설하는 경우
② 기계·기구를 건조한 곳에 시설하는 경우
③ 대지전압이 150[V] 이하인 기계·기구를 물기가 있는 곳 이외의 곳에 시설하는 경우
(2) 주택의 인입구 등 이 규정에서 누전차단기 설치를 요구하는 전로
(3) 특고압전로, 고압전로 또는 저압전로와 변압기에 의하여 결합되는 사용전압 400[V]초과의 저압전로 또는 발전기에서 공급하는 사용전압 400[V] 초과의 저압전로

참고 산업안전기사 필기 p.4-5(4. 과전류 누전차단기)

KEY
① 2022년 4월 24일(문제 65번) 출제
② 2023년 6월 4일(문제 64번) 출제
③ 2024년 4월 27일 실기 필답형 출제
④ 2024년 7월 27일(문제 69번) 출제

【 정답 】 61 ④　62 ②　63 ③

64 다음 빈 칸에 들어갈 내용으로 알맞은 것은?

"교류 특고압 가공전선로에서 발생하는 극저주파 전자계는 지표상 1[m]에서 전계가 (ⓐ), 자계가 (ⓑ)가 되도록 시설하는 등 상시 정전유도 및 전자유도 작용에 의하여 사람에게 위험을 줄 우려가 없도록 시설하여야 한다."

① ⓐ 0.35[kV/m] 이하 ⓑ 0.833[μT] 이하
② ⓐ 3.5[kV/m] 이하 ⓑ 8.33[μT] 이하
③ ⓐ 3.5[kV/m] 이하 ⓑ 83.3[μT] 이하
④ ⓐ 35[kV/m] 이하 ⓑ 833[μT] 이하

해설

전기사업법, 전기설비기준
① 특고압 가공전선로에서 발생하는 극저주파 전자계는 지표상 1[m]에서 전계가 3.5[kV/m] 이하
② 자계가 83.3[μT] 이하가 되도록 시설

참고 산업안전기사 필기 p.4-95(문제 67번) 적중

KEY
① 2022년 3월 5일 출제
② 2023년 2월 15일(문제 68번) 출제
③ 2024년 7월 27일(문제 73번) 출제

65 절연물의 절연계급을 최고허용온도가 낮은 온도에서 높은 온도 순으로 배치한 것은?

① Y종 → A종 → E종 → B종
② A종 → B종 → E종 → Y종
③ Y종 → E종 → B종 → A종
④ B종 → Y종 → A종 → E종

해설

절연물의 내열구분

종별	허용 최고 온도 [℃]	절연물의 종류
Y종	90	유리화수지, 메타크릴수지, 폴리에틸렌, 폴리염화비닐, 폴리스티렌
A종	105	폴리에스테르수지, 셀룰로오스 유도체, 폴리아미드, 폴리비닐포르말
E종	120	멜라민수지, 페놀수지의 유기질, 폴리에스테르수지
B종	130	무기질기재의 각종 성형 적층물
F종	155	에폭시수지, 폴리우레탄수지, 변성실리콘수지
H종	180	유리, 실리콘, 고무
C종	180 이상	실리콘, 플루오르화에틸렌

참고 산업안전기사 필기 p.4-74(표 : 절연물의 내열구분)

KEY
① 2020년 6월 7일 출제
② 2021년 3월 7일(문제 78번) 출제
③ 2024년 7월 27일(문제 78번) 출제

66 정전유도를 받고 있는 접지되어 있지 않은 도전성 물체에 접촉한 경우 전격을 당하게 되는데 이 때 물체에 유도된 전압 V[V]를 옳게 나타낸 것은?(단, E는 송전선의 대지전압, C_1은 송전선과 물체사이의 정전용량, C_2는 물체와 대지사이의 정전용량이며, 물체와 대지 사이의 저항은 무시한다.)

① $V = \dfrac{C_1}{C_1+C_2} \times E$
② $V = \dfrac{C_1+C_2}{C_1+C_2} \times E$
③ $V = \dfrac{C_1}{C_1 \times C_2} \times E$
④ $V = \dfrac{C_1 \times C_2}{C_1+C_2} \times E$

해설

정전기 에너지
① 정전용량 C[F]인 물체에 전압 V[V]가 가해져서 Q[C]의 전하가 축적되어 있을 때 에너지는 $W = \dfrac{1}{2}QV = \dfrac{1}{2}CV^2 = \dfrac{1}{2}\dfrac{Q^2}{C}$[J]이 된다.
② 유도된 전압[V] $= \dfrac{C_1}{C_1+C_2} E$

W : 정전기 에너지[J]
C : 도체의 정전용량[F]
V : 대전전위(유도된 전압)[V]
Q : 대전전하량[C]

참고 산업안전기사 필기 p.4-33(6. 정전기 에너지)

KEY
① 2006년 3월 5일(문제 73번) 출제
② 2016년 5월 8일 산업기사 출제
③ 2016년 8월 21일 기사 출제
④ 2017년 3월 5일 기사·산업기사 동시 출제
⑤ 2017년 5월 7일 산업기사 출제
⑥ 2018년 3월 4일 기사 출제
⑦ 2019년 8월 4일(문제 64번) 출제
⑧ 2020년 9월 27일(문제 68번) 출제
⑨ 2024년 2월 15일(문제 68번), 5월 9일(문제 61번) 출제

[정답] 64 ③ 65 ① 66 ①

67 전기기기 방폭의 기본개념과 이를 이용한 방폭구조로 볼 수 없는 것은?

① 점화원의 격리:내압(耐壓) 방폭구조
② 폭발성 위험분위기 해소:유입 방폭구조
③ 전기기기 안전도의 증강:안전증 방폭구조
④ 점화능력의 본질적 억제:본질안전 방폭구조

해설

유입방폭구조(o)
① 유입방폭구조는 아크 또는 고열을 발생하는 전기설비를 용기에 넣고 그 용기 안에 다시 기름을 채워서 외부의 폭발성 가스와 점화원이 접촉하여 인화할 위험이 없도록 하는 구조로 유입 개폐부분에는 가스를 빼내는 배기공을 설치하여야 한다.
② 보통 10[mm] 이상의 유면으로 위험 부위를 커버하고 유면온도가 60[℃] 이상 되면 사용을 금한다.

참고 ① 산업안전기사 필기 p.4-53(3. 방폭구조의 종류 및 특징)
② 산업안전기사 필기 p.4-57(합격날개 : 보충학습)

KEY 2024년 5월 9일(문제 65번) 등 10회 이상 출제

보충학습

전기설비의 방폭화 방법
① 점화원의 방폭적 격리 : 내압, 압력, 유입 방폭 구조
② 전기설비의 안전도 증강 : 안전증 방폭구조
③ 점화능력의 본질적 억제 : 본질안전 방폭구조

68 정전기 재해방지를 위한 배관내 액체의 유속제한에 관한 사항으로 옳은 것은?

① 저항률이 $10^{10}[\Omega \cdot cm]$ 미만의 도전성 위험물의 배관유속은 7[m/s] 이하로 할 것
② 에테르, 이황화탄소 등과 같이 유동대전이 심하고 폭발위험성이 높으면 4[m/s] 이하로 할 것
③ 물이나 기체를 혼합하는 비수용성 위험물의 배관내 유속은 5[m/s] 이하로 할 것
④ 저항률이 $10^{10}[\Omega \cdot cm]$ 이상인 위험물의 배관내 유속은 배관내경 4인치일 때 10[m/s] 이하로 할 것

해설

배관내 액체의 유속제한
① 저항률이 $10^{10}[\Omega \cdot m]$ 미만인 도전성 위험물의 배관유속: 7[m/s] 이하
② 에테르, 이황화탄소 등과 같이 유동성이 심하고 폭발 위험성이 높은 것 : 1[m/s] 이하
③ 물이나 기체를 혼합한 비 수용성 위험물 : 1[m/s] 이하
④ 저항률이 $10^{10}[\Omega \cdot m]$ 이상인 위험물의 배관내 유속은 기준에 준하고, 유입구가 액면 아래로 충분히 잠길 때까지는 1[m/s] 이하

참고 산업안전기사 필기 p.4-38(2. 배관내 액체의 유속제한)

KEY ① 2015년 3월 8일 산업기사 출제
② 2016년 8월 21일 출제
③ 2021년 3월 7일, 5월 15일 출제
④ 2023년 2월 28일(문제 66번) 출제
⑤ 2024년 5월 9일(문제 72번) 출제

69 금속성의 전기기계장치나 구조물에 인체의 일부가 상시 접촉되어 있는 상태의 허용접촉전압으로 옳은 것은?

① 2.5[V] 이하   ② 25[V] 이하
③ 50[V] 이하   ④ 제한없음

해설

종별허용접촉전압

종별	접촉상태	허용접촉전압[V]
제1종	• 인체의 대부분이 수중에 있는 상태	2.5 이하
제2종	• 인체가 많이 젖어 있는 상태 • 금속제 전기기계장치나 구조물에 인체의 일부가 상시접촉되어있는 상태	25 이하
제3종	• 제1종, 제2종 이외의 경우로서 통상적인 인체 상태에 있어서 접촉전압이 가해지면 위험성이 높은 상태	50 이하
제4종	• 제1종, 제2종 이외의 경우로서 통상적인 인체상태에 있어서 접촉전압이 가해져도 위험성이 낮은 상태 • 접촉전압이 가해질 우려가 없는 경우	무제한

참고 산업안전기사 필기 p.4-19([표] 종별 허용 접촉전압)

KEY ① 2016년 3월 6일 산업기사 출제
② 2016년 8월 21일 산업기사 출제
③ 2017년 5월 7일 기사·산업기사 동시출제
④ 2023년 6월 4일(문제 70번) 출제
⑤ 2024년 5월 9일(문제 69번) 출제

70 교류 아크용접기의 허용사용률[%]은?(단, 정격사용률은 10[%], 2차 정격전류는 500[A], 교류 아크용접기의 사용전류는 250[A]이다.)

① 30   ② 40
③ 50   ④ 60

【 정답 】 67 ②   68 ①   69 ②   70 ②

해설

허용사용률 계산

허용사용률 = $\dfrac{(정격2차전류)^2}{(실제용접전류)^2} \times 정격사용률 = \dfrac{500^2}{250^2} \times 10 = 40[\%]$

> 참고) 산업안전기사 필기 p.4-79(④ 허용사용률)
>
> KEY
> ① 2016년 8월 21일(문제 79번) 출제
> ② 2017년 8월 26일 출제
> ③ 2019년 4월 27일(문제 62번) 출제
> ④ 2021년 8월 14일(문제 66번) 출제
> ⑤ 2022년 3월 5일(문제 76번) 출제
> ⑥ 2024년 5월 9일(문제 76번) 출제

---

71 다음 중 전기설비기술기준에 따른 전압의 구분으로 틀린 것은?

① 저압 : 직류 1[kV] 이하
② 고압 : 교류 1[kV] 초과, 7[kV] 이하
③ 특고압 : 직류 7[kV] 초과
④ 특고압 : 교류 7[kV] 초과

해설

전압분류

전압분류	직류	교류
저압	1,500[V] 이하	1,000[V] 이하
고압	1,500~7,000[V] 이하	1,000~7,000[V] 이하
특별고압	7,000[V] 초과	7,000[V] 초과

> 참고) 산업안전기사 필기 p.4-30(문제 30번) 적중
>
> KEY
> ① 2017년 5월 7일, 8월 26일기사 출제
> ② 2018년 3월 4일 기사, 8월 19일 산업기사 출제
> ③ 2019년 3월 3일(문제 78번) 출제
> ④ 2022년 3월 5일(문제 79번) 출제
> ⑤ 2024년 5월 9일(문제 78번) 출제

---

72 지락전류가 거의 0에 가까워서 안정도가 양호하고 무정전의 송전이 가능한 접지방식은?

① 직접접지방식
② 리엑터접지방식
③ 저항접지방식
④ 소호리엑터접지방식

해설

소호리엑터접지방식

① 지락전류가 0에 가깝고 무정전 송전가능
② 1선 지락고장시 극히 작은 손실전류가 흐른다.

> 참고) 산업안전기사 필기 p.4-36(2. 접지)
>
> KEY
> ① 2019년 8월 4일 기사 출제
> ② 2023년 7월 8일(문제 66번) 출제

보충학습

저항접지방식

① 송전선의 중성점 접지방식의 하나로 중성점을 저항을 통하여 접지하는 것으로 지락고장시의 지락전류를 제어할 수 있다.
② 저항값의 대소에 따라 저저항접지 방식과 고저항접지 방식으로 나누어진다.

---

73 계통접지로 적합하지 않는 것은?

① TN계통
② TT계통
③ IN계통
④ IT계통

해설

접지의 구분 및 종류

구분	종류
종류	① 계통접지(TN, TT, IT계통) ② 보호접지 ③ 피뢰시스템 접지
방법	① 단독접지 ② 공통접지 ③ 통합접지

> 참고) 산업안전기사 필기 p.4-37(표 : 접지의 구분 및 종류)
>
> KEY
> ① 2020년 9월 27일(문제 62번) 참고
> ② 2023년 6월 4일(문제 74번) 출제

---

74 저압방폭구조 배선 중 노출 도전성 부분의 보호접지선으로 알맞은 항목은?

① 전선관이 충분한 지락전류를 흐르게 할 시에도 결합부에 본딩(bonding)을 해야 한다.
② 전선관이 최대지락전류를 안전하게 흐르게 할 시 접지선으로 이용 가능하다.
③ 접지선의 전선 또는 선심은 그 절연피복을 흰색 또는 검정색을 사용한다.
④ 접지선은 1,000[V] 비닐절연전선 이상 성능을 갖는 전선을 사용한다.

[정답] 71 ① 72 ④ 73 ③ 74 ②

해설

방폭지역에서 저압 케이블 공사시 사용되는 케이블
① MI케이블
② 600[V] 폴리에틸렌 케이블(EV, EE, CV, CE)
③ 600[V] 비닐절연외장케이블(VV)
④ 600[V] 콘크리트 직매용 케이블(CB-VV, CB-EV)
⑤ 제어용 비닐절연 비닐외장케이블(CVV)
⑥ 연피케이블
⑦ 약전 계장용 케이블
⑧ 보상도선
⑨ 시내대 폴리에틸렌 절연비닐외장케이블(CPEV)
⑩ 시내대 폴리에틸렌 절연 폴리에틸렌 외장케이블(CPEE)
⑪ 강관 외장케이블
⑫ 강대 외장케이블

참고 산업안전기사 필기 p.4-63(합격날개:합격예측)

KEY ① 2017년 3월 5일 기사 출제
② 2023년 2월 28일(문제 63번) 출제

75
교류 아크용접기의 사용에서 무부하 전압이 80[V], 아크 전압 25[V], 아크 전류 300[A]일 경우 효율은 약 몇 [%]인가?(단, 내부손실은 4[kW]이다.)

① 65.2   ② 70.5
③ 75.3   ④ 80.6

해설
효율계산
① 사용전력=아크전압×전류=25×300=7500[W]
② 총 전력=사용전력+손실전력
　　　=7,500+4,000=11,500[W]
③ 효율=$\dfrac{\text{사용전력}}{\text{총전력}} \times 100 = \dfrac{7,500}{11,500} \times 100 = 65.22[\%]$

참고 산업안전기사 필기 p.4-78(2. 전격방지기의 설치시 주의사항)

KEY ① 2012년 8월 26일(문제 66번) 출제
② 2016년 3월 6일(문제 78번) 출제
③ 2022년 4월 24일(문제 71번) 출제

76
내압방폭구조의 필요충분조건에 대한 사항으로 틀린 것은?

① 폭발화염이 외부로 유출되지 않을 것
② 습기침투에 대한 보호를 충분히 할 것
③ 내부에서 폭발한 경우 그 압력에 견딜 것
④ 외함의 표면온도가 외부의 폭발성가스를 점화하지 않을 것

해설
내압(耐壓)방폭구조(explosion proof : d)의 특징
① 용기의 내부에 폭발성 가스의 폭발이 일어날 경우에 용기가 폭발압력에 견디고 또한 외부의 폭발성 분위기에의 불꽃의 전파를 방지하도록 한 방폭구조
② 점화원의 방폭적 격리
③ MESG 특성 적용

참고 산업안전기사 필기 p.4-53(1. 내압방폭구조)

KEY ① 2019년 3월 3일 기사 출제
② 2019년 4월 27일 기사 · 산업기사 동시출제
③ 2020년 6월 7일(문제 71번) 출제
④ 2022년 3월 5일(문제 67번) 출제

보충학습
최대 실험 안전 간격(MESG): 내압 방폭 설비의 기준
① Group IIA: MESG ≥ 0.9[mm]
② Group IIB: 0.5[mm] < MESG < 0.9[mm]
③ Group IIC: MESG ≤ 0.5[mm]

77
정전작업 시 작업 중의 조치사항으로 옳은 것은?

① 검전기에 의한 정전확인
② 개폐기의 관리
③ 잔류전하의 방전
④ 단락접지 실시

해설
정전작업 중(작업 시) 조치사항
① 작업지휘자에 의해 작업한다.
② 개폐기를 관리한다.
③ 단락접지 상태를 확인·관리한다.(혼촉 또는 오동작 방지)
④ 근접활선에 대한 방호상태를 관리한다.

참고 산업안전기사 필기 p.4-76(2. 작업중)

KEY ① 2017년 8월 21일, 5월 7일기사 출제
② 2019년 3월 3일(문제 61번) 출제

보충학습
작업 전 조치사항
① 검전기에 의한 정전확인
② 잔류전하의 방전
③ 단락접지 실시

[정답] 75 ① 76 ② 77 ②

과년도 출제문제

78 자동전격방지장치에 대한 설명으로 틀린 것은?

① 무부하시 전력손실을 줄인다.
② 무부하 전압을 안전전압 이하로 저하시킨다.
③ 용접을 할 때에만 용접기의 주회로를 개로(OFF)시킨다.
④ 교류 아크용접기의 안전장치로서 용접기의 1차 또는 2차 측에 부착한다.

[해설]
용접을 할 때에는 용접기의 주회로를 폐로(ON)시킨다.

[참고] 산업안전기사 필기 p.4-78(2. 방호장치의 성능)

[KEY] ① 2016년 5월 8일 산업기사 출제
② 2017년 5월 7일 기사 출제
③ 2018년 3월 4일 기사 출제
④ 2019년 3월 3일(문제 62번) 출제

---

79 감전사고가 발생했을 때 피해자를 구출하는 방법으로 틀린 것은?

① 피해자가 계속하여 전기설비에 접촉되어 있다면 우선 그 설비의 전원을 신속히 차단한다.
② 감전 상황을 빠르게 판단하고 피해자의 몸과 충전부가 접촉되어 있는지를 확인한다.
③ 충전부에 감전되어 있으면 몸이나 손을 잡고 피해자를 곧바로 이탈시켜야 한다.
④ 절연 고무장갑, 고무장화 등을 착용한 후에 구원해 준다.

[해설]
어떠한 경우라도 감전자의 몸이나 손을 잡으면 안된다.(이유 : 동시감전)

[참고] 산업안전기사 필기 p.4-21(합격날개 : 은행문제)

[KEY] ① 2014년 5월 24일(문제 64번) 출제
② 2019년 3월 3일(문제 71번) 출제

---

80 전기설비기술기준에서 정의하는 전압의 구분으로 틀린 것은?

① 교류 저압 : 1,000[V] 이하
② 직류 저압 : 1,500[V] 이하
③ 직류 고압 : 1,500[V] 초과 7,000[V] 이하
④ 특고압 : 7,000[V] 미만

[해설]
전압분류

전압분류	직류	교류
저압	1,500[V] 이하	1,000[V] 이하
고압	1,500~7,000[V] 이하	1,000~7,000[V] 이하
특별고압	7,000[V] 초과	7,000[V] 초과

[참고] 산업안전기사 필기 p.4-30(문제 30번) 적중

[KEY] ① 2017년 5월 7일, 8월 26일기사 출제
② 2018년 3월 4일 기사, 8월 19일 산업기사 출제
③ 2019년 3월 3일(문제 78번) 출제

---

5 화학설비 안전관리

81 다음 중 자연발화가 쉽게 일어나는 조건으로 틀린 것은?

① 주위온도가 높을수록
② 열 축적이 클수록
③ 적당량의 수분이 존재할 때
④ 표면적이 작을수록

[해설]
자연발화조건
① 발열량이 클 것
② 열전도율이 작을 것
③ 주위의 온도가 높을 것
④ 표면적이 넓을 것
⑤ 수분이 적당량 존재할 것

[참고] 산업안전기사 필기 p.5-7(2. 자연발화조건)

[KEY] ① 2011년 6월 12일 출제
② 2018년 3월 4일, 8월 19일 출제
③ 2020년 8월 22일 출제
④ 2022년 3월 5일 출제
⑤ 2024년 7월 27일(문제 84번) 출제

[정답] 78 ③ 79 ③ 80 ④ 81 ④

82
4[%] NaOH 수용액과 10[%] NaOH 수용액을 반응기에 혼합하여 6[%] 100[kg]의 NaOH 수용액을 만들려면 각각 몇 [kg]의 NaOH 수용액이 필요한가?

① 4[%] NaOH 수용액 : 50,
   10[%] NaOH 수용액 : 50
② 4[%] NaOH 수용액 : 56.2,
   10[%] NaOH 수용액 : 43.8
③ 4[%] NaOH 수용액 : 66.67,
   10[%] NaOH 수용액 : 33.33
④ 4[%] NaOH 수용액 : 80,
   10[%] NaOH 수용액 : 20

해설
NaOH 수용액

① $\dfrac{4[\%] \text{ NaOH}}{(x)[kg]} + \dfrac{10[\%] \text{ NaOH}}{(100-x)[kg]} \rightarrow \dfrac{6[\%] \text{ NaOH의 } 100[kg]}{100[kg]}$
② $0.04x + 0.1 \times (100-x) = 0.06 \times 100$
③ $0.04x + 10 - 0.1x = 6$
④ $x = \dfrac{4}{0.06} = 66.67[kg]$
⑤ 4[%] NaOH수용액 = 66.67[kg]
⑥ 10[%] NaOH수용액 = 33.33[kg]

참고 산업안전기사 필기 p.5-77(보충문제)

KEY
① 2009년 5월 10일 (문제 97번)
② 2016년 5월 8일(문제 88번) 출제
③ 2023년 6월 4일(문제 86번) 출제
④ 2024년 7월 27일(문제 87번) 출제

83
다음 중 퍼지의 종류에 해당하지 않는 것은?

① 압력퍼지   ② 진공퍼지
③ 스위프퍼지 ④ 가열퍼지

해설
퍼지의 종류
① 진공(저압) 퍼지
② 압력퍼지
③ 스위프 퍼지
④ 사이펀 퍼지

참고 산업안전기사 필기 p.5-20([표] 퍼지의 종류)

KEY
① 2011년 6월 12일(문제 86번) 출제
② 2022년 4월 24일 출제
③ 2023년 6월 4일(문제 99번) 출제
④ 2024년 7월 27일(문제 89번) 출제

합격자의 조언
실기 작업형 출제

보충학습

Purge
연소되지 않은 가연성 가스 혹은 유독성 가스가 공정 안에 차 있는 경우 근로자들이 안전하게 작업할 수 있도록 가스를 공정 밖으로 배출하기 위하여 환기시키는 것

84
물과 카바이드가 결합하면 어떤 가스가 생성되는가?

① 염소가스   ② 아황산가스
③ 수성가스   ④ 아세틸렌가스

해설
아세틸렌 제조 분자식
$2H_2O + CaC_2 \rightarrow Ca(OH)_2 + C_2H_2$
(물)   (카바이드=탄화칼슘) (수산화칼슘) (아세틸렌)

참고 산업안전기사 필기 p.3-114(합격날개 : 합격예측)

KEY
① 2015년 3월 8일 출제
② 2017년 8월 26일 출제
③ 2020년 6월 7일 출제
④ 2021년 5월 15일 출제
⑤ 2023년 2월 28일(문제 93번) 출제
⑥ 2024년 7월 27일(문제 92번) 출제
⑦ 2025년 5월 10일(문제 94번) 출제

85
메탄, 에탄, 프로판의 폭발하한계가 각각 5[vol%], 3[vol%], 2.1[vol%]이일 때, 다음 중 폭발하한계가 가장 낮은 것은? (단, Le Chatelier의 법칙을 이용한다.)?

① 메탄 20[vol%], 에탄 30[vol%], 프로판 50[vol%]의 혼합가스
② 메탄 30[vol%], 에탄 30[vol%], 프로판 40[vol%]의 혼합가스
③ 메탄 40[vol%], 에탄 30[vol%], 프로판 30[vol%]의 혼합가스
④ 메탄 50[vol%], 에탄 30[vol%], 프로판 20[vol%]의 혼합가스

[정답] 82 ③ 83 ④ 84 ④ 85 ①

해설

르샤틀리에(Le Chatelier) 법칙

(1) $L = \dfrac{100}{\dfrac{V_1}{L_1}+\dfrac{V_2}{L_2}+\cdots\cdots+\dfrac{V_n}{L_n}}$ (순수한 혼합가스일 경우)

(2) $L = \dfrac{V_1+V_2+\cdots\cdots+V_n}{\dfrac{V_1}{L_1}+\dfrac{V_2}{L_2}+\cdots\cdots+\dfrac{V_n}{L_n}}$ (혼합가스가 공기와 섞여 있을 경우)

여기서, L : 혼합가스의 폭발한계[%] – 폭발상한, 폭발하한 모두 적용 가능

$L_1, L_2, L_3, \cdots, L_n$: 각 성분가스의 폭발한계(%) – 폭발상한계, 폭발하한계

$V_1, V_2, V_3, \cdots, V_n$: 전체 혼합가스 중 각 성분가스의 비율(%) – 부피비

(3) 결론

① $\dfrac{100}{\dfrac{20}{5}+\dfrac{30}{3}+\dfrac{50}{2.1}} = 2.65[\text{vol}\%]$

② $\dfrac{100}{\dfrac{30}{5}+\dfrac{30}{3}+\dfrac{40}{2.1}} = 2.86[\text{vol}\%]$

③ $\dfrac{100}{\dfrac{40}{5}+\dfrac{30}{3}+\dfrac{30}{2.1}} = 3.09[\text{vol}\%]$

④ $\dfrac{100}{\dfrac{50}{5}+\dfrac{30}{3}+\dfrac{20}{2.1}} = 3.39[\text{vol}\%]$

참고 산업안전기사 필기 p.5-77(문제 74번)

KEY
① 2020년 8월 22일 등 수없이 출제
② 2022년 4월 24일(문제 99번) 출제
③ 2024년 7월 27일(문제 95번) 출제

86 위험물을 산업안전보건법령에서 정한 기준량 이상으로 제조하거나 취급하는 설비로서 특수화학설비에 해당되는 것은?

① 가열시켜 주는 물질의 온도가 가열되는 위험물질의 분해온도보다 높은 상태에서 운전되는 설비
② 상온에서 게이지 압력으로 200[kPa]의 압력으로 운전되는 설비
③ 대기압 하에서 300[℃]로 운전되는 설비
④ 흡열반응이 행하여지는 반응설비

해설

특수화학설비의 종류

사업주는 별표 9에 따른 위험물을 같은 표에서 정한 기준량 이상으로 제조하거나 취급하는 다음 각 호의 어느 하나에 해당하는 화학설비(이하 "특수화학설비"라 한다)를 설치하는 경우에는 내부의 이상 상태를 조기에 파악하기 위하여 필요한 온도계·유량계·압력계 등의 계측장치를 설치하여야 한다.

① 발열반응이 일어나는 반응장치
② 증류·정류·증발·추출 등 분리를 하는 장치
③ 가열시켜 주는 물질의 온도가 가열되는 위험물질의 분해온도 또는 발화점보다 높은 상태에서 운전되는 설비
④ 반응폭주 등 이상 화학반응에 의하여 위험물질이 발생할 우려가 있는 설비
⑤ 온도가 섭씨 350도 이상이거나 게이지 압력이 980킬로파스칼 이상인 상태에서 운전되는 설비
⑥ 가열로 또는 가열기

참고 산업안전기사 필기 p.5-17(합격날개 : 합격예측 및 관련법규)

KEY
① 2017년 8월 28일 산업기사 출제
② 2018년 3월 4일 기사, 산업기사 출제
③ 2018년 4월 28일 출제
④ 2024년 7월 27일(문제 98번) 출제
⑤ 2025년 5월 10일(문제 92번) 출제

합격정보

산업안전보건기준에 관한 규칙 제273조(계측장치 등의 설치)

87 가스누출감지경보기 설치에 관한 기술상의 지침으로 틀린 것은?

① 암모니아를 제외한 가연성가스 누출감지경보기는 방폭성능을 갖는 것이어야 한다.
② 독성가스 누출감지경보기는 해당 독성가스 허용농도의 25[%] 이하에서 경보가 울리도록 설정하여야 한다.
③ 하나의 감지대상가스가 가연성이면서 독성인 경우에는 독성가스를 기준하여 가스누출감지경보기를 선정하여야 한다.
④ 건축물 안에 설치되는 경우, 감지 대상가스의 비중이 공기보다 무거운 경우에는 건축물 내의 하부에 설치하여야 한다.

해설

경보설정치

① 가연성 가스누출감지경보기는 감지대상 가스의 폭발하한계 25퍼센트 이하, 독성가스 누출감지경보기는 해당 독성가스의 허용농도 이하에서 경보가 울리도록 설정하여야 한다.
② 가스누출감지경보의 정밀도는 경보설정치에 대하여 가연성 가스누출감지경보기는 ±25퍼센트 이하, 독성가스누출감지경보기는 ±30퍼센트 이하이어야 한다.

[정답] 86 ① 87 ②

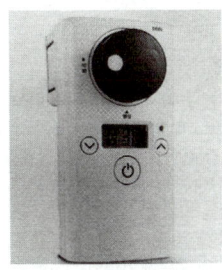

[그림] 가스누출감지경보기

KEY ① 2014년 5월 25일 출제
② 2021년 8월 14일 출제
③ 2023년 7월 8일(문제 93번) 출제
④ 2024년 5월 9일(문제 87번) 출제

합격정보
고용노동부고시 제2020-49호 가스누출감지경보기 설치에 관한 기술상의 지침

88 마그네슘의 저장 및 취급에 관한 설명으로 틀린 것은?

① 화기를 엄금하고, 가열, 충격, 마찰을 피한다.
② 분말이 비산하지 않도록 완전 밀봉하여 저장한다.
③ 1류 또는 6류와 같은 산화제와 혼합되지 않도록 격리, 저장한다.
④ 일단 연소하면 소화가 곤란하지만 초기 소화 또는 소규모 화재시 물, CO_2 소화설비를 이용하여 소화한다.

해설

Mg의 저장취급방법
① 마그네슘은 제2류 위험물 중 물기엄금 물질이다.
② 화기를 엄금하고, 가열, 충격, 마찰을 피한다.
③ 분말은 분진폭발에 위험이 있어 비산하지 않도록 완전 밀봉하여 저장한다.
④ 1류 또는 6류와 같은 산화제 및 할로겐소와 혼합되지 않도록 격리 저장한다.
⑤ 물과 반응하면 수소 발생, 이산화탄소와는 폭발적인 반응을 하므로 소화는 마른 모래나 분말 소화약제를 사용한다.

참고 산업안전기사 필기 p.5-68(문제 31번) 적중

KEY ① 2015년 5월 31일(문제 92번) 출제
② 2023년 6월 4일(문제 83번) 출제
③ 2024년 5월 9일(문제 89번) 출제

89 아세톤에 대한 설명으로 틀린 것은?

① 증기는 유독하므로 흡입하지 않도록 주의해야 한다.
② 무색이고 휘발성이 강한 액체이다.
③ 비중이 0.79 이므로 물보다 가볍다.
④ 인화점이 20[℃]이므로 여름철에 더 인화위험이 높다.

해설

아세톤(CH_3COCH_3)의 특징
① 증기는 유독하므로 흡입하지 않도록 주의해야 한다.
② 무색이고 휘발성이 강한 액체이다.
③ 비중이 0.79 이므로 물보다 가볍다.
④ 인화점-20[℃]이다.

참고 산업안전기사 필기 p.5-25(문제 18번 해설)

KEY ① 2017년 5월 7일(문제 89번) 출제
② 2023년 2월 28일, 6월 4일(문제 94번) 출제
③ 2024년 5월 9일(문제 92번) 출제

90 산업안전보건기준에 관한 규칙상 국소배기장치의 후드 설치 기준이 아닌 것은?

① 유해물질이 발생하는 곳마다 설치할 것
② 후드의 개구부 면적은 가능한 한 크게 할 것
③ 외부식 또는 리시버식 후드는 해당 분진등의 발산원에 가장 가까운 위치에 설치할 것
④ 후드 형식은 가능하면 포위식 또는 부스식 후드를 설치할 것

해설

후드(Hood)
(1) 기능
오염물(Contaminant)의 발생원을 되도록 포위하도록 설치된 국소배기장치의 입구부
(2) 설치기준
① 유해물질이 발생하는 곳마다 설치할 것
② 유해인자의 발생형태 및 비중, 작업방법 등을 고려하여 해당 분진등의 발산원을 제어할 수 있는 구조로 설치할 것
③ 후드형식은 가능한 한 포위식 또는 부스식 후드를 설치할 것
④ 외부식 또는 리시버식 후드는 해당 분진에 설치할 것
⑤ 후드의 개구면적을 크게 하지 않을 것

참고 산업안전기사 필기 p.5-38(표. 국소배기장치의 후드 및 덕트 설치 요령)

[정답] 88 ④ 89 ④ 90 ②

> **KEY** ① 2020년 6월 7일 기사 출제
> ② 2023년 2월 28일(문제 89번) 출제
> ③ 2024년 5월 9일(문제 96번) 출제

91 물이 관 속을 흐를 때 유동하는 물 속의 어느 부분의 정압이 그 때의 물의 증기압보다 낮을 경우 물이 증발하여 부분적으로 증기가 발생되어 배관의 부식을 초래하는 경우가 있다. 이러한 현상을 무엇이라 하는가?

① 서어징(surging)
② 공동현상(cavitation)
③ 비말동반(entrainment)
④ 수격작용(water hammering)

> **해설**
> **공동현상(cavitation)**
> 유체의 증기압이 물의 증기압보다 낮을 경우 부분적으로 증기를 발생시켜 배관을 부식시키는 현상
>
> **참고** 산업안전기사 필기 p.5-59(합격날개 : 합격예측)
>
> **KEY** ① 2015년 8월 16일 (문제 99번) 출제
> ② 2019년 3월 3일 (문제 97번) 출제
> ③ 2023년 2월 28일(문제 96번) 출제
> ④ 2024년 5월 9일(문제 98번) 출제
>
> **보충학습**
> ① 수격작용(water hammering, 물망치작용)
> 밸브를 급격히 개폐 시에 배관 내를 유동하던 물이 배관을 치는 현상(압력파가 급격히 관내를 왕복하는 현상)으로 배관 파열을 초래한다.
> ② 맥동현상(surging)
> 유량이 단속적으로 변하여 펌프입출구에 설치된 진공계, 압력계가 흔들리고 진동과 소음이 일어나며 펌프의 토출량의 변화를 초래한다.

92 산업안전보건법에서 정한 위험물질을 기준량 이상 제조하거나 취급하는 화학설비로서 내부의 이상상태를 조기에 파악하기 위하여 필요한 온도계·유량계·압력계 등의 계측장치를 설치하여야 하는 대상이 아닌 것은?

① 가열로 또는 가열기
② 증류·정류·증발·추출 등 분리를 하는 장치
③ 반응폭주 등 이상 화학반응에 의하여 위험물질이 발생할 우려가 있는 설비
④ 흡열반응이 일어나는 반응장치

> **해설**
> **특수화학설비의 종류**
> 사업주는 위험물을 같은 표에서 정한 기준량 이상으로 제조하거나 취급하는 다음 각 호의 어느 하나에 해당하는 화학설비(이하"특수화학설비"라 한다)를 설치하는 경우에는 내부의 이상 상태를 조기에 파악하기 위하여 필요한 온도계·유량계·압력계 등의 계측장치를 설치하여야 한다.
> ① 발열반응이 일어나는 반응장치
> ② 증류·정류·증발·추출 등 분리를 하는 장치
> ③ 가열시켜 주는 물질의 온도가 가열되는 위험물질의 분해온도 또는 발화점보다 높은 상태에서 운전되는 설비
> ④ 반응폭주 등 이상 화학반응에 의하여 위험물질이 발생할 우려가 있는 설비
> ⑤ 온도가 섭씨 350도 이상이거나 게이지 압력이 980킬로파스칼 이상인 상태에서 운전되는 설비
> ⑥ 가열로 또는 가열기
>
> **참고** 산업안전기사 필기 p.5-17(합격날개 : 합격예측 및 관련법규)
>
> **KEY** ① 2017년 8월 28일 산업기사 출제
> ② 2018년 3월 4일(문제 87번), 4월 28일 출제
> ③ 2021년 3월 7일(문제 96번), 5월 15일(문제 81번) 출제
> ④ 2022년 4월 24일(문제 81번) 출제
> ⑤ 2024년 2월 15일(문제 81번) 출제
> ⑥ 2025년 5월 10일(문제 86번) 출제
>
> **합격정보**
> 산업안전보건기준에 관한 규칙 제273조(계측장치 등의 설치)

93 다음 중 인화점에 관한 설명으로 옳은 것은?

① 액체의 표면에서 발생한 증기농도가 공기중에서 연소하한 농도가 될 수 있는 가장 높은 액체온도
② 액체의 표면에서 발생한 증기농도가 공기중에서 연소상한 농도가 될 수 있는 가장 낮은 액체온도
③ 액체의 표면에서 발생한 증기농도가 공기중에서 연소하한 농도가 될 수 있는 가장 낮은 액체온도
④ 액체의 표면에서 발생한 증기농도가 공기중에서 연소상한 농도가 될 수 있는 가장 높은 액체온도

> **해설**
> **인화점(flash point)**
> 액체의 표면에서 발생한 증기농도가 공기 중에서 연소하한 농도가 될 수 있는 가장 낮은 액체온도
>
> **참고** ① 산업안전기사 필기 p.5-39(합격날개 : 합격예측)
> ② 산업안전기사 필기 p.5-25(문제 18번 해설)
>
> **KEY** ① 2018년 3월 4일 산업기사 출제
> ② 2021년 3월 7일(문제 94번) 출제
> ③ 2024년 2월 15일(문제 86번) 출제

[정답] 91 ② 92 ① 93 ③

94 위험물의 저장방법으로 적절하지 않은 것은?

① 탄화칼슘은 물 속에 저장한다.
② 벤젠은 산화성 물질과 격리시킨다.
③ 금속나트륨은 석유 속에 저장한다.
④ 질산은 갈색병에 넣어 냉암소에 보관한다.

해설

탄화칼슘(CaC_2) : 금수성 물질

참고 산업안전기사 필기 p.5-39(3류 자연 발화성 및 금수성 물질)

KEY
① 2012년 3월 4일 기사 출제
② 2018년 8월 19일 기사 출제
③ 2022년 4월 24일 기사 출제
④ 2023년 7월 8일(문제 89번) 출제
⑤ 2024년 2월 15일(문제 90번) 출제
⑥ 2025년 5월 10일(문제 84번) 출제

보충학습

$CaC_2 + 2H_2O \rightarrow Ca(OH)_2 + C_2H_2$

---

95 불연성이지만 다른 물질의 연소를 돕는 산화성 액체 물질에 해당하는 것은?

① 히드라진　　② 과염소산
③ 벤젠　　　　④ 암모니아

해설

위험물의 분류

① 제1류(산화성 고체) : 아염소산, 염소산, 과염소산나트륨, 무기과산화물, 삼산화크롬, 브롬산염류, 요오드산염류, 과망간산염류, 중크롬산염류
② 제2류(가연성 고체) : 황화인, 적린, 유황, 철분, Mg, 금속분류, 인화성 고체
③ 제3류(자연발화성 및 금수성 물질) : K, Na, 알킬Al, 알킬Li, 황린, 칼슘 또는 Al의 탄화물류 등
④ 제4류(인화성 액체) : 특수인화물류, 동식물류, 알코올류, 제1석유류~제4석유류
⑤ 제5류(자기반응성 물질) : 유기산화물류, 질산에스테르류(니트로셀룰로오스, 질산에틸, 니트로글리세린), 셀룰로이드류, 니트로화합물, 아조화합물류, 디아조화합물류, 히드라진 유도체류
⑥ 제6류(산화성 액체) : 과염소산, 과산화수소, 질산

참고
① 산업안전기사 필기 p.5-66(문제 27번) 적중
② 2021년 5월 15일(문제 95번) 출제

KEY
① 2017년 5월 7일 출제
② 2018년 4월 25일 출제
③ 2018년 8월 19일 기사 출제
④ 2021년 3월 7일(문제 95번), 5월 15일(문제 86번) 출제
⑤ 2023년 6월 4일(문제 90번) 출제
⑥ 2024년 2월 15일(문제 94번) 출제

---

96 프로판(C_3H_8)의 연소에 필요한 최소산소농도의 값은 약 얼마인가? 단, 프로판의 폭발하한은 Jone식에 의해 추산한다.)

① 8.1[vol%]　　② 11.1[vol%]
③ 15.1[vol%]　　④ 20.1[vol%]

해설

최소산소농도(MOC)

① 프로판의 연소식 : $1C_3H_8 + 5O_2 = 3CO_2 + 4H_2O$(여기서 1, 5, 3, 4 = 몰수)

② MOC농도 = 폭발하한계 $\times \dfrac{\text{산소의 몰수}}{\text{연료의 몰수}}$ [vol%]

③ 프로판의 최소산소농도 = $2.2 \times \dfrac{5}{1} = 11$ [vol%]

참고 산업안전기사 필기 p.5-19(실전문제)

KEY
① 2004년 5월 23일 기사 출제
② 2018년 3월 4일 기사 출제
③ 2020년 6월 7일 기사 출제
④ 2023년 2월 28일(문제 83번) 출제
⑤ 2024년 2월 15일(문제 96번) 출제

---

97 니트로셀룰로오스와 같이 연소에 필요한 산소를 포함하고 있는 물질이 연소하는 것을 무엇이라고 하는가?

① 분해연소　　② 확산연소
③ 그을음연소　　④ 자기연소

해설

자기연소(자기반응성 물질)

① 제5류 위험물은 인화성이면서 자체 내에 산소를 함유하고 있어 공기 중의 산소를 필요로 하지 않고 연소되는데 이를 자기연소라 한다.
② 니트로 화합물, 다이나마이트 등

참고 산업안전기사 필기 p.5-5(4. 자기연소)

KEY
① 2016년 8월 21일 기사 출제
② 2020년 6월 7일 기사 출제
③ 2023년 7월 8일(문제 96번) 출제
④ 2024년 2월 15일(문제 91번) 출제
⑤ 2025년 5월 10일(문제 95번) 출제

[정답] 94 ①　95 ②　96 ②　97 ④

98 CF_3Br 소화약제의 할론 번호를 옳게 나타낸 것은?

① 하론 1031
② 하론 1311
③ 하론 1301
④ 하론 1310

해설

할론 넘버 : C, F, Cl, Br의 개수로 표시
① 일염화 일취화 메탄 : 1011
② 일취화 일염화 이불화 메탄 : 1211
③ 이취화 사불화 에탄 : 2402
④ 일취화 삼불화 메탄 : 1301

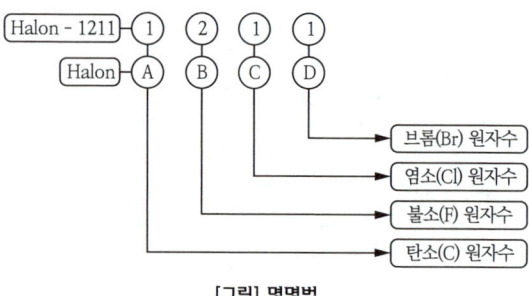

[그림] 명명법

참고 산업안전기사 필기 p.5-15(7. 할로겐화물 소화기)

KEY
① 2008년 7월 27일 기사 출제
② 2016년 8월 21일 산업기사 출제
③ 2018년 8월 19일 기사 출제
④ 2023년 6월 4일(문제 97번) 출제
⑤ 2024년 2월 15일(문제 95번) 출제

99 사업주는 가스폭발 위험장소 또는 분진폭발 위험장소에 설치되는 건축물 등에 대해서는 규정에서 정한 부분을 내화구조로 하여야 한다. 다음 중 내화구조로 하여야 하는 부분에 대한 기준이 틀린 것은?

① 건축물의 기둥 : 지상 1층(지상 1층의 높이가 6미터를 초과하는 경우에는 6미터)까지
② 위험물 저장·취급용기의 지지대(높이가 30센티미터 이하인 것은 제외) : 지상으로부터 지지대의 끝부분까지
③ 건축물의 보 : 지상 2층(지상 2층의 높이가 10미터를 초과하는 경우에는 10미터)까지
④ 배관·전선관 등의 지지대 : 지상으로부터 1단(1단의 높이가 6미터를 초과하는 경우에는 6미터)까지

해설

제270조(내화기준) ① 사업주는 제230조제1항에 따른 가스폭발 위험장소 또는 분진폭발 위험장소에 설치되는 건축물 등에 대해서는 다음 각 호에 해당하는 부분을 내화구조로 하여야 하며, 그 성능이 항상 유지될 수 있도록 점검·보수 등 적절한 조치를 하여야 한다. 다만, 건축물 등의 주변에 화재에 대비하여 물 분무시설 또는 폼 헤드(foam head)설비 등의 자동소화설비를 설치하여 건축물 등이 화재시에 2시간 이상 그 안전성을 유지할 수 있도록 한 경우에는 내화구조로 하지 아니할 수 있다.
  1. 건축물의 기둥 및 보 : 지상 1층(지상 1층의 높이가 6[m]를 초과하는 경우에는 6[m])까지
  2. 위험물 저장·취급용기의 지지대(높이가 30[cm] 이하인 것은 제외) : 지상으로부터 지지대의 끝부분까지
  3. 배관·전선관 등의 지지대 : 지상으로부터 1단(1단의 높이가 6[m]를 초과하는 경우에는 6[m])까지
② 내화재료는 「산업표준화법」에 따른 한국산업표준으로 정하는 기준에 적합하거나 그 이상의 성능을 가지는 것이어야 한다.

참고 산업안전기사 필기 p.5-10(합격날개 : 합격예측 및 관련법규)

합격정보
산업안전보건기준에 관한 규칙 제270조(내화기준)

KEY
① 2011년 8월 21일(문제 96번) 출제
② 2017년 3월 5일(문제 90번) 출제
③ 2019년 4월 27일(문제 86번) 출제
④ 2020년 9월 27일(문제 81번) 출제

100 어떤 습한 고체재료 10[kg]을 완전 건조 후 무게를 측정하였더니 6.8[kg]이었다. 이 재료의 건조량 기준 함수율은 몇 [kg·H_2O/kg]인가?

① 0.25
② 0.36
③ 0.47
④ 0.58

해설

함수율 계산

$$함수율 = \frac{습한\ 고체재료 - 건조후\ 무게}{건조후\ 무게}$$

$$= \frac{10 - 6.8}{6.8} = 0.47[kg \cdot H_2O/kg]$$

참고 산업안전기사 필기 p.6-6(⑤ 함수율)

KEY
① 2014년 5월 25일(문제 94번) 출제
② 2020년 9월 27일(문제 89번) 출제

[정답] 98 ③ 99 ③ 100 ③

6 건설공사 안전관리

101
공정율이 65[%]인 건설현장의 경우 공사 진척에 따른 산업안전보건관리비의 최소 사용기준으로 옳은 것은? (단, 공정율은 기성공정율을 기준으로 함)

① 40[%] 이상
② 50[%] 이상
③ 60[%] 이상
④ 70[%] 이상

해설
공사진척에 따른 안전관리비 사용기준

공 정 률	50[%] 이상 70[%] 미만	70[%] 이상 90[%] 미만	90[%] 이상
사용 기준	50[%] 이상	70[%] 이상	90[%] 이상

참고) 산업안전기사 필기 p.6-44(표 : 공사진척에 따른 안전관리비 사용기준)

KEY ① 2017년 5월 7일, 9월 23일 출제
② 2019년 8월 4일 산업기사 출제
③ 2020년 6월 7일(문제 103번) 출제
④ 2024년 7월 27일(문제 101번) 출제

정보제공
건설업 산업안전보건관리비계상기준 고시 2025-11호(2025. 2. 12.)

102
산업안전보건법령에 따른 양중기의 종류에 해당하지 않는 것은?

① 곤돌라
② 리프트
③ 클램셸
④ 크레인

해설
클램셸(clam shell)
① 연약지반이나 수중굴착 및 자갈 등을 싣는 데 적합하다.
② 깊은 땅파기 공사와 흙막이 버팀대를 설치하는 데 사용한다.
③ 수중굴착 및 수조물의 기초바닥 등과 같은 협소하고 상당히 깊은 범위의 굴착과 호퍼(hopper)에 적당하다.

참고) 산업안전기사 필기 p.6-63(4. 클램셸)

KEY ① 2016년 5월 8일 산업기사 출제
② 2017년 5월 7일 산업기사 출제
③ 2019년 8월 4일(문제 120번) 출제
④ 2020년 9월 7일(문제 102번) 출제
⑤ 2024년 7월 27일(문제 105번) 출제

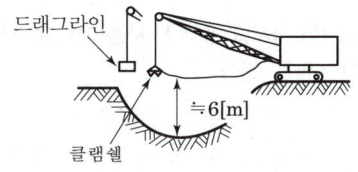

[그림] 드래그라인과 클램셸의 작업

보충학습
제132조(양중기)
"양중기"라 함은 다음 각 호의 기계를 말한다.
① 크레인(호이스트를 포함한다.)
② 이동식크레인
③ 리프트(이삿짐운반용 리프트의 경우에는 적재하중이 0.1[t] 이상의 것으로 한정한다.)
④ 곤돌라
⑤ 승강기

103
굴착공사에 있어서 비탈면붕괴를 방지하기 위하여 실시하는 대책으로 옳지 않은 것은?

① 지표수의 침투를 막기 위해 표면 배수공을 한다.
② 지하수위를 내리기 위해 수평배수공을 설치한다.
③ 비탈면 하단을 성토한다.
④ 비탈면 상부에 토사를 적재한다.

해설
붕괴방지공법
① 활동할 가능성이 있는 토사는 제거하여야 한다.
② 비탈면 또는 법면의 하단을 다져서 활동이 안 되도록 저항을 만들어야 한다.
③ 지표수가 침투되지 않도록 배수를 시키고 지하수위를 낮추기 위하여 수평 보링(boring)을 하여 배수시켜야 한다.
④ 말뚝(강관, H형강, 철근 콘크리트)을 박아 지반을 강화시킨다.

참고) 산업안전기사 필기 p.6-57(2. 붕괴방지 공법)

KEY ① 2016년 3월 6일 출제
② 2021년 5월 15일(문제 119번) 출제
③ 2024년 7월 27일(문제 107번) 출제

합격정보
굴착공사 표준안전 작업지침 제31조(예방)

[정답] 101 ② 102 ③ 103 ④

104 흙막이 가시설 공사 시 사용되는 각 계측기 설치 목적으로 옳지 않은 것은?

① 지표침하계 – 지표면 침하량 측정
② 수위계 – 지반 내 지하수위의 변화 측정
③ 하중계 – 상부 적재하중 변화 측정
④ 지중경사계 – 인접지반의 수평 변위량 측정

해설
계측기 종류 및 설치 목적

종류	설치 목적
하중계 (load cell)	흙막이 버팀대에 작용하는 토압, 어스 앵커의 인장력 등을 측정하는 계측기
토압계 (earth pressure meter)	흙막이에 작용하는 토압의 변화를 파악하는 계측기
간극 수압계 (piezo meter)	굴착으로 인한 지하의 간극수압을 측정하는 계측기
지하수위계 (water level meter)	지하수의 수위변화를 측정하는 계측기

참고 산업안전기사 필기 p.6-119(표.계측장치의 종류 및 설치목적)

KEY
① 2016년 3월 6일, 10월 1일 산업기사 출제
② 2017년 3월 5일, 5월 7일 산업기사 출제
③ 2017년 5월 7일 출제
④ 2018년 4월 28일, 9월 15일 출제
⑤ 2019년 3월 3일 산업기사, 4월 27일 출제
⑥ 2021년 3월 7일(문제 105번), 9월 12일(문제 108번) 출제
⑦ 2024년 7월 27일(문제 111번) 출제

105 철골구조의 앵커볼트매립과 관련된 준수사항 중 옳지 않은 것은?

① 기둥중심은 기준선 및 인접기둥의 중심에서 3[mm] 이상 벗어나지 않을 것
② 앵커볼트는 매립 후에 수정하지 않도록 설치할 것
③ 베이스플레이트의 하단은 기준 높이 및 인접기둥의 높이에서 3[mm] 이상 벗어나지 않을 것
④ 앵커볼트는 기둥중심에서 2[mm] 이상 벗어나지 않을 것

해설
앵커볼트 매립 정밀도 범위

① 기둥 중심은 기준선 및 인접 기둥의 중심에서 5[mm] 이상 벗어나지 않을 것

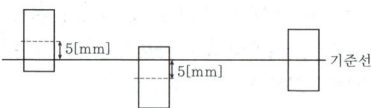

② 인접 기둥 간 중심거리의 오차는 3[mm] 이하일 것

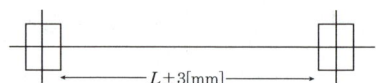

③ 앵커볼트는 기둥 중심에서 2[mm] 이상 벗어나지 않을 것

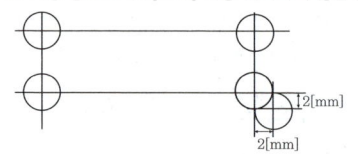

④ Base Plate의 하단은 기준높이 및 인접 기둥 높이에서 3[mm] 이상 벗어나지 않을 것

참고 산업안전기사 필기 p.6-161(합격날개 : 합격예측)

KEY
① 2014년 3월 2일 출제
② 2017년 8월 26일 출제
③ 2023년 7월 8일(문제 107번) 출제
④ 2024년 5월 9일(문제 103번) 출제

106 강관비계를 조립할 때 준수하여야 할 사항으로 옳지 않은 것은?

① 띠장간격은 2[m] 이하로 설치하되, 첫번째 띠장은 지상으로부터 3[m] 이하의 위치에 설치할 것
② 비계기둥의 간격은 띠장 방향에서 1.85[m] 이하로 할 것
③ 비계기둥의 제일 윗부분으로부터 31[m] 되는 지점 밑부분의 비계기둥은 2개의 강관으로 묶어 세울 것
④ 비계기둥 간의 적재하중은 400[kg]을 초과하지 않도록 할 것

[정답] 104 ③ 105 ① 106 ①

> 해설

강관비계
① 띠장간격 : 1.85[m] 이하
② 첫번째 띠장은 지상으로부터 : 2[m] 이하

> 참고 산업안전기사 필기 p.6-99(합격날개 : 합격예측 및 관련법규)

> 합격정보
산업안전보건기준에 관한 규칙 제60조(강관비계의 구조)

> KEY 2024년 5월 9일(문제 106번) 등 20회 이상 출제

---

107 동바리의 침하를 방지하기 위한 직접적인 조치로 옳지 않은 것은?

① 수평연결재 사용 ② 받침목의 사용
③ 콘크리트의 타설 ④ 말뚝박기

> 해설

동바리의 침하 방지를 위한 직접적인 조치 4가지
① 받침목의 사용
② 깔판의 사용
③ 콘크리트 타설
④ 말뚝박기

> 참고 산업안전기사 필기 p.6-88(합격날개 : 합격예측 및 관련법규)

> KEY ① 2022년 4월 24일(문제 119번) 출제
② 2023년 6월 4일(문제 107번) 출제
③ 2024년 5월 9일(문제 108번) 출제

> 합격정보
산업안전보건기준에 관한 규칙 제332조(동바리조립시의 안전조치)

---

108 안전난간의 구조 및 설치요건에 대한 기준으로 옳지 않은 것은?

① 상부난간대는 바닥면·발판 또는 경사로의 표면으로부터 90[cm] 이상 지점에 설치할 것
② 발끝막이판은 바닥면 등으로부터 10[cm] 이상의 높이를 유지할 것
③ 난간대는 지름 1.5[cm] 이상의 금속제파이프나 그 이상의 강도를 가진 재료일 것
④ 안전난간은 구조적으로 가장 취약한 지점에서 가장 취약한 방향으로 작용하는 100[kg] 이상의 하중에 견딜 수 있는 튼튼한 구조일 것

> 해설

난간대 지름 : 2.7[cm] 이상

> 참고 산업안전기사 필기 p.6-151(합격날개 : 합격예측 및 관련법규)

> 합격정보
산업안전보건기준에 관한 규칙 제13조(안전난간의 구조 및 설치요건)

> KEY ① 2016년 3월 6일 출제
② 2019년 8월 4일 출제
③ 2021년 8월 14일 출제
④ 2023년 2월 28일(문제 118번) 출제
⑤ 2024년 5월 9일(문제 113번) 출제

---

109 지반 등의 굴착작업 시 경암의 굴착면 기울기로 옳은 것은?

① 1 : 0.3 ② 1 : 0.5
③ 1 : 0.8 ④ 1 : 1.0

> 해설

굴착면의 기울기 기준

지반의 종류	굴착면의 기울기
모래	1 : 1.8
연암 및 풍화암	1 : 1.0
경암	1 : 0.5
그 밖의 흙	1 : 1.2

> 참고 산업안전기사 필기 p.6-56(표. 굴착면의 기울기 기준)

> KEY ① 2016년 5월 8일 기사·산업기사 동시 출제
② 2020년 6월 7일(문제 111번) 9월 27일(문제 115번) 출제
③ 2021년 9월 12(문제 115번) 출제
④ 2022년 3월 5일(문제 114번) 출제
⑤ 2024년 5월 9일(문제 120번) 출제

---

110 중량물을 운반할 때의 바른 자세로 옳은 것은?

① 허리를 구부리고 양손으로 들어올린다.
② 중량은 보통 체중의 60%가 적당하다.
③ 물건은 최대한 몸에서 멀리 떼어서 들어올린다.
④ 길이가 긴 물건은 앞쪽을 높게 하여 운반한다.

[정답] 107 ① 108 ③ 109 ② 110 ④

> [해설]

인력운반 안전기준
① 1인당 무게는 25[kg] 정도가 적절하며, 무리한 운반 금지
② 2인 이상 1조가 되어 어깨메기로 하여 운반하는 등 안전을 도모
③ 긴 철근을 1인이 운반시 앞쪽을 높게하여 어깨에 메고 뒤쪽 끝을 끌면서 운반
④ 운반시 양끝을 묶어 운반
⑤ 내려놓을 때는 던지지 말고 천천히 내려놓을 것
⑥ 공동 작업시 신호에 따라 작업(신호 준수)

> [참고] 산업안전기사 필기 p.6-182[(1) 인력운반 안전기준]

> [KEY]
① 2017년 5월 7일 산업기사 출제
② 2019년 3월 3일(문제 111번) 출제
③ 2024년 2월 15일(문제 101번) 출제

---

111 가설통로의 설치기준으로 옳지 않은 것은?

① 추락할 위험이 있는 장소에는 안전난간을 설치할 것
② 경사가 10[°]를 초과하는 경우에는 미끄러지지 않는 구조로 할 것
③ 경사는 30[°] 이하로 할 것
④ 건설공사에 사용하는 높이 8[m] 이상인 비계다리에는 7[m] 이내마다 계단참을 설치할 것

> [해설]

가설통로 설치기준
① 견고한 구조로 할 것
② 경사는 30[°] 이하로 할 것. 다만, 계단을 설치하거나 높이 2[m] 미만의 가설통로로서 튼튼한 손잡이를 설치한 경우에는 그러하지 아니하다.
③ 경사가 15[°]를 초과하는 경우에는 미끄러지지 아니하는 구조로 할 것
④ 추락할 위험이 있는 장소에는 안전난간을 설치할 것. 다만, 작업상 부득이한 경우에는 필요한 부분만 임시로 해체할 수 있다.
⑤ 수직갱에 가설된 통로의 길이가 15[m] 이상인 경우에는 10[m] 이내마다 계단참을 설치할 것
⑥ 건설공사에 사용하는 높이 8[m] 이상인 비계다리에는 7[m] 이내마다 계단참을 설치할 것

> [참고] 산업안전기사 필기 p.6-127(문제 40번)

> [KEY]
① 2017년 5월 7일 기사 출제
② 2018년 4월 28일 기사 출제
③ 2019년 8월 4일 기사 출제
④ 2020년 6월 7일 기사 출제
⑤ 2021년 3월 7일 기사 출제
⑥ 2022년 3월 5일, 4월 24일 기사 출제
⑦ 2023년 2월 28일(문제 113번) 출제
⑧ 2024년 2월 15일(문제 112번) 출제

> [합격정보]
산업안전보건기준에 관한 규칙 제23조(가설통로의 구조)

---

112 부두·안벽 등 하역작업을 하는 장소에서는 부두 또는 안벽의 선을 따라 통로를 설치하는 경우에는 폭을 최소 얼마 이상으로 해야 하는가?

① 70[cm]   ② 80[cm]
③ 90[cm]   ④ 100[cm]

> [해설]

부두·안벽 등 하역작업을 하는 장소의 안전기준
① 작업장 및 통로의 위험한 부분에는 안전하게 작업할 수 있는 조명을 유지할 것
② 부두 또는 안벽의 선을 따라 통로를 설치하는 경우에는 폭을 90[cm] 이상으로 할 것
③ 육상에서의 통로 및 작업장소로서 다리 또는 선거(船渠) 갑문(閘門)을 넘는 보도(步道) 등의 위험한 부분에는 안전난간 또는 울타리 등을 설치할 것

> [참고] 산업안전기사 필기 p.6-183(합격날개 : 합격예측 및 관련법규)

> [합격정보]
산업안전보건기준에 관한 규칙 제390조(하역작업장의 조치기준)

> [KEY]
① 2018년 4월 28일 기사 출제
② 2019년 3월 3일, 8월 4일 기사 출제
③ 2021년 5월 15일 기사 출제
④ 2023년 2월 28일(문제 107번) 출제
⑤ 2024년 2월 15일(문제 119번) 출제

---

113 흙 속의 전단응력을 증대시키는 원인에 해당하지 않는 것은?

① 자연 또는 인공에 의한 지하공동의 형성
② 함수비의 감소에 따른 흙의 단위 체적 중량의 감소
③ 지진, 폭파에 의한 진동 발생
④ 균열내에 작용하는 수압증가

> [해설]

흙의 전단강도(쿨롱의 법칙)
(1) 개요
  ① 전단강도란 흙에 관한 역학적 성질로 기초의 극한 지지력을 알 수 있다.
  ② 기초의 하중이 흙의 전단강도 이상이면 흙은 붕괴되고 기초는 침하된다.

[정답] 111 ② 112 ③ 113 ②

(2) 전단강도 공식(coulomb의 법칙)
$\tau = c + \sigma \tan\phi$
= 점착력 + 마찰력
여기서, τ : 전단강도 c : 점착력
       σ : 수직응력 ϕ : 마찰각
       $\sigma\tan\phi$: 마찰력
(3) 결론 : 함수비 감소에 따른 흙의 단위체적 중량 증가함

> 참고) 산업안전기사 필기 p.6-3(합격날개 : 합격예측)

> KEY ▶ ① 2011년 6월 12일 기사 출제
>   ② 2021년 8월 14일 기사 출제
>   ③ 2023년 7월 8일(문제 114번) 출제

114
타워크레인을 자립고(自立高) 이상의 높이로 설치할 때 지지벽체가 없어 와이어로프로 지지하는 경우의 준수 사항으로 옳지 않은 것은?

① 와이어로프를 고정하기 위한 전용 지지프레임을 사용할 것
② 와이어로프 설치각도는 수평면에서 60[°] 이내로 하되, 지지점은 4개소 이상으로 하고, 같은 각도로 설치할 것
③ 와이어로프와 그 고정부위는 충분한 강도와 장력을 갖도록 설치하되, 와이어로프를 클립·샤클(shackle) 등의 기구를 사용하여 고정하지 않도록 유의할 것
④ 와이어로프가 가공전선(架空電線)에 근접하지 않도록 할 것

> 해설
> **타워크레인 강도·장력유지**
> ① 와이어로프와 그 고정부위는 충분한 강도와 장력을 갖도록 설치한다.
> ② 와이어로프를 클립·샤클(shackle) 등의 고정기구를 사용하여 견고하게 고정시켜 풀리지 아니하도록 하며, 사용 중에는 충분한 강도와 장력을 유지하도록 할 것

> 참고) 산업안전기사 필기 p.6-198(문제 22번) 적중

> KEY ▶ ① 2018년 3월 4일 기사 출제
>   ② 2020년 8월 22일 기사 출제
>   ③ 2023년 6월 4일(문제 109번) 출제

> 합격정보
> 산업안전보건기준에 관한 규칙 제142조(타워크레인의 지지)

115
고소작업대를 설치 및 이동하는 경우에 준수하여야 할 사항으로 옳지 않은 것은?

① 와이어로프 또는 체인의 안전율은 3 이상일 것
② 붐의 최대 지면경사각을 초과 운전하여 전도되지 않도록 할 것
③ 고소작업대를 이동하는 경우 작업대를 가장 낮게 내릴 것
④ 작업대에 끼임·충돌 등 재해를 예방하기 위한 가드 또는 과상승방지장치를 설치할 것

> 해설
> 고소작업대의 와이어로프 및 체인의 안전율 : 5 이상

> 참고) 산업안전기사 필기 p.6-50(합격날개:합격예측 및 관련법규)

> KEY ▶ ① 2017년 3월 5일 산업기사 출제
>   ② 2017년 9월 23일 산업기사 출제
>   ③ 2023년 6월 4일(문제 117번) 출제

> 합격정보
> 산업안전보건기준에 관한규칙 제186조(고소작업대 설치 등의 조치)

116
지반의 굴착 작업에 있어서 비가 올 경우를 대비한 직접적인 대책으로 옳은 것은?

① 측구 설치
② 낙하물 방지망 설치
③ 추락 방호망 설치
④ 매설물 등의 유무 또는 상태 확인

> 해설
> 굴착작업시 비가 올 경우 직접적인 대책 : 측구(側溝)설치

> 참고) 산업안전기사 필기 p.6-105(합격날개 : 합격예측 및 관련법규)

> KEY ▶ ① 2021년 5월 15일(문제 104번) 출제
>   ③ 2023년 6월 4일(문제 120번) 출제

> 합격정보
> 산업안전보건기준에 관한 규칙 제339조(굴착면의 붕괴 등에 의한 위험방지)

【 정답 】 114 ③   115 ①   116 ①

보충학습

측구
① 도로의 노면, 도로 비탈면 또는 측도(側道)의 노면이나 비탈면 및 입접지에 내린 우수의 원활한 처리를 위하여 설치하는 시설로서, 도로의 배수시설(排水施設)
② 배수시설 : 도시시설의 보전, 교통안전, 유지보수 등을 위하여 도로에 설치하는 시설로서 측구(側溝), 집수정 및 도수로(導水路)
③ 측구는 일반적으로 L자형과 U자형이 사용되며, 길어깨에 붙여서 측구를 설치하는 경우에는 교통안전을 위하여 윗면이 열린 측구를 설치해서는 안 된다.

관련법령
도로의 구조·시설 기준에 관한 규칙 제30조

---

117 이동식비계를 조립하여 작업을 하는 경우의 준수사항으로 옳지 않은 것은?

① 비계의 최상부에서 작업을 할 때에는 안전난간을 설치하여야 한다.
② 작업발판의 최대적재하중은 400[kg]을 초과하지 않도록 한다.
③ 승강용 사다리는 견고하게 설치하여야 한다.
④ 작업발판은 항상 수평을 유지하고 작업발판 위에서 안전난간을 딛고 작업을 하거나 받침대 또는 사다리를 사용하여 작업하지 않도록 한다.

해설
이동식 비계 작업발판 최대적재 하중 : 250[kg] 초과 금지

참고 산업안전기사 필기 p.6-103 (합격날개 : 합격예측 및 관련법규)

KEY
① 2017년 8월 26일 출제
② 2017년 3월 5일 산업기사 출제
③ 2018년 3월 4일, 8월 19일(문제 113번) 출제
④ 2022년 4월 24일(문제 109번) 출제

합격정보
산업안전보건기준에 관한 규칙 제68조 (이동식비계)

---

118 철골 건립기계 선정 시 사전 검토사항과 가장 거리가 먼 것은?

① 건립기계의 소음영향
② 건립기계로 인한 일조권 침해
③ 건물형태
④ 작업반경

해설
타워크레인 선정시 사전 검토사항
① 작업반경
② 입지조건
③ 건립기계의 소음영향
④ 건물형태
⑤ 인양능력

참고 산업안전기사 필기 p.6-131(합격날개 : 합격예측)

KEY
① 2019년 3월 3일 기사 출제
② 2019년 8월 4일(문제 118번) 출제

---

119 건설공사 유해위험방지계획서를 제출해야 할 대상공사에 해당하지 않는 것은?

① 깊이 10[m]인 굴착공사
② 다목적댐 건설공사
③ 최대 지간길이가 40[m]인 교량건설 공사
④ 연면적 5,000[m²]인 냉동·냉장창고시설의 설비공사

해설
유해위험 방지계획서 제출 대상 공사
(1) 건축물 또는 시설 등의 건설·개조 또는 해체공사
  가. 지상높이가 31미터 이상인 건축물 또는 인공구조물
  나. 연면적 3만제곱미터 이상인 건축물
  다. 연면적 5천제곱미터 이상인(에) 해당하는 시설
    ① 문화 및 집회시설(전시장 및 동물원·식물원은 제외한다)
    ② 판매시설, 운수시설(고속철도의 역사 및 집배송시설은 제외한다)
    ③ 종교시설
    ④ 의료시설 중 종합병원
    ⑤ 숙박시설 중 관광숙박시설
    ⑥ 지하도상가
    ⑦ 냉동·냉장 창고시설
(2) 연면적 5천제곱미터 이상의 냉동·냉장창고시설의 설비공사 및 단열공사
(3) 최대지간길이(다리의 기둥과 기둥의 중심사이의 거리)가 50[m] 이상인 다리건설 등 공사
(4) 터널건설 등의 공사
(5) 다목적댐, 발전용댐, 저수용량 2천만톤 이상의 용수전용댐 및 지방상수도 전용댐의 건설 등 공사
(6) 깊이 10[m] 이상인 굴착공사

참고 산업안전기사 필기 p.6-20

KEY
① 2018년 3월 4일 기사 출제
② 2019년 8월 4일(문제 115번) 출제

합격정보
산업안전보건법 시행령 제42조(유해위험방지계획서 제출대상)

[정답] 117 ② 118 ② 119 ③

120 건설업 산업안전보건관리비 계상 및 사용기준(고용노동부 고시)은 산업재해보상 보험법의 적용을 받는 공사 중 총 공사금액이 얼마 이상인 공사에 적용하는가?

① 4천만원 ② 3천만원
③ 2천만원 ④ 1천만원

해설

제3조(적용범위) 이 고시는 「산업재해보상보험법」 제6조의 규정에 의하여 「산업재해보상보험법」의 적용을 받는 공사중 총공사금액 2천만원 이상인 공사에 적용한다. 다만, 다음 각 호의 어느 하나에 해당되는 공사중 단가계약에 의하여 행하는 공사에 대하여는 총계약금액을 기준으로 이를 적용한다.

참고 산업안전기사 필기 p.6-38(제3조 적용범위)

KEY
① 2016년 3월 6일 기사 출제
② 2017년 5월 7일 산업기사 출제
③ 2017년 8월 26일 기사·산업기사 동시 출제
④ 2019년 8월 4일(문제 110번) 출제

[정답] 120 ③

2025년도 기사 정기검정 제3회 (2025년 8월 9일 시행)

자격종목 및 등급(선택분야): 산업안전기사

종목코드	시험시간	수험번호	성명
1431	3시간	20250809	도서출판세화

※ 본 문제는 복원문제 및 2026 예적(예상적중) 문제로 실제문제와 동일하지 않을 수 있습니다.

1 산업재해 예방 및 안전보건교육

01 보호구 안전인증 고시상 안전인증 방독마스크의 정화통 종류와 외부 측면의 표시 색이 잘못 연결된 것은?

① 할로겐용 – 회색
② 황화수소용 – 회색
③ 암모니아용 – 회색
④ 시안화수소용 – 회색

[해설]

방독마스크 흡수관(정화통)의 종류

종류	시험가스	정화통 외부측면 표시색
유기화합물용	시클로헥산(C_6H_{12}), 디메틸에테르(CH_3OCH_3), 이소부탄(C_4H_{10})	갈색
할로겐용	염소가스 또는 증기(Cl_2)	회색
황화수소용	황화수소가스(H_2S)	회색
시안화수소용	시안화수소가스(HCN)	회색
아황산용	아황산가스(SO_2)	노란색
암모니아용	암모니아가스(NH_3)	녹색

[참고] 산업안전기사 필기 p.1-57(표 : 방독마스크 흡수관의 종류)

[KEY] ① 2016년 3월 6일 산업기사 출제
② 2017년 3월 5일 기사 출제
③ 2018년 4월 28일 기사 출제
④ 2021년 5월 15일(문제 7번) 출제
⑤ 2022년 3월 5일(문제 20번) 출제

02 보호구 자율안전확인 고시상 자율안전확인 보호구에 표시하여야 하는 사항을 모두 고른 것은?

ㄱ. 모델명
ㄴ. 제조 번호
ㄷ. 사용 기한
ㄹ. 자율안전확인 번호

① ㄱ, ㄴ, ㄷ
② ㄱ, ㄴ, ㄹ
③ ㄱ, ㄷ, ㄹ
④ ㄴ, ㄷ, ㄹ

[해설]

자율안전 확인 제품 표시 방법
① 형식 또는 모델명
② 규격 또는 등급 등
③ 제조자명
④ 제조번호 및 제조연월
⑤ 자율안전 확인 번호

[참고] 산업안전기사 필기 p.3-57(2. 자율안전확인제품 표시방법)

[KEY] 2022년 4월 24일(문제 3번) 출제

03 산업재해의 분석 및 평가를 위하여 재해발생건수 등의 추이에 대해 한계선을 설정하여 목표관리를 수행하는 재해 통계 분석기법은?

① 관리도
② 안전 T점수
③ 파레토도
④ 특성 요인도

[해설]

관리도(Control chart)

재해발생건수 등의 추이파악 → 목표관리 행하는 데 필요한 월별재해발생 수의 그래프화 → 관리 구역 설정 → 관리하는 방법

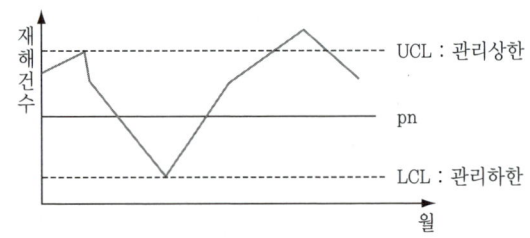

[그림] 관리도

[참고] 산업안전기사 필기 p.3-4(4. 관리도)

[KEY] ① 2017년 3월 5일(문제 14번) 출제
② 2018년 9월 15일 출제
③ 2022년 4월 4일(문제 6번) 출제

[정답] 01 ③　02 ②　03 ①

04 레빈(Lewin)의 법칙 $B=f(P \cdot E)$중 B가 의미하는 것은?

① 인간관계 ② 행동
③ 환경   ④ 함수

해설
레빈의 인간행동법칙

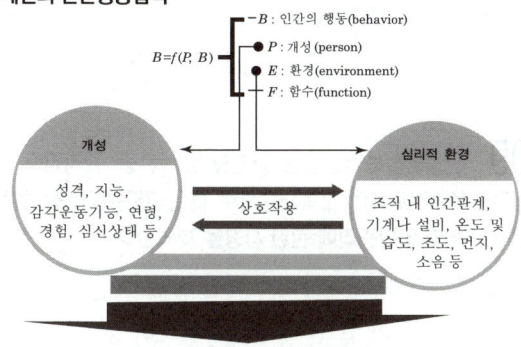

[그림] 인간의 행동이 결정됨

> 참고 ① 산업안전기사 필기 p.1-79(합격날개 : 합격예측)
> ② Lewin : 독일 출생의 미국인, 행동주의 심리학파

> KEY ① 2011년 6월 12일 기사 출제
> ② 2016년 3월 6일, 10월 1일 기사 출제
> ③ 2017년 5월 7일, 8월 26일, 9월 23일 기사 출제
> ④ 2018년 3월 4일, 9월 15일 기사 출제
> ⑤ 2019년 9월 21일 기사 출제
> ⑥ 2020년 8월 22일 기사 출제
> ⑦ 2023년 2월 28일(문제 4번) 출제

05 경보기가 울려도 기차가 오기까지 아직 시간이 있다고 판단하여 건널목을 건너다가 사고를 당했다. 다음 중 이 재해자의 행동성향으로 옳은 것은?

① 착오·착각   ② 무의식행동
③ 억측판단   ④ 지름길반응

해설
억측판단
부주의가 발생하는 경우에 있어 자동차를 운전할 때 신호가 바뀌기 전에 신호가 바뀔 것을 예상하고 자동차를 출발시키는 행동(예 건널목 사고 등)

> 참고 산업안전기사 필기 p.1-121(합격날개 : 합격예측)

> KEY ① 2009년 제3회 출제
> ② 2016년 3월 6일 기사 출제
> ③ 2023년 6월 4일(문제 9번) 출제

보충학습
억측판단의 배경
① 과거의 성공한 경험 : 이전에 그 행위로 성공한 적이 있다.
② 희망적 관측 : 그때도 그랬으니까 괜찮겠지
③ 정보나 지식이 불확실할 때 : 위험한 결과에 대한 지식부족
④ 초조한 심정 : 일을 빨리 끝내고 싶다. 귀찮다는 강한 욕망

💬 **합격자의 조언**
① 합격예측에서 적중된 것을 확인했습니다.
② 안전한 합격은 합격날개를 꼭 보셔야 합니다.

06 다음 중 부주의의 발생 현상으로 혼미한 정신상태에서 심신의 피로나 단조로운 반복작업시 일어나는 현상은?

① 의식의 과잉   ② 의식의 집중
③ 의식의 우회   ④ 의식수준의 저하

해설
의식수준의 저하
뚜렷하지 않은 의식의 상태로 심신이 피로하거나 단조로움 등에 의해 발생

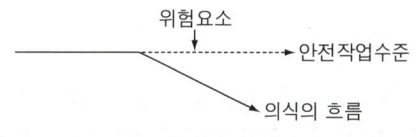

[그림] 의식수준의 저하

> 참고 산업안전기사 필기 p.1-122(3. 의식수준의 저하)

> KEY ① 2017년 8월 26일 출제
> ② 2019년 8월 4일 출제
> ③ 2023년 6월 4일(문제 17번) 출제

보충학습
① 의식의 단절 : 지속적인 흐름에 공백이 발생하며 질병이 있는 경우에만 발생한다.
② 의식의 우회 : 의식의 흐름이 옆으로 빗나가 발생하는 경우로 작업도중의 걱정, 고뇌, 욕구 불만 등에 의해 다른 것에 주의하는 것이 이에 속한다.
③ 의식의 과잉 : 지나친 의욕에 의해서 생기는 부주의 현상으로 돌발사태 및 긴급이상 사태시 순간적으로 긴장되고 의식이 한 방향으로만 쏠리게 되는 경우가 이에 해당된다.
④ 의식의 혼란 : 인간공학적 디자인과 설계의 불량으로 인해 판단의 혼란으로 발생한다.

[정답] 04 ② 05 ③ 06 ④

과년도 출제문제

07 부주의에 대한 사고방지 대책 중 기능 및 작업측면의 대책이 아닌 것은?

① 표준작업의 습관화 ② 적성배치
③ 안전의식의 제고 ④ 작업조건의 개선

[해설]
부주의에 대한 기능 및 작업적 측면에 대한 대책
① 적성 배치
② 안전작업 방법 습득
③ 표준작업 동작의 습관화

[참고] 산업안전기사 필기 p.1-123(④ 기능 및 작업적 측면에 대한 대책)

[KEY] ① 2018년 8월 19일 기사 출제
② 2023년 7월 8일(문제 20번) 출제

[보충학습]
부주의에 대한 정신적 측면에 대한 대책
① 주의력의 집중 훈련
② 스트레스의 해소
③ 안전의식의 고취(제고)
④ 작업의욕의 고취(제고)

08 새로운 자료나 교재를 제시하고, 문제점을 피교육자로 하여금 제기하도록 하거나 의견을 여러 가지 방법으로 발표하게 하여 청중과 토론자간 활발한 의견 개진과 합의를 도출해가는 토의방법은?

① 포럼(Forum)
② 심포지엄(Symposium)
③ 자유토의(Free discussion)
④ 패널 디스커션(Panel discussion)

[해설]
포럼(Forum)
① 새로운 자료나 교재를 제시하고 거기서의 문제점을 피교육자로 하여금 제기하게 하거나 의견을 여러 가지 방법으로 발표하게 하고 다시 깊이 파고들어 토의를 행하는 방법
② 청중과 토론자간 활발한 의견 개진가능

[참고] 산업안전기사 필기 p.1-146((1) 토의식 교육방법)

[KEY] ① 2021년 9월 12일 기사 등 5회 이상 출제
② 2023년 6월 4일(문제 8번) 출제
③ 2024년 2월 15일(문제 8번) 출제

[보충학습]
① 심포지엄 : 몇 사람의 전문가에 의하여 과정에 관한 견해를 발표하게 한 뒤 참가자로 하여금 의견이나 질문을 하게 하는 토의법
② 자유토의법 : 참가자는 고정적인 규칙이나 리더에게 얽매이지 않고 자유로이 의견이나 태도를 표명하며, 지식이나 정보를 상호 제공, 교환함으로써 참가자 상호 간의 의견이나 견해의 차이를 상호작용으로 조정하여 집단으로 의견을 요약해 나가는 방법
③ 패널 디스커션 : 패널멤버(교육과제에 정통한 전문가 4~5[명])가 피교육자 앞에서 자유로이 토의하고 뒤에 피교육자 전원이 참가하여 사회자의 사회에 따라 토의하는 방법

09 산업안전보건법령상 안전보건교육 중 관리감독자 정기안전보건교육의 교육내용으로 옳은 것은?(단, 산업안전보건법 및 일반관리에 관한 사항을 제외한다.)

① 산업안전 및 재해사례에 관한 사항
② 사고 발생 시 긴급조치에 관한 사항
③ 건강증진 및 질병 예방에 관한 사항
④ 산업보건 및 건강장해 예방에 관한 사항

[해설]
관리감독자 정기안전보건교육 내용
① 산업안전 및 산업재해 예방에 관한 사항(화재 · 폭발 사고 발생 시 대피에 관한 사항을 포함한다)
② 산업보건 및 건강장해 예방에 관한 사항(폭염 · 한파작업으로 인한 건강장해 발생 시 응급조치에 관한 사항을 포함한다)
③ 위험성 평가에 관한 사항
④ 유해 · 위험 작업환경 관리에 관한 사항
⑤ 산업안전보건법령 및 산업재해보상보험 제도에 관한 사항
⑥ 직무스트레스 예방 및 관리에 관한 사항
⑦ 직장 내 괴롭힘, 고객의 폭언 등으로 인한 건강장해 예방 및 관리에 관한 사항
⑧ 작업공정의 유해 · 위험과 재해 예방대책에 관한 사항
⑨ 사업장 내 안전보건관리체제 및 안전 · 보건조치 현황에 관한 사항
⑩ 표준안전 작업방법 결정 및 지도 · 감독 요령에 관한 사항
⑪ 현장근로자와의 의사소통능력 및 강의 능력 등 안전보건교육 능력 배양에 관한 사항
⑫ 비상시 또는 재해 발생 시 긴급조치에 관한 사항
⑬ 그 밖의 관리감독자의 직무에 관한 사항

[참고] 산업안전기사 필기 p.1-156(3. 관리감독자 정기안전보건교육)

[KEY] ① 2017년 5월 7일, 8월 26일 출제
② 2018년 3월 4일(문제 14번) 출제
③ 2024년 2월 15일(문제 14번) 출제

[합격정보]
산업안전보건법시행규칙 [별표 5] 안전보건교육대상별 교육내용

[정답] 07 ③ 08 ① 09 ④

10 산업안전보건법령상 안전보건관리규정 작성시 포함되어야 할 사항을 모두 고른 것은? (단, 그 밖에 안전 및 보건에 관한 사항은 제외한다.)

> ㄱ. 안전보건교육에 관한 사항
> ㄴ. 재해사례 연구·토의 결과에 관한 사항
> ㄷ. 사고 조사 및 대책 수립에 관한 사항
> ㄹ. 작업장의 안전 및 보건 관리에 관한 사항
> ㅁ. 안전 및 보건에 관한 관리조직과 그 직무에 관한 사항

① ㄱ, ㄴ, ㄷ, ㄹ
② ㄱ, ㄴ, ㄹ, ㅁ
③ ㄱ, ㄷ, ㄹ, ㅁ
④ ㄴ, ㄷ, ㄹ, ㅁ

해설
안전보건관리규정 작성 시 포함사항
① 안전 및 보건에 관한 관리조직과 그 직무에 관한 사항
② 안전보건교육에 관한 사항
③ 작업장의 안전 및 보건 관리에 관한 사항
④ 사고 조사 및 대책 수립에 관한 사항
⑤ 그 밖에 안전 및 보건에 관한 사항

참고 산업안전기사 필기 p.1-181(제2절 안전보건관리 규정)

KEY ① 2021년 5월 15일 기사 출제
② 2023년 6월 4일(문제 19번) 출제
③ 2024년 5월 9일(문제 10번) 출제

합격정보
산업안전보건법 제25조(안전보건관리규정의 작성)

11 산업안전보건법령상 근로자 안전보건교육 대상에 따른 교육시간 기준 중 틀린 것은?(단, 상시 작업이며, 일용근로자는 제외한다.)

① 특별교육 - 16시간 이상
② 채용 시 교육 - 8시간 이상
③ 작업내용 변경 시 교육 - 2시간 이상
④ 사무직 종사 근로자 정기교육 - 매분기 1시간 이상

해설
근로자 안전보건교육

교육과정	교육대상		교육시간
정기교육	사무직 종사 근로자		매반기 6시간 이상
	사무직 종사 근로자 외의 근로자	판매업무에 직접 종사하는 근로자	매반기 6시간 이상
		판매업무에 직접 종사하는 근로자 외의 근로자	매반기 12시간 이상
	관리감독자의 지위에 있는 사람		연간 16시간 이상
채용시의 교육	일용근로자		1시간 이상
	일용근로자를 제외한 근로자		8시간 이상
작업내용 변경시의 교육	일용근로자		1시간 이상
	일용근로자를 제외한 근로자		2시간 이상
특별교육	별표 5 제1호라목 각 호의 어느 하나에 해당하는 작업에 종사하는 일용근로자		2시간 이상
	별표 5 제1호라목 제39호의 타워크레인 신호작업에 종사하는 일용근로자		8시간 이상
특별교육	별표 5 제1호라목 각 호의 어느 하나에 해당하는 작업에 종사하는 일용근로자를 제외한 근로자		16시간 이상(최초 작업에 종사하기 전 4시간 이상 실시하고 12시간은 3개월 이내에서 분할하여 실시 가능)
			단기간 작업 또는 간헐적 작업인 경우에는 2시간 이상
건설업 기초 안전보건교육	건설 일용근로자		4시간 이상

참고 산업안전산업기사 필기 p.1-157(표 : 안전보건교육 교육과정별 교육시간)

KEY ① 2016년 5월 8일 기사 출제
② 2020년 6월 7일 기사, 8월 23일 산업기사 출제
③ 2022년 3월 5일(문제 7번) 출제
④ 2024년 5월 9일(문제 14번) 출제

합격정보
산업안전보건법 시행규칙 [별표 4] 안전보건교육 교육과정별 교육시간

12 산업안전보건법령상 잠함(潛函) 또는 잠수작업 등 높은 기압에서 작업하는 근로자의 근로시간 기준은?

① 1일 6시간, 1주 32시간 초과금지
② 1일 6시간, 1주 34시간 초과금지
③ 1일 8시간, 1주 32시간 초과금지
④ 1일 8시간, 1주 34시간 초과금지

[정답] 10 ③ 11 ④ 12 ②

> [해설]

근로시간 연장의 제한
사업주는 유해하거나 위험한 작업으로서 대통령령으로 정하는 작업에 종사하는 근로자에게는 1일 6시간, 1주 34시간을 초과하여 근로하게 하여서는 아니된다. 예 잠함 잠수작업

KEY ① 2017년 8월 26일(문제 18번) 출제
② 2023년 2월 28일(문제 2번) 출제
③ 2024년 7월 27일(문제 12번) 출제

> [합격정보]

산업안전보건법 제139조(유해·위험작업에 대한 근로시간 제한 등)

> [보충학습]

잠함(caisson : 潛函)
지상에서 구축한 철근 콘크리트체의 상자나 통 형태의 지하 구축물(기초 구조물, 하부 구조물)로써 그 밑을 굴착하여 소정의 위치까지 침하시키는 것.(출처 : 인테리어 용어사전)

13 산업안전보건법에 따라 안전관리자를 정수 이상으로 증원하거나 교체하여 임명할 것을 명할 수 있는 경우가 아닌 것은?

① 중대재해가 연간 5건 발생한 경우
② 안전관리자가 질병으로 인하여 3개월 동안 직무를 수행할 수 없게 된 경우
③ 안전관리자가 질병 외의 사유로 인하여 6개월 동안 직무를 수행할 수 없게 된 경우
④ 해당 사업장의 연간재해율이 전체 평균재해율 이상인 경우

> [해설]

안전관리자의 증원·교체임명
① 해당 사업장의 연간재해율이 같은 업종 평균재해율의 2배 이상인 때
② 중대재해가 연간 2건 이상 발생한 때
③ 관리자가 질병 그 밖의 사유로 3개월 이상 직무를 수행할 수 없게 된 때
④ 화학적 인자로 인한 직업성 질병자가 연간 3명 이상 발생한 경우

> [참고] 산업안전기사 필기 p.1-224(제12조)

> [합격정보]

산업안전보건법 시행규칙 제12조(안전관리자 등의 증원·교체 임명 명령)

KEY ① 2011년 3월 20일 출제
② 2018년 3월 4일 출제
③ 2023년 2월 28일(문제 6번) 출제
④ 2024년 7월 27일(문제 13번) 출제

14 관리그리드 이론에서 인간관계 유지에는 낮은 관심을 보이지만 과업에 대해서는 높은 관심을 가지는 리더십의 유형에 해당하는 것은?

① (1, 1)형   ② (1, 9)형
③ (9, 1)형   ④ (9, 9)형

> [해설]

관리그리드 이론 5가지 유형

유형	1.1	1.9	9.1	5.5	9.9
관심도	무관심형	인기형	과업형	타협형	이상형

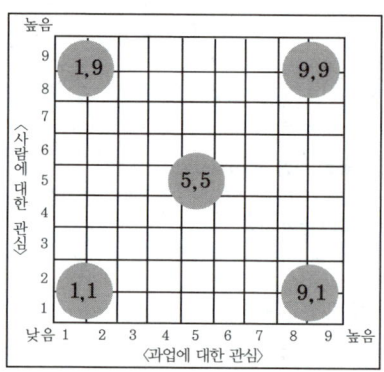

[그림] 관리그리드 이론[SH]

> [참고] 산업안전기사 필기 p.1-83 (3) 관리그리드의 리더십 5가지 이론

KEY ① 2009년 3월 1일(문제 19번), 7월 26일(문제 10번) 출제
② 2020년 6월 7일 출제
③ 2023년 6월 4일(문제 20번) 출제
④ 2024년 7월 27일(11번) 출제
⑤ 2025년 5월 10일(5번) 출제

15 산업재해보험적용근로자 1,000명인 플라스틱 제조사업장에서 작업 중 재해 5건이 발생하였고, 1명이 사망하였을 때 이 사업장의 사망만인율은?

① 2   ② 5
③ 10   ④ 20

> [해설]

$$사망만인율 = \frac{사망자수}{산재보험적용 근로자수} \times 10,000$$
$$= \frac{1}{1,000} \times 10,000 = 10$$

[정답] 13 ④ 14 ③ 15 ③

참고) 산업안전기사 필기 p.3-43(합격날개 : 합격예측)

KEY ① 2019년 4월 27일 산업기사 출제
② 2022년 3월 5일(문제 4번) 출제
③ 2025년 5월 10일(19번) 출제

합격정보
산업재해 통계업무처리 규정 제3조(산업재해 통계의 산출방법 및 정의)

16 매슬로우(Maslow)의 욕구 5단계 이론 중 자기보존에 관한 안전욕구는 몇 단계에 해당되는가?

① 제1단계　　② 제2단계
③ 제3단계　　④ 제4단계

해설
매슬로우(Maslow, A. H.)의 욕구단계 이론
① 제1단계(생리적 욕구 : 생명유지의 기본적 욕구) : 기아, 갈증, 호흡, 배설, 성욕 등 인간의 가장 기본적인 욕구(종족보존)
② 제2단계(안전욕구) : 자기보존욕구
③ 제3단계(사회적 욕구) : 소속감과 애정욕구
④ 제4단계(존경욕구) : 인정받으려는 욕구
⑤ 제5단계(자아실현의 욕구) : 잠재적인 능력을 실현하고자 하는 욕구(성취욕구)

참고) 산업안전기사 필기 p.1-103(5. 매슬로우의 욕구 5단계 이론)

KEY ① 2014년 3월 2일 출제
② 2016년 5월 8일, 8월 21일 출제
③ 2017년 3월 5일 출제
④ 2018년 4월 28일 출제
⑤ 2019년 4월 27일 출제
⑥ 2020년 8월 22일 출제
⑦ 2021년 8월 14일 출제
⑧ 2022년 4월 24일 출제
⑨ 2024년 7월 27일(문제 20번) 등 10회 이상 출제
⑩ 2024년 4월 27일 실기 필답형 출제
⑪ 2025년 2월 7일(문제 3번) 출제

17 생체리듬의 변화에 대한 설명으로 틀린 것은?

① 야간에는 체중이 감소한다.
② 야간에는 말초운동 기능이 저하된다.
③ 체온, 혈압, 맥박수는 주간에 상승하고 야간에 감소한다.
④ 혈액의 수분과 염분량은 주간에 증가하고 야간에 감소한다.

해설
위험일 변화
혈액의 수분, 염분량 : 주간에 감소, 야간에 상승

참고) 산업안전기사 필기 p.1-110(5. 위험일의 변화 및 특징)

KEY ① 2017년 8월 26일, 9월 23일출제
② 2021년 3월 7일 출제
③ 2023년 6월 4일(문제 13번) 출제
④ 2024년 7월 27일(문제 9번) 출제
⑤ 2025년 2월 7일(문제 5번) 출제

18 재해원인을 직접원인과 간접원인으로 분류할 때 직접원인에 해당하는 것은?

① 물적 원인　　② 교육적 원인
③ 정신적 원인　　④ 관리적 원인

해설
산업재해원인

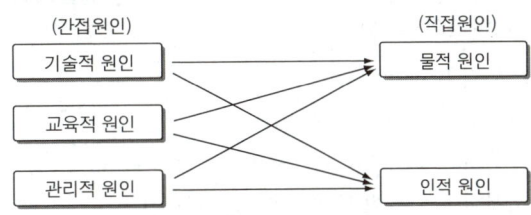

[그림] 직·간접재해원인 비교

참고) 산업안전기사 필기 p.3-29(그림. 직·간접재해원인 비교)

KEY ① 2017년 5월 7일 산업기사 출제
② 2018년 4월 28일 기사 출제
③ 2019년 4월 27일 기사 출제
④ 2020년 8월 22일(문제 14번) 출제
⑤ 2022년 4월 24일(문제 18번) 출제
⑥ 2024년 2월 15일(문제 9번) 출제
⑦ 2025년 2월 7일(문제 10번) 출제

19 적응기제 중 도피기제의 유형이 아닌 것은?

① 합리화　　② 고립
③ 퇴행　　④ 억압

[정답] 16 ②　17 ④　18 ①　19 ①

> [해설]

도피기제(Excape Mechanism) : 갈등을 해결하지 않고 도망감

구분	특징
억압	무의식으로 쑤셔 넣기
퇴행	유아 시절로 돌아가 유치해짐
백일몽	공상의 나래를 펼침
고립(거부)	외부와의 접촉을 끊음

> [참고] ① 산업안전기사 필기 p.1-117(적응기제 3가지)
> ② 산업안전기사 필기 p.1-152(합격날개 : 합격예측)

> [KEY] ① 2016년 5월 8일 산업기사 출제
> ② 2017년 3월 5일, 9월 23일 기사 출제
> ③ 2018년 3월 4일(문제 19번) 출제
> ④ 2024년 2월 15일(문제 15번) 출제
> ⑤ 2025년 2월 7일(문제 11번) 출제

20 다음 중 몇 사람의 전문가에 의하여 과제에 관한 견해를 발표하게 한 뒤에 참가자로 하여금 의견이나 질문을 하게 하여 토의하는 방법은?

① 포럼(Forum)
② 심포지엄(Symposium)
③ 케이스 스터디(Case study)
④ 패널 디스커션(Panel discussion)

> [해설]

심포지엄(Symposium)
몇 사람의 전문가에 의하여 과제에 관한 견해를 발표하게 한 뒤 참가자로 하여금 의견이나 질문을 하게 하여 토의하는 방법

> [참고] 산업안전기사 필기 p.1-146(④ 토의식 교육방법)

> [KEY] ① 2011년 6월 12일 기사 출제
> ② 2013년 8월 18일 기사 출제
> ③ 2015년 5월 31일, 8월 16일 기사 출제
> ④ 2018년 3월 4일 기사 출제
> ⑤ 2020년 6월 7일 기사 출제
> ⑥ 2022년 3월 5일 기사 출제
> ⑦ 2023년 7월 8일(문제 6번) 출제
> ⑧ 2025년 2월 7일(문제 13번) 출제

2 인간공학 및 위험성 평가·관리

21 A사의 안전관리자는 자사 화학 설비의 안전성 평가를 실시하고 있다. 그 중 제2단계인 정성적 평가를 진행하기 위하여 평가항목을 설계관계 대상과 운전관계 대상으로 분류하였을 때 설계관계 항목이 아닌 것은?

① 건조물
② 공장 내 배치
③ 입지조건
④ 원재료, 중간제품

> [해설]

정성적 평가(제2단계)
(1) 설계관계
  ① 입지조건
  ② 공장내의 배치
  ③ 건조물
  ④ 소방용 설비 등
(2) 운전관계
  ① 원재료
  ② 중간제품 등의 위험성
  ③ 프로세스의 운전조건 수송, 저장 등에 대한 안전대책
  ④ 프로세스기기의 선정요건

> [참고] 산업안전기사 필기 p.2-37(합격날개 : 합격예측)

> [KEY] 2022년 3월 5일(문제 25번) 출제

22 위험분석 기법 중 시스템 수명주기 관점에서 적용 시점이 가장 빠른 것은?

① PHA
② FHA
③ OHA
④ SHA

> [해설]

시스템 분석

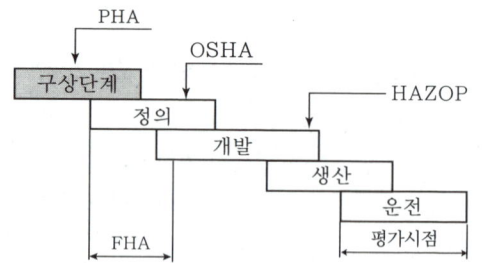

[그림] PHA·OSHA·FHA·HAZOP

[정답] 20 ② 21 ④ 22 ①

참고) 산업안전기사 필기 p.2-60(2. 예비 위험 분석)

KEY
① 2012년 3월 4일 출제
② 2016년 5월 8일 산업기사 출제
③ 2018년 8월 19일 출제
④ 2019년 3월 3일, 9월 21일 출제
⑤ 2020년 6월 7일 기사, 6월 14일 산업기사 출제
⑥ 2022년 3월 5일(문제 38번), 4월 24일(문제 21번) 출제

23
그림과 같은 FT도에 대한 최소 컷셋(minimal cut sets)으로 옳은 것은?(단, Fussell의 알고리즘을 따른다.)

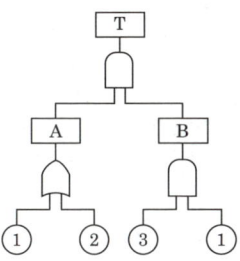

① {1, 2}
② {1, 3}
③ {2, 3}
④ {1, 2, 3}

해설

최소컷셋
① $T = A \cdot B$
$= \dfrac{X_1}{X_2} \cdot B$
$= X_1 X_1 X_3$
$\quad X_2 X_1 X_3$
② 컷셋 $= (X_1 X_3)(X_1 X_2 X_3)$
③ 미니멀(최소) 컷셋 $= (X_1 X_3)$

참고) 산업안전기사 필기 p.2-77(5. 컷셋·미니멀 컷셋 요약)

KEY
① 2016년 10월 1일 출제
② 2021년 8월 14일(문제 28번) 출제
③ 2022년 4월 24일(문제 28번) 출제

24
FTA(Fault Tree Analysis)에서 사용되는 사상기호 중 통상의 작업이나 기계의 상태에서 재해의 발생 원인이 되는 요소가 있는 것을 나타내는 것은?

①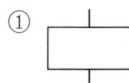
②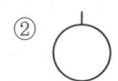
③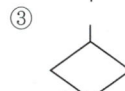
④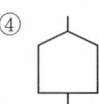

해설

FTA 기호

기호	명칭	기호	명칭
(직사각형)	결함사상	(마름모)	생략사상
(원)	기본사상	(집사상 기호)	통상사상

참고) 산업안전기사 필기 p.2-70(표 : FTA 기호)

KEY
① 2007년 8월 5일(문제 33번) 출제
② 2016년 10월 1일 산업기사 출제
③ 2017년 5월 7일, 8월 26일 기사 출제
④ 2017년 8월 19일 산업기사 출제
⑤ 2018년 3월 4일 기사, 8월 19일 산업기사 출제
⑥ 2020년 6월 14일 산업기사 출제
⑦ 2021년 5월 15일, 8월 14일(문제 33번) 출제
⑧ 2022년 4월 24일(문제 30번) 출제

25
FTA(Fault Tree Analysis)에 관한 설명으로 옳은 것은?

① 정성적 분석만 가능하다.
② 복잡하고 대형화된 시스템의 신뢰성 분석 및 안정성 분석에 이용되는 기법이다.
③ FT에 동일한 사건이 중복되어 나타나는 경우 상향식(Bottom up)으로 정상사건 T의 발생 확률을 계산할 수 있다.
④ 기초사건과 생략사건의 확률값이 주어지게 되더라도 정상사건의 최종적인 발생확률을 계산할 수 없다.

해설

FTA의 특징
① FTA는 시스템이나 기기의 신뢰성이나 안전성을 그림으로 그려 해석하는 방법
② 대륙간 탄도탄(ICBM : Intercontinental Ballistic Missile)의 고장에 곤욕을 치르고 있는 미 국방성이 BTL에 의뢰하여 W.A.Watson 등에 의해 고안되어 1961년 개발 미사일의 발사 제어 시스템의 안전성 확립에 활용하여 성과를 거둠
③ 1965년 Boeing 항공회사의 D.F.Haasl에 의해 보완됨으로써 실용화되기 시작한 시스템의 고장 해석방법

참고) 산업안전기사 필기 p.2-67(5. FTA 특징)

KEY 2022년 4월 24일(문제 39번) 출제

[정답] 23 ② 24 ④ 25 ②

과년도 출제문제

26 다음에서 설명하는 용어는?

> 유해·위험요인을 파악하고 해당 유해·위험요인에 의한 부상 또는 질병의 발생 가능성(빈도)과 중대성(강도)을 추정·결정하고 감소대책을 수립하여 실행하는 일련의 과정을 말한다.

① 위험성 결정 ② 위험성 평가
③ 위험빈도 추정 ④ 유해·위험요인 파악

해설

위험성 평가 용어정의
① "유해·위험요인"이란 유해·위험을 일으킬 잠재적 가능성이 있는 것의 고유한 특징이나 속성을 말한다.
② "위험성"이란 유해·위험요인이 사망, 부상 또는 질병으로 이어질 수 있는 가능성과 중대성 등을 고려한 위험의 정도를 말한다.
③ "위험성평가"란 사업주가 스스로 유해·위험요인을 파악하고 해당 유해·위험요인의 위험성 수준을 결정하여, 위험성을 낮추기 위한 적절한 조치를 마련하고 실행하는 과정을 말한다.
④ "근로자"란 기간제, 단시간, 파견 등 고용형태 및 국적과 관계없이 「산업안전보건법」 제2조제3호에 따른 근로자를 말한다.

참고 산업안전기사 필기 p.2-43(합격날개 : 은행문제)

KEY 2022년 4월 24일(문제 37번) 출제

합격정보
사업장 위험성 평가에 관한 지침 제3조(정의)

27 부품 배치의 원칙 중 기능적으로 관련된 부품들을 모아서 배치한다는 원칙은?

① 중요성의 원칙 ② 사용 빈도의 원칙
③ 사용 순서의 원칙 ④ 기능별 배치의 원칙

해설

부품 배치의 4원칙
① 중요성의 원칙
② 기능별 배치의 원칙
③ 사용순서의 원칙
④ 사용빈도의 원칙

참고 산업안전기사 필기 p.2-160(2. 부품배치의 4원칙)

KEY ① 2018년 3월 4일 기사, 산업기사 출제
② 2018년 8월 19일 산업기사 출제
③ 2019년 3월 3일 산업기사 출제
④ 2020년 6월 14일 산업기사 출제
⑤ 2021년 3월 7일(문제 49번) 출제
⑥ 2023년 2월 28일(문제 23번) 출제

보충학습
기능별 배치의 원칙 : 기능적으로 관련된 부품을 모아서 배치
예 표시장치, 조정장치

28 다음 중 광원의 밝기에 비례하고, 거리의 제곱에 반비례하며, 반사체의 반사율과는 상관없이 일정한 값을 갖는 것은?

① 광도 ② 휘도
③ 조도 ④ 휘광

해설

조도
① 거리가 증가할 때에 조도는 역제곱의 법칙에 따라 감소한다.
② 공식 : 조도 = $\dfrac{광도(광원의 밝기)[cd]}{(거리)^2}$ = $\dfrac{비례}{반비례}$

참고 산업안전기사 필기 p.2-169(2. 조명)

KEY 2023년 2월 28일(문제 26번) 출제

합격정보
산업안전보건기준에 관한 규칙 제8조(조도)

29 A회사에서는 새로운 기계를 설계하면서 레버를 위로 올리면 압력이 올라가도록 하고, 오른쪽 스위치를 눌렀을 때 오른쪽 전등이 켜지도록 하였다면, 이것은 각각 어떤 유형의 양립성을 고려한 것인가?

① 레버-공간양립성, 스위치-개념양립성
② 레버-운동양립성, 스위치-개념양립성
③ 레버-개념양립성, 스위치-운동양립성
④ 레버-운동양립성, 스위치-공간양립성

해설

양립성(compatibility)
정보입력 및 처리와 관련한 양립성은 인간의 기대와 모순되지 않는 자극 반응조합의 관계를 말하는 것

참고 ① 산업안전기사 필기 p.1-77(6. 양립성)
② 산업안전기사 필기 p.2-179(6. 양립성)

KEY ① 2018년 3월 4일 산업기사 출제
② 2018년 4월 28일 기사·산업기사 동시 출제
③ 2022년 4월 24일 기사 출제
④ 2023년 6월 4일(문제 25번) 출제

[**정답**] 26 ② 27 ④ 28 ③ 29 ④

보충학습
양립성의 종류

종류	특징
공간(spatial)	표시장치나 조종장치에서 물리적 형태 및 공간적 배치
운동(movement)	표시장치의 움직이는 방향과 조종장치의 방향이 사용자의 기대와 일치
개념(conceptual)	이미 사람들이 학습을 통해 알고있는 개념적 연상
양식(modality)	직무에 맞는 응답양식 존재

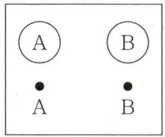
[그림1] 공간 양립성

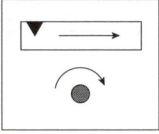
[그림2] 운동 양립성

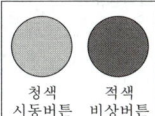
[그림3] 개념 양립성

30 다음 중 인체에서 뼈의 주요기능이 아닌 것은?
① 인체의 지주
② 장기의 보호
③ 골수의 조혈
④ 근육의 대사

해설
뼈의 주요기능 및 역할
① 신체 중요부분 보호
② 신체의 지지 및 형상 유지
③ 신체 활동 수행
④ 피를 만드는 기능

참고 산업안전기사 필기 p.2-164(합격예측 : 뼈의 역할)

KEY ① 2018년 4월 28일 산업기사 출제
② 2023년 6월 4일(문제 37번) 출제

31 연구 기준의 요건과 내용이 옳은 것은?
① 무오염성 : 실제로 의도하는 바와 부합해야 한다.
② 적절성 : 반복 실험 시 재현성이 있어야 한다.
③ 신뢰성 : 측정하고자 하는 변수 이외의 다른 변수의 영향을 받아서는 안된다.
④ 민감도 : 피실험자 사이에서 볼 수 있는 예상 차이점에 비례하는 단위로 측정해야 한다.

해설
기준의 요건

구분	특징
적절성(relevance)	기준이 의도된 목적에 적합하다고 판단되는 정도
무오염성	측정하고자 하는 변수외의 영향이 없도록
기준척도의 신뢰성(reliability criterion measure)	척도의 신뢰성 즉 반복성(repeatability)

참고 산업안전기사 필기 p.2-6(합격날개 : 합격예측)

KEY ① 2011년 3월 20일 기사 출제
② 2013년 6월 2일 기사 출제
③ 2014년 3월 2일 기사 출제
④ 2017년 8월 26일 기사 출제
⑤ 2020년 6월 7일, 9월 27일 기사 출제
⑥ 2022년 3월 5일 기사 출제
⑦ 2023년 7월 8일(문제 28번) 출제

32 섬유유연제 생산 공정이 복잡하게 연결되어 있어 작업자의 불안전한 행동을 유발하는 상황이 발생하고 있다. 이것을 해결하기 위한 위험처리 기술에 해당하지 않는 것은?
① Transfer(위험전가)
② Retention(위험보류)
③ Reduction(위험감축)
④ Rearrange(작업순서의 변경 및 재배열)

해설
Risk 처리(위험조정)기술 4가지
① 위험회피(Avoidance)
② 위험제거(경감, 감축 : Reduction)
③ 위험보유(보류 : Retention)
④ 위험전가(Transfer) : 보험으로 위험조정

참고 산업안전기사 필기 p.2-36(합격날개 : 합격예측)

KEY ① 2014년 3월 2일 기사 출제
② 2018년 8월 19일 기사 출제
③ 2023년 7월 8일(문제 31번) 출제

33 인간의 실수 중 수행해야 할 작업 및 단계를 생략하여 발생하는 오류는?
① omission error
② commission error
③ sequence error
④ timing error

[정답] 30 ④　31 ④　32 ④　33 ①

해설

생략에러와 실행에러
① 생략에러(Omission errors : 부작위 실수) : 직무 또는 어떤 단계를 수행치 않음 (누락오류)
② 실행에러(Commission error : 작위 실수) : 직무의 불확실한 수행 (예) 선택, 순서, 시간, 정성적 착오)

참고 산업안전기사 필기 p.2-20(1. 심리적 분류의 인적오류)

KEY
① 2013년 6월 2일, 8월 18일 출제
② 2015년 3월 8일 출제
③ 2017년 8월 26일 출제
④ 2018년 4월 28일 출제
⑤ 2019년 3월 3일, 8월 4일 출제
⑥ 2020년 8월 22일, 9월 27일 출제
⑦ 2021년 3월 7일, 8월 14일 출제
⑧ 2023년 7월 8일(문제 22번) 출제
⑨ 2024년 2월 15일(문제 22번) 출제

34 다음 중 근골격계부담작업에 속하지 않는 것은?

① 하루에 10[회] 이상 25[kg] 이상의 물체를 드는 작업
② 하루에 총 2[시간] 이상 목, 어깨, 팔꿈치, 손목 또는 손을 사용하여 같은 동작을 반복하는 작업
③ 하루에 총 2[시간] 이상 쪼그리고 앉거나 무릎을 굽힌 자세에서 이루어지는 작업
④ 하루에 총 2[시간] 이상 시간당 5[회] 이상 손 또는 무릎을 사용하여 반복적으로 충격을 가하는 작업

해설

근골격계 부담작업
① 하루 4[시간] 이상 집중적으로 자료입력 등을 위해 키보드 또는 마우스를 조작하는 작업
② 하루 2[시간] 이상 목, 어깨, 팔꿈치, 손목 또는 손을 사용하여 같은 동작을 반복하는 작업
③ 하루에 2[시간] 이상 머리 위에 손이 있거나, 팔꿈치가 어깨 위에 있거나, 팔꿈치를 몸통으로부터 들거나 팔꿈치를 몸통 뒤쪽에 위치하도록 하는 상태에서 이루어지는 작업
④ 지지되지 않은 상태이거나 임의로 자세를 바꿀 수 없는 조건에서 하루에 총 2[시간] 이상 목이나 허리를 구부리거나 트는 상태에서 이루어지는 작업
⑤ 하루에 2[시간] 이상 쪼그리고 앉거나 무릎을 굽힌 자세에서 이루어지는 작업
⑥ 하루에 2[시간] 이상 지지되지 않은 상태에서 1[kg] 이상의 물건을 한 손의 손가락으로 집어 옮기거나, 2[kg] 이상에 상응하는 힘을 가하여 한 손의 손가락으로 물건을 쥐는 작업
⑦ 하루에 2[시간] 이상 지지되지 않은 상태에서 4.5[kg] 이상의 물건을 한손으로 들거나 동일한 힘으로 쥐는 작업
⑧ 하루에 10[회] 이상 25[kg] 이상의 물체를 드는 작업
⑨ 하루에 25[회] 이상 10[kg] 이상의 물체를 무릎 아래에서 들거나 어깨 위에서 들거나 팔을 뻗은 상태에서 드는 작업
⑩ 하루에 2[시간] 이상 분당 2[회] 이상 4.5[kg] 이상의 물체를 드는 작업
⑪ 하루에 2[시간] 이상 시간당 10[회] 이상 손 또는 무릎을 사용하여 반복적으로 충격을 가하는 작업

참고 산업안전기사 필기 p.2-112(2. 근골격계 부담 작업)

KEY
① 2018년 8월 19일 기사 출제
② 2022년 3월 5일 기사 출제
③ 2023년 2월 28일(문제 32번) 출제
④ 2024년 2월 15일(문제 29번) 출제

합격정보
고용노동부고시 제2020-12호(제3조 근골격계 부담 작업)

35 인간공학에 대한 설명으로 틀린 것은?

① 인간-기계 시스템의 안전성, 편리성, 효율성을 높인다.
② 인간을 작업과 기계에 맞추는 설계 철학이 바탕이 된다.
③ 인간이 사용하는 물건, 설비, 환경의 설계에 적용된다.
④ 인간의 생리적, 심리적인 면에서의 특성이나 한계점을 고려한다.

해설

인간공학
기계, 기구, 환경 등의 물적 조건을 인간의 특성과 능력에 잘 조화하도록 설계하기 위한 수단을 연구하는 학문이다.

참고 산업안전기사 필기 p.2-2(합격날개 : 합격용어)

KEY
① 2015년 5월 31일(문제 34번), 8월 16일(문제 38번) 출제
② 2017년 9월 23일 출제
③ 2019년 4월 27일 출제
④ 2022년 4월 24일(문제 26번) 출제
⑤ 2024년 2월 15일(문제 31번) 출제

36 산업안전보건법령상 사업주가 유해위험방지계획서를 제출할 때에는 사업장 별로 관련 서류를 첨부하여 해당 작업 시작 며칠 전까지 해당 기관에 제출하여야 하는가?

① 7일
② 15일
③ 30일
④ 60일

[정답] 34 ④ 35 ② 36 ②

해설
유해위험방지 계획서 제출시기 및 부수
① 제조업 : 해당 작업시작 15일 전까지 공단에 2부 제출
② 건설업 : 공사 착공전날까지 공단에 2부 제출

참고 ① 공단 : 한국산업안전보건공단
② 산업안전기사 필기 p.2-37(③ 법적목적)

합격정보
① 산업안전보건법 시행규칙 제42조(제출서류등)
② 2023. 9. 28 개정 「고용노동부령 제393호」 적용

KEY ① 2016년 3월 6일 출제
② 2017년 9월 23일 출제
③ 2022년 4월 24일 출제
④ 2023년 2월 28일(문제 22번) 출제
⑤ 2024년 2월 15일(문제 40번), 5월 9일(문제 22번) 출제

37 화학설비에 대한 안전성 평가에서 정성적 평가 항목이 아닌 것은?
① 건조물
② 취급물질
③ 공장 내의 배치
④ 입지조건

해설
정성적 평가항목
① 입지조건   ② 공장 내의 배치
③ 소방설비   ④ 공정기기
⑤ 수송·저장   ⑥ 원재료, 중간체, 제품

참고 산업안전기사 필기 p.2-37(1. 안전성 평가 6단계)

KEY ① 2012년 3월 4일 기사 출제
② 2013년 6월 2일 기사 출제
③ 2014년 8월 17일 기사 출제
④ 2015년 5월 31일 기사 출제
⑤ 2016년 5월 8일 기사 출제
⑥ 2017년 8월 26일 기사 출제
⑦ 2018년 3월 4일 기사 출제
⑧ 2019년 3월 3일 기사 출제
⑨ 2022년 3월 5일 기사 출제
⑩ 2023년 7월 8일(문제 27번) 출제
⑪ 2024년 5월 9일(문제 24번) 출제

38 위험 및 운전성 검토(HAZOP)에서 사용되는 가이드 워드 중에서 성질상의 감소를 의미하는 것은?
① Part of
② More less
③ No/Not
④ Other than

해설
유인어(guide words)
① NO 또는 NOT : 설계 의도의 완전한 부정을 의미
② AS Well AS : 성질상의 증가를 나타내는 것으로 설계의도와 운전조건 등 부가적인 행위와 함께 일어나는 것을 의미
③ PART OF : 성질상의 감소, 성취나 성취되지 않음을 나타냄
④ MORE LESS : 양의 증가 또는 양의 감소로 양과 성질을 함께 나타냄
⑤ OTHER THAN : 완전한 대체를 의미
⑥ REVERSE : 설계의도와 논리적인 역을 의미

참고 산업안전기사 필기 p.2-41(2. 유인어)

KEY ① 2011년 8월 21일(문제 28번) 출제
② 2020년 9월 27일 출제
③ 2023년 6월 4일(문제 30번) 출제
④ 2024년 7월 27일(문제 31번) 출제

39 다음과 같은 실내 표면에서 일반적으로 추천반사율의 크기를 맞게 나열한 것은?

[다음]
㉠ 바닥   ㉡ 천장   ㉢ 가구   ㉣ 벽

① ㉠<㉣<㉢<㉡
② ㉣<㉠<㉡<㉢
③ ㉠<㉢<㉣<㉡
④ ㉣<㉡<㉠<㉢

해설
IES추천 조명반사율 권고
① 바닥 : 20~40[%]
② 가구, 사용기기, 책상 : 25~40[%]
③ 창문발(blind), 벽 : 40~60[%]
④ 천장 : 80~90[%]

참고 산업안전기사 필기 p.2-169(1. 옥내 최적반사율)

KEY ① 2016년 3월 6일 산업기사 출제
② 2016년 10월 1일 출제
③ 2017년 8월 26일, 9월 23일 산업기사 출제
④ 2018년 3월 4일 출제
⑤ 2019년 9월 21일 산업기사 출제
⑥ 2023년 6월 4일(문제 31번) 출제
⑦ 2024년 2월 15일(문제 38번), 7월 27일(문제 24번) 출제
⑧ 2025년 5월 10일(문제 22번) 출제

[정답] 37 ②   38 ①   39 ③

과년도 출제문제

40 의도는 올바른 것이었지만 행동이 의도한 것과는 다르게 나타나는 오류를 무엇이라 하는가?

① Slip ② Mistake
③ Lapse ④ Violation

해설
인간의 오류 모형

구분	특징
착각(Illusion)	감각적으로 물리현상을 왜곡하는 지각 오류
착오(Mistake)	상황해석을 잘못하거나 목표를 잘못 이해하고 착각하여 행하는 인간의 실수로 위치, 순서, 패턴, 형상, 기억오류 등 외부적 요인에 의해 나타나는 오류
실수(Slip)	의도는 올바른 것이었지만, 행동이 의도한 것과는 다르게 나타나는 오류
건망증(Lapse)	일련의 과정에서 일부를 빠뜨리거나 기억의 실패에 의해 발생하는 오류
위반(Violation)	정해진 규칙을 알고 있음에도 의도적으로 따르지 않거나 무시한 경우에 발생하는 오류

참고 산업안전기사 필기 p.2-19(합격날개 : 합격예측)

KEY
① 2009년 5월 10일(문제 35번) 출제
② 2017년 8월 26일 기사 출제
③ 2019년 3월 3일, 4월 27일기사 출제
④ 2021년 5월 15일 기사 출제
⑤ 2023년 2월 28일(문제 21번) 출제
⑥ 2024년 2월 15일(문제 39번) 출제
⑦ 2025년 2월 7일(문제 33번) 출제

3 기계·기구 및 설비안전관리

41 산업안전보건법령상 크레인에 전용탑승설비를 설치하고 근로자를 달아 올린 상태에서 작업에 종사시킬 경우 근로자의 추락 위험을 방지하기 위하여 실시해야 할 조치 사항으로 적합하지 않은 것은?

① 승차석 외의 탑승 제한
② 안전대나 구명줄의 설치
③ 탑승설비의 하강시 동력하강방법을 사용
④ 탑승설비가 뒤집히거나 떨어지지 않도록 필요한 조치

해설
탑승의 제한기준
① 탑승설비가 뒤집히거나 떨어지지 않도록 필요한 조치를 할 것
② 안전대나 구명줄을 설치하고, 안전난간을 설치할 수 있는 구조인 경우에는 안전난간을 설치할 것
③ 탑승설비를 하강시킬 때에는 동력하강방법으로 할 것

참고 산업안전기사 필기 p.3-204(합격날개 : 합격예측 및 관련법규)

KEY 2022년 3월 5일(문제 42번) 출제

합격정보
산업안전보건기준에 관한 규칙 제86조(탑승의 제한)

42 산업안전보건법령상에서 정한 양중기의 종류에 해당하지 않는 것은?

① 크레인[호이스트(hoist)를 포함한다]
② 도르래
③ 곤돌라
④ 승강기

해설
양중기의 종류 5가지
① 크레인(호이스트 포함)
② 이동식 크레인
③ 리프트(이삿짐운반용 리프트의 경우에는 적재하중이 0.1[t] 이상인 것)
④ 곤돌라
⑤ 승강기

참고 ① 산업안전기사 필기 p.3-140(1. 양중기의 종류)
② 산업안전기사 필기 p.3-138(합격날개 : 합격예측)

KEY ① 2021년 5월 15일 등 20회 이상 출제
② 2022년 3월 5일(문제 50번) 출제

합격정보
산업안전보건기준에 관한 규칙 제132조(양중기)

43 다음 중 와이어 로프의 구성요소가 아닌 것은?

① 클립 ② 소선
③ 스트랜드 ④ 심강

해설
와이어 로프의 구성요소
① 소선(wire) ② 가닥(strand)
③ 심(core) 또는 심강

[정답] 40 ① 41 ① 42 ② 43 ①

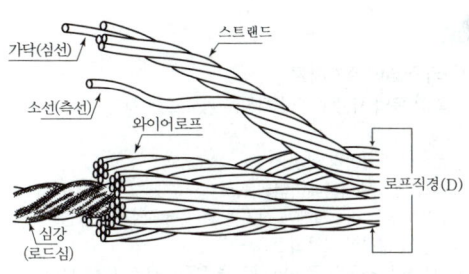

[그림] 로프의 형태

참고 산업안전기사 필기 p.3-155(그림 : 로프의 형태)

KEY 2022년 4월 24일(문제 41번) 출제

44 다음 중 지게차의 작업 상태별 안정도에 관한 설명으로 틀린 것은?(단, V는 최고속도[km/h]이다.)

① 기준 부하상태에서 하역작업 시의 전후 안정도는 20[%] 이내이다.
② 기준 부하상태에서 하역작업 시의 좌우 안정도는 6[%] 이내이다.
③ 기준 부하상태에서 주행 시의 전후 안정도는 18[%] 이내이다.
④ 기준 무부하상태에서 주행 시의 좌우 안정도는 (15+1.1V)[%] 이내이다.

해설

지게차의 안정조건

안정도	지게차의 상태
· 하역작업시 전후 안정도 4[%] (5[t] 이상의 것은 3.5[%]) · 부하상태	위에서 본 모양
· 주행시의 전후 안정도 18[%] · 부하상태	
· 하역작업시의 좌우 안정도 6[%] · 부하상태	
· 주행시의 좌우 안정도(15+1.1V)[%] V : 최고속도[km/hr] · 무부하상태	위에서 본 모양

안정도 = $\frac{h}{l} \times 100$[%]

참고 산업안전기사 필기 p.3-135(표. 지게차의 안정조건)

KEY ① 2016년 5월 8일, 8월 21일 산업기사 출제
② 2017년 5월 7일(문제 46번) 출제
③ 2022년 4월 24일(문제 44번) 출제

합격정보

건설기계 안전기준에 관한 규칙 제22조(안정도)

① 지게차는 다음 각 호에 해당하는 지면에서 중심선이 지면의 기울어진 방향과 평행할 경우 앞이나 뒤로 넘어지지 아니하여야 한다.
　1. 지게차의 최대하중상태에서 쇠스랑을 가장 높이 올린 경우 기울기가 100분의 4(지게차의 최대하중이 5톤 이상인 경우에는 100분의 3.5)인 지면
　2. 지게차의 기준부하상태에서 주행할 경우 기울기가 100분의 18인 지면
② 지게차는 다음 각 호에 해당하는 지면에서 중심선이 지면의 기울어진 방향과 직각으로 교차할 경우 옆으로 넘어지지 아니하여야 한다.
　1. 지게차의 최대하중상태에서 쇠스랑을 가장 높이 올리고 마스트를 가장 뒤로 기울인 경우 기울기가 100분의 6인 지면
　2. 지게차의 기준무부하상태에서 주행할 경우 구배가 지게차의 최고주행속도에 1.1을 곱한 후 15를 더한 값인 지면. 다만, 규격이 5,000킬로그램 미만인 경우에는 최대 기울기가 100분의 50, 5,000킬로그램 이상인 경우에는 최대 기울기가 100분의 40인 지면을 말한다.

45 크레인 로프에 질량 2,000[kg]의 물건을 10[m/s²]의 가속도로 감아올릴 때, 로프에 걸리는 총 하중[kN]은? (단, 중력가속도는 9.8[m/s²])

① 9.6　② 19.6
③ 29.6　④ 39.6

해설

총 하중계산

① 힘 = 질량 × 가속도 = 질량 × (끌어올리는 가속도 + 중력가속도)
② 총 하중 = $2{,}000 + \frac{2{,}000}{9.8} \times 10 = 4{,}040 \times 9.8 = 39.6$[KN]

참고 산업안전기사 필기 p.3-148(합격날개 : 참고)

KEY ① 2018년 8월 21일 기사 출제
② 2021년 3월 7일 기사 출제
③ 2023년 2월 28일(문제 56번) 출제

보충학습

① 총 하중(w) = 정하중(w_1) + 동하중(w_2) = $w_1 + \frac{w_1}{g} \times a$
② 동하중(w_2) = $\frac{w_1}{g} \times a$
　여기서, w : 총하중(kgf)　w_1 : 정하중(kgf)
　　　　　w_2 : 동하중(kgf)　g : 중력 가속도(9.8m/s²)
　　　　　a : 가속도(m/s²)
③ 정하중 : 매단 물체의 무게

[정답] 44 ①　45 ④

과년도 출제문제

46 둥근톱기계의 방호장치 중 반발예방장치의 종류로 틀린 것은?

① 분할날 ② 반발방지 기구(finger)
③ 보조 안내판 ④ 안전덮개

해설
둥근톱기계의 반발예방장치 종류
① 반발방지 발톱(finger) : 반발 방지 기구
② 분할날(spreader)
③ 반발방지롤(roll) : 보조 안내판

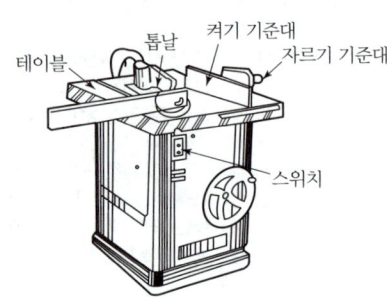

[그림] 목재가공용 둥근톱

참고 ▶ 산업안전기사 필기 p.3-129(합격날개 : 합격예측)

KEY ▶ ① 2016년 5월 8일 산업기사 출제
② 2020년 8월 22일 기사 출제
③ 2023년 6월 4일(문제 41번) 출제

47 산업안전보건법령상 산업용 로봇에 의한 작업시 안전조치 사항으로 적절하지 않은 것은?

① 로봇의 운전으로 인해 근로자가 로봇에 부딪칠 위험이 있을 때에는 높이 1.8[m] 이상의 울타리를 설치하여야 한다.
② 작업을 하고 있는 동안 로봇의 가동스위치 등은 작업에 종사하고 있는 근로자가 아닌 사람이 그 스위치 등을 조작할 수 없도록 필요한 조치를 한다.
③ 로봇의 조작방법 및 순서, 작업 중의 매니퓰레이터의 속도 등에 관한 지침에 따라 작업을 하여야 한다.
④ 작업에 종사하는 근로자가 이상을 발견하면, 관리 감독자에게 우선 보고하고, 지시가 나올 때까지 작업을 진행한다.

해설
교시등의 작업에 조치사항
① 다음 각 목의 사항에 관한 지침을 정하고 그 지침에 따라 작업을 시킬 것
 ㉠ 로봇의 조작방법 및 순서
 ㉡ 작업 중의 매니퓰레이터의 속도
 ㉢ 2명 이상의 근로자에게 작업을 시킬 경우의 신호방법
 ㉣ 이상을 발견한 경우의 조치
 ㉤ 이상을 발견하여 로봇의 운전을 정지시킨 후 이를 재가동시킬 경우의 조치
 ㉥ 그 밖에 로봇의 예기치 못한 작동 또는 오조작에 의한 위험을 방지하기 위하여 필요한 조치
② 작업에 종사하고 있는 근로자 또는 해당 근로자를 감시하는 자가 이상을 발견한 때에는 즉시 로봇의 운전을 정지시키기 위한 조치를 할 것
③ 작업을 하고 있는 동안 로봇의 기동스위치 등에 작업중이라는 표시를 하는 등 작업에 종사하고 있는 근로자가 아닌 사람이 그 스위치 등을 조작할 수 없도록 필요한 조치를 할 것

참고 ▶ 산업안전기사 필기 p.3-126(합격날개 : 합격예측 및 관련법규)

KEY ▶ ① 2019년 8월 4일(문제 42번) 출제
② 2023년 6월 4일(문제 44번) 출제

합격정보
산업안전보건기준에 관한 규칙 제222조(교시 등)

48 공기압축기의 방호장치가 아닌 것은?

① 언로드 밸브 ② 압력방출장치
③ 수봉식 안전기 ④ 회전부의 덮개

해설
공기압축기의 방호장치
① 언로드 밸브
② 압력방출장치
③ 회전부의 덮개

[그림] 공기압축기

[정답] 46 ④ 47 ④ 48 ③

참고) 산업안전기사 필기 p.3-123(3. 공기압축기 안전기준)

KEY
① 2011년 3월 20일 기사 출제
② 2013년 8월 18일 기사 출제
③ 2019년 8월 4일 기사 출제
④ 2023년 7월 8일(문제 41번) 출제

보충학습
수봉식 안전기 : 산소아세틸렌용접장치의 방호장치

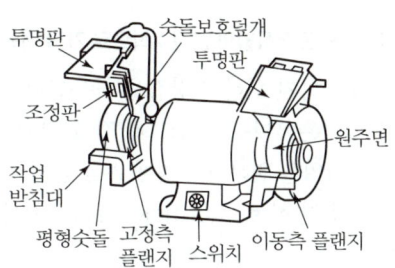

[그림] 탁상용연삭기

참고) 산업안전기사 필기 p.3-93(4. 연삭기 구조면에 있어서 안전대책)

KEY
① 2016년 3월 6일 산업기사 출제
② 2020년 6월 7일 기사 출제
③ 2020년 8월 22일(문제 51번) 출제
④ 2024년 2월 15일(문제 41번) 출제

49 보일러에서 프라이밍(priming)과 포밍(foaming)의 발생 원인으로 가장 거리가 먼 것은?

① 역화가 발생되었을 경우
② 기계적 결함이 있을 경우
③ 보일러가 과부하로 사용될 경우
④ 보일러 수에 불순물이 많이 포함되었을 경우

해설

보일러 이상연소 현상

구분	현상
불완전 연소	공기의 부족, 연료 분무 상태 불량 등의 원인으로 발생
이상 소화	버너 연소 중 돌연히 불이 꺼지는 현상
2차 연소	불완전 연소에 의해 발생한 미연소가스가 연소실 외, 연관 내 또는 연도에서 연소하는 현상
역화	화염이 버너쪽에서 분출하는 현상으로 점화시에 주로 발생

참고)
① 산업안전기사 필기 p.3-119(합격날개 : 합격예측)
② 산업안전기사 필기 p.3-119(2. 보일러의 이상연소 현상)

KEY
① 2017년 8월 26일 기사 출제
② 2021년 3월 7일 기사 출제
③ 2023년 7월 8일(문제 45번) 출제

51 밀링 작업 시 안전수칙으로 옳지 않은 것은?

① 테이블 위에 공구나 기타 물건 등을 올려놓지 않는다.
② 제품 치수를 측정할 때는 절삭 공구의 회전을 정지한다.
③ 강력 절삭을 할 때는 일감을 바이스에 짧게 물린다.
④ 상·하, 좌·우 이송장치의 핸들은 사용 후 풀어둔다.

해설
강력절삭시 일감은 깊게 물려야 합니다.

[그림] 밀링바이스

참고) 산업안전기사 필기 p.3-83(밀링작업시 안전수칙)

KEY
① 2016년 3월 6일 산업기사 출제
② 2018년 3월 4일, 4월 28일 기사 출제
③ 2020년 6월 7일(문제 43번) 출제
④ 2024년 2월 15일(문제 52번) 출제

50 연삭기의 안전작업수칙에 대한 설명 중 가장 거리가 먼 것은?

① 숫돌의 정면에 서서 숫돌 원주면을 사용한다.
② 숫돌 교체시 3분 이상 시운전을 한다.
③ 숫돌의 회전은 최고 사용 원주속도를 초과하여 사용하지 않는다.
④ 연삭숫돌에 충격을 가하지 않는다.

해설
작업자가 숫돌 원주면에서 사용 시 측면에 서서 작업하셔야 합니다.

[정답] 49 ① 50 ① 51 ③

52 다음 중 드릴작업의 안전수칙으로 가장 적합한 것은?

① 손을 보호하기 위하여 장갑을 착용한다.
② 작은 일감은 양손으로 견고히 잡고 작업한다.
③ 정확한 작업을 위하여 구멍에 손을 넣어 확인한다.
④ 작업시작 전 척 렌치(chuck wrench)를 반드시 뺀다.

해설

드릴작업 안전수칙
① 기계 작동 중 구멍에 손을 넣으면 위험하다.
② 작은 일감은 바이스, 클램프 등으로 고정하고 작업한다.
③ 회전기계에는 장갑 착용을 금지한다.

참고) 산업안전기사 필기 p.3-88(3. 드릴 작업시 안전대책)

KEY ① 2020년 6월 14일 산업기사 등 10회 이상 출제
② 2023년 6월 4일(문제 50번) 출제
③ 2024년 2월 15일(문제 60번) 출제

53 보호구 자율안전확인 고시상 자율안전확인 보호구에 표시하여야 하는 사항을 모두 고른 것은?

| ㄱ. 모델명 | ㄴ. 제조 번호 |
| ㄷ. 사용 기한 | ㄹ. 자율안전확인 번호 |

① ㄱ, ㄴ, ㄷ
② ㄱ, ㄴ, ㄹ
③ ㄱ, ㄷ, ㄹ
④ ㄴ, ㄷ, ㄹ

해설

자율안전 확인 제품 표시 방법
① 형식 또는 모델명
② 규격 또는 등급 등
③ 제조자명
④ 제조번호 및 제조연월
⑤ 자율안전 확인 번호

참고) 산업안전기사 필기 p.3-57(2. 자율안전확인제품 표시방법)

KEY ① 2022년 3월 5일 출제
② 2023년 6월 4일(문제 6번) 출제
③ 2024년 5월 9일(문제 7번) 출제

합격정보
산업안전보건법 시행령 제77조(자율안전 확인대상기계 등)

54 하인리히 재해 구성 비율 중 무상해사고가 600건이라면 사망 또는 중상 발생 건수는?

① 1
② 2
③ 29
④ 58

해설

하인리히 재해 구성 비율
① 중상해 : 1 → 2
② 경상해 : 29 → 58
③ 무상해 사고 : 300 → 600

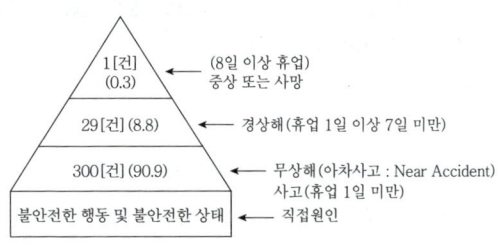

[그림] 하인리히 법칙[단위 : %]

참고) 산업안전기사 필기 p.3-33(1. 하인리히의 1:29:300의 재해 법칙)

KEY ① 2016년 8월 21일(문제 3번) 출제
② 2021년 8월 14일(문제 8번) 출제
③ 2024년 5월 9일(문제 17번) 출제

55 롤러의 급정지를 위한 방호장치를 설치하고자 한다. 앞면 롤러 직경이 36[cm]이고, 분당 회전속도가 50[rpm]이라면 급정지거리는 약 얼마 이내이어야 하는가?(단, 무부하동작에 해당한다.)

① 45[cm]
② 50[cm]
③ 55[cm]
④ 60[cm]

해설

급정지거리 계산
① 표면속도$(V) = \dfrac{\pi DN}{1,000} = \dfrac{\pi \times 360 \times 50}{1,000} = 56.52$[m/min]
② 급정지거리 $= \pi D \times \dfrac{1}{2.5} = (3.14 \times 360) \times \dfrac{1}{2.5}$
$= 452.16$[mm] $= 45$[cm]

참고) 산업안전기사 필기 p.3-109(표. 롤의 급정지거리)

KEY ① 2023년 6월 4일(문제 57번) 등 10회 이상 출제
② 2024년 7월 27일(문제 50번) 출제

[정답] 52 ④ 53 ② 54 ② 55 ①

56 재해원인을 직접원인과 간접원인으로 분류할 때 직접원인에 해당하는 것은?

① 물적 원인 ② 교육적 원인
③ 정신적 원인 ④ 관리적 원인

해설

산업재해원인

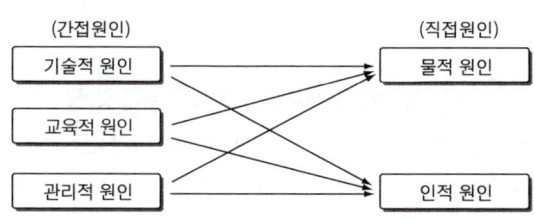

[그림] 직·간접재해원인 비교

참고) 산업안전기사 필기 p.3-29(그림. 직·간접재해원인 비교)

KEY
① 2017년 5월 7일 산업기사 출제
② 2018년 4월 28일 기사 출제
③ 2019년 4월 27일 기사 출제
④ 2020년 8월 22일(문제 14번) 출제
⑤ 2022년 4월 24일(문제 18번) 출제
⑥ 2024년 2월 15일(문제 9번) 출제
⑦ 2025년 2월 7일(문제 10번) 출제

57 안전점검 체크리스트에 포함되어야 할 사항이 아닌 것은?

① 점검대상 ② 점검부분
③ 점검방법 ④ 점검목적

해설

Check List에 포함되어야 하는 사항
① 점검대상
② 점검부분(점검개소)
③ 점검항목(점검내용 : 마모, 균열, 부식, 파손, 변형 등)
④ 점검주기 또는 기간(점검시기)
⑤ 점검방법(육안점검, 기능점검, 기기점검, 정밀점검)
⑥ 판정기준(안전검사기준, 법령에 의한 기준, KS기준 등)
⑦ 조치사항(점검결과에 따른 결함의 시정사항)

참고) 산업안전기사 필기 p.3-50(1. Check List에 포함되어야 하는 사항)

KEY
① 2016년 5월 8일(문제 19번) 출제
② 2017년 5월 7일 기사 출제
③ 2023년 6월 4일(문제 1번) 출제
④ 2025년 2월 7일(문제 16번) 출제

58 K형 베어링을 생산하는 경기도 A사업장에 300명의 근로자가 근무하고 있다. 1년에 21건의 재해가 발생하였다면 이 사업장에서 근로자 1명이 평생 작업시 약 몇 건의 재해를 당할 수 있겠는가?(단, 1일 8시간씩 1년에 300일을 근무하며, 평생근로시간은 10만 시간으로 가정한다.)

① 1건 ② 3건
③ 5건 ④ 6건

해설

환산도수율 계산비교

① 도수(빈도)율 = $\dfrac{재해건수}{연근로시간수} \times 10^6$

= $\dfrac{21}{300 \times 8 \times 300} \times 10^6 = 29.17$

② 환산도수율 = 도수율 ÷ 10 = 29.17 ÷ 10 = 2.92
  = 도수율 × 0.1 = 2.92 ≒ 3건

참고) 산업안전기사 필기 p.3-43(3. 빈도율)

KEY
① 2024년 7월 27일(문제 6번) 등 20회 이상 출제
② 2025년 5월 10일(문제 2번) 출제

합격정보
산업재해 통계 업무처리규정 제3조(산업재해 통계의 산출방법 및 정의)

59 산업안전보건법령상 사업장에서 산업재해발생 시 사업주가 기록·보존하여야 하는 사항을 모두 고른 것은?(단, 산업재해조사표와 요양신청서의 사본은 보존하지 않았다.)

ㄱ. 사업장의 개요 및 근로자의 인적사항
ㄴ. 재해 발생의 일시 및 장소
ㄷ. 재해 발생의 원인 및 과정
ㄹ. 재해 재발방지 계획

① ㄱ, ㄹ ② ㄴ, ㄷ, ㄹ
③ ㄱ, ㄴ, ㄷ ④ ㄱ, ㄴ, ㄷ, ㄹ

해설

산업재해발생 시 기록 보존(3년간 보존)해야 할 사항
① 사업장의 개요 및 근로자의 인적사항
② 재해발생의 일시 및 장소
③ 재해발생의 원인 및 과정
④ 재해 재발방지 계획

참고) ① 산업안전기사 필기 p.3-30(합격날개 : 합격예측)
② 산업안전기사 필기 p.1-227(제72조 산업재해기록 등)

[정답] 56 ① 57 ④ 58 ② 59 ④

KEY ① 2021년 8월 14일 기사 출제
② 2023년 7월 8일(문제 5번) 출제
③ 2025년 5월 10일(문제 16번) 출제

합격정보
산업안전보건법 시행규칙 제72조(산업재해 기록 등)

60 산업재해보험적용근로자 1,000명인 플라스틱 제조 사업장에서 작업 중 재해 5건이 발생하였고, 1명이 사망하였을 때 이 사업장의 사망만인율은?

① 2
② 5
③ 10
④ 20

해설

사망만인율 = $\dfrac{\text{사망자수}}{\text{산재보험적용 근로자수}} \times 10,000 = \dfrac{1}{1,000} \times 10,000 = 10$

참고 산업안전기사 필기 p.3-43(합격날개 : 합격예측)

KEY ① 2019년 4월 27일 산업기사 출제
② 2022년 3월 5일(문제 4번) 출제
③ 2025년 5월 10일(문제 19번) 출제

합격정보
산업재해 통계업무처리 규정 제3조(산업재해 통계의 산출방법 및 정의)

4 전기설비 안전관리

61 한국전기설비규정에 따라 보호등전위본딩 도체로서 주접지단자에 접속하기 위한 등전위본딩 도체(구리도체)의 단면적은 몇 [mm²] 이상이어야 하는가?(단, 등전위본딩 도체는 설비 내에 있는 가장 큰 보호접지 도체 단면적의 $\dfrac{1}{2}$ 이상의 단면적을 가지고 있다.)

① 2.5
② 6
③ 16
④ 50

해설

등전위 본딩
① 낙뢰시 접지되어있는 주접지도체에 다른 기기나 보호해야할 대상을 도체를 이용하여 전위차가 접지도체와 등전위가 되게하여 낙뢰로 부터 보호되게 하는 방법
② 주 접지단자에 접속되는 등전위본딩선의 단면적
㉮ 동 6[mm²] ㉯ 알루미늄 16[mm²] ㉰ 철 50[mm²]
③ 등전위본딩도체
주접지단자에 접속하기 위한 등전위본딩 도체는 설비 내에 있는 가장 큰 보호접지도체 단면적의 1/2 이상의 단면적을 가져야 하고 위의 단면적 이상이어야 한다.

④ 중성선 : 다선식 전로에서 전원의 중성극에 접속된 전선
⑤ 분기회로 : 간선에서 분기하여 분기과전류 차단기를 거쳐서 부하에 이르는 사이의 배선
⑥ 등전위본딩(등 전위접속) : 등 전위성을 얻기 위해 전선간을 전기적으로 접속하는 조치를 말한다.

참고 ① 산업안전기사 필기 p.4-43(8. 본딩)
② 산업안전기사 필기 p.4-43(합격날개 : 합격예측)

KEY 2022년 3월 5일(문제 63번) 출제

62 밸브 저항형 피뢰기의 구성요소로 옳은 것은?

① 직렬갭, 특성요소
② 병렬갭, 특성요소
③ 직렬갭, 충격요소
④ 병렬갭, 충격요소

해설

피뢰기 특징
(1) 피뢰기의 기능
① 기능 : 이상전압의 내습 시 이를 신속하게 대지로 방전하고 속류를 차단한다.
② 역할 : 뇌전류 및 이상전압으로부터 전기기계기구를 보호한다.
(2) 피뢰기 구성요소
① 직렬갭 : 정상 시에는 방전을 하지 않고 절연상태를 유지하며, 이상과 전압 발생 시에는 신속히 이상 전압을 대지로 방전하고 속류를 차단하는 역할을 한다.
② 특성요소 : 뇌전류 방전 시 피뢰기 자신의 전위 상승을 억제하여 자신의 절연 파괴를 방지하는 역할을 한다.
(3) 피뢰기의 종류
① 갭 저항형 피뢰기
② 갭 레스형 피뢰기
③ 밸브형 피뢰기 밸브
④ 저항형 피뢰기
(4) 피뢰기의 제한전압
피뢰기 단자 간에 남게되는 충격전압

참고 산업안전기사 필기 p.4-57(2. 피뢰기 설비)

KEY ① 2008년 5월 11일(문제 74번) 출제
② 2019년 3월 3일(문제 79번) 출제
③ 2022년 3월 5일(문제 76번) 출제

63 다음 중 전기설비기술기준에 따른 전압의 구분으로 틀린 것은?

① 저압 : 직류 1[kV] 이하
② 고압 : 교류 1[kV] 초과, 7[kV] 이하
③ 특고압 : 직류 7[kV] 초과
④ 특고압 : 교류 7[kV] 초과

[정답] 60 ③ 61 ② 62 ① 63 ①

해설

전압분류

전압분류	직류	교류
저압	1,500[V] 이하	1,000[V] 이하
고압	1,500~7,000[V] 이하	1,000~7,000[V] 이하
특별고압	7,000[V] 초과	7,000[V] 초과

참고) 산업안전기사 필기 p.4-30(문제 30번) 적중

KEY ▶ ① 2017년 5월 7일, 8월 26일 기사 출제
② 2018년 3월 4일 기사 출제
③ 2018년 8월 19일 산업기사 출제
④ 2019년 3월 3일(문제 78번) 출제
⑤ 2022년 3월 5일(문제 79번) 출제

---

64 대지에서 용접작업을 하고 있는 작업자가 용접봉에 접촉한 경우 통전전류는?(단, 용접기의 출력 측 무부하전압 : 90[V], 접촉저항(손, 용접봉 등 포함) : 10[kΩ], 인체의 내부저항 : 1[kΩ], 발과 대지의 접촉저항 : 20[kΩ] 이다.)

① 약 0.19[mA]　　② 약 0.29[mA]
③ 약 1.96[mA]　　④ 약 2.90[mA]

해설

통전전류

① R = 10 + 1 + 20 = 31[kΩ]

② $I = \dfrac{V}{R} = \dfrac{90}{31} = 2.90$[mA]

참고) 산업안전기사 필기 p.4-25 (문제 4번)

KEY ▶ ① 1995년 8월 27일 기출문제
② 2022년 4월 24일(문제 61번) 출제

---

65 산업안전보건기준에 관한 규칙에 따른 전기기계·기구의 설치시 고려할 사항으로 거리가 먼 것은?

① 전기기계·기구의 충분한 전기적 용량 및 기계적 강도
② 전기기계·기구의 안전효율을 높이기 위한 시간 가동율
③ 습기·분진 등 사용장소의 주위 환경
④ 전기적·기계적 방호수단의 적정성

해설

전기기계·기구의 설치시 고려사항

① 전기 기계기구의 충분한 전기적 용량 및 기계적 강도
② 습기·분진 등 사용장소의 주위 환경
③ 전기적, 기계적 방호수단의 적정성

참고) 산업안전기사 필기 p.4-37(합격날개 : 합격예측 및 관련법규)

KEY ▶ 2022년 4월 24일(문제 78번) 출제

합격정보
산업안전보건기준에 관한 규칙 제303조 (전기기계·기구의 적정설치 등)

---

66 정전기 방지대책 중 적합하지 않는 것은?

① 대전서열이 가급적 먼 것으로 구성한다.
② 카본 블랙을 도포하여 도전성을 부여한다.
③ 유속을 저감 시킨다.
④ 도전성 재료를 도포하여 대전을 감소시킨다.

해설

정전기 방지대책

① 발생 및 대전 ─ 접지
　　　　　　　　─ 정전화, 정전작업복 착용
　　　　　　　　─ 유속제한, 정치시간 확보
　　　　　　　　─ 대전방지제 사용
　　　　　　　　─ 가습
　　　　　　　　─ 제전기 사용
　　　　　　　　─ 제조장치 및 탱크의 불활성화
② 전격 ─ 대전억제
　　　　─ 대전전하의 신속한 누설
③ 화재 및 폭발 ─ 환기에 의한 위험물질의 제거
　　　　　　　　─ 집진에 의한 분진의 제거

참고) 산업안전기사 필기 p.4-36([그림] 정전기 방지대책)

KEY ▶ ① 2016년 5월 8일, 8월 21일 기사 출제
② 2017년 5월 7일 산업기사 출제
③ 2018년 3월 4일, 8월 19일 산업기사 출제
④ 2019년 3월 3일 산업기사, 8월 4일 기사 출제
⑤ 2021년 3월 7일(문제 76번) 출제
⑥ 2021년 5월 15일(문제 79번) 및 (문제 80번) 출제
⑦ 2023년 6월 4일(문제 62번) 출제

[정답] 64 ④　65 ②　66 ①

과년도 출제문제

67 정전기 발생현상의 분류에 해당되지 않는 것은?

① 유체대전　② 마찰대전
③ 박리대전　④ 교반대전

> 해설

정전기 대전의 종류
① 유동정전기 대전　② 분출정전기 대전
③ 마찰정전기 대전　④ 박리정전기 대전
⑤ 파괴정전기 대전　⑥ 충돌정전기 대전
⑦ 교반 또는 침강에 의한 정전기 대전

> 참고) 산업안전기사 필기 p.4-33(1. 대전의 종류)

> KEY ▶ ① 2016년 8월 21일 산업기사 출제
> ② 2018년 3월 4일 산업기사 출제
> ③ 2018년 8월 19일 출제
> ④ 2020년 8월 22일 기사 출제
> ⑤ 2023년 6월 4일(문제 72번) 출제

68 정전기 재해를 예방하기 위해 설치하는 제전기의 제전효율은 설치 시에 얼마 이상이 되어야 하는가?

① 40[%] 이상　② 50[%] 이상
③ 70[%] 이상　④ 90[%] 이상

> 해설

제전기 설치시 제전효율 : 90[%] 이상

> 참고) 산업안전기사 필기 p.4-41(합격날개 : 은행문제)

> KEY ▶ ① 2012년 3월 4일 기사 출제
> ② 2021년 8월 14일 기사 출제
> ③ 2023년 7월 8일(문제 67번) 출제

69 정전에너지를 나타내는 식으로 알맞은 것은?(단, Q는 대전 전하량, C는 정전용량이다.)

① $\dfrac{Q}{2C}$　② $\dfrac{Q}{2C^2}$
③ $\dfrac{Q^2}{2C}$　④ $\dfrac{Q^2}{2C^2}$

> 해설

정전기 에너지
① 정전용량 C[F]인 물체에 전압 V[V]가 가해져서 Q[C]의 전하가 축적되어 있을 때 에너지는 $W = \dfrac{1}{2}QV = \dfrac{1}{2}CV^2 = \dfrac{1Q^2}{2C}$[J]이 된다.

② 유도된 전압 = $\dfrac{C_1}{C_1+C_2}E$

W : 정전기 에너지[J]
C : 도체의 정전용량[F]
V : 대전전위(유도된 전압)[V]
Q : 대전전하량[C]

> 참고) 산업안전기사 필기 p.4-33(6. 정전기 에너지)

> KEY ▶ ① 2019년 8월 4일 기사 출제
> ② 2023년 7월 8일(문제 79번) 출제

70 한국전기설비규정에 따라 욕조나 샤워시설이 있는 욕실 등 인체가 물에 젖어있는 상태에서 전기를 사용하는 장소에 인체감전보호용 누전차단기가 부착된 콘센트를 시설하는 경우 누전차단기의 정격감도전류 및 동작시간은?

① 15[mA] 이하, 0.01[초] 이하
② 15[mA] 이하, 0.03[초] 이하
③ 30[mA] 이하, 0.01[초] 이하
④ 30[mA] 이하, 0.03[초] 이하

> 해설

인체감전보호용 누전차단기 기준
① 정격 감도 전류 : 15[mA]
② 동작시간 : 0.03[초] 이하

> 참고) 산업안전기사 필기 p.4-5(1. 누전차단기 종류)

> KEY ▶ ① 2020년 9월 27일 기사 등 20번 이상 출제
> ② 2021년 3월 7일(문제 63번) 출제
> ③ 2024년 2월 15일(문제 61번) 출제

71 누전사고가 발생될 수 있는 취약 개소가 아닌 것은?

① 나선으로 접속된 분기회로의 접속점
② 전선의 열화가 발생한 곳
③ 부도체를 사용하여 이중절연이 되어 있는 곳
④ 리드선과 단자와의 접속이 불량한 곳

> 해설

누전(electric leakage : 漏電)
(1) 개요 : 절연이 불완전하여 전기의 일부가 전선 밖으로 새어 나와 주변의 도체에 흐르는 현상
(2) 누전의 원인

[정답] 67 ①　68 ④　69 ③　70 ②　71 ③

① 전기장치나 오래된 전선의 절연 불량, 전선 피복의 손상또는 습기의 침입 등이 주된 원인이다.
② 한번 누전현상이 일어나면 그 부분에 계속 누설전류가 흘러 절연상태가 더욱 악화될 수 있으므로 주의가 필요하다.

참고) 산업안전기사 필기 p.4-6(2. 누전차단기 설치 장소)

KEY ① 2019년 8월 4일(문제 78번) 출제
② 2024년 2월 15일(문제 64번) 출제

③ 충전부가 노출되지 않도록 폐쇄형 외함구조로 할 것
④ 관계자 외에 출입을 금지하고 평소에 잠금상태가 되어야 한다.

참고) 산업안전기사 필기 p.4-20(1. 직접접촉에 의한 감전방지 방법)

KEY ① 2016년 8월 21일 산업기사 출제
② 2017년 3월 5일 출제
③ 2017년 5월 7일(문제 76번) 출제
④ 2020년 9월 27일(문제 76번) 출제
⑤ 2022년 3월 5일(문제 70번) 출제
⑥ 2024년 5월 9일(문제 77번) 출제

72 다음 중 전기화재의 주요 원인이라고 할 수 없는 것은?

① 절연전선의 열화   ② 정전기 발생
③ 과전류 발생   ④ 절연저항값의 증가

해설
전기화재의 경로별발생(원인별)
① 단락(합선) : 25[%]
② 전기스파크 : 24[%]
③ 누전 : 15[%]
④ 접촉부의 과열 : 12[%]
⑤ 접촉불량
⑥ 정전기

참고) 산업안전기사 필기 p.4-72(2.경로별 발생)

보충학습
(1) 화재의 3요건
    ① 산소 ② 발화원 ③ 착화물
(2) 전기화재
    ① 전기가 원인이 되어 일어나는 화재
    ② 전기화재는 광범위한 손실을 초래

KEY ① 2016년 5월 8일 기사
② 2018년 9월 28일, 8월 19일 기사
③ 2021년 5월 15일(문제 71번) 출제
④ 2024년 2월 15일(문제 80번), 5월 9일(문제 63번) 출제

73 감전사고를 방지하기 위한 방법으로 틀린 것은?

① 전기기기 및 설비의 위험부에 위험표지
② 전기설비에 대한 누전차단기 설치
③ 전기기기에 대한 정격표시
④ 무자격자는 전기기계 및 기구에 전기적인 접촉 금지

해설
직접접촉에 의한 감전방지대책
① 충전부에 절연 방호망을 설치할 것
② 충전부는 내구성이 있는 절연물로 완전히 덮어 감쌀 것

74 다음 (   )안에 알맞은 내용을 나타낸 것은?

폭발성 가스의 폭발등급 측정에 사용되는 표준용기는 내용적이 (㉮)[cm³], 반구상의 플렌지 접합면의 안 길이(㉯)[mm]의 구상용기의 틈새를 통과시켜 화염일주 한계를 측정하는 장치이다.

① ㉮ 600   ㉯ 0.4   ② ㉮ 1800   ㉯ 0.6
③ ㉮ 4500   ㉯ 8   ④ ㉮ 8000   ㉯ 25

해설
화염일주한계 = 최대안전틈새 = 안전간격(safety gap)
① 내용적 : 8000[cm³]=8[ℓ]
② 접합면의 안길이 : 25[mm]

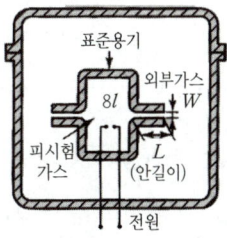

[그림] 폭발등급 측정에 사용되는 표준용기

참고) 산업안전기사 필기 p.4-59 (합격날개 : 합격예측)

KEY ① 2016년 8월 21일 출제
② 2018년 8월 19일(문제 66번) 출제
③ 2022년 3월 5일(문제 61번) 출제
④ 2024년 2월 15일(문제 78번), 7월 27일(문제 64번) 출제

보충학습
화염일주한계
폭발성분위기 내에서 방치된 표준용기의 접합 면 틈새를 통하여 폭발화염이 내부에서 외부로 전파되는 것을 저지할 수 있는 틈새의 최간격치

[정답] 72 ④   73 ③   74 ④

과년도 출제문제

75 교류 아크 용접기의 자동전격방지장치는 전격의 위험을 방지하기 위하여 아크 발생이 중단된 후 약 1초 이내에 출력 측 무부하 전압을 자동적으로 몇 [V] 이하로 저하시켜야 하는가?

① 85
② 70
③ 50
④ 25

해설

자동전격방지장치 무부하전압
① 시간 : 1±0.3초 이내   ② 전압 : 25[V] 이하

참고 산업안전기사 필기 p.4-78(2. 방호 장치의 성능)

KEY
① 2011년 6월 12일 출제
② 2012년 8월 26일 출제
③ 2017년 5월 7일 출제
④ 2018년 3월 4일 출제
⑤ 2020년 9월 27일 출제
⑥ 2023년 7월 8일(문제 74번) 출제
⑦ 2024년 7월 27일(문제 68번) 출제

76 인화성 가스 또는 인화성 액체의 용기류가 부식, 열화 등으로 파손되어 가스 또는 액체가 누출 할 염려가 있는 경우의 방폭지역은?

① 0종 장소
② 1종 장소
③ 2종 장소
④ 비방폭지역

해설

위험장소의 구분
① 0종 장소 : 장치 및 기기들이 정상 가동되는 경우에 폭발성 가스가 항상 존재하는 장소이다.
② 1종 장소 : 장치 및 기기들이 정상 가동 상태에서 폭발성 가스가 가끔 누출되어 위험 분위기가 존재하는 장소이다.
③ 2종 장소 : 작업자의 조작상 실수나 이상운전으로 폭발성 가스가 누출되거나 유출된 가스가 체류하여 폭발을 일으킬 우려가 있는 장소이다.

참고 산업안전기사 필기 p.4-52(3. 가스 폭발 위험장소)

KEY
① 2011년 3월 20일 출제
② 2018년 8월 19일 산업기사 출제
③ 2020년 6월 7일 출제
④ 2023년 2월 15일(문제 72번) 출제
⑤ 2020년 9월 27일 기사(문제 13번) 출제
⑥ 2021년 5월 15일(문제 68번) 출제
⑦ 2024년 7월 27일(문제 74번) 출제

77 인체의 전기저항을 0.5[kΩ]이라고 하면 심실세동을 일으키는 위험한계 에너지는 몇 [J]인가?(단, 심실세동전류값 $I=\dfrac{165}{\sqrt{T}}$[mA]의 Dalziel(달지엘)의 식을 이용하며, 통전시간은 1초로 한다.)

① 13.6
② 12.6
③ 11.6
④ 10.6

해설

위험한계에너지

$$Q = I^2RT = \left(\dfrac{165}{\sqrt{T}} \times 10^{-3}\right)^2 \times 500 \times T$$

$$= \dfrac{165^2}{T} \times 10^{-6} \times 500 \times T$$

$$= 165^2 \times 10^{-6} \times 500 = 13.61[J]$$

$$= 13.6 \times 0.24[cal] = 3.3[cal]$$

참고 산업안전기사 필기 p.4-18(3. 위험한계에너지)

KEY
① 2008년 5월 11일(문제 71번) 출제
② 2016년 8월 21일 출제
③ 2017년 5월 7일 출제
④ 2018년 3월 4일 기사, 4월 28일 기사·산업기사 출제
⑤ 2024년 7월 27일(문제 70번) 출제 등 10회 이상 출제
⑥ 2025년 2월 7일(문제 62번) 출제

78 내전압용절연장갑의 등급에 따른 최대사용전압이 틀린 것은?(단, 교류 전압은 실효값이다.)

① 등급 00 : 교류 500[V]
② 등급 1 : 교류 7,500[V]
③ 등급 2 : 직류 17,000[V]
④ 등급 3 : 직류 39,750[V]

해설

절연장갑의 등급 및 표시

등급	최대사용전압		등급별 색상
	교류([V], 실효값)	직류[V]	
00	500	750	갈색
0	1,000	1,500	빨간색
1	7,500	11,250	흰색
2	17,000	25,500	노란색
3	26,500	39,750	녹색
4	36,000	54,000	등색

[주] 직류값은 교류에 1.5를 곱하면 된다. **예** 500×1.5=750

[**정답**] 75 ④ 76 ③ 77 ① 78 ③

참고 ① 산업안전기사 필기 p.1-51(합격날개 : 합격예측)
② 산업안전기사 필기 p.4-23(합격날개 : 합격예측)

KEY ① 2018년 4월 28일 산업기사, 8월 19일 기사 출제
② 2019년 4월 27일 출제
③ 2020년 6월 14일 산업기사, 9월 27일(문제 13번) 출제
④ 2021년 5월 15일(문제 68번) 출제
⑤ 2024년 7월 27일(문제 76번) 출제
⑥ 2025년 2월 7일 산업기사, 2월 7일(문제 64번) 출제

79 절연물의 절연계급을 최고허용온도가 낮은 온도에서 높은 온도 순으로 배치한 것은?

① Y종 → A종 → E종 → B종
② A종 → B종 → E종 → Y종
③ Y종 → E종 → B종 → A종
④ B종 → Y종 → A종 → E종

해설

절연물의 내열구분

종별	허용 최고 온도[℃]	절연물의 종류
Y종	90	유리화수지, 메타크릴수지, 폴리에틸렌, 폴리염화비닐, 폴리스티렌
A종	105	폴리에스테르수지, 셀룰로오스 유도체, 폴리아미드, 폴리비닐포르말
E종	120	멜라민수지, 페놀수지의 유기질, 폴리에스테르수지
B종	130	무기질기재의 각종 성형 적층물
F종	155	에폭시수지, 폴리우레탄수지, 변성실리콘수지
H종	180	유리, 실리콘, 고무
C종	180 이상	실리콘, 플루오르화에틸렌

참고 산업안전기사 필기 p.4-74(표 : 절연물의 내열구분)

KEY ① 2020년 6월 7일 출제
② 2021년 3월 7일(문제 78번) 출제
③ 2024년 7월 27일(문제 78번) 출제
④ 2025년 5월 10일(문제 65번) 출제

80 내압방폭구조의 필요충분조건에 대한 사항으로 틀린 것은?

① 폭발화염이 외부로 유출되지 않을 것
② 습기침투에 대한 보호를 충분히 할 것
③ 내부에서 폭발한 경우 그 압력에 견딜 것
④ 외함의 표면온도가 외부의 폭발성가스를 점화하지 않을 것

해설

내압(耐壓)방폭구조(explosion proof : d)의 특징
① 용기의 내부에 폭발성 가스의 폭발이 일어날 경우에 용기가 폭발압력에 견디고 또한 외부의 폭발성 분위기에의 불꽃의 전파를 방지하도록 한 방폭구조
② 점화원의 방폭적 격리
③ MESG 특성 적용

참고 산업안전기사 필기 p.4-53(1. 내압방폭구조)

KEY ① 2019년 3월 3일 기사 출제
② 2019년 4월 27일 기사·산업기사 동시출제
③ 2020년 6월 7일(문제 71번) 출제
④ 2022년 3월 5일(문제 67번) 출제
⑤ 2025년 5월 10일(문제 76번) 출제

보충학습

최대 실험 안전 간격(MESG): 내압 방폭 설비의 기준
① Group IIA: MESG ≥ 0.9[mm]
② Group IIB: 0.5[mm] < MESG < 0.9[mm]
③ Group IIC: MESG ≤ 0.5[mm]

5 화학설비 안전관리

81 다음 중 폭발범위에 관한 설명으로 틀린 것은?

① 상한값과 하한값이 존재한다.
② 온도에는 비례하지만 압력과는 무관하다.
③ 가연성 가스의 종류에 따라 각각 다른 값을 갖는다.
④ 공기와 혼합된 가연성 가스의 체적 농도로 나타낸다.

해설

폭발발생의 필수인자
① 인화성 물질 온도
② 조성(인화성 물질의 농도범위)
③ 압력의 방향
④ 용기의 크기와 형태(모양)

참고 산업안전기사 필기 p.5-3(2. 폭발발생의 필수인자)

KEY ① 2014년 3월 2일(문제 85번) 출제
② 2019년 3월 3일(문제 96번) 출제
③ 2020년 9월 27일(문제 84번) 출제
④ 2022년 3월 5일(문제 83번) 출제

보충학습

보일 샤를 법칙에 의해 온도 상승 시 부피, 압력이 상승하여 넓어진다.

$$\frac{P_1 V_1}{T_1} = \frac{P_2 V_2}{T_2} = K(일정)$$

[정답] 79 ① 80 ② 81 ②

82. 다음 [표]와 같은 혼합가스의 폭발범위(vol%)로 옳은 것은?

종류	용적비율 (vol%)	폭발하한계 (vol%)	폭발상한계 (vol%)
CH_4	70	5	15
C_2H_6	15	3	12.5
C_3H_8	5	2.1	9.5
C_4H_{10}	10	1.9	8.5

① 3.75~13.21　② 4.33~13.21
③ 4.33~15.22　④ 3.75~15.22

해설
혼합가스의 폭발범위

① $L(하한) = \dfrac{100}{\dfrac{V_1}{L_1}+\dfrac{V_2}{L_2}+\dfrac{V_3}{L_3}+\dfrac{V_4}{L_4}} = \dfrac{100}{\dfrac{70}{5}+\dfrac{15}{3}+\dfrac{5}{2.1}+\dfrac{10}{1.9}}$
　　= 3.75

② $U(상한) = \dfrac{100}{\dfrac{V_1}{L_1}+\dfrac{V_2}{L_2}+\dfrac{V_3}{L_3}+\dfrac{V_4}{L_4}} = \dfrac{100}{\dfrac{70}{15}+\dfrac{15}{12.5}+\dfrac{5}{9.5}+\dfrac{10}{8.5}}$
　　= 13.21

∴ V = 각 성분의 체적
　L = 각 성분의 폭발하한치(LFL)

참고 산업안전기사 필기 p.5-11(보충학습 : 혼합가스의 폭발범위)

KEY
① 2017년 8월 26일 산업기사 출제
② 2018년 8월 19일(문제 86번) 출제
③ 2022년 3월 5일(문제 84번) 출제

83. 다음 중 퍼지(purge)의 종류에 해당하지 않는 것은?

① 압력퍼지　② 진공퍼지
③ 스위프퍼지　④ 가열퍼지

해설
퍼지(purge)의 종류
① 압력퍼지　② 진공 퍼지
③ 가압퍼지　④ 스위프 퍼지
⑤ 사이펀 퍼지

참고 산업안전기사 필기 p.5-20(표 : 퍼지의 종류)

KEY
① 2011년 6월 12일(문제 86번) 출제
② 2018년 4월 28일(문제 91번) 출제
③ 2021년 8월 14일(문제 82번) 출제
④ 2022년 4월 24일(문제 82번) 출제

84. 폭발한계와 완전 연소 조성 관계인 Jones식을 이용하여 부탄(C_4H_{10})의 폭발하한계를 구하면 약 몇 [vol%]인가?

① 1.4　② 1.7
③ 2.0　④ 2.3

해설
C_4H_{10} 양론농도계산

① $C_{st} = \dfrac{100}{1+4.773\left(4+\dfrac{10}{4}\right)} = 3.125$

② 연소하한값 = $0.55 \times C_{st} = 0.55 \times 3.125 = 1.718$

참고 산업안전기사 필기 p.5-11(보충학습 : 폭발범위의 계산)

KEY
① 2020년 8월 22일(문제 86번) 출제
② 2021년 8월 14일(문제 94번) 출제
③ 2022년 4월 24일(문제 83번) 출제

보충학습
폭발범위의 계산 : Jones식
① 폭발하한계 = $0.55 \times C_{st}$
② 폭발상한계 = $3.50 \times C_{st}$

여기서, $C_{st} = \dfrac{100}{1+4.773\left(n+\dfrac{m-f-\lambda}{4}\right)}$

(n : 탄소, m : 수소, f : 할로겐원소, λ : 산소의 원자수)

85. 다음 [표]의 가스(A~D)를 위험도가 큰 것부터 작은 순으로 나열한 것은?

가스	폭발하한값	폭발상한값
A	4.0 [vol%]	75.0 [vol%]
B	3.0 [vol%]	80.0 [vol%]
C	1.25 [vol%]	44.0 [vol%]
D	2.5 [vol%]	81.0 [vol%]

① D-B-C-A　② D-B-A-C
③ C-D-A-B　④ C-D-B-A

해설
위험도 계산

위험도(H) = $\dfrac{U-L}{L}$

① A = $\dfrac{75-4}{4} = 17.75$　② B = $\dfrac{80-3}{3} = 25.67$

③ C = $\dfrac{44-1.25}{1.25} = 34.2$　④ D = $\dfrac{81-2.5}{2.5} = 31.4$

[정답] 82 ①　83 ④　84 ②　85 ④

> [참고] 산업안전기사 필기 p.5-60(㉑ 위험도)
>
> [KEY] ① 2021년 5월 15일 기사 등 10회 이상 출제
> ② 2018년 8월 19일 산업기사 등 10회 이상 출제
> ③ 2022년 4월 24일(문제 97번) 출제

86 다음 중 반응기를 조작방식에 따라 분류할 때 이에 해당하지 않는 것은?

① 회분식 반응기
② 반회분식 반응기
③ 연속식 반응기
④ 관형식 반응기

> [해설]
> **반응기의 구분**
>
> | 구분 | 종류 | 특징 |
> |---|---|---|
> | 조작(운전)방식에 의한 분류 | 회분식 반응기 (Batch Reactor) | ① 원료를 반응기 내에 주입하고, 일정 시간 반응시킨 다음 생성물을 꺼내는 방식 ② 반응이 진행되는 동안 원료 도입 또는 생성물의 배출이 없다. ③ 다품종 소량 생산에 유리하다. |
> | | 반회분식 반응기 (semi-batch Reactor) | ① 반응 성분의 일부를 반응기 내에 넣어두고 반응이 진행됨에 따라 다른 성분을 계속 첨가하는 형식의 반응기이다. |
> | | 연속식 반응기 (plug flow Reactor) | ① 원료를 연속적으로 반응기에 도입하는 동시에 반응 생성물을 연속적으로 반응기에 배출시키면서 반응을 진행시키는 반응기이다. ② 소품종 대량생산에 적합하다. |
> | 구조에 의한 분류 | ① 관형반응기 ② 탑형반응기 ③ 교반기형반응기 ④ 유동층형 반응기 | |
>
> [참고] 산업안전기사 필기 p.5-49(1. 반응기)
>
> [KEY] ① 2011년 3월 20일 문제 89번 출제
> ② 2019년 3월 3일(문제 83번) 출제
> ③ 2021년 8월 14일(문제 99번) 출제
> ④ 2022년 4월 24일(문제 95번) 출제
> ⑤ 2023년 2월 28일(문제 82번) 출제

87 산업안전보건법령상 대상 설비에 설치된 안전밸브에 대해서는 경우에 따라 구분된 검사주기마다 안전밸브가 적정하게 작동하는지 검사하여야 한다. 화학공정 유체와 안전밸브의 디스크 또는 시트가 직접 접촉될 수 있도록 설치된 경우의 검사주기로 옳은 것은?

① 매년 1회 이상
② 2년마다 1회 이상
③ 3년마다 1회 이상
④ 4년마다 1회 이상

> [해설]
> **제261조(안전밸브 등의 설치)**
> 설치된 안전밸브에 대해서는 다음 각 호의 구분에 따른 검사주기마다 국가교정기관에서 교정을 받은 압력계를 이용하여 설정압력에서 안전밸브가 적정하게 작동하는지를 검사한 후 납으로 봉인하여 사용하여야 한다. 다만, 공기나 질소취급용기 등에 설치된 안전밸브 중 안전밸브 자체에 부착된 레버 또는 고리를 통하여 수시로 안전밸브가 적정하게 작동하는지를 확인할 수 있는 경우에는 검사하지 아니할 수 있고 납으로 봉인하지 아니할 수 있다.
> ① 화학공정 유체와 안전밸브의 디스크 또는 시트가 직접 접촉될 수 있도록 설치된 경우 : 2년마다 1회 이상
> ② 안전밸브 전단에 파열판이 설치된 경우 : 3년마다 1회 이상
> ③ 공정안전보고서 제출 대상으로서 고용노동부장관이 실시하는 공정안전보고서 이행상태 평가결과가 우수한 사업장의 안전밸브의 경우 : 4년마다 1회 이상
>
> [참고] 산업안전기사 필기 p.5-3(합격날개 : 합격예측 및 관련법규)
>
> [KEY] ① 2021년 3월 7일 기사 출제
> ② 2023년 2월 28일(문제 84번) 출제
>
> [합격정보] 산업안전보건기준에 관한 규칙 제261조(안전밸브 등의 설치)
>
> [보충학습]
> **안전밸브**
> 기기(機器)나 관 등의 파괴를 방지하기 위하여 부착하는 최고 압력을 한정하는 밸브로서, 설정 압력 이상이 되면 유체를 내뿜어 압력을 설정 압력 이하로 낮추도록 되어있다.

88 공기 중에서 A물질의 폭발하한계가 4[vol%], 상한계가 75[vol%] 라면 이 물질의 위험도는?

① 16.75
② 17.75
③ 18.75
④ 19.75

> [해설]
> **위험도 계산**
> $$H = \frac{\text{폭발상한계} - \text{폭발하한계}}{\text{폭발하한계}} = \frac{75-4}{4} = 17.75$$
>
> [참고] 산업안전기사 필기 p.5-70(문제 40번) 적중
>
> [KEY] ① 2015년 5월 31일(문제 85번) 출제
> ② 2016년 3월 6일(문제 86번) 출제
> ③ 2017년 3월 5일(문제 82번) 출제
> ④ 2018년 3월 4일(문제 89번) 출제
> ⑤ 2020년 6월 7일(문제 92번) 출제
> ⑥ 2021년 3월 7일(문제 97번), 5월 15일(문제 90번) 출제
> ⑦ 2022년 4월 24일(문제 97번) 출제
> ⑧ 2023년 2월 28일(문제 97번) 출제

[정답] 86 ④ 87 ② 88 ②

89 마그네슘의 저장 및 취급에 관한 설명으로 틀린 것은?

① 화기를 엄금하고, 가열, 충격, 마찰을 피한다.
② 분말이 비산하지 않도록 완전 밀봉하여 저장한다.
③ 1류 또는 6류와 같은 산화제와 혼합되지 않도록 격리, 저장한다.
④ 일단 연소하면 소화가 곤란하지만 초기 소화 또는 소규모 화재시 물, CO_2 소화설비를 이용하여 소화한다.

[해설]

Mg의 저장취급방법
① 마그네슘은 제2류 위험물 중 물기엄금 물질이다.
② 화기를 엄금하고, 가열, 충격, 마찰을 피한다.
③ 분말은 분진폭발에 위험이 있어 비산하지 않도록 완전 밀봉하여 저장한다.
④ 1류 또는 6류와 같은 산화제 및 할로겐원소와 혼합되지 않도록 격리 저장한다.
⑤ 물과 반응하면 수소 발생, 이산화탄소와는 폭발적인 반응을 하므로 소화는 마른 모래나 분말 소화약제를 사용한다.

[참고] 산업안전기사 필기 p.5-66(문제 31번) 적중

[KEY] ① 2015년 5월 31일(문제 92번) 출제
② 2023년 6월 4일(문제 83번) 출제

90 위험물을 산업안전보건법령에서 정한 기준량 이상으로 제조하거나 취급하는 설비로서 특수화학설비에 해당되는 것은?

① 가열시켜 주는 물질의 온도가 가열되는 위험물질의 분해온도보다 높은 상태에서 운전되는 설비
② 상온에서 게이지 압력으로 200[kPa]의 압력으로 운전되는 설비
③ 대기압 하에서 섭씨 300[℃]로 운전되는 설비
④ 흡열반응이 행하여지는 반응설비

[해설]

특수화학설비의 종류
① 발열반응이 일어나는 반응장치
② 증류 · 정류 · 증발 · 추출 등 분리를 하는 장치
③ 가열시켜 주는 물질의 온도가 가열되는 위험물질의 분해온도 또는 발화점보다 높은 상태에서 운전되는 설비
④ 반응폭주 등 이상 화학반응에 의하여 위험물질이 발생할 우려가 있는 설비
⑤ 온도가 섭씨 350도 이상이거나 게이지 압력이 980[kPa] 이상인 상태에서 운전되는 설비
⑥ 가열로 또는 가열기

[참고] 산업안전기사 필기 p.5-17(합격날개 : 합격예측 및 관련법규)

[KEY] ① 2022년 4월 24일 기사 등 10회 이상 출제
② 2023년 6월 4일(문제 84번) 출제

[합격정보]
산업안전보건기준에 관한 규칙 제273조(계측장치 등의 설치)

91 다음 물질 중 공기에서 폭발상한계 값이 가장 큰 것은?

① 사이클로헥산   ② 산화에틸렌
③ 수소   ④ 이황화탄소

[해설]

주요 인화성 가스의 폭발범위

인화성 가스	폭발하한값[%]	폭발상한값[%]
아세틸렌(C_2H_2)	2.5	81
산화에틸렌(C_2H_4O)	3	80
수소(H_2)	4	75
일산화탄소(CO)	12.5	74
프로판(C_3H_8)	2.1	9.5
에탄(C_2H_6)	3	12.5
메탄(CH_4)	5	15
부탄(C_4H_{10})	1.8	8.4

[참고] 산업안전기사 필기 p.5-17(합격날개 : 합격예측 및 관련법규)

[KEY] ① 2013년 3월 10일 기사 출제
② 2016년 5월 8일 기사 출제
③ 2017년 8월 26일 기사 출제
④ 2021년 3월 7일 기사 출제
⑤ 2023년 7월 8일(문제 81번) 출제

92 다음 관(pipe) 부속품 중 관로의 방향을 변경하기 위하여 사용하는 부속품은?

① 니플(nipple)
② 유니온(union)
③ 플랜지(flange)
④ 엘보(elbow)

[정답] 89 ④ 90 ① 91 ② 92 ④

> 2025년 8월 9일 시행

> 해설

피팅류(Fittings)의 용도

용도	종류
두 개의 관을 연결할 때	플랜지, 유니온, 커플링, 니플, 소켓
관로의 방향을 바꿀 때	엘보, Y지관, 티, 십자
관로의 크기를 바꿀 때	축소관, 부싱
가지관을 설치할 때	티(T), Y지관, 십자
유로를 차단할 때	플러그, 캡, 밸브
유량 조절	밸브

> 참고) 산업안전기사 필기 p.5-58(합격날개 : 합격예측)

> KEY ① 2013년 3월 10일 기사 출제
> ② 2014년 3월 2일 기사 출제
> ③ 2015년 8월 16일 기사 출제
> ④ 2016년 3월 6일, 5월 8일 기사 출제
> ⑤ 2020년 6월 7일, 9월 27일 기사 출제
> ⑥ 2023년 7월 8일(문제 86번) 출제

93 가스를 분류할 때 독성가스에 해당하지 않는 것은?

① 황화수소
② 시안화수소
③ 이산화탄소
④ 산화에틸렌

> 해설

독성가스 허용농도
① NH_3(암모니아) : 25[ppm]
② $COCl_2$(포스겐) : 0.1[ppm]
③ Cl_2(염소) : 1[ppm]
④ H_2S(황화수소) : 10[ppm]

> 참고) 산업안전기사 필기 p.5-44(표. 주요 고압가스의 분류)

> KEY ① 2017년 3월 5일 기사 출제
> ② 2019년 8월 4일 기사 출제
> ③ 2022년 4월 24일(문제 84번) 출제
> ④ 2024년 2월 15일(문제 82번) 출제

> 보충학습
① $COCl_2$: 1차 세계대전 독가스
② CO_2 : 불연성가스(질식성 가스)

94 다음 중 상온에서 물과 격렬히 반응하여 수소를 발생시키는 물질은?

① Au
② K
③ S
④ Ag

> 해설

K(칼륨) : 칼륨은 금수성 물질로서 산과 접촉 시 수소방출

> 참고) ① 산업안전기사 필기 p.5-62(문제 4번)
> ② 산업안전기사 필기 p.5-69(문제 35번) 적중

> KEY ① 2012년 5월 20일 기사 출제
> ② 2016년 5월 8일 기사 출제
> ③ 2017년 8월 26일 기사 출제
> ④ 2018년 3월 4일 기사 출제
> ⑤ 2019년 3월 3일 기사 출제
> ⑥ 2021년 3월 7일, 5월 15일 기사 출제
> ⑦ 2023년 7월 8일(문제 87번) 출제
> ⑧ 2024년 2월 15일(문제 89번) 출제

> 보충학습
① 반응식 : $2K+2H_2O \rightarrow 2KOH+H_2$
② Cu, Fe, Au, Ag, C : 상온에서 고체로 물과 접촉해도 반응불가
③ K, Na, Mg, Zn, Li : 물과 격렬반응하여 수소 발생

95 CF_3Br 소화약제의 할론 번호를 옳게 나타낸 것은?

① 하론 1031
② 하론 1311
③ 하론 1301
④ 하론 1310

> 해설

할론 넘버 : C, F, Cl, Br의 개수로 표시
① 일염화 일취화 메탄 : 1011
② 일취화 일염화 이불화 메탄 : 1211
③ 이취화 사불화 에탄 : 2402
④ 일취화 삼불화 메탄 : 1301

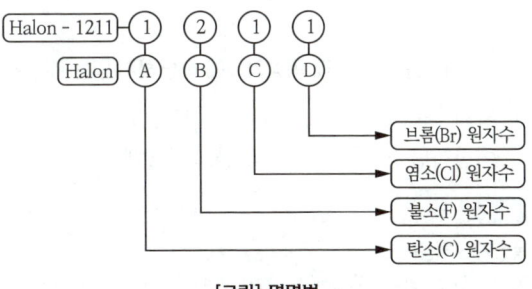

[그림] 명명법

> 참고) 산업안전기사 필기 p.5-15(7. 할로겐화물 소화기)

> KEY ① 2008년 7월 27일 기사 출제
> ② 2016년 8월 21일 산업기사 출제
> ③ 2018년 8월 19일 기사 출제
> ④ 2023년 6월 4일(문제 97번) 출제
> ⑤ 2024년 2월 15일(문제 95번) 출제

[정답] 93 ③ 94 ② 95 ③

96 다음 설명이 의미하는 것은?

> 온도, 압력 등 제어상태가 규정의 조건을 벗어나는 것에 의한 반응속도가 지수함수적으로 증대되고, 반응용기 내의 온도, 압력이 급격히 이상 상승되어 규정 조건을 벗어나고, 반응이 과격화되는 현상

① 비등 ② 과열·과압
③ 폭발 ④ 반응폭주

해설

반응폭주의 원리
① 반응물질량 제어 실패 : 반응물질과 투입에 다른 반응 활성화로 반응폭주 발생
② 반응온도 제어 실패 : 반응온도의 상승으로 인한 반응속도의 증가로 반응폭주 발생
③ 촉매의 양 제어 실패 : 반응속도를 높이는 촉매의 과 투입에 따른 반응폭주 발생
④ 이물질 흡입에 의한 이상반응 발생으로 반응폭주 발생

참고 산업안전기사 필기 p.5-52(합격날개 : 은행문제)

KEY
① 2017년 5월 7일(문제 97번) 출제
② 2020년 9월 27일(문제 99번) 출제
③ 2022년 3월 5일(문제 81번) 출제
④ 2024년 2월 15일(문제 99번) 출제
⑤ 2024년 5월 9일(문제 83번) 출제

합격정보
산업안전보건기준에 관한규칙 제262조(파열판의 설치)

97 가스를 분류할 때 독성가스에 해당하지 않는 것은?

① 황화수소 ② 시안화수소
③ 이산화탄소 ④ 산화에틸렌

해설

독성가스 허용농도
① NH_3(암모니아) : 25[ppm]
② $COCl_2$(포스겐) : 0.1[ppm]
③ Cl_2(염소) : 1[ppm]
④ H_2S(황화수소) : 10[ppm]

참고 산업안전기사 필기 p.5-44(표. 주요 고압가스의 분류)

KEY
① 2017년 3월 5일 출제
② 2019년 8월 4일 출제
③ 2022년 4월 24일(문제 84번) 출제
④ 2024년 2월 15일(문제 82번) 출제
⑤ 2024년 7월 27일(문제 81번) 출제

보충학습
① $COCl_2$: 1차 세계대전 독가스
② CO_2 : 불연성가스(질식성 가스)

98 산업안전보건법령상 "부식성 산류"에 해당하지 않는 것은?

① 농도 20[%]인 염산
② 농도 40[%]인 인산
③ 농도 50[%]인 질산
④ 농도 60[%]인 아세트산

해설

부식성 물질
① 부식성 산류
  ㉮ 농도가 20[%] 이상인 염산, 황산, 질산, 기타 이와 동등 이상의 부식성을 지니는 물질
  ㉯ 농도가 60[%] 이상인 인산, 아세트산, 플루오르산, 기타 이와 동등 이상의 부식성을 가지는 물질
② 부식성 염기류 : 농도가 40[%] 이상인 수산화나트륨, 수산화칼슘, 기타 이와 동등 이상의 부식성을 가지는 염기류

참고 산업안전기사 필기 p.5-36(7. 부식성 물질)

KEY
① 2011년 8월 21일 기사 출제
② 2012년 8월 26일 기사 출제
③ 2019년 8월 4일 기사 출제
④ 2023년 7월 8일(문제 83번) 출제
⑤ 2024년 5월 9일(문제 84번) 출제
⑥ 2025년 2월 7일(문제 84번) 출제

합격정보
산업안전보건기준에 관한 규칙 [별표1] 위험물질종류

99 다음 중 응상폭발이 아닌 것은?

① 분해폭발
② 수증기폭발
③ 전선폭발
④ 고상간의 전이에 의한 폭발

해설

응상폭발의 종류
① 수증기 폭발 ② 전선폭발
③ 고상간 전이 폭발 ④ 불안정 물질의 폭발
⑤ 혼합·혼촉에 의한 폭발

참고 산업안전기사 필기 p.5-9([표] 증기, 분진, 분해 폭발)

KEY
① 2017년 5월 7일 기사 출제
② 2020년 9월 27일 기사 출제
③ 2023년 7월 8일(문제 91번) 출제
④ 2024년 5월 9일(문제 86번) 출제
⑤ 2025년 2월 7일(문제 85번) 출제

[정답] 96 ④ 97 ③ 98 ④ 99 ①

보충학습1
(1) 물리적 폭발
   ① 탱크의 감압폭발 ② 수증기 폭발 ③ 고압용기의 폭발
(2) 화학적 폭발
   ① 분해폭발 ② 화학폭발 ③ 중합폭발 ④ 산화폭발

보충학습2
응상(凝狀)
물질이 엉긴상태를 말한다. 즉, 폭발물의 분자가 응집되어 액체 또는 고체상태

100 니트로셀룰로오스와 같이 연소에 필요한 산소를 포함하고 있는 물질이 연소하는 것을 무엇이라고 하는가?

① 분해연소 ② 확산연소
③ 그을음연소 ④ 자기연소

해설
자기연소(자기반응성 물질)
① 제5류 위험물은 인화성이면서 자체 내에 산소를 함유하고 있어 공기 중의 산소를 필요로 하지 않고 연소되는데 이를 자기연소라 한다.
② 니트로 화합물, 다이나마이트 등

참고) 산업안전기사 필기 p.5-5(4. 자기연소)

KEY ① 2016년 8월 21일 기사 출제
② 2020년 6월 7일 기사 출제
③ 2023년 7월 8일(문제 96번) 출제
④ 2024년 2월 15일(문제 91번) 출제
⑤ 2025년 5월 10일(문제 97번) 출제

6 건설공사 안전관리

101 추락·재해방지 설비 중 근로자의 추락재해를 방지할 수 있는 설비로 작업발판 설치가 곤란한 경우에 필요한 설비는?

① 경사로 ② 추락방호망
③ 고정사다리 ④ 달비계

해설
작업발판 설치가 곤란한 경우 : 추락방호망 설치

참고) 산업안전기사 필기 p.6-88(1. 건설가시설물 설치 및 관리)

KEY 2022년 3월 5일(문제 102번) 출제

합격정보
산업안전보건기준에 관한 규칙 제42조(추락의 방지)

102 가설구조물의 문제점으로 옳지 않은 것은?

① 도괴(무너짐)재해의 가능성이 크다.
② 추락재해 가능성이 크다.
③ 부재의 결합이 간단하나 연결부가 견고하다.
④ 구조물이라는 통상의 개념이 확고하지 않으며 조립의 정밀도가 낮다.

해설
가설 구조물의 특징
① 연결재가 부족하여 불안정해지기 쉽다.
② 부재 결합이 간략하고 불완전 결합이 많다.
③ 구조물이라는 통상의 개념이 확고하지 않아 조립의 정밀도가 낮다.
④ 부재는 과소 단면이거나 결함이 있는 재료가 사용되기 쉽다.

참고) 산업안전기사 필기 p.6-87(1. 가설 구조물의 특징)

KEY 2022년 3월 5일(문제 106번) 출제

103 사다리식 통로 등을 설치하는 경우 통로 구조로서 옳지 않은 것은?

① 발판의 간격은 일정하게 한다.
② 발판과 벽과의 사이는 15[cm] 이상의 간격을 유지한다.
③ 사다리의 상단은 걸쳐놓은 지점으로부터 60[cm] 이상 올라가도록 한다.
④ 폭은 40[cm] 이상으로 한다.

해설
사다리식 통로 폭 : 30[cm]이상

참고) 산업안전기사 필기 p.6-18(합격날개 : 합격예측 및 관련법규)

KEY ① 2016년 10월 1일 산업기사 출제
② 2017년 5월 7일 기사·산업기사 동시출제
③ 2018년 4월 28일 산업기사 출제
④ 2022년 3월 5일(문제 117번) 출제

【 정답 】 100 ④ 101 ② 102 ③ 103 ④

104 동바리의 침하를 방지하기 위한 직접적인 조치로 옳지 않은 것은?

① 수평연결재 사용 ② 받침목의 사용
③ 콘크리트의 타설 ④ 말뚝박기

해설

동바리의 침하 방지를 위한 직접적인 조치 4가지
① 받침목의 사용
② 깔판의 사용
③ 콘크리트 타설
④ 말뚝박기

참고 산업안전기사 필기 p.6-88(합격날개 : 합격예측 및 관련법규)

KEY ① 2022년 4월 24일 (문제 101번) 지문
② 2022년 4월 24일(문제 119번) 출제

정보제공
산업안전보건기준에 관한 규칙 제332조(동바리 조립시의 안전조치)

105 달비계를 사용하는 와이어로프의 사용금지 기준으로 옳지 않은 것은?

① 이음매가 있는 것
② 열과 전기충격에 의해 손상된 것
③ 지름의 감소가 공칭지름의 7[%]를 초과하는 것
④ 와이어로프의 한 꼬임에서 끊어진 소선의 수가 7[%] 이상인 것

해설

달비계에 사용하는 와이어로프 금지기준
① 이음매가 있는 것
② 와이어로프의 한 꼬임[스트랜드(strand)를 말한다. 이하 같다]에서 끊어진 소선(素線)[필러(pillar)선은 제외한다]의 수가 10[%] 이상(비자전로프의 경우에는 끊어진 소선의 수가 와이어로프 호칭지름의 6배 길이 이내에서 4개 이상이거나 호칭지름 30배 길이 이내에서 8개 이상)인 것
③ 지름의 감소가 공칭지름의 7[%]를 초과하는 것
④ 꼬인 것
⑤ 심하게 변형되거나 부식된 것
⑥ 열과 전기충격에 의해 손상된 것

참고 산업안전기사 필기 p.6-102(합격날개 : 합격예측 및 관련법규)

KEY ① 2017년 3월 5일 기사 출제
② 2018년 4월 28일 산업기사 출제
③ 2019년 8월 4일(문제 116번) 출제
④ 2022년 4월 24일(문제 120번) 출제

합격정보
산업안전보건기준에 관한 규칙 제63조(달비계의 구조)

106 그물코의 크기가 10[cm]인 매듭없는 방망사 신품의 인장강도는 최소 얼마 이상이어야 하는가?

① 240[kg] ② 320[kg]
③ 400[kg] ④ 500[kg]

해설

방망사의 신품에 대한 인장강도

그물코의 크기 (단위 : [cm])	방망의 종류(단위 : [kg])	
	매듭 없는 방망	매듭 방망
10	240	200
5		110

참고 산업안전기사 필기 p.6-50([표] 방망사의 신품에 대한 인장강도)

KEY ① 2016년 5월 8일 기사 출제
② 2017년 3월 5일, 8월 26일 기사 출제
③ 2018년 4월 28일, 8월 19일 기사 출제
④ 2019년 3월 3일, 8월 4일 기사 출제
⑤ 2020년 8월 22일 기사 출제
⑥ 2021년 8월 14일 기사 출제
⑦ 2023년 2월 28일(문제 101번) 출제

107 철골작업을 중지하여야 하는 조건에 해당되지 않는 것은?

① 풍속이 초당 10[m] 이상인 경우
② 지진이 진도 4 이상인 경우
③ 강우량이 시간당 1[mm] 이상인 경우
④ 강설량이 시간당 1[cm] 이상인 경우

해설

철골작업시 작업중지기준
① 풍속이 초당 10[m] 이상인 경우
② 강우량이 시간당 1[mm] 이상인 경우
③ 강설량이 시간당 1[cm] 이상인 경우

참고 산업안전기사 필기 p.6-148(표. 악천우시 작업중지기준)

KEY ① 2014년 5월 25일(문제 101번) 출제
② 2015년 5월 31일(문제 116번), 8월 16일(문제 120번) 출제
③ 2016년 3월 6일 (문제 103번) 출제
④ 2021년 3월 7일 (문제 103번) 출제
⑤ 2023년 2월 28일(문제 104번) 출제

합격정보
산업안전보건기준에 관한 규칙 제383조(작업의 제한)

【 정답 】 104 ③ 105 ④ 106 ① 107 ②

108 가설통로의 설치기준으로 옳지 않은 것은?

① 추락할 위험이 있는 장소에는 안전난간을 설치할 것
② 경사가 10[°]를 초과하는 경우에는 미끄러지지 않는 구조로 할 것
③ 경사는 30[°] 이하로 할 것
④ 건설공사에 사용하는 높이 8[m] 이상인 비계다리에는 7[m] 이내마다 계단참을 설치할 것

해설

가설통로 설치기준
① 견고한 구조로 할 것
② 경사는 30[°] 이하로 할 것. 다만, 계단을 설치하거나 높이 2[m] 미만의 가설통로로서 튼튼한 손잡이를 설치한 경우에는 그러하지 아니하다.
③ 경사가 15[°]를 초과하는 경우에는 미끄러지지 아니하는 구조로 할 것
④ 추락할 위험이 있는 장소에는 안전난간을 설치할 것. 다만, 작업상 부득이한 경우에는 필요한 부분만 임시로 해체할 수 있다.
⑤ 수직갱에 가설된 통로의 길이가 15[m] 이상인 경우에는 10[m] 이내마다 계단참을 설치할 것
⑥ 건설공사에 사용하는 높이 8[m] 이상인 비계다리에는 7[m] 이내마다 계단참을 설치할 것

참고 산업안전기사 필기 p.6-127(문제 40번)

KEY
① 2017년 5월 7일 기사 출제
② 2018년 4월 28일 기사 출제
③ 2019년 8월 4일 기사 출제
④ 2020년 6월 7일 기사 출제
⑤ 2021년 3월 7일 기사 출제
⑥ 2022년 3월 5일, 4월 24일 기사 출제
⑤ 2023년 2월 28일(문제 113번) 출제

합격정보
산업안전보건기준에 관한 규칙 제23조(가설통로의 구조)

109 흙막이 가시설 공사 중 발생할 수 있는 보일링(Boiling) 현상에 관한 설명으로 옳지 않은 것은?

① 이 현상이 발생하면 흙막이 벽의 지지력이 상실된다.
② 지하수위가 높은 지반을 굴착할 때 주로 발생한다.
③ 흙막이벽의 근입장 깊이가 부족할 경우 발생한다.
④ 연약한 점토지반에서 굴착면의 융기로 발생한다.

해설

보일링(Boiling)현상
① 투수성이 좋은 사질지반의 흙막이 지면에서 수두차로 인한 상향의 침투압이 발생, 유효응력이 감소하여 전단강도가 상실되는 현상
② 지하수가 모래와 같이 솟아오르는 현상
③ 모래의 액상화

참고 산업안전기사 필기 p.6-6(합격날개 : 합격대책)

KEY
① 2016년 10월 1일 기사 출제
② 2019년 3월 3일 기사, 4월 27일 산업기사 출제
③ 2020년 8월 23일 산업기사 출제
④ 2023년 6월 4일(문제 102번) 출제

합격팁
히빙(Heaving) 현상
연약성 점토지반 굴착시 굴착외측 흙의 중량에 의해 굴착저면의 흙이 활동전단 파괴되어 굴착내측으로 부풀어 오르는 현상

110 산업안전보건관리비계상기준에 따른 건축공사, 대상액 「5억원 이상~50억원 미만」의 안전관리비 비율 및 기초액으로 옳은 것은?

① 비율 : 2.28[%], 기초액 : 4,325,000원
② 비율 : 1.99[%], 기초액 : 5,499,000원
③ 비율 : 2.35[%], 기초액 : 5,400,000원
④ 비율 : 1.57[%], 기초액 : 4,411,000원

해설

공사종류 및 규모별 안전관리비 계상기준표

구 분 공사종류	대상액 5억원 미만	대상액 5억원 이상 50억원 미만 비율(X)	대상액 5억원 이상 50억원 미만 기초액(C)	대상액 50억원 이상	영 별표5에 따른 보건관리자 선임 대상 건설공사
건축공사	3.11[%]	2.28[%]	4,325,000원	2.37[%]	2.64[%]
토목공사	3.15[%]	2.53[%]	3,300,000원	2.60[%]	2.73[%]
중건설공사	3.64[%]	3.05[%]	2,975,000원	3.11[%]	3.39[%]
특수건설공사	2.07[%]	1.59[%]	2,450,000원	1.64[%]	1.78[%]

참고 산업안전기사 필기 p.6-43(별표1. 공사의 종류 및 규모별 산업안전관리비 계상기준표)

KEY
① 2016년 3월 6일, 10월 1일 산업기사 출제
② 2017년 3월 5일, 8월 26일 기사 출제
③ 2019년 3월 3일 기사 출제
④ 2020년 6월 14일 기사 등 10회 이상 출제
⑤ 2023년 6월 4일(문제 102번) 출제

합격정보
2025년 2월 12일 개정법 적용

[정답] 108 ② 109 ④ 110 ①

111
다음은 시스템 비계 구성에 관한 내용이다. ( )안에 들어갈 말로 옳은 것은?

> 비계 밑단의 수직재와 받침철물은 밀착되도록 설치하고, 수직재와 받침철물의 연결부의 겹침길이는 받침철물 ( ) 이상이 되도록 할 것

① 전체길이의 4분의 1 ② 전체길이의 3분의 1
③ 전체길이의 3분의 2 ④ 전체길이의 2분의 1

해설

시스템 비계 구성시 준수사항
① 수직재·수평재·가새재를 견고하게 연결하는 구조가 되도록 할 것
② 비계 밑단의 수직재와 받침철물은 밀착되도록 설치하고, 수직재와 받침철물의 연결부의 겹침길이는 받침철물 전체길이의 3분의 1 이상이 되도록 할 것
③ 수평재는 수직재와 직각으로 설치하여야 하며, 체결 후 흔들림이 없도록 견고하게 설치할 것
④ 수직재와 수직재의 연결철물은 이탈되지 않도록 견고한 구조로 할 것
⑤ 벽 연결재의 설치간격은 제조사가 정한 기준에 따라 설치할 것

참고 산업안전보건기준에 관한 규칙 제69조(시스템 비계의 구조)

KEY ① 2021년 5월 15일 기사 등 5회 이상 출제
② 2023년 6월 4일(문제 112번) 출제

112
건설공사 유해위험방지계획서를 제출해야 할 대상공사에 해당하지 않는 것은?

① 깊이 10[m]인 굴착공사
② 다목적댐 건설공사
③ 최대 지간길이가 40[m]인 다리건설 공사
④ 연면적 5,000[m²]인 냉동·냉장창고시설의 설비공사

해설

유해위험 방지계획서 제출 대상 공사
(1) 건축물 또는 시설 등의 건설·개조 또는 해체공사
　가. 지상높이가 31미터 이상인 건축물 또는 인공구조물
　나. 연면적 3만제곱미터 이상인 건축물
　다. 연면적 5천제곱미터 이상인(에) 해당하는 시설
　　① 문화 및 집회시설(전시장 및 동물원·식물원은 제외한다)
　　② 판매시설, 운수시설(고속철도의 역사 및 집배송시설은 제외한다)
　　③ 종교시설
　　④ 의료시설 중 종합병원
　　⑤ 숙박시설 중 관광숙박시설
　　⑥ 지하도상가
　　⑦ 냉동·냉장 창고시설

(2) 연면적 5천제곱미터 이상의 냉동·냉장창고시설의 설비공사 및 단열공사
(3) 최대지간길이가 50[m] 이상인 다리건설 등 공사
(4) 터널건설 등의 공사
(5) 다목적댐, 발전용댐, 저수용량 2천만톤 이상의 용수전용댐 및 지방상수도 전용댐의 건설 등 공사
(6) 깊이 10[m] 이상인 굴착공사

참고 산업안전기사 필기 p.6-20(3. 유해위험방지계획서 제출대상 건설공사)

KEY ① 2022년 4월 24일 기사 등 15회 이상 출제
② 2023년 7월 8일(문제 101번) 출제

합격정보
산업안전보건법 시행령 제42조(유해위험방지계획서 제출대상)

합격자의 조언
제3과목에도 출제가 됩니다.

113
유한사면에서 원형 활동면에 의해 발생하는 일반적인 사면 파괴의 종류에 해당하지 않는 것은?

① 사면 내 파괴(Slope failure)
② 사면 선단 파괴(Toe failure)
③ 사면 인장 파괴(Tension failure)
④ 사면 저부파괴(Base failure)

해설

유한사면의 원호 활동면 붕괴 형태
① 사면 선단 파괴(Toe Failure)
② 사면 내 파괴(Slope Failure)
③ 사면 저부 파괴(Base Failure)

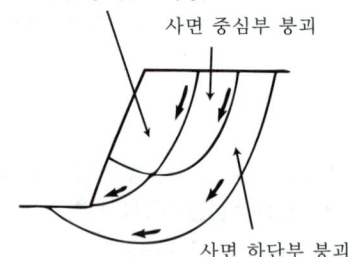

[그림] 사면 붕괴 형태

참고 산업안전기사 필기 p.6-55(합격날개:합격예측)

[정답] 111 ②　112 ③　113 ③

KEY ① 2021년 8월 14일 기사 출제
② 2023년 7월 8일(문제 106번) 출제

합격정보
굴착공사 표준안전작업 지침 제29조(붕괴의 형태)

114 콘크리트 타설작업을 하는 경우에 준수해야할 사항으로 옳지 않은 것은?

① 당일의 작업을 시작하기 전에 해당 작업에 관한 거푸집동바리 등의 변형·변위 및 지반의 침하 유무 등을 점검하고 이상이 있으면 보수한다.
② 작업 중에는 거푸집동바리 등의 변형·변위 및 침하 유무 등을 감시할 수 있는 감시자를 배치하여 이상이 있으면 작업을 빠른 시간 내 우선 완료하고 근로자를 대피시킨다.
③ 콘크리트 타설작업 시 거푸집붕괴의 위험이 발생할 우려가 있으면 충분한 보강 조치를 한다.
④ 콘크리트를 타설하는 경우에는 편심이 발생하지 않도록 골고루 분산하여 타설한다.

해설

제334조(콘크리트의 타설작업) 사업주는 콘크리트의 타설작업을 하는 경우에는 다음 각 호의 사항을 준수하여야 한다.
1. 당일의 작업을 시작하기 전에 해당 작업에 관한 거푸집 및 동바리를 변형·변위 및 지반의 침하유무 등을 점검하고 이상이 있으면 보수할 것
2. 작업중에는 거푸집동바리 등의 변형·변위 및 침하유무 등을 감시할 수 있는 감시자를 배치하여 이상이 있으면 작업을 중지시키고 근로자를 대피시킬 것
3. 콘크리트의 타설작업시 거푸집붕괴의 위험이 발생할 우려가 있는 경우에는 충분한 보강조치를 할 것
4. 설계도서상의 콘크리트 양생기간을 준수하여 거푸집 및 동바리를 해체할 것
5. 콘크리트를 타설하는 경우에는 편심이 발생하지 않도록 골고루 분산하여 타설할 것

참고 산업안전기사 필기 p.6-91(합격날개 : 합격예측 및 관련법규)

KEY ① 2016년 5월 8일 기사, 10월 1일 산업기사 출제
② 2017년 3월 5일 산업기사 출제
③ 2021년 5월 15일, 8월 14일 기사 출제
④ 2022년 3월 5일(문제 118번) 출제
⑤ 2024년 2월 15일(문제 105번) 출제

115 잠함 또는 우물통의 내부에서 굴착작업을 할 때의 준수사항으로 옳지 않은 것은?

① 굴착 깊이가 10[m]를 초과하는 경우에는 해당 작업장소와 외부와의 연락을 위한 통신설비등을 설치하여야 한다.
② 산소 결핍의 우려가 있는 경우에는 산소의 농도를 측정하는 자를 지명하여 측정하도록 한다.
③ 근로자가 안전하게 승강하기 위한 설비를 설치한다.
④ 측정 결과 산소의 결핍이 인정될 경우에는 송기를 위한 설비를 설치하여 필요한 양의 공기를 공급하여야 한다.

해설

잠함작업시 통신설비 설치기준 : 굴착깊이 20[m]초과

참고 산업안전기사 필기 p.6-146(합격날개 : 합격예측 및 관련법규)

KEY ① 2012년 8월 26일 기사 출제
② 2018년 8월 19일 기사 출제
③ 2023년 7월 8일(문제 110번) 출제
④ 2024년 5월 9일(문제 104번) 출제

합격정보
산업안전보건기준에 관한 규칙 제377조 (잠함 등 내부에서의 작업)

116 산업안전보건법령에 따른 지반의 종류별 굴착면의 기울기 기준으로 옳지 않은 것은?

① 모래 - 1 : 1.8
② 그 밖의 흙 - 1 : 0.3
③ 풍화암 - 1 : 1.0
④ 연암 - 1 : 1.0

해설

굴착면의 기울기 기준

지반의 종류	굴착면의 기울기
모래	1 : 1.8
연암 및 풍화암	1 : 1.0
경암	1 : 0.5
그 밖의 흙	1 : 1.2

참고 산업안전기사 필기 p.6-56(표 : 굴착면의 기울기 기준)

[정답] 114 ② 115 ① 116 ②

KEY ① 2016년 5월 8일 기사·산업기사 동시 출제
② 2017년 3월 5일, 9월 23일 출제
③ 2018년 8월 19일 산업기사 출제
④ 2019년 4월 27일 기사·산업기사 동시 출제
⑤ 2020년 6월 7일, 8월 22일, 9월 27일 출제
⑥ 2022년 3월 5일 출제
⑦ 2023년 2월 28일(문제 114번) 출제
⑧ 2024년 5월 9일(문제 112번) 출제

합격정보
산업안전보건기준에 관한 규칙 [별표 11] 굴착면의 기울기 기준

KEY ① 2016년 5월 8일 산업기사 출제
② 2017년 3월 5일 산업기사 출제
③ 2017년 5월 7일, 9월 23일 (문제 113번) 출제
④ 2023년 6월 4일 (문제 103번) 출제
⑤ 2024년 5월 9일(문제 107번) 출제
⑥ 2025년 2월 7일(문제 102번) 출제

합격정보
산업안전보건기준에 관한 규칙 제67조(말비계)

117 취급·운반의 원칙으로 옳지 않은 것은?

① 운반 작업을 집중하여 시킬 것
② 생산을 최고로 하는 운반을 생각할 것
③ 곡선 운반을 할 것
④ 연속 운반을 할 것

해설

취급, 운반의 5원칙
① 직선운반을 할 것
② 연속운반을 할 것
③ 운반작업을 집중화시킬 것
④ 생산을 최고로 하는 운반을 생각할 것
⑤ 최대한 시간과 경비를 절약할 수 있는 운반방법을 고려할 것

참고 산업안전기사 필기 p.6-161(합격날개 : 합격예측)

KEY ① 2017년 8월 26일 출제
② 2018년 4월 28일 출제
③ 2019년 3월 3일 산업기사 출제
④ 2022년 3월 5일(문제 109번) 출제
⑤ 2024년 7월 27일(문제 117번) 출제

118 말비계를 조립하여 사용하는 경우에 지주부재와 수평면의 기울기는 최대 몇 도 이하로 하여야 하는가?

① 30[°]   ② 45[°]
③ 60[°]   ④ 75[°]

해설

말비계의 안전기준
① 기울기 : 75[°] 이하
② 작업발판 폭 : 40[cm] 이상

참고 산업안전기사 필기 p.6-99(6. 말비계)

119 다음은 타워크레인을 와이어로프로 지지하는 경우의 준수해야 할 기준이다. 빈칸에 들어갈 알맞은 내용을 순서대로 옳게 나타낸 것은?

> 와이어로프 설치각도는 수평면에서 (   )도 이내로 하되, 지지점은 (   )개소 이상으로 하고, 같은 각도로 설치할 것

① 45, 4   ② 45, 5
③ 60, 4   ④ 60, 5

해설

와이어로프로 지지하는 경우 준수사항
① 「산업안전보건법 시행규칙」에 따른 서면심사에 관한 서류(「건설기계관리법」에 따른 형식승인서류를 포함한다) 또는 제조사의 설치작업설명서 등에 따라 설치할 것
② 제①호의 서면심사 서류 등이 없거나 명확하지 아니한 경우에는 「국가기술자격법」에 따른 건축구조·건설기계·기계안전·건설안전기술사 또는 건설안전분야 산업안전지도사의 확인을 받아 설치하거나 기종별·모델별 공인된 표준방법으로 설치할 것
④ 와이어로프를 고정하기 위한 전용 지지프레임을 사용할 것
⑤ 와이어로프 설치각도는 수평면에서 60도 이내로 하고, 지지점은 4개소 이상으로 할 것
⑥ 와이어로프와 그 고정부위는 충분한 강도와 장력을 갖도록 설치하고, 와이어로프를 클립·샤클(shackle) 등의 고정기구를 사용하여 견고하게 고정시켜 풀리지 아니하도록 할 것
⑦ 와이어로프가 가공전선(架空電線)에 근접하지 않도록 할 것

참고 산업안전기사 필기 p.6-138(합격날개 : 합격예측 및 관련법규)

KEY ① 2015년 5월 31일(문제 114번) 출제
② 2024년 2월 15일(문제 104번) 출제
③ 2025년 2월 7일(문제 107번) 출제

정보제공
산업안전보건기준에 관한 규칙 제142조(타워크레인의 지지)

[정답] 117 ③ 118 ④ 119 ③

120 동바리의 침하를 방지하기 위한 직접적인 조치로 옳지 않은 것은?

① 수평연결재 사용
② 받침목의 사용
③ 콘크리트의 타설
④ 말뚝박기

해설

동바리의 침하 방지를 위한 직접적인 조치 4가지
① 받침목의 사용
② 깔판의 사용
③ 콘크리트 타설
④ 말뚝박기

참고) 산업안전기사 필기 p.6-88(합격날개 : 합격예측 및 관련법규)

KEY ▶ ① 2022년 4월 24일(문제 119번) 출제
② 2023년 6월 4일(문제 107번) 출제
③ 2024년 5월 9일(문제 108번) 출제
④ 2025년 5월 10일(문제 107번) 출제

합격정보
산업안전보건기준에 관한 규칙 제332조(동바리조립시의 안전조치)

[정답] 120 ①

저자약력

정재수(靑波:鄭再琇)

인하대학교 공학박사/GTCC 교육학명예박사/한양대학교 공학석사/공학사/문학사/각종국가고시 출제, 검토, 채점, 감독, 면접위원역임/매경TV/EBS/KBS라디오 출연 및 강사/중소기업진흥공단 강사/대한산업안전협회 강사/호원대학교, 신성대학교, 대림대학교, 수원대학교 외래교수/울산대학교, 군산대학교, 한경대학교 등 특강/한국폴리텍 II 대학 산학협력단장, 평생교육원장, 산학기술연구소장, 디자인센터장/한국폴리텍 대학 교수/한국폴리텍대학남인천캠퍼스 학장/대한민국산업현장 교수/(사)대한민국에너지상생포럼 집행위원장/(사)한국안전돌봄서비스협회 회장/(사)대한민국 청렴코리아 공동대표/협성대학교 IPP추진기획단 특별위원/인천광역시 새마을문고 회장/한국요양신문 논설위원/생명살림운동 강사/GTCC 대학교 겸임교수/ISO국제선임심사원/열린사이버대학교 특임교수/**한국방송통신대학교 및 한국 폴리텍 대학 공동 선정 동영상 강의**

[저서]
- 산업안전공학(도서출판 세화)
- 기계안전기술사(도서출판 세화)
- 건설안전기술사(도서출판 세화)
- 산업안전기사(필기, 실기 필답형, 작업형)(도서출판 세화)
- 건설안전기사(필기, 실기 필답형, 작업형)(도서출판 세화)
- 산업안전지도사 시리즈(도서출판 세화)
- 산업보건지도사 시리즈(도서출판 세화)
- 산업안전보건(한국산업인력공단)
- 공업고등학교안전교재(서울교과서)
- 산업안전보건동영상(한국산업인력공단) 등 60여권 저술
- 한국방송통신대학과 한국폴리텍대학 선정 동영상 촬영

[상훈]
대한민국 근정 포장(대통령)/국무총리 표창/행정자치부 장관표창/300만 인천광역시민상 수상과 효행표창 등 8회 수상/인천광역시 교육감 상 수상/Vision2010교육혁신대상수상/2018년 대한민국청렴대상수상/30년이상봉사 새마을기념장 수상/몽골 옵스 주지사 표창 수상

[출강기업(무순)]
삼성(전자, 건설, 중공업, 조선, 물산)/현대(건설, 자동차, 중공업, 제철)/대우(건설, 자동차, 조선), SK(정유, 건설)/GS건설/에스원(S1)/두산(건설, 중공업), 동부(반도체), POSCO건설, 멀티캠퍼스, e-mart, CJ, 한국수자원공사 등 100여기업/이상 안전자격증특강

국가기술자격 필기시험 집중 대비서(녹색자격증, 녹색직업)

산업안전기사 필기[과년도] - 3권 (2022년~2025년)

31판 56쇄 발행	2026. 1. 20.(25. 9. 1.인쇄)	18판 42쇄 발행	2015. 1. 1.	11판 27쇄 발행	2008. 1. 1.	5판 12쇄 발행	2002. 6. 10.
		17판 41쇄 발행	2014. 1. 1.	10판 26쇄 발행	2007. 5. 30.	5판 11쇄 발행	2002. 1. 10.
30판 55쇄 발행	2025. 1. 23.	16판 40쇄 발행	2013. 7. 20.	10판 25쇄 발행	2007. 3. 20.	4판 10쇄 발행	2001. 7. 10.
29판 54쇄 발행	2024. 4. 1.	16판 39쇄 발행	2013. 1. 1.	10판 24쇄 발행	2007. 1. 10.	4판 9쇄 발행	2001. 1. 10.
28판 53쇄 발행	2023. 11. 15.	15판 38쇄 발행	2012. 8. 10.	9판 23쇄 발행	2006. 6. 10.	3판 8쇄 발행	2000. 9. 10.
27판 52쇄 발행	2023. 2. 17.	15판 37쇄 발행	2012. 4. 10.	9판 22쇄 발행	2006. 3. 20.	3판 7쇄 발행	2000. 6. 10.
26판 51쇄 발행	2022. 1. 14.	15판 36쇄 발행	2012. 1. 1.	9판 21쇄 발행	2006. 1. 10.	3판 6쇄 발행	2000. 1. 10.
25판 50쇄 발행	2021. 1. 10.	14판 35쇄 발행	2011. 5. 20.	8판 20쇄 발행	2005. 6. 10.	2판 5쇄 발행	1999. 9. 30.
24판 49쇄 발행	2020. 1. 17.	14판 34쇄 발행	2011. 1. 1.	8판 19쇄 발행	2005. 3. 20.	2판 4쇄 발행	1999. 6. 10.
23판 48쇄 발행	2019. 1. 10.	13판 33쇄 발행	2010. 5. 30.	8판 18쇄 발행	2005. 1. 10.	2판 3쇄 발행	1999. 1. 10.
22판 47쇄 발행	2018. 7. 30.	13판 32쇄 발행	2010. 1. 1.	7판 17쇄 발행	2004. 6. 30.	1판 2쇄 발행	1998. 7. 10.
21판 46쇄 발행	2018. 1. 1.	12판 31쇄 발행	2009. 3. 20.	7판 16쇄 발행	2004. 4. 10.	1판 1쇄 발행	1998. 1. 5.
20판 45쇄 발행	2017. 1. 1.	12판 30쇄 발행	2009. 1. 1.	7판 15쇄 발행	2004. 1. 10.		
20판 44쇄 발행	2016. 2. 10.	11판 29쇄 발행	2008. 6. 10.	6판 14쇄 발행	2003. 6. 10.		
19판 43쇄 발행	2016. 1. 1.	11판 28쇄 발행	2008. 3. 20.	6판 13쇄 발행	2003. 1. 10.		

지은이 정재수
펴낸이 박 용
펴낸곳 도서출판 세화 **주소** 경기도 파주시 회동길 325-22(서패동 469-2)
영업부 (031)955-9331~2 **편집부** (031)955-9333 **FAX** (031)955-9334
등록 1978. 12. 26 (제 1-338호)

정가 43,000원 (1권 / 2권 / 3권)
ISBN 978-89-317-1339-8 13530
※ 파손된 책은 교환하여 드립니다.

본 도서의 내용 문의 및 궁금한 점은 더 정확한 정보를 위하여 저자분에게 문의하시고, 저희 홈페이지 수험서 자료실이나 저자 이메일에 문의바랍니다.
저자명 정재수(jjs90681@naver.com) TEL 010-7209-6627

산업안전, 건설안전, 기술사, 지도사 등 안전자격증취득 준비는 이렇게 하세요

기초부터 차근차근 다져나가는 것이 중요합니다.
이론 습득을 정확히 한 후 과년도 기출문제 풀이와 출제예상문제로 반복훈련하십시오.

기사 · 산업기사

STEP 1 | 기초이론 | **기사 산업기사 필기**
과목별 필수요점 및 이론 학습과 출제예상문제 풀이로 개념잡고 최근 과년도 기출문제 풀이로 유형잡는 필기 수험 완벽 대비서

⇩

STEP 2 | 기출문제 풀이 | **기사 산업기사 필기과년도**
과년도 기출문제를 상세한 백과사전식 문제풀이로 필기 수험 출제경향을 미리 알고 대비할 수 있는 최고·최상의 수험준비서

⇩

STEP 3 | 실기대비 | **실기 필답형**
요점 및 예상문제 합격작전과 과년도기출문제 풀이로 준비하는 실기 필답형시험 완벽 대비서

⇩

STEP 4 | 실전테스트 | **실기 작업형**
요점 및 예상문제 합격작전과 과년도기출문제 풀이로 준비하는 실기 작업형시험 완벽 대비서

지도사 · 기술사

STEP 1 | 공통필수 | **1차 필기**
과목별 필수요점과 출제예상문제 풀이 및 과년도 기출문제 풀이로 준비하는 1차 필기시험 완벽 대비서

⇩

STEP 2 | 전공필수 | **2차 필기**
전공별 필수요점과 출제예상문제 풀이 및 과년도 기출문제 풀이로 준비하는 2차 필기시험 완벽 대비서
(기술사 STEP 1,2 동시)

⇩

STEP 3 | 실기 | **3차 면접**
각 자격증별 면접의 시작부터 면접 사례까지, 심층면접 대비를 위한 면접합격 가이드

건설안전

「일품」 건설안전기사 필기, 건설안전산업기사 필기

2색 컬러 B5_합격요점 포함 [필기수험 대비 01]
- 본서의 요점정리는 간단하고 명료하게 구체적으로 표현을 했다.
- 본서는 최근 심도있게 거론이 되고 있는 출제예상문제를 빠짐없이 수록하여 타 교재와 차별화가 되도록 구성하였다.
- 건설안전기사(산업기사) 자격 취득의 결론은 본서의 요점과 예상문제 합격작전으로 합격을 보장할 수 있도록 엮었다.
- 최근까지 출제된 과년도 출제 문제를 수록하여 수험준비에 만전을 기하였다.

「일품」 건설안전기사필기 과년도, 건설안전산업기사필기 과년도

2색 컬러 B5_계산문제총정리, 미공개문제 포함 [필기수험 대비 02]
- 제1회의 해설에서 이해하지 못했다면 제2, 제3의 문제해설을 통하여 반드시 이해할 수 있도록 하였다.
- 한 문제(1항목)를 이해하여 열 문제(10항목)를 해결할 수 있게 구성하였다.
- 건설안전기사(산업기사) 자격취득의 결론은 본서의 문제와 해설의 합격작전으로 합격을 보장할 수 있도록 엮었다.
- 최근까지 출제된 과년도 출제 문제를 수록하여 수험준비에 만전을 기하였다.

「일품」 건설안전(산업)기사실기필답형, 건설안전(산업)기사실기작업형

2색 컬러 B5_최종정리 포함 [실기수험 대비 01] | _전면컬러 B5 [실기수험 대비 02]
- 본서의 요점정리는 간단하고 명료하게 구체적으로 표현을 했다.
- 본문의 요점에서 이해하지 못했다면 예상문제 합격작전에서 반드시 이해할 수 있도록 하였다.
- 한 문제(1항목)를 이해하면 열 문제(10항목)를 해결할 수 있도록 구성하였다.
- 참고 및 고시 등을 수록하여 단원마다 중요점을 재강조하였다.
- 본서는 최근 심도있게 거론이 되고 출제가 예상되는 모든 문제를 빠짐없이 수록하여 타 교재와 차별화가 되도록 구성하였다.
- 건설안전 자격취득의 결론은 본서의 요점과 예상문제 합격작전이 합격을 보장한다.

산업안전지도사

「일품」 산업안전지도사 1차필기

총 3단계로 구성 _1색 B5 [1차 필기수험 대비]
- [Ⅰ] 산업안전보건법령, [Ⅱ] 산업안전 일반, [Ⅲ] 기업진단 · 지도, 산업안전지도사(과년도)
- 본서의 요점정리는 간단하고 명료하게 구체적으로 표현을 했다.
- 본문의 요점에서 이해하지 못했다면 출제예상문제에서 반드시 이해할 수 있도록 하였다.
- 본서는 최근 심도있게 거론이 되고 있는 출제예상문제를 빠짐없이 수록하여 타 교재와 차별화가 되도록 구성하였다.
- 산업안전지도사 자격 취득의 결론은 본서의 요점과 예상문제 합격작전으로 합격을 보장할 수 있도록 엮었다.

「일품」 산업안전지도사 2차 전공필수 및 3차 면접

총 4과목 중 택1 _1색 B5 [2차 전공필수수험 대비]
- 본서의 요점정리는 간단하고 명료하게 구체적으로 표현을 했다.
- 본문의 요점에서 이해하지 못했다면 출제예상문제에서 반드시 이해할 수 있도록 하였다.
- 산업안전지도사 자격 취득의 결론은 본서의 요점과 예상문제 · 실전모의시험 합격작전으로 합격을 보장할 수 있도록 엮었다.

산업안전

「일품」 산업안전기사 필기, 산업안전산업기사 필기

2색 컬러 B5_합격요점 포함 [필기수험 대비 01]

- 본서의 요점정리는 간단하고 명료하게 구체적으로 표현을 했다.
- 본서는 최근 심도있게 거론이 되고 있는 출제예상문제를 빠짐없이 수록하여 타 교재와 차별화가 되도록 구성하였다.
- 산업안전기사(산업기사) 자격 취득의 결론은 본서의 요점과 예상문제 합격작전으로 합격을 보장할 수 있도록 엮었다.
- 최근까지 출제된 과년도 출제 문제를 수록하여 수험준비에 만전을 기하였다.

「일품」 산업안전기사필기 과년도, 산업안전산업기사필기 과년도

2색 컬러 B5_계산문제총정리, 미공개문제 포함 [필기수험 대비 02]

- 제1회의 해설에서 이해하지 못했다면 제2, 제3의 문제해설을 통하여 반드시 이해할 수 있도록 하였다.
- 한 문제(1항목)를 이해하여 열 문제(10항목)를 해결할 수 있게 구성하였다.
- 산업안전기사(산업기사) 자격취득의 결론은 본서의 문제와 해설의 합격작전으로 합격을 보장할 수 있도록 엮었다.
- 최근까지 출제된 과년도 출제 문제를 수록하여 수험준비에 만전을 가하였다.

「일품」 산업안전(산업)기사실기필답형, 산업안전(산업)기사실기작업형

2색 컬러 B5_최종정리 포함 [실기수험 대비 01] | _전면컬러 B5 [실기수험 대비 02]

- 본서의 요점정리는 간단하고 명료하게 구체적으로 표현을 했다.
- 본문의 요점에서 이해하지 못했다면 예상문제 합격작전에서 반드시 이해할 수 있도록 하였다.
- 한 문제(1항목)를 이해하면 열 문제(10항목)를 해결할 수 있도록 구성하였다.
- 참고 및 고시 등을 수록하여 단원마다 중요점을 재강조하였다.
- 본서는 최근 심도있게 거론이 되고 출제가 예상되는 모든 문제를 빠짐없이 수록하여 타 교재와 차별화가 되도록 구성하였다.
- 산업안전 자격취득의 결론은 본서의 요점과 예상문제 합격작전이 합격을 보장한다.

기술사

「일품」 기계안전기술사, 건설안전기술사, 화공안전기술사, 전기안전기술사

1색 B5 [기술사 필기수험 대비]

- 본서의 요점정리는 간단하고 명료하게 구체적으로 표현을 했다.
- 본문의 요점에서 이해하지 못했다면 출제예상문제에서 반드시 이해할 수 있도록 하였다.
- 본서는 최근 심도있게 거론이 되고 있는 출제예상문제를 빠짐없이 수록하여 타 교재와 차별화가 되도록 구성하였다.
- 기술사 자격 취득의 결론은 본서의 요점과 예상문제 합격작전으로 합격을 보장할 수 있도록 엮었다.
- 최근까지 출제된 과년도 출제 문제를 수록하여 수험준비에 만전을 기하였다.

기술사 200점

「일품」 기계안전기술사, 건설안전기술사, 화공안전기술사, 전기안전기술사

1색 B5 [기술사 필기수험 대비]

- 본서의 요점정리는 간단하고 명료하게 구체적으로 표현을 했다.
- 본문의 요점에서 이해하지 못했다면 출제예상문제에서 반드시 이해할 수 있도록 하였다.
- 본서는 최근 심도있게 거론이 되고 있는 시사성문제 및 모범답안을 빠짐없이 수록하여 타 교재와 차별화가 되도록 구성하였다.
- 기술사 자격 취득의 결론은 본서의 요점과 예상문제 합격작전으로 합격을 보장할 수 있도록 엮었다.
- 최근까지 출제된 과년도 출제 문제를 수록하여 수험준비에 만전을 기하였다.

안전관리 수험서의 대표기업

도서출판 세화

기사 · 산업기사

「일품」 건설안전분야 수험서

우리나라 국내 각종 안전관리자격증 수험에 대비하려면 이러한 내용들을 학습해야 합니다. 대부분의 내용이 자격증 취득에 많은 도움을 주도록 알찬 내용들로 꾸며져 있습니다.

      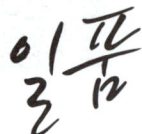

건설안전기사 필기 / 건설안전산업기사 필기 / 건설안전기사필기 과년도 / 건설안전산업기사필기 과년도 / 건설안전(산업)기사실기 필답형 / 건설안전(산업)기사실기 작업형

「일품」 산업안전분야 수험서

산업안전기사 필기 / 산업안전산업기사 필기 / 산업안전기사필기 과년도 / 산업안전산업기사필기 과년도 / 산업안전(산업)기사실기 필답형 / 산업안전(산업)기사실기 작업형

지도사 · 기술사

「일품」 산업안전지도사 수험서

1차 필기 / **2차 전공필수** / **3차 면접**

[Ⅰ] 산업안전보건법령 / [Ⅱ] 산업안전 일반 / [Ⅲ] 기업진단 · 지도 / 기계안전공학 / 건설안전공학

안전분야 베스트셀러 **35년 독보적 판매**
최신 기출문제 수록

「일품」 기술사 200(300)점 수험서 　　 「일품」 기술사 수험서

기계안전기술사 300점 / 건설안전기술사 300점 / 화공안전기술사 200점 / 전기안전기술사 200점 / 기계안전기술사 / 건설안전기술사

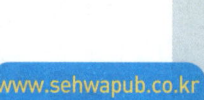
www.sehwapub.co.kr
에서 주문하세요!!